Gesamtverzeichnis des deutschsprachigen Schrifttums (GV) 1700 – 1910

Bearbeitet unter der Leitung von
Hilmar Schmuck und Willi Gorzny
Bibliographische und redaktionelle Beratung:
Hans Popst und Rainer Schöller

129

Schon - Schril

K · G · Saur München · New York · London · Paris 1985

CIP-Kurztitelaufnahme der Deutschen Bibliothek

Gesamtverzeichnis des deutschsprachigen Schrifttums :
(GV). – München, New York, London, Paris : Saur.
Bd. 1 – 6 bearb. unter d. Leitung von Peter Geils
u. Willi Gorzny.
ISBN 3-598-30000-X

1700 – 1910 / bearb. unter d. Leitung von Hilmar
Schmuck u. Willi Gorzny. Bibliograph. u. red.
Beratung: Hans Popst u. Rainer Schöller

NE: Schmuck, Hilmar [Bearb.]

129. Schon - Schril. - 1985.

Techn. Realisierung und Druck: Norbert Gärtner, Mainz-Kastel
Binden: Karl Schaumann, Darmstadt
Printed in the Federal Republic of Germany
ISBN 3-598-30000-X (Gesamtwerk)

Schon wieder. (Zur Alkoholfrage.) Von e. sächs. Studenten. (14 S.) 8. Hermannstadt 904. (W. Krafft.) n. — 10

Schon wieder ein Kaiser aus dem Oestreichischen Hause? ... O. O. 1790. V: *Plant, Johann Traugott.* (Ky) (ML)

Schon wieder ein Kaiser aus d. Oestreich. Hause? Warum wählt man ihn? Warum keinen Andern? Was gewinnt Oestreich durch die Kaiserkrone? (v. J. Tr. Plant). 8. ... 790.

v. Schon, ..., Blicke auf unsere Vergangenheit, Gegenwart u. Zukunft, dem Preuß. Militär gewidmet. 8. Frankf. a. d. O. 808. Akadem. B. 6 gl.

Schon, Aloyse: Tabellarische Uebersicht der periodischen Arbeiten, welche die Gemeindeverwaltungen des Großherzogthums Luxemburg im Laufe des Jahres an die Oberbehördc einzusenden haben. Luxemburg: St. Paul.-Ges. 1890. – 35 S. 8°

Sohon, Julius, Dr. jur., Kammergerichts-Ref.: **Die Ulpian-Celsinische Durchgangstheorie** ⟨l. 3 § 12 D. de donat. int. vir. et ux. 24,1⟩. *Rostock 1903: C. Hinstorff.* (47 S.) 8° [F.]
Heidelberg, Jur. Diss. v. 1903

Schön ist's im Winter. 8. (12 S. m. farb. Bildern.) Stuttgart 892. F. Loewe. n. — 40

— dasselbe. 12. (8 S. m. z. Tl. farb. Bildern.) Ebd. 893. — 15

Schön ist es, mit jedermann in Frieden und Eintracht zu leben ... O. O. 17?? V: *Pichler, Johann Friedrich Christian.* (call) (MGT)

Schön u. Neu! Ein Bilderbuch m. Reimen. qu. 4. (8 farb. Bl.) Reutlingen 897. Enßlin & Laiblin. — 70; auf Pappe 1. 10

(**Schön**) — Den trockenen und nässenden Flechten, der Kupfernase, dem Salzfluß, den Gesichtsfinnen u. anderen hartnäckigen Hautausschlägen, als ungeahnte Folge von Drüsenleiden u. Hämorrhoiden, leicht zu begegnen durch die einfachen Rathschläge des Dr. Schön. 1—3. Aufl. Berlin 862. (Altona, Verlagsbureau.) 8. (39 S.) 6 ngr

Schoen. Mitteilgn aus d. Berichten über d. Krankheitszustände b. d. K. sächs. Armee. v. J. 1819. (S.-A.) Dresden 1821.

Schoen. Rechtsverhältnisse der Kommandit-Gesellschaft u. d. stillen Gesellschaft nach d. Allgem. Deut. Handelsgesetzbuch. Königsberg 889.

Schön, über die Sicherung des Eisenbahnverkehrs auf Bahnhöfen. Vortrag, gehalten im Polytechn. Verein zu München am 22. Novbr. 1886. Lex.-8. (34 S. mit Fig.) München 887, (Literar.-artist. Anstalt.) *
Aus: Vierteljahrsschrift zum Bayerischen Industrie- und Gewerbeblatt, besonders abgedruckt.

Schön: Theorie der Gleichungen vom zweiten und dritten Grade. 38 S.–Aachen. Progr. 1863

Schön: Die Theorie der Transversalen und die harmonische Theilung. 16 S. 1 Taf. – Offenbach. R., Progr. 1871.

Schön: Ueber d. kalligr. Unterricht an d. Realschulen. 6 S. 8°–Wien UR.St.J., Progr. 1857

Schön, A., die Berufskunde in der Fleischer-Klasse der gewerblichen Fortbildungsschule. Ausg. f. Schüler. (44 S.) 11. 8. Königshütte 907. A. Gaertner. Geb. — 60

Schön, A.: „Die Grundsätze der Finanz. Eine kritische Entwickelung", Breslau 1832.

Schön, Adam

Schön, Adm., († 1811.) philosoph.-histor. u. krit. Untersuchungen der natürl., mosaischen u. christl. Religion, nach e. mathemat. Zusammenhang. 6 Bde. 8. Landsh. 787 — 95. Hagen. (Storno). 3 ⁊ 14 gl.

Schön, Ad., philosophische, histor. u. krit. Untersuchungen d. natürl. mosaischen u. christl. Religion, ist Verlag von Kopp in Landshut.

Schön, Adam Ehregott: Positiones nonnullae de praecipius orationis pulchrae virtutibus ..., s. Baumeister, Friedrich Christian [Praes.]

Schön, Alexander

Schön, A., 136 vierstimm. Männerchöre f. die Sängerriegen deutscher Turnvereine, im Anschluß an Texte u. Singweisen v. Liederbüchern der deutschen Turnerschaft, bearb. u. hrsg. (VIII, 296 S.) 11×16,5 cm. Weißenfels 907. [R. Schirdewahn.] Leipzig, P. Eberhardt. In Leinw. kart. 1. 50

Schön, Amalie v., Eichen- u. Rosen-Kränze. Erinnerungsblätter an die Zeit vor 100 Jahren 1806 u. 1807, sowie Gedichte u. Lieder. (VIII, 96 S. m. Bildnis.) 8. Berlin 907. L. Simion Nf. 2.—; geb. 2. 75

Erlebnisse eines alten Soldaten. Schilderungen aus d. Leben d. Fremdenlegion u. d. Kriegsjahre 1864, 1866 u. 1870. Von August **Schön**, Würgsdorf. Bolkenhain: G. Müller 1905. (42 S.) 8° [F.] 106. 1117 2

Schön, Aurora, Diamanten u. Perlen. Liedersammlung. Ausgewählt v. A. Sch. 8. (VI, 228 S.) Stuttgart 888. Kohlhammer. geb. m. Goldschn. n. 3. --

Schön, Bruno, Briefe über Geistesgestörte für Seelsorger, Eltern, Lehrer und Freunde der Menschenkunde. 8. (79 S.) Pest 861, (Hartleben's Verlags-Expedition.)

Schön, Bruno, Briefe üb. Geistesgestörte f. Seelsorger, Aerzte, Richter, Eltern, Lehrer 2c. nebst e. Anh. als Schlüssel zum Verständnisse der Schriften v. Joh. Em. Veith. 2. umgearb. u. verm. Aufl. 8. (139 S.) Wien 873. Hartleben. 2. 25

— Dr. Martin Luther auf dem Standpunkte der Psychiatrie beurtheilt. gr. 8. (39 S.) Wien 874. Regensburg, Manz. — 60

—— Dr. Martin Luther auf dem Standpunkte der Psychiatrie beurtheilt. gr. 8. (39 S.) Wien 874, Sartori. — 60

Schön, Bruno, Mittheilungen aus dem Leben Geistesgestörter. gr. 8. (VIII und 320 S.) Wien 859, Hartleben's Verlags-Expedition. Thlr.

Schön, Bruno — Humoristische Pillen gegen üble Laune, Melancholie und dergleichen Grillen. Von — —. Mit Beiträgen von Dr. Joh. Em. Veith, Joh. Gab. Seidl, Dr. Joh. Nep. Vogl, und in den folgenden Lieferungen von Fried. Halm, Dr. Seb. Brunner, Dr. Isidor Proschko und Anderen. Zum Besten einer armen Irren. Wien, 1856. Dr. von Karl Ueberreuter. Verlag von Prandel und Meyer. (178 S. 8.)

Schön, Bruno, humoristische Pillen gegen üble Laune, Melancholie und dergl. Grillen. Mit Beiträgen von Joh. Em. Veith, Joh. Gab. Seidl, Jos. Nepom. Vogl ꝛc. Zum Besten armer Irren. 2. Aufl. gr. 12. (IX und 179 S.) Wien 856(57,) Prandel und Meyer. *

—— humoristische Pillen gegen üble Laune, Melancholie und dergl. Grillen. Mit Beiträgen von Joh. Em. Veith, Anton Langer u. A. 2. und 3. Bdchn. gr. 8. Wien 857. 58, [Prandel und Ewald.] [2. Bdchn. (IV und 270 S.) 3. (VIII und 228 S.) à Bdchn. * 22½ Ngr.] *
1. Bdchn. Ebendaſ. 1856. * 18 Ngr.

Schön C, ein Wort zur gegenwärtigen handelspolitischen Frage unserer Vaterstadt Hamburg. Hamburg 1867

Schön, Chr., († d. 2. Juli 1755.) rechtl. Bedenken, ob eine regier. Fürsten Gemahlin ihres Gemahls Unterthanin sey. 4. Leipz. 733. N. Aufl. 750. Klaubart. 6 gl

Schön, Chr., rechtliches Bedenken, ob eines regierenden Fürsten Gemahlin ihres Gemahls Unterthanin sey. 4. Lpz. Klaubart. 756.

— d. unsterbl. Gedächtniß Jesu Christi. 4. Lpz.

— Quint-Essenz der Ketzermacher in Widerlegung Neumeisters Traktat v. Speners Irrthümern u. wider Marpergers Lehr-Elenchum. 4. Lpz. Heinsius. 728.

Schoen, Chr.: Systema iuris civilis secundum Pandectas ex Lüd. Menckenii tabulis synopticis, theoria et praxi compositum, ad usus Imperii et Saxoniae accommodatum. Lipsiae 1754.

— systema juris civilis secund. ordin. Pandectarum ex Lüderi Menckenii tabulis systematicis theoria et praxi concinnatum. 4maj. Leipz. 754. Breitkopf u. H. 3 gl

Schön, Christian A. S. 328/5

Dissertatio juridica inauguralis, de legulejismo. Erfurt (Grosch) 21. VI. 1714. 32 S. 31130

Schön, E., über Tropen-Hygiene, s.a. Verhandlungen d. deutschen Kolonial-Gesellschaft.

Dr. Schön. Ueber Tropen-Hygiene. Vortrag ... Berlin: D. Reimer 1897. (50 S.) 8.
= Kolonial-Gesellschaft, Deutsche, Abt.: Berlin-Charlottenburg. Verhandlungen 1896/97. H. 1. 98. 209

Schön, Eduard, a. Flensburg: Die Bildung des Adjektivs im Altenglischen. Kiel 1905: Lüdtke & Martens. (29 S.) 8°
Kiel, Phil. Fak., Ref. Holthausen, Diss. v. 4. Aug. 1905
[Geb. 15. Mai 83 Flensburg; Wohnort: Flensburg; Staatsangeh.: Preußen; Vorbildung: Gymn. Flensburg Reife O. 01; Studium: Marburg 1, Berlin 2, Kiel 4 S.; Rig. 21. Jan. 05.]

Schön, Eduard, die Bildung des Adjektivs im Altenglischen, s. Studien, Kieler, zur englischen Philologie. N. F. 2.

Die Bildung des Adjektivs im Altenglischen. Von Dr. Eduard Schön. Kiel: R. Cordes 1905. (110 S.) 8°
= Studien, Kieler, z. englischen Philologie. N. F. H. 2. 06. 1591

Schön, Ed., die Wiener Börseordnung vom 11. Juli 1854 nebst den hierzu erflossenen Verordnungen des k. k. Finanzministeriums und den zur Regelung des Börsenverkehrs erlassenen Kundmachungen der k. k. Börsekammer in Wien. Mit Beziehung auf die schiedsgerichtlichen Entscheidungen u. auf die Geschäftsordnung dieser Behörde dargestellt. Wien 860. Braumüller. gr. 8. (X, 193 S.) 1 ₰ 6 ngr

Schön, Ed., das allgemeine deutsche Handelsgesetzbuch und die Wiener Börse. Der Rechtszustand der Wiener Geldbörse, mit besond. Rücksicht auf die Handelsgebräuche derselben. gr. 8. (XI und 259 S.) Wien 864, Braumüller. *

Schön, Ed., die Liquidation an der Wiener Börse u. Vorschläge zur Reform derselben. Wien 869. Braumüller. gr. 8. (31 S.) n. 6 ngr

—— die mit 2. Novbr. 1858 eintretenden Reformen in der Notirung der Effecten- und Wechsel-Curse an der k. k. öffentl. Börse zu Wien, nach amtl. Quellen dargestellt und erläutert. gr. 8. (24 S. mit 2 Tab. in Fol.) Wien 858, Gerold's Sohn. *

Schön, Ernst, die Post. Ein Behelf f. das die „Post" benütz. Publikum u. die den Postdienst ausüb. Beamten. (40 S.) gr. 8. Teplitz-Schönau (907). (Prag, G. Neugebauer.) — 80

Schoen, Ernst [approb. Arzt. Berlin]: Ueber Schwund und Rückbildung maligner Tumoren .... Straßburg i. E., Druck v. M. DuMont-Schauberg, 1888; 29 S. 8°
Straßburg, Med. Fak., Inaug.-Diss. v. 1888

Schoen, Ernst, über Schwund nnd Rückbildung maligner Tumoren. Diss. Strassburg i. Els. 1888, Trübners Buchh. u. Antiqu. (E. d'Oleire). 8°. 29 S.

Schön, Eug., Naturformen in Umriß u. Farbe als Vorschule f. den Unterricht im Freihandzeichnen, s.: Ritter, L.

Schön, Ewald, Medizinalprakt.: Klinisch-Anatomische Beiträge zur Kenntnis der progressiven Paralyse. Jena 1909: Kämpfe. 33 S. 8°
Jena, Med. Diss. v. 23. April 1909, Ref. Binswanger
[Geb. 3. Jan. 84 Neiße; Wohnort: Roda S.-A.; Staatsangeh.: Preußen; Vorbildung: Realgymn. Neiße Reife O. 03; Studium: München 1, Jena 5, Breslau 2, Jena 3 S.; Coll. 10. März 09; Approb. 23. April 09.] [U 09. 2150

Schoen, [illegible]
Berlin, Med. Diss. v. 14. Nov. [illegible]

Schön, F., Beatrice Cenci. Ein Trauersp. in 5 Aufz. gr. 12. (6½ B. u. C's. Bildn.) Wien 835, (Schmidt u. Leo.) *

Schön, F., Beatrice Cenci. Ein Trauerspiel in 5 Aufzüg. (Mit Beatrice's Bildniß.) gr. 12. Wien 835. (Wimmer.) n. 1 ₰

Schön, F., die Schule des Werkzeugmachers u. das Härten des Stahles, s.a. Bibliothek der gesamten Technik.

Schön, F., Die Schule des Werkzeugmachers und das Härten des Stahles. Nach Aufzeichnungen bewährter Praktiker für die Praxis bearb. und mit instruktiven Zeichnungen ausgestattet. (1. Aufl.) Göppingen, 1905. 56 S. mit 11 Abb.

Die Schule des Werkzeugmachers und das Härten des Stahles. Von F. Schön, Ing., Wien. 2. Aufl. Mit 29 Abb. Hannover: M. Jänecke 1907. (138 S.) 8°
= Bibliothek d. gesamten Technik. Bd 49. 07. 1104. 7

Schoen, Fr. Godoh., s. Schoene, Friedrich Gotthold

Schön, Franz: Beiträge zur Kenntnis der anomalen Dispersion von Metalldämpfen. Leipzig 1907: J. A. Barth. (99 S.) 8°
Jena, Phil. Fak., Ref. Straubel, Diss. v. 17. Aug. 1907
[Geb. 7. April 83 Steinach; Wohnort: Jena; Staatsangeh.: Sachsen-Meiningen; Vorbildung: Realgymn. Meiningen Reife O. 02; Studium: Berlin 2, Freiburg i. B. 1, München 2, Jena 5 S.; Rig. 11. Mai 07.]

Schön Franz: Schillers Wallenstein und die Wallenstein Biographie von Herchenhahn.
H. 1906 PN 2172 Diss Wien, Univ. 203

Schön, Frdr., „Dehemm in Saarbrigge!" Gedichte u. Erzählgn. in Saarbrücker Mundart. 2., um das Doppelte verm. Aufl. v. „For Schbaß unn for Ernschd!" (182 S.) 11. 8. Saarbrücken 910. C. Schmidtke. Geb. in Leinw. 1. 60

Die Grammatik der Saarbrücker Mundart. Von Friedrich Schön. [Nebst] Berichtigungen. (Saarbrücken 1908: Saarbr. Zeitung.) 12 S., 1 Bl. 8°
Aus: Saarbrücker Zeitung. 1908, Nr 88–90.

— Kinderlieder u. Kinderspiele des Saarbrücker Landes. Zum prakt. Gebrauche hrsg. u. m. Anmerkgn. versehen. (VIII, 129 S.) 11. 8. Ebd. 909. Geb. in Leinw. 1. 20

Schön, Friedrich: For Schbaß unn for Ernschd. 2. Aufl. 1910
s. Schön: Dehemm in Saarbrigge. [10. 7289 5

Schön, Frdr., die Schule des Werkzeugmachers u. das Härten des Stahles. Nach Aufzeichngn. bewährter Praktiker für die Praxis bearb. u. m. instruktiven Zeichngn. ausgestattet. (56 S.) 8. Göttingen (905). (Leipzig, S. Schnurpfeil.) n. 1. —

Schoen, Friedr., ein städtisches Volks-Theater und Festhaus in Worms. Ein Vorschlag. gr. 8. (62 S. mit 7 Plänen.) Worms 887, Kräuter'sche Buchh. [M 2.70.] *

Schön, Friedrich Wilhelm, approb. Arzt aus Merseburg, Prov. Sachs.: Maligne Hodengeschwülste in den beiden ersten Lebensdecennien. *Leipzig 1903: B. Georgi.* (37 S.) 8°
Leipzig, Med. Diss. v. (20. Juli) 1903

Schön, Fritz, approb. Arzt aus Lich: Aus d. psychiatr. Universitäts-Klinik zu Giessen. Ein Beitrag zur Symptomatologie und Differentialdiagnose der hallucinatorischen Verwirrtheit. *Giessen 1899: v. Münchow.* (41 S.) 8°
Giessen, Med. Diss. v. 1899

Schön Georg: De Actis triumphorum.
H. 1885 PN 381 Diss Wien, Univ. 697

Schön, Geo., die Differenzen zwischen der kapitolinischen Magistrats- u. Triumphliste. (75 S. m. 4 Abbildgn.) gr. 8. Wien 905. C. Fromme. n. 2. 50

Schön Dr. Georg: Die Dictatur des M'. Valerius im J. 253. 1. Rie l. 93
Progr.

Schön, Geo., d. Elogien d. Augustusforum u. der Liber de viris illustribus urbis Romae. Progr. gr. 8. (46 S.) Cilli 895. Th. Drexel. n. 1. —

Schön, Dr. Georg, Die Elogien des Augustus-Forum und der liber viris illustribus urbis Romae. Gr.-8. (46 S.) * .50
Cilli: Rasch 1895.

Schön, *Georg:* Kurze Fundnachrichten über eine altchristliche Basilika in Cilli. 8. S. 33–36. K. k. Staats-Oberg. *Cilli* 1898
Progr.

Schön, Georg: Die römischen Inschriften v. Cilli. 8. (11 S.)
Progr. K. k. Staats-G. *Cilli* 1891.

Schön, Georg: Die Triumphinschrift des Claudius Marcellus im Jahre 532 d. St. = 222 vor Chr. G. S. 3–17. 8.
Progr. K. k. Staats-Ober-Gymn. *Wiener-Neustadt* 1909.

Schön, Geo., das capitolinische Verzeichnis der römischen Triumphe, s.: Abhandlungen d. archäologisch-epigraphischen Seminars der Universität Wien.

Schön, Gust.

Schön, G., Stanislaus Rücker, e. Wohlthäter Berlins, sowie der Evangelischen Schlesiens in trüber Zeit. Zeit- u. Lebensbild aus der zweiten Hälfte d. 17. u. d. ersten d. 18. Jahrh. Für die Jugend geschrieben. gr. 8. (II, 136 S. m. 5 Abbildgn.) Berlin 890. Buchhandlg. der Deutschen Lehrer-Zeitg. n. 2. 40; geb. n. 3. —

Schön, Gust., 50 ein-, zwei-, drei- und vierstimmige Weihnachts-Lieder. Gesammelt, zum Theil neu bearb. und hrsg. für Schule und Haus. qu. 4. (35 S.) Berlin 874, W. Schultze. * — 60

Schön, H. D. v., Woher und wohin? br. 8. (46 S.) Gumbinnen 869, (Sterzel's Buchh.) * — 50

Schoen, Hans, Hinemoa. Eine neuseeländ. Sage. 8. (94 S.) Leipzig 886. Unflad. n. 2. —

Schoen, Hans, Rechtspraktikant aus München: Ist die Eigentumsklage des Bürgerlichen Gesetzbuches nur gegen den unmittelbaren oder auch gegen den mittelbaren Besitzer zulässig? *(Freiburg i. B.) 1899.* (41 S.) 8° [F.]
Freiburg i. B., Rechts- u. staatswiss. Diss. v. 1899

Schön, Hans, aus trüber Zeit. Erzählung aus der pfälz. Geschichte. 8. (IV, 298 S.) Kaiserslautern 877, (Tascher.) *

Schoen, Henr., quid boni periculosive habeat Goethianus liber qui affinitates electivae inscribitur. gr. 8. (144 S.) Paris 902. W. Fischbacher. n.n. 4. —

Woher und Wohin? Von [Heinrich Theodor] v. Schön. Nebst einem Nachwort v. Georg Fein. Strassburg. 1842. 8°

Schön, v., Woher u. Wohin? Als selbständiger Abdruck des Originals hrsg. v. W. Th. Sehring. 8. (1 B.) Strasburg 843, (Schmidt u. Grucker.) **

—— Woher u. Wohin? Nebst einem Nachwort v. Geo. Fein. Neue, mit einem zweiten Nachworte verm. Aufl. 8. (1 B.) Ebds. 843. **

Schoen, Henri

Die Französischen Hochschulen seit der Revolution. Nach d. Werk v. (Louis) Liard: L'Enseignement Supérieur en France 1789–1893. E. Beitr. z. Gesch. d. franz. Universitäten v. Prof. H. Schoen (... in Poitiers). *München: Akad. Verl. 1896.* (80 S.) 1 Bd 8. [97 36]

Schoen, H., traditionelle Lieder u. Spiele der Knaben u. Mädchen zu Nazareth, s.: Magazin, pädagog.

Traditionelle Lieder und Spiele der Knaben und Mädchen zu Nazareth, nach den vom Generalvikar zu Chambéry zurückgebrachten Dokumenten. Ein Beitrag z. geschichtl. Verständnis d. Kindheit Jesu. Von Lic. H[einrich] Schoen, Prof. zu Poitiers. *Langensalza: H. Beyer & Söhne 1900.* (35 S.) 8°
= Magazin, Pädagogisches. H. 138. [00. 8528

Schoen, Henri, Le théâtre alsacien. Bibliographie complète du théâtre alsacien. Biographie des auteurs. (330 u. XLI S. m. Abbildgn.) 8. Strassburg 903. J. Noiriel. n. 2. 80

Le théâtre alsacien. Par Henri Schoen, agrégé de l'Univ. d'Aix-Marseille. (Avec 60 grav.) Bibliographie complète du Théâtre alsacien. Biographie des auteurs par J. Musculus. *Strasbourg: Revue alsac. ill. 1903.* (329, XXX S.) 8° [04 446

Schoen, H., das Wesen der Sittlichkeit u. die Entwicklung des sittlichen Ideals bei den verschiedenen Völkern nach M. Mauxion, s.: Magazin, pädagogisches.

Das Wesen der Sittlichkeit und die Entwicklung des sittlichen Ideals bei den verschiedenen Völkern nach M. Mauxion. Von Prof. Dr. H[enri] Schoen, Paris. Langensalza: Beyer 1909. 125 S. 8°
(Pädagogisches Magazin. H. 380.) [11. 9518

Schön, Herm., Gesellenvater Kolping. Dramatisches Lebensbild in 3 Aufzügen. gr. 16. (VIII, 91 S.) Breslau 868, (Aderholz' Buchh.) * 1 —

(**Schön**, Hermann Theodor von.) Beiträge und Nachträge zu den Papieren des Ministers und Burggrafen von Marienburg Theodor von Schön. Bearbeitet von einem Ostpreußen. Als Handschrift gedruckt. Weitend—Charlottenburg 1881. 327 S. 8.

v. **Schön**, aus den Papieren d. Ministers v. Schön. 6 Bde. u. Suppl. Berlin bis 883.

Schön, Hubert, appr. Arzt: **Zur Kenntnis der Kugelthromben im Herzen.** München 1886. 18 S. 8°

München, Med. Diss. v. 26. Nov. 1886, Ref. v. Bollinger

[Geb. 23. Febr. 62 Fischen; Wohnort: München; Staatsangeh.: Bayern; Vorbildung: Stefan-Gymn. Augsburg Reife Aug. 81; Studium: München 8 S.; Coll. 26. Nov. 86; Approb. 9. Febr. 86.] [U 12. 3770

Schön, J., die bürgerl. Baukunst f. Bürger- u. Landschulen 2c. Mit Steintaf. 8. Münch. 813. Lentner. 5 kr

Schön, J, 300 Fabeln u. Aesop. für die Jugend bearbeitet. gr. 8. Mit 8 Farbendruckbild. und 100 Illustrat. im Texte. Budapest. R. Lampel'sche U.-B. (Ph. Wodianer.) 2 fl.
1884

Schön, J., Familien- u. Geschäfts-Briefsteller. Ein Formular- u. Musterbuch zur Abfassg. aller Gattgn. v. Briefen d. geschäftl. u. häusl. Lebens, Eingaben, Kontrakten, Verträgen 2c. Nebst e. Zusammenstellg. aller übl. Titulaturen. 8. (XVI, 384 S.) Mülheim 874. Bagel. 1. 80; geb. 2. 20

Schön, J., Familien- u. Geschäfts-Briefsteller. 2. Aufl. 8. (XVI, 368 S.) Mülheim a/R. 890. Bagel. 1. 80; cart. 2. 40

— dasselbe. (Kleinere Ausg.) 8. (XII, 196 S.) Ebd. 890. 1. —; cart. 1. 25

Schön, J., Familien- u. Geschäfts-Briefsteller. Nebst e. Zusammenstellg. aller übl. Titulaturen. 7., verb. Aufl. 8. (VIII, 200 S.) Mülheim a/d. R. 892. J. Bagel. 1. —; kart. 1. 25

Schön, J., Geschäfts- u. Familien-Briefsteller. Ein Formular- u. Musterbuch zur Abfassg. aller Gattgn. v. Briefen des geschäftl. u. häusl. Lebens, v. Eingaben, Kontrakten, Verträgen, Testamenten, Reklamationen, Vollmachten, Quittgn., Wechseln etc. 4. Aufl. (390 S.) gr. 8. Mülheim a/R. (903). J. Bagel. 1. 80; kart. 2. 40; erm. Preis 1. 50; kart. 2. —

—— Haus- und Geschäfts-Briefsteller. Ein Formular- und Musterbuch zur Abfassung aller Gattungen von Briefen des geschäftl. und häusl. Lebens, Eingaben, Kontrakten 2c. Nebst einer Zusammenstellung aller übl. Titulaturen. 8. (XI, 190 S.) Ebendas. 864. 1 —

— Haus- u. Geschäfts-Briefsteller. Ein Formular- u. Musterbuch zur Abfassg. aller Gattgn. v. Briefen d. geschäftl. u. häusl. Lebens, Eingaben, Kontrakten 2c. Nebst e. Zusammenstellg. aller übl. Titulaturen. 8. (XI, 190 S.) Ebend. 874. 1. —

Schön, J., Haus- und Geschäfts-Briefsteller. Ein Formular- und Musterbuch zur Abfassung aller Gattungen von Briefen des geschäftl. und häusl. Lebens, Eingaben, Kontrakten, Verträgen, Testamenten, Reklamationen, Vollmachten, Quittungen, Wechseln 2c. Nebst einem alphabet. Verzeichnisse von Fremdwörtern, sowie derjenigen deutschen Wörter, welche für den richt. Gebrauch des Dativs und Accusativs [mir, mich, ihn, ihm 2c.] die meisten Schwierigkeiten bieten. 2. und 3. Aufl. 8. (XI, 240 S.) Mülheim 880,82, Bagel's Verlagsh. 1 50
geb. 1 80

Schön, J., Haus- und Geschäfts-Briefsteller und Rechtsanwalt. Nebst einem Anhang: Praktische Anleitung zur selbständ. Einziehung von Forderungen im Wege der Klage vor den Amtsgerichten. 2. und 3. Aufl. 8. (XII, 192, 95 S.) Mülheim 880,82, Bagel's Verlagsh. M 1,50.; geb.

—— **dass. — Nebst einer Zusammenstellung aller übl. Titulaturen. 3. Aufl.** 8. (VIII, 128 S.) Ebendas. 881. Größere Ausg. (XI, 192 S.) M 1.; cart.

Schön, J., Haus- u. Geschäfts-Briefsteller. Ein Formular- u. Musterbuch zur Abfassg. aller Gattgn. v. Briefen d. geschäftl. u. häusl. Lebens, Eingaben, Kontrakten, Verträgen, Testamenten, Reklamationen, Vollmachten, Quittgn., Wechseln 2c. Nebst e. Zusammenstellg. aller übl. Titulaturen. (Kleine Ausg.) 6. Aufl. 8. (VIII, 136 S.) Mülheim a/R. 898. J. Bagel. — 70; mittle Ausg., 8., verb. Aufl. (VIII, 200 S.) 1. —; große Ausg. 3 Aufl. (XVI, 372 S.) 1. 80

Schön, J. J. Ueber das Gesetz der Elimination von n unbekannten Grö aus n Gleichungen des ersten Grades. 18 S. . . .
Aachen, Progr. 1837

Schön, J. J. Ueb. d. Multiplication d. symmetrischen Functionen, nebst ei gen damit zusammenhangenden analytischen Sätzen. 16
Aachen, Progr. 1831

Schön, J. M. A., s. Schön, Matthias Johannes Albrecht

Schön, J. Osw., der Schweizer Schützenfahrt nach Frankfurt a. M. im Juli des Jahres 1862. Zürich 862. Schultheß. gr. 8. (148 S. u. 1 Stahlst.) 13⅓ ngr

Schön, Ignaz, Rechtsprakt.: **Vergleichende Darstellung des aktiven und passiven Landtagswahlrechts in Deutschland.** München 1909: Schön. XVI, 126 S. 8°

Erlangen, Jur. Diss. v. 4. Okt. 1909, Ref. Rieker

[Geb. 7. Okt. 82 München; Wohnort: München; Staatsangeh.: Bayern; Vorbildung: Luitpold-Gymn. München Reife Juli 02; Studium: München 8 S.; Rig. 18. Mai 09.] [U 10. 759

Schön, Johann

— einige Aufgaben üb. Schuldentilgung mit ihren Auflösungen, als Zusatz zu seinem Lehrbuche der Buchstabenrechnung u. Algebra. gr. 4. Würzb. 819. (Stahel). 6 kr

Schön, Dr., Ueber die Bedeutung der trockenen heerrauchartigen Nebel nach Wiegmann's Regel. (Aus: Archiv f. Chemie u. Meteorol. B. 4, H. 3.)

Schön, Joh., staatswirthschaftl. Berechnungen in Bezug auf d. Vieh-Zölle u. Quarantäne Preußens, insbesond. Schlesiens. M. 8 Tab., u. e. Untersuchung üb. Kaufmann's „Untersuchungen." 8. (5 B. u. 2 B. Tab.) Breslau 830, W. G. Korn.
Aus den „Schles. Provinzialblättern" abgedruckt.

Schön, Dr., Häufiges und (wenigstens scheinbar) ganz nahes Blitzen — ohne hörbaren Donner. (Archiv f. Chemie u. Meteorol., B. 4, H. 3.) 1831.

— die Buchstabenrechnung u. niedere Algebra, zum Gebr. bei Vorlesungen. gr. 8. Würzb. 806. Stahel. 12 gr

— psychologiae empiricae compendium. 8. Würzb. 800, 808. Stahel. 12 gr

— Darstell. der Umstände der großen Sonnenfinsterniß am 7. Sept. 1820 durch eine große, besond. für Würzburg, entworfene, Zeichnung, mit e. Anleit., dergleichen Zeichnungen zu fertigen. 4. Würzb. 820. (Nürnb., Felsseker). 18 gr

— Erörterung einig. Hauptmomente in d. Lehre von d. geometr. Verhältnisse im Sinne Euklid's u. and. Mathematiker. gr. 8. Würzb. 822. (Felssecker in Nürnb.) 8 gr

—— allgem. Geschichte u. Statistik d. europäischen Civilisation. gr. 8. (20¼ B.) Leipzig 833, Hinrichs.

Schön, J., Grundriß d. gesammten theoret. Astronomie, nebst e. Anhang üb. d. Kalender, mit 8 Kupf. gr. 8. Nürnb. Felsecker. 811.

—— die Grundsätze der Finanz. Eine krit. Entwickelung. gr. 8. (14 B.) Breslau 832, W. G. Korn.

Schoen, Joh., Grundzüge der Perspective mit besond. Berücksichtigung für den pract. Gebrauch von Architecten, Architecturmaler, Techniker etc. qu. Fol. (32 S. mit 99 Fig. auf 9 Stnt.) Wien 863, Bartelmus. In Couvert. *

Allgemeine Geschichte und Statistik der europäischen Civilisation v. Johann Schön. Leipzig 1833. 8.

—— kurzer Lehrbegriff d. höhern Mathematik, od. Lehrb. d. höh. Analysis u. höh. Geometrie, auf dem Grunde d. niedern Mathematik u. zum Behufe öffentl. Vorlesn. u. des Selbstunterr. bearb. gr. 8. (52½ B. u. 6 lith. Taf. 4.) Sulzbach 833, v. Seidel.

— Lehrbuch der reinen, niedern Geometrie in Verbindung mit der Anleit. zur Feldmeßkunst. Mit 19 Kpft. gr. 8. Nürnb. 808. 2e verm. Aufl. Mit 20 Kpftaf. gr. 8. Ebd. 824. Felssecker. 2 ₰ 8 ℊ

— Lehrbuch d. niedern, reinen, allgem. Größenlehre, od. der Buchstabenrechnung u. Algebra, zum Behufe öffentl. Vorlesungen u. des Selbstunterrichtes. gr. 8. Würzb. 825. Stahel. 1 ₰ 8 ℊ

— Lehrbuch d. ebenen und sphärischen Trigonometrie. gr. 8. Bamberg, Göbhard. 804.

— Lehrbuch d. ebenen u. sphärischen Trigonometrie. Mit 6 Kpft. gr. 8. Bamb. 804. (Wesché in Frkf. a. M.) 2 ₰ 4 ℊ

Schoen, Joannes: De litteratura politica medii aevi. Vratislaviae 1838. (38 S.) 8° *(Neben dem Präsentations- ein Buchtitel.)*

Breslau, Phil. Fak., Antr.-Progr. als ord. Prof.
v. 28. Febr. 1838

— Minima der Temperatur im Winter 1829/30. Nebst. Beitrag zur Bestätigung der Wiegmann'schen Regel. (Aus: Archiv für Chemie u. Meteorologie, B. 2, H. 3.)

Schön und Osann, Das Nordlicht am 7 Januar 1831, beobachtet von —. (Aus: Archiv für Chemie und Meteorol., Bd 3, Heft 1.)

Schoen, Joannes *(geb. Langendorf in Mähr. 28. [vielmehr 26.] 11. 1802)*: Novae quaedam in rem numariam antiquae Rossiae observationes. Wratislaviae: G. Th. Korn 1829. (33 S.) 8°

Breslau, Phil. Diss. v. 2. März 1829

Schoen, Joannes: Oeconomia politica juri publico et privato concors. Vratislaviae (1829). (51 S.) 8°

Breslau, Phil. Fak., Hab.-Schr. v. 17. Juni 1829

— Prüfung der von Wagner vorgeschlag. Reform. der Mathematik. 8. Rudolst. 804. Klüger. 4 ℊ

SEELEN, Heinrich v. (d. i. Dr. *Johann Schön*, geb. 26. Nov. 1802 zu Langendorf in Mähren, 1829 Dr. philos., 1831 a. o. Prof., 1836 o. Prof. d. Staatswiss. in Breslau u. Redacteur d. Schles. Ztg., † 1839). Sommersprossen auf dem Teint der Novellen-Literatur. Eine Weihnachts-Gabe für schlechte Lesezirkel und Leihbibliotheken, durch's Brennglas erkannt. (Gedichte.) Breslau, Heinr. Richter. 1836. $18^1/_4$ Bog.

Biographisches in Nowack's schles. Schriftst.-Lex. II, S. 126ff. (laut A. G. Schmidt, Gallerie etc.)

Schön, Joh., die Staatswissenschaft geschichtl.-philosoph. begründet. gr. 8. (26 B.) Breslau 831, W. G. Korn. Thlr.

Schön, Joh., die Staatswissenschaft. Geschichts-philosoph. begründet. 2., durchaus umgearb. Aufl. gr. 8. (19 B.) Breslau 840, Korn.

Schön, Joannes: De rerum cameralium et politicarum studio. Vratislaviae (1833). (38 S.) 8°

Breslau, Phil. Fak., Antr.-Progr. als außerord. Prof.
v. 21. Dez. 1833

—— astronom. Taschenbüchlein f. 1838 u. 39. Den Gebildeten aus allen Ständen, insbesond. d. Liebhabern d. Himmels- u. Erdkunde gewid. 1. u. 2. Jahrg. gr. 12. (à 3 B. u. 1 Stnt.) Würzburg 837, 38, Stahel'sche Buchh. à

— fractionum continuarum theoria et usus; Diss. mathematica, qua praelect. suas indicit. 8maj. Würzb. 810. Stahel. 6 ℊ

— kurzer u. faßl. Unterr. in d. Rechenkunst, Geometrie, prakt. Mechanik u. Statik u. bürgerl. Baukunst, für Bürger- u. Sonntagsschulen. 4 Thle. Mit Kpf. gr. 8. Würzb. 812. Stahel. 16 ℊ

—— neue Untersuchung d. Nationalökonomie u. d. natürl. Volkswirthschaftsordnung. gr. 8. (23½ B.) Stuttgart u. Tübingen 835, Cotta'sche Buchh.

— Der Winter von 1829 auf 1830, kurzer Beitrag. (Aus: Archiv für Chemie und Meteorologie. B. 1, H. 2.)

— die höchst seltene Winterwitterung in d. 3 letzten Monaten des J. 1821 in allen Gegenden Europa's. gr. 4. Nürnb. 824. Felssecker. 2 ℊ

Schön, Jh., über die Witterung u. Fruchtbarkeit des J. 1818 aus Beobachtt. zur nützl. Vergleichung der Witterung im J. 1819 u. in d. folg. Jahren. 4. Würzb. 821. (Berl., Dümmler). 22 ℊ

— üb. die Witterung u. Fruchtbarkeit d. J. 1821, aus Beobachtungen. gr. 4. Nürnb. 824. Felssecker. 6 ℊ

— üb. die Witterung u. Fruchtbarkeit des Jahres 1822. gr. 4. Nürnb. 824. Felssecker. 6 ℊ

Johann Schoen
1771-1839

Ueber die Witterung und Fruchtbarkeit des Jahres... aus Beobachtungen. Von Johann Schön. 1823. Würzburg: Etlinger 1824. 8

1823; 1824.

— die Witterungskunde in ihrer Grundlage. Mit 1 Kpf. u. Karte, 12 lithogr. Tabb. u. einigen lithogr. Zeichnungen. gr. 4. Würzb. 818. (Berl., Dümmler). 3 ₰

— die Zifferrechnung od. Rechenkunst, zum Gebr. f. Schulen u. im bürgerl. Leben. gr. 8. Bamb. 805. 2e verb. A. 814. (Wesché in Frkf. a. M.) 1 ₰

— die Zifferrechnung, od. vollständ. Lehrbuch d. Rechenkunst. 2te verb. Ausg. gr. 8. Bamb. Göbhard. 815.

Schön, Johann Georg

Schoen, Joh. G., Anleitung f. die Manipulationen bei den barometrischen Höhenmessungen m. besond. Rücksicht auf Trassierungen v. Bahnstrecken. (V, 18 S.) gr. 8. Wien 907. F. Deuticke. 1.--

Schön, Joh. G., **Mittheilungen** üb. Brückenbauten in Nordamerika. Mit 5 (lith.) Taf. (in gr. Fol.) [Aus: „Zeitschr d. österr. Ingen- u. Archit.-Ver.“] gr. 8. (16 S.) Wien 873. (Brünn, Hauptmann.) n. 2. —

Schön, Joh. G., Mittheilungen über Brückenbauten in Nordamerika. gr. 8. (16 S. mit 5 lithogr. Taf. in gr. Fol.) Wien 875. (Brünn, Hauptmann's Buchh.) *
Aus: Zeitschrift des österreich. Ingenieur- und Architekten-Vereins, besonders abgedruckt.

Schoen, Joh. G., über Strassen- und Wasserbau der Alten. Rede, gehalten bei der feierl. Inauguration des für das Studienj. 1885/86 gewählten Rectors der k. k. techn. Hochschule in Wien am 10. Octbr. 1885. gr. 8. (37 S.) Wien 885, (Hölder.) *

Schoen, Joh. Geo., **der Tunnelbau. Vorlesungen über Tunnel-Bau gehalten am k. k. polytechn. Institute in Wien. Wien 866. Bartelmus. gr. 4. (IV, 49 S. mit 300 Figg. auf 14 autogr. Taff. in qu. u. Imp.-Fol.)** n. 1 ₰ 10 ngr.

— der **Tunnel-Bau**. Vorlesungen üb. Tunnel-Bau an den k. k. techn. Hochschulen zu Wien u. Brünn. 2. verm. **Aufl.** Mit 86 in den Text gedr. Holzschn. nebst **Atlas**, enth.: 29 lith. Taf. (in qu. 4.) gr. 8. (XIII, 303 S.) Wien 874. Hölder. n. 16. —

Erinnerungen v. H[illegible]ski [illegible] Johann Matthias Albrecht Schön. Hamburg 1837. 8°

Schoen, Johann Traugott (Leschwitz) A. S. 146/11

De poena legis Liciniae ex l. ult. P. de alienat. iudic. mut. causs. fact. dissertatio inauguralis. Leipzig (Langenheim) 7. XI. 1771. 34 S.

Gew.: Adolph Traugott von Gersdorff. 31132

Johannes Josef Schoen

Joannes Josephus Schön, socio assumto Carolo Friderico Wex: De Functionibus symmetricis earumque in analysi usu p.1. Halae(1825):Grunert. 8°

P.1: 1825.
Halle-Wittenberg,Phil.Hab.-Schr.v.28.Mai 1825

Schön, Ioannes Iosephus. Dissertationis mathematicae de functionibus symmetricis earumque in analysi usu pars 1. Halae (1825) Grunert 61 S. 4°
Halle-Wittenberg, Phil. Hab.-Schr. v. 28. Mai 1825
Im Buchhandel 1825 bei Ruff in Halle. — Vom Verf. fortgeführt deutsch: Ueber die Multiplication der symmetrischen Functionen, nebst einigen damit zusammenhangenden analytischen Satzen. Aachen 1831: Urlichs. XVI S. 8° (4°) Gymn.-Progr.

Schön, J. J., de functionibus symmetricis earumque in analysi usu. Pars I. 4maj. Halle 825. (Ruff). 16 gℓ

[Schoen, Joannes Josephus]: *De lineis spiralibus specimen. 12 Bl. 1 Taf. 8° (4°)
Halle-Wittenberg, Phil. Diss. v. 16. Apr. 1819
Geb. [Leibolz (Kr. Hünfeld) 17. 8. 1794]
Verf. wurde 1825 Privatdozent in Halle, vgl. Nr. 4552 und erlebte das goldene Dr.-Jubiläum 1869 als Gymnasialdirektor in Aachen.

(**Schön,** Joseph, k. u. k. Hauptmann des Generalstabes.) Der Fessel-Ballon im Dienste des höheren Führers im Feldkriege. (Zur Frage der Organisation von Feld-Luftschiffer-Abtheilungen.) Von einem k. und k. Generalstabs-Officier. 8. Wien 1898.

Schön, Jos., katholisches Gesangbuch zum Gebrauch in Schulen. 8. (III, 48 S.) Berlin 894. E. S. Mittler & Sohn. n.n. — 35; kart. n.n. — 50

Schön, Jos., **Grundlagen** u. Aufgaben der Reichsbefestigung, dargestellt an den Feldzügen 1796/97 u. 1866 in Italien. (112 S. m. 3 Karten.) gr. 8. Wien 909. L. W. Seidel & Sohn. 3. —
Sonderabdr. aus: „Mitteilgn. üb. Gegenstände d. Artillerie- u. Geniewesens“.

— Montenegrinische **Kriegführung** u. Taktik. Nachdruck e. im „Organ der militär-wissenschaftl. Vereine“, I. Bd. 1898, erschienenen Aufsatzes. (28 S. m. 1 Skizzentaf.) Lex. 8. Ebd. 909. 1. —
Sonderabdruck aus: „Streffleur's militär. Ztschr.“

Schön, Jos., die russischen Kriegshäfen in Ostasien. (37 S. m. 2 Taf.) gr. 8. Wien 904. L. W. Seidel & Sohn. n. 1. 20
Sonderabdruck aus: „Mittlgn. üb. Gegenstände d. Artillerie- u. Geniewesens“.

— der **Kriegsschauplatz** in Ostasien. Geographische Beschreibg. u. Würdigg. Mit 5 Beilagen. 2., verm. Aufl. (310 S.) gr. 8. Ebd. 904. n. 5. —

— der **Kriegsschauplatz** zwischen dem Rhein u. der Seine u. die Hauptaufgaben seiner Befestigungen. Nach öffentl. zugängl. Werken u. Schriften bearb. (93 S. m. 1 Karte.) gr. 8. Ebd. 904. n. 2. 50
Sonderabdruck aus: „Mitlgn. üb. Gegenstände d. Artillerie- u. Geniewesens“.

Schön, J., Der Kriegsschauplatz zwischen dem Rhein und der Seine und die Hauptaufgaben seiner Befestigungen. Sonderabdr. a. d. „Mitteilungen über Gegenstände des Artillerie- und Geniewesens“ Jahrg. 1904. Gr.-8°. (90 S. mit 1 Tafel) K 2.50
Wien: Seidel 1904.

— s. C. Meisl, Gisela von Baiern.

Sch., J. (Schön, Joseph, k. u. k. Major.) Russland und Indien. Auf Grundlage russischer und englischer Quellen bearbeitet. Mit 1 Kartenskizze. Sonderabdruck aus: „Streffleurs österr. milit. Zeitschrift“ 1904, I. Bd., 3.—5. Heft. 8. Wien 1904.

— der Sieg d. Glaubens. Romant. Tragödie. 8. Leipz. 827. Ind.-Compt. 18 gℓ

— militärgeographische Uebersicht des Kriegsschauplatzes in Ostasien. (64 S. m. 1 Karte.) gr. 8. Ebd. 904. n. 1. 50
Sonderabdruck aus: „Organ d. militärwiss. Vereine“.

Schön, Jos., Katharina von Wartenberg. Trspl. gr. 8. Wien 821. Geistinger. 20 gℓ

SCHÖN, Joseph
Ueber die Ziele Russlands in Asien. Von Hauptmann Joseph Schön. Mit einer Kartenskizze. Separat-Abdruck aus dem „Organ der militär-wissenschaftlichen Vereine“. Wien. 1899. Selbstverlag. In Comm. Seidel & Sohn. Gr.-8°. 79 S. fl. 1.20

Schön, Jos., über die Ziele Russlands in Asien. 2. Aufl. gr. 8. (96 S. m. 1 Karte.) Wien 900. L. W. Seidel & Sohn. n. 3. —
1. Aufl. (79 S.) 899. n. 2. 60.

Schon, J[ulius]. Geschichte der Handfeuerwaffen. Eine Darstellung des Entwicklungsgan[illegible]

Schön, J., das gezogene Infanterie-Gewehr. Kurze Darstellung der Waffensysteme der Neuzeit und ihrer Anwendung in den Armeen Europa's. 1. Aufl. (XVI und 59 S. mit 10 Stnt. und 2 Tab.) 1854. * 1 Thlr. und 2., verb. und verm. Aufl. gr. 8. (XVI und 104 S. mit 15 Stnt. in qu. Fol. und 2 Tab. in Fol.) Dresden 855, Höckner.

Schön, Karl, gesammelte Gedichte. (49 S.) 8. Straßburg 908. J. Singer. 1. —

Schön Karl: Ueber die Jugend Karls des Großen.
H. 1910 PN 2922 Diss. Wien. Univ. 353

Schön, Lazar, s. a. Stimme, die, der Wahrheit.

Die **Stimme** der Wahrheit. Jahrbuch f. wissenschaftl. Zionismus. Unter Mitw. von Autoritäten aller Konfessionen hrsg. von Lazar Schön, Würzburg. Jg. 1. Würzburg: N. Philippi 1905. 8° [08. 3220

Schön Leopold: Aeußerungen der älteren Romantik über die Uebersetzungskunst.
H. 1909 PN 2783 Diss. Wien. Univ. 319

Schoen, Ludw., die Baupolizeiverordnung vom 5. VIII. 1898 u. die straßenbaupolizeilichen Ortsgesetze der Städte Saarbrücken, St. Johann a. S., Malstatt-Burbach, nebst e. Ueberblick üb. die Grundsätze des preuß. Baufluchtgesetzes vom 2. VII. 1875. (88 S.) 8. Saarbrücken 907. C. Schmidtke. Kart. n. 1. 20

Schön, Ludwig: Ein Beitrag zur Theorie des Wehneltunterbrechers. 1908. 31 S., 8 Taf. 8°
Darmstadt, Dr.-Ing.-Diss. v. 21. 4. 1908

Schön, L. [aus Lollar]: Ueber Nichtvorkommen der Hypogäsäure im Erdnussöl . . . . Giessen, Druck v. Wilhelm Keller, 1888; 18 S. + 1 Bl. 8°
Giessen, Phil. Fak., Inaug. Diss. v. 1888

Schön, M., Ar und Hektar. Umwandlung von Tagwerk und Dezimalen in Hektar und Ar mit Berücksicht. der Werthverhältnisse. 8. (30 S.) Würzburg 877, Staudinger'sche Buchh. *

Schön, M., Ar u. Hektar. Umwandlung v. Tagwerk u. Dezimalen in Hektar u. Ar m. Berücksicht. der Wertverhältnisse. 2. verb. Aufl. (30 S.) kl. 8. Würzburg 908. F. X. Bucher. — 30

Schön, M., die neue Reichsmünze u. ihre Umwandlung in Münzsorten süddeutscher Währg. 3. Aufl. 32. (16 S.) Würzburg 874. Staudinger. n. — 15

— Zoll u. Fuß nach Länge-, Quadrat- u. Cubikinhalt in Meter, Dezimeter u. Centimeter berechnet nebst Preisberechg. m. Berücksicht. der neuen Reichsmünzen. 16. (36 S.) Ebend. 874. n. — 25

Zoll u. Fuß nach Länge, Quadrat- u. Kubikinhalt, in Meter, Dezimeter u. Zentimeter berechnet nebst Preisberechnung. 2. vollständig umgearb. Aufl. (46 S.) 16. Ebd. 910. — 30

Schoen, Marcel [Genevois]: Détermination de la constitution des oximes résultant de l'action du chlorhydrate d'hydroxylamine sur les thymoquinones monohalogénées. Bâle 1899. 46 p. 8°.
Genève. Thèse sc. 1899/1900.

Schön, Marie

— Deutscher Leitfaden zu d. Werken v. Mary Baker, Eddy, d. Entdeckerin u. Begründerin d. christl. Wissensch. od. metaphys. Heilmethode. ⟨Christian science or divine metaphysics.⟩ 2. u. erw. Ausg. 2.—5. Tausend. Als Ms. gedr. 1. Tl. (1. Bd.): Kleinere Schriften. (VIII, 85 u. I, 38 S.) 8°. Berlin o. J. ['09]. Dtsch. Verl. f. christl. Wissensch. [Durch Th. Thomas, Komm. Gesch., Leipzig.] 1.50; erh. Pr. 3.50

Schön, Mart., Meisterwerke. Nach den Orig. getreu in Kpfr. gest. durch A. Petrak. 31 Bilder auf 24 Blättern mit erklär. (deutschem, französ. und engl.) Texte. Fol. Regensburg 856(57,) Manz. Thlr. *

Schön, Matthias Johannes Albrecht

Schön, J. M. A., Beiträge zur praktischen Augenheilkunde. gr. 8. (XI und 211 S. mit 2 ill. Stnt. Abbild.) Hamburg 861, Hoffmann und Campe.

Schön, M. J. Albr., nosolog.-therapeut. Darstellung d. gonorrhoischen Augenentzündung. 8. (9 B.) Hamburg 834, A. Campe.

Schön, Matth(ias) Joh(ann) Albrecht: Handbuch der pathologischen Anatomie des menschlichen Auges. 234 S., gbd.

Hamburg: Hoffmann & Campe 1828

JB 4.261

Schön, Matthias Ioann(es) Albr(echt): De nonnullarum arteriarum ortu et decursu abnormi. Halae (1823): Grunert. 36 S. 8°
Halle-Wittenberg, Med. Diss. v. 30. Apr. 1823
Geb. Hamburg [29. 8.] 1800. V.

Schön, Max, die deutsche Auswanderung und Colonisation, s. u. Zeitfragen, soziale.

Schön, Max. Die dt. Auswanderung und Colonisation. Minden i. W.: Bruns 1888. 28 S. (Soziale Zeitfragen. H. 18.)

Schoen, Max, cand. med. aus Schongau: **Ein Fall von Pulsionsdivertikel des Oesophagus.** Mit 1 Abb. *Giessen 1898: J. C. Huber.* (34 S.) 8°
München, Med. Diss. v. 1898

Schön, Max. Die Geschichte der Berliner Bewegung. gr. 8. (VII, 479 S.) Lpz. 889, Oberdörffer. * 6 —
Erschien in 10 Lfgn. à * — 60.

Die Invalidenversicherung des Deutschen Reiches im täglichen Leben. Arbeitgebern wie Versicherten z. prakt. Gebrauch erl. von Max Schön, Magistr.-Sekr. zu Berlin. *Berlin: Selbstverl. 1904.* (88 S.) 8° [F.] [04. 1691

— dasselbe im täglichen Leben. Arbeitgebern wie Versicherten zum prakt. Gebrauch erläutert. 2. Aufl. (77 S.) gr. 8. Grunewald-Berlin 906. Gr.-Lichterfelde, Verlag der Arbeiter-Versorgg. A. Troschel. n. 1. —

Schön, Max, die Invalidenversicherung des Deutschen Reiches in der ärztlichen Praxis. Nach dem neuesten Stande der Gesetzgebg. u. Rechtsprechg. dargestellt. (52 S.) 8. Berlin 906. (M. Boas.) n.n. 1. 20

Die Invalidenversicherung des Deutschen Reiches in der ärztlichen Praxis. Nach d. neuesten Stande d. Gesetzgebung u. Rechtsprechung dargest. von Max **Schön**, Magistr.-Sekr. in Berlin. Berlin: Selbstverl. 1906. (52 S.) 8° [F.] [06. 5710

— innere Kolonisation. Denkschrift, hrsg. v. der Gesellschaft f. innere Kolonisation zu Berlin. Im Auftrage d. Präsidiums bearb. 4. (24 S.) Leipzig 887. Duncker & Humblot. n. — 80

Schön, Max, das Mennonitenthum in Westpreußen. Ein kirchen- u. kulturgeschichtl. Beitrag zur Belehrg. üb. das Wesen d. Mennonitenthums. 8. (VIII, 88 S.) Berlin 886. F. Luckhardt. n. 1. 20

Schön, Osw., Bilder aus allerlei Tagen. Dichtungen u. Prosastücke. Aarau 865. Sauerländer's Verlag. gr. 8. (IV, 240 S.) 1 ⁄ß

Schön, Oswald. Das grosse Dorf. Land und Leute des Neuenburger Jura. Monographie. Vorgeschlagen von der Jugendschriftenkommission des Schweizerischen Lehrervereins. [Mit illustriertem Umschlag.] 112 S. 8. Basel, Verein für Verbreitung guter Schriften, 1903. [cart. fr. —. 80]
(Verein für Verbreitung guter Schriften in Basel.) C 3.

Schön, Oswald. Entwicklungsgeschichte der schweizerischen Eidgenossenschaft .... 8.
[1 Ausg.] . von J O' Schon .... 8. Zürich 1861.
2. unveranderte Ausg.... von O' Schön. Chaux-de-Fonds 1867.

Schoen, Paul [Referendar]: Vergleichende Darstellung der Rechtsverhältnisse der Kommandit-Gesellschaft und der stillen Gesellschaft nach dem Allgemeinen Deutschen Handelsgesetzbuch . . . Königsberg, Ostpreuss. Zeitungs- u. Verl.-Druckerei, 1889; VII + 82 S. 8°
Königsberg, Jur. Fak., Inaug.-Diss. v. 17. Dez. 1889

Schoen, Paul. Vergleichende Darstellung der Rechtsverhältnisse der Kommandit-Gesellschaft u. der stillen Gesellschaft nach dem Allgemeinen Deutschen Handelsgesetzbuch. Diss. gr. 8. (80 S.) **Königsb. 889, (Koch).** * 1 50

Schoen, Paul, das evangelische Kirchenrecht in Preußen. I. Bd. u. II. Bd. 1. Abtlg. Lex.-8. Berlin, C. Heymann. n. 17. 50
I. (XII, 465 S.) 903. 10. —. — II. 1. (VIII, 314 S.) 906. 7. 50.

Schoen, Paul, das evangelische Kirchenrecht in Preußen. II. Bd. 2. Abtlg. (VIII u. S. 315—698.) Lex. 8. Berlin 910. C. Heymann. 8. 50 (II. Bd. kplt. 16.—; geb. 18.50)
I u. II. 2. Ebd. 9.0. 08. 17.50.

Schoen, Paul, d. Landeskirchentum in Preußen. [Aus: „Verwaltungsarchiv".] gr. 8. (III, 107 S.) Berlin 898. C. Heymann's Verl. n. 2. —

[F.] Das Recht der Kommunalverbände in Preussen. Histor. u. dogm. dargest. v. Dr. Paul **Schoen**, a. o. Prof. . . . in Jena . . . *Leipzig: F. A. Brockhaus 1897.* (XV, 508 S.) 1 Bd 4.(8.)
= Rönne, Ludwig v.: Das Staatsrecht d. Preuss. Monarchie. Ergänzgsbd.
[97. 471

Schoen, Paul, der Lippische Schiedsspruch u. die Pinsker'sche Kritik. gr. 8. (VIII, 102 S.) Berlin 899. C Heymann's Verl. n. 2. —

— **das kaiserl.** Standeserhöhungsrecht u. der Fall **Friesenhausen. Ein weiterer** Beitrag zum Lippischen Thronfolgestreit. (III, 148 S.) Lex.-8. Berlin 905. O. Häring. n. 3. —

Schön, Paul: Synthese des 4,5 Dimethoxyisochinolins. **Ein Beitr. z. Synthese d. Papaverins. Kiel 1909: Lüdtke & Martens.** 37 S. 8°
Kiel, Phil. Diss. v. 13. Mai 1909, Ref. Harries
[Geb. 8. Nov. 83 Dresden-Löbtau; Wohnort: Dresden; Staatsangeh.: Sachsen; Vorbildung: Annen-Realgymn. Dresden Reife O. 03; Studium: Dresden Techn. Hochsch., Jena, Kiel, sus. 11 S.; Rig. 12.|Dez. 08.] [U 09. 2338

Schön, R., die Kaufmannsgerichte. Systematische Darstellg. **der f. die Verfassg.** u. das Verfahren der Kaufmannsgerichte **gelt. gesetzl.** Bestimmgn. (VIII, 238 S.) gr. 8. **Kiel 905. R. Cordes.** n. 5. —

Schoen, Rudolf, pract. Arzt aus Reinerz i. Schl.: Zwei **Fälle** von **Nierensarkom**, ein Beitrag zur Frage der Reflexanurie. *Greifswald 1899: J. Abel.* (28 S.) 8°
Greifswald, Med. Diss. v. 24. Nov. 1899

Schoen, Simon, Tolstoi u. die Aerzte. gr. 8. (16 S.) Wien 891. (Wilh. Altmann.) n. — 50

Schön, Thdr., württembergisches Adels- u. Wappenbuch, s.: Alberti, Otto v.

Schoen, Theod.: Angehörige adeliger Geschlechter aus Kur-, Liv- und Estland in Württemberg. [Aus: Jahrbuch für Genealogie, Heraldik und Sphragistik. Jg. 1903. Mitau 1905.] F.

Schön, Th. v., s. Aus den Papieren des Ministers und Burggrafen von Marienburg Thdr. v. Schön.

Schön, Theodor. Beiträge zur süddeutschen Adelsgeschichte. [Mit 1 Tabelle.] 8. (Berlin) *o. J.* [1887 96].

s.: Bibliographie der württemberg. Geschichte.

Schön, Thdr. v., s. a. Briefwechsel.

[Schoen, Theod. v.]. Briefwechsel des Ministers und Burggrafen von Marienburg Theodor von Schön mit G. H. Pertz u. J. G. Droysen. M. Anl. Hrsg. von Franz *Rühl.* Leipzig 1896. 8°.
(Publicatio d. Ver. f. d. Gesch. von Ost- u. Westpreussen.)

— Geschichte der Familie Duvernoy. Im Auftrag v. Hrn. u. Frau J. L. Duvernoy bearb. (IV, 197 S. m. 1 Namentaf.) gr. 8. Stuttgart 909. K. Wittwer. 4. —

Schön, Theod.: Geschichte der Familie von Ow. Ergänzt und hrsg. von Freih. Hans Otto von Ow-Wachendorf und Anton von Ow-Felldorf. Mit Abbild., Stammtafeln und 1 Karte. München: Kastner & Callwey 1910. 4°.

Schön, Th., Geschichte u. Stammreihe d. Reutlinger Bürgergeschlechts Kurtz. [Aus: „Reutlinger Geschichtsblätter".] gr. 8. (IV, 80 S.) Stuttgart 896. H. Lindemann. u.n. 4. —

Schön, Th., Die Herren von Hölnstein. Mit Stammtfl. O. O. u. J. 8. S.-A.

— zur Knaben- u. Jünglingszeit Theodor v. Schön's nach dessen Papieren. Zusammengest. v. s. Sohne. gr. 8. (IX, 108 S. m. 1 Bildn.) Berlin 896. L. Simion. n. 2. —

— d. Staatsgefangenen v. Hohenasperg, s. a. Neujahrsblätter, württemberg., N. F. 4.

[F.] Die Staatsgefangenen von Hohenasperg. Von Theodor Schön. M. 2 Bild. *Stuttgart: D. Gundert 1899.* (90 S.) 1 Bd 8.
= Neujahrsblätter, Württembergische. N. F. Bl. 4. [98. 10497

— Stammbaum d. württembergischen Fürstenhauses, s.: Giefel, J.

Stammtafel des vormals reichsunmittelbaren Hauses Schönburg. Hrsg. von d. Verein d. Deutschen Standesherren. Bearb. von Hofrat Theodor **Schön**. Stuttgart 1910: Greiner & Pfeiffer. 19 Taf. 2°
[11. 5255 9

Schön, Thdr. v., Eine warnende Stimme aus dem Grabe. Drei Denkschriften d. Ministers u. Burggrafen v. Marienburg Th. v. Sch. üb. Priesterherrschaft. Hrsg. aus dem schriftl. Nachlasse d. Ministers v. e. Ostpreußen. gr. 8. (IV, 66 S.) Berlin 892. L. Simion. n. 1. —

— s. a. Studienreisen e. jungen Staatsmanns in England am Schlusse d. vorigen Jahrhunderts.

Schon Th. v. Studienreisen eines jungen Staatswirts in Deutschland von 1792-1798 Leipzig 1879

Schön, Theodor von. Woher und wohin? Nebst einem Nachwort von Georg Fein. Neue mit einem zweiten Nachworte vermehrte Aufl. Straßburg, G. L. Schuler 1842. 64 S. 8.

Schön, Walt., Rinaldo Rinaldini, s.: Indianer- u. Volksbibliothek.

Schoen, Wilh., Beiträge zur Dioptrik d. Auges. Mit 11 lith., 1 phototyp. Taf. u. 23 Holzschn. Fol. (V, 114 S.) Leipzig 884. Engelmann. cart. n. 30. —

—— s. Beiträge zur Ophthalmologie.

Schoen, Wilh., die geschichtliche Entwicklung uns. Kenntnis d. Staarkrankheit. Antritts-Vorlesg., geh. am 26. X. 1896. gr. 8. (24 S.) Leipzig 897. A. Langkammer. n. — 80

Schoen, W., die Functionskrankheiten d. Auges. Ursache u. Verhütg. d. grauen u. grünen Staares. gr. 8. (IX, 309 S. m. 24 Taf. in Kupferlichtdr. u. 26 Bl. Erklärgn.) Wiesbaden 893. J. F. Bergmann. n. 20. —

— d. Functionskrankheiten d. Auges. Ursache u. Verhütg. d. grauen u. grünen Staares. M. eingeheft. Atlas v. 24 Taf. 2. Ausg. Nebst Nachtrag: D. Funktionskrankheiten d. Ora serrata u. d. Ciliartheiles d. Netzhaut. Mit 12 Abb. im Texte u. 1 Taf. [Aus: „Archiv f. Augenheilkde."] gr. 8. (IX, 309 u. 52 S. m. 24 Bl. Erklärgn.) Wiesbaden 895. J. F. Bergmann. n. 22. —

Schoen, W., die Functionskrankheiten des Auges. 2. Thl. Ursache u. Verhütg. der Erkrankgn. der Netz- u. Aderhaut sowie des Ciliarmuskels. Mit eingeh. Atlas v. 37 Taf. gr. 8. (X, 205 S. m. 37 Bl. illustr. Erklärgn.) Wiesbaden 901. J. F. Bergmann. n. 20. —
1. Thl. Ebd. 895. n. 22. —.

Schön, Wilhelm, Referendar: Grundzüge eines Luftrechts. Ein Beitr. z. innerstaatl. u. völkerrechtl. Normierung d. Luftverkehrs. Borna-Leipzig 1909: Noske. IX, 45 S. 8°
Leipzig, Jur. Diss. v. 17. Dez. 1909
[Geb. 13. Jan 82 Neiße; Wohnort: Neiße; Staatsangeh.: Preußen; Vorbildung: Realgymn. Neiße Reife O. 02; Studium: Freiburg i. B. 3, Berlin 1, Kiel 3 S.; Rig. 13. Febr. 06.] [U 10. 2876

— Kopfschmerzen u. verwandte Symptome. gr. 8. (IV, 51 S.) Wien 903. M. Perles. n. 1. 20

Schoen, Wilh., die Lehre vom Gesichtsfelde u. seinen Anomalien. Eine physiologisch-klin. Studie. Mit 12 lith. Taf. (in qu. gr. 4.) u. 17 (eingedr.) Holzschn. gr. 8. (VIII, 150 S.) Berlin 874. Hirschwald. n. 8. —

Das Schielen, Ursachen, Folgen, Behandlung. Von Prof. Dr. Wilhelm Schoen in Leipzig. Mit 11 Fig. München: J. F. Lehmann 1906. (VIII, 250 S.) 8° [06. 3390

Schoen, Wilhelm von, a. Haag: Die Strafbarkeit des untauglichen Versuchs und der Standpunkt der Rechtsprechung. Straßburg i. E. 1908: Müh & Co. (75 S.) 8°
Würzburg, Jur. Fak., Ref. Oetker, Diss. v. 15. Juli 1908
[Geb. 29. Aug. 86 Haag; Wohnort: Straßburg; Staatsangeh.: Elsaß-Lothringen; Vorbildung: Gymn. München Reife Juli 04; Studium: Heidelberg 1, Berlin 1, München 2, Straßburg 2 S.; Rig. 4. März 08.]

Schön, W[illegible] Minden i. W. 29. [illegible] 1848: Ueber Verkümmerung des Zwischenkiefers mit gleichzeitiger Missbildung des Gehirns. Berlin 1870. [illegible] S.) 8°
Berlin, Med. Diss. v. 16. Apr. 1870

Schön, W., das Wichtigste aus der Heimatkunde des Kreises Ohlau. Beilage zur Flemmingschen Schulkarte des Kreises Ohlau. (20 S.) kl. 8. Glogau (905). Berlin, C. Flemming. — 10

Das Wichtigste aus der Heimatskunde des Kreises Ohlau. Beilage z. Flemmingschen Schulkarte d. Kreises Ohlau. Von W[ilhelm] Schön, Rektor. 2. Aufl. Glogau: C. Flemming [1906]. (20 S.) 8° [J.] [07. 3855

Schöna [Schlagwort]

Schöna, s.: Sachsen. Karte.

Schöna, s.: Sachsen. Messtischblätter.

Schönach, F., (Pfarrer) Auswahl d. vorzügl. Andachten u. Tugendübungen, für alle, besonders die nach christl. Vollkommenheit trachtenden, Christen. Mit 1 Kpf. 8. Heidelb. 807. 2e Aufl. 810.

Schönach, Hugo Beiträge zur Flora von Tirol und Vorarlberg. 8 (S. 3—22).
Progr. K. k. R.- u. Oberg. *Feldkirch* 1892.

Schönach H.: Literatur und Statistik der Flora v. Tirol u. Vorarlberg 22. 42. Bruneck R. 80, Feldkirch 82.
Progr.

Schönach H.: Die Pflanzen- u. Thierwelt in ihren physikalischen und chemischen Wechselbeziehungen zu einander u. zum Naturganzen. 48. Bruneck R. 76.
Progr.

Schönach, *Hugo*: Tabelle zum Bestimmen der Holzgewächse Vorarlbergs nach den Laubblättern. 8 (S. 3—40).
Progr. K. k. Real- u. Oberg. *Feldkirch* 1898.

Schönach, Jul., über die Löslichkeitsverhältnisse eines Gemisches von Na Cl und KCl zwischen den Temperaturen 0° und 100° C. [Aus dem physikal. Laboratorium der Universität Innsbruck.] Lex.-8. (9 S. mit 1 lithogr. Taf.) Wien 879, (Gerold's Sohn.) **
Aus: Sitzungsberichte der k. Akademie der Wissenschaften, besonders abgedruckt.

(F) **Schönach**, L., Archivalische Studien zur Jugendgeschichte Kaiser Karls IV. I. Gr.-8°. (42 S.) † K —.60
Prag: Calve 1905.

Schönach Ludwig: Beiträge zur Geschlechterkunde tirolischer Künstler aus dem 16.—19. Jahrh. 43. Innsbruck R. 05.
Progr.

Schönach, Ludw., Beiträge zur Geschlechterkunde tirolischer Künstler aus dem 16.—19. Jahrh. (125 S.) kl. 8. Innsbruck (909). (Wagner.) 1. 50

Schönach, Ludw., archivalische Studien zur Jugendgeschichte Kaiser Karls IV. I. (42 S.) gr. 8. Prag 905. (J. G. Calve.) n. — 60
Sonderabdruck aus: „Mittlgn. d. Ver. f. Gesch. d. Deutschen in Böhmen".

Schönach Ludwig: Tirolische Turniere im 13. u. 14. Jahrh. 15. Innsbruck R 03.
Progr.

Schönachens, d. Ritters v., Anmerkungen üb. d. Cavallerie-Dienst. 8. Wien, Camesina. 769.

v. Schönachen, Ritter ..., Anmerkk. üb. den Cavallerie-Dienst. 8. Wien 769. (Heubner). 16 gr.

Coniectanea in Hippocratem. Scripsit Guilelmus Schonack, Dr. phil. Lipsiae: Dieterich 1910. 10 S. 8° [10. 10367

Schonack, Guilelmus: Curae Hippocraticae. Berolini 1908: Salewski. 110 S. 8°
Königsberg, Phil. Diss. v. 2. Nov. 1908, Ref. Ludwich
[Geb. 11. Juni 85 Berlin; Wohnort: Berlin; Staatsangeh.: Preußen; Vorbildung: Sophien-Gymn. Berlin Reife M. 04; Studium: Berlin 7 S.; Rig. 29. Juli 08.] [U 09. 3417

Schönaich, Arminius, ein episches Gedicht . . . O. O. 1756. V: *Bodmer, Joh. Jac.* (Waniek, Gottsched. Leipzig 1897. S. 608.) (GGr) (ML)

Schoenaich, v., s.a. Hoverbeck gen. v. Schoenaich, Frhr. v.

Schoenaich, Frhr. v., 100 Prüfungs-Aufgaben zur Reserveoffizier-Aspiranten- u. Reserveoffizier-Prüfung, bearb. f. Einjährig-Freiwillige u. Reserveoffizier-Aspiranten der Kavallerie. 2 Bde. (174 u. 198 S. m. Fig., 1 Taf. u. 1 Karte.) kl. 8. Leipzig (906). F. Engelmann.
Geb. in Leinw. n. 6.—

Schönaich, Bibel u. Vernunft. Zwei Vorlesungen. Frankfurt a. O. 869. Harnecker & Co. gr. 8. (42 S.) 7½ ngr.

Schönaich, einige Blicke in die Zukunft des Reiches Gottes. Zwei Vorlesungen. Frankfurt a. O 863. Harnecker & Co. gr. 8. (47 S.) 7½ ngr.

[F.] Heiteres und Ernstes von jenseits der Pyrenäen. Von A. v. Schoenaich. *Berlin: Norddeutsche Buchdr. & Verlagsanst. 1897.* (1 Bl., 89 S.) 1 Bd 8. (97.2105

Schoenaich, A. v., lose Skizzen aus dem Zaren-Reiche. (319 S.) 8. Berlin 904. R. Siegismund. n. 3.—; geb. in Leinw. n. 4.—

Schönaich, Andreas v.

Schoenaich, Frhr. v., die Exekution gegen Herstal im Septbr. u. Oktbr. 1740, s.a. Militär-Wochenblatt. 1908. 5. Beiheft.

Die Exekution gegen Herstal im September und Oktober 1740. N. [illegible] Akten d. Geh. Staatsarchivs bearb. von F[rh] [Andreas] v. **Schoenaich**. Berlin: E. S. Mittler & Sohn 1908. (S. 237–250.) 8° [Umschlagt. [illegible]]
= **Militär-Wochenblatt**. 1908, Beih. 5, (2.) [illegible] 7370

Schönaich, Andreas Eduard v.

Schönaich, Frhr. v., Nachtrag zur Geschichte des Husaren-Regiments v. Zieten (brandenburg.) Nr. 3 (Zeit von 1873—1899), auf Veranlassg. des Regiments-Kommandeurs Oberstleutnants v. Schmidt zusammengestellt. gr. 8. (154 S. m. 5 Taf.) Rathenow 899. M. Babenzien.
n. 3.—; geb. in Leinw. n. 3.50

General v. Rüchel in der Schlacht bei Jena, s.a. Militär-Wochenblatt. 1907. 12. Beiheft.

General v. Rüchel in der Schlacht bei Jena. Eine Rekonstruktion u. krit. Untersuchung. Nach d. Akten d. Kriegsarchivs bearb. von [Andreas Eduard] F[rh] v. **Schoenaich**. Rittm. Berlin: E. S. Mittler & Sohn 1907. (S. 455–402.) 8° [Umschlagt. [illegible]]
— **Militär-Wochenblatt**. 1907, Beiheft 12, [1.] (07. 15134

Schönaich, Christoph Otto v., s.a. A e s t h e t i k in e. Nuß.

[–] Die ganze Aesthetik in einer Nuß, oder Neologisches Wörterbuch; als ein sicherer Kunstgriff, in 24 Stunden ein geistvoller Dichter und Redner zu werden, und sich über alle schale und hirnlose Reimer zu schwingen. Alles aus den Accenten der heil. Männer und Barden des itzigen überreuchlich begeisterten Jahrhunderts zusammengetragen, und den größten Wortschöpfern unter denselben aus dunkler Ferne geheiliget von einigen demüthigen Verehrern der sehr affischen Dichtkunst. O. O. und Dr. [Breslau] 1754. [illegible] 12 Bl. 471 S. Ldbd. d. 19. Jahrh. m. [illegible]
G. III. 362, [illegible]

Schönaich, Chrph. Otto Frhr. v., die ganze Aesthetik in e. Nuß od. neolog. Wörterbuch, s.a. Litteraturdenkmale, deutsche, des 18. u. 19. Jahrh., Nr. 70—75.

Schönaich, Chrph. Otto Frhr. v., die ganze Aesthetik in e. Nuß oder neolog. Wörterbuch, s.a. Litteraturdenkmale, deutsche, des 18. u. 19. Jahrh. Nr. 76/81.

Die ganze Aesthetik in einer Nuss oder neologisches Wörterbuch . . . (v. Christoph Otto F[rh] v. Schönaich) 1754. M. Einl. u. Anm. hrsg. v. Albert Köster. (Bg 1 – 10)' *Leipzig: G. J. Göschen 1898.* 8.
= Litteraturdenkmale, Deutsche, d. 18. u. 19. Jahrhunderts. No 70,72. [illegible] 3166

Die ganze Aesthetik in einer Nuss oder neologisches Wörterbuch von Christoph Otto F[rh] v. Schönaich 1754, mit Einl. u. Anm. hrsg. von Albert Köster. *Berlin: B. Behr 1900.* (XXVIII, 612 S.) 8°
= Litteraturdenkmale, Deutsche, d. 18. u. 19. Jahrhunderts. No 70 81. (N. F. 20 31.) [illegible]

– s. G e d a n k e n über Kriegskunst.

– s. H e i n r i c h d. Vogler.

v. Schönaich, Frhr. Cph. Otto, († d. 13. Sept. 1807.) Herrmann, od. das befreite Deutschland. Ein Heldengedicht. 8. Lpz. 751. 2e A. ans Licht gestellt v. Jh. Chr. Gottscheden. gr. 4. Ebd. 755. Breitkopf u. H. 1 ₰ 8 gr.

SCHÖNAICH, CHRISTOPH OTTO FREIHERR VON. Hermann, oder das befreyte Deutschland, ein Heldengedicht. Neue, verbesserte, vermehrte, und mit Kupferstichen ausgezierte Auflage. Mit einigen historischen Anmerkungen und einer komischen Epopee, Der Baron, bereichert. Nebst einer Vorrede ans Licht gestellet von Joh. Chr. Gottscheden. Leipzig, B. C. Breitkopf, 1753. 4°. 7 Bl., XXVI und 272 S. *Mit Frontispiz, A. Wernerin del., und 12 prächtigen Kupfertafeln nach G. L. Crusius, alles gestochen von J. C. Sysang.* Etwas bestoßener und am Rücken unten lädierter schöner Ldbd. d. Z. mit reicher (schwarz gewordener) Goldpressung.
G. III. 262. [illegible]

An den König. Bey dem erneuerten Gedächtnisstage der angetretenen Regierung von CHRISTOPH OTTO FREYHERRN von SCHÖNAICH ... 1752. den 31sten des Mäymonats. Königsberg, gedruckt bey Johann Friedrich Driest. fol.

s.a. M i s c h m a s c h.

§ * **MISCHMASCH**, Ein, von allerley ernsthaften u. lustigen Possen, der berühmten Konigin des Herzens Dulcinaea (sic!) von Toboso zugeeignet. (Vf.: *Christoph Otto* Frhr. *v. Schönaich.*) O. O. 1756. 8⁰. (In München: L. eleg. g. 129, 2; auch in Zürich, Stadtbibl.)
Anon.-Lex. III. p. 150 (nach L a d e n d o r f, Schönaich. Lpz. 1897. S. 75; W a n i e k, Gottsched. Lpz. 1897. 8⁰).

[SCHOENAICH, Christoph Otto Freiherr von]
Zugabe | zum | Mischmasche | von | allerley ernsthaftigen | und lustigen Possen; | von | dem Verfasser der Possen | im Taschenformate. | [Vignette] | Luxenburg [sic], bey Peter Bouffleur. | 1756. | [= Breslau]
32 S., kl-8° (170 × 95 mm).

Schönaich, Frhr. Cph. Otto v., s. M o n t e z u m a.

ODEN, S a t i r e n, B r i e f e u n d N a c h a h m u n g e n (von *Christoph Otto* Frhrn. *v. Schönaich*). O. O. (Leipzig) 1761.
Anon.-Lex. III. p. 231 (nach W. v. Maltzahn). S. Deutsche Litt.-Denkm. 70—81, XXVII.

[1803. *Ragout a la Mode oder des Neologischen Wörter-Buchs erste Zugabe von Mir Selbst. 1755.*

Goedeke *3*, 363, 4, 7. 19 cm. 40 pages. Rejoinder to Schönaich's *Neologisches Wörterbuch*. The authors were probably G. F. Meier and B. J. Zink.]

– s. S a m m l. v. Sinngedichten.

[—] Der Sieg des Mischmasches: ein episches Gedicht von dem Verfaßer des Greißels. La[illegible] Fagon der Franzosen. Für gut Contentement ein Paar geraumer Hosen. Redlich. Froßberg (= Sorau), bey Heidegger und Compagnie, 1755. Kl.8°. 48 S. (Druckfehler: 84) S. Hldr. neuerer Pbd.
G. III, 363, 4. [illegible] 3. [illegible] Gedicht gegen Zacharia, im Auftrage Gottscheds verfaßt. [illegible] „Versuch des [illegible]" [illegible] Schönaichs gegen Lessing und Haller [illegible], das ebenfalls [illegible], wohl kurz vorher [illegible]

– s.a. V e r s u c h e in d. trag. Dichtkunst.

[–] Versuch in der Tragischen Dichtkunst, bestehend aus vier Trauerspielen; nämlich: I. Zayde, II. Mariamne, III. Thusnelde, IV. Zarine. Breslau, C. G. Meyer, 1754. 8°. *Schönes Titelkupfer (zu Zayde) von Crusius.* 11 Bl. 2[illegible] S. *mit 1 Wappenvignette und einigen hübschen [illegible]* [illegible] Pbd. d. Z.
G. III [illegible]

Schönaich, F., das neue Gebot des Evangeliums. Ein Wort an die protestant. Freunde und Deutsch-Katholiken. gr. 8. Magdeburg 846. (Falckenberg u. Comp.) n. 1/12 ₰

Schönaich, Frz., Lehr- u. Handbuch f. den Unterricht im Recognosciren. gr. 8. (VIII, 171 S. m. 5 Steintaf. in qu. gr. 4.) Wien 875. Seidel & Sohn. n. 4.—

Schoenaich, Gust., die Christenverfolgung d. Kaisers Decius. (40 S.) gr. 8. Jauer 907. Glogau, Hellmann. 1. —

Schönaich, Gustav: Die Freikränzleinschiessen der schlesischen Städte. *Jauer (1898): M. Eisermann.* (27 S.) 4°
Jauer, k. G, OP 1898 (198)**

Zur Geschichte des Jauerschen Rathauses. E. Beitr. z. Gesch. d. schles. Rathäuser u. e. Festgabe z. Einweihg d. neuen Rathauses in Jauer am 22. Nov. 1897 v. Dr. G[ustav] Schönaich, Oberlehrer ... *(Jauer: Dr. v. Th. Buresch) [1897].* (39 S.) 1 Bd quer-8. [98.1442 Bi

Schönaich, G., die alte Fürstentumshauptstadt Jauer. Bilder u. Studien zur jauerschen Stadtgeschichte. 5 Lfgn. (188 S. m. Abbildgn u. 1 Taf.) gr. 8. Jauer 903. O. Hellmann. (Subskr.-Pr. n.n. 2. 50) Geb. in Leinw. n. 4. —

Schoenaich, Gustav: Die Libelli und ihre Bedeutung für die Christenverfolgung des Kaisers Decius. Breslau 1910: Nischkowsky. 38 S. 8° • (Ersch. auch als Buch b. Hellmann, Glogau.)
Breslau, k. Friedrichs-G. OP 1910 (257) [S 10. 580

— Die Libelli u. ihre Bedeutung f. die Christenverfolgung des Kaisers Decius. (38 S.) gr. 8. Glogau 910. Hellmann. 1. —

Schönaich, Gustavus. Quaestiones Juvenalianae. Halis Saxonum 1883: Ploetz. 39 S. 8°
Halle-Wittenberg, Phil. Diss. v. 21. Dez. 1883
Geb. Polkwitz (Kr. Glogau) 10. 12. 1858. V.
Verf. erlebte die nachträgliche Diplomerneuerung 1936 als Oberstudienrat a. D., Professor in Breslau. vgl. Anh. Nr. 774.

[Umschlagt.:] [Š. u. Ant.] Die Schützengilde zu Jauer. Festschr. z. 350 j. Jubil. d. Gilde v. Dr Gustav Schönaich, Oberl. ... zu Jauer. *(Jauer: Dr. v. Th. Buresch [1898].)* (31 S.) 1 Bd 8. [98.8080

Die alte Jauersche Stadtbefestigung. Vortrag geh. in d. Philomathie zu Jauer von Oberl. Dr. G[ustav] Schönaich. *Jauer: O. Hellmann 1903.* (13 S.) 8° [Š.] [03.15431

Schönaich-Carolath, Prinz Emil zu, Dichtungen. 8. (VI, 142 S.) Stuttgart 883. Göschen. n. 2. 40; geb. n. 3. 60

Schönaich-Carolath, Prinz Emil v., Dichtungen. 2., stark verm. Aufl. 8. (V, 290 S.) Stuttgart 893. G. J. Göschen. Geb. in Leinw. n. 4. —

Schönaich-Carolath, Prinz Emil v., Dichtungen. 4., verm. Aufl. 8. (V, 293 S.) Leipzig 898. G. J. Göschen. n. 3. —; geb. in Leinw. n. 4. —

Schönaich-Carolath, Prinz Emil v., Dichtungen. 5. u. 6. Aufl. 8. (à V, 296 S.) Leipzig 901. 903. G. J. Göschen. n. 3. —; geb. in Leinw. n. 4. —

Schoenaich-Carolath, Prinz Emil v., Dichtungen. 7. u. 8. Aufl. (à V, 296 S.) 8. Leipzig 903. 905. G. J. Göschen. n. 3. —; geb. in Leinw. n. 4. —

— Dichtungen. 9. u. 10. Aufl. (262 S.) 8. Ebd. 908. 3. —; geb. in Leinw. 4. —

— Fern ragt e. Land ... Eine Auswahl aus den Dichtungen des Prinzen. 1. u. 2. Aufl. (7.—8. Taus.) (151 S.) 8. Ebd. 907. 10. Kart. 1. 60; geb. 2.

— der Freiherr. Regulus. Der Heiland d. Tiere. Drei Novellen. 8. (181 S.) Ebd. 896. Geb. in Leinw. n. 4. —

— der Freiherr. — Regulus. — Der Heiland der Tiere. 3 Novellen. 2. Aufl. (181 S.) 8. Ebd. 903. n. 3. —; geb. n. 4. —

— Der Freiherr. Regulus. Der Heiland der Tiere. 3 Novellen. 3. Aufl. (197 S.) 8. Ebd. 908. 3. —; geb. 4. —

Gedanken eines Laien über Gefangenen-Fürsorge. Von Prinz Emil v. Schoenaich-Carolath. Mit e. Nachw. von Dr. H[einrich] Seyfarth, Pastor. Wandsbek-Hamburg: Ueberwasser in Komm. [um 1910]. 35 S. 8° [11.16179

Gedichte von Prinz Emil v. Schoenaich-Carolath. 2. Aufl. *Leipzig: G. J. Göschen 1905.* (198 S.) 8° [Š.] [04.19283

— Gedichte. 3., verm. u. 4. Aufl. (à 4, 230 S.) 8. Ebd. 906. n. 3. —; geb. in Leinw. n. 4. —
1. u. 2. Aufl. (à 4, 198 S.) 903. 905.

— Gedichte. 5. u. 6. Aufl. (206 S.) 8. Ebd. 908. 3. —; geb. in Leinw. 4. —

Schönaich-Carolath, Prinz Emil zu, Geschichten aus Moll. 8. (VII, 181 S.) Stuttgart 884. Göschen. n. 3. 40; geb. n. 4. 40

Geschichten aus Moll. Von Prinz Emil v. Schönaich-Carolath. 2. Aufl. Leipzig: Göschen 1899. 188 S. 8° [99.3617

Schoenaich-Carolath, Prinz Emil v., Geschichten aus Moll. 3. Aufl. (182 S.) 8. Leipzig 908. G. J. Göschen. 3. —; geb. in Leinw. 4. —

— Die Kiesgrube, s.: Schatzgräber, der. Nr. 6.

— Lichtlein sind wir. — Die Kiesgrube. — Die Wildgänse. 8. (III, 111 S.) Ebd. 903. n. 1. 80; geb. in Leinw. n. 2. 50

— Lichtlein sind wir. Die Kiesgrube. Die Wildgänse. 2. Aufl. (III, 111 S.) 8. Ebd. 905. n. 1. 80; geb. in Leinw. n. 2. 50

— Lichtlein sind wir. Des Bettlers Weihnachtsgabe. Die Kiesgrube. Die Wildgänse. 3. Aufl. (107 S.) kl. 8. Leipzig 909. Berlin, G. J. Göschen. 1. 80; Lwbd. 2. 50

Schönaich-Carolath, Prinz Emil zu, Lieder an eine Verlorne. 8. (115 S.) Stuttgart 878, [Hallberger.] Deutsche Verlags-Anstalt. geb. mit Goldschn. *

— Lieder an eine Verlorne. 8. (115 S.) Stuttgart 881. Deutsche Verlags-Anstalt. geb. m. Goldschn. n. 4. 50

— Regulus, s.: Volksbücher, Wiesbadener.

— Thauwasser. 16. (207 S.) Stuttgart 881. Göschen. n. 3. 20; geb. n. 4. —

— Tauwasser. 3. Aufl. (144 S.) 8. Leipzig 908. G. J. Göschen. 3. —; geb. in Leinw. 4. —

— bürgerlicher Tod, s. a. Schatzkästlein, literarisches.

Bürgerlicher Tod. Novelle v. Prinz Emil zu Schönaich-Carolath. *Stuttgart, Leipzig, Berlin, Wien: Deutsche Verl.-Anst. [1894].* (2 Bl., 138 S.) 1 Bd 8.
= Schatzkästlein, Literarisches. Bd II. [96.1511

— bürgerlicher Tod. Novelle. Neue Ausg. (138 S.) 16. Ebd. (895). Geb. in Leinw. n. 1. —

Gesammelte Werke von Prinz Emil v. **Schönaich**-Carolath. Bd 1–7. Leipzig: G. J. Göschen 1907. 7 Bde 8° [F.]
1. 2. Dichtungen. T. 1. 2. 3. Gedichte. 4. Tauwasser.
5. Geschichten aus Moll. 6. Der Freiherr. Regulus. Der Heiland d. Tiere.
7. Bürgerl. Tod. Lichtlein sind wir. Des Bettlers Weihnachtsgabe. Die Kiesgrube. Die Wildgänse. [07. 17809

Schoenaich-Carolath, Prinz Emil v., gesammelte Werke. 7 Bde. (137, 134, 206, 144, 182, 197 u. 187 S. m. Bildnis.) 8. Leipzig 907. G. J. Göschen. 10.—; geb. 15.—

(Emil [Prinz zu]) Schönaich-Carolath: Die Wildgänse. Berlin: Vita [1899]. (S. 54–59.) 8° [F.]
— Geschichten. Kurze. 1, 12, [2.] [05 3353

Die goldenen Hörner von Gallehus v. J. von **Schönaich-Carolath.** (Stuttgart 1909.) 4° Ausschnitt aus: Der Kompaß Hrg.: Eduard Eggert. Jg. 5, Nr. 22—24.

Schonatt, Johann Andreas (Bamberg) A. S. 9/22

Primitiae academicae de feudis, sive positiones feudales. Präs. Johann Friedrich Hertling. Heidelberg (Mayer) 22. IX. 1709. 14 S.

Gew.: Gallus Heinrich und Johann Alberich Bauer von Heppenstein. 31268

Schönau [Sachl. Ordnungswort]

v. Schönau's, Herrn, Familiengeschichte. 8. Erfurt 791. Keyser. 12 gr

— u. Rosamunde. Auch m. d. Titel: Scenen auf dem Theater d. Welt. 8. Dresd. Gerlach. (Sommer in Lpz.) 805.

Schönau u. Rosamunde, (von Karl Gli. Pannach). 8. Dresd. 803. (Nauck in Leipz.) 1 rf 8 gr

Schönau [Schlagwort]

Schönau i. Bad., s. a. Baden. Karte.

Schönau i. S., s. a. Sachsen. Karte.

Schönau. Kreis. s. a. Kreiskarten.

Schönau. Entfernungskarte, amtliche, des Kreises Schönau. Auf Grund amtl. Unterlagen angefertigt in den Katasterämtern Bolkenhain u. Hirschberg I, rev. im Katasterbureau der königl. Regierg. zu Liegnitz. Hrsg. 1903. 1 : 75,000. 55×38 cm. Farbdr. Glogau, Berlin, C. Flemming. n. 1. 50

Schoenau. Hilscher, A., Karte des Kreises Schoenau. Ausg. ohne Amtsbezirksgrenzen. Lith. u. color. gr. 4. Liegnitz 887. Zippel. n. n. — 50

Schönau [Verfasser]

[J. u. Ant.] Chronica von Ichstedt. Von E[duard] Schoenau. Sa. a. d. 'Frankenhäuser Ztg'. *Frankenhausen: Dr. v. E. Krebs [1896?].* (1 Bl., VI, 250 S., 1 Bl.) 1 Bd 8. [96 6351

Schönau, Ed. v., der Freiheit eine Gasse! Gedichte. gr. 8. (IV und 44 S.) Königsberg 848, [Voigt und Söhne.]

Schönau, E., Kerstan u. Sofie. Eine Rothenburger romant. Geschichte. 12. (108 S.) Leipzig 899. B. Franke. n. 1. —; geb. in Leinw. n. 1. 50

— Magyaren-Lieder. 8. (16 S.) Berlin 849, Löwenherz. 1/12 rf

Schönau, Friedr., Abendstunden d. fleißigen Jugend. 16. (11 1/2 B. u. 4 ill. Abbild.) Neuhaldensleben 839, Eyraud.

— Feierstunden für die Jugend. Mit (4) ill. Abbildd. 8. Neuhaldensleben 834. Eyraud. (Berlin, Rubach.) 1 rf

Merkwürdige Lebensbeschreibung Eleonorä Christinä Gräfinn von **Ulfeld,** einer Tochter Christian IV., Königs in Dännemark und Norwegen hochlöblichen Gedächtnisses. [Verf.: (Friedrich Christian Schönau.)] Aus dem Dänischen übers. v. Christian Gottlob Mengel. Kopenhagen u. Leipzig. 1757. 8°

Schoenau, H von [Pseud.]
s. a. Bosse, Auguste von [Wirkl. Name]

Schönau, H. v., Cavalier u. Jüdin. Roman. 2 Bde. Berlin 868. Janke. 8: (467 S.) 2 rf 15 ngr.

H. J. de Schoenau justa Themidis sententia, medicinae Doctoribus prae causidicis seu advocatis competere praerogativam dignitatis et jus praecedentiae. Francof. ad Moen. 1750. 4 (Cfr. *Ant. Gut. Plaz de medicina supra jurisprudentiam aestimanda.* Lips. 1782. 4)

v. Schonau, H. J., († ...) justa Themidis sententia, medicinae doctoribus prae caussidicis s. advocatis demonstr. 8. Frankf. a. M. 750. Andreä. 4 gr

Schönau, J., ein Wiener Dienstmann, — der gescheidteste Mann auf der Welt, s. Theater-Repertoir, Wiener.

Schoenau, Karl von: Zur Verzweigung der Laubmoose. Mit 29 Abb. im Text. Dresden [1911]: Heinrich. 56 S. 8° ¶ (Aus: Hedwigia. Bd 51, H. 1/2.)
München, Phil. Diss. v. 20. Dez. 1910, Ref. v. Göbel
[Geb. 22. Okt. 85 Bad Reichenhall; Wohnort: Bad Reichenhall; Staatsangeh.: Bayern; Vorbildung: Wilhelms-Gymn. München Reife Juli 05; Studium: München 11 S.; Rig. 20. Dez. 10.] [U 11. 3851

Schönau, Ludw., der böse Boulanger oder die Wirkung des Septennats. Großes tragi-kom. Heldengedicht aus der Gegenwart. gr. 8. (44 S. mit 26 stimmungsvollen Illustr. von Paul Widmayer.) Stuttgart 887, Levy und Müller. *

Schönau, Ludw. Der böse Boulanger. gr. 8. Stuttg. 887, Schwabacher. * 1 —

Schönau, Ludw., im Zeichen des Luftschiffs. 100 humorist. Orig.-Postkartengrüße zur Unterhaltg. u. prakt. Benützg. bei d. verschiedensten Gelegenheiten f. Zeppelin-Verehrer u. Freunde der Luftschiffahrt. (46 S.) kl. 8. Stuttgart (909). Schwabacher. — 50

Schoenau, Max, allerlei Coulissenscherze. Aus französ. Quellen gesammelt. 8. (131 S.) Charlottenburg 898. M. Simson. n. 2.

Schönau, Max, geschminkte Liebe. Roman aus d. Theaterleben. (218 S. m. Abb.) 8. Berlin 907. Verlag deutscher Zeitschriften. 1.50; geb. 2.50

Schoenau, Max, Lydia, s.: Kaufmann's moderne Zehnpfennig-Bibliothek. 1. Bd.

Schönau, W. (Frau Martha Kneschke), die Autlerin, s.: Album f. Liebhaber-Bühnen. Nr. 389.

Schönau, W. (Frau Martha Kneschke), Florians Brautfahrt, s. a. Schätzler-Perasini, Gebh.

Florians Brautfahrt. ⟨Auf der Grenzbaude.⟩ Schwank in 3 Akten von Gebh. **Schätzler**-Perasini u. W. Schönau [d. i. Martha Kneschke]. *Halle a. S.: O. Hendel (1900).* (72 S.) 8° [F.]
(Bibliothek d. Gesammtlitteratur d. In- u. Auslandes. No 1436.) (01. 1300,8

— wenn dich die bösen Buben locken, s.: Liebhaber-Theater. 75.

SCHÖNAUER, ANTON: Die in den Wehrschriften begründeten / Begünstigungen / für / Stellungspflichtige. / Bearbeitet von Anton Schönauer, Oberleutnant und Konzerts-offizier in Heeresergänzungs-Angelegenheiten beim 13. Korpskommando in Agram. II. Heft. Kandidaten des geistlichen Standes; Ausgeweihte Priester und angestellte Seel-sorger. Agram 1906. Im Selbstverlage. Buchdruckerei Weiser, Zagreb. 29 S. - 235 mm

Schönauer, Frz., Zündertafeln. Hrsg. m. Bewilligg. des k. u. k. Reichskriegsministeriums, Erlass vom 14. 1. 1899, Abth. 7, Nr. 8094 v. 1898. (13 farb. Taf. u. 1 Tab.) 47,5×70,5 cm. Wien 902. L. W. Seidel & Sohn. n. 24. —

Schönauer, Fr., Repetier-Stutzen M. 95, s.: Braoharz, E.

Schönauer, Heinr., die Maximilians-Thürme in Linz. Nach den Skizzen des Oberl. Baron v. Hasselholdt-Stockheim ausgearb., gez. und in Stein gravirt. Fol. (4 S. und 7 Stnt.) Passau 850, Pustet'sche Buchh. *

Schönauer, J. N., prakt. Darstell. der Ziegelhüttenkunde. Mit 11 Kpf. u. 8 Tabb. gr. 8. Salzb. 815. (Mayr). (Lentner in Münch.) 3 fl 16 kr bei Haslinger in Linz. 3 fl 4 kr

Schönaug, J. L., psycholog.-medizin. Abhandlung üb. d. Idio-somnambulismus, od. d. freientstandene Schlafhandeln. 8. (1¾ B.) Wien 838, (Beck's Univ.-Buchh.) *

Schönaug, J. L., s. Daubenton's Rathgeber u. Helfer bei Verdauungsschwäche.

Schonaei, Corn., Terentius christianus sive Comoediae sacrae. - Francof. 712. 8. 16 gr.

Schönbach, Karl von,. Trip. v. F. Spach. 8. Frkft. Eichen-berg. 787.

Schönbach, Anton Emanuel

Die Anfänge des deutschen Minnesanges. E. Studie v. Anton E. Schönbach. *Graz: Leuschner & Lubensky 1898.* (IX, 129 S.) 1 Bd 8. (98. 1668

Schönbach, Ant. E., gesammelte Aufsätze zur neueren Litteratur in Deutschland, Oesterreich, Amerika. gr. 8. (XIX, 443 S.) Graz 900. Leuschner & Lubensky. n. 6. —

— Beiträge zur Erklärung altdeutscher Dichtwerke 1. u. 2. Stück. gr. 8. Wien (C. Gerold's Sohn). n. 5 40
1. Die älteren Minnesänger. [Aus: „Sitzungsber. d. k. Akad. d. Wiss."] (154 S.) 899. n. 3. 30
2. Walter v. der Vogelweide. (92 S.) 902. n. 2. 10

Schönbach, Ant. E., Beiträge zur Erklärung altdeutscher Dichtwerke. 3. u. 4. Stück. gr. 8. Wien (A. Hölder.) n. 4. 40
3. Die Sprüche des Bruder Wernher. I. (90 S.) 904. n. 2. —
4. Dasselbe. II. (106 S.) 904. n. 2. 40
[Aus: Sitzungsber. d. k. Akad. d. Wiss., philos.-histor. Klasse.]

Schönbach, Ant., Vorauer Bruchstücke d. Wigalois. Fol. (48 S.) Graz 877. Leuschner & Lubensky. n.n. 10. —

— d. Christentum in d. altdeutschen Heldendichtg. Vier Abhandlgn. gr. 8. (XII, 267 S.) Ebd. 897. n. 6. —

Über einige Evangelienkommentare des Mittelalters von Anton E. Schönbach. *Wien: C. Gerold's Sohn in Komm. 1903.* (176 S.) 8°
= Sitzungsberichte der Kais. Akademie d. Wiss. in Wien. Philos.-hist. Klasse. Bd 146, 4. (03. 8469

Schönbach, Ant. E., die Brüder Grimm. Ein Gedenkblatt zum 4. Jan. 1885. 8. (60 S.) Berlin 885. Dümmler's Verl. — 75

Über Gutolf von Heiligenkreuz. Untersuchungen u. Texte. Von Anton E. Schönbach. Wien: C. Gerold's Sohn in Komm. 1904. (129 S.) 8°
= Sitzungsberichte d. Kais. Akademie d. Wiss. in Wien. Philos.-hist. Kl. Bd 150, 2. (05. 11021 9

Schönbach, Ant. E., üb. e. Grazer Handschrift lateinisch-deutscher Predigten. gr. 8. (143 S.) Graz 890. Leuschner & Lubensky. n. 3. 20

Schönbach, Ant. E., üb. Hartmann v. Aue. Drei Bücher Untersuchgn. gr. 8. (VIII, 503 S.) Graz 894. Leuschner & Lubensky. n. 12. —

Über Hermann von Reun. Von Anton E. Schönbach. Wien: C. Gerold's Sohn in Komm. 1905. (50 S.) 8°
= Sitzungsberichte d. Kais. Akademie d. Wiss. in Wien. Philos.-hist. Kl. Bd 150, 4. (05. 10006 9

— s.: Kronos, Franz v., zum 19. Novbr. 1895.

—— über Lesen und Bildung. Umschau und Ratschläge. 8. (V, 144 S. mit Kopfleisten und Ornamenten.) Graz 888, Leuschner und Lubensky. *M 2.50.; geb. **

—— dass. — 2. Aufl. 8. (X, 157 S.) Ebendas. 888. *
geb. *

— dasselbe. 3. Aufl. Vermehrt durch Aufsätze über die neueste deutsche Dichtung u. den Realismus. 8. (XV, 210 S.) Ebd. 889. n. 3. 50; geb. n. 5. 50

— üb. Lesen u. Bildung. Umschau u. Ratschläge. 4., stark erweit. Aufl. (5. u. 6. Taus.) 8. (XIII, 257 S.) Ebd. 894. n. 2. 80; geb. in Leinw. n. 3. 80

— üb. Lesen u. Bildung. Umschau u. Ratschläge. 5., stark erweit. Aufl. (7.—9. Taus.) gr. 8. (XV, 333 S.) Graz 897. Leuschner & Lubensky. n. 3. —; geb. in Leinw. n. 4. —

— über Lesen u. Bildung. Umschau u. Ratschläge. 6., stark erweit. Aufl. 10. bis 12. Taus. gr. 8. (XV, 369 S.) Graz 900. Leuschner & Lubensky. n. 4. —

— über Lesen u. Bildung. Umschau u. Ratschläge. 7., stark erweit. Aufl. 13.—15. Taus. (XVIII, 408 S.) gr. 8. Graz 905. Leuschner & Lubensky. n. 4. 50

Schönbach, Ant., üb. die Marienklagen. Ein Beitrag zur Geschichte der geistl. Dichtg. in Deutschland. Festschrift der k. k. Univ. in Graz zur Jahresfeier am 15. Novbr. 1874. gr. 4. (83 S.) Graz 874. Leuschner & Lubensky in Comm. n. 4. —

— Mittheilungen aus altdeutschen Handschriften. 1—5. Stück. [Aus: „Sitzungsber. d. k. Akad. d. Wiss."] Lex.-8. Wien 878—82. Gerold's Sohn in Comm. n. 4. 60
1. Ueber Andreas Kurzmann. (70 S.) n. 1. —
2. Predigten. (48 S.) n. — 80
3. Neue Fragmente d. Gedichtes über die Zerstörung von Accon. (12 S.) n.n. — 30
4. Benedictinerregeln. (70 S.) n. 1. —
5. Priester Arnolts Legende v. St. Juliana. (94 S.) n. 1. 50

— Mittheilungen aus altdeutschen Handschriften. 6. Stück: Ueber e. mitteldeutsches Evangelienwerk aus St. Paul. [Aus: „Sitzungsber. d. k. Akad. d. Wiss."] gr. 8. (160 S.) Wien 897. (C. Gerold's Sohn.) n. 3. 20 (1.—6.: n. 7. 80)

— Mittheilungen aus altdeutschen Handschriften. 7. Stück: Die Legende vom Engel u. Waldbruder. gr. 8. (62 S.) Wien 901. (C. Gerold's Sohn.) n. 1. 40

— Mitteilungen aus altdeutschen Handschriften. 8. Stück: Seitenstettner Bruchstücke des jüngeren Titurel. (14 S) gr. 8. Wien 904. (A. Hölder.) n. — 60
Sonderabdruck aus: „Sitzungsber. d. k. Akad. d. Wiss."

— Mitteilungen aus altdeutschen Handschriften. 9. Stück: Bruder Dietrich. — Erbauliches in Prosa u. Versen. (27 S.) gr. 8. Wien 907. A. Hölder. — 70
Sonderabdr. aus: „Sitzungsber. d. k. Akad. d. Wiss."

— dasselbe. 10. Stück: Die Regensburger Klarissenregel, s.a. Sitzungsberichte der kais. Akademie d. Wissenschaften in Wien. Phil.-histor. Kl. 160, VI.

Mitteilungen aus altdeutschen Handschriften. 10. Stück: Die Regensburger Klarissenregel. S. 160 6 . . . „ 1.60
Separatabdruck

— s.a. Predigten, altdeutsche.

Schönbach, Anton E., Altdeutsche Predigten. I. Bd. Texte. Lex.-8. (XVIII u. 531 S.) Graz, „Styria". Geb 5 fl.
1885

Schönbach, Anton, Altdeutsche Predigten. III. Band Texte. Lex.-8. (VIII, 450 S.) Cart. 5.—
Graz: Styria 1891.

—— über die humoristische Prosa des 19. Jahrhunderts. gr. 8. (88 S.) Graz 875, Leuschner und Lubensky. *

— Rede auf Schiller. Geh. am 9. V. 1905 in der Aula der k. k. Karl Franzens-Universität Graz. (38 S.) gr. 8. Graz 905. Leuschner & Lubensky. n. — 80

— üb. d. Sage v. Biterolf u. Dietleip. [Aus: „Sitzungsber. d. k. Akad. d. Wiss."] gr. 8. (39 S.) Ebd. 897. n. 1. —

— Studien zur Erzählungsliteratur d. Mittelalters. 1. Thl.: Die Reuner Relationen. [Aus: „Sitzungsber. d. k. Akad. d. Wiss."] gr. 8. (139 S.) Ebd. 898. n. 3.20

— Studien zur Erzählungsliteratur des Mittelalters. 2.—5. Thl. Wien 899. (C. Gerold's Sohn.) n. 8. 20
2. Die Vorauer Novelle. (94 S.) 899. n. 2. 10
3. Die Legende vom Erzbischof von Magdeburg. (77 S.) 901. n. 2. —
4. Über Caesarius v. Heisterbach. I. (93 S.) 902. n. 2. 20
5. Die Geschichte des Rudolf v. Schlüsselberg. (52 S.) 902. n. 1. 90

— Studien zur Erzählungsliteratur des Mittelalters. 6. u. 7. Tl. gr. 8. Wien, A. Hölder. 2. 90
6. Des Nikolaus Schlegel Beschreibg. d. Hostienwunders zu Münster in Graubünden. (84 S.) 907.
7. Über Caesarius v. Heisterbach. II. (51 S.) 908.
Sonderabdr. a.: „Sitzungsber. d. k. Akad. d. Wiss."

dasselbe. 8. Tl.: Über Caesarius v. Heisterbach, s.a. Sitzungsberichte der kais. Akademie d. Wissenschaften in Wien. Philol.-histor. Kl. 163, I.

Schönbach, A. E., Studien zur Erzählungsliteratur des Mittelalters. 8. Teil: Über Caesarius von Heisterbach. III. [Aus: Sitzungsber. d. kais. Akad. d. Wiss., philos.-histor. Klasse. 163. Bd. 1. Abt.] Gr.-8°. (90 S.) † K 2.05
Wien: Holder 1909.

— Studien zur Geschichte der altdeutschen Predigt. 1. Stück: Ueber Kelle's ‚Speculum ecclesiae'. [Aus: „Sitzungsber. d. k. Akad. d. Wiss."] gr. 8. (142 S.) Ebd. 896. n. 2. 20

— Studien zur Geschichte der altdeutschen Predigt. 2. Stück: Zeugnisse Bertholds v. Regensburg z. Volkskunde. gr. 8. (156 S.) Ebd. 900. n. 3. 40
Sonderabdruck aus: „Sitzungsber. d. k. Akad. d. Wiss."

— Studien zur Geschichte der altdeutschen Predigt. 3.—7. Stück. gr. 8. Ebd. n. 17. 75
3. Das Wirken Bertholds v. Regensburg gegen die Ketzer. (151 S.) 904. n. 3. 30
4. Die Ueberlieferung der Werke Bertholds v. Regensburg. I. (184 S.) 905. n. 4. 10
5. Dasselbe. II. (112 S.) 905. n. 2. 65
6. Dasselbe. III. (162 S.) 906. n. 3 80
7. Ueber Leben, Bildung u. Persönlichkeit Bertholds v. Regensburg. I. (142 S.) 906. n. 3. 30
Sonderabdrucke aus: „Sitzungsber. d. k. Akad. d. Wiss."

— Studien zur Geschichte der altdeutschen Predigt. 8. Stück. gr. 8. Wien, A. Hölder. 2. 10
8. Über Leben, Bildung u. Persönlichkeit Bertholds v. Regensburg. II. (106 S.) 907.
Sonderabdr. aus: „Sitzungsber. d. k. Akad. d. Wiss."

— s.: Studien, Grazer, zur deutschen Philologie.

—— steirische und kärnthische Taidinge, s. Bischoff, F.

Schönbach, Ant. E., des Gutolf v. Heiligenkreuz Translatio s. Delicianae, s.: Redlich, Osw.

— Walther v. der Vogelweide, s.a. Geister, führende.

— Walther v. der Vogelweide, s.a. Geisteshelden.

[J.] Walther von der Vogelweide. E. Dichterleben v. Anton E. Schönbach. 2. Aufl. *Berlin: E. Hofmann & C. 1895.* (VIII, 216 S., 1 Taf.) 1 Bd 8. = Geisteshelden. '(Sammlg 1.)' Bd 1. [illegible]

Walther von der Vogelweide. Ein Dichterleben von Anton E. Schönbach. Mit 2 Abb. 3., verb. Aufl. Berlin: E. Hofmann 1910. VIII, 233 S. 8°
(Geisteshelden Bd 1.)
[illegible]

Schönbach, B., die Völkerschlacht bei Leipzig, s.: Engel, Max.

Schönbach, Bruno, aus Straßburgs Vergangenheit. Verbind. Text zu d. Straßburg-Liedern v. S., m. den bekanntesten Straßburg-Liedern arrang. v. Max Engel. Für Schulfeierlichkeiten u. Schulkonzerte, sow. f. patriot. Aufführgn. m. leb. Bild. 8. (27 S.) Leipzig 896. F. Hofmeister. n. — 50

Schönbach, Carl Heinrich August,
s. Schönbach, Karl Heinrich August

Schönbach Friedrich: Corn. Hermann von Ayrenhoff.
H. 1884 PN 375 Diss. Wien, Univ. 25

Schönbach, J. v., die Guitarre u. ihre Geschichte. 8. (12 S.) Tölz 889. Exped. des „Echo vom Gebirge". n. — 60

Schoenbach, Johann Wolfgang (Grimma) A. S. 1177/31

Disputatio inauguralis, de convulsivis morbis.
Präs. Christian Vater.
Wittenberg (Gerdes) II. 1708. 12 Bl.

W. v.: Jo. David Wendler, Jo. Heinrich Schönbach.

31143

Schönbach, Karl Heinrich August

Schönbach, Carl Heinr. Aug., „Cain, was hast du gethan? Die Stimme deines Bruders Bluts schreiet zu mir von der Erde." Rede bei der Beerdigung des ermordeten 19jähr. Jünglings Joh. Gottlieb Hauptmann, Bauergutsbesitzers in Lawalde am 3. Juni 1855 gehalten. gr. 8. (10 S.) Löbau 855, Centralschulbuchh.

Schönbach. M.. De Persii in Saturis sermone et arte. Diss. 1910. 72 S. 2.—

Schönbach, Otto, Die 2. deutsche Meerturnfahrt nach Spanien, Afrika und Italien v. 20. 7.—14. 8. 1896. 69 S., 8°.

Beitrag zur Diskussion der Wirtschaftlichkeit geneigter Schiffseisenbahnen. Von Dr techn. Victor **Schönbach**, Oberbaurat. (Prag) 1906: (A. Haase). (16 S.) 4°

Das Schiffshebewerk-Projekt 'Universell'. Von Viktor **Schönbach**. Mit 4 Taf. Prag: Deutscher Polytechn. Ver. 1905. (63 S.) 4°
Aus: Technische Blätter. Jg. 36, H. 3/4

Nürnbergisches Schönbart-Buch und Gesellen-Stechen. Aus einem alten Manuscripte zum Druck befördert. Mit Kupfern. (1764.) 4o.

Schönbartbuch, Nürnbergisches, u. Gesellenstechen. (v. J. K. Feuerlein II.) 4. Schwabach 765. Endres. 14 gr

Schönbartbuch und Gesellenstechen, Nürnbergisches. Schwabach 1768. V: *Feuerlein, Johann Conrad.* (Ky)

Schönbauer, Josef Anton

NÜRNBERG. — Nürnberger Schönbartbuch. Reproduction der alten Hamburger Prachthandschrift (c. 1550) in Lithographie mit Handcolorit. Gegen 400 Seiten in Folio mit gegen 100 farbigen (handkolor.) Tafeln in Folio u. Doppelfolio. Das Werk enthält die Entstehungsgeschichte der Nürnberger Schönbartlaufen, jener merkwürdigen kostumierten Fastnachtsaufzüge der Handwerker, die im 15. u. 16. Jahrh. alljährlich in Nürnberg stattfanden. Die Herausgabe d. Handschrift v. Prof. Dr. Karl Drescher in Bonn. Durch Subscription vergriffen. Weimar 1908. Fol. (50 Mk. K. Th. Völcker, Frf. a. M., 1909; 50 Mk. Max Jaeckel, Potsdam, 1910; 60 Mk. Isaak St. Goar, Frf. a. M., 1909; 30 Mk. Edm. Meyer, Berlin, 1909.)

— Conspectus Ornithologiae Hungaricae. 8. Pesth 804.

v. **Schönbauer**, Jos. Ant., (✝ d. 28. Dec. 1807.) Determinations- u. Werners Mineralsystem. 2 Tabb. Leipz. 809. Barth. 6 gr

— Geschichte der schädl. Kolumbatzer Mücken im Bannat. Mit 1 ill. Kpft. gr. 4. Wien 795. (Heubner); (a. Hammerich in Altona). 16 gr

— Geschichte d. schädl. Kolumbatzer Mucken. gr. 4. Wien, Pazowsky. (Camesina.) (a. Hammerich in Altona, u. Sommer in Lpz.) 795.

— neue analyt. Methode, die Mineralien u. ihre Bestandtheile richtig zu bestimmen. 2 Thle. (2r Thl. v. Vinc. Schönbauer). gr. 8. Wien 805, 10. Schaumburg u. C. 4 rf

— Theses de abortu, loco inaug. specim. 8. Wien 778.

Schönbauer, Rob., u. Joh. Geo. **Rothaug**, Leitfaden der Handelsgeographie für Gremialhandelsschulen u. andere fachliche Lehranstalten. gr. 8. (IV, 116 S.) Wien 903. F. Deuticke. Kart. u. 1.20

Schönbauer, Rob., u. Joh. Geo. **Rothaug**, Leitfaden der Handelsgeographie f. kaufmänn. Fortbildungsschulen. 2., verb. Aufl. (IV, 121 S.) 8. Wien 906. F. Deuticke. Kart. n. 1.20

Schönbauer, Rob., u. Joh. Geo. **Rothaug**, Leitfaden der Handelsgeographie f. kaufmänn. Fortbildungsschulen. I. Tl. Für die 1. u. 2. Klasse. 3., nach dem neuen Lehrplane vollst. neubearb. Aufl. (IV, 80 S.) 8. Wien 910. F. Deuticke. Geb. 1.—

Schönbauer, V., kurze Anleit. zum Lesen u. Schreiben f. angehende Lehrlinge, wodurch ihnen selbige in 2 Monaten auf eine sehr leichte Art gründl. beigebracht werden kann. 8. Waitzen 811. (Pesth, Kilian). 1 rf

v. *Schönbauer*, Vinc., minerae metallorum Hungariae et Transylvaniae. II Tomi. 8. Pesth (Wien) 805 u. 809. Schaumburg u. C. 3 rf Schrbp. 4 rf (Tom. II. Etiam sub titulo: Descriptio salium, inflammalium carbonum, terrarum ac lapidum.)

Schönbauer, V., Minerae metallorum Hungariae et Transylvaniae. II Tomi. (T. II. et. sub titulo: Descript. salium inflammabil. etc.) 8. Vien. Schaumburg. 810. (I. 1 Thlr. II. 2 Thlr.
Schreibp. (I. 1 Thlr. 8 gr. II. 2 Thlr. 16 gr.)

— s. J. A. Schönbauer, neue analyt. Methode.

Schönbeck: Der Hermokopidenprocess. 32 S. Bromberg. Progr. 1864

Schoenbeck's, Dr., Oberlehrer am Gymnasium zu Bromberg, Verdienste um Aufhellung des Hermokopiden-Prozesses gewürdigt von einem Unparteiischen. Berlin 865. Geelhaar. gr. 8. (47 S.) n. 6 ngr.

Schoenbeck, A. v., Vorlagen f. Lederschnitt, Ausgründearbeit u. Brandmalerei, s.: Vorlagen f. Brandmalerei.

(B) **Schoenbeck**, Berth., hippolog. Alphabet. 896. — Fahr-Handbuch. 895. (GBV 30.) Jetzt: Berlin, Rückschwerdt & Co.

Schoenbeck, Berth., hippologisches Alphabet. Handbuch f. berittene Offiziere, wie auch Pferdebesitzer jeden Ranges u. Standes zur Orientierung im Umgang mit Pferden, nebst Anleitg. üb. deren Pflege. gr. 8. (XII, 228 S. m. 85 Abb.) Leipzig 896. H. Hartung & Sohn. Geb. in Leinw. 4.50

Schönbeck, B., Fahr-Handbuch zum Selbststudium für alle Freunde d. Fahrsports, Equipagenbesitzer, Kutscher u. Fahrer jeden Standes. Mit zahlr. Illustr.-Taf. u. Textabbildgn. 6 Lfgn. gr. 8. (300 S.) Dresden 889. Friese & v. Puttkamer. à 1.— (cplt. geb.: n. 8.—)

— Fahr-Handbuch z. Selbststudium f. alle Freunde d. Fahrsports, Equipagenbesitzer, Kutscher u. Fahrer jeden Standes, nebst Anleitg. zur Beurteilg., Pflege u. Wartg. d. Pferdes im ges. u. kranken Zustande. M. 161 Illustr.-Taf. u. Text-Abb. 2., verb. Aufl. gr. 8. (XVI, 293 S.) Ebd. 895. Geb. in Leinw. n. 6.—

Hülfs- und Zwangsmittel zur Pflege, Behandlung, Dressur und Redressur von Pferden sowie Schutz- u. Sicherheitsvorricht. z. Verhütung von Unfall u. Schaden betrachtet u. beurth. von **Berthold Schoenbeck**, Stallmeister. *Berlin: Deutsche Sattler-Zeitung [1900].* (323 S.) 8° [F.]
Aus: Deutsche Sattler-Zeitung. [00. 11218

Schoenbeck (B.). Vorbildlicher Englischer Pferde-Zucht u. -Pflege. (31 S.). Stuttg. 1900. M. 1.—

Schönbeck, Berth., Ratgeber beim Pferdekauf, s. a. Thaer-Bibliothek. 76. Bd.

Schönbeck, Berth., Ratgeber beim Pferdekauf. Für Landwirte, Offiziere u. jeden Pferdehalter bearb. 8. (VII, 158 S. m. 105 Abbildgn.) Berlin 892. P. Parey. Geb. in Leinw. n. 2. 50

[F.] Ratgeber beim Pferdekauf. F. Landwirte, Offiziere u. jeden Pferdehalter bearb. v. Stallmeister **Berthold Schoenbeck**. 2., verm. u. verb. Aufl. M. 103 Textabb. *Berlin: P. Parey 1898.* (VI S., 1 Bl., 159, XVI S.) 1 Bd 8.
= **Thaer-Bibliothek.** Bd 70. [98. 4320

Ratgeber beim Pferdekauf. Für Landwirte, Offiziere u. jeden Pferdehalter bearb. von Stallmeister Berthold **Schoenbeck**. 3., verb. Aufl. Mit 103 Textabb. u. 1 besond. Beil.: Taschen-Ausz. Berlin: P. Parey 1906. (VI, 155, XVI S.) 8° [F.]
— **Thaer-Bibliothek**. 76. [06. 3491

—— Reithandbuch für berittene Offiziere der Fußtruppen, sowie für jeden Besitzer eines Reitpferdes. Nach langjähr. Erfahrungen zusammengestellt. 3. verm. und verb. Aufl. Lex.-8. (VIII, 146 S. mit 70 von dem Verf. gezeichneten Abbild.) Leipzig 888, Bredow. * *M* 5.—.; geb. **

Schönbeck, Berthold, das Scheuen der Pferde, dessen Ursachen, Folgen und Abhilfe. Ein Beitrag zur Pferde-Behandlung, Dressur und Redressur. 1. und 2. Aufl. Lex.-8. (VI, 61 S.) Dresden 888, Friese und v. Puttkamer. *

—— **Das Scheuen der Pferde, dessen Ursachen, Folgen u. Abhilfe. Ein Beitrag zur Pferde-Behandlg., Dressur u. Redressur. 3. Aufl. Lex.-8. (VI, 61 S.) Dresd. 889, Friese u. v. Puttkamer.** * 1 50

— das Scheuen der Pferde, dessen Ursachen, Folgen u. Abhilfe. Ein Beitrag zur Pferde-Behandlg., Dressur u. u. Redressur. 4., verb. Aufl. (69 S.) gr. 8. Leipzig (904). Berlin, Zuckschwerdt & Co. n. 1. 60

— d. Stalluntugenden d. Pferdes. Ein Hilfsmittel, wie man ihnen begegnet. Für beritt. Offiziere, Landwirthe, wie auch Pferdebesitzer jeden Ranges u. Standes. M. zahlr. Abb. im Text. gr. 8. (XII, 107 S.) Leipzig 897. Zuckschwerdt & Co. Geb. n. 3. —

Schoenbeck, Berth., Vorbildliches englischer Pferde-Zucht u. -Pflege, s.: Pferde, unsere. 12.

— Die Widersetzlichkeit d. Pferdes, s. a. Thaer-Bibliothek. 84. Bd.

— **die Widersetzlichkeiten d. Pferdes, deren Ursachen, Folgen u. abhelfende Behandlung. 8. (VII, 179 S. m. 46 Abbildgn.) Ebd. 893. Geb.** n. 2. 50

Die Widersetzlichkeiten des Pferdes, deren Ursachen, Folgen u. abhelfende Behandlung. Von Berthold **Schoenbeck**. 2., verb. Aufl. Mit 46 Textabb. Berlin: Parey 1909. VIII, 180 S. 8°
(Thaer-Bibliothek. Bd 84.) [09. 17242

Schoenbeck, Em. (Otto) (geb. Danzig 13. 12. 1830): De eczemate. Berolini (1850). (30 S.) 8°
Berlin, Med. Diss. v. 3. Mai 1850.

Schoenbeck, F., Chemie u. Physik als Hilfswissenschaften in der zahnärztl. Technik, s. a. Sammlung v. Vorträgen aus dem Gebiete der Zahnheilkunde. 3. Heft.

Chemie und Physik als Hilfswissenschaften in der zahnärztlichen Technik. Mit 8 Abb. von Dr. F. **Schoenbeck**. Leipzig: Dyk 1910. 37 S. 8°
(Sammlung von Vorträgen aus d. Gebiete d. Zahnheilkunde. H. 3.) [10. 10180

Schoenbeck, Friedrich, aus Neu-Ruppin: **Beiträge** zur Kenntnis der polymorphen Körper. *Marburg a. L. (1901: F. Peter, Leipzig).* (94 S.) 8°
Marburg, Phil. Diss. v. [25. Nov.] 1901

Schoenbeck, Frdr., die Elektrizität als Wärmequelle, s. a. Bibliothek der gesamten Technik.

Die Elektrizität als Wärmequelle. Von Dr. Friedrich **Schoenbeck**. Mit 53 Abb. Hannover: M. Jänecke 1907. (103 S.) 8°
= **Bibliothek** d. gesamten Technik. Bd 61. [05. 11097

Schoenbeck, Hermannus: Quaestionum Lucilianarum particula. Halae (1841): Ploetz. 46 S. 8°
Halle-Wittenberg, Phil. Diss. v. 23. Juni 1841
Geb. Posen 1817. V.
Enthält Cap. 2—4 der eingereichten Arbeit: De C. Lucilii vita ac scriptis.

Schönbeck, Jakob Christian (Potsdam) Halle 1704

Dissertatio iuris publici de iure postarum heredetario,
Vom Recht Des General=Erb=Post=Amts.
Präs. Johann Peter Ludwig.
Halle (Hendel) 19. I. 1704. 63 S. 31145

Schönbeck, Johs., Durch Kampf zum Sieg. Lieder. Berlin 862. (Beck.) 8. (82 S.) n. 5 *ngr.*

Schönbeck, Johs., durch Kampf zum Sieg. Lieder. 8. (82 S.) Berlin 863, (Beck.) *

Schoenbeck, Josef Wolfgang, aus Cöln a. Rh.: Zur **Erläuterung des § 245 des Handelsgesetzbuches.** Ein Beitrag zur Lehre von d. Tantième d. Aufsichtsrats von Aktiengesellschaften. *Erlangen 1902: F. Junge.* (72 S.) 8° [F.]
Erlangen, Jur. Diss. v. 30. Okt. 1902

Schönbeck, Leop., *k. k. Oberfinanzrath u. Finanz-Bez.-Dir. zu Trient.* Gesammtbild der Vorschriften über controlpflichtige Waaren. Ein Handbuch zur Zoll- u Staatsmonopols-Ordnung. *Trient* 1858. *J. Seiser.* IV u. 115 S., 8°. 50 kr.

Schönbeck, Michael Franz, s. Aeschylus: Eumeniden.

— s. Isäus, Der Redner.

Schönbeck, Mich. Frz., zusammenhängende Predigten über die evangel. Perikopen des ganzen kathol. Kirchenjahres. Nach dem in der linzer theol. Monatschrift im 7. Jahrg. 2. Bde. angegebenen Plane bearb. 2 Bde. gr. 8. (26 B.) Wien 844, [Schmitt u. Leo.] *

Schönbeck, Mich. Frz., zusammenhängende Predigten über die evangel. Perikopen des ganzen kathol. Kirchenjahres. Nach dem in der Linzer theol. Monatschrift im VII. Jahrg. 2. Bde. angegebenen Plane bearb. 2 Bde. gr. 8. Wien 844, Wimmer. n. 1 1/4 *ßß*

— **Dissertatio de Titanibus Hesiodeis. 4maj. Greifswald 844. (Otte.) n. 5/12** *ßß*

— **Winckelmann u. die Archäologie. Rede am 9. Dec. 1844 in der Aula zu Greifswald gehalten. gr. 8. Greifswald 845, Koch. 1/4** *ßß*

Schönbeck, Otto, a. Strasburg i. U.: Der kurmärkische Landtag vom Frühjahr 1809. Erster Teil. [Altenburg 1907: Pierer.] (VII, 62 S.) 8° [Ʒ.] ¶(Erschien vollst. in: Forschungen z. Brandenburg. u. Preuss. Geschichte Bd 20. 1907.)
Göttingen, Phil. Fak., Ref. M. Lehmann, Diss. v. 6. Mai 1907
[Geb. 7. Mai 81 Strasburg i. d. Uckermark; Wohnort: Strasburg; Staatsangeh.: Preußen; Vorbildung: Gymn. Wurzen Reife O. 01; Studium: München 4, Göttingen 7 S.; Rig. 7. Nov. 06.]

Schoenbeck, Rich., s.: Album prämiirter u. hervorragender Pferde der ersten allgemeinen deutschen Pferde-Ausstellung zu Berlin 1890.

Schoenbeck, Rich., Aphorismen z. Naturgeschichte etc. d. Pferdes, s.a. Pferde, unsere. 23.

Schoenbeck R.: Aphorismen z. Naturgeschichte, Charakteristik u. Kultur d. Pferdes. Stuttg. 1902. 82 S. Fig. 1 Tvl.
(Unsere Pferde. H. 23). 462.

Schoenbeck, Rich., Beschirrungs- u. Anspannungsgrundsätze bei Pferden, s.: Preisschriften u. Sonderabdrücke d. Deutschen landwirtschaftl. Presse, Nr. 17.

— aus der Blüthezeit d. Reitkunst. 24 Federzeichngn. M. begleit. Text. gr. 4. (43 S. m. Abb.) Berlin 896. A. W. Hahn's Erben. Geb. in Leinw. n. 6. —

Schoenbeck, Rich., der Damen-Reitsport, s.: Bibliothek f. Sport u. Spiel. XXI.

— Dienstanweisung f. herrschaftliche Kutscher u. Stallpfleger. (VIII, 192 S. m. 117 Abbildgn. u. Titelbild.) 8. Leipzig 903. O. Klemm. Geb. in Leinw. n. 3. —

Schoenbeck, Rich., Dienstanweisung f. herrschaftl. Kutscher. Jetzt: Berlin, Neufeld & Henius.

— **Fahr-ABC.** Kurze Anleitg. zum Erlernen des herrschaftl. Fahrens. Nach prakt. Erfahrgn. bearb. 12. (104 S. m. 66 Abbildgn.) Berlin 893. P. Parey n. 1.50

Schoenbeck, Rich., Fahr-ABC. Die Grundsätze der Beschirrg., des Anspannens u. des Fahrens im Arbeits- u. im Luxus-Zuge. 2., gänzl. neubearb. Aufl. (IV, 145 S. m. 84 Abb.) 8. Berlin 907. P. Parey. Geb. in Lw. 2. —

Schoenbeck (R.). Fahr-Handbuch zum Selbststudium. Mit 161 Illustr.-Taf. u. Text-Abbild. 2 Aufl. (293 S.) Leipz. 1895. geb. M. 6. —

Schoenbeck, Richard. Deutsche Fahrkunde. Das Wagenpferd und der Fahrer. Die Fahrkunst. Der Wagen. Leipzig. Otto Klemm 1900.
IX + 596 S. m. 350 Abb. 18 Taf. 8°

(6) — Deutsche Fahrkunde. 900. — Was d. Infanterie-Pferdebesitzer wissen muß. 900. (MWL 32.) Jetzt: Berlin, Neufeld & Henius.

Schoenbeck, Rich., Gedanken üb. e. Verbesserung d. Reitwesens u. der Stallpflege bei der Infanterie. gr. 8. (48 S.) Berlin 872. Mittler & Sohn. n. — 80

Schönbeck, Rich., guten Morgen, Vielliebchen! Gedichte. Glatz 869. Hirschberg. gr. 16. (146 S.) cart. mit Goldschn. n. 1

— Das Pferd u. seine Darstellg. in der bild. Kunst v. hippolog. Standpunkt aus. (X, 203 S. m. 321 Abb. u. 45 Taf.) 32×23,5 cm. Leipzig 908. F. Engelmann. Geb. in Leinw. 28. —

— das gerittene Pferd, seine Anwendg., Wartg. u. Pflege. Ein Hülfsbuch f. den berittenen Infanterie-Officier, sowie jeden Besitzer v. Dienst- u. Luxus-Reitpferden. Nach Erfahrgn aus der Praxis zusammengestellt. Mit 31 eingedr.) Orig.-Federzeichngn. (in Holzschn.) vom Verf. gr. 8. (VIII, 108 S.) Magdeburg 876. E. Baensch. n. 4. —

Schoenbeck, Rich., Pferderassen, s.a. Eerelmann, Otto.

Pferderassen. 40 Kunstblätter nach Gemälden von Otto Eerelman u. Rich. Schoenbeck. Mit Text von Rich. Schoenbeck, Major a. D. Lfg 1. *Berlin: E. Eggebrecht.[1903].* gr. 2° [04. 3519]

— über das Pferdewesen bei der Infanterie. gr. 8. (20 S.) Ebend. 876. n. — 60

— Rassen-Typen des Pferdes. Überblick üb. die wichtigsten Pferderassen der Erde. Für Pferdezüchter u. -Liebhaber, Landwirte, Offiziere, Tierärzte, Künstler u. sonst. Interessenten. 2., neu bearb. Textausg. (XII, 281 S.) Lex. 8. Berlin 906. E. Eggebrecht. Geb. in Leinw. 5. —

— **Reit-ABC.** Kurze Anleitg. zum Erlernen d. Reitens. 8. (72 S. m. 29 Abbildgn.) Ebd. 893. Kart. n. 1. —

Schoenbeck, Rich., Reit-ABC. Kurze Anleitg. zum Erlernen des Reitens f. Herren u. Damen. 2., verb. Aufl. 8. (77 S. m. 31 Abbildgn.) Berlin 899. P. Parey. Geb. in Leinw. n. 1. 50

— Reit-ABC. Kurze Anleitg. zum Erlernen d. Reitens f. Herren u. Damen. 3., verb. Aufl. (80 S. m. 30 Abb.) 8. Berlin 908. P. Parey. Geb. in Leinw. 1. 50

— Reiten u. Fahren, s.a. Thaer-Bibliothek. 68. Bd.

Schoenbeck, R., Reiten u. Fahren. Anleitung zur Kenntnis d. Pferdes u. zu seinem Gebrauch unter dem Sattel u. im Zuge. Mit 111 in den Text gedr. Abbildgn. 8. (VIII, 265 S.) Berlin 888. Parey. geb. n. 2. 50

— **Reiten u. Fahren. Anleitung zur Kenntnis d. Pferdes u. zu seinem Gebrauch unter dem Sattel u. im Zuge. 2., neu bearb. Aufl. 8. (VII, 268 S. m. 114 Abbildgn.) Ebd. 892. Geb. in Leinw.** n. 2. 50

Schoenbeck, Rich., Reiten und Fahren, s.a. Thaer-Bibliothek, Bd. 68.

[Ʒ.] Reiten und Fahren. Anleitg z. Kenntniss d. Pferdes u. zu seinem Gebr. unter d. Sattel u. im Zuge. Von Richard Schoenbeck, Kgl. Preuss. Major a. D. 3., neubearb. Aufl. M. 111 Textabb. *Berlin: P. Parey 1898.* (VII, 268 S.) 1 Bd 8.
= Thaer-Bibliothek. Bd 68. [98. 4319]

Reiten und Fahren. Anleitung z. Kenntnis d. Pferdes u. zu s. Gebr. unter d. Sattel u. im Zuge. Von Richard **Schoenbeck**, Major a. D. 4., neubearb. Aufl. Mit 94 Textabb. Berlin: P. Parey 1905. (VIII, 250 S.) 8° [Ʒ.]
= **Thaer-Bibliothek**. 68. [06. 3400]

Schoenbeck, Rich., Reithandbuch f. berittene Offiziere der Fußtruppen, sowie f. jeden Besitzer e. Reitpferdes. Nach Erfahrgn. aus der Praxis zusammengestellt. Mit e. Titelbild u. 59 Abbildgn v. dem Verf. 2. wesentlich verm. Aufl. von: „Das berittene Pferd". gr. 8. (X, 133 S.) Leipzig 884. Bredow. n. 5. —; geb. n. 6. —

— Reithandbuch f. berittene Offiziere der Fußtruppen, sowie f. jeden Besitzer e. Reitpferdes. Mit 70 v. dem Verf. gezeichneten Abbildgn. 3., verm. Aufl. Lex.-8. (VIII, 146 S.) Leipzig 888. Bredow. n. 5. —; geb. n. 6. —

— Reithandbuch f. berittene Offiziere der Fußtruppen, sowie f. jeden Besitzer e. Reitpferdes. Nach langjähr. Erfahrgn. zusammengestellt. Mit 62 v. dem Verf. gezeichneten Abbildgn. 4., verm. Aufl. Lex.=8. (VIII, 152 S.) Leipzig 892. R. Bredow. n. 5. —

— Reithandbuch f. berittene Offiziere der Fußtruppen, sowie f. jeden Besitzer v. Reitpferden. 5. verm. u. verb. Aufl. gr. 8. (VIII, 386 S. m. 196 Abbildgn.) Leipzig 902. O. Klemm. Geb. in Leinw. n. 10. —

(B) Reit=Handbuch. 902. (RBL 32.) Jetzt: Berlin, Neufeld & Henius.

— was d. Infanterie=Pferdebursche v. Pferde u. d. Stallpflege wissen muß. 12. (VIII, 92 S. m. 17 Abb.) Mainz 896. Berlin, Militär=Verlagsanstalt. Geb. in Leinw. n. 2. —

— was der Infanterie=Pferdebursche vom Pferde u. von der Stallpflege wissen muß. 2. verb. Aufl. 12. (VIII, 98 S. m. 19 Abbildgn.) Ebd. (900). Geb. in Leinw. n. 2. —

— die Zäumung d. Pferdes in Theorie u. Praxis. Ein Beitrag zur Frage u. Lehre der Zäumg. Mit 11 Zeichngn. v. dem Verf. u. 28 Abbildgn. nach alten Kupfern. gr. 8. (VIII, 122 S.) Berlin 883. Mittler & Sohn. n. 3. —

Schönbein, Christian Friedrich *s.* Berzelius, Jonas Jacob, und Schönbein, Christian Friedrich — Faraday, Michael, and Schönbein, Christian Friedrich — Liebig, Justus von, und Schönbein, Christian Friedrich.

Der Basler Chemiker Christ. Friedr. Schönbein. 100 Jahre nach seiner Geburt gefeiert von d. Univ. u. d. naturforsch. Gesellsch. (in Basel). *Basel: Georg & Co. 1899.* (58 S.) 8°
= Verhandlungen d. Naturforsch. Gesellschaft in Basel. Bd 12, Anh. (w. 461)

Schönbein, Ch. F. Über die Anwesenheit des Ozons in der atmosphärischen Luft.

Schönbein, Ch. F. Über die Bedeutung und den Endzweck der Naturforschung. Basel 1853. 4.

Schönbein, Chrstn. Friedr., Beiträge zur physikal. Chemie. gr. 8. (8 B.) Basel 844, Schweighauser'sche Buchh. * —

Schoenbein, C. F., Beitrage zur nähern Kenntniss des Sauerstoffes. Aus d. Abhdlgn. d. k. bayer. Akad. d. W. München 858. Franz in Comm. 4. (30 S.) n. 10 *ngr.*

Schönbein, Chr. Fr., Beobachtungen über die elektrischen Wirkungen des Zitter=Aales. gr. 8. Basel 841, Schweighauser'sche Buchh. $6^1/_4$ ngl

Chemische Beobachtungen über die langsame und rasche Verbrennung der Körper in atmosphärischer Luft. Basel, 1845. 8vo.

Schönbein, Ch. F. Beobachtungen über die elektrischen Wirkungen des Zitter Aales. Basel 1841.

Schönbein, Chrph. Frdr., 20 Briefe, s.: Berzelius, Jonas Jak.

Schönbein, Chrn. Frdr., Briefwechsel, s.: Liebig, J. v.

— Chemie. Ueber einige Berührungswirkungen. 1854.

Schönbein, Chr. Friedr., Chemie. Letzte Arbeiten. gr. 8. (21 S.) Basel 869, Schweighausersche Buchh. * — 40
Aus: Verhandlungen der naturforschenden Gesellschaft in Basel, besonders abgedruckt.

Denkschrift über das Ozon. Basel, 1849. 4to.

Ueber den Einfluss des Sonnenlichtes auf die chemische Thätigkeit des Sauerstoffs und den Ursprung der Wolkenelektricität und des Gewitters. Basel, 1850. 4to.

— Ueber den Einfluss des Eisens und seiner Oxidulsalze auf chemisch gebundenen Sauerstoff. (Aus den „Gelehrte Anzeigen der k. bayer. Akad. der Wissensch." No. 12—15.) München 1858.

Schönbein, Ch. F. Über den Einfluss des Sonnenlichtes auf die chemische Thätigkeit des Sauerstoffes und den Ursprung der Wolkenelectricität und des Gewitters. Basel 1850. 4.

—— über die Erzeugung des Ozons auf chemischem Wege. gr. 8. ($10^3/_4$ B.) Basel 844, Schweighauser'sche Buchh. *

— Ueber Farbenveränderungen. (Aus dem Octbr.-Hefte des Jahrg. 1853 der Sitzber. der mathem.-naturw. Cl. der Kais. Akad. der Wissensch. Bd. XI, besonders abgedruckt.)

Schönbein, Ch. F. Über die Häufigkeit der Berührungswirkungen auf dem Gebiete der Chemie. Basel 1843. 4.

— Lotters, s.: Faraday.

Schönbein, C. F., Mittheilungen aus dem Bericht über die Verhandlungen der naturforsch. Gesellschaft in Basel von 1850—52. Basel 1852.

Schönbein, C. F., Mittheilungen aus dem Gebiete der Chemie. Vom Juli 1867 bis Juli 1868. Basel 868. (Schweighauser.) gr. 8. (57 S.) n. 8 *ngr.*

[Schönbein, Christian Friedrich.] Mittheilungen aus dem Reisetagebuche eines deutschen Naturforschers. England. 8. Basel 1842.

— Mittheilungen über metallische Superoxyde. Aus d. Abhdlgn. d. k. bayer. Akad. d. W. München 857. Franz in Comm. 4. (20 S.) n. $6^1/_2$ *ngr.*

Schönbein, (Chrstn. Friedr.), über die Natur des eigenthümlichen Geruches, welcher sich sowohl am positiven Pole einer Säule während der Wasserelectrolyse, wie auch beim Ausströmen der gewöhnl. Electricität aus Spitzen entwickelt. gr. 4. (19 S.) (München 851, Franz.) *
Aus: Abhandlungen der 2. Classe der Akademie der Wissenschaften III. Bd. 3. Abthl., besonders abgedruckt.

—— über einige neue Reihen chemischer Berührungswirkungen. gr. 4. (32 S.) München 856, (Franz.) *

— über einige neue Reihen chemischer Berührungswirkungen. Aus d. Abhdlgn. d. k. bayer. Akad. d. W. München 857. Franz in Comm. 4. (32 S.) n. 12 *ngr.*

—— und J. Schnell, die Universität von Basel, s. Schnell.

Schoenbein, C(hrstn.) F(riedr.), über die nächste Ursache der spontanen Bläuung einiger Pilze. gr. 4. (11 S.) München 856, (Franz.) **
Aus: Abhandlungen der k. bayr. Akademie der Wissenschaften, besonders abgedruckt.

— — üb. nächste Ursache d. spontanen Bläuung einiger Pilze 1857. —24

—— über die langsame u. rasche Verbrennung der Körper in atmosphärischer Luft. gr. 8. ($7^1/_8$ B.) Basel 845, Schweighauser'sche Buchh.

—— über das Verhalten des Bittermandelöles zum Sauerstoffe. gr. 4. (16 S.) München 857, (Franz.) *
Vorstehende Schrift des Verf. wurde aus: Abhandlungen der k. bayer. Akademie der Wissenschaften, besonders abgedruckt.

Schönbein, C. F., das Verhalten des Eisens zum Sauerstoff. Ein Beitrag z. Erweiterung elektrochemischer Kenntnisse. Mit 1 Steindrucktafel. gr. 8. Basel 837. Neukirch). 5/8 ₰ (Vergl. Prof Fr. Fischer.)

Schönbein, Ch. F. Über den Zusammenhang der katalytischen Erscheinungen mit der Allotropie. Basel 1856. 4

Schönbein-Feier, Die, in Basel. Halle 1899. V: *Lorenz, Rich.* (Zuwachsverz. d. Bibliotheken in Zürich 1898 ff.)

Schönberg [Sachl. Ordnungswort]

Schönberg, Maria Elisabeth v., s.: Schubert, G. H. v

Schönberg [Schlagwort]

Schönberg, s.: Geolog. Karten (Preussen).

Schönberg, s.: **Geologische Karten.** Spezialkarte. (Oesterr.-Ung.)

Schönberg, s.: **Lauban.**

Schönberg, s.: **Sachsen. Karte.**

Schönberg, s.: Sachsen. **Messtischblätter.**

Schönberg [Verfasser]

Schönberg. Die k. k. Oesterreich. Armee von 1610–1873. 44 Bll. Bilder u. Zeichn. 4. Wien 1874

Schönberg, ..., s. **Pult,** das, e. heroisch kom. Gedicht in 6 Gesängen.

Schönberg, A. v. (I.), zur Biographie d. Etatsrathes C. F. Schumacher. 4. (2½ B.) Kopenhagen 837, (Speer.?)

—— Blicke auf d. letzte Eroberung, neuere Geschichte u. Colonisation v. Algier. gr. 8. (15¼ B. u. 1 Tab.) Kopenhagen 839, (Speer.?)

Schönberg, A., Lobrede auf d. Grafen C. F. Scheffer, a. d. Schwed. gr. 8. Leipz. Grdff. 795.

Schönberg, A., Lobrede auf den Grafen C. F. Scheffer; aus d. Schwedisch. von K. G. Gröning. gr. 8. Leipz. 795. (Wienbrack). 6 gl

Schönberg, A. v. (II.), Zusammenstellung u. Vergleichung e. Dreifelderwirthschaft u. dreierlei Wechselwirthschaften, auf d. Areal e. Rittergutes begründet. gr. 8. (4¾ B.) Dresden u. Leipzig 836, Arnoldische Buchh.

Schönberg, A. W., praktische russische Grammatik für Deutsche, vorzugsweise zum Gebrauch in den Kreisschulen und in den unteren Klassen der Gymnasien. Arensburg 864. (Jürgens.) gr. 8. (VI, 138 S.) n. 22½ ngr

Schönberg, A. W., Liederbuch f. Knaben- u. Mädchenschulen. 8. (IV, 59 S.) Riga 876. Kymmel in Comm. cart. n.n. 1. —

Schönberg, Albrecht von

s.: Schoenberg, Joergen Johan Albrecht von

Schönberg, Alex [aus Lietzow]: Ueber elektrolytische Zersetzung quaternärer Ammoniumjodide ... Berlin, A. W. Schade's Buchdr., 1895; 28 S., 1 Bl. 8.
Giessen, Phil. Fak., Inaug.-Diss. v. 1895

Schönberg, Alex. v., über Einrichtung der Armenhäuser auf dem Lande und einige damit zusammenhängende Zweige der Armenpflege. Vortrag gehalten in einer Ausschuß-Sitzung von Gemeinde-Vorständen des Dresdener Gerichtsamtsbezirkes. Dresden 857. (am Ende.) gr. 8. (48 S.) n. 5 ngr.

Schönberg, Alex., die Pappdächer. Erfahrungen über Haltbarkeit und Werth, sowie Anleitung zur Anfertigung derselben, mit Kosten und Gewichtsberechnung. 1. Aufl. und 2. Aufl. gr. 8. (15 S.) Dresden 857, Schönfeld's Buchh. *

Schönberg, Alfons Diener-
s. Diener Schönberg. A 22 U672

Schönberg, Alois

Schönberg A. der chem.-techn. Brennereileiter. (Bibl. Chem.-techn. 2) Wien 1879

Schönberg, Alois, der chemisch-techn. Brennereileiter, 4. Aufl., s.: Eidherr, Ed.

Schönberg, Alois, populäres Handbuch der Preßhefe-Fabrikation. Vollständige Anleitung zur Erzeugung von Preßhefe nach der Schlempe-Methode, sauren Methode, der neuen Methode [Erfindung d. Verf.] u. aus Bierhefe. gr. 8. (VII, 136 S.) Wien 878. Hartleben. 3. 60

Schönberg, Alois, populäres Handbuch der Spiritus- u. Preßhefen-Fabrikation. Vollständige Anleitg. zur Erzeugniß v. Spiritus aus Kukuruz, Korn, Gerste, Hafer, Hirse, Kartoffeln u. Melasse. Die Preßhefen-Fabrikation nach alter Methode aus Kukuruz, Korn u. Gerste; die Preßhefen-Fabrikation aus allen Getreidesorten u. Kartoffeln nach neuer Methode [eigene Erfindg. d. Verf.] Mit erlaut. Abbildgn. (in eingedr. Holzschn.) 8 (164 S.) Wien 875. Hartleben. n. 2. 25

Schönberg A., popul. H-Buch. d. Spiritus u. Presshefefabr. 2. Aufl. 1875 1 65

Schönberg, Alois, populäres Handbuch der Spiritus- und Preßhefe-Fabrikation. Vollständige Anleitung zur Erzeugung von Spiritus und Preßhefe aus Kartoffeln, Kukuruz, Korn, Gerste, Hafer, Hirse und Melasse; mit besond. Berücksicht. der neuesten Erfahrungen auf diesem Gebiete. Auf Grund vieljähr. Erfahrung ausführl. und leichtfaßl. geschildert. 2. vollständig umgearb. Aufl. 8. (IV, 272 S. mit 23 erläut. eingedr. Holzschn.-Abbild.) Wien 880, Hartleben's Verlag.

Schönberg, (August), Referendar: **Die Besitzklagen in ihrer Richtung auf Schadenersatz nach gemeinem Recht mit einem Anhang über die Stellung des Bürgerlichen Gesetzbuches zu dieser Frage.** *Greifswald 1898: J. Abel.* (41 S.) 8°
Greifswald, Jur. Diss. v. 1898

Schönberg, B. v., Geschichte des Geschlechtes v. Schönberg Meissnischen Stammes, s. Fraustadt, A.

Schönberg, Bernh. v., die Armengesetzgebung des Königreichs Sachsen. Für den practischen Gebrauch, mit besonderer Berücksichtigung organisatorischer Zwecke, in ihren wesentlichsten Grundzügen erläutert. Leipzig 864. Roßberg. gr. 8. (XIV, 361 S.) n. 1 ₰ 15 ngr

Schönberg, Bernh. v., über Einrichtung der Armenhäuser auf dem Lande und einige damit zusammenhängende Zweige der Armenpflege. Vortrag gehalten in einer Ausschuß-Sitzung von Gemeinde-Vorständen des dresdner Gerichtsamtsbezirkes. gr. 8. (48 S.) Dresden 857, (am Ende.) **

—— Entwurf einer Bezirks-Armenordnung. Zweiter Nachtrag zu der Schrift: Entwurf einer Ortsarmen-Ordnung rc. gr. 8. (26 S.) Zwickau 862, Thieme. *

—— Entwurf einer Orts-Armen-Ordnung nebst Armenhaus-ordnung und Dienstanweisung für den Armenhaus-Verwalter. Zunächst für die ländlichen Heimathsbezirke des Sächsischen Erzgebirges u. Voigtlandes bearb. Zwickau 861. Thieme. (Werner.) gr. 8. (88 S.) n. 12 ngr

Schönberg Bernhard: Die ethischen Momente in der Rhetorik des Aristoteles.
H. 1899 PN 1220 **Diss**.Wien, Univ. 82

Schönberg, Bernh. v., Nachtrag zu der Schrift: Entwurf einer Orts-Armen-Ordnung nebst Armenhausordnung und Dienstanweisung für den Armenhaus-Verwalter. gr. 8. (43 S.) Zwickau 862, Thieme. *

Schönberg, Bernhard von, Referendar in Dresden: **Die Namensklagen des Bürgerlichen Gesetzbuches.** Borna-Leipzig 1906: R. Noske. (IX, 66 S.) 8° [F.]
Leipzig, Jur. Fak., Diss. v. 18. Dez. 1906
[Geb. 26. Mai 83 Dresden; Wohnort: Dresden; Staatsangeh.: Sachsen; Vorbildung: Fürsten- u. Landessch. St. Afra Meißen Reife O. 01; Studium: Lausanne 1, Heidelberg 3, München 1, Leipzig 2 S.; Rig. 17. Febr. 05.]

v. Schönberg, C. A., (Missionär,) Brief an seine Schwester. gr. 8. Dresd. 829. (Arnold). 2 gr.

Schönberg, Carl, s. Schönberg, Karl

Schönberg, Carl Heinrich Wilhelm,
s. Schönberg, Karl Heinrich Wilhelm

Schönberg, Chrn., Rechentabellen. Ein Handbuch f. Jedermann, insbesondere f. Kaufleute, Banken, Banquiers 2c. 8. (XXIV, 50 S.) Berlin 875. Nicolai's Verl. n. 1. —

Schönberg, Chr. J. A., **die neuen Glocken in Weistropp. Eine kurze Beschreib. derselben, ihrer festl. Einholung u. ihrer Einweih., nebst den 5 dabei gehalt. Ansprachen u. Reden. gr. 8. (2¾ B. u. 1 Abbild.) Dresden 836, (Gottschalck.)** *

Schönberg, Chr. J. A., die neuen Glocken in Weistropp. Eine kurze Beschreibung derselben, ihrer festlichen Einholung und ihrer Einweihung, nebst d. 5 dabei gehalt. Ansprachen u. Reden. Mit 1 Abbild. gr. 8. Dresden 836. (Wagner.) n. ¼ gr.

Schönberg, Curt Friedrich v., s. Schönberg, Kurt Friedrich v.

Schönberg, Edgar v. Johann Orth. Das Recht auf Arbeit. Roman aus Wiener Hofkreisen. 1.—4. unveränd. Aufl. 8. (277 S.) Mannh. 891, Bensheimer's Verlag. * 3 50

Schönberg, Erich v., Patmakhanda. Lebens- und Charakterbilder aus Indien und Persien. 2 Thle. 8. (XXIV und 855 S.) Leipzig 852, Brockhaus.

Ilgen, Paul: 25 jähriges maurerisches Jubiläum des Br. Ilgen am 6. Mai 1905. ☐ zu den drei Rosen im Walde Or. Soraü N.-L. Fest-Gesang. [Unterz.: Ernst] **Schoenberg.** [Sorau 1905: Rauert & Pittius.] 2 Bl. 8° [Umschlagtit.]
Ohne Noten: „Teurer **Meister.** Lass erklingen . . .“

Schönberg, Franz

Schönberg, Franz: Über Tetanus und seine Behandlung mit Tetanusantitoxin. Berlin 1910: G. Schade. 40 S. 8°
Halle, Med. Diss. v. 14. Febr. 1910, Ref. v. Braunn
[Geb. 7. Juni 82 Danzig; Wohnort: Berlin; Staatsangeh.: Preußen; Vorbildung: Städt. Gymn. Danzig Reife O. 02; Studium: Leipzig 1, München 5, Berlin 2, Halle 2 S.; Coll. 23. Juni 09; Approb. 2. Jan. 10.] [U 10. 1700

Schönberg, Friedr., **Leitfaden der topischen Geographie als Vorschule für den Unterricht in der politischen Geographie.** Nürnberg **854. Recknagel.** gr. 8. **(IV, 64 S.)** nn. 7½ ngr.

Schönberg, Fritz, Kammergerichtsref.: **Wie unterscheiden sich die Wirkungen der Eintragung in das Handelsregister nach altem und neuem Handelsgesetzbuch?** *Berlin 1902: W. Pilz.* (VIII, 59 S.) 8°
Leipzig, Jur. Diss. v. 1902

Schönberg, Geo. v. Geschichte d. königl. sächsischen 7. Infanterie-Regiments „Prinz Georg“ Nr. 106. Von 1708—1872. Mit e. Atlas v. 22 Karten u. 3 Uniformtafeln. (Fol. in Mappe.) 2 Thle. gr. 8. (XII, 434; X, 386 S. m. 2 Bildern.) Lpz. 890, (Brockhaus). * 30 —

—— Geschichte d. Kgl. Sächs. 7. Infanterie-Regiments „Prinz Georg“ Nr. 106 von 1836 bis 1886. Für die Unteroffiziere u. Mannschaften d. Regiments bearb. 8. (VII, 152 S. m. Bild d. Chefs.) (Ebd.) 889. * 1 50

Schönberg, Geo. v., kurze Geschichte des kgl. sächs. 7. Infant.-Regiments „Prinz Georg“ Nr. **106**, jetzt 7. Königs-Infant.-Regiment Nr. 106 während d. **Feldzuges 1870/71**, s.: Zur Erinnerung an die 2. Zusammenkunft d. Feldzugsteilnehmer d. 106. Regiments 1870/71.

Schönberg, Gotthelf Friedrich von (Gft. Meissen)
A. S. 814/12

De Testamentis, quae parentes ex privilegio novellae **107.** inter liberos suos condere possunt.
Präs. Christian Weidling.
Leipzig (Georgi) 22. XII. 1701. 20 Bl. 31150

Schönberg, Gust. (II.), Arbeitsämter. Eine Aufgabe des deutschen Reichs. Akademische Rede. gr. 8. (43 S.) Berlin 871, Guttentag. — 75

Schönberg, Gust., **die sittlich-religiöse Bedeutung der sozialen Frage.** 8. (56 S.) **Stuttgart 876. Levy & Müller.** n. — 80

— dasselbe, s.a. **Volks-Bibliothek, neue illustrirte.**

Schönberg, d. sittl.-relig. Bedeutung d. sozial. Frage. 2. Aufl. Stuttg. 877.

Schönberg, Gust., zur wirthschaftlichen Bedeutung des deutschen Zunftwesens im **Mittelalter.** Ein Beitrag zur Geschichte des Zunftwesens. [Aus Hildebrand's Jahrbüchern für Nationalökonomie u. Statistik.] Berlin 868. **Mittler & Sohn.** gr. 8. (144 S.) n. 20 ngr.

—— Finanzverhältnisse der Stadt Basel im XIV. und XV. Jahrh. gr. 8. (XV, 821 S.) [Tübingen 879, Laupp'sche Buchh.] Freiburg i. Br., Mohr. *

Schönberg, G., die Frauenfrage, s.a. Vorträge, öffentliche.

Schönberg, Gustav [v.]: Die Frauenfrage. Vortrag, gehalten zu Basel am 15. Febr. 1870. — Basel: Schweighauser 1872. 44 S. 8° (Öffentl. Vorträge, gehalten in d. Schweiz. 2, 4.)

Schönberg, F., die biblischen Geschichten, s.a. Zahn.

Die Biblischen **Geschichten** von Zahn-Giebe nach dem 'Lehrplan f. d. Religionsunterr. in d. ev. Schulen d. Rheinprov.' bearb. von **F[ranz] Schönberg**, Rektor. 2. Aufl. *Düsseldorf: A. Bagel [1900].* (VII, 213 S.) 8° [F.]
[illegible] 5

Schönberg, Gust., s.a. Handbuch der politischen Oekonomie.

Schönberg, G. Handbuch der politischen Oekonomie. 2 Bände. Tübingen 1882. — 2. Auflage. 3 Bände. 1885. — 3 Auflage. 3 Bände. 1890 91. — 4. Auflage. 3 Bände. 1896—1898.

— Zur Handwerkerfrage. gr. 8⁰. Heidelberg 1876.

— de zunftarum institutionibus oeconomicis, quibus medio aevo saluti producentium provisum sit. Dissertatio inauguralis. Halis Saxonum, 867. (Berlin, Calvary & Co.) 8. (34 S.) n. 8 ngr.

Schoenberg, Gustavus [seit 1877: von]. Dr. jur.: De zunftarum institutionibus oeconomicis, quibus medio aevo saluti producentium provisum est. Halis Saxonum (1867: Schade in Berlin). 33 S. 8°

Halle-Wittenberg, Phil. Diss. v. 18. Mai 1867

Geb. [Stettin 21. 7. 1839]

Im Buchhandel Halis Saxonum (Berlin: Calvary) 1867. 34 S. 8° — Ersch. vollst. (deutsch) u. d. T.: Zur wirtschaftlichen Bedeutung des deutschen Zunftwesens im Mittelalter. In: Jahrbücher für Nationalökonomie u. Statistik. Bd 9. Jena 1867. S. 1—72 u. 97—169.

Schönberg, G. Ueber griechische Composita, in deren ersten Gliedern viele Grammatiker Verba erkennen. Ein Beitrag zur Stammbildungslehre im Indogermanischen. Diss. Dorpat 1868. 68 S.

Schoenberg, Gust. (I.), über griechische Composita, in deren ersten Gliedern viele Grammatiker Verba erkennen. Ein Beitrag zur Stammbildungslehre im Indogermanischen. gr. 8. (III, 68 S.) Berlin 869, Calvary und Comp. * 1 60

Schonberg G. Korreferat über das Lehrlingswesen Leipzig 1875

—— die Landwirthschaft der Gegenwart und das Genossenschaftsprincip. 8. (39 S.) Berlin 869, Wiegandt, Hempel und Parey. * — 50

—— die Landwirthschaft und das Genossenschaftswesen. Ein Vortrag gehalten in der Sitzung des landwirthschaftl. Central-Vereins für Schlesien am 13. Jan. 1868. gr. 8. (23 S.) Breslau 868, (Korn'sche Buchh.) * — 50

Schönberg, Gust. v., die Socialpolitik d. Deutschen Reiches. Rede zum Geburtsfest Sr. Maj. d. Königs, am 6. März 1886 im Namen der Eberhard-Karls-Universität geh. gr. 8. (38 S.) Tübingen 886 Laupp. n. 1. 60

Schönberg, Gust., die Volkswirthschaft der Gegenwart im Leben u. in der Wissenschaft. Eine Antrittsvorlesung, gehalten zu Basel in der Aula des Museums am 7. Mai 1869. Basel 869. Georg. gr. 8. (40 S.) n. 8 ngr.

— die Volkswirthschaftslehre, s.a. Sammlung gemeinverständl. wissenschaftl. Vorträge.

Schönberg G. die Volswirtschaftslehre. (Sammlung wiss. Vorträge 184) Berlin 1873

Schoenberg, Gust., zum Leben verurteilt! Eine Liebesgeschichte. gr. 8. (59 S.) Dresden 902. E. Pierson. n. 2. —; geb. n. 3. —

Schoenberg, [illegible]

Berlin, Jur. Diss. v. 31. Aug. [illegible]

Schönberg, Gustav Lambert [Kgl. preuß. Referendar a. D.]: Das obligatorische Vorkaufsrecht. Tübingen 1900: H. Laupp jr. (87 S.) 8° [J.]

Freiburg i. B., rechts- u. staatsw. Fak., Ref. Merkel, Diss. v. 1900

[Geb. 21. Jan. 82 Tübingen; Wohnort: Berlin; Staatsangeh.: Preußen; Vorbildung: Gymn. Tübingen Reife 00; Studium: Lausanne 1, Tübingen 3, Göttingen 2 S.; Rig. 1. Aug. 04.]

Schönberg, H. C. O., Familienbuch. Ein Handbuch f. jeden Hausstand, enth. Anweisgn. aus dem Reichs-Ehe- u. Civilstands-Gesetz, sowie aus dem Impfgesetz, ferner die Vormundschaftsordng., das Gesetz betr. die Geschäftsfähigkeit Minderjähriger rc., Zinsentabellen, Stempeltabellen, Porto-Packet- u. Depeschen-Taxe. 2. Aufl. gr. 16. (55 S.) Neustadt-Eberswalde 876. (Leipzig, Siegismund & Volkening.) n. 1. —

Schönberg, Heinrich Adolph [Wirkl. Name], s. Belmont [Pseud.]

Schönberg, Heinr. Frz. Jul. v., die Fortschritte in der Pferde-Dressur u. Behandlung, nebst einigen praktischen Lehren für den Reiter u. Besitzer. Ein unentbehrliches Handbuch für Pferdebesitzer, Reiter u. Pferdeliebhaber, nach langjähr. Praxis bearb. Naumburg 866. Pätz. 8. (74 S.) n. 15 ngr.

Schönberg, Heinr. Frz. Jul. v., Kinder der Laune. 1. Bd. Leipzig 863. Luppe. 16. (VI, 193 S.) n. 25 ngr.

Schönberg, *Carl* Hermann [aus Pasewalk]: Ist Leucopathia eine Neurose? ... Greifswald, Druck v. J. Abel, 1896; 28 S. 8.

Greifswald, Med. Fak., Inaug.-Diss. v. 12. Okt. 18[illegible]

Schönberg, J., s.: Hitopadescha, der.

Schönberg, J. v., d. Schlechteste in d. Welt od. üb. den Teufel u. d. Menschenleib. 2. [Titel-] Aufl. 8. (II, 38 S.) Dresden (893) 897. E. Pierson. n. 1. —

Schönberg Ignaz: Kshemendras Kavikanthâbharana. D: Wien, 1884.
1884 PN 342 Diss Wien. Univ. 2846

Schönberg, J., Kshemendra's Kavikanthâbharana. Lex.-8. (29 S.) Wien 884, (Gerold's Sohn.) **
Aus: Sitzungsberichte der k. Akademie der Wissenschaften, besonders abgedruckt.

Schönberg, Joergen Johan Albrecht v., s. Barba, A.: Mikroskop. Betrachtungen.

Schönberg, J(oergen) J(ohan) Albrecht von (Hrsg.):

s.a. Beiträge zur Kenntniß der Medizin im Norden, in einer Auswahl der wichtigsten Abhandlungen nordischer Aerzte. Bd 1. Braunschweig: 1829

JB 2.490

Schönberg, J. J. Albr. v., Beiträge zur Kenntniß d. Medizin im Norden, in e. Auswahl d. wichtigsten Abhandln. nordischer Aerzte. Th. 4 Kpfrt. gr. 8. (19 B.) Braunschweig 829, Vieweg.

— s. Brera, B. A.: Receptbuch.

Schönberg, J(oergen) J(ohan) Albr(echt) von (Übers.):

s.: Cagnazzi, Luca de Samuele: Ueber den Wert der Maaße und Gewichte der alten Römer, hergeleitet aus den im königlich Bourbonischen Museum in Neapel befindlichen Originalen. Aus dem Italienischen. Kopenhagen: 1828

JB 5.680

Schönberg, (Joergen Johan) Albrecht v(on): Ueber einen neuen Naturhistorischen Fund in Pompeji. Sendschreiben. 8 S., gbd.

Nürnberg: Schrag 1827
aus: Kastners Archiv für die gesammte Naturkunde, Jg.1827

JB 5.680

– s. Herholdt, J. D.: Über Lungenkrankheiten.

— — Ueber einige in Pompeji gefundene Knochen und ihre Analyse. Erlangen 1828. 4.

Schönberg, J(oergen) J(ohan) A(lbrecht von): Über die Pest zu Noja, in den Jahren 1815 und 1816. Aus officiellen Berichten und aus Beobachtungen von Augenzeugen. (Over Pesten i Noja 1815 og 1816. Dt.) Hrsg.und mit Anmerkungen und einer Vorrede begleitet von (Johann Christian Friedrich) Harless. 112 S., gbd.

Nürnberg: Riegel & Wiessner 1818

JB 5.027

Schoenberg, (Joergen Johan) A(lbrecht) v(on): Skizze über Algier in medicinischer Rücksicht. Zwei in der Königlichen medicinischen Gesellschaft zu Kopenhagen gehaltene Vorträge. 107 S., gbd.

Kopenhagen: Speer 1837

JB 5.652

– s. Tannenberg, G. G.: Abhandlung.

Schoenberg, (Joergen Johan) Albrecht von (Übers.):

s.: Troja, Michele: Neue Beobachtungen und Versuche über die Knochen. (Osservazioni ed esperimenti dulle ossa. Dt.) Erlangen: 1828

JB 1.272

Schönberg, Karl

Schönberg, Carl, in letzter Stunde! Notschrei e. deutschen Sohnes der Prov. Posen, Mahnwort u. herzl. Bitte an die Heimatgenossen deutscher u. poln. Zunge. (36 S.) 8. Berlin 908. K. Curtius. — 50

Noch ein Wort in letzter Stunde zur Ostmarken- und Polenfrage. Von Carl Schönberg, Langgoslin. Berlin: K. Curtius 1908. (15 S.) 8° [Kopit 5] 05.3.4

Schoenberg, Karl Friedrich von (Lausitz) A. S. 768/11

Dissertatio iuris civilis de pacto domini reservativo.
Präs. Johann Gottfried Hartung.
Wittenberg (Schroedter.) VIII. 1712. 38 S.

31155

Schönberg, Karl Heinrich Wilhelm

—— Carl Stülpners Leben, s.a. Stülpner.

Schönberg, Carl Heinr. Wilhelm. Carl Stulpner's merkwurdiges Leben und Abenteuer als Wildfchutz im fachfifchen Hochgebirge, fowie deffen erlittene Schickfale während feines unter verfchiedenen Kriegsperioden und Nationen gethanen 25jähr. Militairdienftes. Mit 2 lithographifchen Abbildungen. Zfchopau 1835. 8°.

Schönberg, Karl Hnr. Wlh., Scharfensteins neue große Spinnerei, in Verbindung mit dem Schlosse u. dessen höchst romantischer Umgebung beschrieben. Mit 1 lithogr. Ansicht. gr. 4. Leipzig 837. Reclam; (Chemnitz, Kretzschmar.) n. 7 ℋ

Schönberg, Kaspar von (Gft. Meissen) A. S. 111/18

De jurisdictione, quam personae illustres et nobiles per officiales exercere solent, Vom Recht Gerichte zu halten, welche Hohe und Adeliche Personen durch ihre Beamten auszuüben pflegen.
Präs. Gottfried Barth. Rec.
Leipzig (Schede) 1718. 18 Bl.

Diss. 23. IX. 1698. 31157

Schönberg, Kaspar Dietrich (Gft. Meissen) A. S. 739/15

Dissertatio iuridica, de usu actionum.
Präs. Johann Heinrich Berger.
Wittenberg (Schrödter) 10. V. 1704. 83 S.

W. v.: Präs., Johann Tobias Engel. 31159

Schönberg, Kurt Friedrich v.

* Abhandlung von den Tangenten, Quadraturen und Rectificationen der Kegelfchnitte nebft einigen andern diefe Linien betreffenden Aufgaben, (von *Curt Friedrich von Schönberg*). Leipzig bey Siegfried Lebrecht Crufius. 8. 198 S. nebft 3 Kupfertafeln. (16 gr.)
1773

v. Schönberg, Kurt Fr., Abhandl. von den Tangenten, Quadraturen u. Rectificationen der Kegelschnitte. Mit Kpf. gr. 8. Leipz. 773. (W. Vogel). 16 ℊ

* An den Herrn Profeffor *Hauboldt* bey dem Antritte Seines öffentlichen phyficalifchen Lehramtes in Leipzig. (Ueber die analytifche Methode überhaupt, und ihren Gebrauch in Abficht auf die Kegelfchnitte, von *Curt Friedrich von Schönberg*.) Leipzig gedruckt bey Johann Friedrich Langenheim. 4. 75 S. nebft 1 Kupfertafel.
1770

— an Haubold, von der Lehre von den krummen Linien, u. besond. von d. Kegelschnitten. 4. Leipz. 771.

Schönberg, L. M.: Nov. 1876—1901 p.·. s.·. L. M. **Schönberg.** [Amsterdam 1901.] 22 S. 1 Bildn. 8°
Aus: °UF. 11 (1901) S. 353–354, 361—362, 390—391, 397—398.

Schönberg, Leo: Die Technik des Finanzhaushalts der deutschen Städte im Mittelalter. T. 1. Die städtische Finanzverwaltung im weiteren Sinne. Stuttgart 1910: Union. XII, 85 S. 8° ¶ (Vollst. als: Münchener volkswirtsch. Studien. Stück 103.)
München, Staatswirtsch. Diss. v. 28. Juni 1910, Ref. Lotz
[Geb. 23. März 87 Nürnberg; Wohnort: Nürnberg; Staatsangeh.: Bayern; Vorbildung: Realgymn. Nürnberg Reife Juni 06; Studium: München 1, Erlangen 3, München 4 S.; Rig. 28. Juni 10.] [U 11. 3577

Schönberg, L., die Technik des Finanzhaushaltes der deutschen Städte im Mittelalter, s.a. Studien, Münchener volkswirtschaftl. 103. Stück.

Die Technik des Finanzhaushalts der deutschen Städte im Mittelalter. Von L. **Schönberg,** Dr. d. Staatsw. Stuttgart & Berlin: Cotta 1910. XIV, 199 S. 8°
(Munchener Volkswirtschaftl. Studien. St. 103.) 10. 13274 4

Schönberg, Ludwig, aus Seligenstadt a. M., Referendar am kgl. Landger. zu Frankfurt a. M.: **Vergleich über Strafansprüche, resp. Verzicht auf diese, insbesondere den Strafantrag.** *Frankfurt a. M. 1899: C. Mondrion.* (60 S.) 8°
Erlangen, Jur. Diss. v. 20. Juni 1899

Schönberg, M., die Ziele und Bestrebungen der Socialdemokratie. Eine Beleuchtung des socialdemokrat. Programms. 1.—4. verm. und verb. Aufl. gr. 8. (38 S.) Leipzig 878,79, Rößling'sche Buchh. *

Schönberg, M. Die Ziele u. Bestrebungen der Socialdemokratie. Eine Beleuchtg. d. socialdemokrat. Programms. 6.—10. verb. Aufl. 8. (35 S.) Lpz. 889,90, Levien. ** — 50

Schönberg, M., d. Ziele u. Bestrebgn. d. Socialdemokratie. E. Beleuchtg. des socialdemokrat. Programms. 10. Aufl. 16.—18. Tausend. gr. 8. (35 S.) Leipzig 890. G. Levien. — 50

Schönberg, Mart. a, de advocatia armata. fol. Francof. Bielke. (Andreä) 710.

v. Schönberg, Matth., († d. 19. April 1792.) kurze Andachtsübungen zum allgem. christl. Gebrauch. 12. Münch. 779 u. 781. 18. Augsb. 780. N. A. 807. M. Rieger. 2 ℊ 12. Ebd. N. A. 828. Kranzfelder. 2 ℊ

Schönberg, Matth. v., kurze Andachtsübungen zum allgem. christl. Gebr. Neue, verm. Ausg. 18. (4 B. u. Ttlkpfr.) Augsburg 832, [M. Rieger.]

Schönberg, Matth., kurze Andachtsübungen zur Morgen- und Abendzeit, wie auch Meß-, Beicht- und Communion-Gebete. Mit 1 Titelkupfer. 12. Augsburg, Kranzfelder. 814.

— — Ebendasselbe. 18. Ebend. 817.

—— kurze Andachtsübungen zur Morgen- u. Abendzeit, wie auch Meß-, Beicht-, Kommunion- u. verschied. andere Gebethe. 12. (5¼ B.) Lindau 831, Kranzfelder.

v. Schönberg, Matth., kurze Andachtsübungen zur Morgen- u. Abendzeit, wie auch Meß-, Beicht-, Kommunion- u. verschied. andere Gebethe. Lithogr. 18. Regensburg 835. Reitmayr. ¹/₈ ß — dass. in Schreibschrift. 18. Ebd. 3¼ ℊ

— Auswahl der nothwendigsten Grundwahrheiten aus der Glaubens- u. Sittenlehre. 8. Münch. 790. J. Lindauer. 14 ℊ

— Auszug aus den Geschichten des Alt. u. N. Testaments. 12. Augsb. 785. N. A. 809. M. Rieger. 2 ℊ

—— Auszug der Geschichten d. alten u. neuen Testaments, vorzügl. f. d. Jugend. Neue, verm. Aufl. 12. (3 B.) Augsburg 832, [M. Rieger.]

— Auszug des Unterrichts über Glaubens- u. Sittenlehre. 8. Münch. 790.

— der fromme Christ am Morgen u. Abend. 8. Landsh. 818. Storno. 2 ℊ

— der sanftmüthige Christ. Mit Kpf. 8. Münch. 777. (Krüll in Landsh.) 18 ℊ Im Ausz. Ebd. 777. Wien 782. v. Mösle. 3 ℊ

— freundschaftl. Erinnerung an einen jungen Menschen, der in die Welt geht. 8. Münch. 777 u. 78. 8. Wien 779. (v. Mösle); (a. Krüll in Landsh.) 3 ℊ

(SCHOENBERG Matthias von). Freundschaftliche Erinnerungen an einen jungen Menschen, der itzt in die große Welt geht, von M.V.S. (-) Doll, Pressburg 1777. Weingand, Wien 1778.
1 vol. 60 S. + 1 Bl. Inh.

— lehrreiche Gedanken mit kleinen Begebenheiten zur Bildung eines edlen Herzens in d. Jugend. 8. Münch. 771. 2e A. 792. (Landsh., Krüll). 5 ℊ 8. Wien 777. (Nachdruck). (v. Mösle). 12 ℊ

- Lehrreiche Gedanken mit kleinen Begebenheiten zur Bildung eines edlen Herzens in der Jugend von -. 3. Aufl. Weingand, Wien 1780. 1 vol. 152 S. + 3 Bl. Inh.

Schönberg, Matthias v. (s. J., d. Gottesgelehrtheit Doctor), das *Geschäft des Menschen.* (Kathol. Erbauungsbuch.) Mit TKpf., Anfangs- u. Schluss-Vignetten (der Capitel), gestoch. von *Joh. Mich. Söckler* (geb. zu Augsburg 1744, † zu München 1781). *Am Ende:* München 1775. 8⁰. (Ohne Ang. d. Verl. u. Druckers.) Alter Ldrb. m. reicher Goldpress. u. d. goldgepr. Wappen des Klosters *Ettal* auf beiden Einbanddecken. Benützt. 27¼ Bog., sign. A—Ae 2, unpaginirt. — Selten!

— das Geschäft des Menschen. Mit 28 Kpf. u. Vign. 8. Münch. 773 u. 75. Nachdrücke: 8. Wien 778. (v. Mösle). 8 ℊ N. A. Mit 1 Kpf. 8. Innsbr. 812. Wagner. 6 ℊ

— — dieselb. neuere Aufl. m. Kpf. 8. Insbruck, Fischer. 805.

— kurzgefaßte sämmtl. bibl. Geschichten zum gemeinen Gebrauch. 8. Münch. 780. 8. Augsb. 791. 14e Aufl. 818. Doll. 6 ℊ Mit 24 Kpf. 16 ℊ

— kurzgef. bibl. Geschichten zum gemein. Gebr. 8. Augsburg, Doll. 810.
mit 48 Kpf.

— Gott ist gütig. 8. Münch. 792. Lentner. 5 ℊ

— auserles. Morgen- u. Abendgebete in Form einer Litanei, allein od. mit seinen Hausgenossen zu beten, sammt e. Betracht. d. 15 Geheimnisse des Lebens u. Leidens Christi, zum Gebr. christl. Haushaltungen. 8. Landsh. 790. Storno. 1 ℊ

— kl. Naturlehre z. Vergnugen u. Unterricht d. Jugend. 8. Augsburg, Doll. 783.

— der christl. Philosoph im widrigen Schicksale. Mit Vign. 8. Münch. 778, 79. 8. Wien 779. (v. Mösle). 3 ℊ

— Regeln f. die Gesundheit, aus d. Vernunft u. Religionslehre. Mit Vign. 8. Münch. 782.

SCHOENBERG, MATTHIAS VON, DER GOTTESGELEHRTHEIT DOCTOR: Die / Religionsgründe / in / ihrem ordentlichen / Zusammenhange. Preßburg 1767. Verlegt von Gebrüder Doll. XVI, 364, (4) S. - 160 mm

Schönberg, Matthias v., Die Religionsgründe in ihrem ordentlichen Zusammenhange. München 1776, 8°. Preßburg 1776, 8°, XVI, 364 S. Zweite verbess. Aufl., Wien 1780, 8°, 296 S.

SCHÖNBERG, MATTHIAS VON, der Gottesgelehrtheit Doctor: Die Religionsgründe in ihrem ordentlichen Zusammenhange. Presburg 1776. Gebr. Doll. XVI, 364, 4 S. 164 mm

— die Religionsgründe in ihrem ordentl. Zusammenhange. 8. Münch. 776 u. 79. Nachdruck: 8. Wien 780. (v. Mösle). 8 ℊ

— s. Rollin, Naturlehre.

- Vom widrigen und glucklichen Schicksale des Menschen auf Erden. Vier Wahrheiten der aufgeklarten Welt gewidmet. Von -. Wien 1782.

— von dem widrigen u. glückl. Schicksale der Menschen auf Erden. Mit Kpf. 8. Münch. 782. Fleischmann. 6 ℊ 8. Wien 783. v. Mösle. 1 ß Hbg. Pr. 8 ℊ

— der Tau des Christen. 8. Münch. Fleischmann. 782.

— Uebersicht d. wichtigst. Wahrheiten z. bessern Aufklär. über Menschenkenntniß u. Gotteserkenntniß vorgestellt. gr. 8. München, Lentner. 788.

— die wichtigste Unterhaltung mit Gott beim Anfang u. Ende des Tages. 8. Münch. 783. 8. Augsb. 790. N. A. Mit 8 Kpf. 818. u. 828. Doll. 5 gl.

— die wichtigste Unterhaltung m. Gott beym Anfang u. Ende des Tages. 8. Augsb. Doll. 793.

v. Schönberg, (Matth.,) die wichtigste Unterhaltung mit Gott beim Anfange u. Ende des Tages auf jeden Tag der Woche, in eben so viele Morgen- u. Abendgebete eingetheilt, mit 8 Kupf. 8. Augsb. 824, Doll. (Landsh., Krüll.)

—— die wichtigste Unterhaltung mit Gott beym Anfang u. Ende d. Tages auf e. halbe Viertelstunde, od. noch kürzere Zeit; zur Beförd. e. bessern Selbstkenntniß, auf jeden Tag der Woche in eben so viele Morgen- u. Abendgebethe eingetheilt. Neue, verb. Aufl. 8. (6½ B.) Augsburg 828, N. Doll. (Regensburg, Manz.)

— prakt. Unterricht vom Gebrauch des heil. Bußsakraments. 8. Münch. 782. Cöln 783.

Schönberg, Matthias v., Wahrheitsgründe des kathol. Hauptgrundsatzes für die Unfehlbarkeit der Kirche. München 1779, 8°; Augsburg, Doll, 1783, 8°, 48 S.

Gegen die Schrift: Der erste Schritt zur künftigen Vereinigung der kath. u. evang. Kirche, gewagt von einem Mönche [Beda Mayr]. München (Wallerstein), 1778, 8°.

— Wahrheitsgründe des kathol. Hauptgrundsatzes f. die Unfehlbarkeit d. Kirche etc. 8. Münch. 779. (Wien 783. v. Mösle). 3 gl.

— Wahrheitsgründe der göttl. Religion, d. i.: die dogmat. Religionsgeschichte etc. 2 Thle. 8. Münch. 784, 85.

— die Zierde der Jugend. Mit 20 Bldn. 8. Münch. 771. N. A. Ebd. 778, 80. Mit Holzstichen. Ebd. 779. (Krüll in Landsh.) 1 Thlr. 8. Wien 779. 2e A. 785. (Nachdruck). (v. Mösle). 3 gl.

— Zierde der Jugend. 8. Wien, Weingand. (v. Mösle) 779.

Schönberg, Max [aus Lietzow (Kreis Westhavelland)]: Über den Einfluss der Stenosen des Genitalcanals auf die Geburt unter besonderer Berücksichtigung der Ätiologie. . . . Berlin, Buchdr. v. Gustav Schade (Otto Francke), (1889); 30 S. + 1 Bl. 8°

Berlin, Med. Fak., Inaug.-Diss. v. 25. Mai 1889

Schönberg, Paul [aus Lietzow]: Über die Wärmeleitung und ihre Abhängigkeit von der Temperatur in den Dämpfen von Benzol und Schwefelkohlenstoff. . . . Jena, Druck v. Julius Hossfeld, 1890; 1 Bl. + 66 + 1 S. 8°

Jena, Phil. Fak., Inaug.-Diss. v. 1890

Schönberg, Paul, üb. die Wärmeleitung u. ihre Abhängigkeit von der Temperatur in den Dämpfen von Benzol u. Schwefelkohlenstoff. Inaug.-Diss. gr. 8. (66 S.) Jena 890. (Rudolstadt, Dabis.) n. 1. —

Schönberg, Rob., Haus- und Reise-Postbuch für Deutschland. Mit Anleitung zur Erzielung der größtmöglichsten Ersparniß an Post-Porto, sowie der möglichsten Beschleunigung und Sicherung der Ueberkunft der Sendungen. Wernigerode a. H. 862. (Nordhausen, Büchting.) gr. 8. (VIII, 159 S. u. 4 Tab. in 4.) n. 20 ngr.

Schönberg, (S. B.,) Kampf u. Ausdauer. Eine Erzählg. 8. Berl. 826, (Cosmar u.) Krause.

Schönberg, S. B., Kampf und Ausdauer. Eine Erzählung. 8. 838. Halle, Coldig'sche Buchh. 1 Thlr.

Schönberg, S. B., Kampf und Ausdauer. Eine Erzählung. 8. Berlin 838. Stackebrandt. ½ Thlr.

Schönberg, S. B., Versuch üb. die Entwickelung menschl. Fähigkeiten. gr. 8. Berl. 824. Maurers B. 6 gl.

Schönberg, Salomon, prakt. Arzt, Assistent am pathologisch-anatomischen Institut: Über Veränderungen im Sinusgebiet des Herzens bei chronischer Arrhythmie. ⟨Aus dem Pathologisch-anatomischen Institut Basel. Vorsteher Professor Hedinger.⟩ Wiesbaden 1908. 29 S. 8°. S.-A. aus der Frankfurter Zeitschrift für Pathologie. Bd. 2.

Basel, Med. Diss. 1907/08.

Schönberg, Salomon. Über Veränderungen im Sinusgebiet des Herzens bei chronischer Arrhythmie. Diss. Med. Basel. [Sep.-Abdr. aus: Frankfurter Zeitschrift für Pathologie, Band 2.] *Kopftitel*: Aus dem pathologisch-anatomischen Institut Basel. ⟨Vorsteher: Professor E[rnst] Hedinger.⟩ 29 S. 8. Wiesbaden, J. F. Bergmann, 1908.

Schoenberg, [illegible]

Berlin, Med. Diss. v. 4. Dez. 1822

Samuel Benisajas Schoenberg

Versuch über die Entwicklung menschlicher Fähigkeiten. ... Von S[amuel] B[enisajas] Schönberg. Berlin: Maurer 1824. 48 S. 8°

Schönberg von Brenkenhof, Franz Balthasar. Leipzig 1782. V: *Meissner, August Gottlieb.* (HHBD IX, 100)

Schönberg-Cotta, die Familie, s. Familie, die, Schönberg-Cotta.

Schönberg-Cotta, die Familie, s. Schriften, ausgewählte, der Verf. der Familie Schönberg-Cotta.

Schönberg-Cotta, die Familie. Ein Charakter- u. Sittengemälde aus der Reformationszeit. Aus dem Engl. übertragen von Charlotte Philippi. Autoris. Uebersetzung. 2 Bde. 1. Aufl. 865,66., u. 2. Aufl. Basel 867. Schneider. 8. (783 S.) n. 2 Thlr.

Schönberg-Cotta, Die Familie. Aus dem Englischen von Ch. Philippi. 3. Aufl. Basel 1868. V: *Charles, Elizabeth.* (BrMm)

Schönberg-Cotta, die Familie. Ein Charakter- und Sittengemälde aus der Reformationszeit. Uebersetzung aus dem Engl. von Charlotte Philippi. 5. und 6. Aufl. 8. (IV, 488 S.) Basel 876, Schneider. *

Vgl.: Schriften, ausgewählte, von der Verf. der Familie Schönberg-Cotta.

Schönberg-Cotta, die Familie. Ein Charakter- u. Sittengemälde aus der Reformationszeit. Autoris. Uebersetzung aus dem Engl. von Charlotte Philippi. 7. Aufl. 8. (IV, 532 S.) Basel 880. Schneider. n. 3. —

Schönberg-Cotta, die Familie. Ein Charakter- und Sittengemälde aus der Reformationszeit. Autoris. Uebers. aus dem Engl. von Charlotte Philippi. 7. und 8. Aufl. 8. (IV, 532 S.) Basel 881,84, Schneider. *

Schönberg-Cotta, die Familie. Ein Charakter- u. Sittengemälde aus der Reformationszeit. Autoris. Übersetzung aus dem Engl. v. Charlotte Philippi. 9. Aufl. 8. (IV, 532 S.) Basel 891. Geering. n. 3. —; geb. n. 4. —

Schönberg-Cotta, die Familie. Ein Character- u. Sittengemälde aus der Reformationszeit. Autoris. Uebersetzg. aus dem Engl. v. Charlotte Philippi. 10. Aufl. 8. (IV, 502 S.) Basel 895. R. Geering. n. 3. —; geb. n. 4. —

Schönberg-Cotta, die Familie. E. Charakter- u. Sittengemälde aus d. Reformationszeit. Autor. Uebersetzung aus d. Engl. v. Charlotte Philippi. 11. Aufl. 8. (IV, 502 S.) Basel 898. A. Geering. n. 3. —; geb. in Leinw. n. 4. —

Schönberg-Cotta, Die Familie. Ein Charakter- und Sittengemälde aus der Reformationszeit. 12. Aufl. 8⁰. IV, 502 S. Basel. Basler Buch- und Antiquariatsbuchhandlung vorm. Ad. Geering. 3 75
1901 gebd. 5 35

Schönberg-Cotta, die Familie. Ein Charakter- u. Sittengemälde aus der Reformationszeit. Autoris. Uebersetzung aus dem Engl. v. Charlotte Philippi. 13. Aufl. der feinen Ausg. (IV, 502 S.) 8. Basel 904. Basler Buch- u. Antiquariatsh. vorm. A. Geering. n. 3. —; geb. n. 4. —; 14. Aufl., Volks-Ausg. n. 2. —; geb. n. 2. 80

Schönberg-Cotta, die Familie. Ein Charakter- u. Sittengemälde aus der Reformationszeit. Autoris. Uebersetzg. aus dem Engl. v. Charlotte Philippi. 15. Aufl. Feine Ausg. (IV, 502 S.) 8. Basel 909. Basler Buch- u. Antiquariatsh. vorm. A. Geering. 3.—; geb. in Leinw. 4. —

Schönberg-Mülter, C. H., Bureau- u. Comtoir-Tabelle zur genauen u. schnellen Ausmittelung d. Disconto u. d. Zinsen v. Capitalien, Wechseln, Rechnungen u. Rückständen aller Art, v. 1 Silbergroschen bis zu 6000 Rthlr. Preuss. Courant, v. 1 Tag bis zu 1 Jahre berechnet. Lith. gr. Fol. (Leipzig 836, Barth.)

—— dergl. z. Ausmittelung d. Inhalts sämmtl. Tonnen, Fässer u. Bottiche von 1 bis 65 Zoll Höhe, mit $1/4$, $1/2$ u. $3/4$ Zöllen u. von 1 bis 160 Zoll Durchmesser etc., wobei d. berliner Quart u. d. berl. Scheffel z. Grunde gelegt sind. Lith. Roy.-Fol. (Leipzig 836, Barth.)

Schönberg-Mülter, Bureau- und Comtoir-Tabelle zur genauen und schnellen Ermittelung der Ein- und Verkaufs-Preise der im Handel und Geschäftsleben vorkomm. Waaren und Gegenstände von 1 Silber-Pfg. bis zu 1 Thlr. vorzüglich bei den Gewichts-, Ellen-, Flüssigkeits- und Getreide-Gemässen, zum Gebrauch für Geschäftsmänner und das handeltreib. Publicum. Lithogr. Imp.-Fol. (Magdeburg 848, Quednow.) *

—— dergl. z. Uebersicht d. jetzt coursir. Gold- u. Silbermünzen u. deren Werth auf preuss. Friedrichsd'or à 5 Rthlr. Gold, Conventions-Geld u. preuss. Courant berechnet. Lith. Imp.-Fol. (Leipzig 836, Barth.)

—— dergl. z. genauen Vergleichung d. übl. Gemässe f. Flüssigkeiten, wobei d. berl. Quart z. Grunde gelegt worden ist. Lith. gr. Fol. (Leipzig 836, Barth.)

—— dergl. z. genauen Vergleichung etc. d. übl. Gemässe f. Getreide u. trockene Gegenstände, wobei d. berl. Scheffel z. Grunde gelegt worden ist. Lith. gr. Fol. (Leipzig 836, Barth.)

—— dergl. z. genauen Vergleichung etc. d. übl. Handels-Gewichte, wobei d. berl. Pfund z. Grunde gelegt worden ist. Mit 1 Vign. Lith. gr. Fol. (Leipzig 836, Barth.)

—— dergl. z. genauen Vergleichung u. schnellen Uebersicht d. in d. wichtigsten Ländern, Fabrikstädten u. Handelsplätzen d. Erde übl. Ellen-Gemässe, um sofort d. Verhältniss d. Ellen geg. einander berechnen zu können, wobei d. berl. Elle nach d. neuesten Maass- u. Gewichtordnung z. Grunde gelegt worden ist. Lith. gr. Fol. (Leipzig 836, Barth.)

Schönberg-Mülter, C. H., über den Rübenzucker, dessen beklagenswerthe Besteuerung und die Mittel diesen Industriezweig aufs Neue zu beleben; zur Beherzigung für Vaterlandsfreunde, Staatsmänner, Bürger u. Landwirthe. gr. 8. Magdeburg 841, Rubach'sche Buchh. (Fabricius.) $1/6$ ß

—— üb. d. Rübenzucker, dess. beklagenswerthe Besteuerung u. d. Mittel dies. Industriezweig aufs Neue zu beleben. gr. 8. ($1\frac{1}{2}$ B.) Magdeburg 841, (Fabricius u. Schaefer.)

—— geometr. Tabelle f. d. Landwirthschaft, z. Vermessen d. Grundstücke etc. Lith. Roy.-Fol. (Leipzig 836, Barth.)

—— allgem. Uebersicht z. schnellen Auffindung d. cub. Inhalts d. verschied. Nutz- u. Bauhölzer. Lith. gr. Fol. (Leipzig 836, Barth.)

—— die gegenwärt. 150jähr. gregorian. Zeitrechnung, v. 1. Jan. 1761 bis z. 31. Dec. 1910 f. d. jetzt lebende Menschengeschlecht, um aus den angegeb. bewegl. u. unbewegl. Festen die Tage d. kirchl. Fest- u. Sonntage, d. Geburt, Confirmation, Verheirathung, einer Thronbesteigung etc. genau ermitteln u. bestimmen zu können. Lith. Roy.-Fol. (Leipzig 836, Barth.)

Schönberg Roth Schönberg, Ernst Arwed Baron v., s. Arwed, Ernst.

Index zu sämtlichen Katasteranweisungen ... sowie zu d. gesetzl. Unterlagen u. d. hauptsächl. hierzu ... ergangenen ... Erlassen. Zsgest. durch Schönberger, Steuer-Insp. in Frankfurt a/O. Frankfurt a. O. 1899: P. Beholtz. (170 S.) 8⁰

Schönberger, Index zu sämtlichen Katasteranweisungen, nämlich I. v. 21. II. 1896 (Fortschreibg. d. Grundsteuerbücher u. Karten), II. v. 21. II. 1896 [2. Ausg. 1897] (Vermessung zur Fortschreibg. der Grundsteuerbücher u. Karten), III. v. 21. II. 1896 (Fortschreibg. d. Gebäudesteuerrollen), V. v. 21. II. 1896 (Geschäftsanweisg. für die Katasterkontroleure), VI. v. 20. III. 1888 (Katasterverwaltg. bei den königl. Regiergn.), VIII. vom 25. X. 1881 [2. Ausg. 1897] (Erneuerg. der Bücher u. Karten des Grundsteuerkatasters), IX. v. 25. X. 1881 [2. Ausg. 1894] (trigonometr. u. polygonometr. Arbeiten zur Anweisg. VIII) u. X. v. 25. X. 1881 (Einrichtg. des Vermessungswesens bei Ausführg. der Arbeiten in Anweisg. VIII u. IX), sowie zu den gesetzl. Unterlagen u. den hauptsächlich hierzu in den Mitteilgn. a. d. Verwaltung der direkten Steuern u. nebenher ergangenen, die vorlieg. Anweisgn. erweit. ministeriellen u. s. w. Erlassen. Unentbehrliches Handbuch f. die Katasterverwaltg. u. alle m. ihr in Verbindg. steh. Staats- u. Kommunalbehörden, Beamte u. Landmesser. Zusammengestellt im Herbst 1899. gr. 8. (176 S.) Frankfurt a/O. (900). Steuer-Insp. Schönberger. n.n. 4. 20

Schönberger, der Katasterbeamte in Preußen. Alphabetisch sachlich geordnetes Handbuch über die sämtl. Grund- u. Gebäudesteuer-Gesetze u. Anweisgn., sowie die m. diesen in Verbindg. steh. Gebäudesteuer-Veranlagungs-Grundsätze, die Handbücher „Gauß, die Gebäudesteuer" sowie „Schlüter, Gesetze u. Verordngn.", die Mitteilgn. aus der Verwaltg. der direkten Steuern, das bürgerl. Gesetzbuch u. s. w. (V, 466 S. m. 1 Tab.) gr. 8. Hoyerswerda 902. Steuerinspektor Schönberger. n. 8. 60

Schönberger, der Katasterbeamte in Preußen. Alphabetisch sachlich geordnetes Handbuch üb. die sämtl. Grund- u. Gebäudesteuer-Gesetze u. Anweisgn., sowie die m. diesen in Verbindung stehenden Gebäudesteuer-Veranlagungs-Grundsätze, die Handbücher „Gauß, die Gebäudesteuer" sowie „Schlüter, Gesetze u. Verordngn.", die Mitteilgn. aus der Verwaltg. der direkten Steuern, das bürgerliche Gesetzbuch usw. 2. Aufl. (V, 521 S. m. 1 Tab.) gr. 8. Liebenwerda (907). R. Reiß. Geb. in Leinw. nn 7. 50

Schönberger, A., Waldbleamaln. Gedichte in oberösterreich. Mundart. (1. Bdchn.) 2. verm. Aufl. 8. (84 S.) Wels 882, Haas. *
Die 1. Aufl. erschien 1869.

Schönberger, A., Waldbleamaln. Gedichte in oberösterreich. Mundart. (I. Thl.) 3. verm. Aufl. (88 S.) kl. 8. Wels 894. J. Haas. n. — 70

Schönberger, A. H., Anleitung, Spargelbeete auf die einfachste und billigste Weise auf 20jähr. Dauer anzulegen rc. 12. (19 S.) Wien 847, [Jasper's Witwe und Hügel.] *

Schönberger, Andr.

— Grundlinien zu einer Größen=Wissenschaft in ihrer Natur dargestellt rc. gr. 8. Wien, Tendler. 801.

Schönberger, Andr., Grundlinien zu e. Größen=Wissenschaft in ihrer Natur dargestellt. gr. 8. Wien 801. Trattner. 4 gr.

Schönberger, Andr., († d. 31. Jan. 1802.) Kritik üb. das Werkchen: Ueber sittl. Güte der Menschen. 8. Heidelb. 795. (Löffler in Manh). 5 gr.

— Stichblatt einiger allgem. Religionsweisheit u. gegen falsche Aufklärung. 8. Manh. 797. Schwan u. G. 6 gr.

— krit. Untersuchung über krit. Philosophie. (A. u. d. T.: Versuch e. Darstell. unseres höchst rein=philosoph. Wissens). 8. Manh. 796. Schwan u. G. 10 gr.

— Weisheit, Buch des Erzeug, Denk u. Schlies (sic). 8. Manh. 797. Schwan u. G. 18 gr.

— Weisheit, aus d. Reiche der Menschenrechte. 2 Thle. gr. 8. Karlsr. 796. (Gebhard u. K. in Frkf. a. M.) 12 gr.

Schönberger, Ant., prakt. Anleit. zur Fasanenzucht, mit besond. Rücksicht auf die in Böhmen übl. Weise. Mit 2 Kpft. 8. Prag 822. Calve. 8 gr.

Schönberger, Ant., prakt. Anweisung zur Fasanenzucht nach der in Böhmen üblichen Weise, zugleich genaue Anleitung, Gold= u. Silberfasane u. auch wilde Fasane für die Jagd zu hegen, nebst der bisher noch wenig beachteten, aber sehr nützlichen Perlhühnerzucht. 2. verm. u. verb. Aufl. Mit 1 Steintafel. 12. Prag 844, Calve'sche Buchh. 1/3 Thlr.

— der vollkommene prakt. Jäger, oder Anweisung, die Wildbahn auf eine sichere u. leichte Art, ohne Nachtheil d. Feldfluren u. Forsten, zu vervollkommnen u. gehörig zu benutzen. Mit 1 Steindr. gr. 12. Prag 826, Calve.

Schönbergeri, F., Prosodia seu de Syllabarum dimensione versus. Vienn. 802. 8. 3 gr. Tendler.

Schonberger, F., prosodia seu de syllabarum dimensione in versu. 8. Wien 802. Trattner. 3 gr.

Schönenberger, Dr. Franz, prakt. Arzt in Bremen. Trinkerausreden. Mit Anhang: Berufsstatistik der Mitglieder des Guttemplerordens Deutschlands Grossloge II. 12 S. 2. Aufl. Flensburg 1900. Mk. .10.

Volksgesangbuch, Katholisches — mit einem Anhange von Morgen=, Abend=, Meß=, Beicht=, Kommunion= und andern Gebeten. Gesammelt und verbessert von Franz Schönberger und Josef Wallner. Gratz. 1856. Gedruckt bei J. A. Kienreich. Verlag von Josef Sirolla. Mit dem Titelbilde: Maria Zell. (533 S. 8.)

Schönberger, Frz., und Jos. Wallner, katholisches Volksgesangbuch mit einem Anh. von Morgen=, Abend=, Meß=, Beicht=, Communion= und anderen Gebethen. 2. Aufl. Gratz 858. (Wien, Wendelin.) 24. (532 S. u. 1 Stahlst.) n. 18 ngr.

— — Melodien dazu. Gesammelt von mehreren Weltpriestern der Seckauer Diözese. Ebend. 858. 12. (147 lith. S.) n. 1 Thlr.

Schönberger, Frz., u. Jos. Wallner, katholisches Volks=Gesangbuch m. e. Anh. von Morgen=, Abend=, Meß=, Beicht=, Communion= u. anderen Gebeten. Gesammelt u. verbessert. 41. Aufl. 12. (532 S.) Graz 890. (U. Moser.) Geb. n.n. 2. 80

Schönberger, Frz., u. Jos. Wallner, kathol. Volks=Gesangbuch m. e. Anh. v. Morgen-, Abend-, Meß-, Beicht-, Kommunion- u. anderen Gebeten. Gesammelt u. verb. 5., unveränd. Aufl. (532 S.) kl. 8. Graz 909. U. Moser. Geb. in Halbldr. nn 2. 50

Schönberger Franz Ferd.: Aufgaben über die Grundlehren der Astronomie. 25. Brünn LR. 02. Progr.

Schönberger, Franz Xaver

— s. Cicero: Epistolae.

— s. Cicero: Tusculanarum.

— s. Eutropii: Breviar. histor. Romanae.

— Gedächtnißverse de generibus, de praeteritis et supinis. Wien 819.

Schönberger, Frz. Xav., neuestes latein.=deutsches u. deutsch=latein. Hand=Lexikon zum Schul= und Geschäftsgebrauche. Nach den besten Quellen der vorzügl. Werke von Scheller, Kraft, Lünemann, Kirschius u. m. a. bearb. Letzte sorgfältigst durchgeseh. u. verb. Ausg. Mit e. Vorberichte von Em. Th. Hohler. 3 Bde. Lex.=8. Wien 842, Sammer. n. 3 5/6 Thlr.

— s. Horatii: Carmina.

— latein. Lesebuch zur Einübung der latein. Formenlehre. 2. Cursus. — A. u. d. T.: Latein. Lesebuch für die Quinta des Friedrich=Wilhelms=Gymnasiums zu Posen. 8. Ebend. 841. 1/2 Thlr. — 2. umgearb. Aufl. 8. Ebend. 846. 1/2 Thlr.

— s. Ovidius Naso, P.: Metamorph.

— s. Plinius: Opera.

— s. Sallust: Opera.

— s. Victor: Sext. Aurel.

Schönberger, F. X., allgem. latein=deutsches und deutsch=latein. Schullexikon für die österr. Staaten. 3 Bde. gr. 8. Wien, Geistinger. (Leipzig, W. Vogel in Comm.) 819.

Schoenberger, Hans: Beispiele aus der Geschichte, ein rhetorisches Kunstmittel in Ciceros Reden. Augsburg 1910: Pfeiffer. 84 S. 8°

Erlangen, Phil. Diss. v. 27. Dez. 1910, Ref. Heerdegen

[Geb. 23. Dez. 81 Wasseralfingen; Wohnort: Augsburg; Staatsangeh.: Bayern; Vorbildung: Gymn. Ellwangen Reife 01; Studium: Würzburg 6, München 2 S.; Rig. 13. Mai 10.] [U 11. 998

Schönberger, J. X., latein. u. deutsche Classiker. gr. 8. Wien, Geistinger. 813 u. 14.

Schönberger, Ida, appr. Ärztin: Über Spontanluxationen nach akuten Infektionskrankheiten. Rostock 1910: Adler. 39 S. 8°

Freiburg i. B., Med. Diss. v. 1910, Ref. Kraske

[Geb. 9. Dez. 82 Potsdam; Wohnort: Freiburg i. B.; Staatsangeh.: Preußen; Vorbildung: Kaiserin-Augusta-Gymn. Charlottenburg Reife O. 04; Studium: Berlin 7, München 1, Freiburg i. B. 2 S.; Coll. 18. Juni 09.] [U 10. 1001

Schoenberger, Iulius: De tenotomiae physiologia quaedam. Halis 1847: Ploetz. 31 S. 8°

Halle-Wittenberg, Med. Diss. v. 31. Aug. 1847

Geb. Halle a. d. S. [10. 7.] 1823. V.

Verf. erlebte die Diplomerneuerung 1897 als praktischer Arzt in Nebra a. d. U., vgl. Anh. Nr. 404.

Schönberger, Käthe, Reiterinnen u. Radlerinnen. Humoristische Scenen aus dem Berliner Sportleben, nach Federzeichngn. v. Sch. qu. Fol. (25 Bl.) Berlin (901). Harmonie. Kart. n. 6. —

Schönberger, Käthe, aus Thier- u. Menschenleben. 25 Federskizzen zur Erheiterg. v. Jung u. Alt. qu. gr. 4. Wien 896. L. Schönberger. In Mappe n. 6. —; erm. Pr. 3. —

Schönberger, L. Amerikanische Lebensvers.-Ges. 2. Aufl. Wien 1885.

Schönberger L., amerikan. Lebensversicherungsgesellschaften. 5. A. Wien 1885

Schönberger, Ludw., die Actionäre der ungarischen Ostbahn u. der ungarische Staat. Ein Drama aus dem volkswirthschaftl. Leben. gr. 8. (V, 244 S.) Wien 875. Rosner. n. 2. 60

— von der defraudirten Bank. Ein Trauerspiel in 4 General-Versammlgn. gr. 8. (XXXI, 144 S.) Ebend. 876. n. 3. —

— die ungarischen Finanzen der J. 1848 49. [Aus: „Börsen- u. Handelsbericht".] gr. 8. (30 S.) Wien 873. Fr. Beck's Verl. in Comm. n. 1. —

— die ungarische Ostbahn. Ein Eisenbahn- u. Finanz-Scandal. Actenmässig beleuchtet. gr. 8. (IV. 113 S.) Ebend. 873. 2. 60

Schönberger, Ludw. An Adelaide Ristori. *Pest* 1858. *G. Emich.* 4 Bl., 8°. **12 kr.**
Acht Sonette.

Schönberger, Paul, gesammelte Predigten. Hrsg. von Frz. Deinl. 5. Jahrg. 2 Bde. A. u. d. T.: Homilien auf alle Sonntage des kathol. Kirchenjahres. Gesammelt von Jos. Schaffner. 2 Bde. 8. (595 S.) Regensburg 850, Manz. Thlr.

Schönberger, Paul, Predigten auf alle Sonn- u. vorzüglichst. Festtage e. Kirchenjahres. 2 Bde. 8. (47¼ B.) München 834, Daisenberger.

Schönberger, Paul, Predigten auf alle Sonn- u. vorzügl. Festtage e. Kirchenjahres. Zum Drucke beförd. v. Frz. Deinl. 1 — 1. Jahrg. à 2 Bde. 8. München u. Regensburg, Daisenberger. [1 — 3. 2., verb. A. (à ca. 48 B.) 841, 42. à 2 Thlr., 4. (36½ B.) 837. 1½ Thlr.]

Schönberger, Paul, Predigten auf alle Sonn- u. Festtage des kathol. Kirchenjahres. Hrsg. von Frz. Deinl. 3. Jahrg. 2 Bde. 2. verb. Aufl. 8. (674 S.) Regensburg 849, Manz. 1⅚ ß — 5. Jahrg. 2 Bde. A. u. d. T.: Homilien auf alle Sonntage des kathol. Kirchenjahres. Gesammelt von Jos. Schaffner. 2 Bde. 8. (595 S.) Ebd. 850. 1½ ß

Schönberger, Vict., Bericht über die internationalen Weltausstellungen in Sidney u. Melbourne 1879—1881, nebst einer histor., geograph. u. statist. Skizze über die Colonien Australiens. Hrsg. vom österr.-ungar. Export-Verein. gr. 8. (V, 488 S.) Wien 882. (Gerold & Co.) n. 2. —

Schoenberner, Kurt, Kammergerichts-Ref.: **Der Eintritt** eines neuen Gesellschafters in eine bestehende Gesellschaft. In seinen Rechtsfolgen betrachtet nach d. Bürgerl. Gesetzbuche. *Berlin 1901: B. Paul.* (56 S.) 8° [F.]
Rostock, Jur. Diss. v. [1. Sept.] 1901

Schoenberner, Reinhard, Medizinalprakt.: **Aus d. Gisela-Kinderspital München.** Vorst.: Ibrahim. **Zur Kenntnis der Mekoniumfermente.** München 1909: Kastner & Callwey. 33 S. 8°
München, Med. Diss. v. 9. März 1910, Ref. Döderlein
[Geb. 24. April 84 Berlin; Wohnort: Berlin; Staatsangeh.: Preußen; Vorbildung: Humboldt-Gymn. Berlin Reife M. 03; Studium: Berlin 8, München 2 S.; Coll. 9. März 10; Approb. 31. Jan. 10.] [U 10. 3579

Schönbichler Karl. Die Komplanation des schiefen Kegels durch Vermittlung der Integrale $\int d\varphi \sin^{n}\varphi(1-k\sin^{2}\varphi)^{m}$ und $\int d\varphi \cos^{n}\varphi(1-k\cos^{2}\varphi)^{m}$ und Auflösung dieser Integrale in trigonometrische, durch einen steten logarithmischen Kalkul berechenbarer Faktoren. S. 16. 447 . . . . vgr.
Separatabdruck

Schönbichler, Karl, der kleine Toisir-Tisch zur schnelleren, leichteren und zuverläßigeren Klafterrechnung für Alle, besonders aber für Jene, welche ohne Kenntniß der Decimalbrüche, die Multiplikationen, Divisionen, Quadrat- u. Kubik-Wurzelrechnungen, welche bei den Vorausmaßen kleinerer Baulichkeiten vorkommen, verrichten wollen. Nebst e. Anhange. 8. (29 S.) Preßburg 852, Krapp. n. 1/6 ß

Das adelige Gut **Schönböken.** Kreis Plön. soll wegen Sterbefalls der Besitzerin freihändig verkauft werden. Folgt: Gutsbeschreibung etc. (Kiel. 1903.) Fol.

Schönbold, F., s. u.: Schneider, Jos.

Schönbold, F., die wichtigsten Anstandsregeln zunächst für die Candidaten des geistl. Standes aus bewährten Quellen zusammengetragen u. geordnet. Regensburg 868. Pustet. 16. (96 S.) 6 ngr.

Schönbold, F., die wichtigsten Anstandsregeln f. die Zöglinge höherer Lehranstalten zunächst f. die Candidaten d. geistl. Standes. 3. verb. u. verm. Aufl. gr. 16. (108 S.) Regensburg 871. Pustet. — 60

Schönbold, F., die wichtigsten Anstandsregeln für die Zöglinge höherer Lehranstalten, zunächst für die Candidaten des geistl. Standes aus bewährten Quellen zusammengetragen und geordnet. 4. verb. und verm. Aufl. gr. 16. (108 S.) Regensburg 877, Pustet. — 60

Schönbold, F., die wichtigsten Anstandsregeln für die Zöglinge höherer Lehranstalten, zunächst für die Candidaten des geistl. Standes, aus bewährten Quellen zusammengetragen und geordnet. 5. verb. und verm. Aufl. 16. (128 S.) Regensburg 885, Pustet. cart. *

Schönbold, F., S. J., die wichtigsten Anstandsregeln f. d. Zöglinge höh. Lehranst., zun. f. d. Candidaten d. geistl. Standes, aus bewährten Quellen zusammengetragen u. geordnet. 7. Aufl. 16. (128 S.) Regensburg 898. F. Pustet. Kart. n. — 60

Schönbold, F., die wichtigsten Anstandsregeln f. die Zöglinge höherer Lehranstalten, zunächst f. die Kandidaten des geistl. Standes, aus bewährten Quellen zusammengetragen u. geordnet. 8. Aufl. (128 S.) 16. Regensburg 905. F. Pustet. Geb. in Leinw. n. — 60

— Mittel zur Beförderung des geistlichen Lebens für Klosterfrauen u. solche Seelen, die in der Welt Gott eifrig dienen wollen. 1. Aufl. (IV, 96 S.) 865. 4 ngr. u. 2. verb. u. verm. Aufl. Mainz 869. Kirchheim. 16. (IV, 164 S.) 5 ngr.

— Mittel zur Beförderung des geistlichen Lebens für Klosterfrauen und solche Seelen, die in der Welt Gott eifrig dienen wollen. 3. Aufl. 16. (IV, 164 S.) Mainz 877, Kirchheim. — 50

Schönbold, F., Mittel zur Beförderung d. geistlichen Lebens f. Klosterfrauen u. solche Seelen, die in der Welt Gott eifrig dienen wollen. 4. Aufl. 16. (IV, 164 S.) Mainz 889. Kirchheim. — 50

— Mittel zur Beförderg. d. geistlichen Lebens f. Klosterfrauen u. solche Seelen, die in d. Welt Gott eifrig dienen wollen. 6. Aufl. 16. (IV, 164 S.) Mainz 898. F. Kirchheim. n. — 50; geb. in Leinw. n. — 75

Schönbold, F. (Jos. Schneider, S. J.), Mittel zur Beförderung des geistlichen Lebens für Klosterfrauen u. solche Seelen, die in der Welt Gott eifrig dienen wollen. 7. Aufl. 16. (IV, 164 S.) Mainz 899. F. Kirchheim. n. —50; geb. in Leinw. n. —75

— Mittel zur Beförderung des geistl. Lebens f. Klosterfrauen u. solche Seelen, die in der Welt Gottes eifrig dienen wollen. 8. Aufl. (IV, 184 S.) 16. Mainz 908. Kirchheim & Co. —50; geb. in Leinw. —80

SCHÖNBORN, Amalia von. Eine wahre Geschichte. (Roman in zahmen Briefen). Berlin (Halberstadt, Groß) 1794. 8⁰.
Tit., 132 S. 1 weißes Bl. — Weller fing. Dr., wo auch die folg. Ausgabe.

— — Dasselbe. Neue Ausgabe. Ebd. 1807. 8⁰.

Der Milchwein (Kumys) und Kurort **Schönborn** am Kellersee bei Eutin (Ostholstein). Hamburg. 1887. 8⁰.

Schönborn und seine Zeitgenossen. Drei Briefe. Hamburg 1836. H: *Rist, Johann Georg.* (ADB 36. 370) (A) (GGr) (NN) (Klüpfel) (Schr)

Schönborn u. seine Zeitgenossen. Drei Briefe an ihn nebst einigen Zugaben aus sein. Nachlaß u. e. biograph. Skizze als Einleit., hrsg. v. J. R. gr. 8. (3 B. u. 5 Bldtt. mit Facsim.) Hamburg 836, Fr. Perthes.

Schoenborn: Eine Gruppe Aufgaben, das ebene Dreieck betreffend. 28 S. - Krotoschin, Progr. 1861

Derselbe Einige Bemerkungen über den Zug Alexanders d. Gr. durch Lycien und Pamphylien. 27 S.
Posen, F.W., Progr. 1849

Schönborn, Schweidnitzer Chronisten d. XVI. Jahrh., s.: Schimmelpfennig.

Schönborn, Schweidnitzer Chronisten des XVI. Jahrh., s. Scriptores rerum silesiacarum.

Schönborn, e. Fall v. knöchernem Ersatze e. grossen Schädeldefektes nach der Methode v. Koenig. [Aus: „Sitzungsber. d. Würzb. Phys.-med. Gesellsch."] gr. 8. (5 S.) Würzburg 891. Stahel. n. —50

Schönborn Über einige Flüsse Lyciens und Pamphyliens nach Mittheilungen des Professors Dr. Löw und nach eigenen Notizen. 24 S.
Posen, F.W., Progr. 1843

Schönborn. Für welche Berufskreise giebt die Realschule die nöthige Vorbereitung? Krotoschin, R., 1851. 13 S. 4. Progr.

Schönborn (Hrsg.), s. Hanke, M.: Anmerkungen von dem Latein-Reden der stud. Jugend zu Breslau ...

Schönborn, Die Turn- und Volksspiele in ihrer Stellung zum Turnunterricht und der Spielbetrieb, 11 S., 8⁰.

Schönborn, A. Aufgebot der preußischen Volksschule im Kampfe gegen die Sozialdemokratie, s. Abhandlungen, pädagogische.

Schönborn, A. S., Latein. Elementarbuch zunächst f. d. Vorbereitungsclassen d. Friedrich-Wilhelms-Gymnasiums zu Posen. 8. (VIII u. 114 S.) Berlin 848, Mittler & Sohn. 1/4 ℛ

Schönborn, A. S., lateinisches Elementarbuch zunächst für die Vorbereitungsclassen des Fr.-Wilh.-Gymnas. zu Posen. 2. von Neuem durchges. Aufl. Berlin 854. Mittler u. Sohn. 8. (VIII, 114 S.) 7½ ngr

Schönborn, A. S., lateinisches Elementarbuch zunächst für die Vorbereitungsclassen des Friedrich-Wilhelms-Gymnasiums zu Posen. 3., von Neuem durchges. Aufl. Berlin 860. Mittler & Sohn. 8. (VIII, 114 S.) 7½ ngr

Schönborn, A. S., lateinisches Elementarbuch zunächst für die Vorbereitungsclassen d. **Friedrich-Wilhelms-Gymnasiums zu Posen. 4., von Neuem durchgeseh. Aufl. Berlin** 869. Mittler & Sohn. 8. (VIII, 114 S.) 7½ ngr

Schönborn, A. S., latein. Lesebuch zur Einübung d. latein. Formenlehre. 1. u. 2. Curs. 8. Berlin, Mittler, Vrlsh.
A. u. d. Ttln.:
Curs. 1. Latein. Lesebuch f. d. Vorbereitungs-Classe d. Friedrich-Wilhelms-Gymnasiums in Posen. (6¾ B.) 835. 6 Gr.
" 2. Latein. Lesebuch f. d. Quinta d. Friedrich-Wilhelms-Gymnasiums zu Posen. (16¼ B.) 841. 12 Gr.

Schönborn, ..., Lateinisches Lesebuch zur Einübung der Latein. Formenlehre. 1r Cursus. A. u. d. T.: Lateinisches Lesebuch für die Vorbereitungs-Classe des Friedrich-Wilhelms Gymnasiums in Posen. 8. Berlin 836. Mittler. 1/4 ℛ

Schönborn, A. S., latein. Lesebuch z. Einübung der latein. Formenlehre. 1. u. 2. Curs. 8. Berlin, [Mittler u. Sohn.] Thlr. —
A. u. d. Ttln.:
Curs. 1. Latein. Lesebuch f. die Vorbereitungs-Classe des Friedrich-Wilhelms-Gymnasiums zu Posen. 3. u. 4., unveränd. Aufl. (à 7½ B.) 842, 45. à 7½ Ngr.
" 2. Latein. Lesebuch f. die Quinta des Friedr.-Wilh.-Gymnasiums z. Posen. 2., umgearb. Aufl. (17½ B.) 846. 15 Ngr.

— Latein. Lesebuch zur Einübung d. latein. Formenlehre. 1. Curs. A. u. d. T.: **Latein. Lesebuch f. d. Vorbereitungsclasse des Friedrich-Wilhelms-Gymnasiums zu Posen. 5. unveränd. Aufl.** 8. (VIII u. 108 S.) Ebd. 847. — 6. unveränd. Aufl. 8. (VIII u. 108 S.) Ebd. 850. 1/4 ℛ

— dass. 2. Cursus. 3. durchgeseh. Aufl. A. u. d. T.: **Lateinisches Lesebuch für die Quinta d. Friedrich-Wilhelms-Gymnasiums zu Posen.** 3. durchgeseh. Aufl. 8. (VIII u. 271 S.) Ebd. 851. 1/2 ℛ

— lateinisches Lesebuch zur Einübung der lateinischen Formenlehre. Berlin, Mittler u. Sohn. 8.
1. Curs.: Lateinisches Lesebuch für die Vorbereitungs-Classe des Fr.-Wilh.-Gymnas. zu Posen. 7. von Neuem durchges. Aufl. 853. — 8. Aufl. 854. — 9. Aufl. 855. (VII, 108 S.) 7½ ngr
2. Curs.: Lateinisches Lesebuch für die Quinta des Fr.-Wilh.-Gymn. zu Posen. 4. durchges. Aufl. 856. (VIII, 271 S.) 15 ngr

Schönborn, A. S., lateinisches Lesebuch für untere Gymnasial-Classen. 2. Cursus. A. u. d. T.: Lateinisches Lesebuch für die Quinta des Friedrich-Wilhelms-Gymnasiums zu Posen. 5., durchgeseh. Aufl. 8. (VII und 271 S.) Berlin 859, Mittler und Sohn. Thlr.

— lateinisches Lesebuch für untere Gymnasial-Classen. Zwei Curse. Ebend. 8.
1. Cursus: Lateinisches Lesebuch zur Einübung der lateinischen Formenlehre. 10. Aufl. 859. — 11. Aufl. 861. — 12., verb. Aufl. 863. (XII, 108 S.) 7½ ngr
2. Cursus: Lateinisches Lesebuch für Quinta u. Quarta der Gymnasien. 5. Aufl. 860. — 6., verb. Aufl. 863. (VIII, 270 S.) 15 ngr

Schönborn, A. S., lateinisches Lesebuch für untere Classen der Gymnasien und anderer höherer Lehranstalten. 2 Curse. 8. Berlin 862—68, Mittler und Sohn. —
Inhalt:
Curs 1. Lateinisches Lesebuch zur Einübung der latein. Formenlehre. 12.—15. Aufl. (XII und 108 S.) 7½ Ngr.
" 2. Lateinisches Lesebuch für die Quinta höherer Lehranstalten. 6.—8., durchgeseh. Aufl. (VIII und 271 S.) 15 Ngr.

— dasselbe. 2. Cursus. Für Quinta. 9. durchges. Aufl. 8. (VIII, 199 S.) Ebend. 871. 1. 50

Schönborn's, A. S., lateinisches Lesebuch. Vokabularium dazu, s. Kühner, Rud.

—— lateinisches Lesebuch für untere Classen der Gymnasien und anderer höherer Lehranstalten. 2 Curse. 8. Ebendas. 870—73. 2 25

Inhalt:

Curs 1. Lateinisches Lesebuch zur Einübung der latein. Formenlehre. 16.—18. Aufl., und 19. Aufl., besorgt von Rud. Kühner. (XII, 108 S.) 75 Pf.

„ 2. Lateinisches Lesebuch für die Quinta höherer Lehranstalten. 4., durchgeseh. Aufl. (VIII, 199 S.) ℳ 1,50.

Schönborn's, A. S., lateinisches Lesebuch für die unteren Classen der Gymnasien und anderer höherer Lehranstalten. 2 Curse. 8. Berlin, Mittler und Sohn. * 2 25

Inhalt:

Cursus 1. Lateinisches Lesebuch zur Einübung der lateinischen Formenlehre. 20.—22. verb. und mit einem Vocabularium verseh. Aufl., besorgt von Rud. Kühner. (XII, 110 S.) 876—79. * 75 Pf.

„ 2. Lateinisches Lesebuch für die Quinta höherer Lehranstalten. 11. und 12. Aufl. (VIII, 304 S.) 877,80. *ℳ 1,50.

—— dass. — Lateinisches Vocabularium, s. Kühner, Rud.

Schönborn's, A. S., lateinisches Lesebuch für die unteren Classen der Gymnasien und anderer höherer Lehranstalten. 1. Cursus: Lateinisches Lesebuch zur Einübung der lateinischen Formenlehre. 23. verb. und mit einem Vocabularium verseh. Aufl., besorgt von Rud. Kühner. 8. (XII, 112 S.) Berlin 884, Mittler und Sohn. *

2. Cursus. Ebendas. 1880. *ℳ 1,50.

Schönborn's, A. S., lateinisches Lesebuch zur Einübung der lateinischen Formenlehre. 1. u. 2. Tl. gr. 8. Berlin, E. S. Mittler & Sohn. n. 3. 25; geb. n. 3. 95

1. Für Sexta. 24., umgearb. Aufl., besorgt v. Paul Schwieger. (VII, 135 S.) 892. n 1.—; geb. n.n. 1.20

2. Für Quinta. 14. Aufl., neu bearb. v. Paul Schwieger. Hierzu e. Ergänzungshft.: Wörterverzeichnisse u. grammat. Anh. (X, 377 S.) 893. n. 2.25; in 2 Bde. geb. n.n. 2.75

— dasselbe, Vorbereitungsheft, s.: Schwieger, Paul.

—— die Skene der Hellenen. Ein Versuch. Nach dem Tode des Verf. hrsg. von Carl Schönborn. gr. 8. (XI und 361 S. mit 1 Stnt. in qu. gr. 4.) Leipzig 858, Hirzel. *

—— über das Wesen Apollon's und die Verbreitung seines Dienstes. Ein Versuch. gr. 8. (III und 80 S.) Berlin 854, Mittler und Sohn.

Schoenborn, Adolphus *(geb. Meseritz in Pos. 16. 1. 1807)*: De nova sarcomatis in pericranio specie. Vratislaviae 1834. (23 S., 2 Taf. 4.) *[Im Buchhandel 1834 b. Aderholz in Breslau.]*

Breslau, Med. Diss. v. 29. Juni 1834

Schönborn, Ado., de nova sarcomatis in pericranio specie. Dissertat. inaug. 4 maj. (3½ B. u. 2 Stnt. ½ qu. Fol.) Vratislaviae 834, (Aderholz.)

Schönborn, C. Commentatio de codd. duob. ex biblioth. I. Petri de Ludewig in gymn. Suidnicensis bibliothecam translatis. (Cod. 1. Martini Poloni chronicon. Cod. 2. Varii libelli, historiam sec. XV. illustrantes.) 36 S.

Breslau, M., Progr. 1835

Schönborn, C., Ueber die Echtheit der Verse 895—906 im Soph. Antigone. Pr. 1827. 16 S. 4°. 1.—

Schönborn, C., die chirurgischen Erkrankungen: Einleitung, Allgemeines über Operationen, Verbände, Wunden und Contusionen, s. Handbuch der Kinderkrankheiten.

Schönborn, C. Rede, gespr. am Stiftungsfeste des Gymn. am 26. Jan. 1831. (Ueber die Stiftung des Gymn., und die nothwendigsten Bildungsmittel für den studir. Jüngling.) 8 S. . . .

Schweidnitz, Progr. 1831

Schönborn, C.: Ueber die Schul- und Kirchen-Ordnung des Raths von Breslau vom Jahre 1528. 23 S. – Breslau M.M., Progr. 1860.

Schönborn, Carl, s. Schönborn, Karl

Schönborn, E. Zur Erklärung von Platos Charmides. 14 S. *Pless* 1884. Progr.

Schönborn, E., die Pflege des Kindes vor u. nach der Geburt, s. a. Volksbücher, gesundheitl. Nr. 2.

Die Pflege des Kindes vor und nach der Geburt. Von E. Schönborn. *Berlin: Deutscher Bund [1903].* (30 S.) 8° [F.]
= Volksbücher, Gesundheitliche. No 2. 03. 7734

Schoenborn, Aemilius *(geb. Krotoschin in Pos. [13. 6.] 1839)*: Aitareya-Brāhmaṇae specimen. Berolini (1862). (47 S.) 8°

Breslau, Phil. Diss. v. 3. Sept. 1862

Schoenborn, Emil [Dir. Dr.]: Zur Vorgeschichte der evangelischen Fürstenschule in Pless. Th. 1.: Vor hundert Jahren. Pless, Druck v. A. Krummer, 1895; 1 Bl., 1—22 S. 4.

Pless, ev. Fürsten-S., P. 1895 (205)

Schönborn, Friedr. Graf v., Randglossen zum Entwurfe eines neuen Strafgesetzes. gr. 8. (IV, 41 S.) Prag 878, Dominicus. * 1 —

Schönborn, Frdr. Graf, u. Alois Fürst Liechtenstein, der Religionskampf in Oesterreich, s. a. Sammlung zeitgemäßer Broschüren.

(F) Der Religionskampf in Oesterreich. Zwei Reden von Dr. Friedrich Graf Schönborn und Alois Fürst Liechtenstein. 2. Auflage. (Sammlung zeitgemässer Broschüren. Nr. 13.) Graz. 1901. Styria. 8°. 44 S. K —.20

G. F. E. Schönborns Aufzeichnungen über erlebtes. Mit Einleitung und Beigaben v. Karl Weinhold. (Besonders abgedruckt aus: Zeitschrift der Gesellschaft für schlesw.-holst.-lauenb. Geschichte. Bd. 1. S. 129 ff.) Kiel. (1870.) 8°.

Schoenborn, Heinrich *(geb. Posen 3. 4. 1844)*: Ueber Atresien der Scheide. Breslau (1868). (40 S.) 8°

Breslau, Med. Diss. v. 3. Nov. 1868

Schoenborn, Heinr., Brieg. Ein Führer f. Einheimische u. Fremde. (80 S. m. Abb. u. 1 farb. Plan.) 8. Brieg 910. F. Leichter Nachf. — 80

Brieg. Ein Führer f. Einheimische u. Fremde. Hrsg. von Heinrich Schoenborn. Mit 1 Pl. Brieg: Sußmann 1910. 80 S. 8° 10. 1315

Heinrich Schoenborn, Geschichte der Stadt und des Fürstentums Brieg. Ein Ausschnitt aus d. Geschichte Schlesiens. Brieg: F. Leichter Nachf. 1907. (VIII, 388 S.) 8° [F.] 08. 7308 2

— Geschichte f. Mittelschulen. In 4 Heften bearb. 1. Heft: Klasse V. Bilder aus der vaterländ. Geschichte. (IV, 80 S. m. 21 Abbildgn.) gr. 8. Leipzig 911. B. G. Teubner. — 80

Realienbuch, s.: Franke, M., u. D. Schmell.

Schönborn, K. Ueber das Verhältniß des Platon. Menexenos zu dem Epitaphios des Lysias. 32 S. . . . .

Guben, Progr. 1830

Schönborn, Karl

Schoenborn, Carolus *(geb. Meseritz in Pos. 18. 3. 1803)*: De authentia declamationum quae Gorgiae Leontini nomine exstant. Vratislaviae (1826). (40 S.) 4° *[Im Buchhandel 1826 bei Max & Ko. in Breslau.]*

Breslau, Phil. Diss. v. 20. Juni 1826

Schoenborn, (C.,) de Authentia declamationum quae Georgiae Leontini nomine exstant. Dissertatio. 4. Vratisl. 826. (Max et C.)

Schönborn, Carl Beiträge zur Geschichte der Schule und des Gymnasiums zu St. Maria Magdalena. I. 1266 — 1400. 23 S. II. 1400—1576. 44 S. III. 1570—1616. 46 S.
Breslau, M., Progr. 1843. 1844. 1848

Schönborn, C. Beiträge zur Geschichte der Schule und des Gymnasiums zu St. Maria Magdalena IV. 1617—1643. 38 S.
Breslau, M. M., Progr. 1857

Der Einfluss der Ärzte auf den Krankenhaus-Bau. Festrede z. Feier d. dreihundert und zehnten Stiftungst. d. kgl. Julius-Maximilians-Univ. geh. am 2ten Jan. 1892 v. Dr. Karl Schoenborn, ö. o. Prof. d. Chir. ... z. Z. Rector. Würzburg, kgl. Universitätsdr. v. H. Stürtz, 1892; 47 S. 4.

Schoenborn, Carl. Der Einfluss der Ärzte auf den Krankenhaus-Bau. Festrede zur Feier d. 310. Stiftungstages der königl. Julius-Maximilians-Universität, geh. am 2. Jan. 1892. hoch 4. (47 S.) [Würzb. 892.] Dresd., (Hertz). * 1 —

Schoenborn, Car. (Guil.) (geb. Breslau 8. 5. 1840) De monstris acardiacis. Berolini (1863). (64 S.) 8°
Berlin, Med. Diss. v. 11. März 1863

Schönborn, C., der neue Operations- u. Hörsaal der chirurgischen Universitäts-Klinik in Würzburg. Rede, geh. zu dessen Eröffng. am 29. April 1890. Mit (5) Plänen des neuen Operationssaal-Gebäudes. Lex.-8. (29 S.) Wiesbaden 890. Bergmann. n. 3. —

Schönborn, Carl, Rede zum Andenken an das 200jährige Bestehen des Magdalenen-Gymnasiums in Breslau am 6. Nov. 1843. 8. (2 B.) Breslau 844, G. Ph. Aderholz.

Schonborn, Carl: Bibliographische Untersuchungen über die Reise-Beschreibung des Sir John Maundeville. Breslau 1840. 21 S. 8°

Schönborn, Karl, zur Verständigung über Göthe's Faust. 8. Breslau 838. Aderholz. 5/12 ℳ

Schönborn, Karl Gottlob. Ausgewählte Schulreden nebst e. Lebensabriß. Hrsg. v. E. Cauer. gr. 8. (IV, 307 S.) Breslau 872. Gera, Reisewitz' Verl. n. 4. 50

Schönborn, Karl Glob., ausgewählte Schulreden, nebst einem Lebensabriß. Hrsg. v. E. Cauer. Neue (Titel-) Ausg. gr. 8. (IV, 307 S.) Gera (1872) 878. Reisewitz. n. 3. —

Schönborn, Robert

Schönborn, R., der griechische Münchhausen, s. a. Münchhausen.

Schönborn, Rob., der griechische Münchhausen od. die wahre Geschichte v. Lukians wundersamer Reise. Ein Lügenmärchen f. junge u. alte Leser aus dem Griech. umgearb. Mit 6 Abbildgn. (auf 3 Steintaf.) 16. (154 S.) Halle 876. Schwetschke's Sep.-Cto. n. — 80; cart. n. 1. —

— die Räuberhöhle. 8. (8 Holzschntaf. in Buntdr. m. Text.) Stuttgart 872. G. Weise. — 20

Klinischer Atlas der Nervenkrankheiten. Von Dr. S[iegfried] Schoenborn u. Dr. Hans Krieger. Mit e. Vorw. von Geheimrat Prof. Dr. W[ilhelm] Erb, Heidelberg. Mit 186 Lichtdrucktaf. u. 13 Textabb. Heidelberg: C. Winter 1908. (VII S., 184 Tafel-S. mit je 1 Erl.-S.) 4°(8°) [08. 8670

Schoenborn, Siegfried [aus Königsberg i. Pr.]: Zur Frage der Resorption von Kohlehydraten im menschlichen Rectum und ihrer Verwertbarkeit zur künstlichen Ernährung ... Würzburg, P. Scheiner's Buchdr., 1897; 35 S. 8.
Würzburg, Med. Fak., Inaug.-Diss. v. 1897

Schoenborn, Dr. S., I. Assistent der Medizinischen Klinik: Gefrierpunkts- und Leitfähigkeits-Bestimmungen. Ihr praktischer Wert für die innere Medizin. Wiesbaden: J. F. Bergmann 1904. (77 S.) 8°
Heidelberg, Med. Fak., Hab.-Schrift v. 1904

— die Lumbalpunktion u. ihre Bedeutung f. Diagnose u. Therapie, s. a. Sammlung klinischer Vorträge.

Die Lumbalpunktion und ihre Bedeutung für Diagnose und Therapie. Von S[iegfried] Schoenborn, Heidelberg. Leipzig: Breitkopf & Härtel 1905. (17 S.) 8°
= Sammlung klinischer Vorträge. N. F. No 384. [illegible]

Schönborn, T. Ueber den Ursprung der Naturpoesie. Breslau, R. z. heil. Geist, 1873. 24 S. 4. Progr.

Schönborn, Th., kurze vergleichende deutsche Grammatik in ihren Grundzügen f. die mittleren Klassen höherer Lehranstalten dargestellt. 1. Thl. Laut- u. Flexionslehre. gr. 8. (IV, 58 S.) Breslau 873. Kern's Verl. n. 1. —

Schönborn, Th., das höhere Unterrichtswesen in der Gegenwart, s. a. Zeit- u. Streitfragen, deutsche.

Schönborn T, das höhere Unterrichtswesen in der Gegenwart. (Zeit- und Streitfragen, Deutsche 216) Berlin 1885

Schönborn, Theodor, Prof. Dr.: Humanismus und Realismus im höheren Unterrichtswesen. *Breslau (1899): Grass, Barth & Co.* (S. 145—177.) 8°
Breslau, RG zum heiligen Geist, Festschr. 1899**

Schönborn, Theodor: Das Pronomen in der schlesischen Mundart. (T. 1, Kap. 1.) Breslau: Marcus 1910. 31 S. 8°
¶(Ersch. vollst. als: Wort u. Brauch. H. 7.)
Breslau, Phil. Diss. v. 18. April 1910, Ref. Siebs
[Geb. 8. Juni 76 Wellersdorf; Wohnort: Breslau; Staatsangeh.: Preußen; Vorbildung: Elisabeth-Gymn. Breslau Reife O. 04; Studium: Breslau 10 S.; Rig. 31. Juli 09.] [U 10. 637

Schoenborn, W. Die Sechspunktkreise des ebenen Dreiecks. 22 S. Progr. Krotoschin 1881

Schoenborn, Walther, Rechtspraktikant: Das Oberaufsichtsrecht des Staates im modernen deutschen Staatsrecht. Heidelberg 1906: C. Winter. (VII, 63 S.) 8°
Heidelberg, Jur. Fak., Ref. Jellinek, Diss. v. 1906
[Geb. 19. Juli 83 Seebad Neuhäuser (Ostpr.); Wohnort: Heidelberg; Staatsangeh.: Baden; Vorbildung: Gymn. Würzburg Reife Juli 01; Studium: Würzburg 2, Freiburg i. B. 3, Heidelberg 2 S.; Rig. 14. Juli 05.]

Schoenborn, Walther, Dr. jur.: Studien zur Lehre vom Verzicht im öffentlichen Recht. Leipzig 1908: Hirschfeld. VI, 95 S. 8° ¶(Ersch. auch als Buch b. Mohr, Tübingen.) Mit: Einladung zur ... Probe-Vorlesung ... d. 3. Aug. 1908 ... Thema: Altersstufen u. Geschäftsfähigkeit im öffentlichen Recht. Heidelberg (1908): Hörning. 1 Bl. 8°
Heidelberg, Jur. Hab.-Schr. v. 1908 [U 09. 2061

Schoenborn, Walth., das Oberaufsichtsrecht des Staates im modernen deutschen Staatsrecht. (VII, 63 S.) gr. 8. Heidelberg 906. C. Winter, Verl. n. 1. 80

Schoenborn, Walth., Studien zur Lehre vom Verzicht im öffentl. Recht. (VIII, 95 S.) gr. 8. Tübingen 908. J. C. B. Mohr. 3. —

Schoenborn, Wilhelm [aus Königshuld (Schlesien)]: Über Bursitis und Periburitis. ... Würzburg, Becker's Univ. Buchdr., 1885; 22 S. 8°.
Würzburg, Med. Fak., Inaug.-Diss. v. 1885.

Schoenborn, Wilhelm, über Bursitis und Peribursitis. Diss. Würzburg 1885, Stahelsche Univ.-Buch. 8°. 22 S.

Schönborn-Wiesentheid, Erwein Graf von, Dr. jur.: Aus d. physiol. Inst. d. Universität. Ueber den Nachweis des urotryptischen Ferments bezw. des Urotrypsinogens. München 1909: Wolf. 54 S. 8°
München, Med. Diss. v. 18. Mai 1909, Ref. Frank
[Geb. 6. Okt. 77 Wiesentheid; Wohnort: Wiesentheid; Staatsangeh.: Bayern; Vorbildung: Altes Gymn. Regensburg Reife Juli 98; Studium: Med. Heidelberg 1, Kiel 5, München 4 S.; Rig. 18. Mai 09.] [U 09. 3397

Schönbrod, A., Wegweiser für Rechtsuchende im Verfahren bei den Amtsgerichten in Elsaß-Lothringen. Unter besond. Berücksicht. der Landesgesetzgebung von Elsaß-Lothringen und des Kostenwesens gemeinfaßlich bearb. und mit Mustern zu Klageschriften und sonst. Eingaben versehen. (Deutsch und französ.) 8. (XII, 253 S.) Straßburg 881, Schultz und Comp. cart. *

Schönbrod, Franz, approb. Arzt aus Siegburg: Aus d. anat. Institut zu Bonn. Ueber einen **Fall** von Phocomelie. Ein Beitrag zur Lehre von d. Hemmungsmissbildungen. *Bonn 1901: J. Trapp.* (20 S.) 8°
Bonn, Med. Diss. v. [5. Dez.] 1901

Schoenbrod, J. Joseph., Litterae gratulatoriae ad reverendiss. et illustrissim. dominum Casp. Maxim. L. B. Droste ex Vischering Episcop. Monasteriensem in Jubilaeo sacerdotii sui d. 13. Juli 1813 et in Jubilaeo episcopatus sui d. 6. Sept. 845, nec non ad reverendiss. dominum Francisc. Arnold. Melchers Episcop. Herbronensem et Vicar. generalem in Jubil. sacerdotii d. 8. Apr. 1839. directae nomine cleri Rhenani. gr. 4. (1 B.) Münster 846, Theissing'sche Bh.

Schönbrod, Karl [app. Arzt aus Wallerstein]: Über den gegenwärtigen Stand der Beurteilung der eosinophilen Zellen im Blute und im Sputum ... München, E. Mühlthaler's Kgl. Hof-Buchdr., 1895; 22 S. 8.
Erlangen, Med. Fak., Inaug.-Diss. v. 28. Juli 1894

Schönbrodt, Karl, Handbuch d. indirecten Steuerv[illegible]ung, v. Karl Chr. Fr. Kanitz.

Schönbrodt, Handbuch d. Rechnungswesens d. preuß. Haupt-Zoll- u. Haupt-Steuerämter. 3 Bde. gr. 8. (30½ B.) Potsdam, [Riegel's Vrlsh.] [1. (20½ B.), 2. (19¾ B.) 836. à * 1⅓ Thlr., 3. (30½ B.) 838. * 2⅓ Thlr.] Thlr. *

Schönbrodt, Sammlung der Zoll- und Steuer-[illegible] des Preuß. Staates und des deutschen Zollvereins über die aus der Inhaltsanzeige ersichtlichen Gegenstände. Potsdam. 18[illegible]. Jahrg. 1832—1838.

Schönbrodt, Samml. d. Verordnungen üb. d. Gewerbe-, Handels- u. Abgaben-Verhältnisse in den Vereinsstaaten Deutschlands, s. Sammlung rc.

Schönbrodt, C. (Herausgeber): „Sammlung der Verordnungen über die Gewerbe-, Handels- und Abgaben-Verhältnisse in den Vereinsstaaten Deutschlands", 5 Bände, Potsdam 1834 bis 1838.

- Die Verordnungen üb. d. Gewerbe-, Handels- u. Abgaben-Verhältnisse Deutschlands. s. Sammlung.

- Die preuß. Zoll- u. Steuerverordnungen. s. Sammlung.

Schönbrodt, Reinhold, über einige Derivate des Acetessigesters. Diss. Halle 1888, Lippertsche Buchh. 8°. 46 S.

Schönbrodt, Reinhold [aus Halle]: Über einige Derivate des Acetessigesters .... Halle a. S., S. Schlesingers Buchdr., 1888; 46 S. + 1 Bl. 8°
Halle, Phil. Fak., Inaug. Diss. v. [29. März] 1888

Schönbrunn [Sachl. Ordnungswort]

Schönbrunn. Établissement hydrothérapique (Bains de) Schoenbrunn Près Zoug Suisse. Etablissement installé pour tout traitement hydro- et electrothérapique ... et la gymnastique médicale. Station climatérique. ... Propriétaires: Hegglin frères. [Prospectus illustré.] II + 42 p. 8. Lucerne, Räber & Cie., 1903.

Das kaiserl. Lustschloss Schönbrunn. 20 Vollbilder, Origin.-Radirungen von R. Alt, Radirungen von W. Unger nach Belotto, Meytens, L'Allemand und Heliogravuren nebst einem Plane und vielen Illustrationen, mit histor. und topogr. Text von Q. Leitner. 38 Seiten. Imp.-Fol. 187[illegible]. Luxus-Ausgabe auf geschöpftem Papier 30.—. Gewöhnliche Ausgabe auf glattem Papier 24.—
Wien: Artaria & Co. 1896.

Schönbrunn, botan. Reichthum, in e. Aufzählung von dessen Gewächsen, Blumen, Bäumen rc. deren Farbe, Standort rc. 2te verm. Aufl. 8. Wien, Geistinger. (Lpz. Weygand.) 812.

Schoenbrunn. Wasserheilanstalt Sch. Ct. Zug. Schweiz ... [Illustriert.] 8. Zurich [1894]

Schönbrunn. Wasserheilanstalt Bad Schönbrunn bei Zug Schweiz. Anstalt für gesamtes Wasserheilverfahren ... und Heilgymnastik. Luftkurort. ... Besitzer: Geschwister Hegglin. [Illustrierter Prospekt.] IV + 40 S. 8. Luzern, Räber & Cie., 1902.

Schoenbrunn, près Zoug. Suisse. Etablissement installé pour tout traitement hydro- et électrothérapique ... le massage et la gymnastique médicale. Station climatérique. [Illustré.] 8. Zurich 1899

Schönbrunn [Schlagwort]

Schönbrunn, s.: Wien.

Schönbrunn [Verfasser]

Schönbrunn Otto: Quomodo Lucianus cum philosophis steterit.
H. 1909 PN 2669 **Diss.** Wien Univ. 1650

Schönbrunner Josef, Die Albertina [illegible] S., 14 S., Wien, Verlag des österr. Buchhändler-Vereines, Baar [illegible]
1887

Schönbrunner, Jos., s.: Biblia pauperum.

Schönbrunner, Jos., s.: **Handzeichnungen alter Meister aus der Albertina.**

Schönbrunner, Jos., die verschiedenen Malarten. Kurz dargestellt. 8. (43 S.) Wien 886, (Kubasta und Voigt.) *

Sommerfrische Markt Schönbühel a. d. Donau in der Wachau. 8°. (ill. 16 S.) † K —.30
Melk: Aigner 1905.

Schönburg [Sachl. Ordnungswort]

Schönburg, Gesammthaus, s. Bischof, Herm., Denkschrift.

Schönburg [Schlagwort]

Schönburg — Genaue Charte der Grafschaft — mit Berichtigung der astronomischen Bestimmungen herausgegeben von den Homannischen Erben 1760. 1 : 125,000. 1 Bl.

Schönburg, Topographie, s. Topographie.

Schönburg [Verfasser]

Schönburg, Carl, s. Schönburg, Karl

Schönburg, Erich, appr. Arzt a. Naumburg: Über Frakturen des Meatus acusticus externus und des Processus mastoideus durch direkte Gewalteinwirkung. Halle a. S. 1906: C. A. Kaemmerer & Co. (34 S.) 8°
Halle, Med. Fak., Ref. Schwartze, Diss. v. 22. Sept. 1906
[Geb. 1. März 79 Naumburg a. S.; Wohnort: Halle a. S.; Staatsangeh.: Preußen; Vorbildung: Stadt-Gymn. Halle a. S. Reife O. 01; Studium: Kiel 1, Leipzig 4, Halle 1, Leipzig 1, Halle 2 S.; Coll. 10. Aug. 06; Approb. 1. Sept. 06.]

Schönburg, Friedrich Ernst Gf. von A. S. 386/19

Dissertatio iuris publici de episcopo minorenni.
Jena (Heller) 29. XI. 1769. 84 S. 31170

Schoenburg, Friedrich Ernst Gf. von A. S. 564/15

Theses iuris criminalis quae probant, delinquentem, neque confessum neque convictum, condemnari posse.
Präs. Johann August Reichardt.
Jena (Schill) II. 1769. 16 S. 31169

Schönburg, Karl

Schoenburg, Carl, Johann Elmer. Roman. 3 Bde. 8. (225, 261 u. 213 S.) Hannover 876. Rümpler. 12. —

Schoenburg, Karl Heinrich von A. S. 82/14

De feudis femininis. Präs. Johann Adam Theophil Kind.
Leipzig (Breitkopf) 6. IV. 1775. 56 S.

W. v. : Präs. 31171

Das gute Bekenntnis des Grafen Wolf v. Schönburg vom Jahre 1566. Veröff. von J. Hieronymus, Pastor. *Elberfeld: Luther. Büchereverein 1897.* 156 S., 8
= Altes u. Neues aus d. luther. Kirche. Bdch. 7 [illegible] 5

Schönburg-Rochsburg, des Grafen Heinr. Ernst v., handschriftl. Nachrichten üb. seine Wirthschaftsführung zu Rochsburg in Sachsen; hrsg. u. mit Anmerkn. begl. v. Weber. 2 Bde. Mit d. Portr. d. Verf. u. 1 Karte. gr. 8. ... Halle 828, [Schwetschke u. Sohn.]

Schönburg-Waldenburg, Frdr. Prinz v., u. Rud. Timper, Geschichte v. Schwarzenbach an der Saale. (VII, 204 S. m. Abb.) gr. 8. Schwarzenbach a/S. 908. (Wunsiedel, G. Kohler.) 4. —

Schönchen, L., Kreide & Kohle. Vorlagen. 1. u. 2. Heft. Skizzen. (8 Bl. m. 4 S. illustr. Text u. 8 Bl.) 23×30,5 cm. Ravensburg (907). O. Maier. à 1. —

Schönchen, L., König Ludwig I. v. Bayern. Eine biograph. Skizze. Augsburg 868. Kranzfelder. Lex.-8. (72 S.) n. 10 ngr.

Schönchen, L., s. Sonntags-Beiblatt.

Chr. Aug. Schoenecke (praes. Car. Gottlob Kühn) diss. inaug de peste Periclis aetate Athenienses affligente. Lips. 1821. 4.

Schönderling [Schlagwort]

Schönderling, s.: Bayern. Karte.

Schondochs Gedichte untersucht u. hrsg. von Heinrich Heintz. Breslau: M. & H. Marcus 1908. (155 S.) 8°
= **Abhandlungen,** Germanistische. H. 30. [o8. 1816, 2

Schöndorf, Frdr., Aspidosoma Schmidti nov. spec. Der erste Seestern aus den Siegener Schichten. (S. 698—708 m. 1 Fig., 1 Taf. u. 1 Bl. Erklärgn.) Lex. 8. Berlin (N. 4, Invalidenstr. 44) 908. Vertriebsstelle der kgl. geolog. Landesanstalt. nn — 85
Sonderabdr. aus: „Jahrb. d. kgl. preuss. geol. Landesanstalt".

Schöndorf, Frdr., die Gorother Mühle, e. lehrreiches Profil des unteren Tertiärs des Mainzer Beckens. (S. 219—226 m. 1 Fig.) gr. 8. Wiesbaden 905. J. F. Bergmann. n. — 40
Sonderabdr. aus „Jahrbücher des nassauischen Vereins für Naturkunde".

— Über einige „Ophiuriden u. Asteriden" des englischen Silur u. ihre Bedeutung f. die Systematik paläozoischer Seesterne. (S. 205—256 m. 9 Fig.) gr. 8. Wiesbaden 910. J. F. Bergmann. 1. 40
Sonderabdr. aus: „Jahrbb. d. nass. Ver. f. Naturkde."

— Organisation u. Aufbau der Armwirbel v. Onychaster. (S. 47—63 m. 1 Taf.) gr. 8. Wiesbaden 909. J. F. Bergmann. — 80

Schöndorf, Friedrich, a. Sonnenberg in Nassau: Die Organisation und systematische Stellung der Sphaeriten. (Berlin 1906: J. F. Starcke.) (S. 218—271.) 4° ¶ [Aus: Archiv f. Biontologie Bd 1.]
Berlin, Phil. Fak., Ref. Branco, Diss. v. 8. Nov. 1906
[Geb. 3. Jan. 84 Sonnenberg; Wohnort: Berlin; Staatsangeh.: Preußen; Vorbildung: Kgl. Gymn. Wiesbaden Reife O. 03; Studium: Erlangen 3, Berlin 3 S.; Rig. 25. Juni 06.]

Die Organisation und systematische Stellung der Sphaeriten. Von Friedrich Schöndorf. Hierzu Taf. 24—25. Berlin: R. Friedländer & Sohn in Komm. 1906. (S. 251—305.) 4°
= Archiv f. Biontologie. Bd 1, H. 3, 1. [o8. 17455 3

— das Genus Sphaeraster u. seine Beziehungen zu rezenten Seesternen. (S. 249—256 m. 3 Abbildgn.) gr. 8. Ebd. 906. n. — 40
Sonderabdruck aus: „Jahrbb. d. nass. Ver. f. Naturkde."

Schöndorf, Frdr., über e. fossilen Seestern Spaniaster latiscutatus Sandb. spec. aus d. naturhistorischen Museum zu Wiesbaden. (S. 169—176 m. 3 Abb.) gr. 8. Wiesbaden 907. J. F. Bergmann. — 40

— Die fossilen Seesterne Nassaus. (46 S. m. 2 Fig. u. 4 Taf.) gr. 8. Ebd. 909. 1. 60
Sonderabdruck aus: „Jahrbb. d. nass. Ver. f. Naturkde."

— Paläozoische Seesterne Deutschlands. I. Die echten Asteriden der rhein. Grauwacke. (S. 37—112 m. 7 Fig., 5 Taf. u. 5 Bl. Erklärgn.) Lex. 8. Stuttgart 909. E. Schweizerbart. 24. —
Sonderabdruck aus: „Palaeontographica".

Verzeichnis der im naturhistor. Museum zu Wiesbaden aufbewahrten Originale. Abteilung f. Geologie u. Paläontologie. 1. u. 2. gr. 8. Ebd. à — 80
1. Originale zu Frid. Sandberger, die Konchylien des Mainzer Tertiärbeckens. (S. 147—169.) 907.
2. Originale zu G. et F. Sandberger, die Versteinergn. des rhein. Schichtensystems in Nassau-Wiesbaden 1850—1856. (S. 39—71.) (908.)
Sonderabdruck aus: „Jahrbb. d. nass. Ver. f. Naturkde."

Schöndorf, Johann [cand. med. aus Zweibrücken]: Functionelle Endresultate der primären Sehnen- und Nervennaht ... Zweibrücken, Druck v. A. Kranzbühler, 1892; 24 S. 8.
Strassburg, Med. Fak., Inaug.-Diss. v. 1892

Schondorff, A., Chemische Untersuchung von Grubenwettern in den von der Westfälischen Lokalabteilung der Wetterkommission befahrenen Gruben in alphabetischer Reihenfolge. Wiesbaden, ca. 1884. 13 S.

Schondorff. Chemische Untersuchung von Grubenwettern in Preussischen Steinkohlenbergwerken. Abdruck. Berlin. 1883/84.

Schondorff. Artur

Schondorff, A., über die Minimalfläche, die von einem doppel-gleichschenkligen räumlichen Viereck begrenzt wird. [Preisschrift.] Göttingen 868. (Güstrow, Opitz & Co.) gr. 4. (52 S.) n. 25 *ngr.*

Schondorff, Theodorus: De venis thrombosi vel compressione imperviis nec non de casibus quibusdam obliterationis venae cavae inferioris et venarum iliacarum. Halis Saxonum (1865): Orphanotropheum 30 S. 8°
Halle-Wittenberg, Med. Diss. v. 27. Sept. 1865
Geb. Oliva bei Danzig 27. 7. 1840. V.

Schöndorff, Albert [Tierarzt aus Mülheim a. d. Ruhr, Rheinpr.]: Aus dem zoologischen Institut der Universität Bern. Ueber den Farbenwechsel bei Forellen (Ein Beitrag zur Pigmentfrage). (Mit einer Tafel.) Bern 1903. 38 + 1 S. 8°.
Bern, Phil. Diss. 1902/1903.

Schöndorff, Albert. Ueber den Farbenwechsel bei Forellen. ⟨Ein Beitrag zur Pigmentfrage.⟩ Diss. Phil. Bern. *Kopftitel:* Aus dem zoologischen Institut der Universität Bern. — [Mit 1 Doppel-Tafel.] 39 S. 8. Bern, Harald Jensen, 1903. V Bern

Schöndorff, Bernhard [aus Mülheim (Ruhr)]: Ueber den Einfluss des Wassertrinkens auf die Ausscheidung der Harnsäure. ... Bonn, Univ.-Buchdr. v. Carl Georgi, 1880; 2 Bl. + 28 S. + 1 Bl. 8°
Bonn, Med. Fak., Inaug.-Diss. v. 6. März 1880

Schöndorff, Bernh., s.: Pflüger's Archiv f. die gesamte Physiologie.

Kant's Definition vom Genie. Rede, geh. in d. Kant-Gesellsch. 1893 von Otto **Schöndörffer**. Königsberg in Pr.: F. Beyer 1893. (16 S.) 8°
Aus: Altpreuss. Monatsschrift. Bd. 30, H. 3/4. [illegible] 10

Schoendoerffer, Otto, de gennina Catonis de agricultura libri forma. Part. I.: De syntaxi Catonis. Dissertatio inauguralis. gr. 8. (89 S.) Königsberg 885, (Koch und Reimer.) *

Schöne, das. Red.: Adf. Heilborn. Mitred. f. bild. Kunst: Geo. Herm. Borchardt, f. Sport: Gust. Moeckel. 1. Jahrg. Dezbr. 1902—Novbr. 1903. 12 Hfte. gr. 8. (à ca. 64 S.) Charlottenburg, Verlag der Zeitschrift „Das Schöne". à n. 1.—

Die doppelte Schöne, oder die sprechende Aehnlichkeit. Ibid. 1808. 8°. Tit. u. 410 S.

Schöne, Die, und der Drache oder ausführliche Geschichte Azors und Zemirens. Aus d. Franz. (deutsches Original). Leipzig 1792. Prag u. Leipzig 1794. V: *Geisler d. j., Adam Friedrich,* (BGE VII³, 203/204) (BiblPort)

Schöne, die, u. der Drache. gr. 8. Prag 794. Hinrichs in Leipz. 16 gr.

Schöne, die, u. der Drache. gr. 8. Prag, Neureutter. 794.

SCHÖNE, Die, im Gedränge der Liebhaber, oder das glücklich gewordene Bürgermädchen. Mit Vitelvignette u. Portrait. Frankfurt u. Leipzig (Leipzig. Kritzinger) 1771. 8°. (12 Mk., etwas braunfl., Rudolf Haupt, Halle a/S., c. 1905.)
Bibl. J. J. Schwabii II. — Sehr rar!

Schöne Maske ich kenne Dich! Wahrheiten ohne Larve mit einer Dominonase für ganz Wien. Ein echtes Wiener Faschings-Büchel voll Wahrheiten und Wahrheiten. Von Mr. 8. (70 S.) Wien. Druck von M. Lell. Verlag von Jasper's Witwe und Hügel. 1854.

Schöne, Die stolze, oder das verwehrte Kind. Ein Lustspiel in einem Aufzuge. Wien 1770. V: *Destouches, Philippe Néricault.* (Bespr. Theaterkalender Wien a. J. 1772. Wien. S. 45) B: *Müller, Joh. Hch. Fch.* (GGr V/312, Nr. 19/20) (BiblPort) Vgl. IV, 1247. V nicht: *Müller, J. H. F.* (Zeitschr. f. Büch. N. F. 15, 1923, S. 77/78)

Schoene, Die stolze, oder das verwöhnte Kind. Wien 1770. V: *Müller, Johann Hnr. Friedrich.* (GGr)

Schöne, die stolze, od. das verwöhnte Kind. Lstspl. in 1 Aufz. 8. Wien 770. Trattner. 2 gr.

SCHÖNE, Die stolze, oder die Geschichte der Miß Lucie Aschley. Aus d. Englischen. Breslau 1775. 8°.
Bibl. J. J. Schwabii II. — Fehlt Kayser unter Romanen.

Schöne

— die stolze, oder Miß Lucie, 8. Breslau, 775 Korn sen. 8 sgl.

Schöne, das, des Thals, ein dramat. Gedicht. 2 Thle. 8. Berlin. Sander. 803. (Er enth. die Templer auf Cypern, die Kreuzesbrüder, m. K.)
Reimer.

— die übermüthige. Lustsp. 8. Strasb. Bauer. (Treuttel u. W.) 763.

Schöne: Die physische Beschaffenheit der Sonne. — Borna. — R. S. I. O. — 24 S. — (650).

Schoene: Die Repgauische Chronik. 24 S. – Elberfeld R., Progr. 1858

Schöne: Über den rheinisch-fränkischen Dialekt und die Elberfelder Mundart insbesondere. 12 S. – Elberfeld R., Progr. 1865.

Schöne, Dr., s. Museum des Rheinisch-westfäl. Schulmänner-Vereins.

Schöne, ..., Prüfung der vom Prof. Wagner vorgeschlag. Reform der Mathematik. 8. Arnstadt 804. Hildebrand. 4 gr.

Schöne. Quaestiones Xenophonteae.
Stendal, Progr. 1856

Schöne, der Stundenplan u. seine Bedeutung f. Schule u. Haus, s.: Magazin, pädagog.

Schöne, A., Gesetztafel f. das deutsche Reich. Systematische Uebersicht der Reichsgesetze nebst alphabet. Sachregister. gr. 8. (VI, 95 S.) Sangerhausen 876. Schöne. n. 1. 50

Schöne, A., Gesetztafel für das deutsche Reich. Systematische Uebersicht der Reichsgesetze, nebst alphabet. Sachregister. 2. Ausg., 1867 bis 1880. 8. (VI, 92 S.) Dresden 881, Meinhold und Söhne. cart. *

– Die Reise nach Sibirien, s. Schillingsbücher.

– Der Rosenstock, s. Schillingsbücher.

Schöne, A. (H.): Aus Großmutters Stüblein, s. Schillingsbücher.

Schoene, Albert (Bremen) A. S. 313/31

Dissertatione iuridica inaugurali examinatur brocardicum vulgare: Statuta ex iure communi esse interpretanda. Präs. Simon Peter Gasser.
Halle (Grunert) 24. X. 1731. 66 S., 7 Bl.
Gew.: Stadt Bremen.
W. v.: Johann Tobias Carrach, Friedrich von Freyberg (Opp.), B. F. von Schade, D. E. Greiff (Opp.), u. a.

31172

Schöne, Albert, aus Hildesheim: Zur Kenntnis der Rübenmelassen und der Pentosane. *Rostock 1899: C. Hinstorff.* (77 S.) 8°
Rostock, Phil. Diss. v. [22. Dez.] 1899

Schöne, Albin: Genossenschaftliche Aufgaben. Dresden 1903.

Schöne, Alexander [aus Neudorf im Harz]: Deutsche Altertümer im Mecklenburger (Redentiner) Osterspiel .... Ludwigslust, Buchdr. v. C. Kober, 1896; 2 Bl. + 88 S. 8°.
Rostock, Phil. Fak., Inaug.-Diss. v. 11. Aug. 1896.

Schöne, A., deutsche Altertümer im Mecklenburger Osterspiel. gr. 8. (33 S.) Ludwigslust 887. Hinstorff. n. 1. —

Geschichtstabelle für höhere Mädchenschulen im Anschluss an die amtlichen Bestimmungen nach Klassenstufen geordnet von Dir. Dr. [Alexander] Schöne. *Greifswald: L. Bamberg 1900.* (9 S.) 8° [F.]
[0. 7036 B

Der Stundenplan und seine Bedeutung für Schule und Haus. Von Dr. [Alexander] Schöne, Dir. in Greifswald. *Langensalza: H. Beyer & Söhne 1901.* (37 S.) 8°
→ **Magazin**, Pädagogisches. H. 165. [G. 3340

Über die Alkestis des Euripides. Rede z. Feier d. Geburtst. Sr. Maj. d. Deutschen Kaisers ... Wilhelm II geh. an d. Christian-Albrechts-Univ. am 27. Jan. 1895 v. Prof. Alfred Schöne. Kiel, Univ.-Buchh. '(P. Toeche.)', 1895; 27 S. 8.

Schöne, Alfr., üb. die Alkestis d. Euripides. Rede zur Feier d. Geburtstages Sr. Maj. d. deutschen Kaisers Königs v. Preussen Wilhelm II., geh. an d. Christian-Albrechts-Universität am 27. Jan. 1895. gr. 8. (27 S.) Kiel 895. Universitäts-Buchh. n. 1. 20

Schoene, Alfr., analecta philologica historica. I. De rerum Alexandri Magni scriptorum imprimis Arriani et Plutarchi fontibus. Leipzig 870. Teubner. gr. 8. (IV, 59 S.) n. 16 ngr.

Schöne, Alfred. Briefe von Beethoven an Marie Gräfin Erdödy, geb. Gräfin Niszky, und Mag. Brauchle. Leipzig 1867.

Schöne, A., Briefe v. Mor. Hauptmann an Frz. Hauser, s. a. Hauptmann, M.

Schöne, Alfred. Briefe von Moritz Hauptmann ... an Franz Hauser. 1. 2. Band. Leipzig 1871.

Schoene, Alfr., conlectanea critica. Progr. gr. 4. (16 S.) Kiel 894. Universitätsbuchh. n.n. 1. —

Schöne, Alfr., über die Entwickelung unseres Nationalbewußtseins. Rede, zur Feier des Krönungsfestes den 18. Jun. 1888 in der Aula der Universität Königsberg. 1. und 2. durchges. Aufl. gr. 8. (19 S.) Königsberg 888, Koch. *

Schöne, Alfr., Gedächtnisrede auf Ivo Bruns, geb. den 20. V. 1853, gest. den 16. V. 1901. Bei der akad. Trauerfeier am 24. V. 1901 gesprochen. gr. 8. (16 S.) Kiel 901. E. Marquardsen. — 30

Über die Ironie in der Griechischen Dichtung insbes. bei Homer, Aeschylus u. Sophokles. Rede z. Feier d. Geburtst. Sr. Maj. d. Deutschen Kaisers ... Wilhelm II geh. an d. Christian-Albrechts-Univ. am 27. Jan. 1897 v. Prof. Alfred **Schöne.** Kiel, Univ.-Buchh. '(P. Toeche.)', 1897; 23 S. 8.

Das historische Nationaldrama der Römer Die Fabula praetexta. Rede z. Feier d. Geburtst. Sr. Maj. d. Deutschen Kaisers ... Wilhelm II. in d. Christian-Albrechts-Univ. am 27. Jan. 1893 von Dr. Alfred **Schöne,** o. Prof. d. klass. Philol. u. Alterthumswiss. Kiel, Univ.-Buchh. '(P. Toeche.)', 1893; 18 S., 1 Bl. 8.

– Nekrolog auf Ludwig Ferdinand Herbst, s.: Herbst, Ludwig Ferdinand.

Schoene, Alfredus: Plutarchi vitae Solonis pars altera, apparatu critico instructa et recognita. *Kiliae: libraria academ. 1898.* (32 S.) 8° *[1: Programm zum Geburtstage des Kaisers 1896.]
Kiel, Progr. z. Geburtstage d. Kaisers am 27. Jan. 1898

Schöne, A., Quaest. Hieronymiarum capita selecta Hab. 1864. 59 S.

Schoene, Alfr., quaestionum Hieronymianarum capita selecta. gr. 8. (62 S.) Berlin 864, Weidmann'sche Buchh. *

Schöne, Alfr., über die beiden Renaissancebewegungen des 15. u. 18. Jahrh. Rede zur Feier des Geburtstages Sr. Maj. des deutschen Kaisers u. Königs von Preussen Wilhelm II., geh. an der Christian-Albrechts-Universität am 27. I. 1903. (24 S.) gr. 8. Kiel 903. (Lipsius & Tischer.) n. 1. —

Schöne, Alfr., der blaue Schleier, s. Novellenschatz, neuer deutscher.

– (Hrsg.), s. Tacitus, C. Corn.: Dialogus de oratoribus. 1899.

Schöne, A., Zur Thukydideskritik. S.-A. 1891. 36 S. 1.—

Schöne, Alfr., die Weltchronik des Eusebius in ihrer Bearbeitung durch Hieronymus. gr. 8. (XIII, 280 S.) Berlin 900. Weidmann. n. 8. —

Schöne, Balduin, s. Schöne, Franz Balduin

Die Fleischversorgung der Provinz Sachsen. Von Dr. B[runo] **Schöne.** Halle a. S.: O. Thiele in Komm. 1907. (89 S.) 8° [F.] [ol. 3661 3

Schöne, Bruno: Die wirtschaftlichen und sozialen Verhältnisse der Gemeinde Kühren. Dahlen, Sa. 1904: R. Irrgang. (93 S.) 8°
Leipzig, Phil. Fak., Ref. Bücher u. Kirchner, Diss. v. 24. Okt. 1904
[Geb. 5. Mai 78 Trebelshain b. Wurzen; Wohnort: Trebelshain; Staatsangeh.: Sachsen; Vorbildung: Realgymn. Döbeln Reife O. 01; Studium: Leipzig 11 S.; Rig. 29. Juli 03.]

Schöne, E. G., prakt. Arzneimittellehre f. Aerzte und Wundärzte rc. 2 Thle. gr. 8. Berlin, Neue Societäts-Buchh. 815.

Schöne, C. O. Moritz [aus Pulsnitz, Königr. Sachsen]: Die moderne Entwickelung des Schuhmachergewerbes in historischer, statistischer und technischer Hinsicht. Ein Beitrag zur Kenntnis unseres Gewerbewesens . . . . Halle a/S., *G. Pätz'sche Buchdr. Lippert & Co.*, *Naumburg a/S.*, 1887; 2 Bl. + 50 S. 8°
Halle, Phil. Fak., Inaug.-Diss. v. 16. Aug. 1888

Schöne, C. O. Moritz, die moderne Entwickelung des Schuhmachergewerbes in historischer, statistischer und technischer Hinsicht. Ein Beitrag zur Kenntniss unseres Gewerbewesens. Diss. Halle 1887. 8°. 50 S.
Sonder-Abdruck aus: Sammlung nationalökonomischer und statistischer Abhandlungen, hrsg. von Joh. Conrad. 5. Band 5. Heft. Jena, Gustav Fischer.

Schöne, Carl Friedrich, s. Schöne, Karl Friedrich

Schöne, Christian, Assistenzarzt am städt. Krankenhause zu Ratibor: Aus dem städtischen Krankenhause zu Ratibor. Innere Abteilung. Dirigierender Arzt: Sanitätsrat Dr. Krömer. Ueber die Behandlung von 30 Genickstarrekranken mit Jochmann'schem Meningokokken-Serum. Darmstadt 1906: G. Otto. (40 S.) 8°
Breslau, Med. Fak., Ref. v. Strümpell, Diss. v. 31. Jan. 1907
[Geb. 24 Sept. 83 Reinswalde, Kr. Sorau; Wohnort: Ratibor; Staatsangeh.: Preußen; Vorbildung: Gymn. Ohlau Reife O. 01; Studium: Breslau 4, Erlangen 1, Leipzig 1, Breslau 3 S.; Coll. 11. Okt. 06; Approb. 31. März 06.]

Schöne, Chr. Hnr., († 1812.) Zergliederung d. Heidelberg. Katechismus. gr. 8. Lemgo 789. Meyer. 8 gl.

Schöne, Cph., s. Karl Chr. Edw. **Schöne.**

Schöne, Constantin, s. Schöne, Konstantin

Schöne, Curt, s. Schöne, Kurt

Schöne, E. W., Lehrbuch der lateinischen Sprache mit zahlreichen sowohl latein. als deutschen Uebersetzungsaufgaben zur Einübung der einzelnen grammat. Punkte und beigegebenen zusammenhängenden latein. und deutschen Uebungsstücken nebst einem doppelten Wörterverzeichnisse. gr. 8. (V und 294 S.) Leipzig 852(53,) Klinkhardt.

Schöne, E. W., die Regeln der lateinischen Syntax. Für die unteren Gymnasialclassen zusammengestellt. gr. 8. (III und 56 S.) Schneeberg 863, Goedsche'sche Buchh.

Schöne, Emil

Die Elbtallandschaft unterhalb Pirna. Von Dr. Emil Schöne, Oberl. Mit 14 Abb., 1 topogr., 1 orohydrogr. u. 1 Textkarte. Meißen, H. W. Schlimpert 1905. (122 S.) 8° [3.–]
— Landschaftsbilder aus d. Königr. Sachsen. 9 [05. 3911 3

Schöne, Emil, die geschichtliche Entwicklung des geograph. Unterrichts in der sächsischen Volksschule bis zur Gegenwart. gr. 8. (III, 100 S.) Dresden (901). A. Köhler. n. 1.50

Schöne, Emil, Erdkunde f. Mittelschulen, s.: Tromnau, Adf.

Schöne, Emil: Der Fläming. M. 1 Kt., 1 Profil im Text u. 3 Abbildungen. *Leipzig: Duncker & Humblot 1898.* (102 S. mit Taf. u. Kt.) 8°
Leipzig, Phil. Diss. v. [25. Febr.] 1898

Schöne, Emil, Landschaftsbilder aus dem Königr. Sachsen.

— Lehrbuch d. Schul-Geographie, s.: Tromnau, Adf.

Schöne, Em., über Schlämmanalyse u. einen neuen Schlämmapparat. Berlin 867. H. Müller. gr. 8. (III, 82 S. mit 2 Steintaff. u. 2 Tabb. in 8., 4. u. Fol.) n. 12½ *ngr.*

— Ueber die Schwankungen des atmosphärischen Wasserstoffhyperoxyds. Moskau 1881.

Schöne, Em., Ueber das atmosphärische Wasserstoffhyperoxyd. 2.–5. Mittheilung (Aus den Berichten der Deutschen Chem. Gesellsch. zu Berlin) [Berlin 1878.]

Schöne, Emma

Schöne, E., **Christkind im Schnee. Hinter der Kirche.** 2 Erzählgn. gr. 16. (22 S.) Berlin 896. Hauptverein f. christl. Erbauungsschriften. n. — 15

— Christröschen. Eine Erzählg. gr. 16. (16 S.) Ebd. 895. n.n. — 10

Schöne, E., Hans u. Hannes, s.: Immergrün. Nr. 103.

Schöne, Emma: Nur e. Stecknadel, s. Immergrün.

Schöne, E., s.: O du fröhliche usw. Weihnachtszeit.

— Marthas Ostereier. Rosen od. Dornen. 2 Erzählgn. gr. 16. (22 S.) Ebd. 895. n. — 15

— **rufe mich an in der Not! u. andere Erzählungen.** Neue Ausg. (64 S.) kl. 8. Konstanz (904). Zürich, Christl. Buch- u. Kunstverlag C. Hirsch. Geb. n. — 25

Schöne, Emma, Sonntagsfreude. Erzählungen. 12. (IV, 160 S. m. buntem Titelbild u. eingedr. Illustr.) Hamburg 888. Agentur d. Rauhen Hauses. cart. n. 1. 60

— dasselbe. Neue Folge. 12. (III, 152 S. m. buntem Titelbild u. eingedr. Illustr.) Ebd. 888. cart. n. 1. 60

— Gottes Stimme u. Fleck od. Loch, s.: Immergrün.

— Frau Tippolt u. ihre Uhr, s.: Blüten u. Früchte.

— **Weihnachtsbaum u. Bohnenstange. Am Gitter.** 2 Erzählgn. gr. 16. (24 S.) Berlin 896. Hauptverein f. christl. Erbauungsschriften. n. — 15

Schöne, E., Weihnachtsgabe, s.: Jugendbibliothek, neue illustrirte.

Schöne, Emma, Weihnachtsglanz. Erzählungen. (80 S.) 8. Hamburg 910. Ev. Buchh. Geb. in Leinw. 1. —

— Das Weihnachtsglöckchen, s. Immergrün.

Schöne, F.

— Ueber Shakespeare's Julius Cäsar mit besonderer Berücksichtigung des Verhältnisses zur Quelle des Stückes. Ebd. 1873. 32 S. 4. Progr.

Schöne, F. Ueber den Charakter Richards III. bei Shakespeare. Dresden, Kreuzschule, 1866. 36 S. Progr.

Schöne, F., Die Gradnetze des Ptolemäus im ersten Buche seiner Geographie. Uebersetzung der Kapitel 21 bis 24 nebst Anmerkungen und Figuren. Pr. 1909. 28 S. m. 7 Fig. 4°. 1.—

Schöne, F. L., Leitfaden bei dem Unterrichte in der Längen-, Flächen- u. Körperlehre. Für Volksschulen bearb. Mit 2 lith. Taf. gr. 8. Leipzig 843, Köhler. n. 1/3 ß

Schöne, F. L., Leitfaden bei dem Unterrichte in der Längen-, Flächen- u. Körperlehre. Für Volksschulen bearb. gr. 8. (6 B. u. 2 Stnt.) Leipzig 843, [Winter.] *

— Leitfaden bei dem Unterrichte in der Styl- und Redelehre. Für Gewerb- u. Realschulen bearb. gr. 8. Leipzig 845, W. Vogel. 1/2 ß

—— Rechenaufgaben. Für sieben Abtheilungen methodisch geordnet u. mit den nöthigen Anweisungen u. Erklärungen versehen. gr. 8. (6 1/2 B.) Leipzig 844, [Winter.] Nebst den Resultaten (à 1 B.) *

Schöne, Fr. Josef

Schoene, Fr. J., d. rationelle u. sichere Hämorrhoidalkur. gr. 8. (32 S.) Elberfeld 896, Putter & Co. — 90

Schöne, Frz. Balduin. Über die physische Beschaffenheit der Sonne. 26 S. Progr. *Borna* 1882

Schöne, *Franz Balduin:* Airys elementare Theorie der Planeten- und Mondstörungen. Borna, Druck v. R. Noske, 1895; 1–36 S., 1 Doppeltaf. 4.
Borna, st. RG, OP 1895 (561)

Schöne, Balduin, *Prof.:* Airy's elementare Theorie der Planeten- und Mondstörungen. (T. 2.) *Borna 1903: A. Reiche.* (70, VI S.) 4° ¶(Forts. d. P-Beil. 1895.)
Borna, st. RG, P 1903 (628)

Schöne, Fedr., s.: For Schbaß unn for Ernschd!

Schöne, Friedrich, Kammergerichtsreferendar: Die Neuregelung der dinglichen Rechtsverhältnisse am Schuldschein nach § 952 Abs. 1 BGB. gegenüber dem gemeinen Recht. Berlin 1904: G. Reimer. (VII, 65 S.) 8° [Z.]
Freiberg i. B., rechts- u. staatsw. Fak., Ref. Schultze, Diss. v. 1904
[Geb. 24. April 82 Berlin; Wohnort: Berlin; Staatsangeh.: Preußen; Vorbildung: Wilhelms-Gymn. Berlin; Studium: Freiburg 2, Bonn 4 S.; Coll. 20. Juni 04.]

Schoenius [Schoene], Fridericus Godoholdus: • Commentationes Euripidiae super Baccharum fabula. 164 [vielmehr: 169] S. 4°
Halle-Wittenberg, Phil. Diss. v. [5. Mai 1829]
Geb. [Gadegast (Kr. Schweinitz) 3. 11. 1806]
Die Arbeit ist z. T. verwendet in des Verf.: De personarum in Euripidis Bacchabus habitu scenico. Lipsiae: Lehnhold 1831. 166 S. 8°

Schöne, F. G. Conjectaneorum in tragicos graecos cap. sing. (Besonders zu Euripides.) 10 S. . . . .
Stendal Progr. 1830

Schoen, Fr. Godoh., de personarum in Euripidis Bacchabus habitu scenico commentat. 8 maj. (10½ B.) Lipsiae 831, Lehnhold.

Schöne, Fr. Gotth., s. Lucian's Traum.

Schöne, F. G. De veterum solennibus nataliciis. 22 S. . . .
Halberstadt, Progr. 1832

Schöne, Frdr. Gotthold, Schulreden gehalten am Friedrichs-Gymnasium zu Herford, nebst einer Abhandlung üb. die Rolle des Kreon in Sophokles' Antigone. 8. (XII u. 197 S.) Halle 847, Buchhandlung des Waisenhauses. 3/4 ß

Schoene, Fridericus Godoholdus: Theses controversae. Halae (1829): Gebauer. 2 Bl. 8°
Halle-Wittenberg, Phil. Thesen v. 4. [vielmehr: 5.] Mai 1829

Schöne, G., Weihnachtsmann will streiken!, s. a. Danner's, G., deutsche Jugendbühne. Nr. 30.

Weihnachtsmann will streiken! Weihnachts-Festspiel in 1 Aufzug von G. Schöne. Mühlhausen i. Th.: G. Danner [1905]. (15 S.) 8° [Z.]
= Jugendbühne, G. Danner's Deutsche. No. 30. [05. 13161 3

Schoene, G., Wein-, Wasser- u. Alkohol-Karte des Rheinlandes. Iserlohn [um 1868] [Zit. nach BF]

Schoene, G., Wein-, Wasser- und Alkohol-Karte (des Rheinlandes). Iserlohn [1868.]
[Zeigt den Weinbau längs des Rheines von Cöln bis Mannheim und längs der Mosel und Saar von Coblenz bis Scharzhof.]

Schoene, Georg [wiss. Hülfsarb. bei d. Physik.-Techn. Reichsanst., aus Schandau]: Über Para Aethoxyphenylisocyansäureester ... Dresden, Lehmannsche Buchdr., 1895; 39 S. 8.
Rostock, Phil. Fak., Inaug.-Diss. v. [3. Aug.] 1895

Schöne, Georg, approb. Arzt: Vergleichende Untersuchungen über die Befestigung der Rippen an der Wirbelsäule mit besonderer Berücksichtigung ihrer Lage zur Arteria vertebralis. Mit 1 Taf. u. 6 Fig. im Text. *Leipzig: W. Engelmann 1902.* (45 S.) 8° ¶(Aus: Morphol. Jahrbuch, Bd 31, H. 1.)
Heidelberg, Med. Diss. v. 1902

Schöne, Georg, Dr., Assist. an d. chir. Klinik: Aus d. Kgl. chir. Klinik zu Marburg. Dir.: Friedrich. Vergleichende Untersuchungen ueber die Transplantation von Geschwülsten und von normalen Geweben. Tübingen 1908: Laupp. 49 S. 8° ¶(Aus: Beiträge z. klin. Chirurgie. Bd 61, H. 1.)
Marburg, Med. Hab.-Schr. v. 1908 [U 09. 3228

Schöne, Gust., Abhandlung über den rheinisch-fränkischen Dialekt und die Elberfelder Mundart insbesondere. Elberfeld 1865. 4. . . . . (b.)

Schöne, Gust., die Amtsgewalt der fränkischen Majores domus. Deutsch bearb. Preisschrift. gr. 8. (X und 95 S. mit 3 Tab. in gr. 8. und qu. gr. Fol.) Braunschweig 855(56,) Schwetschke und Sohn.

Schoene, Gust., das Herzogthum Berg. 8. (37 S. mit 1 lithogr. und ill. Karte.) Elberfeld 862, (Mebus und Comp.) cart.

— die Repgauische Chronik das Buch der Koenige. (Aus dem 1858er Programm der Elberfelder Realschule.) Elberfeld 859. Friderichs. gr. 4. (VIII, 109 S. u. 2 Tab. in Fol.) n. 1 ß 10 ngr.

Schoene, Gust., Edda-Sagen. gr. 12. (X und 206 S.) Göttingen 858, Dieterich'sche Buchh.

Schoene, Gust., Einführung in die Schweiz. Duisburg 867. Falk & Lange. [Winterthur, Bleuler-Hausheer & Co.] 12. (III, 154 S. mit 1 lithogr. Karte in 16.) 20 ngr.

—— über Elberfelder Familien-Namen. Vorlesung. gr. 8. (20 S.) Elberfeld 861, (Mebus und Comp.)

—— Kardinallegat Kuno Bischof von Präneste. Ein Beitrag zur Geschichte der Zeit Kaisers Heinrichs V. gr. 8. (IV und 104 S.) Weimar 857, Böhlau. *

Schoene, Gust., griechische, römische, deutsche Mythen u. Sagen f. den Unterricht in den unteren u. mittleren Klassen höherer Schulen. 6., verm. Aufl. 8. (VI, 57 S.) Iserlohn 882. Bädeker. n. — 50

Schoene, Gust., griechische, römische, deutsche Mythen u. Sagen f. den Unterricht in den unteren u. mittleren Klassen höherer Schulen. 7. Aufl. 8. (64 S.) Iserlohn 884. Bädeker. n. — 50

Schoene, Gust., griechische, römische, deutsche Mythen und Sagen für den Unterricht in den unteren und mittleren Klassen höherer Schulen. 8. Aufl. 8. (63 S.) Leipzig 887, J. Baedeker. cart. *

Schoene, G., griechische, römische, deutsche Mythen u. Sagen f. den Unterricht in den unteren u. mittleren Klassen höherer Schulen. 9. Aufl. 8. (57 u. VI S.) Leipzig 889. J. Baedeker. cart. n. — 50

Schoene, Gust., griechische, römische, deutsche Mythen u. Sagen f. d. Unterr. in d. unt. u. mittl. Klassen höherer Schulen. 10. Aufl. 8. (68 S.) Leipzig 897. J. Baedeker. n. — 50

Schoene, Gust., griechische, römische, deutsche Mythen u. Sagen f. den Unterricht in den unteren u. mittleren Klassen höh. Schulen. 11. Aufl. (Bearb. v. L. Freytag.) (68 S. m. 1 Titelbild.) kl. 8. Leipzig (902). J. Baedeker. n. — 50

Schoene, Gust., griechische, römische, deutsche Mythen u. Sagen f. den Unterricht in den unteren u. mittleren Klassen höherer Schulen. 12. Aufl. (Bearb. v. L. Freytag.) (68 S.) 8. Leipzig (907). J. Baedeker. — 50

Schoene, Gustavus: De maiorum-domus potestate. Halis Saxonum (1855): Ploetz. 33 S. 8°
Halle-Wittenberg. Phil. Diss. v. 25. Juli 1855
Geb. [Halle a. d. S. 5. 5. 1831]
Hall. gekrönte philos. Preisschr. v. 1854.
Teildr. Die vollst. Arbeit ersch. u. d. T.: Die Amtsgewalt der fränkischen Majores Domus. Deutsch bearb. Preisschrift. Braunschweig: Schwetschke 1856. X, 95 S. 8° u. 3 Tab. in 8° u. 2°

— am Rhein. Ein Handbuch zur Vorbereitung einer Reise am Mittelrhein. Iserlohn 867. Bädeker. 16. (VI, 212 S. mit 2 lithogr. Karten, wovon 1 in Buntdr., in gr. 4. u. Fol.) cart. 22½ ngr.

— griechische, römische, deutsche Sagen für den Unterricht in den unteren Klassen. 2. Aufl. Ebend. 868. 8. (44 S.) n. 4 ngr.

Schoene, Gust., griechische, römische, deutsche Sagen f. den Unterricht in den unteren Klassen. 3. Aufl. 8. (44 S.) Iserlohn 875. Baedeker. n. — 50

Schoene, Gust., griechische, römische, deutsche Sagen für den Unterricht in den unteren Klassen. 4. und 5. Aufl. 8. (44 S.) Iserlohn 878, 79, Bädeker. * — 50

[Umschlagt.:] **Schöne,** Gustav Hermann [aus Hubertusburg]: Die Stellung Immanuel Kants innerhalb der geographischen Wissenschaft ... (Aus: Altpreuss. Monatsschr., Bd XXXIII Heft 3 u. 4.) Königsberg in Pr., Buchdr. v. R. Leupold, 1896; 217—296 S. 8.
Leipzig, Phil. Fak., Inaug.-Diss. v. [29. Sept.] 1896

Schöne, H., Neue Angaben über den Hippodrom zu Olympia. S.-A. 1897. 11 S. 4°.

Schöne, H., Die Dioptra des Heron. S.-A. 1899. 18 S. 4°.

Schöne, H., das seltsame Erbstück, s. Familien-Bibliothek.

Schöne, H., Galenus de partibus artis medicativae, eine verschollene griech. Schrift in Uebers. d. 14. Jahrh. Festschr. 1911. 38 S. 2.—

Schöne, H., De Aristoxeni libro XIII. a Galeno adh. 1893.

Schöne, H., ein Palimpsestblatt des Galen aus Bobbio. gr. 8. (6 S.) Berlin 902. (G. Reimer.) n. — 50

Schöne, H., s.: Papyri, griechische, medizinischen u. naturwissenschaftlichen Inhalts.

— eine Streitschrift Galen's gegen die empirischen Ärzte. gr. 8. (9 S.) Ebd. 901. n. — 50
Sonderabdr. aus: „Sitzungsber. d. preuss. Akad. d. Wiss."

Schoene, Heinr.: Im Banne der Fee. s. Liebhaber-Bühne, Neue.

(F) **Schoene,** H., Flor und Maske. Roman. (Moderne Heller-Romane. Heft 8.) 8°. (128 S.) K —.20
Braunschweig: Wren 1910.

Schoene, Heinr., Flor u. Maske. Roman. 16. (308 S.) Hannover 885. Weichelt. n. 2. —

—— lachende Gestalten. Humoresken. 8. (210 S.) Hannover 882, Weichelt. *

Schoene, Heinr., lachende Gestalten. Humoresken. 8. (211 S.) Berlin 891. J. L. V. Lavertenz. n. 1. —

Ein Glückstag in Tirol. Singspiel in 1 Aufzuge von Elisabeth Schmidt. Musik von Heinrich **Schöne,** Op. 28. Text- u. Regiebuch. Leipzig: Spitzner [um 1909]. 22 S. 8° 10. 7. 09

Schoene, Heinr., der König der Tänzer, s.: Hesse's, Max, Volksbücherei Nr. 155.

Schoene, Heinr., aus den Papieren e. Leutnants. (222 S.) 8. Köln 907. H. Theissing. 2. —

Schöne, Heinr., Schulgesang u. Erziehung. Ein offenes Wort an alle Erzieher, Eltern, Musiklehrer u. Gesangvereine. 8. (VI, 63 S.) Leipzig 899. E. Wunderlich. n. — 60

— lockere Vögel. Tolle Geschichten. 1. u. 2. Aufl. 8. (112 S. m. Abbildgn.) Ebd. 891. 893. n. 1. —

— Wegweiser f. das Singen nach Noten. Eine Sammlg. musikal. Denkübgn. z. Gebrauche in Schulen, Musikinstituten u. Gesangvereinen ausgearb. u. hrsg. Werk 11. gr. 8. (44 S.) Grossenhain (899). R. Wigand. 1. 50

— Wer ist der Erbe? s. Liebhaber-Bühne, Neue.

Schöne, Herm., s.: **Apollonius** v. Kitium, illustr. **Kommentar zu der Hippokrateischen Schrift** περὶ ἄρθρων.

Echte Hippokratesschriften. Von Hermann Schöne. Leipzig: Thieme 1910. 12 S. 8° [Umschlagt.]
Aus: Deutsche Med. Wochenschrift. 1910. A 12.6,50 9

Schöne, Herm., aus den Lehr- u. Flegeljahren e. alten Schauspielers, s.: **Universal-Bibliothek.**

Schöne, Herm., Markellino's Pulslehre. Ein griech. Anekdoton. (S. 448—472.) gr. 8. Basel 907. (Leipzig, C. Beck.) 1. —
Sonderabdruck aus: „Festschr. z. 49. Vers. deut. Philologen u. Schulmänner".

Repertorium griechischer Wörterverzeichnisse und Speziallexika. Von Hermann **Schöne**. Leipzig: B. G. Teubner 1907. (28 S.) 8°
(Bibliotheca script. graec. et rom. Teubneriana. Suppl. auctorum graec.) 07. 17390

— **die radelnden Studenten od. Der geprellte Wachtmeister, s.: Radfahrer-Pantomimen** Nr. 8

Platons unvollendete Tetralogieen. (Verf.: Hermann Schöne.) Als Ms. gedr. *Berlin 1900.* (37 S.) 8° 04. 1,88

Schöne, Herm., Theater-Bohème. Novelle. Illustr. v. Rich. Mahn. gr. 8. (110 S.) Leipzig (901). E. Keil's Nachf. 1. —

Schöne, Herm., Theaterluft, s.: Reclam's Novellen-Bibliothek.

— Theaterluft, s.: Universal-Bibliothek.

— **Welt** u. Scheinwelt, s.: **Universal-Bibliothek.**

Schöne, Hermann Emil

Schöne, H. E. [illegible]
Schul-/Univ.-Schrift 1867

SCHOENE, HUGO. Ueber Chlorcarbonylsulfamyl und seine Einwirkung auf stickstoffhaltige Verbindungen. Leipzig, 1885.

Schöne, J., s. J. S. Ersch, Handbuch der Literatur.

Schöne, J., u. C. A. Schmidt, Gelegenheitsgedichte, s. Gelegenheitsgedichte.

Schöne, J., C. A. Schmidt u. a. Verff., Gelegenheits-Gedichte besonders zu Geburts- und Namenstagen, Neujahrs- und andern Festen für gute Kinder. Eltern, Erziehern und Lehrern gewidmet. Durchgesehen und angeordnet von J. G. Knie. 3. Aufl. Breslau 855. Kern. 32. (192 S.) $7\frac{1}{2}$ ngr.

Schöne, J., und C. A. Schmidt, Gelegenheits-Gedichte besonders zu Geburts- und Namenstagen, Neujahrs- und andern Festen für gute Kinder. Eltern, Erziehern und Lehrern gewidmet. Hrsg. von J. G. Knie. 4. Aufl. 32. (152 S.) Breslau 860, Kern.

Schöne, J., u. K. A. Schmidt, Gelegenheits-Gedichte besonders zu Geburts- u. Namenstagen, Neujahrs- u. andern Festen für gute Kinder. Hersg. von J. G. Knie. 5. Aufl. **Breslau 865. Kern's Verlag. 32. (152 S.) 6** ngr.

Schöne, J. G., ABC- u. Lesebuch. 8. ... Dresden 828, (Arnold.)

Schöne, J. H.

—— gründliche u. ausführl. Anweisung zu Anwendung der Taktschreibmethode in Bürger- u. Volksschulen, wie auch in Sonntags- u. Militair-Uebungsschulen. gr. 8. (6 B. u. 16 Stnt.) Langensalza 811, Schulbuchh. des Thüringer Lehrer-Vereins. (Wesel, Bagel.)

Schöne, J. H., gründliche und ausführliche Anweisung zur Anwendung der Taktschreibmethode in Seminarien und Volksschulen. 2., verm. und mit einem aus dem Worte Gottes geschöpften vollständigen Lehrgange versehene Aufl. Nebst 8 Steindrt. in 4., welche für jeden Buchstaben die genaue Bezifferung enthalten. 8. (X und 98 S.) Langensalza 835, **Schulbuchh. des thüringer Lehrervereins.**

Schöne, J. H., Beschreibung d. Wartburg u. ihrer Merkwürdigkeiten, nebst geschichtl. Erläuterungen. gr. 8. (10 B.) Eisenach 835, **Bärecke.**

Schöne, J. H., der Elementar-Unterricht im Sprechen, Schreiben u. Lesen nach seiner naturgemäßen Folge u. gegenseitigen Verbindung mit besonderer Beziehung auf das Lehrverfahren in den Elementarschulen des Königl. Preußischen Regierungsbezirks Erfurt. 8. (X u. 116 S.) Langensalza 847, Bürger. n. $\frac{1}{3}$ rf

Schöne, J. H., der Elementar-Unterricht im Sprechen, Schreiben und Lesen nach seiner naturgemäßen Folge und gegenseitigen Verbindung mit besond. Beziehung auf das Lehrverfahren in den Elementarschulen des königl. preuß. Regierungsbezirks Erfurt. 8. (X und 116 S.) Langensalza 847, [Klinghammer.] *

—— **Hausandachten. Eine Sammlung christl. Betrachtungen und Gebete nach dem luther. Katechismus mit Angabe von passenden Bibellektionen und alten guten Kirchenliedern. Nebst einer Bibellesetafel auf alle Tage im Jahre.** 8. (80 S.) Langensalza 855(56,) Klinghammer. *

— **Liturgie** zur Feier des Geburtstages Sr. Maj. des Königs von Preußen Friedrich Wilhelm des Vierten am 15. Octbr. für die Königl. Preuß. Volksschulen. Langensalza 855. Schulbuchhandlung. 8. (16 S.) $1\frac{1}{4}$ ngr.

Schöne, J. H., Saat u. Ernte auf dem Gebiete des Volksschulwesens im Preuß. Regierungsbezirke Erfurt. Ein freundl. **Wort an Freunde des Volksschulwesens,** insbesond. an Preußens **Schulbehörden u. Schullehrer.** 1. Hft. 8. Langensalza **845, Schulbuchh. d. Thür. Lehrer-Vereins.** $\frac{1}{2}$ rf

Schöne, J. H., die amerikanische oder Takt-Schreibmethode in ihrem Wesen u. als Mittel, das Volk auf eine höhere Bildungsstufe zu heben. 8. (6 B. u. 4 Stnt.) Langensalza 813, Schulbuchh. des Thüringer Lehrer-Vereins. (Wesel, Bagel.)

Schöne, Imman. Ferd., Rede zur Feier des hunderijährigen Geburtstags Friedrich's v. Schiller, gehalten beim Festact des Gymnasiums zum h. Kreuz zu Dresden am 10. Novbr. 1859. gr. 8. (27 S.) Dresden 859, (Schönfeld's Buchh.) '

Schöne, Joh., De dialecto Bacchylidea. Diss. 1890. 129 S. 3.—

Schoene, Johann (Bremen) A. S. 809/10

Disputatio juridica valedictoria, continens differentias juris statutarii Bremensis et juris Romani circa successionem ab intestato. Präs. Kaspar von Rheden. Bremen (Jan) 12. IX. 1720. 74 D.

Gew.: Johann Schoene (Vater).
W. v.: Bernhad Meyer, Andreas von Madelslo, Johann Harmes, H. Schoene, Heinrich Klugkist, Melchior Schoene. 31174

Schoene, Johann (Bremen) A. S. 14/20

Disputatio juridica inauguralis, de jure prohibendi privatis competente.
Marburg (Müller) 26. VIII. 1723. 78 S.

Gew.: Stadt Bremen. 31175

Schöne, Johann Samuel

— Diss. de auctoritate doctoris religionis. 8. Meissen 810.

— das Erkenntnißvermögen, od. Sinn, Verstand u. Vernunft, mit Hinsicht auf Religion. 8. Wittenb. 822.

Schöne, Joh. Sam., die reinen Formen d. extensiven Quantität der Begriffe, systemat. dargest., angewandt auf den Artikel mehrer, anwendbar auf den aller, Sprachen, welche ihn haben; nebst Erklär. einiger oriental. Namen Gottes, welche d. höchsten Formen der Vernunft andeuten, mit Reflexion üb. Sprache u. Grammatik, Religion u. Dogmatik. Ein Versuch. 8. (5½ B. u. 1 Tab. qu. Fol.) Wittenberg 881, Zimmermann. — 6

Schöne, J. S., Jesaiae C. 52, 14. 15. C. 53. 1—12. praevia dissertatiuncula de interpretandis prophetis illustrare studuit. 8maj. Misn. Gödsche. 813.

Schöne, (J. S.,) Munus doctoris religionis publici in rebus expetendis esse ponendum praeeunte. I. Tim. 3, 6. 8maj. Vitebergae 820, Zimmermann.

— Predigten üb. d. in Sachsen f. d. J. 1812 vorgeschrieb. besond. evangel. Texte z. Vorlesen in Kirchen auf d. Lande. 8. Meißen 812. (Gödsche). 6 gl.

— verba quae leguntur Jacobi Cap. XIX. 23 — 29. 8maj. Meissen 808. Gödsche. 5 gl.

Schöne, Johannes, Dr.: Griechische Personennamen als religionsgeschichtliche Quelle. Düsseldorf 1906: L. Voss & C. (33 S.) 8°
Düsseldorf, st. G. u. RG OP 1906 (542)

Schoene, Johannes Eberhard [pr. Arzt zu Stettin]: Zwei Fälle von Hebephrenie . . . Greifswald: Druck v. F. W. Kunike (1888). 22 S. 8°
Greifswald, Med. Fak., Inaug.-Diss. v. 8. Sept. 1888

Schoene, Joseph [aus Salzkotten]: Über Laryngitis submucosa hypoglottica acuta . . . Minden i. W., gedr. bei J. C. C. Bruns, 1892; 50 S., 1 Bl. 8.
Heidelberg, Med. Fak., Inaug.-Diss. v. [18. Juli] 1892

Schöne, (Jul.), Sendschreiben an die Mitglieder der sich aus der bisherigen evangel. Gemeinde zu Rothenburg a. d. Oder bildenden freien evangel. Gemeinde. 8. (15 S.) Grünberg 850, Levysohn in Comm. 3 ngl.

Schöne, Karl, (Chr. Edw., auch Ch. u. Dr. C.,) Arzneimittellehre als prakt. Commentar der königl. Preuß. Pharmacopöe. 2 Thle. gr. 8. Berl. 815. 2e A. 817. (Sander). 2 ℛ

Karl Schoene

Unpartheyische Beleuchtung der wider die hiesige Medicinal- Ordnung von mehreren Herren Aerzten gerichteten Schrift; An das Publicum. Von Karl Schöne. Hamburg: Nestler 1818. 23 S. 8°

— Faust; romant. Tragödie. gr. 8. Berl. 809. Sander. 16 gl.

— Fortsetzung des Faust von Göthe. Der Tragödie 2r Thl. 12. Berl. 823. Maurers B. 1 ℛ s. auch v. Göthe.

Schöne, Karl, (Diac.,) Geschichtsforschungen über die kirchl. Gebräuche u. Einricht. der Christen, ihre Entstehung, Ausbildung u. Veränderung. 4 Bde. Mit 9 Kpf. gr. 8. Berl. 819—822. Reimer. 6 ℛ 12 gl.

— Diss. inaug. de Hydrope. 4. Götting. 802.

— die Macht der Leidenschaft. Trspl. in 4 A. 8. Berl. 818. Amelang. 18 gl.

Schoene, C., Tabulae histor. ecclesiast. secund. ord. synchronisticum et periodos digestae. Fol. maj. (16½ B.) Berolini 828, Reimer.

Schöne, Karl (Chr. Fr.), Gustav Adolphs Tod. Trspl. in 5 A. 8. Berl. 818. Amelang. 20 gl.

Schöne, C., Versuch eines system. Entwurfs d. gesammten Medicin. 1r Thl. (enth. General-Therapie.) 8. Berlin, Unger. 806. 1 —

— Versuch eines system. Entwurfs der gesammten Medicin. 1r Thl. 8. Berl. 806. (Schlesinger). 1 ℛ

— Weinet nicht, u. werbet gute Engel für die Kinder. Zwei Predigten in Wittenberg gehalten. 8. Wittenb. 822.

Schöne, Karl Friedrich

SABINUS aus Berlin (d. i. *Carl Friedr. Schoene*). Stiegisches, nicht stygisches Lied vom Hamburger Jungfernstiege. Hamburg 1825. Sehr rar!
Anon.-Lex. III. p. 69 (nach Goedeke).

PANORAMA, Hamburgisches humoristisch-jokoses, in 90 Distichen . . . (von *Carl Friedr. Schöne*). Hamburg 1825.
Anon.-Lex. III. p. 252 (nach Goedeke).

Von den Damen an die Damen. Rosen-Epistel (von *Carl Friedr. Schöne*). Hamburg 1825.
Anon.-Lex. IV. p. 342 (nach Goedeke).

Schöne, Konstantin

Schöne, Const., Geschichte des freien, adeligen Magdalenen-Stiftes zu Altenburg. gr. 8. (XVI und 240 S. mit 1 Stnt.) Altenburg 847, Pierer.

Schoene, Kurt, a. Borna (Bez. Leipzig): Beiträge zur Keimung der Laubmoossporen und zur Biologie der Laubmoosrhizoiden. Dresden [1905]: C. R. Gärtner. (57 S.) 8°
Jena, Phil. Fak., Ref. Stahl, Diss. v. 16. Nov. 1905
[Geb. 10. Nov. 80 Borna; Wohnort: Borna; Staatsangeh.: Sachsen; Vorbildung: Realgymn. Borna Reife O. 00; Studium: Leipzig 3, Dresden T.H. 1, Jena 7 S.; Rig. 21. Juni 05.]

Schoene, Curt: Die politischen Beziehungen zwischen Deutschland und Frankreich in den Jahren 953—980. Berlin 1910: Ebering. 38 S. 8° ¶ (Ersch. vollst. als: Historische Studien. H. 82.)
Jena, Phil. Diss. v. 18. Mai 1910, Ref. Cartellieri
[Geb. 16. Okt. 84 Berlin; Wohnort: Berlin; Staatsangeh.: Preußen; Vorbildung: Hohenzollernsch. Schoneberg-Berlin Reife O. 05; Studium: Jena 4, Berlin 2, Jena 4 S.; Rig. 26. Febr. 10.] [U 10. 2372

Schoene, Curt, die polit. Beziehungen zwischen Deutschland u. Frankreich in den J. 953—980, s. Studien, historische.

Die politischen Beziehungen zwischen Deutschland und Frankreich in den Jahren 953—980. Von Dr. Curt **Schoene.** Berlin: Ebering 1910. 141 S. 8°
(Historische Studien. H. 82.) [10. 8536 2

Schöne, L., geometrische Aufgaben. Nach seinem Lehrgange geordnet. Planimetrie. gr. 8. (40 S.) Leipzig 852, [und Magdeburg, Gebr.] Baensch. *

Schöne, L., geometrische Aufgaben. Nach seinem Lehrgange geordnet. Planimetrie. 2. Aufl. gr. 8. Leipzig 872, Gräbner. [Klinkhardt.]

Schöne, L., Lehrgang beim Unterricht in der Geometrie. Planimetrie. gr. 8. (VI und 89 S. mit eingedr. Holzschn.) Leipzig 852, [und Magdeburg, Gebr.] Baensch. Thlr. -

Schöne, L., Rechenaufgaben. 2—4. Heft. 2. Aufl. Leipzig 867. Leiner. 8. Jedes Heft 2½ ngr.
2. Heft. Hunderte u. Tausende. (16 S.)
3. Heft. Die vier Species mit benannten Zahlen. (16 S.)
4. Heft. Bruchrechnung. (16 S.)

Schöne, Ludw., prakt. Anleitung zum Kriegs-Feldbrückenbau. Mit 23 lith. Taf. gr. 16. (218 S.) Mainz 850, Kunze. 1 ℛ 12 ngr.

Schöne, Ludw., der praktische Werkmeister. Anleitung zur Kenntniß und Anwendung von Maschinen, bewegenden Kräften und deren Leistungen, Gewicht und Festigkeit der Materialien. Ein Handbuch für Ingenieure, Bauführer ꝛc. 8. (X und 322 S. mit mehreren Tabellen und 179 in den Text eingedr. Holzschn.) Mainz 853, Kunze. *

Schone L. der praktische Werkmeister. 1. und 2. Auflage. Mainz 1853. 54

Schöne, L., der praktische Werkmeister. Anleitung zur Kenntniß u. Anwendung von Maschinen, bewegenden Kräften u. deren Leistungen, Gewicht u. Festigkeit der Materialien. Neue Ausg. mit einem Anhang enth. praktische Regeln u. Bemerkungen bezüglich der wichtigsten Bauconstructionen. Bearb. von R. Heyn. Ein Rathgeber für Ingenieure, Bauführer, Techniker u. Gewerbtreibende. Mit mehreren Tab. u. 239 Holzschn. Mainz 864. Kunze. 16. (XVI, 421 S.) 1 ℛ 18 ngr.

Schöne, M., die moderne Entwickelung d. Schuhmachergewerbes in histor., statist. u. techn. Hinsicht, s. a. Sammlung nationalökonom. u. statist. Abhandlgn. d. staatswissenschaftl. Seminars zu Halle a/S.

Schone M, d. mod. Entwickl. d. Schuhmachergew. (Sig nat.-ök. Abhandl. V, 5) Jena 1888

Schoene, Michael, kaiserl. königl. Oberstlieut. Militärisches Handbuch zur schnellen Orientirung in allen Kriegsvorfallenheiten etc. 8. Wien 1838.

Schöne, Otto [aus Kühren bei Wurzen]: Beitrag zur Statistik der Entozoen im Hunde .... (Leipzig, Druck v. Reusche) 1886; 24 + 1 S. 8°.
Leipzig, Phil. Fak., Inaug.-Diss. v. 16. Jul. 1886.

Schöne, Otto, Beitrag zur Statistik der Entozoen im Hunde. gr. 8. (24 S.) Leipzig 886. (H. Voigt.) n. — 50

Schöne, Paul, Denksingen. Ein Lehrgang in konzentrischen Kreisen u. m. strengmethod. Liederverteilg. f. Volksschulen u. die entsprech. Klassen der höh. Schulen. 1.—4. Heft. 8. Dresden, Holze & Pahl. n. 1.30
1. (1. u. 2. Schulj.) (32 S.) 905. — 20
2. (3. u. 4. Schulj.) (64 S.) 905. — 30
3. (5. u. 6. Schulj.) (63 S. m. Abb.) 905. — 35
4. (7. u. 8. Schulj.) (112 S. m. Abb. u. 4 Taf.) 905. — 45

Schöne, Paul, die Einführung d. Christenthums in der Mark Brandenburg, s.: Kirchen-Geschichte, märkische.

Schöne, Paul. Zur Geschichte der politischen Theorien in der zweiten Hälfte des 17. Jahrhunderts. 21 S. Progr. G. Rathen 1878.

Schöne, Reinhold Fr., (Buchhändler,) s. Frauenlob, Frauenlieb.

FRAUENLOB, Frauenlieb (d. i. *Reinhard Frdr. Schoene*), Grosse allgemeine Pantoffelpredigt, Eine Apotheose zum Sylvesterabend. Mit color. Titelvign. Deutschland zu finden in allen Häusern wo schöne Frauen wohnen (Schöne in Breslau). 1820. 8°.
Weller, fing. Dr.
— — Dasselbe. Breslau, R. F. Schoene, o. J. 8°. 53 S. (In Darmstadt.) (5 Mk. 50 Pfg. Hugo Streisand, Berlin, 1908; 6 Kr. Franz Malota, Wien, 1909.)

Schöne, Rich., die Anfänge der deutschen Kunst des 19. Jahrh. Rede zur Feier des allerhöchsten Geburtstages Sr. Maj. des Kaisers u. Königs, am 26. 1. 1907 in der öffentl. Sitzg. der königl. Akademie d. Künste geh. (22 S.) gr. 8. Berlin 907. E. S. Mittler & Sohn. — 60

Über einen Ausspruch des Lysipp. Von R[ichard] Schöne u. R[einhard] Kekule v. Stradonitz. Berlin 1898: (Simion). 19 S. 8°
Aus: Verhandlungen d. Archäolog. Gesellschaft zu Berlin v. 5. Juli 1898.
[illegible] 6

Schöne, R.. Perikleische Bauten. S.-A. 1871. 14 S.

Schöne, Rich., Beiträge zur Lebensgeschichte des Malers Jacob Asmus Carstens. [Aus: Archiv für die zeichnenden Künste.] Leipzig 866. H. Vogel. gr. 8. (34 S.) n. 10 ngr.

— Zu Polygnots delphischen Bildern. S.-A. 1893. 31 S. 4°.

—— und O. Benndorf, die antiken Bildwerke des lateranensischen Museums, s. Benndorf, O.

Schöne, Rich., s.: Damiano's Schrift üb. Optik.

Zur Erinnerung an Ernst Curtius. (Verf.: Richard Schöne.) ([Berlin 1896]: Reichsdr.) (6 S.) 4° [Umschlagt.]
[Aus: Jahrbuch d. Kgl. preuß. Kunstsammlungen. Bd 17. 1896.]

Schöne, R., zur Erinnerung an Karl Humann. Gol. 1896. 5 S. 4°. —.50

Schoene, *Erdmann Hugo* Richard [aus Düben]: Zwei neue Fälle von Arthropathie bei Erkrankungen des Centralnervensystems ... Halle a. S., Hofbuchdr. v. C. A. Kaemmerer & C., 1895; 45 S., 1 Bl., 3 Taf. 8.
Halle, Med. Fak., Inaug.-Diss. v. 29. Juli 1895.

Katalog der Ausstellung der Werke von Friedrich Preller in der Königl. National-Galerie. Berlin 1879. 8°.

— Friedr. Preller's Odyssee-Landschaften, s. Preller.

— Ein antikes Marmorrelief der königl. Museen in Berlin. Gel. 1894. 4 S. 4°.

Schöne, Richard. Friedrich Preller's Odyssee-Landschaften. Nebst einer Tafel zur Uebersicht über die künftige architektonische Anordnung der Bilder. Leipzig 1863. 8°.

15 Blatt Photographien nach den Handzeichnungen zur Odyssee. Fol.

—— über Platons Protagoras. Ein Beitrag zur Lösung der platonischen Frage. gr. 8. (VIII und 99 S.) Leipzig 862, Breitkopf und Härtel.

Schoene, [illegible]

Schöne, Richard. Rede bei der Trauerfeier der K. Museen zum Gedächtniss Seiner Majestät des Kaisers Friedrich. Berlin 1888. 4°.

Schöne, Rich., griechische Reliefs aus athenischen Sammlungen. 38 Taf. in Steindr. (in Fol. u. qu. gr. Fol.) m. erläut. Text. Fol. (72 S.) Leipzig 872. Breitkopf & Haertel. geb. n. 24. —

Schöne, Selma, Alphabete zum Zeichnen. 7., verb. Aufl. qu. gr. 8. (12 Taf.) Leipzig 888. (Fock.) n. — 30

Schöne, Selma, Anleitung zum Wäsche-Zuschneiden nach Körpermaßen. Für untere, mittlere u. höhere Mädchenschulen. 2 Hefte. 3. verb. Aufl. Lex.-8. Leipzig (904). (B. G. Teubner.) à n. — 50
1. Kinder-, Mädchen- u. Frauenhemden. (20 S. m. 4 Taf.)
2. Knaben- u. Männerhemden. (20 S. m. 2 Taf.)

—— Anleitung zum Wäsche-Zuschneiden nach direktem Maß. Für Volks- und höhere Mädchenschulen. 1. und 2. Heft. gr. 8. (à Heft 8 S. mit 2 Taf.) Ebendas. 888. à Heft ** 25 Pf. **
Inhalt:
Heft 1. Frauen- und Mädchenhemden.
2. Herren- und Knabenhemden.

Schöne, Selma, Anleitung zum Wäsche-Zuschneiden nach direktem Maß. Für Volks- u. höh. Mädchenschulen. 2 Hfte. gr. 8. Leipzig 896. (Leipziger Lehrmittel-Anst.) n.n. — 55
1. Frauen- u. Mädchenhemden. 2. verb. Aufl. (24 S. m. Abb.) n.n. — 30
2. Männer- u. Knabenhemden. 2. Aufl. (9 S. m. Abb.) n.n. — 25

— deutsches Lehrbuch f. Wäsche-Zuschneiden nach Körpermaßen. Für Schule u. Haus. 5. verb. u. bedeut. verm. Aufl. (86 S. m. Abbildgn. u. 11 Taf.) gr. 4. Leipzig 903. (Leipziger Lehrmittel-Anstalt v. Dr. O. Schneider.) Kart. n.n. 2. 75

Schöne, Selma, praktisches Lehrbuch f. Damen-Schneiderei nach direktem Maß. Für Fortbildungs-, Gewerbe- u. Haushaltungs-Schulen u. zum Selbstunterricht hrsg. 1. Hft. Imp.-4. (III, 10 S. m. 5 Taf. Schnittmustern.) Leipzig 891. G. Fock. Kart. n. 1. 35
Erschien nicht weiter.

Schöne, Selma, praktisches Lehrbuch f. Wäschezuschneiden nach direktem Maß. Für Schule u. Haus. gr. 4. (9 Taf. m. 12 Bl. Text.) Leipzig 884. M. Hesse. n. 1. 50; geb. n. 1. 80

Schöne, Selma, prakt. Lehrbuch f. Wäsche-Zuschneiden nach direktem Maß. Für Schule u. Haus. 3., verb. u. verm. Aufl. gr. 4. (IV, 30 S. m. 10 Taf.) Leipzig (Weststr. 91) 893. Selbstverlag. n. 2. 20; kart. n. 2. 50

— praktisches Lehrbuch f. Wäsche-Zuschneiden nach direkten Körpermaßen. Für Schule u. Haus. 4., verb. u. bedeut. verm. Aufl. gr. 4. (47 S. m. 12 Taf.) Ebd. 899. Kart. n.n. 2. 75

— Lehrplan-Entwurf: Zur Reform des Nadelarbeits-Unterrichtes in der gehob. Volksschule, gestützt auf 35jähr. Erfahrung. (15 S.) Lex.-8. Ebd. 905. n. — 60

Schöne, Th(eodor): Die Gradnetze des Ptolemäus im ersten Buche seiner Geographie. Übers. d. Kap. 21 bis 24 nebst Anmerk. u. Fig. Chemnitz 1909: Pickenhahn. S. 3—28. 4°
Chemnitz, k. G OP 1909 (720) [S 09. 414

Schönebeck, Erich: Tieck und Solger. (Berlin 1910: Blanke.) 87 S. 8°
Berlin, Phil. Diss. v. 15. Juni 1910, Ref. E. Schmidt
[Geb. 28. Dez. 84 Berlin; Wohnort: Berlin; Staatsangeh.: Preußen; Vorbildung: Leibniz-Gymn. Berlin Reife M. 04; Studium: Berlin 10 S.; Rig. 3. März 10.] [U 10. 251

Schönebeck, H.

Schönebek, Oberlieut. im Inft.-Reg. Nr. 17, commandirt in der k. k. Cadetten-Compagnie. Kurzgefasste Beschreibung der Waffen in der österreichischen Armee, mit Berücksichtigung der letzten Veränderungen. Für Cadetten-Schulen zusammengestellt. (Mit 3 Taf.) 8. Grätz 1844.

Schönebeck, H., kurzgefaßte Beschreibung der Waffen in der k. k. österreich. Armee mit Berücksicht. der letzten Veränderungen. Für Kadetten-Schulen zusammengestellt. 2., verm. und verb. Aufl. Lex.-8. (VIII und 84 S. mit 3 Stnt. in 4. und Fol.) Gratz 848, Kienreich's Verlags-Comptoir.

Schönebeck, Johann Bernhard Konstantin v.

Schönebeck, v., Anleit. z. Vermehrung u. Pflege d. Obstbäume rc. gr. 8. Cöln, Kiel.

— theoret. u. prakt. Anleit. zu Vermehrung u. Pflege der Obstbäume; nebst vollständ. Unterricht zur Anlegung e. Baumschule im Großen. gr. 8. Cöln 806. (Dü-Mont-Schauberg). 3 ℳ 9 ℊ

v. Schönebeck, Jh. Bhrd. Konst., vollständige Anleitung zur Vermehrung u. Pflege der Obstbaume rc. 8. Cöln 826. Gaul u. Tonger. 1 [illegible]

Schönebeck, Const. v., actenmäß. Gesch. d. letzt. Verschwörung geg. die Regierung u. den ersten Consul, jetzig. Kaiser v. Frankreich. 8. Cöln, Kommerskirchen. 805.

— Niederrhein. Monatsschrift. 16—36 Hft. gr. 8. Bonn 786.

Schönebeck, Johannes, a. Straßburg i. E.: Beiträge zur Kenntnis der Halsrippen. Straßburg i. E. 1905: C. Müh & Cie. (62 S.) 8°
Straßburg, Med. Fak., Ref. Madelung, Diss. v. 12. Mai 1905
[Geb. 18. Nov. 78 Berlin; Wohnort: Straßburg; Staatsangeh.: Preußen; Vorbildung: Gymn. Charlottenburg Reife O. 98; Studium: Berlin 12 S.; Coll. 2. März 05; Approb. 15. April 04.]

Schönebeck, Otto [aus Eberswalde]: Beiträge und Casuistik zur Geschichte der Lymphangiome . . . . Berlin, Buchdr. v. Gustav Schade (Otto Francke) (1888); 30 S. + 1 Bl. 8°
Berlin, Med. Fak., Inaug. Diss. v. 23. Jun. 1888

von Schoenebeck, Paul [Dr. med., app. Arzt aus München]: Die Pulsfrequenz der Neugeborenen in der ersten Lebenswoche ... München, Buchdr. v. M. Ernst, 1894; 20 S., 30 Tab. 8.
Würzburg, Med. Fak., Inaug.-Diss. v. 1894

Schönebek, s. Schönebeck, H.

Schöneberg [Schlagwort]

— s.a. Berlin. Kiessling. — Straube, Jul.

Schöneberg, s.a. Charlottenburg, Straube.

Schöneberg, s.a. Deutschland. Karte (Abt. Preussen).

— **s. a.: Preussen. Messtischblätter.**

Schöneberg. Bebauungsplan v. Schöneberg, Kreis Teltow. Festgesetzt durch den Gemeinde- u. Amtsvorstand. Section I—III, IIIa u. IV—VII. 1 : 4000. 3 Blatt. Autogr. Berlin, (D. Reimer). à n.n. 7. 50
I, II. Förmlich festgestellt am 14. März 1891. 93×78 cm.
III, IIIa, V. Festgesetzt im J. 1884. 39×52 cm.
IV, VI u. VII. Festgesetzt im J. 1884, bezw. 1892 u. 1893. 47×57 cm.

Schöneberg. Gerlach, Uebersichtsplan der Stadt Schöneberg m. den angrenzenden Gemeindetheilen v. Berlin, Charlottenburg, Wilmersdorf, Friedenau, Steglitz, Mariendorf u. Tempelhof. Aufgestellt im J. 1903 1 : 5000. 129×84,5 cm. Farbdr. Schöneberg (903). (Berlin. C. Willum.) n.n. 5. —

Schöneberg [Verfasser]

Schoeneberg, [aus Berlin]: Die Sprache John Skeltons in seinen kleineren Werken. . . . Marburg, Druck v. Georg Schirling, 1888; 62 S. + 1 Bl. 8°
Marburg, Phil. Fak., Inaug.-Diss. v. [22. März] 1889

Schöneberg, Adf., s.: Pfarr-Almanach f. Berlin u. d. Prov. Brandenburg.

Schöneberg, Georg

Schöneberg, G., Formular-Musterbuch f. Kreis- u. Stadt-Ausschüsse. gr. 8. (V, 468 S.) Berlin 893. C. Heymanns Verl. Geb. in Leinw. n. 10. —

Schöneberg, G., Registratur-Plan f. Kreis-Ausschüsse. gr. 8. (IV, 32 S.) Berlin 893. C. Heymanns Verl. n. — 50

[F.] Zur Revision des Invaliditäts- und Alters-Versicherungs-Gesetzes. Beseitigg d. Klebens. Von G[eorg] Schöneberg, Landessekretär . . . Königsberg i. Pr.: Ostpreuss. Zeitgs- u. Verl.-Dr. 1897. (18 S.) 1 Bd 8.

Schöneberg, G., Wegweiser f. land- u. forstwirtschaftliche Unfallversicherg. Nach amtl. Quellen bearb. 1.—10. Taus. Prov. Ostpreußen. (XVI, 107 S.) 8 Königsberg 903 Ostpreuß. Druckerei u. Verlags-Anstalt. — 75

Schöneberg, Gustav, aus Berlin: Vergleichung der ersten drei Auflagen von Lotzes Mikrokosmus. *Berlin 1903: G. Chaslé.* (156 S.) 8°
Erlangen, Phil. Diss. v. 17. Juli 1901

Schöneberg, Martha: Die I. Mädchen-Fortbildungsschule in Kiel. Ihre Gründungs- u. Entwicklungsgeschichte vom Jahre 1900-1907 nebst e. Anh. einschlägiger Aufsätze u. Berichte. — Kiel 1908: Jebens. 99 S. 8°

Schöneberg, Martha, die I. Mädchen-Fortbildungsschule in Kiel. Ihre Gründungs- u. Entwicklungsgeschichte vom J. 1900—1907, enth. e. Anh. einschläg. Aufsätze u. Berichte. (99 S.) gr. 8. Kiel 908. (Lipsius & Tischer.) 1. 50

Schoeneberg, Otto Heinr. . . . De anaesthesia chloroformio effecta . . . Berolini 1866 . . .
Berlin, Med. Diss. v. . . . Aug. 1866

Schoeneberg, Paul [app. Arzt aus Berlin]: Über Fremdkörper in der Umgebung des Auges . . . Berlin, Buchdr. v. G. Schade, 1897; 74 S. 8.
München, Med. Fak., Inaug.-Diss. v. 1897

Schöneberg, Rob., Festschrift zur Feier d. 25jähr. Bestehens d. freiwill. Feuerwehr zu Oranienburg am 14. u. 15. VIII. 1897. 1872 — 1897. Im Auftrage des Kommandos zusammengest. 8. (47 S.) Oranienburg 897. E. Freyhoff. n. — 50

Schöneberg, Walther: Ueber Optikusatrophie nach Basisfraktur. *Berlin (1898): E. Ebering.* (26 S.) 8°
Berlin, Med. Diss. v. 24. Juni 1898

Schoeneberg von Bornestedt, Ernst (M. Brandenburg)
A. S. 765/20

Dissertatio juridica de moderamine deculpatae tutelae. Präs. Simon Peter Gasser.
Halle (Gruner) IX. 1711. 56 S. 31178

Schöneberger, W., mathematische und physikalische Instrumente, s. Ausstellungs-Bericht, officieller.

Schonebohm, Fritz: Die Besetzung der livländischen Bistümer bis zum Anfang des 14. Jahrhunderts. Riga 1909: Hacker. 71 S. 8° ¶(Aus: Mitteilungen aus d. Gebiete d. Gesch. Liv-, Est- u. Kurlands. Bd 20, H. 3. 1910.)
Gießen, Phil. Diss. v. 9. Nov. 1909, Ref. Haller
[Geb. 23. Juli 79 Ottweiler; Wohnort: Gießen; Staatsangeh.: Preußen; Vorbildung: Gymn. Gießen Reife O. 97; Studium: Halle 2, Greifswald 2, Bonn 2, Gießen 8 S.; Rig. 6. März 08.] [U 10. 1303

Schöneborn's Eisenbahn-Güterfrachtentarif f. Deutschland, enth.: die Entferngn. zur Frachtenberechng. von jeder nach jeder Güterabfertigg., nebst allgemeinen Kilometer-Tarifstabellen, allgemeinen Tarif-Vorschriften m. Güterklassifikation, Nebengebührentarif, Bestimmgn. f. die Lokal- u. Privatbahnen, Übergangstarif f. Kleinbahnen, Zoll- u. Steuer-Vorschriften, sämtl. Ausnahmetarife usw. u. 1 Eisenbahnkarte v. Deutschland. 3. verb. u. verm. Ausg. (VI, 638 S.) Lex. 8. Hagen 909. O. Hammerschmidt. Geb. in Leinw. 20. —

Schöneborn's, C., Eisenbahn-Gütertarif f. Deutschland, enth.: Die Entferngn. von jeder u. nach jeder Station Deutschlands, Tabelle üb. die neuesten gült. Frachtsätze nach Kilometer, die wichtigsten Vorschriften f. den Güter-Versand, e. Zusammenstellg. der erforderl. Frachtbriefe, Steuer- u. Zollvorschriften nach sämmtl. europ. Staaten u. Ländern, sowie die wichtigsten Ausnahmetarife f. Deutschland, norddeutscher u. Donau-Umschlags-Verkehr. Nach amtl. Quellen zusammengestellt ohne Verbindlichkeit der Eisenbahn. 3. verm. u. verb. Aufl. Hierzu e. Eisenbahnkarte v. Deutschland. gr. 8. (XI, 1274 u. 52 S.) Hagen (902). O. Hammerschmidt. Geb. n. 12. —
2. Aufl. (XIII, 1474 S.) Ebd 899. Geb. n. 18. —.

[F.] Neuester Eisenbahn-Gütertarif für Deutschland enthaltend: die Entferngn v. jeder u. nach jeder Station Deutschlands, Tab. üb. d. Frachtsätze nach Kilometer . . . Nach amtl. Quellen zsgest. (ohne Verbindlichkt d. Eisenbahn) v. C. Schöneborn, Eisenbahn-Stations-Assistent . . . Gültig v. 1. Mai 1896. *Hagen i. W.: O. Hammerschmidt 1896.* (VIII, 519 S.) 1 Bd 8. [.8 . . .

Schöneborn, C., neuester Eisenbahn-Gütertarif f. Deutschland, enth.: D. Entferngn. von jeder u. nach jeder Station Deutschlands, Tabelle üb. d. v. 1. X. 1898 ab gült. Frachtsätze nach Kilometer, d. wichtigsten Vorschriften f. d. Güter- u. Viehversand, e. Zusammenstellung d. erforderl. Frachtbriefe, Steuer- u. Zollvorschriften nach sämmtl. europ. Staaten u. Ländern, sow. d. wichtigsten Ausnahmetarife. Nach amtl. Quellen zusammengestellt (ohne Verbindlichkeit d. Eisenbahn). 2., verm. u. verb. Aufl. gr. 8. (XIII, 1474.) Hagen 898. O. Hammerschmidt. Subskr.-Pr. n. 12. —; Ladenpreis geb. n. 18. —; Kilometertariftab. allein n. 1. —

Neuester **Eisenbahn-Gütertarif** für Deutschland ... Nach amtl. Quellen zsgest. von **C. Schönoborn**. 2. verm. u. verb. Aufl. Hierzu e. Eisenbahnkarte von Deutschland. *Hagen i. W.: O. Hammerschmidt 1899.* (XIII, 1474 S.) 8° [F.] [... 2472 B

Schöneck [Sachl. Ordnungswort]

Schöneck. Kuranstalt Sch' am Vierwaldstattersee. Wasserkur. Anwendung verdichteter und verdünnter Luft, der Electricitat und Heilgymnastik. 8.
[1. Aufl. Mit 4 Tafeln.] (Baden) 1879.
(2. vielfach vermehrte Aufl.) [Mit 4 Tafeln und illustriertem Umschlag.] (Biel) 1883.
(3. vielfach vermehrte Aufl.) [Mit 3 Tafeln und illustriertem Umschlag.] (Biel) 1885.

Schoneck. Kuranstalt Sch' am Vierwaldstattersee. Wasserkur. Anwendung verdichteter und verdünnter Luft, der Electricität, Massage und Heilgymnastik. 5. vielfach vermehrte Aufl. [Mit 3 Tafeln, 1 Karte und illustriertem Umschlag.] 8. (Zürich) 1894.

Schöneck. Wasser-Heilanstalt. Bäder in comprimirter Luft. Sommeraufenthaltsort für Milch- u. Molkenkur. Eigenth.: M. Truttmann. 13 Stn. 12. m. Illustrat. Altdorf, gedr. bei J. J. Högger. Dasselbe in franz. Sprache. Die comprimirte Luft als Heilmittel auf Schöneck. 14 S. 12. 1871

Schöneck [Schlagwort]

Schöneck, s.: Preussen. Messtischblätter.

Schöneck [Verfasser]

Kaiser Wilhelm's des Großen Heimgang. Melodramat. Vision in 5 Sätzen von Georg Hantel. Musik komp., arrangirt u. dirigirt von d. Kgl. Musikdirektor Rudolph **Schoeneck**. [Textbuch.] Als Ms. gedr. (Elbing [um 1900].) (7 S.) 8° [J. u. Ant.] ... 10

Schönecke, Wilh., Rechenbuch zum Gebrauch in Ackerbauschulen, landwirtschaftl. Winterschulen, ländl. Fortbildungsschulen, wie auch zur Selbstbelehrg. (96 S.) 8. Leipzig 910. H. Voigt. nn — 90;
Lösungen (Nur an Lehrer) (20 S.) nnn — 60

Schönecken [Schlagwort]

Schönecken, s.: Preussen. Messtischblätter.

Schönefeld, G., üb. die messianische Hoffnung, von 200 vor Christo bis gegen 50 nach Christo. Inaugural-Dissertation. 8. (48 S.) Jena 874. Neuenhahn. n. — 80

Schönefeld, Georg Christoph A. S. 594/52

Problema juridicum, de autoritate et receptione juris Romani, ut et ex compendio juris universi cap. 5. paragr. XI. XII. XIII. Präs. Heinrich Ernst Kestner. Rinteln (Enax) V. 1708. 24 S.

Gew.: Johann Christoph Molten, Johann Heinrich Schönefeld (Vater). 31180

Schonegg bei Spiez am Thunersee.... Sanatorium für Brustkrankheiten. Blut- und Nervenschwäche.... (Prospectus.) [Umschlag illustriert.] 8. Bern *o. J.* [1890 99].

SCHÖNEICH, CHR. VON. *Leben, Thaten, Reisen und Tod* eines sehr klugen und sehr artigen 4jährigen Kindes Christian Henrich Heinecken aus Lübeck. Beschrieben von seinem Lehrer Christian von Schöneich. Zwote veränderte Auflage. Göttingen, Wittwe Vandenhock, 1779. 6 Bl. 227 S. Kl.-8°. Hldr. v. ca. 1830 mit Rv. 14.—
Seltsame Geschichte eines Wunderkindes. Gutes Ex. Einband leicht berieben.

Schöneich, Christian von. Leben, Thaten, Reisen und Tod eines ... Kindes, Christian Heinrich Heinecken aus Lübeck ... 2. Aufl. Götting. u. Lübeck 1779. H: *Schlözer, Aug. Ludw. von.* (MGT) (Ky)

Thränen. Bey dem Sarge Sr. Hochwürden des wohlseligen Herrn, Daniel Heinrich Arnoldt, ... den 10ten August 1775. Im Namen der Königl. Deutschen Gesellschaft von CHRISTOPH SCHÖNEICH, ... ib. — 4°.

Schoeneich, Georg, a. Bromberg: Der Litterarische Einfluss Spensers auf Marlowe. Halle a. S. 1907: Hohmann. (102 S.) 8°
Halle, Phil. Fak., Ref. Wagner, Diss. v. 15. Aug. 1907
[Geb. 3. Sept. 82 Bromberg; Wohnort: Halle a. S.; Staatsangeh.: Preußen; Vorbildung: Realgymn. Bromberg Reife O. 03; Studium: Freiburg i. B. 1, Halle 2, Paris 2, Halle 3 S.; Rig. 10. Juni 07.]

Die alte Fürstentumshauptstadt Jauer. Bilder u. Studien z. jauerschen Stadtgeschichte von Oberl. Dr. G[ustav] **Schöneich**. Jauer: O. Hellmann 1903. (187 S.) 8° [F.] [04. 37..

Schoeneich, Hugo: Die Beanspruchungen des Rudergeschirrs auf Seeschiffen. [1910.] 49 S., 3 Taf. 4°
Berlin, Dr.-Ing.-Diss. v. 8. 4. 1910

Die Beanspruchungen des Rudergeschirrs auf Seeschiffen von Dr. Ing. Hugo **Schoeneich**. Kiel 1909. 49 S. 4°
[Ein T. ersch. als Diss. d. Techn. Hochschule Berlin 1910.] [10. 16572 B

Schönemann, Betrachtungen üb. Religion im Allgem., Religion der Juden u. den Unterschied zwischen der der Orthodoxen u. der sogen. Aufgeklärten insbesond., die aus dieser Verschiedenheit erwachs. Inkonvenienzen, u. die Mittel, denselben abzuhelfen; als ein in e. Versamml. der Verehrer d. verew. Mendelsohn am 100jähr. Geburtstage dess. zu haltender Vortrag abgefaßt. gr. 8. (2 B.) Berlin 829, Maurer.

Schönemann, mündliches und schriftliches Rechnen in Vorbereitungsschulen und Elementarklassen. 6. u. verb. Aufl. Donauwörth 861. Veith in Comm. gr. 16. (48 S.) n. 2 ngr.

Schönemann, ..., Unterricht üb. die ersten u. ursprüngl. Zufälle einer vener. Ansteckung. 8. Berl. 804. Maurers B. 4 gr.

Schönemann, Dr., s. Zeitschrift f. d. gesammte Heilkunde.

Schoenemann, A., De Taciti Germaniae codicibus. Diss. 1910. 74 S. 2.50

Schönemann, A[dolf]. Atlas of the Human Auditory Apparatus, with special Reference to the Topographical and Surgical Anatomy of the Temporal Bone. By A. Schoen', ... Berne. Translated at the personal request of the Author, and Edited by Percival J. Hay, M. D. Edin., Sheffield. With 50 lithographic Plates and 47 Illustrations in the Text. XII [+ 102] p. 4. Jena, Gustav Fischer, 1907. [geb. M. 45. —]

Schönemann, A[dolf]. Atlas des menschlichen Gehörorganes, mit besonderer Berücksichtigung der topographischen und chirurgischen Anatomie des Schläfenbeines. Von Dr. A. Schoen', P. D. ... an der Universität Bern. Mit 50 Tafeln in Lichtdruck und 47 Figuren im Text. *Kopftitel:* Aus dem Privatlaboratorium von P. D. Dr. Schoen', Bern. XII [+ 104] S. 4. Jena, Gustav Fischer, 1907. [geb. M. 45. —]
Wird auch ausgegeben: Ins Englische übersetzt von Dr. Percival J. Hay, Sheffield.

Schönemann, Beitrag zur pathologischen Anatomie der kongenitalen Taubheit, s.: Anatomie, die, der Taubstummheit. 7. Lfg.

Schönemann, A[dolf]. Beitrag zur Kenntnis der Muschelbildung und des Muschelwachstums. Mit 20 Figuren auf den Tafeln VII/X. Separat-Abdruck aus den Anatomischen Heften, hrg. von Fr[iedrich] Merkel ... und R[obert] Bonnet... . (Abteilung I.) ⟨Heft 58.⟩ (Bd. 18, H. 1. — Aus dem anatomischen Institut zu Bern.) *Aufdruck:* Habilitationsschr. Med. Bern. II S. + S. 97—169. gr.-8. Wiesbaden, J. F. Bergmann, 1901.

Schönemann, [Adolf]. Bestehen Beziehungen zwischen Schläfenbeinform und Konfiguration der Paukenhöhle? [Von Dr.] ... Sch' ⟨Bern⟩. Abdruck aus den Verhandlungen der Deutschen otologischen Gesellschaft auf der 14. Versammlung in Homburg v. d. Höhe am 9. und 10. Juni 1905 ... . II S. + S. 92—98. 8. Jena, Gustav Fischer, [1905].

Schoenemann, A[dolf]. Entsprechen die jetzt gebräuchlichen Aethermasken den Grundprinzipien der Hygiene? Separatabdruck aus dem Correspondenz-Blatt für Schweizer Aerzte, 1901, Nr. 14. 4 S. gr.-8. [Basel, Schweighauser.]

Schoenemann, A[dolf]. Färbung und Aufbewahrung von Schnittserien auf Papierunterlage. [2 Teile.] Sonderabdruck [aus der] Zeitschrift für wissenschaftliche Mikroskopie und für mikroskopische Technik. Band 19, 1902... . 8. [Leipzig, S. Hirzel.]
[Teil 1:] ⟨Aus dem Anatomischen Institut in Bern.⟩ 11 S.
[Teil 2:] *u.d.T.:* Nachtrag zu meinem Aufsatz: Färbung... . 4 S.

Schönemann, [Adolf]. Die kalten Inhalationen bei Krankheiten der oberen Luftwege. Separatabdruck aus Heft 2 der Annalen der Schweiz. Balneologischen Gesellschaft. S. 35—42. 8. Aarau, H. R. Sauerländer & Co., [1906].

Schönemann, A., Nase u. Kehlkopf in ihren Beziehgn. zu den Lungenkrankheiten. Antrittsvorlesung vom 15. II. 1902. gr. 8. (36 S.) Bern 902. K. J. Wyss. n. — 80

Schläfenbein und Schädelbasis, eine anatomisch-otiatrische Studie. Von Dr. A[dolf] **Schönemann**, Privatd., Bern. Mit 8 Taf. u. 5 Fig. Zürich: Gesellsch. 1906. (S. 95—160.) 4°
= **Denkschriften**, Neue, d. allgem. schweiz. Gesellschaft f. d. gesammten Naturwissensch. Bd 40, [3.] [07. 6106]

Schönemann, A[dolf]. Bad Stachelberg und seine Heilquelle. Eine balneologische Skizze. [Mit illustriertem Umschlag und 3 Tabellen.] 68 S. 8. Bern, K. J. Wyss, 1902. [fr. 1.—]

Schönemann, A[dolf]. Die rationelle Therapie und Prophylaxe der Angina ⟨Tonsillitis acuta⟩. Separatabdruck aus dem Correspondenz-Blatt für Schweizer Aerzte, [Jahrg.] 1910, Nr. 9. 9 S. gr.-8. [Basel, Schweighauserische Buchdr.]

Schönemann, A[dolf]. Die Topographie des menschlichen Gehörorganes, mit besonderer Berücksichtigung der Korrosions- und Rekonstruktionsanatomie des Schläfenbeines. Von Dr. A. Sch', Privatdozent an der Universität Bern. Mit 4 photographischen, und 4 lithographischen Tafeln. X + 59 S. fol. Wiesbaden, J. F. Bergmann, 1904. [in Mappe M. 18. —]

Schönemann, A[dolf]. Die Umwandlung ⟨Metaplasie⟩ des Cylinderepithels zu Plattenepithel in der Nasenhöhle des Menschen und ihre Bedeutung für die Aetiologie der Ozaena. Von Dr. A. Sch' ... in Bern. ⟨Hierzu Taf. 2.⟩ (Separatabdruck aus Rudolf Virchow's Archiv für pathologische Anatomie und Physiologie und für klinische Medicin. Band 168. 1902.) I S. + S. 22—83. 8. (Berlin, Georg Reimer.)

Schoenemann, Ant. Guil. Otto, de Bithynia et Ponto provincia romano. Commentatio praemio regio ornata. Gottingae 855. (Dieterich.) gr. 4. (2 Bl., 100 S.) n. 1 ₰.

Schönemann, Carl Philipp Christian,
s. Schönemann, Karl Philipp Christian

Schönemann, Carl Traugott Gottlob,
s. Schönemann, Karl Traugott Gottlob

Schoenemann, Christian Gottfried A. S. 129/12

De eo quod iuris est circa carceris obaeratorum des Schuld=Thurms poenam. Präs. Gottfried Ludwig Mencken.
Wittenberg (Gerdes) VIII. 1729. 44 S. 31183

Schoenemann, Christoph, a. Kuhlhausen b. Sandau a. Elbe: Über den Einfluß der Kokoskuchenfütterung auf die Zusammensetzung des Butterfettes bei Kühen. Halle a. S. 1907 (Roßberg, Leipzig). (43 S.) 4°(8°) [J.] ¶(Aus: Berichte aus d. physiol. Laborat. u. d. Versuchsanst. d. landw. Inst. d. Univ. Halle H. 19.)
Halle, Phil. Fak., Ref. Wohltmann, Diss. v. 14. Mai 1907
[Geb. 29. Aug. 75 Kuhlhausen, Prov. Sachsen; Wohnort: Halle a. S.; Staatsangeh.: Preußen; Vorbildung: Gymn. Stendal Reife M. 97; Studium: Halle 14 S.; Rig. 30. Dez. 06.]

Schönemann, Dan., d. Andenken des leid. u. sterbend. Jesu. 8. Berlin, Rüdiger. 726.

Schönemann, Daniel, GOtt=geheiligte // Betrachtungen, // Welche, über verschiedene Stellen der // Heil. Schrifft, // in denen darüber // gehaltenen Predigten, // als ein kurtzer Innhalt // derselben, // Der Christlichen Gemeinde // zu St. Georgen an Berlin // in gebundener Rede vorgetragen, und auf Verlangen heraus gegeben sind // von // Daniel Schönemann. // Berlin, bey Ambrosius Haude. - 4 Blatt (nicht paginiert: Titelkupfer, Titelblatt und Vorwort des Buchdruckers datiert: Berlin, den 8. Mertz 1727.) 111 Seiten.

B. S. T. 8°.627.

— — Poetische Ergötzlichkeiten, Welche In einer kleinen Probe Von Geistlichen und Vermischten Weltlichen Gedichten, Denen Beständigen Liebhabern der Poësie gewidmet werden, Von *Sincero.* Rostock und Parchim, Verlegts Georg Ludwig Fritsch Buchhändl. Anno 1718. 8°. 8 Bll. u. 144 S. (In Göttingen: P. 3309.)

SINCERUS (d. i. *Daniel Schönemann*, geb. 1695 zu Greifswald, studierte 1714—15 in Rostock, Lehrer in Güstrow und in Strehlitz, 1721 Prediger zu Geltow bei Potsdam, dann zu S. Georg in Berlin, † 1737 zu Koppen bei Glogau. — War Improvisator. — Goedeke III, 309, 101, nach Klein in Hagen's Germania 6, 111—130: Über den Dichter Daniel Schönemann.) — Der Gruenenden Jugend erste Früchte im Rosenthal, Der Gelehrten und galanten WELT zu Gütiger und billigen Censur überreichet von SINCERO. Rostock u. Leipzig, verlegts, Geo. Ludw. Fritsch, Buchhändler, 1718. 8°. (In Stuttgart; auch in Göttingen: P. 3309.)
72 Bll., sign. A—J. (incl. Titel in Roth u. Schwarz u. 3 Bll. Vorst.). Enth. nur Gelegenheitspoesien.

Schönemann, Daniel, Die // Dem Betrübten // Thorn // Aus zärtlichem Mitleyden // Gewiedmete // Wehmuths=volle // Klage // Nach Anleitung des LXXIX. Ps. // In Gebundener Rede // angestimmet // Von // DANIEL SCHOENEMANN, // Predigern zu St. Georgen an Berlin // Wie auch // Der Königl. Preußis. Societät der Wissen= //schafften Mit=Gliede. // Weinet mit den Weinenden. Rom. XII. v. 15. // BERLIN MDCCXXVI. // Bey AMBROSIUS HAUDE. - 2 Kupfer vor dem Titelblatt, 1 großes Kupferblatt und 5 Blatt (nicht paginiert) Titelblatt und Widmung. - 220 S. und noch 1 Blatt (nicht paginiert) Inhalt.

B. S. T. 8°.625.

— — Nachricht von dem teutschen Poeten Daniel Schönemann. Franckfurt und Leipzig 1721. 4°.
Goedeke, l. c.

— Nachruhm Lutheri. 8. Rostock, Fritsch. 719.

— betrübtes Thoren. 4. Berlin, Haude. 726.

— Gott gewidmete in g. bund. Rede verfaßte Zehenden. 5 Thle. 8. Berlin, Rüdiger. 721—33.

Daniel Schönemanns, Pastoris // in Geltow, // GOtt=gewiedmeter // In gebundener Rede verfasseter // Zehenden, // Erster Theil; // Zehen Betrach= //tungen über den Sarg // in sich haltend. // Nebst einer Vorrede, // In welcher // Joh. Gustav Reinbeck, P. P. J. // und der Societät der Wissenschafften // Mit=Glied // Von des AUTORIS Person, // und poetischer Gabe eine umständli= //che Nachricht giebet, und nicht allein darinn, // sondern auch in einem besondern Anhange einige // Proben von dessen ex tempore gehaltenen // poetischen Reden mittheilet. // BERLIN, // verlegts Joh. Andreas Rüdiger, // Und gedruckt bey Johann Grynäus, 1721. - 24 Blatt (nicht paginiert) Titelkupfer, Titelblatt, Widmung und Vorrede. - 96 S.

Angebunden:
Daniel Schönemanns, Pastoris // in Geltow /// GOTT=gewidmeter // In gebundener Rede verfasseter // Zehenden /// Anderer Theil, // Zehen Betrachtun= //gen über den Tod in // sich haltend. // Nebst einem Anhange, // Von einigen ex tempore von ihm gehalte= //nen und ihm nachgeschriebenen poeti- //schen Reden, // Davon im Vorbericht mit mehrerm Nach= //richt gegeben wird. // BERLIN /// Bey Johann Andreas Rüdigern / 1721. - 8 Blatt (nicht paginiert) Titelkupfer, Titelblatt, Widmung und Vorrede. - 132 S.
B. S. T. 8°.636.

Schoenemann, Ferdinandus *(geb. Magdeburg 12.9.1810)*: De angina membranacea. Vratislaviae (1844). (32 S.) 8°
Breslau, Med. Diss. v. 31. Dez. 1844

Schönemann, Fd. Ldw., diplomat.=topograph. Geschichtsbeschreib. d. kurmärk. Mediatstadt Werder. 1r—4r Abschn. 8. Potsd. 784.

Schönemann, Franz, s. M e s s a n g u i : Lebensgeschichte.

– s. R e g n a u l t : Unterweisung.

Schönemann, Frz., (+ 1794.) Unterr. von d. heil. Messe, aus d. Kirchengeschichte hergeleitet 2c. 8. Erfurt 790.

— Unterr. von d. Taufe u. ihren Ceremonien. 8. Erf. 791.

Schoenemann, Friedrich, Assist. an d. Versuchs- u. Kontrollstation: Der Gehalt der Milch von Niederungs- und Höhenrindern an stickstoffhaltiger Substanz und an den einzelnen Bestandteilen dieser Substanz. Darmstadt [1909]: Dr. d. Neuen Hess. Volksblätter. 48 S. 8°
Leipzig, Phil. Diss. v. 13. Okt. 1909, Ref. Kirchner, Beckmann
[* 31 Aug. 74 Kuhlhausen; Wohnort: Oldenburg i. G.; Staatsangeh.: Preußen; Vorbildung: Gymn. Neubrandenburg bis M. 07; Studium: Leipzig 6 S.; Rig. 26 Nov. 08.] [U 10. 3233

Schoenemann, Friedrich Leberecht

Schönemann, Fr. Lebr. (Hrsg.), s. a. A n z e i g e n , Dessauische gelehrte.

Schönemann, Fr. Lebr., (+ d. 13. Dec. 1813.) Dessauische gelehrte Anzeigen. 8. Dessau 783.

— Briefwechsel mit d. Superint. de Marées, üb. das Glaubensbekenntniß aller Religionen. 8. Leipz. 784.

– s. B r u h m , A. H. C.: Stallfütterung.

– s. B u r s c h e r ' s , J. F.: Leben.

– s. B u r s c h e r , J. F.: Specilegium Autograph.

— allgem. Glaubensbekenntniß aller Religionen. 8. Dessau 783.

Schoenemann, Friedrich Leberecht [Praes.], s. G r e n z , Gotthelf Christian: De dignitate academica pars I.

Schönemann, F. Lebr., Journal f. Studirende. 3 Stck. 8. Leipz. Beer. (Graffé in Weißenf. a. Keyser in Erfurt.) 782 - 85.

– s. J u d e n b i b l i o t h e k .

– s. K ä s t n e r , C. A. L.: Leitfaden z. Mnemonik.

Schönemann, Frid. Leb.: Jos. Lud. Ern. Püttmanni, Ern. Platneri, Gust. Henr. Mylii Opuscula de partu undecimestri c. praef. ed. Lipsiae 1799.

– s. P r e t i a librorum.

– s. R e g e n t e n t a f e l .

– s. S o l d a t e n s p i e l .

– s. W i l l i a m s Liturgie.

Schoenemann, G., König Otto der Erste. Vaterländisches Schauspiel in 3 Thln. 1. Thl. gr. 8. (137 S.) Kassel 892. G. Klaunig. n. 2. —

Schönemann, H., Heimatkunde. Populäre Beschreibung des Oberamtsbezirks Eßlingen in geograph. und histor. Beziehung. gr. 8. (24 S. mit 1 lithogr. Karte in qu. 4.) Eßlingen 872, (Weychardt.) *

Schönemann, Hugo, Onkel Toms Hütte, s.: J u g e n d - u. V o l k s b i b l i o t h e k.

Schoenemann (J.), Das Gesetz über den Absatz von Kalisalzen vom 25. Mai 1910. Text-Ausg. nebst sämtl. Ausführ.-Bestimm. System. zsgest. u. m. e. Sachreg. vers. Hannover u. Leipzig 1911. 52 S.

Schönemann, J. (Red.), s. V o l k s b l ä t t e r

Schönemann, J. C., comment. de pectoria hydrope. 8maj. Götting. 791. Brose. 5 gr.

Schönemann, J. T. G., s. S c h ö n e m a n n , Karl Traugott Gottlob

Schönemann, Jh. Fr., (+ ...) gläubiger Seelen Gnadenparadies, nebst Communionschatz. 8. Hamb. 756. Bockmann. 10 gr.

Schönemann, J. F., neue Samml. v. Schauspielen. 2 Bde. 8. Hannover. 754 - 57.

Schoenemann, Johann Georg (Homberg/Hessen)
A. S. 766/41
Dissertatio juridica inauguralis ad legem 4. ff. de hered. vel act. vend. genuinum intellectum hujus legis contra communem interpretationem et sententiam: quasi venditor nominis tantum verum non bonum nomen praestare teneatur, exhibens.
Präs. Hermann Zoll.
Rinteln (Enax) VIII. 1707. 22 S. 31184

Schönemann, Julius [Dr.]: Inwiefern lassen sich Victor Hehns Schriften zur Belebung und Vertiefung des Gymnasial-Unterrichts verwerten? Schlawe, Druck v. H. Moldenhauer & Sohn, 1893; 3—27 S. 4.
Schlawe, st. PG, P 1893 (139a [übergedr. 142])

Schönemann, J., De lexicographis antiquis qui verum ordinem secuti sunt quaestiones praecursoriae. Diss. 1886. 116 S. 2.—

Schoenemann, Jul., de lexicographis antiquis, qui rerum ordinem secuti sunt, quaestiones praecursoriae. gr. 8. (116 S.) Leipzig 887, Fock. *

Schönemann, (K.,) interessante Naturgemälde, z. Belehrung u. Unterhaltung. gr. 8. Halberst. 826, Vogler. 1 Rthl. 12 gr. Schreibpap

Schönemann, Karl Philipp Christian

Schönemann, C. P. C., hundert Merkwürdigkeiten der herzogl. Bibliothek zu Wolfenbüttel. Für Freunde derselben aufgezeichnet. — Die Legende vom Ritter Herrn Peter Diemringer v. Staufenberg in der Ortenau. gr. 8. (71 und 48 S. mit eingedr. Holzschn.) Hannover 849, (Hahn'sche Hofbuchh.) *

Schönemann, C(arl) P(hil.) C(hristn.), zweites und drittes Hundert Merkwürdigkeiten der herzogl. Bibliothek zu Wolfenbüttel. Für Freunde derselben aufgezeichnet. gr. 8. (VIII und 05 S.) Hannover 852, Hahn'sche Hofbuchh. *
Erstes Hundert. Ebendas. 1849. * 25 Ngr.

— zur vaterländischen Münzkunde vom 12. bis 15. Jahrhundert, od. Grundzüge der Bracteatenkunde u. Beschreibung von beinahe 500 alten Braunschweig., Helmstedt'schen, Halberstädt., Reinstein., Goslar., Anhalt. u. a. Hohlpfennigen, wie auch Westfäl. u. Hess. zweiseit. Pfennigen. Mit 325 Abbildungen. 4. (IV u. 92 S. m. 12 lith. Taf.) Wolfenbüttel 852. (Holle.) n. 2⅓ ℛ

Schönemann, C. P. C., Commentationis de vita et carminibus Mimnermi specimen I. Diss. 1823. 19 S. 4⁰.

Schönemann, Karl Ph. Chr., commentationis de vita, carminibus etc. Mimmeri Spec. I. 4. Götting. 823.

Schönemann, C. P. C., Guy de Warwick. Beschreibung u. Proben einer noch unbekannten altfranzös. Handschrift der Herzogl. Bibliothek zu Wolfenbüttel. — Aus d. „Serapeum" abgedr. gr. 8. Leipzig 842, T. O. Weigel. ¼ ℛ

Schönemann, Karl Traugott Gottlob

— über die Bestimmung d. Alters d. Urkunden u. Handschriften auf den Blick u. üb. die Mittheilung dieses Blicks. gr. 8. Götting. 799.

Schönemann, C. T. G., bibliotheca historico-literaria Patrum Latinorum a Tertulliano principe usque ad Gregorium M. et Isidorum Hispalensem ad bibliothecam Fabricii latinam accommodata. II Tomi. 8maj. Lips. Weidmann. 792—94. (Ir 1 Rthlr. 20 gr. IIr 2 Rthlr. 20 gr.)
Schreibp. (Ir 2 Rthlr. 16 gr. IIr 4 Rthlr.)

SCHÖNEMANN, C. Trg. Glo.: Bibliothek f. posit. Rechtswissensch. u. Diplomatik. *Gött.*, Rosenbusch. Ir B. 1—3s St. 798—99. 8. (1 Thlr. 6 Gr.)

Schönemann, Karl Tr. Glo., († d. 2. Mai 1802.) Bibliothek f. positive Rechtswissenschaft u. Diplomatik. 3 Stcke. gr. 8. Götting. 798, 99. Röwer. 1 ℛ 6 g

— s. Böhmer, G. L.: Principia juris can.

— Codex f. die prakt. Diplomatik zum Behuf sr. Vorlesungen. 2 Thle. gr. 8. Götting. 800, 803. Dieterich. 2 ℛ 6 g

— de electione Romani Pontificis, Roma non libera juxta constitutiones apostolicas valide peragenda. 8. Götting. 798. Dieterich. 2 g

— s. Epistolarum Pontif. Roman.

— de finibus artis diplomaticae practicae regundis Prolusio. 4. Götting. 800. Dieterich. 1 g

Schoenemann, Carolus Trau. Gottl.: Commentatio de geographia Argonautarum [Gottinger Preisarbeit.] Gottingae 1786. 68 S. 8⁰.

— commentatio de geographia Argonautarum. 4maj. Götting. 788. Dieterich; (a. Vandenhöck u. R.) 8 g

— commentatio de geographia Homeri. 4maj. Götting. 787. Dieterich; (a. Vandenhöck u. R.) 12 g

Schönemann, C. T. G., Commentatio de geographia Homerica. Götting. 787. 4. 12 gr.

Schönemann, Karl Tr. Glo., Grundriß e. Encyclopädie der histor. Wissenschaften. 8. Götting. 799. Dieterich. 2 g

— Grundriß e. Statistik des deutschen Religions- u. Kirchenwesens; zum Gebr. fr. Vorlesungen. 8. Götting. 797.

— Kupfertafeln zur Erläuter. d. Graphik u. verschied. Kanzleigebräuche d. ältern Diplomatik. 1e Hälfte. kl. Fol. Götting. 801.

— Lehrbuch der allgem. besonders ältern Diplomatik. 1e Abtheil. Mit 16 Kpf. gr. 8. Hamb. 801. Bohn. 20 g (W. Vogel in Leipz.) 18 g

— üb. den Umfang der Diplomatik als Wissenschaft, u. ihr Verhältniß zu andern; e. Einladung zu sn. diplomat. Vorlesungen. gr. 8. Götting. 798.

— Versuch e. vollständ. Systems der allgem. deutschen besonders ältern Diplomatik. 1r u. 2r Bd. Mit 16 Kpft. gr. 8. Hamb. 801, 2. Bohn. 4 ℛ N. A. 2 Bde. gr. 8. Leipz. 818. W. Vogel. 3 ℛ

— wie kann die Papstwahl, wenn Rom nicht frei ist, nach päpstl. Gesetzen gültig vollzogen werden? aus d. Latein. v. Jh. Cph. Schmid. 1. 8. Ulm 799. Wohler. 4 g

Schönemann, Ludwig = Clericus, Ludovicus [Autorname]

Schönemann, Marie, vom Adlersberge u. der finstern Erle. Ein Sang aus alter Zeit. 12. (72 S.) Suhl 886. Kaufmann. n. 1. —

Schönemann, Max, a. Dohndorf (Kr. Cöthen, Hzgt. Anhalt): Die Entwickelung der anhaltischen Staatsfinanzen von 1863 bis zur Gegenwart. Halle a. S. 1908: C. A. Kaemmerer & Co. (XIV, 65 S.) 8° ¶ (Enthält nur T. 1 u. 2 d. Arbeit.)
Halle, Phil. Fak., Ref. Conrad, Diss. v. 25. Juni 1908
[Geb. 8. Okt. 83 Dohndorf; Wohnort: Dresden; Staatsangeh.: Anhalt; Vorbildung: Ludwigs-Gymn. Cöthen Reife O. 02; Studium: Göttingen 2, Heidelberg 1, Berlin 1, Halle 3 S.; Rig. 17. Febr. 08.]

Wirrungen in der deutschen Sozialdemokratie. Eine Betrachtung nach d. Mannheimer Parteitag 1906. Von M[ax] Schönemann, Ref. a. D. Halle: E. Anton i. Comm. [1907]. (69 S.) 8° [F.] 07. 6746 3

Schoenemann, O., Betrachtungen üb. die Novelle zu Gerichtsverfassungsgesetz u. Strafprozeßordnung. gr. 8. (55 S.) Gera 894. A. Nugel. n. — 80

— die Notwendigkeit e. Neugestaltung der Steuer-Verfassung des Großherzogt. Sachsen-Weimar-Eisenach. gr. 8. (37 S.) Gera 893. H. Kanitz. n. — 60

Schönemann, Osk., das Elsass u. die Elsässer von den ältesten Zeiten bis zum J. 610 n. Chr. (IX, 204 S.) 8. Strassburg 907. J. H. E. Heitz. 3. 50

— die Paulianische Klage wegen Veräußerungen zahlungsunfähiger Schuldner zum Nachtheile der Gläubiger. gr. 8. (68 S.) Gera 873. Griesbach's Verl. n. 1. 50

Schönemann, Osc., die Servituten. Eine civilist. Abhandlung. Leipzig 866. J. A. Barth. gr. 8. (XII, 195 S.) 27 ngr.

Schoenemann, Osc., von Gera bis Schwarzburg. Wanderungen in Osterland, Voigtland u. Frankenwald. Mit e. lith. Karte (in gr. 4.) gr. 8. (140 S.) Gera 873. Griesbach's Verl. n. 1. 50; geb. n. 2. —

—— dass. — 2. Ausg. 8. (140 S. mit 2 lithogr. Karten vom Elster- und Saalthal in 4. und Fol.) Leipzig 875, Lucius. cart.

Schönemann, Paul

Schönemann, P., Ausflüge um Soest. Naturwissenschaftl. Spaziergänge. 1. Hft. 12. (48 S.) Soest 889. Nasse'sche Buchdr. u. Verlagshandlg. cart. n. — 60

Schönemann, P., Ausflüge um Soest. Naturwissenschaftliche Spaziergänge. 2. Aufl. 16. (87 u. VII S.) Soest 890. Nasse. Geb. in Leinw. 1. 50

Schönemann, Paul, Bilder aus dem Leben der Königin Luise. 16. (37 S.) Brandenburg 886. Wiesike. — 40

Schönemann P. [illegible] 1881. 4
Diss. Münster

Schönemann, [Paul], Prof. Dr.: Ueber die Ermittelung von Entfernungen und Höhen durch perspektivische Beziehungen. *Soest 1901: Nasse.* (S. 3—32.) 4° [Ant. u. J.]
Soest, k. Archi-G, OP 1901 (397)

– Feierstunden. Gedichte. 12. (214 S.) Ebd. 890. geb. 5. —

Ueber den Gebrauch empfindlicher kleiner Brückenwaagen zu physikalischen Zwecken. Abdruck aus Grunert's Archiv der Mathematik und Physik. Bd XXIV. Heft III. 1855.

Schönemann, P. Die Gesetze der Centralprojektion und ihre Anwendung auf die Geometrie. 25 S. u. Taf. Progr. Soest 1879.

Schönemann, P., Der Messkeil. Instrument zur genauen Ausmessung der Dicke eines Körpers. (Zeitschr. für die ges. Naturwiss., Bd. XXXIX. 1872.) [o. O. u. J.]

Schönemann, [Paul], Prof. Dr.: Photogrammetrische Untersuchungen. Soest 1905: Nasse. (S. 3—29.) 4°
Soest, k. ArchiG OP 1905 (432)

Schönemann, Paul. Ueber die gegenseitige mechanische Verwandlung gleicher Dreiecke und Parallelogramme mittelst unmittelbarer Konstruktionen. 4 (S. 3—27, 2 Taf.).
Progr. Archig. *Soest* 1888 (346).

Schönemann, Paul, die mechanische Verwandlung der Polygone. gr. 8. (24 S. m. 2 Steintaf.) Soest 884. Nasse. n. — 80

Schönemann, die Verwendung der einfachen Camera zur Ermittelung v. Höhen u. Entfernungen. (S. 101—124 m. 1 Taf.) gr. 8. Bonn 903. (Soest, Ritter.) n. — 60
Sonderabdruck aus: „Verhandlgn. d. naturhist. Vereins d. Rheinlande usw."

Schönemann, Ph. J., Rechenfibel, s.: Löser, praktisches Rechenbuch f. deutsche Schulen, Ausg. C.

Schönemann, Theodor

Schönemann: Abhandl. über d. Verschiebungsrahmen. 21 S. Fgt. – Brandenburg G., Progr. 1854.

Schoenemann: Über die Bewegung veränderlicher ebener Figuren, welche während der Bewegung sich ähnlich bleiben in ihrer Ebene. 17 S. und 2 Figt. – Brandenburg G., Progr. 1862.

Schönemann, Thdr., über die Beziehungen, welche zwischen den Wurzeln irreductibeler Gleichungen stattfinden, insbesondere wenn der Grad derselben eine Primzahl ist. gr. 4. (16 S.) Wien 853, (Gerold's Sohn.) *

—— Von der Empfindlichkeit der Brückenwagen und der einfachen und zusammengesetzten Hebel - Ketten - Systeme. gr. 4. (24 S. mit 5 Stnt.) Wien 853, (Gerold's Sohn.) *
Schrift des Verf. wurde aus: Denkschriften der k. Akademie der Wissenschaften, besonders abgedruckt.

Schönemann Grundzüge einer allgemeinen Theorie der höheren Congruenzen, deren Modul eine reelle Primzahl ist. 50 S.
Brandenburg, G., 1844

Schönemann, Th., das Horizontal-Dynamometer und seine Anwendung auf die Mechanik. Nebst Ableitung eines neuen Princips für den Ausfluss tropfbarer und luftförmiger Flüssigkeiten. Für Physiker, Mathematiker, Artilleristen etc. gr. 8. (VIII und 140 S. mit 5 Stnt. in gr. 4. und 1 Holzst.) Berlin 864, G. F. O. Müller.

Schönemann, Thdr., die geometrischen Constructionen der ebenen u. konischen excentrischen Rad- u. Zahn-Curven. Für den Selbstunterricht bearb. Mit 3 Steindrucktafeln. gr. 8. Berlin 842, Veit u. Comp. n. 2/3 ß

Schönemann, Th., Die geometrischen Constructionen der ebenen und konischen excentrischen Rad- und Zahn-Curven. Berlin 1845.

— Theodor, Theorie und Beschreibung der neuen Brücken-Waage. (Denkschr. der kgl. Akad. der mathem.-naturw. Cl., VIII. Bd., 1854.)

Schönemark, . . . , vollständ. Anweis. f. französ. Notarien; hrsgg. v. D. Gittermann. 8. Osnabr. 813. (Crone). 1 ß 12 ß

Schonen [Schlagwort]

Scaniae — Nova Tabula — quae est Gothia Australis etc. exhibita à Joh. Bapt. Homanno Noribergae. 1: 475,000. 1 Bl.

Scaniae — Descriptio nova et accurata — etc. per Matthaeum Seutter sc. Aug. Vindelic. 1: 475,000. 1 Bl.

Schonen [Verfasser]

v. Schonen, Adalb., s. de Vigny, Trifolium.

Schönen, Die, von Stuttgart und das Fräulein in einer Reichs-Stadt. Frankfurt u. Leipzig [Heilbronn] 1782. V: *Schreiber, Christoph Ludwig.* (BGE)

Schönen, die, von Stuttgart, u. das Fräulein in e. Reichsstadt. K. Manh. 792. Löffler. 4 gr.

Schönen, Anton, appr. Arzt a. Wevelinghoven: **Aus der Provinzial-Siechenanstalt zu Gießen. Über die familiäre cerebellare Ataxie mit zwei Krankheitsfällen.** Gießen 1904: v. Münchow. (62 S.) 8°
Gießen, Med. Fak., Ref. Sommer, Diss. v. 3. Nov. 1904
[Geb. 10. Aug. 77 Rosellen; Wohnort: Düsseldorf; Staatsangeh.: Preußen; Vorbildung: Gymn. Cleve Reife O. 99; Studium: Freiburg i. B. 1, Straßburg 3, Kiel 1, Berlin 1, Bonn 1, Gießen 3 S.; Coll. 21. Juli 04; Approb. 31. März 04.]

Schönen, G.

—— s. Lehrplan für den Religionsunterricht.

Schoenen, Lehrplan f. den Religions-Unterricht in mehr- [3- bis 6-] klassigen evangelischen Schulen. 4. (19 S.) Köln 886. Du Mont-Schauberg. n.n. — 60

—— s. Lehrplan für mehrklassige Schulen.

Schoenen, Lehrplan f. mehr- [3- bis 6-] klassige Schulen. 2 Tle. gr. 4. Köln 886. Du Mont-Schauberg. n.n. 4. —
1. Einleitung, Normal-Stundenpläne u. Bemerkungen üb. den Unterrichts-Betrieb der einzelnen Lehrgegenstände. (XI, 79 S.) n.n. 2. 50
2. Pensenaufstellung f. die einzelnen Klassen u. Abtheilungen in allen Lehrgegenständen. Zugleich als Schultagebuch zum Nachweis der behandelten Lehrpensa eingerichtet. (112 S.) n.n. 1. 50

Schoenen, Lehrplan f. sämmtliche Schulen [Halbtags-, einklassige, zwei- u. dreiklassige m. 2 Lehrkräften, drei-, vier-, fünf- u. sechsklassige] m. monatlicher Vertheilung des gesammten Unterrichtsstoffes auf die einzelnen Schulklassen u. deren Abtheilungen. Zugleich als Nachweis der monatlich abgehandelten Lehrpensa. Fol. (IV, 36 S.) Rheinbach 877. (Stumm.) n. 2. 50

Schoenen, G., Lehrplan f. die einklassige Volksschule u. f. die Halbtagsschule. 2 Tle. 4. Köln 887. Du Mont-Schauberg. n. 4. 50
1. Einleitung, Normal-Stundenplan u. Bemerkgn. üb. den Unterrichtsbetrieb der einzelnen Lehrgegenstände. (103 S.) n.n. 3. —
2. Pensenaufstellung f. die verschiedenen Abteilungen in allen Lehrgegenständen. Zugleich als Schultagebuch zum Nachweis der abgehandelten Lehrpensa eingerichtet. (82 S.) n.n. 1. 50

— dasselbe f. die zweiklassige Volksschule, sowie f. die dreiklassige m. zwei Lehrkräften. 2 Tle. 4. Ebd. 888. n.n. 4. 50
1. Einleitung, Normal-Stundenplan u. Bemerkungen üb. den Unterrichtsbetrieb der einzelnen Lehrgegenstände. (106 S.) n.n. 3. —
2. Pensenaufstellung f. die einzelnen Klassen u. Abteilungen in allen Lehrgegenständen. Zugleich als Schultagebuch zum Nachweis der abgehandelten Lehrpensa eingerichtet. (63 S.) n.n. 1. 50

Schoenen, G., der katholische Religions-Unterricht. 4. (23 S.) Köln 886, Du Mont-Schauberg'sche Buchh. * *
Aus: Lehrplan für mehr- (3-—6-) klassige Schulen, besonders abgedruckt. — Vergriffen.

Schoenen, Gerhard, approb. Arzt aus Bonn: **Statistische Beiträge zur Beziehung zwischen Alkoholismus und Geistesstörung.** *Bonn a. Rh. 1904: S. Foppen.* (39 S.) 8°
Bonn, Med. Diss. v. 4. Aug. 1904

Schoenen, Gerh., die kölnischen Studienstiftungen, erläutert. Lex.-8. (568 S.) Köln 892. M. Du Mont-Schauberg. n. 16. —; geb. in Halbfrz. n.n. 19. —

Schönen, Werner

Schönen, W., Führer durch das Graduale Romanum zunächst f. den katholischen Kirchensänger. Die liturg. Chorgesänge d. sonn- u. festtägl. Hochamtes, übers. u. erläutert. 2 Hälften. kl. 8. Düsseldorf, L. Schwann. 2.60; geb. in Leinw. n 3. 20
1. Ordinarium Missae u. Proprium de Tempore. (VII, 193 S.) 907. 1.20; geb. n 1. 50
2. Commune Sanctorum u. Proprium Sanctorum. (XII, 253 S.) (908.) 1.40; geb. 1. 70

Schönen, W. (Red.), s. Gregoriusbote für katholische Kirchensänger.

Fünf Weihnachtslieder für 1 Singstimme mit Klavierbegl. von Werner Schoonen, Pfarrer in Lennep. *Paderborn: J. Esser [1899?].* (11 S.) 4°
[00. 3794

Schönenberg, B.: **Beschreibung des neuen Gymnasialgebäudes. — Lissa. — G. — 6 S. u. 3 Taf. — (189).**

Schoenenberg, Hugo [aus Köln a/Rh.]: Erfahrungen über Infusion von Kochsalzlösung bei akuter Anaemie . . . Würzburg, Buchdr. d. „N. Bayer. Landeszeitung", 1888; VI + 17 S. 8°
Würzburg, Med. Fak., Inaug.-Diss. v. 1888

Schoenenberg, Hugo, Erfahrungen über Infusion von Kochsalzlösung bei acuter Anaemie. Diss. Würzburg 1888, Stahelsche Univ.-Buchh. 8°. VI, 47 S.

Schönenberg, J. D., freie Gedanken üb. einige bibl. Stücke. 8. Hannov. 778. Helwing. 3 ℛ

Schoenenberg, Ludwig, Gerichtsaccessist in Darmstadt: **Die Voraussetzungen der in § 273 Abs. 1 des Bürgerlichen Gesetzbuches geschaffenen Retentionsbefugnis.** *Darmstadt [1901]: Ch. Hann.* (54 S.) 8°
Giessen, Jur. Diss. v. 1901

Schoenenberg, Ulrich [aus Lissa]: Ueber einige Condensationsproducte der aromatischen Thionylamine mit primären, secundären und tertiären Aminen . . . Rostock, C. Boldt'sche Hof-Buchdr., 1893; 37 S. 8.
Rostock, Phil. Fak., Inaug.-Diss. v. [15. Febr.] 1893

Schönenberger, s.: Erinnerungen an Papa Staub.

Schönenberger, Kleidung, Schönheit, Gesundheit, s.: Kiesewetter, Torts.

Schönenberger, A[lbert]. Im Altschloss. ⟨Freiherrenburg Wädensweil.⟩ Erzählung aus dem 13. Jahrhundert. [Mit 2 Vignetten.] IV + 100 S. 8. Zürich, Verlag des Verfassers (Buchdr. Schäubli & Cie., Bassersdorf), 1903.

Schönenberger, A[lbert]. Militär und Alkohol. Vortrag von A. Sch', Zürich. Zu beziehen beim Verfasser. 19 S. 8. Zürich, Druck: Steiger & Tschopp, 1903.

Schönenberger, A[lfred]. Der Gesangunterricht in der Primarschule. ⟨Referat... .⟩ 8.
Kantonale Lehrerkonferenz von Appenzell A. Rh. Hauptversammlung ... 16. Juni 1902 ... in Gais.... Traktanden. S. 3—22.

Schönenberger, Eduard

Schönenberger, E. Ansprache an die Schuljugend bei der kirchlichen Feier (Kirchweih- und Jugendfest in Unterstrass) am 18. August 1884. (In Mundart.) In-8°, 5. S. Druck von J. Schabelitz in Zürich. (Als Manuscript gedruckt.)
1893

Schönenberger, E., Bericht üb. Unterrichtswesen, s.: Wettstein, H.

Schönenberger, E[duard]. Ignaz Heim (1818–1880). Biographische Skizze, den Sängern am Zürichsee und im Limmatthal zur Erinnerung an ihren geliebten Direktor gewidmet. Zürich, Mai 1881. [Mit Porträt-Tafel.] 8. Aussersihl.

Schönenberger, E. Ignaz Heim. Biographische Skizze. In-8°, 33 S., mit Portrait. Aussersihl, Druck von Fritschi-Zinggeler.
1881

Schönenberger, E. Illustrirte Jugendschriften. Zürich, Verlag von J. R. Müller zur Leutpriesterei. 3 Hefte.
1. Kindergärtlein. Für das Alter von 7—10 Jahren. In-8°, 24 S.
2. Froh und Gut. Für das Alter von 9—12 Jahren. In-8°, 32 S.
3. Kinderfreund. Für das Alter von 10—13 Jahren. In-8°, 32 S.

1886

Schönenberger, E. u. Fritschi, B., Lehr- und Lesebuch für die Volksschule, 7.—9. Schuljahr. III. Theil. Deutsche Sprache. 240 Stn. 8. Zürich, Commissionsverlag v. J. Wurster & Co. 1. 80

1874

Schönenberger, E. Reise der Sekundarschulen Unterstrass (Kt. Zürich) in's Schächenthal und über den Klausenpass, den 5. u. 6. Juli 1882. In-8°, 7 S. Zürich, Druck von J. Schabelitz.

Schönenberger, E., goldene Zeit. Kinderlieder u. Idyllen. Mit Illustr. v. K. Jauslin. 1. Bd. gr. 8. (114 S.) Zürich 893. J. R. Müller. Geb. n. 3. —

Schönenberger, Frz., badet in der Luft u. im Lichte! Pflegt das Freilichtturnen, s.a. Möller's Bibliothek f. Gesundheitspflege.

Schönenberger, F(r[anz]). Badet in der Luft und im Lichte! Pflegt das Freilichtturnen! Ein Mahnruf von Dr. med. F. Sch', prakt. Arzt in Bremen. II + 28 S. 8. Berlin, Wilhelm Möller, [1902]. (fr.—25, [geb.—. 50])
(Möllers Bibliothek für Gesundheitspflege, Erziehung und Volksaufklärung. Heft 2.)
Auf dem Umschlag: Statuten *etc.* des Naturheilvereins Basel

Badet in der Luft und im Lichte! Pflegt das Freilichtturnen! Ein Mahnruf von Dr F[ranz] Schönenberger, Arzt in Bremen. *Berlin: W. Möller [1903].* (32 S.) 8° [F.]
= Bibliothek, Möller's, f. Gesundheitspflege, Erziehung u. Volksaufklärung. H. 2. [03. 2238

Schönenberger, Franz: Beiträge zur Geschichte der Deklination der altfranzösischen Nomina mit wechselndem Akzent und wechselnder Silbenzahl in dem Zeitraum von 1200 bis 1500. Konstanz 1910: Reuß & Itta. 69 S. 8°
Heidelberg, Phil. Diss. v. 29. Nov. 1910, Ref. Neumann
[Geb. 9. Jan. 86 Steißlingen; Wohnort: Konstanz; Staatsangeh.: Baden; Vorbildung: Oberrealsch. Konstanz Reife M. 06; Studium: Freiburg i. B. 2, München 1, Berlin 1, Heidelberg 4 S.; Rig. 3. Aug. 10.] [U 11. 2306

Schoenenberger, Franz: Der Einfluss des Lichts auf den tierischen Organismus nebst Untersuchungen über Veränderungen des Blutes bei Lichtabschluss. *Berlin (1898): W. Möller.* (172 S.) 8°
Berlin, Med. Diss. v. 27. Mai 1898

Das Geschlechtsleben. Was junge Leute davon wissen sollten u. Eheleute wissen müssten. Von Dr. Franz Schönenberger in Bremen, u. W[ilh.] Siegert. *Berlin: W. Möller (1901).* (VIII, 233 S.) 8° [F.] [01. 5773

— u. W. Siegert, das Geschlechtsleben u. seine Verirrungen. Was junge Leute davon wissen sollten u. Eheleute wissen müßten. 2. verm. u. 3. unveränd. Aufl. gr. 8. (à VIII, 287 S.) Ebd. (901. 902). Geb. in Leinw. 3.—
1. Aufl. (VIII, 233 S.) Ebd. (901). Geb. n. 3. —.

Das Geschlechtsleben und seine Verirrungen. Was junge Leute davon wissen sollten u. Eheleute wissen müssten. Von Dr. Franz Schönenberger, prakt. Arzt in Bremen, u. W[ilhelm] Siegert. 6. durchges. Aufl. *Berlin: W. Möller [1903].* (VIII, 277 S.) 8° [F.] [03. 2246

Das Geschlechtsleben und seine Verirrungen. Was junge Leute davon wissen sollten u. Eheleute wissen müßten. Von Dr. Franz Schönenberger, prakt. Arzt in Bremen, u. W[ilhelm] Siegert. 7. unveränd. Aufl. *Berlin: W. Möller [1903].* (VIII, 277 S.) 8° [F.] [04. 155

— erste Hilfe in Unglücksfällen u. bei plötzlichen Erkrankungen, s.a. Möller's Bibliothek der Gesundheitspflege.

Erste Hilfe in Unglücksfällen und bei plötzlichen Erkrankungen bis zur Ankunft des Arztes. Von Dr. med. Franz Schönenberger, Bremen. Oranienburg-Berlin: W. Möller [1905]. (29 S.) 8° [F.]
= Bibliothek, Möller's, f. Gesundheitspflege u. Volksaufklärung. H. 35. [06. 1710

— Lebenskunst — Heilkunst. Aerztlicher Ratgeber für Gesunde u. Kranke. Unter Mitwirkg. v. W. Siegert hrsg. Mit 13 farb. Taf., 233 in den Text gedr. Abbildgn. u. e. zerlegbaren Modell des menschl. Körpers 1.—5. Taus. 2 Bde. (VII, 1276 S.) gr. 8. Zwickau (906). Förster & Borries. Geb. n. 22. —

Schoenenberger, Frz., Lebenskunst. Jetzt: Berlin, Verlag Lebenskunst — Heilkunst. Erm. Pr. n. 14. —.

Die Naturheilkunde. Ein Wegweiser für Gesunde u. Kranke. Von Dr. Franz Schönenberger, pr. Arzt, u. Wilhelm Siegert. ... Mit Titelbild, einem bunten Modell u. 153 Text-Abb. 8. (in d. Neubearbeitung 1. Aufl. *Berlin: W. Möller 1899.* (XIII, 699 S.) 8° [F.] [99. 8423

— — die Naturheilkunde. Ein Wegweiser f. Gesunde u. Kranke. I. Die Anwendungsformen u. ihre Wirkgn. II. Ursachen, Verhütg. u. Behandlg. v. Krankheiten. Mit Titelbild, 1 bunten Modell u. 153 Text-Abbildgn. 9. u. 10. (unveränd.) Aufl. gr. 8. (à XIII, 706 S.) Ebd. 901. 902. Geb. in Leinw. 7. 50

Die Naturheilkunde. Ein Wegweiser f. Gesunde u. Kranke. Von Dr. Franz Schönenberger, pr. Arzt, u. Wilhelm Siegert. Mit Titelbild, 1 Modell u. 153 Text-Abb. 10. (unveränd.) Aufl. *Berlin: W. Möller 1902.* (XIII, 706 S.) 8° [F.] [02. 4810

Trinker-Ausreden. Von Dr. Franz Schönenberger, prakt. Arzt in Bremen. *Bremen: Grube & Dathe 1900.* (12 S.) 8° [Umschlagt. F.] [00. 7758

— Trinker-Ausreden. 3. Aufl. Berufs-Statistik der Mitglieder des Gut-Templer-Ordens von Deutschlands Großloge II 1901. (10.—15. Taus.) (12 S.) 8. Flensburg (904). Deutschlands Großloge II. n n. — 10

Trinker-Ausreden. Von Dr. Franz Schönenberger. 5. Aufl. Mit e. Anh. Berufs-Statistik von Deutschlands Großloge II des Internationalen Gut-Templer-Ordens. Hamburg: Großloge 1909. 15 S. 8° [10. 10868

Was junge Leute wissen sollten und Eheleute wissen müssten. Das Geschlechtsleben u. s. Verirrungen. Von Dr. med. Franz Schönenberger u. W. Siegert. Zwickau Sa.: Förster & Borries (1909). 233 S. 8° [10. 10869

— u. W. Siegert, was junge Leute wissen sollten. Jetzt: Berlin, Verlag Lebenskunst — Heilkunst. Ermäss. Pr. n. 3. —

Schönenberger, Frz., was sind wir unsern Kindern schuldig? Vortrag am Stiftungsfest der Gut-Templer-Loge „Weserstrand" zu Vegesack. 8. (4 S.) Basel (902). Schriftstelle d. Alkoholgegnerbundes (durch F. Reinhardt). n. — 01

Schönenberger, Frz., u. W. Siegert, was unsere Söhne wissen müssen. Ein offenes Wort an Jünglinge. (37 S. m. 15 Abb.) 8. Zwickau (907). [Förster & Borries.] Berlin, Verlag Lebenskunst-Heilkunst. 1. —

Was unsere Söhne wissen müssen. Ein offenes Wort an Jünglinge. Von Dr. med. Franz Schönenberger u. W. Siegert. Mit 20 Abb. Berlin: Lebenskunst – Heilkunst 1909. 61 S. 8° [10. 10870

— Was unsere Töchter wissen sollten. Zur Aufklärg. f. die erwachsene weibl. Jugend. (32 S. m. 17 Abb.) 8. Ebd. (907). 1. —

Was unsere Töchter wissen sollten. Zur Aufklärung f. d. erwachsene weibliche Jugend. Von Dr. med. Franz **Schönenberger** u. W. Siegert. Mit 21 Abb. Berlin: Lebenskunst – Heilkunst 1909. 59 S. 8° [10. 12867

Wegweiser zur Ausführung ärztlicher Kurvorschriften. Zugl. Verordnungsbuch f. Aerzte. Von Dr. Franz **Schönenberger**, pr. Arzt in Bremen. Mit 28 Abb. *Berlin: W. Möller [1900].* (58 S.) 8° [00. 3143

Wegweiser zur Ausführung ärztlicher Kurvorschriften. Von Dr. Franz **Schönenberger**, Arzt in Bremen. 3. Aufl. Mit 28 Abb. *Berlin: W. Möller [1901].* (58 S.) 8° [02 3.03

— Wegweiser zur Ausführung ärztl. Kurvorschriften. 5. Aufl. (26.—35. Taus.) 12. (64 S. m. 27 Abbildgn.) Berlin (901). W. Möller. — 20

— Wegweiser zur Ausführung ärztlicher Kurvorschriften, s. o. Möller's Bibliothek f. Gesundheitspflege.

Wegweiser zur Ausführung ärztlicher Kurvorschriften. Von Dr. med. Franz **Schönenberger**, Bremen. Mit 24 Abb. Oranienburg-Berlin: W. Möller [1905]. (44 S.) 8° [J.]
= **Bibliothek**, Möller's, f. Gesundheitspflege u. Volksaufklärung. H. 36. [06.171

Schönenberger, Fridolin [prakt. Arzt in Bütschwyl]: Aus dem Kinder-Spital Zürich. Über einen Fall von hochgradiger Missbildung der Tricuspidalklappe mit Insufficienz derselben. (Mit einer Tafel.) Zürich 1903. 32 S. 8°. [8. I. 04]
Zürich, Med. Diss. 1903 1904.

Schönenberger, Fridolin. Über einen Fall von hochgradiger Missbildung der Tricuspidalklappe mit Insufficienz derselben. Diss. Med. Univ. Zürich. [Mit 1 Tafel.] *Kopftitel:* Aus dem Kinder-Spital Zürich. 32 S. 8. Zürich, Brunner & Cie., 1903.

Schönenberger, Wilhelm [aus St. Gallen]: Über Osteomalacie mit multiplen Riesenzell-Sarcomen und multiplen Fracturen. (Mit zwei Tafeln.) (S.-A. aus Virchow's Archiv. 165 Bd. 1901.) Berlin 1901. 42 S. 8°.
Bern, Med. Diss. 1901 1902.

Schönenberger, Wilhelm. Ueber Osteomalacie mit multiplen Riesenzell-Sarcomen und multiplen Fracturen. Diss. Med. Bern. ([Mit 2 Tafeln.] — Separatabdruck aus [Rudolf] Virchow's Archiv für pathologische Anatomie und Physiologie und für klinische Medicin. Band 165. 1901.) 42 S. 8. Berlin, Georg Reimer, 1901.

Schönenborn, Gerhard, approb. Arzt, aus Euskirchen: **Aus d. med. Klinik in Bonn. Verhalten der Bakterienmenge im Stuhl bei Eingabe von Antisepticis.** *Bonn 1903: S. Foppen.* (40 S.) 8°
Bonn, Med. Diss. v. 27. Mai 1903

Schönenbusch, ..., (✝ ...) s. Hirtenhund, der bellende.

Schöner, Johann Gottfried, Stadtpfarrer bei St. Lorenz in Nürnberg. Basel 869. Spittler. 8. (30 S.) n. 1½ ngr.

Schöner, s.: Taschenbuch f. Berufsarbeiter u. Freunde d. inn. Mission.

Schöner, Bernhard: Über eine durch Sulfurierung erhältliche Monosulfosäure des p-Aminodiphenylamins und ihren Vergleich mit den bekannten p-Aminodiphenylaminsulfosäuren. Halle a. S. 1908: Waisenhaus. 40 S. 8°
Halle, Phil. Diss. v. 25. Aug. 1908, Ref. Volhard
[Geb. 30. Mai 84 Freyburg a. U.; Wohnort: Halle a. S.; Staatsangeh.: Preußen; Vorbildung: Gymn. Naumburg a. S. Reife O. 03; Studium: Halle 8 S.; Rig. 11. Juli 08.] [U 09. 1703

Schöner, Christian Heinrich

Schoener, Ch. Heinr., die Aufgabe der Predigt in den kirchlichen u. sozialen Strömungen der Gegenwart, s. o. Sammlung theologischer u. sozialer Reden u. Abhandlungen.

Schoener, Ch. Heinr., Die Aufgabe der Predigt in den kirchlichen und socialen Strömungen der Gegenwart. (Samml. theol. u. soz. Reden u. Abhandl., Serie 3, Lief. 6.) 8° Leipzig, Wallmann, 1892.

— neue Hauspostille. Ein vollständ. Jahrgang Predigten üb. die neuen Texte. Mit e. Anh. Predigten f. den christlichen Hausstand. Unter Mitwirkg. mehrerer evangel. Geistlichen hrsg. 4. (XV, 586 S.) München 890. (Leipzig, Albin Stein.) Geb. in Halbfrz. 7. —

Schoener, Chrn. Heinr., Israel hat dennoch Gott zum Trost. Predigt über Psalm 73, 1, geh. auf der Diöcesansynode zu Berneck [Oberfranken] am 9. Septbr. 1879. gr. 8. (16 S.) Leipzig 879. Drescher in Comm. n. — 40

— Die Kasualrede in ihrer socialen Bedeutung, s. Sammlung theologischer u. sozialer Reden u. Abhandlungen.

Schöner, Chrn. Heinr., das evangelische Kirchenjahr u. die Predigt. Archäologisch-homilet. Studien zur Vorbereitg. f. den kirchl. Dienst am Worte Gottes. 1. Bd. gr. 8. (VIII, 416 S.) Gotha 899. Hamburg, G. Schloeßmann. n. 7. —; geb. n. 8. —

— Die periodische Presse u. die Kirche m. besond. Berücksicht. der Tagespresse, s. Zimmer's Handbibliothek der praktischen Theologie.

— „die evangelische Sonntagspredigt". Eine Sammlung Predigten üb. den II. Evangelien-Jahrgang der evang.-luth. Kirche Bayerns diesf. d. Rh. f. alle Sonn- u. Festtage d. Kirchenjahres. In Verbindg. m. mehreren evang. Geistlichen Bayerns diesf. d. Rh. hrsg. 12 Lfgn. gr. 8. (698 S. m. 1 Lichtdr.) Nürnberg 887. Löhe. à — 40 (cplt.: n. 4. 80; geb. n. 6. 75)

— Die christliche Volkslitteratur u. ihre Verbreitung, s. Zimmer's Handbibliothek der praktischen Theologie.

— Was kann der Pfarrer f. Besserung d. äußern Wohlbefindens ... der arbeit. Klasse thun?, s. Sammlung theologischer u. sozialer Reden u. Abhandlungen.

Wegweiser durch die Stiftungen und Wohlfahrts-Einrichtungen für Anwärter und Angehörige des evangelischen Pfarrerstandes. Nach Ländern u. Provinzen aufgest. von [Christian] [Heinrich] Schoener in Dottenheim. T. 1. *Berlin: G. Hempel 1898.* 8° [J.] [illegible]

— Welt u. Reich Gottes. Zeit u. Ewigkeit. Predigten üb. Zustände u. Ereignisse in der Gegenwart. Den Brüdern im Amte u. redlich Suchenden unter den Gebildeten dargeboten. 1. u. 2. Thl. gr. 8. Erlangen 890. Junge. n. 3. 40
1. Die Welt im Spiegel d. göttlichen Gesetzes. Predigten im Hinblick auf religiössittl. u. gesellschaftl. Zustände der Gegenwart. Mit e. Anh., Predigten v. Jaspis. (VI, 172 S.) n. 1. 80
2. Vaterland u. Kirche. Zeitpredigten bei besonderen vaterländ. u. kirchl. Veranlassgn. Mit e. Anh., Predigten v. Linde in Neustadt a/A. u. zwei leb. Geistlichen. (S. 173—324.) n. 1. 60

— Welt u. Reich Gottes. Zeit u. Ewigkeit. Predigten u. Reden üb. Zustände u. Ereignisse in der Gegenwart. Mit einigen Beiträgen anderer hrsg. 3. u. 4. Thl. gr. 8. Erlangen 890. Junge. n. 2. — (kplt.: n. 5. 40)
3. Welt u. Kirche. Predigten u. Reden bei besonderen kirchl. u. sozialen Veranlassgn. Mit e. Anh.: Predigten v. Linde in Neustadt a/A. u. Ed. Engelhardt in Kulmbach. — 4. Zeit u. Ewigkeit. Predigten u. Reden bei besonderen Zeiten im Jahr. Mit e. Anh.: Predigten v. Schneider in Lippspringe [Westfalen] u. Beck in Dietersdorf [Bayern]. (S. 325—640.)

Schoener, Christoph [Dr.]: **Über ein Gesetz der Wortstellung im Pentameter des Ovid und über die Bedeutung der Cäsur für den Satzton. Erlangen, Druck d. Univ.-Buchdr. v. E. Th. Jacob, 1896; 31 S. 8.**
Erlangen, k. G, P 1896*

Studien zu Vegetius. — Von Dr. Christoph Schöner, Stdl. — 1888, Erlangen, Junge & Sohn. — S. 3—44.
Progr. Erlangen. K. Gymn.

Schöner, Chrph., Studien zu Vegetius. gr. 8. (44 S.) Erlangen 888, (Metzer.) *

Schöner, C., Ueb. die Titulaturen der röm. Kaiser. Diss. 1881. 51 S.

Schöner, Ernst: Studien zur Wurflinie. Erlangen 1908: Junge. 67 S., 4 Taf. 8°
Erlangen, k. G P 1908* [S 08. 423

Schöner, Ernst: Untersuchungen über das durch zwei cubisch verwandte Ebenen erzeugte Strahlensystem. . . . München, Buchdr. v. Carl Gerber, 1887; 34 S. 8°
München, Phil. Fak., Inaug.-Diss. v. 1880

Schoener, Franz, ein kleiner Beitrag zur Statistik der eingeklemmten Hernien und deren Behandlung mit besonderer Berücksichtigung eines Falles von cystös-entartetem, eiterndem Bruchsack. (Aus d. städt. allgem. Krankenhause München l. I.) Diss. München 1886, A. Buchholz. 8°. 48 S.

Schoener, Franz [approb. Arzt u. Assistenzarzt am städt. allgem. Krankenhause München l/I.]: Ein kleiner Beitrag zur Statistik der eingeklemmten Hernien und deren Behandlung mit besonderer Berücksichtigung eines Falles von cystös-entartetem, eiternden Bruchsack. (Aus d. städt. allgem. Krankenhause München l. I.) . . . München, K. Hof- u. Univ.-Buchdr. Dr. C. Wolf & Sohn, 1886; 48 S. 1 Bl. 8°.
München, Med. Fak., Inaug.-Diss. v. 1886

Schöner, Gustav, ev. Pfarrer zu Eschenrod: **Spezialidiotikon des Sprachschatzes von Eschenrod (Oberhessen). Veranschaulichung d. gesamten Sprachmaterials.** *Heidelberg: C. Winter 1903.* (VII, 143 S.) 8° ¶ (Aus: Zeitschr. f. hochdeutsche Mundarten, 1902 u. 1903. T. 2 erscheint ebenda.)
Gießen, Phil. Diss. v. 1903

Schoener, J. G. [illegible] Zeitung Nr. 475 u. 476. 189[illegible] Wien 189[illegible] 12 S. [illegible]

Schöner, Johann B. „Silhouette und Silhouettieren in seinen Beziehungen zum Unterrichte im freien Zeichnen". pg. 1—8. 8°. Mit 2 Tafeln. Albrecht Liesecke.
Passau, Progr. 1895/96

Schöner, Jo. Geo. Fr., s. G. H. Lang, Lehren u. Vorschr.

Schöner, Johann Gottfried

Schöner, Jh. Gf., († d. 28. Juni 1818.) Andenken an Luthers Lehre, ein Gedicht zur Jubelfeier d. Reformation. 8. Nürnb. 817. Raw. 1 gr.

— üb. die nöthige Beibehaltung d. Bibelsprüche. 8. Nürnb. 788. Raw. ½ gr.

— üb. die Bibel u. britische Bibelgesellschaft, e. Lehrgedicht. 8. Nürnb., Raw. ¼ gr.

— Bibelwahrheiten f. uns. Zeitalter, in Reden u. Aufsätzen. 8. Nürnb. 812. Raw. 4 gr.

— der wichtige Einfluß glückl. Ehen auf die gegenwärt. bedenkl. Zeit. Eine Katechismusrede. 8. Nürnb. 810. Raw. 1½ gr.

— Ermunterungsrede zum Jubelfest d. Reformation, nebst e. Anh. über Luthers Denkmal, von e. Ungenannten. 8. Nürnb. 817. Raw. 3 gr.

— Ermunterungsrede über 1. Korinth. 16. v. 13. 14. über die Worte: Wachet rc. Nürnb., Raw. 1 gr.

Schöner, J. G., Feyertags-Epistelpredigten. gr. 8. Nürnb. Raw. 798.

— beruhigende Gedanken e. trostbedürft. Sünders beim Anblick d. Natur; e. Ode. 8. Nürnb. 798. Raw. ¼ gr.

— selige Gedanken am offnen Grabe Jesu. Eine Osterfest-Predigt. gr. 8. Nürnb. 817. Raw. 1 gr.

Schöner, J. G., Gedichte zur Verherrlichung der Person, Lehre und Geschichte unsers angebeteten Herrn rc. 8. Nürnberg, Raw. 818.

— einige vermischte geistl. Gedichte. 8. Nürnb. 775.

— Gesänge zur trostvollen Todesfeier heimgegang. Christen, auf Gottesäckern. Nürnb. 805. Raw. ½ gr.

— haben die protestant. Lehrer e. rechtmäß. Lehramt? 8. Nürnb. 809. Raw. 1½ gr.

Schöner, J. F., über Jammer- u. Freudenthränen im menschl. Leben u. im Wechsel d. Zeit. Eine Kanzelrede am Jahresschlusse 1830. gr. 8. (1 B.) Nürnberg, Raw.

— über Jammer- u. Freudenthränen im menschl. Leben u. im Wechsel der Zeit. Eine Kanzelrede am Jahresschluß 1830. gr. 8. Nürnb. 831. Raw. 2 gr.

— Jesus Christus herrlich unter seinen Freunden u. Feinden. Eine Predigt. 8. Nürnb., Raw. 1 gr.

— die christl. Lehre nach d. heil. Schrift, e. Leitfaden zum Unterricht der Kinder. gr. 8. Nürnb. 789. N. A. 800. Raw. 2 gr.

— die christl. Lehre n. d. heil Schrift, ein Leitfad. z. Unterr. der Kinder. gr. 8. Ebend. 800.

Schöner, Joh. Gtfr., die christl. Lehre nach d. heil. Schrift, e. Leitfaden zum Unterr. d. Kinder. 2., verb. Aufl. gr. 8. ... Nürnberg 833, Raw.

— Leichenrede nebst sr. Lebensgeschichte rc. von ihm selbst noch bei Lebzeiten verfaßt. 8. Nürnb. 818. Raw. 6 gr.

— — Leichenrede nebst seiner Lebensgeschichte rc. von ihm selbst noch bey Lebzeiten verfaßt. 8. Ebend. 819.

— historisch. Lesebuch der christl. Bibellehre. Mit 1 Kpf. gr. 8. Nürnb., Raw. 1 ₰ 10 gr.

Schöner, Johann Gottfried.
Historisches Lesebuch der christlichen Bibellehre . . . 2. Aufl. Nürnberg 1834. H: *Hering, Leonh.* (Ky)

—— histor. Lesebuch d. christl. Bibellehre. Für Liebhaber d. Wahrheit unter Jungen u. Alten. 2., verm. u. verb. Aufl. (hrsg. v. L. Hering.) gr. 8. (32 B. u. Titlkpfr.) Nürnberg 834, Raw.

— einige Lieder zur Erbauung. 8. Nürnb. 777.

— vermischte geistl. Lieder u. Gedichte. gr. 8. Nürnb. 790. Raw. 3 gr.

— Predigt, das gottgefällige Christenthum in d. Familien. gr. 8. Nürnb. 790. Raw. 2 gr.

— Predigt üb. Joh. 11. v. 40. 8. Nürnb. 810. Raw. 1 gr.

— Predigten zur Erbauung. gr. 8. Nürnb. 775. Monath u. K. 6 gr.

— vollständ. Jahrg. von Predigten üb. die Sonn-, Fest- u. Feiertags-Evangelien. 2 Bde. gr. 8. Nürnb. 804. N. A. mit e. Vorr. v. Condiac. Hering. 824. Raw 1 ₰ 16 gr.

— Reinigung d. tief verfallenen Christenheit, eine Predigt. 8. Nürnb., Raw. ½ gr.

— Samml. einiger Trostlieder, insbesond. an Geburtstägen. 8. Nürnb. 803. Raw. 2 gr.

— vollständ. Samml. geistl. Lieder u. Gedichte. 8. Nürnb. 810. Raw. 8 gr.

— Schatzkästlein, od. Schriftstellen mit Liederversen, aus dessen Liederbuch auf 366 Tage. 12. Nürnb. 816. Raw. 4 gr.

— — Schriftstellen mit Liederversen, aus dessen Liederbuch auf 365 Tage. 12. Ebend. 817.

— kleine Spruchbibel, mit kurzen Erläuterr. f. aufmerksame Kinder. Mit Kpf. 32. Nürnb. 799. Raw. 3 gr. ill. 4 gr. ohne Kpf. 2 gr.

Schöner, Joh. Gtfr., kleine Spruch-Bibel mit kurzen Ermunterungen f. aufmerksame Kinder. 2., verb. Aufl. 16. (..B. u. 4 Kpfr.) Nürnberg 836, Raw'sche Buchh. 2 Gr., ill.

— Sprüchwörter, womit sich laue Christen behelfen. 8. Nürnb. 802. Raw. 4 gr.

— steht die theure Bibellehre unter der jetzigen schweren Kriegs- u. Schreckenszeit noch unbewegl. fest? Ein Wort zur Verwahrung. 8. Nürnb. 805. Raw. 1 gr.

Schöner, Jh. Gf., die Stunde der Versuchung, eine Katechisirübung. Nürnb., Raw. 1 gr.

— üb. christl. Umgang. 8. Nürnb. 799. Raw. 4 gr. Hlbg. Pr. 2 gr.

— s. Verhältnis der Kirchen u. Zuchthäuser.

— Vorbereitungsrede zum Reformationsfest. 8. Nürnb. 812. Raw. 1 gr.

— Was Sonntag? 8. Nürnb., Raw. ½ gr.

— Wie kann Wasser, Brod u. Wein solche große Dinge thun? Ein Blatt d. Taufe u. Abendmahlshandl. zu Ehren. 8. Nürnb. 809. Raw. 4 gr.

— wie sehen Christen den Krieg an? Ein Lehrblatt. 8. Nürnb. 806. Raw. 1 gr.

— ernstl. Winke f. alle Menschenalter. Eine Predigt. 8. Nürnb. 811. Raw. 1 gr.

— Ziehverse, im Futteral. Nürnb., Raw. 6 gr.

— Ziehverse. Neue Aufl. 16. (..B.) Nürnberg 836, Raw'sche Buchh.

Schöner, Leonh., Vorlagen zum Federzeichnen, s.: Feder-Zeichnen. 6. Heft. (Dürck, Elsb.)

Schoener, Max, der Zahnschmerz, s.a. Bücherei, allgemeine.

Schoener, Max, der Zahnschmerz. Dessen Entstehung u. Wesen, sowie dessen Heilg. Allgemein verständl. Abhandlg. üb. die häufigsten Zahnkrankheiten, deren Verhütung u. Behandlg. Nebst e. Anh. erprobter Vorschriften zahnschmerzstill. Mittel, guter Mundwasser u. Zahnpulver. 8. (31 S.) Rothenburg (902). C. H. Trenkle. n. — 25

Schoener, Max, der Zahnschmerz. Dessen Entstehg. u. Wesen, sowie dessen Heilg. Allgemein verständl. Abhandlg. üb. die häufigsten Zahnkrankheiten, deren Verhütg. u. Behandlg. 2. Aufl. Nebst e. Anh. erprobter Vorschriften zahnschmerzstill. Mittel, guter Mundwasser u. Zahnpulver. (31 S.) kl. 8. Mergentheim (904). C. Ohlinger. n.n — 30

Schöner, Otto [app. Arzt aus München]: Ein Fall von latent verlaufener Osteomalacie ... München, Buchdr. Kastner & Lossen, 1896; 37 S. 8.
München, Med. Fak., Inaug.-Diss. v. 1896

Schöner, Otto Heinr., kurze Geschichte des Kirchspiels Nieder-Beerbach. Mit Abb. der Kirche zu Nieder-Beerbach u. d. Kapelle d. Filialorts Malchen. 8. (46 S.) Nieder-Beerbach 895. (Darmstadt, A. Bergsträßer.) n. — 80

Schöner, R., das Farnese-Schloß im Ciminischen Walde. gr. 8. (31 S.) München 886. (Rom, Loescher und Comp.) **
Aus: Allgemeine Zeitung, Beilage, besonders abgedruckt.

Schoener, R., Hilfsbücher zur Belebung des geographischen Unterrichts, s.: Buchholz, Paul.

Schoener, Carolus Aemilius Augustus Reinholdus (geb. Lipsiae 11 1849): De Claudio Aeliano. Vratislaviae 1873. 58 S. 8.
Breslau, Phil. Diss. v. 7. Juli 1873

Schoener, Rhold., Amortisations-Tabelle A für 4½ pCt. Renten in Reichsmark und Pfennigen auf die volle Amortisations-Periode von 1 bis 56 1/12 Jahren. gr. 8. (15 S.) Breslau 878, (Köhler.) * 1 20

— Amortisations-Tabelle B für 5 pCt. Renten in Reichsmark u. Pfennigen auf die volle Amortisations-Periode v. 1 bis 41 1/12 Jahren. gr. 8. (11 S.) Breslau 878. (Köhler.) n. 1.

Schoener, Rhold., im glücklichen Campanien, s.a. Kennst du das Land?, Bd. 11.

[5.] Im glücklichen Campanien. Von Dr. R[einhold] Schoener. Leipzig: C. G. Naumann 1898. (4 Bl., 211 S.) 1 Bd 8.
= Kennst du d. Land? Bd XI.
98 5107

Schoener, Rhold., Capri. Natur, Volksthum, Geschichte u. Alterthümer der Insel. 8. (VIII, 152 S. m. 13 Abbildgn. u. 1 Karte.) Wien 892. A. Hartleben. n. 2. —

Schoener, Rhold., Handbuch für Beamte u. Laien aller Kategorien u. Stände über Gemeinheitstheilungs-, Auseinandersetzungs-, Reallasten-, Ablösungs-, Rentenbank-Angelegenheiten, über das Abgabenregulirungs- u. Vertheilungsverfahren, ferner über directe Steuern, insbesondere Klassen- u. klassificirte Einkommensteuer, Pensions- u. Wohnungsgeldzuschußgesetze, Tarife u. Tabellen, Gesetze u. Verordnungen ꝛc., über das Grundeigenthum mit Auszug aus der Grundbuchordnung, Subhastations-Ordnung, die Concurs-Ordnung für das deutsche Reich nebst Commentar zu derselben, gemeinnützige Angelegenheiten für das öffentliche Leben, Post u. Telegraphie ꝛc. (In 15 Lfgn.) 1. u. 2. Lfg. gr. 8. (128 S.) Breslau 883. Schottländer. à n. — 50

Schöner, R., Handbuch in Gemeinheitstheilungs-, Auseinandersetzungs-, Reallasten-Ablösungs-, Rentenbank-, Abgaben-Regulirungs- u. Rente-Vertheilungs-Angelegenheiten, nebst den entsprech. Rente-Berechnungs- u. Amortisationstabellen zum Gebrauch f. die betr. Verwaltungsbehörden, Magistrate, Gemeinde-Vertretgn., desgl. f. Auseinandersetzungs-, Rentenbank- u. Kataster-, auch Grundbuch-Beamte u. Kreissteuerkassen, sowie zur Orientirg. u. Belehrg. f. Reallasten-Berechtigte u. Verpflichtete, Rentenpflichtige u. Rentenbrief-Inhaber, nebst e. Anh. üb. das Subhastations-, Zwangvollstreckungs- u. Concursverfahren u. 3 weiteren Abschnitten, enth.: 1. Pensionsgesetze u. Tabellen, 2. Vorschriften üb. Klassen- u. klassificirte Einkommensteuer u. 3. Gemeinnützliches f. Beamte u. Laien. gr. 8. (VI, 809 S.) Breslau 883. Schottländer. n. 9. —; geb. n. 11. —

— **Land u. Leute Italiens**, s.: Methode Schliemann zur Erlerng. d. italien. Sprache.

Schoener, R., der Letzte der Hortensier. Kulturgeschichtliche Erzählung aus dem Beginn der röm. Kaiserzeit. Mit 80 Text Abbildgn. u. einem Titelbilde v. Herm. Vogel u. Konr. Ermisch. gr. 8. (VIII, 414 S.) Leipzig 880. Spamer. n. 5. —; geb. n. 6. 50

Schoener, R., der Letzte der Hortensier. Kulturgeschichtliche Erzählg. aus dem Beginn der römischen Kaiserzeit. 2. Aufl. 8. (VIII, 414 S. m. 80 Text-Abbildgn. u. e. Titelbilde) Leipzig 890. Spamer. n. 5. —; geb. n. 6. —

—— **der Palatin und seine Ausgrabungen**, s. Bücherei, deutsche.

Schoener, R., Pompeji. Beschreibung der Stadt und Führer durch die Ausgrabungen. 8. (VIII, 194 S. mit 6 Holzschntaf. und 1 chromolithogr. Plan der Ausgrabungen in Imp.-4.) Stuttgart 877, Spemann. 4 —

— Rom. M. 290 Orig.-Illustr. v. Alcardo u. Amadeo Terzi, G. Bacarisas, M. Barbasan etc. Sculpturen nach Alinari. Hrsg. v. Emil M. Engel. gr. 4. (VII, 288 S.) Wien 898. E. M. Engel. Geb. in Leinw. n. 30. —

Schönerer in der Arbeiterfrage. Horn 1893. V: *Stein, Franz.* (EB)

Schönerer, Georg von. Eine Schutz- und Trutzschrift . . . Wien 1887. V: *Masaidek, Franz.* (EB)

—— **eine Schutz- und Trutzschrift** von einem Deutschnationalen. 1.—5. Aufl. gr. 8. (19 S.) Ebendas. 887. *

Schönerer, Georg v. Eine Schutz- u. Trutzschrift v. e. Deutschnationalen. 3. Aufl. gr. 8. (19 S.) Wien 887. Kubasta & Voigt. n. — 40

Schönerer, Georg, u. die **Entwicklung** des Alldeutschtums in der Ostmark. Die alldeutschen Hochschüler d. Ostmark. (VII, V, 97 S. m. Bildnis.) 8. Wien (909). (F. Schalk.) 1. —

Schönerer, Georg Ritter v.

— **Die Beschlüsse d. deutschen Bauerntages. — Zwei Anträge**, betr. die Erlassung v. Gesetzen gegen die Juden. gr. 8. (131 S.) Horn 891. (Wien, Kubasta u. Voigt.) * 1 —

Schönerer, G. Ritter v., Judenthum u. Deutschthum in der Ostmark. Vier Reden. 2. Aufl. 8. (72 S.) Marburg 887. Verlag d. „Reichsherold". — 25

—— **Rede**, geh. in der Sitzung des Abgeordnetenhauses zu Wien am 28. April 1887, in der Generaldebatte über den Staatsvoranschlag. gr. 8. (21 S.) Rosenau 887. — Marb., Verlag d. „Reichsherold". — 10

Rede über die *Presse*, gehalten vom Reichsraths-Abg. *Georg* Ritter v. *Schönerer*, in der von über 4000 Personen besuchten Versammlung im Sofien-Saale zu Wien, am 13. Febr. 1885. Fol. Beibd. Cart.

S.-A. aus Schönerer's Journal „Unverfälschte Deutsche Worte", Nr. 4, v. 16. Febr. 1885.

Schönerer, Geo. Ritter v., fünf Reden. [Nach den stenograf. Aufzeichngn.] Nebst e. Anh., enth.: Die Vertheidigungsrede d. Abgeordneten R. v. Schönerer, geh. in dem wider ihn angestrengten Processe am 5. Mai 1888, u. das Urtheil vom 5. Mai u. vom 27. Juni 1888, wodurch R. v. Schönerer auch d. Reichsrathsmandates f. verlustig erklärt wurde. — Das Programm der deutsch-nationalen Antisemiten [Linzer Programm].
Die Beschlüsse d. deutschen Bauerntages. — Zwei Anträge d. Abgeordneten Ritter v. Schönerer, betr. die Erlassung v. Gesetzen gegen die Juden. gr. 8. (131 S.) Horn 891. (Wien, Kubasta & Voigt.) n. 1. —

[F.] Reden des Reichsrathsabgeordneten **Georg** R[r] v. **Schönerer.** '(Nach d. stenogr. Aufzeichngn.)' Nebst e. Anh. enth.: Die Vertheidigungsrede d. Abgeordn. R. v. Schönerer, geh. in d. wider ihn angestrengten Prozesse am 5. Mai 1888; u. d. Urtheil v. 5. Mai u. v. 27 Juni 1888, wodurch R. v. Schönerer auch des Reichsrathsmandates für verlustig erklärt wurde. Das Programm der deutschnationalen Antisemiten '(Linzer Programm)'. Die Beschlüsse des deutschen Bauerntages. Zwei Anträge des Abgeordn. Ritter v. Schönerer betr. d. Erlassung v. Gesetzen gegen die Juden. *Horn: F. Berger 1896.* (93 S., 1 Bl.) 1 Bd 8. [97. 7883]

Schönerer, Georg. Vide: Reden (Zwei).

— **zwölf Reden.** Nebst e. Anh., enth.: **Das Programm der Deutschnationalen. Die Beschlüsse des deutschen Bauerntages. Die Satzgn.: a) d. Schulvereines f. Deutsche, b) d. Deutsch-nationalen Vereines.** gr. 8. (147 S.) Wien 886. Kubasta & Voigt. n. — 60

— sociale Reform od. sociale Revolution, s.: Reden, zwei, geh. in der Versammlung des „Deutschen Volksvereins" aus Wien in Judenburg.

Schönerer, Geo., zur Sprachenfrage. Rede, geh. in der 16. Sitzg. des Abgeordnetenhauses zu Wien am 29. IV. 1898. (Abdr. aus dem stenograph. Protokoll.) gr. 8. (80 S.) Horn 899. (Wien, Kubasta & Voigt.) — 50

— üb. das Vorgehen bei Güter-Ausschlachtungen. [Aus: „Unverfälschte deutsche Worte".] gr. 8. (16 S.) Marburg 887. Verlag d. „Reichsherold". — 20

— (Hrsg.), s. Worte, Unverfälschte Deutsche.

— die Ziele u. Aufgaben der Deutschnationalen in der Ostmark. Vortrag, geh. in Halle a. d. Saale am 3. Decbr. 1891. 12. (36 S.) Leipzig 892. Deutscher Verlag. — 30

Schönerer, M. Karte der Eisenbahn zwischen Budweis, Linz und Gmunden. 2 Bl. L. Fr.

Schönerer, M., Karte der Eisenbahn zwischen Budweis und Linz zur Verbindung der Donau mit der Moldau. Leipzig. 1839. $1\frac{3}{4}$ Thlr.

Schonerer, M. Karte der am 5. Mai 1842 eröffneten Eisenbahn von Wien nach Gloggnitz und der am rechten Donauufer angefangenen Eisenbahn von Wien nach Pressburg und Raab. Wien. Folio.

Schönerlinde [Schlagwort]

Schönerlinde, s.: Geolog. Karten (Preussen).

Schönerlinde, s.: Preussen. Messtischblätter.

Schönermarck (Hrsg.), s. Dispositionen zu denen Potsdamschen Herbst-Manövern ...

Schönermarck, Carl, s. S c h ö n e r m a r c k , Karl

Schoenermarck, Johann Georg (Kyritz) A. S. 601/17

Dissertatio iuridica de fratrum germanorum liberis sive cum fratre defuncti unilaterali ... concurrant, secundum nov. CXVIII. c. III. iure repraesentationis in stirpes succedentibus. Präs. Philipp Jakob Heisler. Halle (Curtius) 12. V. 1775. 36 S.

Gew.: Otto Georg Albert von Rohr.
W. v.: Präs., Jo. Ludwig Uhl, C. Schoenermarck (Vater), G. W. G. Keferstein (Opp.). 31186

Schönermarck, Karl

Schönermarck, Carl, Dr.: Die tragischen **Affekte** bei Aristoteles. 1. *Liegnitz 1901: O. Heinze.* (28 S.) 4° [Ǯ.]
Liegnitz, k. RAk, OP 1901 (210)

Schönermarck, Carl, Dr.: Die tragischen **Affekte** bei Aristoteles. 2. *Liegnitz 1902: O. Heinze.* (17 S.) 4° [Ǯ.] ¶[Forts. d. P-Beil. 1901.]
Liegnitz, k. RAk, OP 1902 (217)

Schoenermarck, Carl [pr. Arzt aus Oestreich-Schlesien]: Ueber die Einlagerung von Nerven in Knochencallus bei Fracturen. Greifswald, Druck v. Julius Abel, 1888. 32 S. u. 1 Taf. 8°
Greifswald, Med. Fak., Inaug.-Diss. v. 6. Okt. 1888

Schoenermarck, Carl, Referendar: Nichtigkeit und Anfechtbarkeit der Ehe nach Bürgerlichem Recht (unter Ausschluß des prozessualen Gebietes). Leipzig: Wigand 1910. 91 S. 8°
Leipzig, Jur. Diss. v. 4. Febr. 1910
[Geb. 18. April 80 Rostock; Wohnort: Pegau; Staatsangeh.: Sachsen u. Preußen; Vorbildung: König-Albert-Gymn. Leipzig Reife M. 03; Studium: Leipzig 9 S.; Rig. 14. Juli 08.] [U 10. 1877

Schönermark, Friedrich [aus Braunschweig]: Zur Charakteristik des β-Benzylhydroxylamins ... Erlangen, k. b. Hof- u. Univ.-Buchdr. v. F. Junge, 1895; 37 S. 8.
Erlangen, Phil. Fak., Inaug.-Diss. v. 10. Juli 1895

Schönermark, Günther, letzte Predigt [Confirmation 1890]. gr. 8. (11 S.) Blankenburg [Harz] 890. Gundelin & Hoefer. n. — 40

Schönermark, Gustav

Schönermark, G., die **Altersbestimmung** d. Glocken. [Aus: „Ztschr. f. Bauwesen".] Imp.-4. (20 S. m. Holzschn. u. 3 Taf.) Berlin 889. Ernst & Korn. n. 5. —

Schönermark G., Architektur der Hannoverschen Schule. Jahrgang 1-7 (Schluss) (Je 80 T.) 4° Hannover 1889-95

— die **Architektur** der hannoverschen Schule. Hrsg. im Auftrage d. Bauhütte „Zum weissen Blatt". 1. Jahrg. 10 Hfte. hoch 4. (à 8 Taf.) Leipzig 888. [E. A. Seemann.] Hannover-Linden, Manz. n. 10. —

— dasselbe. Moderne Werke der Baukunst u. d. Kunstgewerbes im mittelalterl. Stil. Hrsg. im Auftrage der Bauhütte „Zum weissen Blatt". 2. u. 3. Jahrg. à 10 Hfte. (à 6—8 Taf.) hoch 4. Hannover-Linden 889—891. Manz. In Mappe. à Jahrg. n. 15. —

Schönermark, Gust., die **Architektur** der Hannoverschen Schule. Moderne Werke der Baukunst u. d. Kunstgewerbes im mittelalterl. Stil. Hrsg. im Auftrage der Bauhütte „Zum weissen Blatt". 4. Jahrg. 10 Hfte. (à 8 Taf.) hoch 4. Hannover-Linden 892. Manz & Lange. In Mappe. n. 15. —
s. weiter unten: — moderne Werke der Baukunst.

— **Aufgabensammlung** aus der darstellenden Geometrie, s.: Gorko, R.

Schönermark, Gust.: B a u - u. Kunst d e n k m ä l e r des Kreises Bitterfeld. s. D a r s t e l l u n g , Beschreibende, der älteren Bau- u. Kunstdenkmäler der Prov. Sachsen.

Beschreibende Darstellung der älteren Bau- und Kunstdenkmäler des Kreises Delitzsch. Bearb. von Gustav **Schönermark**. Hrsg. von d. Hist. Comm. d. Prov. Sachsen. *Halle a. S.: O. Hendel 1892.* (223 S.) 4°(8°)
= **Darstellung**, Beschreibende, d. älteren Bau- u. Kunstdenkmäler d. Prov. Sachsen. H. 16. [ʟ. 481

—— s. **Darstellung**, beschreibende, der älteren Bau- und Kunstdenkmäler der Provinz Sachsen und angrenzender Gebiete.

Schönermark, Gust., beschreib. Darstellg. der älteren Bau- u. **Kunstdenkmäler** des Fürstent. Schaumburg-Lippe. Im Auftr. d. fürstl. Hofkammer bearb. Mit 6 Lichtdr.-Taf. u. 278 Abb. im Text. hoch 4. (VII, 113 S.) Berlin 897. W. Ernst & Sohn. Geb. in Leinw. n. 12. —

—— Kreis Delitzsch. s. **Darstellung**, beschreibende, der älteren Bau- u. Kunstdenkmäler der Prov. Sachsen u. angrenzender Gebiete.

Schönermark, G., die Stadt Halle und der Saalkreis, s. Darstellung, beschreibende, der älteren Bau- und Kunst-Denkmäler der Prov. Sachsen.

Schönermark, Gust., u. Wilh. **Stüber,** Hochbau-Lexikon. Bearb. u. hrsg. (In 5 Abthlgn.) 1. u. 2. Abth. hoch 4. (S. 1—320 m. Abbildgn.) Berlin 902. W. Ernst & Sohn. à n. 8. —; auch in 20 Lfgn. à n. 2. —

Schönermark, Gust., u. Wilh. **Stüber,** Hochbau-Lexikon. Bearb. u. hrsg. Mit 2000 Abbildgn. 3.—5. u. Schluss-Abth. (IV u. S. 321—936.) hoch 4. Berlin 903. 904. W. Ernst & Sohn. n. 24. — (Vollständig: n. 40. —; geb. n.n. 46. —)

Hochbau-Lexikon. Bearb. u. hrsg. von d. Architekten Dr. phil. Gustav **Schönermark** u. Wilhelm Stüber. Mit 2000 Abb. (In 21 Lfgn.) *Berlin: W. Ernst & Sohn (1902–04).* (IV, 936 S.) 4°

Schönermark, Gust., der Kruzifixus in d. bildenden Kunst, s. Zur Kunstgeschichte des Auslandes. 62. Heft.

Der Kruzifixus in der bildenden Kunst, von Dr. Gustav **Schönermark**. Mit 100 Abb. Strassburg: J. H. E. Heitz 1908. (V, 84 S.) 4°(8°)
= **Kunstgeschichte**, Zur, d. Auslandes. H. 62. [oe. 1771

Kreis S c h w e i n i t z , s. D a r s t e l l u n g , Beschreibende, der älteren Bau- u. Kunstdenkmäler der Prov. Sachsen.

— **Wahrheit** u. Dichtung im Kestner-Museum zu Hannover. gr. 8. (26 S. m. 8 Abbildgn.) Hannover-Linden 890. Manz. n. — 80

— moderne **Werke** der Baukunst u. d. Kunstgewerbes in mittelalterlichem Stil. Die Architektur der hannov. Schule. Hrsg. im Auftrage der Bauhütte „Zum weissen Blatt" v. G. S. 5. Jahrg. 8 Hfte. (à ca. 10 Taf.) hoch 4. Hannover-Linden 893. Manz & Lange. In Mappe. n. 16. —
s. oben: Schönermark, Gust., die Architektur der Hannov. Schule.

— moderne **Werke** d. Baukunst u. d. Kunstgewerbes im mittelalterl. Stil. D. Architektur d. hannov. Schule. Hrsg. im Auftr. d. Bauhütte zum weissen Blatt v. S. 7. Jahrg. 8 Hfte. (à 10 Taf.) hoch 4. Hannover 895. Manz & Lange. Nebst Mappe n. 16. —

Schönermark, O. C. On the Lake School of English Poetry. A literary and critical Essay. Liegnitz, Ritterakademie, 1857. 28 S. 4. Progr.

Schönermark, Otto

Zur Geschichte v. Thale, s.a. Führer durch Bad Thale am Harz.

Zur Geschichte von Thale von Otto **Schönermark**, Ortsvorsteher in Thale. Thale: Verkehrsbüro 1907. (XVI S.) 8° [Umschlagt. F.] [Aus: Führer durch Bad Thale.] [07. 12471

Gründliche Heilung von Nervenleiden '(Neurasthenie, Hypochondrie, Platzangst etc.)'. Nach ges. Erfahrungen dargeboten v. H. Treseburg [d. i. Otto **Schönermark**] ... *Tübingen: Litt. Bureau 1896.* (16 S.) 1 Bd 8. [97. 4375

Die Kurorte und Heilquellen des Königreichs Württemberg. Hrsg. v. H. Treseburg [d. i. Otto **Schönermark**]. *Rheinbach b/Bonn: Lit. Bureau 1897.* (39 S.) 1 Bd 8. [97. 4366

Schönermark, Otto, s. Seinecke, Ferd., Dichterklänge für die heranwachsende Jugend.

—— s. Seinecke, Ferd., deutsches Lesebuch.

Schönermark, Otto, Thale a. Harz als Winterfrische u. Wintersportplatz. F. A. der Kur-Verwaltg. Thale am Harz hrsg. (18 S. m. Abb.) 8. Thale am Harz 908. Verkehrsbureau. — 10

Schönermark, Otto, s.: Treseburg, H.

[S.] Kaiser Wilhelm der Grosse. E. Gedenkblatt z. 22. März 1897, d. 100. Geburtstage. Von H. Treseburg [d. i. Otto **Schönermark**]. *Rheinbach b. Bonn: Literar. Bur. 1897.* (8 S.) 1 Bd 8. [97. 3394

— d. Wüstungen d. Harzgebirges. Gesammelt u. mit Belegstellen vers. gr. 8. (58 S.) Rheinbach 897. (Göttingen, F. Wurder. n. 1. —

Schönermark, Otto, die Wüstungen des Harzgebirges. 8. (58 S.) Rheinbach 897. Rudolstadt, A. Bock. n. 1. —

Schönermark, W. Beiträge zur Geschichte der französischen Sprache aus Rabelais' Werken. 3 Theile. Breslau, H. T. zu St. Maria Magd., 1861, 1866 u. 1874. 36 S., 37 S. u. 29 S. 4. Progr.

Schönermark, W., landwirthschaftliche Beobachtungen auf einer Reise nach England und Schottland. gr. 8. (VI und 38 S.) Braunschweig 853, J. H. Meyer.

Schönermark, W., amtlicher Bericht üb. die 6. allgemeine Versammlung deutscher Pomologen, Obst- u. Weinzüchter in Braunschweig vom 10. bis 13. Octbr. 1872, verbunden m. e. Obst-, Gemüse- u. Pflanzenausstellg. gr. 8. (VIII, 241 S.) Braunschweig 873. J. H. Meyer. n. 4. —

Schönermark, W., ausführlichere Beschreibung d. Klostergutes Badersleben, siehe: Mittheilungen über die Ackerbauschule.

—— Handbuch der Hausthierzucht. Als Leitfaden beim Unterricht in der Thierzucht auf Ackerbauschulen, nebst einem Anhange über englische Thierzucht. gr. 8. (VIII und 212 S.) Braunschweig 854, J. H. Meyer. *

Schönermark, Werner, französische u. deutsche Anthologie französischer Lyrik des 19. Jahrh. 2 Thle. 8. Halle 878. Gesenius. n. 9. 50; geb. n. 12. 50
1. Anthologie lyrique. Recueil de poésies lyriques modernes de la France, de la Belgique et de la Suisse romande, suivi de notices biographiques et littéraires. (XXXII, 490 S.) n. 5. 50; geb. n. 7.
2. Französisches Liederbuch. (XXVIII, 294 S.) n. 4. —; geb. n. 5. 50

Schönermark, Werner, anthologie lyrique. Recueil de poésies lyriques modernes de la France, de la Belgique et de la Suisse romande, suivi de notices biographiques et littéraires. Nouvelle éd. (intitulée.) 8. (XXXII, 490 S.) Halle a/S. 892. H. Gesenius. Geb. in Leinw. m. Goldschn. n. 6. —

Schönes und Unschönes aus Bern. [Basel 1881.] V: *Weydmann, H. & Albert von Tscharner.* (Cat. d. Stadtbibl. Zürich. Zürich 1864—97.)

Schoenefelssen, Carl, Else, die Soldatenbraut, s.: Radermacher's, J., Vereinsbühne.

— Hans, der verliebte Offiziersbursche, s. Radermacher's, J., Vereinsbühne.

Schöneseiffen, Otto, aus M.-Gladbach: **Über den Wert des Alkohols als Eiweisssparendes Mittel.** *Greifswald 1899: J. Abel.* (24 S.) 8°
Greifswald, Med. Diss. v. 23. März 1899

Schoneveld van der Cloet, Jacobus Cornelis [aus Gouda in Holland]: Ueber die Dichlor-α-Naphtochinonsulfonsäure .... Freiburg i. B., Buchdr. v. Chr. Strecker, 1887; 60 S., 1 Bl. 8°.
Freiburg i. B., Phil. Fak., Inaug.-Diss. v. 1887.

Schoneveld van der Cloet, Jacobus Cornelis, über die Dichlos-α-Naphtochinonsulfonsäure. Diss. Freiburg i. B. 1887, Fr. Wagnersche Univ.-Buchh. 8°. 60 S.

Schönewald, Albert, a. Schwedt a. O.: [1.] Über die Einwirkung von Sauerstoff auf aliphatische Amine bei Gegenwart von Kupfer. [2.] Ein Beitrag zur Kenntnis der elektrolytischen Nitritbildung. (Berlin 1905: G. Schade.) (45 S.) 8°
Berlin, Phil. Fak., Ref. Gabriel, Diss. v. 9. Dez. 1905
[Geb. 29 Nov. 78 Schwedt a. O.; Wohnort: Posen; Staatsangeh.: Preußen; Vorbildung: Realgymn. Thorn Reife M. 04; Studium: Berlin 8 S.; Rig. 16. Nov. 05.]

Schönewald, Carl, s. Schönewald, Karl

Schönewald, Ernst [aus Cassel]: Zur Lehre von der Placenta praevia ... Berlin, Druck v. E. Ebering, *1897;* 60 S., 2 Bl. 8.
Berlin, Med. Fak., Inaug.-Diss. v. 25. Mai 1897

Schönewald, Felix, prakt. Arzt: Zur Casuistik der 'Coxa vara'. Nebst einem Anhang 'Literatur der Coxa vara'. *Leipzig 1903: B. Georgi.* (45 S.) 8°
Leipzig, Med. Diss. v. (30. Jan.) 1903

Schönewald, Hans, aus Berlin: Über die Anlagerung von schwefliger Säure an Conchinin und Chinin. *München 1902: F. Hodum.* (30 S.) 8°
München, Phil. Diss. v. 1902

Rede, Sr. Maj. Fridrich[!] dem Grossen, Könige in Preussen, zu allerhöchst Dero Geburtstage gewidmet und gehalten in der Loge Fridrich [!] zum Tempel zu Hildesheim, von J. C. S[chönewald] den 24sten Jenner 1775. [Hildesheim 1775.] 8 Bl. 8°
2 in: [Festschrift, hrsg. z. Erinnerung a. d. Einweihung d. Loge. 1775.]
Lob des Königs als Weisen, Helden, Menschenfreund.

Heimatsklänge aus dem Kreise Kirchhain. Eine Chronik d. Stadt Kirchhain u. d. umliegenden Ortschaften. Von K(arl) **Schönewald**. Kirchhain: Schröder 1908. 94 S. 8° [09. 513.4

Schönewald, Carl, Referendar in Hannover: **Über die Verpachtung** von Handelsgeschäften. *Hannover 1904: H. Pokrantz.* (56 S.) 8°
Göttingen, Jur. Diss. v. [5. Juli] 1904

Schönewald, Carl, über die Verpachtung v. Handelsgeschäften. Diss. (56 S.) gr. 8. Hannover 904. (Göttingen, Vandenhoeck & Ruprecht.) n. 1.20

Schönewald, Otto, approb. Arzt aus Berlin: **Aus d. Universitäts-Augenklinik** zu Giessen. **Zur Casuistik** der Thrombose der Vena centralis retinae. *Giessen 1900: v. Münchow.* (53 S.) 8°
Giessen, Med. Diss. v. 1900

Schönewald, *Sally:* Allgemeines u. Specielles über die Epilepsie und ihre Beziehungen zum Tumor cerebri ... Berlin, Druck v. F. Kadisch, *1895;* 39 S., 2 Bl. 8.
Berlin, Med. Fak., Inaug.-Diss. v. 10. Apr. 1895

Schönewalde [Schlagwort]

Schönewalde, s.: Preussen. Messtischblätter

Schöneweide [Schlagwort]

Schöneweide, s.a Mark.

Schöneweide, s.a Preussen. Messtischblätter.

Schöneweide. Straube, J., Lageplan von Ober- u. Nieder-Schöneweide, nach amtl. Material entworfen u. gezeichnet. 1 : 4000. Nebst Plan der Rennbahn des Vereins für Hindernis-Rennen bei Carlshorst. 1 : 8000. 62 × 79 cm. Autogr. Berlin 894. J. Straube. n. 2. —; 8farbig n. 3. —

Schönewolf, A., 55 Choräle für die gemischten Stimmen der Gymnasien, Realschulen und Kirchenchöre als Hülfsmittel beim vierstimmigen Choralgesang nach der Partitur gesetzt und eingerichtet. 8. (48 S.) Hildburghausen 879, Gadow und Sohn * — 30

Schönewolf, Jul., s.: Briefe aus Klein-Asien, v. e. Frühvollendeten.

Schönewolf, L., 24 Begräbnißgesänge für Männerstimmen. Meiningen 862. (Hildburghausen, Kesselring'sche Hofbuchh.) qu. 4. (47 S.) n. 10 *ngr.*

Hildburghausen. — Schönewolf, Ludw. Touristenkarte der weiteren Umgegend v. Hildburghausen. 1 : 100,000. Kupferst. u. color. qu. Fol. Hildburghausen 884, Kesselring.
Auf Leinw. in Carton ** 1 50

Briefe aus Klein-Asien von einem Frühvollendeten. (Verf.: Otto Schönewolf.) Hrsg. von Julius Schönewolf. Mit 2 Abb. u. 1 Kt. Gr. Lichterfelde-Berlin: Runge 1910. 211 S. 8°
Erschienen z. T. zuerst in: Christl. Welt. Jg. 1909, Nr 9–13. 16–21.

Schönewolf, Otto, die Darstellung der Auferstehung Christi, s.: Studien üb. christliche Denkmäler. 9. Heft.

Schönewolf, Otto [Friedrich Martin]: **Die symbolische Darstellung der Auferstehung** in der frühchristlichen Kunst. Leipzig 1907: G. Kreysing. (44 S.) 8°
Straßburg, Phil. Fak., Ref. Dehio, Diss. v. 1. Aug. 1906
[Geb. 16. Mai 79 Wächtersbach, Kr. Hanau; Wohnort: Wächtersbach; Staatsangeh.: Hessen; Vorbildung: Ludwig-Georgs-Gymn. Darmstadt Reife M. 97; Studium: Greifswald 3, Gießen 4, Straßburg 3 S.]

Schönewolf, Guilelmus: Nonniana. Marpurgi Cattorum 1909: Koch. 46 S. 8°
Marburg, Phil. Diss. v. 9. Sept. 1909, Ref. Maaß
[Geb. 29. Dez. 85 Fechenheim; Wohnort: Marburg; Staatsangeh.: Preußen; Vorbildung: Gymn. Offenbach Reife O. 04; Studium: Marburg 9 S.; Rig. 5. Mai 09.] [U 10. 3390

Schöneyan (oder Schönijahn), Herm. Karl, († d. 21. Mai 1822.) kurze Geschichte d. Kirchenreformation unter Joseph II. 8. Wolfenb. 784. Albrecht. 4 gr.

— üb. die Rechte der Zehentherren den Zehenten zu verpachten. 8. Wolfenb. 806. Albrecht. 4 gr.

— Rückblick auf Luthers Reformation. gr. 8. Wolfenb. 817.

— Versuch e. rechtl. Beweises, daß nach Art. 104 u. 338 d. Westphäl. Proceßordnung lis in contumacia pro negativo contestata angenommen werden müsse. 8. Wolfenb. 812.

— üb. die Zulässigkeit der Einrede des Anastasian. Gesetzes gegen Wechselforderungen. 8. Wolfenb. 803. Albrecht. 8 gr.

Schönfeld, Dr., s. Abraham, der Jude.

Schönfeld, Amtl. Bericht üb. das öffentl. Gesundheitswesen im Reg.-Bez. Arnsberg. 1880–82. Arnsberg 884.

Schönfeld, die Besteuerung d. Branntweins innerhalb d. Deutschen Reiches. Zusammenstellung der Gesetze vom 24. Juni 1887, vom 8. Juli 1868 u. vom 19. Juli 1879 einschließlich der vom Bundesrath erlassenen Ausführungsbestimmgn., hrsg. u. erläutert. Mit 1 Taf. 8. (VII, 162 S.) Berlin 888. Siemenroth & Worms. n. 1. 50

Schönfeld, das preußische Forstdiebstahlgesetz vom 15. Apr. 1878, bearb. 12. (VIII, 118 S.) Berlin 884. H. W. Müller. cart. n. 1. 50

— die deutsche Gebührenordnung f. Gerichtsvollzieher vom 24. Juni 1878 in dem durch das Gesetz vom 29. Juni 1881 abgeänderten Wortlaute, erläutert. [Auszug aus Schönfeld's preuß. Gerichtsvollzieher.] gr. 8. (32 S.) Gnesen 886. Ebd. n. — 80

—— das deutsche Gerichtskostengesetz. Unter Berücksicht. der Entscheidungen des Reichsgerichtes und des Kammergerichtes, sowie der preuß. Justizministerialerlasse hrsg. 8. (VII, 64 S.) [Gnesen 887, Baensch und Wankowski.] Berlin, Siemenroth und Worms. *

Schönfeld (II.), erster Gesammtbericht über das öffentliche Gesundheitswesen im Reg.-Bez. Arnsberg, insbesondere die J. 1880 bis 1882 umfassend. Aus amtl. Veranlassung veröffentlicht. gr. 8. (VII, 320 S.) Arnsberg 884, Becker. * 4 —

Schönfeld, Geschichte d. Feld-Artillerie-Regiments v. Podbielski [Niederschlesisches] Nr. 5, s.: Kaulfuß.

Schönfeld, ..., Handbuch d. erläutert. Gerichtsordnung. Mit e. Materienregister. gr. 8. Prag u. Wien 801. (Akadem. B. in Linz). 1 rl 8 gr.

Schönfeld, ..., Herrscher-Einzug Leopolds II. in Wien, italien. u. deutsch. 8. Wien ... (Leipz., Gräff). 3 gr.

Zehn Krankheiten der Kinder Gottes und das erleuchtete Kreuz von Golgatha. Von Dr. **Schönfeld**. Berlin: Deutsche Evang. Buch- u. Tractat-Gesellsch. 1906. (32 S.) 8° [J.] [07. 9131

Schoenfeld, Leitfaden f. d. Konfirmanden-Unterricht auf d. Grundlage d. apostol. Glaubensbekenntnisses. gr. 8. (V, 48 S.) Leipzig 897. Fr. Richter. Kart. n. 75

— der Offenbarungseid u. die Haft als Maßregeln der Zwangsvollstreckung, nach der Civilprozeßordng. dargestellt. 8. (64 S.) Berlin 888. Siemenroth & Worms. n. 1. —

Schönfeld, Adph., der Prophet von Berlin, oder: der Rächer der Todten. Historische Erzählung. 1—20. Heft. (1. Bd. 280 S., 2. Bd. 336 S., 3. Bd. 223 S. u. 4. Bd. S. 1—96.) Berlin 868,69. Große. gr. 8. Jede Liefg. 3 ngr.

[F.] Lehmann's Missgeschicke. Skizzen aus d. Zeitgeschichte Berlins v. Alfred Schönfeld. *Berlin: E. Streisand 1894.* (80 S.) 1 Bd 8. [96. 375

— u. H. J. Giers, der Sang an Aegir. Lustspiel in 1 Aufz. gr. 8. (27 S.) Berlin 894. A. Entsch. 1. 50

— dasselbe, s.a. Bloch's, Ed., Theater-Korrespondenz.

[F.] Der Sang an Aegir. Lustsp. in 1 Aufz. v. Alfred Schönfeld u. H. J. Giers ... 2. Aufl. *Berlin: E. Bloch [1895].* (42 S.) 1 Bd 8.
= Theater-Korrespondenz, Eduard Blochs. No 281. [96. 369

Seitensprünge. Indiscrete Geschichten aus d. Grossstadt v. Alfred Schönfeld. *Berlin: E. Streisand 1894.* (96 S.) 1 Bd 8. [96. 376

Schönfeld, Alfr., Papas Sommerreise, s.: Kren, Jean.

Schönfeld, Arthur

Schönfeld, A., Kanon der Geschichtszahlen f. höhere Mädchenschulen. Auf Grund der Bestimmgn. v. 31. V. 1894 zusammengestellt. 12. (45 S.) Anklam (899). F. Krüger. Kart. n. — 60

Schönfeld, Arthur, a. Festenberg, Referendar bei der Kgl. Staatsanwaltschaft Breslau: Die Urheberbenennung im geltenden Recht und ihr Ursprung. Borna-Leipzig 1908: R. Noske. (VIII, 71 S.) 8° [F.]
Erlangen, Jur. Fak., Ref. Oertmann, Diss. v. 20. Juni 1908
[Geb. 26. Juni 81 Festenberg, Kr. Groß-Wartenberg; Wohnort: Breslau; Staatsangeh.: Preußen; Vorbildung: Elisabeth-Gymn. Breslau Reife O. 02; Studium: Breslau 5, Innsbruck 1 S.; Rig. 19. Mai 08.]

Schönfeld, Carl. s. Schönfeld, Karl

Schönfeld, Carlotto Hans. s. Schönfeld, Karlotto Hans

Schönfeld, David Nikolaus

— Abhandl. von d. geistl. Leidenschaften in d. Gottesdienste d. Christen. 8. Rostock, Berger. 754.

Schönfeld, Dav. Nik., († ...) Anweis. zur Erkenntniß seiner selbst. 8. Wismar 764. Bödner. 12 gl.

— die Lehre vom Glück u. Unglück. 8. Rostock 757. Bödner. 5 gl.

Schönfeld, E., die hypertrophischen Lymphdrüsen-Geschwulste des Halses und deren Heilung mittelst einer neuen Heilmethode. Brünn 862. (Wien, Sallmayer & Co.) 8. (72 S.) n. 16 ngr.

Schönfeld, E., Vortrag über die soziale Frage. 8°. Köln 1870.

Schönfeld, E. Dagobert

— der isländische Bauernhof u. sein Betrieb zur Sagazeit, s.a. Quellen u. Forschungen zur Sprach- u. Culturgeschichte der german. Völker. 91. Hft.

Der isländische Bauernhof und sein Betrieb zur Sagazeit. Nach d. Quellen dargest. von Dr. E. Dagobert Schönfeld. *Strassburg: K. J. Trübner 1902.* (XVI, 286 S.) 8°
= Quellen u. Forschungen z. Sprach- u. Kulturgeschichte d. german. Völker. 91. [02. 677

— die mohammedanische Bewegung im ägypt. Sudàn, s.a. Verhandlungen der deutschen Kolonial-Gesellschaft. VIII. 3.

Die mohammedanische Bewegung im ägyptischen Sudàn. Vortrag von Prof. Dr. E. Dagobert Schoenfeld. (Berlin: D. Reimer 1905.) (S. 57–89.) 8°
= Abteilung Berlin-Charlottenburg d. Deutschen Kolonial-Gesellschaft. Verhandlungen. 1903/04, H. 3. [05. 257

Schoenfeld, E. Dagobert, Erythräa u. der ägyptische Sudan. Auf Grund eigener Forschg., an Ort u. Stelle, dargestellt. Mit 15 Taf., enth. 20 Lichtdr. (III, IV, 245 S.) Lex.-8. Berlin 904. D. Reimer. Geb. in Leinw. n. 8. —

Schoenfeld, E. Dagobert, Gretter der Starke. E. alten isländ. Urkunde nacherzählt. gr. 8. (VIII, 272 S. m. 1 farb. Karte.) Berlin 896. Schuster & Loeffler. Geb. in Leinw. n.n. 5. —

Schoenfeld, E. Dagob., die Halbinsel des Sinai in ihrer Bedeutung nach Erdkunde u. Geschichte, auf Grund eigener Forschung an Ort u. Stelle dargestellt. Mit 1 Karte, 3 Textabb. u. 16 Lichtdr.-Taf., enth. 20 Abb. (VIII, 196 S.) Lex. 8. Berlin 907. D. Reimer. Geb. in Leinw. 8. —

— Kjartan u. Gudrun. E. kulturhistor. Roman v. der Wende d. 10. Jahrh. auf Island. 2 Bde. 8. (XI, 223 u. V, 199 S.) Jena 898. H. Costenoble. n. 6. —; in 1 Bd. geb. n. 7. 50

— An nordischen Königshöfen zur Vikingerzeit. (VIII, 372 S.) 8. Strassburg 910. K. J. Trübner. 5. —; geb. in Leinw. 6. —

Schoenfeld, E. Dagobert, aus Putzig i. Westpr.: Das Pferd im Dienste des Isländers zur Saga-Zeit. *Rostock 1900: Adler's Erben.* (76 S.) 8° [Ant. u. F.]
Rostock, Phil. Diss. v. [14. Nov.] 1899

— das Pferd im Dienste des Isländers zur Saga-Zeit. Eine kulturhistor. Studie. gr. 8. (X, 76 S.) Jena 900. Berlin, H. Costenoble. n. 1. 50

Schoenfeld, E. Dagob., aus den Staaten der Barbaresken. Mit 16 Lichtdr. u. 2 Autotyp. gr. 8. (VI, 267 S.) Berlin 902. D. Reimer. Geb. in Leinw. n. 8. —

Schönfeld, Eduard: Atlas des nördlichen gestirnten Himmels f. d. Anfang des Jahres 1855, s. Argelander, Friedr. Wilh. Aug.

Schönfeld, Eduard: Astronomische Boebachtungen auf d. Sternwarte der K. Rhein. Friedrich-Wilhelms-Universität zu Bonn. s.a. Argelander, Friedr. Wilh. Aug.

Schönfeld, Ed., astronomische Beobachtungen auf der Sternwarte der königl. rheinischen Friedrich-Wilhelms-Universität zu Bonn, angestellt und hrsg. 8. Bd.: Bonner Sternverzeichniss. 4. Section, enthaltend die genäherten mittleren Oerter für den Anfang des J. 1855 von 133 659 Sternen zwischen 2. und 23. Grad südl. Declination und 1173 diesen Grenzen benachbarten. gr. 4. (56, 459 S.) Bonn 886, A. Marcus. *
1.—7. Bd. u. d. T.: Argelander, F. W. A., astronomische Beobachtungen [s. XV. Bd. 1. Abthl. S. 59.]. Ebendas. 1846—69. à Bd. *M 15.—.

—— astronomische Beobachtungen auf der Grossherzogl. Sternwarte zu Mannheim angestellt. 1. Abthl.: Beobachtungen von Nebelflecken und Sternhaufen. gr. 4. (XIV und 115 S.) Mannheim 862, (Bensheimer.)

Schönfeld, E., astronomische Beobachtungen auf der grossherzogl. Sternwarte zu Mannheim angestellt. 2. Abthl.: Beobachtungen von Nebelflecken und Sternhaufen. gr. 4. (X, 95 S.) Karlsruhe 875, Braun'sche Hofbuch. ** 6 —
1. Abthl. [Karlsruhe 1862, Braun'sche Hofbuchh.] Mannheim, Bensheimer. *M 4.

Schönfeld E., Dr.: Beobachtungen von veränderlichen Sternen. 1. Mitteilung. S. 12. 46 vgr
— — 2. Mitteilung. S. 44. II. 56 . . . vgr.
Separatabdruck

Schönfeld, Ed. Beobachtungen von veränderlichen Sternen. Wien 1861.

Schönfeld, E. (I.), Beobachtungen von veränderlichen Sternen. Angestellt auf der königl. Sternwarte zu Bonn. Lex.-8. (144 S.) Wien 862, (Gerold's Sohn.) *
Aus: Sitzungsberichte der k. Akademie der Wissenschaften, besonders abgedruckt.

Schönfeld, Eduard: Bonner Durchmusterung des nördlichen Himmels, s. Argelander, Friedr. Wilh. Aug.

Schoenfeld, Eduardus (geb. am 22 Dez. 1828 [nicht 1829] in Hildburghausen): Nova elementa Thetidis deducta ex observationibus annorum 1852 et 1853 ... Bonnae, form. C. Georgii (1854). 2 Bl., 32 S., 1 Bl. 4.
Bonn, Phil. Fak., Diss. v. 11 Aug. 1854

Schönfeld, E., zweiter Catalog von veränderlichen Sternen. Mit Noten. gr. 8. (72 S.) Mannheim [Strassburg] 874, Schneider's Verlag. *

Schönfeld, Ed., Bonner Sternkarten. 2. Serie: Atlas der Himmelszone zwischen 1° und 23° südlicher Declination für den Anfang des J. 1855. Als Fortsetzung des Bonner Atlas des nördl. gestirnten Himmels, in den J. 1876 bis 1885 auf der königl. Sternwarte zu Bonn bearb. 4 Lfgn. Fol. (24 lithogr. Karten mit 2 Bl. Text.) Bonn 886,87, A. Marcus. à Lfg. *M 12.—. * 48 —
1. Serie u. d. T.: Argelander, F. W. A., Atlas des nördlichen gestirnten Himmels. 10 Lfgn. Ebendas. 1857—62. *M 90.—.

— (Hrsg.), s. Vierteljahresschrift der astronomischen Gesellschaft.

Schönfeld, Elisab. Reichsgräfin v., geb. Gräfin Festetits de Tolna, Erinnerungen aus dem Leben. Hrsg. v. Heinr. Graf Schönfeld. (VI, 282 S. m. Abbildgn. u. 2 Bildn.) 8. Wien 907. (Gerold & Co.) 7. —

v. Schönfeld, Emil, Euphrosine, od. die Dame von Welt. Ein nützl. Sittenbüchlein f. Jungfrauen u. Damen überhaupt rc. 12. Nordhaus. 829. (Dörffling in Leipz.) 8 g.

SCHÖNFELD, Emil v. (ps.?), Euphrosyne oder die Dame von Welt. Ein nützliches Sittenbüchlein für Jungfrauen u. Damen überhaupt etc. Ein Toilettengeschenk. Nordhausen, Rosinus Landgraf, 1829. 12°.
2 Bll., 98 S. — S. 52 ff. Von der Liebe, dem Brautstande etc.

Schönfeld, Ernst, die Bräutigamsschau, s. Bloch's, E., Dilettanten-Bühne.

—— Schildwach, Tod und Teufel, s. Bloch's, E., Theater-Gartenlaube.

Schönfeld, Ernst, das Turnerfest, s. Bloch's, E., Theater-Gartenlaube.

Schönfeld, Ernst, Das Turnerfest, Schwank m. Gesang in 1 Akt, Musik v. R. Thiele, Berlin, 14 S., 8°.

—— Wie man sich irren kann, s. Bloch's, E., Dilettanten-Bühne.

Schönfeld, Ernst, wie man sich irren kann, s.: Bloch's, Ludw., Sammlung v. Zwie- u. Dreigesprächen.

Schönfeld, Ernst v., aus alter Zeit. Beiträge zur Geschichte der alten Herrschaften Cottbus u. Peitz. 2. Aufl. gr. 8. (IV, 76 S.) Cottbus 892. H. Differt. n. 1. —

Schönfeld, Ernst Collin-, s. Collin-Schönfeld

Rede von den Hauptabsichten der Wohlthäter, und von der Verbindlichkeit der Pflegkinder des Hauses der armen Waisen zu St. Johann dem Täufer. Gehalten von Expedit Edler von Schönfeld, Prag: v. Schoenfeld 1779. 20 S. 8°. [Umschlagtit.]
Selten.

Schönfeld, F. Über die kulturgesch. Bedeutung d. älteren religiös-ethischen Dichtungen in d. deutschen Litteratur. 40 S. Rg. *Darmstadt* 1878.
Progr.

Schönfeld, F., Hand-Fibel für den verbundenen Lese-, Schreib-, Recht- und Schönschreibe-Unterricht in der Unterklasse der Volksschulen. Als Einführung in die Lesestücke der Hand-Fibel von Otto Schulz. Sommerfeld 864. Mertsching in Comm. 8. (56 S.) n. 2 ngr.

Schönfeld, F., Hand-Fibel für den verbundenen Lese-, Schreib-, Recht- u. Schönschreibe-Unterricht in der Unterklasse der Volksschulen. 2., verm. u. verb. Aufl. Sommerfeld 866. (Mertsching.) 8. (72 S. mit eingedr. Holzschn.) n. 2 ngr.

Schönfeld, F., Hand-Fibel f. den verbundenen Lese-, Schreib-, Recht- u. Schönschreibe-Unterricht in der Unterklasse der Volksschule. Ausg. A. 25. Aufl. 12. (80 S. m. Bildern.) Sommerfeld, Bez. Frkf. a. O. 893. (H. Mertsching.) n. — 20; geb. n.n. — 30

Schönfeld, F., Hand-Fibel f. d. verbund. Lese-, Schreib-, Recht- u. Schönschreibe-Unterricht in d. Unterklasse der Volksschule. Ausg. A. 26. Aufl. 12. (80 S. m. Bild.) Sommerfeld 896. (H. Mertsching.) n. — 20; Einbd. n.n n. — 10

— dasselbe. Ausg. B. (m. Schreibschrift). 2. Aufl. 12. (80 S.) Ebd. 893. n. — 20; geb. n.n. — 30

— das christliche Kirchenjahr. Ein Beitrag zur Belehrung über die Feste u. Festzeiten der evangel. Kirchen. Für Schule u. Haus bearb. Ebend. 867. 8. (30 S.) n 3 ngr.

Schönfeld, F., System der naturl. Hefereinzucht, s.: Delbrück, M.

Schönfeld der Jüngere, Fr., gründliche Anweisung zur Fabrikation der ächt englischen Glanzwichse, so wie Recepte zu der beliebten flüssigen, der Habermann'schen, französ., russ., japan., Cordova-, Thran-, Kautschuk- u. Firniß-Stiefelwichse, nebst einer schönen Wichse für Möbels, Fußböden, Pferdegeschirre. 12. Arnstadt 843, Meinhardt. Verklebt 1 ngr.

v. Schönfeld, Fr. W., Myrthenblüthen. Ein Cyclus von Liebesnovellen. gr. 12. Magdeburg 837. Bühler. 1 1/4 ngr.

Schönfeld, Fr. W. v., Myrthenblüthen. Ein Cyclus v. Liebesnovellen. gr. 12. (10 5/6 B.) Magdeburg 837, [Inkermannsche Bh. ?]

SCHÖNFELD, Fr. W. v. (ps.), Ein Cyclus von Liebesnovellen. Magdeburg, Buchler, 1837. Gr. 12°. 10 5/6 Bog.
A. G. Schmidt, Gallerie etc. — Selten!

Schönfeld, Franz: * Kants Beeinflussung durch Hume. 89 S. 4° (2°)
Halle-Wittenberg, Phil. Diss. v. 16. Juli 1875
Geb. [Reppen (Brandenburg. Kr. Weststernberg) 29. 12. 1847]

Schönfeld, Franz [aus Hohendodeleben]: **Beiträge zur Kenntnis eines neuen Nonylalkohols und Nonylens....** Berlin, Buchdr. v. O. Schade, *1891*; 54 S., 1 Bl. 8°
Berlin, Phil. Fak., Inaug.-Diss. v. 12. Aug. 1891

Schönfeld, Frz., die Herstellung obergähriger Biere. gr. 8. (VIII, 160 S. m. 17 Abbildgn.) Berlin 902. P. Parey. Geb. in Leinw. n. 4.50

v. Schönfeld, Frz. Thom., (sonst Moses Dobruska,) etliche Gedichte zur Probe. 8. Wien 773.

Schönfeld, Franz Thomas. Herrscher-Einzug Leopold II. in Wien. (Deutsch und Italienisch.) Wien 1790. Ü: *Voltiggi, Giuseppe.* (Nationalbibliothek — Wien 26, Z. 199) (BiblPort)

-- (s.) David's Kriegsgesänge.

Schönfeld, Franz Thomas von, Davids Kriegsgesänge deutsch (aus dem Grundtexte). Wien u. Leipzig, 1789. 8°. 8½ Bg.
Vgl. darüber Schwarz, a. a. O. S. 163.

Schoenfeld, Fritz [aus Mannheim]: **Beiträge zur Kenntniss der Alkyloxalsäuren und der Alkyloxaläther....** Bonn, Univ.-Buchdr. v. Carl Georgi, 1887; 41 S. 8°.
Freiburg i. B., Phil. Fak., Inaug.-Diss. v. 1887.

Schoenfeld, Fritz. Beiträge zur Kenntniss der Alkyloxalsäuren und der Alkyloxalaether. Diss. Freiburg i. B. 1887. Fr. Wagnersche Univ.-Buchh. 8°. 44 S.

Schönfeld, Fritz, Prof.: **Das Jesusbild nach der Darstellung** moderner Dichter und der historische **Jesus. Strehlen 1907**: P. Schwarzer. (24 S.) 4°
Strehlen Schl., k. Kaiser Wilhelms-G P 1907 (258)

Schönfeld, G., s.: Jahrbuch, klinisches.

Schönfeld, G. Aus den Zeiten der hrzgl. Sachsen-Altenburgischen Landespost. gr. 8°. Altenburg (Privatdruck) 1894.

Schoenfeld, Georg (Namslau) A. S. 1202/22

Dissertatio inauguralis medica sistens meditationes de medico vehementer laudari digno ad ductum Hippocratis de veter. medic. $. XVI.
Präs. Johann Heinrich Schulze.
Halle (Hilliger) X. 1735. 24 S. 31187

Schönfeld, G., De Taciti studiis Sallustianis. Diss. 1884. 59 S. 2.—

Schönfeld, Geo., de Taciti studiis Sallustianis. gr. 8. (59 S.) Leipzig 884. (Fock.) n. 1.—

Schoenfeld, Gust. (geb. Thorn ... 1840): De paralysibus hystericis. Berolini (1862) 31 S. 8°
Berlin, Med. Diss. v. 4. Aug. 1862

(F) **Schönfeld**, H., Erinnerungen aus dem Leben der Obersthofmeisterin Elisabeth Reichsgräfin von Schönfeld geb. Gräfin Festetits de Tolna. 8°. (282 S.) † K 7.—
Wien: Gerold 1907.

Schönfeld, H., s. Nassau, das Herzogthum.

Schönfeld, H., **das Nothwendigste üb. die Notenschrift. Zur Wiederholg. f. die Gesangsschüler an höhern Lehranstalten. 8. (16 S.) Breslau 875. Morgenstern.** n. — 20

Schönfeld, H., **das Notwendigste üb. die Notenschrift. Zur Wiederholung f. die Gesangsschüler an höheren Lehranstalten zusammengestellt. 2. Aufl. 8. (16 S.) Breslau 888. Morgenstern's Verl.** n. — 25

Schönfeld, H., s. Original-Ansichten.

Schönfeld, **Hans, Erlauschtes u. Erlebtes. Wiener Geschichten u. Anderes. 8. (142 S.) Dresden 900. E. Pierson's Verlag.** n. 1.50; geb. n. 2.50

Schönfeld, Hermann

--Die deutschen Beziehungen zu d. VS. Vortr. gen. in d. Dten Hist. Gesell. von NY. NY, 1898 [?].

Schönfeld, Herm., 42 ausgewählte Choräle, nach den Choralmelodieen zum Gesangbuch für evangel. Gemeinden Schlesiens zum Gebrauch an höheren Lehranstalten für vierstimmigen gemischten Chor bearb. gr. 8. (IV, 42 S.) Breslau 882, Hainauer. * — 50

Schönfeld, die Dienststellg. der Beamten am preuß. Amtsgerichte. Auf Grund der gesetzl. u. der ministeriellen Bestimmgn. dargestellt. 8. (VIII, 135 S.) Breslau 894. J. U. Kern's Verl. Kart. n. 2.50

— die **Gebührenordnung f. Rechtsanwälte. Unter Berücksicht. der Entscheidgn. d. Reichsgerichts hrsg. 8. (VI, 75 S.) Trier 888. Stephanus' Verl.** n. 1.20; cart. n. 1.40

— der preußische Gerichtsvollzieher. Eine Zusammenstellg. der ministeriellen Vorschriften u. der Gebührengesetze, nebst Erläutergn. 12. (VIII, 176 S.) Gnesen 885. Baensch & Wunkowski. n. 2.—

—— dass. — Eine Zusammenstellung sämmtl. für die Geschäfte der Gerichtsvollzieher maßgebenden Bestimmungen nebst Erläuterungen, 2. Aufl. 8. (VIII, 269 S.) Gnesen 886. Berlin, Siemenroth und Worms. *M 5.—; geb. *

Schönfeld, der preuß. Gerichtsvollzieher. Eine Zusammenstellg. u. Erläuterg. sämmtl. f. d. Dienst d. Gerichtsvollzieher maßgeb. Bestimmgn. Als Handbuch f. d. Gerichtsvorstände, Richter u. Rechtsanwälte, sowie als Lehrbuch f. die Gerichtsvollzieher u. Gerichtsvollzieheranwärter hrsg. 3., wesentlich verm. Aufl. gr. 8. (X, 450 S.) Breslau 896. J. U. Kern's Verl. n. 7.50; geb. in Leinw. n 8.50

Der Preussische Gerichtsvollzieher. Eine Zusammenstellung u. Erläuterung sämmtl. f. d. Dienst d. Gerichtsvollzieher massgebenden Bestimmungen. Als Handbuch hrsg. von [Hermann] Schönfeld, Oberlandesger.R. in Breslau. 4., wesentl. verm. Aufl. *Breslau: J. U. Kern 1900.* (XII, 519 S.) 8° [J.] [01. 434

Schönfeld, der preuß. Gerichtsvollzieher. Eine Zusammenstellg. u. Erläuterg. sämmtl. f. den Dienst der Gerichtsvollzieher maßgeb. Bestimmgn. Als Handbuch f. die Gerichtsvorstände, Richter u. Rechtsanwälte, sowie als Lehrbuch f. die Gerichtsvollzieher u. Gerichtsvollzieheranwärter hrsg. 5., verm. u. verb. Aufl. gr. 8. (VIII, 559 S.) Breslau 901. J. U. Kern. n. 9.—; geb. in Leinw. 10.—
4. Aufl. (XII, 519 S.) Ebd. 900. n. 8.50; geb. 9.50.

Schönfeld, der preußische Gerichtsvollzieher. Eine Zusammenstellg. u. Erläuterg. sämtl. f. den Dienst der Gerichtsvollzieher maßgeb. Bestimmgn. Als Handbuch f. die Gerichtsvorstände, Richter u. Rechtsanwälte, sowie als Lehrbuch f. die Gerichtsvollzieher u. Gerichtsvollzieheranwärter hrsg. 6., umgearb. u. verb. Aufl. (VIII, 605 S. u. Nachtrag 27 Bl.) gr. 8. Breslau 909. J. U. Kern. 11.—; geb. in Leinw. 12.—

- dasselbe. 6. Aufl. 2. Nachtrag. (22 S.) gr. 8. Ebd. 910. — 40

Schönfeld, [Herm.]: Die Instruktionen für die Verwaltung der Kassen- und Etatsfonds bei den Justizbehörden vom 1. Dez. 1884 bez. 3. März 1885 nebst dem Fondsverzeichnisse [usw.]. Gnesen 1885

— die Instruktionen f. die Verwaltung der Kassen u. der Etatsfonds bei den preuß. Justizbehörden, nebst Anhang. Neue Ausg. 8. (VII, 184 S.) Trier 888. Stephanus' Verl. cart. n. 1. 70

—— geistliche und weltliche Lieder und Gesänge zum Gebrauch beim Gesangunterricht in Gymnasien und Realschulen. 2 Hefte. 8. Breslau 880, Korn. ** 1 25

Inhalt:
Heft 1. Einstimmige Lieder und Gesänge. (VI, 32 S.) ** 50 Pf.
» 2. Zweistimmige Gesänge. (VIII, 64 S.) ** 75 Pf.

— das Vertheilungsverfahren innerhalb der Zwangsvollstreckung in das bewegliche Vermögen wegen Geldforderungen. 8. (54 S.) Ebd. 887. cart. n. 1. 20

Schoenfeld, Hugo, approb. Arzt: Klinische Erfahrungen mit dem neuen Hypnotikum Hedonal. *München 1901: Kastner & Lossen.* (32 S.) 8°
München, Med. Diss. v. 1901

Schönfeld, Ignaz v.

v. Schönfeld, Ritter J., s. Adels-Schematismus.

Schönfeld, Ignaz Ritter von Adels Schematismus des oesterreichischen Kaiserstaates. Im Vereine mit mehreren Freunden dieses Faches herausgegeben. 1. Jahrgang. 8. Wien (1824)

v. SCHÖNFELD, Ign.: Handbuch der erläuterten Gerichtsordn. Mit einem Materienregist. *Wien*, 801. gr. 8.

Schoenfeld, Johann (Zittau) 4°Thl. XV, 212/16

Dissertatio theologica, qua invictum V. T. testimonium de spe melioris vitae ex Psalm. XVII, 15 sistet ... Präs. Johann Georg Neumann. Wittenberg (Meyer) 1705. 47 S.

Diss. 24. II. 1701. 31189

Schoenfeld, Johann Christian (Altenburg) F, zd: 2

Dissertatio inauguralis medica de uteri fabrica controversa. Präs. Heinrich Friedrich Delius. Erlangen (Walther) (14.) IX. 1769. 20 S.

W. v.: Präs. 31191

Schönfeld, Johann Friedrich v., s. A B C - Buch, Ökonom.

– s.a. Arbeiten, Ökonom.

Schönfeld, J. Edler von (Herausgeber): „Oekonomische Arbeiten einiger Freunde des Guten und Gemeinnützigen in Böhmen", Prag und Wien 1792.

– s. Chronik u. Gesch. v. d. Landwirthschaft.

v. Schönfeld, Jh. Fr., s. Dutens, Rahdores.

SCHOENFELD, Johann Friedrich: Ideen zur Anlegung einer Landwirtschaftskolonie von 100 armen Familien. Wien u. Prag 1783

v. Schönfeld, Jh. Fd., Ideen zur Anlegung e. Landwirthschafts-Kolonie von 100 armen Familien 2c. 8. Wien u. Prag 1783.

— die Kunst, das unverbrennbare Steinpapier zum Dachdecken nachzuahmen, durch die Versuche des Hofr. v. Georgi geprüft. 8. Wien 792. (Wimmer). 3 xr

– s. Lehrbuch d. Industrie.

— technolog. Museum zur Vertheidigung d. Künstler- u. Gewerbstandes eröffnet in Wien. 8. Prag 798. Schönfeld. 5 xr

– s. Schmidt, J. K. v.: Prakt. Landwirth.

v. Schönfeld, Jh. Glo., († 1777.) die Landwirthschaft u. deren Verbesserung. gr. 8. Leipz. 773. 2e Ausg. mit e. Vorrede v. J. Geo. Stumpf. gr. 8. Ebd. 791. Breitkopf u. H. 2 ß 12 xr

— Lehrbuch der ganzen Landwirthschaft f. Stadt- u. Dorfschulen. 8. Leipz. 778. (Aue in Altona). 1 ß 4 xr

— Lehrbuch d. ganzen Landwirthschaft für Stadt- und Dorfschulen 2c. 8. Leipz. Jacobäer. 778.

Neue Freymäurer-Lieder mit Melodien, von J[oh.] P[hil.] S[chönfeld.] [Braunschweig: 1772.] 15 S. quer 8° [Kupfertit.]

Kl. 1521. Selten. 7 Lieder mit Noten.

Schönfeld, Johs., Schulandachten. gr. 8. (VIII, 104 S.) Berlin 892. Buchh. der deutschen Lehrer-Zeitg. (Fr. Zillessen.) 1. 50

Schoenfeld, Johannes Feodor, approb. Arzt aus Dresden: Ein Beitrag zur Casuistik der Bulbusrupturen. *Leipzig 1901: B. Georgi.* (53 S.) 8°
Leipzig, Med. Diss. v. 15. Juni 1901

Schönfeld, K. A. von: „Abhandlung von dem Zustande der Landwirtschaft in den neuesten Zeiten", Stuttgart 1780.

Schönfeld, Karl Graf, Erinnerungen e. Ordonanzoffiziers Radetzkys. Hrsg. u. bearb. von Karl Baron Torresani. (100 S. m. 1 Bildnis u. 1 Faksm.) gr. 8. Wien 904. L. W. Seidel & Sohn. n. 2 60

Schönfeld, Karl, aus Magdeburg: Der Kaffee-Engroshandel Hamburgs. *Heidelberg 1903: K. Rößler.* (135 S.) 8°
Heidelberg, Phil. Diss. v. 1903

Schoenfeld, Car. (geb. Kruselin in Meckl. 2. 12. 1841): De luxatione congenita et singulari quadam luxatione genuum. Berolini (1865) (32 S.) 8°
Berlin, Med. Diss. v. 4. Aug. 1865

Schönfeld, Karl, s.a. Santiśataka, das.

Schönfeld, Carl, aus Winterthur: Das Sāntiśataka. Mit Einleitung, kritischem Apparat, Uebersetzung und Anmerkungen. Leipzig 1910. 138. 8. 8°.
Zürich. Univ. Phil. Diss. I. 8. 1909 10.

Schönfeld, Carl. Das Sāntiśataka. Mit Einleitung, kritischem Apparat, Übersetzung und Anmerkungen. 8. Leipzig, Otto Harrassowitz, 1910.

Ausg. A: Diss. Phil. I. Univ. Zürich ... von K' Sch' ... 138 S.
Ausg. B: Hrg. von K' Sch'. 137 S. [M. 4. —]

Schönfeld, Karl Alfred, approb. Arzt aus Crimmitschau: Ueber Pseudohermaphroditismus masculinus externus. *Leipzig 1903: B. Georgi.* (32 S.) 8°
Leipzig, Med. Diss. v. (17. März) 1903

Schönfeld, Karl Emil, Michiel de Ruyter. Ein Lebensbild, der reiferen Jugend u. dem Volke dargeboten. (155 S.) 8. Leipzig 907. (Berlin, E. Philipp.) nn 2. 25

Schönfeld, Karlotto Hans

Schoenfeld, Carlotto Hans, aus toter Bahn heraus. Roman. (125 S.) 8. Leipzig (909). G. Müller-Mann. 1. —

Der Theaterstern, s.: Hadwiger, Vict., der Empfangstag.

Schönfeld, L., Gedichte. (60 S.) 8. Leipzig 910. Modern. Verlagsbureau. 1. —

Hauskalender. Verfasser L. Schönfeld. 8. (14 Blätter, 20 S. und 6 Blätter.) Ofen. Gedruckt in der k. k. ungar. Universitäts-Druckerei. 1854.

Schönfeld, Leo, aus Hamburg: Zum § 823 B.G.B. *München 1899: Kastner & Lossen.* (124 S.) 8°
München, Jur. Diss. v. 1899

Schönfeld, L. aus [illegible] geb. Posen [illegible]: Ein Beitrag zur Lehre von der Spirometrie. Berlin 1882. 26 S. 8°
Berlin, Med. Diss. v. 9. Mai 1882

Schönfeld, M., üb. d. Leucorrhoe junger Mädchen vor den Jahren d. Mannbarkeit. A. d. Franz. übers. v. Geo. Herm. Möller. gr. 8. (3¼ B.) Cassel 839, Bohné.

Schönfeld, M. G., der liebe Branntewein! Od.: Kurze Belehrung üb. Mäßigkeits-Vereine. Zwei vorurtheillose Gespräche volksfaßl. aufgeschrieben. 2. Aufl. 8. (7¾ B.) Lemgo 841. (Leipzig, Fr. Fleischer.) *

—— ernste Warnung vor d. verderbl. Branteweintrinken. Pred. gr. 8. (1¾ B.) Lemgo 839, Meyersche Hofbuchh.

—— Wunden, Wehe u. Leiden d. Branteweintrinkers! Od.: Was von d. Mäßigkeits-Vereinen zu halten sey. Drei vorurtheilsfreie Gespräche 2c. 2. Aufl. 8. (15 B. u. 1 Stnt.) Lemgo 841. (Leipzig, Fr. Fleischer.) *

Schönfeld, Max [aus Detmold]: Lathyrus silvestris. Ihr Anbau u. ihr Wert als landwirtschaftliche(!) Kulturpflanze ... Halle a. S., Hofbuchdr. v. C. A. Kaemmerer & C., 1895; 72 S. 8.
Leipzig, Phil. Fak., Inaug.-Diss. v. [14. Juni] 1895

Schönfeld, Moritz [pr. Arzt]: 10 Fälle von papillären Kystomen des Ovariums aus der Münchener Frauenklinik ... München, kgl. Hof- u. Univ.-Buchdr. v. Dr. C. Wolf & Sohn, 1891; 25 S. 8.
München, Med. Fak., Inaug.-Diss. v. [17. Dez.] 1891

Offizielle Automobil-Tourenkarten des Kaiserlichen Automobil-Clubs. Bearb. von Oskar v. **Schönfeld**, Berlin. No 2. Berlin & Glogau: C. Flemming [1907]. 8° [lith.] [kol.] 07. 1171

Schönfeld, Osc. v., Frauenspiegel. (Mit Buchschmuck v. Joe Loe u. Zamboni.) (61 S. m. Abbildgn. u. 1 Gravüre.) 16. Berlin-Charlottenburg 907. Verlag Deutsches Adels-Archiv. Geb. in Leinw. 6. —

(Offizielle Automobil-Tourenkarten des Kaiserlichen Automobil-Clubs. Nr. 34.)
Hamburg — Kiel — Flensburg — Hadersleben. Bearb. v. **Oscar von Schönfeld.** Berlin u. Glogau. 1907. 1 Bl. Fol. 14 120 cm. zsgef. in Buchdeckel. 8°

-- Riviera-Tour, s.: Automobil-Tourenkarten, offizielle, d. kaiserl. Automobil-Clubs. (Im Anhang: Karten u. Pläne.)

Schönfeld, Otto, der rationelle Ackersmann od. das ABC e. rationellen Ackerwirtschaft. 2. Aufl. gr. 8. (66 S. m. Fig.) Oranienburg 881. (Freyhoff.) cart. n. 1. 50

-- der rationelle Anbau der Luzerne, der Königin der Futterkräuter. Nebst e. Anh. v. Futter-Recepten f. Milchkühe. gr. 8. (31 S.) Ebend. 880. cart. n. — 60

Schönfeld, Otto, kurze Bearbeitung der Arbeiter-Frage vom landwirthschaftlichen Standpunkt aus. 8. (14 S.) Wriezen 872. (Riemschneider.) n. — 30

— ein Beitrag zur Belebung d. landwirthschaftlichen Vereinslebens. Ueber die Gründg. von Zuchtstier-Genossenschaften zur Hebg. u. Verbesserg. der Rindviehzucht. gr. 8. (8 S.) Ebend. 872. n. — 25

-- ein Blick in die Zukunft d. deutschen Bauernhofes. gr. 8. (16 S.) Ebend. 885. n. — 30

Schönfeld, Otto, einfachste landwirthschaftliche Buchführung. 7 Hefte. Fol. Wriezen 872, Riemschneider. **
Inhalt:
Heft 1. Das Kassen-Buch. (94 S.)
" 2. Das Haupt-Buch. (22 S.)
" 3. Das Feldbestellungs- und Ernte-Erdrusch-Buch. Das Dünger-Ausfuhr-Buch. Das Probemelk-Buch. (8 S.)
" 4. Das Feldfrucht-Buch. (18 S.)
" 5. Das Lohn-Buch. (12 S.)
" 6. Das Tagelohn-Buch. (24 S.)
" 7. Das Boden- und Stoff-Ersatz-Buch. (4 S.)

— der rationelle Düngersmann od. das A-B-C e. rationellen Düngerwirtschaft, nebst Anh. üb. 1. Saat, Pflege zwischen Saat u. Ernte u. Erntemetoden, 2. Einleitung zur landwirtschaftl. Buchführg. 2. Aufl. gr. 8. (34 S.) Ebend. 885. cart. n. 1. 50

Schönfeld, Otto, Entlassungs- u. Festreden f. Volksschulen. gr. 8. (IV, 114 S.) Wittenberg 897. R. Herrosé. n. 1. —

Schönfeld, Otto, approb. Arzt aus Sommerfeld: Aus d. pathol. Institute zu Kiel. Ein Fall von Aplasie der rechten Niere bei einem an Retropharyngealabscesse gestorbenen Kinde. *Sommerfeld 1903: H. Mertsching.* (18 S.) 8°
Kiel, Med. Diss. v. [17. Jan.] 1903

—— der rationelle Futtersmann, oder prakt. Wegweiser zur rationellen Fütterung. 3. verm. und verb. Aufl. gr. 8. (66 S. mit 2 color. Taf. in Fol.) Wriezen 878. — Ebendas. cart. *

Schönfeld, O., der rationelle Futtersmann, od. prakt. Wegweiser zur rationellen Fütterung. 4., verm. Aufl. gr. 8. (64 S. m. 2 color. Taf. in Fol.) Oranienburg 888. Freyhoff. cart. n. 2. 50

Schönfeld, Otto, s.a. Gespräch üb. Dorfbanken.

Schönfeld, Otto: [illegible] Anschluss an die deutsche Zentral[illegible] zu Berlin. Berlin [illegible]

—— der Grubber als billigstes Mittel zur Tiefcultur. 8. (24 S.) Ebendas. 881. *

—— der Hof- und Feld-Verwalter oder pract. Wegweiser für einen pflichttreuen, jungen Landwirth zur Einführung in den rationellen d. h. naturgesetzl. Wirthschafts-Betrieb. gr. 8. (57 S.) Ebendas. 882. cart. *

— landwirthschaftlicher Kalender m. Wirthschafts-Gedanken f. 1873. gr. 16. (194 S.) Ebend. 872. geb. n. 1. 50

—— das naturgesetzliche Leben der Culturpflanzen mit Anwendung auf unsere Praxis, nebst einem Anhang über Pflanzen-Krankheiten und Wiesen-Cultur. 2. verm. und verb. Aufl. gr. 8. (32 S.) Ebendas. 881. cart. *

Schönfeld, Otto, ein Lebenswort an den ehrenwerten Bauernstand zur Beherzigung als Führer durch Land- und Volkswirtschaft zur Einigkeit. gr. 8. Oranienburg 884, Freyhoff. cart. * 1 —

Schönfeld, Otto, ein Lebenswort an den ehrenwerten Bauernstand zur Beherzigung als Führer durch Land- und Volkswirtschaft zur Einigkeit. 8. (77 S. mit 1 farb. Taf.) Oranienburg 884. (Fürstenwalde, Geelhaar.) cart. * 1 —

— die lebendige u. die todte landwirthschaftliche Praxis. gr. 8. (11 S.) Ebend. 872. n. — 30

— der rationelle Rindviehzüchter od. das ABC f. e. gewinnreiche Rindviehwirthschaft. 8. (86 S.) Breslau 876. Korn. n. 1. —

Schönfeld, Otto, die Volkswirthschaft im Bauernhofe od. das ABC der Volkswirthschaftslehre. 2. Aufl. gr. 8. (94 S.) Oranienburg 881. (Freyhoff.) n. 1. 50

— eine Weckstimme f. die heutige Landwirthschaft. 1—6. Hft. gr. 8. (à ca. 16 S.) Wriezen 878. Riemschneider. n. 2. —

— der praktische Züchter od. die Grundzüge e. rationellen Viehwirthschaft. 2. umgearb. Aufl. 8. (56 S.) Breslau 886. Korn. cart. n. — 80

Schönfeld, P., d. Ernährg. d. Honigbiene. E. Beitrag zur Physiologie derselben. gr. 8. (II, 61 S. m. Fig.) Oßmannstedt 897. Freiburg i/B., P. Waetzel. n. — 75

Schönfeld, Paul, Dichtungen. 12. (216 S.) Stuttgart 880, Metzler'sche Buchh. * 2 40

Schönfeld, P., Ovids Metamorphosen in ihrem Verhältnis zur antiken Kunst. Diss. 1877. 75 S. 1.50

Schönfeld, Paul, Ovids Metamorphosen in ihrem Verhältniss zur antiken Kunst. 8. (75 S.) Leipzig 877, Engelmann. 1 50

— Andrea Sansovino u. seine Schule. Für Künstler u. Kunstfreunde. Mit 30 Abbildungen in Lichtdr. gr. 4. (59 S.) Stuttgart 881. Metzler's Verl. n. 15. —

Schönfeld, Paul, Satiren und Epigramme. gr. 8. (264 S.) Kaiserslautern 886, A. Gotthold's Verlag. *
geb. *

Vgl.: Ueber Paul Schönfeld.

Schönfeld, R., Der preussische Gerichtsvollzieher. Eine Zusammenstellg. u. Erläuterg. sämtl. f. den Dienst der Gerichtsvollzieher massgeb. Bestimmgn. 6. umgearb. u. verb. Aufl. (VIII, 605 S.) gr. 8. Breslau '09, J. U. Kern. 11. —; geb. in Leinw. 12. —

Schönfeld, *Paul Otto* Richard [app. Arzt aus Harzburg]: Aus d. patholog. Institute d. Univ. Kiel. Ueber die Häufigkeit der menschlichen Binnen-Schmarozer und ihre Beziehung zur Wasserversorgung ... Schleswig, F. Johannsen's Buchdr., 1894; 22 S., 1 Bl. 8.
Kiel, Med. Fak., Inaug.-Diss. v. [31. März] 1894

Schoenfeld, Siegfried: Ueber den akuten Retropharyngeal-Abscess im Kindesalter. Heidelberg 1910: Straus. 23 S. 8°
Heidelberg, Med. Diss. v. 20. Dez. 1910, Ref. Feer
[Geb. 9. Febr. 85 Hanau; Wohnort: Hamburg; Staatsangeh.: Preußen; Vorbildung: Gymn. Fulda Reife O. 04; Studium: München 3, Berlin 1, Würzburg 1, Heidelberg 5 S.; Coll. 6. Dez. 10; Approb. 26. Juli 10.] [U 11. 2223

Schönfeld, W., der Notär, oder die Geschäftsführung in der israelitischen Kultusgemeinde. Enthld.: alle die Gemeinden betreffenden Gesetze, Führung der Protokolle, Formularien aller Statuten, Gesuche, Aufsätze u. Schriftstücke den israelitischen Verhältnissen angepaßt. Ein treuer Rathgeber für Gemeinden, Gemeinde-Vorsteher, Rabbiner, Notäre u. s. w. Pest 865. Heckenast's Verlag. gr. 8. (VII, 199 S.) n. 1 ⅓ ₰

Schoenfeld, Wilhelm [aus Liegnitz]: Beiträge zur Behandlung der Netzhautablösung ... Berlin, Buchdr. v. G. Schade, *1892*; 29 S., 1 Bl. 8.
Berlin, Med. Fak., Inaug.-Diss. v. 5. Apr. 1892

Schönfeld, Wilhelm [aus Darmstadt]: Ueber erysipelatöse Pneumonie. Darmstadt, Druck v. E. F. Winter, 1885; 40 S. 8°.
Giessen, Med. Fak., Inaug.-Diss. v. 20. Sept. 1885.

Schönfeld, Wilh., üb. erysipelatöse Pneumonie. gr. 8. (40 S.) Darmstadt 885. (Waitz.) n. 1. —

Schönfeld, Willy, d. neueste Complimentierbuch. Ein Wegweiser d. Wohlbenehmens in allen Gesellschaften u. allen Lebenslagen. 16. (64 S.) Berlin 890. A. Weichert. — 30

Schönfeld-Neumann, Louise Gräfin v., Briefwechsel m. Hermine Villinger, s. a. Landsmänninnen, zwei.

[Schoenfeld-Neumann, Louise v., und Hermine *Villinger*], Zwei Landsmänninnen. Briefwechsel zwischen Louise Gräfin von Schönfeld-Neumann und Hermine Villinger. Wien 1906. 8°.

Schönfelder, die baulichen Anlagen auf den Berg-, Hütten- und Salinenwerken in Preussen. (Beilage zur Zeitschrift für das Berg-, Hütten- und Salinenwesen in dem preuss. Staate.) 1. Jahrg. 2 Lfgn. gr. 4. (1. Lfg. VIII und 16 S. mit 9 Stnt. und 1 Chromolithogr. in Fol. und Imp.-Fol.) Berlin 861, Decker'sche geheime Ober-Hofbuchdruckerei. *

Schönfelder, die baulichen Anlagen auf den Berg-, Hütten- und Salinenwerken in Preussen. (Beilage zur Zeitschrift für das Berg-, Hütten- und Salinenwesen in dem preuss. Staate.) 2. Jahrg. 2 Lfgn. gr. 4. (1. Lfg. 18 S. mit eingedr. Holzschn. und 8 Stnt. in gr. Fol.) Berlin 862, v. Decker'sche geheime Ober-Hofbuchdruckerei. *

Schönfelder, Die baulichen Anlagen auf den Berg-, Hütten- u. Salinenwerken in Preussen. Jahrgang 1—3. Berlin 1861—64. Text 4°. Atlas Fol.

Schoenfelder, s.: Bauweise, bergische.

Berlin.
— Reichs-Marine-Amt. [Schönfelder, Korv.-Kapt., und Weinnoldt, Dr.], Leitfaden für den Unterricht in der Navigation, nebst Anhang „Nautische Rechnungen". 2. neubearbeitete Auflage. Berlin 1897.

Schönfelder, grosses Ortslexikon d. Deutsch. Reiches, s.: Starke.

Schönfelder. Vide: Scheu, H.: Der Hochverrathsprocess.

Schönfelder, Adf., Italiener u. Leghorn, bekannte Nutz- u. Sporthühner, s.: Universal-Bibliothek f. Thierfreunde.

Schönfelder, Albert

Schönfelder, Alb., s.: Bibliothek, liturgische.

Schönfelder, Alb., Bruchstück e. Fuldaer Ordo missae aus dem früheren Mittelalter, s.: Quellen u. Abhandlungen zur Geschichte der Abtei u. der Diözese Fulda. V.

[F.] Geschichte der Trebnitzer Congregation der barmherzigen Schwestern vom heil. Carl Borromäus. E. Gedenkbl. z. 50jähr. Jubil. Von Albert Schönfelder, Pfarrer in Rentschen ... *Breslau: G. P. Aderholz 1898.* (2 Bl., 82 S., 4 Taf.) 1 Bd 8. [98. 10833

— der Pfarrer in seinem Umgang m. der Gemeinde außerhalb des Gottesdienstes, s. a. Seelsorger-Praxis. IX.

Der Pfarrer in seinem Umgang mit der Gemeinde außerhalb des Gottesdienstes. Von Dr. Albert Schönfelder, Pfarrer in Rentschen. *Paderborn. F. Schöningh 1903.* (VI, 162 S.) 8° [F.]
= Seelsorger-Praxis. 9. [04. 5536

Schönfelder, Alb., s.: Tractatus Brandeburgensis.

— s.: Tractatus Misnensis.

— de Victore Vitensi episcopo. Diss. gr. 8. (V, 51 S.) Breslau 899. G. P. Aderholz. n. 1. —

Schönfelder, Bruno, um den Schreckenstein. Eine Dichtg. aus der Hussitenzeit. Buchschmuck von Rud. Müller. 8. (XII, 260 S.) Varel 901. A. Allmers. n. 4. —; geb. in Leinw. n. 4. 80

Schönfelder, E., theoretisch-praktische Anleitung nach eigener Fantasie regelrecht zu spielen, auch bei geringen Anlagen Vorspiele rc. mit Leichtigkeit zu bilden und den Generalbaß gründlich zu verstehen. Ein Buch zur Selbstbelehrung für Flügelspieler und für angehende Organisten. Lex.-8. (160 S. und 1 Tab. in Fol.) Breslau 850. (Leipzig, Friese.)

Schönfelder, E., Hilfsbuch f. den deutschen Unterricht i. d. Oberklassen höherer Lehranstalten, s.: Baldamus, F. E., deutsches Lesebuch.

— Literaturgeschichtliches Lesebuch f. die Oberklassen höh. Lehranstalten. (V, 177 S.) 8. Frankfurt a/M. 909. M. Diesterweg. Geb. 1. 80

Schönfelder, Geo., Fachzeichnen für Maschinenbauer, s.: Lehrhefte f. das Fachzeichnen an gewerblichen Schulen.

— Fachzeichnen für Schlosser, s.: Lehrhefte für das Fachzeichnen an gewerbl. Schulen. (Freter, Jul.)

Schönfelder, H., Behandlung einiger wirthschaftspolitischer Fragen. gr. 8. (15 S.) Brieg 890. (Leipzig, H. Voigt.) n. — 50

Schoenfelder, Hans, Assistenzarzt d. chirurg. Abt. in d. Diakonissen-Heilanstalt Bethanien zu Breslau: Über typische Nasenrachenpolypen und ihre intranasale Behandlung. *Breslau 1898: R. Galle.* (42 S.) 8°
Breslau, Med. Diss. v. 10. Dez. 1898

Schönfelder, Jos. Bernh., urkundl. Geschichte d. Kgl. Jungfrauenstifts u. Klosters St. Marienthal, Cistercienser-Ordens, in d. Kgl. Sächs. Oberlausitz. Nebst 5 Beil. Ein Versuch. 8. (15 B.) Zittau 834, (Schöpsische Buchh.) 16 Gr., wß. P.

—— Predigt zur Jubelfeier der vor 600 Jahren geschеh. Stiftung d. Cistercienser-Jungfrauenklosters St. Marienthal am 14. Oct. 1834 daselbst gehalt. 8. (1¼ B.) Zittau, (Schöpsische Buchh.)

Schönfelder. Josef Maria

Schönfelder, J. M., Abhandlung über die Tritheiten, s. Johannes von Ephesus, Kirchengeschichte.

SCHÖNFELDER, Joseph Maria (Forchheim): Die Kirchen-Geschichte des Johannes von Ephesus. Aus dem Syrischen übersetzt. Mit einer Abhandlung über die Tritheiten.- München: Lentner 1862. XVI, 312 S.
21.7.1860 - Urk (Titel: Die Secten der Tritheiten.): F 44
Diss. Ingolst.-Landsh.-Mchn.

Schönfelder, J. M., die Klagelieder d. Jeremias nach rabbinischer Auslegung. I. Abraham Ibn Ezra's Commentar in deutscher Uebertragg. II. Commentar in Cod. Hebr. 5 der k. Hof- u. Staatsbibliothek in München. Hebräischer Text m. Uebersetzg. Mit Vorwort u. Erläutergn. gr. 8. (VIII, 105 S.) München 887. Stahl sen. n. 3. —

Schoenfelder, J. M., Onkelos u. Peschittho. Studien über das Alter d. Onkelos'schen Targums. Eine Habilitationsschrift. München 869. Lentner. 8. (VIII, 55 S.) n. 16 ngr.

Schönfelder, J. M., Verlässigkeit des biblischen Urtextes. Rede beim Antritte des Rektorates der Ludwig-Maximilians-Universität geh. am 19. November 1887. München 1887, A. Buchholz. 4°. 20 S.

Verlässigkeit des biblischen Urtextes. Rede beim Antritte des Rektorates der Ludwig-Maximilians-Universität gehalten am 19. November 1887 von Dr. J. M. Schönfelder. München, K. Hof- u. Univ.-Buchdr. v. Dr. C. Wolf & Sohn, 1887; 20 S. 4°

Schönfelder, Paul, Handbuch des gesamten Verkehrswesens des Reiches, s.: Lange.

Schönfelder, Wilhelm: Aus dem chemischen Institut der Universität Breslau. Über einige Derivate des Conydrin's und des Pseudoconydrin's. *Breslau 1898: Dr. R. Galle.* (44 S.) 8°
Breslau, Phil. Diss. v. 5. Aug. 1898

Schönfelder, Willib., die Huldigung der Stände. Ein Schülerfestspiel, unter Benutzg. bekannter Gedichte verf. Musikalisch ausgestattet v. Arth. Egidi. Zur Feier des 50. Geburtstages uns. Kaisers, 27. I. 1909. (Textbuch.) (23 S.) 8. Berlin-Groß Lichterfelde (908). Ch. F. Vieweg. n — 30

Fünfhundert Jahre unterm Zollernaar. Der Burggraf von Nürnberg. Vaterländ. Festspiel in 3 T. unter Benutzung einiger bekannt. Gedichte verf. von Willibald Schönfelder. Musik von Franz Wagner. op. 130. Textbuch. Gr.-Licherfelde: Vieweg (1910). 30 S. 8° [11. 1902]

— Die Teutoburger Schlacht. Patriot. Schülerfestspiel in 7 Auftritten, unter Benutzg. einiger Gedichte v. F. Dahn, K. Simrock, O. Weber u. Th. Colshorn verf. Musik v. Frz. Wagner op. 114. Textbuch. (24 S.) 8. Ebd. (909). — 30

Schönfelder, Willibald, a. Kulmbach: Die Wortstellung in den poetischen Werken Pierre de Ronsards. Gera (1906): Buhr & Draeger. (80 S.) 8° ¶[Wird im nächsten Jahre nachgeliefert.]

Leipzig, Phil. Fak., Ref. Birch-Hirschfeld, Wülker, Diss. v. 2. Juli 1906

[Geb. 1. März 75 Kulmbach; Wohnort: Gera; Staatsangeh.: Reuß j. L.; Vorbildung: Realgymn. Dresden-N. Reife O. 00; Studium: Leipzig 6, Greifswald 2 S.; Rig. 27. Mai 06.]

Schönfelder Edler v. Feuersfeld, Frz., neueste General-, Post- u. Strassen-Karte des Königr. Böhmen nach den neuesten u. besten vorhandenen Hilfsmitteln entworfen. Imp. Fol. Kpfrst. u. color. Prag 849, Berra. 1 ₰

Schoenfeldt, A. [pract. Arzt aus Wulflatzke (Pommern)]: Ueber multiple Hirn-Rückenmarksclerose nebst Angabe zweier Fälle bei Kindern nach Diphtherie .... Berlin, gedr. bei L. Schumacher, 1888; 32 S. 8°
Berlin, Med. Fak., Inaug.-Diss. v. 20. Jun. 1888

Schönfeldt, A., deutsches Lesebuch f. Volks- u. Bürgerschulen, s.: Krieg, A.

Hampe, Gottfr. Ludw.: Offb. St. Joh. 2, 10. Sei getreu bis in den Tod, so will ich dir die Krone des Lebens geben. Festzeichnung zum Gedächtnis des am 28. März 1887 i. d. e. O. eingegangenen Logenmeisters G[ottfried] L[udwig] Hampe in Quedlinburg aus der Loge „Zur goldenen Waage“. Von A[lbert] Schoenfeldt. Quedlinburg [1887]: Voges. 14 S. 8°.

Freimaurerei und Dichtung. Ein Kranz von Sonetten, Oktaven, Liedern und Sprüchen, der Königlichen Kunst der Freimaurerei gewidmet von A[lbert] **Schönfeldt.** Quedlinburg: Vieweg [1894]. 186 S. 8⁰
Recens: BrL. 12 (1894—1895) S. 8; Bh. 37 (1894) S. 224 (C. Gotthold); Bbl. 8 (1894) S. 365 (A. W. Sellin); S. 2 (1895) S. 6—7 (J. G. Findel).

Die Hohenzollern, die berufenen Beschützer und Förderer der Freimaurerei in Deutschland. Festvortrag zum Geburtstage Sr. Majestät des Kaisers Wilhelm II. am 27. Jan. 1897 von A[lbert] **Schönfeldt.** [Quedlinburg 1897: Voges.] 11 S. 8⁰ [Umschlagtit.]

Ihr aber, liebe Brüder, seid zur Freiheit berufen: allein sehet zu, dass ihr durch die Freiheit dem Fleische nicht Raum gebet, sondern durch die Liebe dieses einer dem andern. Eine Festrede zur Feier des Johannis-Festes den Brüdern der Loge zur goldenen Waage in Quedlinburg gewidmet von A[lbert] **Schoenfeldt.** Quedlinburg 1884: Voges. 14 S. 8⁰.

Die Liebe ist des Gesetzes Erfüllung. Eine Festrede zur Johannisfeier 1882 den Brüdern der Loge zur goldenen Waage in Quedlinburg gewidmet von A[lbert] **Schoenfeldt.** Ms. f. Frmr. [Quedlinburg 1882.] XIV S. 8⁰ [Umschlagtit.]
Abgedr. in: ML. 17 (1888—1889) S. 11—17.

Drei freimaurerische Vorträge: Hütet euch vor der Phrase. Mache dich auf, werde Licht. Erfahre den Tod. Den Brüdern d. G. L. L. der Freimaurer von Deutschland geweiht von A[lbert] **Schoenfeldt.** Ms. f. Frmr. [Quedlinburg 1892: Voges.] 30 S. 8⁰ [Umschlagtit.]

[Dasselbe.] 2. Ausg. Ebendas. [1892]. 30 S. 8⁰

Das Project betreffend die Entwässerung und Verwerthung des der Stadt Rendsburg gehörigen Wilden Moores. Verf.: (C. Blücher Schönfeldt.)] Rendsburg. 1876. 8⁰

Schönfeldt, E.: Nova elementa Thetidis ..., s. Schönfeld, Eduard

Schönfeldt, Ernst v., Bruchstücke zur Geschichte v. Burgen im Spreewalde, s.: Spreewald-Literatur.

Schönfeldt, Ernst v., aus dem Leben des Generalleutnants Heinrich v. Schönfeldt, s.a. Militär-Wochenblatt. 1906. 11. Beiheft.

Aus dem Leben des Generalleutnants Heinrich von Schönfeldt. Von Ernst v. **Schönfeldt**, Oberlt. Berlin: E. S. Mittler & Sohn 1906. (S. 420–446.) 8° [Umschlagt. F.]
= **Militär-Wochenblatt.** 1906, Beih. 11, [2.] [07. 2965 4

Schönfeldt, Gust., Beiträge zur Geschichte d. Pauperismus u. d. Prostitution in Hamburg, s. a. Forschungen, sozialgeschichtl., Hft. 1.

Beiträge zur Geschichte des Pauperismus und der Prostitution in Hamburg. Von Gustav Schönfeldt. *Weimar: E. Felber 1897.* (VIII, 274 S.) 8.
= Forschungen, Socialgeschichtliche. Ergänzgshefte z. Zeitschr. f. Social- u. Wirthschaftsgesch. H. II [97. 805

Schönfeldt, Hilmar v., Brenthidae, s.: Coleopterorum catalogus pars 7.

— Diatomaceae Germaniae. Die deutschen Diatomeen des Süsswassers u. d. Brackwassers. Nebst Einführg. in den Bau u. das Leben d. Diatomeenzelle u. e. Anleitg., die Diatomeen zu sammeln u. zu präpar. Mit 456 Fig. auf 19 photogr. Taf. (V, 263 S.) Lex. 8. Berlin 907. [W. Junk.] Leipzig, Th. O. Weigel. Geb. in Leinw. 20. —

Schönfeldt, H. v., Catalog der Coleopteren v. Japan m. Angabe der bezüglichen Beschreibungen u. der sicher bekannten Fundorte. [Aus: „Jahrbb. d. Nass. Vereins f. Naturkunde".] gr. 8. (IV, 172 S.) Wiesbaden 887. Niedner. n. 3. —

Schoenfeldt, H. v., Catalog der Coleopteren v. Japan. 1.—3. Nachtrag. [Aus: „Jahrbb. d. nass. Vereins f. Naturkde."] gr. 8. Wiesbaden, J. F. Bergmann. n. 2.80 (Hauptwerk m. 1.—3. Nachtrag: n. 5.80)
1. (7 S.) 888. n. — 60. — 2. (38 S.) 891. n. 1. —. 3. (48 S.) 897. n. — 80.

Schönfeldt, Johann Wilhelm (Neukirchen/Hessen) A. S. 25/25

Dissertatio historica de cultu religioso arboris Iovis praesertim in Hassia. Präs. I. H. Schmincke. Rec. Leipzig (Langenheim) 1740. 27 S.

Diss. Marburg V. 1714.
W. v.: I. I. Appel. 31194

Schönfeldt, Max, üb. das inducirte Irresein (folie communiquée.) Diss. gr. 8. (174 S. m. 3 Taf.) Jurjew (Dorpat) 893. (E. J. Karow.) n. 3. 60

Schönfels [Sachl. Ordnungswort]

Schönfels. Hôtel und Pension Sch. ob Zug ... Klimatischer Kurort. [Mit 1 Illustration.] 8. Zürich *o. J.* [1870 79].

Schönfels. Kuranstalt Sch. bei Zug (Zugerberg) ... Luftkurort und Etablissement für Hydro- & Electro-Therapie ... [Mit 1 Illustration.] 8. Luzern *o. J.* [1890 99].

SCHÖNFELS, Mariane (!), eine lehrreiche Altagsgeschichte (!). 2 Thle. Berlin, 1783. Bei Sigism. Friedr. Hesse. 8⁰.
I: Tit. u. 256 S. II (mit Nebentit.: „Marianens Ehstandsgeschichte"): Tit. u. 266 S., 1 Bl. Err.
Laxe Moral der sogen. feineren Welt. Ehebruchsroman.

Schönfels, Mariane, eine lehrreiche Altagsgeschichte, 2 Theile, 8. Berlin, 783. Nauck. 1 Rthl.

Schönfels, Mariane, eine lehrreiche Alltagsgeschichte. Berlin 1783. II. Wiederholt u. d. T.: Mariane, oder die gute Ehe. Berlin 1794. II. V: *Keck, Joh. Erdmann.* Vgl. GGr IV³, I, 609, 84/2) ohne Anonymitätszeichen; auch fehlt die Titelausgabe. Diese wird zwar im An.-Lex. III, 3769 aufgeführt (»Berlin 18??«), infolge eines Missverständinsses jedoch die Titelheldin Mariane Schönfels« zur Verf. gemacht. (DARP)

Schönfels [Schlagwort]

Schönfels, s.: Westentasche-Panorama-Collection.

Schönfels [Verfasser]

Erlebnisse **Heinrich v. Schönfels'** als Generalstabsoffizier bei der Avantgarden-Cavallerie 1866 und 1870 hrsg. von L(ina) v. Schönfels. Mit 1 Bildnis. *Berlin: R. Eisenschmidt 1903.* (VIII, 190 S.) 8° [ǰ.] 04.14300

Gründung und Entwicklung des Ostpreußischen Edlen-Halbblut-Gestüts Szirgupönen 1800—1906 von Lina v. **Schönfels**, geb. v. Neumann. 2., verb. Aufl. Mit Abb. Berlin: P. Parey 1906. (58 S.) 8° [ǰ.] 08.3602

Schönflies, Arth., Einführung in die mathemat. Behandlung d. Naturwissenschaften, s.: Nernst, W.

Schoenflies, Art., Einführung in d. Hauptgesetze der zeichnerischen Darstellungsmethoden. (V, 92 S. m. 98 Fig.) gr. 8. Leipzig 908. B. G. Teubner. 2.20; geb. 2.80

— die Entwickelung der Lehre v. den Punktmannigfaltigkeiten, s.: Jahresbericht d. deutschen Mathematiker-Vereinigung. VIII. 2.

— Die Entwicklung der Lehre v. den Punktmannigfaltigkeiten, s.: Jahresbericht d. deutschen Mathematiker-Vereinigg. Erg.-Bd. II.

Schoenflies, Arth., Geometrie der Bewegung in synthetischer Darstellung. Mit Fig. im Text. gr. 8. (VI, 194 S.) Leipzig 886. Teubner. n. 4. —

Schönflies, Arth., Krsytallsysteme u. Krystallstructur. gr. 8. (VII, 638 S. m. 73 Fig.) Leipzig 891. B. G. Teubner. n. 12.

— über Stetigkeit u. Unstetigkeit der Funktionen e. reellen Veränderlichen. (9 S.) gr. 8. Wien 904. (A. Hölder.) n. — 30
Sonderabdruck aus: „Sitzungsber. d. k. Akad. d. Wiss."

Schoenflies, Arth., geb. Landsberg a. W. [illegible] 1853: Synthetisch-geometrische Untersuchungen über Flächen zweiten Grades und eine aus ihnen abgeleitete Regelfläche. Berlin (1877) (38 S.) 8°
Berlin, Phil. Diss. v. 2. März 1877

Schoenflies, Dora, Frühlingsmärchen. (63 S.) 8. Leipzig 903. Insel-Verlag. n. 1.50; geb. n. 2. —

Schoenflies, Dora, Rolf. Eine Erzählg. (142 S.) 8. München 909. R. Piper & Co. 2.50; geb. 3.50

Schönflies, Mart., die Berechnung der Dampfkessel-Anlagen in gedrängter Darstellung. 4. (35 S.) Elberfeld 874. Baedeker. n. 2. —

Schönflies, M., kinematisch-geometrische Untersuchungen über Hebedaumen und Excentriks. gr. 8. Potsdam 872. Berlin, Lehmann. (* ℳ 1.) *

— klimatisch-geometrische Untersuchung üb. Hebedaumen u. Excentriks. Mit e. lith. Taf. (in 4.) gr. 8. (41 S.) Potsdam 872. Döring in Comm. n. 1. —

Schönfliess [Schlagwort]

Schönfliess, s.: Geologische Karten. Preussen. 94.

Schöngarth, Adolf, approb. Arzt: Über die **Eröffnung** der grossen Körperhöhlen bei Rippentumoren. *Breslau 1901: Bresl. Genossenschafts-Buchdr.* (38 S.) 8°
Breslau, Med. Diss. v. [13. Juli] 1901

Schoengarth, Friedrich Fedor, über einen Fall temporärer Spinallähmuug eines Erwachsenen nach Pneumonie. Diss. Berlin 1886. Mayer & Müller. 8°. 30 S.

Schoengarth, Friedrich Fedor [aus Waldhof i. Schles.]: Über einen Fall temporärer Spinallähmung eines Erwachsenen nach Pneumonie .... Berlin, Buchdr. v Gustav Schade (Otto Francke) (1886); 30 S. + 1 Bl. 8°.
Berlin, Med. Fak., Inaug.-Diss. v. 16. Dez. 1886.

Schoengarth, Otto [Assistenzarzt am Krankenh. d. Elisabethinerinnen zu Breslau]: Aus d. Kgl. dermatolog. Klinik zu Breslau. Ueber Leukoplakia lingualis et buccalis, insbes. über ihr Verhältnis zur Lues ... Breslau, Druck d. Schles. Volkszeitg, *1896;* 39 S. 8.
Breslau, Med. Fak., Inaug.-Diss. v. 19. Dez. 1896

Schongau im Jahre 1817. Vom k. Steuerkataster. 1 : 2500. 1 Bl.

Schongauer, Dürer, Rembrandt, Stiche und Radirungen. In heliogr. Nachbildung nach Originalen des königl. Kupferstichkabinets zu Berlin. Mit begleitendem Text von J. Janitsch und A. Lichtwark. [3 Tle. à 5 Lfgn.] 1. und 2. Tl. gr. Fol. (à Lfg. 5 Taf. mit 5—6 Bl. Text.) Berlin 885,86, Grote'sche Verlagsb. In Mappe à Lfg. *
In Mappe à Tl. ℳ 50.—. *
1. und 2. Tl. in Halbjuchten-Einbd. *

Schongauer, Martin, s. Wurzbach, Alfr. v.

Schongauer's, Mart., Biographie und Charakteristik, s. Schmidt, Wilh.

Schongauer, Mart., heraldische Kunstblätter, s.: Warnecke, Frdr., heraldische Meister.

— Meisterwerke. 24 Blätter m. 31 Kpfrst., getreu nach den Originalen gestochen v. Aloys Petrak, m. erläut. Texte von Ludw. R. v. Kurz zu Thurn u. Goldenstein. 2., umgearb. Aufl. Fol. (22 S. Text.) Regensburg 893. Nationale Verlags-Anstalt. In Leinw.-Mappe. n. 15. —

DER ERZENGEL MICHAEL VON MARTIN SCHONGAUER.
8. Veröffentlichung des Vereins für Kunst und Alterthum in Ulm und Oberschwaben. Ulm, 1852. Gedruckt in der Wagner'schen Buchdruckerei. fol

Schoengen, Michael: Die Schule von Zwolle von ihren Anfängen bis zum Auftreten des Humanismus. Freiburg (Schweiz) 1898; XX, 127 p. 8°.
Freiburg, Phil. Diss. 1897/98.

Schönger, J., Rede über die Nothwendigkeit, die Kinder schon vom frühesten Alter an, für das echt religiöse Leben zu gewinnen. gr. 8. Breslau 834. Max u. Comp. 1/12 ℔

Schonger, Johann B. Christ.

Schonger, J. B., die heil. Buß-Anstalt, wie sie Christus angeordnet u. in seiner Kirche niedergelegt hat, in 6 Fasten-Predigten u. e. Buß-Andacht dargestellt. gr. 8. (16 B.) Erfurt 828, (Winkler.)

—— über den wohlthät. Einfluß d. Christenthums auf d. Verbesserung u. Veredlung d. wechselseit. Verhältnisses zwischen den Fürsten u. Völkern. Zwei Fasten-Betrachtn. gr. 8. (2¼ B.) Erfurt 831, (Otto.)

—— Predigt am Frohnleichnamsfeste, gehalt. in d. Domkirche zu Erfurt. gr. 8. (1½ B.) Erfurt 829, (Otto.)

Schöngrund, das Dorf, eine Erzählung für den voigtländischen Landmann. Herausg. von dem voigtländ. Volksschullehrer-Vereine. 8. Plauen 840. (Schmidt.) ¼ ℛ

Schoengut, Isidorus Israelis *(geb Satur in Galiz 20. 8. 1822)*: De crisis et reactionis phaenomenis quaedam. Vratislaviae (1851). (33 S.) 8°
Breslau, Med Diss. v. 15. Juli 1851

Schöngut Leo: Einige Gesichtspunkte zur Erreichung des dem physikalischen Unterrichte an der Mittelschule gesteckten Zieles. 11. Reichenberg R. 03.
Progr.

Schöngut Leo: Über Kants mathematische Hypothese. 15. Reichenberg 96.
Progr.

Schoenbaar, Friderich. Ausführliche Beschreibung. Des- zu Bayreuth im September 1748 vorgegangenen ... Beylagers, und derer- zu Anfang des Octobers ... so wohl zu Stuttgardt als Ludwigsburg erfolgten ... Heimführungs Festivitæten. Des ... Herrn Carls, Regierenden Herzogs zu Württemberg ... und Der ... Frauen Elisabethæ Fridericæ Sophiæ ... Des Herrn Friderichs ... Marg Grafens zu Brandenburg Culmbach ... Tochter ... herauß gegeben von ... Wilhelm Friderich Schönhaar zu Stuttgardt. Allda gedruckt in der Jenischen Buchdruckerey an 1749.
Tit., 1 Bl., 144 S. m. 1 Holzschn., 4 Tabellen, 5 Taf. in Kupferst. 4°
Stecher: Jacob Wangner
Vinet 745

Schönhage, Aug., die Gräfinnen v. Stein. Einaktiges Lustspiel f. stenograph. Kreise. 8. (23 S.) Elberfeld 886. Faßbender. n. — 50

Schönhage, Aug., bergische u. andere Sprachsünden. gr. 8. (38 S.) Elberfeld 897. Baedeker. n. — 40

Schönhage, Aug., bergische u. andere Sprachsünden. 2., erw. Aufl. (44 S.) 8. Elberfeld 910. A. Martini & Grüttefien. — 60

Schönhak, Josef

—— Hamasbir oder Aruch Hachadasch aramäisch-rabbinisch-deutsches Wörterbuch. 2 Thle. br. 8. (480 S.) Warschau 858. (Berlin, Adolf und Comp.) *

Schönhak, Jos., Toldot Ha-Arez i. e. historia naturalis hebraice scripta tripartita. 3 Partes. gr. 8. Berlin 860, Adolf und Comp. * *

Inhalt:
Pars 1. De animalibus. (XIII und 364 S.) * 1 Thlr. 15 Ngr.
» 2., 3. De vegetativis. — De mineralibus. (IX und 146 S.) * 1 Thlr. 5 Ngr.

Schönhals, C. G. A., de equitibus ord. teutonici in feudo. 4. Marb. Krieger. 795.

Schoenhals, Gust. (geb. Horde in Westf. 9. 9. 1855): Ueber die Augenblennorrhoe der Neugeborenen. Berlin (1881). (38 S.) 8°
Berlin, Med. Diss. v. 15. Jan. 1881

Schönhals, Karl v.

Frimont, Fürst von Antrodocco. — **Schönhals.** Oberst. Biographie des Grafen von ....., k. k. Generals der Cavallerie und Hofkriegsraths-Präsidenten. (Aus der: „Oesterreichischen militärischen Zeitschrift“.) 8. Wien 1833.

Schönhals, v., Biografie des k. k. Feldzeugmeisters Julius Frhrn. v. Haynau, s. a. Biografie.

Haynau. — (Schönhals, Karl Ritter v. — k. k. Feldzeugmeister.) Biographie des k. k. Feldzeugmeisters Julius Freiherrn v. ..... von einem seiner Waffengefährten. 8. Graz 1853.

Schönhals, Feldzeugmstr. Karl v., Biografie des k. k. Feldzeugmeisters Julius Frhrn. v. Haynau. 3. unveränd. Aufl. Neue (Titel-)Ausg. gr. 8. (132 S.) Wien (853)75, Braumüller. *

Schönhals, C. v., Biographie des k. k. Feldzeugmeisters Julius Frhrn. v. Haynau. 3. Aufl. Wien 875. Leipzig, Greßner und Schramm. * 2 —

v. Schönhals, Frhr., siehe a. Erinnerungen eines österreich. Veteranen aus dem italien. Kriege.

(v. Schönhals.) Erinnerungen eines österr. Veteranen a. d. italien. Kriege 1848 u. 1849. 1.—6. Aufl. 2 Bde. (550.) 8. Stuttgart 1852. 7.00. — 7. Aufl. (390.) 8. ib. 1853. 3.50.

(v. Schoenhals.) Johann Conrad Hotz, später Friedrich Freiherr v. Hotze, k. k. Feldmarschall-Lieutenant. Von dem Verfasser der kriegerischen Ereignisse in Italien. 8. Zürich 1853.

Schoenhals, K. Rtt. v. Der Krieg 1805 in Deutschland. Nach österr. Originalquellen. Mit Krt. u. Pl. Wien 1873. 178 S.

—— der Krieg 1805 in Deutschland. Nach österreich. Orig.-Quellen. gr. 8. (180 S. mit 1 Uebersichtskarte und dem Plan von Ulm.) Wien 874, (v. Waldheim.) *

*Schönhals, Paul: Die Räume für mathematisch-naturwissenschaftlichen Unterricht. S. 4–9. 1 Taf. 4
Progr.

Schönhals, Paul: Die Schule und die Kunst. Naumburg a. S. 1908: Sieling. 27 S. 8°
Naumburg a. S., st. RG m. R OP 1908 (337) [S 08. 424

Schönhals, Paul, appr. Arzt a. Ermsleben a. H., Unterarzt beim Magdeb. Hus.-Reg. Nr. 10: Über die Ursachen der Neurasthenie und Hysterie bei Arbeitern. Berlin 1906: G. Schade. (28 S.) 8°
Berlin, Med. Fak., Ref. Ziehen, Diss. v. 20. März 1906
[Geb. 28. März 79 Ermsleben a. H.; Wohnort: Stendal; Staatsangeh.: Preußen; Vorbildung: Kgl. Wilh.-Gymn. Stettin Reife O. 00; Studium: Berlin Kaiser Wilh.-Akad. 10 S.; Coll. 16. März 06; Approb. 14. März 06.]

[Gedicht.] Zum Frühlingsfest 24. Mai 1891. [Unterz.:] [K.] Sch[önhardt]. [Stuttgart 1891.] 2 Bl. 8° [Umschlagtit.]
Wie sich Herz und Auge hellen!“

Schönhardt, Karl

Schoenhardt, Carl, Alex. Ueber die Bestrafg. d. Glücksspiels im älteren röm. Recht. Eine strafrechtsgeschichtl. Studie. gr. 8. (VIII, 103 S.) Stuttgart 885. Enke. n. 3. 60

Schönhardt, Carl, Gedichte. 860. (82 S.) 15 ngr. — 2. verm. Aufl. Stuttgart 861. Quadr. 8. (IX, 142 S.) 18 ngr.

Schönhardt, Karl, gesammelte Gedichte. 12. (VII, 156 S.) Stuttgart 899. J. G. Cotta Nachf. n. 2. 50; geb. n. 3. 50

Schönhärl, Jos., Volkskundliches aus Togo. Märchen u. Fabeln, Sprichwörter u. Rätsel, Lieder u. Spiele, Sagen u. Täuschungsspiele der Ewe-Neger v. Togo. (X, 204 S. m. Abb. u. 2 Taf.) gr. 8. Dresden 909. C. A. Koch. 7.—; geb. 8.—

Schoenhaupt L. Gedenktafeln des christlichen Glaubens. (20 T) Chromolith. von E Simon. Strassburg (1867)

Schoenhaupt, Ludw., Wappenbuch der Gemeinden des Elsass, nebst Darstellung der Bannsteine m. statist. Notizen f. jede Gemeinde. hoch 4. (171 farb. Taf. m. 239 S. Text.) Strassburg 899. 900. J. Noiriel. n. 84.—; ermäss. Pr. n. 50.—
Erschien auch in 30 Lfgn. à n. 2.80.

[J.] Genovefa. Nach Christoph v. Schmid frei bearb. v. A. v. Schönhausen. *Mülheim a. d. Ruhr: J. Bagel [1897].* (80 S., 1 Taf.) 1 Bd 8. [98. 8915

Schönhausen, A. v., Genovefa. Nach Christoph v. Schmid frei bearb. (80 S.) kl. 8. Mülheim a/R. (905). J. Bagel. Kart. — 30

[J.] Gullivers Reise nach Liliput. Frei bearb. v. A. v. Schönhausen. M. 3 Farbendruckbild. *Mulheim a. d. Ruhr: J. Bagel [1895].* (80 S., 2 Taf.) 1 Bd 8. [98. 8915

Rosa von Tannenburg. Nach Christoph v. Schmid frei bearb. von A. v. Schönhausen. *Mulheim a. d. Ruhr: J. Bagel [1898].* (80 S.) 8° [J.] (Chr. v. Schmid's Schönste Erzählungen.) [... 1501

— Rosa v. Tannenburg. Nach Christoph v. Schmid frei bearb. (80 S.) kl. 8. Ebd. (905). Kart. — 30

Schönheide [Sächl. Ordnungswort]

v. Schönheide, Lidie; e. Geschichte aus d. letzten Jahren der Kaiserin Maria Theresia. 8. Leipz., Joachim. 16 ℊ

SCHONHEIDE, Lidie von. Eine Geschichte aus den letzten Jahren der Kaiserin Maria Theresia. Hirschberg, bei Pittschiller u. Comp. 1798. — *A. E.:* Oschatz, gedr. bei Friedr. Oldecop. 8°. (42 xr.) 26 xr. Beck. Nördl., Cat. 1 [1829]; jetzt höher!) 150 S. incl. Tit. u. 1 Bl. Widm. an die Fürstin Louise Christiane von Reus-Plauen). — Zahm.

Schönheide [Schlagwort]

Schönheide, s.: Geologische Karte u. Spezialkarte. (Sachs.)

Schönheider, J. H., s. F. J. Lauter, zweijähr. Geschichte d. Luxemburg. Krankh.

Schönheim, Otto Wilh., Grammatik d. latein. Sprache. 8. Leipz. Deer. 726.

— Proverbia illustrata et applicata, od. Sprüchwörter m. moral. Anmerk. 8. Leipz. 731.

Schönheimer, Hugo [aus Leipzig]: Über die Sprachstörung bei der disseminierten Sklerose des Gehirns und Rückenmarks. . . . Berlin, Buchdr. v. Gustav Schade (Otto Francke), (1890); 30 S. + 1 Bl. 8°
Berlin, Med. Fak., Inaug.-Diss. v. 28 Febr. 1890

SCHONHEIT, Die. Moderne illustrierte Zeitschrift. Jeder Band mit ca. 300 ausgewählt schonen (Holzschnitt-) Illustrationen. Hrsg. von Karl Vanselow. Bd. I—V. Berlin, Verlag der Schönheit. (190*.) Fol. (Jeder Bd. in Prachtbd. Mk. 12—; einzelne Hefte 75 Pfg.; halbjährig Mk. 4—.) Zum Theil vergriffen!
Hervorragend schöne Zeitschrift mit werthvollem Text angesehener Mitarbeiter. Auch wichtig bezugl. Kostümkunde.

Schönheit, die. Hrsg. v. Karl Vanselow. Jahrg. 1903. 12 Hfte. gr. 8. (à ca. 64 u. 16 S.) Berlin, Verlag der Schönheit. n. 8.—

Schönheit, die. Hrsg.: Karl Vanselow. 2.—4. Jahrg. 1904—1906. à 12 Hefte. (à ca. 64 u. 16 S. m. Abbildgn.) Lex.-8. Berlin, Verlag der Schönheit. à Jhrg. n. 8.—; geb. n. 12.—

Schönheit, die. Hrsg. v. Karl Vanselow. 5.—8. Bd. April 1907—März 1911. à 12 Hefte. (à ca. 48 u. 16 S. m. Abb. u. Taf.) Lex. 8. Werder, Verl. d. Schönheit. à Bd. 10.—
Erschien bis Mai 1910 noch in Berlin.

Schönheit, der, Blumenflor, s. a. Reich der Flora.

SCHÖNHEIT, Der — Blumenflor, eine Huldigung Deutschlands Frauen dargebracht . . . . (von *Joh. Dan. Symanski*). Berlin 1840.
Anon.-Lex. I. p. 249 (nach Goedeke).

— die, der Büste, ihre Vervollkommnung u. Verschönerung. (47 S. m. Abbildgn.) 8. Berlin (907). Verlagsgesellschaft Corania. 1.—

Schönheit und Fürstenhuld. Geschichte morganatischer und legitimirter Fürsten- und Grafen-Ehen in Deutschland. Nebst Mittheilungen über damit verwandte Erscheinungen und einem Inhalts- und Namen-Register. Halle 1874. V: *Sacher-Masoch, Leopold Ritter von.* (BGE VII³, 204—205)

Schönheit, Güte, Zweck. Von G . . . r. Berlin 1908. V: *Germer, Hugo.* (EB)

Schönheit, Güte, Zweck. 1. Tl. Kant u. Schopenhauer (aus dem J. 1897). Von G. . . . r. (VIII, 287 S.) gr. 8. Berlin 908. F. Harrwitz Nachf. 8.—

— die, des menschlichen Körpers. Mit Beiträgen v. Eduard Daelen, Gust. Fritsch, Bruno Meyer, Ludw. Schrank u. Konr. Wahr u. 100 maler. Aktstudien in Farbendr. v. B. Arthur, René Le Bègue, F. Boissonnas u. a. 10 Lfgn. (VIII, 162 S.) Lex.-8. Stuttgart (904. 905). [Klemm & Beckmann.] Düsseldorf, Ulrich & Steinbrecher. 10.—; geb. in Leinw. 12.50

— die, des menschlichen Körpers. Mit Beiträgen v. Eduard Daelen, Gust. Fritsch, Jos. Kirchner u. a. u. 322 maler. Aktstudien nach der Natur v. B. Arthur, H. v. Behringer, C. O. Freytag u. a. 2., um 225 Abbildgn. verm. u. textl. erw. Ausg. (315 S.) 31,5×23 cm. Düsseldorf (907). Stuttgart, Ulrich & Steinbrecher. Geb. in Leinw. 20.—; erh. Pr. 25.—; auch in 20 Lfg. à — 85

Schönheit, die, d. Mädchens u. der Frau in allen Lebensstufen zu bewahren. 8. (36 S.) München 883. (Arnold.) n. — 60

— üb. die moralische, u. Philosophie des Lebens. 8. Jena, Akad. Bhdl. 772.

— üb. die moral., u. Philosophie des Lebens, (v. G. B. v. Schirach). 8. Jena 772. (Hennings in Neisse). 12 ℊ

— **nackte. Ein Buch f. Künstler u. Aerzte. Hrsg. unter Mitwirkg. v. Gust. Fritsch.** Mit 336 künstler. **Aktstudien nach photograph. Aufnahmen.** (In 25 Lfgn.) **1.—18. Lfg.** (S. 1—288.) 4. Stuttgart (906). Herm. Schmidt. à 1. —

— nackte. Ein Buch f. Künstler u. Arzte. Hrsg. unter Mitwirkg. v. Gust. Fritsch u. Ed. Daelen u. J. Paar. Mit 336 künstler. Aktstudien nach photogr. Aufn. 19.—25. (Schluss-)Lfg. (VII, VII u. S. 289—384.) 34,5 × 25 cm. Stuttgart (907). Berlin H. Schmidt. à Lfg. 1. —
Infolge Rechtsspruches unbrauchbar gemacht.

— die, der deutschen Sprache, s. Hi. And. Mertens.

Schönheit, die stumme; Lstspl. 8. Wien 772. Krauß. 3 gr.

Schönheit, die weibliche. Untersuchungen über die natürl. Beschaffenheit, die Ursachen, welche sie zerstören u. die Mittel, welche sie zu erhalten n. wiederherzustellen vermögen. Ein Buch für denkende Frauen namentlich für Mütter erwachsener Töchter. Aus dem Span. übers. von O. L. B. Wolff. 12. (VIII u. 165 S.) Weimar 850, Voigt. 2/3 ₰

Schönheit, weibliche. 6 Studien. Farbendr. 4. Teplitz 890. Willner & Pick. n. 2. 50; einzelne Blatt à — 60

Schönheit, Fr. Chr. Hr., Fingerzeige für junge Geistliche bei ihrem Uebertritt in das Landpredigerleben. Zur Gewinnung einer freundlichen Stellung und gesegneten Amtsthätigkeit. Ein Beitrag zur Pastoralklugheit. Nach 37jährigen amtlichen Erfahrungen herausgegeben. Weimar 853. Voigt. gr. 8. (2 Bl., 50 S.) 7½ ngr.

Schönheit, Frdr. Chrn. Heinr., der sich selbst belehrende Forstbotaniker. Ein zuverläss. Hilfsbuch, zur leichten Unterscheidung u. wissenschaftl. Benennung aller, in Deutschland von der Donau bis zur Nord- u. Ostsee wild od. allgemeiner cultivirt vorkommenden holzartigen Gewächse. gr. 8. (VI u. 215 S.) Weimar 851, Voigt. 1 ₰

Schönheit, (Friedr.) Chrstn. Hein., Gaben d. christl. Gemeinsinns, s. Gaben.

— Taschenbuch der Flora Thüringens, zum Gebrauch bei Excursionen, die wildwachsenden u. allgemeiner cultivirten Phanerogam. Gefäßpflanzen nach der Ordnung v. Koch's Synopsis enth., im Auftrag u. unter Mitwirkung der botan. Section d. naturwissenschaftl. Vereins f. Thüringen bearb. gr. 12. (LXXII u. 564 S.) Rudolstadt 850, Renovanz. n. 2⅔ ₰

Schönheit, Fr. Christ. Hnr., die Wunder der Thierwelt. Ein Lese- u. Unterhaltungsbuch für die wißbegierige Jugend zur frühzeitigen Erkenntniß und Bewunderung der an seinen Geschöpfen offenbarten Macht, Vatergüte und Weisheit Gottes. Mit 18 color. Tafeln. 12. Weimar 836. Voigt. 1⅙ ₰

Schönheiten, Die mit kräncklichen Zufällen beladene und mit auserlesensten Hülfs-Mitteln getröstete, des Frauenzimmers . . . Frankf. 1714. V: *Bräuner, Johann Jacob.* (BGG)

Schönheiten italienischer Dichter, nebst dem Orlando Furioso, übers. . . . Bern 1791. Ü: *Werthes, Friedrich August Clemens.* (MGT)

Schönheiten, üb. die, italien. Dichter, nebst d. Orlando Furioso, übers. in der Versart des Originals v. F. A. K. Werthes. Mit Vign. 8. Bern 791.

Schönheiten, üb. die, des poet. Enthusiasmus, (v. P. G. Hagenbruch). 8. Halle 776. Gebauer. 9 gr.

Schönheiten, üb. einige, d. Emilia Galotti, an Gotter. 8. Leipzig, Müller. 775.

Schönheiten der Geschichte, eine Beyspielsammlung der Tugend und Laster, aus der Geschichte der Menschheit gezogen.
Auch unter dem Titel:
Histor. Geschenk für die Jugend. 12. Kopenhagen, Bonnier. 817.

— der Geschichte, eine Beispielsammlung der Tugend u. Laster, aus d. Geschichte der Menschheit gezogen. (A. u. d. T.: histor. Geschenk f. die Jugend). 12. Kopenh. 818. Bonnier. (Leipz., Wienbrack). 1 ₰

— der Natur u. Kunst, dargestellt auf e. Reise durch ein. Theil d. sächs. Staaten. 8. Berl. Felisch. (Beliß) 801.

— die, der Schöpfung, ein naturhistor. Lesebuch f. d. Jugend, n. d. Engl. mit 56 Abbild. gr. 8. Ebend. 798. illum.

— die, der Schöpfung, ein naturhistor. Lesebuch f. die Jugend; nach d. Engl. Mit 56 Abbildd. gr. 8. Berlin 808. Felisch. 1 ₰ 12 gr.

Schönheiten, die, der Unterelbe in Wort u. Bild. Hamburg—Helgoland. Mit e. Übersichts-Karte (auf d. Umschlag). (40 S.) 19 × 28,5 cm. Blankenese (909). J. Kröger. 1. —

Schönheiten, Weisheit, Stärke; eine Allegorie . . . [Helmstädt] 1795. V: *Wolffram von Wolfframitz, Carl Johann Gottlieb.* (Ky)

— **Weisheit, Stärke; e. Allegorie, vorgelesen in der □ zur gekrönten Säule zu Braunschweig von d. Br. K. v. W. (von Wolffram v. Wolfframitz). 8. (Helmst.) 795.**

Schönheiten aus Byron's Werken v. Adolf Böttger. 16. (9 B. u. B's. Bildn.) Leipzig 841, Otto Wigand.

Schönheiten, Die, des Winters, historisch und physikalisch abgebildet. Tübingen 1756. II: *Härter, Simon.* (Russell X, 888) (Tübz 17, 3)

— des Winters, histor. u. physikal. abgeschildert. 8. Tübing. 756. v. Cotta. 8 gr.

Schönheiten-Gallerie. 16. (32 Chromolithogr.) Leipzig 880, Baldamus. 3 50

Schönheiten-Gallerie. Königl. Residenz München. 4. (38 Bildnis-Taf.) München (900). Piloty & Loehle. Geb. in Leinw. 6. —

Schönheiten-Sammlung. Gallerie von 36 weibl. Bildnissen aus verschied. Ständen und Nationalitäten im Auftrage Sr. Maj. des Königs Ludwig I. von Bayern nach dem Leben gemalt von Jos. Stieler und im Saalbaue der neuen königl. Residenz zu München aufgestellt. Mit specieller königl. Genehmigung theils durch Steinzeichnungen, theils durch den Stich reproducirt und hrsg. (In 6 Lfgn.) I. Lfg. Imp.-Fol. (6 in Kpfr. gest. und lithogr. Bl.) München 856, Piloty und Loehle.

Schönheiten-Sammlung. Gallerie von 36 weibl. Bildnissen aus verschied. Ständen und Nationalitäten im Auftrage Sr. Maj. des Königs Ludwig I. von Bayern nach dem Leben gemalt von Jos. Stieler und im Saalbaue der neuen königl. Residenz zu München aufgestellt. Mit specieller königl. Genehmigung theils durch Steinzeichnung, theils durch den Stich reproducirt und hrsg. 2. und 3. Lfg. Imp.-Fol. (12 in Kpfr. gest. und lithogr. Bl.) München 857, Piloty und Loehle. à Lfg. * 5 Thlr. *
1. Lfg. Ebendas. 1856. * 5 Thlr.

Schönheiten-Sammlung. Gallerie von 36 weiblichen Bildnissen aus verschiedenen Ständen u. Nationalitäten im Auftrage Sr. Maj. des Königs Ludwig I. von Bayern nach dem Leben gemalt von dem k. b. Hofmaler Jos. Stieler u. im Saalbaue der neuen königl. Residenz zu München aufgestellt. Mit specieller königl. Genehmigung theils durch Steinzeichnungen, theils durch den Stich reproducirt u. herausg. 6 Liefgn. München (856—58.) Piloty u. Loehle. Roy.-Fol. Jede Liefg. von 6 Bl. n. 5 ₰.; einzeln à n. 7 ₰.

Schönheits-Ansicht v. Leipzig im Jahre 1860, erblickt im März 1834. Zusammengestellt u. im Druck berichtigt im Febr. 1835. gr. 8. Leipzig, Fest'sche Buchh. 1/6 ₰

Schönheitsapotheke, die, od. Samml. v. auserlesenen und bewährten Mitteln die Schönheit zu erhalten ꝛc. 8. Wien, Kaulfuß. 8 2.

Schönheitsfehler der k. K., v. H. L. („Leonat"). s.: Instruktions-Vorträge, drei, geh. in der Loge „Zukunft".

Schönheitsgefühl, Das; eine Ode. Leipzig 1785. V: *Heydenreich, Carl Heinrich.* (MGT)

Schönheits- und Gesundheits-Catechismus fürs schöne Geschlecht . . . Leipz. 1797. V: *Crusius, Samuel Gotthelf.* (EngM) (Ky) (OL) (MGT)

Schönheits- und Gesundheitskatechismus fürs schöne Geschlecht ꝛc. 8. Leipzig, Benj. Fleischer. 797.

Schönheitskatechismus, neuer, od. Unterricht, die Schönheit zu erhalten. 8. Pirna 803. Friese. 10 gr.

Schönheitsmittel, die natürlichen, für das weibliche Geschlecht. Kurze Anleitung, wie mit einfachen, natürlichen u. unschädlichen Mitteln die weibliche Schönheit erhalten u. neu erlangt wird, u. wie dagegen die der Gesundheit schädlichen künstlichen Toilettenartikel u. Schönheitsmittel entbehrt werden können. Auf Grund langjähriger Erfahrung v. Rosa Beauté. 8. (32 S.) Reutlingen 878. Enßlin & Laiblin. — 50

Schönheitsmittel, Die untrüglichsten, für Damen und Herren. Prag 1792. V: *Siede, Joh. Chn.* (Call)

Schönheitspflege, die, od. d. Geheimniß d. äußere Schönheit zu heben u. zu erhalten, ohne d. Gesundheit zu schaden. Ein wohlmeinender Rathgeber für Herren u. Damen ꝛc. (Neue Ausg.) 12. (7½ B.) Wien 838, Mayer u. Comp.

Schönheitspflege. Ein Beitr. zur Erlangg. u. Erhaltg. e. jederzeit angenehmen Erscheing. unseres äusseren Menschen! (Von K. F. J. Süss.) (32 S.) kl. 8. Leipzig (Gellertstr. 7/9) (907). Jul. Süss jun. — 25

— die, der Pariser Schauspielerin. Gesammelt u. übers. v. e. deutschen Kollegin (Francine Mannjoung). Ratschläge u. Mittel zur Erhaltg. der Schönheit, Jugend sowie Gesundheit bis in das höchste Alter! (31 S.) 8. Troppau 907. (O. Gollmann.) 1. —

Schönheitspflege, die weibliche, f. jegliches Alter und Lebensverhältniß. 8. Nürnb. Schrag. 811.
(Ist mit C. H. T. Schreger's kosmetischem Taschenbuche f. Damen gleichen Inhalts.)

Schönheitsregeln, bewährte, f. Damen ꝛc. 8. Wien. (Liebeskind in Leipz.) 798.

Schönheits-Tempel, der. Eine Sammlung lieblicher Frauenbilder. Hft. I—IV. gr. 8. (à 3 Stahlst.) Leipzig 847. 48, Baumgärtner. (à 6 ngr) 24 ngr

Schönheitsunterricht für Frauenzimmer; als Fortsetz. des Taschenb. f. Frauenzimmer ꝛc. 12. Leipz. 781. (Brockhaus). 5 gr

Schönheitsunterricht f. d. Frauenzimmer ꝛc. 12. Lpz. Heinsius. (Gleditsch) 781.

Schönheitswasser oder einige Haupt-Recepte zur Erhaltung und Erhöhung der Schönheit für gute Mädchen . . . O. O. 1816. V: *Sennowitz, Matth.* (Pk)

Schönherr's, Joh. Heinr., Leben u. Theosophie u. die durch die letztere veranlassten sectirer. Umtriebe. [Aus: „Zeitschrift f. die histor. Theologie."] 8. (III, 191 S.) Leipzig 871. Barth. n. 1. 50

Schönherr: Über die Fabrikation des Luftsalpeters nach dem Verfahren der Badischen Anilin- und Sodafabrik. Berlin 1909

Schönherr (Red.). s. Volks- und Schützen- Zeitung für Tirol und Vorarlberg.

Schönherr, A(lfred): Der Einfluss der Eisenbahnen auf die Bevölkerungszunahme im Königreiche Sachsen. *Leipzig 1898: A. Edelmann.* (1 Bl., 36 S. mit Taf.) 4°
Leipzig, K. G., OP 1898 (504)

Schönherr, A., der Einfluss d. Eisenbahnen auf die Bevölkerungszunahme im Königr. Sachsen. Progr. 4. (36 S. m. 1 graph. Taf.) Leipzig 898. (J. C. Hinrichs' Sort.) n. 1. 20

Zweck und Ziele der Studien für Anfänger im Violinspiel von Anton Schönherr. München: [A. Schmid Nachf.] 1900. (8 S.) 8° [ca. 1731]

Schönherr, Bened., die Hundekrankheit. Für Jäger u. Freunde d. Hunde. Nebst interess. Beiträgen z. Charakteristik d. Hundes. 12. (3 B.) Nordhausen 841, Fürst.

Schönherr, Bened., die Hundekrankheit. Nebst interessanten Beiträgen zur Charakteristik des Hundes, u. Verfichtsmaßregeln zur Verhütung der Tollwuth. 2., verm. u. verb. Aufl. 12. (5½ B.) Nordhausen 842, Fürst.

Schönherr, Benedict, die Hundekrankheit, in der Verschiedenheit ihrer Symptome, ihres Verlaufs u. ihrer Folgen dargestellt, nebst Angabe aller bisher versuchten Heilmethoden ꝛc. Für Jäger u. Freunde der Hunde. Nebst interessanten Beiträgen zur Charakteristik des Hundes, u. Vorsichtsmaßregeln zur Verhütung der Tollwuth. 2. (Titel-)Aufl. 12. (127 S.) Quedlinburg 849, Ernst. ⅓ ₰

Schönherr, Benedikt: Die Hundswut oder: Kenntzeichen der stillen und rasenden Wuth bei Hunden und andern Thieren, Behandlung der von wüthenden Thieren gebissenen Personen und Thiere, Heilung der ausgebrochenen Wasserscheu und Anleitung, sich vor tollen Hunden zu sichern und die Hunde vor der Tollwuth zu bewahren. Nebst Beweis, daß durch die Hundesteuer das häufigere Vorkommen der Hundswuth befördert wird. 112 S., gbd.

Nordhausen: Fürst 1843

JB 5.207

Schönherr, Bernh., u. Fuhrmeister, die Dressur des Hundes, zum Haus-, Hof-, Jagd- u. Hirtendienste u. die Hunde-Krankheiten. Oder wie kann ein Jeder seinen Hund in kurzer Zeit u. mit leichter Mühe abrichten &c. Ein nützliches Buch für Jäger u. Hundeliebhaber. 2. (Titel-)Aufl. 8. (VIII u. 104 S.) Quedlinburg (843) 850, Ernst. 5/12 ₰

Schönherr, C. A., Chronik d. Bergstadt Brand u. ihrer Umgegend. Nach urkundl. Quellen bearb. u. hrsg. 2 Thle. in 1 Bde. gr. 8. (VI, 488 S. m. 6 Lichtdr.-Taf.) Brand 894. R. Pönisch. n. 3.50; geb. in Leinw. n.n. 4.50
Erschien auch in 15 Hftn. à n. — 25.

Schönherr, C. A., die Wunder der Thierwelt in Rücksicht der Naturtriebe und des Kunstfleißes der Thiere. Für Freunde der Natur und zum Gebrauche beim Unterrichte. 8. (VI und 108 S.) Olbernhau 855. (Dresden, Breyer.)

Festschrift zur Feier des 50jähr. Geschäfts-Jubiläums der Firma C. G. Schönherr, Flossmühle bei Borstendorf i. S., 10. Juni 1906. — (Chemnitz 1906: Pickenhahn.) 39 S. 4° [Umschlagt.:] C. G. Schönherr, Floßmühle bei Borstendorf i. S. 1856—1906.

Schönherr, Christoph Josef

Schönherr, (C. J.,) Curculionidum disposita methodica, cum generum characteribus, descriptionibus atque observationibus variis, seu prodromus ad synonymiae insectarum partem IV. 8 maj. Lips. 826, Fr. Fleischer.

Schoenherr, Chrph. Jos., Genera et Species Curculionidum, cum synonymia hujus familiae. Species novae aut hactenus minus cognitae, descriptionibus a L. Gyllenhal, C. H. Boheman, O. J. Fahraeus et entomologis aliis illustratae. Tom. VII et VIII à 2 Part. Supplementum contin. 8maj. (120 B.) Parisiis 843—45. (Leipzig, Friedr. Fleischer.) Thlr. *
Tom. I—VI. Ibid. 1833—42. * 32 Thlr.

Schönherr, Chrph. Jos., Mantissa secunda familiae Curculionidum seu descriptiones novorum quorundam generum Curculionidum. 8maj. (86 S.) Holmiae 847, (Fritze.) *
Des Verf. Hauptwerk: Genera et species Curculionidum Tom. I—VIII. Parisiis 1833—45. (Leipzig, Fr. Fleischer) kostet * 42 Thlr. 20 Ngr.

Schönherr, C. J., Synonyma insectorum, od. Versuch e. Synonymie aller bisher bekannten Insekten, nach Friderici Systema Eleutheratorum geordnet. 2 Thle. gr. 8. Copenh. Bonnier. 806.

Schönherr, Cph. Jos., Synonyma Insectorum, od. Versuch e. Synonymie aller bisher bekannten Insekten nach Fabricii System. 2 Thle. (Käfer). gr. 8. Stockh. 806—9. (Perthes u. B. in Hamb.) 5 ₰ 2 Thle u. 3r Thl. gr. 8. Kopenh. 817. Bonnier. 7 ₰ 10 gr. — Appendix. Tom. I. Prs. I—III. 8maj. Skara 817. (ibid.) 1 ₰

— — ad Synonymiam insectorum Appendix. Tom. I. ps. 3a sistens descriptiones novarum specierum. 8maj. Skara. Ebend. 817.

— synonymia insectorum, od. Versuch einer Synonymie aller bisher bekannten Insecten; nach Fabricii Syst. Eleutheratorum &c. geordnet. 1r Bd. Eleutherata oder Käfer. 3r Theil. Cum Append. sistens descriptiones novar. specierum. gr. 8. Skara 823, (Leipz., Kummer.) 4 Rthl. 1r u. 2r Thl. 806. Rthlr.

Schoenherr, Chrph. Jos., Synonymia insectorum, od. Versuch e. Synonymie aller von mir bisher bekannt. Insecten. Mit Berichtigungen u. Anmerkn., wie auch mit Beschreibn. neuer Arten. 1. u. 2. Bd. (à 2 Abthln.) — A. u. d. T.: Genera et species Curculionidum, cum synonymia hujus familiae; a C. J. Schoenherr. Species novae aut hactenus minus cognitae, descriptionibus a Dom. Leon. Gyllenhal, C. H. Boheman, et Entomologis aliis illustratae. Tom. I et II. (à 2 Pts.) gr. 8. (87 B.) Paris 833, 34. (Leipzig, Fr. Fleischer.)

Schoenherr, Chrph. Jos., Synonymia insector., od. Versuch e. Synonymie aller von mir bisher bekannt. Insecten. Mit Berichtign. u. Anmerkn., wie auch mit Beschreibn. neuer Arten. 3—6. Bd. (à 2 Abthln.) — A. u. d. T.: Genera et species Curculionidum, c. synonymia hujus familiae. Species novae aut hactenus minus cognitae, descriptionibus a Leonardo Gyllenhal, C. H. Boheman, O. J. Fahraeus et entomologis aliis illustratae. Tom. III—VI. (à 2 Pts.) 8maj. Parisiis. (Lipsiae, Fr. Fleischer.) [III. 1. (32 B.), 2. (22½ B.) 836., IV. 1., 2. (71 B.) 837, 38., V. 1. (29 B.) 839., 2. et VI. 1. (63½ B.) 840., 2. (31½ B.) 842. à Ps. * 2⅔ Thlr.] *
Tom. V., VI. bilden die Supplemente. — Tom. I., II. Ibid. 1833, 34. * 10 Thlr. 16 Gr.

— ead. T. VII. VIII. à II Prs. Supplem. cont. 843—45. ibid. n. 10⅔ ₰ (I—VIII. 1. 2. n. 42⅔ ₰)

Schönherr, David R. v.

Schönherr, Dav., der Einfall des Churfürsten Moritz von Sachsen in Tirol 1552. [Aus dem Archiv für Geschichte Tirols.] Innsbruck 868. Wagner. gr. 8. (VII, 144 S.) n. 20 ngr.

Schönherr, Dav., Geschichte und Beschreibung der alten landesfürstlichen Burg in Meran. 16. (64 S.) Meran 882, Pötzelberger. · 1 —

Schönherr, David R. v., Geschichte u. Beschreibung der alten landesfürstl. Burg in Meran. 2. Aufl. Mit Illustr. v. Tony Grubhofer. kl. 4. (III, 75 S.) Meran 892. F. W. Ellmenreich. n. 1.20

Schönherr, Dav., üb. die Lage der angeblich verschütteten Römerstadt Maja. 8. (23 S.) Innsbruck 873. Wagner. n. — 50

—— aus dem Leben des Ritters Christof Reifer v. Altspaur und seiner Gattin Ursula Künigl v. Ehrenburg. Ein urkundl. Beitrag zur Culturgeschichte des 15. Jahrh. 8. (III, 96 S.) Innsbruck 882, Wagner'sche Universitäts-Buchh. · 1 —

— über Marx-Treytz-Saurwein, Geheimschreiber K. Maximilians I., dessen Heimath u. Familie. [Aus: „Archiv f. österreich. Geschichte".] Lex.-8. (20 S.) Wien 873. Gerold's Sohn in Comm. n. — 40

Schönherr, Dav. Das Schloss Runkelstein bei Bozen. (56) 8. Innsbruck 1873 1.00.

— das Schloß Runkelstein bei Bozen. Mit e. Inventar d. Schlosses v. 1493. 8. (56 S.) Innsbruck 874. Wagner. 1. —

Schönherr, Dav. R. v., das Schloß Schenna. Seine Geschichte und seine Besitzer. 8. (VII, 134 S.) Meran 887, [Pötzelberger.] Ellmenreich. *

Schönherr's, Dav. v., gesammelte Schriften. Hrsg. von Mich. Mayr. 2 Bde. gr. 8. Innsbruck, Wagner. n. 30. —
1. Kunstgeschichtliches. Mit zahlreichen Voll- u. Textbildern. (VII, XVI, 740 S. m. Bildnis.) 900. n. 16. —
2. Geschichte u. Kulturgeschichte. Mit 5 Vollbildern. (IV, 752 S.) 902. n. 14. —

Schönherr, D., ein Schützenfest in Tirol und Vorarlberg. Denkbuch zur Erinnerung an den 19. März 1853. 8. (VIII und 200 S.) Innsbruck 853, Wagner'sche Buchh.

Schönherr, D. v. und **Klaar,** K. Drei Thorthürme aus dem alten Innsbruck. Mit 2 Abbildungen. 8. Innsbruck 1900.

Schoenherr, Eduard, appr. Arzt a. Gera: Über Eisensplitterverletzungen des Auges. Kiel 1904: H. Fiencke. (23 S.) 8°
Kiel, Med. Fak., Ref. Völckers, Diss. v. 17. Dez. 1904
[Geb. 13. Febr. 76 Gera; Wohnort: Gera; Staatsangeh.: Reuß j. L.; Vorbildung: Gymn Gera Reife O. 95; Studium: Leipzig 6, Kiel 1, Berlin 2, Kiel 3 S.; Coll. 21. Dez. 01; Approb. 18. Juni 01.]

Schönherr, Fr. Osw., das Morse-Telegraphen-Lesebuch. Leitfaden zur Erlerng. der Morse-Telegraphen-Schrift bei der Telegraphen-Verwaltg. u. beim Selbstunterricht m. besond. Berücksicht. der Bestimmgn. f. den Depeschen-Beförderungs-Dienst nebst Depeschen-Beispielen. Mit 6 lith.) Taf. [Stromlaufskizzen]. gr. 8. (VI, 94 S., wovon 35 in qu. gr. Fol.) Leipzig 875. Breitkopf & Härtel. n. 4. —

Schönherr, Georg [app. Arzt aus Leipzig]: Über die Äthernarkose in der Gynäkologie ... Leipzig, Druck v. F. Richter, 1894; 20 S., 1 Bl. 8.
Leipzig, Med. Fak., Inaug.-Diss. v. 29. März 1894

Schönherr, Gust., die Welt-Religion. (16 S.) kl. 8. Breslau (908). (Leipzig, Theosoph. Verlagshaus.) p — 30

Schönherr, H., Grundzüge der Erkenntniß der Wahrheit, s. Grundzüge.

Schönherr, J. D. De refractione. Vitembergae 1701. 4.

Schönherr, Joh. Saint Cyran's Bedeutung für Port-Royal. 27 S.
Progr. G. Bautzen 1877

Schönherr, Joh. Geo. [aus Zittau]: Jorge de Montemayor und s. Schäferroman Die „Siete libros de la Diana" .... Halle a/S., Druck v. E. Karras. 1886; 2 + 78 + 1 S. 8°.
Leipzig, Phil. Fak., Inaug.-Diss. v. 21. Nov. 1885.

Schönherr, G., Jorge de Montemayor, sein Leben und sein Schäferroman, die „Siete libros de la Diana", nebst einer Uebersicht der Ausgaben dieser Dichtung und bibliogr. Anmerkgn. Halle. Max Niemeyer. 1885. 8⁰. 88 S. (Mk. 2,40.)

Schönherr, Geo., Jorge de Montemayor, sein Leben u. sein Schäferroman, die „siete Libros de la Diana", nebst e. Übersicht der Ausgaben dieser Dichtg. u. bibliograph. Anmerkgn. hrsg. gr. 8. (88 S.) Halle 886. Niemeyer. n. 2. 40

Schönherr, Josef, a. Schechingen, Rechtsprakt. am Kgl. Landgericht München I: Die Compensation im Strafrecht, insbesondere die Compensation bei Körperverletzungen. Aalen 1908: Stierlin. (86 S.) 8° [J. u. Ant.]
Erlangen, Jur. Fak., Ref. Allfeld, Diss. v. 12. Febr. 1908
[Geb. 13. April 81 Schechingen (Württemberg); Wohnort: München; Staatsangeh.: Bayern; Vorbildung: Gymn. Ellwangen Reife 01; Studium: München 8 S.; Rig. 1. März 07.]

Schönherr, K., i.: Für den Adventsbaum.

Schönherr, K., ausführliches, methodisches Lehr- u. Übungsbuch des Esperanto z. Gebrauch beim Selbstunterricht u. in Kursen. Ein Hilfsmittel vor allem f. solche, die keiner fremden Sprache mächtig sind. 7. Aufl. (VIII, 189 S.) 8. Dresden (910). F. Ader. 1.75; Schlüssel. 2. Aufl. (80 S.) — 80

Schoenherr, K. F., Aesop. Taschenbuch d. Witzes, d. Scherzes, u. d. Unterhaltung, f. d. J. 1840. gr. 12. (19½ B.) Grimma, Verlags-Comptoir.

SCHÖNHERR, Karl
(F) Karl Schönherr. Die Bildschnitzer. Eine Tragödie braver Leute. Wien. 1900. Wiener Verlag. (Rosner.) 8°. 48 S. K 1.50

Schönherr, Karl, die Bildschnitzer. Eine Tragödie braver Leute. 2. u. 3. Tausend. 8. (47 S.) Wien 901. Wiener Verl. n. 1.25

Schönherr, Karl, Caritas. (178 S.) kl. 8. Wien 905. Wiener Verlag. n. 2. —; geb. n. 3. —

(B) **Schönherr,** Karl, Caritas 905. (KVL 34.) Jetzt: Berlin, H. Bondy. Erm. Pr. 1. —

— Erde. Eine Komödie des Lebens in 3 Akten. 1.—3. Aufl. (126 S.) 8. Berlin 908. 09. [S. Fischer, Verl.] Leipzig, L. Staackmann. 2.—; geb. n 3. —

Familie. Schauspiel in 3 Akten von Karl **Schönherr**. Stuttgart & Berlin: J. G. Cotta Nachf. 1906. (112 S.) 8° [F.] [06. 14180

— Glaube u. Heimat. Die Tragödie e. Volkes. 1.—5. Taus. (115 S.) 8. Leipzig 910. L. Staackmann. 2.—; geb. 3. —

— Karrnerleut'. (56 S.) kl. 8. Wien 905. Wiener Verlag. n. 1. —; geb. n. 2. —

— Das Königreich. Märchendrama in 4 Akten. 2. Aufl. (114 S.) 8. Stuttgart 909. J. G. Cotta Nachf. 2.—; geb. in Leinw. 3. —
1. Aufl. (120 S.) 908. 2.—; geb. 3. —

Schönherr, Karl, allerhand Kreuzköpf'. Geschichten u. Gestalten aus d. Tiroler Alpen. 8. (III, 232 S.) Leipzig 895. H. Haessel. n. 2. —; geb. in Leinw. n. 3. —

— Tiroler Marterln f. abg'stürzte Bergkraxler. Illustr. v. F. Groß. 12. (62 S.) Ebd. 895. n. 1. 60; kart. n. 2. —

Schönherr, Karl, Innthaler Schnalzer. Gedichte in Tiroler Mundart. 12. (144 S.) Leipzig 895. Literar. Anstalt A. Schulze. n. 2. 40

— Innthaler Schnalzer. Gedichte in Tiroler Mundart. 2., verm. Aufl. 12. (147 S.) Ebd. 896. n. 2. —; geb. n. 3. —

Schönherr, Karl, Sonnwendtag. Drama in 5 Aufzügen. 8. (113 S.) Wien 902. C. W. Stern. n. 2. —

Karl Schönherr. Sonnwendtag. Drama in 5 Akten. 3. Taus. (Neue Fassung.) Wien & Leipzig: Wiener Verl. 1905. 151 S. 8° [05. 9851

Schönherr, Nikolaus —. Lehr- und Exempelbuch, oder vollständiger Katechismus, worin die christkatholische Lehre leichtfaßlich vorgetragen und mit vielen verschiedenen schönen Beispielen, Gleichnissen und Sprüchen der heiligen Schrift und der heiligen Väter erklärt und bekräftiget zu finden ist, ein sehr nützliches Unterrichts- und Hausbuch, neu bearbeitet, vermehrt und verbessert nach dem alten ehrwürdigen Brugger, von einem Weltpriester der Diözese Brixen. Herausgegeben von — —. Erster Band zur Verbreitung guter und sehr wohlfeiler Bücher. Zwanzigste Auflage. 8. (874 S. und 3 Bl.) Innsbruck. Druck von A. Witting 1854.

Schönherr, Nikolaus —. Eine Sammlung von Geschichten und Erzählungen zur Belehrung und Unterhaltung für Stadt und Land. Nr. 3. Herausgegeben von — —. V. Band, zur Verbreitung guter und sehr wohlfeiler Bücher. 8. (203 S.) Innsbruck. Druck von A. Witting. 1854 (3227.)

Schönherr, Nikolaus. — Eine Sammlung von Geschichten und Erzählungen zur Belehrung und Unterhaltung für Stadt und Land. Nr. 4. Herausgegeben von — —. Sechster Band zur Verbreitung guter und sehr wohlfeiler Bücher. 8. (204. S.) Innsbruck. Druck von A. Witting. 1854.

Schönherr, Otto *Wilhelm:* **Studien über die Bildung von Uberschwefelsäure** . . . Halle a. S., Druck d. Buchdr. d. Waisenhauses, 1895; 1 Bl., 39 S., 1 Bl. 8.
Giessen, Phil. Fak., Inaug.-Diss. v. 1895

Schönherr, Otto, ein vergnügter Tag. Lustspiel in 1 Akt. (28 S.) kl. 8. Flöha 906. A. Peitz & Sohn. n. 1.—

Schönherr, Otto, Limbacher Turner-Marsch. Zum Gauturnf. a. 25. u. 26. 7. 1891 gewidm., Musik v. Adolf Herzendorf u. Albin Pöschmann, Limbach, 8°.

Schönherr, Paul, aus Glauchau: **Beiträge** zur Kenntnis der **Polarisationskapazität** des blanken Platins bei Wechselstrom. *Berlin (1901): Thormann & Goetsch.* (32 S.) 8°
Berlin, Phil. Diss. v. 10. Aug. 1901

Schönherr, Paul [aus Chemnitz]: Saint-Amant. Sein Leben und seine **Werke**. . . . Oppeln u. Leipzig, Verl. v. Eugen Franck's Buchh. (Georg Maske), 1888; VIII + 72 S. 8°
Leipzig, Phil. Fak., Inaug.-Diss. v. 23. Sept. 1888

Schönherr, Paul, Saint-Amant. Sein Leben u. seine **Werke. Diss. gr.** 8. (VIII, 72 S.) Oppeln 888. (Berlin, W. Gronau.) n. 1.50

Schönherr, Paul, einige Versuche zur Bestimmg. der Geläufigkeit v. Zeichen, s.: Bein, Willy.

Schönherr, Paul: Über das Verhalten von Abkömmlingen des Phenyl-i-cyanats zu Stickstoff- und Phosphorverbindungen, sowie über einige sekundäre Sulfochlorphosphine der aromatischen Reihe. 1903. 84 S. 8°
Dresden, Dr.-Ing.-Diss. v. 11. 11. 1903

Schönherr, Walther: Das Pfandrecht des Vermieters. Borna-Leipzig 1909: Noske. VII, 54 S. 8°
Leipzig, Jur. Diss. v. 5. Juli 1909
[Geb. 3. Dez. 78 Dresden; Wohnort: Dresden; Staatsangeh.: Sachsen; Vorbildung: Kreuz-Gymn. Dresden Reife O. 99; Studium: Berlin 2, München 1, Leipzig 5 S.; Rig. 24. Juli 03.] [U 09. 2675

SCHÖNHERZ, Hans (ps.), Marias Züchtigungen. Eine wahre Begebenheit aus meinem Leben. Cöln a. Rh. (fing.) 1909. Privatdruck. 8°. (Mk. 1—.)
In 1000 in der Maschine numer. Expll., nur für Subscribenten hergestellt. Proben dieses unsinnigen Machwerks versandte im Octob. 1909 eine Wiener Firma.

Schönheyder, Jh. Chr., s. Salomo's Denksprüche.

Schönhof, Amalie von,. Swauf.. v Thümbrink. 8. München, Theissing. 793.

Schoenhof, J., über die volkswirthschaftlichen Fragen in den Vereinigten Staaten, s. a. Vorträge, hrsg. vom deutschen gesellig-wissenschaftlichen Vereine von New-York.
—— dass. — s. a. Zeit- und Streitfragen, deutsche.

-- J, üb. d. volkswirtschaftl. Fragen in d. Verein. Staaten. (Zeit- u Str. 130) Berlin 1880

Schönhof, volkswirthschaftl. Fragen in d. Vereinigten Staaten. Vortrag. New-York 882.

Schönhof, J.: Hauptpunkte der deutschen Sprachlehre. s. Gurcke, Gfr.

Schönhof, J., praktisches Rechenbuch für Elementar- und höhere Bürger-Schulen. 1. Kursus: Numeriren und die vier Species in unbenannten und gleichbenannten Zahlen. 8. (IV und 96 S.) Frankfurt a. M. 859, Auffarth. *

– Deutsche Schulgrammatik, s. Gurcke, Gfr.

Schönhof, J., Übungsbuch zur deutschen Schulgrammatik, s.: Gurcke, Gottfr.

—— deutsche Urtheile über Amerika, s. a. Zeit- und Streitfragen, deutsche.

Schonhof F. deutsche Urteile uber Amerika. (Zeit- u Streitfr. 156) Berlin 1881

Schönhöfer, Rob., statische Untersuchg. v. Bogen- u. Wölbtragwerken in Stein, Eisen, Beton od. Eisenbeton nach den Grundsätzen der Elastizitätstheorie unter Anwendg. des Verfahrens m. konstanten Bogengrössen. (V, 36 S. m. 8 Abbildgn.) Lex. 8. Berlin 908. W. Ernst & Sohn. 1.80

Schönhoff, Herm., emsländische Grammatik, s. a. Bibliothek, germanische. I, 8.

Emsländische Grammatik. Laut- u. Formenlehre d. emsländ. Mundarten. Hermann **Schönhoff**. Mit 1 Karte. Heidelberg: C. Winter 1908. (XII, 228 S.) 8°
= **Bibliothek,** Germanische. Samml. 1, Reihe 1. Bd 8. [08. 1690?

Schönhoff, Hermann, a. Münster i. W.: **Vokalismus der unteremsländischen** Mundarten auf Grundlage **des** Dialektes von Lathen a. Ems. Münster i. W. 1906: R. Noske, Borna-Leipzig. (47 S.) 8°
Münster, Phil. Fak., Ref. Jostes, Diss. v. 13. Okt. 1906
[Geb. 12. Aug. 82 Münster i. W.; Wohnort: Münster; Staatsangeh.: Preußen; Vorbildung: Gymn. Warendorf Reife O. 03; Studium: Münster 7 S.; Rig. 4. Juli 06.]

Schönhoff, Leop., kritische Theaterbriefe. (10 Jahre Berliner Theater.) 8. (263 S.) Berlin 900. H. Bermühler. n. 2.50

(8) Schönhoff, L., Theaterbriefe. 900. (M 2.32.) Ladenpr. aufgeh.

Schönhöffer, Aloys, Rechtsprakt.: Bayerisches Landesrecht im Gebiet der Immobiliar-Zwangsvollstreckung. Borna-Leipzig 1909: Noske. IV, 70 S. 8°
Würzburg, Jur. Diss. v. 30. März 1909, Ref. Mendelssohn-Bartholdy
[Geb. 27. März 85 Ludwigshafen a. Rh.; Wohnort: Schweinfurt; Staatsangeh.: Bayern; Vorbildung: Gymn. Schweinfurt Reife Juli 03; Studium: München 1, Würzburg 7 S.; Rig. 22. Juli 08.] [U 09. 4089

Schönholtz, Ludwig, Vorschlag von Verpflegung der Armen in der Marck. 8°. Berlin, Rüdiger, 1726.

(Schönholz.) Zehn Jahre in Ungarn. Erlebnisse und Betrachtungen eines Weltbürgers. (2 Bde.) 8. Leipzig 1845.

v. Schönholz, Fr., üb. das mit 33 Miniaturen gezierte Brevier Philipp's II. von Spanien. Im Besitze Ihrer Durchlaucht der Fürstin zu Putbus. 8. Berlin 847. Vereins-Buchh. n. 1/6 ℛ

Schönholz, Fr. v., streitende Gegensätze, s. a. Gegensätze.

— u. A., streitende Gegensätze. Satirische Zeitblicke in Reimen. In acht Abschnitten mit 16 Bildchen (in Holzschn.). Ebend. 860. 16. (VIII, 112 S.) n. 10 ngr.

Schönholz, F. v. Geschichtliches, Novellistisches und Humoristisches usw. Berlin 1859. — Aus dem »Gesellschafter«. H: *Gubitz, Frdr. Wilh.* Vgl. GGR X, 446, 63. (DARP)

—— Geschichtliches, Novellistisches und Humoristisches. Lebensbilder und Erfahrungen. gr. 12. (III und 356 S.) Berlin 859, Vereins-Buchh.

Schönholz, Fr. v., Handbuch aller Wissenschaften, in ihrem Wesen, ihrer Entwickelung u. ihrem Zusammenhange gedrängt dargest. als Leitfaden z. wissenschaftl. Selbstbildung. gr. 8. (41¼ B.) Berlin 840, Vereins-Buchh.

Schoenholz, L. [aus Borgentreich]: Ueber das primäre Carcinom des Uteruskörpers .... Bonn, Univ.-Buchdr. v. Carl Georgi, 1887; 20 S. + 1 Bl. 8°.
Bonn, Med. Fak., Inaug.-Diss. v. 4. März 1886.

Schoenholz, L., über das primäre Carcinom des Uteruskörpers. Diss. Bonn 1887, Emil Strauss. 8°. 20 S.

Schönholzer, Albert, aus Schaffhausen: Ueber Derivate alkylierter Benzylaniline. Zürich 1907. 43 S. 8°. [8. II. 07.]
Zürich. Phil. Diss. II. S. 1906/1907.

Schönholzer, Albert. Ueber Derivate alkylierter Benzylaniline. Diss. Phil. [II.] Univ. Zürich. 43 S. 8. Zurich, Gebr. Leemann & Co., 1907.

Schönholzer, G. (Mitarb.), s. Reden, Drei, gehalten bei der feierlichen Einsetzung ...

Schönholzer [Gfr.], die Armuth. Zwei Vorträge, gehalten in St. Gallen am 29. Jan. und 5. Febr. 1888. gr. 8. (VIII, 58 S.) St. Gallen 888, Huber und Comp. *

— Durch die Natur zu Gott, s.a. Vorträge, St. Gallische.

Vorträge, St. Gallische. 2. Heft: Durch die Natur zu Gott. Vortrag geh. in Strassburg am 10. Februar 1890, von *G. Schönholzer*. In-8°. 22 S. St. Gallen, F. Hasselbrink. 1890. — 50

— die Feuerbestattung, s.a. Vorträge, St. Gallische.

Vorträge, St. Gallische. Heft 1: Die Feuerbestattung unter dem Gesichtspunkte der Religion, von *G. Schönholzer*. In-8°. 29 S. St. Gallen, F. Hasselbrink. 1890. -- 50

Schönholzer, Gfr., Gebetbuch f. alle Tage d. Jahres. Mit e. Anh. f. besond. Fälle. gr. 8. (VI, 480 S.) Zürich 892. A. Müller's Verl. n. 4. —; geb. n. 4. 80

Schönholzer, Gfr., Gebetbuch f. alle Tage des Jahres. M. e. Anh. f. besondere Fälle. 2. Aufl. gr 8. (VIII, 489 S.) Zürich 897. A. Müller's Verl.
Geb. in Leinw. n. 3. 50

— Pfarrer Heinrich Hirzel am St. Peter, genannt „d. Helfer". Lebensbild. 12. (19 S.) Zürich 894. (E. Leemann.) — 20

Schönholzer, J. F., Oberlin, s.a. Schriften des Schweizerischen Vereins für freies Christenthum.

Schonholzer, G(ottfried), J(ohann) F(riedrich) Oberlin (1740–1821). der grosse Menschenfreund. Schriften für fr. Christenthum. [Heft] 12. 8. Zürich 1881.

— letzte Predigten, geh. in St. Gallen Sonntag den 14. Juni 1891 in der Linsebühlkirche u. Sonntag den 28. Juni 1891 in St. Laurenzen. gr. 8. (23 S.) St. Gallen 891. Huber & Co. — 30

Schönholzer, Gottfried (Red.), s. Protestant, Der.

—— die religiöse Reformbewegung in der reformirten Schweiz. Vortrag, gehalten an der Jahresversammlung des Rel.-lib. Vereins des Kantons St. Gallen den 16. Novbr. 1885 in der Aula der Kantonsschule. 2. Aufl. 8. (48 S.) Ebendas. 886. *

— die religiöse Reformbewegung in der reformirten Schweiz. Denkschrift, d. schweizer. Verein f. freies Christentum gewidmet zum Gedächtnis s. 25jähr. Bestehens bei Anlaß d. XIII. Generalversammlg. in Bern am 7./8. IX. 1896 v. dessen derzeit. Präs. 8. (84 S. m. 2 Bildnistaf.) Zürich 896. A. Frick. n. 1. —

Schönholzer, G. Reichthum und Macht der Religion. Predigt gehalten in der Heilig-Geist-Kirche zu Bonn am 1. Mai 1881. In-8°, 12 S. St. Gallen, Zollikofer'sche Buchdruckerei.
1882

Schönholzer, Gottfried s. Schwarzenbach, J., und Schönholzer, Gottfried.

Schönholzer, Gottfr., Synodalpredigt, s.a. Synodalpredigten. 2.

— Synodalpredigt, geh. im St. Peter zu Zürich, den 27. X. 1897. gr. 8. (12 S.) Ebd. 897. — 25

Schönholzer, Gottfried, med. prakt., Thalwil, Kt. Zürich: Aus dem pathologisch-anatomischen Institut Zürich. Ein retroperitoneales Teratom bei einem zweijährigen Knaben.' [Mit 1 Tafel.] Jena 1906. 26 S. 8°. S.-A. aus „Zieglers Beiträge Bd. 40. Heft 2." [17. XII. 06.]
Zürich. Med. Diss. 1906/1907.

Schönholzer, Gottfried. Ein retroperitoneales Teratom bei einem zweijährigen Knaben. Diss. Med. Univ. Zürich. [Mit Figuren und 1 Tafel. Sep.-Abdr. aus: Beiträge zur pathologischen Anatomie und zur allgemeinen Pathologie. Band 40, Heft 2.] *Kopftitel:* Aus dem pathologisch-anatomischen Institut Zürich. 26 S. 8. Jena, Gustav Fischer, 1906.

— kirchlicher Unterricht f. Kinder vom 9. bis 12. Jahr in 4 Jahreskursen. 1.—3. Jahreskursus. 12. (84, 86 u. 86 S.) Zürich 898--900. (Heidelberg, Ev. Verlag.)
Kart. à n. — 60

Schönholzer, G., siehe: *Vorträge.*

— was heißt „Religiös-freisinnig?" Vortrag, geh. im Auftrag u. auf Veranlassg. d. Vereins freisinn. Kirchgenossen v. Neumünster Sonntag, 3. X. 1897, Abends 7 Uhr, im Kreisgebäude V, Zürich-Hottingen. gr. 8. (15 S.) Zürich 897. F. Schultheß. n. — 40

Schönholzer, J., dies Wort sie müssen lassen stah'n. Ein Zeugniß gegen die Angriffe der Mormonen an seine evangel. Gemeinde. gr. 8. (20 S.) Herisau 857, (Meisel's Buchh.) Thlr. *

Schönholzer, J. J. Zum Andenken an J. J. Sch. Reden bei der Begräbnissfeier. Bern 1884.

Schönholzer, J. J., über die Auswerthung bestimmter Integrale mit Hülfe von Veränderungen des Integrationsweges. gr. 4. (31 S. m. 1 Steintaf. in qu. Fol.) Bern 877. (Fiala.) n. 1. 60

Die Organisation des fakultativen und obligatorischen Militärischen Vorunterrichts. Von Julius **Schönholzer**, Major. Frauenfeld: (J. Huber) 1900. (80 S.) 8°
= Monatschrift, Schweizerische, f. Offiziere aller Waffen. Jg. 12, Beil. [2.]
= **Blätter**, Schweizerische Militärische. 1900, [Abt. 2], Beil. [2.] 106. 1712

Schönholzer, Philipp

Schönholzer, Ph. [aus La Chaux-de-Fonds]: Aus der chirurgischen Universitätsklinik Zürich. Die Chirurgie des Magenkrebses an der Krönlein'schen Klinik in den Jahren 1881—1902. (S.-A. aus „Beiträge zur klinischen Chirurgie". XXXIX. Band. 1. H. u. 2. H.) Tübingen 1903. 192 S. 8°.
Zürich, Med. Diss. 1902/1903.

Schönholzer, Ph[ilipp]. Die Chirurgie des Magenkrebses an der Krönlein'schen Klinik in den Jahren 1881—1902. Diss. Med. Univ. Zürich. *Kopftitel:* Aus der chirurgischen Universitätsklinik Zürich. — (Sonderabzug aus Beiträge zur klinischen Chirurgie. Band 39. Heft 1 [u.] 2.) IV + 192 S. 8. Tübingen, H. Laupp Jr, 1903.

Schönhorst, Joh. v., das Herrlichste auf der Welt. 350 goldene Regeln üb. Heilverfahren u. Gesundheitspflege nach den Grundsätzen der Naturheilkunde f. Gesunde u. Kranke. Auf e. 20jähr. Erfahrg. u. Beobachtg. am eigenen Körper gegründet u. m. Erläutergn. versehen. 8. (VII, 156 S.) Rostock 894. (Leipzig, R. Werther.) n. 2.—

Schönhueb, Ant. J. J. Frhr. v. (Oberlieut. etc.), Geschichte des kgl. bayer. Cadetten-Corps. Aus Original-Quellen verfasst zur 100jähr. Jubel-Feier. München 1856. Druck von J. Deschler in der Vorstadt Au. 8°. Srsb.
VI S., 1 Bl., 213 S., 1 Bl. Err., 1 Tabelle in schmal gr. Fol. Tat. Lett.

Schoenhueb, Ant. J. J. v., Geschichte des königlich bayerischen Cadetten-Corps. Aus Original-Quellen verf. zur 100jährigen Jubel-Feier. München 856. (Lindauer.) gr. 8. (VII, 225, 213 S. u. 3 Tab. in 4 u. Fol.) n. 1 ℛ. 20 ngr.

Schönhueb, Ant. J. J. Frhr. v., Theorie des Tragens mit besond. Berücksicht. des Infanterie-Gepäckes. gr. 8. (IV und 56 S. mit 2 lithogr. Fig.-Taf. in qu. Fol.) München 860, Franz.

Schönhueb, Karl v.

SCHÖNHUEB, Carl Frh. von (München): Ueber die Pflicht des Selbststillens und die Nachtheile der Ernährung der Neugeborenen durch Ammen.- München: Rösl 1847. 13 S.
4.8.1847 - Urk (Titel: De lactatione materna.); F 67
Diss.Ingolst.-Landsh.-Mchn.

Dem Herrn Obrist-Lieutenant [Franz Karl Anton] **Schönhut,** Lehrer der Mathematik am Herzoglich Braunschweigischen Collegio Carolino bei der Feier seiner funfzigjährigen Amtsführung aus inniger Liebe und Dankbarkeit dargebracht von sämmtlichen Studirenden des Collegii Carolini. Braunschweig den 15. Sept. 1821. [Ode.] 2 Bl. 2° *Br*

Schönhut, J., und T. Glaeser, 1200 technisch-chemische Versuche ꝛc. in der Spiritusfabrikation, s. Glaeser, T.

Schönhuth, Arthur [aus Leobschütz, Prov. Schlesien]: Die forstliche Bedeutung der Vogel. . . . Giessen, C. v. Münchow, Univ.-Druckerei, 1890; 67 + 1 S. 8°
Giessen, Phil. Fak., Inaug.-Diss v. 1890

Schönhuth, Ottmar, Methodenlehre f. den Unterricht in Religion. Anleitung zum Katechisieren. (XII, 142 S.) gr. 8. Tübingen 904. J. C. B. Mohr. n. 1. 80

Schönhuth, Ottmar Friedrich Heinrich

—— Robinson's merkwürdige Abenteuer zu Wasser und zu Land. Mit schönen Figuren geziert. Für Alt und Jung auf's Neu erzählt. 8. (100 S. mit eingedr. Holzschn.) Reutlingen 858, Fleischhauer und Spohn.

Schönhuth, Ottmar F. H., **Ahasverus** der ewige Jude. Ein wunderbare u. gar erbauliche Historie. Auf's Neu' ans Licht gestellt für Alt u. Jung. 8. (36 S.) Reutlingen 849, Fleischhauer & Spohn. 1 ngr.

Schönhuth, Ottmar F. H., Ahasverus der ewige Jude. Eine wunderbare und gar erbaul. Historie. 8. (36 S.) Reutlingen 864, Fleischhauer und Spohn.

Schönhuth, Ottmar F. H., Ahasverus, der ewige Jude. Eine wunderbare und gar erbauliche Historie. Auf's Neu an's Licht gestellt für Jung und Alt. gr. 16. (36 S.) Reutlingen 871, Fleischhauer und Spohn.

Schönhuth, Ottmar F. H., Ahasverus der ewige Jude. Eine wunderbare u. gar erbauliche Historie. Auf's Neu an's Licht gestellt f. Jung u. Alt. gr. 16. (36 S.) Reutlingen 879. Fleischhauer & Spohn. — 10

— s.a. Alexander von Metz.

—— Alexander von Metz oder Historie von dem Ritter im Pflug. Gar lieblich und wunderbar zu lesen. Mit schönen Fig. geziert. Aus alter Schrift für Jung und Alt von Neuem ans Licht gestellt. 8. (30 S. mit eingedr. Holzschn.) Reutlingen 850, Fleischhauer und Spohn.

— Alexander v. Metz oder Historie von dem Ritter im Pflug. Gar lieblich und wunderbar zu lesen. Ebend. 864. 8. (30 S. m. Holzschn.) 1 ngr.

Schönhuth, Ottmar F. H., **Alexander** v. Metz oder Historie von dem Ritter im Pflug. Gar lieblich u. wunderbar zu lesen. Mit schönen Figg. (eingedr. Holzschn.) geziert. Aus alter Schrift für Jung u. Alt von Neuem ans Licht gestellt. Reutlingen 870. Fleischhauer & Spohn. 8. (30 S.) 1 ngr.

Schönhuth, Ottmar F. H., † (F. H. Ottmar,) Anekdoten u. Sprüche z. Charakteristik König Rudolphs v. Habsburg, a. d. Quellen gesammelt. 16. (11⅛ B. u. 1 Abbild.) Cannstadt 841. [Ulm, Fr. Ebner.] Thlr.

Schönhuth, Ottmar F. H., Anekdoten u. Sprüche zur Charakteristik König Rudolphs von Habsburg, aus den Quellen gesammelt. (Mit 1 Abbild. des noch vorhand. alten Grabmals zu Speyer.) 16. Cannstatt 841, Vereinsbuchh. ⅓ ℛ

—— König Apollonius von Tyrus. Eine gar wunderbare und rührende Historie. Mit schönen Fig. geziert. Neu erzählt. 8. (64 S. mit eingedr. Holzschn.) Reutlingen 850, Fleischhauer und Spohn.

—— König Apollonius von Tyrus. Eine gar wunderbare und rührende Historie. 8. (64 S. mit eingedr. Holzschn.) Reutlingen 864, Fleischhauer und Spohn.

— König Apollonius v. Tyrus. Eine gar wunderbare u. rühr. Historie. Mit schönen Fig. (in eingedr. Holzschn.) geziert. 8. (64 S.) Ebend. 874. — 20

Bei Aufstellung des neuen Denkmals für den Deutschordens-Comthur, Andreas von Hohenlohe in der Ordensgruft der Schlosskirche zu Mergentheim gesprochen den 9. Mai 1854 von OTTMAR F. H. SCHÖNHUTH. Mergentheim 1854. Gedruckt in der W. F. J. Thomm'schen Buchdruckerei. 8°.

—— Götz v. Berlichingen, s. Götz v. Berlichingen.

—— Ritter Götz von Berlichingen, s. Ritter.

Ritter | Götz von Berlichingen | mit der eisernen Hand. | Eine gar unterhaltende, aber doch wahrhaftige Historie. | Mit schönen Figuren. | (Fig.: *Götz zu Pferde, von Leuten umringt*, 70 × 79) | Auf's Neue für das Volk erzählt | nach des Ritters eigener Lebensbeschreibung, | sowie andern glaubhaften Nachrichten | von | Ottmar F. H. Schönhuth. | Reutlingen, | Druck und Verlag von Fleischhauer und Spohn. | 1844.
163 S. + 2 S. (Inhalt) + 3 S. (Anzeigen), 164 × 105, 8 Fig. im Text.
LBS d. D. oct K 3359.
Kindlers Literatur Lexikon III, 1967, Sp. 951–955.

—— Ritter Götz von Berlichingen mit der eisernen Hand. Auf's Neue für's Volk erzählt. 8. (165 S. mit eingedr. Fig.) Reutlingen 847, Fleischhauer und Spohn.

—— Ritter Götz v. Berlichingen mit der eisernen Hand. Eine gar unterhaltende, aber doch wahrhaftige Historie. Mit schönen Fig. (in eingedr. Holzschn.). Auf's Neue für das Volk erzählt nach des Ritters eigener Lebensbeschreibung, sowie andere glaubhaften Nachrichten. gr. 16. (VI, 168 S.) Ebendas. 871. — 50

—— Ludwig Napoleon Bonaparte, Erster Präsident der französ. Republik, wie er war und wie er ist. 8. (128 S.) Reutlingen 852, Fleischhauer und Spohn.

(U.-Titel:) Hugdietrich's Brautfahrt und Hochzeit. Wieland, der kunstreiche Schmid. Zwei sehr ergötzliche und abentheuerliche Historien. Mit schönen Figuren. (Fig.: *Hugdietrich zu Pferde als Frau verkleidet*, 72 × 80) | Aus alter Geschrift gezogen und auf's Neue erzählt von Ottmar F. H. Schönhuth. Reutlingen, Druck und Verlag von Fleischhauer und Spohn. 1844.
7? S., 164 × 102, 3 Fig. im Text.
LBS d. D. oct K 3438.
Die dritte Auflage dieses Titels (ebenda 3439) erschien 1854.

—— Hugdietrich's Brautfahrt und Hochzeit. Wieland, der kunstreiche Schmid. Aus alter Geschrift gezogen und auf's Neue erzählt. 8. (70 S. mit eingedr. Fig.) Reutlingen 847, Fleischhauer und Spohn.

—— Hugdietrichs Brautfahrt und Hochzeit. Wieland der kunstreiche Schmied. Zwei sehr ergötzl. und abenteuerl. Historien. Aus alter Geschrift gezogen und auf's Neu erzählt. 8. (72 S.) Reutlingen 870, Fleischhauer und Spohn. — 20

Schönhuth, Ottmar F. H., die Burgen, Klöster, Kirchen und Kapellen Badens und der Pfalz, mit ihren Geschichten, Sagen und Märchen. In Verbindung mit vielen Schriftstellern, die Illustr. unter Leitung von A. v. Bayer hrsg. 1—14. Lfg. 12. (1. Bd. 560 S. und 2. Bd. S. 1—96 mit eingedr. Holzschn., 1 Holzschnt. in qu. 4. und lithogr. Titel.) Lahr 861. 62, Geiger. à Lfg. 3 Ngr.
Prachtausg. à Lfg. * 5 Ngr. *

—— die Burgen, Klöster, Kirchen und Kapellen Badens und der Pfalz, mit ihren Geschichten, Sagen und Märchen. In Verbindung mit vielen Schriftstellern, die Illustr. unter Leitung von A. v. Bayer hrsg. 15.—24. Lfg. 12. (2. Bd. S. 97—576 mit eingedr. Holzschn.) Lahr 863—65, Geiger. à Lfg. 3 Ngr.
Prachtausg. à Lfg. * 5 Ngr. *
1.—14. Lfg. Ebendas. 1861.62. 1 Thlr. 12 Ngr.; Prachtausg. * 2 Thlr. 10 Ngr.

—— die Burgen, Klöster, Kirchen und Kapellen des württemberger Landes mit ihren Geschichten, Sagen und Mährchen. Unter Mitwirkung vaterländ. Schriftsteller dargestellt. 5 Bde. 16. Stuttgart, Fischhaber. [1. Bd. (488 S.) 859. 60, 2. (476 S.) 860., 3. (494 S.) 861., 4. (476 S.) 861. 5. (470 S.) 861. à Bd. * 20 Ngr.] *

—— die Burgen, Klöster, Kirchen und Kapellen Württembergs und der preußisch-hohenzollern'schen Landestheile mit ihren Geschichten, Sagen und Mährchen. 5 Bde. 2., mit (20 lithogr.) Illustr. verm. Aufl. 16. (VIII und 2404 S. mit 5 lithogr. Titeln.) Stuttgart 863, Fischhaber. *

— Charakterzüge aus dem Leben des guten und frommen Königs Rudolf v. Habsburg, s. Volksbücher aus alter und neuer Zeit.

Schönhuth, Ottmar F. H., † (F. H. Ottmar,) Chronik d. ehemal. Klosters Reichenau, der ersten Pflanzschule süddeutscher Bildung, Wissenschaft u. Kunst. Ein Beitr. z. schwäb. Geschichte, aus handschriftl. Quellen dargest. 8. (25⅛ B. u. 1 Ansicht.) Freiburg 836, Waizenegger'sche Vrlsbuchh.

— Creglingen u. seine Umgebungen. Chronik u. Beschreibung. 16. Mergentheim 846. (Würzb., Voigt u. M.) n. 9 ngr

Schönhut, F. M. H. Creylingen u. Umgebungen. Chronik u. Beschreibungen. (11 B.) 8. Mergentheim 1868.

— Ritter Egbert v. Herblingen oder das Deutschordens-Gelübde. Stuttgart 866. Fischhaber. 16. (176 S.) 12 ngr.

Schönhuth, Ottmar Fr. H., Erinnerung an Hohentwiel. Lieder und Sagen, nebst einem histor. Bericht von der Bergveste Hohentwiel und ihrem treuen Commandanten Conrad Widerhold. 16. (63 S. mit 2 Stnt.) Tuttlingen 856, Kling.

— Erinnerung an Hohentwiel. Beschreibung u. Geschichte, Sagen u. Lieder von der Bergfeste Hohentwiel u. ihrem treuen Commandanten Conrad Widerhold. 3. verb. Aufl. Mit 2 (lith.) Abbildungen. Tuttlingen 869. Kling. 16. (64 S.) 5 ngr.

— Erinnerung an Hohentwiel. Beschreibung u. Geschichte, Sagen u. Lieder v. der Bergveste Hohentwiel u. ihrem treuen Commandanten Conrad Widerhold. 4. verb. Aufl. Mit 2 (lith.) Abbildgn. gr. 16. (64 S.) Tuttlingen 875. Kling. n. — 50

— Herzog Ernst in Oesterreich u. Baiern. Eine lesenswürdige Historie. Mit Figuren. 8. (76 S. m. Holzschn.) Reutlingen 848, Fleischhauer & Spohn. 6 ngr

Schönhuth, Ottmar F. H., der Finkenritter. Eine höchst wunderbare, nie gehörte u. gar kurzweilige leidvertreibende Historie. In dieser bösen betrübten Zeit rc. f. Jung u. Alt auf's Neue ans Licht gestellt. 8. (24 S. m. 1 Holzschn.) Reutlingen 852, Fleischhauer & Spohn. 1 ngr

—— Flos und Bankflos. Eine anmuthige und rührende Historie. Mit schönen Figuren. Auf's Neu an's Licht gestellt für Alt und Jung. 8. (47 S. mit eingedr. Holzschn.) Reutlingen 849, Fleischhauer und Spohn.

— Flos u. Blankflos. Eine anmuth. u. rührende Historie. Auf's Neue an's Licht gestellt für Alt u. Jung. Reutlingen 865. Fleischhauer & Spohn. 8. (48 S. mit eingedr. Holzschn.) 1 ngr.

—— Fortunatus mit seinem Seckel und Wünschhütlein. Eine gar wundersame und anmuthige Historie. Mit schönen Figuren. Auf's Neu erzählt für Jung und Alt. 8. (160 S. mit eingedr. Holzschn.) Reutlingen 849, Fleischhauer und Spohn.

Schönhuth, Ottmar F. H., Fortunatus mit seinem Seckel und Wünschhütlein. Eine gar wundersame und anmuth. Historie. Mit schönen Fig. (in Holzschn.). Neu erzählt für Jung und Alt. 8. (160 S.) Reutlingen 874, Fleischhauer und Spohn. — 40

—— Friedrich der Dritte, Burggraf von Nürnberg, Graf von Zollern, der treue Freund und Rathgeber König Rudolfs von Habsburg, oder Hohenzollern und Habsburg im Bunde. Eine Denkschrift auf den 23. August 1851 rc. gr. 8. (48 S.) Oehringen 854. (Nürnberg, Riegel und Wießner.) *

— neuer Führer um den Bodensee u. zu den Burgen des Höhgaus. Mit 1 (lith.) Karte (in Fol.) gr. 12. (X u. 386 S.) Lindau 851, Stettner. n. 1 ₰

— die heil. Pfalzgräfin Genovefa. Eine rührende Historie. Mit Figuren. Neu erzählt. 8. (56 S. m. Holzschn.) Reutlingen 848, Fleischhauer & Spohn. 1 ℳ

—— die heilige Pfalzgräfin Genovefa. Eine rührende Historie. Mit schönen Figuren geziert. Neu erzählt. 8. (56 S. mit eingedr. Holzschn.) Reutlingen 854, Fleischhauer und Spohn.

—— die heilige Pfalzgräfin Genovefa. Eine rührende Historie. 8. (48 S. mit eingedr. Holzschn.) Reutlingen 864, Fleischhauer und Spohn.

—— die heilige Pfalzgräfin Genovefa. Eine rühr. Historie. Mit schönen Fig. (in eingedr. Holzschn.) geziert. 8. (48 S.) Ebendas. 874. — 10

Schönhuth, Ottmar F. H., die heilige Pfalzgräfin Genovefa. Eine rühr. Historie. Mit schönen (eingedr. Holzschn.-)Fig. geziert. Neu erzählt. 8. (48 S.) Reutlingen 880, Fleischhauer und Spohn. * — 10

— les frères de Geroldseck ou combat de Strasbourg pour son indépendance. Histoire pour la jeunesse. Traduit de l'Allemand par Charles Henry Tièche. Avec 1 gravure en bois. 8. Heilbronn 844, Landherr. 1/4 ₰

—— Geschichte Hohentwiel's, der unbezwungenen Veste im 30jähr. Kriege. Ein Beitr. z. Geschichte dess. aus urkundl. Quellen dargest. gr. 12. (8¾ B. u. 1 Ansicht.) Freiburg 836, Waizenegger'sche Vrlsbuchh.

— Geschichte der ehemal. Bergfeste Hohentwiel, aus urkundl. Quellen dargestellt. 3. Aufl. Mit einer Ansicht Hohentwiel's, wie es war. 8. Tuttlingen 842, Kapff'sche B. n. 5/12 ₰

— Geschichte Rudolf's von Habsburg, Königs der Deutschen, dargestellt nach urkundlichen und meist gleichzeitigen Quellen. 2 Bde. 16. (Mit 1 Tab.) Lpz. 844, Fr. Fleischer. 2 ₰

(U.-Titel:) Gregorius auf dem Stein. | Eine wunderbare und rührende Historie. | Mit schönen Figuren geziert. | (Fig.: *Fischer finden Kind in einem Faß*, 95 × 75) | Von neuem an's Licht gestellt | durch Ottmar F. H. Schönhuth. | Reutlingen. | Druck und Verlag von Fleischhauer & Spohn.
o. J., 50 S., 172 × 104, 8 Fig. im Text, Titel-Fig. auch S. 11.
LBS d. D. oct K 3366.
Frenzel: Stoffe, S. 217–219. – Görres TVb Nr. 45, S. 244. – J. Elema – R. van der Wal: Zum Volksbuch »Eine schöne merkwürdige Historie des heiligen Bischofs Gregorii auf dem Stein genannt«. In: Euphorion 55, 1963, S. 292–320. – Kindlers Literatur Lexikon II, 1967, Sp. 1152–1154.

—— Gregorius auf dem Stein. Eine wunderbare und rührende Historie. Mit schönen Fig. geziert. Von neuem ans Licht gestellt. 8. (50 S. mit eingedr. Holzschn.) Reutlingen 850, Fleischhauer und Spohn.

— Gregorius auf dem Stein. Eine wunderbare u. rühr. Historie. Mit schönen Fig. (in eingedr. Holzschn.) geziert. Von Neuem an's Licht gestellt. 8. (48 S.) Ebend. 874. — 20

—— Gutenbergs-Archiv, s. Gutenbergs-Archiv.

(*U.-Titel:*) Der arme | Heinrich. | Eine anmuthige und erbauliche Historie. | mit einer Titel Vignette. | (Fig.: *Der Meister wetzt das Messer, um das Mädchen auf dem Tisch zu töten*, 68 × 73) Neu erzählt | von Ottmar F. H. Schönhuth. | Reutlingen, | Druck und Verlag von Fleischhauer und Spohn.
o. J., 32 S., 167 × 106
LBS d. D. oct K 3388.

—— der arme Heinrich. Eine anmuthige und erbauliche Historie. Neu erzählt. 8. (32 S. mit 1 Ttl.-Vign. in Holzschn.) Reutlingen 850, Fleischhauer und Spohn.

—— der arme Heinrich. Eine anmuth. und erbaul. Historie. 8. (32 S.) Reutlingen 864, Fleischhauer und Spohn.

— der arme Heinrich. Eine anmuth. u. erbaul. Historie. Mit e. Titel-Vignette (in Holzschn.) Neu erzählt. gr. 16. (32 S.) Ebend. 872. — 10

Schönhuth, Ottmar F. H., Helena, Fürstentochter aus Konstantinopel. 8. (45 S. mit eingedr. Fig.) Reutlingen 847, Fleischhauer und Spohn. Thlr.

—— Helena, Fürstentochter aus Konstantinopel. Eine anmuth. und belehr. Historie. 8. (48 S. mit eingedr. Holzschn.) Reutlingen 865, Fleischhauer und Spohn.

—— Helena, Fürstentochter aus Konstantinopel. Eine anmuth. und belehr. Historie. Mit schönen Fig. (in eingedr. Holzschn.). Neu erzählt. gr. 16. (47 S.) Ebendas. 872. — 10

—— Helena, Fürstentochter aus Konstantinopel. Eine anmuth. und belehr. Historie. Mit schönen (eingedr. Holzschn.-)Fig. geziert. Neu erzählt. 8. (48 S.) Reutlingen 876, Fleischhauer und Spohn. * — 10

— der baierische Hiesel. Eine merkwürdige aber doch wahrhaftige Historie. Zum warnenden Exempel für Jung u. Alt neu erzählt. gr. 12. (Mit Holzschn.) Reutlingen 846, Fleischhauer u. Spohn. 1/12 ₰ s. auch Hiesel, d. Baier.

—— der baierische Hiesel. Eine merkwürd. aber doch wahrhaft. Historie. Zum warnenden Exempel für Jung und Alt neu erzählt. 8. (96 S.) Reutlingen 865, Fleischhauer und Spohn.

—— der bayerische Hiesel. Eine merkwürd., aber doch wahrhaft. Historie. Zum warn. Exempel f. Jung u. Alt neu erzählt gr. 16. (96 S.) Ebend. 872. — 30

(*U.-Titel:*) Hirlanda. | Eine anmuthige und erbauliche Historie. | Mit schönen Figuren geziert. | (Fig.: *Hirlanda als Hirtin, kniend*, 68 × 73) | Von Neuem erzählt für Alt und Jung | von Ottmar F. H. Schönhuth. | Reutlingen. | Druck und Verlag von Fleischhauer und Spohn. | 1848.
1 Bl., 45 S., 170 × 107, 4 Fig. im Text.
LBS d. D. oct K 3425.
Eine weitere Auflage mit gleichem Satz, aber anderer Pagination, 47 S., erschien ebenda 1855 (LBS d. D. oct K 3426). – 1841 war *Hirlanda* bei Otto Wigand in Leipzig erschienen (= *Volksbücher*, 21, hgg. von G. O. Marbach). – Görres TVb Nr. 19, S. 146–148. – Huemer S. 212–220. – R. Köhler: Kleinere Schriften. Hgg. v. J. Bolte, II, Berlin 1900, S. 657–668.

—— Hirlanda. Eine anmuth. und erbaul. Historie. Von Neuem erzählt für Jung und Alt. 8. (47 S. mit eingedr. Holzschn.) Reutlingen 865, Fleischhauer und Spohn.

—— Historie von der geduldigen Königin Crescentia. Gar rührend und erbaulich zu lesen. Von Neuem ans Licht gestellt für Alt und Jung. 8. (32 S. mit 1 Holzschn.) Reutlingen 852, Fleischhauer und Spohn.

—— Historie von der geduldigen Königin Crescentia. Gar rührend und erbaulich zu lesen. 8. (32 S.) Reutlingen 864, Fleischhauer und Spohn.

—— Historie vom König Eginhard in Böhmen und dem Riesen. Auf's Neue erzählt für Jung und Alt. 8. (78 S. mit eingedr. Fig.) Reutlingen 847, Fleischhauer und Spohn.

—— Historie vom König Eginhard in Böhmen und den Riesen, gar anmuthig und wunderbarlich zu lesen. Mit schönen Fig. (in eingedr. Holzschn.). Auf's Neu erzählt für Jung und Alt. 8. (78 S.) Ebendas. 872. — 30

(U.-Titel:) Historie | von der | schönen Elisa, | eines Königs Tochter aus Portugal, | und von | Graf Albrecht von Werdenberg. | Gar kurzweilig und anmuthig zu lesen. | (Fig.: *Elisa und Graf Albrecht auf einem Sofa*, 71 × 74) | Aus alter Geschrift gezogen, und dem lieben deutschen Volk zu | Lust und Lieb von Neuem ans Licht gestellt | von | Ottmar F. H. Schönhuth. | Reutlingen, | Druck und Verlag von Fleischhauer und Spohn. | 1850.
36 S., 171 × 106, 9 Fig. im Text.
LBS d. D. oct K 3257.

—— Historie von der schönen Elisa, eines Königs Tochter aus Portugal, und von Graf Albrecht v. Werdenberg. Gar kurzweilig und anmuthig zu lesen. Aus alter Geschrift gezogen, und dem lieben deutschen Volk zu Lust und Lieb von Neuem ans Licht gestellt. 8. (36 S. mit eingedr. Holzschn.) Reutlingen 851, Fleischhauer und Spohn.

—— Historie von der schönen Elisa, eines Königs Tochter aus Portugal, und von Graf Albrecht v. Werdenberg. Gar kurzweilig und anmuthig zu lesen. Aus alter Geschrift gezogen, und dem lieben deutschen Volk zu Lust und Liebe von Neuem an's Licht gestellt. 8. (36 S. mit eingedr. Holzschn.) Reutlingen 854, Fleischhauer und Spohn.

—— Historie von der schönen Elisa, eines Königs Tochter aus Portugal, und von Graf Albrecht v. Werdenberg. Gar kurzweilig und anmuthig zu lesen. Aus alter Geschrift gezogen, und dem lieben deutschen Volk zu Lust und Lieb von Neuem an's Licht gestellt. 8. (32 S.) Reutlingen 865, Fleischhauer und Spohn.

—— Historie von der schönen Elisa, eines Königs Tochter von Portugal und von Graf Albrecht v. Werdenberg. Gar kurzweilig und anmuthig zu lesen. Aus alter Schrift gezogen und dem lieben deutschen Volk zu Lust und Lieb von Neuem an's Licht gestellt. 8. (32 S. mit eingedr. Holzschn.) Ebendas. 872. — 10

—— Historie von dem Freischützen. Neu erzählt für Jung und Alt. 1. Aufl. 1854. und 2. Aufl. 8. (72 S. mit Holzschn.) Reutlingen 856, Fleischhauer und Spohn.

—— Historie von dem Freischützen. Neu erzählt für Jung und Alt. 5. Aufl. 8. (64 S.) Ebendas. 873. — 30

—— Historie von Kaiser Friedrich mit dem rothen Bart, von den Wälschen genannt Barbarossa, welcher im Kyffhäuser-Berg auf Erlösung harrt. Zur Beherzigung und Stärkung in gegenwärt. Zeit für das liebe deutsche Volk auf's Neu' ans Licht gestellt. 8. (64 S.) Reutlingen 849, Fleischhauer und Spohn.

— Historie von Kaiser Friedrich mit dem rothen Bart, von den Wälschen genannt Barbarossa, welcher im Kyffhäuser-Berg auf Erlösung harrt. Gar anmuthig und nützlich zu lesen. Zur Beherzigung und Stärkung in gegenwärtiger Zeit, für das liebe deutsche Volk aufs Neu' ans Licht gestellt. (Neue Aufl.) Reutlingen 854. Fleischhauer u. Spohn. 8. (64 S. mit 1 Holzschn. im Text.) 2 ngr.

— Historie vom Kaiser Friedrich m. dem rothen Bart, v. den Wälschen genannt Barbarossa, welcher im Kyffhäuserberg auf Erlösg. harrt. Gar anmuthig u. nützlich zu lesen. Zur Beherzigg. u. Stärkg. in gegenwärt. Zeit, f. das liebe deutsche Volk auf's Neue an's Licht gestellt. 8. (64 S. m. e. eingedr. Holzschn.) Ebend. 872. — 20

—— Historie von der gedultigen Griseldis. 8. (32 S. mit eingedr. Fig.) Reutlingen 847, Fleischhauer und Spohn.

— Historie v. der geduldigen Griseldis, gar rührend u. erbaulich zu lesen u. m. schönen Fig. (in eingedr. Holzschn.) geziert. Neu erzählt. 8. (32 S.) Ebend. 872. — 10

—— Historie von Guiskardus und Gismunda. Gar kläglich zu lesen. Mit schönen Fig. geziert. Auf's Neu erzählt. 8. (22 S. mit eingedr. Holzschn.) Reutlingen 850, Fleischhauer und Spohn.

—— Historie von Guiskardus und Gismunda. Gar kläglich zu lesen. Mit schönen Fig. (in eingedr. Holzschn.) geziert. Auf's Neu erzählt. 8. (22 S.) Ebendas. 874. — 10

Historie | von | Havelock dem Starken. | Gar anmuthig und wunderbar zu lesen. | Mit schönen Figuren. | (Fig.: *Argentilla beim Waldbruder*, 68 × 72) | Auf's Neu für Alt und Jung erzählt von O. F. H. Schönhuth. | Reutlingen, Druck und Verlag von Fleischhauer und Spohn.
o. J., 32 S., 155 × 98, 6 Fig. im Text.
UB Tü Dk XI. 4254 ang.
Eine andere Auflage ist 1852 datiert (LBS d. D. oct K 3385).

—— Historie von Havelok dem Starken. Gar anmuthig und wunderbar zu lesen. Mit schönen Fig. (in Holzschn.) Auf's Neu für Alt und Jung erzählt. 8. (32 S.) Reutlingen 852, Fleischhauer und Spohn.

—— Historie von Havelok dem Starken. Gar anmuthig und wunderbar zu lesen. Aufs Neu für Alt und Jung erzählt. 8. (32 S. mit eingedr. Holzschn.) Reutlingen 865, Fleischhauer und Spohn.

— Historie v. Havelock dem Starken. Gar anmuthig u. wunderbar zu lesen. Mit schönen Figuren (in eingedr. Holzschn.) Auf's Neue f. Jung u. Alt erzählt. gr. 16. (32 S.) Ebend. 872. — 10

—— Historie von Heinrich dem Löwen. Gar wunderlich zu lesen. Mit schönen Figuren. Aus alter Geschrift aufs Neue ans Licht gestellt für Jung und Alt. 8. (40 S. mit eingedr. Holzschn.) Reutlingen 850, Fleischhauer und Spohn.

—— Historie von Heinrich dem Löwen. Gar wunderbarlich zu lesen. 8. (40 S. mit eingedr. Holzschn.) Reutlingen 864, Fleischhauer und Spohn.

—— Historie von Heinrich dem Löwen. Gar wunderbarlich zu lesen. Mit schönen Fig. (in eingedr. Holzschn.). Aus alter Geschrift auf's Neu an's Licht gestellt für Jung und Alt. 8. (40 S.) Ebendas. 870. — 10

(U.-Titel:) Historie | von den vier | Heymons-Kindern, | gar lieblich und anmuthig zu lesen. | Mit schönen Figuren geziert. (Fig.: *Das Roß Bayart wird Rittern vorgeführt*, 69 × 73) | Neu erzählt für Jung und Alt | von Ottmar F. H. Schönhuth. | Reutlingen, | Druck und Verlag von Fleischhauer und Spohn. | 1848.
214 S., 168 × 106, 16 Fig. im Text, zum Teil doppelt und zum Teil aus anderen Büchlein übernommen.
LBS d. D. oct K 3413.
Eine weitere Auflage erschien ebenda mit der Jahreszahl 1855 (LBS d. D. oct K 3414). – Vgl. hier Nr. 783–786: *Schöne und lustige Historia.* – Frenzel: Stoffe S. 233–235. – Görres TVb Nr. 16, S. 99–131. – Heitz-Ritter Nr. 232–233, S. 73. – H. Kindermann, Hg.: Volksbücher vom sterbenden Rittertum (= *Deutsche Literatur ... in Entwicklungsreihen, Reihe Volks- u. Schwankbücher*, 1), Weimar/Leipzig 1928, S. 262–283 (nach der 1618 zu Köln bei Peter von Brachel erschienenen Ausgabe). – Schenda 1000 FVb Nr. 777 bis 777b (mit weiteren Nachweisen). – A. Spamer: Die deutsche Volkskunde II, Berlin 1935, S. 456. – Van den Bergh S. 12 bis 20. – Verfasserlexikon II, 1936, Sp. 149–152 (Ruth Westermann).

Schönhuth, Ottmar F. H., Historie von den vier Heymons-Kindern, gar lieblich und anmuthig zu lesen. 8. (144 S. mit eingedr. Holzschn.) Reutlingen 864, Fleischhauer und Spohn.

—— Historie von den vier Heymons-Kindern. Gar lieblich und anmuthig zu lesen. Mit schönen Fig. (in eingedr. Holzschn.) geziert. Neu erzählt für Jung und Alt. 8. (144 S.) Ebendas. 874. — 50

—— Historie von der frommen Itha v. Toggenburg. Nach der uralten Legende erzählt. 8. (39 S.) Reutlingen 864, Fleischhauer und Spohn.

— Historie von der frommen Itha v. Toggenburg. Nach einer uralten Legende erzählt. Ebend. 870. 8. (39 S.) 1 ngr.

(U.-Titel:) Historie | von den | sieben weisen Meistern. | Sehr anmutig und nützlich zu lesen. | Mit schönen Figuren geziert. | (Fig.: *Prinz Diokletian besieht die Gestirne*, 72 × 75) | Auf's Neue erzählt | von Ottmar F. H. Schönhuth. | Reutlingen, | Druck und Verlag von Fleichhauer und Spohn. | 1849.
152 S., 173 × 105, 8 Fig. im Text.
LBS d. D. oct K 3566.
Eine weitere Auflage mit identischem Druck (auf dem U. jedoch »Fleischhauer & Spohn«) erschien 1853 (ebenda 3567).

—— Historie von den sieben weisen Meistern. Sehr anmuthig und nützlich zu lesen. Aufs Neue erzählt. 8. (150 S. mit eingedr. Holzschn.) Reutlingen 865, Fleischhauer und Spohn.

Schönhuth, Ottmar F. H., Historie v. den 7 weisen Meistern. Sehr anmuthig u. nützlich zu lesen. Mit schönen (eingedr. Holzschn.) Fig. geziert. Auf's Neue erzählt. 8. (150 S.) Reutlingen 876. Fleischhauer & Spohn. n. — 40

—— Historie von der edlen und schönen Melusina, welche ein Meerwunder gewesen. Mit Figuren. Auf's Neu erzählt für Jung und Alt. (120 S. mit eingedr. Holzschn.) Reutlingen 848, Fleischhauer und Spohn.

—— Historie von der edlen und schönen Melusina, welche ein Meerwunder gewesen. Mit schönen Fig. (in eingedr. Holzschn.) geziert. Auf's Neu erzählt für Jung und Alt. 8. (120 S.) Reutlingen 874, Fleischhauer und Spohn. — 40

—— Historie von dem edlen Moringer. Gar anmuthig und wunderbarlich zu lesen. Aus alter Geschrift von Neuem an's Licht gestellt ꝛc. 8. (24 S. mit eingedr. Holzschn.) Reutlingen 852, Fleischhauer und Spohn.

—— Historie von dem edlen Moringer. Gar anmuthig und wunderbarlich zu lesen. Aus alter Geschrift aufs Neue an's Licht gestellt den Alten und Jungen zu Lust und Lieb. 8. (24 S. mit eingedr. Holzschn.) Reutlingen 865, Fleischhauer und Spohn.

—— Historie von Kaiser Oktavianus. 8. (136 S. mit eingedr. Fig.) Reutlingen 847, Fleischhauer und Spohn.

—— Historie von Reineke dem Fuchs. Mit schönen Figuren. Für Jung und Alt aufs Neu an's Licht gestellt. 8. (136 S. mit eingedr. Holzschn.) Reutlingen 858, Fleischhauer und Spohn.

—— Historie von dem Ritter aus Steiermark und von Floredebel, des Königs Tochter in Dänemark, oder von Frauentreue. Gar kurzweilig und anmuthig zu lesen. Mit schönen Fig. Aus alter Geschrift gezogen und zum ersten Mal für Alt und Jung ꝛc. ans Licht gestellt. 8. (31 S. mit eingedr. Holzschn.) Reutlingen 852, Fleischhauer und Spohn.

Schönhuth, Ottmar F. H., Historie von Salomo u. Morolf. Gar lustig u. kurzweilig zu lesen. Mit schönen Figuren geziert. Für Alt u. Jung zur Kurzweil von Neuem an's Licht gestellt. 8. (51 S. m. Holzschn.) Reutlingen 852, Fleischhauer & Spohn. 2 ngr.

—— Historie von dem Ritter von Staufenberg und der Waldfeye. Auf's Neu an's Licht gestellt. 8. (31 S. mit 2 Holzschn.) Reutlingen 852, Fleischhauer und Spohn.

—— Historie von dem Ritter v. Staufenberg und der Waldfeye. Auf's Neu an's Licht gestellt. 8. (81 S. mit eingedr. Holzschn.) Reutlingen 865, Fleischhauer und Spohn.

Schönhuth, Ottmar F. H., Historie von dem Ritter v. Staufenberg und der Waldfeye. Auf's Neu an's Licht gestellt. 8. (31 S.) Ebendas. 873. — 10

—— Historie von König Wilhelm und seinen Söhnen. Gar rührend und erbaulich zu lesen. Mit schönen Fig. Auf's Neu für Alt und Jung erzählt. 8. (71 S. mit eingedr. Holzschn.) Reutlingen 852, Fleischhauer und Spohn.

— Historie v. König Wilhelm u. seinen Söhnen. Gar rührend u. erbaulich zu lesen. Mit schönen Fig. (in eingedr. Holzschn.) Auf's Neu f. Alt u. Jung erzählt. 8. (71 S.) Ebend. 872. — 20

Schönhuth, Ottmar Fr. H., Historie von König Wolfdietrich, gar anmuthig zu lesen. Auf's Neu an's Licht gestellt. 8. (238 S. mit eingedr. Holzschn.) Reutlingen 855, Fleischhauer und Spohn. Thlr.

—— Andreas Hofer, der treue Commandant in Tirol und seine braven Genossen. Für Alt und Jung beschrieben. 8. (VIII und 256 S. mit eingedr. Holzschn.) Reutlingen 853, Fleischhauer und Spohn.

— Andreas Hofer, der treue Kommandant in Tyrol, u. seine braven Genossen. Für Alt u. Jung beschrieben. 8. (224 S.) Ebend. 875. n. — 70

— s. Hugdietrich's Brautfahrt u. Hochzeit.

—— Graf Johann v. Wirtenberg oder die Brautwerbung zu Stuttgart. Eine vaterländ. Geschichte aus dem 12. Jahrhundert. 8. (V und 302 S.) Schwäbisch Hall 851(52,) Haspel'sche Buchh.

—— Jörge von Rosenberg, der Ritter mit den Besen. Eine kurzweilige und lustige Historie. Aus alter Schrift auf's Neu für Jung und Alt an's Licht gestellt. 8. (78 S. mit eingedr. Holzschn.) Reutlingen 852, Fleischhauer und Spohn.

— Jörge v. Rosenberg, der Ritter m. dem Besen. Eine kurzweil. u. lust. Historie. Aus alter Schrift auf's Neu f. Jung u. Alt an's Licht gestellt. 8. (78 S. m. eingedr. Holzschn.) Ebend. 873. — 30

— Kätchen von Engen oder Widerhold auf Hohentwiel. Vaterländ. Schauspiel mit e. Vorspiel. 8. Freiburg ... Waitzenegger. 3/8 Thlr.

—— das Käthchen von Heilbronn. Eine wunderbare und anmuthige Historie. Mit schönen Fig. geziert. Neu erzählt für Alt und Jung. 8. (93 S. mit eingedr. Holzschn.) Reutlingen 850, Fleischhauer und Spohn.

—— das Käthchen von Heilbronn. Eine wunderbare und anmuthige Historie. Mit schönen Fig. geziert. Neu erzählt für Alt und Jung. 8. (93 S. mit eingedr. Holzschn.) Reutlingen 854, Fleischhauer und Spohn.

— das Käthchen v. Heilbronn. Eine wunderbare u. anmuth. Historie. Neu erzählt f. Jung u. Alt. 8. (93 S. m. eingedr. Holzschn.) Ebend. 873. — 40

—— Kern d. württemberg. Reformations-Geschichte in Fragen u. Antworten. Eine kurze Uebersicht f. Jedermann, besond. aber z. Belehr. f. d. Volk u. d. Schulen. 16. (3 B.) Hall 838, Haspel'sche Buchh.

(U.-Titel:) Jesu Christi | Kinderbuch. | Eine gar anmuthige und erbauliche Historie. | (Fig.: *Anbetung der Hirten*, 67 × 77) | Dem frommen Leser zu Lust und Lieb aus alter Schrift von | Neuem an's Licht gestellt | durch Ottmar F. H. Schönhuth. | Reutlingen, | Druck und Verlag von Fleischhauer und Spohn. | 1852.
48 S., 173 × 107.
LBS d. D. oct K 3448.
Eine weitere Auflage mit identischem Satz (ebenda 3449) erschien 1855. –

-- Jesu Christi Kinderbuch. Eine gar anmuth. u. erbaul. Historie. Dem frommen Leser zu Lust u. Lieb aus alter Schrift v. Neuem an's Licht gestellt. 8. (48 S.) Ebend. 874. -- 10

— s. Klage, die.

Schönhuth, Ottmar F. H., im Kloster. Eine hohenloh. Sage. (94 S. m. Bildnis.) 8. Schwäb. Hall (904). W. German's Verl. n. 1. —

Schönhut, O. F. J. Crautheim samt Umgebungen. Vorzeit u. Gegenwart. (8 B.) 8. M. 1 Tfl. Mergentheim 1846 1,20.

— Crautheim sammt Umgebungen. Vorzeit u. Gegenwart. gr. 8. (120 S. m. 1 Abbild.) Mergentheim 847. (Würzburg, Voigt & Mocker) n. 12 ngr

—— Johannes Faust's rc. ärgerliches Leben, s. a. Faust.

Des | Erzschwarzkünstlers | Dr. Johannes Faust | ärgerliches Leben und schreckliches Ende. | Eine höchst wunderbare und schauerliche Historie. | Mit schönen Figuren. | (Fig.: *Fausts Porträt*, 65 × 67) | Auf's Neu erzählt für Jung und Alt | von Ottmar H. F. *(sic)* Schönhuth. | Reutlingen, | Druck und Verlag von Fleischhauer und Spohn. | 1844.
156 S., 155 × 100, 8 Fig. im Text.
LBS d. D. oct K 3280.
Die dritte Auflage (ebenda 3281) erschien 1848. – Vgl. hier Nr. 53: *Das ärgerliche Leben.*

—— des Erzschwarzkünstlers Dr. Johannes Faust ärgerl. Leben und schreckl. Ende. Auf's Neue erzählt für Jung und Alt. 2. Aufl. 8. (156 S. mit eingedr. Fig.) Reutlingen 847, Fleischhauer und Spohn.

—— des Erzschwarzkünstlers Dr. Johannes Faust ärgerliches Leben und schreckliches Ende. Eine höchst wunderbare und schauerl. Historie. 8. (160 S. mit eingedr. Holzschn.) Reutlingen 864, Fleischhauer und Spohn.

— des Erzschwarzkünstler Dr. Johannes Faust ärgerliches Leben u. schreckliches Ende. Eine höchst wunderbare u. schauerl. Historie. Mit schönen Fig. (in eingedr. Holzschn.) Auf's Neu erzählt f. Jung u. Alt. 8. (160 S.) Reutlingen 872. Fleischhauer & Spohn. — 40

—— die Legende von den heil. drei Königen. Gar anmuthig und erbaulich zu lesen. Mit schönen Figuren. Auf's neu erzählt für alle frommen und glaubigen Herzen. 8. (56 S. mit eingedr. Holzschn.) Reutlingen 851, Fleischhauer und Spohn.

—— die Legende von den heiligen drei Königen. Gar anmuthig und erbaulich zu lesen. Auf's neu erzählt für alle frommen und glaubigen Herzen. 8. (56 S. mit eingedr. Holzschn.) Reutlingen 865, Fleischhauer und Spohn.

— die Legende von den heiligen drei Königen. Gar anmuthig u. erbaulich zu lesen. Mit schönen Fig. (in eingedr. Holzschn.) Auf's neu erzählt f. alle frommen u. gläub. Herzen. 8. (56 S.) Ebend. 872. — 10

— die schöne Magelone. Eine gar anmuthige Historie. Mit Figuren. Auf's Neu erzählt für Jung u. Alt. 8. (88 S. m. Holzschn.) Ebd. 848. 2 ngr

—— die schöne Magelone. Eine gar anmuthige Historie. 8. (88 S. mit eingedr. Holzschn.) Reutlingen 864, Fleischhauer und Spohn.

— Maiglöcklein der frohen Jugend zu Lust u. Lieb herausg. Neue verm. Aufl. 16. (47 S.) Nagold 851, Zaiser. 2 ngr

— Mergentheim mit seinen Umgebungen. Geschichte und Beschreibung. 16. (Mit 1 Stahlstich.) Mergentheim 844. (Würzburg, Voigt u. Mocker.) $8^3/_4$ ngr

– s. Monatrosen. Blätter aus Franken.

—— die drei Müllerstöchter. Eine abenteuerliche und erbauliche Historie. Auf's Neue hrsg. 8. (32 S. und 2 Holzschn.) Reutlingen 850, Fleischhauer und Spohn.

—— die drei Müllerstöchter. Eine abentheuerl. und erbaul. Historie. 8. (32 S.) Reutlingen 864, Fleischhauer und Spohn.

— die drei Müllerstöchter. Eine abenteuerl. u. erbaul. Historie. Aufs Neue herSg. Ebend. 870. 8. (32 S.) 1 ngr.

— die drei Müllerstöchter. Eine abenteuerl. u. erbaul. Historie. Aufs neue hrsg. 8. (32 S. m. e. eingedr. Holzschn.) Ebend. 875. -- 10

—— Napoleon III., Kaiser der Franzosen, nach seinem Leben und Charakter dargestellt. 2., ganz umgearb. Aufl. 8. (X und 342 S. mit lithogr. Portr.) Reutlingen 853, Fleischhauer und Spohn.

– s. Nibelunge-Lied, Das.

— die Nibelungen-Sage und das Nibelungen-Lied. Eine historisch-kritische Untersuchung, zugleich Einleitung in das Nibelungen-Lied. gr. 12. Tübingen 842, Osiander. $^1/_2$ rß — Neue Ausg. 12. Ebend. 846. $^1/_4$ rß

Schönhuth, Ottmar F. H., König Orendel oder der heil. Rock. 8. (76 S. mit eingedr. Fig.) Reutlingen 847, Fleischhauer und Spohn. Thlr.

—— König Orendel von Trier, oder der heilige Rock. Eine schöne und anmuthige Historie. Mit schönen Fig. geziert. Neu erzählt. 8. (80 S. mit eingedr. Holzschn.) Reutlingen 854, Fleischhauer und Spohn.

— König Orendel v. Trier, od. der heilige Rock. Eine schöne u. anmuth. Historie. Mit schönen Fig. (in Holzschn.) geziert. 8. (80 S.) Ebend. 874. -- 10

—— Ritter Pontus u. Sidonia, s. a. Ritter.

— Ritter Pontus u. Sidonia. Eine vortreffliche u. nützl. Historie. Mit hübschen Figuren geziert. Neu erzählt. 12. Reutlingen 845, Fleischhauer u. Spohn. $^1/_6$ rß

— des edlen engelländischen Ritters u. weltberühmten Landfahrers Johann v. Montevilla wunderbare u. seltsame Reis-Beschreibung. Alten u. jungen Liebhabern von Reisen rc. zu Lust u. Lieb von Neuem an's Licht gestellt. 8. (VI u. 202 S.) Reutlingen 852, Fleischhauer & Spohn. $^1/_6$ rß

—— des edlen engelländischen Ritters und weltberühmten Landfahrers Johann v. Montevilla wunderbare und seltsame Reis-Beschreibung. Alten und Jungen Liebhabern von Reisen und Ländern, fremden Sitten und Gebräuchen, zu Lust und Lieb von Neuem an's Licht gestellt. 8. (202 S.) Reutlingen 865, Fleischhauer und Spohn.

— die Ritterburgen des Höhgau's. 4 Hefte. Mit 6 Ansichten. gr. 12. Konstanz 833. Glükher. n. $1^1/_8$ rß — 2e verm. Aufl. 4 Hefte. 8. Freiburg... Waitzenegger. $2^1/_2$ rß

—— Robert der Teufel, s. Robert.

– s. Sachs, Hans: Die Wittenberg. Nachtigall.

—— die Sage von Nünny Glöckly oder das Deutschordens-Gelübde. 16. (176 S.) Leipzig 857, (Stoll.)

—— die Sage vom Ritter v. Rodenstein und Schnellert als Herold des Kriegs und Friedens. Für das deutsche Volk gesammelt. 8. (III und 60 S. mit 3 Bildern in eingedr. Holzschn.) Tübingen 864, (Osiander'sche Buchh.)

— neue Sagen und Geschichten der Vorzeit. 1—3. Heft. Leipzig 856. Stoll. 16. (192 S.) Jedes Heft 2½ ngr.
1. Heft: Walter v. Seckendorf, oder der Lindenzweig im Wappen. — Die gute Frau von Rosenberg.
2. u. 3. Heft: Die Sage vom Nüny-Glöckly, oder das Deutschordens-Gelübde. einzeln n. 6 ngr.

—— Schillerbüchlein. Aus dem Leben Friedrichs v. Schiller, hrsg. zur 100jähr. Geburtsfeier des größten deutschen Dichters. 16. (40 S.) Heilbronn 859, Scheurlen.

Das | unschätzbare Schloß | in der afrikanischen Höhle | XaXa. | Eine Zauber-Geschichte, als sehr schön und | lesenswürdig, aus dem Französischen | übersetzt. | Es erscheinen vor Lahmet in der Höhle zwei Luft-Geister. | (Fig.: *Zwei Gespenster in einem Gewölbe vor einem Türken*, 67 × 78) Reutlingen, | in der B. G. Kurtz'schen Buchdruckerey. 1838. 71 S., 163 × 99.
UB Tü Dk XI. 229.
Görres TVb Nr. 39, S. 233–234. – 1842 erschien die Geschichte in Leipzig bei Otto Wigand (= *Volksbücher*, 25, hgg. von G. O. Marbach). – Ende der vierziger Jahre erschien in Reutlingen bei Fleischhauer und Spohn *Das Wunderschloß in der afrikanischen Höhle Xaxa* von O. F. H. Schönhuth.

—— der Schwanenritter. 8. (54 S. mit eingedr. Fig.) Reutlingen 847, Fleischhauer und Spohn.

—— der Schwanenritter. Eine sehr unterhalt. und rühr. Historie. 8. (56 S. mit eingedr. Holzschn.) Reutlingen 864, Fleischhauer und Spohn.

—— der Schwanenritter. Eine sehr unterhaltende und rührende Historie. Mit schönen Fig. (in eingedr. Holzschn.) geziert. Neu erzählt. 8. (56 S.) Ebendas. 875. — 20

Schönhuth, O. F. H., Robinson Crusoe's Seefahrten und Abenteuer. Eine Erzählg. f. die Jugend. Mit (eingedr. u. 4 chromolith.) Bildern. Ster.-Ausg. 8. (93 S.) Reutlingen 888. Enßlin & Laiblin. cart. — 75

—— Seerosen, s. a. Seerosen.

— Seerosen. Sammlung von Liedern, Sagen und Geschichten des Bodensees und seiner Umgebung. Constanz 853. Meck. 16. (VI, 408 S.) 22½ ngr.

—— der gehörnte Siegfried. Eine denkwürd. und abenteuerl. Historie. Mit Figuren. Auf's Neu erzählt für Jung und Alt. 8. (52 S. mit eingedr. Holzschn.) Reutlingen 848, Fleischhauer und Spohn.

—— der gehörnte Siegfried. Eine merkwürd. und abenteuerl. Historie. Auf's Neu erzählt für Jung und Alt. 8. (55 S. mit eingedr. Holzschn.) Reutlingen 865, Fleischhauer und Spohn.

— der gehörnte Siegfried. Eine denkwürd. u. abenteuerl. Historie. Mit schönen Fig. (in eingedr. Holzschn.) geziert. Aufs Neu erzählt f. Jung u. Alt. 8. (55 S.) Ebend. 872. — 10

—— Wilhelm Tell. Eine Gesch. d. Vorzeit, neu erzählt. 12. (6 B. u. 1 Titlbild.) Reutlingen 836, Fleischhauer u. Spohn.

—— Wilhelm Tell. Eine Geschichte der Vorzeit. Neu erzählt. 2., verb. Aufl. 8. (174 S. mit eingedr. Holzschn.) Reutlingen 848, Fleischhauer und Spohn.

—— Wilhelm Tell. Eine Geschichte der Vorzeit. Neu erzählt. 3., verb. Aufl. 8. (174 S. mit eingedr. Holzschn.) Reutlingen 854, Fleischhauer und Spohn.

— Wilhelm Tell. Eine Geschichte der Vorzeit neu erzählt 8. (174 S. m. eingedr. Holzschn.) Ebend. 874. — 60

— der Todtenschädel, oder: Es ist Nichts so fein gesponnen, das nicht käm' an's Licht der Sonnen. Eine lehrreiche Geschichte aus dem 30jähr. Kriege. Reutlingen (857.) Fleischhauer u. Spohn. 8. (46 S.) 2 ngr.

—— der Todtenschädel, oder: Es ist Nichts so fein gesponnen, das nicht käm' an's Licht der Sonnen. Eine lehrreiche Geschichte aus dem 30jähr. Kriege. 8. (46 S.) Reutlingen 858, Fleischhauer und Spohn.

—— Tristan und Isolde. Eine anmuthige und rührende Historie. Mit schönen Fig. geziert. Neu erzählt. 8. (181 S. mit eingedr. Holzschn.) Reutlingen 850, Fleischhauer und Spohn.

—— die neue Weibertreue, s. † Ottmar, F. H.

—— s. Wespe, Gust., das Kloster.

— Conrad Widerholt der treue Commandant von Hohentwiel im 30jähr. Krieg, nach seinem Leben und Wesen dargestellt. 2. ganz umgearb. Ausg. 16. Schwäb. Hall 844, Haspel'sche Buchh. ⅙ ℛ

– s. a. Wigolais, der Ritter mit d. Rade.

—— Wigolais, der Ritter mit dem Rade. Eine unterhalt. und abenteuerl. Historie. Mit schönen Fig. (in eingedr. Holzschn.). Von Neuem erzählt für Alt und Jung. gr. 16. (135 S.) Ebendas. 872. — 40

— das Wunderschloß in der afrikan. Höhle Xa Xa. Mit Figuren. Auf's Neue erzählt für Jung u. Alt. 8. (64 S. m. Holzschn.) Reutlingen 848, Fleischhauer & Spohn. 2 ngr

—— das Wunderschloß in der afrikanischen Höhle Xa Xa. 8. (64 S. mit eingedr. Holzschn.) Reutlingen 864, Fleischhauer und Spohn.

Schönhuth, Ottomar, Gottesliebe u. Nächstenliebe. Abschieds-Predigt, geh. am 29. V. 1910. Text: I. Joh. 4. 16–21. (10 S.) 8. Freudenstadt 910. Schlaeh. — 20

Gotteswunder u. Gottesglaube. Predigt am Geburtstage des Königs Wilh. II., geh. am 25. II. 1908. (8 S.) 8. Ebd. 908. — 30

— s. Religionsunterricht, der evangelische, am höh. Schulen.

Schönhuth, O. F. H., s. G. Spalatin, etliche Historien.

Schönt, Frz. Rob., Gedichte. 8. (VIII, 240 S.) Bern 873. Fiala. n. 3. —; geb. m. Goldschn. n. 4. —

Schöni, Dr. F. Rob., der Stifter von Hofwyl. Leben u. Wirken Fellenberg's, hsggb. vom Festcomité auf die 100jährige Jubiläumsfeier. 123 Stn. 8. Bern, Druck v. J. Allemann. (Dalp'sche Buchh.) 1. 50.
1871

— der Stifter v. Hofwyl. Leben u. Wirken Fellenberg's hrsg. vom Festcomité auf die 100jähr. Jubilaeumsfeier. gr. 8. (123 S.) Schaffhausen 874. Baader. 1. 50

Schoenjahn, Adolf [aus Braunschweig]: **Beitraege zur Kenntnis der a.o-Chlor-m-toluylsaeure und der a.o-Brom-m-toluylsaeure ... Freiburg i. B., Buchdr. v. Ch. Ströcker, 1893; 44 S., 1 Bl. 8.**
Freiburg i. B., Phil. Fak., Inaug.-Diss. v. 1893

Schönian, G. H. Beschreibung der Arbeiten auf dem Amalgamirwerk bei Freiberg in Sachsen. Handschrift. Clausthal. 1819.

Schönian, G. H. Beschreibung der Arbeiten auf dem Messingwerke zu Hegermühle bei Neustadt-Eberswalde. Handschrift. Clausthal. 1829.

Schönian, G. H. Beschreibung der Arbeiten auf dem Morgensterner Vitriol- und Schwefelwerk bei Schönbach in Niederschlesien. Handschrift. Clausthal. 1819.

Schönian, G. H. Beschreibung der Arbeiten auf der Rudolstädter oder Fröhlich-Aublicker Schmelzhütte in Niederschlesien. Handschrift. Clausthal. 1819.

Schönian, G. H. Beschreibung der Arsenikfabrikation zu Reichenstein in Niederschlesien. Handschrift. Clausthal. 1819.

Schönian, G. H. Beschreibung der Huttenarbeiten auf der Friedrichshütte bei Tarnowitz in Oberschlesien. Handschrift. Clausthal. 1819.

Schönian, G. H. Beschreibung der Hüttenarbeiten auf der Kupferhütte zu Rothenburg a. d. Saale. Handschrift. Clausthal, 1819.

Schönian, G. H. Beschreibung der Hüttenarbeiten auf den Eisleber und Mansfelder Kupferhütten. Handschrift. Clausthal. 1819.

Schönian, G. H. Beschreibung der Hüttenarbeiten auf der Saigerhütte zu Grünenthal im sächsischen Erzgebirge. Handschrift. Clausthal. 1819.

Schönian, G. H. Beschreibung der Hüttenarbeiten auf der Saigerhütte bei Hettstadt. Handschrift. Clausthal. 1819.

Schönian, G. H. Beschreibung der Hüttenarbeiten auf der Halsbrückner Schmelzhütte bei Freiberg in Sachsen. Handschrift. Clausthal. 1819.

Schönian, G. H. Beschreibung der Coaks-Fabrikation zu Hermsdorff bei Waldenburg. Handschrift. Clausthal. 1825.

Schönian, G. H. und **Biewend**, J. A. Beschreibung des Messingwerkes zu Hegermühle bei Neustadt-Eberswalde. Handschrift. Clausthal. 1819.

Schoenian, H. L., s.a. Leitfaden f. Sattler-, Riemer- u. Täschnerfachschulen.

[A.] Leitfaden für Sattler-, Riemer- und Täschnerfachschulen. Unter Zugrundelegung e. Entwurfes des Herrn Moritz Scheffler, Berlin, sowie Fachvorträgen der Herren F. Cobau, J. Eisenhardt, A. Eggert, F. Haase, W. Schönberger, B. Karschner zu Berlin u. F. Meyer zu Altona ausgearb. v. H. L. Schoenian, Berlin. Nebst e. Anh.: 'Das Fachzeichnen' v. Brandt, Zeichenl., Berlin ... *Berlin: Selbstv. d. Innungs-Verbandes 'Bund dtsch. Sattler- ... Innungen' 1896.* [A. T.:] Leitfaden f. Sattler-, Riemer- u. Täschnerfachschulen. In 2 Tln nebst Anh. ... M. Textill., Abbildgstafeln u. e. grossen Sonderbeil. ...: 'Der anat. Bau d. Pferdes ...' (156 S., 7 Taf.) 1 Bd 8. (96. 635)

Schoenian, Hans [pract. Arzt aus Rohburg (Prov. Hannover)]: **Neue Beitraege zur Kenntniss der Sehnennaht .... Würzburg, Paul Scheiner's Buchdr., 1886; 25 S. 8°.**
Würzburg, Med. Fak., Inaug.-Diss. v. 1886.

Schoenian, Hans neue Beiträge zur Kenntniss der Sehnennaht. Diss. Würzburg 1888, Stahelsche Univ.-Buchh. 8°. 25 S.

Schoenichen, Walth., die Abstammungslehre im Unterrichte der **Schule**, s.: **Sammlung** naturwissenschaftlich-pädagogischer **Abhandlungen. 3. Hft.**

Die Abstammungslehre im Unterrichte der Schule. Von Dr. Walther **Schoenichen**, Oberl. zu Schoeneberg. Mit 14 Fig. u. 2 schemat. Darst. *Leipzig & Berlin: B. G. Teubner 1903.* (46 S.) 4°(8°)
= **Sammlung** naturwissenschaftl.-pädag. Abhandlungen. H. 3. (4. 627)

Schoenichen, Walth., s.: Aus der Natur.

— Biologie u. Physik. Ein Beitrag zur Konzentration der naturwissenschaftl. Fächer. Mit 123 Abb. im Text, meist nach Vorlagen d. Verf. (VI, 146 S.) 8. Leipzig 909. R. Voigtländer. 2.—; geb. in Leinw. 2.80

Schoenichen, Walth., die Brutpflege der schwanzlosen Batrachier, s.: Brandes, Gust.

Schoenichen, Walther, aus Cöln am Rhein: **Der Darmkanal der Onisciden und Aselliden.** *Leipzig: W. Engelmann* (**übergekl.:** *Halle*) *1898.* (37 S.) 8°. ¶(Aus: Zeitschrift f. wissensch. Zoologie, Bd 65, H. 1.)
Halle, Phil. Diss. v. 1898

— Einführung in die Biologie. Ein Hilfsbuch f. höh. Lehranstalten u. f. den Selbstunterricht. (VIII, 215 S. m. Abbildgn. u. 6 farb. Taf.) 8. Leipzig 910. Quelle & Meyer. Geb. in Leinw. 2.60

Generalindex zu sämmtlichen Publicationen des naturwissenschaftl. Vereins für Sachsen und Thüringen '(Halle a. S.)' Hrsg. bei Gelegenheit d. 50jähr. Stiftgsfestes ... 1898. Th. 1. (Vf.: Walther Schoenichen.) *Halle a. S.: E. Karras 1898.* 8. (9) 103

— Gnathia aldabrensis n. sp., e. neuer Isopode aus dem ind. Ozean, s.: Reise in Ostafrika.

— Aus den Kinderstuben d. Tiere. Eine Übersicht über die Brutpflegeerscheingn. der Tierwelt, s.: Naturleben. II.

— **einfachste Lebensformen des Tier- u. Pflanzenreiches, s.: Eyferth, B.**

— s.: Natur, die

Schoenichen, Walther: Natur und Schule in den **Vereinigten Staaten von Nordamerika.** Mit 23 Abb. Schöneberg-**Berlin 1908: Hartmann. 87 S. 8°**
Schöneberg, Helmholtz-RG OP 1908 (136) [S 08. 425

— Natur und Schule in den Vereinigten Staaten von Nordamerika. (87 S. m. 23 Abbildgn.) gr. 8. Leipzig 908. Quelle & Meyer. 1.—

— **der Scheintod, als Schutzmittel des Lebens,** s.a. **Vorträge u. Abhandlungen,** gemeinverständliche darwinistische. 7. Hft.

Der Scheintod, als Schutzmittel des Lebens. Von Dr. Walther **Schoenichen**, Schoeneberg. Mit 8 Abb. *Odenkirchen: W. Breitenbach 1903.* (107 S.) 8° [F.]
= Vorträge, Gemeinverständliche darwinistische, u. Abhandl. H. 7. (03. 13169 B

Schoenichen, Walther, Dr.: **Das Schemabild im botanischen Unterricht.** Mit 8 Abb. im Text. *Schöneberg b. Berlin (1902): W. Gronau.* (17 S.) 4°
Schöneberg, Hohenzollern-S (G u. OR i. E.), OP 1902 (95)

— 80 Schemabilder aus der Lebensgeschichte der Blüten, f. den Gebrauch der Schule u. des Naturfreundes. 2 Hfte. gr. 8. (X, 156 S.) Braunschweig 902. B. Goeritz. à n. 1.40; zusammen bezog. n 2.50

— **blütenbiologische Schemabilder.** Ein Beitrag zur **Methodik des naturkundl. Unterrichtes.** gr. 8. (18 S. m. 12 Abb.) Stuttgart 900. E. Schweizerbart. n. —40
Sonderabdruck aus: „Zeitschr. f. Naturwissenschaft".

— **zoologische Schemabilder.** Eine Vorlagensammlg. f. **Wandtafelzeichngn. u. zugleich e. Leitfaden der Zoologie in Form schemat. Abbildgn., m. kurzem erläut. Texte, 1. Heft.** qu. gr. 8. Stuttgart 904. Leipzig. **E. Nägele.** Kart. n 2.—
Protozoa. — Coelenterata. — Echinodermata. (21 Taf. m. **Text auf der Rückseite u. V. S. Text.**)

— Das biologische Schullaboratorium. Vorschläge u. Mitteilgn. aus der Praxis. (III, 67 S. m. 31 Abb.) gr. 8. Ebd. 910. 1. 60

Tierkunde f. höhere Lehranstalten, s.: Pokorny.

— über Tier- u. Menschenseele. gr. 8. (42 S. m. 10 Fig.) Stuttgart 900. E. Schweizerbart. n. — 60
Sonderabdr. aus: „Zeitschr. f. Naturwissenschaft".

— aus der Wiege des Lebens Eine Einführg. in die Biologie der niederen Meerestiere, s.a. Natur, die. 1.

Aus der Wiege des Lebens. Eine Einführung in d. Biologie d. niederen Meerestiere von Dr. Walther Schoenichen. Mit 8 farb. u. 1 schwarzen Taf. sowie zahlr. Textabb. Osterwieck/Harz: A. W. Zickfeldt [1906]. (130 S.) 8°
= Natur, Die. Eine Sammlung naturwiss. Monographien. Bd 1. 1907. 2354 3

Schönichen, Wilhelm

—— und Ludw. Schreck, Schwedens Heldenkönige Gustav II. Adolph — Carl XIV. Johann. Geschildert in Zügen aus ihrem Leben. Ein Denkmal d. deutschen Dankbarkeit. gr. 8. (2 B. u. 1 Abbild.) Leipzig 839, Schreck. *

Schönichen, Wlh., der Schwedenstein bei Wittenberg und Zörbig. Zum Besten des projektirten Denkmales. Mit 1 Kpfr. 8. Leipzig ... Schreck. n. 1/6 ℛ︀

v Schöning, A Versuch einer feuersichern u. wohlfeilen Bedachung ländlicher Gebäude u. Anleitung zu ihrer Ausführung, sowie über die zweckmässigste Einrichtung von Tagelöhner-Wohnungen Berlin 1830 8 [3 Ex.]

Schönig, Albert [app. Arzt aus Säckingen]: Zur Lehre von der Regulierung der willkürlichen Bewegungen ... Bühl, Druck d. Aktienges. Konkordia, 1892; 47 S. 8.
Freiburg i. B., Med. Fak., Inaug.-Diss. v. 1892

Schönig, Frz., Glätzische u. hochdeutsche Gedichte. Herausg. von Aug. Kastner. 8. Neiße 842. (Hennings.) n. 1/2 ℛ︀

Franz Schönig 'Der Mittelwälder Horaz', und seine Glätzischen Gedichte. Ein Beitrag z. Mundart d. Adlergebirges u. d. Braunauer Ländchens. Mit Glossar als Entwurf zu e. Adlergebirgs-Idiotikon von Dr. Eduard Langer. Braunau i. B.: Selbstverl. 1903. (XVIII, IX, 66 S.) 4°(8°) [5.]
= Volkskunde, Deutsche, aus d. östlichen Böhmen. Bd 1, Erg.H. 1. 1903. 1934

Schönig, Frz., der Mittelwälder Horaz u. seine weiteren glätzischen u. neuhochdeutschen Gedichte, s. Langer, Eduard, das östliche Deutschböhmen.

Schönig, Franz: 'Der Mittelwälder Horaz', u. s. glätzischen ([2]: weiteren glätzischen u. neuhochdeutschen) Gedichte. Ein Beitr. z. Mundart d. *Adlergebirges* u. d. Braunauer Ländchens. Hrsg. v. Eduard Langer. [1. 2.] Braunau '03—09. 4° [1.] Mit Glossar als Entwurf zu e. Adlergebirgs-Idiotikon. (Dt. Volkskde aus d. östl. Böhmen. 1, Erg.H. 1/2.)

Schönig, J., das Bau-Recht und die Bau-Polizei des Regierungs-Bezirkes Liegnitz, eine systematisch-geordnete Zusammenstellung aller auf dieselben Bezug habenden gesetzl. Bestimmungen, nebst einem Anh. über die Prüfung der Bauhandwerker. Ein Handbuch für Polizei-Behörden, Ortsgerichte, Bauhandwerker 2c. 8. (VIII und 176 S.) Bunzlau 863. (Liegnitz, Krumbhaar.)

—— das Bau-Recht und die Bau-Polizei der Provinz Schlesien, eine systematisch-geordnete Zusammenstellung aller auf dieselben Bezug habenden gesetzl. Bestimmungen nebst einem Anh. über die Prüfung der Bauhandwerker. Ein Handbuch für Behörden, Bauhandwerker, Bauherren 2c. gr. 8. (VIII und 220 S.) Liegnitz 864, Krumbhaar.

Schönig, J., das preußische Jagd-Recht u. die Jagd-Polizei. Unter Berücksichtigung der hierüber ergangenen Ministerial-Verordnungen u. Obertribunals-Entscheidgn., zum Gebrauche für Verwaltungs-, Justiz-, Forst- 2c. Behörden u. Jagdfreunde systematisch zusammengestellt. Bunzlau 867. A. Appun's Buchh. gr. 8. (VII, 96 S.) n. 20 ngr.

Schoenig, Joh., 20 (lithogr.) Musterblätter durchbrochener Holzarbeiten im gothischen Style. Für Kunst-Tischler etc. Imp.-Fol. in Farbendr. München 856, Mey und Widmayer.

— — 2. u. 3. Heft. Ebend. (858.) Jedes Heft von 12 lith. Bl. 1 ℛ︀.

Schoenig, Joh., Musterblätter durchbrochener Holzarbeiten im gothischen Style. Für Kunst-Tischler etc. 2—4. Heft. (à 12 Stnt.) Imp.-Fol. München 861, Mey und Widmayer. à Heft 1 Thlr.
1. Heft. Ebendas. 1856. 1 Thlr. 24 Ngr.

Schonig J. Sig gotischer Musterblätter f. Holzgalanteriearbeiten. (18 T) fol München

Schöniger, Jos. G., die Fotografie für Dilettanten. Eine zuverlässige, äußerst prakt. und leicht faßl. Anleitung zur Erlernung und Ausübung dieser Kunst. 8. (104 S. mit 23 lithogr. Fig. auf 8 Taf.) Prag 881, (Čermák.) * 1 20

Schönijahn, s. a. **Schönevan**.

Schönijahn, Herm. K.: Ueber d. Rechte des Zehentherrn, sein. Zehent. selbst zu ziehen u. zu verpachten, nach Braunschw.-Wolfenbütt. Landes-Rechten dargestellt. *Wolfenb.*, Albrecht. 806. 8. (4 Gr.)

Schönijahn, Hm. K.: Ueb. d. Znlässigk. d. Einrede d. anastas. Gesetzes geg. Wechselfordd. nach gem. n. bzgl. Braunschw.-Wolfenbütt. Rechte. *Wolfenb.*, Albrecht. 802. 8. (8 Gr.)

Julius August Schoenijahn

Julius August Schoenijahns [Schoenijahn] gesammeltes Museum anatomicum. Braunschweig 1792: Kircher. IV, 44 S. 8°

Schöning, A. v., Beschreib. u. Abbildung e. einfachen u. wohlf. Vorrichtung an kleinen Herfelladen, um zufällige Verletzungen der Hand zu verhüten, zur Gnügung d. allerhöchst. Kabinets-Ordre v. 19. März 1829. gr. 8. (1 B. u. 1 Stnt. gr. 4.) Berlin 830, [Lüderitz'sche Vrlsbuchh.]

— Thiere z. Nachzeichnen. qu. 8. Berl. 827. Lüderitz. 12 ℊ︀

—— Versuch e. feuersichern u. wohlf. Bedachung ländl. Gebäude u. Anleit. zu ihrer Ausführung, so wie üb. d. zweckmäßigste Einricht. v. Tagelöhner-Wohnungen. gr. 8. (6½ B. u. 3 Stnt.) Berlin 830, [Lüderitz'sche Vrlsbuchh.]

Schöning, A. v., Versuch e. feuersichern u. wohlf. Bedachung ländl. Gebäude. — Nachträge, Ergänzungen u. Verbesserungen. gr. 8. (1½ B.) Berlin 839, C. G. Lüderitz'sche Vrlsbh. *
Hauptwerk. Ebendas. 1830. 18 Gr.

v. **Schöning**, A. F. S., über L. h. D, de transact. Beweis, daß auch Transactionen über einen im Testamente hinterlass. Gegenstand vor Eröffnung desselb. gültig sind. 8. Leipz. 801. Wienbrack. 4 ℊ︀

Schöning, Carl, s. Schöning, Karl

Schöning, Constantin, s. Schöning, Konstantin

Schöning, Curd Wolfgang, s. Schöning, Kurd Wolfgang

Schöning, E. v., Ferdinand v. Schill. Vaterländisches Schauspiel. (96 S.) 8. Strassburg 908. J. Singer. 2. —

Schöning, E. v., Ferdinande v. Schmettau, s.a. Fest-Aufführungen f. Kriegervereine 2c., Hft. 6.

Ferdinande von Schmettau. Eine Erinnerung an d. Freiheitskriege von E. v. Schöning. *Berlin: Schriftenvertriebsanst. 1897.* (54 S.) 8° [F.]
= Festaufführungen f. Kriegervereine. H. 6. [∞. 12866

Schöning, Eduard, appr. Arzt a. Düsseldorf: Aus der chirurgischen Abteilung der Friedrich-Wilhelm-Stiftung ⟨Leiter Prof. Dr. O. Witzel⟩ zu Bonn. Laparoplastic. Bonn 1906: E. Eisele. (35 S.) 8°
Bonn, Med. Fak., Ref. Bier, Diss. v. 30. Nov. 1906
[Geb. 21. Nov. 82 Gelsenkirchen; Wohnort: Hamborn; Staatsangeh.: Preußen; Vorbildung: Realgymn. Düsseldorf Reife O. 01; Studium: Bonn 4, München 2, Berlin 2, Bonn 1 S.; Coll. 30. Nov. 06; Approb. 1. Sept. 06.]

Schoening, Gerhard. Abhandlung von den Begriffen und Nachrichten der alten Griechen und Römer von den nördlichen Ländern . . . a. d. Dän. . . . [Halle 1771.] H & Ü: *Trapp, Ernst Christian.* (StAt)

Schoening, Gottfried 4°Thl. XV, 212/14

Disputatio theologica, de apotheosei fanaticorum.
Präs. Johann Georg Neumann.
Wittenberg (Meyer) 21. I. 1706. 24 S. 31198

Schöning, H. u. K., Geschichtl. Nachrichten von dem Geschlecht von Schöning und dessen Gütern. 2 Bde. Mit Portraits u. Wappen- u. Stammtfln. Berlin 1830—48. 4.

Schöning, J.: Ueber die Gesetze der Kulturentwicklung. Rede. 10 S. Gottingen. Progr. 1869.

J. Schöning, Das preuß. Jagdrecht u. die Jagdpolizei. Bunzl. 1867.

Schoening, J., viro illustrissimo Ferdin. Rankio phil. Dr. et Prof. gymnasii regii Friderici Guilielmi et scholarum cum eo conjunctarum regimen per quinque lustra praeclare gestum pie gratulatur gymnasii Gottingensis magistrorum collegium. Göttingen 867. (Vandenhoeck & Ruprecht's Verlag.) gr. 4. (8 S.) n. 2½ ngr.

Schoening, Johann Friedrich (Küstrin) A. S. 569/49

Dissertatio juridica de iure reali in personis.
Präs. Joachim Georg Daries.
Frankfurt/O. (Alexius) 27. V. 1767. 22 S.

W. v.: Präs., Johann Christian Aller. 31199

Schöning

Schöning, Karl

Schöning, Carl, bi mi to Hus. Riemels. (176 S.) 8. Schwerin 909. L. Davids. Geb. in Leinw. 2. —

Geschichte des Ulanen-Regiments Graf Haeseler ⟨2. Brandenb. Nr. 11.⟩ [Karl] v. **Schönings** Geschichte d. 2. Brandenburgischen Ulanen-Regiments Nr. 11, von seiner Stiftung bis zum 1. Jan. 1885, auf Befehl d. Kgl. Regts neu bearb. u. bis 1906 weitergeführt von [Heinrich] Maß, Rittm. Mit 3 Bild., 3 Karten u. Pl. u. 3 Textskizzen. Berlin: E. S. Mittler & Sohn 1906. (XII, 307 S.) 4°(8°) [F.] [07. 12472

Schöning, v., Premierlieut. im 2. brandenburgischen Ulanen-Reg. Nr. 11. Geschichte des 2. brandenburgischen Ulanen-Regiments Nr. 11 von seiner Stiftung (1860) bis zum 1. Januar 1885. Auf Befehl des königlichen Regiments zusammengestellt. Mit 1 Portrait, 1 Uniformbild und 3 Karten. 8. Berlin 1855.

Schöning, v., Geschichte d. 2. Brandenburgischen Ulanen-Regiments Nr. 11 von seiner Stiftung bis zum 1. Jan. 1885. Auf Befehl d. königl. Regiments zusammengestellt. Mit 1 Portr., 1 Uniformbilde u. 3 Karten. gr. 8. (VI, 196 S.) Berlin 885. Mittler & Sohn. n. 5. —

Schöning, v., Geschichte des 2. Brandenb. Ulanen-Regiments Nr. 11, Neubearbeitg., s.: Maß, Geschichte des Ulanen-Regiments Graf Haeseler.

Schöning, Karl, prakt. Arzt (u. Osnabrück): Über die nach der Verabreichung von Filix mas eingetretenen Vergiftungen und ihre Folgen für das Auge nebst einem neuen Falle. Bonn 1908: C. Georgi. (33 S.) 8°
Bonn, Med. Fak., Ref. Kuhnt, Diss. v. 14. Febr. 1908
[Geb. 8. Dez. 73 Osnabrück; Wohnort: Bonn; Staatsangeh.: Preußen; Vorbildung: Gymn. Osnabrück Reife M. 95; Studium: Berlin 1, Göttingen 8, Bonn 3 S.; Coll. 14. Febr. 08; Approb. 30. Mai 07.]

Schöning, Konstantin

Schöning, Constantin, Leutn. im Telegr.-Bat. Nr. 2: Das Kündigungsrecht der Beamten im Falle ihrer Versetzung nach dem Bürgerlichen Gesetzbuch. § 570 BGB. Frankfurt a. O.: Waldow [1910]. 45 S. 8°
Rostock, Jur. Diss. v. 10. Aug. 1910, Ref. Hübner, Bernhöft
[Geb. 9. Juli 78 Konstanz; Wohnort: Frankfurt a. O.; Staatsangeh.: Preußen; Vorbildung: Gymn. Bromberg Reife O. 97; Studium: Genf 1, Tübingen 2, Breslau 1, Kiel 1, Breslau 2 S.; Rig. 13. Juli 09.] [U 10. 3878

Schöning, Kurd v.: **Winterfeldt's** Beisetzung auf dem Kirchhofe des Königlichen Invalidenhauses am 7. Sept. 1857, 100 Jahre nach seinem Heldentode in dem Gefecht von Moys. Biogr. Skizze entlehnt aus des Königs Briefwechsel mit Winterfeldt. Berlin 1857.

Schöning, Kurd Wolfg. v., der bayersche Erbfolgekrieg. Unter allerh. königl. Bewilligung nach der Orig.-Correspondenz Friedrich des Großen mit dem Prinzen Heinrich und seinen Generalen aus den Staats-Archiven bearb. (A. u. d. T.: Militairische Correspondenz des Königs Friedrich des Großen mit dem Prinzen Heinrich von Preußen. 4. Bd.) gr. 8. (XVI und 297 S. und Correspondenz 276 S.) Berlin 854, Riegel's Verlag. *
Des Verf. Werk: Der siebenjährige Krieg. 3 Bde. bildet den 1—3. Bd. der „Militairischen Correspondenz 2c."

Schöning, Friedrich der Zweite, König von Preussen. Ueber seine Person und sein Privatleben. Ein berichtigender Nachtrag zur Charakteristik desselben. (Mit Anmerk.) herausgegeben von Th.) Berlin 1808. 8.

v. Schöning, K. W. Friedrich Wilhelm I. gegen Karl XII. im Feldzuge von 1715. Journal aus dem Königl. Hauptquartier. 8. Berlin.

—— **das Regiment Garde du Corps, s. a. Stamm-, Rang- und Quartier-Liste, illustrirte, der königl. preuss. Armee.**

v. Schöning, K. W. Das Regiment Garde du Corps. Für die Rang-, Stamm- u. Quartierliste der königl. preuss. Armee. (VII, 55) 8. M. 1 Taf. Berlin 1854.

Schöning, Kurd Wolfg. v., die Generale d. chur-brandenburg. u. k. preuß. Armee v. 1640—1840. Eine histor. Uebersicht, sammt vielen eingewebten urkundl. Notizen, als Jubelschrift d. vaterländ. Kriegsheere geweiht. gr. 8. (23 B.) Berlin 840, C. G. Lüderitz'sche Vrlsbuchh.

Schöning, Kurt Wolfg. v., die Generale der churbrandenburgischen u. königl. preußischen Armee v. 1640—1840, Fortsetzg., s.: Kleist, Bogislav v., die Generale der preußischen Armee v. 1840—1890.

—— Geschichte d. k. preuß. dritten Dragoner-Regiments u. derjen. Dragoner-Regimenter, aus welchen dass. bei d. Reorganisation d. Armee im J. 1807, hervorgegangen ist. Mit e. Einleit. üb. Dragoner im Allgemeinen. gr. 8. (28½ B. u. 2 ill. Ttlbild.) Berlin 835, Dümmler.

Schöning, K. W. von. Geschichte des Königlich Preussischen Regiments Garde du Corps zu seinem hundertjährigen Jubelfeste bearbeitet von K. W. von Schöning. Berlin 1840.
VI + 328 S., 1 Bl., 7 Taf. in kol. Lithogr. 4°

v. Schoening, Kurd Wolfg. Geschichte des Kgl. Preussischen 5. Husaren-Regiments, mit besonderer Rücksicht auf Gebhardt Lebrecht von Blücher, den ehemaligen Chef dieses Regiments. (36 B.) 8. Berlin 1842. 7,50.

Schöning, Kurd Wolfg. v., Geschichte des k. preuß. 5. Husaren-Regiments, mit besonderer Rücksicht auf G. L. v. Blücher, ehemal. Chef. Nebst einer Einleitung über preuß. Husaren im Allgem. gr. 8. (36 B. m. den Bildnissen von Belling u. Blücher u. Fac simile des Letztern.) Berlin 843, Lüderitz'sche Vrlgsh.

— die fünf ersten Jahre der Regierung Friedrich d. Gr., s.: Unterhaltungsbibliothek, militairische.

Schöning, K. W. v., preuss. General-Major a. D. Die fünf ersten Jahre der Regierung Friedrich des Grossen bis zum Schluss des 2. schlesischen Krieges. 8. Berlin 1857.

Schöning, C. W. v., die fünf ersten Jahre der Regierung Friedrichs des Großen bis zum Schluß des zweiten schles. Krieges. Volks-(Titel-)Ausg. 8. (475 S.) Berlin (858)59, [Wiegandt und Hempel.] *

v. Schöning, Kurd Wolfg., der siebenjährige Krieg. Unter Allerhöchster Königl. Bewilligung nach der Orig.-Correspondenz Friedrich des Großen m. dem Prinzen Heinrich u. Seinen Generalen aus den Staats-Archiven bearb. 3 Bde. od. 6 Lfgn. gr. 8. (1. Bd. XVI u. 321 S. 2. Bd. 446 S. 3. Bd. 160 S.) Potsdam 851, Riegels Verlag. (à Lfg. n. 1 ₰) p. 6 ₰

— des General-Feldmarschalls Hans Adam v. Schöning auf Tamsel Leben und Kriegsthaten, namentlich sein Zug mit achttausend Brandenburgern gegen die Türken. Ein Beitrag zur Erkennung der Zeitverhältnisse in den Kurbrandenburgischen und Kursächsischen Landen während der 2ten Hälfte des 17ten Jahrhunderts. Mit d. Bildn. d. Feldmarschalls u. 35 Facsim. (auf 1 lithogr. Bogen). gr. 8. Berlin 837. Lüderitz. 1¾ ₰

—— des General-Feldmarschalls Dubislav Gneomar v. Natzmer auf Gannewitz Leben u. Kriegesthaten, mit den Hauptbegebenheiten des von ihm errichteten u. 48 Jahre als Commandeur en Chef geführten bekannten Garde-Reuter-Regiments Gensd'armes. Ein Beitr. z. brandenburg.-preuß. Armee-Geschichte. gr. 8. (31½ B., 1 Portr. v. N's. u. 1 Stnt. Facsim.) Berlin 838, C. G. Lüderitz'sche Vrlsbuchh.

—— historisch-biographische Nachrichten zur Geschichte der brandenburgisch-preußischen Artillerie. Aus bisher ungenutzten Urkunden zusammengestellt. I. Thl. gr. 8. (31⅝ B. u. Bildn. des Prinzen August v. Preußen.) Berlin 844, (Mittler u. Sohn.) *

—— dass. 2. Thl. A. u. d. Ttl.: Die kgl. preuß. Artillerie während des 7jährigen Krieges u. bis z. J. 1786. Aus den Original-Ordres des Königs u. aus den Original-Berichten seiner Generale u. General-Inspekteure zusammengestellt. gr. 8. (34 B. mit dem Bildniß des Markgrafen Philipp v. Brandenburg-Schwedt.) Ebds. 844. *

—— dass. 3. Thl. gr. 8. (13¾ B., mit dem Bildn. des Prinzen Adalbert von Preußen u. 1 Tab.) Ebds. 845. *

Schöning, Kurd Wolfg. v., Zur europäischen Politik im J. 1854, s.a. Zur europäischen Politik.

(v. Schöning, K. W.) Zur europäischen Politik 1854. (66.) 8. Berlin 1855. — 2. Aufl. (VII. 88.) ib. 1855. 1.00.

Schöning, Schilderung d. Privatlebens Friedrichs II., m. 1 K. gr. 8. Berlin, Oehmigke d. ält. 808.

v. Schoening, K. W. Chronologische Übersicht der Brandenburgisch-Preussischen Generalität. Die Generale der Churbrandenburgischen und Königl. Preussischen Armee von 1640–1840. (23 B.) 8. Berlin 1840. 5,25.

(Schöning, R. J. A., u. Ernst Herm. Hampke) Abschied des Direktor Schöning, Einführung des Direktor Hampke. 8 S. Göttingen 1881.
Progr.

Französisch-deutsches Wörterbuch zu Œuvres de François Coppée. In 2. erhebl. erweit. Fassung zsgest. von Rudolf Schoening Berlin. Berlin: R. Gaertner 1898. (29 S.) 8°
= Schulbibliothek französ. u. engl. Prosaschriften aus d. neueren Zeit. 2. Aufl. Abt. 1. Bdch. 20. Wörterbuch.

Schöning, (Rudolf Aug. Jul.), üb. die rednerische Kunst in der ersten Philippischen Rede des Demosthenes. (Schulprogramm.) gr. 4. (46 S.) Göttingen 849. (Vandenhoeck & Ruprecht.) n. ⅓ ₰

Haushaltungs-Wanderkursus im Kreise Pyritz von [Hans] v. Schöning-Muscherin. Stettin 1922: Pommersche Reichspost. 29 S. 4°
(Arbeiten d. Landwirtschaftskammer f. d. Prov. Pommern. H. 10.) [09. 11921

Schöningen [Schlagwort]

Schöningen, s.: Preussen. Messtischblätter.

Schöningen [Verfasser]

Schöningen, Hans. Kaiser Wilhelm II. und seine Zeit in Wort und Bild. Hamburg: Hansa Verlag o. J. [um 1911]
191 S. m. zahlr. Abb. 4°

Schöninger, Adolf

u. J. Engelmann, kaufmännische Gesetzeskunde, s.a. Handbibliothek der gesamten Handelswissenschaften. 20 Bd.

— u. J. Engelmann, Kaufmännische Gesetzeskunde. Sammlung der wichtigsten Reichsgesetze f. Kaufleute u. Industrielle. Bearb. f. den Schul- u. Privatgebrauch. 2., verm. Aufl. (XIII, 248 S.) 8. Stuttgart, W. Nitzschke. 1907 Geb. in Leinw. 3. —
„Handbibliothek d. ges. Handelswissenschaften". 20. Bd.

Schöninger, Adf., Grundzüge des Konkursrechts u. Konkursverfahrens, s.: Brettinger, W.

Die Kaufmannsgerichte. Das Reichsgesetz betr. Kaufmannsgerichte v. 6. VII. 1904. Mit ausführl. Erläutergn. Eine rechts- u. fachwissenschaftl. Belehrg. f. Kaufleute. (IV, 58 S.) 8. Stuttgart (907). W. Nitzschke. — A. Brettinger. — 75

Die Leistungsgeschäfte des bürgerlichen Rechts. Von Adolf Schöninger, Landrichter. Tübingen: J.C.B. Mohr 1906. (XII, 340 S.) 8° [J.] [06. 11967

— Wechsellehre u. Wechselrecht, s.: Wagner, Gust.

— Das deutsche Wechselrecht u. das deutsche Scheckrecht einschließlich des Postscheckverkehrs (4. Aufl. v. G. Wagner's Wechsellehre), s.: Handbibliothek der gesamten Handelswissenschaften. 8. Bd.

Schöninger, F. (Hrsg.), s. Fastnachts-Zeitung, Deutsche.

Schöninger, Jos., die „Enthüllungen" d. sozialdemokratischen Flugschrift: „Die Kirchengebühren". Kritisch beleuchtet. gr. 8. (28 S.) Zettlitz bei Karlsbad 898. (Warnsdorf, A. Opitz.) n. — 20

Schöningh: Hochmoor-Kolonie Schöninghsdorf am Süd-Nord-Kanal bei Meppen. (o. O. 1908?)

[F.] Auf zum Kampf gegen die Schwindsucht! E. Mahnruf an Staat u. Gesellschaft, an Gesunde u. Kranke v. Dr. [Alb.] Schöningh, pro physicatu approb. in Hannover. 2. unveränd. Aufl. . . . *Hannover & Leipzig: Hahn 1897.* (1 Bl., 42 S.) 1 Bd 8. [98. 3566 Go

Schöningh, Daniel: Der erste kunsthistorische Ferienkurs in Italien für Lehrer höherer Unterrichtsanstalten. T. 1. Florenz. Posen 1909: Merzbach. 23 S. 4°
Posen, k. Marien-G P 1909 (233) [S 09. 415

Schöningh, Daniel: Der erste kunsthistorische Ferienkurs in Italien für Lehrer höherer Unterrichtsanstalten. T. 2. Von Siena bis Padua. Posen 1910: Merzbach. 22 S. 4° ¶(Forts. d. P-Beil. 1909.)
Posen, k. Marien-G P 1910 (239) [S 10. 390

Schöningh, Daniel: Die Göttergenealogien des Boccaccio. Ein Beitrag zur Geschichte d. wissenschaftl. Forschung im XIV. Jahrh. T. 1. *Posen 1900: Merzbach.* (42 S.) 4°
Posen, k. Marien-G, P 1900 (174)

Schöningh, Ferdinand

Schöningh's Ausgaben ausländischer Klassiker m. Erläuterungen I.—V. 8. Paderborn, F. Schöningh. Geb. in Leinw. n. 7. 25

I. Shakespeare's Julius Cäsar. Nach der Schlegelschen Übersetzg. hrsg. u. m. Einleitg. u. Anmerkgn. versehen von H. Schmitt. (VI, 206 S.) 901. n. 1. 65
II. Shakespeare's Macbeth. Nach d. Oechelhäuserschen Volksausg. hrsg. u. m. Einleitg., Anmerkgn. u. Anh. versehen v. J. Hense. (VI, 127 S.) 901. n. 1. 40
III. Shakespeare's Coriolan. Ein Trauerspiel in 5 Aufzügen. Mit ausführl. Erläutergn. f. den Schulgebrauch u. das Privatstudium v. L. Schunck. (163 S.) 901. n. 1. 50
IV. Homer's Odyssee nach der 1. Ausg. der deutschen Übersetzg. v. Joh. Heinr. Voß. Für den Schulgebrauch verkürzt u. eingerichtet (m. Anmerkgn.) v. Heinr. Bockeradt. (170 S.) 902. n. 1. 20
V. Shakespeare's König Lear. Trauerspiel in 5 Aufzügen. Nach d. Oechelhäuserschen Volksausg. m. ausführl. Erläutergn. f. den Schulgebrauch u. das Privatstudium v. L. Schunck. (165 S.) 903. n. 1. 50

Schöningh's, Ferd., Ausgaben ausländischer Klassiker m. Erläuterungen. I., II., IV u. VI–XI. Paderborn, F. Schöningh. Geb. in Leinw. n n. 10. 85

Homer's Ilias nach der ersten Ausg. der deutschen Uebersetzung v. Joh. Heinr. Voß. Für den Schulgebrauch verkürzt u. eingerichtet v. J. A. Kiib. (VIII, 166 S.) kl. 8. 906 (Bd. XI) n n. 1. 50
— Odyssee nach der 1. Ausg. der deutschen Uebersetzung v. Joh. Heinr. Voß. Für den Schulgebrauch verkürzt u. eingerichtet (m. Anmerkgn.) v. Heinr. Bockeradt. 2., verb. Aufl. Mit e. Bilde Homers. (170 S.) 8. 905. (Bd. IV.) n. 1. 20
Shakespeare's Julius Cäsar. Nach der Schlegelschen Uebersetzg. hrsg. u. m. Einleitg. u. Anmerkgn. versehen v. H. Schmitt. 2. u. 3. Aufl. (213 S.) 8. 903. 905. (Bd. I.) n. 1. 6
— Hamlet. Trauerspiel in 5 Aufzügen. Mit Einleitg. u. Anmerkgn. f. den Schulgebrauch u. das Privatstudium v. Ernst Wasserzieher. (158 S.) 8. 901. (Bd. VI.) n. 1. 20
— der Kaufmann v. Venedig. Nach der Schlegelschen Uebersetzg. hrsg. u. m. ausführl. Erläutergn. versehen v. J. A. Kiib. (168 S.) 8. 905. (Bd. X.) n. 1. 30
— Macbeth. Auf Grundlage der Oechelhäuserschen Volksausg. hrsg. u. m. Einleitg., Anmerkgn. u. Anh. versehen v. J. Hense. 2., verb. Aufl. (VI, 128 S.) 8. 906. (Bd. II.) n. 1. 10
— König Richard II. Nach der Schlegelschen Uebersetzg. hrsg. u. m. Einleitg. u. Erläutergn. versehen v. Karl Warnke (144 S.) kl. 8. 904. (Bd. VII.) n. 1. 20
Sophokles' Aias, auf Grund der Uebersetzung v. Donner in neuer Bearbeitg. f. den Schulgebrauch hrsg. u. m. Einleitg. u. Anmerkgn. versehen v. Schmitz-Mancy. (102 S.) 8. 905. (Bd. VIII.) n. — 90
— König Oedipus. Auf Grund der Uebersetzg. v. Donner in neuer Bearbeitg. f. den Schulgebrauch hrsg. u. m. Einleitg. u. Anmerkgn. versehen v. Schmitz-Mancy. Mit e. Bildnis. (111 S. m. 1 Abbildgn.) 8. 905. (Bd. IX.) n. 1. —

Schöningh's, Ferd., Ausg. ausländischer Klassiker mit Erläuterungen. 1.—4. Bd. kl. 8. Paderborn, F. Schöningh. Geb. 5. 45

Homer's Odyssee nach der 1. Ausg. der deutschen Übersetzung v. Joh. Heinr. Voß. Für den Schulgebrauch verkürzt und eingerichtet v. Heinr. Bockeradt. 4., verb. Aufl. (XII, 160 S. m. Bildnis und 1 Karte.) 910. (4. Bd.) Geb. 1. 20
Shakespeare's Julius Cäsar. Nach d. Schlegelschen Übersetzg. hrsg. u. m. Einleitg. u. Anmerkgn. versehen v. H. Schmitt. 5. Aufl. (213 S. m. Bildnis.) 910. (1. Bd.) Geb. 1. 65
— Coriolan. Ein Trauerspiel in 5 Aufzügen. Mit ausführl. Erläutergn. f. den Schulgebrauch u. das Privatstudium v. L. Schunck. 2., verb. Aufl. (167 S.) 908. (3. Bd.) Geb. 1. 50
— Macbeth, e. Trauerspiel in 5 Aufzügen. Mit Einleitg., Anmerkgn. u. Anhang versehen v. J. Hense. 3., verb. Aufl. (VI, 131 S.) 910. (2. Bd.) Geb. 1. 10

Schöningh's Ausgaben deutscher Klassiker m. ausführlichen Erläuterungen. 1.—7., 9.—11., 14., 17.—20. Bd. 8. Paderborn, F. Schöningh. n. 18. 65; Einbde. à n. — 30

1. Lessing's Laokoon, f. den Schulgebrauch bearb. u. erläut. v. J. Buschmann. 5., verb. Aufl. (162 S. m. 2 Holzschn.) 894. n. 1. 20
2. Goethe's Hermann u. Dorothea. Mit ausführl. Erläutergn. f. den Schulgebrauch u. das Privatstudium v. A. Funke. 6., verb. Aufl. (147 S.) 891. n. 1. —; 7. Aufl. (148 S.) 893. n. 1. —
3. Goethe's Iphigenie auf Tauris. Ein Schauspiel. Für die Zwecke der Schule erläut. u. methodisch bearb. v. Heinrich Bockeradt. 4., verb. Aufl. (V, 166 S.) 894. n. 1. 35
4. Wilhelm Tell. Schauspiel in 5 Aufzügen von Frdr. v. Schiller. Hrsg. v. A. Funke. 6., verb. Aufl. (176 S. m. 1 Karte.) 895. n. 1. 20
5. Minna v. Barnhelm od. das Soldatenglück. Ein Lustspiel in 5 Aufzügen v. Gthold. Ephr. Lessing. Hrsg. v. A. Funke. 5., verb. Aufl. (160 S.) 893. n. 1. 80
6. Maria Stuart. Ein Trauerspiel von Frdr. v. Schiller. Mit ausführl. Erläutergn. f. den Schulgebrauch u. das Privatstudium v. Heinr. Heskamp. 3., sorgfältig durchgeseh. u. verb. Aufl. (216 S.) 892. n. 1. 85
7. Wallenstein. Ein dramat. Gedicht von Frdr. v. Schiller. Mit ausführl. Erläutergn. f. den Schulgebrauch u. das Privatstudium v. A. Funke. 3. Aufl. (357 S.) 891. n. 1. 80
9. Die Jungfrau v. Orleans. Eine romant. Tragödie von Frdr. v. Schiller. Mit ausführl. Erläutergn. f. den Schulgebrauch u. das Privatstudium v. A. Funke. 3. Aufl. (181 S.) 892. n. 1. 20
10. Goethe's Egmont. Ein Trauerspiel in 5 Aufzügen. Hrsg. v. L. Zürn. 2., verb. Aufl. (144 S.) 893. n. 1. 20
11. Die Braut v. Messina od. die feindlichen Brüder. Ein Trauerspiel mit Chören von Frdr. v. Schiller. Mit ausführl. Erläutergn. f. den Schulgebrauch u. das Privatstudium v. Heinr. Heskamp. 2. Aufl. (172 S.) 892. n. 1. 20
14. Goethe's Götz v. Berlichingen m. der eisernen Hand. Ein Schauspiel. Mit ausführl. Erläutergn. f. den Schulgebrauch u. das Privatstudium v. J. Heuwes. 2. Aufl. (181 S. m. 1 farb. Taf.) 893. n. 1. 35
17. Prinz Friedrich v. Homburg. Ein Schauspiel von Heinr. v. Kleist. Mit ausführl. Erläutergn. f. den Schulgebrauch u. das Privatstudium v. J. Heuwes. (170 S. m. 1 Textillustr.) 892. n. 1. 20
18. Ernst, Herzog v. Schwaben. Trauerspiel in 5 Aufzügen von Ludw. Uhland. Mit erläut. Anmerkgn. u. Fragen hrsg. v. H. Crohn. (106 S.) 893. n. — 80
19. Ausgewählte Balladen Goethes u. Schillers. Mit ausführl. Erläutergn. f. den Schulgebrauch u. das Privatstudium v. J. Heuwes. (129 S.) 893. n. 1. —
20. Lessing's hamburgische Dramaturgie, f. den Schulgebrauch eingerichtet u. m. Erläutergn. versehen v. J. Buschmann. 2. Aufl. (272 S.) 894. n. 1. 60

Schöningh's Ausgaben deutscher Klassiker m. ausführl. Erläutergn. 1.—15., 18., 20.—23. Bd. 8. Paderborn, F. Schöningh. n. 25. —; Einbde. in Leinw. à n.n. — 30

Inhaltsübersicht in alphabetischer Ordnung:

Goethe's aus meinem Leben. Dichtg. u. Wahrheit. Schulausg. v. J. Dahmen. (174 S.) 895. (Bd. 21.) n. 1. —
— Egmont. Ein Trauerspiel in 5 Aufzgn. M. ausführl. Erläutergn. f. d. Schulgebrauch u. d. Privatstudium v. L. Zürn. 3., verb. Aufl. (144 S.) 895. (Bd. 10.) n. 1. 20
— Götz v. Berlichingen m. d. eisernen Hand. Ein Schauspiel. M. ausführl. Erläutergn. f. d. Schulgebrauch u. das Privatstudium v. J. Heuwes. M. 1 Uebersichtskarte. 3. Aufl. (191 S.) 897. (Bd. 14.) n. 1. 35
— Hermann u. Dorothea. M. ausführl. Erläutergn. f. d. Schulgebrauch u. das Privatstudium v. A. Funke. 9., verb. Aufl. (146 S.) 897. (Bd. 2.) n. 1. —
— Iphigenie auf Tauris. E. Schausp. F. d. Zwecke d. Schule erläut. u. method. bearb. v. Heinr. Bockeradt. 6., verb. Aufl. (163 S.) 898. (Bd. 3.) n. 1. 35
— Torquato Tasso. E. Schausp. Für d. Zwecke d. Schule u. das Privatstudium erläut. u. m. e. Einleitg. vers. v. With. Wittich. 3. Aufl. (191 S.) 898. (Bd. 15.) n. 1. 35
Herder, Joh. Gfr. v., der Cid. Nach span. Romanzen. M. ausführl. Erläutergn. f. d. Schulgebrauch u. d. Privatstudium v. P. Schwarz. 2., verb. Aufl. (VI, 182 S.) 896. (Bd. 13.) n. 1. 20

Klopstock, F. G., ausgew. Oden u. Elegieen, nebst ein. Bruchstücken aus dem Messias. Mit erklär. Anmerkgn. u. e. Biographie d. Dichters hrsg. v. Bernh. Werneke. 3. Aufl. (XII, 251 S.) 897. (Bd. 12.) n. 1. 80

Körner, Thdr., Zriny. Ein Trauerspiel in 5 Aufzgn. Mit erläut. Anmerkgn. hrsg. v. J. Dahmen. (110 S.) 895. (Bd. 22.) n. 1. —

Lessing, Ghold. Ephr., Minna v. Barnhelm od. d. Soldatenglück. E. Lustsp. in 5 Aufzgn. M. ausführl. Erläutergn. f. d. Schulgebrauch u. d. Privatstudium v. A. Funke. 7., verb. Aufl. (164 S.) 897. (Bd. 5.) n. 1. 20

— hamburg. Dramaturgie, f. d. Schulgebrauch einger. u. m. Erläutergn. vers. v. J. Buschmann. 3. Aufl. (272 S.) 897. (Bd. 20.) n. 1. 60

— Emilia Galotti. E. Trauersp. in 5 Aufzgn. M. Erläutergn. f. den Schulgebrauch u. das Privatstudium v. H. Detter. 2., verb. Aufl. (102 S.) 895. (Bd. 8.) n. — 80

— Laokoon, f. d. Schulgebrauch bearb. u. erläut. v. J. Buschmann. 6. Aufl. (183 S. m. 2 Holzschn.) 897. (Bd. 1.) n. 1. 20

Schiller, Frdr. v., d. Braut v. Messina od. d. feindl. Brüder. Ein Trauerspiel m. Chören. M. ausführl. Erläutergn. f. d. Schulgebrauch u. d. Privatstudium v. Heinr. Heskamp. 3. Aufl. (172 S.) 895. (Bd. 11.) n. 1. 20

— ausgew. Gedichte. M. ausführl. Erläutergn. f. den Schulgebrauch u. d. Privatstudium v. Adf. Weinstock. (XII, 239 S.) 897. (Bd. 23.) n. 1. 40

— die Jungfrau v. Orleans. E. romant. Tragödie. M. ausführl. Erläutergn. f. d. Schulgebrauch u. d. Privatstudium v. A. Funke. 5. Aufl. (192 S.) 897. (Bd. 9.) n. 1. 20

— Maria Stuart. E. Trauersp. M. ausführl. Erläutergn. f. den Schulgebrauch u. das Privatstudium v. Heinr. Heskamp. 6. Aufl. (218 S.) 898. (Bd. 6.) n. 1. 35

— Wilhelm Tell. Schausp. in 5 Aufzgn. Mit ausführl. Erläutergn. f. d. Schulgebrauch u. d. Privatstudium v. A. Funke. M. e. Karte. 9., verb. Aufl. (177 S.) 898. (Bd. 4.) n. 1. 20

— Wallenstein. E. dramat. Gedicht. M. ausführl. Erläutergn. f. d. Schulgebrauch u. d. Privatstud. v. A. Funke. 5., verb. Aufl. (362 S.) 898. (Bd. 7.) n. 1. 80

Uhland, Ludw., Ernst, Herzog v. Schwaben. Trauerspiel in 5 Aufzgn. M. erläut. Anmerkgn. u. Fragen hrsg. v. H. Crohn. 2. Aufl. (106 S.) 896. (Bd. 18.) n. — 80

— Ausgaben deutscher Klassiker m. ausführl. Erläutergn. 1.—28. Bd. 8. Ebd. n. 37. 05;
Einbde. in Leinw. à n.n. — 30

Inhaltsübersicht in alphabetischer Ordnung:

Gorges, M., deutsche Heldensage, nebst Einleitg. u. Erläutergn. (VI, 172 S.) 902. (Bd. 28.) n. 1. 60

— mittelhochdeutsche Dichtungen. Nebst Einleitg. u. Erläutergn., bearb. v. G. (V, 224 S.) 901. (Bd. 27.) n. 2. —

Goethe, Joh. Wolfg. v., Götz v. Berlichingen m. der eisernen Hand. Ein Schauspiel. Mit ausführl. Erläutergn. f. d. Schulgebrauch u. das Privatstudium v. J. Heuwes. Mit e. Übersichtskarte. 11.—14. Taus. 5. Aufl. (194 S.) 902. (Bd. 14.) n. 1. 40

— Egmont. Ein Trauerspiel in 5 Aufzügen. Mit ausführl. Erläutergn. f. den Schulgebrauch u. das Privatstudium v. L. Zurn. 5., verb. Aufl. 8.—10. Taus. (145 S.) 901. (Bd. 10.) n. 1. 20

— lyrische Gedichte, ausgewählt, geordnet u. erklärt f. d. Schulgebrauch u. das Privatstudium v. J. Heuwes. 2. Aufl. (VIII, 175 S.) 899. (Bd. 16.) n. 1. 20

— Hermann u. Dorothea. Mit ausführl. Erläutergn. f. den Schulgebrauch u. das Privatstudium von A. Funke. 10. u. 11. Aufl. (à 116 S.) 899. 901. (Bd. 2.) n. 1. —

— Iphigenie auf Tauris. Ein Schauspiel. Für die Zwecke der Schule erläutert u. methodisch bearb. v. Heinr. Bockeradt. 8., verb. Aufl. 13.—15. Taus. (172 S.) 901. (Bd. 3.) n. 1. 35

— aus meinem Leben. Dichtung u. Wahrheit. Schulausg. v. J. Dahmen. 4. Aufl. Mit 8 Abb. (VIII, 178 S.) 903. (Bd. 21.) n. 1. 10

— Torquato Tasso. Ein Schauspiel. Für die Zwecke der Schule u. das Privatstudium erläutert u. m. e. Einleitg. versehen v. Wilh. Ulrich. 4. Aufl. (193 S.) 900. (Bd. 15.) n. 1. 35

— u. Schiller, ausgewählte Balladen. Mit ausführl. Erläutergn. f. den Schulgebrauch u. das Privatstudium von J. Heuwes. 2. Aufl. (129 S.) 899. (Bd. 19.) n. 1. —

Herder, Joh. Gfr. v., der Cid. Nach span. Romanzen. Mit ausführl. Erläutergn. f. den Schulgebrauch u. das Privatstudium v. P. Schwarz. 3. Aufl. (18? S.) 901. (Bd. 13.) n. 1. 20

Kleist, Heinr. v., Prinz Friedrich v. Homburg. Ein Schauspiel. Mit ausführl. Erläutergn. f. den Schulgebrauch u. das Privatstudium v. J. Heuwes. Mit 1 Text-Illustr. 2. Aufl. (179 S.) 900. (Bd. 17.) n. 1. 20

Klopstock, F. G., ausgewählte Oden u. Elegieen, nebst einigen Bruchstücken aus dem Messias. Mit erklär. Anmerkgn. u. e. Biographie des Dichters hrsg. v. Bernh. Werneke. 5. u. 6. Taus. 4. Aufl. Mit e. Bildn. Klopstocks. (XII, 251 S.) 902. (Bd. 12.) n. 1. 80

Körner, Thdr., Zriny. Ein Trauerspiel in 5 Aufzügen. Mit erläut. Anmerkgn. hrsg. v. J. Dahmen. 3., verb. Aufl. 4. 6. Taus. Mit 4 Illustr. (116 S.) 902. (Bd. 22.) n. 1. —

Lessing, Ghold. Ephr., Minna v. Barnhelm od. das Soldatenglück. Ein Lustspiel in 5 Aufzügen. Mit ausführl. Erläutergn. f. den Schulgebrauch u. das Privatstudium v. A. Funke. 9., verb. Aufl. 25.—31. Taus. (161 S.) 902. (Bd. 5.) 1. 20

— Emilia Galotti. Ein Trauerspiel in 5 Aufzügen. Mit Erläutergn. f. den Schulgebrauch u. das Privatstudium v. H. Detter. 4., verb. Aufl. (104 S.) 903. (Bd. 8.) n. 1. —

— hamburgische Dramaturgie, f. den Schulgebrauch eingerichtet u. m. Erläutergn. versehen v. J. Buschmann. 4. Aufl. (272 S.) 901. (Bd. 20.) n. 1. 60

— Laokoon, f. den Schulgebrauch eingerichtet u. erläutert v. J. Buschmann. 14.—16. Taus. 8. Aufl. Mit 2 Taf. (163 S.) 902. (Bd. 1.) n. 1. 20

— Nathan der Weise. Ein dramat. Gedicht. Für den Schulgebrauch erläutert v. J. Buschmann. 2., verb. Aufl. (189 S.) 902. (Bd. 24.) n. 1. 50

Schiller, Frdr. v., die Braut v. Messina od. die feindlichen Brüder. Ein Trauerspiel m. Chören. Mit ausführl. Erläutergn. f. den Schulgebrauch u. das Privatstudium v. Heinr. Heskamp. 9.—11. Taus. 6., vielfach veränd. Aufl., besorgt v. Schmitz-Mancy. (162 S.) 902. (Bd. 11.) n. 1. 20

— Abhandlung: Ueber naive u. sentimentalische Dichtung, sowie dessen akademische Antrittsrede: Was heißt u. zu welchem Ende studiert man Universalgeschichte? Für den Schulgebrauch eingerichtet u. m. Erläutergn. versehen v. M. Schmitz. (170 S.) 901. (Bd. 26.) n. 1. 50

— ausgewählte Gedichte. Mit ausführl. Erläutergn. f. den Schulgebrauch u. das Privatstudium v. Adf. Weinstock. 2. Aufl. Mit e. Bildn. Schillers. (XI, 241 S.) 903. (Bd. 23.) n. 1. 70

— die Jungfrau v. Orleans. Eine romant. Tragödie. Mit ausführl. Erläutergn. f. den Schulgebrauch u. das Privatstudium v. A. Funke. 7. Aufl. 19.—24. Taus. (192 S.) 901. (Bd. 9.) n. 1. 20

— Maria Stuart. Ein Trauerspiel. Mit ausführl. Erläutergn. f. den Schulgebrauch u. das Privatstudium v. Heinr. Heskamp. 7. Aufl., besorgt v. Schmitz-Mancy. (224 S.) 903. (Bd. 6.) n. 1. 35

— Wilhelm Tell. Schauspiel in 6 Aufzügen. Mit ausführl. Erläutergn. f. den Schulgebrauch u. das Privatstudium v. A. Funke. 39.—45. Taus. 11., verb. Aufl. Mit 3 Bildern u. 1 Karte. (183 S.) 902. (Bd. 4.) n. 1. 20

— Wallenstein. Ein dramat. Gedicht. Mit ausführl. Erläutergn. f. den Schulgebrauch u. das Privatstudium v. A. Funke. 7., verb. Aufl. 17.—19. Taus. (362 S.) 901. (Bd. 7.) n. 1. 80

Uhland, Ludw., Ernst, Herzog v. Schwaben. Trauerspiel in 5 Aufzügen. Mit erläut. Anmerkgn. u. Fragen hrsg. v. H. Crohn. 4. Aufl. 5.—7. Taus. (106 S.) 902. (Bd. 18.) n. 1. —

Walther v. Aquitanien. Heldengedicht in 12 Gesängen, m. Beiträgen zur Heldensage u. Mythologie v. Frz. Linnig. 3., verb. Aufl. (XVII, 125 S.) 900. (Bd. 25.) n. 1. 20

— dasselbe. Ergänzungsbände I. u. II. 8. Ebd. n. 2. 20

I. Sammlg. deutscher Musterdichtgn. f. Schule u. Haus. Methodisch geordnet. Von Jos. Hense. (XV, 203 S.) 897. n. 1. —

II. Dichter der Freiheitskriege. Gedichte von Arndt, Körner, Schenkendorf, Rückert, Stägemann, Uhland u. a. Mit Einleitg. u. Erläutergn. hrsg. v. M. Schmitz. (VIII, 178 S.) 898. n. 1. 20

Schöningh's Ausgaben deutscher Klassiker m. ausführl. Erläutergn. Ergänzungsbände. II—V. 8. Paderborn, F. Schöningh. Geb. in Leinw. n.n. 6 30

II. Dichter der Freiheitskriege. Gedichte v. Arndt, Körner, Schenkendorf, Rückert, Stägemann, Collin, Uhland u. a. Mit Einleitg. u. Erläutergn. hrsg. v. M. Schmitz-Mancy. 2., vielfach verb. Aufl. Mit 1 Illustr. (VIII, 184 S.) 902. n. 1. 40

III. Sammlung vaterländischer Dichtungen. Zur Belebg. des Geschichtsunterrichts u. zur Feier vaterländ. Gedenktage zusammengestellt Von Jos. Schiffels. (XVIII, 282 S.) 899. n. 1. 80

IV. Dichtergold. Kernsprüche u. Kernstellen aus deutschen Klassikern aller Zeiten. Für Schule u. Haus gesammelt u. hrsg. Von Heinr. Leineweber. 2., verb. Aufl. (VII, 200 S.) 902. n. 1. 80

V. Rednerische Prosa. Für den Schulgebrauch gesammelt u. erläutert. Von A. Volkmer. (VI, 179 S.) 902. n.n. 1. 30

Schöningh's, Ferd., Ausgaben deutscher Klassiker m. ausführlichen Erläuterungen. Ergänzungsbände. II. u. VI. II. 8. Paderborn, F. Schöningh. Geb. in Leinw. n. 3. 20

II. Dichter der Freiheitskriege. Gedichte v. Arndt, Körner, Schenkendorf, Rückert, Zenne, Eichendorff, Stägemann, Collin, Uhland u. a. Mit Einleitg. u. Erläutergn. hrsg. v. M. Schmitz-Mancy. 3., vielf. verb. Aufl. Mit 1 Illustr. (X, 205 S.) 905. n. 1. 40

VI. Dichter des 19. Jahrh. Lyrische u. epische Gedichte aus der Zeit nach Goethes Tode. Für Schule u. Haus hrsg. Von F. Weicken. (X, 227 S.) 901. n. 1. 80

— Ausgaben deutscher Klassiker m. ausführlichen Erläuterungen. 1.—22., 27. u. 29.—35. Bd. II. 8. Ebd.
Geb. in Leinw n. 40. 75

Gorges, M., mittelhochdeutsche Dichtungen. (Nibelungenlied. Gudrun, die Kunstepen u. die Lyrik, insbes. Walter v. d. Vogelweide.) Nebst Einleitg. u. Erläutergn., bearb. v. G. 2. u. 3. Aufl. (VII, 228 S.) 901. 906. (Bd. 27.) n. 2. —

Goethe, Joh. Wolfg. v., Egmont. Ein Trauerspiel in 5 Aufzügen. Mit ausführl. Erläutergn. f. den Schulgebrauch u. das Privatstudium v. L. Zürn. 11. 18. Taus. 6. verb. u. 7. Aufl. (140 S.) 903—906. (Bd. 10.) n. 1. 20

— lyrische Gedichte, ausgewählt, geordnet u. erklärt f. den Schulgebrauch u. das Privatstudium v. J. Heuwes. 3. u. 4. Aufl. (VIII, 178 S.) 903. 905. (Bd. 16.) n. 1. 50

— Götz v. Berlichingen m. der eisernen Hand. Ein Schauspiel. Mit ausführl. Erläutergn. f. den Schulgebrauch u. das Privatstudium v. J. Heuwes. 19.—22. Taus. 7. Aufl. Mit e. Uebersichtskarte. (194 S.) 906. (Bd. 14.) n. 1. 40

— Hermann u. Dorothea. Mit ausführl. Erläutergn. f. den Schulgebrauch u. das Privatstudium v. A. Funke. 43. bis 58. Taus. 12. u. 13. Aufl. Mit 4 Illustr. (116 S.) 903. 905. (Bd. 2.) n. 1. —

— Iphigenie auf Tauris. Ein Schauspiel. Für die Zwecke der Schule erläutert u. methodisch bearb. v. Heinr. Bockeradt. 16.—22. Tauf. 9. u. 10. verb. Aufl. (172 S.) (904. 905.) (Bd. 3.) n. 1. 35

— aus meinem Leben. Dichtung u. Wahrheit. Schulausg. v. J. Dahmen. 5. Aufl. Mit 8 Abbildgn. (VIII, 178 S.) 905. (Bd. 21.) n. 1. 10

Goethe, Joh. Wolfg. v., Prosaschriften. Für den Schulgebrauch ausgewählt u. erläutert v. A. Volkmer. (196 S.) 904. (Bd. 30.) n. 1. 50

— Torquato Tasso. Ein Schauspiel. Für die Zwecke der Schule u. das Privatstudium erläutert u. m. e. Einleitg. versehen v. Wilh. Wittich. Mit 1 Illustr. 5. Aufl. (191 S.) 903. (Bd. 15.) n. 1. 35

— u. Schiller's ausgewählte Balladen. Mit ausführl. Erläutergn. f. den Schulgebrauch u. das Privatstudium v. J. Heuwes. 4. Aufl. (130 S.) 906. (Bd. 19.) n. 1. 30

Grillparzer, Frz., die Ahnfrau. Trauerspiel in 5 Aufzügen. Mit ausführl. Erläutergn. hrsg. v. J. A. Kilb. (202 S.) 904. (Bd. 33.) n. 1. 50

— Sappho. Ein Trauerspiel. Für die Schule bearb. v. Heinr. Bockeradt. (150 S. m. Bildnis.) 903. (Bd. 29.) n.n. 1. 30

— das goldene Vließ. Dramatisches Gedicht in 3 Abtlgn. Zum Schulgebrauch hrsg. v. H. Crohn. Mit dem Bildnisse Grillparzers. (220 S.) 904. (Bd. 32.) n. 1. 60

Herder, Joh. Gottfr. v., der Cid. Nach span. Romanzen. Mit ausführl. Erläutergn. f. den Schulgebrauch u. das Privatstudium v. P. Schwarz. 4. Aufl. v. J. Lümmen. Mit Portr. (188 S.) 904. (Bd. 13.) n. 1. 20

— Prosaschriften in Auswahl, nebst Anh. Auswahl aus „Stimmen der Völker". Mit ausführl. Erläutergn. f. den Schulgebrauch u. das Privatstudium v. L. Lüttteken. (VI, 256 S.) 906 (Bd. 35.) n. 1. 60

Kleist, Heinr. v., die Hermannsschlacht. Ein Schauspiel. Mit ausführl. Erläutergn. f. den Schulgebrauch u. das Privatstudium v. W. Gerstenberg. (165 S.) 905. (Bd. 34.) n. 1. 30

— Prinz Friedrich v. Homburg. Ein Schauspiel. Mit ausführl. Erläutergn. f. den Schulgebrauch u. das Privatstudium v. J. Heuwes. 3. u. 4. Aufl. Mit e. Bildnisse des Dichters u. 1 Text-Illustr. (179 S.) 903. 906. (Bd. 17.) n. 1. 50

Klopstock, F. G., ausgewählte Oden und Elegien, nebst einigen Bruchstücken aus dem Messias. Mit erklär. Anmerkgn. u. e. Biographie des Dichters hrsg. v. Bernh. Werneke. 7. u. 8. Tauf. 5. Aufl. Mit e. Bildnisse Klopstocks. (XII, 248 S.) 905. (Bd. 12.) n. 1. 80

Körner, Thdr., Zriny. Ein Trauerspiel in 5 Aufzügen. Mit erläut. Anmerkgn. hrsg. v. J. Dahmen. 7.—10. Tauf. 4., verb. Aufl. Mit 4 Illustr. u. 1 Kartenskizze. (144 S.) 904. (Bd. 22.) n. 1. —

Lessing's, Ghold. Ephr., Abhandlungen üb. die Fabel, nebst e. Anh.: Fabeltexte u. Briefe, die neueste Literatur betr. Mit ausführl. Erläutergn. f. den Schulgebrauch u. das Privatstudium v. L. Lüttteken. (264 S.) 904. (Bd. 31.) n. 1. 50

— Minna v. Barnhelm od. Das Soldatenglück. Ein Lustspiel in 5 Aufzügen. Mit ausführl. Erläutergn. f. den Schulgebrauch u. das Privatstudium v. A. Funke. 38. bis 45. Tauf. 10. u. 11., verb. Aufl. Mit Portr. Lessings. (164 S.) 904. 906. (Bd. 5.) n. 1. 20

— hamburgische Dramaturgie, f. den Schulgebrauch eingerichtet u. m. Erläutergn. versehen v. J. Buschmann. 5. Aufl. (272 S.) 904. (Bd. 20.) n. 1. 60

— Emilia Galotti. Ein Trauerspiel in 5 Aufzügen. Mit Erläutergn. f. den Schulgebrauch u. das Privatstudium v. H. Teiter. 5., verb. Aufl. (104 S.) 905. (Bd. 8.) n. 1. —

— Laokoon, f. den Schulgebrauch eingerichtet u. erläutert v. J. Buschmann. 17. 19. Tauf. 9. Aufl. Mit 2 Taf. (162 S.) 905. (Bd. 1.) n. 1. 20

Schiller, Frdr. v., die Braut v. Messina od. die feindlichen Brüder. Ein Trauerspiel m. Chören. Mit ausführl. Erläuterungen f. den Schulgebrauch u. das Privatstudium v. Heinr. Heskamp. 12.—14. Tauf. 7., vielfach veränd. Aufl., besorgt v. Schmitz-Mancy. (165 S.) 906. (Bd. 11.) n. 1. 20

— die Jungfrau v. Orleans. Eine romant. Tragödie. Mit ausführl. Erläutergn. f. den Schulgebrauch u. das Privatstudium v. A. Funke. 25. bis 42. Tauf. 8. u. 9. Aufl. Mit 4 Illustr. (192 S.) 903. 905. (Bd. 9.) n. 1. 20

— Maria Stuart. Ein Trauerspiel. Mit ausführl. Erläutergn. f. den Schulgebrauch u. das Privatstudium v. Heinr. Heskamp. 8. Aufl., besorgt v. Schmitz-Mancy. (224 S.) 905. (Bd. 6.) n. 1. 35

— Wilhelm Tell. Schauspiel in 5 Aufzügen. Mit ausführl. Erläutergn. f. den Schulgebrauch u. das Privatstudium v. A. Funke. 51. bis 63. Tauf. 12. u. 13. Aufl. Mit 3 Bildern u. 1 Karte. (183 S.) 904. 905. (Bd. 4.) n. 1. 20

— Wallenstein. Ein dramat. Gedicht. Mit ausführl. Erläuterungen f. den Schulgebrauch u. das Privatstudium v. A. Funke. 24. bis 33. Tauf. 9. u. 10., verb. Aufl. Mit e. Portr. Wallensteins. (355 S.) 905. 906. (Bd. 7.) n. 1. 80

Uhland, Ludw., Ernst, Herzog v. Schwaben. Trauerspiel in 5 Aufzügen. Mit erläut. Anmerkgn. u. Fragen hrsg. v. H. Crohn. 12.—16. Tauf. 5. u. 6. Aufl. Mit e. Bildnis des Dichters. (107 S.) 903. 905. (Bd. 18.) n. 1. —

Schöningh's, Ferd., Ausgaben deutscher Klassiker m. ausführl. Erläutergn. Ergänzungsbde. I, II, IV u. VII—IX. kl. 8. Paderborn, F. Schöningh. Geb. 9. 50

Breuer, Karl, das deutsche Volkslied. Eine Einführg. in das Wesen u. die Geschichte der deutschen Volkslieder nebst einer Auswahl derselben m. Erläutergn f. d. Schulgebrauch. (VIII, 124 S.) 908. (IX.) Geb. 1. 20

Dichter d. Freiheitskriege. Gedichte v. Arndt, Körner, Schenkendorf, Rückert, Seume, Eichendorff, Stägemann, Collin, Uhland u. a. Mit Einleitg. u. Erläutergn. hrsg. v. M. Schmitz-Mancy. 5., vielf. verb. Aufl. M. 1 Illustr. (XII, 205 S.) 909. (II.) Geb. 1. 40

Hense, Jos., Sammlung deutscher Musterdichtungen für den Schulgebrauch. Method. geordnet. 2., verm. Aufl. (XIX, 211 S.) 910. (I.) Geb. 1. 30

Leineweber, Heinr., Dichtergold. Kernsprüche u. Kernstellen aus deutschen Klassikern aller Zeiten. Für Schule u. Haus gesammelt u. hrsg. 3. Aufl. (VII, 200 S.) 908. (IV.) Geb. 2.—

Ohly, Chr. A., der schwäbische Dichterkreis. Lyrische u. epische Gedichte, ausgewählt u. erläutert. (XII, 183 S.) 907. (VIII.) Geb. 1. 50

Weicken, F., Poesie u. Prosa aus dem 16., 17. u. 18. Jahrh. Ausgewählt u. m. Erläutergn. versehen. (XI, 258 S.) 906. (VII.) Geb. nn 2. 10

— Ausgaben deutscher Klassiker m. ausführl. Erläutergn. 1.—24., 26.—29., 31., 32. u. 36.—42. Bd. kl. 8. Ebd. Geb. 51. 95

Gorges, M., mittelhochdeutsche Dichtungen. (Nibelungenlied, Gudrun, die Kunstepen u. die Lyrik, insbes. Walter v. der Vogelweide.) Nebst Einleitg. u. Erläutergn. 5. Aufl. (VIII, 212 S.) 909. (27. Bd.) Geb. 2. —

— Deutsche Heldensage nebst Einleitung u. Erläuterungen. 2. Aufl. (VI, 172 S.) 910. (28. Bd.) Geb. 1. 60

Goethe, Joh. Wolfg. v., aus meinem Leben. Dichtung u. Wahrheit. Schulausgabe v. J. Dahmen. 7. Aufl. Mit 8 Abb. (VIII, 181 S.) 909. (21. Bd.) Geb. 1. 10

— Götz v. Berlichingen mit der eisernen Hand. Ein Schauspiel. Mit ausführl. Erläuterungen f. Schulgebrauch u. Selbstunterricht v. J. Heuwes. 29.—33. Tauf. 9. Aufl. (104 S. m. 1 farb. Karte.) 910. (14. Bd.) Geb. 1. 40

— Egmont. Ein Trauerspiel in 5 Aufzügen. Mit ausführl. Erläutergn. f. d. Schulgebrauch u. das Privatstudium v. L. Zürn. 23.—27. Tauf. 9. Aufl. (141 S.) 909. (10. Bd.) Geb. 1. 20

— Faust. Eine Tragödie. 1. Tl. Für den Schulgebrauch u. d. Privatlektüre hrsg. v. Frz. Faßbaender. (187 S.) 910. (42. Bd.) Geb. 1. 60

— Lyrische Gedichte, ausgewählt, geordnet u. erklärt f. Schulgebrauch und Selbstunterricht v. J. Heuwes. 6. Aufl. (VIII, 174 S.) 910. (16. Bd.) Geb. 1. 50

— Hermann u. Dorothea. Mit ausführl. Erläuterungen f. den Schulgebrauch u. d. Privatstudium v. A. Funke. 75.—82. Tauf. 16. Aufl. (152 S. m. 4 Vollbildern.) 910. (2. Bd.) Geb. 1. —

— Iphigenie auf Tauris. Ein Schauspiel. Für die Zwecke der Schule erläutert u. methodisch bearb. v. Heinr. Bockeradt. 27.—31. Tauf. 12., verb. Aufl. (172 S.) 909. (3. Bd.) Geb. 1. 35

— Torquato Tasso. Ein Schauspiel. Für die Zwecke der Schule u. das Privatstudium erläutert u. m. e. Einleitg. versehen v. Wilh. Wittich. Mit 1 Illustr. 6. Aufl. (196 S.) 907. (15. Bd.) Geb. 1. 35

— u. Schiller's ausgewählte Balladen. Mit ausführl. Erläutergn. f. Schulgebrauch u. Selbstunterricht v. J. Heuwes. 5. Aufl. (130 S.) 909. (19. Bd.) Geb. 1. 30

Grillparzer, Frz., König Ottokars Glück u. Ende. Trauerspiel in 5 Aufzügen. Für die Zwecke der Schule erläutert u. methodisch bearb. v. Frz. Bieth. Mit 2 Bildnissen u. 1 Kärtchen. (146 S.) 908. (40. Bd.) Geb. 1. 20

— Sappho. Ein Trauerspiel. Für d. Schule bearb. v. Heinr. Bockeradt. 3. verb. Aufl. (151 S. m. Bildnis.) 909. (29. Bd.) Geb. 1. 30

— Das goldene Vließ. Dramatisches Gedicht in 3 Abtlgn. Zum Schulgebrauch hrsg. v. H. Crohn. 2. Aufl. Mit dem Bildnisse Grillparzers. (223 S.) 909. (32. Bd.) Geb. 1. 60

Hebbel, Frdr., die Nibelungen. Ein deutsches Trauerspiel in 3 Abtlgn. Zum Schulgebrauch hrsg. v. C. Schmitt. (312 S.) 906. (37. Bd.) Geb. 2. 20

Herder, Joh. Gottfr. v., der Cid. Nach span. Romanzen. Mit ausführl. Erläutergn. f. d. Schulgebrauch u. das Privatstudium v. P. Schwarz. 6. Aufl. v. J. Lümmen. (188 S. m. Bildnis.) 910. (13. Bd.) Geb. 1. 20

Kleist, Heinr. v., Prinz Friedrich v. Homburg. Ein Schauspiel. Mit ausführl. Erläutergn. f. Schulgebrauch u. Selbstunterricht v. J. Heuwes. 6. Aufl. (179 S. m. Bildnis u. 1 Abb.) 910. (17. Bd.) Geb. 1. 50

Klopstock, F. G., ausgewählte Oden u. Elegien nebst einigen Bruchstücken aus dem Messias. Mit erklär. Anmerkgn. u. e. Biographie des Dichters hrsg. v. Bernh. Wernecke. 11. 13. Tauf. 7. Aufl. Mit e. Bildnisse Klopstocks. (XII, 248 S.) 910. (12. Bd.) Geb. 1. 80

Körner, Thdr., Zriny. Ein Trauerspiel in 5 Aufzügen. Mit erläut. Anmerkgn. hrsg. v. J. Dahmen. 6., verb. Aufl. 15.—19. Tauf. (144 S. m. 1 Abb., 3 Taf. u. 1 Kartenskizze.) 909. (22. Bd.) Geb. 1. —

Lessing's, Ghold. Ephr., Abhandlungen üb. die Fabel, nebst e. Anh.: Fabeltexte und Briefe, die neueste Literatur betr., nebst e. Auswahl v. Briefen. Mit ausführl. Erläutergn. f. d. Schulgebrauch u. das Privatstudium v. L. Lütteken. 2. verm. Aufl. (VI, 274 S.) 909. (31. Bd.) Geb. 1. 50

— Minna v. Barnhelm od. das Soldatenglück. Ein Lustspiel in 5 Aufzügen. Mit ausführl. Erläutergn. f. den Schulgebrauch u. das Privatstudium v. A. Funke. 53.—62. Taus. 13. Aufl. (162 S. m. Bildnis.) 910. (5. Bd.) Geb. 1. 20

— Hamburgische Dramaturgie, f. den Schulgebrauch eingerichtet u. m. Erläutergn. versehen v. J. Buschmann. 7. Aufl. (272 S.) 910. (20. Bd.) Geb. 1. 60

— Emilia Galotti. Ein Trauerspiel in 5 Aufzügen. Mit Erläutergn. f. den Schulgebrauch u. das Privatstudium v. H. Deiter. 6., verb. Aufl. (104 S.) 908. (8. Bd.) Geb. 1. —

— Laokoon, f. den Schulgebrauch eingerichtet u. erläutert v. J. Buschmann. 20.—22. Taus. 10. Aufl. Mit 2 Taf. (162 S.) 908. (1. Bd.) Geb. 1. 20

— Nathan der Weise. Ein dramat. Gedicht. Für den Schulgebrauch erläutert v. J. Buschmann. 3. Aufl. (187 S.) (907.) (24. Bd.) Geb. 1. 50

— Wie die Alten den Tod gebildet. Eine Untersuchg. Mit ausführl. Erläutergn. f. d. Schulgebrauch u. das Privatstudium v. L. Lütteken. Mit 1 Taf. (108 S.) 909. (41. Bd.) Geb. 1. —

Schiller's, Fdr. v., akademische Antrittsrede: Was heißt u. zu welchem Ende studiert man Universalgeschichte?, sowie dessen Abhandlung: Über naive u. sentimentalische Dichtung. Für d. Schulgebrauch eingerichtet u. m. Erläutergn. versehen v. M. Schmitz-Mancy. 2., vielfach ergänzte u. verb. Aufl. (174 S.) 907. (26. Bd.) Geb. 1. 50

— Die Braut v. Messina od. die feindl. Brüder. Ein Trauerspiel m. Chören. Mit ausführl. Erläutergn. f. den Schulgebrauch u. das Privatstudium v. Heinr. Heskamp. 15.—17. Taus. 8., verb. Aufl., besorgt v. Schmitz-Mancy. (164 S.) 908. (11. Bd.) Geb. 1. 20

— Don Karlos, Infant v. Spanien. Ein dramat. Gedicht. Mit Einleitg. u. Erläutergn. f. den Schulgebrauch u. das Privatstudium v. Max Gorges. (256 S.) 907. (38. Bd.) Geb. 2. —

— Ausgewählte Gedichte. Mit ausführl. Erläutergn. f. den Schulgebrauch u. das Privatstudium v. Adf. Weinstock. 4. Aufl. Mit e. Bildnisse Schillers. (XI, 249 S.) 909. (23. Bd.) Geb. 1. 70

— Die Jungfrau v. Orleans. Eine romant. Tragödie Mit ausführl. Erläutergn. f. den Schulgebrauch u. das Privatstudium v. A. Funke. 53.—62. Taus. 11., verb. Aufl. Mit 1 Illustr. u. 1 Karte. (191 S.) 909. (9. Bd.) Geb. 1. 20

— prosaische Schriften. II. Für den Schulgebrauch eingerichtet u. m. Erläutergn. versehen v. M. Schmitz-Mancy. (200 S.) 908. (39. Bd.) Geb. 1. 50

— Maria Stuart. Ein Trauerspiel. Mit ausführl. Erläutergn. für den Schulgebrauch u. das Privatstudium v. Heinr. Heskamp. 10. Aufl., besorgt v. Schmitz-Mancy. (224 S.) 909. (6. Bd.) Geb. 1. 35

— Wilhelm Tell. Schauspiel in 5 Aufzügen. Mit ausführl. Erläutergn. f. den Schulgebrauch u. das Privatstudium von A. Funke. 16. Aufl. 86.—97. Taus. (182 S. m. 3 Vollbildern u. 1 farb. Karte.) 910. (4. Bd.) Geb. 1. 20

— Wallenstein. Ein dramat. Gedicht. Mit ausführl. Erläutergn. für den Schulgebrauch u. das Privatstudium v. A. Funke. 41.—48. Taus. 12., verb. Aufl. (364 S. m. 1 Bildnis.) 910. (7. Bd.) Geb. 1. 80

Uhland, Ludw. Ernst, Herzog v. Schwaben. Trauerspiel in 5 Aufzügen. Mit erläut. Anmerkgn. u. Fragen hrsg. von H. Crohn. 22.—27. Taus. 8. Aufl. (107 S. m. Bildnis.) 910. (18. Bd.) Geb. 1. —

— Ludwig der Baier. Mit ausführl. Erläutergn. f. den Schulgebrauch u. das Privatstudium v. H. Schneider. (VI, 125 S.) 906. (36. Bd.) Geb. nn 1. 30

Schöningh's Schülerinnen-Kalender f. Münster u. das Münsterland. 1. Ausg Schulj. 1906—1907. (40 S.) schmal kl. 8. Münster, H. Schöningh. — 10

Schöningh's Schülerinnen-Kalender f. Münster u. das Münsterland 2. Ausg. Schulj. 1907—1908. (32 S.) 16,5×10 cm. Münster, H. Schöningh. — 10

— Schüler-Kalender f. Münster u. das Münsterland. 1. Ausg. Schulj. 1906—1907. (40 S.) schmal kl. 8. Ebd. — 10

— Schüler-Kalender f. Münster u. das Münsterland. 2. Ausg. Schulj. 1907–1908. (32 S.) 16,5×10 cm. Ebd. — 10

— Schul-Kalender f. Münster u. d. Münsterland. 3. Ausg. Schulj. 1908—1909. (32 S.) kl. 8. Ebd. — 10

— Textausgaben alter u. neuer Schriftsteller. Hrsg. v. A. Funke u. Schmitz-Mancy. 1.—41. kl. 8. Ebd. n. 13. 80

Goethe, J. W. v., Egmont. Ein Trauerspiel in 5 Aufzügen. (93 S.) (903.) (Nr. 13.) n. — 30

— lyrische Gedichte. (IV, 64 S.) (903.) (Nr. 17.) n. — 30

Goethe, J. W. v., Götz v. Berlichingen m. der eisernen Hand. Ein Schauspiel. (112 S.) (903.) (Nr. 2.) n. — 30

— Hermann u. Dorothea. (74 S.) (903.) (Nr. 10.) n. — 30

— Iphigenie auf Tauris. Ein Schauspiel. (72 S.) (904.) n. — 30

— aus meinem Leben. Dichtungen u. Wahrheit. Auswahl. (174 S.) (905.) (Nr. 34.) n. — 40

— Lieder, Sprüche, Balladen u. andere epische Gedichte. Auswahl (72 S.) (905.) (Nr. 33.) n. — 30

— Torquato Tasso. Ein Schauspiel in 5 Aufzügen. (105 S.) (903.) (Nr. 12.) n. — 30

Grillparzer, Frz., die Ahnfrau. Trauerspiel in 5 Aufzügen. (116 S.) (905.) (Nr. 32.) n. — 40

— Sappho. Ein Trauerspiel. (82 S.) (903.) (Nr. 8.) n. — 30

— das goldene Vließ. Dramatisches Gedicht in 3 Abtlgn. I. Der Gastfreund. — Die Argonauten. (94 S.) (904.) (Nr. 27.) n. — 30

— dasselbe. II. Medea. (83 S.) (904.) (Nr. 28.) n. — 30

Grimm's, Jak., Reden Ueber das Alter u. Auf Schiller. (59 S.) (905.) (Nr. 31.) n. — 30

Gudrunlied, das, in Auswahl m. verbindendem Texte. (55 S.) (905.) (Nr. 30.) n. — 30

Herder, Joh. Gottfr. v., der Cid. Nach span. Romanzen (135 S.) (904.) (Nr. 25.) n. — 40

Kleist, Heinr. v., Prinz Friedrich v. Homburg. Ein Schauspiel. (80 S.) (903.) (Nr. 18.) n. — 30

— die Hermannsschlacht. Ein Schauspiel in 5 Aufzügen. (100 S.) (905.) (Nr. 35.) n. — 30

Klopstock, F. G., ausgewählte Oden u. Elegien nebst einigen Bruchstücken aus dem Messias. (136 S.) (906.) (Nr. 39.) n. — 40

Körner, Thdr., Zriny. Ein Trauerspiel in 5 Aufzügen. (92 S.) (904.) (Nr. 24.) n. — 30

Lessing, Ghold. Ephr., Minna v. Barnhelm od. Das Soldatenglück. Ein Lustspiel in 5 Aufzügen. (102 S.) (904.) n. — 40

— Hamburgische Dramaturgie. (192 S.) (904.) (Nr. 22.) n. — 40

— Emilia Galotti. Ein Trauerspiel in 5 Aufzügen. (VIII, 76 S.) (903.) (Nr. 6.) n. — 30

— Laokoon od. üb. die Grenzen der Malerei u. Poesie. (80 S.) (905.) (Nr. 37.) n. — 30

— Nathan der Weise. Ein dramat. Gedicht. (X, 132 S.) (903.) (Nr. 3.) n. — 40

Nibelungenlied, das, in Auswahl, mit verbindendem Texte. (84 S.) (904.) (Nr. 29.) n. — 30

Schiller, Fdr. v., die Braut v. Messina od. die feindlichen Brüder. Ein Trauerspiel m. Chören. (VIII, 86 S.) (903.) (Nr. 1.) n. — 30

— ausgewählte Gedichte. (XV, 156 S.) (903.) (Nr. 4.) n. — 40

— die Jungfrau v. Orleans. Eine romant. Tragödie. (127 S.) (903.) (Nr. 11.) n. — 40

— Maria Stuart. Ein Trauerspiel. (134 S.) (903.) (Nr. 6.) n. — 40

— Wilhelm Tell. Schauspiel in 5 Aufzügen. (113 S.) (904.) n. — 40

— Wallenstein. Ein dramat. Gedicht. I. Wallensteins Lager. — Die Piccolomini. (134 S.) (903.) (Nr. 14.) n. — 40

— dasselbe. II. Wallensteins Tod. (139 S.) (903.) (Nr. 15.) n. — 40

Shakespeare, William, Julius Cäsar. Ein Trauerspiel. (84 S.) (903.) (Nr. 16.) n. — 30

— Hamlet. Trauersp. in 5 Aufz. (124 S.) (904.) (Nr. 20.) n. — 40

— der Kaufmann v. Venedig. (82 S.) (906.) (Nr. 40.) n. — 30

— König Lear. Ein Trauerspiel. (VIII, 105 S.) (903.) n. — 40

— König Richard II. Ein histor. Trauerspiel. (92 S.) (901.) (Nr. 26.) n. — 30

Sophokles, Aias. Ein Trauerspiel. (51 S.) (905.) n. — 30

— Antigone. Ein Trauerspiel. Auf Grund der Uebersetzg. v. Donner in neuer Bearbeitg. (49 S.) (906.) (Nr. 41.) n. — 30

— König Oedipus. Ein Trauerspiel. (57 S.) (905.) Nr. 38.) n. — 30

Uhland, Ludw., Ernst Herzog v. Schwaben. Ein Trauerspiel in 5 Aufzügen. (70 S.) (903.) (Nr. 9.) n. — 30

Schöningh's, Ferd., Textausgaben alter u. neuer Schriftsteller. Hrsg. v. A. Funke u. Schmitz-Mancy. 42—58. kl. 8. Paderborn, F. Schöningh. 5. 90

Aischylos, Orestie. (Agamemnon. Das Totenopfer. Die Eumeniden od. die Versöhnug.) Eine Tragödie. Unter teilw. Benutzg. der Donnerschen Übersetzg. (130 S.) (909.) (55. 56.) — 60

Euripides, Iphigenia bei den Tauriern. Ein Drama. Unter teilweiser Benutzg. der Donnerschen Übersetzg. (55 S.) (909.) (54.) — 30

Goethe, Faust. Eine Tragödie. 1. Tl. (129 S.) (910.) (58.) — 40

Grillparzer, Frz., König Ottokars Glück u. Ende. Trauerspiel in 5 Aufzügen. (116 S.) (909.) (53.) — 40

Hebbel, Fdr., die Nibelungen. Ein deutsches Trauerspiel in 3 Abtlgn. (VI, 193 S.) (907.) (44. 45.) — 60

Homer's Ilias, nach der 1. Ausg. der deutschen Übersetzg. v. Joh. Heinr. Voß. (VII, 135 S.) (907.) (42.) — 40

— Odyssee. (VII, 144 S.) (908.) (52.) — 40

Horaz' Oden u. Epoden in metrischen Übersetzgn. Ausgewählt v. M. Gorges. (111 S.) (907.) (48.) — 40

Ludwig, Otto, der Erbförster. Trauerspiel in 5 Aufzügen. Mit Einleitg. u. Anmerkgn. v. Max Gorges. (102 S.) (907.) (46.) — 40

— Die Makkabäer. Trauerspiel in 5 Aufzügen. Mit Einleitgn. u. Anmerkgn. v. Max Gorges. (103 S.) (907.) (47.) — 40

Schiller's Don Karlos, Infant v. Spanien. Ein dramat. Gedicht. Mit einleit. u. erläut. Anmerkgn. v. Max Gorges. (211 S.) (908.) (49. 50.) — 60

Shakespeare, William, Macbeth. Ein Trauerspiel. (82 S.) (910.) (57.) — 30

Uhland, Ludw., Ludwig der Baier. Schauspiel in 5 Aufzügen. (68 S.) (907.) (43.) — 30

Voß, Joh. Heinr., Luise. Ein ländl. Gedicht in 3 Idyllen. Mit einleit. u. erläut. Bemerkgn. v. M. Gorges. (70 S.) (908.) (51.) — 40

Schöningh, Heinrich: Der Einfluß der Gerichtsherrschaft auf die Gestaltung der ländlichen Verhältnisse in den niederrheinischen Territorien Jülich u. Köln im 14. und 15. Jahrh. Bonn 1905: C. Georgi. (116 S.) 8°
Leipzig, Phil. Fak., Ref. Seeliger, Brandenburg, Diss. v. 16. Sept. 1905
[Geb. 30. Mai 82 Münster i. W.; Wohnort: Münster; Staatsangeh.: Preußen; Vorbildung: Gymn. Munster Reife O. 01; Studium: Münster 1, Genf 1, Münster 3, Leipzig 2 S.; Rig. 17. Nov. 04.]

Schöningh, Lüppo [app. Arzt aus Kiel]: Aus d. Laboratorium d. pharmakognost. Sammlung in Kiel. Ueber die Wirkung des Strychnin auf den Kreislauf ... Kiel, Druck v. A. F. Jensen, 1892; 27 S. 8.
Kiel, Med. Fak. Inaug.-Diss. v. [18. Nov.] 1892

Schöningh, Theodor, aus Norden: Die Stellung des attributiven Adjektivs im Französischen. *Paderborn 1898: F. Schöningh.* (VI, 64 S.) 8°
Kiel, Phil. Diss. v. [21. Dez.] 1898

Schöningh, Thdr., die Stellung d. attributiven Adjektivs im Französischen, s. a. Studien, neuphilologische. 7.

Die Stellung des attributiven Adjektivs im Französischen. Von Dr. Theodor Schöningh. *Paderborn: F. Schöningh 1899.* (IV, 64 S.) 8° [.8] — Studien, Neuphilologische. H. 7.

Schönith, Kurt

Schönith, Curt, a. Eschwege: Das Strafrecht des allgemeinen preußischen Landrechts v. 1794. Freiburg i. B. 1907: K. Henn. (126 S.) 8°
Freiburg i. B., rechts- u. staatsw. Fak., Ref. v. Rohland, Diss. v. 1907
[Geb. 26. Mai 83 Eschwege; Wohnort: Freiburg i. B.; Staatsangeh.: Baden u. Preußen; Vorbildung: Progymn. Eschwege, Gymn. Fulda Reife O. 02; Studium: Göttingen 1, Leipzig 1, München 1, Freiburg i. B. 1, Marburg 2 S.; Rig. 30. April 06.]

Schoenke, F. L. Aus längstvergangenen Tagen: Erinnerungen eines Journalisten. n.p., n.d. UC

Schönke, Günther, appr. Arzt a. Posen, Assistenzarzt im Grenadier-Reg. König Friedrich I. (4. Ostpr.) Nr. 5: Neuere Amputationsmethoden am Fuße und an der Knöchelgegend. Berlin (1908): G. Schade. (28 S.) 8°
Berlin, Med. Fak., Ref. Pels-Leusden, Diss. v. 3. Aug. 1908
[Geb. 10. März 84 Danzig; Wohnort: Danzig; Staatsangeh.: Preußen; Vorbildung: Gymn. Posen Reife M. 02; Studium: Berlin 10 S.; Coll. 1. Aug. 08; Approb. 27. Febr. 08.]

Schönke, Karl August

Schönke, K. A., das Angebinde. Erster Stoff zu Rede- u. Gedächtniß-Uebungen f. Kinder v. 5—8 Jahren. Mit 9 (lith. u.) color. Bildern. gr. 16. (XVI u. 159 S.) Berlin 850, Winckelmann & Söhne. 7/12 ℛ︀ℬ

SCHÖNKE, K. A. *Das Angebinde.* Erster Stoff zu Rede- und Gedächtniß-Uebungen für Kinder von 5—8 Jahren von K. A. Schönke ... Mit 9 colorirten [lithogr.] Bildern. Berlin, Winckelmann und Söhne, [c. 1860]. XVI, 159 S. Kl.-8°. Neuerer Halbleinenbd. mit aufgez. zweifarbig lithogr. Or.-Umschlag. 30.—
Kleine Erzählungen u. Gedichte v. Chr. v. Schmid, Langbein, Weiße, Hey, Gorres, u. v. a. Sehr hübsch illustriert. Bibliotheksstempel der Prinzessin Maria zu Anhalt. Innen u. außen fleckig. Letzter Bl. geklebt.

Schönke, K. A., polnisches Elementarbuch zum Schul- und Selbstunterricht, s. Wolinski, J.

Schönke, Karl Aug., deutsche Fibel, oder elementar. Lesebuch. 1. Abthl. Ein Beitrag zur Schreib-Lese-Methode. 8. Posen 843, Heine. 1/12 ℛ︀ℬ

—— Gebete und Lieder für Kinder zum Haus- und Schulgebrauch. 8. (VIII und 318 S.) Posen 851, Merzbach. *

Schönke, Karl Aug., das Büchlein Glockenblume. Berlin (856.) Winckelmann. 4. (20 lith. u. color. Bl. mit Text.) 22½ ngr.

Schönke, K. A., Grundzüge der deutschen Grammatik in Regeln und Aufgaben. br. 8. (IV, 131 S.) Berlin 871, Remak. cart. * 1 —

—— Grundzüge der deutschen Grammatik in Regeln und Aufgaben. 2. Aufl. 8. (IV, 122 S.) [Berlin 882, Remak.] Gütersloh, Bertelsmann. cart. * 1 —

— die Hausthiere in physischer u. psychischer, ökonomischer u. technologischer Hinsicht. Ein naturhistor. Lesebuch für Schule u. Haus. Nach den besten u. neuesten Hülfsmitteln bearb. gr. 8. (XII u. 236 S.) Frankfurt a/O. 851, Koscky & Co. n. 16 ngr.

— die Hausthiere in physischer und psychischer, ökonomischer und technologischer Hinsicht. Ein naturhistorisches Lesebuch für Schule und Haus. Nach den besten und neuesten Hülfsmitteln bearbeitet. 2., mit 10 (lith. u.) illum. Kpfrn. verm. Ausg. Frankfurt a. O. (853.) Koscky u. Co. gr. 8. (XII, 236 S.) n. 20 ngr.

SCHÖNKE. *Kinderlust.* Erster Stoff zu Rede- und Gedächtniß-Uebungen für Kinder von 5—8 Jahren. 3. Aufl. Mit 9 [hand]colorirten [lithogr.] Bildern. Berlin, Winckelmann & Söhne, [c. 1850]. XIII, 159 S. Kl.-8°. Neuerer Hlwd. 20.—
Erzählungen u. Gedichte v. Chr. v. Schmid, Bechstein, Hoffmann v. Fallersleben, Gubitz, Krummacher u. v. a. Hübsch im Hosemannstil illustriert. Durchgehend etw. fleckig. Bibliotheksstempel der Prinzessin Maria v. Anhalt a. d. Titel.

Schönke, C. A., die Kinderstube. Kleine Erzählungen für Kinder von 6 bis 8 Jahren. Deutschen Dichtern nacherzählt. 8. (VIII und 212 S. mit 8 lithogr. und ill. Bildern.) Berlin 857, Winckelmann und Söhne. -

— die Kinderstube. Erzählungen f. Kinder u. Kinderfreunde. Deutschen Dichtern nacherzählt. Neue verb. Aufl. Mit 8 color. Bildern. br. 8. (234 S.) Berlin 871. Winckelmann & Söhne. geb. 2. 25

—— die Kinderstube. Erzählungen für Kinder und Kinderfreunde, deutschen Dichtern nacherzählt. Neue verb. Aufl. 8. (X, 208 S. mit 8 kolor. Bildern.) Berlin 881, Winckelmann und Söhne. geb. * 2 75

— die Klassen des Linné'schen Pflanzen-Systems tabellarisch dargestellt u. mit Beispielen versehen. 1 Bog. in Fol. Posen 852. Berlin, Mittler & Sohn. 4 ngr.

— deutsches Lesebuch. 4. verb. u. durch naturkundliche Aufsätze verm. Aufl. Berlin 869. allg. deutsche Verl.-Anst. gr. 8. (XII, 307 S.) n. 20 ngr.; geb. n. 22 ngr.

Schönke, K. A., deutsches Lesebuch. 5. verb. und durch naturkundl. Aufsätze verm. Aufl. gr. 8. (III, 316 S.) Leipzig 877, Allgemeine deutsche Verlags-Anstalt. * ℳ 1,75.; geb. *

Schönke, Karl Aug., deutsches Lesebuch f. Töchterschulen. 2 Curs. à 2 Thle. 8. Berlin, C. F. Amelang.
A. u. d. Ttln.:
Curs. 1. Prosaischer Thl.: Lehrreiche u. angenehme Unterhaltn. f. Kinder v. 7—12 Jahren. Aus deutschen Dichtern u. Jugendschriftstellern gesammelt. Poetischer Thl.: Erstes Declamationsbuch f. Kinder v. 7—12 Jahren. Aus ältern u. neueren deutschen Dichtern hrsg. } (27¼ B.) 838. 16 Gr.
Dass., Ausgabe f. kathol. Schulen. M. bischöfl. Approbat. Ebds. 839. 16 Gr.
„ 2. Prosaischer Thl.: Auswahl aus deutschen Prosaikern. Poetischer Thl.: Auswahl deutscher Gedichte f. d. mittlere Jugendalter. } (41 B.) 840. 1 Thlr.

Schönke, Karl Aug., deutsches Lesebuch für Töchterschulen. 1. Cursus. 2. verm. u. verb. Aufl. gr. 8. Berlin 846, Amelang. 2/3 ℛ︀ℬ

— dass. Ausg. f. kathol. Schulen. gr. 8. Ebend. 846. 2/3 ℛ

—— deutsches Lesebuch für Töchterschulen. 1. Cursus. 3., verm. und verb. Aufl. gr. 8. (XVII und 352 S.) Leipzig 855, Amelang's Verlag.

—— elementarisches Lesebuch. 2. Abthl. 8. (11 B.) Poser 843, Heinc.

Schönke, K. A., literaturgeschichtliches Lesebuch für Mittelschulen, Seminare und ähnliche Anstalten, sowie zum Hausgebrauch. gr. 8. (XVI und 595 S.) Regensburg 862, Manz. *

— Naturgeschichte. 3 Thle. 2., verb. Aufl. Mit in den Text gedr. Holzschn. Berlin 867. Remak. gr. 8. n. 1 ℛ 20 ngr. Mit Atlas geb. n. 2 ℛ 15 ngr; der Atlas apart n. 15 ngr.
1. Thl. Das Thierreich. (IV, 324 S.) n. 26 ngr.
2. 3. Thl. Das Pflanzen- u. Mineralreich. (278 S.) n. 24 ngr.

Schönke, K. A., Naturgeschichte. 3 Thle. 3. verm. und verb. Aufl. Mit zahlreichen in den Text gedr. Holzschn. gr. 8. Berlin 872, Remak. *
geb. mit Atlas (in 24 Chromolithogr.) *
Der Atlas apart *
Inhalt:
Thl. 1. Das Thierreich. (IV, 324 S.) * ℳ 2,60.
" 2. 3. Das Pflanzen- und das Mineralreich. (278 S.) * ℳ 2,40.

— Naturgeschichte. 4. verm. u. verb. Aufl. 3 Thle. Mit zahlreichen in den Text gedr. Holzschn. u. e. Atlas illumin. Abbildgn. (24 Holzschntaf.) gr. 8. Berlin 876. Remak. n. 5. 20; in 1 Bd. geb. n. 7. 70; Atlas apart n. 1. 50
1. Das Thierreich. (IV, 320 S.) n. 2. 60
2. u. 3. Das Pflanzen- u. das Mineralreich. (256 S.) n. 2. 60

Schönke, K. A., Naturgeschichte. 5. umgearb. Aufl. 3 Tle. Mit zahlreichen in den Text gedr. Holzschn. und einem Atlas illuminierter Abbild. gr. 8. [Berlin, Remak.] Gütersloh, Bertelsmann. * 5 20
Atlas dazu (24 color. Holzschntaf.) * 1 50
compl. mit Atlas geb. in 1 Bd. * 7 70
Inhalt:
Tl. 1. Das Tierreich. (IV, 304 S.) 880. * ℳ 2,60.
" 2. 3. Das Pflanzen- und das Mineralreich. [Dem Pflanzenreich ist eine Übersicht nach Linné beigegeben. (282 S.) 881. * ℳ 2,60.

Schönke, K. A., Naturgeschichte. 6. umgearb. Aufl. 3 Tle. in 2 Bdn. Mit zahlreichen in den Text gedr. Abbild. gr. 8. Gütersloh 887, Bertelsmann. à Bd. *
Inhalt:
Tl. 1. Das Tierreich. (VIII, 344 S.)
" 2. 3. Das Pflanzen- und das Mineralreich. (343 S.)
Atlas dazu. Ebendas. * ℳ 1.50.; mit Atlas compl. geb. * ℳ 7.70.

—— Naturgeschichte für die weibliche Jugend. 3 Thle. gr. 8. (VIII und 676 S. mit 77 Abbild. auf 24 Holzschnt.) Berlin 858, Remak. * 2 Thlr. 5 Ngr.; ill. *
Die Abbildungen apart schwarz * 8 Ngr.; ill. *

— malerische Naturgeschichte der Hausthiere. Ein Bilderbuch mit rhythm. Text. Mit 30 (lith.) Taf. Abbildgn. gr. 8. (VI u. 62 S.) Frankfurt a. O. 851, Koeckн & Co. n. 1 ℛ; color. n. 1 1/3 ℛ

— malerische Naturgeschichte der Hausthiere. Ein Bilderbuch mit rhythmischem Text. Mit 30 (lith.) Taf. Abbildgn. (Neue Titel-Ausg.) Frankfurt a. O. (851.) 853. Koeckн u. Co. gr. 8. (IV, 62 S.) n. 25 ngr.; color. n. 1 ℛ. 6 ngr.

—— Naturgeschichte für Töchterschulen. 3 Thle. gr. 8. Berlin 858, Remak. *
Inhalt:
Thl. 1. Das Thierreich. (VIII und 362 S.) * 26 Ngr.
" 2., 3. Das Pflanzenreich. Das Mineralreich. (314 S.) * 24 Ngr.

— zur Orthographie-Reformfrage. (Aus: „Monatsschr. f. d. ges. deutsche Mädchenschulwesen.") gr. 8. (41 S.) Thorn 875. E. Lambeck. n. — 60

— die deutsche Rechtschreibung u. Satzzeichnung in Regeln u. Aufgaben mit Bezug auf Becker u. Götzinger. A. u. d. T.: Beispiele u. Aufgaben zu der Orthographie von R. J. Wurst. gr. 8. Potsdam 844, Riegel. 1/2 ℛ

— die deutsche Rechtschreibung u. Satzzeichnung in Regeln u. Aufgaben. 2. verb. Aufl. Ebend. 868. 8. (129 S.) n. 10 ngr.

—— die deutsche Rechtschreibung und Satzzeichnung in Regeln und Aufgaben. 4. verb. Aufl. 8. (VI, 106 S.) Ebendas. 881. * 1 —

— die deutsche Rechtschreibung u. Satzzeichnung in Regeln u. Aufgaben. 5. Aufl. gr. 8. (IV, 122 S.) Gütersloh 894. C. Bertelsmann. n. 1. —

SCHÖNKE. *Die Sagenwelt der Alten.* Für die Jugend bearbeitet von K. A. Schönke. Mit 8 colorirten Bildern [= Lithogr.] Berlin. Winckelmann & Söhne. [1856]. VIII, 287 SS. Kl.-8°. Halbleinen d. Z. 20.—
Kindertüml. Bearbeitung v. Ovids Metamorphosen. Die sehr hübschen Bilder in d. Art Hosemanns sign.: CK 56. — Einige Fleckchen, u. letztes Bl. am Rand unterlegt, am Schluß fehlen 2 Registerbll., Einbd. etwas benutzt.

Schönke, K. A., aus der Sagenwelt der Alten. Ein Lesebuch aus Ovid f. die Jugend. 3. Aufl. von Sch.'s Sagenwelt der Alten. Durchgesehen von H. Clodius. (VIII, 264 S.) gr. 8. Berlin 909. Winckelmann & Söhne. 2. 25; geb. in Leinw. 3. —

— kleine Schulgrammatik der deutschen Sprache (Aus „Grundzüge der deutschen Sprache".) br. 8. (78 S.) Berlin 871. Remak. n. — 60

—— kleine Schulgrammatik der deutschen Sprache. [Ein Auszug aus des Verf. „Grundzüge der deutschen Sprache".] 2. Aufl. 8. (78 S.) Ebendas. 881. * — 60

— kleine Schulgrammatik der deutschen Sprache. [Ein Auszug aus d. Verf. „Grundzüge der deutschen Sprache".] 2. Aufl. 8. (78 S.) Ebend. 882. n. — 60

— kleine Schul-Naturgeschichte. 860. — 2. Aufl. Berlin 863. Remak. 8. (VI, 198 S.) n. 10 ngr.; geb. n. 12 ngr.

— kleine Schul-Naturgeschichte. 3. u. 4. verb. u. verm. Aufl. Ebend. 866. br. 8. (IV, 202 S.) n. 10 ngr.; cart. n. 12 ngr.

—— kleine Schul-Naturgeschichte. 4. und 5. Aufl. 1869,71, und 6. und 7. Aufl. ... n. durch eine Pflanzenübersicht nach Linné. 8. (IV, 21...) Ebendas. 873,74. *
geb. *

Schönke, K. A., kleine Schulnaturgeschichte. 8. Aufl., verm. durch e. Pflanzenübersicht nach Linné. Ausg. ohne Abbildgn. im Text. gr. 8. (IV, 176 S.) Ebend. 876. n. 1. —; geb. n. 1. 20; Ausg. m. (Holzschn.-) Abbildgn. im Text (IV, 210 S.) n. 1. 40; geb. n. 1. 60

—— kleine Schul-Naturgeschichte. 9. und 10. Aufl., verm. durch eine Pflanzenübersicht nach Linné. Ausg. ohne Abbild. im Text. gr. 8. (IV, 176 S.) Ebendas. 878,82. * ℳ 1.; geb. * 1 20
Ausg. mit Abbild. im Text. (IV, 212 S.) * 1 40
geb. * 1 60

Schönke, K. A., kleine Schul-Naturgeschichte. 11. Aufl., verm. durch e. Pflanzenübersicht nach Linné. Ausg. m. Abbildgn. im Text. gr. 8. (IV, 212 S.) Gütersloh 885. Bertelsmann. n. 1. 40; geb. n. 1. 60

— kleine Schul-Naturgeschichte. 12., umgearb. Aufl. Ausg. m. Abbildgn. im Text. 8. (VII, 280 S.) Ebd. 889. n. 1. 40

— das Weihnachtsfest in Erzählungen und Gedichten. 12. Posen 846, Cohn. n. 1/3 ℳ

— 670 Wiederholungs-Fragen zu K. J. Wurst's Sprachdenklehre. 8. Posen 843, Heine. n. 1/12 ℳ

— 1612 Wiederholungs-Fragen zu der Weltgeschichte von Welter. 1. Thl. Die alte Geschichte. 8. Posen 843, Gebr. Scherk. n. 1/6 ℳ

Schonken, F. Theo

Schonken, F. T., die Wurzeln der kapholländischen Volksüberliefergn., s. Archiv, internationales, f. Ethnographie. 19. Bd. Suppl.

Die Wurzeln der kapholländischen Volksüberlieferungen v. F. T[heo] **Schonken** aus Greyton, Kapland. Leiden: Brill 1910. VI, 87 S. 8°
(Internationales Archiv f. Ethnographie. Bd 19, Suppl.) [10. 1024

Schönklug's Leben, s. Leben.

Schönklug's, Herrn, leiblich. Sohnes e. lustig. Franziskaners, Leben, Fahrten u. Geniestreiche, m. K. 3 Bde. 8. Lpz. Sommer. 802.

Schoenland, Gottfried Lebrecht (Dresden) A. S. 577/3

Quaestio iuris controversi an ex distractu oriatur obligatio. Präs. Christian Heinrich Breuning.
Leipzig (Rumpf) 17. VIII. 1771. 8 S. 31200

Schönland, S. Th., katechet. Anleit. zur Kirchenhistorie. 12. Dresden, Gerlach. 728. Rthlr.

Schönland, Selmar

Schönland, S., Campanulaceae, Goodeniaceae, Candolleaceae, s.: **Engler, A., u. K. Prantl, die natürlichen Pflanzenfamilien.**

Schönland, S. Commelinaceae, Pontederiaceae, Crassulaceae, s. Engler, A., u. K. Prantl. Die natürl. Pflanzenfamilien.

Schönland, S., s. Engler und Prantl, die natürlichen Pflanzenfamilien.

SCHÖNLAND, Selmar: Über die Entwicklung der Blüten und Frucht bei den Platanen. - Leipzig 1883. 22 S., 1 Taf. - Diss. Univ. Kiel 1883. - (Bot. Jb. Bd. 4)

Schönlanden, Sam. Theodor. Historische Nachricht Von Altären der Juden, Heyden und ersten Christen. Leipzig 1716. 8°.

Schönlank, Amalie, Lehrplan f. den Turnunterricht in Mädchenschulen, nebst Darstellg. e. Schauturnens Mit e. Vorworte v. E. Angerstein. gr. 8. (VIII, 108 S.) Berlin 894. Nicolai's Verl. n. 1. 60; kart. n. 1. 80; geb. n. 2. —

Schönlank, Bruno

Schönlank, B., die österreichische Fabrikgesetzgebung, s.: Zeit- u. Streit-Fragen, social-politische.

Schoenlank, Bruno, Grundsätze u. Forderungen der Sozialdemokratie, s.: **Kautsky, Karl.**

Schoenlank, Bruno: Hartley und Priestley, die Begründer des Associationismus in England. Halle a/S. 1882: Hendel. 56 S. 8°
Halle-Wittenberg. Phil. Diss. v. 15. Juli 1882
Geb. Mühlhausen (Thür.) 16. 5. 1859. V.
Im Buchhandel Halle (Leipzig: Fock) 1882.

— 5. Hartley u. Priestley, die Begründer des Associationismus in England. Inaug.-Dissertation. gr. 8°. Halle (Leipzig, Fock) 1882.

— die Haus-Industrie im Kreise Sonneberg, s. a. Zeit- u. Streitfragen, sozialpolitische.

Schoenlank, Bruno, Die Haus-Industrie im Kreise Sonneberg. Sep.-Abdr. aus der „Süddeutschen Post". 8°. München, Georg Pollner, 1884. (Sozialpolit. Zeit- und Streitfragen, Heft 8.)

Schoenlank, Bruno, soziale Kämpfe vor 300 Jahren. Altnürnbergische Studien. gr. 8. (XII, 212 S.) Leipzig 894. Duncker & Humblot. n. 4. —

— Sociale Kämpfe vor 300 Jahren. Altnürnberg. Studien. 2. Aufl. (XII, 212 S.) 8. Leipzig 907. Duncker & Humblot. Geb. 1. 82

— Vide: Kautsky, K., u. Schoenlank, Br.

Schoenlank, Bruno, Zur Lage der arbeitenden Klasse in Bayern. Eine volkswirtschaftliche Skizze. 8°. Nürnberg, Woerlein & Co., 1887.

Schoenlank, Bruno, Münchener Polizeizustände. Ein Beitrag zur Naturgeschichte des Socialistengesetzes. 8°. Chur 1884.

Schoenlank, B., die Fürther Quecksilber-Spiegelbeleger und ihre Arbeiter. Wirthschaftsgeschichtliche Untersuchgn. gr. 8. (VIII, 256 S.) Stuttgart 888. Dietz. n. 6. —

Schoenlank, Elias (geb. Guben [illegible]) De symptomatibus gastromalaciae infantium. Berolini (1845) (25 S.) 8°
Berlin, Med. Diss. v. 18. Okt. 1845

Schönlank, Kurt: Das Kriegsrecht in den Deutschen Befreiungskriegen 1813—1815. Berlin 1910: G. Schade. 92 S. 8°
Rostock, Jur. Diss. v. 20. Nov. 1910, Ref. Hübner
[Geb. 20. Nov. 83 Posen; Wohnort: Charlottenburg; Staatsangeh.: Preußen; Vorbildung: Berlin Reife O. 03; Studium: Berlin 2, Freiburg i. B. 1, Berlin 1, Breslau 2, Berlin 3 S.; Rig. 26. Juli 11.] [U 11. 4078

Schonlau, H., geschichtliche Notizen üb. Volksschulen vom 9. bis 14. Jahrh. gr. 8. (67 S.) Paderborn 885. Bonifacius-Druckerei. — 75

[F.] Aphorismen über Hostien (Das Backen u. d. Haltbarkeit derselben)'. Von Heinrich Schonlau, Pfarrer ... in Wenholthausen. *Arnsberg: H. R. Stein 1895.* (44 S.) 1 Bd 8. [96. 8

Schoenlaub, Jos., Musterblätter für technische Schulen. Fol. (36 Taf. auf Carton mit 4 S. Text.) München 883, Expedition des k. Zentral-Schulbücherverlags. In Mappe ** 6 —

Schoenle, Fred. Leop. Diodorstudien. Diss. gr. 8. (91 S.) Berl. 891, (Speyer u. Peters). * 1 50

Schönleben, Conrad, s. Schönleben, Konrad

Schoenleben, Johann (Nürnberg) U.S. Altdorf lose jur.

Commentationis de fontibus et oeconomia legum civilium sectio III. Präs. Johann Heumann. Altdorf (Hessel) 6.X.1753. S. 65-96.

Gew.: Christoph Adam Friedrich Behaim, Johann Sigismund Pfinzing, Christoph Friedrich Stromer.

31203

Weber, Imm. [Präs.] u. Karl Ernst de Schoenleben (Eques Anhaltinus) [Resp.]
Jus quod deo debetur ex dictamine rationis. Commentario ad Illustris Pufendorfii L.I.C.IV. De officiis, illustratum.
Glessae (per menses Januar. et Febr. Anno 1705 singulis diebus Saturni) 1705: Müller. 16 S. 4°
publice ventilandum proponunt.

Weber, Immanuel [Präs.] u. Karl Ernst de Schoenleben [Auct.]
De legibus divinae positionis universalibus discursus academicus.
Glessae 20. Aug. 1705: Vulpius. (12), 109, (4) S. 4°
publico eruditorum examini

Schönleben, Konrad

Schönleben, Conr., heil. Betrachtungen üb. das geheimnißvolle Blut J. C. in 15 Passionsbetrachtungen. 8. Nürnberg. 742.

Schoenleben, Konrad (Nürnberg) Altd. Phs. 44/23

Dissertatio inauguralis philosophica de divisibilitate materiae ex atri liquoris gutta demonstrata. Präs. Michael Kelsch. Altdorf (Meyer) 23.VI.1732. 16 S. 31206

Schönleben, Conr., Notitia cod. Ms. Ebneriani graeci N. T. Norimb. 738. 4. 4 gr.

— andächt. Todesbetrachtungen über die Passion. 8. Ebend. 744.

Schönleber, G., Sitten- u. Denksprüche, als Grundlage des ersten Religions-Unterrichts f. Kleinkinder- u. Elementarschulen, zugleich Leitfaden zu Memorirübungen neben dem Anschauungs-Unterricht. 2. Aufl. 16. (40 S.) Reutlingen 852, Kurtz. n. 3 ngl

Schoenleder, G., apparatus eloquentiae etc. 8. Lipsiae, Weidmann. 724.

Schönlein, Adb., geistl. Gesänge, s.: Hesse, Frdr.

Schönlein, Adalb., Schiller-Lieder f. 2- u. 3-stimmigen Schülerchor zur Schiller-Feier (9. V. 1905) nebst Prolog v. L. Gerlach, bearb. u. zusammengestellt. (15 S.) kl. 8. Dessau 905. Dessauer Verlagshaus. n.n. — 20

— Schulliederbuch, s.: Hesse, Frdr.

Schoenlein, J. L., Abbildungen von fossilen Pflanzen aus dem Keuper Frankens. Mit erläut. Texte nach dessen Tode hrsg. von Aug. Schenk. Fol. (22 S. mit 13 Stnt. Abbild.) Wiesbaden 865, Kreidel's Verlag. geb. *

Johann Lukas Schoenlein

Joh[ann] Lucas Schoenlein: Von der Hirnmetamorphose. Würzburg 1816: Nitribitt. 140 S. 8°
Würzburg, Med. Diss. v. 1816

Schönlein, Joh. Luc., Krankheitsfamilie d. Typhen. Nach dess. neuesten Vorlesn. niedergeschrieben u. hrsg. v. e. seiner Zuhörer. gr. 8. ($4\frac{1}{2}$ B.) Zürich 840, (Höhr.) *

Schönlein, J. L., allgem. u. specielle Pathologie u. Therapie. Nach dess. Vorlesn. niedergeschr. u. hrsg. v. ein. seiner Zuhörer (Carl Ludw. Reinhard?). 4 Bde. 1., u. 2., verb. Aufl. gr. 8. (à 111 B.) Würzburg 832, [Etlinger'sche Vrlsh.] à
Diese Vorlesungen wurden bekanntlich ohne die Genehmigung ihres Verf. veröffentlicht und sind, da sie früher noch nicht gedruckt erschienen, als unrechtmässiger Vordruck zu bezeichnen, der mit dem Nachdruck eigentlich auf gleicher Linie steht. Uebrigens ist darin vieles entstellt wiedergegeben, weshalb sie S. auch nur theilweise als die seinigen erkannte.

Schönlein, Joh. Luc., allgem. u. spec. Pathologie u. Therapie. Nach dess. Vorlesn. niedergeschrieben u. hrsg. v. einigen seiner Zuhörer. 4 Thle. 3., verb. u. verm. Aufl. ($80\frac{1}{2}$ B.) 837., 4., sorgfält. u. viel verb. Aufl. gr. 8. ($62\frac{3}{8}$ B.) Würzburg 839, Etlinger'sche Buchh. Thlr. à *
Vgl. 8. Bd. 2. Abthl. S. 237. die Anmerk. unt. diesem Artikel.

Schönlein, J. L., (Prof.) Vorlesungen über allgem. u. specielle Pathologie u. Therapie. Nach dessen Vorlesungen niedergeschrieben u. herausgg von e. seiner Zuhörer. 4 Bde. gr. 8. Würzb. ... 2e verb. A. 832. (Etlingers Sort.-Buchh.) 10 ß (Nb. S. erkennt es nicht an, u. nennt es e. unvollständ. Compilation.)

Schoenlein's klinische Vorträge in dem Charité-Krankenhause zu Berlin. Redig. u. hrsg. v. L. Güterbock. 1. Aufl. 842. u. 3. unveränd. Aufl. 1. u. 2. Hft. gr. 8. ($24\frac{3}{4}$ B.) Berlin 843, 44, Veit u. Comp. à Hft. *

—— dass. 3. Hft. (Schluss.) gr. 8. ($6\frac{1}{2}$ B.) Ebds. 844. *

Schoenlein, K[arl]: Ueber das Verhalten der Wärmeentwickelung in Tetanis verschiedener Reizfrequenz. Halle 1883: Karras. 48 S., 2 Taf. 8°
Halle-Wittenberg, Med. Hab.-Schr. v. 4. Aug. 1883
Im Buchhandel Halle: Niemeyer 1883. — Ersch. auch in: Bericht über die Sitzungen der Naturforschenden Gesellschaft zu Halle. Halle 1883. S. 41—86. 2 Taf.

Schoenlein, K., üb. das Verhalten der Wärmeentwickelung in Tetanis verschiedener Reizfrequenz. gr. 8. (48 S. m. 2 Steintaf.) Halle 883. Niemeyer. n. 2. —

Schoenlein, Karl: Versuche über secundären Tetanus bei verschiedenen Reizfrequenzen. Mit 13 in den Text gedruckten Abbildungen. Halle 1880: Karras. 32 S. 8°
Halle-Wittenberg, Med. Diss. v. 17. Dez. 1880
Geb. Sangerhausen 3. 6. 1855. V.

Schönlein, M., Geschichte der Belagerungen Colbergs in den Jahren 1758, 1760, 1761 u. 1807. Für den preußischen Soldaten u. Bürger bearb. Colberg 867. Post'sche Buchh. 8. (III, 74 S. mit 1 lith. Plane der Belagerung von 1807 in gr. 4.) n. 6 ngr.

Schönlein, M., Geschichte der Belagerung Colbergs in den Jahren 1758, 1760, 1761 u. 1807. Für den preuß. Soldaten u. Bürger bearb. Mit einem (lith.) Plane der Belagerung von 1807. 2. Aufl. 8. (III, 75 S.) Kolberg 878. Post. n. 1. —

Schoenlein's, Phil., botanischer Nachlass, s. Klotzsch, F.

Schön Liebchen. Eine einfache Erzählung für's Volk. 5. Aufl. 12. (216 S.) Wien, Ueberreuter. 36 kr.

SCHÖNLEUTNER, Eduard (Schleissheim): De statu colli et orificii uterini durante graviditate, partu ac puerperio.- Monachii: Giesser 1839. 16 S.
4.4.1838 - Urk; F 64
Diss. Ingolst.-Landsh.-Mchn.

Schönleutner, Max. Bericht über die Bewirthschaftung der kgl. baier. Staatsgüter Schleissheim, Fürstenried und Weihenstephan im J. 1819 u. 20. Mit 2 Plänen von Schleissheim. gr. 4°. München, Fleischmann, 1822.

Schönleutner, M. (Hrsg.), s. Jahrbücher der Landwirtschaft im Königreich Baiern.

— und L. Zierl, Jahrbücher d. landwirthschaftl. Lehr-Anstalten zu Schleißheim, s. Jahrbücher.

Max Schönleutner (zusammen mit **Zierl**), **Jahrbücher der K. b. l. Lehranstalten zu Schleißheim.**
Das bayerische Gegenstück zu Thaer's „Annalen des Ackerbaues" aus Möglin. (W)
München 1828-1832

Max Schönleutner und L. Zierl, Jahrbücher der k. b. l. Lehranstalten und des l. Vereins Triptolemea zu Schleißheim.
München 1831 u. ff.

Schönleutner, M. (Hrsg.), s. Jahrbücher, Neue, der Landwirthschaft in Baiern.

Schönleutner, Max., die landwirthschaftl. Musterwirthschaften im Königr. Bayern. u. ihre Gegner. gr. 8. (4½ B.) München 830, Cotta.

Schönleutner, Max: „Nachrichten über die königliche Landwirthschaftsschule in Weihenstephan und über das dort eingeführte Thaersche Ackersystem", München 1810 (Gall).

Schönleutner, Max., Nachrichten üb. die königl. Landwirthschaftsschule in Weihenstephan u. üb. das dort eingeführte Thaersche Ackersystem, m. 1 Plan. gr. 8. München. (Giel) 810.

— Theorie d. Ackerbaues nach physikal., durch vieljähr. Erfahr. geprüften Grundsätzen. gr. 8. (22 B. incl. 1 Tab.) München 828, (Literar.-Artist.-Anstalt.)
Aus den „Jahrbüchern v. Schönleutner u. Zierl" besond. abgedruckt.

Schönlicht [illegible]
Diss. Freiburg

Schön Liebchen. Eine einfache Erzählung für's Volk. 5. Aufl. 12. (216 S.) Wien 860, Ueberreuter.

Schön-Lieschen. Eine einfache Erzählung für's Volk vom Verf. des „Student", „Trunkenbold" 2c. 4., umgearb. Aufl. gr. 12. (216 S.) Wien 855, (Mechitaristen-Congregations-Buchh.)

Schön-Lieschen. Eine einfache Erzählung fürs Volk. Wien 1860. V: *Stelzig, Ignaz Alphons.* (EB)

Schönlinde [Schlagwort]

Schönlinde, s.: Oberlausitz.

Schönmann, Wilhelmine, der Hebamme Rath an junge Frauen, über ihr Verhalten während der Schwangerschaft, der Entbindung u. des Wochenbettes, deren Krankheiten, Verhütung u. Heilung. Die Gesundheitslehre der Kinder; die 40 Krankheiten der Kinder 2c. gr. 12. (IV u. 63 S.) Hamburg 848, Nestler & Melle. n. ⅙ Thlr

Schönmann's Bezugsquellen-Adreßbuch f. die Lederbranche 1893. 8. (IV, 371 S.) Wien 893. I., Schottenring 32, Verlag v. Schönmann's Journal f. Lederindustrie. Geb. n. 5. —

Schönmann's internationales Journal für Lederindustrie, Volkswirthschaft, Assecuranz und Verkehrswesen. Organ für Lederfabrikation und Handel, Schuhwaaren-Fabrikation und Handel, Ledergalanterie-Fabrikation, Riemer, Sattler und Handschuh-Fabrikation. 1.—5. Jahrg. 1880—1884. à Jahrg. 52 Nrn. (Bog.) Fol. Wien, Expedition. à Jahrg. ** 12 —

Schönmanns Journal für Lederindustrie. Hrsgbr.: S. Schönmann. 6.—9. Jahrg. 1885—1888. à Jahrg. 52 Nrn. gr. 4. (à Nr. 8 S.) Wien I., Administration. à Jahrg. **

Schönmann's Journal f. Lederindustrie. Hrsgbr.: S. Schönmann. 10. u. 11. Jahrg. 1889—1890. à Jahrg. 52 Nrn. gr. 4. (à Nr. 8 S.) Wien I. Schottenring 32, Administration. à Jahrg. ** 12 —

-- Journal f. Lederindustrie. Hrsg.: S. Schönmann. Red.: J. Hörmadinger. 15. Jahrg. 1894. 52 Nrn. (à ca. 2 Bog.) Fol. Wien. I, Schottenring 32, Administration. n. 12.--; halbjährlich n. 7. —

Schönmann's Journal f. Lederindustrie. Hrsg.: S. Schönmann. Red.: J. Hörmadinger. 16.—19. Jahrg. 1895—1898. à 52 Nrn. (à ca. 8 S.) Fol. Wien (I, Schottenring 32), Administration. à Jahrg. n. 12. —
Kann auch halbjährlich für n. 7. — bezogen werden.

Schönmann's Journal f. Lederindustrie. Hrsg.: S. Schönmann. Red.: Bohuslav Hronek. 20. u. 21. Jahrg. 1899 u. 1900. à 52 Nrn. Fol. (à ca. 12 S.) Wien (I, Schottenring 32), Administration. à Jhrg. n. 12.70; halbj. n. 7.—
Der 20. Jahrg. ist von J. Hörmadinger redig.

Schönmann, A., die Aufsatz- u. Sprachübgn. der Volksschule, s.: Krauß, A.

— Rechenaufgaben f. ein- u. zweiklassige Volksschulen, m. gleichmäß. Berücksicht. d. Kopf- u. Tafelrechnens. 2 Hfte. 8. Ebend. 885. 86. n. — 61
1. 10. Aufl. (47 S.) n. — 25
2. 13. unveränd. Aufl. (82 S.) n. — 36

Schönmann, A., Rechenbuch f. deutsche Volks-, Mittel-, Töchter- u. Fortbildungsschulen. Ausg. f. den Lehrer. 5. Aufl. 8. (223 S.) Ebend. 883. cart. n. 2. 20

— dasselbe, m. den Antworten. Lehrer-Ausg. 4. u. 5. Hft. 8. (72 u. 98 S.) Ebend. 886. cart. à n. 1. 20

— Rechenbuch f. deutsche Volks-, Mittel-, Töchter- u. Fortbildungsschulen. 2—7. Hft. 8. Ebend. 886. n. 2. 25
2. 9. Aufl. (34 S.) n. — 20
3. 17. Aufl. (46 S.) n. — 25
4. 29. Aufl. (44 S.) n. — 25
5. 25. Aufl. (62 S.) n. — 30
6. 33. Aufl. (82 S.) n. — 45
7. Raumlehre od. Geometrie in Verbindung m. Flächen- u. Körperberechnungen. 4. verb. u. verm. Aufl. (78 S. m. eingedr. Fig. u. 1 Steintaf.) n. — 80; cart. n. — 90

Ein klägliches Lied, So Georg Michael Schönmann etc. in seinem Gefängnisz allhier in Hall gemacht. 1753. („Hier lieg ich armer Verlassener" etc.). 2 Bll.

Schönmann, H., Anleitung zur methodischen Behandlung der Fibel für die evangelischen Volksschulen Württembergs. Eine Darstellung des gesamten elementaren Sprach- und Sachunterrichts im ersten und zweiten Schuljahr. gr. 8. (196 S.) Eßlingen 880, Weismann. * 3 —

Schönmann, H. Anleitung zur method. Behandlung der Fibel f. die evangel. Volksschulen Württembergs. Eine Darstellung d. gesamten elementaren Sprach- u. Sachunterrichts im 1. u. 2. Schulj. 3. sehr erweit. Aufl., bearb. v. Th. Himmelein. 2 Hälften. gr. 8. Eßlingen 892, Lung. [1. Hälfte. (S. 1—144.) * 1 60; 2. Hälfte. (S. 145—322.) * 2 —.] * 3 60

Schönmann, H., Heimatkunde. Populäre Beschreibg. d. Oberamtsbezirks Eßlingen in geograph. u. histor. Beziehg. gr. 8. (24 S. m. e. lith. Karte in qu. 4.) Eßlingen 872. Weychardt in Comm. n. — 40

Schönmann H und G Scheu, die Raumlehre in Verbindung mit Linien-, Flächen- u Körperberechnungen. (7. Heft d. Rechenbuchs f. d. Volksschulen) Esslingen 1875

— u. G. Scheu, Rechenaufgaben für ein- u. zweiklassige Volksschulen. Mit gleichmäßiger Berücksichtigung des Kopf- u. Tafelrechnens. Nach dem „Leitfaden" u. dem „Normallehrplan" bearb., unter Mitwirkung einiger Lehrer an einklassigen Schulen. 1. u. 2. Hft. m. Resultaten dazu. 8. Ebend. 877. 1. 10
1. Das Rechnen mit einfach u. mehrfach benannten Zahlen. (48 S.) n. — 25; Resultate (34 S.) n. — 60
2. Das Rechnen mit Brüchen u. die Schlußrechnung. (80 S.) n. — 36; cart. n. — 50; Resultate (34 S.) n. — 50

—— und G. Scheu, Rechenaufgaben für ein- und zweiklassige Volksschulen. Mit gleichmäßiger Berücksicht. des Kopf- und Tafelrechnens. Unter Mitwirkung einiger Lehrer an einklassigen Schulen. 2 Hefte mit Resultaten. 8. Ebendas. 878—86. * 1 71

Inhalt:
Heft 1. Das Rechnen mit einfach und mehrfach benannten Zahlen. 2.—11. Aufl. (47 S.) * 25 Pf.; Resultate. (43 S.) * 60 Pf.
" 2. Das Rechnen mit Brüchen und die Schlußrechnung. 2.—18. Aufl. (82 S.) * 36 Pf.; Resultate. (34 S.) * 50 Pf.

—— —— dass. — Ausg. für den Lehrer. 4. verm. Aufl. 2 Hefte. 8. Ebendas. cart. * 3 10

Inhalt:
Heft 1. Das Rechnen mit einfach und mehrfach benannten Zahlen. (108 S. mit 10 Uebungstaf.) 884. cart. * M 1,30.
" 2. Das Rechnen mit Brüchen und die Schlußrechnung, nebst einem Anhang landwirthschaftlicher Aufgaben. (168 S.) 883. cart. * M 1,80.

Schönmann, H., u. G. Scheu, Rechenaufgaben f. ein- u. zweiklassige Volksschulen, m. gleichmäßiger Berücksicht. d. Kopf- u. Tafelrechnens bearb. unter Mitwirkg. einiger Lehrer an einklassigen Schulen. 1. u. 2. Hft. 8. Stuttgart 890. [Paulus.] Bonz & Co. n. — 70
1. Das Rechnen mit einfach und mehrfach benannten Zahlen. Mit 10 Übungstaf. 13. Aufl. (51 S.) n. — 25
2. Das Rechnen mit Brüchen und die Schlußrechnung. Mit 4 Übungstaf. 25. Aufl. (88 S.) n. — 45

—— u. G. Scheu. Rechenaufgaben f. ein- u. zweiklass. Volksschulen. Unter Mitwirkg. einiger Lehrer an einklass. Schulen bearb. 2 Hefte. 8. Ebd. 892. ** — 70
1. Das Rechnen m. einfach u. mehrfach benannten Zahlen. Mit 10 Übungstafeln. 14. Aufl., besorgt v. Th. Himmelein u. H. Kühnle. (61 S.) ** — 25. — 2. Bruch- u. Schlußrechngn. Raumlehre. 28. Aufl., besorgt v. Th. Himmelein u. H. Kühnle. (102 S.) ** — 45.

—— desgl. — Ausgabe f. Lehrer. 2. Heft. Mit den Antworten u. method. Bemerkgn. üb. den Gang d. Unterrichts. Mit gleichmäß. Berücksicht. d. Kopf- u. Tafelrechnens. Nach dem „Leitfaden" u. dem „Normallehrplan" bearb. 5. verm. Aufl. 8. (176 S. m. 4 Übungstaf.) Ebd. 888. cart. * 2 —
1. Heft. Ebd. 1884. cart. * 1 30.

— u. G. Scheu, Rechenaufgaben f. 1- u. 2klassige Volksschulen, bearb. unter Mitwirkg. einiger Lehrer an einklass. Schulen. 1. u. 2. Hft. Neue Aufl., besorgt v. Th. Himmelein u. H. Kühnle. 12. Ebd. 894. n.n. — 70
1. 15. Aufl. (62 S.) n.n. — 25. — 2. 31. Aufl. (102 S.) n.n. — 45.

Schönmann, H., u. G. Scheu, Rechenaufgaben f. 1- u. 2klass. Volksschulen, bearb. unt. Mitwirkg. ein. Lehrer an einklass. Schulen. 2 Hfte. Neue Aufl., besorgt v. Th. Himmelein u. H. Kühnle. 8. Stuttgart (897). A. Bonz & Co. n.n. — 70
1. Das Rechnen m. einf. u. mehrf. benannten Zahlen. (Mit 10 Uebungstaf.) 17. Aufl. (63 S.) n.n. — 25
2. Bruch- u. Schlußrechnung. Raumlehre. 37. Aufl. (115 S.) n.n. — 45

Schönmann, H., u. G. Scheu, Rechenaufgaben f. 1- u. 2klassige Volksschulen, bearb. unter Mitwirkung einiger Lehrer an einklass. Schulen. 2 Hfte. 8. Stuttgart, A. Bonz & Co. n.n. — 70
1. Das Rechnen m. einfach u. mehrfach benannten Zahlen. (Mit 10 Übungstaf.) 19. Aufl., besorgt v. Th. Himmelein u. H. Kühnle. (62 S.) (902.) n.n. — 25
2. Bruch- u. Schlußrechnung. Raumlehre. 41. Aufl., besorgt v. F. Lauffer u. H. Kühnle. (115 S.) (901.) n.n. — 45

Schönmann, H., u. G. Scheu, Rechenaufgaben f. 1- u. 2klassige Volksschulen, bearb. unter Mitwirkg. einiger Lehrer an einklass. Schulen. 2 Hefte. kl. 8. Stuttgart, A. Bonz & Co. n.n. — 70
1. Das Rechnen m. einfach u. mehrfach benannten Zahlen. (Mit 10 Uebungstaf.) 20. Aufl. besorgt v. Th. Himmelein u. H. Kühnle. (62 S.) (904.) n.n. — 25
2. Bruch- u. Schlußrechnung. Raumlehre. 45. Aufl., besorgt v. F. Lauffer u. H. Kühnle (115 S.) (906.) n.n. — 45

— u. G. Scheu, Rechenbuch f. deutsche Volksschulen. 1—7. Hft. 8. Eßlingen 874. 75. Weismann. n. 3. —
1. Der Zahlenkreis von 1 bis 10 u. 10 bis 20. Für die Hand d. Lehrers bearb. (66 S.) geb. n. — 80
2. Der Zahlenkreis von 1 bis 100. Für die Hand der Schüler bearb. (48 S.) n. — 30
3. Der Zahlenkreis von 1—1000 u. Millionen. Die 4 Species in reinen u. gleichbenannten ganzen Zahlen. (64 S.) n. — 30
4. Die 4 Grundrechnungsarten m. ganzen, mehrfach benannten Zahlen. (56 S.) n. — 30
5. Die Buchrechnung. Gemeine Brüche u. Dezimalbrüche. (78 S.) n. — 40
6. Die Schlußrechnung. (104 S.) 2. Aufl. n. — 45; cart. n. — 60
7. Die Raumlehre in Verbindg. m. Linien-, Flächen- u. Körperberechngn. (66 S. m. eingedr. Holzschn. u. 1 Holzschntaf. in qu. Fol.) n. — 45; cart. n. — 60

— — dasselbe. Resultate zu dem 3—7. Hfte. 8. Ebend. 875. 1. 80
3. u. 4 (53 S.) n. — 60. — 5. (33 S.) n. — 40. — 6. (40 S.) n. — 50. — 7. (XI, 15 S.) n. — 30.

—— —— Rechenbuch für deutsche Volks-, Mittel-, Töchter- und Fortbildungsschulen. 7 Hefte. Bearb. nach den Bestimmungen des „württemberg. Normallehrplans" und des „Leitfadens für den Rechenunterricht in Volksschulen. 8. Ebendas.
Ausg. für den Lehrer (1.—6. Heft und 7. Heft Resultate) cart. *
Ausg. für den Schüler (2.—7. Heft) *

Inhalt:
Heft 1. Der Zahlenkreis von 1 bis 10 und 10 bis 20. Für die Hand des Lehrers. 2.—4. Aufl. (64 S.) 874—77. cart. * 80 Pf.
" 2. Der Zahlenkreis von 1 bis 100. Für die Hand des Lehrers. (40 S.) 879. cart. * 60 Pf. Für die Hand des Schülers. 2.—4. Aufl. (30 S.) 1875—79; 5. Aufl. (32 S.) 879. * 20 Pf.
" 3. Die vier Grundrechnungsarten mit einfach benannten ganzen Zahlen. Mit 14 Uebungstaf. Für die Hand des Lehrers. 1.—5. Aufl. (78 S.) 876—79. cart. * M 1. Für die Hand des Schülers. 2.—8. Aufl. (48 S.) 876—79. * 25 Pf.
" 4. Die vier Grundrechnungsarten mit mehrfach benannten ganzen Zahlen. Mit 11 Uebungstaf. Für die Hand des Lehrers. 1.—4. Aufl. (72 S.) 876—78. cart. * M 1. Für die Hand des Schülers. 2.—10. Aufl. (48 S.) 877—79. * 25 Pf.
" 5. Die Bruchrechnung. Gemeine Brüche und Dezimalbrüche. Mit 8 Uebungstaf. Für die Hand des Lehrers. 1.—3. Aufl. (98 S.) 876—78. cart. * M 1. Für die Hand des Schülers. 2.—9. Aufl. (64 S.) 876—79. * 30 Pf.
" 6. Die Schlußrechnung. Für die Hand des Lehrers. 1.—3. Aufl. (160 S.) 876—78. cart. * M 1,70. Für die Hand des Schülers. 2.—13. Aufl. (84 S.) 875—79. * 45 Pf.
" 7. Die Raumlehre in Verbindung mit Linien-, Flächen- und Körperberechnungen. Für die Hand des Schülers. 1.—3. Aufl. (66 S. mit eingedr. Holzschn. und 1 Holzschntaf.) 875—79. * 45 Pf. Resultate. 1. Aufl. (IX, 15 S.) 1875; 2. Aufl. (24 S.) 876. * 30 Pf.

— — dasselbe. Resultate zum 3. u. 4. Hft. 2. Aufl. 8. (28 u. 26 S.) Ebend. 876. à n. — 30

—— —— Rechenbuch für deutsche Volks-, Mittel-, Töchter- und Fortbildungsschulen. 2.—7. Heft. 8. Ebendas.
Ausg. für den Lehrer (2.—6. Heft) cart. * 6 40
Ausg. für den Schüler (2.—7. Heft) * 2 25

Inhalt:

Heft 2. Der Zahlenkreis von 1 bis 100. Für die Hand des Lehrers. 2. Aufl. (51 S.) 884. cart. * 80 Pf. Für die Hand des Schülers. 6.—9. Aufl. (34 S.) 880—86. * 20 Pf.

" 3. Die vier Grundrechnungsarten mit einfach benannten Zahlen. Mit 11 Uebungstaf. Für die Hand des Lehrers. 3. Aufl. (73 S.) 879. cart. *ℳ 1. Für die Hand des Schülers. 9.—18. Aufl. (48 S.) 880—86. * 2· Pf.

" 4. Die vier Grundrechnungsarten mit ganzen mehrfach benannten Zahlen. Mit 8 Uebungstaf. Für die Hand des Lehrers. 5. Aufl. (72 S.) 886. cart. *ℳ 1,20. Für die Hand des Schülers. 11.—29. Aufl. (48 S.) 880—86. * 25 Pf.

Heft 5. Die Bruchrechnung. Gemeine Brüche und Dezimalbrüche. Mit 6 Uebungstaf. Für die Hand des Lehrers. 4. Aufl. (98 S.) 884. cart. *ℳ 1,20. Für die Hand des Schülers. 10.—26. Aufl. (62 S.) 880—86. * 30 Pf.

" 6. Die Schlußrechnung. Für die Hand des Lehrers. 4. und 5. Aufl. (160 S.) 881,85. cart. *ℳ 2,20. Für die Hand des Schülers. 14.—24. Aufl. (82 S.) 880—86. * 45 Pf.

" 7. Raumlehre oder Geometrie in Verbindung mit Flächen- und Körperberechnungen. Für die Hand des Schülers. 4. Aufl. (76 S. mit eingedr. Holzschn. und 1 Chromolithogr.) 886. * 80 Pf.

1. Heft. Ebendas. 1879. * 60 Pf.

— — dasselbe. Mit den Antworten. Ausg. f. Lehrer. 2.—6. Hft. 8. Ebd. cart. n. 7. 20
2. 3. Aufl. (51 S.) 884. n. — 80. — 3. 4. Aufl. (78 S.) 889. n. 1. 20. — 4. 5. Aufl. (72 S.) 886. n. 1. 20. — 5. 5. Aufl. (96 S.) 888. n. 1. 20. — 6. 6. Aufl. (256 S.) n 2. 80.

— — dasselbe. 7. Hft. Resultate. 4. Aufl. 8. (16 S.) Ebd. 889. n. — 40

— — Rechenbuch für deutsche Volks-, Mittel-, Töchter- u. Fortbildungsschulen. 7 Hfte. 8. Ebd. n. 2. 85
1. Der Zahlenkreis von 1—10 und von 1—20. 5. Aufl. Neue Bearbeitg. f. die Hand d. Lehrers nach den Bestimmgn. des Normallehrplans. (47 S.) 889. n. — 60; cart. n. — 70
2. Rechenfibel. Der Zahlenkreis von 1—100. 10. Aufl. (34 S.) 889. n. — 20
3. Die vier Grundrechnungsarten mit einfach benannten Zahlen. Mit 11 Übungstaf. 21. Aufl. (44 S.) 889. n. — 25
4. Die vier Grundrechnungsarten mit ganzen mehrfach benannten Zahlen. Mit 8 Übungstaf. 36. Aufl. (46 S.) 889. n. — 25
5. Die Bruchrechnung. Mit 6 Übungstaf. 34. Aufl. (62 S.) 890. n. — 30
6. Die Schlußrechnung. 45. Aufl. (82 S.) 890. n. — 45
7. Die Raumlehre od. Geometrie. 4. Aufl. (78 S. m. eingedr. Fig. u. 1 Steintaf.) 886. n. — 80; cart. n. — 90

Schönmann, H., u. G. Scheu, Rechenbuch für deutsche Volks-, Mittel-, Töchter- u. Fortbildungsschulen. Das vereinigte 3. u. 4. Hft. Mit 11 Übungstaf. [Neue Bearbeitg. d. 4. Hfts.] 34. Aufl. 8. (66 S.) Stuttgart 889 [Paulus.] Bonz & Co. n. — 30; Resultate dazu (30 S.) n. — 80

— — Rechenbuch f. deutsche Volks-, Mittel-, Töchter- u. Fortbildungsschulen. 3.—7. Hft. Neue Aufl., besorgt v. Th. Himmelein u. H. Kühnle. 12. Ebd. n.n. 2. 65
3. 23. Aufl. (54 S.) 892. n.n. — 25. — 4. 30. Aufl. (56 S.) 893. n.n. — 25. — 5. 37. Aufl. (75 S.) 892. n.n. — 30. — 6. 48. Aufl. (98 S.) 893. n.n. — 45. — 7. Raumlehre u. geometr. Rechnen. 5. Aufl. (122 S. m. Fig.) 893. n.n. 1. —; Resultate zum 7. Hft. (24 S.) n. — 40.

— — dasselbe. Lehrerausgabe. 4. u. 6. Hft. 8. Ebd. Kart. n.n. 4. 20
4. 6. Aufl. (84 S.) 893. n.n. 1. 20. — 6. 7. Aufl. (288 S.) 891. n.n. 3. —

—— —— Rechenbuch f. deutsche Volks-, Mittel-, Töchter- u. Fortbildungsschulen vom Zahlenkreis 1—20 bis zur Raumlehre. 7 Hefte. 8. Ebd. ** 3 05
1. Der Zahlenkreis v. 1—10 u. v. 1—20. Neue Bearbeitg. f. die Hand d. Lehrers nach den Bestimmgn. d. Normallehrplans. 5. Aufl. (47 S.) 889. ** — 60; cart. ** — 70. — 2. Rechenfibel. Der Zahlenkreis v. 1—100. 10. unveränd. Aufl. (34 S.) 889. ** — 20. — 3. Die 4 Grundrechnungsarten m. einfach benannten Zahlen. Mit 11 Übungstafeln. 22. Aufl., besorgt durch Th. Himmelein. u. H. Kühnle. (52 S.) 891. ** — 25. — 4. Die 4 Grundrechnungsarten m. ganzen, mehrfach benannten Zahlen. Mit 8 Übungstaf. 39. Aufl., besorgt durch Th. Himmelein u. H. Kühnle. (52 S.) 893. ** — 25. — 5. Die Bruchrechnung. Gemeine Brüche u. Dezimalbrüche. Mit 6 Übungstaf. 37. Aufl., besorgt durch Th. Himmelein u. H. Kühnle. (75 S.) 892. ** — 30. — 6. Die Schlußrechng. nebst Rechngn. aus der Raumlehre. 47. Aufl., besorgt durch Th. Himmelein u. H. Kühnle. (98 S.) 892. ** — 45. — 7. Raumlehre u. geometr. Rechnen. 5. umgearb. Aufl. Hrsg. v. Th. Himmelein u. H. Kühnle. (122 S.) 892. cart. ** 1 —.

—— —— Rechenbuch f. deutsche Volks-, Mittel-, Töchter- u. Fortbildungsschulen vom Zahlenkreis 1—20 bis zur Raumlehre. Resultate. 5. Aufl. 8. (24 S.) Ebd. 892. * — 40

—— —— dass. — Ausgabe f. Lehrer. 6 Hefte. 8. Ebd. cart. ** 8 10
1. Heft. Neue Bearbeitg. f. die Hand d. Lehrers nach den Bestimmgn. d. Normallehrplans. 5. Aufl. (47 S.) 889. cart. ** — 70. — 2. Heft. 3. erweit. Aufl. in neuer Rechtschreibg. (51 S.) 884. cart. ** — 80. — 3. Heft. 4. Aufl. (74 S.) 889. cart. ** 1 20. — 4. Heft. 6. Aufl. (73 S.) 893. cart. ** 1 20. — 5. Heft. 5. unveränd. Aufl. (98 S.) 888. cart. ** 1 20. — 6. Heft. 7. verm. Aufl. (287 S.) 891. cart. ** 3 —.

Schönmann, H., Rechenbuch für deutsche Volks-, Mittel-, Töchter- u. Fortbildungsschulen (7 Hfte. vom Zahlenkreis 1—20 zur Raumlehre). 3.—6. Hft. Neue Aufl., besorgt durch Th. Himmelein u. H. Kühnle. 8. Ebd. n.n. 1. 25
3. M. 11 Uebungstaf. 24. Aufl. (58 S.) 895. n.n. — 25
4. M. 8 Uebungstaf. D. 4 Grundrechnungsarten m. einf. benannten Zahlen. 44. Aufl. (55 S.) 896. n.n. — 25
5. Die Bruchrechng. Gemeine Brüche u. Dezimalbrüche. Mit 6 Uebungstaf. 43. Aufl. (91 S.) (897.) n.n. — 30
6. D. Schlußrechng., nebst Rechngn. aus d. Raumlehre. 56. Aufl. (103 S.) (897.) n.n. — 45

— dasselbe. Ausg. f. den Lehrer. 1., 2. u. 5. Hft. 8. Ebd. 896. Kart. n. 4. 80
1. Mit d. Antworten u. method. Bemerkgn. üb. d. Gang d. Unterrichts. D. Rechnen m. einf. u. mehrf. benannten Zahlen. (M. 10 Uebungstaf.) 5., verb. u. verm. Aufl., besorgt durch Th. Himmelein u. H. Kühnle. (121 S.) n. 1. 50
2. Dasselbe. 2. Hft. 6., verb. Aufl. (191 S.) n. 2. —
5. Dasselbe. 5. Hft. m. d. Antworten. 6., umgearb. Aufl. (142 S.) n. 1. 50

Schönmann, H., u. G. Scheu, Rechenbuch f. deutsche Volks-, Mittel-, Töchter- u. Fortbildungsschulen (7 Hfte. vom Zahlenkreis von 1 bis 20 bis zur Raumlehre). 3.—6. Hft. 8. Stuttgart, Bonz & Co. n.n. 1.25
3. Mit 11 Übungstaf. Die vier Grundrechnungsarten m. einfach benannten Zahlen. 25. Aufl. Besorgt durch Th. Himmelein u. H. Kühnle. (54 S.) 896. n.n. — 25
4. Mit 8 Übungstaf. Die 4 Grundrechnungsarten m. ganzen, mehrfach benannten Zahlen. 48. Aufl., besorgt durch Fr. Lauffer u. H. Kühnle. (50 S.) (901.) n.n. — 25
5. Die Bruchrechnung. Gemeine Brüche u. Dezimalbrüche. 48. Aufl. Besorgt durch Th. Himmelein u. H. Kühnle. (90 S. m. 6 Übungstaf.) (902.) n.n. — 30
6. Die Schlußrechnung, nebst Rechnungen aus der Raumlehre. 60. Aufl. Besorgt durch H. Lauffer u. H. Kühnle. (103 S.) (901.) n.n. — 45

— — Rechenbuch f. deutsche Volks-, Mittel-, Töchter- u. Fortbildungsschulen (7 Hefte im Zahlenkreis von 1—20 bis zur Raumlehre). 3.—6. Heft. 8. Ebd. n.n. 1. 25
3. Mit 11 Uebungstaf. Die vier Grundrechnungsarten m. einfach benannten Zahlen. 26. Aufl. besorgt durch F. Lauffer u. H. Kühnle. (54 S.) 905. n.n. — 25
4. Mit 8 Uebungstaf. Die 4 Grundrechnungsarten m. ganzen u. mehrfach benannten Zahlen. 50. u. 51. Aufl., besorgt durch Fr. Lauffer u. H. Kühnle. (50 S.) 905. n.n. — 25
5. Die Bruchrechnung. Gemeine Brüche u. Dezimalbrüche. Mit 6 Uebungstaf. 49. Aufl. Besorgt durch Fr. Lauffer u. H. Kühnle. (90 S.) (904.) n.n. — 30
6. Die Schlußrechnung, nebst Rechngn. a. d. Raumlehre. 62. Aufl. besorgt durch H. Lauffer u. H. Kühnle. (103 S.) (905.) n.n. — 45

Schönmetzler, Frz., Katechismus der Eisenhüttenkunde unter besond. Berücksicht. d. Eisenhüttenbetriebes in den österr. Alpenländern. Für Meister, Aufseher und Arbeiter auf Eisenhütten, sowie f. Eisenindustrielle. Mit 82 Holzschn. 8. (V, 191 S.) Wien 887. Spielhagen & Schurich. n. 2. 70; geb. n. 3. 20

Franc. Gabr. Schoenmezel collectaneorum ad historiam Facultatis medicae Heidelbergensis fasciculi duo. Heidelb. 1772. 4. — Ejusd. tentamen historiae Facultatis medicae Heidelbergensis. Ibid. 1769. 4. (Cum excerptis e veterib. diplomatib.) — Ejusd. progr. de antimonii et mercurii in Facultate medica Heidelbergensi fatis. ibid. 1780. 4.

Schönn, Johann Ludwig

Schönn, J. L. Theoretische Chemie für Prima. 12 S. Fr. Wi. Rg. *Stettin* 1879.
Progr.

Schoenn: Über das angebliche Epithel des Rückenmark-Centralkanals u. über d. Entwickelung d. Rückenmarkes. 12 S. – Stettin Fr.W., Progr. 1865.

Schönn, Joh. Ludwig [Prof. Dr.]: **Über Idealismus, Realismus und Naturwahrheit in der bildenden Kunst. I. Stettin, Druck v. R.** Grassmann, 1892; 1--12 S. 4.
Stettin, Friedrich-Wilhelms-S '(RG nebst VS)', OP 1892 (167 [viehn. 147])

— Über ultraviolette Strahlen. 11 S. **Progr.** Fr. Wi. Rg. *Stettin* 1880.

Schönn, J. L. Untersuchungen über die Absorption des Lichts. 7 S. **Progr.** Fr. Wi. Rg. *Stettin* 1878.

Schoenn: Anatomische Untersuchungen im Bereiche des Muskel- und Nervengewebes. 32 S.– Stettin Fr.W., Progr. 1864.

Schonnefeld, Rolf: Aus der Hautabt. d. Städt. Luisenhospit. u. d. hygien.-bakteriol. Inst. d. Stadt Dortmund. Ein Beitrag zur Sero-Diagnostik der Lues. Bonn: Georgi 1909. 35 S. 8°
Bonn, Med. Diss. v. 6. Febr. 1909, Ref. Doutrelepont
[Geb. 22. Aug. 82 Elberfeld; Wohnort: Dortmund; Staatsangeh.: Preußen; Vorbildung: Gymn. Düsseldorf Reife O. 02; Studium: Bonn 5, Berlin 3, Bonn 2 S.; Coll. 6. Febr. 09; Approb. 1. Juni 08.] [U 09. 368

Schönnenbeck, Adf., 4 Orig.-Steinzeichnungen, s.: Steinzeichnungen deutscher Maler. Nr. 8.

Schoenner, J: Auszug aus dem Haupt-Katalog der mechanisch-optischen Spielwaren-Fabrik. Nürnberg 1903

Schoenner, J: Jubiläums-Katalog der mechanisch-optischen Spielwaren-Fabrik 1875—1900. Nürnberg 1900
Nebst: Nachtrag 2. 1902

Schoenner, J: Special-Katalog und Preis-Tabelle über Uhrwerks-Eisenbahnen und das gesamte Eisenbahnwesen. Nürnberg 1902

Schonnerberg, J. T., freye Gedanken u. Betrachtungen uber einige theolog. u. biblische Stucke. 8. Hannov. Helwing. 778.

[F.] Geschichte des Bergischen Landes v. Bernhard Schönneshöfer. Hrsg. m. Unterst. d. Bergischen Geschichtsver. M. 1 Titelb. *Elberfeld: Baedecker 1895.* (VIII, 543 S.) 1 Bd 8. [96. 3655

Schönneshöfer, Bernh., Geschichte des Bergischen Landes. 2., verm. u. neubearb. Aufl. Mit 2 Vollbildern des Schlosses Burg u. des Domes zu Altenberg. (VIII, 601 S.) 8. Elberfeld 908. A. Martini & Grüttefien.
5.—; geb. 6.—

Schönow [Schlagwort]

Schönow, s.: Berlin. Kiessling.

Schönow, s.: Geologische Karten. **Preussen 102.**

Schönowsky, Ritter v., Darstellung der Thätigkeit des Unterabtheilungs-Commandanten, s. Böcklin, Baron.

Schönowsky. Aus den Gefechten des österr. Freicorps in Mexico. Kampf gegen die Cuatacomacos i. J. 1865. 8. Wien 1873.

Schönowsky von Schönwies, Max, Militärische Knabenspiele, m. Originalzeichn. v. Fritz Schönpflug, Wien 1910, 78 S., 8°.

Schönpflästerchen, Sophie, e. Ehestandsgemälde. 2 Thle. 8. Bresl. Schall. 805.

SCHÖNPFLÄSTERGEN, Sophie von. Ein Ehestandsgemälde. In zwey Theilen mit 1 Kupfer. Breslau bey August Schall 18**. 8⁰. (Die Jahreszahl des vorlieg. Expls. unleserlich.)
Titelkpf., 255 u. 254 Seiten. In zahmen Briefen. Lat. Lettern. — Fehlt Kayser unter Romanen 1827 u. 1836.

Schönpflug, B. M., Karlsbad und seine Umgebungen, s. Grieben's Reise-Bibliothek.

—— Prag und Umgebungen, s. Grieben's Reise-Bibliothek.

Schönpflug, B. M., Prag u. Umgebungen. Prakt. Wegweiser f. Fremde. 5. Aufl. Mit 1 Plan in Farbendr. Berlin 1877. 12⁰. Cart. *)
XVI—149 S.

Schönpflug, B. M., der Bade- und Kurort Teplitz-Schönau, s. Grieben's Reisebibliothek.

Schönpflug, F., Nicht mucksen! 233 Anekdoten. 8°. (128 S.)
Wien: Perles 1910. K 2.—

Schönpflug, Fritz, Derby. (6 farb. Taf.) 53×71,5 cm. Wien (910). Huber & Lahme Nachf.
In Leinw.-Mappe 30.—; einz. Taf. 5.—

Schönpflug, Fritz, „Kriegsvolk" 12 Orig.-Algraphien. (1 Bl. Text.) Fol. Wien 903. C. W. Stern.
In Leinw.-Mappe 35.—; Luxusausg. 50.—

Herr August Meier, der Hochtourist, s.: Legwarth, Frz.

Schönrich, Karl Otto. Aus d Tagebuch eines dtanischen Schulmeisters. Vortr geh vor d 30. Lehrertag zu Phila. Milwaukee, 1900.
--Aus Jungamerikas Lehrjahren. Milwaukee, 1906.

Schoenrock, A., die Bewölkung des russ. Reiches. [Aus: „Mémoires de l'acad. imp. des sciences de St.-Petersbourg".] gr. 4. (III, II, 74 u. CCXXI S. m. 1 Curventaf. u. 7 Karten.) St.-Pétersbourg 895. (Leipzig, Voss' Sort.) n. 11.25

Schoenrock, A., Untersuchung der Hochwasser in St. Petersburg 1878—1890. [Aus: „Repertorium f. Meteorologie".] gr. 4. (35 S. m. 1 Taf. u. 1 Karte.) St. Petersburg 891. (Leipzig, Voss' Sort.) n. 2.40

Schönrock, E., Gesetzgebg., s. Handbuch.

Handbuch der deutschen und preußischen Gesetzgebung. Eine Sammlung aller Gesetze, Verordnungen, Erlasse, Ausführungs-Anweisungen, Beschlüsse, Verfügungen d. Deutschen Reiches u. d. Königr. Preußen, in 2 Th. Hrsg. von E. **Schönrock**, Schneidemühl, u. M[athias] Weirauch, Trier. Jg. 1. 2. Trier: A. Sonnenburg in Komm. (1901–02). 2 Bde 8° [F.]
[02. 15966

Schönrock, E., u. M. **Weirauch,** Handbuch der deutschen Gesetzgebung. Eine Sammlg. aller Gesetze, Verordngn., Erlasse, Ausführungs-Anweisgn., Beschlüsse u. Verfüggn. des Deutschen Reiches. Zusammengestellt aus dem Reichsgesetz-Blatt, dem Centralblatt f. das Deutsche Reich, dem Amtsblatt des Reichs-Postamts u. dem Reichsanzeiger. 1. Jahrg. 1901. 12 Hfte. gr. 8. (à ca. 48 S.) Trier (A. Sonnenburg). à n. —50

Schönrock, E., u. M. **Weirauch, Handbuch der deutschen u.** preußischen Gesetzgebung. Eine Sammlg. v. Gesetzen, Verordnungen, Erlassen, Ausführungs-Anweisg., Beschlüssen, Verfüggn. des Deutschen Reiches u. des Königr. Preußen, in 2 Thln. Nebst chronolog. u. alphabet. Inhalts-Verzeichniß. 2. Jahrg. 1902. (XL, 656 S.) gr. 8. Trier (903). (Eberswalde, Eberswalder Buchh.) n. 12.—; geb. in Halbfrz. n.n. 14.50

Bilder aus dem Soldatenleben. 13 kinetographisch-pantomimische Scenen von Hermann **Schönrock**. Minden: W. Köhler [1904]. (12 S.) 8° [F.]
(Köhler's Theater-Bibliothek f. Vereine.) [06. 12480 G

Schönrock, Herm., Fürst Bismarck in Friedrichsruh. Genrebild in 1 Akt. 8. (18 S.) Minden 898. W. Köhler. — 75

Fürst Bismarck in Friedrichsruh. Genrebild in 1 Akt von Hermann Schönrock. *Minden i. W.: W. Köhler [1899].* (18 S.) 8° [F.]
= Theater-Bibliothek, Köhlers, f. Vereine. [13.] [01. 9686

— Dienstmann Nr. 111, s. a. Solo-Scenen.

Dienstmann Nr. 111. Komische Solo-Scene für einen Herrn (ohne Gesang) von Hermann Schönrock. *Berlin: E. Bloch (1898).* (14 S.) 8° [F.]
= Solo-Scene. No 20. [00. 5474

Herren-Abende. Vortrags- u. Aufführungssachen f. Herren-Abende von Hermann Schönrock. *Berlin: H. Steinitz (1900).* (141 S.) 8° [F.]
= Hausschatz f. d. gesell. Leben u. f. festl. Veranstaltungen. Bd 3. [00. 8721

Schönrock, Herm., Herren-Abende. Vortrags- u. Aufführungssachen f. Herren-Abende. (143 S.) 8. Berlin 907. H. Steinitz. 1. —

— Auf d. Kasernenhofe, s. Solo-Scenen.

— Manöver im Ballsaal, s. a. Bloch's, Ludw., Militär-Festmappe. 62. Hft.

Manöver im Ballsaal. Cotillontour von Hermann Schönrock. *Berlin: E. Bloch (1900).* (S. 12–14.) 8° [F.]
= Militär-Festmappe, Ludwig Blochs, f. vaterl. Gedenktage ... H. 62, [2.] [00. 1761

Moderne Original-Vortragsstücke und Aufführungsscherze f. Privatkreise u. Vereine von Hermann Schönrock. *Berlin: H. Steinitz (1902).* (135 S.) 8° [F.]
[Umschlagt.:] Das Überbrettl. Moderne Orig.-Vortragsstücke ...
= Hausschatz f. d. Gesellige Leben u. f. Festl. Veranstaltungen. Bd 50. [02. 3817

Ratgeber für das Vereinsleben und für festliche Veranstaltungen von Hermann Schönrock. *Berlin: H. Steinitz 1900.* (138 S.) 8° [F.]
= Hausschatz f. d. gesell. Leben u. f. festl. Veranstaltungen. Bd 2. [00. 8720

Roulotte. Originelle Theater-Aufführungen f. fröhliche Kreise, Gesellschaften u. Vereine von Hermann Schönrock. *Berlin: H. Steinitz (1900).* (125 S.) 8° [F.]
= Hausschatz f. d. gesell. Leben u. f. festl. Veranstaltungen. Bd 4. [00. 8722

Schultzens in Italien. Humorist. Erzählungen von Hermann Rock [d. i. Schönrock]. *Berlin: H. Steinitz (1900).* (76 S.) 8° [F.]
= Hausschatz f. d. gesell. Leben u. f. festl. Veranstaltungen. Bd 5. [00. 8723

— der lustige Schuster. Komische Gerichtsscene. 8. (10 S.) Minden (898). W. Köhler. — 75

Der lustige Schuster. Kom. Gerichtsscene von Hermann Schönrock. *Minden i. W.: W. Köhler [1899].* (10 S.) 8° [F.]
= Theater-Bibliothek, Köhlers, f. Vereine. [14.] [01. 9627

Der Vereinsredner von Hermann Schönrock. Reden, Vorlesungen u. Vorträge. *Berlin: H. Steinitz (1901).* (142 S.) 8° [F.]
Hausschatz f. d. Gesell. Leben u. f. Festl. Veranstaltungen.) [02. 781

— der Vergnügungs-Direktor. Allerlei Neues u. Erprobtes f. Gesellschafts- u. Vereins-Veranstaltgn. Fest-Arrangements, Festspenden, Theater-Aufführgn., Pantomimisches, Lieder, Vortragssachen, leb. Bilder, Diskussionsabende, Prologe, Vorschläge, Belehrgn. u. Anregungen verschiedener Art rc. 8. (160 S.) Ebd. (902). n. 1. —

— heitere u. ernste Vorträge f. fröhliche Kreise, Gesellschaften u. Vereine. 8. (142 S.) Ebd. (900.) n. 1. —

— Vortrags-Komödien (Psychodramen), s. a. Bloch's, Ed., Original-Deklamatorium, 46. Lfg.

Vortrags-Komödien (Psychodramen). Von Hermann Schönrock. *Berlin: E. Bloch [1898].* (38 S.) 8° [F.]
= Original-Deklamatorium, Eduard Blochs. Lfg 46. [03. 13036

— der X-Strahl. Komischer Vortrag m. 6 Bildern. 8. (8 S.) Minden (898). W. Köhler. — 30

Der X-Strahl. Kom. Vortrag mit 6 Bildern von Hermann Schönrock. *Minden i. W.: W. Köhler [1899].* (8 S.) 8° [F.]
= Theater-Bibliothek, Köhlers, f. Vereine. [15.] [01. 9628

Schönrock, O: Zur Abhängigkeit der Breite der Spektrallinien vom Druck. Leipzig 1907

Schönrock, O: Ueber die Abhängigkeit der spezifischen Drehung des Zuckers von der Temperatur. Berlin (1900)

Wachsmuth, R., und O. **Schönrock**: Beiträge zu einer Wiederholung des Mascart-schen Versuches. Leipzig 1902

Schönrock, O: Zur Bestimmung des Hundertpunktes der Ventzkeschen Skale von Saccharimetern. Berlin 1904 (Mitteil. a. d. Physik.-Techn. Reichsanst.)

Schönrock, O: Theoretische Bestimmung des Achsenfehlers von Krystallplatten. Berlin 1902 (Mitteil. d. Physik.-Techn. Reichsanst.)

Schönrock, O: Über die Breite der Spektrallinien nach dem Dopplerschen Prinzip. Leipzig 1906

Schönrock, O., d. opt. Drehungsvermögen organ. Substanzen, s.: Landolt, H.

Schönrock, O: Über den Einfluß der Beleuchtung auf die Angaben von Saccharimetern mit Keilkompensation. Leipzig 1904

Schönrock, O: Zur Frage des Einflusses der Temperatur auf die specifische Drehung des Zuckers. (Berlin 1901

Schönrock, O: Optischer Schwerpunkt von Lichtquellen in der Polarimetrie. Berlin 1907

Schönrock, Otto *Paul Hermann* [aus Berlin]: Über die elektromagnetische Drehung der Polarisationsebene in Flüssigkeiten und Salzlösungen ... Berlin, Buchdr. v. G. Schade, *1893*; 54 S., 1 Bl. 8.
Berlin, Phil. Fak., Inaug.-Diss. v. 22. März 1893

Schönrück, Jul., Maculatur. Eine Erzählung. Mit einer Einleitung von Max Habenicht. 8. (118 S.) Hannover 877. Schmorl & v. Seefeld. n. 1. 50

Schönschreibeheft. Lateinische Schrift. 1.—5. Heft. (à 24 lithogr. S.) Neu-Schönefeld 870, Henze. à Heft ** 10 Pf. **

Schön- u. Schnellschreiben durch 8 Stunden Selbstunterricht. Mit 2 Schreibtaf., 1 Taf. gymnast. Uebgn. u. e. Abhandlg. üb. den Schreibkrampf, seine Entstehg., Verhütg. u. Heilg., hrsg. v. kalligraph. Verlags-Institut, Charlottenburg. 3.—5. Aufl. 6—25000. (à 8 S.) gr. 8. Leipzig (904). O. Maier. n. — 60

Schön- u. Schnellschreiben durch 8 Stunden Selbstunterricht. Mit 2 Schreibtaf., 1 Taf. gymnast. Uebgn. u. e. Abhandlg. üb. d. Schreibkrampf, seine Entstehg., Verhütg. u. Heilg. 6. Aufl. 26—40000. (8 S.) 8. Charlottenburg (907). Kalligraph. Verlags-Institut. — 60

Schönschreiber, der, oder Hülfsblätter f. Copisten u. Schreiber rc. 16 Heft. qu.-Fol. Dresden 825. Rau.

Schönschreibe-Uebungen. Latein. 1. u. 2. Hft. qu. 4. (à 16 S.) Würzburg 874. Gebr. Scheiner. à — 10

— dasselbe. Deutsch. 1—3. Hft. qu. 4. (à 16 S.) Ebend. 874. à — 10

Schönschreib-Heft. (Liniirt und mit Vorschrift versehen.) 16 Heft. (12 lithogr. Blätter.) 4. Aachen 832. Rossel. 1 1/2 gl

Schönschreib-Heft. Deutsche Schrift 1—7. Hft. u. lateinische Schrift 1—5. Hft. qu. 4. (à 24 S.) München 877. Exped. d. kgl. Zentral-Schulbücher-Verl. n.n. 1. 20

Schönschreibheft deutsch. 7 Hefte. (à 24 S.) 8. München (910). R. Oldenbourg. à — 10

Schönschreibheft, griechisches, s.: Schreibvorlagen zur Einübung der griechischen Schrift.

— latein. 5 Hefte. (à 24 S.) 8. Ebd. (910). à — 10

— „Reform". Deutsch-Heft Nr. 1—4. gr. 8. (20, 20, 24 u. 20 S.) Leipzig-R. (900). Graupner & Körner. à n. — 12

Schönschreibheft „Reform". 1-6 von Willig & Vogel. Pirmasens

— dasselbe. Latein-Heft Nr. 1—4. gr. 8. (à 20 S.) Ebd. (900). à n. — 12

Schönschreib-Hefte. Hrsg. unter Mitwirkung des Hauptausschusses des bayer. Volksschullehrer-Vereines. Deutsche Schrift. 7 Hefte. qu. 4. (à Heft 24 S.) München 877, kgl. Central-Schulbücher-Verlag. à Heft **

—— dass. — Lateinische Schrift. 5 Hefte. qu. 4. (à 24 S.) Ebendas. 877. à Heft **

Schönschreibhefte für Schulen. Nach der deutschen Preis-National-Handschrift bearbeitet. Deutsche Schrift. 9 Hefte. 4. (à 24 lithogr. S.) Neu-Schönefeld 870, Henze's Verlag. à Heft **

—— dass. — Lateinische Schrift. 6. und 7. Heft. 4. (à Heft 24 lithogr. S.) Ebendas. 872. à Heft **

Schönschreib-Wand-Tafeln, nach Henze's deutscher Preis-National-Handschrift bearb. 4 Taf. à 112×86 cm. Leipzig-Neustadt 893. A. Henze. Auf Leinw. m. Stäben. à n. 2. —
1. Kleines deutsches Alphabet. — 2. Großes deutsches Alphabet. — 3. Kleines lateinisches Alphabet. — 4. Großes lateinisches Alphabet.

Schönsee, G., Aufführungsscherze in kom. Kostümen f. fidele Abende, s. a. Fastnachts-Bühne.

Aufführungsscherze in komischen Kostümen für fidele Abende von G. Schönsee ... 2. Aufl., durchges. u. verm. v. E. Sédouard. Berlin: E. Bloch (1896). (30 S.) 8° [A.]
= Fastnachts-Bühne. H. 65.

Schoensee, G., **Feuerwehr-Bundeslied.** — Humoresken (Aufführungsscherze). — **August Knutschke als Vereinsdiener.** — **Reflexionen (Couplet),** s.: **Vereinsfreund, der.**

Schönsee, G., 6 Pantominen, s. a. Fastnachtsbühne. 61.

Pantomimen (a. d. Umschl.: Sechs ... von G. Schönsee) ... Marienburg Wpr.: G. Schönsee (1893) (übergeklebt: Berlin: E. Bloch) (1896). (37 S.) 8°
= Fastnachts-Bühne. H. 64.

Schönsledéri, W., Apparatus eloquentiae. Monach. 630. 8. und öfter. Cum praef. Cellarii. Lips. 687. 8. und öfter. Lips. 734. 8. 20 gr.

Schönstadt, Alfred [aus Berlin]: Aus d. Chirurg. Klinik d. Hrn Geh. Rat Prof. Dr. v. Bardeleben. Beitrag zur Statistik bösartiger Geschwülste ... Berlin, Buch- u. Kunstdr O. Lange, *1895*; 32 S. 8.
Berlin, Med. Fak., Inaug.-Diss. v. 1. März 1895

Schoenstaedt, Jul., stenographisches Lesebuch nach dem Arends'schen Schrift-System. Unter Mitwirkung mehrerer Kunst-Freunde. gr. 8. (24 lithogr. S.) Berlin 862, F. Schulze's Buchh. *

Schönstädt, Philipp [app. Arzt aus Louisenthal bei Arolsen]: Zur Casuistik des primären Milzsarkoms. ... Würzburg, J. M. Richters Buch- u. Kunstdr., 1891; 28 S. 8°
Würzburg, Med. Fak., Inaug.-Diss. v. 1891

Schönste, Erhabenste u. Lehrreichste, das, aus v. Göthe's poet. Werken z. Beförder. e. näheren Bekanntschaft mit d. Geistesproducten d. großen Dichters, u. z. Erweck. edler Gefühle f. d. Große u. Schöne, hrsg. v. A. C. vom Harze. gr. 16. (9 B.) Quedlinburg 840, Ernst'sche Buchh.

Schönste, das, u. Gediegenste aus Jean Paul's verschied. Schriften 2c., s. (Richter, Jean Paul Fr.)

Schönste, das, aus der Zauberwelt, oder: Wie es im Reiche der Feen zugeht. Eine Sammlung neuer u. alter auserwählter Mährchen. Nordhausen 860. Büchting in Comm. 8. (111 S.) n. 10 ngr.

Schönste, das, aus der Zauberwelt, oder: Wie es im Reiche der Feen zugeht. Eine Sammlung neuer und alter auserwählter Mährchen. 8. (111 S.) Nordhausen 860. [Leipzig, Wilfferodt.] Thlr. *

Schönstedt, Adph., die Bedeutung d. Jurisprudenz als Wissenschaft. Eine Entgegnung. 8. (30 S.) Magdeburg 848, Baensch. — 2. umgearb. Aufl. 8. (38 S.) Ebd. 848. 4 ngl (siehe: v. Kirchmann, Jul., die Werthlosigkeit 2c.)

Schönstedt, Kurt [app. Arzt]: '(Aus d. patholog. Institut d. Univ. Rostock.)' Ueber die Cysten der weiblichen Brustdrüse ... Rostock, Univ.-Buchdr. v. Adler's Erben, 1894; 48 S., 1 Bl. 8.
Rostock, Med. Fak., Inaug.-Diss. v. [17. Okt.] 1894

Schönstedt, L. Karl. Kurze Darstellung des römischen Kriegswesens. Zum Gebrauche beim Lesen römischer Schriftsteller in den oberen Gymnasialklassen. 23 S.
Magdeburg, D., Progr. 1857

SCHÖNSTEIN, G., Wiener Kochinnen. Wiener Stubenmädchen. Wiener Bediente. Mit 1 characterist. Bild. Gratz 1850. 8°. (1 Mk. Franz Teubner, Düsseld., 1896.)
So in Karajan's Bibl. II. no. 5043. — Rar.

Schönstein, Gustav

Schönstein, G., declamatorisches Album, s. a. Album, declamatorisches.

Schönstein, Gust., declamatorisches Album. Eine auserlesene Sammlung vorzüglicher Gedichte ernsten und heiteren Inhalts zum Vortrage im Concert, im Salon u. im Familienkreise. Hamburg 856. Berendsohn. 16. (VI, 400 S.) n. 20 ngr.

Schönstein, Gust., Amor u. Psyche, oder: Die Sprache liebender Herzen in einer Auswahl von Liebesbriefen, Liebesgedichten u. einer Blumensprache. gr. 12. Wien 846, Wallishausser. 12 ngl

Schönstein, Gust., Amor u. Psyche, oder: die Sprache liebender Herzen in einer Auswahl v. Liebesbriefen, Liebesgedichten u. einer Blumensprache. gr. 12. (VI u. 152 S.) Wien 847, Wallishausser. 12 ngr

Schönstein, Gust., Hr. Buffey aus Berlin im Wiener-Elisium, locales Lebensbild. 12. (2 5/12 B.) Wien 845, Wallishausser.

Schönstein, Gust., Declamatoren-Album. Eine auserlesene Sammlung vorzügl. Gedichte ernsten u. heiteren Inhalts, zum Vortrage im Concert, im Salon u. im Familienkreise. 2., verm. Aufl. Hamburg 865. B. S. Berendsohn. 8. (VI, 402 S.) cart. 22½ ngr

Schönstein, G., Declamatoren-Album. Eine auserlesene Sammlg. vorzügl. Gedichte ernsten u. heiteren Inhalts, zum Vortrage im Concert, Salon u. Familienkreise. 3. verm. Aufl. 16. (IV, 410 S.) Hamburg 875. Berendsohn. geb. 4. —

—— wiener Groschen-Bibliothek, s. a. Groschen-Bibliothek, wiener.

Schönstein, Gustav — Wiener Groschen-Bibliothek oder ungeheure Heiterkeit in der Westentasche. Herausgegeben von — —. 1—5. Lieferung. Wien, 1856. Druck von U. Klopf sen. und Alex. Eurich. (Jede Lieferung 48 S. stark. (32.) (Erscheint in zwanglosen Heften.)

Schönstein, Gustav — Wiener Groschen-Bibliothek oder ungeheure Heiterkeit in der Westentasche. Herausgegeben von — —. 6—10. Lieferung. Wien, 1856. Druck von U. Klopf sen. und Alex. Eurich. Verlag von Albert A. Wenedikt. (6. u. 7. Lieferung. 96 S. 8. u. 9. Lieferung. 80 S. 10te Lieferung. 48 S. 32.)

— der Humor im Soufleurkasten. Neueste u. vollständigste Sammlung der beliebtesten Theatercouplets u. Lieder von den gefeierten Komikern Beckmann, Dessoir, Grobecker rc. auf deutschen Bühnen vorgetragen. Ebend. 863. 32. (XI, 370 S.) 10 ngr

— das gratulirende Kind. Eine Sammlung ausgewählter Glückwünsche in gebundener u. ungebund. Rede, zum mündlichen Vortrage u. in Briefform, in deutscher, französ., italien. u. lateln. Sprache. 12. Wien 847, (846,) Stockholzer v. Hirschfeld. ¾ Thlr

— das gratulirende Kind. Eine Sammlg. ausgewählter Glückwünsche in gebundener u. ungebundener Rede, zum mündlichen Vortrage u. in Briefform, an Eltern, Großeltern, Vormünder rc. zu Neujahrs-, Geburts-, Namensfesten u. anderen Gelegenheiten; in deutscher, italien. u. latein. Sprache. 4. Aufl. gr. 16. (176 S.) Wien 850. (Gerold.) n. ½ Thlr

Schönstein, Gust., das gratulirende Kind. Eine Sammlung ausgewählter Glückwünsche in gebundener und ungebundener Rede, zum mündl. Vortrage und in Briefen an Eltern, Großeltern, Vormünder rc. zu Neujahrs-, Geburts-, Namensfesten und anderen Gelegenheiten; in deutscher, französ., italien. und latein. Sprache. 6. Aufl. 8. (160 S.) Wien 861. (Gerold's Sohn.) *

—— gratulirende Kinder. Vollständigste Sammlung von Neujahrs-, Weihnachts-, Geburtstags- rc. Gratulationen. In Poesie und Prosa für jedes Alter. 1. Aufl. 1858. und 2., stark verm. und verb. Aufl. Hrsg. von M. Martin. 16. (IV und 164 S.) Hamburg 861, B. S. Berendsohn.

—— gratulirende Kinder. Vollständigste Sammlung von Neujahrs-, Weihnachts-, Geburtstags-, Hochzeits-Gratulationen und Stammbuchversen. In Poesie und Prosa für jedes Alter. 4., stark verm. und verb. Aufl. Hrsg. von M. Martin. 16. (IV und 156 S.) Hamburg 864, B. S. Berendsohn. cart.

— gratulirende Kinder. Vollständigste Sammlung von Neujahrs-, Weihnachts-, Geburtstags-, Hochzeits-Gratulationen u. Stammbuchversen. In Poesie u. Prosa für jedes Alter. 5. stark verm. u. verb. Aufl. hersg. von M. Martin. Ebend. 869. 16. (IV, 156 S.) cart. n. 10 ngr

Schönstein's gratulirende Kinder. Vollständigste Sammlung von Neujahrs-, Weihnachts-, Geburtstags-, Hochzeits-Gratulationen und Stammbuchversen. In Poesie und Prosa für jedes Alter. 6. und 7. verm. und verb. Aufl. von M. Martin. 8. (IV, 156 S.) Hamburg 876, Berendsohn. cart. *

—— nur immer kreuzfidel! — Anekdoten-Album f. d. Jahr 1846 u. 1847. (1. u. 2. Lfg.) 12. (9⅙ B.) Wien, Wallishausser. à *

Schönstein, Gust., nur immer kreuzfidel! Anekdoten-Album für das J. 1848. 12. (112 S.) Wien, Wallishausser. Thlr.

Jahrg. 1846 und 1847. Ebendas. à Jahrg. * 8 Ngr.

—— das Privat- u. Haustheater. 1. Bdchn. enth.: das unterbrochene Duell — der Bürgermeister. gr. 12. (4¾ B.) Wien 845, Wallishausser.

—— das Privat- und Haustheater. 2. Bdchn. 12. (99 S.) Wien 848, Wallishausser.

Inhalt: Einen Spaß will Sie sich machen. — Herr v. Schuferl, oder die Landparthie in das Krapfenwaldl.

1. Bdchn. Ebendas. 1846. 8 Ngr.

— der moderne Profet. Humoristisch, satyr. Volkskalender auf das J. 1850. [Mit mehren Illustr.] gr. 16. (160 S.) Wien, Wenedikt. 12 ngr

—— Radetzky-Album, s. Radetzky-Album.

—— Schnaderhüpfeln, s. a. Schnaderhüpfeln.

— Schnaderhüpfeln, Stanzeln, G'sangel'n und Vierzeilige. Gesammelt u. herausg. Wien 857. Wenedikt. 32. (72 S. u. 1 Holzschn.) 6 ngr

—— aus dem Soufleurkasten, s. a. Aus.

— Aus dem Soufleurkasten! oder: Der fertige Coupletsänger. Vollständige Sammlung der vorzüglichsten Theatercouplets u. Lieder, wie solche von den gefeierten Komikern Treumann, Nestroy, Scholz, Weihrauch u. A. rc. auf deutschen Theatern vorgetragen u. gesungen sind. Gesammelt u. herausg. 1. Abth. 2. Aufl. — 2. Abth. Hamburg 857, 59. Berendsohn. 32. (VI, 186; VII, 184 S.) Jede Abth. 7½ ngr

— Stammbuch für Liebe, Freundschaft u. Hochachtung. Neueste Sammlung ausgewählter Stammbuch-Aufsätze u. Kraftstellen aus den Werken der vorzügl. Schriftsteller. Nebst einem Anh. von Akrosticha u. deren Namen-Deutung. 12. (107 S.) Wien 848, Wallishausser. ¼ Thlr

—— wiener Tausendsasa, der unentbehrliche humorist. Gesellschafter wie er sein muß, oder: Die Kunst Gesellschaften zu elektrisiren. Ein unentbehrl. Handbuch für junge Leute, welche sich in Gesellschaften beliebt machen wollen. gr. 16. (VII und 351 S.) Wien 849, Wallishausser.

— Madam Tratschberger die humorist. Kaffeeschwester in ihrer heitersten Surrogatlaune. Ein Gesellschafts- u. Erheiterungs-Büchlein für das einig lachende Deutschland. Mit sehr vielen Beiträgen u. gutgesinnten Spässen aus der Gedankenmühle eines Mokka—nten. Eine Melange. Eine volle Kanne mit Anekdoten-Nachguß. 16. (128 S.) Wien 851, Wenedikt. n. 8 ngr

—— Wien, wie es ist und — trinkt. 1—4. Heft. Mit 4 Stnt. 16. Gratz 850. (Leipzig, Schrey.) à Heft. 7½ Ngr.

Inhalt:

Heft 1. Wiener Schusterstuben. 2., verm. Aufl. (67 S.)
" 2. Wiener Fuhrwerke. (81 S.)
" 3. Wiener Köchinnen. Wiener Stubenmädchen. Wiener Bediente. (74 S.)
" 4. Die wiener Schuljugend und Studirende. (96 S.)

—— der geniale Wiener-Spaßvogel und famose Komiker in seiner heitersten Laune. Eine Sammlung von Wiener-Lachrecepten ꝛc. Eingetheilt in humoristisch-deklamator. Abendunterhaltungen für fröhliche Zirkel. 1. und 2. Abendunterhaltung. 32. (à 128 S.) Wien 850, Wenedikt. à Abendunterhaltung

Schönstein, G. (Hrsg.), s. Witz- u. Lach almanach. Humoristisch-jocoser . . .

Schönstein's, Gust., Wiener Wunschbuch für Kinder. Enth. Glückwünsche aller Art f. alle Gelegenheiten in der Form v. gemütv. Gedichten, Anreden u. Gratulationsschreiben. 8. vollständig erneuerte Aufl. m. einigen Beiträgen in niederösterreich. Mundart, hrsg. v. Frz. Unger. 2 Tle. 8. Wien 909. F. C. Mickl. à 50

1. Neujahrswünsche u. Weihnachtsgedichte. (46 S.)
2. Geburtstags- u. Namenstagswünsche. (62 S.)

Schönstein, Johann Baptist

— die Beichte ist ein wesentlicher in d. kathol. Kirche immer festgesetzter u. beobachteter Theil des heil. Bußsakraments. 8. Rotweil 821. Herder. 4 gr.

— die Beichte ist ein wesentlicher in der kathol. Kirche immer festgesetzter u. beobachteter Theil des heil. Bußsakraments. 8. Ebd. 823, Ebd.

Schönstein, Jh. Bapt., der Beichtvater u. das Beichtkind nach d. Sinne Jesu Christi, u. nach der Anordnung seiner heil. Kirche. Ein Bruchstück z. Pastoraltw. 8. Rotweil 823. Herder. 2 gr.

— der Christ im Advent, d. i.: kurzgef. Geschichte des Menschengeschlechts, von Adam bis auf die Geburt Jesu, zur Erwegung, eingetheilt in die Wochen des Advents. Mit 1 Kpf. 8. Rotweil 820. Herder. 8 gr.

— d. fromme Christ beim Gottesdienst. Ein vollständ. Unterrichts- u. Gebetbuch f. alle Stände u. Zeiten. 8. Rotw. 821. Herder. 6 gr.

— der fromme Christ beim Gottesdienst. Ein vollständiges Unterrichts- u. Gebetbuch f. alle Stände u. Zeiten. 8. Ebend. 823, Ebd.

— der Christ, wie er beten soll. 8. Rotweil 810. Herder. 12 gr.

— der Christ, wie er Gott, den Nächsten u. sich selbst lieben soll. 8. Einsiedeln 819.

— der Christ, wie er leben, wie er beten u. sterben soll. Mit 1 Kpf. 8. Donaueschingen 811. 8. Rotweil 821. Herder. 16 gr.

— kathol. Gebet- u. Erbauungsbuch. 8. Rotweil 813.

— kurze Geschichte der Wallfahrt zu Tryberg auf dem Schwarzwalde. 8. Rotweil 820. Herder. 3 gr.

— kathol. Glaubensbekenntniß in Form einer Litanei, nebst einig. Fürbitten f. Kirche u. Vaterland. 12. Freiburg 821. Herder. das Dutzend 12 gr.

— Jesus, das göttl. Kind, als Urbild wahrer Frömmigkeit allen Kindern zur Nachahmung vorgestellt. 12. Rotweil 820. 2e A. 823. Herder. 2 gr.

— das Kind beim öffentl. Gottesdienste; e. neues Gebetbüchlein. 2e Aufl. 12. Rotweil 820. 3e Aufl. 823. Herder. 2 gr.

Schönstein, J. B., das Kind beim öffentl. Gottesdienste. Ein Gebetbüchlein. 18. Einsiedeln 837, Gebr. Benziger. 4¼ ngr Velinp. ⅙ rß

— christkathol. Kirchenjahr, in 4 Abtheill. z. Heiligung der Sonn- u. Festtage. Mit 1 Kpf. 8. Rotweil 825. Herder. 20 gr.

— die Leidensgeschichte Jesu Christi, mit kurzen Betrachtt. begleitet, nebst d. Andacht des heil. Kreuzwegs ꝛc. 8. Freiburg 815.

— kleines Noth-, Hülf-, Trost- u. Unterrichts-Büchlein in 2 Abtheill. 8. Rotweil 820. Herder. 6 gr.

— guter Rath f. Beichtende, ob sie sich einen guten od. strengen Beichtvater wählen sollen. 8. Rotweil 823. Herder. 3 gr.

— die Seele mit Gott allein, od. ganz kurze Betrachtt. üb. verschied. Gegenstände der wahren Frömmigkeit, d. auch beim Besuche d. allerheil. Altars-Sakraments können gebraucht werden. 8. Landsh. 826. Thomann. 5 gr.

Schönstein, Joh. Bap., das Tagwerk des Christen, in e. neuen Gebet- u. Unterrichts-Buche vorgezeichnet, u. allen Christen zur thät. Erfüllung empfohlen. 8. (10 B.) Rotweil 828, Herder.

— Unterhaltungen mit Gott u. seinen Heiligen. Ein Gebet-, Unterrichts- u. Erbauungsbuch ꝛc. Mit 1 Kpf. 8. (Rotweil) 817. Herder. 12 gr.

— ein Wort für den öftern Genuß des hochheil. Abendmahls. 8. Rotweil 823. Herder. 3 gr.

— ein Wort für u. über Religion u. Offenbarung, dem heutigen Zeitgeiste gewidmet. 8. Rotweil 823. Herder. 3 gr.

Schönstein, W. (Red.), s. Zeitschrift für Zimmerkunst.

SCHONSTEINER, Ferdinandus: Evolutio legislationis canonicae circa o cia clericorum primis septem saeculis ecclesiae spectata. — (1904) 286 4° (Handschr.) Diss. (
Diss. Wien, Univ.

Schön-Suschen

— ein unterhaltend. Spiel mit Plan u. Kärtchen, franz. u. deutsch. Leipzig, B. Klemmer.

Schön-Suschen, ein unterhalt. Spiel, franz. u. deutsch. Nürnberg, Bieling. 810.

Schöntag, F., Pflanzen-Studien. Leichte farb. Vorlegeblätter für die mittlere Stufe des Zeichenunterrichts. Fol. (10 Taf.) Amberg (899). E. Bachmann. In Mappe n. 6.—

Schöntag F, Pflanzenstudien. Leichte farbige Vorlageblätter für die mittlere Stufe des Zeichenunterrichts. (10 T) fol Amberg (1900)

Schontag, Ferd.: Beiträge zur Kritik und Erklärung des Tacitus. 13 S. – Regensburg, Progr. 1872.

Schöntag, Ferd., Musteraufsätze aus der Schule für die Schule. gr. 8. (84 S.) Regensburg 887, (Bauhof.) *

Schöntag, Ferd., Musteraufsätze aus der Schule f. die Schule. 2., verm. Aufl. gr. 8. (XI, 224 S.) Regensburg 891. H. Bauhof. n. 3. —

Plinius der Jüngere, ein Charakterbild aus der römischen Kaiserzeit. — Von Heinr. Schöntag, G. P. — 1876. Hof, ibid. — S. 3—30[8].
Progr. Hof. K. Gymn.

Schöntag, Karl, Rechtspraktikant aus Aichach: **Ueber die Vertragsstrafe** nach dem bürgerlichen **Gesetzbuche.** *Regensburg 1898: M. Wasner.* (50 S.) 8°
Erlangen, Jur. Diss. v. 10. Okt. 1898

Schöntag, Theodor

Chronik der Anstalt. — Von Th. Schöntag, Subr. — 1882, Kitzingen, E. F. Schubert. — S. 17—24[a].
Progr. Hitzingen (Unterfranken),
Isol. lat. Schule

Zur Geschichte des K. Progymnasiums Kitzingen. (Beilage zum Jahresbericht). — Von Theodor Schöntag, R. — 1897, Kitzingen, Meschett und Hissiger. — P. 3—16.
Progr. Kitzingen, Progymn.

Schöntahn, H. C.: „Das Recht des Zehendtherren, seinen Zehendten selbst zu ziehen oder zu verpachten, nach Braunschweig. — Wolfenbüttelschen Landesrechten", Wolfenbüttel 1807 (Albrecht).

Schöntaube, Kasp., neue Erfindungen; hrsgg. v. Gust. Bergmann. 8. Ulm 787. Bergmann.

Schönthal, Adolph v., e. Gesch. dies. Jahrzehends. (v. Vulpius.) 8. Halle, Heller. (Ruff.) 787.

Schönthal v.

Sch[nurpfeil], O. v. Das Erotische im zweiten Theile des Goethe'schen Faust (II. Act 1—3). Ein Beitrag zu des Dichters Denkweise, gleichzeitig als Versuch, die ganze Dichtung in verständigen Zusammenhang zu bringen. Hagen i. W., Druck und Verlag von Hermann Risel & Co., 1893. 8°. 30 S.
[B. II, 641.]
[Verfasser ist Univ.-Prof. v. Schonthal, Herausgeber O. v. Schnurpfeil.]

— — 2. Auflage: Faust und Gretchen usw. Hamburg 1906. Kl. 8°. 46 S.
Vgl. Rosenbaum Nr. 188a.

Schönthal, v., Faust u. Gretchen. II. Act. 1.—3. Das Erotische in Goethe's Faust. Ein Beitrag zu des Dichters Denkweise. 2. Aufl. (46 S.) kl. 8. Hamburg (906). M. Digel. n. 1. —

Schönthal, C., die Krankheit des Zaren Alexander III. v. Russland. Zugleich e. Belehrg. f. Nierenkranke u. üb. verwandte Zustände. 1.—5. unveränd. Abdr. gr. 8. (43 S.) Neuwied 894. Heuser's Verl. — 80

Schönthal, Otto, österr. Konkurrenzen, s.: Architekt, der. S. Suppl.-Heft.

Schönthal, Otto, Wettbewerbsentwürfe f. e. Amtsgebäude d. Reichskriegsministeriums u. f. e. Gebäude d. militärwissenschaftlichen u. Kasino-Vereins in Wien. (64 Taf. u. Doppeltaf. m. III S. Text.) 34,5×26,5 cm. Wien (909). A. Schroll & Co. In Halbleinw.-Mappe 15.

Schönthan, Franz v.

— Villa Blancmignon, s.: Universal-Bibliothek.

Schönthan, Frz. v., das goldene Buch, s.: Universal-Bibliothek.

— u. Frz. **Koppel-Ellfeld,** die gold'ne Eva. Lustspiel in 3 Akten. 8. (127 S.) Berlin (902). E. Bloch. n. 2. —

Florio und Flavio. Ein Schelmenstück u. Liebesspiel in 3 Akten von Franz v. Schönthan u. Franz Koppel-Ellfeld. (Mit teilweiser Benutzung e. älteren span. Stoffes.) *Berlin: E. Bloch (1902).* (115 S.) 8° [Fr.] 02. 901

Die berühmte Frau. Lustspiel in 3 Akten. (Von Franz v. Schönthan u. Gustav Kadelburg.) *Berlin Charlottenburg: M. Simson [1899].* (131 S.) 8° [Fr.]
— Schönthan: Dramat. Werke. Bd 2. [99. 6776

Schönthan, Frz. v., unsere Frauen, s. Moser, Gust. v.

Schönthan, Frz. v., der General, s. a. Reclam's Novellen-Bibliothek.

Schönthan, Frz. v., der General, s. a. Universal-Bibliothek.

Schönthan, Frz. v., der General. Eine erlebte Geschichte. 8. (170 S.) Breslau 894. Schles. Verlags-Anstalt. n. 2. —; geb. n. 3. —

Goldfische. Lustspiel in 4 Akten. (Von Franz von Schönthan u. Gustav Kadelburg.) *Berlin Charlottenburg: M. Simson [1899].* (135 S.) 8° [Fr.]
— Schönthan: Dramat. Werke. Bd 1.

Komtesse Guckerl. Lustspiel in 3 Akten von Franz v. Schönthan u. Franz Koppel-Ellfeld. *Berlin: E. Bloch (1902).* (131 S.) 8° [Fr.]

—— kleine Hände, s. Universal-Bibliothek Nr. 1799.

—— Roderich Heller. Lustspiel in 4 Akten. 8. (122 S.) Wien 884, [Wallishausser'sche Hofbuchh.] Künast.

—— und Paul v. Schönthan, kleine Humoresken, s. Universal-Bibliothek Nr. 1680, 1790 und 1939.

—— und P. v. Schönthan, kleine Humoresken, s. Universal-Bibliothek Nr. 2279.

Frau Königin. Spiel in 2 Akt. von Franz v. Schönthan u. Franz Koppel-Ellfeld. *Berlin: E. Bloch (1902).* (116 S.) 8° [Fr.]

Schönthan, Frz. v., Krieg im Frieden, s.: Moser, Gust. v.

—— das Mädchen aus der Fremde, s. Universal-Bibliothek Nr. 1297.

Schönthan, Frz. v., kleine Münze. Epigramme u. Sinnsprüche. Mit e. Portr. d. Verf. 24. (71 S.) Berlin 890. Conitzer. geb. n. 2. —

Schönthan, Franz. u. P. v. Schönthan

— — — der Raub der Sabinerinnen. Schwank in 4 Akten. 8. (110 S. mit Portr. in Holzschn.) Berlin 885, Lassar's Buchh. *
Vgl.: Buxtow, Otto, wie ein Schwank entsteht.

[S.] Renaissance. Lustsp. in 3 Acten v. Franz v. Schönthan u. Franz Koppel-Ellfeld. *Berlin: Freund & Jeckel 1897.* (3 Bl., 139 S.) 1 Bd 8.
[y8 3019]

— — Renaissance. Lustspiel in 3 Akten. 2. Aufl. (IV, 138 S.) 8. Berlin 902. Freund & Jeckel. n. 2.—; geb. n. 3.—

— u. Frz. **Koppel-Ellfeld**, Renaissance. Lustspiel in 3 Akten. 3. Aufl. (VI, 138 S.) 8. Berlin 908. Freund & Jeckel. 2.—; geb. 3.—

— u. **Frhr. v. Schlicht**, im bunten Rock! Lustspiel in 3 Akten. (162 S.) 8. Ebd. (906). n. 3.—

— der Schwabenstreich. Lustspiel in 4 Akten. 8. (VIII, 140 S.) Berlin 883. Freund & Jeckel. n. 2.—; geb. n. 3.—

Schönthan, Frz. v., der Schwabenstreich. Lustspiel in 4 Akten. 8. Berlin 883, Lassar's Buchh. [*ℳ 2.—] *

— **der Schwabenstreich.** Lustspiel in 4 Akten. 2. Aufl. (146 S.) 8. Berlin (906). E. Bloch. n. 4.—

Der Herr Senator. Lustsp. in 3 Aufzugen. (Von Franz v. Schönthan u. Gustav Kadelburg.) Berlin-Charlottenburg: M. Simson [1899]. (128 S.) 8°
= Schonthan: Dramat. Werke. Bd 3.

—— Sodom und Gomorrha, s. Bloch's, Ed., Volks-Theater.

—— die goldne Spinne, s. Universal-Bibliothek Nr. 2140.

Zwei glückliche Tage. Schwank in 4 Akten. Von Franz v. Schönthan u. Gustav Kadelburg. *Berlin-Charlottenburg: M. Simson [1899]* ([illegible]) 8° [S.]
= Schönthan: Dramat. Werke. Bd 4. [illegible]

Cornelius Voss. Lustspiel in 4 Akten von Franz v. Schönthan. *Berlin: E. Bloch (1902).* (120 S.) 8° [S.] [illegible]

— Cornelius Voß. Lustspiel in 4 Akten. 8. (120 S.) Ebd. (902). n. 2.—

Schönthan, Frz. v., u. Gust. Kadelburg, dramatische Werke. 1.—4. Bd. gr. 8. Charlottenburg [M. Simson]. Berlin, H. Steinitz. à n. 2.—
1. Goldfische. Lustspiel in 4 Akten. (130 S.) 899.
2. Die berühmte Frau. Lustspiel in 3 Akten. (131 S.) 899.
3. Der Herr Senator. Lustspiel in 3 Aufzügen. (128 S.) 899.
4. Zwei glückliche Tage. Schwank in 4 Akten. (150 S.) 899.

(B) — u. G. **Kadelburg**, dramatische Werke. 4 Bde. 899. (KVL 32.) Erh. Pr. à 3.

Das letzte Wort. Theaterstück in 4 Akten von Franz v. Schönthan. *Berlin: E. Bloch (1902).* (113 S.) 8° [S.] [illegible]

Cirkusleute. Komödie in 4 Akten von Franz v. Schönthan. *Berlin: E. Bloch (1902).* (118 S.) 8° [S.] [illegible]

—— der Zugvogel, s. Moser, Gust. v.

Schönthan, Hans von, a. Berlin: **Darstellung und Eigenschaften von Salzen der Nitrilodithiophosphorsäure.** (Berlin 1905. E. Ebering.) (43 S.) 8°
Berlin, Phil. Fak., Ref. Fischer, Diss. v. 9. Dez. 1905
[Geb. 22. März 82 Berlin; Wohnort: Berlin; Staatsangeh.: Preußen; Vorbildung: Falk-Realgymn. Berlin Reife (0); Studium: Berlin 5, München 1, Berlin 4 S.; Rig. 30. Nov. 05.]

Schönthan, Paul von, Benimm dich anständig und andere anständige Sachen. 1., 2. und 3. Aufl. 16. (119 S.) —.90, geb. 1.20
Wien: Mohr 1898.

Schönthan, Paul v., benimm Dich anständig u. and. anständ. Sachen. 3. Aufl. gr. 16. (V, 119 S.) Wien 899. R. Mohr. n. 1.50; geb. n. 2.—

Schönthan, Paul v., **Benimm Dich anständig u. andere** anständige Sachen. **5. Aufl. (III, 142 S.) 16. Wien** 905. R. Mohr. n. 1.50; **geb. n. 2.—**

Schönthan, Paul v., die Blauen. Eine humorist. Geschichte aus dem modernen Künstlerleben. kl. 4. (201 S.) Leipzig 902. H. Seemann Nachf. n. 2.50

— **Brillant-Boutons.** Allerlei pikante Geschichtchen. 8. (94 S.) Berlin 899. H. Schmidt. n. 1.—

— Edi u. Fredi. Episoden aus d. Leben zweier Musterknaben. 8. (188 S.) Dresden 897. E. Pierson. n. 3.—; geb. n. 4.—

(B) **Schönthan,** Paul v., Edi u. Fredi. 897. (KVL 30.) Jetzt: Berlin, Verlag Berlin-Wien.

— Enfant terrible. Illustr. v. Carl Zopf. 8. (152 S.) Stuttgart 897. C. Krabbe. n. 2.—; geb. in Leinw. n. 3.—

— Ernst bei Seite. Humoristisches u. Ironisches. 3. Aufl. gr. 16. (VII, 150 S.) Wien 900. R. Mohr. n. 1.50; geb. in Leinw. n. 2.—

— der Frack, s.: Gabelsberger-Bibliothek. 51. Bd.

— brave u. schlimme Frauen. Mod. Geschichten. 8. (119 S.) Linz 901. Wien, Oesterreich. Verlagsanstalt. n. 2.—

(B) — Brave u. schlimme Frauen. 901. (KVL 32.) Jetzt: Wien, J. Deubler.

— gefärbte Frauen u. Andere. Novelletten. 12. (VII, 147 S.) Gotha 895. J. Goetsch. n. 2.—

(B) — Gefärbte Frauen. 895. (KVL 30.) Erm. Pr. 1.—; geb. 1.50

— das Fräulein. Roman. (176 S.) 8. Stuttgart 903. A. Bonz & Co. n. 2.40; geb. in Leinw. n. 3.60

Schönthan, Paul v., Geberden der Liebe. 2 Novellen. 12. (139 S.) Wien 895. G. Szelinski. 1.60

— dasselbe, s. a. Roman-Gallerie.

— Geberden d. Liebe. Zwei Novellen. 2. (Titel-)Aufl. 12. (III, 139 S.) Leipzig (895) 896. Berlin, Neufeld & Henius. n. 1.—

— Geberden der Liebe. Novellen. 8. (158 S.) Berlin 899. H. Schmidt. n. 1.—

Schönthan, P. v., neue Geschichten. Ernstes u. Heiteres. 8. (III, 103 S.) Zittau 890. Pahl. n. 1.—

— die zwei Grazien u. and. Geschichten. Illustr. v. H. Albrecht. gr. 8. (92 S.) Stuttgart 896. C. Krabbe. n. 1.—

— Humoresken u. Skizzen, s. a. Bibliothek der Gesamtlitteratur.

Humoresken und Skizzen von Paul von Schönthan. Halle a. S.: O. Hendel (1898.) (73 S.) 8°
= Bibliothek d. Gesamtlitteratur d. In- u. Auslandes. No 1263.

— Jahreszeiten der Feder, s. a. Romane, deutsche.

— Jahreszeiten d. Feder, s. a. Veröffentlichungen des Vereins d. Bücherfreunde.

[F.] Jahreszeiten der Feder. Allerlei v. Paul v. Schönthan. *Berlin: Ver. d. Bücherfreunde [1896].* (IV, 238 S.) 1 Bd 8.
= Verein d. Bücherfreunde. Jg. v. [No] 3. [96. 4773

Jahreszeiten der Feder. Allerlei von Paul v. Schönthan. 2. Aufl. (In 4 Lfgen.) Berlin: A. Schall [1902]. (238 S.) 8° [F.]
= Romane, Deutsche. [7.] [05. 15580

— Jahreszeiten der Feder. Allerlei. 2. [Titel-]Aufl. (IV, 238 S.) 8. Berlin [896] (903). A. Schall. n. 3. —; geb. n. 4. —

— kein Glück in d. Liebe, s. a. Eckstein's humorist. Bibliothek.

Kein Glück in der Liebe. Heitere Geschichten von Paul v. Schönthan. (4.–8. Taus.) *Berlin: R. Eckstein Nachf. [1898].* (127 S.) 8° [F.]
= Bibliothek, Ecksteins Humoristische. No 37. [01. 5287 11

— Kinder v. heute, s.: Universal-Bibliothek.

Schönthan, P. v., Kindermund, s. a. Universal-Bibliothek.

— Kindermund. Heitere Erlebnisse aus dem Kinderleben. In Stolze'scher Kurzschrift hrsg. v. Wilh. Behrens. 8. (32 autogr. S. m. 1 Bildnis.) Lübeck 891. (J. Carstens.) n. — 60

—— Die Königin der Luft u. andere Erzählungen. Illustr. v. H. Albrecht. 8. (103 S.) Stuttg. 891, Krabbe. * 1 —

— anonyme Korrespondenz, s.: Neuter's Bibliothek für Gabelsberger-Stenographen.

—— Der Kuß, s. Koppay, J. — Universalbibliothek Nr. 2311.

— Frau Lot. Wiener Roman. 8. (275 S.) Stuttgart 901. A. Bonz & Co. n. 3. —; geb. in Leinw. n. 4. —

— Wiener Luft. Stimmungen u. Geschichten. 8. (III, 174 S.) Dresden 897. E. Pierson. n. 2. —

(B) — Wiener Luft. 897. (KBL 36.) Jetzt: Berlin, Verlag Berlin-Wien.

Schönthan's, Paul v., Mark-Bibliothek. I.—IV. Bd. 8. Berl. 890,91, Conitzer. cart. à Bd. * 1 —
I. Jókai, Maurus. Wunderliche Geschichten. (III, 133 S.)
II. Bekenntnisse e. Spiritistin [Hildegard Nilson]. Hrsg. von Fritz Mauthner. (148 S.)
III. Lorm, Hieron. Die Geheimräthin. Novelle. (136 S.)
IV. Roderich, Alb. Die glückliche Ehe u. andere Humoresken. (112 S.)

—— der Maskenball und andere heitere Geschichten. 8. (111 S.) Berlin 885, Steinitz und Fischer. *

— d. Maskenball u. and. heit. Geschichten. 3. u. 4. Tausf. 8. (128 S.) Berlin 896. H. Steinitz. n. 1. —

— o dieser Meyer u. andere wunderliche Leute, s.: Eckstein's humoristische Bibliothek.

— „Pariser Modell". Roman. 8. (223 S.) Dresden 903. Moewig & Höffner. n. 3. —; geb. in Leinw. n. 4. —

(B) — Pariser Modell. 903. (KBL 32.) Ladenpr. aufgeh.

— das junge Paar. Ein Leitfaden der Ehe v. ***. Mit e. Vorwort. Buchschmuck v. Fritz Schönflug. 1.—5. Taus. 8. (76 S.) Wien 900. Wiener Verlag. n. 1. —

— aus der lachenden Radlerwelt. 8. (138 S.) Charlottenburg (898). M. Simson. n. 2. —; geb. n. 3. —

Aus der lachenden Radlerwelt. Von Paul v. Schönthan. *Charlottenburg: M. Simson [1899].* (138 S.) 8° [F.] [03. 8457

— schlechte Rasse. Novelle. 8. (125 S.) Leipzig 894. Dresden, E. Reißner. n. 2. —

— schlechte Rasse. Novelle. 2. [Titel-]Ausg. 8. (125 S.) Dresden (894) 898. E. Reißner. n. 2. —

— Ringstraßenzauber. Bilder aus dem Wiener Leben. 12. (115 S.) Wien 894. G. Szelinski. n. 1. 20; geb. n. 2. —

— dasselbe, s. a. Romangallerie.

— Ringstraßenzauber. Bilder aus d. Wiener Leben. 2. (Titel-)Aufl. 8. (115 S.) Leipzig (895) 896. Berlin, Neufeld & Henius. n. 1. —

— Ringstraßenzauber. Launige Geschichten. 5. Aufl. 8. (154 S.) Berlin 899. H. Schmidt. n. 1. —

— soll man es sagen? Allerlei kleine Scherze. 8. (96 S.) Ebd. 899. n. 1. —

Schönthan, Paul v., Stickluft. Roman aus der Großstadt. 8. (248 S.) Dresden 896. E. Reißner. n. 3. 50; geb. n. 4. 50

—— in Sturm und Not, s. Universal-Bibliothek Nr. 2438.

— Prinzessin Turandot. Illustr. v. Carl Zopf. 8. (155 S.) Stuttgart 895. C. Krabbe. n. 2. —; geb. in Leinw. n. 3. —

— die elegante Welt. Handbuch der vornehmen Lebensart im gesellschaftl. u. schriftl. Verkehr. Mit zahlreichen Briefmustern, Lexikon d. guten Tones, Denksprüchen, Toastentwürfen u. Fremdwörterbuch. Unter Mitwirkg. hervorrag. Autoritäten hrsg. 1.—5. Aufl. gr. 8. (XV, 384 S.) Berlin 891. [Verlag f. Sprach- u. Handelswissenschaft.] J. Gnadenfeld & Co. n. 3. 50; geb. in Leinw. 5. —

— die elegante Welt. Handbuch d. vornehmen Lebensart im gesellschaftl. u. schriftl. Verkehr. M. zahlr. Briefmustern, Lexikon d. guten Tones, Denksprüchen, Toastentwürfen u. Fremdwörterbuch. Unt. Mitwirkg. hervorrag. Autoritäten hrsg. 6., verb. Aufl. gr. 8. (XV, 384 S.) Berlin 895. J. Gnadenfeld & Co. n. 3. 50; geb. in Leinw. 5. —

— aus der großen u. der kleinen Welt. Novellen. 12. (190 S.) Berlin 891. [Schorer.] Leipzig, P. List. n. 1. 50

— Welt- u. Kleinstadt-Geschichten. 8. (307 S.) Dresden 889. Pierson. n. 3. —

— Zimmer Nr. 18, s.: Theater, modernes.

— Zimmer Nr. 18, s.: Theater, neues Wiener.

Schönvisner, St.

— Commentarius geographicus in Romanorum iter per Panoniae ripam a Tauruno in Gallias. II Ptes. 8maj. Ofen 780. Typ. Soc. 1 ℛ 4 𝒢

Schönvisner, St., antiquitatum et historiae Sabariensis notit. 4maj. Pesth 791. Eggenberger. 3 ℛ 12 𝒢

Schoenvisner, St. de, Antiquitatum et historiae Sabariensis notit. 4. maj. Pest, Eggenberger. 791.

— notitia Hungaricae rei numariae ab origine ad praesens Tempus. 4. maj. ibid. (Eggenberger, Pest) 802.

— de ruderibus Laconici Caldarii etc. fol. Budae, Bernardi. (Typ.) 778.

Schönwald [Schlagwort]

Schönwald, s.: Hornberg.

Schönwald [Verfasser]

Schönwald, A., Grundregeln d. Tanzkunst. 8. Freiburg 813. Herder. 4 𝒢

Schönwald, Alfr. Das goldene Buch d. Judenthums. Biographisches Lexikon berühmter Männer u. Frauen in Wort u. Bild. Mit Portraits. 1. Lfg. gr. 8. (24 S. m. 3 Lichtdr.-Taf.) Wien 890. (Lpz., Literar. Anstalt.) * 1 —
Nicht weiter erschienen.

Schönwald, Alfr., u. Herm. **Peist**, Geschichte des Thalia-Theaters in Hamburg von seiner Gründung bis zum 25jähr. Jubiläum desselben [1843–1868]. Nach authent. Quellen bearb. Hamburg 868. Kittler. gr. 8. (III, 219 S. mit 23 Holzschntaff.) 1 ℛ

[F.] Das Thalia-Theater in Hamburg von 1843 bis 1893. Festschr. z. Feier d. 50j. Bestehens dieses Kunstinstitutes v. Alfred Schönwald. M. 1 Titelb., d. Ans. d. Schauplatzes u. 100 Portr. *Hamburg: Selbstv. 1893.* (114 S., 17 Taf. 1 Bd 8. [96. 1369

Schönwald, Alfr., das Thalia-Theater in Hamburg von 1843—1893. Festschrift zur Feier des 50jähr. Bestehens dieses Kunstinstitutes. Mit 1 Titelbild, der Ansicht des Schauplatzes u. 100 Porträts. 8. (114 S.) Hamburg 893. (Leipzig, L. Fischer.) 2. —

Schönwald, C., s.: Punsch-Kalender, Wiener.

Schönwald, Emil, Amortisations-Buch. Verzeichniss sämmtlich. gerichtlich amortisierter österreich.-ungar. Staats- u. Privat-Lose, Obligationen, Pfandbriefe, Actien, Staatsrenten etc. Nach amtl. Quellen bearb. 11. Ausg. 1902. 8. (96 S.) Hamburg. (Prag, G. Neugebauer.) n.n. 3.40

Schönwald, Emil, vollst. Amortisations-Verzeichniss sämmtl. im Amortisations-Verfahren befindl. u. m. Zahlungssperre belegter österreichisch-ungarischer Renten, Pfandbriefe, Obligationen, Coupons, sow. aller Staats- u. Privat-Lose. Nach amtl. Quellen bearb. 13. Jahrg. 8. (54 S.) Hamburg 896. (Prag, G. Neugebauer.) n. 2. —

Schönwald, Ludw. (Hrsg.), s. Actie, Die.

Schönwald jr., S., Recept-Buch. Praktische u. kurz zusammengefaßte Anleitung zur Fabrikation von Liqueuren, Grund-Essenzen, Fruchtsyrupen, Rum, Arac, Cognac u. Punsch-, Grogk- u. Rum-Essenzen durch Kräuter auf warmen u. kaltem Wege, sowie die vollständige Anweisung der Fabrikation aller Sorten Liqueure auf kaltem Wege durch ätherische Oele u. Essenzen. gr. 8. (X, 62 S.) Berlin 880. (Grosser.) n.n. 6. —

Schoenwald, Samuel Theodor (Thorn) A. S. 1361/4

Dissertatio philologica, de LXX. hebdomadibus Danielis cap. IX. 24. 25. 26. 27.
Präs. Johann Reinhard Rus. Rec.
Jena 1733. 101 S.

Diss. 20. IV. 1720. 31208

Schönwalde [Schlagwort]

Schönwalde, s.: Mark.

Schönwalde, i. Ostpr., s.: Preussen. Messtischblätter.

Schönwälder, Lebensbeschreibg. d. berühmten Schuhmachers u. Theosophen Jakob Böhme, geb. 1576, gest. 1624. gr. 8. (14 S. m. 1 Bildn.) Görlitz 897. Superint. Schönwälder. n. 1.40

Schönwälder, C. Fr., s. Schönwälder, K. Fr.

Mittheilungen aus der Loge Aurora zur ehernen Kette Or. Reichenbach zur Feier ihres 75jährigen Stiftungs-Festes den 16. Nov. 1890 von [Emil] Schönwälder, [Reichenbach 1890: Dittrich.] 16 S. 1 Taf. 8°
Gesch. der Loge u. Beamten-Verzeichn. für d. J. 1816–1891.

Schönwälder Julius: Urteile über den Roman im 18. Jahrhundert.
H. 1910 PN 2869 Diss W[illegible] Univ 337

Schönwälder, K. Fr.

Schönwälder, C. De Asia minore (in geogr. Hinsicht). 12 S. . . . .
Brieg. Progr. 1841

Schönwälder, K. Betrachtungen, veranlaßt durch den 11. Paragr. des Reglem. für die Prüfung der Abiturienten. 17 S. . . . . .
Progr. Brieg 1835

Schönwälder, C. Darstellung des religiösen und politischen Bildungszustandes der Hellenen im heroischen Zeitalter. 23 S. . .
Brieg. Progr. 1843

Schönwälder, K., Erinnerungen an Griechenland. 8. (17 B.) Brieg 838, Schwartz.

Schönwälder, K. Fragment aus einer Abhandl. über den Kulturzustand und die Geschichte der Zendvölker. (Stammeintheilung.) 29 S. .
Brieg, Progr. 1834

Schönwälder, K. F., u. J. J. Guttmann, Geschichte des königl. Gymnasiums zu Brieg. Zur 300jähr. Jubelfeier verfaßt. Breslau 869. (Brieg, Bräuer's Verl.) gr. 8. (VIII, 356 S.) n.n. 1 ₰ 15 ngr.

Schönwälder, K. Das Glück der Wissenschaft. 14 S. . . . .
Brieg, Progr. 1838

Schönwälder: Die beiden Dulder Hiob u. Odysseus. 20 S. – Brieg. Progr. 1860

Schönwälder, K., geschichtl. Ortsnachrichten v. Brieg u. seinen Umgebungen. 1. Theil. Einleitung. Vorstädte. Umgegend. gr. 8. Breslau 846. (Kern.) n. 1/2 ₰

Schönwälder, C. F. Die Iphigenie von Euripides, Racine und Goethe. Brieg, G., 1865. 15 S. 4. Progr.

Schönwälder, K. Fr.: Iphigenie in Tauris von Euripides und Göthe. 19 S. – Brieg, Progr. 1872.

Schönwälder, C. F., die Piasten zum Briege oder Geschichte der Stadt und des Fürstenth. Brieg. 3 Bdchn. gr. 8. Brieg, (Bänder.)

Inhalt:
Bdchn. 1. Von den ältesten Nachrichten bis zum Jahre 1521. Mit der Genealogie des Fürstenhauses. (III und 324 S. mit 1 Tab. in qu. Fol.) 855. * 1 Thlr.
„ 2. Von der Kirchenreformation bis zur Verleihung des Majestätsbriefes. (1521–1609.) (328 S.) 855. * 1 Thlr.
„ 3. Von Verleihung des Majestätsbriefes bis zum Erlöschen des Fürstenhauses 1609–1675. Mit einem Anhange über die kaiserl. Regierung 1675–1741 und die alte Verfassung des Landes. (396 S.) 856. * 1 Thlr. 4 Ngr.

Schönwälder, K. Rede zur Vorfeier des Geburtsfestes Sr. Majestät des Königs am 14. October 1843. 8 S.
Brieg, Progr. 1844

Schönwälder, K. Urkunden zur Geschichte des Hedwigsstiftes und des Gymnasiums zu Brieg. 25 S.
Brieg, Progr. 1848

Schönwälder, K. Die ehemalige Verfassung der Stadt Brieg. 14 S.
Brieg, Progr. 1850

Schönwälder: Die Weltgeschichte als Vorhalle für das Reich Gottes. 23 S. – Brieg. Progr. 1856.

Schönwälder, Kurt, Breslauer Baupolizeirecht. (192 S.) 8. Breslau 908. Graß, Barth & Co. Geb. in Lw. 3.50

Schönwälder, M., Jacob Böhme. Rede bei Gelegenheit der von der oberlausitz. Gesellschaft der Wissenschaften veranstalteten Gedächtnißfeier den 30. Novbr. 1875 geh. [Aus: „Neues lausitz. Magazin 52. Bd."] gr. 8. (22 S.) Görlitz 876. Remer in Comm. n. — 60

Schönwälder, M., Friedland-Reichenberg. Ein Bild aus der Geschichte der evangel. Kirche Böhmens, s.: Für die Feste u. Freunde d. Gustav-Adolf-Vereins.

— ein Neujahrsgruß an die Gemeinde d. Herrn. Predigt geh. am Neujahrstage 1872. gr. 8. (10 S.) Görlitz 872. Tzschaschel. n. — 20

Schönwälder, Max [app. Arzt aus Baitzen in Schlesien]: Die Erkrankung des Gehörorgans als Complication der Influenza. . . Würzburg, J. M. Richter's Buchdr., 1890: 32 S. 8°.
Würzburg, Med. Fak., Inaug.-Diss. v. 1890

Schoenwaldt, Paul: Die Standesehre u. ihre Forderungen, s.a. Abhandlungen, Pädagogische.

Die Standesehre und ihre Forderungen. Von Paul Schoenwaldt. *Bielefeld: A. Helmich [1902].* (17 S.) 8° [F.]
Abhandlungen, Pädagogische. II. 74. [04. 7097

– Ein Vortrag für u. gegen die Fremdwörter in unserer Muttersprache, s.a. Abhandlungen, Pädagogische.

Ein Vortrag für und gegen die Fremdwörter unserer Muttersprache. Von Paul Schoenwaldt. *Bielefeld: A. Helmich [1902].* (S. 10–18.) 8° [F.]
Abhandlungen, Pädagogische. II. 72, [2.] [04. 7095

Schönwandt, Detlev

Schönwandt, D., die Abschätzung v. Sortiments-Geschäften. Prakt. Winke. gr. 8. (32 S.) Berlin 896. D. Schönwandt. n.n.n. 1.50

Schönwandt, D., die Abschätzung von Sortiments-Geschäften. Praktische Winke. 2. verb. Aufl. gr. 8. (36 S.) Berlin (899). D. Schönwandt. 1.50

— dasselbe v. Verlags-Geschäften. Prakt. Winke. gr. 8. (36 S.) Ebd. 898. n.n.n. 1.50; m. d. „Abschätzg. v. Sortiments-Geschäften" in 1 Leinwbd. u. d. T.: „Die Abschätzg. v. Buchhandlgn." n.n.n. 3.—

Schönwandt, Detlev v., **Bilanzunwahrheit.** Abschreibungsfehler, Buchführungssünden u. die dadurch Geschädigten, sowie die Berechng. v. Firmenwert, Good will, Patentwert usw. in Auseinandersetzungsbilanzen. (120 S.) gr. 8. Berlin (908). D. Schönwandt. Geb. in Leinw. 4.50

— d. Buchführung ohne Lehrer f. jedermann leicht zu erlernen. Ein Lehrbuch d. einf. u. dopp. Buchführg. in d. gemeinverständl. Weise. 8. (III, 155 S.) Berlin 897. Neufeld & Henius. n. 1.—

— die Buchführung ohne Lehrer f. jedermann leicht zu erlernen. Ein Lehrbuch der einfachen u. doppelten Buchführung in gemeinverständlicher Weise. 3. Aufl. 8. (III, 155 S.) Berlin (901). Neufeld & Henius. 1.—

Schönwandt, Detlev, die Buchführung ohne Lehrer f. jedermann leicht zu lernen. Ein Lehrbuch der einfachen u. doppelten Buchführg. in gemeinverständl. Weise. 4. u. 5. Aufl. (III, 155 S.) 8. Berlin (903. 906). Neufeld & Henius. 1. ; geb. 1.50

— Die Buchführung ohne Lehrer f. jedermann leicht zu lernen. Ein Lehrbuch der einfachen u. doppelten Buchführg. in gemeinverständl. Weise. 6. Aufl. (III, 155 S.) 8. Berlin (910). Neufeld & Henius. 1.—; geb. 1.50

Ⓑ Schönwand, Detlev v.: Die Buchführung ohne Lehrer f. jedermann leicht zu lernen. 6. Aufl. Berlin 1910. (H. 10/12. ℞ 86.) Jetzt: Dresden, Rudolph'sche Verlh. Vergriffen.

— die Buchführung d. Sortimenters u. d. Berechng. des Wertes e. Sortimentshandlg. [Aus: „Uhl, Unterrichtsbriefe f. Buchhändler".] gr. 8. (VIII, 56 S.) Leipzig 897. G. Uhl. Geb. in Leinw. n.n.n. 2.—

— die Buchführung des Verlegers, s.: Uhl, Gust., Unterrichtsbriefe f. Buchhändler. II. 9.

— Buchungsaufgaben, s.: Löwinsohn, S.

— prakt. Geschäftsbücher f. Buchhändler, s.: Osiander.

Schönwandt, D., die moderne Illustration. Kurze Uebersicht aller jetzt praktisch angewandten Verfahren zur Herstellg. v. Abbildgn. 8. (28 S. m. 1 Taf.) Leipzig-Reudnitz 885. Rühle. — 60

— vollständiges Lehrbuch der einfachen u. doppelten Buchführung, angewandt f. alle Zweige d. Buchhandels, in 25—30 Unterrichts-Briefen. 1—9. Brief. gr. 8. (S. 1—152 m. Formularen.) Ebend. 886. à n.n. 1. —

Schönwandt, D., vollständiges Lehrbuch der einfachen u. doppelten Buchführung für alle Zweige d. Buchhandels. 10.—30. (Schluss-)Brief. gr. 8. (IV u. S. 153—500 m. Formularen.) Leipzig-Reudnitz 887—889. Rühle. à Brief n.n. 1. —

— vollst. Lehrbuch der einf. u. dopp. Buchführg. f. alle Zweige des Buchhandels. 30 Unterrichtsbriefe, 30 Bog. Formulare u. 16 Geschäftsbücher. II., durch e. Nachtrag u. Register verm. Ausg. gr. 8. (500 u. Nachtrag u. Register 32 S.) Berlin 898. D. Schönwandt. In 2 Kartons n.n.n. 20. —; Nachtrag u. Register allein n.n.n. 1. —; Geschäftsbücher allein n.n.n. 4.

— Leitfaden der Buchführung für Buchdruckereien. Theorie u. Praxis. Mit 1 Anh.: Wert der Buchdruckereien. (III, 164 u. 31 S.) gr. 8. Berlin (904). D. Schönwandt. Geb. in Leinw. n. 4. —

[F.] Richtig und schnell Rechnen ohne Lehrer für jedermann leicht zu lernen. Systemat. Anleitg z. Erlerng der in d. verschiedenen Berufen vorkommenden einfachen u. schwierigen Rechngn erläut. durch Beispiele in gemeinverständl. Weise v. D. Schönwandt. *Berlin: Neufeld & Henius (1897).* (VIII, 131 S.) 1 Bd 8.
= Volksbibliothek, Neufelds. Bd 11.

— richtig u. schnell Rechnen ohne Lehrer für jedermann leicht zu lernen. Systematische Anleitg. zur Erlerng. der in den verschiedenen Berufen vorkommend. einfachen u. schwierig. Rechngn., erläutert durch Beispiele in gemeinverständl. Weise. 2. u. 3. Aufl. 8. (à VIII, 131 S.) Berlin 900. 902. Neufeld & Henius. 1. —

— richtig u. schnell Rechnen ohne Lehrer f. jedermann leicht zu lernen. Systematische Anleitg. zur Erlerng. der in den verschied. Berufen vorkomm. einfachen u. schwier. Rechngn., erläutert durch Beispiele in gemeinverständl. Weise. (Umschlag: Gut Rechnen ohne Lehrer f. jedermann leicht zu lernen.) 4. Aufl. (VIII, 131 S.) 8. Berlin (906). Neufeld & Henius. 1. —; geb. 1. 50

— Richtig u. schnell Rechnen ohne Lehrer f. jedermann leicht zu lernen. Systematische Anleitg. zur Erlernung der in den verschiedenen Berufen vorkomm. einfachen u. schwier. Rechngn., erläutert durch Beispiele in gemeinverständl. Weise. 5. Aufl. (VIII, 131 S.) 8. Ebd. (909). 1. —; geb. 1. 50

Ⓑ — Richtig u. schnell Rechnen ohne Lehrer f. jedermann leicht zu lernen. 5. Aufl. Berlin 1909. (H. 06/09. R 80.) Jetzt: Dresden, Rudolph'sche Verlb. 1 —

— Scheck- u. Ueberweisungsverkehr vom Standpunkt d. Geschäftswelt. Vortrag, geh. auf d. III. Verbandstage des Verbandes deutscher Bücher-Revisoren. (16 S.) gr. 8. Berlin 908. D. Schönwandt. — 25

— Taschen-Kompendium d. Buchhaltung. Einführg. in d. gründl. Verständnis aller Formen d. dopp. Buchführg. Ein Hilfsbuch b. Unterricht u. Supplement zu allen Lehrbüchern. 16. (61 S.) Berlin 895. Verlag f. Sprach- u. Handelswissenschaft. n. — 60

— Theorie der Buchhaltung als Einführung in das gründliche Verständnis aller Formen der doppelten Buchführg. Ein Hilfsbuch beim Unterricht u. Supplement zu allen Lehrbüchern. 2. Aufl. (61 S.) 16. Ebd. (909). — 60

— der Wert e. Buchdruckerei. Winke zur richt. Abschätzg. [Aus: Leitf. d. Buchführg. f. Buchdruckereien.] (31 S.) gr. 8. Berlin (904). D. Schönwandt. n. 1. —

Aus schönen Stunden, seinen lieben Brüdern zum freundlichen Andenken gewidmet von Ihrem Alfred **Schönwasser.** Frankfurt a. M. 1907: Mahlau & Waldschmidt. 19 S. 8° [Umschlag-tit.]
Enth. 4 Gedichte.

Schönwasser, Rosalie, der Krieg u. die Künste. Kritische Federzeichng. [Aus „Thüringer Presse".] gr. 8. (8 S.) Berlin 873. Rubenow. — 15

— über die Verbreitung vernünftiger u. zeitgemässer Ideen in Bezug auf die Frauenfrage. gr. 8. (16 S.) Düsseldorf 872. de Haen. — 30

Schönwasser, Rosalie: Vortrag, gehalten in der dritten Generalversammlung des Allgemeinen Deutschen Frauenvereins zu Cassel am 5. Oct. 1869. 2. Aufl. — Leipzig: Matthes (1869). 17 S. 8°

Schönwasser, Rosalie, aus der guten alten Zeit. Kulturhistorische Studie. gr. 8. (24 S.) Düsseldorf 875, de Haen. *

Schönweiler, (Domcapitular, Dom- u. Stadtpfarrer) Rede auf die Primizfeier des neugeweihten Priesters Carl Dissaler, gehalten d. 16. Septbr. 1838 in d. Domkirche zu Rottenberg a. N. 8. Rottenberg a. N. 838. Gact. 1 1/2 Kr

Schoenweiler, Paul [cand. med.]: Ueber Sarkome im Säuglingsalter ... München, Buchdr. v. M. Ernst, 1893; 31 S. 8.
München, Med. Fak., Inaug.-Diss. v. 1894

Schönweitz, Anton: Neueste Nachrichten von dem Magen- und Milzwasser (Henriettenquelle) und von dem Lungenwasser (mährische Selterser Quelle) mit Bemerkungen über den Gebrauch und Bezug dieser zwei verschiedenartigen Mineralwässer zu Zahorowitz im Ungarischbroder Bezirke Mährens. 15 S., gbd.

Brünn: typ.Rohrer 1850

JB 2.837

Schönwerk, Henriette, denk an mich, s. a. Denk an mich.

Schönwerk, (Henr.,) Denk an mich; Kränze d. Liebe u. Freundschaft gewidmet, Stammbuch-Aufsätze aus den vorzügl. Schriften der besten Classiker. Mit 1 Kupf. 12. Cassel 823, Bohné. 12 gr. Velin-P.

Schönwerk, Henriette, Denk an mich. Kränze der Liebe und Freundschaft gewidmet. Stammbuchs-Aufsätze aus den vorzügl. Schriften der besten Classiker. 2e verb. u. verm. Ausg. Mit 1 Steindr. gr. 12. Cassel 833. Bohné. 1/2 Rf

Schönwerk, Henriette, Denk an mich. Stammbuch-Aufsätze und goldene Sprüche, der Liebe und Freundschaft gewidmet. Eine Sammlung der schönsten Stellen aus den Schriften der vorzüglichsten Dichter. 3. Aufl. Cassel 855. Bohné. 12. (132 S.) 7½ ngr.

Schönwerk, denk an mich. Eine Sammlung der schönsten Stellen aus den Schriften der vorzüglichsten Dichter. 4.—6. Aufl. 16. (VI und 136 S.) Cassel 863,64, Freyschmidt. cart. geb. mit Goldschn.

Schönwerth, v., Dr. Weinhold's bairische Grammatik u. die oberpfälzische Mundart. Regensburg 869. Manz. gr. 8. (27 S.) n. 8 ngr.

Schönwerth, Alfred [Dr.]: Ueber subcutane Magen-Rupturen. E. klin.-experiment. Studie ... München, kgl. Hofbuchdr. Kastner & Lossen. 1897; IV, 135 S. 8.
München, Med. Fak., Hab.-Schr. v. 1897
(Nicht für den Austausch)

Schönwerth, Alfr., typische Operationslehre, s.: Rotter.

Schönwerth, Alfred [app. Arzt aus München]: Ueber Sternal-Tumoren ... München, Buchdr. Kastner & Lossen, 1890; 28 S. 8.
München, Med. Fak., Inaug.-Diss. v. 1897

Schönwerth, Arnulf [Dr., app. Arzt aus München]: Das Differentialmanometer (von Prof. Recknagel) und seine Verwendbarkeit für hygienische Untersuchungen. ... München, Druck v. R. Oldenbourg, 1890; 25 S. 8°
München, Med. Fak., Inaug.-Diss. v. 1890

Schönwerth, Fr., aus der Oberpfalz. Sitten und Sagen. 3 Thle. 8. Augsburg, Rieger'sche Buchh. [1. Thl. (XI und 448 S.) 857. 1 Thlr. 15 Ngr., 2. (460 S.) 858. 1 Thlr. 15 Ngr., 3. (III und 371 S.) 859. 1 Thlr. 12 Ngr.]

Schönwerth, Heinrich (Lehrer für Zeichnen) „Ueber perspektivische Darstellungen". pg. 3—6. 4°. Hermann v. Train.
Amberg, Progr. 1850 51

Schönwerth, Heinr. „Alte und neue Zeit". pg. 3—7. 4°. J. E. v. Seidel'sche Offiz.
Amberg, Progr. 1860 61

Schönwerth, Heinrich Christian (Assistent des Zeichnens) „Bildende Kunst in Bayern seit 1825". pg. 3—8. 4°. Carl Klöber.
Amberg, Progr. 1841 42

Schoenwerth, Rudolf: Die niederländischen und deutschen Bearbeitungen von Thomas Kyd's Spanish Tragedy. *Gräfenhainichen 1902: W. Heckr.* (XXXVI S.) 8° ¶ [Erschien vollst. 1903 als: Litterarhist. Forschungen, H. 26.]
München, Phil. Diss. v. 1902

Schoenwerth, Rud., die niederländischen u. deutschen Bearbeitungen v. Thomas Kyd's Spanish Tragedy, s.a. Forschungen, literar-historische. XXVI.

Die niederländischen und deutschen Bearbeitungen von Thomas Kyd's Spanish Tragedy. Von Rudolf **Schoenwerth**. *Berlin: E. Felber 1903.* (CXXVII, 227 S.) 8°
= Forschungen, Literarhistorische. H. 26. [03. 6447 2

[SCHOENWETTER, FERDINAND, SJ.] Spiegel der Unschuld. Oder das Englische Leben des Heiligen Aloysii Gonzagae ... der Societät Jesu. In zwey Theil entschieden, Und mit Geist-reichen Sprüchen, zu mehrerer Nachfolge ... Dieses Göttlichen Vorbilds, In dieser Neuen Auflag verfasset, Und mit acht- und vierzig neuen Kupfern gezieret. Wien, Leop. Kaliwoda, 1743. 12°. 1 Bl. 2.. S. 2 Bl. und 37 (*statt 48*) *Kupfertafeln*. Leicht benutztes Ld. d. Z. mit rotem Rsch. u. Rv.
[illegible]

Schönwetter, Phil. J. Dr. „Ueber die Bedeutung des christlichen Religions-Unterrichtes an höhern Lehr-Anstalten mit besonderer Rücksicht auf die Gewerbsschulen". pg. 3—17. 4°. J. B. Dorn.
Kaufbeuren, Progr. 1844/45

Schönwetter, Phil. Jak., die Theilnahme an dem Werk der Heidenbekehrung ein Werk des Lichtes u. nicht der Finsterniß. Predigt am Erscheinungsfeste. 8. 845. Nördlingen. (Beck'sche Buchh.) $1/12$ Thlr.

— was sagt d. Wort Gottes im Betreff d. Lichtes, das uns. Kirche gegenwärtig noth thut? Predigt am Reformationsfeste 1845 gehalten. gr. 8. Nördlingen 846, Beck. $1/12$ Thlr.

Schönwiese, Heinr., die Wegriesen im Reichsforste Cadino, s.: Kubelka, Aug., der Riesweg als Holzbringungsanstalt des Hochgebirges.

Schönwiese, Lina, Gedichte. (VIII, 116 S.) 8. Dresden 904. E. Pierson. n. 1.50; geb. n. 2.50

SCHÖNWITZENS (ps.)?) Erzählungen, Begebenheiten und vortreffliche Betrachtungen für Männer und Weiber. Kopenhagen 1773. 8°. Höchst selten!

Prakt. Anl. z. Gebr. d. 'Eureka'-Geschäftsbücher. (R.) **Schönwolff's** Deutsche Buchführung 'Eureka'. *Gleiwitz: Selbstverl. 1901.* (119 S.) quer-8° [01. 4052

Schöny, Artur, Gerichtsreferendar: Treuhandgeschäfte. Dülken 1908: Buchdr. 'General-Anzeiger'. 77 S. 8°
Freiburg i. B., Rechts- u. staatsw. Diss. v. 1908, Ref. Schultze
[Geb. 15. Juni 83 Dülken; Wohnort: Dülken; Staatsangeh.: Preußen; Vorbildung: Gymn. Emmerich Reife O. 02; Studium: Freiburg i. B. 1, Münster 1, München 1, Bonn 3 S.; Rig. 27. Febr. 07.] [U 09. 897

Schönvan, s. Schönevan.

Schon- u. Schusszeit d. Wildes in Böhmen, Bosnien u. der Herzegowina, Bukowina, Croatien u. Slavonien, Galizien u. Lodomerien, Görz u. Gradiska, Istrien, Kärnten, Krain, Mähren, Nieder-Oesterreich, Ober-Oesterreich, Salzburg, Schlesien, Steiermark, Tirol u. Vorarlberg, Triest, Ungarn. 18 Nrn. 16. (à 1 Taf.) Klagenfurt 888. Leon sen. à — 10

Schoof (Adalbert). Analyse der Schwefelquellen des Badeortes Eilsen. (Dissert.) Göttingen 1863. 8.

Schoof, Ch. Ludw., Arithmetik und Algebra für höhere Lehranstalten und zum Selbstunterricht bearb. 3 Hefte. gr. 8. Hannover 857. 58, Hahn'sche Hofbuchh.

Inhalt:

Heft 1. Die Grundoperationen und deren nächste Anwendungen auf Proportionen und Gleichungen vom ersten Grade. (III und 116 S.) 12½ Ngr.
„ 2. Potenzen, Wurzeln und Logarithmen; Reihen, Kettenbrüche und diophantische Gleichungen. (187 S.) 20 Ngr.
„ 3. Combinationslehre und Anwendung derselben; das binomische und polynomische Theorem; Exponentialreihe; logarithmische, goniometrische 2c. Reihen; imaginäre Größen 2c. (XII und 160 S.) 17½ Ngr.

Schoof, Ch. Ludw., mathematische Aufgaben mit vollständ. Auflösungen. Für Studirende auf Bergakademien u. Bergschulen, Gymnasien u. Realschulen. Hannover 865. Hahn'sche Hofbuchh. gr. 8. (VII, 219 S. mit 79 in den Text gedr. Figg. in Holzschn.) n. 28 ngr.

Schoof, Chr. Ludw., Ein Beitrag zur Klimatologie des Harzes. (Kl. Schrift. der Naturf. Gesellschaft in Emden.) (Mit einer Tabelle.) (Zweiter Abdruck.) Clausthal 1860.

— Beiträge zur Klimatologie des Harzes. Ergebnisse der zu Clausthal angestellten meteorologischen Beobachtungen. Mit 1 Karte. Zweiter Abdruck. Clausthal 1865.

Schoof, C. L. Graphische Darstellung des Ganges der Witterung auf dem Harz vom 1. Dezember 1854 bis 1. Dezember 1863. Clausthal. 1860 und 1864.

Schoof, Ch. L., Elemente der Analysis. gr. 4. (3½ B.) Clausthal 837, Schweiger'sche Buchh.

Schoof, Ch. Lud., Lehrbuch der ebenen Trigonometrie m. e. Aufgabensammlung nebst Auflösgn. Mit 81 (eingedr.) Holzschn. gr. 8. (IX, 82 S.) Hannover. 872. Helwing's Verl. n. 1. 50

Schoof, Ferdinand [aus Kannenorfelde]: Zur Kenntniss des Urogenitalsystems der Saurier . . . . (Aus: Archiv f. Naturgesch. 1888.) Berlin, Nicolai'sche Verlagsbuchh. R. Stricker, 1888; 1 Bl. + 17 + 1 S. + 1 Bl. u. 1 Taf. 8°
Rostock, Phil. Fak., Inaug.-Diss. v. 14. März 1888

Schoof, H., Aufforderung z. Kampfe geg. d. Widersacher d. Branntweinsteufel. Pred. 2. Aufl. gr. 12. (5/6 B.) Bückeburg 840. (Hannover, Hahnsche Hofbuchh.) -

Schoof, Wilh., s.: Dichterbuch, hessisches.

Schoof, Wilh., die deutsche Dichtung in Hessen. Studien zu e. hess. Litteraturgeschichte. 8. (VIII, 262 S.) Marburg 901. N. G. Elwert's Verl. n. 2. 50; geb. n. 3. 60

Schoof, Wilh., Marburg, d. Perle d. Hessenlandes. E. litterar. Gedenkbuch. Hrsg. v. S. gr. 8. (IV, 84 S. m. 22 Abb. u. 1 Lichtdr.-Taf.) Marburg 899. N. G. Elwert's Verl. n. 2. —; geb. n.n. 2. 75

Marburg, die Perle des Hessenlandes. Ein litterar. Gedenkbuch. Hrsg. von Wilhelm Schoof. 2., stark verm. u. verb. Aufl. *Marburg: N. G. Elwert [1902].* (171 S.) 8° [S.] [02. 19. 0 4]

— Marburg, die Perle des Hessenlandes. Ein litterar. Gedenkbuch. 2., stark verm. u. verb. Aufl. (VIII, 171 S. m. Abbildgn.) gr. 8. Marburg (903). N. G. Elwert's Verlag. n. 2. 40; geb. n. 3. 20

— Seelenkämpfe. Gedichte. 8. (80 S.) Dresden 898. E. Pierson. n. 1. —; geb. n. 2. —

[S.] Seelenklänge. Gedichte v. Wilhelm Schoof. *Dresden & Leipzig: E. Pierson 1898.* (2 Bl., 80 S.) 1 Bd 8. 198. 11542 M.

Schoof, Wilhelm, aus Homberg (Kurhessen): **Die deutschen Verwandtschaftsnamen.** Ein Beitrag zur vergleichenden Wortkunde. *Marburg 1900: (C. F. Winter, Heidelberg).* (VII, 76 S.) 8° ¶ (Erscheint vollst. in: Zeitschrift f. hochdeutsche Mundarten, Jg. 1, H. 4/5.)
Marburg, Phil. Diss. v. [3. Okt.] 1900

Schooff, Jo. Arnold Dietrich (Soest) A. S. 25/6

Dissertatio inauguralis iuridica de abusu rerum merae facultatis in foro Germanico praesertim feudali.
Präs. Jo. Georg Estor.
Jena (Ritter) XI. 1739. 70 S.

Gew.: Johann Lorenz Schooff (Vater). 31276

Schooff, Johann Lorenz (Soest) A. S. 354/11

Dissertatio iuridica inauguralis de qualitate et iure personarum matrimonium contrahentium.
Präs. Johann Samuel Stryk.
Halle (Henckel) 8. IV. 1710. 75 S.

W. v.: Präs. 31277

Schoofs, Joh. Heinr., Leben der Heiligen Gottes, s.: Vogel, Matthäus.

Schoofs, Joh. Heinr., die Lehre vom kirchlichen Ablasse, s. Sammlung der Preisschriften von Curatgeistlichen der Diöc. Münster.

Schook, Martin. Alte Geschichte der vereinigten . . . Niederlande; a. d. Lat. Lemgo 1789. Ü: *Wagener, Johann David.* (MGT) (Ky)

Schoof, Mart., alte Gesch. der vereinigten Niederlande; aus d. latein. Urschrift (von J. D. Wagener). gr. 8. Lemgo 789. Meyer. 12 gl.

School, the, for scandal. Comedy by Sheridan. 8. Berlin, Unger. 90.

Schoolboy's, the, first story-book. A preparation for speaking and writing the english language. Being a collection of easy tales and anecdotes simplified for the use of the junior classes of the „Bürgerschule" at Bremen. 8. (VII und 80 S.) Bremen 856, Geisler. *

Schoolboy's, the, first story-book. A preparation for speaking and writing the english language. Being a collection of easy tales and anecdotes. 2. edition 1858. and 3. edition, revised and enlarged. 8. (VIII und 92 S.) Bremen 860, Geisler. *

Schoolboy's, the, first story-book. A preparation for speaking and writing the english language. Being a collection of easy tales and anecdotes. 4. edit. 1863. and 5. edit., revised and corrected. Bremen 866. Geisler. 8. (VIII, 96 S.) n. 8 ngr.

School-Dictionary, a, english a. canarese. gr. 8. (XI, 564 S.) Mangalore 876. (Basel, Missionsbuchh.) geb. n.n. 8. 20

Schoonebeek, Adriaan

[—]. Kurtze Und Grundliche Histori Von dem Anfang und Ursprung der GOtt-geweyhten Orden Aller Closter-Jungfrauen. Aus Dem Frantzösischen ... Samt ... Vorstellung Deren gewohnlichen Kleidung Oder Ordens-Habit. Augspurg. In Verlegung bey Lorentz Kroniger und Gottlieb Göbels Seel. Erben. 1693
Tit., 7 Bl., 123 S., 2 Bl., 90 Taf. in Rad. 8°
Deutsche Übersetzung des vorigen. Die Tafeln mit wenigen Ausnahmen Nachstiche von der Gegenseite

— Dasselbe. Augspurg, zu finden bey Lorentz Kroniger und Gottlieb Göbels seel. Erben. Druckts Abraham Gugger MDCCII [1702].
Tit., 38 Bl., 73 Taf. in Kupferst. 8°

— Dasselbe. Augspurg. bey Lorentz Kroniger und Gottlieb Göbels seel. Erben. Druckts Abraham Gugger 1702
Tit., 7 Bl., 123 S., 82 Taf. in Rad. 8°

Schoonerz, Examen confessariorum. 8. Colon. Haas d. Sohn. (Fabricius) 765.

Schoonheid, P. H. [Arzt (aus Amsterdam)]: Die Resultate der chirurgischen Behandlung Neuropathischer Gelenkaffektionen ... Frankfurt a. M., Druck v. Mahlau & Waldschmidt, 1894; 3 Bl., 106 S., 2 Taf. 8.
Heidelberg, Med. Fak., Inaug.-Diss. v. [2. Aug.] 1893

Schoonjans, Albert, aus Termonde (Belgien): **Über einige Benzoyl- und Anisoyl-Acetessigesterderivate.** *Erlangen 1897: F. Junge.* (48 S.) 8°
Erlangen, Phil. Diss. v. 24. Nov. 1897

Schoop, Aug., die römische Besiedlung des Kreises Düren. (44 S. m. 1 Karte.) gr. 8. Aachen (905). (Cremer.) 1. 60
Sonderabdr. aus: „Ztschr. d. Aachner Geschichtsver."

Schoop, August: Die bauliche Entwickelung Alt-Dürens und der **Annakirche.** Düren 1908: Hamel. 46 S. 8°
Düren, G OP 1908 (568) [S 08. 426

Die bauliche Entwickelung Alt-Dürens und der Annakirche. Von Prof. August Schoop. Düren: Solinus 1908. 46 S. 8° [09. 4182 5]

Schoop, Aug(ust), Dr.: Geschichte der Stadt Düren bis zum Jahre 1544. *Düren 1901: Hamel.* (VIII, 95 S.) 8° ¶ (Die Stadtverfassung folgt als T. 2, d. Wirtschaftsgesch. als T. 3.)
Düren, G, P 1901 (472)

Schoop, Aug., Geschichte der Stadt Düren bis zum J. 1544. 1. Lfg. gr. 8. (VIII u. S. 1—96.) Düren 901. W. Solinus. n n. 1, 50

[F.] Geschichte der Ewaldus-Schützengilde in Düren v. Dr. August Schoop ... *Düren: Kommv. v. W. Solinus; Dr. v. M. Becker 1896.* (1 Bl., 115 S., 1 Bl.) 1 Bd 8. [illegible]

— Grundzüge d. Geschichte Dürens. gr. 8. (14 S.) Düren 898. L. Vetter & Co. n. — 20

— Die bildende Kunst in der höheren Schule. (44 S.) gr. 8. Breslau 909. F. Hirt. 1. —

Schoop, A., Verfassungsgeschichte der Stadt Trier v. den ältesten Immunitäten bis zum J. 1260, s.a. Zeitschrift, westdeutsche, f. Geschichte u. Kunst.

Schoop, August [illegible]. Verfassungsgeschichte von Trier von den ältesten Immunitäten bis zum Jahre 1260. Berlin 1883. [illegible] 8° [F.] * Vollst. ersch. in: Westdeutsche Zeitschr. für Geschichte u. Kunst. Ergänzungsheft [illegible] 1884.
Berlin, Phil. Diss. v. [illegible] Juli 1883.

Warum muß Deutschland zur See stark sein? Von Prof. Dr. Aug. Schoop. Düren: W. Solinus 1907. (10 S.) 8° [F.] [07. 14785]

Schoop, H[ermann]. Gottfried Keller als Politiker und Patriot. [SA.] 8. [Neuchâtel 1900.]

(Schoop, H[ermann].) Einige Tage in der Hauptstadt der Normandie. Separatabdruck aus dem Centralblatt des Zofingervereins [Jahrg. 42, No. 2 u. 3. Dezember 1901 u. Januar 1902]. 25 S. 8. [Zürich, F. Lohbauer, 1902.]

Ein Beitrag zur Kenntnis der Diffusionsvorgänge an Akkumulatorelektroden. Von M. U. Schoop, Ing., Köln. Mit 13 Abb. *Stuttgart: F. Enke 1903.* (S. 205–236.) 8°
= Sammlung Elektrotechn. Vorträge. Bd 5, H. 6. [03. 15-89]

Schoop M U, ein Beitrag zur Kenntnis der Diffusionsvorgange an Akkumulatorelektroden. (32 S) (Sammlung elektrotechnischer Vortrage V, 6) Stuttgart 1904

Schoop, M. U., die industrielle Elektrolyse des Wassers u. die Verwendungsgebiete v. Wasserstoff u. Sauerstoff. gr. 8. (IV, 54 S. m. 22 Abbildgn.) Stuttgart 901. F. Enke. n. 1. 20
Sonderabdruck aus: „Sammlung elektrotechn. Vorträge".

Schoop, Paul, die Aenderung der Dampfdichten bei variablem Druck und variabler Temperatur. Ein Beitrag zur Kenntniss der Beziehungen der Dämpfe zum Boile-Gay-Lussac'schen Gesetz. Inaugural-Dissertation. gr. 8. (67 S. mit 1 Stnt.) Zürich 880, (Orell, Füssli und Comp.) *

Schoop, P., elektrische Bleicherei, s.a. Sammlung elektrotechnischer Vorträge. II. 6.

Elektrische Bleicherei von Dr. P. Schoop, London. Mit 21 Abb. *Stuttgart: F. Enke 1900.* (S. 201–234.) 8°
= Sammlung Elektrotechn. Vorträge. Bd 2, H. 6. [00. 8829]

Schoop, Paul, Handbuch d. elektr. Accumulatoren. Auf Grundlage d. Erfahrg. u. m. bes. Berücksicht. d. techn. Herstellg. gr. 8. (X, 514 S. m. 193 Abb.) Stuttgart 898.) F. Enke. n. 12. —

— üb. d. Planté-Accumulatoren, s.a. Sammlung elektrotechn. Vorträge, Hft. 4.

Über die Planté-Akkumulatoren. (Sammlung elektr. Vortr. I, 4) Stuttgart 1898

— d. Primär-Elemente, s.: Carhart, Henry S.

Schoop, Paul, d. Sekundär-Elemente, s.a. Encyklopädie d. Electrochemie, Bd. 4.

Schoop, P: Die Secundär-Elemente. Halle a. S. 1895
Th. 1. Die Theorie des Blei-Sammlers.
Th. 2. Die Fabrikation von Blei-Sammlern.
Th. 3. Ueber den Zink-Kupfer-Sammler usw.
(Enzyklopädie d. Elektrochemie Bd 4—6)

Schoop, Ulr., Elementar-Freihandzeichnen für Volksschulen, insbesondere für Mittelschulen u. gewerbl. Fortbildungsschulen. Frauenfeld 865. Huber. 4. (24 Steintaf.) In Mappe. n. 16 ngr.

— — für Volksschulen, Mittelschulen u. gewerbliche Fortbildungsschulen. 1. Abthl.: Die ersten Elemente des Zeichnens. Ebend. 868. qu. 4. (24 Steintaf.) In Mappe. n. 20 ngr.

Schoop, U., italienische Flachornamente, f. den Schulzeichenunterricht gesammelt u. geordnet. gr. 4. (24 Chromolith. m. 4 S. Text.) Frauenfeld 885. Huber. In Mappe. n. 7. —

Schoop, U., **die Grundsätze der Perspektive im Dienste des Zeichnens nach der Natur. Ein Leitfaden für Lehrerseminarien, Kantonsschulen, Sekundarschulen etc. gr. 8. (VII, 59 S. mit 31 eingedr. Holzchn.-Illustr.) Frauenfeld 878, Huber.** *

Schoop, U., die Kunst im Hause. Frdr. Eberfold: Dolf. Ein Blatt aus dem Kapitel der Berufswahl. Unsere Hochzeitsreise. gr. 8. (30 S.) Zürich 887. Schröter & Meyer. n. — 50

—— Lehrgang der deutschen Currentschrift, bestehend in 245 methodisch geordneten Uebungen. br. 8. (IV und 28 lithogr. S.) St. Gallen 865, Huber und Comp. cart. *

Schoop, Ulrich, praktischer Lehrgang für den Zeichenunterricht in der Volksschule. Mit einem Anh.: Ueber das Zeichnen in der gewerbl. Fortbildungsschule. gr. 8. (XII, 216 S. mit 8 Fig.-Taf. in Holzschn.) Frauenfeld 871, Huber. *

Schoop, U., 75 Motive f. das Freihandzeichnen der Mädchen. [Aus: „Blätter f. den Zeichenunterr. an Volks-, Mittel- u. gewerbl. Berufsschulen".] gr. 8. (6 z. Tl. farb. Taf.) Zürich 890. (Hofer & Burger.) n.n. 1. —

— das farbige Ornament. Stilisirte Blatt- u. Blüthenformen mit Beispielen über deren Verwendung für den Schulzeichenunterricht. 24 Blätter in monochromem u. polychromem Farbendr. mit einer kurzen Farbenlehre. gr. 4. (17 S.) Zürich 880. Orell, Füssli & Co. In Mappe. n. 8. —

— das farbige Ornament. Stilisirte Blatt- u. Blüthenformen m. Beispielen üb. deren Verwendg. f. den Schulzeichenunterricht. 24 Blätter in monochromem u. polychromem Farbendr. m. e. kurzen Farbenlehre. 3. Aufl. Fol. (17 S.) Zürich 884. Orell Füssli & Co. Verl. In Mappe. n. 8. —

Schoop, Ulr., **111 Schreibvorlagen in deutscher Schrift für Volksschulen.** Lithogr. qu. 4. (50 Bl. mit lithogr. Titel.) Frauenfeld 859, Huber's Buchh. **

Schoop, Ulr., 111 Schreibvorlagen in deutscher Schrift f. Volksschulen. 3. Aufl. qu. gr. 8. (111 lith. Bl.) Frauenfeld 873. Huber. n. 1. 60

—— 99 Schreibvorlagen in englischer Schrift für Volksschulen. Lithogr. qu. 4. (47 Bl. mit lithogr. Titel.) Frauenfeld 860, Huber's Buchh. **

Schoop, Ulr., 99 Schreibvorlagen in englischer Schrift für Volksschulen. 2. Aufl. qu. gr. 4. Lithogr. Frauenfeld 868, Huber. **

Schoop, Ulr., der Schulzeichenunterricht u. das Zeichnen nach der Natur. Zur Reform des Zeichenunterrichtes. (Unter teilweiser Benutzg. meiner durch den zürch. Erziehungsrat preisgekrönten Arbeit üb. den Zeichenunterricht auf der Primarschulstufe.) Mit 13 Fig.-Taf u. 9 Textfig. gr. 8. (III, 41 S.) Zürich 901, Hofer & Co. n n. 2. 50

—— 40 kalligraphische Vorlegeblätter in römischer Cursivschrift, runder und verzierter englischer Schrift für Volksschulen, auch für Industrieschulen, Gymnasien, Seminarien etc. qu. 4. (40 lithogr. Blatt.) Frauenfeld 866, Huber. In Couvert. *

—— acht Wandtafeln für den physikalischen Unterricht in der Volksschule mit kurzem erklär. Text. Lithogr. Imp.-Fol. St. Gallen 863, (Huber und Comp.) In Mappe. *

— 24 stigmographische Wandtafeln f. den Vorbereitungsunterricht in der Volksschule. Fol. (24 Steintaf.) Ebend. 874. n. 6. —

—— Wie ist das Kunstgewerbe in der Schweiz zu heben und zu pflegen? Referat für die Jahresversammlung der thurg. gemeinnütz. Gesellschaft in Steckborn am 6. Juni 1884. gr. 8. (III, 58 S.) Frauenfeld 884, Huber. *

—— Zeichenschule für Volksschulen, Mittelschulen und gewerbliche Fortbildungsschulen. 1. Abthl. 2 Hefte und 2. Abthl. 1. und 2. Heft. qu. 4. (à 24 Stnt.) Ebendas. In Mappe. *

Inhalt:

Abthl. 1. Stigmographische Zeichnungen. 1. Heft: 166 geradlinige Uebungen. 4. Aufl. 875. *ℳ 2. — 2. Heft: 165 krummlinige Uebungen. 2. Aufl. 1873, und 3. Aufl. 875. *ℳ 2.

» 2. Elementar-Freihandzeichnen. 1. Heft: Die ersten Elemente des Zeichnens. 2. Aufl. 875. *ℳ 2. — 2. Heft: Leichtere Ornamente in blossen Umrissen. 2. Aufl. 873. *ℳ 1,60.

—— dass. — 2. Abthl.: Elementar-Freihandzeichnen. 3. Schattirte Zeichnungen nach Modellen. I. und II. qu. Fol. (à 12 Stnt. mit 1 Bl. Text.) Ebendas. 872. *

Inhalt:

I. Körperstudien. *ℳ 2,80.

II. Ornamentenstudien. *ℳ 3,60.

—— Zeichenschule für Volksschulen, Mittelschulen und gewerbliche Fortbildungsschulen. 1. Abthl. 2 Hefte, 2. Abthl. 1., 2. und 4. Heft und 3. Abthl. qu. 4. Ebendas. In Mappe *

Inhalt:

Abthl. 1. Stigmographische Zeichnungen. 1. Heft: 166 geradlinige Uebungen. 5. Aufl. (24 Stnt.) 878. *ℳ 2. — 2. Heft: 165 krummlinige Uebungen. 4. Aufl. (24 Stnt.) 876. *ℳ 2.

» 2. Elementar-Freihandzeichnen. 1. Heft: Die ersten Elemente des Zeichnens. 2. Aufl. (24 Stnt.) 875. *ℳ 2. — 2. Heft: Leichtere Ornamente in blossen Umrissen. 3. bedeutend verm. Aufl. (24 Stnt.) 876. *ℳ 2.

» 2. 4. Heft. I. Verzierungen für weibliche Arbeiten. 3 Hefte. (à 12 Stnt. mit 3 S. Text.) 875. [1. Heft. *ℳ 2,80.; 2. und 3. Heft. à *ℳ 3,60.]

» 2. 4. Heft. II. Pflanzenstudien. (12 Stnt. mit 1 S. Text.) 875. *ℳ 3,60.

» 3. Linear-Zeichnen. [Konstruktives und projektives Zeichnen.] (24 Stnt. mit 13 S. Text.) 877. *ℳ 4,20.

2. Abthl. 3. Heft. Ebendas. 1872. *ℳ 6,40.

— Zeichenschule für Volksschulen, Mittelschulen u. gewerbliche Fortbildungsschulen. 1. Abth.: Stigmographische Zeichnungen. I. 166 gradlinige Uebungen. 6. Aufl. qu. 4. (24 Steintaf.) Frauenfeld 878. Huber. In Mappe. n. 2. —

— dasselbe. II. 166 krummlinige Uebungen. 4. Aufl. qu. 4. (24 Steintaf.) Ebend. 878. In Mappe. n. 2. —

— dasselbe. IV. Zeichnungen für Mädchen. I. Verzierungen für weibliche Arbeiten. 2. u. 3. Hft. gr. 4. (à 12 Steintaf. m. 1 Bl. Text.) Ebend. 879. In Mappe. à n. 3. 60

— dasselbe. 2. Abth. Elementar-Freihandzeichnen. 1. Die ersten Elemente des Zeichnens. 3. Aufl. 4. (24 lith. Bl.) Ebend. 880. In Mappe. n. 2. —

— der Zeichenunterricht zu Ende d. 19. Jahrh., seine Forderungen u. deren Begründung u. die Methodik d. heutigen Zeichenunterrichts f. Lehrer u. Lehrerbildungsanstalten. gr. 8. (VIII, 143 S. m. 134 Fig.) Zürich 893. A. Müller's Verl. n. 4. —

— stigmographische Zeichnungen für den Vorbereitungsunterricht zum Freihandzeichnen in Schule u. Haus. 1. Abthl. 166 gradlin. Uebungen. Ebend. 870. qu. 4. (24 Steintaf.) In Carton. n. 20 ngr.

Schoorl, N., Beiträge zur mikrochemischen Analyse. (160 S.) gr. 8. Wiesbaden 909. C. W. Kreidel. 3. 60
Sonderabdruck aus: „Ztschr. f. analyt. Chemie."

Schooßhündchen, das, od. der kleine Zuzu, a. d. Französ. übersetzt. 8. Danzig. 767.

Schooſt, Otto, Fest-Predigt bei der ersten allgemeinen Sieges- u. Erinnerungs-Feier in Hamburg den 2. Septbr. 1873 geh. gr. 8. (13 S.) Hamburg 873. Nestler & Melle. n. — 30

Schooſt, Otto, Gedächtnißreden bei den Trauerfeiern zweier Kaiser, gehalten in der Kirche St. Catharinen, am 16. März und 24. Juni. gr. 8. (15 S.) Hamburg 888, Jenichen. *

Schooſt, Otto, 2 Gedächtnisreden zum Dankfeste den 8. Mai 1892, in Erinnerg. an die 50jähr. Wiederkehr der Tage d. großen Hamburger Brandes. gr. 8. (15 S.) Hamburg 892. C. Boysen. n. — 30

Schooſt, Otto, Hammerbrooker Gemeinde, halte was du hast an deinem Gotteshaus, daß Niemand deine Krone nehme! Predigt zur Einweihg. der Hammerbrooker Kirche am 26. XI. 1901, nebst Beschreibg. der Kirche u. Liedern. gr. 8. (16 S.) Hamburg 901. C. Boysen. n. — 50

— dasselbe nebst Geschichte der Kirche, Beschreibg. der Einweihg. u. Liedern. 2. Aufl. gr. 8. (16 S.) Ebd. 901. n. — 50

— Jubiläums-Predigt geh. bei der 50jähr. Amtsjubelfeier d. Herrn Hauptpast. Dr. Otto Ludw. Sigm. Wolters, den 28. Septbr. 1873. gr. 8. (15 S.) Ebend. 873. n. — 30

Schooſt, Otto, das Kugel-Denkmal. Seine Bedeutung, Entstehung u. Vollendung, nebst den auf die Feiern der Grundsteinlegung u. Enthüllung bezüglichen Documenten. gr. 8. (40 S. m. 1 Steintaf.) Hamburg 878. Basedow. — 60

Schooſt, Otto, Luther, ein deutscher Mann. Vortrag, veranstaltet vom Comité für die Hamburger Volks-Lutherfeier und gehalten am 18. Juni 1883. gr. 8. (20 S.) Hamburg 883, Seelig und Ohmann.

— die katholische Propaganda u. ihre Erfolge, s.: Katholicismus, der römische, beleuchtet in Vorträgen.

Schooſt, Otto, Reisebericht über den zweiten deutschen Protestantentag, gehalten in Neustadt a. d. H. am 26. u. 27. Septbr. 1867. Hamburg 867. Grüning. gr. 8. (34 S.) n. 6 ngr.

Schooft, Otto, kirchliche Sitte. Ein Handbuch f. evangel. Gemeinden bei gottesdienstl. Feiern u. Gebräuchen. (32 S.) 8. Hamburg 906. C. Boysen. — 20; in Umschlag — 30; auf Velinpap. m. Goldbr.=Titel 1. —

—— Trostpredigt aus den Tagen der Cholera, gehalten in St. Catharinen am XVI. Sonntage nach Trinitatis und allen Trauernden gewidmet. gr. 8. (15 S.) Hamburg 866, (Grüning.) *

— Vierlanden. Beschreibung des Landes u. seiner Sitten. gr. 8. (51 S. m. 17 Abbildgn.) Hamburg 894. Jürgensen & Becker. n. 1. 20

Schoour, Michael (aus Russland): Aus dem Kinder-Spital Zürich. Über Kieferankylose. Zürich 1904. 22 S. 8°. [29. I. 04.]
Zürich. Med. Diss. 1903 1904.

Schoour, Michael. Über Kieferankylose. Diss. Med. Univ. Zürich. *Kopftitel:* Aus dem Kinder-Spital Zürich. 22 S. 8. Zürich, J. F. Kobold-Lüdi, 1904.

'Köln' eine innere Gefahr für den Katholizismus. Von e. Geistlichen. [Verf.: Edmund Schopen.] Berlin: Walther 1910. 166 S. 8° [10. 9035 5

Schopen, Edm., die Psyche des Jünglings. Beiträge zu e. pädagog. Psychologie der männl. Jugend. (VII, 99 S.) gr. 8. Mainz (909). Druckerei Lehrlingshaus. 1.25

Schopen, Ldw., s. Annae Comnenae etc.

Schopen, L. Beiträge zur byzantinischen Geschichte u. Chronologie, aus den noch ungedruckten Blättern des Nicephorus Gregoras. 13 S.
Bonn, Progr. 1835

Schopen, L. Kritische Beiträge zu Fronto. 5 S. . . . .
Bonn. Progr. 1830

— s. Corpus scriptorum historiae Byzantinae etc.

— Davidis Ruhnkenii in Terentii comoedias dictata. 1825. 269 S.

Schopen: Diorthotica in Cornelii Taciti Dialogum. 10 S. Progr. Bonn 1858.

Diorthotica in varios scriptores veteres. Part. I [un]. Qua professionem antiquarum litterarum ord. in universitate Fridericia Wilhelmia Rhenana auspicaturus ad audiendam orationem ... quam d. VII Mart. ... habebit ... invitat Ludovicus Schopen ... Bonnae, typ. C. Georgii 1846. 13 S. 4.

Schopen, L. Specim. emendationis in Ael. Donati commentarios Terentianos. 6 S. . . . .
Bonn, Progr. 1826

Ders. Emendationes Frontonianae. Part. II. 13 S. . .
Bonn, Progr. 1841

Schopen: Über die Pariser Handschriften des Eugraphius. 15 S. – Bonn. Progr. 1852.

Schopen: Ueber die Pariser Manuskripte des Eugraphius. 15 S. – Bonn. Progr. 1852.

Schopen. L. Unedirte Scholien zu Juvenals III. Satire. 23 S. [Latein.]
Bonn, Progr. 1847

— Unedirte Scholien zum Terenz. Pr. 1832 12 S. 4°.

Schopen, Ludovicus (geb. am 17 Okt. 1799 in Düsseldorf): De Terentio et Donato eius interprete dissertatio critica . . . Accedunt theses item defendendae. Bonnae ad Rh., (ex off. H. Bohres) 1821. 2 Bl. 4. ¶ Nur Titelbl. u. Thesen.
Bonn, Phil. Fak., Thes. v. 2 Juni 1821

Schopen, Ludovicus (geb. am 17 Okt. 1799 in Düsseldorf): De Terentio et Donato eius interprete dissertatio critica . . . Accedunt theses item defendendae. Bonnae ad Rh., (typ. Bueschlerianis) 1821. VI, 66 S., 2 Bl. 8. ¶ Unter den 26 Thesen sind 15 von Carl Friedr. Heinrich. — Erschien zugleich selbständig bei C. vom Bruck in Bonn.
Bonn, Phil. Fak., Diss. v. [2 Juni] 1821

Schopen, Ldw., de Terentio et Donato ejus interprete. Dissertatio critica. 8maj. Bonn 821. v. Bruck. (Habicht). 12 g.

Schopenhauer, s. Schanz, Johannes.
Siedel, K. H.

—— s. Stern, J.

Schopenhauer. Seine Persönlichkeit in seinen Werken, hrsg. v. S. Friedlaender, s.: Aus der Gedankenwelt grosser Geister. Bd. 5. 6.

Schopenhauer, Arthur, Denkrede zu dessen 100jährigem Geburtstage, s. Gwinner, Wilh.

—— Von ihm. Ueber ihn. Ein Wort der Vertheidigung von Ernst Otto Lindner und Memorabilien, Briefe und Nachlassstücke von Jul. Frauenstädt. gr. 8. (IX und 763 S.) Berlin 863, Hayn's Erben.

—— als Philosoph der Tragödie, s. Reich, Emil.

Schopenhauer, Adele, Anna. Ein Roman aus der nächsten Vergangenheit. 2 Thle. gr. 12. Leipz. 845, Brockhaus. 3 ℳ

—— Haus-, Wald- u. Feldmärchen. gr. 12. (8 B.) Leipzig 844, Brockhaus.

Schopenhauer, der Adele, Tagebücher. 2 Bde. (XI, 162 u. 200 S. m. 16 Taf.) kl. 8. Leipzig 909. Insel-Verlag. 6.—; geb. 8. —

Schopenhauer, Arthur. Anmerkungen zu Platon, Locke, Kant und Nachkantischen Philosophen. Leipzig [1892]. H: *Grisebach, Eduard.* (Berl)

— Aphorismen zur Lebensweisheit, s. a. Bibliothek der Gesamt-Litteratur d. In- u. Auslandes.

— dasselbe, s. a. Meyer's Volksbücher.

Schopenhauer's, Arth., Aphorismen zur Lebensweisheit, s. a. Universal-Bibliothek.

Schopenhauer, Arth., Aphorismen zur Lebensweisheit. [Aus: „Parerga u. Paralipomena".] 2 Bdchn. 8. (XIII, 137 u. XIII, 144 S.) Leipzig 886. Brockhaus. à n. 2. —; geb. à n. 3. —

Schopenhauer, Arth., Aphorismen zur Lebensweisheit. Ueber den Tod. Leben der Gattung. Erblichkeit der Eigenschaften. Volks-Ausg. (III, 144 S.) gr. 8. Stuttgart (904). Leipzig, A. Kröner. Kart. n. 1. —

— zur Aesthetik der Poesie, Musik u. der bildenden Künste. Neu hrsg. u. erläutert v. Mor. Brasch. 2. Aufl. gr. 8. (43 S.) Leipzig 891. G. Fock. n. — 50

— kleinere Aufsätze vermischten Inhalts. Hrsg. u. m. e. Einleitg. versehen v. Mor. Brasch. 2. Aufl. gr. 8. (IV, 107 S.) Ebd. 891. n. 1. —

— **Briefe an Becker, Frauenstädt, v. Doß, Lindner u. Asher,** s.: **Universal-Bibliothek.**

—— s. Briefwechsel zwischen Arth. Schopenhauer und Joh. Aug. Becker.

Schopenhauer, Arth., critique de la philosophie Kantienne. Traduite en français par J. A. Cantacuzène. gr. 8. (203 S.) Bucarest 889. (Leipzig, Brockhaus.) n. 3. 20

— s.: Edita u. Inedita Schopenhaueriana.

—— Einleitung in die Philosophie, nebst Abhandlgn. z. Dialektik rc., s.: Universal-Bibliothek.

— Einleitung in die Philosophie, nebst Abhandlgn. zur Dialektik, Aesthetik u. üb. die deutsche Sprachverhunzg. (Handschriftl. Nachlaß, 2. Bd.), s.: Universal-Bibliothek.

— Gedanken. Aus s. Werken zusammengest. v. Elisab. Heinrich. 8. (72 S.) Mülheim a/R. 898. J. Bagel. 1. —

— über das Geistersehn u. was damit zusammenhängt. [Sonderdr.] 12. (VII, 127 S.) Leipzig 890. Brockhaus. n. 2. —; geb. n. 3. —

— über das Geistersehen u. was damit zusammenhängt. [Aus: „Parerga u. Paralipomena".] 12. (VII, 127 S.) Leipzig 891. F. A. Brockhaus. n. 2. —; geb. n. 3. —

Schopenhauer, Arth., über Genie, große Geister u. ihre Zeitgenossen. Eine Sammlg. v. Stellen aus seinen Werken. 12. (VII, 161 S.) Leipzig 891. F. A. Brockhaus. n. 2. —; geb. n. 3. —

— Genie u. Wahnsinn. Neu hrsg. u. erläutert v. Mor. Brasch. 2. Aufl. gr. 8. (30 S.) Leipzig 891. G. Fock. n. — 50

— Gespräche u. Selbstgespräche nach d. Handschrift εἰς ἑαυτόν. Hrsg. v. Ed. Grisebach. gr. 8. (VII, 143 S.) Berlin 898. E. Hofmann & Co. n. 3. —; geb. in Leinw. n. 4. —

Schopenhauer's Gespräche u. Selbstgespräche. Hrsg. v. Ed. Grisebach. 2. erheblich verm. Aufl. Mit 6 Lichtdr.-Portr.: Schopenhauer u. seine ersten Anhänger Becker, Frauenstädt, v. Doß, v. Hornstein u. Bähr. 8. (173 S.) Berlin 902. E. Hofmann & Co. n. 3. 50; geb. n. 4. 60

—— s. Gracian's, Balth., Hand-Orakel.

Schopenhauer, Arthur, die beiden Grundprobleme der Ethik, behandelt in zwei akadem. Preisschriften. 1. Ueber die Freiheit des menschlichen Willens. Gekrönt. 2. Ueber das Fundament der Moral. gr. 8. Frankfurt a/M. 841, Hermann'sche Buchh. Suchsland. n. $1^1/_2$ Thlr.

Schopenhauer, Arth., die beiden Grundprobleme der Ethik, behandelt in zwei akadem. Preisschriften. 2., verb. und verm. Aufl. gr. 8. (XLIV und 276 S.) Leipzig 860, Brockhaus. *

Schopenhauer, Arth., die beiden Grundprobleme der Ethik, behandelt in zwei akadem. Preisschriften. 3. Aufl. gr. 8. (XLII, 276 S.) Leipzig 881, Brockhaus. *
geb. *

— die beiden Grundprobleme der Ethik, behandelt in 2 akadem. Preisschriften. 4. (Titel-)Aufl. gr. 8. (XLII, 276 S.) Leipzig 891. F. A. Brockhaus. n. 2. —; geb. n. 3. —

— Die beiden Grundprobleme der Ethik, behandelt in 2 akadem. Preisschriften. 5. Aufl. (XLII, 276 S.) gr. 8. Leipzig 908. F. A. Brockhaus. 2. —; geb. 3. —

— zur Lebensweisheit. Abhandlungen. Hrsg. u. m. e. Einleitg. versehen v. Mor. Brasch. 2. Aufl. gr. 8. (IV, 96 S.) Leipzig 891. G. Fock. n. 1. —

Schopenhauer, A., Lichtstrahlen aus seinen Werken, s. a. Frauenstädt, J.

Schopenhauer, Arthur. Lichtstrahlen aus seinen Werken. Mit e. Biographie u. Charakteristik Schopenhauer's v. Jul. Frauenstädt. 3. Aufl. 8. (XXXI, 232 S.) Leipzig 874. Brockhaus. n. 3. —; geb. n. 4. —

—— Lichtstrahlen aus seinen Werken. Mit einer Biographie und Charakteristik Schopenhauer's von Jul. Frauenstädt. 5. und 6. Aufl. 8. (XXVIII, 232 S.) Ebendas. 885,88. *ℳ 3.—; geb. *

— Lichtstrahlen aus seinen Werken. Mit e. Biographie u. Charakteristik Schopenhauers. Von Jul. Frauenstädt. 7. Aufl. 12. (XXIII, 232 S.) Leipzig 891. F. A. Brockhaus. n. 3. —; geb. m. Goldschn. n. 4. —

— Metaphysik der Geschlechtsliebe. — Ueber die Weiber. 12. (S. 518—540.) Berlin 891. Bibliograph. Anstalt A. Warschauer. — 50; geb. in Leinw. — 75

— dasselbe. Mit erläut. Anmerkgn. hrsg. v. Mor. Brasch. 3. Aufl. gr. 8. (III, 52 S.) Leipzig 891. G. Fock. — 75

— dasselbe. Ueber den Tod, das Leben der Gattung, sowie die Erblichkeit der Eigenschaften, s.: Sammlung Fried.

—— le monde comme volonté et comme représentation. Traduit en français pour la première fois par J. A. Cantacuzène. 2 vols. gr. 8. (XLI, 663; 983 S.) Bucarest 886. (Leipzig, Brockhaus.) *

— handschriftlicher Nachlaß. 3. Bd. Anmerkgn. zu Locke u. Kant, sowie zu nachkant. Philosophen, hrsg. v. Ed. Grisebach, s. a. Universal-Bibliothek.

Schopenhauer, Arthur. — Aus Arth. Schopenhauer's handschriftlichem Nachlaß. Abhandlungen, Anmerkungen, Aphorismen und Fragmente. Hrsg. von Jul. Frauenstädt. gr. 8. (XXXII und 480 S.) Leipzig 864, Brockhaus. *

—— Parerga u. Paralipomena, s. a. Bibliothek d. Gesamt-Litteratur.

Schopenhauer, Arth., Parerga u. Paralipomena: kleine philosophische Schriften. 2 Bde. gr. 8. (X u. 997 S.) Berlin 851, Hayn. 3 Thlr.

Schopenhauer, Arthur, Parerga und Paralipomena: kleine philosophische Schriften. 2., verb. und beträchtlich verm. Aufl., aus dem handschriftl. Nachlasse des Verf. hrsg. von Jul. Frauenstädt. 2 Bde. gr. 8. (XVII und 1229 S.) Berlin 862, Hayn's Erben.

—— Parerga und Paralipomena. Kleine philosoph. Schriften. 3. Aufl. Hrsg. von Jul. Frauenstädt. 2 Bde. gr. 8. (XV, 532; VI, 696 S.) Leipzig 874, Brockhaus. *
geb. *

—— Parerga und Paralipomena. Kleine philosoph. Schriften. 4. Aufl. Hrsg. von Jul. Frauenstädt. 2 Bde. gr. 8. (XV, 532; VIII, 696 S.) Ebendas. 878. *ℳ 17.; geb. *

—— Parerga und Paralipomena. Kleine philosoph. Schriften. 5. und 6. Aufl. 2 Bde. gr. 8. (XV, 532; VI, 696 S.) Leipzig 888, Brockhaus. *ℳ 12.—.; geb. *
Die 5. Aufl. erschien in 12 Lfgn. à *ℳ 1.—.

— dasselbe. 2 Thle. in 1 Bd. 12. (VI, 451 u. VI, 569 S. m. Portr.) Berlin 891. Bibliograph. Anstalt A. Warschauer. n. 1. 60; geb. in Leinw. n. 2. —; in 2 Bde. geb. n. 2. 75

— Parerga u. Paralipomena. Kleine philosoph. Schriften. 7. (Titel-)Aufl. 2 Bde. gr. 8. (XV, 532 u. VI, 696 S.) Leipzig 891. F. A. Brockhaus. n. 6. —; geb. n. 8. —

— Parerga u. Paralipomena, s.a. Handbibliothek, Cotta'sche.

Parerga und Paralipomena. Kleine philosoph. Schriften von Arthur Schopenhauer. T. 1–4. *Stuttgart & Berlin: J. G. Cotta Nachf. [1904].* 4 Bde 8° [F.]
= Handbibliothek, Cotta'sche. No 93–96.

— Parerga u. Paralipomena. Kleine philos. Schriften. Hrsg. v. Jul. Frauenstädt. 8. Aufl. 2 Bde. (XV, 532 u. VI, 696 S.) gr. 8. Ebd. 908. 6.—; geb. 8. —

— Philosophie der Kunst. 2 Bdchn. [Sonderdr.] 12. (VII, 168 u. V, 253 S.) Ebd. 890. à n. 2. —; geb. à n. 3. —

—— Philosophie der Kunst. 2 Bdchn. 12. (VII, 168; V, 253 S.) Lpz. 891, Brockhaus. à Bdchn. * 2 —; * 4 — geb. à Bdchn. * 3 —; * 6 —
Aus: „Welt als Wille u. Vorstellg." u. „Parerga u. Paralipomena", besonders abgedruckt.

— üb. Religion. Ein Dialog. Neudurchgesehen u. hrsg. v. Mor. Brasch. 2. Aufl. gr. 8. (35 S.) Leipzig 891. G. Fock. n. — 50

— über Religion u. Schicksal. [Sonderdr.] 12. (VII, 171 S.) Ebd. 890. n. 2. —; geb. n. 3. —

— über Religion u. Schicksal. [Aus: „Parerga u. Paralipomena".] 12. (VII, 171 S.) Leipzig 891. F. A. Brockhaus. n. 2. —; geb. n. 3. —

[Arthur Schopenhauer:] Schopenhauer-Brevier. Von H. Siegfried. Berlin & Leipzig: Schuster & Loeffler 1902. (211 S.) 8°

Schopenhauer-Worte, ausgewählt von Achim v. Winterfeld, s.: Dietrich's, F., Auswahl-Bibliothek. 5. Bd.

— kleinere Schriften. Genaue Textausg. m. Schopenhauers letzten Zusätzen. 2 Thle. in 1 Bd. 12. (V, 265 u. XVIII, 378 S. m. Portr. u. 1 Taf.) Berlin 891. Bibliograph. Anstalt A. Warschauer. n. 1. 60; geb. n. 2. —

Schopenhauer, Arthur, üb. das Sehen u. die Farben. Eine Abhandl. gr. 8. Leipz. 816. Hartknoch. 10 gℊ

Schopenhauer, Arthur, über das Sehn und die Farben. Eine Abhandlung. 2., verb. und verm. Aufl. gr. 8. (IX und 86 S.) Leipzig 854, Hartknoch.

Schopenhauer, Arth., über das Sehn u. die Farben. Eine Abhandlung. 3., verb. u. verm. Aufl. hersg. von Jul. Frauenstädt. Leipzig 870. Brockhaus. gr. 8. (XVIII, 93 S.) n. 20 ngr.

— Ueber das Sehn u. die Farben. Eine Abhandlung. Hrsg. v. Jul. Frauenstädt. 4. Aufl. (XVI, 93 S.) gr. 8. Ebd. 908. 1. —

—— über den Tod und sein Verhältniß zur Unzerstörbarkeit unsers Wesens an sich. Leben der Gattung. Erblichkeit der Eigenschaften. 8. (XV, 119 S.) Ebendas. 886. *
geb. *
Aus: Die Welt als Wille und Vorstellung, besonders abgedruckt.

— über Urtheil, Kritik, Beifall, Ruhm, Wahrheit u. Irrthum. Eine Sammlg. v. Stellen aus seinen Werken. 12. (VII, 151 S.) Leipzig 891. F. A. Brockhaus. n. 2. —; geb. n. 3. —

—— s. Veröffentlichung, I., des Berliner akadem. Richard Wagner-Vereins.

— über die Weiber, s.a. Schriften, gemeinverständliche, zur Förderung männlicher Kultur. I.

Schopenhauer, Arthur: Über die Weiber. Kap. 27 in: Schopenhauer: Parerga u. Paralipomena. Bd 2. 1851. — 2., verb. u. ... verm. Aufl. ... Bd 2. 1862.
—— Neu hrsg. u. m. Vorr. vers. v. Benedict Friedlaender. 1.–50. Taus.

Über die Weiber von Arthur Schopenhauer. Neu hrsg. u. mit Vorr. versehen von Benedict Friedländer. 1.–50 Taus. Treptow-Berlin: B. Zack 1908. (15 S.) 8° [F.]
= Schriften, Gemeinverständl., z. Förderung männlicher Kultur. 1.

— die Welt als Wille u. Vorstellung, s.a. Handbibliothek, Cotta'sche.

— dasselbe, s.a. Bibliothek der Gesamt-Litteratur d. In- u. Auslandes.

Schopenhauer, Arthur, die Welt als Wille u. Vorstellung. 4 Bücher, nebst e. Anh., der die Kritik der Kantischen Philosophie enthält. gr. 8. Leipz. 819. Brockhaus. 3 ꝑ

— die Welt als Wille u. Vorstellung. 2. durchgängig verb. u. sehr verm. Aufl. 2 Bde. 1. Bd., Vier Bücher, nebst einem Anhange, der die Kritik der Kantischen Philosophie enthält. 2. Bd., welcher die Ergänzungen zu den vier Büchern des ersten Bandes enthält. gr. 8. (Mit 1 lith. Taf. u. 1 Tab.) Leipzig 844, Brockhaus. n. 5⅓ ꝑ (Der 2. Bd. apart kostet für die Besitzer der 1. Aufl. n. 2⅔ ꝑ)

—— die Welt als Wille und Vorstellung. 2 Bde. 3., verb. und beträchtl. verm. Aufl. gr. 8. (XXXVIII und 1374 S.) Leipzig 859, Brockhaus. *

— die Welt als Wille u. Vorstellung. 4., verm. u. verb. Aufl. Hrsg. v. Jul. Frauenstädt. 2 Bde. gr. 8. Ebend. 873. n. 18. —; geb. n. 21. —
1. Vier Bücher, nebst e. Anh., der die Kritik der Kantischen Philosophie enthält. (XXXVI, 633 S.)
2. Ergänzungen zu den 4 Büchern d. ersten Bandes. (VI, 743 S.)

Schopenhauer, Arthur, die Welt als Wille und Vorstellung. 5. Aufl. Hrsg. von Jul. Frauenstädt. 2 Bde. gr. 8. Leipzig 879, Brockhaus. *

geb. *

Inhalt:

Bd. 1. Vier Bücher, nebst einem Anhang, der die Kritik der Kantischen Philosophie enthält. (XXXVI, 633 S.)

• 2. Welcher die Ergänzungen zu den vier Büchern des ersten Bandes enthält. (VI, 743 S.)

— die Welt als Wille u. Vorstellung. 6. Aufl. Hrsg. v. Jul. Frauenstädt. 2 Bde. gr. 8. (XXXVI, 633 u. VI, 743 S.) Ebend. 886. n. 12. —; geb. n. 15. —; auch in 12 Lfgn. à n. 1. —

—— Die Welt als Wille und Vorstellung. 8. Aufl. Hrsg. von Jul. Frauenstädt. 2 Bde. gr. 8. (XXXVI, 633 S. m. 1 Taf.; VI, 743 S. m. 1 Tab.) Ebd. 891. * 6 —; geb. * 8 —

— die Welt als Wille u. Vorstellung. 2 Thle. in 1 Bd. 12. (XXI, 581 u. IV, 635 S. m. Portr.) Berlin 891. Bibliograph. Anstalt A. Warschauer. n. 1. 60; geb. in Leinw. n. 2. —; in 2 Bde. geb. n. 2. 75

— dasselbe. Hrsg. sowie m. Einleitg. u. Anmerkgn. versehen v. R. v. Koeber. 12 Lfgn. gr. 8. (1. Bd. VIII, 568 S., 2. Bd. VI, 664 S.) Berlin 891. Mayer & Müller. à n. — 60 (kplt. geb. in Halbfrz. n. 8. 60)

Die Welt als Wille und Vorstellung von Arthur Schopenhauer. Bd 1. 2. *Stuttgart & Berlin: J. G. Cotta Nachf. [1903].* 2 Bde 8° [F.]
1. 1. u. 2. Buch 2. 3. u. 4. Buch
= Handbibliothek, Cotta'sche. No 39. 40.

— Die Welt als Wille u. Vorstellung. Hrsg. v. Jul. Frauenstädt. 9. Aufl. 2 Bde. (XXXVI, 633 u. VI, 743 S.) gr. 8. Leipzig 908. F. A. Brockhaus. 6.—; geb. 8. —

— Werke. Mit Einleitgn., erläut. Anmerkgn. u. e. biographisch-histor. Charakteristik Schopenhauers in Auswahl hrsg. v. Mor. Brasch. 2 Bde. Mit dem Portr. Schopenhauers. 1. u. 2. Aufl. gr. 8. (XXXII, 740 u. VI, 781 S.) Leipzig 891. G. Fock. n. 10. —; geb. in Leinw. n. 12. —; in Halbfrz. n. 14. —

Schopenhauer, Arth., sämtliche Werke, s. a. Bibliothek, Cotta'sche, d. Weltlitteratur.

— **dasselbe, s. a. Universal-Bibliothek.**

Schopenhauer's, Arthur, sämmtliche Werke. Hrsg. von Jul. Frauenstädt. 6 Bde. gr. 8. Leipzig 873,74, Brockhaus. *

geb. *

Inhalt:

Bd. 1. Schriften zur Erkenntnißlehre. 1. Ueber die vierfache Wurzel des Satzes vom zureichenden Grunde. — 2. Ueber das Sehn und die Farben. — 3. Theoria colorum physiologica. (CCXXVII, 311 S. mit eingedr. Holzschn. und 1 Stnt. in qu. 4.)

• 2. 3. Die Welt als Wille und Vorstellung. 2 Bde. (XXXVI, 633; VI, 743 S.)

• 4. Schriften zur Naturphilosophie und Ethik. 1. Ueber den Willen in der Natur. 2. Die Grundprobleme der Ethik. (XXXI, 275 S.)

• 5. 6. Parerga und Paralipomena. Kleine philosoph. Schriften. 2 Bde. (XV, 532; VI, 696 S.)

Schopenhauer's, Arthur, sämmtliche Werke. Hrsg. von Jul. Frauenstädt. 2. Aufl. 6 Bde. gr. 8. Leipzig 877, Brockhaus. *

geb. *

Inhalt:

Bd. 1. Schriften zur Erkenntnißlehre. 1. Ueber die vierfache Wurzel des Satzes vom zureichenden Grunde. — 2. Ueber das Sehn und die Farben. — 3. Theoria colorum physiologica. (VIII, 550 S. mit eingedr. Holzschn.)

• 2. 3. Die Welt als Wille und Vorstellung. 2 Bde. (XXXVI, 633; VI, 743 S.)

• 4. Schriften zur Naturphilosophie und Ethik. 1. Ueber den Willen in der Natur. 2. Die Grundprobleme der Ethik. (XXXI, 466 S.)

• 5. 6. Parerga und Paralipomena. Kleine philosoph. Schriften. 2 Bde. (XIII, 532; VI, 696 S.)

Schopenhauer's, Arth., sämmtliche Werke. Hrsg. von J. Frauenstädt. 2. Aufl. Neue Ausg. 6 Bde. gr. 8. Leipzig 888. Brockhaus. n. 36. —; geb. n. 45. —

1. Schriften zur Erkenntnißlehre: 1. Ueber die vierfache Wurzel des Satzes vom zureichenden Grunde. — 2. Ueber das Sehen und die Farben. — 3. Theoria colorum physiologica. (VIII, 203; XIV, 160; XVI, 93, 58 S.)

2. 3. Die Welt als Wille und Vorstellung. 2 Bde. (XXXVI, 633; VI, 743 S.)

4. Schriften zur Naturphilosophie u. Ethik: 1. Ueber den Willen in der Natur. — 2. Die Grundprobleme der Ethik. (XXXI, 147; XLII, 276 S.)

5. 6. Parerga und Paralipomena. — Kleine philosophische Schriften. 2 Bde. (XV, 532; VI, 696 S.)

Schopenhauer, Arthur: Sämmtliche Werke. Hrsg. von J. Frauenstädt. 2. Aufl. Neue Ausg. Leipzig 1891

Bd 1. Schriften zur Erkenntnißlehre. 1. Ueber die vierfache Wurzel des Satzes vom zureichenden Grunde. 2. Ueber das Sehn und die Farben. 3. Theoria colorum physiologica.

Bd 2. 3. Die Welt als Wille und Vorstellung. Bd 1. 2.

Bd 4. Schriften zur Naturphilosophie und zur Ethik. 1. Ueber den Willen in der Natur. 2. Die beiden Grundprobleme der Ethik.

Bd 5. 6. Parerga und Paralipomena. Kleine philosophische Schriften. Bd 1. 2.

— dasselbe. Genaue Textausg. m. den letzten Zusätzen. 6 Bde. 12. (V, V, 265; V, XXI, 531; IV, 635; VI, 451; VI, 569 u. VII, XVIII, 377 S. m. 1 Portr. u. 2 Taf.) Berlin 891. Bibliograph. Anstalt A. Warschauer. Geb. in Leinw. n. 7. 50; in 3 Bde. n. 6. —

Schopenhauer's, Arth., sämmtliche Werke. Hrsg. v. Jul. Frauenstädt. 2. Aufl. Neue (Titel-)Ausg. 6 Bde. gr. 8. (VIII, 203; XIV, 160; XVI, 93; 58; XXXVI, 633; VI, 743; XXXI, 147; XLII, 276; XV, 532 u. VI, 696 S. m. 1 Taf.) Leipzig 891. F. A. Brockhaus. n. 18. —; geb. n. 24. —; auch in 45 Lfgn. à n. — 40

Schopenhauer, Arth. Sämmtliche Werke. Hrsg. von Ed. Grisebach. [Mit biogr. Anhang.] 2. Abdr. 6 Bde. Leipzig: Reclam [1893].

Schopenhauer's, Arth., sämmtliche Werke in 5 Bdn. Hrsg. v. Eduard Grisebach. (Grossherzog Wilhelm Ernst-Ausg.) 1. u. 2. Bd. Welt als Wille & Vorstellg. (1463 S.) kl. 8. Leipzig 905. Insel-Verlag. Geb. in Ldr. 9. —

Schopenhauer's, Arth., sämmtliche Werke. Hrsg. v. Jul. Frauenstädt. 2. Aufl. Neue Ausg. 6 Bde. (VIII, 160, XVI, 93, 58 S. m. 1 Taf.; XXXVI, 633; VI, 743; XXXII, 147, XLII, 276; XV, 532 u. VI, 696 S.) gr. 8. Leipzig 908. F. A. Brockhaus. 18.—; geb. in Leinw. 24. —

— dasselbe in 5 Bdn. (Grossherzog Wilhelm-Ernst-Ausg.) (Hrsg. im Auftrage v. Alfr. Walt. Heymel. Harry Graf Kessler u. Emery Walker leiteten den Druck. 3.—5. Bd. kl. 8. Leipzig, Insel-Verlag.

Geb. in Ldr. 17. —

3. Kleinere Schriften, hrsg. v. Max Brahn. (781 S.) 908. Geb. 6. —

4. Parerga u. Paralipomena. 1. Tl. Hrsg. v. Hans Henning. (530 S.) 909. Geb. 5. —

5. 2. Tl. Hrsg. v. Hans Henning. (763 S.) 910. Geb. in Ldr. 6. —

Bd. 1 u. 2. Ebd. 906. Geb. 9.—.

—— üb. d. Willen in d. Natur. Eine Erörterung d. Bestätigungen, welche d. Philosophie d. Verf., seit ihrem Auftreten, durch d. empir. Wissenschaften erhalten hat. gr. 8. (9 B.) Frankfurt a. M. 836. [Leipzig, Kersten.]

Schopenhauer, Arthur, über den Willen in der Natur. Eine Erörterung der Bestätigungen, welche die Philosophie des Verfassers, seit ihrem Auftreten, durch die empirischen Wissenschaften erhalten hat. gr. 8. Frankfurt 836. Schmerber. 1/2 ₰

—— über den Willen in der Natur. Eine Erörterung der Bestätigungen, welche die Philosophie des Verf., seit ihrem Auftreten, durch die empirischen Wissenschaften erhalten hat. 2., verb. und verm. Aufl. gr. 8. (XXIII und 135 S.) Frankfurt a. M. 854, Hermann'sche Buchh.

— über den Willen in der Natur. Eine Erörterung der Bestätigungen, welche die Philosophie des Verf., seit ihrem Auftreten, durch die empir. Wissenschaften erhalten hat. 3., verb. und verm. Aufl. hrsg. von Jul. Frauenstädt. gr. 8. (XXVII und 147 S.) Leipzig 867, Brockhaus. *

— über den Willen in der Natur. Eine Erörterung der Bestätigungen, welche die Philosophie des Verf., seit ihrem Auftreten, durch die empir. Wissenschaften erhalten hat. 4. Aufl., hrsg. von Jul. Frauenstädt. gr. 8. (XXXII, 147 S.) Ebendas. 878. *

— über den Willen in der Natur. Eine Erörterg. der Bestätiggn., welche die Philosophie d. Verf., seit ihrem Auftreten, durch die empir. Wissenschaften erhalten hat. 5. (Titel-)Aufl. Hrsg. v. Jul. Frauenstädt. gr. 8. (XXXII, 147 S.) Leipzig 891. F. A. Brockhaus. n. 1. 50

— Ueber den Willen in der Natur. Eine Erörterg. der Bestätiggn., welche die Philosophie des Verf., seit ihrem Auftreten, durch die empir. Wissenschaften erhalten hat. Hrsg. v. Jul. Frauenstädt. 6. Aufl. (XXXII, 147 S.) gr. 8. Ebd. 908. 1. 50

Arth. Schopenhauer üb. d. vierfache Wurzel d. Satzes v. zureich. Grunde; e. philos. Abhandl. (*Rudolst.* 813.) 2^e^ s. vb. u. vm. A. *Frankf. a. M.*, Hermann. B. 847. gr 8° m. 1 Steintaf. 20 Ngr

— üb. die vierfache Wurzel des Satzes v. zureichendem Grunde. Eine philosoph. Abhandl. gr. 8. Rudolst. 813. Hofbuchh. 12 Ngr

— üb. die vierfache Wurzel d. Satzes vom zureichenden Grunde. Eine philosophische Abhandlung. 2. sehr verb. u. verm. Aufl. gr. 8. (VIII u. 151 S. m. 1 lith. Taf. in gr. 4.) Frankfurt a. M. 847, Hermann. 5/6 ß

— über die vierfache Wurzel des Satzes vom zureichenden Grunde. Eine philosoph. Abhandlung. 3., verb. und verm. Aufl. Hrsg. von Jul. Frauenstädt. gr. 8. (XVIII und 160 S. mit 1 lithogr. Fig.-Taf. in gr. 4.) Leipzig 864, Brockhaus. *
Vgl.: Gracian's, Balthazar, Handorakel.

Schopenhauer, Arthur, über die vierfache Wurzel des Satzes vom zureichenden Grunde. Eine philosoph. Abhandlung. 4. Aufl. Hrsg. von Jul. Frauenstädt. gr. 8. (XVIII, 160 S. mit 1 lithogr. Fig.-Taf. in qu. gr. 4.) Leipzig 875, Brockhaus. *

— Ueber die vierfache Wurzel d. Satzes vom zureichenden Grunde. Eine philosoph. Abhandlg. Mit e. lith. Fig.-Taf. 5. (Titel-)Aufl. Hrsg. v. Jul. Frauenstädt. gr. 8. (XV, 160 S.) Ebd. 891. * 1 50
Vgl.: Brunner, Seb. Kniffologie und Pfiffologie ꝛc. — Hertslet, W. L. Schopenhauer-Register.

— Ueber die vierfache Wurzel des Satzes vom zureichenden Grunde. Eine philosoph. Abhandlg. Hrsg. v. Jul. Frauenstädt. 6. Aufl. (XV, 160 S. m. 1 Taf.) gr. 8. Ebd. 908. 1. 50

Schopenhauer, Ed., s. K. Fr. Bartels Sendschreiben.

Schopenhauer, Johanna, († d. 28. April 1838), Adele, eine dänische Geschichte. Roman. gr. 8. (267 S.) Braunschweig 848, Westermann. n. 1 1/3 ß

— Ausflucht an d. Rhein u. dessen nächste Umgebungen im Sommer des ersten friedlichen Jahres. 8. Leipz. 818. Brockhaus. 1 ß 16 Ngr

— Ausflug an den Niederrhein u. nach Belgien im J. 1828. 2 Thle. 8. (40 1/2 B. u. Vign.) Leipzig 831, Brockhaus.

Schopenhauer, (geb. Trosina,) Johanna, der Bettler von Sankt Columba. — Margaretha von Schottland. Zwei Novellen. 8. (16 B.) Frankfurt a. M. 836, [Sauerländer's Verl.]

— Erinnerungen von e. Reise in d. J. 1803, 4 u. 5. 3 Bde. Mit 2 Karten. gr. 8. Rudolst. 813, 14, 17. Hofbuchh. 5 ß 18 Ngr 2e verb. Aufl. unt. d. T.: Erinnerungen von e. Reise durch England u. Schottland. 1r u. 2r Bd. 8. Leipz. 818. 3e A. 2 Bde. 826. Brockhaus. 4 ß (3r Bd. A. u. d. T.: Reise durch das südl. Frankreich. gr. 8. Rudolst. 817. Hofbuchh. 2 ß 2e A. 2 Bde. unt. d. T.: Reise von Paris durch das südl. Frankreich bis Chamouny. 8. Leipz. 824. Brockhaus. 3 ß

Schopenhauer, Johanne, Erzählungen. 8 Thle. 8. Frankf. 825—27. Sauerländer. 11 ß 8 Ngr 2e Ausg. 10 ß 20 Ngr

— Erzählungen. 7. u. 8. Thl. 8. . . . Frankfurt a. M. 828, Sauerländer. 2 Thlr. 20 Gr., Vlnp.
1—6. Thl. Ebendas. 1825—27. 8 Thlr. 12 Gr., Vlnp. 11 Thlr.

— dass. 8 Thle. 2., wohlf. Ausg. 8. . . . Ebds. 835. 8 Thlr., Vlnp.

— Gabriele. 3 Thle. 8. Leipz. 819, 820. 2e Aufl. 826. Brockhaus. 5 ß

— meine Groß-Tante; aus d. Papieren eines alten Herrn. 16. Stuttg. 831. Hoffmann. 1 ß

— meine Groß-Tante. Aus d. Papieren e. alten Herrn. 16. (12 B.) Stuttgart 831, [Weise u. Stoppani.]
Besond. Abdruck aus „Pantheon," 24. Thl.

— Johann van Eyk u. seine Nachfolger. 2 Bde. 8. Frankf. (Leipz.) 822. Brockhaus. 2 ß 12 Ngr

Schopenhauer, Johanna

Schopenhauer, J., Jugendleben u. Wanderbilder, s. a. Gedanensia.

Schopenhauer, Johanna, Jugendleben und Wanderbilder. 2 Bde. 2. (Titel-)Ausg. 8. (708 S.) Braunschweig 848, Westermann.

— Karl Ldw. Fernows Leben. Mit 2 Kpf. gr. 8. Tübing. 810. v. Cotta. 1 ß 12 Ngr

— Nachlaß. Hrsg. von ihrer Tochter. — A. u. d. T.: Jugendleben u. Wanderbilder. 2 Bde. 8. (45 B.) Braunschweig 839, Westermann. *

— Novellen. 2 Thle. gr. 12. (24 1/2 B.) Frankfurt a. M. 830, Sauerländer.

— Novellen, fremd u. eigen. 1r Bd. gr. 8. Rudolst. 816. Hofbuchhandl. 1 ß 12 Ngr

— neue Novellen. 3 Thle. gr. 16. (38 B.) Frankfurt a. M. 832, Sauerländer.

Schopenhauer, (Johanna,) Reise durch England und Schottland. 3e Aufl. 2 Bde. 8. Leipz. 826, Brockhaus.

— die Reise nach Italien. Novelle. 8. (18 B.) Frankfurt a. M. 835, [Sauerländer's Verl.]

Schopenhauer, Johanna. Reise von Paris durch das sudliche Frankreich bis Chamouny. 2. verbesserte und vermehrte Aufl. 2 Bande. 8. Leipzig 1824. Brockhaus

— sämmtl. Schriften. 24 Bde. 16. Leipz. 829—32. Brockhaus. Subscr.-Pr. 12 ß Velinp. 16 ß

Schopenhauer, (geb. Trosina,) Johanna, sämmtl. Schriften. 24 Bde. 1. Aufl. 830, 31. 12 Thlr., Vlnp. 16 Thlr., u. wohlf. Ausg. (à 532⅝ B. u. Bildn. d. Verf.) 16. Leipzig 834, Brockhaus; Frankfurt a. M., Sauerländer. 8 Thlr., Vlnp.
Bd. 1., 2. Carl Ludw. Fernow's Leben. 2 Thle.
" 3. Ausflucht an d. Rhein.
" 4., 5. Joh. van Eick u. seine Nachfolger. 2 Thle.
" 6. Die vier Jahreszeiten. Ein Cyclus v. Novellen.
" 7—9. Gabriele. 3 Thle.
" 10—12 Sidonia. 3 Thle.
" 13., 14. Die Tante. 2 Thle.
" 15., 16. Reise durch England u. Schottland. 2 Thle.
" 17., 18. Reise v. Paris durch d. südl. Frankreich bis Chamouni. 2 Thle.
" 19—24. Erzählungen u. Novellen. 6 Thle.
Einzelne Bände dieser Ausgabe werden nicht abgegeben.

— Sidonia; e. Roman. 3 Thle. 8. Frankf. (Leipz.) 827. Brockhaus. 5 ß

——, Sidonia. Ein Roman. 3 Thle. 8. (62⅞ B.) Frankfurt a. M. 828. (Leipzig, Brockhaus.)

Schopenhauer, J., die Tante, s. Universal-Bibliothek.

— die Tante. 2 Bde. 8. Frankf. (Leipz.) 823. Brockhaus. 4 ß

— die Tante, ein Roman. 2 Thle. 8. Frankf. 823, H. Wilmans.

—— die Tante. Ein Roman. Neue Ausg. 2 Thle. 16. (46 B.) Leipzig 837, Brockhaus.

—— Richard Wood. Roman. 2 Thle. 8. (53¾ B.) Leipzig 837, Brockhaus.

Schopenhauer-Briefe. Sammlung meist ungedruckter od. schwer zugängl. Briefe v., an u. üb. Schopenhauer. Mit Anmerkgn. u. biograph. Analekten hrsg. v. Ludw. Schemann. Nebst 2 (Stahlst.-)Porträts Schopenhauer's v. Ruhl u. Lenbach. gr. 8. (XXXII, 566 S.) Leipzig 893. F. A. Brockhaus. n. 12. —; geb. n. 13. 50

Schopenhauer-Lexikon, s. Frauenstädt, Jul.
Vgl.: Alber, D. — Seidlitz, C. v. — Thilo, Chr. A. — Venetianer, Mor.

Schopenhauer's Leben, s. Gwinner, W.

—— Leben und Wirken, s. Foucher de Careil.

Schopf: Zur Ableitung d. Neper'schen Analogien u. der Gauss'schen Formeln in d. sphärischen Trigonometrie. 7 S. Pressburg kth., Progr. 1853.

Programm, Viertes — des k. k. kathol. schen Gymnasiums zu Preßburg am Schlusse des Schuljahres 1854. 8. (48 S. und 1 Tab.) Preßburg. Druck von Karl Frdr. Wigand. 1854.
Inhalt: Die Töne Uolrich's von Liechtenstein, von Schopf. — Bemerkungen über die Art und Weise, Pflanzen fürs Herbar zu trocknen. — Schulnachrichten.

Schopf: Ueberblick des Antheils Oesterreichs an der ersten Glanzperiode der deutschen Poesie am Ende des 12. und Anfange des 13. Jhdt. 16 S. Wien OR.W., Progr. 1857.

Programm, drittes — des k. k. kathol. Gymnasiums zu Preßburg am Schlusse des Schuljahrs 1853. Veröffentlicht am 30. Juli durch den Direktor des Gymnasiums A. Th. Wolf. 8. (44 S.) Preßburg. Druck von C. F. Wigand 1853.
Inhalt: De orationum in veterum historiis origine et vi brevis comentatio. Dr. Fr. Hochegger. — Zur Ableitung der Neper'schen Analogien und der Gauß'schen Formeln in der sphärischen Trigonometrie. Von A. W. Schopf. — Schulnachrichten.

Schopf, Alois, ein Diplomat Kaiser Maximilians I. (Matthäus Lang, Bischof v. Gurk, später Erzbischof von Salzburg.) Nach Quellen dargestellt. gr. 8. (VI, 65 S.) Wien 882, (Gerold's Sohn.) *

Schopf, Alois, Metrik der deutschen Sprache f. höhere Lehranstalten. 8. (1. Lfg. 36 S.) Wien 873. Mayer & Co. in Comm. n. 3. 60

Schopf, Dr. Alois, Nationalepos und Balladendichtung. Eine ethnographische Studie. 8. (IV u. 36 S.) geh. 40 kr. Wien: Carl Gerold's Sohn 1881.

— Reform d. geographischen Unterrichts an Gymnasien. 8. (51 S.) Wien 875. Müller. n. 1. 20

Schopf, Frz., u. Eug. Sehnal, das neue Kaiser Franz Josef-Krankenhaus in Rudolfsheim. Wien. Anlage u. Einrichtg. Lex.-8. (IV, 63 S. m. 7 Abbildgn. u. 1 Plan.) Wien 891. F. Deuticke. n. 2. —

Schopf, Frz., d. hygienische Kinderstube. gr. 8. (31 S.) Wien 897. F. Deuticke. n. — 80

Schopf, Frz. Jos., Anleitung z. Dienstesunterrichte in Jagdsachen. 8. (4¾ B.) Wien 840, Singer u. Goering.

Schopf, F(ranz) J(os.), Anleitung zur praktischen Durchführung der Ablösung und Regulirung der Forst-, Weide- und Feldservituten, sowie der den gewesenen Obrigkeiten und Gemeinden zustehenden gemeinschaftl. Besitz- und Benützungsrechte auf Grund des a. h. Patentes vom 5. Juli 1853, in Verbindung mit den älteren Vorschriften verfaßt. gr. 8. (XIV und 111 S.) Gratz 854, Kienreich's Verlag. (Leipzig, Haessel.) *

Schopf, Frz. Jos., gründliche Anleitung zur Anmeldung u. Berechnung der Entschädigung f. die in den Kronländern Steiermark, Kärnthen u. Krain aufgehobenen u. aufzuhebenden Grundlasten u. das hiebei zu beobachtende Verfahren. Aus der Landesverfassung u. den Grundentlastungsgesetzen dargestellt zum Gebrauche der Grund- u. Zehentherren, auch Pfarrer u. der verpflichteten Grundbesitzer. gr. 8. (96 S.) Graz 849. (Kienreich.) ⅔ ß

—— praktische Anleitung zur Kenntniß des gesetzlichen Verfahrens über geringfügige Klags- und Streitsachen aus der neuen Vorschrift für das summarische Verfahren. Dargestellt und mit den Entwürfen aller vorkommenden Gesuche, Erledigungen, Bescheide rc. versehen, zur Belehrung für Beamte wie für Parteien, welche sich selbst vertreten wollen. 2., auf Grund der Gesetze der jüngsten Zeit gänzlich umgearb. Aufl. 2 Abthlgn. gr. 4. (1. Abthl. IV und 120 S.) Gratz 852, Kienreich's Verlag. (Leipzig, Haessel.) *

—— Archiv f. Justizpflege, polit. u. kammeral. Amtsverwaltung in d. deutschen, böhm. u. galiz. Provinzen d. österreich. Kaiserstaates. 3. Jahrg. 1839. 2 Bde. od. 12 Hfte. gr. 8. Wien, Singer u. Goering.
1. u. 2. Jahrg. . . . . ?

— leichtfaßliche Belehrung zur letztwilligen Vertheilung des Vermögens und zur Selbstvertretung in Erbschafts- und Vormundschafts-Angelegenheiten auf Grund des am 9. Aug. 1854 erlassenen Gesetzes, auch zur Selbstverfassung von Testamenten, sowie aller Arten dazu gehöriger Aufsätze und Eingaben ꝛc. Mit 251 Formularien zu allen in Erbschafts- und Vormundschaftssachen vorkommenden Urkunden und Eingaben ꝛc. Lex.-8. (VIII und 194 S.) Gratz 855, Kienreich's Verlag. (Leipzig, Haessel.) Thlr. *

Schopf, Frz. Jos., die Bezirks-Obrigkeiten in den innerösterreich. Provinzen, deren Wirkungskreis u. Amtshandlung dargestellt. 1. Hft. gr. 8. (10 B.) Gratz 814, [Kienreich's Vrlgs.-Comptoir.]

— praktische Darstellung der den politischen Justiz- und Finanz-Behörden, auch den Gemeinde-Organen obliegenden Amtshandlungen in den sämmtl. Militär-Angelegenheiten. Zum Gebrauche für Civil-, Militär-, auch Gemeindebeamte, Einquartierungs- u. Vorspanns-Commissäre aller Kronländer. 2. auf Grund der alten u. neuen Vorschriften bearb. Aufl. 1. Bd. A. u. d. T.: Das gesetzliche Verfahren in Conscriptions-, Recrutirungs- u. Entlassungs-Angelegenheiten. Aus den für die deutschen, böhm., galiz. und ungar. Kronländer erlassenen Vorschriften dargestellt. 4. durchaus umgearb. u. verm. Aufl. Gratz 855. Kienreich. (Leipzig, Haessel.) Lex.-8. (XIV, 245 S. u. 1 Tab. in Fol.) n. 1 ₰. 6 ngr.

— Darstellung d. Wirkungskreises d. Civilbehörden in d. sämmtl. Militär-Angelegenheiten. 1. u. 2. Thl. à 2 Abthln. — A. u. d. T.: Die Amtshandlungen d. Civilbehörden z. Beförder. d. Militärwesens. 1. u. 2. Bd. à 2 Abthln. gr. 8. Wien, Singer u. Goering.

A. u. d. Ttln.:

Bd. 1. Die Konskription, Rekrutirung. — Ausrüstung d. Truppen. Verpflegung (Subarrendirung), Bequartierung, Vorspann. 2 Abthln. (33¼ B.) 839. 2 Thlr. 20 Gr.

" 2. Abthl. 1. Evidenzhaltung d. Militärkörper u. Invaliden. Desertion. Militärseelsorge. Militärsanitätswesen. Aufrechterhaltung d. Vertheidigungsanstalten. Auszeichnungen u. Begünstigungen d. Militärstandes. Bildungsanstalten. Die Versorgung d. Militärparthelen. (14¾ B.) 841. 1 Thlr. 4 Gr.

Bd. 2 Abthl. 2. Mitwirkung d. Militärstandes z. Ausführung d. zum Wohle d. bürgerl. Gesellschaft überh. nothwend. Einrichtungen. (10¼ B.) 841. 20 Gr.

— und A. Rieger, Entwurf einer Dienst-Instruction für die Wirthschaftsämter, s. Entwurf.

— die Forstverfassung, das Forstrecht und die Forstpolizei in den Kronländern Oesterreich ob und unter der Enns, Salzburg, Steiermark, Kärnthen, Krain, Görtz, Istrien, Tirol, Böhmen, Mähren, Schlesien, Galizien, Krakau und Bukowina. Mit Rücksicht auf den gegenwärt. Standpunkt der österreich'schen Forstgesetzgebung praktisch dargestellt zum Gebrauche der Bezirksämter, Bezirksgerichte, Gutsbesitzer und Forstbeamten ꝛc. 2., nach der neuen Gesetzgebung ganz umgearb. und verm. Aufl. 2 Bde. gr. 8. (XX und 387 S.) Gratz 853, Kienreich's Verlag. (Leipzig, Haessel.) *

SCHOPF, Franz Josef: Die österreichische Forstverfassung, das Forstrecht und die Forstpolizei aus den erschienenen Gesetzen dargestellt für Behörden, Forstwirthe und Forstbeamte. In den Provinzen Nieder- und Oberösterreich mit dem Salzkammergute und Salzburg, auch Steiermark, Illirien, Tirol, Böhmen, Mähren, Schlesien und Galizien. - Wien 1835. 3 Bd. Insges. 42 1/4 Bg. - Bd. 1: Einleitung und Forsthoheit. - Bd. 2: Forstprivatrecht. - Bd. 3: Forstpolizei. - 2. nach d. neuen Gesetzgeb. ganz umgearb. u. verm. Aufl. u. d. T.: Die Forstverfassung, das Forstrecht und die Forstpolizei in den Kronländern Oesterreich ob und unter der Enns, Salzburg, Steiermark, Kärnthen, Krain, Görtz, Istrien, Tirol, Böhmen, Mähren, Schlesien, Galizien, Krakau und Bukowina. Mit Rücksicht auf den gegenwärtigen Standpunkt der österreichischen Forstgesetzgebung praktisch dargestellt zum Gebrauche der Bezirksämter, Bezirksgerichte, Gutsbesitzer und Forstbeamten. Graz 1853. 2 Bd. XII, 236 S. u. VIII, 151 S.

Schopf, F. J.: Die österreichische Forstverfassung, das Forstrecht und die Forstpolizei, aus den österreichischen Gesetzen dargestellt", 3 Teile, Wien 1835 (Kupfer & Singer).

— die österreich. Forstverfassung, d. Forstrecht u. d. Forstpolizei aus d. erschien. Gesetzen dargest. f. Behörden, Forstwirthe u. Forstbeamte. 3 Bde. gr. 8. (42¼ B.) Wien 835, [Singer u. Goering.] 3 Thlr. 6 Gr., Schrbpap.

— Fortsetzung d. Sammlung der in Conscriptions-, Recrutirungs- u. Entlassungs-Angelegenheiten erschienenen Vorschriften. Für die altconscrib. Provinzen dargestellt. gr. 8. (10½ B.) Wien 836, [Singer u. Goering.] Thlr.

Hauptwerk. Ebendas. 1833. 1 Thlr. 8 Gr.

— das österreichische Frauenrecht. Eine pract. Darstellung aller Rechte und Pflichten, welche die Frauen aller Stände und Kronländer in dem Verhältnisse als Gattin, Mutter, Wittwe und Hausfrau, sowie in staatsbürgerl. Hinsicht genießen und zu beobachten haben. Nach den österreich. Gesetzen und mit Rücksicht auf das Familienleben verfaßt. gr. 8. (VIII und 200 S.) Pest 857, Heckenast's Verlag. Thlr. *

SCHOPF, F. J.: Die Grundbuchsverfass. in den deutschen u. galizischen Prov. I. Th. das gesetzl. Verfahren in Grundbuchssachen 1836. (1 Thl. 6 Gr.) 2. Th. D. Grundbuchsführung in Böhmen 1837. (1 Thl. 20 Gr.) Die Grundbuchsf. in Mähren 1837. (1 Thl. 20 Gr.) Die Grundbuchsf. in Niederöster., Oberöster., Steyermark u. Illyrien 1838. (1 Thl. 20 Gr.)

— die Grundobrigkeiten, deren Wirkungskreis u. Amtshandlungen. Aus d. gesetzl. Vorschriften z. Gebrauche der Güterbesitzer u. Beamten mit besond. Rücksicht auf Steiermark dargestellt. 1. Bd. Die Rechte u. Pflichten aus dem Unterthänigkeits- u. Grundbarkeitsverbande. gr. 8. (21 B. u. 1 Tab.) Gratz 845, [Kienreich's Vrlgs.-Comptoir.] pro 2 Bde.

Schopf, Fr. J., Handbuch der Forstverfassung, des Forstrechtes und der Forst-Polizei für die Kronländer Ungarn, Croatien und Slavonien, Siebenbürgen, die serb. Woiwodschaft und das temescher Banat auf Grund der alten und neuesten Forstgesetze pract. bearb. zum Gebrauche der Forstbesitzer, Forstbeamten, sowie der polit. und Gerichtsbeamten. gr. 8. (XVI und 304 S.) Pest 858, Heckenast's Verlag. *

Schopf, Fr. J., practisches Handbuch des öffentlichen Geschäftsstyles im österreich. Kaiserstaate. Erläutert durch eine große Zahl von Entwürfen für alle Arten der ämtl. Ausfertigungen. Zum Gebrauche für die Staatsbeamten aller Verwaltungszweige, auch für geistliche und Militärbehörden, sowie für Gemeindeämter. gr. 8. (XVI und 429 S.) Pest 858, Heckenast's Verlag. *

— und W. Schöller, praktisches Handbuch über das in Ehesachen der Katholiken zu beobachtende Verfahren, s. Schöller, W.

— Handbuch des gesetzlichen Verfahrens in Verlassenschafts-Abhandlungsfällen aus den alten und neuesten Vorschriften, besonders der Instruktion vom 28. Juni 1850. Zum Gebrauche für die k. k. Bezirksgerichte, Notäre und Gemeindevorsteher praktisch dargestellt und mit Beispielen erläutert. 2., umgearb. Aufl. gr. 8. (VII und 156 S. mit 3 Tab. in Fol.) Gratz 852, Kienreich's Verlag. *

— neuester österreichischer Haussecretär und Briefsteller. Ein belehrendes Hilfs-, Nachschlage- und Musterbuch für Personen jeden Standes ꝛc. 6. Aufl. Nach den gegenwärtigen Zeit- und Geschäftsverhältnissen umgearbeitet. Pest 856. Heckenast. gr. 8. (XII, 644 S.) n. 2 ₰.

SCHOPF, F. J.: Die Jagdverfassung, das Jagdrecht und die Jagdpolizei. Aus den erschienenen Gesetzen dargestellt für Behörden, Beamte und Jäger in den Provinzen Niederösterreich, Oberösterreich mit Salzburg, Steiermark, Illirien, Tirol, Böhmen, Mähren, Schlesien u. Galizien. 3. m. d. bis Dec. 1839 erschienenen Verordn. verm. Aufl. - Wien 1840. 156 S. - 4. umgearb. Aufl. u. d. T.: Die Jagdverfassung, das Jagdrecht und die Jagdpolizei in den deutschen, böhmischen, galizischen und ungarischen Kronländern des österreichischen Kaiserstaates dargestellt auf Grund der Gesetze der neuesten Zeit, zum Gebrauche der Jagdeigenthümer, Jagdpächter, Gemeindevorstände... Pest 1858. 141 S.

— die Jagdverfassung, d. Jagdrecht u. d. Jagdpolizei. 3., mit d. bis Ende Dec. 1839 erschien. Verordnn. verm. Aufl. gr. 8. (11 B.) Wien 840, Singer u. Goering.

— die Jagd-Verfassung, das Jagdrecht und die Jagdpolizei in den deutschen, böhm., galiz. und ungar. Kronländern des österreich. Kaiserstaates dargestellt auf Grund der Gesetze der neuesten Zeit zum Gebrauche der Jagdeigenthümer, Jagdpachter, Gemeindevorstände ꝛc. 4., gänzlich umgearb. Aufl. gr. 8. (VIII und 141 S.) Pest 858, Heckenast's Verlag. *

—— der vorsichtige Kapitalist, s. im 12. Bd.: Kapitalist, der vorsichtige.

—— die neue österreichische Landeswährung und die neuen Münzen. Eine Belehrung wie im Gewerbs- mit Handelsverkehre die Rechnungen gestellt, so wie auf Grund alter und neuer Verträge die Zahlungen in Zukunft geleistet werden sollen. Mit 18 Hilfstabellen zur genauen Berechnung der österreich. Währung, wie auch der Vereins-Münzen zum Gebrauche aller Klassen der österreich. Staatsbürger. gr. 16. (VII und 119 S.) Gratz 858, Kienreich. (Leipzig, Haessel.) *

— die Landwirthschaft in den deutschen, böhm. u. galiz. Provinzen des österreich. Kaiserstaates in ihrer gesetzlichen Verfassung dargestellt. 1e Lfrg. gr. 8. Wien 835. Singer u. Göring. Prän.-Pr. 3/4 ₰

—— die Landwirthschaft in d. deutschen, böhm. u. galiz. Provinzen d. österreich. Kaiserstaates in ihrer gesetzl. Verfassung dargest. 3 Thle. gr. 8. (74¾ B. u. 1 Tab.) Wien 835. (Leipzig, Köhler'sche Verlh.)

Schopf, F. J.: „Das Landwirthschaftsrecht der deutschen, böhmischen und galizischen Provinzen des österreichischen Staats", Wien 1835 (Leipzig, Köhler).

—— der kaiserlich-österreichische Militär-Dienst und die damit verbundenen Pflichten, Rechte und Vorzüge. Ein Handbuch zum Gebrauche der k. k. Officiere und der Beamten der sämmtl. Militär-Verwaltungszweige. Auf Grund der Vorschriften der neuesten Zeit bearb. Lex.-8. (XVI und 519 S.) Pest 856, Heckenast's Verlag. *

Schopf, F. J., der kaiserlich-österreichische Militär-Dienst und die damit verbundenen Pflichten, Rechte und Vorzüge. Ein Handbuch zum Gebrauche der k. k. Officiere u. Beamten der sämmtlichen Militär-Verwaltungszweige. Auf Grund der Vorschriften der neuesten Zeit bearb. 2. verm. Aufl. Pest 859. Heckenast. Lex.-8. (XVI, 519 S. u. Nachtrag 113 S.) n. 1 ₰ 20 ngr

—— Pflanzet Holz! Aufruf an die Grundbesitzer, Gemeinden und Volkslehrer zur schleunigen Pflanzung schnell wachsender Holzarten und Unterricht, wie solche Pflanzungen in allen Kronländern angelegt werden können. Zur Abhilfe der Holznoth. gr. 8. (55 S.) Pest 854, Heckenast's Verlag.

Schopf, Fr. J. — Gründlicher Rathgeber in allen vorkommenden Ehe-Angelegenheiten der Katholiken zum Gebrauche für Brautleute, Eltern und Vormünder, auch Behörden in allen Kronländern verfaßt nach dem Ehegesetze vom 8. Oktober 1856, und mit Rücksicht auf die politischen Vorschriften über Ehekonsense, Ehebewilligungen für Staatsbeamte und Militarpersonen, auch über Dispensen u. gemischte Ehen, so wie nach den Bestimmungen des allgem. bürgerl. Gesetzbuches von —— Pest, 1857. Verlag von Gust. Heckenast. Preßburg, 1857. Dr. von Alois Schreiber. (VIII. 117 S. 1 Bl. 8.)

— die Rechte auch Pflichten der Grundherren u. der Wirkungskreis d. grundobrigkeitlichen Wirthschaftsämter im Lande Böhmen. Aus den gesetzlichen Vorschriften, u. mit Rücksicht auf d. Landesverfassung auch Uibung praktisch dargestellt. 3 Bde. in 4 Thln. gr. 8. 1. Bd. 1. Thl. Der grundobrigkeitliche rc. Besitzstand. 2. Thl. Der Unterthänigkeits- u. Grundbarkeitsverband. 1. Unterabth.: Das persönliche Unterthänigkeitsverhältniß. (VIII u. 224 S.) 2. Bd. od. 2. Thl. 2. Unterabth.: Das gesetzliche Verhältniß des Realunterthänigkeits- oder Grundbarkeitsverbandes. (XII u. 331 S.) 3. Bd. od. 3 u. 4. Thl.: Die Ausübung obrigkeitlicher Rechte in Folge landesherrlicher Delegation. — Die besonderen u. mit dem Besitze einer Herrschaft verbundenen Gerechtsamen u. Lasten. (VI u. 368 S.) Prag 847, Haase Söhne. (1. Bd. 1⅓ ₰ 2. Bd. 2 ₰ 3. Bd. 2⅙ ₰) 5½ ₰

Schopf, F. J., Sammlung aller in Conscriptions-, Rekrutirungs- u. Militär-Entlassungs-Angelegenheiten erlassenen Vorschriften. Als e. Beitr. zur polit. Gesetzkunde, dargestellt f. sämmtl., diese Geschäfte in den altkonscribirten Provinzen Ober- u. Nieder-Oesterreich, Steiermark, Kärnthen, Krain, in dem Küstenlande u. Böhmen, Mähren, Galizien leitende Behörden. gr. 8. (19¼ B.) Wien 833, (Kupffer u. Singer.)

— Sammlung aller in Conscriptions-, Recrutirungs- u. Militär-Entlassungs-Angelegenheiten erlassenen Vorschriften. Als ein Beitrag zur politischen Gesetzkunde, dargestellt für sämmtliche diese Geschäfte in den altconscribirten Provinzen Ober- u. Nieder-Oesterreich, Steiermark, Kärnthen, Krain, in dem Küstenlande u. in Böhmen, Mähren, Galizien, leitende Behörden. gr. 8. Wien 833. Singer u. Göring. 1½ ₰

—— der Soldat in der kaiserlich österreichischen Armee, s. Soldat, der.

Schopf, Fr. J. — Der österreichische Staatsbürger. Eine umfassende und praktische Darstellung aller Rechte und Pflichten der Staatsangehörigen in den sämmtlichen Kronländern, sowohl rücksichtlich des gesetzlichen Verhaltens gegen Behörden, Beamte und Mitbürger als auch in Bezug auf Besitz und Erwerb, zugleich ein verläßlicher Rathgeber in allen vorkommenden Geschäfts- und Familienverhältnissen, so wie bei politischen, Gerichts-, Finanz-, geistlichen und Militärbehörden anhängig zu machenden Angelegenheiten aus den Gesetzen der neuesten Zeit, mit einer großen Zahl von Formularien zur Abfassung von verschiedenen Arten von Urkunden und Gesuchen. Zum Gebrauche für alle Klassen der Staatsbürger verfaßt von — —. 1. Band. 1.—4. Heft. (3 Blätter und 320 S.) gr. 8. Gedruckt bei Edlen von Schmidbauer und Holzwarth. Pesth. Verlag von Gustav Heckenast. 1854.

Schopf, Fr. J. —. Der österreichische Staatsbürger. Eine umfassende und praktische Darstellung aller Rechte und Pflichten der Staatsangehörigen in den sämmtlichen Kronländern, sowohl rücksichtlich des gesetzlichen Verhaltens gegen Behörden, Beamte und Mitbürger, als auch in Bezug auf Besitz und Erwerb, zugleich ein verläßlicher Rathgeber in allen vorkommenden Geschäfts- und Familien Verhältnissen, so wie bei politischen Gerichts-, Finanz-, geistlichen und Militärbehörden anhängig zu machenden Angelegenheiten aus den Gesetzen der neuesten Zeit, mit einer großen Zahl von Formularien zur Abfassung von verschiedenen Arten von Urkunden und Gesuchen. Zum Gebrauche für alle Klassen der Staatsbürger, verfaßt von — —. 1. Band. 5. und 6tes Heft. (S. 321—452 und 4 Blätter.) 2. Band. 7tes und 8. Heft. (S. 1—160.) 8. Wien. Gedruckt bei Edlen von Schmidbauer und Holzwarth. Pesth. Verlag von Gustav Heckenast. 1854. (1184.)

Schopf, Fr. J. — Der österreichische Staatsbürger. Eine umfassende und praktische Darstellung aller Rechte und Pflichten der Staatsangehörigen in sämmtlichen Kronländern, sowohl rücksichtlich des gesetzlichen Verhaltens gegen Behörden, Beamte und Mitbürger, als auch in Bezug auf Besitz und Erwerb, zugleich ein verläßlicher Rathgeber in allen vorkommenden Geschäfts- und Familienverhältnissen, so wie bei politischen, Gerichts-, Finanz-, geistlichen und Militärbehörden anhängig zu machenden Angelegenheiten aus den Gesetzen der neuesten Zeit, mit einer großen Zahl von Formularien zur Abfassung von verschiedenen Arten von Urkunden und Gesuchen. Zum Gebrauche für alle Klassen der Staatsbürger verfaßt von — —. 9—12. Heft. Schluß des ganzen Werkes. Pesth, 1855. Gedruckt bei Landerer und Heckenast. Verlag von Gustav Heckenast. (2. Band. 7 Bl. S. 161—472. 8.)

— der österreichische Staatsbürger. Eine umfassende u. praktische Darstellung aller Rechte u. Pflichten der Staatsangehörigen in den sämmtlichen Kronländern ꝛc. zugleich ein verläßlicher Rathgeber in allen vorkommenden Geschäfts- u. Familienverhältnissen ꝛc. mit einer großen Zahl von Formularien zur Abfassung von verschiedenen Arten von Urkunden u. Gesuchen. Zum Gebrauche für alle Klassen der Staatsbürger. 2. verm. Aufl. 2 Bde. Ebend. 859. Lex.-8. (XXIV, 932 S. u. Nachtrag 72 S.) n. 3 ℛ 10 ngr.

—— und Werner, der Stadt- und Landadvocat, s. Hausschatz, der große österreichische.

— Unterricht zur Anmeldung u. Berechnung der Entschädigung für die in den Kronländern Oesterreich ob der Enns u. Salzburg aufgehobenen u. aufzuhebenden Grundlasten u. das hierbei zu beobachtende Verfahren. Aus der Landesverfassung u. den Grundentlastungs-Gesetzen dargestellt zum Gebrauch der Grund- u. Zehent-Herren, auch Pfarrer u. der verpflichteten Grundbesitzer. 8. (112 S.) Linz 849. (Leipzig, Hübner.) 1/2 ℛ

—— Unterricht f. Gemeinden, Landwirthe u. Unterthanen, wie sie sich in Jagdsachen zu verhalten haben. gr. 8. (2 B.) Wien 840, Singer u. Goering.

Schopf, F(ranz) J(os.), leichtfaßlicher Unterricht über die Bewirthschaftung der Wälder nach dem neuesten Forstgesetze vom 3. Dezbr. 1852, und die Ausübung der Jagd nach den letzt erschienenen Gesetzen. Verfaßt für Gemeinden, kleinere Waldbesitzer, Förster ꝛc. gr. 8. (IV und 148 S.) Gratz 853, Kienreich's Verlag. (Leipzig, Haessel.) Thlr. *

—— das gesetzl. Verfahren in Auswanderungsfällen. Aus d. allerhöchsten Patente v. 24. März 1832 u. d. früher erlass. Verordnungen, wie auch d. Paßvorschriften, zum Gebr. f. politische u. Justiz-Beamte. gr. 8. (11/4 B.) Wien 834, (Kupffer u. Singer.]

— das gesetzliche Verfahren in Auswanderungsfällen. Aus dem allerh. Patente vom 24. März 1832 und den früher erlass. Verordnungen, wie auch den Paßvorschriften, dargestellt zum Gebrauche für politische und Justizbeamte. gr. 8. Wien 834. (Singer u. Göring.) 7/8 ℛ bei Kohler in Leipzig 3/4 ℛ

— — Das gesetzliche Verfahren in Conscriptions, Recrutirungs- und Entlassungs-Angelegenheiten. Vierte durchaus umgearbeitete u. verm. Auflage. Aus den für die deutschen, böhmischen, galizischen und ungarischen Kronländer erlassenen Vorschriften dargestellt. 8. Gratz 1855.

—— das gesetzliche Verfahren bei Verlassenschaftsabhandlungen auf dem Lande. Aus den erschienenen Vorschriften prakt. dargestellt u. durch Beispiele erläutert. gr. 8. (27 B. u. 5 Tab.) Gratz 843, [Kienreich's Vrlgs.-Comptoir.]

—— die Verwaltung der Landgüter in den deutschen, böhmischen, galizischen und ungarischen Kronländern des österreich. Kaiserstaates mit Rücksicht auf die gegenwärt. Verhältnisse der Dominikal-Güter. Eine prakt. Darstellung der wesentlichsten Erfordernisse eines wohlgeordneten ökonom. und den Ertrag sichernden Wirthschafts-Verwaltung, nebst den nöthigen Formularien und Instruktionen für alle Dienstes-Kategorien der Wirthschafts-Beamten. Zum Gebrauche der Gutsbesitzer, Pächter und Wirthschaftsbeamten. gr. 8. (VIII und 161 S.) Pest 854, Heckenast's Verlag. *

— die organische Verwaltung der Prov. Böhmen u. die landesverfassungsmäßigen Verhältnisse der Bewohner als Einleitung zur polit. Gesetzkunde. gr. 8. (XXII u. 479 S. m. 1 Tab. in Fol.) Prag 847, Haase Söhne. 2 1/6 ℛ

—— die organische Verwaltung des österreichischen Kaiserstaates in ihren seit einem Jahrh. erfolgten Reformen und in ihrer gegenwärtigen Verfassung mit einer tabellarischen Uebersicht der Ober- und Unterbehörden aller öffentlichen Verwaltungszweige in ihrem Wirkungskreise, Amtssitze und Personalstatus dargestellt. hoch 4. (VIII und 233 S.) Pest 855, Heckenast's Verlag. *

— die organische Verwaltung des österreichischen Kaiserstaates in ihren seit einem Jahrhundert erfolgten Reformen u. in ihrer gegenwärtigen Verfassung mit einer tabellar. Uebersicht der Ober- u. Unterbehörden aller öffentlichen Verwaltungszweige in ihrem Wirkungskreise, Amtssitze u. Personalstatus dargestellt. Pesth 855. Heckenast. 4. (VIII, 152, 81 S.) n. 1 ℛ 10 ngr.

Schopf, Fr. J., *Mitglied mehrerer gelehrten Gesellschaften.* Die organische Verwaltung des österreichischen Kaiserstaates in ihren seit einem Jahrhundert erfolgten Reformen und in ihrer gegenwärtigen Verfassung mit einer tabellarischen Uebersicht der Ober- und Unterbehörden aller öffentlichen Verwaltungszweige in ihrem Wirkungskreise, Amtssitze und Personalstatus dargestellt. Zweite mit den bis gegenwärtig erschienenen Organisirungs-Verordnungen vermehrte Auflage. *Pest* 1859. Verl. v. *G. Heckenast.* VIII, 150, 82 S. gr. 8°.

Schopf, Frz. Jos., die Waldordnung des Landes Steyermark vom 20. Juni 1767, mit den nachgefolgten noch giltigen Vorschriften. Hrsg. v. Wilh. Schopf. gr. 8. (9 B.) Gratz 843, [Kienreich's Vrlgs.-Comptoir.] Thlr.

Schopf, F(ranz) J(os.), der kaiserlich-österreichische Civil-Staats-Dienst, und die damit verbundenen Pflichten, auch Rechte und Vorzüge der k. k. Staatsbeamten. Eine prakt. Darstellung aller auf die Anstellung, Amtirung, den Bezug der Dienstesemolumente, sowie auf die Versorgung und Disciplinarbehandlung Bezug habenden Vorschriften. Zum Gebrauche der Behörden und der sich zum Staatsdienste Vorbereitenden auch bereits angestellten Beamten. Lex.-8. (XVI und 396 S.) Pesth 855, Heckenast's Verlag. *

Schopf, Friedr., Unterricht z. richtigen Gebrauche des Papier- u. Verbrauchs-Stempels in allen Handels-, Gewerbs-, auch Wechselsachen u. Wechselstreiten vorkommenden Geschäften, f. Wechselnotare, Gremien, Zünfte, Großhändler ꝛc. gr. 8. (4 3/4 B.) Prag 846, Haase Söhne, Vrlgs.-Expedition.

Schopf (J. v.), Ueber die Entwicklung und Verbreitung des Anchilostomum duodenale. (Sep.-Abdr. a. d. Allgem. Wiener medizinischen Zeitung. 1888.) Wien 1888. 8. Mit Abb.

Schopf Karl: Maxim Gorki: 16. Wien XIII. R. 04. Progr.

Schopf, Otto, zur Casseler Bewegung. 2. u. 3. durchgeseh. u. erweit. Aufl. (40 S.) 8. Bonn (907). J. Schergens. — 25
1. Aufl. (32 S.) (907.) — 20.

— Johannes Markus, e. Triumph der Gnade. 1. u. 2. Aufl. (24 S.) 8. Ebd. (910). —25

— Was ist das Entscheidende in unserer Stellung zu den biblischen Gemeindeordnungen? Konferenzreferat. (24 S.) 8. Ebd. 910. —20

Was ist das Entscheidende in unserer Stellung zu den biblischen Gemeindeordnungen? Konferenzreferat von Otto Schopf. Bonn: Schergens 1910. 24 S. 8°

Schopf, Sigmund [aus Danzig]: Beiträge zur Biographie und zur Chronologie der Lieder des Troubadours Peire Vidal . . . Breslau, Verl. v. Wilhelm Koebner, 1887; 62 S. 1 Bl. 8°
Kiel, Phil. Fak., Inaug.-Diss. v. 21. Nov. 1887

Schopf, Wenzel Gustav, Hauptm.-Auditor. Beleuchtung des §. 28 des Entwurfes der Grundrechte, in Betreff der beantragten Aufhebung der Militär-Gerichtsbarkeit, vom Standpunkte der Militär-Verfassung und Gerichtspflege. 8. Kremsier 1849.

Schopf, Wlh., s. Schopf, F. J., d. Waldordn. in Steyermark.

Schöpf, antisemitische, zu deutsch judenhetzerische Bestrebungen in der Saison-Stadt Salzburg!!! Grandverwunderung. gr. 8. (16 S.) Salzburg 888, (Kerber.) *
Nachtrag (16 S.) *
Vgl.: Brief, offener, eines geborenen alten Salzburgers.

Schoepf: Bruchstück aus einer Handschrift vom 15. Jahrhdt. 12 S. 8° Bozen, Progr. 1857

Schöpf: Die Marquardsburg oder Schloss Seehof. 42 S. Bamberg. Progr. 1864

Schoepf, Adf., 1861—1886. Gedenkblätter zum 25jährigen Stiftungsfest d. zoologischen Gartens zu Dresden. gr. 4. (36 S. m. eingedr. Fig. u. 6 Lichtdr.-Taf.) Dresden 886. Warnatz & Lehmann. n.n. 1. 20

Schoepf, Aug., die umstimmenden Einwirkungen u. d. Krankheiten d. Körpers u. d. Seele während u. nach d. Ueberschwemmung von Pesth. gr. 8. (5½ B.) Leipzig 839, [Hartung.]

Schöpf, A., die umstimmenden Einwirkungen und die Krankheiten des Körpers und der Seele während und nach der Ueberschwemmung von Pesth. gr. 8. Leipzig 839. Wunder. ½ ₰

—— Jahres-Beitrag z. prakt. Medizin u. Chirurgie in Kinderkrankheiten vom pesther Kinderspitale. Enth.: allgem. pädiatrische Grundzüge, e. genaue Darstell. u. Behandl. d. akuten Fieber, Entzündungen, Tuberkelsucht, Skrofelkrankheit etc.; mit Arzneivorschriften u. patholog. Sektionen, chirurg. Operationen, mit vollständ. Abhandln. üb. d. Myo-Tenotomieen an krummen Gliedern, u. d. Operation d. Schielens. gr. 8. (20½ B.) Pesth 841. (Leipzig, Geo. Wigand.) *

Schöpf, Frz., Einfall der Franzosen in Tirol bei Martinsbruck u. Nauders, s.: Moriggl, Alois

Schöpf, Carl Friedrich, s. Schöpf, Karl Friedrich

Schöpf, Greg., histor.-statist. Beschreib. des Hochstifts Würzburg. gr. 8. Hildburgh. 802. (Gr. Fleischer in Leipz.) 2 ₰ 8 gr.

Schöpf, Gr., histor. statist. Beschreibung d. Hochstifts Würzburg. gr. 8. Hildburgh. Hanisch. 802.

— Leitfaden zu einer allgem. Statistik mit Hinweisung auf wahre u. gründl. Staatskunde. gr. 8. Nürnb. Grattenauer. 806.

— Leitfaden zu e. allgem. Statistik, mit Hinweis. auf wahre u. gründl. Staatskunde. gr. 8. Nürnb. 806. (Lauffer in Lpz.) 10 gr.

Schöpf, J. A., s. Schöpf, Johann

Schöpf, J. A., s. Schöpf, Josef Anton

Schöpf, J. B., Tirolisches Idiotikon. Nach dessen Tode vollendet von Ant. J. Hofer. Hrsg. auf Veranlassung und durch Unterstützung des Ferdinandeums. 9 Lfgn. gr. 8. (XVI und 835 S.) Innsbruck 862—66, Wagner'sche Universitäts-Buchh. à Lfg. * 14 Ngr. *

Schöpf, I. B.: Über die deutsche Volksmundart in Tirol mit Rücksicht auf das Mittelhochdeutsche und die gegenwärtige Schriftsprache. 44 S. 8°. Bozen. Progr. 1853.

Schöpf, (J. B.,) die symbol. Bücher d. evangel.-luther. Kirche, deutsch, mit histor. Einleit., kurze Anmerk. &c., für Volksschullehrer &c. 1r u. 2r Thl. gr. 8. 826—27, (Wienbrack in Leipz. u. Dresd., Wagner.)

Schöpf, Ignaz, s. Schöpf, Johann

Schöpf, Johann, s.a. Schöpf, Josef Anton

Schöpf, Joh., Christian der Wanderbursch. Allerlei. 8. (124 S.) Salzburg 860, Oberer's sel. Wwe. 7 Ngr.; geb.

—— Dorfgeschichten. 1. und 2. Reihe. 8. Regensburg 857, Manz. [1. Reihe (335 S.) 2. (316 S.) à Reihe 25½ Ngr.]

Schöpf, Joh., Dorfgeschichten. Neue Reihe. 8. (477 S.) Regensburg 884, Manz.

Schöpf, Joh., Dorfgeschichten. Neue Reihe. 8. (477 S.) Regensburg 884. Verlags-Anstalt. 3. — (1—3.: 8. 10)

Schöpf, Joh. (A.), die heilige Elisabeth. Drama in 5 Akten. Innsbruck 856. (Aufschlager.) 16. (127 S.) 8 ngr

—— die heilige Elisabeth. Drama in 5 Akten. gr. 16. (127 S.) Innsbruck 856(59), Vereinsbuchhandlung und Buchdruckerei.

Schöpf, Joh., Erzählungen ernsten u. heiteren Inhalts. 12. (III, 640 S.) Brixen 890. Weger. n. 3. —

Schöpf, Joh, Erzählungen aus dem Tiroler Volksleben. Brixen 868. Weger. 8. (227 S.) n. 20 ngr.

Schöpf, Joh., Freuden und Leiden eines Landgeistlichen. Hrsg. von der Marian. Gesellschaft zur Verbreitung guter Schriften. 2 Bdchn. 12. Innsbruck 859. 60, (F. Rauch.) [1. Bdchn. (220 S.) 2. (212 S.) à Bdchn. * 14 Ngr.] Thlr. *

Schöpf, Joh., die Glaubenseinheit in Tirol. Eine Dorfgeschichte. 8. (73 S.) Brixen 865, Weger's Buchh.

—— Gudrun. Schauspiel in 3 Akten. (Der Bühne gegenüber Mir.) 2. Aufl. 16. (138 S.) Brixen 865, Weger's Buchh. *

Schöpf: Johannes Nasus, Franciskaner und Weihbischof von Brixen (1534 - 1590). 77 S. 8°. Nachtrag 1 S. Bozen. Progr. 1860.61.

—— Johannes Nasus, Franziskaner und Weihbischof von Brixen (1534—1590). Lex.-8. (77 S. mit dem lithogr. Bildnisse Nasus in Tondr.) Bozen 860. (Innsbruck, Pfaundler.) *
Aus dem: 10. Programm des k. k. Gymnasiums zu Bozen, besonders abgedruckt.

Schöpf, J., die Rosen vom Berge Sinai, s.: **Bibliothek** f. die reifere christliche Jugend.

—— Rufinus. Historischer Roman. 8. (432 S.) Brixen 865, Weger's Buchh.

Schöpf, Joh., Spiegel-Kalender für das J. 1856. I. Jahrg. „Auf Erden durch's ganze Jahr und drei Tagreisen durch die Hölle." Mit einer Vorrede von P. A. Scherer. I. und 2. Aufl. gr. 8. (VIII und 44 S.) Innsbruck 855, Wagner'sche Buchh. *

—— Spiegel-Kalender für das J. 1857. 2. Jahrg.: „Einige Stunden im Fegfeuer." Lex.-8. (59 S. mit 7 Illustr. in eingedr. Holzschn.) Innsbruck 857, Wagner'sche Universitäts-Buchh. *

— — für das Jahr 1858. 3. Jahrg. „Noch einige Stunden im Fegefeuer." Mit 10 Illustr. (Holzschn. im Text.) Innsbruck, Wagner. gr. 8. (62 S.) n. 4 ngr.

— — für das Jahr 1859. 4. Jahrg. „Das Fegefeuer zum dritten u. letztenmal." Mit 6 Illustr. (Holzschn. im Text.) Innsbruck, Wagner. gr. 8. (60 S.) n. 4 ngr.

— Spiegel-Kalender für das Jahr 1860/61. 5. u. 6. Jahrg. „Menschenherz, himmelwärts!" Mit 7 Illustr. (Holzschn.) Innsbruck, Wagner. gr. 8. (56 S.) n. 4 ngr.

Schöpf, Joh., Spiegel-Kalender für das Jahr 1862. 7. Jahrg. „Menschenherz, himmelwärts!" gr. 8. (56 S.) Innsbruck, Wagner. 22 kr.

(2.) Schöpf, Johann, Spiegel-Kalender für das Jahr 1863. 8. Jahrg. „Menschenherz, himmelwärts!" gr. 8. (52 S.) Innsbruck, Wagner. 22 kr.

Schöpf, Ign., die kirchlichen Zustände in Oesterreich u. das allgemeine Konzil in Rom. Innsbruck 869. Wagner. gr. 8. (104 S.) n. 12 ngr.

SCHOEPF, Johann David 1752 - 1800
Beyträge zur mineralogischen Kenntniß des östlichen Theils von Nordamerika und seiner Gebürge von D. Johann David Schöpf ...
Erlangen: Palm. 1787. 10, 195 S. 8°.
Staats- und Universitätsbibliothek Göttingen
Vgl. die engl. Neuausg. Geology of Eastern North America. An annotated translation of Beyträge ... by Edmund M. Spieker. With a foreword by George W. White. With a facsimile reprint of the original German text, New York 1972.
Frankfurt-Leipziger Meßkatalog, Michaelismesse 1786, S. 469.
Sabin 77754. Baginsky 899. Palmer.

— s. Catalogus medicamentorum.

— üb. den Einfluß des Medicinalwesens auf den Staat u. über die Vernachlässigung in den meisten Staaten. gr. 8. (Hof) 799 (Grau.) 6 gr.

— historia testudinum iconibus illustrata. Fasc. I—VI. cum XXXI tabb. nigris. 8maj. Erlang. 792—801. Palm. 8 ℛ 4 gr. ill. 15 ℛ — Deutsch unt. d. T.: Naturgeschichte der Schildkröten, mit Abbildd. erläutert, von ihm selbst übersetzt. 6 Abtheill. Mit 31 Kpf. gr. 4. Erlang. 795—801. Palm. 8 ℛ 20 gr. illum. 15 ℛ

SCHOEPF, Johann David 1752 - 1800
Materia Medica Americana potissimum Regni Vegetabilis.
Erlangen: Palm. 1787. XVIII, 170 S. 8°.
Universitätsbibliothek Basel
Ausg. Frankfurt/M. 1787 [E. Städtler, Die Ansbach-Bayreuther Truppen im amerikanischen Unabhängigkeitskrieg, Nürnberg 1956, S. 101] konnte nicht gefunden werden.
Frankfurt-Leipziger Meßkatalog, Michaelismesse 1786, S. 469.
Sabin 77756.

Schoepff, Johann David (Wunsiedel) Erlg. F, zf/9

Dissertatio inauguralis medica de medicamentorum mutatione in corpore humano praecipue a fluidis. Erlangen (Walther) 27. IV. 1776. 62 S. 31214

— **Naturgeschichte der Schildkröten**, m. Abbild. erläut. von ihm selbst übers. 6 Abth. m. 31 Kpf. gr. 4. Ebend. 795 - 801. (I. II. 2 Thlr. 2 gr. III. IV. 2 Thlr. 2 gr. V. 2 Thlr. 16 gr. VI. 2 Thlr.)
illum. (I. II. 4 Thlr. III. IV. 4 Thlr. V. 3 Thlr. VI. 4 Thlr.)

Schoepff, Johann David (Wunsiedel)
Diss. Erlg. Med. 1773/7

Plantae verticillatae unilabiatae. Dissertatio botanica. Präs. Johann Christian Daniel Schreber. Erlangen (Walther) IX. 1773. 75 S. 31213

SCHOEPF, Johann David 1752 - 1800
Reise durch einige der mittlern und südlichen vereinigten nordamerikanischen Staaten nach Ost-Florida und den Bahama-Inseln unternommen in den Jahren 1783 und 1784 von Johann David Schöpf ...
Erster [- Zweyter] Theil.
Mit einem Landchärtchen.
Erlangen: Palm. 1788. 8°.
Universitätsbibliothek Bonn
Sabin 77757. Baginsky 938, 939. Palmer.

SCHOEPF, Johann David 1752 - 1800
Von der Wirkung des Mohnsafts in der Lustseuche.
Nebst andern zur Arnzeygelahrtheit und Naturlehre gehörigen Beobachtungen Nord Amerika betreffend. Von D. Johann David Schöpff Feldmedicus ... in Amerika. Mit einer Vorrede herausgegeben vom Geheimen Hofrath und Professor Delius.
Erlangen: Palm. 1781. XXII, 48 S. 8°.
Countway Library of Medicine Boston
Frankfurt-Leipziger Meßkatalog, Michaelismesse 1781, S. 206.
Heinrich Friedrich von Delius, 1720-1791

Schöpf, Josef Anton

Schöpf, Dr. J. A. —. Gemeinfaßliches über die unbefleckte Empfängniß der allerseligsten Jungfrau Maria. Herausgegeben am Vorabende des Empfängnißfestes 1854, von — —. 2., zum Besten des katholischen Gesellenvereins gemachte und mit einem zeitgemäßen Worte über das Verhältniß des Papstes zur christlichen Wahrheit und Freiheit, so wie mit der päpstlichen Bulle vom 8. Dezember 1854 (in lateinischer und deutscher Sprache) vermehrte Auflage. Salzburg. 1855. Oberer'sche (Endl und Penker) Buchdruckerei. (54 S. 8.) geh.

– der **Höflichkeits-Professor Christian Falkner.** 3. verm. Aufl. Innsbruck 856. Wagner. 12. (2 Bl., 91 S.) 7½ ngr.

Schöpf, Jos. Ant., Handbuch des katholischen Kirchenrechts mit besonderer Bezugnahme auf Oesterreich und mit Rücksicht auf Deutschland. 1. Bd. 2. Aufl. und 2. Bd. gr. 8. (XXII und 637 S.) Schaffhausen 855, Hurter'sche Buchh. [1. 27 Ngr., 2. 1 Thlr. 6 Ngr.]

Schöpf, Jos. Ant., Handbuch des katholischen Kirchenrechts mit besond. Bezugnahme auf Oesterreich und mit Rücksicht auf Deutschland. 3. und 4. Bd. Mit 1 lithogr. „Tabelle zur Veranschaulichung der Verwandschafts- und Schwägerschaftsgrade" (in gr. Fol.) gr. 8. Schaffhausen 857,58, Hurter'sche Buchh. [3. Bd. (X und 560 S.) 2 Thlr., 4. (VIII und 679 S.) 2 Thlr. 15 Ngr.]

Schöpf, Jos. Ant., Handbuch des katholischen Kirchenrechts mit besond. Bezugnahme auf Oesterreich und Deutschland. 2. Aufl. 4 Bde. in 15 Lfgn. gr. 8. (XII und 262 S., VIII und 272 S., XIV und 572 S., XVI und 716 S. mit 1 Stnt. in Fol.) Schaffhausen 863—66, Hurter'sche Buchh. à Lfg. 9 Ngr.

Schöpf, Jos. Ant., Handbuch des katholischen Kirchenrechts mit besonderer Bezugnahme auf Oesterreich und Deutschland. 3. Aufl. (In 15 Liefgn.) 1—5. Liefg. Schaffhausen 863, 64. Hurter. gr. 8. (1. Bd.: XII, S. 1—262.; 2. Bd.: VIII, S. 1—272.) Jede Liefg. 9 ngr.

Schöpf, Jos. Ant., Handbuch des katholischen Kirchenrechts mit besond. Bezugnahme auf Oesterreich u. Deutschland. 2. Aufl. (4 Bde. in 15 Liefgn.) 10—15. Liefg. Schaffhausen 865—66. Hurter'sche Buchh. gr. 8. (3. Bd. XIV, 572 S. u. 4. Bd. XVI, 716 S. mit 1 Steintaf. in Fol.) Jede Liefg. 9 ngr.

—— Handbuch des katholischen Kirchenrechts mit besonderer Rücksicht auf die kirchenrechtlichen Verhältnisse Oesterreichs. I. Bd. gr. 8. (XIV und 267 S.) Salzburg 854, Oberer's Wwe. *

Schöpf, Dr. J. A. — Das einundneunzigjährige Leben und Wirken des Frühmessers, vulgo Höflichkeits-Professors Christian Falkner. Aus Quellen dargelegt von — —. Zweite Ausgabe. (Zum Besten des kathol. Gesellenvereines.) Salzburg, 1856. Oberer'sche Buchdruckerei in Salzburg (VIII. 107 S. 16.) Geb. am 1. Jänner 1765 zu Niederth, gest. den 16. April 1855.

—— Presse. gr. 8. (40 S.) Salzburg 862, Glonner. *

Schöpf, Jos. Anton: Schulrath und Gymnasial-Director Josef Steger. Lex.-8⁰. (95 S.) Salzburg: Oberer 1887.

Schöpf, Jos. Anton, Theologisches Studium in Österreich. Salzburg, 1857, 8°.
1. Aufl. 1851.

—— theologisches Studium in Oesterreich. 2., verm. Aufl. gr. 8. (III und 47 S. mit 1 Tab. in qu. 4.) Salzburg 856(57,) Glonner. *

Schöpf, J. A., Peter Carl Thurwieser. gr. 8. (IV, 76 S.) Salzburg 871. Mair. n. 1 20

Schöpf, J. A.: Die Tiroler-Colonie am Pozuzo in Peru. – Salzburg: Oellacher 1892. 19 S.
Aus: Oesterreichisches Jahrbuch. Jg. 16, 1892.

Weltgeist, Der, unter den Bürgern und Bauern Tirols (von *Joseph Anton Schöpf*). Salzburg 1848.
Anon.-Lex. IV. p. 388 (nach Hittmair).

Schöpf, J. A., eine Wilderer-Predigt. Vorgetragen am 25. Octbr. 1885 in der heil. Kreuzkirche Guggenthals. gr. 8. (8 S.) Klagenfurt 886, Leon sen. Für 10 Exemplare
Aus: Waldmanns Heil, besonders abgedruckt.

Schöpf, Karl Friedrich

– histor.-diplomat. Ausführung vom Marggraf Otten, auf d. Nordgau, u. Grafen v. Franken, als zugleich Grafen v. Hammerstein, allwo in ältest. Zeiten die Reichs-Insignien u. Kleinodien aufbewahrt werden. 4. Lauterbach 755.

— histor.-diplomat. Betracht. 16 Stck. üb. Pfalzgraf Hermann ꝛc. 8. Laubach 764.

Schöpf, K. F., unumstößl. Beweis, daß alle u. jede Lehen Deutschlands Geschlechtslehen zu Schild u. Helm seyn ꝛc. 8. Schweinfurt. 740.

-- histor. Nachricht von d. Domherren d. Hochstifts Würzburg. m. K. 4. Nürnb. Schneider. 741.

— kurzgefaßte histor.-diplomat. Nachr. von d. wahren Ursprunge d. hochgräfl. Limpurg. Hauses, als des H. R. R. Semperfreien u. Erb-Haupt-Schenken. 8. Schweinf. 751.

Schöpf, Karl Fr., († d. 28. Mai 1777.) Nordgau-, Ost- u. Fränkische Staatsgeschichte der gewesenen Marggrafen auf d. Nordgau, u. Grafen zu Franken, gemeingl. v. Babenberg u. Schweinfurt genannt ꝛc. 3 Thle. 8. Hildburgh. 753—764. (Er. Fleischer in Leipz). 1 ß

Schoepf, Karl Frdr., Programma juridicum de Sagi-Baronibus in Mallobergiis Von alten Teutschen Rechtsgelohrten in Oberhöfen. Suevofurthi 1740. 4. . . . . . . (D.)

— Wettereiba illustrata, od. histor.-genealog. Probe v. den ältesten Grafen in Franken u. d. Wetterau. Nebst 6 Stcken Nachträgen. 8. Frankf. a M. 761—63. Fleischer. 12 gr

Schöpf, Lor., die einzelnen Theile d. Säulen-Ordnungen, mit den nöthigsten Schattenbestimmungen. Mit 10 Taf. gr. Fol. Leipz. 820. (Fr. Fleischer). 3 ß 16 gr

Schöpf, Marc.

— kurze Fastenreden von d. Strafgerichten Gottes. 8. Augsb. 797. Rieger. 10 gr

Schöpf, Marc., († ...) Fastenreden v. d. Liebe Gottes gegen d. Sünder. 8. Augsb. 796. Rieger. 7 Kr

Schöpf, Michael

Schoepf, M., kurze Regeln zur Erziehg., Pflege u. Bewirtschaftung v. Privatwaldungen f. Landwirte, m. bes. Berücksicht. d. bäuerl. Kleinwaldbesitzer. gr. 8. (58 S.) Neudamm 899. J. Neumann. n. 1. —

Schöpf, Thdr. Gesegnete Weihnachten. Eine Geschichte für erwachs. Töchter. 16. (21 S.) Basel 889, [Spittler.] Jaeger u. Kober. * — 20

– Seltsame Weihnachten. Eine Kindergeschichte. In-16⁰. 30 S. Basel, C. F. Spittler. 1889. — 25

Schöpf, W., zur sächsischen Kirchenfrage. Den Wählern zur 1. evangelisch-luther. Synode u. den Synodalen zur Erwägg. vorgelegt. 2. Aufl. gr. 8. (22 S.) Plauen 871. Hohmann. — 40

Schöpf, Wolfgang Adam, s. Schoepff

Schöpfel, Jh. Wlh. Andr., Friedrich Leswig. 8. Ansb. 784. Gassert. 20 Kr

Schöpfel, Johann Wolfgang Andreas

FLACHS, Martin. Eine Geschichte des achtzehnten Jahrhunderts (von *Joh. Wolfg. Andreas Schöpfell*). Zween Theile. Leipzig, Hertel, 1775—76. 8⁰.
Bibl. Schwabii II; Koch, Comp. II. p. 284; Anon. Lex. II. p. 101 (nach Kayser, Meusel u. Fikenscher).

Schöpfel, Jh. Wolfg. Andr., die Frühlingsnacht. Operette. 8. Frankf. u. Leipz. 773. Hertel. 5 Kr

PIERRE, Jean (d. i. *Wolfg. Andr. Schöpfel*), Die Geburtsstunden der Hölle. Mit 1 Kupfer von Schule. Deutschland (Erfurt, Hennings) 1802. 8⁰. (18 ggr.)
Anzeige d. Verlegers: „Die Geburtsstunden der Hölle, eine wilde Phantasie, sind eine Erscheinung, wie sie der schwachliche Zeitgeist kaum zu fassen im Stande seyn wird. Erhebung und fesselloser Aufschwung zum Ideale der Menschheit geben ihnen einen unbedingten Werth, und werden sie gewiss jedem theuer machen, der nach Vollendung strebt, und der unbefriedigt einem bessern Zeitalter entgegenharrt."
Weller, fing. Dr. u. Lex. Ps. (S. 448).

— Hauptmann von Breisach. 8. Anspach 784. Gassert. 3 Kr

s. a. Hirum Harum.

* **HIRUM** Harum. Ein satirisch-komischer (zahmer) Original-Roman (von *Joh. Wolfg. Andreas Schöpfel*). Salem in Nordkarolina bei Bagge (Nürnberg, Schneider u. Weigel). O. J. (1789). 8⁰. 276 S. (In Berlin: Yv 9522.) (5 fl. ö. W. Gilhofer & Ranschburg, Wien, c. 1888.)

Schöpfel's erster Roman erschien 1775. — Anon.-Lex. II. p. 288 (nach Kayser, Meusel u. Weller).
Beginnt mit der Schilderung einer verunglückten Ballonfahrt von Versailles aus. — Landung in Nordamerika unweit Churchill. — Erlebnisse in Nordamerika.

— s.a. **Thom. Imgarten.**

IMGARTEN, Thomas, eine wahre Geschichte (von *Joh. Wolfg. Andr. Schöpfell*). Leipzig, Crusius. 1777. 8⁰. (In Stuttgart.)

Anon.-Lex. II. p. 320 (nach Kayser, Fikenscher u. Meusel).

— s.a. **Messfremden, die.**

Messfremden, Die. Posse mit Gesang (von *Joh. Wolfg. Andr. Schöpfel*). Leipzig 1792.

Anon.-Lex. III. p. 142 (nach Kayser).

s. **Palämon.**

— die Poschen. Lstspl. 8. Ebd. 784. 12 gr.

— die Putzmacherin; eine Operette in 3 Akt. 8. Bayr. 790. Lübeck 790. 12 gr.

Schöpfel, Jh. Wolfg. Andr., die zukünftige Witterung durch den wichtigen Einfluß d. Tag- u. Nachtgleiche dargestellt u. auf 50jähr. Erfahrung berechnet. 8. Hof 823. Grau. 16 gr.

Schöpfer, Hnr., Rhätische Erzgebirge, oder neuste Uebersicht aller derjenigen Berg-Reviere im Umfange der Kantone Graubünden, St. Gallen u. Glarus, wo ein oder mehrere Erzlager von Sachkennern für positiv oder relativ bauwürdig erklärt worden sind. Lithogr. u. illum. St. Gallen 835. (Huber u. Comp.) n. 11 gr.

Schöpfer, Aemilian, Bibel u. Wissenschaft. Grundsätze u. deren Anwendg. auf d. Probleme d. bibl. Urgeschichte: Hexaëmeron, Sintflut, Völkertafel, Sprachverwirrg. Zugl. als Antwort auf d. Artikel: Grundsätzliches zur kathol. Schriftauslegung v. Franz Kaulen im „Literar. Handweiser" 1895, Nr. 4 u. 5. gr. 8. (VIII, 280 S.) Brixen 896. Buchh. d. kath.-polit. Preßvereins. n. 3. 60

Schöpfer, Aemilian, Geschichte des Alten Testaments m. besond. Rücksicht auf das Verhältnis v. Bibel u. Wissenschaft. 2 Halbbde. gr. 8. Brixen, Buchh. des kath.-polit. Preßvereins. n. 7. —

1. (VIII, 240 S.) 898. n. 3. —. — 2. (XI u. S. 241—544.) 894. n. 4. —.

[A.] Geschichte des Alten Testaments m. bes. Rücks. auf d. Verhältnis v. Bibel u. Wissenschaft. Von Dr. Aemilian Schöpfer, Prof. ... in Brixen. 2. verm. u. verb. Aufl. Brixen: Buchh. d. kathol.-polit. Pressver. 1895. (XI, 560 S.) 1 Bd 8⁰ (95. 11238 II.

Schoepfer, Aemilian, Geschichte des Alten Testaments m. besond. Rücksicht auf das Verhältnis v. Bibel u. Wissenschaft. 3., verm. u. verb. Aufl. gr. 8. (XII, 595 S.) Brixen 902. Buchh. des kath.-polit. Preßvereins.
n. 7. —; Einbd. in Halbfrz. n.n. 2 —

Schoepfer, Amilian, Geschichte des Alten Testaments m. besond. Rücksicht. auf das Verhältnis v. Bibel u. Wissenschaft. 4., verb. Aufl. (VIII, 617 S.) gr. 8. Brixen 906. Preßvereins-Buchh. n. 8. —; geb. n. 10. —

SCHOEPFER, Aemilianus: De inspiratione sacrae scripturae. — (1883) 120 S. 4⁰ (Handschr.) Diss. 474
Diss. Wien, Univ.

— die Teilwälderfrage u. das Grundbuch. Bericht an den volkswirtschaftl. Ausschuß des Tiroler Landtages. (18 S.) 8. Bozen 904. Buchh. „Tyrolia". n. — 25

Schöpfer, Aemilian, Verschuldungsfreiheit oder Schuldenfreiheit? Der Krebsschaden des ländlichen Grundbesitzes und das Heilmittel dagegen. 8⁰. Bozen, Buchhdlg. „Tyrolia", 1904. 2. Aufl. 8⁰. Bozen, Buchhdlg. „Tyrolia", 1906.

— Verschuldungsfreiheit oder Schuldenfreiheit? Der Krebsschaden des ländl. Grundbesitzes u. das Heilmittel dagegen. 2. Aufl. (XII, 352 S.) 8. Bozen 906. Buchh. „Tyrolia" Murr & Co. n. 3. 50; geb. in Leinw. n. 4. 50

Schöpfer, C., s. Schöpffer, C.

Schöpfer, Carl, s. Schöpfer, Georg Carl Ludwig

Schœpfer, Dr. E., Beiträge zur Kenntniss der Glykogenbildung in der Leber. 13 Stn. 8. Bern, Huber & Co. 1873. —. 50

Schöpfer, Fr. Xav., Flora Oenipontana, od. Beschreib. der in d. Gegend ums Innsbruck wild wachsenden Pflanzen. gr. 8. 805. Wagner; (a. Barth in Leipz.) 1 ℛ 20 gr (A. u. d. T.: Flora Tyroliensis, 1r Bd.)

Schöpfer, Georg Carl Ludwig [Wirkl. Name], s.a. Bertrant, G. [Pseud.]

Schöpfer, Georg Karl Ludwig, s.a. Froehlich, C. F. [Pseud.]

Schoepfer, (Geo.) Car. (Ludov.), † (dess. pseudonyme Namen s. unten) Adnotationes crit., quibus C. Velleji Paterculi ex histor. rom. libris duobus quae supersunt pristinae integritati reddere conatus est. Accedit Rutilii Lupi de figuris sententiar. et elocutionis libri primi fragmentum in vetustissima membrana repertum. 8. (4 B.) Quedlinburgi 837, [libr. Ernstii.] *

SCOPER, Ludw. (d. i. *Geo. Carl Ludw. Schöpfer*), Arosetta und Bertollino, oder der Räuber für Neapels Freiheit u. der Kampf mit den Blutbrüdern. Romantisches Räubergemälde. 2 Thle. Nordhausen, Förstemann in Comm. 1835. 24 Bog. 8⁰.

AUGUSTINER-Kloster, Das, oder: das Turnier zu Jerusalem. Eine Kloster- und Rittergeschichte aus dem 13. Jahrhundert (von *Georg Karl Ludw. Schöpfer = C. F. Fröhlich* ps., s. d.). Nordhausen, Fürst, 1823. 8⁰.

— s. F. C. Bakewell, die Gewißheit eines Lebens nach dem Tode.

— — Histor.-romant. Bilder der Vorzeit. 3 Bde. A. u. d. Titeln: Gerlach von Welhausen der furchtbare Waffenschmied. Schreckensscenen aus d. J. 1324. Mit 1 lith. Abbild. — Keitel Fuchs, oder die Schrecken der Volksherrschaft. Schaudergemälde aus d. J. 1324. — Die Bluthunde. Schreckensscenen aus d. JJ. 1324—1326. Ebd. 35½ Bog. 8⁰.

— der medizin. Blutegel (Hirudo medicinalis). 2., verb. Aufl. 8. ($8^3/_4$ B. u. 1 Stnt.) Quedlinburg 841, Basse.

— — Die Bluthunde. Schreckensscenen aus d. JJ. 1324—1326. Nordhausen, bei Ernst Friedr. Fürst. 1834. 8⁰.

Tit., 192 S., 1 Bl. Druckf., 1 Bl. Verlagsanz. d. Firma. — Spielt in d. ehemal. Reichsstadt Nordhausen u. Umgegend.

— — Lucrezia Borgia, oder des Papstes Tochter. Italien. Sittengemälde aus dem Anfange des 16. Jahrhunderts. 2 Bde. Ebd. 1834. 24 Bog. 8⁰. (Nach dem gleichen Drama v. Vict. Hugo bearbeitet.)

— — Die Brüder, oder das blutige Gespenst von Majolica. Eine Räubergeschichte. 2 Thle. Ebd. 1834. 21½ Bog. 8⁰. (1½ Rthl.)

Schöpfer, Carl (Geo. Ludw.), medizinisch-chirurgisches Fremdwörterbuch. Zur Verteutschung u. Erklärung der besonders aus der griech. u. latein. Sprache entlehnten u. in den Gesammtgebieten der Medizin u. Chirurgie vorkommenden Kunstausdrücke. 8. (10½ B.) Nordhausen 844, Fürst.

——, Friedrich Wilhelm III. u. sein Zeitalter. Ein biograph.-histor. Gemälde. (4 Lfgn.) 8. (à 4 B.) Nordhausen 840, Fürst. à 4 Gr.

— — Keitel Fuchs, oder die Schrecken der Volksherrschaft. Schaudergemälde aus dem Jahre 1324. Nordhausen, bei Ernst Friedr. Fürst. 1834. 8⁰.
Spielt in d. Reichsstadt Nordhausen. Tit. u. 172 S. — Zahm.

Schöpfer, Georg C. L.: Der treue Führer auf Reisen, s. Kalisch, C.

— — Kaspar Hauser oder die eingemauerte Nonne. Wahrheit und Dichtung. Ebd. 1834. 8⁰. 12 Bog. (1 Rthl.) (6 Mk., fleckig, L. Rosenthal, 1910.)

— — Hiacinthen. Eine romantische Frühlingsgabe. Nordhausen, G. Müller, 1834. 8⁰. 208 S. (incl. Tit.). 1. Des Abtes Sohn. 2. Schönchen. Ein Mährchen (S. 137—190). 3. Der Sonntagsclubb. (Sämmtlich zahm.)

Dr. Ewald Hartenbach's [d. i. Georg Karl Ludwig **Schöpfer**] Kunst, ein vorzügliches Gedächtnis zu erlangen. 17. verb. u. verm. Aufl. Halberstadt & Leipzig: Ernst [1893]. VIII, 116 S. 8° [ic. 10250

Sheets, William Esq. (d. i. Dr. *Geo. Carl Ludw. Schöpfer*), Leben u. Thaten des berüchtigten Ungarischen Räubers Joseph Schoberi. Nach seinen eigenen Erzählungen bei seiner Anwesenheit in London bearbeitet. Aus dem Engl. übersetzt. 2 Thle. Nordhausen, Fürst, 1837. 8⁰. 26 Bog.
Keine Uebersetzung, sondern Machwerk des berüchtigten Bücherfabrikanten Schöpfer. — A. G. Schmidt, Gallerie etc.

— — Marino Marineri, oder der gläserne Sarg. Eine Seeräubergeschichte. 2 Bde. Ebd. 1834. 8⁰.
190 + 188 S., 2 Bll. Verlagsanz. d. Firma.

— s. Plauderer, der, e. Zeitschrift.

—— Recueil des mots primitifs de la langue française. Handbüchl. d. französ. Stammwörter, z. Gebr. f. Alle, welche d. ganzen Wortreichthum d. französ. Sprache in möglichst kurzer Zeit erlernen wollen. 8. (10⅛ B.) Magdeburg 838, [Baensch.]
† S. ist der fruchtbarste unter allen deutschen pseudonymen Schriftstellern, er schrieb unt. der folgenden großen Anzahl von Namen: W. C. A. Abenstein, Seb. Mor. Alvenstod, E. Amon, E. Antoni, H. Bernheim, H. L. Bernheim, G. Bertrant, Fd. Birkenfeld, Fd. v. Birkenfeld, Cagliostro, L. Delarosa, Ad. Dörjen, H. Franckenstein, E. F. Fröhlich, N. le Grand, Ew. Hartenbach, E. Jenkinson, Kalisch, C. Kalisch, Fritz Kautze, F. G. Ledebour, Adf. v. Meerberg, G. Pein, Hilarius Pfiffikus, Philadelphia II., Mor. F. Richter, Otto Schäffer, Ludw. Scoper, William Sheets, E. Fchtgt. Wahrmund, Th. Welcker u. Francis Woolstone.

— Recueil des mots primitifs de la langue française. Handbüchlein der französischen Stammwörter ꝛc. (Neue Ausg.) 8. Magdeburg 842, Baensch. ¼ ₰

RITTER, Die, des Harzes oder die Zerstörung der Dasenburg. Histor.-romantisches Gemälde der Vorzeit. Vom Verf. der Ruinen der Teufelsburg, des Eduardo da Rasto u. a. m. (von *Geo. Karl Lud. Schöpfer*). Nordhausen, Fürst, 1828. 8⁰.
Einiges pikant. 186 S. — S. auch Bertrant, Delarosa, Fröhlich.

— — Die Schauerruinen der Unkenburg und der Haarzopf der Hölle, oder Geisterrache u. Menschenhaß. Der Spuck-, Geister- und Räuberhistorien Allerfurchtbarste. 2 Bde. Ebd. 1834. 24 Bog. 8⁰.

HILDESHEIM, Henriette (Somnambule). — Wahrmund, Ernst Fürchtegott (d. i. Dr. philos. *Geo. Carl Ludw. Schöpfer*), Schurkerei und Dummheit. Geschichte einer Somnambüle, der 17jährigen Henriette Hildesheim aus S . . . im Fürstenthum **. Zur Warnung und Belehrung nach glaubhaften Berichten dargestellt. Nebst wichtigen Aufschlüssen über das Jahr 1900, über die Entstehung der Welt, Sternschnuppen, Meteore, Kometen, die Sündfluth. Nordhausen, Fürst, 1838. 16⁰. 8½ Bog. (6 Kr. Halm & Goldmann, 1907.)
Seltene Skandalschrift. — A. G. Schmidt, Gallerie etc., S. 211.

— — Das Sonnenopfer, oder des Waldweibs Schicksals-Spruch. Histor.-romant. Gemälde aus den Zeiten der Eroberung von Peru durch die Spanier. 2 Bde. Leipzig, Rein'sche Bchh., 1834. 18 Bog. 8⁰.

— — Des Zwingvoigt's (Gessler's) Tod. Romantische Erzählung. Frei nach Wilhelm Tell von *Florian*. (Ornament.) Ebd. 1835. 8⁰. Zahm. 176 S. (incl. Titel).

— — Berthold von Treuenstein und Hildegard von Hohenzeil, oder des Vaters Fluch. Romantisches Sittengemälde. Nordhausen, Fürst, 1835. 8⁰. 198 S. Zahm.

— — Maria Tudor, oder des Günstlings Hinrichtung. Ein histor. Gemälde aus d. Mitte d. 16ten Jahrh. Nach dem Drama: Maria Tudor von Victor Hugo gearbeitet. 2 Bde. Ebd. 1835. 8⁰. 200 + 192 S.

— — Die Vehmrichter, oder der Ritter u. der Mönch. Erzählung aus dem 13. Jahrh. Ebd., G. Müller, 1835. 12½ Bog. 8⁰.

Schöpfer, Heinrich

Schopfer H, Anleitung zum Figurenzeichnen auf Grundlage des geometrischen Gliedermannes. (17 Bl m Text) fol Wien und Olmütz

Schöpfer, Heinr., Anleitung zum Figuren-Zeichnen auf Grundlage des geometrischen Gliedermannes. 17 (lith.) Vorlegeblätter (u. 2 S. Text). Olmütz 863. Hölzel. Fol. n. 1 ₰ 18 ngr.

Schöpfer, J. J., de sepulcrorum et sepultorum religione. Brem. 1747. 4.

Schöpfer, Jacob (Hrsg.), s. Alpen-Lieder, Tiroler.

Schoepfer, Johann Joachim, s. Schoepffer

Schöpfer, Irene Friederike

GLORIOSA, Schwester (d. i. *Irene Friederike Schöpfer*, geb. *Hotze*, Gattin des Dr. Geo. Carl Ludw. Schöpfer in Magdeburg, geb. zu Stempeda in der Grafschaft Stolberg-Stolberg am 13. Juni 1814, wurde durch Unterstützung ihres nachherigen Gatten in einem Institute für Mädchen zu Nordhausen ausgebildet), Das wahre Pantoffelregiment, oder die Kunst, sich den Gehorsam, die Liebe und Treue des Gatten auf ewig zu sichern. Eine Rede von Schwester Jucunda, in den Druck befördert zum Besten aller Frauen und Jungfrauen, welche das häusl. Scepter mit Anmuth und Kraft schwingen wollen, so wie auch mit Anmerkgn. begleitet von —. Nordhausen, Fürst, 1839. 3 Bogen. 12⁰.
A. G. Schmidt, Gallerie etc. — Selten!

LA GRANDE, Natalie (d. i. *Irene Friederike Schöpfer*), Wer wird mein Mann? u.: Wie wird's mir ergehen? Prophetische Gesellschaftsspiele, allen Damen zur Aufheiterung ihrer Soirées, Kränzchen, Pickenicks etc. ganz ergebenst empfohlen. Mit 1 chiromant. Tafel. , . . . 1837. 16⁰. 5¼ Bogen.
A. G. Schmidt. Gallerie etc.

Schöpfer, Justus, s.a. Schöpffer

Schöpfer, Iust., fabulae aesopicae ex vernaculis selectae, et in lat. serm. versae. 8. Landshut, Flaxhagen. 790.

Schöpfer, Karl

Der Alte vom Berge, oder: Thaten und Schicksale des tapfern Templers Hugo von Maltig und seiner geliebten Mirza. Ein Gemälde aus den Zeiten der Kreuzzüge, von C. F. Fröhlich [d. i. Karl Schöpfer]. Nordhausen: Fürst 1828. 222 S. 8°

°[Dasselbe.] N. wohlf. Ausg. Ebendas. 1834. 8°
TB. 251.

Schoepfer, Carolus: •Quaestionum Vellejanarum specimen. 7 Bl. 4° (2°) Halle-Wittenberg, Phil. Diss. v. 6. April 1833
Geb. [Göttingen 15. 3. 1811]
Vom Verf. ersch.: Adnotationes criticae, quibus C. Velleji Paterculi ex historiae romanae libris duobus quae supersunt pristinae integritati reddere conatus est. Accedit Rutilii Lupi de figuris sententiarum et elocutionis libri primi fragmentum in vetustissima membrana repertum. Quedlinburgi: Ernst 1837. VIII, 53 S. 8° vorh. Heidelberg UB

SCHÖPFER, CARL.
Der chemische Tausendkünstler. Eine reiche Sammlung der unterhaltendsten und zugleich belehrendsten chemischen Experimente von H. Herold. Nordhausen, 1845. 12mo.
Neue Ausgabe: Der chemische Tausendkünstler oder famose Zauberer. Leipzig, 1849. 12mo

Schoepfer, Konrad Justus A. S. 118/8

De mercatorum, qui foro cesserunt, rationibus et codicibus, Von den Rechnungs= und Handels=Büchern der Kauf=Leute, welche banqueroutiert haben exercitatio iuridica.
Präs. Johann Gottlieb Heineccius. Rec.
Halle (Sympherus) 1740. 56 S.

Diss. VII. 1728. 31212

Schoepfer, Leo, a. Maursmünster ⟨Unter-Elsass⟩: Über Drehung der Frucht durch innere und äussere Handgriffe nach der Methode Fehling. Straßburg i. E. 1905: C. & J. Goeller. (46 S.) 8°
Straßburg, Med. Fak., Ref. Fehling, Diss. v. 22. Juli 1905
[Geb. 14. März 79 Maursmünster i. E.; Wohnort: Mulhausen; Staatsangeh.: Elsaß-Lothringen; Vorbildung: Gymn. Zabern Reife M. 99; Studium: Straßburg 5, München 1, Straßburg 5 S.; Coll. 18. Mai 05; Approb. 28. Jan. 05.]

Schöpfer, R. Die Rechtsstellung des bona fide Erwerbers gestohlener und verlorener Sachen nach schweizer. Obligationenrecht. In-8°. IV, 87 S. Bern. These. 1896

Schöpfer, Theodor, s. Schöpffer, Theodor

Schöpfer von Rodishain, C.

—— Beiträge z. Charakteristik Franz I., Kaisers v. Oesterreich in Anekdoten u. Charakterzügen u. Mittheiln. aus seinem Leben. 1. u. 2. Hft. 8. (13 B.) Nordhausen 840, 42, Fürst.

Schöpfer von Rodishain, C., Beiträge z. Charakteristik Franz des Ersten, Kaisers von Oesterreich, in Anekdoten, Charakterzügen und Mittheilungen aus seinem Leben. Aus allen vorhand. Quellen in bunter Folge zusammengestellt. 2. Heft. Nebst ausführl. Nachrichten über den Tod u. die Begräbniß-Feierlichkeiten des Kaisers. kl. 8. Nordhausen 842, Fürst. 5/12 ℛ (1. 2.: 3/4 ℛ)

— s. Spieß, Chr. H., sämmtl. Werke.

Schöpfer nur. 2. Aufl. 16. (8 S.) Barmen 874, (Klein.)

Schöpff, August

— die Heilquellen von Szliács in Ungarn; in ihren eigenthümlich ausgezeichneten Wirkungen f. Aerzte u. Nichtärzte. Herausg. v. e. Badegaste. gr. 8. Pesth 841. (Heckenast.) 5/12 ℛ

Schoepff, Aug., Jahres-Beitrag zur prakt. Medizin u. Chirurgie in Kinderkrankheiten vom Pesther Kinderspitale. Enthaltend: allgemeine pädiatrische Grundzüge, eine genaue Darstellung und Behandlung der akuten Fieber, Entzündungen, Tuberkelsucht, Skrofelkrankheit ꝛc.; mit Arzneivorschriften u. patholog. Sektionen, chirurg. Operationen, mit vollständigen Abhandlungen über die Myo-Tenotomieen an krummen Gliedern, u. die Operation des Schielens. gr. 8. Pesth 841; Leipzig, Geo. Wigand. n. 2½ ℛ

Schöpff, Carl Friedrich, s. Schöpff, Karl Friedrich

Schöpff, Frid. Guil., Pistoth., de causis, ex quibus similia Savonarolae atque Lutheri studia tam diversos habuerint exitus, brevis dissertatio. 8maj. (25 S.) Dresden 855, libr. Schönfeld. *

Schöpff, J. W., die symbol. Bücher der evangel.-luther. Kirche, deutsch, mit histor. Einleit., kurzen Anmerkk. ꝛc., f. Volksschullehrer ꝛc. 1r u. 2r Thl. gr. 8. 826—27. (Wienbrack in Leipz. u. Dresd., Wagner). 3 ℛ

Schöpff, J. W., der Geistliche u. unsere Zeit. Einige Bemerkn. üb. d. Schrift d. ꝛc. C. E. Richter: „Der Prediger u. unsere Zeit ꝛc." allen urtheilsfähigen Freunden d. evangel. Kirche vorgelegt. gr. 8. (2 B.) Dresden 831. [Zittau, Nauwerck.]
4 Gr., hrbgs. Pr.

— Predigt zur Gedächtnißfeier Sr. Majest. d. höchstsel. Königs Friedrich August v. Sachsen, d. 18. Juni 1827 in d. Waisenh.-Kirche zu Dresden gehalten. gr. 8. Dresd. 827. Hilscher. 2 gr.

—— 70 Stellen aus d. Briefe an d. Ebräer auf d. Kirchenjahr v. 1. Adventssonnt. 1830 bis z. 25. Sonnt. n. Trinit. 1831, zum Vorlesen am Altare statt d. gewöhnl. Episteln; ausgewählt u. unmaßgeblich vorgeschlagen. gr. 8. (2 B.) Dresden 830, Walther.

—— 70 Stellen aus d. prophet. Büchern des Jesaias u. Jeremias, auf d. Kirchenjahr: v. 1. Adventssonnt. 1829 bis z. 24. Sonnt. n. Trinit. 1830, zum Vorlesen am Altare statt d. gewöhnl. Evangelien; ausgewählt u. vorgeschlagen. 8. (4¼ B.) Dresden 830, Walther.

—— die Widerlegung d. Augsburg. Confession, welche, im Namen d. Kaisers u. der röm.-gesinnten Stände d. deutschen Reichs, am 3. Aug. 1530 auf d. Reichstage zu Augsburg öffentl. vorgelesen worden ist; nach d. Urkunde d. Mainzer Archivs abgedr., mit e. geschichtl. Einleit. u. erläut. Anmerkn. vers., u. allen Freunden offener Prüfung geweiht. Eine histor. ergänz. Zugabe zu den symbol. Büchern d. evangel.-luther. Kirche. gr. 8. (6½ B.) Leipzig 830, Wienbrack.

Schöpff, Johann David, s. Schöpf

Schoepff, Johann Heinrich (Schweinfurt) A. S. 14/24

Dissertatio juridica inauguralis de retractu nobilibus imperii immediatis per privilegia Caesarea concesso.
Präs. Immanuel Weber.
Giessen (Vulpius) 29. XII. 1719. 50 S.

Gew.: Dem Ritterstand des Fränkischen Kreises, Bezirk Rhoen und Werra. 31215

Schoepff, Johann Heinrich (Schweinfurt) A. S. 820/37

Dissertatio juridica inauguralis, de retractu nobilibus imperii immediatis per privilegia Caesarea concessa. Präs. Immanuel Weber. Rec.
Giessen 1722. 50 S.

Diss. 29. XII. 1719.
Gew.: Der Ritterbank des fränkischen Kreises, Bezirk Rhoen und Werra. 31216

Schoepff, Johann Lorenz (Bayreuth) Altd. Thl. 20/24

Characteres boni principis, maxime imperantis, ad ductum Iesaiae cap. XXXII, 8.
Präs. Christoph Sonntag.
Altdorf (Kohles) 24. III. 1716. 64 S.

Gew.: Stadt Bayreuth.
W. v.: Präs., Johann Jakob Stromeyer, D. W. Sonntag, Johann Ernst Teichmann. 31218

Schöpff, Karl Friedrich

Schöpff, Car. Frid.: Kurtzer Entwurff des Kayserlichen Landgerichts u. Fränckischen Oberhoffs in Schweinfurth. Giessen 1735.

Schoepff, Karl Friedrich (Schweinfurt) A. S. 22/13

Dissertatio inauguralis juridica. De feudis Franconicis, inprimis Herbipolensibus, zu rechtem Mann=Lehn, Oder auf Männliche, Mann=lehnbahre, Eheliche Mann=lehnbare oder auch Männliche Leibs=Lehns=Erben etc. concessis.
Giessen (Lammers) V. 1735. 136 S. 31220

Schoepff, Karl Friedrich (Schweinfurt) A. S. 2/2

Dissertatio iuris feudalis. De feudis Fuldensibus in Franconia. Präs. Jo. Friedrich Kayser.
Giessen (Müller) 7. X. 1734. 28 S.

W. v.: H. Riedesel Fhr. zu Eisenbach (Opp.), W. A. Miltenberger (Opp.), P. H. Heunish (Opp.).

31219

Schoepff, Karl Friedr.
Commentatio de feudis Fuldensibus in Franconia. Accedit Ruprechti Ict. responsum feudale hoc argumentum illustrans.
Giessae: Joh. Müller 1735. 24. 24 S. 4°

Schoepffius, Car. Frid.: Tractatio succincta juris feudalis Germanici de feudis Germaniae gentilitiis quibuscunque; oder unumstößlicher Beweiß, daß alle und jede Lehn Teutschlandes, Geschlechts-Lehn zu Schild und Helm seyn. Schweinfurt 1740.

Schoepff, Karl Frdr., Dissertatiuncula de servis Germanorum inprimis Palatii Germanici, von Reichs- und Pallast-Bauren, proposita. Suabino-furthini 1740. 4. (D.)

Schöpff, M., einiges üb. d. Anwendg. d. Photographie zur Entdeckung v. Urkundenfälschungen, s.: Donnstedt, M.

Schöpff, Martin [aus Berlin]: Ein Beitrag zur Kenntniss der Amidoxime und Azoxime .... Berlin, Buchdr. v. C. Borg, 1886; 48 + 1 S. 8°.
Berlin, Phil. Fak., Inaug.-Diss. v. 19. Jun. 1886.

Schöpff, Martin, ein Beitrag zur Kenntniss der Amidoxime und Azoxime. Diss. Berlin 1886, Mayer & Müller. 8°. 48 S.

Schöpff, W., der Charakter in der Literatur, s. Zeitfragen des christlichen Volkslebens.

Schöpff, W., Grundsätze u. Beispiele. Zur Revision der Lutherbibel. gr. 8. (21 S.) Dresden 885. Tamme. n. — 40

Schöpff, W., zur sächsischen Kirchenfrage. Den Wählern zur ersten evangelisch=luther. Synode und den Synodalen zur Erwägung vorgelegt. 1. und 2. Aufl. gr. 8. (22 S.) Plauen 871, Hohmann.

Schöpff, W., über Kirchenlied=Verbesserungen. Ein Wort zur Verständigung auf Veranlassung der Veränderung Göthe'scher Gedichte an die evangelische Gemeinde gerichtet. Dresden 861. Schöpff. gr. 8. (16 S.) n. 5 ngr.

Schöpff, W., das Patentamt d. Kirche u. s. Verwertg. f. d. Förderung d. kirchl. Lebens m. bes. Rücksicht auf d. inn. Mission, s.: Bibliothek, kleine, f. innere Mission.

— Wer verdummt das Volk? s. Flugblätter für Stadt und Land.

Schöpff, Wilh., das Büchlein v. der Freude. 8. (VIII, 156 S.) Gütersloh 899. C. Bertelsmann. n. 2. —; geb. n. 2. 50

Schöpff, W., Entweder — Oder in der Sittlichkeitsfrage, s.: Sammlung theologischer u. sozialer Reden u. Abhandlungen.

— Entweder — Oder in der Volksschulfrage m. Rücksicht auf den neuesten preußischen Volksschulgesetzentwurf. gr. 8. (16 S.) Leipzig 892. J. Naumann, Verl. n.n. — 30

— aus drei Jahreszeiten. Dichtungen. gr. 16. (X, 183 S.) Leipzig 894. Fr. Richter. n. 2. —; geb. n. 3. —

Schöpff, Wilh., die Kunst u. das Sittliche, s. a. Zeitfragen des christlichen Volkslebens. 190. Hft.

Die Kunst und das Sittliche. Von Wilhelm Schöpff. Stuttgart: Ch. Belser 1900. (43 S.) 8°
= Zeitfragen d. christlichen Volkslebens. Bd 25. H. 6. [?] 10655

Schöpff, Wilh., in Gottes Licht. Gedichte. 4. gesichtete u. verm. Aufl. v. „Welt u. Herz" I. (163 S.) kl. 8. Kötzschenbroda (908). C. Finster. 1.75; geb. 2. 50

Schöpff, Wilh., Welt u. Herz. Gedichte. 3., verm. u. gesichtete Aufl. Bevorwortet v. Meier. 12. (XII, 222 S.) Leipzig 890. Fr. Richter. n. 2. —; geb. n. 3. —

Schöpff, Wolfgang Adam (Schweinfurt) A. S. 742/8

Disquisitio juridica inauguralis, de assignatione nominis, Von Anweisung einer Schuld, zu bezahlung des Gläubigers, auff des anweisenden Schuldners Gefahr. Präs. Ferdinand Christoph Harpprecht.
Tübingen (Reis) III. 1703. 52 S.

W. v.: Präs., Wilhelm Ulrich Smalkalder, Jakob David Mögling. 31221

Schoepff, Wolfgang Adam [Praes.], s. Bacmeister, Wolfg. Heinr.: De processu in contumaciam in causis criminalibus.

Schoepff, Wolfgang Adam [Praes.], s. Baz, Christian: De eo, quod justum est circa oblationem atque depositionem pretii in retractu, German: von Anerbietung u. Hinterlegung des Kauffschillings in Losungen.

Schoepff, Wolfgang Adam [Praes.], s. Bilfinger, Friedrich Ferdinand: De hereditatis aditione cum beneficio legis et inventarii, cumprimis inter personas Imp. Rom. Germ. illustr.

Schoepffius, Wolffg. Adam: De bonis vitalitiis Sueviae, Fall- und Schupf-Lehen, Fall- und Schupff-Lehen-Güter, commentatio. . . . adjecta tractatione: Der kurtzen und in Praxi nutzlichen Nachricht von der Eigenschafft und Beschaffenheit der sog. Schupff-Lehen. Tubingae 1747.

— de bonis vitalitiis Sueviae, Fall- u. Schupflehnsguter. 8. Tübingen, Heerbrand. 747.

Schoepff, Wolfgang Adam [Praes.], s. Bürglen, Joh. Leonhard: De processu in contumaciam. German.: Ungehorsams- oder Contumacial-Process.

Schoepff, Wolfgang Adam [Praes.], s. Dann, Jakob Heinrich: De retractu territoriali communi, jure perpetuae relvitionis, & alienatione necessaria, ceu modis cumprimis Wurtemb. ...

Schoepff, Wolfg. Adm.: Decisiones et resolutiones selectissimae ex jure publico, feud., can, crim., civ. et germanico. *Ulm*, Stettin. 764. 4. (20 Gr.)

Schöpf, Wolfg., selectae decisiones seu resolutiones Tubingenses. II Tom. 4. Tübing. 726–30.

Schoepff, Wolfgang Adam [Praes.], s. Geuder, Christian Gottfried: De probatione descendentiae a primo acquirente feudi.

Schoepff, Wolfgang Adam [Praes.], s. Hegel, Georg Ludwig: De restitutionis restitutione in integrum.

Schoepff, Wolfgang Adam [Praes.], s. Hubner, Johann Christian: De obligatione ad custodiam.

Schoepff, Wolffgang Adam (Präs.), s. Hübner, Joseph Christoph: De processu unilaterali ex qualitate causae.

Schoepff, Wolfgang Adam [Praes.], s. Jung, Johann Jakob: De retractu territoriali, Germanice Marck=Losung.

Schoepff, Wolfgang Adam [Praes.], s. Korn, Johann Daniel: De bonis vitalitiis Sueviae, Germanice Fall= und Schupff=Lehen. Fall= und Schupff=Lehen=Gütter.

Schoepff, Wolfgang Adam [Praes.], s. Moegling, Michael Andreas: De jure praeclusionis creditorum a judicio concursus.

Schoepff, Wolfgang Adam [Praes.], s. Osiander, Michael Andreas: De eo, quod justum est, circa mutationem testamenti, per subsequens matrimonium.

Schoepff, Wolfgang Adam [Praes.], s. Pistorius, Christoph Gottlieb: De decimis.

— de processu universali cumprimis contumaciali Germaniae, vom einseit. u. vornehml. Ungehorsamsprozeß. 8. Tubingen, Heerbrand. 748.

Schoepffius, Wolffg. Adam.: Processus appellationis, nullitatis, restitutionis in integrum, revisionis et remissionis, cumprimis ducatus Wurtembergici, nunc denuo revisus. Stutgardiae 1748.

— processus appellationis nullitatis, restitutionis in integrum, revisionis et remissionis. 8. Stuttg. Metzler. 748. in 4.

Schoepff, Wolfgang Adam [Praes.], s. Schneidmann, Johann Philipp: De dolo et vi tertii ac effectibus eorum.

Schoepff, Wolfgang Adam [Praes.], s. Seeger, Johann Friedrich: De jure retractus censualis, Germanice: Zins=Losung=Gerechtigkeit.

Schoepff, Wolfgang Adam [Praes.], s. Speidel, Johann Christoph: De eo quod justum est. circa luem pecorum.

Schoepff, Wolfgang Adam [Praes.], s. Stoll, Jakob Friedrich: De alimentatione uxorum.

Schoepff, Wolfgang Adam [Praes.], s. Wibel, Johann Balthasar: De servitutum praescriptione extinctiva.

Schoepff, Wolfgang Adam [Praes.], s. Zorer, Theophil Friedr.: Dissertatio inauguralis juridica sistens. decadem casuum, de reviviscentia jurium.

Schöpffer, C.

Schöpfer, C., der treue Rathgeber in Haus, Hof und Familie. Ein Nachschlagebuch für alle vorkommenden Bedürfnisse und Unfalle des Lebens, gemeinnützige und gewerbl. Mittheilungen, die besten Haus- und Heilmittel, sämmtl. Krankheiten nebst Verhaltungsregeln; Hauswirthschaft, Garten und Blumenzucht, vortheilhafte Landwirthschaft, Viehzucht nebst der nöth. Thierheilkunde; Jagd und Fischerei, sowie nützl. Aufklärungen und Belehrungen. 26 Lfgn. oder 2 Thle. gr. 8. (860; 763 S.) Düsseldorf 879,80, Schoenfeld. à Lfg. 50 Pf.

Schöpffer, C., der treue Ratgeber f. Haus, Hof u. Familie. Ein Nachschlagebuch f. alle vorkomm. Bedürfnisse u. Unfälle des Lebens, gemeinnütz. u. gewerbl. Mittheilgn., die besten Haus- u. Heilmittel, sämmtl. Krankheiten nebst Verhaltungsregeln; Hauswirthschaft, Garten- und Blumenzucht, vortheilhafte Landwirthschaft, Viehzucht, nebst der nöth. Thierheilkunde; Jagd u. Fischerei, sowie nützl. Aufklärgn. u. Belehrgn. 25 Hefte. gr. 8. (860 u. 763 S.) Kreibitz (900–902). J. Müller. à – – 40

Schöpffer, C. L., die Bleichsucht u. die Menstruationsstörungen, deren wahres Wesen u. verbürgte schnelle Heilung. Nebst Belehrung über die leichte Heilung der Mutterblutflüsse u. des Weißflusses. Berlin 867. Rießling. 8. (35 S.) 6 *ngr.*

— die verbürgte Heilung der Epilepsie u. des Veitstanzes. Nach den Ergebnissen einer in mehr als 6000 Fällen gewonnenen Erfahrung. Ebend. 867. (40 S.) 6 *ngr.*

— die verbürgte Heilung aller Nerven- u. Magenleiden besonders Nervenschwäche, Hypochondrie u. Tiefsinn rc. Ebend. 867. 8. (36 S.) 6 *ngr.*

Schöpffer, Carl, s. S c h ö p f f e r , Karl

Schoepffer, Christian Gottfried (Halberstadt)
A. S. 1172/10

Dissertatio inauguralis medica. Venae sectio post quinquagesimum annum in utroque sexu praesertim sequiori maxime esse proficua.
Präs. Georg Daniel Koschwitz.
Halle (Hilliger) V. 1725. 40 S.

W. v.: Johann Juncker. 31224

SCHÖPFFER, F. Joach.: Synopsis jur. priv. Rom. et For. in qua solida jpdtiae Fundamenta juxta Dig. ordidinem exhibentur. Ed. nov. *Frcf.* 713. 8. — Ej. Illustrata Synopsis, quae in hoc opere adeo aucta a D. KOLSHORNIO, ut hocce opus syst. corp. jur. theor.- practicum universale exhibeat. *Ib.* 717. 8.

— — s.a. S c h ö p f f e r , Johann Joachim

Schöpffer, Georg Konrad (Quedlinburg)
U. S. Frankfurt 1707, 1

Dissertatio inauguralis juridica, de clausulis testamentorum. Präs. Heinrich Cocceius.
o. O. 1707. 48 S.

Diss. Frankfurt/O. 1691. 31226

Schöpffer, H., j.: Friedrich II., d. Hohenstaufen-Kaisers, Bücher v. d. Natur d. Vögel ꝛc.

Schoepffer, J.: Locutiones Pauli gymnicas. Resp.: J. Chr. Wichmann. Witembergae 1704. 39 S. Wittenberg, Theol. Diss. 1704.

Schoepffer, Joh. Joach.: Commentatio de advocato iniuriante. Oder Vom schmähenden Advocaten. o. O. 1741.

Schoepffer, Joh. Joach.: Tractatus de alimentis et dote filiarum nobilium, von Verpflegung und Ausstattung adlicher Fräuleins. Jenae et Weissenfelsae 1746.

Schoepffer, Johann Joachim [Praes.], s. A r e n d t s , Arnold Henning: De officio praefecti castelli, ad extrema obligati, Germanis vulgo: Der sich wehren soll biss auf den letzten Mann oder Biss auf den letzten Bluts-Tropfen.

Schoepffer, Johann Joachim [Praes.], s. A t t e l m e y e r , Johann Christoph: De reprobatione.

Schoepffer, Johann Joachim [Praes.], s. B a l d o v , Christian Joachim: De culpa lata ministri status.

Schoepffer, Johann Joachim [Praes.], s. C a m p h ö v e n e r , Burch.: De declaratione honoris vulgo Von der Ehren-Erklährung.

Schoepffer, Johann Joachim [Praes.], s. F u n c k e n , Johann Heinrich: De partu octomestri.

Schoepffer, Johann Joachim [Praes.], s. G u t z m e r , Simon Joh.: De gemellis concretis.

Schoepffer, Johann Joachim [Praes.], s. J ö r c k e , Johann Joachim: De pulmone infantis natente vel submergente.

Schoepffer, Johann Joachim [Praes.], s. J ü r g e n s e n , J.: De periculosa conceptione instrumenti.

Schoepffer, Johann Joachim [Praes.], s. K a t t e , Balt. Friedr. von: De matrimonio per substitutum contrahendo.

Schoepffer, Johann Joachim [Praes.], s. K o h l , Franz Ernst: De juramento judiciali, sine probationibus delato.

Schoepffer, Johann Joachim [Praes.], s. K o l s h o r n , Daniel: De declaratione sententiae dubiae.

Schoepffer, Johann Joachim [Praes.], s. K o e p k e , Georg Wilhelm: De advocato injuriante.

Schoepffer, Johann Joachim: De milite desertore. Vom Desertiren der Soldaten. Rost. Diss. 1736. 4°.

Schoepffer, Johann Joachim [Praes.], s. S c h u c k m a n , Hermann Albrecht: De repetendo testium examine.

Schoepffer, Johann Joachim [Praes.], s. S c h w a b e , Konrad Bernhard: De diffessione instrumentorum Germanis vulgo Von Verleügnung der Hand und Siegel.

Schoepffer, Johann Joachim [Praes.], s. S t e y r , Jeremias: De jure principis circa despota.

Schoepffer, Johann Joachim [Praes.], s. S t ö t t e r o g g e n , Leonhard Georg von: De haemorrhagia vulneratorum. Von Verblutung der Verwundeten.

Schopfer, Jh. Joach., synopsis juris privati Romani et forensis J. L. Mylii. 4. Regensb. 760. (Montag u. W.) 1 ₰ 8 gr.

— — s.a. S c h ö p f f e r , F. Joachim

Schoepffer, Johann Joachim [Praes.], s. T a n c k , Heinrich: De culpa lata tutoris an heredibus praestanda.

Schoepffer, Johann Joachim [Praes.], s. T o r n o w , Joachim Christoph: De falsa ratione decidendi.

SCHÖPFFER, Jo. Joach.: Disputatio de venatione superiori. - Rostock 1702

Schoepffer, Johann Joachim [Praes.], s. V e r M e h r e n , Fried.: De matrimonio per substitutum contracto.

Schoepffer, Johann Joachim [Praes.], s. W i l l e b r a n d t , Martin Albert: De verbis honoris, vulgo von Complimenten.

Schoepffer, Johann Joachim [Praes.], s. Z e r n e c k e , Jakob Heinrich: De milite desertore.

Schöpffer, Justus. Unverbrandter L u t h e r Oder Historische Erzehlung Von D. Martino Luthero und dessen im Feuer erhaltenen Bildnis ... Mit einer Vorrede ... MARTINI CHLADENII. Wittenberg: G. Zimmermann, 1718. Kl.8°. *Titelkupfer*, 11 Bl. 96 S. und 5 *Kupfer*

Schöpferus, Justus, Lutherus non Combustus. Wittb. 718. 8.

Schoepffer, Justus (Quedlinburg) A. S. 339/12

De praecipuis oratoris ecclesiastici in perorando virtutibus exercitatio sacra. Präs. Johann Fecht.
Rostock (Weppling) VII. 1700. 44 S. 31227

Schöpffer, Karl

Schöpffer, Carl, die Bewegungen der Himmelskörper. Neue und unwiderlegliche Beweise, daß unsere Erde im Mittelpunkte des Weltalls steht, und Sonne, Mond und Sterne sich um dieselbe bewegen. Mit Abbildungen. gr. 8. (52 S. mit 1 Stnt.) Braunschweig 854, Oehme und Müller.

—— Die Bibel lügt nicht! Erklärung der mosaischen Schöpfungs-Urkunde, oder: Beweis, daß die biblische Lehre von der Erschaffung der Welt in ihrer wörtl. Auffassung auf das Genaueste mit den wahren Resultaten der Wissenschaft stimmt. gr. 8. (IV und 76 S.) Nordhausen 854, Büchting.

—— Bibliothek der Wissenswürdigen für die Gebildeten des weiblichen Geschlechts. I. Bd.: Lehrbuch der Physik für das weibliche Geschlecht, besonders für Lehrer und Schülerinnen der höheren Töchterschulen. br. 8. (X und 397 S.) Braunschweig 854, Ramdohr's Hofkunsth. *

— Die Erde steht fest. Beweise, daß die Erde sich weder um ihre Achse noch um die Sonne dreht. Vorlesung, gehalten in Berlin. 1—5. Aufl. Berlin 853, 54. Sacco. 8. (32 S.) 5 ngr.

Schöpffer, C., die Erde steht fest. 6. Aufl. 8. Berlin 868. Minden i. W., Bruns. (50 Pf.)

Schöpffer, C., die Erde steht fest. Beweise, daß die Erde sich weder um ihre Axe noch um die Sonne dreht. Vorlesung gehalten in Berlin. 6. Aufl. Berlin 868. Sacco Nachf. 8 (32 S.) 5 ngr.

Schöpffer, Carl (I.), das öffentliche Gerichtsverfahren und das heutige Gefängnißwesen. In ihren demoralisirenden und staatsgefährl. Folgen dargestellt. Lex.-8. (39 S.) Neurode 857, Fischer. (Leipzig, R. Hoffmann.)

Schöpffer, Carl (II.), Handwörterbuch der Fortschritte der gesammten Technologie, s. Handwörterbuch.

SCHÖPFFER, C.
Handworterbuch der Fortschritte der gesammten Technologie. Leipzig, 1862. 8vo.

Schöpffer, Carl, Handwörterbuch der Fortschritte der gesammten Technologie. Nach den besten und neuesten in- und ausland. Hülfsmitteln hrsg. Neue wohlf. (Titel-)Ausg. 4 Lfgn. gr. 8. (IV und 1036 S. mit 176 Abbild. auf 8 Stnt. in Langfol.) Leipzig (862)65, Gerhard. à Lfg. 15 Ngr.

Schoepffer, Carl, Keil u. Bock. 1. Hft. Entscheidung in Sachen der Wahrheit u. Vernunft gegen den extra-ordinären Professor Bock in Leipzig. Zur Aufklärg. u. Warng. aller Besitzer Bock'scher Bücher u. Leser der Gartenlaube. gr. 8. (63 S.) Leipzig 873. Minde. n. 1. —

Schöpffer, Carl, offenes Schreiben an die Fürsten u. Völker unserer Zeit mit besonderer Rücksicht auf Preußen. gr. 8. (23 S.) Magdeburg 848, Quednow. 1½ ngr.

Schöpffer, Carl, Uranos. Populäre Vorlesungen über Sternkunde, zur Begründung einer mit der Erfahrung und den Beobachtungen stimmenden Anschauung des Weltalls und Scheidung der Dichtung von der Wahrheit. Vor einem Kreise hochstehender Personen während des Septbr. 1855 in London gehalten. 1. Aufl. und 2. (Titel-)Aufl. gr. 8. (IV und 188 S. mit 1 Stnt.) Leipzig 856(57,) Hennings. Thlr.

— Volksausgabe des Uranos. Populäre Darstellung der Astronomie u. auf Erfahrung u. Beobachtung gegründete Beweisführung, daß die Erde der Hauptkörper des Weltalls ist, um den Sonne, Mond u. Sterne sich drehen. Zur endlichen Aufklärung der im Köhlerglauben befangenen Gemüther. Leipzig 868. (Wolf.) gr. 16. (88 S. mit 1 Steintaf. in 4.) 7½ ngr.

— die Widersprüche in der Astronomie, wie sie bei der Annahme des Copernikanischen Systems entstehen, bei der entgegengesetzten aber verschwinden. Mit einem Vorwort von A. Frantz. Mit einer lith. Figurentaf. Berlin 869. E. Beck. gr. 8. (XVI, 144 S.) n. 12½ ngr.

Schöpffer, Theodosius

— flores vernales, 400 jurist. Fragen. 4. Quedlinburg. 709.

Schöpffer, Theod.: Gerontologia seu tractatus de jure senum multis quaestionibus et praejudiciis Quedlinburgicis coll.publici juris fecit. Quedlinburgi 1705.

Schoepffer, Theod.: Tractatus de iure braxandi consumatissimus. Adiecta est Jo. O. Taboris commentatio synoptica de iure cerevisiario cum additamento locupletissimo. Jenae 1714.

— de jure braxandi. 4. Ienae, Bielke. 714.

Schoepffer, Theodosisus: „Tractat vom Bier-Brau-Recht, wie auch andern demselbigen anhängigen Rechten, worinnen durch verschiedene, im gemeinen Leben sowol als in Gerichten öffters vorkommende, pro et contra, mit rationibus dubitandi et decidendi ausgezierte Abtheilungen und Fragen Das hauptsächlichste, was zum Bier-Brau-Recht Und andern connectirenden Materien gehört, ausgeführt . . . . . wird. Zu Jedermanns Behuff ins Teutsche übersetzt . . . . .", Frankfurt a. M. und Leipzig 1732 (bey Joh. Albrecht). — Vorh.: Kammergericht Berlin — Ee 119 — und StB Nürnberg.

Schöpfer, Th., Tractat vom Bierbraurecht. 4. Nürnberg. Felsecker. 732.

Schopfhagen, Franz

— Beiträge zur Anatomie des Sehhügels und dessen nächster Umgebung (mit 2 Taf.). S. 76. III. 315 . . . .
Separatabdruck

— Die sogenannte zystöse Degeneration der *Plexus choroidei* des Großhirns (mit 5 Taf.). S. 74. III. 447 . . . .
Separatabdruck

Schopfheim [Schlagwort]

Schopfheim, s.: Baden. Karte.

Schopfheim, s.: Schwarzwald. Karte.

Schöpfl-Gebiet [Schlagwort]

Schöpfl-Gebiet, s.a. Ausflugskarten.

Schöpfl-Gebiet, s.a. Wiener Ausflugskarten.

Schöpflgebiet. [G. Freytag's Ausflugskarten. Blatt IV.] Wien: Freytag & Berndt 1910. K —.40

Schöpfleuthner, Anton (Hrsg.), s. Apostolat, Der, der christlichen Tochter.

Schöpfleuthner, Anton, Papst Leo XIII. Sein Leben und Wirken, seine bevorstehende goldene Messe nebst einigen nützlichen Bemerkungen. 8°. (78 S.) Wien, St. Norbertus Buchdruckerei. fl. —.25. 1887.

Schöpflin, Aug., Karte des Komitates Pressburg. 1 : 144,000. Lithogr. und color. Imp.-Fol. Pressburg 883, Steiner's Buchh. *

Schöpflin, Emil, Liederkunde der in den badischen Volksschulen zu lernenden Kirchenlieder. 8. (III, 32 S.) Hugsweier (901). D. Fleig. n. —25

Schöpflin, Gust, der Streit um das Heidelberger Schloß. Faschingsspiel des „Heidelberger Liederkranz". (Aufgeführt am 10. II. 1902.) Musikal. Vorspiel eigens hiezu comp. v. Frdr. Rosenkranz. gr. 8. (23 S. m. 1 Abb.) Heidelberg 902. (vorm. Weiß.) -- 40

Schöpflin, Johann Daniel

Schöpflini, J. D., Alsatia illustrata Celtica, Romana, Francica. C. mult. figg. Colmar. 751. 61. 2 Vol. f. 21 rthl. 12 gr.

— Alsatia aevi Merovingici, Carolin. Saxon. Salici, Suevici diplomatica. II Vol. fol. maj. Manheim, Acad. Bhdl. (Löffler) 772-75.

— Alsatia aevi Merovingici, Carolingici, Saxonici, Salici, Suevici diplomatica, ed. Andr. Lamey. II Voll. Fol. maj. Manh. 772—775. (Löfller). 14 Thlr 16 Ngr ohne Kart. 7 Thlr 18 Ngr Franz in Münch. 18 Thlr 8 Ngr

Schöpflin, Jh. Dan., († d. 7. Aug. 1771.) Alsatia illustrata, Celtica, Romana et Francica, c. 15 mgn. tab. aeri incisis. II Voll. Fol. maj. Colmar 752—62. (König in Strassb.) 20 Thlr

Schoepflin, Joh. Dan., Commentatio historica qua Alemannicae antiquitates sive integra veterum Alemannorum usque ad extinctam eorundem rempublicam fata ex optimis historicorum monumentis succincte traduntur. Argentorati 1723. 4.. . (D.)

Schoepflin, (Joh. Dan.,) Commentatio Historica qua Alemannicae antiquitates sive Integra Veterum Alemannorum usque ad extinctam Eorundem Rempublicam fata, ex Optimis Historicor. Monumentis succincte traduntur. In us. Germanor. et Franco-Gallor. denuo, edidit, recogn, auxit: J. H. M. Ernesti. Adjuncta sunt Fata Ducatis Alemanniae et Sueviae. 8 maj. Lips. 826, Kayser.

Schöpflin, Ioh. Dan., de apotheosi, s. consecratione imper. romanorum. 4. Strasb. Dulsecker. 730.

— de ara votiva Ladenburgensi, imperatoribus et caesaribus Rom. a Moguntiacensi civitate seculo III. exeunte dicata. c. 1 tab. 4maj. Münch. 765. (G. Franz). 4 Ngr

— de evangelii Sancti Marci codice apud Venetos, c. 1 tab. 4maj. Münch. 771. (G. Franz). 4 Ngr

— de comite Palat. Galliae. 4maj. Münch. 767. (G.Franz). 2 Ngr

— Commentationes historicae et criticae varii argumenti. c. fig. 4maj. Strassb. ... König. 1 Thlr 16 Ngr

Schoepflin, Jo[hann] Dan[iel]. Commentationes historiae et criticae Jo. Dan. Schoepflini .... 4. Basileae 1741.
Mit 5 Tafeln.

— illustres ex brittannica historia controversiae. 4. Strasburg.

Schoepflin, Johann Daniel (M. Brandenbg.) A. S. 1342/47

Declaratio antiqui lapidi Tergestini cum non uno in Romanam antiquitatem excursu.
Präs. Jakob Christoph Isel.
Basel (Lüde) (20.) III. 1711. 62 S.

W. v. : Johann Bernoulli, Samuel Battier, Johann Rodolph von Waldkirch, Kaspar Scherer, Johann Jakob Westen, Daniel Wolleb. 31229

— praelectio de duellis et ordalicis veteris Franciae Rhen. 4maj. Münch. 771. (G. Franz). 1 Ngr

— Diss. de Guillielmo VII. Juliaci comite, marchione, duce. 4maj. Münch. 771. (G. Franz). 2 Ngr

Schoepflin, Jo[hann] Daniel. Historia Zaringo Badensis. Auctor Jo. D. Schoepflinus ... 7 Tomi. 4. Carolsruhae 1763-1766.
Tomus 1. *Mit 15 Tafeln.* — Tomus 2. *Mit 9 Tafeln.* — Tomus 3. *Mit 6 Tafeln.* — Tomus 4. *Mit 4 Tafeln.* — Tomus 5. *Mit 1 Tafel.*

— Historia Zaringo-Badensis, c. fig. VII Tmi. 4maj. Karlsr. 763—66. (Braun). 12 Ngr

— Historia Zaringo-Badensis, c. fig. VII Tmi. 4. maj. Carlsruhe, Macklot. 763-66.

— museum lapidarium, ex recens. Oberlini, c. fig. III Pts. 4. Strasb. Stein. 770-74.

— Opera oratoria panegyrici, edit. F. D. Ring. II Vol. 4. Augsb. Stage. 769.

Schoepflin, Johann Daniel (M. Brandenburg) A. S. 632/21

Oratio qua sistitur Germanicus rarum principis ad spem imperii nati exemplar.
Strassburg (Pastorius) 9. XI. 1717. 22 S.

Gew. : Universität Strassburg.
W. v. : Johann Heinrich Feltz, Jo. Heinrich Barth, Johann Heinrich Boekler, Johann Georg Schertz, Jeremias Eberhard Linck, Karl Dadich. 31230

— Disquisitio de Verbigeno et Tigurino Helvetiae pagis, ad aram Solodurii repertam. 4maj. Münch. 771. (G. Franz). 2 Ngr

— de caesareo Ingelheimensi palatio, c. 4 tab. gr. 4. Münch. 765. (G. Franz). 10 Ngr

— panegyrici XII. Ludovico XV. dicti. fol. Strasburg. 731-42.

— Panegyricus Ludovico XV. secundum imperii semiseculum ingresso dictus. Fol. maj. Strassb. 766.

— Rupertus caesar defensus, 1) de Halica expeditione, 2) de Schismate ecclesiae. 4maj. Münch. 767. (G. Franz). 4 Ngr

Schoepflin, Johann Daniel [Praes.], s. Schranckenmüller, Johann David: Observationes historicae quibus origines Romanae discutiuntur.

Schöpflin, Jh. Dn., de sepulcro Rom. prope Schriesheim reperto, c. 3 tab. 4maj. Münch. 767. (G. Franz). 4 Ngr

Schoepflin's, Joh. Dan., brieflicher Verkehr m. Gönnern, Freunden u. Schülern, hrsg. v. Rich. Fester, s. a. Bibliothek des litterarischen Vereins Stuttgart.

Johann Daniel **Schoepflins** Brieflicher Verkehr mit Gönnern, Freunden u. Schülern. Hrsg. von Richard Fester. Tübingen: Litterar. Ver. in Stuttgart 1906. (XXVII, 425 S.) 8°
= **Bibliothek** d. litterar. Vereins in Stuttgart. 240. 06. 968

— vindiciae Celticae, sive disquisitio de patria Celtarum. 4. Strassb. 754. König. 10 Ngr

— vindiciae typographicae, c. fig. 4. Strasb. Treutel et W. 760.

Schöpfung

— die, ein Oratorium; aus d. Engl. in Musik gesetzt von J. Haydn. 8. Celle, Schulze. 2 gr.

Schöpfung, auf die,. 8. Cassel, Cotta. 787.

Schöpfung, auf die, ein Gedicht. 8. Manh. 792. Löffer. 6 gr

— die, in Musik gesetzt v. J. Haydn. Text in deutscher u. franzöf. Sprache. 8. Wien 805. Wallishauser. 8 gr — Ders. in italien. Sprache. Ebd. 4 gr

Schöpfung, Die; ein Oratorium a. d. Engl. Berlin 1809. V: *Swieten, Gerhard Baron van.* (BrMm)

— die, od. die Welt in Bildern. Ein Unterhaltungsbüchlein für muntere Knaben u. Mädchen. Mit 25 Kpf. 12. Nürnb. 815. Stein. schwarz 20 gr illum. 1 rl 4 gr

Schöpfung, Die. Ein Oratorium. In Musik gesetzt von Joseph Haydn. Drontheim 1852. V: *Swieten, Gerard van.* (Pettersen, Anon. og Pseudonymer. Kristiania 1890.)

Schöpfung, Die. Eine poetische Darstellung der Schöpfungswoche. Neusalz a. O. [1896]. V: *Neiweiser, E.* (Berl)

— die. E. poet. Darstellg. d. Schöpfungswoche v. E. N. 12. (16 S.) Neusalz 896. G. Francke. n. — 20

Schöpfung, die. Eine poet. Darstellung der Schöpfungswoche v. E. N. 2 Aufl. 12. (16 S.) Bielefeld (901). Ev. Vereinsbuchh. D. Kottmann. n. — 20

Schöpfung, die, nach bibl. Auffassg., s.: Volksschriften zur Umwälzg. d. Geister.

Schöpfung, die, in ihrer Herrlichkeit u. ihren Gesetzen, siehe: Wochenbände.

Schöpfung und Mensch. Vom Verfasser von »Naturgesetz und Menschenwille«. Hamburg 1871—72. V: *Schroot, A.* (Russell V, 495)

Schöpfung und Mensch. Vom Verf. von „Naturgesetz und Menschenwille". 2 Bde. gr. 8. Hamburg, O. Meißner. [1. Bd. (VII, 218 S.) 871. M 1,50.; 2. Bd. (VIII, 288 S.) 872. M 3.]

Schöpfung, Die, der Natur; ein Gedicht. Halle 1762. V: *Giesebrecht, Benjamin Christian Hnr.* (NN) (MGT) (ADB)

— die neue, ein unterhalt. Spiel f. Alt u. Jung. Nürnb. 818. Campe. 16 gr

Schöpfung, Die, Russlands. Ein historisch-poetisches Gemälde... Mitau 1810. V: *Kaffka (Engelmann), Johann Christoph.* (R-N) (Ky) (GGr) (Adel)

— die, Rußlands. Ein histor.-poet. Gemälde bei Gelegenheit der 100jähr. Jubelfeier, da Riga nach einer langen Belagerung am 4. Juli 1710 d. russ. Scepter unterworfen wurde, (v. Jh. Chrh. Kaffka). 4. Mitau 810. (16 S.)

— die, der Tod, das Wiedersehen. Sensation. Abhandlg. üb. d. Schöpfg. d. Weltalls u. alle Lebensgebilde, enth.: 1. Die Gravitation u. Bewegung aller Himmelskörper. 2. D. Walten Gottes u. s. Eigenschaften. 3. D. Mensch, s. Seele u. d. Zweck s. Daseins. 4. D. Tod u. s. Mysteriosität. 5. Die Unsterblichkeit d. Seele. 6. Nachweis e. gegenseit. Wiedersehens im Jenseits. (Von Jos. v. Sägody.) 8. (34 S.) Preßburg 897. (G. Heckenast's Nachf.) n. — 60

Schöpfung, die, des Weibes. (Gedicht.) 32. (16 S.) Oldenburg 844, Sonnenberg. geh. m. Goldschn.

Schöpfung, Die, der organischen Welt. [Bern 1861.] V: *Hotz, Joh. Hnr.* (Cat. d. Stadtbibl. Zürich. Zürich 1864—97.)

— die, der Welt u. der erste Sündenfall. Von einem Franzosen in deutscher Mundart erzählt. (2. Aufl.) 16. (11 S.) Baden 847, Zehnder. — 4. Aufl. 16. (11 S.) Ebd. 850. 2 ngr

Schöpfung durch Zahlen und Worte. Etwas über Magie, Cabala und geheime Gesellschaften von dem Verf. der Metaphysischen Kezereien. o. O. 1792. 31 S. 8°
Selten. Warnt auf S. 47 vor der Mrei, die „ein abgenuzter Deckmantel aller Gattungen von Betrügereien worden ist."

Schöpfung durch Zahlen und Worte; etwas über Magie, Cabala und geheime Gesellschaften. Regensb. 1792. V: *Gleichen, Heinrich Carl Freih. von.* (Fiker) (Ky) (BrMm) (MGT)

Schöpfungsgeschichte, die. Oder: Steht die heilige Schrift in Uebereinstimmung oder in Widerspruch mit der geolog. Wissenschaft? Beantwortet für Jedermann. gr. 12. (41 S.) Köln 853, Bollig's Buchh. *

Schöpfungsgeschichte und Folgerungen für die Zukunft. Von einem Ungenannten. gr. 16. (39 S.) Halle 878, Hofstetter.

Schöpfungsgeschichte, die, der „Gräfin Lea". Ein deutscher Fastnachtsschwank von Saul Lindauer. 8. (36 S.) Berlin 881, Lorentz.

Schöpfungsgeschichte, Naturgetreue, ein Beitrag zur Katechese ... Neu bearbeitet und herausgegeben vom Verfasser der »123 periodischen Kometen« ... Bozen 1908. V: *Kunisch, Josef Barnabas.* (Margr)

Schöpfungsgeschichte, naturgetreue, e. Beitrag z. Katechese. Mit e. Anh. Neu bearb. (u. zwar nur auf Grund astronom. Erscheingn. u. geolog. Tatsachen) u. hrsg. v. Verf. der „123 period. Kometen" u. der „Stunde der Weltschöpfg." Fr. B. K(unisch). (214 u. V S.) gr. 8. Bozen 908. Buchh. der Verlagsanstalt Tyrolia. 3. —

Schöpfungs- u. Sündfluths-Geschichte, die, in einzelnen Betrachtungen zur Belehrung u. Erbauung ausgelegt. (Von Aug. Wilh. Appuhn.) gr. 16. (V, 241 S.) Eisleben 888. Christl. Verein im nördl. Deutschland. Geb. 1.5

Schöpfurth [Schlagwort]

Schöpfurth, s.: Mark.

Schöpfz, C. F., Griechenland, s.: Stangen's Reise-Bücher.

Schopis, H. Einige Sätze aus der unbestimmten Analytik. 15 S. Gumbinnen, Progr. 1825

Schoepke, *Anton Otto* Antrittsrede. 4 (S. 4—11).
Progr. Stadt. Rsch. *Dresden-Johannstadt* 1894 (565).

Schoepke, Otto [Dr., Dir.]: *Bericht über seine Einführung als Direktor der Anstalt.* Dresden-Neustadt, Druck v. A. Hille, *1894;* 4—11 S. 4.
Dresden-Johannstadt, st. R, OP 1894 (565)

Schoepke, Otto, s.: Boerner's, Otto, neusprachliches Unterrichtswerk. Englisch.

Schoepke, Otto [Dr., Dir.]: Feier der Weihe des neuen Realschulgebäudes am 20. April 1895. Dresden, Druck v. A. Hille, 1896; 6—14 S. 4.
Dresden-Johannstadt, st. R, OP 1896 (574)

Schöpke, Otto, Grammatik der engl. Sprache, s.: **Thiergen,** Osc.

— Lehrbuch der engl. Sprache, s.: **Boerner, Otto, u. O. Thiergen.**

— **Frz. Scheibner** u. Max Gaßmeyer, Lehrgang der französischen Sprache f. lateinlose höhere Lehranstalten. 1. Tl. (XII, 294 S.) gr. 8. Ebd. 904. Geb. n. 3.—

— — — dasselbe. Schlüssel. (48 S.) 8. Ebd. 904. n. 1. 40
Wird nur an Lehrer abgegeben.

— **Frz. Scheibner u. Max Gaßmeyer, Lehrgang d. französ. Sprache f. lateinlose höhere Lehranstalten.** 1.—3. Tl. gr. 8. Leipzig 910. [Dürr'sche Buchh.] O. R. Reisland. Geb. in Leinw. 9. 80

1. 3. Aufl. (XII, 294 S.)	Geb. 3. —
2. 2. Aufl. (XII, 404 S.)	Geb. 4. 20
3. Sprachlehre. 2. Aufl. (VIII, 214 S.)	Geb. 2. 60

— Übungsstoffe zum Lehrbuch der engl. Sprache, s.: **Thiergen,** Osc.

Schoepke, Otto [Dr., Dir.]: Das neue Schulgebäude. Dresden, Druck v. A. Hille, 1896; 14—16 S., 1 Taf. 4.
Dresden-Johannstadt, st. R, OP 1896 (574)

— **Sprachstoff f. den leichtesten propädeutischen Unterricht im Französischen.** (9 S.) gr. 8. Leipzig 904. **Dürr'sche Buchh.** Kart. n. — 25

Schöpke, O. Dryden's Uebertragungen Chaucer's im Verhältniss zu ihren Originalen. Diss. Leipzig 1878. 44 S.

Schöpke, O. Dryden's Uebertragungen Chaucer's im Verhältniss zu ihren Originalen. 1878. (75 Pfg. A. Lorentz.)

Schoepke, *Otto* [Dr.]: Der französische und englische Unterricht im Dienste des Deutschen. Dresden-Johannstadt, Druck v. G. Nössler, *1893;* 3—23 S. 4.
Dresden-Johannstadt, st. R, OP 1893 (591)

Schoepke, Otto. [Oberlehrer Dr. Friedrich Voigt † 25. Mai 1900.]
S. 2. 4 **Progr.** I. stadt. Realschule *Dresden* 1901 (610)

Schöpke, *Otto.* Ein Wort zur Reform des neusprachlichen Unterrichts unter besonderer Berücksichtigung des Französischen an den Realschulen. 4 (S. 3—15).
Progr. Rsch. mit Prg. *Stollberg i. E.* 1887 (540).

Schoepke, *Anton Otto* [dirig. Oberl. Dr.]: Zweck der Realschule. Dresden-Johannstadt, Druck v. G. Nössler, *1891;* S. 7—9; 4°
Dresden-Johannstadt, st. R, OP 1891 (558)

Schoepke, *Paul Theodor* Ph. Néricault Destouches et son théâtre avec l'analyse et l'examen critique de ses deux meilleures comédies. Essai littéraire. 4 (29 S.).
Progr. Rsch. *Leipzig* 1886 (523).

Schöpl, G., Sammlung komischer Vorträge u. Couplets, s.: **Weber, J. L.,** Musenklänge.

SCHÖPL, Gust., Liederkranz, gewunden aus den neuesten und heitersten Couplets, Chansonetten und Liedern. Zum Vortrage für Herren und Damen zur Unterhaltung in geselligen Kreisen. Wien 1878. Verlag v. Voss u. Battisch, Druck v. Richter u. Strohal.
Verboten vom L.-G. Wien. 1878. § 516.

Schöpl's, Gust., Budapester Orpheum-Anekdoten. 1.—4. Heft. (à 16 S.) kl. 8. Wien (906). (Szelinski & Co.) n — 40

Schoplick, Reinhold

Schoplick, der Kommunalhaushalt. (13 S.) 33×24,5 cm. Berlin (908). C. Heymann. — 50
Sonderabdruck aus: „Preuß. Verwaltgsbl."

Das Recht der Gutsbezirke in Preußen. Als Handbuch f. Gutsherren u. Gutsvorsteher u. z. Amtsgebrauch f. Verwaltungsbehörden hrsg. von [Reinhold] **Schoplick.** Berlin: Deutsche Landbuchh. 1910. 355 S. 8°
III. 1759

Die land- und forstwirtschaftliche Unfallversicherung im Geschäftsbereich der Preußischen Kreis- und unteren Verwaltungsbehörden (Kreis- u. Stadt-Ausschüsse, Landräte, Magistrate) und ihrer Organe (Polizei- u. Gemeindebehörden, Vertrauensärzte, Vertrauensmänner) von Reinhold **Schoplick.** Breslau: Maruschke & Berendt 1907. (VIII, 97 S.) 8° [F.]
106. 14509

Schopmann, Johann Reinh. (Kassel) A. S. 767/2

Dissertatio inauguralis de processu juris publici.
Präs. Heinrich Kestner.
Rinteln (Enax) I. 1712. 30 S. 31278

Schopohl, Heinrich, appr. Arzt aus Anreppen (Westf.): Ein Fall von Glaskörperabszeß mit tödlicher Meningitis. Erlangen 1904: Junge & Sohn. (32 S.) 8°
Erlangen, Med. Fak., Ref. Oeller, Di. v. 1. Aug. 1904
[Geb. 3. Juli 77 Anreppen (Westfalen); Staatsangeh.: Preußen; Vorbildung: Gymn. Paderborn Reife O. 99; Studium: Freiburg i. B., Kiel, Berlin, Erlangen; Approb. 18. Juni 04.]

Schopp, F., üb. die ausübende Macht d. Fürsten Deutschlands, Religion u. Kirchenpolizei betreff. Mit e. besond. Hinblicke auf e. baier. Verordnn. 8. Kempt. 806. Dannheimer. 10 gr. (Anonym).

Schopp, Heinr. [illegible] Beiträge zur Kenntnis der diluvialen Flußschotter im westlichen Rheinhessen. [illegible] S. 12. 1 Karte. 4.
Gr. Ghzt. Ludwigs-Georgs-Gymn. u. Vorschule [illegible] Gymn.
Darmstadt 1903 (722)
Progr

Schopp, H. Begleitworte zur beiliegenden geologischen Karte der nächsten Umgebung von Wonsheim in Rheinhessen. 7 S. 4. *Darmstadt* 1877
Progr.

Schopp, Heinr., der Meeressand zwischen Alzey und Kreuznach, s. Abhandlungen der grossherzogl. hess. geolog. Landesanstalt zu Darmstadt.

[Kopft.:] [F.] **Schopp,** *Heinrich* [Prof. Dr.]: Das Rotliegende in der Umgebung von Fürfeld in Rheinhessen. (M. e. Kt.) *Darmstadt, 1894;* 12 S., 1 Kt. 4.
Darmstadt, grossh. Ludwig-Georgs-G. u. VS. OP 1894 (630)

Schopp, Ludwig: Zur Casuistik der primären Sarkome der Ileocoecalgegend. Giessen 1901: v. Münchow. (36 S.) 8°
Giessen, Med. Diss. v. 1901

Schopp, Phil., Felddienst für Infanterie und Cavallerie, Dienst des Soldaten und Unteroffiziers. Nach den besten Quellen für die deutschen Freiwilligen bearb. gr. 16. (52 S.) Philadelphia 861, (Schäfer und Koradi.) *

Schöpp, Adolf Wilhelm: Ueber die Ausscheidung der Chloride bei Carcinomatösen im Verhältniss zur Aufnahme derselben. (Berlin 1897: J. Sittenfeld.) (23 S.) 8°
Leipzig, Med. Diss. v. 11. Nov. 1897

Schöpp, J., Die Gewährleistung beim Viehkauf. Hrsg. v. der Oberverwaltg. des siebenbürgisch-sächs. Landwirtschaftsvereines. (24 S.) gr. 8. Hermannstadt 904. W. Krafft. —. 42.

— Ratgeber in Steuerangelegenheiten. Gemeinverständl. Darstellg. der f. den Bauern- u. Bürgerstand wichtigsten Steuergattgn. Hrsg. von der Oberverwaltg. des siebenbürgisch-sächs. Landwirtschaftsvereins. (VIII, 101 S.) gr. 8. Ebd. 905. n.n. 1. 20

SCHÖPP, Max (München): De adhaesione placentae.- München: Mühlthaler 1871. 16 S.
11.8.1869 - Urk; F 72; Chr 1869/70,13
Diss.Ingolst.-Landsh.-Mchn

Schoepp, Meta (Frau Meta Zimmermann-Schoepp), Couleur. Humoristischer Roman. (262 S.) 8. Berlin 904. Schuster & Loeffler. n. 3. —; geb. n. 4. —

Auf roter Erde. Roman von Meta Schoepp [d. i. Zimmermann-Schoepp]. Berlin & Leipzig: Schuster & Loeffler 1903. (399 S.) 8° [F.] (04

Schoepp, Meta (Frau Meta Zimmermann), mein Junge u. ich. (140 S.) 8. Berlin (910). Concordia. 2.—; geb. 3. —

— Die Leute auf Böböla. Roman. (194 S.) 8. Berlin 908. F. Fontane & Co. 2.50; geb. bar 3. 50

Los von Berlin! Roman von Meta Schoepp [d. i. Zimmermann-Schoepp]. Berlin & Leipzig: Schuster & Loeffler 1903. (308 S.) 8° [F.] (03

[Ant. u. F.] M. Schoepp. Moment-Aufnahmen. Bilder aus d. Leben. (Berlin: R. Taendler 1897.) (110 S.) 1 Bd 8. (97. 870)

Schoepp, Meta (Frau Meta Zimmermann-Schoepp), Novellen u. Skizzen. 8. (324 S.) Berlin 899. [Gebr. Paetel.] W. Herlet. n. 4. —; geb. in Leinw. n. 5. —

Die Teufelspfarre. Novellen von Meta Schoepp. Berlin & Leipzig: Schuster & Loeffler 1904. (262 S.) 8° [F.]

Schoepp, Meta: Das Weibchen. Roman. Berlin: Fontane [1909]. 451 S. 8°

— wer ist schuld? Erzählung. (Unterwegs u. Daheim.) schmal 8. (166 S.) Breslau (900). Schles. Buchdruckerei ꝛc. n. —. 75; geb. n. 1. —

Blumenornamentik. Eine Auswahl franz. Tapeten, Gobelins, Seidenstoffe von Müller, Chabal-Dussurgey u. a., sowie moderne Entwürfe. 15 Taf. hrsg. von Schöpp & Vorsteher. (Elberfeld: Schöpp & Vorsteher [1909].) 15 Taf. 2°
(Sonderpublikation d. Zierform. 2.) [09. 13551

Orientalische Teppiche und Stickereien. Hrsg. von Schöpp & Vorsteher. (Elberfeld: Schöpp & Vorsteher [1909].) 15 Taf. 2°
(Sonderpublikation d. 'Zierform'. 1.) [09. 13550

Schoppa, Versuch einer Theorie des Aufsatzes im Seminar. 8. (79 S.) Delitzsch 878, Pabst. * 1 20

Schöppa, A., die Phantasie nach ihrem Wesen u. ihrer Bedeutung f. das Geistesleben. (144 S.) gr. 8. Leipzig 909. Dürr'sche Buchh. 2. —

Schöppa, Gottlob

Schöppa, G., die allgemeinen Bestimmungen des königl. preußischen Ministers der geistlichen, Unterrichts- u. Medizinal-Angelegenheiten vom 15. Oktbr. 1872, s.: Reinecke, H.

Schöppa, G., die allgemeinen Bestimmungen d. kgl. preuß. Ministers der geistl., Unterrichts- u. Medizinal-Angelegenheiten betr. d. Volks-, d. Mittel- u. d. höhere Mädchenschule v. 15. X. 1872 u. v. 31. V. 1894. Mit Inhaltsangabe d. wichtigsten zu ihnen erlass. Ministerial-Verfüggn., d. Schulaufsichtsgesetze u. d. Prüfungs-Ordnungen f. Lehrerinnen. Nach amtl. Quellen zusammengestellt. Ausg. f. Lehrerinnen. gr. 8. (128 S.) Leipzig 897. Dürr'sche Buchh. Kart. n. 1. 50; geb. n. 1. 75

Schöppa, G., die allgemeinen Bestimmungen des königl. preußischen Ministers der geistlichen, Unterrichts- und Medizinal-Angelegenheiten betr. die Volks-, die Mittel- u. die höhere Mädchenschule vom 15. X. 1872 u. vom 31. V. 1894. Durch e. Nachtrag fortgeführt bis zum Dezbr. 1899. Mit Inhaltsangabe der wichtigsten zu ihnen erlassenen Ministerial-Verfüggn., dem Schulaufsichtsgesetze u. den Prüfungs-Ordngn. f. Lehrerinnen. Nach amtl. Quellen zusammengestellt. Ausg. f. Lehrerinnen. gr. 8. (128 u. 2 S.) Leipzig 900. Dürr'sche Buchh. Kart. n. 1. 50; geb. n. 1. 75

Schöppa, G., die allgemeinen preuß. Bestimmungen betr. die Volks- u. Mittelschule usw. Ausg. f. Lehrer, s.: Reinecke, H.

Schöppa, G., die Bestimmungen des kgl. preußischen Ministers der geistlichen, Unterrichts- u. Medizinal-Angelegenheiten üb. die Einrichtung der Volks-, Mittel- u. höh. Mädchenschulen, sowie über die Prüfungen der Lehrerinnen, nebst dem Gesetze üb. die Beaufsichtigg. des Unterrichts- u. Erziehungswesens, sowie den wichtigsten dazu erlassenen Ministerial-Verfüggn. 2. Ausg., weitergeführt bis zum 1. I. 1906. (192 S.) 8. Leipzig 906. Dürr'sche Buchh. Kart. 1.50; geb. in Leinw. 1.75

Schöppa, G., die Bestimmungen des kgl. preußischen Ministers betr. die Volks- u. Mittelschule, die Lehrerbildung u. die Prüfungen der Lehrer usw., s.: Reinecke, Herm.

— s.: Blätter, pädagog., f. Lehrerbildung u. Lehrerbildungsanst.

— s.: Grundlagen, die allgem. der Kultur der Gegenwart.

Schöppa, G[ottlob]: Das Mädchenschulwesen in Preussen. Ministerielle Bestimmungen u. Erlasse zsgest. 4. Ausg. Weitergef. bis z. 15. Dez. 1908. — Leipzig: Dürr 1909. 302 S. 8°
1. Ausg. 1900.

— Das Mädchenschulwesen in Preußen. Ministerielle Bestimmgn. u. Erlasse. 4. Ausg. Weitergeführt bis zum 15. XII. 1908. (302 S.) 8. Leipzig 909. [Dürr'sche Buchh.] Berlin, Union, Zweigniederlassg. Kart. 2.80; geb. in Leinw. 3.20

Schoppach, Johann Michael

SCHOPPACH, J. Mich.: Einleit. zum jure civili, nach Ordnung der Instt. impp. zusammengetr. *Regensb.* 711. 8. — Gründliche Vermehrung der Schoppachschen Einl. *Eb.* 729. 8.

Schoppach, Jh. Mich., Einleit. zum Juri civili, nebst Vermehrung. 8. Regensb. 763. (Montag u. W.) 16 gl.

Schoppach, Joh. Mich., Theologie v. der Gegenwart Gottes. 12. Frankfurt. 714. Rthlr.

Schöppach, Karl, Denknisse eines Deutschen, od. Fahrten d. Alten im Bart. 8. (18 B.) Schleusingen 835, Glaser.

Schöppach, Karl, s. Urkundenbuch, Hennebergisches.

Schoppe, Amalie (Emma Sophie)

Schoppe, Amalia Emma Sophia, geb. Weise, Abendstunden d. Familie Hold, in anziehenden u. lehrr. Erzähll. aus d. wirkl. Leben. Mit 12 ill. Kpf. 8. Hamb. 823. Herold. 1 Thlr.

Schoppe, geb. Weise, Amalia, kurzer Abriß d. nordischen Mythologie f. d. reifere Jugend. gr. 8. ($5\frac{1}{2}$ B.) Berlin 832, Gropius.
Aus deren „die Helden u. Götter d. Nordens" besond. abgedruckt.

Schoppe, geb. Weise, Amalie (Emma Sophie), Album f. Theater rc., s. Album.

Schoppe, Amalie, geb. Weise, Antonie, oder Liebe u. Entsagung. 8. Leipz. 826. Focke. 1 Thlr. 12 gr.

— die neue Armida. 8. Leipz. 824. Focke. 1 Thlr. 8 gr.

Schoppe, geb. Weise, Amalia, Asträa, od.: Heil. Lehren im Gewande d. Dichtkunst. Eine Samml. moral. Erzähln., zur Belebung religiös. Gefühle u. Gesinnungen im jugendl. Herzen. Für d. reifere Jugend beiderlei Geschlechts zunächst bestimmt. Mit Ttlkpfr u. Ttlvign. gr. 12. ($13\frac{1}{2}$ B.) Berlin 830, Amelang. Thlr

Schoppe, geb. Weise, Amalia (Emma Sophia), Lina Reinhard u. Ed. Janinski, Aurora. Erzählungen für die Jugend. Mit 6 Stahlstichen. 8. Hamburg 839. Berendsohn. $1\frac{1}{2}$ Thlr — Mit in Aquarell-Manier fein ausgemalten Stahlst. 2 Thlr

——, Lina Reinhardt u. Ed. Janinsky, Aurora. Erzähln. u. Mährchen. Festgeschenk f. d. reif. Jugend. (Neue Ausg.) 8. (16 B., 6 Stahlst. u. verziert. Ttl.) Hamburg 839, Berendsohn. $1\frac{1}{2}$ Thlr., m. ill. Stahlst.

—— —— —— Christgabe. Erzähln. u. Mährchen. Festgeschenk f. d. reif. Jugend. (Neue Ausg.) 8. (16 B., 6 Stahlst. u. verziert. Ttl.) Hamburg 839, Berendsohn.
$1\frac{1}{2}$ Thlr., m. ill. Stahlst.

—— Aus Haß, Liebe. Roman. 2 Thle. 8. ($27\frac{1}{2}$ B.) Leipzig 812, C. L. Fritsche.

—— die Auswanderer nach Brasilien, od. die Hütte am Gigitonhonha. Nebst noch and. moral. u. unterhalt. Erzähln. f. d. gebildete Jugend v. 10 b. 14 Jahren. 12. ($10\frac{1}{4}$ B., 7 ill. Kpfr. u. 1 Vign.) Berlin 828, Amelang.

— bunte Bilder aus d. Jugendleben, in Erzählungen, Mährchen u. Gesprächen z. Bildung d. Herzens rc. Mit 5 illum. Kupfr. 8. Leipz. 827, Taubert.

— neue bunte Bilder aus d. Jugendleben. Ein unterhaltendes u. belehr. Lesebuch f. Knaben u. Mädchen v. 10 bis 15 Jahren. Mit 6 ill. Kpf. gr. 12. Leipz. 829. 2e Aufl. mit 5 ill. Kpf. 830. Taubert.

—— bunte Bilder aus d. Jugend-Leben, in Erzähln., Mährchen u. Gesprächen, zur Bildung d. Herzens u. Erweck. d. Verstandes. 1. Aufl. (mit etwas and. Tit.) gr. 12. (10 B. u. 6 ill. Kpfr.) 829., 2. A. 8. ($15\frac{1}{2}$ B. u. 5 ill. Kpfr.) Leipzig 830, [Krappe.]

SCHOPPE, A. *Bunte Bilder* aus dem Jugend-Leben, in Erzählungen, Mährchen und Gesprächen zur Bildung des Herzens und Erweckung des Verstandes. Von Amalie Schoppe, geb. Weise ... Zweite Auflage. Mit 5 ausgemalten Kupfern. [STRASSBERGER del., A. BRÜCKNER u. BOETTGER sc.] Leipzig, Taubert'sche Buchhandlung [c. 1830]. IV, 243 SS., 3 SS. Verlagsanzeigen. Kl.-8°. Pappbd. d. Z. 30.—
Nicht bei Rüm. KB. usw. Die erste Ausgabe war 1827 erschienen. „Diese Erzählungen sind in einem gemüthlichen Tone gehalten ..." (Merget). Der Titel in Kupferstich; die hübsch kolor. Bilder nicht ohne eine gewisse Steifheit. —

Schoppe, Amalie, geb. Weise, Bilder aus dem Familienleben. 1. Bd. — A. u. d. T.: Der Vetter. — Mutter u. Sohn. Zwei Erzählungen. 8. Leipzig 843, Taubert. $1\frac{1}{2}$ Thlr

— dass. 2. Bd. — A. u. d. T.: Die beiden Schwestern. — Veronika. Zwei Erzählungen. 8. Ebend. 843. $1\frac{3}{4}$ Thlr

—— der Bilder-Saal. Ein Geschenk f. gute u. fromme Kinder beiderlei Geschlechts, v. 5 b. 8 Jahren, die durch Lehre u. Beispiel immer besser, klüger u. frömmer zu werden wünschen. Od.: Geist u. Herz belebende gemüthl. Erzähln. f. d. zarteste Jugendalter. 16. (12 B. u. 6 ill. Kpfr.) Berlin 830, Amelang

Schoppe, geb. Weise, Amalia (Emma Sophia), Tycho de Brahe. Histor. Roman. 2 Bde. gr. 12. ($15\frac{2}{3}$ B.) Leipzig 839, [O. A. Schulz.]

— Tycho de Brahe. Historischer Roman. 2 Bde. gr. 12. Leipzig 839. Taubert. $2\frac{1}{6}$ Thlr

—— die Braut, Gattin u. Mutter. Ein Festgeschenk f. Deutschlands gebild. Frauen. gr. 12. ($8\frac{1}{3}$ B. u. 1 Stahlst.) Heidelberg 839. [Frankfurt a. M., J. Baer.]

Schoppe, geb. Weise, Amalia (Emma Sophia), die Braut, Gattin und Mutter. Ein Festgeschenk für Deutschlands gebildete Frauen. Mit 1 Stahlstich. gr. 12. Heidelberg 839. Engelmann. $1\frac{5}{6}$ Thlr

—— Briefsteller f. Damen, od. faßl. Anweis., alle Arten v. Briefen zu schreiben; nebst e. kurzen Deutschen Sprach- u. Schreiblehre. M. 320 Musterbriefen, üb. alle Verhältnisse d. Lebens; Denksprüchen zu Stammbüchern, der Blumensprache rc. Ein Fest- u. Toilettengeschenk f. Deutsche Frauen. 8. (35 B. u. 2 Kpfr.) Berlin 834, Amelang.

— Briefsteller für Damen, oder faßliche Anweisung, alle Arten von Briefen zu schreiben; nebst einer kurzen Deutschen Sprach- und Schreiblehre. Mit 320 Musterbriefen, über alle Verhältnisse des Lebens; Denksprüchen zu Stammbüchern, der Blumensprache rc. Mit 2 Kpfrn. 8. Berlin 834, 35. Amelang. 1 Thlr —

—— Briefsteller f. Damen rc. Ein Fest- u. Toilettengeschenk f. Deutsche Frauen. 2., neu durchgeseh. Aufl. gr. 12. ($22\frac{5}{6}$ B. u. Ttlkpfr.) Berlin 837, C. F. Amelang.

Schoppe, Amalie (Emma Sophie), geb. Weise, Briefsteller für Damen, oder faßl. Anweisung alle Arten von Briefen zu schreiben nebst einer kurzen deutschen Sprach- und Schreiblehre. Mit 327 Musterbriefen über alle Verhältnisse des Lebens und einem Anhange enthaltend Denksprüche zu Stammbüchern und die Blumensprache. Ein Fest- und Toilettengeschenk für Deutschlands Frauen und Töchter. 3., neu durchgeseh. und verm. Aufl. 8. (XVI und 520 S.) Leipzig 851, Amelang'sche Verlgsb.

Schoppe, Amalie, [geb. Weise], Briefsteller für Damen. Eine gründliche Anweisung alle Arten von Briefen zu schreiben, erläut. durch 340 systematisch ausgewählte Musterbriefe über die verschiedensten Verhältnisse u. Lagen im Leben, als Anhaltepunkte u. Formen, um bei eignem Nachdenken selbstständig sprachlich schöne Briefe abfassen zu können etc. Ein Geschenk für Frauen u. Töchter. 5., wesentlich verm. u. verb. Aufl. von Caroline S. J. Milde. Leipzig 866. Amelang's Verlag. br. 8. (XVI, 508 S.) 1 ₰; geb. 1 ₰ 12½ ngr.

Schoppe, Amalie, Briefsteller f. Damen. 6 Aufl. neu bearb. u. verm. durch Briefe berühmter Frauen v. Caroline S. J. Milde. gr. 16. (XII, 476 S.) Leipzig 876. Amelang. 5.

Schoppe, Amalie, Briefsteller f. Damen. 7. Aufl., neu bearb. u. verm. durch Briefe berühmter Frauen v. Karoline S. J. Milde. 8. (XII, 475 S.) Leipzig 884. Amelang. 4. —; geb. 5. —

Schoppe, Amalie, Briefsteller f. Damen. 8. Aufl., bearb. u. verm. durch Briefe berühmter Frauen v. Karoline S. J. Milde. 12. (XII, 475 S.) Leipzig 890. C. F. Amelang. Geb. in Leinw. n. 3. —

Schoppe, Amalie, Briefsteller f. Damen. 9. Aufl., bearb. u. verm. durch Briefe berühmter Frauen v. Karoline S. J. Milde (Karoline Similde Gerhard). 12. (XII, 404 S.) Leipzig 896. C. F. Amelang. Geb. in Leinw. n. 3. —

— Briefsteller für die Jugend gebildeter Stände, oder faßl. Anweisung, alle Arten von Briefen zu schreiben, welche im jugendlichen Alter vorkommen können; nebst einer kurzen deutschen Sprach- und Schreiblehre; den übl. Titulaturen u. kurzen deutschen u. franz. Denksprüchen zu Stammbüchern, Aufgaben zu Erzählungen u. Aufsätzen etc. Mit Titelvign. gr. 12. Berlin 836. Amelang. ⅔ ₰

—— u. Walter Tesche, Cornelia, s. Cornelia.

—— Cyanen. Novellen u. Erzählungen. 2 Bde. 8. (34 B.) Leipzig 838, [O. A. Schulz.]

— Cyanen. Novellen und Erzählungen. 2 Bde. 8. Leipzig 838. Taubert jun. 2⅞ ₰

—— Denkblätter aus d. Jugendleben, in lehrr. Erzähl. u. Mährchen. Der Jugend beiderlei Geschlechts v. 10—14 Jahren gewid. 8. (16½ B. u. 4 ill. Kpfr.) Altona 836, [Dessau,] Aue.

Schoppe, Amalie, geb. Weise, die Edelfrau von Kellingdorfen. Histor. Roman. (1202—1205.) 3 Thle. 8. Jena 847, Luden. 3¾ ₰

Schoppe, Amalie, s. Edgeworth: Erste Nahrung.

Schoppe, (A., geb. Weise,) die Familie Ehrenstein. Ein unterhalt. u. belehrendes Lesebuch für gute Kinder, oder solche, die es werden wollen. Mit ill. Kupfern. u. 1 Vign. 8. Hamburg 825, Herold. Rtblr.

——, König Erich XIV. u. die Seinen. Histor. Roman. 2 Thle. gr. 12. ... Gera 830, [Heinsius'sche Vrlsbuchh.]

— Erinnerungen aus meinem Leben, in kleinen Bildern. 2 Thle. 8. Altona 838. Hammerich. 3 ₰

— Erzählungen. 1r Thl. Mit 1 Bildn. 8. Leipz. 826. Focke. 1 ₰ 16 Gr

—— Erzählungen der klein. Hamburg. Auswanderer. Ein nützl. u. unterhalt. Leseb. f. d. gebild. Jugend v. 12 b. 14 Jahren. 12. (9 B. u. 6 ill. Kpfr.) Leipzig 829, [Krappe.]

— Erzähll. der kleinen Hamburg. Auswanderer. Ein nützl. u. unterhalt. Lesebuch f. die gebildete Jugend v. 12 bis 14 Jahren. Mit 4 Kpf. 12. Leipz. 829. Taubert. 1 ₰ 12 Gr

—— christl. Erzählungen f. d. gebild. Jugend beiderlei Geschlechts. gr. 12. (8⅝ B.) Heidelberg 839. [Frankfurt a. M., J. Baer.]

— christliche Erzählungen für die gebildete Jugend beiderlei Geschlechts. gr. 12. Heidelberg 839. Engelmann. 1⅜ ₰

— Erzähll. aus d. Gegenwart u. Vergangenheit. Ein nützl. u. unterhalt. Lesebuch f. die Jugend. Mit 8 Kpf. 8. Leipz. 826. Focke.

—— Erzählungen aus d. Gegenwart u. Vergangenheit. Ein nützl. u. unterhalt. Leseb. f. d. Jugend. 2. Aufl. gr. 12. (10½ B. u. 8 ill. Kpfr.) 1 Thlr. 4 Gr. Neue, wohlf. Ausg. 8. (24½ B., Ttlkpfr. u. Vign.) Leipzig 832, Focke.

— Erzählungen aus der Gegenwart und Vergangenheit. Ein nützliches u. unterhaltendes Lesebuch für die Jugend. 2e wohlf. u. verb. Ausg. Mit 8 Kpfrn. gr. 12. Leipzig 840. Focke. 1½ ₰

— gesammelte Erzählungen u. Novellen, Frühlings-Gabe. Mit 1 Kpf. 8. Leipz. 827, Taubert.

—— gesammelte Erzählungen u. Novellen. 1. u. 2. Thl. 8. ... Leipzig 828, [Krappe.]

Thl. 1. Frühlingsgabe: Gabriele v. Vergy u. d. Castellan v. Couci, histor. Novelle. — Der Fremde. — Macht u. Liebe. — Unglückliche Liebe. 1 Thlr. 8 Gr.
„ 2. Herbstgabe: Frauenschwäche u. Frauenglück. — Maria. — Wilhelm u. Sophie. — Theodelinde, Königin d. Longobarden. 1 Thlr. 8 Gr.

—— gesammelte Erzählungen. 3. Thl. — A. u. d. T.: Neue gesamm. Erzähln. u. Novellen. Winter-Gabe. 8. (19 B.) Leipzig 836, [Köhling'sche Buchh.]

1. u. 2. Thl. Ebendas. 1827, 28. 2 Thlr. 20 Gr.

— gesammelte Erzählungen. 3r Thl. A. u. d. T.: Neue gesammelte Erzählungen und Novellen. Winter-Gabe. 8. Leipzig 836. Krappe. 1½ ₰

– s. Erzählungen f. die Jugend, v. Chimani ...

— neue Erzählung. u. Mährchen f. Geist u. Herz. Eine Weihnachts- u. Geburtsgabe für gute Kinder von 10—14 Jahren. Mit 8 ill. Kpfrn. 8 Braunschw. (826) Meyer.

—— Erzählungen f. meine Töchter. Ein Leseb. f. d. reif. weibl. Jugend, z. Belebung relig. u. sittl. Gefühle u. Gesinnungen, u. z. Erhebung d. Geistes. gr. 12. (16 B. u. Ttlkpfr.) Berlin 837, C. F. Amelang.

—— vier Erzählungen, s. Freese, Henriette.

—— neue Erzählungs-Abende der Familie Sonnenfels, in unterhalt. u. belehr. Geschichten, Mährchen, Sagen u. Gesprächen. Ein Leseb. f. gute Knaben u. Mädchen. gr. 12. (12 B., 7 ill. Kpfr. u. Vign.) Berlin 828, Amelang.

— Eugenie. Eine Unterhaltungsschrift für die erwachsene Jugend. Mit 6 Kpfrn. gr 8. Berlin 824, Christiani.

— Feierstunden, oder Erzählungen und Mährchen für Geist und Herz, für die gebildete Jugend von 10 bis 14 Jahren. Mit 6 ausgem. Kpfrn. 8. Leipzig 834. Taubert. (Fritzsche.) 1½ ₰

—— Feierstunden, oder Mährchen und Erzählungen für Geist und Herz für die gebildete Jugend von 10 bis 14 Jahren. 2. Aufl. 8. (VI und 210 S. mit 1 Stahlst.) Leipzig 851, E. L. Fritzsche.

—— Ferdinand und Isabella. Historischer Roman. 1467—1474. 2 Thle. 8. (499 S.) Leipzig 851, C. L. Fritzsche.

—— Fest-Gaben. In moral. Erzähln. u. Märchen f. Teutschlands gebild. Jugend v. 8 b. 12 Jahren. 8. (14½ B. u. 6 ill. Kpfr.) Leipzig 830, [Krappe.]

— Fest-Gaben. In moral. Erzähll. u. Mährchen f. Deutschlands gebildete Jugend v. 8 bis 12 Jahren. Mit 6 ill. Kpf. 8. Leipz. 830. Taubert. 18 Gr.

—— die franz. Fibel, od. erstes Lehr- u. Leseb. f. d. Jugend, in Begleitung e. franz. Wandfibel v. 20 Tab. (gr. Fol., auf Schrbp.), zur Erleichter. d. Schulunterr. 8. (7½ B.) Leipzig 832, Enobloch.
Ohne die Tabellen, 6 Gr.

— Florindo u. Corallina, oder: Die beiden kleinen Savoyarden. Ein unterhalt. u. belehr. Lesebuch für Knaben und Mädchen von 8 bis 14 Jahren. Mit 6 Kpfrn. 8. Leipzig 833. Enobloch. 1½ Thlr.

Schoppe, Amalie: F r e d e r i k und Arabella oder: Die Erben von Kilmarnok. Historischer Roman. Th. 1. 2. Leipzig. 1828. 8°

— Friederike u. Arabella, od. die Erben von Kilmernok. 2 Bde. 8. Leipz. 827. (Krappe). 2 Thlr. 12 Gr.

—— die Gefahren d. Meeres, s. Jerrer, G. L.

— elegantes Geschenk zur Fest-, Namens- u. Geburtsfeier. Zugleich ein Gedenk- u. Erinnerungsbüchlein für Reisende am Rhein-, Main-, Mosel- u. Neckarstrande. Enthaltend 60 Stahl- u. Kupfertafeln zu den schönsten Volkssagen; 26 Portraits berühmter und interessanter Personen, und 26 Genre-Bilder; im Ganzen 112 Stahl- u. Kupferstiche, mit den dazu gehörenden Sagen und Beschreibungen. gr. 8. Heidelberg 841, Engelmann. (Leipzig, Barth.) n. 3½ Thlr. — Neue wohlf. Ausg., s. Geschenk.

—— elegantes Geschenk z. Fest-, Namens- u. Geburtsfeier. Zugleich e. Gedenk- u. Erinnerungsbüchl. f. Reisende am Rhein-, Main-, Mosel- u. Neckarstrande. gr. 8. (11½ B. u. 112 Stahl- u. Kpfrt.) Heidelberg 841. [Frankfurt a. M., J. Baer.]

—— das erste kleine Geschenk f. fleißige u. wißbegier. Kinder, od. neue Schul- u. Hausfibel. Nach d. neuest. u. besten Lehr- u. Lese-Methode. 8. (5 B. u. 24 Stndr.) Berlin 832, Gropius. 12 Gr., ill.

— Hundert kleine Geschichten. Das allerliebste Buch für gute kleine Kinder. Zur Erweckung des Gemüths und Bildung des Verstandes. Fur Schule und Haus. Mit 50 color. Abbildd. breit 12. Berlin 837, Amelang. 1¾ Thlr.

Schoppe, Amalia (Emma Sophie), geb. Weise, hundert kleine Geschichten. Das allerliebste Buch für gute kleine Kinder. Mit 50 Abbildungen. gr. 16. (IV und 223 S. mit 8 ill. Stnt.) Wesel 855, Bagel.

— hundert kleine Geschichten. Das allerliebste Buch f. gute kleine Kinder. Mit 6 kolor. Abbildgn. nach Entwürfen v. Adf. Schmitz. 6. Aufl. 8. (IV, 220 S.) Düsseldorf 884. A. Bagel. cart. 2. —

Schoppe, Amalie: Hundert kleine G e s c h i c h t e n . Mit 6 kol. Abb. nach Entwürfen v. Adolph Schmitz. 6. Aufl. Konstanz u. Emmishofen. [1884.] 8°

Schoppe, Amalie, geb. Weise, 100 kleine Geschichten. Das Allerliebste f. gute kleine Kinder. 7. Aufl. (IV, 232 S. m. 7 Farbendr.-Bildern.) 8. Konstanz (884). Zürich, Christl. Buch- u. Kunstverlag C. Hirsch.
Geb. in Leinw. n. 2. —

— s. G e s c h i c h t e n f. die Jugend, v. Chimani ...

— Glück aus Leid. 2 Thle. 8. Leipz. 825. Kollmann. 2 Thlr. 12 Gr.

—— der bürgerliche Haushalt in seinem ganzen Umfange. Ein Hand- u. Hülfsbuch f. gute Hausfrauen od. Solche, die es werden wollen. 2 Thle. 8. (32⅓ B.) Jena 844, Frommann.
Thl. 1. Die bürgerliche Kochkunst. 15 Ngr.
" 2. Das Haus- u. Wirthschaftsbuch. 20 Ngr.

— die Heimathlose. 2 Thle. 8. Leipz. 826. (Krappe). 2 Thlr. 12 Gr.

— die Heimathlose. 2 Thle. 8. Leipz. 826, Taubert.

Schoppe, geb. Weise, Amalia, Heinrich u. Marie, od. die verwaisten Kinder. Eine rühr. u. belehr. Geschichte f. gute Kinder beiderlei Geschlechts, v. 8 b. 12 Jahren. gr. 12. (8¼ B. u. 5 Kpfr.) Leipzig 830, Michelsen. Thlr.

——, Heinrich u. Marie, od. d. verwaisten Kinder. Eine rühr. u. belehr. Geschichte f. gute Kinder beiderlei Geschlechts, von 8 — 12 Jahren. 2., verb. Aufl. 12. (6 B. u. 5 Kpfrt.) Leipzig 839, Michelsen.

— Heinrich u. Marie oder die verwaisten Kinder. Eine Erzählung für das mittlere Jugendalter. 3., umgearb. Aufl. mit einem Vorwort von Merget. Berlin 868. Plahn'sche Buchh. 16. (V, 250 S. mit 8 color. Steintaff.) cart. 1 Thlr.

—— die Helden u. Götter des Nordens, od.: Das Buch der Sagen. Der gebild. u. reiferen vaterländ. Jugend zur Belehr. u. Unterhalt. geweiht. gr. 8. (21½ B. u. 12 Stnt.) Berlin 832, Gropius.

——, Henri et Marie, ou les orphelins. Ouvrage pour la jeunesse. Trad. de l'allemand par E. M. Lemaire. I. edit. 836., ¾ Thlr., (et nouv. édit.) 12. (à 12 B. u. Titbild.) Berlin 840, libr. de Hasselberg.

—— der Sang-König Hiarne. Nordlands-Sage. 8. (15 B. u. 12 Kpfr.) Heidelberg 828, Engelmann.

Schoppe, Amalie, geb. Weise, die Holsteiner in Amerika. Eine Erzählung für Kinder von 8 bis 10 Jahren. gr. 16. (III und 176 S. mit 4 lithogr. und ill. Bildern in Tondr.) Stuttgart 858, Chelius.

— die Hütte am Gigontonhonha oder die Auswanderer nach Brasilien. Eine belehrende u. unterhaltende Erzählung für die geliebte Jugend. Mit (4) color. Kpfrn. Neue durchgeseh. Ausg. 8. (104 S.) Wesel 852, J. Bagel & Co. ⅓ Thlr.

——, Iduna. Eine Zeitschr. f. d. Jugend, s. Iduna.

——, Iduna. Od.: Neue belehr. u. erheiternde Erzähln., Mährchen u. Sagen f. Teutschlands gebild. Jugend beiderlei Geschlechts, v. 10. b. zum 14. Jahre. gr. 12. (12⅓ B. u. 5 ill. Kpfr.) Leipzig 831, [Krappe.]

— Iduna. Oder: Neue belehr. u. erheiternde Erzähll., Mährchen u. Sagen f. Deutschlands gebild. Jugend beiderlei Geschlechts, vom 10n bis z. 14n Jahre. Mit (5) illum. Kpf. gr. 12. Leipz. 831. Taubert. 1 Thlr. 12 Gr.

—— die Jüdin. Roman. 2 Thle. 8. (37½ B.) Leipzig 841, [Otto Aug. Schulz.]

— die Jüdin. Roman. 2 Thle. 8. Leipzig 844, Taubert. 3 Thlr.

— Iwan, od. die Revolution von 1762 in St. Petersburg; historisch. Roman. 2 Thle. Mit 1 Kpf. 8. Leipz. 826. (Krappe). 3 Thlr.

— Iwan, oder die Revolution von 1762 in St. Petersburg. Histor. Roman. 2 Thle. Mit 1 Kpfr. 8. Leipz. 826, Taubert.

Schoppe, Amalie: I w a n oder die Revolution von 1762 in St. Petersburg. Historischer Roman. (Mit 1 Titelkupfer.) Th. 1. 2. Leipzig. 1827. 8⁰

— die Colonisten. Ein Roman. 2 Bände. 8. Leipzig 836. Focke. 3 ℛ

——, Anna Lapukhin. Histor. Roman. 2 Bde. 8. (32 B.) Leipzig 837, Focke.

—— Leben Elisabeth's der Heiligen, Landgräfin v. Thüringen. Ein histor. Gemälde a. d. 13. Jahrh., der gebild. Jugend Teutschlands geweiht. 1. Aufl. 830. 1 Thlr. 18 Gr., u. neue wohlf. Ausg. (à 18½ B. u. Bildn. d. Verfin.) 8. Gera 834, [Heinsius'sche Vrlsbuchh.]

— Lebensbilder, s. Bibliothek, wohlfeile, von Unterhaltungsschriften. 23s u. 24s Bdchen.

— **Lebensbilder, oder Franziska u. Sophie. Roman in Briefen, besonders für Frauen u. Jungfrauen. 2 Thle. 8. Leipz. 824. Klein. 2 ℛ 18 gr**

— **Leonhard, oder die Verirrungen des Schmerzes. Roman. 8. Braunschw. 827. Meyer. 1 ℛ 12 gr**

—— Licht u. Schatten, od. Bilder u. Begebenheiten aus d. Jugendleben. In belehr. u. unterhalt. moral. Erzähln. f. d. Jugend beiderlei Geschlechts v. 10 b. 14 Jahren. gr. 12. (10 B. u. 8 ill. Kpfr.) Berlin 834, Amelang.

Schoppe, Amalie, geb. Weise, die erste Liebe eines Prinzen. Historischer Roman. 2 Thle. 8. Leipzig 841, Gebr. Reichenbach. 2 ℛ

— Lust u. Lehre in unterhaltenden Mährchen u. Erzähll. f. die Jugend. Mit 7 ill. Kpf. 8. Leipz. 827. Taubert. 1 ℛ 12 gr

—— Lust u. Lehre in unterhalt. Mährchen u. Erzähln. f. d. liebe Jugend, v. 7 — 12 Jahren. 2. Ausg. 8. (15 B.) Leipzig 836, Krappe.

—— der kleine Lustgarten, od.: lelehr. u. erheiternde Erzähln. f. d. liebe Jugend beiderlei Geschlechts v. 8 b. 10 Jahren. 16. (11 B. u. 7 ill. Kpfr.) Berlin 830, Amelang.

—— das Majorat. Ein Roman. 8. (319 S.) Leipzig 850, C. L. Fritzsche.

——, Marat. Histor. Roman. 2 Thle. 8. (22½ B.) Braunschweig 838, Westermann.

—— kleine Mährchen-Bibliothek, od. gesammelte Mährchen f. d. liebe Jugend. 2 Thle. 8. (… B. u. 4 ill. Kpfr.) Berlin 828, Matthisson.

— kleine Mährchenbibliothek ꝛc. 8. Berlin 828. Leipzig, Enobloch. 2⅔ ℛ

——, Marie, od. Liebe bildet. Ein Roman. 8. (13½ B.) Leipzig 832, Focke.

——, Mathilde, od. Liebe über Alles. Ein Roman. 8. (14½ B.) Leipzig 830, [Krappe.]

—— Mélanges, ou recueil d'historiettes amusantes et instructives pour l'enfance. Trad. de l'Allemand par Henri Dabin. gr. in-12. (11 B.) Berlin 834, Amelang.
18 Gr., m. 7 ill. Kpfrt.

— die Minen von Pasco. 3 Thle. 8. Leipz 826, Taubert.

— **die Mine von Pasco. 3 Thle. 8. Leipz. 826. 2e Aufl. 829. (Krappe). 4 ℛ Hbg. Pr. 2 ℛ 16 gr**

—— die Minen von Pasco. Ein Roman. 3 Thle. 2. Aufl. 8. (43 B.) Leipzig 829, [Krappe.]

—— le Miror, ou contes moraux à l'usage de la jeunesse de 10 à 14 ans. Trad. de l'Allemand par Henri Dabin. 8. (10⅚ B.) Berlin 834, Amelang. 18 Gr., m. 8 ill. Kpfr.

—— neue pariser Modeblätter, s. Modeblätter.

—— Myosotis. Erzählungen u. Novellen. 2 Bde. 8. (37¼ B.) Leipzig 842, [Otto Aug. Schulz.]

A. u. d. Tteln.:
Bd. 1. Helene von Tournon. König Robert. Die Freundschaftsprobe.
" 2. Peter Schöffer. Eine einfache Geschichte.

——, Octavia. Roman. 2 Thle. gr. 12. (19 B.) Leipzig 838, [O. A. Schulz.]

— Octavia. 2 Thle. gr. 12. Leipzig 838. Taubert jun. 2⅔ ℛ

——, Olivia, od. die Nebenbuhler. gr. 12. (11½ B.) Leipzig 828, Focke.

—— die Pflegemutter u. ihre Pflegetöchter. Ein unterhalt. u. belehr. Leseb. f. Teutschlands gebild. Jugend beiderlei Geschlechts. gr. 12. (8½ B. u. 5 ill. Kpfr.) Leipzig 829, [Krappe.]

— die Pflegemutter u. ihre Pflegetöchter. Ein unterhalt. u. belehr. Lesebuch f. Deutschlands gebildete Jugend beiderlei Geschlechts. Mit 5 Kpf. gr. 12. Leipz. 829. Taubert. 1 ℛ 8 gr

—— Polirena. Historischer Roman. (Schweden, von 1788 bis 1792.) 3 Thle. 8. (42½ B.) Jena 844, Luden.

— Postkutsche und Wanderstab, oder: Merkwürdige Reisen Herrn Reinhard's und seines Sohnes Theodor. Mit (3) illum. Bildern. 8. Neu-Ruppin 837. (Berlin, Enslin'sche Buchh.; Ferd. Müller.) n. ⅔ ℛ

— der Prinz von Viana. Historischer Roman. 2 Thle. Leipzig 853. C. L. Fritzsche. 8. (VIII, 206; 199 S.)
2 ℛ. 15 ngr.

— der Prophet. Histor. Roman aus der Neuzeit Nord-Amerika's. 3 Thle. 8. Jena 846, Luden. 3¾ ℛ

Schoppe, Amalie, s. Q u e v e d o : Gran Tacanno.

—— die Rache od. d. Leinenweber v. Segovia. Histor. Roman. 2 Thle. gr. 12. (23 B.) Leipzig 839, [O. A. Schulz.]

— die Rache, oder der Leinenweber von Segovia. Historischer Roman. 2 Thle. gr. 12. Leipzig 839. Taubert. 3⅓ ℛ

——, Gilles de Raiz, od. d. Geheimnisse d. Schlosses Tiffauges. Histor. Roman (1440). 8. (19 B.) Leipzig 841, Gebr. Reichenbach.

—— bunte Reihe, od. belehr. u. unterhalt. Erzähln. aus d. Jugendwelt, f. Knaben u. Mädchen v. 8 b. 12 Jahren. gr. 12. (10 B. u. 8 ill. Kpfr.) Berlin 834, Amelang.

—— Robinson in Australien. Ein Lehr- u. Lesebuch f. gute Kinder. gr. 12. (10½ B. u. 4 ill. Kpfr.) Heidelberg 843, [Engelmann'sche Vrlgsbh.]

SCHOPPE, *Rosen und Dornen.* Gesammelt auf dem Pfade des Jugendlebens. Oder: Belehrende und unterhaltende moralische Erzählungen für Deutschlands hoffnungsvolle Jugend beiderlei Geschlechts, vom 10. bis zum 14. Jahre. Von Amalie Schoppe, geb. Weise. Mit 6 colorirten Kupfern [inkl. Titel m. Vignette, GEISSLER del. BÖTTGER sc.] Leipzig, Chr. Krappe [c. 1825]. 237 S. Kl.-8⁰. Aelterer blauer Ldrbd., altes Rückenschild aufgesetzt. 66.—
Seltenes, sehr hubsches Schoppe-Buch, nicht bei RKB., Hobr. u. a., mit 8 längeren Erzählungen und sehr feinen Bildern. Schönes Ex. ★★

—— Rosen u. Dornen. Gesamm. auf d. Pfade d. Jugendlebens. Od.: Belehr. u. unterhalt. moral. Erzähln. f. Deutschlands hoffnungsvolle Jugend beiderlei Geschlechts, v. 10. b. zum 14. Jahre. gr. 12. (10 B. u. 6 ill. Kpfr.) Leipzig 834, Krappe.

—— neue nordische Sagen. 8. (11 B. u. 9 Kpfr.) Heidelberg 829, Engelmann.

Schoppe, Amalie, Sagenbibliothek. Norddeutsche Sagen, Volksmährchen und Legenden. Leipzig 1833. 8.

— Sagenbibliothek. Norddeutsche Sagen, Volksmährchen u. Legenden. 2. verm. u. verb. Aufl. 2 Thle. 8. (1: IV u. 219 S. 2: IV u. 243 S.) Ebd. 851. 1½ Thlr.

— Sagenbibliothek. Norddeutsche Sagen, Volksmährchen u. Legenden. 2 Thle. 3. (Titel-)Aufl. Leipzig (851)66. C. F. Schmidt. 8. (VI, 462 S.) 15 ngr.

—— neue Sagenbibliothek, od. Volkssagen, Legenden u. Märchen. 16. (32 B. u. Ttlbild.) Neuhaldensleben 834, Eyraud.

—— kleines Schatzkästlein. Das liebste Leseb. fleiß. u. art. Kinder. Od.: Alfred's u. Mariens erstes Buch; f. Knaben u. Mädchen v. 5—8 Jahren. Nach e. neuen, verb. Lehr- u. Lese-Methode, mit Denk- u. Sittensprüchen, vielen Erzähln., Fabeln 2c. 8. (9 B. u. 9 ill. Kpfr.) Leipzig 835, Krappe.

— **Schicksalswege; e. histor. Roman, in 3 Thlen. 8. Braunschw. 825. Meyer. 4 Thlr.**

Schoppe, geb. Weise, Amalia (Emma Sophia), die Schlacht bei Hemmingstedt. Histor. Roman. 2 Thle. gr. 12. (20⅓ B.) Leipzig 840, [O. A. Schulz.] Thlr.

— die Schlacht bei Hemmingstedt. Historischer Roman. 2 Thle. gr. 12. Leipzig 840. Taubert. 2¾ Thlr.

—— neue Schul- u. Haus-Fibel. Nach e. sorgfältig geprüft. u. verbess. Lehr- u. Lese-Methode. 1—3. Aufl. (à 4¼ B., 5 Kpfr. u. Ttlvign.) 8. Leipzig 829—32, [Krappe.] 5 Gr., ill.

— neue Schul- u. Hausfibel. Nach einer sorgfältig geprüften u. verbesserten Lehr- u. Lesemethode. Mit 5 Kpf. 8. Leipz. 829. 2e A. 832. Taubert. 5 gr. ill. 8 gr.

— neue Schul- u. Haus-Fibel. Nach einer sorgfältig geprüften u. verbesserten Lehr- und Lese-Methode. 3e Aufl. Mit 4 illum. Kpfrtaf. 8. Leipzig 835. Krappe. n. ⅓ Thlr.

— die beiden kleinen Seiltänzer, oder wunderbare Schicksale zweier Kinder. Ein belehr. u. unterhalt. Lesebuch für die Jugend. Mit (8) illum. Abbildd. 8. Neuhaldensleben 835. Eyraud. (Berlin, Rubach.) 1⅓ Thlr.

—— die beiden kleinen Seiltänzer. (Neue Titel-Ausg.) 16. (216 S. und 8 ill. Kpfr.) Leipzig 849, [Baensch.]

— die beiden kleinen Seiltänzer. Eine wahre Geschichte. Mit 8 sauber color. (lith.) Kpfrn. 2 Bdchn. Zerbst (853.) (Leipzig,) Wallerstein. 16. (II, 119; 2 Bl., 100 S.) 1 Thlr.

——, Sonotra, od. Seelen- u. Sitten-Gemälde f. d. reifere gebild. weibl. Jugend. In kurzgef. Erzähln. Seitenstück zu „Eugenia." gr. 12. (16½ B., 1 Kpfr. u. Vign.) Berlin 829, Amelang.

— Marie Stuart, s. Volksbibliothek, wohlf., 17. Bdchn.

—— für müßige Stunden. Neue gesammelte Erzähln. u. Novellen. 3 Bde. 8. (45¼ B.) Leipzig 836, Focke.

— Tabitha von Geyersberg. Histor. Roman. (Deutschland von 1523 bis 1525.) 3 Thle. 8. Jena 845, Luden. 3¾ Thlr.

Schoppe, Amalie: Die schönen Tage der Kindheit. Frey nach dem Englischen der M. Edgeworth. Mit 1 Kupfer. Heidelberg. 1829. 8°

(——) der hinkende Teufel in Hamburg. Aus d. Papieren e. Verstorbenen. 2 Thle. gr. 12. (19⅙ B.) Leipzig 840, [O. A. Schulz.]

—— zwei Veilchen. 1) Der Unthat Lohn. 2) Der Secretair. 8. (11 B.) Nordhausen 838. [Leipzig, Literar. Museum.]

— zwei Veilchen. 1) Der Unthat Lohn. 2) Der Secretair. 8. Nordhausen 838. Fürst. 1 Thlr.

—— die Verlorene. Ein Roman. 8. (13 B.) Leipzig 837, [O. A. Schulz.]

— die Verlorene. Ein Roman. 8. Leipzig 837. Taubert. 1⅙ Thlr.

— **die Verwaisten. 2 Bde. 8. Leipz. 825. Focke. 1 Thlr. 18 gr.**

Schoppe, Amalia

Die Verwaisten. Roman. Th. 1. 2.
Leipzig: Heinsius 1825. 8°

——, Pierre Vidal d. Troubadour. Roman. 2 Thle. gr. 12. (20⅓ B.) Leipzig 841, [O. A. Schulz.]

— Pierre Vidal der Troubadour. Roman. 2 Thle. gr. 12. Leipzig 841. Taubert. 2¾ Thlr.

——, Vittoria. Roman. 3 Thle. 8. (44 B.) Leipzig 838, [O. A. Schulz.]

— Vittoria. Roman. 3 Thle. 8. Leipzig 838. Taubert. 4 Thlr.

— Volkssagen und Erzählungen für die Jugend, mit illum. Kpfrn. 8. Hamburg 833. Niemeyer. 1 Thlr.

—— Volkssagen, Mährchen u. Legenden aus Nord-Deutschland. Eine Christ- u. Festgabe f. d. vaterländ. Jugend beiderlei Geschlechts. gr. 12. (14¼ B., 7 ill. Kpfr. u. Vign.) Leipzig 833, Focke.

—— die kleinen Waisen, s. Hausbibliothek der Jugend.

Schoppe, geb. Weise, Amalia, Waldemar. 2 Thle. 8 (30½ B.) Gera 829, [Heinsius'sche Vrlsbuchh.] Thlr

—— Wilhelm u. Elfriede, od. d. glückl. Tage der Kindheit Ein nützl. u. unterhalt. Leseb. f. gute Kinder, die eben sowohl Unterhalt. als Belehr. suchen. 12. (7½ B., 5 ill. Kpfr. u Vign.) Leipzig 829, [Krappe.]

Schoppe. *Die Winterabende* zu Sonnenfels, oder Erzählungen für die Jugend. Eine Weihnachtsgabe von Amalie Schoppe, geb. Weise. Mit 4 Kupfern [handkoloriert, Junge del. Brückner u. a. sc.] Leipzig, J. C. Hinrichssche Buchhandlung. 2 Bl. 360 S. Kl.-8°. Illustr. Or.-Karton. 40.—
★ Erstausgabe. Rahmenerzählungen mit gelegentl. Dialogen in d. Art Campes. Die sauber kolor. Bilder sind bemerkenswert. — Hie u. da leicht fleckig, Einband abgenutzt, Rücken etw. beschäd.

— die Winterabende zu Sonnenfels, oder Erzählungen f. d. Jugend. Eine Weihnachtsgabe. Mit 4 f. ill. Kupf. 8. Leipz. 826, Hinrichs.

—— Zeitlosen. Novellen u. Erzähln. 2 Bde. gr. 12. (21⅓ B.) Leipzig 837, [O. A. Schulz.]

— Zeitlosen. Novellen und Erzählungen. 2 Bde. gr. 12. Leipzig 837. Taubert jun. 2⅔ Thlr.

Schoppe, Gustav

Schoppe, Gust., Choralbuch zum christlichen Gesangbuch f. die evangel. Gemeinden des Fürstent. Minden u. der Grafschaft Ravensberg. (IV, 196 S.) 22,5×29 cm. Gütersloh 908. C. Bertelsmann. 5.—; geb. in Leinw. 6.—; fein geb. 7.50

— Die Schulgesangpflege auf dem IV. musikpädagog. Kongress, Pfingsten 1908 zu Berlin. Im Auftrage des Vorstandes des musikpädagog. Verbds. E. V. hrsg. (100 S.) 8. Ebd. 909. 1.60

Schoppe, H., u. F. Neuling, Lehrbuch der prakt. Geometrie, siehe: Neuling, F.

Schoppe, Heinrich (geb. am 7 Juni 1850 in Siegburg): Ueber die Betheiligung des Knochenmarkes an der Blutbereitung ... Bonn, Buchdr. v. P. Neusser (1872). 30 S., 1 Bl. 8.
Bonn, Med. Fak., Diss. v. 13 Aug. 1872

Schoppe, H., der Brechdurchfall der Säuglinge u. seine Behandlung. Beitrag zur Aetiologie u. Therapie der Cholera infantum. gr. 8. (III, 58 S.) Bonn 887. Hanstein. n. 1.20

— zur Diaetetik der Stimme. Studie üb. die Einwirkg. der Massage auf den Kehlkopf. Ein Vortrag. Mit Abbildgn. gr. 8. (VIII, 45 S.) Ebd. 887. n. 1.—

Schoppe, H., zur künstlichen Ernährung der Säuglinge in den drei ersten Lebensmonaten. Experimentell klin. Untersuchg. gr. 8. (82 S.) Tübingen 884. Laupp. n. 1.60

— Vorträge f. Mütter üb. die wichtigsten Krankheiten der Säuglinge. 1. Bd.: Ueber die Krämpfe [Convulsionen] der Säuglinge u. ihre Behandlg. 8. (VIII, 80 S.) Ebd. 888. n. 1.—

Schoppe, J. und Gropius, C. Malerische Ansichten verschiedener Gegenden und Merkwürdigkeiten auf einer Reise durch Oestreich. Steiermark. Tyrol. die Schweiz. Ober- und Unter-Italien. Nach der Natur aufgenommen und auf Stein gezeichnet. Mit natur-romantischen Dichtungen begleitet von G. A. Freih. von Maltitz. 1.—4. Lieferung. Berlin 1823—1824. Fol.

Schoppe, J., s. Ansichten, maler., verschied. Gegenden u. Merkwürdigkk.

Schoppe, J. Die vorzüglichsten Schauspieler der Berliner Theater in ihren Darstellungen nach der Natur gezeichnet. 20 Blatt colorirter Lithographien. Berlin. 4°.

Schoppe, Johann (Worms)
Abhandlung über den Gebrauch und die Wirkungen des Arseniks.
Giessen: Schröder 1817. 48 S.
Diss. med. 13.3.1817. vorh. 7.

Schoppe, Joseph (Mainz)
Über Metrum und Assonanz der Chanson de Geste "Amis et Amiles".
Altenburg: Geibel & Co. 1882. 39 S.
Diss. phil. Giessen 1882. vorh. 26. 7. 1a.

Über Metrum und Assonanz der Chanson de geste 'Amis et Amiles' von Joseph Schoppe. Heilbronn: Gebr. Henninger 1882. (39 S.) 8°
= Studien, Französische. Bd 3, H. 1. [6. 60,7]

Schoppe, Jul., s. 1) d'Arlincourt, Stephanie. 2) Ch. Didier, Chevalier Robert. 3) S. Gay, d. verliebte Spötter. 4) Soulié, Willebois Traum. — dess. Memoiren des Teufels. 5) Emilie Souvestre, Schriften.

Schoppe, Jul., s. Soulié, Fr., neue Erzählungen. — dess. Margarethe.

Schoppe, Karl: Die Grube. Trauerspiel in 5 Akten. Berlin-Leipzig: C. Wigand 1909. 168 S. 8°

Schoppe, Kaspar

Grosippi, Paschasii (h. e. Casp. Scioppii) Mercurius bilinguis sive Nova et compendiosa ratio latinae linguae perdiscendae. Mediol. 628. 8. Hamb. 702. 8.

Schoppe, Kurt: Die Anfechtung einer Inhaberschuldverschreibung und deren Wirkung gegenüber dem Inhaber. Guhrau 1910: Ziehlke. VIII, 37 S. 8°
Breslau, Jur. Diss. v. 13. Juni 1910, Ref. Meyer, Leonhard

Schoppe, *Philipp:* Die Harnkügelchen bei Wirbellosen und Wirbeltieren ... (Aus: Anat. Hefte, 1. Abth. Heft 23 = Bd. 7 Heft 3.) Wiesbaden, J. F. Bergmann, 1897; 33 S., 1 Bl., 1 Taf. 8.
Göttingen, Med. Fak., Inaug.-Diss. v. [10. Febr.] 1897

Schoppe, William, der Jude wird verbrannt. Zeitgemäße Abhandlg. gr. 8. (32 S.) Dresden 892. W. E. Schoppe. — 50

Schöppe, K., Erinnergn. e. alten Klosterlausnitzers. (40 S.) gr. 8. Eisenberg (909). P. Bauer. — 60

Schöppe, Karl, Geschichte, Erneuerung u. Wiederweihe d. St. Wenzelskirche zu Naumburg a. S. Zur Erinnerg. an den 6. Septbr. 1894. 8. (32 S.) Naumburg 894. Domrich's Buchh. n. — 25

Schöppe, Karl: Das Naumburger Kirschfest. Seine Geschichte u. Bräuche. 2. Aufl. Naumburg: Sieling 1906. 31 S. 8°

Schöppe, Karl, Naumburgs Mundart. Im Umrisse dargestellt. gr. 8. (VII, 58 S.) Naumburg 893. H. Sieling. n. 1.—

[S.] Das alte Naumburg. Kulturgeschichtl. Bilder aus d. letzten 70 Jahren v. Karl Schöppe. *Naumburg a. S.: M. Schmidt 1895.* (50 S.) 1 Bd 8.
[97. 7834]

Schöppe, M. [aus Berlin]: Verbreitung von Blei, Chrom, Arsen und Antimon in Gebrauchsgegenständen. . . . Würzburg, Etlinger's Buchdr. (F. Fromme), 1890; 28 S. 8°
Würzburg, Med. Fak., Inaug.-Diss. v. 1890

Schöppe, Willi: Über kontaktmetamorphe Eisen-Mangan-Lagerstätten am Aranyos-Flusse, Siebenbürgen. 1910. 35 S., 1 Taf. 4° Auch in: Zeitschrift f. prakt. Geologie. Jg. 18. Aachen, Dr.-Ing.-Diss. v. 2. 9. 1910

Schoppel, Andreas (Kronstadt/Siebenb.) A. S. 1216/5

Dissertatio inauguralis medico practica de veritate practica diversionis veterum per revellentia ac derivantia, eorumque operandi ratione mechanica.
Präs. Andreas Ottomar Goelicke.
Halle (Zahn) 14. X. 1712. 20 Bl.

Kommerzielles Handbuch von Niederländisch-Indien von Dr. F. A. Schoeppel. Mit 26 Taf., 2 Karten u. 1 Verkehrstab. Wien: R. Lechner 1907. (XII, 301 S.) 4°(8°)
= Abhandlungen d. k. k. Geograph. Gesellschaft in Wien. Bd 6, No 2. [07. 16910]

Schoeppel, F. A., kommerzielles Handbuch v. Niederländisch-Indien. Mit 26 Taf., 2 Karten u. 1 Verkehrstabelle. (XII, 301 S.) Lex. 8. Wien 907. R. Lechner's Sort. nn 15.—
Sonderabdr. aus: „Abhandlgn. d. geograph. Gesellsch. in Wien".

Schöppel, Fritz, volksthümliche Ausgabe des allgemeinen bürgerlichen Gesetzbuches. 8. (176 S.) Graz 902. [Verlagsgesellschaft „Austria".] P. Cieslar. Kart. 2.20; erm. Pr. 1.—

Schöppel's, Dr., Tafeln über die an den deutschen Universitäten Deutschlands, Oesterreichs und der Schweiz geltenden Gesetze und Verordnungen. Tafel I. Die an den deutschen Universitäten geltenden Aufnahmsbestimmungen. Eine Tafel in Umschlag. In Comm. * 1.80
Graz: Styria 1898.

— Tafeln üb. die an den deutschen Universitäten Deutschlands, Oesterreichs u. der Schweiz geltenden Gesetze u. Verordnungen. Taf. V: Die wichtigsten Bestimmgn. zur Erlangg. des philosoph. Doctorgrades an den deutschen Universitäten. 92×60 cm. Graz 899. (Styria.) n. 3.—
Taf. I. Ebd. 898. n. 3.—. Taf. 2—4 erscheinen nicht.

(F) Zinstheorie. Von Dr. Fritz Schöppel. Wien. 1901. [In Comm.] Hölder. Gr.-8°. 66 S. K 3.—

Schöppenchronik, die Magdeburger, hrsg. von K. Janicke, s. Chroniken.

Schoppenhauer, s. Schopenhauer

Schöppenstedt, s.: Preussen. Messtischblätter.

Schopper, C. F. F., s. Reybaz, C. S., sur la prédication.

Schopper Franz: Der Niobemythus in der deutschen Literatur mit besonderer Berücksichtigung der Antike. H. 1907 PN 2267 Diss. Wien. Univ. 216

SCHOPPER, Georg: De divinitate Filii. — (1846) 72 S. 8° (Handschr.) Diss. Wien, Univ. Diss. 201

Schopper, Max: Wirkungen des Zwangsvergleichs auf die nicht bevorrechtigten Konkursforderungen. Borna-Leipzig 1903: R. Noske. (VIII, 67 S.) 8°
Leipzig, Jur. Diss. v. 1903

Schopper, Thdr., die Gasglühlicht-Beleuchtung u. die verwandten Beleuchtungsarten. (IV, 74 S. m. 49 Abbildgn.) Lex.-8. Leipzig 904. C. Scholtze. n. 2.40

Schöpper, Jac., u. seine deutsche Synonymik, s. Schröder, Edw.

SCHÖPPERL, Max (Furth): (Titel nicht festgestellt) 20.7.1872 - Chr 1871/72,20
Diss. Ingolst.-Landsh.-Mchn.

Schoepperlin, Georg Wilhelm (Nördlingen) A. S. 209/9

Dissertatio iuris publici de territorio clauso civitatum imperialium. Präs. Burkhard Gotthelf Struve. Jena (Fickelscherr) 23. III. 1720. 51 S.

W. v.: Präs. 31231

Schöpperlin, Johann Friedrich

Schöpperlin, Ioh. Fr., Elementa philosophiae I. F. Buddei in tab. synopticas redacta. 8. Lips. 729.

— Ergänzung u. Bericht. d. Verzeichn. d. Nördlingischen Goldgulden. 4. Nördling. Beck. 771.

— bibl. Kindergeschichte z. Aufklär. der Sittenlehre. 2 Thle. 8. Nördling. 766. N. A. 772. Beck. 18 gr.

Schoepperlini, J. F., Numi antiqui rariores aut attriti — observationibus illustrati. Onold. 757. 8.

— populärer Religionsbegriff f. evangel. Schulen u. Gymnasien. 8. Nördling. 771. 2e A. 774.

Schöpperlin, Johann Friedrich. Kleine historische Schriften. Nördling 1787—88. H: *Böckh, Christian Gottfried.* (BrMm) (BB) (Ky)

— kleine histor. Schriften. (Mit dess. Lebensbeschreib., hrsg. v. C. G. Böckh). 2 Thle. 8. Nördling. 787, 88. Beck.

Schoppig, Salomon. Das Beckenenchondrom, besonders als Geburtshindernis. ⟨Mit 3 Abbildungen auf einer Tafel.⟩ Diss. Med. Basel. (Sonder-Abdruck aus der Monatsschrift für Geburtshülfe und Gynäkologie. Bd. 25.) *Kopftitel:* Aus der pathologisch-anatomischen Anstalt zu Basel. ⟨Vorsteher: Prof. Dr. E[duard] Kaufmann.⟩ 32 S. 8. Berlin, S. Karger, 1907.

Kunstvolle Bucheinbände aus Alt-Regensburger und Oberpfälzer Bibliotheken auf der Ausstellung der Bayer. Landesgewerbeanstalt ⟨Nebenstelle Regensburg⟩. Von Heinrich Schöppl. Regensburg 1910: Habbel. 31 S. 8° (11, 1769 10

Schöppl, Heinr., das k. u. k. österr.-ungar. Infanterie-Regiment „Erzherzog Karl" Nr. 3 vor Regensburg 1809. (16 S.) kl. 8. Regensburg (909). (J. Habbel.) — 20

— Das alte Regensburger Zeughaus u. seine Artillerie. (20 S. m. 1 Taf.) kl. 8. Ebd. (909). — 20

Schöppl, Heinrich Ferdinand

Schöppl, Heinr. Ferd., Orden u. Ehrenzeichen d. Großherzogth. Toscana u. d. ihm einverleibten Herzogth. Lucca. Nach d. ältesten Quellen zusammengest. gr. 8. (30 S. m. 1 Taf. u. 1 Bl. Erklärungen.) Wien 894. L. W. Seidel & Sohn. n. — 60

— les ordres et les décorations de la principauté de Monténégro, s.: Müller Edler v. Müllersheim.

Schöppl, Ferd. H., die päpstl. Ritterorden der Gegenwart u. die ehemals bestandenen weltlichen Ritterorden des alten Kirchenstaates. gr. 8. (32 S. m. 1 Taf.) Graz 893. „Styria". n. 1.—

Schöppl, Heinr. Ferd., der kaiserl. russische St.-Andreas-Orden. Seine Geschichte u. Beschreibg., nebst kurzer Geschichte u. Beschreibg. der kais. russ. Orden, Ehrenzeichen, Verdienst- u. Kriegsmedaillen seit Peter dem Grossen. Zum 200jähr. Stiftungsfeste des kaiserl. russ. Ordens des hl. apostelgleichen Andreas des Erstberufenen verf. gr. 8. (48 S. m. 1 Taf.) Wien 899. F. Matzner. n. 1.—

Schoeppl, Hugo, Leitfaden der Geheimwissenschaft. Eine populäre Einführung in das Studium der Phänomene des Okkultismus. (V, 128 S. m. Abbild. u. 1 Fksm.) 8. Halle (910). Paalzow & Co. 1.50

Mozart. Dramat. Charakterbild in 3 Aufz. von Hugo Schoeppl. Mit e. Vorbemerkung. *Halle a. d. S.: O. Hendel [1903].* (IV, 64 S.) 8° [F.]
= Bibliothek d. Gesamtlitteratur d. In- u. Auslandes. No 1712. (04. 1373

Schoeppl Ritter von Sonnwalden Siegfried: Goethes „Bürgergeneral".
1907 PN 2392 Diss. Wien. Univ.

Schöppl, Ritter von Sonnwalden, Siegfried: Von Florians „Les deux billets“ zu Goethes „Bürgergeneral“. S. 3—46. 8.
K. k. Staatsgymn. mit deutscher Unterrichtssprache *Laibach* 1909.
Florian. Anton-Wall (Deckname für Christian Leberecht Heyne). Benedikt Josef von Koller. Schiller.
Progr

Schöpplenberg, E. R., Beiträge zur Geschichte der Familie Schöpplenberg; Familiennachrichten aus dem Zeitraum von 1050 bis zur Gegenwart. 4 Bde. Berlin 1870—77. 8. Nicht im Handel.

Schöpplenberg, E., Geneal. Kalender. Gedenk- und Tagebuch der Familien Ermeler und Schöpplenberg. Als Manuscript gedruckt Berlin 1881. 8.

Schoepplenberg, E. R., die Patricierfamilie Schoepplenberg in Greifswald, f. Genealogien, pommersche.

Schoepplenberg, Gustav [aus Greiffenberg i. Schl.]: Zur Elektrodiagnostik der Bauchmuskulatur … Jena, G. Neuenhahn Univ.-Buchdr., 1893; 32 S. 8.
Jena, Med. Fak., Inaug.-Diss. v. [4. Juni] 1893

Schöppler, Hermann, aus Regensburg: ⟨Aus d. anat. Institut zu Greifswald.⟩ Über die feinere Struktur der Hirnarterien einiger Säugetiere. *Wiesbaden: J. F. Bergmann 1900.* (33 S.) 8°
Greifswald, Med. Diss. v. 23. Juli [vielm. 14. Dez.] 1900

Schoppmann, Rud., Eisen u. Stahl, ihre Eigenschaften u. Behandlung. Praktisches Hilfs- u. Handbuch f. Hüttenmänner, Schmiede, Schlosser u. Eisenhändler. Nach eigener Erfahrg. u. m. Benutzg. der einschläg. Fachlitteratur bearb. gr. 8. (V, 48 S.) Leipzig 899. B. F. Voigt. 1. 20

Schoppmann, W., Anleitung zum Kopfrechnen. 8. (2¼ B.) Remscheidt 837. (Elberfeld, Becker.) *

Schöppmännichen, das, bi Nordhusen. Än Lobbgedichte in Nordhüscher Mundort zu sinnen 300jähr. Jubeleum. Allen d'r Nordhüschen Schproche Kunnigen äbberfänn von än Nordhüschen Börger. 2. Ufl. Northausen (857.) Förstemann. 8. (8 S.) 1½ ngr.

Schöppmännichen, das, bi Nordhusen. Än Lobbgedichte in nordhüscher Mundort zu sinnen 300jahr. Jubeleum. Allen d'r nordhüschen Schproche Kunnigen äbberfänn von än nordhüschen Börger. 2. Ufl. 8. (8 S.) Nordhausen 858, Förstemann's Verlag.

Schoppmeyer, Ansgar, Schriftvorlagen f. das Kunstgewerbe. 60 (z. Tl. farb.) Taf. Hrsg. vom königl. Kunstgewerbe-Museum zu Berlin. (In 6 Lfgn.) 1. Lfg. Fol. (10 Taf. m. 6 Bl. Text.) Berlin 895. W. Schultz-Engelhard, Sep.-Cto. n. 5. —

Schoppmeyer, Ansgar, Schriftvorlagen f. d. Kunstgewerbe. 60 (z. Tl. farb.) Taf. Hrsg. v. kgl. Kunstgewerbe-Museum zu Berlin. 2.—6. Lfg. Fol. (à 10 Taf.) Berlin 895. W. Schultz-Engelhard. à Lfg. n. 5. — (Erm. Preis kplt.: n. 20. —)

Schoppmeyer, Ansgar, Schriftvorlagen, suppl., s.: Schriftvorlagen, moderne.

Schöppner, Alex., Bavaria. Zwölf Bilder ihrer Geschichte. Mit der Bavaria u. Ruhmeshalle Ansicht (in 2 Stahlst.) u. Beschreibung. gr. 8. (47 S.) München 850, Rieger. 12 ngr.

SCHÖPPNER, A., Bildnisse deutscher Frauen der Vorzeit. Mit Portr. der Agnes Bernauer. Augsburg, Lampart & Co., 1850. 12°.
5 Bll., 76 S. In Versen (Romanzen). Inh.: 1. St. Afra. 2. Die Hexe des Attila. 3. Radegundis. 4. Elsbeth Egen. 5. Agnes Bernauer. 5. Clara Dettin (Gemahlin Kurfürst Friedrichs d. Siegreichen v. d. Pfalz). 7. Sybille Langenmantel. 8. Susanna Neidhard. 9. Juliana Peutinger. 10. Kunigunde Fugger. 11. Philippine Welser. 12. Jacobine Lauber. 13. Barbara v. Stettin (1754—1805).
Hayn, H., Thesaurus libror. Phil. Pfister, Monacensis. München 1888.

Schöppner, A., Charakterbilder der allgemeinen Geschichte. Nach den Meisterwerken der Geschichtschreibung alter u. neuer Zeit. Den Studirenden höherer Lehranstalten, so wie den Gebildeten aller Stände gewidmet. 2. Thl. A. u. d. T.: Charakterbilder der Geschichte des Mittelalters ꝛc. Schaffhausen 858. Hurter. gr. 8. (XV, 652 S.) n. 1 ₰. 18 ngr.
1. Bd. ist noch nicht erschienen.

Schöppner, A., Charakterbilder der allgemeinen Geschichte. Nach den Meisterwerken der Geschichtschreibung alter und neuer Zeit. Den Studirenden höherer Lehranstalten, sowie den Gebildeten aller Stände gewidmet. Schaffhausen, Hurter. gr. 8.
1. Thl.: Charakterbilder der Geschichte des Alterthums. 859. (XV, 564 S.) n. 1 ₰ 10 ngr.
2. Thl.: Das Mittelalter. 2., zum Theil veränderte u. vielfach verm. Aufl. 864. (XV, 660 S.) n. 1 ₰ 18 ngr.
3. Thl.: Charakterbilder der neueren Geschichte ꝛc. 858. (IX, 678 S.) n. 1 ₰ 18 ngr.

Schöppner, Alex., Charakterbilder der allgemeinen Geschichte. Nach den Meisterwerken der Geschichtschreibung alter und neuer Zeit den Studirenden höherer Lehranstalten, sowie den Gebildeten aller Stande gewidmet. 2., verm. und verb. Aufl. 3 Thle. gr. 8. Schaffhausen 864—66, Hurter'sche Buchh. *
Inhalt:
Thl. 1. Charakterbilder der Geschichte des Alterthums. (XII und 654 S.) * 1 Thlr. 18 Ngr.
" 2. Charakterbilder der Geschichte des Mittelalters. 4 Lfgn. (XV und 660 S.) à Lfg. * 12 Ngr. * 1 Thlr. 18 Ngr.
" 3. Charakterbilder der neueren Geschichte. (XI und 776 S.) * 1 Thlr. 24 Ngr.

Schöppner, A., Charakterbilder der allgemeinen Geschichte. Nach den Meisterwerken der Geschichtschreibg. alter u. neuer Zeit. Den Studirenden höherer Lehranstalten, sowie den Gebildeten aller Stände gewidmet. 1—3. Thl. 3., verm. u. verb. Aufl. gr. 8. Schaffhausen 871—73. Regensburg, Manz. n. 17. 30
1. Das Alterthum. (XII, 655 S.) n. 5. 25
2. Das Mittelalter. (XIV, 691 S.) n. 5. 25
3. Die neuere Geschichte. (X, 777 S.) n. 6. 80

Schöppner, A., Charakterbilder aus der Weltgeschichte. Nach Meisterwerken der Geschichtschreibg. Den Studierenden höh. Lehranstalten sowie den Gebildeten aller Stände gewidmet. Neubearb. v. L. König. 3 Bde. 4., gänzlich umgearb. u. illustr. Aufl. Lex. 8. Regensburg 909. Verlagsanstalt vorm. G. J. Manz. à 6.—; geb. in Leinw. à 8. —
1. Geschichte der alten u. beginn. neuen Zeit. Mit 6 Kunstbeilagen. (XX, 454 S.) 909.
2. Geschichte der christlichen Reiche. (XV, 527 S. m. 167 Abbildgn.) 909.
3. Charakterbilder aus der Geschichte der Apostasie der Völker. Mit 252 Illustr. u. 1 Kunstbeilage. (XIX, 610 S.) 910.

Schöppner, A(lex.), bayerische Geschichte in Romanzen, Balladen und Liedern deutscher Dichter. Ein Lesebuch zur Belebung des geschichtl. Unterrichts für Schule und Haus. Mit einer Regententafel von Th. Wiedemann. 8. (256 S.) München 852, Rieger'sche Buchh.

Schöppner, Alex., Glaubensfreiheit. Ein Wort zum Frieden Deutschlands an alle Konfessionen. Würzburg, Stahel, 1848. gr. 8°, 23 S. 25 Pf.

—— Hausschatz der Länder- und Völkerkunde. (In 12 Lfgn.) 1. Lfg. Geographische Bilder aus der gesammten neueren Reiseliteratur. Mit Illustr. von F. Baumgarten und A. Zoller. Lex.-8. (S. 1—64 mit 2 Holzschnt.) Leipzig 856, Weber. *

—— Hausschatz der Länder- und Völkerkunde. Geographische Bilder aus der gesammten neueren Reiseliteratur. Mit Illustr. von F. Baumgarten und A. Toller. 2—12. (Schluß-)Lfg. Lex.-8. (XXV und S. 65—817 mit 4 Holzschnt.) Leipzig 857. 58, Weber. à Lfg. * 10 Ngr. Thlr. *
cplt. geb. *
geb. mit Goldschn. *

1. Lfg. Ebendas. 1856. * 10 Ngr.

— Hausschatz der Länder- u. Völkerkunde. 2. Aufl. 16 Liefgn. Leipzig 867,68. Weber. gr. 8. (XV, 1091 S. mit eingedr. Holzschn. u. 32 Steintaff. in Tondr.) n. 5 Thlr 10 ngr. geb. n. 6 Thlr; in Prachtband n. 6 Thlr 10 ngr.

— Hausschatz der Länder- u. Völkerkunde. Geographische Bilder aus der gesammten neueren Reiseliteratur. 3. verm. u. verb. Aufl. Hrsg. v. Sophus Ruge. Mit 32 Ansichten (Holzschn.) in Farbendr. u. 46 Vignetten (in eingedr. Holzschn.) 2 Bde. Lex.-8. (512 u. VI, 538 S.) Leipzig 875. 76. Weber. n. 16. —

Schöppner, Alex., die Lehrfreiheit, ihre Motive, Bedingungen und Folgen für Staat, Kirche und Schule, geschildert mit vorzügl. Hinweisung auf Belgien und Nordamerika. 8. (92 S.) Augsburg 848, Rieger'sche Buchh. Thlr.

—— kleine Literaturkunde. Mit Proben aus den Meisterwerken der alten und neuen Literatur. Zum Unterrichte für Töchter der gebildeten Stände. gr. 8. (XIV und 394 S.) München 854, Lindauer'sche Buchh.

—— kleine Literaturkunde mit Proben aus Meisterwerken der alten und neuen Literatur. Zum Unterrichte für Töchter der gebildeten Stände. 2., revid. Aufl. von Joh. Nep. Uschold. gr. 8. (XII und 352 S.) München 863, Lindauer'sche Buchh.

— kleine Literaturkunde m. Proben aus den Meisterwerken der alten u. neuen Literatur. Zum Unterrichte f. Töchter der gebildeten Stände. 3., gänzlich umgearb. u. vervollständ. Aufl. v. Karl Zettel. gr. 8. (VIII, 356 S.) München 872. Lindauer. 3. 30

Schöppner, Alex., kleine Literaturkunde mit Proben aus den Meisterwerken der alten u. neuen Literatur. Zum Unterrichte für Töchter der gebildeten Stände. 4., gänzlich umgearb. u. vervollständ. Aufl. von Karl Zettel. gr. 8. (VIII, 392 S.) München 879. Lindauer. n. 3. 50

Schöppner, A., kleine Literaturkunde m. Proben aus den Meisterwerken der alten u. neuen Literatur. Zum Unterrichte f. Töchter der gebildeten Stände. 5., umgearb. Aufl. gr. 8. (VIII, 447 S.) München 888. Lindauer. n. 3. 60

Schöppner, Alex., Litteraturkunde m. Proben aus d. Meisterwerken d. alten u. neuen Litteratur. Zum Unterrichte f. Töchter gebild. Stände. 6., gänzl. umgearb. u. vervollständ. Aufl. v. Karl Zettel. gr. 8. (X, 454 S.) München 899. J. Lindauer. n. 3. 60; Einbd. n.n.n. — 40

—— Sagenbuch der bayerischen Lande. Aus dem Munde des Volkes, der Chronik und der Dichter hrsg. 1. und 2. Bd. Lex.-8. München, Rieger'sche Buchh. [1. (XV und 496 S.) 2. (VII und 471 S.) 851—52. à Bd. * 1 Thlr. 24 Ngr.] *

—— Sagenbuch der bayerischen Lande. Aus dem Munde des Volkes, der Chronik und der Dichter hrsg. 3. Bd. Lex.-8. (VIII und 470 S.) München 853, Rieger'sche Buchh. *

1. und 2. Bd. Ebendas. 1851—52. à Bd. 1 Thlr. 24 Ngr.

— Sagenbuch der bayerischen Lande. Aus dem Munde des Volkes, der Chronik u. der Dichter. Volks-Ausg. 3 Bde. München 866. Lindauer'sche Universitäts-Buchh. gr. 8. (XXVIII, 1437 S.) 3 Thlr 18 ngr.

— Sagenbuch der bayerischen Lande. Aus dem Munde d. Volkes, der Chronik u. der Dichter. Neue Volks-Ausg. in 3 Bdn. gr. 8. (XIV, 496; VI, 471 u. 470 S.) München 874. Rieger. 10. 80

—— der neue österreichische Schulplan für die Gymnasien und Realschulen. Ein Beitrag zur Würdigung desselben. Mit Rücksichten auf bayr. Schulbestand und preuß. Schulreform. gr. 8. (173 S.) Regensburg 850, Manz. —

Schöppner, Karl [aus Neustadt a/Aisch]: Über Haematocele extraperitonealis .... Würzburg, Paul Scheiner's Buchdr., 1887; 55 S. 8º.
Würzburg, Med. Fak., Inaug.-Diss. v. 1887.

Schöppner, Karl, über Haematocele extraperitonealis. Diss. Würzburg 1887. Stahelsche Univ.-Buchh. 8º. 55 S.

Schoeps, Aloys: Aus d. psychiatr. u. Nervenklinik d. Univ. Kiel. Über organische Nervenkrankheiten nach Trauma bei vorangegangener luetischer Infektion. Kiel 1909: Schmidt & Klaunig. 17 S. 8°
Kiel, Med. Diss. v. 4. Aug. 1909, Ref. Siemerling
[Geb. 11. März 77 Naumburg a. Q.; Wohnort: Naumburg; Staatsangeh.: Preußen; Vorbildung: Gymn. Bunzlau Reife O. 98; Studium: Leipzig 3, Breslau 5, Straßburg 1, Leipzig 4 S.; Coll. 26. Juli 09; Approb. 1. Sept. 06.] [U 09. 3386

Schoeps, Caesar (geb. am 19 Juli 1862 in Breslau): Beiträge zur Erläuterung des § 193 des Reichsstrafgesetzbuchs mit besonderer Berücksichtigung der Reichsgerichts-Entscheidungen ... Bonn, Univ.-Buchdr. v. C. Georgi 1885. 49 S., 1 Bl. 8.
Bonn, Jur. Fak., Diss. v. 23 Juli 1885

Schoeps, Georg, Referendar: Erstreckt sich die condictio gegen den „Dritten" im § 816 auf noch andere als unentgeltliche Erwerber? Greifswald 1906: J. Abel. (34 S.) 8° [J.]
Greifswald, Jur. Fak., Ref. Stampe, Diss. v. 14. Febr. 1906
[Geb. 13. Juni 83 Cammin, Pommern; Wohnort: Cammin; Staatsangeh.: Preußen; Vorbildung: Gymn. Stettin Reife M. 02; Studium: Berlin 3, Freiburg i. B. 1, Greifswald 2 S; Rfg. 21. Dez. 05.]

Schoeps, J. T. C., Lectionum antiquarum Specim. I. Hal. Sax. 811. 8. (16 Seiten). Es behandelt blos Stellen des Persius.

Schoeps, Jakob, approb. Arzt aus Zerkow i. P.: Aus d. Freiburger chirurg. Universitäts-Klinik (Hofrat Prof. Dr. Kraske.) Ueber einen Fall von Coxa vara auf osteomyelitischer Basis. *Freiburg i. B. 1902: K. Henn.* (50 S.) 8°
Freiburg i. B., Med. Diss. v. 1902

Schöps, (Jos. Gotth.,) Beschreibung u. Erklärung eines neuerfundenen Graphoscop, d. i. Zeichnenmaschine, mittelst welcher man alle Gegenstände nach der Natur abzeichnen rc. kann. 8. Wien 816, Grund.

— Beschreib. einer neu erfund. sich selbst bewegenden Wasser-Maschine. Mit 1 Kpf. 8. Wien 802. (Gerold).

— s. Magazin der allerneuesten u. gemeinnützigsten Erfindungen.

Schoeps, Karl, aus Halle a. S.: Bolometrische Untersuchung über die erwärmende Wirkung der Röntgenstrahlen. Mit 1 Taf. u. 10 Fig. im Text. *Halle a. S. 1899: E. Karras.* (52 S.) 8° ¶ (Aus: Zeitschrift f. Naturwiss., Bd 72.)
Halle, Phil. Diss. v. 1899

Schoeps, Karl, bolometrische Untersuchung üb. die erwärmende Wirkung der Röntgenstrahlen. gr. 8. (52 S. m. 12 Fig., 1 Taf. u. 1 Bl. Erklärgn.) Stuttgart 899. E. Schweizerbart. n. — 80
Sonderabdruck aus: „Zeitschrift f. Naturwissenschaft".

Schoeps, Karl Gottfried (Görlitz) A. S. 1363/31

Disssputatio (!) inauguralis iuridica de serto virginum d. i. Von Jungfer-Crantz.
Präs. Johann Heinrich Meier. Rec.
Wittenberg (Bossoegel) 1740. 38 S.

Diss. Erfurt 26. I. 1693. 31233

Schoeps, Richard, Dr.: Zur **Geschichte** der Lutherischen Bibelsprache. Von d. Ausgabe letzter Hand ⟨1545⟩ bis zum ersten Texte Aug. Herm. Franckes ⟨1713⟩. *Halle a. S. 1898: Waisenhaus.* (S. 81—103.) 4°
Halle a. S., RG u. OR d. Franckeschen Stiftungen, Festschr. 1898**

Schoeps, Richard, Dr.: Zu Goethes Wilhelm Meister. Die histor. Stellung bes. d. Wanderjahre. Naumburg a. S. 1906: H. Sieling. (58 S., 1 Bl.) 4°
Pforta, k. Landes-S P 1906 (303)

Schoeps, Richard: Zu Goethes Wilhelm Meister. Die historische Stellung besonders der Wanderjahre. 58 S., 1 Bl. 4.
Progr. Kgl. Landesschule *Pforta* 1906 (303).
I. Die literarischen Vorlaufer der Lehrjahre und der Wanderjahre. II. Die Wanderjahre als literarisches Kunstwerk. III. Die Wanderjahre als Utopie.

Schoeps, Rich., zu Goethes Wilhelm Meister. Die histor. Stellung besonders der Wanderjahre. Progr. (59 S.) **Lex.-8. Naumburg 906.** (J. Domrich.) n. 1. —

Schoeps, Richard [aus Halle a. S.]: Die Partikeln in altnormannischen Texten ... Halle a. S., Hofbuchdr. v. C. A. Kaemmerer & C., 1896; 104 S., 2 Bl. 8.
Halle, Phil. Fak., Inaug.-Diss. v. 6. Juni 1896

SCHÖPSLEIN, E. B. (ps.), Grosse nationale Prügel-Predigt, in welcher der unbestreitbare Nutzen des Prugelns beleuchtet wird. Vom Stapel gelassen von —. Mit Illustrationen. Bern 1865. 8°. (50 Pfg. G. Priewe. 1895.)
Der Pseud. fehlt bei Weller.

Schoepss, Christian[us] Gottlob: Musculorum, quibus volandi motus perficitur, in omnium ordinum atque familiarum avibus comparatio et descriptio. Halae (1829): Gebauer. 56 S. 8°
Halle-Wittenberg, Med. Diss. v. 11. Apr. 1829
Geb. Ruhland (Lausitz) 13. 10. 1804. V.
Ersch. in deutscher Bearb. u. verm. u. d. T.: Beschreibung der Flügelmuskeln der Vögel. In: Archiv f. Anatomie u. Physiologie. Hrsg.: I. F. Meckel. Leipzig 1829. S. 72—176. nebst Taf. 4 u. 5.

Schöpwinkel, Paul [aus Wernigerode a. Harz]: Über die Moderne Behandlung der diffusen Phlegmone. . . . Berlin, Buchdr. v. Gustav Schade (Otto Francke) (1890); 80 S. + 1 Bl. 8°
Berlin, Med. Fak., Inaug.-Diss. v. 11. Jul. 1890

Schor, Alexander: Die rein ökonomische Kategorie in der Wirtschaft. Königsberg i. Pr. 1903: R. Leupold. (40 S.) 8°
Königsberg, Phil. Diss. v. 5. Aug. 1903

SCHOR, Alfred (Kassel): Ueber einen Fall von Ulcus perforans des Querkolon mit Durchbohrung des Zwerchfells.- München: Weiss 1894. 24 S.
27.7.1894 - Chr 1894/95,20; Jv 1894/95,208
Diss. Ingolst-Landsh.-Mchn.

Schor, Jakob, a. Britschany in Rußland: **Ueber die Einwirkung der Röntgenstrahlen auf Leukämie, Pseudoleukämie und malignes Lymphom.** Berlin (1906): **E. Ebering.** (44 S.) 8°
Berlin, Med. Fak., Ref. v. Leyden, Diss. v. 9. März 1906
[Geb. 30. Dez. 74 Britschany; Wohnort: Britschany; Staatsangeb.: Rußland; Vorbildung: Richelieu-Gymn. Odessa Reife O. 98; Studium: Wien 10, Berlin 1 S.; Rig. 5. März 06.]

Schor, Lewis, lectures premières, s. Lectures premières.

—— a series of commercial letters originally by E. Hodgkins with explanatory italian notes for the use of Italians. 8. (IV und 311 S.) Triest 858, Coen. *

Schor, Luigi, corso teorico-pratico della lingua inglese. gr. 8. (165 S.) Trieste 847, Favarger. 18 ngr.

Schor, Luigi, Corso teorico-pratico della lingua inglese. 2. Edizione. gr. 8. (VI und 192 S.) Trieste 853. (Leipzig, Köhler.) *

Schor, Luigi, **Guida** ad uso degli studiosi della lingua inglese ovvero raccolta di voci famigliari, dialoghi, idiotismi ecc. 3. ediz. ampliata e corretta. Triest 866. Coen. 16. (120 S.) n. 8 ngr.

—— Istradamento alla conversazione inglese ovvero raccolta di voci famigliari, di dialoghi e di idiotismi ecc. 16. (112 S.) Trieste 853, Coën. *

—— Istradamento alla conversazione inglese ovvero raccolta di voci famigliari, dialoghi, idiotismi ecc. 2. ediz. ampliata e corretta. 16. (120 S.) Triest 866, Coen. *

Schorbach, Karl: Entstehung, Überlieferung und Quellen des deutschen Volksbuches Lucidarius ... Strassburg, K. J. Trübner, 1894. 2 Bl., 166 S., 2 Bl. 8°
Strassburg, Phil. Fak., Inaug.-Diss. v. 1894

Schorbach, Karl, Die Geschichte des Pfaffen von Kalenberg. Seltene Drucke V. Halle a. S. 1905, 4°. S. 44
Verzeichnis der Ausgaben des Peter Leu.

Schorbach, Karl, s. a. Drucke, seltene, in Nachbildungen.

Schorbach, K., u. M. Spirgatis, Heinrich Knoblochtzer in Strassburg, s.: Studien, bibliographische, zur Buchdruckergeschichte Deutschlands.

— Studien üb. das deutsche Volksbuch Lucidarius u. seine Bearbeitungen in fremden Sprachen, s.: Quellen u. Forschungen zur Sprach- u. Culturgeschichte der germanischen Völker.

Schorch, C. F. De feudis censuum. 8°. Erfordii 1758.

Schorch, Christian Friedrich Immanuel

Schorch, Fr., Immanuel, e. biogr. Skizze v. J. Dominikus. gr. 8. Erfurt, Beyer u. M.

Schorch, Christian Friedrich Immanuel [Praes.], s. Auster, Johann Gottfried: Generalia de citatione in terris Saxon. praecipue usitata.

Schorch, Christian Friedrich Immanuel [Praes.], s. Baumeister, Samuel Gottfried: Num vasallus de feudo in Lusatia superiore per ultimam voluntatem disponens praecise proximitatem gradus observare teneatur?

SCHORCH, Ch. F. Em.: **Facult. jurid. Erford. responss. et sententt. sel. collectio.** *Erf.* u. *Gotha*, Ettinger. 770. fol. (1 Thl. 8 Gr.)

— Collectio inclytae facultatis juridicae Erfordiensis responsorum, s.a. Collectio.

Ej. **nova Coll. — od. neue Samml. auserles. Gutachten u. Urthelssprüche d. Erfurt. Juristenfacultät.** *Erfurt*, Hennings. 798. 4. (1 Thl.)

— nova collectio responsorum selectior facultatis juridicae. 4. Erfurt. Hennings. 801.

SCHORCH, Ch. F. Im.: **Delineatio hist. jur. civ. Rom. et Germ.** (*Gotha* 766.) *Wittenb.*, Ahlfeld. 779. 8. (6 Gr.)

— delineatio historiae juris civilis roman. et germanorum. 8. Gotha 766. Ed. II. Wittenb. 779. (Dieterich in Götting.) 6 gr.

SCHORCH, Ch. F. Im.: **Jurium donationis propter nuptias Rom. historiae delineatio.** Pr. 1—4. *Erf.* 787—800. 4.

Schorch, Christian Friedrich Immanuel A. S. 129/27

De eo quod iustum est in reddendo mutuo in casu si monetae mutatio medio tempore facta est prolusio auspicalis recitationibus suis praemissa.
Erfurt (Hering) III. 1761. 32 S. 31297

Schorch, Christian Friedrich Immanuel [Praes.], s. F ü t t e r e r, Franz Joseph: De privilegio centenariae praescriptionis, quod ecclesiae Romanae tribuitur.

SCHORCH, Ch. F. Im.: Ueber *Ulrich Tenglers* Layenspiegel u. dessen Gebr. z. Erläut. d. peinl. H. G. Ordn. Kaiser Karls V. *Erf.*, Keyser. 796. 4. (3 Gr.)

SCHORCH, Chr. Fr. Imm.: Meditationes, in quibus praecipua capita doctrinae de cura bonorum absentis examinantur, variaque in vulgari maxime doctrina obviae dissensiones et inconcinnitates excutiuntur et exspenduntur. *Jen.*, 761. 4. (*Lpz.*, Cnobloch.) (8 Gr.)

Schorch, C. F. Im., de cura bonorum. 4. Ienae, Melchior. (Gabler) 761.

Schorch, Christian Friedrich Immanuel (Präs.): N u m vasallus de feudo . . . per ult. voluntatem disponens praecise proximitatem gradus observare teneatur? s. B a u m e i s t e r, Samuel Gottfried

— O p u s c u l a varii argum. dissert. in univers. Erford. conscript. nunc collect. cont. 8. Erfurt. Görling. 791.

SCHORCH, Ch. F. Im.: Opuscc. var. argum.. *Erf.*, Gerling. 791. 8. (18 Gr.)

— Abhandl. üb. die Rechte d. Kusses. 4. Erfurt 768.

— Samml. auserles. Gutachten u. Urtheilssprüche d. Erfurt. Jurist. Facultät. 4. Erfurt, Hennings. 80[illegible].

Schorch, Christian Wilhelm (Erfurt) A. S. 23/6

Dissertatio juridica de collatione bonorum generali. Präs. Jakob August Franckenstein.
Leipzig (Schede) 8. IV. 1721. 38 S. 31298

Schorch, Frz. Ed., Altarrede, s. Stiehler, A., Predigt.

Schorch, Frz. Ed., Altarrede vor der feierlichen Beisetzung der entseelten Hülle der Durchlauchtigsten Prinzessin Christiane Philippine Louise Reuß J. L. in der Bergkirche zu Schleiz am 3. October 1866 gehalten. Schleiz 866. Hübscher'sche Buchh. gr. 8. (8 S.) n. 1 ngr

Schorch, Frz. Ed., Altarrede vor der feierlichen Beisetzung der entseelten Hülle des reg. Durchl. Fürsten Reuß J. L. Herrn Heinrich LXII. am 23. Juni 1854 gehalten. gr. 8. (7 S.) Schleiz 854, Hübscher's Buchh.

—— Amtsreden bei Ordinationen, Einführungen und Weihehandlungen gehalten. gr. 8. (III und 124 S.) Schleiz 866, Hübscher'sche Buchh. *

Schorch, Frz. Ed., Erbauungsbuch zur Hausandacht am Sabbathtage u. zum Gebrauch bei dem Betstundengottesdienste. gr. 8. (III, 307 S.) Schleiz 872. Hübscher in Comm. n. 3. —

— Festpredigten. gr. 8. (IV und 239 S.) Hamburg 859, Perthes-Besser und Mauke. *

—— Gib, Herr, uns Kraft, zu halten, was wir heute schwören! Confirmationsrede über Psalm 119, V. 106 gehalten zu Schleiz am Sonnt. Palmarum 1856. gr. 8. (8 S.) Schleiz 856, Hübscher's Buchh.

Schorch, Frz. Ed., das Leben Jesu in seiner Angemessenheit zu den religiösen Bedürfnissen des Menschengeschlechts. Für denkende Verehrer Jesu. gr. 8. Leipzig 841, W. Vogel. $^{1}/_{8}$ rf

—— Predigt zum Gedächtniß des verheerenden Brandes am 2. Aug. 1856 den 12. Sonnt. nach Trinit. zu Schleiz gehalten. gr. 8. (12 S.) Schleiz 856, (Hübscher's Buchh.) **.

—— Predigt zum Gedächtniß des verewigten durchlauchtigsten Fürsten Reuß J. L. Herrn Heinrich LXII. am 23. Juli 1854 gehalten. gr. 8. (14 S.) Schleiz 854, Hübscher's Buchh.

Schorch, Frz. Ed., Predigt bei der ersten Jahresversammlung d. Landesvereins der Gustav-Adolph-Stiftung für das Fürstenth. Reuß J. L. den 27. Aug. 1851 zu Gera gehalten. Nebst dem Altargebete gesprochen von J o n a t h a n H e i n r. T r a u g. B e h r. gr. 8. (16 S.) Gera 851. (Kanitz.) n. n. $^{1}/_{12}$ rf

Schorch, Frz. Ed., Predigt bei der Jubelfeier der 25jähr. Regierung des Fürsten Heinrich LXII. Jüngern Linie Fürsten Reuß rc. am 2. Osterfeiertage 1843 zu Schleiz gehalten. 8. (1 B.) Schleiz, [Bockelmann's Hofbuchh.]

— Predigt bei der Jubelfeier der 25jähr. Regierung des Fürsten Heinrich LXII. Jüngern Linie Fürsten Reuß rc. am 2. Osterfeiertage 1843 zu Schleiz gehalten. 8. Schleiz 843, Wagner'sche Buchh. n. 3 ngl

Schorch, Frz. Ed., Predigt am dritten Jubelfeste des augsburger Religions-Friedens den 23. Septbr. 1855 gehalten. gr. 8. (13 S.) Schleiz 855, Hübscher's Buchh. Thlr.

—— Predigt zur 3. Säcularfeier des Todestages Luthers gehalten. gr. 8. (1 B.) Schleiz 846, Bockelmann's Hofbuch.

—— Predigt bei der dritten Säcularfeier des Todestages Melanchthons gehalten. gr. 8. (15 S.) Schleiz 860, (Hübscher's Buchh.)

—— Predigt, am Tage der Todtenfeier, den 12. Juni gehalten. gr. 8. (1 B.) Schleiz 842, (Bockelmann's Hofbuchh.) *

— Predigt, am Tage der Todtenfeier, den 12. Juni gehalten u. auf Verlangen in den Druck gegeben. gr. 8. Schleiz 842. (Wagner'sche Buchh.) n. 3 ngl

—— Predigten. 3 Hfte. gr. 8. (32 B.) Schleiz 843—45, [Bockelmann's Hofbuchh.] à

— Predigten. 1.—3. Heft. gr. 8. Schleiz 843—45, Wagner'sche Buchh. à $^{2}/_{3}$ rf

—— zwölf Predigten. 8. (12 B.) Greiz 838, Henning.

—— Rede bei der Einweihung des zur Stiftung Heinrich II. Fürsten Reuß-Köstritz gehörigen Mädchenhauses in Hohenleuben gehalten. 8. (8 S.) Schleiz 856, (Hübscher's Buchh.) *

—— Rede bei der Vermählung des Prinzen Adolph v. Bentheim-Tecklenburg mit der Prinzessin Anna Caroline Louise Adelheid v. Reuß-Schleiz. 8. (1 B.) Schleiz 843, [Bockelmann's Hofbuchh.]

Schorch, F. E., unter welchen Bedingungen kann d. eigenthüml Herrlichkeit d. christl. Predigtamtes sich offenbaren? Antrittspredigt. gr. 8. ($1^{3}/_{4}$ B.) Neustadt a. d. O. 833, Wagner

— Wie wird das Schulhaus zu einem Gotteshause? Predigt bei der Einweihung eines neuerbauten Schulhauses am 1. Sonntag nach Epiph. 1857 gehalten. gr. 8. (11 S.) Schleiz 857, Hübscher's Verlag. *

— Zeitpredigten. 1—4. Heft. gr. 8. (186 S.) Schleiz 853—55, (Hübscher's Buchh.) à Heft ** 5 Ngr. **

Schorch, Frz. Ed., der Zuruf, den die Gedächtnißfeier der Leipziger Völkerschlacht an unser deutsches Volk ergehen läßt. Predigt am 20. Sonntage nach Trin. in der Stadtkirche zu Schleiz gehalten. gr. 8. (16 S.) Schleiz 863, Hübscher'sche Buchh. *.

Schorch, Heinrich, s. Ehrmann, T. F.: Handlungs-, Post- u. Zeitungs-Lexicon.

— Luthers Entscheidung. Dramat. Gedicht. gr. 8. Weimar 818. Ind.-Compt. 15 Gr.

Schorch, H., Erinnerungen an Friedrich den Grossen. gr 8. Erfurt, Maring. 819.

Schorch, H., († d. 27. Jan. 1822) Erinnerungen an Friedrich d. Großen. gr. 8. Erf. 819. (Otto). 6 Gr.

– s. Jahrbuch d. Universitäten.

Schorch, H., neueste geograph. statistische Kunde v. Großbritannien u. Irland, m. K. u. Chart. gr. 8. Weimar, Land. Ind. Comt. 810.

— neueste geograph.-statist. Kunde v. Großbritannien, s. Länder- u. Völkerkunde VII.

Schorch, Dr. Heinrich. Staats- und Adress-Handbuch der Staaten des rheinischen Bundes. (3 Bde.) 8. Weimar 1811—1813.

Schorch, Heinr., Staats- u. Addreß-Handbuch d. Staaten des rhein. Bundes f. das J. 1813. Ist mit Georg Hassel allgem. europ. Staats- u. Addreßhandbuch IIr f. das J. 1813 (fortgesetzt von Heinr. Schorch.) gleichen Inhalts, s. Hassel.

— Harlequins Wiedergeburt, ein Spiel lustiger Intrigen. 8. Erfurt, Hennings.

Schorch, Hnr., Harlekins Wiedergeburt. 8. Gotha 805. Hennings. 16 Gr.

Schorch, Hieronymus Friedrich [Praes.], s. Bahrdt, Christian Theophil: De vitiis mandati perperam plerumque reprehensis.

Schorch, H. F., de basilicis earumque juribus. Erf. 1733. 4.

Schorch, Hieronymus Friedrich [Praes.], s. Exs, Heinrich Wilhelm: De proxenetis.

Schorch, Hieronymus Friedrich [Praes.], s. Franckenberger, Jo. Georg: De quaestione juris: an et quatenus acceptatio necessaria sit in donationibus?

Schorch, Hieronymus Friedrich [Praes.], s. Frantz, Johann Elias: De tutela feudali, ejusque differentiis ab allodiali.

Schorch, Hieronymus Friedrich [Praes.], s. Gerhard, Friedrich Gottfred: De eo quod justum est circa vasallum praedium feudale alienantem.

Schorch, Hieronymus Friedrich [Praes.], s. Goehring, Adam: De eo quod justum est circa venditionem fide de pretio habita.

Schorch, Hieronymus Friedrich [Praes.], s. Hertzog, Johann Ernst: De marito secundum statuta Zittaviensia herede uxoris defunctae mobiliari non existente.

Schorch, Hieronymus Friedrich (Erfurt) A. S. 71/3

Dissertatio juris publici et gentium inauguralis, de jure puniendi principem, in proprio, vel alterius territorio, delinquentem.
Präs. Philipp Franz von Bellmont.
Erfurt (Grosch) 2. XII. 1717. 38 S. 31299

Schorch, Hieronymus Friedrich (Erfurt)
U. S. Erfurt 1756, 1

Dissertatio iuris publici et gentium inauguralis, de iure puniendi principem, in proprio, vel alterius territorio, delinquentem.
Präs. Philipp Franz von Bellmont, Rec.
Frankfurt, Leipzig 1756. 48 S.

Diss. Erfurt 2. XII. 1717. 31300

Schorch, Hieronymus Friedrich [Praes.], s. Kemter, Johann Traugott: De actione publiciana adversus ipsum dominum competente.

Schorch, Hieronymus Friedrich [Praes.], s. Kürtzel, C. A.: Diss. jur. quaestiones speciales circa inofficiosum testamentum cont.

Schorch, Hieronymus Friedrich [Praes.], s. Lehmann, Karl Roch.: De singularibus juribus circa ineunda matrimonia principum et statuum imperii.

Schorch, Hieronymus Friedrich [Praes.], s. Lerche, Andr. Heinr.: De quaestione: an petitorium in foro possessorii finiti.

Schorch, Hieronymus Friedrich [Praes.], s. Löscher, Joh. Ad.: De eo quod justum est circa revocationem donationis.

Schorch, Hieronymus Friedrich [Praes.], s. Loewenstein, Ernst Andr.: De officio judicis in imponendo juramento vel suppletorio vel purgatorio.

Schorch, Hieronymus Friedrich [Praes.], s. Otte, Johann: De limitibus superioritatis territorialis secundum leges fundamentales imperii.

Schorch, Hieronymus Friedrich [Praes.], s. Roloffs, Friedrich Wilhelm: De appellationis effectu tam suspensivo quam devolutivo.

Schorch, Hieronymus Friedrich [Praes.], s. Schumm, Johann David: De remedio spolii.

Schorch, Hieronymus Friedrich [Praes.], s. Schwemler, Johann Paul: De ratihabitatione gestorum a falso procuratore.

Schorch, Hieronymus Friedrich [Praes.], s. Thyme, Georg Gottfried: De iure domini iurisdictionis altae, subditos domini iurisdictionis bassae immediate, et sine huius requisitione ... citandi.

Schorch, Hieronymus Friedrich [Praes.], s. Wentzel, Heinrich Wilhelm Friedrich: De praecipuis vasalli juribus circa feudum.

Schorch, Max, & Cie., Elektrotechnische Fabrik: Mitteilungen. 1909 ff. Rheydt

Schorch, (Karl) Theodor

Schorch, Thdr., zur Erinnerung an die Einweihung der restaurirten Andreas-Kirche „Zur Ehre Gottes" in Rudolstadt am Andreastage, dem 1. Adventssonntage 1879. Weiherede u. Predigt. gr. 8. (20 S.) Rudolstadt 879. Müller. n.n. — 25

Schorch, Karl Thdr., ist es leicht od. schwer e. Christ zu sein? Predigt üb. Matth. V, 20—26, am 6. Sonntage p. Trinitatis 1872, in der Stadtkirche zu Rudolstadt geh. gr. 8. (15 S.) Rudolstadt 872. Müller. n.n. — 25

Schorch, Thdr., Leben u. Sterben im Lichte des Glaubens. Predigt über Evang. Johannis XII, 23—28 am Todtenfeste 1869 in der Stadtkirche zu Rudolstadt gehalten. Rudolstadt 870. Müller. gr. 8. (16 S.) n.n. 2½ ngr.

—— der Reichthum der Güte Gottes bei unserer diesjährigen Ernte. Predigt über Röm. II, 4., am Erntedankfeste, 17. Septbr. 1871, in der Stadtkirche zu Rudolstadt gehalten. gr. 8. (15 S.) Ebendas. 871. ** — 25

— **der Reichthum der Güte Gottes bei unserer diesjährigen Ernte.** Predigt üb. Röm. II., 4., am Erntedankfeste, 17. Septbr. 1871, in der Stadtkirche zu Rudolstadt geh. gr. 8. (15 S.) Ebend. 872. n n. — 25

— wer glaubet, der fliehet nicht. Predigt über Jesaias 28, Vers 16, am 2. Septbr. [14. Sonnt. n. Trin.] 1877 in der Stadtkirche zu Rudolstadt geh. gr. 8. (20 S.) Ebend. 877. n.n. — 25

Schorcht, Christ. Friedrich A. S. 115/19

De donatione inofficiosa pro parte legitimae rescindenda.
Jena (Gollner) X. 1778. 54 S.

Gew.: Achaz Ludwig Karl Schmid, Friedrich Karl von Rotenhahn, Friedrich Karl Fhr. von Dürkheim, Christian Gottlob Voigt. 31301

Schorcht, Chr. Fr., († d. 9. Mai 1805.) Diss. de donatione inoffiosa pro parte legitimae rescindenda. 8. Jena 778. (Brockhaus in Leipz.) 6 gl.

Schorcht, Chr. Fr., de donatione inoffiosa pro parte legitimae rescindenda. 8. Ienae. (Gleditsch, Lips.) 797.

— die Unfähigkeit d. Mantelkinder z. Lehensfolge. 8. Jena 780. Cröker. (Brockhaus in Leipz.) 6 gl.

— die Unfähigkeit der Mantelkinder zur Lehnsfolge. 8. Ebend. 797.

Schorcht, Chr. Fr.: Von d. Ungültigkeit d. Eides bei ungültigen Verträgen. *Jena*, (*Neisse*, Hennings.) 786. 4. (6 Gr.)

Schorcht, Salomo, († 1792.) s. 1) Lauchstädt; histor. Gemälde. 2) Natur- u. Sittengemälde, kleine. 3) Volney, Reisen.

Lauchstädt, ein kleines Gemälde an Herrn D. H. in Z. Ein Pendant zum dritten Bande der neuen Reisebemerkungen in und über Deutschland. (Vf.: *Salomo Schorcht.*) O. O. (Halle) 1787. 16°. 87 S. (20 Mk., br. unbeschn., Adolf Weigel, Lpz., 1912.)

Schorcht, Salomo, s. Viertelstunde, tausend u. eine.

Schorcht, Walter: Die Wellenfläche zweier leuchtenden Punkte in einem isotropen Medium. Jena 1907: B. Vopelius. (66 S.) 8°
Jena, Phil. Fak., Ref. Straubel, Diss. v. 14. März 1907

Schordan, H. Wesen, Ziel und Grenzen der Evangelischen Allianz. In-8°. 22 S. Basel, Jäger & Kober. 1893. — 20

Schorderet, Auguste. Chez nous. Revue Fribourgeoise en quatre Actes, dont un Prologue. 96 p. 8. Fribourg, Delaspre & Fils, 1903. [fr. —. 50]
(Représentée pour la première fois au Théâtre de Fribourg par les élèves de l'Ecole secondaire des jeunes filles le 25 janvier 1903.)

Schoren, Marie Eve: Monat Mariä unserer Lieben Frau von Lourdes, von Heinrich Lasserre. Mit Genehmigung des Verfassers in's Deutsche übersetzt. Mit bischöflicher Approbation. Luxemburg: P. Brück 1877. – X, 462, 2, 56 S. 8°

– Dass. Zweite Auflage. Luxemburg: St. Paul.-Ges. 1893. – 462, 2, 56 S. 8°

Schorer's Bildermappen. 2. Sammlg. 6. Lfg. [Der ganzen Folge 18. Lfg.] Fol. (3 Holzschntaf. m. 2 Bl. Text.) Berlin 886. Schorer. n. — 80

Schorer's Bildermappen. 2. Sammlg. 7. u. 8. Lfg. Der ganzen Folge 19. u. 20. Lfg. Fol. (à 3 Holzschn.-Taf. m. 2 Bl. Text.) Berlin 887. Schorer. à Lfg. n. — 80

Schorer's Familienblatt. Bisher: Deutsches Familienblatt. Eine illustrirte Zeitschrift. 4. Bd. Jahrg. 1883. 52 Nrn. (à Nr. 2½ Bog. mit eingedr. Holzschn.) gr. 4. Berlin, Schorer. *
Vgl.: Familienblatt, deutsches.

— dasselbe. Red.: Ernst Otto Hopp. 5—7. Bd. Jahrg. 1884—1886. à 52 Nrn. (à 2½—3 B. m. eingedr. Holzschn.) gr. 4. Ebend. à Jahrg. n. 8. —; in 18 Hftn. à n. — 50

— Familienblatt. Eine illustr. Zeitschrift. Red.: F. Hirsch. 8.—11. Bd. Jahrg. 1887—1890. à 52 Nrn. (à 2½—3 B. m. eingedr. Holzschn.) gr. 4. Ebd. à Jahrg. n. 8. —; in 18 Hftn. à n. — 50

Schorer's Familienblatt. Gegründet 1880. Eine illustr. Zeitschrift. Red.: Frz. Hirsch. 12. u. 13. Bd. Jahrg. 1891. 1892. à 52 Nrn. (à 2½—3 Bog.) gr. 4. Berlin, J. H. Schorer. à Jahrg. n. 8. —; in 18 Hftn. à n. — 50

— dasselbe. Red.: Emil Peschkau. 14. Bd. Jahrg. 1893. 52 Nrn. (à 2½—3 Bog.) gr. 4. Ebd. n. 8. —; in 18 Hftn. à n. — 50

— dasselbe. 15. Bd. Jahrg. 1894. 52 Nrn. (à ca. 2½ Bog.) gr. 4. Leipzig, E. Keil's Nachf. n. 7. —
Wurde im April 1894 mit „Gartenlaube" verschmolzen, aber unter dem seitherigen Titel „Schorer's Familienblatt", mit Text u. Illustr. der „Gartenlaube", fortgeführt.

— dasselbe. Salon-Ausg. Red.: Frz. Hirsch. 1. u. 2. Jahrg. Juli 1885—Juni 1887. à 12 Hfte. gr. 8. (à Hft. ca. 152 S.) Ebend. à Hft. — 75

— dasselbe. Salon-Ausg. Red.: F. Hirsch. 3.—5. Jahrg. Juli 1887—Septbr. 1890. à 12, 12, 14 Hfte. gr. 8. (à Hft. ca. 130 S.) Ebd. à Hft. — 75

— dasselbe. 6. Jahrg. Oktbr. 1890—Septbr. 1891. 14 Hfte. gr. 8. (1. Hft. 114 S.) Ebd. à Hft. — 75

Schorer's Familienblatt. Gegründet 1880. Eine illustr. Zeitschrift. Salon-Ausg. Red.: Frz. Hirsch. 7. Jahrg. Oktbr. 1891—Septbr. 1892. 14 Hfte. gr. 8. (à Hft. ca. 116 S.) Berlin, J. H. Schorer, A.-G. à Hft. n. — 75
Fortsetzung s.: Zeit, unsere.

— Jugendfreund. Hrsg. v. K. Dorenwell. 1. Jahrg. gr. 4. (VIII, 344 S. m. Bildern.) Ebd. 888. geb. n. 5. —

— Kalender f. die deutsche Familie auf d. J. 1892 u. 1893. 1. u. 2. Jahrg. gr. 8. (VIII, 208; VIII, 194 S. m. Abbildgn.) Ebd. geb. à Jahrg. * 1 —

— Kalender f. die deutsche Familie auf d. J. 1894. 3. Jahrg. gr. 8. (XLVIII, 182 S. m. Abbildgn.) Ebd. Geb. in Leinw. n. 1. —

— dasselbe, Fortsetzg., s.: Trowitzsch's Reichs-Kalender.

(Schorer, [Alfred].) Bericht an die Justizdirektion des Kantons Bern betreffend verschiedene Vorschläge zu einer Neuorganisation der Gerichtsbehörden. (1905 Januar 31.) 25 S. 4. [Bern,] O[tt] & B[olliger], II. [19]05.

Schorer, A[lfred]. Die bernische Justizreform. Referat gehalten an der Jahresversammlung der bern. Männerhelvetia in Wimmis, 19. Mai 1902. Separatabdruck aus der «Helvetia», politisch-litterarisches Monatsheft der Studentenverbindung Helvetia, [Jahrg. 21, Nr. 6, Juni 1902]. 36 S. 8. [Bern, Büchler & Co.]

Schorer, Gerhard. Über refraktometrische Pepsinbestimmungen. Diss. Med. Bern. [Mit Figuren.] 42 S. 8. Bern, Stämpfli & Cie., 1908.

Schorer, Hans: Der englisch-französische Handelsvertrag vom Jahre 1713. München 1900: J. G. Weiss. (63 S.) 8°
(Soll erweitert u. umgearb. erscheinen.)
München, Staatswirtsch. Diss. v. 1901.

Bayerns Studien Stipendien an humanistischen wie technischen Mittel- und Hochschulen. An 950 Stipendien mit Angabe von Gründungsjahr, Zweck, verwaltende bzw. verleihende Stelle namentl. verzeichnet. Unter Benutzung amtl. Materials bearb. von Dr. Hans Schorer. *München: Caritassekretariat 1901.* (111 S.) 8° [ ] [illegible]

Schorer, Hans, Die Wohlthätigkeitsstiftungen im Königr. Bayern. Mit einem namentlichen Verzeichnis von an 6000 Wohlthätigkeitsstiftungen, nebst Angabe von Zweck, Begrenzung, Gründungsjahr, Vermögen. gr. 8°. München, Kathol. Caritasverband, 1902. (247 S.)

Schorer, J. H. [illegible] Album des deutschen Reiches. [illegible] 1881. 4.

Schorer, J. S., ausführliches Lehrbuch der bayrischen Bierbrauerei, mit besonderer Berücksichtigung der Dickmaischbrauerei. Altona 858. Verlags-Bureau. 8. (122 S.) 20 ngr.

Schorer, J. S., ausführliches Lehrbuch der bayrischen Bierbrauerei, mit besonderer Berücksichtigung der Dickmaischbrauerei. 2. bedeutend verm. u. verb. Aufl. Altona 863. Verlagsbureau. gr. 8. (111 S.) 1 ℛ

—— sechzig selbsterprobte Recepte für Bierbrauer, Oekonomen, Gastwirthe, Bierverschenker rc. Zugleich als zweiter Thl. seines ausführl. Lehrbuchs der Bierbrauerei. gr. 8. (40 S.) Altona 861, Verlags-Bureau.

Schorer's, Jos., Buchdrucker-Reiseführer durch Österreich. 12. (150 S. m. 1 Karte.) Salzburg 902. (Halle, Graph. Verlags-Anstalt.) Geb. in Leinw. n. 1. 60

Praktische Winke für Maschinenmeister und Drucker. 2. Aufl. Hrsg. Joseph Schorer. *Halle a. S.: P. Goldschmidt [1901].* (43 S.) 8° (01. 12836

— praktische Winke f. Maschinenmeister u. Drucker. 2. Aufl. gr. 8. (45 S. m. Abbildgn.) Halle (901). Graph. Verlags-Anstalt. n. 1. —

Schorer, Cornelia [med. pract. aus Lübeck]: Klinische Mitteilungen über Chlorose. Zürich 1897. 29 S. 8°.
Zürich. Med. Diss. 1897/98.

Schorer, [Robert]. Leichenrede für Frau Pfarrer M(arie) Rütimeyer geb. Fankhauser, gehalten... den 7. Mai 1892. 8. Münsingen.

Schorer, Theodor

Schorer, Th., Lübeck's Trinkwasser. Chemische Untersuchung sämmtlicher öffentl. Grundbrunnen, einiger Privatbrunnen u. des Kunstleitungswassers der Stadt Lübeck, nebst vergleichender Uebersicht der wichtigsten Bestandtheile von Fluss-, Grund- u. Leitungswasser verschiedener Städte. gr. 8. (XIX, 284 S.) Lübeck 877. Seelig. n. 4. —

Schorer, Thdr., chemische Untersuchungen zur Feststellung des Einflusses der Sielleitung der Stadt Lübeck auf die umgebenden Gewässer, ausgeführt im Auftrage des Medicinalcollegiums. gr. 4. (III, 40 S. mit 1 Karte.) Lübeck 883, [Grautoff.] Schmersahl. *

Schoretics, Mich., De sensibus externis, eorumque inter se commercio. Vienn. 4°.
1765

Schörg, Aug., Schauen, Denken, Schaffen. Lektionen aus dem Anschauungsunterricht u. d. Heimatkunde d. Unterklasse. (XI, 247 S.) gr. 8. Nürnberg 909. F. Korn. 3.20; geb. 3.70

Schorg, Frz.: Abbildungen verschiedener Arten Schlösser. 1s. und 2s. Heft. München. 1827.

Schörg jun., Frz., Abbildungen verschied. Arten v. Schlössern. 1. u. 2. Hft. Lith. (à 12 Taf. u. 1 Bog. Erklär.) Fol. München 832, 33, (Finsterlin.)

Schörg, Frz., Sammlung verschiedener Thüren-Schlösser als Fortsetzung der Zeichnungs-Uebungen für Schlosser. 1—4. Heft. Imp.-Fol. (à Heft 6 Stnt.) Uttweil 858. [Stuttgart,] Uhler. à Heft * 22 Ngr.

—— Versuche einiger Arten Schlösser an Komoden, Glaskästen, Koffern etc. 1. Hft. Lith. Fol. (7 Taf. u. 1 B. Text.) München 827, (Finsterlin.)

Schörg, F., Zeichnungs-Uebungen für Schlosser. Geometrische Vorübungen mit erklärendem Texte. 1. Abth. 1 u. 2. Hft. qu. Fol. (12 lith. Taf. m. 5 Bl. Text.) München 847. (Finsterlin.) n. 1 ℛ 6 ngr

—— Zeichnungen für Schlosser sowohl zur prakt. Anwendung als zur Benützung in Gewerbsschulen. Mechanik nebst ihrer Anwendung bei Schlosserarbeiten. Mit erläuterndem Text. 1. Abthl. 3. Heft. qu. Fol. (6 Stnt. mit 4 S. Text.) Uttweil 858. [Stuttgart,] Uhler. *
Die früheren Hefte (1. Abthl. 1. und 2. Heft. München 1847. * 1 Thlr. 6 Ngr.) sind in denselben Verlag übergegangen.

Schörg, Frz., s. Zeichnungs-Schule.

Schori, Anton. s.a. S c h o r u s , Anton

Schori, Ant., Lexicon Ciceronianum latino-germanicum. 8. Tübing. 770. v. Cotta. 16 gl.

Schori, Ant., Phrases linguae latinae. Colon. 548. 8. und öfter. Cum praef. J. C. Neu. Tubing. 713. 8. lb. 726. 8. Cum indice germanico Plisteri. Tubing. 728. 8. 15 gr.

— phrases latinae linguae in german. sermon. conversae. Tübingen, Cotta. 752.

— liber aureus de ratione docendae discendaeque linguae graecae, ed. F. W. J. Dillenius. 8. Tübing. 780. v. Cotta. 8 gl.

— de ratione discendae docendaeq. linguae latinae. Ed. Dillenius. Stuttg. 781. 8. 10 gr.

— ratio docendae discendaeque linguae latinae, emend. et auxit F. W. J. Dillenius. 8. Stuttg. 781. v. Cotta 10 gl.

— de ratione discendae docendaeque linguae latinae et graecae libri. Argent. 571. 8. Ib 623, und öfter. Leovard. 695. 8. Cum praef. J. C. Neu. Tubing. 710. 8. Ib. 711. 8.

Schori, Paul

Schori, P., das Neueste aus d. Staate Ohio in Nordamerika. Vollständ. Tagebuch e. Reise aus d. Schweiz üb. Havre u. New-York, der Niederlassung in Stark County, Paris Taunship im Staate Ohio. Mit vielen Bemerkn., Räthen u. Wünschen f. dahin Auswandernde, u. e. Hinblick auf Auswanderungen nach d. Staate Missouri. M. e. histor.-statist.-geograph. Beschreib. d. Staates Ohio. gr. 12. (4½ B. u. 1 ill. Karte.) Bern 834, Dalp.
Ohne Karte, 10 Gr.

Schorigin, Paul, a. Moskau: Die Lichterscheinungen während der Kristallisation und die temporäre Triboluminescenz. Über chemische Luminescenz. Freiburg i. Br.: Speyer & Kaerner 1905. (60 S.) 8°
Freiburg i. B., Phil. Fak., Ref. Gattermann, Diss. v. 1905
[Geb. 29. April 81 Moskau; Wohnort: Freiburg i. B.; Staatsangeh.: Rußland; Vorbildung: Realgymn. Moskau; Studium: Moskau T.H. 10, Freiburg i. B. 3 S.; Rig. 14 Juli 05.]

Schoristen-Teuffel, Kurandors. . . . Jehna 1771. V: *Kindermann, Balth.* (BGE) (OL) »1661« (ADB) »Kuranders . . . 1662« (Adel)

Schork, Adf., das Gesetz, betr. die Rechtsverhältnisse der Dienstboten v. 20. VIII. 1898 nebst Vollzugsverordnung. Unter Berücksicht. der einschläg. Bestimmgn. des bürgerl. Gesetzbuchs, Krankenversicherungsgesetzes, Invaliditäts- u. Altersversicherungsgesetzes erläutert. 8. (VIII, 64 S.) Freiburg i B. 899. (Karlsruhe, J. Lang.) n. — 80

Schork, Adf., das Gesetz, betr. die Rechtsverhältnisse der Dienstboten vom 20. VIII. 1898 nebst Vollzugsverordnung. Unter Berücksicht. der einschläg. Bestimmgn. des bürgerl. Gesetzbuchs u. der Versicherungsgesetze erläutert. 2., verm. u. verb. Aufl. (VIII, 71 S.) 8. Karlsruhe 903. J. Lang. Kart. n. 1. —

Schork, Josef

Schork, J., Trauerrede am Grabe des hochwürdigsten Hrn. Dompropst ꝛc. D. Frz. Xav. Himmelstein. Geh. am 6. April 1889. 12. (12 S.) Würzburg 889. Bucher. n. — 10

Schork, J., die Wahrheiten des Christenthums. Dargelegt in Kanzelreden. Eine Jubiläumsgabe zur Kiliansfeier. 1. 2. Hft. gr. 8. Würzburg, Woerl. à n. 1. —
1. Die Geheimnisse d. Glaubens. (97 S.) 889.
2. Die Gottheit Christi. (S. 99—178.) 890.

Schork, J., die Wahrheiten d. Christenthums. Dargelegt in Kanzelreden. III. Hft.: Die Kirche. gr. 8. (S. 179—266.) Würzburg 891. Woerl. n. 1. — (1—3.: n. 3. —)

Schoerk, Walther: Ueber M o n o c h l o r ä p f e l s ä u r e und Oxyfumarsäure. Königsberg i. Pr. 1901: H. Jaeger. (32 S.) 8°
Königsberg, Phil. Diss. v. 21. Dez. 1901

Schorkopf. Ueber Thomas Moore's Leben und Schriften. Ilfeld, Pädag., 1862. 32 S. 4. Progr.

Schorlemer, Frhr. v., das Reichsgesetz betr. die Invaliditäts- u. Altersversicherung vom 22. Juni 1889, m. besond. Berücksicht. der ländl. Arbeiterverhältnisse. 1. u. 2. Aufl. gr. 8. (24 S.) Münster i/W. 890. Theissing. n. — 30

v. Schorlemer, Cl. Frhr., s. L e c o r n u é , Prüfung des Baucher'schen Systems der Reitkunst.

v. Schorlemer, Frhr. Fr. Wilh. Werner, s. Verfassung, zur, d. landschaft. Adels.

Schorlemer. Hubert Frhr von

Schorlemer, Hub. Frhr. v., zur Abwehr u. Klarstellung. Meine Klage gegen den k. Gymnasiallehrer Dr. Max Berger. gr. 8. (51 S.) Traunstein (902). (M. Endter.) n. — 60

— der Boerenkrieg. Geschichte des Feldzuges der Transvaal- u. Oranje-Freistaat-Boeren m. England im J. 1899/1900. gr. 8. (192 S. m. 6 Farbdr.) Dresden 900. M. Fischer. Geb. 7. —

Schorlemer, Hub. Frhr. v., unser Königs-Husaren-Regiment im Feldzuge 1870/71 (damals 1. Reiter-Regt. „Kronprinz"). 12. (32 S.) Großenhain 895. H. Starke. n. — 20

— d. sächsische Landtags- u. d. Reichstags-Wahlrecht. gr. 16. (42 S.) Ebd. 895. n. — 10

Schorlemer, Frhr. v., Offiziersstand u. Rechtspflege. 1. u. 2. Aufl. 8. (35 u. 33 S.) Grossenhain 893. Baumert & Ronge. à n. — 50

— zur Regelung d. militärischen Strafverfahrens. Eine Entgegng. an Hrn. Ludw. Fuld. 8. (64 S.) Ebd. 893. n. — 60

— Standes- u. Berufspflichten d. Unteroffiziers, s.: Eisenschmidt's Büchersammlung f. Unteroffiziere u. Mannschaften der Armee u. Marine.

— s.: Talmi-Antisemitismus.

Schorlemer-Alst, Burghard Frhr. von

Schorlemer-Alst, Frh. v., Die Lage des Bauernstandes in Westphalen. gr. 8°. Münster 1864.

Schorlemer-Alst, Frhr. v., die Lage des ländlichen Grundbesitzes in Westfalen, bezüglich der Verschuldung u. Kreditnoth, wie der Mittel zu deren Abhülfe. Nebst einem Anhang über das Versicherungswesen. Münster 868. Aschendorff. gr. 8. (121 S.) n. 10 ngr.

— Vide: Land u. Leid des Bauernstandes.

Schorlemer-Alst, Frhr. v., Rede in der elften Hauptversammlung des Kongresses deutscher Landwirthe zu Berlin am 18. Febr. 1880 über das Thema: „Was hat der Großgrundbesitzer zu thun, um in Verbindung mit dem mittlern und kleinern Grundbesitzer seine Aufgabe auf politischem, wirthschaftlichem und sozialem Gebiete zu erfüllen?" gr. 8. (15 S.) Berlin 880, Verlagsb. (F. Graf Behr.)

—— Reden, gehalten im preußischen Abgeordnetenhause und deutschen Reichstage in den J. 1872—1879. Wortgetreuer Abdr. aus dem stenogr. Bericht. Mit Erlaubniß des Frhrn. v. Schorlemer-Alst. gr. 8. (VII, 230 S. mit Portr. und Facs. in Holzschn.) Osnabrück 880, Wehberg. *

Schorlemer-Alst, Frhr. v., s.: Zur Schulfrage.

Schorlemmer, Karl

Schorlemmer, C., ausführliches Lehrbuch der Chemie. s. Roscoe, H. E.

Schorlemmer, Carl, Lehrbuch der Kohlenstoffverbindungen oder der organischen Chemie. Zugleich als 2. Bd. von Roscoe's kurzem Lehrbuch der Chemie. Mit in den Text eingedr. Holzst. 2 Hälften. 8. Braunschweig, Vieweg und Sohn. [1. Hälfte. (S. 1—288.) 871. *M. 4.; 2. Hälfte. (XIII, S. 289—602.) 872. *M. 4,50.] * 8 50
—— dass. — 2. verb. Aufl. 8. (XIII, 603 S. mit in den Text eingedr. Holzst.) Ebendas. 874. * 9 —

— Lehrbuch der Kohlenstoffverbindungen od. der organischen Chemie. Zugleich als 2. Bd. v. Roscoe-Schorlemmer's kurzem Lehrbuch der Chemie. 3. Aufl. Mit Holzst. 1. Hälfte. 8. (471 S.) Braunschweig 885. Vieweg & Sohn. n. 7. —

— Lehrbuch der Kohlenstoffverbindungen od. der organischen Chemie. Zugleich als 2. Bd. von Roscoe-Schorlemmer's kurzem Lehrbuch der Chemie. 3., verb. Aufl. Mit eingedr. Holzst. 2. Hälfte. 1. Abth. 8. (S. 473—851.) Braunschweig 889. Vieweg & Sohn. n. 5. 50 (I. u. II, 1.: n. 12. 50)

— Lehrbuch der Kohlenstoffverbindungen od. der organischen Chemie. Zugleich als 2. Bd. v. Roscoe-Schorlemmer's kurzem Lehrbuch der Chemie. 3., verb. Aufl. 2. Hälfte. 2. Abth. 8. (S. 853—1617 m. Holzst.) Braunschweig 892. F. Vieweg & Sohn. n. 6. 50 (I—II, 2.: n. 19. —)

— Lehrbuch d. Kohlenstoffverbindungen od. d. organ. Chemie. Zugl. als 2. Bd. v. Roscoe-Schorlemmer's kurzem Lehrbuch d. Chemie. Fortges. v. Jul. Wilh. Brühl. 3., verb. Aufl. Bearb. in Gemeinschaft m. Ossian Aschan. 2. Hälfte. 3. (Schluss-) Abth. 8. (XXX u. S. 1319—1650 m. Holzst.) Braunschweig 897. F. Vieweg & Sohn. n. 5. 50 (kplt.: n. 24. 50; geb. in Leinw. n. 25. —)

Schorlemmer, C., kurzes Lehrbuch der Chemie, s.: Roscoe, H. E.

— der Ursprung u. die Entwickelung der organischen Chemie. gr. 8. (VII, 199 S.) Ebd. 889. n. 5. —

Schorlemmer, Rudolf: Untersuchungen der Faeces auf unverdaute Eiweissreste mittels der 'Verdauungsprobe'. Bonn 1899 [vielm. 1901]: K. Drobnig. (77 S.) 8°
Bonn, Med. Diss. v. [30. Jan.] 1901

Schorler, Bernhard: Geschichte der Floristik bis auf Linné. S. 2 bis 10. 4.
Mit Gymnasial- u. Elementarklassen verb. Realschule v. Dr. E. **Progr.** Zeidler, früher Albani, *Dresden* 1903 (645).
Bereits in den Abhandlungen der Naturwissenschaftlichen Gesellschaft Isis in Dresden 1902 S. 1—22 veröffentlicht.

Schorler, Bernh., die verbreitetsten Pflanzen Deutschlands. s.: Wünsche, O.

SCHORLER, Bernhard: Untersuchungen über die Zellkerne in den stärkeführenden Zellen der Hölzer. - Jena 1883. 29 S., 1 Taf. - Diss. - (Jenaische Z. Naturwiss. Bd. 16)

Schorler, J. Ch., Gott geheil. Betrachtungen u. Anwend. der in d. Evangelien enthalt. gottl. Wahrheiten. 8. Rostock, Koppe. 784.

— Passionsbetrachtungen. 4. Ebend. 764.

Schormaier, Mich., u. Jos. **Baumann,** Telegraph u. Telephon in Bayern. Ein Handbuch zum Gebrauch f. Staats- u. Gemeinde-Behörden, Beamte u. die Geschäftswelt. Mit 44 in den Text gedr. Abbildgn. u. 1 Karte d. kgl. b. Eisenbahn- u. Telegraphennetzes. gr. 8. (IX, 312 S.) München 886. (Oldenbourg.) geb. n. 7. —

Schormaier, Mich., u. Jos. Baumann, Telegraph u. Telephon in Bayern. Ein Handbuch zum Gebrauch f. Staats- u. Gemeinde-Behörden, Beamte u. die Geschäftswelt. 3. Aufl. Mit 60 in den Text gedr. Abbildgn. u. 1 Karte d. kgl. bayer. Eisenbahn- u. Telegraphennetzes. gr. 8. (XII, 328 S.) München 892. (R. Oldenbourg.) n. 6. —

Schorn, meine Anklage und Verurtheilung vor dem königl. Zuchtpolizeigerichte in Aachen. 12. (114 S. mit 1 Stnt.) Düren 856, (Gislason.) *

Schorn, Adelh. v., zwei Menschenalter. Erinnerungen u. Briefe. gr. 8. (508 S. m. 6 Bildnissen.) Berlin 901. S. Fischer, Verl. n. 10. —; geb. n. 12. —

Schorn, Adelheid von (Hrsg.). s. Schorn, Henriette von: Geschichten aus Franken.

Schorn, Antonius Valentin. Albert. *(geb. Glatz 25.5.1803)*: De ophthalmia recens natorum. Vratislaviae (1828). (32 S.) 8°
Breslau, Med. Diss. v. 16. Jan. 1828

Schorn, August

Schorn, Friedrichsort. Bilder aus der Vergangenheit und Gegenwart. Mit 15 Portr., 19 Abbildgn. aus dem alten Friedrichsort, 1 Festungsplan aus dem 18. Jahrh. und 75 Bildern nach Aufnahmen v. G. Domke, P. Haentjens, Chr. Langenschwadt rc. gr. 8. (IV, 172 S.) Kiel (901). (Lipsius & Tischer.) n. 1. 50; geb. in Leinw. n. 2. —

Schorn, Aug., Geschichte der Pädagogik in Vorbildern und Bildern. 1.—4. Aufl. gr. 8. (VI, 252 S.) Leipzig 873—75, Dürr'sche Buchh. * 3 —

Schorn, Aug., Geschichte der Pädagogik in Vorbildern und Bildern. 5.—7. Aufl. gr. 8. (VI, 252 S.) Leipzig 876—79, Dürr'sche Buchh. * 3 —
geb. * 3 40

Schorn, Aug., Geschichte der Pädagogik in Vorbildern und Bildern. 8. Aufl. gr. 8. (VI, 252 S.) Leipzig 880, Dürr'sche Buchh. *

—— dass. — 9. Aufl., mit Holzschn. aus dem Orbis pictus und dem Elementarwerk, hrsg. und mit pädagog. Lesestücken verm. von Herm. Reinecke. (VI, 352 S.) 1882; 10. Aufl. (VI, 356 S.) 1883; 11. Aufl. gr. 8. (VIII, 361 S.) Leipzig 884, Dürr'sche Buchh. * 4 —

Schorn, Aug., Geschichte der Pädagogik in Vorbildern und Bildern. Mit Holzschn. aus dem orbis pictus und dem Elementarwerk, hrsg. und mit pädagog. Lesestücken versehen von Herm. Reinecke. 12. verm. Aufl. (VIII, 366 S.) 885; 13. verm. Aufl. gr. 8. (VIII, 363 S.) Leipzig 888, Dürr'sche Buchh. *

Schorn, Aug. Geschichte der Pädagogik in Vorbildern und Bildern. 14. Aufl. (VIII, 384 S.) 890; 15. verb. u. verm. Aufl., m. Holzschn. aus dem orbis pictus u. dem Elementarwerk, hrsg. v. Herm. Reinecke, durchgesehen v. Jul. Plath. gr. 8. (VIII, 393 S.) Lpz. 892, Dürr'sche Buchh. * 4 —; geb. ** 4 40

— dasselbe. 16., verb. u. verm. Aufl., m. Holzschn. gr. 8. (VI, 406 S.) Ebd. 894. n.n. 4. —; geb. n.n. 4. 60

Schorn, Aug., Geschichte d. Pädagogik in Vorbild. u. Bildern. Mit Holzschn. aus d. orbis pictus u. d. Elementarwerk. Fortges. v. Herm. Reinecke. 18., durchgeseh. Aufl., hrsg. v. Jul. Plath. gr. 8. (VIII, 360 S.) Leipzig 898. Dürr'sche Buchh. n. 4. —;
geb. in Halbleinw. n.n. 4. 50

Schorn, Aug., Geschichte der Pädagogik in Vorbildern u. Bildern. Mit Holzschn. aus dem orbis pictus u. dem Elementarwerk. Fortgeführt v. Herm. Reinecke. 20., durchgeseh. u. verb. Aufl., hrsg. v. Jul. Plath. gr. 8. (VIII, 383 S.) Leipzig 901. Dürr'sche Buchh. n. 4. —; geb. n. 4. 50
19. Aufl. (VIII, 380 S.) 899. n. 4. —.

Schorn, Aug., Geschichte der Pädagogik, in Vorbildern u. Bildern dargestellt, fortgeführt v. Herm. Reinecke, später Jul. Plath. Mit Holzschn. aus dem orbis pictus u. dem Elementarwerk. 21.—23., nach den neuesten Bestimmgn. neubearb. Aufl., hrsg. von Frdr. v. Werder. (à 626 S.) gr. 8. Leipzig 903—906. Dürr'sche Buchh. n. 4. 60;
geb. n. 5. 20

Geschichte der Pädagogik, in Vorbildern u. Bildern dargest. von August Schorn, fortges. von Hermann Reinecke, später Dr. Julius Plath. Mit Holzschn. Nach d. neuen Bestimmungen v. 1. Juli 1901 bearb. von Friedrich v. Werder. 25. Aufl. hrsg. von Wilhelm Ewerding, Schulrat. Leipzig Dürr 1909. 522 S. 8° [09. 10867]

Schorn, Aug., Geschichte der Pädagogik, in Vorbildern u. Bildern dargestellt, fortgeführt v. Herm. Reinecke, später Jul. Plath. Mit Holzschn. aus dem orbis pictus u. dem Elementarwerk. Nach den neuen Bestimmgn. v. 1. VII. 1901 bearb. von Frdr. v. Werder. 26. Aufl., hrsg. v. Wilh. Ewerding. (514 S.) gr. 8. Leipzig 910. [Dürr'sche Buchh.] Berlin, Union, Zweigniederlassg. 4.60;
geb. 5.20

Schorn, Aug., Geschichte der Pädagogik, Lesestücke dazu, s. Reinecke, Herm.

—— Handbuch zur unterrichtlichen Behandlung der biblischen Geschichte für Schul- und Privatunterricht mit besond. Rücksicht auf die Fiedler'sche bibl. Geschichte Ausg. B. bearb. 1.—3. Aufl. 8. (VI, 312 S.) Ebendas. 871—75. * 2 50

—— Handbuch zur unterrichtlichen Behandlung der biblischen Geschichte für Lehrer und Seminaristen, mit besond. Rücksicht auf die Fiedler'sche bibl. Geschichte Ausg. B bearb. 4. verm. und verb. Aufl., hrsg. von Herm. Ruete. gr. 8. (XII, 415 S.) Leipzig 881, Dürr'sche Buchh. * 3 —

— Handbuch zur unterrichtlichen Behandlung der biblischen Geschichte f. Lehrer u. Seminaristen, m. besond. Rücksicht auf die Fiedler'sche bibl. Geschichte Ausg. B bearb. 5., verm. Aufl., hrsg. v. H. Ruete. gr. 8. (XIV, 408 S.) Ebd. 887. n. 3. —

— Jul. Plath u. Supprian, Handbuch d. Erziehungs- u. Unterrichtslehre. Im Anschluß an Schorn's Geschichte d. Pädagogik. 2 Tle. gr. 8. Leipzig 896. Dürr'sche Buchh. à n. 4. —; geb. à n. 4. 50
1. Geschichte d. Pädagogik in Vorbild. u. Bildern, zusammengest. v. Aug. Schorn. Mit Holzschn. aus d. orbis pictus nach d. Elementarwerk. Fortgeführt v. Herm. Reinecke. 17., verb. u. verm. Aufl., hrsg. v. Jul. Plath. (VIII, 360 S.)
2. Erziehungs- u. Unterrichtslehre. Systemat. Tl. Zum Gebrauche in Seminarien v. Karl Supprian. (X, 352 S.)

— biblisches Historienbuch,
— der kleine Katechismus Dr. Martin Luthers, } s.: Fiedler, Ferd.

— das Seminar zu Weißenfels. Eine Gedenkschrift zum 14. Octbr. 1872. Lex.-8. (104 S.) Gotha 872. Thienemann. n. 1. 60

Schorn, Ferd., über Schleimzellen bei Urticaceen u. üb. Schleimcystolithen v. Girardinia palmata Gaudich. (18 S. m. 2 Taf.) gr. 8. Wien 907. A. Hölder. — 95
Sonderabdr. a.: „Sitzungsber. d. k. Akad. d. Wiss."

v. Schorn, Fr., s. Nockhern.

Schorn, Friedrich *Martin* [aus Weissenfels]: Ueber die Schicksale des Tannins im menschlichen u. tierischen Organismus ... Halle a. S., Plötz'sche Buchdr., 1897; 23 S., 2 Bl. 8.
Halle, Med. Fak., Inaug.-Diss. v. 9. Aug. 1897

Schorn, Hans Traug., gesammelte Gedichte. (IV, 116 S.) 8. Dresden 903. E. Pierson. n. 2. —; geb. n. 3. —

Schorn, Henriette v., geb. Freiin v. Stein, s. A. Nordheim, H.

Geschichten aus Franken, von H. Nordheim. (Henriette v. Schorn, geb. Freiin v. Stein.) Hrsg. von Adelheid v. Schorn. Einl. von Adolf Bartels Bd 1. 2. *Leipzig & Berlin: G. H. Meyer 1902.* 2 Bde 8° [T.] [03. 10546]

Schorn, Hub., laudate Hominum! Kirchengesänge nebst Gebeten zum Gebrauche beim kathol. Gottesdienste höherer Lehranstalten. Mit 1 Titelbild (Stahlst.). gr. 16. (XII, 271 S.) Freiburg i Br. 884. Herder. n. 1. 40

Schorn, J., Fibel,
— Lesebuch, } s.: Kieffer, Frz. Xav.

SITTENREICH, Jairus (d. i. *Jacob Schorn*), Evangelische Wahrheiten denen Irrsaln des Pabstthums entgegengestellt. Franckfurt und Leipzig 1734. 8°. Rar!
Cat. Cammerer II. Erlang. 1796. 8°. p. 808.

Schorn, Jac., der polnische Zuave, s.: Bibliothek f. die reifere christl. Jugend.

Schorn, Jac., der polnische Zuave. Eine Erzählung aus der Gegenwart für die reifere Jugend. Mit 1 Stahlst. Regensburg 869. Manz. 8. (188 S.) 15 ngr.

Schorn, Io. Pa., duodenarium harmoniae selectae delicium. fol. Augsb. Wolf. 724.

Schorn, Johann ⟨geb. am 3 März 1846 in Rheinbach⟩: Ueber Urämie ... Bonn, Druck v. J. Trapp 1871. 34 S., 1 Bl. 8.
Bonn, Med. Fak., Diss. v. 12 Dez. 1871

Schorn, Jos., s. a. Sorn, Jos.

Hauswirtschaftliche Ausbildung in der Volksschule. Von J[osef] Schorn, Rektor. Bielefeld: A. Helmich [1907]. (16 S.) 8° [Umschlagt. J.] = Abhandlungen, Pädagogische. N. F. Bd 12, H. 6. [08. 710]

Schorn, Josef: Die Erdbeben von Tirol und Vorarlberg. ([S.-A.] Zeitschrift des Ferdinandeums. III. Folge. Heft 46.) Innsbruck 1902. 186 S. 8°. [E 7806

Leitfaden für den Naturgeschichtlichen Unterricht in der obersten Mädchenklasse der Volksschule. Von Joseph Schorn, Rektor. *Köln: H. Theissing (1899).* (45 S.) 8° [J.] [01. 2577 5

Zur Chronik der Stadt Essen. Nachtrag zu den Lebenserinnerungen von K[arl] Schorn. *Bonn: P. Hanstein 1899.* (158 S.) 8° [J.] [00. 2220 5

Schorn, Carl, Eiflia sacra oder Geschichte der Klöster und geistlichen Stiftungen etc. der Eifel, zugleich Fortsetzung resp. Schluß der Eiflia illustrata von Schannat-Baersch. 2 Bde., in 6 Abthlgn., oder 23 Lfgn. gr. 8. (VII, 768; XIV, 695 S.) Bonn 888, Hanstein. à Abthl. *M 4.—. *

Schorn, Carl, Eiflia sacra. Register. Nebst einigen Nachträgen u. Berichtiggn. gr. 8. (IV, 84 S.) Bonn 892, P. Hanstein's Verl. n. 3.— (kplt. m. Register u. Karten: n. 27.—)

—— Geschichte der Propstei Apollinarisberg bei Remagen. gr. 8. (28 S.) Ebendas. 888. *
Aus: Eiflia sacra, besonders abgedruckt.

[J.] Lebenserinnerungen. E. Beitr. z. Gesch. d. Rheinlands im neunzehnten Jh. Von Karl Schorn, Landger.-Kammerpräs. a. D. Bd 1. 2. *Bonn: P. Hanstein 1898.* 2 Bde 8.
1. (1818—1848.) (VIII, 340 S.) 2. (1849—1885.) (3 Bl., 280 S., 1 Bl.) [98. 9170

Schorn, Ludw., Alexander d. Gr. Einzug in Babylon, s. Thorwaldsen, B.

Schorn, Ludwig, s. Klenze, L.: Beschreibung. ...

Schorn, Ludw., Kunstblatt, s. Morgenblatt...

v. Schorn, s. Morgenblatt für gebildete Leser.

—— üb. altdeutsche Sculptur, mit besond. Rücksicht auf d. in Erfurt vorhand. Bildwerke. 4. (3 B.) Erfurt 839, Otto.

Schorn L., Ueber die Studien der griech. Künstler. 1818. 313 S. 1.50

Schorn, Ludwig. Ueber die Studien der griechischen Künstler. Heidelberg 1818. 8°.

Schorn, L., üb. die Studien d. griechischen Künstler. 8. Heidelberg, Mohr und W. 819.

Schorn, Ludwig, s. Tischbein, Heinr. Wilh.: Homer ...

—— Umriß e. Theorie d. bildenden Künste. 8. (3 B.) Stuttgart u. Tübingen 835, Cotta'sche Buchh.

Schorn, Ludwig, s. Vasari, G.: Leben der ausgezeichnetsten Maler. ...

—, s. Verzeichnis d. Bilderwerke. ...

Schorn, Otto v., die Autorschaft des Fechters von Ravenna. 8. (IV und 121 S.) Düsseldorf 856, Kaulen. *

Schorn, O. v., Geschichte d. Kunstgewerbes in Einzeldarstellungen, s.: Blümner, H.

Schorn, O. v., Geschichte des Kunstgewerbes in Einzeldarstellungen, s. Wissen, das, der Gegenwart.

von Schorn, Otto. Die Kunsterzeugnisse aus Thon und Glas. Eine Uebersicht ihrer technischen und künstlerischen Entwickelung vom frühen Mittelalter bis zur Gegenwart. Mit 120 in den Text gedruckten Abbildungen. (Das Wissen der Gegenwart.) Leipzig, Wien, Prag 1888. 8°.

— die Kunsterzeugnisse aus Thon u. Glas, s. a. Wissen, das, der Gegenwart.

von Schorn, O. Die allgemeine deutsche Künstler-Versammlung am 4., 5. und 6. September 1862 in Salzburg. Weimar 1863. 8°.

von Schorn, O. Die 9. allgemeine deutsche Künstler-Versammlung in Kiel. 1865. Weimar 1866.

Schorn, Otto von: Die Textilkunst. Eine Übersicht ihres Entwicklungsganges vom frühen Mittelalter bis zur Gegenwart. Leipzig, G. Freytag, Prag, F. Tempsky 1885.
Hauptlit., Tit., 2 Bl., 260 S. m. 132 Abb. 8°.
(Das Wissen der Gegenwart. Bd. 33.)

— die Textilkunst, s. a. Wissen, das, der Gegenwart.

Schorn, P. J., die Kirche zum heiligen Apollinaris auf dem Apollinarisberge bei Remagen. Eine kurzgefaßte Beschreibung ihrer Kunstschätze und Merkwürdigkeiten. Nebst der Lebensgeschichte dieses heil. Bischofs und einer gedrängten Uebersicht der wichtigsten Denkmäler des Alterthums und sonstigen Sehenswürdigkeiten der Stadt Remagen. Handbüchlein für Jedermann. Mit 1 Stahlst. 2. Aufl. Bonn 853. Habicht. 12. (26 S.) 5 ngr.

Schorn, P. J. Die Kirche zum heiligen Apollinaris auf dem Apollinarisberge bei Remagen. Mit einer Abbildung. Siebente Auflage. Bonn 1869. 8°.

Schorn, Paul: Beiträge zur Kenntnis der Brassidin- und Elaidin-Säure. Heidelberg 1903: K. Rößler. (47 S.) 8°
Heidelberg, Naturw.-math. Diss. v. 1903

Schorn, Petrus ⟨geb. am 14 Apr. 1833 in Köln⟩: De efflorescentia salium ... Bonnae, form. I. F. Carthaus (1855). 2 Bl., 24 S., 1 Bl. 8.
Bonn, Phil. Fak., Diss. v. 30 Juni 1855

Schorn, Peter: Das Leben der Mineralien. Köln. 1867. Schul-/Univ.-Schrift

Schorn, P., Leitfaden für die ersten analytisch-chemischen Arbeiten. 2. Aufl. Münster 867. Theissing'sche Buchh. gr. 8. (36 S.) n. 6 ngr.

— Leitfaden der unorganischen Chemie. Nebst einer Darstellung der wichtigsten Lehren u. Formeln der modernen Typentheorie, die den Gebrauch des Leitfadens bei dem Unterrichte der Chemie nach den neueren Anschauungen ermöglichen soll. 2 Thle. 5. Aufl. Ebend. 867, 68. gr. 8. n. 8 ngr.
1. Thl. Die Metalloide. (84 S.) n. 8 ngr.
2. Thl. Die Metalle. (105 S.) n. 10 ngr.

— Leitfaden der Mineralogie für höhere Lehranstalten. Mit 81 (eingedr.) Holzschn. u. einer in lith. Farbendruck ausgeführten Karte der Erzlagerstätten Mittel-Europa's (in qu. Fol.). Bonn 870. Cohen & Sohn. gr. 8. (VIII, 139 S.) n. 21 ngr.

Schorn, Th., s. Estrup, H. F. J., die dän. Majorate.

Schorn, Th., der Singschüler, od. 2- u. 3stimm. Gesänge f. Knabenschulen. kl. 4. (8 lith. B.) Cöln 832, (DuMont-Schauberg.)

Schorn, Thdr., s. J. P. Mynster, Betrachtungen.

Schorn, Wilhelmus (geb. am 2 Jan. 1805 in Bonn): Anaxagorae Clazomenii et Diogenis Apolloniatae fragmenta quae supersunt omnia disposita et illustrata . . . Bonnae, typ. Thormannianis [1829]. 1 Bl., 64 S. 8. ¶ In Komm. bei Habicht in Bonn.
Bonn, Phil. Fak., Diss. v. 25 Nov. [1829]

—— Geschichte Griechenlands, von d. Entstehung d. ätolischen u. achäischen Bundes bis auf d. Zerstörung Korinths. gr. 8. (27 B.) Bonn 853, Weber.

Schornbaum, Joh. Wolfg., Bilder von der Rhön-Bahn. gr. 8. (VII, 114 S.) Kissingen 875. (Würzburg, Stuber.) * 1 —

Schornbaum, Joh. Wolfg., Reformationsgeschichte von Unterfranken. 8. (V, 231 S.) Nördlingen 880, Beck'sche Buchh. 2 25

Zur Politik des Markgrafen Georg von Brandenburg vom Beginne seiner selbständigen Regierung bis zum Nürnberger Anstand, 1528–1532. Auf Grund archival. Forschungen von Dr. Karl **Schornbaum**. München: Th. Ackermann 1906. (VIII, 550 S.) 8° [J.] 06. 1019

Die Säkularisation des Klosters Heidenheim auf Grund archival. Forschungen von Dr. K[arl] **Schornbaum**. Neuendettelsau: Diakonissenanst. in Komm. 1906. (49 S.) 8° [Umschlagt. J.] 07. 10647

Schornbaum, Karl, aus Thundorf: **Die Stellung des Markgrafen Kasimir von Brandenburg zur reformatorischen Bewegung in den Jahren 1524—1527 auf Grund archivalischer Forschungen.** *Nürnberg 1900: G. L. Knoll.* (324 S.) 8°
Erlangen, Phil. Diss. v. 18. Juli 1900

Schornbaum, Karl, die Stellung des Markgrafen Kasimir v. Brandenburg zur reformator. Bewegung in den J. 1524—1527 auf Grund archival. Forschungen. Diss. gr. 8. (323 S.) Nürnberg 900. (Erlangen, Th. Blaesing.) n. 4 —

Schorndorf [Schlagwort]

Schorndorf, s.: Deutschland. Kürschner-Pelp.

Schorndorf, s.: **Tourenkärtchen.**

Schorndorf, s.: Württemberg. Höhenkurvenkarte.

Schorndorff, Otto: Beiträge zur therapeutischen Verwertbarkeit des Jodol ... Würzburg: C. Bieler, Buchdr. d. „Landeszeitung". 1889. 34 S. 8°
Wurzburg, Med. Fak., Inaug.-Diss. v. 1889

Schorndorff, Paul. Untersuchungen über Methylcumarsäuren. Diss. Phil. [II.] Univ. Zürich. II + 32 S. 8. Zürich (Druck von G. A. Hülswitt, Münster i. W.,) 1905.

Schornitz, Hilmar, die Surrogatwirtschaft auf dem Gebiete der Religion, s.: Zeitfragen d. christl. Volkslebens.

Schorno, Alfred. Fertigung und Grundbuch im Kanton Schwyz. Diss. Jur. Bern. [Mit 3 Beilagen: Formulare.] II + 101 S. 8. Schwyz, Caspar Triner & Cie., 1903.

Schornstein, der, zu Neuhoff. Schausp. in 4 A. v. F. W. v. Schütz. 8. Altona, Bechtold. 801.

Schornstein, Frid. Guil. Geo. (geb. am 22 Juli 1814 in Elberfeld): Quaedam de cerebri semiologia . . . Bonnae, typ. F. Baaden (1837). 2 Bl., II, 38 S., 2 Bl. 8.
Bonn, Med. Fak., Diss. v. 21 Sept. 1837

Schornstein, Max: Eduard Dillmanns „Neue Darstellung der Leibnizischen Monadenlehre" krit. beleuchtet ... Erlangen: Druck d. Univ.-Buchdr. v. E. Th. Jacob. 1893. 2 Bl., 82 S. 8°
Erlangen, Phil. Fak., Inaug.-Diss. v. 1893

Schornstein, Richard: Über ästhetische Bildung. Elberfeld 1864. 18 S.
Schul-/Univ.-Schrift

Schornstein, Richard: Briefe über Fragen aus dem Gebiete weiblicher Bildung und weiblichen Lebens f. Frauen, Jungfrauen u. alle, welche solchen Fragen Aufmerksamkeit schenken. — Elberfeld: Bädeker 1857. 76 S. 8°

Schornstein, Richard: Einleitung in die Erziehungslehre. II. Elberfeld 1863.
Schul-/Univ.-Schrift

Schornstein, R., ausführlicher Lehrplan einer vollständig organisirten höheren Mädchenschule und Lehrerinnen-Bildungsanstalt, unter Rücksichtnahme auf die Protocolle der Berliner Conferenz von Töchterschul-Pädagogen vom 13. Aug. 1873 und auf die Prüfungs-Ordnung für Lehrerinnen und Vorsteherinnen vom April 1874. gr. 8. (66 S.) Elberfeld 874, Friderichs. * 1 —

(Schornstein,) [Richard]: Lehrplan einer vollständig organisirten höheren Mädchenschule und Lehrerinnen-Bildungsanstalt, unt. Rücksichtnahme auf die Verhandlungen d. Berliner Conferenz v. Töchterschulpädagogen vom Aug. 1873 u. die Prüfungs-Ordnung f. Lehrerinnen ... vom Apr. 1874. — Elberfeld: Friderichs 1874. 66 S. 8°

Schornstein, Richard: Das höhere Mädchenschulwesen, seine bisherige Entwicklung und Zukunft, unter Rücksichtnahme auf zwei in Berlin gehaltene Vorträge üb. weibl. Erziehung. — Elberfeld: Langewiesche 1866. 55 S. 8°

Schornstein, Rich., Pestalozzi's Mission an die Mütter. gr. 16. (63 S.) Elberfeld 856, Bädeker'sche Buchh.

Schornstein, über die Schrift von Dr. Eduard Sauer, Stadtschulrat zu Berlin. Die höhere Mädchenschule und die Lehrerinnenfrage. Mit einigen Zusätzen verseh. Sep.-Abdr. aus der Zeitschrift für weibl. Bildung. VI. gr. 8. (18 S.) Leipzig 878, Teubner. — 30

Schornstein, Rich., die Überbürdungsfrage und die höhere Mädchenschule, im Anschluß an die Jahresberichte besprochen. gr. 8. (29 S.) Leipzig 883, Teubner. — 45
Aus: Zeitschrift für weibliche Bildung, besonders abgedruckt.

Schornstein ... Tochter- ... Elberfeld ... 1867
Schul-/Univ.-Schrift

Schornstein, Mch., s.: Zeitschrift f. weibl. Bildung.

Schornsteinfeger, der, siehe: Volksbücher, neue.

Schornsteinfeger, der,. Lustsp. in 3 Aufz. v. Hensler. 8. Wien, Wallishäußer.

Schornsteinfeger, Der. Erzählung nach einer wahren Begebenheit ... Strassb. 1834. V: *Assing, Rosa Maria Antoinette Pauline geb. Varnhagen v. Ense.* (schr)

Die **Schornsteinfegerfrage**. Spandau: R. Graßmann in Stettin 1907. (31 S.) 8° [F.]
= **Mitteilungen** d. Preuß. Landesverbandes städt. Haus- u. Grundbesitzer-Vereine. H. 33. [07. 13475]

Zur **Schornsteinfegerfrage**. (Bearb. v. Verein d. Haus- u. Grundbesitzer e. V. zu Potsdam.)
Spandau; Stettin: Grassmann 1910. 111 S. 8°
(Druckschriften d. Brandenb. Verbandes d. Haus- u. Grundbesitzer-Vereine. H. 36.)
(Mitteilungen d. Preuß. Landesverbandes d. Haus- u. Grundbesitzer-Vereine. H. 63.)

Schornsteinfeger-Gesellen, der, Handwerks-Gebrauch u. Gewohnheiten, nebst dazu gehör. Gesellen-Regeln u. Schornsteinfegerliedern. gr. 8. (20 S.) Berlin 895. G. B. C. Kahn. n. — 40

Schornsteinfeger-Kalender, allgemeiner, 1895. Hrsg. v. der Red. des „Organ f. Schornsteinfegerwesen". 12. Jahrg. gr. 16. (IV, 23 u. 24 S. m. Schreibkalender.) Nebst Beilage: Organisation der Schornsteinfegermeister des deutschen Reichs u. Oesterreich-Ungarns. Nach amtlichen Quellen. gr. 16. (54 S.) Berlin, G. B. C. Kahn. Geb. in Leinw. u. geh. n. 1. 60

Schornsteinfeger-Kalender, allgemeiner, 1898. Hrsg. v. d. Schriftleitg. d. „Organ f. Schornsteinfegerwesen". 15. Jahrg. Nebst Notizbuch. gr. 16. (106, 38 S. u. Notizbuch.) Berlin, B. G. C. Kahn.
Kart. u. geb. in Leinw. n. 1. 60

Schornsteinfeger-Kalender, allgemeiner 1902. Hrsg. v. der Schriftleitg. des „Organ f. Schornsteinfegerwesen". 19. Jahrg. Nebst Notizbuch. gr. 16. (139 S.) Berlin, G. B. C. Kahn. Kart. u. geb. in Leinw. n.n. 1. 75

Schornsteinfeger-Kalender, allgemeiner, 1907. Hrsg. von der Schriftleitg. des „Organ f. Schornsteinfegerwesen" nach amtl. Quellen. 24. Jahrg. Nebst Notizbuch. (96, 62 S. u. Schreibkalender.) 11. 8. Berlin, G. B. C. Kahn.
Geh. u. geb. in Leinw. n.n. 1. 75

Schornsteinfeger-Kalender, allgemeiner, 1908. Hrsg. v. der Schriftleitg. des „Organ f. Schornsteinfegerwesen" nach amtl. Quellen. 25. Jahrg. Nebst Notizbuch. (126 u. 63 S. u. Schreibkalender.) 11. 8. Berlin. Charlottenburg, G. B. C. Kahn. Geh. u. geb. in Leinw. nn 1. 75
Fortsetzg. u. d. T.:

Schornsteinfeger's, des, Taschenkalender f. d. J. 1911. 3. Jahrg. Unter Mitwirkg. des „Zentralvereins d. Schornsteinfeger-Gesellen Deutschlands" hrsg. Red. v. Herm. Roggisch. (136 u. 88 S. m. 9 Fig. u. 1 farb. Karte.) 11. 8. Charlottenburg, G. B. C. Kahn.
Geb. in Leinw. nn 1. 25

Schornsteinfeger-Kalender, deutscher, für 1883—1885. 1.—3. Jahrg. Hrsgbr.: G. B. C. Kahn. 16. (XXXII, 214; 263 S. mit 1 Holzschn.-Portr.; 64, 228 S.) Berlin, Kahn. geb. à Jahrg. * 1 50

Schornsteinfeger-Kalender, deutscher, 1889. 6. Jahrg. gr. 16. (XXXIV, 392 S. mit 1 Karte.) Berlin, Kahn. geb. *
Für 1887 nicht erschienen; für 1886 und 1888. Ebendas. à Jahrg. * ℳ 1.50.

Schornsteinfeger-Kalender, deutscher. 1890 u. 1891. 7. u. 8. Jahrg. gr. 16. (à Jahrg. ca. 400 S.) Berl., Kahn. à Jahrg. geb. * 1 50
Folg. Jahrg. u. d. T.:
—— allgemeiner. 1892 u. 1893. 9. u. 10. Jahrg. gr. 16. (à Jahrg. ca. 300 S. mit Abbildgn., 1 Karte u. 1 Bildnis.) Ebd.
9. Jahrg. geb. * 1 50; 10. Jahrg. * 1 60

Schornstein- und Kessel-Lieder, 16, nach berühmten Mustern, dem Bezirks-Vereine deutscher Ingenieure zu Aachen zum Stiftungsfeste im Jahre 1884 gewidmet von einem Mitheizer ... Aachen 1884. V: *Kaven, A. von.* (stbKöln II, 280)

Schorong, August [cand. med. aus Strassburg i. E.]: Myom mit Gravidität ... Strassburg i. E., Buchdr. Ch. Mülh & C., 1896; 30 S., 1 Bl. 8.
Strassburg, Med. Fak., Inaug.-Diss. v. 1896

Schorr, D. F., Karte der totalen Sonnenfinsterniss vom 16/18. Juli 1851 sorgfältig berechnet u. gez. für Preussen, Polen u. die angrenzenden Länder. A. u. d. T.: Mappa całko-witego zaćmienia słońca przypadającego w dnia 16/28 lipka 1851 r. Imp.Fol. Lith. Warschau 851, Friedlein in Comm. n. 1 ℳ

— die Sonnenfinsterniß des 16/28. Juli d. J. für die Oerter, wo sie total oder sehr groß erscheint, genau berechnet u. faßlich dargestellt. Mit 1 lith. Darstellung der Finsterniß f. 54 Oerter (in Imp. Fol.) A. u. d. T.: Zaćmienie słońca w dniu 16/28 lipca r. b. na miejsca, w których ma się okozać całkowitém, lub bardzo wielkiém, ściśle obliczone i jasno wyłożone. 12. (143 S.) Ebd. 851. n. 5/6 ℳ

Schorr, F., der Venusmond u. die Untersuchungen üb. die früheren Beobachtungen dieses Mondes. gr. 8. (XV, 186 S.) Braunschweig 875. Vieweg & Sohn. n. 5. —

Schorr, F., der Vorübergang der Venus vor der Sonnenscheibe am 9. Decbr. 1874 und die Bestimmung der Entfernung der Sonne. Gemeinfasslich dargestellt. gr. 8. (XII, 148 S. mit in den Text eingedr. Holzst. und 1 chromolithogr. Taf.) Braunschweig 873, Vieweg und Sohn. * 4 50

Schorr, Johann Georg

Paean ad Deum pro Gymnasii Curiensis tria saecula florentis salute grates precesque canens. — [25 Stroph. alc.] — Curiae Variscorum die XXV m. Augusti MDCCCXLVI, qui idem est Augustissimi Regis nostri Ludovici I. laetissimus dies natalis. Auctor hujus carminis Joannes Georgius Schorr Dominos, Amicos, Fautores reverenter salutans hoc opusculum dono memoriaeque misit. — 1 Bog. gr. Fol.
Progr. Hof

Schorr, Moses

Altbabylonische **Rechtsurkunden** aus der Zeit der 1. babylonischen Dynastie (ca. 2300–2000 v. Chr.). Umschrift, Übers. u. Komm. von Dr. Moses Schorr. Wien: A. Hölder in Komm. 1907. (210 S.) 8° [Umschlagt.]
= **Sitzungsberichte** d. Kais. Akad. d. Wiss. in Wien. Philos.-hist. Klasse. Bd 155, Abh. 2. [07. 10071]

Schorr, M., Altbabylonische Rechtsurkunden aus der Zeit der I. babylonischen Dynastie. (Umschrift, Übersetzg. u. Kommentar.) 2. Heft. (92 S.) gr. 8. Wien, A. Hölder. 1909. 2. 10.
Titel u. Register. (XXIII S.) —. 60.
Sitzungsberichte der kaiserl. Akademie der Wissenschaften in Wien. Philosophisch-histor. Klasse. 160. Bd. V. Abhandlung.

Schorr, Moses [illegible] aus der Zeit der ersten babylonischen [illegible]
1. Heft [illegible]
2. Heft [illegible]
3. Heft [illegible] 2 75
Separatdruck

Schorr's, O. H., talmudische Exegesen [dargestellt in dessen Jahresberichten „Hachaluz"], auf ihren wissenschaftl. Gehalt kritisch untersucht u. beleuchtet v. M. Kohn, Bistritz. (In hebr. Sprache.) gr. 8. (XXXII, 240 S.) Pressburg 888. (Wien, Lippe.) n. 6. —

Schorr, Richard (Hrsg.), s. Abhandlungen, Astronomische.

Bemerkungen und Berichtigungen zu Carl Rumker's Hamburger Sterncatalogen 1836.0 und 1850.0. Von Dr. Richard Schorr, Observ. d. Hamb. Sternwarte. Serie [1.] 2. *Hamburg: L. Gräfe & Sillem in Comm. 1897–99.* 2 Bde. 4°(8°)
= Mittheilungen d. Hamburger Sternwarte. No [3.] 5.
= Jahrbuch d. Hamburg. Wiss. Anstalten. Jg. 14, Beih. 4. Jg. 16, Beih. 4.

Schorr, Rich., Bemerkungen u. Berichtigungen zu Carl Rümker's Hamburger Sternkatalogen 1836.0 u. 1850.0. s. Mitteilungen der Hamburger Sternwarte.

Schorr, R., Generalregister, s.: **Nachrichten, astronomische.**

Catalog von 344 Sternen zwischen 79° 50' und 81° 10' nördlicher Declination 1855 für das Aequinoctium 1900 nach Zonen-Beobachtungen am Repsold'schen Meridiankreise d. Sternwarte zu Hamburg in d. Jahren 1899 u. 1900 von R[ichard] Schorr u. A[rthur] Scheller. *(Hamburg: L. Gräfe & Sillem in Comm. 1902.)* (XVI, 115 S.) 4°(8°)
= Mitteilungen d. Hamburger Sternwarte. No 7.
= Jahrbuch d. Hamburg. Wiss. Anstalten. 19, Beih. 4.

Schorr, R., die Hamburgische Sonnenfinsternis-Expedition nach Souk-Ahras im Aug. 1905, s.: Mitteilungen der Hamburger Sternwarte. Nr. 10.

Tafel der Reduktions-Konstanten zur Berechnung scheinbarer Sternörter für die Jahre 1830 bis 1860. Nach Berechnungen auf d. Hamburger Sternwarte hrsg. von Richard Schorr. Hamburg: (L. Gräfe & Sillem in Komm.) 1907. (VIII, 250 S.) 4°(8°)
= Mitteilungen d. Hamburger Sternwarte. No 9.
= Jahrbuch d. Hamburg. Wiss. Anstalten. Jg. 24, Beih. 4.

Schorr, R., Untersuchungen üb. die Bewegungsverhältnisse in dem dreifachen Sternsysteme ξ Scorpii. Inaug.-Diss. gr. 4. (63 S.) München 890. (Kiel, Lipsius & Tischer.) n. 3. —

Zonenbeobachtungen der Sterne bis zur neunten Grösse zwischen 79° 50' und 81° 10' nördlicher Declination 1855 am Meridiankreis der Hamburger Sternwarte. Angest. von Dr. Richard Schorr u. Dr. Arthur Scheller. *(Hamburg: L. Gräfe & Sillem in Comm. 1900.)* (X, 155 S.) 4°(8°)
= Mittheilungen d. Hamburger Sternwarte. No 6.
= Jahrbuch d. Hamburg. Wissensch. Anstalten. 17, Beih. 4.

Schorr, S., zur Theorie d. Zukunftsstaates. [Aus: „Deutsche Worte".] gr. 8. (42 S.) Wien 896. Verl. d. „Deutschen Worte". n. 1. —

Schorre, die Conchoide. Abhandlung für das zu Ostern 1855 ausgegebene Programm des Gymnasiums zu Cassel. gr. 4. (37 S. mit 1 Stnt.) Cassel 855, Fischer.

Schorrig, Ernst, die Verwendung v. Druckluftbohrmaschinen unter besond. Berücksicht. ihrer modernsten Typen. (X. allgem. deutsch. Bergmannstag, Eisenach 1907.) (28 S. m. Abb.) Lex. 8. Freiberg 907, Craz & Gerlach. 2. —

Schors, Ad.: Die österr. Dichterschule. Ihre Entwicklung und Charakteristik. 17 S. 8°. B.-Leipa OR., Progr. 1872.

Schorsch, Der, of Besuch en Näiwied. Originelle Schilderungen aus dem Neuwieder Leben. Neuwied 1901. V: *Köhler, Hnr.* (Berl)

Schorsch, de, of Besuch en Näiwid. Originelle Schilderungn. aus dem Neuwieder Leben. Von H. K. 8. (III, 86 S.) Neuwied 901. (Heuser's Verl.) Kart. n. 1. —

Schorsch, Gust., Dampfkesselskizzen. Eine Zusammenstellg. zur Benutzung bei dem Unterricht an techn. Lehranstalten. (31 Bl. m. IV S. Text.) Fol. Altenburg (904.) R. Fuchs. Geb. n. 6. —

Schorsch, Luise

Ein Königskind. Erzählung aus d. 10. Jh. Von L. Schorsch. Mit e. Vorw. von Pastor Ludw. Schneller. 2. Aufl. *Barmen: E. Biermann (1903).* (208 S.) 8° [5.] [04. 8113] 5

Schorsch, L., ein Königskind. Erzählg. aus dem 10. Jahrh. Mit e. Vorwort von Ludwig Schneller. 1. u. 2. Aufl. (208 S.) 8. Barmen (903. 905.) E. Biermann. Geb. in Leinw. n. 2. 80

— Königstreu. Der Fischerknabe v. Werda. 2 histor. Erzählungen. (262 S.) 8. Ebd. (905). Geb. in Leinw. n. 3. —; m. Goldschn. n. 4. —

Königstreu. Der Fischerknabe von Werda. 2 hist. Erzählungen von L[uise] Schorsch. 2. Aufl. Barmen: E. Biermann [1906]. (262 S.) 8° [3.] [06. 10...]

— Ueberwunden. Eine Erzählg. aus dem russ. Volks- u. Beamtenleben. Aus dem Franz. übertr. (221 S.) 8. Herborn 905. Buchh. des nass. Colportagevereins. n. 1. 20; geb. in Bibliotheksbd. n. 1. 60; eleg. geb. n. 2. —

Schorss, A.: Die fremden Sprachen in der Mittelschule. Berlin 1865. 8 S. 4°
Schul- Univ.-Schrift

Schorss, Karl: Die Augenheilkunde des Alcoatim a. d. J. 1159. (T. 4.) Zum ersten Male ins Deutsche übers. u. mit Anm. begleitet. Berlin (1899): G. Schade. (34 S.) 8°
Berlin, Med. Diss. v. 9. Juni 1899

Schorß, Max, s.: Künstler, die bildenden, u. die graph. Künste.

Schorß, Max (Red.), s. Rundschau, Bibliographische, auf dem Gebiete der Theologie.

Schorstein, Jos., neuere Holzforschung. (5 S.) 32,5×23,5 cm. Stuttgart 905. (Freiburg i/B., J. Bielefeld.)
Sonderabdr. aus: „Baumaterialienkde." 1. 20

Schorstein, Jos., über e. neue Holzuntersuchungs-Methode. 8. (7 S.) Wien 902. (W. Frick.) n. — 40

Schorstein J.: Kann die Rindenringelung im Walde das Bauholz verbessern? 1905.

Schorstein J.: *Polyporus fulvus (Scop.).* 1906.

SCHORSTEIN, Josef: Wie kann man die Dauerhaftigkeit eines Bauholzes prognostizieren? - Wien 1902

Schorstein, Nahum, aus Zloczow: Der Commentar des Karäers Jephet ben 'Ali zum Buche Rûth zum 1. Male nach drei Mss. ediert, mit Einleitung u. Anmerkungen versehen. *Berlin 1903; H. Itzkowski.* (18, XXXII S.) 8° ¶ (Der Rest erscheint bei M. Poppelauer, Berlin.)
Heidelberg, Phil. Diss. v. 1903

Schorstein, Nahum, s.: Jephet ben 'Ali, des Karäers, Commentar zum Buche Rûth.

Schort, Lucas, od. die Kraft d. Wortes Gottes. 8. (4 S.) Barmen 883. (Wiemann.) — 3

Schort, Rob., s.: Glaube, der, der Zukunft.

Schorter, das Leben im Kinderhort. (24 S.) fl. 8. Freiburg i/B. 909. Caritas-Verlag. —15

— dasselbe, s.: Schriften f. kath. caritative Erziehungstätigkeit. 1. Heft.

Schortmann, Fr. Chr., Samml. entworfener Gedanken in einsamen Stunden. 8. Gotha 806. Ettinger. 4 gr.

Schortmann, Johann Christoph (Buttstädt) A. S. 1148/22

Dissertatio inauguralis medica, de confessione aegri erga medicum, Von der Ohren=Beicht des Krancken gegen den Artzt. Präs. Michael Alberti. Halle (Hendel) III. 1724. 44 S., 3 Taf. 31312

Schortmann, Johannes Christopherus (Resp.), De confessione aegri erga medicum,... s.a.A l b e r t i, Michael (Praes.)

Schortmann, Max: Die Zentralnotenbanken im Dienste der staatlichen Kassenverwaltung. Eine Untersuchung üb. d. Beziehungen von Banken zu öffentl. Kassen. Stuttgart: Enke 1910. X, 117 S. 8° ¶ (Ersch. auch als: Tübinger staatswiss. Abhandlungen. H. 7.)
Tübingen, Staatswiss. Diss. v. 28. Juli 1910, Ref. Fuchs

Schorus, Anton. Liber aureus de ratione docendae dicendaeque linguae graecae. Tubingae 1711. H: *Neu, Joh. Chr.* (Russell X, 888)
Vgl. Schori, Ant.

Schory, Peter Albert

Schorn, A., Geschichte der deutschen evangelischen Synode v. Nord-America. 8. (VI, 137 S.) St. Charles, Mo. 889. (Philadelphia, Schaefer & Koradi.) n. 1.25; geb. n. 2.50

Schößler, (Jos. J.) faßl. Unterricht über die Bienen, u. ihre vernünft. Behandl. gr. 8. Brünn 824. Traßler.
Dass.s.a.:Schößler,Jos.J.

Schoss, Herm(annus) Carol(us) Fried(ericus): De clavis. Halis 1847. Ploetz 27 S. 8°
Halle-Wittenberg, Med. Diss. v. 6. Aug. 1847
Geb. Wolmirstedt bei Magdeburg [25.10.] 1820. V.

Schossberger, Jos., s.: Morburger, Carl.

Schosser, Anton

Schosser, Ant., Bilder aus dem Natur- u. Volksleben der oberösterreich. Alpen, s.a. Aus dá Hoamát.

Schosser, Ant., Bilder aus dem Natur- u. Volksleben in den oberösterr. Alpen. Neu hrsg. v. Hans Sauer u. Hans Fraungruber. (VIII, 142 S.) 8. Linz 908. Zentraldruckerei vorm. E. Mareis. Geb. in Leinw. 2.50

Schosser, Ant., nachgelassene Gedichte in der Volksmundart des Traunkreises. Sammt einer Lebensgeschichte des Dichters u. den oberösterreich. Nationalmelodien zu allen Liedern desselben hrsg. v. Alex. Jul. Schindler. gr. 16. (X, 131 u. XLVIII S.) Steyr 850, Sandböck. (Leipzig, Hübner.) n. 1 Rthlr 3 ngr

Schosser, Ant., aus dá Hoamát. Bilder aus dem Natur- u. Volksleben der oberösterreich. Alpen. Hrsg. v. H. Zötl, A. Matosch u. H. Commenda. Der musikal. Thl. bearb. v. F. S. Reiter u. L. Zöhrer. gr. 8. (VII, 103 S. m. Titelbild.) Linz 889. (Mareis.) geb. n. 3.—
Sep.-Ausg. von: Aus dá Hoamát. Von Ant. Schosser u. Jos. Moser. [s.: Aus dá Hoamát.] — Sep.-Ausg. v. Jos. Moser, s.: Moser, Jos.

Schosser, Ant., Naturbilder aus d. Leben der Gebirgsbewohner in den Grenzalpen zwischen Steyermark u. d. Traunkreise. Nach dort üblichen Arien in Liedern u. Declamatorien dargestellt. 8. (XVI u. 159 S.) Linz 849. (Eurich & Sohn.) 2/3 Rthlr — 2. Aufl. 8. (XVI u. 159 S.) Steyr 850. (Leipzig, Hübner.) 24 ngr

Schosser, G., Die Vagabunden-Noth. gr. 8°. Bethel 1879.

Schosser, Herm., Altpastor, s.: Missions-Schriften, Bremer.

Schosshündchen, Das, oder kleine Zuzu. A. d. Frantz. Danzig 1748. V: *Bibiena, J. Galli de.* (BGE)

Schosskind, Der Liberalen. Salzburg 1870. V: *Grander, Johann.* (Hr)

Schossleitner, Karl, s.a. Gestüt-Buch der 12 Pinzgauer Pferdezucht-Genossenschaften im Herzogt. Salzburg.

Schossleitner, K., Gestütbuch der zwölf Pinzgauer Pferdezuchtgenossenschaften im Herzogtume Salzburg. 2. Bd. [Archiv für Landwirtschaft. XL.] Gr.-8°. (431 S. mit 34 Tafeln.) † K 7.—
Wien: Gerold 1906.

Schößler, ..., ein Wink über Pädagogik u. Schuldisciplin. 8. Glatz 841, Pompejus. 1/6 Rthlr

Schößler, Jos. J., faßl. Unterricht üb. die Bienen, u. ihre vernunft. Behandl. gr. 8. Brünn 824. Traßler. 12 gr.
Dass.s.a.:Schösler,Jos.J.

Schoß-Ordnung für die Stadt Celle. 8. (12 S.) Celle 862. (Schulze'sche Buchh.) *-

Schostack, Tema, aus Kiew (Russland): Das Ulcus pepticum jejuni und seine Bedeutung. Tübingen 1907. II + 51 S. 8°. S.-A. aus den Beiträgen zur klinischen Chirurgie. Band 56. Heft 2. [3. I. 08.]
Zürich, Med. Diss. 1907/08.

Schostak, Tema. Das Ulcus pepticum jejuni und seine Bedeutung. Diss. Med. Univ. Zürich. (Sonderabzug aus Beiträge zur klinischen Chirurgie. Band 56. Heft 2.) II + 51 S. 8. Tübingen, H. Laupp Jr. 1907.

Schostakowitsch, W. Über die Bedingungen der Conidienbildung bei Russthaupilzen. Mit Ill. In-8°. 36 S. Basel. These. 1895.

Schosulan, Johann Michael: Abhandlung von den heilsamsten Kräften, und Wirkung, dann Gebrauch des Mannersdorfer Bades. 30 S., gbd.

Wien: typ.Wappler 1783

Schosulan, Jh. Mch., (✝ d. 26. Jan. 1795.) Abhandl. üb. die Schädlichkeit des Einwickelns (Fatschens) der Kinder u. der Schnürbrüste (Mieder). 8. Wien 786. Hartmann. 2 gr.

Schosulan, Joh. Mich., Abhandlung über die Schädlichkeit der Schnürbrüste (Mieder). Wien, Trattner, 1783. 8°. (1 Mk. 10 Pfg., L. Rosenthal, 1886.)

Schosulan, Jo(hann) Michael (Bearb.):

s.: Haën, Anton de: Epitome operum omnium. Viennae Austriae: 1778

Schosulan, Johann Michael (Übers.):

s.: Störck, Anton Freiherr von: Praecepta medico-practica in usum chirurgorum castrensium et ruralium ditionum Austriacarum. (Medicinisch-praktischer Unterricht für die Feld- und Landwundärzte der österreichischen Staaten. Dt.) Editio altera aucta. Tom.1 - 2. Viennae Austriae: 1784

Schosulan, Johann Michael (Übers.):

s.: Störck, Anton Freiherr von: Praecepta medico-practica in usum chirurgorum castrensium et ruralium ditionum Austriacarum. (Medicinisch-praktischer Unterricht für die Feld- und Landwundärzte der österreichischen Staaten. Dt.) Editio altera aucta. Tom.1 - 2. Viennae Austriae: 1791

Schosulan, Johann Michael: Gründlicher Unterricht f. d. Landvolk, wie jedermann seinen ... Nebenmenschen Hülfe leisten ... soll. Wien 1780.

Schosulan, Johann Michael: Gründlicher Unterricht für das Landvolk: wie und auf was Weise jedermann seinen ertrunkenen, erhängten, erstickten, erfrornen, von Hitze verschmachteten, und vom Blitz berührten unglücklichen Nebenmenschen Hülfe leisten, der Retter aber für sein eigenes Leben sich selbst sicher stellen solle. 86 S., gbd.

Wien: Hörling 1786

— gründl. Unterricht für d. Landvolk, Ertrunk. Erhenkt. Hülfe z. leisten. 8. Wien, Hörling. (Mayr in Salzburg.) 786.

—gründl. Unterricht f. d. Landvolk, Ertrunkenen u. Erhenkten rc. Hülfe zu leisten. 8. Wien 786. (Wimmer); (a. Miller in Grätz). 4 gr.

Schosulan, Joann. Mich. De vinis. Viennae Trattner 1767. 56 s. Wien, Med. Diss. 1767 -- 12.29•

Schosulan, Joh(ann) Nep(omuk): Anleitung alle Arten des Scheintodes auf die faßlichste und sicherste Art zu erkennen und die Unglücklichen wieder zu beleben, besonders für Nichtärzte. 144 S., gbd.

Wien: Rötzel 1803

Schosulan, J. N., Anleit. alle Arten v. Scheintodte auf d. sicherste Art zu erkennen rc. 8. Wien, Kaulfuß. 803.

Schosulan, J. Nep., Anleit., alle Arten von Scheintodte auf die sicherste Art zu erkennen. 8. Wien 803. 16 gr. (Schaumburg). 12 gr.

Schotani, Examen juridicum. 12. Basel, Flick.

Schotel, G. D. J., s. Ryckii, Theod., Joh. Geo. Graevii etc. epistolae ineditae.

Schoetensack, August, Dr. jur.: Der Konfiskationsprozess. Leipzig: W. Engelmann 1905. (IV, 148 S.) 8°
Würzburg, Jur. Fak., Hab.-Schr. v. 1906

Schoetensack, Aug., üb. Rechtsmittel u. Wiederaufnahmeklagen nach der deutschen Zivilprozessordnung, s.: Festschrift f. Hugo v. Burckhard.

— Retorsion. — Tätige Reue. — Schadenersatz, s.: Darstellung, vergleichende, des deutschen u. ausländischen Strafrechts. II.

Schoetensack, August, Rechtspraktikant in Heidelberg: Der Strafprozeß der Carolina. *Leipzig 1904: W. Drugulin.* (VII, 102 S.) 8°
Heidelberg, Jur. Diss. v. 1904

Schoetensack, A., Der Strafprozess der Carolina. (V, 105 S.) gr. 8. Leipzig, W. Engelmann. 1904. 4. —

Schoetensack, August: Unbestimmte Verurteilung. Leipzig: Engelmann 1909. VI, 59 S. 8°
(Kritische Beiträge z. Strafrechtsreform. H. 6.)

Schoetensack, A., unbestimmte Verurteilung, s. Beiträge, kritische, zur Strafrechtsreform, 6. Heft.

Schoetensack, August. Guil. (geb. Oberdorf bei Nordhausen 6. 6. 1834)
De eclampsia gravidarum, parturientium, puerperarum. Berolini: (1860)
(32 S.) 8°
Berlin, Med. Diss. v. 17. März 1860

Schoetensack, Heinrich August

Schoetensack, Heinr. Aug., Beitrag zu e. wissenschaftlichen Grundlage f. etymologische Untersuchungen auf dem Gebiete der französischen Sprache. gr. 8. (XIV, 626 S.) Bonn 883. (Strauss.) n. 10. —

Schötensack, H. A. Über Entstehung und Fortbildung der französischen Sprache. 16 S. Progr. Stendal 1878.

Schötensack, Heinr. Aug., Grammatik der neuhochdeutschen Sprache mit besond. Berücksicht. ihrer histor. Entwickelung. Lex.-8. (XVI und 836 S.) Erlangen 855(56,) Enke's Vrlgsh. *

Schötensach, H. A., De genitivi vocabulorum Graecorum III. declinationis terminatio eorumque genere. Pr. 1842. 20 S. 4°. —
— — II. Pr. 1848. 21 S. 4°. Stendal. —

Schötensack: Ueber die Thraker als Stammväter der Gothen und die Verzweigungen des gothischen Völkerstammes. Abth. 1. 25 S. Progr. Stendal 1860.

Schoetensack: Ueber die Thraker als Stammväter der Gothen und die Verzweigungen des gothischen Völkerstammes. Zs. 73 S. -Stendal, Progr. 1860. 1861

Schötensack, Heinr. Aug., über die Thraker, als Stammväter der Gothen, und die verschied. Verzweigungen des gothischen Völkerstammes. Historische Untersuchung. gr. 4. (74 S.) Stendal 861, Franzen und Große. *

Schötensack, H. A. Etymologische Untersuchungen auf dem Gebiete der französischen Sprache. Stendal, G., 1872. 30 S. 4. Progr.

Schoetensack, H. A. Französisch-etymologisches Wörterbuch. 4 Abthlgn. gr. 8. (VIII, 606 S.) Heidelb. 890,91, C. Winter. 14 —

Schoetensack, Otto, Dr.: Beiträge zur Kenntnis der neolithischen Fauna Mitteleuropas mit besonderer Berücksichtigung der Funde am Mittelrhein. *Heidelberg: C. Winter 1904.* (118 S.) 8° (Aus: Verhandl. d. Naturhist.-Med. Ver. zu Heidelberg, N. F. Bd 8, H. 1.)
Heidelberg, Naturw.-math. Hab.-Schr. v. 1904

Schötensack, Otto, das Kesslerloch, s.: Nüesch, Jak.

Schoetensack, Otto, die Nephritoide des mineralogischen und des ethnographisch-prähistorischen Museums der Universität Freiburg i. B. Diss. Freiburg i. B. 1885. 8°. 35 S.
Sonder-Abdruck aus: Zeitschrift für Ethnologie. XVII. Band. Berlin 1885, Ascher & Comp.

Schötensack, Otto s. Nüesch, Jacob. Das Schweizersbild. Zürich 1897.

Die geschliffenen Steinwerkzeuge aus der neolithischen Schicht vom Schweizersbild. Von Dr. Otto Schoetensack in Heidelberg. M. 1 Taf. *(Basel: Commv. v. H. Georg;) Zürich: Dr. v. Zürcher & Furrer (1896).* (329–337 S., 1 Taf.) 4.
= Denkschriften, Neue, d. allg. schweiz. Gesellschaft f. d. gesammten Naturwissenschaften. Bd 35. (Abth. 10.) [91. 6326

Schoetensack, Otto, die geschliffenen Steinwerkzeuge aus d. neolith. Schicht vom Schweizersbild. [Aus: „Denkschr. d. schweiz. naturforsch. Gesellsch., 35. Bd.: Nüesch, das Schweizersbild".] gr. 4. (9 S. m. 1 Lichtdr.) Zürich 896. (Basel, Georg & Co.) n.n. 1.20

Schoetensack, Otto, der Unterkiefer des Homo Heidelbergensis aus den Sanden v. Mauer bei Heidelberg. Ein Beitrag zur Paläontologie des Menschen. Mit 13 Taf., davon 10 in Lichtdr. (V, 67 S. m. 13 Bl. Erklärgn.) 34,5×27,5 cm. Leipzig 908. W. Engelmann. 14.—

Schoetensack, Otto: Der Verstrickungsbruch (§ 137 R.St.G.B.). Heidelberg 1910: Hörning. 68 S. 8°
Heidelberg, Jur. Diss. v. 23. Mai 1910, Ref. v. Lilienthal
[Geb. 5. Juli 83 Freiburg i. B.; Wohnort: Heidelberg; Staatsangeh.: Baden; Vorbildung: Gymn. Heidelberg Reife Juli 03; Studium: Heidelberg 12 S.; Rig. 12. Mai 10.] [U 10. 2013

Schotsch, Friedrich: Mathematische Aufgaben für die Maturitätsprüfung 1 S. 3 38°
Progr. Ev. G. A. B. u. verbund. Lehranstalten *Mediasch* 1900

Schotsch, Fr. Wie und in welchem Umfange ist die ebene Trigonometrie an unseren Gymnasien zu betreiben? 70 S. *Mediasch* 1881
Progr.

Schotsch, Gustav: Deutsche Familiennamen aus den Matrikeln d. ev. Kirche A. B. in Segesvár ⟨Schässburg⟩. Segesvár '09. S. 5—34. 4° Schässburg, Bischof Teutsch-G., P. 1908/09.

Papyri (Friedrich) **Schott**-(Carl) Reinhardt. Mit Unterst. d. Großh. Bad. Minist. d. Justiz, d. Kultus u. Unterr. hrsg. u. erkl. von Dr. phil. C[arl] H[einrich] Becker, Priv.Doz., Heidelberg. 1. Heidelberg: C. Winter 1906. 4°
— **Veröffentlichungen** aus d. Heidelberger Papyrus-Sammlung. 3. [06.7664

Schott, ..., Abhandl. von d. Landgrafsch. im Nabgau, s. F. J. Bodmann.

Schott, Führer durch Lobenstein, s.: Zedler.

Schott, s.: Schriften d. Vereins f. Socialpolitik. 41. Bd.

Schott, Wanderbuch durch das obere Saaltal u. d. Frankenwald, s.: Zedler.

Schott, A., s. Autommarchi: Memoiren.

Schott A. die Ergebnisse der gewerblichen Arbeiterstatistik in Württemberg in den Jahren 1902 u 03. (38 S) 4° Stuttgart 1905

Schott, A., In falschen Geleisen. Roman. Gr.-8°. (348 S.) K 3.60, geb. K 4.80
Wien: Österreich. Verl.-Anst. 1903.

Schott, A., s.: Irrenpflege, die.

Schott, (A.,) Leben des Th. Rigas, mit dessen Portr. gr. 8. Heidelb. 825, Winter.

Schott, A., Menorrhagieen und chronische Hyperämieen des Uteruskörpers, s. Sammlung klinischer Vorträge.

Schott A. Merkantilpolit. a. Württembergs Herzogszeit. (21 S) 4° Stuttgart 1900

Schott, A., u. Gmelin, zur Psychologie der Aussage, s.: Grenzfragen, juristisch-psychiatrische. III. 5.

— Taschenbuch f. Freunde d. griech. Geschichte rc., s. Taschenbuch.

Schott, A. C., Wildbad Sulzbrunn bei Kempten in Bayern nebst der neuesten von Frhrn. Dr. v. Liebig vollzogenen authent. Analyse seiner Jodquellen, sowie der dadurch auf organ. Wege erzeugten Jodmilch und Jodmolke. 1. Jahrbuch. gr. 8. (XII und 234 S.) Frankfurt a. M. 858, Voemel. *

Schott, Adolf: Ueber Dauerheilungen nach Gallensteinoperationen. *Tübingen 1903: H. Laupp Jr.* (41 S.) 8°
¶ (Aus: Beiträge zur klinischen Chirurgie, Bd 39. H. 2.)
Heidelberg, Med. Diss. v. 1903

SCHOTT, Adolf (Ravensburg): Ueber einen Fall von Glioma cerebri an Stelle der corpora quadrigemina.- München: Kastner & Lossen 1896. 56 S.
13.5.1896 - Chi 1895/96,10; Jv 1895/96,229
Diss. Ingolst.-Landsh.-Münch.

Schott, Adf., die evangelische Kirche zum hl. Kreuz. Ein Gedenkblatt. (61 S. m. Abbildgn. u. 1 Taf.) gr. 8. Augsburg 903. J. A. Schlosser. n. —75

Schott, Albert s. Bibliothek des litterarischen Vereins in Stuttgart I.

Schott, Albert: Die Deutschen am Monte-Rosa mit ihren Stammgenossen im Wallis und Üechtland. Zür. (Ulrich Dr.) 1840. 1 Bl., 37 S. 4°.
Programm der zürcher. Kantonsschule 1840.

Schott, Alb., die Deutschen am Monte-Rosa mit ihren Stammgenossen in Wallis u. Üechtland. 4. (5 B.) Zürich 840. (Stuttgart, Beck u. Fränkel.) *

— s. Dichter des deutschen Mittelalters, 5. Bd.

Schott, Albert [Justizref. in Stuttgart]: Zufälliger Erfolg als Strafschärfungsgrund ... Göttingen, Druck d. Univ.-Buchdr. v. W. F. Kästner, 1895; 43 S. 8.
Göttingen, Jur. Fak., Inaug.-Diss. v. [24. Okt.] 1895

Schott, Albert: Die dt. Colonien in Piemont. Ihr Land, ihre Mundart und Herkunft. Ein Beitrag zur Geschichte der Alpen. — Stg.: Cotta 1842. XVI, 348 S.

Schott, Albert, Lebensbeschreibungen der deutschen Kaiser, s. Kaiser, die deutschen.

— walachische mährchen, s. Schott, Arth.

Schott, Alb., Panorama der deutschen Klassiker, s. Panorama.

— Wanderungen durchs mittlere u. nördliche Deutschland, s. a. Wanderer, die, um die Welt.

Schott, Albt, Wanderungen durchs mittlere und nördliche Deutschland. Bd. 1. Mit 1 Karte. Stuttgart 1839—45. gr. 16.
Ist: Der Wanderer um die Welt. Folge 5, 6.

Schott, Alphons [aus Wanzenau]: Über eine bisher wenig beschriebene Form von Gaumengeschwüren die bei Typhus abdominalis vorkommen. Strassburg, Buchdruckerei von R. Schultz & Comp., 1884. 8. 22 S.

Schott, Andreas

Schott, And., tractatio juris publici de indigenatu Polonorum ex jure publ. Pol. deducta. 4. Danzig. 738.

— Prussia christiana sive de introductione relig. christ. in Prussiam per martyres tentata. 4. Danzig, Knoch. 738.

Schott, Andreas Heinrich

— Diss. sist. animadversiones in historiam philosophiae. Prs. I—III. 4. Tübing. 811, 12.

Schott, **Andr.** Hnr., Disquisitio argumentorum de immortalitate animi in Wielandii Euthanasia expositorum. 4. Tübing. 807.

— Diss. hist.-philosophica de variis Pantheismi formis. 4. Tübing. 805.

— Diss. de idea juris naturalis. P. I., II. 4. Tübing. 813.

Schott, Andreas Heinrich [Praes.], s. Kausler, Karl Ludwig Friedr.: Disquisitiones quasdam in Spinozam.

Schott, Andreas Heinrich [Praes.], s. Krauss, Karl Heinrich: De pulchro deque principiis dijudicandi pulchrum pars prima.

Schott, Andr. Hnr., comment. Memoria Philippi Melanchthonis meritorumque illius in artium liberalium et philosophiae studia. 4. Tübing. 817.

— Diss. de origine cognitionis humanae. Prs. I., II. 4. Tübing. 809, 10.

— commentatio acad. de ratione aestimandi libertatem et aequalitatem politicam. 4. Leipz. 794.

— commentatio de ratione historiam universalem philosophiae mediam tractandi. 4. Tübing. 814.

— comment. de ratione historiam universalem philosophiae recentioris tractandi. Prs. I. et II. 4. Tübing. 816, 18.

— Diss. histor.-philos. de Spinocismo. 4. Tübing. 805.

Schott, A. H., üb. das Studium d. Homers in niedern u. höhern Schulen. 8. Leipz. Crusius. (F. C. W. Vogel). 783.
Vgl. Studium, ...

— Theorie d. schönen Wissenschaften. 2 Thle. 8. Tübingen. Cotta. 789.

Schott, Anna, die Geierbuben. Erzählung a. d. Böhmerwald. Illustr. v. Fritz Bergen. 2. u. 3. Aufl. (197 S.) 8. Freiburg i/B. (910). Herder. 2.—; geb. in Leinw. 3.—
Vgl. Schott, Anton.

Schott, Anselm, das Meßbuch der hl. Kirche [Missale Romanum] lateinisch u. deutsch m. liturgischen Erklärungen. Für die Laien bearb. Mit 1 Stahlst. 16. (XII, 492 u. Anh. 186 S.) Freiburg i/Br. 884. Herder. n. 2. —

Schott, Anselm, das Meßbuch der hl. Kirche [Missale Romanum] lateinisch und deutsch mit liturgischen Erklärungen. Für die Laien bearb. 2. verm. Aufl. 16. (XXIII, 556, 218 S. mit 1 Stahlst.) Freiburg i. Br. 888, Herder'sche Verlagsh. *

Schott, Anselm, das Meßbuch der hl. Kirche [Missale Romanum] lateinisch u. deutsch m. liturgischen Erklärungen. Für die Laien bearb. 3., verm. Aufl. Mit 1 Stahlst. u. 3 Lichtdr.-Bildern. 16. (XXXI, 760 u. 229 S.) Freiburg i/B. 892. Herder n. 3. —; geb. in Halbfrz. n. 4. —; in Bockldr. n. 5. 30; m. Goldschn. n. 5. 50; in Kalbldr. m. Goldschn. n. 6. 70

— dasselbe. 4., verm. Aufl. gr. 16. (XXXII, 772 u. 215 S. m. 1 Lichtdr.) Ebd. 894. n. 2. 50; geb. in Halbfrz. n. 3. 50; in Bockldr. n. 4. 30; m. Goldschn. n. 5. —; in Kalbldr. m. Goldschn. n. 6. —

Schott, Anselm, O. S. B., d. Meßbuch d. hl. Kirche (Missale Romanum) latein. u. deutsch m. liturg. Erklärgn. Für d. Laien bearb. M. 1 Titelbild in Lichtdr. 5. Aufl. 12. (XXXII, 776 u. 215 S.) Freiburg i/B. 898. Herder. n. 2. 50; geb. in Halbfrz. n. 3. 50

Schott, Anselm, O. S. B., das Meßbuch der hl. Kirche (Missale Romanum) lateinisch u. deutsch m. liturgischen Erklärungen. Für die Laien bearb. 6. u. 7. Aufl. 12. (à XXXII, 776 u. 227 S. m. Titelbild.) Freiburg i/B. 900. 901. Herder. n. 2. 50; geb. n. 3. 50

Schott, Anselm, O. S. B., das Meßbuch der hl. Kirche (Missale Romanum), lateinisch u. deutsch, m. liturg. Erklärgn. Für die Laien bearb. 10. Aufl. (XXXII, 780 u. 227 S. m. Titelbild.) kl. 8. Freiburg i/B. (906). Herder. n. 2. 50; geb. in Halbfrz. n. 3. 50

Schott, Anselm, O. S. B., das Meßbuch der hl. Kirche (Missale Romanum) lateinisch u. deutsch m. liturgischen Erklärgn. Für die Laien bearb. 13., verm. u. verb. Aufl. (XXXII, 786 u. 223 S. m. farb. Titelbild.) kl. 8. Freiburg i/B. (910). Herder. p 2.50; geb. in Kunstldr. 3.30; in Halbfrz. 3.50; in Kunstldr. m. Goldschn. 3.75; feine Ausg. 14. Aufl. 3.20; geb. in Kunstldr. m. Rotgoldschn. 4.40

Schott, Anselm, O. S. B., das Meßbuch der hl. Kirche (Missale Romanum) lateinisch u. deutsch m. liturgischen Erklärgn. Anh. Besondere Messen der Heiligen der 3 Orden des hl. Franziskus. Von Romuald Munz. (VII, 127 S.) kl. 8. Freiburg i/B. (910). Herder. —60; m. dem Meßbuch geb. in Kunstldr. 4.—

Schott, Anselm, O. S. B, Oremus! Kleines Meßbuch zum Gebrauche beim öffentl. u. privaten Gottesdienste. Nach der größeren Ausgabe des Meßbuches bearb. v. e. Benediktiner der Beuroner Kongregation. 2. Aufl. (XIX, 787 S. m. Titelbild.) 16. Freiburg i/B. (906.) Herder. n. 1. 40; geb. in Leinw. n. 2.—

— Oremus! Kleines Meßbuch zum Gebrauche beim öffentl. u. privaten Gottesdienste. Nach S. bearb. v. e. Benediktiner d. Beuroner Kongregation. 3. Aufl. (XIX, 822 S. m. Titelbild.) 16. Ebd. (910). p 1.60; geb. in Kunstldr. 2.20; m. Goldschn. 2.40; feine Ausg. 4. Aufl. 2.20; geb. in Kunstldr. m. Rotgoldschn. 3.—

Schott, Anselm, **Vesperbuch** (Vesperale romanum), lateinisch u. deutsch, enth. die Vespern des Kirchenjahres. Für Laien bearb. 16. (XXXII, 448 u. 146 S. m. 1 Farbendr.) Freiburg i/B. 893. Herder. n. 3. —; geb. in Halbfrz. n. 3. 80

— **Vesperbuch** (Vesperale romanum), lateinisch u. deutsch, enth. die Vespern des Kirchenjahres. Für Laien bearb. 2. Aufl. 12. (XXVIII, 441, 148 u. IV S. m. farb. Titelbild.) Ebd. 899. n. 3. —; geb. in Halbfrz. n. 4. —; in Saffian n. 4. 80; m. Goldschn. n. 5. —

— **Vesperbuch** (Vesperale romanum), lateinisch u. deutsch, enth. die Vespern des Kirchenjahres. Für Laien bearb. 3. Aufl. (XXVIII, 442 u. 148 S. m. 1 Farbdr.) kl. 8. Ebd. (905). n. 3. —; geb. in Halbfrz. n. 4. —

Die Asgarden. Ein Prager Studentenroman von Anton Schott. Kevelaer: Thum [1908]. 271 S. 8°
(Die Bücherhalle. Bd 2.) [08. 11..5]

Schott, Ant., die Asgarden, s. **Bücherhalle**, die. 2. Bd

Schott, Anton. Unter dem Banner von Bogen. Historische Erzählung. [Mit illustriertem Umschlag.] 270 S. 8. Einsiedeln *etc.*, Benziger & Co. A. G, 1906. (M. 3. 20, geb. 4. —)

Schott, Anton. Der Bauer im Gefield. Erzählung aus dem Volksleben des Waldgebirges (*Umschlag:* Roman). [Mit Porträts und illustriertem Umschlag.] 218 [+6] S. 8. Einsiedeln *etc.*, Benziger & Co. A.G., 1905. (M. 2. 20, geb. 3. —)

Schott, Ant., der **Bauernkönig.** Roman. Mit Bildern v. R. Rucktäschel. Hrsg. v. der deutschen Literatur-Gesellschaft. 8. (391 S.) München 903. Allgemeine Verlags-Gesellschaft. n. 4. —; geb. n. 5. —

(B) — Der Bauernkönig. 903. (KVL 32.) Jetzt: Regensburg, J. Habbel.

Gotswindes Fiedlers Denkbuch. Erzählung aus d. 14. Jh. von Anton Schott. Mit 4 Farbendruckbild. Coln: J. P. Bachem [1907]. (141 S.) 8° [F.]
= Jugendschriften. Bachem's neue illustr. Bd 35. [08. 11..]

— Dikel, der Flank, s.: Für Herz u. Haus! 9. Bd.

— Der **Doktor** vom St. Nikelsberg. Roman. (416 S.) kl. 8. Regensburg (910). J. Habbel. Geb. in Lw. 4. —

Die Einöder. Erzählung aus d. Vergangenh. d. Künischen Waldes. Von Anton Schott. *Kevelaer: Butzon & Bercker 1900.* (228 S.) 8° [F.]
= Vergangenheit. Aus. u. Gegenwart. Bdch. 22–24. [... 5]

— die Einöder, s. Aus Vergangenheit u. Gegenwart.

— Fährmannstinter. — Auf der Tauernhöhe, s.: Hausschatz-Bibliothek. 4. Bdchn.

— **Notwebers Gabriel.** Roman. (567 S. m. Bildnis.) kl. 8. Geb. in Leinw. 5. —
Regensburg: Habbel (1910).

— die **Geierbuben.** Erzählung aus dem Böhmerwald. Illustriert v. Fritz Bergen. 12. (206 S.) Freiburg i/B. 901. Herder. n. 2. —; geb. in Leinw. 3. —
Vgl. Schott, Anna.

— im falschen **Geleisen.** Roman. (348 S.) gr. 8. Wien (903). [Oesterreich. Verlagsanstalt.] J. Deubler. 3. —; geb. 4. — (Ladenpreis aufgehoben.)

Gerichtet, s.: Aus Vergangenheit u. Gegenwart.

— das **Glücksglas.** Erzählung. Illustriert v. Fritz Bergen. 8. (318 S.) Ebd. 902. n. 3. —; geb. in Leinw. n. 4. —

— **Gottesthal.** Mit Buchschmuck v. Philipp Schumacher. Preisgekrönter Roman, hrsg. v. der deutschen Literatur-Gesellschaft. (396 S.) 8. München (903). Allgemeine Verlags-Gesellschaft. n. 4. —; geb. n. 5. —

— **Gottestal.** Preisgekrönter Roman. Mit Buchschmuck v. Philipp Schumacher. 2. Aufl. (430 S.) 8.
Köln: Bachem [1908]. 5. —; geb. in Leinw. 6. —

- Dass. 3. Aufl. Ebda. [1908].

Schott, Ant., Hie Welf! Hie Waibling! Streitfragen auf dem Gebiete des Gesanges vom Standpunkte e. sing. Darstellers. (159 S. m. 4 Bildnistaf.) 8. Berlin 904. E. Goldschmidt. n. 2. 50

— um e. Hof, s.: Für Herz u. Haus. Bd. 4.

— Zu stillen **Höhen!** Roman. (310 S.) kl. 8. Regensburg (910). J. Habbel. Geb. in Leinw. 3. —

— Das **Hundsschlössel.** Roman. (235 S.) kl. 8. Ebd. (909). Geb. in Leinw. 3. —

Schott, Ant., der **Hüttenmeister.** Novelle. 8. (147 S.) Köln (896). J. P. Bachem. 1. 50; geb. n. 2. 50

[F.] Der Hüttenmeister. Novelle v. Anton Schott. *Koln a. Rh.: J. P. Bachem [1897].* (2 Bl., 147 S.) 1 Bd 8. [97. 7887]

Der Hüttenmeister. Novelle von Anton Schott. 2. Aufl. Koln: J. P. Bachem [1900]. (151 S.) 8° [F.] [08. 11316]

Schott, Anton: Auf Irrwegen. Erzählg aus d. Walde. Kevelaer: Butzon & Bercker 1898. (206 S.) 8°
= Vergangenheit. Aus. u. Gegenwart. Bdch. 7–9.

— auf Irrwegen, s. Aus Vergangenheit u. Gegenwart.

— der **Königsschütz** u. Aus d. Art geschlagen. 2 Novellen. 8. (178 S.) Ebd. (896). 1. 50; geb. n. 2. 50

[F.] Der Königsschütz und Aus der Art geschlagen. 2 Novellen v. Anton Schott. *Koln: J. P. Bachem [1897].* (2 Bl., 178 S.) 1 Bd 8. [97. 7888]

Der Königsschütz. Aus der Art geschlagen. 2 Novellen von Anton Schott. 2. Aufl. Koln a. Rh.: J. P. Bachem [1906]. (182 S.) 8° [F.] [08. 11389]

— Landstreicher. — Die Elmbauernleut', s.: Volksschriften, Münchener, Nr. 1.

— **Leut' aus dem Walde.** Erzählungen. (299 S.) kl. 8. Regensburg (910). J. Habbel. Geb. in Leinw. 3. —

— Moni, s.: Für Herz u. Haus. 12. Bd.

— Nur e. Leineweber, s.: Jugend- u. Volksbücherei. 11. Bd.

Der letzte Richter, s.: Aus allen Zeiten u. Ländern. 8. Bd.

— **der letzte Richter.** Kulturgeschichtliche Novelle aus dem Böhmerwalde. 8. (211 S.) Köln (901). J. P. Bachem. n. 2. 50; geb. n. 3. 50

— ein Schwarzkünstler. — Der Koverl, s.: Volksschriften, Münchener. Nr. 15.

Schott, Anton. Die Seeberger. Erzählung aus dem Walde. 208 S. 8. Einsiedeln *etc.*, Benziger & Co. A. G., 1903. [fr. 2. 75, geb. 3. 75]

— Allerhand Sonderlinge. Erzählungen. (242 S.) kl. 8. Regensburg (910). J. Habbel. Geb. in Leinw. 3. —

Schott, Anton (Frankfurt/M.)
"Specimen eruditionis." [Enthält nur d.Lebenslauf d.Verf.]
MS. 27 S. 8° vorh. Univ.-Archiv.
Diss. phil. Giessen 13.4.1831.

-- die versunkene Stadt, s.: Für Herz u. Haus. Bd. 1.

Verkauft. Roman aus d. vormärzlichen Walde von Anton Schott. Kevelaer: Thum [1908]. 230 S. 8°
(Die Bücherhalle. Bd 3.) [10. 3344 5

-- Verkauft, s.a. Bücherhalle, die.

Schott, Anton. Bescholten Volk und andere Novellen. 389 S. 8. Einsiedeln *etc.*, Benziger & Co. A. G., 1903. [fr. 4. —, geb. 5. —]

— Fahrendes Volk. Roman. (307 S.) kl. 8. Regensburg (909). J. Habbel. Geb. in Leinw. 3. —

Weltverbesserer. Roman von Anton Schott. Essen-Ruhr: Fredebeul & Koenen 1905. (366 S.) 8° [F.] [4. 17317

— der Wildhof. Erzählg. aus d. Walde. 12. (207 S.) 1. 50; geb. in Leinw. n. 2. 50
Köln: Bachem [1898].

— Der Wirt v. „gulden Rössel". Roman. (309 S.) kl. 8. Ebd. (909). Geb. in Leinw. 3. —

Schott, Aron (Burggräfenrod)
Ueber die Krebse der Knochen.
Giessen: Brühl 1863. 36 S. (in Δ mit „Thesen")
Diss. med. 19.12.1863. vorh. 26. 7. Δ.

Schott, Arthur, Gedichte. gr. 16. (VIII u. 296 S.) Stuttgart 850, Hallberger. 1 ℛ

Schott, A., Leben u. Wirken d. hochwürdigsten Hrn. Maurus Wolter, Erzabtes v. Beuron. 12. (134 S. m. Lichtdr.-Bild.) Stuttgart 891. Süddeutsche Verlagsbuchhandlg. (D. Ochs). Geb. m. Goldschn. n.n. 2. —

Schott, Arthur u. Albert, Walachische mährchen. Mit einer einleitung über das volk der Walachen u. einem anhang zur erklärung der mährchen. gr. 8. Stuttgart 845, Cotta'sche Buchh. 1 5/6 ℛ

Schott, Arthur [Dr.]: Die Französische Wehrsteuer nach dem Gesetze vom 15. Juli 1889. ([A. T.:] Staatswiss. Studien ... hrsg. v. L. Elster, Bd 4, Heft 4 ...) Jena, G. Fischer, 1892; 3 Bl., 128 S. 8.
Tübingen, Staatswiss. Fak., Inaug.-Diss. v. 1892

Schott, Arth., die französische Wehrsteuer nach dem Gesetze vom 15. Juli 1889, s.a. Studien, staatswissenschaftliche.

Schott, A[rthur], die Wunder von Lourdes oder die Erscheinung der allerseligsten Jungfrau Maria in Lourdes. Eine vollständige Geschichte der Wunder, fortlaufend bis auf die Gegenwart, nebst Lourdandachten. (2. Aufl.) 2 Thle. in 18 Heften. gr. 8. (875 S. mit 12 Vollbildern, über 100 eingedr. Holzschn. und 1 Lichtdr.) Stuttgart 887, Süddeutsche Verlagsbuchh.
à Heft * 40 Pf. [* ℳ 7.20.] *
geb. *

— Die Wunder v. Lourdes od. die Erscheing. der allerseligsten Jungfrau Maria in Lourdes. 7. Aufl. 2 Thle. gr. 8. (844 S. m. Illustr. u. 1 Ansicht.) Ebd. 892. * 7 50; geb. * 9 —; m. Goldschn. * 10 —
3.—6. Aufl. Ebd. 1888—91.

Schott, A., d. Wunder v. Lourdes od. d. Erscheing. d. allerheiligsten Jungfrau Maria in Lourdes. Eine vollständ. Geschichte d. Wunder, fortlauf. bis auf d. Gegenwart, nebst Lourdandachten. 71.—80. Tausd. 8. Aufl. 2 Thle. gr. 8. (VI, 469 u. 367 S. m. Illustr. u. 1 Farbdr.) Stuttgart 895. Süddeutsche Verlagsbuchh. n. 7. 50; geb. n. 9. —; m. Goldschn. n. 10. —
Erschien auch in 18 Lfgn. à n. — 40.

Die Wunder von Lourdes von A(rthur) **Schott**. 10. Aufl. Stuttgart: Süddeutsche Verlagsbuchh. 1899. (367, VI S.) 8° [08. 2333

Schott, August Friedrich [Praes.], s. Anton, Karl Gottlob: De testamentifactione Laubanensi.

Schott, Aug. Fr., Bibliothek d. neuest. jurist. Literat. f. d. J. 1785—88. u. Anh. 7 Bde. gr. 8. Leipz. Fritsch. 785—90.

Schott, August Friedrich [Praes.], s. Bahrdt, Christian Traugott: Naturam pignoris Germanici in re oppignorata casu fortuito penes creditorem intereunte jure Sax. elect. haud mutatam esse, demonstr. Spec. jur. Saxon.

Schott, August Friedrich [Praes.], s. Bellger, Joh. Heinr.: Disquisitio an maritus sumtus in funus uxoris factos ex concursu in hujus bonis orto repetere jure possit?

Schott, August Friedrich [Praes.], s. Boeschen, Karl Franz: De vi legum civilium in subditos temporarios.

Schott, August Friedrich [Praes.], s. Bucher, Carl August: De vera causa, cur hodie adhuc in Saxonia jus repraesentationis in successione collateralium ab intestato exulet, contra communem opinionem.

Schott, A. F.: Comm. ad orationem Pertinacis de testamento post. imperf. prius perfect. haud infirmante. *L.* 765. 4.

Schott, August Friedrich (Dresden) A. S. 184/30

Dissertatio academica qua legem aequilibritatis in natura observatam, ad artium praecepta cuncta, aeque ac ad moralia, aliaque in universum extendi, breviter ostenditur. Präs. Karl Gottfried Zaake. Leipzig (Langenheim) 1. IX. 1764. 55 S. 31313

Schott, August Friedrich [Praes.], s. Doelitzsch, Christian Gotthelff: De indole potestatis patriae ex juris naturalis principiis.

Schott, August Friedrich, s. Doujat, J.: Praenotionum. ...

Schott, August Friedrich [Praes.], s. Drechsel, Karl Christian: De quaestione domitiana.

Schott, August Friedrich [Praes.], s. Einert, Christian Gottlob: De negotiorum gestoris ad culpam levissimam praestandam obligatione disputatio.

— Entwurf einer jurist. Encyklopädie u. Methodologie, z. Gebrauch akadem. Vorlesungen. gr. 8. Leipz. 772. 2e A. 774. 3e A. 780. 4e A. 785. 5e A. 790. 6e Aufl. hersg. v. J. F. Kees. 794. Heinsius. 16 gl

Schott, A. F.: Entw. e. jurist. Encyklopaedie u. Methodol. z. Gebr. akad. Vorlesungen. *Lpz.*, **Heinsius. (1 — 5e Aufl. 772 — 93.). 6e Aufl. v. Jac. F. Kees. 794. gr. 8. (16 Gr.)**

Schott, August Friedrich [Praes.], s. Fischer, Karl Heinrich: De probatione condictionis indebiti rite suscipienda.

Schott, Aug. Fr.: Grundlinien d. processual. Verfahrens in geringfügigen Sachen nach kursächs. Gesetzen. Ein Nachlass mit Anmerkk. u. Beilagen. *Leipzig*, Göthe. 799. 8. (8 Gr.)

Schott, August Friedrich [Praes.], s. Habermann, Johann Baptist: Theses juris controversi.

Schott, August Friedrich [Praes.], s. Harnisch, Andreas Adolph: Specim. juris digestorum ad tit. de justitia et jure.

Schott, August Friedrich [Praes.], s. Hauschild, Salomon Friedrich: De praescriptione juris bona sub pacto de retrovendendo alienata relvendi, ad Const. Sax. Elect. I. P. II.

Schott, August Friedrich [Praes.], s. Hennig, Friedrich Ernst: De poena bigamiae ordinaria, ad constit. criminal. Carolin. art. 121.

Schott, August Friedrich [Praes.], s. Hennig, Johann Benjamin: Historiam legum ecclesiasticarum de temporibus nuptiarum clausis.

Schott, August Friedrich [Praes.], s. Heymann, Christian Gottlob: De uxore desertrice dote sua ex regula quidem non semper tamen privanda.

Schott, August Friedrich [Praes.], s. Hummitzsch, Christian Friedrich: De jure primariarum precum uxoribus ordinum imp. competente.

— institutiones juris saxonici elector. privati. 8maj. Leipz. 778. Ed. II. auct. et emend. 785. Ed. III. auct. et emend. a Chr. Gli. Haubold. 8maj. Leipz. 795. (Hahn). 1 ꝑ 8 ℊ

Schott, A. F.: Institutt. jur. Saxon. elect. priv. *Leipzig*, Fritsch. (Ed. 1 — 2. 778 — 785.) ed. 3. post auct. obitum cur. Ch. Gli. Haubold. 795. 8. (2 Thl.)

Schott, August Friedrich [Praes.], s. Just, Zölestin August: De vita et constitutionibus D. Pertinacis.

Schott, August Friedrich [Praes.], s. Kaempffe, Johann Friedrich: De vera caussa praerogativae hypothecae fisci in bonis a debitore post contractum adquisitis ad L. XXVIII D. de jure fisci.

Schott, August Friedrich [Praes.], s. Karthaus, Christian Aug.: De furto usus.

Schott, August Friedrich [Praes.], s. Kemter, Johann Traugott: Vindiciae Pomponii de materia XII. tabularum in cap. II. §. IV. π de Orig.

Schott, August Friedrich [Praes.], s. Klette, Heinrich Gotthelff: De justo praescriptionis tempore in paterna hereditate petenda liberis definito.

Schott, August Friedrich [Praes.], s. Kober, Friedrich August: Jus Gorlicense circa tutelam aetatis.

Schott, A. F.: Unparth. Kritik üb. d. neuesten jurist. Schriften. *Lpz.*, Heinsius. 768 — 82. **100 St. in 10 Bdn.** 8. (12 Thl. 12 Gr.) Fortges. unt. d. Tit.: Bibl. d. neuesten jurist. Lit. f. 783 — 88. *Eb.*, Fritsch. 783 — 89. à 2 Thle. 8. (6 Thl.) Nachträge u. Reg. 789 — 90. 8.

— unpartheyische Critik über d. neuesten jurist. Schriften. 10 Bde. od. 100 Stck. mit General Reg. 8. Leipz. Heinsius. (Gleditsch). 769 — 85.

— unpartheiische Kritik üb. die neuesten jurist. Schriften. 10 Bde. od. 100 Stcke, mit General-Register. 8. Leipz. 769 — 788. (Brockhaus). 12 ꝑ 12 ℊ

Schott, August Friedrich [Praes.], s. Küstner, E. W.: De publica rei librariae cura, imprimis Lipsiensi.

Schott, August Friedrich [Praes.], s. Le Petit, Traug. Wilh.: De origine juris hereditarii comitium imp. S. R. G. in comitatibus et inde pendente origine cognominum eorum seu nominum gentilitiorum.

Schott, August Friedrich [Praes.], s. Leyser, Aug. Polyc.: De honoribus regiis principum electorum.

Schott, August Friedrich [Praes.], s. Lorenz, Friedr. Aug.: De usufructu vestimentorum ex voluntate constituentis vel vero vel quasi tali.

— Magazin f. Rechtsgelehrte, s. unten: Wochenblatt.

Schott, August Friedrich [Praes.], s. Matthaei, Christian Gottlob: De successione filiorum in res utensiles maternas ex juribus civitatum Dresdensis ac Lipsiensis.

Schott, August Friedrich [Praes.], s. Meysel, Anton Dietrich: Quadriga observationum forensium.

Schott, August Friedrich [Praes.], s. Mosch, Johann Christoph: De vero actus et viae discrimine, ad cap. I. Pr. π. De servit. praed. rust.

Schott, August Friedrich [Praes.], s. Mulertt, Johann Christfried: Theses juris controversi.

Schott, A. F.: Opusco. jurid. *Lpz.*, Langenheim. 770. 8. (10 Gr.)

— opuscula juridica. 8. Leipz. 770. (Schonemann). 12 ℊ

Schott, August Friedrich [Praes.], s. Pohl, Christian Friedrich: Historia jur. civ. de praescriptione adversus civitates.

Schott, August Friedrich [Praes.], s. Prentzel, Friedrich August: De citatione edictali in hereditatis absentium ob mortem praesumtam petitione jure Saxonico electorali praescripta.

Schott, August Friedrich [Praes.], s. Rabe, Johann August Heinrich: Quaestio jur. Saxonici an marito ususfructus et administratio in bonis uxoris minorennis competat?

Schott, August Friedrich [Praes.], s. Rentzsch, Karl Gottfr. Leberecht: De ignorantia populi circa poenas, earum, vim impediente specimen.

— Sammll. zu d. deutschen Stadt- u. Land-Rechten. 3 Thle. 4. Leipz. 772—74. (Brockhaus). 2 ꝑ 8 ℊ (3r Thl. A. u. d. T.: Das Stadtrecht d. Stadt Freiburg).

Schott, A. F.: Samml. zu d. deutschen Land- u. Stadtrechten. *Lpz.*, Fritsch. 772—74. 3 Bde. gr. 4.

— Sammlungen zu den deutschen Land- u. Stadtrechten. 3 Thle. 4. Leipz. Heinsius. (Gleditsch). 772-74.

Schott A. F.: Sammlungen zu den deutschen Land- u. Stadtrechten. 3 Th. (1 Vol.). Leipz. 1772-75. (17, 838) S.

Schott, August Friedrich [Praes.], s. Schlockwerder, Karl August: De lege Villia annali magistratuum Romanorum.

– s. Siegel, J. G.: Einleitung ... u. dessen Wechselgläubiger.

Schott, August Friedrich [Praes.], s. Sohr, Samuel August: De iuribus singularibus militum circa rem opificiariam in Saxonia electorali.

— Supplementum ad Lipenii Bibliothecam juridicam. fol. ibid. 775.
Vgl. Lipenius.

Schott, August Friedrich [Praes.], s. Tonko, Johann Christoph Wilhelm: An absentia debitoris principalis sub aliena iurisdictione commorantis, sit hodie iusta caussa fideiussorem ordinis beneficio privandi?

Ej.: D. de vita et constitutt. D. Pertinacis. *L.* **772. 4.**

Schott, Aug. Fr.: Von der öffentlichen Vorladung in Verlassenschaftssachen der Abwesenden, nach kursächs. Rechten. Uebers. u. mit Anmerkk. herausgeg. v. J. Sam. Göbel. ***Wittenberg,*** **(Craz u. Gerlach in** ***Freiberg.*****) 793. gr. 8. (8 Gr.)**

— jurist. Wochenblatt. 1s—4s Jahr. 8. Leipz. 772—75. (Brockhaus). 4 ℛ (4r Jahrg. auch unt. d. T.: Magazin f. Rechtsgelehrte u. Geschichtsforscher. 1r Bd. 1 ℛ)

Schott, A. F.: Jurist. Wochenblatt. ***Lpz.*** **Heinsius. 772—75. 4 Jahrgänge. (Jahrg. 4. auch u. d. Tit. Magazin f. Rechtsgelehrte u. Geschichtsforscher Bd. 1.) 8. (4 Thl.)**

Schott, August Ludwig (Tübingen) A.S. 606/53

Dissertatio juris naturalis sistens analysin operis Grotiani de jure belli ac pacis cum observationibus. Präs. Christoph Friedrich Schott. Tübingen (Sigmund) X. 1768. 44 S. 31314

SCHOTT, A. L., Einleitung in das Eherecht. Nürnberg 1785. 8°.
Ehestandsalmanach I. p. 259.

Schott, A. L.: Einleit. in d. Eherecht. Zu acad. Vorlesungen. N. Ausg. ***Nürnb.,*** **Felssecker. (786.) 802. 8. (1 Thl.)**

Schott, August Ludwig (Göppingen) A.S. 147/4

Dissertatio inauguralis juridica de furto ex necessitate commisso ad art. CLXVI. ord. crim. Carol. Präs. Eberhard Christoph Canz. Tübingen (Sigmund) 2. IX. 1772. 36 S. 31315

Schott, August Ludwig, s. Gedichte, Vermischte.

Schott, August Ludwig [Praes.], s. Mayer, Johann Daniel Friedrich: Collationem juris communis et patrii Onoldini de successione ab intestato.

Schott, August Ludwig, s. Schott, Christoph Frdr.: Diss. juris naturalis.

Schott, Aug. Ldw., († d. 5. April 1787.) von d. nothwend. Verbindung d. schönen Wissenschaften mit der Rechtsgelehrsamkeit. gr. 8. Tübing. 775. v. Cotta. 5 ℛ

Schott, A. L.: „Vorbereitung zur juristischen Praxis, besonders in Rücksicht auf die Schreibart in rechtlichen Geschäften", Erlangen 1784 (Palm); neue ganz umgearbeitete Auflage, von H. Bensen u. d. T.: „Das Material für Polizey-, Cameral- und Finanzwissenschaft, 1. Heft", ebenda 1800.

Schott, A. L., Vorbereitung z. juristischen Praxis, s. a. Bensen, H., Materialien z. Polize..

— prakt. jurist. Wörterbuch, als ein besond. Nachtr. zu seiner Vorbereitung zur jurist. Praxis. gr. 8. Erlang. 784. Neue verm. Aufl. von S. A. Krafft. A. u. d. T.: S. A. Krafft, jurist. prakt. Wörterbuch rc. gr. 8. Ebd. 793. Palm. 1 ℛ 3e Aufl. ganz umgearb. u. verm. nebst angehängtem Wörterbuche üb. die rothwelsche sogen. Gauner- oder Zigeuner- u. Spitzbubensprache v. Jh. Cph. Fr. Karl Sommer. gr. 8. Ebd. 821. 1 ℛ 8 ℊ

— jurist. prakt. Wörterbuch als Nachtr. z. Bensens juristischer Praxis, v. S. A. Kraft. gr. 8. Erlangen, Palm. 793.

Schott, A. L., kurzes juristisch prakt. Wörterbuch, als Nachtrag zu seiner Vorbereitung zur jurist. Praxis. Neue ganz umgearb. Aufl. von S. A. Krafft. gr. 8. Erlangen, Palm. 793.
Auch unter dem Titel:
Krafft, S. Ad., jurist.-prakt. Wörterbuch ganz umgearb. und vermehrt nebst angehängtem Wörterbuche über die rothwelsche sogenannte Gauner- oder Zigeuner- und Spitzbubensprache von J. C. Fr. Carl Sommer. gr. 8. Erlangen, Palmische Verl. Buchh. 821.

Schott, Ben., s. Schottländer, Ben.

Schott, Bruno, Heimatkundliches Lesebuch für das 3. u. 4. Schulj. Auf Grund der im Lehrplan f. die Bürgerschulen zu Oelsnitz i. V. vorgeschrieb. Ausgänge bearb. 2 Hefte. gr. 8. Leipzig 903. J. Klinkhardt. à n. —40
I. 3. Schulj. (62 S.) — II. 4. Schulj. (64 S.)

Schott, Bruno, heimatkundl. Lesebuch f. das 3. u. 4. Schulj. Auf Grund d. im Lehrplan f. d. Bürgerschulen zu Ölsnitz i. V. vorgeschriebenen Ausgänge bearb. I. Heft. 3. Schulj. 2. verb. Aufl. (64 S.) 8. Leipzig 908. J. Klinkhardt. —40

Schott, C., technisch-soziale Zeitbetrachtungen. Vorträge im Architekten- u. Ingenieur-Verein f. Niederrhein u. Westfalen am 16. u. 30. Mai 1892. [Aus: „Glückauf".] gr. 8. (25 S.) Essen 893. (G. D. Baedeker) n. —50

Schott, Caspar, s. Schott, Kaspar.

Schott, Christ. Friedrich Albert

Inhalts-Verzeichn. u. alphabet. Repert. üb. d. Verfass.-Urkunde Würtembergs v. A. Schott. ***Heidelberg,*** **Winter. 817. gr. 8. (6 Gr.)**

Schott, C. F. A., Register z. Verfassungs-Urkunde rc. s. a. Verhandl. d. Wurtemb. Ständevers.

Schott, C. F. A., s. Plinius Caj. Cäc., d. Jüng., Werke.

Schott, Christ. Friedrich Albert (Hrsg.), s. Verhandlungen in d. Versamml. d. Landstände d. K. Württemberg ...

— Voß und Stolberg oder der Kampf des Zeitalters zwischen Licht und Verdunklung. 8. Stuttgart, Metzler. 820.

Schott, Christian Heinrich

Schott, Chrstn. Heinr., die wahre Augsburg. Confession, s. Confession.

Schott, Chr. Hnr., Enchiridion, der kleine Katechismus rc., s. Dr. Martin Luther.

—— Gebet- u. Communionbuch f. fromme Jünger Jesu. 8. (10¼ B. u. Titvign.) Leipzig 832, Köhler.

— Philipp Jacob Speners, hochverdient. Predigers d. Evangeliums, Geburtstag am 13. Januar 1635, nach 200 Jahren gefeiert durch dankbare Erinnerung an sein gesegnetes Leben rc. (Abgedr. aus der Zeitschrift: Der Pilger aus Sachsen. 1835.) gr. 12. Leipzig 835. Fr. Fleischer. ⅛ ℞

—— Geschichte d. teutschen Bibelübersetz. D. M. Luthers u. d. fortdauernde Werth ders., aus d. Quellen ausführl. dargest. u. wider alte u. neue Gegner vertheidiget. gr. 8. (13½ B.) Leipzig 835, [Köhler'sche Vrlsh.]

Schott, Hnr., (Prediger Dr.), bibl. Handconcordanz od. Verzeichniß der in d. heil. Schrift nach Luthers Uebersetzung enthalt. Wörter u. Eigennamen, in welchen die verschied. Bedeutungen d. Wörter genau gekannt rc. werden. 8. Leipz. 827. Tauchnitz

—— biblische Handconcordanz. Mit Stereotyp. gedr. Neue Aufl. gr. 8. (929 S.) Leipzig 877, Bredt. 4 50

Schott, Chr. Hnr., christl. Katechismus nach der Ordnung von Luthers kleinem Katechismus u. zu dessen Erklärung verfaßt. 8. Leipzig 841, Karl Tauchnitz. n. ⅙ ℞

—— Kirche u. Schule in ihrem Verhältnisse zu einander, u. über d. Emancipation der letzteren. gr. 8. (4 B.) Meißen 834, Klinkicht u. Sohn.

— s. Ph. J. Spener's Auslegung d. Briefs Pauli an die Römer.

— s. Uebungsbuch, erstes, für den Sprech-, Lese-, Schreib- u. Sprachlehr-Unterricht.

—— was hat Christus f. d. Frauen gethan? Und was sollen die Frauen f. Christus thun? Aus d. heil. Schrift u. aus d. Gesch. beantw. u. seinen Mitchristen z. Beacht. dargeboten. 8. (2 B.) Leipzig 840, (Fr. Fleischer.)

Schott, Chrstn. Heinr., wie sollen Christen d. Selbstmörder beurtheilen? Eine Pred. gr. 8. (1 B.) Leipzig 840, K. Tauchnitz.

—— Züge aus d. Leben der Christen d. drei ersten Jahrh. gr. 12. (13½ B.) Leipzig 829, Reclam.

Schott, Christoph Friedrich [Praes.], s. Christmann, Christian Daniel: De efficacia exemplorum.

Schott, C. F.: „Dissertatio de cura principis circa mutationem monetae", Erf. 1754. 4°.

Schott, Cph. Fr., († d. 18. Juli 1776.) Dissertationes juris naturalis. Colleg., recens., praefatus est et vitam auctoris praemisit A. L. Schott. II Tom. 8. Erlang. 784. Pdm. 1 ℞ 8 ℛ

Schott, Christoph Friedrich [Praes.], s. Friz, Daniel: De potestate patria veterum Romanorum secundum scita juris naturae considerata.

Schott, Christoph Friedrich [Praes.], s. Haerlin, Georg Fried. Christoph: De providentia dei speciali, a praecipuis objectionibus vindicata.

Schott, Christoph Friedrich [Praes.], s. Haertter, Simon: De cura principis circa pretium aeris signati sive monetae.

Schott, Christoph Friedrich [Praes.], s. Haug, Balthasar: De eo, quod justum est, circa relaxationem jurisjurandi secundum jus naturae consideratam.

Schott, Christoph Friedrich [Praes.], s. Hiemer, Eberhard Friedrich: De objecto legis personali.

Schott, Christoph Friedrich [Praes.], s. Hoffmann, Christian Ludwig: De servitute apud Romanos num juri naturae fuerit conformis.

Schott, Christoph Friedrich [Praes.], s. Holland, Jacob Friedrich: Observationes de delictis et poenis ad recentiorem libellum Italicum de hoc argumento.

Schott, Christoph Friedrich [Praes.], s. Hopffer, Theophil Friedrich: De notione pecuniae.

Schott, Christoph Friedrich [Praes.], s. Junghanns, Jo. Friedrich: De judicio Horatiano ejusque in jure usu.

Schott, Christoph Friedrich [Praes.], s. Krafft, Georg Christoph: De luxu.

Schott, C. F., momentum constitutionis Nicaenae de tempore celebrandi paschatis. I–II. Tubing. 1770. 4.

Schott, Christoph Friedrich: Oratio funebris D. Georg. Wolfg. Krafftii. Tubingae 1754. 4°

Schott, Christoph Friedrich [Praes.], s. Roesler, Christian Friedrich: De eo, quod licitum est, circa insitionem variolarum.

Schott, Christoph Friedrich [Praes.], s. Schmidlin, Bernhard Friedrich: Dissertatio juris naturalis sistens analysin operis Grotiani de jure belli ac pacis cum observationibus.

Schott, Christoph Friedrich [Praes.], s. Schott, August Ludwig: Dissertatio juris naturalis sistens analysin operis Grotiani de jure belli ac pacis cum observationibus.

Schott, Christoph Friedrich [Praes.], s. Strasheim, Wilhelm Ernst: De eo, quod licitum est, circa insitionem variolarum.

Schott, Christoph Friedrich A. S. 1370/20

Dissertatio historico-theologica, de Johannae Leadaeae Anglo-Britan. vita, visionibus, ac doctrina.
Präs. Johann Wolfgang Jaeger.
o. O. 1716. 127 S.

Diss. Tübingen 1712. 31316

Schott, Christoph Friedrich [Praes.], s. Zeller, Maximilian Friedrich: De justis juris bellum gerendi et inferendi limitibus.

Schott, Christoph Friedrich [Praes.], s. Zügel, Georg Friedrich: Primae lineae juris ecclesiastici universalis.

Schott, Clara, s. Schott, Klara.

Schott, E., vor 100 Jahren. Erinnerungsblätter an die Erhebg. Württembergs zum Königtum. Für Schule u. Haus. (48 S. m. Abbildgn.) kl. 8. Böblingen 905. (Stuttgart, J. Roth.) n. — 20

v. **Schott, (E.)** der ökonomische Jugendfreund, oder kurzer Lehrbegriff d. gesammten Landwirthschaft rc. Mit ill. Kupf. 8. Nürnb. 821. Campe.

Schott, E., Lehrbuch einer neuen Methode des Feldmessens. (Mit 12 Tafeln, enthaltend die Verhältnißzahlen der drei Seiten eines rechtwinkeligen Dreiecks zu einander. In Zehntausendtheilen der als Einheit angenommenen Seite angegeben.) gr. 8. (Mit 3 Tabellen u. 7 lith. Tafeln.) Helmstedt 843. (Berlin, Simion.) n. 1⅓ ℛ

Schott, E. A., Nachweisung, daß die Lebensthätigkeit der Pflanzen durch die Bewegungszustände der Bodenbestandtheile erregt und erhalten wird, und die Erfolge im land- und forstwirthschaftl. Betriebe die zum großen Theile hiervon abhängen. 8. (46 S.) [Seesen 878.] Osterode a. H., Dyes. ** — 50

Schott, Eberhard

Schott, s.: Jahrhundertfeier, die, des A. B. v. Stettenschen Töchter-Instituts.

Jubiläumsschrift zur Feier des hundertjährigen Bestehens der Anna Barbara v. Stetten'schen Töchter-Erziehungs- u. Unterrichts-Anstalt in Augsburg. (Verf.: Rektor Dr. Eberhard **Schott**.) Mit 4 Portr. Augsburg: Schlosser 1905. (97 S.) 8° [F.] 1.5 1905

Schott, Ed., kurzer Bericht üb. die bei der Wiener Weltausstellung 1873 zur Anschauung gebrachten Eisen-Hütten-Producte u. Eisen- u. Stahlarbeiten vom hüttenmänn. u. gewerbl. Standpunkte aus u. besonders unter Berücksicht. der deutschen Zustände. gr. 8. (34 S.) Leipzig 873. Felix. n. 1. —

— die Kunstgießerei in Eisen. Kurze Anleitg. zur Erzeugg. e. richt. Formsandes u. pass. Eisens zum Kunstguß, sowie zur weiteren Behandlg. der Gußstücke, um ihnen e. gutes Ansehn u. möglichsten Schutz gegen Rost zu verleihen. Aus dem Engl. Mit in den Text eingedr. Holzst. gr. 8. (32 S.) Braunschweig 873. Vieweg & Sohn. n. 2. —

Schott, Ed., über Zimmerheizung, insbesondere über die Construction der Stuben-Oefen. gr. 8. (90 S. mit eingedr. Holzschn.) (Hannover 854, Rümpler.) *
Aus: Notiz-Blatt des Architecten- und Ingenieur-Vereins für Hannover, besonders abgedruckt.

Schott, Eduard: Morphologische und experimentelle Untersuchungen über Bedeutung und Herkunft der Zellen der serösen Höhlen und der sogenannten Makrophagen. Bonn: Cohen 1909. 72 S. 8° (Aus: Archiv f. mikroskop. Anatomie u. Entwicklungsgesch. Bd 74. H. 2.)
Straßburg, Med. Diss. v. 25. Aug. 1909. Ref. Schwalbe

Schott, Ehrhart, a. Heidelberg: Beiträge zur Kenntnis des Hydroxylamins und Hydrazins. Heidelberg 1908: K. Rössler. (71 S.) 8°
Heidelberg, Naturw.-math. Fak., Ref. Curtius, Diss. v. 18. April 1908
[Geb. 31. Juli 79 Heidelberg; Wohnort: Heidelberg; Staatsangeh.: Braunschweig; Vorbildung: Gymn. Heidelberg Reife M. 99; Studium: Braunschweig 4, Heidelberg 10 S.; Rig. 26. Nov. 07.]

Schott, [Emil], Gedruckte Quellen zur Geschichte des höheren Schulwesens in Württemberg. Berlin 1906. 8°
(Beiträge z. Gesch. d. Erzieh. u. d. Unterrichts in Württemberg. [H. 1.])
(Mitteilungen d. Ges. f. deutsche Erziehungs- u. Schulgesch. Beih. 11.)

Schott, Ernst, a. Leutkirch, Rechtsanwalt in Stuttgart: Das Stockwerkseigentum nach den Bestimmungen des württembergischen Rechts unter der Einwirkung des Reichsrechts. Stuttgart 1907: J. F. Steinkopf. (61 S.) 8° [F.]
Erlangen, Jur. Fak., Ref. Sehling, Diss. v. 30. Dez. 1907
[Geb. 3. Nov. 77 Leutkirch (Württemberg); Wohnort: Stuttgart; Staatsangeh.: Württemberg; Vorbildung: Gymn. Heilbronn Reife 96; Studium: München 2, Tübingen 4, Berlin 1, Tübingen 1 S.; Rig. 16. Dez. 07.]

Schott, Ernst, d. Wirren in China u. ihre Ursachen. gr. 8. (39 S.) Leipzig-R. 900. A. Hoffmann. — 60

Schott, Ernst A., amerikanische Giesserei-Praxis, s.: West, Thom. D.

Schott, F., Märzveilchen, s.: Lesehalle, die, 11. Bdchn.

Schott, Felix. Beiträge zur Kenntnis der Oxalvanadinmolybdate. Diss. Phil. Bern. 47 S. 8. Bern, Gottfr. Iseli, 1904.

Schott, Ferdinand

Schott, Ferd., der Krieg u. die Kirche. Synodalpredigt über 1. Cor. 15, 57. 58 vor der Kreissynode Kreuznach gehalten am 17. Octbr. 1866. Wiesbaden 866. Niedner. gr. 8. (12 S.) n. 2½ ngr

Schott, Fr. Edw., Kotzebue, Deutschland u. Rußland. Mit e. Vorwort v. Prof. Krug. 8. Leipz. 820. Klein. 16 gl

Schott, Friedrich

Schott, Friedr., die oriental. Frage u. ihre Lösung aus d. Gesichtspunkte d. Civilisation. 8. (10½ B.) Leipzig 839, Brockhaus.

—— deutsche, engl. u. franzöf. Gespräche, s. a. Gespräche.

Schott, F., deutsche, englische u. französische Gespräche, siehe o. Rouillon.

Schott, Frdr., moderne praktische Holzmalereien. Zum Selbstunterricht. (29 z. Tl. farb. Taf. m. III, 16 u. 52 S. Text.) 8. Schwerin i. M. (Wismarsche Str. 46), Selbstverlag. In Mappe 14. —

Schott, Friedr., die deutschen Katholiken u. Protestanten gegenüber den deutschen Römlingen u. der luther. Hierarchie. gr. 8. (1¼ B.) Leipzig 845, (Geeg. (Schrey.) *

Schott, Friedrich [Übers.]
s. Morier, James Justitian: Die Abenteuer Hajji Baba's aus Ispahan. 1825.

— s. v. Norvin's, Geschichte Napoleons.

Schott, Friedrich, s. O'Meara: Napoleon in der Verbannung.

Schott, F., s. Sammlung brit. Autoren, IV.

Schott, Fr., s. Sandoval, oder d. Freimaurer.

Schott, (Fr.) Tagebuch eines Invaliden, s. Tagebuch.

(——) erstes Uebungsbuch rc., s. Uebungsbuch.

Schott, Fritz

— Herrn Christian Torniers Brautfahrt u. andere Geschichten. 12. (III, 226 S.) Goslar (902). F. A. Lattmann. Kart. n.n. 2. —

Schott, Fritz (Frau Charlotte Meyer-Houssel[l]e), alle drei. Novelle. (Neue [Titel-]Ausg.) (135 S.) 8. Goslar [896] (904). F. A. Lattmann. n. 1. 50; geb. n. 2. —

Schott, Fritz (Frau Charlotte Meyer-Houssele), Sommer. Ein neues Geschichtenbuch. Mit Buchschmuck von M. Meyer u. Titelzeichng. v. Frz. Lippisch. 1. u. 2. Aufl. 12. (à III, 148 S.) Leipzig 899. Berlin, G. H. Meyer. n. 1. 50; geb. in Leinw. n. 2. 50

Schott, Fritz, im Winkel d. Großstadt. E. Geschichtenbuch. 8. (III, 256 S.) Leipzig 898. Berlin, G. H. Meyer. n. 3. —; geb. in Leinw. n. 4. —

— im Winkel der Großstadt. Ein Berliner Geschichtenbuch. 2. [Titel-]Aufl. (III, 256 S.) 8. Ebd. [898] (904). n. 2. —; geb. n. 3. —

Schott, G., Karte des mittleren Schwarzwaldes. I. Nördlicher Theil. 1 : 75,000. Lichtdr. Fol. Strassburg 884, v. Wilmowski. * 1 —
Auf Leinw. * 1 50

Schott, G., Promenaden-Karte von Wiesbaden. 1 : 25,000. (2. Aufl.) Chromolithogr. qu. Fol. Wiesbaden 884, Feller und Gecks. * ℳ 1,20; auf Leinw. * 1 50

Schott, G., Umgebungskarte von Wiesbaden. 1 : 33,333. Lichtdr. von Römmler und Jonas in Dresden. qu. Fol. Wiesbaden 888, Feller und Gecks. * 1 20
Auf Leinw. * 1 50

Schott, G., ein Vater der Aussätzigen. 1. u. 2. verb. Aufl. (20 S. m. Abbildgn.) 8. Friedenau-Berlin 903. 906. Buchh. der Goßnerschen Mission. n. — 15

Schott, G., ein Vater d. Aussätzigen. 11.—15. Tausd. (16 S. m. Abb.) 8. Friedenau-Berlin 910. Buchh. d. Goßner'schen Mission. — 15

Schott, G.E. (Hrsg.). s. A n z e i g e r f.d. neueste pädagogische Literatur.

Schott, G. E., Handbuch der pädagogischen Literatur der Gegenwart. Ein nach den Haupt-Lehrfächern übersichtlich geordnetes Verzeichniß der namhaftesten literar. Erscheinungen auf dem Gebiete der Pädagogik. Für Lehrer an hohen und niedern Unterrichtsanstalten. 3 Thle. in 4 Abthlgn. 8. Leipzig, Klinkhardt.

Inhalt:

Thl. 1. Pädagogik. Religion. (XIX, 220 S.) 870. * ℳ 1.60.
" 2. 1. Abthl.: Der gesammte deutsche Sprachunterricht. (XII, 152 S.) 871. * ℳ 1,60. — 2. Abthl.: Mathematik. (III, 87 S.) 872. * 60 Pf.
" 3. Geographie. Geschichte. Naturkunde. (XXI, 232 S.) 869. * ℳ 1,60.

Schott, G. J., diplomat. Nachr. von d. Winterhauch. S. Manh. 780. Schwan u. G. 9 ℊ

Schott, G. J., Germania; heroisches Singspl. in 3 A. gr. 8. Stuttg. 800. Löfflund. 10 ℊ

Balladen und Sagen. Aus d. Papieren e. rhein. Poeten hrsg. von (Georg) Schott. Heidelberg: Winter 1905. 51 S. 8° [05. 16318]

Magda. Kleine Stimmungsbilder aus Natur und Menschenleben von Georg Schott. *Berlin: K. Siegismund (1900).* (170 S.) 8° [F.] [01. 2578]

— Sterremberg u. Gutenfels. Eine rhein. Dichtung. (120 S.) schmal 8. Straßburg 905. J. H. E. Heitz. n. 2. —

Schott, Georg Ludwig (Zwingenberg) A. S. 847/6

Dissertatio solennis medica, de medicamentis insecuris. Präs. Friedrich Hoffmann.
Halle (Lehmann) VII. 1713. 40 S. 31317

Schott, Georg Seb. Friedr.: De revelatione divina naturali. s. B e n n e r , Johann Hermann [Praes.]

Deutschlands Anteil an der geographischen Erforschung der Meere. (Von Prof. Dr. Gerhard **Schott**, Seewarte in Hamburg.) Hierzu 2 Taf. u. 2 Skizzen. Berlin: E. S. Mittler & Sohn 1907. (24 S.) 8° [F.]
= **Marine-Rundschau.** 1907. Beih. (Juli-H.), [1.] [07. 10308]

Schott, Gerhard: Wissenschaftliche Ergebnisse einer Forschungsreise zur See, ausgeführt in den Jahren 1891 und 1892. Mit sechs Tafeln und neun Figuren im Text (Petermanns Geographische Mitteilungen. Ergänzungsheft No. 109.) Gotha 1893. (IV), 132 S. 4°. [B 5184

Schott, Gerh., **wissenschaftliche Ergebnisse e. Forschungsreise zur See, ausgeführt in den J. 1891 u. 1892, s. a. Petermann's, A., Mittheilungen aus Just. Perthes' geographischer Anstalt**

Die Flaschenposten der Deutschen Seewarte. Auf Grund des bis Ende 1896 eingegangenen Materiales im Auftr. der Dir. bearb. v. Dr. Gerhard **Schott**. M. 6 Kt. u. 1 autogr. Taf. *Hamburg: Ged. bei Hammerich & Lesser in Altona 1897.* (1 Bl., 31 S., 1 Taf., 6 Kt.) 4.
= **Archiv,** Aus dem, d. Deutschen Seewarte. Jg. 20. No 2. [98. 8716]

Schott, Gerh., **die Flaschenposten der deutschen Seewarte. Auf Grund des bis Ende 1896 eingegang. Materiales im Auftr. d. Direktion bearb. M. 6 Karten u. 1 autogr. Taf.** [Aus: „Archiv d. deutschen Seewarte".] gr. 4. (II, 31 S.) Hamburg 897. (L. Friederichsen & Co.) n.n. 3. 50

Lotungen I. N. M. S. 'Edi' und des Kabeldampfers 'Stephan' im Westlichen Stillen Ocean. Im amtl. Auftr. bearb. von Prof. Dr. G[erhard] **Schott** u. Dr. P[aul] Perlewitz. Mit 4 Taf. Hamburg 1906: (St. Geibel & Co. in Altenburg). (38 S.) 4°
= **Archiv**, Aus dem, d. Deutschen Seewarte. Jg. 20, No 2. [07. 3143]

Schott, Gerhard: Physische M e e r e s k u n d e . Mit 28 Abb. u. 8 Taf. Leipzig: Göschen 1903. 162 S. 8°
(Sammlung Goeschen. 112.)

Physische Meereskunde von Prof. Dr. Gerhard **Schott**. Mit 30 Abb. (davon 8 Taf.). 2., verb. Aufl. Leipzig: Göschen 1910. 143 S. 8°
(Sammlung Göschen. 112.) [10. 14318 11]

Schott, Gerh., physische Meereskunde, s.: Sammlung Göschen.

Schott, (Paul) Gerhard: O b e r f l ä c h e n - T e m p e r a t u r e n und Strömungen in den Ostasiatischen Gewässern ... (Vollst. erschienen als 3. H. d. XIV. Jahrg. d. Publikation: „Aus d. Arch. d. Deutschen Seewarte". Hamburg 1891.) Altona, Buchdr. v. Hammerich & Lesser, 1891. 1 Bl., 19 S., 1 Taf. 4°
Berlin, Phil. Fak., Inaug.-Diss. v. 29. Mai 1891

— **Oberflächen-Temperaturen** u. Strömungen der Ostasiatischen Gewässer. [Aus: „Aus d. Archiv der deutschen Seewarte".] gr. 4. (II, 46 S. m. 14 Karten u. 8 Fig. auf 7 Taf.) Hamburg 891. (L. Friederichsen & Co.) n. 3. 50

Oceanographie und maritime Meteorologie. Im Auftr. d. Reichs-Marine-Amtes bearb. von Dr. Gerhard **Schott**, Assist. bei d. deutschen Seewarte. Mit 66 Taf. u. 35 Fig. Text [&] Atlas. *Jena: G. Fischer 1902.* 2 Bde 4°
= Ergebnisse, Wissenschaftl., d. deutschen Tiefsee-Expedition auf d. Dampfer Valdivia 1898—1899. Bd 1. [03. 5??5]

— die Verkehrswege d. transozean. Segelschiffahrt in d. Gegenwart. [Zeitschrift d. Gesellschaft f. Erdkunde zu Berlin, 1896, Nr. 8.] gr. 8. (66 S. m. 4 Taf.) Berlin 896. W. H. Kühl. n.n. 2. 50

Deutsche Seewarte. Weltkarte zur Übersicht der Meeresströmungen, entw. u. bearb. v. Dr. Gerhard Schott. (Vorr.: Dr. [Georg] Neumayer.) [Maassst.: 1 : 28,000,000.] *Berlin: D. Reimer* 1895. 1 Ktnbl. 2 Bl. 4.

Kais. Marine. Deutsche Seewarte. Weltkarte zur Übersicht der Meeresströmungen und Dampferwege entw. u. bearb. von Dr. Gerhard Schott. 2. Aufl. 1905. [Maßst. am Äquator 1 : 27,500,000. In 3 Bl. Mit 2 Nebenkarten u. Text.] (Berlin: D. Reimer 1905.) (1 Kartenbl. in 3 Bl., 2 Bl. Text.) [lith.] [kol.]

Die Erfindung als Rechtsbegriff. Vortrag geh. zu Berlin 1908 von Dr. H. Schott. Berlin: Buntrock 1909. 40 S. 8°

Schott, H., die Erfindung als Rechtsbegriff. Vortrag, geh. im märk. Bez.-Verein d. Vereins dtsch. Chemiker zu Berlin am 21. X. 1908. (40 S.) Berlin 909. Verlag f. Textil-Industrie. 1. —

Schott, Heinrich, Prediger. s. Schott, Christian Heinrich.

Schott, Heinrich

Schott, H. — Analecta botanica. Scripta a — — adjutoribus C. F. Nyman et Th. Kotschy. I. 8. (VIII, 64 S.) Vindobonae. Typis Caroli Gerold et filii. 1854.

Schott, H., Aroideae. 1—6. Heft. gr. Fol. (1. Bd. 27 S. mit 60 Stnt.) Wien 853—57. (Olmütz, Hölzel.) **

Schott, H. — Aroideae. Auctore — —. Nr. 1, 2. Vindobonae. 1855. Typis Caroli Gerold et filii. (14 S. und 20 Taf Fol.) Die Tafeln in Nr. 1 gezeichnet von Joh. Oberer, lith. von Nicol. Zehner und gedruckt bei J. Höfelich's Wwe. In Nr. 2 gezeichnet von Seboth (Ferd. Bauer), lith. von J. Strohmayer und gedruckt in der lith.-artistischen Anstalt von Reiffenstein und Rösch.

Schott, H. Aroideae. Auctore — —. Nr. 3. 4. Vindobonae. 1856. Typis Caroli Gerold filii. (4 Bl. Text und Tafeln 21—40. Fol. Die Tafeln gezeichnet von J. Seboth und Joh. Oberer Lithogr. von J. Strohmayer und gedr. in der artist. Anstalt von Reiffenstein und Rösch.)

Schott, H. Aroideae. Auctore — —. 5—6. Vindobonae. 1857. Typ. Carlo Gerold filii. (S. 21—27. und 20 lith. Taf. Fol. gez. von Josef Seboth, Joh. Oberer und El. v. Nickelli, lithogr. von J. Strohmayer.)

Schott, Araceen Betreffendes. Von — —. Wien. 1855. Mechitharisten-Buchdruckerei (22 S. 8.)

Schott, *Karl Franz* Heinrich [aus Steele]: Über die Darstellung des Mono- und Diphenylacetylmalonesters und das Verhalten der Acyl-Malonester gegen Phenylhydrazin ... Leipzig, Metzger & Wittig, 1895; 37 S. 8.
Leipzig, Phil. Fak., Inaug.-Diss. v. [22. Aug.] 1895

— genera Aroidearum. Fasc. I—X. Ebend. 858. Fol. (5 Bl., 99 Bl. u. 98 lith. Taf.) nn. 37 *n*ℬ. 5 *ngr*

—— Genera Aroidearum. 10 Hefte. Fol. (X und 198 S. mit 98 Stnt.) Olmütz 859, Hölzel. **

Schott, H., Genera filicum. (Fasc.) I—III. qu. Fol. (à 5 gest. Stnt. u. 5 Bl. Text.) Vindobonae (834, 35), Wallishausser. à F.

— icones Aroidearum. (3 Hefte.) Ebend. 857. gr. Fol. (30 lith. Taf.) nn. 38 *n*ℬ. 10 *ngr*; color. nn. 50 *n*ℬ. 15 *ngr*

Schott, Heinrich (Wilhelm) u. S. Endlicher: Meletemata botanica. Vindob. 1832. fol. (60 copies only printed.)

Schott H. Skizzen Oesterreichischer Ranunkeln. (Sectiones allophanes.) Wien, mit 6 Taf. K. Gerold u. S. 1852. 8.

Schott, H. — Synopsis Aroidearum complectens enumerationem systematicam generum et specierum hujus ordinis. Auctore — —. I. Vindobonae, 1856. Typis Congregationis Mechitharisticae. (140 S. 8.)

—— Synopsis Aroidearum complectens enumerationem systematicam generum et specierum hujus ordinis. I. (Bd.) gr. 8. (III und 140 S.) Olmütz 856(59), Hölzel. **

Schott, Heinrich August

Schott, Hnr. Aug., Abschiedspredigt üb. d. Satz: Daß es höchst nöthig sey, eine edle Unabhängigkeit uns. Urtheile u. Ueberzeugungen von d. veränderl. Wechsel fremder Meinungen zu behaupten. Gehalten am 1n Sonnt. d. Advents 1809 in d. Universitäts-Kirche zu Leipzig. 8. Leipz. 809. Schönemann. 1 *gl*.

Schott, Heinr. Aug., neue Auswahl v. Homilien u. and. Predigten, in d. Stadtkirche u. in d. akadem. Kirche zu Jena gehalt. gr. 8. (21½ B.) Neustadt a. d. O. 830, Wagner.

Schott, Heinrich August: Vindicatur authentia sectionis postremae evangelii Marci V. 9—20. ... Jenae 1813. Göpferdt. 28 S.

Schott, Heinr. Aug., üb. d. Authenticität d. kanon. Evangeliums nach Matthäus benannt. Aus u. nach dess. hinterlass. Papieren hrsg. v. J. T. L. Danz. gr. 8. (7½ B.) Leipzig 837, [Festsche Vrlsh.]

Schott, Hnr. Aug., (†...) über die Authenticität des kanonischen Evangeliums nach Matthäus benannt. Aus u. nach dessen hinterlassenen Papieren herausgeg. von J. T. L. Danz. gr. 8. Leipzig 837. Wuttig. 1 *n*ℬ

— Beschreib. des homilet. Seminarium d. Jenaischen Universität. gr. 8. Jena 815. Schreiber. (Schmid). 8 *gl*

Schott, H. A., Beschreibung des homiletischen Seminariums d. Jenaischen Universität. gr. 8. Jena, Schmid. 818.

— Briefe üb. Religion u. christl. Offenbarungsglauben, Worte d. Friedens an streitende Partheien. gr. 8. Jena 826, Cröker.

— et Jul. Fried. Winzer, Commentarii in epistolas Novi Testamenti. Vol. I. Et. s. tit.: Epistolae Pauli ad Thessalonicenses et Galatas. Textum graecum recogn. et comment. perpet. illustr. H. A. Schott. 8maj. Lipsiae 834. Barth. 3⅓ *n*ℬ

Schott, H. A., commentarius exeg. dogm. in eos Jesu Christi sermones qui de reditu ejus ad judicium agunt. 8maj. Jenae, Cröker. 819. Rthlr. 1 16

Schott, H. A., Commentarius exegetico dogmaticus in eos Jesu Chr. sermones, qui de reditu ejus ad judicium futuro et judicandi provincia agunt. Jen. 820. 8. 1 rthlr. 16 gr.

— Commentatio critica qua notio cognationis dei hominumque in libro geneseos expressa indagatur. 8maj. Jenae, Göpfert, 815. — 9

— Commentatio critica, qua notio cognationis dei hominumque in libro geneseos expressa indagatur. 8maj. Jena 813. (Schmid). 9 gr.

— Commentatio exegetica de loco Evangel. Joannis C. I. v. 9—14. 8maj. Leipz. 805.

Schott, H. A., Commentationis philologico-aestheticae qua Ciceronis III de Oratore dialogi examinantur, particula I, de legibus dialogi scribendi exponens. Pr. 1806. 41 S. 4°. 1.20

— Commentationis philologico-aestheticae qua Cic tres de oratore dialogi...
Lipsiae 1806: Hirschfeldt. 41 S.

Schott, Heinrich August: De consilio, quo Iesus miracula ediderit ex ipsius recte cognoscendo commentatio prima. Lipsiae 1809: Klaubarth. 64 S.

Schott, Heinrich August: De consilio, quo Iesus miracula edidit, ex ipisus se recte cognoscendo commentatio secunda. Vitebergae 1810: Graessler. 40 S.

— Denkschrift des homilet. und katechet. Seminariums der Universität zu Jena vom Jahr 1816 bis 1821. gr. 8. Ebend. 816 — 821. à 8 Gr.

— Denkschrift des homilet. u. katechet. Seminariums der Universität zu Jena v. J. 1822 — 27. gr. 8. Jena, Cröker. à 8 gr. v. 1816 — 27.

— Denkschrift des homilet. u. katechet. Seminarium d. Universität zu Jena v. 1828 — 34 unt. Auktorität d. theolog. Facultät hrsg. gr. 8. Jena, Cröker. [828. (5 B.), 29. (4½ B.) à 8 Gr., 30. u. 31. (5¼ B.) 8 Gr., 32. (4¼ B.) 8 Gr., 33. u. 34. (6¼ B.) 8 Gr.]
Jahrg. 1816—27. Ebendas. à 8 Gr.

Schott, Heinrich August, s. Dionysius Halicarn.

— kurzer Entwurf e. Theorie d. Beredsamkeit, mit besond. Rücksicht auf d. Kanzelvortrag. gr. 8. Leipz. 807. 2e verm. Aufl. 815. Barth. 1 ß

— epitome Theologiae Christianae Dogmaticae in usum scholarum academicarum adornata. gr. 8. ibid. 8.. .

— epitome theologiae christ. dogmaticae, in usum maxime schol. academ. adornata. Editio altera, plurimis locis aucta et immutata 8maj. Lips. 822, Barth.

Schott, Hnr. Aug., die von Marsh u. Eichhorn aufgestellte Erklär. d. Verwandtschaft d. drei ersten Evangelien. gr. 4. Jena 819.

— Erörterung einiger wicht. chronolog. Punkte in d. Lebensgesch. d. Apostels Paulus, mit besond. Hinsicht auf d. Episteln an die Galater u. auf d. neuesten Forschungen. gr. 8. (10½ B.) Jena 832, Cröker.

— Friedenspredigt rc. s. Beschreibung, kurze, der Friedens-Feyer.

Schott, Heinrich August, s. Hasert, Chr.: Sechs Einführungsreden.

— u. H. W. Rehkopf, Journal f. Prediger; eine Zeitschrift zur Belebung der Religiosität durch das Predigtamt. 1r — 3r Bd. 9 Hefte. gr. 8. Leipz. 811—13. (W. Vogel). 5 ß 6 gr. (Ist e. Fortsetz. v. Rehkopfs Prediger-Journal f. Sachsen).

— Isagoge histor.-crit. in epistolam Pauli ad Galatas. Progr. 4. ... Jenae 829, Bran.

— Isagoge historico-critica in libros Novi Foederis sacros. Cum II mappis geographicis. 8maj. Jena 830. Walz, (Cröker). 2 ß 16 gr.

— Libri sacri veteris Test. etc. vide Libri sacri.

— de loco Pauli epist. ad Ephes. IV. 11. Progr. 4. ... Jenae 830, Bran.

– s. Marezoll, J. G.: Homilien.

— Musterpredigten, s. Musterpredigten...

— non posse ex ipsis Christi sermonibus probari, noluisse servatorem miracula sua legationi suae divinae comprobandae inservisse. 4. Jena 816. Cröker. 3 gr.

— non posse ex ipsis Chr. sermonibus probari, noluisse Servatorem miracula sua legationi divinae comprobandae inservire. Jen. 1817. 4.

— Opuscula exegetica, critica, dogmatica. Tom. I et II. gr. 8. Jenae, Cröker, 817.

— opuscula exegetica, critica, dogmatica. Tom. I., II. 8maj. Jena 817, 18. Cröker. 2 ß 12 gr.

— commentatio exegetico-critica de origine et indole capitis ultimi evangelii Joannei. 4. Jena 825, Bran.

Schott, H. A., u. H. W. Rehkopf, s. Prediger. Eine Zeitschrift z. Belebung d. Religiosität durch das Predigtamt. (ist die Fortsetz. des Rehkopfschen Prediger-Journals f. Sachsen.) 3r Bd. in 3 Heften. gr. 8. Leipz. W. Vogel. 812 u. 13. (à Heft 18 gr.)

— Predigt bei d. Feier d. 3n Jubelfestes d. Kirchenverbesserung. gr. 8. Jena 817. Cröker. 3 gr.

— Predigt bei d. Gedächtnißfeier des verewigten Geh. Rath v. Ziegesar gehalten. 8. Jena 814.

Schott, Heinr. Aug., Predigt am 8. Sonnt. n. Trinit. 1830, zur 300jähr. Jubelfeier d. Augsburg. Confession, in d. Collegienkirche zu Jena gehalt. gr. 8. (1½ B.) Neustadt a. d. O., Wagner. Thlr.

— Predigt am Tage d. Erneuerung des akadem. Gottesdienstes zu Jena, am 14n Sonntage nach Trinitatis. gr. 8. Jena 812. Cröker. 3 gr.

— zwei Predigten mit besond. Beziehung auf die neuesten Ereignisse d. Zeit. gr. 8. Jena 814. Cröker. 5 gr.

— de prooemio evangelii Lucae ejusque usu in quaestione de fontibus evangelior. tractanda. Progr. 4. ... Jenae 828, Bran.

— quo sensu Christus ap. Joannem ev. V., 36, ad testimonium pro legatione sua coelesti exhibitum provocaverit. 4. Jena 826, Bran.

— quo sensu Jesus apud Matthaeum (c. XXIV.) Marcum (c. XIII.) Lucam (c. XXI.) adventum suum in nubibus coeli futurum nuntiaverit. 4. Jena 815. Schreiber. (Schmid).

— quo sensu Jesus apud Matthaeum (c. XXIV.) Marcum (c. XIII.) Lucam (c. XXI.) adventum suum in nubibus coeli futurum nuntiaverit. 4. Jenae, Schreiber. 816.

— Recitatio de F. A. Cari virtutibus olim philos. Prof. Lips. Lips. Barth. 808.

— christl. religiöse Reden an verschiedenen Sonn- u. Festtagen gehalten. gr. 8. Leipz. Barth 812.

— geistl. Reden u. Homilien mit Hinsicht auf die Ereignisse der Zeit. gr. 8. Jena 815. Cröker. 1 ℛ 8 g̃.

– s. Reinhard, Frz. B.: Dogmatik.

— christliche Religionsvorträge über gewöhnliche Perikopen und freygewählte Texte. 1r Bd. Sonntagspredigten und Homilien. 2r Bd. Predigten und Homilien an Buß- u. Festtagen gehalten. gr. 8. Gotha, Hennings. 813.

Schott, Heinrich August [Praes.], s. Richter, Ernst Adolph: De origine posterioris Petrinae ex epistola Judae repetenda.

— neue Samml. geistl. Reden u. Homilien. gr. 8. Jena 822. Cröker. 1 ℛ 12 g̃.

Schott, Heinr. Aug., Sammlung erles. Predigten. Aus seinem Nachlasse. gr. 8. (17¼ B.) Leipzig 837. Barth. Thlr.

Schott, Heinrich August.
Sammlung erlesener Predigten aus seinem Nachlasse. Leipz. 1837. H: *Danz*, *Johann Traugott Lebrecht*. (winer)

— Sendschreiben an d. Superint. Märtens üb. seine Schrift: Theophanes. 8. Jena 820. Cröker. 5 g̃.

— sententia recentius defensa de iis naturis, quae in libris N. T. *δαίμονες* audiunt, ab angelis lapsis et Satana prorsus distinguendis, examinatur. 4maj. Jena 821. Cröker. 6 g̃.

—— soll d. bisherige theolog. Lehrfreiheit ferner bestehen od. nicht? kurz beantwortet. gr. 8. (4 B.) Jena 830, Cröker.

— Tabelle üb. die Verwandtschaft u. Entstehung der drei ersten Evangelien. Fol. Jena 819. Cröker. 2 g̃.

– s. Testamentum novum graecum.

Schott, H. A., die Theorie d. Beredtsamkeit, mit besond. Anwendung auf die geistl. Beredtsamkeit. gr. 8. Leipz. Barth. 815.
Hat auch d. Titel:
Philosoph. u. religiöse Begründung d. Rhetorik u. Homiletik.

Schott, (H. A.,) die Theorie d. Beredsamkeit. 1r Thl. A. u. d. T.: philosoph. u. religiöse Begründ. d. Rhetorik ꝛc. 2e Aufl. 827. 2 Rthl. — 2r Thl. A. u. d. T.: die Theorie d. rednerischen Erfindung, mit besond. Hinsicht auf geistl. Reden. gr. 8. Leipz. 824, Barth. 2 Rthl. 6 gr.

— dess. 3r Thl. 1e Abth. A. u. d. T.: Theorie d. rednerischen Anordnung ꝛc. gr. 8. Ebd. 827, Ebd.

—— dass. 3. Thl. 2. Abthl. — A. u. d. T.: Die Theorie d. redner. Schreibart u. d. äussern Vortrags, mit besond. Hinsicht auf geistl. Reden dargest. u. an Beispielen erläut. gr. 8. (24 B.) Ebds. 828.
1. Thl. Philosoph. u. religiöse Begründung d. Rhetorik u. Homiletik. 2. Aufl. 1828. 2 Thlr. — 3. 1. Die Theorie d. rednerischen Anordnung etc. 1827. 1 Thlr. 6 Gr. Ebendas.

—— die Theorie d. Beredsamkeit, mit besond. Anwend. auf d. geistl. Beredsamkeit in ihrem ganzen Umfange dargestellt. 2. Thl. — A. u. d. T.: Die Theorie d. rednerischen Erfindung, mit besond. Hinsicht auf geistl. Reden dargest. u. an Beispielen erlaeut. 2., verb. Ausg. gr. 8. (32 B.) Leipzig 833, Barth.

Schott, Hnr. Aug., die Theorie der Beredsamkeit, mit besond. Anwendung auf die geistl. Beredsamkeit in ihrem ganzen Umfange. III. Thl. 1. Abth. A. u. d. T.: Die Theorie der rednerischen Anordnung mit besond. Hinsicht auf geistl. Reden dargestellt u. an Beispielen erläutert. 2. nach dem Tode des Verf. besorgte u. verb. Aufl. gr. 8. Leipzig 846, Barth. 1¼ ℛ (I—III. 1. 2.: 7¼ ℛ)

Schott, Heinr. Aug., die Theorie der Beredsamkeit mit besond. Anwendung auf die geistl. Beredsamkeit in ihrem ganzen Umfange dargestellt. 2., nach dem Tode des Verf. besorgte und verb. Aufl. 3. Thl. 2. Abthl. A. u. d. T.: Die Theorie der rednerischen Schreibart und des äusseren Vortrags mit besond. Rücksicht auf geistl. Reden dargestellt und an Beispielen erläutert. gr. 8. (VIII und 332 S.) Leipzig 849, Barth.
1. und 2. Thl. und 3. Thl. 1. Abthl. Ebendas. 1828—46. 5 Thlr. 13½ Ngr.

— Worte d. dankbaren Hochachtung u. Liebe vor d. Beerdigung des verewigten D. J. G. Marezoll, gesprochen am 18. Jan. 1827. 8. Jena 828. Cröker. 2 g̃.

Schott, Helene, Wanderphantasie. (161 S.) kl. 8. Dresden (906). E. Pierson. n. 2. 50; geb n. 3. 50

[illegible]
Diss. Ingolst.-Landsh.-Mchn.

Schott, H., das jus prohibendi u. die Formula prohibitoria. [Aus: „Festschrift zum Doktor-Jubiläum Windscheid's".] gr. 8. (74 S.) Leipzig 889. Duncker & Humblot. n. 2. —

Schott, H., das jus prohibendi und die formula prohibitoria, s. a. Festschrift zum Doktor-Jubiläum des Herrn Geh. Rats und Prof. Dr. Winscheid.

Ausgewählte historische Parallelen aus Rankes Werken mit Bemerkungen und Beiträgen. - Von Dr. Hermann Schott, G.-L. — 1899, Regensburg, M. Wasner. - P. 3 -60.
Progr. Regensburg. K. Neues Gymn.

Schott, Hermannus *Augustus*: De septem orbis spectaculis quaestiones ... (Th. 1.) [= Prog. d. Stud.-Anst. in Ansbach 1891.] Onoldi, ex offic. C. Brügel & Sohn, 1891; 42, IV S., 1 Bl., 1 Tab. 8.
München, Phil. Fak., Inaug.-Diss. v. [5. Dez.] 1891

Schott, Hermannus: De septem orbis spectaculis quaestiones. Ansbach, Druck v. C. Brügel u. Sohn, 1891; 42, IV S., 1 Tab. 8°
Ansbach, k. StA, P 1891 •

Schott, Herm., der obligatorische Vertrag unter Anwesenden. Habilitationsschrift. gr. 8. (IV, 256 S.) Heidelberg 873. J. C. B. Mohr. n. 2. 50

Schott, J.: Über die Natur der weiblichen Erbfolge in Allodial-, Stamm- und altväterliche Güter nach Erlöschen des Mannsstammes, sowohl beim hohen als niedern Adel in Teutschland. [Erlangen] 1809.

Schott, J., üb. die Natur der weibl. Erbfolge in Allodial-, Stamm- u. altväterl. Güter nach Erlöschen d. Mannesstammes bei hohem u. niederm Adel in Deutschland. gr. 8. Erlang. 810. Palm. 22 gl.

Schott, J. A. C., nosolog.-therapeut. Betrachtung dreier interessant. Krankheitsfälle. Ein Versuch. gr. 8. (4½ B.) Frankfurt a. M. 827, (Wilmans.)

Schott, J. A. C., die Controverse üb. d. Nerven d. Nabelstrangs u. seiner Gefässe, e. sorgfält. Prüfung unterworfen. Roy.-4. (18½ B., 5 grösstenth. ill. u. 2 Umrisstaf. u. Fr. Tiedemanns Portr.) Frankfurt 836, (Wilmans.)

Schott, J. C., Explication d'une médaille énigmatique d'Auguste. Berlin 711. 4.

Schott, J. J., Raupenkalender, oder systematisches Verzeichniss aller bis jetzt in Deutschland bekannten Raupen der Tag-, Dämmerungs- und Nachtschmetterlinge. Mit Abbildd. Frankfurt 1829. 8.

Raupenkalender oder systematisches Verzeichniß aller Raupen, welche in Deutschland bekannt sind. Von J. J. Schott. Frankfurt a.M.: Guilhauman 1830. XXX,400 S. 8°

Schott, J. J., Raupenkalender, od. systemat. Verzeichniß aller Raupen, welche in Deutschland bekannt sind. gr. 8. (27 B. u. 6 ill. Stnt.) Frankfurt a. M. 830, [Wilmans.]

Schmetterlingskalender oder systematisches Verzeichniß aller Schmetterlinge, welche in Deutschland bekannt sind. Von J. J. Schott. Frankfurt a.M.: Guilhauman 1830. VI,500,52 S. 8°

—— Schmetterlingskalender, od. systemat. Verzeichniß aller Schmetterlinge, welche in Deutschland bekannt sind. gr. 8. (35 B. u. 7 ill. Taf.) Frankfurt a. M. 830, [Wilmans.]

Schott, J. J., Schmetterlingskalender rc. Neue Aufl. gr. 8. (35 B. u. 7 ill. Taf.) Frankfurt a. M. 836. [Leipzig, Gebhardt u. Reisland.]

Schott, J. K., eine Sittenlehre f. d. Deutsche Volk, s.: Volksbibliothek, wissenschaftliche.

Schott, Johann

Schott, Jh., († d. .. Mai 1798.) s. Bemerkk. üb. d. Resultat d. Emser Congresses.

Schott, Johann A. S. 110/18

De legatis natis disputatio.
Bamberg (Klietsch) 22. IV. 1778. 72 S. 31319

SCHOTT, Johann (Essenheim): De sarcomate totius dextrae partis faciei curando. (Titel nach der Urkunde)
30.4.1885 - Urk; Chr 1884/85,21
Diss. Ingolst.-Landsh.-Mchn.

Schott, Johann Heinrich Leonhard

Schott, Jh. Hnr. Lhrd., Anweis. zur Messung d. Bäume in Rücksicht ihrer Höhe u. Dicke, nebst genauer Darstell. d. Inhalts u. Werths in tabellar. Hinsicht. Mit 1 Kpft. gr. 8. Ulm 807. Stettin. 3 gl.

Schott, Johann Martin (Darmstadt) A. S. 72/18

Dissertatio juridica de hypotheca tacita fisci propter debita ex delicto.
Präs. Jakob Friedrich Ludovici.
Halle (Henckel) 18. V. 1720. 28 S. 31322

Schott, Johann Martin (Darmstadt) A. S. 106/21

Dissertatio iuridica de hypoteca tacita fisci propter debita ex delicto, Von der dem Landes=Herrn zustehenden stilleschweigenden Pfand=Gerechtigkeit wegen der verfallenden Straffen.
Präs. Jakob Friedrich Ludovici.
Halle (Hendel) 1747. 32 S.

Diss. 18. V. 1720. 31323

Schott, Josef

Schott, Jos.: Atlas des Kriegswesens, s. Berneck, Karl Gustav

Schott, J., Grundriss der Waffenlehre. Für Offiziere u. Offiziersaspiranten der norddeutscher Bundesarmee. Mit vielen Tabb. u. einem Atlas von 12 Kpfrtaff. (in qu. 4.) Darmstadt 868. Zernin. gr. 8. (XI, 327 S.) n. 2 Thlr 10 ngr.

— Grundriss der Waffenlehre. Für Offiziere u. Offizier-Aspiranten der deutschen Armee. 2. vollständig umgearb. u. erweit. Aufl. Mit vielen Tabellen u. 1 Atlas enth. 240 in Holz geschnittene Abbildgn. auf 20 Kpfrtaf. (in qu. 4.) gr. 8. (XI, 368 S.) Darmstadt 872. Zernin. n. 9. 60

— dasselbe. Zum Gebrauch auf den Kriegsschulen, sowie im Cadetten-Corps u. f. jüngere Offiziere der deutschen Armee unter Zugrundelegg. d. § 27. der Bestimmgn. üb. Organisation u. Dienstbetrieb der Kriegsschulen bearb. 3. umgearb. u. erweit. Aufl. Mit vielen Tab., 5 (eingedr.) Holzschn. u. e. Atlas, enth. 224 Holzschn. auf 24 Kpfrtaf. (in qu. gr. 4.) gr. 8. (XI, 396 S.) Ebend. 876. n. 12. —

Schott, Jos., d. französische Heerwesen in 1894. Ergänzung zu „Frankreichs Kriegsvorbereitung seit 1889". [Aus: „Jahrbb. f. d. deutsche Armee u. Marine".] gr. 8. (20 S.) Berlin 895. A. Bath. n.n. – 30 (Hauptwerk u. Ergänzg. n.n. 1. 50)

Schott, J., Major a. D. Das Kaisermanöver in der Märkisch-Posener Grenze 1902. Mit einer Karte. (Sonderabdruck aus den „Neuen Militärischen Blättern" 1902. „Sammlung militärwissenschaftlicher Einzelschriften." Heft 12.) 8. Berlin 1903.

Schott, J., das Kaisermanöver an der Märkisch-Posener Grenze 1902, s.: Sammlung militärwiss. Einzelschriften. 12. Hft.

Schott, J., die Kaisermanöver in Pommern 1900, s.: Sammlung militärwissenschaftl. Einzelschriften. 7.

Schott, J. Die Kaisermanöver an der Weser 1898. (Berlin 1898.) 8°. (Aus: Neue Militärische Blätter.)

Das Kaisermanöver in Westpreussen 1901. Von J. **Schott**, Major a. D. Mit 1 Kt. Berlin: R. Schröder 1901. 31 S. 8°
Aus: Neue Militärische Blätter. Dez. 1901.
(Sammlung militärwissenschaftl. Einzelschriften. H. 9.) (10. 1009) 11

Das Kaisermanöver 1899 in Württemberg. Von J. **Schott**, Mojor [!] a. D. Mit 1 Karte. *Berlin: R. Schröder 1899.* (37 S.) 8° [F.]
Aus: Neue Militärische Blätter. Dez. 1899.
=[Sammlung militärwissenschaftlicher Einzelschriften. H. 1.] (o. 5. 83)

Das Kaisermanöver 1899 in Württemberg. Von J. **Schott**, Mojor [!] a. D. Mit 1 Karte. *Bern: C. Sturzenegger 1901.* (37 S.) 8° [F.]
Aus: Neue Militärische Blätter. Dez. 1899.
= Sammlung militärwissenschaftlicher Einzelschriften. [H. 1.] (04. 7990

Schott, Jos., Frankreichs Kriegsvorbereitung seit 1889. Dargelegt an der Entwickelg. des Heerwesens in den letzten 6 Jahren. [Aus: „Jahrbb. f. die deutsche Armee u. Marine".] gr. 8. (60 S.) Berlin 894. A. Bath. n. 1. 20

Schott, Josef. Einige Worte über die homöopathische Heilmethode und ihre Verhaltungsregeln. *Böhm.-Leipa* 1858. Gedruckt bei *Phil. Geržabek.* 18 S., 8⁰.

Schott, Julius [app. Arzt aus Tübingen]: Ein Beitrag zur elektrischen Reizung des quergestreiften Muskels von seinem Nerven aus ... (Aus: Arch. f. d. ges. Physiol. Bd XLVIII.) Tübingen, *H. Laupp*, 1892; 2 Bl., 32 S. 8.
Tübingen, Med. Fak., Inaug.-Diss. v. 1892

Schott, Jul., Ulrich v. Hutten, s.: Schriften f. das deutsche Volk.

Schott, K., Die rheinische Braunkohle. Köln, 1900. 25 S. mit 151 Taf.

Schott, K., Das niederrheinische Braunkohlenvorkommen und seine Bedeutung für den Kölner Bezirk. Köln, 1903. 10 S. mit 1 Karte.

Schott, K., Die Schwarzwälder Uhrmacherei. 8⁰. Wien 1873.

Schott, K. J., zur Befestigungsfrage. Mit 1 Blatt Skizzen. gr. 8. (27 S.) Berlin 886. Wilhelmi. n. 1. —

Schott, K. J., Zur Befestigungsfrage. Mit 1 Taf. Leipzig 1888. 27 S.

Schott, K. J., Lebensfragen. 8. (V, 192 S.) Leipzig 890. Thomas. n. 2. —

Schott, Karl

Schott, K., der Anteil der Württemberger am Feldzuge 1870/71. Mit 63 Abb. nach Orig.-Aquarellen des Verf., 2 photograph. Aufnahmen u. 2 Karten. (173 S.) 8. Stuttgart (908). Union. Geb. in Leinw. 3. —

Schott, Karl, Handbuch d. Vorschriften üb. Handelsstatistik u. Zolltarifwesen d. österreichisch-ungar. Zollgebiets nach d. Stande derselben v. Ende Mai 1896. F. d. prakt. Gebrauch auf Grund gelt. Gesetze, amtl. Verordngn. u. Erlässe zusammengest. 2., umgearb. u. wesentl. erweit. Aufl. gr. 4. (XX, 890 S.) Wien 896. (A. Hartleben.) n. 12. —

Schott, Karl, Handbuch d. Vorschriften üb. Zolltarifierg. u. Handelsstatistik im österreich.-ungarischen Zollgebiete nach d. Stande derselben v. Ende April 1908. Für den prakt. Gebrauch durch vollständ. u. wörtl. Wiedergabe d. bezügl. gelt. Gesetze, amtl. Verordngn. u. Erlässe zusammengestellt. 3. vollständig umgearb. Aufl. 2 Tle. (VIII, 1097 u. III, 227 S.) 30,5×24 cm. Wien 908. (Manz.) 20.40; geb. n 24. 60

Schott, K., vor Paris 1870. Bilder v. d. Ostfront, Champigny, Villiers, Brie, Noisy etc., an Ort u. Stelle gezeichn. In Lichtdr. ausgef. v. M. Rommel & Comp., Hofkunstanst. in Stuttgart. qu. gr. 8. (10 Bl. m. 4 S. Text.) Stuttgart 895. Francth n. 2. 50

Schott, Karl August (Heinrich?)

Schott, Carl Aug.: Abhandlung über das Verbrechen der beleidigten Majestät überhaupt und dessen Bestrafung. Nebst einigen allg. Bem. über die Quellen der Verbrechen gegen die Obrigkeit, u. den Mitteln sie zu verhüten. Tübingen 1797.

Schott, C. A., üb. d. Verbrechen d. beleidigten Majestät. 8. Tübingen, Heerbrand. 797.

Schott, K. A. Hnr., üb. das Verbrechen d. beleidigten Majestät. 8. Tübing. 797. (Osiander). 10 gr.

Schott, Kaspar

Schott, Kasp., Arithmetica practica generalis ex cursu mathematico clarissime pro usu discentium exposita. 12. Ofen 777. Typogr.-Soc. 4 gr.

Schott, Casp., Magica optica, oder geheime, doch naturmäßige Gesicht- u. Augenlehr. a. d. Lat. m. K. 8. Frankfurt. 710.

Schott, Clara [Autorname] = Schachne, Frau Clara.

Schott, C., Coupé-Geschichten. Bunte Blätter. 8. (81 S.) Leipzig 893. R. Claußner. n. — 50

Schott, Clara (Clara Schachne), Ernstes u. Heiteres, s.: Universal-Bibliothek, illdische.

Schott, Clara (Clara Schachne), neue Erzählungen für **Mädchen**. 8. (128 S. m. 4 Farbdr.) Dresden (899). M. Fischer. Geb. 4. —

— dasselbe. gr. 8. (189 S. m. 4 Farbdr.) Ebd. (899). Geb. 6. —

Schott, Clara (Frau Clara Schachne), im Feenreich. 12 Märchen. Mit Illustr. v. H. Tiedemann. (199 S.) 8. Elberfeld (908). S. Lucas. Geb. in Leinw. 3. —

Schott, Clara, Frühlingsreif. Zwei Erzählgn. Mit e. Vorwort v. Max Oberbreyer. 8. (VI, 107 S.) Stuttgart 886. Glaier & Co. n. 1. 50; geb. n. 2.

— die Gesellschafterin. Novelle. 8. (164 S.) Ebd. 893 2. —; geb. n. 3. —

— die Gesellschafterin. Novelle. 2. [Titel-]Aufl. 8. (164 S.) Leipzig [893.] (901). A. Bleier Nachf. n. — 50

— die Heimath der Frau. Ein Brautgeschenk f. Deutschlands Töchter, unter Mitwirkg. hervorrag. Frauen. 8. (XII, 294 S. m. 1 Lichtdr.) Zeitz 887. Leop. Müller. geb. m. Goldschn. n. 6. —

Die Kartenlegerin, s.: Radermacher's, J., Vereinsbühne.

— Frau Kathi, s.: Weichert's Wochen-Bibliothek. 103

— f. d. Kinderstube. Erzählgn. f junge Mädchen von 8—12 Jahren. 8. (127 S. m. 4 farb. Bild.) Dresden 896. M. Fischer. Geb. n. 2. —

— dasselbe. gr. 8. (191 S. m. 4 farb. Bild.) Ebd. 896. Geb. n. 3. —

— f. die Kinderstube. Erzählungen f. junge Mädchen von 8—12 Jahren. 12. (98 S.) Dresden 899. M. Fischer. 1. 50; steif brosch. 2.—

— Die Kränzchenschwestern. Eine Erzählg. f. junge Mädchen. Mit (4) Autotypie-Vollbildern v. Rhold. Hansche. (230 S.) 8. Berlin (910). A. Weichert. Geb. in Halbleinw. (urspr. Pr. 3. —)

Schott, Clara (Frau Clara Schachne), Babys Leiden u. Freuden. Eine Geschichte in Versen f. art. Kinder. Mit Bildern v. Arno Grimm. (48 S. m. 6 Farbdr.) gr. 8. Leipzig 904. Jacobi & Zuillet. Kart. 3. —; erm. Pr. 2. 50

Schott, Clara: Zur Männerfrage! — Leipzig: Bleier 1898. 24 S. 8°

— zur Männerfrage! 3. Aufl. gr. 8. (24 S.) Leipzig 898. A. Bleier Verl., Nachf. n. — 75

— die Märchenfee. 8. (128 S. m. 4 Farbdr.) Ebd. (899). Geb. 4.—

— dasselbe. gr. 8. (192 S. m. 4 Farbdr.) Ebd. (899). Geb. 6.—

— im goldenen Märchenhain. Eine Auswahl reizender Märchen. Mit zahlreichen Text-Illustr. nach Orig.-Zeichnungen v. H. G. Herrmann. 12. (143 S.) Köln 894. P. Gehly. Geb. in Leinw. n. 1. 20

— im Märchenreich. Märchen. 8. (128 S. m. 4 farb. Bild.) Dresden 896. M. Fischer. Geb. n. 2. —

— dasselbe. gr. 8. (191 S. m. 4 farb. Bildern) Ebd. 896. Geb. n. 3. —

— im Märchenreich. Märchen. 12. (93 S.) Ebd. 899. 1. 50; steif brosch. 2.—

— die Märchentante. Märchen u. Erzählgn. Mit 5 feinen Farbendr.-Bildern nach Aquarellen v. Wilh. Claudius. 12. (128 S.) Wesel 893. W. Düms. Kart. — 75

— die Märchentante. Märchen u. Erzählungen. Mit 5 feinen Farbendr.-Bild. nach Aquarellen v. Wilh. Claudius. 16.—18. Taus. 12. (128 S.) Wesel 898. W. Düms. Geb. — 75

Schott, Clara (Clara Schachne), die Märchentante. Märchen u. Erzählgn. Mit 5 feinen Farbendr.-Bildern nach Aquarellen von Wilh Claudius. 21.—23. Taus. 12. (128 S.) Wesel (900) W. Düms. Geb. — 75

— die Märchentante. Märchen u. Erzählungen. Mit 4 feinen Farbendr.-Bildern nach Aquarellen von Wilh. Claudius. 24.—34. Taus. Neue Ausg. (128 S.) 8. Wesel (905). W. Düms. Geb. — 60

Schott, Klara, s.: Neues aus der Märchenwelt.

— um der Ehre willen, s.: Weber's moderne Bibliothek. Nr. 47.

— der Verfall d. Staates durch den Staat. Beitrag zur socialen Frage. 8. (23 S.) Leipzig 885. Pfau. n. — 50

— der Waldwächter, s.: Haus- u. Reise-Bibliothek.

— der Waldwächter, s.: Weber's moderne Bibliothek.

Schott, Klara, wie stellt man lebende Bilder? Angaben zur Stellg. leb. Bilder v. C. S., m. Gedichten v. Frida Schanz u. Rob. Bertin. Ein nützl. Büchlein f. Schulen, Vereine u. private Kreise bei allen festl. Gelegenheiten. 12. (32 S.) Halberstadt 893. Ernst. — 75

— aus d. Zauberlande. Märchen f. Knaben u. Mädchen. 8. (III, 66 S. m. 2 Taf.) Leipzig 896. Th. Weber. Kart. n. 1. —

Schott, Leopold

Schott, Leop., Winke für den Israelitischen Volkslehrer. Predigt am Sabbath Pinehas 5605 (d. i. den 26. Juli 1845) in der Synagoge zu Hannover gehalten. 8. Hannover 845, Hahn'sche Hofb. 1/8 ß

Schott, Louis, statistische und klinische Mittheilungen über 832 Fälle von akutem Gelenkrheumatismus. (Aus der inneren Abtheilung des städtischen allgemeinen Krankenhauses Friedrichshain.) Diss. Berlin 1887. Mayer & Müller. 8°. 28 S.

Schott, O., warum ist die Bekehrung der Heiden so schwer? 8. (20 S.) Basel 883. Missionsbuchh. n. — 10

Schott, Otto, Andenken an die Konfirmation. Worte der Liebe, der christl. Jugend gewidmet. 2. umgearb. Aufl. 12. (VIII, 230 S. mit 1 Stahlst.) Reutlingen 887, Fleischhauer und Spohn. geb. mit Goldschn. *

Schott, Otto, Andenken an die Konfirmation. Worte der Liebe. 3., verb. Aufl. 12. (VIII, 230 S. m. 1 Stahlst.) Reutlingen 893. Fleischhauer & Spohn. Geb. in Leinw. m. Goldschn. n. 2.

Schott, Otto, Beiträge zur Kenntniss der unorganischen Schmelzverbindungen. Eine Reihe chemisch-krystallograph. Untersuchungen. gr. 8. (VII, 122 S. mit in den Text eingedr. Holzst.) Braunschweig 880, Vieweg und Sohn. * 4 —

Schott, Otto, Glaubenszeugnisse. Predigten üb. die Evangelien des 3. Jahrgangs. gr. 8. (528 S. m. Titelbild.) Reutlingen 899. Stuttgart, Fleischhauer & Spohn. n. 4. 40; geb. in Halbfrz. n. 5. 50
Erscheint auch in 11 Lfgn. à n. — 40.

Schott, Otto, Herr, wohin sollen wir gehen? Worte der Liebe zum Andenken an die Confirmation u. erste Communion. Der christl. Jugend gewidmet. gr. 16. (IV, 222 S.) Reutlingen 874. Fleischhauer & Spohn. Geb. m. Goldschn. n. 2. —

Schott, Otto, Herr, wohin sollen wir gehen? gr. 16. Reutlingen 874. Frankfurt a. M., Schriften-Niederlage des Evangel. Vereins. (ℳ 2.) * — 80

Schott, Otto: Kalksilikate und Kalkaluminate in ihren Beziehungen zum Portland-Cement. Heidelberg 1906: K. Rössler. (119 S.) 8°
Heidelberg, Naturw.-math. Fak., Ref. Curtius, Diss. v. 19. Dez. 1907
[Geb. 6. Mai 77 Heidelberg; Wohnort: Heidelberg; Staatsangeh.: Baden; Vorbildung: Gymn. Wertheim Reife M. 96; Studium: T.H. Berlin 2, Braunschweig 6, Univ. Heidelberg 8 S.; Rig. 1. Aug. 06.]

Schott, Otto, ein Compromißvorschlag zur Frage der Verfassungsrevision. gr. 8. (22 S.) Ulm 897. (J. Ebner.) — 50

Schott, Otto, die Lehre von der formellen Verteidigung nach deutschem Strafproceßrecht. Diss. Tübingen 1886, Fues' Sort. 8°. 60 S.

Schott, Otto, tägliche Nahrung oder Schatzkästchen für alle Tage im Jahre. Stuttgart 868. Belser's Verlag. gr. 8. (IV, 371 S.) 22½ ngr.

Schott, Otto, aus der Stille. Gedichte. 8. (IV, 136 S.) Schorndorf 897. J. Rösler. Geb. in Halbleinw. n. 2. —

Schott, O: Über eine neue Ultraviolett-Quecksilberlampe: Uviollampe. Jena (1905?)

Schott, O., die Versuche e. Verfassungsrevision in Württemberg, geschichtlich dargestellt. gr. 8. (IV, 157 S.) Ulm 890. Ebner. n. 1. 60

— wachet u. betet! Täglicher Mahnruf aus Gottes Wort in Betrachtg. u. Lied. Ein christl. Spruch- u. Liederkästlein. 12. (IV, 749 S.) Ebd. 890. 2. 70; geb. in Halbfrz. n. 3. 50; in Leinw. m. Goldschn. n. 4. —

— die sieben Worte am Kreuze in sieben Liedern. Reutlingen 869. (Baur.) gr. 4. (8 lith. S.) 13 ngr.

Schott, Paul(us) Francofurtensis: Posidippi epigrammata collecta et illustrata. (Berolini 1905: E. Ebering.) (117 S.) 8°
Berlin, Phil. Fak., Ref. v. Wilamowitz-Moellendorff, Diss. v. 16. Dez. 1905
[Geb. 23. Juni 82 Frankfurt a. M.; Wohnort: Frankfurt a. M.; Staatsangeh.: Preußen; Vorbildung: Goethe-Gymn. Frankfurt a. M. Reife O. 00; Studium: Bonn 3, München 6, Berlin 3 S.; Rig. 10. Juli 05.]

Schott, Peter Carl, aus Knittelsheim i. d. Rheinpfalz: Der anatomische Bau der Blätter der Gattung Quercus in Beziehung zu ihrer systematischen Gruppierung und ihrer geographischen Verbreitung. *Breslau 1900: Grass, Barth & Co.* (53 S.) 8°
Heidelberg, Naturw.-math. Diss. v. 1900

Schott, Richard

Schott, Rich., Alarm. Lustige Geschichten. Mit Illustr. 8. (159 S.) Berlin 893. R. Siegismund. n. 1. 50

Das Armenrecht der deutschen Civilprozessordnung. Mit e. Beitrag z. Lehre vom Parteibegriff. Von Dr. Richard Schott, Privatd., Breslau. *Jena: G. Fischer 1900.* (VIII, 186 S.) 8° [F.]
= Abhandlungen z. Privatrecht u. Civilprozess d. Deutschen Reiches. Bd 4, H. 3. [00. 4294

Schott, Rich., s.: Avancement, das.

Beduinenblut. Erzählung aus d. heil. Lande von Richard Schott. Berlin: Schriftenvertriebsanst. [1903]. (112 S.) 8° [F.] [05. 13398

Richard Schott.. Der Buschläufer. Stuttgart, Berlin, Leipzig: Union [1907]. (335 S.) 8° [F.]
= Kamerad-Bibliothek. [13.] [08. 3130

Schott, Rich., d. Buschläufer. (Kamerad-Bibliothek.) 2. Aufl. (V, 335 S. m. Abb. u. Titelbild.) kl. 8. Stuttgart (907). Union. Geb. in Leinw. 3. —

Schott, Richard [Referendar]: Über Cession von Correalobligationen. E. Beitr. z. Correalitätslehre nach Röm. u. Gemeinem Recht, dem Bürgerl. Gesetzbuch u. Preuß. Landrecht ... Breslau, Druck v. Grass, Barth & C., *1897;* 102 S., 1 Bl. 8.
Breslau, Jur. Fak., Inaug.-Diss. v. 31. Juli 1897

Schott, Rich., über Cession v. Correalobligationen. Ein Beitrag zur Correalitätslehre nach röm. u. gemeinem Recht, d. bürgerl. Gesetzbuch u. preuss. Landrecht. Diss. gr. 8. (102 S.) Breslau 897. (Schlotter.) n.n. 1. 30

Schott, Rich., eine Fahrt nach d. Orient. Zur Erinnerg. an den Einzug d. deutschen Kaisers u. der Kaiserin in Jerusalem Herbst 1898. Hrsg. v. Herm. Hillger. qu. gr. 8. (60 S. m. Abb.) Berlin 898. H. Hillger. Kart. 2. —

Das kluge Felleisen. Komische Spiel-Oper in 1 Akt (nach e. Andersen'schen Märchen) von Richard Schott. Musik von Waldemar Wendland. Textbuch. Berlin: Bote & Bock (1909). 34 S. 8° [11. 11337

Der Flug ins Romantische. Roman aus der Bühnenwelt von Richard Schott. Berlin: O. Janke (1906). (370 S.) 8° [F.] [06. 11968

Schott, Richard: Zur Geschichte des Armenrechts. Jena: G. Fischer 1899. (42 S.) 8° (Erscheint vollst. u. d. T.: 'Das Armenrecht der Civilprozessordnung f. d. Deutsche Reich' in d. Abhandlungen zum Privatrecht u. Civilprozess d. Deutschen Reichs.)
Breslau, Jur. Hab.-Schr. v. 26. Apr. 1899

Schott, Rich., das Gewähren des Rechtsschutzes im römischen Civilprozess. (VIII, 166 S.) gr. 8. Jena 903. G. Fischer. n. 4. —

Schott, R., Hero und Leander, s. Universal-Bibliothek Nr. 2306.

— der schwarze Junker. Erzählung aus den Kreuzzügen. Mit 24 Abbildgn. von L. Berwald. (III, 272 S.) 8. Stuttgart (906). Union. Geb. in Leinw. n. 4. 50

Der Schwarze Junker. Erzählung aus d. Kreuzzügen von Richard Schott. Mit 24 Abb. von L. Berwald. 4. Aufl. Stuttgart, Berlin, Leipzig: Union [1906]. (272 S.) 8° [F.] [07. 879

Der Seidenhändler von Damaskus. Erzählung von Richard Schott. Berlin: Schriftenvertriebsanst. [1903]. (182 S.) 8° [F.] [05. 13399

— in Sibirien, s.: Sochaczewsky, Alex.

— über Veräusserungsverbote u. Resolutivbedingungen im bürgerlichen Recht, s.: Festgabe f. Felix Dahn.

Schott, R., Römischer Zivilprozess u. moderne Prozesswissenschaft. Streitfragen aus dem Formularprozess. (VI, 84 S.) gr. 8. München, C. H. Beck. 1904 3. —

Schott, R[obert]. Unsere Festungen. 56 S. 8. Zürich, Rascher & Cie., 1910. [fr. 1. 60]

Schott, R[obert]. Kolonnenbrücken aus Notmaterial. Mit [Figuren im Text und auf] sechs Beilagen. Sonderabdruck aus der »Schweizerischen Zeitschrift für Artillerie und Genie« 1904. IV + 31 S. 8. Frauenfeld, Huber & Co., [1905]. [fr. 1. —]

Schott, Sigmund

Schott, Sigm., Ansichten vom Leben. Ein Versuch. Breslau 870. Trewendt. 8. (III, 306 S.) 1 ₰ 15 ngr.

Schott, Siegm., üb. Beweislast bei der subsidiären Kirchenbaupflicht. gr. 8. (26 S.) Tübingen 884. Fues. n. — 50

Einladung zur öffentlichen Probe-Vorlesung, welche Dr. phil. Sigmund Schott zur Erlangung der Venia legendi bei der philosophischen Fakultät der Ruprecht-Karls-Universität zu Heidelberg Samstag, den 30. Nov. 1907 ... halten wird. Thema: Agglomeration und Citybildung. Heidelberg (1907): J. Hörning. (1 Bl.) 8°

Die Ergebnisse der Berufszählung vom 14. Juni 1895. Im Auftr. d. Stadtraths bearb. von Dr. S[igmund] **Schott**. Mannheim 1898: Haas. 79 S. 4°
(Beiträge z. Statistik d. Stadt Mannheim. H. 3)

— Alte Mannheimer Familien. Ein Beitrag z. Familienstatistik des 19. Jahrh. (96 S. m. 1 farb. Taf.) Lex. 8. Mannheim (910). J. Bensheimer's Verl. 3. —

—— zur Frage vom obrigkeitlichen Erkenntniß über eine beim Verkauf anbedungene Realdienstbarkeit. gr. 8. (12 S.) Ebendas. 884. * — 20
aus: Württembergisches Archiv für Recht und Rechtsverwaltung, besonders abgedruckt.

Schott, Siegm., s.: **Führer durch Mannheim.**

Schott, S., Die Gebürtigkeit der Mannheimer Bevölkerung. Mannheim, 1905. 19 S. mit 1 Karte.

Schott, Sigm., Gedichte. 16. (IV und 138 S.) Stuttgart 857, Ed. Hallberger.

Schott, Sigm., Gedichte. 2. verm. Aufl. gr. 16. (IV, 180 S.) Stuttgart 873. Grüninger. 2. —

Schott, Sigm., neue Gedichte. gr. 16. (VIII, 104 S.) Stuttgart 891. Deutsche Verlags-Anstalt. n. 2. —; geb. m. Goldschn. n.n. 3. 50

Schott, Sigm., **Gedichte** u. Schriften. 3 Bde. 8. Stuttgart 898. Deutsche Verlags-Anstalt. à Bd. n. 3. —; geb. à n.n. 4. —
1. Gedichte. (328 S. m. Bildnis.)
2. Von menschl. Schwächen. E. Versuch. (340 S.)
3. Sterben u. Unsterblichkeit. 1861. Ansichten v. Leben. 1870. Nachlaß. (400 S.)

Der Industriehafen zu Mannheim. Festschrift zur Einweihung des Hafens am 3. Juni 1907. Im Auftr. des Stadtrats verf. von Sigmund Schott. — Mannheim 1907: Vereinsdr. 89 S. 4°

Schott, Sigm., Kapitalanlage. Volkstümliche Anleitg. zu zweckmäß. u. vorteilhafter Vermögensverwaltung f. alle Stände. 2., durchges. u. ergänzte u. 3. Aufl. (4. bis 11. Taus.) (96 S.) 8. Freiburg i. B. 904. 905. P. Waetzel. n. 1. —

Schott, Sigm., Max Emanuel, Prinz v. Würtemberg, u. sein Freund Karl XII., König v. Schweden. Ein biograph.-histor. Versuch. 8. (17¼ B. u. Portr. v. Max u. Karl XII.) Stuttgart 839, Krabbe.

Schott, Sigm., von menschlichen Schwächen. Ein Versuch. 16. (V und 348 S.) Breslau 865, Trewendt.

—— Sterben und Unsterblichkeit. Eine Studie. 8. (115 S.) Stuttgart 861, Göpel.

Schott, Sigmund: Der Volkswohlstand im Königreiche Sachsen ... Leipzig-Reudnitz, Druck v. Max Hoffmann 1890. 64 S. + 1 Bl. u. 2 Kart. 8°
Leipzig, Phil. Fak., Inaug.-Diss. v. 11. Aug. 1890

Schott, Sigm., Wo hinaus? Politische Flugschrift. gr. 8. (43 S.) Stuttgart 860, Göpel. Thlr.

—— Württemberg und der Pabst. gr. 8. (44 S.) Stuttgart 860, Göpel.

Schott, Theodor

Schott, Thdr., die Armuth der irdischen Gegenwart als Bürgschaft der zukünftigen Herrlichkeit. Predigt über Röm. 8, 18—23, am 5. Sonntag nach Trin. gehalten in der evangel. Kirche zu Kissingen. Erlangen 865. Deichert. gr. 8. (16 S.) n. 2 ngr.

Schott, Th. die Aufhebung des Ediktes von Nantes, s. Schriften des Vereins für Reformationsgeschichte.

Schott, Thdr., die Bartholomäusnacht, s.: Für die Feste u. Freunde d. Gustav-Adolf-Vereins.

Schott, Th., die Behandlung der chronischen Herzkrankheiten, s.: Sonder-Abdrücke der Deutschen Medizinal-Zeitung.

Schott, Th., üb. Behandlung chronischer Herzkrankheiten im jugendlichen Alter. gr. 8. (37 S. m. Abbildgn.) Wiesbaden 899. J. F. Bergmann. n. 1. —
Sonderabdruck aus: „Verhandlgn. des XVII. Congresses f. innere Medicin".

Schott, Thdr., s. Bibliothek des litterarischen Vereins in Stuttgart CXXIV.

Schott, Thdr., Blücher. Ein Charakterbild, s. Sammlung von Vorträgen.

Schott, Th. Blücher. Charakterbild. (32) 8. Heidelberg 1880. 0,60.

Schott, Th., über Blutdruck bei acuter Ueberanstrongung des Herzens. (11 S. m. Abbildgn.) gr. 8. Wiesbaden 902. J. F. Bergmann. n. — 50
Sonderabdruck aus: „Verhandlgn. des XX. Congr. f. innere Medicin zu Wiesbaden.

Schott, Thdr., der erste Brief Petri erklärt. gr. 8. (VIII und 360 S.) Erlangen 861, Deichert. *

—— der zweite Brief Petri und der Brief Judä erklärt. gr. 8. (VIII und 294 S.) Erlangen 863, Deichert. *

Schott, Thdr., Columbus und seine Weltanschauung, s. Sammlung gemeinverständl. wissenschaftl. Vorträge.

Schott Th, Columbus u seine Weltanschauung. (Slg w. Vortr. 308) Berlin 1878

— Elisabeth Charlotte, Herzogin v. Orleans, s.: Sammlung von Vorträgen.

— deutsche Fürsten im Zeitalter der Reformation. Vortrag. gr. 8. (29 S.) Stuttgart 884. Krabbe. n. — 50

— ein Gericht über das Richten. Predigt am 5. Sonntag nach Trinitatis über Evangel. Luk. 6, 36—42 gehalten. Augsburg 870. v. Jenisch & Stage. 8. (14 S.) 1½ ngr.

—— Gnade und Wahrheit. Ein Jahrgang Predigten über gemischte Texte. 2 Hälften. gr. 8. Erlangen 864, Deichert. *
Inhalt:
Hälfte 1. Advent bis Exaudi. (VIII und 348 S.) * 1 Thlr. 6 Ngr.
" 2. Pfingsten bis Schluß des Kirchenjahres. (IV und 312 S.) * 1 Thlr.

Die Heilfactoren Bad Nauheims. Fest-Schrift z. Einweihung des am 7. März 1900 zu Tage getretenen Kohlensäurereichen Thermal-Soolsprudels Quelle No XIV von Prof. Dr. [Theodor] Schott, Bad Nauheim. *Wiesbaden: J. F. Bergmann 1900.* (58 S.) 8° [oo. 8394

— von der göttlichen Heimsuchung. Predigt am 10. Sonntag nach Trinitatis über Evang. Luk. 19, 41—48 gehalten. Ebend. 870. 8. (14 S.) 1⅓ ngr.

Schott, Th., über chronische Herzmuskelerkrankungen. Mit 11 Abb. im Texte u. 4 Radiogrammen auf 2 Lichtdr.-Taf. I/II. [Aus: „Verhandlungen des XVI. Congresses f. innere Medicin zu Wiesbaden".] gr. 8. (21 S.) Wiesbaden 898. J. F. Bergmann. n. 1. —

— Hugenottengeschichten (Anna du Bourg. Zwei Bibeln), s.: Jugend- u. Volksbibliothek, deutsche.

Schott, Thdr., das Jahrhundert der Entdeckungen in Biographien f. die gebildete Jugend. Mit 6 feinen Farbendr.-Bildern u. e. (chromolith.) Karte (in qu. gr. 4.) Lex.-8. (246 S.) Stuttgart 875. Hoffmann & Hohl. n. 4. 50

— das Jahrhundert der Entdeckungen in Biographien f. die gebildete Jugend. Neue verb. Aufl. Mit 6 Farbendr.-Bildern u. 1 (farb.) Karte. gr. 8. (III, 465 S.) Stuttgart 891. Union. Geb. in Leinw. n. 7.

— Influenza u. chronische Herzkrankheiten. Nebst e. Anh.: Ueber die Influenza-Epidemie 1889/90 in der bayer. Armee. Von v. Vogl. gr. 8. (33 S. m. 2 Kartenskizzen.) Ebd. 900. n. 1. —

— die Kirche der Wüste. 1715 bis 1787. Das Wiederaufleben des französ. Protestantismus im 18. Jahrh., s.: Schriften des Vereins f. Reformationsgeschichte.

— „lobe den Herrn, meine Seele." Ein christl. Dankeszeugniß bei der Friedensfeier zu Augsburg am 18. Juni 1871 in der prot. Pfarrkirche zu St. Jakob gesprochen. gr. 8. (15 S.) Augsburg 871. v. Jenisch & Stage in Comm. n.n. — 25

—— Herzog Ludwig von Württemberg und die französischen Protestanten während des dritten Religionskrieges 1568—1570, s. Festschrift zur 4. Säcularfeier der Eberhard-Karls-Universität zu Tübingen.

— D. Martin Luther u. die deutsche Bibel. Festschrift zum Lutherjubiläum am 10. Novbr. 1883, im Auftrag der Privileg. Württ. Bibelanstalt verf. [Mit e. Facsim. v. Luthers Handschrift.] gr. 8. (48 S.) Stuttgart 883. (Leipzig, Buchh. d. Vereinshauses.) — 25

Schott, Th. Neurasthenie u. Herzkrankheiten. Vortrag, geh. in der 12. öffentl. Versammlg. der balneolog. Gesellschaft zu Berlin vom 7.—9. März 1890. gr. 8. (16 S.) Berl. 890, Grosser. * — 40
Aus: Deutsche Medizinal-Zeitg., besonders abgedruckt.

— zur Pathologie u. Therapie der Angina pectoris [Herzkrampf]. [Aus: „Deutsche Medizinal-Zeitg."] gr. 8. (40 S. m. eingedr. Fig.) Ebd. 888. n. 1. —

—— Predigt bei der Sieges- und Friedensfeier am 12. März 1871 gehalten in der protestant. Pfarrkirche zu St. Anna. 2. Aufl. gr. 8. (15 S.) (Ebendas.) 871.

—— Predigt über 2. Tim. 1, 7 bei der Diöcesansynode zu Augsburg am 17. Oktbr. 1871 gehalten. gr. 8. (16 S.) (Ebendas.) 872.

— Predigt üb. 2. Tim. 1, 7. bei der Diöcesansynode zu Augsburg am 17. Octbr. 1871. Als Mscr. gedr. gr. 8. (16 S.) Ebend. 874. — 20

—— ausgewählte Psalmen für Bibelstunden und Hausandachten ausgelegt. Neue Folge. 1. Bdchn. A. u. d. T.: Der 39. und 44. Psalm für Bibelstunden und Hausandachten in 11 Betrachtungen ausgelegt. gr. 8. (120 S.) Heilbronn 878, Gebr. Henninger. * 1 50

Schott, Thdr., Psalmen f. Freunde d. göttlichen Wortes in Wochenpredigten ausgelegt. 1—3. Hft. br. 8. Augsburg 871. 72. v. Jenisch & Stage in Comm. 3. 15

1. Der 25. Psalm in 10 Betrachtgn. (96 S.) — 90
2. Der 31. Psalm in 11 Betrachtgn. (106 S.) 1. 5
3. Der 37. Psalm in 12 Betrachtgn. (144 S.) 1. 20

—— der Römerbrief seinem Endzweck und Gedankengang nach ausgelegt. gr. 8. (XI und 319 S.) Erlangen 858, Deichert. *

— Savonarola, s.: Jugend- u. Volksbibliothek, deutsche.

— zur acuten Überanstrengung d. Herzens u. deren Behandlung. [Aus: „Verhandlgn. d. 9. Congresses f. innere Medicin".] gr. 8. (32 S. m. 26 Abbildgn.) Wiesbaden 890. Bergmann. n. 1. —

Schott, Th., zur acuten Ueberanstrengung d. Herzens u. deren Behandlung. 2. unveränd. Aufl. gr. 8. (32 S. m. 26 Abbildgn.) Wiesbaden 894. J. F. Bergmann. n. 1. —

Zur acuten Ueberanstrengung des Herzens und deren Behandlung. Nebst e. Anh. üb. Beobachtgn m. Roentgenstrahlen. Von Dr. Th. Schott, Bad Nauheim. M. 29 Abb. im Text, 2 Röntgenbilder auf Taf. I/II u. 2 Radiogrammen auf Taf. III. 3. umgearb. u. verm. Aufl. *Wiesbaden: J. F. Bergmann 1898.* (42 S., 3 Taf.) 1 Bd 4.(8.) [98. 6938 Go

Schott, akute Überanstrengung des Herzens u. deren Behandlung. Mit 33 Abbildgn. im Text, 2 Röntgenbilder auf Taf. I/II u. 2 Radiogrammen auf Taf. III. 4., erweit. Aufl. (59 S.) Lex. 8. Wiesbaden 908. J. F. Bergmann. 2. —

— über das Verhalten des Blutdruckes bei der Behandlung chronischer Herzkrankheiten. gr. 8. (20 S.) Ebd. 901. n — 60
Sonderabdruck aus: „Verhandlgn. des Congr. f. innere Medicin".

— Württemberg u. die Franzosen im Jahre 1688, s.: Neujahrsblätter, württembergische.

Schott, Thdr., Württemberg u. Gustav Adolf 1631 u. 1632. M. e. Anh. ungedruckter Briefe v. Gustav Adolf, Maximilian v. Bayern u. Barbara Sophia v. Württemberg. [Aus: „Württ. Vierteljahrshefte".] gr. 8. (60 S.) Stuttgart 896. W. Kohlhammer. n. 1. —

—— unsere Zeit, im Lichte des Gemüthslebens betrachtet, s. Zeitfragen des christlichen Volkslebens.

SCHOTT, Thomas (Schwarzhofen): De delirio tremente potatorum.- Monachii: Wild 1840. 16 S.
7.3.1839 - Urk; F 64
Diss. Ingolst.-Landsh.-Mchn.

Vaterländische Geschichte, bearb. f. d. Gebr. im Heere von Walther Schott, Oberlt. im Garde-Pionier-Bat. *Berlin: R. v. Decker 1899.* (58 S.) 8° [F.] [oo. 1874

Schott, Wilhelm

Schott, Guilielmus: * Apophthegmata LX ad Sunnatam, ut videtur, pertinentia, quae e codice manuscripto arabico-turcico edidit, latine vertit et notulis illustravit. 23 Bl. 8° (4°)

Halle-Wittenberg, Phil. Diss. v. 27. Aug. 1823

Geb. Mainz 3. 9. 1803. V.

Im Dipl. u. den Acta: Commentatio de Sunnata, muslimorum lege secundakia [! vielmehr: secundaria].

Schott, Wilh., zur beurtheilung der annamitischen schrift und sprache. gr. 4. (16 S.) Berlin 855, (Dümmler's Verlag.) *

Aus: Abhandlungen der k. Akademie der Wissenschaften zu Berlin J. 1855, besonders abgedruckt.

Schott, Wlh., über den Buddhaismus in Hochasien u. in China. Eine in der Königl. Preuß. Akademie der Wissenschaften am 1. Febr. 1844 gelesene u. nachmals weiter ausgeführte Abhandlung. gr. 4. Berlin 846, Veit u. Comp. n. 1 1/3 ₰

Schott, Wilh., Cassia-Sprache im nordöstlichen Indien, nebst ergänzenden Bemerkungen über das T'ai oder Siamische. gr. 4. (18 S.) Berlin 859, (Dümmler's Verlagsh.) *

Aus: Abhandlungen der k. Akademie der Wissenschaften zu Berlin, Jahrg. 1858, besonders abgedruckt.

Schott, W., Einiges zur japanischen Dicht- u. Verskunst. [Aus: „Abhandlungen d. k. Akad. d. Wiss. zu Berlin".] gr. 4. (23 S.) Berlin 878. Dümmler's Verl. in Comm. n. 1. —

— Entwurf einer beschreibung der chinesischen litteratur. Eine in der k. preuss. akad. d. w. am 7. februar 1850 gelesene abhandlung. Berlin 854. Dümmler's Verlhdlg. gr. 4. (126 S.) n. 2 ₰.

Schott, Guilielmus: De indole linguae sinicae. Halis Saxonum: Renger (1826). 25 S. 8°

Halle-Wittenberg, Phil. Hab.-Schr. v. 18. [vielmehr: 22.] Mai 1826

Schott, Wilh., über die ächten Kirgisen. [Aus d. Abh. d. k. Akad. d. Wiss.] Berlin 865. (Dümmler's Verlag.) gr. 4. (46 S.) cart. n. 16 ngr.

— Kitai u. Karakitai. Ein Beitrag zur Geschichte Ost- u. Innerasiens. [Aus: „Abhandlungen d. k. Akad. d. Wiss. zu Berlin".] gr. 4. (20 S.) Ebend. 879. n. 1. —

Schott, Wilhelm [aus Augsburg]: Die Kriminaljustiz unter dem Kaiser Tiberius. 1. Tl ... Erlangen, *Lippert & C., Naumburg a. S.*, 1893; VI, 98 S. 8.

Erlangen, Phil. Fak., Inaug.-Diss. v. 1893

Schott, Gui[lielmus]: De lingua Tschuwaschorum. Berolini (1841). 32 S. 8°

Berlin, Phil. Fak., Antrittsprogr. v. 31. Juli 1841

Schott, Wilh., de lingua Tschuwaschorum. Dissert. 8. (2 B.) Berolini 841, (Veit et Soc.)

Schott, W., zur Litteratur d. chinesischen Buddhismus. [Aus: „Abhandlgn. d. k. Akad. d. Wiss. zu Berlin."] gr. 4. (28 S.) Berlin 874. Dümmler's Verl. in Comm. n. 1. 25

— über ein chinesisches mengwork, nebst einem anh. linguist. verbessergn. zu zwei bdn. der Erdkunde Ritters. [Aus: „Abhandlungen d. k. Akad. d. Wiss. zu Berlin".] gr. 4. (35 S.) Ebend. 881. n. 2. —

—— älteste Nachrichten von Mongolen u. Tartaren, histor.-krit. Abhandlung. — Gelesen in der k. Akademie d. Wissenschaften am 8. Mai 1845. gr. 4. (4 B.) Berlin 846, Veit u. Comp. *

Schott, Wilh., älteste Nachrichten von Mongolen und Tataren, histor.-krit. Abhandlung. gr. 4. (30 S.) Berlin 847, Veit und Comp. *

—— über die finnische sage von Kullervo. Gelesen in der akademie der wissenschaften am 24. Juni 1852. gr. 4. (28 S.) Berlin 852, G. Reimer. *

—— die estnischen Sagen von Kalewi-Poeg. gr. 4. (75 S.) Berlin 863, (Dümmler's Verlag.) *

— über die sprache des volkes Róng oder Leptscha in Sikkim. [Aus: „Abhandlungen d. k. Akad. d. Wiss. zu Berlin".] gr. 4. (15 S.) Ebend. 882. n. — 80

—— über die sogenanten indochinesischen sprachen insonderheit das siamische. gr. 4. (21 S.) Berlin 856, (Dümmler's Verlag.) *

Aus: Abhandlungen der k. Akademie der Wissenschaften zu Berlin 1856, besonders abgedruckt.

—— über das Altai'sche oder finnisch-tatarische Sprachengeschlecht. gr. 4. (147 S.) Berlin 849, G. Reimer. *

—— chinesische sprachlehre. Zum gebrauche bei vorlesungen und zur selbstunterweisung. gr. 4. (169 S.) Berlin 857, Dümmler's Verlagsh. *

— zur chinesischen Sprachlehre. [Aus d. Abh. d. k. Akad. d. Wiss.] Ebend. 868. gr. 4. (33 S.) n. 16 ngr.

—— Altajische Studien oder Untersuchungen auf dem Gebiete der Altai-Sprachen. gr. 4. (37 S.) Berlin 860, (Dümmler's Verlagsh.) *

—— dass. — (2. Heft.) gr. 4. (24 S.) (Ebendas.) 861. *

—— Altajische Studien oder Untersuchungen auf dem Gebiete der tatarischen (turanischen) Sprachen. 3. Heft. gr. 4. (S. 89—153.) Berlin 867, (Dümmler's Verlag.) cart. *

1. und 2. Heft. (Ebendas.) 1860,61. * 21 Ngr.

aus: Abhandlungen der k. Akademie der Wissenschaften zu Berlin, besonders abgedruckt.

—— Altajische Studien oder Untersuchungen auf dem gebiete der tatarischen [turanischen] sprachen. 4. und 5. heft. 4. (43; 46 S.) (Ebendas.) 870,72. à Heft * ℳ. 2,40. *

1.—3. Heft. (Ebendas.) 1860,61,67. * ℳ 4,30.

Studien zur Geschichte des Kaisers Tiberius. Erste Hälfte. Von Dr. Wilhelm Schott, G.-L. — 1904, Bamberg, Johann Nagengast. — P. 3—48.

Progr. Bamberg, K. Neues Gymnasium

Studien zur Geschichte des Kaisers Tiberius. Zweite Hälfte. Von Dr. Wilhelm Schott, G.-L. — 1905, Bamberg, Johann Nagengast. — P. 51—109.

Progr. Bamberg, K. Neues Gymnasium

— über einige Tiernamen. [Aus: „Abhandlungen d. k. Akad. d. Wiss. zu Berlin".] gr. 4. (19 S.) Ebend. 877. n. 1. —

—— zur Uigurenfrage. gr. 4. (121 S.) Ebendas. 874. *

aus: Abhandlungen der k. Akademie der Wissenschaften zu Berlin, besonders abgedruckt.

—— zur Uigurenfrage. 2. Abthl. Imp.-4. (29 S.) (Ebendas.) 875. 1 —

1. Abthl. Ebendas. 1874. * ℳ. 1,50.

aus: Abhandlungen der k. Akademie der Wissenschaften zu Berlin, besonders abgedruckt.

—— über die chinesische Verskunst. gr. 4. (26 S.) Berlin 857, (Dümmler's Verlagsh.) *

aus: Abhandlungen der k. Akademie der Wissenschaften zu Berlin

Schott, Wlh., Versuch über die Tartarischen Sprachen. gr. 4. Berlin 836. Veit u. Comp. 5/6 ℛ

—— Verzeichniss d. chines. u. mandschu-tungus. Bücher u. Handschriften d. k. Bibliothek zu Berlin. Eine Fortsetz. d. im J. 1822 erschien. Klapproth'schen Verzeichnisses. gr. 8. (8 B.) Berlin 840, (Veit u. Comp.) *

一学彙必要 Vocabularium sinicum. 4maj. Berolini 841. (F. Dümmler.) n. 1 1/3 ℛ

Schott, Wlh., s. Werke des chines. Weisen.

—— das zahlwort in der tschudischen sprachenclasse, wie auch im türkischen, tungusischen und mongolischen. Eine in der akademie der wissenschaften am 17. Febr. 1853 gelesene abhandlung. gr. 4. (29 S. mit 1 Tab. in Fol.) Berlin 853, Dümmler's Verlag. *

Schott & Gen., Glaswerk: Jenaer Glas. Jena (1907 ?)

Schott & Gen., Glaswerk: Jenaer Glas. Preislisten. 1910 ff. Jena

Schott & Gen., Glaswerk: Jenaer Glas für Hängeglühlicht. Jena (1907 ?)

Schott & Gen., Glaswerk: Jenaer Glas für die Optik. Jena 1909

Schott & Gen., Glaswerk: Glocken für Bogenlampen aus Jenaer Glas. Jena (1907 ?)

Schott & Gen., Glaswerk: Die Hageh-Lampen (Quecksilberdampflampen) im photographischen Gewerbe. Jena 1906

Schott & Gen., Glaswerk: Die Hageh-Lampen (Quecksilberdampflampen) für Einzelschaltung. Jena (1907 ?)

Schott & Gen., Glaswerk: Die Hageh-Lampen (Quecksilberdampflampen) im photographischen Gewerbe und in der Reproduktionstechnik. Jena 1906

Schott & Gen., Glaswerk: Künstliche Lichtquelle für photographische Aufnahmen zum Kopieren. Hageh-Lampen (Quecksilberdampflampen). Jena (1907 ?)

Schott & Gen., Glaswerk: Schmelzen von abweichender optischer Lage (Verzeichnis optischer Gläser, welche von den regelmäßig dargestellten Typen abweichen). Jena 1909

Schott & Gen., Glaswerk: Uviol-Lampen (Quecksilberdampflampen aus ultraviolett-durchlässigem Glas) für ärztlichen Gebrauch. Jena 1906

Schott & Gen., Glaswerk: Jenaer Wasserstandsgläser. Jena 1906.

Schott & Gen., Glaswerk: Zylinder und Autositschirme aus Jenaer Glas für Hängeglühlicht. Jena (1907 ?)

SCHOTT v. SCHOTTENSTEIN, Frhr.: Forststatistische Beschreibung des Frankfurter Stadtwaldes. - Frankfurt a. M. 1884. 36 S., 1 Kt.

SCHOTT v. SCHOTTENSTEIN: Über die Verbindung des Feldbaues mit dem Waldbau mit besonderer Beziehung auf Würtemberg. - Stuttgart 1839. 71 S.

Collembola von Harald Schött. Mit 7 Taf. *Stockholm: P. A. Norstedt & söner 1893.* (28 S.) 8°
= Beiträge z. Kenntniss d. Insektenfauna von Kamerun. 1.
= **Handlingar**, K. Svenska Vetenskaps-Akademiens. Bihang. Bd 19, Afd. 4, No 2.

Schött, Wilhelm, cand. theol.: **Das Kausalitätsproblem bei den Cartesianern. T. 1.** *Neuwied 1899: Heuser.* (IV, 64 S.) 8°
Bonn, Phil. Diss. v. 15. Mai 1899

Schotte's Eisenbahn-Güter-Tarif-Tabelle enthltd. die Frachtsätze für Eil- u. Normalgüter-Sendungen zwischen Berlin u. sämmtlichen deutschen Eisenbahn-Stationen. Berlin 867. Schotte & Co. gr. 8. (58 S.) n. 10 ngr.

Schotte's unzerbrechlicher Schul- und Familien-Erdglobus. (Nr. 55) bearbeitet von R Korbgeweit. 1 : 40000000. 33 cm auf Holzfuss. Berlin

— Universal-Globus. Nr. 117. 40 cm. 1 : 30000000 mit Halbmeridian und Kompass auf Holzfuss. Berlin

Schotte, Alfred, bacc. jur., **Referendar in Leipzig: Das gerichtliche Erbauseinandersetzungsverfahren nach dem Reichsgesetz über die Angelegenheiten der Freiwilligen Gerichtsbarkeit vom 17. Mai 1898.** Leipzig 1908: Sturm & Koppe. (63 S.) 8°
Leipzig, Jur. Fak., Diss. v. 3. April 1908
[Geb 18. (30.) Sept. 80 Odessa; Wohnort: Leipzig-Reudnitz; Staatsangeh.: Sachsen; Vorbildung: Nikolai-Gymn. Leipzig Reife O. 01; Studium: Leipzig 6 S.; Rig. 1. Juli 05.]

Schotte, Armin. Adolph. (Christian.) (geb. Muhlhausen in Thur. 9. 1. 1810): De opio indigeno nonnulla. Berolini (1833). (28 S.) 8°
Berlin, Med. Diss. v. 19. März 1833

Schotte, August, Fürstlicher Hof- und Landtierarzt in Gera, Reuss: Die Tetanustherapie mit Behring'schem Antitoxin in der Veterinärmedizin. Gera 1907. 163 S. 8°. [30. XI. 06.]
Bern. Vet.-med. Diss. 1906/1907

Schotte, August. Die Tetanustherapie mit Behring'schem Antitoxin in der Veterinärmedizin. Diss. Vet.-Med. Bern. 163 S. 8. Gera, Gerner Verlagsanstalt und Druckerei, 1907.

Schotte, Carl, s. Schotte, Karl.

Schotte, E., Haltung u. Erziehung des Hundes. Aufzucht, Haltg. u. Pflege, Ankauf, Wahl d. Rasse, Erziehg. (Dressur), Krankhtn., Fachbezeichngn., Altersbestimmg., Haftpflicht, Versand usw. (III, 138 S. m. 33 Abb.) 8. Leipzig 910. Expedition der Geflügel-Börse. 2.50

Schotte, E., s. s. Speditions-Adressbuch, allgemeines.

Schotte's Speditions-Adress-Buch. Ein Hand- u. Nachschlagebuch f. Spediteure etc. 7. Jahrg. 1891/92. gr. 8. (IV, 57 S.) Berl. 891. (Wiegandt). 6 —

Schotte's Speditions-Adress-Buch. Ein Hand- u. Nachschlagebuch f. Spediteure, Fabrikanten, Kaufleute, überhaupt f. Alle, welche Güter versenden. 8. Jahrg. 1893. gr. 8. (II, 63 S.) Berlin, (K. G. Wiegandt). 6. —

Schotte, Ed., Bilder aus Nürnbergs Mauern, in unvergängl. Lichtdr. reproducirt nach Orig.-Federzeichngn. v. E. S. I. u. II. Abth. gr. 4. (à 25 Taf. m. 1 Bl. Text.) Nürnberg 892. 893. S. Soldan's Hofbuchh. In Leinw.-Mappe. à n. 15. —

Schotte, Ed., Bilder aus Nürnbergs Mauern. 50 Photogravuren nach Zeichngn. v. Sch. Mit erläut. Vorwort v. Hans Bösch. hoch 4. (4 S. Text.) Nürnberg (894). S. Soldan. In Leinw.-Mappe n. 20. —

Schotte, Ernst: Eisenbahn-Karte von Mittel-Europa mit Angabe sämmtlicher Bahnstationen und Postverbindungen. Nach den besten neuesten Quellen entworfen. 9. revid. Aufl. Berlin, Schotte & Co., 1859. Imp.-Fol. Lith.
—. —, 14. – 18. revid. Aufl. Ebenda 1861–64. Lith. . . . .

Schotte, F., s. Bericht über die Prüfung von Locomobilen.

Schotte, F., der Beruf d. Ingenieurs, s. a. Was willst du werden?

Schotte, F., der Beruf des Ingenieurs und Maschinentechnikers, hrsg. von Mentor. 2. verb. Aufl. 8. (24 S.) Darmstadt 880, Köhler. * — 60

Schotte, F., d. Drillkultur, s.: Elsbein, C. H.

SCHOTTE, F.
Repertorium der technischen, mathematischen und naturwissenschaftlichen Journal-Literatur. Unter Benutzung amtlicher Materialen mit Genehmigung des Königl. Preuss. Ministeriums für Handel, Gewerbe und öffentliche Arbeiten herausgegeben von F. S. Leipzig, 1869–71. 3 vols., 8vo.

Die notwendigsten Schutzvorrichtungen an den in landwirtschaftlichen Betrieben benutzten Maschinen. Im Auftr. d. Deutschen Landwirtschafts-Gesellschaft bearb. von F[riedrich] Schotte, Prof. in Berlin. *Berlin 1901: (Gebr. Unger).* (VII, 49 S.) 8°
= Arbeiten d. Deutschen Landwirtsch.-Gesellschaft. H. 57. (01. 6653)

Die notwendigsten Schutzvorrichtungen an den in landwirtschaftlichen Betrieben benutzten Maschinen. Im Auftr. d. Deutschen Landw.-Gesellsch. bearb. von F[riedrich] Schotte, Ingen. 2. erw. Aufl. Berlin: Deutsche Landw.-Gesellsch. 1905. (VIII, 78 S.) 8° [F.]
= Arbeiten d. Deutschen Landwirtsch.-Gesellschaft. H. 57. (05. 1360)

Schotte, Georg: Ueber einen F a l l von Lithopädion ... (Aus d. Münch. Med. Wochenschr.) München: Jos. Ant. Finsterlin 1890. 1 Bl., 16 S. 8°
München, Med. Fak., Inaug.-Diss. v. 1890

Ein Jahrzehnt internationaler Südpolarforschung. Von H[einrich] Schotte. Köln: Bachem in Komm. 1910. 63 S. 8°
(Vereinsschrift d. Görres-Gesellschaft z. Pflege d. Wiss. im kath. Deutschland. 1910, 2.) (11. 6703 B

Schotte, H., ein Jahrzehnt internationaler Südpolarforschung, s. V. Görres-Gesellschaft zur Pflege der Wissenschaft im kathol. Deutschland. 1910. II.

Schotte, Heinrich: Studien zur Geschichte der Westfälischen Mark und Markgenossenschaft mit besonderer Berücksichtigung des Münsterlandes. Münster ⟨Westf.⟩ 1907: Westf. Vereinsdruckerei. (71 S.) 8° ¶(Erscheint vollst. in: „Münstersche Beiträge".)
Münster, Phil. Fak., Ref. Meister, Diss. v. 30. Dez. 1908
[Geb. 25. Jan. 85 Coesfeld; Wohnort: Münster; Staatsangeh.: Preußen; Vorbildung: Gymn. Paulinum Münster Reife O. 04; Studium: Innsbruck 1, Münster 3, München 1, Münster 3 S.; Rig. 4. Nov. 07.]

Studien zur Geschichte der westfälischen Mark und Markgenossenschaft mit besond. Berücks. d. Münsterlandes. Von Dr. Heinrich Schotte. Münster (Westf.): F. Coppenrath 1908. (147 S.) 8°
= Beiträge, Münstersche, z. Geschichtsforschung. N. F. 17. (08. 5189)

Schotte, Herm., Rammelburger Chronik. Geschichte d. alten Mansfeldischen Amtes Rammelburg u. der zu ihm gehör. Flecken, Dörfer u. Güter Wippra, Abberode, Biesenrode, Braunschwende, Forst Braunschwende, Friesdorf, Haida, Hermerode, Hilkenschwende, Königerode, Popperode, Rammelburg, Ritzgerode, Steinbrücken. Aus urkundl. Quellen zusammengetragen. Mit Kartenskizzen des Amtes u. der Flur Wippra. (XII, 408 S) gr. 8. Halle 906. (O. Hendel). n. 4. —

Schotte, J(ohann) P(eter): Von einem anstekkenden schwarzgallichten Faulfieber, welches im Jahr 1778 in Senegal herrschte. (A Treatise on the synochus atrabiliosa, a contagious fever, which raged at Senegal in the year 1778. Dt.) 164 S., gbd.

Stendal: Franzen & Grosse 1786

Schotte, Johann Peter. Von einem ansteckenden schwarzgallichten Faulfieber . . . Stendal 1786. Ü: *Diel, August Friedrich Adrian.* (HS) (Ky) (MGT)

Ergänzungsheft zu H. A. Stoffregen, Deutscher Liederschatz u. Liederbuch. 40 Lieder f. gemischten Chor gesetzt von Carl Schotto, Gesanglehrer. *Hildesheim: Gerstenberg 1901.* (50 S.) 8° [F.] (01. 3733 7

Schotte, Carl, deutscher Liederschatz u. Liederbuch, s. a. Stoffregen, H. A.

Schotte, Karl, Minnetreue. Volkstüml. Liederspiel in 2 Abtlgn., gedichtet v. F. A. Muth. Für Sopran-, Tenor-, Bariton-Solo u. Männerchor m. Klavierbegleitg. komponiert v. Sch. op. 30. Textbuch. 12. (10 S.) Quedlinburg 898. Ch. F. Vieweg. n. — 10

Schotte, Moritz

Schotte, Mauritius: De psoitida. [Praeses:] Curtius Sprengel. Halae (1824): Grunert. 37 S. 8°
Halle-Wittenberg, Med. Diss. v. 17. Aug. 1824
Geb. Schraplau (Seekr. Mansfeld) [21. 1. 1802].

Schotte, Paul (geb. Glogau 4. 6. 1840): Ueber Empyem. Berlin (1869) (32 S.) 8°
Berlin, Med. Diss. v. 10. Juni 1869

Schotte, Paul, über Empyem. Inaugural-Dissertation. Berlin 869. (Preuss. Stargardt, Kienitz.) 8. (32 S.) n. 6 ngr.

Schotte, W., Statistik des Kreises Schleusingen im königl. preuß. Reg.-Bez. Erfurt. Nach amtl. Quellen bearb. gr. 4. (III, 185 S.) Schleusingen 882, (Glaser.) * 4 —

Schotte, Walther: Das rechtlich-politische V e r h ä l t n i s von Fürstentum und Ständen in der Mark Brandenburg unter der Regierung Joachims I. Kap. 1 u. 2. (Berlin 1910: Paul.) 62 S. 8° (Ersch. vollst. in: Veröffentlichungen d. Vereins f. Gesch. d. Mark Brandenburg.)
Berlin, Phil. Diss. v. 15. Juni 1910, Ref. Hintze

Schottel, Philipp Ludwig (Braunschweig) A. S. 211/22

Disputatio juridica, de diverso colonorum jure.
Präs. Samuel Stryk.
Halle (Henckel) V. 1709. 64 S. 31325

Joseph Schöttel's arithmetische Nebenstunden. Wien, *John.* 8. 3 Th. (20 gr.) 1756.

Schöttel, Jos., arithmet. Nebenstunden. 3 Thle. 8. Wien 756. Jahn. 20 gl

Schottelius, Alfred: Ueber T e n o n i t i s bei Aderhautsarkomen nebst einem Beitrag von streifenförmiger Hornhauttrübung. Freiburg i. B. 1903: K. Henn (43 S.) 8°
Freiburg i. B., Med. Diss. v. 1903

Schottelius, Ernst, der Schisport, s. a. Miniatur-Bibliothek f. Sport u. Spiel.

Schottelius, E.: Der Schisport. Leipzig 1908. 72 S. m. Abb. (Miniaturbibl. f. Sport u. Spiel. 15.)

Schottelius, Ernst, über Summationserscheinungen bei Zeitreizen. Diss. (41 S.) gr. 8. Freiburg i/B. 903. Speyer & Kaerner. n. 1. 20

Schottelius, Justus, Referendar in Braunschweig: Der Aval. Borna-Leipzig 1906: R. Noske. (IX, 52 S.) 8° [J.]
Leipzig, Jur. Fak., Diss. v. 8. Nov. 1906
[Geb. 17. Juni 81 Braunschweig; Wohnort: Braunschweig; Staatsangeh.: Braunschweig; Vorbildung: Neues Gymn. Braunschweig Reife M. 99; Studium: Freiburg i. B. 2, Göttingen 1, Kiel 2, Berlin 1 S.; Rig. 30. Juli 04.]

Schottelius, Justus Georg

Schottel, J. G., Gedichte, s.a. Bibliothek der deutschen Dichter.

Schottel, (J. G.,) Gedichte, s.a. W. Müller, Bibl. d. deutschen Dichter.

Schottel, Just. Geo., v. unterschiedl. Rechten in Deutschland. 8. Frankf. (Albrecht in Wolfenbüttel). 730.

Joh. Werneri Gericken ... Schottelius Illustratus et Continuatus, sive Spicilegium ad D. Justi Georgii Schottelii J.C. Tractatum ... Oder Nachlese zu des Hrn. Schottelii Tractat von alten sonderbahren Rechten und Gewohnheiten in Teutschland, Welcher beygefüget, statt einer Continuation, Ein curieuser Anhang einiger alten Rechte ... Leipzig und Wolffenbüttel, Verlegts Gottfried Freytag. Anno 1718.

Friedens Sieg. Ein Freudenspiel von Justus Georg Schottelius. 1648. Hrsg. von Friedrich E[rnst] Koldewey. *Halle a. S.: M. Niemeyer 1900.* (V, 78 S.) 8°
== Neudrucke deutscher Litteraturwerke d. 16. u. 17. Jhs. 175 (00. 11503 3

— Abhandl. v. Ursprung d. deutschen Sprache. 4. Braunschweig, Meyer. 737.

Schottelius, Carl, Dichtungen. 8. (VII, 158 S.) Hameln 886, Fuendeling. *M 2.25.; geb. *

Schottelius, Carl, Sigmar. Dramat. Gedicht in 3 Theilen. 8. (IV, 124 S.) Dresden 895. R. v. Grumbkow. n. 2.—

(H) **Schottelius,** Carl, Sigmar. 896. (KBL 30.) Jetzt: Dresden-Blasewitz, E. Leonhardt. Ladenpr. aufgehoben.

Schottelius, Max, zur Aetiologie einfacher Kehlkopfgeschwüre u. deren Verhältniss zur Tuberkulose, s.: Schriften der Gesellschaft zur Beförderung der gesammten Naturwissenschaften zu Marburg.

Schottelius, **Max. Die Aufgaben der öffentlichen Gesundheitspflege u. ihre geschichtliche Entwicklung. Vortrag, geh. zur Feier d. Stiftungsfestes der naturforsch. Gesellschaft zu Freiburg i. Br. am Namenstage Sr. kgl. Hoh. d. Grossherzogs Friedrich d. 5. März 1890. gr. 8. (23 S.) Freib. i. Br. 890, J. C. B. Mohr. * — 60**
Aus: Berichte d. naturforsch. Gesellschaft zu Freiburg i. Br., besonders abgedruckt.

Schottelius, Max, Bakterien, Infektionskrankhtn. u. deren Bekämpfg., s.a. Bibliothek, illustr., der Gesundheitspflege. 2. Bd

Bakterien, Infektionskrankheiten und deren Bekämpfung von Dr. Max Schottelius, Prof. 2. erw. Aufl. Mit 32 Taf. u. vielen Textabb. Stuttgart: Moritz 1909. 319 S. 8°
(Illustr. Bibliothek d. Gesundheitspflege. Bd 2.) (09. 10848

Schottelius, Max, Denkschrift zur Einweihung d. hygien. Instituts der Universität Freiburg i. B. am 9. I. 1897. gr. 4. (III, 64 S. m. 25 Abb.) Freiburg i/B. 897. Tübingen, J. C. B. Mohr. n. 5.—

Schottelius, Max, die Kehlkopf-Knorpel. Untersuchungen über deren physiolog. und patholog. Textur-Veränderungen. gr. 8. (88 S. mit 6 lithogr. Taf.) Wiesbaden 879, Bergmann. * 6 —

— casuistische Mittheilungen aus dem pathologisch-anatomischen Institut zu Marburg, s.: Schriften der Gesellschaft zur Beförderung der gesammten Naturwissenschaften zu Marburg.

Schottelius, M., der Rothlauf der Schweine, s. Lydtin, A.

—— 9 (chromolithogr.) Sections-Tafeln mit erläuterndem Text. gr. 4. (23 S.) Wiesbaden 878, [Kreidel's Verlag.] Bergmann. In Mappe * 5 —

— biologische Untersuchungen üb. den Micrococcus prodigiosus. Mit 1 Taf. [Aus: „Festschrift f. A. v. Kölliker".] gr. 4. (19 S.) Leipzig 887. Engelmann. n. 4.—

Schottelius, Walth., s.: Dichterbuch, Braunschweiger.

Schottelius, Walther: Das Ottonische Stadtrecht und seine Fortwirkung im Rechte der Stadt Braunschweig. Göttingen 1904: Dieterich. (57 S.) 8°
Göttingen, Jur. Diss. v. [24. Marz] 1904

Schotten, Carl, s. Schotten, Karl

Schotten, **Ernst, über die Behandlung des eklamptischen Anfalls durch Carotidencompression, s. Beiträge zur pathologischen Anatomie und klinischen Medicin.**

Die angeborene Pylorusstenose der Säuglinge. Von Ernst Schotten, Kassel. *Leipzig: Breitkopf & Härtel 1903.* (30 S.) 8°
— Sammlung Klinischer Vorträge. N. F. No 368 (04. 5684

Schotten, Heinr., Anleitung zum mathematischen Unterricht an höh. Schulen, s.: Reidt, Fridr.

Schotten, *Heinrich* [Dir. Dr.]: **Ansprache** *gehalten bei seiner Einführung als Direktor der Anstalt am 17. Dez. 1896. Halle a. S., Gebauer-Schwetschke'sche Buchdr., 1897;* **31—33 S. 4.**
Halle a. S., st. OR, P 1897 (280)

— die Elemente der Mathematik, s.: Reidt, Fridr.

Schotten, Heinrich: Über einige bemerkenswerte Gattungen der Hypocykloiden. 1883. 4°
Diss. Marburg.

Schotten, Heinr. Über einige bemerkenswerte Gattungen der Hypocykloiden. 18 S. u. 6 Taf. **Progr.** G. *Cassel* 1881

Schotten, Heinrich Gedanken über das Wesen der Bildung. 4 (12 S.). **Progr.** Rprg. *Schmalkalden* 1891 (416).

— d. Grenze zwischen Philosophie u. Mathematik, m. bes. Berücksicht. d. modernen Raumtheorieen. Festschrift, d. Realgymnasium zu Schmalkalden zur Feier d. 50jähr. Bestehens gewidmet. gr. 4. (12 S.) Braunschweig 896. Berlin, O. Salle. n. — 80

Schotten, H., Inhalt u. Methode des planimetrischen Unterrichts. Eine vergleich. Planimetrie. gr. 8. (IV, 370 S.) Leipzig 890. Teubner. n. 6.—

Schotten, Heinr., **Inhalt u. Methode des planimetrischen Unterrichts. Eine vergleich. Planimetrie. 2. Bd. gr. 8. (IV, 410 S.) Leipzig 898. B. G. Teubner. n. 8. -- (1 u. 2.: n. 14. —)**

Schotten, Heinr., s.: **Jugend,** gesunde.

[G.] Der Koordinatenbegriff und die analytische Geometrie der Kegelschnitte. E. Leitf. f. höhere Lehranst. v. Oberl. Dr. Heinrich Schotten ... M. zahlr. Fig. im Text. *Berlin: G. Grote 1895.* (2 Bl., 55 S.) 1 Bd 8. (96. 2796

Schotten, Heinrich: Die Oberrealschule. Halle a. S.: Niemeyer 1908. S. 191—213. 8°
Halle a. S., st. OR, in Festschr. b. Einzug in d. neue Gebäude, P 1908 (346)** [S 08. 427

Schotten, Heinr., s.: Reidt, Frdr., d. Elemente d. Mathematik, 3. Tl.

Schotten, *Heinrich Georg Leonhard*: Mathematischer Unterricht. 4 (19 S.) **Progr.** Städt. Oberrsch. *Halle a. S.* 1899 (284)

Schotten, H(einrich), Dr., Dir.: **Mathematischer Unterricht.** *(Halle a. S. 1899: Gebauer-Schwetschke.)* (19 S.) 4°
Halle a. S., st. OR, P 1899 (284)

Schotten, H(einrich): Die 'Meraner Vorschläge' und die neuere mathematische Schulliteratur. Halle a.S. 1910: Gebauer-Schwetschke. 24 S. 4°
Halle a. S., st. OR OP 1910 (369) [S 10. 503

— Wissenschaft u. Schule. Vortrag, geh. in der Hauptversammlg. des Vereins zur Förderg. des Unterrichts in der Mathematik u. den Naturwissenschaften zu Hamburg (Pfingsten 1900). gr. 4. (11 S.) Berlin 900. O. Salle. n. — 80
Sonderabdruck aus: „Unterrichtsblätter f. Mathematik u. Naturwissenschaften".

— s.: Zeitschrift f. mathem. u. naturw. Unterricht.

Schotten, [illegible] Die bei der Einwirkung [illegible] Lösung entstehenden [illegible] [illegible]

Schotten, C., kurzes Lehrbuch der Analyse d. Harns. gr. 8. (VIII, 185 S. m. 30 Abbildgn.) Wien 888. Deuticke. n. 5. —

Schotten, Lud. Fr. Thdr., de effectu atropii. Dissertatio inaug. 8 maj. Marburgi 842. (Cassel, Fischer.) n. 1/6 ₰

Schotten, R. Die Stadt Cleve. Beiträge zur Geschichte derselben. (XII, 608, CXX.) 8. Cleve 1879—81. 10,00

Was muß man vom Talmud wissen? Gemeinverständl. dargest. von Berthold v. **Schottenfeld**. Berlin: H. Steinitz (1904). (71 S.) 8° [J.] 06. 593

Schottenhammel, Joh. Barth., lateinische Messe in Cdur für Sopran, Alt, Tenor u. Bass mit Orgelbegleitung. Zum Gebrauche für Landchöre kurz u. leicht componirt. Regensburg 867. Manz. Lex.-8. (27 S.) 15 ngr.

Schroeder, Eduardus, P. P. O.: Hermanni Schotteni Hess. Ludus Martius (exhibitus et editus Coloniae a. 1526) denuo editus. *Marpurgi (1902): R. Friedrich.* S. 1—23. 4
Marbur. Progr. zum Geburtstage d. Kaisers 1902

Schottenloher, Carl. Die Buchdruckertätigkeit Georg Erlingers in Bamberg von 1522 bis 1541 ⟨1543⟩. Ein Beitrag zur Geschichte der Reformationszeit von K' Sch'. [Mit Abbildungen und 7 Tafeln.] XXIV + 220 S. 8. Leipzig, Rudolf Haupt, 1907. [M. 12. —]
Sammlung bibliothekswissenschaftlicher Arbeiten, ... hrg. von Prof. Dr. Konrad Haebler ... Heft 21. ⟨Serie II. Heft 4.⟩....

Die Entwickelung der Buchdruckerkunst in Franken bis 1530. Von Dr. Karl **Schottenloher**. Würzburg: Stürtz 1910. VIII, 97 S. 8°
(Neujahrsblätter, hrsg. von d. Gesellsch. f. Fränk. Geschichte. 5) [10. 5577

Jakob Ziegler aus Landau an der Isar. Ein Gelehrtenleben aus d. Zeit d. Humanismus u. d. Reformation. Mit 6 Federzeichn. Martin Richters, des Schreibgehilfen Zieglers. Von Dr. Karl **Schottenloher**, Kustos. Münster i. W.: Aschendorff 1910. XVI, 414 S. 8°
Reformationsgeschichtl. Studien u. Texte. H. 8—10. [10. 11883

Schottenloher, Karl: Jakob Ziegler und Adam Reissner. Eine quellenkrit. Untersuchung über e. Streitschrift d. Reformationszeit gegen das Papsttum. München 1908: Wolf. 40 S. 8°
München, Phil. Diss. v. 15. Juli 1903, Ref. v. Riezler
[Geb. 11. Jan. 78 Rodau b. Regensburg; Wohnort: München; Staatsangeh.: Bayern; Vorbildung: Neues Gymn. Regensburg Reife Juli 97; Studium: München Univ. 1, Univ. u. Techn. Hochsch. 5, Berlin 1, München Univ. u. Techn. Hochsch. 1, Univ. 4 S.; Rig. 15. Juli 03.] [U 09. 3515

Schotter, Georg Christoph (Rostock) A. S. 578/61

Dissertatio inauguralis iuridica de retentione in deposito licita. Präs. Matthias Beno Hering. Rostock (Adler) V. 1741. 41 S.

W. v.: Präs. 31327

Schotter's, Julius, Encyklopädie unentbehrlicher Kenntnisse für Töchter aller Stände. 1. 2. Heft. (1. Band.) 1871. 8. Pest, Heckenast. à 1 fl.
Inhalt: 1. Heft. Geographie zum Gebrauche für Mädchenschulen. Mit 3 illuminirten Karten. (VI. u. 245 S.)
2. Heft. Weltgeschichte. — Mythologie. Zum Gebrauche für Mädchenschulen und zur Selbstbelehrung, mit in den Text gedruckten Abbildungen. (VIII u. 247 S.)

Schoetter, B. Frhr. v., politische u. rechtliche Bedenken gegen den Gesetzentwurf, betr. die Grenzen d. Rechts zum Gebrauche kirchl. Straf- u. Zuchtmittel. 2. Aufl. gr. 8. (56 S.) Leipzig 873. Roßberg. n. 1. —

Schötter, Johann

Schoetter, J., cours d'histoire universelle. 1. et 2. vol. gr. 8. Luxemburg 874. 77. Brück. à n. 4. —
1. Histoire ancienne. 2. éd. (V, 276 S.)
2. — du moyen-âge. (VI, 331 S.)

Schötter, Joh., einige kritische Erörterungen über die frühere Geschichte der Grafschaft Luxemburg. gr. 4. (59 S.) Luxemburg 859, Brück.

Schötter, Jean: Die Erscheinung der unbefleckten Gottesmutter in der Grotte bei Lourdes im Jahre 1858. Nach dem authentischen Berichte des H. Fourcade, Canonicus an der Domkirche zu Tarbes. Mit Erlaubnis des Verfassers deutsch bearbeitet. (Mit Genehmigung der geistlichen Obrigkeit.) Der Ertrag ist für die am Orte der Erscheinung zu errichtende Kirche bestimmt. Luxemburg: Pet. Brück 1862. 79, 2 S. 8°

Schötter, Joh., Geschichte des Luxemburger Landes, nach den besten Quellen bearb.; hrsg. und fortgesetzt von K. A. Herchen und N. van Werveke. 1. und 2. Lfg. gr. 8. (IV, S. 1—320.) Luxemburg 882, Breisdorff. Preis des compl. Werks * 8 —

Schötter, Jean: Geschichte des Luxemburger Landes nach den besten Quellen bearbeitet. Herausgegeben und fortgesetzt von K. A. Herchen und N. van Werveke. Luxemburg: J. Hary 1882. 2 Lieferungen: IV. 320 S. 8°

Schötter, Joh., Johann Graf von Luxemburg u. König von Böhmen. 2 Bde. Luxemburg 865. Bück. gr. 8. (XIX, 712 S.) n. 3 ₰

Schötter, Jean: Lehrbuch der allgemeinen Geschichte. Erster Band. Geschichte des Alterthums. Luxemburg: P. Brück 1867. XI. 364 S. 8°

— Lehrbuch der allgemeinen Geschichte. 1. Bd. Geschichte d. Alterthums. 2. Aufl. gr. 8. (VIII, 472 S.) Ebend. 876. n. 4. —

Schöttge, Karl, Verkehr m. der Reichspost. Rathgeber für Jedermann in postal. Fragen. Praktisches Handbuch zum Gebrauch f. das Publikum f. den gesammten Post- u. Telegraphen-Verkehr des In- u. Auslandes. Nach amtl. Quellen bearb. 4. Aufl. 8. (XVI, 367 S.) Apolda 901. Ober-Postassist. Schöttge. n. 1. 50

Schöttge, Karl, Verzeichniß der Postanstalten im Deutschen Reiche u. der wichtigsten in Österreich-Ungarn. Mit 2 Zonentafeln. I. Abth.: Postanstalten im Reichsgebiet. II. Abth.: Postanstalten in Oesterreich-Ungarn. Beilage zum „Verkehr m. d. Reichspost". Nach amtl. Quellen bearb. gr. 8. (160 S.) Apolda 901. Ober-Postassist. Schöttge. n.n. 2. —

— praktische Winke f. Postbeamte. Ein Hilfsbuch zur Anfertigg. der im Geschäftsverkehr der Postanstalten vorkomm. Berichte, Verhandlgn. u. Schreiben, nebst e. Verzeichniß der wichtigeren Eisenbahnkurse im Reichspostgebiet, in Bayern u. Württemberg, sowie e. Anzahl Muster zu Abrechngn., Kassenabschlüssen u. Forderungsnachweisen. gr. 8. (VIII, 225 S.) Ebd. 899. 1. 65

Schoettgen, Christian [Praes.], s. Albanus, Heinr. Friedr.: Disput philolog. de amphasi verbi תכבסב־ Psalm 51, comm. 9.

Schoettgen, Christian [Praes.], s. Albanus, Heinr. Friedr.: Disput. philol. de ανθρωπινη 1. Cor. IV. comm. 3.

Schöttgen, Chr., († d. 15. od. 16. Dec. 1751.) triturae et fulloniae Antiquitates. Edit. altera auct. et emend. J. G. Hoffmann. cum 4 fig. 8. Utrecht 763. (Lpz., W. Vogel). 8 ℊ.

Schoettgen, Christian. Triturae et Fulloniae Antiquitates. Editio altera auctior ... Lipsiae 1763. H: *Hofmann, Johann Gottlob.* (BrMm)

Schoettgen, C., Christus rabbinorum summus. Freft. ad. V. 1716. 4.

— et G. Ch. Kreisig Diplomatica et Scriptores historiae germ. medii aevi. c. fig. 3 Tmi. Fol. Altenburg, Richter. (Acad. Buchhandl. in Jena.) 753—60. (à 4 Rthlr. 12 gr.) Schreibp. (à 6 Rthlr.)

— et Geo. Cph. Kreysig, Diplomataria et scriptores historiae german. medii aevi. c. fig. 3 Tmi. Cum praef. Hnr. Gli. Franke. Fol. Altenb. 753—61. (Schnuphase).

Schoettgen, Christian [Praes.], s. Flesche, Balthasar Otto: De jure publico reip. Romanae.

Schöttgen, Chr. Geschichte Konrads des Grossen, gebohrenen Grafen von Wettin, Markgrafen zu Meissen und Lausitz. 8. Dresden 1745.

— Geschichte Conrads d. Großen, geb. v. Wettin, Marggr. z. Meißen u. Lausitz. 8. Dresden, Gröll. 745.

Schoettgen, Christian [Praes.], s. Goebel, Johann David: De devotionibus veterum Romanorum.

Schöttgen, C., das Gregoriusfest. Freft. 1716. 4.

Schoettgen, Chr. Historia burggraviorum Dohnensium. 4. Dresdae 1744—45.

— Historia librariorum et bibliopolarum veteris et medii aevi. Lips. 710. 4.

— Historie d. Buchhändler. 4. Nürnb. Tauber. 722.

Schöttgen, C., Historie der Grafen von Colditz. Gedruckt?

— — des ehd. auf Universitäten gebräuchl. Pennalwesens. 8. Dresden, Harpeter. 747.

Schöttgen, Christ. Historie des berühmten Helden Graf Wiprechts zu Groitzsch, Markgrafen in Lausitz. 8. Regensburg 1749.

— — Graf Wieprechts zu Groitzsch, Marggr. zu Lausitz und Burggr. zu Magdeburg. 8. Regensb. Montag. 749.

— — d. chursächs. Stiftsstadt Wurzen. 8. Leipzig, Fritsch. 717.

— Horae hebraicae et Talmudicae de Messia. 4. Dresden, Walther. 742.

Schöttgen, Christian: Horae Hebraicae et Talmundicae in universum Novum Testamentum. Quibus Horae Io. Lightfooti in libris historicis supplentur, epistilae et apocalypsis eodem modo illustrantur. Accedunt Dissertationes quaedam philologico-sacrae ... Dresdae et Lipsiae 1733.

— Jesus d. wahre Messias, a. d. alt. u. rein. jüd. Theologie erwiesen. 8. Leipz. Breitkopf. 748.

— Inventarium diplomaticum Historiae Sax. super. d. i. Verzeichn. der Urkunden d. Historie von Obersachsen. Fol. Halle, Waisenh. Buchhdl. 747.

Schöttgen, C., de juvene nudo fugiente, ad Marc. 14, 51—52. Starg. 1721. 4.

Schöttgen, Chr., novum Lexicon Graeco-Latinum in N. Test. 8. Leipz. 746. Nunc recens., quam plurimis locorum interpretatt. auxit et variis observationibus philologicis locupletavit Jh. Tob. Krebs. 8. ibid. 765. Ed. nova ed. Gli. L. Spohn. 8maj. ibid. 790. (Halle), mit neuem Tit. 819. Waisenhaus B. 2 ℊ Hbg. Pr. 1 ℊ

Schoettgen, C., Messias subita morte ex suppliciis ereptus. Dresd. 1743. 4.

Schoettgen, Christian [Praes.], s. Munckel, Jakob: De notione et usu επικλησεως Ecclesiae Graecae ad Spiritum S. in Eucharistia.

Chr. Schöttgens u. G. Chr. Kreyssigs diplomat. und curieuse Nachlese d. Historie v. Obersachsen. 12 Thle. Dresden 1730 ff. 8.

— diplomat. u. curieuse Nachlese der Hist. v. Obersachsen. 12 Thle. 8. Dresden. 733.

— histor. Nachr. von d. Illuminationen alter u. neuer Zeiten. 4. Dresden, Walther. 736.

Schöttgen, Chr., de nolis in vestitu. Stargard. 1725. 4.

Schöttgen, C., de notione et usu τῆς ἐπικλήσεως ecclesiae graecae ad Spiritum S. in eucharistia. Starg. 1723. 4.

— Opuscula minora varia hist. Saxon. capita illustrantia, c. Grundig. 8. Lips. Langenheim. 766. Schreibp.

— opuscula minora, varia hist. Saxon. capita illustrantia, c. Gl. J. Grundig. 8. Leipz. 767. Langenheim. 16 ℊ.

— de originibus russicis dissert. VII. 4. Dresd. Heckel. 731.

— Progr. 1) de plantatione a patre, 2) de custodia, 3) de Abrech ad am Ende dedic. 4. Dresd. 750. Gerlach. 4 ℊ.

— altes u. neues Pommerland. 5 Stück. 8. Stargardt. 721—27.

Schöttgen, Chr. Programma de prudentia Henrici Illustris tempore interregni maxime exhibita. 4. Dresdae 1741.

Schoettgen, C., de ritibus gentilium in synodo Hierosolymitana prohibitis. Starg. 1723. 4.

SCHOETTGEN, Chr., De secta flagellantium commentatio ad ampliss. senatum Wurcensem. Mit curios. Titkpfr. Lipsiae 1711. 8°. 14 Bll. Vorrede u. 104 S. Selten! (7 Mk. Friedr. Klüber, c. 1902; 12 Kr. Halm & Goldmann, 1907.)

— Schediasma philologico-sacrum de stimulo boum. Francof. 717. 4. (24 S.)

— comment. de vita Nic. Marschalci Thurii. 4. Rostock 742. Ob raritatem recudi curavit et annotat. adj. Jh. Ph. Schmidius. 4. ibid. 752. Bödner. 2 ℛ

Schöttgen, C., De vita Sizzonis comitis Kevernburgici. Dresdae 1736. 4.

Schottin, Eduard

Schottin, Ed., die diphtheritische Allgemein-Erkrankung u. deren Behandlung. gr. 8. (III, 84 S.) Berlin 885. Hirschwald. n. 2. —

Schottin, Eduard. De sudore; dissertatio physiologico-chemica. Lipsiæ, 1851.

Schottin, Johann David Friedrich

Schottin, Joh. Dav. Friedr., Beiträge zur Nahrung f. Geist u. Herz. 3. Bdchn. — A. u. d. T.: Natur u. Menschenleben im Lichte d. Glaubens. Predigten. 8. (22¼ B.) Leipzig 833, Cnobloch.
1. u. 2. Bdchn. Ebendas. 1822, 24. 1 Thlr. 18 Gr.

Schottin, Joh. Dav. Friedr., Erquickungsstunden. Der häuslichen Andacht gewidmet. 2 Bde. Leipzig 853. Fr. Fleischer. 8. (VI, 319; IV, 287 S.) 2 ℛ.

Schottin, Johann David Friedrich, s. Gesangbuch, Geraisches.

— Leben und Freude im Herrn. Predigten und Homilien. Leipzig 853. Fr. Fleischer. gr. 8. (VI, 338 S.) 1 ℛ. 10 ngr.

—— Predigt bei der 5. Jahresversammlung des Landesvereins der Gustav-Adolph-Stiftung für das Fürstenth. Reuß J. L. den 29. Aug. 1855 zu Ebersdorf gehalten. Nebst der Altarrede gesprochen von Joh. Heinr. Reinhold. gr. 8. (16 S.) Schleiz 855, Hübscher's Buchh. Thlr.

—— Predigt bei der vierten Jahresversammlung des Landesvereins der Gustav-Adolph-Stiftung für das Fürstenth. Reuß J. L. den 30. Aug. 1851 zu Hohenleuben gehalten. Nebst der Altarrede gesprochen von Frz. Ed. Schorch. gr. 8. (20 S.) Schleiz 854, Hübscher's Buchh.

Schottin, J. D. F., das Reich Gottes. Tägliche Weihe für ein christl. Gemüth nach den Bedürfnissen des Jahres. Ein Andachtsbuch f. die Gebildeten aller Stände. Mit 1 Stahlst. gr. 8. Schleiz 844, Wagner'sche Buchh. 2½ ℛ

Schottin, J. D. F., das Reich Gottes. Tägliche Weihe für ein christl. Gemüth nach den Bedürfnissen des Jahres. Ein Andachtsbuch für die Gebildeten aller Stände. 2. (Titel-)Ausg. gr. 8. (IV und 528 S. mit 1 Stahlst.) Schleiz (844)63, Hübscher'sche Buchh.

Schottin, Johann David Friedrich (Hrsg.), s. Schottin, Karl: Gedichte.

—— so Jemand ein Bischofsamt begehret, der begehret ein köstlich Werk. Synodalpredigt, gehalt. zu Gera am 6. Oct. 1825 u. dem Hrn. M. J. Tr. Behr bei Seiner Weihe zum „Bischofsamte" geweiht. gr. 8. (1½ B.) Gera 827, (Heinsius'sche Verlbuchh.)

Schottin, Karl: Merkwürdiger Fall einer aneurysmatischen Venengeschwulst. Schreiben an die Mitglieder der Naturforschenden Gesellschaft des Osterlandes zu Altenburg zur Feyer ihres Stiftungsfestes am 2.Julius 1822. 20 S., gbd., 1 Taf.

Altenburg: Literatur-Comptoir 1822
JB 3.153

Schottin, Karl, merkwürd. Fall einer aneurysmat. Venengeschwulst. Mit Abbild. gr. 4. Altenb. 823. Literat.-Compt. 9 ℊℊ

Gedichte, nebst einem Anh. über das Auge in ästhetischer Hinsicht, zum Besten nothleidender Armen hrsg. von Karl **Schottin.** Mit einem Kupfer. Köstritz: Selbstverl. [1817]. XII, 227 S. 8°
Enth. auch einige fımrische Gedichte. 215.

— Gedichte, nebst e. Anhange üb. d. Auge in ästhet. Hinsicht. Mit 1 Kpf. 8. Köstritz 817. (Gera, Heinsius); (u. W. Vogel in Leipz.) 1 ℛ

Schottin, Carl. Gedichte. 1817.
V: *Schottin, Johann Friedrich David.* (ADB)

Sendschreiben zum Johannisfeste an die grosse Maurerkette von einem Gliede derselben Karl **Schottin.** Köstritz bey Gera 1817. Gera [1817]: Albrecht. 4 Bl. 4° [Umschlagtit.]
Kl. 1202. Gedicht: „Ihr freuet Euch des wunderbaren Lichtes", ... Anregung zur Errichtung einer Heilanstalt für Blinde.
193. 232.

Schottin, Carolus, Dr., Sylloge epistolarum physiologicarum. Gerae

Schottin, Louise, aus der Märchenwelt. Mit einem Vorwort von Jul. Sturm. Mit 4 (lith.) Illustr. in Buntdruck. Leipzig 861. Schlicke. 8. (3 Bl., 140 S.) 22½ ngr.

Schottin, Louise, gefundene Perlen aus d. Märchenwelt. Illustr. v. R. Trache. 8. (VI, 220 S.) Dresden 898. A. Köhler. Geb. in Leinw. n. 3. —

Schottin, R., Bilder-Geographie für die Jugend. Ein erster Leitfaden für den Unterricht in der Geographie mit charakterist. Illustr. (in Holzschn.) u. (3 lith.) Karten (in gr. 4.) 8. (VI u. 194 S.) Meißen 850, Goedsche. ⅚ ℛ

Schottin, Reinhold: Observationes de Plutarchi vita Artaxerxis. Budissin 1865. 16 S. 4°
Schul- Univ.-Schrift

Schottin, Reinhold. Die Slaven in Thüringen. 28 S. G. Bautzen 1884.
Progr.

Schöttke, Gustav, a. Hillesheim i. d. Eifel: Die Stände des Hochstifts Osnabrück unter dem ersten evangelischen Bischof Ernst August von Braunschweig-Lüneburg. (1662—1698.) Osnabrück 1908: J. G. Kisling. (66 S.) 8°
Münster, Phil. Fak., Ref. Spannagel, Diss. v. 24. Juli 1908
[Geb. 9. Juli 85 Trier; Wohnort: Münster; Staatsangeh.: Preußen; Vorbildung: Gymn. Prüm Reife O. 04; Studium: Münster 3, Berlin 1, Münster 4 S.; Rig. 13. Febr. 08.]

Schöttke, Wilhelm, a. Trier a. d. Mosel: Aus d. Universitäts-Frauenklinik, Greifswald. Experimentelle Beiträge zur Frage des Infektionsmodus bei der weiblichen Genitaltuberculose. Greifswald 1907: H. Adler. (48 S.) 8°

Greifswald, Med. Fak., Ref. Jung-Martin, Diss. v. 18. Juli 1908

[Geb. 14. Febr. 84 Trier; Wohnort: Diedenhofen; Staatsangeh.: Preußen; Vorbildung: Gymn. Prum Reife O. 00; Studium: Greifswald 10 S.; Coll. 29. Mai 07; Approb. 7. Juli 08.]

Schottki, Rud., die Ausübung der freiwilligen Gerichtsbarkeit durch die Gerichte u. Notarien. Ein Beitrag zur Beantwortung des Justiz-Ministerial-Rescripts vom 23. März 1842. Lex.-8. Breslau 842, Hirt. 1/3 ₰

Schottky, Arminius *(geb. Kapp bei Oppeln 4. 2. 1816)*: De pretio Lactantiani commentarii in Statii Thebaida, et de nomine, philosophia et aetate commentatoris. Vratislaviae (1846). (39 S.) 8°

Breslau, Phil. Diss. v. 12. Aug. 1846

Schottky, Ernst, Clytia. Eine Begegnung. 8. (136 S. m. 1 Lichtdr.) Wiesbaden 885. Feller & Gecks. n. 2. 50; geb. n. 3. 50

Schottky, Ernst, Edda. Ein Trauerspiel. Den Bühnen gegenüber Mscr. 8. (147 S.) Breslau 873. Gosohorsky. n. 4. —

Schottky, E., Hannibal, e. Drama. 8. (V, 144 S.) Wiesbaden 888. (Feller & Gecks.) n. 3. —

Schottky, Ernst (Richard Theodor) *(geb. Neiße [illegible] 1845)*: Ueber die Vischerschen Principe der directen und der indirecten Idealisirung. Breslau 1868. (36 S.) 8° [illegible]

Breslau, Phil. Diss. v. 15. Febr. 1868

— Saul. Trauerspiel in 5 Abthlgn. 8. (135 S.) Ebend. 870. 2. 40; geb. n. 2. 75

— Sigurd, Schauspiel in 5 Akten. Den Bühnen gegenüber Mscr. 8. (III, 116 S.) Breslau 872. Gosohosky. n. 2. 25

— Trand. Ein Schauspiel. Den Bühnen gegenüber Mscr. 8. (105 S.) Ebend. 873. n. 2. 50

Schottky, Friedrich

Schottky, Frdr., üb. die conforme Abbildung mehrfach zusammenhängender ebener Flächen. Inaugural-Dissertation. gr. 8. (61 S.) Berlin 875. (Breslau, Koebner.) n. 1. 20

Schottky, Friedrich: Abriss einer Theorie der Abel'schen Functionen von drei Variabeln. Th. 1. Breslau 1878. (35 S.) 8° *[illegible]*

[illegible]

—— Abriss einer Theorie der Abel'schen Functionen von drei Variabeln. 1. Thl. Habilitationsschrift. gr. 8. (35 S.) Breslau 878, (Koebner.) *

Schottky, Friedr., Abriss einer Theorie der Abelschen Functionen von drei Variabeln. gr. 8. (162 S.) Leipzig 880, Teubner. * 4 —

— Bemerkungen zu meiner Mittheilung: Ueber den Picard'schen Satz u. die Borel'schen Ungleichungen. (5 S.) Lex.-8. Ebd. 906. n. — 50

Schottky, F., über zwei Beweise des allgem. Picard-schen Satzes. (18 S.) Lex. 8. Berlin 907. G. Reimer. 1. —
2 S.-A. aus: Sitzungsber. d. preuß. Akad. d. Wissensch.

— Über Beziehungen zwischen veränderl. Grössen, d. auf gegebene Gebiete beschränkt sind. 1. u. 2. Mittheilg. (5 u. 10 S.) Lex. 8. Ebd. 907. 08. — 50
S.-A. aus: Sitzungsber. d. preuß. Akad. d. Wissensch.

Schottky, Fr.: Ueber die Beziehungen zwischen den 16 Thetafunctionen von zwei Variabeln. 4.

Schottky, Fr.: Die Definition des Systems der 4g geraden und ungeraden Thetafunctionen. 4.

Schottky, F., geometrische Eigenschaften der Thetafunctionen von drei Veränderlichen. (17 S.) Lex.-8. Berlin 906. (G. Reimer.) n. 1. —

Schottky, Fr.: Über eine specielle Function, welche bei einer bestimmten linearen Transformation ihres Arguments unverändert bleibt. 1886. 4.

Schottky, F., über die Abelschen Funktionen v. drei Veränderlichen. (9 S.) gr. 8. Berlin 903. (G. Reimer.) n. — 50
Sonderabdruck aus: „Sitzungsber. d. preuss. Akad. d. Wiss."

— dasselbe. (12 S.) gr. 8. Ebd. 903. n. — 50

— dasselbe. (III.) (3 S.) gr. 8. Ebd. 904. n. — 50

Schottky, Fr.: Ueber specielle Abel'sche Functionen vierten Ranges. 1887. 4.

Schottky, Fr.: Ueber die [illegible] Gleichungen symmetrischer ebener Flächen und die zugehörigen Abel'schen Functionen. 4.

— über reducirte Integrale erster Gattung. (5 S.) gr. 8. Ebd. 904. n. — 50

— über die Convergenz e. Reihe, die zur Integration linearer Differentialgleichungen dient. (8 S.) Lex.-8. Ebd. 906. n. — 50
2 Sonderabdr. aus: „Sitzungsber. d. preuss. Akad. d. Wiss."

— Über diejenigen Potentialfunctionen, deren erste Ableitungen durch Gleichungen verbunden sind. (S. 1152—1157.) Lex. 8. Ebd. 909. — 50

— über den Picard'schen Satz u. die Borel'schen Ungleichungen. (19 S.) gr. 8. Ebd. 904. n. 1. —
2 Sonderabdr. aus: „Sitzungsber. d. preuss. Akad. d. Wiss."

— u. H. Jung, neue Sätze üb. Symmetralfunctionen u. die Abel'schen Functionen d. Riemann'schen Theorie. 1. u. 2. Mittheilg. Lex. 8. Ebd. 909. 1. 50
I. (S. 282—297 m. Fig.) — 50. — II. (S. 732—750.) 1. —.
2 Sonderabdr. a.: „Sitzungsber. d. preuss. Akad. d. Wiss."

Schottky, F.: Theorie der Abel'schen Functionen von drei Variabeln. Lpz. 1880.

Schottky, F.: Theorie der [illegible] Funktionen von vier Argumenten. 4.

— Die geometrische Theorie der Abel'schen Functionen v. Geschlechte 3. (S. 182—197.) Lex. 8. Ebd. 910. — 50

— Zur Theorie der Symmetralfunctionen 2 Hefte. (S. 838—850 u. 1084—1093.) Lex. 8. Ebd. 908. à — 50
2 Sonderabdr. a.: „Sitzungsber. d. preuss. Akad. d. Wiss."

Schottky, F.: Eine algebraische Untersuchung über Thetafunctionen von drei Argumenten. 4.

Schottky, Hermann

Schottky, H., Anweisung zur Aussprache des Englischen, mit einer Wandtafel (in Imp. Fol.) Lex. 8. (21 S.) Breslau 848, Trewendt & Granier. 1/4 ℛ︀

Schottky, Herm., Hülfsbuch für englische Conversation über Irving'sche Skizzen, anwendbar bei Klassen- und Privatunterricht. Breslau 857. Aland. 8. (VII, 135 S.) n. 15 ngr.

Schottky, H. Kurzer Leitfaden der englischen Literatur nach Spaldings Geschichte der englischen Literatur. Breslau, R. am Zwinger, 1854. 108 S. Progr.

— kurzer Leitfaden der Englischen Literatur, nebst einem Anhange: Ursprung und Entwickelung der Englischen Sprache, nach Spalding bearb. Breslau 854. E. Trewendt. gr. 8. (2 Bl., 108 S.) 15 ngr.

Schottky, H., englische Prosa. Lesebuch für höhere Schulen, mit Proben, die ein Ganzes geben, aus W. Irving; Pitt, Sterne, Swift, Lord Bacon (im Anh.: leichtere geschichtl. Stoffe) zusammengestellt. 8. (IV und 112 S.) Breslau 848, [Trewendt und Granier.] Thlr.

—— englische Schul-Grammatik. 1. Aufl. (VI und 54 S.) 1847. 7½ Ngr. und 2., gänzlich umgearb., verm. Aufl. gr. 8. (III und 184 S.) Breslau 851, Trewendt und Granier.

— englische Schulgrammatik. 3., durch einen Mittelcursus verm. Aufl. Breslau 855. E. Trewendt. gr. 8. (VIII, 208 S.) 15 ngr.

—— englische Schul-Grammatik. 4. Aufl. (Mit vereinfachter Anordnung der Formenlehre.) gr. 8. (VI und 194 S.) Breslau 860, Maruschke und Berendt. *

Schottky, englische Schul-Grammatik. 5. Aufl. gr. 8. (VI und 194 S.) Breslau 865, Maruschke und Berendt. *

— Schul-Grammatik der englischen Sprache. 6. Aufl. bearb. v. F. Schumann. gr. 8. (VIII, 192 S.) Breslau 874. Maruschke & Berendt. n. 2. 25

Schottky, Hermann: Studien zur Thermodynamik der kristallwasserhaltigen Salze. (Leipzig: W. Engelmann 1908.) 33 S. 8° ¶(Aus: Zeitschr. f. physik. Chemie. Bd 64, H. 4.)
Berlin, Phil. Diss. v. 23. Sept. 1908, Ref. Nernst
[Geb. 28. Jan. 85 Zürich; Wohnort: Steglitz; Staatsangeh.: Preußen; Vorbildung: Gymn. Marburg Reife O. 03; Studium: Berlin 9 S.; Rig. 20 Juli 08.] [U 09. 277

—— englisches Uebungs- und Lesebuch für den ersten Cursus oder prakt. Theil zu der engl. Grammatik. 1. Aufl. (VI und 202 S.) 1849. und 2., verb. und durch einen Anhang von Uebungen für den 2. Cursus verm. Aufl. gr. 8. (VI und 230 S.) Breslau 852, Trewendt und Granier.

—— englisches Uebungs- und Lesebuch für den ersten Cursus oder prakt. Theil zu der engl. Grammatik. 3., verb. Aufl. gr. 8. (VI und 189 S.) Breslau 857, E. Trewendt.

— neues englisches Uebungs- und Lesebuch für den ersten Cursus, zu der neuen [4.] Aufl. der englischen Schulgrammatik. Breslau 860. Maruschke & Berendt. gr. 8. (VI, 220 S.) n. 16 ngr.

—— syntaktisches Uebungsbuch nebst Uebersicht grammat. Synonymen für einen zweiten Cursus im Engl. nach der engl. Schul-Grammatik. gr. 8. (VI und 122 S.) Breslau 865, Maruschke und Berendt. *

Schottky, Julius Max

Schottky, Jul. Max, Bilder aus d. süddeutsch. Alpenwelt. gr. 12. (11⅔ B.) Innsbruck 834, Wagner.

Schottky, Julius Max, s. Brantl, C.: Die Ruine ...

—— die Burg Karlstein nach ihren Umgebungen. gr. 8. (3 B.) Prag 831, Calve.
Aus der „Monatschrift d. Gesellsch. d. vaterl. Museum in Böhmen" besond. abgedruckt.

— die Burg Karlstein nebst ihren Umgebungen geschildert. gr. 8. Prag 831. (Ehrlich.) 1/4 ℛ︀

—— über Münchens Kunstschätze u. künstlerische, der Oeffentlichkeit gewid. Bestrebungen. 1. Abthl. — A. u. d. T.: Münchens öffentl. Kunstschätze im Gebiete der Malerei, geschildert. 8. (23¼ B.) München 833, Franz.

Schottky, Jul. Max (Prof.), Münchens öffentliche Kunstschätze im Gebiete der Malerei. München, Geo. Franz, 1833. 8°. Hldrb.
VIII, 364 S. — A. u. d. Titel: Ueber Münchens Kunstschätze. Abth. I.

——, Paganini's Leben u. Treiben als Künstler u. als Mensch; mit unparthei. Berücksichtig. der Meinungen sein. Anhänger u. Gegner dargest. gr. 8. (26¼ B., 1 Stahlst. u. lith. Facsimile.) Prag 830, Calve.

— Paganini's Leben als Künstler u. Mensch. gr. 8. Prag 830. (Ehrlich.) 2⅙ ℛ︀

Schottky, Jul. Max, Paganini's Leben u. Treiben als Künstler u. als Mensch; m. unpartheiischer Berücksicht. d. Meingn. seiner Anhänger u. Gegner. Prag 1830. (Unveränd. Abdr. d. Orig.-Ausg.) (III, XII, 413 S.) 8. Prag (909). Akadem. Antiquariat Taussig & Taussig. 6. —

—— Prag wie es war u. wie es ist, nach Aktenstücken u. den besten Quellenschriften geschild. 2 Bde. gr. 8. Prag, Calve. [1. (27½ B., 4 Kpfrt., Titvign. u. 1 Plan d. Stadt.) 830., 2. (35 B., 4 Kpfrt., Titvign. u. 1 Plan v. Prags Umgebungen, Fol.) 832. à 3 Thlr. 6 Gr.]

Schottky, Jul. Max, über Wallensteins Privatleben. Vorlesn. gehalt. in d. Museum zu München. 16. (13½ B. u. 4 Stnt.) München 832, Franz. Thlr.

Schottky, J. M., s. Volkslieder, Oesterreichische.

Schottky, J. M., österreich. Volkslieder, s. a. Tschischka, F.

— Vorzeit u. Gegenwart. 3 Hfte. gr. 8. Posen 823. Munck. 2 ℛ︀

— die Karolinische Zeit, od. der äußere Zustand u. die Sitten u. Gebräuche Prags u. Böhmens überhaupt, vor u. insbesond. während d. Regierung Kaiser Karl IV., nebst vorausgeh. geschichtl. Abhandl. üb. den heil. Johannes v. Nepomuk, dessen allgem. Verehrung rc. rc. Mit 3 Kpft. gr. 12. Prag 830. v. Mayregg. 3 ℛ︀

Schottky, Richard [aus Breslau]: Beiträge zur Kenntniss der Diluvialablagerungen des Hirschberger Thales. I. ... Breslau, Wilh. Koebner, 1885; 4 + 43 S. 8°.
Breslau, Phil. Fak., Inaug.-Diss. v. 30. Sept. 1885.

Schöttl, Adalbert

Schöttl, A., s.: Abriß d. deutschen Grammatik.

Schöttl, s.: Abriß der deutschen Sprachlehre.

— s.: Abriß der deutschen Verslehre u. Poetik.

Schoettl, Adalbert „Bayern beim Tode Kaiser Friedrichs II. von Hohenstaufen". 1 Seite und pg. 1—115. 8°. Mit einer Karte. J. Kraemer.
München, Progr. 1879/80

Schöttl, Adalb., Geschichte des Mittelalters u. der Neuzeit, s.: Stöckel, Herm.

Schoettl, Adalbert „Aus dem Haushalt einer Königin". (Elisabeth von Bayern-Ingolstadt.) pg. 3—21. 8°. A. Fröhlich.
München, Progr. 1897/98

— aus d. Haushalt e. Königin. Progr. gr. 8. (21 S.) München 898. (M. Kellerer.) n. 1. —

— s.: Lesebuch f. höh. Lehranstalten.

— s.: Lesebuch, literar-historisches.

s.: Übungsaufgaben zum Abriß der deutschen Sprachlehre.

Schöttl, Fridolin

Der Antheil der Domkapitel an der Diözesan-Regierung einst und jetzt besonders in Bayern. Von Dr. Fridolin Schöttl, P. der Kirchengesch. u. des Kirchenr. — 1847, Eichstätt, Ph. Brönner. — S. 1—22.
Progr. Eichstätt

Schöttl, Fr., die gegenseitige Gemeinschaft in Kulthandlungen zwischen Katholiken und Akatholiken, mit besond. Berücksichtigung der jetzigen Zustände in Deutschland. Ein Beitrag zur Ausgleichung differenter Ansichten der Theologen in dieser Materie. gr. 8. (VIII und 165 S.) Regensburg 853, Manz. -

De mirabilibus Eucharistiae in digne eam suscipientibus, praesertim pro vita futura, effectibus brevem dissertationem instituit Dr. Fridol. Schoettl, Jur. can. et hist. eccles. Prof. — 1858 Ibid. — S. 1—16
Progr. Eichstätt

Schöttl, Fridol., s. Taparelli, Al., Versuch e. Naturrechts.

Schöttl, Georg [pr. Arzt zu Aindling '(Bayern)']: Ein Beitrag zur Behandlung complizirter Extremitäten-Fracturen ... Jena, Univ.-Buchdr. G. Neuenhahn, 1895; 30 S., 1 Bl. 8.
Jena, Med. Fak., Inaug.-Diss. v. [14. Okt.] 1895

Schöttl, Theodor, Medizinalpraktikant a. Aindling: Aus d. Prosektur d. städt. Krankenhauses München r. d. I. ⟨Prosektor: Privatd. Dr. Oberndorfer.⟩ Ueber die Wechselbeziehungen zwischen Kyphoskoliose und Lungentuberkulose. München 1907: Kastner & Callwey. (47 S.) 8°
München, Med. Fak., Ref. v. Bollinger, Diss. v. 18. Febr. 1908
[Geb. 30. Nov. 83 Aindling; Wohnort: Aindling; Staatsangeh.: Bayern; Vorbildung: Gymn. Neuburg a. D. Reife Juli 01; Studium: München 10 S.; Coll. 18. Febr. 08; Approb. 31. Jan 08.]

Schottland [Schlagwort]

Schottland — Westküste von —. 1:500,000. G. M. 1862.

Schottländer's humorist. Aussprüche. 114 Episoden aus s. Leben u. Wirken. Gesammelt v. e. Breslauer. gr. 8. (30 S.) Berlin (W, Taubenstr. 20) 893. Verlag d. Confectionär. 1. 20

Schottländer (jetzt: Schott), Benjamin

— Toldoth Noack, od. die Geschichte der Sündfluth in 12 Gesängen; zur Erbauung u. Unterhaltung. 8. Bresl. 798.

Schottländer, (jetzt Schott,) Benj., Zaphnath-Paneach, oder Samml. moral. Lehren, Sprüche, Erzähll. u. Gedichte aus d. Talmud u. and. heil. Schriften; e. Lesebuch für jüd. Kinder. 1s Bdchen. 8. Königslutter u. Hannov. 804. Hahn. 16 gr. 2s Bdchen. 8. Hildesh. 812. (Gerstenberg). 12 gr.

Schottlaender, Ferdinandus [illegible] De mammarum in graviditate commutationibus earumque ad diagnosin aestimatione. Vratislaviae 1866. 20 S. 8
Breslau Med Diss. [illegible] Dez. 1866

Schottländer, Friedrich, aus St. Petersburg: **Ein Beitrag zur Kenntnis des 4,5-Diamino-2,6-dioxypyrimidins.** *Berlin (1902): G. Schade.* (51 S.) 8°
Berlin, Phil. Diss. v. 12. Febr. 1902

Schottländer, G. A. E., die vorzüglichsten in Teutschland wachs. Giftpflanzen u. deren Wirkungen auf d. Leben u. d. Gesundheit d. Menschen. Nebst Angabe d. Hülfsmittel bei Vergiftungsfällen. Für Schulen u. z. Privatgebr. allgem. faßl. beschrieben. 8. ($3\frac{1}{2}$ B. u. 2 ill. Taf.) Ulm 837, Fr. Ebner.

Schottlaender, Herm., e. stenographisches Haus. Lustspiel in 1 Act. 8. (24 S.) Berlin 884. Cronbach. n. 1. —

Ueber Eierstockstuberkulose. Von Dr. J[ulius] Schottlaender, Privatd. an d. Univ. Heidelberg. M. 4 lith. Taf. *Jena: G. Fischer 1897.* (V, 169 S., 4 Taf.) 1 Bd 8.
[97 1318

Einladung zur öffentlichen Probe-Vorlesung, welche Dr. Julius Schottlaender zur Erlangung der Venia legendi bei der medicinischen Facultät der Ruprecht-Carls-Universität zu Heidelberg Mittwoch. d. 11. Jan. 1893 ... abgehalten wird. Thema: Über die geburtshilflich wichtigen Genitalblutungen. Heidelberg: Druck v. J. Hörning 1893. 1 Bl. 8°

Schottlaender, *Julius* [Dr.]: **Ueber den Graaf'schen Follikel, seine Entstehung beim Menschen und seine Schicksale bei Mensch und Säugethieren** ... M. 2 Taf. (Aus: Arch. f. mikrosk. Anat., Bd 41.) Bonn, F. Cohen, 1893; 1 Bl., 210—294 S., 2 Taf. 8.
Heidelberg, Med. Fak., Hab.-Schr. v. [11. Jan.] 1893

Schottlaender, Julius: Über Kern- und Zelltheilungsvorgänge in dem Endothel der entzündeten Hornhaut. Experimentelle Untersuchungen .... (Aus d. Arch. f. Mikrosk. Anat. Bd. XXXI.) Bonn, Verl. v. Max Cohen & Sohn (Fr. Cohen) (1888); 608. u. 1 Taf. 8°
Heidelberg, Med. Fak., Inaug.-Diss. v. [27. Jan.] 1888

Schottlaender, Curt [aus Breslau]: Beiträge zur Kenntnis des Carbostyrils ... Breslau, Schles. Buchdr., Kunst- u. Verl.-Anst. v. S. Schottlaender, *1897;* 48 S. 8.
Freiburg i. B., Phil. Fak., Inaug.-Diss. v. 1897

Schottländer, Martin, Referendar in Oppeln: Die Vertragsstrafe nach dem Bürgerlichen Gesetzbuch. Breslau 1907: Th. Schatzky. (44 S.) 8°
Leipzig, Jur. Fak., Diss. v. 30. Juni 1907
[Geb. 7. Mai 83 Breslau; Wohnort: Oppeln O.-S.; Staatsangeh.: Preußen; Vorbildung: Magdalenen-Gymn. Breslau Reife M. 02; Studium: München 3, Berlin 3, Breslau 3 S.; Rig. 27. Apr. 06.]

Schottländer, Max, Referendar: Die Stellvertretungskosten bei der Wahl von Beamten zu Landtags- und Reichstagsabgeordneten. *Greifswald 1902: J. Abel.* (40 S.) 8° [F.]
Greifswald, Jur. Diss. v. [20. Mai] 1902

Schottländer, P. Ueber das Salpetersaure-Goldnitrat und einige neue Derivate desselben. Würzburg. 1884.

Schottländer, Paul, Beiträge zur Kenntniss des Zellkorns u. der Sexualzellen bei Kryptogamen. Diss. gr. 8. (88 S.) Breslau 892. (L. Köhler.) n. 1. —

Schottland-Fahrten unt. Benutzg. d. Dampfer-Linien v. James Currie & Co. u. David Mac Brayne. 8. (56 S. m. Abb. u. 1 farb. Karte.) Hamburg (Zippelhaus 4) 898. Hugo & van Emmerik. — 50

Schöttle, Gust., der Telegraph in administrativer u. finanzieller Beziehung. gr. 8. (327 S.) Stuttgart 883. Kohlhammer. n. 8. —

Verfassung und Verwaltung der Stadt Tübingen im Ausgang des Mittelalters von Postrat Dr Gustav **Schöttle**, Tübingen. Tübingen: Bürgerverein (1905). (34 S.) 4° [F.]
Aus: Tübinger Blätter Jg. 8, No 1.
[06. 7661 11

Schöttle, Gust., Verfassung u. Verwaltung der Stadt Tübingen im Ausgang des Mittelalters. (34 S.) Lex.-8. Tübingen (905). (J. J. Heckenhauer.) n. 1. 20
Sonderabdr. aus: „Tübinger Blätter".

Schöttle, Herm., ausgewählte Stücke aus Cicero, s.: Jordan, W.

Schöttle, Joh. Evang., Geschichte von Stadt und Stift Buchau samt dem stiftischen Dorfe Kappel. gr. 8. (XIII, 476 S. mit 3 Lichtdr.) Waldsee 884, Liebel. geb.

Schöttle, Ulrich Carl, einfache Erzählung der biblischen Geschichte für Taubstumme. gr. 8. (XII und 130 S.) Tübingen 857, L. F. Fues. *

Schöttle, Ulrich Karl, Lehrbuch der Taubstummen-Bildung. gr. 8. (XIII, 373 S.) Tübingen 874. Fues in Comm. n.n. 5. —

Schöttle, Ulr. Karl, Paulus. Lebensbild des Apostels der Heiden in dramat. Darstellung. 8. (152 S.) Tübingen 876, (Fues'sche Sortimentsb.) **

Schöttle, Ulr. Carl, Religionsunterricht für evangelische Taubstumme. gr. 8. (IV und 103 S.) Bern 854, Fischer.

—— Religionsunterricht für evangelische Taubstumme. 2., unveränd. (Titel-)Ausg. gr. 8. (IV und 103 S.) Bern (854)57, Huber und Comp. *

Schöttle, U. K., Zeit- u. Geschlechtstafeln z. bibl. Geschichte rc., s. Hartter, Chr.

v. Schöttlen, Frz., s. Taschenbibliothek klass. Romane des Auslandes, 17. 18. Bdchn.

Schöttlen, Wilhelm

Schöttlen, W., s. Taschenbibliothek klass. Romane des Auslandes, 13.—16. Bdchn.

Schoettlen, Wilhelm [Übers.]
s. Zentner, Mme de: Elisabeth von Oesterreich ... 1850.

Die Basalte der Umgegend von Gießen. Von Wilhelm Schottler. Mit 4 Taf. u. 3 Abb. Darmstadt: A. Bergsträsser in Komm. 1908. (S. 322-491.) 4°(8°)
— Abhandlungen d. grossh. hessischen geol. Landesanstalt zu Darmstadt. Bd 4, H. 3. [08. 1…08

Schottler, Wilh.: Der Ettringer Bellerberg, ein Vulcan des Laacher See-Gebietes. *Stuttgart: E. Schweizerbart 1897.* (68 S.) 8°
Giessen, Phil. Diss. v. 1897

Schöttler, über Dampfkessel-Explosionen, unter specieller Berücksicht. von 4 ungewöhnl. Fällen derselben, nebst Angabe von Maasregeln, sie zu verhüten. Mit Abbildungen. gr. 8. (IV und 41 S. mit 2 Stnt.) Magdeburg 852, [und Leipzig, Gebr.] Baensch.

Schöttler, über Dampfkessel-Explosionen. 2. Abdruck. Leipzig 1857

Schoettler: Ueber eine mit dem goldenen Schnitt in Verbindung stehende Kreisgruppe. 10 S. Figt. Gütersloh, Progr. 1857.

Schöttler, Prüfg. d. Petroleummotoren, s.: Hartmann, W.

Schöttler, die jüngsten Religionsprozesse rc., s.: Kind.

Schöttler, *Clemens Friedrich* Adolf [aus Lammspringe '(Pr. Hannover)']: Zur Kenntnis der Carbanilido-N-Aldoxime ... Erlangen, k. b. Hof- u. Univ.-Buchdr. v. F. Junge, 1896; 36 S., 1 Bl. 8.
Erlangen, Phil. Fak., Inaug.-Diss. v. 18. Dez. 1895

Schöttler, Albert

Schöttler, A., die franz. Kolonie in Müncheberg, s.: Geschichtsblätter d. deutschen Hugenotten-Vereins, VII, 9.

Schöttler, Albert: Die französischen Kolonien zu Müncheberg und Fürstenwalde. Tl 1. Müncheberg. Fürstenwalde Spree, Druck v. H. Richter, 1895; 72 S. 8.
Fürstenwalde, st. G, P 1895 (77)

Schöttler, Bernhard Über die Lage der geschichtlichen Orte Aduatuca Eburonum (Caes.), Ara Ubiorum (Tacit.) und Belgica (Itin. Anton.). 4 (31 S.). Progr. Prg. *Rheinbach* 1889 (128).

Schöttler, C. F., Ergänzungen zur Schrift des Hrn. Dr. C. J. Andrae: die geognostischen Verhältnisse Magdeburg's in Rücksicht auf die Steinkohlenfrage. Mit 4 Durchschnitten und 1 Karte. gr. 8. (8 S. mit 1 Stnt. in Fol.) Magdeburg 851, Baensch.

Schöttler, (Maschinenbauer u. Fabrikant,) F. L., Zweck u. Einrichtung eines Säulenofens, zur Ersparung an Brennmaterial u. Erzeugung gesunder erwärmter Luft, vermittelst eines im Zimmer circulirenden Luftzuges. Mit 5 erläut. lithogr. Taf. (in gr. Fol.) gr. 4. Götting. 832. (Dieterich). 12 g.

Schöttler, F. W., Anleitung zu einem rationellen Anbau der Zucker-Rübe. gr. 8. (16 S.) Braunschweig 883. Goeritz & zu Putlitz. n. — 40

Schöttler, F. W., Anleitung zu e. rationellen Anbau der Zucker-Rübe. 2. Aufl. 8. (16 S.) Braunschweig 884. Goeritz. n. — 40

Schöttler, Friedrich, Kreistierarzt zu Oberndorf: Wachstumsmessungen an Pferden. Ein Beitrag zur Entwickelung des Hannoverschen Halbblutpferdes. ⟨Aus dem Institute für Tierzucht der Kgl. Tierärztlichen Hochschule zu Hannover. Professor Kaiser.⟩ Hannover 1910. 45 S. 8°. S.-A. aus dem Jahrbuch für wissenschaftliche und praktische Tierzucht einschliesslich der Züchtungsbiologie. 5. Jahrgang. [20. VII. 09.]
Bern Vet.-med. Diss. 1909/10.

Schöttler, Friedrich. Wachstumsmessungen an Pferden. Ein Beitrag zur Entwickelung des Hannoverschen Halbblutpferdes. Aus dem Institute für Tierzucht der Kgl. Tierärztlichen Hochschule zu Hannover.... Diss. Vet.-Med. Bern. (Sonderabdruck aus dem Jahrbuch für wissenschaftliche und praktische Tierzucht... . Jahrg. 5.) 45 S. 8. Hannover, M. & H. Schaper, 1910.

Schöttler, Horst, Finessen vom Leben, Lieben, Lachen. 2. u. 3. u. 4. Taus. (243 S.) kl. 8. Leipzig (910). L. Staackmann. 3.—; geb. in Leinw. 4. —

Schöttler, Johannes

Schöttler, J., alles ist euer! Predigten u. Reden. gr. 8. (IV, 149 S.) Barmen 902. Wupperthaler Traktat-Gesellschaft. n. 1. 20; geb. n. 2. —

Schöttler, e. treuer deutscher Diener Kaiser Wilhelms I. Gedächtnisrede auf Fürst Otto v. Bismarck, geh. bei d. Trauerfeier in Barmen am 6. VIII. 1898. 8. (16 S.) Barmen 898. D. B. Wiemann. — 15

[J.] Emil Frommel. Schlichte Bilder aus seinem Leben. Von J[ohannes] Schöttler, Pastor in Barmen. 2. Aufl. *Barmen: Wupperthaler Traktat-Ges. [1897].* (4 Bl., 141 S., 1 Portr., 3 Taf.) 1 Bd 8. [97. 5623

— Emil Frommel. Schlichte Bilder aus s. Leben. 3. Aufl. 8. (VII, 141 S. m. 3 Abb. u. 2 Bildn.) Barmen 897. Wupperthaler Traktat-Gesellschaft. Geb. in Leinw. n. 2. 40

Schöttler, J[ohannes] : Emil Frommel. Schlichte Bilder aus seinem Leben. 4., durch e. Anh. verm. Aufl. Barmen: Wupperthaler Trakt.-Ges. [1898]. (VII, 141 S.) 8°

Schöttler, Johannes Über den Tangentialkegel der Flächen zweiten Grades. 12 S. Progr. Pr. Stargard 1883.

[Umschlagt.:] [F.] Was ist der Evangelische Bund, was will er sein und bleiben? Festpred. geh. bei d. x. Generalversammlg ... in ... Krefeld v. J[ohannes] Schöttler, Pastor in Barmen. Leipzig: C. Braun 1897. (10 S.) 8.
= Flugschriften d. Evangelischen Bundes. H. 146. (Reihe 13. H. 2.)
(97. 7885

Schöttler, R: Die Leistung der Kühlanlage des städtischen Schlachthofes zu Köln a. Rh. Berlin 1896

Schöttler, Rudolf

Schöttler, R., die Gasmaschine. Versuch der Darstellung ihrer Entwickelung und ihres Kreisprocesses. gr. 8. (IV, 116 S. mit 14 lithogr. Doppel-Taf.) Braunschweig 882, Goeritz und zu Putlitz. * 6 60

Schöttler, R., die Gasmaschine. Ihre Entwicklg., ihre heutige Bauart u. ihr Kreisprocess. 2., umgearb. Aufl. gr. 8. (VIII, 330 S. m. 250 Abbildgn.) Braunschweig 890. Goeritz. n. 12.—

Schöttler, R., die Gasmaschine. Ihre Entwickelg., ihre heut. Bauart u. ihr Kreisprocess. 4. umgearb. Aufl. 2 Bde. gr. 8. (XI, 400 S. m. 411 Abbildgn. u. 42 Taf.) Braunschweig 902. B. Goeritz. n. 19.—; geb. n. 21.50
3. Aufl. (X, 345 S.) Ebd. 899. n. 13.—.

Schöttler, R., die Gasmaschine. Ihre Entwickelg., ihre heut. Bauart u. ihr Kreisprozess. 5., umgearb. Aufl. Mit 622 Fig. im Text u. auf 12 Taf. (VIII, 491 S.) Lex. 8. Berlin 909. J. Springer. Geb. in Leinw. 20.—

Schottmann, C., De Romanarum et Germanicarum gentium consortio. Gel. 1870. 28 S. 4°. 1.20

Schottmüller, A.

Schottmüller: Über den Einfluss grosser und kleiner Städte auf den Charakter ihrer Gymnasien. 24 S. Rastenburg, Progr. 1866.

Schottmüller, A., die Gründung d. neuen deutschen Reichs. Rede zur Geburtstagsfeier d. Kaisers u. Königs Wilhelm am 22. März 1871 in der Aula d. Gymnasiums zu Rastenburg geh. gr. 8. (16 S.) Rastenburg 872. Schlemm. — 30

Schottmüller: Ueber die Wahl des Berufes. 30 S. Rastenburg. Progr. 1869.

Schottmüller, Adolf, s.a. Müller, Adolf

—— Preußens Ehrenspiegel. Eine Sammlung vaterländ. Gedichte von den ältesten Zeiten bis zum J. 1861 mit einleit. geschichtl. Anmerkungen. 2. Aufl. gr. 8. (XII und 468 S. mit 24 Holzschntaf.) Gütersloh 863, Bertelsmann. geb.

Schottmüller, Adf., s. Hülsen, Helene v. Erinnerungen an e. Heimgegangenen.

Schottmüller, Adf., die herrschenden Ideen in Friedrich's des Großen Leben. Eine Vorlesung gehalten am 14. März 1861 im Asyle Schweizerhof. gr. 8. (42 S.) Berlin 861, A. Hirschwald.

Schottmüller, Adf., Klio. Eine Sammlung histor. Gedichte mit einleit., geschichtl. Anmerkungen. 2., umgearb. Aufl. Leipzig 866. H. Schulze. gr. 8. (XV, 542 S.) n. 1 Thlr 20 ngr; cart. n. 1 Thlr 25 ngr

—— Luther. Ein deutsches Heldenleben. gr. 8. (XVII und 270 S. mit Portr. in Holzschn.) Berlin 862, Brigl.
Aus: Deutsche National-Bibliothek, besonders abgedruckt.

Schottmuller A. Luther. (Nationalbibliothek, Deutsche 6) Berlin (1863)

— Luther. Ein deutsches Heldenleben. Neue Ausg. Berlin 866. Kobligk. gr. 8. (IV, 267 S.) 27 ngr

— Luther. Ein deutsches Heldenleben. 3. illustr. Aufl. Mit Holzschn. nach Oelbildern v. G. Spangenberg, A. Noack, C. Oenicke, A. v. Werner. gr. 8. (IV. 267 S. m 8 Holzschntaf.) Berlin 872. Kobligk. geb. n. 4. 50

Schottmüller, Adf., Luther. Ein deutsches Heldenleben. Neue Ausg. 8. (267 S.) München 884. Th. Ackermann's Verl. geb. n. 2. 40

— dasselbe, s.: Nationalbibliothek, deutsche.

—— Rede zur 100jährigen Jubel-Feier des Hubertsburger Friedens. gr. 8. (15 S.) Berlin 863, (Hertz.) *

Schottmüller, Adf., (früher Müller), die Schlacht bei Zorndorf. Eine Jubelschrift. Mit 1 (lith.) Schlachtplan. Berlin 858. Fr. Schulze. 8. (83 S.) n. 10 ngr
Vgl.: Müller, (Adf.).

Schottmüller, Alfr., Nekrolog f. ihn, s.: Hirschfelder, W.

Schottmveller, Alfredvs (geb. am 23 Mai 1834 in Berlin): De C. Plini Secvndi libris grammaticis Part. I [un.] ... (Lipsiae), typ. B. G. Tevbneri (1858). 2 Bl., 46 S., 1 Bl. 8. ¶ Erschien zugleich selbständig bei Teubner in Leipzig
Bonn, Phil. Fak., Diss. v. 21 [nach d. Akten v. 22] Dez. 1858

Schottmüller, Alfr. Latein. Schulgrammatik, s. Putsche-Schottmüller.

Schottmüller, Alfr., lateinische Schul-Grammatik. 22. Aufl. der Schulgrammatik von Carl Ed. Putsche. Mit der vom königl. preuß. Kultusministerium angeordneten Schulorthographie. gr. 8. (X, 433 S.) [Jena 880, Fischer.] Hannover, Norddeutsche Verlagsanstalt. • 2 40

Schottmüller, Arnold, a. Zehlendorf: Darstellung von aromatischen Carbaminsäuren und Umlagerung derselben zu Aminocarbonsäuren. (Berlin 1908: A. W. Schade.) (40 S.) 8°
Berlin, Phil. Fak., Ref. Fischer, Diss. v. 16. Mai 1908

Schottmüller, Frida. Donatello. Ein Beitrag zum Verständnis seiner künstler. Tat. (VIII, 140 S. m. 62 Abbildgn.) Lex.-8. München 904. F. Bruckmann. n. 6.—; geb. n. 7. 50

Schottmüller, Frida (aus Berlin): Die Gestalt des Menschen in Donatellos Werk. München (a. d. Umschl. Zürich) 1904. 56 + 1 S. 8°. (28. V. 04.
Zürich, Phil. Diss. I. S. 1903/1904.

Schottmüller, Frida. Die Gestalt des Menschen in Donatellos Werk. Diss. Phil. I. Univ. Zürich. 57 S. 8. Zürich (Druck: Alphons Bruckmann, München,) 1904.

— Register, s: Denkmäler der Renaissance-Kultur Toscanas.

Schottmüller, Friedrich

Schottmüller, Frdr., Walters Fahrt ins Leben. (Eine Dichtung aus d. Revolutionszeit 1848/49.) gr. 8. (III, 160 S.) Pforzheim 898. Rob. Kaysser. 1. 20

Schottmüller, Frdr., d. Heimat treu geblieben. E. Erzählg. aus d. Kriegj. 1870—71. 8. (80 S.) Wildbad u. Pforzheim 895. Stuttgart, Holland & Josenhans. n. 1. --

Schottmüller, (Adolf Alfred Louis George) Hugo: Ein F a l l von diffuser Lipombildung. '(Fetthals)' . . . Greifswald: Druck v. J. Abel 1893. 30 S. 8°
Greifswald, Med. Fak., Inaug.-Diss. v. 4. Febr. 1893

Parotitis epidemica. Von Dr. H[ugo] Schottmüller in Hamburg. Mit 2 Kurven. *Wien: A. Hölder 1904.* (VI, 100 S.) 8°
= Pathologie, Spezielle, u. Therapie. Bd 3, T. 4, Abt. 2. [04. 6787

Schottmüller, Konr., die Entstehung des Stammherzogthums Baiern am Ausgang der karolingischen Periode. gr. 8. (III, 131 S.) Berlin 868, Löwenstein. [Staude.] *

Schottmüller, Konr., Fehrbellin. Mit e. (lith.) Skizze und 2 (lith.) Plänen (in 8. u. qu. 4.) 8. (95 S.) Berlin 875. C. Heymann's Verl. n. 1. 50

Der Untergang des Templer-Ordens. Mit urkundl. und krit. Beiträgen von Konr. **Schottmüller.** Bd 1. 2. Abth. 1—3. Berlin: Mittler & S. 1887. 8°
1. Abth. 1. 2. VIII, 760 S.
1. Darstellender Theil. S. 1—645.
2. Kritischer Theil. S. 646—747.
2 Abth. 3. 450 S.
Recens: BZC. 16 (1887) S. 170—213 (A. Schmidt); Prutz, H.: Entwicklung u. Untergang d. Tempelherrenordens. 1888 S. 235—242.
cf. L. 10 (1887) S. 179—184; Preuss. Jahrbücher. 62 (1888) S. 537—552.
Bd 2 enth. eine Samml. von bisher ungedr. Urkunden.

Handel und Gewerbe im Regierungs-Bezirk Posen bis zum Jahre 1851. Von Dr. Kurt Schottmüller. Posen 1901: W. Decker & Co. (56 S.) 4° [8.]
Aus: [Hampke, Karl]: Festschrift z. 50j. Bestehen d. Handelskammer zu Posen
[01. 1593 2

Schottmüller, Kurt *Adolf Heinrich* [aus Berlin]: Die Organisation der Centralverwaltung in Kleve-Mark vor der brandenburgischen Besitzergreifung im Jahre 1609 . . . [Erschien vollst. als Heft 4 d. 14. Bds von: Staats- u. socialwiss. Forsch. hrsg. v. G. Schmoller.] Berlin, gedr. in d. kgl. Hofbuchdr. v. E. S. Mittler & Sohn, 1896; 3 Bl., 83 S. 8.
Marburg, Phil. Fak., Inaug.-Diss. v. [19. Dez.] 1896

Die Organisation der Centralverwaltung in Kleve-Mark vor der brandenburgischen Besitzergreifg im J. 1609. Von Dr. Kurt Schottmüller. *Leipzig: Duncker & Humblot 1897.* (X, 121 S.) 8.
= Forschungen, Staats- u. socialwissenschaftliche. Bd 14. H. 4.
[97. [illegible]

Schottmüller, Kurt, der Polenaufstand 1806/7, s. Sonder-Veröffentlichungen der historischen Gesellschaft f. die Prov. Posen. IV.

Schottmueller, Kurt. Der Polenaufstand 1806/7. Urkunden u. Aktenstücke a. d. Zeit zwischen Jena u. Tilsit. Posen 1907. 8°.
(Sonder-Veröffentlichungen d. Hist. Ges. f. d. Prov. Posen. 4)

Schöttner, Franz

Schöttner, Frz., über die Ermittlung des Coëfficienten der inneren Reibung in zähen Flüssigkeiten, durch Fallversuche. [Ausgeführt im physikalischen Cabinete der k. k. technischen Militär-Akademie.] [Aus: „Sitzungsber. d. k. Akad. d. Wiss."] Lex.-8. (14 S.) Wien 879. (Gerold's Sohn.) n.n. — 30

—— über die innere Reibung im Glycerin. [Ausgeführt im physikal. Cabinete der k. k. techn. Militär-Akademie.] Lex.-8. (17 S. mit 1 lithogr. Taf.) (Ebendas.) 878. * *
Vorstehende zwei Schriften sind aus: Sitzungsberichte der k. Akademie der Wissenschaften, besonders abgedruckt.

Schöttner, Karl, Führer durch die nähere u. weitere Umgebg. v. Karlsbad f. Fusswanderer, Radfahrer u. Wintersportler, f. Eisenbahn-, Automobil- u. Wagenfahrten. Mit 1 Umgebungskarte u. 1 Promenadenplan. (97 S.) kl. 8. Karlsbad (910). (R. Hengstenberg.) 1. 80

Schottney, Ferd. Paul, Handbuch f. d. Schiedsmänner, den Mandaten-, summar. u. Bagatell-Prozeß, so wie d. mündl. Verfahren überh., mit d. Sportul-Taxen u. den nöth. Formularen. — A. u. d. T.: Das öffentl. u. mündl. Verfahren nach d. allgem. Gerichts-Ordn. f. d. Preuß. Staaten, od. Abweichungen d. Gerichts-Ordn., welche durch die Verordn. v. 9. Febr. 1817 u. 1. Juni 1833 eingeführt worden, als Anh. zur allgem. Gerichts-Ordn. gr. 8. (8 B.) Berlin 834, Th. Brandenburg.

Schottney, Fd. Paul, Handbuch für die **Schiedsmänner**, den Mandaten-, summarischen und Bagatell-Prozeß, so wie das mündliche Verfahren überhaupt, mit den Sportul-Taxen u. den nöthigen Formularen. A. u. d. T.: Das öffentl. u. mündl. Verfahren nach der allgem. Gerichts-Ordnung für die Preuß. Staaten, oder Abweichungen der Gerichts-Ordnung, welche durch die Verordnung vom 9. Febr. 1817 u. 1. Juni 1833 eingeführt worden, als Anhang z. allgem. Gerichts-Ordnung. gr. 8. Berlin 834. (Crantz.) 2/3 ß

Ander theil D. Johañ Fausti Historien, von seinem Famulo Christoff Wagner 1593. (Verf.: Friedrich Schotus Tolet.) Hrsg. u. eingeleitet von Josef Fritz. Halle a. d. S.: Waisenhaus 1910. LXXIV, 123 S. 8°
[11. 1346

Des Durch seine Zauber=Kunst Bekannten Christoph Wagners (Weyland=gewesenen Famuli Des weltberuffenen Ertz=Zauberers D. Joh. Faustens.) L e b e n und Thaten: Weyland von Friderich Schotus Tolet. in Teutscher Sprach beschrieben, und nunmehro mit einer Vorrede, von dem abscheulichen Laster der Zauberey vermehret von P. J. M. Berlin: Rüdiger 1712. 8°.
M. Titelk. 16 Bl. Vorr. u. 236 S.
Herausgeber P. J. Marperger.
Dass. ebda: 1714. 8°. Mit Titelk. 17 Bl. Vorr., 204 S.

Schotz, Leop., s.: Fachkalender m. Vormerkblättern f. Lederindustrie.

Schoetz, Herm., Erlebnisse in Kamerun. Aus dem Tagebuch e. Ober-Lazaret-Gehilfen. 8. (64 S.) Wiesbaden (901). R. Bechtold & Co. n. — 80; kart. n. 1. —

Schoetz, [illegible]

Schoetz, Richard

Schoetz, R., die Litteratur der Veterinärwissenschaft u. der Hilfswissenschaften von 1858 — 1. April 1889. 12. (94 S.) Berlin 889. Th. Ch. F. Enslin. geb. n. 2. —

Schoetz, Richard, Die Litteratur d. Veterinärwissenschaft u. d. Hilfswissenschaften von 1858—1. IV. 1889. kl. 8. Berlin 89. Schoetz. Geb. M. 2.-

Schoetz, R., die Litteratur der Veterinär-Wissenschaft von 1889—1. Apr. 1892. gr. 16. (22 S.) Berlin 892. R. Schoetz. n. — 80

— die Litteratur der Veterinär-Wissenschaft u. deren Hilfswissenschaften von 1889—1. Juli 1894. 12. (34 S.) Ebd. 894. n. — 80

Schoetz, Rich., d. Litteratur d. Veterinär-Wissenschaft u. deren Hilfswissenschaften von 1889—1. Juli 1896. 12. (47 S.) Berlin 896. R. Schoetz. n. 1. —

- Die Litteratur der Veterinärwissenschaft und verwandter Gebiete vom 1. IV. 1889—1. VII. 1898. kl. 8. Ebd. 98. M. 1. —

— s. a. Litteratur, die, d. Veterinär-Wissenschaft.

Schoetz, Willy, Arzt a. Berlin: Ein Beitrag zur Lehre von den Geschwülsten des Kniegelenks. Leipzig 1904: B. Georgi. (36 S.) 8°
Leipzig, Med. Fak., Ref. Marchand, Diss. v. 13. Dez. 1904 [Geb. 18. Febr. 81 Berlin; Wohnort: Berlin; Staatsangeh.: Preußen; Vorbildung: Friedr.-Wilh. Gymn. Berlin Reife M. 99; Studium: Tübingen 1, Heidelberg 3, Berlin 2, Leipzig 1, Heidelberg 2 S.; Coll. 19. Dez. 04; Approb. 16. Juli 04.]

Schoué, Pierre Éloy, u. Jean Peters: Bericht über die Besichtigung der Frühgärtnereien Deutschlands. Luxemburg: Jos. Beffort 1891. – 21, 1 S. 8°

Schoué, Pierre Éloy: Der Communal-Fonds. Luxemburg: Jos. Beffort. – 14 S. 8°

Schoué, P. E., die Medicinal-Pfuscherei der Jetztzeit u. ihre Koryphäen. Ein Wort der Warnung u. Belehrung an Jedermann. 12. (106 S.) Luxemburg 879. Schamburger. n. — 80

Dringender Aufruf an unsere katholischen Brüder. Von Excellenz v. Schoulepnikoff. Aus d. Franz. von H. Knaut, Pastor. *Kassel: E. Röttger (1900).* (XV, 155 S.) 8° [F.] [o. 7037 4

Schoull, Aug., Carte routière du département du Haut-Rhin. 2 Bl. Lithogr. Imp.-Fol. Mülhausen 878, Bufleb. 7 20

Schoultz, Viktor

Schoultz, V., s. Jahrbuch d. deutschen Ostmarkenvereins.

Schoultz v. Ascheraden, Frhrr. C. R., Bemerkk. üb. Verschiedenh. in den, die Cession d. Schuldforderungen betreff. Gesetzen des röm. u. preuß. allgem. Landrechts. 8. Greifsw. 822. Koch. 4 gr
Vgl. Schoulz v. Ascheraden.

Schoultz v. Ascheraden, Frhr. Karl Fr., Bemerkungen über Verschiedenheiten in den die Cession der Schuldforderungen betreff. Gesetzen., 8. Greifswald 822. Koch. 1/6 Thlr

Schoultz v. Ascheraden, Frhrr. Karl Fr., († d. 21. Jan. 1782.) Versuch, d. Adelstand zu entwickeln, zum Gebr. d. adeligen Jugend, in Fragen u. Antworten abgefaßt; aus seinen hinterlass. Papieren v. H. H. v. Weymarn. 8. Dorpat 789. (38 S.)

Schoultz von Ascheraden, Karl Gustav Frhr.

Schoultz von Ascheraden, K. G.: „Geschichte unserer Zeiten; aus dem Lateinischen übersetzt von Ritter Theodor Anton Heinrich Schmalz", 2 Teile, Königsberg 1790 (Leipzig, Imm. Müller).

— res suo aevo gestas memoriae tradidit, cum 1 tab. aen. II Voll. 8. Dresd. 789. Walther. 18 gr. Leipz. 793. (W. Vogel). 1 Thlr

SCHOULTZ von Ascheraden, Karl Gustav Freiherr
Res suo gestas memoriae tradidit Carol. Gust. Schulz ab Ascherade ... Pars I [- altera].
Leipzig: Crusius. 1793. 8°.
Staats- und Universitätsbibliothek Göttingen
1. Ausg. Dresden 1789 [Kayser, V, 147] konnte nicht gefunden werden.

Schoultz v. Ascheraden, gen. de Terra, Max Frhr., „Bildung". Eine Festrede, geh. bei der Feier des 32. Stiftungsfestes des Arbeiter-Bildungs-Vereins zu Brackwede. gr. 8. (16 S.) Bielefeld (900). (A. Helmich.) n.n. — 50

'Bildung'. Eine Festrede, geh. zu Brackwede von Dr. Max Frh. Schoultz v. Ascheraden gen. de Terra. *Bielefeld [1900]: H. Kampmann.* (10 S.) 8° [F.] [o. 2890

Schoultz v. Ascheraden, gen. de Terra, Max Frhr., Bothwell. Trauerspiel in 5 Acten. 8. (104 S.) Wiesbaden 885. (Rodrian.) n. 1. 50

Schoultz v. Ascheraden, gen. de Terra, Max Frh. [aus Trier]: Die Erkenntnislehre Spinozas ... Marburg, Buchdr. O. Ehrhardt, 1892; 84 S., 1 Bl. 8.
Marburg, Phil. Fak., Inaug.-Diss. v. [9. März] 1892.

— e. Pfingstpredigt, geh. den Freidenkern unserer Nation. 8. (40 S.) Ebd. 891. n. — 80

— das Sittengesetz, e. Naturgesetz. Ein Vortrag, geh. im Bildungsverein zu Düsseldorf. gr. 8. (23 S.) Düsseldorf 894. A. Bagel. — 50

Lib. Bar. Schoulz ab Ascheraden, C. K.: Commentat. jur. civ. de contractibus Romanorum innominatis. *Greifsw.,* Mauritius. 818. 4. (6 Gr.)
Vgl. Schoultz v. Ascheraden.

Schoulz ab Ascheraden C. R. L. B., Comment. de contractibus Romanorum innominatis. 4. Greifsw., Mauritius. 818.

Schoummel, J. Theoph., Recueil des plus jolis contes tirés de mille et une nuit à l'usage des écoles. 8. Magdeb. (F. C. W. Vogel à Leipz.) 780.

Schouppe, A. v., Geognostische Bemerkungen über den Erzberg bei Eisenerz und dessen Umgebungen. (Aus d. Jahrb. der k. k. geol. Reichsanst.) Wien. 1854. 4.

Schouppé, Ant. v., Bewaldungsfrage Böhmens. Preisschrift mit dem Accessit betheilt. [Aus: „Zeitschrift des böhm. Forstvereines".] gr. 8. (66 S.) Prag 878. André. n. 1. 60

Schouppe, Franz Xaver

Schouppe, Franc. Xav., Adjumenta oratoris sacri seu divisiones, sententiae et documenta de iis christianae vitae veritatibus et officiis, quae frequentius e sacro pulpito proponenda sunt, collecta atque ordine digesta. Bruxellis 865. (Leipzig, Brockhaus' Sort. — Paderborn, Schöningh.) gr. 8. (IX, 543 S.) n. 1 Thlr 14 ngr.

—— Compendium perfectionis sacerdotalis seu via brevis ac facilis ad illam spiritus ecclesiastici plenitudinem consequendam, qua sacrum sacerdotii onus digne sustineatur; adjectis orationibus ante et post celebrationem missae recitari solitis. 16. (180 S. mit 1 Stahlst.) Bruxellis 864. (Leipzig, Brockhaus' Sortiment und Antiquarium. — Gerhard.) *

—— Elementa theologiae dogmaticae, e probatis auctoribus collecta et divini verbi ministerio accomodata. 2 Tomi. Edit. II. gr. 8. (XII und 1260 S.) Bruxellis 863. (Leipzig, Brockhaus' Sortiment und Antiquarium. Gerhard. — Paderborn, Schöningh.) *

—— Evangelia dominicarum ac festorum totius anni, homiliticis explicationibus secundum mentem ss. patrum et catholicorum interpretum illustrata. 2 Tomi. gr. 8. (IV und 995 S. mit 1 chromolithogr. Karte in Fol.) Bruxellis 865. (Leipzig, Brockhaus' Sortiment und Antiquarium. — Paderborn, Schöningh.) *

Schouppe, F. X., Handbuch der Religionslehre od. kurze Darstellung der christl. Religion in ihrer Wahrheit u. Schönheit f. mittlere u. höhere Lehranstalten. Mit Autoris. des Verf. übers. v. Joh. Kieffer. Apologetik, Dogmatik u. Moral. gr. 8. (431 S.) Luxemburg 879. St Paulus-Druckerei. n. 2. —

Schouppe, F. X., Handbuch der Religionslehre oder kurze Darstellung der christl. Religion in ihrer Wahrheit und Schönheit für mittlere und höhere Lehranstalten. Mit Autorisation des Verf. übers. von Joh. Kieffer. Apologetik, Dogmatik und Moral. gr. 8. (431 S.) Luxemburg 880, Breisdorff. * 3 —

Schouppe, Fr. X., S. J., die Lehre v. Fegfeuer, beleuchtet durch Thatsachen u. Privatoffenbargn. Aus d. Franz. übertr. v. G. Pletl. gr. 8. (XII, 320 S.) Brixen 899. A. Weger. n. 4. —

Schouppe, F. X., Thatsachen aus der Geschichte zur Erläuterung d. Dogma's v. der Hölle. Autoris. Uebersetzg. aus dem Franz. v. Lohmann. 16. (141 S.) Gülpen 882. (Aachen, Jacobi & Co.) n. — 40

Der Tod und seine Lehren in Beispielen von P. F. X. Schouppo, S. J. Autoris. Übers. von Georg Pletl, Benefiziat. 1–4. *Heiligenstadt: F. W. Cordier (1898).* 4 Bde 8° [F.]

Schouppe, F. X., S. J., der Tod u. seine Lehren in Beispielen. Autoris. Übersetzg. v. Geo. Pletl. 4 Bdchn. gr. 16. (57, 83, 57 u. 91 S.) Heiligenstadt 899. F. W. Cordier. à n. — 30

v. **Schouppe**, Frz. Xav., s. Warnung vor zu frühen Begraben.

— Worte Jesu Christi währ. Seines Leidens. Wörtl. u. moralisch erklärt, nebst e. Anhang m. Gebeten f. d. Fastenzeit. M. Genehmigg. d. Verf. in's Deutsche übers. v. G. Pletl. gr. 16. (164 S. m. 1 Stahlst.) Essen 898. Fredebeul & Koenen. Geb. in Leinw. n. — 50

Schourp, Gustav (Rudolf): Ein Fall von doppelseitiger Wanderniere ... Greifswald: Druck v. J. Abel 1895. 28 S. 8°
Greifswald, Med. Fak., Inaug.-Diss. v. 14. Febr. 1895

Schousbo, P. K. A., Beobacht. üb. das Gewächsreich in Marokko, gesamm. auf e. Reise 1791–93, a. d. Dän. von J. A. Markussen, m. K. 1r Th. gr. 8. Kopenhagen, Schubothe. 801.

Schousboes, P. K. A., Beobachtt. üb. das Gewächsreich in Marokko, gesammelt auf einer Reise 1791—93; aus d. Dän. v. J. A. Markussen. 1r Thl. Mit 2 Kpf. gr. 8. Copenh. 801. Schubothe. 20 Gr.

Schoute, J. C., die Bestockung des Getreides. (Verhandelingen der koninklijke akademie van watenschappen te Amsterdam.) (XIX, 492 S. m. 15 Fig.) Lex. 8. Amsterdam 910. J. Müller. (Leipzig, O. Weigel.) 12.—; erm. Pr. 6. —

Schoute, J. C., die Stelär-Theorie. (IV, 175 S.) gr. 8. Jena 903. G. Fischer. — Groningen, P. Noordhoff. n. 3. —

Schoute, J. C., über Zellteilungsvorgänge im Cambium. (Verhandelingen der koninkl. Akad. van Wetenschappen te Amsterdam.) gr. 8. (60 S. m. Abbildgn.) Amsterdam 902. J. Müller. n. 1. 60

Schoute, Pieter Hendrik

Schoute, P. H., einige Bemerkungen über das Problem der Glanzpunkte. Lex.-8. (39 S.) Wien 885, (Tempsky.) *

— Einige Bemerkungen über das Problem der Glanzpunkte. [illegible]
Separatabdruck

Schoute, P[ieter] H[endrik]: Mehrdimensionale Geometrie. Mit Fig. u. Aufgaben. T. 1. 2. Leipzig: G. J. Göschen 1902–05. 8°
1. Die linearen Räume. 1902. 2. Die Polytope. 1905.
(Sammlung Schubert. 35. 36.)

Schoute, P. H., mehrdimensionale Geometrie, s. Sammlung Schubert. XXXVI.

Schoute, P. H., zum Normalproblem der Kegelschnitte. [Aus: „Sitzungsber. d. k. Akad. d. Wiss."] Lex.-8. (8 S.) Wien 890. (Tempsky.) n. — 50

Schoute P. H.: Notiz über die Lemniskate. S. 88. II. 12. [illegible]
Separatabdruck

— ein Raumcoordinatensystem der Kreise einer Ebene. [Aus: „Sitzungsber. d. k. Akad. d. Wiss."] Lex.-8. (8 S.) n. — 20
Wien: Gerold's S. 1886.

Schoute, P. H., regelmässige Schnitte u. Projectionen des Achtzellos, Sechszehnzelles u. Vierundzwanzigzelles im vierdimensionalen Raume. [Aus: „Verhandelingen der koninkl. Akademie van Wetenschappen to Amsterdam".] Lex.-8. (14 u. 17 S. m. 2 Taf.) Amsterdam 894. J. Müller. n. 1. —

— regelmässige Schnitte u. Projectionen des Hundertzwanzigzelles u. Sechshundertzelles im vierdimensionalen Raume. [Aus: „Verhandelingen der koninkl. Akademie van Wetenschappen te Amsterdam".] gr. 8. (26 S. m. 7 Taf. u. 3 Tab.) Ebd. 894. n. 3. 60

Schoute, P. H., regelmässige Schnitte u. Projektionen des Hundertzwanzigzelles u. des Sechshundertzelles im vierdimensionalen Raume. (2. Abhandlg.) (Verhandelingen d. koninkl. Akademie van wetenschappen te Amsterdam. 1. Sectie. IX. deel. Nr. 4.) (32 S. m. 18 Taf.) Lex. 8. Amsterdam 907. J. Müller. 6. —
1. Abh. Ebd. 894. 3.60.

Regelmäßige Schnitte u. Projectionen des Vierundzwanzigzelles im vierdimensionalen Raume. Von P[ieter] H[endrik] Schoute. *Amsterdam: J. Muller 1894.* (17 S.) 4° (8°)
— Verhandelingen d. Kkl. Akademie van Wetenschappen te Amsterdam. Sectie 1. D. 2, No 4.

Aphiden bearb. von H. **Schouteden** (Brüssel). Hamburg: L. Friederichsen & Co. 1904. (6 S.) 4° (8°)
— **Ergebnisse** d. Hamburger Magalhaens. Sammelreise. Lfg 7, 7.

Schouten, H. J., Ein paar merkwürdige Fälle aus der Kriminalgeschichte Frankreichs nach den Memoiren der Scharfrichter Sanson. Mitgeteilt v. Sch. (Aus: „Jahrb. f. sex. Zwischenstufen".) (S. 513–521.) 8. Leipzig, M. Spohr 1906 —. 60

— die vermeintliche Päderastie des Reformators Jean Calvin. (S. 291—306 m. 1 Taf.) 8. Ebd. 905. n. 1. —
2 Sonderabdrucke aus: „Jahrb. f. sex. Zwischenstufen".

Schouten, Hendrik Cornelis [Arzt aus Mulden in Holland]: Die Perforationen der Gallenblase und ihre Ausgänge, im Anschl. an zwei Fälle ... Freiburg i. B., Buchdr. H. Epstein, 1895; 76 S., 1 Bl. 8.
Freiburg i. B., Med. Fak., Inaug.-Diss. v. 1895

Die Freimaurerei. Ein Gedicht in drei Gesängen von J[an] Schouten. Nach der 2. Aufl., aus d. Holländ. übers. [u. mit Anh. vers.] von V. E. Thellung von Courtlary. Varel: Grosse 1822. IX, 160 S. 1 Kpfr. 8° [Kupfertit.]
Kl. 596. 23. 25.

[**Deutsche Bearb.** u. d. Tit.:]
Schouten: Die freie Maurerei.

Schouten, J., die Freimaurerei; ein Gedicht in 3 Gesängen. Nach d. 2n Aufl. aus d. Holländ. übers. v. Br. V. E. Thellung v. Courtlary. Mit 1 Kpf. u. 1 Vign. 8. Varel 822. (Hannov., Hahn). 1 Rthlr 4 Gr. Schreibp. 1 Rthlr 8 Gr. Velinp. 1 Rthlr 12 Gr.

Die freie Maurerei in drei Gesängen. Cleve: Char 1834. 66 S. 8°

[Dasselbe.] 2. umgearb. u. verm. Aufl. Ebendas. 1836. VI, 68 S. 1 Taf. 8°
Recens: °Blätter f. literar. Unterhaltung. 1835 No 88; °Letterkundig Magazyn van wetenschap, kunst en smaak. 1835 No 4.
Kl. 064. Ursprung u. Zweck der Frmrei.

Die Prinzipien der Lebensversicherungs-Mathematik von **P. Schouten**, London. Aus d. Holl. übers. von T. Chr. F. Reach. Vorw. von Corneille L. Landré. *Jena: G. Fischer 1903.* (VIII, 159 S.) 8° [03 151

Schouw, Joakim Frederik

Schouw, J. Fr., Beitrr. z. vergleich. Klimatologie. 1s Heft. gr. 8. Copenh. 827. Gyldendal. 1 ℛ

Schouw J. F.: Beiträge z. vergleichenden Klimatologie. H. 1. Copenh. 1827. 136 S.

Schouw, J. F., Einige Bemerkungen über die Windverhältnisse in der nördlichen Hemisphäre. (Veranlasst durch einen Aufsatz des Herrn Prof. Dove über mittlere Luftströme.) (Aus: Annalen d. Physik, B. 90, St. 4, J. 1828. St. 12.)

Schouw, J(oakim) F(rederik), die Erde, die Pflanzen und der Mensch, s. a. Hausbibliothek, naturwissenschaftliche.

Schouw, Joakim Frederik, († d. 28. Apr. 1852), d. Erde, d. Pflanzen u. d. Mensch. Popul. Naturschildergn. Aus d. Dän. unter Mitwirkg. d. Verf. v. H. Zeise. Mit d. Biographie d. Verf. v. P. L. Möller u. seinem Portr. nach Marstrand (in Stahlst.) gr. 8. (XX u. 310 S. m. 2 lith. Taf.) Leipzig 851, Lorck. n. 1 2/3 ℛ

Schouw, Joakim Frederik: Die Erde, die Pflanzen und der Mensch. Naturschilderungen. Aus dem Dänischen unter Mitwirkung des Verfassers von H. Zeise. Mit der Biographie des Verfassers von P. L. Möller und seinem Portrait nach Marstrand. Zweite Auflage. (Naturwissenschaftliche Hausbibliothek. Bd. 4.) Leipzig 1854. XV, 266 S. 8°. [C 380

Schouw, Joak. Freder., die Erde, die Pflanzen und der Mensch. Naturschilderungen. Aus dem Dänischen unter Mitwirkung des Verf. von H. Zeise. Mit der Biographie des Verf. von P. L. Möller und seinem Portr. nach Marstrand (in Stahlst.) Neue (Titel-)Ausg. 1865. 1 Thlr. und 3. (Titel-)Ausg. gr. 8. (XV und 266 S.) Leipzig 868, Senf.

Schouw, J. F., Europa. Ein Naturgemälde. A. d. Dän. Auch als Beigabe zu jeder Geographie. Lex.-8. (8½ B.) Kiel 833, Universitäts-Buchh.

—— Europa. Phys.-geograph. Schilderung. 8. (9 B., 6 Karten Kpfrst. qu. Fol. u. 1 B. Erklär.) Kopenhagen 833, Gyldendal. Ohne den Atlas, 12 Gr.

— forelöbig Fortegnelse over den kjøbenhavnske botaniske Haven Planter. Indeholdende dem, der ere blevne undersøgte i Aarene 1842–1846. Med et (lith.) Kort over Haven (in 4.) gr. 8. (180 S.) Kopenhagen 847, Gyldendal in Comm. n. 2/3 ℛ

Schouw, Joakim Frederik: Grundzüge einer allgemeinen Pflanzengeographie. (Grundtraek til en almindelig plante geographie. Dt.) Übers. vom Verfasser. Bd 1 - 2 (Bd 2 = Atlas), gbd.

Berlin: Reimer 1823

SCHOUW, J. F.: Grundzüge der allgemeinen Pflanzengeographie. - Berlin 1823. 524 S., 4 Taf., 1 Atlas m. 12 Taf.

— Grundzüge einer allgemeinen Pflanzengeographie, aus den Dän. übersetzt v. Verf. Mit 4 Taf. u. 1 Pflanzengeograph. Atlasse. gr. 8. Berlin 824, Reimer.

Schouw J. F.: Grundzüge einer allgemeinen Pflanzengeographie. Aus d. Dän. übers. v. Verf. Berl. 1825. 524 S. 3 gr. Tvl
— — Pflanzengeographischer Atlas. S. St. [o. A.]. 22 Kt. St. tv.-Fol.

—— Naturschilderungen, s. a. Bibliothek, neueste naturwissenschaftliche.

Schouw, J. F., Naturschilderungen. Eine Reihe allgem. faßl. Vorlesungen. A. d. Dän. gr. 8. (10½ B. u. 2 Stnt.) Kiel 840, Universität-Buchh.

— Naturschilderungen. Eine Reihe gemeinverständlicher Vorträge aus dem Gebiet der Naturwissenschaften. Neueste und vollständigste Ausg. Frei nach dem Dänischen von G. F. v. Jenssen-Tusch. Mit einer Lebensskizze des Verf. 2 Thle. Cassel 854. Balde. (Sondershausen, Neuse.) 16. (4 Bl., 256; 4 Bl., 224 u. XVI S.) n. 1 ℛ.

Schouw, J. F. Naturschilderungen. Deutsch von G. F. v. Jenssen-Tuch. 2. Auflage. Bd. I. II. Sondershausen. 1856.

— Proben einer Erdbeschreibung. Mit einer Einleitung über die geograph. Methode. Aus dem Dän. übers. v. H. Sebald. Mit 3 (lith. u. color.) Karten (in 8. u. gr. 4.) u. 4 (eingedr.) Holzschn. gr. 8. (103 S.) Berlin 851, Besser's Verl. (Frz. Duncker.) n. 1 ℛ

Schouw, J. F., s. Stimmen aus Dänemark.

—— Tableau du climat et de la végétation de l'Italie, résultat de deux voyages en ce pays dans les années 1817 — 1819 et 1829 — 1830. Vol. I. — A. s. l. t.: Tableau du climat de l'Italie. Vol. I. Tableau de la température et des pluies de l'Italie. gr. in-4. (56¾ B. u. 5 Kart.) Copenhague 839, [Deichmann's Verl.] •

—Tableau du climat et de la végétation de l'Italie, résultat de deux voyages en ce pays dans les années 1817—1819 et 1829 —1830. Vol. I. Aussi s. le titre: Tableau du climat de l'Italie. Vol. I. Tableau de la température et des pluies de l'Italie. Avec 1 Atlas de 5 cartes, dressé par le capitaine O. N. Olsen. gr. in-4. Copenhague 839. Gyldendal. n. 6 ℛ

— og H. N. **Clausen, ved Thronskiftet 1848, siehe: Clausen, H. N.**

Schouw Santvoort, Petr. Didericus, Dissert. theol., de oratione, a Petro Apostolo, narrante Luca Act. II, 14—36, habita. 8maj. (9⅞ B.) Trajecti ad Rhenum 816, Kemink et Fil. *

Schouw Santvoort, Petr. Did., dissertatio theologica de oratione a Petro Apostolo, narrante Luca Act. II. 14—36, habita. gr. 8 (VIII u. 137 S.) Trajecti ad Rh. 847, Kemink et fil. n. 2/3 ℛ

Schouwaloff, August. Maria, meine Bekehrung und mein Beruf. Aus dem Französ. mit einer Beigabe aus dem Italien. und einigen Bemerkungen von einem Priester der Diöcese Brixen J. P. gr. 8. (XVI und 316 S.) Innsbruck 862, F. Rauch.

Schouwaloff, Augustin Maria, Meine Bekehrung u. mein Beruf. Aus dem Französischen mit einer Beigabe aus dem Italienischen u. einigen Bemerkungen von einem Priester der Diöcese Brixen. J. P. gr. 8. (XV. 316 S.) Innsbruck 1863, F. Rauch. 1 fl. 40 kr.

Schouwaloff, meine Bekehrung und mein Beruf. Aus dem Französ. übers. von Heinr. Jos. Breyer. 8. (VII und 303 S.) Paderborn 861(62), Schöningh. -

Schouwen, Gabriel von: Über Pathologie und Therapie der Gefässneubildungen ... Heerenveen: A. Binnert Overdiep 1896. 2 Bl., 43 S., 3 Taf. 8°
Freiburg i. B., Med. Fak., Inaug.-Diss. v. 1896

SCHOVEN, Joannis Henrici, Der unter dem unerfahrnen Leib-Medico glücklich curirte Printz, oder curiöse Historische Relation von der Cur der rothen Ruhr durch das pharmacum specificum polychrestum. Mit Anmerkgn. u. satyrischen Gedichten u. dem *Anhange*: carnificis professorali testimonio ad praxin medicam Licentiati. Frankfurt, 1744. 8°. (In Dresden: Lit. Germ. rec. C. 692.)
Höchst seltenes Curiosum!

Schoven, J. H., d. unt. d. unerfahrnen Leibmedico glücklich v. der rothen Ruhr curirte Prinz. 8. Frankf. Andreä. 744. -

Schow, Georg

Schow, G., Gewerbe-Ordnung für den nordd. Bund vom 21. Juni 1869 nebst den Ausführungsbestimmungen u. dem Gesetze, betr. die Aufhebung u. Auflösung gewerblicher Berechtigungen, vom 17. März 1868, zusammengestellt mit den daneben im vormaligen Königreich Hannover zur Anwendung kommenden gewerberechtlichen Bestimmungen. Für den prakt. Gebrauch bearb. u. mit Sachregister versehen. Hannover 870. Meyer. gr. 8. (VII, 208 S.) 20 ngr.

Schow, Geo., Grundsätze des nach dem neuen Landrechte geltenden Seerechts, in besonderer Anwendung auf Ostfriesland, nebst einem Anhange, Beispiele der am häufigsten vorkommenden Schiffsdocumente enthaltend. gr. 8. (VIII und 160 S.) Leer 856(57,) Bock. *-

— das allgemeine deutsche Handelsgesetzbuch u. das Gesetz vom 5. Octbr. 1864, betr. dessen Einführung im Königreich Hannover, nebst den Nebengesetzen. Mit Genehmigung der Königl. Regierung unter Benutzung der Konferenz-Protokolle für den prakt. Gebrauch zusammengestellt. Mit einem ausführlichen Sachregister. 2. u. 3. Abdr. Ebend. 865. gr. 8. (VI, 362 S.) 1 ℛ 10 ngr.

— die hannoverschen Handelskammern. Zusammenstellung der dieselben betr. Erlasse, als Anh. zu der für Hannover veranstalteten Ausgabe des allgem. deutschen Handelsgesetzbuches. Mit einer Einleitung. Ebend. 867. gr. 8. (55 S.) n. 7½ ngr.

Schow, Nic., s. Heraclides: Allegoriae.

Schow, Nic., Hesychii Lexicon ex cod. Ms. restitutum et ab omnibus Musuri correctionibus repurgatum, sive Supplementa ad edit. Hesychii Albertinam. Lips. 792. 8. 2 rthl. 12 gr.

— s. Lydus, J. Laur.: Opusculum de mensibus.

Schow, N., specimen novae editionis Lexici Photii ex Apographo Reiskiano: cum L. Ancheri suisque adnotationibus. 8maj. Havniae, Schubothe. 818.

Schow, Wilh., zur operativen Behandlung der Pleuritis. Diss. gr. 8. (29 S.) Kiel 891. (Gnevkow & v. Gellhorn.) n. 1. —

Schow, Wilhelm: Geschwülste des ligamentum latum. Kiel 1899: P. Peters. (20 S.) 8°
Kiel, Med. Diss. v. [25. März] 1899

Schowalter, A., s.: Berichte, amtliche, des Generals J. H. de la Rey usw. über den südafrikan. Krieg.

Schowalter, A. (Hrsg.), s. Krüger, Paul: Lebenserinnerungen.

Allgemeines Wahlrecht und bayerische Wahlreform. Von A. Schowalter. Kaiserslautern: E. Crusius 1904. (55 S.) 8° [illegible]

Schowalter, Eugen: Chemisch-geologische Studien im vulkanischen Ries bei Nördlingen. Erlangen 1904: E. Th. Jacob. (65 S.) 8°
Erlangen, Phil. Fak., Ref. Lenk, Diss. v. 9. März 1904

Wie man tauben Kindern in der frühzeitigen Ausbildung im Sprechen mehr Gelegenheiten geben kann. Von G. B. Schowalter. Ein Vortrag, geh. 1908 in Washington. (Philadelphia 1908: W. H. Pile's Sons.) (8 S.) 8° [illegible]

Schoy, Aug., die architektonisch-decorative Kunst der Zeit Ludwig's XVI. für Industrie u. Luxus-Zwecke. Sammlung von 300 noch unveröffentlichten photolith. Blättern nach den Originalst. aus der Galerie der königl. Bibliothek von Belgien u. aus der Sammlung d. Verf. mit historisch-beschreib., krit. französ. Text nebst biograph. Notizen über die Architekten, Decorateurs u. industriellen Künstler der 2. Hälfte des 18. Jahrh. 1. Bd. 1—4. Liefg. u. 2. Bd. 1—4. Liefg. Lüttich 869,70. Claesen. gr. Fol. Jede Liefg. (25 Steintaff. in Tondr.) In Mappe n. 8 ℛ 10 ngr.

Schoy, Aug., die architectonisch-decorative Kunst der Zeit Ludwigs XVI. f. Industrie u. Luxus-Zwecke. Sammlung v. 300 noch unveröffentlichten photolith. Blättern nach den Originalst. aus der Galerie der königl. Bibliothek v. Belgien u. aus der Sammlg. d. Verf. m. historisch-beschreib. krit. französ. Text nebst biograph. Notizen üb. die Architekten, Decorateurs u. industriellen Künstler der 2. Hälfte d. 18. Jahrh. 1. Bd. 4. Abth. u. 2. Bd. 4. Abth. gr. Fol. (50 Steintaf. in Tondr.) Lüttich 870. Claesen. In Mappe. n. 25. — (I. 1—4. II. 1—4.: n. 100. —)

Schoy, Aug., die architektonisch-decorative Kunst der Zeit Ludwig's XVI. f. Industrie- u. Luxus-Zwecke. Sammlung v. 300 noch unveröffentlichten photolith. Blaettern nach den Orig.-Stichen aus der Galerie der königl. Bibliothek v. Belgien u. aus der Sammlg. des Verf. Mit historisch-beschreib., krit. französ. Text, nebst biograph. Notizen üb. die Architekten, Decorateurs u. industriellen Künstler der 2. Hälfte des XVIII. Jahrh. 2 Bde. Fol. Amsterdam (905). (Berlin, B. Hessling.) In Mappen 120. —; einzeln bezogen 135. —; französ. Ausg zu gleichem Preise.
1. (175 Bl. m. 6 Bl. Text.) 75. —
2. (125 Bl. m. 6 Bl. Text.) 60. —

Schoy, G., das Recht auf Glück im Handel u. Gewerbe. Ein neuer Weg zum geschäftlichen Erfolg durch Modernisirung des Kontor- u. Buchhaltungswesens. Aus der Praxis festgestellte Beobachtgn. üb. d. Hauptursachen unglücklich verlauf. Geschäftsführg. m. Hinzufügg. praktisch erprobter Vorschläge zu rationeller Beherrschg. eintret. Krisen. Der gesamten Geschäftswelt gewidmet. (Dr. Ludw. Huberti's moderne kaufmänn. Bibliothek.) gr. 8. (VII, 64 S.) Leipzig (902). Dr. L. Huberti. Geb. in Leinw. n. 2. 75

Schoy, G. C. R., die Gewinnung des Runkelrübenzuckers. Nach einer ganz einfachen neuen Methode, wodurch den Zuckerfabriken großer Vortheil geboten und jeder Landwirth in Stand gesetzt wird, durch die einfachsten in seinem Besitz befindlichen Geräthe seinen Zuckerbedarf selbst zu bereiten. gr. 8. (38 S.) Leipzig 854(55,) Spamer. *

Schoy, Carl, Beiträge zur nautischen Astronomie. (Rechnerische Behandlg. einiger Gruppen theoretisch mögl. Fälle der Polhöhenbestimmg.) [Aus dem Archiv der deutschen Seewarte. 32. Jahrg. Nr. 1.] (19 S. m. 1 Fig.) Lex. 8. Hamburg 910. (L. Friederichsen & Co.) nn 1. 50

— Beiträge zur konstruktiven Lösung sphärisch-astronom. Aufgaben. (VII, 40 S. m. 3 Fig. u. 8 Taf.) gr. 8. Leipzig 910. B. G. Teubner. 1. 60

Schoyen, E., en Sjaels historie, freie Bearbeitg., s.: Halde, C. zur, vergeudete Jugend.

Schöyen, Elisab., die weiße Sklavin. Des 20. Jahrh. Schmach. Roman. Einzig autoris. Uebersetzg. aus dem Norweg. v. Rhea Sternberg. (314 S.) 8. Berlin (908). Verlag Continent. 3. —; geb. 4. —

Schrabec, Arm.: De Horatii in sales numerosque Plautinos animadversione. 16 S. Essek, Progr. 1869

Schrabetz, Emil, neuer patentirter Schienenbieg.-Apparat. Mit e. (lith.) Taf. in 4. 2. Aufl. gr. 8. (8 S.) Wien 874. Lehmann & Wentzel. n. - 80

v. **Schrabisch,** E. Die Schlacht bei Torgau, 3. Nov. 1760. 8. Torgau 1860.

Schrabisch, Hans Kurt v., Leitfaden f. Ansiedler. Unter spezieller Beurteilg. v. West-Usambara (Deutsch-Ostafrika). (71 S.) gr. 8. Berlin 907. C. A. Schwetschke & Sohn. 1. —

Schrabisch, Osc. v., statistische Situations-Uebersichts-Karte des Reg.-Bez. Aachen. Nach den besten Quellen und eigener Revision gezeichnet und hrsg. 1 : 100,000. Aubeldr. und color. Imp.-Fol. Aachen 878, M. Jacobi. *

Schrackenberger, Paul, s. Schreckenberger

Schrade, Heinrich [app. Arzt]: Die Amputationen und Exartikulationen der Heidelberger chirurg. Klinik 1877 1887 ... (Aus: Beitr. z. klin. Chir., Bd. VII Heft III.) Tübingen, H. Laupp, 1891; 1 Bl., 14 S. 8.
Heidelberg, Med. Fak., Inaug.-Diss. v. [6. Juli] 1886

Schraderi, Jo., vita, s. Sormani, P. V.

Schrader, kurze Anleitung zur Erteilung des Gesangsunterrichts nach seiner technischen Seite, } s. Glaentzer.

Schrader. Anleitung zum Privatstudium für die beiden obern Klassen des hiesigen Gymnasiums.
Sorau, Progr. 1855

Schrader, Antrittspredigt, siehe: Einführungsrede.

Schrader Aristotelis de voluntate doctrina. 23 S.
Brandenburg, G., Progr. 1847

Kreis- und Ortsschulinspektion der Geistlichen. Von Schrader, Pfarrer zu Hersfeld. Vortr. geh. auf d. Deutschen Pfarrertage zu Posen 1904. Dieskau: Pfarrver. (1904). (S. 34-40.) 8° [F.]
= Arbeit, Aus d., d. Verbandes Deutscher Pfarrvereine. H. 2, [5.]

—— neuer Liederkranz für deutsche Schulen, s. Glaentzer.

Schrader, Kreisphysikus Dr., Nachricht von dem Hubertus-Brunnen bei Thale. Mit 1 Ansicht. gr. 8. Quedlinburg 838. Franke. n. 1/12 Thlr. (3/4 B. u. 1 Ansicht.)

Schrader, A., s.a. Schrader, August Ferdinand

Schrader, A., s.a. Sammlung neugriechischer Volkslieder.

Sammlung neugriechischer Volkslieder. Übers. von A. Schrader. Berlin: Ledermann 1910. 68 S. 8°

Schrader, A., Taschenbuch f. Polizei-Beamte m. Unterweisungen f. den practischen Dienst. 12. (IV, 107 S. m. Notizblock.) Dessau 901. Anhalt. Verlagsanstalt
Geb. in Leinw. n. 1. 50

(B) **Schrader,** A., Taschenbuch f. Polizeibeamte — desgl. f. polizeil. Revisionen. 901. (KVL 32.) Jetzt: Berlin, Kameradschaft.

— Taschenbuch f. polizeiliche Revisionen in Fabriken u. gewerblichen Anlagen, Bäckereien u. Konditoreien. 2. verm. u. verb. Aufl. 12. (41, 56, 31 u. 20 S.) Ebd. (901).
Geb. in Leinw. u. geh. n. 1. 60
1. Aufl. (41, 56 u. 32 S.) 899. Geb. n. 1. 50.

Schrader, A., die Pariser Zigeuner. Dramatisirter Roman. Frei nach dem Französ. des A. Henri. Seitenstück zu Sue's Mysterien von Paris. gr. 12. Hamburg 845, Schuberth u. Comp. 1 Thlr.

Schrader, Adolf [aus Aurich]: Beitrag zur Statistik des Magenkrebses ... Göttingen: Druck d. Univ.-Buchdr. v. E. A. Huth, 1886. 45 S. 8°
Göttingen, Med. Fak., Inaug.-Diss. v. 5. Aug. 1886.

Schrader, Adf., Beitrag zur Statistik des Magenkrebses. Inaugural-Dissertation. gr. 8. (45 S.) Göttingen 886, (Vandenhoeck und Ruprecht.) *

Schrader, Adolf: Ein Grosshirnschenkelherd mit secundären Degenerationen der Pyramide und Haube. Halle 1884: Karras. 66 S., 1 Taf. 8°
Halle-Wittenberg, Med. Diss. v. 15. Dez. 1884
Geb. Paddeim (Kr. Labiau, Ostpr.) 1. 3. 1858. V.

Schrader, Alexander Ferdinand, s. Schrader, August Ferdinand

Schrader, Alfred, Referendar: Die Bedeutung des Erfolges für die Bestimmung von Strafart und Strafmass nach deutschem und ausländischem Recht. Strassburg i. E. 1909: Goeller. 192 S. 8°
Straßburg, Rechts- u. staatswiss. Diss. v. 26. Juli 1909, Ref. van Calker
[Geb. 30. Dez. 86 Molsheim; Wohnort: Straßburg; Staatsangeh.: Elsaß-Lothringen; Vorbildung: Gymn. Zabern Reife M. 05; Studium: Straßburg 7 S.] [U 10 4033

[F.] **Schrader,** *Alwin:* Aufgaben aus der analytischen Geometrie über Maxima und Minima. Halberstadt, Druck v. H. Meyer's Buchdr., *1897;* 3—15 S. 4.
Halberstadt, OR, OP 1897 (279)

Schrader, Andreas Dietrich (Soest) 4°Thl. XV. 225/54

De iudicio Amphictyonico dissertatio I.
Präs. Johann Jakob Kaake.
Jena (Nies) 22. VI. 1787. 48 S.

Gew.: Stadt Nördlingen. 31330

Schrader, Anton [aus Hamburg]: Zur Elektrolyse von Gemischen ... Berlin, Druck v. M. Driesner, *1897;* 29 S., 1 Bl. 8.
Berlin, Phil. Fak., Inaug.-Diss. v. 9. Jan. 1897

Aelteste Nachrichten von der Familie Schrader (v. Anton Otto Schrader). Eine Erinnerung an die vor 100 Jahren erfolgte Einwanderung unserer Familie in Hamburg. Hamburg 1885. 8°

Schrader, Antonie, über Einschlachten. Eine praktische Anleitung für Hausfrauen, junge Mädchen u. Haushälterinnen. [Schriften des milchwirthschaftlichen Vereins Nr. 10.] gr. 8. (32 S.) Bremen 879. Heinsius.
n. — 80

Schrader, Arthur, aus Magdeburg: Die Begriffe der Notwehr und des Notstandes nach dem Reichsstrafgesetzbuche und dem Bürgerlichen Gesetzbuche, sowie das gegenseitige Verhältnis derselben zu einander. *Erlangen 1901: E. Th. Jacob.* (IX, 71 S.) 8° [F.]
Erlangen, Jur. Diss. v. 15. Febr. 1901

Schrader, August

Schrader, Aug., Adeline. Orig.-Roman aus dem Leben. 2 Bde. Leipzig 866. Matthes. [Stangel.] 16. (444 S.)
2 Thlr.

—— Agnes oder Geld und Ehre. Roman. 3 Bde. 8. (686 S.) Leipzig 863, Wengler's Nachfolger.

Schrader, Aug., der Amnestierte. — Eine Gouvernante. Kleine Romane. 12. (263 S.) Leipzig 891. (Berlin, Neufeld & Henius.) — 60

— Androclus od. der dankbare Löwe, siehe: Kosmorama für Volk u. Jugend. 1. Bdchn.

—— romantische Annalen für Alt und Jung. Weltgeschichtliche Erzählungen mit Illustrationen. I. Bdchn.: Friedrich der Rothbart. Historisch-romantisch dargestellt. 1. Abthl. br. 8. (S. 1—64. mit 1 Stnt.) Leipzig 852, Poenicke.

Schrader, Aug., Aschenbrödel im Circus. Mit Versen. gr. 4. (12 S. m. 8 Chromolith. in gr. 4. u. qu. Fol.) Leipzig 876. Opetz. 3. 50

Schrader, Aug., Aug' um Aug', Zahn um Zahn. 4 Bde. Dresden 870, Walther's Verlag. [Lohse und Kadler.] (ℳ 6,40.)

—— Bilder aus Indien, s. Jugendbibliothek, neue deutsche.

— Robert Blum u. sein mächtiger Freund. Roman f. das Volk. 1—12. Bdchn. gr. 16. (1. Bd. 271 S. 2. Bd. 254 S. 3. Bd. 271 S.) Leipzig 850. 51, Berger (jetzt: Literarisches Museum).

— 4 u. 5. Bd. gr. 16. (237 u. 256 S.) Leipzig 852, Literarisches Museum. (1—12. Bdchn. à n. 7 ngl 4 u. 5. Bd. à 28 ngl) 4 1/3 ₰

Schrader, Aug., Börse und Leben. Original-Roman in 4 Bdn. 8. (1170 S.) Wien 861, Leo's Verlags-Expedition.

—— die Braut, s. Buch für Alle.

— die Braut des Armen. Sozialer Roman aus der Gegenwart. 3 Bde. Wien 864. Spitzer. 8. (228, 260 u. 253 S.) 2 ₰

—— die Braut von Louisiana, s. Volks-Bibliothek, neue.

Schrader, Aug., die Braut von Louisiana. Roman. 3 Thle. 8. 1. Der Pflanzer. (214 S.) 2. Der Hochzeittag. (225 S.) 3. Die Sclavin. (253 S.) Leipzig 850, Kollmann. 3 ₰

— die rothe Dame. Orig.-Roman. 2 Bde. Leipzig 866. Wengler's Nachfolger. 8. (284 S.) 2 ₰

—— der Däumling. Eine lustige Geschichte für die Jugend. gr. 8. (6 Chromolithogr. mit 5 S. Text.) Leipzig 872, Opetz.

— der Däumling. Eine lust. Geschichte f. die Jugend. gr. 8. (6 Chromolith. m. 5 S. Text.) Ebend. 875. — 40

— s. Delavigne, die Sicilianische Vesper.

s. Dumas, A., Albine.

Schrader, August [Übers.]
s. Dumas, A.: Die Holländerin. 1848.

Schrader, August [Übers.]
s. Dumas, A.: Schriften. Supplemente. 1856.

— s. dess., die beiden Selbstmörder.

—— Elisabeth oder ein Damen-Duell. Roman. 3 Bde. 8. (231; 248; 231 S.) Leipzig 872, (Literarisches Museum.) [Zander.] (ℳ 9.) *

Schrader, Aug., die Erbschleicher. Kriminal-Roman. (240 S.) 8. Neuweißensee, E. Bartels. 1. 50

—— die Erbschleicher. Roman. 2 Bde. 8. (1. Bd. 162 S.) Leipzig 864, Seyfarth. *

—— die Falschmünzer. Orig.-Roman in 3 Bdn. 8. (943 S.) Wien 863, Leo.

— unsere gefiederten Freunde. Abbildungen der bekanntesten u. beliebtesten Kinderfreunde aus der Vogelwelt in Oelfarbendr. m. leicht faßl. erläut. Text. 2 Thle. qu. Fol. (à 6 Taf. in Oeldr. m. je 6 S. Text.) Leipzig 872. Hartknoch. geb. à n. 2. 50

— Friedrich der Rothbart. Historisch-romantisch dargestellt. 2 Abthlgn. Mit 1 (lith.) Illustration. Leipzig (853.) G. Poenicke. 8. (144 S.) 10 ngr.
Die 1. Abth. erschien u. d. T.: Romantische Annalen für Alt und Jung. 1. Bdchn.

—— Garten und Wald. Kleine Romane. 2 Bde. 8. (498 S.) Leipzig 863, Luppe. 1

— das Glück d. Lebens. Roman. 12. (276 S.) Ebd. 891. — 60

— u. G. Berthold, moderne Glücksjäger. Geheime Verbrechen od. die Macht d. Goldes. 30 Hfte. gr. 8. (1220 m. 25 Chromolith.) Neusalza 873—75. Oeser. à — 30

— die Glücksritter. Roman. 5 Bde. Leipzig 853. Literarisches Museum. 16. (1. Bd.: 271 S.; 2. Bd.: 254 S.; 3. Bd.: 271 S.; 4. Bd.: 237 S.; 5. Bd.: 256 S.) n. 2 ₰.
Ist nur eine neue Titel-Ausg. von des Verf. „Robert Blum und sein mächtiger Freund". Leipzig 850, 51.

—— ein Goldkönig. Roman. 4 Bde. 8. (244; 238; 262; 278 S.) [Leipzig 876, E. J. Günther.] Berlin, Nicolai'sche Buchh. *

— die Götzen der Leidenschaften. Original-Roman. 6 Bde. Leipzig 853. 54. Naumburg. 16. (224; 214; 152; 224; 259; 264 S.) 6 ₰.

—— ein armer Graf, oder: die Duellanten. Roman. 2 Bde. 8. (335 S.) Leipzig 865, Wengler's Nachfolger.

— das Haidemädchen, s. Unterhaltungs-Bibliothek.

—— Haß und Liebe, s. Album. Bibliothek deutscher Originalromane.

—— Haß u. Liebe. Novelle. 2 Thle in 1 Bde. 16. (245 u. 246 S.) Wien 1864. Markgraf. 1 fl. 80 kr.

—— Hedwig. Orig.-Roman. 8. (276 S.) Wien 864, Leo.

Schrader, Aug., moderne Hochstapler. Orig.-Roman in 5 Bdn. Illustrirt von Henry Albrecht. 8. (394, 199, 213, 268 u. 248 S. m. 100 eingedr. chemitvp. Illustr.) Leipzig 878. Wölfert. n. 15. —

Von't Höltken up't Stöcksken. Vertellsels un Riemsels in Mönstersk Platt. Von August Schrader. Essen-Ruhr: Fredebeul & Koenen 1905. (150 S.) 8° [F.]

— s. Hugo, V., die Burggrafen.

—— die Ideale der Liebe. Roman. I. Abthl.: Das graue Schloß. 2 Bde. 8. (445 S.) Leipzig 850, Kollmann.

— — dass. — 3—5. Bd. (oder) 2. Abthl.: Die Doppelehe. 3 Bde. 8. (717 S.) Ebds. 851.

— Jocco oder Lebenslauf eines Affen. Für Volk u. Jugend erzählt. In 11 Abthlgn. mit Illustrationen. gr. 8. (IV u. 71 S. m. 10 col. Lith.) Leipzig 852, Poenicke. n. 3/4 ℛ

— — Jocco oder Lebenslauf eines Affen. Für Volk und Jugend erzählt. In 11 Abthlgn. mit Illustr. Neue Aufl. gr. 8. (71 S. mit 8 ill. Stnt.) Leipzig 865, G. Poenicke. cart.

— — Josephine oder eine gefährliche Liebe. Roman. 2 Thle. 8. (316 S.) Leipzig 864, Schumann's Antiquarium. *

— — Julia oder die letzte Bitte eines Verurtheilten. Roman. 2 Bde. 8. (494 S.) Leipzig 854, Kollmann.

— die Kinder des Glücks. Original-Roman. 9 Bde. Leipzig 867. Zieger. 8. (1941 S.) 9 ℛ

Schrader, August [Übers.]
s. Kock, C.-P. de: Carotin. 1846.

Schrader, August [Übers.]
s. Kock, C.-P. de: Der Burgundische Postillion. 1846.

— die Komödianten. Orig.-Roman. 4 Bde. Leipzig 862. (Voigt &) Zieger. 8. (962 S.) 5 ℛ

— Kunst u. Liebe. Socialer Roman aus der Gegenwart in 5 Bdn. Leipzig 871. Serbe. 8. (1067 S.) n. 6 ℛ 15 ngr.

— der Graf von Lally-Tolendal. Roman. 2 Thle. 8. (118 u. 289 S.) Leipzig 848, Kollmann. 2 1/3 ℛ

— der Landwehrmann. Zeitbild aus dem Kriege von 1866. 2 Bde. Leipzig 867. Payne. gr. 16. (509 S.) 2 ℛ

— — moderne Lebensbilder. Novellen. 2 Bde. gr. 8. (430 S.) Dresden 860, Bock's Verlag.

— — des Lebens Leid und Lust. Novellen. 4 Bde. 8. Leipzig, Luppe. [1. und 2. Bd. (VIII und 672 S.) 859. à Bd. 1 Thlr. 7 1/2 Ngr., 3. Bd. (III und 255 S.) 860. 1 Thlr., 4. Bd. (V und 320 S.) 861. 1 Thlr. 7 1/2 Ngr.] Thlr. 4

— — Liebe aus Dankbarkeit. Socialer Roman aus der Gegenwart in 6 Bdn. 8. (197; 229; 191; 170; 146; 147 S.) Altenburg 874, Blücher. [Leipzig, Zander.] (M. 19,50.)

Schrader, Aug., Liebeskämpfe oder die Götzen der Leidenschaften. Orig.-Roman. 2. (Titel-)Aufl. 6 Bde. gr. 16. (1337 S.) Leipzig (853. 54)59, Naumburg.

— — die Macht des Capitals. Orig.-Roman. 2 Bde. 8. (585 S.) Brünn 862, Karafiat's Verlag.

— — ein armes Mädchen. Roman. 2 Bde. 8. (578 S.) Leipzig 860, Luppe.

— — Männer und Frauen. Kleine Romane. 2 Bde. 8. (497 S.) Leipzig 861(62), Zieger.

— — Margarethe oder Glanz und Elend. Orig.-Roman. 6 Bde. 8. (1537 S.) Leipzig 868, Zieger.

— der Matrose od. das Testament des Grafen Hamilton. Histor. Orig.-Roman. 3 Bde. gr. 16. (236. 174 u. 212 S.) Leipzig 852, Naumburg. 3 ℛ Herabges. Preis n. 1 ℛ 6 ngr

— meine Mission nach Mecklenburg in Sachen des Herrn Prof. Dr. Baumgarten. Kiel 865. Schröder & Co. gr. 8. (38 S.) n. 6 ngr.

— s. Museum. Bibliothek der neuesten und besten Romane des Auslandes.

Schrader, Aug., germanische Mythologie. Mit e. kurzen Abhandlung über die sonstigen deutschen Alterthümer. Vornehmlich Deutung der Mythologie. gr. 8. (22 B.) Berlin 843, Schröder's Verl.

Schrader, Aug., germanische Mythologie u. deutsche Alterthümer überhaupt. Vornehmlich Deutung der Mythologie. gr. 8. 840. Halle, Colditz'sche Buchh. 1 1/2 ℛ

Schrader, August
Novellen.
Leipzig: Voigt 1863. 8°
Inhalt:
Das Vermächtniß.-Der graue Mann.-Talent und Kapital.-Valentine.-Ein armer Mann.-

Schrader, August, Dr.: Über den Ort der Endpunkte, die man erhält, wenn man auf jeder Tangente eines Kegelschnitts nach beiden Seiten hin vom Berührungspunkte aus eine konstante Strecke abträgt. Paderborn 1904: Junfermann. (47 S.) 8°
Paderborn, k. G Theodorianum OP 1904 (422)

— — Radetzky. Historischer Roman. 3 Bde. 8. (IV und 789 S.) Leipzig 859, M. Schäfer. *

Schrader, A. Das Altenglische Relativpronomen mit besonderer berücksichtigung der sprache Chaucer's. Diss. Kiel 1880. 43 S.

— — Doctor Robin, s. Album für Liebhaber-Theater. 6. Heft.

— — deutsche Salon-Bibliothek, s. Salon-Bibliothek.

Schrader, August [Übers.]
s. Sand, George: Die Grille ... 1860.

— der Savoyard, siehe: Kosmorama für Volk u. Jugend. 2 u. 3. Bdchn.

— — die deutschen Schmuggler. Roman. 1. Bd. 2. Aufl. und 2. Bd. 8. (401 S.) Leipzig 864, Schumann's Antiquarium. *

— — am See, oder: Die Speculanten. Ein Lebensbild aus der Gegenwart. 2 Bde. 8. (III und 530 S.) Leipzig 859, Luppe.

— — Schleswig-Holsteins Situation und Aufgabe in der Gegenwart. Ein Wort zur Orientirung. gr. 8. (44 S.) Kiel 866, Schröder und Comp. *

— die weiße Sklavin Sitten-Roman in 3 Bdn. 8. (195, 206 u. 234 S.) Ebend. 874. 10. 50

— das Staatsgefängniß. Roman aus der neuesten Geschichte. 4 Thle. 8. (203. 260. 289 u. 235 S.) Leipzig 849, Kollmann. 4 ℛ

— Stella, oder: Die Azur-Grotte. Roman. 5 Bde. Leipzig 854. Kollmann. 8. (214; 248; 240; 248; 294 S.) 5 ℛ.

— — die Stiefmutter. Roman. 2 Bde. 8. (563 S.) Leipzig 859, Luppe.

— Till Eulenspiegel's lustige Streiche u. Schwänke, der lieben Jugend erzählt. gr. 8. (6 Chromolith. m. 7 S. Text.) Leipzig 872. Opetz. — 40

—— Mark Sutherland, s. Volks-Bibliothek, neue.

Schrader, August

Mark Sutherland, oder: Die Wege der Vorsehung. Original-Roman. Ster.-Ausg. Th 1.2.
Leipzig: Friedlein 1857. 8°

(Neue Volks-Bibliothek. Bd 3.)

— das gefälschte Testament od. Der Amnestierte. Roman. (96 S.) 8. Ebd. 1. —

—— Thekla, oder die Flucht nach der Türkei. Epilog zum Staatsgefängniß. Nebst zwei andern Novellen. 8. (254 S.) Leipzig 851, Kollmann.

—— Tod und Leben. 2 Bde. 8. (442 S.) Leipzig 868, Matthes.

— der Todescandidat. Roman. 6 Bde. Leipzig 855. Kollmann. 8. (261; 296; 256; 256; 256; 238 S.) 6 ₰.

—— der Untergang des alten Regime. Socialer Roman aus der Gegenwart in 3 Bdn. 8. (621 S.) Leipzig 870, Serbe'sche Verlagsh. [Zander.] (*ℳ. 12.)

— der Untergang d. alten Regime. Socialer Roman aus der Gegenwart in 3 Bdn. Leipzig 871. Serbe. 8. (621 S.) n. 4 ₰

Schrader, August [aus Eversen (Kr. Höxter)]: Geometrische Untersuchung der Geschwindigkeits-Kegel und der Oberflächen gleichen Gangunterschiedes optisch doppeltbrechender Krystalle ... Münster i. W., Druck d. Coppenrathschen Buchdr., 1892; 1 Bl., 66 S., 2 Bl. 8.
Münster, Phil. Fak., Inaug.-Diss. v. 27. Mai 1892

Schrader, Aug., das Urtheil Cromwell's, s. Kosmorama für Volk und Jugend.

— der Verbrecher aus Liebe. Kriminal-Roman. (96 S.) 8. Ebd. 1. —

— der Verbrecher aus Liebe. — Der Bankier. Kleine Romane. 12. (316 S.) Ebd. 891. — 60

Vergeltung. Sitten-Roman aus der neuesten Zeit. 3 Bde. Leipzig 867. Payne. gr. 16. (624 S.) 3 ₰

— das Verhängniß. Socialer Roman aus der Gegenwart in 6 Bdn. Leipzig 871. Serbe. 8. (1409 S.) n. 8 ₰

Schrader, August [Hrsg.]
s. Volks-Bibliothek, neue

—— die beiden Waisen, s. Jugendbibliothek, neue deutsche, von A. Schrader.

—— ein Waisenmädchen. Roman. 6 Bde. 8. (200; 189; 176; 216; 175; 167 S.) Leipzig 872, Literarisches Museum. [Zander.] (ℳ. 15.)

—— von Warschau nach Portici. Historischer Roman aus der poln. Revolution. In 5 Bdn. 8. (207; 242; 224; 244; 290 S.) Altenburg 874, Blücher. [Leipzig, Zander.] (ℳ. 16,50.)

— was alles in der Welt zu sehen ist. Ein hübsches Buch f. Kinder (Verwandlungs-Bilderbuch.) 4. (6 S. m. 6 Chromolith.) Leipzig 876. Opetz. — 90

Schrader, Aug., was alles in der Welt zu sehen ist. Ein hübsches (Verwandlungsbilder-)Buch für Kinder. 8. (6 S. mit 6 Chromolithogr.) Leipzig 883, Opetz.

—— ein Wechsel-Arrest, s. Album für Liebhaber-Theater. 4. Heft.

—— der Weg zum Glück. 4 Bde. 8. Frankfurt a. M. 871, Strauß'sche Buchh. (ℳ. 13,50.)

- Wege und Stege. Kleine Romane. 2 Bde. Leipzig 861. (Voigt &) Zieger. 8. (498 S.) 2 ₰

— wie man's treibt, so geht's. Ein hübsches Buch f. Kinder. (Verwandlungs-Bilderbuch.) 4. (6 S. m. 6 Chromolith.) Leipzig 876. Opetz. — 90

—— wie man's treibt, so geht's. Ein hübsches (Verwandlungsbilder-)Buch für Kinder. 8. (6 S. mit 6 Chromolithogr.) Ebendas. 883.

—— auf den Wogen des Lebens. Socialer Roman aus der Gegenwart in 6 Bdn. 8. (1402 S.) Leipzig 871, Serbe'sche Verlagsh. [Zander.] (*ℳ. 24.) *

—— die Zwillingsbrüder. Roman. 3 Bde. 8. (214; 216; 192 S.) Leipzig 869, (Haefele sen.) [Zander.] (ℳ. 9.) *

Schrader, August Ferdinand

Schrader, Aug. Fd., (Justiz-Commissarius,) Agraria d. preuß. Monarchie. gr. 8. Magdeb. 824. Heinrichshofen. 1 ₰ 8 gr

Schrader, Alex. Ferd., Agraria d. preuß. Monarchie, d. i.: Zusammenstellung aller f. sämmtl. k. preuß. Lande üb. Land-Cultur, gutsherrl. u. bäuerl. Verhältnisse ergang. u. gegenwärtig besteh., u. and. d. Landbewohnern u. Grundbesitzer zunächst angeh. Gesetze u. Verordnn. 2. Thl. gr. 8. (20¼ B.) Magdeburg 835, Heinrichshofen.
1. Thl. Ebendas. 1824. 1 Thlr. 8 Gr.

Schrader, Aug. Fd., Agraria der Preuß. Monarchie, das ist: Zusammenstellung aller für sämmtl. Königl. Preuß. Lande üb. Land-Cultur, gutsherrl. u. bäuerl. Verhaltnisse ergangenen u. gegenwärtig bestehenden, und anderer den Landbewohnern und Grundbesitzer zunachst angehenden Gesetze und Verordnungen. 2r Thl. gr. 8. Magdeburg 835. Heinrichshofen. 1⅓ ₰ (Der 1e Thl Ebd. 824. hat gleichen Preis.) (20¼ B.)

— Gesetze u. Verordnn. des vormal. Königr. Westphalen, allgemein-rechtl. Inhalts, welche auf die Rechtsverhältnisse der Einwohner bleibenden Einfluß haben ꝛc. gr. 8. Magdeb. 824. Heinrichshofen. 6 gr

— Criminalproceß, von ihm selbst herausgg. 8. Magdeb. 823. (Heinrichshofen). 16 gr

—— Repertorium d. gesammten neueren preuß. Gesetzgeb. v. 1806 bis Ende 1834, nach d. verschied. Zweigen u. Gegenständen d. Verwalt. systemat. geord. gr. 4. (20½ B.) Magdeburg 835, Heinrichshofen.

-- s. L. A. G. Schrader, Handbuch d. vaterländ. Rechte.

Schrader, August Ludwig (Braunschweig) A. S. 568/16

Observationes historico-criticas de triscamerario imperatoris. Präs. Johann Tobias Koeler. Göttingen VI. 1758. 34 S. 31333

Schrader, Bernhard: Ueber die Aetiologie und Zusammensetzung der Blasensteine. Halle (1873): Plötz. 28 S. 8°
Halle-Wittenberg, Med. Diss. v. 7. Juli 1873
Geb. Niemegk (Prov. Brandenburg) 1. 11. 1847. V.

Schrador, B(ernhard), Dr.: **A Description of Langenberg for English Conversational Lessons.** *Langenberg Rheinl. 1901: J. Joost.* (25 S.) 8°
Langenberg, RPG, P 1901 (524)

Schrader, Bernhard [Dr.]: Heimatskunde von Langenberg. Tl 1. Langenberg, Druck v. J. Joost, 1895; 3—28 S. 4.
Langenberg, RPG, P 1895 (491)

[J.] **Schrader,** Bernhard [Dr.]: **Heimatskunde von Langenberg.** Tl II. [Schluss d. P-Beil. 1895.] Langenberg, Druck v. J. Joost, 1897; 52 S. 8.
Langenberg, RPG, P 1897 (499)

Schrader, B., Heimatskunde v. Langenberg (Rheinland). E. Anweisg. f. d. Unterricht. gr. 8. (110 S.) Langenberg 897. J. Joost. n. 1. 20

Schrader. Bernhard: **Studien zur Aelfricschen Syntax, ein Beitrag zur altenglischen Grammatik .... Jena, Frommannsche Buchdr.** (Hermann Pohle), **1887;** 2 Bl. + 76 S. + 1 Bl. 8°.
Göttingen, Phil. Fak., Inaug.-Diss. v. 9. März 1886.

Schrader, Bernh., Studien zur Aelfricschen Syntax, ein Beitrag zur altengl. Grammatik. gr. 8. (76 S.) Jena 887, Pohle. *

Schrader, B., Vorschule zum Unterricht im Freihandzeichnen, f. den Massen-Unterricht in öffentlichen Schulen entworfen u. erläutert. 12 (lith.) Taf. Imp.-Fol. Hannover 874. Helwing's Verl. In Mappe. n. 6. —

—— Wandtafeln zum Unterricht im Freihandzeichnen, für den Massen-Unterricht in öffentlichen Schulen entworfen und erläut. Imp.-Fol. (12 Stnt.) Ebendas. 868. In Carton.

Schrader, Bruno, Berlioz, s.a. Universal-Bibliothek.

Berlioz. Von Bruno Schrader. Leipzig: Reclam jun. [1908]. 112 S. 8°
(Musiker-Biographien. Bd. 28.)
(Universal-Bibliothek. 5043.)

Schrader, Bruno, aktuelle Blätter. 1. Stück. gr. 8. Leipzig 906. (A. Schmidt.) n. — 40
Das Riemannkonservatorium in Stettin u. sein Besitzer. Eine krit. Aufklärg. (28 S.)

Die römische Campagna. s.a. Kunststätten, berühmte.

Die römische Campagna. Von Bruno Schrader. Mit 123 Abb. Leipzig: E. A. Seemann 1910. 240 S. 8°
(Berühmte Kunststätten. Bd 49.) [illegible]

Schrader, Bruno. Friedrich der Grosse und seine Zeit in Bild und Wort. Bilder nach Originalen von Camphausen, Chodowiecki, Kampf [u. a.]. Mit Text hauptsächlich nach Kugler u. mit einer Einleitung hrsg. von Bruno Schrader. Hamburg: Hansa-Verlag [um 1906]. 192 S. m. zahlr. Abb. 4°

Schrader, Bruno, Händel, s.: Universal-Bibliothek.

— Handlexikon der Musik, s.: Bremer.

— Mendelssohn, s.a. Universal-Bibliothek.

Schrader, Bruno. Mendelssohn. (Musiker-Biographien. Bd. 21.) Leipzig (1898).

Bruno **Schrader.** Das Riemannkonservatorium in Stettin und sein Besitzer. Eine krit. Aufklärung. Leipzig: A. Schmidt in Komm. 1906. (28 S.) 8°
⇒ Schrader: Aktuelle Blätter. Stück 1. [illegible]

Schrader, Bruno, Toggenburg u. Roswitha. [der sieg d. idealen.] musikdrama in 1 aufzuge. 16. (44 S.) Jena 885. (Leipzig, Schloemp.) n. 1. —

Schrader, C., s.a. Schrader, Karl

Schrader, C., s.: **Jahrbuch,** nautisches.

Schrader, C., Dr., Neu Guinea-Kalender für 1891—93. 6.—8. Jahrg. (Autogr.) Berlin 1890.

Schrader. C., Dr., Neu-Guinea-Kalender. Jahrg. 9—14, 1894—99. Berlin 1893—98.

Schrader, C.: Neu-Guinea-Kalender. Jahrg. 9. 1894—15. 1900. 17. 1902. Berlin 1893 ff. 8°

Schrader, C., De scriptoribus rerum Augusti temporibus gestarum. Diss. 1877. 71 S. 2.—

Schrader, Dr. C. Umgegend von Finschhafen (Neu-Guinea. 1 Bl. c. L. Sch

— — Statistische Zusammenstellung d. Ergebnisse aller seit 1870 im Deutschen Reich stattgehabten Prüfungen zum Seeschiffer, Seesteuermann und Seedampfschiffs-Maschinisten. Berlin 18?7. Fol.

Schrader, C., Dr., Statistische Zusammenstellung der Ergebnisse aller seit 1870—91 im Deutschen Reich stattgehabten Prüfungen zum Seeschiffer und Seesteuermann. (Autographirt.) Berlin 1892. Fol.

Schrader. Dr., Statistische Zusammenstellung der Ergebnisse der im Jahre 1893 im Deutschen Reiche stattgehabten Prüfungen zum Seeschiffer und Seesteuermann. Berlin 1894. Fol.

Schrader. C., Dr., Statistische Zusammenstellung der Ergebnisse der im Jahre 1894, 96, 97 im Deutschen Reiche stattgehabten Prüfungen zum Seeschiffer und Seesteuermann. Berlin 1895, 97, 98. Fol.

Schrader, C., Statistische Zusammenstellung der Ergebnisse der im Jahre 1898 im Deutschen Reiche stattgehabten Prüfungen zum Seeschiffer und Seesteuermann. Berlin 1899. Fol.

Schrader, C. W., Denkmal der Zeit. Ein Archiv der merkwürd. Weltbegebenheiten vom Jahre 1802 bis zum gegenwärt. Zeitpunkte. 8. Elberfeld, Mannes. 817. —

Schrader, Carl, s. Schrader, Karl

Schrader, Carl August Christoph, s. Schrader, Karl August Christoph

Schrader, Carl Emil Otto, s. Schrader, Otto

Schrader, Carl Friedrich, s. Schrader, Karl Friedrich

Schrader, Carl Friedrich Alexander, s. Schrader, Karl Friedrich Alexander

Schrader, Carl Martin Wilhelm, s. Schrader, Karl Martin Wilhelm

Schrader, Carl Wilhelm, s. Schrader, Wilhelm

Schrader, Chr., der Militäranwärter im Dienste der königl. preußischen Staatseisenbahnverwaltung. Zusammenstellg. der f. die Militäranwärter in Betracht komm. Bestimmgn. üb. Bewerbg., Vormerkg., Einberufg., Ausbildg., Prüfg., Anstellg. u. Beförderg. u. Darstellg. der verschiedenen Laufbahnen im Eisenbahndienste. gr. 8. (78 S.) Berlin 903. S. Gerstmann. n. 2. 50

Schrader, Christian Friedrich

— — s. 1) G. Burnet Leben. 2) Dictionnaire etymologique.

Schrader, Chr. Fr., († ...) genera plantarum, selecta in usum tironum. 8maj. Halle 780. Waisenhaus-B. 3 ?

— index plantarum horti botanici paedagogii regii Glauchensis. 12. Halle 771.

Schrader, Christian Friedrich:

Index plantarum Horti botanici paedagogii regii Glauchensis. ([Verf.:] Christianus Fridericus Schrader.) Halae 1772: Hessius. 52 S. 8°

Schrader, Christoph (Halle) A. S. 1264/15

Dissertatio physico-medica inauguralis de hirundinibus.
Erfurt (Grosch) 8. VI. 1713. 18 Bl. 31339

Schrader, Christ. Tabulae chronologicae. Helmstadii 1711. fol.

Schrader, Cph., tabulae chronologicae denuo revisae ac emendatae usque ad annum 1764, c. Jh. Cph. Harenberg. 8maj. Braunschw. 765. Schröder. 12 gl. (List in Berl.) 16 gl.

— — id. lib. cum I. G. Harembeg. 8. maj. Lips. Sommer. -

Schraderi, Chr., Tabulae historicae. Denuo auctae. Brunsv. 765. 8. 12 gr.

Schrader, Clemens, s. Schrader, Klemens

Schrader, Clementine, s. Schrader, Klementine

Schrader, E., bewährte Recepte f. Haus- u. Landwirthschaft erprobt u. gesammelt. 8. (IV, 302 S.) Mühlheim 874. Bagel. 2. —

Schrader, Eberh., s.: Bibliothek, keilinschriftliche.

Schrader, E., Zur babylon.-assyr. Chronologie d. Alexander Polyhistor u. d. Abydenus mit Fragm. von Königsinschriften aus der Zeit d. Ausgänge d. assyr. Gesch. S.-A. 1880. 42 S.

Schrader, Eberh., zur Frage nach dem Ursprunge der altbabylonischen Cultur. gr. 4. (49 S.) Berlin 884, (Dümmler's Verlagsh.) *
Aus: Abhandlungen der k. preuss. Akademie der Wissenschaften zu Berlin, besonders abgedruckt.

Schrader, Eberh., Gedächtnissrede auf Justus Olshausen. Gelesen am Leibniz'schen Jahrestage den 28. Juni 1883. gr. 4. (21 S.) Berlin 883, (Dümmler's Verlagsh. *
Aus: Abhandlungen der k. preuss. Akademie der Wissenschaften zu Berlin, besonders abgedruckt.

Schrader, E., Zur Geographie des assyr. Reichs. Ak. 1889. 12 S.

Schrader, Eberh., die Höllenfahrt der Istar. Ein altbabylonisches Epos. Nebst Proben assyr. Lyrik. Text, Uebersetzg., Commentar u. Glosar. gr. 8. (153 S.) Giessen 874. Ricker. 4. —

—— die assyrisch-babylonischen Keilinschriften. Kritische Untersuchung der Grundlagen ihrer Entzifferung. Nebst dem babylon. Texte der trilinguen Inschriften in Transcription sammt Uebersetzung und Glossar. gr. 8. (IV, 393 S. mit 1 lithogr. Karte.) Leipzig 872, (Brockhaus' Sortiment und Antiq.) *
Aus: Zeitschrift der deutschen morgenländ. Gesellschaft, besonders abgedruckt.

Schrader, Eb., die Keilinschriften am Eingange der Quellgrotte des Sebeneh-Su. gr. 4. (31 S. mit 1 Lichtdr.-Taf.) Berlin 885, (G. Reimer.) *
Aus: Abhandlungen der k. preussischen Akademie der Wissenschaften zu Berlin, besonders abgedruckt.

Schrader, Eberh., Keilinschriften und Geschichtsforschung. Ein Beitrag zur monumentalen Geographie, Geschichte und Chronologie der Assyrer. gr. 8. (VIII, 555 S. mit 1 chromolithogr. Karte in qu. Fol.) Giessen 878, Ricker. *

— die Keilinschriften u. das alte Testament. Nebst chronol. Beilagen, e. Glossar, Registern u. 2 (lith.) Karten (in gr. 8. u. gr. 4.) gr. 8. (VII, 386 S.) Ebend. 872. n. 8. —

—— die Keilinschriften und das alte Testament. Nebst chronolog. Beilagen, einem Glossar, Registern und 2 (lithogr.) Karten (in gr. 8. und gr. 4.). gr. 8. (VII, 386 S.) Ebendas. 873. *

— die Keilinschriften u. das Alte Testament. Mit e. Beitrage v. Paul Haupt. 2. Aufl. Nebst chronolog. Beigaben, 2 Glossaren, Registern u. e. (lith.) Karte. gr. 8. (VII, 618 S.) Giessen 883. Ricker. n. 16. —

— die Keilinschriften u. das Alte Testament. 3. Aufl., m. Ausdehng. auf die Apokryphen, Pseudepigraphen u. das Neue Testament neu bearb. von H. Zimmern u. H. Winckler. I. Hälfte u. II. Hälfte 1. Lfg. gr. 8. Berlin 902. Reuther & Reichard. n. 21. —
I. (VI, 342 S.) n. 13. —. — II. 1. (S. 343—582.) n. 8. —.

Schrader, Eberh., die Keilinschriften u. das Alte Testament. 3. Aufl., m. Ausdehng. auf die Apokryphen, Pseudepigraphen u. das Neue Testament neu bearb. v. H. Zimmern u. H. Winckler. Mit e. Karte der vorderasiat. Länder. II. Hälfte. 2. (Schluss-)Lfg. (X, u. S. 583—680.) gr. 8. Berlin 903. Reuther & Reichard. Unberechnet. (Vollst.: n. 21. —; geb. in Halbfrz. n. 23. —)

Schrader, Eberh., zur Kritik der Inschriften Tiglath-Pileser's II., des Asarhaddon u. des Asurbanipal. [Aus: „Abhandlgn. d. k. Akad. d. Wiss."] Mit 3 Textbeilagen u. 1 (photolith.) Taf. gr. 4. (36 S.) Berlin 880. Dümmler's Verl. in Comm. cart. n. 3. —

Schrader, Eberhard, de linguae Aethiopicae cum cognatis linguis comparatae indole universa. Commentatio praemio regio ornata. gr. 4. (V und 104 S.) Göttingen 860, (Dieterich'sche Buchh.) *

—— die Namen der Meere in den assyrischen Inschriften. 4. (28 S.) Berlin 878, (Dümmler's Verlagsh.) *
Aus: Abhandlungen der k. Akademie der Wissenschaften zu Berlin, besonders abgedruckt.

—— die Sargonsstele des Berliner Museums. gr. 4. (36 S. mit 2 photogr. Taf.) (Ebendas.) 882. cart. *
Vorstehende zwei Schriften sind aus: Abhandlungen der k. preuss. Akademie der Wissenschaften zu Berlin, besonders abgedruckt.

Schrader, Eberh., Studien zur Kritik und Erklärung der biblischen Urgeschichte Gen. Cap. I—XI. 3 Abhandlungen. Mit einem Anh.: Die Urgeschichte nach dem Berichte des annalist. und nach dem des prophet. Erzählers. gr. 8. (VIII und 200 S.) Zürich 863, Meyer und Zeller's Verlag. *

—— assyrisches Syllabar, für den Gebrauch in seinen Vorlesungen zusammengestellt. Mit den Jagdinschriften Asurbanipal's in Anlage (1 Taf.) gr. 4. (8 S.) (Ebendas.) 880. *

— assyrisches Syllabar, f. den Gebrauch in seinen Vorlesgn. zusammengestellt. Mit den Jagdinschriften Assurbanipal's in Anlage. 2. Ausg. gr. 4. (8 S. m. 1 Taf.) Berlin 893 (Reuther & Reichard.) n. 2. —

—— s. Wette, W. M. L. de, Lehrbuch der histor.-krit. Einleitung in die Bibel.

Schrader, E. De ἡἰόνες vocabulo. 5 S. . . . .
Stendal, Progr. 1836

Schrader, Ed. Etymologica. 20 S. 4°
Stendal, Progr. 1845

Schrader, E. Ueber Juvenals XI. Sat. v. 100—7. 15 S.
Stendal, Progr. 1831

Schrader, Ed. Ueber den Ursprung und die Bedeutung der Zahlwörter in der indo-europäischen Sprache. 27 S. 4°
Stendal, Progr. 1854

Schrader, E., Die Vorstellung vom μονοχέρως u. ihr Ursprung. Ak. 1892. 9 S. u. 1 Taf. —.30

Schrader, Eduard

Schrader, Ed., (Hnr. Ed. Siegfr.,) Abhandl. aus dem Civilrecht. 1r Bd. gr. 8. Hannov. 808. Hahn. 1 ₰

Schrader, Ed.: Civilistische Abhandlungen. Weimar 1816.

[Inhalt:]

1. Die Prätor. Edicte der Römer auf unsere Verhältnisse übertragen.
2. Das Interusurium ist nach Hoffmannischen, nicht Leibnitzischen Grundsätzen zu berechnen.
3. Monats-Rechnung des Röm. Rechts.
4. Auslegung des letzten Willens, wenn der Erblasser mehr als ein Ganzes vertheilt hat.
5. Wie kam man auf die vielen auffallenden Sätze bei den dingl. Dienstbarkeiten? und welchen Gang nahm die Ausbildung dieser Sätze?
6. Welche Beschränkung dingl. Dienstbarkeiten ist in D. 8. 1. (de servit.) l. 8 enthalten?
7. Alte Drucke der Theile des Corpus juris civilis, ihrer Verwandtschaft und innerm Werthe nach betrachtet.

— civilist. Abhandll. 1r Bd. (A. u. d. T.: prätorische Edicte d. Römer auf unsre Verhältnisse übergetragen. Ein Hauptmittel unser Recht allmählig volksmäßig zu bilden). gr. 8. Weimar 816. Ind.-Compt. 18 gr. 2r Bd. gr. 8. Ebd. 816. 2 ₰

Schrader, Ed., Almae Georgiae Augustae prima solemnia saecularia die 17. Sept. 1837 Gust. Hugoni ejusd. Univers. litterar. Doct. celeberr. semisaecularia mox celebranda ex animo gratulatur. Additur edit. digestor. Tubingensis spec. complectens D. orig. juris I. 2., l. 2. §. 41 ... 41. 4maj. ($2\frac{1}{2}$ B.) Berolini 837, G. Reimer.

— s. **W. F. Clossius**, comment. juridico-literaria etc. u. verbess. Schräder in Schrader.

— Comment., qua epitome institutionum duodecimo saeculo conscripta, quam codex Tubingensis ejusdem fere aetatis servavit etc. Pro gradu doctoris G. F. Specter. 8maj. Tübing. 822. Laupp. 8 gr.

— et Fr. Mackeldey, Conspectus digestorum in ord. redactorum ad Hellfeldii jurisprudentiam forens. in usum schol. concinn. 4. Helmst. 810. Fleckeisen. 4 gr.

Schrader, Ed.: De divisione fructuum dotis comment. *Helmst.*, akad. Buchdr. 805. 4. (8 Gr.)

— Comment. juridico-mathematica de divisione fructuum dotis resp. F. Mackeldey. 4. Helmst. 805. (Hahn in Hannov.) 8 gr.

Schrader, E., prätorische Edicte d. Römer auf unsre Verhältnisse übertragen. Ein Hauptmittel uns. Recht allmählich volksmäßig zu bilden. gr. 8. Weim. Ind. Comt. 815.

Schrader, Eduard [Praes.], s. Fels, Christian Friedrich: Quid debito pecuniario contracto, praesertim mutationibus circa pecuniam interim factis, solvendum sit?

Schrader, Ed.: D. de vera indole divis. hypothecar. in generales et speciales. *Tüb.* 818. 8.

— ist die Abfassung eines Civilgesetzbuches f. Würtemberg zu wünschen? 8. Tübing. 821. Laupp. 6 gr.

Schrader, Ed.: Institutionum libri 4. Ad fidem codicum ms. rec., commentario perpetuo instruxit. Berolini 1832.

— s. **Justiniani Institutionum libri IV.**

— Comment. de nexu success. ab intestato ut querelae inofficiosi testamenti. 8maj. Götting. 802. Dieterich. 12 gr.

s. **Prodromus corporis juris civilis.**

— quid debito pecuniario contracto praesertim mutationibus circa pecuniam interim factis solvendum sit? s. C. J. *Fels.*

— **Quid debito pecuniario contracto praesertim mutationibus circa pecuniam interim factis solvendum sit? 8maj. Tubingae, Osiander. 814.**

— Comment. praemio regio ornata de remediis contra sententias et de re judicata in causis criminalibus. 8. Götting. 803. Brose. 6 gr.

Schrader, (Hnr.) Ed. (Siegfr.): Comment. praemio regio ornata de remediis contra sententias et de re judicata in causis criminalibus. *Gött.* (u. *Leipz.*, Feind.) Brose. 804. 8. (6 Gr.)

— Commentatio de summatione seriei

$$\frac{a}{b(b+d)} + \frac{a}{b+2d(b+3d)} + \frac{a}{b+4d(b+5d)} +$$

ab soc. Regia Hafniensi in certamine literario praemio regio ornata. 4. Weimar 818. Ind.-Compt. 16 gr.

Schrader, Ed., (Hnr. Ed. Siegfr.,) tituli digestorum, lib. XII. tit. V. de condictione ob turpem causam et lib. XXII. tit. V. de testibus, sedecim cod. MSS. aliorumque subsidiorum criticorum ope emendati; apparatum criticum et praefationem, qua libri, quibus haec crisis nititur, inter se comparantur, adjecit. 8. Tübing. 819. Laupp. 18 gr.

Schrader, Ed.: Was gewinnt die Römische Rechtsgeschichte durch Cajus Institutionen? Heidelberg 1823.
(S.-A. a.: Heidelberger Jahrbücher d. Literatur.)

— was gewinnt die röm. Rechtsgeschichte durch Cajus Institutionen? Untersucht. gr. 8. Heidelb. 824. Oswald. 10 gr.

Schrader, Eduardus Theophilus: *De Thaletis Milesii ratione philosophandi. 66 S. 4°
Halle-Wittenberg, Phil. Diss. v. 25. Aug. 1827
Geb. [Fienerode (Kr. Jerichow II; bei Brandenburg) 25. 2. 1804]

Schrader, Emilie, die kleine Schönfärberin. Neueste leicht faßl. u. gründl. Anweisung zum Färben der seidenen, wollenen, baumwollenen u. leinenen Zeuge, sowie auch des rohen Products, auf eine wenig Kosten, Mühe u. Zeit erfordernde Weise, wie auch zum Schnellfärben rc. Mit einem Anhange, Seidenzeuge, Tücher, Bänder, Strümpfe rc. zu waschen, u. von Flecken aller Art zu befreien. 8. Hamburg 844 auch 846, Tramburg's Erben. 6 ngr.

Schrader, Erich: Das Befestigungsrecht in Deutschland von den Anfängen bis zum Beginn des 14. Jahrhunderts. Göttingen 1909: Kaestner. IV, 123 S. 8° ¶ (Ersch. auch als Buch b. Vandenhoeck & Ruprecht, Göttingen.)
Göttingen, Phil. Diss. v. 6. Okt. 1909, Ref. Brandi
[Geb. 6. Dez. 82 Helmstedt; Wohnort: Helmstedt; Staatsangeh.: Braunschweig; Vorbildung: Gymn. Helmstedt Reife M. 02; Studium: Leipzig 2, Berlin 1, Göttingen 9 S.; Rig. 5. Febr. 09.] [U 10. 1466

Schrader, Erich, das Befestigungsrecht in Deutschland von den Anfängen bis zum Beginn des 14. Jahrh. (III, 123 S.) Lex. 8. Göttingen 909. Vandenhoeck & Ruprecht. 4. —

Schrader, Ernst, Beiträge zur Ortsbestimmung in der Benzolreihe. Inaugural-Dissertation. gr. 8. (60 S. m. 1 Steintaf. in qu. gr. 4.) Königsberg 876. (Leipzig, Kessler.) n. 1. 50

Schrader, Ernst [aus Halle]: Beitraege zur Psychologie des Urteils. Versuch einer analytischen Behandlung desselben. . . . Halle a. S., Hofbuchdr. v. O. A. Kaemmerer & Co., 1890; 78 + 1 S. + 1 Bl. 8°
Halle, Phil. Fak., Inaug.-Diss. v. 16. Febr. 1890

Schrader, Ernst, die bewusste Beziehung zwischen Vorstellungen als konstitutives Bewusstseinselement. Ein Beitrag zur Psychologie der Denkerscheingn. gr. 8. (XII, 84 S.) Leipzig 893. Duncker & Humblot. n. 2. —

Einst und heut. Gedichte von Ernst **Schrader**. *Leipzig: E. Avenarius 1898.* (VIII, 103 S.) 8° [03. 198

Elemente der Psychologie des Urteils von Dr. Ernst **Schrader**, Privat-Doz., Darmstadt. Bd 1. Leipzig: J. A. Barth 1905. 8° [05. 6711 3

Schrader, Ernst, Dr.: Zur Grundlegung der Psychologie des Urteils. Leipzig: J. A. Barth 1903. 98 S. 8° ¶ Auch als Buch. Darmstadt Te. H., Hab.-Schr. v. 21. 4. 1903

Zur Grundlegung der Psychologie des Urteils. Von Dr. Ernst **Schrader**. *Leipzig: J. A. Barth 1903.* (98 S.) 8° [03. 5994

Schrader, Ernst, Ideale. Schauspiel in 5 Aufzügen. 8. (VI, 88 S.) Hannover 898. M. & H. Schaper. n. 2. —

Schrader, Ernst, a. Berlin: Über Kondensationen mit aromatischen Aldehyden. Freiburg i. B.: Speyer & Kaerner. (41 S.) 8°
Freiburg i. B., Phil. Fak., Ref. Gattermann, Diss. v. 1. Aug. 1905
[Geb. 13. Sept. 80 Berlin; Wohnort: Freiburg; Staatsangeh.: Preußen; Vorbildung: Falk-Real-Gymn. Berlin Reife M. 99; Studium: Berlin 1, Freiburg 2, Berlin 2, Freiburg 5 S.; Rig. 10. Mai 05.]

Schrader, Ernst, über Kondensationen m. aromatischen Aldehyden. Diss. (42 S.) 8. Freiburg i/B. 905. Speyer & Kaerner. n. 1. —

Schrader, Ernst: Lamellibranchiaten der Nordsee. Kiel 1910: Schmidt & Klaunig. 70 S. 4° ¶ (Aus: Wissensch. Meeresuntersuchungen. Abt. Kiel. Bd 12.)
Kiel, Phil. Diss. v. 9. Mai 1910, Ref. Brandt
[Geb. 6. Mai 86 Bergen, Kr. Celle; Wohnort: Hannover; Staatsangeh.: Preußen; Vorbildung: Lyz. II Hannover Reife O. 05; Studium: Marburg 2, München 1, Göttingen 1, Kiel 5 S.; Rig. 30. Okt. 09.] [U 10. 2538

Schrader, E., neues Leben. Ein Weihefestspiel. gr. 8. (46 S.) Insterburg 887. (Roddewig.) n. 1. —

Schrader, Ernst, aus dem Liebesleben der Tiere. Biologische Betrachtgn. üb. die Begattg. im Tierreich. (120 S. m. 53 Abbildgn.) 8. Stuttgart (909). Franckh. 1.40; kart. 2. —

Zwischen Nacht und Morgen. Dramat. Dichtung. (Ein Bühnenspiel in 3 T.) von Ernst **Schrader**. Hannover: M. & H. Schaper 1906. (115 S.) 8° [F.] [08. 11590

Schrader, E. [Dr.]: Studien über die Struktur der Legierungen. I. Teil. Insterburg, Druck v. K. Wilhelmi, 1889; 30 S. 4°
Insterburg, k. G u. RG, OP 1889 (6)

Schrader, Ernst [Dr.]: Studien über die Struktur der Legierungen. II. Teil. (Forts. d. P-Beil. 1889.) Insterburg, Druck v. K. Wilhelmi, 1890; 81 S. 4°
Insterburg, k. G u. RG, OP 1890

Schrader, F., Goswin Krackrügge u. sein Prozeß. Eine geschichtliche Darstellung. 8. (VIII u. 136 S.) Jena 848, Luden. 1/2 ₰

Schrader, F., die Unglückstage Hamburgs im Jahre 1812. Nebst Beschreibung der örtlichen Lage, der Hauptmerkwürdigkeiten, der Theilnahme Deutschlands, sowie einer Schilderung der Leiden jener Stadt während der Belagerung im Jahre 1813. Mit 1 Plan der Stadt Hamburg (illum.). 8. Weimar 842. (Leipzig, Wienbrack.) baar 8 ngl

Schrader, F. A., (Prof.,) d. Thierarzt als Rathgeber. 2 Thle. (2r Thl. A. u. d. T.: d. Thierarzt als Rathgeber bei allen Krankheiten d. Rinder, Schafe, Ziegen, Schweine, Hunde 2c.) 8. Meißen u. Pesth 833. (832.) Goedsche. 1 ₰ 20 gl

Schrader, F. A., der Thierarzt als Rathgeber bei allen Krankheiten der Pferde, Rinder, Schafe, Ziegen, Schweine, Hunde, Katzen u. d. Federviehes. Ein Handb. zur Belehr. f. Landwirthe u. Viehbesitzer jeder Art. 2 Thle. 8. (33 B.) Meißen 833. [Leipzig, Rostosky u. Jackowitz.]

Schrader, F. A., der wohlerfahrne Thierarzt, od. Universallexikon aller die Zucht, Pflege u. Wartung d. Hausthiere im gesunden u. kranken Zustande betreff. Kenntnisse 2c. Neue Ausg. (d. nachstehenden Werkes.) gr. 8. (38 1/4 B.) Meißen 841, Goedsche.

—— Universallexikon aller die Zucht, Pflege u. Wartung d. Hausthiere im gesund. u. kranken Zustande betreff. Kenntnisse, mit ausführl. Darstell., wie alle Krankheiten d. Pferde, Schafe, Ziegen, Schweine, Hunde, Katzen u. der Haus- u. Stubenvögel erkannt, verhütet u. geheilt werden können. Nebst e. Anh. v. 150 bewährten Recepten u. Heilvorschriften f. Eigenthümer v. Hausthieren jed. Art abgefaßt. (4 Hfte.) gr. 8. (38 1/4 B.) Meißen 836, 37, Goedsche. Thlr.
Neue Ausg. in 1 Bande, unt. d. T.: Der wohlerfahrene Thierarzt, oder Universallexicon 2c. gr. 8. Ebd. 841. 1 2/3 ₰

Schrader, F. A., die Zucht u. Pflege d. veredelten Schafe, od. gründl. Anleit., die veredelten Schafe im gesunden u. kranken Zustande richtig zu behandeln u. alle mögl. Krankheiten ders. zu erkennen, zu verhüten u. zu heilen; f. Landwirthe, Schäfereibesitzer u. Schafmeister. 8. (17 1/2 B.) Meißen 835, Goedsche.

Schrader, F. Otto, s. Schrader, Friedrich Otto

Schrader, Ferd., Die Associationen in ihrer gewerblichen, mercantilen u. sittlichen Bedeutung, oder wie kann dem deutschen Handwerker und Arbeiter gründlich geholfen werden? Ein Beitrag zur Lehre der Volkswirthschaft. gr. 8°. Leipzig, C. F. Winter, 1859. (VII und 80 S.)

Schrader, Ferd., Bernhard der Große, Herzog zu Sachsen-Weimar. Nach seinem Leben und Wirken in Verbindung mit Begebenheiten aus den Zeiten des 30jähr. Krieges dargestellt. gr. 8. (VIII und 76 S.) Schleiz 856, Hübscher's Buchh. Thlr.

— das Buch für Auswanderer nach den vereinigten Staaten von Nordamerika, mit besonderer Berücksichtigung von Texas, Californien, Australien, Süd-Brasilien und den Freistaaten von Mittel- und Süd-Amerika nebst Mexico. Ein unentbehrliches Hand- und Hülfsbuch für Alle, welche auswandern wollen, oder sich für überseeische Länder interessiren. Leipzig 853. Haendel. 8. (X, 236 S.) 1 ₰.

Schrader, Ferd., das Buch der Revolutionen oder die Ereignisse des J. 1848. Mit Bildn. berühmter Personen und einem Personal- und Sachregister. Für's Volk bearb. 1. Bd. gr. 16. (IV und 316 S. mit 18 Bild. in Holzschn.) Leipzig 851, H. Fritzsche. *

Schrader, Ferd., Friedrich d. Große u. d. siebenjähr. Krieg, s. a. Flemming's, Carl, vaterländ. Jugendschriften.

Schrader, Ferd., Friedrich der Große u. der siebenjährige Krieg, s. a. Jugendschriften, vaterländische.

Schrader, Ferd., Friedrich der Große und der 7jährige Krieg. Blätter der Erinnerung bei Gelegenheit der 100jähr. Jubelfeier des Hubertsburger Friedens für's Volk bearb. gr. 16. (VI und 154 S.) Glogau 863, Flemming.

Um Thron u. Reich, s.: Würdig, L.

— die vereitelte Weihnachtsfreude, s. Geschichtenbibliothek.

Schrader, Fr. Wlh., prakt. Anweis. in d. holstein. Landwirthschaft, fur Anfänger dieser Wirthschaftsmethode, vorzügl. f. Beamte, die Landwirhschaft treiben müssen, ohne dieselbe prakt. erlernt zu haben. 8. Altona 827. Hammerich. 18 gl.
224 S. 1 Tvl.

— tabellar. Darstell. des neuen französ. Maaßes in Vergleich mit d. Calenberg. u. Rheinländischen. 8. Götting. 808. Dieterich. 4 gl.

— Taschenbuch für Landwehrmänner. Mit 5 Kpf. 8. Götting. 814. Dieterich. 16 gl.

Schrader. Fr. X., s. Schrader, Franz Xaver

Schrador, *Friedrich* Franz [aus Hamburg]: Metall-Doppelsalze des Diammoniums und Diamids ... Kiel, Druck v. A. F. Jensen, 1893; 51 S., 2 Bl. 8.
Kiel, Phil. Fak., Inaug.-Diss. v. [17. Aug.] 1893

[J.] Leben und Wirken des seligen Meinwerk, Bischofs von Paderborn, 1009—1036. Von F[ranz] X[aver] Schrader, Pfarrer in Natzungen. *Paderborn: Junfermann 1895.* (104 S.) 1 Bd 8.

— die Weihbischöfe, Officiale u. Generalvikare v. Minden v. 14. bis z. 16. Jahrh. [Aus: „Ztschr. f. vaterländ. Geschichte rc. Westfalens."] gr. 8. (92 S.) Münster 897. Regensberg. n. 1. 20

Schrader, Frdr., die Arbeiterfrage in Meklenburg. Ein Wort zur Verständigung. gr. 8. (8 S.) Neubrandenburg 848, Brünslow. n. 1/12 ₰

Schrader, Friedr. (II.). Auswahl liturgischer Gesänge beim kathol. Gottesdienste. Als Anhang zum Liederbuche d. Verf. 16. (16 S.) Hildesh. 889, Borgmeyer. * — 10

Schrader, Friedr., Beiträge zur Dünger-Lehre. 1. und 2., unveränd. Aufl. 8. (38 S.) Neubrandenburg 853, Brünslow.

Schrader, Frdr., s.: Bibliothek, türkische. 7. Bd. (Hikmet, Ahmed, türkische Frauen.)

Schrader, Friedr., Diagnose der angeschwemmten Ackererden zur Schätzung ihres Werthes für die landwirthschaftl. Benutzung. gr. 8. (19 S. mit 1 Tab. in qu. gr. 4.) Anclam 860, Dietze.

Schrader, Frdr., d. Karmapradīpa, II., s. a. Karmapradīpa.

Schrader, Friedrich: Der Karmapradīpa. I. Prapāṭhaka mit Auszügen aus dem Kommentare des Açārka herausgegeben und übersetzt. . . . Halle a. S., Druck d. Buchdr. d. Waisenhauses, 1889; 1 Bl. + 54 S. + 1 Bl. 8°
Halle, Phil. Fak., Inaug.-Diss. v. [27. Mai] 1889

Schrader, Friedr. (I.). Der Karmapradīpa. I. Prapāṭhaka. Mit Auszügen aus dem Kommentare d. Açārka, hrsg. u. übers. v. F. Sch. gr. 8. (54 S.) Halle 889, (Graeger). * 1 80

Schrader, F., Leitfaden f. den Rechenunterricht in den drei untersten Klassen höherer Lehranstalten nebst Aufgabensammlung. [Nach neuer Methode] 1. Tl. Leitfaden. gr. 8. (70 S.) Hamburg 891. Fritzsche. n. 1. —; geb. n.n. 1. 30

— u. Ferd. Meyer, Liederbuch f. kathol. Mittelschulen, Töchterschulen, Unterklassen v. Gymnasien u. verwandte Lehranstalten. II. Tl. Sammlung 2- u. 3 stimm. Lieder u. Chorgesänge. (IV, 176 S.) 8. Ebd. 906. Geb. n. 1. 20

— Liederbuch f. Volksschulen. Sammlung der beliebtesten deutschen Volks- u. Schullieder f. Knaben- u. Mädchenschulen. Unter Berücksicht. diesbezügl. Verordngn. der Königl. Regiergn. zu Köln, Koblenz u. Düsseldorf u. Osnabrück bearb. 1. Heft: Für Unterklassen. 8. (24 S.) Ebd. 889. * — 15
— dass. — 2. Heft: Für Mittel- u. Oberklassen. Ausg. A u. B. 8. Ebd. 889. ** — 65
A. Mit Anleitung zum Notensingen. (96, 14 S.) ** — 35.
B. Ohne Anleitung. (96 S.) ** — 30.

Schrader, Frdr., Liederbuch f. kath. Volksschulen. Sammlg. d. beliebt. deutschen Volks- u. Schullieder f. kathol. Knaben- u. Mädchenschulen. Nebst e. Anh. geistl. u. kirchl. Lieder. Ausg. A. M. Anleitg. z. Notensingen. 2. Aufl. 12. (142 u. 16 S.) Hildesheim (893). F. Borgmeyer. Kart n.n. — 75;
Ausg. B. Ohne Anleitg. (142 S.) n.n. — 65

Schrader, Frdr., Liederbuch f. kathol. Volks- u. Mittelschulen. Sammlung der beliebtesten deutschen Volks- u. Schul-Lieder in 1-, 2- u. 3stimm. Satze nebst e. Anh. geistl. u. kirchl. Lieder f. Knaben u. Mädchen. 6. Aufl. Ausg. A. Mit Anleitg. zum Notensingen. (159 u. 16 S.) 8. Hildesheim (906). F. Borgmeyer. Kart. n.n. — 75;
Ausg. B, ohne Anleitg. (159 S.) n.n. — 65
Den II. Tl. bildet:

Schrader, Friedr. (I.), Mittheilungen üb. Pferdezucht, mit besond. Bezieh. auf Vorpommern; in Briefen. 8. (6½ B. u. 2 Stnt.) Anclam 838, (Dietze.) *

Friedrich Schrader
1657 - 1704

Friderici Schraderi [Schrader] Programma cum anatomen publicam in virili cadavere anno 1700 institueret d. 4. februarii. Helmestadii 1700: Hammius. 4 Bl. 8°

Schrader, Fr., methodisch geordneter Unterrichtsstoff f. das elementare Freihandzeichnen in Schulen, nebst method. u. sachl. Erläutergn. 3 Stufen in 4 Abtlgn. 4. Hildesheim 886. Borgmeyer. cart. n. 6. 60; Erläutergn. gr. 8. (IV, 57 S.) n. — 60
I. Die gerade Linie. a. Vorstufe: Netzzeichnen. (48 Steintaf.) n. 1. 50. — b. Zeichnen ohne Hilfsmittel. (40 Steintaf.) n. 1. 25
II. Die gebogene Linie. (49 Steintaf.) n. 1. 60
III. Blätter, Bluten u. vollständige pflanzliche Ornamente. (77 Steintaf.) n. 2. 25

Friedrich Schrader
1657 - 1704

De eruditorum Valetudine. [Resp.:] Franciscus Henricus Grübeling. Helmestadii (1701:) Hammius. 16 Bl. 8°

Helmstedt, Med. Diss. v. 3. Dez. 1701

Schrader, Frid. (Christian. Christoph. Bened.) (geb. Göddeckenrode bei Halberstadt 15. 8. 1837): De ventriculi carcinomate. Berolini (1863). (38 S.) 8°
Berlin, Med. Diss. v. 28. März 1863

Schrader, Friedr. (II.), die unregelmäß. griech. Verba blos nach Präsens, Futur, Aorist u. Perfekt. gr. 8. (1 B.) Leipzig 839, [Köhler'sche Vrlsh.]

Schrader, Frdr., Zeichenhefte m. Vorzeichnungen f. Volksschulen. Mit method. Anweisgn. 1.—6. Hft. 4. (à 20 S. m. 1 Bl. Text.) Hildesheim 893. F. Borgmeyer. à n. —20

Schrader, Friedrich Franz, s. Schrader, Franz

Schrader, Frid. Nicol. (geb. Hamburg [illegible]): De consuetudine. Berolini (1810). (24 S.) 8°
Berlin, Med. Diss. v. 9. Aug. 1810

Schrader, Friedr. Nicol., das hamburgische Collegium med. u. d. ärztl. Verein in Hamburg. Im Auftr. d. Vereins, z. 25jähr. Jubelfeier dess. am 2. Jan. 1841, hrsg. gr. 8. (10 B.) Hamburg 840, Perthes-Besser u. Mauke.

Schrader, Friedrich Otto

Schrader, F. Otto, die Fragen des Königs Menandros. Aus dem Pāli zum ersten Male ins Deutsche übers. 1. (älterer) Tl. (III, XXXV, 172 u. XXVII S.) 8. Berlin (907). P. Raatz. 5.—; geb. 6.—

Schrader, F(riedrich) Otto, aus Hamburg: Über den Stand der indischen Philosophie zur Zeit Mahaviras und Buddhas. *Leipzig 1902: G. Kreysing.* (X, 68 S.) 8°
Straßburg, Phil. Diss. v. 1902

Schrader, F. Otto, üb. den Stand der indischen Philosophie zur Zeit Mahāvīras u. Buddhas. gr. 8. (X, 68 S.) Strassburg 902. K. J. Trübner. n. 2.50

Schrader, F. Otto, Wille u. Liebe in der Lehre Buddhas. 2., bedeutend verm. Aufl. v. Kennt der Buddhismus den Begriff der christl. Liebe? (34 S.) 8. Berlin (906). P. Raatz. n. —80

Wille und Liebe in der Lehre Buddhas von Dr. phil. F. Otto **Schrader.** 2., bedeutend verm. Aufl. von 'Kennt d. Buddhismus d. Begriff d. christl. Liebe?' Berlin: P. Raatz [1906]. (34 S.) 8° [06. 4467]

Schrader, Fritz, landwirtschaftliche Baukunde. Lehrbuch f. Baugewerk- u. Landwirtschaftsschulen, prakt. Baumeister u. Landwirte. (VIII, 152 S. m. 314 Abb.) Lex. 8. Leipzig 909. J. M. Gebhardt. 4.—; geb. n 4.50

— Der Treppenbau, s. a. Bibliothek der gesamten Technik.

Der Treppenbau. Von Fritz **Schrader.** Mit 195 Abb. Hannover: M. Jänecke 1908. (126 S.) 8°
— **Bibliothek** d. gesamten Technik. Bd 46. [08. 11043] 7

Veranschlagen v. Hochbauten, s. a. Bibliothek der gesamten Technik.

Veranschlagen von Hochbauten ... Von Fritz **Schrader.** Mit 7 Abb. u. 1 Taf. Hannover: M. Jänecke 1908. (XI, 263 S.) 8°
— **Bibliothek** d. gesamten Technik. Bd 87. [08. 11060] 7

Schrader, G., neue und gründliche Heilung des Kopfweh und Kopfleiden aller Art. Wahrhafte Hülfe für Leidende durch ein neues, alle Kopfleiden berücksicht. Verfahren. 16. (46 S.) Naumburg 862, Regel. *

Schrader, G. C., Gedichte. 8. (9½ B.) Hamburg 830, Schuberth u. Niemeyer.

Schrader, G. C., Gedichte. 2. Ausg. gr. 12. (6¼ B.) Hamburg u. Leipzig 841, Schuberth u. Comp.

Schrader, G. W., biographisch-literarisches Lexicon der Thierärzte aller Zeiten und Länder, sowie der Naturforscher, Aerzte, Landwirthe, Stallmeister u. s. w., welche sich um die Thierheilkunde verdient gemacht haben. Vervollständigt und hrsg. von Ed. Hering. 3 Lfgn. Lex.-8. (X und 490 S. mit 43 Portr. und 95 Namenzügen in eingedr. Holzschn.) Stuttgart 863, Ebner und Seubert. [1. und 2. Lfg. à * 24 Ngr., 3. Lfg. * 1 Thlr. 6 Ngr.] *

Schrader, Gabriel: Ueber Eclampsia gravidarum. Halle (1872): Lipke. 30 S. 8°
Halle-Wittenberg, Med. Diss. v. 8. Aug. 1872
Geb. Bedstedt (Schleswig-Holstein) 28. 1. 1847. V.

Schrader, Georg Andreas Friedrich

Schrader, G. A. F., Notariats-Ordnung für das Königr. Hannover, s. a. Notariats-Ordnung.

Schrader, Geo. Andr. Friedr., Notariats-Ordnung für das Königreich Hannover vom 18. Septbr. 1853 mit erläuternden und kritischen Bemerkungen auch Anlagen A. bis C., enthltd.: Protocoll-Formulare, Auszug aus dem Stempelgesetze und Gebühren-Taxe für die Notare. Hannover 854. Meyer. gr. 8. (XVI, 131 S.) n. 20 ngr.

Schrader, Georg Berthold A. S. 11/35

Jena (Heller) I. 1736.
Titelblatt fehlt.

W. v.: Diet. Hermann Kemmerich, Johann Christian Waitz. 31343

Schrader, Georg M. J. [aus Berlin]: Ueber a-m-Xylenoxäthylamin ... Berlin, A. Knickmeyer's Buchdr., 1896; 30 S. 8.
Rostock, Phil. Fak., Inaug.-Diss. v. [19. Mai] 1896

Schrader, George H. F., deutsche Gedichte e. Amerikaners. (V, 93 S.) gr. 8. Schöneberg-Berlin (W., Akazienstr. 27), Brüning & Hörhold. Kart. 2.—

Schrader, George H. F.: Deutsche Gedichte eines Amerikaners. Schönebg-Bln '09. V, 90 S.

— — Neue Ausg. [u. d. T.:] Stimmungen in Versen. Bln '10. 111 S.

— Grüne Sklaven. (63 S.) gr. 8. New York 908. G. E. Stechert & Co. 2.40; geb. in Leinw. 4.—

SCHRADER, Gerh.: Observatt. jur. civ. lib. IV. *Bardewv.* 755. 4.

Schrader, Gerh., der tausendjährige Rosenstock am Dome zum Hildesheim. 8. (46 S. m. Fig.) Hildesheim 884. Borgmeyer. cart. n. —60

Schrader, Gerhardus: De Ciceronis nominum propriorum usu quaestiones selectae. Berolini 1902 (52 S.).

Schrader, Gf. Leop., neues ABC- u. Lesebuch f. Bürger- u. Landschulen. Mit ausgemalten Figur. u. 8. Leipz., Dürr. 2 Ƶ

— s. Episteln u. Evangelien auf alle Sonn- u. Festtage.

— wichtige Gründe, welche d. evangel. Christen beider Confessionen ihre kirchl. Vereinigung z. Pflicht machen; e. Synodalpredigt. gr. 8. Leipz. 820. Dürr. 3 Ƶ

— Handbuch f. Söhne u. Töchter bei d. Abendmahlsfeier. 8. Leipz. 796. 2e verb. Aufl. 820. (W. Vogel). 9 Ƶ

— Katechismus der evangel. Religion f. Volksschulen. 8. Leipz. 820. Dürr. 4 gr.

— elementar. Lesebuch f. Kinder, die schon im ABC-Buche lesen gelernt haben. 3 Bdchn. 8. Leipz. 797—99. N. Aufl. mit 5 Kpf. 8. Ebd. 817. (W. Vogel). (1s u. 2s à 8 gr. 3s 12 gr.) 1 ℛ 4 gr.

— erstes elementar. Lesebuch f. Kinder z. Lesenlernen. 8. Leipz. 798. 2e A. 806. 3e A. 807. 4e A. 8. Ebd. 823. 5e A. 828. 6e A. Ebd. 832. (W. Vogel). 8 gr. Mit 8 Tabell. 12 gr.

Schrader, Gtfr. Leop., erstes elementar. Lesebuch f. Kinder zum Lesenlernen. 5., u. 6., verb. Ausg. (à 15½ B.) 8. Leipzig 823, 32, Vogel.

Schrader, Gtfr. Leop., erstes elementar. Lesebuch f. Kinder z. Lesenlernen. 7. Aufl., durchges. u. verb. v. Carl Vogel. 8. (16½ B.) Leipzig 836, Vogel.

Schrader, (weil. Prediger M.) Gttfr. Leop., erstes elementarisches Lesebuch für Kinder zum Lesenlernen. 9. Aufl., durchgesehen u. verb. von C. Vogel. gr. 8. Leipzig 843, Vogel. ⅓ ℛ — 10. Aufl., durchges. u. verb. von Carl Vogel. 8. Ebend. 845. ⅓ ℛ

Schrader, Gottfr. Leop., erstes elementarisches Lesebuch für Kinder zum Lesenlernen. 11. Aufl. 1849. und 12. Aufl., durchgesehen und verb. von C. Vogel. 8. (XXIV und 239 S.) Leipzig 852, Vogel. *

Schrader, Gfried. Leop., erstes elementarisches Lesebuch für Kinder zum Lesenlernen. 12. Aufl. 1852. und 13. Aufl., durchgesehen und verb. von C. Vogel. 8. (XXIV und 239 S.) Leipzig 856, Vogel. *

Schrader, Gfried. Leop., erstes elementarisches Lesebuch für Kinder zum Lesenlernen. 15., verb. Aufl. 8. (XVI und 208 S.) Leipzig 863, Vogel.

Schrader, Gottfr. Leop., erstes elementarisches Lesebuch für Kinder zum Lesenlernen. 16. verm. Aufl. 1871, und 17. unveränd. Aufl. 8. (XVI, 233 S.) Leipzig 873, Roßberg'sche Buchh. *

— s. Mart. Luther's kl. Katechismus.

— religiös-moralisches Sonntagsbuch für Jünglinge und Jungfrauen nach ihren jetz. Bedürfnissen. gr. 8. Leipz. Beygang. 799.

— Vaterlands-Katechismus f. d. Jugend in preußischen Staaten. 8. Berlin, Nicolai. 800. •

Schrader, H., Die Anwendung von Gesteinsbohrmaschinen beim Mansfelder Kupferschieferbergbau. Berlin, 1889. 69 S. mit 4 Taf.

Schrader, H., deutsche Fibel, s.: Burkhardt, Cl.

— Gesellschaftskunde f. die Schulen im Fürstentum Reuß j. L., s.: Kalb, G.

Die Kunstschätze zu Calcar. Von H. Schrader. *Cleve: F. Boss Wwe 1895.* (109, IV S.) 8° [5.] [99 8117 6

Schrader, H., Lebens- u. Charakterbilder bibl. Personen. Präparationen f. d. Behandlg. d. bibl. Geschichte auf d. Oberstufe. 1. Tl.: Altes Testament. gr. 8. (VI, 124 S.) Bielefeld 898. Velhagen & Klasing. n. 1.50

— Lebens- u. Charakterbilder biblischer Personen. Präparationen f. die Behandlg. der bibl. Geschichte auf der Oberstufe. 2. Tl.: Neues Testament. gr. 8. (VI, 157 S.) Bielefeld 900. Velhagen & Klasing. n. 1.80; (kplt. n. 3.30)

— Deutsches Lesebuch, s.: Dietlein, Rud.

— die Pilgerfahrten nach d. hl Lande in d. Zeitalter vor den Kreuzzügen als e. der Hauptursachen derselben. Progr. gr. 8. (47 S.) Merzig 897. M. Regler. n. 1.40

Schrader, H., das Mansfelder Pionier-Bataillon in den Befreiungskriegen. 8. (IV, 56 S. m. 1 Bild.) Eisleben 891. (Gräfenhan.) n. — 40

Schrader, H. Chr.: De spasmo maxillae inferioris infantum ... s. Brendel, Joh. Gottfried [Praes.]

Schrader, H. L., Geographie mit Anknüpfung des nothwendigsten aus der Natur- u. Weltgeschichte in planmäßig geordneten Fragen. 12. (3½ B.) Lüneburg 845, Engel's Buchh. Thlr.

Schrader, H. L., Geographie von Deutschland in planmäßig geordneten Fragen für die Volksschulen, auch für den Privatunterricht und für Schul-Präparanden ausgearbeitet. 12. Lüneburg 844, Engel. ⅙ ℛ

Schrader, H. L., Geographie des Königreichs Hannover in planmäßig geordneten Fragen für Volksschulen, auch für den Privatunterricht u. für Schul-Präparanden. 12. Lüneburg 844, Herold u. Wahlstab. ¼ ℛ

Schrader, H. L. Über gallenbildende Insekten in Australien. Wien 1863.

Schrader, Hans: Beitrag zur Kenntnis der Carbomethoxyverbindungen der Phenolcarbonsäuren und ihrer Verwendung für Synthesen. Verbindungen von Chinon mit Aminosäureestern. (Berlin 1910: Ebering.) 29 S. 8°
Berlin, Phil. Diss. v. 1. Aug. 1910, Ref. E. Fischer
[Geb. 30. Jan 87 Schwante; Wohnort: Wilmersdorf b. Berlin; Staatsangeh.: Preußen; Vorbildung: Falk-Realgymn. Berlin Reife M. 06; Studium: Darmstadt Techn. Hochsch. 2, Berlin 5 S.; Rig. 14. Juli 10.] [U 10. 253

Schrader, Hans, über den Marmorkopf e. Negers in d. königl. Museen, s.: Programm, 60., z. Winckelmannsfeste der archäolog. Gesellschaft zu Berlin.

Über den Marmorkopf eines Negers in den Königlichen Museen. Von Hans Schrader. Mit 2 Taf. u. 21 Abb. *Berlin: G. Reimer 1900.* (37 S.) 4° = Programm z. Winckelmannsfeste d. Archaeol. Gesellschaft zu Berlin. 60.

Schrader, Hans, archaische Marmor-Skulpturen im Akropolis-Museum zu Athen. Hrsg. vom österreich. archäolog. Institut. Mit 1 Heliograv. u. 76 Abbildgn. in Kpfrätzg. (Der vom 27. IX. bis 1. X. 1909 in Graz tag. 50. Versammlg. deutscher Philologen u. Schulmänner widmet diese Schrift das österreich. archäolog. Institut.) (VIII, 87 S.) Lex. 8. Wien 909. A. Hölder. 10.—

— die Opferstätte des pergamenischen Altars. gr. 8. (14 S. m. Abb.) Berlin 899. (G. Reimer.) n. — 50
Sonderabdruck aus: „Sitzungsber. d. preuss. Akad. d. Wiss."

Schrader, Hans, Priene, s.: Wiegand, Thdr.

Schrader, Hnr., (+ ...) s. H. Derschau.

Schrader, Heinr., paraphrastische Erklär. u. Zerglied. des Briefs Pauli an die Römer. gr. 8. Halle, Waisenhaushandl. 767.

Schrader, Heinrich Adolf

Schrader, Hnr. Ad., Analecta ad Floram Capensem. Cum tabb. IV aeneis. 4maj. Götting. 831. Dieterich. 18 gr.

Schrader, Henr. Ad., Analecta ad Floram Capensem. 4maj. (7½ B. u. 4 Kpfrt.) Gottingae 832, Dieterich.

— de asperifoliis Linnei commentatio, cum tab. aen. 4maj. Götting. 819. Dieterich. 6 gr

—— Blumenbachia, novum e loasearum familia genus; adjectis observationibus super nonnullis aliis rarioribus aut minus cognitis plantis. 4maj. (7 B. u. 4 Kpfrt.) Gottingae 827, Dieterich.

Schrader, H. Ad., spicilegium florae german. cum tab. aen. gr. 8. Hannover, Ritscher. (Hahn.) 794.

— Flora germanica. c. VI tab. aen. Tom. I. 8maj. Götting. 806 (Berl., Dümmler). 1 ℛ 16 gr Schreibp. 2 ℛ 12 gr Velinp. 3 ℛ

Schrader, H. A., Flora germanica. Tom. II. c. tab. aen. 8maj. Berol. Dümmler. 815.

— nova genera plantarum, cum 6 tab. aen. col. P. I. fol. Lips. Crusius. (F. C. W. Vogel.) 797.

— genera nonnulla plantarum emendata et observat. illust. c. 5 tab. aen. 4. maj. Göttingen, Dieterich. 808.

— Grundriß d. Vorlesungen üb. ökonom. Botanik. 8. Götting. 795. Dieterich. 1 gr

— de Hallophytis Pallasii, respectu inprimis ad Salsolam et Suaedam habito. 8maj. Götting. 801. Dieterich. 9 gr

— Hortus Gottingensis seu Plantae novae et rariores, cum iconib. pict. Fasc. I. et II. Fol. maj. Götting. 809, 12. Dieterich. 8 ℛ

— — u. Link, Jahrbücher der Gewächskunde. s. Jahrbücher.

— Journal f. d. Botanik, s. Journal.

— neues Journal f. d. Botanik, s. Journal.

Heinrich Adolf Schrader

Monographia generis verbasci. Auctore Henrico Adolpho Schrader. Sectio 1.2. Gottingae: Dieterich 1813-1823. 8°

Schrader, Hnr. Ad., Monographia generis Verbasci. Sect. I. Cum tab. quinque aen. 4maj. Götting. 814. Dieterich. 12 gr Sect. II. c. III tabb. aen. 4maj. ibid. 823. 16 gr

Schrader, (H. A.,) Monographia generis verbasci. Sect. II. Cum tab. III. aen. 4 maj. Gottingae 824, Dieterich.

— Revision d. Gattung Usnea in Hoffm. Flora 2c. (aus d. bot. Journ. II. 1. besond. abgedr.) 8. Ebend. 799.

— et J. C. Wendland, sertum Hannoveranum seu plantae rariores, quae in hortis regiis Hannover. vicinis coluntur, cum fig. Vol. I. in IV Fasc. Fol. maj. Götting. u. Leipz. 795 — 798. (Vandenhöck u. R.; auch Hahn in Hannov.) 9 ℛ 16 gr

— comment. super Veronicis spicatis Linnäi acced. T. II. aen. 8. maj Göttingen, Dieterich. 803.

Schrader, Heinr. Adph., gegenwärtiger Zustand d. botanischen Gartens z. Göttingen, nebst e. Grundriss desselben, u. d. systemat. Verzeichnung aller in ihm befindl. Gewächse. 8. Göttingen, 1805. Dieterich.

Schrader, Heinrich Christian Wilhelm, s. Schrader, Wilhelm

Schrader, Heinrich Julius August

Schrader, Henr. Julius Augustus (geb. Magdeburg 12. 11. 1834): De laryngitide crouposa ejusque curatione per tracheotomiam. Berolini (1860). (32 S.) 8°

Berlin, Med. Diss. v. 2. Apr. 1860

Schrader, Hellmuth, a. Alt-Landsberg: Über die landwirtschaftlichen Verhältnisse in der Umgegend von Berlin. Jena 1907: A. Kämpfe. (90 S.) 8°

Jena, Phil. Fak., Ref. Edler, Diss. v. 30. Juli 1907

[Geb. 29. Sept. 83 Alt-Landsberg; Wohnort: Alt-Landsberg; Staatsangeh.: Preußen; Vorbildung: Gymn. Freienwalde a. O. Reife O. 03; Studium: Jena 6 S.; Rig. 15. Juni 07.]

Schrader, Hellmut, Ueber die landwirtschaftlichen Verhältnisse in der Umgebung von Berlin. Diss. 8°. Jena 1908.

Schrader, Frau Henriette, Bericht des Sonderkomitees IX der „Deutschen Frauen-Abteilung bei der Weltausstellung in Chicago 1893", s.: Pappenheim, E.

Schrader, Frau Henriette, häusliche Beschäftigungen u. Gartenarbeit als Erziehungsmittel im Pestalozzi-Fröbel-Hause zu Berlin W., Steinmetzstr. 16. 8. (90 S.) **Berlin 893. Rosenbaum & Hart.** n. 1. 20

Schrader, Hermann [aus Uerdingen am Rhein]: Ueber Abkömmlinge des Carvons ... Uerdingen, Druck v. G. Fohrer, 1894; 51 S. 8.

Göttingen, Phil. Fak., Inaug.-Diss. v. [22. Juni] 1894

Schrader, Herm., üb. Abkömmlinge des Carvons. Diss. gr. 8. (50 S.) **Werdingen 894. (Göttingen, Vandenhoeck & Ruprecht.)** n. 1. 20

Schrader, Herm., Anleitung z. richtigen u. vortheilhaften Gebrauche der Terra Catechu zum echten Braunfärben, des chromsauren Kali zur Darstellung echter grüner u. schwarzer Farben, u. der französ. Soda-Indigo-Küpe zum echten Blaufärben der Schafwolle; m. Hinzufügung von 38 ganz neuen, f. die Wollen-, Seiden- u. Baumwollenfärberei höchst wichtigen Vorschriften. Nebst e. Anhange, enth. in alphabet. Ordnung die zu jenen Vorschriften in Anwendung zu bringenden Substanzen u. Metallauflösungen 2c. gr. 12. ($6\frac{1}{2}$ B.) Berlin 843, Amelang.

Schrader's, Herm., Anleitung zum richtigen, vortheilhaften Gebrauch des Catechu (Terra Catechu) zum echten Braunfärben, des chromsauren Kali zur Darstellung echter grüner und schwarzer Farben u. der Soda-Indigo-Küpe nach neuem, vollkommen verbessertem Verfahren für großen und kleinen Betrieb zum echt Blaufärben der schafwollenen, baumwollenen und halbwollenen Zeuche. Nebst einem Anhang zur prakt. Prüfung des echten Catechu gegen den im Handel jetzt vorkommenden falschen (präparirten) Catechu und der in Anwendung zu bringenden Substanzen. 2. verm. u. verb. Aufl. Leipzig 857. Amelang. 8. (VIII, 95 S.) $22\frac{1}{2}$ *ngr.*

—— vollständige Anleitung zur Färberei und Kunstwäscherei für häusl. Zwecke, enthaltend das Färben und Umfärben, Waschen, Bleichen 2c. aller Bekleidungsstücke und Putzgegenstände vom häusl. Bedürfniß bis zur feinsten Toilette nebst Angabe der Mittel, die Echtheit der Farben zu prüfen. Praktische Anweisungen und Recepte für Hausfrauen, Kleidermacherinnen, Modistinnen 2c. 8. (XVI und 234 S.) Leipzig 861, Amelang's Verlag.

Schrader, Hermann *Ludwig* De archaeologiae Thucydideae apud veteres scriptores auctoritate. (4 S. 1—11)

L. Herbst natalem octogesim. celebranti gratulatur Johanneum

Progr. *Hamburg* 1891.

Nicht im Tauschverkehr

Schrader, H., de archaeologiae Thucydideae apud veteres scriptores auctoritate. — H. Bubendey, de loco Thucydideo [VII, 28] restituendo. — M. Klussmann, die Kämpfe am Eurymedon. gr. 4. (24 S.) Hamburg 891. (Herold's Verl.) n. 1. 60

Schrader's, Herrm., neue Aufschlüsse über das Färben der Seide, Schaaf- und baumwollenen Garne und Gewebe wie sie der Verf. kürzlich in Frankreich kennen lernte und selbst erprobte sowie Belehrung über den Ursprung, die Kennzeichen rc. der in der Neuzeit vorkommenden und noch nicht bekannten Farbmaterialien und chem. Präparate. Nebst einer Zugabe über die Schnell-Bleiche rc., sowie über eine wichtige neue Methode des Degraissirens. (Schrader's Schriften 12. Bdchn.) Mit vielen, nach den angegebenen Recepten gefärbten Proben. 8. (X und 91 S.) Leipzig 854, Amelang's Verlag.

Schrader, Herm., der Bilderschmuck der deutschen Sprache. Einblick in den unerschöpfl. Bilderreichthum unserer Sprache u. ein Versuch wissenschaftl. Deutg. gr. 8. (VII, 379 S.) Berlin 886. Dolfuß. n. 6. —

Schrader, Herm. Der Bilderschmuck der deutschen Sprache. gr. 8. Berl. 886, Felber. * 6 —

Schrader, Herm., der Bilderschmuck der deutschen Sprache in Tausenden volksthümlicher Redensarten. Nach Ursprung u. Bedeutg. erklärt. 2., verm. u. verb. u. 3. unveränd. Aufl. gr. 8. (XX, 543 S.) Weimar 894. 895. E. Felber. n. 6. —; geb. in Leinw. n. 7. —

Schrader, Herm., der Bilderschmuck d. deutschen Sprache in Tausenden volkstüml. Redensarten. Nach Ursprung u. Bedeutung erklärt. 5, verb. Aufl. gr. 8. (XX, 543 S.) Weimar 896. Berlin, E. Felber. n. 6. —; geb. in Leinw. n. 7. —

Schrader, Herm., der Bilderschmuck der deutschen Sprache in Tausenden volkstümlicher Redensarten. Nach Ursprung u. Bedeutg. erklärt. 6. Aufl. gr. 8. (XX, 543 S.) Berlin 901. E. Felber. n. 6. —; geb. n. 7. —

Schrader, Herm., anschauliche Darstellung der neuesten französischen Methoden und gründl. Belehrung über die Fortschritte und vortheilhaftesten Erfindungen in Seiden-Baumwollenfärberei. Enthaltend das Färben der rohen Seide, der baumwollenen Garne (Twiste), der daraus gewebten Zeuge, so wie auch die Methode des Färbens und Appretirens von getragenen Kleidungsstücken aller Art aus obigen Stoffen. Mit Seidenproben vom Verf. selbst nach den im Buche angegebenen Recepten gefärbt. 8. (IV und 76 S.) Leipzig 851(52,) Amelang'sche Vrlgsbh. —

Schrader, Herm., neueste Erfahrungen in d. gesammten Schönfärberei, od. prakt. Anleit. z. Färben sowohl d. losen Wolle, Seide, Baumwolle, Leinen u. Garne, als auch der daraus gewebten Zeuge, so wie der nach neuer in England üblichen Methode. gr. 12. (1⅔ B.) Berlin 839, C. F. Amelang.

—— zuverlässige und neue Erfahrungen in der gesammten Schönfärberei zum Färben der Seide, Schaaf- und Baumwollen-Garne nebst Vorbereitung und Färben des Manilla-Hanfes mit einem Anhang: Anweisung zur eigenen Bereitung und Anwendung der neuesten vortheilhaftesten Bleichflüssigkeit (zur Schnellbleiche) zum Bleichen der baumwollenen rc. Garne und Zeuche, — des Chlorzinns, der blausauren Kali-Composition rc. auch Anleitung zur Verbesserung der Waidküpe. Ein Lehrbuch für strebsame Färber und Fabrikanten. (Schrader's Schriften 11. Bdchn.) Mit Seidenproben, nach den angegebenen Recepten gefärbt. 8. (XII und 108 S.) Leipzig 853, Amelang's Verlag.

— **neuestes Färbe-Buch oder Handbuch der Schönfärberei für wollene, seidene u. baumwollene Zeuge, vorzüglich des echten Pariser-Blau aus dem blausauren Kali, des echten Blau aus der warmen Schnell-Indigo-Küpe u. der gegen Luft u. Säuren festen schwarzen, blauen, grünen u. braunen Farben aus dem chromsauren Kali u. dem Blauholze, nebst einem Anh. zum Färben des Manilla-Hanfes, des Elfenbeins, der Roß- u. and. thierischen Haare u. der aus denselben gefert. Filzerten u. Hutfabrikate. 8. (XII u. 143 S.) Hamburg 847. Kittler. 1 ₰**

Schrader, Herm. (I.), der Färber nach den Anforderungen der Gegenwart. Ein neues und vollständ. Lehrbuch der Wollen-, Baumwollen-, Seiden- und Leinen-Färberei. Nach eigenen prakt. Studien und den im Auslande jetzt übl. Verfahren bearb. 1. Aufl. 1868,69, und 2. Aufl. 4 Thle. 8. Berlin 871, Grieben. à Thl. ℳ 2,25.

Inhalt:

Thl. 1. Schafwollen- und Schönfärberei. (IV, 87 S.)
„ 2. Seidenfärberei. (IV, 68 S.))
„ 3. Baumwollen- und Leinenfärberei. (IV, 63 S.)
„ 4. Farbwaarenkunde. (III, 76 S.)

Schrader, Herm., der Färber nach den Anforderungen der Gegenwart. Ein neues u. vollständ. Lehrbuch der Wollen-, Baumwollen-, Seiden- u. Leinen-Färberei. Nach eigenen prakt. Studien u. dem im Auslande jetzt übl. Verfahren. 3. Aufl. 8. (294 S.) Leipzig 874. G. Weigel. n. 6. —

—— die Färberei im Kleinen. Nebst gründl. Belehrung z. Decatiren der verschied. Zeuge, so wie z. Kenntniß u. Anwendung der zum Färben nöthigen Farbe-Materialien u. Substanzen. Ein nützl. Handbuch f. Schön- u. Seidenfärber, Seidenwäscher u. Haushaltungen. 12. (6½ B.) Berlin 844, Amelang.

—— Färberei im Kleinen enthaltend die Grundlage der Kunst zu färben und der dazu erforderl. Farbstoffe nebst Anleitung zum Appretiren, Pressen und Decatiren anwendbar auf alle Arten wollener, seidener und baumwollener Stoffe, Chiffons rc. in ihrer Einfachheit und Zusammensetzung. Ein wohldurchdachtes Lehrbuch für Färbereien in Mittelstädten rc. Nebst einem Anhang über zweckmäßige Anlage und Einrichtung von Färberei-Anstalten und Anleitung zur Dampfheizung. 2., verm. und verb. Aufl. 8. (X und 145 S.) Leipzig 857, Amelang's Verlag.

—— Farbewaarenkunde zu dem Handbuche der Schönfärberei für wollene, seidene und baumwollene Garne und Zeuge. Anhang zu dessen Färbebuche. 8. (24 S.) Hamburg 848, Kittler.

—— die Fortführung und Darlegung dessen was die neueste Zeit in der gesammten Schönfärberei in Frankreich und Deutschland ergründet hat. Gesammelt auf des Verf. letzter Kunstreise im In- und Auslande. Nebst Enthüllung eines neuen chem. Präparats zum Färben gemischter Stoffe rc. sowie die neueste Verfahrungsweise echte Modefarben, sowie das lyoner Schwarz für Filzhüte richtig zu färben rc. (Schrader's Schriften 16. Bdchn.) 8. (X und 78 S.) Leipzig 855(56,) Amelang's Verlag.

Schrader, Herm., das Geheimniß u. die innere Einheit der drey Göthe'schen Balladen: der Fischer, der Erlkönig u. der Todtentanz. 12. (32 S.) Berlin 881. Dolfuß. n. — 50

Schrader, Herman, das Geheimniß und die innere Einheit der drei Goethe'schen Balladen: Der Fischer, der Erlkönig und der Todtentanz. 12. Berlin 881, Lüstenöder. *

— prakt. Handbuch der gesammten Baumwollen-, Leinwand- u. Seidenfärberei, nebst einer gründl. Anleit. z. Türkisch-Roth-Färberei, sowie zu d. neu entdeckten u. beim Färben d. Seide anzuwendenden Physik-Bädern. Ein unentbehrl. Handbuch f. Färber u. Fabrikanten rc. Nach eignen Erfahrr. u. geprüften Vorschriften. gr. 12. Berl. 832. Amelang. 1 ₰

— s. J. Jergen, Handbuch d. Schönfärberei.

Schrader, Herm. (II.), über die Porphyrianischen Ilias-Scholien nebst einer Ausgabe der auf Ilias Γ. bezüglichen. gr. 4. (45 S.) Hamburg 872, (Friederichsen und Comp.) *

—— Lehrbuch für Hutmacher, Haartuch-, Teppichfabrikanten und Schönfärber betreff. das Färben der thierischen Haare, insbesond. der Roß-, Kuh-, Haasen- und Ziegen-Haare sowie der daraus gefertigten Fabrikate, als Filz, Teppiche, Hüte rc. Nach den neuesten in Frankreich gesammelten und selbst erprobten Erfahrungen. Nebst Anweisung über die Kennzeichen und Güte der dazu in Anwendung zu bringenden Farbmaterialien und Substanzen. (Schrader's Schriften 13. Bdchn.) 8. (VIII und 63 S.) Leipzig 854, Amelang's Verlag. Thlr.

—— neuestes theoret.-praktisches Lehrbuch der Farbewaaren-Kunde. Nebst e. Anhange, die Erklärung der in der techn. Chemie vorkommenden Kunstausdrücke u. die Anweisung enthaltend, den Säure- u. Salzmesser von Beaume ꝛc. zu prüfen u. zweckmäßig anzuwenden. Ein unentbehrl. Handbuch f. Kaufleute, Handlungsbeflissene, Färber, Fabrikanten u. Makler. In alphabetischer Ordnung verfaßt. gr. 12. (8 B.) Berlin 844, Amelang. —

—— neuestes theoret.-prakt. Lehrbuch d. Zeug-Druckerei f. Wollen-, Seiden-, Baumwollen- u. Leinen-Gewebe. Nebst e. vollständ. Belehr. üb. d. Anfertig. d. hierzu nöthigen Metall-Auflösungen (Beizen) u. Substanzen, so wie üb. d. Bleichen, Dämpfen u. Appretiren d. Zeuge, nach d. neuesten eigenen prakt. Erfahrn. (1. Thl.) gr. 12. (8 B.) Berlin 841, C. F. Amelang.

—— neuestes theoret.-praktisches Lehrbuch der Zeug-Druckerei, enthalt. die Buntbeiz-, Weißbeiz- u. Blaudruckerei für Baumwollen- u. Leinen-Gewebe, nebst vollständiger Belehrung zur Darstellung der hierzu nöthigen Grundfarben, nach d. neuesten eigenen prakt. Erfahrungen. Ein Handbuch für Färber, Drucker u. Fabrikanten. 2. Thl. gr. 12. (8 B.) Berlin 843, Amelang. —

Schrader, H., prakt. Lehrbuch der gesammt. Baumwollen-, Leinwand- u. Seidenfärberei, nebst e. gründl. Anleit. zur Türkisch-Roth-Färberei, so wie zu den neu entdeckten u. beim Färben der Seide anzuwend. Physik-Bädern. Ein unentbehrl. Handb. f. Färber u. Fabrikanten ꝛc. Nach eigenen Erfahrn. u. geprüften Vorschriften. gr. 12. (10½ B.) Berlin 832, Amelang.

Schrader, Herm., prakt. Lehrbuch der gesammten Baumwollen-, Leinwand- u. Seidenfärberei, nebst einer gründl. Anleitung zur Türkisch-Roh-Färberei, so wie zu den neu entdeckten und beim Färben der Seide anzuwendenden Physik-Bädern. 2. mit 14 neuen Färbemethoden verm. Aufl. gr. 12. Berlin 846, C. F. Amelang. 1 ₰

—— prakt. Lehrbuch d. gesammt. Wollen- od. Schönfärberei, zum Färben sowohl d. losen Wolle als der Garne, der Tücher, Coatings, Flanelle u. der nicht gewalkten Zeuche, wie Merino ꝛc. Nach d. besten in Deutschland, in den Niederlanden u. in England übl. Methoden u. auf vieljähr. eigene Erfahr. gegründet. Mit Vorr. u. Anmerkn. begl. v. Hermbstädt. gr. 12. (11 B.) Berlin 832, Amelang.

—— prakt. Lehrbuch der gesammten Wollen- oder Schönfärberei, zum Färben sowohl der losen Wolle, als der Garne, der Tücher, Coatings, Flanelle u. der nicht gewalkten Zeuge, wie Merino u. s. w. Mit Vorr. u. Anmerkgn. begleitet von Hermbstädt. 2., mit 11 neuen Vorschriften verm. Aufl. gr. 12. (12 B.) Berlin 841, Amelang.

De Plutarchi Chaeronensis Ὁμηρικοῖς Μελέταις et de eiusdem quae fertur vita Homeri scripsit Hermannus Schrader. *Gothae: F. A. Perthes (1899).* (40 S.) 8°
(Philologis ... Germaniae qui ... 1899 ... Bremam convenerunt ... dedicavit Societas philol. Hamburgensis.) [99·7201]

Schrader's, Herrm., neueste Mittheilungen über die gesammte Wolldruckerei, wie er solche jüngst selbst erprobt hat, zum Bedrucken der schaafwollenen Garne, Flanelle, Tuche ꝛc. nach dem in Frankreich üblichen neuesten Verfahren nebst Anleitung zum Färben der beliebtesten Grundfarben für diese Stoffe ꝛc., desgl. die Bereitung und Anwendung der in der Neuzeit entdeckten vortheilhaftesten Farbe-Extracte, Beiz- und Verdickungs-Substanzen (Gummi-Ersatz) für den Wolldruck. (Schrader's Schriften 14. Bdchn.) 8. (VI und 70 S.) Leipzig 854(55,) Amelang's Verlag.

Schrader, Hermannvs (geb. am 3 Juli 1841 in Hamburg): De notatione critica a veteribvs grammaticis in poetis scaenicis adhibita ... Bonnae, typ. C. Georgi (1863). 1 Bl., 62 S., 1 Bl. 8. ¶ Erschien 1864 selbständig bei Cohen & Sohn in Bonn.
Bonn, Phil. Fak., Diss. v. 14 Nov. 1863

Schrader, Herm. (I.), de notatione critica a veteribus grammaticis in poetis scaenicis adhibita. gr. 8. (62 S.) Bonn 864, Cohen und Sohn. *

Schrader, Herm., quaestionum peripateticarum particula. gr. 4. (11 S.) Hamburg 884. (Nolto.) n.n. 1. —

—— Neue Recepte und Erläuterungen über die gesammte Schönfärberei sowohl der rohen als gewebten Stoffe. Nebst Anleitung über Ansatz und Führung der warmen Indigo-Küpe und Bereitung des Indigo-Carmin, der Pikerinsäure und des Chlorzinns sowie prakt. Winke um dem Blauholze beim Färben größere Ausgiebigkeit zu ertheilen. (Schrader's Schriften 17. Bdchn.) 8. (VI und 87 S.) Leipzig 856(57,) Amelang's Verlag.

—— die neuesten Recepte und Mittheilungen über das Färben der losen Schaafwolle und deren Fabrikate, sowie der Woll- und Baumwollengarne (Twiste), Seide und der daraus gewebten Stoffe. Neuerdings angewendet in Frankreich und den Niederlanden. Ferner eine neue höchst wichtige Anleitung das neue Scharlach (escarlat des gobelins) und das mailänder Schwarz richtig zu färben, sowie eine neue prakt. Methode für das Decatiren der gefärbten schaafwollenen Zeuche ꝛc. Nach eigenen Erfahrungen für seine deutschen Kunstgenossen bearb. (Schrader's Schriften 15. Bdchn.) 8. (XII und 100 S.) Leipzig 855, Amelang's Verlag.

Schrader, Herm., Scherz u. Ernst in der Sprache, s. a. Reuter's Bibliothek f. Gabelsberger-Stenographen. 162. Bd.

[S.] Scherz und Ernst in der Sprache. Vorträge im Allgem. Dtsch. Sprachver. geh. v. Dr. Herman Schrader. *Weimar: E. Felber 1891.* (VI S., 1 Bl., 162 S.) 1 Bd 8. [91·3151]

Schrader, Herm., Scherz u. Ernst in der Sprache. Vorträge, im allgemeinen deutschen Sprachverein geh. 2. Aufl. (VII, 162 S.) 8. Berlin 909. E. Felber. 2.—; geb. n 3. —

—— das Schönfärben schafwollener Garne und aller daraus gewebten Stoffe. Gründliche Darstellung der Vervollkommnungen und Fortschritte dieser Kunst. Ein prakt. Handbuch für Färber und Fabrikanten, welche sich über die neuesten und vortheilhaftesten Färbemethoden belehren wollen. Mit Wollproben, vom Verf. selbst nach den im Buche angegebenen Recepten gefärbt. Nebst einem Anhange über das Ombriren der Wollgarne. 8. (IV und 80 S. mit 1 Stnt. in 4.) Leipzig 851(52,) Amelang'sche Vrlgsh. —

— Schriften 15. Bdchn. enthält die neuesten Recepte und Mittheilungen über das Färben der losen Schaafwolle und deren Fabrikate, sowie der Woll- und Baumwollengarne (Twiste), Seide und der daraus gewebten Stoffe. Neuerdings angewendet in Frankreich und den Niederlanden bei Tuch, Buckskins ꝛc. Ferner eine neue höchst wichtige Anleitung das neue Scharlach (escarlat des gobelins) und das Mailänder Schwarz richtig zu färben sowie eine neue praktische Methode für das Decatiren der gefärbten schaafwollenen Zeuche ꝛc. Nach eigenen Erfahrungen für seine deutschen Kunstgenossen bearbeitet. Leipzig 855. Amelang. 8. (XII, 100 S.) 1 ₰.

Schrader's, Herm., Schriften 16. Bdchn. Die Fortführung u. Darlegung dessen, was die neueste Zeit in der gesammten Schönfärberei in Frankreich u. Deutschland ergründet hat. Gesammelt auf des Verf. letzter Kunstreise im In- u. Auslande. Nebst Enthüllung eines neuen chemischen Präparats zum Färben gemischter Stoffe, als der Lüstres, Orleans, Cassinets u. s. w., sowie die neueste Verfahrungsweise echte Modefarben, sowie das Lyoner Schwarz für Filzhüte richtig zu färben ꝛc. Leipzig 856. Amelang. 8. (X, 78 S.) 25 ngr.

— — 17. Bdchn. Neue Recepte und Erläuterungen über die gesammte Schönfärberei sowohl der rohen als gewebten Stoffe. Nebst einer Anleitung über Ansatz und Führung der warmen Indigo-Küpe und Bereitung des Indigo-Carmin, der Pikerinsäure und des Chlorzinns sowie praktische Winke um dem Blauholze beim Färben größere Ausgiebigkeit zu ertheilen. Leipzig 857. Amelang. 8. (VI, 87 S.) 25 ngr

Schrader's, (Herrm.), Schriften. 18—22. Bdchn. 8. Leipzig, Amelang's Verlag. Thlr. 4

Inhalt:

Bdchn. 18. Neue Farbe-Recepte und Erläuterungen wie der Verf. sie jüngst in England sammelte, erprobte, praktisch ausführte und niederschrieb vorzüglich zum Färben der losen Schafwolle, Garne, Tuche, Flanelle u. s. w. sowie die neueste englische Färbemethode der Seide, der baumwollenen Garne, wie auch der daraus gewebten Stoffe und Belehrung über die Entstehung, Bereitung und Anwendung der neuesten zweckmäßigsten Säuren und Beizen, welche eine höchst vortheilhafte Verwendung in allen Zweigen der Schönfärberei finden. (VIII und 92 S.) 858. 27 Ngr.

19. Neue Entdeckungen und Erläuterungen über die Schönfärberei roher und gewebter Stoffe. Nebst Anleitung zum Färben und Appretiren der thierischen Federn, wie solches in neuester Zeit in Frankreich ausgeübt wird. Desgleichen Bereitung und Anwendung des Acid Tarter (künstlichen Weinsteins) welcher den natürlichen Weinstein um den vierten Theil billiger und eben so vollkommen ersetzt. Nach eigenen in der Neuzeit in Frankreich und England erworbenen prakt. Erfahrungen. (VIII und 78 S.) 859. 27 Ngr.

20. Neueste Resultate aus der Färberei betreffend die Behandlung der Schafwolle, Seide und Baumwolle sowohl als Garn, wie im losen Zustande und der aus denselben gewebten Zeuche (Stoffe), Merino, Tuch rc. Ferner das Färben der Filzhüte nebst Anleitung der Bereitung und des Färbens der Kunstwolle aus gemischten Lumpen (der Schoddy-Wolle). Sodann die Bereitung und Anwendung eines bisher in Deutschland unbekannten Mordant (Beize) zum Färben der Schafwolle und Filzhüte und die Anwendung d. Anilien oder Fuksin zur Darstellung echter rother Farben für Schafwolle, Seide und Baumwolle und des Purpur français zur Herstellung der Lilafarben. Nach den in England und Frankreich jetzt üblichen Verfahren. (XII und 68 S.) 861. 22½ Ngr.

21. Neues Handbuch der Zeuchfärberei und Zeuchdruckerei. 1. Thl.: Die Darstellung der zum Bedrucken sich eignenden Grundfarben, die Bereitung und Anwendung der neuesten und vorzüglichsten Verdickungsmittel und Appreturmassen und die Gewinnung der Salze, Säuren und Farbesubstanzen auf chemischem Wege behufs der Zeuchfärberei und des Zeuchdrucks. Nach eigenen in Deutschland, Frankreich, England, Belgien und der Schweiz gemachten und erprobten praktischen Erfahrungen und nach dem neuesten Standpunkte der Kunst. (VIII und 108 S.) 862. 1 Thlr.

22. Neues Handbuch der Zeuchfärberei und Zeuchdruckerei. 2. Thl.: Der Wollen-, Baumwollen-, Leinen-, Seiden- und Halbwollendruck in seinen verschiedenen Zweigen, sowohl mittelst des Hand-, als des Walzen- und Perrotinedrucks, nebst Bereitung der zweckmäßigsten Reiz- und Ausdruckfarben und das Dämpfen und Appretiren der bedruckten Zeuche rc. (XI und 127 S.) 862. 1 Thlr.

Schrader's, Herrm. (II.), Schriften. 1. und 23.—27. Bdchn. 8. Leipzig, Amelang's Verlag.

Inhalt:

Bdchn. 1. Praktisches Lehrbuch der gesammten Wollen- und Schönfärberei sowohl der losen Wolle, als der aus derselben gesponnenen Garne und der aus solchen gewebten Tuche, Merino's, Coatings, Flanelle rc. Ein Handbuch für strebsame Färber und Fabrikanten. 3., verm. und verb. Aufl. (XII und 126 S.) 862. 1 Thlr.

• 23. Der Steinkohlentheer die wichtigste Färbsubstanz der Neuzeit zum ersten Male zur allgemeinen Kenntniß gebracht in deren Anwendung zur glanzvollsten Erzeugung von Anilin, Rosalin, Fuksin, Azulin rc. Ferner Anweisung für Färber und Fabrikanten über die neueste Erfindung dem Schafwollen- und Streichgarn eine besond. Festigkeit und Weichheit zu ertheilen, wodurch die Schönheit der Farben erhöht und das Filzen vermieden wird, sodann einfache Sicherheitsvorrichtung, um das Zerspringen der Dampfkessel gänzlich zu verhüten, sowie neue Erfahrungen in allen Zweigen der Färberei zu großem und kleinem Betrieb. (VI und 72 S.) 863. 22½ Ngr.

24. Das Färben und Appretiren der sämmtlichen Pelzwaaren von thierischen Fellen als von Hasen, Katzen, Bären rc. so schön und ächt, wie es der Luxus der gegenwärt. Zeit erfordert. Desgleichen Anweisung zum Färben in allen beliebten Farben, der Schafwoll-, Lamm- und Angora-Felle rc. Anleitung über die neue verb. Darstellung der Anilinpräparate zur billigsten Erzeugung der schönsten rothen, violetten und blauen Farben. Nach den neuesten Erfahrungen in England, Frankreich und Belgien, alles erprobt durch eigene prakt. Versuche vom Verf. (VIII und 82 S.) 863. 1 Thlr.

Bdchn. 25. Das Neueste über Schönfärben und Zeuchdruck schafwollener und seidener Zeuche. Die verschied. Anilinpräparate in Verbindung mit belieb. Grundfarben nach den neuesten französ. und engl. Methoden. Die in der Neuzeit in Anwendung gebrachten Beizen und Farbesubstanzen (Pigmente), ferner die Methode eines geregelten Dämpfens ohne Nachtheil für die Farben sowie neue Belehrung über die zweckmäßigste Einrichtung einer Zeuchdruckerei. (VI und 84 S.) 864. 25 Ngr.

26. Das neueste Verfahren zum Färben und Bedrucken der Twiste (Baumwollengarne), sowie der Baumwollen-, Leinen- und Halbwollenzeuche u. s. w. für Weißbeiz- oder Aetz-, Buntbeiz- und Tafeldruckfarben, nebst dem Dämpfen derselben. Ferner Anwendung der Anilinpräparate zum Färben und Bedrucken obengenannter Zeuchstoffe, und das neueste Verfahren, aus dem Petroleum dieselben Anilinfarben zu erzeugen, wie aus dem Steinkohlentheer. (VIII und 108 S.) 864. 1 Thlr.

27. Theoretische und praktische Belehrung für den großen und kleinen Betrieb der gesammten Schönfärberei. Nach den neuesten prakt. Erfahrungen. (XVI und 171 S.) 865. 1 Thlr.

Schrader, Herm., die Sirenen nach ihrer Bedeutung u. künstlerischen Darstellung im Alterthum. Berlin 868. G. Reimer. gr. 8. (III, 119 S.) n. 20 ngr.

Schrader, Herm. Das Trinken in mehr als fünfhundert Gleichnissen u. Redensarten. Eine sprachwissenschaftl. Untersuchg. aus der Methyologie. 1.—3. Tauf. 16. (VIII, 111 S.) Berl. 890, Lüstenöder. * 1 50

[J.] Aus dem Wundergarten der deutschen Sprache. Von Dr. Herman Schrader. *Weimar: E. Felber 1896.* (VIII, 288 S.) 1 Bd 8. [96. 527]

Schrader, H[ermann] H., aus Hamburg: Über habituelle **Schulterluxation** infolge von Syringomyelie. *Tübingen: H. Laupp 1899.* (11 S.) 8° ¶ (Aus: Beiträge zur klinischen Chirurgie, Bd 23, H. 1.)
Tübingen, Med. Diss. v. 1899

Schrader, Hermann Heinrich Christ.: De digestione animalium carnivororum. Gottingae (1755). 35 S.
Göttingen, Med. Diss. v. 1755.

Hermann Heinrich Christian Schrader

Observationum rariorum ad rem medicam et obstetriciam spectantium fsc. ... Coll. ab Herm[anno] Henr[ico] Chr[istiano] Schrader. Fasc. 1. Guelpherbyti: Meisner 1760. 8°

Fasc. 1: 1760. 115 S.

Schrader, (J. A.,) kl. Taschenwörterbuch d. Musik, enth alle in d. Musik vorkommende italien. Wörter, nebst andern gebräuchl. Kunstausdrücken rc. gr. 12. Helmst. 827, Fleckeisen.

Schrader, J. C. C., s. Schrader, Johann Christian Karl

Schrader, J. G. F., s. Schrader, Johann Gottlieb Friedrich

Schrader, J. H. C., s. Schrader, Hermann Heinrich Christian

Schrader, J. H. L., s. Schrader, Johann Heinrich Ludwig

Schrader, Jh., Observationes liber. 4. Franequerae 761. (Leipz., Weidmann). ...

Schrader, Johann Christian Karl

Schrader, J. Ch. K., Norddeutsches Apothekerbuch. gr. 8. Berlin, Mylius. 791.

Schrader, Jh. Chr. Karl, die norddeutschen Arzneipflanzen f. Anfänger d. Apothekerkunst. gr. 8. Berl. 791. Mylius. 1 ℛ 20 g

Schrader, Johann Christian Karl: Die Norddeutschen Arzneipflanzen für Anfänger der Apothekerkunst. 644 S., gbd., Tab.

Berlin: Mylius 1792

JB 6.538

— Flora, od. ländl. Gemälde. 8. Berl. 796. Franke. 14 g

-- s. Preisschriften, zwei.

Schrader J. C. C. u. **Neumann J. S. B.:** Zwei Preisschriften üb. die eigentliche Beschaffenheit u. Erzeugung d. erdigen Bestandtheile in den verschiedenen inländischen Getreidearten. Berl. 1800. 120 S.

Schrader, I(oh.) E(duardus) I(ulius) (geb. am 26 Dez. 1809 in Berlin): De monocotyledonearum et dicotyledonearum circa gemmarum explicationem differentia ... Bonnae, typ. C. Georgii 1834. 4 Bl., 23 S. 8.
Bonn, Phil. Fak., Diss. v. 29 Juli 1834

Schrader, Johann Gottlieb Friedrich

— Beschreib. e. neuen u. vollkomm. Einrichtung e. Luftpumpe. Mit 1 Kpf. gr. 8. Flensb. 790. (Hammerich in Altona). 4 g

— Beschreib. ein. neuen u. vollkomm. Einrichtung d. Luftpumpe. mit K. gr. 8. Flensburg, Korte. (Christiani in Schleswig.) 790.

— Beschreib. d. Mechanismus eines 26füßigen Teleskops. Mit 1 Kpf. gr. 8. Hamb. 794. Gundermann. 5 gl

— Beschreib. d. Mechanismus eines 26füßigen Teleskops. gr. 8. Hamburg, Gundermann. 796.

— Grundrisz der Experimental-Naturlehre in seinem chemischen Theile nach der neueren Theorie, so wohl zum Leitfaden akademischer Vorlesungen als auch zum Gebrauch für die Schulen entworfen. Mit 66 Figuren. Hamburg. 1797. — 2. Aufl., verbessert, ergänzt und groszen Theils umgearb. von LUDW. WILH. GILBERT. Mit eingedruckten Holzschnitten. Hamburg. 1804.

— Grundriß d. Experimentalnaturlehre, in seinen chem. Theile 2c. Mit 66 Kpf. gr. 8. Hamb. 797. 2e A. umgearb. v. L. W. Gilbert. gr. 8. Ebd. 805. Gundermann. 1 ꝥ 3e Aufl. gr. 8. Leipz. 822. Cnobloch. 1 ꝥ 12 gl

Johann Gottlieb Friedrich Schrader

Grundriß der Experimentalnaturlehre nach den neuesten Entdeckungen zum Leitfaden akademischer Vorlesungen... entworfen von Johann Gottlieb Friedrich Schrader. 2.Aufl.,verb.,erg.u.z.großen Th. umgearb. von Ludwig Wilhelm Gilbert. Hamburg: Bachmann & Gundermann 1804. 308 S. 8°

Johann Gottlieb Friedrich Schrader

Grundriss der Experimentalnaturlehre nach den neuesten Entdeckungen zum Leitfaden akademischer Vorlesungen... Von Johann Gottlieb Friedrich Schrader. 3.Aufl. von Ludwig Wilhelm Gilbert. Lfg 1. Leipzig: Cnobloch 1822. 8°

Lfg 1: 1822.

Schrader's Naturlehre, m. Anm. von Gilbert. 8. Leipz. Cnobloch. 810.

SCHRADER, J[OH.] G[OTTL.] F[RIEDR.], d. jüngere, Versuch einer neuen Theorie der Elektricität, welche auf Grundsäzen des neuen Systems der Chemie beruhet. Zur Anzeige seiner Wintervorlesungen von Michaelis bis Ostern 1797 entworfen. Altona. 1796. P.

Schrader, J. Gli. F., Versuch einer neuen Theorie der Elektricität. 8. Altona, Bechtold. 797.

Schrader, Johann Heinrich Ludwig

Schrader, J. H. L., apostolische Ermahnung an christliche Gemeindegenossen, bei dem Eintritte eines neuen evangelischen Lehrers und Seelenhirten. Predigt am 6. Sonnt. nach Trin., 18. Juli 1852, vor der Einführung des Hrn. Pfr. Sudhoff gehalten. 8. (16 S.) Frankfurt a. M. 852, (Völcker.)

Schrader, J. H. L., apostolische Ermahnung an christliche Gemeindegenossen, bei dem Eintritte eines neuen evangelischen Lehrers u. Seelenhirten. Predigt am 6. Sonnt. nach Trin., 18. Juli 1852, vor der Einführung des Hrn. Pfarrer Sudhoff gehalten. 8. (16 S.) Frankfurt a. M. 852. (Zimmer'sche Sortiments-Buchhandlung.) 3 ngr

Schrader, J. H. L., über einige der eigenthüml. Gefahren, welche d. Leben in d. bürgerl. Gesellschaft uns aussetzt. Pred. gr. 8. (1½ B.) Frankfurt a. M. 832, Sauerländer.

—— protestant. Kanzelberedsamkeit, s. Kanzelberedsamkeit.

—— Predigt beim Antritt seines Amtes. gr. 8. ... Frankfurt a. M. 830, Sauerländer.

Schrader, Jh. Hnr. Ldw., von der Theilnahme des Christen an Allem, was das Reich Gottes angeht. Predigt am 4. Sonntage p. Trin. 1845, mit Rücksicht auf die neuesten Bewegungen in der kathol. Kirche gehalten. 2. Aufl. gr. 8. Frankfurt a/M. 845, Sauerländer. n. 1/12 ꝥ

Schrader, J. H. L., die gesegnete Verbindung zwischen evangelischen Geistlichen u. ihren Gemeinden. Predigt am 2. Adventsonntage, 4. Decbr. 1864, vor der Einführung des Herrn Pfarrer Ehlers gehalten. Frankfurt a. M. 865. (Völcker.) gr. 8. (16 S.) 3 ngr

—— „Von Gottes Gnade bin ich, was ich bin!" Predigt am 2. Sonnt. nach Trin. 1855 im Rückblick auf seine 25jähr. hiesige Amtsführung gehalten. gr. 8. (19 S.) Frankfurt a. M. 855, Sauerländer's Verlag.

—— Worte der Liebe u. des Ernstes an die Glieder der evang. Kirche unter den Bewegungen u. Kämpfen der Zeit. Zwei Predigten am 18. u. 20. Sonntage p. Trin. 1845 gehalten. gr. 8. (1¾ B.) Frankfurt a. M., Sauerländer's Verl.

—— Zeugnisse aus dem Worte Gottes für das Leben. Predigten auf alle Sonn- u. Festtage des Kirchenjahres. 2 Bde. gr. 8. (49¼ B.) Frankfurt a. M. 845, Sauerländer's Verl. *

Des Königlichen Synodi zu Rendsburg wohlgemeinte und hertzliche Ansprache, an Sämtliche Lehrer der beyden Hertzogthümer Schleswig und Holstein, auf Ih. Kön. Maj. (Christian VI.) Befehl verfasset und in Druck gegeben [v. Johann Hermann Schrader]. Altona. [1737.] 8°.

Des Königl. Synodi zu Rendsburg wohlgemeinte und herzliche Ansprache an sammtliche Lehrer der beiden Herzogthümer Schleswig u. Holstein auf Befehl und mit Approbation verfasset und in Druck gegeben [v. Johann Hermann Schrader (1737)]. Zum hundertjährigen Gedächtniss neu hrgg. v. Leonhard Friedr. Christian Callisen. Schleswig. 1836. 8° Koch

Schrader, Joh. Hm., erbaul. Betrachtungen v. göttl. Rührungen u. geistl. Anfechtungen. 4. Lubeck. 736.

— Gnade u. Wahrheit 2c. od. Erklär. d. Sonn- und Festtags-Evangel. 2c. 2 Bde. 4. Lübeck, Donatius. (Riemann u. R.) 762. Rthlr

Johann Ludwig Schrader

Commentatio practico- medica de encephalitide typhum torpidum simulante. Observationibus illustr. Auctore Ioanne Ludovico Schrader. Gottingae: Deuerlich 1814. 45 S. 8°

2. Ex.: Mx 208 (6)

Schrader, [Joh.] L[udwig]: Ueber die Natur des Milzbrandes der Thiere und des Milzbrand-Carbunkels bey den Menschen, dessen Verhütung und Behandlung. Magdeburg 1828. 66 S.

Schrader, Johann Rudolph (Gandersheim) A. S. 1193/44

Dissertatio inauguralis medica de haemorrhoidibus gravidarum et puerperarum. Präs. Michael Alberti. Halle (Hendel) 6. V. 1727. 42 S. 31346

Schrader, (Otto Friedr.) Johannes (geb. Gross-Fredenwalde in d. Uckerm. 21. 6. 1857): Zur Aetiologie der Hundswut. Berlin (1880). (32 S.) 8°
Berlin, Med. Diss. v. 7. Okt. 1880

Schrader, Johannes [Pomeranus]: Palaephatea ... [Erschien vollst. in: Berliner Abh. z. klass. Altertumswiss., Bd 1.] Berolini, R. Heinrich, 1893; 2 Bl., 33 S., 1 Bl. 8.
Berlin, Phil. Fak., Inaug.-Diss. v. 20. Dez. 1893

Schrader, Johs., Palaephatea, s.a. Abhandlungen, Berliner, zur klassischen Altertumswissenschaft.

Schrader, J., Palaephatea I. Diss. 1893. 33 S.

— — Compl. 1894. 59 S.

Schrader, Jul. (II.), Elegien. 16. (71 S.) Berlin 854, Trowitzsch und Sohn. *

Schrader, Jul., Gedichte. gr. 8. (161 S.) Berlin 849, Trautwein'sche Buchhandlung. 3/4 ℛ

—— Kaiser Heinrich der Vierte. Trauerspiel in 2 Thln. 8. (X und 288 S.) Berlin 854, Trowitzsch und Sohn. *

Schrader, Jul. (I.), die höhere Zeichen-Schule. 1. Lfg. qu. gr. Fol. (3 Stnt.) Leipzig 856, Payne. *

Schrader, Karl, der Antipietist, oder Vertheidigung des vernunftgemäßen Christenthums wider die pietistischen Angriffe. 2. verb. Aufl. 8. Leipzig 846, Kollmann. 1/2 ℛ

[F.] 'Auge um Auge!' Roman v. A. C. Strahl [d. i. Carl **Schrader**]. *Berlin: Deutsche Schriftsteller-Genoss. 1895.* (190 S., 1 Bl.) 1 Bd 8. [96 595

Schrader, Karl, s. Beiträge, kritische, zur herrschenden Wirthschaftspolitik.

Meister Bertram und seine Söhne. Ein Stück aus d. Kleinleben in 1 Akt von A. C. Strahl [d. i. Karl **Schrader**]. Mühlhausen i. Th.: G. Danner [1906]. (40 S.) 8° [F.]
= **Volksbühne,** Danners deutsche. No 4. [06. 13770 3

Schrader, K[arl] u. H[enriette]: Die hauswirthschaftliche Bildung der Mädchen in den ärmeren Klassen. Bemerkungen zu dem dem Congresse d. Armenpfleger erstatteten Referate. — Berlin: Hoffschläger 1888. 16 S. 8°

Schrader, K. u. H., die hauswirthschaftliche Bildung der Mädchen in den ärmeren Klassen. Bemerkungen zu dem dem Congresse der Armenpfleger erstatteten Referate. gr. 8. (16 S.) Berlin 888. Puttkammer & Mühlbrecht. n. — 40

Schrader, Carolus: De electromagnetismo. Halae (1821): Schimmelpfennig 35 S., 1 Taf. 8°
Halle-Wittenberg, Med. Diss. v. 8. Sept. 1821
Geb. Alsleben a. d. Saale 5. 7. 1793. V.
Neuer verb. Abdr. ersch. in: Schweiggers Journal für Chemie u. Physik Bd. 33 (= Jahrbuch Bd. 3). Nürnberg 1821. S. 1–30.

—— Friedensworte an d. kathol. Christenheit, in e. Gespräch zwischen e. kathol. u. e. evangel. Christen üb. d. neuesten kirchl. Ereignisse in Preußen. 8. (1 3/4 B.) Rinteln 839, [Bösendahl.]

Friedrich der Große in volkstümlichen Gedichten von A. C. Strahl [d. i. Karl **Schrader**]. Berlin: R. v. Decker 1905. (235 S.) 4° [F.] [05. 15600

Schrader, K., der deutsche Kaiser Friedrich. Eine Erwiderg. auf Gust. Freytag's Schrift: Der Kronprinz u. die deutsche Kaiserkrone. [Aus: „Nation".] 1.—5. Aufl. gr. 8. (14 S.) Berlin 889. Rosenbaum & Hart. n. — 50

Schrader, Karl, üb. den syntactischen Gebrauch d. Genitives in der gothischen Sprache. Inaugural-Dissertation. gr. 8. (58 S.) (Göttingen 875. Vandenhoeck & Ruprecht's Verl.) n. 1. 50

Schrader, K., zusammenfassende Geschichtswiederholungen für Prima, s.: Hassencamp, R.

— Gespräch über das neue Bisthum zu Jerusalem zwischen einem Vertheidiger u. Gegner desselben. gr. 8. Rinteln 842, Bösendahl. (Liter.-artist. Verlags-Institut.) n. 1/6 ℛ

Grossmutter spricht! Ernste Vortrags-Dichtungen ... von A. C. Strahl [d. i. Karl **Schrader**]. Mühlhausen i. Th.: G. Danner [1907]. (196 S.) 8° [08. 5190 3

'Journal amusant'. Roman von A. C. Strahl [d. i. Karl **Schrader**]. Berlin: R. Eckstein Nachf. [1907]. (307 S.) 8° [08. 7307

— s. Luther's wahres Christenthum.

Schrader, Karl, zur Manchester-Schule. Streiflichter auf die gegenwärt. Lage der deutschen Industrie. gr. 8. (24 S.) Leipzig 876. Hartung & Sohn. — 60

Schrader, Karl [Dr.]: Miscellen zur Varusschlacht. Düren, Hamel'sche Buchdr., 1890; 8. 8–40; 4"
Düren, G, P 1890 (429)

Schrader, Carl, über die höheren Oxydationsstufen des Wismuths. Inaugural-Dissertation. gr. 8. (38 S.) Göttingen 861, (Vandenhoeck und Ruprecht's Verlagsh.) * *

Schrader, Karl, der Apostel Paulus. 1—4. Thl. gr. 8. Leipzig, Kollmann.
Thl. 1. Chronolog. Bemerkn. üb. d. Leben d. Apostels Paulus. (17 B.) 830. 1 Thlr. 8 Gr.
" 2. Das Leben d. Apostels Paulus. (23 1/2 B.) 832. 1 Thlr. 18 Gr.
" 3. Die Lehren d. Apostels Paulus. (21 B.) 833. 1 Thlr. 12 Gr.
" 4. Uebersetz. u. Erklär. d. Briefe d. Apostels Paulus an d. Corinther u. an d. Römer. (31 B.) 835. 2 Thlr. 6 Gr.

Schrader, Karl, der Apostel Paulus. 5. (letzt.) Thl., od. Uebersetz. u. Erklär. d. Briefe d. Apostels an d. Thessalonicher, d. Epheser, d. Colosser, den Philemon, d. Philipper, d. Galater, den Timotheus u. den Titus, u. d. Apostelgeschichte. gr. 8. (46 B.) Leipzig 836, Kollmann.

Schrader, C., der freie Protestantismus u. die evang.-protest. Kirche. Auch ein freies Wort, allen Freunden Christi ans Herz gelegt. gr. 8. Apenrade 846. (Kiel, Academ. Buchh.) n. 6 ngl

Schrader's, Carl, Rechtfertigung über die Anklagen wegen seines Buches „der Antipietist." 8. (71 S.) Minden 847, Eßmann. *

'Schief'. Die Geschichte e. realist. Stückes, in gereimen Vierzeilern erzählt vom Dichter Titus Krammusse. Hrsg. von A. C. Strahl [d. i. Karl Schrader]. Berlin: Harmonie [1907]. 49 S. 8°

[F.] Sekt. Schwank in 1 Akt v. A. C. Strahl [d. i. Carl **Schrader**]. *Mühlhausen i. Th.: G. Danner [1897].* (56 S.) 1 Bd 8.
= **Thalia.** [No] 34. [98. 9950

Schrader, Carl, s.: Strahl, A. C.

— die Verschiedenheiten der evangel. u. der päpstlichen Kirche. Worte der Verständigung in einem Gespräch zwischen einem evangelischen u. einem katholischen Christen. 8. Leipzig 844, Kollmann. 19 ngl

Schrader, Carl, ein Volksbuch. 1.—4. Heft. gr. 8. Minden. (Stettin, Saunier's Buchh.) à Heft 4 Ngr.

Inhalt:

Heft 1. Die Größe des Weltalls. 3. Aufl. (24 S.) 865.
" 2. Das Leben des Weltalls. (32 S.) 863.
" 3. Die Gottheit. (37 S.) 865.
" 4. Die Unsterblichkeit. (32 S.) 867.

Schrader, Karl (III.), ein Volksbuch. 5. und 6. Heft. gr. 8. Lemgo 872. (Berlin, Rubenow.) à Heft * 40 Pf. *

Inhalt:

Heft 5. Die Religion. (32 S.)
" 6. Die unterscheidenden freireligiösen Grundsätze. (32 S.)

Die Waldfee. Ein Märchenspiel in 1 Aufzuge von A. C. Strahl [d. i. Karl Schrader]. Mühlhausen i. Th.: G. Danner [1906]. (24 S.) 8° [F.]
= Jugendbühne, G. Danners Deutsche. No 34. [07. 6616 3]

Schrader, Karl: Was haben wir von der Kirche zu fordern?. s. Kirmss, Paul

—— wer den Nächsten liebet, der ist ein Christ. Eine Predigt. 8. (1 B.) Leipzig 831, Kollmann.

Schrader, K., zusammenfassende Wiederholungen aus dem Geschichtspensum der Prima, s.: Hassencamp, R.

Schrader, Karl (II.), über die Wirkung der astronomischen Strahlenbrechung auf Beobachtungen mit dem Kreismikrometer. Inaugural-Dissertation. gr. 8. (51 S. mit 1 Stnt.) Göttingen 874, Vandenhoeck und Ruprecht's Verlag. *

Karl August Christoph Schrader:
(geb. Braunschweig 6. 4. 1804).

Car(olus) Aug(ustus) Christ(ophorus) Schrader: De Torsione arteriarum. Berolini (1830:) Unger. 43 S. 8°
Berlin, Med. Diss. v. 16. Juni 1830
2. Ex.: Mx 309 (1)

Schrader, Karl Emil Otto. s. Schrader, Otto

Schrader, Karl Friedrich

Schrader, [illegible]
Berlin, Med. Diss. v. 20. Juli 1827

Schrader, Karl Friedrich Alexander

Schrader, Carol(us) Frid(ericus) Alex(ander): De morbo qui Radesyge dicitur. Halae (1839): Grunert. 29 S. 8°
Halle-Wittenberg. Med. Diss. v. 18. März 1839
Geb. Salzwedel 31. 1. 1814. V.

v. Schrader, Karl Hnr., (Psdn. Fel. Kandide), († 1806.)

FAHRTEN Sebastians von Fahrmann. Ein karakteristisch, komisch, moralisch, romantisch, politischer (stellenw. sehr freier) Roman und was sonst noch Jeder — will. Vom Verfasser der sieben wunderbaren Lebensjahre eines Kosmopoliten (von *Karl Heinrich v. Schrader*, s. *Candide*). Mailand (Altona, Kaven) 1798. 8°. (10 Mk. Auction Runze-Zolling, Lpz. 1904, Nr. 1808.)
— — Dasselbe. 2 Thle. Mit 2 Titelkpfrn. Ebd. 1808. 8°.

— — Dasselbe, titulo: Wunderliche Streiche eines gebornen Barons, der zuerst studirte, dann Schulmeister, nachher gemeiner Soldat und zuletzt geheimer Finanzrath ward. 2 Thle. Mit 2 Titelkpfrn. Leipzig (Altona?) 1808. 8°. 506+352 S. (5 Mk. 50 Pfg., etwas fleckiges Expl., M. Edelmann, 1904.)

KOPIEN von der Schiefertafel des Heiligen Dyonisius. (5 erot.-spiritist. Erzählungen.) Vom Verfasser der 7 wunderbaren Lebensjahre eines Kosmopoliten (von *Karl Heinr. v. Schrader*). Hamburg, in der Verlags-Gesellschaft. 1800. 8°. Selten! (5 Mk. Taussig, 1907.)
6 Bll. Vorst. u. 171 S. Vorr. unterz.: *Felix Candide.* — 1. Das Gespenst auf d. Burg Hofheim. Geistergeschichte. 2. Die bestrafte Vermessenheit; kein Mährchen. 3. Weibertugend, oder: wer nur den rechten Fleck trifft; eine böhmische Novelle. (Frivol.) 4. Das Gastmahl am Hochgericht. (In Versen.) 5. Die 3 Nothhelfer; ein Feen-Mährchen.

Schrader, Karl Heinrich von: Sieben wunderbare Lebensjahre eines Kosmopoliten. s. Candide, Felix

- s.a. **Mann, der seltsame.**

MANN, Der seltsame. Von dem Verfasser der sieben wunderbaren Lebensjahre eines Kosmopoliten *(Karl Heinr. v. Schrader)*. Glogau 1808. Neue Güntersche Buchhandlung. 8°. (4 Mk. 50 Pfg. Heinr. Lesser, Breslau, c. 1875; 5 Mk. Paul Neubner, Cöln, 1892.)

– s.a. **Manon la Rivière.**

MANON la Rivière, das Mädchen ohne Zunge. Eine wahre und rührende Geschichte gesammelt auf einer Reise vom Verfasser der 7 wunderbaren Lebensjahre eines Kosmopoliten *(Karl Heinr. v. Schrader)*. Bremen, Fr. Wilmans, 1799. 8°. 211 S.
Freier Roman mit sadistischen Anklängen. — Fehlt im Anon.-Lex.
— — Dasselbe (Nachdruck.). 2. Aufl. Mit 1 Kpfr. u. 1 Vignette. Wien, Wallishausser, 1799. 8°. 172 S. (4 Mk. 50 Pfg. Taussig, 1904.)

Schrader, Karl Martin Wilhelm

Schrader, Karl Mt Wlh., systemat. Uebersicht d. Deichrechts, als Resultat d. wichtigsten deutschen Gesetze üb. die aus Deich-, Damm-, Siel- u. Schleusensachen entstehenden Rechtsverhältnisse, z. Gebrauch akadem. Vorlesungen. 8. Kiel. 805.

Schrader, Karl Wilhelm. s. Schrader, Wilhelm

Schrader, Klemens

—— de triplici ordine naturali, praeternaturali et supernaturali commentarius. Lex.-8. (V und 242 S.) Wien 864 Mayer und Comp. *

Der heilige Stuhl und die Freimaurer. Enth. die gegen die Freimaurer erlassenen Verdammungsurtheile des heiligen Stuhles von Clemens XII. bis auf Pius IX. [Von Klemens Schrader.] Wien: Sartori 1866. 94 S. 8°
in: Schrader, K.: D. Papst u. d. modernen Ideen. 4.
Recens: Bh. 10 (1867) S. 78—79 (J. G. Findel), cf. FZ. 21 (1867) S. 1—3 (M. Zille).
Tt. 330. Latein. u. deutsch.

Schrader, Clemens, Theses theologicae quas in Vindobonensi academia synopsis instar auditoribus tradidit. Lex.-8. (91 S.) Freiburg im Br. 861, Herder'sche Verlagsbuchh. *

Schrader, Clemens, Theses theologicae, quas in Vindobonensi academia synopsis instar auditoribus tradidit. (Series II.) Accedit de praedestinatione commentarius. Lex.-8. (63 S.) Freiburg in Br. 863, Herder'sche Verlagsh. *

Schrader, Clemens, Theses theologicae, quas in Vindobonensi academia synopsis instar auditoribus tradidit. (Ser. III.) Accedit de praedestinatione commentarius II. Lex.-8. (63 S.) Wien 864, Mayer und Comp. *

Schrader, Clemens, Theses theologicae, quas in Vindobonensi academia synopsis instar auditoribus tradidit. (Ser. IV.) Accedit de praedestinatione commentarius III. Wien 865. Mayer u. Comp. Lex.-8. (49 S.) n. 20 *ngr.*

— — (Ser. V.) de gratia actuali commentarius. Ebend. 865. Lex.-8. (38 S.) n. 20 *ngr.*

— — (Ser. VI.) Accedit de fide utrum imperari ea possit deque libertate conscientiae commentarius dogmaticus. Ebend. 868. Lex.-8. (140 S.) n. 1 *ℛ* 5 *ngr.*

— — [Ser. VII.] Accedit commentarius de hominum societate generatim. Ebend. 869. Lex.-8. (40 S.) n. 20 *ngr.*

—— de unitate Romana commentarius. Liber I.: διδακτικός. gr. Lex.-8. (XIV und 205 S.) Freiburg im Br. 862, Herder'sche Verlagsh. *

—— dass. — Liber II.: πραγματικός. gr. Lex.-8. (XI und 547 S.) Wien 866, Mayer und Comp. *

Schrader, Klementine

Schrader, Clementine, am Denkmal Friedrichs des Großen. Zwei Gedichte. gr. 8. (17 S.) Berlin 851, Schneider und Comp. *

—— Phantasie und Zeit. Gedichte. gr. 16. (IV und 151 S.) Berlin 850, Schneider und Comp. *

Schrader, L., über d. Natur d. Milzbrandes der Thiere u. des Milzbrand-Carbunkels bey den Menschen, dess. Verhütung u. Behandl. 8. (4¼ B.) Magdeburg 828, Heinrichshofen.

Schrader, L., Prüfung d. gegen die Krätze empfohlnen u. gebräuchl. Mittel. 8. Quedlinb. Basse. 816.

Schrader, L., Wandtafeln zum Unterricht im Freihandzeichnen, für den Massen-Unterricht in öffenlichen Schulen entworfen u. erläut. Hannover 868. Helwing. Imp.-Fol. (12 Steintaff.) In Carton. n. 2 *ℛ*

Schrader, L. W., über die industrielle und national-ökonomische Bedeutsamkeit der Gewinnung von Chemikalien, insbesondere des Paraffin's und Photogen's aus dem Kohlentheer, so wie über die jetzige Lage dieses Industriezweiges in der preuß. Provinz Sachsen und dessen Zukunft. 8. (17 S.) Aschersleben 856, (Mannicke.) *

Schrader, L. W., Geschichte der Stadt Aschersleben während d. dreißigjähr. Kriegs. 8. (VIII u. 183 S.) Aschersleben 852. (Mannicke.) n. ½ *ℛ*

Schrader, L. W., Quellen und Vorarbeiten für die Geschichte der Stadt Aschersleben. 1. Heft. gr. 8. (XIV und S. 1—98.) Aschersleben 850, Focke. *

Schrader, Louis, Gedichte. (45 S.) kl. 8. Leipzig-Gohlis 909. Raschwitz, B. Volger. 1.—

Schrader, L., die Justiz-Bauangelegenheiten. Handbuch f. die Handhabg. der Bau-Angelegenheiten bei den preuß. Justizbehörden. (XVI, 443 S.) gr. 8. Hamm 903. (Breer & Thiemann.) Geb. in Halbleinw. n. 8.—

Schrader, L., die Verwaltung der Gefangenen-Arbeitsverdienstkassen bei den gerichtlichen Gefängnissen in Preußen. Eine systemat. Zusammenstellg. der in Beziehg. auf die Gefangenen-Beschäftigg. u. die Berechng. u. Verwendg. des Arbeitsverdienstes ergangenen Vorschriften, nebst e. Anleitg. zur Verwaltg. der Gefangenen-Arbeitsverdienstkassen. gr. 8. (IV, 147 S.) Hamm 894. E. Griebsch. n. 3.—

Schrader, Ludwig

Schrader, L., Abschiedswort an die Kieler Gemeinde. Kiel 868 G. v. Maack. gr. 8. (13 S.) n. 3 *ngr.*

— die Annectirung Schleswig-Holsteins ist Sünde. Ein Wort der Bitte u. Mahnung an alle, welche Gott fürchten u. Recht thun wollen. Kiel 866. Schröder u. Comp. gr. 8. (30 S.) n. 4 *ngr.*

— kurze Bemerkungen zu Heinr. v. Treitschke's „Die Lösung der schleswig-holstein. Frage." 1—4. Abdr. Ebend. 865. gr. 8. (30 S.) n. 4 *ngr.*

Schrader, Lud., commentarius ad Institutiones Instinianeas. 4. Lips. 732.

Schrader, Ludw., die älteren Dynastenstämme zwischen Leine, Weser u. Diemel u. ihre Besitzungen, hauptsächl. wie sie im 11. u. 12. Jahrh. befunden sind, aus d. Quellen bearb. 1. Bd. gr. 8. (16⅓ B. u. 1 Stammt. qu. gr. Fol.) Göttingen 832, Dieterich. Thlr.

— der politische Eid. Eine ethische Studie. Kiel 868. G. v. Maack. gr. 8. (IX, 69 S.) 12 *ngr.*

Schrader, Ludw., der Fluss- und Strombau mit besond. Berücksicht. der Vorarbeiten. Zum Selbstunterricht und für den Gebrauch in der Praxis. gr. 4. (VI, 41 S. mit 7 Foliotaf., enthaltend 94 Abbild.) Weimar 887, B. F. Voigt.

Schrader, L., Professor Hengstenberg u. die Schleswig-Holsteinische Sache. Ein Beitrag zur Würdigung Hengstenbergischer Ethik. gr. 8. (31 S.) Kiel 851, Schröder & Co. n. 6¼ *ngr.*

Schrader, Ludw., über Isopropylderivate des Pyridins und Reductionsproducte derselben. Ein Beitrag zur Erkenntnis des Zusammenhanges zwischen Pyridin- und Piperidinbasen. Inaugural-Dissertation. gr. 8. (33 S.) Kiel 884, (Lipsius und Tischer.) *

—— Kirchengebet und Huldigungseid. Eine Bitte um Belehrung. gr. 8. (8 S.) Kiel 863, Homann.

—— Kirchengebet und Huldigungseid. Vormals Bitte, nunmehr Replik. gr. 8. (54 S.) Kiel 864, Homann.

— die Kirchenverfassungsfrage mit Rücksicht auf die nothwendig gewordene Verfassungsreform der evangelisch-luther. Kirche Schleswig-Holsteins. gr. 8. (247 S.) Altona 849, Schlüter in Comm. n. 1 *ℛ*

Neue Lieder des Leids v. L. [d. i.: Ludwig Schrader]. Kiel 1858. 8°.

⊙ Meine Mission nach Mecklenburg in Sachen des Herrn Professor Baumgarten v. Ludwig Schrader. Kiel 1865. 8°

Schleswig-Holsteins Situation und Aufgabe in der Gegenwart. Ein Wort zur Orientierung v. Ludwig Schrader. Kiel. 1866. 8°.

Soll die evangelisch-lutherische Kirche Schleswig-Holsteins in der Preussischen Landeskirche verschwinden? Ein Beitrag zur Klärung entstandener Unklarheit v. Ludwig Schrader. Kiel. 1870. 8°.

—Diss. inaug. de successione hereditaria ex jure sanguinis in Ducati Slesvicensi secundum jus Juticum. 4. Rostock 805.

Schrader, L., der Verkehr des Auferstandenen mit den Seinen. Fünf Betrachtungen. gr. 12. (106 S.) Kiel 857, Schröder und Comp. *

—— Wir können nichts wider die Wahrheit, sondern für die Wahrheit. Zweites Sendschreiben, die schleswigsche Kirchenfrage betreffend, an Dr. Past. Hammerich in Kopenhagen. gr. 8. (43 S.) Kiel 857, [Homann.] *

—— Worte am Sarge des Prof. Dr. Ferd. Weber in der großen academ. Aula gesprochen. gr. 8. (12 S.) Kiel 861, Schröder und Comp. *

Worte zur Weihe der unseren Gefallenen errichteten Gedenktafel gesprochen am 24. März 1866 v. Ludwig Schrader. Kiel. 1866. 8°.

—— Zeugniß für und wider. Ein Sendschreiben, die schleswigsche Kirchenfrage betreffend an Dr. Past. Hammerich in Kopenhagen. gr. 8. (15 S.) Kiel 857, [Homann.] *

Schrader, L., Zeugniß für und wider. Ein Sendschreiben, die Schleswigsche Kirchenfrage betreffend an Dr. Pastor Hammerich in Kopenhagen. Kiel 857. Schwers. gr. 8. (15 S.) n. 4 ngr.

⊙ Ein Zeugniß in zwei Predigten v. Ludwig Schrader. Kiel. 1868. 8°

Schrader, Ludov. Albert., Experimenta circa regenerationem in gangliis nerveis, vulneribus illatis, in animalibus instituta. Quibus accedunt: nonnullae commutationes morbosae in gangliis nerveis observatae. Commentatio anatomico-pathologica de sententia gratiosi medicorum ordinis in certamine literario civium acad. Geo. Aug. d. IV. Jun. a. MDCCCXLIX. praemio regio ornata. 4maj. (VII und 20 S. mit 1 Kpfrt.) Gottingae 850, libr. Dieterich. .*

Schrader, Ludwig Albrecht (Albert) Gottfried

Beitrag zum Nachdenken der Bürgerschaft zu Kiel über die Benutzung ihrer gemeinen Stadt-Ländereien. [Von Ludwig Albrecht Gottfried **Schrader.**] (Kiel. 1796.) 8°.

s. J. H. Bode, Sterbekassen.

Schrader, Ldw. Albr. Gf., (✝ d. 17. Jan. 1815.) collectio dissertationum et tractatuum jus Slesvicense et Holsaticum illustr. Fasc. I., II. 4. Kiel, (Hesse). 1 ♯ 12 gl.

SCHRADER, L. Alb. Gf.: **Collectio dissertt. ac tractatuum jus Slesvic. et Holsat. illustr. c. notis.** *Kiel*, **akad. B. 799. Spec. I—II. 4. (1 Thl. 12 Gr.)**

SCHRADER, L. Alb. Gf.: Systemat. Darstell. d. röm. deutschen bürgerl. Rechts in Tab., z. Gebr. bei d. Vorles. üb. d. *Hofacker*. gröss. Lehrb. *Helmst.*, Fleckeisen. 797—800. fol. (1 Thl. 16 Gr.)

Schrader, Lдw. Albr. Gf., systemat. Darstell. des röm.-deutschen bürgerl. Rechts, z. Gebrauch bei Vorlesungen üb. Hofackers Lehrbuch. 3 Thle. gr. qu. Fol. Kiel 797—800. Hesse. 4 ♯ 20 gl.

s. Etwas üb. die Gewohnheit.

Grundgesetze der Natur in der Geburt, dem Leben und Tode der Menschen, als ein freyer Auszug aus Süsmilchs göttlicher Ordnung, in den Veränderungen des menschlichen Geschlechts u. s. w. in veränderter Ordnung entworfen v. L[udwig] A[lbrecht] G[ottfried] **Schrader.** Glückstadt. (1777.) 8°

Ludewig Albert Gottfried **Schraders** Grundriss und Ordnung seiner Vorlesungen über die Theorie und Ausübung des Schleswig-Holsteinischen Process-Verfahrens. (Kiel. 1792.) 4°k.

Grundsätze der Natur in der Geburt, dem Leben und Tode der Menschen, als ein freier Auszug aus Süssmilchs göttlicher Ordnung in den Veränderungen des menschlichen Geschlechts u. s. w. in veränderter Ordnung entworfen von *L. A. G Schrader*, Untergerichts-Advocaten in den Herzogthümern Schleswig und Holstein, wie auch Mitglied der Naturforschenden Gesellschaft in Berlin. Glückstadt, gedruckt bey Augustin, in 8. mit dem Anhange. 1 Alph. 21 Bog. 1777. *

Schrader, L. A. G.: Handbuch der vaterländischen Rechte in den Herzogthümern Schleswig und Holstein, oder concentrirte und geordnete Sammlung der merkwürdigsten Rechts-Sätze aus den Verordnungen in den Herzogthümern Schleswig und Holstein, der Herrschaft Pinneberg und Grafschaft Ranzau. Nebst deren nöthigen Erl. 4 Bde

Th. [1.] Altona 1784.
.. 2. 3. Hamburg 1786. 93.
.. 4. [Nebentit.:] Der Schleswig-Holsteinische bürgerliche Prozeß ... hrsg. von Aug. Ferd. Schrader. Nebst 2 Anh. über die Gerichtsverfassung d. Herzogthümer u. über Selbsthülfe u. Compromiß. Schleswig 1819.

Handbuch der vaterländischen Rechte in den Herzogthümern Schleswig u. Holstein, oder concentrirte und geordnete Sammlung der merkwürdigsten Rechts-Sätze ... v. L. A. G. Schrader. Nach dessen Tode hrgg. von seinem Sohne Aug. Ferd. **Schrader.** Th. 4: enthaltend den Prozeß. Schleswig. 1819. 8°

Auch u. d. T.:
Der schleswig-holsteinische bürgerliche Prozeß. Aus den hinterlassenen Papieren des (L. A. G.) Schrader ges. u. hrgg. von dessen Sohne Aug. Ferd. **Schrader.** Nebst zwei Anhängen über die Gerichtsverfassung ... ebd. 1819. 8°

— Handbuch der vaterländ. Rechte in d. Herzogth. Schleswig u. Holstein. 3 Thle. gr. 4. Kiel 784—793. Hesse. 15 ♯ 4r Thl. d. Schleswig-Holstein. bürgerl. Proceßordn. v. Aug. Fd. Schrader hrsgg. Nebst zwei Anhängen. gr. 4. Schlesw. 820. Mohr. 6 ♯

Lehrbuch der Schleswig-Holsteinischen Landesrechte v. Ludewig Albrecht Gottfried **Schrader.** 8°.

Th. 1 oder Geschichte der in den Herzogthümern Schleswig und Holstein geltenden Gesetze und Rechtsverfassung. Kiel. 1800.
Th. 2 oder positives bürgerliches Recht der Herzogthümer Schleswig und Holstein. Abth. 1 oder Buch 1—2. Rechte der Personen und Schleswig-Holsteinisches Sachenrecht. ebd. 1801; Abth. 2. welche das 3. Buch oder die Rechte der Forderungen und Verpflichtungen enthält. ebd. 1806.

— Lehrbuch d. Schleswig-Holstein. Landesrechte. 2 Thle. 8. Kiel 800—806. Hesse. 3 ♯ 12 gl.

Ueber die schleswig-holsteinische Leibeigenschaft und deren Aufhebung, als Materialien zur Uebersicht und Beurtheilung der Schwierigkeiten, welche bei der vorgeschlagenen Lösung des Bandes der Leibeigenschaft auf den adelichen Güthern in den Herzogthümern Schleswig und Holstein in Anrege kommen, v. Ludewig Albrecht Gottfried **Schrader.** (Aus dem 3. Hefte des 11. Jahrgangs der schleswigholsteinischen Provinzial-Berichte vom Jahre 1797 besonders abgedruckt, und mit einigen Zusätzen versehen.) Kiel. 1797. 8°.

S[CHRADER, L[UDW.] A[LFR.] G[OTTFR.] Ueber den Nutzen und die Möglichkeit ausstehende Capitale und andere Forderungen durch eine Gattung von Assecuranz sicher zu stellen. Hamburg. 1775. 4.

— s. a. Sage, Untersuchung.

Schrader, Ludw. Wilh., Die Sage von den Hexen des Brockens und deren Entstehen in vorchristlicher Zeit durch die Verehrung des Melybogs und der Frau Holle. Historisch bearbeitet. Quedlinburg und Leipzig. Druck und Verlag von Gottfr. Basse. 1839. 8⁰. (1 Mk. Paul Neubner, Cöln, 1890.)
48 S. (incl. 7 Seiten Titel, Vorr. von Dr. Freytag u. literar. Anzeigen).

Uebersicht des Römisch-deutschen Rechts mit besonderm Bezug auf die wichtigsten Aeusserungen der Schleswig-Holsteinischen Landesrechte, systematisch, und zum Gebrauch einer zweckmässigen Uebersicht, und Wiederholung des Römisch-deutschen und Schleswig-Holsteinischen Landesrechts, bearb. v. Ludewig Albert Gottfried Schrader. Th. 1 und 2. Kiel. 1797. Th. 3. ebd. 1800. Fol.

s. a. Unannehmlichkeiten d. kl. Kiels.

Über die Unannehmlichkeiten des kleinen Kiels .... (von *Ludw. Albr. Gottfr. Schrader*). Kiel 1796.
Anon.-Lex. IV, p. 229 (nach Kayser, Meusel, Lubker-Schroder).

Versuch einer pragmatischen Darstellung der Steuerfreiheit der Prälaten, Ritterschaft, und adelichen Guther, in den Herzogthümern Schleswig und Holstein. Entw. im Jahre 1802 [v. Ludwig Albrecht Gottfried Schrader]. o. O. u. J. 8⁰.

Schrader, Ludwig Christian, s. Schrader, Ludwig

Schrader, Ludwig Wilhelm: Die Sage von den Hexen des Brockens und deren Entstehen ....
s. Schrader, Ludwig Albrecht (Albert) Gottfried

Schrader, Mart., de causis fori ecclesiast. 4. Wolfenbuttel. 710.

— de sententiis principum, von der Fürsten und Herren Machtsprüche. 4. Hannover, Helwing. 708.

Schrader, Martin (Hildesheim) A. S. 141 22

Tractatus de sententiis principum ex potestatis plenitudine latis, von derer Fürsten und Herren Macht-Sprüchen.
Leipzig 1708. 103 S.

Diss. IV. 1683.
W. v.: Gottfried Wilhelm Sacer. 31350

Schrader, Martin Heinrich (Hildesheim) A. S. 139, 5

Exercitatio iuridica sistens electa doralia.
Präs. Gottfried Maskow.
Göttingen (Vandenhoeck) 6. VI. 1739. 30 (richt. 22) S.
31351

Schrader, Max E. G. [approb. Arzt aus Stolp in Pommern]: Ueber das Hemmungscentrum des Froschherzens und sein Verhalten in Hypnose und Shock .... Strassburg, Univ.-Buchdr. v. J. H. Ed. Heitz (Heitz & Mündel), 1886; 69 S. 8⁰.
Strassburg, Med. Fak., Inaug.-Diss. v. 1886.

Schrader, Max E. G., über das Hemmungscentrum des Froschherzens und sein Verhalten in Hypnose und Shock. Diss. Strassburg i. Els. 1886. Trübners Buchh. u. Antiqu. (E. d'Oleire). 8⁰. 69 S.

Schrader, Max E. G. [Assist. an d. med. Klinik d. Univ. Strassburg i. E.]: Ueber die Stellung des Grosshirns im Reflexmechanismus des centralen Nervensystems der Wirbelthiere ... (Aus: Arch. f. experim. Path. u. Pharmak. XXIX. Bd.) Leipzig: Druck v. J. B. Hirschfeld 1891. 64 S. 8⁰
Strassburg, Med. Fak., Hab.-Schr. v. 1891
(Nicht für den Austausch)

Schrader, Minna, wat se' sick in 'en Ramskenbrinker Duerp vertellt, s. a. Bibliothek niederdeutscher Werke, Bd. 25.

[5.] Wat se' sick in' en Ramskenbrinker Duerp vertellt. Von Minna Schrader. *Leipzig: O. Lenz (1896).* (V S., 1 Bl., 192 S.) 1 Bd. 8. — Bibliothek niederdeutscher Werke. Bd 25.

Schrader, Otto

Schrader, O., Augusta, Herzogin zu Sachsen, die erste deutsche Kaiserin. Züge u. Bilder aus ihrem Leben u. Charakter, nach mehrfach ungedr. Quellen. gr. 8. (92 S.) Weimar 890. Böhlau. n. 1. —

Schrader, Otto, Begraben u. Verbrennen im Lichte der Religions- u. Kulturgeschichte. Ein Vortrag. (31 S.) gr. 8. Breslau 910. M. & H. Marcus. — 60
Sonderabdr. aus: „Mittlgn. d. schles. Gesellsch. f. Volkskde“.

von Schrader, Otto [aus Sunder]: Beitraege zur pathologischen Anatomie der eitrigen Panophthalmie ... Freiburg i. B., Buchdr. v. Chr. Ströcker, 1891; 40 S., 1 Bl. 8.
Freiburg i. B., Med. Fak., Inaug.-Diss. v. 1891

Schrader, O., Jenaische Bismarcklieder. Mit 2 Beiträgen v. O. Devrient u. W. Frenkel. Zur Erinnerg. an den Besuch d. Fürsten in Jena am 30. u. 31. Juli 1892. gr. 8. (16 S.) Jena 892. Frommann's Sort. — 30

Schrader, Otto [app. Arzt aus Hildesheim]: Über Darmlähmung und Ileus nach Laparotomie ... Tübingen, F. Pietzcker, 1895; 18 S., 1 Bl. 8.
Tübingen, Med. Fak., Inaug.-Diss. v. 1895

Schrader, Otto, über Darmlähmung u. Ileus nach Laparotomie. Diss. gr. 8. (18 S.) Tübingen 895. F. Pietzcker. n.n. — 60

Schrader, O., linguistisch-historische Forschungen zur Handelsgeschichte u. Warenkunde. 1. Tl. gr. 8. (XII, 291 S.) Jena, Costenoble. n. 8. —

Über den Gedanken einer Kulturgeschichte der Indogermanen auf sprachwiss. Grundlage. Von O[tto] Schrader. Probe-Vorlesung am 7. Febr. 1887. Jena: Costenoble 1887. 22 S. 8⁰

Schrader, O., üb. den Gedanken e. Kulturgeschichte der Indogermanen auf sprachwissenschaftlicher Grundlage. gr. 8. (22 S.) Jena 887. Costenoble. n. — 75

Zur Geschichte und Methode der linguistisch-historischen Forschung von O[tto] Schrader. (3. Aufl.) Jena: H. Costenoble 1900. (235 S.) 8⁰
— Schrader: Sprachvergleichung u. Urgeschichte. T. 1. 106.954

— s. a. Hehn, Vict., Kulturpflanzen u. Hausthiere etc.

Schrader, O., Victor Hehn. Ein Bild seines Lebens u. seiner Werke. [Aus: „Biogr. Jahrbuch f. Altertumskunde“.] gr. 8. (76 S. m. Lichtdr.-Bild.) Berlin 891. S. Calvary & Co. n. 3. —

— Die Indogermanen, s.: Wissenschaft u. Bildung.

Schrader, Otto, kennt die Lehre Buddhas den Begriff der christlichen Liebe? (9 S.) 8. Berlin (904). P. Raatz. n. — 25

Schrader, O., Kulturpflanzen u. Hausthiere in ihrem Übergang aus Asien, s.: Hehn, Vict.

Schrader, Otto, aus Osterode, Kr. Halberstadt: Die **Lehre** von der **Apokatastasis** oder der endlichen Beseligung Aller. Ein dogmat. Versuch zu ihrer Vertheidigung. *Berlin 1901: R. Holl.* (157 S.) 8° [J.]
Jena, Theol. Diss. v. (14. Jan.) 1901

Schrader, Otto, die Lehre v. der Apokatastasis od. der endlichen Beseligung Aller. Ein dogmat. Versuch zu ihrer Vertheidigg. Diss. gr. 8. (VIII, 157 S.) Berlin 901. Th. Fröhlich. n. 2.40

Schrader, Otto, **Linguistisch-historisches** (Got. ahaks „Taube" in der Lex-Salica. — Ein altpreussischer Name des Wiesels.), s.a. **Symbola** doctorum Jenensis gymnasii in honorem gymnasii Isenacensis collecta.

Schrader, Otto: Linguistisch-historisches. (In: Gust. Richter, Symbola doctorum Ienensis gymn. ... Partic. post.) Jena, Univ.-Buchdr. G. Neuenhahn, 1895; 57—59 S. 4.
Jena, G. Carolo-Alexandrinum, OP 1895 (700)

Maya-Lehre und Kantianismus. Von Dr. Otto **Schrader**. Berlin: P. Raatz [1904]. (30 S.) 8° [05. 4314

Die Metalle von O[tto] **Schrader**. (3. Aufl.) Jena: H. Costenoble 1906. (120 S.) 8°
= **Schrader**: Sprachvergleichung u. Urgeschichte. T. 2, Abschn. 1. [06. 8465

Schrader, *Carl Emil* Otto [aus Schönhausen]: Die subkutanen Querfrakturen der patella und ihre Behandlung ... Halle a. S., Hofbuchdr. v. C. A. Kaemmerer & C., 1895; 34 S., 1 Bl. 8.
Halle, Med. Fak., Inaug.-Diss. v. 28. Mai 1895

Schrader, Otto, Reallexikon der indogermanischen Altertumskunde. Grundzüge e. Kultur- u. Völkergeschichte Alteuropas. gr. 8. (XL, 1048 S.) Strassburg 901. K. J. Trübner. n. 27. —; geb. in Halbfrz. n. 30.

Schrader, O., „Deutsches Reich" u. „Deutscher Kaiser", e. sprachlich-geschichtl. Betrachtg. z. 18. Jan. 1896. [Durch e. Anh. erweit. Sonderabdr. aus: „Wissenschaftl. Beihefte zur Zeitschr. d. allg. deutschen Sprachvereins".] gr. 8. (27 S.) Berlin 896. Verlag d. allg. deutschen Sprachvereins. n. — 50

[F.] Vom neuen Reich '(Deutsches Reich und Deutscher Kaiser', 'Die Deutschen und das Meer')'. Zwei sprachlich-geschichtl. Vorträge v. Prof. Dr. O[tto] **Schrader** in Jena. *Berlin: Allg. deutsch. Sprachver. 1897.* (52 S.) 1 Bd 8. [98. 167

Die Schwiegermutter und der Hagestolz. Eine Studie aus d. Geschichte unserer Familie von O[tto] **Schrader**. *Braunschweig: G. Westermann 1904.* (119 S.) 8°
Erw. Abdr. d. 'Akadem. Rosenvorlesungen' aus Westermanns Monatsheften, April- u. Maiheft 1904. [04. 18933

Die totale Sonnenfinsternis 1905. Reise-Erinnerungen von [Lic.] Otto **Schrader**. Privatdruck. Steglitz 1906: Steglitzer Buch- u. Kunstdr. (16 S.) 8° [Kopft. J.] [06. 3391

— Sprachvergleichung u. Urgeschichte. Linguistisch-histor. Beiträge zur Erforschg. d. indogerman. Altertums. gr. 8. (X, 490 S.) Jena 883. Costenoble. n. 11. —

—— **Sprachvergleichung u. Urgeschichte. Linguistisch-histor. Beiträge zur Erforschg. d. indogerman. Altertums. 2. vollständig umgearb. u. beträchtlich verm. Aufl. gr. 8. (XII, 684 S.) Jena 890, Costenoble.** * 14 —

Sprachvergleichung und Urgeschichte. Linguist.-hist. Beiträge z. Erforschung d. indogerm. Altertums von O[tto] **Schrader**. 3. neubearb. Aufl. (T. 1. 2.) Jena: H. Costenoble 19(06–)07. 3 Bde 8°
1 = Zur Geschichte u. Methode d. linguist.-hist. Forschung. 1906.
2, Abschn. 1 = Die Metalle. 1906. 2, 2 = Die Urzeit. 1907. [07. 11430

— Thier- u. Pflanzengeographie im Lichte der Sprachforschung, s.a. Sammlung gemeinverständlicher wissenschaftlicher Vorträge.

Schrader O, Tier- und Pflanzengeographie im Lichte der Sprachforschung. (Slg gemeinverständlicher wissenschaftlicher Vorträge 427) Berlin 1884

— **Totenhochzeit.** Ein Vortrag, geh. in der Gesellschaft f. Urgeschichte zu Jena. (38 S.) 8. Ebd. 904. n. 1.50

Die Urzeit von O[tto] **Schrader**. Jena: H. Costenoble 1907. (S. 123–559.) 8°
= **Schrader**: Sprachvergleichung u. Urgeschichte. T. 2, Abschn. 2. [07. 11431

Schrader, O., die älteste Zeittheilung des indogermanischen Volkes, s.a. Sammlung gemeinverständl. wissenschaftl. Vorträge.

Schrader O, die älteste Zeiteinteilung des indogermanischen Volks (Sammlung gemeinverständlicher wissenschaftlicher Vorträge 296) Berlin 1878

Schrader, Otto Friedrich Johannes, s. Schrader, Johannes

Schrader, Paulus, de particularum-ne, anne, nonne apud Plautum prosodia, s.a. Dissertationes philologicae Argentoratenses selectae.

Schrader, Paulus [Halensis]: De particularum -ne, anne, nonne apud Plautum prosodia .... Argentorati, apud C. J. Trübner, 1885; 40 S. 8°.
Strassburg, Phil. Fak., Inaug.-Diss. v. 1885.

Hochzeitbüchlein für den Professor Dr. J. F. Eisenhart (von *Paul August Schrader*). Helmstädt 1760. Rar!
Anon.-Lex. II. p. 295 (nach Meusel).

s. Meisterstücke der berühmt. Männer dieser Zeit.

OCHSENFEST, Das (von *Paul August Schrader*). O. O. u. J. (c. 1760). 8°.
In Versen. — Cat. Meissner III. p. 524. Seltener Einzeldruck.

s.a. Ritter u. Riesen, u. setze bei beiden hinzu: (v. P. A. Schrader).

§* **RITTER,** Die, und Riesen, ein Rittergesang (von *P*** A*** S****, cfr. Bl. 2, d. i. *Paul August Schrader*, 1732—80). (Vorrede an die Helden auf den deutschen hohen Schulen.) Mit 5 grossen Kpfrst.-Vignetten (Ant. Tischbein del., A. Beck sc. Brunsv.). Braunschweig und Leipzig 1756. 8°. (In Berlin: Yl 4296; auch in Frankfurt a. M., Stadtbibl.: R 453.)
Erstlingswerk Schrader's. 10 Bll. u. 148 S. — Selten!

Schrader, Paul Aug., (÷ im Febr. 1780.) Rumney-Höhle; ein Gedicht. 12. Braunschw. 755. (Anonym).

– s.a. Scherze. 2 Thle.

§ * **SCHERZE** (von *Paul August Schrader*, Sekretär u. Rath in Braunschweig). 2 Thle. Mit (einander gleichen) Titelvignetten (Satyr). Helmstädt u. Leipzig; in der Weygandschen Buchhandlung. 1762. 8°. (In Berlin: Yl 4311, 1 vol.) (2 Mk. Kühl, Berlin, c. 1882; jetzt theurer!)

Enth. satyr. Aufsätze und einige Lieder. Recension in den Berliner Litteraturbriefen, Bd. XIV. S. 185—198. — Koch. Compend. II, 335.

1: 8 Bll. Vorst. (incl. 6 Bll. Zuschr. an Joh. Andr. Cramer, „Herzogl. Brnschw.-Lüneb. Cammer- u. Berg-Rath"), 272 S.

2: 8 Bll. Vorst. (incl. Zuschr. an Otto Maxim. v. Bärtling, „Herzogl. Brnschw.-Lüneb. Klosterrath u. Hofgerichtsassessor), 271 S., 1 ungez. S.

Scherze (von *Paul Aug. Schrader*). 2 Thle. Helmstädt u. Leipzig, Weygand, 1762. 8°. S. 103—143: Fragment eines Verzeichnis derjenigen Personen, die in der Walpurgs (!) Nacht auf dem Blocksberge gewesen sind.

Schrader, R., die Bau- u. Kunstdenkmäler v. Westfalen, s.: Ludorff, A.

Schrader, R., ein Blick auf Hollands kirchliche Gegenwart, s. Schultze, L., Züge aus dem Bilde Jesu.

Schrader, R., unter dem Kreuz. 12 Predigten. 8. (VII, 168 S.) Berlin 887. Wiegandt & Grieben. n. 2. —

Schrader, R.: Der Apostel Paulus. Leipz. 1830.

Schrader, (Rudolf): Der Marquis de Marceu und das Bielefelder Gymnasium. Bielefeld 1908: Siedhoff. S. 127—138. 8°

Bielefeld. G. u. RG. in Festschr. z. 350j. Jubil. P 1909 (460) [S 09. 410

Schrader, Rudolf [Bielefeldensis]: De Alexandri Magni vitae tempore . . . Bonnae, typ. Caroli Georgi univ. typogr., 1880; 88 S. 8°

Bonn, Phil. Fak., Inaug.-Diss. v. 30. Nov. 1880

TH. SCHRADER, Führer durch die Sammlung Hamburgischer Alterthümer. Herausgegeben vom Verein für Hamburgische Geschichte. Hamburg 1899. Druck von Lütcke & Wulff. 8°.

Dasselbe. 2. Aufl. ib. 1900. — 8°.

Führer durch die Sammlung Hamburgischer Alterthümer. Von Th. Schrader. 2. Aufl. — Hamburg 1900: Lütcke & Wulff. 84 S. 8° [Umschlagt.]

Schrader, Th., s.: Hamburg vor 200 Jahren.

Schrader, Th., die Rechnungsbücher der hamburgischen Gesandten in Avignon 1338 bis 1355. Hrsg. vom Verein f. hamburg. Geschichte. (VIII, 111 u. 156 S. m. 3 Taf.) gr. 8. Hamburg 907. Leipzig, L. Voss. 6. —

Das fünfzigjährige Stiftungsfest des Vereins für Hamburgische Geschichte.
I. Festbericht von TH. SCHRADER.
II. Festrede von ADOLF WOHLWILL.
Hamburg 1889. Druck von Lütcke & Wulff. 8°.

Schrader, Th., deutsche Strafgesetze. Uebersichtliche Zusammenstellung der sämmtl. neben dem Strafgesetzbuch gelt. Strafbestimmgn. anderer Gesetze u. Verordngn. d. Deutschen Reichs. 8. (IV, 73 S.) Berlin 876. Guttentag. n. 1. 60

Schrader, Theodor [aus Bremen]: Die Therapie bei prolapsus funiculi umbilicalis ... Berlin: Buchdr. v. Gustav Schade (Otto Francke) (1890); 2 Bl. + 49 + 1 S. + 1 Bl. 8°

Berlin, Med. Fak., Inaug.-Diss. v. 13. Mai 1890

Schrader, Th., das Verbrecherthum in Hamburg 1872 bis 1878. Eine criminalstatistische Studie. gr. 8. (41 S.) Hamburg 879. Boysen. n. — 80

SCHLEIER, Ludolph (d. i. *Theod. Friedr. Schrader*). Spiegelbilder u. Sittenspiegel von u. für Hamburg. (Gedichte.) 1s Heft. Hamburg, Berendsohn. 1835. 6 Bogen m. 1 color. Abbild. 16°. 2s Heft. (Faust in Hamburg.) Ebd. 7 Bog. mit 1 color. Abbild. 16°.

A. G. Schmidt, Gallerie etc.

Schrader, Thdr., Fr., s. Telegraph, Nordalbingischer.

SCHRADER, W.: Kurze Anleitung zum Anbau der Föhre und Tanne. - Uelzen (Giffhorn) 1859. 23 S.

Schrader, W., die electrische Beleuchtung im Verhältniss zur Stadtverwaltung. Eine Darlegg. der bei der Errichtg. e. electr. Beleuchtungsanlage in Betracht komm. Umstände. 2., erweit. Aufl. 8. (VI, 170 S.) Magdeburg 889. Rathke's Verl. n. 2. —

Schrader, W., Expositionstafeln zur Bestimmung d. Belichtungszeit beim Photographieren. 12. (22 S. m. eingedr. Curven.) Remscheid 895. W. Witzel. In Leinw. kart. n. 1. 50

— die Lage der öffentlichen electrischen Beleuchtung im J. 1890. Eine Fortsetzg. der Schrift: Die electr. Beleuchtg. im Verhältniss zur Stadtverwaltg. 8. (IV, 181 S.) Magdeburg 890. Rathke. n. 2. —

— die Lage der öffentlichen elektrischen Beleuchtung am Ende d. J. 1891 nach der Frankfurter Ausstellung. 2. Fortsetzg. der Schrift: Die elektr. Beleuchtg. im Verhältniss zur Stadtverwaltg. Für Freunde der Elektricität, insbesondere f. Mitglieder städt. Behörden. 8. (VIII, 198 S.) Magdeburg 892. A. Rathke. n. 2. —

Schrader, W., üb. das Recht d. Krieges. 8. Essen 796. Bädecker. 4 gl.

—— Städtische elektrische Centralen. Eine ernste Mahng. zur Vorsicht. Für Freunde der Elektricität, insbesondere f. Mitglieder städt. Behörden. gr. 8. (44 S.) Halle a. S. 891, Hendel. * 1 —

Schrader, Walther: Über Bursitis subdeltoidea. *Berlin (1898): G. Schade.* (41 S.) 8°

Berlin, Med. Diss. v. 19. Juli 1898

Schrader, Walther [aus Braunschweig]: Über zwei neue Nitrotoluidin-Sulfosäuren und einige Derivate derselben. Braunschweig 1898. 43 S. 8°.

Basel. Phil. Diss. 1898/99.

Schrader, Werner v., zur Heilighaltung des Eides. 8. (26 S.) Wimpfen 893. (Hannover u. Celle, Schulbuchh.) — 60

Schrader, Werner v., mein erster dienstlicher Conflikt. gr. 8. (10 S.) Goslar 893. (Hannover u. Celle, Schulbuchh.) — 30

— was ist Recht? Ein Flugblatt, der deutschen Rechtspartei gewidmet. 8. (8 S.) Melsungen 896. Ebd. — 30

Schrader, Wilh., 1848. Ähringe u. Naiestaan im Johr Achtevärzich. Luschtiche Hoheloher G'schichtlich u. Gedichtlich, vum Sch., eme alte Naiestaaner. 8. (III, 125 S.) Stuttgart (902). Union. n. 2. —

Schrader, W., Angelus Silesius und seine Mystik. Ein Beitrag zur Literaturgeschichte des XVII. Jahrhunderts. (Abdr. aus dem Osterprogramm der Erfurter Realschule.) Halle 853. Anton. gr. 4. (28 S.) n. 10 ngr.

Schrader, Dr. W., Oberlehrer an der Realschule, Annahme vor der Revision, oder Revision vor der Annahme. Vortrag, gehalten am 5. April 1850 in dem Verein für constitutionelle Monarchie zu Erfurt. Erfurt, F. Faust. 28 S. 8°.

Schrader, Wilh., Annahme vor der Revision, oder Revision vor der Annahme. Vortrag, gehalt. am 5. April 1850 in dem Verein für constitutionelle Monarchie zu Erfurt. 8. (28 S.) Erfurt 850. (Villaret.) $1\frac{1}{2}$ ngr

Schrader, W(ilh.), Annahme vor der Revision, oder Revision vor der Annahme. Vortrag, gehalten am 5. April 1850 in dem Verein für constitutionelle Monarchie zu Erfurt. 8. (28 S.) Erfurt 851, (Villaret.)

Schrader, Wilhelm, Medizinalpraktikant a. Quedlinburg: Beitrag zur Kenntnis der congenitalen Lymphangiome. Leipzig 1908: B. Georgi. (46 S.) 8°

Leipzig, Med. Fak., Ref. Trendelenburg, Diss. v. 11. Aug. 1908

[Geb. 26. Okt. 83 Quedlinburg; Wohnort: Bernburg; Staatsangeh.: Preußen; Vorbildung: Gymn. Quedlinburg Reife M. 02; Studium: Marburg 5, München 2, Leipzig 3 S.; Coll. 11. Aug. 08; Approb. 18. Jan. 08.]

Schrader, Wilh. (I.), Beiträge zur Theorie der Determinanten. Neue Sätze und eine neue Bezeichnung. gr. 8. (VI, 155 S.) Halle 887, Schmidt's Verlag. *

Schrader, W., erster Bericht über die Schülerwerkstätten in Halle a. d. S. Im Namen des Vorstandes erstattet. gr. 8. (22 S.) Halle 888, (Anton.) **

Schrader, W. H. 2. Bericht üb. die Schülerwerkstätten in Halle a. d. S. Im Namen d. Vorstandes erstattet. gr. 8. (24 S.) Halle a. S. 889, Anton. ** — 50

Schrader, W. H., 8. Bericht üb. die Schülerwerkstätten in Halle a. d. S. Im Namen des Vorstandes erstattet. gr. 8. (28 S.) Halle 893. E. Anton. n.n. — 50 (1—3.: n.n. 1. 50)

Schrader, Carl Gust. ... Quedlinburg... De ... [illegible] (1842) (32 S.) 8

Berlin, Med. Diss. v. 29. Jan. 1842

Schrader, Wilh., der evangelische Charakter unserer Volksschule. Vortrag. gr. 8. (23 S.) Halle 886. Strien. n. — 60

— dasselbe, s. Verhandlungen d. VI. Vereinstags der landeskirchlichen evangelischen Vereinigung.

Schrader, Wilh. Die Determinanten im Schulunterrichte und ihre Anwendung auf Gegenstände der analytischen Geometrie. 23 S. Progr. Rg. Halle a. S. 1884

Schrader, W., Elemente der Mechanik und Maschinenlehre. Für techn. Lehranstalten und zum Selbststudium. 2 Thle. gr. 8. Halle, Schrödel und Simon. *

Inhalt:

Thl. 1. Geomechanik. (XII und 339 S. mit 269 in den Text gedr Holzschn.) 860. * 1 Thlr. 25 Ngr.

» 2. Hydromechanik. (X und 279 S.) 862. * 1 Thlr. 20 Ngr.

Schrader, Wilh., Elemente der Mechanik und Maschinenlehre. Für techn. Lehranstalten und zum Selbststudium. In 2 Thln. 1. Thl.: Geomechanik. 2. Aufl. gr. 8. (XII, 356 S. mit 272 in den Text eingedr. Holzschn.) Halle 871, Schrödel und Simon. *

Schrader, Wilh., über die ideale Entwicklung des deutschen Volkstums. Rede zur Feier des Geburtstages Sr. Maj. des Kaisers am 20. März 1880 in der königlich deutschen Gesellschaft in Königsberg geh. 8. (20 S.) Berlin 880. Hempel. n. — 50

Schrader, Wilh., Erfahrungen u. Bekenntnisse. gr. 8. (284 S.) Berlin 900. F. Dümmler's Verl. n. 3. —; geb. n. 4. —

—— Erziehungs- und Unterrichtslehre für Gymnasien und Realschulen. 1. Aufl. (XII, 548 S.) 1868, und 2. durchgeseh. Aufl. In 7 Lfgn. gr. 8. (XIV, 554 S.) Berlin 872,73, Hempel. à Lfg. *ℳ 1,50. *

Schrader, Wilh., Erziehungs- u. Unterrichtslehre f. Gymnasien u. Realschulen. 3. durchgeseh. Aufl. gr. 8. (XIV, 560 S.) Berlin 876. Hempel. n. 10. 50

— Erziehungs- u. Unterrichtslehre für Gymnasien u. Realschulen. 4., sorgfältig ergänzte u. bericht. Aufl. gr. 8. (XIV, 590 S.) Ebend. 882. n. 10. 50

Schrader, Wilh. Erziehungs- u. Unterrichtslehre f. Gymnasien u. Realschulen. 5. bericht. Aufl. gr. 8. (XIV, 596 S.) Berl. 889, Dümmler's Verlag. * 10 50

Schrader, Wilh., Erziehungs- u. Unterrichtslehre f. Gymnasien u. Realschulen. 2., m. e. Anh. üb. die neuen Lehrpläne verseh. Ausg. der 5. bericht. Aufl. gr. 8. (XIV 629 S.) Berlin 893. F. Dümmler's Verl. n. 10. 50; Anh. allein (XIV u. S. 577—629) **n.** 1. 20

Erziehungs- und Unterrichtslehre für Gymnasien und Realschulen. Von Wilhelm **Schrader**. 6. mit e. Anh. über d. neueren Lehrpläne versehene Aufl. Berlin: F. Dümmler 1906. (624 S.) 8° [F.] 07. 5579

— das Helmstedter Fest u. der Jahreswechsel. gr. 8. (7 S.) Heidelberg 901. C. Winter. n. — 40
Sonderabdruck aus: „Das humanist. Gymnasium".

— die Thüringer Flora zum Schulgebrauche zusammengestellt. gr. 8. (IV u. 220 S.) Erfurt 852, Villaret. n. 5/6 ℛ

Schrader, W., mathematisches Formelbuch. Leitfaden und Repetitorium. gr. 8. (III, 110 S.) Halle 880, Schrödel und Simon. *

[F.] Bamm alte Gäwele. Luschtiche Hoheloher G'schichtlich u. Gedichtlich vum Wilhelm Schrader, eeme alte Naiestaaner. *Stuttgart, Berlin, Leipzig: Union 1895.* (2 Bl., 107 S.) 1 Bd 8. 96. 233

Schrader, Wilh., bamm alte Gäwele. Luschtiche Hoheloher G'schichtlich u. Gedichtlich. 2. Aufl. 8. (III, 167 S.) Stuttgart 896. Union. n. 2. —

Schrader, Wilh., Bamm alte Gäwele. Luschtiche Hoheloher G'schichtlich un Gedichtlich vum Schr., eme alte Naiestaaner. 4. Aufl. (174 S.) 8. Stuttgart (907). Union. 2.—; geb. in Leinw. 3. —

— Geschichte der Friedrichs-Universität zu Halle. 2 Tle. gr. 8. (VIII, 640 u. V, 583 S.) Ebd. 894. n. 31. —; geb. in Halbfrz. n. 36. —

—— Karl Gustav v. Goßler, Kanzler des Königreichs Preußen. Ein Lebensbild. 8. (125 S.) Berlin 886, [Hempel.] Dümmler's Verlag. *

Schrader, W., über die Gründung pädagogischer Lehrstühle an uns. Universitäten u. üb. die Einrichtg. d. akadem. Unterrichts in d. Pädagogik. Ein Gutachten. [Aus: „Lehrproben u. Lehrgänge" etc.] gr. 8. (13 S.) Halle 897. Buchh. d. Waisenhauses. n. — 40

Schrader, Wilhelm (Hrsg.), s. H a y m , Rud.: Ges. Aufsätze. – Die romantische Schule.

Schrader, Wilh. (geb. Quedlinburg 16. 6. 1855). Historisches und Kritisches über den Zusammenhang zwischen Erkrankungen des Nervensystems und Erkrankungen der Gelenke. Berlin (1879). [illegible]

Berlin, Med. Diss. v. 3. März 1879

[F.] Aus 'em scheine Hohelohe 'em alte Gäwele serrer Haamet. Luschtiche Hoheloher G'schichtlich und Gedichtlich vum Wilhelm Schrader, eme alte Naiestaaner. *Stuttgart, Berlin, Leipzig: Union 1897.* (2 Bl., 168 S.) 1 Bd 8. [illegible]

— aus 'em scheine Hohelohe, 'em alte Gäwele serrer Haamet. Luschtiche Hoheloher G'schichtlich u. Gedichtlich. 2. Aufl. 8. (III, 168 S.) Ebd. 898. n. 2. —

— Aus 'em scheine H o h e l o h e, 'em alte Gäwele serrer Haamet. Luschtiche Hoheloher G'schichtlich u. Gedichtlich vum Schr., eme alte Naiestaaner. 3. Aufl. (III, 168 S.) Ebd. (907). 2.—; geb. in Leinw. 3. —

—— der wahre Constitutionalismus, der christl. Staat und die Majoritäts-Regierung. Eine Kritik. gr. 8. (III und 101 S.) Erfurt 849, Müller'sche Sortimentsb.

Schrader, Wilh., Lehrbuch der Planimetrie. Für Realschulen, Gymnasien und Provinzial-Gewerbeschulen. 2 Abthlgn. gr. 8. Halle 872, Schrödel und Simon. [1. Abthl. (IV, S. 1—100 mit 18 lithogr. Figurentaf. in qu. 4.) * M 1,20.; 2. Abthl. (III, S. 101—259 mit 20 lithogr. Figurentaf. in qu. 4.) * M 1,80.] *

Schrader, W., neue allgemeine Methode zur elementaren Bestimmung des Maximums und Minimums. gr. 8. (VI und 76 S. mit 1 lithogr. Fig.-Taf.) Halle 862, Schrödel und Simon. *

Schrader, kirchliche Not u. ihre Heilmittel, s. Verhandlungen d. 8. Vereinstages der landeskirchlichen evangelischen Vereinigung.

—— Ueber kirchliche Not u. ihre Heilmittel. 8. (46 S.) Ebd. 889. * 1 —

Schrader, [illegible]

Berlin, Phil. Diss. [illegible]

Schrader, Guil., de artis apud Aristotelem notione. 8 maj. (5¾ B.) Berlin 843, Schröder's Verl. *

— die korporative Organisation des Handwerks. Ein Vortrag. 8. (48 S.) Halle 881. Fricke's Verl. n. — 50

— Foucault's Pendelversuch als Beweis für die Axendrehung der Erde. Ein Vortrag gehalten im Auftrage des Naturwissenschaftlichen Vereins für Sachsen und Thüringen am 3. u. 9. Mai in Halle a. d. S. 1. u. 2. Abdr. Halle 853. (Schrödel u. Simon.) 16. (44 S.) 6 ngr.

Schrader, Wilh. (Prov. Schulr. Rede zur Einführung des Direktors Jul. Schultz. 3 S. **Progr.** *Eutenstein* 1877.

(Schrader, W., u. Eugen Trosien) Die zur Eröffnung des Gymnasiums von dem Geh. Rat Dr. Schrader und dem Direktor Trosien gehaltenen Reden. S. 17–22. **Progr.** Kö. G. *Danzig* 1877.

— elementare Sätze über die Centralbewegung. Eine Ergänzung zu den Lehrbüchern der Physik u. Elementarmechanik. gr. 8. (34 S. m. 1 lith. Taf. in 4.) Erfurt 851, Müller'sche Sortiments-Buchhandlung. ¼ ℳ

— die Seelenlehre der Griechen in d. älteren Lyrik. gr. 8. (22 S.) Halle 902. M. Niemeyer. n. — 80
Sonderabdruck aus: „Philosoph. Abhandlgn. Gedenkschrift f. Rud. Haym".

Über Akademische Seminare (Bernheim, Der Universitätsunterricht und die Erfordernisse der Gegenwart. Berlin, Calvary, 1898.) Von D. Dr. W[ilhelm] Schrader, Geh. Ob.Reg.R. in Halle. *Halle a. S. 1899. Waisenhaus.* (19 S.) 8° [Umschlag.] [illegible]

Schrader, Wilh. (Gäwele), der Straußenkrieg 1514—1517. E Hohelohesche Erzeihling. (227 S.) 8. Stuttgart (905). Union. n. 3.—; geb. in Leinw. n. 4. —

— Theorie der endlichen summirbaren Reihen. 4. (58 S.) Halle 871. Buchh. d. Waisenh. n. 2. —

—— die Verfassung der höheren Schulen. Pädagogische Bedenken. 1. und 2. Aufl. gr. 8. (XIV, 256 S.) Ebendas. 879. *

—— die Verfassung der höheren Schulen. Pädagogische Bedenken. 2. Aufl. 2. durch einen Anhang verm. Ausg. gr. 8. (XII, 274 S.) Ebendas. 881. *

—— Die Verfassung der höheren Schulen. Pädagogische Bedenken. 3. sorgfältig ergänzte Aufl. gr. 8. (XII, 282 S.) Berl. 889, Dümmler's Verlag. * 6 —

— was se der Housgarte z'Ahringe alles verzeihlt, vum S., eme alte Naiestaaner. 8. (64 S.) Heilbronn 899. E. Salzer. n. — 75

[F.] Wie gewinnen wir die kirchlich Fremden für das Evangelium? Von D. Dr. Wilhelm Schrader, Geh. Oberregiergsr. . . . zu Halle. *Berlin: F. Dümmler 1896.* (45 S.) 1 Bd 8. [97. 1319]

Schrader, W., Wie lässt sich der Aufgabe der Förderung der häuslichen Gesundheitspflege durch Zusammenwirken der kommunalen Armenpflege und der freien Vereinsthätigkeit genügen? 8°. Berlin 1881.

Schrader, Wilh., woher der therapeutische Misserfolg der Antisepsis beim Puerperalfieber?, s.: Sammlung klinischer Vorträge.

Schrader, Guilelmus Henricus. De thyreophymate. Halis Saxonum (1853): Gebauer-Schwetschke. 27 S. 8°

Halle-Wittenberg, Med. Diss. v. 31. Jan. 1853

Geb. Gerbstedt (Seekr. Mansfeld) [6.12.1828] V.

Schrader v. d. Kolk, J. L. C., s. *Kolk*.

Schraeder, Joann[es] Bern(ardus) Herm[annus]: De abscessu pharyngeo. Halae (1837): Ploetz. 31 S. 8°

Halle-Wittenberg, Med. Diss. v. 14. Juli 1837

Geb. Münster (Westf.) 16. 7. 1815. V.

Schradieck, Konstant

Schradieck, Constant, appr. Arzt aus Hamburg: **Untersuchungen an Muskel** und Sehne nach der Tenotomie. *Rostock 1900: Adler's Erben.* (107 S.) 8°
Rostock, Med. Diss. v. [16. Nov.] 1900

Schradin, Gust., Garne u. Stoffe. Praktische Textilkunde f. Frauenarbeitsschulen u. Hausfrauen. (VIII, 55 S. m. 17 Abb.) 8. Stuttgart 904. K. Wittwer. n. 1.60

Schräer, J. F., die Pensions- u. Hinterbliebenen-Versicherung der Privatangestellten im Deutschen Reich. Ein Vortrag. (24 S.) schmal gr. 8. Kempten 904. Quedlinburg, Verlag der Zeitschrift „Der Privatbeamte". n. — 50

Schrafel, Jos., merkwürd. Schicksale im russ. Feldzuge u. in d. Gefangenschaft, in d. J. 1812—1814. Von ihm selbst beschrieben. 2., unveränd. Aufl. 8. (11 B.) Nürnberg 835, Bäumler. (?)

Schraff, Gg. Friedr.: De vera catalepseos notione ...,
s. Baumer, Joh. Wilh. [Praes.]

Schraff, G. F., De vera catalepsino notione ac rationali curatione. 32 pp. Giss. 4°. 1776.

Schraffl, P., s.: Passer, A. v. d., Hermann v. Gilm.

Schrag's neuester illustr. Führer durch Nürnberg. Mit 23 Abbildgn., 1 Plane der Stadt nebst ausführl. Strassenverzeichnis. 28. verm. u. verb. Aufl. (III, 91 S.) kl. 8. Nürnberg 906. J. L. Schrag. n. — 60

— new handy guide to Nuremberg. 5. rev. and englarged ed. with 20 illustr. and a map of the city. (84 S.) kl. 8. Ebd. 904. n. 1. —

Schrag, Arnold, Abriss der englischen Grammatik m. Übungen. Zur raschen Einführg. u. Wiederholg. (44 S.) 8. Bern 908. A. Francke. — 80

Das Arbeitsprinzip im Unterricht. Vortrag, geh. auf Veranlassg. des Lehrervereins f. Knabenhandarbeit, Sonntag den 10. IV. 1910 in der Aula des städt. Gymnasiums in Bern. (21 S.) gr. 8. Ebd. 910. — 60

Schrag. Arnold [von Wynigen, Bern]: Matthew Arnold. Poet and Critic. Basel 1904. 94 S. 8°. [12. XII. 03.]
Bern Phil Diss 1903 1904

Schrag, Arnold. Unsere Hildegard. Gedanken über Mädchenbildung, Frauenberuf und Frauenbestimmung. 96 S. 8. Bern, A. Francke, 1908. [fr. 2. —]

Schrag, Arnold. Der Hinterweidschulmeister. Eine Romanze aus dem Reiche Pestalozzis. 84 S. 8. Bern, A. Francke, 1909. [fr. 2. —]

Schrag, Arnold. Schule, Leben und Bildung. Vortrag, gehalten auf Veranlassung des Kirchgemeinderates der Paulusgemeinde Sonntag den 9. Februar 1908 ... zu Bern. (Sonderdruck aus dem « Berner Schulblatt » [Jahrg. 41, 1908, Nr. 8—10].) 20 S. 8. Bern, A. Francke, 1908. [fr. —. 60]
2. [unveränderte] Aufl. 1908.

Schrag, Arnold. Die Schule von Waldheim. Tagebuch eines Volksschullehrers hrg. von Dr. A' Sch'.... 80 S. 8. Bern, A. Francke, 1910. [fr. 2. —]

Die Schule von Waldheim. Tagebuch e. Volksschullehrers hrsg. von Dr. Arnold **Schrag,** Sekundarschulinsp. 2. durchges. Aufl. Bern: Francke 1910. 80 S. 8° (10. 4237

Schrag, Arnold. Eine pädagogische Studienreise nach Eldorado. Aus dem Nachlass von Rektor Dr. Joh. Jak. Besserdank. Hrg. von A' Sch'. 122 S. 8. Bern, Gustav Grunau, 1906. [fr. 2. 80]

Schrag, Friedrich [Praes.], s. Elsperger, Johann Stephan: Von der Erbnehmung und Nachfolge der Eltern, die sich anderweit verheyrathet, in die Güther der Kinder ersterer Ehe, welche ohne letzten Willen verstorben.

Schrag, Friedrich [Praes.], s. Harnußberger, Joh. Friedrich: De potentatu magistratuum et officiorum. Von Förchterlichem Gewalt Beampter Personen.

Schrag, Henry

Schrag's neuester illustr. Führer durch Nürnberg. Mit 20 Abbildgn., 1 Plane der Stadt nebst ausführl. Strassenverzeichnis. 30. verm. u. verb. Aufl. (III, 93 u. 8 S.) kl. 8. Nürnberg 908. J. L. Schrag. — 50

Schrag's, Henry, guide to the curiosities of Nuremberg. With a (lith.) map of the town. 12. (15 S.) Nürnberg 882. Schrag. n. — 60

— Latest illustrated guide to Nuremberg. Containing 20 illustr., 1 map of the town and a complete street-index. 6. enlarged and improved ed. (97 u. 8 S.) kl. 8. Ebd. (909). 1. —

Schrag's new handy guide to Nuremberg. 4. rev. and enlarged ed. with 19 illustr. and a map of the city. 8. (74 S.) Nürnberg 900. J. L. Schrag. n. 1. —

Verlags-Katalog von J. L. Schrag in Nürnberg. Nürnberg: (Schrag) 1910. 41 S. 8° (10. 1403 10

Schrag, J. L.: Die Veröffentlichungen des Verlags. 1810—1910. Nürnberg 1910

Schrag, J. M., üb. den Mißbrauch des Aderlassens und die daraus entspringenden Folgen. 8. Stuttgart, Steinkopf. 815.

Schrag, Johann (Strassburg) A. S. 730/12

Suprema voluntas de bonis heredis.
Präs. Ferdinand Christoph Harpprecht.
Tübingen (Graez) VI. 1702. 22 S. 31359

Schrage, Curt. s. Schrage, Kurt

Schrage, F., die Gewerberechtsfrage der Apotheker, ihre Entwickelung u. ihre Zukunft. Dargestellt auf dem Standpunkte der Besitzer kleiner Apotheken im Einvernehmen mit gleichdenk. Collegen. gr 8. (31 S.) Emden 874. Haynel. n. — 60

Schrage, F., Ostfriesland u. die ostfriesischen Inseln in ihrem Verhältnis zur neueren Gesundheitspflege u. zur Verbesserung d. Bodenertrags. 8. (13 S.) Norden 887. Braams. — 25

Schrage, Fr., introductio in jus canonicum. 8. Wetzlar 759. Winckler. 12 gl

Schrage, Johann, approb. Arzt, aus Kalt: **Aus d. Kgl. Universitäts-Frauenklinik zu Bonn. Über Fibrome und Sarkome der Vagina.** *Bonn 1903: S. Foppen.* (35 S.) 8°
Bonn, Med. Diss. v. 17. Juni 1903

Schrage, Joh. Nic., Predigten b. sein. Amtsveränderung. gr. 8. Göttingen, Dieterich. 790.

Schrage, Kurt

Schrage, Curt, Tierarzt aus Strudaunen: **Beitrag zur Lehre vom Eiweissstoffwechsel.** (Aus dem physiologischen Institut der Königl. Tierärztlichen Hochschule zu Berlin. Professor Abderhalden.) Berlin 1909. 16 S. 8°. [18. 11. 09.]
Bern, Vet.-med. Diss. 1909/10.

Schrage, Curt. Beitrag zur Lehre vom Eiweissstoffwechsel. Aus dem physiologischen Institut der Königl. Tierärztlichen Hochschule zu Berlin.... Diss. Vet.-Med. Bern ... von K' Sch'.... 16 S. 8. Berlin, Bartholdy & Klein, 1909.

Schrage, Wilh., Choralbuch zu dem katholischen Gesang- u. Gebetbuch Sursum corda. Vierstimmig u. durchgehends mit Vor- u. Nachspielen bearb. 1. Thl. qu. gr. 4. (X, 291 S.) Paderborn 877. Junfermann. n. 20. —

Schragel, F., d. Fürstenleben, f.: Album, v. Keber.

Schragen der Gilden und Aemter der Stadt Riga bis 1621. Hrsg. v. d. Ges. f. Gesch. u. Alterthumsk. d. Ostseeprov. Russlands. Bearb. v. Wilhelm Stieda u. Constantin Mettig. *Riga:* (übergekl.: *A. Stieda*): *Buchdr. v. W. F. Häcker 1896.* (XV, 758 S., 1 Bl.) 1 Bd 8.

Schragen d. Gilden u. Aemter d. Stadt Riga bis 1621. Hrsg. v. d. Gesellschaft f. Geschichte u. Alterthumskunde d. Ostseeprovinzen Russlands. Bearb. v. Wilh. Stieda u. Const. Mettig. gr. 8. (XV, 768 S.) Riga 896. (A. Stieda.) n. 16. —

Schragenheim, Samuel, appr. Arzt a. Bremen: **Ein Beitrag zur Manie-Frage.** Straßburg i. E.: J. Singer 1905. (25 S.) 8°
Freiburg i. B., Med. Fak., Ref. Hoche, Diss. v. 1905
[Geb. 14. Dez. 79 Bremen; Wohnort: Freiburg; Staatsangeh.: Bremen; Vorbildung: Gymn. Bremen Reife O. 99; Studium: Marburg 1, Freiburg 4, Berlin 3, Heidelberg 1 S.; Coll. 5. Aug 04; Approb. 24. Mai 04.]
9°

Schragge, Edw., über Homöopathie, s. Kurt Sprengel, über Homoeopathie.

Schragge, Ludw., wie verloren die Juden d. Bürgerrecht im west- u. oström. Reiche? Eine indirekte Beantwort. der Frage: Sollen die Juden d. Bürgerrecht erlangen? beantw. 8. (6 B.) Berlin 832, Fröhlich u. Comp.

— wie verloren die Juden das Bürgerrecht im West- u. Oströmischen Reiche rc. 8. Berlin 832. jetzt Heymann. 1⁄2 ℳ

Schragmüller, Johann Friedrich (Schwäbisch-Hall)
A. S. 776/47

Collatio juris civilis Romani, cum statutario Suevo-Halensi, circa materiam emphyteuseos in salinis et successionis conjugum. Präs. Jakob David Moegling. Tübingen (Reis) IX. 1716. 32 S. 31361

Schrägwalzverfahren, Das Mannesmann'sche. Nürnberg o. J. V: *Erhard*. (Kat. d. Bibl. d. Kais. Patentamtes. Berlin 1896.)

Schrall, Joh. N., den Manen Erzherzog Karls, s.a. Mayer v. Rosenau, D. S.

(F) Den Manen Erzherzog Karl's! Unbekannt gebliebene Kriegs-Ereignisse aus den Jahren 1805 und 1809. Die südliche Umgebung Wiens während der französischen Invasion von 1809. Zur 90. Wiederkehr der Gedenktage der Schlacht von Aspern. Nach einem bis jetzt noch nicht veröffentlichten Nachlasse des Joh. N. Schrail. Gesammelt, vermehrt und mit mannigfachen Verbesserungen versehen und herausgegeben von D. S. Mayer von Rosenau. Wien. 1899. Selbstverlag. 4°. 21 S. fl. —.50

Schraishuon, Albert von

Schraishuon, A., s. d'Arpentigny, S., die Chirognomonie.

– s. Aula der schönen Literatur, 72.—75. Bdchn., 77.—81. Bdchn.

– s. Rabou's, Charl., die Wittwenallee.

Schraishuon, Albert von [Übers.]
s. Smith, J.F.: Licht- und Schattenseiten des Lebens. 1857–58.

Schraishuon, Albert von [Übers.]
s. Smith, J.F.: Milly Moyne. 1860.

Schraishuon, Albert von [Übers.]
s. Smith, J.F.: Der junge Prätendent ... 1858.

Schraishuon, Albert von [Übers.]
s. Smith, J.F.: Sein und Schein. 1859.

– s. Souvestre, E., der Klettermast.

– s. dess., der schwarze Koffer.

Schraishuon, C. A. v. Das Kgl. Hoftheater in Stuttgart vor 1811 bis zur neueren Zeit. Stuttgart Müller 1878.

Schrakamp. [illegible]
[illegible]
[illegible]

SCHRAKAMP, Franz (Warendorf; Antwerpen): Zur Aetiologie des Milzbrandes. Mit 1 Taf.- München: Oldenbourg 1884. 27 S., Taf.- S.-Abdr. aus: Archiv für Hygiene. Bd.2.
5.3.1885 - Urk (Titel: De anthracis bacilli vegetatione et vita.): Chr 1884/85,21
Diss. Ingolst.-Landsh.-Mchn.

Schrakamp, G., üb. einige Beziehungen zwischen der Muskelzuckung u. der Entzündung. gr. 8. (19 S.) Lübeck 891. Lübcke & Hartmann. n. — 75

Schrakamp, Gerhard Eduard [illegible]
[illegible]
[illegible]
Berlin, Med. Diss. v. [illegible]

Einige Fragen an Physiologen und Pathologen. Von Dr. G[erhar]d Schrakamp, Physikus. Schönberg i. Meckl. 1903: Lehmann & Bernhardt. 14 S. 8° [Umschlagt.] A.u.98.7

Schrakamp, Josepha

Schrakamp, J., das deutsche Buch der Sauveur-Schule, s.: Daell, A. N. van.

— deutsche Grammatik f. Amerikaner, s. a. Wenckebach, C.

Schrakamp, Josepha, and Wenckebach, Carla. Deutsche Grammatik für Amerikaner . . 6th ed. NY, 1887.

Schrakamp, Max [app. Arzt aus Münster in W.]: Statistischer Bericht über die Herz- und Nierenkrankheiten der II. med. Klinik des Münchner allgem. Krankenhauses l. d. I. im Jahre 1890. . . . München, Buchdr. v. M. Ernst, 1891; 98 S. 8°
München, Med. Fak., Inaug. Diss. v. 1891

Gedicht zur Jahrhundertfeier der Erhebung Bayerns zum Königreich. (Chronik des Lyzeums.) — Von Joseph Schrallhammer, Kandidat des III. theolog. Kurses. — 1906, Freising, Fr. Hämmerlein. — P. 22—25.
Progr. Freising, K. Lyzeum und Gymnasium

Schram, A. H., s.: **Anschauungsbilder**, biblische.

Schram, Carl, s. Schram, Karl

Schram, Domin., s. Schramm

SCHRAM Franz. Epistel an meinen Sohn in Hagenau. Von –. Pichler, Wien 1794. 1 vol. 8 Bl.

Schram, G., Principes de la langue Danoise et Norvegienne, accomp. d'exemples de François et de Danois en regard, servant à l'étude comparée des deux langues. Mit 2 Tabell. gr. in-8. Copenhague 839. Höst. (Reitzel.) n. $1\frac{1}{2}$ ℛ

Schram, G., Principes de la langue danoise et norvegienne, accomp. d'exemples de français et de danois en regard, servant à l'étude comparée des deux langues. gr. in-8. ($10\frac{3}{4}$ B. u. 2 Tab.) Copenhague 839, (Reitzel.) *

Schram, G., Principes de la langue danoise et norvégienne, suivis d'un choix de morceaux en prose et en vers avec la traduction en regard. 2. édit. Leipzig 866. A. Dürr. gr. 8. (176 S. mit 2 Tab. in qu. gr. Fol.) n.n. 1 ℛ 18 ngr

Schram, Hugo

Schram, H., Adjutantendienst, — Militär-Administration, } s. Militär-Bibliothek, österreichische.

Schram, Josef

Schram, J., Anfangsgründe der Geometrie od. geometrische Formenlehre f. die untern Klassen v. Mittelschulen u. f. Lehrer-Seminarien. gr. 8. (VIII, 312 S. m. eingedr. Holzschn.) Wien 871. Hölder. n. 3. —

Schram, Jos., einige seit d. Juli-Woche 1830 in franz. Zeitschriften gewagte Behauptungen, freimüthig widerlegt. 8. ($4\frac{1}{2}$ B.) Aachen 831, Mayer.

Schram, Jos., Beitrag z. Geschichte d. Philosophie. Mit Bezug auf d. Gesch. uns. Zeit. gr. 8. ($13\frac{1}{4}$ B.) Bonn 836, [König.] *

Jos. **Schramm's** Beitr. z. Gesch. d. Philos., m. Bezug a. d. Gesch. uns. Zeit. *Bonn*, König u. van Borcharen. 837. gr8° 21 gl

Schramm, Jos., klein. **Beitrag zum Weltfrieden.** 8. Elberf. Büschler. 815.

Schram, Jos., kleiner Beitr. z. Weltfrieden. 8. Elberf. 815. (Schönian). 18 gl

— **Blicke auf die nächste Vergangenheit u. Zukunft.** 8. Ebend. 815.

—— die Einheit d. deutschen Vaterlandes. Zugleich e. Jubeldenkschrift auf Kant, den Weltweisen. gr. 8. ($10\frac{1}{2}$ B.) Bonn 832, Marcus.

Schram, Jos., Lehrbuch der Arithmetik für die 2 ersten Gymnasialclassen. gr. 8. (VIII, 170 S. m. 3 typogr. Taf.) Wien 877. Hölder. n. 1. 80

—— Lehrbuch der ebenen Geometrie für Untergymnasien und verwandte Lehranstalten. gr. 8. (IV, 116 S. mit eingedr. Holzschn.) Ebendas. 878. *

— s. J. J. Rousseau. üb. Staatsvertrag.

— systemat. geordnete Uebersicht d. gemeinnützl. Kenntnisse f. die Bildung rechtlich. Staatsbeamten. 8. Düsseldorf, Schreiner. 805.

Schram, Jos.: „Systematisch geordnete Uebersicht der gemeinnützlichsten Kenntnisse für die Bildung rechtschaffener Staatsbeamten als Leitfaden akademischer Vorlesungen über die Encyklopädie der ökonomischen und politischen Wissenschaften entworfen und mit einigen Betrachtungen über die Nothwendigkeit der Verbindung kameralistischer Kenntnisse mit den juristischen begleitet". Elberfeld 1805 (auf Kosten des Verfassers gedruckt in der Eyrichschen Buchdruckerei). — Vorh.: UB Bonn (Signatur Ka 5).

Schram, Jos., u. Rud. **Schüssler**, Übungsstoff zur Vorschule der Mathematik f. österr. Untergymnasien u. verwandte Lehranstalten. 1. Hft. Übungsstoff f. die I. Classe. gr. 8. (IV, 67 S.) Wien 890. Hölder. n. — 72

Schram, Jos., u. Rud. **Schüssler**, Übungsstoff zur Vorschule der **Mathematik** f. österr. Untergymnasien u. verwandte Lehranstalten. 2.—4. Hft. Übungsstoff f. die II.—IV. Classe. gr. 8. Wien 890. A. Hölder. n. 2. 8; Einbde. in Leinw. à n.n. — 20 (1—4.: n. 2. 80)
2. (40 S.) n. — 48. — 3. (51 S.) n. — 64. — 4. (86 S.) n. — 96.

Schram, Jos., die Verbesserung der Schulen in moralischer, pädagogischer u. polizeylicher Hinsicht. 8. Dortmund, Mallinkrodt. 803.

— die Verbesser. d. Schulen, in moral.-pädagog. u. polizeil. Hinsicht. 8. Dortm. 803. (Schulz in Hamm). 20 gl 2e unveränd. Aufl. 8. Düsseld. 813. Gondon. 1 ℛ

— u. Rudolf Schüssler,

— — Vorschule der Mathematik f. österr. Untergymnasien u. verwandte Lehranstalten. Mit 384 Fig. [In besonderem Hft.] gr. 8. (IV, 220 S.) Ebd. 890. n. 2. 48

Schram, Karl, der Administrator. 3 Thle. 8. (196. 176 u. 240 S.) Leipzig 851, Kollmann. 3 ℛ

Schram, K., Album von Autographen, s. a. Album.

Schramm. Karl. Album von Autographen hervorragender Personen der Vergangenheit u. Gegenwart. 1. Lfg. 8 Blatt. Imp.-Fol. Wien, Bartelmus. 1864. à 30 kr.
Inhalt: Franz Josef I. — Elisabeth. — Joseph II. — Kaunitz-Rittberg. — Eugen v. Savoyen. — Maria Theresia. — Lacy. — Thugut. — Laudon. — Daun. — Alexander v. Humboldt. — Rokitansky

Schram, Carl, Bilder aus dem Volksleben. 8. (III und 386 S.) Berlin 862, Hollstein.

Schram, Carl, Deutsche in Ungarn, s. Novellen-Sammlung.

Schram, C., Aus dem Elbthale, s. Weber's illustrirte Reisebibliothek.

Schram, Karl, die Habsburger. Roman-Cyklus. (In ca. 80 Heften.) 1. und 2. Heft. gr. 8. (1. Abthl.: Die Kaisergeige. [Leopold I.] S. 1—64 mit vielen Orig.-Illustr.) Wien 886, Anger. à Heft
Nicht weiter erschienen.

Schram's, Karl, Kaiser Josef-Romane. 1. Serie. Die Habsburger. 1.—11. Hft. 12. (à 2 Bog. m. je 1 Bild.) Wien 893. 894. C. Daberkow. à — 20

Schram, Carl, der Kampf um den Namen. Historisches Sittenbild aus jüngstvergangener Zeit. Wien 870. Leo. gr. 16. (312 S.) 1 ₰ 10 ngr.

— das gestohlne Lied. Eine Herzensgeschichte. Wien 863. (Förster &) Bartelmus. 16. (2 Bl., 71 S.) n. 1 ₰

— Gen Osten. Volksgeschichten und Sittenbilder aus Oesterreich. 1. Bd.: Bilder aus dem Volksleben. Berlin 860. Hollstein. 8. (2 Bl., 386 S.) 1 ₰

—— Schamil-ben-Hassan, s. Novellen-Sammlung.

Schram, Karl

Schamil-ben-Hassan. Romantische Erzählung. Aus dem russisch-türkischen Kriege. Berlin 1855.

In: Perlen. Bd 10.

— Verrufen. Ein Lebensbild. 4 Thle. Berlin 861. Bach. 8. (4 Bl., 641 S.) 3 ₰ 10 ngr.

Schram, Robert. Adria-Zeit. ([S.-A.] Neue Freie Presse. Wien.) Wien 1889. 16 S. 8°.

Schram, Rob., s.: Arbeiten, astronomische, des k. k. Gradmessungs-Bureau.

Schram, Rob. Die neue Bahnzeit. 1891.

— Beitrag zur Hansenschen Theorie der Sonnenfinsternisse (mit 3 Holzschnitten). S. 92. II. 123 . . . .
Separatabdruck

Schram, Rob., Beitrag zur Hansen'schen Theorie der Sonnnenfinsternisse. Lex.-8. (15 S.) Wien 886. (Gerold's Sohn.) n.n. — 35

Schram, Rob., Beitrag zur Hansen'schen Theorie der Sonnenfinsternisse. Lex.-8. (15 S.) Wien 886, (Tempsky.) **
Aus: Sitzungsberichte der k. Akademie der Wissenschaften, besonders abgedruckt.

— die Beobachtungen u. Reductionsmethoden d. k. k. österreichischen Gradmessungs-Bureau. Als Einleitg. zu den Längenbestimmgn. zusammengestellt. [Aus: „Astronom. Arbeiten d. k. k. Gradmessungs-Bureau".] Imp.-4. (75 S. m. eingedr. Abbildgn.) Wien 889. (Tempsky.) n. 6. —

— Darlegung der in den „Hilfstafeln für Chronologie" zur Tabulierung der jüdischen Zeitrechnung angewandten Methode. S. 88. II. 158 . . . .
Separatabdruck

Schram, Rob., Darlegung der in den „Hilfstafeln für Chronologie" zur Tabulirung der jüdischen Zeitrechnung angewandten Methode. Lex.-8. (43 S.) Wien 883, (Gerold's Sohn.) *
Aus: Sitzungsberichte der k. Akademie der Wissenschaften, besonders abgedruckt.

Schram, Rob. Einführung der mitteleuropäischen Zeit in Wien. 1892.

— Zum Entwurf einer Mondtheorie gehörende Entwicklung der Differentialquotienten, von Theodor Ritter von Oppolzer. Nach dessen Tode vollendet unter Leitung von Dr. Robert Schram. D 54. I. 30 . . . .
Separatabdruck

— Über die christliche Festrechnung und die in den „Hilfstafeln für Chronologie" mit Kalenderzahl bezeichnete Größe. D 48. II. 31 . . . . vgr.
Separatabdruck

—— über die christliche Festrechnung und die in den „Hilfstafeln für Chronologie" mit Kalenderzahl bezeichnete Grösse. Imp.-4. (24 S.) (Ebendas.) 883. *
Aus: Denkschriften der k. Akademie der Wissenschaften, besonders abgedruckt.

Schram Robert, Dr.: Hilfstafeln für Chronologie. D 45. II. 289 . . . . vgr.
Separatabdruck

Schram, Rob., Hilfstafeln für Chronologie. Imp.-4. (72 S.) Wien 883, (Gerold's Sohn.) *
Aus: Denkschriften der k. Akademie der Wissenschaften, besonders abgedruckt.

Schram, Robert. Der Meridian von Jerusalem. ([S.-A.] Wiener Zeitung 1891 No. 51, 52.) Wien 1891. 27 S. 8°.

Schram, Rob. Theodor von Oppolzer. 1887.

— Reduktionstafeln für den Oppolzer'schen Finsternis-Kanon zum Übergang auf die Ginzel'schen empirischen Korrektionen. D 56. II. 187 . . . .
Separatabdruck

— Reductionstafeln f. den Oppolzer'schen Finsterniss-Canon zum Übergang auf die Ginzel'schen empirischen Correctionen. [Aus: „Denkschr. d. k. Akad. d. Wiss."] Imp.-4. (72 S.) Ebd. 889. n. 3. 60

Schram, Robert. Ausländische Stimmen über die Adria-Zeit. ([S.-A.] Wiener Zeitung. Jahrg. 90. Nr. 109.) Wien 1890. 16 S. 8°.

Schram, Robert. Ueber das Stundenzonen-System der amerikanischen Eisenbahnen. Auszug aus einem Vortrage. ([S.-A.] Monatsblätter des Wissenschaftlichen Klub in Wien. No. 6 vom 15. März 1890.) Wien 1890. 4 S. 8°.

— Tafeln zur Berechnung der näheren Umstände der Sonnenfinsternisse (mit 1 Karte). D 51. II. 285 . . . . vgr.
Separatabdruck

—— Tafeln zur Berechnung der näheren Umstände der Sonnenfinsternisse. Imp.-4. (192 S. mit 1 Karte.) (Ebendas.) 887. *
Aus: Denkschriften der k. Akademie der Wissenschaften, besonders abgedruckt.

— Kalendariographische u. chronolog. Tafeln. (XXXVI, 368 S.) gr. 8. Leipzig 908. J. C. Hinrichs' Verl. 18.—; geb. in Halbfrz. 21.—

Schram, Theod.: Freimüthige Bemerkungen über das öffentliche mündliche Verfahren in bürgerlichen u. in peinlichen Rechtssachen, nebst einem Vorschlage, wie die wesentl. Vortheile der Oeffentlichkeit zweckmäßiger erhalten werden können. Elberfeld 1817.

(Schram, Theod.): Berichtigung einer den Stadtrath zu Düsseldorf. betr. irrigen Darstellung nebst der Sr. Majestät vom Stadtrathe am 12. Sept. 1817 überreichten Vorstellung. Düsseldorf (1817).

Schram, Thomas, Gott seie Weyrauch! Dem König Treu und Ehr! Boy . . . Verkündigung des . . . Friedens in oratorischer Verfassung, auf öffentlicher Cantzel, den 16. Tag Januarii: Anno 1746 allerdevotest abgezinset. Frankenstein. 4. (8 Bl.)

Schram, W., s. Schram, Wilhelm Karl

Schram, Wilhelm, s. Schram, Wilhelm Karl

Schram, Wilhelm Karl

Schram, Wilh., österreichische Bausteine zur Kultur- u. Sittengeschichte. Gesammelt u. der Oeffentlichkeit übergeben. (VII, 162 S.) 8. Brünn 905. Rat Dr. W. Schram. n. 2. 50

Schram, Wilhelm (Hrsg.), s.a. Bilder aus mährischer Vergangenheit.

— **Bilder aus mährischer Vergangenheit.** (VIII, 153 S. m. 1 Bildnis.) gr. 8. Brünn 903. (C. Winiker.) n.n. 3. —

—— Brünn und Umgebung, s. Städtebilder und Landschaften aus aller Welt.

Schram, Wilh., ein Buch f. jeden Brünner. Quellenmäßige Beiträge zur Geschichte unserer Stadt. 1. u. 2. Jahrg. gr. 8. (VIII, 194 S. m. Bildnis u. 4 Taf. u. VIII, 182 S. m. 1 Bildn. u. 4 Taf.) Brünn 901. 902. (C. Winkler.) à n. 3. —

Schram, Wilh., ein Buch f. jeden Brünner. Quellenmäßige Beiträge zur Geschichte unserer Stadt. III.—V. Jahrg. (VIII, 162 S. m. 1 Bildnis; VII, 156 S. m. 1 Bildnis u. VII, 152 S. m. Abb. u. 1 Bildnis.) 8. Brünn 902—905. (C. Winiker.) à n.n. 3. —

Schram, Wilh. C., Brünner Chronik. [1800—1860.] Eine Sammlg. der denkwürdigsten Ereignisse, die sich in der ersten Hälfte d. 19. Jahrh. in Brünn zugetragen haben. 8. (IV, 79 S.) Brünn 885. Karafiat's Verl. n. — 80

Schram, Wilhelm: Vaterländische Denkwürdigkeiten. Ein Buch f. mähr. Geschichtsfreunde. Zumeist nach hs. Quellen. Brünn '06. VI, 150 S.

Schram, Wilh., vaterländische Denkwürdigkeiten. Ein Buch f. mähr. Geschichtsfreunde. 2. Bd. Zumeist nach handschriftl. Quellen verf. (VII, 152 S. m. Abbildgn. u. 1 Taf.) 8. Brünn 907. (C. Winiker.) nn 3. —

Schram, Wilh. Carl, Geschichte und Geographie von Oesterreich-Ungarn, in Bezug auf alle wichtigen Zahlennotizen mnemonisch bearb. 8. (III, 47 S.) Brünn 881, Karafiat. *

—— Goethe als Pädagog. Vortrag, gehalten im Brünner Lehrervereine am 22. März 1880. gr. 4. (29 S.) Leipzig 880, Pfeil. *

Schram, Wilh. C., Friedrich Ludwig Jahn. Sein Leben und Wirken, nebst einer Blüthenlese aus seinen Werken. Eine Festschrift zu seiner 100jähr. Geburtstagsfeier am 11. Aug. 1878. gr. 8. (IV, 64 S.) Wien 878, Pichler's Wwe. und Sohn.

— die wichtigsten geschichtlichen Jahreszahlen, mnemotechnisch bearb. 8. (20 S.) Troppau 880. Buchholz & Diebel. n. — 40

— dasselbe. 2., unveränd. Aufl. 8. (20 S.) Ebenb. 881. n. — 60

Schram, Wilh. Carl, der Käfersammler. Anleitung zum Fang u. zur Aufbewahrung der Käfer. 16. (21 S.) Brünn 877. Karafiat. n. — 40

Schram, Wilh. Unser Kaiser im Liede. Eine Festgabe zum 60. Geburtstage Sr. Maj. d. Kaisers Franz Joseph I. gr. 8. (144 S. m. Portr. in Heliograv.) Brünn 890, Rohrer. * 2 —; geb. * 4 —

Katalog der Bibliothek der historisch-statistischen Section der k. k. mähr.-schles. Gesellschaft z. Beförderung d. Ackerbaues, d. Natur- u. Landeskunde. (Druckwerke u. Handschr.) Verf. von Wilhelm C. Schram. [Nebst] Nachtrag. *Brünn: Hist.-stat. Section 1885-94.* 2 Bde 8° [Hauptbd.] 1885. Nachtrag. 1894. (66. 1111) 9

Schram, Wilh. Die Malerin Angelica Kauffmann. Ein Lebensbild. Nach den Quellen bearb. u. durch 15 Briefe von u. an Angelica beleuchtet. gr. 8. (III, 64 S. mit Bildniß in Lichtdr.) Brünn 890, Rohrer. * 1 50

—— Lehrbuch der Mnemonik. Vollständ. Anleitung zur Erlangung eines vorzügl. Kunstgedächtnisses. 8. (104 S.) Brünn 880, Winiker. *

— Lehrbuch der Mnemonik. Vollständige Anleitg. zur Erlangg. e. vorzügl. Kunstgedächtnisses. 2. verb. u. verm. Aufl. (V, 108 S. m. Bildnis.) 8. Brünn 910. (C. Winiker.) 3. —

—— deutsche Literaturgeschichte, nebst einer mnemotechnischen Anleitung zur leichten Aneignung literarhistor. Zahlen. gr. 8. (VII, 134 S.) Brünn 881, Epstein. *

Schram, Wilhelm (Hrsg.), s.a. Magazin, Mährisches, für Biographie und Kulturgeschichte.

Schram, Wilh., Mährisches Magazin f. Biographie u. Kulturgeschichte. I. Bd. (VIII, 190 S. m. 2 Bildn.) 8. Brünn 909. (C. Winiker.) nn 3. —

— Jean Paul als Pädagoge. 8. (26 S.) Brünn 877. Knauthe. n. — 50

— Die Porträt-Lithographen der mähr. Landes-Bibliothek. (37 S.) gr. 8. Ebd. 910. — 80
Sonderabdruck aus: „Zeitschr. d. mähr. Landesmus."

SCHRAM, Wilhelm C.: Die Praepositionen bei Hesiod. — 1885. 46 S. Diss. Graz, Univ.

—— der kleine Schmetterlingssammler. Anleitung, Schmetterlinge zu sammeln, zu tödten, zu ordnen, aufzubewahren und zu versenden. Nebst einer Beschreibung der bemerkenswerthesten Schmetterlinge, sowie einer Abhandlung über Seidenraupenzucht. gr. 8. (62 S. mit 5 lithogr. und color. Taf. Abbild.) Leipzig 880, L. Senf. cart. *

Schram, Wilh. C., der kleine Schmetterlings-Sammler. Anleitung, Schmetterlinge zu sammeln, zu tödten, zu ordnen, aufzubewahren u. zu versenden. Nebst e. Beschreibg. der bemerkenswerthesten Schmetterlinge, sowie e. Abhandlg. üb. die Seidenraupenzucht. (2. Aufl.) gr. 8. (V, 64 S. m. 6 farb. Taf.) Leipzig 890. F. Ohme. Kart. 3. —

— Meine literarische Tätigkeit in den letzten 35 Jahren (1876—1910). (12 S. m. Bildnis.) 8. Ebd. 910. — 20

Schram, Wilh., Trauerrede aus Anlass des Todes des durchlauchtigsten Kronprinzen Erzherzog Rudolf geb. im Institut Corrion in Brünn. gr. 8. (8 S.) Brünn 889. C. Winiker. n. — 40

Schram, Wilhelm: Verzeichnis mährischer Kupferstecher aus der Zeit vom Jahre 1480 bis zur Gegenwart. Auf Grund gedr. u. handschr. Quellen. — Brünn: Verl. der historisch-statistischen Section (d. k. k. mähr. Landwirtschafts-Ges.) 1894. 40 S.
Aus: Notizenblatt d. hist.-stat. Section der k. k. mähr. Landwirtschafts-Gesellschaft 1894, Nr 5 u. 6.

—— die wichtigsten geographischen Zahlen, zum Behufe überraschend leichter und sicherer Einprägung mnemotechnisch bearb. 8. (42 S.) Troppau 880, Buchholz und Diebel. *

— die gute alte Zeit in Oesterreich. Eine Sammlg. kulturhistor. Denkwürdigkeiten. (VIII, 132 S.) gr. 8. Brünn 906. Rat Dr. Schram. 3. —

Schramb, Anselmus. Chronicon Mellicense, seu annales monasterii Mellicensis, utrumque statum etc. Fol. Viennae 1702.

Schramberg [Schlagwort]

Schramberg, s.: Deutschland. Kürschner-Peip.

Schramberg, s.: Geologische Karten. Spezialkarte (Württ.)

Schramberg, s.: Schwarzwald.

– s. Schwarzwald. Karte.

Schramberg, s.: Schwarzwald. Lorenz.

– s. Württemberg. Höhenkurvenkarte.

Schrämbl, Frz. Ant., († d. 14. Dec. 1803.) allgem. deutscher Atlas aller Länder der Erde. 27 Lieferg. Wien 786 — 794. Schrämbl. 63 ℔ 21 ß

Schraembl, F. A., Neueste Generalkarte von Deutschland in 24 Blättern... Wien, F. A. Schrämbl, 1797. Fol. Kupf. u. kol. . . . . (D.)

Schraembl, J. A. Generalkarte von Polen, Litauen und den angrenzenden Ländern. 1788. 1 Bl. c. K. v.

— s. Heinrich II.

Arabischen Meerbusens — Karte des — oder des rothen Meeres.

Nach d'Anville, Niebuhr, und Jrwin. Entworfen von J. Wussin. Herausgegeben von Herrn F. A. Schraembl 1787. H. Benedicti Sc. 1: 3,400,000. 1 Bl.

Schrameier, die Grundlagen der wirtschaftlichen Entwicklung in Kiautschou, s.a. Verhandlungen der deutschen Kolonial-Gesellschaft. VII. 2.

Die Grundlagen der wirtschaftlichen Entwicklung in Kiautschou. Vortrag von Dr. Schrameier. *(Berlin: D. Reimer 1902.)* (60 S.) 8°
— Abteilung Berlin-Charlottenburg d. Deutschen Kolonial-Gesellschaft. Verhandlungen. 1902/03, H. 2. [03. 6346

— die deutsche Mission in Kiautschou. Vortrag, geh. am 23. III. 1903 in der Neuen Kirche zu Berlin. (18 S.) gr. 8. Heidelberg 903. Ev. Verlag. n. — 20

— wie die Landordnung v. Kiautschou entstand?, s.a. Streitfragen, soziale. 14. Hft.

Wie die Landordnung von Kiautschou entstand? Referat geh. am 27. Nov. 1902 im 'Bunde d. Deutschen Bodenreformer' von Adm.R. Dr. Schrameier, Tsingtau. *Berlin: J. Harrwitz Nachf. [1903].* (24 S.) 8° [F.]
— Streitfragen, Soziale. H. 14. [03. 9485

Schrameier, W. L., Ueber den Fatalismus der vorislamischen Araber. I. Einleitung. [Leipziger Diss.] Bonn 1881.

Schramek, C., Pferdewesen, s.: Handbuch f. die k. k. Artillerie.

Schramek, Camillo, das Wärmespectrum der Sonne. Kritische Einleitg. in die Identitätslehre v. Licht u. Wärme der heut. Physik. Mit 1 (lith.) Karte (in 4.) gr. 8. (V, 122 S.) Wien 873. Dirnböck. n. 3. —

Schramek, Jos., das Böhmerwaldbauernhaus, s.a. Beiträge zur deutsch-böhmischen Volkskunde. IX, 1.

Das Böhmerwaldbauernhaus. Von Oberl. Josef **Schramek**. Mit zahlr. Textskizzen, Plänen u. Autotypien. Prag: J. G. Calve 1908. (VII, 43 S.) 8° [F.]
— **Beiträge** z. deutsch-böhmischen Volkskunde. Bd 9, H. 1. [08. 16909

Schramek Oskar: Zur Wiederbelebung des Hanswurst.
II. 1905 PN 1828 **Diss.** Wien, Univ. 150

Schramel's Adressbuch Industrieller ..., s. Schraml: Adressbuch

Schramke, Herm., Grammatik u. Technik für den Clavierspieler. Ein Lehrbuch, der neueren Musikpraxis gemäss für den Unterricht im Clavierspiel entworfen, u. als Vorbereitung für das Tausig-Ehrlich'sche Studienwerk verf. u. hrsg. Op. 9. hoch 4. (V, 52 S.) Berlin 879. C. Simon in Comm. n. 5. —

Schramke, Herm., ein neuer Spielkamerad, s.: Gindler, Frdr.

Schramke, Hermann. Studien und Skizzen zu einer neuen Intervallen- und Harmonielehre. Mit Rücksicht auf die Schrift Alfred Kalischer's: „Zur Vervollkommnung der praktischen Harmonielehre". Cottbus 1881.

Schramke, T., Description of the New-York Croton Aqueduct in english, german and french; with twenty plates (in Roy.-Fol.) Roy.-4. (8 B., lith. Ttl. u. 1 Tab. in Fol.) New-York and Berlin 846, (Schropp u. Comp.) *

Schramko, Solennem, cathedrae scholasticae cum ecclesiastica, commutationem, viro plurimum venerando Paulo, post exantlatos summa cum laude et fructu biennis in Kun Tapolczensi . . . [Jenae 1773.] V: *Szemian, Michael.* (PK III/331; 1/85) (BiblPort)

Schraml's Adreß-Buch der Industriellen, Kaufleute, Gewerbetreibenden, Aerzte, Advokaten, Notare, Großgrund-Besitzer, Banken u. Credit-Institute, Versicherungs-Gesellschaften, Verkehrs-Anstalten, nach Branchen geordnet. 1. u. 2. Tl. Lex.-8. Linz 885. (Winter.) n. 5. —
1. Oesterreich ob der Enns. (179 S.) n. 3. —
2. Salzburg. (55 S.) n. 2. —

Schraml, F. v. P., s.a. Stammfolge.

Stammfolge — Ununterbrochene — des Regenten-Hauses Bayern seit dem zwölften Jahrhunderte. Entworfen und zusammengestellt von Fr. v. P. Schraml, K. geh. St. A. S. München 1825. Gedruckt mit Lindauer'schen Schriften. Auf Stein gez. von Nachtmann. O. M. 2 Bl.

Schraml, Fr.: Generalregister üb. d. Verordnungen in d. baierischen Regierungsblättern v. J. 1799 — 1807. inclus.

Schraml, Joh., die Fundamentalfrage der katholischen Katechese. gr. 8. (23 S.) Regensburg 900. J. Habbel. n. — 40

Schraml, Joh., auf d. Grenze d. christl. u. modernen Pädagogik. Eine Studie üb. Ziel u. Religion d. mod. Pädagogik. gr. 8. (80 S.) Regensburg 896. J. Habbel. — 75

— das Prinzip der modernen Anschauung u. die Anschauung im Religionsunterrichte. Eine apologetisch-method. Studie. gr. 8. (143 S.) Ebd. 899. 1. 50

Schraml, Joh., Sturzwellen, die Grundwelle u. Oberwellen des Reformkatholizismus. (55 S.) 8. Regensburg 905. J. Habbel. n. — 50

Schrämli, J., medicinalstatistische Notizen uber die Bewegung der Bevölkerung des Kantons Zürich in den 10 Jahren 1846 —1855. (Aus d. Monatsschrift d. wissenschaftl. Vereins abgedr.) Zurich 857. Meyer u. Zeller. Lex.-8. (2 Bl., 20 S.) n. 5 ngr.

[Schramli, Johann Jacob.] Naturgeschichtliche Bemerkungen über das Schamserthal im Canton Graubunden, nebst Notizen über das Bad von Pigneu bey Andeer. [Mit 1 Abbildung und 1 Tafel.] (Njbl. Schw. Garten Zürich 1830.) 4. [Zürich.]

[Schramli, Johann Jacob.] Beschreibung der Mineralquelle zu Jenatz im Prattigau, Kanton Graubünden. [Mit 1 Abbildung und 1 Tafel.] (Njbl. Schw. Garten Zurich 1829.) 4. [Zürich.]

Schrämli, J. J. Das neue Kantonal-Krankenhaus zu Zürich. 1855.

Schramm, (I.), neue Briefe aus Algerien und die Frühlingsflora von Algier und Umgegend im J. 1858. gr. 8. (III und 52 S.) Brandenburg 858, Wiesike.

—— Flora von Brandenburg und Umgegend, mit Berücksicht. der Nachbarstädte Belzig, Genthin, Nauen, Rathenow und Werder. Mit einem Anhang. gr. 12. (X und 234 S.) Brandenburg 857, Wiesike.

— Flora von Brandenburg und Umgegend. Nachtrag. Ebend. 861. gr. 12. (20 S.) 3 ngr.

Schramm, zwei Predigten zur Empfehlung der Friedensgerichte. Angehängt sind die Statuten für Friedensgerichte, von dem Herrn Amtmann Rasch zu Rethem an d. Aller verfaßt. Göttingen 856. Vandenhoeck u. Ruprecht. gr. 8. (28 S.) n. 2½ ngr

Schramm, A., s.a. Schramm, August Johann

Schramm, A. Allgem. Betrachtungen über die Erdkörper, ein Nachtrag zum Unterrichte in der Mineralogie. 82 S. . . . . . .
Leobschutz. P 1828

Schramm, A. Ueber Charakterbildung auf Gymnasien. 28 S. . . . .
Leobschutz. P 1826

Schramm, A., Essai de classification des algues de Guadeloupe, s.: Mazé, H.

Schramm, A., Die Fortschrittsprogrammisten und die Idee der Demokratie und des Volksthums. 8⁰. Berlin 1861.

Schramm, A. Die Pflanzen des Leobschützer Stadtwaldes. 90 S. 8. . .
Leobschütz. Progr. 1833

Ders. Die seltneren Pflanzen der Schlesischen Flora in den Umgegenden von Leobschütz, nebst Beobachtungen über gemeinere. 45 S. 8. . . . .
Leobschütz. Progr. 1840

Schramm, A. Ueber den Ursprung der Wasserquellen. 19 S. . . . .
Leobschütz. Progr. 1837

Schramm, A. Th. Quaest. de locis nonnullis Legg. Platonicarum. Part. III. 15 S. [I. p. 636. B. IV. p. 713. D. VII. p. 824 B.]
Glaz, Progr. 1848

Schramm. Quaestionum de locis nonnullis legum Platonicarum part. IV. [lib. XII. p. 946 E. lib. IX. p. 855 B—C] 16 S. Part. V. [lib. III. p. 677 C. lib. VIII. p. 849 B. lib. X p. 898 D. lib. XI. p. 921 D. lib. XI. p. 933 A. lib. XII. p. 953 A. lib. XII. p 952 B.] 18 S.
Glatz, Progr. 1851, 1857

Schramm: Quaestionum de locis nonnullis legum Platonicarum part VI. Glatz 1865. 18 S. 4⁰
Part I–V. Glatz I. (16 S.). 1841. II (19 S.) 1844. III. (15 S.) 1848 IV. (16 S.) 1851 V. (18 S.) 1857.
Schul-/Univ.-Schrift

Schramm, quaestionum de locis nonnullis legum Platonicarum part. VI. 4. (18 S.) Glatz 865, (Hirschberg's Buchh.)

Schramm, Quaestionum de locis nonnullis legum Platonicarum part. VI. Pr. 1865. 18 S. 4⁰. 1.—
— — part. VII. Pr. 1869. 17 S. 4⁰. 1.—
— — part. VIII. Pr 1875. 15 S. 4⁰. —.90

Schramm, Adolf

Schramm, A., üb. Lungenentzündung, s.a. Mittheilungen u. Auszüge aus dem ärztl. Intelligenzblatt.

Schramm, Adf., über Lungenentzündung. Mit einer lith. Tab. [Aus: „Aerztl. Intelligenzbl."] gr. 8. (46 S.) München 877. J. A. Finsterlin. n. 1. 60

Schramm, Adolf [aus Daun, in der Rheinprov.]: Ueber die Wirkungen des Amylnitrits insbesondere bei Melancholie. (Separat-Abdruck aus dem Archiv für Psychiatrie und Nervenkrankheiten 1874, 2. Heft, V. Bd.) Berlin, Druck von G. Bernstein, 1874. 8. 26 S.

Schramm, Alb., s.: Allerlei.

Schramm, Alb., s.: Blätter, bunte.

— Diktat-Bibliothek. 1. Bd. Diktatstoffe f. Stenographen aller Systeme. (102 S.) gr. 8. Wolfenbüttel 910. Heckner. 1. 80

— Fortbildungsbuch f. den Esperanto-Unterricht. (IV, 59 S.) 8. Ebd. 909. 1. —

Schramm, Alb., Handbuch der stenograph. Literatur. II. Bd. 4 Lfgn. 8. Wolfenbüttel, Heckner. n.n. 3. 25
Die deutsche stenographische Lehrmittel-Literatur. (IV, 156 S.) 905. 906.
Der 1. Bd. ist noch nicht erschienen.

Kurzgefaßtes Lehrbuch der Internationalen Hilfssprache 'Esperanto'. Von Dr. phil. Albert **Schramm**. [Nebst] Schlüssel. 2. Aufl. Wolfenbüttel: Heckner 1907. 2 Bde 8⁰

Kurzgefasstes Lehrbuch der internationalen Hilfssprache „Esperanto". 6. Aufl. (IV, 66 S. m. 1 Bildnis.) kl. 8. Ebd. 907. 1.—; Schlüssel (27 S.) — 50

Schramm, Albert, aus Eßlingen: Die palästinensischen Ortsnamen im Alten Testament. *Leipzig 1904: W. Drugulin.* (51 S.) 8⁰
Tübingen, Phil. Diss. v. 1904

— Die Redeschrift des Gabelsbergerschen Systems, s.a. Sammlung Göschen.

Die Redeschrift des Gabelsbergerschen Systems von Dr. phil. Albert **Schramm**. Leipzig: Göschen 1908. 120 S. 8⁰
(Sammlung Göschen. 368.)

— Stenographie nach dem System v. F. X. Gabelsberger, s.a. Sammlung Göschen.

Stenographie nach dem System von F. H. Gabelsberger von Reg.-Ass. Dr. phil. Albert **Schramm**. 2., verb. Aufl. Leipzig: Göschen 1910. 141 S. 8°
(Sammlung Göschen. 240.) A 12. 1900 II

Schramm, Andr. Jos., praktische Anleit. z. Denken und Urtheilen. 8. Halle, Hemmerde u. Schw. 810.

vgl. Schramm, August Johann

— Rechenbuch fur das weibl. Geschlecht, nebst Anweisung zum Kopfrechnen. 8. Ebend. 804.

vgl. Schramm, August Johann

Schramm, Arthur [aus Dresden]: Über die Einwirkung von Phtalylchlorid auf salzsaures Hydrazin und über einige schwefelhaltige Abkömmlinge des Piperidins ... Dresden, Druck v. W. Brummer, 1895; 25 S. 8.
Rostock, Phil. Fak., Inaug.-Diss. v. [10. Juni] 1895

Schramm, August, s. Schramm, August Johann

Schramm, Aug. Jh., prakt. Anleit. z. Denken u. Urtheilen. 8. Halle **810**. Schwetschke u. S. 6 gl

vgl. Schramm, Andreas Josef

— Handbuch f. d. Unterricht in d. Naturgeschichte. 2 Curs. 8. Halle 815. (Schwetschke u. S.) (1r Curs. 8 gl 2r Curs. 10 gl) 18 gl

Schramm, Aug., Handbuch f. den Unterr. in d. Naturgeschichte als Wiederholungsbuch f. Schüler bestimmt. 1. Curs. 2., verb. u. verm. Aufl. 8. (10 B.) Halle 832, Schwetschke u. Sohn.

— Rechenbuch f. d. weibl. Geschlecht, nebst Anweis. z. Kopfrechnen. 8. Halle **804**. Schwetschke u. S. 12 gl

vgl. Schramm, Andreas Josef

Schramm, Bruno

Schramm, B: Taschenbuch für Heizungs-Monteure. München und Berlin (1898)

Schramm, Bruno, Taschenbuch f. Heizungs-Monteure. 2. Aufl. 8. (VI, 113 S. m. 99 Abbildgn.) München (901). R. Oldenbourg. Geb. in Leinw. n. 2.50

Taschenbuch für Heizungs-Monteure von Bruno **Schramm**. 3., durchges. u. erw. Aufl. Mit 100 Textabb. München & Berlin: Oldenbourg 1907. VIII, 114 S. 8° [09. 2093]

Schramm, Bruno, Taschenbuch f. Heizungs-Monteure. 4. durchgeseh. u. erweit. Aufl. (VIII, 126 S. m. 104 Abb.) kl. 8. München 910. R. Oldenbourg. Geb. in Leinw. 2.80
3. Aufl. (VIII, 115 S. m. 100 Abb.) 907. Geb. 2.50.

Schramm, C., s.a. Schramm, Karl

Schramm, C., der Nothstand der Landwirthschaft, seine Ursachen und ein Mittel zur Abhülfe. gr. 8. (32 S.) Aarau 881, Christen. *

Schramm, C. A., Grundzüge der National-Oekonomie. 1. Abth. 8. (IV, 74 S.) Leipzig 876. Genossenschaftsbuchdr. — 50

Schramm, C. A., Grundzüge d. National-Oekonomie. 1. Abth. 2., verm. u. verb. Aufl. 8. (101 S.) Hottingen-Zürich 884. Berlin, Buchh. Vorwärts. n. — 40

Schramm, C. A., Rodbertus, Marx, Lassalle. Eine socialpolitische Studie. 8. (91 S.) München 889. Viereck. n. 1.20

Schramm, C. A., Ein Wort zur Verständigung in der sozialen Frage. 8°. Berlin 1871.

Schramm's, C. G., Formenlehre zur deutschen Sprache, nebst einem Anhange, welcher Formen und Aufgaben zu schriftlichen Aufsätzen, zu Briefen, Billets rc., sowie die jetzt gebräuchlichen Titulaturen enthält. Zum beliebigen Gebrauch für Schule und Haus. 4. verm. u. durchges. Aufl. von C. G. Schütz. Colberg 854. Post. 8. (2 Bl., 94 S.) n. 5 ngr.

Schramm's, C. G., Formenlehre zur deutschen Sprache, nebst einem Anhang, welcher Formen und Aufgaben zu schriftlichen Aufsätzen, zu Briefen, Billets rc., sowie die jetzt gebräuchlichen Titulaturen enthält. Zum beliebigen Gebrauch für Schule und Haus. 5. verm. u. durchgeseh. Aufl. von F. O. Kannegieser. Colberg 860. Post. 8. (IV, 109 S.) n. 6 ngr.

Schramm, C. G., Leitfaden zum Unterricht in der Erdbeschreibung. 4. Aufl. 8. Colberg 844, Post. 4 ngr

—— Leitfaden zum Unterricht in der Erdbeschreibung. 5. Aufl. (IV und 103 S.) 1852. und 6. Aufl. besorgt von C. G. Schütz. 8. (124 S.) Colberg 855, Post. *

—— Leitfaden zum Unterricht in der Erdbeschreibung. 7., verb. Aufl. gr. 8. (97 S.) Colberg 860, Post. *

Schramm, C. G., Leitfaden zum Unterricht in der Erdbeschreibung. 9., mit Rücksicht auf die im J. 1866 eingetretenen polit. Verändergn. u. in der Einwohnerzahl der Länder u. Städte bericht. Aufl. Colberg 868. Post. 8. (140 S.) n. 6 ngr.

Schramm, C. G., Leitfaden zum Unerricht in der Erdbeschreibung. 10. m. Rücksicht auf dieim J. 1870—71. eingetretenen Verändergu. u. in der Einwohnerzahl der Länder u. Städte bericht. Aufl. 8. (111 S.) Colberg 874. Post. n. — 75

Schramm, C. L., Handbuch der Geographie d. preuß. Staates, e. Leitfaden f. Divisions-Schulen u. zur Selbstbelehr. f. diejen., welche sich zum Offizier-Examen vorbereiten wollen. gr. 12. (8½ B.) Berlin 834, Nauck.

Schramm, (C. T.,) **de angina pectoris.** Commentat. pathologica. Cum tab. aen. 8maj. Lips. 822. Reclam.

Schramm, Carl, s. Schramm, Karl

Schramm, Carl Christian, s. Schramm, Karl Christian

Schramm, Carl Traugott, s. Schramm, Karl Traugott

Schramm, Christian Gottfried (Bautzen) A. S. 141/12

Dissertatio iuridica, de conniventia. Germanis: Von allerhand Schadfällen, welche durch ein ungebührliches Fingersehen entstehen. Präs. Peter Müller, Rec. Jena (Heller) 1743. 52 S.

Diss. 9. IX. 1690.
W. v.: Präs. 31366

Schramm, Christoph: Das Namenrecht. *Weilheim 1897: Gebr. Bögler.* (139 S.) 8° [J.]
Erlangen, Jur. Diss. v. 8. Okt. 1897

Schramm, Christoph Wilhelm Johann

Schramm, Chr. W. J., **tractatus chirurgico-medicus de inflammatione ossium.** 8. Nürnb. **805**. (v. Ebner). 4 gl

Christoph Wilhelm Johann Schramm

Tractatus medico- chirurgicus de ossium inflammatione. Auctore Christophoro Guilielmo Ioanne Schramm. Norimbergae: Lechner 1805. 61 S. 8°

Schramm, Conrad Bernhard, s. Schramm, Konrad Bernhard

Schramm, Dom., († d. 21. Dec. 1797.) Analyses Operum S. S. Patrum et scriptorum ecclesiasticorum. XVIII Tmi. 8maj. Augsb. 780—96. Rieger. 26 ℔ 7 ℊ

— compendium theologiae dogmaticae, scholasticae et moralis. III Tmi. 8maj. Augsb. 768. Ed. II. emend., aucta et indice rerum instructa. 789. Rieger. 3 ℔ 16 ℊ

Schramm, Dom., De eo, quod salva fide catholica de animabus brutorum dici potest. Erfurt 1764. 8°. 408 S.

— epitome canonum eccles. ex conciliis Germaniae et aliis fontibus. 8. maj. Augburg, M. Rieger. 774.

— institutiones juris ecclesiastici publici et privati. V Tmi. 8maj. Augsb. 774, 75. Edit. Nova 782. Rieger. 3 ℔

— institutiones theolog. mysticae. II Tmi. 8maj. Augsb. 774. Rieger. 2 ℔

— — — mysticae. II Tmi. 8. maj. ibid. 777.

— summa conciliorum olim a Barthol. Carranza, s. B. *Carranza.*

— summa conciliorum olim a Barthol. Carranza edita jam in novum ordinem etc. IV Tmi. 8. maj. ibid. 778.

Officielle Bestimmungen betreffend das Einjährig-Freiwilligen-, Fähnrichs-, Marine-, Offizier- sowie das Kadetten-, Primaner-, Abiturienten-Examen nebst einer hierauf bezüglichen Anleitung für Aspiranten und dem Prospect des Militär-Pädagogiums „Tuisco". Berlin. Nach den neuesten Verordnungen zusammengestellt v. E. Schramm. 2. Aufl. (Berlin. 1879.) 8°.

Schramm, Erdulnus: De Ciceronis libris de legibus recensendis. Inest Birtii de quo dativo appendix. *Marpurgi Chatt. 1897.* (67 S.) 8°
Marburg, Phil. Diss. v. [13. Dez.] 1897

Schramm, Erich, approb. Arzt aus Friedenau: Ein seltener Fall von Colon-Carcinom als Beitrag zur Casuistik des Dickdarmkrebses. *München 1902: C. Wolf & Sohn.* (21 S.) 8°
München, Med. Diss. v. 1902

Schramm, Ernst, approb. Arzt aus Berlin: Aus d. Kgl. chirurg. Universitäts-Klinik zu Kiel. Über sekundäre Bauchwandplastik nach Appendixoperationen. *Kiel 1904: H. Fiencke.* (18 S.) 8°
Kiel, Med. Diss. v. [25. Mai] 1904

Schramm, Erwin

Schramm, E., griechisch-römische Geschütze. Bemerkungen zu der Rekonstruktion. (37 S. m. Abbildgn. u. 10 farb. Taf.) gr. 8. Metz 910. G. Scriba.
Geb. in Halbleinw. 3. —

Schramm, F., s.: Otto, Fr.

Schramm, Fel., der Stettmeister. Kulturgeschichtliche Novelle. (109 S.) 8. Offenburg (908). Berlin, H. Bermühler. 2. —

Schramm, Ferd., Repetitorium der anorganischen Chemie nach dem Lehrbuche v. Lorscheid. gr. 8. (84 S.) Freiburg i/Br. 878. Herder. n. — 80

Schramm, Fr.

Schramm, F., ein Gruß von unseren Bäumen u. Sträuchern den Naturfreunden dargebracht. 4. (15 Blatt getrocknete Blüthen u. Blätter auf Carton-Papier.) Leipzig 882. Heitmann. In Leinw.-Carton. n. 16. 60

Schramm, Fr., Lehrbuch zum botanischen Unterricht in Gymnasien, Real- und Bürgerschulen. 1. Tl.: Bäume und Sträucher. gr. 8. (VIII, 150 S. mit eingedr. Illustr. und 8 Taf.) Dresden 887, Jaenicke. *

— Uebungsheft zum botanischen Unterricht f. Schüler in Gymnasien, Real- u. Bürgerschulen nach dem dazu bestimmten Lehrbuche. 1. Tl.: Bäume u. Sträucher. gr. 8. (IV, 84 S. m. eingedr. Illustr.) Ebd. [illegible]
n. [illegible]

Schramm, Franz [prakt. Arzt aus Vsche[illegible] (Böhmen)]: Ueber die Zweifelsucht und Berührungsangst .... Berlin, Buchdr. Gustav Schade (Otto Francke) (1888); 46 + 1 S. + 1 Bl. 8°
Berlin, Med. Fak., Inaug.-Diss. v. 7. Jul. 1888

Schramm, Frz., über die Zweifelsucht und Berührungsangst. Inaugural-Dissertation. gr. 8. (46 S.) Berlin 888. (Leipzig, Fock.) *

Schramm, Frz. Ad., Unterricht f. Bruchkranke, od. Verhütung, Erkenntniß u. Heilung d. Brüche, so wie Verfertigung, nöthige Beschaffenheit u. zweckmäßigste Anwend. d. Bruchbandagen u. a. chirurg. Maschinen. 8. (4 B.) Leipzig 840, Polet. *

Schramm, Franz Andreas

— patriot. Rede v. der wahren Liebe d. Vaterlandes a. d. Gründen d. Religion. gr. 8. Mannh. Löffler. 793.

Schramm, Frz. Andr., († d. .. Juni 1799.) vollständ. System der Pastorallehre, zum allgem. Gebrauch d. Schulen. 2 Thle. gr. 8. Würzb. 788—91. Rienner. 1 ℔ 12 ℊ

Schramm, Frd. (geb. Sobernheim 1810): De morbis tubae Eustachii Berolini (1835) (20 S.) 8°
Berlin, Med. Diss. v. 27. Apr. 1835

Schramm, Friedrich Heinrich (Buttstadt) A.S. 1287/13

Dissertatio inauguralis medica de morbis adolescentum et iuvenum Hippocratis.
Präs. Lorenz Heister.
Helmstedt (Hamm) VIII. 1722. 36 S. 31367

Schramm, G., die neuen Strafgerichte im deutschen Reiche und deren Verfahren mit besond. Rücksicht auf Bayern r. und l. des Rheins. 8. (VIII, 188 S.) Nördlingen 879, Beck'sche Buchh. cart. *

Schramm, G., die Strafgerichte im deutschen Reiche, deren Verfassung und Verfahren, mit besond. Rücksicht auf Bayern. Für Juristen, Schöffen und Geschworene erläut. dargestellt. 2. vielfach umgearb. und verm. Aufl. 8. (VIII, 215 S.) Nördlingen 879, Beck'sche Buchh. *ℳ 2.; cart. *

Schramm, Georg Beitrag zu einer genetischen Entwicklung der Unsterblichkeitslehre Platons. 40 S. 8. *Würzburg* 1883
Prager

Schramm, G., Kant's kategorischer Imperativ nach seiner Genesis u. Bedeutg. f. die Wissenschaft. gr. 8. (75 S.) Bamberg 873. Hübscher. n. 1. —

Schramm, Geo., Leitfaden der Logik und der empirischen Psychologie für den Unterricht an Gymnasien und anderen höheren Lehr-Anstalten und zum Selbstunterricht. 2 Hefte. gr. 8. Bamberg 881, (Schmidt'sche Buchh.) à Heft *ℳ 1. *

Inhalt:
Heft 1. Logik. (VI, 114 S.)
» 2. Empirische Psychologie. (VII, 100 S.)

Schramm, Georg Die Metaphysik des Aristoteles nach ihrem Inhalt. 82 S. 8. Progr. *Bamberg* 1877

Schramm, G.: Ueber Platon's Dialog Parmenides. 29 S. – 4° Bamberg, Progr. 1869.

Schramm, Geo. (Cand. juris), die Privat-Gesellschaft Ressource in München von ihrem Entstehen (1818) bis jetzt. Als Festgabe zum 50jähr. Jubiläum der Gründung Münchens für die Mitglieder dieser Gesellschaft. München 1858. 8°. 24 S. Cart.

Schramm, Georg: D. Verhandlungen u. Beschlüsse d. Londoner Seekriegsrechtskonferenz. Dez. 1908 bis Febr. 1909. Berlin 1909. 8°

Schramm, Georg [Rechtspraktikant]: **Das Verordnungsrecht nach dem Staatsrechte des Deutschen Reiches ... Würzburg, Memminger,** 1895; IV, 178 S. 8.
Würzburg, Jur. Fak., Inaug.-Diss. v. 1895

SCHRAMM, Georg Franz (Aichach): Die Bleichsucht.- München: Weiss 1841. 12 S.
20.1.1840 - Urk (Titel: De chlorosi.); F 65
Diss.Ingolst.-Landsh.-Mchn.

Geo. Guil. Ferd. Schramm commentatio epistolica de coena frugali a Plinio, epist. I, 15. descripta. Jen. 1746. 4.

Schramm, Gerh. [aus Neidenbach, Rheinprov.]: Ueber die Art der Wirkung der Epispastica und über deren therapeutische Anwendung. Saarlouis, Druck der Actien-Buchdruckerei (G. Schönhaar), 1874. 8. 24 S.

Schramm, Gotthlf. Hartmut

-- s. **Chr. Aug. Crusius, Einleitung in die Kosmologie.**

Schramm, Gotth. Hartm. [Praes.], s. Leisching, Karl Gottl.: De legibus naturae absolute necessariis.

Schramm, Gtthlf. Hartm., († d. 4. April 1776.) Versuch üb. d. philosoph. Geschmack. 8. Jena 774. Gollner. 3 gr

— Versuch üb. den philosoph. Grund aller Religionen. 8. Leipz. 773. (23, Rauck). 4 gr.

— Versuch über d. philos. Grund all. Religionen. 8. Leipz. Sommer. 773.

— das Wahre in d. Tode eines christl. Weltweisen, in einer Trauerrede. 4. Jena, Melchior. (Gabler.) 748.

Schramm, H., das richtige Benehmen in d. Familie, in d. Gesellschaft u. im öffentl. Leben. 8. (160 S.) Berlin 897. Braunschweig, Friedr. Euler's Verl. n. 1.—

Schramm, H., das richtige Benehmen. Ein Ratgeber f. den Verkehr in der Familie, bei Tische, in der Gesellschaft u. im öffentl. Leben. Ein Führer, in dem man Belehrg. üb. das findet, was sich schickt, wie man sich in diesem od. jenem Falle zu benehmen hat. 11. Aufl. (160 S.) 8. Berlin 910. F. Euler. 1.—

Schramm, H., Dichter-Album. Perlen deutscher Poesie, ausgewählt v. S. Mit 60 Orig.-Illustr. v. Willib. Winck. 8. (XVI, 400 S.) Berlin 894. Aug. Schultze's Verl. Geb. in Leinw. m. Goldschn. n. 5.—

— Dichter-Album. Perlen deutscher Poesie, ausgew. v. S. Mit 60 Orig.-Illustr. v. Willib. Winck. 8. (XVI, 400 S.) Berlin 897. Aug. Schultze's Verl. Geb. in Leinw. m. Goldschn. n. 5.—

— Perlen deutscher Poesie. Ausgew. v. S. Mit 60 Orig.-Illustr. v. Willib. Winck. 8. (XVI, 400 S.) Ebd. 897. Geb. in Leinw. m. Goldschn. n. 3. 50

— Souvenir. Perlen deutscher Poesie, ausgew. v. S. Mit 60 Orig.-Illustr. v. Willib. Winck. 8. (128 S.) Berlin 897. Braunschweig, Friedr. Euler's Verl. Geb. in Leinw. 1. 50

— der gute Ton od. das richtige Benehmen. Ein Ratgeber f. den Verkehr in der Familie, in der Gesellschaft u. im öffentl. Leben. 1.—4. Aufl. 8. (VIII, 411 S.) Ebd. 892. 893. A. Schultze's Verlag. 3. —; kart. n. 3. 50; geb. in Leinw. m. Goldschn. 4. 50

— der gute Ton od. d. richt. Benehmen. Ein Ratgeber f. d. Verkehr in der Familie, in d. Gesellschaft u. im öffentl. Leben. 5. Aufl. 8. (VIII, 412 S.) Berlin 895. Aug. Schultze's Verl. 3. —; kart. n. 3. 50; geb. in Leinw. m. Goldschn. 5. —

— Der gute Ton od. Das richtige Benehmen. Ein Ratgeber f. den Verkehr in der Familie, in der Gesellschaft, bei Tische u. im öffentl. Leben. Ein Hausschatz, in dem man Belehrg. üb. das findet, was sich schickt u. sich nicht schickt, wie man sich in diesem od. jenem Falle zu benehmen hat. 15. Aufl. (VIII, 391 S.) 8. Berlin 910. Aug. Schultze, Verl. 3.—; kart. 3.50; geb. in Leinw. m. Goldschn. 5. —

Schramm, H. W., praktische Anleitung zur Prüfung aller Malerfarben, s. a. Flugblätter, technische, der deutschen Malerzeitung Die Mappe. Nr. 7.

Schramm H.W., Anleitung zur Prüfung aller Malerfarben. (39 S.) München (1906)

Schramm, Heinrich

Schramm, H.: Die Anziehungskraft betrachtet als eine Wirkung der Bewegung. 12 S. 4°. W.-Neustadt, OR., Progr. 1873.

Schramm, Heinr., die Anziehungskraft betrachtet als e. Wirkg. der Bewegung. gr. 4. (12 S.) Graz 873. (Ferstl'sche Buchh.) n. — 50

Schramm, H.: Die Atmosphäre und deren Grenzen über und unter der Erdoberfläche. 12 S. 4°. W.-Neustadt OR., Progr. 1870.

Schramm, Heinrich: Aus der gynäkologischen Klinik zu Bonn. Erworbene Atrophia uteri. *Bonn 1898: C. Georgi.* (49 S.) 8°
Bonn, Med. Diss. v. [29.] Jan. 1898

— die allgemeine Bewegung der Materie als Grundursache aller Naturerscheinungen. 1. u. 2. Abth. gr. 8. (164 S. m. 2 Steintaf.) Wien 872. 73. Braumüller. n. 4. 20

Schramm: Über eine einfache Construction aller Kegelschnittlinien. 8 S. 8° und Fgt. W. Neustadt OR., Progr. 1865.

Schramm, Hugo, vier große Bürger, die Wohltäter u. Helden ihres Volks, s.: Jugend- u. Hausbibliothek, illustrirte.

— — Illustrirte Chronik d. Kriegsjahres 1870. Nationaldank-Ausg. 1—3. Hft. gr. 4. (à ca. 5 Bg. m. eingedr. Holzschn., e. Holzschntaf. u. 2 Karten in Holzschn. u. color. qu. Fol.) Ebend. 871. à n. — 50

Schramm, Hugo, u. Frz. Otto, illustrirte Chronik d. deutschen Nationalkrieges im Jahre der deutschen Einigung. Mit zahlreichen Text-Abbildgn. u. 12 Tonbildern, Karten ꝛc. (in Holzschn.) hoch 4. (VIII u. 776 Sp.) Leipzig 871. Spamer. Subscr.-Pr. n. 5. —; Ladenpr. n. 7. —

2. Aufl. Leipzig 1872. 4°

Schramm, Hugo, hundert Jahre in der Entwicklung der großen transatlant. Republik, s. Otto, Frz.

— König Johann v. Sachsen. gr. 16. (64 S.) Leipzig 870. Roßberg. — 75

Schramm, Hugo, C. F. Ph. v. Martius. Sein Lebens- u. Characterbild, insbesonders seine Reiseerlebnisse in Brasilien. 2 Bde. Leipzig 869. Berlin, Denicke. 8. (X, 278 u. III, 164 S. mit 1 Holzschntaf.) n. 2⅔ ngr.

—— s. Moniteur des dates.

— ein Pereat den Duellen! Zugleich ein Beitrag zur Geschichte des Duells. Ebend. 869. gr. 8. (V, 52 S.) n. 10 ngr.

Schramm, Hugo, aus Hof, gepr. Rechtspraktikant in München: **Die Rechtsverhältnisse** der Agenten nach altem und neuem Handelsrecht. *Erlangen 1899: F. Junge.* (VI, 102 S.) 8° [J.]
Erlangen, Jur. Diss. v. 10. Mai 1899

—— allgemeine Wirthschaftslehre, s. Conzen, H.

Schramm, J.: Das Billardspiel als Problem der Mechanik. 22 S. 8° Baden, RG., Progr. 1866.

Schramm, J., Walhalla, siehe: Bibliothek, klassische, des In- u. Auslandes. 4. Bd.

Schramm, J. C. W., Anleitung zu d. Unterrichte über das moralische und dienstliche Betragen e. Königl. Preuß. Infanteristen in und außer dem Dienste, mit Ausnahme des Exercirens. 8. Magdeburg, Heinrichshofen. 819. —

Schramm, Johann David (Sindelfingen) A. S. 1332/3

De substantiarum in se mutua actione.
Präs. Israel Gottlieb Canz.
Tübingen (Sigmund) VII. 1742. 64 S.

4 Resp. 31373

Schramm, Joh. Fr., richterl. Gewissensspiegel. 8. Frankfurt. 719

Schramm, Johann Heinrich [Praes.], s. Geffert, Philipp Burchard: De Nasua fortissimo Suevorum duce, gentis nominisque Nassauici conditore.

Schramm, Johann Heinrich Thl. XI, 10/15

De unione ecclesiarum protestantium dissertatio academica.
Marburg (Müller) 1722. 82 S. 31374

Schramm, Ioh. Mor., tract. singul. de vita et scriptis famosi Athei, Iulii Caesaris Vanini. 8. Küstrin. 715.

Schramm, Johannes Heinrich

Schramm, J. H., de stupenda eruditione Pauli. Herborn. 1710. 4.

Schramm, Joh(annes) Heinrich. Joh. Henrici Schrammii ... oratio funebris. In Obitum ... Johan(nis) Jacobi Crameri, S. S. Theologiae doctoris, ejusdemque ... in inclyta Nassaviorum Academia professoris ... in Herbornensi auditorio, Post celebratas Tiguri exequias, publice pronunciata. A. D. 5. Idus Majas A. 1702. 4. Herbornae.

Schramm, Johann Valentin [Praes.], s. Reinhold, Jo. Friedrich: De vita et scriptis Jo. Meursii patris.

Schramm, Jonas Konrad

Schramm, J. C., de Christo in extremis crucis angustiis. Helmst. 1727. 4.

Schramm, Ioh. Conr., Ionae collegium homileticum. 4. Helmst. Schröder. 722.

Schramm, J. C., de die paschali e libris symbolicis. Helmst. 1717. 4.

Schramm, Jon. Conr., de Igne paschali. Helmst. 726. 4.

— de igne paschali. Ibid. 1728. 4.

Schramm, J. C., de initio regni Chr. in his terris. Helmst. 1734. 4.

— principia philosophiae aristotelicae. 4. ibid. 718.

— — theologiae revelatae. 4. ibid. 730.

Schramm, J. C., (Helmst. 1721. 4.) de risu paschali.

Schramm, Jonas Konrad Thl. V, 127a/5

Disputatio theologica inauguralis de symboli Apostolici in Talmude ruderibus.
Präs. Johann Andreas Schmid.
Helmstedt (Hamm) 21. XIII. 1706. 100 S. 31375

Schramm, J. C., de verbis ultimis Christi morientis. Helmst. 1728. 4.

Schramm, Josef, s. a. Schram

Schramm, *Josef*: Ueber die Einheit des 20. Liedes von der Nibelungen. 8 (20 S.) **Progr.** Staats-G. *Freistadt i. Oberösterr.* 1887

Schramm Julian: Über den Einfluß des Lichtes auf den Verlauf chemischer Reaktionen bei der Einwirkung der Halogene auf aromatische Verbindungen. 1. Mitteilung. S. 95. II. 388 . . . . vgr.
Separatabdruck

— Über den Einfluß des Lichtes auf den Verlauf chemischer Reaktionen bei der Einwirkung der Halogene auf aromatische Verbindungen. 2. Mitteilung. S. 97. II b. 723 . . . . vgr.
Separatabdruck

— und **Zakrzewski** Ignaz: Spektraluntersuchungen über die Energie der Einwirkung von Brom auf aromatische Kohlenwasserstoffe (mit 1 Taf.). S. 96. II. 8 vgr.
Separatabdruck

— Über molekulare Umlagerungen bei Synthesen aromatischer Kohlenwasserstoffe mittelst Aluminiumchlorids. S. 97. II b. 586 . . . . vgr.
Separatabdruck

Schramm, Justus, Ueber das Verhalten der Eigenwärme zur Milchsecretion im Wochenbett. Diss. Dorpat. 8°. 46 pp. **1869.**

Schramm, K. Chr., s. Schramm, Karl Christian

Schramm, K. R., Handbuch der Seifen- u. Parfümerie-Fabrikation. Nebst e. Anh., enth. die Anweisg. zur Untersuchg. der äther. Oele nebst wichtigeren bei der Seifen- u. Parfümerie-Fabrikation dienl. Hülfstabellen. gr. 8. (XVI, 231 S.) Hamburg 872. Richter. n. 6. —

Schramm, Karl: Album von Autographen hervorragender Personen der Vergangenheit und Gegenwart, s. Schram.

Schramm, Karl

•— Zur Aufklärung über die schweizerische Hagelversicherungs-Gesellschaft. Zürich 1897.

Schramm, Carl, approb. Arzt: **Beitrag zur Casuistik des primären Harnblasen-Krebses.** *München 1900: Kastner & Lossen.* (48 S.) 8°
München, Med. Diss. v. 1900

SCHRAMM, CARL. Beiträge zur Kenntniss der Isonitrosokörper. (Basel) Zürich, 1883.

Schramm, C[arl]. Geschichtliche und kritische Bemerkungen über die Verwaltung der Schweizerischen Hagel-Versicherungs-Gesellschaft [in Zürich]. *Aufdruck:* Separatabdruck aus «Schweizerisches Landwirtschaftliches Centralblatt», Nro. 11 u. 12 von 1903. 22 S. 8. Frauenfeld, Huber & Co.

Schramm, C[arl]. Beschwerdeschrift an die Ordentliche Haupt-Versammlung der Schweizerischen Hagel-Versicherungs-Gesellschaft [in Zürich] im Frühjahr 1902 über die Geschäftsführung des Verwaltungsrates, namentlich des Präsidenten..., von C. Sch', Direktor. (Januar 190[2]. — [Mit] Nachtrag, 13. Februar 1902.) 12 S. 4. + *Nachtrag* [4 S.] 8.

(Schramm, C[arl].) Denkschrift betreffend die innere Verwaltung bei der Schweizerischen Hagel-Versicherungs-Gesellschaft. (Zürich, im April 1901.) 15 S. 4.

Schramm, C., der Hagelschaden. Praktische Anleitg. zur sachgemäßen Beurtheilg. u. Regulirg. v. Hagelschäden. 3. Aufl. gr. 8. (IV, 73 S.) Zürich 885. Verlags-Magazin. n. 1. 20

Schramm, C., der Hagelschaden. Prakt. Anleitg. zur sachgem. Beurteilg. u. Regulierg. v. Hagelschäden. 4., bedeutend verm. u. verb. Aufl. gr. 8. (IV, 84 S.) Zürich 898. Verlags-Magazin. n. 1. 20

Schramm, C[arl]. Der Hagelschaden. Praktische Anleitung zur sachgemässen Beurteilung und Regulierung von Hagelschäden. 5., bedeutend vermehrte und verbesserte Aufl. IV + 84 S. 8. Zürich, Th. Schröter, 1902. [fr. 1. 50]

— zur Hagelversicherungsfrage in der Schweiz. gr. 8. (26 S.) Ebend. 886. n. — 40

Schramm, Carl, Hermann. Ein Gedicht. 8. (1¾ B.) Sorau 842, Julien. *

Schramm, Karl, XVII Lieder als Anhang zu allen Commersbüchern von dem Alten im 104. Semester. 12. (16 S.) Breslau 880, [Barschak.] Preuß und Jünger.

Schramm, Karl, Mauerschwalben. Gedichte. I. 8. (180 S.) Langensalza 847, Bürger. ½ ₰

—— Paulus. Ein Epos in sechs Gesängen. gr. 8. (10¼ B.) Sorau 842, Julien. *

— Rechtfertigung über die Anklagen wegen seines Buches „der Antipietist". 8. (71 S.) Minden 847, Eßmann. n. ¼ ₰

Schramm, Carl, Rückblicke in's Burschenleben. New-York 865. Westermann u. Comp. 16. (71 S. mit K. L. Sand's photogr. Bildniß.) n. 15 ngr.

*— Die Subvention der Hagelvers. durch den Bund. Wien 1892.

Schramm, Carl [aus Duisburg (Rheinprovinz)]: **Synthetische Untersuchungen in der Chinolinreihe . . . . Kiel, Druck v. Schmidt & Klaunig, 1887;** 46 + 1 S. + 1 Bl. 8°
Kiel, Phil. Fak., Inaug.-Diss. v. 26. Nov. 1887

Schramm, Carl, synthetische Untersuchungen in der Chinolinreihe. Diss. Kiel 1887, Haesclersche Sort.-Buchh. 8°. 45 S.

•*Schramm, C.* Für und wider die Verstaatlichung des Versicherungswesens. Zürich 1884.

Schramm, Karl Aug. Dicken für steinerne Brückenbogen. Zittau 1852.

Schramm, Karl Christian

Schramm, Carl Christian. Abhandlung der Porte-Chaises oder Trage-Sänften durch Menschen oder Thiere, in allen Vier Theilen der Welt, nach der Critic, Mechanic, Historie, dem Recht, wie auch Cammer- und Policey-Wesen ausgeführet und erläutert von Carl Christian Schramm ... Nürnberg, in Verlag Christoph Weigels. Anno 1737. Titelkupfer. Tit., 3 Bl., V – 112 S., 3 Bl.; 17 Taf. in Kupferst. 4°

Schramm, K. Chr., die in Bataille victorisirende Festung. 4. 738. Dithlr.

— Kunst, im gemeinen Leben wohl zu denken 2c. 8. Bauzen, Drachstädt. 741.

— neues europäisches Reiselexikon 2c. gr. 8. Leipz. Gleditsch. 744.

— Saxonia monimentis viarum illustrata, s. de statuis mercurialibus, columnis brachiatis ac miliaribus. 4. Wittenb. Ludwig. 726.

[illegible], [illegible], [illegible]. Historischer Schauplatz, // in welchem die // [illegible] Brücken // aus allen vier Theilen der Welt, // Insonderheit aber // Die in den vollkommen[illegible] Stand [illegible] // Dresdner [illegible]brücke, // In [illegible], [illegible] und [illegible] Kupferstichen // [illegible] werden; // Durch brauchbare [illegible] und [illegible] erläutert, // auch mit [illegible] Registern versehen // von // Carl Christian Schramm, // [illegible] // Leipzig, // bey Bernhard Christoph Breitkopf, 1735. – [illegible] Blatt [illegible] Titelblätter und [illegible]schrift. [illegible] Seiten [illegible] Beschreibung der Brücke z. Dresden und [illegible] Erklärung der Kupferstiche; [illegible]. [illegible] Inhalt. [illegible] Seiten. [illegible] Seiten [illegible]. [illegible] auf 74 Tafeln [illegible] Tafel [illegible] [illegible] [illegible]. [illegible]

— histor. Schauplatz, in welchem die merkw. Brücken, besonder . Dresdner Elbbrücke beschrieben 2c. m. K. Fol. Leipz. Meißner. (Albrecht in Wolfenbüttel.) 735.

SCHRAMM, KARL GOTTFRIED. Synthetische Untersuchungen in der Chinolinreihe. Kiel, 1887.

Schramm, Karl Traugott

Schramm, Carl Traugott, Geschichte der Annenschule in Dresden bis zu Ostern 1850. Nach schriftlichen u. mündlichen Nachrichten verfaßt und herausg. Dresden 860. Türk in Comm. gr. 8. (IV, 138 S. u. 1 Lithogr.) n. 1 ℳ

Schramm, Karl Traug., Mittheilungen über Flora, Gesellschaft für Botanik u. Gartenbau. Im Auftrage der Gesellschaft von dem dermal. Sekretair derselben, nebst einem Vorworte von Ldw. Reichenbach, s. Mittheilungen über Flora 2c.

Schramm, Carl Traug., Mittheilungen üb. Flora, Gesellschaft f. Botanik u. Gartenbau. Im Auftr. d. Gesellschaft v. d. dermal. Secretair ders., nebst e. Vorw. v. Ludw. Reichenbach. 1. Hft. gr. 8. (6 B.) Dresden u. Leipzig 841, (Arnoldische Bh.) *

Schramm, Konrad Bernhard

Schramm, Conr. Bernh. Vide: Wochenblatt (Kiel-Altonaer demokratisches).

Schramm, Kurt, Gerichtsref. aus Arnstadt: **Inwieweit ist der Gewerbebetrieb nach den Vorschriften des Bürgerlichen Gesetzbuches geschützt?** Ein Beitrag zur Lehre vom Gewerbl. Rechtsschutz. *Arnstadt 1903: Bußjaeger.* (VIII, 54 S.) 8°
Leipzig, Jur. Diss. v. 1903

Schramm, L., der neueste Kulturkampf in Pommern. Nach authent. Quellen. gr. 8. (44 S.) Colberg 890. (Breslau, Goerlich & Coch.) n. — 50

Schramm, L. A., Unterricht für Bruchkranke, oder Verhütung, Erkenntniß u. Heilung d. Brüche, so wie Verfertigung, nöthige Beschaffenheit u. zweckmäßigste Anwendung d. Bruchbandagen u. a. chirurg. Maschinen. Nebst einer Anweisung für diejenigen, welche sich der in der chirurg. Werkstätte des Verfassers zu Leipzig, gefertigten Bruchbandagen 2c. mit Nutzen bedienen wollen 2c. 8. Leipzig 840. Polet. n. 1/3 ℳ

vgl. Schramm, Franz Ad.

SCHRAMM, Ludwig (München): Ueber Liposarkom.- München: Wolf 1910. 15 S.
11.1.1911 - Chr 1910/11,2?? V 11.3727
Diss.Ingolst.-Landsh.-Mchn.

Schramm, M., üb. den Einfluß d. Alters der Erzeugenden auf die Sexualverhältnisse der Geborenen s.: Mittheilungen d. statistischen Bureaus der Stadt Leipzig.

Schramm, Max: Über die Einwirkung von Bromwasserstoff auf Butallylmethylcarbinol. . . . Leipzig-Reudnitz, Druck v. Max Hoffmann, 1889; 28 S. + 1 Bl. 8°
Leipzig, Phil. Fak., Inaug.-Diss. v. 4 Apr. 1889

Schramm, Otto *William:* Über Säuren des 2.5-Dimethylpentamethylens ... Leipzig-Schleussig, Druck v. Hahnefeld & Walther, 1895; 53 S., 1 Bl. 8.
Leipzig, Phil. Fak., Inaug.-Diss. v. [24. Sept.] 1895

Schramm, Otto. De Sophoclis Trachin. cantico secundo. 16 S. 4°
Progr. G. *Bromberg* 1879.

1900. Adressbuch für die Stadt Goldberg i. Schl. Angefertigt auf Grund der Personenstands-Aufnahme am Ende Oktober 1899 von P(aul) Schramm. *Goldberg (1900): R. Schwedowitz.* (55 S.) 8° [Umschlagt. J.]
[01. 8534]

Schramm, Paul, sexuelle Aufklärungen u. die Schule, s.a. Magazin, pädagogisches.

Sexuelle Aufklärungen und die Schule. Von Paul Schramm, Rektor. Langensalza: Beyer 1907. 36 S. 8°
(Pädagogisches Magazin. H. 315.)

Sexuelle Aufklärungen und die Schule. Von Paul **Schramm**, Rektor. 2. Aufl. Langensalza: Beyer 1909. 36 S. 8°
(Pädagogisches Magazin. H. 315.)
[11. 9304]

Schramm, Paul, Briefe an eine Mutter. Briefe für das Haus. gr. 8. (64 S.) Zürich 877, Verlags-Magazin. *

Schramm, P., experim. Didaktik, s.a. Magazin, pädagog.

Experimentelle Didaktik. Ein Referat über Seminarlehrer Dr. Lay's gleichnamiges Werk unter Berücks. einiger anderer einschläg. Arbeiten. Von P[aul] **Schramm** in Erfurt. Langensalza: H. Beyer & Söhne 1905. (50 S.) 8°
= **Magazin**, Pädagogisches. H. 261. [06. 6119]

Schramm, Paul, Grundgedanken u. Vorschläge zu e. deutschen Unterrichtsgesetz. Preisgekrönt vom „Verein f. Reform der Schule" in Berlin. gr. 8. (80 S.) Zürich 877. Verlags-Magazin. n. 1. 20

— Liberalismus u. Schule in Deutschland. Schulpolitische Briefe aus der Vogelperspektive. gr. 8. (IV, 100 S.) Wien 875. Pichler's Wwe. & Sohn. 1. 20

Schramm, Paul, Suggestion u. Hypnose nach ihrer Erscheing., Ursache u. Vorwortg., s.a. Magazin, pädagog.

Suggestion und Hypnose nach ihrer Erscheinung, Ursache und Verwertung. Eine kritische Betrachtung der besonders auf Unterricht u. Erziehung Bezug nehmenden einschlägigen Litteratur. Von Paul Schramm in Erfurt. *Langensalza: H. Beyer & Söhne 1902.* (62 S.) 8°
= **Magazin**, Pädagogisches. H. 191. [02. 1691 3]

Schramm, Paul, französisches Vokabularium zu Sprechübungen auf Grund der Hölzelschen Bilder (Frühling, Sommer, Herbst, Winter) f. das 1.—3. Jahr französ. Unterrichtes unter Beifügung pass. Lieder u. Gedichte. (VI, 48 S.) gr. 8. Langensalza 904. H. Beyer & Söhne. Kart. n. — 40

— Französisches Vokabularium zu Sprechübungen auf Grund der Hölzelschen Bilder (Frühling, Sommer, Herbst, Winter) f. das 1. bis 3. Jahr französ. Unterrichtes unter Beifügung passender Lieder u. Gedichte. 2. Aufl. (VI, 48 S.) 8. Langensalza 908. H. Beyer & Söhne. Kart. — 40

— die interconfessionelle Volksschule im Lichte der Erziehung, Liebe, u. Freiheit. gr. 8. (16 S.) Nürnberg 871. Korn. — 30

Schramm, P. (15) Wandtafeln f. Rundschrift. 18×96,5 cm. Berl. 891, Winckelmann u. Söhne. In Mappe 4 —

— pädagogische Zeit- u. Streit-Fragen. gr. 8. (80 S.) München 874. Franz. n. 1. —

Schramm, R. Adnotationes ad locos nonnullos legum Platon. (I. p. 643. D. ed. St.; II. p. 653. B.; p. 663. B; III. p. 685. D.; IV. p. 709. E.) 16 S. . . . .
Glatz, Progr. 1841

Schramm, R., Altargebete zum gottesdienstlichen Gebrauch für protestantische Kirchen. Ein Beitrag zu einer künft. Agende. Lex.-8. (V, 71 S.) Zürich 875, [Schabelitz'sche Buchh.] Schmidt. *

— die bleibende Bedeutung Jesu, s.: Vorträge, protestantische.

Schramm, R., Einleitung in das Verständnis der Bibel u. in die Kirchengeschichte f. obere Schulklassen. 8. (IV, 96 S.) Bremen 888. v. Halem. cart. n. — 80

— die Erkennbarkeit Gottes in der Philosophie u. in der Religion. Ein Beitrag zu der religionsphilosoph. Frage u. Prolegomena zu jeder Dogmatik gr. 8. (VIII, 124 S.) Bremen 875. Heinsius. n. 2. 40

—— die Erkennbarkeit Gottes in der Philosophie und in der Religion. Ein Beitrag zu der religionsphilosoph. Frage und Prolegomena zu jeder Dogmatik. gr. 8. (VIII, 124 S.) Bremen 876, Heinsius. *

— Geographie v. Palästina f. den Religions-Unterricht, namentlich zum Gebrauch in Seminaren, beim Katechumenen-Unterricht u. f. Lehrer. Ausg. A. Mit Stieler's (lith. u. color.) Karte v. Palästina (in gr. 4.) 8. (IV, 85 S. m. eingedr. Holzschn. u. 1 Holzschntaf.) Ebend. 876. n. 1. 25; Ausg. B. ohne Karte. geh. n. — 80

Schramm, R., Geographie v. Palästina zum Gebrauch in Seminaren, beim Katechumenen Unterricht u. für Lehrer. 2., verm. u. verb. Aufl. Durchgesehen u. m. Vorwort v. Konr. Furrer. gr. 8. (VIII, 104 S. m. 2 Holzschntaf. u. 1 chromolith. Karte.) Bremen 882. Heinsius. n. 1. —; cart. n. 1. 25; geb. n. 1. 60

—— unser Glaube. Ein Wegweiser auf religiösem Gebiet für denkende Christen und eine Gabe zur Confirmation. gr. 8. (VIII, 452 S.) Leipzig 878, Barth. *M. 6.; geb. **

Schramm, R., unser Glaube. Ein Wegweiser auf religiösem Gebiet f. denk. Christen. 2. Aufl. gr. 8. (XII, 448 S.) Leipzig 884. Barth. n. 6. —; geb. n. 7. 50

—— die Grenzen der Lehrfreiheit. Vortrag auf dem nordwestdeutschen Protestantentag in Kiel am 5. Juni 1881. gr. 8. (39 S.) Bremen 884, Roussell.

—— unsere Hoffnung in schwerer Zeit, s. Schriften des protestantischen Reform-Vereins zu Berlin.

— über die Incidenz d. theistischen Gottesbegriffes in der modernen Philosophie. Inauguraldissertation. gr. 8. (34 S.) Göttingen 875. (Vandenhoeck & Ruprecht.) n. — 80

—— Leitfaden für den Konfirmanden-Unterricht. 8. (114 S.) Bremen 887, v. Halem.

— Leitfaden f. den Konfirmanden-Unterricht. 2. Aufl. 8. (120 S.) Bremen 890. v. Halem. n. 1. —; geb. u.n. 1. 10

— Lichtgedanken, aus deutschen Dichtern ausgewählt. 8. (III, 234 S.) Leipzig 887. O. Wigand. geb. m. Goldschn. 3. —

Schramm, R. [illegible]

Schramm, [R.]: Die Nichtbestätigung des Dr. S. als Pfarrer zu St. Jacobi [in Berlin].

– Predigt, geh. am 28. Septbr. 1875 in der St. Bernhardinkirche zu Breslau, zur Eröffng. d. 9. deutschen Protestantentages. gr. 8. (15 S.) Breslau 875. Trewendt & Granier. — 25

—— und Thomas, zwei Predigten, gehalten in der St. Marienkirche zu Wriezen bei der 22. Haupt-Versammlung des evangel. Vereins der Gustav-Adolf-Stiftung in der Provinz Brandenburg am 25. und 26. Juni 1868. 8. (38 S.) Berlin 868, König. *

Schramm, R. Quaestionum de locis nonnullis legum Platonicarum part. II. 19 S.
[I. 645, C. III, 689, A. X, 897, B. IV, 710, C. IV, 712, B. V, 729, C. V, 740, D. VI, 751, B. V, 736, C.]
Glaz, Progr. 1844 Part. I., s. Schramm, A. Th.

—— der Schriftglaube. Ein ausführl. Spruchbuch nach der Ordnung des kleinen Lutherischen Katechismus zusammengestellt. gr. 8. (VI, 110 S.) Berlin 860, Löwenstein. *
Schreibp. *

Schramm, R., der Schriftglaube. Ein ausführl. Spruchbuch nach der Ordnung des kleinen Lutherschen Katechismus. Berlin 869. Löwenstein. gr. 8. (VI, 110 S.) n. 5 ngr.; Schreibp. n. 10 ngr.

— der Schriftglaube. Ein ausführl. Spruchbuch nach der Ordng. d. kleinen Luther'schen Katechismus zusammengestellt. 2. Aufl. 8. (VIII 128 S.) Berlin 874. Staude. n. — 80

—— der Schriftglaube. Ein ausführliches Spruchbuch nach der Ordnung des kleinen Luther'schen Katechismus zusammengestellt. 3. Aufl. 8. (IV, 108 S.) Berlin 879, Staude. cart. *

— der Schriftglaube. Ein ausführl. Spruchbuch, nach der Ordng. d. kleinen Luther'schen Katechismus zusammengestellt. 4. Aufl. 8. (IV, 108 S.) Berlin 883. Staude. cart. n. — 60

— die wahre Toleranz. Vortrag, geh. im Protestanten-Verein zu Bremen u. Hamburg. gr. 8. (27 S.) Bremen 886. Roussell. n. — 30

Schramm, R., Worte des Lebens. Bibl. Andachten. 8. (VIII, 274 S. mit 1 Lichtdr.) Leipzig 881, Barth. *
geb. *

Schramm, Raimund, Grundzüge deutscher Eisenbahnpolitik. gr. 8. (35 S.) Strassburg 877, Trübner. *

Schramm, Rich. (vorm. Wilh. Koelle & Co.), Anleitung zur Rosen-Kultur. 8. (62 S. m. Abbildgn.) Augsburg 893. B. Schmid's Verl. n. 1. —

Schramm Richard: Beitrag zur Kritik moderner Urkundenfälschungen im mährischen Diplomatar. (Codex Tischnovicensis). 23. Pilsen. R. 03. Progr.

Schramm, Rich., Garibaldi, der kühne Freischaarenführer. Historisch romant. Erzählung. (In ca. 20 Hftn.) 1. Hft. gr. 8. (32 S.) Striegau 882. Hoffmann. — 20

Schramm, Rich., Garibaldi, der kühne Freischaarenführer. Schilderung seines Lebens u. seiner Abenteuer. 2—6. Hft. gr. 8. (S. 33—192.) Striegau 883. Hoffmann. à — 20

Schramm Richard: Die deutsche Kolonisation in Nordmähren und Schlesien während des 13. und 14. Jahrhunderts.
II. 1902 PN 1464 Diss. [illegible] Univ. 841

Schramm, Richard: Spensers Naturschilderungen. Leipzig: Seele 1908. VII, 96 S. 8°
Leipzig, Phil. Diss. v. 4. Dez. 1908, Ref. Wülker, Birch-Hirschfeld
[Geb. 23 April 85 Annaberg i. Erzgeb.; Wohnort: Annaberg; Staatsangeh.: Sachsen; Vorbildung: Realgymn. Annaberg Reife O. 04; Studium: Leipzig 8 S.; Rig. 30. Juni 08.] [U 09. 3059

—— italienische Skizzen. Wanderungen durch Rom und Neapel. gr. 8. (VIII, 307 S.) [Leipzig 881, Albrecht.] Erfurt, Bartholomäus. (*M. 6.) *

— Italienische Skizzen. Wanderungen durch Rom u. Neapel. 2. umgearb. u. verb. Aufl. gr. 8. (XV, 318 S.) Lpz. 890, O. Wigand. * 5 —

Schramm, Robert (Hrsg.), s. A r b e i t e n, Astronomische...

Schramm, Robertus *(geb. Leobschütz 5. 4. 1808)*: Plato poetarum exagitator seu Platonis de poesi poetisque judicia et decreta ex ejus operibus collecta atque illustrata. Vratislaviae (1830). (73 S.) 8° *[Verf. erlebte die Diplomerneuerung 1880 als Gymn.-Prof. in Glatz, vgl. Anh. Nr 312.]*

Breslau, Phil. Diss. v. 17. Juni 1830

S c h r a m m, Rud., Für 1848! I. Graf Villers. Belgische Gelüste. Die Theilung Preussens. Bischof Melchers. Der ultramontane Sonder-Staat. Die rheinisch-westfälische Adels-Corporation. hoch 4. (7 S.) Mailand 875, Schramm.

— der welsche B e t r u g und die europäische Union. Rede zur Feier des Kaiserbesuchs in Mailand am 19. Octbr. 1875. hoch 4. (50 S.) Ebendas. 876.
Aus: Glossen, besonders abgedruckt.

S c h r a m m, Rud. Zur Erneuerung d. Christentums, s. a. V o l k s b i b l i o t h e k, religiöse.

Dr. Rudolf Schramm, weil. Domprediger zu Bremen. Zur Erneuerung des Christentums. Eine Auswahl aus s. Schriften. *Berlin: Bibliogr. Bureau* 1892. (97 S.) 8° [F.]
= Volksbibliothek, Religiöse. 1. [illegible]

— .. Die rothe Fahne. von 1848 und die schwarzweisse Fahne von 1863. 8°. Berlin, G. Walter, 1863.

S c h r a m m, Rud., die Fortschrittsprogrammatisten und die Ideen der Demokratie und des deutschen Volksthums. Als Commentar zu den luckenwalder Wahlreden. Lex.-8. (24 S.) Berlin 861. (Vogel und Comp.) (Leipzig, Mittler.) *

— die G e f a h r e n der Erneuerung des Klosterwesens für Deutschland, s. a. Z e i t- und S t r e i t-F r a g e n, deutsche.

Schramm, die Gefahren der Erneuerung des Klosterwesens für Deutschland.
(Zeit- und Streitfragen deutsche Neue Folge 28) Hamburg 1887

— das H e e r der Seligmacher od. die Heilsarmee in England, s. a. Z e i t- u. S t r e i t f r a g e n, deutsche.

Schramm, Rud., Das Heer der Seligmacher oder die Heilsarmee in England. gr. 8°. Berlin 1883.

— die I n t e r n a t i o n a l e vor dem Reichstage und die sociale Frage. Lex.-8. (63 S.) Ebendas. 878.

Schramm, Rud., der C o n g r e s s vom 13. Juni 1878. 1. Lord Beaconsfield's Rede. gr. 8. (19 S.) Mailand 878. Schramm. 1.

S c h r a m m's, Rud., Kriegs-Broschüren. I. Die europäische Diplomatie, die deutsche Volksvertretung und die allgemeine Entwaffnung. 8. (39 S.) Leipzig 870, O. Wigand. *

— dass. — 1. 2. Aufl. Die Zurückerstattung alles alten und neuen französischen Länderraubes an Deutsche, Belgier, Schweizer, Spanier und Italiener. Nebst einem Schreiben an den Grafen Bismarck. 8. (48 S.) Ebendas. 870. ·

— K r o n p r i n z e n l a n d. [Elsaß-Lothringen.] Gegen Schneegans. Lex.-8. (16 S.) Ebendas. 878. *

— zur Krönung. Lex.-8. (13 S.) Leipzig 861, E. H. Mayer. *

Schramm, Rudolph. Sofort zu ergreifende Maßregeln zum Abschluß der Berliner Revolution durch Sicherung ihrer Resultate. A. W. Hayn. 1 Bl. Fol.
Flugblatt. Berlin, 20. März 1848.

⊙ Von Schleswig-Holstein's Pflichten. Erstes Sendschreiben an das Akademische Consistorium der Universität Kiel zu Händen der Herren Professoren Behn ! und Forchhammer (v. Rudolph Schramm). Berlin. 1864. 8°

— das R e i c h s w a h l g e s e t z f. die Abgeordnetenwahlen in Preussen. Bittschrift an das Abgeordnetenhaus. [Aus: „Glossen."] hoch 4. (8 S.) Ebend. 876. — 15

— Gegen Rom! I. Dr. Virchow. Bosheit der Welschen. Naivetät der Deutschen. Chinesen und Sipoys. Deutsches Karpfenthum und welsche Fischereigerechtigkeit. Nur kein neuer Vertrag der Minister und der Fischer. hoch 4. (7 S.) Ebendas. 875.

Schramm, Rud., der norddeutsche Staat. Das Zusichkommen des weltlichen Gewissens der deutschen Nation. Wirkungen. — Gegenwirkungen. — Zwecke. 1. Heft. Die Rebellion des hannöverschen Feudalismus gegen Preußens Kriegshafen am Jadebusen. gr. 8. (63 S.) London 855, Schramm's Selbstverlag. *

Schramm, Rudolph. Der Standpunkt der Demokratie in und zur octroyirten zweiten Kammer. 2. Aufl. Berlin, F. Reichardt 1849. 8.

Schramm, Rud., kirchenpolitische V e r a n t w o r t l i c h k e i t. Regierungsrath Jacob Bredt u. der Oberpräsident der Rheinprovinz üb. den Stadtrath v. Aachen u. die Sacré-Coeur-Nonnen. hoch. 4. (48 S.) Ebend. 875. 1. 50

— V e r f a s s u n g s w a h r h e i t. Rußland, Deutschland, Italien, Großbritannien. Lex.-8. (80 S.) Ebendas. 879. *

(Schramm, Rudolph.) Die Zurückerstattung alles alten und neuen französischen Länderraubes an Deutsche, Belgier, Schweizer, Spanier und Italiener. Nebst einem Schreiben an den Grafen von Bismarck. 2. Aufl. 8. Leipzig 1870.
(R. Schramm's Kriegs-Broschüren. No. 1.)

S c h r a m m, Th., Bemerkungen über das öffentliche mündliche Verfahren in bürgerlichen und in peinlichen Rechtssachen ꝛc. gr. 8. Elberfeld, Büschler. 818. —

Schramm, Th., Bemerkk. üb. das öffentl. mündl. Verfahren in bürgerl. u. peinl. Rechtssachen ꝛc. gr. 8. Elberfeld 818. (Schönian). 6 gr.

Schramm, Th., Christus unser Heil. Sieben Predigten aus dem Nachlasse des Verf. Einbeck 866. Ehler's Verl. gr. 8. (80 S.) n. 10 ngr.

S c h r a m m, Thdr., Examinatorium der Chemie. 1. Thl. A. u. d. T.: Examinatorium der unorgan. Chemie. 1. Aufl. (XII und 188 S.) 1848. und 2., verb. und verm. Aufl. gr. 16. (X und 189 S.) Tübingen 852, Osiander'sche Buchh.

— dass. — 2. Thl. A. u. d. T.: Examinatorium der organischen Chemie. gr. 16. (VII und 181 S.) Ebds. 849.

— dass. — 3. (letzter) Thl. A. u. d. T.: Anleitung zur chem. Analyse. gr. 16. (VI und 210 S.) Ebds. 849.

S c h r a m m, Thdr., Examinatorium der Chemie. 2. Thl. 2., verb. und verm. Aufl. A. u. d. T.: Examinatorium der organischen Chemie. 2., verb. und verm. Aufl. gr. 16. (VIII und 200 S.) Tübingen 853, Osiander'sche Buchh.
1. Thl. (3. Aufl.) 1852., und 2. Thl. 1849. Ebendas. 1 Thlr. 3 Ngr.

Schramm, Thom., auserles. lehr- u. geistreiche Trostpredigten. Fol. Bresl. 761. Pietsch. 2 ℛ 8 gr.

Schramm, W., das Färben des Holzes in alter u. neuer Zeit, s.a. Schriften des steiermärk. Gewerbeförderungs-Institutes in Graz.

SCHRAMM, W.: Das Färben des Holzes in alter und neuer Zeit. - Graz 1904. 29 S. - (Schr. d. steiermärk. Gewerbeförderungs-Inst. H. 1)

Schramm: Tableau des Germanismes les plus ordinaires aux Allemands 36 S. – Dortmund, Progr. 1866. 4°

Schramm, Wilhelm, s.a. Schram, Wilhelm Karl

Schramm, Wlh., Gesänge bei feierlicher Entlassung der Confirmanden aus der Schule. gr. 8. Leipzig 840. Franke. 1 gr.

Schramm, Wilh., Gesänge bei feierl. Entlassung d. Confirmanden aus der Schule. gr. 8. (1 B.) Leipzig 840, [Voigt u. Fernau.]

— 190 leichte, ein-, zwei- und dreistimmige Lieder, Canons und Choräle für Volksschulen, nach Hentschels kurzem Leitfaden beim Gesangunterricht, in geordnete Stufenfolge gebracht. qu gr. 8. Leipzig 837. Franke'sche Verlags-Expedition. 1/2 ℛ

—— 190 leichte, ein-, zwei- u. dreistimm. Lieder, Canons u. Choräle f. Volksschulen, nach Hentschels kurzem Leitfaden beim Gesangunterr., in geord. Stufenfolge gebracht. qu. gr. 8. (7 B.) Leipzig 837, [Voigt u. Fernau.]

Schramm, Wlh., Liedertafel für Volksschulen. 190 leichte, ein-, zwei- u. dreistimmige Lieder, Canons u. Choräle für die Jugend nach Hentschel's kurzem Leitfaden beim Gesangunterricht. qu. gr. 8. Leipzig (836,) Voigt u. Fernau. 1/4 ℛ

— Mustersammlung für Choralspieler. Enthaltend die gangbarsten, mit sehr vielen, d. Kirche angemessenen Zwischenspielen versehene Choräle, vierstimmig gesetzt nach Seb. Bach, Doles, Fischer, Hiller, Kallenbach, Karow, Kittel, Rinck, Schicht, Umbreit, Vierling u. a. vorzügl. Choral-Componisten älterer u. neuerer Zeit. Ein Hülfsbuch für Organisten u. die es werden wollen rc. 2e durchaus verb. u. verm. Aufl. 16–15s Heft. qu. Lex.-8. Leipzig 840. Franke. 2 1/3 ℛ

—— Mustersammlung f. Choralspieler. Enth. d. gangbarsten, mit sehr vielen, der Kirche angemess. Zwischenspielen versch. Choräle, vierstimm. gesetzt nach Seb. Bach, Doles, Fischer, Hiller, Kallenbach u. a. vorzügl. Choral-Componisten ält. u. neuerer Zeit. Ein Hülfsb. f. Organisten u. die es werden wollen. 15 Hfte. 2., durchaus verb. u. verm. Aufl. qu. Lex.-8. (14 3/4 B.) Leipzig 840, [Voigt u. Fernau.] Thlr.

— Reden bei feierlicher Entlassung der Katechumenen. 12. Halle 833. Bachran u. Dietlein jun. (Leipzig, Lauffer.) 1/4 ℛ
— 2e verm. u. verb. Aufl. 16. Leipzig 840. Franke. 3/8 ℛ

(Schramm, W.,) Reden bei feierl. Entlassung der Katechumenen. 12. (2 2/3 B.) Halle 833. (Leipzig, Lauffer.)

Schramm, Wilh., Reden bei feierl. Entlassung d. Katechumenen. 2., durchaus verm. u. verb. Aufl. 16. (8 B.) Leipzig 840, [Voigt u. Fernau.]

—— Reden bei feierlicher Entlassung der Katechumenen. 2., verm u. verb. Aufl. 16. (7 7/8 B.) Leipzig 846, Voigt u. Fernau.

— 25 Schulzeugnisse und Gedenkblatter zur Vertheilung an Confirmanden bei ihrer feierl. Entlassung aus der Schule. 1e Sammlung. Mit 1 Blatt Dedication an Bischof Dräseke. 4. Leipzig 840. Franke. 1/3 ℛ

—— 25 Schulzeugnisse u. Gedenkblätter z. Vertheil. an Confirmanden bei ihrer feierl. Entlass. aus d. Schule. 1. u. 2. Samml. 4. (Jede m. 1 Bl. Dedicat.) Leipzig 840, [Voigt u. Fernau.]

—— 25 Schulzeugnisse u. Gedenkblätter zur Vertheilung an Confirmanden bei ihrer feierlichen Entlassung aus der Schule. 4. Leipzig 846, Voigt u. Fernau.

Schramm, Wilh(elm), cand. phil.: Über die Verteilung des Lichtes in der Atmosphäre. *Kiel 1901: Schmidt & Klaunig.* (51 S.) 8° ¶ (Aus: Schriften d. Naturwiss. Vereins f. Schleswig-Holstein, Bd 12, H. 1.)
Kiel, Phil. Diss. v. [13. März] 1901

— Wirrfaden zu Hentschel's kurzem Leitfaden beim Gesangunterricht in Volksschulen. 8. Querfurth 837. (Leipzig, Kollmann.) 1/8 ℛ

Schramm, Wilhelm C., s. Schram, Wilhelm Karl

Schramm, Willy: Thomas Otway's „The History and Fall of Gaius Marius" und Garrick's „Romeo and Juliet" in ihrem Verhältnis zu Shakespeare's „Romeo and Juliet" und den übrigen Quellen. *Greifswald 1898: J. Abel.* (76 S.) 8°
Rostock, Phil. Diss. v. [27. Dez.] 1897

Schramm-Macdonald, Hugo, das Feuerversicherungswesen m. Bezug auf den Erlaß d. preußischen Handelsministers Fürsten v. Bismarck vom 19. März 1883. gr. 8. (44 S.) Dresden 883. v. Zahn & Jaensch. n. 1. 50

Schramm-Macdonald, Hugo, Kleinigkeiten. Ein Kapitel aus: „Der Weg zum Wohlstand". gr. 8. (23 S.) Heidelberg 892. G. Weiß, Verl. n. — 25

Schramm-Macdonald, Dr. Hugo, Reichthum und Wohlthätigkeit. Ein Kapitel aus „Der Weg zum Wohlstand". gr. 8°. Heidelberg, G. Weiss, 1892. (38 S.)

Schramm-Macdonald, Hugo, die Urne. Jahrbuch f. allgemeine Nekrologie. 1. u. 2. Jahrg. 1873 u. 1874. Mit dem Portr. d. Königs Johann v. Sachsen u. dem Fcsm. seiner allerletzten Namensunterschrift (Holzschntaf.) 8. (XVI, 132 u. 218 S.) Leipzig 876. Theile. n. 4. 80; cart. n. 5. 40; geb. m. Goldschn. n.n. 5. 80

Nicht weiter erschienen.

Schramm-Macdonald, Hugo, der Weg zum Erfolg durch eigene Kraft. Nach dem Muster der „Self-help" v. Sam. Smiles f. das deutsche Volk verf. 2. durchgeseh. Aufl. Neue [Titel-]Ausg. gr. 8. (VIII, 337 S.) Heidelberg [895.] 900. Kassel, G. Weiß, Verl. n. 2. 80; geb. in Leinw. n. 3. 80

Schramm-Macdonald, Hugo, der Weg zum Erfolg durch eigene Kraft. Nach dem Muster der „Self-help" v. Sam. Smiles f. das deutsche Volk verf. 3. Aufl. (VIII, 330 S.) gr. 8. Kassel 903. Ohlau, F. Leichter. n. 2. 80; geb. in Leinw. n. 4. —

Der Weg zum Erfolg durch eigene Kraft. Nach d. Muster der 'Selfhelp' von Samuel Smiles f. d. deutsche Volk verf. von Hugo Schramm-Macdonald. 3. Aufl. *Kassel: G. Weiß 1903.* (VIII, 329 S.) 8° [F.] [03. 4

Schramm-Macdonald, Hugo. Der Weg zum Wohlstand, s. Smiles, Samuel. Ausgewählte Schriften.

Der Weg zum Wohlstand. Nach d. Muster von Samuel Smiles' 'Thrift' von Hugo Schramm-Macdonald. 2. durchges. u. umgearb. Aufl. *Heidelberg: G. Weiß 1892.* (IV, 305 S.) 8° [F.] [03. 6

Schramm-Macdonald, Hugo, der Weg zum Wohlstand. Nach d. Muster v. Sam. Smiles „Thrift". 3., durchgeseh. u. umgearb. [Titel-] Aufl. 8. (VIII, 305 S.) Heidelberg (892) 899. G. Weiß, Verl. n. 2. 80; geb. in Leinw. n. 3. 80

— der Weg zum Wohlstand. Nach dem Muster v. Sam. Smiles „Thrift". 4., durchgeseh. Aufl. 8. (XIII, 304 S.) Kassel 902. G. Weiss. n. 2.80; geb. in Leinw. n. 4.—

— u. Bruno Judeich, erreichte Ziele. (Ergänzungsbd. des Werkes: Der Weg zum Erfolg durch eigene Kraft.) gr 8. (VIII, 261 S.) Heidelberg 900. Kassel, G. Weiss Verl. n. 2.50; geb. n. 3.50

Schramm-Macdonald, Marie, f. Herz u. Haus. Briefe an deutsche Frauen. 8. (VIII, 225 S.) Dresden 889. Ehlermann. 3.—; geb. 4.60

— Rautenblätter. Bilder aus der Geschichte der Wettiner in Dichtungen. Mit 9 Illustr. nach Skizzen v. A. Diethe, ausgeführt v. R. Trache. 8. (36 S.) Dresden 889. v. Grumbkow. n. 1.50

Beitrag zur Kenntniss der obersenonen Tetractinelliden. Von Anto Schrammon in Hildesheim. *(Hildesheim: [A. Lax] 1897.)* (9 S.) 4°
= Mitteilungen aus d. Roemer-Museum, Hildesheim. No 10. [00.6782

Neue Hexactinelliden aus der oberen Kreide. Mit 4 Taf. Von Anton Schrammen in Hildesheim. *(Hildesheim: A. Lax 1902.)* (24 S.) 4°
= Mitteilungen aus d. Roemer-Museum, Hildesheim. No 15. [02.3361

Neue Kieselschwämme aus der oberen Kreide der Umgebung von Hannover und von Hildesheim. Mit 5 Taf. Von Anton Schrammen in Hildesheim. *(Hildesheim: A. Lax 1901.)* (26 S.) 4°
= Mitteilungen aus d. Roemer-Museum, Hildesheim. No 14. [02.3380

Schrammen, A., die Kieselspongien der oberen Kreide v. Nordwestdeutschland, s. Palaeontographica. V. Suppl.

Die Kieselspongien der oberen Kreide von Nordwestdeutschland. Von A[nton] Schrammen. T. 1. 2. Stuttgart. Schweizerbart 1910–12. 4°
1. Tetraxonia, Monaxonia u. Silicea incert. sedis. 1910
2. Triaxonia (Hexactinellida) 1912.
(Palaeontographica. Suppl. 5.) A 12.1316 10

Schrammen, Ant., s.: Mitteilungen aus dem Roemer-Museum Hildesheim.

Schrammen, Ant., zur Systematik der Kieselspongien, s. a. Mitteilungen aus dem Roemer-Museum, Hildesheim. Nr. 19.

Zur Systematik der Kieselspongien. Von Anton Schrammen in Hildesheim. *(Hildesheim: Museum 1903.)* (21 S.) 4°
= Mitteilungen aus d. Roemer-Museum, Hildesheim. No 19. [04 8226

Schrammen, Eduard

Schrammen, E., deutsches Lesebuch, s.: Erkelenz, Herm.

Schrammen, Eduard, deutsches Lesebuch f. mittlere u. höh. Mädchenschulen, s.: Erkelenz, Herm.

— Merkstoff aus der Geschichte. Nach den allgemeinen Bestimmgn. vom 31. V. 1894 für höhere u. mittlere Mädchenschulen zusammengestellt. gr. 8. (22 S.) Köln 902. M. Du Mont-Schauberg. n.n. —35

Schrammen, Franz, Arzt aus Köln: Aus d. chirurg. Universitäts-Klinik zu Bonn. Statistik der Amputationen an der Bonner Klinik aus den Jahren 1891–1901 mit besonderer Berücksichtigung der Todesfälle. *Köln (1903): K. Peters.* (36 S.) 8°
Bonn, Med. Diss. v. 21. Jan. 1903

Schrammen, Franz Roland, aus Köln: Über die Einwirkung von Temperaturen auf die Zellen des Vegetationspunktes des Sprosses von Vicia Faba. Mit 1 Taf. *Bonn 1902: C. Georgi.* (52 S.) 8° ¶ (Aus: Verhandl. d. naturh. Vereins, Jg. 59.)
Bonn, Phil. Diss. v. 17. Febr. 1902

Schrammen, Heinz, das bürgerliche Gesetzbuch, unter Berücksicht. der in Betracht komm. Bestimmgn. der übr. Reichsgesetze in Frage u. Antwort bearb. 2 Bde. gr. 8. Düsseldorf 900. L. Schwann. à n. 5.—; geb. in Leinw. à n. 6.—
1. (1. Buch: Allgemeiner Teil. — 2. Buch: Recht der Schuldverhältnisse. — 3. Buch: Sachenrecht.) (VII, 425 S.)
2. (4. Buch: Familienrecht. — 5. Buch: Erbrecht.) (IV, 594 S.)

Schrammen, Jak., der grosse Altar. Der obere Markt, s. a. Altertümer v. Pergamon. III. 1.

Kgl. Museen zu Berlin. Der große Altar. Der obere Markt. Von Jakob Schrammen. Mit 57 Abb. u. 1 Atlas von 34 Taf. Berlin: G. Reimer 1906. 1 Bd 4°, 1 Bd 2°
= Altertümer von Pergamon. Bd 3, 1. [06.6646

—— über die Bedeutung der Formen des Verbum. gr. 8. (143 S.) Heiligenstadt 884, Delion's Buchh. *

Schrammen, J. Ueber die Bedeutung der Formen d. Verbum. 8. Heiligenstadt 884. Berl., Gronau. * 2 —

Schrammen, Jacob. Ein Beitrag zu der Lehre über die näheren Bestimmungen des Substantivs, besonders im Lateinischen. Eine grammatische Skizze. (Umschlagtitel: Über die nähere Bestimmung, besonders des Substantivs.) 4 (14 S.).
Progr. Kath. G. *Oppeln* 1888 (189).

Schrammen, Jacobus (geb. am 29 Juni 1838 in Wegberg bei Erkelenz): Legibus a decemviris datis utrum nova rei publicae Romanae forma constituta sit necne ... Bonnae, form. H. B. Koenig 1862. 32 S., 1 Bl. 8.
Bonn, Phil. Fak., Diss. v. 9 Aug. 1862

Schrammen, Johs., Altdeutschland. Bilder aus der Götter- u. Heldensage, aus der Geschichte u. der Kulturentwickelung des deutschen Volkes. (In 15 Lfgn. oder 2 Bdn.) 1—5. Lfg. gr. 8. (1. Bd. XIII u. S. 1—355 m. 1 Lichtdr.) Köln 882. Mayer. à —80

Schrammen, Johs., Altdeutschland. Bilder aus der Götter- u. Heldensage, aus der Geschichte u. der Kulturentwickelg. d. deutschen Volkes. 6—15. (Schluss-)Lfg. gr. 8. (1. Bd. XV u. S. 356—515 u. 2. Bd. IX, 55 S. m. 1 Lichtdr.) Leipzig 883. E. H. Mayer. à —80; cplt. n. 12.—; geb. n. 15.—

Schrammen, J., deutsches Aufsatzbuch. Materialien zu 700 Aufsätzen Vorträgen, nebst e. Anleitg. zur Abfassg. v. Aufsätzen u. e. Anzahl v. Musteraufsätzen. gr. 8. (XXIV, 494 S.) Köln 890. Alb. Ahn. n. 5.—; geb. n. 6.—

Schrammen, Johs., deutsches Aufsatzbuch. 2 Tle. gr. 8. Köln 891. Alb. Ahn. n. 7.40
1. Materialien zu 400 Aufgaben f. die untern u. mittlern Klassen höherer Lehranstalten, nebst e. kurzen Stillehre u. e. Anleitg. zur Abfassg. v. Aufsätzen. (XVI, 238 S.) n. 2.40
2. Materialien zu 700 Aufgaben f. mittlere u. die obern Klassen höherer Lehranstalten, nebst e. Anleitg. zur Abfassg. v. Aufsätzen u. e. Anzahl v. Musteraufsätzen. (XXIV, 494 S.) n. 5.—

[J.] Deutsches Aufsatzbuch. Materialien zu 1000 Aufgaben f. mittlere u. obere Klassen höh. Lehranst. nebst e. Anleitg z. Abfassg v. Aufsätzen v. Prof. Johannes Schrammen, Oberl. ... zu Köln. 2., vielfach veränd. u. erweit. Aufl. *Berlin, Köln, Leipzig: A. Ahn 1899.* (XXXI, 574 S.) 1 Bd 8. [99.7130

Schrammen, Johs., deutsches Aufsatzbuch zugleich Hilfsbuch f. die Lektüre an höheren Lehranstalten u. Seminaren. 2 Tle. 8. Köln. Bonn, A. Ahn. 10.—; geb. 12.—
1. Materialien zu 400 Aufgaben nebst e. kurzen Stillehre u. e. Anleitg. zur Abfassg. v. Aufsätzen. 2. vielfach veränd. Aufl. (XVI, 255 S.) 907. 3.—; geb. 4.—
2. Materialien zu 1300 Aufgaben f. mittlere u. obere Klassen höh. Lehranstalten, nebst e. Anleitg. zur Abfassg. v. Aufsätzen. 3. vielfach veränd. u. erweit. Aufl. (XXXVI, 660 S.) (907.) 7.—; geb. 8.—

— Erläuterungen zu deutschen Klassikern. 1. Bdchn. 8. Ebd. 891. Kart. n. —60
Goethes Hermann u. Dorothea, erläutert in 100 Dispositionen, verwendbar zu Vorträgen u. Aufsätzen. (VIII, 63 S.)

— Erläuterungen zu deutschen Klassikern. 2.—4. Bdchn. 8. Ebd. Kart. à n. — 60
2. Goethes Iphigenie auf Tauris erläut. in 106 Dispositionen, verwendbar zu Vorträgen u. Aufsätzen. (VIII, 84 S.) 891.
3. Lessings Minna v. Barnhelm erläut. in 114 Dispositionen, verwendbar zu Vorträgen u. Aufsätzen. (VIII, 78 S.) 895.
4. Lessings Emilia Galotti erläut. in 105 Dispositionen, verwendbar zu Vorträgen u. Aufsätzen. (IV, 112 S.) 893.

— Erläuterungen zu deutschen Klassikern. 5. Bdchn. Das Nibelungenlied, erläutert in 76 Dispositionen, verwendbar zu Vorträgen u. Aufsätzen. 8. (VIII, 112 S.) Ebd. 897. Kart. n. — 60

—— Erörterungen über den Geschichtsunterricht an den höheren Schulen, Gliederung des Lehrstoffes, Beschränkung desselben, Lehrverfahren. 8. (43 S.) Wolfenbüttel 880, Zwißler. *

Schrammen, Johann: Die deutsche Götter- und Heldensage im Dienste der Jugendbildung. Köln, gedr. bei J. P. Bachem, 1893; 3—24 S. 4.
Köln, k. Kaiser Wilhelm-G, OP 1893 (434)

Schrammen, Joh., Griechisch-germanische Götter- und Heldensagen 3 Bdchen. Köln, Ahn, 1885, 8°. 107, 106, 100 S., à 60 Pf.

—— nordisch-germanische Götter- und Heldensagen. Hilfsbuch zur Verbreitung der alten Mythen und zur Erklärung der aus denselben geflossenen Neuschöpfungen. gr. 8. (186 S. mit 1 Lichtdr.) Köln 884, Mayer. cart. *M 2,40.; geb. *
Aus: „Alldeutschland", besonders abgedruckt.

—— Grundriß der deutschen Geschichte, s. Gehrke, A.

— Grundriß der Weltgeschichte, s.: Gehrke, A.

—— die deutsche Kaisersage. Entstehung und Entwicklung derselben und ihre Erfüllung durch Wilhelm den Hohenzollern. gr. 8. (63 S.) Ebendas. 888. *

—— Leitfaden für den ersten Geschichtsunterricht auf der Unterstufe höherer Lehranstalten. 3 Bdchn. gr. 8. Ebendas. 885. à Bdchn. * 60 Pf. *
Inhalt:
Bdchn. 1. Griechische Götter- und Heldensagen. (107 S.)
" 2. Germanische Götter- und Heldensagen. (106 S.)
" 3. Deutsche Heldensagen. (100 S.)

—— Leitfaden für den ersten Geschichts-Unterricht an höheren Mädchenschulen. 3 Bdchn. gr. 8. Ebendas. 885. à Bdchn. * 60 Pf. *
Inhalt:
Bdchn. 1. Griechische Götter- und Heldensagen. (112 S.)
" 2. Germanische Götter- und Heldensagen. (106 S.)
" 3. Deutsche Götter- und Heldensagen. (105 S.)

—— Leitfaden zum ersten Unterricht in alter Geschichte, s. Gehrke, A.

[5.] Das Nibelungenlied erläut. in 76 Dispositionen, verwendbar zu Vorträgen u. Aufsätzen v. Prof. Johannes Schrammen, [illegible] Köln. Berlin, Köln, Leipzig A. Ahn 1897 [illegible]
— Schrammen, J. Erläutergn zu deutschen Klassikern [illegible]

Schrammen, Johs., des seligen Bruders Hermann aus Lehnin Prophezeiung über die Schicksale und das Ende der Hohenzollern. 1.—3. Aufl. gr. 8. (64 S.) Köln 887, A. Ahn. *

— des sel. Bruders Hermann aus Lehnin Prophezeiung üb. die Schicksale u. das Ende der Hohenzollern. 3. Aufl. (3. Taus.) gr. 8. (64 S.) Ebd. 888. n. — 60

—— die Schicksals- oder Totenfrau im Hause der Hohenzollern. 1. und 2. Aufl. gr. 8. (64 S.) Ebendas. 888. *

—— Zollernfrauen. Charakterbilder aus der Sage und der Geschichte des preuß. Herrscherhauses. 15 Lfgn. Lex.-8. (VI, 814 S. mit vielen Illustr.) Wolfenbüttel 881,85, Zwißler. à Lfg. 75 Pf.; compl. *M 10.; geb. *

Schran. Das Kamerun Becken und dessen Zuflüsse. 1:1 000 000.
I. Der Mungo. Revid. 1889. 1 Bl. c. L. Sch.
II. Der Wuri und Abo. Aufgen. 1885—1890. (1891). 1 Bl. c. A. Sch.

Schrancken, Gesetzmäßige, s. Schranken

Schranckenmüller, Johann David (Strassburg)
A.S. 1327/38

Observationes historicae quibus origines Romanae discutiuntur. Präs. Johann Daniel Schoepflin. Strassburg (Heitz) 27. III. 1725. 14 S.

Gew.: Johann Reinbold Friderici, Johann Dietrich, Johann Leonhard Fröreissen, Michael Friedrich Boehm, Adam Kuchel. 31377

Schrandenbach, Karl Josef Franz

— — Sternenkrone Mariens, unserer lieben Frau, der allerseligsten, stets jungfräulichen Gottesmutter. Mit 1 Titelbild. 8. (XII u. 707 S.) Ebd. 1868. 1 fl. 20 kr.

Schrandenbach, Karl Josef Franz, Strahlen aus der Sternenkrone Mariens, der allerseligsten Jungfrau und Mutter. Mit Titelbild. 8. (VIII u. 400 S.) Innsbruck, Vereins-Buchhandlung. 1868. 50 kr.

Schrank, der eiserne. Ein Bild aus der Revolution, aus dem Französ. übers. von Em. Hardt. Posen 853. Merzbach. 8. (197 S.) 24 ngr.

Schrank, Franz von Paula

— Abhandl. v. d. Nebengefässen d. Pflanzen u. ihrem Nutzen. Mit 3 Kpf. gr. 8. Halle, 1794. Gebauer. (Berlin, Streerath u. C.) — 15

Schrank, Frz. v. Paula, Abhandl. v. d. Nutzen d. Theorie in d. Landwirthschaft, nebst J. v. Auersberg's Abhandl üb. d. Krankheiten d. Bäume. 4. München, 1781. Lentner. — 7½

von Paula-Schrank, Franz „Abhandlung vom Nutzen der Theorie in den Kameralwissenschaften", Nürnberg 1782

— Abhandl. von d. Stallfütterung 2c. s. a. L. Frhrr. v. Hartmann, Rede v. d. Folgen 2c.

Franz von Paula Schrank, Abhandlung von der Stallfütterung des Rindviehs. Burghausen 1780
Aus den Schriften der Burghausener Akademie. (W)

— Abhandl. üb. d. Weise d. Naturgeschichte zu studiren. 8. Regensb. Montag u. G. 780.

— Abhandlungen einer Privatgesellschaft von Naturforschern u. Oekonomen, s. Abhandlungen.

— Anacis, eine neue Pflanzengattung. gr. 4. München 807. (Franz). 2 gr.

— Anfangsgr. der Bergwerkskunde. gr. 8. Ingolstadt. (Krüll in Landshut). 793.

Schrank, Franz von Paula: Anfangsgründe der Botanik. 207 S., gbd.

München: Strobl 1785

JB 35

— allgem. Anleitung d. Naturgeschichte zu studiren. 8. München, Strobl. (Akad. [illegible]) 788.

Auswahl v. Zierpflanzen, berichtigt u. bestimmt v. Franz v. Paula Schrank, u. nach d. Natur gemalt u. auf Stein gezeichnet v. J. Prestel. 3 Hfte. med. Fol. München 1820 u. 21. Zeller. à 1.5 fl à 4.15

F. von P. Schrank, Beitrag zur Naturgeschichte des Salmo alpinus Lin., der schwarzreuterischen Bergforelle. (Beschreibung des Saiblings aus dem Königssee.) Berlin 1781

Paula Schrank, Franz von: „Beiträge zur Beförderung der Haushaltungskunde", Münster 1776 (Coppenrath).

— Beitr. zur Naturgeschichte. Mit Kpf. gr. 8. Augsb. 776. Beit. (Kranzfelder). 14 gℛ

— neue Beitr. z. Flora von Baiern. Mit 3 Kpf. gr. 4. Münch. 821. (G. Franz). 8 gℛ

Franz von Paula Schrank, Oberdeutsche Beiträge zur Naturlehre und Oekonomie, dann: Abhandlungen einer Privatgesellschaft von Naturforschern und Oekonomen in Oberdeutschland. München 1787- 1792
Organ einer Gesellschaft von Naturwissenschaftlern und Landwirten, die zwischen der Burghausener Akademie und dem Landw.-Verein entstand. (W)

— botan. Beobachtungen. gr. 4. Münch. 814. (Franz). 16 gℛ

F. von P. Schrank, Nähere Bestimmung dreier Barscharten. München 1792
Pr.-Ges. Naturforsch. Oekonom. Oberdeutschland. Meyer's Zool. Ann., 1, 1794 (Auszug).

— Briefe naturhistor., physikal. u. ökonom. Inhalts an B. S. Nau. Mit 4 Kpf. gr. 4. Erlang. 802. (Heyder). 1 ℛ 12 gℛ

— Briefe, naturhistor. physikal. und ökonom. Inhalts an B. S. Nau, m. 4 K. gr. 4. Erlangen, Schubart. (Breuning.) 802.

Paula Schrank, Franz von: „Briefe naturhistorischen, physikalischen und ökonomischen Inhaltes an Herrn B. S. Nau", Erlangen 1803.

PAULA SCHRANK, Franz v.: Naturhistorische und ökonomische Briefe über das Donaumoor. - Mannheim 1795. 211 S., 1 Taf.

— naturhist. u. ökon. Briefe üb. d. Donaumoos. gr. 4. Mannheim, Loffler. 795.

— naturhistor. u. ökon. Briefe über d. Donaumoor. gr. 4. Mannheim, Schwan. 795.

— naturhistor. u. ökonom. Briefe üb. das Donaumoor. Mit 1 Kpfr. gr. 4. Manh. 796. Löffler. 1 ℛ 14 gℛ

— u. K. E. v. Moll, naturhistor. Briefe üb. Oesterreich, Salzburg, Passau u. Berchtesgaden. 2 Bde. Mit Kpf. gr. 8. Salzb. 785. Mayr. 2 ℛ

— Catalogus plantarum horti Academici Landishutani. 4. Landsh. 805.

— Chrimaldia, eine neue Pflanzengattung, nebst Anmerk. üb. Gattungsbildung, Arten u. Charakter; eine Abhandl. gr. 4. Münch. 809. (Franz). 8 gℛ

Schrank, Franc. de, Commentarius litteralis in Genesin. Sulzbach, v. Seidel, 1835, gr. 8°, 796 S., ermäß. Preis 4 Mk.
Ebenso wie der Kommentar von L. Schmid veraltet und für die Gegenwart unbrauchbar. (Mainzer) Katholik 1836, Bd. 61, S. 308—318; Bd. 62, S. 66—77. Vgl. Litt. Handw. 1865, S. 299.

— üb. die wattewebenden Elsenraupen. 1e u. 2e Abhandl. Mit 1 Kpf. gr. 4. Münch. 820. (Franz). 8 gℛ

— enumeratio insectorum, Austriae indigenarum, cum fig. 8maj. Augsb. 780. Klett. 1 ℛ 4 gℛ

Schrank F. de Paula: Enumeratio insectorum Austriae indigenorum. Augustae Vind. 1781. (16) 548 S. 4 Tvl.

— s. **Ephemeriden, literarische.**

Paula-Schrank, Franz von: „Ueber die Erziehung der Bauernjugend", Nürnberg 1780 (Schwarzkopf).

— Fauna Boica: Durchgedachte Geschichte der in Baiern einheimischen zahmen Thiere. 1r Bd. in 2 Abtheill. gr. 8. Nürnb. 798. Stein. 2 ℛ 8 gℛ 2r u. 3r Bd. à 2 Abtheill. gr. 8. Ingolst. 801—3. Krüll in Landsh. 4 ℛ 20 gℛ

— die Feste d. Herrn, ein Erbauungsbuch. 8. Landsh. 811. Thomann. 18 gℛ

— baier. Flora. 2 Bde. gr. 8. Münch. 789. 90. (Fleischmann). 3 ℛ 16 gℛ Strobl.

— bayerische Flora z. bequemen Gebrauch als Taschenbuch in tabellar. Form. gr. 8. Regensburg, Montag und W. 793.

— Flora Monacensis, s. Flora.

SCHRANK (F. von P.). Flora monacensis . . . Monachii, 1811-18. 4 vols. fol.

— die Fursten im Monde. Kein Roman. 8. Landsh. 821. Thomann. 12 gℛ

— Gedächtnißrede, dem Andenken Paul Hupfauer's gewidmet. 4. Landshut, Thomann. 808.

— Gedanken üb. die Erziehung d. Bauerjugend. 4. Burghausen 780. Schwarzkopf. 4 gℛ

— kurzgefaßte Gelehrtengeschichte d. vornehmsten schönen Geister Griechenlands u. Roms. 8. München. Lindauer. 781.

— Grundriß der allgem. Naturgeschichte u. Zoologie z. Gebrauch bei Vorlesungen, in 2 Abtheill. gr. 8. Erlang. 801. (Heyder). 1 ℛ 8 gℛ (eigentl. e. neue umgearb. Ausg. seiner Anfangsgründe d. Botanik).

— Grundriß der allgem. Naturgeschichte u. Zoologie zum Gebr. b. Vorles. in 2 Abtheil. gr. 8. Erlangen, Schubart. (Breuning) 801.

— Grundriß e. Naturgeschichte d. Pflanzen. gr. 8. Erlang. 803. (Heyder). 1 ℛ 8 gℛ

— s.: Haworth, A. H.: Auswahl v. Zierpflanzen.

s. **Haworth, synopsis plantarum.**

Schrank, Frz. de Paula v., Ἑξήμερον. Eine physikal.-theolog. Erklär. d. sechs Schöpfungs-Tage. gr. 8. (16 B. u. Titkpfr.) Augsburg 829, Veith u. Rieger. (a. Gundlach in Kitzing.)

—— Hexämeron. Eine physikal.-theolg. Erklär. d. sechs Schöpfungstage. 2., unveränd. Ausg. 8. (16 B. u. Titkpfr.) Augsburg 838, [Lampart u. Comp.]

— Hexämeron. Eine physikalisch-theologische Erklärung d. sechs Schöpfungstage. 2e unveränd. Ausg. Mit Titelkpfr. 8. Augsburg u. Günzburg 838. Veith u. Rieger. 1 ℛ

— kann ein Religiose Mitglied e. Akademie der Wissenschaften seyn? gr. 8. Münch. 818. Lentner. 4 gr

— — kann ein Religiose Mitglied einer Akademie der Wissenschaften seyn? gr. 8. München, Lentner. 819.

— Katechismus d. Feldbaues. 8. München, Strobl. 785.

— üb. die Lebhaftigkeit d. Pflanzen; e. Abhandl. gr. 8. Münch. 811. (G. Franz). 8 gr

— üb. Grev's Luftspiegel etc. u. einige verwandte Erscheinungen. gr. 4. Münch. 809. (G. Franz). 8 gr

— üb. die Priestleyische grüne Materie. 2 Abhandll. gr. 4. Münch. 813, 14. (Franz). 10 gr

— s. J. F. Mayer, Katechismus des Feldbaues.

Schrank, Frz. v. Paula, Nachr. von den Begebenheiten u. Schriften berühmter Gelehrten. 1r Bd. gr. 8. Nürnb. 797. Bauer u. R. 1 ß

— die Natur predigt Gott. Eine Rede in d. Versamml. d. K. Baier. Acad. am 28. März 1826 gehalten. gr. 4. Münch. 827. (Lindauer). 12 gr bei Franz das. 10 gr

— Naturgeschichte der Minirraupen in d. Fliederblättern. Mit 1 Kpf. gr. 4. Münch., (G. Franz). 4 gr

— v. Nebengefäßen d. Pflanzen, m. K. gr. 8. Halle, Gebauer. 794.

— Landshutische Nebenstunden, od. Samml. kl. Abhandll. zur Erweiterung d. Naturgeschichte angewandt. 2 Hefte. Mit 3 Kpft. gr. 8. Landsh. 802—3. Weber in Münch. 1 ß

— Landshutische Nebenstunden, od. Samml. kl. Abhandl. z. Erweiterung d. Naturgeschichte etc. 2 Hefte. m. K. gr. 8 Landshut, Weber. 809.

Franz von Paula Schrank, Von dem Nutzen der Theorie in der Landwirtschaft. Burghausen 1781
Aus den Schriften der Burghausener Akademie (W).

— Omphalodes, eine wiederhergestellte Gattung. gr. 4. Münch. 813. (Franz). 4 gr

— drei seltene baier. Pflanzen. Mit 3 Kpf. gr. 4. Münch. 814. (Franz). 4 gr

— zwei neue Pflanzengattungen, beschrieben. gr. 4. Münch. 808. (Franz). 4 gr

— v. Pflanzenschlaf u. v. d. verwandten Erscheinungen b. Pflanzen. gr. 8. Ingolstadt, 1792. (Landshut, Krüll.) — 6

Schrank, F. P. de, Plantae rariores etc. s.a. Plantae

— Plantae rarior. horti acad. Monacensis descriptae et observat. illustr. Fasc. I — X. Jeder mit 10 Kpf. Fol. maj. Münch. 817—822. (Leipz., Fr. Fleischer). 40 ß

— de plantis gnaphaloideis in genere cum descriptionibus quarundam capensium. 4maj. Münch. 824. (G. Franz). 10 gr

— Commentatio de rarioribus quibusdam, maximam partem arabicis plantis etc. 4maj. Münch. 820. (Franz). 12 gr

— primitiae Florae Salisburgensis, cum II tabb. aen. 8maj. Frankf. a. M. 792. Varrentrapp. 1 ß 2 gr Schrbp. 1 ß 8 gr

— Rede üb. die Urkunden der Vorwelt. gr. 4. (3½ B.) München 827, (Lindauer.)

Franz von Paula Schrank, Baiersche Reise.
Reiseroute: München — Steingaden — Ettal — Benediktbeuren — Schlehdorf — Hohenschwangau — Auerberg — Polling — Andechs — München — Burghausen. (W)
München 1786

Franz von Paula Schrank, Reise nach den südlichen Gebirgen von Baiern in Hinsicht auf botanische, mineralogische und ökonomische Gegenstände nebst Nachrichten von den Sitten, der Kleidung und anderen Merkwürdigkeiten der Bewohner.
Reiseroute: Beuerberg, Benediktbeuren, Tegernsee, Miesbach, Rosenheim, Traunstein, Reichenhall. (W)
Münch. 793. Lindauer.

— baier. Reisen. Mit Kpf. gr. 8. Münch. 787. (Fleischmann; a. Wienbrack in Leipz.) 20 gr

— bayerische Reisen, m. K. gr. 8. Münch. Strobl. (Fleischmann.) (Gräff in Lpz.) 787.

— Samml. kl. Abhandll. z. Erweiter. d. Naturgeschichte; Zusätze zu seinem Grundriß d. Naturgeschichte der Pflanzen u. Thiere, nebst e. Anh. 2 Hfte. Mit 4 Kpft. gr. 8. Münch. 809. Weber. 1 ß

— Samml. naturhistor. u. physikal. Aufsätze. Mit Kpf. gr. 8. Nürnb. 796. Bauer u. R. 1 ß 12 gr

— Samml. naturhist. u. physikal. Aufsätze, m. K. gr. 8. Nürnberg, Raspe. 796.

— üb. die blauen Schatten. 2 Abhandll. gr. 4. Münch. 813, 14. (Franz). 9 gr

— die Siege d. Deutschen im Elsaß im Oct. 1792. 8. Münch. 793.

— üb. die Sparsamkeit d. Formen im Pflanzenreiche etc. u. ihre Uebergänge; eine Abhandl. gr. 4. Münch. 811. (Franz). 10 gr

— s. J. B. v. Spix, Testacea.

— von einigen kaotischen Thieren. Mit 2 Kpf. gr. 4. Münch., (G. Franz). 8 gr

— s. Thwingert, Hülfs- etc. Mittel.

— Urkunden d. Vorwelt. gr. 4. Münch. 827. (G. Franz). 5 gr

— poet. Versuche. 12. Augsb. 774. Kranzfelder. 2 gr

— Verzeichniß d. bisher hinlängl. bekannten Eingeweidewürmer, n. e. Abhandl. über ihre Anverwandtschaften. 8. München, Strobl. (Fleischmann.) 788.

Franz von Paula von Schrank

Verzeichniß [Verzeichnis] der bisher hinlänglich bekannten Eingeweidewürmer nebst e. Abhandlung über ihre Anverwandschaften (Ueber die Verwandtschaften der Eingeweidewürmer). Vom Franz von Paula [von] Schrank. München: Strobl 1788. 116 S. 8°

— Vorlesung üb. die Art, die Naturgeschichte zu studiren. 8. Regensb. 780. Montag u. W. 2 gl.

— üb. die Weise, wie sich Aufgußthierchen bei ihren Bewegungen benehmen; e. Abhandl. gr. 4. Münch. 811. (G. Franz). 12 gl.

— eine Centurie botan. Anmerkk. zu Linné species plantarum. gr. 4. Erfurt 781. (Münch., Franz). 5 gl.

— eine Centurie botan. Anmerk. zu Linné Species plantar. gr. 4. Erfurt, Keyser. 781.

SCHRANK, Georg (Koetzting): Bericht über einhundert in der königl. Universitäts-Augenklinik ausgeführte Staarextractionen.- München: Wolf 1880. 57 S.
8.5.1880 - Urk (Titel: De centum operationibus cataractae.): Chr 1879/80,15
Diss.Ingolst.-Landsh.-Mchn.

— die jodhaltigen Kochsalzquellen d. klimatischen Höhenkurortes Sulzbrunn im Allgäu u. ihre Wirkungen, s.: Woerl's Reisehandbücher.

Schrank, Geo., the climatic health resort Sulzbrunn, s.: Woerl's manuals of travel.

Schrank, Jos., Anleitung zur Ausführung bacteriologischer Untersuchungen. Lex.-8. (X, 256 S. m. 187 Abbildgn.) Wien 894. F. Deuticke. n. 6. —

Schrank, Jos., der Mädchenhandel u. seine Bekämpfung. (IV, 258 S.) gr. 8. Wien 904. (J. Safář.) n. 3. —

Schrank, Josef: Der Mädchenhandel und seine Bekämpfung. — Wien: Selbstverl. 1904. IV, 258 S. 8°

SCHRANK, Josef. Die Prostitution in Wien in historischer, administrativer und hygienischer Beziehung. 2 Bde. Wien 1886. Im Selbstverlage des Verfassers. Gr. 8°. VIII, 434 S. und VII, 345 S.

Schrank, Jos., die Prostitution in Wien in historischer, administrativer u. hygienischer Beziehung. 2 Bde. gr. 8. (VIII, 434 u. VII, 345 S.) Wien 886. (Toeplitz & Deuticke.) n.n. 12. —

Schrank, Jos., das Stotterübel eine corticale Erkrankung des Grosshirnes. Ein Beitrag zur Aetiologie des Stotterns. gr. 8. (IV, 137 S.) München 877, J. A. Finsterlin. *

Schrank, Josef: Die amtlichen Vorschriften betr. die Prostitution in Wien in ihrer administrat., sanitären u. strafgerichtl. Anwendung. — Wien: Šafář 1899. 126 S. 8°

Schrank, Ludw., der Rathgeber d. praktischen Photographen. Ein Leitfaden durch alle Gebiete der Photographie m. Berücksicht der neuesten Erfahrgn. 8. (IV, 247 S.) Wien 875. Gerold's Sohn. n. 4. —

Schrank, Ludw., der Schutz des Urheberrechtes an Photographien, s. a. Encyklopädie der Photographie.

Schrank, Ludw.: Der Schutz des Urheberrechtes an Photographien. E. Beitrag zur Herstellung jener Gesetze u. internationalen Rechte, welche der Photographie . . . unentbehrlich sind. Halle a. S. 1893.

Max. Ludov. Schrank de luis venereae antiquitate et origine diss. inaug. Ratisbon. et Monach. 1834. 8. (

Schrank, W., evangelisches Religionsbuch, s.: Falk, Wilh.

Schrank, Walther, ⟨a. Massow⟩, Pfarramtskandidat u. wissensch. Seminarlehrer am Herzog-Ernst-Seminar zu Gotha: **Priester und Büßer in babylonischen Sühnriten.** Leipzig 1907: A. Pries. (74 S.) 8°
Leipzig, Phil. Fak., Ref. Zimmern-Fischer, **Diss.** v. 26. Juli 1907
[Geb. 5. Nov. 77 Massow, Pommern; Wohnort: Leipzig; Staatsangeh.: Preußen; Vorbildung: Gymn. Prenzlau Reife O. 97; Studium: Berlin 6, Leipzig 6 S.; Rig. 31. Juli 06.]

Schrank, Walth., babylonische Sühnriten besonders m. Rücksicht auf Priester u. Büsser, s. a. Studien, Leipziger, semitistische. III, 1.

Babylonische Sühnriten besonders mit Rücksicht auf Priester und Büßer untersucht von Dr. phil. Walther **Schrank**, Gotha. Leipzig: J.C.Hinrichs 1908. (XII, 112 S.) 8°
= **Studien**, Leipziger semitistische. 3, 1. [08. 543

Schrank, Wilhelm [aus Wiesbaden]: **Ueber amyloyde [!] Tumorbildung im Kehlkopf** ... Göttingen, Druck d. Dieterich'schen Univ.-Buchdr., 1892; 37 S. 8.
Göttingen, Med. Fak., Inaug.-Diss. v. [17. Febr.] 1892

Schrank, Wilh. Ueber amyloide Tumorbildung im Kehlkopf. Diss. gr. 8. (37 S.) Gött. 892, (Vandenhoeck u. Ruprecht). * — 80

Schranka, Eduard Maria

—— s. a. † Ems.

Schranka, E. M., s. a. Nail, E.

Schranka, Ed. Maria, Annalogie. E. Annonbüchlein. 12. (70 S.) Wien 895. C. Fromme. n. 1. —

Schranka, Ed. Maria, Brückenkunde. Cultur- u. literarhistorische Studie m. e. Geschichte der Prager Karlsbrücke v. Thdr. Hutter. 12. (57 S. m. 2 Abbildgn.) Prag 890. Dominicus. n. 1. —

— e. Buch vom Bier. Cerevisiologische Studien u. Skizzen. 2 Thle. 8. (XIII, 592 S.) Frankfurt a O. 886. Waldmann's Verl. n. 6. —; in 1 Bd. geb. n. 7. 50

Schranka, Ed. Maria, Datenzeiger der Weltpost-Geschichte. 12. (IV, 212 S. m. Bildern.) Leipzig 893. Slav. Buchh. n. 2. —

— der neue Demokrit. 1. Bd. 8. Berlin 890. Lüstenöder. n. 3. 60
Kaleidoskop. 2., vielfach vergrößerte Aufl. (VIII, 253 S.)

— der neue Demokrit. 2. Bd. 8. Berlin 891. H. Lüstenöder. n. 3. — (1 u. 2.: n. 6. 60)
Satura. Kultur- u. litterarhistor. Studien u. Skizzen. (VII, 272 S.)

Schranka, Eduard Maria, Wiener Dialekt-Lexikon. (196 S.) 16. Wien 905. G. Szelinski. n. 1. 50

Schranka, E. M., Der Stoiker Epiktet u. sein. Philosophie. Gekr. Pr. 1885. 118 S.

— der Stoiker Epiktet u. seine Philosophie. Von dem philosoph. Doctoren-Collegium der Universität Prag m. dem 1. Preise gekrönte philosoph. Monographie. gr. 8. (VIII, 119 S.) Frankfurt a/O. 885. Waldmann's Verl. n. 2. —

Schranka, Ed. Maria, culturhistorisch-etymologisches Lexikon der Fußbekleidungen. 16. (188 S.) Wien 890. (Leipzig, Ed. Schmidt.) n. — 80

— s.: Post-, Telegraphen- u. Telephon-Kalender, Fromme's österr.

— Prag im deutschen Liede. kl. 8. (26 S.) Tachau 888. Holub. n. — 60

— die Suppe. Ein Stückchen Kulturgeschichte. 2. Aufl. 16. (VIII, 84 S.) Berlin 890. Lüstenöder. n. 1. —

— Uhlandiana. 8. (20 S.) Tachau 887. Holub. n. — 60

Schranken

Gesetz-mäßige Schrancken der Zeugen-Eyde u. Urpheden das ist Rechtlich- u. vernünfftige Gegeneinander-Stellung der unstrittigen Grund-Sätze, welche die wesentliche Stücke u. Eigenschafften eines ächten Eyd-Schwures enthalten. Von G. C. O. Franckfurt a. M. 1748.

Schranken, gesetzmäßige, d. Zeugeneide u. Urpheden, entw. v. G. C. O. 4. Frkf. Fleischer. 748.

Schranken, weibliche, v. L. A. gr. 8. (46 S.) Leipzig, R. Werther. n. — 75

Schranken, weibliche, v. L. A. 2. (Titel-) Aufl. gr. 8. (46 S.) Leipzig (894) 896. Hannov. Münden, R. Werther. n. — 75

Schrankogl [Schlagwort]

Schrankogl, s.: Alpen. Simon, 8.

Schranne, die, s. Wochenblatt für prakt. Landwirthschaft.

Schranne, die. Landwirthschaftliches Wochenblatt. Organ für süddeutsche Landwirthschaft u. des Vereines prakt. Landwirthe in Bayern. 1—6. Jahrg. 1862—67. à Jahrg. 52 Nrn. (½ Bog.) München, Fleischmann's Buchh. Lex.-8. Jeder Jahrg. 28 ngr.
Vergl. Wochenblatt f. praktische Landwirthschaft.

Schrannengebäude, Das, in Wien. Wien 1855. V: *Riedwald, Maximilian von.* (EB) (Mitth. Dr. Ign. Schwarz-Wien.)

Schrannengebäude, das — in Wien. Ein Beitrag zur Rechts- und Sittengeschichte der Hauptstadt Oesterreichs von M. v. R. 1855. Wien, 1855. Aus J. B. Wallishausser's k. k. Hoftheater-Druckerei. (28 S. 8.)

Schrannenmeister, Der kleine. Wels 1878—80. V: *Seibert, Anton Eugen.* (RUSSELL XII, 2, 2602)

Schranz, Jakob: Die Kreditverhältnisse im Rheingau. (Eltville a. Rh. [1910]: Boege.) 59 S. 8°
Heidelberg, Phil. Diss. v. 29. Okt. 1910, Ref. Gothein
[Geb. 2. Febr. 85 Eltville; Wohnort: Eltville; Staatsangeh.: Preußen; Vorbildung: Gymn. Wiesbaden Reife O. 04; Studium: Jura München 1, Nationalök. Heidelberg 5 S.; Rig. 25. Juli 10.] [U 11. 2308

Schranz, Jos., der Obstgarten im Gebirge. Meine vieljährigen Erfahrungen in der edlen Obstbaumzucht in rauhen Gegenden, zunächst für das Salzburg. Gebirgsland. 12. Salzburg 836. Mayr. ⅛ rf

Schranz, Jul., ärztliche Plaudereien. Aus dem Volk für das Volk geschrieben. 8. (III, 89 S.) Innsbruck 884, Wagner'sche Universitäts-Buchh. k

Schranz, Jul. Vollständige Sammlung der dermalen in Tirol u. Vorarlberg zu Recht bestehenden Sanitätsgesetze u. Verordnungen. Mit e. Vorwort v. Ant. Heinisch. gr. 8. (XII, 433 S.) Wien 889, Perles. * 10 —; geb. * 11 60

Schranz, Dr. Julius, Unsere Zeit u. unsere Nerven. Ein Beitrag zur Pathologie d. Menschheit. kl. 8. (112 S.) Innsbruck, Wagner'sche Univ.-Buchh. 60 kr. 1884.

Schranz, M., u. J. R. Bünker, d. erziehliche Knaben-Handarbeit. Geschichtl. Entwickelg., gegenwärt. Stand u. Ziele derselben. gr. 8. (VI, 82 S.) Wien 894. A. Pichler's Wwe. & Sohn. n. 1. 20

Schranzhofer Franz: Über die Einwirkung von Jodmethyl auf Papaverinsäure. S. 102. IIb. 543 . . . . vgr.
Separatabdruck

— Nachtrag zur Abhandlung: „Über die Einwirkung von Jodmethyl auf Papaverinsäure". S. 102. IIb. 659 . . . . vgr.
Separatabdruck

Schranzhofer, Leopold. Die Jenseitshoffnungen einiger wilden Völkerstämme — ein Beitrag zur Lehre von der Unsterblichkeit der Seele. Stockerau, 1892. Progr. des Landes-Realgymnas.
Vgl. dazu (Linzer) Theol.-prakt. Quartalschr. 1891, S. 508—9.

Schranzhofer, Leopold: Das Jubeljahr nach der Gesetzgebung des Moses und nach kirchlichem Rechte. 8 (S. 1—16)
Progr. G. der k. k. Theresian. Akad. Wien 1898

Schranzhofer, Rogerus, († d. 2. Aug. 1816.) Kanzelreden am Feste d. heil. Bischofs u. Märtyrers Vigilius, Diocesan- u. Kirchenpatrons zu Mais. 8. Bozen 791.

— s. Valentins Reisen.

Schraep, J., Fibel. Nach method. Grundsätzen f. Stadt- u. Landschulen bearb. 34. Aufl. (Mit Anh.) (80 u. VIII S. m. Abbildgn. u. 4 Taf.) 8. Wismar 905. Hinstorff's Verl. — 40; Einbd. n.n.n. — 10

Schraep, J., Fibel. Nach method. Grundsätzen f. Stadt- u. Landschulen bearb. 36. Aufl. (Mit Anh.) (80 u. VIII S. m. Abb. u. 4 Taf.) 8. Wismar 909. Hinstorff's Verl. Geb. nn — 50

Schraep, J., Lese- u. Lehrbuch. 1. Thl. [Fibel.] Nach method. Grundsätzen f. Stadt- u. Landschulen bearb. 8. (96 S. m. 10 Steintaf.) Wismar 874. Hinstorff. geb. n.n. — 50

Schraep, J., Lese- und Lehrbuch. 1. Thl. (Fibel.) Nach methodischen Grundsätzen für Stadt- und Landschulen bearb. 2. verb. bis 7. Aufl. [4. Stereot.-Ausg.] 8. (80 S. mit 12 lithogr. S.) Wismar 875—79, Hinstorff'sche Hofbuchh. geb. **

Schraep, J., Lese- und Lehrbuch. 1. Thl.: [Fibel]. Nach method. Grundsätzen für Stadt- und Landschulen bearb. 8.—10. Aufl. 8. (88 S. mit eingedr. Holzschn.) Wismar 880—82, Hinstorff'sche Hofbuchh. geb. **
—— dass. — 2. Tl. 2 Abtlgn. gr. 8. Ebendas. [1. Abtl. 2. und 3. Aufl. (190 S.) 878,82. ** 75 Pf.; 2. Abtl. (404 S. mit eingedr. Holzschn. und 2 color. Stnt.) 884. ** M 1,30.] *

Schraep, J., Lese- und Lehrbuch. 1. Tl. [Fibel.] Nach method. Grundsätzen für Stadt- und Landschulen bearb. 11.—17. Aufl. 8. (92 S., davon 12 lithogr.) Wismar 882—88, Hinstorff'sche Hofbuchh., Verlag. * 40 Pf.; geb. **

— dasselbe. 2. Tl. [in 2 Abtlgn.]. gr. 8. Ebend. n.n. 1. 80; Einbd. n.n. — 50
1. 5. Aufl. (200 S.) 887. n.n. — 50; Einbd. n.n. — 20
2. (404 S. m. Holzschn. u. 2 color. Steintaf.) 884. n.n. 1. 30; Einbd. n.n. — 30

Schraep, J., Lese- u. Lehrbuch 1. Tl. [Fibel.] Nach method. Grundsätzen für Stadt- u. Landschulen bearb. 20. Aufl. 173.—182. Tausend. 8. (80, 8 u. 4 S. m. Abbildgn.) Wismar 891. Hinstorff's Verl. geb. n.n. — 50

Schraep, J. Lese- u. Lehrbuch. 1. Thl., u. 2. Thl. 1. Abthl. gr. 8. Wismar, Hinstorff. geb. ** 1 25
1. Fibel. 22. Aufl. (80, 8, 4 S. m. Abbildgn.) 893. geb. ** — 50.
2. Lesebuch. 1. Abthl. 6. Aufl. (200 S.) 892. geb. ** — 75.
2. Thl. 2. Abthl. Ebd. 1884. geb. [** 1 30] ** 1 60.

Schraep, J., Lese- u. Lehrbuch. 2 Tle. in 3 Abtlgn. gr. 8. (Mit Abbildgn.) Wismar, Hinstorff's Verl. n.n. 2. 20; Einbde. n.n.n. — 60
1. Fibel. Nach method. Grundsätzen f. Stadt- u. Landschulen bearb. 23. Aufl. 203. bis 212. Taus. (80 u. 8 S.) 894. n.n. — 40; Einbd. n.n.n. — 10
2, I. 6. Aufl. (190 S.) 892. n.n. — 60; Einbd. n.n.n. — 20
2, II. (404 S. m. 2 farb. Taf.) 884. n.n. 1. 30; Einbd. n.n.n. — 30

— **Lese- u. Lehrbuch.** 1. Tl. (Fibel.) Nach method. Grundsätzen f. Stadt- u. Landschulen bearb. 29. Aufl. (7. Abdr.) 289.—295. Taus. (Nach neuer Orthographie.) (80 u. 8 S m. Abbildgn. u. 4 Taf.) 8. Ebd. 906. n. — 40; Einbd. n.n.n. — 10

Schraep, J., **Lese- u. Lehrbuch.** 1. Tl. (Fibel.) Nach method. Grundsätzen f. Stadt- u. Landschulen bearb. 29. Aufl. (8. Abdr.) 296.—301. Taus. (Nach neuer Orthographie.) (80 u. 8 S. m. Abb. u. 4 Taf.) 8. Wismar 909. Hinstorff's Verl. Geb. nn — 50

— **Schreiblesefibel nach method.** Grundsätzen der Schreiblesemethode. 8. (104 S. m. eingedr. Holzschn.) Ebend. 874. geb. n.n. — 50

—— Schreiblese-Fibel nach methodischen Grundsätzen der Schreiblesemethode. 2. und 3. Aufl. 8. (94 S. mit 8 lithogr. S. und vielen eingedr. Holzschn.) Ebendas. 877. geb. **

—— Schreiblese-Fibel, nach method. Grundsätzen der Schreiblesemethode bearb. 4. und 5. Aufl. 8. (94 S. mit eingedr. Holzschn.) Ebendas. 880,82. geb. **

—— Schreiblese-Fibel nach methodischen Grundsätzen der Schreiblesemethode. 7. Aufl. gr. 8. (94 und 4 lithogr. S.) Ebendas. 886. * 40 Pf.; geb. **

— Schreiblese-Fibel, nach method. Grundsätzen der Schreiblesemethode bearb. 8. Aufl. 8. (4, 94 S. m. Abbildgn.) Ebd. 890. n.n. — 50

— **Schreiblese-Fibel, nach** method. Grundsätzen der Schreiblesemethode bearb. 9. Aufl. gr. 8. (II, 93 S. m. Abbildgn.) Ebd. 894. n. — 40; Einbd. n.n.n. — 10

— **Schreib-Lese-Fibel nach method. Grundsätzen der Schreiblesemethode. 10., umgearb. Aufl. (III, 96 u. VIII S. m. Abbildgn. u. 4 Taf.) 8. Ebd. 905.** n. — 40; Einbd. n.n.n. — 10

— deutsche Schreib-Lese-Fibel. Ausg. B (m. spitzer Schreibschrift). 12. Aufl. (III, 102 S. m. farb. Abbildgn.) 8. Ebd. 906. n. — 40; Einbd. n.n.n. — 10

Schrapel, Jh. Geo., Anweis. was bei e. zu errichtenden Feldmagazin 2c., s. J. J. Weinberg.

Schräpler, F. G., **patriotische Reden u. Gedichte aus den ruhmreichen Jahren 1870 u. 1871 gesammelt u. hrsg.** gr. 16. (IV, 84 S.) **Halle 871. Reichardt in Comm.** n. — 50

Schraepler, Max, Tierarzt in Beetzendorf (**Kr. Salzwedel**): Über Wundheilung und Narbenbildung beim Hausgeflügel. Mit 11 Abb. Borna-Leipzig 1907: R. Noske. (63 S.) 8°
Leipzig, Med. Fak., Ref. Röder, Diss. v. 23. Nov. 1907
[Geb. 15. Nov. 77 Zschepplin; Wohnort: Beetzendorf; Staatsangeh.: Preußen; Vorbildung: Gymn. Torgau Reife O. 97; Studium: Tierärztl. Hochsch. Berlin 7 S.; Coll. 14. Dez. 08; Approb. 23. Dez. 01.]

Schräpler, P., **Geschichte der Parochie Weßnig. Dem verehrten Patronat u. der Kirchfahrt Weßnig zum 100jähr. Jubiläum der Kirche daselbst gewidmet v. ihrem Pfarrer.** (V, 73 S.) 8. **Weßnig 904. (Torgau, F. Jacob.)** n. 1. —

Schrapnell und Schutzschild. Berlin 1905. 15 S.

Schraps, Kurt

Schraps, Curt: Der Drogenhandel en gros und en detail in Deutschland. *Leipzig 1904: B. Georgi.* (108 S.) 8°
Leipzig, Phil. Diss. v. 1904

Schraps, Reinh. Kritische Bemerkungen zu den vorgelegten Gesetzentwürfen über weitere Abänderung und Ergänzung der Gewerbe- und Personalsteuer. 8⁰. Dresden 1868.

Schraps, Rhold., mein Proceß. Ein Beitrag zur Frage der Verantwortlichkeit des Anwalts für den Clienten. Dargestellt und erläutert an dem Proceß wider den Tischler Heinr. Glob. Zeidler aus Reichenbach und Genossen wegen betrügl. Bankrutts bez. Beihilfe zu solchem, von dem mit angeklagten R. Schr. 8. (XXIV, 198 S.) Zwickau 880. (Leipzig, G. A. Schmidt.) *

Gemeindevorsteher und Dorfgericht im Geltungsbereiche des Allgem. Landrechts nach Inkrafttreten d. BGB. Bearb. von F. Schräer, Eberswalde. *Eberswalde: C. Müller 1901.* (VIII, 100 S.) 8° [F.]

Schraer, F. (Red.). s. Der Verwaltungsbeamte.

Schräer, J. F., Die Pensions- und Hinterbliebenen-Versicherung der Privatangestellten im Deutschen Reich. Ein Vortrag. 8⁰. Kempten, Verl. d. Ztschr.: „Der Privatbeamte", 1904. (24 S.)

Schratlinger, Ferd., Vorschule der Chemie u. Mineralogie. Ein Hilfsbuch für den experim. Elementarunterricht. (116 S.) gr. 8. Teschen 905. S. Stuks. **Kart. n. 1. 80**

Schratt's Relief- u. Orientierungskarte für Oberstdorf im Allgäu mit seiner weiteren Gebirgsumgebung. Entwurf u. Zeichnung v. Franz Alois **Schratt**. Maßst. 1:37.500. Oberstdorf: X. Volderauer [1905]; Lith. H. Köhler, München. (1 Kartenbl. 81×66 cm.) [kol.] [05. 1100]

v. Schrattenbach. De Rudolpho Habsburgico. 4. Viennae 1755.

v. Schrattenbach, Graf Otto Wolfg., († 1816.) Staats- u. Sittenunterricht, s. a. **Marmontel.**

Schrattenbach, v., Staats- u. Sittenunterricht, a. d. Frz. d. Marmontel. 8. Wien, Wucherer. 788.

Schrattenbach, Vincenz Joseph Graf. Hirtlicher Unterricht, sowohl an die Geistlichkeit seines Kirchensprengels, als auch an jene, die ihm als Salzburgischen Generalvikarius im Kärnten anvertraut ist. Klgft., Kleinmayer. 1782. Quart. 22 S.

Schrattenhofen, s.: Schullorn zu Schrattenhofen.

Schrattenholz, Jos., Antisemiten-Hammer. Eine Anthologie aus der Weltlitteratur. Mit e. Vorwort v. Jac. Moleschott u. e. Einleitg. v. J. S. gr. 8 (III, 648 u. XVIII S.) Düsseldorf 894. (E. Lintz.) n. 9. —

Schrattenholz, Jos. Eduard Bendemann. Betrachtgn. u. Erinnergn. gr. 8. (34 S. m. 1 Bildnis.) Düsseld. 891, [Kraus.] Lintz. * — 75

Doppelliebe und Anderes von Josef Schrattenholz. *Berlin. Leipzig: J. Cotta 1900.* (152 S.) 8° [J.] [01. 1351]

Schrattenholz, Jos., Doppelliebe u. Anderes. 8. (152 S.) Berlin 900. Leipzig, H. Lautenschläger. n. 2. —

Schrattenholz, Jos., Berliner Frühlings-Lieder. 12. (24 S.) Berlin 898. Meusser & Messer. n. — 60

Schrattenholz, Josef: Berliner Frühlings-Lieder. Gedichtet von –. Berlin: Willkommen-Verl. [1898] (24 S.) 8°

— Berliner Musikkritik. Ein Feuilleton-Streich-Quartett. Komponiert u. d. Dichterkomponisten August Bungert zur Erinnerung an d. Première v. „Odysseus Heimkehr" ausgezeichnet. gr. 8. (48 S.) Ebd. 898. n. — 60

Schrattenholz, J., das National-Denkmal am Niederwald, s. a. Wanderbilder, europäische.

Schrattenholz, Josef. Das National-Denkmal am Niederwald. Mit 11 Illustrationen [wovon 4 Tafeln] von F[erdinand] Lindner und andern nebst einer Karte. (Europäische Wanderbilder. N° 83.) 8. Zürich (1884 – *Umschlag*: [18]85 –).

Schrattenholz, Jos., Robert Schuman als Kritiker. Sprüche aus seinen Schriften üb. Musik u. Musiker. Zur Erinnerg. an die Bonner Gedächtnißfeier Robert Schumann's gesammelt u. m. e. Vorrede versehen. 8. (58 S.) Bonn 874. (Staudte.) n. 1. —

Schrattenholz, Jos., Robert Schumann als Schriftsteller. Sprüche aus seinen Schriften über Musik und Musiker gesammelt und mit einer Vorrede versehen. 2. Aufl. [Nebst (phototyp.) Portr. und Autograph von Rob. Schumann.] gr. 8. (XVII, 84 S.) Leipzig 880, Breitkopf und Härtel. *

— Grosspapa Stöcker. Ein Beitrag zur Descendenz-Theorie d. modernen Antisemitismus. gr. 8. (35 S.) Ebd. 893. n. — 50

Schrattenholz, W., die neue Abductionslehre. Kurze und gründliche Anleitung für Jedermann, durch Anwendung eines neuconstruirten, kleinen Nadel-Instruments, Abductor oder Ausleiter genannt, alle, local oder allgemein sich angehäuften Krankheitsstoffe auf mechan. Wege schmerzlos und ohne Blutung aus dem Körper zu entfernen, seine Krankheiten auch ohne Medicin leicht, rasch und sicher zu heilen, und dadurch das Leben des Menschen auf seine Urdauer zu verlängern. 2., neu redig. Aufl. gr. 12. (52 S.) Bonn 855, Habicht. *

—— „Choleracontra" ein neuentdecktes, einfaches Hausmittel zur radicalen und sichern Heilung der Cholera-Morbus und vieler andern, bisher für unheilbar gehaltenen Krankheiten und Gebrechen auf mechan. Wege; zugleich das sicherste Schutzmittel gegen Ansteckung. Als Nachtrag zu meiner Abhandlung: „Die neue Abductionslehre." 12. (40 S.) Bonn 855, Habicht.

Schrattenholz, W., Orgel-Klänge. Neue mehrstimm. Schul- u. Jugend-Lieder nach beliebten Volksweisen; nebst einer Anleitung zum Gesang-Unterrichte. 16. (32 S.) Bonn 848, Habicht in Comm. n. 2 ngl

— neues Prophetienbüchlein über den deutschen Kaiser u. unsere Aussichten in d. nächste Zukunft aus gedruckten u. ungedruckten Memoiren des P. Rictius, letzter General der Jesuiten, Frater Hermann, Spielbähn u. a. gefolgert. 8. (12 S.) Bonn 848, Habicht. 1½ ngl

Schrattenholz, W., das neue Schrattenholz-Heilsystem der Abduction oder Selbstausleitung der Krankheitsstoffe durch Heilnadeln [Abductor] u. concentrirte Gase [Heildünster]. 6., ganz umgearb. u. vervollständigte Aufl. Mit Zeichnungen. Bonn 859. Habicht. gr. 8. (XVI, 268 S. u. 1 lith. Taf.) n. 1 ℳ

Schrattenholz, W., das neue Schrattenholz-Heilsystem der Abduction, oder naturgemäßen Ausleitung der Krankheiten u. Körperleiden durch Heilnadeln u. Heilgase; eine populäre Anleitung zur rationellen Selbstbehandlung u. sichern Heilung aller heilbaren, u. vieler, bisher unheilbarer Leiden, mittels Anwendung der beiden portativen, neuverbesserten Heilapparate: Abductor u. Heildünster. 7., vervollständ. Aufl. Mit Zeichnungen (in eingedr. Holzschn.) u. vielen gesetzlich constatirten Heilbelegen. Köln 865. Bonn, Habicht. gr. 8. (LIV, 286 S. mit 1 Steintaf. u. photogr. Portr.) cart. n. 1 ℳ

—— Spiel-Bähn der Prophet, s. Spiel-Bähn.

Schrattenthal, Karl [Pseud.], s. a. Weiss, Karl

Schrattenthal, Karl (Karl Weiß), Vasilie Alecsandri u. d. rumän. Literatur. [Aus: „Auf der Höhe".] gr. 8. (23 S.) Leipzig 885. (H. Licht.) n. 1. — Vergriffen.

Schrattenthal, Karl (Karl Weiß), s.: Ambrosius, Johanna, Gedichte.

Schrattenthal, Karl, Johanna Ambrosius, e. deutsche Volksdichterin. gr. 8. (XXIV, 96 S.) Preßburg 895. (G. Heckenast's Nachf.) n. 2. 70; geb. n. 3. 30

— Johanna Ambrosius, eine deutsche Volksdichterin. 3.–5., verm. Aufl. gr. 8. (XXXII, 121 S.) Preßburg 895. G. Heckenast's Nachf. n. 3. — geb. in Leinw. n. 4. —

Schrattenthal, Karl, der Armenboctor, s. Bachem's Novellen-Sammlung.

Schrattenthal, Karl [d. i. Karl **Weiss**]: Deutsche Dichterinnen und Schriftstellerinnen in Böhmen, Mähren u. Schlesien. Ein Beitr. z. Geschichte der dt. Dichtung in Österreich-Ungarn. — Brünn: Irrgang 1885. 89 S. 8⁰

— s.: Dichterstimmen aus dem Volke.

—— unsere Frauen in einer Auswahl aus ihren Dichtungen. Poesie-Album zeitgenöss. Dichterinnen. Mitgabe für Frauen und Töchter gebildeter Stände. 8. (VII, 495 S. mit 12 Portr. in Lichtdr.) Stuttgart 888, Greiner und Pfeiffer. geb. mit Goldschn. *

— die deutsche Frauenlyrik unserer Tage. Mitgabe f. Frauen u. Töchter gebildeter Stände. 8. (166 S. m. 6 Lichtdr.-Bildnissen.) Leipzig u. Kindelbrück 893. K. Naumburg. Geb. in Leinw. m. Goldschn. n. 6. —

— Frauen-Zeitung. Red.: Carl Angermayer. 1. Jahrg. Oktbr. 1893—Septbr. 1894. 24 Nrn. gr. 4. (IV, 192 S.) Preßburg, (G. Heckenast's Nachf.). n. 5. 50
Fortsetzung erscheint u. d. T.:

— Katharina Koch, e. deutsche Naturdichterin. 3., um d. poet. Nachlaß u. d. „Erinnergn." d. Dichterin verm. Aufl. 8. (246 S. m. Bildn.) Preßburg 896. (G. Heckenast's Nachf.) n. 3. —; geb. n. 4. —

Schrattenthal, Karl, in Krieg u. Frieden. Einfache Geschichten aus dem Soldatenleben. 1. u. 2. Bd. 16. (96 u. 86 S.) Gera 878. Hahn. à n. 1. —

Schrattenthal, Karl, die Pflegerinnen der nordisch-germanischen Göttersage. 8. (15 S.) Münster 882, Gierke.

— Rundschau. Zeitschrift f. Frauen-Literatur, f. der Frauen Kunst u. Wissen. Red.: Rud. Drottleff. 2. Jahrg. Octbr. 1894—Septbr. 1895. 24 Nrn. (à ca. 1½ Bog.) gr. 4. Ebd. n. 5. —

— fürstliche Schriftsteller und Schriftstellerinnen, s.: Schmitz, M.

— Hippolyte Taine u. Julius Schvarcz. 8. (23 S.) Eisenach 888. Bacmeister. n. — 50

— Franz Wörther, e. Dichter u. Denker aus dem Volke. gr. 8. (VIII, 61 S.) Ebd. 897. n. 1. —

Schratz, Wilhelm

Schratz, W. (Hrsg.). s.a. Beiträge. Urkundliche. zur Geschichte bayerischer Lande.

Schratz, W., urkundliche Beiträge zur Geschichte bayerischer Lande. gr. 8. (IV, 36 S.) [Amberg 885.] Regensburg, Habbel. *

Schratz, W., kurze Geschichte u. Beschreibung der Walhalla u. des Marktes Donaustauf. 3. Aufl. Neu bearb. Mit 1 Titelbild. gr. 16. (56 S.) Regensburg 888. Coppenrath's Verl. n. — 30

Schratz, Wilh., kurze Geschichte u. Beschreibung d. Walhalla u. d. Marktes Donaustauf. 4. Aufl. Neu bearb. 12. (56 S. m. Titelbild.) Regensburg 896. A. Coppenrath's Verl. n. — 30

Schratz, Wilh., kurze Geschichte u. Beschreibung der Walhalla u. des Marktes Donaustauf. 7. Aufl. Neu bearb. (56 S. m. Titelbild.) 16. Regensburg 904. A. Coppenrath's Verl. n. — 30

Schratz, W., die Conventionsmünzen der Herzoge von Bayern und der Bischöfe von Regensburg vom Ende des XII. bis Anfang des XIV. Jahrh. gr. 8. (33 S. mit 2 Stnt.) Stadtamhof 880. (Regensburg, Coppenrath.) *
Aus: Verhandlungen des historischen Vereins von Oberpfalz und Regensburg, besonders abgedruckt.

— Regensburg. Ein histor. u. prakt. Führer durch die Stadt u. Umgebg. gr. 16. (IV, 87 u. XVIII S. m. farb. Plan.) Ebd. 890. cart. n. 1. —

— Regensburg. Ein histor. u. prakt. Führer durch d. Stadt u. Umgebg. Umgearb. v. A. Dengler. 2. Aufl. 12. (X, 122 S. m. 20 Abb. u. 1 farb. Plan.) Ebd. 897. n. 1. —

Schratz, W., Regensburg. Ein histor. u. prakt. Führer durch die Stadt u. Umgebg. Umgearb. v. A. Dengler. 4. Aufl. 12. (X, 137 S. m. 35 Abbildgn. u. 1 farb. Plan.) Regensburg 901. A. Coppenrath's Verl. n. 1. —

Schratz, Wilh., u. Dengler, Regensburg. Ein histor. u. prakt. Führer durch die Stadt u. Umgebg. 5. Aufl. m. Textabbildgn. u. 1 Stadtplan. (XIII, 151 S.) kl. 8. Regensburg 904. A. Coppenrath's Verl. n. 1. —

Schratz u. **Dengler,** Regensburg. Ein histor. u. prakt. Führer durch die Stadt u. Umgebg. 7. Aufl. (XVI, 153 S. m. Abbild. u. 1 farb. Plan.) kl. 8. Regensburg 910. A. Coppenrath's Verl. 1. —

Schratz, W., das Ursulinen-Kloster zur unbefleckten Empfängniß Mariä in Straubing 1691—1891. Zum 200jähr. Jubelfeite am 5. Juli 1891 verf. gr. 8. (16 S.) Regensburg 891. J. Habbel. — 30

Schraetzenmair, Johann (Leiheim) Altd. Thl. 12/18a

Hierogymnasma catecheticum primum de definitione sacramenti altaris. Präs. Georg Ritter. Altdorf (Scherff) 1722. 4 Bl.

In: Ritter: Sacramentum altaris VI. et ultimum caput Cateceseos Lutheranae. 31355

Schraub, Johannes, sieben Predigten. Zur Unterstützung armer Kranken in meiner Gemeinde. 2e Aufl. 8. Cassel 837. Luckhardt'sche Hofbuchh. n. 1/3 ßf

Schraub, J., Rede an den Gräbern der bei dem Brande in der Nacht des 28. Octbr. 1853 fünf Verunglückten. Gesprochen am Nachmittage des 30. Octbr. 8. (7 S.) Kassel 853, [Bertram.] *

Schraub, Wilh., Jordan v. Osnabrück u. Alexander v. Roes, s.a. Abhandlungen, Heidelberger, zur mittleren u. neueren Geschichte. 26. Heft.

Schraub, Wilhelm: Jordan von Osnabrück und Alexander von Roes. Ein Beitrag z. Geschichte d. Publizistik im 13. Jh. Von Dr. –. Heidelberg: Winter 1910. VII. 126 S. 8⁰
(Heidelberger Abhandlungen z. mittleren u. neueren Geschichte. H. 26.)

Schraub, Wilhelm: Jordan von Osnabrück und der Tractatus de praerogativa Romani imperii. Heidelberg: Winter 1909. VII, 48 S. 8° ¶(Ersch. vollst. u. d. T.: Jordan v. Osnabrück u. Alexander v. Roes, als: Heidelberger Abhandlungen z. mittl. u. neueren Gesch. H. 30. 1910.)
Gießen, Phil. Diss. v. 1. März 1910, Ref. Haller
[Geb. 30. Juni 83 Alsfeld; Wohnort: Gießen; Staatsangeh.: Hessen; Vorbildung: Gymn. Gießen Reife O. 02; Studium: Gießen 4, München 1, Gießen 4 S.; Rig. 29. Jan. 09.] [U 10. 1304

Schraub, Guil., de vita psychica. Commentat. philosoph.-med. 8 maj. (8¾ B.) Marburgi Cattor. 833, Elwert.

Schraube, C. [aus Halberstadt]: Ueber Nitrosodimethylanilin. Strassburg. Druck von H. L. Kayser, 1875. 8. 45 S.

Schraube, Conrad, s. Schraube, Konrad

Schraube, Hans, a. Ludwigshafen am Rhein: Ueber aromatische Schwefelverbindungen. Heidelberg 1908: J. Hörning. (34 S.) 8°
Freiburg i. B., Phil. Fak., Ref. Gattermann, Diss. v. 1908
[Geb. 10. Febr. 80 Ludwigshafen; Wohnort: Mannheim; Staatsangeh.: Bayern; Vorbildung: Gymn. Mannheim Reife Juli 98; Studium: Techn. Hochsch. Berlin 7, Univ. Freiburg i. B. 3 S.; Rig. 20. Juli 06.]

Schraube, Konrad

Schraube, Conrad, appr. Arzt a. Ludwigshafen a. Rh.: Die Beziehungen der Thymusdrüse zum Morbus Basedowii. München 1908: Kastner & Callwey. (30 S.) 8°
München, Med. Fak., Ref. v. Bollinger, Diss. v. 25. Febr. 1908
[Geb. 20. Febr. 79 Ludwigshafen a. Rh.; Wohnort: München; Staatsangeh.: Preußen; Vorbildung: Gymn. Mannheim Reife Juli 97; Studium: München 6, Berlin 1, München 5 S.; Coll. 25. Febr. 08; Approb. 29. Mai 04.]

Schraube, Otto, die sanitätspolizeiliche Beaufsichtigung der Schulen und des Schulunterrichts. Ein Wort zur Reform der Schulen an Administrativbeamte, Aerzte, Schulmänner und Eltern. Halle 859. Pfeffer. gr. 8. (IV, 75 S. m. Holzschn.) n. 12 ngr.

Schraube, Otto, zur Frage der deutschen Medicinal-Reform. [Aus Göschens deutscher Klinik.] Querfurt 868. Burow in Comm. gr. 8. (39 S.) n. 7½ ngr.

Schraube, Otto, Gesundheitslehre für Jedermann aus dem Volke. Ein ärztl. Rathgeber für jedes Lebensalter bei allen Verhältnissen des menschl. Lebens, in Krankheitsfällen aller Art, namentlich auch Epidemieen und Endemieen. Eine gekrönte Preisschrift. 2. Aufl. gr. 8. (VIII und 274 S.) Berlin 865, Plahn'sche Buchh. *

—— Rathschläge an das Volk zur Erhaltung der Gesundheit. Gekrönte Preisschrift. Lex.-8. (VIII und 274 S.) Berlin 864, (Gsellius'sche Buchh.)

— Studien zur Medicinal-Reform. (Aus: Deutsche Klinik.) Berlin 867. G. Reimer. gr. 8. (55 S.) 7½ ngr.

Schraud, Franz

— Abhandl. von der Verbindung der Lustseuche mit dem Scharbocke u. dessen Heilungsart. 8. Wien 791. (Heubner). 6 gr.

— Abhandl. v. d. Verbindung d. Lustseuche m. d. Scharbocke u. dessen Heilungsart. 8. Wien, Kurzböck. (Camesina.) 791.

v. Schraud, Frz., († d. 18. März 1806.) aphorismi de politia medica. 8. Pesth 795. Kilian. 12 gr.

— Beobachtt. aus d. Arzneikunde. 8. Wien 792. (Heubner). 8 gr.

— Beobachtungen a. d. Arzeneykunde. 8. Wien, Kurzböck (Camesina) 792.

— elementa medicinae forensis. gr. 8. Pest, Eggenberger (et. Schaumburg, Vien.) 802.

— de eo, quod est in morbis Epidemium. 4. Pesth (Wien) 802. Schaumburg. 12 gr.

— de febribus tentamina duo. 8. Wien. 791. (Heubner). 8 gr.

— de febribus tentamina duo. 8. Vien. Kurzböck (Camesina) 797.

Schraud, Franz (von): De febribus periodum habentibus observationes novae. 215 S., gbd.

Vindobonae: Camesina 1797

JB 6.573

— de febribus periodum habentibus observatt. novae. 8. Wien 797. (Heubner). 12 gr.

Schraud, Franz von: Geschichte der Pest in Sirmien in den Jahren 1795 und 1796. Nebst einem Anhange, welcher die Geschichte der Pest in Ostgalizien, Vorschriften der Pestpolizei, und Ideen über die Ausrottung einiger ansteckenden Krankheiten enthält. Th.1 - 2, gbd., Abb., Tab.

Pesth: typ.Trattner 1801

JB 5.021

— — dieselbe. 2 Thle. m. K. u. Chart. gr. 8. Pest, Eggenberger. 801.

— Geschichte d. Pest in Syrmien in d. J. 1795 u. 96. Nebst e. Anh., welcher die Geschichte d. Pest in Ostgalizien enthält. Mit Kpf. 2 Thle. gr. 8. Wien 801. (Schaumburg). 2 ₰ 12 gr.

— Historia Pestis Syrmiensis ann. 1795 et 96. II Tmi. cum fig. 4maj. Ofen 802. Typogr. Soc. 6 ₰

— primae lineae studii medici. 8. Pesth 794. Eggenberger. 14 gr.

Schraud, Franz von: Nachrichten vom Scharbock in Ungarn im Jahre 1803 nebst Vorschriften der medicinischen Polizey für nicht anstekkende Volkskrankheiten und Beyträgen zur Geschichte des brandigen Ausschlages, welcher in Ungarn Pokolvar genannt wird. 128 S., gbd., 4 Tab.

Wien: Camesina 1805

JB 2.383

— Nachr. vom Scharbock in Ungarn im J. 1802. 8. Wien 805. (Heubner). 12 gr.

— opuscula rem physicam et chymic. attinentia. 4. Pesth 785. Eggenberger. 4 gr.

— de forensibus judicum et medicorum relationibus. 8. Pesth 797. Eggenberger. 8 gr. (Heubner in Wien). 6 gr.

— tentamen theoriae generalis febrium. 8maj. Pesth 788. Eggenberger. 3 gr.

Schraud, Franz (von) (Ed.):

s.: Trnka von Kržowitz, Wenzel: Historia haemorrhoidum omnis aevi observata medica continens. Opus posthumum. Vol.1 - 2. Vindobonae: 1794 - 1795

JB 2.163

Schraud, Franz von: Vorschriften der inländischen Polizey gegen die Pest und das gelbe Fieber. 103 S., gbd., 2 Tab.

Wien: Camesina 1805

JB 5.022

— Vorschriften der inländ. Polizei gegen die Pest u. das gelbe Fieber. Mit 2 Tabb. gr. 8. Wien 805. (Heubner). 9 gr

Schraudenbach, K. J. F., das offene Himmelreich oder St. Michaelis Herrlichkeiten zum Lobe der allmächt., hochheil. Dreieinigkeit, der allerseligsten Gottesmutter Maria u. der Heiligen. Ein Gebet- u. Belehrungsbuch für alle Stände. Innsbruck 867. F. Rauch. gr. 16. (593 S. mit 1 Kpfrst.) 24 ngr.

—— Sternenkrone Mariens, unserer lieben Frau, der allerseligsten, stets jungfräulichen Gottesmutter. gr. 16. (XII und 707 S. mit 1 Stahlst.) Innsbruck 867, F. Rauch.

—— Strahlen aus der Sternenkrone Mariens, der allerseligsten Jungfrau und Mutter. gr. 16. (VIII und 400 S. mit 1 Stahlst.) Innsbruck 867, Vereinsbuchh.

Schraudner, Ludwig: Die Versetzung nach katholischem Kirchenrecht. *München [1898] : Dr. C. Wolf & Sohn.* (VIII, 69 S.) 8°
Erlangen, Jur. Diss. v. 1898

Schraudolph, Die Anbetung der Hirten und der heil. 3 Könige. In Kupfer gestochen von Karl Kreutle. gr. Quer-Fol. Innsbruck, Franz Unterberger 1864.

Schraudolph jr., Claudius, Ausstellungs-Traum eines Geflügelzüchters. gr. 8. (16 Bl. m. Zinkätzungen.) München 880. Buchholz & Werner. n. 1 —

Schraudolph's, J., Fresken im Kaiser-Dom zu Speyer. gr. 4. (38 Lichtdr.-Taf. auf schwarzem Karton m. 1 Bl. Text.) Speyer 892. F. Kleeberger Nachf. In Leinw.-Mappe. n. 50. —

Schrauer, Max, kleine Beiträge zur altenglichen Grammatik. Diss. Berlin 1886. Mayer & Müller. 8°. 53 S.

Schrauf, Albrecht

— Über die Analogien zwischen dem Refraktionsäquivalent und dem spezifischen Volumen. S. 54. II. 34 . . . . vgr.
Separatabdruck

Schrauf, Albr., Atlas der Krystall-Formen des Mineralreiches. (In 20 Lfgn.) 1. Lfg. Fol. (V und 19 S. mit 10 Stnt. und 10 Blatt Erklärungen.) Wien 864, Braumüller. *

Schrauf, Albr., Atlas der Krystall-Formen des Mineralreiches. (In 20 Lfgn.) 2.—4. Lfg. Imp.-4. (à 10 Stnt. mit 10 Bl. Text.) Wien 871—73, Braumüller. à Lfg. * M. 9. *
1. Lfg. Ebendas. 1865. * M. 9.

— — Atlas der Krystallformen des Mineralreichs. Wien 1877. Bd. I (1—5 Lief.). Fol.

Schrauf, Albr., Atlas der Krystall-Formen des Mineralreiches. 5. Lfg. Fol. (10 Stnt. mit 10 Bl. Text.) Wien 878, Braumüller. *
1. Bd. compl. (5 Lfgn.) *
1.—4. Lfg. Ebendas. 1865—73. à * M. 9.

— Beitrag zu den Berechnungsmethoden des hexagonalen Kristallsystems (mit 3 Taf.). S. 48. II. 20 . . . .
Separatabdruck

—— **Beitrag zu den Berechnungsmethoden des hexagonalen Krystallsystems.** Lex.-8. (22 S. mit 3 Stnt. in gr. 8. und gr. 4.) Wien 864, (Gerold's Sohn.) *

Schrauf, Albr., Beitrag zu den Berechnungsmethoden der Zwillingskrystalle. [Aus den Sitzungsber. der k. Akad. der Wiss.) Wien 865. (Gerold's Sohn.) Lex.-8. (8 S. mit 1 Steintaf.) n. 4 ngr.

— Mineralogische Beobachtungen. 1. Reihe (mit 6 Taf.). Apophyllitzwilling von Grönland. Sphenzwillinge vom Obersulzbachtale. Axinit und Sphen. Axinit mit Apatit und Gold von [illegible], Ungarn. Axinit vom Onega-See und von den Pyrenäen. Zwillingskristalle des Aragonits. Apatit von Jumilla. Flächentabelle des Apatits. Apatit von [illegible]. Neue Flächen des Apatits. S. 62. II. [illegible] 2.50
— — 2. Reihe (mit 3 Taf.). Zwillingskristalle von Gips. Neue Flächen am Argentit. Über Descloizit, Vanadit und Dechenit. [illegible], ein neues Mineral von Leadhills. Die [illegible] Wulfenite von Rucksberg und Phenixville. Azorit und Pyrrhit von S. Miguel. S. 63. I. [illegible] 1.20
— — 3. Reihe (mit 4 Taf.). Die Parameter der Kupferlasur. Kupferlasur von Chessy. Kupferlasur von Nertschinsk. Kupferlasur von Wassenach, von Adelaide und von Arco. Kupferlasur und Epidot, nebst Bemerkungen über Isomorphie. Lanarit und Caledonit von Rezbanya. Nachtrag zu Axinit. Anhydrit und Apatit. Arsenopyrit. Einige neue Formen des Baryt. S. 64. I. [illegible] . . . . 3.
— — 4. Reihe (mit 1 Taf.). Zur Charakteristik der Mineralspezies Rittingerit. Nachtrag zu Caledonit und Lanarit. Axinit von Miask. Homöomorphie von Axinit und Glauberit. Beryll. [illegible] von [illegible]. S. 65. I. [illegible] . . . . vgr.
Separatabdruck

— — 5. Reihe (mit 2 Taf. und 1 Holzschnitt). Allgemeine Charakteristik der Mineralien aus der Gruppe des Brochantits. Das Kristallsystem des Brochantits. Typus I. Schwarzgrüne Varietät von Rezbanya. Brochantit I. Typus. Fortsetzung. Lichtgrüne Varietät Z von Rezbanya. Resumé der Verhältnisse des I. Typus. Brochantite von [illegible] [illegible] II. Typus. [illegible] Typus I. [illegible] bestimmte Mineralien, deren Fundort [illegible] Island, Mexiko, Chile, Arizona, [illegible], Cornwall, Zellerfeld und künstlich erzeugte Substanzen. Brochantit II. Typus. [illegible] Varietät von Rezbanya und vom Banat. [illegible] III. Typus von [illegible]. Brochantite IV. Typus. [illegible] und die [illegible] von Rezbanya. Vergleichender Rückblick auf die paragenetischen und chemischen Verhältnisse der Mineralien aus der Gruppe des Brochantits. Werthe [illegible] einzelner Messungen. S. 67. I. [illegible] . . . . vgr.
— — 6. Reihe. Morphologische Studien an der Mineralspezies Brookit (mit 1 Taf.). S. 71. I. [illegible] . . . . vgr.
Separatabdruck

—— mineralogische Beobachtungen. I—V. Lex.-8. Wien, (Gerold's Sohn.) [I. (62 S. mit 6 lithogr. Taf.) 871. * M. 2,50.; II. (83 S. mit 3 lithogr. Taf.) 871. * M. 1,20.; III. (83 S. mit 4 lithogr. Taf. in qu. 4.) 871. * M. 3.; IV. (26 S. mit 1 lithogr. Taf.) 872. * 60 Pf.; V. (87 S. mit 2 lithogr. Taf. und 2 eingedr. Holzschn.) 873. * M. 2,50.]
Aus: Sitzungsberichte der k. Akademie der Wissenschaften, besonders abgedruckt.

— mineralogische Beobachtungen. I—V. [Aus: „Sitzungsber. d. k. Akad. Wiss."] Lex.-8. Wien 871—73. (Gerold's Sohn.) n. 9. 80
I. Mit 6 (lith.) Taf. (62 S.) n. 2. 50
II. [Mit 3 (lith.) Taf.] (83 S.) n. 1. 20
III. [Mit 4 (lith.) Taf. (in qu. 4.)] (83 S.) n. 3. —
IV. [Mit 1 (lith.) Taf.] (26 S.) n. — 60
V. [Mit 2 (lith.) Taf. u. 2 (eingedr.) Holzschn.] (87 S.) n. 2. 50

—— mineralogische Beobachtungen VI. Lex.-8. (24 S. mit 1 lithogr. Taf.) Wien 876, (Gerold's Sohn.) **
I.—V. (Ebendas.) 1871—73. * M. 9,80.
Aus: Sitzungsberichte der k. Akademie der Wissenschaften, besonders abgedruckt.

— Bestimmung der optischen Konstanten kristallisierter Körper. 1. Reihe (mit 2 Taf.). S. 41. 760 . . . . vgr.
Separatabdruck

Schrauf, Albrecht: Die Bestimmung der optischen Konstanten kristallisierter Körper. 2. Reihe (mit 1 Taf.). S. 42. [illegible] . . . . vgr.
Separatabdruck

— Zur Charakteristik der Mineralspezies Anhydrit. S. 46. I. [illegible] . . . . vgr.
Separatabdruck

Schrauf, Albr., üb. den Einfluss des Bergsegens auf die Entstehung der mineralogischen Wissenschaft im Anfange des XVI. Jahrh. Vortrag, geh. in der feierl. Sitzg. der kaiserl. Akademie der Wissenschaften am 30. Mai 1894. Mit 1 Portr.-Fig. gr. 8. (31 S.) Wien 894. (F. Tempsky.) n. — 60

Schrauf, Albrecht, Dr., Ueber einige Einwendungen gegen die Theorie des Refractions Aequivalents. (Aus Poggendorff's Ann., Bd. CXXXIII.)

Schrauf, A.: Erklärung des Vorkommens optisch zweiaxiger Substanzen im rhomboedrischen System. (Aus Poggendorf's Ann.) Leipzig. 1861. 8°

Schrauf, A. Gewichtsbestimmung, ausgeführt an dem grossen Diamanten des Kaiserl. Oesterreichischen Schatzes, genannt „Florentiner". Wien, 1866.

Schrauf, Albr., Gewichtsbestimmung, ausgeführt an dem grossen Diamanten des kaiserl. österreich. Schatzes, genannt „Florentiner". [Aus den Sitzungsber. der k. Akad. der Wiss.] Ebend. 867. Lex.-8. (5 S. mit 1 Steintaf.) 3 ngr.

— Handbuch der Edelsteinkunde. Mit 43 (eingedr.) Holzschn. Ebend. 869. gr. 8. (VII, 252 S.) 1 ℛ︎ 18 ngr.

—— Katalog der Bibliothek des k. k. Hofmineralien-Kabinets in Wien. 2., verm. und umgeänd. Aufl. neu geordnet auf Grundlage der von weil. Custos Partsch verfassten 1. Aufl. gr. 8. (XI und 340 S.) Wien 864, Gerold's Sohn. *

Schrauf Albrecht, Dr. Über die Kristallformen des Kieselzinkerzes ($2 ZnO_2$, $SiO + HO$) (mit 6 Taf.). S. 38. 789 . . . .
Separatabdruck

Schrauf, Albr., über die Krystallformen des Kieselzinkerzes ($2 ZnO$, $SiO_2 + HO$). Lex.-8. (27 S. mit 6 Stnt. in Lex.-8. und 4.) Wien 860, (Gerold's Sohn.) * *

—— Lehrbuch der physikalischen Mineralogie. 1. und 2. Bd. gr. 8. Wien, Braumüller. *

Inhalt:

Bd. 1. Lehrbuch der Krystallographie und Mineral-Morphologie. Handbuch zum Studium der theoret. Chemie, Mineralogie und Krystallophysik. (X und 253 S. mit 100 dem Text eingedr. Holzschn.) 866. * 2 Thlr.

„ 2. Lehrbuch der angewandten Physik der Krystalle. Handbuch zum Studium der theoret. Chemie, Mineralogie und Krystallographie. (VI und 426 S. mit 133 dem Text eingedr. Holzschn.) 865. * 3 Thlr. 10 Ngr.

Schrauf A. [illegible] (Aus Poggendorff's Annal.) Leipzig 1863. 8.

Schrauf Alb. Monographie [illegible] Aus den Sitzungsb. der k. Akad.) Wien 1861 *

— u. Edw. **Dana,** Notiz üb. die thermolektrischen Eigenschaften v. Mineralvarietäten. Mit 1 (eingedr.) Holzschn. [Aus: „Sitzungsber. d. k. Akad. d. Wiss."] Lex.-8. (18 S.) Ebend. 874. n. — 40

Schrauff A., Ueber Phosphorkupfererze. (Zeitschrift für Krystallographie.) 1879. 8.

— die Refractionsäquivalente u. optischen Atomzahlen der Grundstoffe. [Aus Sitzungsber. der k. Akad. der Wiss.] Wien 865. (Gerold's Sohn.) Lex.-8. (36 S.) n.n. 5 ngr.

– und Wiess. Adolph: Revision der vorhandenen Beobachtungen an krystallisirten Korpern. I. die Grundstoffe von A. Weiss. II. die Sauerstoffsalze von einer Basis und einer Säure von A. Schrauf. Mit einem Vorworte von A. Schrötter. (Aus d. Sitzungsb. d. k. Akad.) Wien. 1860. 8°

— Studien an der Mineralspecies: Labradorit. [Aus den Sitzungsber. der k. Akad. der Wiss.] Ebend. 870. Lex.-8. (58 S. mit 6 Steintaf., wovon 3 color.) n. 1 ℛ︎

—– physikalische Studien. Die gesetzmäss. Beziehungen von Materie und Licht, mit specieller Berücksichtigung der Molecular-Constitution organ. Reihen und krystallisirter Körper. gr. 8. (IV und 252 S.) Wien 867, Gerold's Sohn. *

—— krystallographisch-optische Untersuchungen über die Identität des Wolnyn mit Schwerspath. Lex.-8. (15 S. mit 3 Stnt.) Wien 860, (Gerold's Sohn.) *

Vorstehende zwei Schriften des Verf. wurden aus: Sitzungsberichte der k. Akademie der Wissenschaften, Jahrg. 1859 und 1860, besonders abgedruckt.

– Vergleichung von Zippe's Vanadit mit der Mineralspecies Descloizit. (Aus Poggend. Ann.) Leipzig. 1862. 8°

Schrauf, Albr., über Volumen und Oberfläche der Krystalle. Lex.-8. (12 S. mit 1 Stnt.) Wien 865, (Gerold's Sohn.) *

—— über die optischen Werthe der Mineralvarietäten und allotropen Modificationen. Lex.-8. (8 S.) Wien 867, Gerold's Sohn. *

Vorstehende zwei Schriften des Verf. wurden aus: Sitzungsberichte der k. Akademie der Wissenschaften, besonders abgedruckt.

Schrauf, E., Der Reichshofrat Dr. Georg Eder. 1. Bd. (1573–1578.) Gr.-8°. (XXXV, 264 S.) † K 6.— Wien: Holzhausen 1904.

Schrauf, Karl, s.: Acta facultatis medicae universitatis Vindobinensis.

— s.: Eder, der Reichshofrath Dr. Georg.

Schrauf, Karl, Geschichte der Wiener Universität, s.: Aschbach, Jos. Ritter v.

— s.a Matrikel, die, der ungarischen Nation an der Wiener Universität.

Schrauf, K., Die Matrikel der ungarischen Nation an der Wiener Universität. 1453–1630. Gr.-8°. (XCII, 537 S. mit 2 Tafeln) Wien: Holzhausen 1902. K 12.—

Schrauf, Karl, regestrum bursae Hungarorum Cracoviensis. Das Inwohner-Verzeichnis der ungar. Studentenburse zu Krakau (1493—1558). Aus der Orig.-Handschrift mitgetheilt u. erläutert. gr. 8. (XXIII, 138 S.) Wien 894. (A. Hölder.) n. 2. 60

— zwei österreich. Schulordnungen aus d. 17. Jahrh., s.: Beiträge zur österreich. Erziehungs- u. Schulgeschichte. II.

Schrauf, K., Die Wiener Universität im Mittelalter. Separatabdruck aus Band II der „Geschichte der Stadt Wien". Fol. (57 S. mit 1 Tafel) Wien: Holzhausen 1904. K 12.—

Schrauff. Albrecht. s. Schrauf.

Schrauff, Geo., Untersuchungen üb. den Arbeitsvorgang im Injektor, s.a. Mitteilungen üb. Forschungsarbeiten auf dem Gebiete des Ingenieurwesens. 77. Heft.

Schrauff, Georg: Untersuchungen über den Arbeitsvorgang im Injektor. 1908. 56 S. 4° ¶ Auch als: Mitteilungen über Forschungsarbeiten auf d. Gebiete d. Ingenieurwesens. H. 77. 1909; Ausz. in: Zeitschrift d. Vereines deutscher Ingenieure. Bd 53. 1909, Halbj. 1.
Dresden, Dr.-Ing.-Diss. v. 18. 7. 1908

Schrauff G, Untersuchungen über den Arbeitsvorgang im Injektor. (51 S) (Mitteilungen über Forschungsarbeiten 77) Berlin 1909

Schraufstetter, Jos., der bittere Leidensweg unseres Herrn u. Heilandes Jesu Christi. Ein Gebet- u. Betrachtungsbuch für das kathol. Volk, besonders zum Gebrauche in der hl. Fastenzeit. gr. 16. (558 S. m. farb. Titelbild.) Donauwörth 903. L. Auer. Geb. in Leinw. n. 1. 20

Schraufstetter, Jos., der bittere Leidensweg unseres Herrn u. Heilandes Jesu Christi. Ein Gebet- u. Betrachtungsbuch f. das kathol. Volk, besonders zum Gebrauche in der hl. Fastenzeit. 2. Aufl. (558 S. m. farb. Titelbild.) 16. Donauwörth (907). L. Auer. Geb. in Leinw. 1. 20

SCHRAUFSTETTER, Rupert (Wall): Die Volksversicherung in Deutschland und die Versuche zu ihrer Reform zu Anfang des Jahres 1910.- München: Wolf 1910. 1?? S. Diss. Ingolst.-Landsh.-Mchn. 20.7.1910 - Chr 1910/11,2?? U 11.3579

Schraut, J. Annotat. in Quintiliani Instit. Orat. specim. 12 S. Saarbrücken, Progr. 1837

Schraut, J. Ein Beitrag zur Kritik des Tacitus. (Hist. II. 63. Lat.) 5 S. Saarbrücken, Progr. 1840

Schraut, J. Über die Bildung des Futurums in den romanischen Sprachen. 22 S. Koln, F. W., Progr. 1846

Schraut, J., über die Bildung des Futurums in den romanischen Sprachen. Progr. des Friedrich-Wilhelms-Gymn. Köln 1847. 4°. 22 S.

Schraut, Die griechischen Partikeln im Zusammenhange mit den übrigen Stämmen der Sprache. cap I. Pr. 1847. 19 S. 4°. 1.—
— — cap II. Pr 1848. 16 S 4°. 1.-
— — cap III. Pr 1849. 16 S 4°. 1.—

Schrauth (J. B.). Das Mineralbad zu Neumarkt in der Oberpfalz des Konigreichs Bayern. Nurnberg 1840. 8. Mit 1 Ansicht.

SCHRAUTH, Johann Baptist (Mitelz): De cutis functionibus et colore.- Monachii: Poessenbacher (1830). 32 S. 22.11.1830 - Urk; F 60 Diss. Ingolst.-Landsh.-Mchn.

Joseph Schraut. „Als", ein Beitrag zu dem deutschen Wörterbuch und der deutschen Grammatik. 31 S. Rastatt, P 1861

Joseph Schraut. Zum Organismus der Sprache mit besonderer Rücksicht auf das Griechische. I. T. 34 S.
Derselbe. Zum Organismus der Sprache etc. II. T. 34 S.
Rastatt, P 1852. 1853

Joseph Schraut. Über die Partikel γάρ in scheinbar vorgeschobenen Sätzen. 57 S. Rastatt, P 1857

Schraut, Martin Joseph Ignaz (Worms) A. S. 587/25

Dissertatio juridico inauguralis de aequitate legis, beneficiis mulierum, et sic juri Palatino hac in parte in favorem fisci derogantis.
Präs. Johann Wilhelm Anton Dahme.
Heidelberg (Haenel) (23.)XII. 1767. 40 S. 31379

Schraut, Max

Schraut, Max v., die persönliche Freiheit in der mod. Volkswirtschaft. Mit e. Geleitwort v. Paul Laband. (VIII, 131 S.) gr. 8. Tübingen 907. J. C. B. Mohr. 2. 50

Schraut, M., die Lehre von den auswärtigen Wechselkursen, unter besond. Berücksicht. der deutschen Verhältnisse. (VI, 39 S.) 1881; 2. unveränd. Aufl. gr. 8. (VI, 40 S.) Leipzig 882, Duncker und Humblot. *

Schraut, M., die Organisation d. Kredits. gr. 8. (VII, 158 S.) Leipzig 883. Duncker & Humblot. n. 3. 20

Schraut M, Protokoll der internationalen Münzkonferenz zu Paris 1881. Berlin 1882

— System der Handelsverträge u. der Meistbegünstigung. gr. 8. (X, 121 S.) Ebend. 884. n. 2. 40

Schraut, M. v., die Währungsfrage. gr. 8. (VII, 36 S.) Leipzig 894. Duncker & Humblot. n. 1. —

v. Schrautenbach, Ludw. Carl Frhr., der Graf v. Zinzendorf u. die Brüdergemeine seiner Zeit dargestellt. Hrsg. v. F. W. Kölbing. gr. 8. (XX u. 532 S.) Gnadau 851. Leipzig, Kummer. n. n. 1 ℔

Schrautenbach, Ludw. Carl Frhr. v., der Graf v. Zinzendorf. u. die Brüdergemeine seiner Zeit. Hrsg. v. F. W. Kölbing. 2. Aufl. gr. 8. (XVI, 404 S.) Gnadau 872. (Barmen, Klein.) n. 5. —

Schrautenbachs, Louis v., Religionsideen e. Ungelehrten. Mit e. biograph. Einleitg im Auszug hrsg. v. Herm. Plitt. gr. 8. (X, 101 S.) Gotha 876. F. A. Perthes. n. 2. —

Schrauth, Skizzen zur Reorganisation des bayer. Medizinalwesens. 8. (23 S.) Nürnberg 850, Stein. n. 4 ngl

Schrauth, C., s. Schrauth, Karl

Schrauth, H. W(alther), a. Magdeburg: Über das Verhalten einiger Diketopiperazine gegen Alkali. Darstellung von Tyrosyltyrosin und Tyrosylglycin. (Berlin 1906: G. Schade.) (37 S.) 8°
Berlin, Phil. Fak., Ref. Fischer, Diss. v. 22. Dez. 1906
[Geb. 30. Febr. 81 Magdeburg; Wohnort: Berlin; Staatsangeh.: Preußen; Vorbildung: Pädagogium Magdeburg Reife O. 01; Studium: München 3, Berlin 6 S.; Rig. 17. Dez. 06.]

Schrauth, J. B., Heilwissenschaft und Todes-Strafe. 4. (10 S.) München 864, (Leutner'sche Buchh.) * *
Aus: Aerztliches Intelligenz-Blatt, besonders abgedruckt.

Schrauth, J. Bapt., das Mineralbad zu Neumarkt in der Oberpfalz d. Königr. Bayern, beschrieben. 8. (12½ B. u. 1 Ansicht.) Nürnberg 840, [Geiger.] *

Schrauth, J. Bapt., das Mineralbad zu Neumarkt in der Oberpfalz des Königreichs Bayern, beschrieben. Mit 1 Ansicht. 8. Nürnberg 840. Stein'sche Buchh. n. 11/12 ℔

Schrauth, Karl

Schrauth, C., das Lustgas und seine Verwendbarkeit in der Chirurgie, s. Sammlung klinischer Vorträge.

Schrauth, Carl, die unverrückbaren Verbände der neueren Chirurgie. gr. 8. (54 S.) München 875, J. A. Finsterlin. *

Schrauth, Otto, appr. Tierarzt, Assist. d. vet.-anat. Inst. zu Gießen: Aus d. vet.-anat. Inst. d. Univ. Gießen. Beiträge zur Entwicklung des Netzbeutels, der Milz und des Pankreas beim Wiederkäuer und beim Schwein. Borna-Leipzig 1909: Noske. 80 S. 8°
Gießen, Veterinär-Med. Diss. v. 22. Febr. 1909, Ref. Martin
[Geb. 6. März 85 Wimpfen; Wohnort: Gießen; Staatsangeh.: Hessen; Vorbildung: Realgymn. Darmstadt Reife O. 03; Studium: Gießen 7 S.; Rig. 15. Mai 08.] [U 09. 1173]

Schrautzer Karl: Eine Ableitung der Maxwellschen Gleichungen. 5. Laibach R. 06.
Progr.

Schrauzer Karl: Die Theorie der Reflexion des Lichtes an Metallen erörtert auf Grund der erweiterten Maxwell'schen Gleichungen. 19. Graz L. R. 98.
Progr.

Schraven, Heinr. (geb. Uedem im Rheinl. 18. 6. 1845): Ueber Sternopagen. Berlin (1869). (32 S.) 8°
Berlin, Med. Diss. v. 31. Aug. 1869

Praktischer Ratgeber für die Mitglieder der Gesundheits-Kommissionen mit bes. Berücks. d. gesetzl. u. minist. Bestimmungen von Dr. Bernhard Schreber, pr. Arzt, Wittenberg. *Berlin: A. Hirschwald 1904.* (VIII, 144 S.) 8° [F]
[illegible]

Schreber, *Otto* Bernhard [aus Falkenberg]: Über Zusammentreffen von Ekzem u. Asthma nervosum ... Greifswald, Druck v. J. Abel, 1893; 24 S. 8.
Greifswald, Med. Fak., Inaug.-Diss. v. 20. Dez. 1893

Schreber, Daniel Gottfried

Schreber, D. G.: „Abhandlung von Kammergütern und Einkünften, deren Verpachtung und Administration, mit verschiedenen Urkunden", Leipzig 1754 (Breitkopf & Härtel).

Schreber, Daniel Gottfried: „Kurtze Abhandlung von Cammer-Güthern und Einkünften, deren Verpachtung und Administration", Halle 1743 (Breitkopf). 2. verm. Auflage Leipzig 1754 — 1. Aufl. vorh.: UB Bonn

— kurze Abhandl. von Kammergütern u. deren Einkünften. 4. Halle 743. 2e verm. Ausg. 4. Leipz. 754. Breitkopf u. H. 8 gr.

D. G. Schreber, Abhandl. von Kammergütern u. Einkünften. (1754.) 2. Ausg. Leipz. 1794. 4.

— Abhandl. v. d. Siberischen Leine. gr. 4. Leipz. Junius (Enobloch) 754.

— Anweis. wie d. Flugsand stehend, u. Sandfelder zu Wiesen zu machen. 8. Lpz. Dyl. 764.

— Beitr. zur Beförder. d. Haushaltungskunde. Mit Kpf. gr. 8. Münst. 776. (Coppenrath). 1 ℛ 4 gr.

s. A. Berch, Einleit.

Schreber, Dan. Gfr., Beschreibung d. Eisen-, Berg- u. Hüttenwerke zu Eisenerz in Steyermark. 4. Königsberg, Kanter. 772.

SCHREBER Daniel Gottfried: Beschreibung der Eisenberg- und Hüttenwerke zu Eisenarz in Steyermark. Nebst mineralogischen Versuche von aldortigen Eisensteinen ... (von -) Wappler. Wien u. Leipzig 1788. 1 vol. 2 Bl. + 138 S. + 1 Kupfer

Schreber, Dn. Gt., († im März 1777.) histor.-phys.-ökonom. Beschreib. des Waids, dessen Bau, Bereitung u. Gebrauch zum Färben. 4. Halle 752. (W. G. Korn in Bresl.) 1 ℛ 8 gr.

s. J. H. Denffer, Discours.

— neue Entdeckungen an Pferden. gr. 8. Halle, Curt. 759.

— neue Entdeck. an Pferden. Mit Kpf. gr. 8. Halle 759. (Laue in Berl.) 9 gr.

Schreber, D. G. (Übers.), s. Gallon: Die Kunst, Messing zu machen, ...

— historia vitae ac meritorum Viti Lud. a. Seckendorff. 4. Lips. Gleditsch. 734.

— neue Cameralschriften. 6 Thle. gr. 8. Halle 765, 66. (Laue in Berl.) 3 ℛ 12 gr. 7r—12r Thl. Mit 16 Kpf. gr. 8. Leipz. 767—69. (W. Vogel). 3 ℛ 16 gr.

- s. Lafosse, Abhandl.

— Progr. Vom perennirenden Sibirischen Leine u. dessen auch bei uns einzuführenden Baue. gr. 4. Leipz. 754. (Gnellch: a. Breitkopf). 2 gr.

— ausführl. Nachr. von den kurfürstl. Sächs. Land- u. Ausschußtagen, von 1185—1728 rc. gr. 8. Halle 754. 2e Aufl. 769. Gebauer. 9 gr. 3e bis 1787 fortgesetzte Aufl. 8. Dresd. 793. (Leipz., Weygand). 12 gr.

Schreber, D. G.: „Ausführliche Nachricht von Chursächsischen Land- und Ausschusstägen, von 1185 bis 1728; auch wie die Steuern und Abgaben nach einander eingeführt worden", Halle 1769 (Curt). „Zusätze und Berichtigungen dazu von C. S. Weisse, nebst einigen wichtigen Landtagsverhandlungen", Leipzig 1799 (Martini).

— Nachr. v. d. Chursächs. Landtagen. gr. 8. Dresd. Gerlach (Beger) 793.

— — — Land- u. Ausschußtagen, v. 1185-1728. gr. 8. Halle, Gebauer. 769.

Schreber, C. G., Nachrichten v. d. Raupen, so 1751 u. 52. in den thüring. u. sächs. Gegenden Verwüstungen angerichtet haben. 4. Lpz. Beer (Graffé in Weißenfels) 751.

— Polizey d. Ackerbaues n. Dithmars Grundsätzen. 8. Lpz. Crusius (J. C. W. Vogel) 770.

— v. d. Rechtfertigung eines Sünders v. Gott. 8. Jena, Cuno. 748.

— Reise nach Karlsbad, u. Jh. Glc. Schwarz, üb. den Vortheil eines Erdbebens. 8. Leipz. 771. Druck. 6 gr. Schrbp. 9 gr.

Schreber, Daniel Gottfried: „Neue Sammlung verschiedener in die Cameralwissenschaften einschlagender Abhandlungen und Urkunden, auch anderer Nachrichten", Bützow und Wismar 1762—1765, 8 Theile.

— neue Samml. 8 Thle. gr. 8. Wismar, Bodner. 762-65.

— Samml. verschied. Schriften, welche in die ökonom. Polizei-, Cameral- u. and. verwandte Wissenschaften einschlagen. Mit Kpf. 16 Thle. gr. 8. Halle 755—765. (Laue in Berl.) 8 ℛ

Schreber, Daniel Gottfried: „Sammlung verschiedener Schriften, welche in die öconomischen, Policey- und Cameral-, auch andere Wissenschaften einschlagen", Halle 1755—1766 (Johann Jakob Curts), 16 Theile. — Vorh.: UB Halle und UB Bonn

— Samml. der Preuß. Verordnn., Instruktionen u. medicin. Gutachten, die Rindviehseuche betreffend. 8. Halle 754. Gebauer. 2 gr.

s. Schauplatz der Künste u. Handwerke. gr. 4.

— zwei Schriften von d. Gesch. der Cameralwissenschaft. gr. 8. Leipz. 764. Dyck. 7 gr.

Schreber, Daniel Gottfried: „Zwo Schriften von der Geschichte und Nothwendigkeit der Cameralwissenschaften in so ferne sie als Universitätswissenschaften anzusehen sind" Leipzig 1764.
Enthält: I. „Entwurf einer Geschichte der öconomischen Wissenschaften, in so ferne sie als Universitätswissenschaften anzusehen sind" (S. 5—83),
II. „Rede von den Schäden und Nachtheilen, die als Folgen der vernachlässigten öconomischen Wissenschaften auf Universitäten anzusehen sind" (S. 85—133).
Vorh.: UB Breslau.

Schreber, Daniel Gottfried: „Zwo Schriften von der Geschichte und Nothwendigkeit der Cameralwissenschaften in so ferne sie als Universitätswissenschaften anzusehen sind", Leipzig 1764. — Vorh.: UB Leipzig. — Signatur: Oek. Tech. 712 — ferner UB Bonn.

— Vorschlag zu Anlegung e. öffentl. Getreidemagazins, s.a.K. G. Nimrod.

— Vorschlag zu Anleg. eines öffentl. Getreidemagazins. 8. Lpz. Breitkopf. 772.

Schreber, Daniel Gottl. Moritz

Schreber, Dan. Glob. Mor., Anthropos. Der Wunderbau des menschl. Organismus, sein Leben und seine Gesundheitsgesetze. Ein allgemein fassliches Gesammtbild der menschl. Natur für Lehrer, Schüler, sowie für Jedermann, der nach gründl. Bildung und körperl. geistiger Gesundheit strebt. Nebst Atlas in Farbendr. zu ein Drittel Lebensgrösse der Fig. gr. 8. (VIII und 150 S. mit 2 Holzschnt. in qu. Fol. und 5 Stnt., wovon 3 in Farbendr., in Imp.-Fol.) Leipzig 859, Fr. Fleischer. cart. und in Mappe *
Der Text apart *

— ein ärztlicher Blick in das Schulwesen in der Absicht: zu heilen, und nicht: zu verletzen. gr. 8. (50 S. mit Abbildungen in eingedr. Holzschn. und 1 Holzschnt. in qu. Fol.) Leipzig 858, Fr. Fleischer. *

Schreber, Dan. Glob. Mor., das Buch der Erziehung an Leib und Seele. Für Aeltern, Erzieher und Lehrer. 2. vom Verf. vorbereitete, stark verm. Aufl. der „Kallipädie" oder „Erziehung zur Schönheit". Durchges. und mit Rücksicht auf die Erfahrung der neueren Kinderheilkunde erweitert von C. Hennig. Lex.-8. (XVI, 245 S.) Leipzig 882, F. Fleischer. *

Schreber, D. G. M. Das Buch der Erziehung an Leib u. Seele. Für Eltern, Erzieher u. Lehrer. 3. stark verm. Aufl. Durchgesehen u. m. Rücksicht auf die Erfahrg. der neueren Kinderheilkunde erweitert v. Carl Hennig. gr. 8. (XVI, 246 S.) Lpz. 891, Fr. Fleischer.
* 6 —; geb. in Leinw. * 7 —

Schreber, D. G. M., das Buch der Erziehung an Leib u. Seele. Für Eltern, Erzieher u. Lehrer. 3., verm. Aufl. Moderne [Titel-]Ausg. Durchgesehen u. m. Rücksicht auf die Erfahrung der neueren Kinder-Heilkunde erweitert von Carl Hennig. gr. 8. (XVI, 246 S.) Leipzig [891.] (900). R. Voigtländer.
Geb. in Leinw. n. 5.50

— das Buch der Gesundheit. Eine Orthobiotik nach den Gesetzen der Natur und dem Baue des menschl. Organismus. Mit 4 Steintaf. gr. 8. Leipzig 839. Volckmar. 1 ₰

— das Buch der Gesundheit oder die Lebenskunst nach der Einrichtung und den Gesetzen der menschlichen Natur. 2. neu bearb. und mit naturgetreuen Abbildungen versehene Aufl. Leipzig 861. Fries. gr. 8. (XIV, 298 S. u. 4 lith. Taf. in Fol.) 2 ₰

Schreber, Dan. Glob. Mor., die Eigenthümlichkeiten des kindlichen Organismus im gesunden u. kranken Zustande. Eine Propädeutik der speciellen Kinderheilkunde. gr. 8. (VI u. 118 S.) Leipzig 852, Fr. Fleischer. 1/2 ₰

Schreber, D. G. M., medical indoor gymnastics or a system of hygienic exercises for home use. To be practised anywhere without apparatus or assistance by young and old of either sex for the preservation of health and general activity. Revised and supplemented by Rud. Graefe. Translated from the 26. German ed. by Herb. A. Day. gr. 8. (X, 98 S. m. 45 Abbildgn. u. 1 Taf.) Leipzig 899. F. Fleischer. Geb. in Leinw. n. 3.—

Schreber, Dan. Glob. Mor., der Hausfreund als Erzieher und Führer zu Familienglück, Volksgesundheit und Menschenveredelung für Väter und Mütter des deutschen Volks. 8. (90 S.) Leipzig 861, Fr. Fleischer. *

Schreber, Dan. Glob. Mor., der Hausfreund als Erzieher u. Führer zu Familienglück, Volksgesundheit u. Menschenveredelung für Väter u. Mütter des deutschen Volks. 4. Aufl. (96 S.) 8. Leipzig (904). Fritzsche & Schmidt. Geb. in Leinw. n. 1.—; erh. Pr. n. 1.50

— Kallipädie oder Erziehung zur Schönheit durch naturgetreue und gleichmässige Förderung normaler Körperbildung, lebenstüchtiger Gesundheit und geist. Veredelung und insbesond. durch möglichste Benutzung specieller Erziehungsmittel. Für Aeltern, Erzieher und Lehrer. Lex.-8. (309 S. mit 72 Abbild. in Holzschn. im Texte.) Leipzig 858, Fr. Fleischer. geb. *

Schreber, Daniel Gottlob Moritz, Kallipädie oder Erziehung zur Schönheit durch naturgetreue u. gleichmäßige Förderung normaler Körperbildung, lebenstüchtiger Gesundheit u. geistiger Veredlung u. insbesond. durch möglichste Benutzung spezieller Erziehungsmittel, m. Abb., Leipzig 1858,
— — 2. Aufl.: Das Buch d. Erziehung an Leib u. Seele, durchges. u. erweit. v. C. Hennig, 1882, 8°. 2 Bde.

Schreber, D. G. M., die Kaltwasser-Heilmethode in ihren Grenzen u. ihrem wahren Werthe. Nach der Summe der bis jetzt gelieferten Resultate wissenschaftlich-praktisch geprüft. 8. (7 1/2 B.) Leipzig 842, Hermann.

Schreber, Dan. Glieb. Mor., Kinesiatrik oder die gymnastische Heilmethode. Für Aerzte und gebildete Nichtärzte nach eigenen Erfahrungen dargestellt. Mit 210 Abbild. gr. Lex.-8. (IV und 92 S. mit 40 Stnt.) Leipzig 852, Fr. Fleischer. *

— die schädlichen Körperhaltungen und Gewohnheiten der Kinder nebst Angabe der Mittel dagegen. Für Aeltern und Erzieher dargestellt. Mit Abbildungen. 8. (IV und 92 S. mit eingedr. Holzschn.) Leipzig 853, Fr. Fleischer.

— ärztliche Zimmergymnastik od. System der ohne Gerät u. Beistand überall ausführbaren heilgymnast. Freiübgn. als Mittel der Gesundheit u. Lebenstüchtigkeit f. beide Geschlechter u. jedes Alter. 30. Aufl. 191.—195. Taus., durchgesehen u. ergänzt v. Rud. Graefe. Mit 45 Abbildgn. im Texte u. 1 Taf. am Schluss. (IV, 122 S.) gr. 8. Leipzig 905. F. Fleischer.
Geb. in Leinw. n. 3.—

— dasselbe, f. beide Geschlechter, jedes Alter u. alle Gebrauchszwecke entworfen. Durchgesehen v. Hoeftman. 4. Aufl. (XII, 116 S. m. 45 Abbildgn. u. 2 Taf.) 8. Leipzig (906). W. Radestock. n. 1.—

— dasselbe, s.a Bücherei, freie hygienische. Nr. 1.

— dasselbe, neu durchgesehen u. verb. v. R. Materne, s.a Mück's praktische Taschenbücher. Nr. 9.

Schreber, Dan. Paul, Denkwürdigkeiten eines Nervenkranken, nebst Nachträgen u. e. Anh. üb. die Frage: „Unter welchen Voraussetzgn. darf e. geisteskrank erachtete Person gegen ihren erklärten Willen in e. Heilanstalt festgehalten werden?" (XV, 516 S.) gr. 8. Leipzig 903. O. Mutze.
n. 8.—; geb. n. 10.—

Schreber, G. M., die Normalgaben der Arzneimittel. Zum Gebrauche für praktische Aerzte u. Kliniker übersichtlich dargestellt. Mit 1 Tabelle. gr. 12. Leipzig 840. Volckmar. $^{2}/_{3}$ ℛ (In engl. Leinwand geb. Exemplare kosten n. $^{1}/_{6}$ ℛ mehr.)

—— das Pangymnastikon oder das ganze Turnsystem an einem einzigen Geräthe ohne Raumerforderniss als einfachstes Mittel zur Entwickelung höchster und allseitiger Muskelkraft, Körperdurchbildung und Lebenstüchtigkeit. Für Schulanstalten, Haus-Turner und Turnvereine. Zweiter Thl. der ärztlichen Zimmer-Gymnastik. Lex.-8. (VI und 122 S. mit 108 Holzschn. im Texte und 107 Fig. auf 5 Stnt. in Imp.-Fol.) Leipzig (861)62, Fr. Fleischer. *

—— das Pangymnastikon oder das ganze Turnsystem an einem einzigen Geräthe ohne Raumerforderniss als einfachstes Mittel zur Entwicklung höchster und allseit. Muskelkraft, Körperdurchbildung und Lebenstüchtigkeit. Für Schulanstalten, Haus-Turner und Turnvereine. 2. unveränd. Aufl. [II. Thl. der „Aerztl. Zimmer-Gymnastik".] gr. 8. (VI, 122 S. mit 108 Holzschn. im Texte und 107 auf 4 Taf. in gr. Fol.) Ebendas. 875. *

—— die planmässige Schärfung der Sinnesorgane als eine Grundlage und leicht zu erfüllende Aufgabe der Erziehung, besonders der Schulbildung. Lex.-8. (15 S.) Leipzig 859, Fr. Fleischer. *

—— und A. C. Neumann, Streitfragen der deutschen und schwedischen Heilgymnastik. Erörtert in Form myologischer Briefe. Lex.-8. (VII und 104 S. mit eingedr. Holzschn.) Leipzig 858, [Felix.] –

— das Turnen vom ärztlichen Standpunkte aus, zugleich als eine Staatsangelegenheit. gr. 8. Leipzig 843, Mayer. n. $^{1}/_{3}$ ℛ

Schreber, Daniel Gottlob Moritz, Die deutsche Turnkunst in der Gegenwart und Zukunft. Wesen, Bedeutung und Grundregeln d. Ausübung ders. Vortr. Leipzig 1860. 15 S. kl. 8°.

—— die Verhütung der Rückgrathsverkrümmungen od. des Schiefwuchses. Ein wohlgemeinter Rath an Aeltern, Lehrer u. Erzieher. gr. 8. (2½ B.) Leipzig 846, Phil. Reclam jun.

—— über Volkserziehung und zeitgemässe Entwickelung derselben durch Hebung des Lehrerstandes und durch Annäherung von Schule und Haus. Eine dringende Lebensfrage der Culturstaaten. gr. 8. (49 S.) Leipzig 860, Fr. Fleischer. *

Schreber, Dan. Glob. Mor., die Wasser-Heilmethode in ihren Grenzen und ihrem wahren Werthe. Nach der Summe der bis jetzt gelieferten Resultate wissenschaftlich-praktisch geprüft. 2. Aufl. Umgearb. und hrsg. von Gust. Voigt. 8. (IV, 112 S.) Leipzig 885, Grieben's Verlag. ·

—— ärztliche Zimmer-Gymnastik oder Darstellung und Beschreibung der unmittelbaren, keiner Geräthschaft und Unterstützung bedürfenden, daher stets und überall ausführbaren heilgymnast. Bewegungen für jedes Alter und Geschlecht und für die verschiedenen speciellen Gebrauchszwecke entworfen. 45 xylographische Abbildungen enthaltend. 1. und 2. Aufl. gr. 8. (94 S.) Leipzig 855, Fr. Fleischer. Thlr. *

—— ärztliche Zimmer-Gymnastik oder System der ohne Geräth und Beistand überall ausführbaren heilgymnast. Freiübungen als Mittel der Gesundheit und Lebenstüchtigkeit für beide Geschlechter, jedes Alter und alle Gebrauchszwecke. 3—7., mehrfach vervollkommnete Aufl. Lex.-8. (110 S. mit 45 Abbild. in Holzschn. im Texte.) Leipzig 857—60, Fr. Fleischer. ·

Schreber, Dan. Glob. Mor., aerztliche Zimmergymnastik oder System der ohne Geräth und Beistand überall ausführbaren heilgymnast. Freiübungen als Mittel der Gesundheit und Lebenstüchtigkeit für beide Geschlechter, jedes Alter und alle Gebrauchszwecke. 9.—11. Aufl. gr. 8. (112 S. mit 45 Abbild. im Texte in Holzschn.) Leipzig 863—67, Fr. Fleischer. cart. ·

Schreber, Daniel Gottl. Mor., aerztliche Zimmergymnastik oder System der ohne Geräth und Beistand überall ausführbaren heilgymnast. Freiübungen als Mittel der Gesundheit und Lebenstüchtigkeit für beide Geschlechter jedes Alters und alle Gebrauchszwecke. 12.—14. Aufl. gr. 8. (112 S. mit 45 Abbild., Holzschn., im Texte.) Leipzig 869—74, Fr. Fleischer. geb. *

Schreber, Dan. Glob. Mor., aerztliche Zimmergymnastik oder System der ohne Geräth und Beistand überall ausführbaren heilgymnast., als Mittel der Gesundheit und Lebenstüchtigkeit für beide Geschlechter, jedes Alter und alle Gebrauchszwecke entworfen. 15. Aufl. gr. 8. (112 S. mit 45 Holzschn.-Abbild. im Texte.) Leipzig 877, F. Fleischer. cart. *

— aerztliche Zimmergymnastik oder System der ohne Geräth u. Beistand überall ausführbaren heilgymnast. Freiübungen als Mittel der Gesundheit u. Lebenstüchtigkeit für beide Geschlechter, jedes Alter u. alle Gebrauchszwecke. Mit 45 Abbildungen im Texte. 17. Aufl. gr. 8. (112 S.) Ebend. 882. cart. n. 3. —

—— ärztliche Zimmergymnastik oder System der ohne Geräth und Beistand überall ausführbaren heilgymnast. Freiübungen als Mittel der Gesundheit und Lebenstüchtigkeit für beide Geschlechter, jedes Alter und alle Gebrauchszwecke. 16.—19. Aufl. gr. 8. (112 S. mit 45 Abbild. im Texte.) Ebendas. 884. cart. *

—— ärztliche Zimmergymnastik oder System der ohne Geräth und Beistand überall ausführbaren heilgymnast. Freiübungen als Mittel der Gesundheit und Lebenstüchtigkeit für beide Geschlechter, jedes Alter und alle Gebrauchszwecke. 21. und 22. Aufl. gr. 8. (112 S. mit 45 Abbild. im Texte.) Leipzig 886,88, F. Fleischer. cart. *

—— ärztliche Zimmergymnastik oder System der ohne Gerät und Beistand überall ausführbaren heilgymnast. Freiübungen als Mittel der Gesundheit und Lebenstüchtigkeit für beide Geschlechter und jedes Alter. 23. Aufl., durchgesehen und ergänzt von Rud. Graefe. gr. 8. (122 S. mit 45 Abbild. im Texte und 1 Taf. am Schluss.) Ebendas. 889. geb. *

Schreber, D. G. M., ärztliche Zimmergymnastik oder System der ohne Gerät u. Beistand überall ausführbaren heilgymnast. Freiübgn., als Mittel der Gesundheit u. Lebenstüchtigkeit f. beide Geschlechter u. jedes Alter entworfen. 24. Aufl., 141.—150. Tausend, durchgesehen u. ergänzt v. Rud. Graefe. Mit 45 Abbildgn. im Texte u. e. Taf. am Schluss. gr. 8. (122 S.) Leipzig 890. Fr. Fleischer. geb. n. 3. —

— ärztliche Zimmergymnastik od. System der ohne Gerät u. Beistand überall ausführbaren heilgymnast. Freiübgn. als Mittel der Gesundheit u. Lebenstüchtigkeit f. beide Geschlechter, jedes Alter u. alle Gebrauchszwecke. Durchgesehen v. Hooftman. 8. (XII, 116 S. m. 46 Abbildgn. u. 2 Taf.) Leipzig 893. [G. Heyne.] Wilh. Radestock. n. 1. —; geb. in Leinw. n. 1. 50

Schreber, G. M., ärztliche Zimmergymnastik oder System d. ohne Gerät u. Beistand überall ausführb. heilgymnast. Freiübgn. als Mittel der Gesundheit u. Lebenstüchtigkeit f. beide Geschlechter u. jedes Alter. 26. Aufl., 161.—170. Taus., durchgesch. u. ergänzt v. Rud. Graefe. M. 45 Abb. im Texte u. 1 Taf. am Schluss. gr. 8. (122 S.) Leipzig 896. F. Fleischer's Verl. Geb. in Leinw. n. 3. —

— ärztliche Zimmergymnastik od. System der ohne Gerät u. Beistand überall ausführbaren heilgymnast. Freiübgn. als Mittel der Gesundheit u. Lebenstüchtigkeit für beide Geschlechter u. jedes Alter. 27. u. 28. Aufl. 171.—185. Taus., durchgesehen u. ergänzt v. Rud. Graefe. Mit 45 Abbildgn. im Texte u. 1 Taf. am Schluss. gr. 8. (à IV, 122 S.) Ebd. 899. 902. Geb. in Leinw. n. 3. —

— dasselbe, f. beide Geschlechter, jedes Alter u. alle Gebrauchszwecke entworfen. Durchgesehen v. Hoeftman. 2. Aufl. 8. (XII, 116 S. m. Abbildgn. u. 2 Taf.) Leipzig 902. W. Radestock. 1. —

Schreber, D. G. M., Ärztliche Zimmergymnastik. [Mücks praktische Taschenbücher. Bd. 9.] 16°. (ill. 96 S.) K 1.— Wien: Szelinski 1904.

Schreber, Dan. Glob. Mor., ärztliche Zimmergymnastik od. System der ohne Gerät u. Beistand überall ausführbaren heilgymnast. Freiübgn. als Mittel der Gesundheit u. Lebenstüchtigkeit f. beide Geschlechter u. jedes Alter. 32. Aufl. 201.—205. Taus., durchges. u. ergänzt v. Rud. Graefe. Mit 45 Abbild. im Texte u. 1 Taf. am Schluss. (122 S.) 8. Leipzig 909. F. Fleischer. Geb. in Leinw. 3. —

— dasselbe f. beide Geschlechter, jedes Alter u. alle Gebrauchszwecke entworfen. Durchgesehen v. Hoeftmann. 7. Aufl. (XII, 116 S. m. 45 Abbildgn. u. 2 Taf.) 8. Leipzig (909). W. Radestock. 1.—; geb. 1.50

Schreber, Daniel Paul

Denkwürdigkeiten eines Nervenkranken nebst Nachträgen u. e. Anh. über d. Frage: 'Unter welchen Voraussetzungen darf eine für geisteskrank erachtete Person gegen ihren erklärten Willen in einer Heilanstalt festgehalten werden?' Von Dr. jur. Daniel Paul Schreber, Senatspräs. a. D. *Leipzig: O. Mutze 1903.* (XV, 516 S.) 8° [ ]

Schreber, Eberhard (Oldenburg) A. S. 625/20

Dissertatio iuridica de testamentis mulierum.
Präs. Justus Henning Boemer.
Halle (Grunert) V. 1741. 58 S.

Gew.: Adam Levin Fhr. von Witzleben.
W. v.: Präs., August Friedrich Fhr. von Ende,
C. F. von Flemming. 31382

Schreber, G. M., s. Schreber, Daniel Gottl. Moritz

Schreber, Gottlob Moritz, s. Schreber, Daniel Gottlob Moritz

Schreber, J. H., Umsichten auf den Ochsenkopf am Fichtelberge. 8. Nürnb. Stein. (in Commn.) 811.

Schreber, Johann Christian Daniel

Schreber J. C.: Botanisch-oeconomische Abhandlung v. Grasbaue. Preisschr. Leipz. 1763. 154 S. 1 Tvl.

— botan.-ökonom. Abhandl. vom Grasbaue. 8. Halle 764. (Hahn in Leipz.) 4 gr

— botan. ökonom. Abhandl. v. Grasbaue. 8. Lpz. Fritsch. 764.

s. **Adansons Nachricht.**

— Beschreib. u. Abbild. der Quecke. gr. 4. Leipz. 772. (W. Vogel). 6 gr

v. Schreber, Jh. Chr. Dn., botan.-ökonom. Beschreib. der Gräser, nebst ihren Abbildd. nach d. Natur. 2 Thle in 9 Abtheill. Mit 54 Kpf. Fol. Leipz. 766—73. N. A. 769—810. W. Vogel). 8 ℛ 12 gr, illum. 19 ℛ 8 gr

— u. F. B. D. v., Beschreib. d. Gräser nebst ihren Abbild. n. d. Natur. 1r Thl. in 5 Abthl. u. 2r Thl. 1te–4te Abthl. m. 54 Kupf. Fol. Lpz. Crusius (F. C. W. Vogel) 769–810. Schreibp. schw. (1r Thl. 1ste Abth. 18 gr. 2te 20 gr. 3te 4te à 18 gr. 5te 1 Thlr. 2r Thl. 1ste Abthl. 16 gr. 2te 18 gr. 3te 1 Thlr. 12 gr. 4te 4 Thlr. 12 gr.)
Schreibp. ill. (1r Thl. 1ste Abth. 1 Thlr. 2 gr. 2te 1 Thlr. 8 gr. 3te 4te à 1 Thlr. 2 gr. 5te 1 Thlr. 8 gr. 2r Thl. 1ste Abthl. 1 Thlr. 2te 1 Thlr. 4 gr. 3te 3 Thlr. 4te 8 Thlr.)

— — dasselbe Werk in 2 Bänden complet auf Druckpap. mit 54 schw. Kupf. Fol. Ebend. 810.

Io[annes] Christianus Daniel Schreberus [Schreber]: De comparativa sanguinis in diversis vasis Celeritate. [Resp.:] Ioannes Leonardus Hak. Erlangae (1775:) Camerarius. XXXII S. 8°

Erlangen, Med. Diss. v. Jan. 1775

s. **Cronstedt, Mineralgeschichte.**

s. **J. Ellis, de Dionaea.**

— plantarum verticillatarum unilabiatarum genera et species, c. icone aenea. 4maj. Leipz. 774. (W. Vogel). 16 gr

Schreber, Johann Christian Daniel. Histoire naturelle des Quadrupèdes . . . trad. de l'Allemande. Erlang. 1775. Ü: *Isenflamm, Jacob Friedrich.* (Ky) (EBHN)

— histoire naturelle de quadrupèdes répresentés d'après nature, trad. de l'allem. (par J. F. Isenflamm). Vol. I. gr. 4. Erlang. 775.

— icones et descriptiones plantarum minus cognitarum Decas I. Fol. Halae. Curt. 766.

— icones et descriptiones plantarum minus cognitarum. Decas I. Fol. Halle 766. (Laue in Berl.) 1 ℛ

s. **Linné, amoenitates**

— s. Linné, Karl von: Genera plantarum.

Schreber, Jo(hann) Christ(ian) Dan(iel) (Hrsg.):

s.: Linné, Karl v.: Materia medica. Ed. 5. Lipsiae, Erlangae: 1787

JB 1.436

— s. Linné, Karl von: Systema plantarum.

Schreber, Johann Christian Daniel (Weissensee) Diss. Halle 1758/4

Lithographia Halensis. Präs. Johann Joachim Lange.
Halle (Kurt) VI. 1758. 58 S.

Gew.: Karl Linné.
W. v.: F. V. Comte de Lynar. 31383

— **Lithographia** Halensis c. fig. gr. 8. Halae. Curt. 759.

— lithographia Halensis, cum fig. 8maj. Halle 759. (Laue in Berl.) 5 gr

— neues schwed. Magazin kleiner Abhandll. der Natur= u. Haus=haltungskunde. 1r Bd. gr. 8. Nürnb. 783. Felsseker. 20 gr.

Schreber, Jo(hann) Christ(ian) Dan(iel):
Mantissa editioni quartae materiae medicae ... a Linné. 304 S., gbd.

Erlangae: Walther 1782
(Linné,K.v.: Materia medica,ed.5, mantissa)

JB 1.436/Mantissa

– s. Naturforscher, der.

Schreber, J. C. D. v., Naturgeschichte der Säugthiere, fortgesetzt von A. Goldfuß. 65s bis 67s Heft. m. Kupft. gr. 4. Nürnberg, Bauer und Raspe. 817 — 18. schwarz à 1 Rthlr. 4 Gr.

— Naturgesch. d. Säugthiere. Fortges. v. A. Goldfuß. 68s u. 69s Heft. gr. 4. Nürnb. 822, Palm u. E. in Erl. à 1 Rthl. 4 gr. ill. à

Schreber, Joh. Chrstn. Dan. v., Naturgeschichte d. Säugethiere. — A. u. d. T.: Die Säugethiere in Abbildungen nach d. Natur mit Beschreibungen. 7 Thle. u. 1 Supplemtbd. (in 4 Abthln.) od. 137 Hfte. (1—64. Hft. v. genannt. Verf., 65—69. Hft. fortges. v. Aug. Goldfuß, od. 1—4 Thl., 70—137. Hft. fortges. v. J. A. Wagner, od. 5—7. Thl. u. Supplemtbd. gr. 4. Erlangen, Expedition d. Schreberschen Säugethiere. (Leipzig, Voß.) à H. schw. * 1 11/30 Thlr., col. * 2 1/15 Thlr., schw. * 183 7/10 Thlr., col. * 28

Thl. 1. Mensch. — Affe. — Maki. — Fledermaus. (23 3/4 B. schließt m. B. 2. A. S. 188., 130 col. u. 1 schw. Kpfrt. od. Nr. 1 — 62.) 775. Neue Ausg. 826.
„ 2. Faulthier. — Ameisenfresser. — Schuppenthier. — Gürtelthier. — Nashorn. — Elephant. — Wallroß. (11 3/4 B. schließt m. B. 2. N. S. 280., 23 col. u. 2 schw. Kpfrt. od. Nr. 63 — 80.) 776. Neue Ausg. 826.
„ 3. Robbe. — Stinkthier. — Bär. — Hund. — Otter. — Beutelthier. — Katze. — Marder. — Maulwurf. — Spitzmaus. — Igel. (28 3/4 B. schließt m. B. 4. F. S. 590., 164 col. u. 1 schw. Kpfrt. od. Nr. 81 — 165.) 778. Neue Ausg. 826.
„ 4. Stachelthier. — Maus. — Schläfer. — Savie. — Murmelthier. — Springer. — Biber. — Eichhorn. — Hase. — Klippschliefer. (43 3/4 B. schließt m. B. 6. D. S. 936 u. 125 col. Kpfrt. od. Nr. 166 — 240 c.) 792. Neue Ausg. 826.
„ 5. Bd. 1. Moschusthier. — Antilope. — Hirsch. — Ziege. — Giraffe. — Schaf. (67 B. schließt m. B. 8. Z. a. S. 1472., 112 col. u. 1 schw. Kpfrt. od. Nr. 241 — 294 D.) 836.
„ — „ 2. Rind. — Kameel. — Lama. (Text schließt m. B. 10 Z. S. 1839., u. 29 col. Kpfrt. od. Nr. 295 — 307 A.) 838.
„ 6. Pferd. — Elephant. — Nashorn. — Flußpferd. — Tapir. — Schwein. (67 B. schließt m. S. 520., 40 größtentheils ill. Kpfrt. od. Nr. 308 — 328.) 835.
„ 7. Die Ruderfüßer u. Fischzitzthiere. Nebst vollständ. Register u. Verzeichniß d. Kupfertaf. zum ganzen Werke. (54 1/2 B. schließt m. S. 427., u. 56 col. Kpfrt. od. Nr. 329 — 385.) 846.

Der Supplementband enth.:

Abthl. 1. Die Affen u. Flederthiere. (72 B. schließt m. S. 551.) 840.
„ 2. Die Raubthiere. (70 B. schließt m. 558.) 841.
„ 3. Die Beutelthiere u. Nager. (1. Abschnitt.) (78 1/2 B. schließt m. S. 614.) 843.
„ 4. Die Nager (2. Abschnitt). — Zahnlücker. — Einhufer. — Dickhäuter u. Wiederkäuer. (80 B. schließt m. S. 523.) 844.

Die zu diesem Supplementbde. gehörenden Kupfertafeln, sind in den oben angegebenen Bänden mit enthalten.

Bereits im 8. Bde. 2. Abthl. S. 240. wurde von diesem ausgezeichneten Werke, dessen Vollendung 71 Jahre erforderte, eine möglichst genaue bibliographische Beschreibung, so weit es damals geschehen konnte, geliefert. Vollständig sie zu geben war aber erst jetzt vergönnt, nachdem das Werk fertig vorliegt. Durch diese Angaben werden daher die frühern aufgehoben.

—— dass. (u. d. eigentl. T.:) die Säugethiere in Abbildungen nach d. Natur mit Beschreibungen. 1—4. Thl. (Neue Titel-Ausg.), 5. Thl. 1. Bd. u. 6. Thl. gr. 4. Ebds.

Thl. 1. Mensch. — Affe. — Maki. — Fledermaus. (23 1/4 B., 99 ill. u. 1 schw. Kpfrt.) 826.
„ 2. Faulthier. — Ameisenfresser. — Schuppenthier. — Gürtelthier. — Nashorn — Elephant. — Wallroß. (11 1/4 B., 22 ill. u. 2 schw. Kpfrt.) 826.
„ 3. Robbe. — Stinkthier. — Bär. — Hund. — Otter. — Beutelthier. — Katze. — Marder. — Maulwurf — Spitzmaus. — Igel. (38 1/4 B., 121 ill. u. 1 schw. Kpfrt.) 826.
„ 4. Stachelthier. — Maus. — Schläfer. — Savie. — Murmelthier. — Springer. — Biber. — Eichhorn. — Hase. — Klippschliefer. (43 1/2 B., 98 ill. u. 1 schw. Kpfrt.) 826.

1 — 4. Thl. Von Schreber, fortges. u. hrsg. v. Goldfuß.

„ 5. Bd. 1. Moschusthier. — Antilope. — Hirsch. — Ziege. — Giraffe. — Schaaf. (67 B., 90 ill. u. 1 schw. Kpfrt.) 836.
„ 6. Pferd — Flußpferd. — Elephant. — Tapir. — Nashorn. Schwein. (67 B u. 22 ill. Kpfr.) 835.

Fortges. u. hrsg. v. Wagner.

Da eine genaue Angabe dieses Werkes nach seinen Theilen in den bisher erschienenen bibliograph. Schriften mangelt, so wird es nicht unpassend sein, sie hier zu geben. Die Theile sind aus den oben angezeigten 85 Heften gebildet, die jedoch nicht genau der Bändereihe folgend erschienen, weshalb man auch beim 5. Bde. eine Lücke wahrnimmt, deren Ausfüllung indeß baldigst zu erwarten steht. Der Preis ist nach der vorhergehenden Mittheilung zu bilden.

Schreber, Joh. Chrstn. Dan. v., Naturgeschichte d. Säugethiere. Fortges. v. Joh. Andr. Wagner. 70—85. Hft. gr. 4. (87 B., 114 ill. u. 1 schw. Kpfrt.) Erlangen 834—37, (Palm'sche Vrlsbuchh.) à 1 Thlr. 4 Gr., ill.

1—69. Hft. (65—69., hrsg. v. Aug. Goldfuß.) Ebendas. 1775—1822. à 1 Thlr. 4 Gr., ill. 2 Thlr.
(Der angeführte Titel befindet sich nur auf dem Umschlag.)

v. Schreber, Jh. Chr. Dan., Naturgeschichte der Säugethiere. Fortgesetzt von Joh. Andr. Wagner. 70s—98s Heft. Mit sauber illum. u. schwarz. Kpfrtaf. gr. 4. Erlangen 834—40. (Palm'sche Verlagsbuchh.) à n. 2 ß

v. Schreber, Jh. Chr. Dan., Naturgeschichte der Säugthiere. 99.—135. Hft. — A. u. d. T.: Die Säugthiere in Abbildungen nach der Natur mit Beschreibungen. Fortgesetzt von Jh. Andr. Wagner. Mit Kupfertaf. gr. 4. Erlangen 841—46. (Leipzig, Voß.) à n. 1 ß 11 ngl color. à n. 2 ß 2 ngl

v. Schreber, (Joh. Chr. Dan.), Naturgeschichte der Säugethiere. Fortges. v. Joh. Andr. Wagner. 136 u. 137. Hft. gr. 4. (7. Bd. VIII S. u. S. 385—427 m. 7 Kpfrtaf.) Erlangen 847. (Leipzig, Voss, jetzt: T. O. Weigel.) à n. 1 ß 11 ngl; color. à n. 2 ß 2 ngl (compl. n. 288 ß herabges. Pr. n. 190 ß)

(Schreber, Johann Christian Daniel) (Hrsg.):

s.: Osbeck, Peter: Reise nach Ostindien und China. Nebst O(lof) Toreens Reise nach Suratte und C(arl) G(ustaf) Ekebergs Nachricht von der Landwirthschaft der Chineser. Aus dem Schwedischen übers.von J(ohann) G(ottlieb) Georgi. Rostock: 1765

JB 5.619

Schreber, Johann Christian Daniel (Weissensee)
Diss. Erlg. med. 1770/2

De phasco disserit ...
Erlangen (Walther) (25.) VIII. 1770. 22 S., 2 Taf.

31384

— de Phasco Observationes, quibus hoc Genus muscorum vindicatur atque illustratur, c. 2 tab. aeri incis. gr. 8. Lips. Crusius (F. C. W. Vogel) 770.

s. Pocoke, Beschreib.

s. Rosel v. Rosenhof, historia naturali.

* Schreber, J. C. D., die Säugthiere in Abbildungen nach d. Natur mit Beschreibungen. 64 Hefte, nebst ein. Supplementheft. gr. 4. 774—810. Erlangen. (Ist jetzt Verlag von Palm.)

— die Säugthiere, in Abbildd. nach der Natur. 1s — 69s Hft. (65s—69s Hft.) fortges. v. A. Goldfuß. gr. 4. Erlang. 774—823. (Palm). 80 ß 12 gr. illum. 138 ß Neue Ausg. fortgesetzt v. A. Goldfuß. 20 Lieferr. gr. 4. Ebd. 826—31. Palm. 180 ß

Die Säugthiere [Säugetiere] in Abbildungen nach der Natur mit Beschreibungen. ([Verf.:] Johann Christian Daniel Schreber.) Th.1-3 [nebst] Abb. Erlangen:Walther 1775-78. 590 S. 2 Bde ,1 Kapsel

Th.1:Der Mensch. Der Affe.Der Maki.Die Fledermaus. 1775.
Th.2:Das Faulthier.Der Ameisenfresser. Das Schuppenthier.Das Gürtelthier.Das Nashorn.Der Elefant. Das Wallroß. 1775.
Th.3:Der Robbe. Der Hund. Die Kaze. Das Stinkthier. Der Otter. Der Harder.Der Bär.Das Beutelthier.Der Maulwurf.Die Spizmaus.Der Igel. 1778.
[Die Abb. in gesonderter Kapsel. 15 Taf.]

Schreber, J. Ch. D. v., die Säugethiere, fortgesetzt von Wagner, s. a. Wagner, Joh. Andr.

Schreber, Johann Christian Daniel von: Die Säugtiere in Abbildungen nach der Natur mit Beschreibungen. Th.1 - 2, 4, 7, gbd., Abb. Th.7 fortges.von Johann Andreas Wagner.

Erlangen: Walther }
Leipzig: Voß } 1775 - 1846

JB 117

Schreber, Johann Christian Daniel [Praes.], s. Schoepff, Johann David: Plantae verticillatae unilabiatae.

s. A. F. Schweigger, Flora Erlangens.

— novae species insectorum c. fig. aen. col. pict. 4. Lips. Fritsch. 760.

— novae species insectorum, cum fig. aen. color. pict. 4. Leipz. 760. (Hahn). 8 *ℛ*

v. *Schreber*, Jh. Chr. Dn, († d. 10. Dec. 1810.) spicilegium Florae Lipsicae. 8maj. Leipz. 771. Dyck. 12 *ℛ*

s. Theocritus, reliquiae.

Schreber, Joh. Dav., Abbild. d. Königs Carl I. in seinen Drangsalen u. gefängl. Verwahrung von ihm selbst beschr. 8. Dresden. 747. Rth.r.

— Hortus graecus ex Plutarcho. 8. Nördling. Beck. 717.

Schreber, Jh. Dav., Hortus graecus ex Plutarcho. 8. Nördling. 797. Beck. 8 *ℛ*

Schreber, J. D., lineae doctrinae fidei, h. e. articuli theologiae theticae, ut ex compendio Hutteriano facilius a discentibus capiantur, certis justae paediae lineis adumbrati. 8. Chemnitz, Mauke. 7 *ℛ*

Schreber, Ioh. Dav., lineae doctrinae fidei h. e. articuli theologiae theticae, ut ex compendio Hutter etc. 8. Chemnitz, Stössel (Mauke) 736.

— Vita G. F. Chemnicensis. 8. ibid. 717

Schreber, K. Gf., s. Schreber, Daniel Gottfried

Schreber, Karl

Schreber, K. [aus Falkenberg]: Aus d. physikal. Institut d. Univ. Greifswald. Über die elektromotorischen Kräfte dünner Schichten von Superoxydhydraten. . . . Greifswald. Druck v. F. W. Kunike, 1898; 2 Bl. + 81 S. 8°
Greifswald, Phil. Fak., Inaug.-Diss. v. 21. Dez. 1898

Die Kraftmaschinen. Vorlesungen über d. wichtigsten der zur Zeit gebrauchten Kraftmaschinen f. Zuhörer aller Fakultäten an d. Univ. Greifswald geh. von Dr. K[arl] Schreber, Privatd. Mit 56 Abb. im Text u. auf 1 Taf. Leipzig: B. G. Teubner 1903. (XII, 347 S.) 8°

Die Kraftmaschinen. Eine Einführung in d. allgemeine Maschinenkunde von Prof. Dr. K[arl] Schreber. 2. wohlfeile Ausg. Mit 56 Abb. Leipzig: B. G. Teubner 1907. (XII, 347 S.) 8°

Experimentierende Physik von K[arl] Schreber u. P[aul] Springmann. Zugleich vollst. umgearb., deutsche Ausg. von Henri Abraham's Recueil d'expériences élémentaires de physique. Mit Abb. Bd 1. 2. Leipzig: J. A. Barth 1905-06. 2 Bde 8°

Die Theorie der Mehrstoffdampfmaschinen. Untersuchung der Frage: 'Ist Wasser d. vorteilhafteste Flüssigkeit z. Betriebe von Dampfmaschinen?' u. Bearbeitung der auf diese Frage sich ergebenden Antworten. Von Dr. K[arl] Schreber, Privatd. Mit 12 Zeichn. Leipzig: B. G. Teubner 1903. (126 S.) 8°

Schreber, Mor., das Buch d. Gesundheit. Eine Orthobiotik nach d. Gesetzen d. Natur u. d. Baue d. menschl. Organismus. gr. 8. (18½ B. u. 4 Stnt.) Leipzig 839, [Renger'sche Bh.] Thlr.

Schreber, Moritz, Der Hausfreund als Erzieher u. Führer zu Familienglück, Volksgesundheit u. Menschenveredelung. 4. Aufl., Leipzig. 92 S., 8°.

—— die Normalgaben d. Arzneimittel. Zum Gebr. f. prakt. Aerzte u. Kliniker übersichtl. dargest. gr. 12. (6 B. incl. 1 Tab.) Leipzig 840, [Renger'sche Buchh.]

Schreber, Otto Bernhard, s. Schreber, Bernhard

Schrebergärtner, der. Wochenschrift f. Volksbelehrung u. Kindererziehg. im Sinne Fröbels, Schrebers u. Hauschilds. Fachschrift f. Klein-, Haus- u. Zimmergärtnerei. Offizielles Organ des Verbandes v. Garten- u. Schrebervereinen e. V., Sitz Leipzig usw. Jahrg. 1908. 52 Nrn. (à ca. 12 S. m. Abb.) 31×23,5 cm. Leipzig, Hildburghausen, Thüringische Verlagsanstalt. 4. —
Fortsetzg., s.: Arbeiter- u. Schrebergarten, der.

Schreblan's, (C. M.,) Aufenthalt in Morea, Attica u. mehrern Inseln des Archipelagus. gr. 8. Leipzig 825, Hartmann.

Schrebian's, C. M., Aufenthalt in Morea, Attica u. mehrern Inseln des Archipelagus. gr. 8. Lpz. 825. (Lehnhold). 21 *ℛ*

Schreck: Das Auge ein Spiegel der Seele. 13 S. - Glatz. Progr. 1862.

[Sammlung der Logenzeichen der Grossen National-Mutterloge zu den drei Weltkugeln in Berlin im Jahre 1867. Gezeichn. und hrsg. von Schreck. Berlin 1867: Hesse.] 8 Taf. 4° 23.

Schreck, Vorschläge zur Umarbeitung der Preuß. Landes-Cultur-Gesetze. 8. (54 S.) Magdeburg 848, Baensch. n. 7 *ngr*

Schreck, A., Leitfaden zur alten Geschichte. [Orientalische Reiche u. Griechenland.] Für die unteren Klassen höherer Lehranstalten zusammengestellt. Hannover 870. Hahn. 8. (48 S.) 6 *ngr.*

Schreck, Arthur, appr. Arzt a. Pfullendorf in Baden: Beiträge zur Serumtherapie der Basedowschen Krankheit. Freiburg i. B. 1906: E. A. Günther. (51 S.) 8°
Freiburg i. B., Med. Fak., Ref. Thomas, Diss. v. 1906
[Geb. 15. Aug. 78 Baden-Baden; Wohnort: Pfullendorf; Staatsangeh.: Baden; Vorbildung: Gymn. Constanz Reife Juli 00; Studium: Würzburg 1, Heidelberg 1, München 2, Freiburg i. B. 5 S.; Coll. 3. Aug. 06; Approb. 4. Dez. 05.]
10*

Schreck, Carl, s. Schreck, Karl

Schreck, Chr. G. F., Repertorium z. Gesetzgebung f. Schwarzburg-Sondershausen, s. Hellbach, J. Chr.

Schreck, Christoph Jakob (Lauf) A. S. 1047/41

Dissertatio inauguralis botanico-medica de cynoglosso. Altdorf (Hessel) 26. VI. 1753. 32 S.

W. v.: Präs. 31387

Schreck, Christoph Jakob (Lauf) A. S. 1047/40

Theorema medicum quod alia sensatio alium motum inferat. Tertia dissertatio.
Präs. Johann Nikolaus Weis.
Altdorf (Hessel) VI. 1753. 44 S.

Gew.: Christoph Jakob Treu. 31386

Schreck, Emmy, s.: Märchen, finnische.

Schreck, Ernst, s. a.: Burg, Ernst v. der.

— 1810. 1910. Königin Luises 100jähr. Todestag in der Schule. Eine vollständig ausgeführte Schulfeier m. Liedern, Ansprachen u. Deklamationen, nebst e. Auswahl v. Reden u. Gedichten üb. das Leben u. Wirken v. Preußens edler Königin. (79 S.) gr. 8. Ebd. 910. 1.—

Schreck, Ernst, Schillers pädagogische Bedeutung, s. a. Abhandlungen, pädagogische. XI. 1.

Schreck, Ernst: Schillers pädagogische Bedeutung. Von Ernst Schreck, Lehrer in Hannover. Bielefeld: A. Helmich [1905]. (20 S.) 8°
= Abhandlungen, Pädagogische. N. F. Bd 11, H. 1.

Schreck, Ernst, Rudolf v. Bennigsen. Ein lebensgeschichtl. Charakterbild. 8. (60 S. m. Bildnis.) Hannover 894. L. Ost. n. —60

Schreck, Ernst, Fürst Otto v. Bismarck, der Baumeister des Deutschen Reiches, s.: Bücherei, vaterländische. 10.

Schreck, Ernst. Reichskanzler Georg Leo v. Caprivi. Ein lebensgeschichtl. Charakterbild. gr. 8. (116 S. m. Bild.) [Düsseld. 891, F. Bagel.] Frankf. a. M., Jaeger. 1 20

Schreck, Ernst, der Einfluß des Fröbelschen Kindergartens auf den nachfolgenden Unterricht, s. a. Sammelmappe, pädagogische, Heft 107.

Schreck, E., der Einfluß d. Fröbel'schen Kindergartens auf den nachfolgenden Unterricht. Mit e. Anh.: Pädagogische Kernstellen aus Fröbel's Schriften. gr. 8. (72 S.) Leipzig 888. Siegismund & Volkening. n. 1.—

— Till Eulenspiegel. Nach dem Volksbuche v. J. 1515 erzählt. (200 S. m. Abb. u. 4 farb. Vollbild.) 8. Reutlingen (910). R. Bardtenschlager. Geb. in Leinw. 3.—

— Friedrich Wilhelm I. von Preußen. Das Leben und Wirken des Soldatenkönigs, für Jung und Alt erzählt. Festgabe zum 200jähr. Geburtstage des Königs. 8. (IV, 204 S. mit 1 Bild.) Minden 888, Bruns. *

— Schillers 150. Geburtstag in der Schule. Eine vollständig ausgeführte Schulfeier m. Liedern, Ansprachen u. Deklamationen, nebst e. Auswahl v. Reden u. Gedichten üb. Schillers Leben u. Wirken. (72 S.) gr. 8. Minden 909. A. Hufeland. 1.—

— Gräfe u. Roßmäßler in ihrer Bedeutung f. die deutsche Volksschule, s. a. Abhandlungen, pädagog. N. F. VI. 7.

Schreck, Ernst: Gräfe und Rossmässler in ihrer Bedeutung für die deutsche Volksschule. Von Ernst Schreck, Lehrer in Hannover. Bielefeld: A. Helmich (1901). (18 S.) 8°
= Abhandlungen, Pädagogische. N. F. Bd 6, H. 7.

— Für Kaiser u. Reich: Eine Sammlg. vaterländ. Gedichte zum Vortragen an nationalen Gedenktagen. (128 S.) gr. 8. Minden 911. A. Hufeland. 1.25

— Deutschlands Kaiserhaus. Dem deutschen Volke u. seiner Jugend dargeboten. gr. 8. (78 S. m. 1 Bild.) Hadersleben 891. Dreesen. n. —90

— das Kaiser-Manöver im Jahre 1889. Ein geographisch-geschichtl. Bild d. Manöver-Gebietes, sowie kurze Beschreibg. der stattfindenden Festlichkeiten. 4. (32 S.) Hannover-Linden 889. Manz. —50

Schreck, Ernst, das Leben d. Deutschen zur Zeit Karls d. Großen, s.: Bücherei, vaterländische, Bd. 6.

— Lebensbilder aus Hannoverland. (In 3 Reihen.) 1. u. 2. Reihe. gr. 8. Hannover, L. Ost. à n. —80
1. Gerh. Dav. Scharnhorst, Joh. Karl Bertram Stüve, Karl Joh. Phpp. Spitta, Wilbbe Ulrichs Jlltting, Rob. Koch. (58 S.) 893.
2. Karl Goedeke, Ludwig Harms, Johann Heinrich Schilren, Friedrich Kohlrausch, Johann Friedrich Wilhelm Jerusalem, Fürst Karl August v. Hardenberg. (S. 59—120.) 894.

— Lebensbilder aus d. Hannoverland. 3. Reihe. gr. 8. Hannover 895. L. Ost. n. 1.20 (kplt.: n. 2.80; geb. in Leinw. n. 3.75)
Karl Peters, August v. Göben, Rudolf v. Bennigsen, Johannes Miquel, Hoffmann v. Fallersleben. (III u. S. 127—249 m. 1 Bildnis.)

— Graf Helmut v. Moltke, s. a. Bücherei, vaterländ. 9.

— Generalfeldmarschall Graf Helmut v. Moltke. Das Leben u. Wirken d. großen Feldherrn f. Jung u. Alt im deutschen Volk. gr. 8. (109 S. m. Illustr.) [Düsseld. 890, F. Bagel.] Frankf. a. M., Jaeger. 1 20

— Friedrich Eberhard v. Rochow, s. a. Klassiker, die pädagogischen.

Schreck, Ernst: Friedrich Eberhard von Rochow. Sein Leben u. s. pädagog. Schriften. Von Ernst Schreck, Lehrer. Halle a. S.: Schroedel 1908. VIII, 123 S. 8°
(Die pädagogischen Klassiker. Bd 24.)

— Heinrich Schaumberger, e. deutscher Volksschriftsteller aus d. Lehrerstande, s. a. Sammlung pädagog. Vorträge, 8. Bd., 11. Hft.

Heinrich Schaumberger, e. deutscher Volksschriftsteller aus d. Lehrerstande. Von Ernst Schreck, Lehrer in Hannover. *Bielefeld: A. Helmich [1896].* (23 S.) 8.
= Sammlung pädagogischer Vorträge. Bd VIII, H. 11. [97. 1370

— Ferdinand Schmidt in seiner Bedeutung als Jugendschriftsteller u. Volkspädagoge, s. a. Abhandlungen, pädagogische. N. F. VII. 1.

Schreck, Ernst: Ferdinand Schmidt in seiner Bedeutung als Jugendschriftsteller und Volkspädagoge. Von Ernst Schreck, Lehrer in Hannover. Bielefeld: A. Helmich [1902]. (29 S.) 8°
= Abhandlungen, Pädagogische. N. F. Bd 7, H. 1.

— vaterländische Schulfeier. I. u. II. Trier, Stephanus. n. 1. 60

I. Schulfeier des Geburtstages Sr. Maj. d. deutschen Kaisers Wilhelm II. Mit e. Anh.: Zum Vortrage geeignete vaterländ. Dichtgn. [Mit e. Rede zu Kaisers Geburtstag von G. Schumann-Trier u. W. Reuschert-Metz.] 1. u. 2. Aufl. (72 resp. 79 S. m. Bild.) 889. 890. n. — 60
II. Schulfeier der Geburts- u. Sterbetage der deutschen Kaiser Wilhelm I. u. Friedrich III., sowie d. Sedantages. Mit e. Anh.: Zum Vortrage geeignete vaterländ. Dichtgn. [Mit mehreren Ansprachen v. G. Schumann-Trier, W. Reuschert-Metz u. K. Fischer.] (152 S. m. 1 Bild.) 889. n. 1. —

— Wegweiser f. die Vorbereitung auf Lehrerprüfungen. Mit eingeh. Literaturnachweisen zusammengestellt. 2 Tle. (Neue [Titel-]Ausg.) gr. 8. Halle 908. H. Gesenius. à 1.60; geb. in Leinw. à 2. —

1. Die zweite Lehrerprüfung. (177 S.)
2. Die Mittelschullehrer- u. Rektorprüfung. (191 S.)

— wie führen wir unsere Schüler zum sicheren Gebrauche der Satz- u. Lesezeichen?, s. a. Lehrer-Prüfungs- u. Informations-Arbeiten.

Wie führen wir unsere Schüler zum sicheren Gebrauche der Satz- und Lesezeichen? Von Ernst Schreck, Lehrer in Hannover. 2. Aufl. *Minden: A. Hufeland 1904.* (S. 26–48.) 8° [F.]
= Lehrer-Prüfungs- u. Informations-Arbeiten. H. 23, 3. [04. 2634

— Wilhelm d. Große, d. neuen deutschen Reiches erster Kaiser. Sein Leben u. Wirken, erzählt f. Schule, Haus u. Heer. gr. 8. (48 S. m. Bildn. u. 1 Abb.) Trier 897. H. Stephanus. n. — 30

—— Wilhelm II., deutscher Kaiser. Ein lebensgeschichtl. Charakterbild. Dem deutschen Volke u. seiner Jugend zugeeignet. 1. Aufl. (247 S.) 889; 2. verm. Aufl. 8. (257 S.) Trier 890, Stephanus. * 1 50; geb. * 2 50

[F.] Wilhelm II. Deutscher Kaiser. E. lebensgeschichtl. Charakterbild. Dem deutschen Volke u. s. Jugend zugeeignet v. Ernst Schreck, Hannover. 3. verm. Aufl. *Trier: H. Stephanus 1895.* (281 S. einschl. 1 Portr.) 1 Bd 8. [96. 55-7

Schreck, Fr., d. freie Handhabg. d. Muttersprache in d. Volksschule. Gedanken f. d. deutschen Sprachunterricht. [Aus: „Konferenzblätter".] gr. 8. (26 S.) Tangerhütte 895. Quedlinburg, C. Voges. n n. — 60

Der Reform-Lehrplan des Zeichenunterrichtes. Krit. Betrachtung z. Einführung in d. neuen Zeichenlehrplan u. prakt. Anweisung f. d. Lehrer in einfachen Schulverhältnissen. Von Fr. Schreck, Lehrer in Fermersleben. *Breslau: F. Hirt 1903.* (40 S.) 8° [F.] [04. 170

Schreck, Frz., Gesetz üb. das Diensteinkommen d. Lehrer u. Lehrerinnen an den öffentlichen Volksschulen Preußens vom 26. V. 1909. Hrsg. u. nach d. stenograph. Berichten beider Häuser des Landtages, sowie nach den Erklärgn. der Regierungskommissare m. Erläutergn. u. ausführl. Bemerkgn. versehen. (VIII, 88 S.) kl. 8. Eilenburg 909. C. W. Offenhauer. Kart. 1. —

Das Schulkompromiß und die Simultanschulfrage. Von Franz Schreck in Magdeburg. *Magdeburg: Friese & Fuhrmann 1904.* (96 S.) 8° [F.] [04. 11. 073

Schreck, Friedrich Theodor (Magdeburg) A. S. 381/24

Dissertatio inauguralis medica de oedemate.
Altdorf (Kohles) XI. 1721. 38 S.

W. v. · Christoph Jakob Treu, J. J. Grambss, P. P. Schneider. 31388

Schreck, Gust. Christus der Auferstandene, s. Breitkopf u. Härtel's Text-Bibliothek.

Schreck, Hans, pr. Tierarzt: (Arbeiten aus d. med. Veterinärklinik d. Universität Gießen. Dir.: Gmeiner.) **Der klinische Nachweis der Gallenfarbstoffe im Hundeharn und dessen Bedeutung.** Stuttgart 1910: Union. 61 S. 8° ¶(Aus: Monatshefte f. prakt. Tierheilk. Bd 21.)
Gießen, Veterinär-Med. Diss. v. 26. März 1910, Ref. Geppert
[Geb. 16. Febr. 86 Pfullendorf; Wohnort: Gießen; Staatsangeh.: Baden; Vorbildung: Gymn. Tauberbischofsheim Reife Juli 04; Studium: Tierärztl. Hochschulen Stuttgart 4, München 3 S.; Rig. 5. März 09.] [U 10. 1253

[Schreck, Henricus]: • Quaestionum de Gentilitate apud Germanos specimen historico-criticum. 46 Bl. 2°
Halle-Wittenberg, Phil. Diss. v. 11. April 1856
Geb. [Kosel (Schles.) 27. 5. 1825]

Schreck: Quaestionum de Gentilitatis vi apud veteres Germanos specimen. 13 S. 4° – Sagan, Progr. 1871.

Schreck, Johann Christian Gottlob (Dömitz) A. S. 577/38

Quaestio iuris controversi an renunc.atio condictionis indebiti valeat. Präs. Christian Heinrich Breuning.
Leipzig (Langenheim) 14. VIII. 1773. 8 S. 31389

Schreck, Johann David Imanuel (Dömitz) A. S. 577/37

Quaestio iuris controversi an unio prolium tanquam inofficiosa rescindi possit.
Präs. Christian Heinrich Breuning.
Leipzig (Langenheim) 17. VII. 1773. 8 S. 31390

Schreck, Karl

Schreck, C[arl]. Gutachten über die Betriebskosten und die Rentabilität der elektr. Strassenbahn Schaffhausen-Schleitheim. (Aufgestellt für die Vorlage des Regierungsrates über den Vertrag mit [der Elektrizitäts-Gesellschaft] Alioth. 1901 August 2/3.) II + 19 S. 4. [Schaffhausen, H. Meier & Cie., 1903.]

Schreck, C[arl], und Weilenmann, (A[ugust]). Technisches Gutachten der Herren Ingenieure C. Schreck, Direktor der Sihlthalbahn, und Professor Weilenmann, Direktionspräsident der zentralen Zürichbergbahn ([betr.] die elektrische Strassenbahn Schaffhausen-Schleitheim-Oberwiesen. — 1901 April 30). II + 15 S. 4. Schaffhausen, H. Meier & Cie., 1901.

Schreck, Karl (Lauf/Pegn.) A. S. 1342/17

Observationum philologicarum ad Claudii Mamertini panegyricum genethliacum Maximiano Aug. dictum pars tertia. Präs. Christian Gottlieb Schwarz.
Altdorf (Meyer) 13. I. 1748. S. 89-118.

Gew. · Christoph Theophil Volkamer, Hieronymus Wilhelm Ebner.
W. v. · Präs., Io. Adam Ranner, Leonhard Rinder (Opp.) Christoph Karl Grundherr (Opp.) Erhard Händler (Opp.). 31391

Schreck, Ldw., (Buchhändler), Beitrag zur Förderung der Volkswohlfahrt. Zur Vertheilung an Stadt- u. Land-Behörden, sowie an jeden Menschenfreund. gr. 8. Leipzig 842, Schreck's Buchh. gratis.

(Ludwig Schreck) Bibliotheca homoeopathica oder Verzeichniss aller bis zu der Mitte des Jahres 1833 erschienenen Werke und Schriften über Homöopathie. Nach den Namen der Verfasser alphabetisch geordnet. Leipzig 1833. 12.

Schreck, Ludw., Schwedens Heldenkönige, s. Schönichen, W.

Schrecken, die, u. Gefahren der Rinderpest. Mit Gesetz, Maßregeln gegen die Rinderpest betr. Vom 7. April 1869 u. Instruction zur Ausführg. obigen Gesetzes. Vom 26. Mai 1869. hoch 4. (16 S.) Linnich 873. Quos. — 15

Schrecken, Die, des Krieges, eine Einladungsschrift beim Hubertusburger Friedensfest. Meiningen 1763. V: *Koeberle, Balthasar.* (Lex. itzleb. Schwäb. Schriftst., S. 104) (BiblPort)

Schrecken, die, des Kriegs. No. 1. u. 2. 8. Bayr. 808. Lübeck. 2 ℊ

Schrecken, Der, des Krieges und die Segnungen des Friedens. **Ein Gedicht zum Besten der Blessirten von K. A. E . . . . dt.** [Dresden 1809.] V: *Engelhardt, Carl August.* (GGr IX, 275)

Schreckenbach, A., halte, was Du hast! E. Herzens- u. Gewissensgeschichte in Briefen. gr. 8. (22 S.) Leipzig, Buchh. d. Evang. Bundes v. C. Braun. n. — 30

Schreckenbach, A., die christliche Heilslehre in Worten der heiligen Schrift mit verbindendem Text. Christlichen Konfirmanden als Lehrbuch und zum lebenslängl. gesegneten Gebrauch dargeboten. 8. (IV, 44 S.) [Herford 880.] Bernburg, Bacmeister. cart. *

— Rastenberg in Thüringen, Gesundbrunnen u. Sommerfrische. Mit (chromolith.) Karte. gr. 8. (23 S.) Rastenberg 881. (Jena, Bohle.) n. 1. —

— Rastenberg in Thüringen, Gesundbrunnen u. Sommerfrische. Mit Karte. 2. Aufl. Jubiläumsausg. zur Erinnerg. an d. 18. Juni 1646 u. 23. Juni 1696. gr. 8. (27 S.) Jena 896. H. Pohle. — 75

Schreckenbach, A., Wendula, die letzte Nonne v. Rastenberg. Geschichtlicher Roman aus der Reformationszeit, nach Spuren der Chronik erzählt. 12. (254 S.) Leipzig 900. A. Deichert Nachf. n. 2. 50; geb. n. 3. 25

Schreckenbach, Georg, appr. Arzt a. Chemnitz: **Ueber einen Fall von** dissecierendem Aneurysma der Aorta. München **1907: Kastner &** Callwey. (23 S.) 8° ¶ [Aus: Annalen d. städt. allgem. Krankenhäuser zu München Bd 12.]

München, Med. Fak., Ref. v. Bauer, Diss. v. 4. Juli 1902

[Geb. 24. Jan. 78 Chemnitz; Wohnort: Chemnitz; Staatsangeh.: Sachsen; Vorbildung: Gymn. Chemnitz Reife O. 97; Studium: Leipzig 5, München 5 S.; Coll. 4. Juli 02; Approb. 15. März 02.]

Schreckenbach, Josef Andr.

— das 23. Kap. der Geschichte Jesu Christi, nach d. Matthäus. Als Probe einer handschriftl. vollendeten Uebersetzung d. Evangeliums, Sachkennern zur freimüth. Beurtheilung vorgelegt. 8. Plauen 804.

Schreckenbach, Jos. Andr., († d. 9. Febr. 1815.) drei Predigten für Leser, welche im Denken nicht ganz ungeübt sind. 8. Hof u. Schneeberg 801. (Grau).

Schreckenbach, Paul, der getreue Kleist. Ein Roman aus der Zeit des großen Königs. 1.—3. Tausf. (Je 340 S.) 8. Leipzig 910. L. Staackmann. 4.—; geb. in Leinw. 5. —

— Der König v. Rothenburg. Eine alte Reichsstadtgesch. (340 S.) 8. Ebd. 911. 4.—; geb. in Leinw. 5. —

— Der böse Baron v. Krosigk. Ein Roman aus d. Zeit deutscher Schmach u. Erhebg. 5. Tausf. (406 S.) 8. Ebd. 908. 4.50; geb. in Leinw. 6. —

[F.] **Schreckenbach,** Paul *Friedrich Immanuel*: Luther und **der Bauernkrieg** ... Oldenburg, Schulzesche Hof-Buchdr., **1895; 45 S., 1 Bl. 8.**

Leipzig, Phil. Fak., Inaug.-Diss. v. [17. Mai] 1895

Schreckenbach, Paul, römische Moraltheologie u. das 6. Gebot unter besond. Berücksicht. der Liguori-Broschüre des Prinzen Max v. Sachsen gegen R. Graßmann, s.a. Streitschriften, freundschaftliche. Nr. 72.

Römische Moraltheologie und das 6. Gebot, unter besond. Berücks. d. Liguori-Broschüre d. Prinzen Max v. Sachsen gegen R. Graßmann von Dr. phil. Paul **Schreckenbach.** T. 1. 2. Barmen: D. B. Wiemann [1901]. 2 Bde 8° [F.]

1. Graßmann u. d. Prinz von Sachsen. 2. Römische Moralentscheidungen.

— **Streitschriften,** Freundschaftliche. No 72. 73. [06. 1585]

Schreckenbach, Paul, nur keine Leidenschaft, s.a. Bloch's, Ed., Theater-Korrespondenz.

Schreckenbach, Paul: Nur keine Leidenschaft! Lustspiel in 1 Aufzug von –. Berlin: E. Bloch (1901). (22 S.) 8°
= Theater-Korrespondenz. Eduard Blochs. No 320.

Schreckenbach, Paul, die v. Wintzingerode. Ein Roman aus dem 16. Jahrh. (438 S.) 8. Leipzig 905. [C. E. Poeschel.] L. Staackmann. n. 4. —; geb. in Leinw. n. 5. —

— Die v. Wintzingerode. Ein Roman aus d. 16. Jahrh. 3. Tausf. (438 S.) 8. Ebd. (908). 4.—; geb. in Leinw. 5. —

— der Zusammenbruch Preußens im J. 1806. Eine Erinnerungsgabe f. das deutsche Volk. Mit 100 Illustr. u. Beilagen nach zeitgenöss. Darstellgn. (VI, 208 S.) **Lex.-8. Jena 906.** E. Diederichs. n. 6. —; geb. n. 8. —

SCHRECKENBACH, Paul, Der Zusammenbruch Preussens im Jahre 1806. (19**.) 8°. (Mk. 8—.) (4 Mk., gutes Expl. im Orig.-Bd., J. Frank, Würzburg, 1910, ohne Angabe von Ort u. Jahr.)

Schreckenbach, Rudolf: Beiträge zur Kenntnis der Reaktionsfähigkeit von in β-Stellung nicht substituierten Indolen. 1910. 66 S. 8° ¶ Vgl. Journal f. prakt. Chemie. Bd 195. N. F. Bd 87. 1913.
Dresden, Dr.-Ing.-Diss. v. 11. 5. 1910

Schreckenberger, Carl Wilh., die Freibeuter der Musikkunst. Zeitgemäße Erörterungen über die in neuerer Zeit erscheinenden Kunst-Kritiken. München 862. Lentner in Comm. gr. 8. (12 S.) 3 ngr.

Schreckenberger, Oscarus: De coxalgia. Halae (1867): Ploetz. 35 S. 8°
Halle-Wittenberg, Med. Diss. v. 2. März 1867
Geb. Wittenberg 17. 8. 1842. V.
Verf. erlebte die Diplomerneuerung 1917 als Geheimer Sanitätsrat in Celle. vgl. Anh. Nr. 442.

Schreckenberger, Paul: Über die Einwirkung von Monochloraceton auf Naphtole und die Synthese zweier isomeren Methylnaphtofurfurane. *Rostock 1897: C. Boldt.* (36 S.) 8°
Rostock, Phil. Diss. v. [25. Juni] 1897

Schreckenberger, Wilh., Denkschrift über die Stellung der deutschen Militär-Kapellmeistor. gr. 4. (22 S.) München 882. (Neu-Ulm, Stahl.) n. 1. —

Schreckenberger, Wilh., Denkschrift über die Stellung der deutschen Militär-Kapellmeister. gr. 4. (22 S.) München 882. (Regensburg, Verlagsbureau.) *

Schreckenberger, W. Denkschrift über die Stellung der deutschen Militär-Kapellmeister. München 1882. 22 S. 4°
— — 2. Aufl. 1883. 40 S.

—— kurzgefasste Geschichte der Musikkunst und Standpunkt derselben gegenüber der modernen Zeit. gr. 8. (VII, 84 S. mit 6 Stnt.) München 880, (Franz'sche Buchh.) *

Schreckenberger, Wilh., kurzgefasste Geschichte der Musikkunst und Standpunkt derselben gegenüber der modernen Zeit. 8. München 880. Hannover, Oertel. *

* **Schreckencomödie, die; ein Taschenbuch, nebst e. Anh. kl. Gedichte, herausg. v. Stoll, m. K. 12. Wien, Geistinger. 810.**

Schreckeneder Rupert: Pflanzennamen in den Ortsnamen Nordfrankreichs.
H. 1910 PN 2910 Diss. Wien Univ. 2309

Schreckenfels, Alex(ander) Adolph(us) de: De febris vulnerariae notione et cura. Halae (1830): Gebauer. 31 S. 8°
Halle-Wittenberg, Med. Diss. v. 17. Apr. 1830
Geb. Genf 26. 11. 1806. V.
Verf. hieß ursprünglich v. Issakoff und erhielt 1827 den preußischen Adel unter dem Namen v. Schreckenfels
Er erlebte das 50jährige Dr.-Jubiläum 1880 als preußischer Kammerherr König Friedrich Wilhelms III. in Teheran.

Schreckenfels, Friedrich Benedikt (Leipzig) A. S. 319/7

De bonorum ecclesiasticorum mediatorum et immediatorum differentia respectu reservati ecclesiastici dissertatio inauguralis juris publici.
Erfurt (Grosch) 16. VI. 1730. 40 S. 31392

Schreckensbilder u. rührende Gemälde. Von e. alten Bekannten. (Gedichte.) 8. (7 B.) Zerbst 830, (Kummer.)

Schreckenshöhle, Die, oder die Leiden der jungen Miranda . . . Nach d. Engl. . . . Leipz. 1810. V: *Vulpius, Christian August.* (EE) (MGT) (Ky)

Schreckenshöhle, die, oder die Leiden der jungen Miranda, (v. Chr. A. Vulpius). 8. Leipz. 810. Ind.-Compt. 18 gr

Schreckensjahre, Die, von Lindheim . . . Für das Christenvolk erzählt. Hanau 1843. V: *Oeser, Rudolf.* (HS II, 539) (Zeitschr. f. Büch. N. F. 15, 1923, S. 121)

Schreckensjahre, die, von Lindheim. Ein Beitrag zur Sittengeschichte des 17. Jahrhunderts. Für das Christenvolk erzählt. 8. Hanau 843, König. 1/4 ß

Schreckensjahre, die, von Lindheim. Ein Beitrag zur Sittengeschichte des 17. Jahrh. Für das Christenvolk erzählt. 8. (7½ B.) Hanau 843, [Frankfurt a. M., Zimmer.]

Schreckensnacht, die, im Kanton Baselland, verursacht durch e. Wolkenbruch in d. Nacht d. 10./11. Aug. 1896. gr. 8. (15 S.) Wytikon-Zürich 896. G. Schilde. — 10

Schreckensnacht, die, auf e. Leuchtturm, s. a. Volks-Erzählungen, kleine.

Schreckensnacht, die, auf einem Leuchtthurm. Steuert nach Nordwest. Zwei Erzählungen. (64 S.) Mülheim 874, Bagel. *

Die **Schreckensnacht** auf einem Leuchtturm. Am Strande. 2 Erzählungen. Mülheim a. d. Ruhr: J. Bagel [1902]. (64 S.) 8° [—] 1.6. 1904

Schreckens-Nächte eines Reisenden, s. a. Bork.

Schreckensnächte eines Reisenden auf d. Vorgebirge d. guten Hoffnung; eine aus dessen Tagebuche entlehnte wahre Geschichte neuerer Zeit; hrsgg. von K. F. W. Bork. 8. Leipz. 825. Lauffer. 1 ß

Schreckensstunden. Unsere Schr.-St. in Baden, am dreyssigsten Tage Heumonat's 1819. Von einem Augenzeugen. 8. Baden 1819.

Schreckensscenen in Charlottenburg oder die Abschlachtung der Demokraten am Sonntag den 20. August. Druck von F. Reichardt u. Co. 1 Bl. Fol.
Flugblatt. Berlin, 21. Aug. 1848.

Schreckensscenen aus dem Leben d. unglückl. Rosaura Morano, während Napoleons Krieg in Spanien, v. C. Hildebrand. 2 Thle. 8. Quedlinb. Basse. 814.

Schreckensscenen in Leipzig im Sept. u. Oct. 1813, s. a. Leipzig.

Schreckensscenen, Leipzigs, im September und October 1813. Von . . . einem Augenzeugen. Zur Erinnerung für seine Bürger, zur Nachricht für Auswärtige. **Leipzig 1813. V: *Becker, Gottfried Wilhelm.* (Mitth. von Alex. Kuhr, Berlin) Vgl. IV, 1288.**

Schreckensscenen, Leipzigs, im September und Oktober 1813 . . . Leipzig 1814. V: *Becker, Gottfried Wilhelm.* (MGT) (Ky) (Pr) (BrMm)

Schreckensscenen aus dem Norden von J. Taillefas. 8. Dresden, Arnold. 820.

SCHRECKENSSCENEN aus den Ritterzeiten. (Liederl. dialogisirte Erzählgn.) Mit TKpf. (Fehmgericht). Leipzig, bey Voss u. Leo, o. J. (1792). 12°. (3 Mk., hübsches Expl., P. Neubner, Cöln, 1892.)
Tit., 1 Bl. Inh. u. 364 SS. Enth. 8 Nrn.: 1. Die zweyte Lukretia. 2. Unverschuldetes Elend. 3. Erloschene Liebe. 4. Das einsame Grab. 5. Grausame Rache d. verschmähten Liebhabers. 6. Launen d. Schicksals. 7. Der Fürstenmörder. 8. Bischofswuth u. Ritterrache.

Schreckenstag, der, von Katharinenfeld. Basel 866. (Berlin, E. Beck.) 8. (IV, 96 S.) n. 5 ngr.

Schreckenstag, der, v. Katharinenfeld. 2. Aufl. 8. (64 S.) Basel 883. Missionsbuchh. n. — 30

Schreckenstage, die, des Aufruhrs zu Celle am 18. u. 19. Juli 1866. Celle 866. Schulze'sche Buchh. 8. (14 S.) 1½ ngr.

Schreckenstage, die, in Hamburg vom 5. bis 8. Mai. Berichte von Augenzeugen. 2 Hfte. gr. 8. Bremen 842, Kaiser. n. 1/6 ℔

Schreckenstage, die, auf dem Hauenstein. Nach den Berichten von Augenzeugen dargestellt von einem schweizer. Schriftsteller. 8. (32 S. mit 1 Stnt. in qu. gr. 4.) Langnau 857. (Bern, Blom.) *

([Schreckenstage. Die Schr'] des Herbstmonats 1802.) Njbl. s. [Schulthess, Johannes II].

Schreckens-Tage der unglückl. Elmira Hetikar, s.a. Bibliothek, wohlf., v. Unterhaltungsschriften, 16. Bdchn.

Schreckenstage der unglücklichen Elmire Hetikar, einer jungen Griechin aus Jassy; eine Schaudergeschichte aus d. gegenwärtigen griech.-türk. Kriegs-Epoche; aus d. Papieren eines ***schen Gesandtschafts-Secretärs; frei nach d. Engl. bearb. von E. M. Rittler. 8. Leipz. 822. Klein. 1 ℔

Schreckenstage, die, v. Laibach. Von J. R. Geschildr. v. e. Augenzeugen. M. (4) Illustr. nach Photogr. aus d. Atelier Helfer. 12. (36 S.) Laibach 895. L. Fischer. — 40

— die, Leipzig's vom 2., 3., 4. u. 5. Sept. 1830. Unpartheiisch dargest. u. nach ihren Ursachen u. nothwend. Folgen freimüthig erörtert. 8. (3 B.) Halle. (Leipzig, Wienbrack.)

— die Prager. 1.—4. Tausd. 8. (à 68 S.) Dresden-Blasewitz 898. H. Minden. n. — 60

Schreckenstage, Die, der grossen Überschwemmung in Sachsen am 31. Juli, 1. 2. 3. August 1858. [Leipzig 1858.] V: *Dietrich, Ewald Victorin.* (BEM I, 1, S. 53)

Schreckenstage, die, Wiens! Die Ursachen des Kampfes u. jene des unglücklichen Ausganges. Vom ersten Adjutanten des Ober-Commandanten Messenhauser. gr. 4. (4 S.) Dresden 848. (Kori.) n. 1 ngr.

Schreckenstein, die Burg, in Geschichte und Sage. Ein Bild aus Deutschböhmen. 3. verm. und verb. Aufl. 8. (VII, 119 S. mit 6 Illustr.) Aussig 888, Grohmann. * geb. *

Schreckenstein, die Burgruine, und ihre Sagen. Mit 5 (Holzschn.- und chromolithogr.) Abbild. nach E. G. Dorell. 2. Aufl. 16. (121 S.) Aussig a. d. E. 883, Grohmann. *
1. Aufl. war nicht im Handel.

Schreckenstein, Ritter Hugo v., genannt der Frevelhafte, oder lieber Leben als Unschuld verlieren. Romantische Schauersage der Vorzeit erzählt von G. und B. Dom. 8. (47 S.) Urfahr-Linz 878, Kraußlich.

Schreckenstein, K. H. v., Philipp Chr. Fr. Graf v. Normann-Ehrenfels, Kgl. württ. Staatsminister, geb. 1756, gest. 1817. Denkwürdigkeiten aus dessen eigenhänd. Aufzeichnungen. Mit Einleitg. u. Beilagen. 8. (395 S.) Stuttgart 891. W. Kohlhammer. n. 6. —

v. Schreckenstein, Roth, s.a. Roth v. Schreckenstein.

Schreckenstein, v., Reim, u. v. Engelberg, Flora der Gegend um den Ursprung d. Donau rc. s. Flora.

Schreckenstein, Roth v., die Kavallerie in der Schlacht an der Moskwa, — Vorlesungen über den Sicherheitsdienst im Felde, } s. Roth v. Schreckenstein.

Schreckensthurm, Der, am See, oder die mitternächtliche Todtenglocke . . . Chemnitz 1807. 2. Aufl. 1822. V: *Kerndörffer, Hnr. August.* (NN) (Ky) (MGT)

Schreckensthurm, Der, am See oder die mitternächtliche Todtenglocke. Vom Verfasser des Carlo Orsino. Chemnitz und Leipzig 1808. 1813. 1823. Stuttg. 1864. V: *Kerndörffer, Heinrich August.* (BGE VII³, 209)

Schreckensthurm am See, d., od. d. mitternächtl. Todtenglocke, vom Verf. d. Carlo Orsino, m. K. 8. Chemnitz, Maute. 808.

Schreckensthurm, der, am See, oder die mitternächtliche Todtenglocke, vom Verf. des Carlo Orsino. Neue Ausg. m. 1 K. 8. Chemnitz, W. Starke. 813. Rthlr.

Schreckensthurm, der, am See, od. die mitternächtl. Todtenglocke; vom Verfass. des Lorenzo (H. A. Kernbörfer). Mit 1 Kpf. 8. Chemnitz 2e Aufl. 822. Starke. 1 ℔ 12 gr.

Schreckensthurm See
Der Schreckensthurm am See oder die mitternächtliche Todtenglocke. Vom Verf. des Lorenzo. 3. Aufl. 1863
s.a. Kerndörffer, Heinrich August [Verf.]

Schreckensthurm, der, am See oder die mitternächtl. Todtenglocke. Vom Verf. des Lorenzo. 3. Aufl. 16. (230 S.) Stuttgart 863, Fischhaber.

Schreckenthal, Paul, die Entwicklung des internation. Seekriegsrechtes seit der Pariser Deklaration unter besond. Berücksicht. der Gesetzgebung Österreich-Ungarns. (Publikationen d. Export-Akademie.) (43 S.) gr. 8. Wien 909. K. k. österr. Handelsmuseum. — 60

Schreckenthal, P., s. Handelsgesetze des Erdballs.

Schreckenthal, Paul, das österreichische öffentliche u. Privat-Seerecht. Kurze systemat. Darstellg. (X, 198 S.) Lex.-8. Berlin 906. Deutsches Verlagshaus Bong & Co. n. 6. 70

Schrecker, Emil

— „Ich bin der Weinstock, ihr seid die Reben!" Biblische Ansprache, geh. auf dem Jahresfeste der Vereinigg. für entschiedenes Christentum, am 4. V. 1902 in Erfurt. (12 S.) 8. Ebd. (903). n. — 10

Schrecker, Emil, welchen Segen empfangen wir im Heiligen Abendmahl? Vortrag. 2. Aufl. (32 S.) kl. 8. Neudietendorf (906). B. Eifert & E. Scheibe. n. — 20

Schrecker, Emil. Wie sind die socialen Probleme der Gegenwart auf der Kanzel zu behandeln? Vortrag. gr. 8. (31 S.) Lpz. 891, Fr. Richter. * — 50

Schrecker, Erich, appr. Arzt a. Seehausen i. A., Assistenzarzt im 3. Bad. Feldart.-Reg. Nr. 50: Bauchnaht nach Laparotomie. Berlin (1908): G. Schade. (28 S.) 8°
Berlin, Med. Fak., Ref. Hildebrand, Diss. v. 18. Jan. 1908
[Geb. 5. Dez. 83 Seehausen i. A.; Wohnort: Karlsruhe i. B.; Staatsangeh.: Preußen; Vorbildung: Gymn. Halle a. S. Reife O. 01; Studium: Berlin 10 S.; Coll. 16. Jan. 08; Approb. 11. März 07.]

Schrecker, Ernst: Der Religionsbegriff bei Schleiermacher und seinen namhaftesten Nachfolgern, unter vornehmlicher Berücksichtigung derjenigen, bei welchen Hegelsche und Neu-Kantische Einflüsse zu erkennen sind. . . . Jena, Frommannsche Buchdr. (Hermann Pohle), 1890; VIII + 85 S. 8°
Jena, Phil. Fak., Inaug.-Diss. v. 1890

Schrecker, Ernst, der Religionsbegriff bei Schleiermacher u. seinen namhaftesten Nachfolgern, unter vornehml. Berücksichtigung derjenigen, bei welchen Hegel'sche u. Neu-Kantische Einflüsse zu erkennen sind. Inaug.-Diss. gr. 8. (VIII, 85 S.) Jena 890. (Pohle.) n. 1. 20

Schrecker, Kurt *Christian* [aus Seehausen i. d. Altmark]: Zur Prognose der Kopfschussverletzungen ... Berlin, C. Vogts Buchdr., *1895*; 32 S., 2 Bl. 8.
Berlin, Med. Fak., Inaug.-Diss. v. 8. März 1895

Schrecker, Ulr., das landesfürstl. Beamtentum in Anhalt von seinen ersten Anfängen bis zum Erlass bestimmter Verwaltungsordnungen, s.a. Untersuchungen zur deutschen Staats- u. Rechtsgeschichte.

Schrecker, Ulrich, a. Halle a. S.: Das landesfürstliche Beamtentum Anhalts im Mittelalter (ungefähr 1200—1450). Breslau: M. & H. Marcus 1906 [übergekl.: Halle a. S. 1906]. (VIII, 57 S.) 8° (Enthält nur T. 1; erscheint vollst. in: 'Untersuchungen zur deutschen Staats- u. Rechtsgesch.' u. d. T.: 'Das landesfürstliche Beamtentum in Anhalt von seinen ersten Anfängen bis zum Erlaß bestimmter Verwaltungsordnungen (ungefähr 1200—1574)'.)
Halle, Phil. Fak., Ref. Lindner, Diss. v. 18. Juni 1906
[Geb. 5. Dez. 82 Seehausen, Altmark; Wohnort: Halle a. S.; Staatsangeh.: Preußen; Vorbildung: Stadt-Gymn. Halle Reife O. 01; Studium: Halle 3, Tübingen 1, München 1, Halle 6 S.; Rig. 20. Dez. 05.]

Schrecker. Ulr.: Das landesfürstliche Beamtentum in Anhalt von seinen ersten Anfängen bis zum Erlaß bestimmter Verwaltungsordnungen (ungefähr 1200—1574). Breslau 1906.
(Untersuchungen z. Dt. Staats- u. Rechtsgesch. hrsg. von Gierke. H. 86.)

Schrecker, Waldemar, aus Seehausen i. d. Altmark, Assistenzarzt im Inf.-Reg. von Horn (3. Rhein.) No 29: Über Iristuberculose. *Berlin (1902): G. Schade.* (30 S.) 8°
Berlin, Med. Diss. v. 30. Jan. 1902

Schreckhaase, Ernst, prakt. Arzt aus Alt-Damm: Ein Fall von Lungenechinococcus. *Greifswald 1900: H. Adler.* (33 S.) 8°
Greifswald, Med. Diss. v. 18. Juli 1900

Schreckhaase, Paul, praktische Anleitung zur Oelmalerei, s.: Buch, das praktische.

— Praktischer Ratgeber zur Erlernung der Oelmalerei. (64 S. m. Abb. u. 5 farb. Taf.) Lex. 8. Potsdam (910). Bonneß & Hachfeld. 2. —
Sonderabdruck aus: „Das prakt. Buch f. jedermann".

Schreckhas, Richard: Über Entstehungszeit und Verfasser des „Titus Andronicus". Berlin: Mayer und Müller 1906. (VIII, 64 S.) 8°
Rostock, Phil. Fak., Ref. Lindner, Diss. v. 21. Dez. 1905
[Geb. 6. April 78 Braunschweig; Wohnort: Rixdorf; Staatsangeh.: Preußen; Vorbildung: Gymn. Braunschweig Reife M. 97; Studium: Göttingen 2, Berlin 2, Grenoble, Göttingen 2 S.; Rig. 19. Dez. 05.]

Schrecklich, Guido, Untreue üb. Alles od. die verhängnisvollen Knödel, s.a. Wallner's Thespiskarren.

Schrecklich, Guido: U n t r e u e über Alles oder die verhängnisvollen Knödel. Romant. Rittertragödie aus d. 12. Jahrh. in 3 Aufz. u. e. schrecklichen, schauder- u. furchterregendem Tableau von —. Berlin: E. Bloch [1894]. S. 195-199.) 8°
= Thespiskarren. Wallner's. Lfg 20.

Schrecknick, Eug., Etymologie der deutschen Sprache für die russische Jugend. gr. 8. (XII, 143 S.) Dorpat 878, Schnakenburg's Verlag. cart. *

Schrecknisse, die grausigen, der Schlangenburg, od. Ottilie, die schöne Büßende in dem unterirdischen Kerker des Jesuiter-Klosters. Vom Verf. des „Aroonasak". 8. Quedlinb. 827. Basse. 1 ℳ 4 Ɍ

Schrecknisse, die, den 1. Septbr. 1810 in Eisenach. Nebst 1 Grundriß u. e. Gedächtnißpredigt. gr. 8. Weimar. 1e u. 2e A. 810. Ind.-Compt. 12 Ɍ

Schrecksbach [Schlagwort]

Schrecksbach, s.: P r e u s s e n. Messtischblätter.

Schreder: Beschreibung eines Anemographen. 4 S. 8°. Czernowitz OR., Progr. 1865.

Schreder: Die Theorie der Gleichungen des dritten und vierten Grades. 10 S. Czernowitz. Progr. 1864

Schreder: Uebungen in der Trigonometrie. 8 S. u. Fgt. Pressburg kth., Progr. 1860.

Schreder: Ueber das Zifferrechnen mittelst Apparaten. 7 S. 8° Czernowitz OR., Progr. 1865

Schreder, Adolf, Referendar: Eine Entwickelung der Definition des Begriffes 'Tierhalter' im Sinne des Bürgerlichen Gesetzbuches, nebst einem Versuche, die Anwendung des § 254 B.G.B. auf § 833 B.G.B. unter besonderer Berücksichtigung des Gefährdungsgedankens zu regeln. Mayen 1908: Schreder. 37 S. 8°
Heidelberg, Jur. Diss. v. 9. Jan. 1909, Ref. Endemann
[Geb. 21. Aug. 84 Saarlouis; Wohnort: Cöln; Staatsangeh.: Preußen; Vorbildung: Gymn. Saarlouis Reife O. 03; Studium: Freiburg i. B. 1, München 3, Bonn 2 S.; Rig. 22. Okt. 08.] [U 09. 1898

Schreder, Eduard. Über die Beziehung der Kegelschnittslinien zu einander. 8 (S. 18—25 einschl. d. Figur).
Progr. Deutsch. Staats-G. *Kremsier* 1890

Schreder, Josef

Schreder, J., über Diphenole, s. B a r t h, L.

— über die Einwirkung von schmelzendem Aetznatron auf aromatische Säuren, } s.: Barth, L.

— Über eine Fluoreszein-Karbonsäure. S. 77. II. 29 . . . .
Separatabdruck

— Über die Konstitution der Isuvitinsäure. S. 91. II. 290 . . . . vgr.
Separatabdruck

— über die Oxydation des Resorcins zu Phloroglucin, s. B a r t h , L.

Schreder Josef: Über die Oxypikrinsäure (Styphninsäure) (mit 2 Holzschnitten). S. 63. II. 513 . . . . -
Separatabdruck

Schreder, J., über die Oxypikrinsäure. [Styphninsäure.] Lex.-8. (9 S. mit 2 eingedr. Holzschn.) Wien 871, (Gerold's Sohn.) *
Aus: Sitzungsberichte der k. Akademie der Wissenschaften, besonders abgedruckt.

— Über einige Umwandlungsprodukte der Rufigallussäure und das sogenannte Oxychinon. S. 81. II. 851 . . . . vgr.
Separatabdruck

Schreber, Katharina, praktisches Kochbuch mit 962 Kochregeln und 46 Speisenzetteln, gewidmet für Anfängerinnen. gr. 8. (IV und 344 S.) Wien (853.)856, Mechitaristen-Congregations-Buchh.

Schreder, Katharina, praktisches Koch-Buch m. 1083 Koch-regeln u. 46 Speisen-Zetteln. 9. Aufl., verm. durch Aloisia Schneider. gr. 8. (XV, 304 S.) Wien 888. Kirsch. n. 2. 40

Schreber, Katharina, praktisches Kochbuch mit 962 Kochregeln und 46 Speisenzetteln, gewidmet für Anfängerinnen. 3., verb. Aufl. gr. 8. (IV und 344 S.) Wien 860, Mechitharisten-Congregations-Buchh. * 20 Ngr.; cart. * 26 Ngr.; geb. *

Schreber, Katharina, praktisches Kochbuch mit 962 Kochregeln und 46 Speise-Zetteln für Anfängerinnen. 6. verb. Aufl. gr. 8. (IV, 340 S.) Wien 874, Kirsch.

Schreder, Katharina, praktisches Kochbuch m. 962 Kochregeln u. 46 Speise-Zetteln gewidmet f. Anfängerinnen. 7. verb. Aufl. gr. 8. (II, 330 S.) Wien 877. Kirsch. n. 2. 40

Schreber, Katharina, praktisches Kochbuch mit 1025 Kochregeln und 46 Speisen-Zetteln, gewidmet für Anfängerinnen. 7. Aufl. (330 S.) 1877; 8. Aufl., verb. und verm. durch Aloisia Schneider. gr. 8. (IV, 348 S.) Wien 882, Kirsch. * cart. * M 3.; geb. *

Schreder, Katharina, praktisches Kochbuch mit 1025 Kochregeln u. 46 Speisen-Zetteln, gewidmet für Anfängerinnen. 8. Aufl., verb. u verm. durch Aloisia Schneider. gr. 8. (IV, 348 S.) Wien 882. Kirsch. n. 2. 40; cart. n. 3. —; geb. n. 3. 60

Schreber, Katharina, praktisches Koch-Buch mit 1083 Kochregeln und 46 Speisen-Zetteln. 9. Aufl., verb. und verm. durch Aloisia Schneider. gr. 8. (XV, 304 S.) Wien 888, Kirsch. *

Schreder, Kath., Praktisches Kochbuch mit 1083 Kochregeln und 46 Speisezetteln. Verbessert und vermehrt durch Aloisia Schneider. 10. Auflage. Gr.-8. (XVI und 304 S.) Wien: Kirsch 1896. 2.40

Schreder, Louis, Führer durch die Stadt Mayen u. deren Umgebg. Unter Mitwirkg. des Verschönerungs-Vereins hrsg. Mit 1 (farb.) Karte u. zahlr. Abbildgn. (34 S.) 8. Mayen 906. L. Schreder. n.n. — 60

Observationes in T. Macci Plauti Epidicum. Von Carolus Schredinger, Stdl. — 1884, Schweinfurt, ibid. — S. 3—78ᵉ.
Progr. Münnerstadt, K. Gymn.

Schredl, Leo, appr. Arzt a. München: Aus d. Prosektur d. städt. Krankenhauses München r. d. Isar. Prosektor: Privatd. Dr. Oberndorfer. Ueber einen Fall von Thrombose der Mesenterialvenen und der Vena portae mit folgender Abszessbildung in der Leber nach Appendicitis perforativa. München 1907: C. Wolf & Sohn. (27 S.) 8°
München, Med. Fak., Ref. v. Bollinger, Diss. v. 19. Juli 1907
[Geb. 8. Febr. 76 München; Wohnort: München; Staatsangeh.: Bayern; Vorbildung: Luitpold-Gymn. München Reife Juli 97; Studium: München 4, Gießen 1, München 12 S.; Coll. 19. Juli 07; Approb. 15. Juni 06.]

Schreer, Jh. Glo., († d. 23. Mai 1807.) prakt. Abhandl. üb. die auf den kubisch. Inhalt sich gründende Ausmittelung des wahren Holzwerthes, f. Forstliebhaber, Forstbediente ꝛc. Mit 15 Tabb. 4. Glogau 805. C. F. Günther. 4 ß 12 ₰

Schrefeld, O., General-Register, s.: **Zeitschrift des Vereins der deutschen Zucker-Industrie.**

Schreff, Heinrich

Schreff, H., die Einübung des Unterrichtsstoffes, s. a. Lehrer-Prüfungs- u. Informations-Arbeiten. 28.

Schreff, Heinrich: Die E i n ü b u n g des Unterrichtsstoffes. Von Schulrat —. 2. verb. Aufl. Minden: A. Hufeland 1904. (13 S.) 8⁰
= Lehrer-Prüfungs- u. Informantions-Arbeiten. H. 28, 1.

— an die Eltern! 25 Worte üb. die Erziehg. 2. Aufl. gr. 8. (31 S.) Dortmund 894. (Köppen.) n.n. — 25

Schreff, H.: An die E l t e r n ! 25 Worte über die Erziehung von H. Schreff, Kgl. Kreisschulinsp. 9. Aufl. ... Neuwied, Leipzig, Berlin: L. Heuser [1896]. (31 S.) 1 Bd 8⁰

— Feier des Geburtstages unseres Kaisers in der Mark. 8. (24 S. m. 1 Bildnis.) Gütersloh 893. C. Bertelsmann. n. — 30

Schreff, H., vaterländ. Geschichte, s.: Grosse-Bohle.

[F.] Schulbriefe an einen jungen Lehrer. Von H[einr.] **Schreff**, Kgl. Kreisschulinsp. *Neuwied & Leipzig: Heuser 1898.* (VIII, 104 S.) 1 Bd 8.
98. 9394

— unsere Schulzucht, s.: Schumann, J. Chr. Glob.

— Fr. **Löhr u. P. Wischmeyer,** Übungsstoffe f. den Unterricht in Sprachlehre, Rechtschreibung, Stil- u. Begriffsbildung im Anschlusse an das Arnsberger Lesebuch in 5 Hftn. (Ausg. A.) gr. 8. Arnsberg 902. J. Stahl. n. 1.60
I. 3. Schulj. Für einfache Schulverhältnisse 3. u. 4. Schulj. 3. Aufl. 11.—15. Tausend. (31 S.) n. — 20
II. 4. Schulj. Für einfache Schulverhältnisse 5. u. 6. Schulj. 3. Aufl. 11.—15. Taus. (40 S.) n. — 25
III. 5. Schulj. Für einfache Schulverhältnisse 7. u. 8. Schulj. 3. Aufl. 11.—15. Taus. (48 S.) n. — 30
IV. 6. Schulj. 2. Aufl. 6.—10. Taus. (48 S.) n. — 35
V. 7. Schulj. 2. Aufl. 6.—10. Taus. (68 S.) n. — 40

— — — dasselbe, im Anschlusse an das deutsche Lesebuch m. Bildern v. Gabriel u. Supprian. (Ausg. B.) 5 Hfte. gr. 8. Ebd. 901. n. 1. 45
I. 3. Schulj. Für einfache Schulverhältnisse 3. u. 4. Schulj. (28 S.) n. — 20
II. 4. Schulj. Für einfache Schulverhältnisse 5. u. 6. Schulj. (36 S.) n. — 25
III. 5. Schulj. Für einfache Schulverhältnisse 7. u. 8. Schulj. (44 S.) n. — 30
IV. 6. Schulj. (46 S.) n. — 30
V. 7. u. 8. Schulj. (62 S.) n. — 40

Übungsstoffe für den Unterricht in Sprachlehre, Rechtschreibung, Stil- und Begriffsbildung in 5 Heften im Anschl. an d. Deutsche Lesebuch mit Bildern von Gabriel u. Supprian. ⟨Ausg. C für den Reg.Bez. Düsseldorf.⟩ Unter Mitw. von rhein. Schulmännern hrsg. von **H[einr.] Schreff**. F[riedr.] Löhr, u. P. Wischmeyer. H. 1–5. *Arnsberg: J. Stahl 1902.* 5 Bde 8° [F.]
1. 3. Schuljahr. Für einf. Schulverhältn. 3. u. 4. Schuljahr.
2. 4. Schuljahr. Für einf. Schulverhältn. 5. u. 6. Schuljahr.
3. 5. Schuljahr. Für einf. Schulverhältn. 7. u. 8. Schuljahr.
4. 6. Schuljahr
5. 7. u. 8. Schuljahr. [03. 2107 6

Übungsstoffe für den Unterricht in Sprachlehre, Rechtschreibung, Stil- und Begriffsbildung in 4 Heften im Anschl. an d. deutsche Lesebuch mit Bildern von Gabriel u. Supprian. Von Schulrat H[einrich] **Schreff**, Fr. Löhr, Rektor, u. P. Wischmeyer, Rektor. Ausg. B. 2. Aufl. H. 1–4. Arnsberg: J. Stahl 1904. 4 Bde 8° [Umschlagt. F.]
1. 3. Schuljahr. 2. 4 Schulj. 3. 5. u. 6. Schulj. 4. 7. u. 8 Schulj. [05. 9359 6

— **Fr. Löhr u. P. Wischmeyer**, Uebungsstoffe f. den Unterricht in Sprachlehre, Rechtschreibg. u. Stilbildg., im Anschlusse an das Arnsberger Lesebuch in 5 Heften. (Ausg. A) 1.—3. Heft. 8. Arnsberg, J. Stahl. n.n. — 55
I. 3. Schulj. 5. Aufl. 21.—25. Tauf. (16 S.) 906. — 10
II. 4. Schulj. 5. Aufl. 21.—25. Tauf. (20 S.) 906. — 15
III. 5. Schulj. 7. u. 8. Schulj. 4. Aufl. 16.—20. Tauf. (48 S.) 904. n.n. — 30

— Fr. Löhr u. P. **Wischmeyer**, Übungsstoffe f. d. Unterricht in Sprachlehre, Rechtschreibung u. Stilbildung, im Anschlusse an das Arnsberger Lesebuch in 5 Heften. I.–IV. Heft. (Ausg. A.) gr. 8. Arnsberg 907. J. Stahl. — 70
I. 3. Schulj. 6. Aufl. 26.—30. Tauf. (16 S.) — 10
II. 4. Schulj. 6. Aufl. 26.—30. Tauf. (20 S.) — 15
III. 5. Schulj. 5. Aufl. 21.—25. Tauf. (32 S.) — 20
IV. 6. Schulj. 4. Aufl. 13.—18. Tauf. (32 S.) — 25

— — — Übungsstoffe f. d. Unterricht in Sprachlehre, Rechtschreibung, Stil- u. Begriffsbildung in 4 Heften im Anschlusse an das deutsche Lesebuch m. Bildern v. Gabriel u. Supprian. (Ausg. B.) I. Heft. 3. Schulj. 3. Aufl. (24 S.) 8. Ebd. 908. — 15

Schreff, Hein. [illegible]
[illegible] Berlin 18[illegible] 8°
Berlin, Med. Diss. v. 12. Aug. 18[illegible]

Schreff, Reiner [aus Düren]: Über Sarcome der langen Röhrenknochen nebst Beitrag zur Casuistik ... Würzburg, Druck d. Bonitas-Bauer'schen k. b. Hofbuchdr., 1892; 33 S. 8.
Würzburg, Med. Fak. Inaug.-Diss. v. 1892

Schregel, F., der Fürstensohn, s. Album. Bibliothek deutscher Originalromane.

Schregel, Fr., Anweis. zum Anbau u. zur Benutzung des Mais, od. türk. Weitzens, besond. im nördl. Deutschland 2c. Mit Anmerkk. u. e. Vorrede v. A. Thaer. 8. Berl. 809. Reimer. 7 gr.
(Aus d. Annalen d. Ackerbaues abgedr.)

Schregel, G. S.

Grundzüge zu einer neuen Finanzverwaltung für den preuss. Staat mit Rücksicht auf seine veränderte Regierungsform und seine Stellung zu Deutschland. Ein Wort zur Verständigung aller streitenden Parteien von G. S. (Schregel). gr. 8°. Berlin, Gebauer, 1849.

Schregel, Jos., Det on Dat. (130 S.) 8. Düren (907). W. Solinus. 1.80; geb. m. Goldschn. 2.50

Heimatkund, Heimatmund. Von Josef **Schregel**. Düren: Selbstverl. [1910]. 160 S. 8° [11. 13287 6

Schregel, Jos., Dürener Läppc. Gedichte in Dürener Mundart. (VII, 121 S.) 12. Düren 902. L. Vetter & Co. n. 2.—; geb. n. 2.60

Schregel, Josef: S a a c h e zom Laache von –. 2. Aufl. Düren: W. Solinus 1906. (112 S.) 8°

Schregenberger, J., Joh. Josef Batlogg, der tapfere Landammann v. Montafon. Volksschauspiel in 4 Akten. Zeit der Handlg.: Kriegsjahre 1796—1800. Bearb. nach der gleichnam. Broschüre v. Herm. Sander. (63 S.) kl. 8. Bregenz (909). J. N. Teutsch. — 70

Schreger, Adl, eine gute Nacht, od. gute Gedanken, Nachts vor dem Schlafengehen. 3te Ausg. 8. München, Lentner. 812. Rthlr. -

Schreger, Bernhard Nath. Gottlob

s. **Annalen der engl. u. französ. Chirurgie.**

Schreger, Bhrd. Nath. Glo., Annalen des chirurg. Clinicum auf d. Universität zu Erlangen. 1r Jahrg. 1816. gr. 8. Erlang. 817. Palm u. E. 16 gr.

Schreger, Bernh. Nath. Glob, Erfahrungsmässige Anweisung zur richtigen Kenntniss der Krankheiten der Wald- und Gartenbäume, Getreidearten, Futtergewächse, Küchengewächse und Blumen, nebst den bewährtesten Mitteln dagegen. Leipzig 1795. 8. . . . . (b)

— Auswahl zerstreuter kleiner Schriften, medicin. u. chirurg. Inhalts; aus d. Latein. mit eignen Beobachtt. versehen. Mit 2 Kpf. 8. Leipz. 801. Köhler. 18 gr.

— theoret. u. prakt. Beitr. zur Kultur der Saugaderlehre. 1r Bd. Mit 2 Kpf. 8. Leipz. 793. Kohler. 18 gr.

Beobachtungen und Bemerkungen über die beweglichen Concremente in den Gelenken, und ihre Exstirpation. Ein Programm z. Eröffnung d. chirurg. Klinikum auf d. Universität zu Erlangen von Bernhard Gottlob Schreger. Erlangen 1815 (:Kunstmann). 22 S. 8°

— Progr. Beobachtt. u. Bemerkk. üb. die bewegl. Concremente in den Gelenken u. ihre Exstirpation. gr. 4. Erlang. 815. (Palm u. E.) 6 gr.

S c h r e g e r, (Bernh. Gottl.,) de bursis mucosis subcutaneis. Acced. tabb. IV. lithograph. Roy. Fol. Erlangae 825, Palm et E. Fein Velin-Pap. 4 Rthl. 20 gr. Deutsch Velin-P.

— pelvis animantium brutorum cum humana comparatio. Spec. I. 4. Leipz. 787.

s. **W. Cullen, Vorlesungen.**

s. **Dechamps Beobachtt.**

Schreger, Bhrd. Nath. Glo., krit. Dispensatorium der geheimen, specifischen u. universellen Heilmittel. gr. 8. Leipz. 794. Weygand. 1 Rthlr. 4 gr.

— fragmenta anatomica et physiologica, c. tabb. aen. Fasc. I. 4. Leipz. 791. Köhler. 7 gr.

— de functione placentae uterinae; ad virum illustrem Sm. Th. Sömmerring. 8maj. Erlangen 799. Palm. 8 gr. Schreibp. 10 gr.

s. **A. v. Gimbernat, neue Methode.**

— Grundriß der chirurg. Operationen. gr. 8. Fürth 806. Büreau f. Litt. 1 Rthlr. 8 gr. 2e Aufl. gr. 8. Nürnb. 818. Campe. 2 Rthlr. 3e Ausg. 2 Thle. gr. 8. Ebd. 825. 3 Rthlr.

Schreger, Bernhard Gottlob: Grundriss der chirurgischen Operationen. 2...verm.Ausg. 688 S., gbd.

Nürnberg: Campe 1819

JB 3.348

— Grundriß d. chirurg. Technik. gr. 8. Fürth 803.

s. Handbuch zur Heilkunde d. Pflanzenkrankheiten.

Schreger, Bernhard Gottlob: Handbuch der chirurgischen Verbandlehre. Th.I - 2, gbd., Abb.

Erlangen: Palm & Enke 1820 - 1822

JB 3.485

— Handbuch d. chirurg. Verbandlehre. 2r Thl. 1e u. 2e Abthlg. mit Kupfertaf. gr. 8. Erlangen 822—28, Palm u. E. II. 1. 1 Rthl. — II. 2. 1 Rthl. 20 gr.

s. Journal der ausländ. medicin. Literatur.

s. Juville, Abhandl.

De Irritabilitate vasorum lymphaticorum. Scripsit Bernhardus Gottlob Schreger. Lipsiae 1789: Ex Officina Solbrigiana. 68 S. 8°

— Lehrbuch der popul. Thierheilkunde. 1r Thl. Die Krankheiten des Hornviehes u. d. Pferde. gr. 8. Nürnb. 797. Monath u. K. 1 ∥ 16 gl

Schreger, Bernh. Nath. Gottlob, Lehrbuch der populären Tierheilkunde f. aufgeklärte Ökonomien. 1. Teil. Die Krankheiten des Hornviehes u. des Pferdes. 8. Nürnberg 797. Recknagel. M. 5.—

— Diss. inaug. de Corticis Fraxini excelsioris natura et viribus medicis. 4. Leipz. 791. Kohler. 4 gl

— über Nervenkrankheiten. s. W. Cullen.

— — Observationes de oestro ovino atque bovino factae. Mit 1 Tafeln. Leipzig 788.

— Plan e. chirurg. Verbandlehre u. üb. den Verband der Wunden am Schädel. Mit 2 Kpf. gr. 4. Erlang. 810. Palm. 14 gl

Schreger, Bernhard Gottlob (Übers.u.Comm.):

s.: Prévinaire, P.J.B.: Abhandlung über die verschiedenen Arten des Scheintodes und über die Mittel, welche die Arzneikunde und Polizei anwenden können, um den gefährlichen Folgen allzufrüher Beerdigungen zuvorzukommen. (Mémoire sur la question suivante, proposée...par l'Académie des Sciences, Belles-Lettres et Arts de Bruxelles: Quels sont les moyens que la médecine et la police pourroient employer pour prévenir les erreurs dangereuses des enterremens précipités... Dt.) Leipzig: 1790

JB 5.222

— Rechtfertigung seines ärztl. Verfahrens in d. Krankheit d. Grafen v. Kronefeld. gr. 8. Erlang. 801.

— tabulae armamentorum ad rem obstetriciam pertinentium, cum III tabb. aen. Vol. I. Fol. maj. Erlang. 800. Palm. 1 ∥ 12 gl

[Schreger, Bernh. Nath. Gottlob]: Der in allen Seuchen und Krankheiten des Haus- und Hofviehes unterrichtende und selbst heilende Thierarzt. Zeitz u. Naumburg 1793. IV, 254 S.

s. Thierarzt, der in allen Seuchen heilende.

— Uebersicht der geburtshülfl. Werkzeuge u. Apparate, ein Seitenstück zu Arnemanns Uebersicht d. chirurg. Werkzeuge. 8. Erlang. 810. Palm. 12 gl

Schreger, Med. hermeneutische Untersuch. der in der Bibel vorkommenden Krankheiten. 74 S. Lpz. 8°.
1794

— üb. d. Verband d. Schädelwunden, als Probestück einer künft. Verbandlehre, m. K. gr. 4. Erlangen, Palm. 810. -

— Versuch eines nächtl. Streckapparats für Rückgratgekrümmte. Mit 2 Kpf. gr. 4. Erlang. 810. Palm. 8 gl

Schreger, Bernhard Gottl(ob): Chirurgische Versuche. Bd 1 - 2, gbd., Abb.

Nürnberg: Schrag 1811 - 1818

JB 3.349

Bernh. Nathanael Gtl. Schreger, die Werkzeuge der ältern und neuern Entbindungskunst. I. Theil. Erlang. 1799. f. — Ebend. Uebersicht der geburtshülflichen Werkzeuge u. Apparate. Erlang. 1810. 8.

— die Werkzeuge der ältern u. neuern Entbindungskunst. 1r Thl. Mit 3 Kpftaf. gr. Fol. Erlang. 799. Palm. 1 ∥ Schreibp. 1 ∥ 8 gl

Schreger, Christian Heinrich Theodor

Pachur, Adolphus: Specimen ... de affinitatibus medicaminum naturalibus. [Praeses:] C[hristianus] H[enricus] Theodorus Schreger. Halae (1821): Baentsch. 25 S. 8°

Halle-Wittenberg, Med. Diss. v. 26. Mai 1821

Geb. Stargard (Pommern) 25. 9. 1795. V.

Vom Verf. ersch.: Tabellarische Arzneimittellehre für praktische Aerzte und Wundärzte. Berlin: Maurer 1824

— Balneotechnik, oder Anleitung Kunstbäder zu bereiten u. anzuwenden. 2 Theile. gr. 8. Fürth, Bureau f. Literatur (Campe in Nürnb.) 802.

— Balneotechnik, od. Anleit., Kunstbäder zu bereiten u. anzuwenden. 2 Thle. Mit Kpf. gr. 8. Fürth 802. (Campe in Nürnb.) 2 ∥

Schreger, Christian Heinrich Theodor [Praes.], s. Bauernstein, Friedr. Sam. Furchtegott: De encephalitide et phrenitide.

— kurze Beschreib. der chem. Geräthschaften ält. u. neuerer Zeit, als Beitr. zur Gesch. der Erfindung in der Chemie. 3 Thle. Mit Kpf. gr. 8. Fürth 802. (Campe in Nürnb.) 4 ∥

— tabellar. Charakteristik der ächten u. unächten Arzneikörper. gr. 4. Fürth 805. (Campe in Nürnb.) 1 ∥ 4 gl

— fluidorum corporis animalis Chemiae nosologicae specimen. 8. maj. Erl. Breuning. 800.

— Diss. inaug. fluidorum corporis animalis chemiae nosologicae specimen. 8maj. Erlang. 800. (Heyder). 12 gl.

Schreger, Christian Heinrich Theodor [Praes.], s. Clauss, Christian Friedrich Wilhelm: Disquisitionem potiorum inflammationis theoriarum.

— de senum diaeta. 8. Erlang. 798.

Schreger, Christian Heinrich Theodor [Praes.], s. Ficker, Friedrich Gottlob August: De naphthis artificialibus.

Schreger, (C. H. Th.,) Handbuch der Pastoral-Medizin für christl. Seelsorger gr. 8. Halle 824, Hemmerde u. S.

— Handbuch der Pastoral-Medicin für christl. Seelsorger. gr. 8. Halle 824. Schwetschke u. S. 1 rf 20 gl.

— Handbuch z. Selbstprüfung unserer Speisen u. Getränke. gr. 8. Nrnb. Stein. 810.

— s. Hausapotheke, kleine.

C[hristianus] H[enricus] Theodorus Schreger: De Hydrophobia. [Resp.:] Jo[annes] Frid[ericus] Aug[ustus] Mewers. Halae (1824): Grunert. 32 S. 8°

Halle-Wittenberg, Med. Diss. v. 17. Nov. 1824

— Operationslehre f. Thierärzte. gr. 8. Fürth 803. (Campe in Nürnb.) 1 rf 8 gl.

— Osteochemiae Specimen. 8maj. Leipz. 811. Hertel. 5 gl.

Schreger, Christian Heinrich Theodor [Praes.], s. Pachur, Adolph: De affinitatibus medicaminum naturalibus.

Christ[ianus] Henr[icus] Theod[orus] Schreger: De Paralysi et paresi cordis. [Resp.:] Frider(icus) Iul(ius) Theinhardt. Halae (1819): Grunert. 33 S. 8°

Halle-Wittenberg, Med. Diss. v. 17. Nov. 1819

Christianus Henricus Theodorus Schreger: Quaedam de cura valetudinis, in artis chemicae exercitio quam maxime necessaria. o.O. (1811). 14 S. 8°

[Einladungsschrift zur Dr. med.- Promotion von Christian Gottlieb Dix, Wittenberg, 25. Nov. 1811]

— Reisediätetik. Prakt. Gesundheits- u. andern Lebensregeln f. Reisende zu Lande u. zu Wasser. 8. Halle 827, Hemmerde u. S.

— Reisediätetik. Prakt. Gesundheits- u. andere Lebensregeln f. Reisende zu Lande u. zu Wasser. 8. Halle 827. Schwetschke u. S. 1 rf

s. A. Scarpa, anatom. Untersuchungen.

s. P. Scheel, über Beschaffenheit ꝛc.

[Christianus Henricus Theodorus Schreger:] De variis hydroceleos Speciebus et novo hydrohaematoceleos hydatidosae exemplo. [Resp.:] Ludovicus Ehrlich. Halae (1824:) Grunert. 26 S. 8°

Halle-Wittenberg, Med. Diss. v. 29. Nov. 1824

Schreger, Christ[ianus] Henr[icus] Theod[orus]: Spicilegii zoolithici P. 1. Halae (1825): Grunert. 20 S. 8°

Halle-Wittenberg, Med. Progr. z. Promotion v. Joh. Ludw. Gottfr. Cunow 14. April 1825

in: Cunow, Joann. Ludov. Godofr.: De morbis columnae vertebralis. Halle, Med. Diss. v. 14. April 1825

Mehr wohl nicht ersch. — vorh. Marburg UB

Schreger, Chr[istianus] Henr[icus] Theod[orus]: Supplementa ophthalmographiae anatomicae. P. 1. Halae (1824): Grunert. 14 S. 8°

Halle-Wittenberg, Med. Progr. z. Promotion v. Ludw. Christian Raabe und Friedr. Aug. Christian Krause 4. bzw. 13. Okt. 1824 (Dat. 11. Okt. 1824).

Schreger, Chr[istianus] Henr[icus] Theod[orus]: Supplementa ophthalmographiae anatomicae. P. 2. Halae (1824): Grunert. 14 S. 8°

Halle-Wittenberg, Med. Progr. z. Promot. v. Joh. Friedr. Aug. Mewers und Ludwig Ehrlich 17. bzw. 29. Nov. 1824 (Dat. 29. Nov. 1824).

Christianus Henricus Theodorus Schreger: Supplementorum [Supplementa] zoochemiae nosologicae cont. 2. 7. (Vitebergae 1814-15.) 8°

Cont.2: (1814.)
[Einladungsschrift zur Dr. med.-Promotion von Samuel Friedrich Fliat, Wittenberg, 14. Juli 1814.]

Cont.7: (1815.)
[Einladungsschrift zur Dr. med.-Promotion von Heinrich Christoph Rosenthal, Wittenberg, 6. Mai 1815.] Mx 57 (12)

Schreger, Christian Heinrich Theodor: Synonymia anatomica. - Synonymik der anatomischen Nomenclatur. 381 S., gbd.

Furthii - Fürth: Bureau für Literatur 1803

JB 632

— Synonyma anatomica, od. Synonymik der anatom. Literatur. gr. 8. Lpzg. 803. Hertel; (a. Campe in Nürnb.) 2 rf

Synonymik der anatomischen Nomenclatur. Von Christian Heinrich Theodor Schreger. Fürth: Bureau für Literatur 1803. 380 S. 8°

— kosmetisches Taschenbuch f. Damen ꝛc. (A. u. d. T.: die weibl. Schönheitspflege für jedes Alter u. Lebensverhältniß ꝛc.) Mit 1 Krf. 8. Nürnb. 810. Schrag. 1 rf 4 gl. Schrbp. 1 rf 12 gl.

— kosmetisches Taschenbuch f. Damen, z. gesundheitgemäßen Schönheitspflege ihres Körpers durchs ganze Leben, u. in allen Lebensverhältnissen. Mit 1 Titelk. 8. Nürnb. Schrag. 812.

Schreibp.

C[hristianus] H[enricus] Theodorus Schreger: De variis Tentaminibus nosologicis. [Resp.:] Car(olus) Godofr(edus) Georg(ius) Creutzwieser. Halae (1821:) Baentsch. 31 S. 8°

Halle- Wittenberg, Med. Diss. v. 26. Mai 1821

— tabellar. Uebersicht der rohen u. künstl. zubereiteten Farben u. Farbenmaterialien, nebst e. Farbenmustertafel. gr. 4. Sulzbach 805. v. Seidel. 2 rf 12 gl.

Schreger, Chr. Hnr. Thdr., († d. 29. Dec. 1833.) Versuch e. vergleichenden Anatomie des Auges u. der Thränenorgane d. Menschen, nach Alter, Nation ꝛc. u. den übrigen Thierklassen. gr. 8. Leipz. 810. Reclam. 21 gl.

Versuch einer vergleichenden Anatomie des Auges und der Thränenorgane des Menschen... und der übrigen Thierklassen. Von Christian Heinrich Theodor Schreger. [Nebst] Suppl. P.1.2. Leipzig: Reclam 1810; (Suppl.: Halae 1824: Gruneri). 3 Bde 8°

[Hauptw.:] 1810.
Suppl. [u.d.T.]: Schreger: Ophthalmographia anatomica. P.1.2. (1824.)
P.1: (1824.)
[Einladungsschrift zur Dr.med.-Promotion von Ludwig Christian Raabe u. Friedrich August Christian Krause, Halle, 4.Okt.1824.]

2. Ex.: Mx 81 (4) [nur Suppl.P.1.]
3. Ex.: Mx 235 (14) [Nur Suppl. P.1.]

Versuch e. Nomenclatur der Muskeln.

Schreger, Odilo, Auszug merkwürd. Sachen. 3 Thle. 8. Stadt am Hof 768.

Schreger, Odilo, († d. 21. Sept. 1774.) Dictionarium pauperum studiosorum german. Kleines Wörterlexicon. 8. Münch. 768, 71 u. 75. Lentner. 9 gl.

— Diurnale Neocurati, exhibens curam sui ipsius et curam proximi. 8. Passau 762.

— Hausbüchlein ꝛc. 12. Bamberg, Gobhardt. 770.

— Hausbüchlein, darin verschied. geistl. als weltl. Hausmittel ꝛc. 12. Bamb. 748. N. A. 779. (Wesché in Frkf. a. M.) 4 gl.

Schreger, Odilo, Haus-Büchlein, worinn unterschiedliche, sowohl geistliche als weltliche Haus-Mittel, sonderlich, wie sich ein Hausvater gegen Gott, gegen den Nächsten u. gegen sich selbsten, wie auch in seinen Hausgeschäften verhalten solle. Zu der Ehre Gottes, u. zum Nutzen der Hausväter, getreulich zusammen getragen. 12. (XVIII u. 268 S.) Augsburg 851, Rieger in Comm. ¼ ℳ

Schreger, Odilo, Haus-Büchlein, worin unterschiedl., sowohl geistl. als weltl. Hausmittel, sonderlich, wie sich e. Hausvater gegen Gott, gegen den Nächsten u. gegen sich selbsten, wie auch in seinen Hausgeschäften verhalten solle. Zu der Ehre Gottes u. zum Nutzen der Hausväter getreulich zusammen getragen. 6. Aufl. 16. (268 S.) Augsburg 873. Rieger. — 60

— Eine gute Nacht, das ist: nächtliche gute Gedanken vor dem Schlafengehen wohl zu überlegen. 8. Münch. 772. 3e A. 812. 4e A. 821. 5e A. 8. Ebd. 827. Lentner. 10 gl.

— eine gute Nacht. 8. München, Lentner. 791.

Schreger, Odilo, eine gute Nacht. Nächtliche gute Gedanken, vor dem Schlafengehen wohl zu überlegen von allen denjenigen, welchen daran liegt, die ewige Glückseligkeit zu erlangen. Verfaßt und für alle Abende des Jahres eingetheilt. 7. Aufl., umgearb. von einem Priester der Erzdiözese München-Freysing. 8. (VIII und 344 S. mit 1 Stahlst.) München 856(57,) Lentner'sche Buchh.

Schreger, Odilo, eine gute Nacht. Nächtliche gute Gedanken, vor dem Schlafengehen wohl zu überlegen von allen Denjenigen, welchen daran liegt, die ewige Glückseligkeit zu erlangen. Verfaßt und für alle Abende des Jahres eingetheilt. 7. Aufl., umgearb. von einem Priester der Erzdiözese München-Freysing. München 860. Lentner. 8. (VIII, 344 S. u. 1 Stahlst.) 16 ngr.

— Reisebüchlein, darin verschied. Morgen-, Abend-, Meß-, Beicht- u. Communiongebete ꝛc. 12. Bamb. 753 u. 756. (Wesché in Frkf. a. M.) 4 gl. — Dass. N. A. 12. Landsh. 810. Weber. 6 gl. — Dass. 805. (Kranzfelder in Augsb.) 4 gl.

— der vorsichtige Speisemeister, od. Unterr. vom Essen u. Trinken, zur Verlänger. d. Gesundheit. 8. Münch. 766 u. 68. u. Augsb. 776. Rieger. 14 gl.

— d. vorsicht. u. wohlerfahrne Speisemeister. 8. Augsb. Rieger. 778.

Schreger, Odilo, OSB. Studiosus jovialis, seu Auxilia ad jocose et honeste discurrendum. In gratiam & usum studiosorum juvenum, aliorumque litteratorum virorum, honestae recreationis amantium collecta. München & Stadtamhof (bei Regensburg), J. Gastl, 1749. 12°. 6 Bl. 524 S. 1 leeres Bl. Neuerer Leinenbd. (ein Teil des alten Pergamentbandes aufgezogen).
H.-G. VII. 209/10. Erstausgabe. Ein „Lustig-Nutzlicher Zeitvertreiber" (so der Titel der 1753 ganz in deutscher Sprache erschienenen Ausgabe), ein sehr amusantes Sammelsurium von lustigen Sprichwörtern, Redensarten, Anagrammen, Anekdoten, Kalauern, Scherzfragen und Scherzgedichten, aber auch praktischen Lebensregeln. Den lateinischen Texten stehen etwa gleich viel deutsche gegenüber.

— studiosus jovialis, seu auxilia ad jodoce et honeste discurendum. 12. Münch. 749. 7e Aufl. 8. Augsb. 773. Rieger. 16 gl.

— — Editio secunda aucta. Ibid. 1751. 8°. 840 pp. (4 Mk. 50 Pfg., gutes Expl. in Ganzldrbd., Frdr. Klüber, c. 1902; 6 Mk. 50 Pfg., Hmaroqu., J. Halle, München, c. 1905.)
Der Cat. Bernstein citirt no. 3285 eine Ausgabe von „1752".

— Studiosus jovialis, seu Auxilia ad jocose & honeste discurrendum ... Ed. IV. aucta. Pedeponti (= Stadtamhof in Bayern), J. Gastl, 1755. Kl. 8°. 4 Bl. 744 S. 2 Bl. Etwas bestoß. Ldbd. d. Z. m. 2 kleinen Wurmspuren. Rv., Rsch.

— — Editio V. aucta. Pedeponti 1757. 8°.
Dr. Franz Schnitzer's Bibl. München 1902. no. 466.

— Studiosus jovialis ... Ed. VII. emendatior. Augsburg, M. Rieger & Söhne, 1773. 8°. 4 Bl. 704 S. Ld. d. Z.

— — Idem opus. Viennae 1846. 8°. (3 Mk. 50 Pfg., unaufg., etw. papierfl., Fr. Klüber, c. 1902.)

— nützl. Zeitanwendung. 4 Thle. 8. Augsb. 750, 766 u. 791. Rieger. 16 gl.

Nützliche Zeit-Anwendung oder Auszug der merckwürdigsten Sachen. In vier Theile abgetheilet; Erster Theil, Haltet in sich die Merckwürdigkeiten von denen Menschen: Zweyter Theil. Von unvernünftigen Thieren. Dritter Theil, Von vermischten Sachen: Mit dem vierten Theil, Von unterschiedlichen Kunsten. 3. u. verb. Aufl. Stadt am Hof, 1766. 8°. 4 Bll., 748 S. u. Register. (6 Mk., Hprgtbd., Ernst Frensdorff, 1907.)
Die erste Ausgabe erschien in drei Theilen ebd. 1755. 8°. (20 Mk. Gust. Fock, Lpz., 1908.)
Selten u. interessanten Inhalts, u. a.: Gross-bartete Leuth.

Nützliche Zeit-Anwendung Oder Auszug Der Merckwürdigsten Sachen. In vier Theil abgetheilet; ... Von denen Menschen. ... Von unvernünfftigen Thieren. ... Von vermischten Sachen. ... Von unterschiedlichen Kunsten. Dritte und verbesserte Auflag. Stadt am Hof, J. Gastl, 1766. [illegible]

— nützl. Zeitanwendung. 4 Thle. 8. Ebend. 791.

— lustiger u. nützl. Zeitvertreiber, zum Nutzen e. melanchol. u. langweil. Gemüths ꝛc. 8. Stadt am Hof 753 u. 69. 3e A. 8. Augsb. 788. 11e A. 802. Rieger. 12 gl.

* — Lustig- u. Nutzlicher Zeit-Vertreiber. Allerhand erklärte fremde u. juridische Wörter; schöne Sprichwörter; Erfindungen weltlich u. geistl. Sachen; einfalt. Bauern-Kegeln; Manns-Wesen; Artzney-Mittel (auch Kräuter); allerhand Kunststücklein; lächerl. Begebenheiten etc. Stadt am Hof bey Regensburg, 1753. 8°. (2 Mk. 50 Pfg. Kirchhoff u. Wigand, Lpz., 1892; 8 Mk. J. Halle, München, c. 1905.)
[illegible]
fragen und [illegible]

SCHREGER, ODILO, OSB. Lustig- und Nutzlicher Zeit-Vertreiber, In sich begreiffend Allerhand erklärte fremde, und Juridische Wörter; schöne Sprüch-Wörter; nutzliche und lustige Fragen; Erfindungen Weltlich- und Geistlicher Sachen; einfaltige Bauern-Regeln; Müntz-Wesen, Artzney-Mittel; allerhand Kunst-Stücklein; lächerliche Begebenheiten etc. Stadt am Hof bei Regensburg, J. Gastl, 1754. Kl. 8°. 4 Bl. 576 S. Leicht beschäd. Ld. d. Z. m. Rv. u. Rsch.
2. Ausgabe. Gord. IVI, 47, 11

— — Dasselbe. 4. vermehrte Auflage. Ebd. 1756. 8°. 576 S. (3 Mk., Gzldrbd., Fr. Klüber, c. 1902.)

— — Dasselbe. 6. Auflage. München 1765. 8°. (4 Mk. Paul Neubner, c. 1892.)

— — Dasselbe, tit.: Lustig- u. Nutzlicher Zeit-Vertreiber, in sich begreiffend allerhand erklärte fremde, u. juristische Wörter & schöne Sprüch-Wörter; nutzliche u. lustige Fragen (Räthsel); Erfindungen Weltlich- u. Geistlicher Sachen; einfältige Bauern-Regeln; Müntz-Weesen (!); Artzney-Mittel; allerhand Kunst-Stücklein; lächerliche Begebenheiten etc. Zum Lust u. Nutzen eines Melancholischen u. langweiligen Gemüths. Zusammen getragen v. R. P. —. Siebende, viel vermehrt- u. verbess. Aufl. C. licentia Superiorum. Stadt am Hof, verlegts Joh. Urban Gastl, Buchhandler (!) 1769. 8°. (3 Mk. Emil Hirsch, München, 1904.) 4 Bll. (Tit., 2 Bll. Vorr., 1 Bl. Reg. der 17 Cap.), 576 S.

§ — — Dasselbe. Augsburg 1777. 8°.

— — Dasselbe. 10. vermehrte Auflage. Ebd. 1794. 8°. 515 S. (2 Mk 25 Pfg., Hfzbd., Fr. Klüber, 1905.)

— — Dasselbe. Ebd. 1802. 8°. (1 Mk. Casp. Haugg, Augsb., 1891; jetzt höher!)

Schreher, Georg [pr. Arzt aus Wiesbaden]: Ueber die Complikation von Uterusmyom mit sekundärer sarkomatöser Degeneration . . . Jena, Frommannsche Hof-Buchdr., 1894; (8 S. 8.
Strassburg, Med. Fak., Inaug.-Di[illegible]

Schreher, Geo., üb. die Complikation v. Uterusmyom m. sekundärer sarkomatöser Degeneration. Diss. gr. 8. (38 S.) Jena 894. (H. Pohle). n. 1. —

Schreher, Hans, Referendar aus Wiesbaden: **Der Nachlass an Mieth- und Pachtzinsen nach Gemeinem Recht und dem Bürgerlichen Gesetzbuch für das Deutsche Reich.** *Wiesbaden 1898: C. Ritter.* (36 S.) 8°
Erlangen, Jur. Diss. v. 10. Okt. 1898

Schrei, Ferd., kurzer Lehrgang der Stenographie nach Gabelsbergers System zum Schul-, Privat- und Selbstunterricht. 1. Thl.: Korrespondenzschrift. 3. verb. Aufl. gr. 8. (III, 41 S.) Barmen 882, Klein. *

Schreib' Dich ein! Zur dauernden Erinnerung an alle, die mir lieb u. wert sind. qu. 8. (16 S.) München 889. Freund & Specht. n. — 30

Die Fabrikation der Soda nach dem Ammoniakverfahren. Von H. **Schreib,** Fabrikdir. Mit 104 Textfig. u. 3 Taf. Berlin: J. Springer 1905. (X, 312 S.) 8° [05. 1448

Wasserpilze und Kalkreinigung. 2 wichtige Punkte d. Abwasserfrage. Auf Grund prakt. Erfahrungen u. langjähr. Beobachtungen krit. beleuchtet von H. **Schreib.** Mit 1 Taf. u. 2 Karten. *Berlin: M. Krayn 1904.* (X, 176 S.) 8° [04. 14068

Schreib-Almanach. Auf das Jahr Christi ... Denen Canzeleyen, Gelehrten, Schreibern, wie auch Kauf- und Handwerksleuten zum nützlichen Gebrauch Wochenweis eingerichtet, samt einem accuraten Nürnbergischen-Frankfurter- u. Leipziger Posten-Bericht. Ausgefertigt durch Nic. Schmid, sonst Künzel.
Nürnberg: Endter
1795.

Schreibalmanach für d. Jahr 1841—1847. 41.—47. Jahrg. Zum Gebrauch für alle Stände, besonders für Beamte, Kaufleute, Advocaten u. f. Haushaltungen. Mit einem Anhange. 8. Nürnberg, Endter'sche Buchh. 1841—44 à 1/8 rß fein Pap. à n. 1/6 rß — 1845. 1/6 rß geb. n. 8 3/4 ngl fein Pap. 6 1/4 ngl geb. n. 1/3 rß — 1846. n. 4 ngl geb. n. 8 ngl fein Pap. roh n. 1/6 rß geb. n. 1/3 rß in Leinw. n. 12 ngl — 1847. n. 1/6 rß

Schreibalmanach für das Jahr 844. (44. Jahrg.) Zum Gebrauch f. alle Stände besonders für Beamte, Kaufleute, Advocaten u. f. Haushaltungen. Mit e. Anhange. 8. (9 B.) Nürnberg 843, Endter'sche Buchh. Schreibp. 3 3/4 Ngr., fein Pap. *

—— ders. f. d. J. 1845—47. (45—47. Jahrg.) 8. (9, 8 1/2 u 8 B.) Ebds. Schreibp. à 5 Ngr., fein Pap.

Schreib-Almanach. 16. (128 S.) [Wesel 877.] Düsseldorf, Bagel's Verlag. geb. *

Schreib-Almanach. 1880—1885. 16. (à Jahrg. 208 S.) Düsseldorf, F. Bagel. geb. à Jahrg. *

Schreib-Almanach. 1886—1889. 16. (à Jahrg. 208 S.) Düsseldorf, F. Bagel. geb. à Jahrg. *

Schreibalmanach für das Jahr 1856. Zum Gebrauch für alle Stände besonders für Beamte, Kaufleute, Advokaten und für Haushaltungen. Mit einem Anhange. 56. Jahrg. 8. (232 S.) Nürnberg 855, Riegel und Wießner. **
fein Pap. ** —

— m. Sinnsprüchen. gr. 4. (8 S. m. Löschpap. durchsch.) Bernburg 887. Schmelzer. geb. in Lederimitationspap. 1. 20; in Stoffüberzug 1. 50; in Seide 4. —

Schreibart u. Rede, über. 8. Wien 781. (Beck). 8 gl

Schreibart u. Rede, über, 8. Wien, Wappler. 781.

Schreib- und Notizbuch zum Gebrauche für Land- und Forstwirthe. Mit Aufsätzen über landwirthschaftliche Verrichtungen, Arbeits-, Milchwirthschafts- und Räume-Verhältnisse, mit vielen Tabellen über Aussaat und Ertrag der Feldfrüchte, Baumstamm-Durchmesser, cubischen Inhalt der runden Hölzer 2c. 2c. 8. (XLVIII, XXIV und 254 S.) Linz 861, Danner. geb.

Schreib-, Zeichen- u. Malbilderbuch. gr. 8. (24 S. m. z. Tl. farb. Abbildgn.) Wesel 889. Dums. cart. — 50

Schreib-, Lese- und Sprachbüchlein, s. Lese-, Schreib- und Sprachbüchlein.

Schreib- und Namenbüchlein für die Elementarschüler zum Lesen und Schreiben lernen. Lithogr. bei Heribert Lampel zu Gratz. 1855. (32 S. 8.)

Schreibe, wie Du hörst! Organ f. Phono-Stenographie (Laut-Schnellschrift). Hrsg. u. Leiter: A. Schäfer. 1. Jahrg. Juni—Dezbr. 1898. 14 Nrn. (à ca. 8 autograph. S.) gr. 8. Leipzig, Schäfer & Schönfelder. n. 2. —

Schreibe, wie Du hörst! Organ f. Phono-Stenographie (Laut-Schnellschrift). Hrsg. u. Leiter: A. Schäfer. 2. Jahrg. April—Dezbr. 1899. 12 Nrn. gr. 8. (à ca. 16 autogr. S.) Leipzig, Schäfer & Schönfelder. n. 4.—

Schreibebrief, erster und zweiter, des Lohgerbermeisters August Kulicke in Berlin an den Franzosenkaiser Louis Napoleon in Paris. [Aufgefangen vom Verf. der „Chinesischen Briefe."] Berlin 870. Heidemann & Co. gr. 8. (7 u. 8 S.) Jeder Brief 1½ ngr

Schreibebrief, Offener, an den Grafen von Bismarck. Wien 1869. V: *Preser, Carl.* (Singer, A., Bismarck in d. Literatur. Würzburg 1909. S. 28.)

—— offener, an den Grafen Bismarck. Vom Verf. der „göttlichen Mission Preußens". gr. 8. (84 S.) Wien 869, Herzfeld und Bauer. [Brüder Winter.] *

Schreibebriefe des Heiri Unverzagt von Petrolikon an seinen Freund Chueri Niedermueth in Elendingen. Schweizer Arbeiter, wie stellst Du Dich? 8°. Hottingen-Zürich, Volksbuchhdlg., 1880.

Schreibebuch f. deutsche Currentschrift. Mit lith. Vorschriften. 3 Hfte. 4. Eisleben, (Reichardt). 2 gl

— neuerfundenes, f. Schulen, Kinder etc. Deutscher Curs. 2 Hfte. Englisch. Curs. 2 Hfte. 4. Leipz. 803. (Brockhaus). (à 6 gl) 1 ß

Schreibebuch, neuerfund., f. Schulen, Kinder etc. deutscher Cursus. 2 Hefte. 4. Lpz. C. Richter (Gleditsch) 803. (à 6 gr.)

— — desselben Buchs Englischer Cursus. 4. Ebend. 803. (à 6 gr.)

SCHREIBEFLEISSIG, Zacharias ps. Ebentheuerliche und lächerlich weinerliche Historia eines deutsch polnischen Junggesellen in Hammonia O. J. 1796.
Weller Lex. Ps. p. 507.

Schreibekalender, s.a. Schreibkalender.

Schreibe- und Geschäfts-Calender für Behörden und Haushaltungen auf die J. 1876—1880. 57.—61. Jahrg. gr. 16. (à ca. 112 S.) Rudolstadt, [Froebel.] Hofbuchdruckerei von Mitzlaff. à Jahrg.

Schreibe- u. Geschäfts-Kalender für Behörden, Oekonomen u. Handelsleute auf das J. 1850. Für das Herzogthum Sachsen-Altenburg u. dessen benachbarte Länder. 1. Jahrg. 8. (106 S. m. Papier durchschossen.) Ronneburg. (Gera, Kanitz.) n. 8 ngl

Schreibe- und Geschäfts-Kalender für Behörden, Oekonomen und Handelsleute auf das J. 1850. Für das Herzogth. Sachsen-Altenburg und dessen benachbarte Länder. 1. Jahrg. 8. (196 S. mit Papier durchschossen.) Ronneburg. (Gera, Kanitz.) *

Schreibe- und Geschäfts-Kalender für Behörden, Oekonomen und Handelsleute auf das J. 1854. Für das Herzogth. Sachsen-Altenburg. 5. Jahrg. 8. (228 S.) Ronneburg 853. (Gera, Illgen's Erben.)

Schreibe-Historien- u. Haushaltungskalender auf . . .
1781.
Arnstadt.

Schreibekünstler, der zauberische, (von W. Chr. G. Weise). A. u. d. T.: nützl. u. angenehme Belustigungen, mit allerlei Tinten u. geheimen Schreibekunststücken. 8. Leipz. 795, auch 812. (Centr.-Compt.) 9 gl

Schreibekünstler, d. zauberische, 8. Lpz. Reinicke. 796.

Schreibekünstler, der zauberische.
Auch unter dem Titel:
Nützliche u. angenehme Belustigungen, mit allerlei Tinten u. geheimen Schreibekunststücken. 8. Leipz. Bruder. 812.

Schreibelmayer, Alfr., die wichtigsten Bestimmungen des Unfallversicherungsgesetzes f. Land- u. Forstwirtschaft v. 30. VI. 1900. Nach amtl. Quellen bearb. u. erläutert. (VIII, 168 S.) 8. Weimar 910. Dietsch & Brückner. (Nur direkt.) 1.50

Schreibemeister

— der deutsche u. englische, für die Jugend. 4. Leipz. 809. Leo. 1 ß 12 gl

Schreibemeister, der deutsche, für das Landvolk. 8. Düsseld. 808. Dänzer; (a. Joachim in Leipz.) 3 gl

— der Niedersächsische. qu. Fol. Leipz., Joachim. 1 ß — Der Obersächsische. qu. Fol. Ebd. 1 ß

— d. Obersächsische. Querfol. Ebend.

Schreiben an Madem. Ackermann die Ältere über eine Beurtheilung der Ackermannischen Schaubühne. Hamburg 1770. V: *Wittenberg.* (Theater-Kalender 1777. Gotha. S. 210) (BiblPort)

Schreiben an die Königliche Academie der Wissenschaften zu Berlin, die Untersuchung von der Electricität und den von ihr bestimmten Preiß betr. Dat. Prag 15. Jan. 1745. 26 S. 8°

Schreiben der Akademie der Wissenschaften an S. M. den König. gr. 4. (1 Bl.) Berlin 847, Fd. Bethge. n. 1 ngl

Schreiben, Ein, Herzog Albrecht VI. von Oesterreich an Herzog Ludwig von Savoyen . . . vom September 1445. O. O. [1884]. V: *Wyss, Georg v.* (Cat. d. Stadtbibl. Zürich. Zürich 1864—97.)

Schreiben aus Algier vom 22. Jan. 1776 über die letzte Spanische Expedition. Weimar [1776]. V: *Schönborn, Gottlob Friedrich Ernst.* (MGT)

Schreiben eines Altonaers an einen Freund in Berlin über den Auflauf in Altona, veranlasst durch die falschen Berichte in den hamburger privilegirten Blättern. Kiel und Appenrade. (o. J.) 8°.

— eines Alt-Würtembergers an e. Freund üb. landständ. Angelegenheiten überhaupt, u. insbesond. über d. Rede des Regierenten Lang vom 13 Septbr. 1816. gr. 8. Stuttg. 816. (Löflund). 2 gl

Anonymi Schreiben [an den Konsistorialdirektor Johs. Osiander?] über die terminos der obedientiae activae und passivae und die daruber in der Englischen Kirche entstandenen Strittigkeiten. Datum [London?] 24. September 1710.
Gleichzeitige Abschrift. [illegible] cm. Geheftet.

Schreiben des Kardinals u. Großpönitentiars Antonelli an den Hrn. Weihbischof v. Kolborn üb. das im Januarheft der Minerva stehende päpstl. Dispensationsbreve. gr. 8. Frkf. a. M. 807. Andreä. 1½ gr.

[Schreiben der Loge „Apollo“ in Leipzig.] An die Ehrwdste Grosse Landes-Loge von Sachsen. [Dat.:] 30. Mai 5853. 16 S. 4°. [Kopftit.]
Apollo teilt ihr Ritual des Gesellengrades mit.

Schreiben, apostolisches, des heil. Vaters Pius IX. über die unbefleckte Empfängniß der jungfräulichen Gottesgebärerin vom 8. Dec. 1854. (Wörtlich getreuer Abdr.) Angefügt sind: Die Pflichten, welche dieses Schreiben allen kathol. Christen auferlegt; das berühmte Gebet: Memorare des h. Bernardus. Münster (855.) Deiters. (Aschendorff.) 24. (23 S.) 1 ngr.

— apostolisches, Sr. Heil. Papst Pius VII., worin die Gesellsch. der sogen. Carbonari verdammt wird. Latein. u. deutsch. 8. Augsb. 832. Doll. 2 gr.

Schreiben eines Architekten über die Werke Schinkels. [Stuttg. u. Tübingen 1829.] V: *Chateauneuf, Alexis de.* (schr)

Schreiben an den Verfasser des religiösen Schauspiels Arnold in Zürich. Zürich 1776. V: *Meister, Joh. Hnr.* (GGr)

Aufgefangene Schreiben von e. Oesterr. Officier an s. Bruder (über d. Feldzug 1762). 4. (1762.)

— auch ein, über das Schauspiel: Der Jude. 8. Berl. 798. Unger. 2 gr.

SCHREIBEN. Aufrichtiges — an einen Freund über die Tranksteuer auf dem Lande in Niederösterreich. Von einem [illegible] manne. Trattnern, Wien 1781. 1 vol. 26 S.

Schreiben, Aufrichtiges, betreffend des Obotritischen Königs und Fürsten der Wenden Niclots wahrhaften Ursprung. O. O. 1739. V: *Rudloff, Ernst August.* (Bachmann, Mecklenburg. Güstrow 1889.)

— üb. d. aufruhr., welches der Erzbischof Pacca an alle Pfarrer erlassen. 8. Frkft. Eßlinger. 787.

— über das aufruhrische, welches d. Erzbischof Pacca an alle Pfarrer erlassen, (v. P. A. Winkopp). 8. Frkf. a. M. 787. (Schäfer). 8 gr.

Schreiben an die H. Väter Augustiner in Wien die in ihrer Kirchen gehabte Erleuchtung betreffend. Lappland 1758. 4. (8 S.)

Schreiben an Herrn B . . . in Hamburg, den Abgang der Demoiselle Huber vom Berlinischen Theater betreffend. Berlin 1777. V: ***Borrin, von.*** (Der Freimüthige 1834, 26 f., 42 u. 99) (Zeitschr. f. Büch. N. F. 15, 1923, S. 121)

Schreiben an den Herrn Hofrat B. zu Wien über die neu einzuführende Abgabe à 40 von 100. Von einem Landedelmann (v. Schweighofer). 8°. s. l. 1784.

Schreiben des Rostockischen Raths-Sekretärs Hermann Barckhausen an den Herzog Heinrich zu Mecklenburg de a. 1518 . . . [Rostock 1791.] V: *Evers, Carl Friedrich.* (MGT)

Schreiben an Herrn D. Baumgarten, in welchem der s. Prof. Schulze gegen ungegründete Auflagen . . . vertheidigt wird. Halle 1750. V: *Agnether, Michael Gottlieb.* (Trausch)

Schreiben e. Bayern an s. Freunde üb. d. Abstellung des Bettelns. 8. Nrnb. Schwarzkopf (Stein) 774.

Schreiben des Verfassers der komischen Operette Basilio u. Quiteria an den Verf. des 2ten Artikels im 17. St. der freien Nachrichten . . . O. O. 1766. V: *Schiebeler, Daniel.* (schr)

Schreiben an Herrn Rath Becker über seine Abhandlung: Das Eigenthum an Geisteswerken . . . [Weimar 1791.] V: *Krause, Christian Siegmund.* (MGT)

Schreiben von der Bedeutung des Gebrauchs . . . Altona 1755. V: ***Harboe, Ludwig.*** (Bruun, Bibl. Danica II, 58.) (Collin, Anonymer. Kiobenh. 1869.)

Schreiben eines Bekannten in W. an einen seiner Freunde in R. über die Begebenheiten des jetz. Krieges. (Mit Nachschrift.) Wien u. Prag 1757. 4. 16 S.

Schreiben, Bernhard's aus Nordalbingien, an Johannem Turicensem. O. O. 1769. V: *Basedow, Johann Bernhard.* (ML)

— des Hrn. Bischofs v. — an den Hrn. Leopold v. Hay, Bischof zu Königgrätz, üb. das Duldungssystem. 8. Augsb. 783. Rieger. 4 gr.

Schreiben des Herrn Bischofes von ***** an den Herrn Leopold von Hay, Bischof zu Königgrätz. Ueber das Duldungssystem. Aus dem Wälschen übersetzt. Wien 1783. V: *Zallinger zum Thurn, Jacob Anton.* (J. v. B.: Franz Zallinger, Meteorologische Beobachtungen, S. 69) (BiblPort)

— des Hrn. Prof. ... Blasche in Jena an d. Grafen Casimir zu Lynar, üb. d. Frage: gehört das alte Testament blos für die Juden, od. auch f. d. Christen? 8. Leipz. 785. (W. Vogel). 1 g

Schreiben eines Brandenburgers an einen Ausländer betreffend das Verhältniss des jetzigen Reichszustandes und Krieges gegen die Kirchen und Gewissensfreyheit der Protestanten. Berlin 1757. O. O. 1757. V: *Ortmann, A. Dietrich* (Mai 94/118) (Bibl Port)

Schreiben eines Braunschweigers an einen auswärtigen Freund, die Errichtung einer Universität oder eines polytechnischen Institutes in Braunschweig betreffend . . . Braunschweig 1831. V: *Spehr, Friedrich Wilhelm.* (Russell III, 220)

Schreiben e. Braunschweigers an e. auswärt. Freund, die Errichtung e. Universität od. e. polytechn. Institutes in Braunschweig betreff. Nebst Anlagen. (Von F. W. Spehr.) gr. 8. (2½ B.) Braunschweig 831, (G. C. E. Meyer.)

— an eine Braut, 4. Wismar, Bodner. 745.

— an Hrn. Brentano. 8. Freiburg 791. (Kösel in Kempt.) 3 g

Schreiben eines verfolgten Bündtner-Patrioten an das Bündnervolk. Stafa [1799]. V: *Bawier, Jacob.* (AarK)

Schreiben, Jani Burckhardi, an Einen seiner Freunde, den Zustand Deutschland nach Absterben der Carolingischen Familie Anno 911 betreffend. O. O. 1742. V: *Hausfritz, Georg Lorenz.* (AarK)

Schreiben eines dänischen Bürgers an den Kronprinzen 1793. Schlesw. u. Leipz. 1793. V: *Ahlefeld-Laurwig, Jens Juel Graf von.* (schles) (Collin, Anonymer. Kiobenh. 1869.) (Bruun, Bibl. Danica III, 565.)

— eines Bürgers von Frankfurt, an den ungenannt. Verfass. d. Schrift: „Ueber die Privaterziehung in Frankfurt a. M." 8. Frkf. a. M., Jäger. 2 g

Schreiben eines Nürnbergischen Bürgers (Esaias Schnellfuss) an seinen Herrn Beichtvater . . . Nürnberg 1786. V: *König, Justus Christian Gottlieb.* (Will) (BB) (ML)

Schreiben eines vaterlandsliebenden Bürgers aus einer Landstadt . . . an seine sämmtlichen Mitbürger . . . über die vorhabende Wahl eines Adjuncti zum Landsyndicat der Ritterschaft und Städte. O. O. 1792. V: *Goffaux, Franz Leopold.* (Rotermund, Gel. Hannover. Bremen 1823.) (MGT)

Schreiben über den Charakter der Spanier. [Erfurt 1786.] V: *Creuz, Graf.* (MS)

— e. Candidati Minist. über d. Edikt v. 9. Juli an Semmler. 8. Halle, Curt. 788.

— eines Candidati Minist. üb. das Edikt v. 9. Juli an Semmler. 8. Halle 788. (Laue in Berl.) 4 g

Schreiben der Capläne ꝛc. der breslauer Diözese an den Bischof von Diana i. p. General-Administrator des Bisthums, Weihbischof zu Breslau ꝛc. Herrn Daniel Latussek, als ihren kirchl. Vorgesetzten in Folge des Rongeschen Aufrufs an die niedere Geistlichkeit. 4. (¾ B.) Gleiwitz 845, Landsberger. *

— des königl. Großkanzlers, Frhrrn. v. Carmer, Excellenz, an d. Hrn. Kriegsrath Kranz. Eine Beilage zu der Berliner Correspondenz. 8. Berl. 782. Mylius. 1 g

Schreiben, Ad Comitia, der Hochfürstl. Speyerischen Gesandtschaft . . . O. O. 1767. V: *Huppmann.* (Holz)

Schreiben ad Comitia von des regierenden Herrn Fürsten Carls zu Löwenstein-Wertheim Durchlaucht die Succession in die Grafschaft Rochefort betreffend. Regensp. 1747. V: *Boric, Egid. Valent. Felix Freih. von.* (Holz)

Schreiben Corporis Evangelicorum an das Reichs-Cammer-Gericht evangelischen Theils d. d. 1. Aprilis 1778, den gegen den kgl. Dänischen Etatsrath Moser verhängten fiscalischen Process betreffend. Regensburg: Neubauer [1778].

— an Cüstine, General d. französ. Armeen. 8. Frankf. a. M., Bösche. 2 g

Schreiben eines Dänen an seinen Freund. Altona den 17. August 1807. V: *Claudius, Matthias.* (GGr)

— eines Dänen an seinen Freund. 8. Hamb. 807. Perthes u. B. 3 g

Schreiben eines Danzigers an den ehemahligen Kämmerer, Gotth. Wernick: Ueber die Liebe zum Vaterlande. Danzig 1760. V: *Glummert, Johann Daniel.* (ML)

Schreiben eines [illegible] Demokraten. — Gottlieb Müller, Berlin am [illegible] [illegible] Druck von Brandes u. Schultze [illegible]
Flugblatt. Berlin. 29. Aug. 1848.

— eines Deputirten zur zweiten Kammer der Ständeversammlung in Baiern. 8. Münch. 819. Finsterlin. 2 g

Schreiben eines Deputirten zur zweyten Kammer der Ständeversammlung in Baiern. 8. München, Thienemann. 819.

Schreiben über ein Dessert. Ein Pendant zu den Devisen für Deutschlands Gelehrte. ... O. O. 1773. V: *Reichard, Hnr. August Ottocar.* (GGr) (Uhde, Selbstbiogr. Reichards. Stuttg. 1877. S. 90.) **nicht:** *Unzer, L. A.* (MD) (BZ) (KY) (MGT)

Schreiben, Das, des deutshen. Riga 1862. V: *Adelbert.* (Hauptkat. d. Univ.-Bibl. Tübingen. C, S. 289.)

Schreiben, das, des Deutschen. I. gr. 8. (82 S.) Riga 862. (Leipzig, Steinacker.) *

— eines Deutschen an d. General Buonaparte, (v. A. L. E. v. Gräffe). 8. Deutschl. (Neustrelitz) 798.

Schreiben eines evangel. Dorfpfarrers an seinen Herrn, üb. die Religionsveränderung des Hrn. M. Jh. Just. Herwig, gewes. Pfarr. zu Maynberd. 8. Offenb. 772. Brede. 2 gr.

Schreiben, Drei, des schwäbischen Kreises an kais. Majestät und Reich, auch Hrn. Kurfürsten zu Pfalz-Bayern. [Ulm 1782.] V: *Seckendorf, Joh. Carl Christoph Freih. von.* (MGT)

—— drei, aus Rom gegen Kunstschreiberei in Deutschland. Erlassen u. unterzeichnet v. Frz. Catel, Jos. Koch, Fr. u. Joh. Riepenhausen, v. Rohden, Alb. Thorwaldsen, Ph. Veit, Joh. Chr. Reinhart, Fr. Rud. Meyer. gr. 8. (4½ B. u. 1 Stnt.) Dessau 833, Fritsche u. Sohn.

— drei, der Staaten von Geldern, Utrecht u. Friedland an die Staaten von Holland &c.; aus d. Holländ. 8. Eisenach 787. (Bärecke). 6 gr.

— drey, d. Staaten von Geldern, Utrecht und Friesland an die Staaten von Holland &c. aus dem Holländ. 8. Eisenach, Wittekind. 787.

Schreiben, Drittes, an das Publicum. Aus dem Französischen. Berlin 1753. V: *Friedrich II., König von Preussen.* Ü: *Lessing, Gotthold Ephraim.* (LESS 97)

[Schreiben] An den E.B.U. über den Verlust Seiner verehrungswürdigen Gattin, unserer Schwester, von der Irenenloge. Hamburg 1783. 4 S. 8°.**
Sehr selten.

Schreiben Eines Französischen Edelmanns an seinen Freund zu Berlin über eine Schrift, welche den Titul führt: Manifest des Königs von Preussen wider den Sächsischen Hof. Anno 1745. 4. (4 Blätter.)

Schreiben eines Holsteinischen Edelmanns an seinen Bruder über die Aufhebung der Leibeigenschaft in Holstein. Altona 1795. V: *Eggers, Chn Ulr. Detlev Freih. von.* (MGT) (Collin, Anonymer. Kiobenh. 1869.) (Bruun, Bibl. Danica III, 764.) »1796« (KY) (LS)

— e. Holstein. Edelmanns an seinen Bruder. üb. d. Aufhebung d. Leibeigenschaft, (von C. U. D. v. Eggers). 8. Altona 796. Hammerich. 4 gr.

Schreiben eines curländischen Edelmanns an seinen in Sachsen befindlichen Freund ... O. O. 1763. V: *Tottien, Christoph Anton.* (R-N)

Schreiben eines Polnischen Edelmanns aus Mohilow an einen vertrauten Freund zu Reußisch-Lemberg. [1746.] V: *Vockerodt, Johann Gotthilf.* Ü: *Oskierka.* (Preussische Staatsschriften. II. Berlin 1885. S. 300 ff.)

Schreiben, Eilfertiges, des Sekretairs zu Schilde an den Herrn Pater Gaßner d. j., Verfasser der Gallerie der Teufel, der Bockiade. Schöppenstedt 1779. 8°. 32 S. (4 Mk. Carl Beck, Lpz., 1907.)

Schreiben, eilfertiges, des Secretairs zu Schilda an Sr. Hochehrwürden den Herrn Pater Gassner junior, Verfasser d. Gallerie d. Teufel, d. Bokkiade etc. Schwarzenborn 1779. 8°. (1 Mk. Völcker, 1877.)

Schreiben, Ein und zwantzig, eines Schweitzers an einen Frantzosen. O. O. 1704. V: *La Chapelle, Jean de.* (AarF)

— eines Einwohners in Berlin an seinen Freund in Haag. 8. Berl. 773. Rottmann. 6 gr.

Schreiben eines Einwohners im Erzgebürg. Kreise an seinen Freund in Thüringen zur Geschichte der Preuss. Einäscherung der Dressdn. Vorstädte gehörig. 4.

Schreiben eines Einwohners im Erzgebürg. Kreis, zur Gesch. der Preuss. Einäscherung der Dressdn. Vorstädte. 4. (1759.)

Schreiben eines Elbingers an den sogenannten reisenden Weltbürger, die Streitigkeiten Preussens mit Danzig betreffend ... Berlin 1784. H: *Dohm, Chn Conr. Wilh. von.* (KY)

— eines Elbingers an den sogen. reisenden Weltbürger, die Streitigkeiten Preußens mit Danzig betreff. Mit e. Einleit. hrsgg. (v. Chr. K. W. v. Dohm). gr. 8. Berl. 784. Mylius. 12 gr. (Vergl. unten: **Schreiben** e. Polen.)

— eines Engländers nach sr. Rückkehr von sr. Reise nach Italien im Aug. 1814. 8. Münch. 815. Lentner. 3 gr.

Schreiben des Enckels an seinen Grossvater über die Grossväterl. Erinnerungen bey den Schreiben eines Vaters an seinen Sohn, den gegenwärtigen Zustand in Sachsen betr. 1757. 4.

Schreiben, Theodor Ernst's, an Vetter Andreas . . . über den Brief des Herrn Kirchspielvogts an seinen Freund in Schweden . . . Schleswig 1798. V: *Panitz, Georg Hinrich.* (NN) (LS) (Bruun, Bibl. Danica I, 566.)

Schreiben, Erstes [und zweites], eines Polen über das Schreiben eines Elbingers. 1784. V: *Geret, Samuel Luther von.* (CBH) (Ky)

Schreiben über eine Hallische Erzählung. Eine Leserei für Anekdoten-Sammler und künftige Juristen. Halle 1807. V: *Wolf, Friedrich August.* (Erman & Horn, Bibliogr. d. dtsch. Universitäten. 2. Leipz. u. Berl. 1904.)

— üb. eine Hallische Erzählung. Eine Leserei f. Anekdotensammler u. künftige Juristen. 8. Halle 807. (Nummer in Lpz.) 12 gl.

Schreiben eines Erzbischofs an den H. Scipio von Ricci Bischof zu Pistoja und Prato über desselben den 3. Brachm. 1788 wider die Herzjesuandacht herausgegebenen Hirtenbrief. Wien. V: *Ythariaca, P.* (Wiener Kirchenzeitung 1784, S. 397—403) (BiblPort)

Schreiben des Erzbischofs von Tours an den französischen Cult-Minister ꝛc., s. Stimmen der Wahrheit.

— üb. die Erziehung. 8. Berl. 771. Voß. 3 gl.

Schreiben eines Feldpredigers bey der Oesterreichischen Armee . . . Aus dem Französischen. O. O. 1761. V: *Persifle (Argens, Jean Baptiste Boyer marquis d').* (Catalogus librorum . . . prohibit. Viennae 1776. S. 289) (BGE VII³/211) (BiblPort) (BMarsch 439).

Schreiben eines Feldpredigers bey der Österreichischen Armee an den . . . Pater Prior des Barfüsser-Closters zu Frankfurt am Mayn . . . A. d. Franz. [Frankfurt?] 1761. V: *Persifle (Argens, Jean Baptiste Boyer marquis d').* (BrMm)

Schreiben eines Feldpriesters der österreichischen Armee an den ehrwürdigen Pater Prior des Franziskanerklosters zu Frankfurt a. M. . . . O. O. 1760. V: *Persifle (Argens, Jean Baptiste Boyer marquis d').* (BMarsch 439) (BGE VII³, 211)

Schreiben an Herzog Ferdinand von Braunschweig zum Hohen Geburtstage. Berlin [1779]. V: *Hempeln.* (Bresl 31, S. 212)

Schreiben des Königs Ferdinand im J. 1537 an Dr. Luther nach Wittenberg. Dresden 1783. V: *Gottschling, Paul Rudolph.* (MGT) (OL) (Kläbe, Neuest. Gel. Dresden. Leipzig 1796.)

Schreiben eines deutschen Flohs . . . Meissen 1836. V: ***Meddlhammer, Albin von.*** (Der Gesellschafter 1848, 164—8) (Zeitschr. f. Büch. N. F. 15, 1923, S. 121)

Schreiben eines deutschen Flohs, welcher mit G. Nicolai die Schnellfahrt durch die hesperischen Gefilde gemacht hat an s. Freundin eine Wanze in Italien übers. z. K. Adamssohn. Meissen 1836. V: *Algarotti.* (EB)

Schreiben eines deutschen Floh's, welcher mit Hrn. Gust. Nicolai die Schnellfahrt durch d. hesper. Gefilde gemacht hat, an seine Freundin eine Wanze in Italien. Nebst e. Anh., e. Schreiben d. Akad. d. Wissensch. zu Flohaburgo enth. Frei n. d. Flohitanischen übers. v. K. E. L. R. S. Adamssohn. 8. (3 B.) Meißen 836, Goedsche.

Fortgesetztes Schreiben eines Hessischen Officiers aus Amerika, welches die weiter vorgefallenen Attaquen und gemachten Eroberungen enthält. o. O. 1776. 16 S. 8⁰.
Stadtbibliothek Braunschweig

Anonym: „Schreiben über die Frage: gereichet es zum Aufnehmen des Bauernstandes, wenn einer zehendtpflichtigen Dorfschaft die Zehendte aus ihrem Feldflur zu Gelde gesetzet oder in Pacht überlassen werden?" Frankfurt a. M. 1787 (Brönner).

—— an den Hrn. D. Gasp. Rodrig. Francia üb. den in d. alten friedl. Stadt Nürnberg zwischen d. Allöopathen u. Homöopathen neuerdings ausgebrochenen Kampf auf Tod u. Leben u. dess. auffall. u. niederschlag. Folgen. 8. (2½ B.) Nürnberg 835, Bäumler. (?) *

Schreiben eines Franken an einen seiner Freunde in Schwaben von einigen derer gefährlichsten Zeitläuften Teutschlandes. (Mit Anmerkungen.) Anno 1757. 4. 31 S.

Schreiben eines Frantzösischen von Adell An seinen guten Freund. Auß dem Frantzösischen ins Teutsche übersetzt. [1743] V: *Duhan de Jandun, Jacques Egide* Ü: *Rohd, von.* (Preussische Staatsschriften. Bd. I. Berlin 1877. S. 397.)

— an die Frau *** üb. d. Ursprung d. Leibeigenschaft, (v. Dietr. Herm. Hegewisch). 8. Kiel 796. Hesse. 4 gl.

† **SCHREIBEN eines Frauenzimmers** an den Verfasser des Breszlauischen Wochenblatts betr. das 25ste Stück von den Frauenzimmer-Moden. Mit beygefügten Anmerkungen dieses Verfassers, statt der Antwort. Breslau 1760. 8⁰. 29 S.

Schreiben eines Frauenzimmers aus Westphalen vom 1. April 1758 an Ihren Freund allhier, über den dortigen Aufenthalt und Abzug der Franzosen. Berlin. 4. (15 S.)

SCHREIBEN an ein Frauenzimmer nach ** worinnen eine Critic über die Comödianten-Beichte, wie auch über die Frage: Ob ein Commödiant zur öffentlichen Communion zu laſſen? unparteyiſch angeſtellet iſt. Frankfurth und Leipzig 1771. 4°. 8 S.

Schreiben eines Freydenkers an seine Brůder. Berlin 1771. 48 S. 8°
Üb. das Verhältnis der Frmrei zu Gott u. dem Christentum.

— eines Freidenkers an ſeine Brüder. 8. Berl. 771. Groß. 3 gr.

— eines Freimaurers von Marburg an e. Freund in Frankfurt. 4. Frankf. a. M., Andreä. 2 gr.

Schreiben eines Freymåurers betreffend die in Kopenhagen herausgekommene Schmåhschrift eines Ungenannten. Wider den Freymåurerorden. [Unterz.:] E. D. Frankfurt u. Leipzig 1749. 16 S. 4°.
Kl. 333. Sehr selten. Widerlegung von den dem Bunde gemachten Vorwürfen.

Schreiben an die Freymüthigen, einer Gesellschaft zu Freyburg im Breisgau. Tübingen 1784. V: *Petzek, Joseph Anton.* (MGT)

— freymüthiges, an Lorſch, F. von Kreß und Cremer ꝛc. Luthers Denkmal betreffend. 8. Nürnbg. Lechner. 805.

Schreiben, Freymüthiges, an das Wiener medizinische und nicht medizinische Publikum in Betreff der Beschuldigung des Herrn von Stoll. Wien 1787. V: *Acort.* (BiblPort)

— freymüth., eines Schweizers üb. d. gegenw. Zeitumſtände. 8. Baſel, Serini. 791.

Schreiben eines Fremden üb. d. Feldzug v. 1758, in welch. er als Volontär bey d. k. k. Armee gestanden. d. d. Regensburg, 28. Nov. 1758. A. d. Frz. m. Anm. 4. Cöln 1759.

— Schreiben eines Fremden an einen seiner Landesleute über den Feldzug von 1758, in welchem er als Volontair bey der Kayserl. Königl. Armee gestanden. d. d. Regensburg d. 28. Nov.. Aus dem Französ. übersetzt u. mit Anmerkungen vermehrt. Cölln 1759. 4.

Schreiben an einem Freund, s. a. Hegewisch, Dietr. Herm. 1809.

Schreiben an einen Freund. Hamb. 1747. V: *Hagedorn, Friedrich von.* (Schr) (Cat. d. Stadtbibl. Zürich. Zürich 1864—97.) (Verz. d. v. Meusebachschen Bibl. Berl. 1855. S. 93.)

Schreiben eines Freundes an den andern. O. O. 1781. V: *Ganther, Conrad.* (MGT)

Schreiben eines Freundes über das Schauspiel Andromeda . . . Wien 1781. V: *Kempelen, Wolfg. von.* (BrMm)

Schreiben eines Freundes als Anhang zum 3. Bde von Gerstenbergs Schriften. [Altona 1816.] V: *Gähler, Caspar Siegfried.* (LS)

Schreiben an einen Freund über den Basalt. Dresden 1789. V: *Racknitz, Jos. Frdr. Freih. zu.* (Tübz 6, 23)

Schreiben an einen Freund über den Beweiss der Wahrheit der geoffenbahrten Religion . . . Frankf. u. Leipz. 1779. V: *Reinhard, Adolph Friedrich von.* (Ky) (ML)

Schreiben an einen Freund in Bünden, einige Anmerkungen über die zu Thusis im Hornung 1767. projectierte Reforma enthaltende. (Von Haus, den 28. Hornung 1767. V M .) 4. *o. O.*

Schreiben an einen Freund, darinn einige Zweifel wider die Aechtheit der Stiftungsurkunde, welche der heilige Stephan . . . dem Benedictinerkloster des heil. Martins 1001 ertheilet haben soll, . . . zur Prüfung vorgeleget werden. Wien 1779. V: *Benczur, Joseph.* (Pk)

Schreiben an einen Freund über die Folgen, die aus der Vereinigung verschiedener Völker unter einer Regierung für die Sprachen dieser Völker entstehen. Kiel 1809. V: *Hegewisch, Dietrich Hermann.* (Ky)

Schreiben an einen Freund zu Franckfurt an der Oder, die Controvers seines Bruders mit D. Becmannen betreffend. O. O. 17?? V: *Masius (Maas), Nicolaus Heinrich.* (Jöch)

Schreiben Eines Freundes an einen Freund betreffend Das von Gräflicher Wied-Runckelischer Seiten praetendirte Successions Recht in Ost-Frießland. [1744.] V: *Pollman, Adam Heinrich.* (Preußische Staatsschriften. II. Berlin 1885. S. 377.)

Schreiben eines Freundes an einen seiner guten Freunde von denen in den Schleswig-Holsteinischen Kirchen entstandenen Troublen. O. O. 1701. V: *Felde, Albert zum.* (Rotermund, Gel. Hannover. Bremen 1823.) (schr)

— eines Freundes an seinen Freund üb. die ungegründ. u. seltsamen Meinungen, die in d. Katechismus d. christl. Religion f. d. Landvolk vorgetragen werden. 8. Offenb. 777. Brede. 2 gl

Schreiben an einen gelehrten Freund in München über Herrn Rom. Zirngibels Beyträge ... O. O. [1808]. V: *Gemeiner, Carl Theodor.* (AarK)

Schreiben Eines guten Freunds an einen anderen, über das Neuwenburgische Successions-Geschäfft. (Den 25. Jenner 1708.) 4. *o. O.*

Schreiben an einen guten Freund, über den Canonicus Fabritius zu Bruchsal. Heilbronn 1804. V: *Werkmeister, Benedikt Maria Leonhard von.* (Ky)

— an e. guten Freund üb. den Canonicus Fabritius zu Bruchsal. 8. Heilbr. 804. Glaß. 9 gl

BIBLIOTHECA satyrico-moralis. — Schreiben eines guten Freundes an seinen Freund, als ein Beytrag zu dessen Bibliotheca Satyrico-morali. Frf. 1746. 8°.
Bibl. Schwabii II. p. 466.

Schreiben an einen guten Freund über die Gedanken vom Ursprunge der amerikanischen Völker so im danziger Geschichtscalender stehen. Thorn. 1777. 24 S. 8°.
New York Public Library
Sabin 77971. Baginsky 560. Palmer: mit verkürztem Titel.

Schreiben eines guten Freundes von Halle an einen andern nach Jena, nebst einigen Anm. über die Gedancken der Herren Beckmänner vom Reformiren des Rechts. Jena 1747.

Schreiben e. guten Freunds in Leipzig an jemand in Wittenberg, nebst Bericht von J. K. M. in Pohlen u. Churf. v. Sachsen Friderici Augusti glücklich durchgebrachten Campagne. 1704. (2½ B.) 4.

Schreiben an einen guten Freund betreffend das preussische Manifest wider den Chur-Sächsischen Hoff. Franckfurt 1745. 4. (10 Bl.)

Schreiben Eines guten Freundes Aus Schleswig, Vom 15. Juni. 1716. Wegen der Spoliirung Des Hochfürstl. Schlosses Gottorff. o. O. u. J. 4° k.

Schreiben an einen guten Freund worinnen gezeigt wird, dass das ... Erbrecht auf das Herzogthum Brabant, dem Durchlauchtigsten Sammthaus Hessen gemeinschaftlich zustehe. O. O. 1747. V: *Günderode, Johann Maxim. von.* (ML)

Schreiben eines Freundes aus L. an einen Freund in Cölln am Rhein über das Kayserliche Hof-Decret vom 14. Septbr 1756 und die darin befindlichen Avocatorien. 1756. 4. 39 S.
— Dasselbe, anderer Druck. 24 S.

Schreiben eines Freundes in Leipzig an seinen Freund in Prag, worinnen alle Umstände und Vorfallenheiten vor und nach der Einnahme der Stadt Leipzig durch die Kaiserlichen ... beschrieben werden. Nebst einigen kleinen Anmerkungen über verschiedene Materien. Den 12. August 1759. 4. 32 S.

Schreiben eines Freundes in Leipzig an seinen Freund in Prag, worin alle Umstände u. Vorfallenheiten vor und nach der Einnahme der Stadt Leipzig durch die Kayserl. d. 12. Aug. 1759. (32.) 4.

Schreiben eines Freundes aus Leyden an einen Freund in Amsterdam über die Ursachen, welche Seine Königl. Majestät in Preussen bewogen sich wider die Absichten des Wienerischen Hofes zu setzen ... Leyden [Berlin] 1756. V: *Marconnay, Louis Olivier de.* (Wr)

Schreiben an einen Freund über Herrn Klopfstoks Messiade. [Hamb. 1766.] V: *Denis, Johann Nep. Michael Cosmas.* (GGr) (schr)

Schreiben, Ein, eines Freundes am Neckar an seinen Freund an der Donau vom März. 1805. O. O. V: *Schwarzenau, Ludwig Friedrich von.* (MGT)

Schreiben an einen Freund von dem Nutzen der zeitigen Erlernung der Naturlehre wider den Aberglauben. [Leipzig 1744.] V: *Breitkopf, Johann Gottlob Immanuel.* (ML)

Schreiben eines Freundes aus der Oberlausitz an einen Freund im Meissnischen, von der Besetzung der Pfarrstellen nach Willkür des gemeinen Volks. O. O. 1764. V: *Voigt, Johann Friedrich.* (OL) (ML)

Schreiben eines Freundes aus Sachsen an seinen Freund in W** über den gegenwärtigen Zustand des Krieges in Deutschland. No. I (1—16 S.) Freyburg 1757. 4.
— Derselbe Titel. No. II. (17—32.) ib. eod.

Schreiben an einen Freund über die Ackermannsche Schaubühne zu Hamburg. 2. Aufl. Hamb. u. Leipz. 1766. V: *Löwen, Joh. Friedrich* [?]. (Litzmann, Schröder. Hamb. u. Leipz. 1890. I, 335.) (Arch. f. Litt. VIII, 204.) »Ackermannsche Gesellschaft« (schr)

Schreiben eines Freundes zu Strassburg an seinen Freund zu Freyburg die Reichsherrschaft Mahlberg in Schwaben betreffend. Frankfurt u. Leipzig 1765. V: *Preuschen, Georg Ernst Ludwig von.* (ML) (Stri) (Holz)

Schreiben an einen Freund über die Amelangische Vertheidigung des Predigers Schulz. Elberfeld 1792. V: *Benzenberg, Heinrich.* (MGT)

Schreiben eines Freundes der Wahrheit aus Sachsen, von dem Königl. Preussischen Siege, vom 5. November. Und andere Merckwürdigkeiten. Gedruckt im November 1757. 4. (8 Seiten.)

Schreiben an einen Freund geschrieben während der Anwesenheit des Kapuziner-Generals. 1780. V: *Raininger.* (Aug. Ludw. Schlözers Brietwechsel. Göttingen 1780. Bd. 7, S. 371; Bd. 9, S. 267) (biblPort)

Schreiben an einen Freund von dem gegenwärtigen Zustande der hochfürstl. Friedrichs Alexanders Universität zu Erlangen. Ansbach 1770. V: *Kraft, Johann Georg.* (ML) (Ky)

— an e. Freund von d. Zustande der Universität Erlangen, (v. J. G. Kraft). 4. Ansb. 770. (Gassert). 4 gl

— an e. Freund v. d. Zust. d. Universität Erlangen. 8. Ansbach, Haueisen. 770.

Schreiben an einen seiner Freunde: die Unterredung mit dem König in Preussen während seines Aufenthaltes in Berlin betreffend. Amsterdam [Giessen] 1773. V: *Zimmermann, Johann Georg von.* (Wr) (Baumg)

Schreiben an meine Freunde in Wien über das 11. Stück der katholischen Prüfungen des Herrn P. Fast von der Herzjesuandacht. Wien 1783. V: *Huber, Carl Joseph.* (KY 2/203) (WBL 9/376) (Bespr. Realzeitung 1783, Nr. 14, S. 215—216) (biblPort)

[Schreiben der Loge „Deutsche Freundschaft zum Südlichen Kreuze" in Joinville an die Grossloge von Hamburg. Dat.:] Joinville 1874. 3 Bl. 2°
Betr. die Stellung der Loge zum Gr. Or. von Brasilien u. ihre Beitragspflicht im Verhältnis zur Grloge von Hamburg.

Freundschaftliches Schreiben der pommerschen an die westpreußischen Bauern. (Extra-Abdruck aus der neuen preuß. Zeitung.) 1 Bl. 4. Flugblatt. Berlin, 18, Juli 1848.

Schreiben an den Cantzley-Rath Friedel gegen die Preuss. und Hanöv. Statisten. Fulda u. Würzburg 1759. 4.

— des Friedens an einige Patrioten. 8. Riga 762. (Leipz., Hartknoch). 1 ℛ

* — an Se. Majestät Friedrich Wilhelm III. nach d. Tilsiter Frieden. 2te Aufl. gr. 8. Berl. Neue Societ. Buchh. 807.

— an seine Majestät Friedrich Wilhelm III. über die neue Organisation des preußischen Staats. 2 Hefte. 8. Berl. W. Oehmigke. 808.

— an Se. Majest. Friedrich Wilhelm III. üb. die neue Organisation des Preuß. Staats. 2 Hfte. 8. Berl. 808. (Sander). 12 gl

Fünf Schreiben einer Privatperson an einen guten Freund über den Einfall des Königs von Preussen in Sachsen. 1756. 4. (39 S.)

Schreiben der drei Fürsten zu Hohenlohe-Waldenburg an den Reichstag, in specie die von Brandenburg übernommene Exekution betr. Dat. 27. May, 6. u. 16. Juni. Dictat. Regensburg [10. 19. 30.] Juni 1750

— an d. Fürsten von *** betreffend d. königl. preuß. Religionsedikt. 8. Hamburg, Herold. 789.

Schreiben an den Herrn G. R*** in Berlin. Oder unparteiisches Gemälde des Herrn Hauptpastor Goeze . . . Hamb. [1785]. V: *Cranz, Aug. Frdr.* (MGT) (Schr)

— an d. lombardisch. Exgrafen Giuseppe Garoni. 8. Wien 795. (Heubner). 3 gl

Schreiben aus dem berühmten Wild-Baad Gastein . . . [Saltzb.] 1759. V: *Wieser, J. A.* (Hr)

Schreiben, Geheime, eines Herrnhuters, von ihren Ehelotterien . . . hrsg. von Ad. Gfr. Schirach. Leipzig 1757. 8°.

Schreiben e. kathol. Geistl. an d. Verfasser des Buches: die kathol. Kirche Schlesiens. gr. 8. Sulzb. 827, v. Seidel.

—— eines kathol. Geistlichen an den Verf. der zwey Briefe, durch die jüngst zu Dresden erschienene Schrift: die reine kathol. Lehre, veranlaßt. gr. 8. (9½ B.) Sulzbach 828, v. Seidel.

Schreiben eines Pommerschen Geistlichen an eine vornehme Frau von der Staatsgottseligkeit. O. O. 1740. V: *Spalding, Joh. Joach.* (JL) (MGT)

— eines Geistlichen von Wien an e. fr. Freunde in Preßburg üb. d. immerwähr. Elektrophor; übers. mit Anmerkk. von Ant. Hiltenbrand. 8. Wien 776.

Anonym: „Schreiben eines Gelehrten in Hamburg an seinen Freund in Amsterdam, von denen Ursachen des feindlichen Bezeigens der Kron Frankreich gegen die Stadt Hamburg", Lübeck und Leipzig 1760. — Vorh.: Com. Bibl. Hamburg.

Schreiben, Eines Niedersächsischen Gelehrten, an einen Freund, über D. Christoph August Heumann's Beweis, dass die Lehre der reformierten Kirche vom heil. Abendmahle die . . . wahre sey . . . Hamb. 1764. V: *Koken, Joh. Carl.* (ML) (Rotermund, Gel. Hannover. Bremen 1813.)

Schreiben an jede ehrsame Gemeinden der löbl. drey Bünden. ([Von Johann Victor] de Traverse. Lindau, den 10ten Feb. 1767. – Schreiben von Herrn Hauptmann Friderich von Planta.... Paspels, den 10ten Febr. 1767. – Brief von... dem Herrn Amtsbürgermeister der Lobl. Stadt Chur, Etienne Cleric.... Coire, le 3. Febr. 1767. – Antwort von Herrn Frid. v. Planta.... Reichenau, den 7. Hornung 1767.) 8. *o. O.*

Schreiben an die Gemeine zu Herrnhut d. d. 1740 am 24. Aug. [Leipzig] [ca. 1745]. V: *Hoppe, Paul.* (OL)

Aus dem Schreiben eines russischen Generals an einen Verwandten in Berlin -- Druck von F. Reichardt u. Co 1 Bl. Fol. Flugblatt. Berlin, 27. April 1848.

—— über die Georgia Augusta im April 1831. 8. (2 B.) Hannover, Hahn.

(10) Gesammelte Schreiben eines Freundes aus Sachsen an s. Freund in W*** über den gegenw. Zustand des Krieges in Deutschland. 4. Freyburg 1758.

Schreiben zur Geschichte des Nassau-Siegenschen Stahl- und Eisengewerbes. Giessen. 1786.

Schreiben an die helvetische Gesellschaft . . . über Basedows Vorschläge zur Verbesserung des Unterrichts der Jugend. Basel 1769. V: *Iselin, Isaac.* (JL)

Schreiben an die Critikverständige Gesellschaft zu Zürich über die Critischen Beyträge Herrn Prof. Gottscheds. Zürich 1742. V: *Zötsche, J. F.* [?]. H: *Breitinger, Joh. Jacob.* (Waniek, Gottsched. Leipz. 1897. S. 435.) V: *Bodmer, Joh. Jacob* [?]. (Vetter) (Bächtold, Litt. d. Schweiz. Frauenf. 1892. S. 178.)

—an d. Sachsen-Coburg. Hrn. Hofr. C. Girtaner üb. die Muthmaßung eines Deutschen: Daß Schweizerische Reichslehen zu Beitr. in deutschen Kriegen verpflichtet seyn. 8. St. Gallen 794. Huber u. C. 2 gl.

Schreiben an die Gönner und Mitglieder der dänischen Acker-Academie . . . Flensb. 1762. V: *Lüders, Phil. Ernst.* (Bruun, Bibl. Danica III, 767.) »1763« (Collin, Annonymer. Kiobenh. 1869.)

Schreiben von dem wahren Gotte, wer er ist, und woraus er erkannt wird. Bernburg u. Aschersl. O. O. 1766. V: *Marées, Johann Noah de.* (Adel)

— an Göze in Hamburg. 8. Halle 774. Schwetschke u. S. 1 gl.

Schreiben eines 80jährigen Greises an H. A. Burchardi, s.a. Schütze, Chr. Heinr. 1818.

Schreiben eines achtzigjährigen Greises an der Eider an den Herrn H. A. Burchardi . . . über dessen dialektische Kritik . . . O. O. 1818. V: *Schütze, Chn Hnr.* (LS) (MGT) (Collin, Anonymer. Kiobenh. 1869.)

— eines achtzigjährigen Greises an H. A. Burchardi über dessen dialektische Kritik gerichtet wider eine Anzeige des Herrn Meyer zu Alsen die Harmsschen 95 Theses betreffend. 8. Leipzig, Hartmann. 818.

— eines 80jähr. Greises an H. A. Buchardt üb. dessen dialektische Kritik gerichtet wider eine Anzeige des Hrn. (F. M.) Meyer zu Alsen die Harmsschen 95 Theses betreff. 8. Leipz. 818. (Lehnhold). 2 gl.

Schreiben an Herrn Grölle in Dresden d. d. Nürnberg, 8. Jul. 1757. V: *Ledermüller, Mart. Froben.* (Bibliotheca Norica Williana. Altdorf 1772—78. II, 1, 92.)

[Schreiben.] An eine Hochw. Grossloge des eklektischen Freimaurer-Bundes zu Frankfurt a. M. [Unterz.:.] St. Johannis-Loge Johannes der Evangelist zur Eintracht. [Dat.:] Darmstadt 1845. 1 Bl. 4° [Kopftit.]
Abgedr. in: Archiv f. Frmrei. 3, 3 (1845) S. 198—199.
Anzeige des Austritts aus dem eklekt. Bunde.

Schreiben, Gutherzige, an seine Landsleute . . . den Ackerbau und die Viehzucht betreffend. Chemnitz 1763. V: *Fischer, Hnr. Aug.* (WÖ) (Kat. d. stat. Bureaus. Dresden 1890.)

Schreiben eines vornehmen holsteinischen Gutsherrn darinn die Abschaffung der Hofdienste auf seinem Gute . . . beschrieben werden . . . Hamb. 1775. V: *Rantzau, Hans Graf von.* (Bruun, Bibl. Danica III, 764.)

Anonym: „Schreiben eines vornehmen holsteinischen Gutsherrn, darinn die Abschaffung der Hofdienste auf seinem Gute und die Folgen dieser Veränderung nach einer zwanzigjährigen Erfahrung beschrieben werden", Hamburg 1775 (Bohn). — Vorh.: Bibl des Kammergerichts Berlin

Schreiben an einen H. O. . . . O. O. 1778. V: *Röpert, Georg Chph.* (Kl)

Schreiben an Herrn von Hagedorn. Leipzig 1779. V: *Oeser, Adam Friedrich.* (Ky) (MGT)

— an Hrn. v. Hagedorn, (von A. F. Oeser). 8. Leipz. 779. — Dass. französisch. 8. Ebd. 780.

Schreiben aus Halberstadt an einen Freund in Bremen, die Wäsersche Schauspielergesellschaft betreffend. Halberstadt 1778. V: *Eichholz, Frdr. Wilh.* (ML)

— eines ehemal. Handlungsdieners, dermal. Kapitain im griech. Heere, aus Griechenland an seine Verwandte u. Freunde. 8. Bresl., Buchheister. 2 gl.

— eines Hannoveraners. 2e A. 8. Braunschw. 803. Mückart. 6 gl. Vieweg. 4 gl.

Schreiben eines Hannoveraners an den ersten Konsul in Frankreich. London [Bremen] 1804. V: *Niemeyer, Georg Friedrich.* (Ky) (Wr) (GGr) (Pr)

— eines Hannoveraners an d. Consul in Frankreich, (v. G. F. Niemeyer). 8. Brem. 804. Müller. 8 gl.

Schreiben eines Hannoveraners an e. Milord in England bei Gelegenheit der Klostersev. Convention. 4. Frankfurt und Leipzig 1758. — 8. ib. 1758.

[Schreiben] An den ersten zug. Grossmeister der Grossen Loge von Hamburg Br. J. Heinr. W. Harden Or. Hamburg. [Dat.:] Hamburg, den 23. November 1902. 2 Bl. 2°.
Gesuch von 6 Brn. um Einberufung einer ausserordentlichen Versammlung der Grossloge.

Schreiben des letzten Heer-Meisters der ausgerotteten Tempel-Herren Jacob von Mulay [Molay] aus dem Reiche der Todten, an den itzigen Hochwürdigen Pater General der heil. Gesellschafft Jesu, die Gleichheit des Ordens der Tempel-Herren mit dem Jesuiter-Orden, und des letztern besorgliche Fata betreffend. o. O. 1725. 20 S. 4°
Selten.

Schreiben an den Herrn Prof. Heinrich in Kiel über eine Recension in der Hall. Allgem. Literaturzeitung . . . O. O. 1816. V: *Franke, Joh. Val.* (BSCE)

Schreiben des Herrn von * * * an den Herrn von N. N. aus dem Lager bei Budin. 4. Okt. 1756. 4. Sulzbach (1756).

Schreiben an den Herrn, welcher sich dem Verfasser der Stunde der Versuchung, die kommen wird . . . ohne Noth zum Reisegefährten aufgedrungen . . . O. O. 1782. V: *Wilker, Joh. Matthias.* (ML)

Schreiben an Herrn *** von der Würde und Bestimmung eines schönen Geistes. Zürich 1752. V: *Wieland, Christoph Martin.* (GGr) (Cat. d. Stadtbibl. Zürich. Zürich 1864—97.) »1753« (Ky) (MGT)

Schreiben eines Hessen an seinen im Königreich Portugall wohnenden Bruder. Von dem Anfang und Fortgang des gegenwärtigen Krieges. (Nebst einer Ode an Friedrich d. Gr.) 1758. 4.

Schreiben über den ungewöhnlichen Hochnebel oder Hochrauch. Braunschweig 1781. V: *Beroldingen, Franz Freih. von.* (Rotermund, Gel. Hannover. Bremen 1823.) »1784« (Ky) (MGT) (ML)

— üb. den ungewöhnl. Hochnebel od. Hochrauch, (v. Frhrr. Frz. v. Beroldingen). 8. Braunschw. 784.

— des kurhannöver. Hof-Glasers an seinen Nachbar den kurhannöver. Kunst-Drechsler. gr. 8. Ohne Druckort (Neuburg) 804. (Joachim in Leipz.) 8 gl.

Schreiben d. Churhannöv. Hof-Glasers an d. Kunstdrechsler. gr. 8. Neuburg, Büreau. 805. Rthlr.

Schreiben Sr. Königl. Hoh. des Chur-Prinzen von Sachsen an Ihro Maj. den König von Preussen. Dressden . . . 1756. V: *Christian Friedrich* [?]. (Baumg)

Schreiben eines freien Holländers üb. die Confoederationsakte der sogen. patriot. Regenten in Holland. 8. Eisenach 787. Wittekind. 1 gl.

— an J. zu M., die chines. engl. Garten zu Marienwerder betreffend. 8. Hannover, Schmidt. 777.

Schreiben an Herrn J. S. L. über das Leben und die Meynungen des Herrn M. Sebaldus Nothanker. Gotha 1774. V: *Stuss, Just. Christian.* (ML) (ADB)

Ein Schreiben, in welchem die Gesinnung gegen Se. Königl. Majestät von Preussen und dero sieghaffte Heere, von einer adelichen Dame in E*** an eine gute Freundin eröffnet worden. (2 Bl.) — daran als P. S. Gedanken über den itzigen Krieg. Im Jahr 1758.

Schreiben an Herrn Meinrad Jud auf Davos. Bei Anlass seiner gehabten Sendung in das Tirol, im Jahre 1794. 8. *o. O.* 1795.

SCHREIBEN eines reisenden Juden aus d. Vorzeit. Neue Auflage. Mit Titelvignette. Einbeck, o. J. 8°. (2 Mk. 50 Pfg. Bielefeld, 1911.) Selten!

— eines reisenden Juden. 8. Nürnb., Raw. 1 gl.

— eines reisenden Juden aus der Vorzeit, im J. 33 nach Christi Geburt. 8. Ulm 819. Ebner. 8 gl

Schreiben eines reisenden Juden aus der Vorzeit im Jahr 33 ... Schlesw. 1820. V: *Jung-Stilling, Johann Heinrich.* (Bruun, Bibl. Danica I, 130.)

— eines reisenden Juden aus der Vorzeit im Jahr 33 nach der Geburt Jesu Christi. 6. Aufl. 8. Berlin 842, Wohlgemuth. n. 1/12 ℛ︎

— eines reisenden Juden aus der Vorzeit im Jahre 33 nach der Geburt Jesu Christi. 7. Aufl. 8. (19 S.) Berlin 847, J. A. Wohlgemuth. 1/12 ℛ︎

Schreiben eines reisenden Juden aus der Vorzeit im J. 33 nach der Geburt Jesu Christi. 8. Aufl. 8. (31 S.) Berlin 858, J. A. Wohlgemuth. Thlr.

— eines reisenden Juden aus der Vorzeit, im Jahre 33 nach der Geburt Jesu Christi. 2. Aufl. Breslau 862. Dülfer in Comm. 16. (24 S.) n. 2 ngr.

Schreiben e. reisenden Juden aus der Vorzeit im J. 33 nach der Geburt Jesu Christi. [14. Aufl.] 32. (31 S.) Barmen 872. Wiemann. — 5

Schreiben eines reisenden Juden aus der Vorzeit im J. 33 nach der Geburt Jesu Christi. 16. Aufl. 32. (31 S.) Barmen 880, Wiemann.

Schreiben e. reisenden Juden aus der Vorzeit im J. 33 nach der Geburt Jesu Christi. 17. Aufl. 32. (31 S.) Barmen 887. Wiemann. — 6

Schreiben e. reisenden Juden aus d. Vorzeit im J. 33 nach d. Geburt Jesu Christi. 18. Aufl. 32. (31 S.) Barmen 897. D. B. Wiemann. — 06

Schreiben an Herrn K* in Z**, die Leipziger Schaubühne betreffend. Leipzig 1753. V: *Schulz (Schulze), Joh. Traugott.* (Waniek, Gottsched. Leipzig 1897. S. 622.) (ML)

Schreiben an den Kaiser der Franzosen in Betreff der orientalischen Frage. Aus dem Französ. 1. und 2. Aufl. gr. 8. (22 S.) Leipzig 854. [Kaiserslautern, Meuth.] *

— an den Kaiser der Franzosen in Betreff der Orientalischen Frage. Aus dem Französ. 1. u. 2. Aufl. Leipzig 854. Remmelmann. (Kaiserslautern, Meuth.) gr. 8. (22 S.) 5 ngr.

Kaiserl. allergnädigstes Schreiben an die hohe ausschreibende Fürsten des Löbl. Fränck. Creysses d. d. 25. Jun. 1757 die bey Annäherung des Meyer. Corps von der Reichs-Stadt Nürnberg bezeigte Conduite anlangend. Nebst 2 Beylagen. (Wien.) Nebst Schreiben des Magistrats der Stadt Nürnberg an Ihro Kaiserl. Maj. dat. 11. Jun. 1757. 4.

Schreiben der Kapläne ... der Breslauer Diöcese an den hochw. Bischof v. Diana i. p., Generaladministrator des Bistums, Weihbischof zu Breslau, Herrn Daniel Latussek als ihren kirchl. Vorgesetzten infolge des Rongeschen Aufrufs „an die niedere kath. Geistlichkeit" [Leipzig 1845]. Gleiwitz, Landsberger, 1845, 4°, 10 Bl.

Schreiben eines vernünftigen Katholiken über den Prediger in Kreuzburg. Prag 1782. V: *Opitz (Opiz), Joh. Ferdinand.* (GGr VI/717, Nr. 2/22) (BiblPort)

—— eines alten Kaufmannes an seinen Sohn bey dess. Handlungs-Etablirung. Ein Wegweiser f. angeh. Kaufleute. gr. 8. (5 B.) Wittstock 833. (Magdeburg, Robrahn u. Comp.)

Anonym: „Schreiben an einen Kaufmann über die Frage: kann die Handlung eines Staats wesentlichen Schaden leiden, wenn eine unrichtige Proportion in den Wert des Goldes und des Silbers sich einschleicht", Bremen 1768.

SCHREIBEN eines Cavaliers an ein Fräulein, betreffend den neuerfundenen Damen-Thee, Caffe u. Chocolate, oder eigentlich Mandelate. 2. Aufl. Erfurt, in dem Lorberischen Buchladen. 8°.

M. M. V. 1749. E 2 a. — Die 1. Aufl. ist in d. früheren Mess-Verz. nicht angezeigt.

Schreiben eines Kleinseitner Kavalleristen an einen Neustädter Kavalleristen. O. O. [Prag] 1782. V: *Brenner.* (BiblPort)

— eines Kindes an d. Pastor Götze in Hamburg. 8. Hamb. 780. Reuß. 3 gl

Schreiben über die neue Kirchen-Agende. 2. Aufl. Hamb. 1798. V: *Stolberg, Frdr. Leop. Graf v.* (Hauptkat. d. Univ.-Bibl. Tübingen. G. Nachtr. 19.)

Schreiben des Evangelisch-Lutherisch und Reformirten Kirchen-Raths, wie auch der Beamten der Teutschen Gesellschaft in der Stadt Philadelphia, an die Teutschen Einwohner der Provinzen von Neuyork und Nord-Carolina. Philadelphia: Miller. 1775. 40 S. 8°.
Historical Society of Pennsylvania Philadelphia, jetzt in Library Company of Philadelphia
Sabin 77972. Evans 14394.

Schreiben eines holsteinischen Kirchspielvogts an seinen Freund in Schweden über die neue Kirchen-Agende. Hamb. 1798. V: *Stolberg, Frdr. Leop. Graf zu.* (Schles) (LS) (GGr) (Ky) (Cat. d. Stadtbibl. Zürich. Zürich 1864—97.)

— eines Holstein. Kirchenvoigts üb. die neue Kirchenagende, (v. Fr. L. Graf. v. Stolberg). 8. Hamb. 798. Perthes u. B. 4 gl

— aus d. Kloster von Heloisen an Abälard. gr. 8. Dresd. 785. Walther. 3 gl

Schreiben des Königlich Grossbritannischen ... Comitial-Gesandtens an die allgemeine Reichs-Versammlung, den Einmarsch der ... Französischen Völcker in die Reichs- und gegen die Hannöverschen Lande betreffend; d. d. Regenspurg den 7. May 1757 nebst dem Manifest d. d. Hannover den 23. April 1757. 4. (4 Bl.)

Schreiben des Königl. Pohlnischen ... Comitial-Gesandtens an die allgemeine Reichs-Versammlung d. d. Regenspurg den 10. Jun. 1757 denen von der Chur-Brandenburgischen Comitial-Gesandtschaft exhibirten Vorstellungen de dictatis 10. u. 26. May entgegengesetzt. Dictatum Regenspurg den 28. Junii 1757. per Moguntinum. 4. (4 Bl.)

Schreiben an den König von dem Grafen von Struensee, oder allerunt. Bitte für sich und seine Mitgefangenen . . . O. O. [1772]. V: *Brun, Mart.* (Bruun, Bibl. Danica III, 1492.)

Schreiben eines Korporals des Korps der Wiener Freiwilligen an seinen Freund in Wien. Wien 1797. V: *Richter, Joseph* (?). (Hans Viktor Pisk: Joseph Richter. Diss. Wien. 1927) (BiblPort)

Schreiben, Krämers, an Riem, Holzhausens Hordenfütterung der Schaafe betreffend. Dresden 1786. V: *Riem, Johann.* (Kläbe, Neuestes Gel. Dresden. Leipz. 1796.)

Schreiben an Herrn Joh. Paul Krause über die Beurtheilungen der Nachrichten von Künstlern und Kunstsachen. Dresden 1771. V: *Heinecken, Carl Heinrich von.* (ML)

Schreiben von dem gegenwärtigen Kriege, welches der Türkische Mufti an den Groskanzler der Pforte, Said abgelassen hat. 1757. 4. 24 S.

Schreiben des siebenörtigen Kriegsrathes an den Staatsrath des Standes Wallis. Vom 1. Februar 1847 bis 17. November 1847 s. Sammlung. In den Archiven ... zu Sitten befindliche S' auf den Sonderbund bezüglicher Akten, — abgeschrieben ... 1848 ... Nr. 11.

Schreiben eines Kriewitzers an seine auswärtigen Freunde über die Durchreise des Durchl. Erbprinzen von Mecklenburg und seiner Frau Gemahlin durch Kriewitz . . . Schwerin 1800. V: *Mantzel, Chn Glieb.* (MGT)

— der Frau v. Krüdener an Hrn. v. Bergheim; aus d. Französ. 8. Nürnb. 817. Raw. 1 gl.

Der Krägerin Schreiben an Anten, daß es einen ewigen Juden gebe. Halle 756. 8.

— üb. die Kunstausstellung d. kön. sächs. Akademie der Künste zu Dresden, am 5. März 1807. gr. 8. Dresd. 807. Walther. 2 gl.

Schreiben des Curatoriums an die Herren A. [illegible] und Dr. H. Schaper anlässlich ihres 25jährigen Amtsjubiläums. 1 S. 11–12.
Progr. Jacobson-Sch., Rsch. *Seesen am Harz* 1899

Schreiben eines Curländers an einen andern über die Befugnisse des Landes, die Staatsbediente aus eigenen Gliedern zu bestellen . . . O. O. 1774. V: *Heyking, Dietrich Ernst von.* (R-N)

Schreiben eines Kurländers an den Fürsten N . . . Warschau 1789. V: *Manteufel-Szöge, Carl von.* (R-N)

Schreiben an Fr. L. zu M . . . Ein Beytrag über Teutschlands Verfassung und Freyheit . . . Frankfurt u. Leipzig [St. Gallen] 1799. V: *Afsprung, Johann Michael.* (GGr)

Schreiben aus dem Lager bey Budin 1757. 4.

— aus dem, eines Laien an einen jungen Freund, der Theologie studiren will. gr. 8. Hamburg 839. Niemeyer.) n. 1/8 xf

Schreiben eines Laien an Hardmeyer den öffentlichen Lehrer . . . zu Bayreuth. Bayreuth 1799. V: *Einsiedel, Georg Friedrich.* (MGT)

— eines Laien (J. G. Schummel) an den Verfass. einer Sittenlehre f. alle Menschen. 8. Bresl. 784. Löwe. 3 gl.

Schreiben eines Layen an den Verfasser des Versuchs einer Anleitung zur Sittenlehre . . . Breslau 1785. V: *Schummel, Johann Gottlieb.* (Ky) (MGT)

Schreiben eines Landgeistlichen an einen Staatsrath über Synoden und Synodalverfassung. Berlin 1818. V: *Buchholz, Frdr.* (Ky)

— eines Landgeistlichen an e. Staatsrath üb. Synoden u. Synodalverfassung, (von Fr. Buchholz). gr. 8. Berl. 818. Th. Enslin. 6 gl.

Schreiben an die Landleute im Zürich-Gebiet, darinn angezeiget wird, wie eine Haushaltung sich auch in theuren Zeiten ernähren könne. Zürich 1771.

Schreiben eines Schweitzerischen Landmanns aus der Fremde an seine lieben Landsleute. Leipzig u. Winterthur 1786. V: *Boshand, Heinrich.* (MGT) *Bosshard, H.* (Ky)

— eines schweizer. Landmanns aus d. Fremde an seine lieben Landsleute, (von H. Boßhardt). 8. Leipz. u. Winterth. 786. Zürich 789. Orell. 3 gl.

Schreiben an meine liebe Landsleute . . . über die Frantzösische Angelegenheiten. O. O. 1792. V: *Ludwig, Eugen.* (ML) (Adel)

Schreiben eines Landpfarrers über das Brevier . . . Grätz 1787. V: *Neupauer, Franz Xaver Edl. von.* (MGT)

Anonym: „Schreiben eines Landwirthes an die Bauern, wegen Aufhebung der Gemeinheiten", o. O. 1769 (Wurde auf Befehl Friedrichs des Großen verfaßt).

— eines Landwirths an die Bauern, wegen Aufhebung der Gemeinhirten. 8. Berl., Rottmann. 4 gr. (Franzen u. Gr. in Stendal). 2 gr.

Schreiben eines Lauisers an einen seiner Freunde in Mayland über die lezten Vorfalle im Kanton Tessin. Uebersetzt aus dem Italiänischen und hrg. auf Verlangen und Kosten des Verfassers. (Lauis, den 23ten Herbstmonat 1814.) 8. *o. O.*
Mutmasslicher Verfasser: Giusepe Ruggia.

Schreiben an den Herrn Diaconus Lavater zu Zürich. Berlin 1770. V: *Mendelssohn, Moses.* (Ky) (ML)

— an Lavater in Zürich, (v. Moses Mendelssohn). 8. Berl. 770. (Laue). 4 gr.

— üb. Reinhards Lehre v. der freien Gnade Gottes. 8. Wittenb. 801. Kühne. 5 gr.

— das, Sr. Heil. Papst Leo XIII. an Se. Eminenz Cardinal Rampolla. [Aus: „Vaterland".] gr. 8. (17 S.) Wien 887. (Seidel & Sohn.) n. — 40

Schreiben des Ackermannschen Lichtputzers an einen Marionettenspieler, als eine Abfertigung . . . Hamburg 1766. V: *Löwen, Johann Friedrich.* (ML) (Schr)

Schreiben an die goldbegierigen Liebhaber der Chymie und Alchymie, worinnen ihnen wohlmeinend durch ein und andere in der gesunden Vernunft und Experience gegründete Beweis-Ursachen und Widerlegungen abgerathen wird, dieser Kunst nicht länger nachzuhangen, um sich nicht in das äusserste Elend zu stürzen u. s. w. Frankfurt u. Leipzig: Krauss 1770. 190 S. 8°
cf. D. Frmr., oder Compendiöse Bibliothek. 3 (1795) S. 9—44.

Schreiben an die Herren Liebhabere des Freundes aus Sachsen an seinen Freund in W . Ueber den gegenwärtigen Zustand des Krieges in Deutschland. Oder: Unpartheyische Erzehlung von dessen Ursprung bis auf den Herbst 1757. I—IV. Stück. Freyburg 1759. 4.

Schreiben aus Liegnitz über das Turnverbot. Leipzig 1819.] V: *Göden, Hans Adolph.* (NN)

Schreiben der Loge zur Beständigkeit u. Eintracht in Aachen vom 22. Jan. 1868. 4. 2 Bl. Lithogr.

[**Schreiben** der Loge zur deutschen Burg in Duisburg an den Vorsitzenden des Vereins deutscher Freimaurer.] [Dat.:] Duisburg, im März 1878. 2 Bl. 4°.
Führt Beschwerde über Jos. Gabr. Findel.

Schreiben an die Sehr Ehrwürdige Loge zu den drey Schwertern und wahren Freunden in Dresden. [Berlin 1810.] V: *Guionneau, Ludwig August von, Friedrich Gustav Adolph Maximilian v. Castillon, Ernst Ferdinand Klein.* (Wolfstieg I, 4)

[**Schreiben** der Logen „zur gekrönten Hoffnung" und „zum heiligen Josef" in Wien vom 2. Dezember 1793 an den Kaiser von Österreich.] 1 Bl. 8°.
Vgl. W. 13183.
Betr. die Arbeitseinstellung der beiden Logen.

Schreiben aus London vom 21. Juni [1799]. Parlamentsachen. in: Hamburger unpartheiischer Correspondent. Nr. 103, 28. Juni 1799. Beil. [Berichtet über die Beratung der „Bill" zur Unterdrückung geheimer Gesellschaften. Lord Radnor und der Bischof von Rochester verteidigen die Frmrei.]

— eines Lords an seinen Correspondenten zu Paris, zur Vertheidigung d. Juden; aus d. Französ. gr. 8. Bresl. 803. Barth. 8 gr.

Schreiben von des regierenden Hn Fürsten zu Löwenstein-Wertheim Fürstl. Durchl. ad Comitia . . . O. O. 1735. V: *Frühauf, Joh. Frdr. von.* (Holz)

Schreiben von M. J. an M. K. betreffend eine kleine Schrift unter dem Titel: Wilhelm Tell, ein dänisches Mährchen aus dem Journal Helvétique übersetzt. 1760. Ü: *Waser, Heinrich* (?). (Heinemann, Tell-Bibliographie. Bern 1907. S. 29.)

Schreiben an Ihro Kön. Kayserl. Majestät vom Corpore Evangelicorum d. d. 21. April [illegible] in der [illegible]schen [illegible] abgelassen. Dictat. [illegible] 17[illegible]

Schreiben an Se. Königliche Majestät in Preussen von einem Lieutenant der Cavallerie, welcher bey Lobositz blessirt worden, und dessen Pferde und Bagage verlohren gegangen. Berlin 1758. (3 Bl.) Versuch einer Abschilderung des Königs in Preussen aus dem Französischen des Herrn von M. übersetzt. Berlin 1758. 4. 4 Bl. (Das Schreiben in Versen.)
O Vatter! o König! o gnädiger Herr!

Schreiben an Se. Röm. Kayserl. Majestät, welches Se. Königl. Maj. in Pohlen u. Chur-Fürstl. Durchl. zu Sachsen unterm 22. Nov. 1756 aus Warschau erlassen haben. 1756. 4.

Schreiben Sr. Maj. des Königs von Preussen an Se. Excellenz den Herrn General-Feldmarschall Grafen von Schwerin vom 2. Oct. 1756. 4. (8 Seiten. — Uebersetzung.)

Schreiben Sr. Königl. Maj. in Preussen u. Churf. Durchlaucht zu Brandenburg an die Hoch- u. Löbliche Stände des Fränck. Creyses d. d. Berlin d. 15. Nov. 1756. 4.

Schreiben einer zärtlichen Mama an ihren Sohn, der unters Freicorps gegangen ist. Wien 1796. 8 S. 8°. V: *Richter, Joseph.* (Hans Viktor Pisk: Josef Richter. Diss. Wien 1927, S. 140, Nr. 75)

Schreiben einer zärtlichen Mama an ihren herzallerbesten Franzel, der unter Freykorps gegangen ist nebst der Antwort des Franzels an seine zärtliche Mama. Vom Verfasser der Eipeldauerbriefe. Wien 1797. 2 Stück. 8°. V: *Richter, Joseph.* (wrztg 1796, S. 2912; 1797, S. 2024) (biblport) (Hans Viktor Pisk: Josef Richter. Diss. Wien 1927, S. 140)

Schreiben eines aufrichtigen Mannes an seinen Freund. Frankf. u. Leipz. 1781. V: *Ayrenhoff, Cornelius Hermann von.* (GGr)

Schreiben an einen Marionettenspieler als eine Abfertigung des Schreibens an einen Freund über die Ackermannsche Schaubühne . . . Bremen 1766. V: *Löwen, Johann Friedrich.* (Litzmann, F. L. Schröder. Hamb. u. Leipz. 1890. I, 342.) (Arch. f. Litt. VIII, 204.) S. a. Nr. 1329 u. 1365.

Schreiben des Marsch. v. Belle-Isle an den Marsch. v. Contades, nebst Antwort e. Unbekannten an den Marsch. v. Belle-Isle. A. d. Frz. (8.) 4.

Schreiben, Einiger Medicorum, der in Preussen An. 1708, in Dantzig An. 1709 . . . grassireten Pest . . . Bresslau 1711. V: *Kanold, Johann* & *J. G.* H: *Kanold, Johann.* (BrMm)

Einiger Medicorum Schreiben von der in Preussen An.1708. in Dantzig An.1709. in Rosenberg An.1708. und in Fraustadt An.1709. grassireten Pest: wie auch von der wahren Beschaffenheit des Brechens, des Schweisses, und der Pest-Schwären, sonderlich der Beulen: und denn folglich von rechtem Gebrauch der Vomitoriorum und Sudiferorum. 144 S., gbd.

Breßlau: Fellgiebel 1711

JB 4.996

[**Schreiben** des Meisters vom Stuhl der Loge „Carl August zu den drei Rosen" in Jena an den Grossmeister der Grossloge in Hamburg. Dat.:] den 11. Januar 1888. 1 Bl. 8°.

Betr. das Vorgehen der Grossloge von Hamburg gegen den Lessingbund und gegen die genannte Loge, die dem Bunde ihre Lokalitäten zur Verfügung gestellt hatte.

Schreiben an Herrn Aaron Mendetz da Costa über den leichten Übergang von der pharisäischen Sekte zur christlichen Religion. Neue Aufl. Bremen 1777. V: *Moeser, Justus.* (EB)

[**Schreiben.**] An den Menschenfreund. o. O. 1783. 16 S. 8° [Umschlagtit.]

Wünscht eine auf sichern Plan gegründete Vereinigung der besten Menschen.

— merkw., u. Belehr. f. Bischöfe, ob es rathsam sey, die Bischöfe zu gestatten? 4. Ulm, Stettin. 761.

— merkwürd., eines kathol. Geistlichen in Baiern, die Verfolgung der Illuminaten betreff. 8. Gotha 786. Ettinger. 5 gl.

Merkwürdiges **Schreiben** eines römisch-catholischen Geistlichen in Bayern, an seinen Freund und Amtsbruder in Schwaben; die Verfolgung der Freymaurer und Illuminaten in Bayern, und den uralten vortreflichen Orden der obscurorum virorum oder Obscuranten betreffend. Zum Druck befördert durch einen Layen. Philanthropolis [Gotha]: 1786. 80 S. 8°

cf. D. neuesten Religionsbegebenheiten. 9, Zugabe 2 (1786) S. 136—137.

Kl. 3237. Enth. an sich nichts zur Gesch. der Illuminaten; Satire auf die Theosophen u. Mönche, die mit dem Namen der Obskuranten belegt werden.

Merkwürdiges Schreiben eines Rechtsgelehrten an Prinz Carl von Lothringen, darinne die preussische Gerechtigkeit aufs deutlichste erwiesen und ein Mittel gezeiget wird wie ein algemeiner Friede in Deutschland befördert werden möge. Halle 1758. 4. (40 S.)

— des Hofrath Michaelis zu Göttingen, worin um die Auflösung gewisser Zweifel gebeten wird. gr. 8. Hannov. 769. Helwing. 3 gl.

— an d. Hrn. Grafen v. Mirabeau, seine Beschuldigungen gegen d. Hrn. Lavater betreff. 8. Frkf. a. M. 786. Strena. 1½ gl.

Schreiben an den Herrn Grafen von Mirabeau . . . Aus dem Französ. Bremen 1787. V: *Friedrich V. Landgraf v. Hessen-Homburg.* Ü: *Gildemeister, Friedrich.* (Dtsch. Rundschau 118, 433) (Zeitschr. f. Büch. N. F. 15, 1923, S. 121)

Schreiben an meine Mitbürger. Linz 1780. V: *Cremeri, Bened. Dom. Anton.* (WBL III/26) (biblport)

— der Mitglieder des Stifts z. Großen Münster in Zürich an den großen Rath, mit beigefügt. Verwahrung. gr. 8. Zürich 832. Schultheß. 1 gl.

Schreiben an Herrn F. K. von Moser von der juristischen Pedanterey, nebst Mosers Antwort. Frankfurt 1751. V: *Bretschneider, Johann Carl.* (ML)

——, Isaak Müller's, d. glücklichen Auswanderers, an seine deutschen Landsleute. 8. (2 B.) Tübingen 830, Reiß jun. u. Küstner. (?)

Schreiben einer Mutter an ihre neu verehelichten Tochter mit einigen guten Lehren ... Heidelberg 1804. V: *Langsdorf, Dan. Isaac.* (Ky)

— e. Mutter an ihre neu verehel. Tochter mit einigen guten Lehren, zur Beförder. d. häusl. Glückseligkeit, (v. D. J. Langsdorf). 8. Heidelb. 804.

—— einer Mutter an ihre Tochter am Vorabend ihrer Vermählung. 32. (24 Seit.) Stuttgart 829, (Brodhag.)

Schreiben des Herrn N*** an sein. Freund in Breslau wegen der Bataille v. 18. Juni 1757 und der Befreyung der Stadt Prag. 4. Frankfurt 1757.

Schreiben eines Naturforschers über die Magnetkuren. O. O. 1775. V: *Tetens, Johann Nicolaus.* Ky) (MGT)

SCHREIBEN eines neusystematischen Naturlehrers an einen Freund der Neusystematischen Philosophie, in welchem die lachenden Philosophen der alten Schule ausgelachet werden. Schonfeld. Prag u. Jena 178. 8. 1 vol. 24 S.

Anonym: „Schreiben eines englischen Negotianten an einen Kaufmann in Berlin, die konigl. preussische Handlungscompagnie betreffend. Nebst der Antwort", London 1750. — Vorh.: Com. Bibl. Hamburg.

Schreiben aus Neukirchen bei Breslau v. 9. Dec. 1757. 4.

Schreiben aus der Neumark an einen Magdeburgischen Prediger vom 21. Oct. 1760. (Magdeburg.) 4. 2 Bl.

Schreiben des Hertzogs von Newcastle etc. (Mit Tabellen.) Franckf. u. Leipzig. 4.

Schreiben des Herzogs von Newcastle auf Befehl Sr. Majestät von Großbritannien abgelassen an den Herrn Michell, Legations Secretär Sr. Majestät des Königs von Preußen zur Beantwortung des Memorials und anderer Schriften die von dem Herrn Michell dem Herzoge von Newcastle den abgewichenen 23. Nov. u. 13. Dec. 1752 übergeben worden. Auf Befehl Sr. Majestät des Königs von Großbritannien gedruckt. Aus dem Engl. übersetzt 1753. V: *Murray (General).* (Preußische Staatsschriften. II. Berl. 1885. S. 461.)

— an Nicolai über die Völkerstämme u. Keltischen Namen in Deutschland. 8. Halle 797. (Hemmerde u. S.) 4 gr.

Schreiben an Se. Exc. den Herrn Staatssekretär Dr. Nieberding betreffend unsere nationale Rechtsentwicklung auf dem sozialen Lebensgebiete. Altona-Ottensen [1898]. V: *Bleicken, B.* (EB)

— an Nudow, s. Räsonnement d. Philosophie betreffend. 8. Danzig, Flörke. 778.

Schreiben des Obergerichts an den Grossen Rath der Republik Bern, sammt Beilagen. [Extra-Beilage zum Schweizerischen Beobachter.] 8. Bern 1834.

Schreiben des Oberconsistoriums ... am Ober- und Niederrhein, die bevorstehende Säcularfeier des Reformationsfestes betreffend. Strassburg 1817. V: *Haffner, Isaac.* (Ky)

— des Oberconsistoriums Augsburg. Confession am Ober- u. Niederrhein, die bevorsteh. Säcularfeier des Reformationsfestes betreff., (v. ... Isaak Haffner). 4. Straßb. 817.

(F) Offenes Schreiben an die kais. Akademie der Wissenschaften in Wien. (Womit aufgefordert wird, den Schulunterricht über Jahresumlauf der Erde, wie den der Mondesphasen zu corrigiren.) Gr.-8°. (12 S.) Wien: Amonesta 1902.

Schreiben, offenes, an Hrn. v. Bülow-Cumerow als Beitrag zur Erörterung seiner Schrift „das Bankwesen in Preußen" von U. gr. 8. (28 S.) Hamburg 847, Herold'sche Buchh. *

An die zur Reorganisation der Königl. Schleswig-Holstein Regierung angeordnete Commission. offenes Schreiben eines Geistlichen. Hamburg. 1845. 8°.

Schreiben, Offenes, an den Hochwürdigen Herrn Johann Hauser, Redacteur des »Linzer Volksblattes«. Linz 1893. V: *Kissling, Carl von.* (Berl)

— offenes, an Lord Malmesbury in Veranlassung seiner Rede im Oberhause am 9. Februar 1864. Hamburg 864. (Perthes-Besser & Mauke. gr. 8. (23 S. u. 1 Tab. in Fol.) 6 ngr.

— offenes, s. a. Comini, Ludw. v.

—— offenes, an die Weingutsbesitzer. (Von Ludw. v. Comini.) gr. 8. (28 S.) Innsbruck 860, (Wagner'sche Universitäts-Buchh. *

Schreiben, Offenes, an die am 17. Februar d. J. ... versammelt gewesenen Weinproducenten im Rheingau. 2. Aufl. Wiesbaden 1843. V: *Thomae, Carl.* (EngMt)

Schreiben, Offentliches, zur Antwort dienend auf jene Briefe, die mir in Chur aufgehoben ... O. O. [1767]. V: *Planta, Friedrich von.* (Cat. d. Stadtbibl. Zürich. Zürich 1864—97.)

Schreiben, Öffentliches, ehrerbietiges, an die bischöflichen Ordinariate in Bayern . . . O. O. [18??]. V: *Götz, Joh. Georg.* (Th) »1833—34« (Schmal)

—— öffentl. ehrerbietigst gehorsamstes aber freimüthiges, an die Hochwürd. Bischöfl. Ordinariate in Bayern. Von e. kathol. Pfarrer im Namen Vieler. gr. 8. (2 B.) Ingolstadt 833. (Regensburg, Manz.)

Schreiben eines alten preussischen Officiers an seinen Freund zur Erläuterung über die Glaubwürdigkeit seiner Nachrichten von Friedrich II. . . . Hohenzollern [Braunschweig] 1792. V: *Kaltenborn, Rudolph Wilhelm von.* (BrMm) (Ky) (MGT)

— des alten preuß. Officiers zur Erläuterung seiner Nachrr. von Friedrich II., (v. R. W. v. Kaltenborn). gr. 8. Hohenzollern 792. (Schulbuchh. in Braunschw.) 5 g.

Schreiben eines Hannöverschen Officiers an seinen Freund in Haag. Hannover 1764. 8.

Schreiben eines kayserlichen Officiers aus Prag an einen seiner Freunde in Brünn. 1757. 4. (8 Seiten.)
— Dasselbe, anderer Druck. 4.

Schreiben eines Oesterreichischen Officiers aus Neisse, von der am 10. April a. c. bei dem Dorffe Molwitz in Schlesien zwischen der Königl. Preussischen und Oesterreichischen Armeen vorgegangenen Bataille. Anno 1741. 4. (4 Bl.)

Schreiben eines Preuss. Officiers von der Armee des Herzogs von Bevern in Sachsen, nebst Bericht von der Schlacht in Preussen, 30. August 1757. 4. (1757.)

Schreiben eines Preussischen Offiziers, aus dem Königl. Haupt-Quartier Bernstedtel in der Lausitz. Gedruckt im August 1757. 4. (2 Bl.)

Schreiben eines Preussischen Officiers von dem Corps des General-Lieutenants von Hülsen aus Sachsen, aus dem Lager bei Torgau, den 31. August 1760.

Schreiben eines Preuss. Offiziers aus dem Lager von Bögendorf, v. 24. Julii. 4. 1762.

Schreiben Eines Königlichen Preussischen Officiers aus dem Lager bey Jürgengrund in Böhmen vom 1 October. Betreffend die zwischen der Königlich Preussischen und denen combinirten Oesterreich- und Sächsischen Arméen bey Sorr unweit Prauschnitz am 30. September vorgefallenen Feldschlacht. (4 Bl. u. 2 Bl. Ordre de la bataille.) 4.

Schreiben eines Preuss. Offiziers aus dem Lager bei Lissa. 4. (1757.)

Schreiben eines Preuss. Offiziers aus Schlesien, v. 23. Juli. (2 Bl.) 4. Berlin 31. Juli 1762.

— eines Oheims an seinen Neffen üb. die Lage des Weltpriesterstandes. 8. München, Fleischmann. 812.

— — an Herrn Prof. Oken in Jena v. Th. Freimund. 8. Rostock, Stiller. 817.

Schreiben an den hochlöblichen Orden der Herren Freimaurer . . . Cosmopolis 1772. V: *Pauli, Joh. Ulrich.* (Schr)

SCHREIBEN eines Originals an seine Braut. Aus d. Französ. O. O. 1786. 8°.
Haydinger's Bibl. I. 2. (Wien 1876); an No. 731.

Schreiben So Von den Lobl. Evangelischen und Zugewandten Orten der Eydgnoßschafft Zürich, Bern, St. Gallen, und Biel, Herren Ehren-Gesandten An Herrn Landamman und Rath zu Herisau. unterem 18. Mertz, 1733. abgelassen Auch An Herrn Alt-Landamman und Rath zu Trogen, deßgleichen naher Teuffen ... communicirt worden, Betreffend Den unternommenen Außzug und obschwebendes trauriges Blutvergiessen. 4. *o. O.*

Schreiben an Herrn Ostermann, mit Beantwortung seiner im Wienerischen Diario bekannt gemachten Aufgabe, auf was Art dem Holzmangel abzuhelfen, das verabsäumte Forstwesen wiederum herzustellen und zugleich die Forstwissenschaft zu erweitern wäre. - Wien 1766. 48 S.

Schreiben an den P. F. K. in W . . . von dem Verfasser der patriotischen Phantasien. O. O. 1780. V: *Möser, Justus.* (ADB 21, 134)

Schreiben Joseph Patridgen, Generalentrepreneurs der Winterquartierlustbarkeiten bey der hohen alliirten Armee. 1760. Neue Aufl. Bremen 1777. H: *Möser, Justus.* (ML)

Schreiben eines Patrioten an seinen Bruder über die Frage: Ob ein abgelegter Eid einen zu etwas verbinden könne, was ungerecht oder gesetzwidrig ist? O. O. 1763. V: *Keyserling, Heinrich Christian Reichsgraf.* (ML)

Schreiben eines mecklenburgischen Patrioten an seine Mitbürger in mehreren Städten über die Raub- u. Plünderungsszenen der vorigen Wochen. Im Nov. 1800. Schwerin. V: *Ehlers-Bützow* (*Advocat*). (Bachmann, Mecklenburg. Güstrow 1889. S. 502.)

— eines preuß. Patrioten am 46n Geburtstage seines Königs. 8. Berl. 788. Schöne. 3 g.

Schreiben eines reisenden Teutschen Patrioten an das französische Direktorium, Paris am 6. Messidor . . . Germanien [Erlangen] 1798. V: *Bensen, Carl Daniel Hnr.* (BB) (MGT) (Wr) (Ky) (Cat. d. Stadtbibl. Zürich. Zürich 1864—97.)

— eines reisenden deutsch. Patrioten an das französ. Direktorium, Paris am 6. Messidor, im 6. J. der französ. Republik, (v. H. Bensen). 8. Erlang. 798. Palm. 8 g.

Schreiben eines Nürnbergischen Patriciers über die Abtretung der Fränkischen Fürstenthümer. O. O. 1792. V: *Ganz, Johann Friedrich Ferdinand.* (ML)

Schreiben eines Nürnbergischen Patriciers an seinen Freund in Regensburg über die in ... Wailtingen ... vorgefallenen Thätlichkeiten. Nürnberg [Ansbach] 1792. V: *Ganz, Johann Friedrich Ferdinand.* (ML)

Schreiben eines katholischen Pfarrers an einen Repräsentanten seines Kantons in Bern. O. O. 1800. V: *Hofer, Joh. Nep.* (Cat. d. Stadtbibl. Zürich. Zürich 1864—97.)

Schreiben eines österreichischen Pfarrers über die Toleranz. Wien 1781—82. V: *Wittola, Marx Anton.* (ML)

Schreiben eines östreich. Pfarrers über die Toleranz nach d. Grundsätzen d. kathol. Kirche. gr. 8. Wien 793. Hörling. 6 gr.

Schreiben eines Schwäbischen Pfarrers an den österreichischen Pfarrer und Verfasser der letzthin verfertigten Warnung von einem neuen Gebetbuch. Buchau 1783. V: *Fast, Patritius.* (Winklern S. 35) (Bespr. Realzeitung 1784, Nr. 16, S. 251/3) (Kirchenzeitung 1784, S. 280; 286/8) (BiblPort)

— des vertriebenen Pfarrers und Dekans Johannes Linder an seine Gemeinde Zofen. gr. 8. Basel 834. Schneider. 1/8 rthl. — Die Fortsetzung hiervon, s. Linder.

—— üb. d. Pflichten e. Seelsorgers, s. 8. Bd.: Kleinigkeiten, 3. Bdchn.

Schreiben an das Philantropium zu Marschlin. [Kopenh. 1775.] V: *Balle, Nic. Edinger.* (Bruun, Bibl. Danica I, 1003.)

Schreiben unseres heiligsten Vaters Papst Pius IX. apostolisches — über die dogmatische Entscheidung der unbefleckten Empfängniß der jungfräulichen Gottesgebärerin. Pius, Bischof, Knecht der Knechte Gottes, zum ewigen Angedenken. „Der unaussprechliche Gott, dessen Wege Barmherzigkeit und Wahrheit sind ꝛc. Gegeben zu Rom bei St. Peter im Jahre der Menschwerdung des Herrn Eintausend achthundert vierundfünfzig, den achten Dezember im neunten unseres Pontificats. Gratz. 1855. (Gedruckt bei J. A. Kienreich. (12 S. 4.)

Schreiben, Poetisches, eines in preussischer Gefangenschaft sterbenden ... Officiers an seinen Sohn nach Prag. Wien 1758. V: *Hafner, Phil.* (BrMm)

Schreiben eines Polen an einen Freund in Sachsen über das Schreiben eines Elbingers und dessen Einleitung ... Hamburg 1784. V: *Geret, Samuel Luther von.* (ML) (Ky) (MGT)

— eines Polen an e. Freund in Sachsen über das Schreiben e. Elbingers, (v. S. L. v. Geret). 8. ... 784. 3 gr. — Zweites Schreiben desselben, (v. demselb.) 8. ... 784.

Schreiben des Fürsten Dimitrj Michailowitsch Posharsky an den Römischen Kaiser Mathias d. d. Jaroslawl. 20. Juni 1612. Zum ersten Male aus der deutschen Übersetzung bekannt gemacht. St. Petersburg 1840. V: *Adelung, Friedrich.* (HHBD IX, 282)

Ein Schreiben aus Potsdam, vom 6. September 1786.

Schreiben an den Präsidenten des Hauses der Abgeordneten von Forckenbeck (betreffend Abwehr der Angriffe des Abgeordneten Dr. Eberty gegen die Verwaltung des Zellengefängnisses zu Berlin). Berlin 1868. V: *Wilke, A. L.* (KGBerlin I, 1783)

Schreiben des Präsidenten von W****nn an Sr. Maj. den König ... O. O. 1816. V: *Wangenheim, Carl August Freih. von.* (MGT)

— an einen angehenden Prediger. 8. Zelle, Gsellius. 760.

Schreiben eines Predigers aus Breslau von dem Oesterr. Ueberfall und der Preuss. Wiedereroberung dieser Königl. Hauptstadt. (Breslau.) 1758. 4.
— Dasselbe (anderer Druck.)

Schreiben eines Predigers an seinen Collegen über die hie zu Lande gewöhnlichen Tischgebete ... Tübingen 1786. V: *Huber, Johann Ludwig.* (Ky) (MGT)

Schreiben an einen Prediger, sein Amt zu quittiren. O. O. 1709. V: *Time, Johann Peter.* (Myl)

— eines Predigers üb. die gewöhnl. Tischgebete, (von J. L. Huber). 8. Tübing. 786. (Osiander). 3 gr.

— eines Predigers üb. die gewöhnl. Tischgebete. 8. Tübingen, Schramm. (Heerbrand.) 786.

— eines Preußen an Zimmermann üb. das 31. Kap. seiner Fragmente. 8. Bremen 790. Cramer. 4 gr.

Königl. Preuss. Schreiben an den Magistrat der Reichs-Stadt Frankfurt. de dato Berlin d. 26. November 1756. 1757. 4.

Schreiben, Ein, aus Preussisch-Eylau über die Lage der Verwundeten und Kranken daselbst. [Riga 1807.] V: *Stegemann, Ludwig Reinhold von.* (R-N)

Schreiben einer Privatperson an einen guten Freund üb. d. Einfall d. Königs v. Pr. in Sachsen, s. Briefe einer Privatperson ...

Schreiben eines Privilegierten aus Österreich, s.a. Bauernfeld, Eduard von

Schreiben eines Privilegirten aus Österreich. Zur Beleuchtung der Broschüre. Über Denk-, Rede-, Schrift- und Pressfreiheit. Wien 1847. V: *Bauernfeld, Eduard von.* (Zeitschr. f. Büch. N. F. 15, 1923, S. 121)

— eines Privilegirten aus Oesterreich. Zur Beleuchtung der Broschüre: Ueber Denk-, Rede-, Schrift- u. Preßfreiheit. Wien. gr. 16. (37 S.) Leipzig 847, Grunow. 4 ngl.

Schreiben einen Profanen über die glückliche und längst gewünschte Entdeckung der Freymäurerey. Jerusalem [Berlin] 1768. V: *Köppen, Carl Frdr.* (SJL)

Schreiben an die Professoren zu Leutschau. Leipzig 1841. V: *Zay von Csömör, Carl Graf.* (WBL)

Schreiben an den katholischen Propst von Berlin 12. Juni 1841, von einem Mitgliede des Breslauer Domcapitels. V: *Ritter* (?). (Treitschke, Dtsch. Gesch. V, 305) (Zeitschr. f. Büch. N. F. 15, 1923, S. 121)

Schreiben an das Publicum die Begierde nach geheimen Nachrichten betreffend. A. d. Franz. Berlin 1753. V: *Friedrich II. König von Preussen.* Ü: *Lessing, Gotthold Ephraim.* (GGr; Ky) (ML)

— an d. Publikum, d. Schaubühne betreffend. 8. Frankf. Gleditsch. 753.

Schreiben eines Quacksalbers auf dem Lande, an seinen Hrn Gefatter in der Stadt. [Bunzlau 1776.] V: *Deucke, Peter.* (OL)

Schreiben eines fürstlichen Raths aus der Wetterau an einen chursächs. Landstand im Weissenfelsischen, den jetzigen Reichskrieg . . . betreffend. Wetzlar [Halle] 1758. V: *Carrach, Joh. Philipp.* (MGT) (Wr)

Schreiben, Der Hauptm. Räthe und Ausschuss der ohnmittelbaren freyen Reichs Ritterschaft am Nieder-Rheinstrome, an den Reichs-Convent den von Chur-Pfalz genommenen . . . Recurs wegen der Herrschaft Ebernburg betreffend. O. O. 1770. V: *Keifenheim, Carl Joseph.* (Holz)

Schreiben, Hauptm. Räthe und Ausschusses der R. Ritterschaft am Niedern Rheinstrome, ad Comitia d. d. Coblenz d. 15. März, die Herrschaft Ebernburg betreffend. O.O. 1770. V: *Keifenheim, Carl Joseph.* (Holz)

Schreiben, Eines evangelischen Rechtsgelehrten, an einen guten Freund über das Gleichniss vom verlorenen Sohne . . . 1759. 2. Aufl. Schleiz 1773. V: *Bretschneider, Johann Carl.* (ML)

Schreiben an einen Rechtsgelehrten in Ingolstadt, über die Frage: ob die Teutsche Freyheit bey den gegenwärtigen Zeitläuften in Gefahr stehe? 1758. 4. (32 S.)

Schreiben der Regierung von Luzern und anderer Sonderbundsstände an den Staatsrath des Standes Wallis. Vom 25. Mai 1845 bis 8. Juli 1846 s. Sammlung. In den Archiven ... zu Sitten befindliche S' auf den Sonderbund bezüglicher Akten, – abgeschrieben ... 1848 .... Nr. 10.

Der Pommerschen Regierung Schreiben an Werwing in in Hannover von den in Pommern verübten Grausamkeiten. 4. 1713.

Schreiben der Schwed. Regierung zu Stettin, betr. die in Pommern vom feinde angerichtete Verwüstung u. grausamkeiten (v. 24. Dec. 1712.) (1 B.) 4.

Schreiben des Reg.-R. an den schweiz. Bundesrath vom 29. Mai 1872 betr. den Rawylpass. 3 Stn. 4. Bern 1872.

Schreiben des Reg.-R. an d. Reg.-Statthalteramt Oberhasli betr. Anlage einer Fahrstrasse von Hof bis Guttannen resp. Grimselstrasse. 4 Stn. 4. Bern 1872.

Schreiben des Reg.-R. an das Reg.-Statthalteramt Obersimmenthal betr. Anlage der Boltigen-Jaun-Bulle-Strasse. 4 Stn. 4. Bern 1872.

Schreiben an den Regierungsrath in Zürich betreffend Dr. Strauss und seine Berufung; von der Geistlichkeit des Bezirks Winterthur. Winterthur [1839]. V: *Ziegler, Johann Rudolph.* (Cat. d. Stadtbibl. Zürich. Zürich 1864—97.)

Schreiben an den Herrn Bibliothekar Reichard. [Gotha 1784.] V: *Dietz, Johann Christian Friedrich.* (MGT)

Schreiben an *** über den Herzog von Reichstadt . . . Freiburg 1832. V: *Prokesch-Osten, Ant. Graf von.* (Ky) (ADB)

—— an *** üb. den Herzog v. Reichstadt. Von e. seiner Freunde (A. Prokesch Ritter v. Osten). 8. ($2\frac{1}{2}$ B.) Freiburg 832, Herder.

Schreiben über eine Reise aus Liefland nach Neapel und Rom . . . Deutschland [Mannheim] 1807. V: *Müller, Frdr.* (Wr)

Schreiben eines Reisenden aus Dantzig an seinen Freund in Stralsund, über den in Teutschland entstandenen Krieg . . . O. O. 1756. V: *Marconnay, Louis Olivier de.* (BrMm)

Schreiben eines Reisenden aus Riga, welches enthält den Zustand der Russischen Armee u. die Beschaffenheit von deren Befehlshabern. Mit einem Anhange von der Frantzös. Armee zur Zeit der Invasion im Fürstenthum Halberstadt. (Riga.) 4.

Schreiben eines Reisenden aus Riga, welches enthält den Zustand der Russ. Armee. (31) 4. (Riga) 1758.

Schreiben eines Reisenden aus Zermanien . . . welches nun zu dem Oesterreichischen Kroatien gehört 1783. [Dessau 1785]. V: *Hacquet, Balthasar.* (MS) (MGT)

Schreiben Eines aus Teutschland zurückkommenden Russischen Reisenden an einen Officier, bey der Russisch-Kayserlichen Armée. Königsberg, im Monath October 1758. 4. 8 Bl.

— eines alten Republikaners an Dr. Ruge, Herausgeber der „Deutschen Jahrbücher". gr. 8. Berlin 842, Plahn'sche Buchh. (Nitze.) 1/8 rf

Schreiben an Herrn Pfarrer S. in P. über die Freyburger Predigerkritik. V: *Schlosser* . . . (Wiener Kirchenzeitung 1785, S. 200) (BiblPort)

— aus St. Nanon, an die Klöster in Deutschland. 8. Salzb. 793. Mayr. 10 gl

Schreiben über die Döbbelinische Schauspielergesellschaft. Königsberg 1769. V: *Tritt, Johann Adam.* (MGT)

Schreiben einer deutschen Schauspielerin an Herrn M. v. J. 4°. 2 Bl. V: *Huber, Chn. Fch.* (WrDiar 1768, Nr. 62, Beilage.) (BiblPort)

Schreiben eines gebohrnen Schlesiers an einen seiner Freunde in Deutschland . . . Augsburg 1771. V: *Bahr, Florian (Benedict).* (Jes)

SCHNEIDER. — Schreiben eines bürgerl. Schneider an den Verfasser der gemeinnützigen Warnung wider die Schneider in Wien. Wien. 8°. (In Wien, Stadtbibl.)
Im Cat. ohne Jahrzahl.

Schreiben, Herrn F. L. Schröders Directors des deutschen Schauspiels in Hamburg, an die Mitglieder seiner Schaubühne. [Hamb.] . . . 1795. . . . 2. Ausg. [1795]. H: *Wittenberg, Albrecht.* (Arch. f. Litt. VIII, 216.)

Schreiben eines Schulmeisters im sächsischen Erzgebirge an seinen Nachbar über das Bahrdtsche Glaubensbekenntniss. Frankf. u. Leipzig 1780. V: *Hamaxarius (= Wagner, Joh. Ehrenfr.).* (GGr)

Schreiben eines Schulmeisters an seinen Nachbar über das Bahrdtische Glaubensbekenntniss. O. O. 1779. V: *Wagner, Johann Ehrenfried.* (MGT)

Schreiben eines Schwaben an einen deutschen Freund in Petersburg von dem gegenwärtigen Zustand der Opern in Hamburg. O. O. 1736. V: *Lamprecht, Jacob Friedrich.* (Schr)

— eines Schweden, als Antwort auf die Nachricht an die großen Mächte rc. gr. 8. Hamb. 805. Kratisch. 5 gl

Schreiben aus Schwedisch-Pommern an einen Freund in Schweden; a. d. Schwed. Stralsund 1810. V: *Hagemeister, Emm. Frdr.* (Ky)

— aus Schwedisch-Pommern an e. Freund in Schweden; aus d. Schwed. übers. (von Em. F. Hagemeister). 8. Strals. 810. Leffler. 6 gl

Schreiben eines Schweizers an einen Freund, über die gegenwärtigen Zeit-Umstände. Neue, mit Beysätzen und Anmerkungen eines freyen Franken vermehrte Aufl. [Hrg. durch] Constitutions-Freunde am Rhein .... Aus einer Patriotischen Presse. Im zweyten Jahre der Freyheit. [Mit 1 Vignette.] 8. *o. O. u. J.* [1790/91].

— eines konservativen Schweizers an einen deutschen Staatsmann über die gegenwärt. Verhältnisse der Schweiz zum Auslande u. insbesondere zu Deutschland. 8. (26 S.) Zürich 849, Schultheß. 3 ngl

Schreiben an den Königl. Preussischen General-Postmeister Hrn. von Seegebarth, bei seinem 50jährigen Dienstjubelfeste, den 21. Nov. 1817. Berlin. 8.

Schreiben eines Secretarii des Kayserl. Königl. Oberst-Hoff-Cantzlers, Herrn Reichs-Grafen von Caunitz-Rittberg Excellentz, an den Gesandtschaffts-Secretarium des Kayserl. Königl. würklichen Geheimen Raths zu Brüssel, Hrn. Grafen v. Cobentzel Excellentz. 1758. 4. (4 Bl.)

— eines jungen Selbstdenkers über Leß Entwurf eines philosoph. Cursus. 8. Braunschw. 791. Schulbuchh. 3 gl

Schreiben an den Doctor Semler zurzeit Prosector, als Antwort auf seine ersten Sammlung von Anzeigen an alle guten Einwohner von Halle von einem Studenten. V: *Oertzen, A. Fr. K. von.* (BGE III³/19) (BiblPort)

Schreiben an Herrn D. Semler wegen des neuen Religionsedikts. Halle 1788. V: *Tolberg, Johann Wilhelm.* (Ky) (MGT)

—an Semmler wegen des neuen Religionsedikts, (von J. W. Tolberg). 8. Halle 788.

Schreiben an den Herrn D. Semler ... desselben neuere Streitigkeiten betreffend. Jena 1770. V: *Danovius, Ernst Jacob.* (Erman & Horn, Bibliogr. d. dtsch. Universitäten. 1. Leipz. u. Berl. 1904.)

Schreiben eines Siegerländers an H. Prof. Jung ..., s.a. Becher, Johann Philipp

Schreiben eines Siegenländers an den Herrn Professor Jung zur Berichtigung seiner Geschichte des nassau-siegenschen Stahl- und Eisengewerbes. [Göttingen 1779.] V: *Becher, Johann Philipp.* (NN)

Schreiben an Herrn Sinologus Berolinensis. St. Petersburg 1810. V: *Klaproth, Heinrich Julius von.* (NN) (Ky) (MGT) (Halle'sche Litt. Ztg. Erg. Bl. Nr. 86. 1818.)

—an Frz. v. Spaun, über dessen Flugschrift: „Ueber d. Thaumaturgen des 19. Jahrh." 8. Münch. 821. Lentner. 3 gr

Schreiben an Franz von Spaun, über dessen Schrift: »die Thaumaturgen«. München 1822. V: *Arko, Carl Graf.* (schmal)

Schreiben von der deutschen Sprache und Litteratur ... Bresslau 1781. V: *Tralles, Balthasar Ludwig.* (Rüdiger, Neuester Zuwachs. Liegnitz 1782—93. IV, 157.)

—von d. deutschen Sprache u. Litt., bei Gelegenheit der zu Berlin 1780 in französ. Sprache herausgekomm. Schrift: Ueber die deutsche Literatur rc. gr. 8. Bresl. 781.

—— eines Preuß. Staats-Beamten üb. den Eimbecker Zoll-, Handels- u. Steuer-Vertrag. 8. (1½ B.) Minden u. Münster 830. (Bremen, Schünemann.)

Schreiben des Stadtconsistorii an den Magistrat betreffend die Verbesserung der Schuleinrichtungen in Kiel, nebst zwei bezüglichen Actenstücken. (Als Manuskript gedruckt für dio Mitglieder der städtischen Collegien Kiels.) Kiel. 1856. 8°.

Schreiben der Stadtverwaltung von Bern an den Tit. Regierungsrath. (Bern, den 1. Sept. 1832. – Auszug aus dem Protokoll des Stadtraths von Bern, vom 3. Sept. 1832. – Schr' des Stadtr' von B' an den Herrn Regierungsstatthalter des Amtsbezirks Bern. Bern, den 3. Sept. 1832.) Beiblatt zur Allg. Schweiz. Zeit. 4. [Bern, 7. September 1832.]

— e. Standesperson rc. üb. Taufe und Abendmahl rc. 8. Berlin. 755.

Schreiben an eine vornehme Standesperson in Absicht einiger Merkwürdigkeiten der Holsteinischen Gegenden. Wolfenbüttel 1755. V: *Cammerer.* (westphalen 58/4) (Hauptvogel 42/1918) (BiblPort)

(**Schreiben** der Statthalterschaft an General-Lieutenant v. Bonin bei Niederlegung seines Amtes.) Kiel, den 8. April 1850. und (Erlass der Statthalterschaft an die Armee, betreffend den Rücktritt des Generals v. Bonin.) Kiel, den 9. April 1850. 1 Bl. Fol.

Schreiben der Statthalterschaft an die Landesversammlung, betreffend die staatsrechtliche Stellung Schleswig-Holsteins und die staatliche Einigung und Neugestaltung Deutschlands. Gottorff, den 7. Juni 1849. 1 Bl. Fol.

Schreiben des Reichscommissarius Stedtmann an die Gemeinsame Regierung, betreffend die Proclamation des Königs von Dänemark vom 15. December etc. Schleswig, den 27. December 1848. 1 Bl. Fol.

Ein Schreiben Stüve's an seine Wähler in Osnabrück. Frankfurt a. M., Krebs-Schmitt. 1849. 48 S. 8°.

Zweiter unveränderter Abdruck. Hannover. Hahn, 1849. 48 S. 8°.

—— eines Süd-Deutschen aus Warschau. Auf vielfaches Verlangen in den Druck gegeb. v. J. G. M. gr. 12. (1½ B.) Tübingen 831, Reiß jun. u. Küstner. (?)

Schreiben an E. Swedenborg, betreff. die Geister-Erscheinung und deren Beschaffenheit. 771. 8.

Schreiben an den Probst Teller in Berlin wegen seines Wörterbuchs des N. T. O O. 1773. V: *Burscher, Johann Friedrich.* (OL)

Schreiben eines hallischen Theologen an H. Tholuck, veranlaßt durch dessen Schrift: Zur Charakteristik ... Halle 1841. V: *Fritzsche, Carl Friedr. Aug.* (CLZür Forts. I)

Treuherziges **Schreiben,** die Sache der Danziger Freymäurer betreffend, nebst einigen wohlmeynenden Anmerk. in einer kurzen Vorr. des Hrsg. Berlin u. Danzig: Rüdiger [usw.] 1763. 14 S. 4° [Umschlagtit.]
Kl. 2910. Das Edikt des Danziger Rats gegen die Frmr vom J. 1763 betr.

Treuherziges Schreiben eines Layen-Bruders im Reich an den Magum in Norden oder doch in Europa. o. O. 1762. 28 S. 8⁰
[Gardner, F. L.: A Catalogue of works on occult sciences. 1 (1903) Nr 525.]

Schreiben, Treuherziges, eines Layenbruders im Reich an den Magum in Norden, oder doch in Europa. O. O. 1762. V: *Moser, Friedrich Carl Freiherr von.* (ML) (Ky) (MGT) (Stri)

Schreiben, Treuherziges, an die zahlreichen Wiener zur Fastenzeit in Hernals. Von J. D. H. Wien 1781. V: *Hanner, Joh. David.* (wrztg 1781, Beil. bei Nr. 73) (Provinz.-Nachr. 1782, S. 438) (Geissau, Verzeichnis, S. 55) (BiblPort)

Schreiben an den unbekannten deutschen Uebersetzer [Joseph Trottmann] der Abhandlung von Tugenden und Belohnungen [des Hyacintho Dragonetti]. Prag 1769. V: *Seibt, Carl Hch.* (GGr VI/715, Nr. 1/5) (Bespr. Neue Litteratur, S. 123 bis 124) (BiblPort)

Schreiben des Hrn. U. V. S. M. an die Herren Verfasser des Journals für Aufklärung ... 1789 s.a. S(alis-)M[arschlins], U(lysses) *H* v(on).

Schreiben des Herrn U. V. S. M. an die Herren Verfasser des Journals für Aufklärung . . . [Chur? 1789.] V: *Salis-Marschlins, Ulysses von.* (BrMm) (Cat. d. Stadtbibl. Zürich. Zürich 1864—97.)

Schreiben, Ungebetenes, in Betreff Titt. des Hrn. Professors W. in Dillingen, abgegeben von den namlosen Fragesteller: Ob die Bischöffe auch das Genehmigungsrecht über bürgerliche Gesetze besitzen? . . . O. O. 1783. V: *Zimmermann, Benedict.* (MGT)

— eines Ungenannten an seinen Freund üb. Hillers Concerte. 8. Magdeb. 781. Creuz. 1 gr.

Schreiben eines Ungenannten, des Obotritischen Königs Nikolaus I. wahrhaften Ursprung betreffend. O. O. 1739. V: *Rudloff, Ernst August.* (ML)

Schreiben der vom Regierungsrath ernannten Unterstützungs-Kommission an die Steuer-Vertheilungs-Kommissionen der am 23. Juni 1841 vom Ungewitter getroffenen Gemeinden. Zugleich als Bericht an das wohlthätige Publikum des Kantons Zürich. [Mit 2 Tabellen.] 4. ([Zürich] 1842.)

Schreiben über die Untersuchung der Lehre der Schrift vom Glauben, Gebeth und den Gaben des heil. Geistes. Zürich 1771. V: *Lavater, Johann Kaspar.* (schstr S. 97)

Schreiben von den Ursachen, warum der Tuchmacher seine Waaren nicht so wohlfeil liefern kann . . . Dresd. 1754. V: *Thomas, Johann Ehrenfried.* (ML)

Schreiben über die Ursachen, warum man eine in Hannover ertrunkene Person nicht hat retten können. [Hannover 1768.] V: *Velthausen, Joh. Peter.* (MGT)

Schreiben über den Ursprung der Leibeigenschaft, s. Hegewisch, Dietr. Herm. 1796.

Schreiben an den Herrn Hofkammerrath [Jos. v.] Ut[z]schneider in München. Erste Warnung. Cavete vobis a signatis. Nebst Instruction für den Obern der Minerval-Kirche wegen Ertheilung dieses Grades. [Nürnberg: Grattenauer] 1786. 136 S. 8⁰
cf. Grosse Absichten d. Ordens d. Illuminaten. Nachtr. 3. 1786 (J. v. Utzschneider); D. neuesten Religionsbegebenheiten. 9, Zugabe 1 (1786) S. 16—18.
Kl. 3223.

— an Valpato in Rom üb. die drei Gemälde in Brabecks Gallerie. gr. 8. Leipz. 790. (Wienbrack). 4 gr.

Schreiben eines Vaters an seinen Sohn. O. O. 1756. V: *Schumann, Gottlieb.* (ML) (OL)

— eines Vaters an seinen Sohn bei Ablegung seines Glaubensbekenntnisses. 8. Frankf. a. M. 794. Schäfer. 2 gr.

— eines Vaters an seinen Sohn üb. Fichte's u. Forbergers Atheismus. 8. Nürnb. 798. Felssecker. 4 gr.

Schreiben ein. Vaters an sein. Sohn v. d. Heiligkeit d. Archive. *s. l.* 756. 4.

Schreiben eines Vaters an seinen Sohn den gegenwärtigen Zustand in Sachsen betreffend. Erfurt 1756. V: *Hertzberg, Ew. Fch. Graf.* (Baer 593/2413) V: *Schumann, Gottlieb.* (BiblPort)

Schreiben e. Vaters an s. Sohn d. gegenwärt. Zustand in Sachsen betr. fol. s. l. 1759.

Schreiben an den Verfasser der Denkwürdigkeiten Breisgaus. O. O. [1781]. V: *Merk, Bernhard.* (Heinrich Amann, Zur Erinnerung an Dr. Joh. Kaspar Ad. Ruef, Oberbibliothekar zu Freiburg. Freib. 1836. S. 12) (BiblPort)

Schreiben an den Verfasser der Erinnerungen eines Buchhändlers an seinen Herren Kollegen ... O. O. [1767]. V: *Reich, Philipp Erasmus.* (ML)

Schreiben an den Verfasser des Etwas über die Rathsfähigkeit bürgerlicher Gelehrten in der Reichsstadt Ulm. Ulm 1794. V: *Kern, Johann.* (MGT)

— an den Verfasser der Gallerie über Götzen's Protestation. 8. Hamb. 786. Chaibron. 3 gl

Schreiben an den Verf. der Gedanken ůber die Freymåurerey [d. i. Karl Friedr. Uden]. Germanien 1782. Eleutheropel [Berlin: Decker] 1782. 23 S. 8° [Umschlagtit.]
Kl. 434. Selten. Verteidiguug gegen d. Udenschen Angriffe.

Schreiben des Verfassers der Lyrischen Gedichte an einen Freund. O. O. 1757. V: *Uz, Johann Peter.* (GGr) (Mn) (BB) (ML) (BrMm) (Gleim-Uz, Briefw. Tüb. 1899. S. 489.)

—des Verfassers der lyrischen Gedichte (J. P. Uz) an einen Freund. 8. ... 760.

Schreiben an den hochw. Verfasser der Schmähschrift gegen J. A. Schöpf. [Salzburg 1862.] V: *Haefele, C. Th.* (Hr)

—— an den hochwürd. Verfasser der Schmähschrift gegen Dr. J. A. Schöpf. Von einem kathol. Laien. gr. 8. (8 S.) Salzburg 862, (Mayrische Buchh.) *

Schreiben an die Verfasser des Journals für Aufklärung ... O. O. 1789. V: *Salis-Marschlins, Ulysses von.* (AarK)

Schreiben an die Herren Verfasser des Journals für Aufklärung, enthaltend eine ausführliche Recension des Buchs: Staatsgeschichte des Thals Veltlin. 1789. V: *Salis Marschlins, Ulysses von.* (catstbzür4)

Schreiben des Verfassers des reisenden Komödianten an den Buchdrucker dieses Stückes. V: *Hafner, Philipp.* (WrDiar 1762, Nr. 31, Beil.) (BiblPort)

SCHREIBEN. – an den Herrn Verfasser der Nachricht von der wahren Beschaffenheit der neuen Steuer- und Urbarialregulirung in den k. k. deutschen Erbstaaten. [o. V.] Wien 1790. 1 vol. 16 S.

Schreiben an den Herrn Verfasser des Altonaischen Reichs-Postreuters von dem Amte eines Zeitungsschreibers. Wittenberg 1758. 4. 20 S.

Schreiben an die Verfasser der ... Samling af adsk. Skrifter. Kopenhagen 1765. V: *Scheibe, Joh. Adolph.* (Collin, Anonymer. Kiobenh. 1869.)

— an den Verfass. d. Schrift: „Ueber das gegenwärt. Schicksal der Oekonomie-Pfarrer in Baiern ꝛc." 8. Ingolst. 830. (Krüll in Landsh.) 16 gl

—— an den Hrn. Verf. der Schrift: „Ueber d. gegenwärt. Schicksal der Oekonomie-Pfarrer in Bayern ꝛc." 8. (11 B. u. 1 Tab. Fol.) Ingolstadt 830. (Regensburg, Manz.)

Schreiben an den Verfasser des Ersten Schritts zur künftigen Vereinigung der katholischen und evangelischen Kirche. Hamm 1780. Hannov. 1780. V: *Möser, Justus.* (ML)

Schreiben des Verfassers an seine Schwestern über den angenehmen Aufenthalt zu Pyrmont ... zum ersten male aufgelegt. Pyrmont. 1. Juli 1746. V: *Möser.* (Pyrmonter Brunnenarchiv, S. 8) (BiblPort)

Schreiben an den Herrn Verf. der Vertheidigung der niedern Kleider. [Ratzeburg] 1809. V: *Gottschalk, Johann Martin Christian.* (LS)

Schreiben, Vertrautes, eines zu Amsterdam wohnenden ... O. O. 1734. V: *Hojer, Andr.* (Collin, Anonymer. Kiobenh. 1869.)

Vertraute **Schreiben** eines zu Amsterdam wohnenden ... Hamburgers an seinen Bruder in Hamburg, betr. die wahre Veranlassung ... der kgl. dänischen ... Beschwerden ... — o. O. 1734. 68 S. 2 Bl. 8° (4°)

Vertrautes Schreiben des Ermunterers von [illegible] an den Premier-Präsidenten Camphausen. Druck von W. Fähndrich u. Co. 1 Bl. Fol.
Flugblatt. Berlin. 24. Juni 1848.

Schreiben, Ein vertrautes, an Montanum, in welchem die bejahende Meinung, dass ein Christlicher Fürst mit Ungläubigen sich wohl könne in ein Bündnis einlassen, auf die Bahn gebracht. Catana 1711. V: *Hövern, Veg. Grat.* (Schletter, Handb. d. jurist. Litt. Grimma 1843. S. 295.)

Schreiben, Vertrautes, eines vornehmen deutschen Officiers von den jetzigen Conjuncturen in Moscow. O. O. 1704. V: *Neugebauer, Mart.* (PT)

Schreiben, Vertrautes, an den Verfasser der vertrauten Briefe über die inneren Verhältnisse am preussischen Hofe. Breslau 1807. 8°.

Schreiben eines holländischen Veterans an einen Freund in Holland; a. dem Holl. Braunschweig 1795. Ü: *Lachmann, Carl Ludolph Friedrich.* (MGT)

Schreiben eines Viehhändlers über die Physiognomik. An ein Wohlgebohrnes Intelligenzcontoir in Hannover. Leipzig 1775. V: *Zimmermann, Joh. Georg.* (BSchwLk V, 5, 1/2)

Schreiben eines Viehhändlers über die Physiognomik ... Leipzig 1775. Vorher (gleichfalls anonym) im Hannoverischen Magazin 1775, 34. Stück, S. 535/44. (VI, 7464.) V: *Klockenbring, Friedrich Arnold,* nicht: *J. G. Zimmermann.* Vgl. A. Bergmann: Jahrb. d. Samml. Kippenberg 5 (1925), S. 220 ff. (DARP)

— eines Viehhändlers üb. die Physiognomik an das Intelligenz-Comptoir in Hannover. 8. Leipz. 775. Weidmann. 2 gr.

Schreiben, Viertes bis achtes, eines Profanen über die glückliche Entdeckung der Freymaurerey ... Frankf. u. Leipzig 1770. V: *Köppen, Carl Friedrich.* (Tt) (SJL)

Schreiben, Vier und dreissigstes, eines Schweitzers an einen Frantzosen. Aus Paris, Juli 1705. O. O. V: *La Chapelle, Jean de.* (AarK)

Schreiben an den Herrn Vicar in Savoyen, abzugeben bey dem Hrn. J. J. Rousseau. Hamb. u. Leipzig 1765. N. A. Bremen 1777. V: *Möser, Justus.* (ML)

Schreiben der Vikarien an den Erzkanzler und dessen Schreiben an das Kammergericht. Tübingen 1790. V: *Cotta, Christoph Friedrich.* (MGT)

Schreiben eines Holländischen Volontairs bey der Königlich-Preussischen Armee in Böhmen. No. I biss VII. Berlin, gedruckt und zu finden in der Grynaeus- und Deckerischen Buchdruckerey 1757. 4. (8 S.)
— Dasselbe. Fortsetzung. No. VIII–XII.

Schreiben an den Herrn Volpato in Rom von seinem Freunde N. über drei ... Gemälde ... Leipzig 1789. V: *Weitsch, Frdr.* (Mn)

— an Volpato in Rom, über drey Gemälde in Brabecks Gallerie. gr. 8. Lpz. Gräff. 790.

— üb. die merkwürd. Vorfälle bei Sprengung d. Elbbrücke bei Dresden. Mit 1 Kpf. 8. Leipz. 813. (Bruder). 2 gr.

Schreiben, Ein, betreffend drei Vorlesungen des Profs. Eggers. A. d. Dän. Kopenh. 1786. V: *Lund, Niels Tönder.* H: *Petersen, Jac.* (Bruun, Bibl. Danica II, 715.)

Vorpassionirtes Schreiben aus Dänemark, vom 27. Martii 1710. (8) 4. s. l. & a.

Schreiben eines bürgerlichen Vorstadt-Käsestechers an Herrn Joseph Holzmüllner, bürgerl. Käsestecher in der Stadt, als seynsollendem Verleger des A.B.C. Büchleins für grosse Kinder. Von J. Zweite verbesserte Auflage. Wien 1782. V: *Schretter, J.* (BiblPort)

Schreiben an den Herrn [Joh. Wilh.] Wehner über seine Erklärung die Kinderlehre des Pastor Harms betreffend. Altona. 1818. P.

Schreiben an den Herrn Candidaten Wehner über seine Erklärung die Kinderlehre des Herrn Pastor Harms betreffend. Altona 1818. V: *Bertels, Johann David.* (NN) (GGr (LS)

Schreiben, welches Ihro Königl. Maj. von Pohlen ... an die Herren General-Staaten der Vereinigten Niederlande de dato den 20. Dec. 1756 ergehen lassen. Hamburg 1757. 4. (8 S.)

Schreiben, welches Se. Königl. Maj. in Preussen abgehen lassen. (Berlin) 1757. 4.

Schreiben über ein Werkchen unter dem Titel: Schilderung des deutschen Reichs ... Altona 1785. V: *Ekkard, Frdr.* (Rotermund, Gel. Hannover. Bremen 1823.) (Kordes, Schlesw.-holst. u. eutin. Schriftst. Schleswig 1797.)

Schreiben über ein Werkchen unter dem Titel: Schilderung des Teutschen Reiches und der Teutschen Litteratur von einem Engländer zu Berlin für seine Freunde zu London; nebst einem kurzen Auszuge der Wezelschen Schrift über Teutsche Sprache von Herrn Abbé Kentzingen, beide aus dem Französischen frei übersetzt, mit einigen kürzern Berichtigungen auch Zusäzen. Altona. 1785.

Schreiben von dem Werke Gottes, und der Zeit seines Anfanges. Bernburg 1767. V: *Marées, Joh. Noah de.* (Adel)

Schreiben an den Herrn Thomas West. Herausgeber des Sonntagsblattes über einige dramaturgische Gegenstände. Von einem angehenden dramatischen Dichter. Wien 1808. V: *Ayrenhoff, Corn. Hermann v.* Vgl. dessen Werke 5³, 231 ff. und GGr IX, 15, Nr. 75. (DARP)

Schreiben eines Westfalen an seine Freunde in Ostpreussen in Beziehung auf den Antrag der Stände, wegen Einführung einer Repräsentativ-Verfassung . . . Münster 1841. V: *Schickedanz, Wilhelm Adolph.* (Rass)

—— eines Westfalen an seine Freunde in Ostpreußen in Bezieh. auf d. Antrag d. Stände wegen Einführ. e. Repräsentativ-Verfassung. Von W. A. S. gr. 8. (3¾ B.) Münster 841, Wundermann'sche Buchh.

Schreiben aus Wien an Herrn Pallas in St. Petersburg. Wien 1789. V: *Hager, J.* (Ky) (MGT)

— aus Wien an Pallas in Petersburg, (von J. Hager). gr. 4. Wien 789. (Heubner). 6 gl.

— aus Wien an Pallas in Petersburg. gr. 4. Wien, Kurzböck. (Camesina.) 789.

Schreiben an Dr. Wienholt, den Briefen von und an Lavater angehängt. Bremen u. Leipzig 1787. V: *Nicolai, Johann David.* (Schr)

Schreiben . . . worin gezeigt wird, dass das von Herrn Kopp dem Hause Hessen-Cassel zugeschriebene Erbrecht auf Brabant, dem Gesammthause Hessen gemeinschaftlich zustehe. O. O. 1747. V: *Günderode, Johann Maximilian von.* (Adel)

Schreiben des Comitial-Gesandten A. L. von Wülcknitz d. d. Regensp. d. 5. Apr. 1758 an die Reichsversammlung . . . dictatum d. 26. April 1758 . . . O. O. H: *Lennep, George.* (ML) (Stri)

— von der Würde u. Bestimmung e. schönen Geistes, (von Ch. M. Wieland). 8. Zürich 753.

— eines Würtembergers in Hamburg an seinen Freund in Stuttgart im Nov. u. Dec. 1819. gr. 8. Leipz. 820. Hartmann. 16 gl.

Schreiben eines Würtembergers an seine Mitbürger aus Veranlassung des Landaufgebotes. Stuttgart 1794. V: *La Motte, Ludwig Alexander.* (ML) (Heyd) (Ky)

— eines Würtembergers an seine Mitbürger, auf Veranlassung des Landaufgebots, (v. L. A. Lamotte). 8. Stuttg. 794. Steinkopf. 4 gl.

Schreiben des Grafen Carl Zay an die Professoren zu Leutschau. Leipzig 1841. V: *Chalupka, János.* (SzMJ)

— Zimmermanns in Hannover, die Unterredung mit d. König v. Preußen betreff. 8. Frkf. a. M. 774. (Krieger in Cassel). 2 gl.

Schreiben eines Zittauers von dem klägl. Zustand, in welchem diese Sechsstadt den 23. Julii 1757 versetzt worden. (8.) 4. Altona 1757.

Schreiben von dem gegenwärtigen Zustande der Göttingischen Universität . . . O. O. [1747]. V: *Claproth, Johann Christ.* (Erman & Horn, Bibliogr. d. dtsch. Universitäten. 2. Leipz. u. Berl. 1904.)

Schreiben, Zwei, über die hamburger Bühne. . . . O. O. 1772. V: *Bock, Johann Christian.* (Schr)

Schreiben, Zwey Curieuse, das erste stellet vor Franckreichs geheime Rathschläge über gegenwärtigen Zustand der Cron Spanien . . . Franckfurt 1707. V(1): *Chamillard, Michel de.* (BrMm)

— zwey, d. Erricht. e. akad. Lehranstalt in Berlin betreffend. 8. Berlin, Dieterici. 808.

— zwei, die Einrichtung e. akadem. Lehranstalt in Berlin betreff. 8. Berl. 808. (Mittler). 6 gl.

Schreiben, Zwey, eines Freymäurers an seinen Freund: 1. von dem Buche, das betitelt ist: Der verrathene Orden der Freymäurer . . . A. d. Franz. Göttingen 1760. V[1]: *Rademacher, Johann Cornelius.* V[2]: *Uriot, Jos.* (SJL)

Schreiben, Zwey merkwürdige. I. An die Bürger Schauenburg Obergeneral der fränkischen Armee in der Schweiz. II. Beschluss der Dankrede im Nahmen der Zürcher Bürgerschaft, an den Herrn Bürgermeister Kilchsberger. Zürich 1798. V: *Lavater, Johann Kaspar.* (Schstr S. 132)

Schreiben. Zwey Schr' Von den Lobl. Evangelischen und Zugewandten Städten und Orten der Eydgnoßschafft: Zürich, Bern, Basel, Schaffhausen, Müllhausen, und Biel: Das Einte An Herrn Landamman und Rath des Lands Appenzell der Usserer-Roden, unterm 26. Mertzen 1733. Das Andere Aber An Herrn Alt-Landamman und Rath vor der Sitter des Lands Appenzell der Usserer-Roden. Unter gleichem Dato abgelassen. 4 *o. O.*

Schreiben, Zweites und drittes, eines Profanen über die glückliche Entdeckung der Freymäurerey ... Jerusalem [Berlin] 1768. V: *Köppen, Carl Frdr.* (SJL) (Tt)

Schreiben, Zweites, an den Herrn G. R. ** in Berlin ... Hamb. 1785. V: *Cranz, August Friedrich.* (Schr)

Schreiben, Zweites öffentliches, ehrerbietigst gehorsames, an die Hochwürd. Ordinariate in Bayern: Ueber zwei Ursachen des häufigen Pfarrwechsels. Regensburg 1834. V: *Gotz, Georg Joseph.* (Russell IX, 737)

Schreiben, Zweytes, an das Publicum. Aus dem Französischen. Berlin 1753. V: *Friedrich II., König von Preussen.* Ü: *Lessing, Gotthold Ephraim.* (Less 97)

Schreiben, Zweytes, eines Ungenannten an den Herausgeber [des Baldingerischen neuen Magazines]. [Leipzig 1784.] V: *Jördens, Christian Frdr.* (ML)

Schreiben, Zweytes, an Uranien; zur Beantwortung des ersten Schreibens ... O. O. [17??]. V: *Böttger, Gottfried Conrad.* (ML)

Schreibepult, das; od. d. Gefahren d. Jugend. Schausp. in 4 A. v. A. v. Kotzebue. 8. Lpz. Kummer. 800.

Schreibepult, das geöffnete, z. Unterr. und Vergnügen junger Personen, m. K. u. Vign. 9 Bdchen. (hat a. d. Tit. Weihnachtsgeschenk für die Jugend. d. 4e 5e a. unter d. Titel: d. Besuch von einer Woche, oder Winke zum nützlichen Gebrauch der Zeit in Erzähl. a. d. Natur- und Sittengesch. [illegible] Thle. d. 6e-9e a. u. d. Titel: Smith ländliche Spaziergänge. 4 Bdch.) 16. Lpz. Gräff. 795-803. (à 12 gr.)

Schreibepult, das geöffnete, zum Unterr. u. Vergnügen junger Personen, v. Mißstr. Barbault; aus d. Engl. (v. Chr. F. Weiße). 9 Bdchn. Mit Kpf. 16. Leipz. 795—803. (Wienbrack). 4 ℛ 12 ℊ 1r u. 2r Bd. A. u. d. T.: Weihnachtsgeschenk f. d. Jugend. 4r u. 5r Bd. A. u. d. T.; der Besuch von einer Woche ꝛc. 2 Thle. 1 ℛ 6r—9r Bd. A. u. d. T.: Smith, ländl. Spaziergänge. 4 Bdchen. 2 ℛ

Schreibepult, Das geöffnete, zum Vergnügen und Unterricht junger Personen ... A. d. Engl. Leipz. 1798—99. Ü: *Weisse, Chn Fel.* (MGT)

Schreibepult, Das geöffnete, zum Unterrichte u. Vergnügen junger Personen.
(1799). M. Kpf.
Leipzig.

Schreiber, der geschwinde, od. Anleit., durch ein neu erfund. Alphabet, wovon jeder Buchstabe blos aus einem Zuge besteht, möglichst schnell schreiben zu lernen, f. alle, die so schnell schreiben wollen, als gesprochen wird. Mit 1 Kpftaf. in 4. Prag 818. Enders. 4 ℊ

Schreiber, Der, in Hungersnot, Posse in einem Akt. Wien [1909]. V: *Bartl. Hans.* (EB)

Der curiöse **Schreiber**, von allerley künstlichen und erdenklichen Arthen zu schreiben, itzt mit vielen andern Raritäten, auch Figuren die Proportion der Buchstaben betreffend, vermehret: Samt dem curiösen **Mahler**, darinne von Oel- und Wasser-Farben, dieselben zu mischen, zu vertieffen und zu erhöhen: u. s. w. an's Licht gebracht. Dresden und Leipzig 1712. 8°.

Schreiber, s. a. Schreiber, J. F.

Schreiber, Anleitung u. Winke zur erfolgreichen Behandlung d. akuten u. chronischen Trippers beim Manne unter Zugrundelegung meiner durch lange Praxis auf diesem Gebiete gesammelten Erfahrungen. gr. 8. (18 S. m. 5 Holzschn.) Neuwied 892. Heuser's Verl. n. 1. —

Schreiber (I.), Bacillen und Tuberculose. Staatshilfe und Selbsthilfe. 16. (18 S.) Meran 886, [Pötzelberger.] Ellmenreich. *

— bedeutet das neueste Diphteriemittel „Heilserum" Heil od. Unheil? 8. (46 S.) Frankfurt a/M. 894. Gebr. Staudt. n. — 50

Schreiber, die Bedeutung u. Ausnutzung der Nahrungsmittel f. u. im menschl. Körper. (Schumann's medizin. Volksbücher.) (164 S.) kl. 8. Leipzig 903. [W. Schumann Nachf.] Ulm, J. Ebner. Geb. in Leinw. 1. 50

— Beitrag zur Frage der Reduktion von Barometerständen auf ein anderes Niveau. (Leopoldina. Heft XX.) Halle 1884.

Schreiber, offener Brief an den Archidiakonus Heinecken in Delitzsch. Veranlaßt durch einen empörenden Umstand bei öffentl. Verhandlung vor dem Schwurgerichte zu Erfurt den 24. Septbr. 1849. gr. 8. (14 S.) Langensalza 849. (Erfurt. Körner.) Thlr. *

Schreiber, die preussischen Eisenbahnen u. ihr Verhältniss zum Staat. 1834—1874. gr. 8. (87 S.) Berlin 874. Ernst & Korn. n. 2. —

Schreiber.: Ferd. Gatti †. 3 Görz R. 75.
Progr.

Schreiber, Dr., Gedanken üb. die Cholera morbus u. die Mittel, sie zu bekämpfen. 8. Eschwege 831. Hoffmann. (Leipz., Weygand). 6 ℊ

Schreiber, Gedanken üb. d. Cholera morbus u. die Mittel sie zu bekämpfen. 8. (4½ B.) Eschwege 832, Hoffmann.

Schreiber, konfessionelle Gefahren auf dem Missionsgebiet, s.: Buchner. C.

Schreiber, Geschichte des brandenburg. Train-Bataillons Nr. 3. Mit Abbildgn., Karten u. Plänen. (VI, 337 S.) gr. 8. Berlin 903. E. S. Mittler & Sohn. n. 8. —; geb. n.n. 9. 75

Schreiber, wider d. „Gleichheit" im Wahlrechte. gr. 8. (94 S.) Berlin 895. H. Walther. n. 1. 20

Schreiber, der Kampf gegen Christentum u. Gottesglauben auf der 75. Versammlung deutscher Naturforscher u. Aerzte zu Kassel am 21. IX. 1903. Vortrag, geh. im Stadtparksaal zu Kassel am 13. XII. 1903. (28 S.) 8. Kassel 904. F. W. Schmitt. n. — 25

Fachberufliche Knaben-Fortbildungsschule zu Kaiserslautern. Satzungen u. Lehrpläne von Dr. **Schreiber**, Kgl. Lokalschulinsp. *Kaiserslautern: E. Crusius 1901.* (118 S.) 8° [F.] [04. 1231]

Schreiber, ..., die deutsche Leinen-Industrie-Frage beleuchtet, s. Alberti, Gebr.

Schreiber, Rede, s.: Blätter der Erinnerung an das 300jährige Jubiläum d. Collegiums bei St. Anna in Augsburg.

Schreiber: Über die Unmöglichkeit e. allgem. Methode d. algebr. Lösung algbr. Gleich. Blankenb. 1863. Schul-/Univ.-Schrift

Schreiber, ..., Versuch e. neuen Erklär. der Worte Jesaiä XIII. 9. Und er ist begraben wie die Gottlosen u. gestorben wie ein Reicher. 8. Götting. 761. Dieterich. 3 gr

Schreiber, D., deutsche u. engl. Vorschriften zum Schulgebrauch u. zum Selbstunterricht. Nach Heinrigs. qu. 4. (à 8 lith. Blätter.) Crefeld 841, Schüller. à $6^1/_4$ ngr

Schreiber, was muß der Unteroffizier u. Gemeine v. dem neuen Militärrecht bezw. von dem neuen Militärgerichtsverfahren wissen? 12. (18 S.) Berlin (902). R. Eisenschmidt. — 30

Schreiber, der Wettstreit der Konfessionen in den deutschen Kolonien. Vortrag, geh. bei der XV. Generalversammlg. des evangel. Bundes zu Hagen i. W. am 7. X. 1902. gr. 8. (17 S.) Leipzig 902. Buchh. des ev. Bundes v. C. Braun. n.n. — 10

Schreiber, A., Andachtsbuch f. kathol. Frauen. 16. (14 B. u. Ttlkpfr.) Tübingen 837, Laupp'sche Buchh.

Schreiber, A., s.: **Chirurgie der Extremitäten.**

Schreiber, A. Turennes Denkmal bei Sasbach. 4. Karlsruhe 1829.

Schreiber, A. (III.), Grundriss der Chemie. Ein Leitfaden für den Unterricht in Real- und höheren Bürgerschulen. 1. Aufl. 1868, und 2. verb. Aufl. gr. 8. (VIII, 148 S.) Berlin 873, Grote'sche Verlagsh. **

SCHREIBER, A.
Grundriss der Chemie und Mineralogie. Zweite verbesserte Auflage. Berlin, 1873.
Vierte vollständig umgearbeitete Auflage. Berlin, 1886. 8vo.

Schreiber, Grundriss der Chemie u. Mineralogie. Ein Leitfaden f. den Unterricht in Realgymnasien, Ober-Realschulen u. höheren Bürgerschulen. 4. Aufl. gr. 8. (VIII, 162 S.) Berlin 886. Grote. geb. n. 2. —

—— der Jesuit und sein Zögling, s. Universal-Bibliothek Nr. 2338. 2102. 2253. 2225.

Schreiber, A., Cactus-Blüthen. Erzählungen u. Novellen. 2 Bde. 8. ($42^1/_4$ B.) Stuttgart 833, Brodhag.

—— Lamm und Löwe, s. Universal-Bibliothek Nr. 2338. 2102. 2253. 2225.

Schreiber, A. (Red.), s. Mitteilungen, Kurzschriftliche.

† Schreiber, A. [J. Krüger], Hanne Nüte und de lütte Pudel, s. Universal-Bibliothek Nr. 2338. 2102. 2253. 2225.

Schreiber, A.: Der erste Weinbau in der Pfalz. In: Badische Wochenschrift. 1. Heidelberg 1806. – (Zit. nach Häberle)

—— Lieschen Wildermuth, s. Universal-Bibliothek Nr. 2338. 2102. 2253. 2225.

Schreiber, Adele, s.: **Buch, das, vom Kinde.**

Schreiber, Adele. Das Buch vom Kinde. Ein Sammelband für die wichtigsten Fragen der Kindheit unter Mitarbeit zahlreicher Fachleute hrsg. von Adele Schreiber. Leipzig & Berlin. B. G. Teubner 1907.
2 Bde. 4°
1. Einleitung — Körper und Seele des Kindes. Häusliche und allgemeine Erziehung. XXV, 200 + 231 S. m. zahlr. Abb. 17 Taf.
2. Öffentliches Erziehungs- und Fürsorgewesen. Das Kind in Gesellschaft und Recht. Berufe u. Berufswahl. IV, 240, 216 S. m. zahlr. Abb.
Buchschmuck von H. Hoppener-Fidus u. E. Renan-Vietor.

Schreiber, Adele, der Bund f. Mutterschutz u. seine Gegner, s.a. Kultur u. Fortschritt.

Schreiber, Adele: Der Bund für Mutterschutz und seine Gegner. — Gautzsch b. Leipzig: Dietrich 1908. 14 S. 8° (Kultur u. Fortschritt. 151.)
—— [Schriften des Deutschen Bundes f. Mutterschutz. Nr 9.]

Schreiber, A. s. Frauen-Fortschritt.

SCHREIBER, Adele (in Berlin, Herausg. der Korresp. „Frauenzeitung"). Kinderwelt und Prostitution. 2. Aufl. 1803. (25 Pfg. Willy Schindler, Pressburg, 1910, ohne Angabe von Ort u. Jahr.)

Schreiber, Adele, Kinderwelt u. Prostitution. (20 S.) 8. Leipzig ('03). Berlin, Verlag der Frauen-Rundschau. 1904. —. 30.

SCHREIBER, Adele. Kinderwelt und Prostitution. 2. Auflage. Leipzig (1903). 8°. 20 S. [B. VII, 212.]

Schreiber, A., s. Kultur u. Fortschritt. Nr. 162.

Schreiber, A., Mutterschutz, s. „Kultur u. Fortschritt". Heft 151.

— **Prügelkinder.** „Pädagogische" Verbrechen. (23 S.) 8. Ebd. (903). n. — 30

Romane aus dem Leben. Aus den Erfahrgn. des Bundes f. Mutterschutz, s.a. Kultur u. Fortschritt.

— Romane aus dem Leben. Aus den Erfahrungen des Bundes für Mutterschutz. (15 S.) (Kultur und Fortschritt 162) Gautzsch 1908

— Settlements, s. a. Fortschritt, sozialer, Nr. 23.

Schreiber A, Settlements. Ein Weg zum sozialen Verständnis. (16 S.) (Sozialer Fortschritt 23) Leipzig 1904

Schreiber, Adele, Settlements. Ein Weg zum socialen Verständnis. 8°. Leipzig, F. Dietrich, 1904. (Socialer Fortschritt, Nr. 21.)

—— die Thätigkeit des magdeburgischen botanischen Vereins, s. Abhandlungen des naturwissenschaftlichen Vereins zu Magdeburg.

—— der Untergrund der Stadt Magdeburg, s. Abhandlungen des naturwissenschaftlichen Vereins zu Magdeburg.

—— die Wasserverhältnisse in der Umgebung Magdeburgs, s. Abhandlungen des naturwissenschaftlichen Vereins zu Magdeburg.

Schreiber, Adf., über zwei Fälle von progressiver Muskelatrophie. Inaugural-Dissertation. gr. 8. (19 S.) Göttingen 877, (Vandenhoeck und Ruprecht's Verlag.) *

Schreiber, Adf., gegen das Jesuitengesetz, s. a. Hefte zur Christlichen Welt.

Gegen das Jesuitengesetz. (Die Jesuitenfrage evangelisch beantwortet) von Adolf Schreiber, Pfarrer in Wedlitz. Tübingen: J. C. B. Mohr 1906. (S. 29–48.) 8°
= Hefte z. Christlichen Welt. H. 57, [2.] [06. 13194]

Schreiber, Adf., d. Verwendg. d. Geistlichen des Beurlaubtenstandes im Lazarett. gr. 8. (17 S.) Dessau 896, B. Baumann. — 30

Schreiber, Alb. Alexandrine, Herzogin v. Sachsen-Coburg-Gotha. Eine Festgabe zum 3. Mai 1892. gr. 8. (47 S. m. 2 Portr.) Gotha 892, F. A. Perthes. * — 50

Schreiber, A[lbert]. Bericht über die Geschäftsführung und die Amtsvergehen des landesflüchtigen Heinrich Kägi von Bauma, gewesener Landschreiber des Notariatskreises Niederglatt. Erstattet an die h. Finanzdirektion des Kantons Zürich von dem ... bestellten Experten A. Schreiber, alt Notar in Meilen. (1901 November.) 41 S. 8. [Zürich, J. Rüegg, 1902.]

Die Geheimnisse der Freimaurer. Wortgetreuer Auszug aus dem Ms. eines Logenbruders, geschrieben gegen Ende des vorigen Jahrhunderts. [Von Albert Schreiber.] Waltershausen: Waitz 1887. 14 S. 8°.

Die Kaufmännische Buchführung. Eine Einführung durch Selbststudium in d. Wesen d. einfachen, doppelten u. amerikanischen Buchführung, verf. von Alexander Schreiber. *Berlin: Tessaro-Verl. [1902].* (70 S.) 8° [F.]
= Volksbücher. 19. [03. 1924]

Schreiber, Alex., die kaufmännische Buchführung. Eine Einführg. durch Selbststudium in das Wesen der einfachen, doppelten u. amerikan. Buchführg. 12. (71 S.) Berlin (902). [Tessaro-Verlag.] R. Krüger. — 20

— Gesellschaftsspiele. Eine Sammlg. der beliebtesten Unterhaltungsspiele im Freien wie im Zimmer f. Kinder u. Erwachsene. (56 S.) Charlottenburg (900). Ebd. — 20

Gesellschaftsspiele. Eine Sammlung d. beliebtesten Unterhaltungsspiele im Freien wie im Zimmer f. Kinder u. Erwachsene. Zsgest. von Alexander Schreiber. *Charlottenburg: A. Michow; (Berlin: Tessaro-Verl. [1902].)* (55 S.) 8° [F.]
= Volksbücher. 30. [03. 1577]

Herzenstöne zum Geburtstagsfest. Eine Sammlung von Glückwünschen aller Art zu Geburtstagsfesten. Zsgest. von Alexander Schreiber. *Berlin: Tessaro-Verl. [1902].* (94 S.) 8° [F.]
= Volksbücher. 17. [03. 1904]

— Herzenstöne zum Geburtstagsfest. Eine Sammlg. von Glückwünschen aller Art zu Geburtstagsfesten. 12. (94 S.) Berlin (902). [Tessaro-Verlag.] R. Krüger. — 20

Die beliebtesten Kartenspiele. (Skat, Sechsundsechsig, Schafkopf, Dreiblatt u. s. w.) Ausführl. dargest. von Alexander Schreiber. *Charlottenburg: A. Michow; (Berlin: Tessaro-Verl. [1902].)* (61 S.) 8° [F.]
= Volksbücher. 24. [03. 1311]

66 Tischreden zum Gebrauche bei Familien- und Vereinsfesten. Nebst e. Anleitung z. Reden. Von A[lexander] Schreiber. *Berlin: Tessaro-Verl. [1902].* (72 S.) 8° [F.]
= Volksbücher. 22. [03. 13109]

— 66 Tischreden zum Gebrauche bei Familien- u. Vereinsfesten. Nebst e. Anleitg. zum Reden. 12. (72 S.) Berlin (902). [Tessaro-Verlag.] R. Krüger. — 20

Weihnachts- und Neujahrsgedichte. Eine Sammlung von Sprüchen u. Gedichten z. Aufsagen an Weihnachts- u. Neujahrsfesten. Zsgest. von Alexander Schreiber. *Charlottenburg: A. Michow; (Berlin: Tessaro-Verl. [1902].)* (64 S.) 8° [F.]
= Volksbücher. 25. [03. 1310]

Schreiber, Alfr., allerlei Bühnenvolk, s.: Englin's Roman- u. Novellenschatz 8s. Bd.

— Chéri, s.: Geschichten, intime.

Schreiber, Alfred, approb. Arzt: Aus d. pathol. Institute zu Kiel. Ein Fall von primärem Prostata-Krebs. *Kiel 1903: P. Peters.* (21 S.) 8°
Kiel, Med. Diss. v. [1. Apr.] 1903

Schreiber, Alfred s. Familienbibliothek, Schweizer. Nr. 48.

— Jedem die Seine, s.: Geschichten, intime.

— Lebensbunger, s.: Geschichten, intime.

— der Liebe auf u. ab, s.: Geschichten, intime.

— nur ein bischen Liebe, s.: Geschichten, intime.

— Fräulein Potiphar, s.: Geschichten, intime.

— ein Schwerenöter, s. a. Geschichten, intime.

Ein Schwerenöter. Erzählung von Alfred Schreiber. Berlin: Berliner Roman-Verl. [1904]. (48 S.) 8° [F.]
= Geschichten, Intime. 40. [05. 7500]

Schreiber, Alfred [Referendar in St. Goarshausen]: Das Selbsteintrittsrecht des Kommissionärs im Kommissionsgeschäft ... Wiesbaden, Druck v. R. Bechtold & C., 1896; VIII, 56 S. 8.
Erlangen, Jur. Fak., Inaug.-Diss. v. 1896

Schreiber, Alois, s. Schreiber, Alois Wilhelm

Schreiber, Alois Wilhelm

s. Adelheid von Messina.

Schreiber, Aloys, Anleitung, die Gegenden am Rhein, das Murgthal, das Neckarthal u. den Odenwald zu bereisen, mit 1 Charte. 8. Heidelb. Mohr u. W. 812.

——, —— Mit 1 Charte. Heidelberg 1813. 8.
A. u. d. T.: A. Schreiber, Taschenbuch für Reisende am Rhein etc.

—— Anleitung auf die nützlichste und genussvollste Art den Rhein von Schafhausen bis Holland, die Mosel von Coblenz bis Trier und die Bäder am Taunus, so wie Aachen und Spaa zu bereisen. Heidelberg 1818. gr. 8.
A. u. d. T.: Schreiber, Handbuch f. Reisende am Rhein. ...

——, —— Mit 8 besonderen Routen und den interessantester Sagen aus den Gegenden des Rheins, des Taunus etc. Nebst einem Anhang. 4., verb. u. stark verm. Aufl. Heidelberg 1832. gr. 12.

—— Anleitung den Rhein und die Mosel und die Bäder des Taunus zu bereisen. Mit 1 Charte. Heidelberg 1812. 16. . . . . (D.)

s.a. Ansichten, maler., v. Heidelberg.

Schreiber, Alois. Malerische Ansichten gezeichnet und radirt von J. Roux. Mit einem kurzen Texte vom Hofrath Schreiber. 12 Hefte zu 72 Bll. Heidelberg 1818. gr. Fol.
Gehört zu: Alois Schreiber, Anleitung ... den Rhein ... zu bereisen.

s. Ansichten, maler., d. Rheins, v. Mainz bis Düsseldorf, u. setze hinzu: mit Beschreib. (v. Al. Schreiber).

Schreiber, Aloys (Wilh.), die Aufhebung der Leibeigenschaft. Festsp. in 1 Akt. Zur Säcularfeier Carl Friedrichs. 8. (1½ B.) Karlsruhe 828, Müller.

Schreiber, A.W. (Hrsg.). s. Aufsätze, Kleine, von Jacobi u. and. Gelehrten.

Schreiber, Al., Auswahl der interessantesten Sagen aus den Gegenden des Rheins und des Schwarzwaldes. 8. Heidelberg, Engelmann. (Frankfurt a. M., Herrmann.) 819. Rthlr.

— Auswahl der interessantesten Sagen aus den Gegenden des Rheins u. des Schwarzwaldes. 8. Heidelb. 819. Engelmann. 18 gr 2e Aufl. 8. Ebd. 829. 1 ₰ 8 gr (Aus d. Handbuch f. Reisende 2c. abgedr.)

—— Bade dans le Grand-Duché et ses environs. Guide des voyageurs. Trad. de l'Allemand par J. Wolfrom. 2. édit. revue, corr., augm. etc. 18. (10 B. u. 18 lith. Ansichten.) Carlsrouhe 832, Marx. 1 Thlr. 12 Gr., ill.

—— Bade dans le Grand-Duché et ses environs. Guide des voyageurs. Trad. de l'Allem. par J. Wolfrom. 3. édit. 18. (358 Seit.) Carlsrouhe [Bade] 836, libr. de Marx.

Schreiber, Aloys, Baden, geograph. u. malerisch beschrieben 2c., s. Heunisch, A. J. V.

— Baden im Großherzogthum, mit seinen Heilquellen u. Umgebungen neu beschrieben. 8. Heidelberg, Mohr und W. 812.

— Baden im Großherzogthum, mit seinen Heilquellen u. Umgebungen; nebst e. Abhandl. üb. den Gebrauch d. Quellen, von Dr. Ottendorf. Neue bis z. J. 1825 bericht. Ausg. Mit 2 Kpf. u. 1 Karte. 8. Karlsr., Marx. 1 ₰ 21 gr — Dass. französ. v. J. Wolfrom. 1 ₰ 21 gr in 12. Ebd. 20 gr 2e Ausg. Mit 18 lith. Ansichten. 18. Ebd. 3 ₰

— Baden in der Markgrafschaft, mit seinen Bädern u. Umgebungen. Mit 2 Kpf. u. 1 Karte. gr. 8. Heidelb. 805. Mit n. Titel 812. (Braun in Karlsr.) 16 gr

— Baaden in der Markgrafschaft mit s. Bädern und Umgebungen, mit K. und 1 Charte. gr. 8. Carlsruhe Macklot. 805.

— deutsche Beispielsamml. f. Schulen, zur Bildung u. Veredl. d. Geschmackes. 8. Offenb. 796. Brede. 16 gr (A. u. d. T.: kl. Bibliothek f. Freunde u. Freundinnen d. Schönen. 8. Ebd.)

– s.a. Bemerkk. auf e. Reise von Straßburg.

[Schreiber, Alois Wilh.,] Bemerkungen auf einer Reise von Strasburg bis an die Ostsee im Sommer 1791. 2 Bdchn. Leipzig 1793–94. 8.

Schreiber, (Al.,) Bericht d. Großherzogl. Badenschen Kunst- u. Indust.-Vereins. 1s Heft. gr. 4. Karlsr. 826, Marx.

— Bilder der Kindheit u. des häusl. Glücks. 8. Düsseldorf (824,) Schreiner.
((Erschien bereits 1803 bei dens. Verleger u. d. T.: Gemälde der Kindheit 2c.)

Schreiber, Alois —. Bilder-Kalender für das Jahr 1854. Erster Jahrgang. 8. (48 S.) Preßburg. Gedruckt in Alois Schreiber's Buchdruckerei.

s. Blätter, dramaturgische.

s. Blätter d. Genius 2c.

s. Blätter, vaterländ.

— Ida's Blumenstrauß. Mit Kpf. 32. Neuwied 798. Gehra. 6 gr

s. Braut, die, im Schleier.

s. Comedia divina, u. setze hinzu: (angebl. von A. Schreiber).

Schreiber, Alois Wilhelm, s. Congreß-Calender, Rastatter.

— s. Cornelia, Taschenbuch für deutsche Frauen.

— Damenbibliothek, s. Damenbibliothek in Romanen.

— die Dampfschiffahrt auf d. Rheine u. Bodensee, so wie einige Notizen über dieselbe zwischen Frankreich u. England. 8. Heidelb. 827. Engelmann.

— Nouvelle description de la Ville de Bade dans le Grand Duché du même nom. avec gravures. gr. 8. Heidelb. 811. Meder. 2 ₰ 8 gr

— Deutschland u. die Deutschen, von den ältesten Zeiten bis zum Tode Karls d. Großen. Zur Bildung u. Unterhaltung. 4 Hfte. Mit 24 feinen Kpf. 4. Karlsr. 823. Velten. (Leipz., Cr. Fleischer). 6 ₰

— Deutschland u. die Deutschen, von den ältesten Zeiten bis zum Tode Karls des Großen. Zur Bildung u. Unterhaltung. 4 Hefte mit 24 feinen Kupfern. 4. Karlsr. 824, Velten. (Leipz., E. Fleischer.) geb.

—— Teutschland u. die Teutschen. Gesch. uns. Voraltern v. d. ältesten Zeiten bis z. Tode Karls d. Gr.; zur Bildung u. Unterhalt. f. d. Jugend. 2. Ausg. 4. (44½ B. u. 24 Kpfrt. v. J. M. Mettenleiter.) Karlsruhe 835, Velten.

— Eichenblätter. 8. Heidelb. Engelmann. 814.

— — Erzählungen. 2 Theile. s.a. Schreiber, poet. Werke, 2r 3r Theil.

— Eichenblätter. 8. Heidelb. 814. (Hermann in Frankf. a. M.) 12 gl.

Schreiber, Al. W., neueste Erzählungen. 2 Bdchn. 8. Stuttg. 822. Sattler. 1 ℔ 12 gl.

s.a. **Erzählungen, romantische.**

Erzählungen

— —, Romantische (zahme), vom Verfasser des Waldbruders im Eichthale *(Alois Wilh. Schreiber)*. 2 Bdchn. Mit 2 Titelkpfrn. Frankfurt (a. M.), bei Friedrich Esslinger. 1795. 8⁰.
190 u. 159 Seiten

—— Extrait du guide du voyageur sur le Rhin, depuis Schaffhouse jusqu'en Hollande. Heidelberg 1828. 16.
A. u. d. T.: A. Schreiber, Manuel de poche etc.

—— Extrait du guide du voyageur sur le Rhin, depuis Schaffhouse jusqu'à Dusseldorf, avec le voyage sur le Mein de Mayence à Aschaffenbourg; et un appendice. Trad. par Henry. Edit. de 1835, avec des addit. et corr. 16. (20¼ B. u. 1 Karte.) Heidelberg 835. [Francfort s. l. M., J. Baer.] •

— neuer Führer f. Reisende u. Kurgäste in u. um Baden, nebst e. Beschr. der Stadt. Mit 1 Karte. 8. Karlsr. 830. Velten. 1 ℔

— Führer für Reisende durch das Großherzogth. Baden. gr. 12. Karlsr. 828. Marx. 1 ℔ 18 gl.

s.a. **Gebetbuch d. Königs v. Preußen.**

Gebetbuch des Königs von Preussen. (Vf. *Alois Wilh. Schreiber*, 1763—1841.) (Motto, 3 Verszeilen: Auch eine Feuerflocke Wahrheit nur, / In eines Herrschers Seele kuhn geworfen, / Wie fruchtbar in der Vorsicht Hand! Schiller.) O. O. (Offenbach) 1790. 8⁰. (In Dresden.) IV, 1 Bl. Innhalt 170 S. (10 Mk. Max Harrwitz.)
Anon. Lex. II. p. 139 (nach Meusel, Goedeke, Josef Kehrein, Kayser u. dem Neuen Nekrolog).

— die Geburt des Erlösers. Mit 3 Kpf. 8. Frankf. a. M. 817. (Gebhard in Grimma). 18 gl. ohne Kpf. 10 gl.

— — die Geburt des Erlösers. M. 3 Kupf. 8. Frankfurt a. M., Wilmans. 817. Velinpap.
Druckpap. ohne Kupf.

— Gedichte. gr. 8. Düsseld. 801. Schreiner. 1 ℔ 12 gl. Schrbp. 2 ℔

— Gedichte u. Erzählungen. 8. Heidelb. 812. Mohr. 2 ℔

s. **Gemälde, dramatische.**

s. **Gemälde, histor., aus Griechenland u. Rom.**

— Gemälde der Kindheit u. des häusl. Glücks. 8. Düsseld. 803. Schreiner. 18 gl. 1824 mit d. n. Titel: Bilder d. Kindheit u. des häusl. Glücks. Ebd. 18 gl.

— Gemälde d. Rheinlande, s. unten: Handbuch f. Reisende.

Schreiber, Aloys, Vollstandiges Gemälde der Rheinlande von Schafhausen bis Holland, und der schonsten anliegenden Gegenden. Mit vierzig [*d. i.* 72] Ansichten [Tafeln], gezeichnet und gestochen von Professor (J[acob]) Roux [u. A.]. quer-4. Heidelberg *o. J.* [1822/26].

— vom Geschäftsstyl u. von d. männl. Vortrage. gr. 8. Karlsr. 824. Marx. 18 gl.

— Geschichte des Großherzogthums Baden. Ein Lesebuch f. Schulen. 8. Carlsruhe, Mar. 813.

— Badische Geschichte. 8. Karlsr. 817. Braun. 1 ℔

— Geschichte u. Beschreib. von Aachen mit Burtscheid, Spaa u. deren Umgebungen. Nebst e. Anleit. zum Gebrauche d. Heilquellen, von E. H. Hörfner. A. u. d. T.: Aachen, Spaa u. Burtscheid. Nebst e. Anh., 1 Kpf. u. 1 Karte. 16. Heidelb. 824. Engelmann. 2 ℔ 8 gl. — Dass. französ.: Histoire et description d'Aix-la-Chapelle, de Borcette et de Spaa etc. Trad. par l'Abbé Henry. Ebd. 2 ℔ 8 gl.

— Geschichte u. Beschreibung Heidelbergs u. sein. Umgebungen, mit K. u. 1 Charte. 8. Heidelb. Mohr und W. 812.

s. **Gespenst, das.**

— Griesbach mit seinen Umgebungen, eine topogr. Darstellung. 8. Karlsr. 822. Marx. 3 gr. Mit Kupf.

—— a complete guide on a voyage on the Rhine, from the sources of this stream to Holland, Belgium and the adjacent countries, on the voyage on the Mosella, from Coblentz to Triers and Metz, to the Watering Places of the Taunus, etc. Transl. by P. Will. gr. 12. (18⅓ B. u. 2 Kart.) Heidelberg 835. [Frankfort o. M., J. Baer Thlr.]

— a new guide through Baden and it's Environs, for travellers and visitors; together with a history of the Town, translat. by the Resd. P. Will. Mit 1 Karte. 8. Karlsr. u. Baden 831. Velten. 1 ℔

— Guide pour ceux qui font le voyage du Rhin et de la Moselle, et qui vont visiter les bains du mont Tannus. Traduit de l'allemand, avec 1 Carte. 12. Heidelberg, Meder. 813.

—— the Traveller's guide to the Rhine; exhibiting the course of that river from Schaffhausen to Holland, and describing the Moselle, from Coblentz to Treves; with an account of the cities, towns, villages, prospects etc., in their vicinity, and of the places where there are mineral springs; together with a description of the various routes, modes of conveyance, inns, coins etc. New edit. with corrects. and addits. by L. Kohnen. 12. (16½ B. u. 1 Carte, Fol.) Aix-la-Chapelle 834, Kohnen.

—— Guide du voyage du Rhin etc. — Extrait,
s. Schreiber, Alois Wilhelm: Manuel

— Guide des Voyageurs par la Suisse, le Wurtemberg, la Bavière, le Tyrol, le pays de Salzbourg et au Lac de Constance. Description exacte des diverses routes, surtout des bains et eaux minérales et rapportant en général tout ce qui mérite l'attention du Voyageur. Avec 1 Carte. Suite et suppl. du guide du voy. sur le Rhin. 12. le même. 836. 1½ ℔

Schreiber, Aloys, Handbuch für Reisende nach Baden, nebst einer Auswahl der interessantesten Sagen aus dem alten Alemannien. Heidelberg 1823. 8.

— Handbuch f. Reisende nach Baden im Großherzogthum, in das Murgthal u. auf d. Schwarzwald. Nebst e. Auswahl d. interessantest. Sagen aus dem alten Alemannien. Mit e. Anleit. zum Gebr. der Bäder in Baden. Mit 1 Karte u. 9 Ansichten. gr. 8. Heidelb. 818. Engelmann. 4 ℔ Mit (blossem) Titelkpf. 2 ℔ 8 gl.

—— Handbuch f. Reisende nach Baden im Großherzogthum, in d. Murgthal u. auf den Schwarzwald. Nebst e. Auswahl d. interessant. Sagen aus d. alten Alemannien. Mit e. Anleit. zum wirksamen Gebr. d. Bäder in Baden. Nebst e. Supplem., die neuesten Veränderungen u. einige interessante Zugaben enthalt. gr. 12. (14½ B., 1 Karte u. 1 Ansicht.) Heidelberg 828, Engelmann. 1 Thlr. 16 Gr., m. 1 Karte u. 9 Ansichten

—— Handbuch f. Reisende am Rhein rc. im Auszug, s. unt. diss. „Taschenbuch rc."

— Handbuch für Reisende am Rhein, von seinen Quellen bis Holland, in die schönsten anliegenden Gegenden und an die dortigen Heilquellen. 4e verb. u. stark verm. Aufl. Mit 3 neuen Karten, gez. vom Major Dr. Streit. Mit 8 Städte-Plänen. gr. 12. Heidelberg 836. Engelmann. 2⅔ ℛ geb. 3⅓ ℛ

—— Handbuch für Reisende am Rhein, von Schafhausen bis Holland, in die schönsten anliegenden Gegenden und an die dortigen Heilquellen. Heidelberg 1812. 8.

——, —— Heidelberg 1816. 8. . . . . (FBA.)

——, —— 3. verb. u. verm. Aufl. Ebda 1818. 8. . . . . (D.)

Schreiber, Aloys. Wlh., Handbuch f. Reisende am Rhein von Schafhausen bis Holland, in die schönsten anliegenden Gegenden u. an die dortigen Heilquellen. 2e verb. u. verm. A. (Des Taschenb. f. Reisende rc.) Mit 2 Karten. gr. 8. Heidelb. 818. Engelmann. 3 ℛ 8 ℊ (A. u. d. T.: Anleit., auf die nützl. u. genußvollste Art den Rhein von Schafhausen bis Holland, die Mosel von Coblenz bis Trier u. die Bäder am Taunus, so wie Aachen u. Spaa zu bereisen.) 3e Aufl. . . . 4e A. Mit 3 neuen Karten. gr. 12. Ebd. 832. 3 ℛ 8 ℊ Mit 8 Städte-Plänen. 3 ℛ 18 ℊ gebund. in Futt. 4 ℛ 8 ℊ — Dass. französ.: Manuel des voyageurs sur le Rhin depuis Schafhouse jusqu'en Hollande de Bade etc., trad. par l'Abbé Henry. — Le guide du voyage du Rhin etc. Ed. IV. zu gleich. Preisen. — Pracht-Ausgabe unt. d. T.: Gemälde der Rheinlande v. Schafhausen bis Holland. Mit 40 Kpf. v. Prof. Meur. Ebd. 10 ℛ 2e Ausg. 12 ℛ 12 ℊ 3e Ausg. 15 ℛ — Französisch, v. Abbé Henry. dies. Preise. — Auszug aus Obig. enthalt. die Rheinreise von Mainz bis Düsseldorf. Mit 1 Karte. Ebd. 821. 2 ℛ Mit 5 Kart. u. 6 Kpf. 2 ℛ 16 ℊ Französ.: Manuel de poche du voyageur du Rhin etc., trad. p. Mr. Henry. ders. Pr.

— vollständiges Handbuch für Reisende in der Schweiz, Tyrol, Salzburg, durch Würtemberg und Bayern. Mit genauer Angabe der Reiserouten u. aller sehenswerthen Punkte dieser Länder rc. Als Fortsetzung des Handbuchs für Reisende am Rheine rc. Mit 1 Karte. 8. Heidelberg 836. Engelmann. 1½ ℛ

s. Harfe, die.

Schreiber, Al. Heidelberg, histor. u. topogr. 8. M. 1 Krte. Heidelberg 1871

— Heidelberg u. seine Umgebungen, histor. u. topograph. beschrieben. Mit 1 Karte u. 3 Kpf. gr. 8. Karlsr. 812. (Mohr in Heidelb.) 2 ℛ 16 ℊ

— Kriegers Heimkehr. 8. Frankf. a. M. 816. Hermann. 8 ℊ Hbg. Pr. 4 ℊ

— Herbstrosen. Mit 1 Kpf. gr. 8. Karlsr. 816. Marx. 1 ℛ 12 ℊ

Schreiber, Aloys (Hrsg.), s. Hutten, Ulrich v.: Gedichte von Hutten u. einigen seiner Zeitgenossen.

— die Kaisergräber im Dom zu Speyer. 8. Karlsr. 815.

s. Kalender, oder Taschenbuch f. 1793 u. 94.

s. Kunstzeitung.

s.a. Launen, Erzählungen u. Gemälde.

LAUNEN, Erzählungen und Gemälde (von *Alois Wilhelm Schreiber*). Frankfurt a. M. 1793.
Anon.-Lex. III. p. 11 (nach dem Neuen Nekrolog, Engelmann u. Jos. Kehrein). Kayser hat „1794".

s.a. Launen u. Träume eines Mannes.

LAUNEN und Träume eines Mannes, der weder Kosmopolit noch Spießbürger ist (verfaßt von *Alois Wilh. Schreiber*). Mit TKpf. Frankfurt a. Mayn, in der Behrensschen Buchhdlg. 1796. 8⁰. (2 Mk. Isaak St. Goar, Franckf. a. M., 1891.)
3 Bll. (incl. gestoch. Titel), VIII u. 208 S. Enth. zahme 47 Nrn.: Aufsätze, Erzähl., Anekdoten etc.,
— Weller, fing. Druckorte, hat „Altona (Behrens in Frankfurt) 1796". (Hiernach Goedeke V, 368.)

— Lebensbeschreib. Karl Friedrichs, Großherzogs v. Baden. 8. Heidelb. 811. Mohr. 12 ℊ

Schreiber, Aloys. Wlh., Lehrbuch der Aesthetik. 8. Heidelb. 809. Mohr. 1 ℛ 16 ℊ

Lied der Weihe. [Unterz.:] [Aloys Wilh.] Schreiber. o. O. u. J. 2 Bl. 8⁰ [Umschlagtit.]

[Dasselbe.] Für die ger.·. u.·. vollk.·. St.·. Joh.·. □ Karl zur Treue im Or. von Karlsruhe. Karlsruhe: 1812. 2 Bl. 8⁰
Ohne Noten: „Hehr und heilig ist die Stunde, . . ."

[Andere Ausg. u. d. Tit.:]
Lied der Weihe. [Von Aloys Wilh. Schreiber.] o. O. u. J. 2 Bl. 8⁰ [Kopftit.]
Beigef. ist ein Lied „An den Neu-Aufgenommenen": „Vom Dunkel war Dein Aug' umfangen . . ."

— alemann. Lieder u. Sagen. 8. Tübing. 817. Laupp. 9 ℊ (Aus dem 1n Thl. d. poet. Werke abgedr.)

— d. Mahlerey, ein Lehrgedicht. gr. 8. Dortmund, Mallinckrodt. 804.

— die Malerei, e. Lehrgedicht. gr. 8. Dortmund 804. (Wundermann in Hamm). 12 ℊ

—— Manuel de poche du voyageur sur le Rhin, qui passe de Mayence jusqu'à Dusseldorf, de Coblence aux bains d'Ems, de Schlangenbad, de Schwalbach, et de Wiesbaden. Avec le voyage sur le Mein, de Mayence à Aschaffenbourg, et un Appendice, cont.: Moyens de communication et de voyage. — Régime de santé pour les voyageurs. Trad. par Henry. — A. s. l. t.: Extrait du guide du voyageur sur le Rhin, depuis Schaffhouse jusqu'en Hollande. 16. (18½ B., 5 Carten u. 6 Ansichten.) Heidelberg 828. Engelmann.

— Manuel de poche du voyageur sur le Rhin depuis ses sources jusqu'à Mayence. En partie extrait du guide du Rhin du A. Schreiber. Avec la description de l'Alsace par J. Fr. Aufschlager. Trad. p. Henry. — A. s. l. t.: Extrait du guide du Rhin etc. Avec 1 Carte. Heidelberg 1829. 12.

—— Manuel du voyageur par toute la Suisse, le Tyrol, le Salzbourg, au Lac de Constance, par le Vorarlberg, la Bavière, le Wurtemberg, le Bade, l'Alace, la Bavière Rhénane et quelques parties des provinces limitrophes de Prusse et de Hesse et de Heidelberg jusqu'à Francfort s. l. M. Description ou l'on a surtout égard aux nombreux bains et eaux minérales de ces contrées. Avec un extrait du guide du voyage du Rhin. 12. (26⅔ B. u. 2 Kart.) Heidelberg 836. [Francfort s. l. M., J. Baer.]

— dass. Deutsch unt. d. T.: Taschenbuch für Reisende durch die gesammte Schweiz, Tyrol, Salzburg, am Bodensee, durch Vorarlberg, Baiern, Würtemberg, Baden, Elsaß ꝛc. ꝛc. Ausgabe von 1835. Mit 2 Karten. A. u. d. T.: Anleitung für Reisende durch Baden ꝛc. 16. Heidelberg 835. Engelmann. 2⅔ ₰

—— Manuel du voyageur par la Suisse, le Wurtemberg, la Bavière, le Tyrol, le pays de Salzbourg et au Lac de Constance. Description exacte des diverses routes, surtout des bains et eaux minérales et rapportant en général tout ce qui mérite l'attention du voyageur. 12. (11 B. u. 1 Karte.) Heidelberg 836. [Francfort s. l. M., J. Baer.]

—— Manuel des voyageurs sur le Rhin, qui passent de Schaffhouse jusqu'en Hollande, à Bade, au Murgthal, et au Schwarzwald, aux principaux environs et aux bains de ces contrées. trad. par Henry. Frankfurt a. M. 1813. 8.

— manuel des Voyageurs sur le Rhin depuis Schafhouse jusqu'en Hollande, de Bade, du Murgthal et du Schwarzwald, des bains du Taunus, d'Aix-la-Chapelle et de Spaa. Avec des Excursions, Traduit par Mr. Henry. Nouv. Edition. Avec 2 cartes. Heidelberg, Engelmann. (Frankfurt a. M., Hartmann,) 818.

Schreiber, Aloys. Manuel des voyageurs sur le Rhin qui passent de Schaffouse jusqu'en Hollande..., aux principaux environs et aux bains de ces contrées. Par Mr Alois Schr'.... Traduit par Mr l'abbé Henry.... Nouvelle éd. considérablement augmentée. Avec deux cartes... [et couverture illustrée]. – *A. u. d. T.:* Le guide du voyage du Rhin.... Nouvelle éd. ... 8. Heidelberg. Francfort. Paris... (1819).

— Manuel des Voyageurs sur le Rhin, qui passent de Schafhouse jusqu'en Hollande, à Bade; à la vallée de la Murg, et à la forêt-noire, aux principaux environs et aux Baine de ces contrées.— A. u. d. Titel: Le Guide du Voyageur du Rhin. 3e Edit. Mit 2 Chart. u. 8 Ansicht. gr. 12. Heidelb. 826, Engelmann.

Schreiber, A. W. Maibod und Hermann, oder der erste deutsche Bund. Frankfurt a M. 1818. 0,50

Schreiber, Aloys W. Maibod und Hermann, oder der erste deutsche Bund. — Frankfurt 1821

— Miscellen aus d. Gebiete d. Geschichte u. Kultur. gr. 8. Heidelb. 812. Meder. 12 gr (Auch u. d. T.: vaterländ. Blätter. Vergl. Blätter.)

—— Miscellen z. Unterhaltung, s. Miscellen.

— und G. L. Schneidler, Musarion, s. Musarion.

— Myrthen- u. Cypressen-Kränze. 2 Bdchen. 8. Stuttg. 821. Sattler. 2 ₰

— Deutschl. National-Trachten, s. National-Trachten.

— topograph. Nomenclator der ganzen Rheinküste v. d. Ursprunge bis zu d. Mündungen des Stroms. Als Anh. zu d. Taschenbuch f. Reisende am Rhein. 8. Heidelb. 813. Meder. 16 gr.

—— Novellen. 2 Bdchn. gr. 12. (23⅙ B.) Karlsruhe 839, Müller'sche Hofbuchh.]

Palmblätter für Freimaurer. [Hrsg. von Aloys Wilh. Schreiber.] No 1. Heidelberg: Engelmann [1815]. 76 S. 8° Kl. 48. Einziges Heft. 23. 25.

s. a. Pilger, der.

PILGER, Die, ein Seitenstuck zum Waldbruder im Fichthale. (*V. Alois Wilhelm Schreiber.*) Offenbach 1796.

Anon.-Lex. III. p. 275 (nach Engelmann, dem Neuen Nekrolog, Kayser u. Kehrein).

— s. Primavesi, Ansichten.

s. D. Quaglio; Gebäude.

— s. Reise meines Vetters.

— malerische Reise am Rhein, von d. Vogesen bis z. Siebengebirge. Mit 40 rad. Bl. von Roux. Fol. Heidelb. ... Engelmann. geb. in Futteral 8 ₰ 8 gr ill. 30 ₰ (Aus „maler. Ansichten des Rheins, der Mosel ꝛc." abgedr.)

REISE meines Vetters auf seinem Zimmer (von *Aloys Wilh. Schreiber*). Mit 2 Kpfrn. von C. Schule, nach Schubert. Bremen, Wilmans, 1797. 8°. (6 Mk. Taussig, 1907; 10 Mk. Ludw. Rosenthal, 1907.)

328 S. [incl. Tit., 2 Bl. (Dedic. an „Herrn Hofrath Schiller in Jena") u. 2 Bl. Vorr. von 1794, unterz.: —*br.*]. Zahm. — Enth. S. 237—239 eine Variante der Anekdote „der Handschuh", die wohl auf die in demselben Jahre entstandene Ballade Schillers Einfluss gehabt hat.

Anon.-Lex. III. p. 359 (nach Engelmann u. Meusel) u. 366 (nach Kehrein u. Kayser). — Es giebt auch Expll. mit Jahrz. 1796, ohne Ortsangabe. 8°. 328 S. (6 Mk., br., unbeschn., F. Waldau, Fürstenwalde, 1908.)

s. a. Rhapsodien

RHAPSODIEN (von *Aloys Wilh. Schreiber*). Frankfurt, Fleischer, 1791. Kl. 8°. 284 S. (1 Mk. 20 Pfg. Beck, Nördl., 1886; jetzt theurer!)

Enth. auch Liebesgedichte nach Dorat, Imbert etc. — Das Anon.-Lex. III. p. 383 hat „1790" (nach dem Neuen Nekrolog, Engelmann, Ersch, Kehrein.) Kayser hat die obige Jahrzahl „1791".

—— der Rhein. Handbuch f. Reisende in d. Rheingegenden, d. angränzenden Thälern u. Bädern, in Holland u. Belgien. 4., verb. u. verm. Aufl. (28 B., 3 Kart. u. 8 Städte-Pläne.) 836. * 4⅓ Thlr., 5., ganz umgearb. Aufl. gr. 12. (30 B., 3 Kart., S's. Portr. u. 5 Münztaf.) Heidelberg 841. [Frankfurt a. M., J. Baer.]

Schreiber, Aloys, der Rhein. Handbuch für Reisende in den Rheingegenden, den angränz. Thälern u. Bädern, in Holland u. Belgien. 5. ganz umgearb. Aufl. Mit dem Portrait des Verf. u. 3 Karten von Dr. Streit. gr. 12. (Mit 5 Münztaf.) Heidelberg 841, Engelmann. (Leipzig, Barth.) 3⅓ ₰ sauber geb. 3⅔ ₰

—— le Rhin. Guide des voyageurs dans les contrées du Rhin, les vallées et bains voisins, en Hollande et en Belgique. Trad. de l'Allemand, p. de C. A. Schwarz. 5. édit. revue. gr. in-12. (18½ B., 3 Kart., S's. Portr. u. 3 lith. Münz-Tafeln.) Heidelberg 841. [Francfort s. l. M., J. Baer.] *

—— Sagen aus den Gegenden d. Rheins u. d. Schwarzwaldes. 2., sehr verm. Aufl. 8. (17 B.) Heidelberg 829, Engelmann.
Vgl. Traditions populaires du Rhin etc.

Schreiber, Aloys. Sagen aus den Rheingegenden, dem Schwarzwalde u. den Vogesen. Bdchn. 1—2. Heidelberg 1829—39. 8.
Bdch. 2. = Neue Sammlung.
—, —. 2. Aufl. Bd. 1. 2. Ebda 1829—39. 8. . . . .
—, —. Th. 1. 2. 3. Aufl. Frankfurt 1848. 8.

Schreiber, Aloys, Sagen aus d. Rheingegenden, d. Schwarzwalde u. d. Vogesen. Neue Samml., od. 2. Bdchn. 8. (16½ B.) Heidelberg 839. [Frankfurt a. M., J. Baer.]
1. Bdchn. Ebendas. 1829. 1 Thlr. 9 Gr.

Schreiber, Aloys, (✝ d. 21. Oct. 1841), Sagen aus den Rheingegenden, d. Schwarzwalde u. den Vogesen. 3. Aufl. 2 Thle. in 1 Bd. gr. 16. (X u. 404 S.) Frankfurt a. M. 848, Engelmann. [J. Baer.] 27 ngr

s. G. H. Schnee, Gedichte.

s. J. v. Schwarzkopf, Handbuch.

— die Schwatzhaftigkeit der Frauenzimmer aus d. Engl. Deutsches Original von *Alois Wilh. Schreiber.* Leipzig 1794.

Anon.-Lex. IV. p. 228 (nach Meusel).

– s. Skizzen u. Erzählungen.

(Schreiber, Alois Wilh.,) Streifereyen durch einige Gegenden Deutschlands. Leipzig 1795. 8.

[SCHREIBER, A. W.], Stunden meiner Einsamkeit. Aufklärern und Obscuranten gewidmet. Vom Verf. des Waldbruders im Eichthale und der Scenen aus Fausts Leben. Altona. 1799. (M. 1 Tvl.).

s. Scenen aus Fausts Leben.

s.a. Scenen aus d. Leben Maria Antoinettens.

Szenen aus den letzten Tagen Marien Antoinettens von Frankreich (von *Alois Wilh. Schreiber*). Mit color. Titelvignette. Offenbach 1794. 8⁰. Sehr selten!

s. Tagebuch d. Mainzer Schaubühne.

— heidelberger Taschenbuch. (h. a. d. Titel: Späthlinge.) s. Taschenbuch.

s. Taschenbuch, Rastatter.

Schreiber, A., Taschenbuch f. Reisende am Rhein. (1823). M. 5 Karten u. 6 Kpf. (Ans.) Heidelberg.

— Taschenbuch f. Reisende auf d. Rhein v. Mainz bis Düsseldorf, s. Schreiber: Handbuch für Reisende.

— — Taschenbuch für Reisende auf dem Rhein von Mainz bis Düsseldorf. Auszug aus dessen Handbuche für Reisende am Rhein von Schafhausen bis Holland ꝛc. Nebst einem Anhange, die Mainreise von Mainz bis Aschaffenburg und das Lahnthal enthaltend. Mit 1 Karte und 1 Plan. 8. Frankfurt a. M., Herrmann. 821.

—— Taschenbuch f. Reisende am Rhein von Mainz bis Düsseldorf, nach den Bädern d. Taunus u. ins Nahethal. — A. u. d. T.: Schreibers Auszug aus sein. Handbuche f. Reisende am Rhein von Schaffhausen bis Holland ꝛc. 4. Aufl. Nebst e. Anh.: I. Die Mainreise von Mainz nach Frankfurt, Hanau u. Aschaffenburg. II. Nomenclatur f. Schnellreisende. III. Einige Notizen f. Reisende am Rhein. IV. Ueber Weinproduction u. Handel. 2., verm. u. verb. Aufl. 16. (21 B. u. 1 Karte, Fol.) Heidelberg 834, Engelmann.

— Taschenbuch f. Reisende am Rhein u. durch seine Umgebungen (A. u. d. T.: Anleit., den Rhein v. Schafhausen bis Holland die Mosel v. Coblenz bis Trier, die Bäder des Taunus ꝛc. zu bereisen. Mit 1 Karte. 8. Heidelb. 813. 2r Abdr. 816. Engelmann. 2 ₰ 6 gr 2e Aufl., s. oben: Handbuch.

— Taschenbuch f. Reisende durch die Schweiz längs dem Rheine (von seinen Quellen an) durch Vorarlberg, am Bodensee ꝛc. Nebst e. ausführl. Anleit. f. Reisende im Elsasse, v. J. F. Aufschläger. Mit 1 Karte. 8. Heidelb. 813. N. A. ... Engelmann. geb. 2 ₰ — Französ.: Guide de poche du voyageur par la Suisse etc. (Ist eine besond. Abtheil. sd. Handbuchs f. Reisende.)

s. Theaterstücke, neue.

—— Traditions of the countries of the Rhine. Transl. from the German by Charles Incledon and P. Will. gr. 12. (5 B. u. 33 Kpfrt.) Heidelberg 836. [Frankfort o. M., J. Baer.] •

— Traditions of the countries of the Rhine. Transl. from the German by Charles Incledon, Esq. and the Rvd. P. Will, Chaplain, Embellished with (33 superb. engravings. gr. 12. Heidelberg 836. Engelmann. 3$^{1}/_{6}$ ₰ — Without engravings 1$^{1}/_{6}$ ₰

—— Traditions populaires du Rhin, de la Forêt-noire, de la vallée du Neckre, de la Moselle et du Taunus. Mit 15 Kupf. Heidelberg 1827. 8.
——, —— 2. édit. considérabl. augm. (2 Voll.) 32 Kpfrt. Heidelberg 1830, 1831. 8.

– s. Unsterblichkeit, die.

— die Verdienste des Hauses Baden um das Oestreich. Kaiserthum. 8. Heidelb. 819. Engelmann. 12 gr. Hbg. Pr. 6 gr.

— — die Verdienste des Hauses Baden um das Oesterreichische Kaiserthum. 8. Heidelb. (Frankfurt a. M., Herrmann. 819.

— die Verfassung von Rom zur Zeit d. Republik. gr. 8. Frkf. a. M. 794. (Schäfer). 16 gr

s.a. Verschwörung, die, v. Venedig.

Die Verschwörung von Venedig (zahmer Roman von *Alois Wilh. Schreiber*), Bremen 1793.
Anon.-Lex. IV. p. 295 (nach Goedeke, Engelmann, Kayser);

s.a. Visionen, Dialogen u. Erzählungen.

§ **VISIONEN**, Dialogen und Erzählungen (von *Alois Wilhelm Schreiber*). Bremen, Müller, 1795. 8⁰. (In München: P. o. germ. 1339t.) (3 Mk. 50 Pfg. L. Rosenthal, 1886.)
Anon.-Lex. IV. p. 330 (nach Engelmann, Meusel, Goedeke, Kayser, Kehrein u. dem Neuen Nekrolog).

— — Dasselbe. Ebd. 1807. 8⁰. ($^{5}/_{6}$ Rthl.)
Kayser p. 128.

[SCHREIBER, Alois Wilhelm] 1763 - 1841
Visionen Dialogen und Erzählungen. Vom Verfasser der Szenen aus Fausts Leben.
Bremen: Wilmann. 1795. XVI, 294 S. 8⁰.
John Carter Brown Library Providence, R. I.

s.a. Waldbruder, der, im Eichthale.

——, Friedr. Weinbrenner ꝛc., s.a. Weinbrenner, F.

— Friedr. Weinbrenner, e. Denkmal d. Freundschaft. Mit Bildniß. gr. 8. Karlsr. 826. Marx. 18 gr

— poetische Werke. 1r Bd. Mit 1 Kpf. A. u. d. T.: Gedichte. 8. Tübing. 817. Laupp. 2 ₰ 2r u. 3r Bd. A. u. d. T.: Erzählungen. 2 Thle. 8. Ebd. 817, 18. 3 ₰ 12 gr

s. Wochenschrift, Badische.

s.a. Wollmar.

WOLLMAR, Vom Verfasser der Szenen aus Fausts Leben. (Roman von *Alois Wilhelm Schreiber*). Bremen, F. Wilmans, 1794. 8⁰. 247 S.
Mit einem *Anhange* von Poesien. — Zahm.
Anon.-Lex. IV. p. 411 (nach Engelmann, Kayser, Kehrein); der Neue Nekrolog hat „1793".

— die Zauberharfe; nach Lafontaine. Operette. 8. Offenb. 798. Brede. 4 gr

Schreiber, Ambrosius

— — Graubündens Einwohner nach ihren Berufsarten. 34 Stn. 8. Chur, ebendaselbst. 1873

Schreiber, A., der Staatsdiener in der rhätischen Republik. Eine Skizze. 28 Stn. 8. Chur, in Commiss. bei Fr. Gsell. —. 50

Schreiber, A[mbrosius]. Der Staatsdiener in der rhätischen Republik. Eine Skizze. 8. Chur 1873.

Schreiber, Andreas, s. Schreiber, Andreas Heinrich

Schreiber, Andreas Heinrich

[Schreiber, Andreas Henricus]: • De geognostica terrae Magdeburgensis constitutione. LXXXI S. 2°
Halle-Wittenberg, Phil. Diss. v. 29. Sept. 1853
Geb. [Quedlinburg 13. 2. 1824]
Vom Verf. ersch.: Geognostische Schilderung der Gegend bei Salze und Schönebeck m. bes. Beziehung auf das etwaige Vorkommen von Steinsalz bei Elmen. In: Zeitschrift f. d. ges. Naturwissenschaften. Bd 12. Berlin 1858. S. 193—207. — Verf. erlebte die Diplomerneuerung 1903 als Realgymnasial-Professor a. D. in Magdeburg, vgl. Anh. Nr. 630.

Schreiber, Andreas. Beiträge zur Fauna des mitteloligocänen Grünsandes aus dem Untergrunde Magdeburgs. I. Korallen der hiesigen Tertiärformation. II. Gut erhaltene Entwickelungsstufen einzelner Konchylien. 22 S. u. 2 Taf. Rg. *Magdeburg* 1884
Progr.

Schreiber, A., Beziehungen der letzten Cholera-Epidemie zu den Bodenschichten Magdeburgs. s.: Abhandlungen d. naturwissenschaftl. Vereins zu Magdeburg.

— die Bodenverhältnisse Magdeburgs, s. a. Abhandlungen d. naturwissenschaftl. Vereins zu Magdeburg.

Schreiber, die Bodenverhältnisse Magdeburgs, s. a. Verhandlungen und Mittheilungen des Vereins für öffentliche Gesundheitspflege in Magdeburg.

Schreiber, A.: Die Bodenverhältnisse Magdeburgs und der Strecken Magdeburg—Eilsleben—Helmstedt, Eilsleben—Schöningen. Nebst Höhen- und Schichten-Profil der Börde und Ummendorf-Helmstedter Gegend. (Abhandlungen des Naturwissenschaftlichen Vereins zu Magdeburg. Heft 2.) Magdeburg 1870. 28 S. 8°.

Schreiber, A., die Bodenverhältnisse im Süden Magdeburgs, s.: Abhandlungen des naturwissenschaftlichen Vereins zu Magdeburg.

— die Durchschnitte der Magdeburg-Erfurter Bahn in der Umgebung Hettstedts. s.: Abhandlungen d. naturwissenschaftl. Vereins zu Magdeburg.

Schreiber, Andr.: Diss. de epilepsia .... s. Ahlefeld, J. [Praes.]

Schreiber, Andreas: Aus dem pathologischen Institut in München. Ueber einen Fall von primärem Gallertcarcinom der Lunge mit Metastasen im Gehirn. München 1906: J. Schreiber. (33 S.) 8°
München, Med. Fak., Ref. v. Bollinger, Diss. v. 20. Juni 1907
[Geb. 13. Juli 79 Possenhofen; Wohnort: München; Staatsangeh.: Bayern; Vorbildung: Luitpold-Gymn. München Reife Juli 98; Studium: München 10, Erlangen 1 S.; Coll. 20. Juni 07; Approb. 31. Mai 07.]

— die Fauna d. Grünsandes im Gebiete der Stadt Magdeburg. s.: Abhandlungen d. naturwissenschaftl. Vereins zu Magdeburg.

— die Sedimente d. Tertiärmeeres bei Magdeburg. s.: Abhandlungen d. naturwissenschaftl. Vereins zu Magdeburg.

— die Thätigkeit d. magdeburgischen botanischen Vereins, s.: Abhandlungen d. naturwissenschaftl. Vereins zu Magdeburg.

— der Untergrund d. Stadt Magdeburg, s.: Abhandlungen d. naturwissenschaftl. Vereins zu Magdeburg.

Schreiber, A., die Wasserverhältnisse in der Umgebung Magdeburgs, s.: Abhandlungen d. naturwissenschaftl. Vereins zu Magdeburg.

SCHREIBER, Anton (Augsburg): Ein Beitrag zum Erysipelas faciei und dessen Behandlung auf der I. med. Abtheilung.- München: Wolf 1880. 35 S.
12.6.1880 - Urk (Titel: De erysipelate faciei.); Chr 1879/80,15
Diss. Ingolst.-Landsh.-Mchn.

Schreiber, A., Festbericht üb. die Feier des 100jährigen Geburtstages des Diakonissenvaters Theodor Fliedner am 21. 1. 1900 in Kaiserswerth a. Rh. gr. 8. (47 S.) Kaiserswerth (900). Buchh. der Diakonissenanstalt. n. — 25

Schreiber, A. [J. Krüger], der Jesuit u. sein Zögling, s.: Universal-Bibliothek.

— Theodor Fliedners Lebenswerk. Gedenk-Blätter zur Hundertjahrfeier seines Geburtstages am 21. 1. 1900. gr. 8. (III, 90 S.) Ebd. (900). n. — 60

Schreiber, A., Dr. C. Martin, Bischof v. Paderborn, s. a. Deutschlands Episcopat in Lebensbildern.

Schreiber, Anton, Dr. Conrad Martin, Bischof v. Paderborn, im Leben u. im Tod. gr. 8. (54 S. mit Portr. in Lichtdr.) Würzburg 879. Woerl. 1. 50

Schreiber, Arthur: Der geschlossene o-Laut im Altfranzösischen .... Stettin, Druck v. R. Grassmann, 1888; 1 Bl. [illegible] 8°
Strassburg, Phil. Fak., Inaug. Diss. v. [illegible]

Schreiber, August, s. a. Schreiber, August Wilhelm

Schreiber, Aug., Atlas der Gelenkkrankheiten, nebst diagnost. Bemerkungen und einem Abriss der Anatomie der Gelenke. gr. 4. (VII, 102 S. mit 23 theilweise in Farbendr. ausgeführten lithogr. Taf. und 56 eingedr. Holzschn.) Tübingen 883, Laupp'sche Buchh. *

Schreiber, Aug., allgemeine und specielle orthopädische Chirurgie mit Einschluss der orthopäd. Operationen. gr. 8. (III, 311 S. mit 415 Abbild.) Wien 888, Deuticke. *

Schreiber, A., Chirurgie der oberen Extremitäten, s.: Friedrich, P. L.

Schreiber, Aug., zur Lehre v. den complicirten Luxationen u. deren Behandlung. gr. 8. (IV, 106 S.) Tübingen 883. Laupp. n. 2. —

— Neuerungen u. Verbesserungen in den Applicationen der Fracturenbehandlung. Mit 107 Abbildgn. [Aus: „Illustr. Monatsschr. d. ärztl. Polytechnik".] Lex.-8. (64 S.) Bern 887. Schmid, Francke & Co. n. 3. —

SCHREIBER, August (Augsburg): Über Veränderungen des Augenhintergrundes bei internen Erkrankungen.- Leipzig: Hirschfeld 1878. IV,101 S. [illegible]
27.7.[illegible]
Diss. Ingolst.-Landsh.-Mchn.

— über Veränderungen des Augenhintergrundes bei internen Erkrankungen. Mit 8 chromolith. Taf. [Aus: „Deutsches Arch. für klin. Med."] gr. 8. (IV, 101 S.) Leipzig 878. F. C. W. Vogel. n. 5. 60

Schreiber, August Friedrich (Annaberg) A. S. 102/1

Disputatio de causis coniunctis earumque foro competente. Präs. Johann August Bach.
Leipzig (Stopffel) 19. IX. 1754. 38 S.

W. v.: Präs. 31395

Schreiber, August Wilhelm

Schreiber, Aug., kurzer Abriss einer Batta'schen Formenlehre im Toba-Dialekte nach einem Dictat von H. N. van der Tunk verdeutscht. Barmen 867. (Berlin, Hertz.) gr. 8. (VI, 109 S.) cart. n. 1 ₰ 20 ngr.

Schreiber, Aug., die Arbeitsgebiete d. rheinischen Mission, s. a. Missions-Traktate, rheinische.

[F.] Die Arbeitsgebiete der Rheinischen Mission v. Missionsinsp. Dr. Aug. Schreiber. *Barmen: Missionshaus 1896.* (72 S.) 1 Bd 8.
= Missions-Traktate, Rheinische. No 75. (98. 9346

Schreiber, A., die Battas in ihrem Verhältniss zu den Malaien v. Sumatra. Inaugural-Dissertation. 4. (45 S.) Barmen 874. Klein. n. — 75

Schreiber, A. W., ein Besuch auf dem Missionsfelde in Togo. 8. (II, 118 S. m. 46 Abbildgn. u. 2 Karten.) Bremen 901. Verlag der norddeutschen Missions-Gesellschaft. — 50

— Besuch auf Sumatra, s. Missions-Traktate, Rheinische.

Schreiber, A., zweiter Besuch auf Sumatra. 8. (48 S. m. eingedr. Holzschn.) Barmen 882. Wiemann in Comm. n. — 40

Schreiber, A., zur Charakteristik der rheinischen Missionsgebiete. gr. 8. (56 S.) Barmen 883. Wiemann. n. — 40

— d. Islam u. d. evang. Mission. Vortrag, geh. auf d. diesjähr. Prov.-Missions-Konferenz in Halle. [Aus: „Allg. Missions-Zeitschr."] gr. 8. (16 S.) Berlin 897. M. Warneck. — 30

— d. Kirche u. d. Mission in Niederländisch Indien. gr. 8. (23 S.) Leiden 883. Buchh. u. Druckerei vorm. E. J. Brill. n.n. — 80

— Lebensbilder aus der Rheinischen Mission f. Missionsstunden. 8. (128 S.) Ebend. 884. cart. n. 1. —

Schreiber, A.: Mission und Kolonisation. Vortrag im Lutherhause zu Kiel von Kiel. 1885. 8⁰

— die norddeutsche Missions-Gesellschaft, s.: Missions-Schriften, Bremer.

Schreiber, August: Eine Missionsreise in den fernen Osten 1898 1899. Von Dr. . (1) 3. Gütersloh: C. Bertelsmann 1899. 3 Bde 8⁰ [F.]
(1.) Sumatra. 2.(Nias u. Borneo.) 3.(China.)
[Missions-Traktate, Rheinische.] No 84 86

Schreiber, A., eine Missionsreise in den fernen Osten, 1898—1899. gr. 8. (239 S. m. Abbildgn. u. 1 Karte.) Gütersloh 899. C. Bertelsmann. n. 1.20; geb. n. 2.—

— dasselbe, s.: Missions-Schriften, rheinische.

— der alte bremische Missions-Verein, s. Missions-Schriften, Bremer.

— fünf Monate in Südafrika. gr. 8. (140 S. m. Abb. u. 1 Karte.) Barmen 894. Comptoir d. Missionshauses. n. 1.—; geb. n. 1.50

— Sumatra. Mekka. Die Türken. s.a. Missions-Schriften. Rheinische.

Schreiber, August: Sumatra. Mekka. Die Türken. Drei Aufsätze über d. Islam von Dr. . Barmen: Missionshaus 1899. (32 S.) 8⁰
[Missions-Traktate, Rheinische.] No 87.

Schreiber, A. W., s. a. Welt-Missions-Konferenz, die Edinburger.

Schreiber, A[ugust] W[ilhelm]. Die Edinburger Welt-Missions-Konferenz. Bilder und Berichte von Vertretern deutscher Missions-Gesellschaften, gesammelt von A. W. Sch'.... [Mit 4 Tafeln und illustriertem Umschlag.] 180 S. 8. Basel, Basler Missionsbuchh., 1910. [fr. 2.50]

Der Wettstreit der Konfessionen in den deutschen Kolonien. Vortrag geh. zu Hagen i. W. 1902 von [August] Schreiber, Missionsdir. in Barmen. *Leipzig: C. Braun 1902.* (17 S.) 8⁰ [F.] [03. 10527

Schreiber, B., s.: Lesebuch f. ländl. Fortbildungsschulen.

Schreiber, B., Lesebuch f. ländl. Fortbildungsschulen, s.: Polack, Frdr.

Schreiber, Bernh., Volksschulgesetz für das Herzogt. Gotha. Textausg. mit sämtl. nachträglich erschienenen Zusatzgesetzen, Verordnungen, Dekreten etc. und einem Sachregister. Unter Benutzung des vom Herzogl. S. Staatsministerium zu Gotha zur Verfügung gestellten aktenmäß. Materials. gr. 8. (VI, 122 S.) Gotha 885, Engelhard-Reyher'sche Hofbuchdr. *

Schreiber, Berthold. Synthese eines Isomeren des Kämpferols. Diss. Phil. Bern. 40 S. 8. Bern, W. Wälchli, 1907.

G. Schreiber, Aktenstücke zur Geschichte der Rübenzuckerfabrikation in Deutschland während ihrer ersten Entwickelung 1873.

Schreiber, C. Beiträge zur Geschichte und Kenntniss meteorischer Stein- und Metallmassen. Wien. 1820.

Schreiber, C. Unparteiische Betrachtungen üb. das preuß. Steuerprogramm. gr. 8. (56 S.) Berl. 892, H. W. Müller. * 1 20

Schreiber, C., offener Brief an den Archidiakonus Heinecke in Delitzsch. Veranlaßt durch einen empörenden Umstand bei öffentlicher Verhandlung vor dem Schwurgerichte zu Erfurt den 24. Septbr. 1849. gr. 8. (14 S.) Langensalza 849. (Erfurt, Körner.) n. 2 ngl

Schreiber, C., und B. C. Beillodter etc. allgem. Chronik der 3ten Jubelfeyer etc. s. Chronik.

Schreiber, C. (II.), französische Elementar-Grammatik. Nach den Forderungen der Pädagogik und naturgemäßer Entwickelung der Sprache. Vorcursus zu des Verf.: „Die Lectüre als Grundlage der französ. Grammatik und Conversation", sowie zu jeder wissenschaftl. Grammatik. Für Real-, Bürger- und Töchterschulen, für Seminarien und zum Selbststudium. gr. 8. (XII, 172 S.) Braunschweig 875, Wreden. *

Schreiber, C. (I.), illustrierte Erd- und Völkerkunde für Bürger-, Mittel- und Töchterschulen. gr. 8. (96 S. mit 64 Holzschn.) Leipzig 881, Peter's Verlag. cart.

Schreiber, C., Glückwünsche für alle Festtage des Lebens, s. Mettin, F. C.

Schreiber, C., Handbuch der mechanischen Schuhfabrikation. Illustr. Ratgeber f. die gesamte Schuhindustrie. 2. verm. u. verb. Aufl. (VII, 221 S. m. 163 Abbildgn.) gr. 8. Leipzig 904. Schulze & Co. Geb. in Leinw. n. 8 —; auch in 12 Lfgn. à — 50

Schreiber, C., s. Juristentage, dem XXVII.

— Lehrbuch d. geographischen Anschauungs- u. Denkunterrichts f. Lehrer u. Freunde der Geographie, Gymnasien u. Realschulen, Seminarien, Mittel- u. Bürgerschulen. Nach den Werken v. Andree, Bastian, M. Busch etc. bearb. Mit 18 color. Karten. (In ca. 12 Lfgn.) 1—4. Lfg. gr. 8. (S. 1—192 m. 4 chromolith. Karten.) Leipzig 876. Peter. à n. — 50

— Lehrbuch des geograph. Anschauungs- u. Denkunterrichts für Lehrer u. Freunde der Geographie, Gymnasien u. Realschulen, Seminarien, Mittel- u. Bürgerschulen. Nach den Werken von Andree, Bastian, M. Busch ꝛc. bearb. 5—11. (Schluß-)Lfg. gr. 8. (S. 193—518 mit 9 chromolith. Karten.) Ebend. 877. à n. — 50

—— Leitfaden der Geographie für mehrklassige Volks-, Mittel- und höhere Töchterschulen. gr. 8. (160 S.) Ebendas. 879. * cart. *

— die Lectüre als Grundlage der französischen Grammatik u. Conversation. Für höhere Töchter- u. Bürgerschulen, die mittleren u. unteren Klassen der Gymnasien u. Realschulen, f. Seminarien u. zum Privatstudium. — A. u. d. T.: Cours de grammaire et de conversation adapté à la lecture. 8. (XII, 214 S.) Ebend. 872 n. 1. 80

Scheiber, C., und F. C. Mettin, Liebesgaben in Festgrüßen, } s. Mettin, F. C.

Schreiber, C., Ottilia, die Bergmannsbraut. Ein poetisches Gemälde aus der Zeit des Mittelalters. 8. Eisleben 845. (Reichardt.) n. 1/3 ℛ

— — Predigten, Homilien und geistliche Reden. gr. 8. Eisenach, Bärecke. 817.

—— R. Sendpiehl und H. Vogel, illustriertes Realienbuch für Bürger-, Mittel- und Töchterschulen. Mit 295 Abbild. im Texte. gr. 8. (96; 136; 200 S.) Ebendas. 881. geb.

Schreiber, C., d. mechanische Schuhfabrikation. Illustr. Handbuch u. Rathgeber f. Schuhindustrielle u. sonst. Interessenten. gr. 8. (104 S. m. Fig. u. 1 Plan.) Berlin 895. Bockenheim-Frankfurt a/M., Selbstverlag. 2. —

Schreiber, C., die Städteordnung f. den Reg.-Bez. Wiesbaden vom 8. Juni 1891. Mit Erläutergn. [Aus: „Schr., d. neuen preuß. Verwaltungsgesetze".] gr. 8. (S. 499—533.) Marburg i/H. 892. N. G. Elwert's Verl. — 30

Schreiber, C., die neuen preußischen Verwaltungsgesetze m. Erläuterungen f. die Prov. Hessen-Nassau. gr. 8. (IV, 498 S.) Marburg 886. Elwert's Verl. Subscr.-Pr. n n. 4. 50; geb. n n. 5.

— die neuen preußischen Verwaltungsgesetze m. Erläuterungen f. die Prov. Hessen-Nassau. 2., durch die Städteordng. f. den Reg.-Bez. Wiesbaden verm. Ausg. gr. 8. (IV, 538 S.) Ebd. 892. n. 4. 40

Schreiber, C. (II.), die Verwaltungsreform in Hessen-Nassau. gr. 8. (45 S.) Marburg 883, Elwert'sche Verlagsh.

—— Vorcursus des geographischen Anschauungs- und Denkunterrichts. Elementare Entwickelung der geograph. Grundbegriffe für die Volksschule und in Unterklassen höherer Anstalten. 8. (71 S. mit 20 eingedr. Holzschn.-Abbild. und 1 Karte vom Nildelta.) Ebendas. 878. cart. *

— über den beantragten Wegfall des confessionell-dogmatischen Religionsunterrichts in der Volksschule, zur Beseitigung etwaiger Mißverständnisse. Ein Wort an das Volk u. die Lehrer. Im Sinne u. Auftrage Henneberger Lehrer. 8. (24 S.) **Erfurt 848, Körner.** n. 1/12 ℛ

Schreiber, C. (III.), eine Wienerin in Paris, s. Bibliothek für Ost und West.

Schreiber, C. A., über die wahre und alleinige Ursache des Eintritts der Geburtswehen im schwangeren Uterus. gr. 8. (16 S.) Königsberg 861, (Nürmberger.)

Schreiber, C. Chr. C., Ithaca, od. Versuch e. geograph.-antiquar. Darstellung d. Insel Ithaca nach Homer u. den neuern Reisenden. gr. 8. (12½ B. u. 1 Kpfrt. gr. Fol.) Leipzig 829, Voß.

Schreiber, C. G. L., ausführl. Beschreibung einer neu verbesserten und durch Erfahrung erprobten Oelpresse. Mit 1 Abbild. 4. Königsberg. (Leipzig, Weygand in Comm.) 821. Rthlr. -

Schreiber, C. L., Grundriß d. Geographie n. d. neuesten Wernerischen System. 8. Hildburghausen, Hanisch. 809.

Schreiber, C. Edw., s. 1) Begebenheiten Eduard Rumpels. 2) Ernst v. Thalberg.

Schreiber, Carl, s. Schreiber, Karl

Schreiber, Carl August, s. Schreiber, Karl August

Schreiber, Chr.

Schreiber, Chr., Alexander in Indien. Tragödie nach Racine. Mit d. Original zur Seite. 8. Berl. 808. Weiß. 20 gℓ

— s. Chronik, allgem., der 3n Jubelfeier

— (u. Isaac) Heß, üb. den Eid der Juden; e. Vertheidigungsschrift gegen die öffentl. aufgestellte Behauptung: daß d. Eid der den Talmud befolgend. Juden nicht verbindend sey u. kein Vertrauen verdiene. 8. Eisenach 824. Bärecke. 10 gℓ

Schreiber, Chr., (auch Jh. Eph.,) Gedichte. 1r Bd. Mit Titelkpf. u. Vign. 8. Berl. 806. (Duncker u. H.) 1 ℛ 4 gℓ Hbg. Pr. 16 gℓ

Schreiber, Chr., Gedichte. 1r Bd. 8. Berlin, Frölich. (Dunker und H.) 806. Velinpap.

— prophet.-poet. Gemälde d. Zukunft, eine Nachbildung d. Offenbarung Johannis. Mit e. Vorr. v. J. C. W. Augusti. 8. Zeitz 802. Webel. 12 gℓ

— Harmonia, od. das Reich der Töne; e. musikal. Gedicht. gr. 8. Leipz. 803. Breitkopf u. H. 16 gℓ

Schreiber, Chr., s.: Jahrbuch, philosophisches.

Schreiber, Ch., christl. Liederbuch, ein Beitrag z. Erbauung. gr. 8. Eisenach, Wittekind. 816. Rthlr.

Schreiber, (Chr.) christl. Liederbuch; eine Auswahl religiöser Gesänge zur öffentl. u. häusl. Erbauung. 2e verm. Aufl. gr. 8. Eisenach 822, Bärecke.

— Predigten, Homilien u. geistl. Reden. gr. 8. Eisenach 817. Bärecke. 1 ℛ 12 gℓ

— die Religion, e. orator. Gedicht in 2 Gesängen. Mit e. Ansicht v. Ohrdruf. gr. 8. Gotha 812. Steudel (Hennings). 1 ℛ dess. Ausg. 1 ℛ 8 gℓ Velinp. 2 ℛ

— Rhapsodien, mit Musik. 8. Leipzig, Benj. Fleischer. 791.

— kleine Schriften. 1r Bd. 8. Berl. 806. (Duncker u. H.) 16 gℓ Hbg. Pr. 12 gℓ

— kleine Schriften. 1r Bd. 8. Berlin, Frölich. (Dunker und H.) 806. •

Schreiber, Chrstn., religiöse Dichtungen. Andachtsb. f. Gebildete. 8. (11 ½ B.) Hersfeld 839, Schuster.

Der Kampf gegen Christentum und Gottesglauben auf d. 75. Versammlung Deutscher Naturforscher u. Ärzte zu Kassel am 21. Sept. 1903. Vortrag ... von Prof. Dr. [Christian] Schreiber-Fulda. *Kassel: F. W. Schmitt 1904.* (28 S.) 8° [F.] [04. 2711 4

Schreiber, Christ., die Wartburg. Ein Gedicht. gr. 8. (16 S.) Eisenach 847, (Baerecke.) *

Schreiberus, Christ[ian] Augustus: Supremum pietatis officium optimi parentis ... [Trauerrede auf Gabriel Schreiber, Etatsrat, † 4. Jan. 1722.] — Slesvici 1722: Holwein. 4 Bl. 2° (4°)

Schreiber, Christian Ulrich A. S. 1188/14a

Quid pro quo, seu de substitutis therapeuticis dissertatio. Präs. Wilhelm Ulrich Waldschmiedt.
Kiel (Reuther) 17. V. 1702. 23 S. 31397

Schreiber, Christian Ulrich A. S. 1188/19a

Disputatio Fridericiana II. et de resolutione corporum per ignem altera.
Präs. Günther Christoph Schelhammer.
Kiel (Reuther) 22. II. 1602. (richt.: 1702). 18 S.

31396

Schreiber, Christoph August (Mühlhausen/Th.)
A. S. 1411/11

Disputatio inauguralis medica, de menorrhagia, sive mensium fluxu nimio. Präs. Johann Andreas Fischer.
Erfurt (Grosch) 4. IV. 1727. 27 S.

Gew.: Gottfried Ferdinand Petri, Benjamin Christoph Grasshoff.
W. v.: Andreas Elias Büchner, Benjamin Christoph Grasshoff, Christian Bernhard Frohne. 31398

Schreiber, Cph. Aug. Gli., s. Cicero, Cato, — Laelius, — Paradoxa.

Schreiber, Christoph Fried. Andr. (geb. Kloster-Groningen bei Halberstadt 14. 7. 1827): De iis articulationum morbis, qui nomine tumoris albi confundebantur. Berolini 1853. (20 S.) 8°
Berlin, Med. Diss. v. 20. Dez. 1853

Schreiber, Christoph Ludwig

BEGEBENHEITEN des Herrn Eduard Rumpel (von *Chp. Ludw. Schreiber*). 2 Bde. Gräz 1786. 8°.
Diese Ausgabe fehlt im Anon.-Lex. p. 148.
— — Dasselbe. 2 Bde. Salzburg, Mayr, 1791. 8°.
Gradmann, das gelehrte Schwaben. (Tüb.) 1802. p. 594.

— — Stuttgarts u. Heilbronns schöner u. hässlicher Schönen Danksagung an den Verfasser von Stuttgarts Schönen. Berichtigung dazu. Zwote Edition der Fräulein einer Reichsstadt. O. O. (Heilbronn) 1783. 8°.
Cfr. Gradmann, das gelehrte Schwaben. (Tüb.) 1802. Gr. 8°. p. 594; Anon.-Lex. I. p. 362 (nach Meusel). — Beides sehr selten!
Meusel VII, 310 nennt Schreiber als Verfasser dieser Schriften, führt dieselben aber unter Sch's Werken nicht an.

Die Schönen von Stuttgardt und das Fräulein in einer Reichs-Stadt (Heilbronn) (von *Chp. Ludw. Schreiber*). Frkft. u. Lpz. (Mannheim, Löffler) 1782. 8°.
Anon.-Lex. IV. p. 41 (nach Hayn).

THALBURG, Ernst von. (Roman von *Christoph Ludw. Schreiber*, geb. zu Heilbronn d. 30. Novbr. 1758). Th. 1. Wien 1784. 8°.
— — Dasselbe. 2 Thle. O. O. (Salzburg, Mayr) 1788. 8°. (⅔ Rthl.)
Gradmann, gelehrtes Schwaben; Kayser p. 123. — Selten!

Schreiber, Clara, s. Schreiber, Klara

Schreiber, D., deutsche u. engl. Vorschriften z. Schulgebr. u. z. Selbstunterr. Nach Heinrigs. qu. 4. (à 8 lith. Bl.) Crefeld 841, Schüller. à

Schreiber, E. Beschreibung v. Gefrierdurchschnitten durch den Rumpf einer Wöchnerin des 5. Tages. Mit 1 Tab. u. 2 Taf. In-8°. 39 S. Basel. These. 1896

Schreiber, E.: Der Einfluss des Lichtes auf Organismen. 32 S. 8° — Görz, OR., Progr. 1864.

Görz, St.-R.: Zur Geschichte der Lehranstalt 1861—85 v. Dr. E. Schreiber. 88. 1885.
Progr.

Schreiber, E., s.: Jahresbericht üb. d. Haushaltungsschule f. schulpflicht. Mädchen in Marienburg, Westpr.

Schreiber, E., Rechenaufgaben, s.: Büttner, A.

— Rechenbuch, s.: Büttner, A.

— Rechenfibel, s.: Büttner, A.

— Rechenhefte, s.: Büttner, A.

Schreiber, E.: Die Urodelea Oesterreichs. 25 S. 8° — Salzburg, OG., Progr. 1872.

Schreiber, E., das Verwaltungsrecht Preußens, s.: Cohn, Jos.

Schreiber, E. Cl. Arzneiverordnungen f. den ärztlichen Gebrauch m. besond. Berücksicht. billiger Verschreibungsweise. 12. (III, XXIV, 215 S.) Frankf. a. M. 892, Alt. geb. * 3 60

Schreiber, E. Cl. (E. Clasen), Arzneiverordnungen f. den ärztlichen Gebrauch m. besond. Berücksicht. billiger Vorschreibungsweise. 1. u. 2. Tl. 2. Aufl. 12. Frankfurt a/M. 893. J. Alt. Geb. in Leinw. n. 5. 60
1. Die Arzneitaxe f. Aerzte. Eine Anleitg. zum bill. Verordnen v. Arzneien. Hrsg. im Auftrage der vereinigten Krankenkassen des Kreises Stormarn f. den Gebrauch der Kassenärzte. (VIII, 83 S.) n. 1. 80
2. (IV, 227 S.) n. 3. 80

Schreiber, E. Cl. (E. Clasen), Arzneiverordnungen f. d. ärztl. Gebrauch m. bes. Berücksicht. bill. Verschreibungsweise. 1. Tl. D. Arzneitaxe f. Aerzte. E. Anleitg. z. bill. Verordnen v. Arzneien. Hrsg. im Auftr. d. verein. Krankenkassen des Kreises Stormarn f. d. Gebrauch d. Kassenärzte. 3. Aufl. 12. (VIII, 85 S.) Frankfurt a/M. 895. J. Alt. Geb. in Leinw. n. 1. 80

Schreiber, E. Cl., Arzneiverordnungen f. den Gebrauch des praktischen Arztes. 6., verm., bis auf die Gegenwart fortgeführte Aufl. 12. (243 S.) Frankfurt a/M. 902. J. Alt. Geb. in Leinw. n. 3. 80
4. Aufl. (231 S.) 900. — 5. Aufl. (248 S.) 901. à n. 4. 80.

Schreiber, E. Cl., Arzneiverordnungen f. den Gebrauch des prakt. Arztes. 7. Aufl. (V, 230 S.) kl. 8. Frankfurt a/M. 907. J. Alt. Geb. in Leinw. n. 3. —

Schreiber, E. L., der Tod, der Bruder des Schlafes. Predigt über Ev. Matth. 9, 18—26 gehalten. 4. Mühlhausen 844. (Gotha, Becker'sche Sort.-Buchh. Thienemann.) n. 1/12 ℛ

Schreiber, E. O., d. Spielzeug uns. Kinder, s. a. Volkswohl Schriften.

Schreiber E O, das Spielzeug unserer Kinder. (18 S) (Volkswohlschriften 21) Leipzig 1897

Schreiber E. W.: Zum Texte der „Historia Apollonii regis Tyri". 49. Korneuburg 00.
Progr.

Schreiber Eberh, Esslingen. Musterb. d. graph. Kunstanstalt. (24 T) qu 4° Esslingen

Schreiber, Edm., Vertilgung der Ratten, Haus- u. Feldmäuse, Wanzen, Motten, Flöhe u. anderer lästigen u. schädlichen Thiere, ohne Anwendung von Gift, nur durch solche Stoffe, welche jeder Landwirth selbst besitzt oder sich mit geringen Kosten verschaffen kann. Zerbst 867. (Leipzig, Dörffling & Franke.) 16. (IV, 32 S.) 3 ngr.

Schreiber, Egid, Herpetologia europaea. Eine systemat. Bearbeitg. der Amphibien u. Reptilien, welche bisher in Europa aufgefunden sind. Mit zahlreichen in den Text eingedr. Holzst. gr. 8. (XVII, 639 S.) Braunschweig 875. Vieweg & Sohn. n. 18. —

Schreiber, Else, Liccisla. Gedichte. (168 S.) 8. Berlin 904. J. Harrwitz Nachf. Geb. in Leinw. n. 8. —

Schreiber, Emanuel

—— s. Cohn, Abr. Jak., und Abr. Dinkelspiel, Erzählungen der heil. Schrift für Israeliten.

Schreiber, Eman., die Fabrication der künstlichen Blumen, s. Schauplatz, neuer, der Künste 2c., 219. Bd.

Schreiber, Eman., der erfahrene Gehülfe für Haus- und Stubenmaler, s. Schauplatz, neuer, der Künste 2c., 204. Bd.

Schreiber, Eman., Abraham Geiger als Reformator des Judenthums. gr. 8. (VIII, 158 S.) Löbau Westpr. 879. Skrzeczek. n. 3. —

— Grätz's Geschichtsbauerei, beleuchtet. gr. 8. (IV, 108 S.) Berlin 881. Issleib. n. 1. 50

— die Glasblasekunst, siehe: Schauplatz, neuer, der Künste u. Handwerke, 177. Bd.

—— Handbuch der Uhrmacherkunst, s. a. Schauplatz, neuer, der Künste 2c. 240., 171., 183., 242. Bd.

Schreiber E, Handbuch der Uhrmacherkunst. Mit Atlas. 4. Auflage. (Schauplatz der Künste und Handwerke 171) Weimar 1865

Schreiber E, Haus- und Stubenmaler, Firmaschreiber. 2. Auflage. (Schauplatz der Künste und Handwerke 204) Weimar 1859

— das Heizen und Kochen mit Gas, sowohl in industrieller als in hauswirthschaftl. Beziehung. Mit 77 erläuternden Fig. Weimar 858. Voigt. 8. (VIII, 150 S. u. 7 lith. Taf. in Fol.) 20 ngr.

Schreiber, Eman., das Heizen und Kochen mit Gas, sowohl in industrieller als in hauswirthschaftlicher Beziehung. 2. verm. Aufl. Mit 85 erläuternden Figuren (auf 8 lith. Taf. in 4. u. qu. Fol.) Weimar 861. Voigt. 8. (VIII, 160 S.) 20 ngr.

—— die Construction und Fabrication der Schraubenbolzen, s. a. Schauplatz, neuer, der Künste 2c. 240., 171., 183., 242. Bd.

Schreiber E, Konstruktion und Fabrikation der Schraubenbolzen. (Schauplatz der Künste und Handwerke 240) Weimar 1858

Schreiber, Eman., die irdische Majestät gleicht der himmlischen. [Talmud Berachot Fol. 58.] Festpredigt geh. in der Synagoge zu Elbing am Geburtstage Sr. Maj. d. Kaisers. gr. 8. (8 S.) Elbing 876. (Saunier.) n.n. — 50

—— Moses Mendelssohn und seine Verdienste um das Judenthum. Festrede, gehalten bei der Feier des 150jähr. Geburtstages Mendelssohn's zu Bonn am 6. Septbr. 1879. gr. 8. (30 S.) Bonn 879, Habicht's Buchh. *

— die Principien des Judenthums, verglichen mit denen des Christenthums zur Abwehr der neuesten judenfeindl. Angriffe. gr. 8. (VI, X, 252 S.) Leipzig 877. Baumgärtner in Comm. n. 2. —

—— die Selbstkritik der Juden. gr. 8. (XVI, 167 S.) Berlin 880, C. Duncker. *

—— der Tabaks- und Cigarrenfabrikant, s. Schauplatz, neuer, der Künste 2c. 240., 171., 183., 242. Bd.

Schreiber, E.: Der Tabak- und Cigarrenfabrikant. (1850). 2. Aufl. Weimar 1860.

Schreiber E, der Tabaks- und Cigarrenfabrikant. 3. Auflage von L v Wagner. (Schauplatz der Kunste und Handwerke 183) Weimar 1871

—— der Talmud vom Standpunkte des modernen Judenthums. gr. 8. (IV, 52 S.) Berlin 881, Issleib. *

—— Uebersicht der jüdischen Geschichte von der babylonischen Gefangenschaft bis zur Gegenwart. Sep.-Abdr. aus der von ihm besorgten 4. Aufl. von Cohn und Dinkelspiels „Erzählungen der heil. Schrift für Israeliten". gr. 8. (43 S.) Leipzig 880, Langewiesche's Verlag.

Schreiber, Eman., Moses Mendelssohn's Verdienste um d. deutsche Nation. gr. 8. (46 S.) Zürich 880. Berlin, M. Poppelauer. n. 1. —; ermäss. Pr. — 60

Schreiber, Dr. E. [Rabbiner in Bonn], Moses Mendelssohn's Verdienste um die deutsche Nation. Zürich: Verlags-Magaz. (J. Schabelitz), 1880. 8°. 46 S. [illegible]

—— die Vergoldungs- und Versilberungskunst durch Einlegen oder Anreiben, oder deutliche Anweisung, unedle Metalle mit edleren durch Einlegen oder Anreiben zu überziehen, nebst den für Techniker bis jetzt erprobtesten und neuesten Verfahrungsarten der elektrochem. Vergoldung und Versilberung und der Broncirung der Metalle. Ein unentbehrliches Vademecum für Gold-, Silber- und Bijouteriearbeiter, Uhrmacher 2c. gr. 8. (VIII und 192 S.) Weimar 853, Voigt.

—— die Verschönerungskunst von Glas-, Wand- 2c. Oberflächen, s. a. Schauplatz, neuer, der Künste 2c. 240., 171., 183., 242. Bd.

Schreiber E, die Verschonerungskunst von Glas-, Wand-, Plafond- und Metall-Oberflachen. (Schauplatz der Kunste und Handwerke 242) Weimar 1858

Schreiber, Eman. Frz., Album für die beliebtesten Karten-Spiele, als Hasard-, Commerce-, sowie Combinationsspiele der feinern Gesellschaft. Nebst Anwendung der Wahrscheinlichkeitsrechnung auf dieselben. Nach van Tenac, Album des jeux etc. und Laudrait, Académie des deux mit Benutzung der besten deutschen Quellen bearb. Mit 19 erläut. Figuren. br. 12. (VIII und 345 S. mit 12 Stnt.) Weimar 848, Voigt.

—— der häusliche Dienst des Kammerdieners, der Kammerfrau oder der Kammerjungfer und Köchin, oder deutl. und genaue Instruction über das manierliche Verhalten, so wie über alle Einzelnheiten des Hauswesens &c. Nach dem Französ. des Guide de domestique bearb. 8. (XVI und 250 S. mit 10 Stnt. in 4.) Weimar 851, Voigt.

Schreiber, Eman. Frz., populäre Kalenderkunde, oder deutl. Auskunft über Alles, was auf den Kalender Bezug hat, u. Belehrung über die Anfertigung einjähriger, hundertjähriger u. immerwährender Kalender, nebst einem fertigen Kalender für alle vergangenen u. künftigen Zeiten. 12. Weimar 844, Voigt. 3/4 ₰

—— populäre Kalenderkunde, oder deutliche Auskunft über Alles, was auf den Kalender Bezug hat, und Belehrung über die Anfertigung einjähriger, 100jähr. und immerwährender Kalender, nebst einen fertigen Kalender für alle vergangenen und künftigen Zeiten, wodurch man der jährl. Ausgabe für einen Kalender überhoben ist. 2., verm. Aufl. 12. (VI und 392 S.) Weimar 848, Voigt.

—— Kochbuch für ältliche, appetitlose und zahnlose Personen oder die Zubereitung weicher, delicater und appetitreizender Speisen, nach den Regeln der feineren Kochkunst zusammengestellt. 1. Aufl. (XVIII und 289 S.) 1848. und 2., um 2 Bog. verm. Aufl. 8. (XXII und 325 S.) Weimar 852, Voigt.

—— Kochbuch für ältliche, appetitlose und zahnlose Personen oder die Zubereitung weicher, delicater und appetitreizender Speisen, nach den Regeln der feineren Kochkunst zusammengestellt. 2., um 2 Bog. verm. Aufl. 8. (XXII und 325 S.) Weimar 852, Voigt.

Schreiber, Emil, griech. Chrestomathie, s.: Thumser, Vikt.

Schreiber, Emil, Geschichte des Schrebervereins der Westvorstadt zu Leipzig. Festschrift zur Feier des 30jähr. Stiftungsfestes am 26. u. 27. Mai 1894. (Mit den Portraits Schrebers, Hauschilds u. der bisher. 5 Vorsitzenden.) Nebst e. Plane des jetz. Vereinsplatzes. Nach den Vereinsakten bearb. gr. 8. (III, 74 S.) Leipzig 894. (H. Bennewitz.) n. 2.50; ohne Bilder u. Plan n. 1.50

Schreiber Emil: De Historia Apollonii regis Tyri quaestiones.
II. 1892 PN 740 Diss W... Univ. 1507

Schreiber, Emil [app. Arzt aus Giessen]: Aus d. gynäkolog. Klinik zu Giessen. Ueber die Tuberkulose des Bauchfells .. Giessen, C. v. Münchow, Univ.-Buch- u. Steindr., 1891; 80 S. 8.
Giessen, Med. Fak., Inaug.-Diss. v. 1891

Schreiber, Emilio, s.: Sofèr, Imman.

Schreiber, Erich, in Bochum: Ueber **Mesotan.** *Jena 1904: Frommann.* (28 S.) 8°
Jena, Med. Diss. v. (28. Apr.) 1904

Schreiber, Ernst, der Anker, ein zuverlässiger Schützer und Helfer bei allen geheimen und verborgenen Krankheiten der Geschlechts- und Harnwerkzeuge und ihren gefährlichen Folgen. Insbesondere auch bei allen Schwächezuständen genannter Organe, entstanden durch geheime Jugendsünden, nebst Angabe der zuverlässigsten Mittel behufs der Regeneration des geschwächten Nervensystems. Wien 863. Wenedikt. 8. (108 S.) 15 ngr.

Schreiber, (Ernst). Anleitung f. den Rechen- u. Raumlehre-Unterricht in der Volksschule, s.: Büttner, A.

Schreiber, Ernst, s.: Centralblatt f. Stoffwechsel- u. Verdauungs-Krankheiten.

Schreiber, Ernst [aus Göttingen]: Die Entstehung des Ikterus neonatorum ... Göttingen, Druck d. Univ.-Buchdr. v. W. F. Kästner, 1894; 30 S. 8.
Göttingen, Med. Fak., Inaug.-Diss. v. [28. Juni] 1894

Schreiber, Ernst, d. Entstehg. d. Ikterus neonatorum. Diss. gr. 8. (30 S.) Göttingen 894. (Vandenhoeck & Ruprecht.) n. —80

— s.: Ergebnisse der experimentellen Pathologie u. Therapie einschl. Pharmakologie.

— über die Harnsäure unter physiologischen u. patholog. Bedinggn. gr. 8. (116 S.) Stuttgart 899. F. Enke. n. 3.—

Schreiber, Ernst, der homöopathische Haus-Arzt. Darstellung aller krankhaften Erscheinungen in alphabetischer Ordnung mit Angabe der entsprechenden homöopathischen Arzneien, nebst einer Anweisung zur Einrichtung einer derlei Haus-Apotheke und Beschreibung der wichtigsten homöopath. Heilmittel. Wien 857. Wenedikt. 16. (2 Bl., 86 S. u. 1 Holzschn. in 4.) 6 ngr.

Schreiber, E., die erste Hilfe in Notfällen, s.: Sultan, G.

— s: Jahresbericht üb. die Fortschritte der inneren Medizin.

Schreiber, E., Impotenz und Unfruchtbarkeit, ihre Ursachen und Heilung, nebst wichtigen Belehrungen über Empfängniß, Schwangerschaft und Fruchtentwicklung, über geheime Jugendsünden und Ausschweifungen in der Geschlechtssphäre und die Mittel, um deren gefährliche Folgen zu beseitigen, über Frauenkrankheiten und Schutzmittel gegen Syphilis sowie über deren Ursachen und rasche Heilung und über die Regeneration des geschwächten Nervensystems. br. 8. (176 S.) Wien 873, Wenedikt.

—— die naturgemäße Kinderpflege von der Geburt an bis nach vollendetem zweiten Zahnen nebst wichtigen Belehrungen über die häufigsten Kinderkrankheiten wie: Fraißen, Bräune, Verkeuchen &c. gr. 16. (IV und 100 S.) Wien 860, Wenedikt.

— Vorbrechenschule, s.: Büttner, A.

— die Krankheiten der Verdauungsorgane im Kindesalter. Für Ärzte u. Studierende. gr. 8. (XII, 293 S.) Würzburg 902. A. Stuber's Verl. n. 5.40; geb. n. 6.40

— Lautbildertafel, s.a. Hirt, Ferd.

Hirts Lautbildertafel zur Schreib- und Lese-Fibel (Ausgaben A, B, D, F, G). Hrsg. von Ernst **Schreiber** in Königsberg i. Pr. (Breslau: F. Hirt [1907].) (1 Bl. 137 × 205 cm.) [Umschlagt.] [08. 750] 2

—— das Mädchen in Bezug auf dessen Bestimmung. Belehrungen über zweckmäßige Richtung der körperl. und geist. Erziehung heranwachsender Töchter; zur Erzielung wahrhafter Bildung des Geistes, Veredlung des Herzens &c. nebst einem Anh. über die verschied. Krankheiten in den Entwickelungsjahren des weibl. Geschlechtes. 16. (170 S.) Wien 863, Wenedikt. cart.

(Aus d. med. Univ.Klinik ... zu Göttingen ...) Die neuerbohrte Mineralquelle zu Hersfeld. Von Privatd. Dr. [Ernst] **Schreiber**-Göttingen. Hersfeld 1905: E. Hoehl. (6 S.) 8° [Umschlagt.]
Aus: Balneolog. Zentralzeitung 1905, No 42. [06. 1631] 4

Schreiber, Ernst, Referendar: Die rechtliche Natur der Aktienzeichnung. Borna-Leipzig 1909: Noske. 27 S. 8°
Leipzig, Jur. Diss. v. 1. März 1909
[Geb. 1. Nov. 82 Struthütten; Wohnort: Cöln; Staatsangeh.: Preußen; Vorbildung: Gymn. Dillenburg Reife O. 02; Studium: Bonn 5, Berlin 3 S.; Rig. 23. Nov. 06.] [U 09. 3676

—— die naturgemäße Pflege des höheren Alters. Eine Anweisung um seine Gesundheit und Jugendkraft bis ins höchste Alter zu bewahren, nebst wichtigen Belehrungen über die häufigsten Alters-Krankheiten, wie: Husten, Brust- und Magenverschleimung, Durchfall ꝛc. und einem Anhang über Pflege der Haut, Haare und Zähne und über die Regeneration des geschwächten Nervensystems. 8. (VI und 122 S.) Wien (861)62, Wenedikt.

Prophylaxis und Therapie der Rhachitis. Von Doc. Dr. med. E[rnst] Schreiber, Göttingen. *Berlin-Südende & Leipzig: Vogel & Kreienbrink 1901.* (26 S.) 8° [01. 5818

Schreiber, E., *Doct. d. Med. u. Chir. etc.* **Der** ärztliche Rathgeber für dickleibige Personen **welche** schlank und für magere, die etwas beleibter zu werden wünschen oder: Ist es besser fett oder mager zu sein? Welche Beschwerden und Krankheiten haben Fettsucht und ungewöhnl. Magerkeit in ihrem Gefolge? Anweisung über beiderlei Zustände, Ursachen u. sichere Heilung. Nebst einem Anhange über das diätet. Verhalten brustschwacher Personen und deren Heilung. *Wien* 1858. *L. Grund.* IV u. 112 S., 8°.

—— Rathgeber für solche, die an der Goldader-Krankheit leiden. Eine Anweisung über Ursachen, Entstehungsweise und Heilung der Goldaderknoten, der Mastdarmblutungen und aller Beschwerden, welche das Hämorrhoidal-Leiden in seinem Gefolge hat. 8. (63 S.) Wien 861, Wenedikt. *

—— der Schleim-Arzt. Ein zuverlässiger Rathgeber bei allen Verschleimungen des Halses, der Brust, des Magens und der Gedärme, so wie in allen Schleimhaut-Krankheiten überhaupt, wie: Mundfäule, häutige Bräune ꝛc. mit besonderer Rücksichtnahme auf die Art des Auftretens dieser Krankheiten im kindlichen Alter. Nebst wichtigen Bemerkungen über die Gefahren einer allzu üppigen Lebensweise und das diätetische Verhalten brustschwacher Personen. 8. (IV und 108 S.) Wien 857, Wenedikt. *

— der Schleim-Arzt. Ein treuer Rathgeber bei allen Verschleimgn. d. Halses, der Brust, d. Magens ꝛc. m. besond. Rücksichtsnahme auf die Art d. Auftretens dieser Krankheiten im kindl. Alter u. e. Anh. üb. Lähmg. der Nervencentra u. deren Verhütg. u. das diätet. Verhalten brustschwacher Personen. 2., vielfach verm. u. verb. Aufl. 8. (IV, 76 S.) Ebend. 872. 1. 20

—— die glückliche Schwangerschaft und Geburt. Wie haben sich Frauen zu verhalten, um jeden Unfall während der Schwangerschaft und Geburt möglichst zu verhüten und eine gesunde und kräftige Nachkommenschaft zu erzielen. Nebst wichtigen Regeln und Vorschriften beim Selbststillen, bei der Wahl einer Amme ꝛc. 8. (IV und 140 S.) Wien 858, Wenedikt.

—— der Speisen-Arzt, oder: Was sollen wir essen und trinken, um gesund zu bleiben und lange zu leben? Welches sind die nahrhaftesten und verdaulichsten Speisen und Getränke? Nebst wichtigen Winken zur Erkenntniß häufig vorkommender Verfälschungen derselben und einem Anhang von Regeln und Vorschriften, um das höchste und kräftigste Lebensalter zu erreichen. Mit einem vollständigen Sachregister versehen. 8. (109 S.) Wien 857, Wenedikt. Thlr. *

— medicinisches Taschenwörterbuch f. Mediciner u. Juristen. 12. (IV, 125 S.) Strassburg 900. L. Beust. Geb. in Leinw. n. 3. —

— medizinisches Taschenwörterbuch f. Mediziner u. Juristen. 2. ergänzte Aufl. (IV, 140 S.) kl. 8. Strassburg 907. L. Beust. Geb. in Leinw. n. 3. —

Schreiber, Ern. (Rud. Julius) (geb. Adelsdorf in Schles. 26. 9. 1817):
De tenotomia. Berolini (1843). (31 S.) 8°
Berlin, Med. Diss. v. 18. Okt. 1843

Schreiber, Ernst, s.: Zentralblatt f. die gesamte Physiologie u. Pathologie des Stoffwechsels.

Schreiber, Ernst Osc., aus dem Leben meines Freundes. Novelle. (62 S.) 8. Straßburg 906. J. Singer. n. 2. —

Schreiber, Ewald

Anleitung und Winke zur erfolgreichen Behandlung des akuten u. chronischen Trippers beim Manne ... v. Dr. med. [Ewald] Schreiber, Specialarzt zu Köln a. Rh. ... M. 12 Abb. 2. verm. u. verb. Aufl. *Berlin, Neuwied: Heuser 1896.* (22 S., 1 Bl.) 1 Bd 8. [96. 3817

Schreiber (F.), Das direkte Ammoniakgewinnungsverfahren und sein Einfluss auf die Beschaffenheit der Koksofen-Gase. München. 7 S.
Aus: Journal f. Gasbeleuchtung u. Wasserversorgung. No 11. 1910.

Schreiber, F., kritische Darstellung der bundesrechtlichen **Praxis betreffend** das Verbot der Doppelbesteuerung, s. a. Zürcher, E.

Schreiber, F. Kritische Darstellung der bundesrechtlichen Praxis, betr. das Verbot der Doppelbesteuerung. 8°. Basel 1882.

Schreiber, F., De Euenis Pariis poetis elegiacis. Gel. 1889. 24 S.

Plan der Stadt Gleiwitz. (Mit alphab. Straßen-Verzeichn.) Mit Genehmigung d. Magistr. angefertigt von d. städt. Landmesser F. **Schreiber**. Maaßst. 1 : 5,000. *Gleiwitz: Neumann 1901.* (2 Kartenbl. zus. 107×78 cm.) 4° [kol.] [03. 1329

Schreiber, F. Siehe: *Zürcher.*

Schreiber, F. Arth., der kleine Gesundheitswart. Ein Rathgeber f. die Behandlg. der am häufigsten vorkomm. Krankheiten. Unter Mitarbeit v. prakt. Aerzten u. s. w. hrsg. 8. (48 S. m. Abbildgn.) Cöthen 899. F. A. Schreiber. — 30; auf bess. Pap. — 50

Schreiber, F. Arth., Tourenbuch d. Gaues 18 „Magdeburg“, sowie der angrenzenden Gebiete: der Gaue 16 (Erfurt), 17 (Hannover), 17a (Cassel), 1 (Hamburg), 19 (Rostock), 19a (Schwerin), 20 (Berlin), 21 (Sachsen) des deutschen Radfahrer-Bundes. 2. rev. u. verm. Aufl. m. e. Routenkarte. 12. (XXXVII, 299 S.) Cöthen 900. F. A. Schreiber. n. 1. 25

Schreiber, **F. C. L.**, de Horatii aliquot locis disputationes. 4. Neubrandenburg, Dümmler. 2 *gl*

Schreiber, F. W., s. Burghersh, Lord, Memoiren über die Operationen der verbünd. Heere.

Schreiber, F. W., allgemeiner Wohnungs-Anzeiger für Potsdam, s. Wohnungs-Anzeiger.

Schreiber, F. W. H., der protestantische Bund, gestiftet bei Gelegenheit des 4. deutschen evangel. Kirchentages in Elberfeld. 12. (91 S.) Düsseldorf 852, Kampmann.

Schreiber, Felix: [Bericht über seine Einführung als Direktor der Anstalt.] S. 34—38. 4. **Progr.** Kgl. Klosterschule *Ilfeld* 1909 (415).

Schreiber, (Felix), Dr.: Gustav Adolf's **Feldlager** und Verschanzungen bei Schwedt a. O. *Schwedt a. O. (1900): F. Freyhoff.* (35 S.) 4° [Ant. u. F.]
Schwedt a. O., st. Hohenzollern-G, OP 1900 (88)

Schreiber, Felix: Der Nürnberger Organist **Johannes Erasmus Kindermann** ⟨1616—1655⟩. Beiträge z. **Würdigung s. musik**geschichtl. Stellung. Leipzig 1913: Breitkopf & Härtel. LXXXIX S. 4° ¶ Vollst. u. d. T.: **Ausgew. Werke d. Nürnberg. Org.** . . . Kindermann. T. 1, als: **Denkmäler dtsch. Tonkunst.** F. 2, Jg. 13.
München, Phil. Diss. v. 24. Juli 1905, Ref. Kroyer, Lipps
[Geb. 29. Dez. 75 Hamburg; Wohnort: München; Staatsangeh.: Preußen; Vorbildung: G. Eisenach Reife 94; Studium: Leipzig 2, München 10 S.; Rig. 24. Juli 05.] [U 13. 4367

Schreiber, Felix [wiss. Hülfsl. Dr.]: Die Mark Michelstadt, Einhard's Vermächtnis an das Kloster Lorsch. Meiningen, Druck d. Keyssnerschen Hofbuchdr., *1896;* 1—20 S. 4.
Schleusingen, k. Hennebergisches G, OP 1896 (255)

Schreiber, Fel., die Mark Micholstadt, Einhard's Vermächtnis an d. Kloster Lorsch. Progr. 4. (20 S.) Schleusingen 896. Themar (H. Adler). n. 1. —

Schreiber, Felix [aus Treffurt]: Herbarts Unterscheidung der Begriffe Regierung und Zucht. . . . Halle, Gotha, Druck v. Friedrich Andreas Perthes, 1889; 2 Bl. + 55 + 1 S. 8°
Halle, Phil. Fak., Inaug.-Diss. v. 18. Aug. 1889

Schreiber, Ferd., das blutende Herz von Christburg. Histor. Roman aus Preußens Vorzeit. 2 Thle. 8. (17½ B.) Meißen 841, Goedsche.

--Lieder für gute u fleißige Kinder StL. 1866.

—— das Orakel, od. d. Todtenmesse d. Vertriebenen. Histor. Roman. 2 Thle. 8. (22½ B.) Meißen 841, Goedsche.

--Vergißmeinnicht. StL. 1902.

Schreiber, Fr. Ant. Wilh., Geschichte des bayerischen Herzogs Wilhelm V. des Frommen nach Quellen und Urkunden dargestellt. Ein Beitrag zur vaterländ. Geschichte. gr. 8. (IX und 330 S.) München 860, Lentner'sche Buchh.

—— Max Emanuel, Kurfürst von Bayern. Erinnerung an die Enthüllung des Monumentes Max Emanuels zu München. 8. (IV und 123 S.) München 861, Fleischmann's Separat-Conto. *

Schreiber, Fr. Ant. Wilh., Max Joseph III. der Gute, Kurfürst von Bayern. Nach den Acten des königl. bayer. allgem. Reichsarchivs. Lex.-8. (VIII und 276 S.) München 863, Lentner'sche Buchh.

Schreiber, Fr. Ant. Wilh., Maximilian I., der Katholische, Kurfürst von Bayern und der 30jährige Krieg nach den Acten und Urkunden der k. b. allgemeinen Reichs-, Staats- und Provinzial-Archive politisch und militärisch dargestellt. gr. 8. (XIV, 961 S.) München 868, Fleischmann. [Regensburg, Coppenrath.] *

—— Otto der Erlauchte, Pfalzgraf bei Rhein und Herzog von Bayern. gr. 8. (XV und 296 S. mit 3 Tab. in qu. Fol.) München 861, Lentner'sche Buchh.

Schreiber, Franciscus (geb. am 5 Juni 1839 in Mainz): Fasciculi vasorum, in primis dicot. et monocot. . . . Bonnae, form. Carthausianis (1865). 2 Bl., 38 S., 1 Bl. 8.
Bonn, Phil. Fak., Diss. v. 30 März 1865

Schreiber, Franz (Übers.), s. Duval, Georges: Sein Schwanengesang.

Schreiber, Franz, approb. Arzt aus Giersleben: Über die Resorption des Mangans. *Halle a. S. 1901: C. A. Kaemmerer & Co.* (32 S.) 8°
Halle, Med. Diss. v. 14. März 1901

Schreiber, Franz, Versuch einer neuen Theorie des Höhenrauchs. Marburg 1846. 8.

Schreiber, Frz., Vorschriften f. die administrativen Inspektionsorgane der k. k. Post- u. Telegraphendirektionen. (IV, 142 S.) kl. 8. Wien 907. Manz. 2.—

Schreiber, Franz Georg. Dissertatio inaug. de invaliditate librorum mercaturam concernentium ... Marb. 1766. V: *Sorber, Johann Jacob.* (ML)

Schreiber, Friedr., die ehelichen Güterrechte der Schweiz. Systematische Zusammenstellung der gegenwärtig geltenden Rechte, mit besond. Berücksicht. der Art. 46 und 47 der Bundesverfassung, resp. des Art. 6 des Bundesgesetzentwurfes über die civilrechtl. Verhältnisse der schweizer. Niedergelassenen und Aufenthalter in seinen verschiedenen, von den eidgenöss. Behörden vorgeschlagenen Redaktionen. 2 Lfgn. gr. 8. Bern, Haller. *

Inhalt:
Lfg. 1. Die verschiedenen ehelichen Güterrechte der Schweiz. (198 S.) 880. *M 2,60.
» 2. Collision und Wandelung. (160 S.) 881. *M 2,20.

Schreiber, Frdr., allerlei Humor, s. a. Eckstein's 50 Pfennig-Bibliothek, Nr. 24.

[F.] Allerlei Humor v. Friedrich Schreiber. *Berlin: R. Eckstein Nachf. [1896].* (77 S., 1 Bl.) 1 Bd 8.
= 50 Pfennig-Bibliothek, Ecksteins. No 24. [97. 4747

Schreiber, Frdr., Kriminal-Humoresken, s.: Eckstein's humoristische Bibliothek. Nr. 56.

Schreiber, Friedrich Ernst (Nürnberg) Altd. Jur. 36/9

De vidua vasalli ab usufructuaria cautione intuitu dotalitii immuni. Präs. Georg Friedrich Deinlein. Altdorf (Meyer) 5.IV.1735. 26 S.

Gew.: Hieronymus Wilhelm Ebner, Jakob Sigismund Pfinzing, Adam Rudolph Geuder, Georg Christoph Volckamer.
W.v.: Präs. 31400

Schreiber, Frid. Heinr. (geb. Crombach in Westf. 6. 8. 1831): De morbo Brightii. Berolini (1854). (30 S.) 8°
Berlin, Med. Diss. v. 16. Febr. 1854

Schreiber, Fritzi, allgem. Koch-Buch f. d. bürgerl. Haushalt. M. Berücksicht. d. süddeutschen u. Wiener Küche. 8. (318 S.) Berlin 897. A. Weichert. Geb. in Leinw. 2.—

Schreiber, G., Hauptm. und Compagnie-Chef im Reg. Geschichte des Inft. Reg. von Borcke (4. pommerschen) Nr. 21. 1813—1889. Mit 9 Abbild. und 10 Karten und Plänen. 8. Berlin 1889.

Schreiber, G., Geschichte d. Infanterie-Regiments v. Borcke [4. Pommersches] Nr. 21. 1813—1889. Lex.-8. (VIII, 476 u. Anlagen 78 S. m. 9 Abbildgn. u. 10 Karten u. Plänen.) Berlin 890. Mittler & Sohn. n. 15. —

Schreiber, Gerh., Grundriß der allgemeinen Warenkunde, s. a. Sammlung kaufmänn. Unterrichtswerke. 14. Bd.

Schreiber, G.: Grundriß der allgemeinen Warenkunde zum Gebrauche an Lehranstalten sowie zum Selbstunterricht. Leipzig 1904

Schreiber, G., guide de la bourse de Berlin 908. (IV, 531 S.) 8. Berlin, Verlag Dr. Wedekind & Co. Geb. in Leinw. 10. —

Schreiber, G. A., Abriß der Mythologie, zum Gebr. f. höhere Knaben- u. Mädchenschulen nach e. System der Personificationen entworfen. 8. (5 B.) Magdeburg 830, Heinrichshofen.

Schreiber, G. A. Versuch einer metrischen Uebersetzung des 2. Buches von Ovids Klageliedern. 18 S. . . . .
Mühlhausen, Progr. 1828

Schreiber, G. Chr., Proben d. niedersächs. Poesie. 8. Jena, Ritter. 730.

Schreiber, G. L., Beiträge z. Mühlenbaukunde u. z. haus- u. landwirthschaftl. Maschinenwesen. 1. u. 2. Hft. 8. Königsberg, Bon. [1. (7⅛ B. u. 5 Stnt.) 837., 2. (7¾ B. u. 6 Stnt.) 841. à 22 Gr.]

Schreiber, G. L.: Ausführliche Beschreibung einer neuen Oelpresse. Königsberg. 1821.

—— prakt. Hülfsbuch f. Besitzer v. Oelmühlen u. Oelraffinerien u. deren Arbeiter. 8. (6¾ B. u. 3 Stnt.) Königsberg 837, Bon.

Schreiber, G. L., die Mahlscheiben. Od. Beschreib. u. Abbild. e. neuen, durch 13jähr. Erfahr. erprobten Mahlgeräths f. Getreidemühlen. 4. (3 B. u. 2 Stnt. qu. gr. Fol.) Quedlinburg 830, Basse.

Schreiber, Georg, Chronik der Gemeinde Lichtental 1834—1909. 19 S. Verlag Litzsche Odessa 1909

Schreiber, Georg, Referendar in Dresden: Der Ehebruch als Ehehinderungs- und Ehescheidungsgrund. Leipzig 1905: W. Wigand. (86 S.) 8°

Leipzig, Jur. Fak., Diss. v. 9. März 1905

[Geb. 26. Juni 80 Dresden; Wohnort: Dresden; Staatsangeh.: Sachsen; Vorbildung: Wettiner Gymn. Dresden Reife O. 00; Studium: Leipzig, München, Leipzig; Rig. 5. Febr. 04.]

Schreiber, Geo., Kurie u. Kloster im 12. Jahrh., s. a. Abhandlungen, kirchenrechtliche. Heft 65–68.

Schreiber, Georg: Kurie und Kloster im zwölften Jahrhundert. Abschn. 1, Kap. 1–3, 1. (Stuttgart 1909: Union.) 32 S. 8° ¶(Ersch. vollst. als: Kirchenrechtl. Abhandlungen. H. 59/61.)

Berlin, Phil. Diss. v. 26. Juni 1909, Ref. Tangl

[Geb. 5. Jan. 82 Rüdershausen; Wohnort: Rüdershausen; Staatsangeh.: Preußen; Vorbildung: Gymn. Hildesheim Reife O. 01; Studium: Münster 4, Berlin 7 S.; Rig. 18. Febr. 09.] [U 09. 278

Kurie und Kloster im 12. Jahrhundert. Studien z. Privilegierung, Verfassung u. besonders z. Eigenkirchenwesen d. vorfranziskanischen Orden, vornehml. auf Grund d. Papsturkunden von Paschalis II. bis auf Lucius III. (1099–1181). Von Dr. Georg **Schreiber**, Priester. Bd 1. 2. Stuttgart: Enke 1910. 8°

(Kirchenrechtliche Abhandlungen. H. 65/66. 67/68.) [10. 14385

Schreiber, Georg Christoph (Wehrda) A. S. 200/26

Disputatio inauguralis juridica de aequitate flebilis beneficii cessionis bonorum.
Präs. Christian Wildvogel.
Jena (Müller) 19. V. 1703. 40 S.

Gew.: Heinrich Christoph Hochmann von Hochenau.

31402

Schreiber, Georg Christoph U. S. Göttingen 1739/5

Dissertatio inauguralis iuridica de causarum politiae et earum, quae iustitiae dicuntur, conflictu et differentia.
Göttingen (Vandenhoeck) 2. V. 1739. 66 S. 31406

Schreiber, Georg Christoph A. S. 604/40

De perfecta imperfectae obligationis denominatione.
Präs. Justus Johann Wrisberg.
Göttingen (Hager) 19. VIII. 1738. 16 S.

Gew.: Burchard Christian Behr.
W. v.: Johann Sylvester Tappen, Friedrich Philipp Barckhausen. 31405

Schreiber, Georg Christoph (Nürnberg) A. S. 143/15

De interpretatione statutorum ex iure communi.
Präs. Christian Heinrich Freiesleben.
Altdorf (Meyer) 4. IV. 1735. 28 S. 31403

Schreiber, Georg Christoph (Göttingen) A. S. 150/22

Dissertatio iuridica de poenitentia unius partis ob moram vel perfidiam alterius, in contractibus nominatis exule, neotericorum quorundam hypothesibus opposita. Präs. Tobias Jakob Reinharth.
Göttingen (Schulz) 20. XI. 1737. 58 S. 31404

Schreiber, Gerhardt. Ueber die Einwirkung einiger Metallbasen auf Monochloressigsäure. Leipzig, 1876.

Schreiber, Guido, Arithmetik f. Gewerb- u. höhere Bürgerschulen. 8. (.. B.) Carlsruhe 835, Müller'sche Hofbuchh.

Schreiber, Guido, Bilder des deutschen Wehrstandes. Baden und der schwäb. Kreis 1500—1800. Mit Illustr. von Feodor Dietz, Lucian Reich und Mor. v. Schwind. hoch 4. (XVI und 320 S. mit 8 ill. Holzschn., eingedr. Holzschn. und 1 Tab. in qu. Fol.) Karlsruhe 851, Herder'sche Buchh. *

Schreiber, Guido, 48 Blattstudien. Aus dem Athenäum zeichnender Kunst zu Carlsruhe. Unterrichts-Material im landschaftlichen wie im ornamentalen Zeichnen für technische und Bürgerschulen sowie für Bildhauer, Architekten etc. 1—4. Heft. Carlsruhe 862, 63. Veith. Fol. Jedes Heft (à 12 lith. Bl.) n. 25 ngr.

Schreiber, G., Erläuterungen z. geometr. Port-Folio. Kurs der darst. Geometrie u. ihrer Anwendungen. Karlsruhe 1839. 2 Bde. Text 4°, 2 Bde. Atlas gr. Fol. Abth. 1: Die ebene Fläche. Abth. 2: Krumme Flächen.

Schreiber, Guido, die Farben und das Malen kunstgewerblicher Zeichnungen. Aus dem Athenäum zeichnender Kunst zu Carlsruhe. 3 Hefte. gr. 4. (S. 1—14 mit 18 Chromolithogr.) Carlsruhe 868, 69, Veith. à Heft *ℳ 4,20. *

Schreiber, Guido: Die Farbenlehre. Leipzig 1868. 8° [2 Ex.]
(Das techn. Zeichnen. 3 Thl.)

— die Flachmalerei als Grundlage der Farbengebung für Kunstgewerbtreibende u. Zeichnungsschulen bearb. 1–3. Heft. Ebend. 870. gr. 8. (IV, 12 S. mit 6 Steintaff.; u. 2. u. 3. Heft à 7 Chromolith.) Jedes Heft 1 ℛ︁ 20 ngr.

Schreiber, Guido, die Flachmalerei als Grundlage der Farbengebung f. Kunstgewerbtreibende u. Zeichnungsschulen bearb. 4–6. Hft. gr. 4. (à 7 Chromolith.) Carlsruhe 871. Veith. à 5. —

Schreiber, Guido, die Flachmalerei als Grundlage der Farbengebung, für Kunstgewerbtreibende und Zeichnungsschulen bearb. 2. Aufl. gr. 4. (41 lithogr. und chromolithogr. Taf. und 11 S. Text.) Karlsruhe 878, Veith.

Schreiber, Guido, Geodäsie. Anleitung zum geometrischen Theilen der Grundstücke. gr. 8. (VI und 185 S. mit 54 in den Text gedr. Fig. in Holzschn.) Mannheim 857, Bassermann'sche Verlagsh. *

— Grundriss der Chemie. Ein Leitfaden für den Unterricht in Real- u. höheren Bürgerschulen. Berlin 868. Grote. gr. 8. (XII, 148 S.) n. 15 ngr.

— Holz-Malerei. Vorlagen zum Bemalen feiner Holzgeräthe in verschiedenen Stylen. In Farbendr. 1. Hft. 6 Bl. Fol. Ebend. 871. n. 6. —

— malerische Körperstudien. Aus dem Athenäum zeichnender Kunst zu Carlsruhe. 1—4. Heft. Ebend. 862, 63. Fol. Jedes Heft (à 6 lith. Bl.) n. 1 ℛ︁ 20 ngr.

— malerische Körperstudien. Aus dem Athenäum zeichnender Kunst zu Carlsruhe. 5. Heft. Ebend. 865. gr. Fol. (6 Chromolith.) n. 1 ℛ︁ 20 ngr.

—— malerische Körperstudien als Unterrichtsmaterial für technische und Bürgerschulen, sowie für Bildhauer, Architekton etc. Aus dem Athenäum zeichnender Kunst zu Carlsruhe. 2. unveränd. Aufl. 5 Hefte. gr. Fol. (à 6 Chromolithogr. mit Text in 4.) Ebendas. 871. à Heft *M. 5. *

— Cursus der darstellenden Geometrie nebst ihren Anwendungen auf die Lehre der Schatten u. der Perspektive, die Holz- u. Stein-Konstructionen. 2r Thl. 1e Lfrg. A. u. d. T.: Geometrische Zeichnungs-Lehre, enthaltend die Schattenlehre, Linear- u. Luftperspektive nebst e Anhang über Gnomonik. 1e Lfrg. Geometr. Schattenkonstruktionen. Mit 13 Kpfrtaf. gr. 4. Karlsruhe 833, Groos. 1⅔ ₰ Vgl. Thl. V. S. 154.)

Schreiber, Guido, Lehrbuch d. darstellenden Geometrie, nach Monge's Géométrie descriptive vollständ. bearb. (1. u. 2. Lfg.) 1. Bd. Reine Geometrie. — A. u. d. T.: Kursus d. darstell. Geometrie; nebst ihren Anwendungen auf d. Lehre der Schatten u. der Perspektive, die Konstruktionen in Holz u. Stein, das Defilement u. d. topograph. Zeichnung. 2 Abthln. gr. 4. Freiburg, Herder. [1. (28½ B., 33 Stnt. u. Monge's Bildn.) 828. 2 Thlr. 12 Gr., 2. (15½ B. u. 12 Stnt.) 829. 1 Thlr. 3 Gr.]

—— dass. (3. Lfg.) 2. Bd. 1. Lfg. — A. u. d. T.: Geometr. Zeichnungs-Lehre, enthalt. die Schattenlehre, Linear- u. Luftperspektive, nebst e. Anh. üb. Gnomonik. 1. Abthl. Geometr. Schattenkonstruktionen. (10 B. u. 13 Kpfrt. gr. 4.) Karlsruhe 833, Groos.

—— Lehrbuch der Perspective. Mit einem Anh. über den Gebrauch geometr. Grundrisse. Zum Vortrag und zum Selbststudium. 2. Aufl. Durchgesehen von A. F. Viehweger. Bevorwortet von Ludw. Nieper. Lex.-8. (XVI, 212 S. mit über 160 in den Text gedr. Holzschn. und 12 lithogr. Taf. bildl. Darstellungen.) Leipzig 874, Oehmigke's Verlag. *

Schreiber, Guido, Lehrbuch der Perspektive. Mit e. Anh. üb. den Gebrauch geometr. Grundrisse. Zum Vortrag u. zum Selbststudium. 3. Aufl. Durchgesehen v. A. F. Viehweger. Bevorwortet v. Ludw. Nieper. Mit 180 Holzschn. u. 13 lith. Taf. bildl. Darstellgn. Lex.-8. (XII, 212 S.) Leipzig 886. Oehmigke. n. 10. —

Schreiber, G. Linien-Perspective. Leipzig. 1867.

Schreiber, Guido, gemalte gothische Ornamente in Farbendruck als Vorlage für den Zeichnen-Unterricht, sowie als Motive für Maler und kunstgewerbl. Zeichner. [Eine Fortsetzung zu des Verf. „Erstem Unterricht".] 4 Hefte. hoch 4 (à 4 Bl. mit 1 Bl. Text.) Carlsruhe 871, Veith. à Heft *M. 3. *

Schreiber, Guido, malerische Perspektive. Mit einem Anhang über den Gebrauch geometrischer Grundrisse. 3 Lfgn. 4. (1. Lfg. S. 1—96 mit eingedr. Chalkotyp. und 3 chalkotyp. Taf.) Karlsruhe 854, [Geßner'sche Buchh.] *

— malerische Perspektive. (Mit einem Anhange über den Gebrauch geometrischer Grundrisse.) Karlsruhe 854. Herder. 4. (XVI, 248 S. mit Holzschn. im Text u. 12 lith. Federzeichnungen.) n. 5 ₰.

—— geometr. Port-Folio. Blätter üb. darstell. Geometrie u. ihre Anwendungen. 1. Hft. Enth. Bl. 1—21 (gr. Fol.) Nebst Erläutern. Kurs d. darstell. Geometrie u. ihrer Anwendn. gr. 4. (13¾ B.) Karlsruhe 839, Groos. *

—— geometrisches Port-Folio. Blätter über darstellende Geometrie u. ihre Anwendungen. Nebst erläut. Text. 2. Hft. 22 Blätter. No. 23—42. (Krumme Flächen enthalt.) Roy.-Fol. (15 B. Text in gr. 4.) Karlsruhe 843, Groos. In Mappe. *
1. Hft. Ebendas. 1839. * 3 Thlr.

—— Renaissance-Ornamente in Zeichnungen für den kunst-gewerblichen Unterricht und zum Gebrauch für Kunstgewerbtreibende aus dem Athenäum für zeichnende Kunst in Carlsruhe. 4 Hefte. Fol. (à 6 Chromolithogr. und 1 Bl. Text.) Ebendas. 869.
1. und 2. Heft à *M. 2,80; 3. und 4. Heft à *M. 4. *

Schreiber G. (Technologisches Zeichnen II, 4) Schattenlehre. Leipzig 1868

—— zum ersten Unterricht im Zeichnen. Aus dem Athenäum zeichnender Kunst zu Carlsruhe. 6 Hefte. gr. 4. (11 S. und 72 Chromolithogr.) Carlsruhe 864—66, Veith. à Lfg. * 28 Ngr. *

— zum ersten Unterricht im Zeichnen. 2. Aufl. 6 Hfte. gr. 4. (8 S. Text mit eingedr. Holzschn. u. je 12 Chromolith.) Ebend. 879. à n. 2. 50

Schreiber, Guido, Vorlesungen über praktische Geometrie, gehalten an der Großherzogl. polytechnischen Schule zu Karlsruhe. 1. Thl. (Mit 7 Taf. in einer Mappe.) gr. 4. Karlsruhe 842, Groos. n. 2¾ ₰

Schreiber, Guido Der Badische Wehrstand seit dem siebenzehnten Jahrhundert bis zu Ende der französischen Revolutionskriege Mit Zeichnungen von Feodor Dietz, Lucian Reich und Moritz von Schwind Karlsruhe Herder'sche Buchhandlung 1849
2 Bl. Tit., X S., 1 Bl., 310 S. m. 29 Abb. in Holzschn., 8 Taf. in kol. Holzschn., 1 Karte in Lithogr. u. 1 Tabelle 4

Schreiber, G. Geometrische Zeichenlehre. Carlsruhe. 1833.

— das lineare Zeichnen. Praktischer Lehrgang f. Architekten, Techniker, Mechaniker u. Bauhandwerker, insbesondere f. Bau-, polytechn., höhere Gewerb- u. Realschulen. In 3 Abthlgn. 1. Freies Handzeichnen. 2. Ornamentzeichnen. 3. Geometrisches Zeichnen. 2., stark verm. u. verb. Aufl. Mit 523 Holzschn.-Illustr., nebst e. Titelbild (in Holzschn.) gr. 8. (VI, 208 S.) Leipzig 871. Spamer. n. 3. —

— das technische Zeichnen, s. a. Schule, die, der Baukunst.

- Das technische Zeichnen I. II, 3. 4 und III. Leipzig 1861-68

Schreiber G. das technische Zeichnen. II. Die Projektionslehre Leipzig 1865

— das technische Zeichnen. Praktische Anleitung für Architekten, Maler, Techniker u. Bauhandwerker, insbesondere für Bau- u. polytechn., höhere Gewerb- u. Realschulen. 3. Thl. Die Farbenlehre. Mit 15 in den Text gedr. Abbildungen (in Holzschn.) u. 8 lith. Farbentaf. Nach Zeichnungen des Verf. Leipzig 869. Spamer. br. 8. (VIII, 148 S.) n. 1 ₰ 15 ngr.

— das technische Zeichnen. Praktische Anleitg. f. Architekten, Maler, Techniker u. Bauhandwerker u. insbesondere f. Bau- u. polytechn., höhere Gewerbe- u. Realschulen. 3. Thl. Die Farbenlehre. 2. Ausg. Mit zahlreichen Holzschnitt-Illustr., Titelbildern u. s. w. gr. 8. (148 S.) Ebend. 875. n. 5. —

—— das technische Zeichnen. Praktische Anleitung für Architekten, Techniker, Mechaniker 2c. 2. Thl. oder 2. Klasse: Projektives Zeichnen. 1. Abthl.: Darstellender Theil. A. u. d. T.: Die Projektionslehre. 2. Aufl. gr. 8. (VI, 100 S. mit 85 in den Text gedr. Holzschn.-Abbild. nach Zeichnungen des Verf.) [Leipzig 878, Spamer.] Berlin, Toeche. *
1. Thl., 2. Thl. 2.—4. Abthl. und 3. Thl. Ebendas. *M. 23. — compl. 3 Thle. oder 6 Bde. *M. 22,50.

Schreiber, Guido, das technische Zeichnen. Praktische Anleitung für Architekten, Techniker, Mechaniker und Bauhandwerker, insbesondere für Bau- und Gewerbschulen. 2. Thl. 3. Abthl. A. u. d. T.: Linien-Perspektive. 2. durchges. Aufl. Mit 130 Illustr., nebst 1 Titelbilde, in Holz gezchn. nach Zeichnungen des Verf. gr. 8. (VIII, 210 S.) Berlin 882, Toeche. *

— Zeichnen-Unterricht für Gewerbschulen. 18 Tafeln mit Text. Karlsruhe ... Müller. 2⅓ ₰ — Jede Tafel einzeln n. ⅙ ₰

SCHREIBER, H., Die Feen in Europa, eine histor.-archäolog. Monographie. Mit Tfln. in Kpfrst. Freiburg i. Br. 1842. 4°. Selten!
Hugo Helbing's Münchner Mai-Auct. 1907, no. 967.

Schreiber, H., niemand kommt zum Vater denn durch mich, s.a. Sammlung pädagogischer Vorträge. XV. 6.

Niemand kommt zum Vater denn durch mich. Eine ernste Predigt f. Deutschlands Erzieher von H. Schreiber. Minden i. W.: C. Marowsky [1900]. (22 S.) 8°
— Sammlung pädagog. Vorträge. Bd 15, H. 6. [00. 3699 6]

Schreiber, Hans

Die Blutnacht im Königspalast von Belgrad. Ein Erinnerungsblatt von Borries v. Wallenberg [d. i. Hans Schreiber]. (15. Aufl.) *Berlin: 'Patria' [1903].* (34 S.) 8° [F.] [03. 13088]

Schreiber, Hans, Medizinalprakt.: Aus d. chir. Univ.-Kinderklinik zu München. ⟨Prof. Herzog.⟩ Über einen Fall von Ectopia testis perinealis congenita complicata. München 1908: Heller. 37 S. 8°
München, Med. Diss. v. 1. Mai 1909, Ref. v. Angerer
[Geb. 23. Juni 81 Mellenberg; Wohnort: München; Staatsangeh.: Bayern; Vorbildung: Ludwigs-Gymn. München Reife Juli 02; Studium: München 6, Würzburg 1, München 3 S.; Coll. 1. Mai 09; Approb. 9. April 09.] [U 09. 3398

Schreiber, Hans, Förderg. d. Moorkultur u. Torfverwertg. in Norddeutschland m. Hinweisen auf Oesterreich. Vorwieg. auf Grund e., m. Unterstützg. d. hoh. k. k. Ackerbauministeriums in Wien unternommenen Studienreise. 2. Aufl. gr. 8. (64 S.) Staab b/Mies (Böhmen) 897. Selbstverlag. n.n. 1. 50

Schreiber, Hans. Habmichlieb u. Teufelsbart. Ernste u. heitere Blätter aus dem Tagebuche e. Riesengebirgs-Bummlers. Mit Ansichten in Farbendr. auf Postkarten. 12. (V, 96 S.) Warmbrunn 892, Leipelt. * 1 —

Schreiber, Hans, Kinder der Nacht. Berliner Roman. 8. (168 S.) Berlin (900). [H. Steinitz.] Deutsche Verlagsanstalt „Patria". n. 2. —

Schreiber, Hans (Hrsg.), s.a. Moore, Die, Vorarlbergs, ...

Schreiber, Hans, die Moore Vorarlbergs u. des Fürstent. Liechtenstein in naturwissenschaftlicher u. technischer Beziehung. Hrsg. auf Grund der Erhebgn. der Vereins-Moorkommissäre: Lorenz Blechinger, Rich. Eberwein, Wilh. v. Eschwege, Frz. Matouschek, Pet. u. Hans Schreiber. (VIII, 177 S. m. 88 Abb., 20 Taf. u. 1 farb. Karte.) Lex. 8. Staab (Böhmen) 910. Verlag d. deutsch-österreich. Moorvereins. (Nur direkt.) 5. —

Schreiber, Hans, s.: Moorzeitschrift, österreichische.

— Moostorf, seine Gewinnung u. Bedeutung f. die Landwirthschaft u. die Städtereinigung, s.a. Sammlung gemeinnütziger Vorträge.

— Moostorf, s. Gewinng. u. Bedeutg. f. d. Landwirthschaft u. d. Städtereinigg. 2., verb. Aufl. d. Vortrages Nr. 179—180, hrsg. v. deutschen Verein zur Verbreitg gemeinnütz. Kenntnisse in Prag. gr. 8. (48 S.) Prag 898. (F. Haerpfer.) n. - 70

Schreiber, H., Neues über Moorkultur und Torfverwertung. 2. Jahrg. 1901—1902. Gr.-8°. (176 S.) K 3.60
Pilsen: Deutsch-österreichischer Moorverein 1903.

Schreiber, Hans, Neues üb. Moorkultur u. Torfverwerthg. 2. Jahrg. 1901—1902. (176 S.) 8. Staab bei Pilsen 903. (Leipzig, G. E. Schulz.) n. 3. —

— Neues üb. Moorkultur u. Torfverwerthg. 1900—1901. Ein Beitrag. 8. (104 S.) Staab bei Pilsen 902. (Leipzig, G. E. Schulze.) n. 2. —

— Nichts f. Backfische. Sitten-Studien. 3. Aufl. 8. (110 S.) Ebd. (901). n. 1. —

Nichts für Backfische. Sitten-Studien von Hans Schreiber. 5. Aufl. *Berlin: H. Steinitz (1901).* (110 S.) 8° [F.] [01. 41]

Schreiber, H: Torfstreu und Brenntorf mit besonderer Rücksicht ihrer Herstellung in Schweden und Dänemark. T. 1. Torfstreu- und Mullgewinnung und Verwendung in Schweden. Staab 1903

Schreiber, Hans, Referendar aus Eberswalde: **Der Widerruf der Schenkung nach Gemeinem Recht und Bürgerlichem Gesetzbuche.** *Rostock 1903: C. Hinstorff.* **(88 S.) 8° [F.]**
Rostock, Jur. Diss. v. [20. Nov.] 1903

Schreiber, Hans (Veritas), s.: „Wie schützt sich der Kapitalist vor Verlusten an der Börse?"

— **Wiesen d. Randgebirge Böhmens u. ihre Verbesserg.** gr. 8. (VII, 251 S. m. 1 Tab.) Staab 898. (Prag, F. G. Calve.) n. 4. 80

SCHREIBER, Hans
(F) Wiesen der Randgebirge Böhmens und ihre Verbesserung. Von Hans Schreiber. Staab. 1898. Selbstverlag. [In Comm. Calve. Prag.] Gr.-8°. VII, 251 S mit 1 Tafel. fl. 2.40

Herzog Adolf Friedrich I. und Johann Albrecht II. von Mecklenburg. Von Heinrich Schreiber, Pastor. *Schwerin (Meckl.): F. Bahn 1900.* (52 S.) 8° [F.] [01. 4443 7]

Schreiber, Heinr., Baden-Baden, die Stadt, ihre Heilquellen u. Umgebung. Taschenbuch f. Fremde u. Einheimische, mit Ausflügen in d. Gegend u. die Bäder d. Schwarzwaldes, nebst geognost., botan., u. literar. Zugaben u. örtl. Nachweisungen. 16. (17 B. u. 1 Karte.) Stuttgart 840, Metzler'sche Buchh. Ohne Karte

Schreiber, Hnr., Baden-Baden die Stadt, ihre Heilquellen u. **Umgebung. Taschenbuch** für Fremde u. Einheimische, mit Ausflügen in die Gegend u. die Bäder des Schwarzwaldes, nebst geognost., botan. u. literar. Angaben. Mit 1 Landkarte. 2. verb. Aufl. gr. 16. Stuttgart 843 Metzler. geb. $1^1/_3$ ℳ ohne Karte 1 ℳ

Schreiber, H., der deutsche Bauernkrieg, s.a. Urkundenbuch der Stadt Freiburg i. B.

Schreiber, H. Der deutsche Bauernkrieg 1524 1525. Gleichzeitige Urkunden, hsg. u. erläutert. [Urkundenbuch der Stadt Freiburg i. Br. Neue Folge.] 3 Th. 8. Freiburg i. Br. 1863 66.

Schreiber, Heinr., Beiträge zur Theorie u. Praxis des gesamten Elementarunterrichts. Insbesondere e. Antwort auf die Frage: Wie läßt der erste Sprachunterricht (einschließlich des Anschauungs-, Schreib- u. Leseunterrichts) durch das Verfahren des Selbstfindenlassens sich weiterbilden? gr. 8. (84 S.) Altenburg 901. H. A. Pierer. n. 1. 50

Schreiber, (H.) der Bundschuh zu Lehen in Breisgau, u. der arme Konrad zu Bühl; zwei Vorboten des deutschen Bauernkrieges. Aus den Quellen bearbeitet. 8. Freiburg 824, Wagner. Rthlr.

FREIBURG (Baden). — Schreiber, H., Bürgerleben zu Freiburg im Mittelalter. Nebst *Nachtrag* über einige alterthümliche in Freiburg (i. Br.) üblich gewesene Tänze. Freiburg 1869. 8°. (40 Pfg. Stoll & Bader, Freiburg, vor 1885.)

Schreiber, Heinr., Denkblätter aus dem Tagebuche eines Hochschullehrers. Zur Geschichte der Lehrvorträge über ewige Gelübde u. Cölibatgesetz. 8. (VI u. 61 S.) Frankfurt a. M. 849, Heyer (jetzt: Wien, Gerold). n. 8 ngl

— Deutsch-Katholisches. Die Dr. Hirscher'sche Beleuchtung der Motion des Abgeordn. Zittel in der 2. Kammer der badischen Landstände, bürgerl. Gleichstellung der Deutsch-Katholiken betreff. 8. Freiburg 846, Emmerling. n. 1 ngl

Schreiber, H., Über die Entstehung und Ausbildung des ältesten deutschen Sagenkreises. [d. i. des Amelungenkreises.] Freiburg 1828. 8. . . . . (0.)

Schreiber, Heinr., der rechte Erntedank, s.a. Predigt-Hausschatz, evangelischer.

Schreiber, Heinrich: Der rechte Erntedank. Psalm 107, 1. Pred. von Heinrich Schreiber, Pastor in Sülze (Meckl.) Halle a. S.: E. Strien [1899]. (12 S.) 8°
= Predigt-Hausschatz, Evangelischer. No 30.

Schreiber, Heinr., die religiöse Erziehung des Menschen im Lichte seiner religiösen Entwicklung. (XII, 244 S.) 8. Leipzig 908. Quelle & Meyer. 3.—; geb. in Leinw. 3.40

Schreiber, Heinrich, aus Mainz a. Rh.: Ueber einen Fall von Maceration der Haut bei einem lebendgeborenen Kinde und deren forensische Bedeutung. *Würzburg 1898: P. Scheiner.* (37 S.) 8°
Würzburg, Med. Diss. v. 1898

Schreiber, Dr. Heinrich —. Das Feldzeichen der Kelten. Von — —. 8. (34 S.) — — — —.

— Für das Formen in den unteren Klassen, s.a. Magazin, pädagogisches.

Schreiber, Heinrich: Für das Formen in den unteren Klassen an der Hand von Sätzen wider dasselbe. Von H[einrich] Schreiber in Würzburg. Langensalza: Beyer 1908. 23 S. 8°
(Pädagogisches Magazin. H. 320.)

— Freiburg in Breisgau mit seinen Umgebungen. Geschichte u. Beschreib. Mit 1 Plan, 1 Karte u. 1 Vign. gr. 8. Freiburg 825. Herder. 1 ₰ 12 gr.

—— Freiburg im Breisgau mit seinen Umgebungen. Unter vielseit. Mitwirk. neu bearb. 8. (28½ B., 9 Stahlst, 1 Karte d. Umgebung, gr. Fol., auf Leinw. u. 1 Plan d. Stadt.) Freiburg 838, Herder'sche Vrlsbuchh. *

Schreiber, Heinrich. Freiburg im Breisgau mit seinen Umgebungen. Unter vielseitiger Mitwirkung neu bearb. von Dr. H' Schr'. 3. Aufl. Mit neun Stahlstichen, einer Karte der Umgebung und einem Plane der Stadt [sowie illustriertem Umschlag]. 8. Karlsruhe und Freiburg 1840.

—— die Stadt Freiburg im 30jähr. Kriege. 1. Abschn. Die Jahre 1632 u. 1633. gr. 8. (..B.) Freiburg ..., Herder'sche Vrlgh.

— gebet dem Kinde, was des Kindes ist. Zugleich e. Anweisg. zur künstler. Erziehg. der Kleinen u. e. Vorwort u. e. Vorläufer zu des Schülers erstem Lesebuch. gr. 8. (III, 113 S.) Nürnberg 903. F. Korn. n. 1. 60

—— Geschichte der Albert-Ludwigs-Universität zu Freiburg im Breisgau. 3 Thle. 8. Freiburg i. Br. 868, Baader und Comp. (*M 8,40.) *

— Geschichte u. Beschreib. des Münsters zu Freiburg im Breisgau. Neue, mit der innern Ansicht des Münsters verm. Ausg. 8. Freiburg 825. Fr. Wagner. 1 ₰ 6 gr.

Schreiber, Heinr., Geschichte der Stadt und Universität Freiburg im Breisgau. 9 Lfgn. gr. 8. Freiburg im Br. 857—59, Wangler. à Lfg. * 28 Ngr.

Inhalt:

Lfg. 1. Von der ältesten Zeit, bis zum Tode Herzogs Bertbold V. von Zähringen. Mit 3 Beilagen und 6 lithogr. Blättern (in qu. gr. 4. und qu. Fol.) (VIII und 112 S. und Beilagen 62 S.)
" 2. Geschichte der Albert-Ludwigs-Universität zu Freiburg im Br. 1. Thl.: Von der Stiftung der Universität bis zur Reformation. (X und 246 S.)
" 3., 4. Geschichte der Stadt Freiburg im Br. 2. Thl.: Freiburg unter seinen Grafen. (VIII und 287 S.) und 3. Thl.: Von der Selbstübergabe an das Haus Oestreich bis zum 30jährigen Krieg. (VIII und 410 S.)
" 5., 6. Geschichte der Stadt Freiburg im Br. 4. Thl.: Vom 30jährigen Krieg bis zum Uebergang der Stadt an das großherzogl. Haus Baden. (VIII und 410 S. mit 2 lithogr. Planen in qu. Fol.)
" 7. Geschichte der Albert-Ludwigs-Universität zu Freiburg im Br. 2. Thl.: Von der Reformation bis zur Aufhebung der Jesuiten. 1. Abthl. (S. 1—272.)
" 8. Geschichte der Albert-Ludwigs-Universität zu Freiburg im Br. 2. Thl.: Von der Kirchenreformation bis zur Aufhebung der Jesuiten. 2. Abthl. (VIII und S. 273—490.)
" 9. Geschichte der Albert-Ludwigs-Universität zu Freiburg im Br. 3. (Schluß-)Thl.: Von der Aufhebung der Jesuiten bis zu Ende des 18. Jahrhunderts. (XXIII und 226 S.)

Schreiber, Heinr., Geschichte der Stadt und Universität Freiburg im Breisgau. 7—9. Liefg. Freiburg im Br. 860. Wangler. gr. 8. Jede Liefg. n. 28 ngr.
Inhalt: 7. 8. Liefg.: Geschichte der Albert-Ludwigs-Universität zu Freiburg im Br. 2. Thl. Von der Reformation bis zur Aufhebung der Jesuiten. (VIII, 490 S.) — 9. Liefg. Geschichte der Albert-Ludwigs-Universität zu Freiburg im Breisgau. 3. Thl. Von der Aufhebung der Jesuiten bis zu Ende des 18. Jahrhunderts. (XXIII, 226 S.)

——, Heinrich Loriti Glareanus; gekr. Dichter, Philolog u. Mathematiker aus d. 16. Jahrh. Biograph. Mittheil. z. jährl. Gedächtnissfeier an d. Albert-Ludwigs-Hochschule zu Freiburg im Breisgau. gr. 4. (18 B.) Freiburg 837. [Heidelberg, Groos.]

— Allgemeine Grundsätze der Dichtkunst, hauptsächlich nach Horaz. Freiburg i. Br., G., 1823. 36 S. Progr.

Schreiber, H. Grundsätze der dramatischen Dichtung. Freiburg i. Br., G., 1824. 26 S. Progr.

— Handbuch für Eisenbahn-Reisende durch das Großherz. Baden nebst den Reiserouten durch das Neckarthal, über den Schwarzwald u. nach den Seegegenden. Mit 1 lith. Karte. 12. Karlsruhe 846, Müller. n. $1^{1}/_{12}$ ₰ In engl. Einb. 1 ₰ 14 ngr

Schreiber, Hnr., die Hexenprozesse zu Freiburg im Breisgau, Offenburg, in der Ortenau und Bräunlingen auf dem Schwarzwalde; aus d. Archiven dieser Städte zum erstenmale mitgetheilt u. erläutert. gr. 8. Freiburg ... Waizenegger. 1 ₰

Schreiber, D. Heinrich, geistl. Rath und Prof zu Freiburg, die Hexenprocesse zu Freiburg im Breisgau, Offenburg in der Ortenau und Bräunlingen auf dem Schwarzwalde. Aus dem Archive dieser Städte zum erstenmal mitgetheilt und erläutert von —. Freiburg 837. 8.

— die neuentdeckten Hünengräber im Breisgau. Mit Abbildd. u. 1 Kärtch. 8. Freiburg 826. Fr. Wagner. 12 gr.

— Johann Albrecht I., Herzog von Mecklenburg, s.a. Schriften des Vereins f. Reformationsgeschichte. Nr. 64

Schreiber, Heinrich: Johann Albrecht I., Herzog v. Mecklenburg von —. Halle: Ver. f. Reformationsgesch. 1899. (VIII, 81 S.) 8°
= Schriften d. Vereins f. Reformationsgeschichte Jg. 16, Stuck 3.

— Der Kinderglaube, s.a. Beiträge zur Kinderforschung u. Heilerziehung.

Schreiber, Heinrich: Der Kinderglaube. Grundlagen f. e. Darstellung d. religiösen Einzelentwicklung. Von H[einrich] Schreiber. Lehrer in Würzburg. Langensalza: Beyer 1909. 70 S. 8°
(Beiträge z. Kinderforschung u. Heilerziehung. H. 53.)

Schreiber, Heinr., Lehrbuch der Moraltheologie. 1. u. 2. Thl. (od. 3 Abthln.) gr. 8. Freiburg, Wagner. [1. (20½ B.) 831. 1 Thlr. 21 Gr., 2. 1. (15¼ B.) 832. 1 Thlr. 12 Gr., 2. (15 B.) 834. 1 Thlr. 6 Gr.]

—— Leistungen d. Universität u. Stadt Freiburg im Breisgau f. Bücher- u. Landkartendruck. Festrede, geh. bei d. vierten Säcularfeier d. Typographie am 24. Juni 1840. gr. 8. (1¾ B.) Freiburg 840, Emmerling. *

— die Marcellus-Schlacht bei Clastidium. Mosaik-Gemälde in der Casa di Göthe zu Pompeji. Ein archäologischer Versuch. Mit 4 lithogr. Taf. gr. 4. Freiburg 843. (Lippe u. Comp.) n. ⅔ ₰

— s. Mayer, (Dekan) Geschichte d. Salpeter.

Schreiber, Dr. H., Das Münster zu Strassburg. 2. Aufl. Karlsruhe und Freiburg 1829. 1. Heft. Fol.

Derselbe. Über die neu entdeckte römische Niederlassung zu Riegel im Breisgau, nebst einer Anleitung, wie Spuren römischer Altertümer in unseren Gegenden leicht aufzufinden und zu verfolgen seien. Mit einem Kärtchen von Riegel und Umgebung. Freiburg, P 1825

Vom schönen Ostseestrand. Nachrichten über d. Gemeinde Brunshaupten umfassend d. Ostseebäder Brunshaupten, Arendsee u. Fulgen von Heinrich Schreiber, [Pastor]. *Brunshaupten: R. Sengebusch [1903].* (34 S.) 8° [Umschlagt. 𝔉.] [04. 3333 7

—— das Princip der deutsch-kathol. Kirche. gr. 8. (1 B.) Jena 845, Frommann.

— das Princip d. Moral in philosoph., theolog., christl. u. kirchl. Bedeutung. gr. 8. Freiburg 827. Herder. 9 gr.

— Der pädagogische Ratgeber. 100 Gärungserreger f. unsere Zeit. (XII, 174 S.) 8. Langensalza 909. J. Beltz. 2.—; geb. 2.50

Schreiber, Heinr., modern-wirtschaftl. Rechtsfragen. (74 S.) gr. 8. Wien 906. Manz. n. 1.—

Schreiber, Heinr., die Reformation Lübecks, s.a. Schriften des Vereins f. Reformationsgeschichte. 74.

Schreiber, Heinrich: Die Reformation Lübecks. Von —. Halle: Ver. f. Reformationsgesch. (M. Niemeyer in Komm.) 1902. (106 S.) 8°
= Schriften d. Vereins f. Reformationsgeschichte. No 74.

Schreiber, H., die Reformation in Pommern, s.a. **Sammlung gemeinverständl. wissenschaftl. Vorträge.**

Schreiber H. die Reformation in Pommern. (Sammlg wiss. Vortr. 351) Berlin 1880

Rehna als Dorf, Kloster und Stadt. Von Heinrich Schreiber, (Pastor) *Rehna (Meckl.): Lehmann & Bernhard 1903.* (280 S.) 8° [𝔉.]

Schreiber, Heinr., allgem. Religionslehre nach Vernunft u. Offenbarung. Eine Reihe akadem. Vorlesn. gr. 8. Freiburg 829, Wagner. Thlr.
Thl. 1. Theoretischer Thl. (22½ B.) 1 Thlr. 14 Gr.
= 2. Praktischer Thl. (21 B.) 1 Thlr. 10 Gr.

Schreiber, H., die Schlachten der Deutschen. 1. und 2. Thl. 8. (IV und 204 S., IV und 188 S.) Langensalza 860. 61, Schulbuchh. von Greßler. à Thl. 15 Ngr.

Schreiber, H., die Schlachten der Deutschen. 3. Thl. 8. (IV und 512 S.) Langensalza 862, Schulbuchh. von Greßler.

— der Schloßberg bei Freiburg. Histor. Gemälde. Mit einem Belagerungs-Plane der Stadt Freiburg v. J. 1744 u. einer perspektiv. Ansicht des damal. unteren Schlosses. 8. Freiburg 844. (Lippe u. Gemp.) n. ⅓ ℛ

— der Schloßberg bei Freiburg. Historisches Gemälde. Mit 1 (lith.) Belagerungs-Plane der Stadt Freiburg vom Jahre 1744 und 1 (lith.) perspectivischen Ansicht des damaligen unteren Schlosses (in 4.). Neue unveränd. Ausg. Ebend. 860. 8. (VIII, 42 S.) 6 ngr.

Schreiber, H. Der Schloßberg bei Freiburg. Histor. Gemälde. Neue Ausg. VIII 42 8. M 1.19 Freiburg i. Br 1861. 0,60.

Schreiber, Heinrich, D. Schützengesellschaften zu Freiburg im Breisgau (S. Abdr. aus d. Kreiskalender dieser Stadt f. d. J. 1846), Freiburg 1846 28 S. kl.-8°.

Schreiber, H. [illegible] Histor. [illegible] 1842

s.a. **Taschenbuch für Geschichte u. Alterthum.**

Schreiber, Hm. s.a. Taschenbuch für Geschichte u. Alterthum in Süddeutschland 1839–46.

—— **Taschenbuch f. Geschichte u. Alterthum in Süddeutschland. 1—3. Jahrg. gr. 12. Freiburg, Emmerling. [1. (16⅔ B. u. 1 Musikbeil.) 839., 2. (14 B.) 840., 3. (17½ B. u. 3 Taf. Abbild.) 841. à * 1 Thlr.]** *

—— **Taschenbuch für Geschichte u. Alterthum in Süddeutschland. 4. u. 5. Jahrg. 12. Freiburg, Emmerling. (4. (14⅔ B. u. 3 Stnt.) 844., 5. (18 B. u. 1 Stnt.) 46. à * 1 Thlr.]** *

Schreiber, Heinr., das Theater zu Freiburg, nebst urkundl. Nachrichten üb. d. ehemal. Schule d. Meistersänger daselbst. gr. 8. (.. B.) Freiburg..., Waizeneggersche Vrlgh.] Thlr.

— die Tyrannei der Zahl. gr. 8. (36 S.) Altenburg 900. H. A. Pierer. n. — 60

— Unnatur im heutigen Gesangunterricht, s.a. Magazin, pädagogisches.

Unnatur im heutigen Gesangunterricht. Von Heinrich Schreiber. *Langensalza: H. Beyer & Söhne 1902.* (24 S.) 8°
= Magazin, Pädagogisches. H. 177

—— Urkundenbuch v. Freiburg, s.a. **Urkundenbuch.**

— Urkundenbuch der Stadt Freiburg von d. frühesten Zeiten bis auf jetzige Zeiten, nach Originalquellen bearb. 2 Bde. 4 Abtheill. Mit 14 lithogr. Taf. gr. 8. Freiburg 828, 29. Herder. 5 ℛ

Schreiber, Heinrich. Die älteste Verfassungsurkunde der Stadt Freiburg im Breisgau, zum erstenmal in ihrer achten Gestalt hrg. von H. Schr.... [Mit 1 Tafel.] (Progr.) 4. Freiburg im Breisgau 1833

-- Das Vermächtnis e. Volksschullehrers. Ein krit. Gang u. e. gehbare Steige zum Himmel auf Erden. (193 S.) 8. Ebd. 911. 2.50; geb. 3.—

HEINRICH SCHREIBER. Die Volkssagen der Stadt Freiburg im Breisgau und ihrer **Umgegend.** Gesammelt und mit geschichtlichen Nachweisungen herausgegeben. **Freiburg im Breisgau.** 1867. Fr. Xav. Wangler. 8°.

Schreiber, Heinr., das Wegerecht f. elektrische Leitungen u. seine Beziehungen zum Privat- u. Tabularrecht. (30 S.) gr. 8. Wien 910. M. Breitenstein. 1.—

— die Wissenschaft vom Schönen; Grundzüge zu akadem. Vorlesungen. Allgem. Theil. 8. Freiburg 823. Fr. Wagner. 9 gr.

— Die Zweistufigkeit des Unterrichts, s.o. Zur Volksschulpädagogik. 8. Heft.

Die Zweistufigkeit des Unterrichts. Ein straffer Weg f. d. Erledigung unserer Lehraufgaben. Von H[einrich] Schreiber, Würzburg. Langensalza: Beltz 1910. 23 S. 8°
(Zur Volksschulpädagogik. H. 8.)

Schreiber, Hermann. Beiträge zur Kenntniss des Berberins. Diss. Marburg 1888. N. G. Elwert'sche Univ.-Buchh. 8° 66 S.

Schreiber, Hermann [aus Düsseldorf]: *Beiträge zur* **Kenntnis des** *Berberins und des Hydroberberins....* **Marburg, Druck v. Georg** *Schirling, 1888;* (45 S.) 1 Bl. 8°
Marburg, *Phil. Fak., Inaug.-Diss. v. 5. Juni* 1888

Schreiber, Hermannus: De ceremoniis condicionibusque, quibus in imperatoribus coronandis pontifex maximus populusque Romanus inde a Carolo Magno usque ad Fridericum III usi sunt. Part. prior. Halis Saxonum 1871: Ploetz. 33 S. 8°
Halle-Wittenberg, Phil. Diss. v. 15. Aug. 1871
Geb. Köslin 9. 10. 1842. V.
Hallische gekrönte philos. Preisschrift v. 1871. Die verhiessene vollst. Arbeit ist nicht ersch.

Schreiber, H. Das preussische Etats-, Kassen- und Rechnungswesen in dem Rahmen des Gesetzes, betr. den Staatshaushalt vom 11. V. 1898 für den prakt. Gebrauch bearb. 8°. Potsdam, Krämer'sche Buchdr., 1900.

Das Preussische Etats-, Kassen- und Rechnungswesen, in d. Rahmen d. Gesetzes, betr. d. Staatshaushalt, vom 11. Mai 1898 (G.S. S. 77) unter Benutzung amtl. Quellen f. d. prakt. Gebr. bearb. v. H. **Schreiber**, Geh. Rechn. R. in Potsdam. *Potsdam: Selbstverl. 1900.* (VIII, 840 S.) 8° [F.] (01. 435

Schreiber, H(erm.), das preußische Etats-, Kassen- u. Rechnungswesen, in dem Rahmen des Gesetzes, betr. den Staatshaushalt, vom 11. V. 1898 (G. S. S. 77) unter Benutzg. amtlicher Quellen f. den praktischen Gebrauch bearb. gr. 8. (VIII, 846 S.) Potsdam 900. (A. Stein.) n. 15. —; erm. Pr. n. 12. —; geb. n 15. —

Schreiber, H., Gesetz, betr. den Staatshaushalt. Vom 11. V. 1898. (G. S. S. 77.) F. d. prakt. Gebrauch — unt. Einschaltg. d. in Kraft geblieb., im Gesetze, in dessen Begründg. u. im Kommissionsberichte üb. s. Vorberathg. angezog. früh. Gesetze u. Allerhöchsten Verordngn., Allerhöchsten Instruktionen u. Regulative, sow. allgem. Verfüggn. d. Ministerien u. d. kgl. Ober-Rechnungskammer — dargest. klein 4. (182 S.) Berlin 898. R. Rieß. n. 3. —

Schreiber, H., **Gesetz,** betr. den Staatshaushalt. Vom 11. V. 1898. (G.S. S. 77.) Für den prakt. Gebrauch — unter Einschaltg. der in Kraft gebliebenen, im Gesetze, in dessen Begründg. u. im Kommissionsberichte üb. seine Vorberatg. angezogenen früheren Gesetze u. Allerhöchsten Verordngn., Allerhöchsten Instruktionen u. Regulative, sowie allgemeinen Verfüggn. der Ministerien u. der königl. Ober-Rechnungskammer, ferner der nach dem Inkrafttreten d. Gesetzes ergangenen Ausführungsbestimmngn. — zusammengestellt. 2. verm. u. verb. Aufl. (IV, 303 S.) gr. 8. Potsdam 907. A. Stein. 7. —

Schreiber, Hermann: Ueber Halogenderivate des β-Aminocrotonsäureesters. 1901. 35 S. 8° ¶ Ausz. in: J. Liebig's Annalen d. Chemie. Bd 317.
Hannover, Dr.-Ing.-Diss. v. 5. 6. 1901

Schreiber, Hermann, a. Schrimm: **Schopenhauers Urteile über Aristoteles.** Breslau 1905: H. Fleischmann. (64 S.) 8°
Breslau, Phil. Fak., Ref. Freudenthal, Diss. v. 14. Juli 1905
[Geb. 21. Aug. 83 Schrimm Prov. Posen; Heimatsort: Schrimm; Staatsangeh.: Preußen; Vorbildung: Gymn. Schrimm Reife O. 01; Studium: Breslau 8 S.; Rig. 31. Mai 05.]

Schopenhauer's Urteile über Aristoteles von Dr. Hermann **Schreiber.** Breslau 1905: H. Fleischmann [auf d. Umschl. aufgeklebt: Breslau: Koebner in Komm.]. (64 S.) 8°
Erschien auch als Inaug.-Diss. Breslau 1905. [06. 394

Schreiber, Hippolyt Albrecht

Schreiber, Hippolyt, Aurelia. Bilder u. Träume aus Baden u. d. Umgegend. 8. (16¼ B.) Baden 844. Carlsruhe, Bielefeld. *

Schreiber, Hippolyt, Baden-Baden. Wegweiser durch Stadt und Umgegend. 16. (IV und 92 S.) Baden-Baden 867 Marx. *
Mit Plan *
Ist auch in französischer Sprache zu gleichen Preisen erschienen.

Schreiber, Hippol., Baden-Baden. Wegweiser durch Stadt und Umgegend. 2. verb. und verm. Aufl. 16. (IV, 102 S.) Baden-Baden 869, Marx.

—— dass. — Traduit de l'allemand par Auguste Wilké. 2e édit. revue et augmentée. 16. (IV, 94 S.) Ebendas. 869.

—— neuer Führer f. Reisende u. Kurgäste in u. um Baden, nebst e. Geschichte d. Stadt. 8. (13½ B. u. 1 Karte, gr. 4.) Carlsruhe 830, Velten.

Schreiber, H(ippol.). A(lbr.)., Führer f. Reisende durch d. Großhrzgth. Baden. gr. 12. (19 B.) Carlsruhe 828, Marx.

—— a new guide through Baden and its Environs, for travellers and visitors; together with a history of the town. Transl. by the P. Will. 8. (13 B. u. 1 Karte, gr. 4.) Carlsruhe 831, Velten.

—— a guidebook through the town and neigbourhood of Baden-Baden. 16. (IV und 81 S. mit 2 Tab. in qu. 8.) Baden-Baden 867, Marx. *

Schreiber, Hippolyt, s.: Sagen, die, v. Baden-Baden u. seiner Umgebg.

Schreiber, Hub., geschichtliche Entwicklung der Anschauung. (60 S.) gr. 8. Paderborn 907. F. Schöningh. 1.20

Schreiber, Hub., Führer zur zweiten Lehrerprüfung. Nach der neuen Prüfungsordng. vom 1. VII. 1901 bearb. Nebst e. Anh.: Schulgesundheitspflege u. Heilpädagogik. (72 S.) gr. 8. Köln 906. J. P. Bachem. n. 1.25

Schreiber, J., Alle Wege führen nach Rom. Vertrauliche Briefe zweier die Wahrheit liebenden Seelen. Regensburg. Pustet, 1898, 8°, XVI, 195 S., 2. Aufl., 1,88 Mk.
Stimmen a. M. Laach 1899, Heft 9 S. 135.

Schreiber, J, C. M., alle Wege führen nach Rom. Vertrauliche Briefe zweier die Wahrheit lieb. Seelen. 2. Aufl. 8. (XIV, 195 S.) Regensburg 899. F. Pustet. 1.40; geb. in Leinw. n. 1.80

Schreiber, J., C. M., **alle Wege führen nach Rom.** Vertrauliche Briefe zweier die Wahrheit lieb. Seelen. 3. Aufl. (XIV, 199 S.) 8. Regensburg 906. F. Pustet. n. 1.40; geb. in Leinw. n. 1.80

Schreiber, J., üb. d. religiöse u. ethische Anschauung Salzmanns, dargest. m. Beziehg. auf s. Pädagogik. gr. 8. (85 S.) Kaiserslautern 899. E. Crusius. n. 1.20

Schreiber, J., über Gehirndruck, s.: Naunyn, B.

Schreiber J., die Glasblasekunst 2. Ausg. (Schaupl. d. K. 177) Weimar 1854

Schreiber, J., manuel de la langue Tigraï parlée au centre et dans le nord de l'Abyssinie. gr. 8. (VII, 93 S.) Wien 887. Hölder. n. 6. —

Schreiber, J., manuel de la langue Tigraï. II. Textes et vocabulaire. gr. 8. (IV u. S. 95—227.) Wien 893. A. Hölder. n. 8. — (I u. II.: n. 14. —)

Schreibe, J.: Über die Notwendigkeit eines Zwangserziehungsgesetzes zur Bekämpfung der jugendlichen Kriminalität. Vortrag von J. Schreiber. Lokalschulinsp. Kaiserslautern: E. Crusius 1898. (27 S.) 8°

Schreiber, J., die Reform der Concessions-Gütertarife der oesterreich-ungarischen Bahnen. Vorschläge zur prakt. Lösg. dieser Frage. gr. 8. (51 S.) Wien 871. Lehmann & Wentzel. n. 1. 20

Schreiber, J., die Vaganten-Strophe der mittellateinischen Dichtung u. das Verhältnis derselben zu mittelhochdeutschen Strophenformen. Ein Beitrag zur Carmina-Burana-Frage. gr. 8. (IV, 204 S.) Strassburg 894. F. Schlesier. n. 6. —

Schreiber, J., wie entsteht Rheumatismus u. wie heilt man ihn? Nach dem vom Autor auf der 76. Versammlung deutscher Naturforscher u. Aerzte zu Breslau geh. wissenschaftl. Vortrage populär behandelt. (16 S.) 11. 8. Meran 905. F. W. Ellmenreich. — 30

Schreiber, J., Wie entsteht Rheumatismus und wie heilt man ihn? 8°. (16 S.) Meran: Pötzelberger 1905. K —.30

Schreiber, J. C., (Kunstgärtner,) kurze u. gründl. Anweis. zum Beschneiden der Fruchtbäume. Mit 1 Abbild. 8. Züllichau 820. Darnmann. 9 gl.

Schreiber, J. C., kurze u. gründl. Anweisung zum Beschneiden d. Fruchtbaume. 8. Züllichau 820. (Berlin, Eyssenhardt.) 3 sgl.

— Auswahl kleiner Gedichte f. Stammbücher. 8. Leipz. 809. 2e A. 811. 3e A. 815. (W. Nauck). 4e Aufl. (A. u. d. T.: Vergißmeinnicht.) 820. 16. Ebd 21 gl.

Schreiber, J. C., († …) verschied. kurze physikal.-philosoph.-medicin. Betrachtt. 8. Berl. 774. Decker. (Rottmann). 6 gl. 2e verb. Aufl. unt. d. T.: medicin. chirurg., theoret. u. prakt. Unterricht üb. alle Arten von vener. Krankheiten rc. 8. Berl. 776. Maurers B. 4 gl.

Schreiber, J. C., neues Bilder-Allerley aus dem Gebiete d. Guten, Wahren, Nützlichen rc. 1r Jahrg. m. ill. K. gr. 8. Lpz. Sommer. 810.

Schreiber, J. C., (J. C. Sommer,) neues Bilder-Allerlei aus d. Gebiete des Guten, Wahren u. Nützlichen rc. 1r Jahrg. 4 Bde. u. 2r Jahrg. 1r Bd. Mit 13 ill. Kpf. gr. 8. Leipz. 810. (W. Nauck). 6 ♂ N. A. 5 Thle. gr. 8. Ebd. 820. Ebd. 7 ♂ 12 gl. 1r—4r Bd. A. u. d. T.: neuer Orbis pictus, od. großes Bilderbuch rc. 4 Bde. Mit 52 ill. Kpf. Ebd. N. A. 820. 6 ♂ 5r Bd. A. u. d. T.: allgemeinnützl. u. unterhalt. großes Bilderbuch f. Kinder beider Geschlechte von 8 bis 14 Jahren. 1r Bd. Mit 13 ill. Kpf. gr. 8. Ebd. 820. 1 ♂ 12 gl. (1r—4r Bd. Auch noch u. d. T.: Wochenblatt f. Kinder. No. 1—52.)

Schreiber, J. C., neues Bilderallerlei aus dem Gebiete des Nützlichen u. Schönen, f. Kinder beiderlei Geschlechts. 2r Jahrg. 1r Bd. mit K. gr. 8. Leipz. Sommer. 812.

Schreiber, J. Ch., neues Bilder-Allerley, aus d. Gebiete des Guten, Wahren u. s. w. 5 Bde. mit illum. Kpfrn. gr. 8. N. A. Leipzig, Sommer. 820.

— — allgemeinnützl. und unterhaltendes großes Bilderbuch für Kinder beyder Geschlechte von 8 bis 14 Jahren 1r Bd. Mit 13 illum. Kupf. gr. 8. Leipzig, Sommer. 820.

— der Denkfreund, od. Stoff zur Bildung des Verstandes u. des Herzens. 8. Leipz. 821. (W. Nauck). 8 gl.

— der Denkfreund, oder Stoff zur Bildung des Verstandes und des Herzens. 8. Leipzig, Sommer. 821.

— prophetisch-poetische Gemählde der Zukunft, eine Nachbildung der Offenbarung Johannis. 8. Zeit, Webel. 802.

— von vermischten Krankheiten. 8. Berlin, Maurer. 776.

— neuester Orbis pictus, od. die merkwürdigsten Gegenstände d. weibl. Welt, in gemalt. Abbildungen. 6 Bde. mit illum. Kupf. gr. 8. Ebend. 811—15.

— — neuer Orbis pictus, oder großes Bilderbuch der merkwürdigsten Gegenstände der wirkl. Welt und ausgemalten Abbildungen darstellend. 4 Bde. mit 52 illum. Kupfern. N. A. gr. 8. Ebend. 820.

Schreiber, (J. C.) Vergißmeinnicht, s. Vergißmeinnicht.

Schreiber, J. F. (Hrsg.), s. Abbildungen landwirtschaftlich nützlicher und schädlicher Tiere.

Schreiber, J. F., an Jesus noster redemtor possit vocari minister fabri lignarii? Jen. 1743. 4.

SCHREIBERS ANSCHAUUNGSUNTERRICHT. — BILDER zum Anschauungs-Unterricht für die Jugend. Erster Theil. Enthaltend 30 [hand]colorirte Blätter [in Lithogr.] mit Abbildungen verschiedenartiger Gegenstände. Stuttgart und Eßlingen, Verlag von Schreiber & Schill [c. 1830?] Titel, 10 S. (deutscher u. französ. Text) u. 30 Doppeltafeln. Kl.-fol. Hlwd. 45.—

★ Erstausgabe eines rasch sehr beliebt gewordenen und bis ins 20. Jahrhundert immer wieder aufgelegten Anschauungswerkes. Besonders die großen Tierbilder sind bemerkenswert. In den frühen Ausgaben sind die Lithogr. teilw. bezeichnet: Englert fec. — Das Ex. ist ziemlich gut erhalten, hie u. da Benutzungsspuren, kleine Ausbesserungen u. Bleistiftnotizen, einige Fleckchen, die Textseiten etwas beschnitten.

[SCHREIBERS ANSCHAUUNGSUNTERRICHT III.]. — [SCHMID.] Bilder zum Anschauungs-Unterricht für die Jugend. Dritter Theil. Enthaltend Ausländische, nach geographischen Rücksichten geordnete Naturgegenstände. Stuttgart und Eßlingen, Schreiber & Schill [ca. 1855]. 2 Bl. 32 S. und 30 schöne, handkolorierte Doppeltafeln (Pflanzen und Käfer, Tiere in Landschaften, exotische Szenen etc.) Folio. Hlwd. m. farb. Deckelbild. 40.—

★ Erstausgabe dieses wichtigen, einflußreichen Buchs. Die prächtigen lithogr. Tafeln sehr schön koloriert. — 2 Textbll. sauber geflickt. Gutes Ex.

Schreiber's humoristische Bibliothek. Nr. 1—9. gr. 8. Eßlingen, J. F. Schreiber. à n. 1.—
1. Kleinen, die „lieben". Mit Illustr. schwarz u. bunt v. M. Ade, K. Hellig, L. Meggendorfer, J. Mukarowsky, K. Pommerhanz, V. Schramm u. a. Mit Versen v. Geo. Böttcher. (109 S.) 899.
2. Unterwegs. Gereimtes u. Ungereimtes zur Unterhaltung f. Draußen u. Daheim. Mit (zum Tl. farb.) Illustr. erster Künstler. (109 S.) 899.
3. Aus fröhlicher Studentenzeit. Heiteres aus dem Studentenleben in Wort u. Bild. (Mit zum Tl. farb. Illustr.) (111 S.) 899.
4. Vom Ewig-Weiblichen. Heiteres aus der modernen Gesellschaft in Wort u. Bild, m. teilweise bunten Illustr. namhafter Künstler. (109 S.) 899.
5. „Seppl", „Der Einjährige Müller" u. andere Humoresken. Von Th. Müller. (95 S. m. z. Tl. farb. Abbildgn.) (901.)
6. Der „Taugenichts" u. andere Humoresken. Von T. Reja. (95 S. m. Abbildgn.) (901.)
7. Die „Ferien"-Buben. Lustige Bubenstreiche m. Bildern v. Karl Pommerhanz u. Versen v. O. Jegerl. (80 S.) (902.)
8. Struwwelpeter f. große Kinder. Von O. Jegerl. (75 S. m. farb. Abbildgn.) (902.)
9. Bettellieder. Von A. O. Markus. Mit Illustr. v. Carl Becker. (46 S.) (902.)

Schreiber's humoristische Bibliothek. Nr. 10—13. 8. Eßlingen, J. F. Schreiber. à n. 1.—
10. „Flitterwochen" u. andere heitere Geschichten. Von J. Merkl. (80 S. m. Abbildgn.) (904.)
11. Der entlehnte Bräutigam u. andere Humoresken. Von H. Horina. (80 S. m. Abbildgn.) (904.)
12. Die mißlungene Suggestion u. a. Humoresken. Von Frz. Balke. (80 S.) (905.)
13. Lustige Liebe. Humoresken. Von J. Merkl. (80 S.) (906.)

Schreiber's humoristische Bibliothek. Nr. 14. 8. Eßlingen, J. F. Schreiber. (Urspr. Pr. 1.—)
Gegengift u. andere Humoresken. Von H. Horing. (80 S. m. Abb.) (907.)
Die Bde. 1—3, 5—7 u. 9 sind vergriffen.

Schreiber's Bilderbücher auf Leinwand m. Lack-Anstrich. Nr. 1. 3. 4. 9. 10. 15—19. 4. Esslingen 874—76. Schreiber. n. 17. 20

1. Bilder m. Versen. 2. Aufl. (8 Chromolith.)	n. 2. —
3. 9. u. 10. (à 12 Chromolith.)	à n. 2. —
4. (12 Chromolith.)	n. 1. 50
15. Diverse Genre-Bildchen. 4. (8 Chromolith.)	n. 1. 50
16. Jahreszeiten. qu. gr. 8. (12 Chromolith.)	n. 2. —
17. Bilder m. Verschen. 4. (12 Chromolith.)	n. 2. —
18. u. 19. Thierbilder. br. 8. (8 u. 10 Chromolith.)	à n. 1. 10

Schreiber's, [J. F.], Bilderbücher auf Leinwand mit Lackanstrich. Nr. 20—24. gr. 4. Eßlingen 878, Schreiber. cart. *
Inhalt:
Nr. 20. 21. Kinderscenen. (à 8 color. Stnt.) à * M 1,50.
„ 22. Hausthiere. (8 color. Stnt.) * M 1,50.
„ 23. Kinderscenen. (6 color. Stnt.) * M 2.
„ 24. Thierscenen. (6 color. Stnt.) * M 2.

Schreiber's Bilderbücher auf Leinwand m. Lack-Anstrich. Nr. 4, 5 u. 25. 4. Eßlingen 883. Schreiber. geb. n. 8. —

4. Acht feine (chromolith.) Kinderbilder m. Verschen.	n. 2. 50
5. ABC-Buch. (8 Chromolith.)	n. 1. 50
25. 16 feine (chromolith.) Kinderbilder m. Verschen.	n. 1. —

— **Bilder=Werke** f. den Anschauungs-Unterricht in Schule u. Haus. Volks=Ausg. 1—8. Bd. Fol. Ebend. 883. cart. à n. 3. —

1. Verschiedenartige Gegenstände. Für das früheste Jugendalter. (4 S. m. 30 color. Steintaf.)
2. Arbeitsstätten u. Werkzeuge der wichtigsten Handwerker. (38 S. m. 24 color. Steintaf.)
3. Die Jahreszeiten in Bildern. (27 S. m. 30 color. Steintaf.)
4. Die wichtigsten Giftgewächse u. einheimische Culturpflanzen. (12 S. m. 30 color. Steintaf.)
5. Ausländische Culturpflanzen. (34 S. m. 36 color. Steintaf.)
6. Wilde Tiere aller Zonen. (20 S. m. 60 color. Steintaf.)
7. Geologische Bilder der Vorwelt u. der Jetztzeit. (37 S. m. 24 color. Steintaf.)
8. Die Physik in Bildern. (IV, 18 S. m. 30 color. Steintaf.)

Schreiber, J. F., die Eisenbahnen als öffentliche Verkehrseinrichtungen u. ihre Tarifpolitik. gr. 8. (XVI, 264 S.) Wien 887. Hartleben. n. 4. —

Schreiber's, Kinderbücher. Nr. 1—7. Eßlingen 865—68. Schreiber. gr. 4. cart. 2 *ℛ* 16 *ngr.*

Nr. 1. Die Geschichte von Gustav, dem naschhaften Knaben. (6 Blatt Text mit 6 lith. u. color. Bildern.) 10 *ngr.*

Nr. 2. Die Geschichte vom lieben Hänschen Rothbrüstchen in zierlichen Reimen u. liebl. Bildern, die treulich diesen Vorfall schildern. (6 color. Steintaff. u. 6 Blatt Text.) 10 *ngr.*

Nr. 3. Die Geschichte von Miezchen u. Mäzchen, zwei wunderschönen Kätzchen, für liebe Mädchen u. Knaben, die Freude an Bildern u. Reimen haben. 1—3. Aufl. In moral. Versen erzählt, u. illustr. durch 6 (lith. u.) color. Bilder. (6 Blatt Text.) 10 *ngr.*

Nr. 4. Die Geschichte vom Azor, dem bösen Hundchen, u. wie es demselben ist ergangen, weil es allerlei Schlimmes angefangen. 1. u. 2. Aufl. (6 Blatt Text mit 6 lith. u. gemalten Bildern.) 10 *ngr.*

Nr. 5. Die Geschichte vom Rothkäppchen. Ein allerliebstes Märchen der lieben Jugend erzählt. 1—3. Aufl. (6 Blatt Text mit 6. lith. u. color. Bildern.) 12 *ngr.*

Nr. 6. Die Geschichte vom Dornröschen. Ein allerliebstes Märchen der lieben Jugend erzählt. 1. und 2. Aufl. (6 Blatt Text mit 6 lith. u. color. Bildern.) 12 *ngr.*

Nr. 7. Die Geschichte vom Schneewittchen. Ein allerliebstes Märchen der lieben Jugend erzählt. Mit 6 (lith. u. color.) Bildern. (6 Bl. Text.) 12 *ngr.*

—— **Kinderbücher.** Nr. 1—8. 8. (à 10 S. mit 8 Chromolithogr.) Ebendas. 874. à Nr.

Inhalt:

Nr. 1. Rothkäppchen.
= 2. Lieb' Mütterlein.
= 3. Rothkehlchen.
= 4. Das Gastmahl der Hunde.
= 5. Eine Katzen-Gesellschaft.
= 6. Die Geschichte vom Matz.
= 7. Harras, der Riesentödter.
= 8. Die drei Bären.

—— dass. — Nr. 9—16. Allerlei Bilder, Verschen und Geschichtchen in bunter Reihe. 8. (à 10 S. mit 4 Chromolithogr. und eingedr. Holzschn.) Ebendas. 874. à Nr.

—— dass. — Nr. 17—25. 8. Ebendas. 874. à Nr.

Inhalt:

Nr. 17. Rothkäppchen. Feinere Ausg. (14 S. mit 4 Chromolithogr.)
= 18. Harras, der Riesentödter. Feinere Ausg. (14 S. mit 4 Chromolithogr.)
= 19. Lieb' Mütterlein. Feinere Ausg. (12 S. mit 4 Chromolithogr. und 2 Holzschntaf.)
= 20. Die kleine Kinderwelt. (13 S. mit 4 Chromolithogr. und 1 Holzschntaf.)
= 21. Eisenbahn-Bilderbuch. (13 S. mit 4 Chromolithogr., 1 Holzschntaf. und 3 eingedr. Holzschn.)
= 22. Unsere Hausthiere. (14 S. mit 4 Chromolithogr. und 5 eingedr. Holzschn.)
Nr. 23. Hunde-Geschichten. (11 S. mit 4 Chromolithogr., 3 Silhouetten-Bildern und 1 eingedr. Holzschn.)
= 24. Hans Kaspar und seine Frau. (13 S. mit 4 Chromolithogr. und 1 Holzschntaf.)
= 25. Lustige Kinderlieder. (14 S. mit 4 Chromolithogr. und 4 eingedr. Holzschn.)

Schreiber, J. F., resp. G. D. **Funck,** De lacrimis ac fletu repetitae magisque evolutae. 38 pp. Lps. 4°. 1729

— **Leinwand=Bilderbücher** m. Lackanstrich. Nr. 1, 2, 4—7, 9, 13, 17, 20, 21 u. 24. 4. Ebend. 884—86. n. 23. —

1. Allerlei Spielzeug f. kleine Kinder. Neue Aufl. (8 Chromolith. m. Text.) n. 2. —
2. Wie das Kind sein soll. Neue Aufl. (8 Chromol.) n. 1. 50
4. Das bunte Buch. (8 Chromolith. m. Text.) n. 2. 50
5. ABC=Buch. Neue Aufl. (8 Chromolith.) n. 1. 50
6. Dasselbe. Neue Aufl. (8 Chromolith.) n. 2. 50
7. Unsere Lieblingstiere. Neue Aufl. (8 Chromolith. m. Text.) n. 2. 50
9. Der unzerreißbare Struwwelpeter. (8 Chromolith. m. Text.) n. 1. 50
13. Auf dem Lande. Neue Aufl. (6 Chromolith.) n. 2. —
17. Bildergeschichten. (12 Chromolith. m. Text.) n. 2. —
20. 21. Kinderscenen. (à 8 Chromolith. m. Text.) à n. 1. 50
24. Bilder aus dem Tierleben. (7 Chromolith.) n. 2. —

Schreiber's [J. F.] (II.), Leinwand=Bilderbücher mit Lack=Anstrich. Nr. 1, 4, 5, 7, 9, 10, 17, 20, 21 und 24. 4. Eßlingen, Schreiber. geb. [* *M* 19.50.] *

Inhalt:

Nr. 1. Allerlei Spielzeug für kleine Kinder. (Neue Aufl.) (8 Chromolithogr. mit eingedr. und 1 S. Text.) 885. * *M* 2.—.
= 4. Das bunte Buch. (8 Chromolithogr. mit eingedr. Text.) 886. * *M* 2.50.
= 5. ABC-Buch. (Neue Aufl.) (9 Chromolithogr.) 885. * *M* 1.50.
Die folgende Aufl. u. d. T.:
Das unzerreißbare A=B=C. (8 Chromolithogr., nebst 10 S. Text mit eingedr. Fig.) 887. * *M* 2.—.
Nr. 7. Unsere Lieblingstiere. (Neue Aufl.) (8 Chromolithogr. mit eingedr. und 2 S. Text.) 885. * *M* 2.50.
= 9. Der unzerreißbare Struwelpeter. (8 Chromolithogr. mit eingedr. und 1 S. Text.) 885. * *M* 1.50.
= 10. Unzerreißbarer Bilderschatz. (6 Chromolithogr., nebst 8 S. Text mit eingedr. Fig.) 885. * *M* 2.50.
= 17. Bildergeschichten. (12 Chromolithogr. mit eingedr. Text.) 886. * *M* 2.—.
= 20.} 21.} Kinderscenen. (à Nr. 8 Chromolithogr. mit eingedr. Text.) 886. à Nr. * *M* 1.50.
= 24. Bilder aus dem Tierleben. (7 Chromolithogr.) 885. * *M* 2.—.

Schreiber's Leinwand=Bilderbücher m. Lack=Anstrich. Nr. 5 u. 10. 4. Eßlingen 887. Schreiber. geb. n. 4. 50

5. Das unzerreißbare A=B=C. (8 Chromolith., nebst 10 S. Text m. eingedr. Fig.) n. 2. —
10. Unzerreißbarer Bilderschatz. (6 Chromolith., nebst 8 S. Text m. eingedr. Fig.) n. 2. 50

— lackirte Leinwand=Bilderbücher. Nr. 9. 11. 12. u. 28. 4. (à 8 Chromolith.) Ebend. 880. geb. n. 7. —

9. n. 2. —. — 11. n. 1. 50. —. — 12. n. 1. 50. — 28. n. 2. —

—— lackirte Leinwand=Bilderbücher. Nr. 1—7, 9, 11—13, 20—25, 28. Ebendas. geb. *

Inhalt:

Nr. 1. Allerlei Spielzeug für kleine Kinder. (8 Chromolithogr.) 885. * *M* 2.
= 2. Ein Bilderbuch für kleine Kinder. (8 Chromolithogr.) 884. * *M* 1,50.
= 3. Abc-Buch. (12 Chromolithogr.) 883. * *M* 2.
= 4. Bilder mit kindlichen Verschen. (8 Chromolithogr.) 883. * *M* 2,50.
= 5. ABC=Buch. (8 Chromolithogr.) 883. * *M* 1,50.
= 6. —— dass. — (8 Chromolithogr.) 884. * *M* 2,50.
= 7. Unsere Lieblingstiere. (8 Chromolithogr.) 885. * *M* 2,50.
= 9. Der unzerreißbare Struwelpeter. (8 Chromolithogr.) 885. * *M* 1,50.
= 11. Das spielende Kind. (8 Chromolithogr.) 884. * *M* 1,50.
= 12. Fröhliches Treiben in Stadt und Land. (8 Chromolithogr.) 884. * *M* 1.50.
= 13. Auf dem Lande. (6 Chromolithogr.) 884. * *M* 2.
= 20. Kindliche Bilder mit hübschen Verschen. (8 Chromolithogr.) 884. * *M* 1,50.
= 21. Scenen aus dem Kinderleben. (8 Chromolithogr.) 884. * *M* 1,50.
= 22. Haustiere. (8 Chromolithogr.) 883. * *M* 1,50.
= 23. Bilder aus dem Leben der Kinder. (6 Chromolithogr.) 883. * *M* 2.
= 24. Bilder aus dem Tierleben. (6 Chromolithogr.) 885. * *M* 2.
= 25. Bilder und Verschen. (16 Chromolithogr.) 883. * *M* 4.
= 28. Bildertafeln. (8 Chromolithogr.) 880. * *M* 2.

— **kleine illustrirte Naturgeschichte** d. Mineral=, Pflanzen= u. Thierreichs f. Schule u. Haus. Nach den neuesten Forschgn. u. m. Größenangaben nach dem Metersystem umgearb. v. L. Hopf. 3 Thle. Mit 502 nach der Natur u. den besten Originalen gezeichneten u. fein color. Abbildgn. auf 23 (lith.) Taf. gr. 8. (346 S.) Ebend. 874. n. 4. 50; geb. n. 6. —

1. Mineralreich. (44 S.) — 60
2. Das Pflanzenreich. (98 S.) 1. 20
3. Das Thierreich. (204 S.) 3. —

Schreiber's großes Puppentheater. Ein lustiges lebendiges Bilderbuch für die Jugend. 9 (lith. u. color.) Bilder mit beweglichen Figuren nach Compositionen von C. Hüberlin. Mit Text. Eßlingen 864. Schreiber. Fol. 1 *ℛ* 15 *ngr.*

Schreiber's Struwelpeterbuch. Der böse Peter u. das brave Fritzchen. Eine lehrreiche Geschichte in 16 Versen. Zur Warnung u. Belehrung der lieben Jugend nebst 16 in Tondr. color. feinen (lith.) Bildern nach Orig.-Compositionen von Maler Carl Häberlin. 1—3. Aufl. Eßlingen 866—68. Schreiber. gr. 4. cart. 15 ngr.

Schreiber, J. F., das Tarifwesen der Eisenbahnen, s.a. Bibliothek d. Eisenbahnwesens.

Schreiber, J. F., Das Tarifwesen der Eisenbahnen, dessen betriebsökonomische Aufgaben u. Stellung im wirthschaftl. u. social. Staatsleben d. Gegenwart. 8. (VIII u. 256 S.) (Bibliothek d. Eisenbahnwesens Bd. II.) Wien, A. Hartleben. Geb. 2 fl. 20 kr. 1884.

— lustige Thierbilder. Nr. 1.: Die Geschichte von den fünf Schweinchen oder Jedem nach Verdienst. Ein lehrreiches Geschichtchen in Versen u. Bildern. Von C. Ferdinand. 3. Aufl. Ebend. 867. qu. 4. (12 color. Steintafl.) cart. 9 ngr.

— **künstlerische Wandbilder f. den Anschauungs-Unterricht, nach Angaben v. Frz. EnglODer gezeichnet von Leo Kainradl. Taf. 1—6. Je etwa 85 × 115 cm. Farbdr. Ebd. (904. 905).** à 3.—; **auf Leinw. m. Stäben à n.n. 4.60 u. lackiert à n.n. 5.—**
1. Der Winter. — 2. Der Herbst. — 3. Der Sommer. — 4. Der Wald. — 5. Der Frühling. — 6. Wiese u. Wasser.

Schreiber'sche, Die, naturgeschichtl. Wandbilder in böhm. Ausg., in 3 Abth. zu 30 color. Bild auf 5 gr. Taf. (Velké nástěnné tabule přírodopisné. I Ssavci. II Ptáci. III Ptáci.) Wien, Eduard Hölzel. Auf Lwd gespannt in Mappe 20 fl., mit Stäben 29 fl., einzeln à 7 fl. u. à 10 fl. 1885.

— Neue Wandtafel f. den Sprach- u. Anschauungsunterricht. Originale v. Leo Kainradl. 92×123 cm. Farbdr. Ebd. (907).
3.—; auf Leinw. m. Stäben 5.—; lackiert 5.50

Schreiber's Wandtafel zur Veranschaulichung der geographischen Grundbegriffe. Entworfen v. Jos. Wild. Farbendr. 82,5 × 110,5 cm. Eßlingen 891. J. F. Schreiber. n. 3. —; auf Leinw. m. Stäben n. 4. 60; u. lackiert n. 5. —

Schreiber's anatomische Wandtafeln m. zerlegbaren Abb. in Lebensgröße. 4 Farbdr. à 166 × 66 cm. Nebst Text: Ebenhöch, P., die Anatomie u. Physiologie des menschl. Körpers. Leitfaden zur Erläuterg. d. anatom. Wandtafeln u. zerlegbaren Abb. Zum Gebrauche f. Gymnasien 2c. bearb. (Nach d. Verf. Tode fachmänn. rev. u. erheblich erweit.) gr. 8. (52 S. m. Abb.) Eßlingen 898. J. F. Schreiber. Auf Leinw. n. 25. —; Text allein n. 1. —
I. Das Knochengerüste. Einzelpr. n. 3. —
II. Muskulatur u. Eingeweide (m. zerlegbaren Abb.). Einzelpr. n. 17. 50
III. Blut- u. Lymphgefäßsystem. Einzelpr. n. 3. —
IV. Das Nervensystem. Einzelpr. n. 3. —

— **15** große kolorierte Wandtafeln der Naturgeschichte des Tierreichs. (Mit deutschen u. latein. Unterschriften.) 3 Tle. Ebd. (900). Auf Leinw. m. Oesen in Mappe à n. 9. —; lackiert m. Stäben à n. 12. —; Text dazu n. 3. 20
1. Säugetiere. 5 Taf. (à 6 Bl.) m. 159 Abbildgn. à 86,5×73,5 cm. Nebst Text. (10. Aufl.) Fol. (VI, 22 S. m. Abbildgn.) (886.) n. —60. — 2. Vögel. 5 Taf. (à 6 Bl.) m. 195 Abbildgn. à 89×74 cm. Nebst Text. (9. Aufl.) Fol. (VI, 22 S. m. z. Tl. farb. Abbildgn.) (856.) n. —60. — 3. Amphibien, Fische, Weich- u. Schaltentiere, Insekten, Würmer u. Strahlentiere. 5 Taf. (à 6 Bl.) m. 342 Abbildgn. à 85×74 cm. Nebst Text. 10. gänzlich neu bearb. Aufl. Fol. (IV, 76 S.) (896.) n. 2. —.

— große Wandtafeln f. den ersten Anschauungs-Unterricht. (Mit deutschen u. französ. Unterschriften.) 3 fein kolor. Taf. (à 6 Bl.) m. ca. 300 Abbildgn. à 86 × 114 cm. Ebd. (900). Auf Leinw. m. Oesen in Mappe n. 9. —; lackiert m. Stäben n. 12. —

— große Wandtafeln der Arbeitsstätten u. Werkzeuge der Handwerker. 4 fein color. Taf. (à 6 Bl.) m. 24 Abbildgn. à 82×71,5 cm. Ebd. (900). Auf Leinw. m. Oesen in Mappe n. 8. —; lackiert m. Stäben n. 10. 40

— **große kolorierte Wandtafeln der Geologie. (Mit latein. Unterschriften.) 3 Taf. (à 6 Bl.) à 85×73 cm.** Ebd. **(900).** Auf Leinw. m. Oesen in Mappe n. 7. 50; **lackiert m. Stäben n. 10. —**; nebst Text v. Fr. Nolle. Fol. (VI, 40 u. III S.) n. 1. —

— große kolorierte Wandtafeln des Mineralreichs. Von J. G. v. Kurr. 4 Taf. (à 6 Bl.) m. 609 Abbildgn. 77,5×73,5; 56,5×77; 56×76,5 u. 56,5×76,5 cm. Ebd. (900). Auf Leinw. m. Oesen in Mappe n. 9. —; lackiert m. Stäben n. 12. —; nebst Text v. A. Kenngott. Fol. (VI, 78 S.) n. 2. —

— **große kolorierte Wandtafeln der Naturgeschichte. VII. Tl. Ebd.** Auf Leinw. in Mappe n. 8. —; m. **Stäben** u. lackiert n. 10. 40; Text dazu n. — 60
Unsere wichtigeren Giftgewächse. (Samenpflanzen, Phanerogamae.) Von v. Ahles. 3 Taf. Je 100×80 cm; Text. (VIII, 16 S.) 4.

— große kolorierte Wandtafeln der Naturgeschichte der Pflanzen. (Mit deutschen u. latein. Unterschriften.) 5 Taf. (à 6 Bl.) m. 147 Abbildgn. à 82,5×74,5 cm. Farbdr. Ebd. (900). Auf Leinw. m. Oesen in Mappe n. 9. —; lackiert m. Stäben n. 12. —; nebst Text von Joh. Gröuland. Fol. (VI, 12 S.) n. — 40

— große kolorierte Wandtafeln landwirtschaftlich nützlicher u. schädlicher Tiere. Hrsg. im Auftrage der kgl. württemb. Zentralstelle f. Landwirtschaft. 6 Taf. Ebd. (900).
Auf Leinw. m. Oesen in Mappe n. 14. —; lackiert m. Stäben n. 17. 50
I. Kleinere Säugetiere. 64,5×76,5 cm. — II. Vögel. 67×81 cm. — III. Reptilien. 62×78,5 cm. — IV. Nützliche Insekten, Spinnen, Asseln. 67×82,5 cm. n. 7. 50; bezw. n. 10. —. — V. VI. Landwirtschaftlich schädliche Insekten. Bearb. v. Gust. Jäger u. E. Hofmann. à 70×79,5 cm. Mit Text. 12. (60 S.) 881. n. 6. 50; bezw. n. 7. 50; Text allein n. — 50.

Schreiber's Grosse colorirte Wandtafeln z. Unterricht in der Naturgeschichte. Unsere wichtigeren Giftgewächse (m. ihren pflanzlichen Zergliederungen). Th. 1. Samenpflanzen. (Esslingen 1874). 3 m. st. kol. Tvl., paa Lærred, m. Stokke.
— — (Tekst) v. Ahles (3. gänzl. umgearb. Aufl. v. M. C. F. Hochstetter's Giftgewächse ...). S. St. o. A. 14 S. Fol.

Schreiber's Grosse colorirte Wandtafeln z. Unterricht in der Naturgeschichte. Die wichtigeren Handelspflanzen. (Gezeichnet v. H. Gross. M. e. Vorw. v. Ahles). (Esslingen 1880). 3 m. st. kol. Tvl., paa Lærred, m. Stokke.
— (Tekst m. Tit.): Die wichtigeren Handelspflanzen in Bild und Wort. S. St. o. A. 34 S. Fol.

— große kolor. Wandtafeln zum Unterricht in der Naturgeschichte. Die wichtigeren Handelspflanzen. (Mit deutschen u. latein. Unterschriften.) 3 Taf. (à 6 Bl.) m. 56 Abbildgn. à 87×74 cm. Ebd. (900). Auf Leinw. m. Oesen in Mappe n. 8. —; lackiert m. Stäben n. 10. 40; nebst Text von v. Ahles. Fol. (V, 31 S.) n. 1. —

—— große Wandtafeln der Naturgeschichte der Amphibien. 5 Blatt. Lithogr. und ill. Imp.-Fol. Eßlingen 864, Schreiber. *
Auf Leinw., mit Stäben und lackirt * *

— **grosse Wandtafeln der Naturgeschichte der Pflanzen. 5 Taff. Lith. u. color. Ebend. 869. Imp.-Fol. Auf Leinw. u. mit Stäben.** n. 5 ℳ

Schreiber's grosse Wandtafeln der Naturgeschichte der Pflanzen. 2. und 7. Aufl. (5 T) auf Leinwand mit Stäben. Mit Text von J Gronland. Esslingen 1872 91

—— große Wandtafeln der Naturgeschichte der Säugethiere. 5 Blatt. Lithogr. und ill. Imp.-Fol. Eßlingen 863, Schreiber. *
Auf Leinw., mit Stäben und lackirt * *

Schreiber's grosse Wandtafeln der Naturgeschichte: Säugetiere. 2. und 9. Auflage. (5 T mit Text). — Vögel. 2. Auflage. (5 T mit Text). — Amphibien usw. 2. Auflage. (5 T mit Text). Auf Leinwand mit Stäben. Esslingen

—— große Wandtafeln der Naturgeschichte der Vögel. 5 Blatt. Lithogr. und ill. Imp.-Fol. Eßlingen 863, Schreiber. *
Auf Leinw., mit Stäben und lackirt * *

Schreiber's grosse naturwissenschaftliche Wandtafeln: Das Mineralreich von Kurr. (4 T) auf Leinwand mit Stäben. Esslingen 1884

— — Text dazu. 3. Auflage bearbeitet von A Kenngott. 4° Esslingen 1884

—— große Wandtafeln zum Unterrichte in der Naturgeschichte. 8 Thle. Lithogr. und color. Imp.-Fol. Ebendas.
Aufgezogen *
Lackirt mit Stäben * 1
Text *

Inhalt:
Thl. 1. Säugethiere. 5 Taf. mit 159 Abbild. Aufgezogen * M 10,80.; lackirt mit Stäben zum Aufhängen * M 15.; erläuternder Text. 8. * 40 Pf.
" 2. Vögel. 5 Taf. mit 195 Abbild. Aufgez. * M 10,80.; lackirt mit Stäben * M 15.; Text. 8. * 40 Pf.
" 3. Amphibien, Fische, Weichthiere, Schalenthiere, Insekten, Würmer und Strahlenthiere. 5 Taf. mit 342 Abbild. Aufgez. * M 10,80.; lackirt mit Stäben * M 15.; Text. 8. * 50 Pf.
" 4. Gift- und Culturpflanzen. 5 Taf. mit 150 Abbild. Aufgez. * M 10.; lackirt mit Stäben * M 14,40.; Text. 8. * 40 Pf.
" 5. Geologische Bilder von v. Hochstetter. 4 Taf. mit 7 Bildern aus der Vorwelt und 17 Bildern aus der Jetztwelt. Aufgez. * M 10,80.; lackirt mit Stäben * M 15.; Text * M 2.
" 6. Das Mineralreich von J. G. v. Kurr. 4 Taf. mit 490 Abbild. Aufgez. * M 10,80.; lackirt mit Stäben * M 15.; Text * M 2.
" 7. Die wichtigeren Giftgewächse von Ahles. 3 Taf. Aufgez. * M 8.; lackirt mit Stäben * M 10,40.; Text * M 1.
" 8. Eßbare und schädliche Schwämme von Ahles. 3 Taf. mit 30 Abbild. Aufgez. * M 8.; lackirt mit Stäben * M 10,40.; Text * M 1.

— dasselbe d. essbaren u. schädlichen Pilze. 2 Taf., enth. 40 in feinstem Farbendr. ausgef., naturgetreue Pilzabb. u. zahlr. mikroskop. Vergrösserg. à 89 × 62 cm. M. begleit. Text von v. Ahles gr. 8. (VII, 62 u. V S.) Ebd. 897. Auf Karton, m. Leinw.-Ränd. u. Oesen, in Mappe n. 6. —

— Wandtafeln der Schlachttiere. Entw. u. gez. v. P. Kramer. 4 Taf. (Fleischteile d. Hammels. Fleischteile des Schweines. Fleischteile des Rindes. Fleischteile des Kalbes.) Je 81 × 105,5 cm. Farbdr. Ebd. (909). 1.50; auf Leinw. m. Stäben 10.50 u. lackiert 11.70; einz. Taf. 1.20; bezw. 2.70 u. 3. —

— Wandtafeln zum Unterricht in der Geographie. Geographische Landschafts- u. Städtebilder. 1. Lfg. 6 Bilder auf 1 Taf. in Farbendr. 107 × 86 cm. Ebd. 893. n. 1.50; auf Leinw. in Mappe n. 2. —; u. lackiert m. Stäben n. 2.50
1. Die Oberfläche der Erde. — 2. Berlin. — 3. Schwarzburg. 4. Der Rhein bei Bingen. — 5. Baden-Baden. — 6. Rheinfall bei Schaffhausen.

— dasselbe z. Unterricht in d. Geographie. Geograph. Landschafts- u. Städtebilder. 2.—4. (Schluß-) Lfg. à 6 Bilder auf 1 Taf. in Farbendr. à 107 × 86 cm. Ebd. 895. à n. 1.50; auf Leinw. in Mappe à n. 2. —; u. lackiert m. Stäben à n. 2.50; Text zu d. 4 Lfgn. Fol. (12 S.) n. — 50
II. 7. Rigi. 8. Der Großglockner. 9. Die Dünen. 10. Leben im Meere. 11. Pußta. 12. Vesuv m. Neapel.
III. 13. Jerusalem. 14. Theegewinnung. 15. Reisfeld. 16. Zuckerrohrernte. 17. Aegypten. 18. Karawane in d. Wüste.
IV. 19. Kamerun. 20. Niagara. 21. Deutsche Ansiedlg. in Amerika. 22. Indianerdorf. 23. Urwald in Amerika. 24. Polarlandschaft.

Schreiber's 4 große kolorierte Wandtafeln zum Unterricht in der Anatomie, v. Eckardt (à 6 Bl.) à 89,5 × 76,5 cm. Eßlingen. (900). J. F. Schreiber. Auf Leinw. m. Oesen in Mappe n. 8. —; lackiert m. Stäben n. 10. —

— 2 kolorierte Wandtafeln (à 6 Bl.) f. den ersten naturkundlichen Unterricht. 81 Abbildgn. der wichtigsten Tiere aller Klassen. (Mit deutschen u. französ. Unterschriften.) à 86 × 79 cm. Ebd. (900). Auf Leinw. m. Oesen in Mappe n. 4. —; lackiert m. Stäben n. 5.

— 12 grosse Wandtafeln der f. den Ackerbau schädl. Tiere; v. J. Ritzema Bos. 2 Serien zu je 6 Taf. Je ca. 61 × 86 cm. Farbdr. Ebd. (908). Jede Serie 18.—; auf Leinw. m. Stäben 27.—; u. lackiert 30.—; Textheft. (38 S. m. Abb.) 8. 1. —

Das Hertzogthum Holstein Verfertiget v. J. George Schreiber in Leipzig. (ca. 1 : 900000.) Kupferstich, kol. 1 Bl. 4°. 23 30 cm.

Schreiber, J. K., Deutschlands Eisenbahnen u. Dampfschifffahrt. Ein unentbehrl. Taschenbuch für Eisenbahn- und Dampfschiff-Reisende. Nach den officiellen Bekanntmachungen der Directionen u. den zuverläss. Quellen zusammengestellt. 8. Leipzig 841, Hunger. 3/4 ₰

Schreiber, J. W., kleine dramaturgische Blätter. 2 Jhrg. 8. Frft. Eichenberg. 789–90. (3 2 Rthlr.)

Schreiber, J. W., († . . .) kleine vermischte Gedichte u. Briefe. 8. Lemgo 773. Meyer. 4 g̃

Schreiber, Jacob. Festschrift zur Erinnerung an den 75-jährigen Bestand des Männerchor Wiedikon (* *Umschlag:* M' W' Zürich. Festschrift zum Jubiläum des 75-j' Bestandes). 1831—1906. ⟨Mit zwei Illustrationen.⟩ Aus den Akten und Protokollen zusammengestellt ... von Jakob Sch'. 112 S. 8. Zürich, Allgem. Druckerei A.-G. ⟨A. Soland-Meier⟩, (1906).

Schreiber, Jakob: Die Vaganten-Strophe der mittellateinischen Dichtung und das Verhältnis derselben zu mittelhochdeutschen Strophenformen, e. Beitr. z. Carmina-Burana-Frage ... [Erschien vollst. 1894 bei F. Schlesier in Strassburg.] Strassburg i. E., Buchdr. Ch. Müh & C., 1894; 2 Bl., 104 S., 1 Bl. 8.
Strassburg, Phil. Fak., Inaug.-Diss. v. 1894

Schreiber, Jh., Franzchen der Knabe und Franz der Jüngling, oder des Lebens früheste Bedeutung. Ein sehr nützliches Erzählungsbuch für die Jugend. Mit 4 Kpfrn. 8. Grätz 834. Kienreich. 5/12 ₰

SCHREIBER, JOHANN S. J.: Die Jesuiten des 17. und 18. Jahrhunderts und ihr Verhältnis zur Astronomie. Freiburg 1903: Herder. 129 S. - 224 mm

SCHREIBER, JOHANN S. J.: Pater Christoph Steiner S. J. und seine Sonnenbeobachtungen. In: Natur u. Offenb. Jg. 48. 1902, S. 1-20, 78-93, 145-158, 209-221.

Schreiber, Johann Adam (Münchberg) A.S.117/28

Disputatio juridica de causis dubii litis eventus.
Präs. Johann Georg Fichtner.
Altdorf (Kohles) IV. 1710. 24 S.

W. v.: Christoph Sonntag, Präs., Johann David Guther, Johann Christian Pertsch. 31409

Schreiber, Johann Amos E.

— Leseübungen zur Beförder. des Unterrichts in gemeinnütz. Gegenständen. 8. Brünn 809.

Schreiber, Jh. Amos E., christl. Religionsgesänge f. Katholiken, zum Gebr. bei d. öffentl. Gottesdienst u. d. häusl. Andacht. 8. Brünn 802.

Schreiber, Jh. Gph., s. Chr Schreiber.

Schreiber, Jh. Fr. Salomon, († d. 3. Juli 1831.) Diss. inaug. med. de pathologia pulmonum. 8. Dorpat 815. (64 S.)

Schreiber, Johann Friedrich: Kurze doch zulängliche Anweisung zur Erkenntniß und Cur der vornehmsten Krankheiten des menschlichen Leibes, doch vornehmlich in Absicht auf erwachsene Mannspersonen... 216 S., gbd.

Leipzig: Breitkopf 1756

JB 2.101

— Anweis. zur Erkenntniß u. Kur der vornehmsten Krankheiten des menschl. Leibes rc. gr. 8. Leipz. 756. Breitkopf u. H. 8 gl. Latein. unt. d. T.: manuductio ad cognoscendos et curandos morbos, cura et sumpt. Petri Frogoretzky impressa. 8. Moskau 768.

— corporis et motus considerationes. 4. Petersb. (Hartknoch, Lps.) 731.

— Elementa medicinae physico-mathematica c. praef. Ch. Wolff. 8. Frcf. (Renger, Halle.) 731.

Schreiber, Jo. Frid.: Diss. epistolica de eo, quod iustum est circa vocationem ad munus ecclesiasticum vi, clam et precario obtinendam. Jenae (1742).

Schreiber, Ioh. Fr., Epistola ad A. Haller de medicamento a I. Stephens ctra. calcul. renum et vesicae etc. c. fig. 4. maj. Gotting. Vandenhök et R. 744. Rthlr.

Schreiber, Ioh. Fr., almagestum medicum introductio et physiologia medica. P. I. 4. maj. Vien. Kraus. (Sommer, Lps.) 757.

Schreiber, Jh. Fr., († d. 28. Jan. 1760.) almagesti medici introductio et physiologia medica. Pars I. 4maj. Wien 757. (List in Berl.) 1 rf 16 gl

Johann Friedrich Schreiber
1705-1760

Ioannis Fre[illegible]rici Schreiber Observationes et cogitata de pestilentia quae annis MDCCXXXVIII et MDCCXXXIX in Ucrainia grassata est. Adc. adp. continens observationes de eadem lue de[!] iisdem annis odzacovium vastavit. Berolini: Haude 1744. 80 S. 8°

Schreiber, Johann Friedrich: Observationes et cogitata de pestilentia, quae annis MDCCXXXVIII et MDCCXXXIX in Ucrainia grassata est. Adcessit (pathologia et therapia pestis et) appendix continens observationes de eadem lue de iisdem annis Odzacovium vastavit. 80 S., gbd.

Berolini: Haude 1746

JB 5.003

— observationes et cogitata de peste, quae ann. 1738 et 39 in Ukrainia grassata est. 4. St. Petersb 739. Ed. nova 744, auch 750. Academ. B. 9 gl — Dass. aus d. Latein. v. Paul Fr. Parniens. 8. Ebd. 752. 9 gl

— observationes et cogitatae de peste, quae ann. 1738-39. in Ukrainia grassata est. 4. Petersburg. (Hartknoch, Lps.) 750.

— — dass. in deutscher Sprache. 8. Ebend. 755.

Schreiber, Johann Friedrich: Physiologiae liber primus (Generales solidorum et fluidorum corporis humani adfectiones complectens.) et secundus (De vasis corporis humani et quae eo pertinent.). 212 S.(S.175 - 386), gbd.

(Lipsiae: 1730)
in: Schreiber, J.F.: Elementis medicinae physico-mathematicae praemittenda. 1730

JB 935

Schreiber, Johann Friedrich: Elementis medicinae physico-mathematicae praemittenda. Liber unus. 156 S., gbd.

Lipsiae: 1730
beigedr.: Schreiber, J.F.: Elementis physiologiae praemittenda. (1730)
Schreiber, J.F.: Physiologiae liber primus et secundus. (1730)

JB 935

Schreiber, Johann Friedrich: Elementis physiologiae praemittenda. 18 S.(S.157 - 174), gbd.

(Lipsiae: 1730)
in: Schreiber, J.F.: Elementis medicinae physico-mathematicae praemittenda. 1730

JB 935

— vom Scharbock. 8. St. Petersb. ... Akadem. B. 12 gl

— v. Scharbock. 8. Petersb. Akad. (Hartknoch in Lpz.)

Schreiber, Joh. Frdr., Dissertatio epistolica de nimio nostri aevi studio in corrigenda orthographia germanica. Weissenfelsae 1747. 4. . . . . [illegible]

Schreiber, Joh. Georg: Lusatiae superioris tabula chorographica. Nürnberg 1734. 1 Bl. [illegible]

Schreiber, Joh. Max., Einheit der deutschen Schreibung. Denkschrift an den Lehrerverein „die Volksschule" in Wien. 2. Aufl. gr. 8. (16 S.) Wien 864, (Hoffmann und Ludwig.) [Teufen.]

Schreiber. Geschichtliche Entwickelung der Schreib- und Redezeichenkunst. Wien, Josephstädt. O. G., 1857. 6 S. 4.
Progr.

Schreiber, Joh. Max, neue Entwickelungs-Methode der stenografischen Schriftzeichen des Gabelsberger'schen Sistems nebst einer Erörterung der Frage: Wann soll mit dem Unterrichte in der Stenografie begonnen werden? gr. 8. (24 S.) Wien (861)62, Rospini.

Schreiber, Joh. M., Franz Xaver Gabelsberger, der Begründer der deutschen Redezeichenkunst. Zum 100jähr. Jubiläum. gr. 8. (19 S. mit 1 Taf.) Wien 888, (Sallmayer'sche Buchh.)

Schreiber J. M.: Franz Xaver Gabelsberger, der Begründer der deutschen Redezeichenkunst. 17. Wien Schott. 88.
Progr.

Schreiber, J. M., Kurzgefasstes Lehrbuch der deutschen Stenographie (Redezeichenkunst). Nach dem Systeme Gabelsberger's als Leitfaden zu seinen Vorträgen und zum Selbstunterrichte geeignet. gr. 8. 1866. (48 S. u. 16 Tafeln) Wien, Dirnböck. 1865 50 kr.

Schreiber, Joh. Max., kurzgefasstes Lehrbuch der deutschen Stenografie (Redezeichenkunst), nach dem Systeme Gabelsberger's, als Leitfaden zu seinen Vorträgen u. zum Selbstunterrichte geeignet. Wien 866. Dirnböck's Buchh. gr. 8. (48 S. u. 16 Steintaff.) n. 10 ngr

Schreiber, Joh. Max, Lehrbuch der deutschen Stenografie nach dem System Gabelsberger, mit einem Anhang über eine neue Anwendung der Stenografie als Mnemonik. 4. umgearb. Aufl. gr. 8. (XVIII, 160, 62 steno-lithogr. S.) Wien 880, Seidel und Sohn. *

Schreiber, Joh. Max, theoretisch-praktisches Lehrbuch der Stenographie nach dem Systeme Gabelsberger's. 4 Hefte. Lex.-8. (1. Heft 48 S.) Wien (861)62, Rospini. Thlr. *

—— theoretisch-praktisches Lehrbuch der Stenographie nach dem Systeme Gabelsberger's. 2.—4. Heft. Lex.-8. (VIII und S. 49—156.) Wien 863, Rospini. Nachberechnung * compl. *

— theoretisch-praktisches Lehrbuch der Stenographie nach dem Systeme Gabelsberger's. 4 Hefte. Ebend. 863. Lex.-8. (VIII. 156 S.) n. 1 ₰ 26 ngr

— die erste allgemeine österreichische Lehrerversammlung zu Wien. Ausführlicher Bericht über die Verhandlungen am 5., 6. u. 7. Septbr. 1867 nach den stenograf. Aufzeichnungen hersg. 3. Aufl. Wien 867. (Markgraf.) gr. 8. (112 S.) n. 12 ngr

Schreiber, Joh. Max., Schrift u. Sprache. Regelung der deutschen Orthographie. gr. 8. (III, 104 S.) Wien 883. (Pichler's Wwe. & Sohn.) n. 1. 60

Schreiber, M.: Soll die Stenographie obligatorisch gelehrt werden? S. 25 bis 28. 8° — Wien. Josst. OG., Progr. 1868.

— die Stenografie. Ausführliches, theoretisch-prakt. Lehrbuch. 3., vollständig umgearb., sehr verm. Aufl. 1. Thl. 1. u. 2. Heft. Wien 871. (Teufen.) gr. 8. (XVI, 72 u. 16 lith. S.) n. 1 ₰

Schreiber, Joh. Max, die Stenografie. Ausführliches, theoretisch-prakt Lehrbuch. 3., vollständig umgearb. sehr verm. Aufl. 2. Thl. 1. u 2. Hft. gr. 8. (56 S. m. 32 Steintaf.) Wien 871. Teufen. n 3. —

Schreiber, Joh. Max, die Stenographie. Lehr- u. Uebungsbuch d. deutschen Redezeichenkunst nach d. System Gabelsberger. 2 Tle. gr. 8. Wien 898. F. Deuticke. Kart. n. 1. 70
I. Wortbildungslehre. (III, 40 S.) n. 60
II. Wort- u. Satzkürzungslehre. (III, 56 S.) n. 1. —

Schreiber, Die Stenographie. Lehr und Übungsbuch der deutschen Redezeichenkunst nach dem System Gabelsberger für den Schul- und Selbstunterricht.
I. Wortbildungslehre. 2. Aufl. kart. K —.80
II. Wort- und Satzkürzungslehre kart. K 1.20
Wien: Deuticke 1904.

Schreiber, Joh. Max., neues System der Satzkürzungen in der Gabelsbergerschen Stenographie. Lehrbuch. gr. 8. (XIV, 199 S.) Wien 877, Hölder. *

Schreiber, Johann Philipp Albert A. S. 167/7a

De morte voluntaria exercitatio philosophica prima historico-polemica. Präs. Johann Georg Heinrich Feder.
Erlangen (Camerarius) X. 1765. 16 S.

W. v.: Präs., G. C. Schmidt (Opp.), J. A. Weiss (Opp.), Johann Barth. Gorraisky. 31411

Schreiber, Johann Sigismund (Nürnberg) A. S. 94/27

Dissertatio inauguralis iuridica de feudis parochialibus vulgo Von Pfarr=Lehen.
Altdorf (Meyer) 26. VI. 1741. 30 S.

Gew.: Stadt Nürnberg. 31414

Schreiber, Johann Sigismund (Nürnberg) A. S. 221/12

Schediasma de judicio Caesareo forestali Norico, in specie ita dicto, Vom Kayserl. befreyten Nürnbergischen Forst-Gericht an Seiten des Reichswald Sebaldi.
Altdorf (Meyer) VI. 1711. 48 S. 31412

Schreiber, Johann Sigismund (Nürnberg)
U. S. Altdorf lose jur.

Schediasma de judicio Caesareo forestali Norico, in specie dicto, Vom Kayserl. befreyten Nürnbergischen Forst-Gericht an Seiten des Reichswalds Sebaldi. Rec.
Altdorf (Kohles) 1715. 48 S.

Diss. VI. 1711. 31413

Schreiber, [illegible]
[illegible]
Berlin. Med. [illegible] 1825

Schreiber, Johs. (Hans Wachenhusen), die Saison in Wiesbaden. Humoresken. Mit 22 Illustr. v. K. Kögler. Lex.-8. (33 S.) Wiesbaden 889. J. Bossong. n. 1. —

— s. a.: Wachenhusen, Hans.

Schreiber Jos. Adele, oder das Medaillon. Novelle. 8. Trautenau, Ladislaus Pospischil 1852.

Schreiber, Jos., praktische Anleitung zur Behandlung durch Massage und methodische Muskelübung. 1. und 2. unveränd. (Titel-)Aufl. gr. 8. (XXIV, 272 S. mit 117 Holzschn.) Wien 883,84, Urban und Schwarzenberg. *

Schreiber, Jos., praktische Anleitung zur Behandlung durch Massage und methodische Muskelübung. 3. verb. und verm. Aufl. gr. 8. (XII, 388 S. mit 150 Holzschn.) Wien 888, Urban und Schwarzenberg. *ℳ 8.—; geb. *

Schreiber, Jos., Arco am Garda-See als klimatischer Winter-Curort. Mit 1 Titelholzschn., 1 (lithogr.) Plane (in qu. 4.) und 1 (lithogr.) Karte der Umgebung. 8. (VIII, 83 S.) Wien 879, Braumüller. *

Schreiber, Jos., Soolbad Aussee in Steiermark als climatischer Curort u. das dortige Sanatorium nebst e. Fremdenführer für Aussee u. Umgebung. (Braumüller's Bade-Bibliothek.) Mit einer Eisenbahnkarte, einer Karte der Umgebung von Aussee u. einem Panorama der umliegenden Gebirgshöhen. (lith. in 8. u. qu. 4.) Wien 870. Braumüller. 8. (VIII, 105 S. mit 2 Tabb. in qu. 4.) n. 20 ngr

— die mechanische Behandlung der Lumbago, s.: Klinik, Wiener.

—— s. Konschegg, Vict., Führer in Aussee.

v. Schreibers, Jos. Ritter, die Milchwirthschaft im Innern großer Städte u. deren nächster Umgebung, oder Anleitung, das Rind, mit steter Rücksicht auf einen nahen großen Consumtionsplatz zu wählen, zu nähren, zu pflegen ꝛc., dann dessen Produkte zu behandeln u. zu verwerthen. Mit einem belehrenden Anh., die bei diesem Geschäfte vorkommenden Verträge mit Rechtssicherheit zu schließen. gr. 8. (VIII u. 253 S. m. 2 lith. Taf. in gr. 4. u. gr. 8.) Prag 847, Calve. 1 1/4 ℛ

— das medicinische Paris. gr. 8. (IV, 172 S.) Ebend. 883. n. 3. —

Schreiber, Jos., üb. das Wesen klimatischer Kuren bei Lungenkranken. Eine Studie. 8. (VI, 121 S.) Wien 878. Braumüller. n. 1. 60

Schreiber, Joseph F. In der alten Heimat. Reiseskizzen eines Deutsch-Amerikaners ... 1st ed. Toledo, Milwaukee, 1904.

Schreiber, Julius (Ludov. Erdmann) (geb. Berlin 1818) De chlorosi. Berolini (1842) (30 S.) 8°
Berlin, Med. Diss. v. 20. Juli 1842

Schreiber, Jul., die Dilatationssonde, ihre Zusammensetzung u. Anwendung in diagnostischer u. therapeutischer Beziehung, s.: Sammlung klinischer Vorträge.

Schreiber, Julius *Bernhard* [app. Arzt aus Barmen]: Aus d. Kgl. Augenklinik zu Kiel. Zur Lehre vom Schichtstaar ... Bielefeld, Druck v. E. Siedhoff, 1896; 14 S., 1 Bl. 8.
Kiel, Med. Fak., Inaug.-Diss. v. [14. Apr.] 1896

Schreiber, Jul., zur Lehre v. der artificiellen Tuberculose. Inaugural-Dissertation. gr. 8. (36 S.) Königsberg 875. (Leipzig, Kessler.) n. 1. 20

Ueber den Continuirlichen Magensaftfluss. Von Prof. Dr. Julius **Schreiber** in Königsberg i. Pr. Leipzig: G. Thieme 1894. (24 S.) 8° [Umschlagt.]
Aus: Deutsche Med. Wochenschrift. 1894, No 18–21. [96. 3390] 10

Die Rekto-Romanoskopie auf anatomisch-physiologischer Grundlage. Methodolog. Studien nebst klin. Ergebnissen u. Hinweisen. Von Prof. Dr. Julius **Schreiber**, Königsberg i. Pr. Mit 3 Taf. u. Abb. im Text. *Berlin: A. Hirschwald 1903.* (VIII, 130 S.) 4°(8°) [03. 8190]

— über den Schluckmechanismus. Mit 22 Fig. u. 2 Doppeltaf. (VI, 91 S.) gr. 8. Ebd. 904. n. 3. —

Schreiber, Jul., der Wert der Rekto-Romanoskopie f. die Erkenng. u. Behandlg. der tiefsitzenden Darmerkrankungen, s.a Sammlung zwangloser Abhandlungen aus dem Gebiete der Verdauungs- u. Stoffwechsel-Krankheiten. 1, 1. 2.

Der Wert der Rekto-Romanoskopie für die Erkennung und Behandlung der tiefsitzenden Darmerkrankungen. Von Prof. Dr. Julius **Schreiber**, Königsberg i. Pr. Mit 2 Abb. im Text u. 8 Abb. auf 1 Taf. Halle a. S.: C. Marhold 1908. (66 S.) 8°
= **Sammlung** zwangloser Abhandlungen aus d. Geb. d. Verdauungs- u. Stoffwechsel-Krankheiten. Bd 1, H 1/2. [08. 12 85] 3

Schreiber, Jul. F., s.: Hessinghausen, Jul. F. v.

Schreiber, K., Verschwörung Fieskos wider die Doria im Jahre 1548. Dramat. bearb. 8. Zürich 805. Geßner. 9 K

Schreiber, K. A., analytische u. graphische Methoden zur Berechnung des Stromverbrauchs elektr. Bahnen. (38 S. m. 15 Abbildgn. u. 3 Taf.) Lex.-8. Stuttgart 904. F. Enke. n. 1. 20
Sonderabdruck aus: „Sammlg. elektrotechn. Vorträge".

Analytische und graphische Methoden zur Berechnung des Stromverbrauchs elektrischer Bahnen. Von Dipl.-Ing. K. A[nton] Schreiber in Berlin. Mit 15 Abb. u. 3 Taf. *Stuttgart: F. Enke 1904.* (S. 311–318.) 8°
= Sammlung Elektrotechnischer Vorträge. Bd 6, H. 9. [04. 18645]

Schreiber, Karl, der Arbeitsvertrag, nach heut. österreich. Privatrecht systematisch dargestellt. gr. 8. (VI, 73 S.) Wien 887, Manz'sche Hof-Verlags- und Universitäts-Buchh. *
Aus: Allgemeine österreichische Gerichtszeitung, besonders abgedruckt.

Schreiber, Carl (geb. am 13 Nov. 1858 in Ehrenbreitstein): Beiträge zur Aetiologie und Statistik der Säuglingssterblichkeit in der Rheinprovinz ... Bonn, Univ.-Buchdr. v. C. Georgi 1882. 29 S., 1 Bl. 8.
Bonn, Med. Fak., Diss. v. 30 Juni 1882

Schreiber, Carl, physisch-medicinische Beschreibung von Eschwege, s. Schriften der Gesellschaft zur Beförderung der Naturwissenschaften zu Marburg.

Schreiber, Karl, Beteiligung des Staates an den Volksschullasten in Preussen, s.a. Abhandlungen aus dem Staats- u. Verwaltungsrecht. 13. Heft.

Beteiligung des Staates an den Volksschullasten in Preussen von Karl **Schreiber**, Ober-Reg.R. a. D. Breslau: M. & H. Marcus 1907. (60 S.) 8°
= **Abhandlungen** aus d. Staats- u. Verwaltungsrecht. H. 13. [07. 5399] 3

Schreiber, Karl (Übers.u.Bearb.):

s.: Brown, Thomas: Untersuchung über den gegenwärtigen ungenügenden Zustand der Vaccination... (An Investigation of the present unsatisfactory and defective state of vaccination... Dt.) Halle: 1846

JB 5.078

Schreibers, Car. a, Collectanea ad Faunam Brasiliae. Nova genera et species animalium, a naturae scrutatoribus Caes. Austriacis in Brasilia collectorum, descripta et iconibus illustrata. Fasc. I. — E. s. t.: Collectanea ad Ornithologiam Brasiliae. — Beyträge zur Vögelkunde Brasiliens. — Neue Arten v. Blumenspechten, Colibri. Fol. (1½ B. u. 1 ill. Taf.) Wien 833, (Heubner.)

— s.: Entscheidungen des k. k. Obersten Gerichtshofes in Civilsachen.

Schreiber, C. (I.), Geschichte der fünften leichten Batterie westfälischen Feld-Artillerie-Regiments Nr. 7 [Avantgardenbatterie der 13. Division] während des deutschen Krieges gegen Frankreich im J. 1870/71. 2. Ausg. gr. 8. (53 S. mit 3 lithogr. und color. Karten in gr. Fol.) Münster 872, Brunn's Verlag. *

Schreiber, C. Geschichte der 5. leichten Batterie westfäl. Feld-Artillerie-Regiments No 7 währ. des Krieges 1870–1871. (53) 8. M. 3 Krtn. Münster 1872. 2. Ausg. ib. 1873. 1.20

Schreiber, C., Geschichte der 5. leichten Batterie westfäl. Feld-Artillerie-Regiments Nr. 7 (Avantgardenbatterie der 13. Division) während des deutschen Krieges gegen Frankreich im J. 1870/71. 3. Aufl. (46 S. m. 1 Karte, 2 Plänen u. 1 Bildnistaf.) 8. Leipzig 905. O. Lenz. n. 1. 25; geb. n. 2. 25

Schreiber, Karl, Gründe gegen d. allgem. Kuhpockenimpfung, e. Aufruf an Väter u. Mütter, Aerzte u. Regierungen, zur nochmal. gründl. Prüfung dieses f. d. Menschheit hochwicht. Gegenstandes. 1. Aufl. (2 1/4 B.) 832. 4 Gr., 2., verm. A. (6 B.) gr. 8. Eschwege 834. (Kassel, Krieger, Brlsh.)

Schreiber, Carl, u. Alex. Färber, Jena von seinem Ursprunge bis zur neuesten Zeit, nach Adrian Beier, Wiedeburg, Spangenberg, Faselius, Zenker u. A. Mit Kpfrn., Karten, Lith. u. Holzschn. 1–4. Hft. gr. 8. (S. 1–108 m. 2 schw. u. 1 color. Lith., 2 lith. Plänen in Fol. u. 4. u. 1 Holzschn.) Jena 850. (Frommann.) (à 1/4 ℛ) 1 ℛ

Jena von seinem Ursprunge bis zur neuesten Zeit, nach Adrian Beier, Wiedeburg, Spangenberg, Faselius, Zenker u. A. v. Carl **Schreiber**, Alexander Färber. Mit Kupfern, Karten, Lithogr. und Holzschnitten. Jena. 1850. Heft 1—5, 7. 1850. Heft 13. 1855. 8°.

—— und Alex. Färber, Jena von seinem Ursprunge bis zur neuesten Zeit, nach Adrian Beier, Wiedeburg, Spangenberg, Faselius, Zenker u. A. 2. Aufl. gr. 8. (IV und 432 S. mit 1 Holzschnt., 1 Kpfrst. in qu. Fol., 2 lithogr. Portr. und 3 Stnt.) Jena 858, Doebereiner. *

Schreiber, Carl, s.: Juristentage, dem 27. deutschen.

Schreiber, Karl, Commentar z. österr. allgem. bürgerl. Gesetzbuche, s.: Stubenrauch, Mor. v.

Schreiber, Karl, Materialien zu Luther's kleinem Katechismus. Geordnet nach dem Barleber Spruchkatechismus. Quedlinburg 854. Basse. gr. 8. (IV, 294 S.) 15 ngr

Schreiber, Carl, die Neuregelg. der Schul-Unterhaltungspflicht. gr. 8. (49 S.) Stettin 902. P. Niekammer. n. — 75

— s.: Plenarbeschlüsse u. Entscheidungen d. k. k. Obersten Gerichts- als Cassationshofes.

—— über Schadenersatz nach österreichischem Recht, s. Schuster, Max.

Schreiber, Carl, Topographie des Physikatsbezirks Eschwege, s. Schriften d. Gesellschaft z. Beförd. d. gesammten Naturwissenschaften zu Marburg.

Schreiber, Karl, a. Vlotho: Das Urbar der Grafschaft Ravensberg vom Jahre 1550. Münster i. W. 1906 (Velhagen & Klasing, Bielefeld). (107 S.) 8° [S.]
Münster, Phil. Fak., Ref. Spannagel, Diss. v. 14. Jan. 1907
[Geb. 4. Febr. 83 Vlotho; Wohnort: Münster i. W.; Staatsangeh.: Preußen; Vorbildung: Gymn. Rinteln Reife O. 02; Studium: Marburg 3, Tulle (Frankr.) 2, Münster 3 S.; Rig. 1. Aug. 06.]

Schreiber, Karl Albert, Kgl. Bauinsp.: Beitrag zur Berechnung barometrisch bestimmter Höhenunterschiede. 1907. 48 S. 4°
Dresden, Dr.-Ing.-Diss. v. 13. 2. 1907

Schreiber, Karl August

Schreiber, Car. Augustus (geb. Havixbeck bei Münster in Westf. ... 1812): De mechanismo partus humani naturalis vertice s. occipite praevio. Berolini (1843) (32 S.) 8°
Berlin, Med. Diss. v. 7. Aug. 1843

Schreiber, Karl Friedr. Jungblut. Gedichte. 12. (VII, 78 S.) Dresd. 890, Pierson. * 1 —; geb. * 2 —

Schreiber, Car. Frid. (geb. Oranienburg 1799): De ferri usu medico Berolini 1824. (32 S.) 8°
Berlin, Med. Diss. v. 13. Juli 1824

Schreiber, Karl Gottfried (Guben) A. S. 46/13

Observationes de thesauro a mercenariis aut fabris occultato ad l. III. $XI. D. de iure fisci.
Präs. Christoph Ludwig Krell.
Wittenberg (Schlomach) 19. IV. 1749. 16 S.

31415

Schreiber, Karl Theodor

Schreiber, Carl Theod., medicin. Taschenbuch f. Frauen, zunächst f. Mütter, u. die es werden wollen. 8. (13 B.) Minden 841, Eßmann.

— s. Zeitschrift für die gesammte Heilkunde.

Schreiber, Karl Theod. Adolf: Selbstbiographie des Privatgelehrten und Rentier Karl Theod. Adolph **Schreiber**, nebst einem Anh. vieler curioser Geheimnisse und Lieder unserer deutschen Freimaurer. Sangerhausen: Selbstverl. 1874. IV, 5—64 S. 2 Abb. 8°

[Dasselbe.] 2. Aufl. Ebendas. 1875. X, 88 S. 2 Abb. 8°
Verf. klagt die Logenbrr als Meuchelmörder an, weil sie ihn in eigner Person oder durch gedungene Leute seit Jahren bei Tag u. Nacht verfolgen u. durch Schimpfworte u. unerträgliche Geräusche, die nur Verf. vernehmen kann, quälen.

Schreiber, Klara

Schreiber, Clara, Eva. Naturalistische Studien e. Idealistin. 8. (VII, 165 S.) Dresden 893. E. Pierson. n. 3. — 70 *

Schreiber, Klara, s. Zehnpfennig-Bibliothek Nr. 2.

Schreiber, Klemens

Jenseits des Urteils Roeren gegen Schmidt. Ein krit. Rückblick von Rechtsanw. Dr. [Klemens] Schreiber, Köln. Köln: J. & W. Boisserée 1907. (62 S.) 8° [S.] Jos. 14143

Schreiber, Konrad

Schreiber, Conr., Anweisung zur Temperamalerei u. Zubereitung der Tempera. Neu erfundene Technik f. Maler u. Dilettanten, nebst e. Anh., unsere gegenwärt. Farbmittel zum Malen betr. gr. 8. (23 S.) Nürnberg 880. (J. Ph. Raw.) n.n. 4. —

Schreiber, Konrad, Katechismus der Hufbeschlagkunst oder theoretisch-praktischer Unterricht über den Beschlag d. Hufe u. Klauen im gesunden u. kranken Zustande. (XIV.) gr. 8°. (176 S.) Mit 155 H. v. Schwab, s. a.: Schwabs Katechismus. Stuttgart 63. Schickhardt & Ebner. M. 3.30

Schreiber Konrad, in Nürnberg: Italienische Landschaften in Leimfarbe gemalt. auf Rahmen. 10 Blatt. Nürnberg

Schreiber K. italienische Landschaftsbilder in Leimfarbe gemalt. (10 Bl) auf Rahmen. Nürnberg

Schreiber, Kurt

Schreiber, Curt, 27 Blatt neue Borden u. Franzenklöppel f. Decorationsposamenten. gr. 4. Dresden 895. E. Tretbar. In Mappe n. 7. 50

Schreiber, Kurt [pr. Arzt]: Aus d. Ambulatorium d. Privatdoc. Dr. Gerber. Ueber die Geschwülste des Nasenrachenraums . . . Königsberg i. Pr., Hartungsche Buchdr., 1896; 25 S., 1 Bl., 1 Taf. 8.
Königsberg, Med. Fak., Inaug.-Diss. v. 4. Mai 1896

Schreiber, Kurt, üb. d. Geschwülste d. Nasenrachenraums. Diss. gr. 8. (25 S. m. 1 Taf.) Königsberg 896. (W. Koch.) n. 1. —

Schreiber, Kurt, Referendar, Friedland b. Waldenburg in Schlesien: Der Mitbesitz. Zu beantworten unter Berücksichtigung der geschichtlichen Entwickelung. Jena 1906: G. Neuenhahn. (47 S.) 8° [J.]
Jena, Jur. Fak., Ref. Thon, Diss. v. 9. März 1906
[Geb. 30. Jan. 83 Hermsdorf, Kr. Waldenburg; Wohnort: Friedland; Staatsangeh.: Preußen; Vorbildung: Gymn. Waldenburg Reife O. 03; Studium: Freiburg i. B. 3, Leipzig 1, Breslau 2 S.; Rig. 9. März 06.]

— moderne Passementerie. Entwürfe v. Sch. sow. erzgebirg. u. anderer Musterzeichner. Fol. (36 Taf.) Dresden 897. Zeitschrift f. Posamenten-Industrie. In Mappe n. 30. —

Schreiber, L., s.: Untersuchungen, chem. u. medic.

Schreiber, L. A., Entwürfe zu Grabdenksteinen. II. Werk. qu. gr. 8. (36 farb. Taf) Dresden-Löbtau 891. (Dresden, Engelhaupt.) 6. —
Das 1. Werk kam nicht in den Handel u. ist vergriffen.

Schreiber, L. C., Grundriß d. Geognosie 2c. 8. Hildburgh. 808. (Heyer in Gieß.) 10 gr. bei Taubert in Leipz. 12 gr.

SCHREIBER, L. C.: Grundriß der Geognosie zum Gebrauch der Vorlesungen auf der Forstacademie. Nach Werners System. - Meiningen, Leipzig 1809

SCHREIBER, Ladislaus: De historia ordinis hungarici Eremitarum s. Pauli primi eremitae. — (1851) 46 S. 4° (Handschr.) Diss. 154
Diss. Wien, Univ.

Schreiber, Leo, Jungen u. Mädchen! Romanhaftes vom Gymnasium. (293 S.) 8. Straßburg 904. J. Singer. n. 4. —

— schön Sus'chen. Eine Studentenliebelei in Versen u. Reimen. Zeichnungen v. W. Walter. (71 S.) kl. 8. Ebd. 906. n. 2. —

Schreiber, Ludwig: Aus dem Königl. pathologisch-anatomischen Universitäts-Institut zu Königsberg i. Pr. Beiträge zur Kenntniss der Entwickelung und des Baues der Glandulae parathyreoïdeae (Epithelkörperchen) des Menschen. *Bonn: F. Cohen 1898.* (707—734 S.) 8° ¶(Aus: Archiv für mikroskopische Anatomie, Bd 52.)
Königsberg, Med. Diss. v. 15. Juli 1898

Schreiber, Ludwig, Dr. med., 1. Assistent der Universitäts-Augenklinik: Aus der Universitäts-Augenklinik zu Heidelberg. Über Degeneration der Netzhaut und des Sehnerven. Nach experimentellen und pathologisch-anatomischen Untersuchungen. Mit Tafel XI—XIII und einer Textfigur. Leipzig 1906: W. Engelmann. (104 S.) 8° ¶(Aus: Graefe's Archiv f. Ophthalmologie Bd 54.)
Heidelberg, Med. Fak., Hab.-Schrift v. 1906

Schreiber, Ludwig, approb. Arzt aus Hannover: Aus d. med. Poliklinik zu Kiel. Über einen Fall von Bantischer Krankheit. *Kiel 1903: Schmidt & Klaunig.* (18 S.) 8°
Kiel, Med. Diss. v. [9. Juli] 1903

Schreiber, M., s. Schreiber, Johann Max

— s. Schreiber, Michael

Schreiber, M. L., der geschickte Deklamator, s. a. Deklamator.

Schreiber, M. L., der geschickte Declamator, eine Auswahl der besten Declamationsstücke aus den neuern und neuesten Dichtern. 16. Köln 847 (846,) Lengfeld. 1/6 ♮

Schreiber, M. L., der geschickte Deklamator, eine Auswahl der besten Deklamationsstücke aus den neuern und neuesten Dichtern: Heine, Herwegh, Rückert u. A. 2. Aufl. Cöln (855.) Lengfeld. 16. (62 S.) n. 5 ngr.

Schreiber, Marie, allgem. deutsches Kochbuch f. bürgerl. Haushaltungen. Ein unentbehrl. Handb. f. angeh. Hausfrauen u. Köchinnen. Nach vieljähr. prakt. Erfahr. 2., unveränd. Aufl. 8. (30½ B.) Berlin 840, Grantz'sche Buchh.

Schreiber, Max, Buddha u. die Frauen. (IV, 109 S.) 8. Tübingen 903. J. C. B. Mohr. n. — 90; kart. n. 1.20

Der Einfluss kranker Zähne auf den Magen und die Luftwege. Allgem. verständl. dargest. v. Max **Schreiber,** pr. Zahnarzt in Cüstrin a. d. O. *Berlin: 'Zahnärztl. Rundschau' 1894.* (IV S., 1 Bl., 17 S.) 1 Bd 8. [98. 10498

Schreiber, Max, Referendar in Dresden: **Der Erwerb der Firma unter Lebenden.** *Borna-Leipzig 1903: R. Noske.* (VIII, 62 S.) 8°
Leipzig, Jur. Diss. v. 1903

Schreiber, Max, das Wichtigste aus der Heimatkunde des Kreises Steinau a. O. Beilage zur Flemmingschen Schulkarte des Kreises Steinau a. O. (20 S.) 8. Glogau (905). C. Flemming. n. — 10

Schreiber, Max Alb., Kunala. Der Prinz mit den schönen Augen. Aus altbuddhist. Zeit. (255 S.) 8. Leipzig 910. Modernes Verlagsbureau. 4. —

Schreiber, Michael

Schreiber, M., de concordia Christianorum in pr. eccl. Regiom. 1710. 4.

Schreiber, M., de dilatione baptismi. Regiom. 1706. 4.

Schreiber, Mich., de igne paschali, quo sepulcrum Domini coelitus quotannis illustrari creditur. Regiom. 705. 4.

Schreiber, M., de igne paschali, quo sepulcrum Domini quotannis illustrari creditur. Regiom. 1735. 4.

Schreiber, M., vindiciae verborum Christi: Eli, Eli etc. Regiom. 1716. 4.

Schreiber, Nik.

— Predigten auf jene Festtage, die das Jahr hindurch gefeiert werden. gr. 8. Bresl. 788. (J. F. Korn.) 1 ♮ 4 gr.

— Predigten auf verschied. Festtage der Heiligen. 1r Thl. gr. 8. Bresl. 787. (J. F. Korn.) 20 gr.

Schreiber, Nik., Predigten über das Leiden Jesu Christi in 3 Jahrgg. S. Glatz 783—792. (J. F. Korn in Bresl.) 1 ♮

— Trauerrede auf d. Frhrrn. F. C. v. Rauber. gr. 8. Bresl. 795. J. F. Korn. 2 gr.

Die konforme Doppelprojektion der trigonometrischen Abtheilung der Kgl. preussischen Landesaufnahme. Formeln u. Tafeln. Von Dr. O[scar] **Schreiber,** Generallt. z. D. ... Hrsg. v. d. trigonometr. Abth. d. Landesaufnahme. *Berlin: Selbstv.; zu beziehen durch E. S. Mittler & Sohn 1897.* (IV, 99 S.) 1 Bd 4.(8.) [97. 1564

Schreiber, O., Der Normal-Höhenpunkt für das Kgr. Preussen. Berlin 1879.

Rechnungsvorschriften für die trigonometrische Abtheilung der Landesaufnahme. Formeln u. Tafeln z. Berechn. d. geogr. Koordinaten aus d. Richtungen u. Längen d. Dreiecksseiten. (Verf.: Oskar **Schreiber,** Major.) 3. unveränd. Aufl. Ordnung z. Selbstverl. *Berlin: E. S. Mittler & Sohn 1896.* 8° [96. 5923

Schreiber, Oskar, Theorie der Projections-Methode der Hannover'schen Landes-Vermessung. Hannover 1866.

Schreiber, Osc., Theorie der Projectionsmethode der Hannover'schen Landesvermessung. Hannover 867. Hahn'sche Hofbuchh. gr. 4. (VI, 95 S.) n. 1 ₰ 10 ngr.

Schreiber, O., kaufmännisches Wörterbuch in deutscher, französischer, italienischer u. spanischer Sprache. Hülfsmittel zum Studium der Handelsfächer in Fremdsprachen. — Vocabulaire commercial en allemand, français, anglais, italien et espagnol pour l'étude des branches commerciales en langues étrangères. (54 Doppels., S. 55—90 u. Doppels. 91—93.) 11,5×16 cm. St. Gallen 907. (Febr.) Kart. 2. —

Schreiber, O[scar]. Kaufmännisches Wörterbuch in deutscher, französischer, englischer, italienischer und spanischer Sprache. Hülfsmittel zum Studium der Handelsfächer in Fremdsprachen von O. Sch', Hauptlehrer an der Handelsschule ..., St. Gallen ... = Vocabulaire Commercial en allemand, français, anglais, italien et espagnol pour l'étude des branches commerciales en langues étrangères par O. Sch'.... I S. + 93 Doppel-S. quer-8. Zu beziehen beim Verfasser und in allen Buchh. ... (Buchdr. Zollikofer & Cie., St. Gallen), 1907. [cart. fr. 2. 25]

Schreiber, Oswald [approb. Tierarzt aus Friedrichsgrün, Sachsen]: Ueber die physiologischen Bedingungen der endogenen Sporenbildung bei Bacillus anthracis, subtilis und tumescens. Jena 1898. 34 S. 8°.
Basel. Phil. Diss. 1896/97.

Schreiber, Otto, Assistenzarzt am städt. Hospital Coblenz: Ein Beitrag zur Prognose der sogen. idiopathischen serösen Pleuritis. Leipzig 1905: B. Georgi. (37 S.) 8°
Leipzig, Med. Fak., Ref. Curschmann, Diss. v. 1. Dez. 1905
[Geb. 30. Dez. 79 Giersleben; Wohnort: Coblenz; Staatsangeh.: Anhalt; Vorbildung: Gymn. Aschersleben Reife O. 99; Studium: München 1, Marburg 1, Leipzig 8 S.; Coll. 1. Dez. 05; Approb. 27. April 04.]

Schreiber, Otto, die Geschichte der Erbleihe in der Stadt Strassburg im Elsass, s. a. Beiträge, deutschrechtliche. III, 3.

Die Geschichte der Erbleihe in der Stadt Straßburg im Elsaß. Mit e. Urkundenanh. Von Dr. Otto Schreiber. Heidelberg: Winter 1900. 180 S. 8°
(Deutschrechtliche Beiträge. Bd 3, H. 3.) [09. 6672

Schreiber, Otto: Das kaufmännische Zurückbehaltungsrecht wegen Forderungen in zweiter Hand. Göttingen 1906: E. A. Huth. (51 S.) 8°
Göttingen, Jur. Fak., Ref. Ehrenberg, Diss. v. 7. Jan. 1907
[Geb. 11. Mai 82 Berlin; Wohnort: Hannover; Staatsangeh.: Preußen; Vorbildung: Kaiser-Wilhelms-Gymn. Hannover Reife O. 00; Studium: Göttingen 2, Freiburg i. B. 1, Göttingen 3 S.; Rig. 12. Nov. 06.]

Schreiber, Otto Georg: Die Übertragung der Firma. Borna-Leipzig 1908: Noske. IX, 60 S. 8°
Leipzig, Jur. Diss. v. 8. Dez. 1908
[Geb. 18. Mai 78 Stacha; Wohnort: Dresden; Staatsangeh.: Sachsen; Vorbildung: Gymn. Bautzen Reife O. 98; Studium: Freiburg i. B. 1, Leipzig 7 S.; Rig. 25. Juli 03.] [U 09. 2077

Schreiber, P. E., deutsche Landschafts-Studien. Zum Gebrauche für Schulen, Künstler und zum Selbstunterrichte. Nach der Natur und auf Stein gezeichnet. Heft 1. gr. Fol. (6 Bl.) München 843, Bergmann u. Roller. 5/6 ₰

Schreiber, P. E., deutsche Landschafts-Studien. Zum Gebrauche f. Schulen, Künstler u. zum Selbstunterrichte. Nach der Natur u. auf Stein gezeichnet. Hft. 1. gr. Fol. (6 Bl.) München 843, [Roller.]

Schreiber, P. J., ein freundschaftliches Gespräch zwischen Alt- und Neutrierer über die Ansicht des Hrn. Weihbischofs von Hontheim das ursprüngliche Alter der drei Bisthümer Trier, Köln und Lüttich betreffend, mit Rücksicht auf Hrn. Prof. Marx Geschichte des Erzstifts Trier 1. Bd. S. 32—62. gr. 8. (VI und 60 S.) Trier 859, Gall's Verlagsbuchh. *

Schreiber, Paul, vier Abhandlgn. üb. Periodizität d. Niederschlages, theoret. Meteorologie u. Gewitterregen, s. a. Abhandlungen des königl. sächs. meteorolog. Institutes.

Vier Abhandlungen über Periodizität des Niederschlages, theoretische Meteorologie und Gewitterregen. Von Prof. Dr. Paul Schreiber. Hrsg. von der Dir. d. kgl. sächs. meteorol. Inst. in Chemnitz. *Leipzig: A. Felix in Komm. 1896.* (148 Sp.) 4°
Aus: Der Civilingenieur. Jg. 1892–1896.
= Abhandlungen d. Kgl. sächs. meteorol. Institutes. H. 1. [00. 7761

Schreiber, Paul, Dr., Anträge und Darlegungen zu den Fragen 3, 6, 8, 25, 26, 27, 30, 48, 49 des provisorischen Programms für die Verhandlungen der Versammlung der Direktoren der meteorolog. Zentralstellen der Erde in München. Chemnitz.

Die klimatographischen Arbeiten des Königl. sächs. meteorolog. Institutes bei der Sächs.-Thüring. Industrie- u. Gewerbe-Ausstellg Leipzig 1897. M. 6 Anh. Amtl. Publication des Kgl. sächs. meteorol. Institutes durch dessen Direktor Prof. Dr. Paul Schreiber ... *Chemnitz: Selbstv. d. Inst.; in Comm. b. Carl Brunner 1897.* (2 Bl., 33 S.) 1 Bd 4.
= Klima, Das, des Kgr. Sachsen. H. IV. [97. 4168

Schreiber, Paul, die Bedeutung der Windrosen für theoretische u. practische Fragen der Meteorologie u. Klimatologie, s. a. Petermann's, A., Mittheilungen aus Justus Perthes' geographischer Anstalt.

Schreiber, Paul: Die Bedeutung der Windrosen für theoretische und practische Fragen der Meteorologie und Klimatologie bei dem heutigen Zustand der Wissenschaft, dargelegt durch die aus fünfzehnjährigen Beobachtungen in Leipzig sich ergebenden Beispiele. Gotha 1881. Mit 2 Tafeln. (II), 34 S.
= Ergänzungsheft zu Petermann's Geographischen Mittheilungen. No. 66 8°

—— Beitrag zur Frage der Reduction von Barometerständen auf ein anderes Niveau. gr. 4. (18 S.) Halle 884. (Leipzig, Engelmann.) *
Aus: Leopoldina, besonders abgedruckt.

Schreiber, Paul, Beitrag zur Frage der Reduction v. Barometerständen auf e. anderes Niveau. gr. 4. (18 S.) Halle 884. Leipzig 885. (Engelmann.) n. 1. 20

Schreiber, Paul [aus Altenzeellbach (Westf.)]: Casuistischer Beitrag zur Resection d. Nervus Trigeminus ... Neunkirchen, Bez. Arnsberg, gedr. bei H. Braun, 1895; 33 S. 8.
Würzburg, Med. Fak., Inaug.-Diss. v. 1895

— Beiträge zur meteorolog. Hydrologie d. Elbe, s. a. Abhandlungen des königl. sächs. meteorolog. Institutes.

Beiträge zur meteorologischen Hydrologie der Elbe v. Prof. Dr. Paul Schreiber. S.A. a. d. 'Civilingenieur' 1896. XLII. Bd. M. e. Anh. u. 2 Taf. Hrsg. v. d. Direktion d. Königl. sächs. meteorol. Institutes in Chemnitz. *Leipzig: In Komm. b. A. Felix 1897.* (1 Bl., 72 Sp., 2 Taf.) 1 Bd 4.
= Abhandlungen d. Kgl. sächs. meteorol. Institutes. H. 2. [97. 4359

Schreiber, Paul, Bericht über die Thätigkeit im königl. sächs. meteorologischen Institut im J. 1885. Imp.-4. (VIII, 130 S. mit 14 Taf.) Chemnitz 886, (Bülz.) *
Aus: Jahrbuch des k. sächs. meteorologischen Instituts, besonders abgedruckt.

Schreiber, P.: Die Beziehungen zwischen dem Niederschlag in Böhmen und dem Wasserabfluß in der Elbe bei Tetschen. in: Beiträge zur Landeskunde des Königreichs Sachsen.

Schreiber, Paul, s.: Dekaden-Monatsberichte des königl. sächs. meteorolog. Institutes.

— die Einwirkung des Waldes auf Klima u. Witterung. Mit 3 Zonenkarten. gr. 8. (120 S.) Dresden 899. Leipzig, G. Schönfeld. n. 3. —
Sonderabdruck aus: „Tharander forstl. Jahrb."

(B) — Einwirkung d. Waldes auf Klima u. Witterung. 899. Jetzt: Berlin, P. Parey.

[Schreiber, P., Dr.], Ergebnisse der meteorologischen Beobachtungen im Jahre 1897. [Deutsches Meteorolog. Jahrbuch für 1897.]
Chemnitz 1898, 99. 4°.

Schreiber, Paul, prakt. Arzt von Thusis (Graubünden): Ein Fall von progressiver perniziöser Anämie nach Taenia saginata. ⟨Aus der medizinischen Poliklinik der Universität Zürich. Direktor: Prof. Müller.⟩ Zürich 1908. 31. S. 8°. [15. XII. 08.]
Zürich. Med. Diss. 1908/09

Schreiber, Paul. Ein Fall von progressiver perniziöser Anämie nach Taenia saginata. Diss. Med. Univ. Zürich. *Kopftitel:* Aus der medizinischen Poliklinik der Universität Zürich. Direktor: Prof. Dr. Herm[ann] Müller. 31 S. 8 Zürich, J. Leemann, 1908.

Schreiber, Paul, das Flächennivellement m. Aneroidbarometern, ausgeführt auf 5 Sectionen der kleinen Generalstabs-Karte d. Königr. Sachsen. Mit 3 lith. Taf. (in gr. 4. u. qu. Fol.) u. 1 (eingedr.) Holzschn. [Aus: „Civilingenieur."] gr. 4. (V, 60 Sp.) Leipzig 875. Felix. n. 3. —

— Formeln u. Tabellen 1. aus dem Gebiete der Thermodynamik, 2. zur Ermittelung der Sonnenörter, f. die meteorolog. Praxis vorgerichtet. Vorarbeit zum Jahrbuch 1903 der königl. sächs. Landes-Wetterwarte zu Dresden. (36 S. m. 9 Taf.) 31,5×26 cm. Dresden 907. (Chemnitz, C. Brunner.) 2. 50

Schreiber, Paul, Zur Frage der Herleitung wahrer Tagesmittel d. Lufttemperatur aus drei- resp. viermaligen Beobachtungen. (Meteorol. Zeitschr. Juli 1888.)
Berlin.

— **General-Bericht üb. den gegenwärtigen Stand unserer Kenntnisse üb. Gewitter u. die begleitenden Erscheinungen im Königr. Sachsen.** gr. 8. (15 S. m. 2 Karten.) Ebd. 898. n. — 80

— klimatische Grundwerte f. das Königr. Sachsen (1861—1900), s.a. Klima, das, des Königr. Sachsen. VII.

Klimatische Grundwerte für das Königreich Sachsen (1864–1900). Die Schwankungen d. jährl. Niederschlagshöhen u. deren Beziehungen zu d. Relativzahlen f. d. Sonnenflecken. Mit 12 Taf. Amtl. Publikation d. Kgl. sächs. meteorol. Inst., bearb. u. hrsg. vom Dir. Prof. Dr. Paul Schreiber. *Chemnitz: Meteorol. Inst. 1903.* (36 S.) 4°
= Klima, Das, d. Königreichs Sachsen. H. 7. [04. 14769]

— Handbuch der barometrischen Höhenmessungen. Anleitg. zur Berechng. der Höhen aus barometr., thermometr. u. hygrometr. Messgn., sowie zur Anstellg. sämmtl. bei den Höhenmessgn. nöth. Beobachtgn., unter besond. Berücksicht. der Surrogate f. das Quecksilberbarometer [Aneroide, Thermobarometer], f. Ingenieure, Forschungsreisende, Meteorologen, Mitglieder der Alpenvereine etc. Mit e. Atlas v. 18 (lith.) Grossfoliotaf., enth. zahlreiche Karten u. Fig. gr. 8. (XX, 307 S.) Weimar 877. B. F. Voigt. 9. —

—— Handbuch der barometrischen Höhenmessungen. Anleitung zur Berechnung der Höhen aus barometr., thermometr. und hygrometr. Messungen, sowie zur Anstellung sämmtl. bei den Höhenmessungen nöth. Beobachtungen, unter besond. Berücksicht. der Surrogate für das Quecksilberbarometer [Aneroide, Thermobarometer], für Ingenieure, Forschungsreisende, Meteorologen, Mitglieder der Alpenvereine etc. 2. wohlfeilere (Titel-)Ausg. gr. 8. (XX, 307 S. mit einem Atlas von 18 Grossfoliotaf., enthaltend zahlreiche Karten und Fig.) Weimar 883, B. F. Voigt.

— s.: **Jahrbuch, deutsches meteorologisches.** Beobachtungssystem d. Königr. Sachsen.

— s.: Jahrbuch des königl. sächs. meteorolog. Institutes.

Schreiber, P., d. Indication d. Myopie-Operation, s.a. Festschrift zur Feier d. 50jähr. Bestehens d. medicin. Gesellschaft in Magdeburg.

Schreiber, P[aul]: Die Indication der Myopie-Operation. *Magdeburg 1898.*
in: **Festschrift** z. Feier d. 50jähr. Bestehens d. Medicin. Gesellschaft zu Magdeburg. [98. 3756]

— das Klima d. Königr. Sachsen. Amtliche Publication d. königl. sächs. meteorolog. Institutes. I. u. II. Hft. Imp.-4. Chemnitz, (M. Bülz). n. 10. —
I. Die Niederschlagsverhältnisse der J. 1864—1890 nach den aus Beobachtungen v. ca. 20 Stationen gewonnenen täglichen Durchschnittswerthen d. Niederschläge. Amtliche Publication d. königl. sächs. meteorolog. Institutes. (40 S. m. 2 autogr. Taf.) 892. n. 4. —
II. Fünf- u. mehrjährige Mittel aus den Monats- u. Jahresergebnissen der Beobachtungen 1864—1890. I. Thl. (91 S. m. 4 autogr. Taf.) 893. n. 6. —

— — [Schreiber, P., Dr.], Das Klima des Königreichs Sachsen.
Heft III: Monats- und Jahresmittel, 1864—90.
Ergebnisse der Verdunstungs-Beobachtungen, 1883—93.
Ergebnisse der Beobachtungen auf Thürmen, 1888—93.
Chemnitz 1895.
Heft IV: Die klimatographischen Arbeiten des — bei der sächsisch-thuring. Industrie- und Gewerbe-Ausstellung in Leipzig 1897.
Chemnitz 1897.
Heft V: Zusammenstellung der Hochwasser der Weissen Elster und der Mulde während der Jahre 1868—93 etc.
Chemnitz 1898.

— — d. Klima d. Königr. Sachsen. Amtl. Publication d. kgl. sächs. meteorolog. Institutes. III. u. IV. Hft. Imp.-4. Chemnitz 895. (M. Bülz.) n. 6. —
(I.—IV.: n. 16. —)
III. Monats- u. Jahresmittel d. wichtigsten klimat. Elemente f. d. Zeitraum 1864—1890. (Vieljähr. Mittel, Extreme, Schwankgn. u. Genauigkeit.) Ergebnisse d. Verdunstungsbeobachtungen f. d. Zeitraum 1883—1893. Ergebnisse d. Beobachtgn. auf Thürmen f. d. Zeitraum 1888—1893. (III, 65 S.) 897. n. 4. —.
IV. D. klimatograph. Arbeiten d. kgl. sächs. meteorolog. Institutes bei d. sächs.-thüringischen Industrie- u. Gewerbe-Ausstellung Leipzig 1897. M. 6 Anhängen. (III, 33 S.) 897. n. 2. —.

— dasselbe, Fortsetzg., s.: Klima, das, d. Königreichs Sachsen.

— Klimatographie des Königr. Sachsen, s.a. Forschungen zur deutschen Landes- u. Volkskunde.

Schreiber, Paul. Klimatographie des Königreichs Sachsen. Erste Mitteilung. Mit 2 Tafeln. Stuttgart 1893. 97 S.
= Forschungen zur deutschen Landes- und Volkskunde. Bd. 8. Heft 1. 8°.

— die Meteorologie in der Landwirthschaft, s.a. Abhandlungen des königl. sächs. meteorolog. Institutes. 4. Hft.

Die Meteorologie in der Landwirthschaft. Von Prof. Dr. Paul Schreiber. 1. *Leipzig: A. Felix in Comm. 1899.* 4°
= **Abhandlungen** d. Kgl. sächs. meteorol. Institutes. II. 4. [01. 11330]

Fünf- und mehrjährige Mittel aus den Monats- und Jahresergebnissen der Beobachtungen 1864–1890. Amtl. Publ. durch Dir. Prof. Dr. Paul Schreiber. Hierzu 4 Taf. Th. 1. [Mehr nicht ersch.] Chemnitz: Kgl. Sächs. Meteorolog. Inst.; Brunner in Komm. 1893. 91 S. 4°
(Das Klima d. Königreiches Sachsen. H. 2.) [10. 1174]

Monats- und Jahresmittel der wichtigsten klimatischen Elemente für den Zeitraum 1864–1890. ⟨Vieljährige Mittel, Extreme, Schwankungen u. Genauigkeit.⟩ Ergebnisse d. Verdunstungsbeobachtungen f. d. Zeitraum 1883–1893. Ergebnisse d. Beobachtungen auf Thürmen f. d. Zeitraum 1888–1893. Amtl. Publication d. Kgl. sächs. meteorol. Inst. durch dessen Dir. Prof. Dr. Paul Schreiber. *Chemnitz: Selbstverl. d. Inst. 1895.* (65 S.) 4°
= **Klima** d. Königreiches Sachsen. H. 3. [01. 13309]

Neuerungen und Erfahrungen an Apparaten zur Prufung von Thermometern und Aneroid-Barometern, Windfahne und Windstärkemesser, Registrir-Apparaten von Richard frères und dem Barometer Wild-Fuess. (Separat-Abdr. aus der Zeitschr. für Instrumentenkunde, 1889.

— die Niederschlags- u. Abflussverhältnisse im Gebiet der Weisseritz während der J. 1866–1900, s.a. Abhandlungen des königl. sächs. meteorolog. Institut. 6.

Schreiber, Paul: Die Niederschlags- und Abfluss verhältnisse im Gebiet der Weisseritz während der Jahre 1866 bis 1900 u. die sich daraus ergebende Einwirkung von Stauanlagen auf d. Nutzung d. Wassers u. d. Abflussvorgänge von Prof. Dr. –. Leipzig: A. Felix in Comm. 1901. (46 S.) 4°
= Abhandlungen d. Kgl. sächs. meteorol. Institutes. 11. 6.

—— Psychrometertafeln, nach den Formeln v. Regnault f. die Centesimalscala berechnet u. hrsg. Imp.-4. (17 S.) Chemnitz 890, (Brunner). In Wachsleinw. ** 1 50

— Psychrometertafeln, nach den Formeln v. Regnault f. die Centesimalscala berechnet u. hrsg. Imp.-4. (17 S.) Chemnitz 890. (M. Bülz.) In Wachsleinw. n.n. 1. 50

Ueber einen registrirenden Regenmesser. (Separat-Abdr. aus der Zeitschr. für Instrumentenkunde, 1889.

Schreiber, Paul, Dr., Ueber registrirende Regenmesser und Pegel. Vortrag für die 1. Section der Hauptversammluug in Dresden, 19. Mai 1895. (Sond.-Abdr. aus d. „Civilingenieur" Bd. XLI. Heft 5.) Leipzig

Richtungsbeobachtungen und Winkelbeobachtungen (v. Schreiber) (aus: Zeitschrift für Vermessungswesen. Bd. 8. 1879. Heft 3. S. 97—149. Berlin. 1879.) 8°.

Schreiber, Paul: Das Rosmarinoel. Halle a. S. 1878: Gebauer-Schwetschke. 52 S. 8°
Halle-Wittenberg, Med. Diss. v. 10. Aug. 1878
Geb. Magdeburg 22. 3. 1855. V.
Aus: Zeitschrift f. d. ges. Naturwissenschaften. Bd 51. Berlin 1878. S. 442—492.

Schreiber, P., Der Sonnenschein. (Abhandlung IV des Meteorolog. Instituts in Chemnitz.) Leipzig 1899. Fol.

— über den Stand des Prognosenwesens im Gebiet des Königr. Sachsen. Vorarbeit zum Jahrbuch des königl. sächs. meteorolog. Institutes, Jahrg. 1902. (36 S.) 4. Dresden 906. (Chemnitz, C. Brunner.) n. 2.—

— Studien üb. Erdbodenwärme u. Schneedecke Vorarbeit zum Jahrbuch des königl. sächs. meteorolog. Institutes f. 1901. (94 S. m. 4 Taf.) 4. Chemnitz 904. (C. Brunner.) n. 5.—
2 Sonderabdr. a.: „Deut. meteorolog. Jahrb. Königr. Sachsen".

Studien über Erdbodenwärme und Schneedecke mit 4 Taf. Vorarbeit z. Jahrbuch d. Kgl. sächs. meteorol. Inst. f. 1901 von Prof. Dr. Paul Schreiber. (Chemnitz: Sächs. meteorol. Inst. 1905.) (94 S.) 4°

— Studien üb. Luftbewegung, s.a. Abhandlungen d. kgl. sächs meteorolog. Institutes.

Studien über Luftbewegungen von Prof. Dr. Paul Schreiber. Mit 4 Taf. Hrsg. von der Dir. d. kgl. sächs. meteorol. Instituts in Chemnitz. *Chemnitz: M. Bülz in Comm.; (aufgekl.: Leipzig: A. Felix in Comm.) 1898.* (45 S.) 4°
= Abhandlungen d. Kgl. sächs. meteorol. Institutes. H. 3.

Schreiber, Paul, Falb's kritische Tage u. die Regenbeobachtungen in Sachsen. gr. 8. (22 S. m. 1 Karte.) Chemnitz 892. (M. Bülz.) n. — 60

Schreiber, Dr. Paul, Die Theilnahme Sachsens an den meteorologischen Forschungen. Dresden 1889.

Schreiber, Paul, Dr., Untersuchung über die Periodicität des Niederschlages im Königreich Sachsen. (Sep.-Abdr. 1891.)

Schreiber, Paul, Untersuchungen über die Theorie und Praxis des Waagebarometers. (Inaug.-Dissert. an der Univ. Leipzig.) Munchen 1872.

Schreiber, Paul. Untersuchung üb. das Wesen der sogenannten Bessel'schen Formel, sowie deren Anwendg. auf die tägliche periodische Veränderung der Lufttemperatur. Imp.-4. (83 S. m. 6 Taf.) Halle a. S. 892. (Lpz., W. Engelmann.) * 5 —
Aus: Nova Acta Acad. Caes. Leopoldino-Carolinae, besonders abgedruckt.

— orientirende Untersuchgn. üb. die meteorolog. hydrograph. Verhältnisse u. die Wirkungsweise von Stauanlagen im Gebiete d. Weisseritzflusses, s.a. Abhandlungen des königl. sächs. meteorolog. Institutes. 5.

Orientirende Untersuchungen über die meteorologisch-hydrographischen Verhältnisse u. d. Wirkungsweise von Stauanlagen im Gebiete d. Weisseritzflusses während d. Jahre 1894–1897 von Prof. Dr. Paul Schreiber. Mit 1 Taf. *Leipzig: A. Felix in Comm. 1901.* (45 S.) 4°
= Abhandlungen d. Kgl. sächs. meteorol. Institutes. H. 5.

— Dr., Ueber ein zweckmassiges Verfahren zur Reduction der Waagebarometer-Registrirungen. (Chemnitz, im April 1873.)

Schreiber, Paul, über d. in Nordamerika angest. Versuche zur künstl. Erzeugg. v. Regen nach d. amtl. Bericht d. v. landwirthschaftl. Amt d. Regierg. d. Verein. Staaten hierzu bestellten Spezialagenten. Vortrag, geh. in d. Oekonom. Gesellschaft im Königr. Sachsen, Dresden am 10. Febr. 1893. [Aus: „Mitteilgn. der Oekonom. Gesellschaft im Königr. Sachsen."] gr. 8. (22 S.) Dresden 893. G. Schönfeld. n. — 40

— Ueber die Verwendbarkeit der Aneroide von Naudet, Hulot & Comp. in Paris in der Wissenschaft

— was bezwecken wir m. der großen Zahl meteorologischer Stationen im Königr. Sachsen? Vortrag, geh. in der Oekonom. Gesellschaft im Königr. Sachsen, Dresden, am 4. Dezbr. 1891. [Aus: „Mittheilgn. d. Oekonom. Gesellschaft".] gr. 8. (22 S.) Dresden 892. G. Schönfeld's Verl. n. — 40

— die Wirkungen von Sammelbecken (Thalsperren) als Glieder wasserwirthschaftlicher Maßnahmen hauptsächlich f. die Forst- u. Landwirthschaft. Vortrag, geh. in der Ökonom. Gesellschaft im Königr. Sachsen, Dresden, am 8. XII. 1901. gr. 8. (38 S.) Dresden 902. Leipzig, G. Schönfeld. n. — 60

(B) — Wirkungen v. Sammelbecken. 902. Jetzt: Leipzig, Fritsche & Schmidt.

—— die Witterung in Europa und seiner Umgebung. gr. 8. (III, 61 S. mit eingedr. Holzschn.-Abbild. und lithogr. Karten.) Halle 880, Schwetschke'scher Verlag. *

Schreiber, R.: Ueber eine Art von Schwingungscurven doppelter Krümmung. 1871. 4°
Diss. Rostock

— Predigten auf jene Festtage die das Jahr hindurch gefeyert werden. gr. 8. Breslau, Korn der ält. 798.

— Predigten auf verschiedene Festtage der Heiligen. 1r Thl. gr. 8. Ebend. 787.

Schreiber, R., Predigten über das Leiden Jesu Christi in 5 Jahrg. 8. Glatz, (Korn d. ält. in Breslau.) 792.

Schreiber, R.: Ueber primäre Trägheitsmomente linearer ebener Gebilde. 1883. 8°
Diss. Marburg

Schreiber, Reinhard Der lateinische Unterricht in Sexta. 28 S.
Progr. *Neuhaldensleben* 1885.

Schreiber, Richard, Volontärarzt d. Kgl. Med. Univ.-Poliklinik: Aus d. Kgl. Pathol. Universitäts-Institut in Königsberg i. Pr. Ueber Polyarteriitis nodosa. *Königsberg i. Pr. 1904: O. Kümmel.* (41 S.) 8°
Königsberg, Med. Diss. v. 30. Juli 1904

Schreiber, Richard [pr. Arzt aus Quedlinburg]: Ueber Tetanus puerperalis. . . . Strassburg, Univ. Buchdr. v. J. H. E. Heitz, 1891; 24 S. 8°
Strassburg, Med. Fak., Inaug.-Diss. v. 1891

Schreiber, Rudolf

[Umschlagt.:] . . . Une belle Écriture c'est de l'Or! En 10 jours, l'écriture la plus défectueuse se trouve transformée en une belle écriture, courante et régulière, par la nouvelle méthode 'Sans Maître' du prof. Rodolphe Schreiber, Dir. d. Principaux Inst. de Callígr. de l'Allemagne du Nord . . . *[Essen: Commiss. v. G. D. Baedeker 1897.]* (2 Bl., 2 Taf.) 1 Bd 8.
[illegible]

— une belle écriture, c'est de l'or. En 10 jours, l'écriture la plus défectueuse se trouve transformée en une belle écriture, courante et régulière, par la nouvelle méthode „Sans Maître." gr. 8. (4 S. m. 2 Taf.) Köln (897). Ebd. — 80

Zur Feier der fünfzigjährigen Dienstjubiläums des Herrn Schulrath Dr. v. Bomhard in tiefer Verehrung dargebracht von Dr. Rudolf Schreiber, Prof. — Ansbach, den 13. Okt. 1858. Brugel — ½ Bog. in 8. — 12 vierz. Strophen in mittelhochdeutscher Sprache.
Progr. Ansbach

Festgedicht zur Schulfeier v. Prof. Dr. Schreiber. — Extrabeilage zum Ansbacher Morgenblatte Nr. 261. — Mit dem Gesang dieses Festgedichtes wurde der feierliche Schulakt eröffnet.
Progr. Ansbach

Schreiber, Rud., Gewerbeordnung f. das Deutsche Reich in der Fassung d. Reichsgesetzes vom 1. Juni 1891 üb. den Arbeiterschutz, nebst den neuen Vollzugsvorschriften f. das Deutsche Reich u. das Königr. Bayern. Handausg. m. Erläutergn. 8. (XII, 804 S.) München 892. C. H. Beck. Kart. n. 2. 80

Schreiber, Rud., Gewerbeordnung f. d. Deutsche Reich in d. Fassg. d. Bekanntmachg. v. 1. VII. 1883 m. d. weit. Abänderga. einschliessl. d. Gesetzes v. 26. VII. 1897, nebst d. Vollzugsvorschriften f. d. Deutsche Reich u. d. Königr. Bayern. Handausg. m. Erläutergn. 2., neu bearb. Aufl. 8. (XVII, 619 S.) München 898. C. H. Beck. Geb. in Leinw. n. 4. —

Schreiber, Rud., Gewerbeordnung. 2. Aufl. Ergänzungsheft, enth. die Abändergn. der Gewerbeordng. seit Herbst 1898, insbesondere die Novelle v. 30. VI. 1900, m. Erläutergn. u. Nachträgen zu den Vollzugsvorschriften hrsg. von W. Nedenbacher. 8. (IV, 74 S.) München 900. C. H. Beck. n. — 80
Hauptwerk Ebd. 898. Geb. n. 4. —.

Schreiber, Rud., Grundzüge d. Chemie m. bes. Rücksicht auf Küche u. Haus method. bearb. gr. 8. (V, 69 S.) Cassel 898. F. Scheel. Kart. n. 1. 20

Schreiber, Rud., Grundzüge der Chemie m. besond. Rücksicht auf Küche u. Haus, f. den Unterricht an höh. Mädchen- u. Haushaltungsschulen, sowie zum Selbstunterricht methodisch bearb. 2. Aufl. gr. 8. (V, 78 S. m. 14 Abbildgn.) Cassel 900. F. Scheel. Geb. n.n. 1. 50

Schreiber, Rud., Grundzüge der Chemie m. besond. Rücksicht auf Küche u. Haus, f. den Unterricht an höheren Mädchen- u. Haushaltungsschulen sowie allen mittleren Lehranstalten methodisch bearb. 3., verb. Aufl. (V, 98 S m. 28 Abbildgn.) gr. 8. Cassel 904. F. Scheel.
Geb. in Leinw. n.n. 1. 50

Grundzüge der Chemie mit besond. Rücks. auf Küche u. Haus f. d. Unterr. an höh. Mädchen- u. Haushaltungsschulen . . . method. bearb. von Dr. Rudolf **Schreiber**, Prof., Cassel. Mit 34 Abb. 4. verb. Aufl. Cassel: F. Scheel 1908. (VI, 104 S.) 8° [F.] 108. 948 4

Schreiber, Rud., Grundzüge der Chemie m. besond. Rücksicht auf Küche u. Haus, f. den Unterricht an höheren Mädchen- u. Haushaltungsschulen, sowie allen mittleren Lehranstalten methodisch bearb. 5. verb. Aufl. (104 S. m. 34 Abb.) 8. Cassel 910. F. Scheel. Geb. in Leinw. 1. 75

Der Hippolyt des Euripides nach Anlage, Idee u. Entwickelung. Von Dr. Rudolph Schreiber, k. Stdl. — 1851. Ebend. — S. 3—32.
Progr. Ansbach

— methodischer Leitfaden der Chemie u. Mineralogie f. den Anfangsunterricht an höheren Lehranstalten m. besond. Rücksicht auf die Erscheingn. des täglichen Lebens. gr. 8. (VI, 110 S. m. 34 Abbildgn.) Ebd. 901.
Geb. in Halbleinw. n. 2. —

Methodischer Leitfaden der Chemie und Mineralogie für den Anfangsunterricht an höheren Lehranstalten mit bes. Rücks. auf d. Erscheinungen d. tägl. Lebens. Von Dr. Rudolf **Schreiber**, Oberl. zu Cassel. 2. verb. Aufl. Mit 43 Abb. *Cassel: F. Scheel 1904.* (VI, 115 S.) 8° [F.] [illegible]

— Methodischer Leitfaden der Chemie u. Mineralogie f. den Anfangsunterricht an höheren Lehranstalten m. besond. Rücksicht auf die Erscheinungen des täglichen Lebens. 3. verb. Aufl. (VIII, 126 S. m. 48 Abbildgn.) 8. Ebd. 910. Geb. in Leinw. 2. —

Schreiber, Rud., sechs Mährlein f. Alt u. Jung erzählt. Mit Radirungen v. F. Pocci. 16. (10 B.) Landshut 841, 42, v. Vogel'sche Vrlsbuchh.

Schreiber, R., Memoria Bombardii. Pr. 1863. 23 S. 4°. .75

Schreiber, *Rudolph* [aus Breslau]: Ueber p-Kresoxäthylamin. . . . Berlin, A. W. Schade's Buchdr., 1891; 30 S., 1 Bl. 8°
Berlin, Phil. Fak., Inaug.-Diss. v. 10. Jan. 1891

Schreiber, Rud., Schön- u. Schnellschreiben in 10—15 Stunden durch Selbstunterr. ohne Lehrer zu erlernen. 42. u. 43. Taus. gr. 8. (à 4 S. m. 2 Taf.) Essen 898. G. D. Baedeker. n. — 60

Schreiber, Rud., Schön- u. Schnellschreiben in 10—12 Stunden durch Selbstunterricht ohne Lehrer zu erlernen. 50.—65. Taus. gr. 8. (4 S. m. 2 Taf.) Essen 899—901. G. D. Baedeker. n. — 60

Schreiber, Rud., Schön- u. Schnellschreiben in 10—12 Stunden durch Selbstunterricht ohne Lehrer zu erlernen. 76.—80. Taus. (4 S. m. 2 Taf.) gr. 8. Essen 906. G. D. Baedeker. n. — 60

Commentatio de scriptoribus scholasticis. Scrips. Dr. Rudolfus Schreiber, G. P. — 1860. Ibid. — S. 3—13.
Progr. Ansbach

Aus dem Tagebuch eines Alumnus des Collegiums bei St. Anna aus den Jahren 1717—1719. — Von Dr. Rud. Schreiber, G. P. u. Dir. — 1876. Augsburg, ibid. — S. 3—34.
Progr. Augsburg bei St. Anna
prot. Gymnasium

Schreiber, R.: Übersetzungsproben aus mhd. Dichten. 40 S. 8°. — Ansbach, Progr. 1869.

Die wichtigsten Versuche des Chemischen Anfangsunterrichts. Ausführl. Anleitung z. Ausführung chem. Versuche, unter Berücks. besonders einfacher Schulverhältnisse von Dr. Rudolf **Schreiber**, Oberl. zu Cassel. Mit zahlr. Abb. Halle a. d. S.: H. Schrödel 1904. (X, 112 S.) 8° [F.]
= Baade, Friedrich: Lehrbuch d. Naturgeschichte. Suppl. Bd. [95. 1564

— Die wichtigsten Versuche des chemischen Anfangsunterrichts. Ausführliche Anleitg. zur Ausführg. chem. Versuche unter Berücksicht. einfacher Schulverhältnisse. 2. verb. Aufl. (Suppl.-Bd. zu Baade, Lehrbuch der Naturgeschichte.) (XII, 120 S. m. 75 Abbildgn.) 8. Halle 910. H. Schroedel. 1.80; geb. n 2.10

Schreiber, Rudolph(us) Robert(us): De natura contagii. Halis (1845): Ploetz 30 S. 8°
Halle-Wittenberg, Med. Diss. v. 15. Aug. 1845
Geb. Adelsdorf bei Goldberg (Schles.) 1. 6. 1820. V.

Schreiber, S., der Transport lebenden Viehes u. der Fleischtransport. Eine Darstellung der Vortheile des letzteren gegen den ersteren mit Rechnungs-Vergleichen. gr. 8. (44 S.) Hannover 879. (Kniep'sche Buchh.) n. — 60

Schreiber, S. L., **Abbild. u. Beschreib. einer neuen rc. Maschine zum Schneiden des Weißkohls rc. (Aus d. Jahrb. d. preuß. Landwirthschaft abgedr.) Mit 1 Kpf. 8. Tilsit 820. (Wlöckner).** 4 Gr.

— ausführl. **Beschreib. einer neu verbesserten u. durch Erfahrung erprobten Oelpresse. Mit 1 Abbild. 4. Königsb. 821. (Th. Enslin in Berl.)** 4 Gr.

Schreiber, Siegfried: Schilderung des sächsischen Lokalbankwesens. Leipzig 1904: O. Brandstetter. (76 S.) 8°
Heidelberg, Phil. Fak., Ref. Rathgen, Diss. v. 31. Okt. 1904
[Geb. 22. Jan. 83 Leipzig i/Sa.; Wohnort: Leipzig; Staatsangeh.: Sachsen; Vorbildung: Realgymn. Döbeln Reife O. 01; Studium: Leipzig 4, München 1, Heidelberg 3 S.; Rig. 28. Juni 04.]

Schreiber, Simon: Zwei K a i s e r r e d e n und ein hebräischer Dank-Psalm von Ober-Rabb. Simon Schreiber s. A. ... Hrsg. v. Sohne d. Verf. Alexander Salomon Schreiber. Czernowitz: Selbstverl. 1908. 40 S. 8°

Schreiber, St. H., **Unterhaltungen f. d. eleg. Welt.** 2 Bde. (Enth. humorist. Aufsätze, Gedichte, Erzähln., Anekdoten rc. rc. 8. (20 B.) Preßburg 810. (Wien, Haas'sche Buchh.) *

Schreiber, Thdr., Altertum, s. Bilderatlas, kulturhistorischer.

Schreiber, Thdr., Apollon Pythoktonos. Ein Beitrag zur griechischen Religions- u. Kunstgeschichte. Mit 2 Taf. in Lichtdr. gr. 8. (106 S.) Leipzig 879. Engelmann. n. 4. —

Schreiber, T., Quaestionum de artificum aetatibus in Plinii Nat. Hist. libris relatis specimen. Diss. 1872. 34 S. 3.—

—— die **Athena Parthenos** des Phidias und ihre Nachbildungen. **Ein Beitrag zur Kunstgeschichte. Lex.-8. (100 S. mit 4 Lichtdr.-Taf.) Leipzig 883,** (Hirzel.) *
Aus: Abhandlungen der k. sächsischen Gesellschaft der Wissenschaften, besonders abgedruckt.

Schreiber, Thdr., die Athena Parthenos d. Phidias u. ihre Nachbildgn. Lex.-8. (100 S. m. 4 Taf.) Leipzig 883. [Hirzel] B. G. Teubner. n. 6. —; erm. Pr. n. 3. —

— s.: Bilderatlas, kulturhistorischer.

—— die antiken **Bildwerke** der Villa Ludovisi in Rom. Hrsg. mit Unterstützung der Centraldirection des deutschen archäolog. Instituts. gr. 8. (VI, 275 S. mit 3 eingedr. Holzschn. und 1 lithogr. Plan in Fol.) Leipzig 880, Engelmann. *

— die **Wiener Brunnenreliefs** aus Palazzo Grimani. Eine Studie üb. das hellenist. Reliefbild m. Untersuchungen üb. die bild. Kunst in Alexandrien. Mit 3 Heliogravüren u. 20 Abbildgn. im Text. gr. 4. (VIII, 103 S.) Leipzig 888. E. A. Seemann. cart. n. 12. —

— T., Die Dreifussbasis von Nabulus. S.-A. S. a. 4 S. u. 1 Taf.

Schreiber, Thdr., s.: Expedition Ernst Sieglin.

— Fundberichte des Pier Leone Ghezzi. S.-A. 1892. 53 S. m. 2 Figuren u. 8 Taf.

— Unedirte römische Fundberichte aus italienischen Archiven und Bibliotheken. Ak. 1885. 80 S.

— Ueber Flamminio Vaccas' Fundberichte. Ak. 1881. 49 S.

Schreiber, Thdr., d. **Gallierkopf d. Museums in Gîze bei Kairo. E. Beitrag zur alexandrin. Kunstgeschichte.** gr. Fol. (III, 30 S. m. 6 Fig. u. 2 Taf. in Photograv.) Leipzig 896. Stuttgart, J. G. Cotta Nachf. n. n. 12. 50

Der Gallierkopf des Museums in Gize bei Kairo. E. Beitr. z. alexandrinischen Kunstgeschichte v. Theodor **Schreiber**. *Leipzig: A. G. Liebeskind 1896.* (2 Bl., 30 S., 1 Bl., 2 Taf.) 1 Bd 2. [96. 1310

Schreiber, T., Zum Gedächtniss von Johannes Overbeck. S.-A. 1896. 16 S. .5

—— **über die Kunsttraktate des Giulio Mancini, s. Studien, gesammelte, zur Kunstgeschichte.**

— die Madonna, s. a. Venturi, Adf.

Schreiber Th, die Madonna. Das Bild der Maria in seiner kulturgeschichtlichen Entwicklung bis zum Ausgang der Renaissance in Italien. Nach dem italienischen Werke von A Venturi. (452 S 6 T) 4° Leipzig (1900)

Schreiber, Theodor. Meisterwerke des Städtischen Museums der bildenden Künste zu Leipzig. Im Auftrage des Rates der Stadt L'hrg. [Mit Figuren, 2 Vignetten und 85 Tafeln.] VIII + 67 S. fol. München, F. Bruckmann A.-G., 1907. [geb. M. 60. —]
Darin S. 23 5. 30. 36/9. 48. 51 f. u. Tafeln 29–31. 38. 49. 52. 68. 72. 73: Bilder von Arnold Böcklin, Alexandre Calame, Anton Graff, Joseph Anton Koch: Schweizerlandschaft, Wilhelm Riefstahl: Die Segnung der Alpen, Giovanni Segantini, Benjamin Vautier.

Schreiber, Theodorus (geb. am 15 Nov. 1807 in Minden Westf.): De morbis mandibulae dynamicis ... Bonnae, ex off. Moestiana (1834). 3 Bl., 66 S., 2 Bl. 8.
Bonn, Med. Fak., Diss. v 15 Sept. 1834

Schreiber, Theodor: Die N e k r o p o l e von Kôm-esch-Schukâfa. Ausgrabungen u. Forschungen hrsg. von Ernst Sieglin. bearb. von Theodor Schreiber unter Mitw. von Friedrich Wilhelm Frh. v. Bissing [u. a.]. Textbd. Tafelbd. Leipzig: Giesecke & Devrient 1908. 2°
(Ausgrabungen in Alexandria. Hrsg. von E. Sieglin. Bd. 1.)

Ortsbestimmungen der Stadt Tilsit. Sammlung von Abgabentarifen, Gebühren-Ordnungen ... d. Stadt Tilsit. Abgeschlossen am 20. Januar 1905. Zsgest. von Stadtrat Th[eodor] **Schreiber**. Tilsit: J. Reyländer & Sohn (1905). (IV, 245 S.) 8° [F.] [08. 10/0. 10

— die **hellenistischen Reliefbilder.** Mit Unterstützg. d. königl. sächs. Ministeriums d. Cultus u. öffentl. Unterrichts u. der philologisch-histor. Classe der königl. sächs. Gesellschaft der Wissenschaften hrsg. u. erläutert. Ausg. auf Kupferdr.-Papier. 1.—8. Lfg. Fol. (à 10 Taf. in Heliogravüre.) Leipzig 889. 890. Engelmann. à n. 20. —; Ausg. auf chines. Pap. à n. 30. —

Schreiber, Thdr., die hellenistischen Reliefbilder. Mit Unterstützg. des königl. sächs. Ministeriums des Cultus u. öffentl. Unterrichts u. der philologisch-histor. Classe der königl. sächs. Gesellschaft der Wissenschaften hrsg. u. erläutert. Ausg. auf Kpfrdr.-Papier. 9.—11. (Schluss-)Lfg. Fol. Leipzig, W. Engelmann. n. 64. —; Ausg. auf chines. Papier n. 96. — (kplt.: n. 224. —; Ausg. auf chines. Papier n. 336. —)
9. 10. (à 10 Taf. in Heliogravure.) 892. 893. à n. 20. —; Ausg. auf chines. Papier n. 30. —
11. (12 Taf. in Heliogravure.) 894. n. 24. —; Ausg. auf chines. Papier n. 36. —

— Die hellenistischen Reliefbilder und die augusteische Zeit. S.-A. 1896. 24 S. 4°.

— Griechische Satyrspielreliefs, s.: Abhandlungen der königl. sächsischen Gesellschaft der Wissenschaften. Philol.-histor. Kl. 27, XXII.

Schreiber, Thdr., Studium üb. das Bildnis Alexanders d. Gr., s.a. Abhandlungen der königl. sächs. Gesellschaft d. Wissenschaften. Philol.-histor. Classe 21. III.

Studien über das Bildniß Alexanders des Großen. Ein Beitrag z. Alexandrinischen Kunstgesch. mit e. Anh. über d. Anfänge des Alexanderkultes. Von Theodor Schreiber. Mit 13 Taf. u. 36 Textabb. *Leipzig: B. G. Teubner 1903.* (X, 312 S.) 4°(8°)
= Abhandlungen d. K. Sächs. Gesellschaft d. Wiss. Philol.-hist. Kl. Bd 21, No 3. [03 12239

— die alexandrinische Toreutik. Untersuchungen üb. die griech. Goldschmiedekunst im Ptolemäerreiche. I. Thl. [Aus: „Abhandlgn. d. k. sächs. Gesellsch. d. Wiss."] Lex.-8. (210 S. m. 138 Fig. u. 5 Taf.) Leipzig 894. S. Hirzel. n. 10. —

— die alexandrinische Toreutik. I. Thl. Lex.-8. (210 S. m. 138 Fig. u. 5 Taf.) Leipzig 894. [Hirzel.] B. G. Teubner. n. 10. —; ermäss. Pr. n. 5. —

Die Wandbilder des Kreuzganges der alten Universität Leipzig nach Durchzeichnungen über d. Originalen im Auftr. des akad. Senates d. Univ. Leipzig ... veröff. von Theodor Schreiber. Leipzig: Meisenbach, Riffarth & Co. in Komm. 1909. 31 S., 17 Taf. gr. 2° [09 3760

Die Wandbilder des Polygnotos in der Halle der Knidier zu Delphi. Von Theodor Schreiber. Th. 1. *Leipzig: S. Hirzel 1897.* 4°(8°)
= Abhandlungen d. Kgl. Sächs. Gesellschaft d. Wissenschaften. Philol.-histor. Cl. Bd 17, No 6. [97 4032

— d. Wandbilder d. Polygnotos i. d. Halle d. Knidier zu Delphi. 1. Tl. M. 18 Textillustr. [Aus: „Abhandlgn. d. sächs. Gesellsch. d. Wiss."] Lex.-8. (V, 179 S.) Leipzig 897. (B. G. Teubner.) n. 8. —

Schreiber, V. A., topograph. Nomenclatur d. ganzen Rheinküste, von dem Ursprunge bis zu den Mündungen des Stroms. Als Anhang zum Taschenbuche. 8. Heidelb. Meder. 813.

Schreiber, Val., ein neuer Herodes, s.: Sammlung, bunte, interessanter Erzählungen.

Schreiber, Veit, die Polen im Großherzogthum Posen, m. besond. Bezug auf die Jahre 1845 u. 1846. Nebst Betrachtungen üb. die Ursachen des Verfalls der poln. Republik. gr. 8. (3 B.) Leipzig 846, Mayer.
Aus: Biedermanns Gegenwart u. Zukunft. 3. Bd. besond. abgedruckt.

Schreiber, W., praktische Grammatik der altgriechischen Sprache, s. a. Kunst, die, der Polyglottie.

Schreiber, W., Praktische Grammatik der Altgriechischen Sprache. Mit besonderer Berücksichtigung des attischen Dialectes. Für den Selbstunterricht. Mit griechisch deutschem und deutsch griechischem Wörterverzeichniß. 8. (VIII, 188 S.) (Bibliothek der Sprachenkunde. 25. Theil. Geb.) 1.10
Wien: Hartleben 1890.

Schreiber, W., Praktische Grammatik der altgriechischen Sprache für den Selbstunterricht. 2. Aufl. [Die Kunst der Polyglottie. 25. Teil.] 8°. (200 S.) Wien: Hartleben 1906. geb. K 2.20

— Pestblätter des XV. Jahrh., s.: Heitz, Paul.

Schreiber, W., Tabellen zum Auftragen der Gewölbestützlinien nach Ordinaten. Ein Hülfsmittel sowohl zum Nachbilden der Gewölbe u. Widerlager nach vorher aufgetragener Stützlinie, als auch zum Einzeichnen der Stützlinien bei gegebener Form der Wölblinie, sowie zum Berechnen der Gewölbestärken u. Widerlager. gr. 8. (31 S.) Strassburg 884. Schultz & Co. Verl. cart. n.n. 2. 40

— s.: Totentanz, der.

Schreiber, W., Urteil üb. d. Jesuitenorden, s.: Aktenstücke, kirchliche.

Schreiber, Walther, Referendar: Idealkonkurrenz zwischen § 185 und § 180 des Reichsstrafgesetzbuches? Naumburg a. S. 1910: Sieling. X, 59 S. 8°
Halle, Jur. Diss. v. 20. Febr. 1910, Ref. Finger
[Geb. 10. Juni 84 Pustleben; Wohnort: Naumburg a. S.; Staatsangeh.: Preußen; Vorbildung: Gymn. Weimar Reife O. 03; Studium: Grenoble 1, München 2, Berlin 1, Halle 3 S.; Rig. 11. Jan. 10.] [U 10. 1674

Schreiber, Walter, bacc. jur.: Das Lombardgeschäft. Leipzig: Wigand 1909. 60 S. 8°
Leipzig, Jur. Diss. v. 8. Juni 1909
[Geb. 6. Juli 85 Breslau; Wohnort: Leipzig; Staatsangeh.: Sachsen; Vorbildung: Thomassch. Leipzig Reife O. 05; Studium: Freiburg i. B. 1, Genf 2, München 1, Leipzig 4 S.; Rig. 12. Febr. 09.] [U 09. 2678

Schreiber, Walter, Referendar: Die Sondervorschriften des Handelsrechts über Mängelhaftung beim Handelskauf (§§ 377, 378 des Handelsgesetzbuches). Cöln 1909: Greven & Bechtold. IX, 85 S. 8°
Leipzig, Jur. Diss. v. 14. Mai 1909
[Geb. 14. April 84 Cöln; Wohnort: Cöln; Staatsangeh.: Preußen; Vorbildung: Gymn. zu d. Aposteln Cöln Reife O. 03; Studium: Bonn 2, Heidelberg 1, Berlin 1, Bonn 2 S.; Rig. 3 Aug. 06.] [U 09. 2679

Schreiber, Wilhelm [aus Eschwege]: Über einige Derivate des Anthranils ... Karlsruhe, Macklot'sche Druckerei, 1895; 30 S., 1 Bl. 8.
Erlangen, Phil. Fak., Inaug.-Diss. v. 6. März 1895

Schreiber, Wilh., die politischen und religiösen Doctrinen unter Ludwig dem Bayern. Lex.-8. (82 S.) Landshut 858, Thomann'sche Buchh.

Schreiber, W., Geschichte Bayerns in Verbindung m. der deutschen Geschichte. 1. Bd. Von den Agilolfingern bis zum Ausgang d. span. Erbfolgekrieges. gr. 8. (VII, 898 S.) Freiburg i/Br. 889. Herder. n. 8. —; in Halbfrzbd. n. 9. 80

Schreiber, Wilh., Geschichte Bayerns in Verbindung m. der deutschen Geschichte. 2. Bd. Vom österreich. Erbfolgekrieg bis auf die Gegenwart. gr. 8. (VII, 847 S.) Freiburg i/B. 891. Herder. n. 8. —; geb. in Halbfrz. n. 9. 80 (1. 2.: n. 16. —; geb. n. 19. 60)

Geschichte des Brandenburgischen Train-Bataillons Nr. 3. Bearb. von [Wilhelm] Schreiber, Rittm. im Train-Bat. Nr. 3. Mit Abb., Karten u. Pl. *Berlin: E. S. Mittler & Sohn 1903.* (VI, 337 S.) 8° [F.] [03. 4330

Schreiber, Wilhelm, approb. Arzt aus Erfurt: Ueber ein operativ entferntes Lithopädion aus d. pathol. Institut d. Universität Leipzig. *Leipzig 1901: J. Klinkhardt.* (20 S.) 8°
Leipzig, Med. Diss. v. 25. Jan. 1901

Schreiber, Wilhelm, Dr.: Über einige Nitroderivate des Naphtalins. 1895. 34 S. 8°
Karlsruhe, Dipl.-Diss. v. 17. 7. 1895

[Wilh.] Schreiber, Rittmeister. Was muss der Unteroffizier und Gemeine von dem neuen Militärrecht bezw. von dem neuen Militärgerichtsverfahren wissen? *Berlin: R. Eisenschmidt 1901.* (18 S.) 8° [F.] 01. 11466

Schreiber, Wilhelm Alois

Schreiber, W. A., neue deutsche Beyspielsammlung aus den besten Dichtern und Prosaisten, f. Schulen u. junge Leute ꝛc. 8. Offenbach, Brede. 796.

— — dass. a. unter dem Titel: kleine Bibliothek f. Freunde und Freundinnen des Schönen. 8. Ebend. 796.
Schreibp. mit 1 Kupfer.

— Bemerkungen auf einer Reise von Strasburg bis an die Ostsee. 2 Thle. 8. Ebend. 793. (1r 12 gr. 2r 10 gr.)

DIRNENRAUB, Der, und der Bogenschütze. Scenen aus der Vorwelt (von *Wilhelm Aloys Schreiber*). Frankfurt (a. M.), Esslinger, 1795. 8°. (14 gr.)
158 S. (incl. Tit. m. Vign.). — Steht auch in des Verf. ebenfalls anonym erschienenen „Romant. Erzählungen vom Verf. des Waldbruders im Eichthale". Bdchn. 1. Ibid. eod. a. 8°, als Nr. 1. — Ziemlich zahm.

— historische Gemählde von Griechenland und Rom. gr. 8. Ebend. 796.

— Gemählde im sanfteren Colorit aus d. Leben d. Schwarzkünstlers Faust (h. auch d. Titel: Scenen aus Fausts Leben). Ebend. 794.

NACHTWACHEN, Die (3), des Einsiedlers zu Athos (von *Wilh. Aloys Schreiber*). (Mit Vorrede von Wilh. Ludw. Wekhrlin.) O. O. (Nürnberg, Felssecker.) 1790. Gr. 8°. Lat. Lett. Nicht erotisch.
Goedeke V, 368, 5. 7; fehlt im Anon.-Lex. — Weller nennt eine neue Auflage von demselben Jahre, o. O.

— d. Verfassung von Rom z. Zeit d. Republik. gr. 8. Frkft. Eslinger. 794.

— Visionen, Dialogen und Erzählungen (a. d. Titel: Antikleeblatt). 8. Bremen, Willmanns. (Müller.) 807.

Schreiber, Wlh. Lor., der zergliederte u. erklärte große Dresdner Katechismus. 8. Leipz. 778. Hilscher. 6 ℊ

Schreiber, Wilhelm Ludwig

— u. Paul **Heitz,** die deutschen „Accipies" u. Magister cum discipulis-Holzschnitte als Hilfsmittel zur Inkunabel-Bestimmung, s. a. Studien zur deutschen Kunstgeschichte.

Schreiber, W[ilhelm] L., und Heitz, Paul. Die deutschen «Accipies» und Magister cum Discipulis — Holzschnitte als Hilfsmittel zur Inkunabel-Bestimmung. Mit 77 Abbildungen [auf 76 Tafeln, und 1 Vignette]. 71 S. 8. Strassburg, J. H. Ed. Heitz, 1908. (M. 10. —)
Studien zur Deutschen Kunstgeschichte. Heft 100.
Darin S. 12/4. 16 f. 19 f. 24 f. 30. 33 f. 39/41. 45 f. 49 f. 53. 62 f und Tafel 1. 15. 20/1. 35. 37. 39. 57. 65 eine Anzahl Drucke von Basel, *sowie je einen Druck von* Constanz *und* Zürich *betr.*

Schreiber, W. L., Basels Bedeutung f. die Geschichte der Blockbücher, s. a. Studien zur deutschen Kunstgeschichte.

Schreiber, W[ilhelm] L[udwig]. Basels Bedeutung für die Geschichte der Blockbücher. Mit 5 Abbildungen [Tafeln]. X + 51 S. 8. Strassburg, J. H. Ed. Heitz, 1909. (M. 3. —)
Studien zur Deutschen Kunstgeschichte. Heft 106.

Schreiber, W. L., s.: Biblia pauperum.

Schreiber, W. L., das Bismarck-Museum in Bild u. Wort, s.: Gronsilliers, A. de.

— darf d. Holzschnitt als Vorläufer d. Buchdruckerkunst betrachtet werden? Aus: „Centralbl. f. Bibliothekswesen."] gr. 8. (66 S.) Leipzig 895. O. Harrassowitz. n. 2. —

Defensorium inviolatae virginitatis Mariae aus der Druckerei der Hurus in Saragossa, in Faksimile-Reproduktion herausgegeben von WILHELM LUDWIG SCHREIBER. Weimar 1910. Gesellschaft der Bibliophilen. 4°.

— die Entstehung u. Entwicklung der Biblia Pauperum unter besond. Berücksicht. der uns erhaltenen Handschriften. (45 S. m. 29 Abbildgn. u. 1 Lichtdr.-Taf.) 4. Strassburg (906). J. H. E. Heitz. n. 6. —
Sonderabdr. aus: „P. Heitz u. W. L. Schreiber, Biblia Paup."

— Holzschnitte des 15. Jahrh. in den fürstl. Fürstenbergischen Sammlungen zu Donaueschingen. — Holzschnitte des 15. Jahrh. in der königl. Landesbibliothek zu Stuttgart, s. a. Einblattdrucke des 15. Jahrh.

Holzschnitte des fünfzehnten Jahrhunderts in der Königlichen Landesbibliothek zu Stuttgart von W[ilhelm] L[udwig] **Schreiber.** Mit 7 handkol. Taf. Strassburg: J. H. E. Heitz 1907. (10 S.) 2°
= **Einblattdrucke** d. 15. Jahrhunderts. [4.] 07. 6190

Holzschnitte des fünfzehnten Jahrhunderts in den fürstlich Fürstenbergischen Sammlungen zu Donaueschingen von W[ilhelm] L[udwig] **Schreiber.** Mit 20 handkol. Taf. Strassburg: J. H. E. Heitz 1907. (13 S.) 2°
= **Einblattdrucke** d. 15. Jahrhunderts. [6.] 07. 7492

— **Holzschnitte u. Schrotblätter aus der kgl. Universitäts-Bibliothek in Tübingen, s. a. Einblattdrucke des 15. Jahrh.**

Holzschnitte und Schrotblätter d. Kgl. Universitäts-Bibliothek in Tübingen von W[ilhelm] L[udwig] **Schreiber.** Mit 15 Taf. Strassburg: J. H. E. Heitz 1906. (15 S.) 2°
= **Einblattdrucke** d. 15. Jahrhunderts. [3.] 06. 10339

Schreiber, W. L., manuel de l'amateur de la gravure sur bois et sur métal au XVe siècle. Tome I—III et VI. Berlin, (Alb. Cohn). à n.n. 12. —
I. Contenant un catalogue des gravures xylographiques se rapportant à la bible, l'histoire apocryphe et légendaire, la sainte Trinité et la sainte Vierge, avec des notes critiques, bibliographiques et iconologiques. (XVI, 366 S.) 891.
II. Contenant un catalogue des gravures xylographique se rapportant aux saints et saintes, sujets religieux, mystiques et profanes, calendriers, alphabets, armoiries, portraits et suivi d'une spécification des falsifications avec des notes critiques, bibliographiques et iconologiques. (XV, 382 S.) 892.
III. Contenant un catalogue des gravures sur métal et des empreintes en pâte, suivi d'un supplément provisoire, d'une clef des attributs des saints et d'une liste des marques et monogrammes avec des notes critiques, bibliographiques et iconologiques. (XVI, 334 S.) 893.
VI. Contenant un atlas de fac-similés de gravures sur bois et sur métal et d'empreintes en pâte. Fol. (VIII S. m. 35 Taf.) 893.

— manuel de l'amateur de la gravure sur bois et sur métal au XVe siècle. Tome VII. Contenant la première partie des Fac-Similés des livres xylographiques. Fol. (X S. m. 35 Taf.) Berlin 895. (A. Cohn.) n.n. 12. —

— **Manuel de l'amateur de la gravure sur bois et sur métal au XVe siècle.** Tome IV. Contenant un catalogue des livres xylographiques et xylo-chirographiques indiguant les différences de toutes les éditions existantes avec des notes critiques, bibliographiques et iconologiques. (XVI, 464 S. m. Abbildgn.) Lex.-8. Leipzig 902. O. Harrassowitz. n.n. 12. —
(I—IV u. VI—VIII: n.n. 84. —)

Schreiber, W. L., manuel de l'amateur de la gravure sur bois et sur métal au XVe siècle. Tome VIII. Contenant la deuxième partie des facsimilés des livres xylographiques. Fol. (XI S. m. 32 Taf.) Berlin (900). [A. Cohn Nachf.] Leipzig, O. Harrassowitz. n.n. 12. —

— Manuel de l'amateur de la gravure sur bois et sur métal au XVe siècle. Tome V. Contenant un catalogue des incunables à figures imprimés en Allemagne, en Suisse, en Autriche-Hongrie et en Scandinavie avec des notes critiques et bibliographiques. 1. partie: A—J. (LXXX, 302 S.) Lex. 8. Leipzig 910. O. Harrassowitz. n.n. 12. —

Schreiber, W. L., s.: Oracula Sibyllina.

Schreiber, Wilhelm Ludwig: S a m m l u n g des Herrn Prof. W[ilhelm] L[udwig] Schreiber ... Monumenta xylographica. Die frühesten Erzeugnisse d. Holz- u. Metallschnitts ... Frankfurt a. M.: Baer; Wien: Gilhofer & Rauschburg 1909. VIII, 89 S., 39 Taf. 4⁰ (8⁰)
(28. Kunstauktion von Gilhofer & Rauschburg in Wien.)

— s.: Wunderblut, das, zu Wilsnack.

Gedichte von S** [d. i.: Gabriel Christ. Schreiber von Cronstern]. Goettingen. 1760. 8⁰.

Schreiber von Cronstern, Gabriel Christian
A. S. 572/25

Dissertatio solemnis iuridica de testamento ad interrogationem alterius condito.
Göttingen (Schulz) 34 S., 4 Bl.

Gew.: Johann Ludwig von Holstein, Friedrich Ludwig Fhr. von Dehn, Johann Hartwig Ernst Fhr. von Bernstorf, Otto Thot.
W. v.: Georg Heinrich Ayrer, G. G. Richter, Jo. Mathias Gesner. 31422

Schreiberhau [Schlagwort]

Schreiberhau. Mittelbach, R., neueste Umgebungskarte v. Schreiberhau, Petersdorf u. Agnetendorf im Riesengebirge. 1 : 50,000. 44,5×56 cm. Farbdr. Leipzig (906). Mittelbach. — 80

Schreiberhau. Patschovsky, Wilh., Spezial-Karte (Umschlag: Plan) v. Schreiberhau im Riesengebirge. 1 : 12,500. 51×59 cm. Lith. Schweidnitz (909). G. Brieger. — 40

Schreibers, (D.) C. von, s. S c h r e i b e r s, Karl von

SCHREIBERS, Georg Christoph, P r o b e n der N i e d e r - S ä c h s i s c h e n P o e s i e, b e s t e h e n d in G l u c k w u n s c h u n g s - H o c h z e i t - L e i c h e n - u. v e r m i s c h t e n G e d i c h t e n, nebst e. V o r r e d e, worinn von den nöthigen Eigenschaften einer vernunftigen u. reinen Poetischen Schreib-Art gehandelt, u. zugleich der Herr L. B r o c k s [?] wider die Tadlerinnen (Gottsched'sche Wochenschrift) vertheidiget wird. Jena u. Leipzig, Bey Joh. Friedrich Rittern. 1730. 8⁰. (In Dresden: P. o. germ. rec. B. 2191
Tit. (roth u. schwarz), 3 Bl. Zuschr. an d. Fürstl. Sachs.-Eisenach. Consistorial-Rath u. Amtmann Carl Sigm. K o s t, 14 S. Vorr., 112 S. Text. Bis auf 1 Hochzeitgedicht „Die Honig-saugende Hummel" (S. 52—54) durchaus zahm. N i c h t s in p l a t t d e u t s c h e m D i a l e k t! — Rar!

Schreibers, Jos. Ritter v., Darstellung der Gründung und Entwickelung der k. k. Landwirthschafts-Gesellschaft in Wien als Fest-Album bei Gelegenheit der 50jährigen Jubiläumsfeier der Gesellschaft, von derselben hrsg. 1857. gr. Lex.-8. (X und 337 S. mit 11 lithogr. Portr., 7 Tab. in qu. Fol. und 1 chromolithogr. Karte in qu. Fol.) Wien 857, (Gerold's Sohn.) *
geb. *

Schreibers, Josef Ritter von — Darstellung der Gründung und Entwickelung der k. k. Landwirthschafts-Gesellschaft in Wien als Fest-Album bei Gelegenheit der fünfzigjährigen Jubiläumsfeier der Gesellschaft, von derselben herausgegeben 1857. Verfaßt von ihrem Mitgliede — —. Wien. Aus der k. k. Hof- und Staatsdr. (X. 336 S. 8. Mit 10 lithogr. Porträte, 6 Tabellen und einer Karte der landwirthschaftlichen Bezirke in Niederösterr.)

Schreibers, Jos. v., die Milchwirthschaft im Innern großer Städte und deren nächster Umgebung, oder Anleitung, das Rind mit steter Rücksicht auf einen nahen großen Consumtionsplatz zu wählen, zu nähren, zu pflegen rc., dann dessen Producte zu behandeln und zu verwerthen. Mit einem belehrenden Anhange, die bei diesem Geschäfte vorkommenden Verträge mit Rechtssicherheit zu schließen. gr. 8. (VIII und 253 S. und 2 Stnt. in gr. 4. und gr. 8.) Prag 847, Calve'sche Vrlgsh. 1 Thlr.

Schreibers, Jos. v., s.: Sinclair, John.

Karl von Schreibers

Beyträge [Beiträge] zur Geschichte und Kenntniß meteorischer Stein-und Metall-Massen, und der Erscheinungen, welche deren Niederfallen zu begleiten pflegen. Von Carl von Schreibers. Wien: Heubner 1820. VIII,92 S. 2⁰

(= Chladni, Ernst Florens Friedrich: Feuer-Meteore. Nachtr.)

Schreibers, D. C. v., Beyträge zur Geschichte u. Kenntniß meteorischer Stein- und Metall-Massen, und der Erscheinungen, welche deren Niederfallen zu begleiten pflegen. Als Nachtrag zu Herrn Dr. Chladni's neuestem Werke, über Feuer-Meteore, und die mit denselben herabgefallenen Massen. Mit 8 Steindrucktafeln, einem Meteor-Eisen-Autograph und einer Karte. gr. Fol. Wien, Heubner. 821.

Schreibers, C. v. und v. Holger: Ueber den M e t e o r s t e i n - f a l l auf der Herrschaft Wessely in Mähren 1821.

— Ueber den M e t e o r s t e i n - N i e d e r f a l l auf der Herrschaft Wessely in Mähren, nebst der Analyse dieses Meteorsteins, von M. Dr. Ritter von Holger. (Aus Baumgartner's Zeitschr. für Physik.) Wien 1832. 8⁰

Schreibers, K. v.: N a c h r i c h t e n von den kais. österreichischen Naturforschern in Brasilien und den Resultaten ihrer Betriebsamkeit. Brunn 1820 u. 1822. 8⁰

Schreibers, C. v.: N a c h r i c h t e n von dem Steinregen zu Stannern in Mähren, am 22. Mai 1808, und Darstellung ihrer physisch-chemischen Eigenschaften, von Jos. Moser. (Aus Gilbert's Ann.) Leipzig 1808. 8⁰

Schreibers, K. v., Versuch einer vollständigen Conchylienkenntniß. 2 Bde. gr. 8. Wien, Camesina. 793.

— Versuch e. vollständ. Conchylienkenntniß nach Linné's System, 2 Bde. gr. 8. Wien 793. (Heubner). 3 ℛ

a Schreibers, Car. Nic. Jos., s. L i n n a e i, Car., Epistolae.

Schreibershofen, G. v., Ferdl's Kinder, — in der Kunstausstellung, } s.: Daheim. Stenographen-Bibliothek. 5. u. 1. Bd.

Schreibershofen, Hans v., die Wandlungen der Mariendarstellung in der bildenden Kunst. gr. 8. (97 S.) Heidelberg 886. C. Winter. n. 2. 80

Schreibershofen, Hedwig von

Schreibershofen, H. v., Antonie. Roman. 8. (451 S.) Berlin 899. R. Taendler. n. 4. —; geb. n. 6. —

Schreibershofen, H. v., David Beronski. — Aus d. Papieren meines Oheims, s. a. Kürschner's Bücherschatz.

[F.] David Beronski. Roman. Aus d. Papieren meines Oheims. Von H(edwig) v. Schreibershofen. M. Ill. v. E. Ranzenhofer. *Berlin, Eisenach, Leipzig: H. Hillger [1898].* (127 S.) 1 Bd 8.
= Bücherschatz, Kürschners. No 69. 98. 4701

Schreibershofen, H. v., heißes Blut u. Anderes. Novellen. (204 S.) 8. Dresden 904. E. Pierson. n. 2. —; geb. n. 3. —

— Sennorita Dolores, s.: Für Herz u. Haus. 18. Bd.

— Graf Eszterhazy. Roman. 8. (310 S.) Jena 895. H. Costenoble. n. 4. —

Schreibershofen, H. v., unter dem Gesetze, s.: Für Herz u. Haus.

Schreibershofen, H. v. Italienisches. Sechs Novellen. gr. 8. (III, 278 S.) Heidelb. 891, C. Winter. * 4 50; geb. * 5 50

Jan van Knebel. Aus Antwerpens Inquisitionszeit. Erzählung von H[edwig] v. Schreibershofen. *Halle a. S. & Bremen: C. E. Müller 1903.* (279 S.) 8° 03. 7696 3

— Jan van Knebel. Aus Antwerpens Inquisitionszeit. Erzählung. 2. [Titel-]Aufl. (279 S.) 8. Halle [903] 907. C. E. Müller. n. 4. —; geb. n. 5. —

Mira. Roman von H[edwig] v. Schreibershofen. Berlin: R. Taendler [1903]. (266 S.) 8°

Schreibershofen, H[edwig] v., die Sühne. Roman. 3 Bde. 8. (242; 240; 230 S.) Berlin 887, Janke. *

—— Im Wechselspiel d. Lebens. Roman. 8. (374 S.) Berl. 892, Janke. * 5 —

Schreibeschule. Methodisch geordnete Uebgn. f. das Schönschreiben m. od. ohne Tactiren. Deutsch. 1.—6. Heft. Neue Bearbeitg. qu.-4. (à Heft 24 S.) Halle a. S. 891, Buchh. d. Waisenhauses. à Heft ** — 15

— dasselbe. Lateinisch. 1.—6. Hft. Neue Bearbeitg. qu. 4. (à 24 S.) Ebd. 888—892. à n.n. — 15

—— dass. — Lateinisch. 1.—6. Heft. Neue Bearbeitg. qu.-4. (à Heft 24 S.) Ebd. 891. à Heft ** — 15

Schreibe-Vorlagen, griechische. 4. (3 lith. S.) Stuttgart 871. Enke. n. — 40

Schreibe-Zeiger, Prager kleiner, der teutschen Sprache. O. O. 1737. V: *Stey, Anton Dominicus.* (Rüdiger, Neuest. Zuwachs. Liegnitz 1782—93. IV, 58.)

Schreib- und Lese-Fibel, deutsche, mit vielen Bildern. Ausg. B. für das synthetisch-analyt. Lehrverfahren. Schreibschrift nach der bad. Normalschrift. Hrsg. von mehreren bad. Schulmännern. gr. 8. (120 S.) Tauberbischofsheim 879, Lang. cart. **

Schreib- und Lese-Fibel, deutsche, mit vielen (eingedr. Holzschn.-)Bildern. Ausg. B. für das synthetisch-analyt. Lehrverfahren. Schreibschrift nach der bad. Normalschrift. Hrsg. von mehreren bad. Schulmännern. 2.—8. Aufl. gr. 8. (120 S.) Tauberbischofsheim 880—82, Lang. geb. ** — 50

Ferdinand Hirts **Schreib- und Lesefibel**. Mit vielen Abb. Neubearbeitung von 1906 nach phonet. Grundsätzen. Ausg. A f. einfache ev. Volksschulen. Breslau: F. Hirt 1908. (72 S.) 8° [F.] 08. 6375 2

Ferdinand Hirts **Schreib- und Lesefibel**. Mit vielen Abb. Neubearbeitung von 1906 nach phonet. Grundsätzen. Ausg. B f. mehrklass. ev. Schulen. Breslau: F. Hirt 1908. (104 S.) 8° [F.] 08. 6376 2

Ferdinand Hirts **Schreib- und Lesefibel**. Mit vielen Abb. Neubearbeitung von 1906 nach phonet. Grundsätzen. Ausg. D f. mehrklass. Schulen beider Konfessionen. Breslau: F. Hirt 1908. (104 S.) 8° [F.] 08. 6377 2

Ferdinand Hirts **Schreib- und Lesefibel**. Mit vielen Abb. Neubearbeitung von 1906 nach phonet. Grundsätzen. Ausg. F f. mehrklass. kath. Schulen. Breslau: F. Hirt 1908. (104 S.) 8° [F.] 08. 6378 2

Ferdinand Hirts **Schreib- und Lesefibel**. Mit vielen Abb. Neubearbeitung von 1906 nach phonet. Grundsätzen. Ausg. G f. einfache kath. Volksschulen. Breslau: F. Hirt 1908. (72 S.) 8° [F.] 08. 6379 2

Schreib- und Lesefibel. In method. Ordnung bearb. 8. (64 S.) Paderborn 864, Junfermann'sche Buchh. *

Schreib- und Lesefibel. In method. Ordnung bearb. 2. durchgesehene Aufl. 8. (64 S.) Paderborn 870, Junfermann'sche Buchh. * — 20

Schreibheft Nr. 1 u. 2 f. deutsche Einheits-Stenographie (System Gabelsberger). gr. 8. (à 32 S.) Aachen (899). A. Jacobi & Co. à n.n. — 10

Schreibheft f. vereinf. Stenographie. M. Vorschriften. gr. 8. (16 S.) Berlin 895. F. Schrey. n. — 30; ohne Vorschriften. (32 S.) n. — 25

Schreibheft, stenographisches. 12. (32 S. liniertes Pap.) Dresden 893. W. Reuter. n. — 10

Schreibheft m. stenograph. Vorschriften f. vereinf. deutsche Stenographie (Einigungssystem Stolze-Schrey). 9. Aufl. 41.—45. Taus. (16 S.) 8. Berlin (909). F. Schrey. — 25

Schreibhefte in verschiedenen Liniaturen. No. 1-7. 4° Mergentheim

Schreibhefte mit Vorschriften vom hannoverschen Lehrer-Verein. Deutsche Schrift. 10 Hefte. 4. (à 24 lithogr. S.) Hannover 875—79, Helwing'sche Verlagsh. à Heft *

—— dass. — Lateinische Schrift. 6 Hefte. 4. (à 24 S.) Ebendas. 877,78. à Heft *

Schreibkalender, s.a. Schreibekalender

Schreibcalender [Schreibkalender] auf das Jahr... (1750: Verbesserter Schreibcalender) 1739. 1750. Blankenburg [1738-49:] Pape. 8°
1739: [1738.]

Schreibcalender fürs Jahr 1800. Gedruckt in H** 1800. H: *Rieff, Leonhard.* (MGT)

Schreibkalender auf das Jahr 1803-810. f. Kanzeleyen, Landämter rc. 4. Würzburg, Stahel. (à 6 gr.) Velinp. (à 8 gr.)

Schreib-Kalender, f. d. Jahr 1847. 8. (7½ B.) Wesel 846, Bagel.

— für d. J. 1848—1853. gr. 16. (1848: 264 S. 1849: 232 S. 1850: 232 S. 1851: 236 S. 1852: 236 S. 1853: 226 S.) Wesel, A. Bagel. à ¼ ℛ In Engl. Einb. à n. 5/12 ℛ

—— für das J. 1854. gr. 16. (232 S.) Wesel 853, Bagel.

Schreib-Kalender auf d. J. 1849 u. 1853. 12. (1849: 156 S. m. 2 Tab. in 4. u. qu. Fol. 1853: 132 S. m. 9 Tab. in 4. u. qu. Fol.) Berlin, Trowitzsch & Sohn. à n. ⅓ ℛ durchschossen à n. 17 ngr

—— auf die J. 1853—56. 12. Berlin 852—55, Trowitzsch und Sohn. à Jahrg. *
durchschossen à Jahrg. *

Schreib-Kalender auf die J. 1858—62. 12. (à Jahrg. 132 S. mit 9 oder 10 Tab. in qu. 4. und qu. Fol.) Berlin, Trowitzsch und Sohn. à Jahrg. *
Durchschossen und geb. à Jahrg. *

Schreib-Kalender auf die J. 1863—68. 12. (à Jahrg. 132—144 S. mit 10 Tab. in 4.) Berlin, Trowitzsch und Sohn. à Jahrg. * 10 Ngr.; durchschossen und geb. à Jahrg. *

Schreib-Kalender auf die J. 1869—1875. 12. (à 132—148 S. mit Tab. in qu. 4.) Berlin, Trowitzsch und Sohn. à Jahrg. *
geb. und durchschossen *

Schreib-Kalender auf die J. 1876—1880. gr. 16. (à ca. 176 S.) Berlin, Trowitzsch und Sohn. à Jahrg. *
geb. und durchschossen à Jahrg. *

—— auf die J. 1881—1885. gr. 16. (à Jahrg. ca. 168 S.) Berlin, Trowitzsch und Sohn. à Jahrg. * 1 —
geb. und durchsch. à Jahrg. * 1 75

—— auf die J. 1886—1889. gr. 16. (à Jahrg. 168 S.) Berlin, Trowitzsch und Sohn. geb. und durchsch. à Jahrg. *

Schreib-Kalender auf d. J. 1891. gr. 16. (Schreibkalender u. 32 S.) Berlin, Trowitzsch & Sohn. n. 1. —;
geb. u. durchsch. n. 1. 75

—— auf d. J. 1893. gr. 16. (VI S., Schreibkal. u. 29 S.) Berl., Trowitzsch u. Sohn. * 1 —; geb. in Leinw. u. durchsch. * 1 75

Schreib-Kalender auf d. J. 1895. gr. 16. (Schreibkalender u. 27 S.) Berlin, Trowitzsch & Sohn. Geb. in Leinw. u. durchsch. n. 1. 75

Schreib-Kalender auf d. J. 1899. gr. 16. (Tagebuch u. 27 S.) Berlin, Trowitzsch & Sohn.
Geb. in Leinw. u. m. Schreibpap. durchsch. n. 1. 75

Schreib-Kalender auf d. J. 1903. gr. 16. (Tagebuch u. 20 S.) Berlin, Trowitzsch & Sohn. Geb. in Leinw. u. durchsch. n. 1. 75

Schreib-Kalender auf das J. 1907. (Tagebuch u. 20 S.) kl. 8. Berlin, Trowitzsch & Sohn.
Geb. in Leinw. u. durchsch. n. 1. 75

Schreib-Kalender auf d. J. 1911. (Tagebuch u. 20 S.) kl. 8. Berlin, Trowitzsch & Sohn. Geb. in Leinw. u. durchsch. 1. 75

Schreib-Kalender auf das gemeine Jahr nach der gnadenreichen Geburt unsers Heilandes Jesu Christi 1854. Worin die Genealogie des durchlauchtigsten Kaiserhauses von Oesterreich u. s. w. enthalten sind. 4. Innsbruck. Gedruckt und zu finden in der Wagner'schen Buchhandlung.

—— auf das gemeine Jahr nach der gnadenreichen Geburt unsers Herrn Jesu Christi 1862. 4. Innsbruck, F. Rauch.

Schreib-Kalender auf das gemeine Jahr nach der gnadenreichen Geburt unsers Heilandes Jesu Christi 1875. 4. (32 S. mit eingedr. Holzschn.) Innsbruck 874, Wagner'sche Universitäts-Buchh. * — 30

—— auf die Jahre nach der gnadenreichen Geburt unsers Heiland's Jesu Christi 1876—1880. 4. (à Jahrg. ca. 32—44 S. mit eingedr. Holzschn.) Innsbruck, Wagner'sche Universitäts-Buchh. à Jahrg. ** — 30

Schreib-Kalender für 1881. 4. geh. 15 kr. Innsbruck: Wagner'sche Universitäts-B., 1881.

— auf das J. 1882. 4. (44 S.) Innsbruck, Wagner. n.n. — 35

Schreibkalender auf das gem. Jahr 1883. Innsbruck: Wagner'sche U.-B. 4°

Schreib-Kalender auf das J. 1856. 24. (226 S.) Berlin 855, Kühn und Söhne.

—— dass. — auf das J. 1857. 24. (IV und 247 S.) Ebds. 856. *

—— auf die J. 1859—61. 24. (à Jahrg. 135 S.) Berlin, Kühn und Söhne. à Jahrg. *
Durchschossen und geb. à Jahrg. * –
in Leder geb. à Jahrg. –
in Maroq. geb. mit Goldschn. à Jahrg.

—— auf die J. 1862 und 1863. 12. (à Jahrg. 135 S.) Berlin, Kühn und Sohne. à Jahrg. *
Durchschossen und geb. à Jahrg. * –
In Leder geb. à Jahrg. * –
In Maroquin geb. mit Goldschn. à Jahrg. *

—— für die J. 1869—1875. 2.—8. Jahrg. Hrsg. von H. Reinecke. gr. 16. (179 S.) Harburg, Elkan. geb. à Jahrg. 1 20
geb. und durchschossen 1 50

Schreib-Kalender für das Schaltj. 1876. 9. Jahrg. Hrsg. von H. Reinecke. gr. 16. (148 S.) Harburg, Elkan. geb. 1 20
geb. und durchschossen 1 50

—— auf die J. 1870—1875. Zum Gebrauch für alle Stände. 8. (à 112—128 S.) Hildburghausen, Gadow und Sohn. à Jahrg.
geb. und durchschossen à *

—— dass. — auf die J. 1876—1880. Zum Gebrauch für alle Stände. 8. (à Jahrg. ca. 130 S.) Hildburghausen, Gadow und Sohn. à Jahrg.
geb. und durchschossen à Jahrg.

—— auf die J. 1881—1885. Zum Gebrauch für alle Stände. gr. 16. (à Jahrg. ca. IV, 128 S.) Hildburghausen, Gadow und Sohn. geb. und durchsch. à Jahrg. ** — 90

—— auf die J. 1886—1889. Zum Gebrauch für alle Stände. 8. (à Jahrg. ca. 140 S. mit je 1 Eisenbahn- und Post-Karte von Thüringen.) Hildburghausen, Gadow und Sohn. geb. und durchsch. à Jahrg. **

—— auf d. J. 1892. Zum Gebrauch f. alle Stände. Mit e. Eisenbahn- u. Post-Karte v. Thüringen in 10 farb. Druck. 12. (VI, 137 S.) Hildburgh., Gadow u. Sohn. geb. ** — 90

— auf d. J. 1895. Zum Gebrauch f. alle Stände. Mit e. (farb.) Eisenbahn- u. Post-Karte v. Thüringen. 12. (118 u. 16 S.) Hildburghausen, F. W. Gadow & Sohn. Geb. n.n. — 90

— auf d. J. 1899. Zum Gebr. f. alle Stände. M. 1 Eisenbahn- u. Postkarte v. Thüringen in 10 farb. Druck. 12. (VI, 144 S.) Hildburghausen, F. W. Gadow & Sohn. n. — 60; geb. n.n. — 90

— auf d. J. 1903. Zum Gebrauch f. alle Stände. Mit 1 Eisenbahn- u. Postkarte v. Thüringen in 10 farb. Druck. 12. IV, 252 S.) Hildburghausen, F. W. Gadow & Sohn. Geb. in Leinw. n. — 90

— auf d. J. 1907. Zum Gebrauch f. alle Stände. Mit 1 Eisenbahn- u. Postkarte v. Thüringen in 10farb. Druck. (VI, 120 u. 37 S.) kl. 8. Hildburghausen, F. W. Gadow & Sohn. Geb. in Leinw. n.n. — 90

— auf d. J. 1911. Zum Gebrauch f. alle Stände. Mit 1 Eisenbahn- u. Postkarte v. Thüringen in 10farb. Druck. (VI, 122 u. 39 S.) kl. 8. Hildburghausen, F. W. Gadow & Sohn. Geb. in Leinw. nn — 90

Schreib-Kalender für d. J. 1873. 6. Jahrg. Hrsg. v. H. Reinecke. 16. (VIII, 161 S.) Lüneburg, Engel. geb. n.n. 1. 25; durchschossen n.n. 1. 50

—— für das J. 1877. 10. Jahrg. Hrsg. von H. Reinecke. gr. 16. (X, 148 S.) Lüneburg, Engel's Buchh. geb. 1 20
durchschossen 1 50

Schreib-Kalender auf d. J. 1874. 4. Zürich, J. J. Ulrich. —. 60

Schreibkalender auf d. J. 1875. Zürich, Druck der Ulrich'schen Druckerei. Preis br. auf Schreib-Papier 60 cts., auf Post-Papier 70 cts.

Schreibkalender auf das Schaltjahr 1876. Zürich, Druck von J. Ulrich. —. 60

—— für die J. 1876—1880. gr. 16. (à Jahrg. ca. 144 S.) [Wesel.] Düsseldorf, Bagel's Verlag. geb. und durchschossen à Jahrg. * 1 20

Schreib-Kalender für die J. 1881—1885. gr. 16. (à Jahrg. 200 S.) Düsseldorf, F. Bagel. geb. à Jahrg. * 1 —

—— für die J. 1886—1889. gr. 16. (à Jahrg. 272 S.) Düsseldorf, F. Bagel. geb. à Jahrg. *

— für d. J. 1891. gr. 16. (Schreibkalender u. 31 S. m. 1 Eisenbahnkarte.) Düsseldorf, F. Bagel. geb. n. 1. 20

Schreibkalender für d. J. 1893. gr. 16. (VI S., Schreibkal. u. 32 S. m. 1 Eisenbahnkarte.) Düsseld., F. Bagel. geb. * 1 20

— für d. J. 1895. gr. 16. (VII S., Schreibkalender u. 32 S. m. 1 Eisenbahnkarte.) Düsseldorf, A. Bagel. Geb. in Leinw. n. 1. 20

— für d. J. 1899. gr. 16. (VII S., Schreibkal., u. 32 S. m. 1 Eisenbahnkarte.) Düsseldorf, A. Bagel. Geb. in Leinw. n. 1. 20

— für d. J. 1903. gr. 16. (VII S., Schreibkalender u. 32 S. m. 1 Eisenbahnkarte.) Düsseldorf, A. Bagel. Geb. in Leinw. n. 1. 20

— für d. J. 1907. (IX S., Schreibkalender u. 32 S. m. 1 Eisenbahnkarte.) kl. 8. Düsseldorf, A. Bagel. Geb. in Leinw. n. 1. 20

— für d. J. 1910. (IX S., Schreibkalender u. 32 S. m. 1 Karte.) kl. 8. Düsseldorf, A. Bagel. Geb. in Leinw. 1. 20

—— für 1878. 16. (VI, 200 S. mit 1 lithogr. Eisenbahnkarte.) Bielefeld, Velhagen und Klasing. geb. * 1 20
Die Fortsetzung bildet:

—— für 1879. 16. (200 S. mit 1 lithogr. Karte.) Leipzig, Matthies. geb. * 1 20
Nicht weiter erschienen.

—— für das J. 1885. 8. (252 S.) Gotha, Engelhard-Reyher'sche Hofbuchdruckerei. cart. * 1 —

Schreib-Kalender für das J. 1886. 8. (272 S.) Gotha, Engelhard-Reyher'sche Hofbuchdr. geb. **
Erscheint nicht mehr.

— 1891. (In imitirter Gobelin-Ausstattg. m. Fig. auf jeder Seite.) 4. (26 S.) München, (Hergl). In Brocatdecke. n. 2. —

— dasselbe. (Mit maurischen Zeichngn.) 4. (28 S.) Ebd. n. 2. —

— auf d. J. 1911. (112 S. m. Abb.) gr. 8. Regensburg, (J. Habbel). — 20

Schreib-, auch Advokaten- u. Terminkalender, f. Kalender.

Schreibkalender, allerwohlfeilster — für Katholiken, Protestanten und Griechen auf das Jahr 1858 nebst der muthmaßlichen Witterung, dem Mondlaufe u. s. w. Gratz. Verleger und Herausgeber: Josef Franz Kaiser. Druck von C. Tanzer. (XIV. 12 S. 4.)

— allgemeiner, für das Jahr 1870. Prag, Bellmann. gr. 4. (130 S.) n. 19 ngr.

Schreib-, Haus- und Wirthschafts-Kalender, allgemeiner galizischer illustrirter, für Katholiken und Protestanten, Griechen und Juden auf die J. 1863—66. 10.—13. Jahrg. 4. Lemberg, Piller. à Jahrg.

Schreib-, Wirthschafts- und Hauskalender, Allgemeiner galizischer —, für Katholiken, Protestanten, Griechen, Juden und Mahomedaner, für das Jahr nach Christi Geburt 1855. Zum Gebrauche aller Bewohner Galiziens eingerichtet. 6. Jahrgang. 4. (8 Bogen.) Lemberg. Verlag und Buchdruckerei von E. Winiarz.

Schreib-, Wirthschafts- und Hauskalender, allgemeiner galizischer — für Katholiken und Protestanten, Griechen, Juden und Mohamedaner, für das Jahr nach Christi Geburt 1857, welches ein gemeines Jahr von 365 Tagen ist. Zum Gebrauche aller Bewohner Galiziens eingerichtet. 8. Jahrg. Lemberg, Verlags-Expedition und Buchdruckerei von E. Winiarz. (48 Bl. 4.)

Schreib-, Wirthschafts- u. Haus-Kalender, allg. galiz., — für Katholiken u. Protestanten, Griechen, Juden und Mahomedaner, für das Jahr 1859. 10. Jahrgang. *Lemberg*. Verlags-Expedition und Buchdruckerei von *E. Winiarz*. 44 Bl. 4°.
42 kr. Ö.-W.
INHALT. Zur Geschichte der epidemischen Geisteskrankheiten.

Schreib-, Wirthschafts- und Haus-Kalender, allgemeiner galizischer, für Katholiken und Protestanten, Griechen und Juden für das Jahr nach Christi Geburt 1868. 19. Jahrg. 4. (108 S.) Lemberg, Winiarz. 40 kr.

Schreib- und Geschäfts-Kalender

— allgemeiner, auf das Jahr 1837. Mit 1 illum. Karte. 12. Erfurt 836. Müller. In gepreßtem Einbande 2/3 ⁊

Schreib-, Haus- u. Wirthschaftskalender, allgemeiner, f. das J. 1815, mit einem Skalaschlüssel von 1—10,000 Gulden. 4. Wien, Rehm.

Schreib- und Comtoir-Kalender, allgemeiner, auf das J. 1867. 8. (116 S.) Hannover. (Celle, Schulze'sche Buchh.) geb. * 11 Ngr.; durchschossen *
Mit Tab. durchschossen. (224 S.) * -

Schreib- u. Comtoir-Kalender, allgemeiner, auf d. J. 1871. gr. 16. (116 S.) Hannover, (Celle, Schulze'sche Buchh.) geb. n. 1. 50

Schreib-Kalender. – Allgemeiner leitmeritzer Schreib-, Haus- und Wirthschafts-Kalender, s. Schreib-Kalender, Leitmeritzer allgemeiner ...

Schreib- u. Terminkalender, allgem., auf d. J. 1835—41. 12. Erfurt, Müller'sche Buchh. à J.

— allgemeiner Württembergischer, f. 1876. Ein Schaltj. v. 366 Tagen, das 19. d. 19. Jahrh. Mit e. Anh. 8. (128 S.) Reutlingen, Fleischhauer & Spohn. n.n. — 30

—— allgemeiner Württembergischer, für 1876—1880. Mit einem Anhang. 8. (à Jahrg. ca. 130 S.) Reutlingen, Fleischhauer und Spohn. à Jahrg. ** — 30

—— allgemeiner württembergischer, für 1881—1885. 12. (à Jahrg. 128 S.) Reutlingen, Fleischhauer und Spohn. à Jahrg. ** — 30

—— allgemeiner württembergischer, für 1886—1889. 8. (à Jahrg. 128 S.) Reutlingen, Fleischhauer und Spohn. geb. à Jahrg. **

—— allgemeiner württembergischer, f. 1892. 12. (127 S.) Reutl., Fleischhauer u. Spohn. geb. — 90

— allgemeiner württembergischer, f. 1895. gr. 16. (Schreibkalender u. 17 S.) Reutlingen, Fleischhauer & Spohn. Geb. in Leinw. u. durchsch. n. — 80

— allgem. württembergischer, f. 1899. M. e. Anh., enth.: Post- u. Telegraphentarif, Zeitrechng., Sonnen- u. Mondfinsternisse. Staatentafel, Berechng. d. Kubikinhalts runder Hölzer, Holzrechng. nach Raummeter, Münz- u. Zinstabellen, Umwandlungs- u. Berechnungstabellen f. Münzen, Maaße u. s. w. 12. (Schreibkal. u. 19 S.) Reutlingen, Fleischhauer & Spohn. Geb. in Leinw. u. durchsch. — 90

— allgemeiner württembergischer, f. 1903. Mit e. Anh., enth.: Post- u. Telegraphentarif, Berechng. des Kubikinhalts runder Hölzer, Holzrechng. nach Raummeter, Münz- u. Zinstabellen, Umwandlungs- u. Berechnungs-Tabellen f. Münzen, Maße rc. 12. (Schreibkalender u. 17 S.) Stuttgart, Fleischhauer & Spohn. — 40; geb. in Leinw. u. durchschn. — 90

— allgemeiner württembergischer, f. 1905. Mit e. Anh., enth.: Vorschriften u. Taxen f. Briefpostsendgn., die wichtigsten Bestimmgn. aus dem Handels- u. Gewerberecht; Umrechnungs- u. Berechnungstabellen verschied. Art; Holzrechng. nach Raummeter; Kubiktabellen f. Rundholz; Zinstafeln; Jagdkalender, vergleich. Tafeln f. Münzen, Maße u. Gewichte der wichtigsten Länder rc. (144 S.) kl. 8. Stuttgart, Fleischhauer & Spohn. n. — 40; geb. in Leinw. u. durchsch. — 90

—— alter und neuer, Krakauer, für 1862. 4. (15 S.) Raab, Sauerwein.

Schreib-, Amts- und Geschäfts-Kalender für das Jahr 1853. Prag, Grünbeck. 4.

Schreib- und Notizkalender, badischer, [Bureau-Kalender] für die J. 1881—1885. Zum Gebrauche für die Canzleien der Gerichtsstellen, Notare, Anwälte, Rentämter. Ein Jahrbuch für Comptoirs der Kaufleute, Handwerker und Landwirthe. 4. (à Jahrg. ca. 180 S.) Tauberbischofsheim, Lang. cart. à Jahrg. *
Nicht weiter erschienen.

Schreib- u. Notiz-Kalender [Bureau-Kalender], badischer, f. d. J. 1891. 4. (144; 34 S.) [Tauberbischofsheim.] Karlsruhe, Lang.
Nicht weiter erschienen. geb. * 1 80

—— auf Wien berechneter, auf das Jahr nach der Geburt Jesu Christi 1862. 108. Jahrg. 4. (256 S.) Wien, Ueberreuter. cart. -

—— bozner, für das gemeine Jahr nach der gnadenreichen Geburt Jesu Christi 1862. 4. Bozen, Eberle.

Schreib-Calender, Brem. u. Verdischer, aufs . . . . Jahr. Hg.: 1784 — Matth. Rohlfs, 1804 — Brodhagen.
1784. M. 7 kol. Kpf.
1788. M. 7 kol. Kpf.
1804. M. 7 kol. Kpf.
Stade.

Schreib- u. Brieftaschenkalender f. gebildete Stände, auf das J. 1815. 16. Leipz. Sommer.

Schreib-Kalender, Cillier, f. d. J. 1891. Ausg. des Grazer Schreibkalenders f. Untersteiermark. Ein Familien-Hausbuch m. e. reichen Auswahl v. Aufsätzen zur Belehrg. u. Orientirung d. Staatsbürgers, Geschäftsmannes u. Oekonomen, sowie f. Handel u. Industrie, nebst Erzählgn. u. Illustr. 107. Jahrg. 4. (173 S.) Cilli, Drexel. cart. n. — 90

—— Cillier, für d. J. 1893. Ausg. d. Grazer Schreibkalenders f. Untersteiermark. Mit einem Adreßbuch v. Cilli rc. 109. Jahrg. 4. (208 S.) Cilli, Drexel. * — 90

— Cillier, f. d. J. 1895. Ausg. des Grazer Schreibkalenders f. Untersteiermark. Ein Familien-Hausbuch m. e. reichen Auswahl v. Aufsätzen zur Belehrg. u. Orientirg. des Staatsbürgers, Geschäftsmannes u. Oekonomen, sowie f. Handel u. Industrie, nebst Erzählgn. u. Illustr. 111. Jahrg. 4. (207 u. XLIV S. m. 1 Lichtdr.-Taf.) Cilli, Th. Drexel. Kart. — 90

—— für Damen 1881. Mit dem (Lichtdr.) Bildniß Ihrer Hoh. der Prinzessin Auguste Victoria von Schleswig-Holstein-Sonderburg-Augustenburg, Braut Sr. Königl. Hoh. des Prinzen Wilhelm von Preußen. 20. Jahrg. 24. (272 S.) Berlin, v. Decker's Verlag. geb. mit Goldschn. * 2 50

—— dass. — 1882. Mit dem (photogr.) Bildniß Sr. königl. Hoh. des Prinzen Friedrich Leopold von Preußen in der Uniform der Pfeiffer von der Riesengarde. 21. Jahrg. 32. (272 S.) Ebendas. geb. mit Goldschn. * 2 50

—— dass. — 1883. Mit den (photogr.) Bildnissen Ihrer königl. Hoh. der Frau Prinzessin Wilhelm von Preußen und dem jüngstgeborenen Prinzen Friedrich Wilhelm. 22. Jahrg. 32. (248 S.) Ebendas. geb. mit Goldschn. * 2 50

—— dass. — 1884. Mit den (photogr.) Bildnissen Sr. königl. Hoh. des Prinzen Wilhelm von Preußen mit dem Prinzen Friedrich Wilhelm. 23. Jahrg. 32. (248 S.) Ebendas. geb. mit Goldschn. * 2 50

—— dass. — 1885. Mit dem (photogr.) Bildnisse Sr. königl. Hoheit des Prinzen Heinrich von Preußen. 24. Jahrg. 16. (307 S.) Ebendas. geb. mit Goldschn. * 2 50

—— für Damen 1886. 25. Jahrg. 32. (289 S. mit dem Gruppenbilde der Familie Sr. Königl. Hoh. des Prinzen Wilhelm von Preußen.) Berlin, v. Decker's Verlag. geb. mit Goldschn. *

—— dass. — 1887. 26. Jahrg. 32. (287 S. mit dem Gruppenbilde der Söhne des Prinzen Albrecht von Preußen, Regenten von Braunschweig.) Ebendas. geb. mit Goldschn. *

Schreib-Kalender für Damen 1888. 27. Jahrg. 32. (108 S. mit dem Portr. Sr. Königl. Hoh. des Prinzen Wilhelm (Sohn) von Preußen.) Ebendas. geb. mit Goldschn. *

—— dass. — 1889. 28. Jahrg. 32. (108 S. mit dem Portr. Sr. Königl. Hoh. des Prinzen Eitel-Friedrich von Preußen.) Ebendas. *

— für Damen 1891. Mit dem Portr. Sr. Königl. Hoheit d. Prinzen August Wilhelm v. Preußen. 30. Jahrg. 32. (287 S.) Berlin, v. Decker. geb. m. Goldschn. n. 2. 50

—— für Damen 1893. 32. Jahrg. 16. (295 S. m. 1 Bildnis.) Berl., v. Decker. geb. m. Goldschn. * 2 50

— f. Damen 1894. 33. Jahrg. 16. (208 S. m. 1 Bildnis.) Berlin, R. v. Decker. Geb. in Leinw. m. Goldschn. n. 2. 50

— dasselbe, Fortsetzung, s.: Damen-Kalender.

Schreib- u. Geschäftskalender, Darmstädter, f. das J. 1813. 12. Darmstadt, Heyer u. Leske.

Schreib- und Geschäftskalender, Darmstädter, für d. J. 1814 — 1821. Taschenf. Darmstadt, Heyer. à 16 Gr.

Schreibkalender, für Dichter, Advokaten, ihre Kanzleyen und alle andern Geschäftsmänner. Herausgegeben vom Justiziär Glückselig. 4. Eger, Kobrtsch. 820.

Schreibkalender, Erster untersteierischer, 1894. für Stadt und Land. V. Jahrg. Gr.-8. (96 S., mit Verzeichniß der Jahr- und Viehmärkte in Steiermark sowie einem Adreßbuch von Cilli.) Geb. —.40
Cilli: Rakusch

Schreibkalender, Erster untersteirischer, für Stadt und Land. 1897. VIII. Jahrgang. Mit zahlreichen Illustrationen. Gr.-8. (96, 26 u. XVI S.) Cart. Cilli: Adler 1896. —.40

-- erster untersteirischer, 1899, f. Stadt u. Land m. kurzem Adreßbuch d. Stadt Cilli. 10. Jahrg. gr. 8. (34, 96, 34 u. XVI S. m. Abb. u. 1 Titelbild.) Cilli, G. Adler. Kart. n.n. — 75

Fromme's

— Schreibkalender, kleiner, für 1883. Aufgezogen zum Stellen oder Hängen 30 kr. Wien: Fromme 1882.

Schreibkalender, gemeinnütziger, auf die J. 1835 — 42, für Kanzleyen, Gerichtsstellen, Rentämter, f. d. Haus- und Landwirthschaft, f. Katholiken u. Protestanten eingerichtet. 4. Würzburg, Stahel'sche Buchh. à J.
Erscheint seit 1803.

Schreib-Kalender, gemeinnütziger, auf die Jahre 1842—1844 für Kanzleien, Gerichtsstellen, Rentämter, für die Haus- u. Landwirthschaft, sowohl für Katholiken als für Protestanten. 40.—42. Jahrg. gr. 4. Würzburg, Stahel'sche Buchh. à n. 1/3 ℔

—— gemeinnütziger, auf die J. 1847—52. für Kanzleien, Gerichtsstellen, Rentämter rc. sowohl für Katholiken als Protestanten eingerichtet. 45—50. Jahrg. gr. 4. Würzburg 846—51, Stahel'sche Buchh. à Jahrg. *

—— gemeinnütziger, auf die J. 1853—55. für Kanzleien, Gerichtsstellen, Rentämter rc., sowohl für Katholiken als Protestanten eingerichtet. 51—53. Jahrg. gr. 4. (124, 126 und 110 S.) Würzburg 852—54, Stahel'sche Buchh. à Jahrg. *

—— gemeinnütziger, auf die J. 1858—62, für Kanzleien, Gerichtsstellen, Rentämter rc. sowohl für Katholiken als Protestanten eingerichtet. 56—60. Jahrg. gr. 4. (à Jahrg. ca. 136 S.) Würzburg, Stahel'sche Buchh. à Jahrg. *

—— gemeinnütziger, auf die J. 1863—68. Für Kanzleien, Gerichtsstellen, Rentämter rc. 61.—66. Jahrg. gr. 4. (à Jahrg. ca. VI und 146 S.) Würzburg 867, Stahel'sche Buchh. cart. à Jahrg.

—— gemeinnütziger, auf die J. 1869—1875. Für Kanzleien, Gerichtsstellen, Rentämter rc. eingerichtet. 67.—73. Jahrg. 4. (à 139 S.) Würzburg, Stahel'sche Buchh. à Jahrg. ** — 80
geb. ** — 95
geb. und durchschossen ** 1 50

—— gemeinnütziger auf die J. 1876—1880. Für Kanzleien, Gerichtsstellen, Rentämter rc. eingerichtet. 74.—78. Jahrg. 4. (141; 140; 130; 141; 138 S.) Würzburg, Stahel'sche Buchh. Jahrg. 1876—1879 cart. à * — 80
durchschossen * 1 40
Jahrg. 1880 cart. * *M.* 1.; durchschossen * 1 60

—— gemeinnütziger, auf die J. 1881—1885. Für Kanzleien, Gerichtsstellen, Rentämter, Gerichtsvollzieher, Comptoirs, für die Haus- und Landwirthschaft, sowohl für Katholiken als Protestanten eingerichtet. 79.—83. Jahrg. 4. (à Jahrg. ca. 140 S.) Würzburg, Stahel'sche Universitäts-Buchh.
cart. à Jahrg. * 1 —
mit Schreibpap. durchsch. à Jahrg. * 1 60

—— gemeinnütziger, auf die J. 1886—1889. Für Kanzleien, Gerichtsstellen, Rentämter, Gerichtsvollzieher, Comptoirs, für die Haus- und Landwirthschaft, sowohl für Katholiken als Protestanten eingerichtet. 84.—87. Jahrg. 4. (à Jahrg. 140—150 S.) Würzburg, Stahel'sche Universitäts-Buchh.
cart. à Jahrg. *
Mit Schreibpap. durchsch. à Jahrg. *

Schreib- und Geschäfts-Kalender f. d. J. 1835—42. 8. Darmstadt, Leske. à J.

Schreib- u. Geschäfts-Kalender f. d. Jahr 1843. 8. (18 B.) Darmstadt 842, Leske. Thlr.

Schreib- u. Geschäfts-Kalender f. d. J. 1853. 8. (VIII u. 290 S.) Darmstadt, Leske. cart. n. 1/3 ℔; fein Papier in Engl. Einb. n. 7/12 ℔

Schreib- und Geschäfts-Kalender für die J. 1853—56. 8. Darmstadt 852—55, Leske. à Jahrg. *
fein Pap. à Jahrg. *

Schreib- und Geschäfts-Kalender für das J. 1857. 8. (VIII und 308 S.) Darmstadt 856, Leske. Thlr. *

—— für die J. 1859—62. 8. (à Jahrg. ca. VIII und 312 S.) Darmstadt, Leske. à Jahrg. *
Vgl. auch: Geschäfts- und Schreibkalender.

Schreib- und Geschäfts-Kalender für die J. 1863—65. 8. (à Jahrg. ca. (VIII und 312 S.) Darmstadt, Leske. cart. à Jahrg. * 10 Ngr.; geb. à Jahrg. *

Schreib- und Geschäfts-Kalender auf das J. 1860. gr. 16. (120 S.) Oldenburg, Stalling. *

Schreib- und Geschäftskalender auf die J. 1888 und 1889. 12. (à Jahrg. 124 S.) Oldenburg, Stalling's Verlag. à Jahrg.

Schreib- u. Geschäftskalender auf d. J. 1891. gr. 16. (125 S.) Oldenburg, Stalling's Verl. n. — 90

Schreib- u. Geschäftskalender auf d. J. 1893. 8. (124 S.) Oldenb., Stalling's Verlag. * — 90

Schreib- u. Geschäftskalender auf d. J. 1895. 8. (124 S.) Oldenburg, G. Stalling's Verl. n. — 90

Schreib- u. Geschäftskalender auf d. J. 1899. 12. (124 S.) Oldenburg, G. Stalling's Verl. n. — 90

Schreib- u. Geschäftskalender auf d. J. 1901. 12. (125 S.) Oldenburg. G. Stalling's Verl. n. — 90

Schreib- u. Geschäftskalender auf d. J. 1907. 47. Jahrg. (125 S.) kl. 8. Oldenburg, G. Stalling's Verl. n. — 90; geb. in Leinw. n.n. 1.25; durchsch. 1.50

Schreib- u. Geschäftskalender auf d. J. 1911. 51. Jahrg. (124 S.) kl. 8. Oldenburg, G. Stalling's Verl. — 90; geb. in Leinw. n 1.25; durchsch. 1.50

— für die Deutsche Bundes-Canzlei auf d. Jahre 1833—1839. 9r—15r Jahrg. Mit Tab. gr. 8. Frankfurt, Andreä. à J. 5 ½ ngr

Schreibkalender f. Geschäftsleute u. f. Haushaltungen, mit Tabellen zu Ausgabe u. Einnahme. 8. Leipz. Sommer.
(Erscheint jährlich.)

—— Justiziär Glückselig's, für Richter, Advokaten, ihre Kanzleien und alle anderen Geschäftsmänner auf die J. 1862—67. 53.—58. Jahrg. 4. (à Jahrg. 165 S.) Eger, Kobrtsch und Gschihay. cart. *

Schreib-Kalender, Gratzer — auf das Jahr 1854. Mit einem Anhange erheiternden und belehrenden Inhalts. 4. (56 S.) Gratz. Druck von A. Leykam's Erben.

Schreibkalender, Gratzer — auf das Jahr nach der gnadenreichen Geburt unseres Herrn und Heilandes Jesu Christi 1856, welches ein Schaltjahr von 366 Tagen ist. Mit einem Anhange verschiedenen nützlichen Inhaltes. Zu haben bei A. Leykam's Erben. (72 S. 4.)

Schreibkalender, Gratzer — auf das Jahr nach der gnadenreichen Geburt unseres Herrn und Heilandes Jesu Christi 1857, welches ein gemeines Jahr von 365 Tagen ist. Mit einem Anhange verschiedenen nützlichen Inhaltes. Druck von A. Leykams Erben in Gratz. (64 S. 2 Bl. 4.)

Schreibkalender, Gratzer — auf das Jahr nach der gnadenreichen Geburt unseres Herrn und Heilandes Jesu Christi 1858, welches ein Gemeinjahr von 365 Tagen ist. Mit einem Anhange verschiedenen nützlichen Inhaltes. Zu haben bei A. Leykams Erben. Druck von A. Leykams Erben in Gratz. (64 S. 4 Bl. 4.)

—— gratzer, auf das J. 1862. Mit einem Anhange verschiedenen nützlichen Inhultes. 4. (68 S.) Gratz, Leykam.

—— Grazer, für die J. 1872—1875. Ein Familien-Hausbuch mit einer reichen Auswahl von Aufsätzen zur Unterhaltung, Belehrung und Orientirung des Staatsbürgers, Geschäftsmannes und Oekonom, sowie für Handel und Industrie. 4. (à 104—112 S.) Graz, Verlag Leykam-Josefsthal. cart. à Jahrg. ** — 90

—— Grazer, für die J. 1876—1880. Ein Familien-Hausbuch mit einer reichen Auswahl von Aufsätzen zur Belehrung und Orientirung des Staatsbürgers, Geschäftsmannes und Oekonomen, sowie für Handel und Industrie, nebst Erzählungen und (eingedr. Holzschn.-)Illustr. 4. (à Jahrg. ca. 112 S.) Graz, Verlag Leykam-Josefsthal. à Jahrg. ** 80 Pf.; cart. ** — 90

—— Grazer, für die J. 1881—1885. Ein Familien-Hausbuch mit einer reichen Auswahl von Aufsätzen zur Belehrung und Orientirung des Staatsbürgers, Geschäftsmannes und Oekonomen, sowie für Handel und Industrie, nebst Erzählungen und Illustr. 4. (à Jahrg. ca. 128 S.) Graz, Verlagsh. „Leykam". à Jahrg. * 80 Pf.; cart. * — 90

—— Grazer, für die J. 1886—1889. Ein Familien-Hausbuch mit einer reichen Auswahl von Aufsätzen zur Belehrung und Orientirung des Staatsbürgers, Geschäftsmannes und Oekonomen, sowie für Handel und Industrie, nebst Erzählungen und Illustr. 102.—105. Jahrg. 4. (à Jahrg. ca. 120 S.) Graz, Verlagsh. „Leykam". cart. à Jahrg. **

— Grazer, für d. J. 1891. 107. Jahrg. 4. (ca. 120 S.) Graz, Verlagsh. „Leykam". cart. n.n. — 90
s.: Schreibkalender, Cillier.

—— Grazer. 109. Jahrg. 1893. 4. (250 S.) Graz, Verlag „Leykam". geb. * 2 20

Schreib-Kalender, Grazer, für das Gemeinjahr 1894. Mit Illustr. 110. Jahrg. 4. (232, XLIII S.) Ebd. —.40, geb. —.45

— Grazer, f. d. J. 1895. Ein Familien-Hausbuch m. e. reichen Auswahl v. Aufsätzen zur Belehrg. u. Orientirg. des Staatsbürgers, Geschäftsmannes u. Oekonomen, sowie f. Handel u. Industrie, nebst Erzählgn. u. Illustr. 111. Jahrg. 4. (203 S.) Graz, Leykam. n.n. — 80; kart. n.n. — 90

— dasselbe. Ausg. f. Untersteiermark, s.: Schreib-Kalender, Cillier.

Schreib-Kalender, Grazer, für das Schaltjahr 1896. Mit Illustr. 112. Jahrgang. 4. (204, XLVIII S.) —.40, geb. —.45
Graz: „Leykam" 1895.

Schreib-Kalender, Grazer, für das Gemein-Jahr 1897. Mit Illustrationen. 113. Jahrgang. 4. (196 S.) Ebd. —.40, geb. —.45

— Grazer, f. d. J. 1898. E. Familien-Hausbuch m. e. reichen Auswahl v. Aufsätzen zur Belehrg. u. Orientirung d. Staatsbürgers, Geschäftsmannes u. Oekonomen, sow. f. Handel u. Industrie, nebst Erzählgn. u. Illustr. 114. Jahrg. 4. (210 S. m. 1 Farbendr.) Ebd. n.n. — 80; kart. n.n. — 90

Schreib-Kalender, Grazer, für das Gemein-Jahr 1899. Mit Illustrationen. 113. Jahrgang. 4. (214 S.) Ebd. —.40, geb. —.45

(F) Grazer Schreib-Kalender für das gemeine Jahr 1900. Ein Familien-Hausbuch mit einer reichen Auswahl von Aufsätzen zur Belehrung und Orientirung des Staatsbürgers, Geschäftsmannes und Oekonomen, sowie für Handel und Industrie, nebst Erzählungen und Illustrationen. CXVI. Jahrgang. Graz. Leykam. 4°. 218, XLVI S. Cart. fl. —.45

(F) **Grazer Schreib-Kalender** für das Gemeinjahr 1901. Ein Familien-Handbuch mit einer reichen Auswahl von Aufsätzen zur Belehrung und Orientirung des Staatsbürgers, Geschäftsmannes und Oekonomen, sowie für Handel und Industrie, nebst Erzählungen und Illustrationen. CXVII. Jahrgang. Graz. Gr.-8°. 227 u. XL S. K —.80, cart. K —.90

(F) Grazer Schreib-Kalender für das gemeine Jahr 1902. Ein Familien-Hausbuch mit einer reichen Auswahl von Aufsätzen zur Belehrung und Orientirung des Staatsbürgers, Geschäftsmannes und Oekonomen, sowie für Handel und Industrie, nebst Erzählungen und Illustrationen. CXVIII. Jahrgang. Graz. Leykam. 4°. 246, XL S. mit 1 Tafel Cart. K —.90

— Grazer, f. d. J. 1903. Ein Familien-Hausbuch m. e. reichen Auswahl v. Aufsätzen zur Belehrg. u. Orientirg. des Staatsbürgers, Geschäftsmannes u. Oekonomen, sowie f. Handel u. Industrie, nebst Erzählgn. u. Illustr. 119. Jahrg. 4. (250 u. II S. m. 1 Farbdr.) Ebd. n.n. — 80; kart. n.n. — 90

Grazer Schreibkalender für das Schaltjahr 1904. 120. Jahrg. Gr.-8°. (260, XL S.) geb. K —.90
Graz: Leykam 1903.

(F) Grazer Schreibkalender für das Gemeinjahr 1905. 121. Jahrg. Lex.-8°. (ill. 256, XXXVI S.) geb. K —.90
Graz: Leykam 1904.

(F) Grazer Schreibkalender für das Jahr 1906 122. Jahrg. Gr.-8°. (268, XXXVI S.) geb. K —.90
Graz: Leykam 1905.

— Grazer, f. d. J. 1907. Ein Familien-Hausbuch m. e. reichen Auswahl v. Aufsätzen zur Belehrg. u. Orientirg. des Staatsbürgers, Geschäftsmannes u. Oekonomen, sowie f. Handel u. Industrie, nebst Erzählgn. u. Illustr. 123. Jahrg. (271 S. m. 1 Farbdr.) 8. Graz, Leykam. n.n. — 80; kart. n.n. — 90

(F) Grazer Schreibkalender für das Gemeinjahr 1909. 125. Jahrg. Gr.-8°. (ill. 270, XXVI S.) geb. K —.90
Graz: „Leykam" 1908.

(F) Grazer Schreibkalender für das Jahr 1910. 126. Jahrg. Gr.-8°. geb. K —.90
Graz: Leykam 1909.

Schreib-Kalender, Grazer, f. d. J. 1911. Ein Familien-Hausbuch m. e. reichen Auswahl v. Aufsätzen zur Belehrg. u. Orientierg. des Staatsbürgers, Geschäftsmannes u. Ökonomen, sowie f. Handel u. Industrie, nebst Erzählgn. u. Illustr. 127. Jahrg. (285 S. m. 1 Farbdr.) 8. Graz, Leykam. nn —80; kart. nn —90

Schreib-Kalender, Hamburgischer, für 1835. Zum täglichen allgemeinen Gebrauche eingerichtet. Mit farbiger Titelvign. 8. Hamburg 834. Nestler u. Melle. Schreibp. cart. n 5/12 ℔

— Hamburgischer, auf die J. 1876—1880 zum täglichen Gebrauch. 8. (à Jahrg. ca. 160 S.) Hamburg, Nestler und Melle. geb. in Leinw. à Jahrg. * 1 80
geb. in Leder mit Goldschn. à Jahrg. ** 3 —

Schreib-Kalender, Hamburgischer, auf die J. 1881—1885 zum täglichen Gebrauch. 8. (à Jahrg. 160 S.) Hamburg, Nestler und Melle. geb. und durchsch. à Jahrg. * 1 80

Schreib-Calender, Hand-, Bataillen- u., a. J. . . . . M. Approbation d. Kgl. Societät d. Wissenschaften.
1736.
Berlin.

— für Handelsschüler u. angehende Kaufleute auf d. J. 1893. Hrsg. v. Hugo Elm. 16. (XIII S., Schreibkal. u. 72 S. m. eingedr. u. 1 Stahlst.-Portr.) Lpz., Volkening u. Comp. geb. * 1 —

— für Handelsschüler u. angehende Kaufleute auf d. J. 1895. Hrsg. v. Hugo Elm. 16. (VIII, 192 u. 72 S. m. eingedr. u. 1 Stahlst.-Bildnis.) Leipzig, Volkening & Co. Geb. in Leinw. n. 1. —

Schreib-Kalender f. Handelsschüler u. angeh. Kaufleute. Von Ostern 1898 bis dahin 1899. Hrsg. v. Hugo Elm. 16. (XI, 176 u. 72 S. m. eingedr. u. 1 Stahlstich-Bildn.) Leipzig, E. Volkening. Geb. in Leinw. n. 1. —

Schreib- und Hülfs-Kalender für Geistliche auf die J. 1857—59. 1—3. Jahrg. Hrsg. von C. Müller. gr. 16. (à Jahrg. ca. IV und 352 S.) Berlin, W. Schultze.
geb. à Jahrg. * 22½ Ngr.; durchschossen à Jahrg. * —
in Leder geb. à Jahrg. *
in Leder geb. mit Goldschn. à Jahrg. *
Ist nicht fortgesetzt worden.

Schreib- und Hülfskalender für Geistliche auf die J. 1874 und 1875. 1. und 2. Jahrg. Hrsg. von Schneider. gr. 16. Bielefeld, Velhagen und Klasing. [1874. (XXIV, 420 S.); 1875. 2 Thle. (VIII, 408 S. mit chromolithogr. Karte.)] à Jahrg. geb. * 2 75

Schreib- und Hülfskalender für Geistliche auf die J. 1876—1880. 3.—7. Jahrg. Unter Mitwirkung von Schöner hrsg. von R. Schneider. à Jahrg. 2 Thle. gr. 16. (XXXII, 432 S. mit 1 lithogr. Karte in qu. gr. 8.; XXXII, 173, XII, 289; XXXII, 172, XVI, 239; XXXIX, 176, XVI, 176 S. mit 1 lithogr. Eisenbahnkarte; XL, 176, X, 188 S.) Bielefeld, Velhagen und Klasing. geb. à Jahrg. * 3 —

Schreib- und Hülfskalender für Geistliche auf das J. 1886. 13. Jahrg. 16. (232 S. mit 1 Eisenbahnkarte von Mittel-Europa.) Bielefeld, Velhagen und Klasing. geb. *

—— auf die J. 1887—1889. 14.—16. Jahrg. 16. (à Jahrg. 230—240 S. mit je 1 Eisenbahnkarte von Mittel-Europa.) Ebendas. geb. à Jahrg. *

Schreib- u. Hülfskalender f. Geistliche auf d. J. 1890. 17. Jahrg. 16. (240 S.) Bielef., Velhagen u. Klasing. geb. * 1 20
Folg. Jahrg. s. u. d. T.: Velhagen u. Klasing's Schreib- u. Hülfskalender f. Geistliche.

Schreib- und Hülfs-Kalender für die schweizerischen Landwirthe und Bauern. Hrsg. von A. v. Fellenberg-Ziegler und Fritz Rödiger. Auf die J. 1865 und 1866. 8. (à Jahrg. 196 S.) Bern, Dalp'sche Buchh. geb. à Jahrg. *

Schreib- und Hülfskalender f. d. schweizer. Landwirthe u. Bauern. Herausgeg. v. A. v. Fellenberg-Ziegler und Fr. Rödiger. 1871. in-8. Bern, Dalp'sche Buchhandlung. 1.95

Fellenberg-Ziegler, A. v. und Fritz Rödiger, Schreib- und Hülfskalender für die schweiz. Landwirthe und Bauern auf d. J. 1873. 8. Bern, Dalp'sche Buchh. 2. —

Schreib- u. Hülfskalender für schweizer. Landwirthe 1874. Hsggb. v. Fellenberg u. Rödiger. 8. Bern, Dalp'sche Buchhdlg. 2. —

—— —— für die schweizerischen Landwirthe und Bauern. Hrsg. von A. v. Fellenberg-Ziegler und Fritz Rödiger. Auf die J. 1876—1880. 15.—19. Jahrg. gr. 16. (à Jahrg. ca. 350 S.) Bern, Dalp'sche Buchh. geb. in Leinw. Jahrg. 1876—1879 à * 1 60
Jahrg. 1880 * 1 80
geb. in Leder und durchschossen Jahrg. 1876—1879 à * 2 80
Jahrg. 1880 * 3 —

Fellenberg-Ziegler, A. v. u. Rödiger, F. Schreibkalender für die schweiz. Landwirthe u. Bauern auf das Jahr 1881. 20. Jahrgang. In-8°. Bern, J. Dalp'sche Buchhandlung. 1 60
Geb. 2 —
In Leder geb. u. durchschossen 3 50

—— —— für die schweizerischen Landwirthe und Bauern. Hrsg. von A. v. Fellenberg-Ziegler und Fritz Rödiger. Auf die J. 1881—1885. 20.—24. Jahrg. gr. 16. (à Jahrg. ca. 62 S.) Bern, Schmid, Francke und Comp.
geb. in Leinw. à Jahrg. * 1 60

— — für Rektoren, Direktoren, Lokal- u. Kreis-Schulinspektoren auf das J. 1883. Hrsg. von Fr. Polack u. B. Schreiber. 1. Jahrg. gr. 16. (300 S.) Wittenberg, Herrosé Verl. geb. n. 2. —

—— —— für Rektoren, Direktoren, Lokal- nnd Kreis-Schulinspektoren auf das J. 1883. Hrsg. von Fr. Polack und B. Schreiber. 1. Jahrg. gr. 16. (300 S.) Berlin, Th. Hofmann. geb. * 2 —

—— —— dass. — für Rektoren und Schulinspektoren auf die J. 1884 und 1885. Hrsg. von Fr. Polack und B. Schreiber. 2. und 3. Jahrg. gr. 16. (368; 318 S.) Wittenberg, Herrosé Verlag.
geb. Jahrg. 1884 * 2 —
geb. Jahrg. 1885 * 1 80

— dasselbe auf d. Schulj. 1886/87. Hrsg. v. Fr. Polack u. B. Schreiber. 4. Jahrg. 12. (327 S.) Kassel, Fischer. geb. n. 1. —

Schreib-Calender, Fürstl. Hohenlohe - Neuensteinisch - ökonomischer auf die Jahre 1772, 73. Öhringen 1772. H: *Meyer.* (wö)

— für Hotelbesitzer u. Gastwirte (m. Personal-Rubriken f. die Dienstangestellten nebst Verzeichnis der vorgeschriebenen Ruhezeiten). (Zusammengestellt v. e. jurist. Praktiker u. v. Fachgenossen.) 1. Jahrg 1903. gr. 4. (130 S.) Würzburg, Göbel & Scherer. Kart. n. 1. —

Schreib=Kalender zum Gebrauche für Jedermann, besonders für Geistliche, Beamte, Handels= und Gewerbs=Leute, auf das Jahr ... 1838 ... Red. v. Franz Schleicher ...
München: Franz Seraph. Hübschmann [1837]. 28 Bl., 32 S. 4°
[Titel in Schwarz- u. Rotdruck.]

—— Ingolstädter, für das Schaltj. 1880. (1. Jahrg.) Für jeden Bürger und Landmann, d. i. für den Oekonomen, für den Handwerker und für den Handelsmann bearb. gr. 4. (32 S.) Ingolstadt, Ganghofer. * — 20

—— Ingolstädter, für die J. 1881—1885. Für jeden Bürger und Landmann, d. i. für den Oekonomen, für den Handwerker und für den Handelsmann bearb. gr. 4. (à Jahrg. 32 S.) Ingolstadt, Ganghofer. à Jahrg. * — 20

—— Ingolstädter, für die J. 1886—1888. 4. (à Jahrg. 36 S.) Ingolstadt, Ganghofer. à Jahrg. *

—— dass. — für das J. 1889. Für jeden Bürger und Landmann, d. i. für den Okonomen, für den Handwerker und für den Handelsmann bearb. 4. (52 S. mit Illustr.) Ebendas. *

—— Ingolstädter, f. d. J. 1893. gr. 4. (56 S. m. Abbildgn. u. Wandkal.) Ingolst., Ganghofer. * — 20

— Ingolstädter, f. d. J. 1894. gr. 4. (56 S. m. Abbildgn. u. Wandkalender.) Ingolstadt, A. Ganghofer. n. — 20

— Ingolstädter, f. d. J. 1899. gr. 4. (56 S. m. Abb. u. Wandkal.) Ingolstadt, A. Ganghofer. n. — 20

Schreib-Kalender, Ingolstädter, f. d. J. 1902. gr. 4. (56 S. m. Abb. u. Wandkalender.) Ingolstadt, A. Ganghofer. n. — 20

— Ingolstädter f. d. J. 1906. (56 S. m. Abbildgn. u. Wandkalender.) Lex.-8. Ingolstadt, A. Ganghofer. n. — 20

— Ingolstädter, f. d. J. 1911. (33. Jahrg. Für jeden Bürger u. Landmann bearb.) (56 S. m. Abb. u. Wandkalender.) Lex. 8. Ingolstadt, A. Ganghofer. — 20

Schreib-Kalender, Kärntner, für Stadt u. Land. Villach, (typ. Harpf in Leoben). 1896. 186 S.

—— für Kaufleute u. Gewerbetreibende auf d. J. 1893. Hrsg. v. Hugo Elm. 16. (XIII S., Schreibkal. u. 80 S. m. eingedr. u. 1 Stahlst.-Portr.) Lpz., Volkening u. Comp. geb. * 1 —

— für Kaufleute u. Gewerbetreibende auf d. J. 1895. Hrsg. v. Hugo Elm. 16. (VIII, 192 u. 80 S. m. eingedr. u. 1 Stahlst.-Bildnis.) Leipzig, Volkening & Co. Geb. in Leinw. n. 1. —

— für Kaufleute u. Gewerbtreibende. Von Ostern 1898 bis dahin 1899. Hrsg. v. Hugo Elm. 16. (VIII, 192 u. 80 S. m. eingedr. u. 1 Stahlstich-Bildn.) Leipzig, E. Volkening. Geb. in Leinw. n. 1.

Schreib-Kalender, Klagenfurter. Klgft., v. Kleinmayr, (Leon) 1758—. Quart. (Von 1848 an: Haus- und Geschäfts-Kalender; von 1905 an: Amts- und Adress-Kalender Kärntner.)

— kleiner, auf das J. 1815. 12. Ebend.

Schreibkalender, Kleiner — für das Schaltjahr nach Christi Geburt 1856. In kirchlicher Beziehung von dem hochwürdigsten fürsterzbischöflichen Konsistorium approbirt. Salzburg. Duyle'sche Buchdruckerei. (16 Bl. 16.)

— Kleiner, für das gemeine Jahr nach Christi Geburt 1862. Salzburg: Duyle 1861. 16°

—— kleiner, für das gemeine Jahr nach Christi Geburt 1862. 16. Salzburg, [Glonner.]

—— krakauer, illustrirt, mit Geschichte. 107. Jahrg. 1861. 4. (256 S.) Wien, Ueberreuter. geb.

—— dass. — ohne Geschichte. 4. (28 S.) Ebendas. 861. geb.

—— dass. — 32. Ebendas. 861. geb. mit Schuber.

—— des Buch und Rechnung führenden Landwirthes für die J. 1878 und 1879, worin der Werth des Betriebscapitales am Anfang und am Schluß des Jahres, sowie die während des Jahres vorkommenden Einnahmen und Ausgaben an Geld, Getreide, Vieh und sonst. Geldeswerth während des ganzen Wirthschaftsjahres bequem gebucht werden können, so daß derselbe bei Reclamationen wegen zu hoher Einschätzung zur Klassen- resp. Einkommensteuer als Beweismittel dienen kann. Zugleich ein Mittel, die Thätigkeit der landwirthschaftlichen Casinos zu fördern, da vermittelst desselben Jeder seine Behauptungen mit Zahlen belegen kann. Hrsg. von C. J. Eisbein. (1. und 2. Jahrg.) gr. 4. (93; 92 S.) Bonn, Strauß. cart. à Jahrg. ** 1 50
Fortsetzung erschien u. d. T.: Tagebuch des Buch und Rechnung führenden Landwirths.

—— für buchführende mittlere und kleine Landwirthe. 4. (47 S.) Darmstadt 878, Jonghaus'sche Hofbuchh. — 50

— für schweizerische Landwirte, s.: Wirz.

— für die schweizer. Landwirte u. Bauern, s.a. Moser, C.

—— für die schweizerischen Landwirthe u. Bauern. Hrsg. v. Rud. Häni. 31. Jahrg. 1892. gr. 16. (85 S.) Bern, Schmid, Francke u. Comp. geb. * 1 60
Erschien bis 1883 u. d. T.: Schreib- u. Hülfskalender für die schweizerischen Landwirthe u. Bauern.

— für die schweizerischen Landwirthe u. Bauern. Hrsg. v. Rud. Häni. Auf d. J. 1894. 33. Jahrg. 12. (16 S., Schreibkalender u. 111 S.) Bern, Schmid, Francke & Co. Geb. in Leinw. n. 2. —

— f. d. schweizerischen Landwirthe u. Bauern. Hrsg. v. Rud. Häni (früher A. v. Fellenberg-Ziegler u. F. Rödiger). Auf d. J. 1896. 35. Jahrg. 12. (16 S., Schreibkalender u. 113 S.) Bern, Schmid & Francke. Geb. in Leinw. n. 2. —

— dasselbe f. 1897, s.: Häni.

— dasselbe f. 1899, s.: Moser, C.

Schreib-Kalender, landwirthschaftlicher, für 1878—1880. Tabellen für die landwirthschaftl. Buchführung eines Wirthschafts-Jahres, zusammengestellt von Ant. Kodolányi 1.—3. Jahrg. gr. 4. (à Jahrg. ca. XX, 87 S.) Wien, Fromme. cart. à Jahrg. * 3 60

Schreib- und Hülfskalender

—— landwirthschaftlicher, auf das J. 1857, hrsg. unter dem Schutze des königl. Ackerbau-Vereins des Großherzogth. Luxemburg. 2. Jahrg. gr. 16. (160 S.) Diekirch. (Luxemburg, Gebr. Heintze's Verlag.) *
Vgl.: Hülfs- und Schreib-Kalender.

Schreib- und Notiz-Kalender

—— landwirthschaftlicher, für Oesterreich auf das J. 1855. Ein Geschäfts-Taschenbuch für prakt. Oekonomen. Hrsg. von Carl Haas. 1. Jahrg. 8. (CXLI und 111 S.) Leipzig 855, Spamer. *

—— für elsass-lothringische Lehrer. 1880. Hrsg. von Ant. Ph. Largiadèr. 16. (216 S.) Strassburg, [Schultz und Comp.] Schmidt's Universitäts-Buchh. geb. * 1 —

— für elsass-lothringische Lehrer auf das J. 1881. 2. Jahrg. Hrsg. von Ant. Ph. Largiarder. gr. 16. (196 S.) Strassburg, Schmidt. geb. n.n. 1. —

—— für Elsass-Lothringische Lehrer auf die J. 1881 und 1882. 2. und 3. Jahrg. Hrsg. von Ant. Ph. Largiadèr. gr. 16. (à Jahrg. ca. 200 S.) Strassburg, Schultz und Comp. à Jahrg. * 1 —

—— dass. — auf die J. 1883—1885. 4.—6. Jahrg. gr. 16. (à Jahrg. ca. 200 S.) Strassburg, Schmidt's Universitäts-Buchh. à Jahrg. ** 1 20

—— für elsass-lothringische Lehrer auf das J. 1886. 7. Jahrg. Hrsg. von Ant. Ph. Largiadèr. gr. 16. (203 S.) Strassburg, Schmidt's Universitäts-Buchh. geb. **
Fortsetzung, s. Lehrer-Kalender, Elsass-Lothringischer.

Kalender Leitmeritzer, Allgemeiner, Schreib-, Haus- und Wirthschafts- — auf das gemeine Jahr 1854. Für jeden Staatsangehörigen des Beamten-, Bürger-, Bauernstandes u. s. w. In Betreff des astronomischen Theiles bearbeitet von Dr. Jakob Philipp Kulik. 37. und der neuen Folge 4. Jahrgang. 4. Leitmeritz und Prag. Verlegt bei Karl Wilhelm Medau.

Kalender, Leitmeritzer Allgemeiner Schreib-, Haus- und Wirthschafts- — auf das gemeine Jahr 1855. Für jeden Staatsangehörigen des Beamten-, Bürger- und Bauernstandes, insbesondere für Gemeindeorgane und Geschäftsmänner. Der astronomische Theil bearbeitet von Dr. Jakob Philipp Kulik. 38., der neuen Folge fünfter Jahrgang. 4. Leitmeritz und Prag. Verlegt bei Karl W. Medau.

Kalender, Leitmeritzer allgemeiner Schreib-, Haus- und Wirthschafts- — auf das Schaltjahr 1856. Für jeden Staatsangehörigen des Beamten-, Bürger- und Bauernstandes, insbesondere für Gemeinde-Organe und Geschäftsmänner. In Betreff des astronomischen Theiles bearbeitet von Dr. Jakob Philipp Kulik. Neununddreißigster und der neuen Folge sechster Jahrgang. Leitmeritz und Prag. Verlegt und zu haben bei Karl Wilhelm Medau. (124 S. 14 Bl. 4.) Portraite Ihrer Majestäten als Titelbild.

Schreib-, Haus- und Wirthschaftskalender, Leitmeritzer allgemeiner — auf das Gemeinjahr 1857. Für jeden Staatsangehörigen des Beamten-, Bürger- und Bauernstandes, insbesondere für Gemeindeorgane und Geschäftsmänner. In Betreff des astronomischen Theiles bearbeitet von Dr. Jakob Philipp Kulik. 40. und der neuen Folge 7. Jahrg. Leitmeritz und Prag. Verlegt und zu haben bei Karl Wilh. Medau. (100 S. 10 Bl. 4. Mit dem Titelbild: Die Votivkirche in Wien.)

Schreib-, Haus- und Wirthschaftskalender — Leitmeritzer allgemeiner — auf das Gemeinjahr 1858. Für jeden Staatsangehörigen des Beamten-, Bürger- und Bauernstandes insbesondere für Gemeindeorgane und Geschäftsmänner. 41. und der neuen Folge 8. Jahrg Leitmeritz. Verlegt und zu haben bei Karl Wilh. Medau. (116 S. 10 Bl. 4.)

Schreib-, Haus- und Wirthschafts-Kalender, allgemeiner leitmeritzer für das Gemeinjahr 1862. 45. Jahrg. und der neuen Folge 12. Jahrg. 4. (140 S.) Leitmeritz, Medau.

—— —— Leitmeritzer allgemeiner, für das Gemeinjahr 1863. Für jeden Staatsangehörigen des Beamten-, Bürger- und Bauernstandes, insbesond. für Gemeinde-Organe und Geschäftsmänner. In Betreff des astronomischen Theiles bearb. von J. Ph. Kulik. 46., und der neuen Folge 13. Jahrg. 4. (128 S. mit 13 Bildern.) Leitmeritz, Medau. cart. *

Schreib-Kalender

— f. Metzger u. Viehhändler d. Schweiz u. der angrenzenden Länder. Hrsg. v. J. A. Engeler. 1. Jahrg. 1887. 12. (234 S.) Zürich, Schmidt. geb. n. 1. 60
Erschien nicht weiter.

—— für preuß. Militairs und Militair-Beamte, bearb. von einem preuß. Offizier (F. Delze). 1. Jahrg. 1848. 16. (192 und 82 S. mit 1 lithogr. Garnisonskarte vom preuß. Staate.) Berlin 848, Strikker. *

Schreibkalender. Moser's (*Umschlag: vormals Häni's Landwirtschaftlicher) Schreib-Kalender für die schweizerischen Landwirte und Bauern. Hrg. von C[arl] Moser.... 1901. Jahrg. 40. [304 +] 152 S. 8. Bern, Schmid & Francke. [geb. fr. 2. —]

Schreibkalender. Moser's (*Umschlag: vormals Häni's Landwirtschaftlicher) Schreib-Kalender für die schweizerischen Landwirte und Bauern. Hrg. von C[arl] Moser.... 1902. Jahrg. 41. [314 +] 170 S. 8. Bern, Schmid & Francke. [geb. fr. 2. —]

Schreibkalender. Moser's (*Umschlag: vormals Häni's Landwirtschaftlicher) Schreib-Kalender für die schweizerischen Landwirte und Bauern. Hrg. von C[arl] Moser.... 1903. Jahrg. 42. [314 +] 178 S. 8. Bern, A. Francke. [geb. fr. 2. —]

Schreibkalender. Moser's (*Umschlag: vormals Häni's Landwirtschaftlicher) Schreib-Kalender für die schweizerischen Landwirte und Bauern. Hrg. von C[arl] Moser.... 1904. Jahrg. 43. [Mit 1 Tafel.] [322 +] 182 S. 8. Bern, A. Francke. [geb. fr. 2. —]

Schreibkalender. Moser's (*Umschlag: vormals Häni's Landwirtschaftlicher) Sch'-K' für die schweizerischen Landwirte und Bauern. Hrg. von C[arl] Moser.... 1905. Jahrg. 44. ([Mit 1 Tafel und] Beilage....) [320 +] 60 + *Beilage* IV + 116 S. 8. Bern, A. Francke. [geb. fr. 2. —]

Schreibkalender. (Dr.) Moser's Sch'-K' für die schweizerischen Landwirte und Bauern. Hrg. von C[arl] Moser.... 1906. Jahrg. 45. ([Mit 1 Tafel und] Beilage....) [320 +] 72 + *Beilage* IV + 122 S. 8. Bern, A. Francke. [geb. fr. 2. —]

Schreibkalender. (Dr.) Moser's Sch'-K' für die schweizerischen Landwirte. Hrg. von Dr. C[arl] Moser.... 1907. Jahrg. 46. ([Mit 1 Tafel und] Beilage....) [258 +] 84 + *Beilage* IV + 124 S. 8. Bern, A. Francke. [geb. fr. 1. 80]

Schreibkalender. (Dr.) Moser's Sch'-K' für die schweizerischen Landwirte. Hrg. von Dr. C[arl] Moser.... 1908. Jahrg. 47. ([Mit Illustrationen, 1 Tafel und] Beilage....) [270 +] 82 + IV + 128 S. 8. Bern, A. Francke. [geb. fr. 1. 80]

Schreibkalender. (Dr.) Moser's Sch'-K' für die schweizerischen Landwirte. Hrg. von Regierungsrat Dr. C[arl] Moser.... 1909 *u.* 1910. Jahrg. 48 *u.* 49. ([*je* Mit Illustrationen, 1 Tafel und] Beilage....) [270 +] 80 + IV + 128 *u.* [270 +] 84 + IV + 136 S. 8. Bern, A. Francke. [*je* geb. fr. 1. 80]

Schreibkalender. (Dr.) Moser's Sch'-K' für die schweizerischen Landwirte. Hrg. von Regierungsrat Dr. C[arl] Moser.... 1911. 50. (Jubiläums-)Jahrg. Mit den Bildnissen der Herausgeber ([2 Tafeln, Illustrationen und] Beilage...). [272 +] 84 + IV + 136 S. 8. Bern, A. Francke. [geb. fr. 1. 80]

—— münchener, und Geschäfts-Taschenbuch für die J. 1854—56. 8. München 853—55, Franz. à Jahrg. *

—— dass. — für das J. 1857. 8. (VIII und 246 S.) Ebds. 856. *

—— münchner, und Geschäfts-Taschenbuch für die J. 1858—62. gr. 16. (à Jahrg. ca. VIII und 244 S.) München, Franz. à Jahrg. * 8 Ngr.; geb. *

—— Münchener, und Geschäfts-Taschenbuch für die J. 1863—68. 8. (à Jahrg. ca. VIII und 214 S.) München, Franz'sche Buchh. cart. à Jahrg. *

—— Münchener, und Geschäfts-Taschenbuch für d. J. 1869—1875. 8. (à 248—256 S.) München, Franz'sche Buchh. cart. à Jahrg. * 1 20

—— Münchener, und Geschäfts-Taschenbuch für die J. 1876—1880. gr. 16. (VIII, 224; VIII, 234; VIII, 240; VIII, 239; 224 S.) München, Franz'sche Buchh. à Jahrg. * — 90
cart. à Jahrg. * ℳ 1,20.; geb. in Leinw. * ℳ 2,05.; in Leder ** 3 —

—— Münchener, und Geschäftstaschenbuch für die J. 1881—1885. 12. (à Jahrg. ca. 240 S.) München, Franz'sche Buchh. cart. à Jahrg. * ℳ 1,20.; geb. in Leinw. à Jahrg. * 2 5
geb. in Ldr. à Jahrg. ** 3 —

—— Münchener, und Geschäfts-Taschenbuch für die J. 1886—1889. 12. (à Jahrg. 240—250 S.) München, Franz' Verlag. cart. à Jahrg. *
geb. in Leinw. à Jahrg. *
geb. in Leder à Jahrg. **

— Münchener, u. Geschäfts-Taschenbuch f. d. J. 1891. gr. 16. (VIII, 240 S.) München, Franz' Verl. n. — 90; cart. n. 1. 20; geb. in Leinw. n. 1. 20; m. Goldschn. n. 1. 50; in Ledertasche n.n. 3. —

—— Münchener, u. Geschäfts-Taschenbuch f. d. J. 1893. gr. 16. (VIII, 240 S.) Münch., Franz' Verlag. * — 90
geb. in Leinw. * 1 20; m. Goldschn. * 1 50; in Ledertasche ** 3 —

— Münchener, u. Geschäfts-Taschenbuch f. d. J. 1895. gr. 16. (VIII, 240 S.) München, G. Franz' Verl. n. — 90; kart. n. 1. 20; geb. in Leinw. n. 1. 20; m. Goldschn. n. 2. —; in Ldrtasche n.n. 3. —

— Münchener, u. Geschäfts-Taschenbuch f. d. J. 1899. 12. (VIII, 240 S.) München, G. Franz' Verl. n. — 90; kart. n. 1. 20; geb. in Leinw. n. 1. 20; m. Goldschn. n. 2. —; in Ldrtasche n.n. 3. —

— Münchener, u. Geschäftstaschenbuch für d. J. 1903. 12. (VIII, 240 S.) München, G. Franz' Verl. n. — 90; geb. in Leinw. n. 1. 20; m. Goldschn. n. 2. —; in Ldrtasche n.n. 3. —

— Münchener, u. Geschäfts-Taschenbuch f. d. J. 1907. 69. Jahrg. (XVI, 264 S.) kl. 8. München, G. Franz' Verl. n. — 90; geb. in Leinw. n. 1. 20; m. Goldschn. n. 2. —; in Ldrtasche n.n. 3. —

— Münchener, u. Geschäfts-Taschenbuch f. d. J. 1911. 73. Jahrg. (XVI, 264 S.) kl. 8. München, G. Franz' Verl. — 90; geb. in Leinw. 1.20; m. Goldschn. 2.—; in Ldrtasche n 3. —

Schreib-Kalender, Neu eingerichteter allgemeiner — nach christlicher Zeitrechnung auf das Jahr 1854. 4. (40 pag.) Ofen. Gedruckt in der Mart. Bagó'schen Buchdruckerei.

Schreibkalender, Neueingerichteter allgem. Ofner — nach christlicher Zeitrechnung auf das Schaltjahr 1856. Nach dem 47° 29' 10" der Polhöhe eingerichtet für Katholiken, Protestanten, Griechen und Juden. Ferner enthält derselbe: Nebst den gewöhnlichen Kalender-Anzeigen die Jahrmärkte in Ungarn, Siebenbürgen, Kroatien und Slavonien; die Geschichte der ungarisch-christlichen Könige in Pannonien, unter Maria Theresia, 47. König (regierte vom Jahre 1740—1780), und unter Josef dem Zweiten, 48. König (regierte seit 1780). Nebst Erzählungen, Anekdoten und Räthseln, nützlichen Hausmitteln, und Uebersicht der Stempelgebühren. Ofen. Druck und Verlag von Martin Bagó. (40 S. 4.)

Schreibkalender, neu eingerichteter allgem. Ofner — für das Gemeinjahr 1858. Ofen. Druck und Verlag von Martin Bagó. (40 S. 4.)

—— neu eingerichteter, allgemeiner ofener, für das J. 1861. 4. (40 S.) Ofen, Bagó.

Schreib-Kalender, Ganz neu eingerichteter Ungarisch Altenburger — nach christlicher Zeitrechnung auf das Gemeinjahr 1854. 16. Jahrgang. 4. (36 S.) Ungarisch-Altenburg. Druck und Verlag von Alex. Czéh.

Schreib-Kalender. Siebenzehnter Jahrgang des Ungarisch-Altenburger — auf das Jahr 1855. Mit vielen Bildern. 4. (34 S.) Ungarisch-Altenburg. Druck von Alexander Czéh.

Schreibkalender, ganz neu eingerichteter Ungarisch-Altenburger — nach christlicher Zeitrechnung auf das Schaltjahr 1856. Achtzehnter Jahrgang. Mit vielen Bildern. Ungarisch-Altenburg. Druck und Verlag von Alex. Czéh. (16 S. 4.)

Schreibkalender, 19. Jahrg. des Ungarisch-Altenburger — — auf das Jahr nach der Geburt Jesu Christi 1857, welches ein Gemeinjahr von 365 Tagen ist. Ungarisch-Altenburg. Druck und Verlag von Alex. Czéh. (36 S. 4.)

Schreib- und Haus-Kalender, neu eingerichteter, gemeinnütziger, unterhaltender kleiner, für Ungarn und Siebenbürgen auf die J. 1881—1885. 1.—5. Jahrg. 4. (à Jahrg. ca. 40 S.) Kaschau, Werfer. à Jahrg. * — 40

Neuer Schreib=Calender auf das Gemeinjahr nach der gnadenreichen Geburt unsers Herrn Jesu Christi 1831 . . . Nebst zwey nützlichen Zins=Tabellen. Neustadt Kempten: Roll [1831]. 14 Bl. 4°
[Titel in Schwarz- u. Rotdruck.]

—— neuer, auf das J. 1850. Enthaltend: Jahrmarktsverzeichniß, Interessenberechnung, Waschtabellen und Reduktionstabelle von Kronen- und Fünffrankenthalern, nebst Postverzeichniß. 8. (115 S.) Schaffhausen 850, Schalch. *

Schreibkalender, Neuer — für das Schaltjahr 1856. Enthält nebst dem Zeitkalender, welchem der Mondwechsel, die muthmaßlichen Witterungen und die Bauernregeln beigefügt sind, die Genealogie des österr. Kaiserhauses, Zeit- und Festrechnung u. s. w. Ried, Gedruckt und zu haben bei Josef Kränzl. (25 Bl. 4.)

—— neuer, für das gemeine Jahr nach der gnadenreichen Geburt unseres Heilandes Jesu Christi 1862. 4. Bregenz, Teutsch.

—— neuer, für die J. 1886—1889. 36.—39. Jahrg. 4. (à Jahrg. ca. 16 S.) Bregenz, Teutsch. à Jahrg. *

Schreibkalender, Neuer, für das gemeine Jahr nach der gnadenreichen Geburt unseres Heilandes Jesu Christi 1890. 40. Jahrg. 4. (16 S.) —.15 Ebd.

— neuer, f. d. J. 1891. 41. Jahrg. 4. (16 S.) Bregenz, Teutsch. n. — 30

Schreibkalender, Neuer, für das gemeine Jahr nach der gnadenreichen Geburt unseres Heilandes Jesu Christi 1893. 43. Jahrg. Gr.-8. (14 S.) Ebd. —.15

Schreibkalender, Neuer, für das gemeine Jahr nach der gnadenreichen Geburt unseres Heilandes Jesu Christi 1894. 44. Jahrg. 4. Ebd. —.15

— neuer, f. d. J. 1895. 45. Jahrg. 4. (16 S.) Bregenz, J. N. Teutsch. n. — 30

Neuer Schreib-Kalender auf das Jahr MDCCCLXXI nach der heilsamen Geburt Jesu Christi. Mit dem Lauf der Sonne, des Mond's und der Planeten; ordentliches Verzeichniss der Jahrmärkte und der Aderlass-Tafel. Gestellt durch Jacobum Rosium. 30 Seiten. 4. Basel, Joh. Schweighauser. —. 20

Neuer Schreibkalender auf d. J. 1873. 32 Stn. 4. Basel, J. Schweighauser. —. 15
(Kleiner Rosium-Kalender genannt.)
— derselbe. Grosse Ausgabe. —. 30
(Schreib-Rosium-Kalender.)

Neuer Schreib-Kalender auf d. J. 1874. 30 Stn. 4. Basel, Joh. Schweighauser. —. 20

Schreib-Kalender, neuer, auf d. J. MDCCCLXXXVII nach der heilsamen Geburt Jesu Christi. Gestellt durch *Jacobum Rosium.* Basel, Joh. Schweighauser. — 30

Schreib-Kalender, neuer, auf d. J. MDCCCLXXXIX. Gestellt durch *Jacobum Rosium.* In-4°, 38 S. Basel, Joh. Schweighauser. — 30

Schreib-Kalender, Neuer, auf das J. 1891 nach der heilsamen Geburt Jesu Christi. Mit dem Lauf der Sonne, des Monds u. der Planeten; ordentliches Verzeichniss der Jahrmärkte u. der Aderlass-Tafel, gestellt durch *J. Rosium.* In-4°. 38 S. Basel, J. Schweighauser. — 30

Schreibkalender, neuer auf das Jahr MDCCCXCIII. Gestellt durch *J. Rosium.* In-4°. 18 Bl. Basel, J. Schweighauser. — 30

Schreibkalender. Neuer Schreib-Kalender auf das Jahr... nach der heilsamen Geburt Jesu Christi. Mit... Aderlass-Tafel. Gestellt durch Jacobum Rosium.... [Illustriert.] Basel, Joh. Schweighauser.

Grosse Ausg. A: 4. [*à* fr. —.30]: ... 1901. II + 34 S. — ... 1902. II + 38 S. — ... 1903. II + 38 S.
Kleine Ausg. B: kl.-4. [*à* fr. —.15]: ... 1901. II + 34 S. — ... 1902. II + 38 S. — ... 1903. II + 34 S.

Schreibkalender. Neuer Sch'-K' auf das Jahr ... nach der heilsamen Geburt Jesu Christi. Mit ... Aderlass-Tafel. Gestellt durch Jacobum Rosium.... Basel, Joh. Schweighauser.

Grosse Ausg. A: 4. [*je* fr. —.30]: ... 1904. II + 34 S. — ... 1905. II + 34 S.
Kleine Ausg. B: kl.-4. [*je* fr. —.15]: ... 1904. II + 38 S. — ... 1905. II + 42 S.

Schreibkalender. Neuer Sch'-K' auf das Jahr 1906 nach der heilsamen Geburt Jesu Christi. Mit ... Aderlass-Tafel. Gestellt durch Jacobum Rosium.... [Illustriert.] Basel, Joh. Schweighauser.

Grosse Ausg. A: 4. II + 42 S. [fr. —.30]
Kleine Ausg. B: kl.-4. II + 42 S. [fr. —.15]

Schreibkalender. Neuer Sch'-K' auf das Jahr ... nach der heilsamen Geburt Jesu Christi. Mit ... Aderlass-Tafel. Gestellt durch Jacobum Rosium.... [Illustriert.] Basel, Joh. Schweighauser.

Grosse Ausg. A: ... 1907 ... *u.* ... 1908. II + 38 *u.* II + 34 S. 4. [*je* fr. —.30]
Kleine Ausg. B: ... 1907 ... *u.* ... 1908. *je* II + 38 S. kl.-4. [*je* fr. —.15]

Schreibkalender. Neuer Sch'-K' auf das Jahr 1909 nach der heilsamen Geburt Jesu Christi. Mit ... Aderlass-Tafel. Gestellt durch Jacobum Rosium.... [Illustriert.] Basel, Joh. Schweighauser.

Grosse Ausg. A: II + 42 S. 4. [fr. —.30]
Kleine Ausg. B: II + 42 S. kl.-4. [fr. —.15]

Schreibkalender. Neuer Sch'-K' auf das Jahr 1910 nach der heilsamen Geburt Jesu Christi. Mit ... Aderlass-Tafel. Gestellt durch Jacobum Rosium.... [Illustriert.] Basel, Joh. Schweighauser.

Grosse Ausg. A: II + 42 S. 4. [fr. —.30]
Kleine Ausg. B: II + 42 S. kl.-4. [fr. —.15]

—— neuer, für die J. nach der Geburt Jesu Christi 1876—1880. 4. (à Jahrg. ca. 54—56 S.) Wien, Perles. à Jahrg. * — 40
cart. à Jahrg. * — 60

—— neuer, für die J. 1881—1885. 4. (à Jahrg. 48 S.) Wien, Perles. à Jahrg. * — 40

—— neuer, für die J. 1886—1889. 4. (à Jahrg. 48 S.) Wien, Perles. à Jahrg. *
cart. à Jahrg. *

Schreibkalender, Neuer, für das Jahr nach der Geburt Jesu Christi 1890, welches ein Jahr von 365 Tagen ist. Kl.-4. (48 S.) —.20, cart. —.30
Ebd.

—— neuer, 1893. 4. (52 S.) Wien, Perles. ** — 32; cart. ** — 50

Schreibkalender, Neuer, für das Jahr nach der Geburt Jesu Christi 1894. 4. (55 S.) .16
Cartonnirt Ebd. —.25

— neuer, f. d. J. 1895. 4. (55 S.) Wien, M. Perles. n. — 32; kart. n. — 50

Schreib-Kalender, Neuer, für das Jahr nach der Geburt Jesu Christi 1896, welches ein Schalt-Jahr von 366 Tagen ist. Kl.-4. (56 S.) —.20, cart. Ebd. .25

Schreib-Kalender, Neuer, für das Jahr nach der Geburt Jesu Christi 1897, welches ein gemeines Jahr von 365 Tagen ist. Kl.-4. (55 S.) Ebd. —.20, cart. —.25

— neuer, f. d. J. 1899. 4. (55 S.) Wien, M. Perles. n. — 40; kart. n. — 50

(F) Neuer Schreib-Kalender für das Jahr nach der Geburt Jesu Christi 1900, welches ein gemeines Jahr von 365 Tagen ist. Wien. Perles. Gr.-8°. 64 S. fl. —.20, cart. fl. —.25

(F) Neuer Schreib-Kalender für das Jahr nach der Geburt Jesu Christi 1901, welches ein gemeines Jahr von 365 Tagen ist. Wien. Perles Gr.-8°. 42 S K —.30, Cart. K —.40

— neuer, f. d. J. 1903. 4. (66 S.) Wien, M. Perles. n. — 30; kart. n. — 40

Neuer **Schreibkalender** für das Jahr nach der Geburt Christi 1904. Gr.-8°. (43 S.) Ebd. K —.30

(F) Neuer **Schreibkalender** für das Jahr nach der Geburt Jesu Christi 1905. Gr.-8°. (43 S.) Wien: Perles 1904. K —.30

— neuer, f. d. J. 1906. (64 S.) 8. Wien, M. Perles. n. — 30

Neuer **Schreibkalender** für das Jahr nach der Geburt Jesu Christi 1910. 8°. K —.30, kart. K —.40
Wien: Perles 1909.

— neuer, f. d. J. 1911. (64 S.) 8. Wien, M. Perles. — 30; kart. — 40

Schreibcalender, Neuer und Alter. Zürich 1711—1713. II: *Fäsi, Joh. Jac.* (Cat. d. Stadtbibl. Zürich. Zürich 1864-97.)

—— neuer und alter, auf die J. 1854 und 1855. Für das Königr. Sachsen und für andere benachbarte Länder. 8. (128 und 130 S.) Leipzig 854, Dürr'sche Buchh. à Jahrg. **

—— dass. — auf das J. 1856. Für das Königr. Sachsen und für andere benachbarte Länder. 8. (132 S.) Leipzig 855, Dürr'sche Buchh.

—— neuer und alter, auf die J. 1865—67. Für das Königr. Sachsen und andere benachbarte Länder. 8. (à Jahrg. 121 S.) Leipzig 866, Dürr'sche Buchh. à Jahrg.
Vgl. auch: Hülfs- und Schreib-Kalender.

— neuer u. alter auf die Jahre 1866—70. Für das Königr. Sachsen u. andere benachbarte Länder. Leipzig, Dürr'sche Buchh. 8. Jeder Jahrg. (120 S.) 7½ ngr; geb. n. 10 ngr; geb. u. durchschossen n.n. 12½ ngr

—— neuer und alter, auf die J. 1869—1875. Für das Königr. Sachsen und andere benachbarte Länder. 8. (à 120 S.) Leipzig, Dürr'sche Buchh. à Jahrg. — 7
geb. * 1 -
geb. und durchschossen * 1 5

—— neuer und alter, auf das Schaltj. 1876. Für das Königr. Sachsen und benachbarte Länder. 8. (120 S.) Leipzig, (Edelmann.) * ℳ 1.; cart. * ℳ 1,20.; geb. * 1
geb. und durchschossen * 1
Nicht weiter erschienen.

— neuer u. alter, auf d. J. 1877. Für das Königr. Sachsen u. benachbarte Länder. 8. (120 S.) Leipzig, (Dürr'sche Buchh.) n. 1. —; geb. n. 1. 40; geb. u. durchschossen n. 1. 60

Schreibkalender, neuer bequemer — für den Haus- und Geschäftsgebrauch auf das gemeine Jahr 1857. Wien. Buchdruckerei von Friedrich Manz in Wien. Verlag von J. Dirnböck. (20 Bl. 8.)

—— neuer bequemer, für den Haus- und Geschäftsgebrauch auf das J. 1857. 8. (40 S.) Wien 856, Dirnböck. *

Schreib-Kalender, Neuer gemeinnütziger — für Tirol und Vorarlberg auf das gemeine Jahr nach der Geburt unsers Heilandes Jesu Christi 1854. 4. Innsbruck. Druck und Verlag von A. Witting.

Schreib- und Hand-Kalender, neuer, geographischer, auf das J. 1859. 8. (XXIV und 200 S. mit 1 Stahlst. und 1 Tab. in Fol.) Wien, Wenedikt. *

Kalender, Neuer Schreib-, Haus- und Wirthschafts- — auf das Jahr nach Christi Geburt 1854, welches ein Gemeinjahr von 365 Tagen ist. Nach Knauers hundertjährigem Kalender eingerichtet und nach dem Krakauer Mittagskreise berechnet. III. Jahrgang. 8. Druck und Verlag von Laurenz Pisch, in Bochnia.

Schreib-Kalender, Neuer Korneuburger — auf das Jahr nach der Geburt Jesu Christi 1854. 4. (56 S.) Korneuburg. Von Karl Walter, k. k. priv. Buchdrucker.

—— neuer Korneuburger, für das Jahr nach der Geburt Jesu Christi 1862, welches ein gemeines Jahr von 365 Tagen ist. 4. (52 S.) Korneuburg, Kühkopf.

—— neuer Korneuburger, für die J. 1863—67 nach der Geburt Jesu Christi. 40.—44. Jahrg. 4. (à Jahrg. 55 S.) Korneuburg, Kühkopf. Mit Papier durchschossen à Jahrg. *
geb. à Jahrg. *

Schreib-Kalender. Neuer Korneuburger. für das Jahr nach der Geburt Jesu Christi 1869, welches ein gemeines Jahr von 365 Tagen ist. 46. Jahrgang. Von J. C. Thom. Korneuburg: Kühkopf 1868. 54 S. 4°

—— neuer Korneuburger, für die J. 1876—1880. 53.—57. Jahrg. Von Herm. Tesarz. 4. (à Jahrg. ca. 56 S.) Korneuburg, Kühkopf. à Jahrg. * — 48
in gr. 16. (à Jahrg. ca. 44 S.) à Jahrg. * — 28

—— neuer Korneuburger, für die J. 1881—1885. 58.—62. Jahrg. Von Herm. Tesarz. 4. (à Jahrg. 56 S.) Korneuburg, Kühkopf's Buchh. à Jahrg. * — 40

—— neuer Korneuburger, für die J. 1886—1889. 63.—66. Jahrg. Von Herm. Tesarz. 4. (à Jahrg. 48 S.) Korneuburg, Kühkopf. à Jahrg. *

Schreibkalender, Neuer Korneuburger, für das Jahr nach der Geburt Jesu Christi 1890, welches ein gemeines Jahr von 365 Tagen ist. Von Josef Zörkler. 67. Jahrg. Kl.-4. (48 S.) Ebd. —.20

Schreibkalender. Neuer Korneuburger, für das Jahr 1891, welches ein gemeines Jahr von 365 Tagen ist. 68. Jahrg. Von Leopold Brandstätter. 4. (52 S.) Ebd. —.16, cart. —.25

—— neuer Korneuburger, f. d. J. 1893. 70. Jahrg. 4. (50 S.) Korneub., Kühkopf. — 40

— neuer Korneuburger, f. d. J. 1894. 71. Jahrg. 4. (55 S. m. Abbildgn.) Korneuburg, J. Kühkopf. — 40

— neuer Korneuburger, f. d. J. 1896. 73. Jahrg. 4. (58 S. m. Abb.) Korneuburg, Kühkopf & Habel. n. — 32

Schreib-Kalender, Neuer Korneuburger, für das Jahr 1897. 74. Jahrg. 4. (57 S.) —.20
Gebunden Ebd. **—.35**

(F) Neuer Korneuburger Schreib-Kalender für das Jahr nach der Geburt Jesu Christi 1901 welches ein gemeines Jahr von 365 Tagen ist. Korneuburg. Kühkopf. Gr.-8°. 42 S. K —.24

— neuer Korneuburger, f. d. J. 1906. (64 S.) 8. Korneuburg, J. Kühkopf. n. — 24

— neuer Korneuburger, f. d. J. 1910. 87. Jahrg. (64 S. m. Abb.) 8. Korneuburg, J. Kühkopf. — 24

Neuer Crackauer Schreib-Calender [Schreibkalender] ...auf das Jahr...durch Mathias Gentilli [Gentili]. 1733. Wienn: Schilgen [1732]. 8°
1733: [1732.]

Krakauer Schreib-Kalender, neuer — für 1853. 99. Jahrg. Wien, K. Ueberreuter. 4.

—— neuer krakauer auf Wien berechneter, auf das J. 1855. 101. Jahrg. 4. (256 S.) Wien 854. (Leipzig, Hübner.) *

Schreib-Kalender, neuer Krakauer, auf Wien berechneter — auf das Schaltjahr nach der Geburt Jesu Christi 1856. Mit einer Geschichte der Zeitereignisse, Beiträge zur Unterhaltung und Belehrung, nebst allen nöth'gen Zoll-, Steuer-, Stämpel-, Post-, Telegrafen-, Eisenbahn- und Dampfschifffahrts-Tarifen, kirchlichen, medizinischen und landwirthschaftlichen Aufsätzen, Beschreibungen der merkwürdigsten Schlachten der neueren Zeit und Biografien der berühmtesten Generäle der österreichische Armee; dann vielen gemeinnützigen Abhandlungen. Hundert und zweiter Jahrgang. Wien (o. A. d. J.). Druck u. Verlag von Karl Ueberreuter. (9 Bl. 256 S. 8.)

Schreibkalender, neuer Krakauer auf Wien berechneter — auf das Jahr nach der Geburt Jesu Christi 1857. Enthaltend: das genealogische Verzeichniß des regierenden österreichischen Hauses, ein Verzeichniß der Jahrmärkte, Posten, Entfernung der vornehmsten Städte von Wien, den Kirchenanzeiger, die Botheneinkehr u. s. f. Wien. Druck und Verlag von Karl Ueberreuter. (58 S. 4.)

—— neuer krakauer, auf das J. 1862. 32. Wien, Ueberreuter.

—— neuer Krakauer, auf Wien berechneter, auf die J. nach der Geburt Jesu Christi 1863—67. 4. (à Jahrg. 56 S.) Wien, Ueberreuter. Mit Papier durchschossen à Jahrg. *
cart. à Jahrg. *

—— dass. — 109.—113. Jahrg. 8. (à Jahrg. 254 S.) Ebendas. cart. à Jahrg. *

—— dass. — (Taschen-Schreib-Kalender.) 32. (à Jahrg. 64 S.) Ebendas. geb. in Futteral. *

— Neuer Krakauer, auf Wien berechneter, auf das Jahr nach der Geburt Jesu Christi 1869. 115. Jahrgang. Wien: Ueberreuter (Salzer.) 1868. 254 S. 4°

Schreib-Kalender, neuer Krakauer auf Wien berechneter, auf das Jahr nach der Geburt Jesu Christi 1870. 4. (65 S.) Wien, Ueberreuter (Salzer) gef. 20 kr., cart. 26 kr., groß. (254 S.) Ebds. geb. 50 kr.
— — Derselbe. 16. Ebds gef. 12 kr.
— — Derselbe. 32. Ebds. geb. in Schuber 20 kr.

Schreib-Kalender, Neuer Krakauer, auf Wien berechneter, auf das Jahr nach der Geburt Jesu Christi 1871. 117. Jahrgang. 4. (256 S.) Wien. Ueberreuter. cart. 50 kr.

— neuer Krakauer, auf Wien berechneter, f. d. J. 1895. 141. Jahrg. 4. (258 S.) Wien. (Leipzig, Literar. Anstalt A. Schulze.) Kart. n. 1. 20; kleine Ausg. (67 S.) n. — 32; kart. n. — 48

— neuer Krakauer, auf Wien berechneter, f. d. J. 1898. 144. Jahrg. 4. (274 S. m. Abb.) Wien. (Leipzig, Literar. Anstalt, A. Schulze.) Kart. n. 1. 20

— neuer Krakauer, auf Wien berechneter, f. d. J. 1903. 149. Jahrg. 4. (274 S.) Wien. (Leipzig, Literar. Anstalt.) Kart. n.n. 1. 25

— neuer Krakauer f. Wien berechneter, f. d. J. 1909. 155. Jahrg. (XIV, 320 S.) 8. Wien. (Korneuburg, J. Kühkopf.) Kart. nn 1. 15

— neuer, der königl. Kreis-Hauptstadt Landshut f. d. J. 1895. Bearb. f. jeden Bürger u. Landmann, d. i. f. den Oekonomen, f. den Handwerker u. f. den Handelsmann. 4. (46 u. 6 S. m. Abbildgn.) Landshut, J. Thomann. n. — 20

— neuer, d. kgl. Kreis-Hauptstadt Landshut f. d. J. 1896. Bearb. f. jeden Bürger u. Landmann, d. i. f. d. Oekonomen, f. d. Handwerker u. f. d. Handelsmann. 4. (51 u. 6 S. m. Abb.) Landshut, J. Thomann. n. — 20

Schreib-Kalender, Neuer Oesterreichischer — für Katholiken und Protestanten auf das Jahr nach der Geburt Jesu Christi 1856, welches ein Schaltjahr von 366 Tagen ist. Wien (o. A. d. J.) Druck und Verlag von L. C. Zamarski, Universitäts-Buchdruckerei (vormals J. P. Sollinger.) (32 S. 4.)

— neuer Passauer, für die J. 1888 und 1889. 4. (36; 46 S. mit Illustr.) Passau, [Bucher.] Abt. à Jahrg. *

— neuer Passauer, f. d. J. 1891. 4. (36 S. m. Abbildgn.) Passau, Abt. n. — 20

— neuer Passauer, f. d. J. 1893. 410. Jahrg. 4. (40 S. m. Bildern u. 1 Wandkal.) Passau, Abt. * — 20

— neuer Passauer, f. d. J. 1895. 412. Jahrg. 4. (32 S. m. Bildern.) Passau, R. Abt. n. — 20

— neuer Passauer, f. d. J. 1899. 416. Jahrg. 4. (34 S. m. Abb.) Passau, G. Kleiter. n. — 20

— neuer Passauer, f. d. J. 1903. 420. Jahrg. 4. (56 S. m. Abbildgn. u. Wandkalender. Passau, G. Kleiter. n. — 20

— neuer Passauer, f. d. J. 1907. 424. Jahrg. (58 u. 8 S. m. Abbildgn. u. Wandkalender.) gr. 8. Passau, G. Kleiter. n. — 20

— neuer Passauer, f. d. J. 1911. 428. Jahrg. (60 u. 8 S. m. Abbildgn. u. Wandkalender.) gr. 8. Passau, G. Kleiter. — 20

Schreib- und Taschen-Kalender, neuer, auf das J. 1851. 8. (118 S.) Schaffhausen, Schalch. *

— dass. — auf die J. 1856 und 1857. 8. Ebd. 855,56. à Jahrg. *

Schreib-Kalender, Neuer Unterösterreichischer — für Katholiken und Protestanten auf das Jahr nach der Geburt Jesu Christi 1854. 8. (32 S.) Wien. Druck und Verlag von J. P. Sollingers Witwe.

Schreibcalender, Neuer u. verbesserter, a. d. J. . . . . .
1701. M. Holzschn.-Vign.
Augsburg.

Neuer verbesserter und Julianischer Schreib-Calender [Schreibkalender] auf das ... Jahr, darinnen nicht allein eine richtige Eintheilung des Jahrs ... sondern auch ein besonderer Haus-Calender ... zu finden. 1742. 1770. 1774. Blankenburg: Papen [1741-1773]. 8°

1742: [1741.]
1770: [1769.]
1774: [1773.]

Rieder: Schreibkalender, neuer vermehrter — auf das Jahr nach der gnadenreichen Geburt unsers Herrn und Erlösers Jesu Christi 1858, welches ein gemeines Jahr ist und 365 Tage hat. Ried. Dr. und Verlag von Josef Kränzl. (24 Bl. 4.)

Schreib-Kalender, Neuer Wiener, pro 1899. XXIII. Jahrgang. Kl.-4. (55 S.) —.20
Derselbe. Cart. Wien. Perles 1898. —.25

Schreib-Calender, Neuester, auf das Jahr 1791. Grätz. H: *Hell, Maximilian.* (wrztg 1790, S. 2860) (Biblport)

— neuester, auf das J. 1811—16, f. Kanzleyen, Landämter ꝛc. Würzb. Stahel. (à 6 gr.)
Velinp. (à 8 gr.)
(Wird jährlich fortgesetzt.)

Schreibkalender, neuester, auf das Jahr 1817 — 1821, für Kanzleyen, Gerichtsstellen ꝛc. für Katholiken und Protestanten eingerichtet. 4. Würzburg, Stahel. à 8 Gr.

— neuester, auf die Jahre 1834 1841, für Kanzleien, Gerichtsstellen, Rentämter, für die Haus- u. Landwirthschaft, für Katholiken u. Protestanten eingerichtet. 32r—39r Jahrg. Mit d. Berichten der ankomm. u. abgehenden Posten u. Boten verm. 4. Würzburg 834 – 40. Stahel. à 1/3 ℛ︎

— neuester, auf das Jahr 1841. Ganz auf Schreibpapier gedruckt und mit Rubriken der Einnahme und Ausgabe für jeden Tag einger. 50r Jahrg. 4. Gratz, Kienreich. In Umschl. geb. 2 ℛ︎

Schreib-Kalender, Neuester — auf das Jahr nach der gnadenreichen Geburt Jesu Christi 1854, welches ein gemeines Jahr von 365 Tagen ist. 4. Brünn, Druck und Verlag von Karl Winiker.

Schreibkalender, Neuester — auf das Schaltjahr 1856 von 366 Tagen. Ein brauchbares Geschäfts- und Auskunftsbuch für Advokaten, Notare, Amtsvorsteher, Beamte, Kaufleute, Fabrikanten und alle andern Geschäftsmänner. 65. Jahrgang. Gratz. Druck, Papier und Verlag von J. A. Kienreich. (256 S. 4.)

Schreibkalender, neuester — auf das gemeine Jahr 1857 von 365 Tagen. Ein brauchbares und reichhaltiges Geschäfts- und Auskunftsbuch für Advokaten, Notare, Amtsvorsteher, Beamte, Kaufleute, Fabrikanten und alle anderen Geschäftsmänner. 66. Jahrg. Gratz. Druck, Papier und Verlag von Josef A. Kienreich. (250 S. 4.)

—— neuester, für Advokaten und Notare auf das Gemeinj. 1875. Ein für jeden Tag des Jahres brauchbares und reichhalt. Geschäfts-, Auskunfts- und Vormerk-Buch, auch für Amtsvorsteher, Beamte, Kaufleute, Industrielle und alle anderen Geschäftsmänner. 84. Jahrg. redig. von Friedr. Krammer. 4. (232 S.) Graz 874, Verlag Leykam-Josefsthal. * 2 40

—— neuester, für Advokaten und Notare auf das J. 1876. Ein für jeden Tag des Jahres brauchbares und reichhaltiges Geschäfts-, Auskunfts- und Vormerk-Buch, auch für Amtsvorsteher, Geistliche, Beamte ꝛc. 85. Jahrg., redig. von Friedr. Krammer. 4. (222 S.) Graz, Verlag Leykam-Josefsthal. cart. * 2 40

—— dass. — auf die J. 1877—1880. Vormerk-, Geschäfts- und Auskunfts-Buch, auch für Amtsvorsteher, Geistliche, Staatsbeamte ꝛc. 86.—89. Jahrg. Redig. von Friedr. Krammer. 4. (222; 232; 226; 228 S.) Ebendas. cart. à Jahrg. * 2 40

—— neuester, für Advokaten und Notare auf die J. 1881—1885. Vormerk-, Geschäfts- und Auskunfts-Buch auch für Amtsvorsteher, Geistliche, Staatsbeamte ꝛc. 90.—94. Jahrg. Redig. von Friedr. Krammer. 4. (à Jahrg. 250—280 S.) Graz, Verlagsh. „Leykam". cart. à Jahrg. * 2 40

—— neuester, für Advokaten und Notare auf die J. 1886—1889. Vormerk-, Geschäfts- und Auskunfts-Buch auch für Amtsvorsteher, Geistliche, Staats- und Communalbeamte, Militairs, Gemeindevorstände, Sanitätspersonen, Kaufleute, Industrielle, Vereins- und Corporationsbeamte. 4. (à Jahrg. ca. 230 S.) Graz, Verlagsh. „Leykam". cart. à Jahrg. *

Schreibkalender, Neuester, für Advocaten und Notare auf das gemeine Jahr 1890. Vormerk-, Geschäfts- und Auskunftsbuch, auch für Amtsvorsteher, Geistliche, Staats- und Communalbeamte, Militärs, Gemeindevorstände, Sanitätspersonen, Kaufleute, Industrielle, Vereins- und Corporationsbeamte. 99. Jahrg. 4. (248 S.) Cart. Ebd. 1.10

Schreibkalender, Neuester, für Advocaten und Notare auf das gemeine Jahr 1891. Vormerk-, Geschäfts- und Auskunftsbuch, auch für Amtsvorsteher, Geistliche, Staats- und Communalbeamte, Militärs, Gemeindevorstände, Sanitätspersonen, Kaufleute, Industrielle, Vereins- unnd Corporationsbeamte. 100. Jahrg. 4. (255 S.) Cart. Ebd. 1.10

Schreibkalender. Neuester, für Advocaten und Notare auf das gemeine Jahr 1893. Vormerk-, Geschäfts- u. Auskunftsbuch, auch für Amtsvorsteher, Geistliche, Staats- u. Communalbeamte, Militärs, Gemeindevorstände, Sanitätspersonen, Kaufleute, Industrielle, Vereins- u. Corporationsbeamte 102 Jahrg. 4. (256 S.) cart. 1.10 Ebd.

Schreib-Kalender, neuester, f. Advokaten u. Notare auf d. J. 1894. Vormerk-, Geschäfts- u. Auskunfts-Buch auch f. Amtsvorsteher, Geistliche, Staats- u. Communalbeamte, Militärs, Gemeindevorstände, Sanitätspersonen, Kaufleute, Industrielle, Vereins- u. Corporationsbeamte. 103. Jahrg. 4. (254 S.) Graz, Leykam. Kart. n. 2. 20

Schreibkalender, Neuester, für Advocaten und Notare auf das gemeine Jahr 1895. Vormerk-, Geschäfts- und Auskunftsbuch, auch für Amtsvorsteher, Geistliche, Staats- und Communal-Beamte, Militärs, Gemeinde-Vorstände, Sanitäts-Personen, Kaufleute, Industrielle, Vereins- und Corporations-Beamte. 104. Jahrg. 4. (268 S.) Cart. Ebd. 1.10

— — Neuester, für Advocaten u. Notare auf das Schaltjahr 1896. Vormerk-, Geschäfts- und Auskunftsbuch auch für Amtsvorsteher, Geistliche etc. 105. Jahrgang. 4. (268 S.) Ebd.

Schreibkalender, Neuester, für Advocaten und Notare auf das gemeine Jahr 1897, Vormerk-, Geschäfts- und Auskunftsbuch, auch für Amtsvorsteher, Geistliche, Staats- und Communal-Beamte, Militärs, Gemeinde-Vorstände, Sanitäts-Personen, Kaufleute, Industrielle. Vereins- und Corporations-Beamte. 106. Jahrg. 4. (276 S.) Cart. Ebd. 1.10

— neuester, f. Advokaten u. Notare auf d. J. 1898. Vormerk-, Geschäfts- u. Auskunfts-Buch auch f. Amtsvorsteher, Geistliche, Staats- u. Communalbeamte, Militärs, Gemeindevorstände, Sanitätspersonen, Kaufleute, Industrielle, Vereins- u. Corporationsbeamte. 107. Jahrg. 4. (261 S.) Graz, Leykam. Kart. n. 2. 20

Schreib-Kalender, Neuester, für Advocaten und Notare auf das Gemeinjahr 1899. 108. Jahrgang. 4. (284 S.) Geb. Ebd. 1.10

(F) Neuester Schreibkalender für Advocaten und Notare auf das Gemeine Jahr 1900. Vormerk-, Geschäfts- und Auskunfts-Buch auch für Amtsvorsteher, Geistliche, Staats- und Communalbeamte, Militärs, Gemeindevorstände, Sanitätspersonen, Kaufleute, Industrielle, Vereins- und Corporationsbeamte. CIX. Jahrgang. Graz. Leykam. 8°. 288 S. Geb. fl. 1.10

(F) Neuester Schreibkalender für Advokaten und Notare auf das gemeine Jahr 1901. Vormerk-, Geschäfts- und Auskunfts-Buch auch für Amtsvorsteher, Geistliche, Staats- u. Communalbeamte, Militärs, Gemeindevorstände, Sanitätspersonen, Kaufleute, Industrielle, Vereins- und Corporationsbeamte. LX. Jahrgang. Graz. Leykam. Gr.-8°. 288 S. K 2 20

(F) Neuester Schreibkalender für Advocaten und Notare auf das gemeine Jahr 1902. Vormerk-, Geschäfts- und Auskunfts-Buch auch für Amtsvorsteher, Geistliche, Staats- u. Communalbeamte, Militärs, Gemeindevorstände, Sanitätspersonen, Kaufleute, Industrielle, Vereins- und Corporationsbeamte. CXI. Jahrgang. Graz. Leykam. Gr.-8°. 296 S. K 2.20

— neuester, f. Advokaten u. Notare auf d. J. 1903. Vormerk-, Geschäfts- u. Auskunfts-Buch auch f. Amtsvorsteher, Geistliche, Staats- u. Communalbeamte, Militärs, Gemeindevorstände, Sanitätspersonen, Kaufleute, Industrielle, Vereins- u. Corporationsbeamte. 112. Jahrg. 4. (296 S.) Graz, Leykam. Kart. n. 2. 20

Neuester Schreibkalender für Advokaten und Notare auf das Schaltjahr 1904. 113. Jahrg. Gr.-8°. (312 S.) geb. K 2.20 Graz: Leykam 1903.

Schreib Kalender, neuester, f. Advokaten u. Notare auf d. J. 1905. Vormerk-, Geschäfts- u. Auskunfts-Buch auch f. Amtsvorsteher, Geistliche, Staats- u. Kommunalbeamte, Militärs, Gemeindevorstände, Sanitätspersonen, Kaufleute, Industrielle, Vereins- u. Korporationsbeamte. 114. Jahrg. (316 S.) gr. 8. Graz, Leykam. Kart. 2. 20.

Schreib-Kalender, neuester, f. Advokaten u. Notare auf d. J. 1906. Vormerk-, Geschäfts- u. Auskunfts-Buch auch f. Amtsvorsteher, Geistliche, Staats- u. Kommunalbeamte, Militärs, Gemeindevorstände, Sanitätspersonen, Kaufleute, Industrielle, Vereins- u. Korporationsbeamte. 115. Jahrg. (319 S.) gr. 8. Graz, Leykam. Kart. 2. 20

— neuester, f. Advokaten u. Notare auf d. J. 1907. Vormerk-, Geschäfts- u. Auskunfts-Buch auch f. Amtsvorsteher, Geistliche, Staats- u. Kommunalbeamte, Militärs, Gemeindevorstände, Sanitätspersonen, Kaufleute, Industrielle, Vereins- u. Korporationsbeamte. 116. Jahrg. (330 S.) gr. 8. Graz, Leykam. Kart. n. 2. 20

Schreib-Kalender, neuester, f. Advokaten u. Notare auf d. J. 1908. Vormerk-, Geschäfts- u. Auskunfts-Buch auch f. Amtsvorsteher, Geistliche, Staats- u. Kommunalbeamte, Militärs, Gemeindevorstände, Sanitätspersonen, Kaufleute, Industrielle, Vereins- u. Korporationsbeamte. 117. Jahrg. (330 S.) gr. 8. Graz, Leykam. Kart. 2. 20.

Schreib-Kalender, neuester, f. Advokaten u. Notare auf d. J. 1909. Vormerk-, Geschäfts- u. Auskunfts-Buch auch f. Amtsvorsteher, Geistliche, Staats- u. Kommunalbeamte, Militärs, Gemeindevorstände, Sanitätspersonen, Kaufleute, Industrielle, Vereins- u. Korporationsbeamte. 118. Jahrg. (317 S.) gr. 8. Graz, Leykam. Kart. 2. 20.
— — auf d. J. 1910. 119. Jahrg. (330 S.) Ebenda. Kart. 2. 20.

— neuester, f. Advokaten u. Notare auf d. J. 1911. Vormerk-, Geschäfts- u. Auskunfts-Buch auch f. Amtsvorsteher, Geistliche, Staats- u. Kommunalbeamte, Militärs, Gemeindevorstände, Sanitätspersonen, Kaufleute, Industrielle, Vereins- u. Korporationsbeamte. 120. Jahrg. (332 S.) gr. 8. Graz, Leykam. Kart. 2. 20

Schreib-Kalender, neuester bequemer, für die Jahre 1866 u. 1867. Wien, Literarisch-artistische Anstalt von C. Dittmarsch. 8. Jeder Jahrg. (64 S.) n. 4 ngr.

— Neuester bequemer, für das Jahr 1867. Wien: Liter.-artist. Anstalt v. C. Dittmarsch. 1866. 64 S. 8°

Schreib-Kalender, Neuester und bequemster — für Geschäftsmänner. Auf das Jahr nach Christi Geburt 1854, welches ein Gemeinjahr von 365 Tagen ist. 8. (64 S.) Wien. Gedruckt und im Verlage bei J. P. Sollingers Witwe.

Schreib-Kalender, Neuester bequemster — für Geschäftsmänner, auf das Schaltjahr nach Christi Geburt 1856. Wien. Druck und Verlag von L. C. Zamarski. (64 S. 8.)

Schreib-Kalender. Neuester bequemster, für das Jahr 1868. Wien: Dittmarsch Sep.-Conto 1867. 64 S. 8° durchsch.

Schreib-Kalender, neuester — für Geschäftsmänner, für das Jahr 1855. Wien, J. P. Sollinger's Witwe. 8.

—— neuester, vielfach vermehrter, auf die J. 1861 und 1862. Ein brauchbares und reichhaltiges Geschäfts- und Auskunftsbuch für Advocaten, Notare, Amtsvorsteher, Beamte, Kaufleute, Fabrikanten und alle anderen Geschäftsmänner. 70. und 71. Jahrg. 4. (à Jahrg. 250 S.) Graz, Kienreich. geb. à Jahrg. —

— neuester, vielfach vermehrter, auf das Gemeinjahr 1863 von 365 Tagen. Ein brauchbares u. reichhaltiges Geschäfts- u. Auskunftsbuch für Advocaten, Notare, Amtsvorsteher, Beamte, Kaufleute, Fabrikanten u. alle anderen Geschäftsmänner. 72. Jahrg. Graz, Kienreich. 4. (217 S.) cart. n. 18½ ngr.

Schreib-Kalender, Neuester und wohlfeilster — für Katholiken und Protestanten auf das Jahr 1854. 4. Wien. A. Dorfmeister vormals Mausbergers Verlag.

Schreib-Kalender, Neuester Znaimer — auf das Jahr nach der gnadenreichen Geburt Jesu Christi, rc. 4. Znaim. Zu haben bei Alois Zawadil, Buchbinder. 1854.

—— neuester Znaimer, auf die J. 1888 und 1889. 4. (à Jahrg. 80 S. mit Abbild.) Znaim, (Fournier und Haberler.) à Jahrg. *
Der älteste bisher bekannt gewordene Jahrgang ist von 1724, vermuthlich erscheint der Kalender aber schon länger.

— neuester Znaimer, auf d. J. 1891. 4. (83 S. m. Abbildgn.) Znaim, Fournier & Haberler. n. — 60

Schreibkalender, Neuester Znaimer, auf das Jahr nach der gnadenreichen Geburt Jesu Christi 1892, welches ein Schaltjahr von 366 Tagen ist. 4. (92 S.) Ebd. —.25

— neuester Znaimer, auf d. J. 1895. 4. (95 S. m. Abbildgn. u. Titelbild.) Znaim, (Fournier & Haberler). n. — 60

Schreibkalender, Neuester Znaimer, auf das Jahr nach der gnadenreichen Geburt Jesu Christi 1896, welches ein Schaltjahr von 366 Tagen ist. 4. (105 S.) Ebd. —.25

— neuester Znaimer, auf d. J. 1898. 4. (106 S. m. Abb.) Znaim (Fournier & Haberler). n. — 50

— neuester Znaimer, (zugleich Auskunfts-Kalender) auf d. J. 1902. 4. (125 S. m. Abbildgn.) Znaim, (Fournier & Haberler). n. — 40

Schreib- u. Notiz-Kalender auf d. Jahr 1853. 64. (64 S. m. eingedr. Radirgn.) Berlin, Litfaß. cart. u. in Futteral n. ⅓ ℛ

Schreib- u. Notiz-Kalender. Tagebuch für 1880. Zum Gebrauch für Kanzleien, Comptoirs, Haushaltungen rc. Fol. (69 S.) Frankfurt a/M., Rumpf & Reis. geb. 1. 60

Schreib-, Notiz- und Haushaltungskalender auf das J. 1855. 8. (VIII und 184 S.) Meiningen 854, v. Eye. *

Schreib- und Notiz-Kalender für Offiziere des Heeres. 1. Jahrg. 16. (268 S.) Hannover 876, Helwing'sche Verlagsh. geb. *

—— —— dass. — 2. Jahrg. 16. (276 S.) Ebendas. 877. geb. * ℳ 2,50.; durchschossen *
Nicht weiter erschienen.

— — für Officiere des Heeres. 3. Jahrg. 16. (278 S.) Hannover, Helwing's Verl. geb. n. 2. 80; durchschossen n. 3. —

Schreib- und Notiz-Kalender für Oesterreich zum Gebrauch für Landwirthe und Forstleute auf das J. 1855 u. 56. Ein Geschäfts-Taschenbuch für prakt. Oekonomen u. Forstmänner. Herausg. von Carl Haas. 1. u. 2. Jahrg. Leipzig, Spamer. gr. 16. Jeder Jahrg. (à ca. 200 S.) n. 25 ngr.

—— für Oesterreich zum Gebrauch für Landwirthe und Forstleute auf das J. 1856. Ein Geschäfts-Taschenbuch für prakt. Oekonomen und Forstmänner. Hrsg. von Carl Haas. 2. Jahrg. 1. Hälfte. 8. (CXI und 94 S.) Leipzig 855(56,) Spamer. *

—— dass. — auf das J. 1857. Ein Geschäfts-Taschenbuch für prakt. Oekonomen und Forstmänner. Hrsg. von Dems. 3. Jahrg. 8. (CLXVIII und 126 S.) Linz 856(57,) Huemer's Wwe. und Danner. Thlr. *

Schreib= und Notiz=Kalender für Oesterreich zum Gebrauche für Land= u. Forstwirthe auf die Jahre 1858—60. Ein Geschäfts=Taschenbuch für praktische Oekonomen und Forstmänner. Herausg. von Carl Haas. 4—6. Jahrg. Linz, Danner. 16. Jeder Jahrg. (à ca. 20 Bgn.) n. 24 ngr.

Schreib= und Notiz=Kalender für Oesterreich zum Gebrauche für Land= und Forstwirthe auf die J. 1860 und 1861. Ein Geschäfts=Taschenbuch für prakt. Oekonomen und Forstmänner. Hrsg. von Carl Haas. 6. und 7. Jahrg. gr. 16. (à Jahrg. ca. LXXVI und 247 S.) Linz, Danner. geb. à Jahrg. *

—— Nürnberger, für die J. 1869—1875. 68.—74. Jahrg. 16. (à ca. 140 S.) Nürnberg, Korn. cart. à Jahrg.* 1 —
geb. und durchschossen * 1 40

—— Nürnberger, für die J. 1876—1880. 75.—79. Jahrg. gr. 16. (140; IV, 140; IV, 140; IV, 140; IV, 148 S.) Nürnberg, Korn'sche Buchh. cart. à Jahrg. * 1 —
geb. und durchschossen à Jahrg. * 1 40

—— Nürnberger, für die J. 1881—1885. 80.—84. Jahrg. gr. 16. (à Jahrg. 160 S.) Nürnberg, Korn'sche Buchh.
cart. à Jahrg. * 1 —
geb. und durchsch. à Jahrg. * 1 40

—— ofner, für das J. 1862. 4. (40 S.) Ofen, Bagó.

Schreib=Kalender, Oesterreichischer — für 1855. 4. (Falz.) Wien. Leop. Grund.

Schreibkalender, Oesterreichischer — auf das Jahr nach der Geburt Jesu Christi 1857, welches ein gemeines Jahr von 365 Tagen ist. Enthält: Alle nöthigen Kalender= und Witterungs=Anzeigen, Beiträge zur Land= und Hauswirthschaft, die Stempel=Tarife, Interesse=Tafeln, Liedlohn=, Bestand=, Ausgabs=, und Empfangs=Tabellen, Bevölkerung der deutschen Bundesstaaten, Normatage, Entfernung der vornehmsten Städte von Wien, Verzeichniß der österreichischen, böhmischen und siebenbürgischen Jahrmärkte. Wien. Gedruckt und zu haben bei Leopold Grund. (21 Bl. 4.)

Schreibkalender, Oesterr. — auf das Jahr nach Christi Geburt 1858, welches ein gemeines J. von 365 Tagen ist. Wien. Gedr. und zu haben bei Leop. Grund. (16 Bl. 4.)

Schreib Kalender österr., f. d. J. 1861, enthält den vollständigen Kalender für Katholiken, Protestanten u. Griechen, Mondesviertel u. Witterungs=Angaben, Sonnen= u. Mondesfinsternisse, nebst e. Kalender auf 20 Jahre u. s. w. 4. Wien, Grund. 20 kr.
geb. 30 kr.

Schreib=Kalender, österreichischer, für das J. 1861. 1. Jahrg. Lex.=8. (48 S.) Wien, [Prandel und Ewald.] Thlr. *

—— österreichischer, für die J. 1861 und 1862, enthält den vollständigen Kalender für Katholiken, Protestanten und Griechen, Mondesviertel und Witterungs=Angaben, Sonnen= und Mondesfinsternisse, nebst einem Kalender auf 20 Jahre u. s. w. 4. Wien, [Gorischek's Universitäts=Buchh.] à Jahrg. 4 Ngr.; geb.

—— österreichischer, für die J. 1863—68. 4. (à Jahrg. 40 S.) Wien, Gorischek's Universitäts=Buchh. à Jahrg. *
cart. à Jahrg. *

—— österreichischer, für die J. 1869—75. 4. (à 40 S.) Wien, Gorischek. à Jahrg. * 40 Pf.; geb. * — 75

—— österreichischer, für das Schaltj. 1876. 4. (10 S.) Wien, Gorischek. * 40 Pf.; cart. und durchschossen * — 72
Nicht weiter erschienen.

Schreib= und Hauskalender, österreichischer, f. Katholiken und Protestanten, auf das Jahr 1807.

—— pädagogischer, für das J. 1856. Hrsg. von Jak. Spitzer. Ein Jahrbuch für Jedermann. 1. Jahrg. 8. (XVI und 80 S.) Gmunden 856. (Wien, Sallmayer und Comp.) *

Schreib= und Notizkalender, praktischer, auf das J. 1887. Ein nützl. Tagebuch sowohl für Behörden, Anwälte, Bürgermeister und Rechnungsführer, als auch für Comptoirs, bürgerl. und landwirthschaftl. Haushaltungen, mit dem Kalendarium für Protestanten, Katholiken und Israeliten. gr. 4. (112 S.) Marburg 886, Elwert's Verlag. cart. *
Nicht weiter erschienen.

—— preußischer, für Damen. 1861 und 1862. 32. (à Jahrg. ca. 220 S. mit 1 Photogr.) Berlin, Decker'sche geheime Ober=Hofbuchdruckerei. cart. mit Goldschn. und in Futteral à Jahrg. *
geb. mit Goldschn. à Jahrg. **

Schreib=Kalender, preußischer, für Damen. 1863—68. 32. (à Jahrg. ca. 224 S. mit 2 Stahlst.) Berlin, v. Decker'sche geheime Ober=Hofbuchdruckerei. geb. mit Goldschn. à Jahrg. **

—— preußischer, für Damen. 1869—1875. 32. Berlin, v. Decker'sche Geh. Ober=Hofbuchdr. [1869. (224 S. mit 2 Portr. in Holzschn.); 1870. (224 S. mit 1 Photogr.); 1871. (224 S. mit 1 Gruppe in Photogr.: die Kinder des Prinzen Friedrich von Preußen.); 1872. (225 S. mit dem Bildniß in Photogr. der Prinzessin Victoria Elisabeth Auguste Charlotte von Preußen.); 1873. (224 S. mit dem Bildniß in Photogr. Sr. königl. Hoheit des Prinzen Alb. Wilh. Heinr. von Preußen.); 1874. (224 S. mit dem Bildniß in Photogr. Ihrer königl. Hoheit der Frau Prinzessin Albrecht von Preußen.); 1875. (272 S. mit dem Bildniß in Photogr. Ihrer königl. Hoheit der Großherzogin Louise von Baden.)] à Jahrg. * 2 50

—— preußischer, für Damen. 1876. Mit dem (photogr.) Bildniß Ihrer königl. Hoheit der Prinzessin Friedrich Carl von Preußen. 15. Jahrg. 32. (272 S.) Berlin, v. Decker's Verlag. geb. mit Goldschn. * 2 50

—— dass. — 1877. Mit dem (photogr.) Bildniß Sr. Maj. des deutschen Kaisers und Königs von Preußen. 16. Jahrg. 32. (III, 282 S.) Ebendas. geb. mit Goldschn. * 2 50

—— dass. — 1878. Mit den (photogr.) Bildnissen Ihrer königl. Hoheit der Prinzessin Charlotte von Preußen und Seiner Hoheit des Erbprinz Bernhard von Sachsen=Meiningen. 17. Jahrg. 32. (282 S.) Ebendas. geb. mit Goldschn. * 2 50

—— dass. — 1879. Mit den (phototyp.) Bildnissen Ihrer königl. Hoheiten der Prinzessin Heinrich der Niederlande, geb. Prinzessin Marie von Preußen und der Prinzessin Luise Margarethe von Preußen, nach dem Leben gezeichnet von Thdr. Ziegler. 18. Jahrg. 32. (272 S.) Ebendas. geb. mit Goldschn. * 2 50

—— dass. — 1880. Mit dem (phototyp.) Bildniß Ihrer königl. Hoheit der Prinzessin Albrecht von Preußen, nach dem Leben gezeichnet von Thdr. Ziegler. 19. Jahrg. 32. (272 S.) Ebendas. geb. mit Goldschn. * 2 50

Schreib- u. Reise-Calender a. d. gem. Jahr .... in welchem u. a. nützl. Nachrichten e. vollst. geneal. Verzeichn. .... enthalten.
1787.
Mannheim.

Schreib-Calender, Sächsischer, auff d. J. ...
1705.
Leipzig.

Schreibkalender, Salzburgischer Haus- und Wirthschafts- — auf das Jahr 1856, welches ein Schaltjahr ist und 366 Tage hat. Berechnet auf die Polhöhe von Salzburg zu 47 Gr. 48 M. In kirchlicher Beziehung von dem hochwürdigsten fürst-erzbischöflichen Konsistorium approbirt. Salzburg (o. A. d. J.) Zu haben in der Duyle'schen Buchdruckerei. (30 Bl. 4.)

Schleswig-Holsteinischer Schreib-Calender auf das Jahr . . . v. Matthias Rohlfs. Altona. 16°.
1778; 1793.

Schleswig-Holsteinischer Schreib-Calender auf d. Jahr . . . von Matthias Rohlfs (1799: P[eter] H[einrich] C[hristoph] Brodhagen). 1785. 1799. — Altona: Burmester (1799: Altonaischer Mercurius) 1785—99. 8°

Schreibkalender, Schweizer, auf das Jahr 1901. In 10 verschiedenen Einbänden Leder u. Leinwand, mit u. ohne Goldschnitt. Kalendarium, Jahrmärkte u. verschiedene Tabellen. Aarau, Emil Wirz.

Schreibkalender, schweizerischer für das Schaltjahr 1876. Aarau, J. J. Christen. geb. 1. —

— Schweizerischer, auf das J. 1891. 1. Jahrg. Bearb. von *A. Ebinger*. Mit 1 Eisenbahnkarte (in-fol.). In-12°. 168 S. Winterthur, Jb. Bachmann. Leinwd. 1 90

— für alle Tage d. Jahres. Mit e. Anh., enth.: Allgemeine statist. Nachrichten üb. das deutsche Reich. — Bestimmungen üb. den Verkehr m. Bank-, Post- u. Telegraphen-Anstalten. — Verzeichniss sämmtl. Rechtsanwälte Deutschlands. gr. 16. (328 S. m. chromolith. Eisenbahnkarte in qu. 4.) Lahr, Schauenburg. geb. 1. 50

—— für alle Tage des Jahres. Mit einem Anhang, enth.: Allgemeine statist. Nachrichten über das deutsche Reich. — Bestimmungen über den Verkehr mit Bank-, Post- und Telegraphen-Anstalten. — Verzeichniss sämmtl. Rechtsanwälte Deutschlands. gr. 16. (308 S.) Lahr 876,78, Schauenburg's Verlag. geb. 1 50

—— für alle Tage des Jahres. Mit einem Anhang. 16. (III, 314 S.) Lahr 880—81, Schauenburg. geb. à Jahrg. 1 50

Schreib- und Taschen-Kalender auf das J. 1864. 8. (120 S.) Schaffhausen 863, Schalch. geb. *

Schreib- u Termin-Kalender auf d. Jahre 1834—1841. Mit Tab. 12. Erfurt 833—40. Müller. Mit Bleifeder à n. ⁷⁄₁₂ ₰

Schreib- u. Termin-Kalender auf d. Jahre 1842—47. (Nebst Zusammenstellung der Eidesnormen, Stempel- u. Gebühren-Taxen rc. 8. Erfurt 1841—46, Müller. In Leder geb. à * -

Schreib- u. Termin-Kalender auf d. J. 1848 — 1853. 12. (1848: 299 S. 1849: 312 S. 1850: 299 S. 1851: 273 S. m. 6 Tab. in qu 4. 1852: 270 S. m. 5 Tab. in qu. 4. 1853: 311 S.) Erfurt, Müllersche Sortiments-Buchhandlung. 1848 u. 49: à n. ¾ ₰ 1850 - 53: à n. ⁷⁄₁₂ ₰

— ders. auf die Jahre 1835 u. 1836. Mit Tabellen u. mit Papier durchschoss. 16. Stettin 834. Morin. Mit Bleifeder à ⁷⁄₁₂ ₰

— — auf d. J. 1847. 1850—1852. 12. (1847: 142 S. 1850: 142 S. 1851: 231 S. 1852: 226 S. — Durchschossen.) Stettin, Müller & Co. 1847 u. 50: à n. ⁷⁄₁₂ ₰; in Leder geb. à ¾ ₰ 1851 u. 52: à ⅔ ₰; in Leder geb. à ⅚ ₰

Schreib- und Termin-Kalender auf die J. 1853—56. 12. (à 266—311 S.) Erfurt 852—55, [Bartholomäus.] à Jahrg. * -

—— dass. — auf das J. 1857. 12. (288 S.) Erfurt 856, Bartholomäus. * -

Schreib- und Termin-Kalender auf die J. 1858 und 1859. 12. (à Jahrg. ca. 288 S.) Erfurt, Bartholomäus. à Jahrg. *
Ist nicht fortgesetzt worden.

Schreib- und Termin-Kalender auf die J. 1867. 8. (193 S.) Hannover. (Celle, Schulze'sche Buchh.) geb. *
Durchschossen * 16 Ngr.; mit Tab. durchschossen. (377 S.) *

Schreib- u. Termin-Kalender auf d. J. 1871. 8. (206 S.) Hannover 871. (Celle, Schulze'sche Buchh.) geb. n. 1. 50

Schreib- u. Termin-Kalender auf d. J. 1895 f. das Herzogth. Braunschweig. 12. (112 S.) Braunschweig, J. H. Meyer. n.n. 1. —

Schreib- u. Termin-Kalender auf d. J. 1899 f. das Herzogth. Braunschweig. 12. (112 S.) Braunschweig, J. H. Meyer. 1. 20

Schreib- u. Termin-Kalender auf d. J. 1903 f. das Herzogth. Braunschweig. 12. (112 S.) Braunschweig, J. H. Meyer. 1. 20

Schreib- u. Termin-Kalender auf d. J. 1905 f. das Herzogt. Braunschweig. (112 S.) kl. 8. Braunschweig, J. H. Meyer. n. 1. 20

Schreib- u. Termin-Kalender auf d. J. 1911 f. das Herzogt. Braunschweig. (112 S.) kl. 8. Braunschweig, J. H. Meyer. 1. 20

Schreib- und Termin-Kalender

—— für Juristen und Geschäftsleute auf das J. 1856. 12. (266 S.) Stettin 855, Müller'sche Buchh. * -
Ohne jurid. Beilagen und durchschossen * -

— und Termin-Calender, für Juristen, Cameralisten in der Preuß. Monarchie. a. d. J. 1818 und 19. Mit einer Charte. 8. Erfurt, Müller. ohne K. à 12 Gr.
Mit e. Charte. à 18 Gr.

— — derselbe auf d. Jahr 1820. 8. Erfurt, Müller.

Schreib- und Termin-Kalender für Kommunal- und Verwaltungs-Beamte auf das J. 1883 von Berthold Brunkow. gr. 16. (134; 168 S. mit 1 lithogr. Eisenbahnkarte.) Berlin, Kroll. geb. *
Nicht weiter erschienen.

Schreib- und Termin-Calender für Preussische Militairs und Militair-Beamte . . . Berlin 1848. V: *Oelze*, *F.* (Ky)

— — für Preuß. Militairs u. Militair-Beamte, bearb. v. einem Preuß. Offizier (F. Oelze). 1. Jahrg. 1848. Nebst einer (lith.) Garnisonskarte vom Preuß. Staate. 16. (192 u. 82 S.) Berlin, Strikker. In Engl. Einb. n. ¼ ₰

—— für Polizei-Beamte auf das J. 1857. Hrsg. von Trütschler v. Falkenstein. 12. (301 S.) Erfurt 856, Bartholomäus. *

Schreib- u. Termin-Kalender 1908 nebst Verzeichnis der Behörden u. Beamten des Herzogt. Gotha. (Schreibkalender u. 52 S.) kl. 8. Gotha '07, R. Wöpke. Geb. in Leinw. 1. —
Auch m. Einbd.-Titel: Kalender der Beamten des Herzogt. Gotha.

-- — 1908 nebst Verzeichnis der Behörden u. Beamten des Herzogt. Gotha. (Schreibkalender u. 52 S.) Kl. 8. Geb. in Leinw. 1.—; m. Schreibpap. durchsch. 1.20
Erscheint nicht mehr.

—— für Tirol und Vorarlberg auf die J. 1881—1885. 4. (à Jahrg. 44 S.) Innsbruck 884, Wagner'sche Universitäts-Buchh. à Jahrg. * — 40

—— für Tirol und Vorarlberg auf die J. 1886—1889. 4. (à Jahrg. 44 S.) Innsbruck, Wagner'sche Universitäts-Buchh. à Jahrg. *

— für Tirol u. Vorarlberg. 1896. 75. Jahrg. 4. (44 S.) Innsbruck, Wagner. n. — 40

— für Tirol u. Vorarlberg. 1896. 76. Jahrg. 4. (46 S.) Innsbruck, Wagner. n. — 40

— für Tirol u. Vorarlberg. 1903. 83. Jahrg. 4. (46 S.) Innsbruck, Wagner. n. — 25

Schreibkalender für Tirol und Vorarlberg. 1904. Lex.-8°. Innsbruck: Wagner 1903. K —.25

(F) Schreibkalender für Tirol und Vorarlberg 1906. Gr.-8° Innsbruck: Wagner'sche Universitäts-Buchhdlg., 1905.

— für Tirol u. Vorarlberg. 1907. (46 S.) gr. 8. Innsbruck, Wagner. n. — 25

— für Tirol u. Vorarlberg. 1911. (48 S.) gr. 8. Innsbruck, Wagner. — 25

Trattner('s) gemeinnütziger und erheiternder Pesther Schreib- und Haus-Kalender, für Katholiken, Evangelische und Griechen, auf das Gemeinjahr von 365 Tagen nach der Geburt Jesu Christi 1854. 41. Jahrgang. 4. Pesth. Gedruckt und im Verlage bei J. M. Trattner.

Trattner's gemeinnütziger und erheiternder Pesther Schreib- und Hauskalender für Katholiken, Evangelische und Griechen, auf das Schaltjahr von 366 Tagen nach der Geburt Jesu Christi 1856. Pesth. Gedruckt und im Verlag bei Trattner und Karolyi. (23 Bl. 8.)

Trattner's gemeinnütziger und erheiternder Pester Schreib- und Hauskalender für Katholiken, Evangelische, Griechen und Israeliten auf das gemeine Jahr von 365 Tagen nach der Geburt Jesu Christi 1857. Pest. Gedr. und im Verlag bei Trattner's Ka olyi. (16 Bl. 4.)

Schreib-Kalender, Ungarisch-Altenburger, s. Schreibkalender. Ganz neu eingerichteter Ungarisch-Altenburger.

Schreib- und Universal-Geschichts-Kalender, s. Universal-Geschichts- und Schreib-Kalender.

Schreib-, Haus- u. Wirthschafts-Kalender, vaterländischer allgemeiner, für d. Jahr 1853. Prag, C. Vetterl. 4.

Verbesserter Schreib-Calender [Schreibkalender] aufs Jahr...u.e.besonderen Haus-Calender. ...Gestellet durch Johannem Meuerum [Meuerus]. 1728. Blanckenburg: Struve [1727.] 8

1728: [1727.]

Verbesserter wohl-eingerichteter Schreibe-Calender [Schreibkalender] auf das Jahr... in welchem etliche nützliche Resolvirungen, Rechen-u.Interess-Tabellen zu finden sind. 1745. Leipzig & Zwickau [1744:] Höfer. 8

1745: [1744.]

Schreib-Kalender, Warasdiner — auf das Gemeinjahr der christlichen Zeitrechnung 1854 für Katholiken, Griechen und Juden. 4. Warasdin. Gedruckt bei Joseph von Platzer.

Schreibkalender, Warasdiner — auf das Schaltjahr der christlichen Zeitrechnung 1856 für Katholiken, Griechen und Juden. Warasdin, gedruckt und zu haben bei Josef v. Platzer. (39 Bl. 4.)

Schreibkalender, Warasdiner — auf das gemeine Jahr der christlichen Zeitrechnung 1857 für Katholiken, Griechen und Juden. Warasdin, gedruckt und zu haben bei Josef v. Platzer. (38 Bl. 4.)

Welser Schreib- und Auskunfts-Kalender für das Jahr 1898. XXX. Jahrgang. Kl.-4. (127 S.) Cart. Wels: Haas 1898. --.30

Schreib-, Wirthschafts- und Haus-Kalender für das Herzogthum Bukowina, auf das Jahr nach Christi Geburt 1855. Eingerichtet zum Gebrauche der Katholiken, Protestanten, nicht unirten Griechen, Juden und Mahomedaner. I. Jahrgang. 4. Czernowitz. Verlag von Eduard Winiarz.

Schreib-, Wirthschafts- und Hauskalender für das Herzogthum Bukowina, auf das Schaltjahr nach Christi Geburt 1856. 2. Jahrgang. Czernowitz. Buchdruckerei von E. Winiarz in Lemberg. Verlag von E. Winiarz. (44 Bl. 4.)

Schreib-, Wirthschafts- und Hauskalender für das Herzogthum Bukowina, auf das Jahr nach Christi Geburt 1857, welches ein gemeines Jahr von 365 Tagen ist. Eingerichtet zum Gebrauche der Katholiken, Protestanten, nicht unirten Griechen. Juden und Mohamedaner. 3. Jahrgang. Czernowitz. Verlag und Druck von Eduard Winiarz in Lemberg. (48 Bl. 4.)

Schreibkalender, Wirz's, für schweizerische Landwirte. s.a. Wirz.

Wirz's Schreibkalender für schweiz. Landwirte. 1900. 6. Jahrg. Kl. 8°. 240 S. Aarau, Emil Wirz. 1 —

Schreibkalender. Wirz's Schreib-Kalender für schweizerische Landwirte auf das Jahr.... 8. Aarau, Emil Wirz. [je geb. fr. 1. —]
... 1901. Jahrg. 7. [248 S.] — ... 1902. Jahrg. 8. [256 S.] — ... 1903. Jahrg. 9. [256 S.]

Schreibkalender. Wirz's Schreib-Kalender für schweizerische Landwirte auf das Jahr 1904. Jahrg. 10. [266 S.] 8. Aarau, Emil Wirz. [geb. fr. 1. —]

Schreibkalender. Wirz's Sch'-K' für schweizerische Landwirte auf das Jahr 1905. Jahrg. 11. [290 S.] 8. Aarau, Emil Wirz. [geb. fr. 1. —]

Schreibkalender. Wirz's Sch'-K' für schweizerische Landwirte auf das Jahr.... 8. Aarau, Emil Wirz. [geb. fr. 1. —]
... auf das Jahr 1906. Jahrg. 12. [258 + 8 leere S.]
... auf das Jahr 1907. Jahrg. 13. [288 S.]

Schreibkalender. Wirz's Schreib-K' für schweizerische Landwirte auf das Jahr .... 8. Aarau, Emil Wirz. [geb. fr. 1. —]
... auf das Jahr 1908. Jahrg. 14. [290 + 8 leere S.]
... auf das Jahr 1909. Jahrg. 15. [298 + 8 leere S.]

Schreibkalender. Wirz's Schreib-K' für schweizerische Landwirte auf das Jahr 1910. Jahrg. 16. [104 Text-S. + *Inserate.*] 8. Aarau, Emil Wirz. [geb. fr. 1. —]

Schreibkalender. Wirz's Schreib- (*Umschlag:* Taschen-) Kalender für schweiz. Ornithologen (*Umschlag:* Geflügel-) und Kaninchenzüchter auf das Jahr 1902. ([Hrg. von] Julius Bloch.) [Jahrg. 1. — Mit 1 Tabelle.] [184 S.] 8. Aarau, Emil Wirz, (1901). [geb. fr. 1. —]

—— königl. württembergischer, für 1853—56. 8. (à Jahrg. 112 S.) Reutlingen 852—55, Fleischhauer und Spohn. à Jahrg. *

Schreibkunst, Die, in einer Anweisung zur teutschen Orthographie . . . Nürnberg 1765. V: *Jäger, Wolfg.* (Ky) (BB)

Schreibkunst, die, in einer Anweis. zur deutschen Orthographie ꝛc., nebst 50 Mustern zum Schönschreiben, (v. W. Jäger). gr. 8. Nürnb. 765. Bauer u. R. 16 gr

Schreib- und Zeichen-Kunst, nöthige und nützliche. 4 Thle. 8. Lpz. 747.

Schreibkunst, die, im Schönschreiben u. Richtigschreiben d. teutschen Sprache. Zur nöth. ersten Kenntniß f. junge Personen beiden Geschlechtes, dargest. v. A. Fr. R. v. L(ilienstern). 8. (2 B. u. 5 lith. Vorschriften, gr. 4.) Hadamar 828. [Weilburg, Lanz.]

Schreibkünstler, Schreibmeister, Schreibpult, s. Schreibekünstler, Schreibemeister, Schreibepult.

Schreibkünstler, Der zauberische; Sammlung belustigender und nützlicher Schreibekunststücke. Leipz. 1795. V: *Weise, Wilhelm Chn Glob.* (NN) (Ky) (MGT)

Schreiblesefibel. Im Auftrage des herzogl. Anhalt. Consistoriums bearb. Bernburg 866. Reiter. 8. (48 S.) geb. n. 4 ngr.

Schreiblesefibel. Hrsg. vom Hannoverschen Lehrerverein. 1. Aufl. 1872, und 2. Aufl. 8. (48 S., wovon 16 lithogr.) Hannover 874, Brandes. geb. * — 30

Schreiblesefibel. Hrsg. vom hannoverischen Lehrerverein. 3. Aufl. (48 S., wovon 18 lithogr.) 1877; 4. Aufl. 8 (48 S., wovon 16 lithogr.) Hannover 878, Hahn'sche Buchh. cart. **

Schreiblesefibel. Hrsg. vom hannov. Lehrerverein. 5.—7. Aufl. 8. (48 S. mit Illustr.) Hannover 880—83, Hahn'sche Buchh. geb. **

—— Hrsg. vom hannover. Lehrerverein. 8. und 9. Aufl. 8. (48 S. mit Illustr.) Hannover 885,86, Hahn'sche Buchh. geb. **

—— dass. — 10. Aufl. 8. (64 S. mit Bildern.) Ebendas. 888. geb. *

— Hrsg. vom hannov. Lehrerverein. 12. Aufl. 8. (64 S. m. Bildern.) Hannover 890. Hahn. geb. n. — 40

Schreiblesefibel. Hrsg. vom Hannoverschen Lehrerverein. 13. Aufl. 8. (64 S. m. Abbildgn.) Hannover 892. Hahn. Geb. n. — 40

Schreiblesefibel. Hrsg. vom Hannoverschen Lehrerverein. 15. Aufl. 8. (64 S. m. Bild.) Hannover 895. Hahn. Geb. n. — 40

— dasselbe. Für jüd. Schulen umgearb. v. Levy, Neust, Spanier, Stern. 1. u. 2. Abteilg. gr. 8. (IV, 127 m. Abbildgn.) Ebd. 900. Geb. in Halbldr n. — 60

Schreiblesefibel. Hrsg. vom Lehrerverein der Stadt Hannover. 24., nach der neuen deutschen Rechtschreibg. durchgeseh. Aufl. gr. 8. (IV, 76 S. m. Abbildgn.) Hannover 902. Hahn. Geb. n. — 50

Schreiblesefibel. Hrsg. vom Lehrervereine Hannover-Linden, e. V. 33. Aufl. (IV, 76 S. m. Abbildgn.) 8. Hannover 908. Hahn. Geb. — 50

—— Hrsg. vom Gemeinde-Schullehrer-Verein der luther. Kirche von New-York und Umgegend. 5. Aufl. gr. 8. (82 S.) Reading, Pa. 887, Pilger Buchh. *

Schreiblesefibel. 10. Aufl. 8. (108 S.) Gießen 888, Roth. *
Bildet eine Ergänzung zu: Lesebuch, deutsches, bearb. von einem Verein prakt. Schulmänner, und: Lesebuch, hessisches, hrsg. von hessischen Schulmännern (s. d.).

— hessische, hrsg. v. hess. Schulmännern. Ausg. in Steilschrift. 17. Aufl. der Fibel. gr. 8. (II, 108 S. m. Abbildgn.) Gießen 893. E. Roth. Geb. in Halbldr. n n. — 60

— hessische, hrsg. von hess. Schulmännern. Ausg. in Steilschrift. 28. Aufl. der Fibel. gr. 8. (IV, 108 S. m. Abbildgn.) Gießen (901). E. Roth. n. — 40; geb. in Halbldr. n n — 60

Ferdinand Hirts Deutsche **Schreiblese-Fibel** für die konfessionell-gemischten Schulen mit einfachen Verhältnissen des Regierungsbez. Bromberg. Mit 30 Abb. Gedr. in d. neuen deutschen Rechtschreibung. Breslau: F. Hirt 1903. (64 S.) 8° [J.] [07. 16303 2

—— der Duisburger Lehrer-Conferenz. 1. Thl. 8. (16 S.) Ruhrort 874, Andreae und Comp. * — 20

— der Moerser Lehrer-Conferenz. 1. Abthl. B. Das Lesen der Druckschrift. 2. Aufl. Moers 866. Spaarmann. 8. 16 S.) geb. n. 2 ngr.

—— der Moerser Lehrer-Conferenz. 2. Abthl. Mit besond. Berücksicht. der Rechtschreibung und sprachl. Uebungen. 3. Aufl. 8. (64 S.) Moers 870, Spaarmann. geb. * — 35

—— der Moerser Lehrer-Conferenz. 1. Abthl. B.: Das Lesen der Druckschrift. 5. Aufl. 8. (16 S.) Moers 876, Spaarmann. cart. *

Schreiblesefibel für die Schulen im Herzogth. Anhalt-Bernburg bearb. von Lehrern der Communalschule in Bernburg. 8. (39 S.) Bernburg 855, Gröning'sche Buchh.

Schreiblesefibel für die Schulen im Herzogth. Anhalt-Bernburg bearb. von Lehrern der Communalschule in Bernburg. 5., unveränd. Aufl. 8. (39 S.) Bernburg 861, Reiter. *

Schreib-Lesefibel als Vorschule zum Lesen der Druckschrift, zugleich zu Vorschriften für die Mittelklassen der Volksschule. 8. (14 lithogr. Bl.) Cassel 848, J. G. Luckhardt.

Schreiblesemethode f. das Schullehrer-Seminar zu Ludwigslust, eingeleitet durch Andeutungen über das äußerl. Wesen der Sprache u. Schrift, nebst kurzen Notizen über die verschiedenen Lesemethoden. gr. 8. (IV u. 70 S.) Ludwigslust 850, Hinstorff. n. 1/3 ℛ

Schreib-Lese-Schule. Erstes Lesebuch für deutsche Volksschulen. gr. 8. (48 S.) Trier 868, Lintz' Verlag. cart. * — 35

Schreiblese-Schüler, der. Fibel f. den Schreiblese-Unterricht. 2. Abth. 8. (48 S.) Werl 873. Stein. n. — 20; geb. n. — 35

Schreibleseschüler, der. 6. umgearb. Aufl. gr. 8. (71 S.) Köthen 881, Schettler's Verlag. geb. **

Schreibleseschüler, der. Ster.-Ausg. gr. 8. (79 S.) Cöthen 896. P. Schettler's Erben. n. — 40; Einbd. n.n.n. — 10

Schreibleseschüler, der. Neue nach der neuen Rechtschreibg. durchgeseh. Ausg. (79 S.) gr. 8. Cöthen 903. P. Schettler's Erben. n. — 40; Einbd. n.n.n. — 10

— **dasselbe.** 2 Tle. gr. 8. Ebd. à n. — 48; geb. à n.n. — 60
1. Des Kindes erstes Schulbuch. (VIII, 104 S.) 905.
2. Lesebuch f. die Unterstufe. (VIII, 120 S.) 2. Aufl. 906.

Schreibleseschüler, der. 2 Tle. gr. 8. Cöthen, P. Schettler's Erben. à — 48; geb. à n — 60
1. Des Kindes erstes Schulbuch. 4. Aufl. (VIII, 104 S.) 909.
2. Lesebuch f. die Unterstufe. 3. Aufl. (VIII, 120 S.) 908.

Schreibleseschüler, der erste, zur selbstthätigen Wiederholung der Lectionen, sowohl in, als auch außer der Schule für die Hand der Kinder. Bearb. v. einem prakt. Schulmanne. 2. Aufl. gr. 8. (3 u. 16 lith. S.) Tübingen 850, L. F. Fues. n. 2 ngr

Schreibleseschüler, der kleine, für die Schulen des Herzogth. Anhalt-Cöthen. Bearb. und hrsg. von einem Vereine cöthenscher Lehrer. 8. (96 S., wovon 32 lithogr.) Cöthen 852, Schettler. *

—— dass. — der kleine. Bearb. und hrsg. von einem Vereine cöthenscher Lehrer. 2. Aufl. 8. (104 S., wovon 32 lithogr.) Ebds. 856. *

Schreib-Lesestoffe für den ersten Unterricht im Schreiben u. Lesen. Lesebuch für die Kleinen. Hrsg. von einem Lehrer-Vereine. 8. (56 S.) Langensalza 851, Bornbrück. 4 ngr

Schreib-Lese-Unterricht, der. Eine Anleitung zur Erteilg. desselben unter Berücksicht. der Grünwell'schen Fibel. gr. 8. (IV, 88 S. m. 47 Fig. im Text.) Warendorf 886. Pörtener. n. 1. —

Schreib-Lese-Unterricht, erster. Für deutsche Volksschulen. gr. 8. Landshut 845, Thomann. 1/24 ℛ

Schreib-Lese-Vorschule zur Handfibel von Otto Schulz. Berlin 857. L. Oehmigke. 8. (16 S. u. Begleitwort dazu 8 S.) n. 1 ngr

Schreib-Lese-Vorschule zur Hand-Fibel von Otto Schulz. 13. Aufl. 12. (16 S.) Berlin 888, Oehmigke's Verlag. *

Schreib-Lese-Vorschule zur Hand-Fibel v. Otto Schulz. 14. Aufl. 12. (16 S.) Berl. 892, L. Oehmigke's Verlag. * — 10

Schreib-Lese-Wandtafeln. 18 grosse Wandtafeln (93 1/2 Cm. hoch, 75 Cm. breit) mit Schreib- und Druckschrift, nach dem Stufengange und Josef Heinrich's Schreib-Lese-Fibel geordnet. Prag, F. Tempsky., roh 4 fl. nur baar. 1881.
— — Aufgespannt mit Messingringen. Ebds. 10 fl. nur baar.
— — Mit Aufbewahrungs-Mappe mit 3fachen Lederriemen-Schnallen. Ebds. 12 fl.

Schreib-Mappe 1897. gr. 4. (14 S. m. 8 Bl. Löschpap.) Kaiserslautern, A. Gotthold's Verl. n. — 50

Schreibmappe hrg. vom Oberländischen Verkehrsverein Interlaken. Schweiz, mit Informationen über Saison- und Unterkunftsverhältnisse, Fahrpreise, Post-, Telegraph-, Telephon-, Kutscher- und Führer-Tarife des Berner Oberlandes (Schweiz). Oberländisches Hotel-Verzeichnis. [Illustriert. — Text von Hermann Hartmann.] 52 [+ 16 leere Löschpapier-] S. 4. (Bern. A. Benteli & Co., 1901.)

(Schreibmappe) 1902. (Zum 9. Male) Gewidmet von der Buchdruckerei Büchler & Co., ... Bern. [Kalender, Text und Annoncen; illustriert.] IV + 18 S. 4.

(Schreibmappe).... Gewidmet von der Buchdruckerei Büchler & Co., ... Bern.... [Kalender, Text und Annoncen; illustriert.] 4.
1904. ([Jahrg.] 11.) IV + 24 S. — 1906. ([Jahrg.] 13.) IV + 28 S.

(Schreibmappe) 1905. ([Jahrg.] 12,) Gewidmet von der Buchdruckerei Büchler & Co., ... Bern.... [Kalender, Text und Annoncen; illustriert.] IV + 24 S. 4.

(Schreib-Mappe) 1907. ([Jahrg.] 14,) Gewidmet von der Buchdruckerei Büchler & Co., Bern.... [Kalender, Text und Annoncen; illustriert.] IV + 24 S. 4.

(Schreibmappe) 1908. ([Jahrg.] 15,) Gewidmet von der Buchdruckerei Büchler & Co., Bern.... [Kalender, Text und Annoncen; illustriert.] IV + 24 S. 4.

Schreibmappe 1907. [Hrg. von der] Buch- u. Kunstdruckerei Louis Ehrli, Sarnen. [Kalender, Text und Annoncen; illustriert.] [IV + 31 S.] 4.

Schreibmappe. Berner Sch' (1907). Gedruckt bei A. Benteli, Bern-Bümpliz. [Kalender, Text und Annoncen; illustriert.] [IV + 32 S.] 4.

Schreibmappe und Geschäftsanzeiger. [Nebst Kalender für] 1906. [Mit Illustrationen und 1 Tafel. Hrg. von] Karl Knecht & Cie., Möbelwerkstätten, Kehrsatz bei Bern. IV + 24 [+ 8] S. 4. (Bern-Bümpliz,) A. B(enteli).

Schreibmappe. Illustrierte Schreibmappe (mit Kalender *etc.*), überreicht von Bühler & Werder, Buchdruckerei z. «Althof», Bern.... [Jahrg. 2,] 1902. VI + 38 S. 4.

Schreibmappe. Illustrierte Sch'-M' ([mit] Kalender *etc.*), überreicht von Bühler & Werder, Buchdruckerei zum «Althof», Bern.... [Jahrg. 3 u. 4,] 1903 *u.* 1904. [*je* IV + 40 S.] 4.

Schreibmappe. Illustrierte Sch'-M' ([mit] Kalendarium *etc.*) überreicht von Bühler & Werder, Buchdruckerei zum «Althof», Bern.... [Jahrg. 5,] 1905. [IV + 40 S.] 4.

Schreibmappe. Neue Illustrierte Schreibmappe (pro 1901. Jahrg. 1.) [Kalender *etc.*] IV + 34 S. fol. Bern. Bühler & Werder, 1901.

Schreibmappe. Neue Illustrierte Sch'-M' (mit Kalender pro) 1906. [Jahrg. 6.] ... überreicht von Bühler & Werder, Buchdruckerei zum «Althof», ... Bern. [IV + 32 S.] 4.

Schreibmappen-Kalender pro 1883. I. Jahrgang Nebst neuester colorirter Verkehrs-Karte von Mittel-Europa und vielen wichtigen Mittheilungen aus dem Verkehrswesen. Für Geschäft und Haushaltung in elegantem Callico-Umschlag mit grüner (Tuch) Unterlage mit Fließpapier durchschossen. Fol. geb. 1 fl. 80 kr.
Wien: Perles 1882.

Schreibmappen-Kalender f. Geschäft u. Haushaltung auf d. J. 1895, nebst neuester color. Verkehrs-Karte v. Mittel-Europa u. vielen, f. jedes Geschäft wicht. Mittheilgn. aus dem Verkehrswesen. Fol. (Schreibkalender u. 12 S. m. 1 Linienblatt.) Elberfeld, S. Lucas. Kart. 1. 50; in Calicodecke n. 1. 80

Schreibmaschinen-Zeitung. Monatsschrift f. das gesammte Schreibmaschinenwesen. Hrsg.: Otto Burghagen. 5. Jahrg. 1902. 12 Nrn. gr. 4. (à ca. 14 S.) Hamburg (Mundsburgerdamm 31). Verlag der Schreibmaschinen-Zeitg. n. 2. —

Schreibmaschinen-Zeitung. Monatsschrift f. das gesamte Schreibmaschinenwesen. Einziges, völlig unparteiisches Fachorgan auf d. europäischen Kontinent. Hrsg.: Otto Burghagen. 6.—9. Jahrg. 1903—1906. à 12 Nrn. (à ca. 12 S. m. Abbildgn.) Lex.-8. Hamburg (Mundsburgerdamm 31), Verlag der Schreibmaschinen-Zeitg. à Jhrg. n. 2. —

Schreibmaschinen-Zeitung, Hamburg. Begründet von Otto Burghagen 1898. Älteste u. erste Fachzeitschr. für das gesamte Schreibmaschinenwesen u. moderne Bureau-Einrichtg. Hrsg.: Joh. Burghagen. 10.—13. Jahrg. 1907—1910. à 12 Nrn. (264, 362, 384 u. 380 S. m. Abb.) Lex. 8. Hamburg (21, Schillerstr. 2), Verlag der Schreibmaschinen-Zeitg. à Jahrg. 2. 60

Schreibmaterialist, der vollständige, s.a. Schauplatz, neuer, der Künste u. Handwerke, 176. Bd.

Schreibmaterialist, der vollständige, od. d. Kunst, sich selbst alle Arten der treffl. Schreibfedern, Siegellacke, Tinten von allen Farben, Oblaten u. and. Bureau-Material zu verschaffen. 8. Ilmenau 823, Voigt.

Schreibmeister, der. Deutsche u. engl. Vorschriften. 1. Unterricht. 8. (12 lith. Bl.) Berlin 843, (Heymann.) *

Schreib-Meister, der deutsche u. englische, f. die Jugend. qu. 4. Leipz., Leo. 1 ß 12 gl

Schreib-Meister, d. deutsche, f. das Landvolk, oder Anweis., wie Landleute, Handwerker, Knechte, Mägde rc. richtig u. leserlich schreiben lernen können. 8. Düsseld. 806. (Leipz., Barth). 3 gl

— der obersächsische. qu. Fol. Leipz., Melzer. (Joachim). 1 ß

Schreibmüller, Hermann: Die Landvogtei im Speiergau. Kaiserslautern 1905: Ph. Rohr. (102 S.) 8°
Kaiserslautern, k. human. G P 1905*

Schreibmüller, Herm., die Landvogtei im Speiergau. Progr. (102 S.) 8. Kaiserslautern 905. (E. Crusius.) n. 2. —

Schreibmüller, Hermann: Pfälzer Reichsministerialen. Kaiserslautern (1910): Kayser. 151 S. 8°
Kaiserslautern, k. G P 1910* [S 10. 504

Schreibmüller, Philipp: Georg Gumpelzhaimers Schrift: 'Gymnasma de exercitiis academicorum' ⟨Straßburg 1621⟩ und ihre Neubearbeitung durch Johann Michael Moscherosch ⟨Straßburg 1652⟩. Borna-Leipzig 1908: Noske. 43 S. 8°
Erlangen, Phil. Diss. v. 26. Nov. 1908, Ref. Roemer
[Geb. 12. Juli 76 Passau; Wohnort: Stadthagen; Staatsangeh.: Bayern; Vorbildung: Gymn. Passau Reife 95; Studium: München 6, Bonn 1, Kiel 1, Paris 1 S.; Rig. 24. Juli 08.] [U 09. 861

Schreibmüller, Phpp., Lesebuch f. das erste Schuljahr, s.: Bauer, Nik.

— Wandfibel, s.: Bauer, N.

Schreib-Notiz-Kalender f. d. J. 1891. 12 (VI S., Schreibkalender u. 31 S.) Düsseldorf, F. Bagel. geb. n. 2. 50

Schreib-Notiz-Kalender f. d. J. 1893. gr. 16. (VI S., Schreibkalender u. 32 S. m. 1 Eisenbahnkarte.) Düsseld., F. Bagel. geb. * 2 50

Schreib-Notiz-Kalender f. d. J. 1895. gr. 16. (VI S., Schreibkalender u. 32 S. m. 1 Eisenbahnkarte.) Düsseldorf, A. Bagel. Geb. in Leinw. n. 2. 50

Schreib-Notiz-Kalender f. d. J. 1899. gr. 16. (VII S., Schreibkal. u. 32 S. m. 1 Eisenbahnkarte.) Düsseldorf, A. Bagel. Geb. in Leinw. n. 2. 50

Schreib-Notiz-Kalender f. d. J. 1903. gr. 16. (VII S., Schreibkalender u. 32 S. m. 1 Eisenbahnkarte.) Düsseldorf, A. Bagel. Geb. in Leinw. n. 2. 50

Schreib-Notiz-Kalender f. d. J. 1907. (VII S., Schreibkalender u. 32 S. m. 1 Eisenbahnkarte) kl. 8. Düsseldorf, A. Bagel. Geb. in Leinw. n. 2. 50

Schreib-Notiz-Kalender 1910. (IX S., Schreibkalender u. 32 S. m. 1 Karte.) kl. 8. Düsseldorf, A. Bagel. Geb. in Leinw. 2. 50

— 1911. Beilage z. illustr. Anzeiger f. Kontor u. Bureau. (28 S.) Lex. 8. Leipzig-Neustadt, A. Henze. — 50

Schreibschule, entworfen u. method. geord. von Lehrern d. Schreibunterrichts. 10 Hfte. Lith. qu. 4. (182 Bl.) Guben 837—40. (Cottbus, Meyer.) *

Schreibschule, neue, f. deutsche u. engl. Handschrift in 17 verschiedenen Alphabeten. gr. 4. Pirna 816. Friese. 16 gl Hbg. Pr. 8 gl

Schreib- u. Leseschule, neueste. Die ersten gleichzeitig beginnenden u. stufenweise mit einander fortschreitenden Uebungen im Lesen, Schönschreiben, Diktandoschreiben u. Rechtschreiben. Zugleich Aufgabenstoff bei Anfangs-Uebungen im Sprach-Unterricht. Ein Vorgänger zu jedem Lesebuche. 8. (130 S.) Nürnberg 851, Lotzbeck. 1/4 ß

Schreibschule, Regensburgische, anweisende Die jetziger Zeit üblichsten Schrifften . . . O. O. 1710. V: *Paritius, Georg Heinrich.* (EB)

Schreibschule, Stein'sche. Methodisch u. nach der neuen Rechtschreibg. bearb. v. H. Kleiber. 14 Hefte. 4. Potsdam (904). A. Stein. n.n. 1. 65
1—12. (Je 24 S.) n.n. — 10. — 13. (24 S.) n.n. — 15. — 14. (8 S. u. 16 Formulare.) n.n. — 30.

— der Unterstützungsgenossenschaft. Nr. 1—3. (à 28 S.) 4. Metz (903). P. Even. à n. — 12
1. 2. Deutsche Schrift. — 3. Lateinische Schrift.

Schreibschule mit vorgedruckten Vorschriften für den Schul- und Privat-Gebrauch. 1. Abthl.: Deutsche Schreibschule. 6 Hefte. 4. (à Heft 24 lithogr. S.) Lippstadt 867, Staats. à Heft 1 1/4 Ngr.

—— dass. — 2. Abthl.: Lateinische Schreibschule. 6 Hefte. 4. (à Heft 24 lithogr. S.) Ebendas. 867. à Heft 1 1/4 Ngr.

Schreibschüler, s.a. Lese-, Schreib- und Sprachschüler.

Schreibschüler, der, oder Vorübungen im Briefschreiben. 8. Leipz. 791. (W. Nauck). 6 gl; (a. Wesché in Frkf. a. M.) 2 gl

Schreibschüler, d., oder Vorüb. im Briefschreiben rc. 8. Lpz. Sommer. 791.

Schreibschüler, Der. 5. Aufl. Wesel 1849. V: *Beumer, P. J.* (Ky)

Schreibschüler, der. (Von P. J. Beumer.) 1 — 3. Heft. 5. Aufl. qu. 8. Wesel 849, Bagel, à Heft 1½ Ngr.

Inhalt:
Heft 1. 54 deutsche Schulvorschriften für Elementarschüler. (8 lithogr. Bl.)
" 2. 50 deutsche Schulvorschriften mit latein. Schrift. (8 lithogr. Bl.)
" 3. 32 Schulvorschriften, zweizeilige, mit deutscher und latein. Schrift. (8 lithogr. Bl.)

—— dass. — 4. Heft: 25 mehrzeilige Schulvorschriften, enth. Aufsätze aus dem Leben. 5. Aufl. qu. 8. (16 lithogr. S.) Ebds. 849.

Schreibschüler, der deutsche, oder die Kunst, auf einem kurzen und sichern Wege schön deutsch schreiben zu lernen. 4. Leipzig, Central-Compt. 818.

— der deutsche, oder die Kunst, auf einem kurzen u. doch sichern Wege schön deutsch schreiben zu lernen, bestehend in 116 Mustervorschriften. 4. Leipz. 818. Joachim. 1 ₰

Schreib- und Leseschüler

—— der erste, zur selbstthätigen Wiederholung der Lectionen, sowohl in, als auch außer der Schule für die Hand der Kinder. Bearb von einem prakt. Schulmanne. 2. Aufl. gr. 16. (3 und 16 lithogr. S.) Tübingen 850, Fues, Vrlgsh. *

Schreibschüler, Der kleine. . . . Neueste Aufl. Salzburg 1799. V: *Vierthaler, Franz Michael.* (Hr)

Schreib- und Leseschüler, Der kleine . . . Salzburg 1793—99 [1808]. V: *Vierthaler, Franz Michael.* (Hr)

Schreib- u. Lese-Schüler, der kleine, e. Geschenk f. Kinder. 8e Aufl. 8. Salzb. 808. Duyle. 4 gr

— der sich selbst lehrende. Altona, Bechtold. 5 gr

Schreib- und Lese-Schuler. 2 Thle. 8. Salzb. Duyle. 808. (1r 4 gr. 2r 6 gr.)

Schreib- u. Leseschüler, der. 1. Thl. Fibel zum Gebrauche beim ersten Unterricht in der Schriftsprache. Hrsg. v. prakt. Lehrern. 8. (50 S.) Lippstadt 872. Rempel. geb. n. — 25

Schreib- u. Leseschüler, der, in d. Elementar-Klasse d. Volksschule. 3., verb. u. verm. Aufl. 8. (3½ B.) Friedberg 846, Bindernagel. *

Schreib- u. Leseschüler, der, in der Elementar-Klasse der Volksschule. 4. verb. u. verm. Aufl. 8. (68 u. 2 lith. S.) Friedberg 850, Bindernagel. n. 2¾ ngr

Schreib- und Leseschüler, der, in der Elementarklasse der Volksschule. 5., verb. und verm. Aufl. 12. (100 S. mit eingedr. Holzschn.) Friedberg 856, Bindernagel's Buchh. **

Schreib- und Leseschüler, der, in der Elementarklasse der Volksschule. 6 — 9. Aufl. 12. (100 S., wovon 4 lithogr., mit eingedr. Holzschn.) Friedberg (861)62, Bindernagel und Schimpff. geb. *

Schreib- und Leseschüler, der, in der Elementarklasse der Volksschule. 10. — 15. Aufl. 8. (100 S. mit eingedr. Holzschn.) Friedberg 863—67, Bindernagel und Schimpff. geb.

Uber den Schreibstil des Kaufmanns von einem Kaufmann. Darmstadt 1890

Für die **Schreibstube**. Zeitschrift f. d. Bureaubeamtenstand z. Belehrung... Jg. 1–21, No 1–10. [Mehr nicht erschienen.] Berlin: Bureau-Beamten-Unterstützungs-Ver. (1884–1905). 21 Bde 4° [Jj.] [illegible]

Schreibt deutsch! Verdeutschungs-Wörterbuch für Unteroffiziere. 8. (31 S.) Dresden 887, Pierson's Verlag. *

Schreibt Deutsch! Verdeutschungs-Wörterbuch für Unteroffiziere. 2. Aufl. Dresden 1887. 8°. (1. Aufl. 1887.)

Die *Schreibtafel.*
[Hrsg. v. Christian Friedrich Schwan,
mit Beitr. vom Mahler Müller, d. i.
Friedrich Müller, u. a.]
Mannheim: Schwan
Lfg. 1. 1774 – 5. 1776.

Schreibtafel, die, herausgegeben v. C. F. Schwan. 7 Lief. 12. Mannh. Schwan. 774 – 78. (1 6 gr.)

Schreibtafel, Die. Mannheim 1774—79. H: *Schwan, Chn Frdr.* (GGr)

Schreibtafel, die, hregg. v. Chr. Fr. Schwan. 7 Lieferr. 12. Manh. 774—79. Schwan u. G. 1 ₰ 18 gr

— f. Damen auf 1799. Rostock, Stiller.

Schreibtafel zum täglichen Gebrauch für Damen auf das Jahr 1795. Leipzig 1795. H: *Rohr, Heinrich Julius Ludwig von.* (MGT)

— zum täglichen Gebrauche f. Damen auf 1795. m. K. 12. Lpz. Voss.

Schreibtafel, Gefundene, eines Freimaurers. Zum Troste des Verlierers mit Anmerk. hrsg. von ihrem Finder. Gedr. bey Hiram, zwischen Jakin u. Boaz [Prag] 1784. V: *Prichard, Sam.* (Kl 1923) (wolfstieg II, 399)

Gefundene Schreibtafel eines Freimaurers. Zum Troste des Verlierers mit Anmerk. hrsg. von ihrem Finder. Gedr. bey Hiram, zwischen Jakin u. Boaz. [Prag: Schönfeld] 1784. 108 S. 8°
cf. WJ. 1, 4 (1784) S. 221—222.
Kl. 1923. Sehr selten. Nachdr. des Katechismus der drei Grade u. einer Beschreibung der Zeremonien bei der Aufnahme in den Lehrlings-, Gesellen- u. Meistergrad aus Prichards „Zergliederter Freymaurerey".

Schreibtafel eines Reisenden; e. Roman für gebild. Leser. 8. Jena 805. Gabler. (Enobloch in Leipz.) 1 ₰

Schreibtafel, römische, s. Santo-Domingo.

Schreib- u. Rechentafeln, zum Gebr. f. Schulen, Comptoire u. jeden Geschäftsmann u. Ort 2c. Bartenstein, Firdorf u. Kl. 2 gr

Schreibtaschenbuch, auf jeden Tag des Jahres. 16. Leipz. Sommer. 816.

Schreibtelegraph mit Taster montiert (Bopp's Wandtaf. der Physik I). Ravensburg

Schreib-Theke, Stenographische. 8. geh. 12 kr.
Wien: Zwierczina 1882.

Schreibtheken zum Schulgebrauche. 8 Sorten (5 in Quer-4. und 3 in Hoch-4.) Wien: J. B. Geitlers Verlag 1864.

Schreibtisch - Block - Kalender pro 1891. I. Jahrgang Wien: Perles 1890. —.80

Schreibtischkalender, Fromme's, f. 1884. Wien: Carl Fromme 1883. Aufgez. zum Stellen od. Hängen.

Schreibtisch-Kalender, Fromme's, f. 1885. Wien: Carl Fromme 1884. Aufgez. zum Stellen od. Hängen.

Schreibtisch-Kalender, Fromme's, f. 1886. Aufgezogen zum Stellen od. Hängen. Wien: Carl Fromme 1885.

Schreibtisch-Kalender, Fromme's kleiner für 1882. Aufgezogen, zum stellen oder hängen 30 kr. Wien: Carl Fromme 1881.

Schreibtisch-Kalender, Fromme's Kleiner. 9. Jahrg. 1887. Aufgezogen zum Stellen oder Hängen. Format 16–12 cm. Wien: Fromme 1886.

Schreibtisch-Kalender, Fromme's kleiner. 10. Jahrgang 1888. Aufgezogen zum Stellen oder Hängen. Format 12–16 cm. Wien: Fromme 1887.

Schreibtisch-Kalender, Fromme's kl. 12. Jahrg. 1890. Aufgezogen zum Stellen oder Hängen. Format 16×12 *cm* Wien: Fromme 1889. —.25

Schreibtisch - Kalender, Fromme's Kleiner. 13. Jahrg. 1891. Aufgezogen zum Stellen oder Hängen. Format 16×12 *cm* Ebd. —.25

Schreibtisch - Kalender, Fromme's kleiner, pro 1892. 14. Jahrg. Aufgez. z. Stellen o. Hängen Form. 16×12 *cm* Ebd. — 25

Schreibtisch - Kalender, Fromme's kleiner. 15. Jahrg. 1893. Aufgezogen, zum Stellen oder Hängen. Format 16×12 *cm* Ebd. —.25

Schreibtisch-Kalender, Fromme's kleiner, 1894. 16. Jahrg. Aufgezogen zum Stellen oder Hängen. Format: 16×12 *cm* Ebd. —.25

Schreibtisch-Kalender, Fromme's kleiner, pro 1896. 18. Jahrgang. Aufgezogen zum Stellen oder Hängen. Format: 16×12 *cm* Ebd. —.25

Schreibtisch-Kalender, Fromme's kleiner, 1897. 16. Jahrgang. Aufgezogen zum Stellen oder Hängen. Format 16×12 *cm* Ebd. —.25

Schreibtisch-Kalender, Fromme's kleiner, 1898. 20. Jabrgang. Aufgezogen zum Stellen oder Hängen. Format 16×12 *cm* Ebd —.25

Schreibtisch - Kalender, Fromme's Kleiner. 21. Jahrgang. 1899. Aufgezogen, zum Stellen oder Hängen. Format 16×12 *cm* Ebd. —.25

Schreibtisch-Notiz-Kalender 1907. Beilage zum illustr. Anzeiger f. Kontor u. Bureau. (28 S.) Lex.-8. Leipzig-Neustadt, A. Henze. —.50

Schreibtisch-Unterlage-Kalender, Fromme's, einseitig bedruckt, chamois. IV. Jahrgang. 1896. *A* 1.20, *B* Wien: Carl Fromme. 1.20

Schreibtisch-Unterlage-Kalender, Fromme's, pro 1897. Einseitig bedruckt, chamois. 5. Jahrgang. *A*. Allgemeine Ausgabe 1.20
B. Ausgabe für den katholischen Clerus 1.20
Ebd.

Schreibtisch - Unterlage - Kalender, einseitig bedruckt, chamois 6. Jahrg. *A*. Allgemeine Ausgabe 1.20
B. Ausgabe für den kathol. Clerus 1.20
Wien: Fromme 1897.

Fromme's Schreibtisch-Unterlage Kalender 1902
— — Ausgabe für den kathol. Clerus
Wien: Fromme 1902.

Schreibtisch-Unterlags-Kalender pro 1893, einseitig bedruckt, rothbraun oder chamois 1.50
Derselbe, zweiseitig bedruckt, rothbraun oder chamois Ebd. 1.20

Schreibübungen, Current, Canzlei, Fractur u. Latein, nebst Formular zu Conto u. Quittungen. In 21 Blatt. 8. Freiburg, Wagner. 10 *K*

Schreibübungen z. Lehrgang d. Steno-Tachygraphie, s.: Miniatur-Bibliothek.

— für Stenotachygraphen. Hrsg. vom Stenotachygraphen-Verein Eßlingen a. N. 12. (VII, 45 S.) Eßlingen (Schelztorstr. 13) 898. Stenotachygraphen-Verein. n. —.50

Schreibübungen f. Stenotachygraphen. Hrsg. vom Stenotachygraphen-Verein Eßlingen a/N. 2., neubearb. Aufl. 12. (VIII, 67 S.) Eßlingen 899. Stenotachygraphen-Verein. (Adresse: Karl Frey, Schelztorstr. 18a.) n. —.30

DIE SCHREIBUNG DER DEUTSCHEN SPRACHE.. Ehrerbietigste Vorstellung und Bitte an den Hohen Reichstag des Deutschen Reiches von Seiten des Freien Deutschen Hochstiftes. Frankfurt am Main. 1880. Als Handschrift des Freien Deutschen Hochstiftes. 8°.
2. Auflage. ib. 1880. Freies Deutsches Hochstift. (In Besorgung bei F. A. Brockhaus in Leipzig.) 8°.

Schreibung, die, der deutschen Sprache. Ehrerbietigste Vorstellung und Bitte an den Hohen Reichstag des Deutschen Reiches von Seiten des Freien Deutschen Hochstiftes. 1. und 2. Aufl. gr. 8. (32 S.) Frankfurt a. M. 880. (Leipzig, Brockhaus' Sortiment.) *

Schreib-Unterlage-Kalender, Fromme's für 1894. Quer-Folio. Ausgabe I. Einseitig bedruckt 1.50
Ausgabe II. Zweiseitig bedruckt 1.20
Wien: Fromme

Schreib-Unterlage-Kalender, Fromme's, für 1895. Quer-Folio. Einseitig bedruckt, rothbraun oder chamois Ebd. 1.50

Schreibunterlagen aus Löschpapier mit Farbendruck-Umschlag. 4°

Schreibunterlags-Kalender „Pultmappe" pro 1890. (I. Jahrgang. (Perlesz-féle irótömb és előjegyzési naptár 1890évre) 1.20
Derselbe in böhmischer Sprache, pro 1890. I. Jahrgang. (Perlesc Podložkový psaci kalendař na rok 1890) 1.20
Wien: Perles 1889.

Schreibunterlags-Kalender, „Pult-Mappe" pro 1890. II. Jahrgang. Polnische-Ausgabe 1.20
Ebd.

Schreibunterlags-Kalender „Pultmappe" pro 1891. III. Jahrg. Polnische Ausgabe 1.20
Ungarische Ausgabe Ebd. 1.20

Schreibunterlags-Kalender „Pultmappe" mit Block-Kalender pro 1892. IV. Jahrg. Mit bestem Löschcarton. Elegant ausgestattet Ebd. 1.30

Schreibunterlags-Kalender „Pultmappe" mit Block-Kalender pro 1893. V. Jahrg. Mit bestem Löschcarton. Eleg. ausgestattet 1.30
Ebd.

Schreib-Unterlags-Kalender „Pultmappe" mit Block-Kalender pro 1894. VI. Jahrg. Mit bestem Lösch-Carton. Elegant ausgestattet Ebd. 1.30

Schreibunterlags-Kalender „Pultmappe" mit Block-Kalender pro 1895. VII. Jahrg. 1.30
Ebd.

Schreibunterlags-Kalender „Pultmappe" mit Block-Kalender pro 1896. VIII. Jahrg. 1.30
Derselbe als Salon-Ausgabe Ebd. 2.—

Schreib-Unterlags-Kalender „Pultmappe" mit Block-Kalender pro 1897. IX. Jahrgang 1.30
Ebd.

Schreib-Unterlags-Kalender „Pultmappe" mit Block-Kalender pro 1898. X. Jahrgang 1.30
Ebd.

Schreib-Unterlags-Kalender „Pult-Mappe" mit Block-Kalender pro 1899. XI. Jahrgang Ebd. 1.30

Schreib-Unterricht, systematischer. Deutsche Current-Schrift. 9 Hefte. 4. (à 24 lithogr. S.) Basel 872, Spittler. * — 80

Schreibunterricht, systematischer. 8 Hefte deutsche Currentschrift. 4 Hefte englische Schrift à 24 Stn. 4. Bern, Mann & Bæschlin. 1874. pr. Heft —. 20
— pr. Dutzend Fr. 1. 80 Cts. —

Schreib-Vorlagen, s.a. Muster-Alphabete.

Schreibvorlagen. qu. gr. 8. (2 lith. S.) Neuwied 897. Verl. d. Knaben-Erziehungs-Anstalt d. Evang. Brüdergemeine. n. — 10

Schreibvorlagen zur Einübg. d. griechischen Schrift. 4. (36 S.) Würzburg 898. E. Bauer. n.n. — 35

Schreibvorlagen zur Einübung der griechischen Schrift. (Umschlag: Griechisches Schönschreibheft.) 2. Aufl. 4. (36 S.) Würzburg (901). E. Bauer. n.n. — 40

Schreib-Vorlagen für Fortbildungs- und Bürger-Schulen, entb. 42 verschiedene Geschäftsaufsätze, Briefe, Rechnungen, Quittungen etc. Lithogr. gr. 4. Apolda 878, Lauth. In Mappe *

Schreib-Vorlagen für Fortbildungs- und Bürger-Schulen, enthaltend 42 verschiedene Geschäftsaufsätze: Briefe, Rechnungen, Quittungen, Schuldscheine, Eingaben an Behörden, Verträge, sowie Vorlagen zur gewerbl. Buchführung etc. als Fortsetzung der Schönschreibhefte deutscher und latein. Schrift. 2. und 3. Aufl. 4. (42 lithogr. Bl.) Apolda 879,84, Lauth. In Mappe *

—— griechische. 4. (3 lithogr. S.) Erlangen 871, Enke. * — 40

— griechische. Zum Schul- u. Privatgebrauch. qu. gr. 8. (3 Steintaf.) Wien 885. Kravani. n. — 25

Schreibvorlagen fur griechische Schrift. (12 Bl) qu 4° Stuttgart

Schreibvoriagen in lateinischer und Batardeschrift. (20 Bl) fol Stuttgart

Schreibvorschriften, griechische. qu. 4. (24 S.) Breslau 873, Morgenstern. * — 30

Schreibvorschriften, russische, s. a. Exemples. Leipz. Baumgärtner.

Schreib-Vorschriften mit christlichem Texte, für Schulen u. Familien in 52 (lith.) Blättern. Kaiserswerth (856.) (Berlin, J. A. Wohlgemuth — Evangelische Buchhandlung.) qu. gr. 4. nn. 1 ℛℬ. 15 ngr.

Schreib-Vorschriften mit christlichem Texte, für Schulen und Familien in 52 (lithogr.) Blättern. qu. gr. 4. Kaiserswerth. 859. (Berlin, Beck.) **

—— mit christlichem Texte für Schulen und Familien in 52 (lithogr.) Blättern. 2. Aufl. gr. 4. Kaiserswerth 868. (Berlin, Beck.) In Couvert. * 5 —

Schreibwaaren-Kalender, zugleich Tagesnotiz-, Nachschlage- u. Adreßbuch für den gesammten Papier- u. Schreibwaarenhandel. Hrsg. v. Wilh. Pfaff. 1. Jahrg. 1891. schmal Fol. (III S., Schreibkalender u. 72 S.) Dresden, (Urban). geb. n. 2. —

Schreibweise der Namen der schweiz. politischen Gemeinden f. die Bundesverwaltung, obligatorisch erklärt durch Beschluss des Bundesrates vom 15. VIII. 1902. — Orthographie des noms des communes politiques de la Suisse rendue obligatoire pour toutes les administrations fédérales. 2. Aufl. (76 S.) gr. 8. Bern 903. (A. Francke.) n. 1. —

Schreibweise. Die obligatorische Schreibweise der Namen der schweiz. politischen Gemeinden für die Bundesverwaltung. Beschluss des Bundesrates vom 15. August 1902. — Orthographe des noms des communes politiques de la Suisse rendue obligatoire pour toutes les administrations fédérales. Arrêté du Conseil fédéral en date du 15 août 1902. IV + 52 S. 8. [Bern, Buchdr. Stämpfli & Cie., Comm. A. Francke, 1902.] [fr. —.50]

Schreiber, Frdr., siehe: In stiller Nacht.

—— Mariengabe, s.a. Mariengabe.

Schreiber, Friedr., Mariengabe. Eine poetische Blumenlese. Werdau 857. Schreiber. 16. (94 S.) n. 15 ngr.

Schreieck, G. J., Abwehr des Heu- u. Sauerwurm-Schadens. (III, 16 S.) 8. Neustadt a/H. 907. D. Meininger. — 30

— Die Bekämpfung des Heu- und Sauerwurms durch das Ausbeeren. Beitrag zur Lösg. der Wurmfrage auf Grund e. mehrjähr. Erfahrg. (26 S.) gr. 8. Kaiserslautern 902. H. Kayser. nn — 25

Schreier, s.a. Schreyer.

Schreier, A. und Wenzel, F.: Über die Reaktionsfähigkeit substituierter Phlorogluzine bei der Fluoronbildung. S. 112. IIb. 1143
Separatabdruck

Schreier, Bernh., s.a. Saadja Al-fajjûmi's arabische Psalmen-übersetzung.

Schreier, Bernhard, aus Drohobycz: Saadja Al-fajjûmi's arabische Psalmenübersetzung und Commentar (Psalm 125—150). (Hrsg. u. übers.) Berlin 1904: H. Itzkowski. (51, XXIII S.) 8°
Göttingen, Phil. Diss. v. [6. Juli] 1904

Schreier, Erwin, Referendar: Der Erneuerungsschein. Borna-Leipzig 1910: Noske. 19 S. 8°
Leipzig, Jur. Diss. v. 1. Juli 1910
[Geb. 9. März 84 Lauterbach b. Stolpen i. S.; Wohnort: Zittau; Staatsangeh.: Sachsen; Vorbildung: Gymn. Schneeberg Reife O. 05; Studium: Leipzig 6 S.; Rig. 7. Juli 08.] [U 10. 2878

Schreier, Frz. Xav., Johannisbad (das deutsch-böhmische Gastein) im Riesengebirge. Für Kurgäste u. Touristen bearb. 3. gänzlich umgearb. Aufl. m. mehreren Abbildgn. (129 S.) 8. Leipa 904. (Prag, G. Neugebauer.) n. 1. 50

Schreier, Fritz, Assistenzarzt am Wenzel-Hancke'schen Krankenhause zu Breslau: Aus d. Fränkel'schen Hospital zu Breslau. Die modernen Methoden der Exarticulatio coxae mit besonderer Berücksichtigung des Wyeth'schen Verfahrens. Breslau 1899: Bresl. Genossenschafts-Buchdr. (52 S.) 8°
Leipzig, Med. Diss. v. 6. Juli 1899
(Nur in beschränkter Zahl für den Austausch)

Schreier, Gottfr., es glungnigs Experiment, s.a. Sammlung schweiz Theaterstücke.

Schreier, Got[t]fr[ied]. Es glungnigs Experiment. Dialekt-Lustspiel in 1 Akt. [Mit 1 Figur.] II + 19 S. 8. Bern, Ch. Künzi-Locher, 1906. fr. —. 90
(Sammlung schweizerischer Theaterstücke. Nr. 7.)

– Lehrbüchlein der Geographie ..., s. Schreier: Lernbüchlein ...

Schreier, Gfr., Lernbüchlein der Geographie f. die Hand der Schüler der Volks- u. Bürgerschulen im Königreich Böhmen zur häuslichen Wiederholung u. Einübung des geographischen Lehrstoffes zusammengestellt. Ausg. A.: Böhmen, Österreich-Ungarn, Europa u. die 5 Erdtheile. 2. verb. Aufl. (20. Taus.) gr. 8. (40 S.) Sternberg 901. A. R. Hitschfeld. n. — 20

— dasselbe. Ausg. B.: Mit e. Anh. der Verfassungslehre. 2. verb. Aufl. (20. Taus.) gr. 8. (40 u. 8 S.) Ebd. 901. n. — 25

(F) Schreier, G., Lernbüchlein der Geographie für die Hand der Schüler der Volks- und Bürgerschulen in Böhmen zur häuslichen Wiederholung etc. 6. Aufl. [Handbüchel aus den Realien. I. Heft.] 8°. (69 S.) Ebd. 1908. K —.26

Schreier, Gottfr., Lernbüchlein der Geographie für die Hand d. Schüler d. Volks- u. Bürgerschulen in Böhmen zur häuslichen Wiederholung u. Einübg. des geograph. Lehrstoffes, m. e. Anh. der Verfassungslehre u. d. math. Geographie. (I. Heft, Handbüchel aus den Realien, Geographie Böhmen.) 7. verm. u. verb. Aufl. 38.—42. Taus. (77 S.) 8. Sternberg 909. A. R. Hitschfeld. nn — 26

Schreier, Gottfr., Lernbüchlein der Geographie, zum Handgebrauche f. die Schüler der Volks- u. Bürgerschulen des Herzogt. Kärnten zur häusl. Wiederholg. u. Einübg. des geograph. Lehrstoffes zusammengestellt. (51 S.) 8. Sternberg 902. A. R. Hirschfeld. n. — 22

(F) Schreier, G., Lernbüchlein der Geographie für die Hand der Schüler der Volks- und Bürgerschulen in Kärnten zur häuslichen Wiederholung etc. 3. Aufl. [Handbüchel aus den Realien. II. Heft.] 8°. (66 S.) Ebd. 1908. K —.26

— dasselbe in Kärnten. (II. Heft, Handbüchel aus den Realien, Geographie Kärnten.) 3. verm. u. verb. Aufl. 6.—7. Taus. (76 S.) 8. Ebd. 910. — 25

— dasselbe im Küstenland u. in Krain. (XV. Heft, Handbüchel aus d. Realien, Geographie Küstenland u. Krain.) (83 S. m. 2 eingedr. Kartenskizzen.) Von Schr. u. Ad. Nitsch. 8. Sternberg 910. A. R. Hitschfeld. nn — 35

— dasselbe, f. die Hand der Schüler der Volks- u. Bürgerschulen in Mähren zur häuslichen Wiederholung u. Einübung des geographischen Lehrstoffes m. e. Anh. der Verfassungslehre u. der mathematischen Geographie. (III. Heft, Handbüchel aus den Realien, Geographie.) 6. verm. u. verb. Aufl. 27. Taus. (59 u. 7 S.) 8. Ebd. 906. n. — 24

(F) Schreier, G., Lernbüchlein der Geographie für die Hand der Schüler der Volks- und Bürgerschulen in Mähren. 7. Aufl. [IV. Heft, Handbüchel aus den Realien.] 8°. (66 S.) K —.26
Ebd. 1907.

(F) Schreier, G., Lernbüchlein der Geographie für die Hand der Schüler der Volks- und Bürgerschulen in Mähren. 8. Aufl. [III. Heft. Handbüchel aus den Realien.] 8°. (70 S.) K —.26
Ebd. 1908.

Schreier, Gottfr., Lernbüchlein der Geographie für die Hand d. Schüler d. Volks- u. Bürgerschulen in Mähren zur häuslichen Wiederholung u. Einübg. des geograph. Lehrstoffes, m. e. Anh. der Verfassungslehre u. d. math. Geographie. (III. Heft, Handbüchel aus den Realien.) 9. verm. u. verb. Aufl. 38.—43. Taus. (76 S.) 8. Sternberg 910. A. R. Hitschfeld. — 25

— dasselbe, in Niederösterreich zur häuslichen Wiederholung u. Einübung des geographischen Lehrstoffes m. e. Anh. der Verfassungslehre. (II. Heft, Handbüchel aus den Realien, Geographie.) 3. verm. u. verb. Aufl. (59 S.) 8. Ebd. 905. n. — 22

(F) Schreier, G., Lernbüchlein der Geographie für die Hand der Schüler der Volks- und Bürgerschulen in Niederösterreich. 4. Aufl. [II. Heft, Handbüchel aus den Realien.] 8°. (70 S.)
Ebd. 1907. K —.26

— dasselbe in Niederösterreich. (IV. Heft, Handbüchel aus den Realien, Geographie Niederösterreich.) 6. verm. u. verb. Aufl. 21.—26. Taus. (79 S.) 8. Ebd. 910. — 24

— dasselbe f. Oberösterreich. (XIII. Heft, Handbüchel aus den Realien, Geographie Ober-Österreich.) 2. verm. u. verb. Aufl. 4.—6. Taus. (74 S. m. 1 Karte.) 8. Ebd. 910. nn — 26

SCHREIER, Gottfried
(F) Lernbüchlein der Geographie für die Hand der Schüler der Volks- und Bürgerschulen in Österr.-Schlesien zur häuslichen Wiederholung und Einübung des geographischen Lehrstoffes zusammengestellt von Gottfried Schreier.
Ausgabe A: Schlesien, Oesterreich-Ungarn, Europa und die 5 Erdtheile. Sternberg. 1900. Hitschfeld. 8°. 36 S. K —.16

— dasselbe, zum Handgebrauche f. die Schüler der Volks- u. Bürgerschulen in österr. Schlesien z. häusl. Wiederholg. u. Einübg. des geograph. Lehrstoffes zusammengestellt. Ausg. A.: Schlesien, Österreich-Ungarn, Europa u. die 5 Erdtheile. 2. verb. Aufl. gr. 8. (38 S.) Ebd. 901. n. — 20

SCHREIER, Gottfried
(F) Lernbüchlein der Geographie für die Hand der Schüler der Volks- und Bürgerschulen in Österr.-Schlesien zur häuslichen Wiederholung und Einübung des geographischen Lehrstoffes zusammengestellt von Gottfried Schreier.
Ausgabe B: Schlesien, Oesterreich-Ungarn, Europa und die 5 Erdtheile, mit einem Anhange der Verfassungslehre. Sternberg. 1900. Hitschfeld. 8°. 36, 8 S. K —.20

— dasselbe. Ausg. B.: Schlesien, Österreich-Ungarn, Europa u. die 5 Erdtheile nebst e. Anh. der Verfassungslehre. 2. verb. Aufl. gr. 8. (38 u. 8 S.) Ebd. 901. n. — 25

Schreier, G., Lernbüchlein der Geographie. Zum Handgebrauche für die Schüler der Volks- und Bürgerschulen in Österr.-Schlesien. 3. Aufl. 8°. (50 S.) K —.25
Ebd. 1903.

(F) **Schreier,** G., Lernbüchlein der Geographie für die Hand der Schüler der Volks- und Bürgerschulen in Österr.-Schlesien zur häuslichen Wiederholung und Einübung des geographischen Lehrstoffes. 5. Aufl. 8°. (63 S.) Ebd. 1906. K —.26

(F) **Schreier,** G., Lernbüchlein der Geographie für die Hand der Schüler der Volks- und Bürgerschulen in Österr.-Schlesien zur häuslichen Wiederholung und Einübung des geographischen Lehrstoffes mit einem Anhange der Verfassungslehre und der mathematischen Geographie. 6. Aufl. [Handbüchlein aus den Realien. VII. Heft.] 8°. (67 S.) K —.26
Ebd. 1908

— dasselbe f. österr. Schlesien. (VII. Heft, Handbüchel aus den Realien, Geographie Schlesien.) 7. verm. u. verb. Aufl. 15.—18. Taus. (72 S.) 8. Ebd. 910. nn — 26

— **dasselbe, zum Handgebrauche f. die Schüler der Volks- u. Bürgerschulen des Herzogt. Salzburg zur häusl. Wiederholg. u. Einübgn. des geograph. Lehrstoffes zusammengestellt. (51 S.) 8. Ebd. 902. n. — 22**

— dasselbe f. Salzburg. (XIV. Heft, Handbüchel aus den Realien, Geograhie Salzburg.) 2. verm. u. verb. Aufl. 3.—4. Taus. (74 S. m. 1 eingedr. Kartenskizze.) 8. Ebd. 910. nn — 26

— **dasselbe in Steiermark, s.a. Swetina, Alois.**

(F) **Schreier, G.** und **Swetina, A.,** Lernbüchlein der Geographie für die Hand der Schüler der Volks- und Bürgerschulen in Steiermark. 6. Aufl. [VIII. Heft. Handbuch aus den Realien.] 8°. (70 S.) Ebd. 1908. K —.26

— **dasselbe in Tirol u. Voralberg, s.a. Olbrich, Jul.**

(F) **Schreier,** G. und **Olbrich,** J., Lernbüchlein der Geographie für die Hand der Schüler der Volks- und Bürgerschulen in Tirol und Vorarlberg zur häuslichen Wiederholung und Einübung des geographischen Lehrstoffes mit einem Anhange der Verfassungslehre und der mathematischen Geographie. 2. Aufl. [Handbüchlein aus den Realien. IX. Heft.] 8°. (75 S.) K —.28
Ebd. 1908.

— **u. Jul. Olbrich, Lernbüchlein der Geographie für die Hand der Schüler der Volks- u. Bürgerschulen in Tirol u. Vorarlberg zur häusl. Wiederholg. u. Einübung des** geograph. Lehrstoffes m. e. Anh. der Verfassungslehre u. der math. Geographie. (IX. Heft, Handbüchel aus d. Realien, Geographie Tirol u. Vorarlberg.) 3., verm. u. verb. Aufl. 7.—9. Taus. (88 S. m. 1 eingedr. Kartenskizze.) 8. Sternberg 910. A. R. Hitschfeld. — 25

SCHREIER, Gottfried
(F) Lernbüchlein der Geographie für die Hand der Schüler mährischer Volks- und Bürgerschulen zur häuslichen Wiederholung und Einübung des geographischen Lehrstoffes zusammengestellt von Gottfried Schreier. Ausgabe A: Mähren und Österreich-Ungarn, Europa und die 5 Erdtheile. Sternberg. 1900. Hitschfeld. 8°. 16 S. K —.12

SCHREIER, Gottfried
(F) Lernbüchlein der Geographie für die Hand der Schüler mährischer Volks- und Bürgerschulen zur häuslichen Wiederholung und Einübung des geographischen Lehrstoffes zusammengestellt von Gottfried Schreier. Ausgabe A: Mähren, Österreich-Ungarn, Europa und die 5 Erdtheile. 2. vermehrte und verbesserte Auflage. Sternberg. 1900. Hitschfeld. 8°. 20 S. K —.12

— dasselbe zum Handgebrauche f. die Schüler mährischer Volks- u. Bürgerschulen zur häuslichen Wiederholung u. Einübung des geographischen Lehrstoffes zusammengestellt. Ausg. A.: Mähren, Österreich-Ungarn, Europa u. die 5 Erdtheile. 3. verm. u. verb. Aufl. gr. 8. (36 S.) Ebd. 900. n. — 16

SCHREIER, Gottfried
(F) Lernbüchlein der Geographie für die Hand der Schüler mährischer Volks- und Bürgerschulen zur häuslichen Wiederholung und Einübung des geographischen Lehrstoffes zusammengestellt von Gottfried Schreier. Ausgabe B: Mähren, Österreich-Ungarn, Europa und die 5 Erdtheile, mit einem Anhange der Verfassungslehre. Sternberg. 1900. Hitschfeld. 8°. 16; 8 S. K —.16

SCHREIER, Gottfried
(F) Lehrbüchlein der Geographie für die Hand der Schüler mährischer Volks- und Bürgerschulen zur häuslichen Wiederholung und Einübung des geographischen Lehrstoffes zusammengestellt von Gottfried Schreier. Ausgabe B: Mähren, Österreich-Ungarn, Europa und die 5 Erdtheile, mit einem Anhange der Verfassungslehre. 2. vermehrte und verbesserte Auflage. Sternberg. 1900. Hitschfeld. 8°. 20; 8 S. K —.16

— dasselbe. Ausg. B.: Mit e. Anh. der Verfassungslehre. 3. verm. u. verb. Aufl. gr. 8. (36 u. 8 S.) Ebd. 900. n. — 20

Schreier, Gfr., Lernbüchlein der Geographie zum Handgebrauche f. die Schüler der niederösterreich. Volks- u. Bürgerschulen zur häusl. Wiederholg. u. Einübg. des geograph. Lehrstoffes zusammengestellt. gr. 8. (52 S.) Sternberg 901. A. R. Hitschfeld. n. — 25

Schreier, G., Lernbüchlein der Geographie. Zum Handgebrauche für die Schüler der niederösterr. Volks- und Bürgerschulen. 2. Aufl. (54 S.) Ebd. 1903 K —.25

— **dasselbe, zum Handgebrauche f. die Schüler der oberösterreich. Volks- u. Bürgerschulen zur häusl. Wiederholg. u. Einübg. des geograph. Lehrstoffes zusammengestellt. (51 S.) 8. Ebd. 902. n. — 22**

— **dasselbe, zum Handgebrauche f. die Schüler steiermärkischer Volks- u. Bürgerschulen, s.a. Swetina, Alois.**

SCHREIER, Gottfried
(F) Lernbüchlein der Geographie zum Handgebrauche für die Schüler steiermärkischer Volks- und Bürgerschulen zur häuslichen Wiederholung und Einübung des geographischen Lehrstoffes zusammengestellt von Alois Swetina und Gottfried Schreier. Ausgabe A. Steiermark, Oesterreich-Ungarn, Europa und die 5 Erdtheile. 2., verbesserte Auflage. Sternberg. 1901. Hitschfeld. 8°. 40, 8 S. K —.20

— Lernbüchlein der Geschichte m. besond. Berücksicht. d. österreichischen Geschichte f. die Hand d. Schüler an österreichischen Volks- u. Bürgerschulen zur häuslichen Einübung u. Wiederholung des geschichtlichen Lehrstoffes. gr. 8. (48 S.) Ebd. 901. n. — 25

Schreier, G., Lernbüchlein der Geschichte. 2. Aufl. 8°. (54 S.) Ebd. 1903. K —.25

(F) Schreier, G., Lernbüchlein der Geschichte mit besonderer Berücksichtigung der österr. Geschichte für die Hand der Schüler an österr. Volks- und Bürgerschulen. 3. Aufl. 8°. (58 S.) K —.26
Ebd. 1904.

— Lernbüchlein der Geschichte m besond. Berücksicht. der österreichischen Geschichte f. die Hand der Schüler an österreichischen Volks- u. Bürgerschulen zur häuslichen Einübung u. Wiederholung des geschichtlichen Lehrstoffes. 4. verm. u. verb. Aufl. (44. Taus.) (72 S.) 8. Ebd. 906. n. — 25

(F) Schreier, G., Lernbüchlein der Geschichte mit besonderer Berücksichtigung der österreichischen Geschichte für die Hand der Schüler an österreichischen Volks- und Bürgerschulen zur häuslichen Einübung und Wiederholung des geschichtlichen Lehrstoffes. 5. Aufl. [Handbüchlein aus den Realien. X. Heft.] 8°. (89 S.) Ebd. 1908. K —.30

— Lernbüchlein der Geschichte m. besond. Berücksicht. d. österreich. Geschichte f. die Hand der Schüler an österr. Volks- u. Bürgerschulen zur häusl. Einübg. u. Wiederholung des geschichtl. Lehrstoffes. (X. Heft, Handbüchlein aus den Realien.) 6. verm. u. verb. Aufl. (55.—64. Taus.) (92 S.) 8. Ebd. 910. nn — 30

— Deutsche Sprachlehre, s. a. Hilfsbücher f. den deutschen Sprachunterricht. 1. Heft.

(F) Schreier, G., Deutsche Sprachlehre für Volks- und Bürgerschulen [Hilfsbücher für den deutschen Sprachunterricht. Heft 1.] 8°. (60 S.) Ebd. 1907. K —.30

— das Wichtigste aus der mathematischen Geographie. gr. 8. (6 S.) Ebd. (902). — 06
Wird nicht unter 12 Exemplaren abgegeben.

Schreier, Gfr., das Wichtigste aus d. österreichischen Verfassungslehre m. besond. Rücksicht auf Mähren. gr. 8. (8 S.) Sternberg 896. A. R. Hitschfeld. n.n. — 05

Schreier, H.: Das Geschlecht der latein. Substantiva für den Schulgebrauch neu dargestellt. 40 S. 8°.– Olmütz d. OG., Progr. 1871.

Schreier, Hans, der große Mime. Eine Buschiade von P Erraths. [Aloys Wohlmuth.] Mit 65 Illustr. v. Frz. Stuck. gr. 8. (82 S.) Münch. 890, Münchener Kunst- u. Verlags-Anstalt Albert u. Comp. * 2 50

Schreier, Heinr.: Die lat. Casuslehre nach dem Muster der griech. in der Gr. von Dr. G. Curtius. 27 S. 8°.– Olmütz, Progr. 1862.

Schreier, J. (Red.), s. Zeitschrift für die gesammte katholische Theologie.

Schreier, Jos., Biegungs- u. Stützenmomente e. frei aufliegenden Trägers unter e. Lastenzuge. (18 S. m. 2 Taf.) Lex. 8. Wien 908. Lehmann & Wentzel. 1. —
Sonderabdruck aus: „Zeitschr. d. öst. Ingen.- u. Archi-tekten-Ver."

Schreier, Jos., zur graphischen Ermittlung der Trägheits- u. Zentrifugalmomente unregelmässiger ebener Gebilde. (27 S. m. 3 Taf.) Lex.-8. Wien (904). Lehmann & Wentzel. n. 1. —
Sonderabdr. a.: „Oest. Wochenschr. f. d. öffentl. Baudienst".

— Graphikon zur Ermittlung der Inanspruchnahme gedrückter Stäbe m. Rücksicht auf Knickung. (7 S. m. 1 Taf.) gr. 8. Ebd. 908. 1. —
Sonderabdruck aus: „Öst. Wochenschr. f. d. öffentl. Baudienst".

Schreier, J., Graphostatische Untersuchung des elastischen Kreisbogengewölbes. Sonderabdruck a. d. Zeitschrift d. österr. Ingenieur- und Architekten-Vereines. 1903. Nr. 6. Gr.-8°. (21 S.) K —.60
Wien: Lehmann & Wentzel 1903.

— graphostatische Untersuchung des flachen Parabelgewölbes. (13 S. m. 1 Taf.) gr. 8. Ebd. 906. n. — 70
S Sonderabdrucke aus: „Zeitschr. d. öst. Ing.- u. Archit.-Ver."

Schreier, J., Zur statischen Untersuchung von flachen Gewölben. Sonderabdruck a. d. „Zeitschrift d. österr. Ingenieur- und Architektenvereines". 1905 Gr.-8°. (23 S.) K 1.—
Wien: Lehmann & Wentzel

Schreier, Jos., graphostatische Verfahren zur directen Dimensionierg. v. Stütz- u. Staumauern, Widerlagern u. Brückenpfeilern m. ebenen u. gekrümmten Begrenzungsflächen. gr. 8. (27 S. m. Fig.) Wien 902. Lehmann & Wentzel. n.n. — 60
Sonderabdruck aus: „Zeitschr. d. österr. Ingenieur- u. Architekten-Vereins".

Schreier, Leonhard: Die Lehre des Bürgerlichen Gesetzbuches von den gegenseitigen Verträgen und ihre Anwendung auf Kauf und Miete. *Köln 1898: J. P. Bachem.* (64 S.) 8°
Erlangen, Jur. Diss. v. 11. Febr. 1898

Am Hochzeitsabend ... Drei Einakter von Maximilian Schreier. Die Landesmutter. Anna. Die Mitgift. Dresden: Pierson 1900. 94 S 8° II. 12528

Schreinecke, Wilhelm: Die Entwickelung des Modus im indirekten Fragesatze des Französischen. Göttingen 1910: Hoffmann, Leipzig-Reudnitz. XVIII, 52 S. 8°
Göttingen, Phil. Diss. v. 27. April 1910, Ref. Stimming
[Geb. 24. Mai 84 Vorsfelde; Wohnort: Braunschweig; Staatsangeh.: Braunschweig; Vorbildung: Wilhelm-Gymn. Braunschweig Reife O. 04; Studium: Göttingen 5, Berlin 1, Göttingen 4 S.; Rig. 8. Dez. 09.] [U 10. 1467

Schreiner, Der. Ein Originallustspiel in zwey Aufzügen. Wien 1794. V: *Weidmann, Paul.* (Jahrb. d. Grillp.-Ges. XIII.)

Schreiner, der; Singspl. in 2 A. 8. Wien 799. Wallishausser. 5 gr.

Ueber die Amputation großer Glieder nach Schußwunden. Von Schreiner. Leipzig: Böhme 1807. VI, 194 S. 8°

Schreiner, ..., (Stadt- u. Amtsphysikus,) († d. 16. Nov. 1813.) über Amputation großer Glieder, nach Schußwunden. gr. 8. Leipz. 807. (Knobloch). 18 gr.

Schreiner, Das Militärdiplom von Eining. S.-A. 1891. 25 S. u. 1 Taf.

Schreiner, ..., Predigt am 2n Pfingsttage, d. 15. Mai 1815, als Sr. Majest. d. König v. Preußen, Friedr. Wilhelm III., die Bewohner d. Großherzogth. Niederrhein öffentl. u. feierl. huldigten. gr. 8. Berl. 815. Mittler. 3 ℊ.

Verzeichnis der Theilnehmer an den Grosslogentagen. [1873–1892. Zusammengestellt 10. Mai 1893 von Schreiner.] 8 S. 4°. [Kopftit.] [Lith.]

Schreiner, A., u. K. E. Schreiner, gibt es e. parallele Konjugation der Chromosomen? Erwiderung an die Herren Fick, Goldschmidt u. Meves. Udgivet for Fridtjof Nansens Fond. (31 S. m. 3 Taf.) Lex. 8. Kristiania 908. (J. Dybwad.) nn 2. 50
Sonderabdruck aus: „Videnskabs-Selskabetsskrifter".

A. u. K. E. Schreiner. Die Reifung der Geschlechtszellen von Enteroxenos Östergreni Bonn. Mit 6 Taf. Kristiania: Dybwad in Comm. 1907. 25 S. 4° (8°)
(Schreiner, A.: Neue Studien über d. Chromatinreifung d. Geschlechtszellen. 4.)
(Skrifter udg. af Videnskabsselskabet i Christiania. 1907. I. Math.-naturv. Kl. Nr 2.)

— — Neue Studien üb. die Chromatinreifg. der Geschlechtszellen. IV. Die Reifg. der Geschlechtszellen v. Enteroxenos Östergreni Bonn. Mit 6 Taf. (Videnskabs-Selskabets Skrifter. Math.-naturv. Klasse 1907. Nr. 2.) Udgived for Fridtjof Nansens fond. (25 S. mit 6 Taf.) Lex. 8. Ebd. 907. nn 3. 75

Schreiner, Carl, s. Schreiner, Karl

Schreiner, E., die Hugenotten. Eine Darstellg. aus der Weltgeschichte zur Aufführg. in evang. Jünglings- u. Männer-Vereinen. In 5 Auftritten. (30 S.) kl. 8. Stuttgart (905). Holland & Josenhans. n. — 40

— der Kanzler zu Babel. Eine Erzählg. (96 S.) 8. Kassel (905). E. Röttger. n. 1. —; geb. in Leinw. n. 1.50

— gelöste Welträtsel. (VIII, 96 S.) 8. Stuttgart 906. Buchh. des deutschen Philadelphia-Vereins. n. 1. —; geb. n. 1. 50

Schreiner, Ed., offenes Sendschreiben an die Commission der königl. bayer. Akademie der bildenden Künste zu München in Angelegenheiten der Photographie, bezüglich ihrer Stellung zur Kunst. München 864. Gummi. 8. (29 S.) n. 4 ngr

SCHREINER, Eduard (Mallerstorf): Beitrag zum widernatürlichen After.- München: Straub 1920. 20 S. 5.3.1860 - Urk (Titel: De ano praeternaturali.); F 72; Chr 1919/20,12
Diss. Ingolst.-Landsh.-Mchn.

Schreiner, Frau Elly, Entenzucht, s. a. Aus Theorie u. Praxis der Geflügelzucht. II, 2.

Entenzucht Prakt. Anleitung z. einträglichen Betriebe d. Schlachtentenzucht. Mit mehr. Abb. Von Frau Elly Schreiner. Berlin: Pfenningstorff (1908). 35 S. 8°
(Aus Theorie u. Praxis d. Geflugelzucht. Jg. 2, H. 2.)

– Einträgliche Puten- u. Gänsezucht, s. a. Aus Theorie u. Praxis der Geflügelzucht. III, 1.

Einträgliche Puten- und Gänse zucht. Von E[lly] Schreiner. Mit 13 Abb. Berlin: Pfenningstorff [1910]. 32 S. 8°
(Aus Theorie u. Praxis d. Geflugelzucht. Jg. 3, H. 1.)

Schreiner, Erich, Ref. in Cöln am Rhein: Studie zum Recht der Vertragsverletzungen des Bürgerlichen Gesetzbuches; unter besonderer Berücksichtigung der Successivlieferungsgeschäfte. Cöln 1906: Fröhlich. (88 S.) 8°
Leipzig, Jur. Fak., Diss. v. 22. Jan. 1906
[Geb. 26. Juli 79 Cöln; Wohnort: Cöln; Staatsangeh.: Preußen; Vorbildung: Apostel-Gymn. Cöln Reife O. 00; Studium: München 2, Kiel 1, Berlin 1, Bonn 2 S.; Rig. 13. Juni 03.]

Schreiner, Ernst, vom Alpenland u. Meeresstrand, s. a. Sonntagsbibliothek.

Schreiner, Ernst. Vom Alpenland und Meeresstrand. Erzählungen. [Mit illustriertem Umschlag.] 160 S. 8. Stuttgart, D. Gundert, 1907. (geb. M. 1. —)
(Sonntagsbibliothek. Eine Sammlung der besten Erzählungen für Jung und Alt. No. 37.)

— „Aus klarem Quell geschöpft." 10 Folgen. 8. Chemnitz, G. Koezle. à — 50
1. Der Weg zum fröhlichen Leben. 1.–3. Tauf. (44 S.) (909.)
2. Vivit. Ein unwiderlegl. Beweis der Echtheit des Christentums. 2. Tauf. (43 S.) (909.)
3. Das Ideal der Männlichkeit. (43 S.) (910.)
4. Charakterbildung. (47 S.) (910.)
5. Die Selbsterziehung. (46 S.) (910.)
6. Der Tatbeweis des Christen. (46 S.) (910.)
7. Unser Einfluß e. Großmacht. (46 S.) (910.)
8. Der moderne Mensch u. das Gebet. (46 S.) (910.)
9. Die Welt unserer Gewohnheiten. (46 S.) (910.)
10. Von der wahren Freiheit. (46 S.) (910.)

Schreiner, Ernst, Briefe aus Männedorf. (46 S. m. 2 Vollbildern.) 8. Stuttgart 910. Buchh. des deutschen Philadelphia-Vereins. — 75

— Christus u. die Männerwelt. 1.–5. Tauf. (14 S.) 8. Ebd. (909). p — 10

Schreiner, Ernst, Geistestrieb u. Jungenreden. Ein Wort z. Mahng. 1.–5. Tauf. (15 S.) 8. Stuttgart (910). Buchh. des deutschen Philadelphia-Vereins. p — 10

— Der Großvezier v. Ägypten. Geschichtl. Erzählung. (126 S.) kl. 8. Kassel (908). E. Röttger. 1.—; geb. in Leinw. 1. 50

— Heilkraft für die Nervösen. (61 S.) kl. 8. Stuttgart 910. Buchh. des deutschen Philadelphia-Vereins. — 70

— hinein in's Heiligtum! Gebetsgedanken u. Gebetsmahngn. (141 S.) kl. 8. Stuttgart (906). Christliches Verlagshaus. n. — 80

— Können die Erdbeben unserer Zeit den Glauben an Gottes Vorsehung erschüttern? 1.–5. Tauf. (14 S.) 8. Ebd. (909). p — 10

— Siegende Mächte. (269 S.) kl. 8. Mülheim-Ruhr (904). [Buch- u. Kunsthandlg. d. ev. Vereinshauses.] Chemnitz, G. Koezle. Geb. in Leinw. 3. 50

Siegende Mächte. Von Ernst Schreiner. Mülheim a. d. Ruhr: Ev. Vereinshaus [1900]. 269 S. 8° llc. 1125 5

— Allerlei Menschen von heute. Erzählungen. (219 S.) kl. 8. Stuttgart 907. Buchh. des deutschen Philadelphia-Vereins. 2.—; geb. 2. 50

Schreiner, Ernst, Vostkrankösisch, s.: Lassig, G. Arno.

— Uns ist ein Kind geboren! Eine Weihnachtsfeier in 3 Tln. (16 S.) kl. 8. Stuttgart (910). Holland & Josenhans. — 20

— Was dir im Herzen widerklingt. Gedichte. (127 S. m. Bildnis.) kl. 8. Ebd. 909. Geb. in Leinw. 2.50

— Der sichere Weg zum Wohlstand u. zum Glück. 1.—2. Taus. (14 S.) 8. Ebd. (910). p nn — 10

— Wenn die Seele erwacht. Erzählungen. (246 S.) 8. Stuttgart (908). Buchh. des deutschen Philadelphia-Vereins. Geb. in Leinw. 3.20

— Der Zeitgeist. Eine Geschichte für das deutsche Volk. (44 S.) kl. 8. Mülheim-Ruhr 909. [Buch- u. Kunsth. d. ev. Vereinshauses.] Chemnitz, G. Koezle. — 40

Schreiner, F., Einführung in die Phonetik. (16 S. mit 9 Fig. auf 1 Taf.) 8. Halle 910. H. Schroedel. — 50

Schreiner, F., natur- u. gesundheitsgemässes Turnen nach Sanitätsrat Dr. Widerstein. Geräte. Die Griffstäbe, der Roll- u. Hebelapparat u. die Hilfsstangen am Reck. 1. Tl.: Die Uebgn. an den Griffstäben, f. Schul- u. insbesonders Zimmerturnen bearb. u. zusammengestellt (26 S. m. 26 Fig.) gr. 8. Dillenburg (899). (Gebr. Richter.) n. — 80

Schreiner, Fr[anz] Xav[er] J[ohann]: Die Behandlung des Pferdes. Enth.: D. Beschaffenheit d. Pferde-Racen . . . Mit Zeichn. München 1829. VIII, 344 S.
— Neue Ausg. 1837. VIII, 344 S.

Schreiner, Frz. Xav. Jos., die Behandlung d. Pferdes. Enthalt.: Die Beschaffenheit d. Pferde-Racen, die Charaktere d. Pferde, die Pferdezucht u. Gestüte-Einrichtung, Pflege d. Pferde im Stalle, den Beschlag d. Pferdehufe, u. die Behandl. d. Pferde bei verschied. Ereignissen. gr. 8. (22 B. u. 1 Stnt.) München 829, Lindauer. 1 Thlr. 12 Gr., Velinp.

— die Behandlung des Pferdes. Enthaltend: Die Beschaffenheit der Pferde-Racen, die Charaktere d. Pferde, die Pferdezucht u. Gestüte-Einrichtung, Pflege der Pferde im Stalle, den Beschlag der Pferdehufe u. die Behandlung der Pferde bei verschied. Gelegenheiten. Neue Ausg. Mit Zeichnungen. gr. 8. München 837. Jos. Lindauer. 1 ℳ Velinp. 1½ ℳ

— — Die Fahrkunst, theoret. und prakt. dargestellt. Mit Taf. München 1829. 280 S.

—— die Fahrkunst, theoret. u. prakt. dargest. Od. üb. die Geschirre, üb. Anschirren u. Anspannen der Pferde, üb. das Fahren mit Pferden, dann üb. Wagen u. Schlitten. gr. 8. (18 B. u. 5 Stnt.) München 829, Lindauer. 1 Thlr. 12 Gr. Velinp.

—— die Fahrkunst theoret. u. prakt. dargest. Oder üb. d. Geschirre, über Anschirren u. Anspannen d. Pferde, üb. d. Fahren mit Pferden, dann üb. Wagen u. Schlitten. Neue Ausg. gr. 8. (18 B. u. 5 Stnt.) München 837, Lindauer'sche Buchh.

—— die Pferde-Abrichtungs-Kunst. Enthalt.: Allgem. Bemerkungen üb. Reiter u. Pferde, das Leinelaufen u. Anreiten, das Reitbarmachen d. Kriegs- u. Schulpferde, das Seitwärtsführen u. die Pillaren-Arbeiten d. Pferde, nebst der Besserung stetiger Pferde. — Der Spring-Unterr. u. die Unterweis. zum Vorführen d. Pferde zur Musterung, folgen im Anhange. gr. 8. (13 B. u. 2 Stnt.) München 833, Lindauer.

—— die Pferde-Abrichtungs-Kunst. Neue Ausg. gr. 8. (13 B. u. 2 Stnt.) München 837, Lindauer'sche Buchh.

Schreiner, F. X. J. Die Reitkunst, theoret.-prakt. dargestellt. Mit 1 Atl. München 1821. 407 S. 8⁰ u. 4⁰

— die Reitkunst theoret. u. prakt. dargestellt. Mit 9 lith. Taf. u. 1 Portr. gr. 8. Münch. 821. J. Lindauer; (a. Gundelach in Kitzing.) 3 ℳ Schrbp. 3 ℳ 16 ℊ Velinp. 4 ℳ

Schreiner, Frz. Xav. Jos., die Reitkunst, theoretisch-praktisch dargestellt. Neue Ausg. Mit 9 lithogr. Tafeln. Mit Frhrn. v. Keßling's Bildn. u. Titelvign. gr. 8. München 837. Jos. Lindauer. 2 ℳ Schreibp. 3 ℳ Velinp. 3⅔ ℳ

Schreiner, Fritz [pr. Arzt]: Zur Kenntnis der Struma accessoria . . . Königsberg i. Pr., Druck v. M. Liedtke, 1893; 1 Bl., 32 S., 2 Bl. 8.
Königsberg, Med. Fak., Inaug.-Diss. v. 29. Juli 1893

Schreiner, Fritz, zur Kenntnis der Struma accessoria. Diss. gr. 8. (31 S.) Königsberg 893. (W. Koch.) n. — 80

Schreiner, G.: Das Genossenschaftswesen im Landwirtschaftsbetriebe. Biebrich 1895.

Schreiner, Georg, Rechtsanw. in Landshut: **Das Vergehen der Nötigung nach unserem Reichsstrafgesetzbuche. Unter besond. Berücks. d. Entscheidungen d. Reichsgerichts.** *Landshut 1901: J. F. Rietsch.* (48 S.) 8°
Tübingen, Jur. Diss. v. 1901

Schreiner, Gotth., der Federposen-Fabrikant. gr. 8. Quedlinburg 833. Basse. ¼ ℳ

Schreiner, Gust., (Grätz, s. Grätz.

Schreiner, Gust. Frz.

Schreiner, G. Frz., allgem. Kalender f. d. kathol. Geistlichkeit, s. Kalender.

— s. Zeitschrift, Steiermärkische.

Schreiner, Heinrich

Schreiner, H., und Bezjak, J., Anleitung zum Gebrauche des Ersten deutschen Uebungsbuches für slovenische Volksschulen. (Prva nemška vadnica za slovenske obče ljudske šole.) Wien. K. k. Schulbücher-Verlag. 1897. (Min.-Erl. v. 3. Juli 1897, Z. 16878.) Brosch. —.20

Schreiner Henrik in Hubad Fr., Čitanka za obče ljudske šole. (Izdaja v štirih delih). II. del. (Za drugo in tretje leto štiri- in večrazrednih ljudskih šol.) Wien 1902, K. k. Schulbücher-Verlag. Preis, gebunden 90 h.

Schreiner, Henrik in Hubad, Fr., Čitanka za obče ljudske šole. Izdaja v štirih delih) III. del. (Za četrto in peto šolsko leto štiri- in večrazrednih ljudskih šol.) Wien 1904. K. k. Schulbücherverlag. Preis, gebunden 1 K 30 h.

Schreiner Heinrich, Čitanka za obče ljudske šole. Izdaja v 4 delih. IV. del. Za 6, 7 in 8 šolsko leto štiri- in večrazrednih ljudskih šol. Wien 1909. Schulbücherverlag. Geb. K 1.80.

Schreiner, Heinrich. Fizika ali nauk o prirodi. V Celovcu. St. Hermagoras-Druck. 1889—91. 2 Bde.

Schreiner Heinrich: Zur Geschichte der Anstalt. 48. Marburg L. B. A. 92.
Progr.

Schreiner H.: Grundzüge der Geologie mit bes. Berücksichtigung der geol. Verhältnisse Tirols. 46. Bozen L.-B.-A. 82.
Progr.

Schreiner, Heinrich, u. Joh. Vreže: Katalog der Lehrerbibliothek. 74 S.
Marburg, LBA., Progr. 1900

Schreiner, Heinrich, a. Hohensalza (Posen): Weitere Studien über die erste Valencienner Passion. Manuscript der Bibl. nat. zu Paris f. fr. 12536. Greifswald 1907: H. Adler. (82 S.) 8°
Greifswald, Phil. Fak., Ref. Stengel, Diss. v. 26. Sept. 1907
[Geb. 14. Nov. 84 Hohensalza; Wohnort: Hohensalza; Staatsangeh.: Preußen; Vorbildung: Gymn. Hohensalza Reife O. 03; Studium: Breslau 3, Berlin 1, Greifswald 4 S.; Rig. 24. Juni 07.]

Schreiner, H. und Bezjak, Dr. J., Zweites deutsches Übungsbuch für slowenische allgemeine Volksschulen. (Druga nemška vadnica za slovenske obče ljudske šole.) Wien 1903. K. k. Schulbücher-Verlag. Preis, gebunden 90 h.

Schreiner, H. und Bezjak, Dr. J., Drittes deutsches Übungsbuch für slowenische allgemeine Volksschulen. (Tretja nemška vadnica za slovenske obče ljudske šole.) Wien 1903. K. k. Schulbücher-Verlag. Preis, gebunden 1 K 10 h.

Schreiner H. in Bezjak, Dr. I., Slovenska jezikovna vadnica za tesno združeni pouk v slovnici, pravopisju in spisju. V petih zvezkih. III. zvezek. Za 4. šolsko leto. Wien 1905. F. Tempsky. In Halbleinen geb. K —.80.

Schreiner H. in Bezjak, Dr. J., Slovenska jezikovna vadnica za tesno združeni pouk v slovnici, pravopisju in spisju. V 5 zvezkih. III. zvezek. Za četrto šolsko leto. Druga, pregledana izdaja. Wien 1907. F. Tempsky. Geb. K —.80.

Schreiner, J. (Red.). s. Zeitschrift für die gesammte katholische Theologie.

Schreiner, J. B., christl. Reden üb. einige wicht. Gegenstände d. Religion u. Moral. 8. (15 B.) Köln 829, Bachem.

Schreiner, J. G., neue Zeichnungs-Schule nach classischen Vorbildern der Gegenwart. 1. u. 2. Hft. Imp.-Fol. (12 Stnt.) München 845, Aumüller. *

Schreiner, J. N., orthographisches Lehr- und Übungsbuch zum Gebrauch an Volks- und Mittelschulen. 8. (139 S.) Passau 885, Waldbauer. cart. *

SCHREINER, Johann (Kirchberg): Die Milben-Kraetze.- München: Deschler 1850. 16 S.
12.8.1850 – F 67
Diss. Ingolst.-Landsh.-Mchn.

Schreiner, Joh. Ev., Aufgabensammlung aus der Algebra. Für Lehrerbildungsanstalten u. zur Selbstbelehrg. bearb. gr. 8. (VII, 109 S.) Eichstätt 884. Stillkrauth. n. 1. 20

— Festschrift zum 50jährigen Jubiläum d. königl. Schullehrer-Seminars Eichstätt. gr. 8. (III, 96 S. m. Illustr. u. 1 Tab.) Donauwörth 885. (Auer.) n. 2. —

— Lehrbuch der Algebra. Für Lehrerbildungsanstalten u. zur Selbstbelehrg. methodisch bearb. gr. 8. (VI, 248 S.) Eichstätt 883. Stillkrauth. n. 3. —

Schreiner, Jh. Hnr. Chr., Gedanken üb. das einreißende Schuldenmachen junger Leute, nebst Vorschlag zu deren Einschränkung rc. 8. Düsseld 803. Schreiner. 6 gl

— rechtl. Gutachten u. Recension üb. diese confiscirte u. von Criminalrechtswegen 1803 vor d. Rathhause zu Düsseldorf öffentlich verbrannte Druckschrift. 8. Düsseld. 803. Schreiner. 8 gl

Schreiner, (J. H. C.,) der Hausverkauf in Düsseldorf, eine wahre Begebenheit aus den Jahren 1818 — 20, actenmäßig dargestellt. 2 Hefte. 8. Düsseldorf 822 — 24, Schreiner.

— Meinungen eines Gelehrten üb. die heutige Anwendbarkeit des macedon. Rathsschlusses. 8. Düsseld. 806. Schreiner. 6 gl

SCHREINER Johann Nepom[uk]. Allgemeine Begriffe verschiedener Dinge, zur Belehrung der Jugend. Von –. Gerold, Wien 1782. 1 vol. 336 S. + 1 Kpf.

Schreiner, Jh. Nep., allgem. Begriffe verschied. Dinge zur Belehrung der Jugend. Mit Kpf. 12. Wien 782. Gerold. 8 gl

SCHREINER, Johann Sebastian (Landau): De scirrho. (Titel nach der Urkunde)
31.8.1852 – Urk; F 60
Diss. Ingolst.-Landsh.-Mchn.

Schreiner, Jos., Elysium u. Hades. Eine religionsgeschichtl. Studie. gr. 8. (III, 71 S. m. 1 Karte.) Braunschweig 902. R. Sattler. n. 2. —

— Herculos redivivus. Die Hauptgestalten der Hellenen-Sage, an der Hand der Sprachvergleichg. zurückgeführt auf ihre histor. Prototype. 7 Retrometamorphosen. gr. 8. (VIII, 112 S.) Mainz 899. F. Kirchheim. n. 1. 50

Schreiner, *Joseph:* Ueber diejenige Cardioide, bei welcher die Ebenen des rollenden und des festen Kreises zu einander senkrecht bleiben. Kempten, Buchdr. d. J. Kösel'schen Buchh., 1896; 34 S., 1 Bl., 1 Taf. 8.
Kempten, k. humanist. G, P 1896*

— Homers Odyssee — e. mysteriöses Epos. Elementar-Skizzen der drei wichtigsten Örtlichkeiten Ὠγυγίη, Σχερίη, Ἰθάκη, auf histor.-geograph. Basis entworfen. gr. 8. (III, 103 S.) Braunschweig 901. R. Sattler n. 2.—

Schreiner, Joseph Balduin, Lehrbuch der Weltreligion Jesu Christi, oder die Religion Jesu Christi philosophisch, historisch und exegetisch aus ihrem welthistorischen Standpunkte betrachtet. Frankfurt, Andreä, 1827, 8°, XXII, 258 S., 3 Mk.

Schreiner, Jos. Balduinus, Dissertatio inauguralis de revelatione (positive divina). Würzburg 1819, in 8°, 112 S.
Würzburger Inauguraldissertation. Recens. Tüb. Theol. Quartalschr. 1821, S. 118—21.

Schreiner, K. J., tompi passati od. Ein böser Sohn, s. c. Heidelmann's, A, Theaterbibliothek.

Tempi passati (Vergangene Zeiten) oder Ein böser Sohn. Schauspiel in 5 Aufz. von K. J. Schreiner. [Nebst] Musikbeil. Bonn: A. Heidelmann [1901] 2 Bde 8°
(Theaterbibliothek. A. Heidelmann's. H. 45. 46.)

Schreiner, Karl, Gerichtsassessor aus Wiebelskirchen (Reg.-Bez. Trier): Die Abänderung der Anrechnung einer auf mehrere Schuldposten geleisteten Zahlung. Ein Beitrag zur Lehre von d. novatio u. der datio in solutum nach gemeinem, französ. u. heutigem deutschem Recht. Erlangen 1902: F. Junge. (VI, 62 S.) 8° [F. u. Ant.]
Erlangen, Jur. Diss. v. 4. Juni 1901

Schreiner, Carl. Kain. Eine Innsbrucker Studentengeschichte. [Mit Vignetten.] VI + 74 S. 8. Bern, Gustav Grunau, (1907). [fr. 1.60]

Schreiner, Carl Chrstn., Predigten u. Reden, größtentb. bey besond. Veranlassungen, zu verschied. Zeiten u. an verschied. Orten geh. Nebst e. Sendschreiben d. Dr. Augusti zu Bonn an d. Verf. gr. 8. (14 B.) Köln 835, Bachem.

Schreiner, Ludw., moderne Backfische, s.: Universal-Bibliothek.

Schreiner, Ludwig [app. Arzt aus Ering]: Ueber einen seltenen Fall von Ileotyphus m. bes. Berücks. d. histolog. Verhältnisse ... München, Buchdr. J. B. Grassl, 1894; 19 S. 8.
München, Med. Fak., Inaug.-Diss. v. 1894

Schreiner, Ludwig, Frisch! Fromm! Froh! Frei! E. Festsp. z. 50jähr. Stiftungsf. d. Mannheimer T. V., 47 S., 8°.

SCHREINER, Ludwig (Kirchberg): De injectione subcutanea.- München 1868.
12.12.1863 - Urk; F 70
Diss. Ingolst.-Landsh.-Mchn.

SCHREINER, LUDWIG. Ueber die Siedepuncte der Ester und Aether-Ester der Oxysäuren. Tübingen, 1878.

Schreiner, M., aus der Geschichte Dillenburgs im Mittelalter und im dreißigjährigen Kriege. Zwei Vorträge. 8. (108 S.) Dillenburg 880, Seel.

Schreiner, Mart., die jüngsten Urteile üb. das Judentum. Kritisch untersucht. gr. 8. (X, 184 S.) Berlin 902. S. Cronbach. n. 4. —

Schreiner, Max [app. Arzt aus Weimar]: '[Aus d. medizin. Klinik zu Jena.]' Ein Fall von Tumor des Thalamus opticus ... Weimar, Buchdr. G. Uschmann. 1897; 48 S., 1 Bl. 8°
Jena, Med. Fak., Inaug.-Diss. v. [12. Juli] 1897

Schreiner, Max: Myocarditis mit Schwielenbildung. *München 1898: M. Ernst.* (25 S.) 8°
München, Med. Diss. v. 1898

SCHREINER, Maximilian (Sankt Oswald): De mutua materiarum relatione chymica.-Monachii: Giesser 1834. 16 S.
22.8.1832 - Urk; F 60
Diss.Ingolst. Landsh.-Mchn.

Schreiner, Olive, s.a. Iron, Ralph.

Schreiner, Olive, Dreams. (182 S.) 8. London u. Leipzig. 903. T. F. Unwin. n. 1. 50

Schreiner, Olive, Peter Halket im Mashonalande. Autor. Uebersetzg. v. Helene Lobedan. 8. (119 S.) Berlin 898. F. Dümmler's Verl. n. 1. 60; geb. n. 2. 40

— Trooper Peter Halket of Mashonaland, s. a. Collection of British authors.

Trooper Peter Halket of Mashonaland. By Olive **Schreiner**. Copyright ed. Leipzig: Tauchnitz 1897. 237 S. 8°
(Collection of British authors. Tauchnitz Ed. Vol. 3205.) [11. 8162

— Träume. Autoris. Übersetzg. v. Margarete Jodl. Mit e. Einleitg. v. Frdr. Jodl. 8. (VII, 99 S.) Berlin 894. F. Dümmler's Verl. n. 1. 60; geb. n. 2. 40

Schreiner, Olive, Träume. Autoris. Übersetzg. aus dem Engl. v. Margarete Jodl. Mit e. Einleitg. v. Frdr. Jodl. 2. durchgeseh. Aufl. 8. (VII, 99 S.) Berlin 899. F. Dümmler's Verl. n. 1. 60; geb. n. 2. 40

Schreiner, Olive, Träume. Autoris. Übersetzg. Aus d. Engl. v. Margar. Jodl. Mit e. Einleitg. v. Frdr. Jodl. 3. durchgeseh. Aufl. (VII, 109 S.) 8. Berlin (907). F. Dümmler's Verl. 2. —; geb. in Leinw. 3. —

Schreiner, Otto, Gerichts-Assessor a. Halle a. S.: Die dingliche Sicherung des persönlichen Minderkaufsrechtes in Ansehung von Grundstücken nach dem Recht des B. G. B. Halle a. S. 1904: C. A. Kaemmerer & Co. (60 S.) 8°
Jena, Jur. Fak., Ref. Danz, Diss. v. 26. Juli 1904
[Geb. 22. Nov. 71 Halle a. S.; Wohnort: Eilenburg; Staatsangeh.: Preußen; Vorbildung: Gymn. Halle a. S. Reife O.90; Studium: Halle und Berlin; Coll. 26. Juli 04.]

Schreiner, Otto: Untersuchungen über die Systeme „Alkali-Schwefelsäure" und „Alkali-Phosphorsäure". 1909. 66 S., 7 Taf. 8° ¶ Vgl. Zeitschrift f. phys. Chemie. Bd 75. 1911.
Darmstadt, Dr.-Ing.-Diss. v. 26. 1. 1910

SCHREINER, Rudolph (Mallersdorf): Betrachtungen über die Entwicklung und Verbesserung der Amputation bis zu ihrer jetzigen Höhe.- München: Wild 1884. 69 S.
3.12.1884 - Urk (Titel: De amputatione.): Chr 1884/85,20
Diss. Ingolst.-Landsh.-Mchn.

Schreiner, Rupert: *Ansprache anlässl. des 50jähr. Regierungsjubiläums Sr. Majestät des Kaisers.* 8 (S. 60-62)
Progr. K. k. Staats-G. *Troppau* 1899

Schreiner, Rupert: † Professor Karl Komorzynski. (Nachruf.) 8 (S. 30-33)
Progr. K. k. Staats-G. *Troppau* 1899

— *Professor Alois Kraucutschke, gestorben am 22. April 1900.* 8 (S. 79-80)
Progr. K. k. Staats-G. m. deutsch. Unterrichtsspr. *Troppau* 1900

Schreiner, R[upert]: Seneca quomodo in tragoediis usus sit exemplaribus Graecis. P. 1. Straubing (1907): Cl. Attenkofer. (26 S.) 8°
Straubing, k. G. P. 1907*

Schreiner, R., Seneca quomodo in tragoediis usus sit exemplaribus graecis. Pars I. Progr. (26 S.) gr. 8. Straubing (907). (F. Klüber.) 2. —

Schreiner, Rupert: Seneca als Tragödiendichter in seinen Beziehungen zu den griechischen Originalen. München 1909: Kastner & Callwey. 72 S. 8°
München, Phil. Diss. v. 4. März 1909, Ref. Weyman, Crusius
[Geb. 25. Sept. 78 Mallersdorf; Wohnort: Günzburg; Staatsangeh.: Bayern; Vorbildung: Gymn. Straubing Reife Juli 97; Studium: München 9 S.; Rig. 4. März 09.] [U 09. 3516

Schreiner, Rupert, zur Würdigung der Trachiniai d. Sophokles. gr. 8. (80 S.) Znaim 885. (Wien, Pichler's Wwe. & Sohn.) n. 3. —

Schreiner, Rupert, zur Würdigung der Trachiniai des Sophokles. 2 Tle. gr. 8. (42; 40 S.) Znaim 886, Fournier und Haberler.

Schreiner, S., Die Übungen an den Greifstäben für Schul- und besonders für Zimmerturnen, m. Abb., 26 S., 8°.

Schreiner, Sam. Gottl., Beweis, daß in d. Schriften des neuen Bundes die uralte Religion der Menschen enthalten sei. 8. Magdeb. 800. Creutz. 9 gr.

— Gedanken üb. die Beschaffenheit und Nothwendigkeit d. Humanität. 8. Wittenberg, Zimmermann. 803.

— größerer u. wahrer Menschenkatechismus, od. Religionsunterricht ꝛc. 8. Wittenb. 799. (Creutz in Magdeb.) 12 gr.

— kleiner histor. u. wahrer Menschenkatechismus, oder Anweis. zur Glückseligkeit für alle Menschen. 8. Wittenb. 799. (Creutz in Magdeb.) 3 gr.

— Versuch üb. den Ursprung der menschl. Erkenntniß rc. 8. Berl. 799. Braun. 4 gr.

Der Freimaurer im öffentlichen und privaten Leben. Vortrag, gehalten in Nauen am 8. Febr. 1886 von [Waldemar Theobald Otto] **Schreiner.** Nauen: Selbstverl. d. Loge Wilhelm z. Palme d. Friedens [1886]. 24 S. 8⁰ [Umschlagtit.]
[Dasselbe.] 2. Aufl. Ebendas. 1887. 16 S. 8⁰
Aus: FZ. 40 (1886) S. 137—143, 147—148.
Recens: H. 15 (1904) No 9.

Schreiner, Wilhelm, a. Weimar: Ueber das Azin des Acetessigesters und Methylacetessigesters. Jena 1907: Frommann. (34 S.) 8⁰
Jena, Phil. Fak., Ref. Wolff, Diss. v. 25. Sept. 1907
[Geb. 17. April 79 Weimar; Wohnort: Weimar; Staatsangeh.: Sachsen-Weimar; Vorbildung: Realgymn. Weimar Reife O. 00; Studium: Freiburg i. B. 1, Jena 7 S.; Rig. 15. Juni 07.]

Schreiner, Wolfgang

Schreiner, W. Eining und die dortigen Römer-Ausgrabungen. Ein kleiner Wegweiser durch dieselben. Mit Grundr. rc. Landshut 1886. 40 S.

Schreiner, Wolfg., Eining und die dortigen Römer-Ausgrabungen. Ein kleiner Wegweiser durch dieselben. 12. (40 S. mit 2 Karten und Plan.) Landshut 887, Thomann'sche Buchh. cart.

Schreinerkalender, deutscher, f. d. J. 1895. Praktisches Taschen- u. Notizbuch f. Zeichner, Bau-, Möbel- u. Kunstschreiner, Möbelhändler, Tapezierer, Holzdrechsler, Bildhauer u. verwandte Branchen. Hrsg. u. bearb. v. F. Zell. 2. Jahrg. gr. 16. (XII S., Schreibkalender u. 87 S. m. Abbildgn. u. 1 farb. Karte.) München, G. D. W. Callwey. Geb. in Leinw. n. 1.50

Schreinerkalender, deutscher, f. das J. 1899. Prakt. Taschen- u. Notizbuch f. alle in d. Holzbranche thät. Personen. Hrsg. v. Karl Wisnet. 6. Jahrg. 12. (XII S., Schreibkal. u. 92 S. m. 1 Karte.) München, G. D. W. Callwey. Geb. in Leinw. n. 1.50

Schreinerkalender, deutscher, f. d. J. 1900. Prakt. Taschen- u. Notizbuch f. alle in der Holzbranche thät. Personen. Hrsg. v. Karl Wisnet. 7. Jahrg. 12. (XII S., Schreibkalender u. 91 S. m. 1 Karte.) München, G. D. W. Callwey. Geb. in Leinw. n. 1.50

Schreiner-Zeitung, illustrierte. Möbel- und Bauarbeiten in prakt. Beispielen für einfache und reichere Ausführung, zum Gebrauch der Möbel- und Bauschreiner, der Drechsler und Tapezierer; der Architekten, Werkmeister, Bauunternehmer, der Zeichenschulen rc., unter Mitwirkung von Paul Wallot, A. Linnemann, Hans Grisebach rc. hrsg. von F. Luthmer. 1. Bd. 6 Hefte. Fol. (à Heft 4 S. Text mit 8 lithogr. und chromolithogr. Taf.) Stuttgart 882, Spemann.
In Mappe à Heft * ℳ 6. *

—— dass. — 2. Bd. 12 Hefte. (à Heft 2 S. mit 4 autogr. Taf.) Fol. Ebendas. 883. à Heft * ℳ 3. *

Schreiner-Zeitung, illustrierte. Möbel- und Bauarbeiten in prakt. Beispielen für einfache und reichere Ausführung, zum Gebrauch der Möbel- und Bauschreiner, der Drechsler und Tapezierer; der Architekten, Werkmeister, Bauunternehmer, der Zeichenschulen rc., unter Mitwirkung von Paul Wallot, A. Linnemann, Hans Grisebach rc. hrsg. von F. Luthmer. 3.—5. Bd. à Bd. 12 Hefte. (à Heft ½ Bog. mit 4 autogr. Taf.) Fol. Stuttgart 885—87, Spemann. à Heft * ℳ 3.—; à Bd. *
Nicht weiter erschienen.

Schreiner-Zeitung, illustrierte. Möbel- u. Bauarbeiten in prakt. Beispielen f. einfache u. reichere Ausführg. unter Mitwirkg. v. P. Wallot, A. Linnemann, H. Grisebach rc. hrsg. v. F. Luthmer. 5. Bd. 12 Hfte. (½ B. m. 4 autogr. u. photolith. Taf.) Fol. Stuttgart 887. [Spemann.] Union. à Hft. n. 3.—
Erschien nicht weiter.

Ertz - Stiffts - Cöllnische **Schrein - Ordnung** sambt beygefügter Tax. Ernewert den 3. Mertz 1704. (Cöln 1704.)

Schreinsurkunden, Kölner, d. 12. Jahrh., s.: Publicationen der Gesellschaft f. Rheinische Geschichtskunde.

Schreinzer, Edm., und Friedr. Hinterberger, kurze Anleitung zur qualitativen und quantitativen chemischen Analise, s. Hinterberger, Friedr.

Jahres-Bericht der k. k. Ober-Realschule in Linz für das Schuljahr 1853/54. 4. (28 S.) Linz. Aus der Feichtinger'schen Buchdruckerei. 185*.
Inhalt: Ueber praktische Arbeiten in chemischen Laboratorien an Realschulen, von Edmund Schreinzer. — Clark's Methode der Härtebestimmung des Wassers, angewendet auf Linzer Trinkquellen von Edm. Schreinzer. — Schulnachrichten

Schreitaus, J., die Schicksalsbrüder, s. Schicksalsbrüder, die.

SCHREITAUS, Jeremias (ps.), Die Schicksalsbrüder oder merkwürdige und spasshafte Lebensereignisse von vier Wandergesellen. 1859—60.
Weller, Lex. Ps. p. 507.

Schreiter, Dr., Abhandlung über den tragischen Chor bei Sophokles. — Im Programm des Prof. Dr. N. Kramer vom 13. April 1840. 4. Rendsburg 840. (Altona, Aue.) 5/12 ₰

Schreiter, Abhandlung üb. den trag. Chor bei Sophokles. — Im Progr. d. Dr. N. Kramer v. 13. April 1840. 4. (5 B.) Rendsburg 840. (Dessau, Aue.)

Schreiter, Alfred, aus Chemnitz: Die Behandlung der Antike bei Racine. *Leipzig 1899: E. Freter.* (119 S.) 8⁰
Leipzig, Phil. Diss. v. [3. Juli] 1899

Schreiter, Alfr., die Behandlung der Antike bei Racine. Diss. gr. 8. (VIII, 119 S.) Leipzig 899. (E. Gräfe.) n. 1.50

Schreiter, Chr., primae lineae iuris civilis privati. 4. Lps. Junius. (Cnobloch.) 710.

Schreiter, Christoph

— Beyträge zur Gesch. d. wendischen Bergbaues. 8. Zwickau, Schumann. 807.

Schreiter, Cph., Beitrr. zur Geschichte der alten Wenden u. ihrer Wanderungen; nebst e. Vermuthungen von d. Bergbaue derselben im sächs. Erzgebirge. 8. Zwickau 808. Schumann. 12 gl

Schreiter, Cph., († d. 15. Juni 1814.) die Gesch. des Prinzenraubes, krit. bearbeitet. 8. Leipz. 804. Kummer. 18 gl

Schreiter, Christoph [Praes.], s. H a n s e n, Simon Friedrich: De felonia per indirectum in crimine laesae majestatis commissa.

Schreiter, Christoph [Praes.], s. H e n n i c k y, Johann Gottlob: Utrum ille, qui sub praetextu alicujus juris bona quaedam a defuncto hactenus possessa jacente haereditate occupat, in judicio possessorio sit praeferendus haeredi possessoris defuncti?

Schreiter, Christoph [Praes.], s. K l e p p e r b e i n, Bernhard: De compensatione cessionarii posterioris cum priori.

Schreiter, Christoph [Praes.], s. R e c h e n b e r g, Karl Otto: De origine juris Saxonici.

Schreiter, David (Wurzen) A. S. 263/32

Disputatio inauguralis juris feudalis Saxonici de creditorum paternorum chirographariorum, et filii creditorum hypothecariorum concursu in bonis feudalibus. Präs. Johann Heinrich Meier.
Erfurt (Grosch) 2. IX. 1711. 11 Bl. 31425

Schreiter, Emil, die Versöhnung von Natur und Kultur. Vorträge über unsere Zeit und naturgemässe Philosophie. 8. (XII, 176 S.) Leipzig 881, Rohn.

Schreiter, Fritz, appr. Arzt u. Zahnarzt aus Chemnitz: Ueber die operative und prothetische B e h a n d l u n g der Defecte und Difformitaeten der aeusseren Nase. Leipzig 1899: A. Pries. (42 S.) 8°
München, Med. Diss. v. 1899

Schreiter, G. C., De apoplexia. 32 pp. Marb. 4°. 1748

Schreiter, Gottfried David (Leipzig) A. S. 63/25

De obligatione universitatis expensas criminum inquisitionis indistincte susceptas etiam pro forensi praestandi ... Präs. Johann Florens Rivinus.
Leipzig (Breitkopf) 10. XII. 1750. 46 S.

W. v.: Präs. 31426

Schreiter, J. G., s. S c h r e i t e r, Johann Christoph

Schreiter, Jo. Gottfried (Flensburg) A. S. 1367/17

Dissertatio moralis de verae obligationis natura et usu. Präs. Jakob Adelung.
Jena (Buch) X. 1727. 36 S.

Gew.: Henning Müller, Jakob Friedrich Meisterlin.

31430

Schreiter, Johann Christoph

— historico-critica explicationis parabolae de improbo oeconomo descriptio, qua varias variorum interpret. super Luc. XVI, 1—13, expositiones digestas, exam., suamque ex apocryphis N. T. potiss. haustam, exhibuit etc. 8maj. Leipz. 803. Märker. 18 gl

— Einrichtung des homilet. Seminars in Kiel, nebst e. Predigt von der erhebenden Kraft d. frommen Gesinnung. gr. 8. Kiel Akadem. B. 6 gl

Einrichtung des homiletischen Seminars auf der Universität in Kiel; nebst einer Predigt von der erhebenden Kraft der frommen Gesinnung. geh. bei der Wiedereröffnung desselben v. Johann Christoph Schreiter. Kiel. 1816. 8°

⊙ Harmlose Einwendungen gegen die Harmsischen Behauptungen. Oder: Auch 95 Gegensätze. Von einem fränkischen Theologen [d. i.: Johann Christoph Schreiter]. Eisenach. 1818. 8°.

Schreiter, Jh. Cph., († d. 9. Aug. 1821.) Kritik der auffallendsten Behauptungen des Pastor Harms, vorzügl. die Vernunft, das Gewissen u. ihr Verhältniß zur Offenbarung betreffend. 8. Eisenberg 821. Schöne. 12 gl

⊙ Unpartheyische Critik der auffallendsten Behauptungen des Pastor [Claus] Harms vorzüglich die Vernunft, das Gewissen und ihr Verhältniss zur Offenbarung betr. v. Johann Christoph Schreiter. Eisenberg. 1821. 8°.

— (Übers.), s. M a r s h, Herbert: Vergl. Darstellung der ... Kirche.

Schreiter, J. C., Commentatio de modo oratori sacro in movendis animis diligentius servando. 4. Kiel, Academ. Buchh. 815.

— commentatio de modo oratori sacro in movendis animis diligentius servando. 4. Kiel 815. Hesse. 8 gl

— de more defunctos reges judicandi et laudandi ab Aegyptiis ad Israelitas propagato. Commentat. historica. 8maj. Leipz. 803. Märker. 5 gl

— quid de peccato ejusque ad Judam Cariotensem actione e mente S. V. Daubii sit statuendum. Prolusio Ia. 4. Leipz. 819. Andrä. 7 gl

Rede zur Feyer des 25sten Stiftungsfestes der Armenanstalt in Kiel am 8ten Junius 1817: gehalten v. [Johann Christoph] Schreiter. Kiel. 1817. 8°.

— die Reformation, ein mächtiger Aufschwung des menschl. Geistes zum höhern christl. Wissen u. Wirken. Eine Predigt, gehalt. am 31. Oct. 1817. gr. 8. Kiel 817. (Leipz., Andrä). 2 gl

— Die Reformation, ein mächtiger Aufschwung des menschlichen Geistes zum höheren christl. Wissen und Wirken. Eine Predigt am 3. Reformations-Jubiläum und bey der Wiedereröffnung der für die Andachtsübungen des Homiletischen Seminars hergestellten Schlosskirche gehalten d. 31. Oct. 1817. Kiel. 1818. P.

— — die R e f o r m a t i o n, ein mächtiger Aufschwung des menschlichen Geistes zum höhern christl. Wissen und Wirken. gr. 8. Ebend. 819.

Schreiter, Jh. Mch., († ...) offenbarte Wahrheit der evangel. Auferstehungsgeschichte Jesu, besond. gegen Lessings Widersprüche. 8. Leipz. 780. Hilscher. (Compt. f. Litt.) 10 gl

Schreiter, Johannes, prakt. Arzt in Wildenfels: Über Pylephlebitis suppurativa. *Leipzig: G. Fock 1900.* (24 S.) 8°
Leipzig, Med. Diss. v. (26. Juni) 1900

Schreiter, Karl Gottfried

Schreiter, Karl Gf., († d. 10. Juli 1809.) de autonomia literaturae. 4. Leipz. 784.

Schreiter, K. G., s. Baillie, Miß, Graf Ernst v. Basel.

– (Übers.), s. B e t r a c h t u n g e n , Vermischte, über Meinungen und Urtheile der feinen Welt.

– (Übers.), s. B l a i r , Hugo: Vorlesungen über Rhetorik und schöne Wissenschaften.

– (Übers.), s. B r u c e , John: Erste Grundsätze der Philosophie ...

Schreiter, Karl Gf., s. Brüder, die, ein Roman.

– (Übers.), s. F e r g u s o n , Adam: Ausführliche Darstellung der Gründe der Moral und Politik.

– (Übers.), s. G i b b o n , Edward: Geschichte des Verfalls und Untergangs des Römischen Reichs.

– (Übers.), s. G r a f . – Der Graf von Polen.

– (Übers.), s. H u m e , David: Gespräche über die natürliche Religion.

– (Übers.), s. M a n s t e i n , C. H. von: Briefe.

– (Übers.), s. M i r a b e a u , H. G. R. C. de: System der Natur.

– (Übers.), s. M o n t e s q u i e u , Charles de: Werk vom Geist der Gesetze.

– (Übers.), s. R o u s s e a u , Jh. Jak.: Geständnisse, nebst Selbstbetrachtungen ...

– (Übers.), s. S c h i l d e r u n g e n , Sittliche, von Amerika.

– (Hrsg.), s. S t a ë l - H o l s t e i n , Ann. Germ. von: Über Literatur ...

– (Übers.), s. V e r s u c h über die Natur und das Daseyn der materiellen Welt.

Schreiter, Rudolf: Über H e l i o t r o p i s m u s der Stengelknoten. Weida i. Th. 1909: Thomas & Hubert. 63 S. 8°
Leipzig, Phil. Diss. v. 12. Nov. 1909. Ref. Pfeffer, Chun.
[Geb. 31. Mai 85 Dresden; Wohnort: Dresden; Staatsangeh.: Sachsen; Vorbildung: Dreikönigsch. Dresden Reife O.04; Studium: Freiburg i. B. 1, Dresden Techn. Hochsch. 2, Leipzig 6 S.; Rig. 1. Juli 09.] [U 10.3234

Schreiter, Theodor G.

Schreiter, Th. G., die Hoffnungen u. Hindernisse des Gustav-Adolf-Vereins; Freunden der protestant. Kirche dargelegt. gr. 8. (4 B.) Kiel 844, [v. Maack's Verl.]

Schreiter, Th. G., die Hoffnungen u. Hindernisse des Gustav-Adolf-Vereins; Freunden der protestant. Kirche dargelegt. gr. 8. Kiel 844, Universitäts-Buchh. 1/4 ₰

SCHREITER, T[HEOD.] H[ILMAR], Eine Abhandlung über den tragischen Chor bei Sophokles. Rendsburg. 1840. 4. P. (Skoleprogr.).

Einige Bedenken über die Maturitätsprüfungen v. [Theodor Hilmer] **Schreiter.** Husum. 1846. 4°. Gymn.-Progr.

Uebersicht der Reformationsgeschichte der Herzogthümer v. [Theodor Hilmar] Schreiter. Husum. 1850. 4°. Gymn.-Progr.

S c h r e i t e r e r , E., Hildesheim, s. R e n a i s s a n c e , deutsche.

Schreiterer, Emil: B ü c h e r - V e r z e i c h n i s s der Bibliothek der vereinigten Logen Minerva zum vaterländischen Verein ..., s. B a c k e , E. W.

Schreitter v. Schwarzenfeld, Jos., zur Beantwortung der Frage: Durch welche Mittel kann die österreichische Landwirthschaft die Einfuhr fremden Schlachtviehes entbehren? Brüx 859. Friebe. gr. 8. (42 S.) n. 10 ngr.

Schreminsky, J.: P.P. Vcrjerius und M. Vcjus. Ein Beitrag zur Pädagogik. 27 S. – Posen M.G., Progr. 1857.

Schremmel, Wilh., d. Klima v. Bad Kissingen. gr. 8. (IV, 35 S.) Kissingen 896. F. Weinberger. n. — 80

Schremmer, B., biblisches Lesebuch, s.: F r i t s c h i , B.

Schrempf. Was denken die Tübinger Kandidaten der Theologie üb. Hrn. lic. theol. Schrempf? Meinung e. Kommilitonen zu den Betrachtgn. des Hrn. cand. theol. Riecke. gr. 8. (11 S.) Tübingen 893. (J. J. Heckenhauer.) n. — 20

Schrempf, Christoph

Schrempf, Chr., A k t e n zu meiner Entlassung aus dem württembergischen Kirchendienst. Mit e. kurzen Vorbericht hrsg. 1. u. 2. unveränd. Aufl. gr. 8. (VIII, 56 S.) Göttingen 892. Vandenhoeck & Ruprecht. n. 1. —

— natürliches C h r i s t e n t u m. Vier neue religiöse Reden. gr. 8. (VIII, 104 S.) Ebd. 893. n. 1. 50

— eine F r a g e an die evangelische Landeskirche Württembergs. gr. 8. (55 S.) Göttingen 892. Vandenhoeck & Ruprecht. n. 1. —

Schrempf, Christoph, über G e m e i n v e r s t ä n d l i c h k e i t als Aufgabe der Philosophie. (Rede.) (30 S.) gr. 8. Stuttgart 906. F. Frommann. n. — 60

— Sören K i e r k e g a r d. Ein unfreier Pionier d. Freiheit. Mit e. Vorwort v. Harald Höffding. (Bibliothek d. Aufklärg.) (100 S.) 8. Frankfurt a/M. 907. Neuer Frankf. Verlag. 1. 20

Schrempf, Chrph., s.: K i e r k e g a a r d ' s , Sören, Angriff auf d. Christenheit.

S c h r e m p f , Chrph., Sören Kierkegaard und sein neuester Beurteiler in der Theologischen Litteraturzeitung [Hr. Wetzel in Dornreichenbach]. Ein Pamphlet. 8. (32 S.) Leipzig 887, Fr. Richter. *

— zur k i r c h l i c h e n L a g e. Rede, geh. am 2. Febr. 1896. gr. 8. (18 S.) Stuttgart 896. (F. Frommann.) — 30

Schrempf, Christoph: Goethes Lebensanschauung in ihrer geschichtlichen Entwicklung. Erster Teil. Der junge Goethe. Stuttgart: (F. Frommann) 1905. (VIII, 196 S.) 8°
Tübingen, Phil. Fak., Ref. v. Fischer, Diss. v. 5. März 1906
[Geb. 28. April 60 Besigheim; Wohnort: Stuttgart; Staatsangeh.: Württemberg; Vorbildung: Gymn. Stuttgart Reife M. 79; Studium: Tübingen 9 S.; Coll. 8. Febr. 06.] (Nicht für den Austausch)

Schrempf, Christoph, Goethes Lebensanschauung in ihr. geschichtl. Entwicklg. 2. Tl. Lehrjahre i. Weimar 1775—86. (VII, 323 S.) 8. Stuttgart 907. F. Frommann. 4.—; geb. n 5. —
1. Tl. Ebd. 905. 2.50; geb. 3.50.

— Lessing als Philosoph, s.a. Frommann's Klassiker der Philosophie.

Lessing als Philosoph. Von Chr[istoph] Schrempf. Stuttgart: F. Frommann 1906. (203 S.) 8°
— Klassiker, Frommanns, d. Philosophie. 19. [6. 8933

Schrempf, Chrph., Martin Luther, aus dem Christlichen ins Menschliche übersetzt. Ein Versuch. gr. 8. (188 S.) Stuttgart 901. F. Frommann. n. 2.50; geb. n.n. 3.50

— Menschenloos. Hiob—Ödipus—Jesus—Homo sum . . gr. 8. (148 S.) Ebd. 900. n. 1.80; geb. n. 2.60

— Menschenloos. Hiob. Oedipus. Jesus. Homo sum. 2. verb., durch e. Nachwort verm. Aufl. (159 S.) 8. Stuttgart 905. F. Frommann. n. 2.20; geb. 3.20

— e. Nottaufe. Kirchliche Aktenstücke nebst e. Beibericht. gr. 8. (65 S.) Stuttgart 894. F. Frommann. n. — 75

— zur Pfarrersfrage. Zwei offene Briefe an die Herren C. B. in . . . u. Chr. R. in Tüb. Hochwürden, nebst e. Beilage. gr. 8. (52 S.) Ebd. 893. n. — 80

— drei religiöse Reden. 1.—3., durchgesch. Aufl. gr. 8. (75, 75 u. 76 S.) Ebd. 893. n. 1.20

— neue religiöse Reden. 3 Hfte. gr. 8. Ebd. n. 1.70
1. (32 S.) (900.) n. — 60. — 2. (31 S.) 901. n. — 50. — 3. (40 S.) 901. n. — 60.

Religiöse Reden von Christoph Schrempf. Als Ms. gedr. H. 1. Stuttgart: F. Frommann (1900). 8° [F.] [6. 1914 3

— an die Studenten der Theologie in Tübingen. Noch e. Wort zur Pfarrersfrage. 1. u. 2., durchgesch. Aufl. gr. 8. (30 S.) Ebd. 893. n. — 50

— zur Theorie d. Geisteskampfes. Erlebtes u. Erdachtes. [Umgearb. Abdr. aus: „Die Wahrheit".] gr. 8. (56 S.) Ebd. 897. n. — 80

— Toleranz. Rede, geh. in der Berliner Gesellschaft f. eth. Kultur. [Aus: „Die Wahrheit".] gr. 8. (30 S.) Ebd. 894. n. — 50

— üb. die Verkündigung des Evangeliums an die neue Zeit. Ein Vortrag, geh. in Frankfurt a. M. den 20. Apr. 1893. 1. u. 2. unveränd. Aufl. gr. 8. (39 S.) Ebd. 893. n. — 60

— s.: Wahrheit, die.

— Was unsereiner will, e. Bekenntnis, kein Programm. Vortrag. (14 S.) gr. 8. Berlin-Schöneberg 910. Protestant. Schriftenvertrieb. — 50
Sonderabdruck aus: „Protokoll d. 5. Weltkongr. f. freies Christent. u. relig. Fortschr."

— die christliche Weltanschauung u. Kant's sittlicher Glaube. Eine religiöse Untersuchg. gr. 8. (XIV, 54 S.) Göttingen 891. Vandenhoeck & Ruprecht's Verl. n. 1.20

— wie man das Bekenntnis verteidigt. Rede, geh. am 13. März 1893. [Aus: „Sch., natürl. Christentum".] gr. 8. (32 S.) Stuttgart 893. F. Frommann. n. — 30

Schrempf, Elisab., Phantasie u. Wirklichkeit. (VIII, 117 S. m. Bildnis.) 8. Offenbach (905). F. Scherz. n. 2. — ; geb. in Leinw. n. 2.50

Schrempf, Ernst, prakt. Arzt: Aus d. Kgl. Universitäts-Frauenklinik zu Königsberg i. Pr.: Beitrag zur Lehre von der Hinterscheitelbeineinstellung. Königsberg i. Pr 1902: H. Jaeger. (61 S.) 8°
Königsberg, Med. Diss. v. 14. März 1902

Karte von dem Herzogthume Oldenburg, entw. v. A. P. Freih. v. Schrenck, gez. v. F. Hennings. 1 : 200000. o. O. 1856. Kupferstich. 1 Bl. Imp.-Fol., 96,5 68,8 cm.

Schrenck, A. P. Frhr. v., Karte von dem Herzogth. Oldenburg. Nach der unter seiner Leitung in den J. 1835—1850 ausgeführten allgemeinen Landesvermessung und den geschehenen Nachtragvermessungen entworfen. 2. Aufl. Mit Nachtragungen und Berichtigungen bis 1869. 1 : 200,000. Fol. Oldenburg 869, (Schulze'sche Buchh.) * 4 —
color. * 6 —

v. Schrenck, A. P. Topographische Karte des Herzogthums Oldenburg. 1 : 50000. Oldenburg 1856—1863. 14 Bl. c. 1. Ff.

Schrenck, Alex. v., Von der Nordmark. I. Fabelbuch. 16. (260 S.) Leipzig 869, Weber. geb. * 6 —

—— dass. — II. Romanzen und Balladen. 16. (419 S.) Ebendas. 870. * 6 —

Schrenck, August von

Schrenck, A. v., Studien über Schwangerschaft, Geburt und Wochenbett bei der Estin, nebst Untersuchungen über das Becken derselben. Inaugural-Dissertation. gr. 8. (IV, 375 S.) Dorpat 880, Karow.

Schrenck, Burchard v., Beiträge zur Statistik der Stadt Riga u. ihrer Verwaltung. 1. Bd. (VII, 347 S.) Lex. 8. Riga 909. (Jonck & Poliewsky.) nn 4.50

Beiträge zur Statistik der Stadt Riga und ihrer Verwaltung. Hrsg. von B[urchard] v. Schrenck, Dir. Bd 1. Riga 1909: Müller; [Jonck & Poliewsky in Komm.] 4°(8°)

— s.: Bürgerkunde, baltische.

Schrenck, B. v., zur Frage der Einführg. e. communalen Einkommensteuer in Riga. gr. 8. (IV, 126 S.) Riga 902. (Jonck & Poliewsky.) n.n. 2.25

— Zur Frage d. kommunalen Wertzuwachssteuer m. bes. Beziehung auf Riga. (44 S.) Lex. 8. Riga 907. (Jonck & Poliewsky.) nn 1.50

Schrenck, Burchard v., zu Goethe's 150. Geburtstage, 16. (28.) VIII. 1899. Ein Gedenkblatt. 8. (32 S.) Ebd. 899. n. — 70
Sonderabdruck aus: „Düna-Zeitung".

— Motive u. Erläuterungen zum Project e. Communal-Einkommensteuer f. Riga. Im Auftrage des Rigaschen Stadtamtes ausgearb. (LXV, 215 S.) gr. 8. Ebd. 906. 3. —

Schrenck, Erich v., die johanneische Auffassung v. „Leben" m. Berücksicht. ihrer Vorgeschichte untersucht. gr. 8. (VIII, 189 S.) Leipzig 898. A. Deichert Nachf. n. 3. —

Schrenck, Erich v., Jesus u. seine Predigt. Vorträge f. Gebildete. 8. (X, 234 S.) Göttingen 902. Vandenhoeck & Ruprecht. n. 2. 40; geb. n. 3. 20

Schrenck, Frz. Frhr. v., in ernsten u. heiteren Stunden. Gedichte. 8. (VII, 92 S.) Dresden 896. E. Pierson. n. 1. 50; geb. in Celluloid m. Goldschn. n. 2. 50

Schrenck, **Leop. v.**, s.: **Beiträge zur Kenntniss des Russischen Reiches.**

Schrenck, Leop. von, Meteorolog. Beobachtungen im Amur-Lande und Resultate aus denselben. (Bd. IV, Lieferung 1 der Reisen und Forschungen im Amur-Lande, in den Jahren 1854—1856.) St. Petersburg 1876.

Schrenck, Leop. v., der erste Fund einer Leiche vom Rhinoceros Merckii Jaeg., s.a. Mémoires de l'Académie impériale des sciences de St.-Pétersbourg.

von **Schrenck**, Leopold: Der erste Fund einer Leiche von Rhinoceros Merckii Jaeg. (Mémoires de l'Academie Imperiale des Sciences de St.-Petersbourg. Sér. 7. T. 27. No 7.) St.-Petersbourg 1880 (II), 55 S., 3 Tf. 4⁰.

[Umschlagt.; Bd 2: Tit.:] Reisen und Forschungen im Amur-Lande in den Jahren 1854—1856 im Auftr. d. Kais. Akad. d. Wiss. zu St. Petersburg ausgeführt u. in Verbindg m. mehreren Gelehrten hrsg. v. Dr. Leopold v. **Schrenck**. Bd I. II. III, [nebst] Anh. IV. *St. Petersburg. Comm. Eggers & C. 1858—95.* 5 Bde 4.
I Lfg 1 Einl. Saugethiere ... M. 9 Taf. u 1 Kt 1858. (1 Bl., XXXI, 213 S., 9 Taf., 1 Kt.)
2 Vogel ... M. 7 color. Taf. 1860 (1 Bl., 215—567 S., 7 Taf.)
II Zoologie: Lepidopteren (Bearb.: E. Ménétriès), Coleopteren (Bearb.: V[ictor] de Motschulski [Močul'skij]). Mollusken M. 28 col. Taf. u. 3 Kt (In 3 Lfgn) 1859—67 (3 Bl., 257 S., 2 Bl., 259—976 S., 28 Taf., 3 Kt)
III Die Volker ..
Lfg 1. Geogr.-histor. u. anthropol.-ethnolog. Th. M. 1 Kt, 3 lith u. 5 phototyp. Taf. 1881 (2 Bl., IX, 310 S., 1 Kt., 8 Taf.)
2 3 Ethnogr. Th.
Hälfte 1. M. 37 lith. ... Taf. u. 13 Holzschn. im Text 1891 (2 Bl. XIX, 311—630 S., 37 Taf.)
2 M. 24 lith. ... Taf. u. 11 Holzschn. im Text. (Hrsg.: F[edor] Russow, Custos am akad. Mus. f. Anthropol.) 1895. (2 Bl., XV, 631—776 S., 1 Bl., 24 Taf.)
Anh. z. III. Lfg 1. [Mehr nicht erschienen.] Linguist. Ergebnisse. Bearb. v. Dr. Wilhelm Grube, a. o. Prof. an d. Univ. Berlin. 1. Giljakisches Wörterverz. nebst gramm. Bemerkgn. 1892. (4 Bl., II, 150 S.)
IV. Lfg 1. Meteorol. Beobachtgn im Amur-Lande u. Resultate aus dens. (Mitarb.: W[ladimir] Koppen u. H. Fritzsche.) 1876. (1 Bl., II S., 1 Bl., 372 S., 1 Bl.)
2. Ueb. d. Klima Ostasiens, insbes. d. Amur-Landes, China's u. Japan's v. Dr. H. Fritzsche. M. 13 Isothermenkt. 1877. (1 Bl., 373—497 S., 13 Kt ...)

von **Schrenck**, Leopold: Reisen und Forschungen im Amur-Lande in den Jahren 1854—1856. Im Auftrage der Kaiserlichen Akademie der Wissenschaften zu St. Petersburg ausgeführt und in Verbindung mit mehreren Gelehrten herausgegeben. St. Petersburg 1859—1900. 8 Bde. 4⁰.
Bd. 1. Zoologie: Säugethiere, Vögel.
Bd. 2. Zoologie: Lepidopteren. Coleopteren. Mollusken. Mit 28 colorirten Tafeln und 3 Karten. 1859—1867.
Bd. 3. Die Völker des Amur-Landes. Lfg. 1. Geographisch-historischer und anthropologisch-ethnologischer Theil. Mit einer Karte, 3 lithographischen und 5 phototypischen Tafeln. 1881. Lfg. 2. Ethnographischer Theil. 1. Hälfte. Mit 37 lithographischen, zum Theil farbigen Tafeln und 13 Holzschnitten im Text. 1891. 2. Hälfte. Mit 24 lithographischen, zum Theil farbigen Tafeln und 7 Holzschnitten im Text. 1895.
Anhang zum Bd. 3. Linguistische Ergebnisse. Bearbeitet von Wilhelm Grube. Lfg. 1. Giljakisches Wörterverzeichniss nebst gramm. Bemerkungen. 1892. Lfg. 2. Goldisch-deutsches Wörterverzeichniss. 1900.
Bd. 4. Lfg. 1. Meteorologische Beobachtungen im Amur-Lande und Resultate aus denselben. Lfg. 2. Ueber das Klima Ostasien's, insbesondere des Amur-Landes, China's und Japan's von H. Fritsche. 1876.

Schrenck, **Leop. v., Reisen und Forschungen im Amur-Lande in den J. 1854—1856 im Auftrage der kaiserl. Akademie der Wissenschaften zu St. Petersburg ausgeführt und in Verbindung mit mehreren Gelehrten hrsg. 1. und 2. Bd. à 2 Lfgn. Imp.-4. St. Petersburg. (Leipzig, Voss.) Thlr.** *

Inhalt:
Bd. 1. Lfg. 1. Einleitung. Säugethiere des Amur-Landes. (XXXI und 214 S. mit 9 ill. Stnt. und chromolithogr. Karte in Imp.-Fol.) 858. ** 3 Thlr. 10 Ngr.
» 1. » 2. Vögel des Amur-Landes. (S. 215—567 mit 7 ill. Stnt.) 859. ** 4 Thlr. 2 Ngr.
» 2. » 1. Lepidopteren. (75 S. mit 5 ill. Stnt.) 860. ** 1 Thlr. 13 Ngr.
» 2. » 2. Coleopteren. (S. 76—258 mit 6 ill. Stnt. und 1 chromolithogr. Karte in Imp.-Fol.) 860. ** 2 Thlr. 28 Ngr.

Schrenck, Leop. v., Reisen und Forschungen im Amur-Lande in den J. 1854—1856 im Auftrage der kaiserl. Akademie der Wissenschaften zu St. Petersburg ausgeführt und in Verbindung mit mehreren Gelehrten hrsg. 2. Bd.: Zoologie. 3. Lfg.: Mollusken des Amur-Landes und des nord-japanischen Meeres. Imp.-4. (VIII und S. 259—976 mit 17 ill. Stnt. und 2 lithogr. Karten in Fol. und gr. Fol.) St. Petersburg 867. Leipzig, Voss. *
1. Bd. 1. und 2. Lfg. und 2. Bd. 1. und 2. Lfg. Ebendas. 1858—60. * 11 Thlr. 23 Ngr.

Schrenck, Leop. v., Reisen und Forschungen im Amur-Lande, in den J. 1854—1856 im Auftrage der kaiserl. Akademie der Wissenschaften zu St. Petersburg ausgeführt und in Verbindung mit mehreren Gelehrten hrsg. 4. Bd. 1. und 2. Lfg. gr. 4. St. Petersburg. (Leipzig, Voss' Sortiment.) *

Inhalt:
Lfg. 1. Meteorologische Beobachtungen im Amur-Lande und Resultate aus denselben. (III, S. 1—372.) 876. * ℳ 9,70.
» 2. Fritsche, H., über das Klima Ostasiens, insbesondere des Amur-Landes, China's und Japan's. (S. 373—497 mit 17 lithogr. Isothermenkarten.) 877. * ℳ 11,20.
1. und 2. Bd. (Ebendas.) 1858—67. * ℳ 65,30.
Der 3. Bd. ist noch nicht erschienen.

—— Reisen und Forschungen im Amur-Lande, in den J. 1854—1856 im Auftrage der kaiserl. Akademie der Wissenschaften zu St. Petersburg ausgeführt und in Verbindung mit mehreren Gelehrten hrsg. 3. Bd. 1. Lfg.: Die Völker des Amur-Landes. Geographisch-histor. und anthropologisch-ethnolog. Theil. Imp.-4. (IX, 310 S. mit 1 chromolithogr. Karte, 3 lithogr. und 5 phototyp. Taf.) St. Petersburg 881. (Leipzig, Voss' Sortiment.) *
1. und 2. Bd. und 4. Bd. 1. und 2. Lfg. (Ebendas.) 1858—77. * ℳ 86,20.

Schrenck, **Leop. v. Reisen u. Forschungen im Amur-Lande, in den J. 1854—1856 im Auftrage der kaiserl. Akademie der Wissenschaften zu St. Petersburg ausgeführt u. in Verbindg. m. mehreren Gelehrten hrsg. 3. Bd. 2. Lfg. Die Völker d. Amur-Landes. Ethnographischer Thl. 1. Hälfte. Mit 37 lithogr., zum Thl. farb. Taf. u. 13 Holzschn. im Text. Imp.-4. (XIX, S. 311—630.) St. Petersb. 891. (Eggers u. Comp. — Lpz., Voss' Sort.)** * 35 —
1., 2. Bd., 3. Bd. 1. Lfg., 4. Bd. 1. u. 2. Lfg. Ebd. 1858—81. * 101 70.

— dasselbe. Anh. zum III. Bde. 1. Lfg. Imp.-4. Ebd. 892. n. 5. 15 (I, 1. 2; II, III, 1. 2. u. Anh. 1. Lfg. u. IV, 1. 2.: n. 141. 15)
Linguistische Ergebnisse. Bearb. v. Wilh. Grube. I. Giljakisches Wörterverzeichniss, nebst grammat. Bemerkgn. (VII, II, 150 S.)

— Reisen u. Forschgn. im Amur-Lande, in den J. 1854—1856 im Auftr. d. kaiserl. Akademie d. Wissenschaften zu St. Petersburg ausgef. u. in Verbindg. m. mehr. Gelehrten hrsg. 3. Bd. 3. Lfg. Die Völker d. Amur-Landes. Ethnograph. Thl. 2. Hälfte. M. 24 lith., zum Thl. farb. Taf. u. 11 Holzschn. im Text. Imp.-4. (XV u. S. 631—776.) St. Petersburg 895. (Leipzig, Voss' Sort.) n. 35. —
(I, 1. 2. II. III, 1.—3. u. IV, 1. 2.: n. 171. —

Schrenck, Leop. v., Strömungsverhältnisse im ochotskischen u. japan. Meere, s.a. Mémoires de l'académie impériale des sciences de St. Pétersbourg.

von **Schrenck**, Leopold: Strömungsverhältnisse im Ochotskischen und Japanischen Meere und in den zunächst angränzenden Gewässern. Nach Temperaturbeobachtungen auf Russischen Kriegsschiffen. Mit 2 Karten und 10 Diagramm-Tafeln. (Mémoires de l'Académie Impériale des Sciences de St.-Pétersbourg. Sér. 7. T. 21. No. 3.) St.-Pétersbourg 1873. 70 S. 4⁰.

Schrenck, L. v., zur Vorgeschichte d. Expedition nach den neusibirischen Inseln u. dem Jana-Lande, s.a. Beiträge zur Kenntniss d. russischen Reiches u. der angrenzenden Länder Asiens.

von **Schrenck,** Leopold: Zur Vorgeschichte der von der Kaiserlichen Akademie der Wissenschaften ausgerüsteten Expedition nach den Neusibirischen Inseln und dem Jana-Lande. ([S.-A.] Beiträge zur Kenntniss des Russischen Reiches und der angrenzenden Länder Asiens. 3. Folge. Bd. 1.) St. Petersburg 1885. 61 S., 1 Krt. 8°.

Schrenck, M. Friedrich, s. Schrenk

Schrenck, Otto v., üb. ektopische Gravidität. Diss. gr. 8. (219 S.) Jurjew (Dorpat) 893. (E. J. Karow.) n. 4. 20

Schrenck-Notzing, Albert Frhr. von

Schrenck-Notzing, Frhr. v., die Bedeutung narcotischer Mittel f. den Hypnotismus, s.: Schriften der Gesellschaft f. psychologische Forschung.

Ein Beitrag zur Aetiologie der conträren Sexualempfindung. Von Dr. Freiherrn [Albert] v. Schrenck-Notzing, pr. Arzt in München. *Wien: A. Hölder 1895.* (36 S.) 8.
= Zeit- u. Streitfragen, Klinische. Bd IX. H. 1. [96. 81

— e. Beitrag zur psychischen u. suggestiven Behandlung der Neurasthenie. gr. 8. (48 S.) Berlin 894. H. Brieger. n. 1. 50

Schrenck-Notzing, Albert Freiherr von [app. Arzt aus Oldenburg]: Ein Beitrag zur therapeutischen Verwerthung des Hypnotismus ... Leipzig: Druck v. J. B. Hirschfeld 1888. 2 Bl. + 94 S. 8°
München, Med. Fak., Inaug.-Diss. v. 1888

Schrenck-Notzing, Alb. Frhr. v., ein Beitrag zur therapeutischen Verwerthung des Hypnotismus. gr. 8. (94 S.) Leipzig 888, F. C. W. Vogel. *

Schrenck von Notzing, Albert Frh. von, approb. Arzt aus Oldenburg i. G.: Beiträge zur Kenntniß der angeborenen Luxationen im Sprunggelenk. Leipzig 1902: B. Georgi. (35 S.) 8°
Leipzig, Med. Diss. v. (6. Dez.) 1902

— der Prozeß Czynski, s.: Grashey.

Schrenck-Notzing, (A[lbert]) von. Die Traumtänzerin Magdeleine G . Eine psychologische Studie über Hypnose und dramatische Kunst. Unter Mitwirkung des Dr. med. F E Otto Schultze ⟨Naumburg⟩ von Dr. Freiherrn von Sch'-N'.... [Mit Noten.] VIII + 176 S. 8. Stuttgart, Ferdinand Enke, 1904. [M. 4. 60]
Mme G. ist schweizerischer Herkunft und lebte als Kind in Genf.

— der Hypnotismus im Münchener Krankenhause (links der Isar). Eine krit. Studie üb. die Gefahren der Suggestivbehandlg. gr. 8. (39 S.) Leipzig 894. J. A. Barth. n. 1. —

— üb. Spaltg. d. Persönlichkeit (sogenanntes Doppel-Ich). gr. 8. (23 S.) Ebd. 896. n. — 90

Schrenck-Notzing, Frhr. v., kriminalpsychologische u. psycho-pathologische Studien. Gesammelte Aufsätze aus den Gebieten der Psychopathia sexualis, der gerichtl. Psychiatrie u. der Suggestionslehre. gr. 8. (VIII, 207 S.) Leipzig 902. J. A. Barth. n. 4. 80; geb. in Leinw. n. 5. 80

— über Suggestion u. Erinnerungsfälschg. im Berchtold-Process (Verhandlg. wegen dreifachem Raubmord u. Diebstahl vor d. oberbayer. Schwurgericht vom 1.—14. X. 1896). [Aus: „Zeitschr. f. Hypnot., Psychotherapie etc.“] gr. 8. (111 S.) Leipzig 897. J. A. Barth n. 3. —

— üb. Suggestion u. suggestive Zustände. Vortrag, geh. am 17. März 1893 in der anthropolog. Gesellschaft in München. [Aus: „Allg. Zeitung“, Beilage.] gr. 8. (40 S.) München 893. J. F. Lehmann's Verl. n. 1. —

Schrenck-Notzing, Frhr. v., die Suggestions-Therapie bei krankhaften Erscheinungen d. Geschlechtssinnes m. besond. Berücksicht. der conträren Sexualempfindung. gr. 8. (XVII, 314 S.) Stuttgart 892. F. Enke. n. 8. —

— Tunis u. seine Umgebung, s.: Kleist, L.

Schrener, J., der kleine Schreibmeister, od. Vorschriften zur Uebung im Schön- u. Schnellschreiben. Schmal qu. 4. (12 lith. Bl.) Bremen 833, Kaiser.

Schreniawa von Sartini, M. (Red.), s. Zeitung, Lemberger.

Schrenk, Frau, Frauendienst, s.: Pfeil, Gräfin.

Schrenk, von, Vermessungs-Direktor. Topographische Karte des Herzogthums Oldenburg im Maassstabe von 1 : 300000 in 14 Blättern. Blatt VI (corrigirt bis 1861), X (corrigirt bis 1878). Oldenburg

Schrenk, Frh. von, Resultate der behufs der... Landes-Parzellar-Vermessung in den J. 1835, 36 und 37 ausgeführten Triangulation. Oldenburg 1838.

Schrenk, wo liegt unsere Kraft? Festpred. b. d. 78. Jahresfeier der Evang. Gesellschaft. (8 S.) 8. Stuttgart 908. Buchh. der ev. Gesellschaft. — 20

Schrenk, A., s. Schrenk, Elias

Schrenk, Adolf [Rechtspraktikant in Nürnberg]: Die bedingte Verurteilung ... Erlangen, Druck d. Univ.-Buchdr. v. E. Th. Jacob, 1892; 39 S. 8.
Erlangen, Jur. Fak., Inaug.-Diss. v. 1892

Schrenk, Alexander Gustav

Schrenk, Alex. Gust., Enumeratio plantarum, s. Enumeratio.

—— de formatione pennae. Dissertatio inauguralis. 4maj. (33 S. mit 1 lithogr. Tab.) Mitaviae 849, Reyher'sche Vrlgsh.

Schrenk, Alex. Gust., Reise nach d. Nordosten des europäischen Russlands, durch die Tundren der Samojeden, zum arktischen Uralgebirge für den Kaiserl. botan. Garten zu St. Petersburg im J. 1837 ausgeführt. 1. Thl.: Historischer Bericht. Mit 2 Steindr.-Taf. Lex. 8. (XLIV u. 730 S.) Dorpat 848. (Leipzig, Voss.) n. n. $4^2/_3$ ℛ

Schrenk, Alex. Gust., Reise nach dem Nordosten des europäischen Russlands, durch die Tundren der Samojeden, zum arktischen Uralgebirge, für den kaiserl. botan. Garten zu St. Petersburg im J. 1837 ausgeführt. 2. Thl.: Wissenschaftliche Beilagen. Lex.-8. (IV und 569 S. mit 4 Stnt. in 4. und 1 Tab. in qu. gr. Fol.) Dorpat 854. (Leipzig, Voss.) **
1. Thl. Ebendas. 1848. *.* 4 Thlr. 20 Ngr.

— Uebersicht der Land- u. Süsswasser-Mollusken Livlands, s.: Bulletin de la Société Imp. des Naturalistes de Moscou. Tome XXI, 1. partie.

— orographisch-geognostische Uebersicht des Uralgebirges im hohen Norden. Aus eigenen u. Anderer Beobachtungen zusammengestellt u. erläutert. Geognostisch-geolog. Abhandlung zur Erlangung der Docentenwürde. gr. 8. (VI u. 79 S.) Dorpat 849. (Glaeser.) n. $^1/_2$ ℛ

—— Uebersicht des obern silurischen Schichtensystems Liv- und Ehstlands, vornämlich ihrer Inselgruppe. 1. Thl.: Geognostisch-geolog. Skizze. gr. 8. (III und 113 S.) Dorpat 854, (Glaeser's Verlag.) *
Aus: Archiv für die Naturkunde Liv-, Ehst- und Kurlands, besonders abgedruckt.

Schrenk, Alfred, aus Biala: Über **Kondensationsprodukte** von Dibrom-p-oxymesitylbromid und anderen Pseudophenolen mit organischen Basen. *Greifswald 1903: H. Adler.* (92 S.) 8°
Greifswald, Phil. Diss. v. 20. Okt. 1903

Schrenk, Elias

—— **Allein durch den Glauben.** 12 Reden. 2. Folge v. „Alles u. in Allem Christus". (1—15, 100.) 12. (III, 178 S.) Kassel 892, Röttger. * — 80; cart. * 1 —; geb. ** 1 40; m. Goldschn. * 1 60

—— dass. — Einzelausg. 12 Hefte. 12. Ebd. 892. à Heft * — 10
1. Alle Dinge sollen uns zum Besten dienen. (16 S.) — 2. Die Sünderin in Simons Haus. (17 S.) — 3. Der Heiland u. die Lauen. (16 S.) — 4. Ein herrlicher Reisepaß. (15 S.) — 5. Vollendet. (15 S.) — 6. Sechs göttliche „Ich will". (17 S.) — 7. Die Berufung Abrahams. (16 S.) — 8. Vergib deinem Bruder. (18 S.) — 9. Wir Haben. (17 S.) — 10. Wie erkenne ich Gottes Willen? (15 S.) — 11. Die Wolke v. Zeugen. (15 S.) — 12. Cornelius. (16 S.)

Allein durch den Glauben. 12 Reden von E[lias] **Schrenk**. 16. bis 19. Taus. *Kassel: E. Röttger [1903].* (178 S.) 8° [F.] [illegible] 4

Schrenk, E., Alles u. in Allen Christus. Zwölf Reden. 1. u. 2. Aufl. 12. (156 S.) Basel 887. 888. Spittler. n. — 80; geb. n. 1. 60

Schrenk, Elias, **Alles u. in Allem Christus.** 12 Reden. 3. Aufl. 12. (155 S.) Basel 891. Jaeger & Kober. n. — 80; geb. in Leinw. n. 1. 60

Schrenk, Elias, Alles u. in Allen Christus. 12 Reden. 5. Aufl. (154 S.) 12. Basel 904. Kober. n. — 80; geb. in Leinw. n. 1. 60

— **befiehl dem Herrn deine Wege. Gedanken üb. das Heirathen.** 12. (VI, 69 S.) Ebd. 892. n. — 50; geb. n. — 80; n. 1. —; m. Goldschn. n. 1. 20

— **dasselbe. 2., verm. Aufl.** 12. (VI, 71 S.) Ebd. 893. n. — 40; kart. n. — 50

Befiehl dem Herrn deine Wege. Gedanken über d. Heiraten von E[lias] Schrenk. 3. Aufl. *Kassel: E. Röttger [1903].* (84 S.) 8° [F.] [illegible] 4

Befiehl dem Herrn deine Wege. Gedanken über das Heiraten von E[lias] **Schrenk**. 6. Aufl. mit Nachtr.: Entlobung. Kassel: E. Röttger (1907). (80 S.) 8°
[Umschlagt.:] Ueber d. Heiraten von E. Schrenk.

— bist du Jesu Jünger? Festpredigt, geh. üb. Jesaias 50, 4—7 am Jahresfest der Evangel. Gesellschaft f. Deutschland in Elberfeld am 5. Aug. 1890. 1. u. 2. Aufl. gr. 8. (15 S.) Elberfeld 890. Buchhandlg. d. Evang. Gesellschaft. n. — 15

Schrenk, A., bist du Jesu Jünger? Festpredigt, geh. üb. Jesaias 50, 4—7 am Jahresfest der evangel. Gesellschaft f. Deutschland in Elberfeld, am 5. Aug. 1890. 3. Aufl. 8. (15 S.) Elberfeld 891. Buchhandlg. der Evang. Gesellschaft. — 15

Seelsorgerliche Briefe für allerlei Leute. Von E[lias] Schrenk. 1.–6. Taus. Kassel: Röttger 1909. 203 S. 8° [illegible] 4

— Seelsorgerliche Briefe f. allerlei Leute. 1. u. 2. Bd. (à 203 S.) 8. Ebd. 909. 10. à 2.25; geb. in Leinw. à 3. —

Dein Wort ist meines Fußes Leuchte. 12 Reden von E[lias] Schrenk. 1.–7. Taus. Kassel: E. Röttger 1904. (173 S.) 8°

— des Jünglings Freund. E. Mitgabe für's Leben. 2. Aufl. 8. bis 12. Taus. 8. (189 S.) Kassel 896. E. Röttger. Geb. n. 1. 20; in Celluloid n. 2. —

Des Jünglings Freund. Eine Mitgabe für's Leben von E[lias] Schrenk. 23.–25. Taus. Kassel: E. Röttger [1905]. (188 S.) 8°

Des Jünglings Freund. Eine Mitgabe für's Leben von E[lias] Schrenk. 26.–29. Taus. Kassel: E. Röttger [1905]. (188 S.) 8°

— **Des Jünglings Freund. Eine Mitgabe fürs Leben.** 5. Aufl. 30.—35. Taus. (176 S.) kl. 8. Ebd. (909). Geb. in Leinw. 1. 20

Göttliche Führung und Geistesleitung von E[lias] Schrenk. Kassel: E. Röttger (1905). (30 S.) 8°

— **göttliche Führung u. Geistesleitung. 2. Aufl. 6–9000. (30 S.) kl. 8. Ebd. (906).** n. — 20

... Gedanken über das Heiraten von E[lias] **Schrenk**. 5. Aufl. Kassel: E. Röttger (1905). (79 S.) 8° [F.]
[Umschlagt.:] Ueber d. Heiraten von E. Schrenk. [illegible] 4

Gerecht durch den Glauben! Vortr. d. Hn. Predigers **Schrenk** im Ev. Vereinshaus zu Darmstadt am 18. Nov. 1897 üb. Römer 5, 1–5. Nach d. Aufzeichngn e. Hörers. Cassel: E. Röttger (1898). (15 S.) 1 Bd 8°

— **das Jungfrauenleben im Lichte d. Evangeliums. 8. (29 S.) Basel 891. Missionsbuchh. — Kassel, E. Röttger. n. — 20; geb. n. — 60; m. Goldschn. n. 1. —**

— **dasselbe. 2., m. Rücksicht auf Konfirmanden veränd. Aufl.** 8. (31 S.) Basel 892. Missionsbuchh. n. — 20

Schrenk, E. Das Jungfrauenleben im Lichte des Evangeliums. 3. Aufl. In-8°. 31 S. Basel, Missionsbuchh. 1895 — 25

— das Jungfrauenleben im Lichte d. Evangeliums. 4. Aufl. 8. (37 S.) Basel 898. Missionsbuchh. n. — 20; geb. n. — 60

— **das Jungfrauenleben** im Lichte des Evangeliums 5. Aufl. 8. (39 S.) Basel (901). Missionsbuchh. n. — 20

— **das Jungfrauenleben im Lichte des Evangeliums.** 6. Aufl. (39 S.) 8. Basel (905). Basler Missionsbuchh. n. — 20

— Krankenheilung durch den Glauben. 8. (15 S.) Elberfeld 897. Buchh. d. Evang. Gesellschaft. — 15

[F. u. Ant.] Krankenheilung durch den Glauben. Von E[lias] Schrenk. (2. Aufl.) *Elberfeld: Buchh. d. Evang. Gesellsch. 1897.* (15 S.) 1 Bd 8. [illegible]

— **Krankenheilung durch den Glauben. 4. Aufl. (20 S.) kl. 8. Elberfeld 902. Buchh. der ev. Gesellschaft. n. — 15**

— **das Leben ist erschienen. Predigt üb. 1. Johannis 1, Vers 1—4. gr. 8. (12 S.) Elberfeld 892. Buchh. der Evangel. Gesellschaft.** — 15

— d. Licht d. Kreuzes Jesu Christi. Predigt üb. Galater 6, 14, 15. 8. (8 S.) Ebd. 897. n. — 10

[Umschlagt.:] [F.] Das Licht des Kreuzes Jesu Christi. Predigt über Galater, 6, 14, 15 v. E[lias] Schrenk. 2. Aufl. *Elberfeld: Buchh. d. Ev. Ges. 1897.* (8 S.) 1 Bd 8. [98. 4294

Schrenk, E., die Philadelphia-Gemeinde. Festpredigt, gehalten über Offenbarung Johannis 3, 7—13 am Jahresfeste der Evangel. Gesellschaft für Deutschland in Elberfeld, am 7. Aug. 1888. gr. 8. (24 S.) Elberfeld 888, Buchh. der Evangel. Gesellschaft. *

Schrenk, E(lias). Pilgerleben und Pilgerarbeit. (Selbstbiographie.) 1.—7. Tausend. [Mit 1 Porträt- und 1 Facsimile-Tafel.] 230 [+ 10] S. 8. Kassel, Ernst Röttger, (1905). [geb. M. 3. —] N 4111

— Pilgerleben u. Pilgerarbeit. 2. Aufl. 8.—15. Taus. (230 S. m. Bildnis u. Fksm.) 8. Kassel (905). E. Röttger. n. 2.25; geb. Leinw. n. 3.—; in Goldschn. n. 3. 50

Schrenk, E(lias). Pilgerleben und Pilgerarbeit. (Selbstbiographie.) 2. Aufl. 8.—15. Tausend. [Mit 1 Porträt- und 1 Facsimile-Tafel.] 242 [+ 14] S. 8. Kassel, Ernst Röttger, [1906]. [geb. M. 3. —]

— s.: Pilgerpsalter, der.

Ein herrlicher Reisepass. Rede von E[lias] Schrenk. *Kassel: E. Röttger (1892).* (15 S.) 8° [F.]
Aus: Schrenk: Allein durch d. Glauben. ⟨4. Rede.⟩ [00. 7038 4

Schrenk, Elias, siehe, ich bin d. Herrn Magd. Predigt üb. Lukas 1, 38. gr. 8. (16 S.) Elberfeld 898. Buchh. d. Evang. Gesellschaft. n. — 10

— suchet in der Schrift. Tägliche Betrachtgn. f. das ganze Jahr, m. Anh. 1.—10. Tausend. 8. (IV, 379 S.) Cassel 890. Röttger. n. 2. 25; geb. n.n. 2. 75; n. 3. —; m. Goldschn. n. 3. 20

Suchet in der Schrift. Tägl. Betrachtungen f. d. ganze Jahr mit Anh. Von E[lias] Schrenk. (2. Aufl.) Kassel: E. Röttger (1892). (387 S.) 8° [F.] [07. 5933 4

— suchet in der Schrift. Tägliche Betrachtgn. f. das ganze Jahr, m. Anh. 11. bis 17. Taus. 8. (VIII, 287 S.) Kassel 893. E. Röttger. 2. 25; geb. in Leinw. 3. —

— suchet in der Schrift. Tägl. Betrachtgn. f. das ganze Jahr m. Anh. 18.—24. Taus. gr. 8. (VIII, 387 S.) Cassel 896. E. Röttger. n. 2. 25; geb. n. 2. 60; in Kapsel n. 3. —; in Ldr. n. 4. —; m. Goldschn. 4. 50

Suchet in der Schrift. Tägl. Betrachtungen f. d. ganze Jahr mit Anh. Von E[lias] Schrenk. 32. bis 36. Taus. *Kassel: E. Röttger [1903].* (VIII, 387 S.) 8° [F.] [04. 1030 4

— suchet in der Schrift. Tägliche Betrachtgn. f. das ganze Jahr, m. e. Anh. 38.—41. Taus. (VIII, 387 S.) 8. Ebd. (906). Geb. n. 2. 60; eleg. geb. n. 3. —; m. Goldschn. n. 3. 60; in Ldr. m. Goldschn. n. 6. —; geh. n. 2. 25

— Suchet in der Schrift. Tägl. Betrachtgn. f. das ganze Jahr, m. Anh. 42.—48. Taus. Verm. durch e. Familien-, Kinder- u. Gäste-Chronik u. 4 Illustr.: Weihnachten — Sie rührte seines Kleides Saum an — Jesus d. Kinderfreund — Golgatha. (XVI, 384 S.) 8. Ebd. (910). Geb. 2.60; eleg. geb. 3.—; m. Goldschn. 3.50; in Ldr. m. Goldschn. 6.— ; geh. 2. 25

— das hl. Vaterunser. Ausgelegt f. die Gemeinde. 1.—5. Taus. 12. (62 S.) Kassel (901). E. Röttger. n. — 50; geb. in Leinw. n. 1. —

Das heilige Vaterunser. Ausgelegt f. d. Gemeinde von E[lias] Schrenk. 6.–10. Taus. Kassel: E. Röttger (1900). (62 S.) 8°

Das heilige Vaterunser. Ausgelegt f. d. Gemeinde von E[lias] Schrenk. 11.–15. Taus. Kassel: E. Röttger [1905]. (62 S.) 8°

— Gottes Volk u. seine Aufgabe. Festpredigt, geh. üb. 1. Petri 2, 9 am Jahresfest der Evangel. Gesellschaft f. Deutschland in Elberfeld am 6. Aug. 1889. 8. (15 S.) Elberfeld 889. Buchhandlg. d. Evang. Gesellschaft. — 15

[Umschlagt.: [F.] Vollendet. Rede v. E[lias] Schrenk. *Kassel: E. Röttger [1892].* (S.-A. aus: Schrenk, E.: Allein durch d. Glauben. '(5. Rede.)'). (15 S.) 1 Bd 8. [98. 4296 1?

Vollendet. Rede von E[lias] Schrenk. *Kassel: E. Röttger (1892).* (15 S.) 8° [F.]
Aus: Schrenk: Allein durch d. Glauben. ⟨5. Rede.⟩ [00. 7039 4

Was lehrt uns die Casseler Bewegung? Von E[lias] Schrenk. 1.–6. Taus. Cassel: E. Röttger (1907). (20 S.) 8° [F.]
[Umschlagt.:] Die Casseler Bewegung ⟨Zungenreden, Prophetie, Erweckungen. 1907⟩. [07. 15133 4

Was lehrt uns die Casseler Bewegung? Von E[lias] Schrenk. 2. veränd. u. verm. Aufl. Cassel: E. Röttger (1907). (22 S.) 8° [F.] [08. 13161 4

— Der biblische Weg zu vermehrter Geistesausrüstung. (Referat.) (28 S.) 8. Ebd. (910). — 30

— wen dürstet, der komme. 12 Reden. 12. (III, 239 S.) Elberfeld 899. Buchh. der ev. Gesellschaft. Kart. n. 1. 20; geb. in Leinw. n. 1. 50

Schrenk, Elias, wie soll ich zum hl. Abendmahl gehen? Wie steht es m. deinem Beten? 8. (14 S.) Kassel 897. E. Röttger. n. — 15

Schrenk, Elias, wie soll ich zum hl. Abendmahl gehen? Wie steht es m. deinem Beten? 3. Neudr. (14 S.) 8. Kassel 908. E. Röttger. — 15

— wie wird Christus am besten ergriffen? Vortrag, geh. in Bockenheim bei Frankfurt a. M. auf der 4. „Studentenkonferenz zur Vertiefg. christl. Lebens u. zur Anregg. christl. Werkes unter der studier. Jugend". 8. (12 S.) Kassel 893. E. Röttger. n. — 10

Wie wird Christus am besten ergriffen? Vortrag von E[lias] Schrenk. 2. durchges. Aufl. Kassel: E. Röttger [1900]. (15 S.) 8°

Schrenk, Elias, wie wird Christus am besten ergriffen? Vortrag, geh. in Bockenheim bei Frankfurt a. M. auf der 4. „Studentenkonferenz zur Vertiefg. christl. Lebens u. zur Anregg. christl. Werkes unter d. studier. Jugend". 2. durchgeseh. Aufl. 9.—11. Taus. 8. (15 S.) Kassel (901). E. Röttger. n.n. — 10

— wie wird Christus am besten ergriffen? Vortrag, geh. in Bockenheim bei Frankfurt a. M. auf der 4., „Studentenkonferenz zur Vertiefg. christl. Lebens u. zur Anregg. christl. Werkes unter der studier. Jugend". 4. durchgeseh. Aufl. (14 S.) 8. Kassel (906). E. Röttger. n. — 10

— wir sahen Seine Herrlichkeit. Betrachtungen üb. das hohepriesterl. Gebet d. Herrn. 12. (IV, 145 S.) Cassel 888. Röttger. n. — 80; geb. n. 1. 20; m. Goldschn. n. 1. 40

— wir sahen Seine Herrlichkeit. Betrachtgn. üb. das hohenpriesterl. Gebet d. Herrn. 3. Aufl. (11.—14. Taus.) 12. (IV, 155 S.) Ebd. 896. n. — 80; kart. n. 1. —; einf. geb. n. 1. 20; eleg. geb. n.n. 1. 40; m. Goldschn. n. 1. 60

— Wir sahen seine Herrlichkeit. Betrachtungen üb. d. hohepriesterl. Gebet des Herrn. 5. Aufl. (18.—21. Taus.) (159 S.) 8. Ebd. (907). — 80; kart. n 1.—; geb. 1.40; m. Goldschn. n 1. 60

— s.a. Wirken, das, des hl. Geistes in der Seelenwelt.

Das Wirken des heiligen Geistes in der Seelenwelt. Vorträge von Pred. Elias Schrenk in Barmen, Pred. Markus Hauser in Zürich. P. [Ferd.] Herbst in Barmen, P. O(tto) Stockmayer in Hauptweyl u. And. T. 1. Potsdam: Siloah [1901]. 8°

— die grundlegenden Wirkungen des hl. Geistes im Menschenherzen. [Aus: „Das Wirken des hl. Geistes in d. Seelenwelt".] gr. 8. (16 S.) Potsdam (901). „Siloah". n. — 20

Die Wolke von Zeugen. Rede von E[lias] Schrenk. *Kassel: E. Röttger (1892).* (15 S.) 8° [F.]
Aus: Schrenk: Allein durch d. Glauben. (11. Rede.) [illegible] 4

[Ant. u. K.] Ein Wort über Sündlosigkeit v. E. Schrenk. *Elberfeld: Buchh. d. Ev. Ges. 1896.* (15 S.) 1 Bd 8. 198 680

— ein Wort üb. Sündlosigkeit. 3., verm. Aufl. 12. (15 S.) Elberfeld 897. Buchh. d. Evang. Gesellsch. n. — 10

— ein Wort über Sündlosigkeit. 5. Aufl. 12. (15 S.) Elberfeld 902. Buchh. der ev. Gesellschaft. n. — 10

Ein Wort über Sündlosigkeit. Von E[lias] **Schrenk**, Pred. in Barmen. 6. Aufl. Elberfeld: Ev. Gesellsch. f. Deutschland 1906. (14 S.) 8° [F.] 106. 1165 B

Schrenk. Erich von. s. Schrenck

Schrenk, Friedrich [approb. Arzt aus Langenzenn]: Über Menstrualexantheme ... Würzburg: Becker's Univ.-Buchdr. 1885. 17 S. + 1 Bl. 8°
Würzburg, Med. Fak., Inaug.-Diss. v. 1885.

Schrenk, Friedrich, über Menstrualexantheme. Diss. Würzburg 1885. Stahelsche Univ.-Buchh. 8°. 17 S.

Schrenk, Gust., s. Schrenk, Alexander Gustav

Schrenk, Jonathan, approb. Arzt aus Wädenswyl (Schweiz): Ein Beitrag zur Frage der malignen hypernephroiden Nierentumoren. Leipzig 1904: B. Georgi. (38 S.) 8°
Leipzig, Med. Diss. v. (11. März) 1904.

Schrenk, Leop., Ideen zu einer Hydrographie der Landseen mit besonderer Rücksicht auf die Seen der Alpen. Ein Beitrag zur allgemeinen vergleichenden Geographie. gr. 8. (59 S.) Dorpat 852, (Glaeser's Verlag.) *

Schrenk, Leop., über die Luchsarten des Nordens und ihre geograph. Verbreitung. Ein Beitrag zur zoolog. Geographie. Zur Erlangung der Würde eines Magisters der Philosophie verfasst. gr. 8. (69 S.) Dorpat 849, (Glaeser's Verlag.) *

Schrenk, M. Friedrich

Schrenk, M. Fr., Aus der Geschichte der Entstehung und Entwicklung der ev.-luth. Kolonien in den Gouv. Bessarabien und Cherson., speziell in kirchlicher Beziehung. 167 S. Odessa: Nitzsche 1901 IfA

Schrenk, M. Fr., aus der Geschichte der Entstehung u. Entwickelung der evangelisch-lutherischen Kolonien in d. Gouvernements Bessarabien u. Cherson, speciell in kirchlicher Beziehg. gr. 8. (III, 167 S.) Odessa 901. (Stuttgart, J. F. Steinkopf.) n. 2. 40

Schrenk, M. Friedrich: Geschichte der dt. Kolonien in Transkaukasien. Zum Gedächtnis des 50jähr. Bestehens derselben bearb. — Tiflis: (Evangel.-Lutherische Colonialsynode) 1869. IV, 197 S.

Schrenk, M. Fr., Jubiläumsgeschichte. 17 S. Odessa: Nitzsche 1886

Schrenk, Jubiläumsgeschichte. — Odessa 1896

Schrenk, Otto, keine Trichinenfurcht mehr! Zuverlässige Anweisung zur schnellen und vollständ. Tödtung der in den menschl. Körper übergegang. Trichinen und deren gänzl. Austreibung aus demselben. Naturwissenschaftlich und medizinisch dargestellt nebst Winke für Landwirthe zur gänzl. Vermeidung der Trichinen bei der Viehzucht. 16. (23 S.) Naumburg 864, Regel. *

Schrenk, S., 75 Jahre innere Mission in Straßburg 1834—1909. Festschrift zum 75jähr. Jubiläum der evangel. Gesellschaft in Straßburg zur Förderg. d. inn. Mission. 2. V. 1909. Hrsg. im Auftrag des Comite. (51 S. m. Abbildgn.) 8. Straßburg (909). Buchh. der ev. Gesellsch. — 40

75 Jahre Innere Mission in Straßburg 1834–1909. Festschrift z. 75jähr. Jubiläum d. Evang. Gesellschaft in Straßburg z. Förderung d. Inneren Mission. 2. Mai 1909. Hrsg. im Auftr. d. Comité von Pfarrer S. Schrenk. (Straßburg 1909: Elsaß-Lothr. Dr.) 51 S. 8°

Schrenkendorf, Gf., († 1782.) Fabeln u. Erzählungen. 8. Dresd. 792. Richter. 4 gl

— Leben d. großen Diana. 8. Dresd. 761.

— Versuch in moral. Gedichten, in 4 Büchern. 8. Dresd. 752. Gröll. 8 gl

Schrentzel, Wilhelm [aus Stettin]: Ueber die Integration der Differentialgleichung zweiter Ordnung der Fuchs'schen Klasse mit drei, im Endlichen gelegenen, singulären Punkten ... Göttingen, Druck d. Univ.-Buchdr. v. W. F. Kaestner, *1893;* 2 Bl., 45 S., 1 Bl. 4.
Berlin, Phil. Fak., Inaug.-Diss. v. 13. Mai 1893

Schrentzel, Wilh., üb. die Integration der Differentialgleichung 2. Ordnung der Fuchs'schen Klasse, m. 3, im Endlichen gelegenen, singulären Punkten. gr. 4. (45 S.) Göttingen 893. (Berlin, Mayer & Müller.) n. 2. —

Schrenzel, M., die Valutaregulirung vor dem Reichsrathe. gr. 8. (46 S.) Wien 892. (M. Breitenstein.) n. — 75

Schrenzel, Moses, die Lösung der Judenfrage. Allen Angehörigen des jüd. Stammes zur Beherzigung empfehlen. 8. (30 S.) Lemberg 881. (Wien, Lippe.) *

Schrenzel, Moses, die Lösung der Judenfrage. Allen Angehörigen des jüd. Stammes zur Beherzigung empfohlen. 8. (30 S.) Lemberg 881. (Wien, D. Löwy.) n. — 50

Schrepfer, Ign., die anomalen Verba der attischen Prosa übersichtlich geordnet. gr. 8. (24 S.) Bamberg 859, Buchner'sche Buchh. *

Schrepfer, Ign., die unregelmäßigen Verba der attischen Prosa. Für den Schulgebrauch zusammengestellt. 2., verb. Aufl. gr. 8. (28 S.) Bamberg 864, Buchner'sche Buchh. *

Schrepfer, Rudolf: Pfalzbayerns Politik im Revolutionszeitalter von 1789–1793. Nürnberg 1903. (S. 1–32, 93–102.) 8⁰
[Erschien vollst. 1903 bei J. F. Lehmann in München.]
München, Phil. Diss. v. 1903

Pfalzbayerns Politik im Revolutionszeitalter von 1789–1793. Auf Grund archival. Materials bearb. von Rudolf Schrepfer. *München: J. F. Lehmann 1903.* (VIII, 137 S.) 8° [03. 7697

Schrepper, Aug., 200 Stilübungen im Anschluß an das deutsche Lesebuch mit Bildern von Gabriel und Supprian. Zur Vorbereitung, Unterstützung und Ergänzung des Aufsatzunterrichtes für den Schulgebrauch entworfen und ausgeführt. gr. 8. (X, 90 S.) Bielefeld 888, Velhagen und Klasing. *

Schrepper, Aug., deutsche Uebungen in konzentrischen Kreisen im Anschluß an das deutsche Lesebuch m. Bildern v. Gabriel u. Supprian. [Ausg. in 2 Tln.] Vorwort u. 5 Hfte. 8. Bielefeld 884. Velhagen & Klasing. n. 1. 20
Vorwort u. Inhaltsverzeichnis. (8 S.) n. — 10
1–3. (22, 24 u. 24 S.) à n. — 20
4. 5. (à 30 S.) à n. — 25

— dasselbe. Ausg. in 2 Hftn. 8. Ebend. 885. n. — 70
1. Für die Mittelstufe der Volksschule. (47 S.) n. — 30
2. Für die Oberstufe der Volksschule. (89 S.) n. — 40

— dasselbe. Ausg. in 1 Hft. Für die Oberstufe der Volksschule. 8. (72 S.) Ebend. 885. n. — 40

—— dass. — Ausg. in 5 Heften. 1. Heft: Für die untere Mittelstufe der Volksschule. 2. neu bearb. Aufl. 8. (24 S.) Ebendas. 887. *

— deutsche Übungen in konzentrischen Kreisen im Anschluß an das deutsche Lesebuch m. Bildern v. Gabriel u. Supprian. Ausg. in 3 Hftn. 2., verb. Aufl. 8. Ebd. 888. n. — 90
1. Für die untere Mittelstufe der Volksschule. (24 S.) n. — 20
2. Für die obere Mittelstufe der Volksschule. (48 S.) n. — 30
3. Für die Oberstufe der Volksschule. (88 S.) n. — 40

— dasselbe in konzentrischen Kreisen. Ausg. in 3 Hftn. 8. Ebd. n. — 90
1. Für die untere Mittelstufe der Volksschule. 3. Aufl. (24 S.) 892. n. — 20
2. Für die obere Mittelstufe der Volksschule. 3. Aufl. (52 u. IV S.) 892. n. — 30
3. (Früher 2. Hft. der Ausg. in 2 Hftn.) Für die Oberstufe der Volksschule. 2., verb. Aufl. (76 u. XII S.) 888. n. — 40

Schrepper, Aug., deutsche Uebungen in konzentrischen Kreisen im Anschluß an d. Deutsche Lesebuch m. Bildern v. Gabriel u. Supprian. (Ausg. in 3 Hftn.) 3. Hft. F. d. Oberstufe d. Volksschule. 3. Aufl. 8. (76 u. XII S.) Bielefeld 894. Velhagen & Klasing. n. — 60

Schreter, Johann Wilhelm von U. S. Erfurt 1704, 1

Resolutio l. XXXV. ff. de poenis seu materia de perpetuis carceribus. Präs. Johann Heinrich Meier. Erfurt (Grosch) IV. 1704. 40 S. 31432

Schrettinger, der königl. bayerische Militär-Max-Joseph-Orden und seine Mitglieder. Lex.-8. (XI, 88, 1144 S. mit 2 Chromolithogr.) München 882, (Oldenbourg.) *

Schrettinger, Martin

— s. v. Chesterfield, Kunst.

Schrettinger, Mart., Handbuch der Bibliothek-Wissenschaft, besond. zum Gebr. d. Nicht-Bibliothekare, welche ihre Privat-Büchersammln. selbst einrichten wollen. Auch als Leitfaden zu Vorlesn. üb. d. Bibliothek-Wissenschaft zu gebrauchen. gr. 8. (12½ B.) Wien 834, Beck.

Schrettinger, M., Versuch eines Lehrbuchs d. Bibliothekwissenschaft. 1s. 8. München, Lentner. 808.

Schrettinger, Mt., Versuch e. vollständ. Lehrbuchs d. Bibliothekwissenschaft, oder Anleit. zur vollkomm. Geschäftsführung e. Bibliothekars. 3 Hfte. gr. 8. Münch. 808—810. (J. Lindauer). 1 ℳ 8 𝔤𝔤 2r Bd. Mit Zusätz. u. Berichtigungen zum 1n Bde u. e. Register über das ganze Werk. gr. 8. Ebd. 829. 1 ℳ 8 𝔤𝔤

—— Versuch e. vollständ. Lehrbuchs d. Bibliothek-Wissenschaft, od. Anleit. zur vollkomm. Geschäftsführung e. Bibliothekars, in wissenschaftl. Form abgefasst. 2. Bd. Mit Zusätzen u. Berichtign. zum 1. Bde. u. e. Register über d. ganze Werk. 8. (18¼ B. incl. 4½ B. Tabn. gr. Fol.) München 829, Lindauer.
1. Bd. 8 Hfte. Ebendas. 1808–10.; mit d. Jahrzahl 1829 zusammen ausgegeb. 1 Thlr. 8 Gr.

Schretzenmair, Johann, s. Schraetzenmair

Schreuder, A. J., warum u. wozu betreibt man Kinderstudien? s. a. Beiträge zur Kinderforschung u. Heilerziehung.

Warum und wozu betreibt man Kinderstudium? Von A. J. Schreuder, Dir., Arnheim. Mit bibliogr. Anm. Langensalza: H. Beyer & Söhne 1906. (40 S.) 8°
= Beiträge z. Kinderforschung. H. 16. [06. 6433 3

Schreuder, Hendrik Willem [aus Aalsem '(Holland)']: Die electromusculäre Sensibilität ... Freiburg i. B., Univ.-Buchdr. v. Chr. Lehmann, 1892. 31 S. 8⁰
Freiburg i. B., Med. Fak., Inaug.-Diss. v. 1892

Schreuder, Oene, Specimen medicum inaug. de Cephalaematomate, sive tumore cranii sanguineo recens natorum. 8maj. Groningae 841. (Emden, Rakebrand.) n. ¼ ℳ

Schreuer, Alfred, Referendar in Trebnitz i. Schl.: Die Besonderheiten der Verjährung von Schadensersatzansprüchen aus unerlaubten Handlungen im früheren und heutigen Recht. Borna-Leipzig 1905: R. Noske. (X, 71 S.) 8⁰
Rostock, Jur. Fak., Ref. Bernhöft, Diss. v. 5. Juni 1905
[Geb. 19. Nov. 79 Guhrau, Reg. Bez. Breslau; Wohnort: Trebnitz i. Schl.; Staatsangeh.: Preußen; Vorbildung: Askanisch. Gymn. Berlin Reife O. 99; Studium: Freiburg i. B. 1, Breslau 1, München 1, Berlin 1, Breslau 2 S.; Rig. 1. Dez. 04.]

Schreuer, Hans, d. Behandlg. d. Verbrechenskonkurrenz in d. Volksrechten, s. a. Untersuchungen z. deutschen Staats- u. Rechtsgeschichte.

Die Behandlung der Verbrechenskonkurrenz in den Volksrechten v. Dr. Hans Schreuer, Konzip. d. k. k. Finanzprok. f. Böhmen. *Breslau: W. Koebner 1896.* (XII, 290 S.) 1 Bd 8.
= Untersuchungen z. Deutschen Staats- u. Rechtsgeschichte. H. 50. [96. 1313

Schreuer, Hans, über altfranzösische Krönungsordngn. (58 S.) gr. 8. Weimar 909. H. Böhlau's Nachf. 1. 60

Schreuer, Hans, Untersuchungen zur Verfassungsgeschichte der böhm. Sagenzeit, s. a. Forschungen, staats- u. socialwissenschaftliche. XX. 4.

Untersuchungen zur Verfassungsgeschichte der böhmischen Sagenzeit. Von Dr. Hans Schreuer, Prof., Prag. Leipzig: Duncker & Humblot 1902. (XXI, 108 S.) 8⁰
(Forschungen, Staats- u. socialwissenschaftl. Bd 20, H. 4.)

Schreuer, Ign., die Schnellschreibmanier, od. theoret.-pract. Anweis. z. kaufmänn. Schön- u. Schnellschreiben, enth. deutsche u. engl. Briefe, nebst e. Anleit. z. Selbstunterr. mit Ueberdruckdinte geschrieben. gr. 4. (9 lith. Bl.) Bremen 838. Geisler. *

— der kleine Schreibmeister od. Vorschriften z. Uebung im Schön- u. Schnellschreiben. schm. qu. 4. Bremen 833. Kaiser. 3/8 ß

Schreuer, Max: Aus der Prof. Oppenheim'schen Poliklinik für Nervenkranke zu Berlin. Beiträge zur Aetiologie der peripheren Neuritis. Würzburg 1898: Becker. (52 S.) 8°
Leipzig, Med. Diss. v. 7. Febr. 1898

Schreus, Theodor [aus Hückeswagen]: Aus d. Bonner Universitätsklinik f. Hautkrankheiten u. Syphilis. Die Behandlung der Syphilis mit Hydrargyrum salicylicum ... Bonn: Univ.-Buchdr. v. Carl Georgi 1889. 39 + 1 S. 8°
Bonn, Med. Fak., Inaug.-Diss. v. 2. März 1889

Schreve, Benj. Hnr. Dtr.

— Gedächtnißpredigt auf Friedrich II. 8. Wesel 786.

Schreve, B. H. D., Gedächtnisspredigt auf den Tod Friedrich des Zweyten über I. Chronic. 18. V. 8. Wesel 1786. 8.

Schreve, Benj. Hnr. Dtr., einige Casualpredigten u. Reden. gr. 8. Wesel 779. (Brockhaus in Leipz.) 10 Gr

Schreve, B. H. D., einige Casualpredigten u. Reden. gr. 8. Wesel, Röder. (Gleditsch in Lpz.) 779.

Schreve, Christiaan Frederik [Pr. Arzt zu Nieuwer-Amstel '(Holland)']: Ueber die Herkunft des Fruchtwassers und seine Bedeutung für die Frucht. E. krit.-histor. Studie ... Amsterdam, Buchdr. v. J. Ruysendaal, 1896; 166 S., 2 Bl., 1 Tab. 8.
Jena, Med. Fak., Inaug.-Diss. v. [27. Apr.] 1896

Schreve, Th., einer sä(e)t, d. andere erntet (Himalaya-Mission), s.: Traktate, kleine, aus. d. Brüdermission.

Schreve, Th., Gangama, s.: Traktate, kleine, aus der Brüdermission. Nr. 37.

— Tibetische Pilgerfahrten. nacherzählt v. H. Kluge. s. Traktate. Kleine. aus der Brüdermission.

Schrevelii, Corn., Lexicon manuale graeco-latinum. Lugd. B. 670. 8. Ib. 682. 8. Ib. 685 8. Amst. 709. 8. 1 rthlr. 20 gr. Dresd. 714. 8. Aug. Vind. 782. 8. 2 rthlr. Ed. XVII. aucta a Jos. Hill, J. Entick et G. Bowyer. Glasg. 799. 8. Ed. locupletior curav. J. P. Jannet. Lutet. Paris. 806. 8. 2 rthlr. 16 gr. Ab innumeris mendis expurgavit Florid. Lécluse. Paris. 820. 8. 6 rthlr. 18 gr.

Schrevelii, (C.,) Lexicon manuale graeco-latinum, Bataviciis, Anglicanis, Parisinisque editionibus collatis, ab innumeris quibus scatebat mendis ad H. Steph. normam expurgavit, notas etymol. grammat. criticasque, vocabul. latino-graecum hortum graecar. radic. et gnomologiam addidit Florid. Lecluse. 8. Paris. 820.

Schrevelii, (C.,) Lexicon manuale graeco-latinum una cum vocab. lat. graeco, et collect graeco radicum atque gnomologia graeco-latinum, ad edit. parisinam denuo recogn. et vulg. ab. A. V. Kritsch. 8 maj. Vindob. 822, Geistinger. (Landsh., Krüll.)

Schrevelii, Corn., Lexicon manuale graeco-latinum una cum vocabulario latino-graeco etc. ed. A. V. Kritsch. 8 maj. Wien 822. (Ign. Klang.) 2 ß

Schrevelii, Corn., Lexicon-Manuale graeco-latinum et latino-graecum. 8maj. Augsb. Ed. noviss. 795. Rieger. 2 ß

— id. lib. ed. ult. multo auct. et emend. stud. J. Facciolati. Fol. Pat. 806. (Weigel in Leipz.) 5 ß

— id. lib. ad. edit. Paris. denuo recogn. ab A. V. Kritsch. 8maj. Wien 822. Geistinger. 5 ß (Gerold). Hbg. Pr. 2 ß 16 Gr

— id. lib. c. var. edd. et nott. etymolog. grammat. crit. auct. Flor. Lecluse. 8. Paris 820. 6 ß 18 Gr

Schreven, Jh. Florent., († ...) hinterlass. Predigten. 1r Thl. Sonntagspredigten. 2r u. 3r Thl. Festpredigten u. Fastenpredigten. Nach des Verf. Tode gesammelt u. hrsgg. v. seinen Freunden. gr. 8. Cöln 827. 2e u. 3e Aufl. 828, 29, 32. P. Schmitz. (à 1 ß) 3 ß

Schreven, Joh. Florent., hinterlass. Predigten. Nach d. Verf. Tode gesamm. u. hrsg. v. seinen Freunden. 3 Thle. gr. 8. Köln, P. Schmitz. Thlr.
Thl. 1. Sonntagspredigten, nebst einigen auf d. Herrn höchste Feste. 3. Aufl. (20 5/3 B.) 829., u. 4. A. (21 B.) 835. à 1 Thlr.
" 2. Festtagspredigten nebst einigen Gelegenheitsreden. 2. u. 3. Aufl. (à 19 1/4 B.) 828, 32. à 1 Thlr.
" 3. Fastenpredigten. 2. u. 3. Aufl. (à 17 B.) 829, 34. à 1 Thlr.

Schreven, P. F., katechet. Fragen üb. die wichtigst. Lehren, die in jedem Buche des alten Testaments enthalten sind. 8. Münster 784. Aschendorf. 3 Gr

Adeliges Gut Schrevenborn an der Kieler Föhrde. Hamburg (1900.) 4° k.

Schrewe, Kontrollvereine f. Milchleistungen, s.: Bott.

Schrewe: Milch-Register u. Fett-Untersuchung d. Heerde Kleinhof-Tapiau. Johanni 1894 bis Johanni 1895. Königsb. 1895. 16 S. P.

Schrey: Bericht über die Welt-Ausstellung in Chicago. (Ms.) Th. 1. 2. Mit Anlagen. Berlin 1893

Schrey: Gemeinsame Versuchsfahrten der Oberschlesischen, Rechte Oder-Ufer und Breslau-Schweidnitz-Freiburger Eisenbahn mit Klose'schen Lenkachs-Konstruktionen bei Personen- und Güterwagen. Berlin 1884

Schrey, Pfarr. ..., s. Waise, die stumme.

[Umschlagt.:] 14 Briefe zur vollständigen Erlernung der Vereinfachten deutschen Stenographie '(Einigungssystem Stolze-Schrey)' durch Selbstunterr. v. Ferdinand **Schrey** ... *Berlin: F. Schrey 1898.* (60 S.) 1 Bd 8.
[98. 5393

Gabelsberger oder Vereinfachte Stenographie '(Schrey)'? [Vf.: Ferd. Schrey.] (Berlin: Dr. v. B. Berkowitz 1894.) (8 S.) 1 Bd 8°

Schrey, Ferd., der Geschäfts-Stenograph. Anleitung zur Anwendung der vereinfachten Stenographie in der geschäftl. Praxis. gr. 8. (II, 60 S.) Barmen 888, (Klein.) **

— aus dem Zillerthaler Hochgebirge. Reise-Erinnergn. In vereinfachte Stenographie übertr. v. demselben. 16. (76 S.) Ebd. 889. n.n. 1. —

— aus dem Zillerthaler Hochgebirge. Reise-Erinnergn. In vereinfachte Stenographie übertr. v. demselben. 2. Aufl. 12. (78 S. m. Abbildgn.) Ebd. 891. n.n. 1. —

Hochtouren und Bergfahrten in den Tiroler Alpen. Reiseerinnerungen von Ferdinand **Schrey.** Von d. Schmittenhöhe bis z. Großen Fermeda-Turm. Mit 35 photogr. Aufnahmen von Rudy Schrey. Berlin: F. Schrey 1906. (78 S.) 8° [Text stenogr.]
[06. 6180

Schrey, Ferd., s.: **Jahrbuch** der Schule d. vereinf. deutschen Stenographie.

Schrey, Ferd., der **Kaufmann** als prakt. Stenograph. Prakt. Lehr- u. Lesebuch f. den stenographir. Geschäftsmann zur gründl. u. raschen Erlerng. der vereinfachten deutschen Stenographie (Einigungssystem Stolze-Schrey). Hand- u. Übungsbuch f. die stenograph. Praxis im kaufmänn. Berufsleben m. e. Anleitung zur Debattenschrift u. e. Schlüssel zu den Lese- u. Übungsaufgaben f. Handels-, Real-, Gewerbe- u. höhere Bürgerschulen, kaufmänn. u. gewerbl. Fortbildungsschulen, sowie zum Vereins- u. Privatunterricht. (Dr. Ludw. Huberti's moderne kaufmänn. Bibliothek.) gr. 8. (VIII, 107 S.) Leipzig (902). Dr. L. Huberti. Geb. in Leinw. n. 2. 75

Kürzungsliste für die mehr als 1000 mal unter den gezählten 20 Millionen Silben vorgekommenen Wörter u. Silben nebst weiteren Kürzgsvorteilen f. d. Debattenschr. nach d. System Stolze-Schrey unt. Mitw. d. bad. Kammerstenogr. Herrn Frey u. Mager bearb. v. **Ferdinand Schrey**, früher amtl. Stenogr. d. rhein. Provinziallandtages u. d. Stadt Barmen. *Berlin: F. Schrey 1898.* (32 S.) 1 Bd 8. [98. 6939

Ausführliches Lehrbuch der Debattenschrift nach dem System der Vereinfachten deutschen Stenographie ⟨Einigungssystem Stolze-Schrey⟩. Unter Zugrundelegung des von d. System- u. Verbandsvertretung angenommenen 'Entwurfs', bearb. von Ferdinand **Schrey**. [Nebst] Schlüssel. Berlin: F. Schrey 1905. 2 Bde 8° [05. 7649

Ausführliches Lehrbuch der Debattenschrift nach dem System der Vereinfachten deutschen Stenographie ⟨Einigungssystem Stolze-Schrey⟩. Unter Zugrundelegung des von d. System- u. Verbandsvertretung angenommenen 'Entwurfs', bearb. von Ferdinand **Schrey**. [Nebst] Schlüssel. ⟨8. Aufl.⟩ Berlin: F. Schrey 1905. 2 Bde 8° [05. 8904

Schrey, Ferd., ausführliches Lehrbuch der **Debattenschrift** nach dem System der vereinfachten deutschen Stenographie (Einigungs-System Stolze-Schrey). Unter Zugrundelegg. des v. der System- u. Verbandsvertretg. angenommenen „Entwurfs" bearbeitet. 44.–46. Taus. (9. Aufl.) (IV, 67 S.) 8. Berlin 906. F. Schrey. n. 1. 50; Schlüssel (32 S.) n. — 50

Ausführliches Lehrbuch der Debattenschrift nach d. System d. Vereinfachten deutschen Stenographie ⟨Einigungssystem Stolze-Schrey⟩. Unter Zugrundelegung des von d. System- u. Verbandsvertretung angenommenen 'Entwurfs', bearb. von Ferdinand Schrey. ⟨12. Aufl.⟩Berlin: Schrey 1909. 67 S. 8°

— Ausführliches Lehrbuch der **Debattenschrift** n. dem System d. vereinfachten deutschen Stenographie (Einigungssyst. Stolze-Schrey). Unter Zugrundelegg. d. v. d. System- u. Verbandsvertretg. angenommenen „Entwurfs" bearb. 57.—59. Taus. (13. Aufl.) (IV, 67 S.) 8. Ebd. 910. 1.50; Schlüssel. 13. Aufl. (32 S.) — 50

Ausführliches Lehrbuch der Vereinfachten deutschen Stenographie '(Einigungssystem Stolze-Schrey)' v. **Ferdinand Schrey** ... 27.—30. Taus. '(IV. Aufl.)'. *Berlin: F. Schrey; in Komm. bei K. F. Köhler in Leipzig 1898.* (40 S.) 1 Bd 8. [98. 5894

[Umschlagt.:] Schlüssel zu dem Ausführlichen Lehrbuch der Vereinfachten deutschen Stenographie '(Einiggssystem Stolze-Schrey)' v. **Ferdinand Schrey**. '(Vom 27. Taus. ab.)' *Berlin: F. Schrey 1898.* (8 S.) 1 Bd 8. [Text lith.] [98. 7416

Ausführliches Lehrbuch der Vereinfachten deutschen Stenographie ⟨Einigungssystem Stolze-Schrey⟩ von Ferdinand **Schrey**. ⟨9. Aufl.⟩ Berlin: F. Schrey; K. F. Köhler in Leipzig in Komm. 1907. (40 S.) 8° [08. 949

Ausführliches Lehrbuch der vereinfachten deutschen Stenographie ⟨Einigungssystem Stolze-Schrey⟩ von Ferdinand Schrey. ⟨10. Aufl.⟩ Berlin: Schrey (1909). 40 S. 8°

— Ausführliches **Lehrbuch** d. vereinfachten deutsch. Stenographie (Einigungssystem Stolze-Schrey). 91.—100. Taus. (11. Aufl.) (40 S.) 8. Ebd. 910. — 80

Schrey, Ferd., Lehrbuch der einfachen, doppelten u. amerikanischen **Buchführung** nach e. teilw. neuen, sehr einf. u. wichtige Vorteile biet. System. (48 S.) 8. Berlin 910. F. Schrey. 1. 50

Schrey, Ferd., **Lehrbuch** der Debattenschrift [System Gabelsberger]. Zum Gebrauche in Unterrichtskursen und zum Selbstunterricht. Als 2. Tl. zu seinem „Kurzen Lehrgang der Gabelsbergerschen Stenografie". gr. 8. (63 S.) Barmen 880, Klein. *

—— **Lehrbuch** der Debattenschrift nach Gabelsbergers System zum Gebrauche in Unterrichtskursen und zum Selbstunterricht. Als 2. Tl. zu seinem „Kurzen Lehrgang der Stenographie". 2. umgearb. Aufl. gr. 8. (74 S., wovon 14 autogr.) Ebendas. 885. *

—— dass. — Schlüssel. gr. 8. (33 S.) (Ebendas.) 886. *

—— **Lehrbuch** der Debattenschrift nach Gabelsberger's System zum Gebrauche in Unterrichtskursen und zum Selbstunterricht. Als II. Tl. zu seinem „Kurzen Lehrgang der Stenographie". 3. Aufl. gr. 8. (74 S.) (Ebendas.) 888. *

— dasselbe nach dem System der vereinfachten Stenographie. 1. Tl. Diktat-Stenographie. gr. 8. (10 S.) Ebd. 889. n.n. — 80
Den 2. Teil bildet:

Schrey, Ferd. Lehrbuch der Debattenschrift nach dem System d. vereinfachten deutschen Stenographie. gr. 8. (VIII, 71 S.) [Barm. 890, Klein.] Berl., Selbstverlag. cart. ** 2 60

Schrey, Ferd., Lehrbuch der Debattenschrift nach dem System der vereinfachten deutschen Stenographie. 2. Aufl. 1. Thl.: Diktatstenographie. gr. 8. (VIII, 26 z. Tl. autogr. S.) Berlin 891. (Barmen, H. Klein.) n.n. 1. —

— Lehrbuch d. **Debattenschrift** nach d. System d. vereinf. deutschen Stenographie. 2 Tle. gr. 8. Berlin, F. Schrey. n. 2. 50
1. Diktatstenographie. 10.—20. Taus. (38 z. Tl. autogr. S.) 895. n. 1. —
2. Freie Kürzung. 3. Aufl. (4.—6. Taus.) (54 z. Tl. autogr. S.) 894. n. 1. 50

— dasselbe nach d. System d. vereinf. deutschen Stenographie (Einigungssystem **Stolze-Schrey**). (21.—24. Taus. als Fortsetzg. d. Lehrbuchs d. Debattenschrift der vereinf. deutschen Stenographie [System Schrey].) gr. 8. (XI, 58 S.) Ebd. 898. n. 1. 50

— **Lehrbuch** der Debattenschrift nach dem System der vereinfachten deutschen Stenographie (Einigungssystem Stolze-Schrey). Unter Mitwirkg. v. Frey u. Mager bearb. 25.—30. Taus. gr. 8. (VII, 56 S.) Berlin 899. F. Schrey. n. 1. 50; Schlüssel (18 S.) 899. n. — 50

Lehrbuch der Debattenschrift nach dem System der Vereinfachten deutschen Stenographie ⟨Einigungssystem Stolze-Schrey⟩. Unter Zugrundelegung des von d. System- u. Verbandsvertretung angenommenen 'Kürzungsverfahrens' bearb. von **Ferdinand Schrey**. 31.–33. Tausend. [Nebst] Schlüssel. *Berlin: F. Schrey 1901.* 2 Bde 8° [01. 4375

— Lehrbuch der **Diktatstenographie** nach dem System der vereinfachten deutschen Stenographie (Einigungssystem Stolze-Schrey). Unter Zugrundelegg. des v. der System- u. Verbandsvertretg. angenommenen „Entwurfs des Kürzungsverfahrens" bearb. (32 S.) 8. Ebd. 902. n. — 80; Schlüssel (18 S.) n. — 40

—— **Lehrbuch** der vereinfachten deutschen Stenographie. Zum Gebrauche in Unterrichts-Kursen und zum Selbstunterricht. gr. 8. (45 S.) (Ebendas.) 888. *

Lehrbuch der Vereinfachten deutschen Stenographie '(System Schrey-Johnen-Socin)' v. Ferdinand Schrey. 7.—16. Tausend. '(2. Aufl.)' *Berlin: F. Schrey 1895.* (48 S.) 1 Bd 8. [96. 83

Kurzer Lehrgang der Debattenschrift nach d. System der Vereinfachten deutschen Stenographie'(EinigungssystemStolze-Schrey)' unter Mitw. der bad. Kammerstenogr. ... Frey u. Mager bearb. v. Ferdinand Schrey, früher amtl. Stenogr. d. Rhein. Provinziallandtages ... *Berlin: F. Schrey 1898.* (32 S.) 1 Bd 8. [Text lithogr.] [98. 5395

Schlüssel zu dem Kurzen Lehrgange der Debattenschrift nach dem System der Vereinfachten deutschen Stenographie. '(Einigungssystem Stolze-Schrey)' v. Ferdinand Schrey. *Berlin: F. Schrey 1898.* (14 S.) 1 Bd 8. [98. 6142

— kurzer Lehrgang der Debattenschrift nach dem System der vereinfachten deutschen Stenographie (Einigungssystem Stolze-Schrey). Unter Zugrundelegg. des v. der System- u. Verbandsvertretg. angenommenen „Entwurfs des Kürzungsverfahrens" bearb. 2. verm. Aufl. des „Kurzen Lehrgangs der Debattenschrift" sowie des „Lehrbuchs der Diktatstenographie". 7.–9. Taus. (40 S. kl. 8. Ebd. 905. n. — 80; Schlüssel. (24 S.) n. — 40

Kurzer Lehrgang der Debattenschrift nach dem System der Vereinfachten deutschen Stenographie (Einigungssystem Stolze-Schrey). Unter Zugrundelegung des von d. System- u. Verbandsvertretung angenommenen 'Entwurfs d. Kürzungsverfahrens', bearb. von Ferdinand Schrey. (3. Aufl.) Berlin: F. Schrey 1906. (40 S.) 8° [07. 1035

Schrey, Ferd., kurzer Lehrgang der Stenografie nach Gabelsbergers System. Korrespondenzschrift. gr. 8. (III, 43 S., wovon 16 lithogr.) Barmen 879, Klein. *

—— Schlüssel mit Anleitung zum Selbstunterricht zu dem kurzen Lehrgang der Stenografie nach Gabelsbergers System [Korrespondenzschrift]. gr. 8. (15 S., wovon 13 autogr.) Ebendas. 879. *

—— kurzer Lehrgang der Stenographie nach Gabelsbergers System. 1. Thl.: Korrespondenzschrift. 2. verb. Aufl. gr. 8. (V, 42 S., wovon 16 autogr.) Ebendas. 880. *

—— kurzer Lehrgang der Stenographie nach Gabelsbergers System zum Schul-, Privat- und Selbstunterricht. 1. Tl.: Korrespondenzschrift. 3.—5. Aufl. gr. 8. (IV, 41 S., wovon 16 autogr.) Ebendas. 882—84. *

—— Schlüssel mit Anleitung zum Selbstunterricht zu dem kurzen Lehrgang der Stenografie nach Gabelsbergers System [Korrespondenzschrift]. 2. und 3. Aufl. gr. 8. (IV, 16 autogr. S.) Ebendas. 882,84. *

— kurzer Lehrgang der Stenographie nach Gabelsbergers System zum Schul-, Privat- u. Selbstunterricht. 1. Tl. Korrespondenzschrift. 6. Aufl. gr. 8. (IV, 44 S., wovon 16 autogr.) Ebend. 885. n. 1. 20; Schlüssel. 4. Aufl. (IV, 14 S.) 886. n. — 80

Schrey, F., kurzer Lehrgang der Stenographie nach Gabelsberger's System. I. Tl. Korrespondenzschrift. 7. u. 8. Aufl. gr. 8. (IV, 44 S.) Barmen 887. (Klein.) n. 1. 20
s.: Schrey, F., Lehrbuch der Debattenschrift nach Gabelsberger's System.

—— Schlüssel m. Anleitung zum Selbstunterricht zu dem kurzen Lehrgang der Stenographie nach Gabelsbergers System [Korrespondenzschrift]. 5. Aufl. gr. 8. (18 S., wovon 14 autogr.) [Ebd.] 889. * — 80

—— kurzer Lehrgang der vereinfachten deutschen Stenographie zum Schul-, Privat- und Selbstunterricht. 8. (16 S.) Ebendas. 888. *

—— Kurzer Lehrgang der vereinfachten deutschen Stenographie zum Schul-, Privat- u. Selbstunterricht. 6.—8. Taus. gr. 8. (19 S., wovon 8 autogr.) [Ebd.] 889. ** — 60

— kurzer Lehrgang der vereinfachten deutschen Stenographie. 11. Tausend. gr. 8. (19 S., wovon 8 autogr.) Ebd. 889. n.n. — 60

—— Kurzer Lehrgang der vereinfachten deutschen Stenographie. 9.—11. Taus. Schlüssel. gr. 8. (8 autogr. S.) [Ebd.] 890. ** — 80

— kurzer Lehrgang d. vereinf. deutschen Stenographie (System Schrey-Johnen-Socin). 66.—71. Taus. gr. 8. (24 S.) Ebd. 895. n. — 60

— dasselbe z. Schul-, Privat- u. Selbstunterricht. 66.—70. Taus. gr. 8. (48 S.) Ebd. 895. n. — 80

— dasselbe. Schlüssel. (Vom 66. Taus. ab.) 9. Aufl. gr. 8. (9 S.) Ebd. 895. n. — 80

— kurzer Lehrgang d. vereinf. deutschen Stenographie (Einigungssystem Stolze-Schrey). 126.—175. Taus. (14. Aufl.) gr. 8. (24 S.) Ebd. 897. n. — 60; Schlüssel (v. 101. Taus. ab). (II, 8 S.) 898. n. — 60

— kurzer Lehrgang der vereinfachten deutschen Stenographie (Einigungssystem Stolze-Schrey). 176.—230. Taus. (15. Aufl.) gr. 8. (24 S.) Ebd. 900. n. — 60

Kurzer Lehrgang der Vereinfachten deutschen Stenographie (Einigungssystem Stolze-Schrey) von Ferdinand Schrey. (18. Aufl.) Berlin: F. Schrey 1906. (24 S.) 8° [Umschlagt. ℨ.] [07. 1036

Kurzer Lehrgang der vereinfachten deutschen Stenographie (Einigungssystem Stolze-Schrey) von Ferdinand Schrey. (20. Aufl.) Berlin: Schrey 1909. 24 S. 8°

— Kurzer Lehrgang d. vereinfachten deutsch. Stenographie (Einigungssystem Stolze-Schrey). 451.—475. Taus. (21. Aufl.) (24 S.) 8. Ebd. 910. — 60

— kurzer, vollst. Lehrgang der vereinf. deutschen Stenographie (System Schrey). Deutlichste, kürzeste u. einfachste Kurzschrift. (Neue Aufl.) gr. 8. (4 u. 2 autogr. S.) Ebd. 895. n. — 20

Leitfaden zur sicheren und schnellen Erlernung der vereinfachten deutschen Stenographie (Einigungssystem Stolze-Schrey) von Ferdinand Schrey. Berlin: Schrey; Leipzig: Koehler in Komm. 1910. 40 S. 8°

— Lesebuch f. Debattenschrift nach d. vereinf. deutschen Stenographie (System Stolze-Schrey), enth. d. Uebertragg. d. ersten vier d. „Fünf Reden, eingerichtet" als Diktierbuch v. O. Henke. gr. 8. (36 S.) Ebd. 898. n. 1. -

— dasselbe f. vereinf. deutsche Stenographie (System Schrey-Johnen-Socin) in Debattenschrift. gr. 8. (64 autogr. S.) Ebd. 893. n. 1. 20

—— Lesebuch zum kurzen Lehrgang der Stenographie nach Gabelsbergers System. 1. und 2. Aufl. gr. 8. (III, 24 autogr. S.) Ebendas. 882,84. *

Praktisches Lese- und Übungsbuch für die Fortbildung in der Debattenschrift nach d. System d. Vereinf. deutschen Stenogr. (Einigungssystem Stolze-Schrey) bearb. von Ferdinand Schrey. Berlin: Schrey (1908). 63 S. 8° [Text stenogr.]

— zur Methodik d. Unterrichts in d. vereinf. Stenographie, im Anschluss an d. Verf. kurzen Lehrgang d. vereinf. deutschen Stenographie. 2. Aufl. gr. 8. (12 autogr. S.) Ebd. 893. n. — 30

— dasselbe. 3. Aufl., s.: Klören, J. B., Methodik des stenograph. Unterrichtes.

Ratschläge zur Gründung und erfolgreichen Leitung von Stenographen-Vereinen und zur Verbreitung der vereinf. deutschen Stenographie (Einigungssystem Stolze-Schrey). Von Ferdinand **Schrey**. 4. Aufl. Berlin: Schrey (1909). 12 S. 8° [Umschlagt.]
10. 216

— Ratschläge zur erfolgr. Leitg. e. Stenographen-Vereins u. zur Verbreitg. der vereinf. Stenographie. 2. Aufl. gr. 8. (8 S.) Berlin 893. F. Schrey. n. — 30

— s.: Regesten, stenograph.

— Stenographie u. Kaufmann. Nach e. Vortrage. Nebst e. vollständ. Uebersicht d. Systems d. vereinf. Stenographie (System Schrey). 21.—30. Taus. gr. 8. (8 S.) Berlin 895. F. Schrey. n. — 25

Schrey, Ferd., das Neustolzesche Stenographie-System. Eine krit. Studie. gr. 8. (32 S.) Barmen 886. Klein. n. 1. —

Stolze oder Vereinfachte Stenographie? '(System Schrey.)' [Vf.: Ferdinand Schrey.] [Berlin 1893.] 2 Bl. 8°

Stolze oder Vereinfachte Stenographie? '(System Schrey. Johnen-Socin.)' [Vf.: Ferd. Schrey.] (Berlin: Dr. v. B. Berkowitz [1894].) (8 S.) 1 Bd. 8°

— Praktisches Übungsbuch f. d. Fortbildungsunterr. in der vereinf. deutschen Stenographie (Einigungssystem Stolze-Schrey). (76 S.) 8. Ebd. 910. — 90; Schlüssel. (49 S.) — 90

— stenographische Unterrichtstafeln. Methodische Darstellung der vereinfachten deutschen Stenographie [deutsche Kurzschrift] in 4 Stunden. Zum Schul- und Selbstunterricht. gr. 8. (10 S., wovon 8 autogr.) Ebendas. 888. **
Vergriffen.

Volksstenographie und Fachstenographie. Eine Erwiderung auf die Broschüre von Dr. Steinbrink unter gleichem Titel v. Ferdinand **Schrey**. Berlin: F. Schrey 1899. (20 S.) 8°
Aus: Die 'Wacht'. No 1, 3, 4, 6 u. 7. 1899.

— der kürzeste Weg zur stenografischen Praxis. Ratschläge für angehende stenograf. Praktiker. gr. 8. (29 S.) Ebendas. 887. *

— der kürzeste Weg zur stenograph. Praxis. Ratschläge f. angeh. stenograph. Praktiker aller Systeme. 2. Aufl. gr. 8. (25 S.) Ebd. 891. n. — 50

Der kürzeste Weg zur stenographischen Praxis. Ratschläge f. angehende stenogr. Praktiker aller Systeme v. Ferdinand **Schrey**, früher amtl. Stenogr. ... d. Stadt Barmen. III. Aufl. ... *Berlin: F. Schrey 1896.* (24 S.) 1 Bd 8.
95 417

— der kürzeste Weg zur stenograph. Praxis. Ratschläge f. angeh. stenograph. Praktiker aller Systeme. 4. Aufl. 8.—16. Taus. gr. 8. (23 S.) Ebd. 902. n. — 50

— welches Stenographie-System ist das beste? Ein Beitrag zur Lösg. dieser Frage auf mathemat. Wege. gr. 8. (12 S.) Ebd. 891. n. — 60

Welches Stenographiesystem ist das beste? Eine Darstellung d. stenogr. Zeichenmaterials u. Kritik s. Verwendung in d. bekanntest. Systemen ... von Ferdinand **Schrey**. Als 2. umgearb. Aufl. d. Werke: 'Das stenograph. Zeichenmaterial' von Ferdinand Schrey u. 'Welches Stenographiesystem ist das beste?' von E[rnst] Frey. Berlin: Schrey 1910. 66 S. 8°
10. 6360

— Welches Stenographiesystem ist das beste? Eine Darstellg. des stenograph. Zeichenmaterials u. Kritik seiner Verwendg. i. d. bekanntest. Systemen: Gabelsberger, Stolze, Schrey, Stolze-Schrey, Arends, Stenotachygraphie, Roller, Nationalstenographie, Faulmann, Brauns u. Scheithauer. Als 2. umgearb. Aufl. der Werke: „Das stenograph. Zeichenmaterial" v. Ferd. Schrey u. „Welches Stenographiesystem ist das beste?" v. E. Frey. (67 S.) gr. 8. Ebd. 910. 1. 50

— d. stenograph. Zeichenmaterial u. s. Verwendg. Vortrag, geh. auf dem IV. internat. Stenographentag zu Berlin. Anfang Oktbr. 1891. gr. 8. (8 S. m. 1 autograph. Taf.) Berlin 891. F. Schrey. n. — 30

Schrey, Ferdinand: Das stenographische Zeichenmaterial. 2. Aufl. 1910 s. Schrey: Welches Stenographiesystem ist das beste?
10. 6361

Schrey, Friedr., und Math. Doffiné, Aufsatzbüchlein für die Mittel- und Oberklasse der Elementarschule. 12. (III und 152 S.) Köln und Neuß 859, Schwann'sche Verlagsh. *

Schrey, Friedr., und Mathias Doffiné, Aufsatzbüchlein für die Mittel- und Oberklasse der Elementarschule. 2., verb. und verm. Aufl. 8. (VIII und 144 S.) Duisburg 862, Ewich. cart. *

Schrey, Georg, *k. k. Steuereinnehmer in Marburg.* Hilfsbuch für die den k. k. Steuerämtern obliegenden Berechnungen, anwendbar auch für die verschiedenen Aemter, Cassen und Privaten u. s. w. Ausgearbeitet nach dem neuen Münzfusse. Druck u. Papier von *A. Leykam's Erben* in Graz. 32 S. 8°. 1 fl. 30 kr. CM.

Schrey G. Hilfsbuch für die den k. k. Steuerämtern obliegenden Berechnungen. 4. Grätz, Verlag des Verf. 1852.

Schrey, Geo., Pilger-Reise in das heilige Land u. nach Aegypten. Salzburg 865. (Glonner.) gr. 16. (98 S.) n.n. 7½ ngr.

Schrey, Joseph: Die in den letzten 10 Jahren in der Greifswalder chirurgischen Klinik behandelten Fälle von Blasenstein. *Greifswald 1898: J. Abel.* (47 S. mit Taf.) 8°
Greifswald, Med. Diss. v. 9. Apr. 1898

Schrey. [illegible]
[illegible]
[illegible]

Schrey, Otto, Selbstkostenberechnung u. technische Buchführung in Waggonfabriken, s.: Zeitschrift f. handelswissensch. Forschung. 1. Erg.-Bd. (Bing, Eduard.)

Schrey, Raimund, Bausteine. Zu Gunsten d. Vereines zur Unterstützg. armer Executen in Graz. gr. 8. (232 S.) Graz 872. (Keller.) 6. —

Schrey, Rud., s.: Katalog d. Sonderausstellung d. Kupferstichkabinetts d. Städelschen Kunstinstituts Frankfurt a. M.

Schrey, Th., Höhenmessungen in Kärnten. Nach den Gebirgs- u. Flussgebieten geordnet u. im Metermasse angegeben. gr. 8. (79 S.) Klagenfurt 877. Leon. n. 1. 20

Schrey, Wolf Heinrich A. S. 1155/4

De appetitu erroneo, quem vulgo picam vocant.
Präs. August Quirin Rivinus.
Leipzig (Titius) 18. IV. 1719. 24 S. 31434

Schrey v. Kalgen, Dimensionen. Eine neue Weltanschaug. Der Beweis der Zöllner'schen Theorie. gr. 8. (40 S. m. Fig.) Leipzig 901. O. Mutze. n. 1. —

Schreyer, Adalb., Kirchenliederkranz. Eine Auswahl der gebräuchlichsten Kirchenlieder. 4. Wien 869, Hölzel. * 3 60
cart. * 4 —

Schreyer, Adb., Kirchenlieder-Kranz. Eine Auswahl der gebräuchlichsten Mess-, Segen-, Predigt- etc. Lieder, mit Eingangs-Cadenzen, Präludien und Fugen, Vor- und Zwischenspielen für Lehrer und Präparanden zum Gebrauche bei dem öffentl. Gottesdienste, gesammelt und für die Orgel eingerichtet. 2. Aufl. qu. gr. 4. (95 S.) Wien 877, Hölzel.

Schreyer, [illegible] Berlin, Med. Diss. v. [illegible] Juli 188[illegible]

Schreyer, Alois Anton: Zwei Fälle von Melanosarkom an den Augenlidern. Erlangen 1909: Junge. 17 S. 8°
Erlangen, Med. Diss. v. 6. Okt. 1910, Ref. Öller
[Geb. 23. Nov. 79 Schönsee, Bayern; Wohnort: Erlangen; Staatsangeh.: Bayern; Vorbildung: Gymn. Neuburg Reife 99; Studium: München 2, Würzburg 4, München 3, Erlangen 2 S.; Coll. 31. Okt. 08; Approb. 19. Jan. 10.]
[U 11. 907

SCHREYER, Anton, Poetische Versuche. (Gedichte seit 1790.) Von *R. S.* (sol). Eger 1812, bei Joseph Kobrtsch. 8°. 91 S., 1 Bl. Inh. — Poetische Versuche. Von *Anton Schreyer*, pens. Stadtrath. Zweytes Bdchn. Ibid. eod. a. 8°. 118 S., 1 Bl. Inh., dann mit (121) 122 paginirt. Vorrede (Eger am 19. März 1812) zu dem Roman „Ritter Bertholds Leiden und Freuden. Eine Geschichte in zwey Theilen", nur Titelblatt vorliegend. (Goedeke VI. 783, 131 (a—b).)

U. a. in I, S. 29: Poetisches Referat über einen Götterprozeß, besonders f. Rechtskundige und bedienstete Männer. 19. — II, S. 27: Das Dienstmädchen Kattchen (!). Eine moralische (Prosa-)Erzählung. — S. 60 ff.: Kupido und der Tod. (Eine Fabel frey aus dem lat. Gedicht des P. Sautel übersetzt.) (Vgl. Euphorion 1896, S. 354.) — S. 61—69: Verschiedene Liebesanträge. Eines Kriegers. Eines alten Arztes. Eines Advokatens. Eines Bürgers. Eines Kaufmanns. Eines Landmanns. Eines Dichters.

Schreyer, Aug. Frider., de combustionum curatione. Dissert. inaug. 4. (3 B.) Hamburgi 830, (Perthes-Besser et Mauke.)

Schreyer, Bernh., vor 40 Jahren. Erinnerungen e. alten sächs. Reiters. Garnison-, Manöver- u. Kriegsbilder. (80 S.) 8. Dresden 905. (H. Burdach.) n. 1. 20

Schreyer, Bernhard Gottlob: De bursis mucosis subcutaneis. Acc. tab. 9 lithographicae. Erlangae 1825. 50 S., 8 tab. 2°

Schreyer, Chr. H., Thesen üb. d. epil. Krankh. nach Aph. *Hippocratis*. Erl. 4°.
1775

Schreyer, Christian Heinrich (Bearb.), s. Buttler, Joh.: Übereinstimmung der natürlichen ... Religion ...

Schreyer, Christian Heinrich (Saalburg) F. zd:10

Cautelae nonnullae circa secundinarum eductionem.
Dissertatio inauguralis medica.
Präs. Heinrich Friedrich Delius.
Erlangen (Walther) (28)I. 1775. 32 S.
31435
W. v.: Präs.

Schreyer, Chr. Hnr. I., († ...) s. de la Clotüre, medicin. Topographie.

— kurze Einleitung in die christliche Glaubens- und Sittenlehre. gr. 8. Lpz. Heinsius. (Gleditsch.) 789.

— katechet. Erklär. d. Evangelien. 8. Dresd. 785.

— s. **L. L. Fink, Gallenkrankheit.**

— neue Generalbaßschule, od. Geist vereinfachter Grundsätze des Generalbasses mit 100 Beispielen, nebst e. Anh. über das Accompagnement der Generalbaßstimmen bei Kirchenmusiken. 4. Meißen 821. Goedsche. 1 ℛ 6 𝒢

Schreyer, Chr. Hnr. II., vollständ. Communionbuch. gr. 8. Halle 779. (Hahn in Hannov.) 9 𝒢

Schreyer, C. H., **vollst. Communionbuch. gr. 8. Halle, Trampe. (Hahn in Hannover.) 779.**

Schreyer, Chr. Heinr., Predigt am 8. Trinitatisſonnt., nach dem Brande, welcher am 28. Jun. d. J. das Dorf Zschernitzsch bei Schmölln traf, in d. dasigen Kirche gehalt. gr. 8. (1½ B.) Altenburg 829, Schnuphase.

— s. **Pujol, Abhandl.**

— kurzes u. vollständ. Rechenbuch üb. die Species u. Regel de tri. 4. Dresd. 783. Hilscher. 9 𝒢

Schreyer, (Chrstn. Heinr.,) **die reine ächte Schriftreligion, oder die vorzügl. Schriftstellen, welche die Wahrheiten d. Glaubens u. Lebens enthalten. Mit e. Vorrede v. Chr. Tr. Otto. 8 Leipz. 827, Fr. Fleischer.**

—— die reine ächte Schriftreligion, od.: die vorzügl. Schriftstellen, welche d. Wahrheiten d. Glaubens u. Lebens enthalten, gesamm., geord., u. in e. zusammenhäng. Ganze gebracht. Mit e. Vorr. begl. v. Chr. Tr. Otto. 2. Aufl. gr. 12. (6½ B.) Leipzig 831, Fr. Fleischer.

s. Werth, Über den, der neuen Propheten.

Schreyer, Ed., Codex des im Königreich Sachsen geltenden Kirchen- und Schul-Rechts mit Einschluß des Eherechts und des Rechtes der frommen und milden Stiftungen. 2., gänzlich umgearb. und bis auf die neueste Zeit fortgeführte und ergänzte Aufl. Im Auftrage des königl. Ministerium des Cultus und öffentl. Unterrichts bearb. und hrsg. Mit chronolog. und alphabet. Register. gr. 4. (XII und 1042 S.) Leipzig 864, B. Tauchnitz. *

Schreyer, Ed., Supplement zum Codex des im Königr. Sachsen geltenden Kirchen- und Schul-Rechts, s. Supplement.

Schreyer, Fr. Rechenbuch f. kaufmänn. Fortbildungsschulen, s.: Heinemann, H.

— u. Herm. **Heinemann,** kaufmännisches Rechnen, s.: Warenkaufmann, der deutsche.

— — dasselbe, s.: Kaufmann, der deutsche.

Schreyer, Frz., aus der Meeresfrische. 12 Stimmungsbilder (in Lichtdr.) v. Norderney. (Neue Ausg. v. „Strand- u. Dünenbilder v. Norderney".) qu. gr. 4. (Titel in Lichtdr.) Norden 893. H. Braams. In Leinw.-Mappe. n. 6. —

Schreyer, Frz., Strand- u. Dünenbilder v. Norderney. 12 Lichtdr. nach Zeichngn. v. F. S. qu. gr. 4. Norden 883. Braams. In Leinw.-Mappe. n. 10. —

Schreyer, Franz H.

Schreyer, Frz. H., üb. d. Aufgaben d. gewerblichen Unterrichtspflege im Herzogth. Kärnten. gr. 8. (III, 90 S.) Klagenfurt 896. F. v. Kleinmayr. n. 1. 60

— üb. d. Erziehung d. bäuerl. Jugend z. Arbeit. gr. 8. (III, 117 S.) Wien 895. Manz. n. 1. 80

— die österr. Knabenbürgerschule u. das öffentl. Bildungswesen in d. Landstädten. E. volkswirtschaftlich-pädagog. Studie. gr. 8. (III, 48 S.) Klagenfurt 897. F. v. Kleinmayr. n. 1. —

Schreyer, F. H., üb. das Zeichnen nach der Natur. Progr. gr. 8. (44 S.) Klagenfurt 892. (F. v. Kleinmayr.) n. 1. —

Schreyer, Friedrich, a. Marburg in Preußen: **Über Aryl-Amindorivate des Glutacon- und Oxyglutaconaldehyds. Marburg 1906:** R. Friedrich. (58 S.) 8°

Marburg, Phil. Fak., Ref. Zincke, Diss. v. 17. Dez. 1906

[Geb. 19. Mai 83 Marburg; Wohnort: Marburg; Staatsangeh.: Preußen; Vorbildung: Oberrealsch. Marburg Reife O. 02, Studium: Marburg 4, Univ. u. T.H. Muuchen 1, Marburg 4 S.; Rig. 1. Aug. 06.]

Schreyer, Friedrich Traugott (Stollberg) A. S. 576/106

Actuarius peccans in taxam sive regulam sportularum iudicialium. Dissertatio.
Präs. Gustav Heinrich Mylius.
Leipzig (Langenheim) 7. V. 1745. 12 S. 31436

Schreyer, Fritz, Referendar in Burgstädt i. Sa.: **Das beschränkte Akzept. Art. 22 der allgemeinen deutschen Wechselordnung.** Borna-Leipzig 1906: R. **Noske. (VIII, 52 S.) 8°**

Leipzig, Jur. Fak., Diss. v. 17. Sept. 1906

[Geb. 15. Apr. 82 Burgstädt; Wohnort: Burgstädt; Staatsangeh.: Sachsen; Vorbildung: Fürsten- u. Landessch. Grimma Reife O. 01; Studium: Freiburg i. B. 1, Leipzig 7 S.; Rig. 4. Juli 05.]

Schreyer, Glo. Hnr., († d. 8. März 1803.) kurze Einleit. in die christl. Glaubens- u. Sittenlehre. gr. 8. Leipz. 789. (Brockhaus). 16 gr

Schreyer, H. (Red.), s. Aristokraten-Almanach.

Schreyer, H., Untersuchungen üb. das Leben u. die Dichtungen Hartmann's v. Aue. 4. (56 S.) Naumburg 874. (Berlin, Calvary & Co.) n. 1. 50

Programm, drittes — des k. k. Ober-Gymnasiums zu Iglau, veröffentlicht am Schlusse des Schuljahres 1853. 4. (26 S.) Iglau. Druck aus Joh. Rippl's artist. Anstalt. 1853.
Inhalt: Wie der Grieche und der Deutsche den Ablativ decken; von H. Schreyer. — Kurzgefaßte Geschichte des Gymnasiums, von Joh. Fl. Klumpar. — Schulnachrichten.

Schreyer, Hermann

— König Dietrich's Ausfahrt. Epische Dichtg. 8. (X, 100 S.) Ebd. 887. n. 1. 60

Schreyer, H., Boris. Trauerspiel in 5 Aufzügen. 8. (133 S.) Halle 888. Buchhandlung d. Waisenhauses. n. 1. 60

Schreyer, Herm., s.: Bühnenkunst, deutsche.

Schreyer, Hermannus: *Pindari Nemeacum carmen tertium conversum et commentario illustratum. 86 S. 4° (2°)
Halle-Wittenberg, Phil. Diss. v. 19. Febr. 1869
Geb. [Belgern a. d. Elbe (Kr. Torgau) 13. 11. 1840]

Schreyer, Hermann [aus Dortmund]: **Zwei Fälle von Actinomykose der Bauchdecken. . . .** Greifswald, Druck v. **Julius Abel, 1890; 98 S. 8°**
Greifswald, Med. Fak., Inaug.-Diss. v. 2. Aug. 1890

Schreyer, Herm., Goethe's Faust als einheitliche Dichtung erläutert und verteidigt. 8. (XVI, 422 S.) Halle 881, Buchh. des Waisenhauses. *

Schreyer, Herm., das Fortleben homerischer Gestalten in Goethes Dichtung, s. o. Gymnasial-Bibliothek.

— **Das Fortleben homerischer Gestalten in Goethes Dichtung.** 1893. 92 S.

Schreyer, Herm. Goethe und Homer. Erster Teil: Bis zur Reise nach Italien. 44 S. Progr. *Pforta* 1881

— das humanistische Gymnasium u. die Anforderungen der Gegenwart. gr. 8. (III, 59 S.) Halle a/S. 890. R. Schroedel. n. — 80

— die Hochzeit d. Achilleus. Drama in 4 Aufzügen. Nebst e. Anh.: Achilleus bei Homer u. Goethe. 8. (V, 147 S.) Gütersloh 891. C. Bertelsmann. n. 1. 60

Schreyer, Hermann [Dr., Prof.]: Die dramatische Kunst Schillers in seinen Jugendwerken. Nebst e. Besprechg v. Ernst v. Wildenbruch's „Heinrich u. Heinrichs Geschlecht". Dramaturg. Studien. Naumburg a. S., Druck v. H. Sieling, 1897; 55 S. 4.
Pforta, k. Landes-S. P 1897 (253)

Schreyer, Herm., Nausikaa. Trauerspiel in 5 Aufzügen in freier Ausführg. d. Goetheschen Entwurfs. Nebst e. Anh.: Nausikaa bei Homer, Sophokles u. Goethe. 8. (151 S.) Halle 884. Buchh. d. Waisenhauses. n. 1. 60

Schreyer, Hermann: Ueber die Resorption von Substanzen, welche durch Clysmata in das Rectum eingeführt werden, und ihre Bedeutung für die practische Medicin. Halle (1870): Plötz. 30 S. 8°
Halle-Wittenberg, Med. Diss. v. 23. Juli 1870
Geb. Wehau bei Weissenfels 29. 7. 1847. V.

— William Shakespeare. Schauspiel in 5 Aufzügen. Nebst e. Anh.: Zur Shakespeare-Frage. 8. (III, 170 S.) Leipzig 895. O. Schmidt. n. 1. 40; geb. n. n. 2. 50

Schreyer, Herm., William Shakespeare. Schauspiel in 5 Aufzügen. Nebst e. Anh.: Zur Shakespeare-Frage u. e. Übersicht über die Abändergn. f. die Bühnenaufführg. 2. Aufl. gr. 8. (V, 170 S.) Leipzig 900. E. Avenarius. n. 1. 50

Kaiser Wilhelm der Große und des Deutschen Reiches Erneuerung. Heldenlied in 4 Gesängen von Hermann Schreyer. Berlin: Christl. Zeitschriften-Verein 1906. 144 S. 8°

Schreyer, Herm., Kaiser Wilhelm der Große u. des Deutschen Reiches Erneuerung. Heldenlied in 4 Gesängen. (146 S.) 8. Berlin 906. Schriftenvertriebsanstalt. n. 2. —; geb. n. 2. 50

Schreyer, J., s.a. Schreyer, Jos. Ant.

Schreyer, J., poetische Blumenlese aus der Pfalz. Eine Sammlung pfälz. Dichtens aus neuerer Zeit für das J. 1886. gr. 8. (VIII, 478 S.) [Kaiserslautern 887, Gotthold's Verlag.] Zweibrücken, Ruppert. geb. mit Silberschn. *

—— dass. — für das J. 1887. gr. 8. (XXII, 348 S. mit 1 Portr. und 1 Musikbeilage.) Kaiserslautern 887, Gotthold's Verlag. geb. mit Silberschn. *

Schreyer, J. G., prakt.=ökonom. Wasserbaukunst. Neue Aufl. Mit 18 Kpf. 8. Coburg 794. Meusel u. S. 16 gr.

Schreyer, J. H., Erklär. der Schriftstelle Petri: Seid nüchtern u. wachet 2c. 8. Gotha 798. Ettinger. 3 gr.

Johann Schreyer
17. Jh.

Johann Schreyers [Schreyer], Erörterung und Erläuterung der Frage: Ob es ein gewiß Zeichen, wenn eines todten Kindes Lunge im Wasser untersincket, daß solches in Mutter- Leibe gestorben sey? Halle: Hendel 1725. 32 S. 8°

Schreyer, Johs., Beiträge zur Bach-Kritik. (43 S.) gr. 8. Dresden 910. Holze & Pahl. 1. —

Harmonielehre. Von Johannes Schreyer. Völlig umgearb. Ausg. d. Schrift 'Von Bach bis Wagner'. Dresden: Holze & Pahl 1905. (VII, 227 S.) 8°

Schreyer, Johs., von Bach bis Wagner. Beiträge zur Psychologie des Musikhörens. Mit ausführl. Analysen vollständ. Kompositionen sowie einzelner schwieriger Stellen aus den Werken v. Bach, Händel, Mozart, Beethoven, Mendelssohn, Chopin, Liszt u. Wagner, nebst e. Anh., enth. 37 S. Notenbeilagen (in qu. schmal Fol.). (IV, 86 S.) gr. 8. Dresden 903. Holze & Pahl. n. 4. —; geb. u. geh. n. 5. —

Schreyer, Jos. Ant.

— Fabriken= und Manufakturbestand in Böhmen im Jahre 1792. 8. Dresden, Walther. 793.

— Fabriken= u. Manufakturstand in Böhmen im J. 1782. gr. 8. Dresd. 793. Walther. 3 gr.

Schreyer, J.: „Commerz, Fabriken und Manufacturen des Königreichs Boheim, theils wie sie schon sind, theils wie sie es werden könnten. Ein nützliches Handbuch für teutsche Kaufleute", 2 Teile, Prag und Leipzig 1790. — Vorh.: Com. Bibliothek Hamburg.

Schreyer, Jos. Ant., († d. 10. Jan. 1808.) Commerz, Fabriken u. Manufakturen des Königr. Böhmen. 2 Thle. 8. Prag 790. (Neureutter). 1 ₰ 12 gr.

Schreyer, J. A., Commerz, Fabriken, Manufakturen d. Königreichs Böhmen. 2 Thle. 8. Prag, Schönfeld. (Neureuter.) 790.

— über Commerz, Fabriken, Manufakturen 2c. im Königr. Böhmen; in Briefen. 8. Prag 793. (Hinrichs in Leipz.) 12 gr.

— Waarenkabinet, oder Niederlagen der in Böhmen erzeugten Waarenartikel u. Naturprodukte u. der damit betriebene Handel. 2 Bde. 8. Prag 799. (Joachim in Leipz.) 1 ₰ 16 gr.

Schreyer, K. J., s. Denkmal der Baier. Ständeversamml.

Schreyer, K. J., H. Holzschuher u. Chr. Rosenkranz, Denkmal d. Bayer. Staende=Versammlung im J. 1831. 1—3. Hft. 16. (25½ B., 16 Bildn., 1 Ttlbild u. 1 Grundriß d. Sitzungssaales d. II. Kammer.) München, (Franz.) à

SCHREYER, Karl (München): Ueber Angina membranacea (crouposa et diphtheritica).- München: Weiss 1868. 21 S.
6.11.1861 - Urk; F 70
Diss. Ingolst.-Landsh.-Mchn.

Schreyer, Kurt, aus Leipzig: Die Adverbialsätze in der neurumänischen Volksliteratur. Leipzig: J. A. Barth 1904. (IV, 273—363 S.) 8° ¶ (Aus: Jahresbericht d. Instit. f. rumän. Sprache zu Leipzig 11.)
Leipzig, Phil. Diss. v. 1904

Schreyer, M., dr Hammrlieb. Hammerschmiedsschwank in 1 Aufzuge. Unter teilweiser Benutzg. der „Alten u. neuen Geschichten in erzgebirg. Mundart". (Erzgebirg. Vereinstheater 17. Heft.) (42 S.) 8. Annaberg 909. Graser's Verl. — 80

Buchdrucker-Studien. Lustige Blätter aus d. Skizzenbuche e. Leipziger Buchdruckers (Max Schreyer). [Neue Ausg.] Mit humorist. Versen von Sq. Halle a. S.: Graph. Verl.-Anst. [1898]. (25 S.) 8° [01. 10108

Buchdrucker-Studien. Lustige Blätter aus d. Skizzenbuche e. Leipziger Buchdruckers (Max Schreyer). [Neue Ausg.] Mit humorist. Versen von Sq. H. [1]–3. Halle a. S.: Graph. Verl.-Anst. [1898–1901]. 3 Bde. 8°

Buchdrucker-Studien. Lustige Blätter aus d. Skizzenbuche e. Leipziger Buchdruckers (Max Schreyer). Mit humorist. Versen von Sq. 3. Aufl. H. 1. Halle a. S.: P. Goldschmidt [1904]. 8°

Schreyer, Max, Special-Karte von den Zittauer Gebirgswaldungen mit besond. Bezeichnung der von den Touristen hauptsächlich benutzten Wege. Ein Führer nach dem Oybin, Töpfer, Hochwald, den Nonnenfelsen, der Lausche und anderen Bergen, Felsen und interessanten Punkten. 1:19,413⅓. Lithogr. und color. Imp.-Fol. Zittau 877. (Dresden, Burdach.) ** 1 20

Schreyer, O., das Triumvirat, s. Theater, deutsches.

Schreyer, Oscar [aus Dortmund]: Zur Therapie der Leukaemie ... Greifswald, Druck v. J. Abel, 1892; 23 S. 8.
Greifswald, Med. Fak., Inaug.-Diss. v. 15. Okt. 1892

Schreyer, Otto, erdmagnetische Beobachtungen im Königr. Sachsen. gr. 4. (40 S. m. 3 autogr. Taf.) Freiberg 886. (Engelhardt.) n. 1. 60

SCHREYER, Otto (Straubing): Bericht über mein zweijähriges Wirken als ordinir. Arzt der chirurg. Abtheilung des Krankenhauses Landshut 1867 & 1868.- München: Weiss 1868. 18 S.
31.10.1863 - Urk (Titel: Quomodo per hos duo annos res chirurgicas in nosocomio Landishutensi administraverim.); F 70
Diss. Ingolst.-Landsh.-Mchn.

— im Lande der Gallier. Erinnerungen aus dem deutsch=französ. Kriege 1870. gr. 8. (VII, 146 S.) Hamburg 873. Rittler. n. 2. —

Schreyer, Otto, im Lande der Gallier. Erinnerungen aus dem deutsch=französ. Kriege 1870. 3. Aufl. (VIII, 206 S.) gr. 8. Hamburg 905. C. H. A. Kloß. n. 2.50; geb. n. 3.50

— Die Liebesprobe, s. Kühling's, A., Album für Liebhaberbühnen.

Schreyer, Otto, nicht zu Hause, s.: Universal=Bibliothek.

Schreyer, Otto, nur nicht heirathen, s.: Kühling's, A., Album f. Liebhaberbühnen.

— Sie nimmt sich das Leben, s. Kühling's, A., Album für Liebhaberbühnen.

— O. W. Stadtpost, s.: Kühling's, A., Album f. Liebhaberbühnen.

Schreyer, Rich., Grundzüge d. Heerwesens d. österr.-ung. Monarchie, s.: Strobl, Adf.

Schreyer, Salo [app. Arzt aus Zerkow '(Posen)']: Ueber die Endresultate der operativen Behandlung tuberculöser Kniegelenksentzündungen ... Würzburg, A. Boegler'sche Buchdr., 1896; 68 S. 8.
Würzburg, Med. Fak., Inaug.-Diss. v. 1896

Schreyer, Sophie, Gott suchen ist die höchste Weisheit. 8. (66 S.) Dortmund 901. C. L. Krüger. n. 1.—

Schreyer, St., Geschichtsblätter für die Volksschulen, s.: Leipold, E.

Schreyer, W., Eingliederung u. Gewinnung d. relig. Lehrstoffes f. d. evangelischen Schulen i. Königr. Sachsen. [Aus: „Entwurf zu Stoff- u. Stundenplänen".] (IV, 124 S.) gr. 8. Annaberg 907. Graser's Verl. 1.20

Schreyer, Wilh. Entwurf zu Stoff- u. Stundenplänen f. die einfachen Volks- u. einklassigen Fortbildungsschulen d. Inspektionsbez. Auerbach. 2. Aufl. gr. 8. (III, 138 S.) Auerbach i. V. 891. Müller. * 2 —

Schreyer, W., Entwurf zu Stoff- u. Stundenplänen f. d. einf. Volks- u. allgem. Fortbildungsschulen, sow. e. Schulordng. 3. Aufl. gr. 8. (III, 136 S.) Annaberg 897. Graser. n. 2.—

Schreyer, W., Entwurf zu Stoff- u. Stundenplänen f. die einfachen Volks- u. allgem. Fortbildungsschulen, sowie e. Schulordnung. 4. Aufl. gr. 8. (IV, 147 S.) Annaberg 900. Graser. n. 2 —; geb. n. 2.40

Schreyer, W., Entwurf zu Stoff- u. Stundenplänen f. d. einfachen Volks- u. allgem. Fortbildungsschulen, sowie e. Schulordnung. 5. Aufl. Anh.: Eingliederung u. Gewinng. d. religiösen Lernstoffes. (IV, 161 u. 124 S.) 8. Annaberg 907. Graser's Verl. 3.80; geb. n 4.20
1. Aufl. 1889.

—— Landeskunde d. deutschen Reiches. Ausg. A. Ein Handbuch f. Lehrer u. Seminaristen. 4 Hefte. gr. 8. (V, 536 S.) Meißen 890, Schlimpert. * 4 25; geb. * 5 —

—— dass. — Ausg. B. Für Schüler der mittleren Volksschulen u. höh. Lehranstalten. gr. 8. (112 S.) Ebd. 890. * — 50; geb. * — 60

—— dass. — Ausg. C. Für Schüler der einfachen Volksschulen. gr. 8. (59 S.) Ebd. 890. * — 30
Ausg. B. u. C. mit Karte je * — 15 mehr.

Schreyer, Wilh., Landeskunde des Königr. Sachsen. Ausg. A. Ein method. Handbuch für die Lehrer. (II, 196 S.) 886; 2. Aufl. gr. 8. (VI, 197 S.) Meißen 888, Schlimpert. *

—— dass. — Ausg. B. Ein Repetitionsheft für Schüler der oberen Volksschulklassen, Fortbildungsschulen und höheren Lehranstalten. gr. 8. (32 S.) Ebendas. 886. **

—— dass. — Ausg. C. Ein Repetitionsheft für Schüler in mittleren Klassen der Volksschule. gr. 8. (28 S.) Ebendas. 885. *

—— dass. — 2. Aufl. gr. 8. (28 S. mit 1 Karte von Sachsen von Krug.) Ebendas. 886. *

—— dass. — Ausg. C. Ein Wiederholungsheft für Schüler in mittleren Klassen der Volksschule. 3. Aufl. gr. 8. (32 S. mit 10 Abbild.) Ebendas. 888. *

—— dass. — s. Hummel, A., kleine Erdkunde.

— Landeskunde des Königr. Sachsen. Ausg. A. Ein method. Handbuch f. die Lehrer. 3. (Titel-)Aufl. gr. 8. (III, 197 S.) Meißen 894. H. W. Schlimpert. n. 2.—

— Landeskunde des Königr. Sachsen. Ausg. C. Ein Merkheft f. Kinder der einf. Volksschulen. 11. Doppel-Aufl. (31 S. m. 22 Abbildgn.) 8. Meißen 910. H. W. Schlimpert. — 22;
m. Gäblers (farb.) Karte v. Sachsen — 28

— Lehr- u. Lesebuch f. Fortbildungsschulen bezw. f. ländliche Fortbildungsschulen, s.: Weber, Hugo.

— Lesebuch f. Fortbildungsschulen, s.: Weber, Hugo.

— Lesebuch f. deutsche Volksschulen, s.: Hunger, F. W.

Schreyer, Wold., deutsch-amerikan. Kochbuch, s.: Steiger.

Schreyvogel A., ein Ausweg! Ein dringendes Mahnwort an die deutschen Arbeiter. (19 S.) Stuttgart 1910

(Schreyvogel, Jos.,) s.: † West, Thom. u. Karl Aug.

Schreyvogel, Jos., Samuel Brink's letzte Liebesgeschichte. (Nationalstenographische Roman-Bibliothek 1. Bd.) 10 Hefte. (159 S.) 8. Liegnitz (905). (Dr. v. Kunowski.) n. 1.50

Schreyvogel, Jos., östreich. Monatsschrift für 1794, s. Alxinger.

— s. Sonntagsblatt zur Unterhaltung.

— Tagebücher 1810—1823, hrsg. durch Karl Glossy, s.: Schriften der Gesellschaft f. Theatergeschichte. 2. u. 3. Bd.

Josef Schreyvogels Tagebücher 1810 1823. Mit Vorw., Einl u. Anm. hrsg. von Karl Glossy. T. 1. 2. *Berlin: Ges. f. Theatergesch. 1903.* 2 Bde 8° [A.]
— Schriften d. Gesellschaft f. Theatergeschichte. Bd 2. 3. [03. 13905 2

Schreyvogel, Jos., ausgewählte Werke, s.: Klassiker-Bibliothek, deutsch-österreichische.

(F) **Schreyvogel,** J., Ausgewählte Werke. Herausgegeben von Dr. E. Baum. 1. Bd. [Deutsch-österr. Klassikerbibliothek. 21. Bd.] 8°. (140 S.) Teschen: Prochaska 1910. geb. K 1.

Schreyvogel, Jos., Waldner v. Wildenstein. Der letzte elsäss. Ritter. Eine Erzählung aus dem 30jähr. Kriege. gr. 8. (174 S.) Mülhausen i/E. 881. (Detloff.) n. 1.20

Schri Dhatumandschari, the Radicals of the Sanscrita Language. 4. London 815. (By Charl. Wilkins.)

Schrick, [illegible]

Schrickel, C. V.: Anleitung wie bey dem Schlachten des Rindviehes, der Schaafe und Schweine zu verfahren ... Carlsruhe u. Baden 1824. 23 S.

Schrickel, C. B., Anleit., wie bei d. Schlachten des Rindviehs, der Schafe u. Schweine zu verfahren, u. durch welche Kennzeichen die Krankheiten an d. Eingeweiden d. geschlachteten Thiere zu erkennen sind ꝛc. 8. Karlsr. 824. Marx. 4 gGr

Schrickel, Johann Friedrich (Karlsruhe)
U. S. Giessen 1776, 2

Dissertatio inauguralis chemico-medica de salibus saccharinis vegetabilibus generatim, et sacchari vulgaris albi analysi acidoque huius spiritu speciatim nonnulla proponens.
Geissen (Braun) VIII. 1776. 44 S. 31441

Schrickel, Leonh., Auchmenschen. Schauspiel in 5 Aufzügen. (103 S.) 8. Dresden (905). B. Sturm. n. 1. 50

Schrickel, Leonh., das Buch der Könige. 5 Novellen. (176 S.) 8. Dresden (906). B. Sturm. 2.50; geb. 3. 50

— Eva. Ein dramat. Gedicht. (39 S.) 8. Loschwitz-Dresden 909. Loschwitzer Verlag. (Nur direkt.) — 60

Schrickel, Leonh., im Frühlicht. 8. (VII, 109 S.) Dresden 900. E. Pierson. n. 2. —; geb. n. 3. —

— von Gestern u. Morgen. Eine alte Geschichte. (226 S.) gr. 8. Dresden 903. E. Reißner. n. 3. —; geb. n. 4. —

— der goldene Stiefel. Roman. (230 S.) gr. 8. München 907. A. Langen. n. 3. —; geb. n. 4. —

— Zukunft. Roman. (377 S.) 8. Berlin 910. E. Fleischel & Co. 5.—; geb. 6.50

Schricker, A., Kaiser-Wilhelms-Universität Strassburg. 15 Ansichten in Lichtdr. v. J. Kraemer. Mit Text v. A. S. qu. gr. 4. (13 Bl. Text.) Strassburg 884. Schmidt. cart. n. 7. —

Schricker, A., Eduard v. Moeller, Oberpräsident von Elsaß-Lothringen. Ein Lebensbild. gr. 8. (38 S. m. Portr. in Lichtdr.) Kassel 881. Kay. n. 1. —

Schricker, A., Strassburg u. Umgebung, s.: Städtebilder u. Landschaften aus aller Welt.

Schricker, Aug., Deutsch u. Welsch, s.: Volks- u. Jugendschriften, deutsche.

— Elsaß-Lothringen im Reichstag vom Beginn der ersten Legislatur-Periode bis zur Einführung der Reichsverfassung. Sämmtliche auf Elsaß-Lothringen bezügl. Interpellationen, Gesetzentwürfe, Verwaltungsberichte u. Debatten m. sämmtl. Reden d. Fürsten Bismarck ꝛc. nach den stenograph. Protokollen u. den Drucksachen d. Reichstags red. u. hrsg. gr. 8. (VI, 304 S.) Straßburg 873. Trübner. n. 4. —

Schricker, Aug. Strassburger Freischiessen, s.a. *Stimmer.*

Schricker, August. Tobias Stimmers Strassburger Freischiessen vom Jahre 1576. Nach dem Original-Holzschnitt der kais. Universitäts- und Landesbibliothek zu Strassburg in Lichtdruck-Facsimile [Tafel] mit erklärendem Text hrg. von Dr. A. Schr.... 4. Strassburg 1880.

— zur Geschichte der Universitaet Strassburg. Festschrift zur Eröffng. der Universitaet Strassburg am 1. Mai 1872. gr. 8. (68 S. m. 1 Holzschntaf.) Strassburg 872. Schmidt. n. 1. 80

Schricker, Aug., älteste Grenzen und Gaue im Elsass. Ein Beitrag zur Urgeschichte des Landes, s. Studien, Strassburger, 2. Bd.

[Umschlagt. bezw. Tit.:] A[ug.] Schricker in Gemeinsch. m. A[ug.] Barack, C. Binder, J. Diener, E. Schwedeler-Meyer, A[dolf] Seyboth. Kunstschätze in Elsass-Lothringen. Trésors d'art en Alsace-Lorraine. Treasures of art in Alsace-Lorraine. [Taf.] Text. *Strassburg: J. H. E. Heitz 1896.* 2 Bde gr. 2.
[Taf.] (140 Taf.) Text. (21 S.) 96. 6160

Schricker, Aug., Meister Martin der Küfer und seine Gesellen. Operndichtung in 3 Acten [nach der Erzählung von E. T. A. Hoffmann]. Musik von W. Weissheimer. 8. (72 S.) Strassburg 878, Astmann. *

— der Odilienberg. Aus dem Vogesenführer erweitert u. ergänzt. Mit 1 (chromolith.) Karte d. Odilienberges u. seiner Umgebg. (gr. 4.) entworfen u. gezeichnet v. Jul. Euting. gr. 16. (32 S.) Strassburg 874. Trübner. n. 1. —

Schricker, Aug., Pfingstsonntag und Pfingstmontag. Eine altstraßburger Erzählung nach dem alemann. Lustspiel des Daniel Arnold „Pfingstmontag". 8. (XIV, 124 S.) Nördlingen 880, Beck'sche Buchh. geb. *

Schricker, August. Karl Stauffer-Bern. Seine künstlerische Lebensarbeit. (Mit einem Portrait in Radirung [Tafel].) [A.] 8. (Breslau 1893.)

Schricker, Aug., die Vogesen, s.: Mündel, Curt.

—— In die Vogesen. Ein Führer. Mit 4 Specialkarten in Photographiedruck (in gr. 8.), einer (lithogr.) Uebersichtskarte und den Eisenbahn-Fahrplänen. 8. (180 S.) Strassburg 873, Trübner. geb. * 3 60

—— dass. — Mit 4 Specialkarten in Photographiedruck und einer (lithogr.) Uebersichtskarte. Ausg. 1874. Mit Nachtrag. 8. (208 S.) Ebendas. 874. geb. * 3 60

Schricker A, von Strassburg in die Vogesen. Strassburg 1874

Schricker, M., die Lehre Jesu nach den Evangelien des Matthäus, Markus u. Lukas, in deutschen Hexametern. 8. Amberg 829. Müller. (Magaz. f. Ind. in Leipz.) 6 gGr

Schricker, Martin, Lilien u. Leidensblumen aus dem Garten der Legende der Heiligen. Erbauungsgedichte. 1. u. 2. Abth. 8. Regensburg 843, Manz. n. 1/2 Thlr

Schricker, Martin, Ottilia. Eine Erzählung aus der Geschichte der Einführung des Christenthums in Elsaß. — Petronilla, oder die Unschuld auf dem Kreuzwege. 8. (175 S. und 1 Stahlst.) Regensburg 847, Manz.

Schridde, E., Erzählungen f. Jung u. Alt. 8. (VIII, 333 S.) Stettin 893. F. Nagel. n. 2. —; geb. in Leinw. n. 3. —

Schridde, Georg: Gustav Freytags Kultur- und Geschichtspsychologie. Ein Beitr. z. Geschichte d. Geschichtsphilosohie. Leipzig: Dürr 1910. IX, 95 S. 8° (Ersch. auch als Buch ebd.)
Leipzig, Phil. Diss. v. 2. März 1910, Ref. Lamprecht, Wundt
[Geb. 18. April 77 Peine; Wohnort: Leipzig; Staatsangeh.: Preußen; Vorbildung: Oberrealsch. Hannover Reife O. 06; Studium: Leipzig 6 S.; Rig. 2. Dez. 09.]

Schridde, Herm., Dr., I. Assistent am pathol.-anatomischen Institute der Universität: Beiträge zur Lehre von den Zellkörnelungen. Die Körnelungen der Plasmazellen. Wiesbaden: J. F. Bergmann 1905. (Die Veröffentlichung der Abbildungen ... wird in den Anatomischen Heften erfolgen.) (78 S.) 8°
Marburg, Med. Hab.-Schr. v. 1905

Aus d. anatom. Inst. zu Marburg a. L. u. d. patholog. Inst. zu Freiburg i. Br. Die Entwickelungsgeschichte des menschlichen Speiseröhrenepitheles und ihre Bedeutung für die Metaplasielehre. Von Dr. Herm. **Schridde**, Privatd. Mit 23 Abb. Wiesbaden: J. F. Bergmann 1907. (VI, 101 S.) 4°(8°) [07. 6749

— Die eitrigen Entzündungen des Eileiters. Histologische Untersuchungen. (III, 59 S. m. 5 farb. Taf.) Lex. 8. Jena 910. G. Fischer. 7. —

— Die ortsfremden Epithelgewebe des Menschen, s. a. Sammlung anatomischer u. physiol. Vorträge u. Aufsätze. 6. Hft.

Die ortsfremden Epithelgewebe des Menschen. Untersuchungen u. Betrachtungen von Dr. Herm. Schridde, Privatd. Mit 21 Fig. Jena: Fischer 1909. 62 S. 8°
(Sammlung anatom. u. physiolog. Vorträge u. Aufsätze. H. 6.)

Schridde, Herm(ann), Vol.-Assist. am pathol.-anat. Inst. d. Univ. Erlangen: Ueber Metastasen in inneren Organen bei Plattenepithelkrebs der Haut. *Erlangen 1902: E. Th. Jacob.* **(28 S.) 8°**
Erlangen, Med. Diss. v. 22. Dez. 1901

— Studien u. Fragen zur Entzündungslehre. (50 S.) gr. 8. Jena 910. G. Fischer. 1. 40

Schridde, Herm[ann]. und Naegeli, Otto. Die hämatologische Technik. Mit 1 Tafel und 20 Abbildungen im Text. VI + 135 S. 8. Jena, Gustav Fischer, 1910. [M. 3. 60]

Schridde, Otto

Schridde, O., praktisch-kritischer Volapük-Trichter. 1. u. 2., umgearb. Aufl. 12. (96 S.) Brünn 887. Karafiat's Verl. — 90

Schrieder, Emil: Verfassungsgeschichte der Stadt Hagenau i. E. im Mittelalter (bis 1400). Mannheim 1909: Gremm. 62 S. 8°
Freiburg i. B., Phil. Diss. v. 1909, Ref. v. Below
[Geb. 17. Aug. 86 Erzingen, Baden; Wohnort: Freiburg i. B.; Staatsangeh.: Baden; Vorbildung: Gymn. Mannheim Reife Juli 05; Studium: Freiburg i. B. 2, Heidelberg 4, Freiburg i. B. 2 S.; Rig. 30. Juli 09.] [U 10. 1080

Schriefer, deutsches Lesebuch f. d. Jugend, s. Haut.

Schriefer. G.

— die deutsche Rechtschreiblehre in 200 Aufgaben. 8. Bamberg 842. (Dederich'sche Buchh.) 1/6 ₰

— Sammlung auserlesener Muster der deutschen Literatur. gr. 8. (18 B.) Bamberg 842. (Hohbach'sche Buchh.)

Schriefer, G., Sammlung auserlesener Muster der deutschen Literatur. gr. 8. Bamberg 842, literar.-artist. Institut. 3/4 ₰

Schriefer, Georg Dr. „Ueber zeitgemässe Bürgerbildung". pg. 3—21. 4°. Humann.
Bamberg, Progr. 1847/48

Schriefer, Georg, Dr. „Einige Mittel zum schnellen Emporbringen der Landwirthschaft in Bayern". pg. 3—15. 4°. Humann.
Bamberg, Progr. 1843/44

Schriefer, Georg Dr. „Die Unkrautspflanzen und deren Vertilgungsarten". pg. 1—18. 4°. Humann'sche Buchdr.
Bamberg, Progr. 1837/38

Schriefer, Georg Dr. „Vorschläge zur Reorganisation der Gewerbschulen". pg. 3—13. 4°. Fried. Humann'sche Off.
Bamberg, Progr. 1854/55

Schriefer, Heinr., aus dem Düwelsmoor. Skizzen und Gedichte. 1. und 2. Aufl. gr. 8. (84 S.) Oldenburg 877,78, Schulze'sche Hofbuchh. *

Schriefer, Heinr. Aus dem Moor. I. Der „rothe Gerd" u. andere Geschichten. gr. 8. (VI, 287 S.) Bremen 892, Heinsius Nachf. * 3 —; geb. * 4 —

Schriefer, Wilh., Daswina. Roman aus dem 5. Jahrh. 2 Tle. in 1 Bde. 8. (445 S.) Großenhain 898. Baumert & Ronge. n. 4. —; geb. n. 5. —

Schriefer, Wilh., s.: Deutsch-Oesterreich, das literarische.

Schriefer, Wilhelm: Der Dusle u. das Babeli, s. Kaskel, Karl von

Schriefer, Wilh., der Frack. Humorist. Roman. 8. (183 S.) Mannheim (901). J. Bensheimer's Verl. n. 3. —

— der Mummelsee. Operndichtung in 1 Aufzuge. Musik v. Emil Sahlender. (Textbuch.) gr. 8. (34 S.) Heidelberg 900. J. Hörning. n. — 50

— österreich. Romanzen. 8. (208 S.) Wien 896. C. Konegen. n. 2. —

Schriek, C., lateinische und deutsche Begräbnisgesänge. Zum Gebrauch für Lehrer und Gesangvereine hrsg. 8. (VI, 64 S.) Werl 885, Stein. * 60 Pf.; geb. *

Schriek, C., vierstimmige Orgelbegleitung zu den Altargesängen u. Responsorien beim Hochamt. qu. gr. 4. (III, 55 S.) Münster 888. H. Schöningh. n. 1. 60; geb. n. 2. 40

Schriel's L., Rechen- u. Lesemaschine. Begleitwort. gr. 8. (10 S. m. 2 Abbildgn.) Braunschweig 894. H. Wollermann. Kostenlos.

1904. Ditfurter Chronik. Von Friedrich Schrienert. 2., berichtigte u. verm. Aufl. Mit 2 Karten u. 4 Bildern). *Quedlinburg (1904): Geßler & Strauß.* (IV, 221 S.) 8° [G.]

Schrienert, Fdr., Ditfurter Chronik. 2., bericht. u. verm. Aufl. (221 S. m. 2 farb. Karten.) gr. 8. Quedlinburg 904. (H. Schwanecke.) Kart. n.n. 5. 50

Ditfurtische Chronik, zsgest. unter teilweiser Benutzung amtl. Quellen, d. Rathausarchivs, d. Quedlinburger Urkundenbuchs, Bürgermeister Andr. Wallmanns 'Gesch. v. Ditfurt 1782' u. s. w. ... umfassend ca. 1000 Jahre v. 9. bis 19. Jh. von Friedrich Schrienert. (Mit 2 Karten.) *Quedlinburg: (Selbstverl.) 1903.* (161 S.) 8° [G.] [03. 14748

Schrienert, Fdr., Ditfurtische Chronik, zusammengestellt unter teilweiser Benutzg. amtl. Quellen, des Rathausarchivs, des Quedlinburger Urkundenbuchs, Bürgermeister Andr. Wallmanns „Geschichte v. Ditfurt 1782" u. s. w., umfassend ca. 1000 Jahre vom 9.—19. Jahrh. (161 S. m. 1 farb. Plan u. 1 farb. Karte.) gr. 8. Quedlinburg 903. (H. Schwanecke.) Kart. n.n. 4. —

Schrienert, J. F., über das Rauchen der Schornsteine, nebst Mittel dagegen. 8. Hamb. 810. (Auc in Altona). 6 gl.

Schrienert, J. F., üb. d. Rauchen d. Schornsteine nebst Mittel dagegen. 8. Hamb. Gundermann. 810. Rthlr.

Schriever, Lehrplan und Pensenverteilung für kathol. Volksschulen. 1. und 2. Ausg. Fol. (35 S.) Lingen 881,82, van Acken. *

—— dass. -- 2. verb. und verm. Aufl. Fol. (36 S.) Ebendas. 883. *

Schriever, A., Antritts- u. Abschieds-Predigt, gehalten zu Trier am 15. Mai 1836 u. am 10. Nov. 1844. Ein Beitrag z. Geschichte unserer Tage. kl. 8. Trier 846, Troschel. 6 ngl.

Schriever, A., einige Nachrichten üb. d. Steinring b. Ozenhausen etc., s. Bärsch, G.

Schriever, A. Ueber d. Unterricht in d. deutschen Sprache auf Gymn. 12 S. Progr. Duisburg 1829

Schriever, C. W. A., diagnostische Tabelle der Hautkrankheiten nach Biett's System, mit beständiger Rücksicht auf Willan's Klassification. Roy.-Fol. Berlin 836, Hirschwald. n. 1/3 ₰

Schriever, C. W. A., diagnostische Tabelle der Hautkrankheiten nach Biett's System mit beständ. Rücksicht auf Willan's Klassification. 2., revid. Aufl. Imp.-Fol. Berlin 845, Aug. Hirschwald, Verl. *

Schriever, Karl (Oberprimaner). „Prolog" [Festfeier zum fünfzigjährigen Regierungs-Jubiläum Sr. Königl. Hoheit des Großherzogs Friedrich von Baden 1852–1902] verfasst und vorgetragen [von] K. Schr. S. 3. 4.
Großh. Oberrealschule mit kaufmann. Fachklasse *Karlsruhe* 1902 (696).
Progr.

Schriever, Ludwig

Schriever, Bevergern. Bramhorne. Die Diözesangrenze. Eine geschichtl. Studie. 8. (46 S.) Lingen 896. R. van Acken. n. -- 60

Schriever, der Dom zu Osnabrück u. seine Kunstschätze. 8. (V, 167 S. m. Abbildgn. u. 7 Lichtdr.-Taf.) Osnabrück 901. F. Schöningh. n. 2.40; geb. n. 3.20

Geschichte des Kreises Lingen von Ludwig **Schriever**, Domkapitular. T. 1. 2. Lingen: van Acken 1905–10. 8°
1. Die allgemeine Geschichte. 1905.
2. Geschichte d. einzelnen Kirchspiele. 1910. [11. 1707

Schriever, Ludw., Geschichte des Kreises Lingen. 1. Tl.: Die allgemeine Geschichte. (VIII, 409 S.) gr. 8. Lingen 905. R. van Acken. n. 5. —

— Geschichte d. Schulen u. d. Schulwesens im Dekanate u. Kreise Lingen. — Festschrift z. 50jähr. Priesterjubiläum des hochwürd. Hrn. Bischofs Bernard Höting zu Osnabrück. 8. (161 S. m. farb. Titel- u. Widmungsbl.) Ebd. 896. n. 2. —

Schriever, Otto, Tierarzt in Malchow (Mecklenburg): Die Darmzotten der Haussäugetiere. Beitrag zu deren vergleichenden Anatomie, Histologie u. Topographie. Giessen 1899: v. Münchow. (55 S.) 8°
Giessen, Veterinär-med. Diss. v. 1899

Schriever, (Car. Adolph. Guil. (geb. Dusseldorf 17. 6. 1812): De euthanasia. Berolini (1836). (26 S.) 8°
Berlin, Med. Diss. v. 24. Aug. 1836

H. H., En Schriewens an sinn herzgebobbertes Nusskernchen. 4. Aufl. Kassel, o. J.

Schrifft, s. Schrift.

Schrift: Die Schrift
v. Pismo.

— s. auch Schriften.

Schrift, Anonymische, die im Grossfürstenthum Siebenbürgen in Vorschein gekommen ist und die Trennung der siebenbürgischen Hofkanzelley von der ungarischen zum Gegenstande hat ... S. l. 1791. H & Ü: *Fronius, Mich. Traugott.* (GGr) (Pk)

Schrift u. symbolische Bücher im Widerspruche f. Jedermann faßlich nachgewiesen aus der Lehre über Trinität, Erbsünde u. Abendmahl. gr. 8. (4 B.) Leipzig 845, Goetz, (Schrey.) *

Dreyfache Schrift betreffend die Ausrottung der Krähen und Sperlinge, deren die erste anzeiget eines namhaften Autoris (Joh. Lud. Matfeld) wolmeinenden Vorschlag. Die zweite eines unbekannten Gegners übelgesinneten Anschlag. Die dritte aber eines unpartheyischen Freundes richtig gegebenen Ausschlag. Lauenburg. 1746. Fol.

Schrift --- , Schrifft durch Schrifft erklähret: // Das ist /// Sinn und Meynung des H. Geistes // In denen ordentlichen // Sonn= und Pest=tägigen Evangeliis /// Durch // Anführung gleichstimmiger Sprüche / aus Mose / den Propheten / Psal=// men und anderen Büchern der Heil. Schrifft / zur Erkantniß der Warheit deutlich // vorgestellet / und durch unterschiedliche / aus einem jeglichen Evangelio gezogene /// und demselben absonderlich beygefügte // Geist=reiche Reim=Gebetlein /// Zur // Übung der Gottseeligkeit // erbaulich appliciret. // Zusamt // Einem Auszug und Anhang solcher Kern=Gebeter / wodurch das Hertz zur Morgen= // und Abend=Stunden= und Tisch=Andacht fein bereitet / auch sonsten im Creutz / Noht und // Tod beweglich zu GOTT gezogen und erhoben werden kan /// Der Gottliebenden Jugend zuforderst / dann auch Anderen frommen Christen zum Besten /// Ihren Verstand zu erleuchten /// Ihre Andacht zu erwecken /// Ihre Erbauung im Glauben / und // Dessen Ende der Seelen Seeligkeit // zu fordern. // Aus vieler Gottes=gelehrten Geist=reichen Gebet=Büchern zusammen getragen / und in dieser // Zweyten EDITION mit vielen herrlichen Sprüchen vermehret // Von // E. L. G. W. // Hamburg / gedruckt und verlegt durch seel: Hinrich von Wieringe Wittwe / 1710. - Titelkupfer, doppelseitiges Titelblatt und 4 Blatt (nicht paginiert) Vorrede. - 289 S. und noch 1 Titelkupfer vor dem Titelblatt des Anhangs Seite (193).
B. S. T. 8°.257.

Schrift, Die ganze heilige, oder Bibel für die Katholiken nach der Vulgata von Neuem übersetzt ... 3. Aufl. Leipzig 1836—44. Ü: *Jäk, Heinrich Joachim.* (Th)

Schrift, gemeinnützige, über seuchenartige Krankheiten der Schweine, nebst e. Anhange von Krankheiten d. Pferde u. Rinder, mit begleitenden Recepten. .. Leipzig 838. Glück. 1/6 ₰

Aus **Schrift** und Geschichte. Theolog. Abhandlgn u. Skizzen H. Prof. D. Conrad v. Orelli z. Feier s. 25-jähr. Lehrthätigkeit in Basel v. Freunden u. Schülern gewidmet. *Basel: R. Reich 1898.* (3 Bl., 457 S.) 1 Bd 8. [98. 12241 Ho

Schrift, Die, als alleinige Glaubens- und Lehrnorm in der evangelischen Kirche ... Leipzig 1837. V: *Schulte.* (zu)

Die göttliche heil. Schrift des Alten und Neuen Testamentes in lateinischer und deutscher Sprache durchaus mit Erklärungen nach dem Sinne der heiligen römisch-katholischen Kirche, der hl. Kirchenväter und der berühmtesten katholischen Schriftausleger nebst eigenen Bemerkungen erläutert von Heinrich Braun. Augsburg, Rieger, 1788—1797, 8°, 10 Bde. (2. Ausgabe.)

Halbjährige **Schrift** zur nähern Vereinigung der Eltern mit den Lehrern der Kielischen Stadtschule, in Rücksicht auf die öffentliche Erziehung der Jugend. Hrgg. v. Erasmus Danielsen. St. 4. Kiel. 1803. 8°. Gymn.-Progr.

Schrift, über die, „der Hausball," (v. J. B. v. Lindenfels). 8. Wien 780.

Schrift, d. heil., s. a. Bibel.

—— die heil., n. d. masoret. Text., s. a. Bücher.

— **dasselbe.** Auswahl v. Erwin Groß, s. a. Bücher der Weisheit u. Schönheit.

Schrift, Die heilige.

— dasselbe, nach der Uebersetzung Dr. Mart. Luthers im Auszuge u. m. kurzen Erläutergn. zum Volks- u. Haus-Gebrauch hrsg. v. Herm. L. Strack u. Karl Voelker. (VIII, 592 u. 40 S. m. 2 Abbildgn. u. 4 farb. Kartens.) gr. 8. Leipzig [Th. Hofmann.] B. G. Teubner. Geb. in Leinw. n.n. 2.—

DIE HEILIGE SCHRIFFT. - Tübingen 1733. Hrsg.: Joh. Jak. Moser.

Schrift, Die heilige, nach der uralten ... Uebersetzung deutsch herausgegeben. Fulda 1778—81. H: *Fleischütz, Joseph.* (EB)

Die heilige Schrift nach der uralten gemeinen von der katholischen Kirche bewährten Übersetzung deutsch herausgegeben. Fulda, Stahel, 1778—1781. 8°, 6 Bde.

Eine 2. Aufl. erfolgte 1787. Die 5 ersten Bde enthalten d. Alte, d. 6. Bd das N. Testam. Der Verfasser dieser durch kraftvolle Sprache ausgezeichneten Übersetzung war der Exjesuit J. A. Fleischütz, dem der Benediktiner Prof. Sturminus Bruns zur Seite stand. Schwarz, a. a. O. S. 63—64. Nova Biblioth. Frib., Bd. VI, S. 641—650. Litterat. d. kath. Deutschl., Bd. IV, S. 744—754.

Die hl. Schrift nach der von der katholischen Kirche angenommenen lateinischen Übersetzung. (Von einem Ungenannten.) Wien, Alberti, 1790—1791, 8°, 12 Bde mit Kupfern.

Dieselbe mit Anhang und vollständigem Wörterbuch. 13 Bde, mit 35 Kupfern von Kohl. Ebendas., 8°, 1791—1793.

— die heil., Tora, Newiim, Kesuwim, in e. deutschen Uebersezung aus d. Grundtext v. J. Heinemann. 1r Thl. Tora, die 5 Bücher Mose. Ausgabe f. Schulen. 8. Berl. im J. 5576 (1815). Heinemann. 1 ℛ (Vergl. **Mose**, die 5 Bücher.) — Alles Uebrige s. unter **Biblia** oder **Testament.**

— die heil. Ein Buch für alle Menschen. 8. Landsh. 817. Weber. 4 ℊ

—— die heil., nach d. deutschen Uebersetz. M. Luthers, u. mit Erklärn. u. Nutzanwendn. begleitet. In Verbind. mit einigen evangel. Geistlichen hrsg. v. Chr. Phil. Heinr. Brandt. Neues Testament. 3 Thle. — A. u. d. T.: Evangel. Schullehrer-Bibel. N. T. 3 Thle. Lex.-8. Sulzbach, v. Seidel.

Thl. 1. Die vier Evangelien u. d. Apostelgeschichte. 1. Aufl. ($25^1/_2$ B. u. 2 Karten.) 829. 12 Gr., 2., verm. A. ($30^1/_2$ B. u. 2 Karten.) 833. 16 Gr.

„ 2. Die sämmtl. Briefe Pauli an d. Römer, Corinther, Galater, Epheser, Philipper, Colosser, Thessalonicher, Timotheum, Titum, Philemon u. Hebräer. (17 B.) 830. 8 Gr.

„ 3. Die zwei Briefe Petri, die drei Briefe Johannis, den Brief Jacobi u. den Brief Judä. (Mit d. Zugabe: Erklärung d. Offenbarung Johannis v. A. Osiander. (15 B.) 831. 10 Gr.

—— die heil., nach Dr. M. Luthers Uebersetz., mit Einleitn. u. erklär. Anmerkn. Hrsg. v. Otto v. Gerlach. 5—7. Bd. — A. u. d. T.: Das Neue Testament. 3 Bde. gr. 8. Berlin, Thome. à * $^2/_3$ Thlr., Vlnp. * $1^1/_3$ Thlr. * 2 Thlr., Vlnp. *

Bd. 1. Die vier Evangelien u. d. Apostelgeschichte. ($36^1/_4$ B.) 835.

„ 2. Die Briefe Pauli an d. Römer, Corinther, Epheser, Philipper u. Colosser. (24 B.) 837.

„ 3. Die Briefe Pauli an d. Thessalonicher, an Timotheus, Titus, Philemon, d. Brief an d. Hebräer, d. Briefe Jacobi, Petri, Johannes u. Judä, d. Offenbar. Johannis, u. e. Uebersicht d. jüdischen Gesch. von d. ersten Jahrh. vor Christo bis z. Zerstör. Jerusalems. (23 B.) 839.

—— die heil., nach d. deutschen Uebersetz. Dr. M. Luthers, u. mit Erklärn. u. Nutzanwendn. begleitet. In Verbind. mit einigen evangel. Geistlichen hrsg. v. Chrstn. Phil. Heinr. Brandt. — A. u. d. T.: Evangel. Schullehrer-Bibel. Neuen Testam. 2. Thl., enth. d. sämmtl. Briefe Pauli an d. Römer, Corinther, Galater, Epheser, Philipper, Colosser, Thessalonicher, Timotheum, Titum, Philemon u. Hebräer. 2., verb. u. verm. Aufl. Lex.-8. ($21^1/_2$ B. u. 2 Kart.) Sulzbach 836, v. Seidel'sche Buchh. *

1. u. 3. Thl. Ebendas. 1833, 31. * 1 Thlr. 2 Gr.

— die heilige, nach Dr. Martin Luthers Uebersetzung mit Einleitungen und erklärenden Anmerkungen. Herausgeg. durch Otto v. Gerlach. 1. Bd. A. u. d. T.: Das Alte Testament. 1. Bd., welcher die Bücher Mose enthält. 4 Liefg. gr. 8. Berlin 843, 44, Thome. n. $1^1/_6$ ℛ

— dies. 5. u. 6. Bd. A. u. d. T.: Das Neue Testament. 2 Bde. 3. verb. Aufl. gr. 8. Ebend. 844. n. $2^1/_3$ ℛ Velinp. n. $4^2/_3$ ℛ

— dies. 2. Bd., welcher die Bücher Josua, Richter, Ruth, Samuels, der Könige, der Chronica, Esra, Nehemia und Ester enthält. gr. 8. Ebend. 840. n. 1 ℛ

Schrift, die heilige, nach Dr. Martin Luthers Uebersetzung mit Einleitungen und erklärenden Anmerkungen. Hrsg. durch Otto v. Gerlach. 6 Bde. (Neue Ausg.) gr. 8. Berlin 847. 53, [Schlawitz.] Thlr. *

Inhalt:

Bd. 1. (A. T. 1. Bd.) Die Bücher Mose. 2. Aufl. (XVI und 664 S.) * 1 Thlr. 5 Ngr. •

„ 2. (A. T. 2. Bd.) Die Bücher Josua, Richter, Ruth, Samuel's, der Könige, der Chronica, Esra, Nehemia und Esther. 2. Aufl. (XVI und 648 S.) * 1 Thlr.

„ 3. (A. T. 3. Bd.) Das Buch Hiob, der Psalter, die Sprüche Salomo's, der Prediger, das Hohelied Salomo's und die Klaglieder Jeremia's. 2. Aufl. (XXXX und 536 S.) * 1 Thlr.

„ 4. Abthl. 1. (A. T. 4. Bd. 1. Abthl.) Jesaja, Jeremia, Hesekiel, bearb. von H. E. Schmieder. 2. Aufl. (XXVI und 628 S.) * 1 Thlr. 15 Ngr.

„ 4. „ 2. (A. T. 4. Bd. 2. Abthl.) Daniel, die 12 kleinen Propheten und die apokryph. Bücher des alten Testaments, bearb. von H. E. Schmieder. (VI und 693 S.) * 1 Thlr. 15 Ngr.

„ 5. (N. T. 1. Bd.) Die vier Evangelien und die Apostelgeschichte. 4. Aufl. (XXXVIII und 622 S.) * 1 Thlr. 5 Ngr.

„ 6. (N. T. 2. Bd.) Die apostol. Briefe und die Offenbarung Johannis. 4. Aufl. (742 S.) * 1 Thlr. 5 Ngr.

— dies. (Neue Ausg.) 6 Bde. gr. 8. 1. [A. T. 1. Bd.] Die Bücher Mose. 2. Aufl. (XVI u. 664 S.) n. 1⅙ ₰ — 2. [A. T. 2. Bd.] Die Bücher Josua, Richter, Ruth, Samuel's, der Könige, der Chronica, Esra, Nehemia u. Esther. 2. Aufl. (XVI u. 648 S.) n. 1 ₰ — 3. [A. T. 3. Bd.] Das Buch Hiob, der Psalter, die Sprüche Salomo's, der Prediger, das Hohelied Salomo's und die Klagelieder Jeremia's. 2. Aufl. (XXXX u. 536 S.) n. 1 ₰ — 4. Bd. 1. Abth. [A. T. 4. Bd. 1. Abth.] Jesaja, Jeremia, Hesekiel, bearb. v. H. E. Schmieder. 2. Aufl. (XXVI u. 628 S.) n. 1½ ₰ — 4. Bd. 2. Abth. [A. T. 4. Bd. 2. Abth.] Daniel, die 12 kleinen Propheten u. die apokryph. Bücher d. Alten Testaments, bearb. von H. E. Schmieder. (VI u. 698 S.) n. 1½ ₰ — 5. [N. T. 1. Bd.] Die vier Evangelien u. die Apostelgeschichte. 4. Aufl. (XXXVIII u. 622 S.) n. 1⅙ ₰ — 6. [N. T. 2. Bd.] Die apostolischen Briefe und die Offenbarung Johannis. 4. Aufl. (742 S.) n. 1⅙ ₰ Berlin 847—53, Wiegandt & Grieben. n. 8½ ₰

—— die heilige, nach der deutschen Uebersetzung Dr. Mart. Luthers, und mit Erklärungen und Nutzanwendungen begleitet. In Verbindung mit einigen evangel. Geistlichen hrsg. von Chrn. Phil. Heinr. Brandt. Neuen Testamentes 3. Thl. A. u. d. T.: Evangelische Schullehrer-Bibel. Neuen Testamentes 3. Thl. enth. die 2 Briefe Petri, die 3 Briefe Johannis, den Brief Jacobi und den Brief Judä. 2. Aufl. gr. 8. (VI und S. 653—715 und 166 S.) Sulzbach 848, v. Seidel'sche Buchh.

1. und 2. Thl. (2. Aufl.) Ebendas. 1833—36. 1 Thlr. 17⅓ Ngr.

— die heilige, nach Mart. Luthers Uebersetzung mit Einleitungen u. erklär. Anmerkungen. Hrsg. durch Otto v. Gerlach. 3. Bd. u. 4. Bd. 1. Abthl. gr. 8. 3. Bd. A. u. d. T.: Das Alte Testament. 3. Bd., welcher das Buch Hiob, den Psalter, die Sprüche Salomo's, den Prediger, das Hohelied Salomo's u. die Klagelieder Jeremia's enthält. (XL u. 535 S.) 4. Bd. 1. Abth. A. u. d. T.: Das Alte Testament. 4. Bd. 1. Abth.: Jesaja, Jeremia, Hesekiel, bearb. v. H. E. Schmieder. (XXVI u. 626 S.) Berlin 849. 51, Thome. 3: n. 1 ₰ 4: n. 1½ ₰ (1—IV, 1: n. 4⅔ ₰)

— die heilige. In berichtigter Lutherischer Uebersetzung und mit prakt. Erläuterungen einzelner Bücher u. Abschnitte. Hrsg. v. K. F. Th. Schneider. 1—3. Bdchn. 8. 1. Bdchn. A. u. d. T.: Der Brief Pauli an die Philipper. Praktisch erläutert durch August Neander. (VIII u. 110 S.) 2. Bdchn. A. u. d. T.: Der Brief Jakobi. Praktisch erläutert durch August Neander. (VIII u. 102 S.) 3. Bdchn. A. u. d. T.: Der erste Brief Johannis. Praktisch erläut. durch Aug. Neander. (VI u. 258 S.) Berlin 849—51, Wiegandt & Grieben. (1: n. ½ ₰ 2: n. 12 ngr 3: n. 28 ngr) n. 1⅚ ₰

—— die heilige, nach Dr. Mart. Luthers Uebersetzung mit Einleitungen und erklärenden Anmerkungen. Hrsg. durch Otto v. Gerlach. Fortgesetzt von H. E. Schmieder. Neue Aufl. gr. 8. (N. T. 4. Aufl. 2 Bde. 1. XXXVIII und 622 S., 2. 741 S.) Berlin 852, [Schlawitz.] *

— die heilige, nach Dr. M. Luthers Uebersetzung mit Einleitungen u. erklärenden Anmerkungen. Herausg. durch Otto v. Gerlach. Neue wohlfeile Ausg. 6 Bde. Berlin 854. Schlawitz. Lex.-8. (1—4. Bd.: A. T. 3. Aufl. 1. Bd.: XII, 396 S.; 2. Bd.: XII, 392 S.; 3. Bd.: XXVI, 320 S.; 4. Bd. 1. Abth.: XVI, 368 S.; 2. Abth.: VI, 410 S.; 5. u. 6. Bd.: N. T. 5. Aufl. 1. Bd.: 8 S., XXVI, 376 S.; 2. Bd.: 439 S.) n. 7 ₰; fein Papier n. 10 ₰.

—— dass. — Hrsg. durch Otto v. Gerlach. Neue, wohlf. Ausg. Lex.-8. Berlin, Schlawitz. [A. T.: 1. und 2. Bd. (XXIII und 788 S.) 3. (XXVI und 320 S.) 4. (XXII und 778 S.) * 5 Thlr. 5 Ngr., N. T. 2 Bde. 5. Aufl. (XXXIV und 815 S.) 854—55. * 2 Thlr.] Ladenpr. *
fein Pap. *

— die heilige, in berichtigter Uebersetzung mit kurzen Einleitungen u. Anmerkungen von Joh. Fr. v. Meyer. 3. verb. Aufl. (Ausg. letzter Hand.) Frankfurt a. M. 855. Heyder u. Zimmer. gr. 4. (A. T.: LV, 884 S.; Apokrypha 169 S.; N. T.: 324 S.) Subscr.-Pr. n. 4 ₰.

—— die heilige, nach Dr. Mart. Luthers Uebersetzung mit Einleitungen und erklärenden Anmerkungen. Hrsg. durch Otto v. Gerlach. Neue wohlfeile Ausg. Neuer Abdr. in 9 Lfgn. Lex.-8. (Neues Testament. 6. Aufl. 1. Bd. XXVI und 376 S. und 2. Bd. 439 S. Altes Testament. 4. Aufl. 4 Bde. LXXII und 1886 S.) Berlin 858, Schlawitz. *

— die heilige, in deutscher Uebersetzung mit allgemeiner ausführlicher Erklärung nebst Einleitungen Von Ludw. Philippson. 3. verb. Aufl. (In ca. 25 Liefgn.) 1. Thl. 9 Liefgn. — 3. Thl. 1. u. 2. Liefg. Leipzig 862, 63. Baumgärtner. Lex.-8. (1. Thl.: LX, 882 S.; 3. Thl.: S. 1—190.) Jede Lieg. n. 12 ngr

1. Thl., die 5 Bücher Moses enth. einzeln n. 3 ₰ 21 ngr

—— die heilige. Der Urtext. Die deutsche Uebersetzung, mit Zugrundelegung des Philippson'schen Bibelwerkes, revid. von Philippson, Landau und Kaempf. 2 Bde. gr. 8. (XI und 2064 S.) Berlin 863, (Gerschel's Verlag.) * *
Velinp. * *
Mit Haphtoroth * * 1 Thlr. 10⅓ Ngr.; Velinp. * *
Deutsche Ausg. apart * *

— die heilige, nach Dr. Mart. Luthers Uebersetzung mit Einleitungen und erklärenden Anmerkungen. Herausg. durch Otto v. Gerlach. 6 Bde. Berlin 863. Schlawitz. Lex.-8
n. 5 ₰ 25 ngr

1—4. Bd. Das Alte Testament. 4 Bde. 5. Aufl. (LXXII, 1886 S.) n. 4 ₰ 5 ngr; Velinp. n. 5 ₰

5. 6. Bd. Das Neue Testament. 2 Bde. 7. Aufl. (XXXIV, 815 S.) n. 1 ₰ 20 ngr.

—— die heilige, nach Dr. Mart. Luthers Uebersetzung mit Einleitungen und erklär. Anmerkungen. Hrsg. durch Otto v. Gerlach. 6 Bde. Lex.-8. Berlin 863—67, Schlawitz. *
Velinp. *

Inhalt:

Bd. 1—4. Das alte Testament. 4 Bde. 5. Aufl. 3. Abdr. (LXXII und 1885 S.) * 4 Thlr. 5 Ngr.

" 5. 6. Das neue Testament. 2 Bde. 7. Aufl. 1.—4. Abdr. (XXVI und 815 S.) * 1 Thlr. 20 Ngr.

Schrift, die heilige. Ein Wort zur Verständigung mit gläub. Christen als Wegweiser durch die religiösen Wirren der Gegenwart. 16. (63 S.) Lahr 866, Geiger. *

— die heilige, nach Dr. Mart. Luther's Uebersetzung mit Einleitungen u. erklär. Anmerkungen. Hersg. durch Otto v. Gerlach 6 Bde. Berlin 867—70. Schlawitz. Lex.-8.
n. 5 ₰ 25 ngr; Velinp. n. 7 ₰

1—4. Bd. Das alte Testament. 4 Bde. 5. Aufl. 4. Abdr. (LXXII, 1885 S.) n. 4 ₰ 5 ngr.

5. 6. Bd. Das neue Testament. 2 Bde. 7. Aufl. 4. Abdr. (XXVI, 815 S.) n. 1 ₰ 20 ngr.

—— die heilige, nach Dr. Mart. Luthers Uebersetzung mit Einleitungen und erklär. Anmerkungen hrsg. von Otto v. Gerlach. 1.—4. Bd. A. u. d. T.: Das Alte Testament. 4 Bde., 5. Aufl., 4. Abdr. Lex.-8. Berlin 870, Schlawitz. [Leipzig, Hinrichs' Verlag.] *M. 12,50.; geb. *

Inhalt:

Bd. 1. Die Bücher Mose. (XII, 396 S.) *M. 2,50.

" 2. Die Bücher Josua, Richter, Ruth, Samuel's, der Könige, der Chronica, Esra, Nehemia und Esther. (XII, 392 S.) *M. 2.

" 3. Das Buch Hiob, der Psalter, die Sprüche Salomo's, der Prediger, das Hohelied Salomo's und die Klagelieder Jeremia's. (XXVI, 320 S.) *M. 2.

" 4. 1. Jesaja, Jeremia, Hesekiel bearb. von H. E. Schmieder. (XVI, 368 S.) *M. 3. — 2. Daniel, die zwölf kleinen Propheten und die apokryphischen Bücher des Alten Testamentes, bearb. von H. E. Schmieder. (VI, 410 S.) *M. 3.

Schrift, die heilige. Aus dem Urtext übersetzt von J. N. Darby. gr. 8. (XX, 1430 S.) Elberfeld 871, (Schmitz.) *

Schrift, die heilige. Aus dem Urtext übers. gr. 8. (XX, 1430 S.) Elberfeld [Godesberg] 872, (Langewiesche.) * 7 50

Schrift, die heilige, nach Dr. Martin Luthers Uebersetzung m. Einleitungen u. erklärenden Anmerkungen. Hrsg. durch Otto v. Gerlach. 5. u. 6. Bd. Das Neue Testament. 2 Bde. 8. Aufl. 2. Abdr. Lex.-8. Leipzig 874. Hinrichs' Verl. n. 5. —
1. Die 4 Evangelien u. die Apostelgeschichte. (XXVI, 375 S.)
2. Die apostol. Briefe u. die Offenbarg. Johannis. (438 S.)

— **die heilige, nach Dr. Mart. Luthers Uebersetzung m. Einleitungen u. erklärenden Anmerkungen. Hrsg. durch Otto v. Gerlach. 1—4. Bd. (In 5 Thln.) Das Alte Testament. 6. Aufl. 1. Abdr. gr. 8. Leipzig 876. Hinrichs' Verl.** n. 12. 50; in 2 Bde. geb. n. 15. 50
I. Die Bücher Mose. (XII, 396 S.)
II. Die Bücher Josua, Richter, Ruth, Samuel's, der Könige, der Chronica, Esra, Nehemia u. Esther. (XII, 391 S.)
III. Das Buch Hiob, der Psalter, die Sprüche Salomo's, der Prediger, das Hohelied Salomo's u. die Klaglieder Jeremia's. (XXVI, 320 S.)
IV. 1. Jesaja, Jeremia, Hesekiel. Bearb. v. G. C. Schmieder. (XVI, 367 S.)
IV. 2. Daniel, die 12 kleinen Propheten u. die apokryphischen Bücher d. alten Testaments. Bearb. v. G. C. Schneider. (VI, 410 S.)

—— **die heilige. 2. Thl., genannt Neues Testament. Aus dem Urtext übersetzt. 4. durchgeseh. Aufl. 8. (XXII, 476 S.) Elberfeld 877, (Faßbender's Buchh.)**

Schrift, die Heilige. 2. Thl., genannt Neues Testament. Aus dem Urtext übers. 4., durchgeseh. Aufl. 8. (XXII, 476 S.) Elberfeld 877. (Langewiesche.) n. 2. —

Schrift, die heilige, nach Dr. Martin Luthers Uebersetzung mit Einleitungen und erklärenden Anmerkungen. Hrsg. durch Otto v. Gerlach. 35 Lfgn. oder 6 Bde. Lex.-8. Leipzig, Hinrichs'sche Buchh. 17 50
geb. in 3 Bde. * 22 —
Velin-Ausg. 7 Thle. * 21 —
geb. in 7 Bde. * 29 75
Inhalt:
Bd. 1—4. Das Alte Testament. 5 Thle. in 2 Bdn. 6. Aufl. 2. und 3. Abdr. (XII, 396; XII, 392; XXVI, 320; XVI, 368; VI, 410 S.) 883,84. *M 12,50.; geb. *M 15,50.
„ 5. 6. Das Neue Testament. 2 Thle. in 1 Bd. 8. Aufl. 3. Abdr. (XXXV, 375; 439 S.) 880. *M 5.; geb. *M 6,50.

—— **dass. — 2. Tl., gen. Neues Testament. Aus d. Urtext übers.** 5. Ausg. (in Petit.) 12. (XXII, 469 S.) (Ebd.) 885. * 1 —
geb. in Hlbldr. ** 1 80; geb. in Ganzldr. ** 2 20

—— **dass. — Taschenausg.** (in Nonp.) 16. (VI, 436 S.) (Ebd.) 885. * 1 —; geb. in Hlbldr. ** 1 50; geb. in Ganzldr. ** 1 80

Schrift, die heilige. Der Urtext. Die deutsche Uebersetzg., m. Zugrundelegg. d. Philippson'schen Bibelwerkes rev. v. Philippson, Landau u. Kaempf. 2 Bde. Hrsg. auf Kosten der israelit. Bibelanstalt. gr. 8. (VI, 968 u. 1100 S.) Berlin 889. Dümmler's Verl. n.n. 4. —; geb. n.n. 5. 20; hebräisch allein (484 u. 551 S.) n.n. 2. —; geb. n.n. 2. 60; deutsch allein (484 u. 545 S.) n.n. 2. —; geb. n.n. 2. 60

—— **dass. — Der Urtext. Die deutsche Uebersetzung mit Zugrundelegung des Philippson'schen Bibelwerkes revid. von Philippson, Landau und Kaempf, hrsg. auf Kosten der israelit. Bibelanstalt. 2 Bde. gr. 8. Ebendas. 889.** **
geb. **
Inhalt:
Bd. 1. Die fünf Bücher Moses und die früheren Propheten. (484, 484 S.)
„ 2. Die späteren Propheten und die Hagiographen. (550, 550 S.)

Schrift, die Heilige. [Urtext allein, in hebräischer Schrift.] gr. 8. (484, 551 S.) Berlin 889, Dümmler's Verlagsb. **M 2.—; geb. **

—— **die Heilige. Aus d. Urtext übers. (Ausg. in Garmond.) 2 Tle. Lex.-8. Elberf. 891, (Faßbender).** geb. in 1 Bd. * 3 20
geb. in Hlbldr. ** 5 20; geb. in Ganzldr. ** 6 20
1. Das alte Testament. 2. Ausg. (III, 1046 S.)
2. Das neue Testament. 7. Ausg. (XIV, 327 S.)

—— dass. — (Ausg. in Nonpar.) 2 Tle. 8. (Ebd.) 891.
geb. in 1 Bd. * 2 70; geb. in Hlbldr. ** 4 10; in Ganzldr. ** 4 80
1. Das alte Testament. 3. Ausg. (III, 1046 S.)
2. Das neue Testament. 8. Ausg. (XIV, 331 S.)

Schrift, die Heilige. 2. Tl., gen. Neues Testament. Aus dem Urtext übersetzt. 7. durchgeseh. Ausg. (in Garmond). Lex.-8. (XIV, 327 S.) Elberf. 891, (Faßbender). * 1 —
geb. in Hlbldr. ** 2 20; in Ganzldr. ** 3 —
—— dass. — 8. Ausg. (in Nonpar.) 8. (XIV, 331 S.) (Ebd.) 891.
* 1 —; geb. in Hlbldr. ** 1 90; geb. in Ganzldr. ** 2 20

—— die Heilige. (Sternbibel.) Nach D. Mart. Luthers Übersetzg. Mit 30 Vollbildern in Lichtdr. zum Alten Testament nach berühmten Meistern u. 15 Vollbildern aus dem Leben Jesu v. Heinr. Hofmann. Mit e. Familienchronik. hoch 4. (XV, 935; III, 255, 16 S.) Lpz. 892, Hinrichs' Verlag. * 30 —; geb. in Ldr. m. Goldschn. ** 40 —
Mit einfachem Kreuz, Kantenvergoldg. u. Hohlgoldschn. ** 48 —
Auch in 30 Lfgn. à * 1 — od. in 6 Abteilgn. à * 5 —

— die heilige, nach Mart. Luthers Uebersetzung m. Einleitungen u. erklärenden Anmerkungen. Hrsg. durch Otto v. Gerlach. 1.—4. Bd. Das Alte Testament. 6. Aufl. 3. Abdr. gr. 8. (XII, 396; XII, 392; XXVI, 320; XVI, 368 u. VI, 410 S.) Leipzig 893. J. C. Hinrichs' Verl. n. 12. 50; in 2 Halbfrz.-Bde. geb. n. 15. 50

— dasselbe. 5. Bd. 2 Thle. in 1 Bde. Lex.-8. Ebd. 890. n. 5. —; geb. in Halbfrz. n.n. 6. 50
Das neue Testament. 8. Aufl., 4. Abdr. (XXVII, 375 u. 439 S.)

— dasselbe. Aus dem Urtext übersetzt. (1. Thl. das Alte Testament. 4. Ausg. 2. Thl. Das Neue Testament. 9. Ausg.) gr. 8. (XX, 1044 u. 328 S.) Elberfeld 898. R. Brockhaus (durch J. Faßbender). n. 3. 20

— dasselbe. 2. Tl. genannt das Neue Testament. 10. Ausg. 12. (XXIV, 482 S.) Ebd. 899. n. 1. —

— dasselbe. Der Urtext. Die deutsche Uebersetzg. m. Zugrundelegg. des Philippson'schen Bibelwerkes, rev. v. Philippson, Landau u. Kaempf. 2 Bde. Hrsg. auf Kosten der israelit. Bibelanstalt. (Neue Ausg.) gr. 8. Berlin 901. F. Dümmler's Verl. n.n. 4. —; geb. n.n. 5. 20
1. Die 5 Bücher Moses u. die früheren Propheten. (VI S. u. 481 Doppels.) — 2. Die späteren Propheten u. die Hagiographen. (545 Doppels. u. S. 546—551.)

— die heilige. Aus dem Urtext übers. (1. Tl., genannt das Alte Testament. 5. Aufl. 2. Tl., genannt das Neue Testament. 11. Aufl.) (XVI, 771 u. 248 S. m. 8 farb. Kartens.) 8. Elberfeld 901. R. Brockhaus (durch J. Faßbender). n. 2. —

Schrift, die heilige. Nach dem masoret. Text neu übers. u. erklärt, nebst e. Einleitg. v. S. Bernfeld. gr. 8. (XXXIV, 886 S.) Berlin 902. S. Calvary & Co. Geb. in Leinw. n. 5. —; in Halbfrz. n. 6. 50; in Saff. m. Goldschn. n. 10. —; Pracht-Ausg. auf Velin-Pap. in Saff. m. Goldschn. n. 20. —; Luxus-Ausg. in Ecrasé-Saff. n. 30. —

Die heilige Schrift. [Testamentum Vetus.] Nach d. masoret. Text neu übers. u. erklärt nebst e. Einl. von Dr. S[imon] Bernfeld. *Berlin: S. Calvary & Co. 1902.* (XXXIV, 886 S.) 8° [J.] I+3 3345

— dasselbe. Ausg. f. Schule u. Haus. Nach dem masoret. Text neu übers. u. erklärt nebst e. Einleitg. u. e. Teil der Apokryphen v. S. Bernfeld. 2 Tle. gr. 8. Berlin 903. [S. Calvary & Co.] Frankfurt a/M., J. Kauffmann. In 1 od. 2 Bde. geb. n. 4. —
1. (VII, XXVIII, 345 S.) n. 1. 75. — 2. (IV, 511 S.) n. 2.25

Die Heilige Schrift [Biblia]. Aus d. Urtext übers. Billige Taschen-Ausg. T. 2. *Elberfeld: R. Brockhaus 1903.* 8° [J.] [illegible]

Die Heilige Schrift [**Biblia**] aus d. Urtext übersetzt. (T. 1. 2. Elberfeld: R. Brockhaus 1905.) (X, 959 S.) 8°
1. Das Alte Testament. 6. Aufl. 2. Das Neue Test. 12. Aufl. [06. 3866

Die Heilige Schrift [**Biblia**]. Aus d. Urtext übers. (Große Ausg. ⟨4. Aufl.⟩) (T. 1. 2.) Elberfeld: R. Brockhaus 1907. (XIII, 1076, 336 S.) 4°(8°) [J.]
1. Das Alte Testament. 2. Das Neue Testament. [08. 14114

Schrift, die heilige. Aus dem Urtext übers. (Taschenausg. 3. Aufl.) (XIV, 772 u. 238 S. u. 8 farb. Karten.) kl. 8. Elberfeld 909. R. Brockhaus. Geb. v. nn 3.— bis nn 14.—

Schrift, Die heilige, im Auszuge. Zur Erbauung für die Jugend. Salzb. 1802. H: *Vierthaler, Franz Michael.* (Ky) (MGT) (Hr)

Die hl. Schrift im Auszuge zur Erbauung für die Jugend. Salzburg, Duyle, 1802, 8°.

Schrift, die Heilige, im Auszuge s. a. J. Annegarn, u. ändere den Preis von $1\frac{1}{3}$ ℛ in 1 ℛ ab.

Die hl. Schrift (im Auszuge) mit kurzen Sacherklärungen, besonders zur Erläuterung der biblischen Geschichte, für Schulmänner und zur häuslichen Erbauung. Mit 2 Karten. Herausgegeben von Joseph Annegarn. Münster, Coppenrath, 1835, 8°, $83\frac{3}{4}$ Bg., 4 Mk.

— die heilige, in Bildern. gr. 8. (36 Chromolith.) Basel 876. Spittler. cart. n. 4. 80; 36 Taf. in Tondr. n. 2. —

— die hl., in Bildern. 2 Thle. in 1 Bd. gr. 8. Basel 896. Kober. Geb. n. 4. —
Das Alte Testament in Wort u. Bild. (40 S. m. 18 Farbendr.) 873.
Das Leben Jesu in Wort u. Bild. 3. Aufl. (40 S. m. 18 Farbendr.) 895.

— dasselbe, in Bildern. 240 Darstellgn., erfunden u. auf Holz gezeichnet von Jul. Schnorr v. Carolsfeld. Mit kurzen Bibeltexten nach der rev. luther. Bibel u. ausgewählten Betrachtgn. v. Ferd. Arndt, F. Bachmann, C. G. Barth u. a. Hrsg. v. C. Werckshagen. (VII, 160 u. II, 80 S.) gr. 4. Berlin 903. G. Grund. Geb. n. 3. —; Prachtausg., geb. in Leinw. m. Goldschn. n. 5. —

Die hl. Schrift des Neuen Bundes mit vollständig erklärenden Anmerkungen von P. Bonifazius vom hl. Wunibald. Mannheim, Löffler, 1797—1799, 4 Teile; 3. Aufl. 1817.
Ist deutsche Übersetzung mit vollständigem Kommentar. Vgl. Schwarz a. a. O. S. 195–196. Mit seinem bürgerlichen Namen hieß der Verfasser Martin Schnappinger.

Schrift, Die heilige, des neuen Bundes, ausgelegt, erläutert und entwickelt. . . . Berlin 1825—28. H: *Wette, Wilhelm Martin Leberecht de.* (winer) (Ky)

Schrift, die heilige, des neues Bundes, ausgelegt, erläutert u. entwickelt. Ein Andachtsbuch f. häusl Erbauung. 1r Thl. Das Evangelium Johannis ꝛc. gr. 8. Berl. 825, Reimer. 1 Rthl. 8 gr. Engl. Pap.

—— die heil., d. neuen Bundes, ausgelegt, erläutert u. entwickelt. Ein Andachtsb. f. d. häusl. Erbauung, u. e. Handb. f. Prediger u. Schullehrer. 2. Thl. Das Evangel. d. Matthäus, Markus u. Lukas. (Von W. M. L. de Wette.) gr. 8. ($28\frac{1}{4}$ B.) Berlin 828, Reimer. Thlr.
1. Thl. Evangel. Johannis. Ebendas. 1825. 1 Thlr. 8 Gr.

— des neuen Bundes. Erklärt durch Stellen der heil. Kirchenlehrer. Gesammelt von einem kathol. Geistlichen Badens. 1. Liefg. gr. 8. Schaffhausen 846, Hurter. $\frac{1}{4}$ ℛ

Die hl. Schrift des Neuen Bundes. Erklärt durch Stellen der heil. Kirchenlehrer. Gesammelt von einem katholischen Geistlichen Badens Schaffhausen, Hurter, jetzt Regensburg, Verlags-Anstalt, 1846, 8°, 6 Bg., 75 Pf.
Mehr nicht erschienen.

— die heilige, zunächst für Deutsch-Katholiken. Aus dem Urtext neu übers. von Anton Mauritius Müller. Neues Testament. 1.—6. Liefg. gr. 8. Berlin 845, 46, Hermes. à 4 ngr

—— die heil., als alleinige Glaubens- u. Lehrnorm in d. evangel. Kirche. Eine Widerleg. der von A. W. Möller hrsg. Randglossen, z. Erklär. d. Pfarrer d. Kreissynode Dortmund. gr. 8. (4 B.) Leipzig 837, Cnobloch.
Vgl. Bibel. — Schriften. — Testament ꝛc.

— die hl., — e. Glaubensschule. Off. Brief e. Laien an Hrn. Dr. Martin Kähler, Professor d. Theologie in Halle, als Antwort auf s. Schrift: „Uns. Streit um d. Bibel". (Von J. Fr. Glob. Közle.) gr. 8. (54 S.) Cannstatt 895. Stuttgart, E. Geiger. n. — 60

——, die heil., d. Israeliten. Nach d. masoret. Texte neu übers. v. J. Johlson. 2. Thl. — A. u. d. T.: Die Geschichtsbücher Josua, Richter, Samuel's u. d. Könige. Nach d. masoret. Texte worttreu übers., mit Anmerkn. gr. 8. ($34\frac{3}{4}$ B.) Frankfurt a. M. 836, Andreäische Buchh.
1. Thl. Ebendas. 1831. 1 Thlr. 12 Gr.

—— die heilige, der Israeliten in deutscher Uebertragung von Ludw. Philippson. Pracht-Ausg. mit 154 großen Bildern, illustr. von Gust. Doré. 2 Bde. Fol. Ebendas. 874.
geb. in 1 Bd., mit Lederrücken schwarz *M. 83.; roth *
geb. in Maroquin schwarz *M. 89.; roth *

— die heilige, der Israeliten in deutscher Uebertragung v. Ludw. Philippson. Pracht-Ausg. m. 154 großen Bildern, illustrirt v. Gust. Doré. 10 Lfgn. Fol. (604 S. m. 154 Holzschntaf.) Stuttgart 874—76. Hallberger. à n. 1. 50

—— die heil., d. alten Testaments, übers. v. J. A. Theiner, s. a. Theiner.

— dasselbe, des Alten Testaments, in Verbindg. m. Baethgen, Guthe, Kamphausen ꝛc. übers. u. hrsg. v. E. Kautzsch. 2., mehrf. bericht. Ausg. (Text u. Beilagen in 1 Bd.) Lex.-8. (IV, 1012 u. XV, 219 S. m. 1 farb. Karte.) Freiburg i/B. Tübingen, J. C. B. Mohr. n. 12. 60; geb. n.n. 15. —; Text allein n. 9. —; geb. n.n. 11. —; Beilagen allein n. 5. —; geb. n.n. 6. 50

—— des alt. Testam. Hrsg. v. Thadd. Ant. Dereser u. J. Mart. Aug. Scholz. 3. Thl. 1. Bd. u. 4. Thl. 3 Bde. gr. 8.

Die hl. Schrift des Alten Testamentes. Erster Teil, welcher die 5 Bücher Mosis enthält, herausgegeben von Dominikus von Brentano. Fortges. von Anton Dereser (Thaddäus a s. Adamo). Ebendas., 1796—1801, gr. 8°, 13 Bde.

—— die heil., d. alten Testaments. 1. Thl. 2. u. 3. Bd., 2. Thl. od. 4 Bde. u. 4. Thl. 4. Bd. Auf Befehl d. Hochwürd. Fürsten u. Hrn. Hrn. Rupert II., Abts d. Fürstl. Hochstifts Kempten ꝛc. ꝛc., hrsg. v. Dominik. v. Brentano. 2. Ausg. besorgt v. Thadd. Ant. Dereser u. J. Mart. Aug. Scholz. gr. 8. Frankfurt a. M., Varrentrapp.
Thl. 1. Bd. 2., welcher d. 3. u. 4. Buch Mosis enth. Hrsg. v. Dereser. (24 B.) 828. 2 Thlr. 3 Gr.
„ 3., welcher d. 5. Buch Mosis enth. Aus d. Hebr. übers. u. erklärt v. Scholz. ($11\frac{1}{2}$ B.) 832. 1 Thlr.

: 2. : 1., welcher d. Bücher Josua, Richter, Ruth u. Samuelis enth. Hrsg. v. Dereser. (34 B.) 827. 2 Thlr. 16 Gr.
: 2., welcher d. Bücher d. Könige, d. Chronik, Esra u. Nehemia enth. Hrsg. v. Dereser. (37 B.) 827. 2 Thlr. 21 Gr.
: 3., welcher d. Bücher Tobias, Judith, Esther u. Hiob enth. Hrsg. v. Scholz. (36 B.) 833. 2 Thlr. 20 Gr.
: 4., A. u. d. T.: Die Bücher d. Makkabäer, als Fortsetz. d. Dereser- u. Scholzischen alten Test. Aus d. Griech. übers. u. erklärt v. Scholz. (21 1/4 B.) 833. 1 Thlr. 16 Gr.
: 4. : 4, A. u. d. T.: Die zwölf kleinen Propheten. A. d. Hebr. übers. u. erklärt v. Scholz. (27 B.) 833. 2 Thlr. 3 Gr.
Früher erschienen:
Thl. 1. Bd. 1. Das 1. u. 2. Buch Mosis. 2., v. Dereser besorgte Aufl. 820. 2 Thlr. 6 Gr.
: 3. : 1. Die Psalmen. 2., v. Dereser bes. Ausg. 815. 1 Thlr. 16 Gr.
: 2. Die Schriften Salomons. 2., v. Dereser bes. Ausg. 825. 2 Thlr. 8 Gr.
: 4. : 1. Der Prophet Jesaias, v. Dereser. 808. 1 Thlr. 2 Gr.
: 2. Der Prophet Jeremias, die Klagelieder u. d. Prophet Baruch, v. Dereser. 809. 1 Thlr. 4 Gr.
: 3. Die Propheten Ezechiel u. Daniel, v. Dereser. 810. 1 Thlr. 9 Gr.
Ebendas. — 13 Bde. vollst., hrbgs. Pr. 13 Thlr.
Neues Testam., vgl. Schrift, d. h., d. N. Test.

—— die heil., d. alten Testamentes in ihrem geschichtl. Zusammenhange, mit belehr. Anwendungen v. C. Hanl, u. bildl. Darstelln. durch Kupfer nach J. Führich u. L. Friese. 26 Hfte. 2., verm. Aufl. gr. 8. (56 1/4 B. u. 78 Kpfr.) Prag 828, Pachmeyer. (Leipzig, Engelmann.) à 6 Gr., ill. 8 Gr.
6 Thlr. 12 Gr., ill.

— die Heilige, des Alten Testaments. 2r Thl. 3r Bd., welcher die Bücher Tobias, Judith, Esther und Hiob enthält. Herausg. v. Thadd. Ant. Dereser, fortgesetzt von J. Mart. Aug. Scholz. 2e von Dr. Scholz besorgte Ausg. gr. 8. Frankfurt 833. Varrentrapp. 2 5/6 ℛ — 2r Thl. 4r Bd. A. u. d. T.: Die Bücher der Makkabäer als Fortsetzung des Dereser-Scholzischen alten Testaments. Aus d. Griech. übersetzt und erklärt von Dr. Scholz. gr. 8. Ebd. 833. 1 2/3 ℛ — 3r Thl. 1r Bd. A. u. d. T.: Die Psalmen, als Fortsetzung des Dereser-Scholzischen alten Testaments, aus d. Hebräischen übersetzt und erklärt. 3e von Dr. Scholz ganz umgearb. Aufl. gr. 8. Ebd. 836. 2 ℛ — 4r Thl. 1r Bd. Herausg. von Thadd. Anton Dereser und J. Martin August Scholz. A. u. d. T.: Der Prophet Jesaias, als Fortsetzung des Dereser Scholzischen alten Testaments. Aus d. Hebraischen übersetzt und erklart. 3e von Dr. Scholz umgearb. Aufl. gr. 8. Ebd. 837. 1 1/4 ℛ — 4r Thl. 2r Bd. A. u. d. T.: Der Prophet Jeremias, die Klagelieder und das Buch Baruch, als Fortsetzung d. Dereser-Scholzischen alten Testaments, aus d. Hebr. u. Griech. übersetzt u. erklart. 2e von Dr. Scholz besorgte Aufl. gr. 8. Ebd. 836. 1 1/6 ℛ — 4r Thl. 3r Bd. A. u. d. T.: Die Propheten Ezechiel und Daniel, als Fortsetzung ꝛc. 2e von Dr. Scholz bes. Aufl. gr. 8. Ebd. 836. 1 1/3 ℛ

——, die heil., d. alt. Testam., nach d. Grundtexte u. d. latein. Vulgata, mit erklär. Sachparallelstellen, übers. u. hrsg. v. Leander van Eß. 2. Thl. Lex.-8. (51 1/2 B.) Sulzbach 836, v. Seidel'sche Buchh.
1. Thl. Ebendas. 1822. 18 Gr.

Schrift, die heilige.
Altes Testament.
Frankfurt, [Varrentrapp's Verl.] [3. 1. 3. Aufl. (29 B.) 836. 2 Thlr., 4. 1. 3. A. (21 B.) 837. 1 1/4 Thlr., 2. 2. A. (21 1/2 B.) 1 1/6 Thlr., 3. 2. A. (26 B.) 836. 1 1/3 Thlr.] Thlr.
Hrsg. v. J. M. A. Scholz.

Schrift, die heilige, des alten Testaments übers. und erläut. von Ernst Meier. 1. Thl. A. u. d. T.: Die poetischen Bücher des alten Testaments. 1. Abthl.: Sprüche und Lieder aus den histor. Büchern. Das Lied der Lieder oder das Hohelied. Das Buch Rut. Die Klagelieder Jeremia's. Der Prediger Salomo's. gr. 8. (XII und S. 1—49.) Stuttgart 850, Metzler'sche Buchh.

—— dass. — 1. Thl. A. u. d. T.: Die poetischen Bücher des alten Testaments. 2. Abthl.: Die Psalmen. gr. 8. (S. 51—169.) Ebds. 850.

—— die heilige, des alten Testaments übers. und erläutert von Ernst Meier. 1. Thl. 3. und 4. Abthl. A. u. d. T.: Die poetischen Bücher des alten Testaments. 3. und 4. Abthl. gr. 8. (S. 171—296.) Stuttgart 853, Metzler'sche Buchh. Vrlgs.-Conto.
Inhalt:
Abthl. 3. Das Buch Hiob. 6 Ngr.
: 4. Die Sprüche Salomo's. 11 Ngr.
1. Thl. 1. und 2. Abthl. Ebendas. 1850. 23 Ngr.

—— die heilige, des alten Testaments übersetzt und erläutert von Ernst Maier. 2. Thl.: Die prophetischen Bücher. gr. 8. (376 S.) Stuttgart 863, Metzler's Verlag.
1. Thl.: Die poetischen Bücher. Ebendas. 1854. * 1 Thlr. 10 Ngr.

— die heilige, des Alten Testaments im Auszuge für den Schulgebrauch. Nach der deutschen Uebersetzung Dr. Mart. Luthers. Cöthen 868. Schettler. 4. (XI, 360 S.) n. 24 *ngr.*

— die heilige, des Alten Testaments, in Verbindg. m. Baethgen, Guthe, Kamphausen u. A. übers. u. hrsg. v. E. Kautzsch. 1. u. 2. Lfg. Lex.-8. (112 S.) Freiburg i/Br. 890. J. C. B. Mohr. Subscr.-Pr. f. Bog. 1—60:
n. 9. —

— die heilige, des Alten Testaments, in Verbindg. m. Baethgen, Guthe, Kamphausen u. A. übers. u. hrsg. v. E. Kautzsch. 10 Lfgn. (10. Lfg. in 2 Tln.) Lex.-8. (VIII, VI, 1012 S. u. Beilagen, XVIII, 219 S.) Freiburg i/B. 890—894. J. C. B. Mohr.
Subskr.-Pr. n. 12 —; Einbd. n.n. 3. 50

— dasselbe. Mit 1 Karte v. Palästina. 2. Subskr. (In 10 Lfgn.) 1. Lfg. Lex.-8. (S. 1—16.) Ebd. 894.
Unberechnet.

—— die Heilige, d. Alten Testaments, in Verbindg. m. Baethgen, Guthe, Kamphausen u. a. übers. u. hrsg. v. E. Kautzsch. (In 2 Halbbdn.) 1. Halbbd. Lex.-8. (VIII, 464, 32 S.) Freiburg i. Br. 892, J. C. B. Mohr.
* 5 —

Die Heilige **Schrift** des Alten Testaments ... übersetzt und herausgegeben von E. Kautzsch. Zweite mehrfach berichtigte Ausgabe. 2 voll. Freiburg i. B. und Leipzig 1896. 4°

— dasselbe, des Alten Testamentes, nach der Uebersetzung Dr. Mart. Luthers im Auszuge u. m. kurzen Erläutergn. zum Volks- u. Haus-Gebrauch hrsg. (VIII, 324 S. m. 2 Abbildgn. u. 4 farb. Kartens.) gr. 8. Leipzig 905. [Th. Hofmann.] B. G. Teubner.
Geb. n.n. 1. 20

Schrift. Die Heilige Sch' des Alten Testaments, in Verbindung mit Professor [Carl] Budde in Marburg, Prof' [Hermann] Guthe in Leipzig, ... Prof' [Carl] Marti in Bern, ... und Prof' [Carl] Steuernagel in Halle übersetzt und hrg. von E[mil] Kautzsch, Prof' ... in Halle. 3. völlig neugearbeitete, mit Einleitungen und Erklärungen zu den einzelnen Büchern versehene Aufl. (Liefg. 1. Bogen 1—4.) VIII + 64 S. gr.-8. Tübingen, J. C. B. Mohr, 1908. (Subskr. *pro* Liefg. M. —. 80)

— die heilige, des Alten Testaments, in Verbindg. m. Budde, Guthe, Hölscher u. a. übers. u. hrsg. v. E. Kautzsch. 3., völlig neu gearb., m. Einleitgn. u. Erklärgn. zu den einzelnen Büchern versch. Aufl. 2 Bde. Lex. 8. Tübingen, J. C. B. Mohr. 20.—; geb. 24.—; auch in 25 Lfgn. à — 80
1. 1. Mose bis Ezechiel. (VIII, 952 S.) 909. 12.—; geb. 14.—
2. Hosea-Chronik. Beilagen. (VIII, 629 S.) 910. 8.—; geb. 10.—

—— die heil., alt. u. neu. Testam., s. a. Prediger-Bibel.

— dies. in Englischer Sprache, s. a. Scripture.

Schrift, Die heilige, des alten und neuen Testaments nebst einer neuen vollständigen Erklärung derselben ... Leipzig 1749—52. Ü (1. 2. Th.): *Heyde, Johann Daniel.* (3. Th.): *Müller, Friedrich David.* H: *Dietelmair, Joh. Augustin.* (3. Th.): *Baumgarten, Sigm. Jac.* (ML)

—— die heil., d. alt. u. neuen Testam. Aus der Vulgata mit Bezug auf den Grundtext neu übers., u. mit kurzen Anmerkn. erläut. v. Jos. Frz. Allioli. Mit e. Vorr. d. Bischofs v. Linz, Greg. Thomas v. Ziegler. Altes Testam. 6 Bde. m. Ttlkpfr. 1. u. 2. Aufl. gr. 8. (à 115 B.) Nürnberg 830—34. [München, Palm.]
Ist aus der 3. Aufl. der heil. Schrift, hrsg. v. H. Braun (wie es auch auf d. Ttl. des 1. Bds. 1. Aufl. bemerkt steht), hervorgegangen.

Die hl. Schrift des Alten und Neuen Testamentes. Aus der Vulgata mit Bezug auf den Grundtext neu übersetzt und mit kurzen Anmerkungen erläutert von Joseph Franz Allioli. Nürnberg, Stein. 1830—1835, gr. 8°. 1. Aufl. (der neuen Bearbeitung), 6 Teile in 10 Bden, 15 Mk.

—— die heil., d. alt. u. neuen Testam. Uebers. v. W. M. L. de Wette. 3 Thle. Lex.-8. (89 B.) Heidelberg 832, Mohr.
Thl. 1. u. 2. Altes Testament.
" 3. Neues Testament.
Vgl. Bibel, Schriften, Testament ꝛc.

— dies. nach der deutschen Uebersetzung Dr. Martin Luthers und mit Erklärungen und Nutzanwendungen begleitet. In Verbindung mit einigen evangel Geistlichen herausg. v. Christ. Phil. Heinr. Brandt. Neues Testament. 3 Thle. A. u. d. T.: Evangelische Schullehrer-Bibel. N. T. 3 Thle. Mit 2 Karten von Palästina u. 1 Karte von den Ländern des mittelländ. Meeres. 2e verb. u. verm. Aufl. Lex.-8. Sulzbach 833. u. 836. v. Seidel'sche Buchh. n. $1^2/_3$ Rthlr.

— dies. Aus der Vulgata mit Bezug auf den Grundtext neu übersetzt, und mit kurzen Anmerkungen erläutert von Jos. Frz. Allioli. Mit einer Vorrede des Bischofs von Linz, Greg. Thomas von Ziegler. 2e Aufl. (6 Bde.) Mit Titelkpfr. gr. 8. Nürnberg 834—37. Stein; München, Palm. Pränum.-Pr. 5 Rthlr. — 3e durchgesehene Aufl. (Pracht-Ausg.) Mit Stahlstichen. Lex.-8. Landshut 838. Palm'sche Buchh. à Lfrg. $^5/_{12}$ Rthlr. — 4e Aufl. Mit Stahlst. Lex.-8. Ebd. 839, 40. 1e—14e Lfrg. à Lfrg. [illegible] Rthlr. Velinp. à $13^1/_2$ Ngr. — 15e Lfrg. Oder Handbuch der biblischen Alterthumskunde von Allioli. Supplement zu dess. Bibel. 1e Lfrg. Lex.-8. Ebd. 840. (v. Vogel.) $^3/_8$ Rthlr.

— die Heilige, Alten u. Neuen Test., nach Dr. Martin Luthers Uebersetzung, mit Einleitungen u. erklär. Anmerkk. Herausg. von Otto von Gerlach. 5r—7r Bd. A. u. d. T.: Das Neue Testament. 1r—3r Bd. gr. 8. Berlin 835. u. 839. (Thome.) n. 2 Rthlr. — 2e verb. u. verm. Aufl. 2 Bde. gr. 8. Ebd. 840. $2^1/_3$ Rthlr. Velinp. $4^2/_3$ Rthlr.

— dies. in der Ursprache, besond. zum Gebrauch f. Schulen. Herausg. unter Mitwirkung vom Oberrath Epstein, Conferenz-Rabbiner J. Ettlinger, Lehrer M. Rosenfeld, Conferenz-Rabbiner Willstätter und Rabbinats-Candidaten E. Willstätter. 1s—9s Heft. gr. 8. Carlsruhe u. Baden 836—38. Marx. à $^1/_6$ Rthlr.

—— die heil., alt. u. neu. Testam., in 100 Kupfertafeln, nach d. Reihenfolge d. bibl. Bücher dargest. Nebst histor. Erläutern. v. Dav. Jonathan Lindner. qu. Fol. ($8^1/_2$ B. Text.) Leipzig 836, Kummer. *

— dies. Uebersetzt v. W. M. L. de Wette. 3e verb. Ausg. 3 Thle. Lex.-8. Heidelberg 838, 39. Mohr. 4 Rthlr. Velinp. 6 Rthlr.

—— die heil., d. alt. u. neu. Testam. Aus d. Vulgata mit Bezug auf d. Grundtext neu übers. u. mit kurzen Anmerkn. erläut. v. Jos. Frz. Allioli. 3., durchges. u. verb. Aufl. Mit Approbation d. apostol. Stuhles ꝛc. Mit e. Vorr. v. Gregor. Thom. v. Ziegler. 6 Lfgn. (Prachtausg.) Lex.-8. ($95^1/_2$ B. u. 7 Stahlst.) Landshut 838, [v. Vogel'sche Vrlsbuchh.] à 10 Gr.

—— dass. — Von dems. 4. Aufl. 6 Bde. (od. 14 Lfgn.) Lex.-8. ($206^1/_8$ B. u. 13 Stahlst.) Ebds. 839, 40. à 10 Gr., f. Pap. $13^1/_2$ Gr. $5^5/_6$ Thlr., f. Pap.
Hieran schließt sich:

—— dass. — 15—24. Lfg. — A. u. d. T.: Joh. Frz. Allioli, Handbuch d. bibl. Alterthumskunde. 1—10. Lfg. — Supplement zu dess. Bibel. Lex.-8. ($50^1/_2$ B.) Ebds. 840—43. à

—— dass. — Von dems. 5. Aufl. in 1 Bd. (od. 24 Lfgn.) Roy. 4. (.. B.) Ebds. 842, 43.
Brillantausg. m. vergold. u. gemalt. Anfangsbuchstaben

Schrift, die heilige.

Altes und Neues Testament.

—— dies. Hrsg. v. Otto v. Gerlach. 5. u. 6. Bd. — A. u. d. T.: Das neue Testament. 2 Bde. 2., stark verm. u. verb. Aufl. gr. 8. Berlin 840, Thome. [1. (42 B.) * 1 Thlr., Vlnp. * 2 Thlr., 2. (47 B.) * $1^1/_3$ Thlr., Vlnp. * $2^2/_3$ Thlr.] * $2^1/_3$ Thlr., Vlnp. Thlr. *
Diese Aufl., bei welcher der 2. u. 3. Bd. der vorhergehenden vereinigt wurden, umfaßt das N. T. ebenfalls vollständig. — 1—4 Bd., des A. T., sind (1842) noch nicht erschienen.

—— die heilige, alten u. neuen Testamentes v. Jos. Frz. Allioli. 25—29. Lfg. Od. Handbuch der bibl. Alterthumskunde von Jos. Frz. Allioli. Supplement zu dessen kath. Bibel in allen Aufl. 11—15. (letzte) Lfg. Lex.-8. ($23^3/_4$ B., 1 Plan v. Jerusalem, 1 ill. Karte des bibl. Schauplatzes u. 1 lith. u. ill. Karte von Palästina von J. Fr. Allioli u. Lor. C. Gratz.) Landshut 843, 44, v. Vogel'sche Vrlgsbuchh.

—— die heilige, des alten u. neuen Testamentes von Jos. Frz. Allioli. Einzige vom heil. Stuhle genehmigte kathol. Bibel. 6. Aufl. Mit zur Seite stehendem latein. Urtext der Vulgata. 10 Bde. (30 Lfgn.) Lex.-8. ($299^1/_4$ B.) Landshut 844—46, v. Vogel'sche Vrlgsbuchh.

— die heilige, Alten u. Neuen Testaments von dem Standpunkte der gegenwärtigen heil. Wissenschaft erklärt u. in besond. Rücksichtsnahme auf die Bedürfnisse der Zeit ausgelegt für Kirche, Schule und Haus von Jh. Fr. Th. Wohlfarth. A. u. d. T.: Schul-Bibel, d. i.: Erklärung u. Auslegung der heil. Schrift ꝛc. Ein Handbuch für Geistliche, Lehrer u. gebildete Aeltern. Neues Testament. 1.—5. Heft. gr. 8. Neustadt a. d. O. 845, 46, Wagner. Subscr.-Preis à n. $^1/_4$ Rthlr.

Schrift, die heilige, Alten u. Neuen Testaments v. d. Standpunkte der gegenwärtigen heil. Wissenschaft erklärt und in besonderer Rücksichtnahme auf die Bedürfnisse d. Zeit ausgelegt f. Kirche, Schule u. Haus von J. Fr. Th. Wohlfarth. A. u. d. T.: Schul-Bibel, d. i.: Erklärung u. Auslegung der heiligen Schrift von dem Standpuncte der heil. Wissenschaft und nach den Bedürfnissen unserer Zeit. Ein Handbuch für Geistliche, Lehrer u. Aeltern von J. Fr. Th. Wohlfarth. Neues Testament. 6—8. Hft. gr. 8. (1. Bd. S. 597—1030.) Neustadt a. d. O. 847, Wagner. 6 u. 7: à n. $^1/_3$ Rthlr. 8: n. 12 Ngr. (8 Hfte. n 2 Rthlr. $19^1/_2$ Ngr.)

— die heilige, des Alten u. Neuen Testamentes. Aus der Vulgata mit Bezug auf den Grundtext neu übers. u. mit Anmerkungen erläutert von Jos. Frz. Allioli. 7. Aufl. Ster.-Ausg. in 3 Bdn. od. 12 Lfgn. gr. 8. (1. Bd. XLIV u. 1060 S. 2. Bd. VI u. 1210 S. 3. Bd. VIII u. 957 S.) Landshut 851, Vogel. (à Lfg. 9 Ngr.) 3 Rthlr. 18 Ngr.

Schrift, die heilige, d. Alten u. Neuen Testamentes. Aus der Vulgata übers. v. Jos. Frz. Allioli. Handausg. enth. den vom apostol. Stuhle approbirten vollständ. Text u. eine aus den Anmerkungen des größeren Alliolischen Bibelwerkes von dem Verf. selbst besorgte abgekürzte Erläuterung jenes Textes. 10 Lfgn. Lex. 8. (LXXIV u. 1490 S.) Landshut 851, Vogel. (à 6 ngr) 2 rf

— die Heilige, des Alten u. Neuen Testaments. Aus der Vulgata mit Bezug auf den Grundtext neu übers. u. mit kurzen Anmerkungen erläut. von Jos. Frz. v. Allioli. Illustr. Handausg. enth. den vom apostol. Stuhle approbirten vollst. Text u. eine aus den Anmerkungen des größeren Alliolischen Bibelwerkes von dem Verf. selbst besorgte abgekürzte Erläuterung jenes Textes. (In 30 Lfgn.) 1—12. Lfg. gr. 4. (LVIII S. u. S. 1—592 m. eingedr. Holzschn. u. lithochrom. Titel.) Landshut 851. 52, Vogel. (à 1/4 rf) 3 rf

— die heilige, des Alten und Neuen Testaments. Aus der Vulgata mit Bezug auf den Grundtext neu übers. und mit kurzen Anmerkungen erläutert von Jos. Frz. v. Allioli. Mit Holzschn. (im Text) nach Zeichnungen der ersten Künstler Deutschlands. 13—30. (letzte) Liefg. München 853, 54. Vogel. gr. 4. (A. T.: S. 593—1244; N. T.: 371 S.) Jede Liefg. 7½ ngr.

— — Aus der Vulgata neu übers. und mit kurzen Anmerkungen erläutert von Jos. Frz. Allioli. 8. Aufl. Der Ausg. mit zur Seite stehendem lateinischen Urtext der Vulgata 2. Aufl. 3 Bde. A. u. d. T.: Biblia Sacra vulgatae editionis Sixti V. pontificis maximi jussu recognita et Clementis VIII. auctoritate edita, nunc novissime ad exemplar Vaticanum expressa. Edit. II. Ebend. 854. Lex.-8. (1. Bd.: XLVIII, 1340 S.; 2. Bd.: 2 Bl., 1343 S.; 3. Bd.: 4 Bl., 927 S.) n. 7 rf. 6 ngr.

— die heilige, des alten u. neuen Testaments, von v. Allioli, Register dazu, s. Wörterbuch, biblisches.

—— die heilige, altes und neues Testaments, nach dem Grund-Text aufs neue übersehen und übersetzet: Nebst einiger Erklärung des buchstäblichen Sinnes, wie auch der fürnehmsten Fürbildern und Weissagungen von Christo und seinem Reich und zugleich einigen Lehren die auf den Zustand der Kirchen in unseren letzten Zeiten gerichtet sind; Welchem allem noch untermängt eine Erklärung die den inneren Zustand des geistlichen Lebens, oder die Wege und Wirckungen Gottes in der Seelen zu deren Reinigung, Erleuchtung, und Vereinigung mit Ihm zu erkennen gibt. (Gedruckt zu Berlenburg im Jahr unsers Erlösers und Ursprungs der heil. Schrifft Jesu Christi 1726.) Neue vollständige und nach dem Urtext unveränd. Ausg. 1—4. Lfg. gr. 4. (XVI und S. 1—176.) Stuttgart 856, Quack. à Lfg. * 5 Ngr. *

—— die heilige, des Alten und Neuen Testaments. Uebersetzt von M. W. L. de Wette. 4, berichtigte Aufl. 5 Lfgn. Lex.-8. (A. T. XII und 1148 S. und N. T. III und 308 S.) Heidelberg 857. 58, J. C. B. Mohr. à Lfg. * 15 Ngr. *
Vlnp. à Lfg. * 20 Ngr. *

Schrift, die heilige, des Alten und Neuen Testamentes. Aus der Vulgata mit Bezug auf den Grundtext neu übers. und mit Anmerkungen erläut. von Jos. Frz. Allioli. 8. Aufl. Ster.-Ausg. in 3 Bdn. gr. 8. (LVI und 3227 S.) München 860, Vogel'sche Verlagsbuchh. *

—— die heilige, Alten und Neuen Testamentes übersetzt von Dr. Mart. Luther. 15 Lfgn. gr. 4. (A. T. 1046 S. und N. T. 295 S. mit Initialien in Holzschn., 1 Chromolithogr. und 2 Titeln in Holzschn. in Tondr.) Stuttgart 860, S. G. Liesching. à Lfg. 12 Ngr.
In Leder geb. mit Goldschn. *

—— die heilige, des Alten und Neuen Testamentes. Aus der Vulgata übers. von Jos. Frz. v. Allioli. Illustr. Volksausg. enth.: den vom apostol. Stuhle approbirten vollständ. Text und eine aus den von höchster Autorität ebenfalls gebilligten Anmerkungen des größeren Allioli'schen Bibelwerkes von dem Verf. selbst besorgte durchgäng. Erläuterung jenes Textes. 24 Lfgn. gr. 4. (XL und 1566 S. mit eingedr. Holzschn. und 1 Stahlst.) Regensburg 866,67, Pustet. à Lfg. 7½ Ngr.

— die heilige, des Alten u. Neuen Testaments. Aus der Vulgata übers. von Jos. Frz. v. Allioli. Enthltd. den vom apostol. Stuhle approbirten vollständigen Text u. eine aus den von höchster Autorität ebenfalls gebilligten Anmerkungen des größeren Allioli'schen Bibelwerks von dem Verf. selbst besorgte durchgäng. Erläuterung jenes Textes. Pracht-Ausg. mit 230 großen Bildern, illustr. von Gust. Doré. 62 Liefgn. Stuttgart 867,70. E. Hallberger. gr. Fol. (A. T. XXXVI, 1252 Sp. u. N. T. 356 Sp.) Jede Liefg. n. 12 ngr.
Ausg. für Protestanten, s. Bibel.

—— dass. — Aus der Vulgata übers. von Jos. Frz. v. Allioli. Enthaltend den vom apostol. Stuhle approbirten vollständ. Text und einigen aus den von höchster Autorität ebenfalls gebilligten Anmerkungen des größeren Alliolischen Bibelwerks von dem Verf. selbst besorgte durchgäng. Erläuterung jenes Textes. Pracht-Ausg. mit 230 großen Bildern illustr. von Gust. Doré. 1.—3. Aufl. 62 Lfgn. gr. Fol. (1. Bd. XXXVI S., und A. T. Sp. 1—832; 2. Bd. VIII S., und A. T. Sp. 833—1252, und N. T. 356 Sp. mit eingedr. Holzschn. und 218 Holzschntaf.) Stuttgart 868—73, E. Hallberger. à Lfg. * M 1,20.; compl.
geb. mit Lederrücken schwarz * M 105.; roth *
geb. in Maroquin schwarz * M 116.; roth *
Ausgabe für Protestanten, vgl.: Bibel.

Schrift, die heilige, des alten und neuen Testamentes. Aus der Vulgata mit Bezug auf den Grundtext neu übers. und mit kurzen Anmerkungen erläut. von Jos. Frz. Allioli. Der Ausg. mit zur Seite stehenden latein. Urtext der Vulgata 4. Aufl. 3 Bde. gr. 8. (XLVIII, 1340; III, 1343; III, 927 S.) Regensburg 871, Pustet. *

—— die heilige, des Alten und Neuen Testaments. Aus der Vulgata übers. von Jos. Frz. v. Allioli. Enth. den vom apostol. Stuhle approbirten vollständ. Text und eine aus den von höchster Autorität ebenfalls gebilligten Anmerkungen des größeren Alliolischen Bibelwerks von dem Verf. selbst besorgte abgekürzte Erläuterung jenes Textes. Pracht-Ausg. mit 230 großen Bildern illustrirt von Gust. Doré. 4. Aufl. 62 Lfgn. oder 2 Bde. Fol. (Altes Testament 1252 und Neues Testament 356 Sp. mit eingedr. Holzschn. und Holzschntaf.) Stuttgart 876, [Hallberger.] Deutsche Verlags-Anstalt. à Lfg. * M 1,20.; compl. *
geb. in Leinw. mit schwarzem Lederrücken **
geb. in Leinw. mit rothem Lederrücken **
geb. in schwarz Maroquin **
geb. in roth Maroquin **
Ausg. für Protestanten vgl.: Bibel.

Schrift, die heilige, Alten und Neuen Testaments nach Dr. M. Luthers Uebersetzung. Mit der Auslegung der vorzüglichsten Schriftforscher der älteren evangel. Kirche. Neues Testament. 1. Bd.: Die vier Evangelien und die Apostelgeschichte. gr. 8. (IV, 792 S.) Gütersloh 879, Bertelsmann. * M 4.; geb. *

— die Heilige, Alten u. Neuen Testaments nach Dr. M. Luthers Uebersetzung. Mit der Auslegung der vorzüglichsten Schriftforscher der älteren evangel. Kirche. Neues Testament. 2 Bde. gr. 8. (IV, 792 u. 742 S.) Gütersloh 879. 81. Bertelsmann. à n. 4. —

—— die heilige, Alten und Neuen Testaments nach Dr. M. Luthers Uebersetzung. Mit der Auslegung der vorzüglichsten Schriftforscher der älteren evangelischen Kirche. Neues Testament. 2. (Schluß-)Bd.: Die Episteln und die Offenbarung Johannis. gr. 8. (742 S.) Gütersloh 880, Bertelsmann. * 4 —
geb. * 5 20
1. Bd. Ebendas. 1879. * M 4.; geb. * M 5,20.

—— dass. — Aus der Vulgata übers. von Jos. Frz. v. Allioli. Volksausg., enthaltend den vom apostol. Stuhle approbirten vollständ. Text und eine aus den von höchster Autorität ebenfalls gebilligten Anmerkungen des größeren Alliolischen Bibelwerkes von dem Verf. selbst besorgte durchgäng. Erläuterung jenes Textes. gr. 8. (XXXII, 887; 268 S.) Regensburg 880, Pustet. * M 6.; geb. * 8 —

— die heilige, d. Alten u. Neuen Testaments. Uebers. v. M. W. L. de Wette. 4. Aufl. Neue Ausg. 2 Thle. gr. 8. (XII, 1148 u. III, 307 S.) Freiburg i/Br. 885. 86. Mohr. n. 7. —

— dasselbe. 2. Tl., genannt Neues Testament. Taschen-Ausg. 16. (VI, 436 S.) Ebd. 885. n. 1. 20; geb. n.n. 2. 40

— dasselbe. 3., durchgeseh. Aufl. 8. (XXII, 469 S.) Ebd. 885. n. 1. —; geb. n.n. 1. 80

Schrift, die Heilige, des Alten u. Neuen Testaments, verdeutscht v. Martin Luther. Pracht-Ausg., mit 230 großen Bildern illustr. von Gust. Doré. 6. Aufl. 62 Lfgn. oder 2 Bde. Fol. (619; 172 S.) Stuttgart 887—889. Deutsche Verlags-Anstalt. à Lfg. n. 1. 20; cplt.: n. 74. 40; geb. n. 105. —, n. 107. —, n. 116. — u. n. 125. —

— dasselbe. Aus der Vulgata übers. v. Jos. Frz. v. Allioli. Enth. den vom apostol. Stuhle approbirten vollständ. Text u. e. aus den v. höchster Autorität ebenfalls gebilligten Anmerkgn. d. größeren Allioli'schen Bibelwerks v. dem Verf. selbst besorgte abgekürzte Erläuterg. jenes Textes. Pracht-Ausg., m. 230 großen Bildern illustrirt v. Gust. Doré. 6. Aufl. 62 Lfgn. oder 2 Bde. Fol. (XVI, 626, 178 S.) Ebd. 887—889. à Lfg. n. 1. 20; cplt.: n. 74. 40; geb. n. 105. —, 107. —, 116. — u. 125. —

— dasselbe. Aus dem Urtext übers. 1. Tl., genannt Altes Testament. 2., sorgfältig durchgeseh. Ausg. 1. u. 2. Lfg. 8. (716 S.) Elberfeld 890. (Faßbender.) à n. 1. —; Lex.-8.-Ausg. à n. 1. —

Schrift, die Heilige, Alten u. Neuen Testaments nach Dr. M. Luthers Uebersetzung. Mit der Auslegg. der vorzüglichsten Schriftforscher der älteren evangel. Kirche. 3. Bd. Der Psalter. gr. 8. (V, 340 S.) Gütersl. 890, Bertelsmann. * 2 —; geb. * 2 80
1. u. 2. Bd. Ebd. 1879,80. * 8 —; geb. * 10 40.

Schrift, die Heilige, d. Alten u. Neuen Testamentes. Aus der Vulgata übers. von Jos. Frz. v. Allioli. Illustr. Volksausg., enth. den vom apostol. Stuhle approbierten vollständ. Text u. e., aus den v. höchster Autorität ebenfalls gebilligten Anmerkgn. d. größeren Alliolischen Bibelwerkes v. dem Verf. selbst besorgte durchgäng. Erläuterg. jenes Textes. Mit 45 Vollbildern in Farbendr., üb. 1000 anderen Abbildgn. u. Karten im Text u. e. Familien-Chronik. Nebst Gratis-Zugabe: Der Kreuzweg d. Herrn. Farbendr. 42 Hfte. gr. 4. (Altes Test., VIII, 1917 S. u. Neues Test. VII, 335 S.) Berlin 891. 892. F. Pfeilstücker. à n. — 50 (kplt. geb. in Halbldr. m. Rotschn. u. Bronzevergoldg.: n. 30. —; m. Goldschn. n. 33. —; m. echter Vergoldg. u. Goldschn. n. 36. —; in Kalbldr. n. 48. —; in Schweinsldr. n.n. 66. —; Neues Testament allein n. 5. —; geb in Leinw. m. Bronzevergoldg. u. Rotschn. n. 8. 50; m. echter Vergoldg. u. Goldschn. in Halbldr. n.n. 15. —; in Kalbldr. n.n. 25. —; in Schweinsldr. n.n. 40. —)

—— die Heilige, d. Alten u. Neuen Testamentes. Aus der Vulgata übers. von Jos. Frz. v. Allioli. Illustr. Volksausg., enth. den vom apostol. Stuhle approbierten vollständ. Text u. e., aus den v. höchster Autorität ebenfalls gebilligten Anmerkgn. d. größeren Alliolischen Bibelwerkes v. dem Verf. selbst besorgte durchgäng. Erläuterg. jenes Textes. Mit 45 Vollbildern in Farbendr., üb. 1000 anderen Abbildgn. u. Karten im Text u. e. Familien-Chronik. 42 Hefte. gr. 4. (1917; VII, 335 S.) Berl. 892, Pfeilstücker. à Heft * — 50; * 21 —
geb. in Hlbldr. m. Rotschn. u. Bronzevergoldg. * 30 —
Mit Goldschn. * 33 —; m. echter Vergoldg. u. Goldschn. * 36 —
In Kalbldr. * 48 —; in Schweinsldr. * 66 —
Neues Testament allein * 5 —; geb. in Leinw. m. Bronzevergoldg. u. Rotschn. * 8 50; desgl. m. Goldschn. * 10 —; mit echter Vergoldg. u. Goldschn. in Hlbldr. * 15 —; in Kalbldr. * 25 —; in Schweinsldr. * 40 —

Schrift, die Heilige, des Alten u. neuen Testamentes. Aus d. Vulgata m. Bezug auf d. Grundtext neu übers. u. m. kurzen Anmerkgn. erläut. v. Jos. Frz. Allioli. D. Ausg. m. zur Seite steh. latein. Urtext d. Vulgata 9. Aufl. M. Ster. gedr. 3 Bde. gr. 8. (XLVIII, 1340; 1343 u. 928 S.) Regensburg 894. F. Pustet. 15. —; 3 Halbchagrin-Einbde. n.n.n. 4. 50

— die Heilige, des Alten u. Neuen Testamentes. Mit dem Urtexte der Vulgata. An Stelle des Alliolischen Bibelwerkes hrsg. v. Augustin Arndt, S. J. A. u. d. T.: Biblia sacra Vulgatae editionis. Sixti V., pontificis maximi, jussu recognita et Clementis VIII. auctoritate ed. nunc novissime ad exemplar vaticanum expressa cura Augustini Arndt, S. J. 1.—3. Bd. gr. 8. (XX, 1332 S.; VII, 1344 u. XII, 1020 S.) Regensburg 899—901. F. Pustet. à 5. —; geb. in Halbchagrin à n. 6. 50

— dasselbe, des Alten u. Neuen Testamentes. Aus der Vulgata übers. von Jos. Frz. v. Allioli. Volksausg., enth. den vom apostol. Stuhle approbirten vollständ. Text u. e. aus den v. höchster Autorität ebenfalls gebill. Anmerkgn. des größeren Alliolischen Bibelwerkes v. dem Verf. selbst besorgte durchgäng. Erläuterg. jenes Textes. (Neuer Ster.-Platten-Abdr.) (III, XXXII, 887 u. 268 S. m. farb. Titelbild.) Lex.-8. Regensburg (906). F. Pustet. n. 6. —; geb. in Halbfrz. n. 8. —

— die Heilige, des Alten u. Neuen Testamentes. Aus d. Vulgata m. Rücksichtnahme auf den Grundtext übers. u. m. Anmerkgn. erläutert v. Augustin Arndt, S. J. 3 Bde. (XXXI, 951; IV, 1027 S., u. XXXIV u. S. 3—560.) 8. Regensburg 907. 09. F. Pustet. 10. —; geb. in Lw. 14. —; Altes Testament (1. u. 2. Bd.) allein 8. —; geb. 11. —; Neues Testament (3. Bd.) allein 2. —; geb. 3. —

— dasselbe. Aus der Vulgata m. Rücksichtnahme auf den Grundtext übers. u. m. Anmerkgn. erläutert v. Augustin Arndt, S. J. 3. Bd. (Schulausg.) (XXXIV, 560 S.) 8. Ebd. 909. 1.60; geb. in Leinw. 2. 40

— dasselbe. Mit dem Urtexte der Vulgata. Übers. u. m. erklär. Anmerkgn. versehen v. Augustin Arndt, S. J. A. u. d. T.: Biblia sacra Vulgatae editionis. Sixti V., pontificis maximi, jussu recognita et Clementis VIII. auctoritate ed., nunc novissima ad exemplar vaticanum expressa cura Augustini Arndt, S. J. 5. Aufl. 3 Bde. (XLV, 22, 1487; VIII, 1476 u. XI, 1019 S. m. 1 farb. Karte.) Lex. 8. Ebd. 910. 16. —; geb. in Halbfrz. 22. —

Schrift, die heil., d. neuen Testam. Zum Gebr. d. kathol. Stadt-, Land- u. Mittelschulen d. Großh. Baden. Neue, privil. Orig.-Ausg. 8. (33¼ B. u. Titkpfr.) Mannheim 825, (Schwan u. Götz.)

—— die heil., d. neuen Testam. übers., erklärt, u. mit histor.-krit. Einleitn. zu den einzelnen Büchern erläutert v. J. Mart. Aug. Scholz. 4 Bde. gr. 8. Frankfurt a. M., Varrentrapp. 6 Thlr. 20 Gr., hrbgs. Pr.
A. u. d. Ttln.:
Bd. 1. Die vier Evangelien. (29½ B.) 829. 2 Thlr. 10 Gr.
„ 2. Die Apostelgeschichte u. d. kathol. Briefe. (13½ B.) 830. 1 Thlr. 10 Gr.
„ 3. Die vierzehn Briefe d. heil. Apostels Paulus. (28¼ B.) 830. 2 Thlr. 8 Gr.
„ 4. Die Apokalypse d. heil. Johannes, d. Apostels u. Evangelisten. (9 B.) 823. 16 Gr.
Altes Testam., vgl. Schrift, d. h., d. A. Test.

— die Heilige, des Neuen Testaments in der, mit den nöthigen Berichtigungen versehenen deutsch. Uebersetzung Dr. M. Luthers; zur Beförderung gründl. u. segensreicher Lesung der heiligen Schrift in christl. Familien mit erklär. Anmerkungen herausg. von Jul. Werner Grashof. 1r Thl. A. u. d. T.: Die Evangelien Matthäus, Marcus und Lucas. gr. 8. Crefeld 834. Funcke'sche Buchh. 1 [illegible]

—— die heil., d. neu. Testam. Aus d. Vulgate mit Bezug auf d. Grundtext neu übers. u. mit kurzen Anmerkn. erläut. v. Jos. Frz. Allioli. Mit Approbation d. apostol. Stuhles. gr. 8. (.. B.) Landshut 836, [v. Vogel'sche Vrlsbuchh.]
$1\frac{1}{8}$ Thlr., m. 13 Stahlst. $2\frac{1}{2}$ Thlr., Vlnp. m. 13 Stahlst.

—— dass. — 2. Aufl. 8. (.. B.) Ebds. ... 10 Gr., Vlnp. m. Noten u. 17 Kpfrt.

— dies. des Neuen Testaments. 1r Thl. in 2 Abthll. Aus der Vulgata mit Bezug auf den Grundtext neu übersetzt und mit kurzen Anmerkungen erläutert von Jos. Frz. Allioli. Mit Approbation des apostolischen Stuhles. Mit 13 Stahlstichen. gr. 8. Nürnberg 836. Stein. $1\frac{1}{4}$ ₰ Velinp. $1\frac{2}{3}$ ₰ — Ohne Stahlstiche auf Druckp. $\frac{3}{4}$ ₰ (Die Stahlstiche sind auch einzeln für n. $1\frac{1}{3}$ ₰ zu haben.)

—— die heil., des neu. Testam. Uebers. u. mit erklär. Anmerkn. vers. v. e. Pfarrer d. Diözese Trier. gr. 8. (30 B.) Coblenz 837, Hergt. *

—— die heil., d. neu. Testam. Uebers. u. erklärt im Geiste d. Urchristenthums f. denk. Christen aller Confessionen. 1. Lfg. — A. u. d. T.: Der Brief d. Apostels Paulus an d. Philipper. gr. 8. ($9\frac{1}{2}$ B.) Hannover 839, Hahn'sche Hofbuchh.

——, die heil., d. neu. Testam. Uebers. v. J. H. Kistemaker. 3. Aufl. (Stereotyp.) 8. ($24\frac{1}{4}$ B.) Münster 839, Theissingsche Buchh.

— dasselbe. 2. Tl., genannt d. Neue Testament. Aus d. Urtext übers. Taschen-Ausg. (2. Aufl.) 16. (VI, 444 S.) Elberfeld 895. R. Brockhaus (durch J. Faßbender). n. — 85

— die heilige, des Neuen Testamentes. Aus der Vulgata übers. von Jos. Frz. v. Allioli. Enth. den vom apostol. Stuhle approbierten vollständ. Text u. e. aus den von höchster Autorität ebenfalls gebilligten Anmerkgn des größeren Alliolischen Bibelwerkes v. dem Verf. selbst besorgte durchgäng. Erläuterg. jenes Textes. Illustrierte Volksausg. Mit farb. Titelbild, 20 Vollbildern u. 133 anderen Abbildgn. u. Karten sowie e. Familien-Chronik. 2. Aufl. 1.—5. Taus. gr. 4. (VI, 313 u. 4 S.) Leipzig 1900. F. Pfeilstücker. Geb. in Leinw. n. 7. —; m. Goldschn. n. 10. —; in Ldr. m. Goldschn. n. 15. —; in Kalbldr. m. Goldschn. n. 25. —

— dasselbe. 2. Tl., genannt das Neue Testament. — Die Psalmen. Aus dem Urtext übers. Billige Taschen-Ausg. (IV, 339 u. 96 S.) 8. Ebd. 903. Geb. in Leinw. n.n. — 25; in Ldr.-Nachahmg. n.n. — 32

Die hl. Schrift des Neuen Testamentes zum Nutzen und Gebrauche der katholischen Unterthanen herausgegeben von Dominikus von Brentano. Frankfurt, Varrentrapp und Wenner, 1791, gr. 8°, 3 Bde, 2. verbess. u. verm. Aufl.

— die Heilige, in ihrer Ur-Sprache, von Heinr. Goßler. 1. Bd. A. u. d. T.: Einleitung in die heiligen Schriften des Alten u. Neuen Testamentes, m. besond. Rücksicht auf die Herstellung der Bekenntniß-Einheit in Deutschland. Die Ursprache u. die uralten Ueberlieferungen. Die Hypostase u. der Geist der reinen Kabbalah [Ur-Tradition], od. die Philosophie der heil. Schriften. 1. u. 2. Hft. gr. 8. (S. 1–320.) Lippstadt 850. 51. Lange. (à $\frac{1}{2}$ ₰) 1 ₰

Schrift, Die heilige, und der Wein. Zürich [1894]. V: *Holzhalb, David.* (Cat. d. Stadtbibl. Zürich. Zürich 1864—97.)

Schrift, die heilige, und der Wein. Erläutert, beleuchtet und gedruckt in Bibelsprüchen zum Studium behufs Selbstprüfung, Beherzigung und Belehrung über den Alkoholismus. Zürich 1894. 24 S. 8°.

Schrift, Die hochnützliche, von der Wohlthat Jesu Christi . . . Treu a. d. Ital. . . . Stuttg. [1856]. V: *Paleario, Antonio.* (Ky)

— Kirche u. Leben. Vorträge, Abhandlgn. u. Forschgn. f. gebildete Leser v. Ferd. Bäßler, Gustav Carus, Paul Cassel rc. gr. 8. (603 S.) Bielefeld 872. Gülker & Co. n. 5. 50

— die moderne. Eine Sammlg. neuer Schriften und Schilder f. Architekten, kunstgew. Zeichner, Lithographen, Schildermaler, Schriftmaler, Kalligraphen etc. (Gezeichnet v. F. Schweimanns u. Fr. Ad. Becker.) (54 farb. Taf.) gr. Fol. Berlin (902). Kanter & Mohr. In Mappe n. 40. —

Schrift!, Neue. Versuch einer neuen deutschen rechtschreibung, mit regeln und wörterverzeichnis herausgegeben von A—B—C. Berlin 1893. V: *Zoozmann, Richard.* (EB)

Neueste Schrift über das Turnwesen v. e. Schulmann. Eisenach 1818. 78 S., Kl. 8°.

— neueste, über das Turnwesen, von einem Schulmann. 8. Eisenach 818. Bärecke. 7 gGr.

Schrift, Eine, über das Podagra; a. d. Franz. Leipzig [ca. 1797]. Ü: *La Coste, Pierre Franç.* (MGT)

DIE PSEUDO-ARISTOTELISCHE SCHRIFT ÜBER DAS REINE GUTE bekannt unter dem Namen LIBER DE CAUSIS. Im Auftrage der Görres-Gesellschaft bearbeitet von OTTO BARDENHEWER. Freiburg i. Br. 1882. Herder'sche Verlagshandlung. 8°.

Schrift (Gegen die) des Dr. Theob. Rizy, Vicepräsidenten des österr. Oberlandesgerichts über Zinstaxen u. Wuchergesetze (Wien 1859). Ein Beitrag zu der „Reform in Gesetzgebung u. Verwaltung". Von einem Freunde Oesterreichs in Württemberg (Karl Pfeifer). gr. 8°. Stuttgart, Göpel, 1859.

— u. Ueberlieferung od. die Quellen des Glaubens, i. e. Flugschriften, katholische, zur Wehr u. Lehr'.

Schrift u. Überlieferung oder die Quellen des Glaubens. Berlin, Germania, 1894, 16°, 29 S., 10 Pf. (Kath. Flugschr. zur Wehr u. Lehr' Nr. 90.)

Schrift, 11., des Verbandes deutscher Handlungsgehülfen zu Leipzig. 8. Leipzig 906. Verband deutscher Handlungsgehülfen. — 25
Die Notwendigkeit von Handelsinspektoren. Eingabe des Verbandes deutscher Handlungsgehilfen zu Leipzig an den Reichstag. Im Auftrag des Vorstandes bearb. Von Fel. Marquardt. (51 S.)
Vergl.: Denkschrift usw.

Schrift, 12.—26., des Verbandes deutscher Handlungsgehülfen zu Leipzig. gr. 8. Leipzig, Verband deutscher Handlungsgehülfen. 6. —

Frauenarbeit, die, im Handelsgewerbe. Bericht der Abtlg. f. Frauenarbeit im Handelsgewerbe an den Verbandstag. (72 S.) 907. (16.) — 30

Gehaltsfrage, die, im Handelsgewerbe. Vortrag, geh. auf dem 2. Verbandstag in München am 5. IX. 1909. Berichterstatter: Wilh. Beckmann, Art. Hübner, Otto Weber. (80 S.) 909. (26.) — 30

Handelsaufsicht. (Handelsinspektoren.) Sonderabdr. aus d. stenograph. Bericht üb. den Verbandstag 1907 u. Gutachten v. Gewerbeinspektionen. (48 S.) 908. (20.) — 20

Hübner, Arth., kommunale Sozialpolitik. I. Die Sonntagsruhe im Handelsgewerbe. Im Auftrage d. Vorstandes bearb. (43 S.) 907. (14.) — 25

— dasselbe. II. Der Achtuhr-Ladenschluß. Im Auftrage des Vorstandes bearb. (81 S.) 908. (22.) — 25

Jubiläumsfeier. Bericht üb. die Festsitzg. des Verbandes dtsch. Handlungsgehülfen zu Leipzig anläßlich seines 25 jähr. Bestehens. 1906. (60 S.) (906.) (13.) — 25

Lehrkonferenz, kaufmännische. Stenographischer Bericht üb. die am 23. u. 24. IV. 1909 im kaufmänn. Vereinshause zu Leipzig abgeh. kaufmänn. Lehrkonferenz. (234 S.) 909. (23.) 1.20

Lehrlingswesen, das, im Handelsgewerbe. Bericht der Abteilg. f. Lehrlingswesen im Handelsgewerbe an den Verbandstag. (87 S.) 907. (15.) — 30

Reif, Jos., Frauenarbeit im Handel. Was sagen u. was antworten unsere Freunde? (Kann auch als Vortrag benutzt werden.) Im Auftrage des Vorstandes bearb. (15 S.) 907. (18.) — 15

— Kaufmannsgerichtswahlen. Was sagen u. was antworten unsere Freunde? I. Tl.: Ein Vortrag üb. Wesen u. Bedeutg. der Kaufmannsgerichte. II. Tl.: Eine Abwehr der hauptsächlichsten bei diesem Gegenstande gegen den Verband erhobenen Angriffe. Im Auftrage des Vorstandes bearb. (32 S.) 907. (17.) — 25

— Der Wert der Standesorganisation. Denkschrift zur Frage der Beitragserhöhg. im V. d. H. (40 S.) 908. (21.) — 25

Rückblick auf die Entwicklg. d. Hülfskassenwesens u. 25 Jahre eingeschriebene Hilfskasse. 25 jähr. Bericht der Kranken- u. Begräbniskasse des Verbandes deutscher Handlungsgehülfen, eingeschriebene Hilfskasse, zu Leipzig. 1883—1908. (102 S. m. 1 Tab.) 909. (24.) — 40

Verbandstag 1907. Reden, Verhandlgn., Entschließgn. (144 S.) 907. (19.) — 60

— 1909, abgeh. am 4. u. 5. IX. zu München. (Reden, Verhandlgn., Entschließgn.) (III, 215 S.) 909. (25.) 1. —

Werden u. Wirken des Verbandes deutscher Handlungsgehülfen zu Leipzig von 1881—1906. Zur Feier seines 25 jähr. Bestehens. (108 S.) (906.) (12.) — 30

— den (Königl. Sächs.) Verfassungs-Entwurf betreff. (Aus den Landtags-Akten abgedr.) 4 Bde. gr. 4. Dresd. 831. (Leipz., Fr. Fleischer).

— die, v. der Welt. Ein Weltbild im Umriss aus dem 1. Jahrh. nach Chr. Eingeleitet u. verdeutscht v. Wilh. Capelle. (100 S.) 8. Jena 907. E. Diederichs. 3.—; geb. 4. 50

Schrift, die, die deutsche Centralgewalt u. die Preuß. Armee. Geschrieben am 23. Juli 1848. Beleuchtet am 23. Aug. 1848. gr. 8. (19 S.) Frankfurt a. M. 848, Schmerber. n. 1/12 ᵽ

Schriftbeweis, protestantischer u. römischer. 3 Tle. 8. Stuttgart, Ch. Belser. n. 10. 80; geb. in Leinw. n. 13. 20

I. Protestantischer Schriftbeweis nebst Register (A) der protestantischerseits bestrittenen Lehren Roms, als Wegweiser in den konfessionellen Streitfragen zusammengestellt. Von F. Herrmann. (IV, 272 S.) 903. n. 3. 20; geb. n. 4. —

II. Römisches Christentum in kritischer Beleuchtung. Eine prakt. Antwort auf die bisher. Schmähwerke Roms üb. Luther u. die evangel. Kirche. Von R. Schmidt. (Register B zum protestantischen Schriftbeweis.) (492 S.) 906. n. 5. 60; geb. n. 6. 40

III. Römischer Schriftbeweis nebst Register. Von F. Herrmann. (152 S.) 906. n. 2. —; geb. n. 2. 80

(B) **Schriftbeweis**, protestantischer u. römischer. 3 Bde. 903. 906. (KBL 34.) Erm. Pr. 7.—; geb. 8.—; I: 2.40; geb. 3.—; II: 4.20; geb. 4.80; III: 1.50; geb. 2. 10

Schriftdenkmäler, vorderasiatische, d. königl. Museen zu Berlin. Hrsg. v. der vorderasiat. Abteilg. 1. u. 3.—9. Heft. 37×26 cm. Leipzig, J. C. Hinrichs' Verl. 71.50; kart. 75. 50

1. (XI, 96 S.) 907. 12.—; kart. 12.50. — 3. (IV, 68 S.) 907. 8.—; kart. 8.50. — 4. (IV, 64 S.) 907. 8.—; kart. 8.50. — 5. (IV, 68 S.) 908. 8.50; kart. 9.—. — 6. Mit Listen zu Heft 3 bis 6. (XII, 90 S.) 908. 12.—; kart. 12.50. — 7. (IV, 82 S.) 909. 10.—; kart. 10.50. — 8. (IV, 64 S.) 909. 8.—; kart. 8.50. — 9. (IV, 74 S.) 909. 9.—; kart. 9.50. Das 2. Heft ist noch nicht erschienen.

— dasselbe. 1. Heft. Beiheft. 37×26 cm. Ebd. 907. 8.—; kart. 8. 50

Darstellungen, die bildlichen, auf vorderasiat. Denkmälern d. kgl. Museen zu Berlin. (8 Taf. m. II S. Text.)

Schriften. Giessen 1784. V: *Pfeffel, Gottlieb Conrad.* (Ky)

Schriften. Petersburg 1799. V: *Gosch, Josias Ludwig.* (LS) (Schr)

8 **Schriften** üb. Gesundheitspfl. Dem Brüsseler Kongr. f. Hygiene 1876 vorgelegt v. einem dänischen Komitee.

Schriften, M. Johann Agricola's aus Eisleben, möglichst vollständig verzeichnet. Altona 1817. V: *Kordes, Berend.* (Winer) (GGr) (Leipz. Litt. Ztg. 1818. Nr. 108.)

Schriften der Akademie von Ham. 1. Bd. 1. Abthl. Geschichte von Florenz. Studien aus den Lehrjahren eines unzünftigen Freimeisters. gr. Lex.-8. (Mit 2 col. Tafeln, 1 Karte u. 1 Plan.) Hamburg 844, Agentur des Rauhen Hauses. In Leinwand geb. n. 5 2/3 ᵽ

— dass. 1. Bd. 2. Abthl. A. u. d. T.: Das Buch der Länder von Schech Ebu Ishak el Farsi el Isztachri. Aus dem Arab. übers. von A. D. Mordtmann. Nebst Vorwort v. C. Ritter. Mit 6 (col.) Karten. gr. 4. Ebend. 845. In Leinw. geb. n. 5 2/3 ᵽ

— dass. 1. Bd. 3. u. letzte Abthl. Geschichte der Eroberung von Mesopotamien u. Armenien von Mohammed ben Omar el Wakedi. Aus dem Arab. übers. mit Anmerk. von B. G. Niebuhr. Herausgeg. u. mit Zusätzen u. Erläuter. von A. D. Mordtmann. Mit 1 Karte. 4. Ebend. 846. geb. (à) n. 5 2/3 ᵽ

Schriften der Akademie von Ham. 2. Bd. 2 Abthlgn. 1. Abthl. enth.: die 3 ächten u. die 4 unächten Briefe des Ignatius von Antiochien. Hergestellter u. vergleichender Text mit Anmerk. Von Chrn. Carl Josias Bunsen. 2. Abthl.: Ignatius von Antiochien u. s. Zeit. 7 Sendschreiben an Dr. Aug. Neander von C. C. J. Bunsen. gr. 4. (XXVI u. 167, VIII u. 245 S.) Hamburg 847, Agentur d. Rauhen Hauses. n. 5 2/3 ᵽ

Schriften der königl. Academie d. Wissensch. zu Paris; aus d. Französ. v. L. A. V. Gottschedin übers. Mit Kpf. 2 Thle. 8. Liegn. 753 u. 755. Siegert. 2 ᵽ

Schriften der Königlich Preuss. Akademie der Wissenschaften, Berlin. Berlin: G. Reimer 1910. 61 S. 8° [Umschlagt.] (10. 900)

Aktien- und Bilanzrechtliche **Schriften**. Hrsg. von Dr. R(udolf) Fischer, Rechtsanw. in Leipzig. Bd 1, T. 1. Leipzig: Dieterich 1905. 8° [F.] (es 385)

Schriften, aktien- u. bilanzrechtliche. Hrsg. v. R. Fischer. I. Bd. 1. Tl. gr. 8. Leipzig 905. Dieterich. n. 2. 40; geb. n. 3. —

Die Bilanzwerte, was sie sind u. was sie nicht sind. Von R. Fischer. 1. Tl. (XII, 142 S.)

Schriften, aktien- u. bilanzrechtliche. Hrsg. v. R. Fischer. I. Bd. gr. 8. Leipzig, Dieterich. 1908.

2. Tl. Fischer, R.: Die Bilanzwerte, was sie sind u. was sie nicht sind. 2. Tl. (XII u. S. 143–438.) 4. 80; geb. 5. 60.

Schriften d. Schwäb. Albvereins. Einzel-Führer Nr. I. gr. 16. Stuttgart 891. (W. Kohlhammer.) n. — 40; mit großer Karte n. — 60

Der Roßberg u. Gönningen nebst Umgebung. (47 S. m. 1 Abbildg. u. 2 Kärtchen.)

SCHRIFTEN DES ALTERTHUMS-VEREINS FÜR DAS GROSSHERZOGTHUM BADEN. Mit einem Hefte artistischer Beilagen. Jahrg. 1. 1845. Stadt Baden 1845. Druck von Franz Xaver Weiss. 8°.

SCHRIFTEN DES ALTERTHUMS-VEREINES FÜR DAS GROSSHERZOGTHUM BADEN ZU BADEN, und seines Filial-Vereines der historischen Section des Vereines für Geschichte und Naturgeschichte zu Donaueschingen.

Jahrg. 2. Baden-Baden. 1846. Buchhandlung Scotzniovsky.

Jahrg. 1 u. 2 a. u. d. T.: Schriften des Alterthums-Vereins für das Grossherzogthum Baden zu Baden, und seines Filial-Vereines der historischen Section des Vereins für Geschichte u. Naturgeschichte zu Donaueschingen. Bd. 1. Mit 8 artistischen Beilagen. ib. 1846. -

Schriften des Mannheimer Altertumsvereins. Neue Folge. I. gr. 8. Mannheim, Mannheimer Altertumsvereins. n.n. — 20

Katalog der im Sommer 1900 veranstalteten Ausstellung v. Kupferstichen Mannheimer Meister des 18. Jahrh. Von M. Oeser. (24 S.) 900.

SCHRIFTEN DES WÜRTTEMB. ALTERTHUMS-VEREINS.

(Bd. I.) Heft 1—8. 1850—1866. (Mit Tafeln und 1 Karte.) s. l. & a. 8°.

Bd. II. Heft 1—2. 1869—1875. (Mit Tafeln.) s. l. & a.

SCHRIFTEN DER ALTERTHUMS- UND GESCHICHTSVEREINE ZU BADEN UND DONAUESCHINGEN.

Jahrg. 3. (Heft 1. 2.) Karlsruhe 1848. 1849. Chr. Fr. Müller. A. u. d. T.: Schriften der Alterthums- und Geschichtsvereine zu Baden und Donaueschingen. Bd. 2. Mit artistischen Beigaben. ib. 1849. –

— anatomische, v. G. Azzaguidi, J. C. Paletta und J. Brugnoni, herausgegeben v. Sandifort, a. dem Latein. mit Zus. v. Tabor. 8. Heidelberg, Pfähler. (Braun.) 791.

— anatom., von G. Azzaguidi, J. C. Paletta u. J. Brugnoni, hrsgg. von Sandifort; aus d. Latein. mit Zusätzen von Tabor. 8. Heidelb. 799. (Braun). 16 gr.

— zum Andenken d. philosophischen Jahrhunderts. 8. Nrnb. Grattenauer. 785.

Schriften, verfertiget auf die Hohe Ankunft Sr. Erzbischöflichen Gnaden Karl Theodor, Freyherrn von Dalberg.... [3 Stücke.] 8.

[Stück 1] a. d. T.: Rede auf Karl Theodor Freyherrn von Dalberg in der Mitte seiner Brüder gehalten von Peter Pfeiffer. Im Oktober. 1788. Konstanz.

[Stück 2] u. d. T.: Dalbergs Weihfeyer zu Konstanz. Ein Hymnus von Johann Michael Armbruster. Im Oktober. 1788. Konstanz.

[Stück 3] a. d. T.: Lied eines Landmanns aus dem Bisthum Konstanz, bey Dalbergs Ankunft in Mörsberg am 20. Oktober. 1788. Konstanz.

Schriften, Anmuthige und sittliche, zusammengetragen von einem Freunde des guten Geschmacks. Frankfurt a. M. 1766. V: *Röder, Georg.* (Ky) (MGT)

— anmuthige u. sittl., von e. Freunde des guten Geschmacks (Geo. Röder). 8. Frft. a. M. 766. Kochendörfer. 6 gr.

Schriften, apollinaristische, syrisch, hrsg. v. Johs. Flemming u. Hans Lietzmann, s.: Abhandlungen der königl. Gesellschaft der Wissenschaften zu Göttingen. Phil.-histor. Klasse. N. F.

[SCHRIFTEN DES ARBEITGEBERVERBANDES FÜR DAS BUCHDRUCKGEWERBE.]

N° 1. Soll das deutsche Buchdruckgewerbe und damit die deutsche Presse und Literatur von der Sozialdemokratie abhängig gemacht werden? Beleuchtung der Gefahren des Koalitionszwanges in der Buchdrucker-Tarifgemeinschaft. Von G. F. DASBACH, Mitglied der Paulinus-Druckerei-Gesellschaft, Abgeordneter zum Reichstag und Landtag. 2. unveränderte Auflage. Trier 1907. Druck und Verlag der Paulinus-Druckerei, G. m. b. H. 8°.

Schriften des Arbeitgeberverbandes für das Buchdruckgewerbe. No 1—4. Trier und Berlin, 1907—1908.

No 1. Dasbach, G. F.: Soll das deutsche Buchdruckgewerbe und damit die deutsche Presse und Literatur von der Sozialdemokratie abhängig werden? 1907. 96 S.

No 2. Denkschrift des Arbeitgeberverbandes für das Buchdruckgewerbe an die Hohen Staatsregierungen, die Mitglieder der Parlamente, die Kommunalverwaltungen und alle vaterlandsliebenden Staatsbürger (betr. den Garantievertrag der Tarifgemeinschaft der deutschen Buchdrucker). 1907. 28 S.

No 3. Der Kampf um die Koalitionsfreiheit. Weitere Mitteilungen des Arbeitgeberverbandes für das Buchdruckgewerbe. 1907. 28 S.

Schriften des Arbeitgeberverbandes f. d. Buchdruckgewerbe. Nr. 4 u. 5. Berlin, (F. Zillessen). 1.50

4. Begünstigung, die, der Sozialdemokratie, durch die gegenwärtige Tarifgemeinschaft im Buchdruckgewerbe. (64 S.) gr. 8. 908. 1. —
5. Weshalb ich aus der Tarifgemeinschaft der deutschen Buchdrucker ausgeschlossen wurde. Von Fr. Zillessen. (44 S.) 8. 908. — 50

(**Schriften** der Rheinischen Arbeitszentrale für Pensionsversicherung der Privatbeamten auf staatlicher Grundlage. [Nr 1.]) Aachen (1909): La Ruelle. 8°

— die Aufhebung der Leibeigenschaft in Dänemark betreff.; aus d. Dän. v. Heinze. 8. Kopenh. 787.

— auserl., z. Bildung d. Herzens und Verstandes. 8. Prag, Höchenberger. (Widtmann.) 774.

Schriften, Ausgesuchte und Anmuthige, für die lange Weile. Nebst einem Anhang einiger vermischten Scherz und Satyrischen, verliebten und galanten Gedichte. Voluptates commendat rarior usus Juven. Frankfurt u. Leipzig [= Hamburg] 1749. V: *Uhlich, Adam Gottfried.* (BGE VII³, 214)

— ausgesuchte anmuthige, für die lange Weile. 8. Hamb. 750. Hoffmann. 5 gr.

—— ausgewählte, von der Verf. der Familie Schönberg-Cotta. Autoris. Uebersetzung von Charlotte Philippi. 1.—13. Bd. 8. Basel, Schneider. *

Inhalt:

Bd. 1. 2. Die Familie Schönberg-Cotta. Ein Charakter- und Sittengemälde aus der Reformationszeit. 2 Bde. 3. Aufl. (X, 783 S.) 868. * M. 6.
" 3. 4. Kitty Trevylyans Tagebuch. Eine Erzählung aus dem letzten Jahrh. 2. Aufl. 2 Bde. (VIII, 307; 212 S.) 869. (M. 4,50.) M. 3.
" 5. Die Stimmen des christlichen Lebens im Liede. Hymnen und Hymnendichter vieler Länder und Zeitalter. (IX, 345 S.) 868. * M. 3,60.
" 6. 7. Winifred Bertram und die Welt in der sie lebte. 2 Bde. 1. Aufl. 1869, und 2. Aufl. (VI, 285; III, 311 S.) 871. * M. 5.
" 8. 9. Die Draytons und die Davenants. Eine Geschichte aus der Zeit der Bürgerkriege Englands. 2 Bde. (VIII, 303; 327 S.) 870. * M. 5,40.
" 10. 11. Diesseit und jenseit des Meeres. Eine Geschichte aus der Zeit der Republik und der Wiederherstellung des Königthums in England. [Schluß der Draytons und Davenants.] 2 Bde. (VII, 529; 311 S.) 871. * M. 5,40.
" 12. 13. Eine Cheruskerfamilie oder der Sieg der Besiegten. 2 Bde. (VI, 212; 210 S.) 872. * M. 4,50.

—— ausgewählte, von der Verf. der Familie Schönberg-Cotta. Autoris. Uebersetzung von Charlotte Philippi. 14. Bd.: Das Pfarrhaus an der Themse oder die Familie Bertram. 8. (VIII, 471 S.) Basel 878, Schneider. * 4 50

1.—13. Bd. Ebendas. 1868—72. * M. 32,90.

—— ausgewählte, von der Verf. der Familie Schönberg-Cotta. Autoris. Uebersetzung von Charlotte Philippi. 15. Bd.: Johanna v. Arc. Eine Geschichte aus dem 15. Jahrh. 8. (VI, 374 S.) Basel 881, Schneider. * 4 —

Schriften, ausgewählte, der Königl. geograph. Gesellschaft zu London, s. Kabinets-Bibliothek der neuesten Reisen und Forschungen.

Karl, Erzherzog v. Österreich. Ausgewählte Schriften. Bd 1—6. (Mit) Kartenbd. Wien 1893—94. 8°.

— ausgew., der syrischen Kirchenväter, s.: Bibliothek der Kirchenväter.

—— ausgewählte, berühmter Pädagogen. Mit Erläuterungen für den Schul- und Privatgebrauch. I.—IV. gr. 8. Paderborn, F. Schöningh. *

Inhalt:

I. Sailer, Mich. Joh., über Erziehung für Erzieher. Bearb. und zum schulmäß. Gebrauch eingerichtet von J. Gansen. (VI, 171 S.) 886. *ℳ 1.50.

II. Salzmann, Chrn. Gtilf., Ameisenbüchlein oder Anweisung zu einer vernünftigen Erziehung der Erzieher. Für den Schulgebrauch und das Privatstudium bearb. und mit einem Vorworte, Erläuterungen und pädagog. Aufgaben versehen von P. Wimmers. (VIII, 96 S.) 886. * 80 Pf.

III. Pestalozzi's „Lienhard und Gertrud". Für den Gebrauch der Seminarzöglinge und Lehrer eingerichtet von Fr. Wilh. Bürgel. (VIII, 172 S.) 887. *ℳ 1.50.

IV. Joh. Heinr. Pestalozzi's „Wie Gertrud ihre Kinder lehrt". Ein Versuch, den Müttern Anleitung zu geben, ihre Kinder selbst zu unterrichten. [1801.] Für den Gebrauch der Seminarzöglinge und Lehrer eingerichtet von K. Aug. Beck. (VIII, 228 S.) 887. *ℳ 1.80.

Schriften des Deutschen Ausschusses für den mathematischen und naturwissenschaftlichen Unterricht. H. 1. Leipzig & Berlin: Teubner 1909. 8° [10 13754]

— des deutschen Ausschusses f. d. mathematischen u. naturwissenschaftl. Unterricht. 4.—6. Heft. gr. 8. Leipzig, B. G. Teubner. 1. 50

Bericht über die Tätigkeit des dtschn. Ausschusses f. den mathemat. u. naturwissenschaftl. Unterricht im J. 1909. Erstattet von dem Vorsitzenden A. Gutzmer. (12 S.) 910. (6. Heft.) — 40

Cramer, A., Pubertät u. Schule. (16 S.) 910. (4. Heft.) — 50

Poske, F., über die Notwendigkeit der Errichtung e. Zentralanstalt für den naturwissenschaftl. Unterricht. (20 S.) 910. (5. Heft.) — 60

Die Hefte 1—3 erschienen unter Einzeltitel.

SCHRIFTEN DES AUSSCHUSSES FÜR DIE ERRICHTUNG EINER REICHSHANDELSSTELLE.

1900. No 1—3. I. Verzeichnis einschlägiger Litteratur. II. Materialien für eine Uebersicht über die bereits vorhandenen ähnlichen Einrichtungen im In- und Auslande. III. Entwurf eines Grundplanes für die Errichtung einer Reichshandelsstelle. Im Auftrage des „Ausschusses für die Errichtung einer Reichshandelsstelle" herausgegeben von Dr. WILHELM WENDLANDT, Generalsekretär des Bundes der Industriellen. Berlin 1900. Druck und Verlag von Hermann Klokow. 8°.

1900. No. 4. Handels-Auskunftsstellen des Auslandes. Eine vergleichende Darstellung der Einrichtungen zur Förderung des Aussenhandels in Belgien, Nord-Amerika, Frankreich, England und Oesterreich-Ungarn. Im Auftrage des Ausschusses für die Errichtung einer Reichshandelsstelle" verfasst von Dr. WILHELM WENDLANDT, Generalsekretär des Bundes der Industriellen. ib. 1900. —

1901. Nr. 5. I. Grundplan für die Errichtung einer Reichshandelsstelle, angenommen vom Gesammtausschuss für die Errichtung einer Reichshandelsstelle, am 14. Dezember 1900. II. Denkschrift über die Errichtung einer Reichshandelsstelle vom 7. Januar 1901. Im Auftrage des Ausschusses herausgegeben von Dr. WILHELM WENDLANDT. ib. 1901. —

1901. Nr. 6. Protokolle über die Verhandlungen des Gesamt-Ausschusses für die Errichtung einer Reichshandelsstelle. Im Auftrage des Ausschusses herausgegeben von Dr. WILHELM WENDLANDT. ib. 1901. —

Schriften des Ausschusses f. die Errichtung e. Reichshandelsstelle. Nr. 1—4. gr. 8. Berlin, H. Klokow n. 1. 75

1.—3. I. Verzeichnis einschlägiger Literatur. II. Materialien f. e. Uebersicht üb. die bereits vorhandenen ähnl. Einrichtungen im In- u. Auslande. III. Entwurf e. Grundplanes f. die Errichtg. e. Reichshandelsstelle. Im Auftrage des „Ausschusses f. die Errichtg. e. Reichshandelsstelle" hrsg. Von Wilh. Wendlandt. (6, 3 u. 8 S.) 900. n. — 75

4. Handels-Auskunftsstellen des Auslandes. Eine vergleich. Darstellg. der Einrichtgn. zur Förderg. des Aussenhandels in Belgien, Nord-Amerika, Frankreich, England u. Oesterreich-Ungarn. Im Auftrage des „Ausschusses f. die Errichtg. e. Reichshandelsstelle" verf. Von Wilh. Wendlandt. (46 S.) 900. n. 1. —

— des ständ. Ausschusses z. Förderg. d. Arbeiterinnen-interessen. 1.—3. Heft. 8. Jena, G. Fischer. 3. 10

Baum, Marie, der Einfluß der gewerblichen Arbeit auf das persönliche Leben d. Frau. — Bluhm, Agnes, der Einfluß der gewerblichen Gifte auf den Organismus der Frau. — Jaffé-Richthofen, E., die Frau in d. Gewerbeinspektion. 3 Vorträge, geh. auf der 2. Konferenz zur Förderg. der Arbeiterinnen-Interessen. (III, 69 S.) 910. (3. Heft.) 1. —

Schmidt, Anna, Gertr. Dyhrenfurth u. Alice Salomon, Heimarbeit u. Lohnfrage. 3 Vorträge. (IV, 48 S.) 909. (1. Heft.) — 50

Simon, Helene, der Anteil der Frau an der deutschen Industrie nach d. Ergebnissen der Berufszählung v. 1907. Vortrag, geh. auf der 2. Konferenz z. Förderg. d. Arbeiterinnen-Interessen. (IV, 80 S. m. 13 Tab.) 910. (2. Heft.) 1. 60

SCHRIFTEN DES AUSSCHUSSES FÜR WOHLFAHRTSPFLEGE AUF DEM LANDE.

(1.) Berlin 1900. Deutscher Dorfschriftenverlag. — A. u. d. T.: Wegweiser für Ländliche Wohlfahrts- und Heimatpflege. Im Auftrage und unter Mitwirkung des Ausschusses für Wohlfahrtspflege auf dem Lande bearbeitet und herausgegeben von HEINRICH SOHNREY. ib. 1900. — 8°.

Dasselbe: 2., vielfach verbesserte und vermehrte Auflage. ib. 1904. Landbuchhandlung. Deutscher Dorfschriftenverlag.

(2.) Die Arbeit des Pfarrers für die Wohlfahrt des Landvolks. Vortrag auf der Kreispredigerkonferenz zu Weida am 5. Juli 1899 von HANS von LÜPKE. ib. 1900. —

Schriften üb. d. Ausstellung d. Schönau'schen Gemäldes. 8. Dresden. (Craz u. Gerlach in Freyberg.) 786. Dithlr.

Schriften, Des Herrn von B., beides in gebundener und ungebundener Rede . . . Leipz. 1711. V: *Besser, Johann von.* (Bibl. Rinckiana. Lips. 1747.) (JL) »1720« (Mn)

Schriften B. A. D. Bern 1785. V: *Dunker, Balthasar Anton.* (MGT)

Kaiserliche Akademie der Wissenschaften in Wien.

Schriften der Balkankommission.

Vorläufige Berichte der Balkankommission. 8°.

Erstes Heft: I—VI. 1900 . . . . K 1.70

I. Über Dialektforschung auf der Balkanhalbinsel, nach den Mitteilungen der Herren Dr. Ljubomir Miletič in Sofia, Dr. Milan Ritter von Rešetar in Wien und Dr. J. Aranza in Spalato zusammengestellt von Dr. Vatroslav Ritter von **Jagić**. Aus A. C. 1897, Nr. XXIII separat abgedruckt.

II. Dr. Vatroslav Ritter von **Jagić** überreicht als Obmann-Stellvertreter der Balkankommission einen Bericht, den die Herren Eugen Bormann und Dr. Ernst Kalinka, Mitglieder der archäologischen Expedition nach Ostbulgarien, über die Resultate ihrer Reise abgefaßt haben. Aus A. C. 1898, Nr. VI separat abgedruckt.

III. Über die erste Fortsetzung der Dialektforschung auf der Balkanhalbinsel, nach den Mitteilungen der Herren Dr. Ljubomir Miletič in Sofia, Dr. Milan Ritter von Rešetar in Wien, Dr. H. Hirt in Leipzig und Dr. J. Aranza in Spalato zusammengestellt von Dr. Vatroslav Ritter von **Jagić**. Aus A. C. 1899, Nr. II separat abgedruckt.

IV. Über die archäologische Forschungsreise im Spätsommer 1898 nach Ostbulgarien. Von Dr. Heinrich **Hartl**. Aus A. C. 1899, Nr. XV separat abgedruckt.

V. Über eine Studienreise zur Erforschung des Altromanischen Dalmatiens. Von Dr. Matteo **Bartoli**. Aus A. C. 1899, Nr. XXV separat abgedruckt.

VI. Über eine Studienreise nach Südosterbien. Von Olaf **Broch**. Aus A. C. 1900, Nr. III separat abgedruckt.

Zweites Heft: VII—XI. 1910 . . . . vgr.

VII. Über eine Studienreise zur Erforschung des kroatischen Dialektes in Lussin piccolo und der Literaturdenkmäler in Ragusa. Von Dr. Josef **Karasek**. Aus A. C. 1900, Nr. XVIII separat abgedruckt.

VIII. Vorläufiger Bericht über das Studium des albanischen Dialektes von Elbasan (mit 2 Tafeln). Von Derd **Pekmezi**. Aus A. C. 1901, Nr. IX separat abgedruckt.

IX. Vorläufiger Bericht über eine zur Erforschung der Dialektgrenzen in Kroatien und Slavonien unternommene Reise. Von Dr. Milan Ritter von **Rešetar**. Aus A. C. 1901, Nr. XXVII separat abgedruckt.

X. Vorläufiger Bericht über eine linguistische Studienreise nach der Insel Lesbos. Von Paul **Kretschmer**. Aus A. C. 1902, Nr. V separat abgedruckt.

XI. Vorläufiger Bericht über eine zum Studium des Dialektes der südlichen Sporaden im Herbst und Winter 1902 ausgeführte Reise. Von Karl **Dieterich**. Aus A. C. 1903, Nr. XIV separat abgedruckt.

Schriften der Balkankommission. Antiquarische Abteilung. I. Band. Die Lika in römischer Zeit. Von Karl **Patsch**. 4°. 1901 . . . . „ 6.—

— II. Band. Römische Villa bei Pola. Von Hans **Schwalb** (mit 15 farbigen Tafeln und 8 Abbildungen im Texte). 4°. 1902 . . . . „ 18.—

— III. Band. Das Sandschak Berat in Albanien. Von Karl **Patsch** (mit 180 Abbildungen und 1 geographischen Karte). 4°. 1904 . . . . „ 18.—

— IV. Band. Antike Denkmäler in Bulgarien. Unter Mitwirkung von E. Bormann, V. Dobrusky, H. Egger, H. Hartl, V. Hofiller, J. Ohler, K. Škorpil, A. Stein, J. Zingerle bearbeitet von Dr. Ernst **Kalinka** (mit 1 Karte und 162 Abbildungen). 4°. 1906 . . . . „ 24.—

— V. Band. Zur Geschichte und Topographie von Narona. Von Karl **Patsch** (mit 3 Tafeln und 66 Abbildungen im Texte). 4°. 1907 . . . . „ 10.—

Die Bände I—V erschienen im Verlage des k. und k. Hof- und Universitäts-Buchhändlers Alfred Hölder.

— VI. Band. Die römische Stadt Doclea in Montenegro. Unter Mitwirkung von L. Jelić und C. M. Iveković herausgegeben von Piero **Sticotti** (mit 1 Tafel und 118 Abbildungen im Texte). 4°. 1913 . . . . „ 12.—

— VII. Band. Die Feldzüge des C. Julius Caesar Octavianus in Illyrien in den Jahren 35—33 v. Chr. Von Georg **Veith** (mit 5 Karten und 22 Abbildungen im Texte). 4°. 1914 . . . . „ 11.—

Schriften der Balkankommission. Linguistische Abteilung. I. Band. Die serbokroatische Betonung südwestlicher Mundarten. Von Dr. Milan Ritter von **Rešetar**. 4°. 1900 . „ 10.—

— II. Band. Das Ostbulgarische. Von Dr. Ljubomir **Miletič**. 4°. 1903 . . . . „ 11.50

Schriften der Balkankommission. Linguistische Abteilung. III. Band. Die Dialekte des südlichsten Serbiens. Von Olaf **Broch.** 4°. 1903 . . . K 16.40
— IV. und V. Band. Das Dalmatische. Von Dr. Matteo G. **Bartoli.** 4°. 1906 . . . 40. —
— VI. Band. Der heutige lesbische Dialekt verglichen mit den übrigen nordgriechischen Mundarten. Von Paul **Kretschmer** (mit 1 Karte). 4°. 1905 . . . 30. —
Die Bände I—VI erschienen im Verlage des k. und k. Hof- und Universitäts-Buchhändlers Alfred Hölder.
— VII. Band. Sprache und Volksüberlieferungen der südlichen Sporaden im Vergleich mit denen der übrigen Inseln des ägäischen Meeres. Von Karl **Dieterich.** 4°. 1908 . . . 24. —
— VIII. Band. Der štokavische Dialekt. Von Dr. Milan Ritter von **Rešetar** (mit 2 Karten). 4°. 1907 . . . 10. —
— IX. Band. Die serbokroatischen Kolonien Süditaliens. Von Dr. Milan Ritter von **Rešetar** (mit 22 Abbildungen im Texte). 4°. 1911 . . . 12.50
— X. Band. Die Rhodopemundarten der bulgarischen Sprache. Von Dr. Ljubomir **Miletič** (mit 1 Karte). 4°. 1912 . . . 9.20
— XI. Band. Beiträge zur Kenntnis des Judenspanischen von Konstantinopel. Von Max Leopold **Wagner** (mit 1 Schrifttafel und 3 Abbildungen im Texte). 4°. 1914 . . . 10. —

Schriften der Balkancommission. Antiquarische Abtheilg. Hrsg. von der kaiserl. Akademie der Wissenschaften. I. u. II. gr 4. Wien, A. Hölder. Kart. 20. —
I. Die Lika in römischer Zeit. Von Karl Patsch. (112 Sp. m. 56 Fig.) 900. n. 5. —
II. Römische Villa bei Pola. Von Hans Schwalb. Mit 15 Taf. u. 5 Abbildgn. im Text. (VI S. u. 52 Sp.) 902. n. 15. —

— der **Balkankommission.** Antiquarische Abteilg. Hrsg. v. der kaiserl. Akademie der Wissenschaften. III. u. IV. gr. 4. Wien, A. Hölder. Kart. n. 36. —
III. Das Sandschak Berat in Albanien. Von Carl Patsch. Mit 180 Abbildgn. u. 1 (farb.) geograph. Karte. (V S., 200 Sp.) 904. n. 16. —
IV. Denkmäler, antike, in Bulgarien. Unter Mitwirkg. v. E. Bormann, V. Dobruský, H. Egger u. A. Bearb. v. Ernst Kalinka. Mit 1 Karte u. 162 Abb. (440 Sp.) 906. n. 20. —

— dasselbe. Linguistische Abtheilg. I. 1. Hft. gr. 4. Ebd. Kart. n. 9. —
1. Südslavische Dialektstudien. 1. Hft. Die serbokroatische Betonung südwestlicher Mundarten. Von Milan Rešetar. (IX S. u. 222 Sp.) 900.

— dasselbe. Linguistische Abtheilg. I. 2. u. 3. Heft u. IV–VI. gr. 4. Ebd. Kart. n. 86. —
I. 2. Südslavische Dialektstudien. II. Das Ostbulgarische. Von Lj. Miletič. Mit 1 Karte. (V, 302 S.) 903. n. 13. —
3. Dasselbe. III. Die Dialekte des südlichsten Serbiens. Von Olaf Broch. Mit e. Dialektkarte. (VII S. u. 342 Sp.) 903. n. 14. —
IV. V. Romanische Dialektstudien 1. u. 2. Hft. Das Dalmatische. Altromanische Sprachreste von Veglia bis Ragusa u. ihre Stellg. in der apennino-balkan. Romania. Von Matteo Giulio Bartoli. I. Einleitung u. Etnographie Illyriens. Mit 1 Karte. II. Glossare u. Texte. — Grammatik u. Lexikon. Mit 1 Taf. (XIV, 316 u. V, 467 S.) 906. 34. —
VI. (III.) Neugriechische Dialektstudien. I. Heft. Der heutige lesbische Dialekt verglichen m. den übrigen nordgriechischen Mundarten. Von Paul Kretschmer. Mit 1 Karte. (XI S. u. 614 Sp.) 905. n. 25. —
Heft 4 u. 5 des 1. Bds. sind noch nicht erschienen.

— der Balkankommission. Hrsg. v. der kaiserl. Akademie d. Wissenschaften. Linguistische Abtlg. VII. (III. Neugriechische Dialektstudien. 2. Heft.) 30,5×24 cm. Wien 908. A. Hölder. Kart. 21. —
Sprache u. Volksüberlieferungen der südlichen Sporaden im Vergleich m. denen der übrigen Inseln des Ägäischen Meeres. Von Karl Dieterich. (VIII S. u. 526 Sp.)

— dasselbe. Linguistische Abtlg. VIII. (1. Südslavische Dialektstudien. 4. Heft.) 31×24 cm. Ebd. 907. Kart. 8.60
4. Der štokavische Dialekt. Von Milan Rešetar. Mit 2 Karten. (VII S. u. 322 Sp.)

— zur Beleuchtung der Lehrweise u. Entwicklung des Talmuds. gr. 8. Strassburg, K. J. Trübner.
Rosenthal, Ludw. A., über den Zusammenhang der Mischna. Ein Beitrag zu ihrer Entstehungsgeschichte. 1. Tl.: Die Sadduzäerkämpfe u. die Mischnasammlgn. vor dem Auftreten Hillel's. 2. stark verm. u. verb. Aufl. (VII, 164 S.) 909. 5. —

— zum Besten d. Vereins „Jugendschutz". 1. Hft. gr. 8. Berlin 889. Imberg & Lefson. — 10
Eine sociale Pflicht der Frauen. Aus dem Engl. — Gegen die freie Liebe. Aus dem Schwed. (14 S.)

— zum Besten des Vereins „Jugendschutz". 2. Hft. gr. 8. Berlin 890. Imberg & Lefson. — 30
26000 Schlafstellen! Ein Hülferuf. Vortrag v. Hanna Bieber-Böhm, geh. im Verein „Frauenwohl" im Dezbr. 1889. — Gefahren d. ersten Kinderjahre. Nach d. Engl. bearb. (14 S.)

— zum Besten des Vereins „Jugendschutz". 3. Heft. 8. Berlin (C. 2, Kaiser Wilhelmstr. 80, II) 894. Verein „Jugendschutz". n. — 30
Häusliche Knabenerziehung. Vortrag. Von Frau Marie Stritt. Nebst e. „Aufruf an die Frauen" v. Hanna Bieber-Boehm. (14 S.)

Schriften, die, der alten Betschwester. Hrsg. v. Jos. Wichner. 1. u. 2. Aufl. (à IV, 286 S.) 8. Berlin 905. F. Fontane & Co. n. 3. —

Schriften über die Bewegung der Bevölkerung in Russland. St. Petersburg 1847. V: *Köppen, Pet. von.* (Kat. d. stat. Bureaus. Dresden 1890.)

Schriften zur Bildung des Herzens und des Verstandes. Leipzig 1772. V: *Mangelsdorf, Carl Ehregott.* (Adel) (Ky) (MGT)

— zur Bildung des Herzens u. Verstandes, (v. K. E. Mangelsdorf). 8. Leipz. 772. Jacobäer. (Aus in Altona). 6 gr

Schriften d. deutschen Bimetallistenbundes. (Fortsetzg. d. Schriften d. deutschen Vereins f. internat. Doppelwährg.) 20.—22. Hft. gr. 8. Berlin, H. Walther. n. 1. 90
20. Die Währungsdebatte im Reichstag am 15. u. 16. Febr. 1895. Stenograph. Bericht d. Reden d. Abgeordneten Graf v. Mirbach, Dr. Barth, Graf v. Bismarck-Schönhausen, Dr. Lieber, Siegle, Leuschner, Richter, des Reichskanzlers Fürsten zu Hohenlohe u. des Reichsschatzsekr. Grafen v. Posadowsky. (102 S.) 895. n. 1. —
21. Aus d. Verhandlungen d. Reichs-Silber-Kommission v. 1894. Die zur Beurtheilg. d. Währungsfrage wichtigsten Ausführgn. d. Kommissionsmitglieder u. des Vorsitzenden, unt. bes. Berücksicht. d. v. d. Gegnern d. bimetallist. Bestrebgn. abgegeb. Erklärgn. Nach den amtl. stenograph. Berichten zusammengestellt von Graf v. Mirbach-Sorquitten. (51 S.) 896. n. — 60
22. Wicht. Aeusergn., d. Währungsfrage betr., unt. bes. Berücksicht. d. Ausführgn. d. Gegner d. bimetallist. Bestrebgn. aus d. Verhandlgn. d. Reichstages. Zusammengest. von Graf v. Mirbach-Sorquitten. (32 S.) 896. — 50

— der **literarhistorischen** Gesellschaft Bonn. Hrsg. v. Berth. Litzmann. I u. II. gr. 8. Dortmund, F. W. Ruhfus. n. 5. 80
I. Hebels Dramatechnik. Von Saladin Schmitt. (112 S.) 906. n. 2. 20
II. Schillers Demetrius nach seinem szenischen Aufbau u. seinem trag. Gehalt. Von Adf. Mielke. (159 S.) 906. n. 3. 60

— der literarhistorischen Gesellschaft Bonn. Hrsg. v. Berth. Litzmann. III.—IX. gr. 8. Dortmund, F. W. Ruhfus. 32.—; Vorzugspr. f. Mitglieder 25. 60
Albert, Ernst, das Naturgefühl L. H. Chr. Höltys und seine Stellung in der Entwicklung des Naturgefühls innerhalb der dtschn. Dichtung des 18. Jahrh. (137 S.) 910. (VIII.) 3.50; Vorzugspreis f. Mitglieder 2. 80
Altman, Geo., Heinrich Laubes Prinzip der Theaterleitung. Ein Beitrag zur Ästhetik der dramat. Kunst im XIX. Jahrh. (VI, 81 S.) 908. (V.) 2.—; f. Mitglieder der Gesellschaft 1. 60
Bertram, Ernst, Studien zu Adalbert Stifters Novellentechnik. (VII, 160 S.) 907. (III.) 4.—; Vorzugspr. f. Mitgl. 3.20
Fischer, Johs. Maria, Studien zu Hebbels Jugendlyrik. (116 S.) 910. (VI.) 3.—; Vorzugspreis f. Mitglieder 2. 40
Junge, Herm., Wilhelm Raabe. Studien üb. Form u. Inhalt seiner Werke. (140 S.) 910. (IX.) 3.50; Vorzugspr. f. Mitglieder 2. 80
Nieten, Otto, Chr. D. Grabbe. Sein Leben u. seine Werke. (VIII, 456 S.) 908. (IV.) 10.—; Vorzugspr. f. Mitglieder 8. —
Steinert, Walt., Ludwig Tieck u. d. Farbenempfinden der romantischen Dichtung. (VII, 241 S.) 910. (VII.) 6.—; Vorzugspreis f. Mitglieder 4. 80

Schriften des B(undes) d(er) i(ndustriellen) B(eamten). No 1. Berlin: Bund d. industr. Beamten [1905]. 8° [F.] [06. 13378

— des Bundes der technisch-industriellen Beamten. Nr. 1, 2, 4—6, 8 u. 9. Berlin, K. Sohlich. n.n. 1.25

1. Soziale Not u. Organisation der technischen Beamten. Vortrag, geh. in der 1. Versammlg. der Berliner Ortsgruppe des Bundes der industriellen Beamten. Von Heinz Potthoff. (17 S.) gr. 8. (905.) —10
2. Die Aussichten des technischen Berufs. Eine Warng. vor dem techn. Studium. Von Wilh. Stiel. 5. Aufl. 37.—46. Taus. (15 S.) kl. 8. 906. Unentgeltlich.
4. Standesentwickelung u. Klassenbildung. Vortrag, geh. im Bund der technisch-industriellen Beamten. Von L. v. Wiese. 2. Aufl. 7.—12. Taus. (15 S.) 8. 906. n.n. —10 erhöht. Preis n. —35
5. Technische Angestellte in Arbeitskammern! Von Karl Sohlich. (27 S.) 8. 905. n. —20
6. Stellenlosenversicherung, die, des Bundes der techn.-industr. Beamten. (20 S.) 8. 906. n. —10
8. Warum u. Wie müssen sich die technischen Privatbeamten organisieren? Neue Antworten auf alte Fragen. Von Karl Sohlich. (15 S.) 16. 906. Unentgeltlich.
9. Zur Frage der reichsgesetzlichen Regelung der Pensions- u. Hinterbliebenen-Versicherung der Privatbeamten. Von Alfons Ennesch. 1.—6. Taus. (64 S.) 8. 906. —50

— des Bundes der technisch-industriellen Beamten. Nr. 3. 5. 7. 10—12 u. 14—17. Berlin, Industriebeamten-Verlag. nn 4. 10

3. Bericht üb. das 1. Geschäftsj. 1904 u. Protokoll der 1. ordentl. General-Versammlung, abgeh. am 25., 26. u. 27. III. 1905 in Berlin. (63 S.) 8. 905. nn —30
5. Technische Angestellte in Arbeitskammern! Von Karl Sohlich. 2., verm. u. verb. Aufl. (31 S.) 8. 907. —20
7. In 3 Jahren 10000 Mitglieder. Des B. t.-i. B. Werden u. Wachsen. (30 S.) kl. 8. Kostenlos.
10. Organisation u. Persönlichkeit. Vortrag, geh. im Bund der technisch-industriellen Beamten. Von Herm. Barge. (24 S.) 8. 906. —20
11. Bericht u. Abrechnung des Bundes der technisch-industriellen Beamten f. die J. 1905—1906. Protokoll d. 2. ordentl. Bundestages der technisch-industriellen Beamten, Pfingsten 1907 in Berlin. (128 S.) 8. 907. —50
12. Am Scheidewege. Eine kritische Betrachtg. der organisator. Bestrebgn. der techn. Privatangestellten zugleich Bericht üb. die Einigungsverhandlgn. zwischen dem Bund der technisch-industriellen Beamten u. dem deutschen Techniker-Verband. 2. Aufl. (88 S.) 8. (909.) —50
14. Bericht u. Abrechnung des Bundes der technisch-industriellen Beamten f. die J. 1907/08. — Bericht üb. den 3. ord. Bundestag der technisch-industriellen Beamten, Pfingsten 1909 in Berlin. (216 S.) 8. (909.) 1.
15. Bericht u. Abrechnung f. d. J. 1909. Dem 4. ordentl. Bundestage erstattet vom Vorstande. (40 S.) 8. (910.) —30
16. Mindestgehälter. Ein Beitrag zum Lohnproblem der techn. Privatangestellten. (51 S.) 8. (910.) —50
17. Bericht üb. den 4. ord. Bundestag der technisch-industriellen Beamten, 12. u. 13. III. 1910 in Berlin. (103 S.) 8. (910.) —60

Nr. 13 ist nicht im Handel.

Schriften des Deutschen Bundes für Mutterschutz (3 u. 5: Schriften d. Bundes f. Mutterschutz). [1] 20. — Frankfurt a. M.: Sauerländer [u. a.] 1906-1912. 8⁰ u. 4⁰

1-10. 12. 13. 16-20 . . 1: Fd 9567
15. . . . . 1: Fc 407/7-481

[1.] Marcuse, Max: Aus unseren bisher. Erfahrungen u. Erfolgen. — Jahresbericht d. Vorsitzenden (Helene Stöcker). 1906.
[2.] [Zur Tagung üb. d. Hebammenfrage.] — Berlin 1908.
3. Lischnewska, Maria: Unser praktischer Mutterschutz. — Berlin 1907.
[4.] Aufruf zur Gründung e. Schwangerenheims. — Berlin 1906.
5. Lischnewska, Maria: D. Mutterschaftsversicherung. — Berlin 1908.
6. Lischnewska, Maria: Weitere Ausgestaltung des prakt. Mutterschutzes. — Berlin 1908.
7. Goyke, Karolina: Staatl. Mutterschutz f. d. Gebärende. — Berlin 1908.
8. Linzen-Ernst, Klara: Stillstuben. — Berlin 1908.
[9.] Schreiber, Adele: D. Bund f. Mutterschutz u. seine Gegner. — Gautzsch b. Leipz. 1908. (Kultur u. Fortschritt. No 151.)
[10.] Schreiber, Adele: Romane aus d. Leben. — Gautzsch b. Leipzig 1908. (Kultur u. Fortschritt. No 162.)
11. Schreiber: Unsere unehelichen Mütter.
[12.] Petition zur Mutterschaftsversicherung. — Berlin 1907.
[13.] Petition betr. Einfügung d. geschlechtl. Belehrung in den Schulunterricht. — Berlin 1906.
14. Kromayer, Ernst: D. soziale Bedeutung d. außerehel. Geschlechtsverkehrs.
[15.] Flesch, Max: Die Frauen u. d. Geschlechtskrankheiten. (Kultur u. Fortschritt. No 481.)
16. Meyer-Benfey, Heinrich: D. sittl. Grundlagen d. Ehe. — Berlin 1909.
17. Rutgers, J.: Sexuelle Abstinenz u. Lebensenergie. — Berlin 1909.
18. Rosenthal, [Max]: Was heisst neue Ethik? — Breslau 1911.
19. Hübner, Marie: Mütterheime. — Breslau 1911.
20. Rosenthal, [Max]: Zur Geschichte d. Dt. Bundes f. Mutterschutz. — Breslau 1912.

Forts. u. d. T.: Flugschrift.

Schriften des Bundes deutscher Frauenvereine. H. 1-7. — Breslau: Maruschke & Berendt [u. a.] 1895-1905.

1. Simson, Anna: Der Bund deutscher Frauenvereine, was er will u. was er nicht will. Vortrag. — Breslau: Maruschke & Berendt 1895. 22 S.

2. Petition und Begleitschrift betreffend das „Familienrecht" in d. Entwurf d. neuen bürgerl. Gesetzbuches f. d. Deutsche Reich. — Leipzig: M. Schäfer in Komm. [1899?]. 39 S. 8°

3. Beschwitz-Dresden, Freiin Olga v.: Begleitschrift z. d. Petition d. Bundes deutscher Frauenvereine an d. Reichstag betr. d. Familienrecht d. neuen bürgerl. Gesetzbuchs f. d. Deutsche Reich. — Frankenberg: Reisel 1899. 14 S. 8°

4. Dose, Cäcilie, u. Alma Kriesche: Die Stellung d. Frau u. Mutter im Familienrecht der außerdeutschen Staaten u. nach d. Bestimmungen d. neuen Bürgerl. Gesetzbuches f. d. Deutsche Reich. — Frankenberg: Reisel 1900. 48 S.

5. Stritt, Marie u. Ika Freudenberg: Der Bund deutscher Frauenvereine. — Frankenberg: Reisel 1900. 41 S.

6. Scheven, Katharina: Denkschrift üb. die in Deutschland bestehenden Verhältnisse in Bezug auf d. Bordellwesen. — Dresden: Böhmert 1904. 31 S.

7. Begleitschrift zu d. Petition d. Bundes deutscher Frauenvereine an die deutschen Regierungen betr. d. Aufnahme v. Mädchen in d. höheren u. mittleren Knabenschulen. — Frankenberg: Reisel 1905. 42 S.

— d. Bundes deutscher Frauenvereine. 1. Hft. gr. 8. Breslau 895. Maruschke & Berendt n. — 40

Der Bund deutscher Frauenvereine, was er will u. was er nicht will. Vortrag, geh. in d. 1. Generalversammlung d. Bundes v. Anna Simson. 3. Taus. (26 S.)

— des Bundes deutscher Frauenvereine. 6. Heft. 8. Dresden, O. V. Böhmert. n. 1. —

Denkschrift üb. die in Deutschland bestehenden Verhältnisse in Bezug auf das Bordellwesen u. [illegible] sittlichen, sozialen u. hygienischen Gefahren. Im Auftrage des Bundesvorstandes zusammengestellt. Von Katharina Scheven. Hrsg. vom Bunde deutscher Frauenvereine. (III, 31 S. m. 5 Tab.) 901.

Schriften, Darwinistische. I. Folge. 1.—17. Bd. (Neue billige Ausg.) gr. 8. Leipzig 887—889. E. Günther. n. 33. —

1. **Haeckel, E.**, das Protistenreich. Eine populäre Uebersicht üb. das Formengebiet der niedersten Lebewesen. Mit e. Anhang: System der Protisten. (104 S. m. 1 chromolith. Taf.) n. 2 —
2. **Jäger, G.**, Seuchenfestigkeit u. Constitutionskraft u. ihre Beziehungen zum specifischen Gewicht des Lebenden. (VIII, 156 S.) n. 2.
3. **Kühne, H.**, die Bedeutung d. Anpassungsgesetzes für die Therapie. Mit besond. Berücksicht. der hygien. u. diätet. Heilmethoden. (III, 104 S.) n. 2.
4. **Prel, Carl du**, Psychologie der Lyrik. Beiträge zur Analyse der dichterischen Phantasie. (VII, 165 S.) n. 2. —
5. **Würtenberger, L.**, Studien üb. die Stammesgeschichte der Ammoniten. Ein geolog. Beweis für die Darwin'sche Theorie. (IX, 110 S. m. 4 Stammtaf.) n. 2. —
6. **Darwin, Ch., u. E. Krause**, Erasmus Darwin u. seine Stellung in der Geschichte der Descendenz-Theorie. Mit seinem Lebens- u. Charakterbilde v. Ch. Darwin. (VI, 236 S. m. Lichtdr.-Portr. u. Holzschn.) n. 2.
7. **Allen, Grant**, der Farbensinn. Sein Ursprung u. seine Entwickelung. Ein Beitrag zur vergleich. Psychologie. Rechtmäss. deutsche Ausg. Mit e. Einleitg. v. E. Krause. (XXII, 274 S.) n. 2. —
8. **Prel, Carl du**, die Planetenbewohner u. die Nebularhypothese. Neue Studie zur Entwicklungsgeschichte des Weltalls. (VI, 175 S.) n. 2. —
9. **Reichenau, Wilh. v.**, die Nester u. Eier der Vögel in ihren natürlichen Beziehungen betrachtet. Ein Beitrag zur Ornithopsychologie, Ornithophysiologie u. zur Kritik der Darwin'schen Theorien. (V, 110 S.) n. 2
10. **Schultze, Fritz**, die Sprache des Kindes. Eine Anregung zur Erforschung des Gegenstandes. (46 S.) n. 1. —
11. — die Grundgedanken des Materialismus u. die Kritik derselben. Ein Vortrag, geh. am 13. Jan. 1881 im „Gemeinnütz. Verein" zu Dresden. (III, 80 S.) n. 2. —
12. **Büchner, L.**, die Macht der Vererbung u. ihr Einfluss auf den moral. u. geistigen Fortschritt der Menschheit. (IV, 101 S.) n. 2. —
13. **Elfeld, C. J.**, die Religion u. der Darwinismus. Eine Studie. (IV, 90 S.) n. 2. —
14. **Philipp, S.**, üb. Ursprung u. Lebenserscheinungen der tierischen Organismen. Lösung des Problems üb. das ursprüngl. Entstehen organ. Lebens in unorgan. Materie. (VI, 173 S.) n. 2
15. **Schultze, Fritz**, die Grundgedanken des Spiritismus u. die Kritik derselben. Drei Vorträge zur Aufklärung. (III, 208 S.) n. 2. —
16. **Sallis, J. G.**, der tierische Magnetismus [Hypnotismus] u. seine Genese. Ein Beitrag zur Aufklärung u. eine Mahnung an die Sanitätsbehörden. (III, 108 S.) n. 2. —
17. **Herzen, A.**, Grundlinien einer allgemeinen Psychophysiologie. gr. 8. (II, 150 S.) n. 2. —

— dasselbe. II. Folge. 1.—11. Bd. gr. 8. Ebd. 887—889. n. 55. —

1. 2. **Schultze, Fritz**, Philosophie der Naturwissenschaft. Eine philosoph. Einleitg. in das Studium der Natur u. ihrer Wissenschaften. I. Die geschichtliche Entwickelung. (XXIV, 446 S., XIII, 120 S.) n. 10. —

3. — dasselbe. II. Die Ergebnisse der geschichtlichen Entwickelung. (XIII, 420 S.) n. 5. —

4. **Prel, Carl du**, Entwicklungsgeschichte des Weltalls. Entwurf einer Philosophie der Astronomie. 3., verm. Aufl. der Schrift: Der Kampf ums Dasein am Himmel. (XVI, 378 S.) n. 5. —

5. **Romanes, G. J.**, die geistige Entwicklung im Tierreich. Nebst einer nachgelass. Arbeit: Über den Instinkt von Ch. Darwin. Autor. deutsche Ausg. (VI, 456 S. m. 2 Tab.) n. 5. —

6. **Darwin's, Ch.**, gesammelte kleinere Schriften. Ein Supplement zu seinen grösseren Werken. Hrsg. u. mit e. biograph. Einleitg. versehen v. E. Krause. 1. Bd. [Biograph. Teil.]: Charles Darwin u. sein Verhältnis zu Deutschland. Von E. Krause. Mit zahlr. bisher ungedr. Briefen Darwin's. (VII, 236 S. m. 2 Portr., Handschriftprobe etc. in Lichtdr.) n. 5. —

7. — dasselbe. 2. (Schluss-)Bd.: Die gesammelten kleineren Schriften enth. (VIII, 278 S.) n. 5. —

8. 9. **Prel, Carl du**, die Philosophie der Mystik. (XII, 548 S.) n. 10. —

10. 11. **Hellwald, Fr. v.**, die menschliche Familie nach ihrer Entstehung u. natürl. Entwickelung. (IV, 597 S.) n. 10. —

Die vorstehenden, in 1. Ausgabe als Einzelschriften erschienenen Bände sind in 2. Ausgabe unter obigem Kollektiv-Titel [1. und 2. Folge] vereinigt worden.

— denen ein Beywort nach Belieben kann gegeben werden. 8. Bayreuth, Lübeck. 759.

Schriften, denen ein Beywort nach Belieben kann gegeben werden. Bayreuth 1760. V: *Petermann, Carl Maximilian Wilhelm.* (BGE VII[3], 214)

– Dass., s.a. Schriften, welchen nach Belieben ein Beywort kann gegeben werden.

— deutsche, der Duisburger Gesellschaft. 1r Thl. gr. 8. Duisb. u. Düsseld. 758. Bötricher. 8 gr.

— deutsche, f. nationales Leben. Hrsg. v. Eug. Wolff. 1. Reihe. 1. Hft. gr. 8. Kiel 891. Lipsius & Tischer. n. 1. — (f. 6 Hfte. n. 5. —)
Nationale u. humanistische Erziehung! Von Karl v. Kalckstein, Minna Cauer u. Alb. Eulenburg. (48 S.)

— deutsche, f. nationales Leben. Hrsg. v. Eug. Wolff. 1. Reihe. 2.—6. Hft. gr. 8. Kiel, Lipsius & Tischer. à Hft. n. 1. —; f. die Reihe v. 6 Hftn. n. 5. —
2. Zur Versöhnung d. Besitzes u. der Arbeit. Von Karl Walcker u. E. v. Schenckendorff. (44 S.) 891.
3. Sind die Reichsdeutschen berechtigt u. verpflichtet, das Deutschthum im Auslande zu stützen? Von Karl Pröll. Mit Anh. v. H. O. Stölten. (41 S.) 891.
4. Deutschland im J. 2000 v. G. Erman. (10 S.) 891.
5. Die Ideale der Socialdemokratie u. die Aufgabe d. Zeitalters. Von Gust. Glogau. (40 S.) 891.
6. Die Stellung der Frau im Leben. Von Lina Morgenstern, Luise Otto-Peters, Gräfin Bülow v. Dennewitz u. A. (52 S.) 891.

— dasselbe. 2. Reihe. 6 Hfte. gr. 8. Ebd. à Hft. n. 1. —; f. die Reihe v. 6 Hftn. n. 5. —
1. Die katholische Frage, deutsche Politik u. das deutsche Volk v. Fritz Fahrenbruch. (40 S.) 892.
2. Die moderne Gesellschaft, ihre Geselligkeit u. ihre Moral. Von Margarete Pochhammer u. G. Erman. (42 S.) 892.
3. Ein Blick auf Rußland. Von Frdr. Meißlander. (40 S.) 892.
4. Paul de Lagarde. (44 S.) 892.
5. Zwölf Jahre deutscher Parteikämpfe (1881—1892). Von J. Sabin. (67 S.) 892.
6. Nationale Pflichten zur Lösung der Judenfrage. Von Rob. Max. (40 S.) 893.

— deutsche, f. Litteratur u. Kunst. Hrsg. v. Eug. Wolff. 1. Reihe. 1. Hft. gr. 8. Ebd. 891. n. 1. — (f. 6 Hfte. n. 5. —)
Sardou, Ibsen u. die Zukunft des deutschen Dramas v. Eug. Wolff. (40 S.)

— deutsche, f. Litteratur u. Kunst. Hrsg. v. Eug. Wolff. 1. Reihe. 2.—6. Hft. gr. 8. Ebd. à Hft. n. 1. —; f. die Reihe v. 6 Hftn. n. 5. —
2. Lebenserinnerungen v. Klaus Groth. (47 S. m. 1 Portr. u. Fcsm.) 891.
3. Ueber den Einfluß d. Zeitungswesens auf Litteratur u. Leben. Von H. Bulthaupt, J. Dernburg, Klaus Groth u. A. (56 S.) 891.
4. Der Naturalismus u. seine Stellung in der Kunstentwickelung. Von Veit Valentin. (45 S.) 891.
5. Fritz Reuter, Heinrich Seidel u. der Humor in der neueren deutschen Dichtung. Von Alfr. Biese. Nebst Anh. (Selbstbiographie) v. Heinr. Seidel. (55 S.) 891.
6. Zola u. die Grenzen v. Poesie u. Wissenschaft. Von Eug. Wolff. (40 S.) 891.

— dasselbe. 2. Reihe. 6 Hfte. gr. 8. Ebd. à Hft. n. 1. —; f. die Reihe v. 6 Hftn. n. 5. —
1. Tote Symbole. Von Fritz Mauthner. (46 S.) 892.
2. Deutsche Schauspieler u. Schauspielkunst. Von Wolfg. Kirchbach. Nebst Anh.: Letzte Erinnerungen v. Heinr. Laube. (51 S.) 892.
3. Hat Richard Wagner e. Schule hinterlassen? Von Arth. Seidl. (71 S.) 892.
4. Geschichte rückwärts? Von Eug. Wolff. (40 S.) 892.
5. Zum Streit um die Bühne. Ein Berliner Tagebuch v. Fritz Mauthner. (62 S.) 893.
6. Die Sprache der Presse u. des Parlaments. Von J. Sabin. (50 S.) 893.

— deutsche, von d. Königl. Societät der Wissenschaft. zu Göttingen herаgg. 1r Bd. 8. Götting. 771. Dieterich. 18 gr.

—— f. das evangelische Deutschland. Nr. 8, 15—28. 12°. Barmen 891,92, Klein. à Nr. * — 10
8. Der hl. Rock zu Trier. 2. Aufl. (40 S.) 3.—10. Aufl. (71 S.)
15. Die Versammlungen deutscher Katholiken im Lichte ihrer eigenen Presse. (48 S.)
16. Meyer-Hermann, H. Der Kampf d. Evangelischen Bundes gegen Rom u. seine Wirksamkeit in der evangelischen Kirche. Ein Mahnwort an alle Protestanten. (61 S.)
17. Schall, Jul. Die Stellung der Frau in der römischen Kirche. (32 S.)
18. Kawerau, Gust. Luthers Lebensende in neuester ultramontaner Beleuchtung. [Erweit. Abdruck aus: Christl. Welt.] 2. Aufl. (40 S.)
19. „Gott will es" od. „Unserer lieben Frau v. Afrika". [Erweit. Abdr. aus: „Deutsch-Evang. Blätter".] (36 S.)
20. Was die Päpste thaten. II. Clemens VII. Luthers Zeitgenosse. Von Fr. Köstlin. (42 S.)
21. Goltz, Herm. v. der. Die deutsche Lutherstiftung. (16 S.)
22. Was die Päpste thaten. III. Papst Gregor der Große, sein Leben u. Wirken, aus Anlaß der 1300jähr. Jubelfeier seiner Stuhlbesteigg. gezeichnet. (48 S.) Von H. Heinzeler.
23. Der Meineidpfarrer. Ein Beitrag zur Jesuitenmoral. (47 S.)
24. Was Doktor Luther sagt. II. Von d. Weibes Würde. (38 S.)
25. Borchard-Ummendorf. Der Jesuiten Antrag. Vortrag. (20 S. m. 1 Bild.)
26. Rauter, Gust. Schutzengelbriefe. Ein Beitrag zur Kenntnis römisch-kathol. Frömmigkeit. (47 S.)
27. Der Hexenwahn u. die Hexenprozesse. (56 S.)
1—7, Nr. 8. 1. Aufl., Nr. 9—14, s. Schriften f. das evangel. Volk.

— f. d. evangelische Deutschland. Nr. 28. 12. Barmen (892). H. Klein. n. — 10
Was die Päpste thaten. IV. Wie sie d. Kirchenstaat regierten od. d. Geld- u. Finanzwirtschaft d. ehem. Kirchenstaates. Von Rich. Weltbrecht. (48 S.)

— der deutschen Dienstbotenmission. Nr. 1—3. (à 16 S. m. Titelbild.) kl. 8. Reutlingen (907). Enßlin & Laiblin. à Nr. — 10
1. Dienet einander. Von C. A. Wolff. Für Herrschaften.
2. Dasselbe. Für Dienstboten.
3. Dasselbe. Die deutsche Dienstbotenmission.

Schriften, die Sache der Dissidenten in Polen betreff. 8 Stcke. 8. Danzig 767 — 769. (Aue in Altona). 16 gr. (Vergl. auch Samml. die Schriften d. Dissidenten betreff.)

— d. Sache d. Dissidenten in Pohlen betreffend. 8 Stck. 8. Danzig. (Jacobäer in Lpz.) 767-69.

— zur Dorfkirche. Im Anschluß an die Zeitschrift „Die Dorfkirche" hrsg. v. Hans v. Lüpke. 1. Heft. 8. Berlin, Deutsche Landbuchh. 1. —
Meine Gemeinde u. ich. Gedanken u. Versuche e. Landpastors. Von Fritz Siems. (71 S.) 910.

Schriften, Drei, über Geld und Banken, besonders über die hamburgische Bank. 2. Aufl. . . . Hamb. 1791. V: *Schuback, Jac.* & *Nic. Glieb Lütkens.* (CBH)

— drei, über Geld u. Banken, (enth. 1) J. Schuback, Gedanken v. Geld u. Banken. 2e Aufl. Dessen Gedanken von den Ursachen der zeither. Abwechslung des Hamburg. Bankogeldes, u. e. Abhandl. v. . . . Lütkens). 8. Hamb. 791.

— drei kleine, als Beitr. z. Naturlehre u. höhern Chemie. 8. Berl. 779. Nicolai. 3 gr.

Schriften, Drey curieuse bis her gantz geheim gehaltene . . . chymische. Leipzig 1723. 2. Aufl. Frankf. a. M. 1733. V (III): *Bracesco, Giov.* (Ferguson, Bibl. chemica. I. S. 225.) (Mitth. M. Grolig.)

— die ächten Hippokratischen, s. Hippokrates.

— die ächten, der apostol. Väter des Clemens v. Rom, der M. M. Ignaz u. Polykarp, nebst d. ächten Märtorergeschichte der zwei Letztern. Aus d. Grundsprache übersetzt, u. mit Anmerkk. u. Bemerkk. versehen v. Kop. Unterkircher. 8. Innsbr. 817. Wagner; (a. Barth in Leipz.) 1 ₰ 11 gr. s. auch Werke apostol. Männer.

— die einfachsten technischen. Zum allgemeinen Gebrauch in Schule u. Haus. 2 Taf. 12×16,5 cm. Zürich (910). (E. Speidel.) — 40

—— des deutschen Einheitsschulvereins. 1.—4. Heft. gr. 8. Hannover, Meyer. *

Inhalt:

Heft 1. Frick, Otto, die Möglichkeit der höheren Einheitsschule. — Meyer, Lothar, Mathematik und Naturwissenschaften in der Einheitsschule. — Hornemann, F., die Pflege des Auges und der Anschauung in der Einheitsschule. Nebst einer Einleitung über die Ziele des deutschen Einheitsschulvereins und einer Bibliographie der Einheitsschule. (III, 99 S.) 887. *ℳ 2.—.

» 2. Hornemann, F., die Zukunft unserer höheren Schulen. (IV, 116 S.) 887. *ℳ 2.—.

» 3. —— Gedanken und Vorschläge zu einer Parallelgrammatik der fünf Schulsprachen [Deutsch, Lateinisch, Griechisch, Französisch, Englisch]. (71 S.) 888. *ℳ 1.50.

» 4. —— der gegenwärtige Stand der Einheitsschulbewegung. — Barkhausen, G., Betrachtungen über das Verhältnis der höheren Einheitsschule zur technischen Hochschule. — Heussner, Fr., das Lateinische in der Einheitsschule. Nebst einer Einleitung über die 2. Hauptversammlung des deutschen Einheitsschulvereins und einer Fortsetzung der Bibliographie der Einheitsschule von F. Hornemann. (III, 92 S.) 888. *ℳ 1.80.

—— d. deutschen Einheitsschulvereins. 5.—7. Heft. gr. 8. Hannov., Meyer. * 5 —

5. Hornemann, F. Bemerkungen üb. den gegenwärtigen Stand der Schulreformbewegung. — Richter, O. Das höhere bürgerliche Schulwesen in seiner geschichtlichen Entwicklung. — Rein, W. Der Zeichenunterricht in dem Gymnasium. Nebst e. Fortsetzg. der Bibliographie der Einheitsschule v. F. Hornemann. (IV, 104 S.) 889. * 2 —.
6. Meyer, Loth. Die Reform der höheren Schulen. — Hornemann, F. Einheitsschulbestrebungen in Italien. (53 S.) 890. * 1 20.
7. Juling. Das Gymnasium m. zehnjährigem Kursus. (75 S.) 890. * 1 50.
1.—4. Heft. Ebd. 1887,88. * 7 30.

Schriften und Einrichtungen zur Bildung der Geistlichen. Übers., erl. u. mit e. Gesch. d. geistl. Bildungswesens eingeleitet von Markus Siebengartner, Religionsl. in Regensburg. Freiburg i. Br.: Herder 1902. (XV, 501 S.) 8⁰
(Bibliothek d. katholischen Pädagogik. 14.)

Schriften, erotische, v. Ch. Althing. 1r bis 5r Thl. m. K. Taschenform. Lpz. Gräff. 807.

Schriften des Freiwilligen Erziehungsbeirats für schulentlassene Waisen (zu Berlin). 2. Aufl. Bd 1. Hamburg: Rauhes Haus (1904). 8° [F.] [05. 1905]

— des freiwilligen Erziehungsbeirats f. schulentlassene Waisen. 2. u. 3. Bd. 8. Berlin (S. W. 68, Alte Jacobstr. 18/19) II, Selbstverlag. Nicht im Handel.
2. Leitfaden, juristischer, zum praktischen Gebrauche f. die Pfleger u. Pflegerinnen des freiwilligen Erziehungsbeirats f. schulentlassene Waisen. Bearb. v. Mitgliedern der jurist. Kommission des Vereins. (43 S.) 903.
3. Wissenswertes, allerlei, üb. den freiwilligen Erziehungsbeirat f. schulentlassene Waisen. Hrsg. vom Vorstande. (31 S.) 904.

— dasselbe. 4. Bd. 8. Berlin, O. Liebmann. n. — 50
4. Strafrecht u. freie Liebestätigkeit. Vortrag, geh. in der 7. Hauptversammlg. des freiwill. Erziehungsbeirats f. schulentlassene Waisen zu Berlin am 1. III. 1904. Von Wilh. Kahl. (29 S.) 904. n. — 50
Bd. 1 s.: Sommerfeld, Th., Edg. Jaffé u. Joh. Sauer, Wegweiser f. die Berufswahl.

— f. kath. caritative Erziehungstätigkeit. 5 Hefte. kl. 8. Freiburg i/B., Caritasverlag. — 90; Einzelpr. — 95
Isfort, psychisch abnorme Zöglinge u. ihre Behandlung. (42 S.) 910. (2. Heft.) — 25
Müller, M., der Geist der Anstaltsdisziplin m. besond. Berücksicht. des Strafproblems. (20 S.) 910. (5. Heft.) — 15
Nhiel, die Arbeit als Bildungsmittel in den Erziehungsanstalten f. Fürsorgezöglinge. (22 S.) 910. (4. Heft.) — 15
Schorter, das Leben im Kinderhort. (24 S.) 909. (1. Heft.) — 15
Thun, Säuglings-Fürsorge durch Kinderkrippen. (40 S.) 910. (3. Heft.) — 25

Kaiserliche Akademie der Wissenschaften in Wien.

Schriften der südarabischen Expedition.

— I. Band. Die Somalisprache von Dr. Simon Leo Reinisch. I. Texte. 4°. 1900 . . . K 20.—
— II. Band. Die Somalisprache von Dr. Simon Leo Reinisch. II. Worterbuch. 4°. 1902 . . . „ 50.—
— III. Band. Die Mehrisprache in Südarabien von Alfred Jahn. Texte und Worterbuch. 4°. 1902 . . . „ 24.—

Schriften der südarabischen Expedition. IV. Band. Die Mehri- und Soqotrisprache von Dr. David Heinrich von Müller. I. Texte. 4°. 1902 . . . K 24.—
— V. Band. Teil 1. Die Somalisprache von Dr. Simon Leo Reinisch. III. Grammatik. 4°. 1903 . . . „ 12.—
— VI. Band. Die Mehri- und Soqotrisprache. II. Soqotritexte. 4°. 1905 . . . „ 48.—
— VII. Band. Die Mehri- und Soqotrisprache. III. Shauri-Texte. 4°. 1907 . . . „ 17.50
— VIII. Band. Der vulgärarabische Dialekt im Ḍofâr (Ẓfâr) von Dr. Nikolaus Rhodokanakis. 4°. 1908 . . . „ 17.—
— IX. Band. Mehri- und Hadrami-Texte, gesammelt im Jahre 1902 in Gischin von Dr. Wilhelm Hein, bearbeitet und herausgegeben von Dr. David Heinrich von Müller. 4°. 1909 . . . „ 20.—
— X. Band. Der vulgärarabische Dialekt im Ḍofâr (Ẓfâr) von Dr. Nikolaus Rhodokanakis. 4°. 1910 . . . „ 20.—

Die Bände I—VI erschienen im Verlage des k. und k. Hof- und Universitäts-Buchhändlers Alfred Hölder.

Schriften, die, der römischen Feldmesser hrsg. und erläut. von F. Blume, C. Lachmann und A. Rudorff. I. Bd.: Texte und Zeichnungen. A. u. d. T.: Gromatici veteres ex recens. Car. Lachmanni. Diagrammata ed Adf. Rudorffius. gr. 8. (XI und 416 S. mit 40 Stnt.) Berlin 848, G. Reimer.

—— dass. — 2. (letzter) Bd.: Erläuterungen und Indices. A. u. d. T.: Erläuterungen zu den Schriften der röm. Feldmesser von F. Blume, C. Lachmann, Th. Mommsen und A. Rudorff. Indices von E. Bursian. gr. 8. (VIII und 536 S.) Ebds. 852.

SCHRIFTEN ZUR FÖRDERUNG DER INNEREN KOLONISATION, herausgegeben von der Auskunftsstelle für bäuerliche Ansiedlungen, Berlin. Abteilung des Deutschen Vereins für ländliche Wohlfahrts- und Heimatpflege.

(Heft 1.) Was muss der deutsche Bauersmann von der inneren Kolonisation wissen? Beantwortet von der Auskunftsstelle für bäuerliche Ansiedlungen Berlin. Berlin: 1906.) Deutsche Landbuchhandlung, G. m. b. H. 8⁰.
Dasselbe: 2. Aufl. ib. 1909. —

Heft 2. Aus der Praxis der inneren Kolonisation. Vortrag, gehalten im Klub der Landwirte zu Berlin am 13. März 1906 vom Regierungs- u. Landesökonomierat NEUTZE-Frankfurt a. O. ib. 1906. —

(Heft 3.) Das preussische Rentengut. Von HUGO LINSCHMANN. ib. 1904. —

Heft 4. Landarbeiteransiedlung durch den Kreiskommunalverband. Der erste Versuch in Labenz, Kreis Briesen, veranlasst auf Grund praktischer Erfahrungen und dargestellt von RICHTER. ib. 1907. —

Heft 5. Die Kleinsiedelungen der Königlichen Generalkommission zu Bromberg (nach dem Stande vom Juni 1908). Ein Beitrag zur Arbeiterfrage von (JOHANNES) RIECHERT. 2. Aufl. ib. 1908. —

Heft 6: Gründung und Leitung einer Kleinsiedlungsgenossenschaft. Von WALTHER HEIDENHAIN. Sonderabdruck aus dem „Archiv für Innere Kolonisation". Bd. II, Heft 1. ib. 1910. —

Heft 7: Ansiedlungspolitik und Städteentwicklung. Von FRITZ VOSBERG. Sonderabdruck aus dem „Archiv für Innere Kolonisation". Bd. II, Heft 2. ib. 1910. —

Heft 8: Grundbesitzverteilung und innere Kolonisation in Pommern. Von Dr. phil. et jur. W. ASMIS. Sonderabdruck aus dem „Archiv für Innere Kolonisation". Bd. II, Heft 3. ib. 1910. —

(Heft 9:) Zur Frage der Aufhebung der Generalkommissionen. Von Ober-Regierungsrat ALFRED MEYER, Mitglied der Königlichen Generalkommission in Frankfurt a. O. Sonderabdruck aus dem „Archiv für Innere Kolonisation". Bd. I, Heft 3. ib. 1909. —

Heft 10: Die Förderung der inneren Kolonisation in der Provinz Brandenburg insbesondere durch Ausdehnung der Tätigkeit der „Landgesellschaft Eigene Scholle" auf den Bezirk Potsdam. Vortrag, gehalten in der Konferenz der brandenburgischen Landräte zu Berlin am 25. Februar 1911 von dem Regierungspräsidenten von SCHWERIN aus Frankfurt a. O. Sonderabdruck aus dem „Archiv für Innere Kolonisation" Bd. III, Heft 7. ib. 1911. —

Heft 11: Bauernland und Gemeindeverfassung im Kreise Lauenburg i. Pom. seit hundert Jahren. Ein Beitrag zur Geschichte der inneren Kolonisation von Landrat (WILHELM) KUTSCHER, Lauenburg i. Pom. Sonderabdruck aus dem „Archiv für Innere Kolonisation" Bd. III, Heft 8. ib. 1911. —

Heft 12: Die Stellung der Städte zu der inneren Kolonisation. Vortrag, gehalten auf dem brandenburgischen Städtetage zu Eberswalde am 4. September 1911 von dem Regierungspräsidenten von SCHWERIN aus Frankfurt a. O. ib. —

Heft 13: Die Siedlungen am Meru (Deutsch-Ostafrika). Von Hauptmann a. D. A. LEUE, Lendorf. Sonderabdruck aus dem „Archiv für Innere Kolonisation" Bd. IV, Heft 5. ib. 1912. —

Heft 14: Die Möglichkeit und Notwendigkeit der inneren Kolonisation in der Provinz Sachsen. Von (FRIEDRICH) von SCHWERIN in Frankfurt a. d. O. Sonderabdruck aus dem „Archiv für Innere Kolonisation" Bd. V, Heft 6. ib. 1913. —

SCHRIFTEN ZUR FÖRDERUNG DER INNEREN KOLONISATION.

Heft 15: Das ostmärkische Kleinsiedlungsdorf Zabikowo. Beschreibende und kritische Darstellung der Arbeiterrentengutskolonie Zabikowo bei Posen, mit Grundrissen, Lageplänen, einer Übersichtskarte und zahlreichen Abbildungen. Von L(UDOLF) MAASS, Zehlendorf. ib. 1913. —

Heft 16: Die Aufgaben des Preußischen Landtages gegenüber den Erfordernissen der inneren Kolonisation. Besprochen auf der Konferenz der Gesellschaft zur Förderung der inneren Kolonisation am 24. April 1914. ib. 1914. —

Heft 17: Die Entstehung der Rentengutsgesetzgebung. Ein Beitrag zur Geschichte der Inneren Kolonisation in Preußen. Von FRITZ DARMSTAEDTER. ib. 1915.

— zur Förderung der inneren Kolonisation. Hrsg. v. der Auskunftsstelle f. bäuerl. Ansiedlgn., Berlin SW. 11, Abteilg. des deutschen Vereins f. ländl. Wohlfahrts- u. Heimatpflege. 1. u. 2. Heft. gr. 8. Berlin, Deutsche Landbuchh. n.n. — 70

1. Was muß der deutsche Bauersmann von der inneren Kolonisation wissen? Beantwortet von der Auskunftsstelle für bäuerl. Ansiedlgn., Berlin SW. 11, Dessauerstr. 14. (14 S.) 906. n. — 20
2. Aus der Praxis der inneren Kolonisation. Vortrag, geh. im Klub der Landwirte zu Berlin am 13. III. 1906. Von Neuhe. (39 S.) 906. n.n. — 60

— zur Förderung der inneren Kolonisation, hrsg. v. der Auskunftsstelle f. bäuerl. Ansiedlgn., Berlin S.W. 11, Abteilg. des deutschen Vereins f. ländl. Wohlfahrts- u. Heimatpflege. 4.—8. Heft. 8. Berlin, Deutsche Landbuchh. nn 3. 75

Asmis, W., Grundbesitzverteilg. u. innere Kolonisation in Pommern. [Aus: „Archiv f. inn. Kolonisat."] (27 S.) 910. (Heft 8.) — 75

Heidenhain, Walth., Gründung u. Leitung e. Kleinsiedlungsgenossenschaft. [Aus: „Archiv f. innere Kolonisat."] (34 S.) 910. (Heft 6.) 1. —

Richter, Landarbeiteransiedlung durch den Kreiskommunalverband. Der erste Versuch in Labenz, Kreis Briesen, veranlaßt auf Grund prakt. Erfahrgn. u. dargestellt. (16 S.) 907. (Heft 4.) nn — 25

Riechert, die Kleinsiedelungen der königl. Generalkommission zu Bromberg (nach dem Stande vom Juni 1908). Ein Beitrag zur Arbeiterfrage. 1. u. 2. Aufl. (Je 52 S.) 908. (Heft 5.) 1. —

Vosberg, Fritz, Ansiedlungspolitik u. Städteentwicklung. [Aus: „Archiv f. inn. Kolonisat."] (23 S.) 910. (Heft 7.) — 75

Heft 1 u. 2. Ebd. 906. — 70; Heft 3 u. d. T.: Lindmann, das preuß. Rentengut. 904. — 50.

— Ethische Fragen u. Kulturprobleme in Nordschleswig. Vortrag. (16 S.) 8. Lunden. Hadersleben, J. Dreesen Nachf. 1910. —. 20.

Schriften der Frauenhülfe. 1. *Potsdam: Engerer Ausschuss d. Ev.-Kirchl. Hülfsver. [1902].* 8° [F.]

— der Frauenhülfe. 1. gr. 8. Berlin. Potsdam, Stiftungsverlag. n. — 20

Die Armenpflegerin. Eine Unterweisg. f. Frauen u. Jungfrauen, welche in der Armenpflege thätig sind. Nach den Aufzeichngn. von Amalie Sieveking. (24 S.) (902.)

— der Frauenhülfe. 2. 8. Potsdam, Stiftungsverlag. n. — 10

Gefangenenpflege u. Entlassenen-Fürsorge. Von Dreyer. (16 S. m. Abbildgn.) (906.)

— der Frauenhülfe. 3—9. 8. Potsdam, Stiftungsverlag. 2. 10

Arnold, Elisab., die Krankenküche unt. Berücksicht. einfacher, häusl. Verhältnisse. (19 S.) (908.) (4.) — 30

Fortbildung, die hauswirtschaftliche, der weiblichen Jugend. Fortbildungsschule der Frauenhülfe in Rheydt. (24 S.) (910.) (7.) — 30

Hesekiel, Joh., Krankenpflege u. Seelenpflege. Vortrag, geh. auf dem 2. Informationskursus des Posener Verbandes der Frauenhülfe f. Mitglieder seiner Zweigvereine. 2. Aufl. (15 S.) (910.) (6.) — 20

Klar, E., Seelenpflege, die Seele der „Frauenhülfe". (15 S.) (907.) (3.) — 10

Kochkiste, die, u. der Kochsack, ihre praktische Benutzung u. Anfertigung sowie 25 Rezepte. Rheinische Frauenhülfe. (29 S. m. Fig.) (910.) (8.) — 50

Stier, Ewald, unsere Festabende. (22 S.) (910.) (9.) — 40

Studemund, Wilh., was erwarten wir von den Töchtern der gebildeten Stände? Vortrag auf dem v. der kirchlichen Frauenhülfe in Mecklenburg veranstalteten Bibel- u. Instruktionskursus f. weibl. Liebestätigkeit in Schwerin v. 9.—13. XI. 1906. (21 S.) 908. (5.) — 30

SCHRIFTEN DES SCHLESISCHEN FRAUENVERBANDES.

Herausgegeben von MARIE WEGNER.

[Heft I.] Die soziale Gesetzgebung und die Frauen. Breslau 1907. Verlag von A. Favorke. 8°.

Heft II. Fürsorgeerziehung, Jugendgerichtshilfe, Gefangenenfürsorge. ib. 1909. Verlag von Priebatsch's Buchhandlung.

Heft III. Das Gemeindebestimmungsrecht. Die Mitarbeit und das Wahlrecht der Frau in der Gemeinde. ib. 1910. —

Heft IV. Die soziale Lage der Krankenpflegerinnen. Haus- und Wöchnerinnenpflege. Samariterkurse. ib. 1911. —

Schriften des schles. Frauenverbandes. Hrsg. v. Marie Wegner. 2. u. 3. Heft. gr. 8. Breslau, Priebatsch. à — 60

2. Fürsorgeerziehung, Jugendgerichtshilfe, Gefangenenfürsorge. (62 S.) 909.
3. Gemeindebestimmungsrecht, das. Die Mitarbeit u. das Wahlrecht der Frau in der Gemeinde. (49 S.) 910.

Heft 1 ist nicht im Handel.

Schriften des Vereins „Frauenwohl" [Frauengruppe der Deutschen Akademischen Vereinigg]. 1. u. 2. Heft. gr. 8. Berl. 891, L. Oehmigke's Verlag. * — 70

1. Heft. 1. Cauer, Minna. Rede, geh. in der General-Versammlung der Deutschen Akademischen Vereinigung Oktbr. 1889. — 2. Eulenburg. Nervenfeinde in Schule u. Haus. Vortrag. (35 S.) * — 30.
2. Heft. 1. Kraußneck, Anna. Die Ärztin im 19. Jahrh. Vortrag. — 2. Mellien, Marie. Eine neue deutsche Mädchenschule. Vortrag. (27 S.) * — 40.

— von der Freyheit des Handels. s. Faumont

— des „Freiland", Verein abst. Studenten München e. V. 1.—5. Heft. 8. München, E. Reinhardt. 2. 50

Doflein, F., wir u. die Japaner. Ein Vortrag, geh. f. die Studierenden der drei Hochschulen Münchens. (31 S.) 910. (2. Heft.) — 50

Gruber, Geo. B., Geschichtliches üb. d. Alkoholismus. (94 S.) 910. (3, 4. Heft.) 1. —

Gruber, Max v., Mädchenerziehung u. Rassenhygiene. Vortrag, geh. anläßlich der Generalversammlung des Verbandes zur Hebg. hauswirtschaftl. Frauenbildg. am 4. VII. 1910 im alten Rathaussaale in München. (31 S.) 910. (5. Heft.) — 50

— Die Pflicht, gesund zu sein. Vortrag, geh. f. d. Studierenden der drei Hochschulen Münchens im großen Hörsaal f. Chemie der k. techn. Hochschule am 5. V. 1909. Hrsg. v. d. Ortsgruppe München „Freiland" des D. V. a. St. (37 S.) 909. (1. Heft.) (Erschien ohne Heftbezeichnung.) — 50

(Schriften der Berner Freistudentenschaft. Heft 2.) 8. [Zürich,] Buchdr. Züricher Post, [1909]. [fr. 1. 50]

s. Strasser, Charlot.

Schriften, freundliche, für freundliche Leser, von Franz Horn. 2 Thle. gr. 8. Nürnberg, Schrag. 817, 820. (1r 1 Rthlr. 18 Gr. 2r 2 Rthlr. 9 Gr.)

— des deutschen Fröbelverbandes. 1. Heft. 8. Berlin 909. L. Oehmigke's Verl. 1. —

In Friedrich Fröbels Bahnen. (82 S.)

Schriften bei Gelegenheit des Todes August Wilhelms Prinzen von Preussen. 12. Juli 1758.

— gemeinverständliche, zur Erkenntniß israelitischer Vergangenheit u. Gegenwart. Nr. 1. 8°. Berl., H. Engel. * — 50

Karpeles, Elias. Goethe als Bibelforscher. Ein Vortrag. (30 S.)

— gemeinverständliche, zur Erkenntniß israelitischer Vergangenheit u. Gegenwart. Nr. 1. 8. Berlin 890. H. Engel. n. — 50

Goethe als Bibelforscher. Ein Vortrag v. E. Karpeles. (30 S.)

— gemeinverständliche, zur Förderg. männlicher Kultur. I. gr. 8. Treptow-Berlin 908. B. Zack. — 20

Über die Weiber. Von Arth. Schopenhauer. Neu hrsg. u. m. Vorrede versehen v. Bened. Friedlaender. 1.—50. Taus. (16 S.)

„Gesammelte Schriften über die dänische Münzeinrichtung, über Bankozettel, Handelsbalance . . . .", Kopenhagen 1789.

Schriften, Gesammelte poetische und prosaische kleinere. Frankf. a. M. 1784—85. V: *Knigge, Adolph Frz Frdr. Ldw. Freih. von.* (Rotermund, Gel. Hannover. Bremen 1823.) (ML) (Roterm)

Schriften, Gesammelte, einige Verbesserungen in der katholischen Kirche betreffend. O. O. 179? H: *Panzer, Georg Wolfgang Franz.* (Adel) (will)

— gesammelte, einige Verbesserr. in d. röm. kathol. Kirche betreff. 1r Bd. 1s u. 2s Stck. gr. 8. Nürnb. 782. Bauer u. Raspe. 1 ₰

Schriften, Gesammelte, zum Vergnügen und Unterricht. Wien 1766—1767. V: *Stephanie, Chn. Gottlob.* (Heinr. Wolfg. Behrisch, Die Wiener Autoren. Pressburg 1784. S. 222) (Ky 5/158) (J. Koppe 28/1015) (BiblPort) (Jürgensen 37/399 »1767«) (Vgl. GGr IV³/144, Nr. 17/1)

— gesammelte, z. Vergnügen u. Unterricht. 2 Bde od. 24 Stcke. gr. 12. Wien 766, 67. Trattner. 6 ₰ 8 gr — Neue gesammelte. 12 Stücke in 4 Bden. 8. Ebd. 769 u. 70. Ghelen. 1 ₰ 16 gr

— gesammelte wichtige, zur Erkenntniß u. Behandlung der Bleikolik, von Tronchin, Strack, Graeshuis u. Hurham; nebst Anmerkk. u. Nachtrag v. K. G. Kühn. gr. 8. Leipz. 784. Weygand. 22 gr (Vergl. J. Grashuys).

Gesammelte Schriften unserer Zeiten zur Vertheidigung der Religion und Wahrheit.
Erster [- Vierter] Band.
Augsburg: Merz. 1789. 8°.
Harvard University Library Cambridge, Mass.
Darin enthalten:
John THAYER, Nachricht von der Bekehrung des Hrn. Johann Thayer, Eines ehemals protestantischen Wortsdieners zu Boston in dem nördlichen Amerika, welcher seit dem zu Rom im Jahre 1783 den 25. May zu dem katholischen Glauben bekehrt, und nachgehends im Jahre 1787. Priester von der H. Dreyfaltigkeit wurde. Von ihm selber geschrieben. Nebst einigen Briefen.
Aus dem Französischen.
1789. 96 S. [in Bd. 4].
Übers. v. Relation de la conversion, 1788
Selbständige dt. Ausg. 1788 u. 1790.
Lat. Ausg. 1794.
John Thayer, 1758-1815

— gesammelte, unserer Zeiten, z. Vertheidigung d. Religion u. Wahrheit. 8 Bde. 8. Augsb. 790, 91. Merz. 4 ₰

Schriften des Gesamtverbandes der christlichen Gewerkschaften Deutschlands. H. 1—11. Köln, 1901—1908.
- H. 1. Geschichte und Entwicklung der christlichen Gewerkschaften Deutschlands nebst Protokoll des III. Christlichen Gewerkschatts-Kongresses zu Krefeld (vom 26.—29. Mai 1901). 1901. 112 S.
- H. 2. Protokoll über die Verhandlungen des IV. Kongresses der christlichen Gewerkschaften Deutschlands. Abgehalten vom 29. Juni bis 2. Juli 1902 in München. 1902. 112 S.
- H. 3. Protokoll der Verhandlungen des [ersten] deutschen Arbeiterkongresses. Abgehalten am 25. und 26. Oktober 1903 in Frankfurt a. M. 1904. 83 S.
- H. 4. Protokoll der Verhandlungen des V. Kongresses der christlichen Gewerkschaften Deutschlands. Abgehalten vom 17. bis 20. Juli 1904 in Essen-Ruhr. 1904. 171 S.
- H. 5. Liegert, K., Sollen sich die Handwerksgesellen den christlichen Gewerkschaften anschließen? 1905. 40 S.
- H. 6. [Stegerwald, A.] Gewerkschaftliche Studien in England. 1906. 48 S.
- H. 7. Protokoll der Verhandlungen des VI. Kongresses der christlichen Gewerkschaften Deutschlands. Abgehalten vom 22. bis 24. Juli 1906 in Breslau. 1906. 167 S.
- H. 8. Giesberts, J., Die christlichen Gewerkschaften in der Arbeiterbewegung, der Volkswirtschaft und im öffentlichen Leben. Vortrag, gehalten auf dem VI. Kongreß der christlichen Gewerkschaften in Breslau. 1907. 55 S.
- [H. 9.] Jahrbuch der christlichen Gewerkschaften. Jg. 1 (1908). 1908. 192 S.
- [H. 10.] Die Gelben. Mit besonderer Berücksichtigung der Gelben Frankreichs. 1907. 76 S.
- [H. 11.] Fülles, Ch., Die gegenwärtige wirtschaftliche Lage. Ein Rückblick und Ausblick im Januar 1908. 1908. 36 S.

— des Gesamtverbandes der christlichen Gewerkschaften Deutschlands. 6. u. 7. Heft. 8. Cöln, Verlag des Generalsekretariates der christl. Gewerkschaften. n. — 75
- 6. Studien, gewerkschaftliche, in England. (Von Adam Stegerwald.) (44 S.) 906. n. — 25
- 7. Protokoll der Verhandlungen des VI. Kongresses der christl. Gewerkschaften Deutschlands. Abgeh. vom 22.—24. VII. 1906 in Breslau. (172 S.) 906. n. — 50

— des Gesamtverbandes d. christlichen Gewerkschaften Deutschlands. 8. Cöln, Generalsekretariat der christl. Gewerkschaften.
- Bericht üb. die Verhandlungen der 1. internationalen Konferenz christl. Gewerkschaftsführer. Abgeh. vom 2.—5. VIII. 1908 in Zürich. Hrsg. durch das internationale Sekretariat der christl. Gewerkschaften. (A. Stegerwald.) (In deutscher, französ. u. holländ. Sprache.) (84, 76 u. 81 S.) 908. 1. —
- Beusch, Wirtschaftskrisen. Vortrag, geh. auf dem Kursus christl. Gewerkschaftssekretäre am 5. I. 1909. (62 S.) 909. — 50
- Gelben, die. Mit besond. Berücksicht. der Gelben Frankreichs. (76 S.) 907. — 50
- Giesberts, J., die christlichen Gewerkschaften in der Arbeiterbewegung, der Volkswirtschaft u. im öffentlichen Leben. Vortrag, geh. auf dem VI. Kongreß der christl. Gewerkschaften in Breslau. (55 S.) 907. (8. Heft) — 50.
- Protokoll der Verhandlungen des VII. Kongresses der christl. Gewerkschaften Deutschlands. Abgeh. vom 18.—21. VII. 1909 in Cöln. (295 S.) 909. 1. —

SCHRIFTEN DES HENNEBERGISCHEN GESCHICHTSVEREINS SCHLEUSINGEN.
Jahrg. 1908. Nr. 1. Inhalt: 1. Vorwort. 2. Satzungen. 3. W. HÖHN, Der 30jährige Krieg im Hennebergischen. 4. (W. HÖHN), Der Gustav-Adolfs-Becher. Schleusingen. Kommissionsverlag von Max Schewe. Druck von Gebrüder Lang in Schleusingen. 8°.

SCHRIFTEN DES HENNEBERGISCHEN GESCHICHTSVEREINS.
Jahrg. 1909. Nr. 2. Zweite Hälfte. Inhalt: 1. W. HÖHN, Hennebergische Bodenschätze. 2. HESS, Geschichte des Ilmenauer Bergbaues. 3. Mitglieder-Verzeichnis. ib. —
Jahrg. 1910. Nr. 3. Inhalt: 1. KROEBEL, Einiges über Christian Junckers Werk „Ehre der gefürsteten Grafschaft Henneberg" und zwei verloren gegangene Kapitel daraus. 2. W. HÖHN, Ein Streit über das Jus episcopale zu Ilmenau Anno 1581 (aus Juncker). 3. W. HÖHN, Vereinsbücherei und -Museum. ib. 1910. — Druck von J. W. Müller (Zandersche Buchdruckerei), Suhl.
Jahrg. 1911. Nr. 4. Inhalt: 1. CORNELIUS, Die Schleusinger Dichterbrüder. 2. W. HÖHN, Hexenprozesse in den hennebergischen Ämtern Schleusingen, Suhl und Ilmenau. ib. 1911. — (Druck von Julius Beltz, Hofbuchdrucker, Langensalza.)
Jahrg. 1912. Nr. 5. Inhalt: 1. E. KOCH, Die ehemalige Liebfrauenkirche auf dem Einfirst bei Schleusingen. 2. W. HÖHN, Geistliche Niederlassungen in und um Frauenwald. 3. E. KOCH, Beiträge zur Geschichte des Dorfes Langenbach. ib. 1912. — Druck von J. W. Müller (Zandersche Buchdruckerei), Suhl.

Schriften, Einige, der Altdorfischen Teutschen Gesellschaft. Altdorf u. Nürnb. 1760. H: *Will, Georg Andreas.* (ML) (BB) (Ky)

— einige, der Altdorfischen deutschen Gesellschaft. (Hrsgg. v. G. A. Will.) gr. 8. Altdorf 760. Schüpfel. 8 gr

— d. Anhalt. deutsch. Gesellschaft. 2 Bde. in 12 St. 8. Quedlinb. Ernst, (Hechtel.) 764–71.

— der Anhalt. landwirthschaftl. Gesellschaft zu Mühlstdt. 1s Heft Gutachten über den Albertschen Wirthschaftsplan. gr. 8. Leipz. 824, Reclam.

—— der Gesellschaft f. Beförderung d. Geschichtkunde zu Freiburg im Breisgau. 1. Bd. gr. 8. (38½ B. u. 3 Stnt.) Freiburg 828, Herder. Thlr.

SCHRIFTEN DER GESELLSCHAFT ZUR BEFÖRDERUNG DER GESAMMTEN NATURWISSENSCHAFTEN ZU MARBURG.

Bd. 1. (Mit 1 Tabelle.) Marburg 1823. Bei Joh. Christ. Krieger und Comp. 8°.

Bd. 2. Heft 1. ib. 1828. — A. u. d. T.: A. F. WIEGMANN, Ueber das Einsaugungs-Vermögen der Wurzeln. ib. 1828. —

Bd. 2. Heft 2. ib. 1828. — A. u. d. T.: BARTELS, Ueber innere und äussere Bewegung im Pflanzenreiche und Thierreiche; und insbesondere über Ersatz der äusseren durch innere oder chemische: mit Rücksicht auf Gestaltungsverschiedenheit. ib. 1828. —

Bd. 2. Heft 3. (Mit 1 Tabelle.) ib. 1828. — A. u. d. T.: FERDINAND AUGUST RITGEN, Ueber die Aufeinanderfolge des ersten Auftretens der verschiedenen organischen Gestalten. (Mit 1 Tabelle.) ib. 1828. —

Bd. 2. Heft 4. ib. 1828. — A. u. d. T.: CHRISTIAN LUDWIG GERLING, Die Höhe Marburgs über dem Meere aus Barometer-Beobachtungen berechnet. Marburg und Cassel 1829. Bei Johann Christian Krieger.

Bd. 2. Heft 5. Marburg 1829. Bei J. Chr. Krieger und Comp. A. u. d. T.: Chemische Analyse wesentlich verschiedener Harnsteine, welche in kurzer Zeit Einer und derselben Kranken abgegangen sind. — Wer gab die erste Idee zu einer aerostatischen Maschine an? — Zwei Abhandlungen von FERDINAND WURZER. Marburg und Cassel 1829. Bei Johann Christian Krieger.

Bd. 2. Heft 6. (Mit 1 Tafel.) Kassel 1831. Bei J. Chr. Krieger. A. u. d. T.: G. W. F. WENDEROTH, Einige Bemerkungen über verschiedene neue Pflanzenarten des botanischen Gartens in Marburg; nebst einer Abbildung der Polygala depressa Wender. Marburg und Cassel 1831. Bei Johann Christian Krieger.

Bd. 3. Kassel. 1832. Bei Johann Christian Krieger. A. u. d. T.: FERDINAND AUGUST RITGEN, Probefragment einer Physiologie des Menschen, enthaltend die Entwicklungsgeschichte der menschlichen Frucht. ib. 1832. —

Bd. 4. (Mit Tafeln.) ib. 1839. — A. u. d. T.: GEORG WILHELM FRANZ WENDEROTH. Versuch einer Charakteristik der Vegetation von Kurhessen. Als Einleitung in die Flora dieses Landes. Nebst zwei Probebogen: einer der Flora hassiaca und einer der Flora marburgensis. Mit 3 Abbildungen. ib. 1839. —

Bd. 5. (Mit Tafeln und 1 Tabelle.) Marburg 1844. Bayrhoffer'sche Universitäts-Buchhandlung. A. u. d. T.: J. F. C. HESSEL, Versuche über Magnet-Ketten und über die Eigenschaften der Glieder derselben, besonders über jene, welche ihnen angewöhnt, oder auf sonstige Weise willkürlich ertheilt werden können. ... (Mit Tafeln und 1 Tabelle.) ib. 1844. —

Bd. 6. (Mit Tafeln.) ib. 1848. Bei N. G. Elwert. A. u. d. T.: C. F. DANZ und C. F. FUCHS, Physisch-medicinische Topographie des Kreises Schmalkalden. Preisschrift, im Jahre 1846 mit dem Accessit gekrönt von der Gesellschaft zur Beförderung der gesammten Naturwissenschaften zu Marburg. Mit 8 Tafeln. ib. 1848. —

Bd. 7. (Mit 1 Tafel und 1 Tabelle.) ib. 1849. — A. u. d. T.: CARL SCHREIBER, Physisch-medicinische Topographie des Physikatsbezirks Eschwege. Preisschrift, im Jahre 1846 gekrönt von der Gesellschaft zur Beförderung der gesammten Naturwissenschaften zu Marburg. Mit 1 Tafel (und 1 Tabelle). ib. 1849. —

Bd. 8. (Mit Tafeln und 1 Tabelle.) ib. 1857. Elwert'sche Universitäts-Buchhandlung.

Bd. 9. (Mit Tafeln.) Marburg und Leipzig. 1872. —

Supplement-Heft (I). Mit 5 Tafeln. ib. 1866. — A. u. d. T.: C. CLAUS, Die Copepoden-Fauna von Nizza. Ein Beitrag zur Charakteristik der Formen und deren Abänderungen „im Sinne Darwin's". Mit 5 Tafeln. ib. 1866. — 4°.

Supplement-Heft II. u. d. T.: C. CLAUS, Beobachtungen ueber Lernaeocera, Peniculus und Lernaea. Ein Beitrag zur Naturgeschichte der Lernaeen. Mit 4 Tafeln. (Abgedruckt*) aus den Schriften der Gesellschaft zur Beförderung der gesammten Naturwissenschaften zu Marburg.) (Dem naturhistorischen Verein der preussischen Rheinlande und Westphalens bringt zur Feier seines fünfundzwanzigjährigen Stiftungsfestes die Gesellschaft zur Beförderung der gesammten Naturwissenschaften zu Marburg ihre besten Glückwünsche dar.) ib. 1868. —

Supplement-Heft III. Mit 3 Tafeln. ib. 1869. — A. u. d. T.: C. CLAUS, Beobachtungen ueber die Organisation und Fortpflanzung von Leptodera Appendiculata. Mit 3 Tafeln. Abgedruckt*) aus den Schriften der Gesellschaft zur Beförderung der gesammten Naturwissenschaften zu Marburg. ib. 1868. —

Supplement-Heft IV. Mit 3 Tafeln. (WAGNER, G. R., Die Entwicklung der Muskelfaser). ib. 1869. —

Supplement-Heft V. u. d. T.: C. CLAUS, Die Cypris-aehnliche Larve (Puppe) der Cirripedien und ihre Verwandlung in das festsitzende Thier. Ein Beitrag zur Morphologie der Rankenfuessler. Mit 2 Tafeln. Abgedruckt*) aus den Schriften der Gesellschaft zur Beförderung der gesammten Naturwissenschaften zu Marburg. ib. 1869. —

Bd. 10. (Abhandlung 1. CARL SPECK. Untersuchungen über Sauerstoffverbrauch und Kohlensäureausathmung der Menschen. Mit Tafeln.) Cassel, 1871. Theodor Kay. 8°.

Bd. 10. Abhandlung 2. (DOHRN, Die geburtshülflichen Operationen in Kurhessen während der Jahre 1852—1866. Mit Tafeln.) ib. 1872. —

Bd. 10. Abhandlung 3. (A. von KOENEN, Das Miocaen Nord-Deutschlands und seine Mollusken-Fauna. Theil 1. Mit Tafeln. Februar 1872.) ib. 1872. —

Bd. 10. Abhandlung 4. (OTTO WEISS, Beitrag zur Kenntniss der Nauheimer Soolsprudel. Mit 1 Tafel.) ib. 1872. —

Bd. 10. Abhandlung 5. (N. LIEBERKÜHN, Ueber das Auge des Wirbelthierembryo. Mit Tafeln.) ib. 1872. —

Bd. 10. Abhandlung 6. (WILHELM PFANNKUCH, Zur Statistik der geburtshülflichen Operationen in Kurhessen, insbesondere während der Jahre 1868—1870. Mit Tabellen und 1 Tafel.) ib. 1872. —

Bd. 10. Abhandlung 7. (F. W. BENEKE, Zum Verständniss der Wirkungen der Seeluft und des Seebades.) ib. 1873. —

Bd. 10. Abhandlung 8. (HEINRICH LAHS, Zur Kenntniss der Wirkungen der Lageänderungen der Frucht innerhalb des Fruchtwassers.) ib. 1873. —

Bd. 10. Abhandlung 9. (DOHRN, Die geburtshülflichen Operationen in Nassau während der Jahre 1860—1866. Mit Tafeln und 1 Karte.) ib. 1873. —

Bd. 10. Abhandlung 10. ib. 1874. (HEINRICH LAHS, Die Geburt mit unterbrochenem Allgemeinen Inhaltsdruck, die pathologische Geburt.) ib. 1874. —

Bd. 10. Abhandlung 11. (F. W. BENEKE, Justus von Liebig's Verdienste um die Förderung der practischen Medicin. Eine Gedächtnissrede ...) ib. 1874. —

Bd. 10. Abhandlung 12. (EDMUND HESS, Ueber gleicheckige und gleichkantige Polygone. Mit Tafeln.) ib. 1874. —

Bd. 10. Supplement-Heft I. Mit 10 Tafeln. (DOHRN, über die Entwickelung des Hymens.) ib. 1875. — 4°.

Bd. 11. Abhandlung 1. (Mit Tafeln.) ib. 1876. — A. u. d. T.: EDMUND HESS, Ueber die zugleich gleicheckigen und gleichflächigen Polyeder. (Mit Tafeln.) ib. 1876. — 8°.

Bd. 11. Abhandlung 2. (Mit Tafeln.) ib. 1877. — A. u. d. T.: CARL MÜLLER, Untersuchungen über einseitig frei schwingende Membranen und deren Beziehung zum menschlichen Stimmorgan. Von der philosophischen Facultät zu Marburg als Preisschrift gekrönt. (Mit Tafeln.) ib. 1877. —

Bd. 11. Abhandlung 3. (Mit 1 Tafel.) ib. 1877. — A. u. d. T.: SPECK, Kritische und experimentelle Untersuchungen über die Wirkung des veränderten Luftdrucks auf den Athemprocess. (Mit 1 Tafel.) ib. 1878. —

Bd. 11. Abhandlung 4. (Mit Tafeln.) ib. 1878. — A. u. d. T.: EDMUND HESS, Ueber vier Archimedeische Polyeder höherer Art. (Mit Tafeln.) ib. 1878. —

Bd. 11. Abhandlung 5. ib. 1878. — A. u. d. T.: F. W. BENEKE, Zur Ernährungslehre des gesunden Menschen. ib. 1878. —

Bd. 11. Abhandlung 6. (Mit 1 Tafel.) ib. 1880. — A. u. d. T.: MAX SCHOTTELIUS, Zur Aetiologie einfacher Kehlkopfgeschwüre und deren Verhältniss zur Tuberkulose. (Mit 1 Tafel.) ib. 1880. —

Bd. 11. Abhandlung 7. (Mit 1 Tafel.) ib. 1881. — A. u. d. T.: MAX SCHOTTELIUS, Casuistische Mittheilungen aus dem Pathologisch-anatomischen Institut zu Marburg. (Mit 1 Tafel.) ib. 1881. —

Bd. 11. Supplementheft I. (Mit Tafeln.) ib. 1879. — A. u. d. T.: GASSER, Der Primitivstreifen bei Vogelembryonen (Huhn und Gans). 1878. Mit 10 Tafeln. ib. 1879. — 4°.

Bd. 11. Supplementheft II. (Mit Tafeln.) ib. 1879. — A. u. d. T.: F. W. BENEKE. Ueber das Volumen des Herzens und die Weite der Arteria pulmonalis und Aorta ascendens in den verschiedenen Lebensaltern. Ein Beitrag zur Lehre vom Blutdruck, von der Pubertätsentwickelung und Senescenz, sowie zur Pathologie der Carcinome. (Mit Tafeln.) ib. 1879. —

Bd. 11. Supplementheft III. (Mit Tafeln.) ib. 1879. — A. u. d. T.: F. W. BENEKE, Ueber die Weite der Iliacae communes, Subclaviae und Carotides communes in den verschiedenen Lebensaltern. Ein zweiter Beitrag zur Lehre vom Blutdruck, von der Pubertätsentwickelung und Senescenz, sowie zur Pathologie der Carcinome. (Mit Tafeln.) ib. 1879. —

Bd. 11. Supplementheft IV. (Mit Tafeln.) ib. 1879. — A. u. d. T.: F. W. BENEKE, Ueber die Weite der Aorta thoracica und Aorta abdominalis in den verschiedenen Lebensaltern. Ein dritter Beitrag zur Lehre vom Blutdruck, von der Pubertätsentwickelung und Senescenz sowie zur Pathologie der Carcinome, nebst Schlufsbetrachtungen. (Mit Tafeln.) ib. 1879. —

Bd. 11. Supplementheft V. ib. 1881. — A. u. d. T.: F. W. BENEKE. Zur Statistik der Carcinome, insonderheit deren Vorkommen in Strafanstalten. ib. 1881. —

SCHRIFTEN DER GESELLSCHAFT ZUR BEFÖRDERUNG DER GESAMMTEN NATURWISSENSCHAFTEN ZU MARBURG.

Bd. 12. Abhandlung 1. (Mit Tafeln.) Marburg 1886. N. G. Elwert'sche Verlagsbuchhandlung. — A. u. d. T.:*) ADOLF LINZ, Klimatische Verhältnisse von Marburg auf Grund fünfzehnjähriger Beobachtungen an der meteorologischen Station daselbst. (Mit Tafeln.) ib. 1886. — 8°.

SCHRIFTEN DER GESELLSCHAFT ZUR BEFÖRDERUNG DER GESAMMTEN NATURWISSENSCHAFTEN ZU MARBURG.

Bd. 12. Abhandlung 2. Marburg 1887. N. G. Elwert'sche Verlagsbuchhandlung. — A. u. d. T.: Verzeichniss fluoreszierender Substanzen nach der Farbe des Fluoreszenzlichtes geordnet mit Literaturnachweisen von KARL NOACK. ib. 1887. — 8°.

Abhandlung 3. Das normale Athmen des Menschen von C. SPECK. Mit Tabellen. ib. 1889. —

Abhandlung 4. ib. 1891. — A. u. d. T. Flora von Hessen und Nassau. II. Teil. Fundorts-Verzeichnis der in Hessen und Nassau beobachteten Samenpflanzen und Pteridophyten. Von ALBERT WIGAND. Herausgegeben von FR. MEIGEN. Mit einer Karte von Hessen-Nassau. ib. 1891. —

Abhandlung 5. ib. 1892. — A. u. d. T.: Die Temperaturverhältnisse von Marburg. Nach 24jährigen Beobachtungen an der meteorologischen Station daselbst. Im Auftrage des math.-phys. Instituts bearbeitet von BERNHARD KOCH. Mit 3 lith. Tafeln. ib. 1892. —

Abhandlung 6. ib. 1895. — A. u. d. T.: Die wolkenlosen Tage, beobachtet in den Jahren 1866 bis 1894 an der meteorologischen Station Marburg. Von F. MELDE. Mit 4 Tabellen. ib. 1895. —

Abhandlung 7. ib. 1895. — A. u. d. T.: Verzeichnis der wissenschaftlichen Abhandlungen und Schriften von FRANZ MELDE. ib. 1895. —

Bd. 13. Abtheilung 1. ib. 1896. — A. u. d. T.: E. KAYSER, Die Fauna des Dalmanitensandsteins von Kleinlinden bei Giessen. Mit 5 Lichtdruck-Tafeln. ib. 1896. —

Abteilung 2. ib. 1898. — A. u. d. T.: JOSEF STEIN, Die Regenverhältnisse von Marburg auf Grund dreissigjähriger Beobachtungen an der meteorologischen Station daselbst. ib. 1898. —

Abteilung 3. ib. 1898. — A. u. d. T.: F. MARCHAND, Beiträge zur Kenntniss der Placentarbildung. Die Placenta des Kaninchens mit Bemerkungen über die Placenta der Katze. Mit 4 Doppeltafeln und 1 Textfigur. ib. 1898. —

Abtheilung 4. ib. 1900. — A. u. d. T.: H. LOTZ, Die Fauna des Massenkalks der Lindener Mark bei Giessen. Mit 4 Lichtdruck-Tafeln. ib. 1900. — Abtheilung 5. ib. 1904. — A. u. d. T.: Über die ferromagnetischen Eigenschaften von Legierungen unmagnetischer Metalle. Von FR. HEUSLER und unter Mitwirkung von F. RICHARZ von W. STARCK und E. HAUPT. Mit 13 Figuren im Text, 8 Zahlentabellen und 3 Curventafeln. ib. 1904. — Abtheilung 6[1]. ib. 1906. — E. TAKE. Magnetische und dilatometrische Untersuchung der Umwandlungen Heuslerscher ferromagnetisierbarer Manganbronzen. (Mit 14 Zahlen-Tabellen, 6 Figuren.) ib. 1906. —

[1]) Mehr nicht erschienen.

Schriften der Gesellschaft zur Beförderung der gesammten Naturwissenschaften zu Marburg. Bd 1. [2.] 3. Marburg (1831:Marburg & Kassel; 1832 ff. Kassel): Krieger 1823-39. 2 Bde 8°

Bd 1: 1823.
[Bd 2,H.1-3. 6:] 1828-31.
[H.1:] Wiegmann, A[rend] F[riedrich August]: Ueber das Einsaugungs-Vermögen der Wurzeln. 1828.
[H.2:] Bartels, [Ernst Daniel August]: Ueber innere und äußere Bewegung im Pflanzenreiche und Thierreiche. 1828.
[H.3:] Ritgen, Ferdinand August: Ueber die Aufeinanderfolge des ersten Auftretens der verschiedenen organischen Gestalten. 1828.
[H.6:] Wenderoth, G[eorg] W[ilhelm] F[ranz]: Einige Bemerkungen über verschiedene neue Pflanzenarten des botanischen Gartens in Marburg. 1831.
Bd 3: Ritgen, Ferdinand August: Probefragment einer Physiologie des Menschen. 1832.
Bd 4: Wenderoth, Georg Wilhelm Franz: Versuch einer Charakteristik der Vegetation von Kurhessen. 1839.

— der Gesellschaft zur Beförderung d. gesammten Naturwissenschaften zu Marburg. 1r Bd. Mit 1 Steindr. gr. 8. Marburg 824, Krieger.

—— der Gesellschaft zur Beförderung d. gesammt. Naturwissenschaften zu Marburg. 2. Bd. 1. Hft. — A. u. d. T.: Ueber d. Einsaugungs-Vermögen der Wurzeln, v. A. F. Wiegmann. gr. 8. (1¼ B.) Marburg 828. [Cassel, Krieger, Vrlsh.]

—— ders. 2. Bd. 2. Hft. — A. u. d. T.: Ueber innere u. äußere Bewegung im Pflanzenreiche u. Thierreiche; u. insbesond. üb. Ersatz der äußeren durch innere od. chemische, mit Rücksicht auf Gestaltungsverschiedenheit, v. E. D. A. Bartels. gr. 8. (1½ B.) Ebds. 828.

—— ders. 2. Bd. 3. Hft. — A. u. d. T.: Ueber d. Aufeinanderfolge d. ersten Auftretens der verschied. organ. Gestalten., v. A. F. Ritgen. gr. 8. (6 B.) Ebds. 828.

—— ders. 2. Bd. 4. Hft. — A. u. d. T.: Die Höhe Marburgs üb. dem Meere, aus Barometer-Beobacht. berechnet, v. Chr. L. Gerling. gr. 8. (4 B.) Ebds. 829.

—— ders. 2. Bd. 5. Hft. — A. u. d. T.: Chem. Analyse wesentlich verschied. Harnsteine, welche in kurzer Zeit Einer u. ders. Kranken abgegangen sind. — Wer gab d. erste Idee zu e. aerostatischen Maschine an? Zwei Abhandl., v. F. Wurzer. gr. 8. (1 B.) Ebds. 829.

—— ders. 2. Bd. 6. Hft. — A. u. d. T.: Einige Bemerkungen üb. verschied. neue Pflanzenarten d. botan. Gartens in Marburg, v. G. W. F. Wenderoth. 8. (3¾ B. u. 1 ill. Abbild.) Ebds. 831.

—— ders. 3. Bd. — A. u. d. T.: Probefragment e. Physiologie des Menschen, enthalt. d. Entwicklungsgeschichte d. menschl. Frucht, v. A. F. Ritgen. gr. 8. (20 B.) Ebds. 832.
1. Bd. Ebendas. 1823. 1 Thlr.

—— der Gesellschaft z. Beförderung d. gesammten Naturwissenschaften zu Marburg. 4. Bd. — A. u. d. T.: Versuch e. Charakteristik d. Vegetation von Kurhessen. Als Einleit. in d. Flora dies. Landes. Nebst zwei Probebogen: einer d. Flora hassiaca u. e. d. Flora marburgensis. Von Geo. Wilh. Frz. Wenderoth. gr. 8. (12¾ B., 2 schw. u. 1 col. Abbild.) Kassel 839, Kriegersche Buchh.
1—3. Bd. Ebendas. 1823—32. 3 Thlr. 12 Gr.

—— der Gesellschaft zur Beförderung der gesammten Naturwissenschaften zu Marburg. 5. Bd. A. u. d. Ttl.: Versuche über Magnet-Ketten u. über die Eigenschaften der Glieder derselben, besonders über jene, welche ihnen angewöhnt, oder auf sonstige Weise willkürlich ertheilt werden können, v. J. F. C. Hessel. gr. 8. (20 B., 3 Stnt. u. 1 Tab.) Marburg 844, Bayrhoffer'sche Universit.-Buchh. *
1—4. Bd. Kassel 1823—39, Kriegersche Buchh. 4 Thlr. 12½ Ngr.

—— der Gesellschaft zur Beförderung der gesammten Naturwissenschaften zu Marburg. 6. Bd. A. u. d. T.: Physisch-medicin. Topographie des Kreises Schmalkalden. Preisschrift verfasst von C. F. Danz und C. F. Fuchs. gr. 8. (XII und 354 S. mit 8 ill., theils lithochrom. Stnt. in Fol.) Marburg 848, Elwert'sche Universitäts-Buchh. *
1—5. Bd. Ebendas. 1823—44. 6 Thlr. 12½ Ngr.

—— der Gesellschaft zur Beförderung der gesammten Naturwissenschaften zu Marburg. 7. Bd. A. u. d. T.: Physisch-medicinische Topographie des Physikatsbezirks Eschwege. Preisschrift verfasst von Carl Schreiber. gr. 8. (XII und 291 S. mit 1 chromolithogr. Taf. in gr. Fol.) Marburg 849, Elwert'sche Universitäts-Buchh. *

—— dass. — 8. Bd. gr. 8. (V und 273 S.) Ebendas. 857. *
1—6. Bd. Ebendas. 1823—48. * 8 Thlr. 27½ Ngr.

Schriften der Gesellschaft zur Beförderung der gesammten Naturwissenschaften zu Marburg. Suppl.-Heft. gr. 4. Marburg 866, Elwert'sche Universitäts-Buchh. *

Inhalt:

Claus, C., die Copepoden-Fauna von Nizza. Ein Beitrag zur Charakteristik der Formen und deren Abänderungen im Sinne Darwin's. (34 S. mit 5 Blatt Erklärungen und 5 Stnt.)

1.—8. Bd. 1823—57. * 11 Thlr. 22½ Ngr.

—— der Gesellschaft zur Beförderung der gesammten Naturwissenschaften zu Marburg. 9. Bd. gr. 8. (IV, 385 S. mit 5 Stnt.) Marburg 872, Elwert'sche Universitäts-Buchh. * 9 —
1.—8. Bd. und Suppl.-Heft. Ebendas. 1823—66. * M. 38,25.

—— dass. — 10. Bd. 12 Abthlgn. und Suppl.-Heft. gr. 8. Cassel, Kay. * 15 —

Inhalt:

Abthl. 1. Speck, Carl, Untersuchungen über Sauerstoffverbrauch und Kohlensäureausathmung der Menschen. (S. 1—86 mit 2 Stnt. in qu. 4.) 871. * M. 2.
» 2. Dohrn, die geburtshülfl. Operationen in Kurhessen während der J. 1852—1866. (S. 87—135 mit 11 Stnt. in gr. 8. und qu. Fol.) 872. * M. 3.
» 3. Koenen, A. v., das Miocaen Nord-Deutschlands und seine Mollusken-Fauna. 1. Thl. (S. 139—268 mit 3 Stnt.) 872. * M. 4.
» 4. Weiss, Otto, Beitrag zur Kenntniss der Nauheimer Soolsprudel. (S. 275—289 mit 2 Tab. in qu. 4. und 1 Stnt. in Fol.) 872. * 75 Pf.
» 5. Lieberkühn, N., über das Auge des Wirbelthierembryo. (87 S. mit 11 Stnt.) 872. * M. 5.
» 6. Pfannkuch, Wilh., zur Statistik der geburtshülfl. Operationen in Kurhessen, insbesondere während der J. 1868—1870. (S. 388—401 und 4 Tab. in 4.) 873. * 75 Pf.
» 7. Beneke, F. W., zum Verständniss der Wirkungen der Seeluft und des Seebades. (S. 407—429.) 873. * 50 Pf.
» 8. Lahs, Heinr., zur Kenntniss der Wirkungen der Lageveränderungen der Frucht innerhalb des Fruchtwassers. (S. 435—447 mit eingedr. Holzschn.) 873. * 50 Pf.
» 9. Dohrn, die geburtshülfl. Operationen in Nassau während der J. 1860—1866. (S. 453—490 mit 8 lithogr. Tab., wovon 1 chromolithogr. in gr. 8., 4. und Fol.) 873. * M. 2.
» 10. Lahs, Heinr., die Geburt mit unterbrochenem allgemeinen Inhaltsdruck, die patholog. Geburt. (S. 493—586.) 874. * M. 2.
» 11. Beneke, F. W., Justus v. Liebig's Verdienst um die Förderung der practischen Medicin. Eine Gedächtnissrede, gehalten in der öffentl. Jahressitzung der Gesellschaft zur Beförderung der gesammten Naturwissenschaften zu Marburg am 11. Juni 1874. (S. 587—610.) 874. * 50 Pf.
» 12. Hess, Edm., über gleicheckige und gleichkantige Polygone. (S. 611—743 mit 10 Stnt. in gr. 8. und qu. 4.) 874. * M. 5.

Suppl.-Heft. Dohrn, über die Entwicklung des Hymens. (8 S. mit 10 Stnt.) 875. * M. 3.

Schriften der Gesellschaft zur Beförderung der gesammten Naturwissenschaften zu Marburg. 11. Bd. 1. Abhandlg. gr. 8. Marburg 876. Elwert's Verl. n. 4. —
Ueber die zugleich gleicheckigen u. gleichflächigen Polyeder. Von Edm. Hess. (95 S. m. 2 Steintaf. in qu. gr. Fol.)

—— der Gesellschaft zur Beförderung der gesammten Naturwissenschaften zu Marburg. 11. Bd. 1.—5. Abhandlung und 1.—4. Suppl.-Heft. gr. 8. Kassel, Kay. * 30 40
Inhalt:
Abhandlung 1. Hess, Edm., über die zugleich gleicheckigen und gleichflächigen Polyeder. (95 S. mit 2 Stnt. in qu. gr. Fol.) 876. *M 4.
» 2. Müller, Carl, Untersuchungen über einseitig frei schwingende Membranen und deren Beziehung zum menschlichen Stimmorgan. Von der philosoph. Facultät zu Marburg als Preisschrift gekrönt. (S. 97—168 mit 3 Stnt.) 877. *M 2.
» 3. Speck, kritische und experimentelle Untersuchungen über die Wirkung des veränderten Luftdrucks auf den Athemprocess. (S. 169—256 mit 1 Stnt.) 877. *M 2.
» 4. Hess, Edm., über vier Archimedeische Polyeder höherer Art. (S. 261—271.) 878. * 60 Pf.
» 5. Beneke, F. W., zur Ernährungslehre des gesunden Menschen. (S. 273—312.) 878. * 80 Pf.
Suppl.-Heft 1. Gasser, der Primitivstreifen bei Vogelembryonen [Huhn und Gans]. (98 S. mit 10 Stnt.) 879. *M 8.
» 2. Beneke, F. W., über das Volumen des Herzens und die Weite der Arteria pulmonalis und Aorta ascendens in den verschiedenen Lebensaltern. Ein Beitrag zur Lehre vom Blutdruck, von der Pubertätsentwickelung und Senescenz, sowie zur Pathologie der Carcinome. (56 S. mit 3 Stnt.) 879. *M 4.
» 3. —— über die Weite der Iliacae communes Subclaviae und Carotides communes in den verschiedenen Lebensaltern. Ein zweiter Beitrag zur Lehre vom Blutdruck, von der Pubertätsentwickelung und Senescenz, sowie zur Pathologie der Carcinome. (48 S. mit 6 Stnt.) 879. *M 5.
» 4. —— über die Weite der Aorta thoracica und Aorta abdominalis in den verschiedenen Lebensaltern. Ein

Schriften der Gesellschaft zur Beförderung der gesammten Naturwissenschaften in Marburg etc.
dritter Beitrag zur Lehre vom Blutdruck, von der Pubertätsentwickelung und Senescenz, sowie zur Pathologie der Carcinome, nebst Schlussbetrachtungen. (64 S. mit 2 litbogr. Curventaf.) 879. *M 4.
Hess, Edm., über gleicheckige und gleichkantige Polygone. (S. 611—743 mit 10 Stnt. in gr. 8. und qu. gr. 4.) 874. *M 5. — Dohrn, über die Entwickelung des Hymen's. (8 S. mit 10 Stnt.) 875. *M 3.

—— der Gesellschaft zur Beförderung der gesammten Naturwissenschaften zu Marburg. 11. Bd. 6. und 7. Abhandlung und Suppl.-Heft 5. gr. 8. Kassel, Kay. *
Inhalt:
Abhandlg. 6. Schottelius, Max, zur Aetiologie einfacher Kehlkopfgeschwüre und deren Verhältnisse zur Tuberkulose. (14 S. mit 1 Stnt.) 880. * 60 Pf.
» 7. —— casuistische Mittheilungen aus dem pathologisch-anatomischen Institut zu Marburg. (38 S. mit 1 Stnt.) 881. *M 1,20.
Suppl.-Heft 5. Beneke, F. W., zur Casuistik der Carcinome, insonderheit deren Vorkommen in Strafanstalten. gr. 4. (34 S.) 881. *M 2.

—— der Gesellschaft zur Beförderung der gesammten Naturwissenschaften zu Marburg. 12. Bd. 1. und 2. Abhandl. gr. 8. Marburg, Elwert's Verlag. *
Inhalt:
Abhandl. 1. Linz, Adf., klimatische Verhältnisse von Marburg auf Grund 15jähriger Beobachtungen an der meteorologischen Station daselbst. (44 S. mit 1 Tab. und 3 Taf.) 886. *M 1.50.
» 2. Noack, Karl, Verzeichniss fluorescierender Substanzen, nach der Farbe des Fluorescenzlichtes geordnet, mit Literaturnachweisen. (S. 53—155.) 887. *M 2.40
1.—8. Bd. vergriffen. — 9. Bd. 1872. *M 9.—; 10. Bd. 1875. *M 15.—; 11. Bd. 1.—7. Abhandl. 1876—81. *M 11.20. — Suppl.-Hefte: 1. zu Bd. 10. 1875. *M 3.—; II.—V. zu Bd. 11. 1879—81. *M 23.—. Bd. 10 und 11 nebst Supplementen [früher Kay in Kassel] jetzt Elwert'sche Universitäts-Buchh. in Marburg.

—— der Gesellschaft zur Beförderung der gesammten Naturwissenschaften. 12. Bd. 3.—5. Abhandlg. gr. 8. Marb., Elwert's Verlag. * 10 50
3. Speck, C. Das normale Athmen d. Menschen. (S. 155—249 m. Tab.) 889. * 2 —.
4. Wigand, Alb. Flora v. Hessen u. Nassau. II. Tl.: Fundorts-Verzeichnis der in Hessen u. Nassau beobachteten Samenpflanzen u. Pteridophyten. Hrsg. v. Fr. Meigen. Mit 1 Karte v. Hessen-Nassau. (VIII, 565 S.) 891. * 7 —.
5. Koch, Bernh. Die Temperaturverhältnisse v. Marburg. Nach 24jähr. Beobachtgn. an der meteorolog. Station daselbst. Im Auftrage d. math.-phys. Instituts bearb. (31 S. m. 1 Tab. u. 3 lithogr. Taf.) 892. * 1 50.
12. Bd. 1. u. 2. Abhdl. Ebd. 1886,87. * 3 90.

— d. Gesellschaft zur Beförderg. d. ges. Naturwissenschaften zu Marburg. 12. Bd. 6. u. 7. Abhandlg. gr. 8. Marburg 895. N. G. Elwert's Verl. n. 1. —; (1.—7.: n. 15. 40)
6. D. wolkenlosen Tage, beobachtet in d. J. 1866 bis 1894 an d. meteorolog. Station Marburg v. F. Melde. (6 S. m. 4 Tab.) n. — 80
7. Verzeichnis d. wissenschaftl. Abhandlgn. u. Schriften v. Franz Melde. (6 S.) n. — 20

— dasselbe. 13. Bd. 1.—3. Abhandlg. gr. 8. Ebd. n. 9. 80
1. Die Fauna d. Dalmanitensandsteins v. Kleinlinden bei Giessen. Von E. Kayser. (42 S. m. 5 Lichtdr.-Taf.) 896. n. 3. —
2. Die Regenverhältnisse v. Marburg auf Grund 30jähr. Beobachtgn. an d. meteorolog. Station daselbst. Von Jos. Stein. (98 S.) 898. n. 2. 80
3. Beiträge zur Kenntniss d. Placentarbildg. D. Placenta d. Kaninchens m. Bemerkgn. üb. d. Placenta d. Katze. Von F. Marchand. M. 4 Doppeltaf. u. 1 Textfig. (55 S.) 898. n. 4. —

— der Gesellschaft zur Beförderung der gesammten Naturwissenschaften zu Marburg. 13. Bd. 4. Abtlg. gr. 8. Marburg, N. G. Elwert's Verl. n. 3. —
Die Fauna des Massenkalks der Lindener Mark bei Giessen. Von H. Lotz. Mit 4 Lichtdr.-Taf. (S. 197—236 m. 4 Bl. Erklärgn.) 900.

Schriften der Gesellschaft zur Beförderung d. gesammten Naturwissenschaften zu Marburg 13. Bd. 5. Abtlg. gr. 8. Marburg, N. G. Elwert's Verl. n. 2. 20
Ueber die ferromagnetischen Eigenschaften v. Legierungen unmagnetischer Metalle. Von Fr. Heusler u. — unter Mitwirkg. v. F. Richarz, v. W. Starck u. E. Haupt. Mit 18 Fig. im Text, 6 Zahlentab. u. 3 Curventaf. (S. 237 bis 300.) 904.

— der Gesellschaft zur Beförderung der gesamten Naturwissenschaften zu Marburg. 13. Bd. 6. Abtlg. Lex. 8. Marburg, N. G. Elwert's Verl. 4. —
Magnetische u. dilatometrische Untersuchung der Umwandlgn. Heuslerscher ferromagnetisierbarer Manganbronzen. Von E. Take. (Mit 14 Zahlen-Tab., 6 Fig. im Text u. 7 Kurven-Taf.) (104 S.) 906.

— der Berliner Gesellsch. naturforsch. Freunde. 1r—6r Bd. Mit Kpf. gr. 8. Berl. 780—85. Reimer. 12 ℔ — 7r—9r Bd. Beobachtt. u. Entdeck. in der Naturkunde. 1r—3r Bd. Mit Kpf. u. Kart. gr. 8. Ebd. 787—789. Maurers B. 6 ℔ — 10r Bd. oder Beobachtt. ꝛc. 4r Bd. 1s — 4s Stck. Mit Kpf. gr. 8. Ebd. 790—92. Vieweg in Braunschw. 2 ℔ — 11r Bd. od. Beobachtt. ꝛc. 5r Bd. Mit Kpf. gr. 8. Ebd. 793. Rottmann. 2 ℔ — Neue Schriften ꝛc. 4 Bde. Mit Kpf. gr. 8. Berl. 795—805. Reimer. 15 ℔ 4 gr.

— d. Berlin. Gesellschaft naturforsch. Freunde, m. K. 6 Bde. gr. 8. Berlin, Realschulbuchhdl. 780—85.

Schriften der berlinischen Gesellschaft naturforschender Freunde. Bd 1-5. Berlin: Buchh.d. Realschule 1780 - 84. 8°

Anf.s.
Beschaeftigungen der berlinischen Gesellschaft naturforschender Freunde. Bd 1-4.1775-79.

Bd 1: 1780.
Bd 2: 1781.
Bd 3: 1782.
Bd 4: 1783.
Bd 5: 1784.

Schriften der Deutsch-Asiatischen Gesellschaft. Hrsg. von Dr. [Max] Vosberg-Rekow. H. 1. *Berlin: H. Paetel 1902.* 8° [cz. n]47

— der deutsch-asiatischen Gesellschaft. Hrsg. v. Vosberg-Rekow. 1. Hft. gr. 8. Berlin 902. H. Paetel. n. 1. 20
Die Baumwollzucht im Wirtschaftsprogramm der deutschen Übersee-Politik. Von Aug. Etienne. (VII, 49 S. m. 1 Tab.)

— der deutsch-asiatischen Gesellschaft. Hrsg. v. Vosberg-Rekow. 2. Hft. gr. 8. Berlin, H. Paetel. n. 1. — Verkehrswege u. Verkehrsprojekte in Vorderasien. Von Max Schlagintweit. Mit Skizze. (V, 41 S.) 906.

— der deutsch-asiatischen Gesellschaft. Hrsg. v. Vosberg-Rekow. 3.—5. Heft. gr. 8. Berlin. Wilmersdorf, H. Paetel. 2. 40
Griessbauer, Ludw., die internationalen Verkehrs- u. Machtfragen an den Küsten Arabiens. Mit 1 Karte. (25 S.) 907. (4. Heft.) — 80
Knappe, deutsche Kulturbestrebungen in China. Vortrag, geh. am 2. XI. 1906. (28 S.) 906. (3. Heft.) — 80
Warburg, O., Syrien als Wirtschafts- u. Kolonisationsgebiet. (V, 36 S.) 907. (5. Heft.) — 80

Schriften der deutschen Gesellschaft zu Jena, aus d. schönen Wissenschaften. Herausgg. v. K. Gtth. Müller. gr. 8. Jena 754. Cröker. 16 gl — Dieselb. aus d. höhern Wissenschaften, hersgg. v. K. Gtth. Müller. gr. 8. Ebd. 754. 16 gl

DER KÖNIGLICHEN DEUTSCHEN GESELLSCHAFT IN KÖNIGSBERG EIGENE SCHRIFTEN in ungebundener und gebundener Schreibart.
Sammlung 1. (Mit 1 Titelkupfer.) Königsberg 1754. Bey Johann Heinrich Hartung. 8°.

— der königl. deutschen Gesellschaft zu Königsberg. gr. 8. Königsb. 754. Zeise. 1 ₰

Schriften und Uebersetzungen, Der deutschen Gesellschaft in Leipzig eigene, in gebundener und ungebundener Schreibart. Leipzig 1730. 2. Aufl. 1735. H: *Gottsched, Joh. Christoph.* (Waniek, Gottsched. Leipz. 1897. S. 211.) »1731—34« (Degen) »1730—42« (JL) (Cat. d. Stadtbibl. Zürich. Zürich 1864—97.)

DER DEUTSCHEN GESELLSCHAFT IN LEIPZIG EIGENE SCHRIFTEN UND UBERSETZUNGEN, in gebundener und ungebundener Schreibart: aus Licht gestellet und mit einer Vorrede versehen, von JOHANN CHRISTOPH GOTTSCHED, ... Leipzig 1730. Bernh. Christoph Breitkopf. 8°.

Der Deutschen Gesellschaft in Leipzig Eigene Schriften und Uebersetzungen in gebundener und ungebundener Schreibart. Zweyte vermehrte Auflage. Leipzig 1735. Verlegts Bernhard Christoph Breitkopf. [Vol. 2, 1734.]

17½ cm. 8 leaves, 720 pages; 16 leaves, 692 pages. Title-vignette. Vol. *2* is in the first edition. Edited by Gottsched. The second edition of the first volume is much enlarged.

— u. Uebersetz. d. deutsch. Gesellschaft zu Leipzig in gebund. u. ungebund. Schreibart. 3 Thle. 8. Leipz. Breitkopf. 735-39.

DER DEUTSCHEN GESELLSCHAFT IN LEIPZIG EIGENE SCHRIFTEN UND UEBERSETZUNGEN in gebundener und ungebundener Schreibart.
(Theil 1.) 2. vermehrte Aufl. Leipzig 1742. Verlegts Bernhard Christoph Breitkopf. Der andere Theil. (2. Aufl.) ib. 1742. —

Schriften der kurfürstlichen teutschen Gesellschaft in Mannheim. Mannheim 1787—92. H: *Klein, Anton.* (MS)

— d. churfürstl. deutsch. Gesellschaft in Mannheim. 10 Bde. gr. 8. Mannheim, Pränumerat.-Compt. (Schwan und G. a. Löffler.) 787-93.

— der kurfürstl. deutschen Gesellschaft in Manheim. 1r—11r Bd. gr. 8. Manh. 787—93. Schwan u. G. (Körner in Frankf.) 9 ₰ (9r u. 10r Bd. A. u. d. T.: deutsche Synonymen, od. sinnverwandte Wörter, gekr. Preisschr. v. Fischer, Petersen u. Sander. 2 Bde. gr. 8. Manh. 793. (Schwan u. G.) 2 ₰ 12 gl, 6r Bd. A. u. d. T.: A. v. Klein, deutsches Provinzialwörterbuch. 1r Bd. 792.)

Schriften der Dresdner Gesellschaft für soziale Reform. Hrsg. vom Vorstand. 1. Hft. gr. 8. Dresden, O. V. Böhmert. n. — 50
Untersuchungen über die Heimarbeit der Frauen in Dresden. (Von Paul Scheven u. Rob. Wuttke.) (41 S.) 902.

— der Drontheimischen Gesellsch. 4 Thle. gr. 8. Kopenh. 765—770. Pelt. 5 ₰ 8 gl

— der Duisburg. gelehrten Gesellschaft, nebst e. Neuigkeiten. 4. Duisb. 761. Hofmann. 16 gl

SCHRIFTEN DER GESELLSCHAFT FÜR EXPERIMENTAL-PSYCHOLOGIE ZU BERLIN.
Stück I. Leipzig 1890. Ernst Günthers Verlag. — A. u. d. T.: MAX DESSOIR, Das Doppel-Ich. ib. 1890. — 8°.
Stück II und III. ib. 1890. — A. u. d. T.: Über psychische Beobachtungen bei Naturvölkern. Von ADOLF BASTIAN. — Die Magiker Indiens. Von FRIEDRICH von HELLWALD. ib. 1890. —
Stück IV. ib. 1890. — A. u. d. T.: ADOLF von BENTIVEGNI, Die Hypnose und ihre civilrechtliche Bedeutung. ib. 1890. —

— der Gesellschaft f. Experimental-Psychologie zu Berlin. I.—IV. Stück. gr. 8. Leipzig 890. E. Günther. n. 4. —
I. Das Doppel-Ich v. M. Dessoir. (V, 42 S.) n. 1. —. — II. III. Ueb. psychische Beobachtungen bei Naturvölkern. Von A. Bastian. Die Magiker Indiens. Von F. v. Hellwald. (V, 32 S.) n. 1. —. — IV. Die Hypnose u. ihre civilrechtliche Bedeutung. Von A. v. Bentivegni. (V, 66 S.) n. 2. —.

SCHRIFTEN, herausgegeben von der Gesellschaft zur Förderung der Wissenschaft des Judentums.
(1.) Dr. A. S. YAHUDA, Prolegomena — A. u. d. T.: Prolegomena zu einer erstmaligen Herausgabe des Kitab-al-hidaja 'ila fara 'id al-qulub ... von BACHJA ibn JOSEF ibn PAQUDA aus dem Andalus nebst einer grösseren Textbeilage von Dr. A. S. YAHUDA. Frankfurt a. M. 1904. J. Kauffmann, C. F. Winter'sche Buchdruckerei in Darmstadt. 8°.

SCHRIFTEN DER GESELLSCHAFT ZUR FÖRDERUNG DES JUDENTUMS.
(2.) Berlin 1905. Verlag von Louis Lamm. — A. u. d. T.: Das Wesen des Judentums. Von Dr. LEO BÄCK, Rabbiner in Oppeln. ib. 1905. —

SCHRIFTEN, herausgegeben von der Gesellschaft zur Förderung der Wissenschaft des Judentums in Berlin.

(3.) Berlin 1905. Verlag von M. Poppelauer — A. u. d. T.: Das Judentum und das Wesen des Christentums. Vergleichende Studien von Rabbiner Dr. JOSEPH ESCHELBACHER. ib. 1905. —

— Dasselbe. 2. Aufl. ib. 1908. —

(4.) ib. 1906. — A. u. d. T.: Über Juden und Judentum. Vorträge und Aufsätze von Prof. Dr. H. STEINTHAL. Herausgegeben von GUSTAV KARPELES. ib. 1906. —

— Dasselbe, 2. Auflage, herausgegeben von R. M. NATHAN. ib. 1910. —

SCHRIFTEN, herausgegeben von der Gesellschaft zur Förderung der Wissenschaft des Judentums. ... GRUNDRISS DER GESAMTWISSENSCHAFT DES JUDENTUMS.

(5.) Apologetik von Oberrabbiner Dr. MORITZ GÜDEMANN. Glogau 1906. Carl Flemming, Verlag. — A. u. d. T.: Jüdische Apologetik von Dr. MORITZ GÜDEMANN, Oberrabbiner in Wien. ib. 1906. —

SCHRIFTEN DER GESELLSCHAFT ZUR FÖRDERUNG DER WISSENSCHAFT DES JUDENTUMS.

(6.) Die Wissenschaft des Judentums und die Wege zu ihrer Förderung. Von Rabbiner Dr. LUCAS-Glogau. Berlin 1906. Druck von Carl Flemming, A.-G., Glogau.

(7.) ib. 1907. Verlag von Louis Lamm. — A. u. d. T.: Die Judenschuldentilgungen unter König Wenzel. Von Dr. phil. ARTHUR SÜSSMANN. ib. 1907. —

SCHRIFTEN, herausgegeben von der Gesellschaft zur Förderung der Wissenschaft des Judentums.

(8.) Leipzig 1907. Buchhandlung Gustav Fock, G. m. b. H. — A. u. d. T.: Das Judentum im Urteile der modernen protestantischen Theologie. Ein erweiterter Vortrag von Rabbiner Dr. JOSEPH ESCHELBACHER. ib. 1907. —

(9.) ib. 1907. — A. u. d. T.: Die haggadischen Elemente im erzählenden Teil des Korans von Dr. ISRAEL SCHAPIRO. Erstes Heft. ib. 1907. —

(10.) ib. 1908. 1914. — A. u. d. T.: Moses ben Maimon. Sein Leben, seine Werke und sein Einfluss. Zur Erinnerung an den siebenhundertsten Todestag des Maimonides herausgegeben von der Gesellschaft zur Förderung der Wissenschaft des Judentums durch Prof. W. BACHER, Dr. M. BRANN, Prof. Dr. SIMONSEN unter Mitwirkung von Rabbiner Dr. J. GUTTMANN, stellvertretendem Vorsitzenden der Gesellschaft. Bd. I. ib. 1908. — Bd. II. ib. 1914. —

SCHRIFTEN, herausgegeben von der Gesellschaft zur Förderung der Wissenschaft des Judentums. ... GRUNDRISS DER GESAMTWISSENSCHAFT DES JUDENTUMS.

(11.) ib. 1908 — A. u. d. T.: Sozial- und Wirtschaftsgeschichte der Juden im Mittelalter und der Neuzeit von GEORG CARO. — Bd. I. Das frühere und das hohe Mittelalter. ib. 1908. —

(12.) ib. 1908. — A. u. d. T.: Joseph Beschor Schor, ein nordfranzösischer Bibelerklärer des XII. Jahrhunderts von Rabbiner Dr. N. PORGES. — Kant und das Judentum von Dr. JULIUS GUTTMANN. ib. 1908. —

SCHRIFTEN DER GESELLSCHAFT ZUR FÖRDERUNG DES JUDENTUMS.

(13.) Berlin 1910. Verlag von Louis Lamm. — A. u. d. T.: Die Reichssteuern der Deutschen Judengemeinden von ihren Anfängen bis zur Mitte des 14. Jahrhunderts. Von Dr. ISERT RÖSEL. ib. 1910. —

SCHRIFTEN, GRUNDRISS DER GESAMTWISSENSCHAFT DES JUDENTUMS.

(14.) Bd. 4. Leipzig 1910. Buchhandlung Gustav Fock, G. m. b. H. — A. u. d. T.: Grundriss einer systematischen Theologie des Judentums auf geschichtlicher Grundlage von Dr. KAUFMANN KOHLER. ib. 1910. —

Herausgegeben von der Gesellschaft zur Förderung des Judentums.

(15.) Die Stellung des Aristoteles bei den Juden des Mittelalters. Ein Vortrag von Dr. S. HOROVITZ. ib. 1911. —

(16.) ib. 1911—1912. — A. u. d. T.: Talmudische Archäologie von Dr. SAMUEL KRAUSS.

Bd. II. Mit 35 Abbildungen im Text. ib. 1911. —

Bd. III. Mit 7 Abbildungen im Text. ib. 1912. —

(17.) ib. 1907. — A. u. d. T.: Neueste Geschichte des jüdischen Volkes von Professor Dr. MARTIN PHILIPPSON.

Bd. I. ib. 1907. — Bd. II. ib. 1910. — Bd. III. ib. 1911. —

(18.) ib. 1912. — A. u. d. T.: Die jüdische Katakombe am Monteverde zu Rom, der älteste bisher bekannt gewordene jüdische Friedhof des Abendlandes. Von Dr. D. NIKOLAUS MÜLLER, Professor an der Universität in Berlin. Mit 12 Abbildungen. ib. 1912. —

SCHRIFTEN DER GESELLSCHAFT ZUR FÖRDERUNG DER WISSENSCHAFT DES JUDENTUMS.

(19.) Papyri und Talmud in gegenseitiger Beleuchtung. Von Dr. LUDWIG BLAU, Professor an der Landes-Rabbinerschule in Budapest. ib. 1913. —

(20.) Die religiösen Bewegungen der Gegenwart. Ein Vortrag, gehalten von Professor Dr. HERMANN COHEN, Geheimer Regierungsrat. ib. 1914. —

(21.) FESTSCHRIFT zum siebzigsten Geburtstage Jakob Guttmanns. Herausgegeben vom Vorstande der Gesellschaft zur Förderung der Wissenschaft des Judentums. ib. 1915. —

— hrsg. v. der Gesellschaft zur Förderung der Wissenschaft des Judentums. 8. Berlin, M. Poppelauer.

Ueber Juden u. Judentum. Vorträge u. Aufsätze. Von H. Steinthal. Hrsg. v. Gust. Karpeles. (XII, 307 S.) 906. Geb. in Leinw. n. 3. —; in eleg. Leinw.-Bd. n. 4. —

— dasselbe. Grundriss der Gesamtwissenschaft des Judentums. gr. 8. Berlin, C. Flemming.

Güdemann, Mor., jüdische Apologetik. (XXI, 248 S.) Glogau 906. Geb. in Leinw. 7. —

— hrsg. v. der Gesellschaft zur Förderung der Wissenschaft des Judentums. 8. Berlin, L. Lamm.

Süssmann, Arth., die Judenschuldentilgungen unter König Wenzel. (XV, 203 S.) 907. 4.—; geb. n 5. —

— dasselbe. Lex. 8. Berlin, M. Poppelauer.

Eschelbacher, Jos., das Judentum u. das Wesen des Christentums. Vergleichende Studien. 2. Aufl. (XI, 170 S.) 908. 3. —; geb. 3. 50

Steinthal, H., über Juden u. Judentum. Vorträge u. Aufsätze. Hrsg. v. Gust. Karpeles. 2. Aufl., hrsg. v. R. M. Nathan. (XIII, 305 S. m. Bildnis.) 910. 4.—; geb. 5. —

— dasselbe. gr. 8. Leipzig, Buchh. G. Fock.

Eschelbacher, Jos., das Judentum im Urteile der modernen protestantischen Theologie. Ein erweiterter Vortrag. (VII, 64 S.) 907. 1. 50

Maimon, Moses ben. Sein Leben, seine Werke u. sein Einfluss. Zur Erinnerg. an den 700. Todestag des Maimonides hrsg. v. der Gesellschaft zur Förderung der Wissenschaft des Judentums durch W. Bacher, M. Brann, D. Simonsen unter Mitwirkg. v. J. Guttmann, stellvertret. Vorsitzenden der Gesellschaft. 1. Bd. (VIII, 495 S.) 908. 10 —; geb. in Leinw. 11. 50

Hieraus einzeln:

Bloch, Philipp, Charakteristik u. Inhaltsangabe des Moreh Nebuchim. (LXII S.) 908. 1. 50

Cohen, Herm., Charakteristik der Ethik Maimunis. (LXXII S.) 908. 1. 50

Elbogen, J., der Ritus im Mischne Thora. (XIII S.) 908. — 50

Eppenstein, S., Beiträge zur Pentateuchexegese Maimuni's. (X S.) 908. — 50

Friedlaender, Isr., die arabische Sprache des Maimonides. (VIII S.) 908. — 50

— Der Stil des Maimonides. (X S.) 908. — 50

Guttmann, Jac., der Einfluss der Maimonidischen Philosophie auf das christliche Abendland. (XCVI S.) 908. 2. —

Pagel, J., Maimuni als medizinischer Schriftsteller. (XVII S.) 908. — 50

Peritz, Mor., das Buch der Gesetze, nach seiner Anlage u. seinem Inhalt untersucht. (XXXVI S.) 908. — 80

Rosenthal, Ferd., die Kritik des Maimonidischen „Buches der Gesetze" durch Nachmanides. (XXI S.) 908. — 60

Schwarz, Adf., das Verhältnis Maimuni's zu den Gaonen. (LXXIX S.) 908. 1. 80

Ziemlich, Bernh., Plan u. Anlage des Mischne Thora. (LXXI S.) 908. 1. 50

Schriften hrsg. v. der Gesellschaft zur Förderung der Wissenschaft des Judentums. Grundriss der Gesamtwissenschaft des Judentums. gr. 8. Leipzig, Buchh. G. Fock.

Caro, Geo., Sozial- u. Wirtschaftsgeschichte der Juden im Mittelalter u. der Neuzeit. I. Bd. Das frühere u. das hohe Mittelalter. (VII, 514 S.) 908. 7.—; geb. in Leinw. 8. —

Kohler, Kaufmann, Grundriss e. systemat. Theologie des Judentums auf geschichtlicher Grundlage. (VIII, 383 S.) 910. (4. Bd.) 6.—; geb. in Halbleinw. n 7. —

Krauss, Sam., talmudische Archäologie. I. Bd. (XIII, 720 S. m. 29 Abb.) 910. 20.—; geb. in Leinw. 21. —

Philippson, Mart., neueste Geschichte des jüdisch. Volkes. I. Bd. (VIII, 400 S.) 907. 6.—; geb. in Leinw. 7. —

— dasselbe. II. Bd. (IX, 357 S.) 909. 6.—; geb. in Halbleinw. n 7. —

Porges, N., Joseph Bechor Schor, e. nordfranzösischer Bibelerklärer des XII. Jahrh. — Guttmann, Jul., Kant u. das Judentum. 2 Vorträge, geh. in der Generalversammlg. der Gesellschaft am 23. XII. 1907 zu Berlin. (61 S.) 908. 1. 50

Schapiro, Isr., die haggadischen Elemente im erzählenden Teil des Korans. 1. Heft. (86 S.) 907. 3. 50

SCHRIFTEN DER GESELLSCHAFT FÜR PSYCHOLOGISCHE FORSCHUNG.

Sammlung I. (Heft 1—5.) Leipzig 1893. Ambr. Abel (Arthur Meiner). 8°.

Heft 1. Inhalt: Frhr. von SCHRENCK-NOTZING, Die Bedeutung narcotischer Mittel für den Hypnotismus. — AUGUST FOREL. Ein Gutachten über einen Fall von spontanem Somnambulismus. ib. 1891. —

Heft 2. Ueber Aufgaben und Methoden der Psychologie von HUGO MÜNSTERBERG. ib. 1891. —

Heft 3/4. Der Rapport in der Hypnose. Untersuchungen über den thierischen Magnetismus von ALBERT MOLL. ib. 1892. —

Heft 5. Jean Paul's Seelenlehre. Ein Beitrag zur Geschichte der Psychologie von R. von KOEBER. — Die Psychologie Charles Bonnet's. Eine Studie zur Geschichte der Psychologie von MAX OFFNER. ib. 1893. —

Sammlung II. (Heft 6—10.) Mit 1 Tafel. ib. 1893—1897. Johann Ambrosius Barth.

Heft 6. Anthropologische Formeln für das Verbrecherthum. Eine kritische Studie von A. von BENTIVEGNI. ib. 1893. Ambr. Abel (Arthur Meiner).

Heft 7/8. Ueber die Trugwahrnehmung (Hallucination und Illusion) mit besonderer Berücksichtigung der internationalen Enquête über Wachhallucination bei Gesunden von EDMUND PARISH. ib. 1894. —

Heft 9/10. Raumaesthetik und geometrisch-optische Tauschungen. Von THEODOR LIPPS. Mit 183 Figuren und 1 Tafel. ib. 1897. Johann Ambrosius Barth.

Sammlung III. (Heft 11—15.) ib. 1905. —

Heft 11. ib. 1898. — A. u. d. T.: Methodologische Beiträge zu psychophysischen Messungen. (Auf experimenteller Grundlage) von ARTHUR WRESCHNER. ib. 1898. —

Heft 12. ib. 1900. — A. u. d. T.: Über Psychologie der individuellen Differenzen. (Ideen zu einer „Differentiellen Psychologie".) Von L. WILLIAM STERN. ib. 1900.

Heft 13 u. 14. ib. 1902. — A. u. d. T.: Vom Fühlen, Wollen und Denken. Eine psychologische Skizze von THEODOR LIPPS. ib. 1902. —

Heft 13 und 14. 2., völlig umgearbeitete Auflage. ib. 1907. — A. u. d. T.: Vom Fühlen, Wollen und Denken. Versuch einer Theorie des Willens von THEODOR LIPPS. 2., völlig umgearbeitete Auflage. ib. 1907. —

Heft 15. ib. 1905. — A. u. d. T.: Psychologische Faktoren des modernen Zeitgeistes von RICHARD BAERWALD. — Die Bedeutung des Urteils für die Auffassung von PAUL MÖLLER. ib. 1905. —

Heft 16. ib. 1912. — A. u. d. T.: Das Problem der objektiven Möglichkeit. Eine Bedeutungsanalyse von AUGUST GALLINGER. ib. 1912. —

Heft 17. ib. 1912. — A. u. d. T.: Die Entwicklung des Naturgefühls. Das Wesen der Inspiration. Von R. HENNIG. ib. 1912. —

—— der Gesellschaft f. psychologische Forschung. [1. Bd.] 1.—4. Heft. gr. 8. Lpz., Abel. • 17 —

1. Schrenck-Notzing, Frhr. v. Die Bedeutung narcotischer Mittel f. den Hypnotismus m. besond. Berücksicht. d. indischen Hanfes. — Forel, Aug. Ein Gutachten üb. e. Fall v. spontanem Somnambulismus m. angeblicher Wahrsagerei u. Hellseherei. (90 S.) 891. • 3 —
2. Münsterberg, Hugo. Ueber Aufgaben u. Methoden der Psychologie. (182 S.) 891. • 6 —
3. 4. Moll, Alb. Der Rapport in der Hypnose. Untersuchungen üb. d. thier. Magnetismus. (242 S.) 892. • 8 —

Schriften der Gesellschaft f. psychologische Forschung. 1.—5. Hft. = 1. Sammlg. gr. 8. Leipzig, J. A. Barth. n. 24. —
(1. Sammlg. kplt. broch. od. in Leinw. kart. n. 24. —)

1. Die Bedeutung narcotischer Mittel f. den Hypnotismus m. besond. Berücksicht. d. indischen Hanfes von Frhrn. v. Schrenck-Notzing. — Ein Gutachten üb. e. Fall v. spontanem Somnambulismus m. angeblicher Wahrsagerei u. Hellseherei v. Aug. Forel. (90 S.) 891. n. 3. —
2. Ueber Aufgaben u. Methoden der Psychologie v. Hugo Münsterberg. (182 S.) 891. n. 6. —
3. 4. Der Rapport in der Hypnose. Untersuchungen üb. den thier. Magnetismus v. Alb. Moll. (242 S.) 892. n. 8. —
5. Jean Paul's Seelenlehre. Ein Beitrag zur Geschichte der Psychologie von R. v. Koeber. — Die Psychologie Charles Bonnet's. Eine Studie zur Geschichte der Psychologie v. Max Offner. Mit Titel u. Namenregister zur 1. Sammlg. (V, 37 u. 178 S.) 893. n. 7. —

— dasselbe. 6.—8. Hft. (2. Sammlg. 1.—3. Hft.) gr. 8. Ebd. n. 8. 20

6. Anthropologische Formeln f. das Verbrecherthum. Eine krit. Studie v. A. v. Bentivegni. (45 S.) 893. n. 1. 20
7. 8. Ueber die Trugwahrnehmung (Hallucination u. Illusion) m. besond. Berücksicht. der internationalen Enquête üb. Wachhallucinationen bei Gesunden v. Edm. Parish. (246 S.) 894. n. 7. —

— d. Gesellschaft f. psychologische Forschung. 9.—11. Hft. (II. u. III. Sammlg.). gr. 8. Leipzig, J. A. Barth. n. 19. — (1.—11.: n. 51. 20)

9. 10. Raumästhetik u. geometrisch-optische Täuschungen v. Thdr. Lipps. M. 183 Fig. u. 1 Taf. (III, VIII, 424 S.) 897. n. 12. —
11. Methodolog. Beiträge zu psychophysischen Messgn. (auf experiment. Grundlage) v. Arth. Wreschner. (VI, 238 S.) 898. n. 7. —

— der Gesellschaft f. psychologische Forschung. 12.—14. Hft. 8. (III. Sammlg.) Leipzig, J. A. Barth. n. 10.90

12. Über Psychologie der individuellen Differenzen. (Ideen zu e. „Differentiellen Psychologie".) Von L. William Stern. (VIII, 146 S.) 900. n. 4. 50
13. 14. Vom Fühlen, Wollen u. Denken. Eine psycholog. Skizze. Von Thdr. Lipps. (VIII, 196 S.) 902. n. 6. 40
Hft. 1—11. Ebd. 891—898. n. 51. 20.

— d. Gesellschaft f. psychologische Forschung. 13. u. 14. Heft. gr. 8. Leipzig, J. A. Barth. 8.40; geb. in Leinw. 9.40

13. 14. Vom Fühlen, Wollen u. Denken. Versuch e. Theorie des Willens. Von Thdr. Lipps. 2., völlig umgearb. Aufl. (VII, 275 S.) 907.

— der Gesellschaft für psychologische Forschung. 15. Heft. (III. Sammlg.) gr. 8. Leipzig, J. A. Barth. n. 3. 60

Psychologische Faktoren des modernen Zeitgeistes. Von Rich. Baerwald. — Die Bedeutung des Urteils f. die Auffassung. Von Paul Möller. (V, 110 S.) 905.
Hft. 1—14. Ebd. 891—902. n. 62. 10.

SCHRIFTEN DER FREIEN GESELLSCHAFT ZU KÖNIGSBERG.

Heft 1. Elbing 1788. Bei Hartmann Heymann & Compag. 8°.

DER FREYEN GESELLSCHAFT ZU KÖNIGSBERG IN PREUSSEN EIGENE SCHRIFTEN in gebundener und ungebundener Schreibart in eine Sammlung verfasset. (Mit 1 Titelkupfer.) Königsberg und Leipzig. 1755. In Verlag Johann Heinrich Hartungs. 8°.

SCHRIFTEN DER GESELLSCHAFT NATURFORSCHENDER FREUNDE ZU BERLIN.

Bd. 7—11. Mit Kupfern. Berlin 1787—1794. Bey Friedrich Maurer. (Bd. 10 ersch. bey Wilhelm Vieweg; Bd. 11 bei Heinrich August Rottmann.) A. u. d. T.: BEOBACHTUNGEN UND ENTDECKUNGEN AUS DER NATURKUNDE VON DER GESELLSCHAFT NATURFORSCHENDER FREUNDE ZU BERLIN. Bd. 1—5. Mit Kupfern. ib. 1787—1794. —

DER GESELLSCHAFT NATURFORSCHENDER FREUNDE ZU BERLIN NEUE SCHRIFTEN.

Bd. 1—4. Mit Kupfern. Berlin 1795—1803. Auf Kosten der Gesellschaft. 4°.

— neue, d. Berlin. Gesellschaft naturforsch. Freunde, m. K. 4 Bde. gr. 4. Berlin, Realschulbuchhdl. 795-805. (I. . Rthlr. II. 4 Rthlr. III. 4 Rthlr. 16 gr. IV. 5 Rthlr. 12 gr.)

— — e. Fortsetz. desselb. ist Magazin f. d. neuesten Entdeckungen in d. gesammt. Naturkunde rc.

DER GESELLSCHAFT NATURFORSCHENDER FREUNDE WESTPHALENS NEUE SCHRIFTEN.

Bd. 1. Düsseldorf 1798. In der Dänzerschen Buchhandlung. 4°.

NEUE SCHRIFTEN DER GESELLSCHAFT NATURFORSCHENDER FREUNDE WESTPHALENS.

Bd. 2. Mit 8 in Kupfer gestochenen Figuren. Berlin 1805. Bei Friedrich Späthen.

— neue, der Gesellschaft naturforsch. Freunde Westphalens. 1r Bd. Mit 1 Kpf. 4. Düsseld. 798. Dänzer. (Barth in Leipz. 1 ₰ 6 gr. 2r Bd. Mit Kpf. 4. Berl. 805. Späthen. 2 ₰

Schriften der gelehrten estnischen Ges. (zu Dorpat). Nr. 1—7. — Dorpat 1863 bis 1869: Karow.

—— der gelehrten estnischen Gesellschaft. Nr. 5—7. gr. 8. Dorpat 869, Gläser. [Schnakenburg.] *

Inhalt:

Nr. 5. Chronologisches Verzeichniß aller in der Bibliothek der gelehrten estn. Gesellschaft sich befindl. estn. Druckschriften. Zusammengestellt von Andr. Joh. Schwabe. (IV, 92 S.) 867. • ℳ 1.
» 6. Grewingk, C., über die frühere Existenz des Renthieres in den Ostseeprovinzen und dessen Kenntniss bei den Eingeborenen derselben. (28 S.) 867. • 80 Pf.
» 7. Winkelmann, E., Joh. Meilof. Zur Geschichte des röm. Rechts in Livland im 15. Jahrh. (16 S.) 869. 60 Pf.
Nr. 1. Statuten. 1863.; Nr. 2—4 s. im XIV. Bd.: Hurt; Lohmeyer; Grewingk, das Steinalter.

(SCHRIFTEN DER GESELLSCHAFT FÜR DIE GESCHICHTE DER ISRAELITEN IN ELSASS-LOTHRINGEN.)

(I.) Der Israelitische Friedhof in Jungholz von Dr. M. GINSBURGER. (Mit 1 Karte.) Gebweiler 1904. Druck von J. Dreyfus. 8°.

SCHRIFTEN DER GESELLSCHAFT FÜR DIE GESCHICHTE DER ISRAELITEN IN ELSASS-LOTHRINGEN.

(II.) I. Teil. Die Juden in Rufach von Dr. M. GINSBURGER.
II. Teil. Die Judengasse und die Synagoge in Rufach in Wort und Bild von C. WINKLER. (Mit Tafeln.) ib. 1906. Buchdruckerei J. Dreyfus.

PUBLICATION DE LA SOCIÉTÉ D'HISTOIRE DES JUIFS D'ALSACE-LORRAINE.

(IV.) L'Alsace Juive depuis la révolution de 1789. Conférence faite à Colmar le 27 mars 1907 par MAURICE BLOCH. Agrégé des Lettres Guebwiller 1907. Imprimerie J. Dreyfus.

SCHRIFTEN DER GESELLSCHAFT FÜR DIE GESCHICHTE DER ISRAELITEN IN ELSASS-LOTHRINGEN.

(VI.) Das Jüdische Museum für Elsass-Lothringen von Dr. M. GINSBURGER. (Mit 1 Tafel.) Gebweiler i. E. 1909. Druck von J. Dreyfus.

(SCHRIFTEN DER GESELLSCHAFT FÜR DIE GESCHICHTE DER ISRAELITEN IN ELSASS-LOTHRINGEN.)

(VII.) Die Juden in Basel. Von Dr. M. GINSBURGER. Separatabdruck aus der Basler Zeitschrift für Geschichte und Altertumskunde VIII. Band, II. Heft, 1909. (Mit Tafeln.) Basel 1909. Gasser & Cie., Buchdruckerei.

(VIII.) Der Israelitische Friedhof in Hegenheim in geschichtlicher Darstellung von Dr. med. ACHILLES NORDMANN. Mit 6 Tafeln in Lichtdruck. Basel 1910. Wackernagelsche Verlagsanstalt.

— der in St. Petersburg gestifteten Russisch-Kaiserlichen Gesellschaft für die gesammte Mineralogie. 1. Bd. 1. u. 2. Abth. Mit 19 Steindrucktaf. Lex.-8. St. Petersburg 842. (Hamburg, Perthes-Besser u. Mauke.) 2 2/3 ₰

SCHRIFTEN DER JURISTISCHEN GESELLSCHAFT ZU KÖNIGSBERG.

Heft 1. Königsberg. 1862. Druck der Universitäts-Buch- und Steindruckerei von E. J. Dalkowski. 4°.

— der Kielschen Gesellschaft der schönen Wissenschaften. 8. Kiel 757. Iversen. 5 ₰

Schriften der Litterarischen Gesellschaft zu Göttingen. [1.] Göttingen 1908: Dieterich. 8° (ng. 9085 7

Mährisch schlesischen Gesellschaft, Schriften der k. k., zur Beförderung des Ackerbaues, der Natur- und Landeskunde. Historisch statistische Section. Redigirt von Christian Ritter d'Elvert, k. k. Hofrath und Bürgermeister von Brünn etc. (I — VII. Bd. fehlt.)

Mährisch-schlesische Gesellschaft, Schriften der k. k. zur Beförderung des Ackerbaues, der Natur- und Landeskunde. Historisch-statistische Section. Redigirt von Christian Ritter d'Elvert, k. k. Hofrath und Bürgermeister von Brünn etc. (Fortsetzung.)
(2 Bde.) 8. Brünn 1895 — 1896

SCHRIFTEN DER NATURFORSCHENDEN GESELLSCHAFT IN DANZIG.

Neue Folge Bd. 1. (4 Hefte.) Danzig 1866. Auf Kosten der naturforschenden Gesellschaft. 8°.

Heft 1. ib. 1863. — A. u. d. T.: J. F. W. GRONAU. Tafeln für sämmtliche trigonometrische Functionen der cyklischen und hyperbolischen Sektoren. (Nebst Beilage zu den Tafeln). ib. 1863. Druck von A. W. Kafemann.

Heft 2. (6 Abhandlungen.) ib. 1865. Auf Kosten der naturforschenden Gesellschaft.

(Abh. 1.) A. u. d. T.: E. KAYSER, Beobachtungen der magnetischen Declination in Danzig und Bemerkungen dazu. ib. 1864. Druck von A. W. Kafemann.

(Abh. 2.) A. u. d. T.: E. KAYSER. Das Depressions-Micrometer, ein neues Instrument zur Messung der Depression des Horizontes. Mit 1 Tafel. ib. 1864. — Ueber die Anziehung homogener Körper

Abh. 3.) A. u. d. T.: F. G. MEHLER, insbesondere der Polyeder. (Mit 1 Tafel.) ib. 1865. —

(Abh. 4.): E. F. KLINSMANN, Ergänzungen und Berichtigungen zu Novitia atque defectus florae Gedanensis (1843). (Ohne bes. Titelblatt.)

(Abh. 5.): FERDINAND DENEKE, Ein neuer akustischer Interferenz-Versuch. (Ohne bes. Titelblatt.)

(Abh. 6.) A. u. d. T.: J. F. W. GRONAU, Theorie und Anwendungen der hyperbolischen Functionen, vornehmlich Bestimmung des Widerstandscoefficienten aus Fallversuchen. (Mit 1 Tafel.) ib. 1865. Druck von A. W. Kafemann.

Heft 3 und 4. (4 Abhandlungen.) ib. 1866. Auf Kosten der naturforschenden Gesellschaft.

(Abh. 4.) A. u. d. T.: A. MENGE, Preufsische Spinnen. (Abth. 1.)*) (Mit Tafeln.) ib. 1866. Druck von A. W. Kafemann.

Neue Folge. Bd. 2. (4 Hefte.) ib. 1871. Auf Kosten der naturforschenden Gesellschaft.

Heft 1. (Mit Tafeln.) ib. 1868. — Darin: J. F. W. GRONAU, Historische Entwicklung der Lehre vom Luftwiderstande. Gelesen in der Sitzung der naturforschenden Gesellschaft am 25. October 1865. s. l. 1868.

Heft 2. (Mit Tafeln.) ib. 1869. Auf Kosten der naturforschenden Gesellschaft.

Heft 3 und 4. (Mit Tafeln.) ib. 1871. — Darin: E. KAYSER, Refractions-Tafeln für Kreis-, Faden- und Positions-Micrometer, anwendbar in Polhöhen von 32° – 90°. ib. 1871.

Neue Folge. Bd. 3. (Enthaltend 4 Hefte.) ib. 1875. Auf Kosten der naturforschenden Gesellschaft.

Heft 1. (6 Abhandlungen. Mit Tafeln.) ib. 1872. Auf Kosten der naturforschenden Gesellschaft.

(Abh. 2.) A. u. d. T.: LISSAUER, Alt-Pommerellische Schädel. Ein Beitrag zur germanischen Urgeschichte. Mit 6 photolithographischen Tafeln. Separatabdruck aus den Schriften der Naturforschenden Gesellschaft zu Danzig. Neue Folge. 3. Bandes I. Heft. ib. 1872. Druck von A. W. Kafemann.

(Abh. 4.) A. u. d. T.: C. J. H. LAMPE, Allgemeine Bemerkungen über die Bewegung des Wassers in Röhren, nebst Messungen von Druck und Geschwindigkeit an der ca. 45000 Fuss langen neuen Danziger Wasserleitung. Mit 2 lithographirten Tafeln. Separatabdruck aus den Schriften der Naturforschenden Gesellschaft zu Danzig. Neue Folge. 3. Bandes I. Heft. ib. 1872. —

Heft 2. (Mit Tafeln.) ib. 1873. Auf Kosten der Naturforschenden Gesellschaft.

Heft 3. (Mit Tafeln.) ib. 1874. Auf Kosten der Naturforschenden Gesellschaft. Comm. von Th. Anhuth.

Darin: LISSAUER, Beiträge zur westpreussischen Urgeschichte. Mit 6 Tafeln Abbildungen. Aus den Schriften der naturforschenden Gesellschaft in Danzig. III. Band, 3. Heft. Danzig. Comm. von Th. Anhuth.

Heft 4. (Mit Tafeln.) ib. 1875. Auf Kosten der naturforschenden Gesellschaft. Comm. von Th. Anhuth.

Darin: A. MENGE, Scelet des breitköpfigen Finnwals Pterobalaena laticeps. Mit 4 Tafeln Abbildungen. Schriften der naturforschenden Gesellschaft zu Danzig. III. Band 4. Heft. Druck von F. A. Harich in Marienwerder.

Neue Folge. Bd. 4. Heft 1. (Mit Tafeln.) ib. 1876. Auf Kosten der naturforschenden Gesellschaft. Comm. von Th. Anhuth.

Neue Folge. Bd. 4. Heft 2 (Mit Tafeln.) ib. 1877. — —

Neue Folge. Bd. 4. Heft 3. (Mit Tafeln.) ib. 1878. — —

Neue Folge. Bd. 4. Heft 4. (Mit Tafeln.) ib. 1880. Auf Kosten der naturforschenden Gesellschaft. Comm. von Wilh. Engelmann in Leipzig.

Darin: H. CONWENTZ, Die Fossilen Hölzer von Karlsdorf am Zobten. Ein Beitrag zur Kenntniss der im norddeutschen Diluvium vorkommenden Geschiebehölzer. Mit 8 zumtheil colorirten Tafeln in Lithographie und Lichtdruck. Breslau 1880. Maruschke und Berendt.

Neue Folge. Bd. 5. Enthaltend 4 Hefte mit 12 Tafeln. Danzig 1881 — 1883. Comm. von Wilh. Engelmann in Leipzig.

Heft 1 und 2. Mit 2 Tafeln. ib. 1881. —

Darin: SITZUNGS-BERICHTE DER ANTHROPOLOGISCHEN SECTION der Naturforschenden Gesellschaft in Danzig vom Jahre 1877 bis April 1880. Serie 2.*) ib. 1880. Druck von A. W. Kafemann.

Heft 3. Hierzu 2 Tafeln. ib. 1882. Comm. von Wilh. Engelmann in Leipzig.

Heft 4. Hierzu 8 Tafeln. ib. 1883. —

Darin: C. G. A. BRISCHKE und GUSTAV ZADDACH, Beobachtungen über die Arten der Blatt- und Holzwespen. Abth. 2.**) Mit 8 colorirten Tafeln. ib. 1883.

—— der naturforschenden Gesellschaft in Danzig. Neue Folge. 1. Bd. 4 Hefte. Lex.-8. Danzig, (Anhuth.) *

Inhalt:

Heft 1. Gronau, J. F. W., Tafeln für sämmtliche trigonometrische Functionen der cyklischen und hyperbolischen Sektoren. (VIII und 151 S.) 863. (*2 Thlr.) Ermässigter Preis *1 Thlr.

» 2. Kaiser, Beobachtungen der magnet. Deklination von Danzig. — Das Depressions-Mikrometer. — Mehler, über die Anziehung homogener Körper, insbesond. der Polyeder. — Klinsmann, Ergänzungen und Berichtigungen zu „novitia etc." — Denecke, ein neuer akustischer Interferenz-Versuch. — Gronau, Theorie und Anwendung der hyperbol. Functionen. (155 S. mit 3 Stnt.) 865. *1 Thlr.

» 3. 4. Bericht über die Verhältnisse und Wirksamkeiten der naturforschenden Gesellschaft zu Danzig im J. 1865 nebst Mitglieder-Verzeichniss. — Loew, über einige bei Danzig gefangene Dipteren, bei denen die Flügel verkümmert sind oder ganz fehlen. — Menge, A., über ein Rhipidopteron und einige Helminthen im Bernstein. — Menge, A., preussische Spinnen. 1. Abthl. (157 S. mit 28 Stnt. und 25 Blatt Erklärungen.) 867. *3 Thlr.

—— der naturforschenden Gesellschaft in Danzig. Neue Folge. 2. Bd. 4 Hefte, und 3. Bd. 1.—3. Heft. Lex.-8. Danzig, (Anhuth.) [2. Bd. 1. Heft. (252 S. mit 15 Stnt. und 15 Bl. Erklärungen.) 867. *ℳ 7.: 2. Heft. (III, 168 S. mit eingedr. Holzschn. und 10 Stnt. in 4. und qu. Fol. mit 6 Bl. Erklärungen.) 869. *ℳ 6.; 3. und 4. Heft. (V, 300 S. mit 4 Stnt.) 871. *ℳ 8. — 3. Bd. 1. Heft. (160 S. und 4 S. Tafelerklärungen mit eingedr. Holzschn., 6 Stnt. in Lex.-8. und qu. Fol. und 6 Photolithogr. in Lex.-8.) 872. *ℳ 8,20.; 2. Heft. (200 S. mit eingedr. Holzschn., 6 Stnt. und 3 Photolithogr.) 874. *ℳ 9.; 3. Heft. (129 S. mit eingedr. Holzschn., 6 Holzschntaf. und 7 Stnt. nebst 7 S. Tafelerklärungen.) 874. *ℳ 5.] * 43 20
1. Bd. Ebendas. 1863—67. *ℳ 15.

—— der naturforschenden Gesellschaft in Danzig. Neue Folge. 3. Bd. 4. Heft und 4. Bd. 1.—3. Heft. Lex.-8. Danzig. (Leipzig, Engelmann.) [3. Bd. 4. Heft. (138 S. mit eingedr. Holzschn., 1 Stnt. und 9 Phototyp., nebst 5 S. Tafelerklärungen.) 875. *ℳ 6. — 4. Bd. 1. Heft. (S. 1 — 207 mit 7 Stnt. und 6 phototyp. Taf.) 876. *ℳ 8.; 2. Heft. (S. 209 — 542 mit 2 Stnt. und 6 phototyp. Taf.) 878. *ℳ 8.; 3. Heft. (308 S. mit 3 Stnt. und 4 phototyp. Taf.) 878. *ℳ 8.] * 30 —

— der naturforschenden Gesellschaft in Danzig. Neue Folge. 4. Bd. 1—3. Hft. Lex.-8. (850 S. m. 12 Steintaf. u. 16 phototyp. Taf.) Danzig 876—79. Anhuth in Comm. à n. 8. —

—— der naturforschenden Gesellschaft in Danzig. Neue Folge 4. Bd. 4. Heft, 5. Bd. 4 Hefte und 6. Bd. 1. Heft. Lex.-8. Danzig. (Leipzig, Engelmann.) * 46 —

Inhalt:

Bd. 4. 4. Heft: Conventz, H., die fossilen Hölzer von Karlsdorf am Zobten. Mit 8 Stnt. — Bericht über die zweite Versammlung des westpreuss. botan.-zoolog. Vereins zu Marienwerder am 3. Juni 1879. — Vortrag des Prof. Bail. — Hielscher, T., Bericht über die im Auftrage des westpreuss. botan.-zoolog. Vereins im Kreise Strassburg vom 12.—24. Septbr. 1878 eingeführten Excursionen. — Bericht über eine botan.-zoolog.

Schriften der naturforschenden Gesellschaft in Danzig etc.

Excursion von S. S. Schultze im October 1878. — Treichel, A., botanische Notizen. — Wacker, H., Vortrag. — Wacker, H., vierter Nachtrag zur Phanerogamen-Flora von Culm nach den Forschungen des Hrn. Dr. Rehdans in Strassburg. — Brischke, C. G. A., die Ichneumoniden der Provinzen West- und Ost-Preussen. 1. Fortsetzung. — Künzer, über den Einfluss des Waldes auf den Zug der Gewitter im Kreise Marienwerder. — Kiesow, J., Beitrag zur Kenntniss der Backenzähne von Rhinoceros tichorhinus Fisch. Mit 1 Stnt. (XXXIV, 220 S.) 880. *ℳ 8.

Bd. 5. 1. und 2. Heft: Sitzungsberichte der anthropolog. Section der naturforschenden Gesellschaft in Danzig vom J. 1877 bis April 1880. 2. Serie. — Frölling, das Bronze-Becken von Steinwage im Culmer Lande. Mit 1 Stnt. — Klinggraeff, H. v., Versuch einer topographischen Flora der Provinz Westpreussen. — Brischke, C. G. A., die Blattminirer in Danzigs Umgebung. — Helm, Otto, Mittheilungen über Bernstein. — Helm, Otto, chemische Analyse des Abwassers der Danziger Rieselfelder. — Bericht über die dritte Versammlung des westpreuss. zoolog.-botan. Vereins zu Neustadt in W.-Pr. am 18. Mai 1880. — Kiesow, über Cenoman-Versteinerungen aus dem Diluvium der Umgegend Danzigs. Mit 1 Stnt. (XXXXVIII, 417 S.) 881. *ℳ 12.

» 5. 3. Heft: Marschall, heidnische Funde im Weichsel-Nogat-Delta. Mit 1 Stnt. — Helm, Otto, Mittheilungen über Bernstein. — Meyer, Otto, ein Fall von Verdoppelung der Allantois und der äusseren Genitalien. — Bericht über die vierte Versammlung des westpreuss. botan.-zoolog. Vereins zu Elbing in W.-Pr. am 7. Juni 1881. — Barth, Max, über die hygienische Bedeutung des Trinkwassers und rationelle Prinzipien für dessen Untersuchung und Beurtheilung. — Kiesow, über Cenoman-Versteinerungen aus dem Diluvium der Umgegend Danzigs. — Kayser, E., telegraphische Längenbestimmung zwischen Danzig und Königsberg. Mit 1 Stnt. (XXXVIII, 308 S.) 882. *ℳ 6.

» 5. 4. Heft: Bericht über die fünfte Versammlung des westpreuss. botan.-zoolog. Vereins zu Kulm in W.-Pr. am 30. Mai 1882. — Brischke und Zaddach, Beobachtungen über die Arten der Blatt- und Holzwespen. II. Abthl. Mit 8 color. Stnt. (XXXII, 328 S.) 883. *ℳ 12.

» 6. 1. Heft: Bericht über die sechste Versammlung des westpreuss. botan.-zoolog. Vereins zu Deutsch-Eylau, am 15. Mai 1883. — Helm, Otto, Mittheilungen über Bernstein. — Helm, Otto, über die Bestandtheile der Canalflüssigkeit und des Abwassers der Danziger Rieselanlagen. — Klinggraeff, H. v., die Stellung der Botanik unter den Naturwissenschaften, ihre Entwickelung zur exacten Wissenschaft und ihr Verhältniss zum praktischen Leben. — Preuschoff, J., Volksthümliches aus dem Grossen Marienburger Werder. Mit 1 Stnt. — Conventz, H., Bericht über die Durchforschung der Prov. Westpreussen in naturhistorischer, archäologischer und ethnologischer Beziehung Seitens des Westpreussischen Provinzial-Museums und der vom Provinzial-Landtage subventionirten Vereine. — Kiesow, J., über silurische und devonische Geschiebe Westpreussens. Mit 3 Stnt. (XXXXI, 303 S.) 884. *ℳ 8.

—— der naturforschenden Gesellschaft in Danzig. Neue Folge 6. Bd. 2.—4. Heft. Mit Unterstützung des westpreuss. Provinzial-Landtages hrsg. Lex.-8. Danzig. (Leipzig, Engelmann.) *

Inhalt:

Heft 2. Bericht über die siebente Versammlung des westpreussischen botanisch-zoologischen Vereins zu Dt. Krone am 3. 4. Juni 1884. — Schumann, E., Zuchtversuche mit Helix nemoralis L. — Helm, O., Mittheilungen über Bernstein. Ueber die Herkunft des in den alten Königsgräbern von Mykenae gefundenen Bernsteins und über den Bernsteinsäuregehalt verschiedener fossiler Harze. — Helm, O., über die in Westpreussen und dem westlichen Russland vorkommenden Phosphoritknollen und ihre chemischen Bestandtheile. — Brischke, Nachtrag zu den Beobachtungen über die Blatt- und Holzwespen. — Conwentz, H., Heinrich Robert Göppert, sein Leben und Wirken. Gedächtnissrede. — Kayser, E., Analyse der Beugungserscheinungen, welche durch einen Spalt entstehen. (XLIII, 319 S. mit 6 Stnt.) 885. *ℳ 8.—.

» 3. Bericht über die achte Versammlung des westpreussischen botanisch-zoologischen Vereins zu Dirschau am 26. 27. Mai 1885. — Mittheilungen aus der Anthropologischen Abtheilung des Westpreussischen Provinzial-Museums. — Lissauer und Conwentz, das Weichsel-Nogat-Delta. — Freymuth, über die Cholera. Vortrag. — Helm, O., Mittheilungen über Bernstein. — Ueber die Insecten des Bernsteins. — Brischke, die Hymenopteren des Bernsteins. (XXXXI, 279 S. mit 5 Taf.) 886. *ℳ 12.

» 4. Bericht über die neunte Versammlung des westpreussischen botanisch-zoologischen Vereins zu Schlochau am 15. Juni 1886. — Bericht über die Thätigkeit der Elbinger Alterthums-Gesellschaft im Vereinsj. 1885/86. — Sandberger, v., Bemerkungen über einige Heliceen im Bernstein der preussischen Küste. — Dorr, der Burgwall bei Lenzen. — Jacob, Bezogen die Araber des Mittelalters Bernstein von der Ostsee her? — Schumann, E., zur Kenntniss der Weichthiere Westpreussens. — Brischke, über Parthenogenesis bei den Blattwespen. — Neumann, ein Lebensbild Friedrich Strehlke's. — Schumann, E., Bürgermeister Daniel Gralath, der Stifter der Naturforschenden Gesellschaft in Danzig. — Notiz über in Ostsee-Bernstein eingeschlossene Vogelfedern. (XXXXVI, 208 S.) 887. *ℳ 8.—.

—— der naturforschenden Gesellschaft in Danzig. Neue Folge. 7. Bd. 4 Hefte. Mit Unterstützg. d. westpr. Provinzial-Landtages hrsg. gr. 8. Danzig. (Lpz., W. Engelmann.) [1. Heft. (XLV, 179 S. m. 2 Taf.) 888. * 6 —; 2. Heft. (XLIV, 268 S.) 889. * 6 —; 3. Heft. (V, XLVIII, 181 S. m. 6 Taf. u. 2 Tab.) 890. * 8 —; 4. Heft. (IV, LIV, 222 S.) 891. * 5 —.] * 25 —

— dasselbe. Neue Folge 8. Bds. 4 Hfte. Mit Unterstützg. d. westpr. Provinz.-Landtages hrsg. Ebd. n. 25. —
1. (III, 200 S. m. 2 Taf.) 892. n. 6. —
2. Festschrift zur Feier d. 150jährigen Bestehens der naturforschenden Gesellschaft in Danzig, am 2. Jan. 1893. Geschichte der naturforschenden Gesellschaft in Danzig 1743—1892 v. E. Schumann. (VIII, 149 S. m. 9 Taf.) 893. n. 8. —
3. 4. (VI, CXXII, 262 S. m. 5 Taf. u. 5 Bl. Erklärgn.) 894. n. 11.

— d. naturforschenden Gesellschaft in Danzig. Neue Folge. 9. Bd. 1. u. 2. Hft. M. Unterstützg. d. westpr. Prov.-Landtages hrsg. gr. 8. Danzig. (Leipzig, W. Engelmann.) n. 19. —
1. (IV, LXIII, 407 S. m. 1 Karte u. 7 Taf.) 896. n. 14. —
2. (IV, LXVI, 279 S. m. Fig. u. 2 Taf.) 897. n. 5. —

— der naturforschenden Gesellschaft in Danzig. Neue Folge. 9. Bd. 3. u. 4. Heft. Mit Unterstützung des westpr. Prov.-Landtages hrsg. (VI, CVI, 184 S.) Lex.-8. Danzig 898. (Leipzig, W. Engelmann.) n. 5. —
(9. Bd. vollst. n. 24. —)

— der naturforschenden Gesellschaft zu Danzig. Neue Folge. 10. Bd. 1.—3. Hft. Mit Unterstützg. des westpr. Prov.-Landtags hrsg. Lex.-8. Danzig. (Leipzig, W. Engelmann.) n. 17. —
1. (IV, LXXVII, 101 S. m. 1 Taf.) 900. n. 5. —
2. 3. (VII, CXLIV, 286 S. m. 6 Abb. u. 2 Taf.) 901. n. 12. —

— dasselbe, 10. Bds. 4. Heft. (VI, LXXXVI, 131 S. m. 1 Taf.) Lex.-8. Ebd. 902. n. 4. —
(10. Bd. vollst. n. 21. —)

— dasselbe. 11. Bd. 4 Hefte. Lex.-8. Ebd. n. 21. —
1. 2. (V, CXII, 318 S. m. 2 Taf.) 904. n. 8. —
3. (IV, LXXI, 302 S. m. Abbildgn.) 905. n. 8. —
4. (VI, LXXI, 82 S. m. 2 Taf.) 906. n. 5. —

Schriften der naturforschenden Gesellschaft in Danzig. Neue Folge. 12. Bds. 1.—4. Heft. Mit Unterstützg. des westpr. Prov.-Landtages hrsg. Lex. 8. Danzig. (Leipzig, W. Engelmann.) 26. —
1. (IV, LXVII, 137 S. m. 3 farb. Taf. u. 2 Karten. 907. 6. —
2. (IV, LXXIV, 83 S.) 908. 4. —
3. (IV, LVIII, 101 S. m. Abb., 11 Tab. u. 8 Taf.) 909. 9. —
4. (VIII, LXVIII, 148 S. m. Abbildgn. u. 5 [1 Doppel-]Taf. 910. 7. —

— der naturforsch. Gesellschaft zu Jena. 1r Bd. Mit Kpf. 8. Dresd. 802. Gerlach. 1 ℛ 12 ℊ.

— der naturforsch. Gesellschaft in Kopenhagen; aus d. Dän. 1r Bd. 2 Abtheil. Mit Kpf. gr. 8. Kopenh. 793. (Brummer). 3 ℛ

— d. naturforsch. Gesellschaft in Copenhagen, a. d. Dän. 1r Bd. 1ste, 2te Abth. m. K. gr. 8. Copenhagen, Proft. 793.

SCHRIFTEN DER NATURFORSCHENDEN GESELLSCHAFT ZU LEIPZIG.
Bd. 1. Mit 7 Kupfertafeln. Leipzig 1822. Johann Ambrosius Barth. A. u. d. T.: ACTA SOCIETATIS NATURAE SCRUTATORUM LIPSIENSIS Tomus I. Cum tabulis VII iconographicis. Lipsiae 1822. Apud Joannem Ambrosium Barth. 4°.

— der naturforsch. Gesellschaft zu Leipzig. 1r Bd. Mit 6 ill. u. 1 schwarz. Kpft. gr. 4. Leipz. 823. Barth. 4 ℛ 15 ℊ

— der österr. Gesellschaft f. Arbeiterschutz. 1.—3. Hft. gr. 8. Wien, F. Deuticke. n. 3. 60

1. Die gewerbliche Nachtarbeit der Frauen in Österreich. Bericht, erstattet der internationalen Vereinigg. f. gesetzl. Arbeiterschutz. Von Ilse v. Arlt. (37 S.) 902. n. 1. —
2. Bericht üb. e. einheitl. intern. Unfallstatistik zu Zwecken der Verhütung v. Unfällen bei der Arbeit. Von Karl Kogler u. Gust. Pacher v. Theinburg. (22 S.) 902. n. — 80
3. Blei- u. Phosphorvergiftungen in den gewerbl. Betrieben Österreichs. Tatsachen u. Aufgaben der Gesetzgebg. Bericht, erstattet der international. Vereinigung f. gesetzl. Arbeiterschutz. Von Ign. Kaup. (79 S.) 902. n. 1. 80

— der österr. Gesellschaft f. Arbeiterschutz. 4. bis 10. Heft. gr. 8. Wien, F. Deuticke. n.n. 8. 80

Fürth, Emil Ritter v., Wohnungsämter u. Wohnungsinspektion. (67 S.) 905. (Hft. 6.) n. 1. 50

Grünberg, Karl, Bauten auf fremdem Grund. Ein Beitrag zur Würdigg. des Erbbaurechts. (V, 95 S.) 903. (Hft. 4.) n. 2. —

Hainisch, Mich., die Heimarbeit in Oesterreich. Bericht, erstattet der internationalen Vereinigg. f. gesetzl. Arbeiterschutz. (28 S.) 906. (Hft. 10.) n. — 80

Herbst, Rud., die gewerbliche Nachtarbeit der jugendlichen Arbeiter u. Kinder in Oesterreich. Bericht, erstattet der internationalen Vereinigg f. gesetzl. Arbeiterschutz. (45 S.) 906. (Hft. 8.) n. 1. 20

Kögler, Karl, die österreich. Arbeiterversicherung u. die Ausländer. Bericht, erstattet der internation. Vereinigg. f. gesetzl. Arbeiterschutz. (21 S.) 906. (Hft. 9.) n. — 80

Mayreder, Karl, städtische Bauordnungen m. besond. Berücksicht. der Wohnungsfrage. (37 S. m. Fig.) 903. (Hft. 5.) n. 1. —

Přibram, Karl, der Normalarbeitstag in den gewerblichen Betrieben u. im Bergbaue Oesterreichs. Bericht, erstattet der internationalen Vereinigg. f. gesetzl. Arbeiterschutz. (49 S.) 906. (Hft. 7.) n. 1. 50

Hft. 1–3. Ebd. 902. n. 3. 60.

— der österr. Gesellschaft f. Arbeiterschutz. 11.—14. Heft. gr. 8. Wien, Deuticke. 9. 80

Ehrenfeld, Rich., die Aktion der österreich. Regierg. zur Bekämpfung der Bleivergiftungen in hüttenmänn. u. gewerblichen Betrieben. Nach amtl. Veröffentlichgn. zusammengestellt. (97 S.) 910. (14. Heft.) 2. 50

Hauck, Karl, die Nachtarbeit der Jugendlichen in der österreichischen Industrie. Bericht, erstattet der internationalen Vereinigg. f. gesetzl. Arbeiterschutz. (59 S.) 907. (11. Heft.) 1. 50

Lemberger, Hedw., der Zehnstundentag in den fabrikmässigen Betrieben der Textil- u. Bekleidungsindustrie Österreichs. Bericht, erstattet der internat. Vereinigg. f. gesetzl. Arbeiterschutz. (71 S.) 909. (13. Heft.) 1. 80

Teleky, Ludw., die Phosphornekrose. Ihre Verbreitg. in Österreich u. deren Ursachen. Bericht, erstattet der internat. Vereinigg. f. gesetzl. Arbeiterschutz. (VII, 182 S.) 907. (12. Heft.) 4. —

Heft 1—10. Ebd. 902—06. nn 12.40.

— der ostpreuß. physikal. ökonom. Gesellschaft. 16 Hft. 8. Leipz. 806. Er. Fleischer. 6 ℛ

— der pädagogischen Gesellschaft. Verzeichnis empfehlenswerter Bücher f. Lehrer u. Lehrerinnen zur Vorbereitg. f. ihren Beruf u. ihren Unterricht, sowie zu ihrer wissenschaftl. Weiterbildg. 1. u. 2. Heft. gr. 8. Dresden, Bleyl & Kaemmerer. n. 1. 90

1. Literatur-Verzeichn. z. evangel. Religions-Unterricht. Von Herm. Meltzer. 2. umgearb. Aufl. (68 S.) 905. n. — 90
2. Zum deutschen Unterricht. Von Thdr. Matthias. (76 S.) (904.) n. 1. —

Schriften d. pädagogischen Gesellschaft. Verzeichnis empfehlenswert. Bücher für Lehrer und Lehrerinnen zur Vorbereitg. f. ihren Beruf u. ihren Unterricht sowie zu ihrer wissenschaftl. Weiterbildg. 3.—6. Heft. gr. 8. Dresden-Blasewitz, Bleyl & Kaemmerer. (Urspr. Pr. nn 3. 40)

Herbart, Herm., zum Turnunterricht. Gleichzeitig e. literar. Wegweiser auch f. Turnvereine. (60 S.) 908. (4. Heft.) (Urspr. Pr. nn — 90)

Menge, Emil, Zeichen- u. Kunstunterricht in allgemein bild. Lehranstalten. In Verbindg. m. Thdr. Wunderlich bearb. (35 S.) 907. (3. Heft.) (Urspr. Pr. — 50)

Regel, Fritz, u. Alfr. Frenzel, Geographieunterricht. (VIII, 158 S.) 910. (5. 6. Heft.) (Urspr. Pr. 2. —)

SCHRIFTEN DER (KÖNIGLICHEN) PHYSIKALISCH-ÖKONOMISCHEN GESELLSCHAFT ZU KÖNIGSBERG. (I. PR.)

Jahrg. 1. 1860. (Eine Festgabe der Gesellschaft für die Mitglieder der 35. Versammlung Deutscher Naturforscher und Ärzte in Königsberg, im September 1860.) (Mit Tafeln.) Königsberg, 1861. In Comm. bei Gräfe und Unzer. 4°.

Jahrg. 2—3. 1861—1862. (Mit Tafeln.) ib. 1862—1863. —

Jahrg. 4—24. 1863—1883. (Mit Tafeln.) ib. 1863—1884. In Comm bei Wilh. Koch, später: In Comm. bei Koch & Reimer.

SCHRIFTEN DER PHYSIKALISCH-ÖKONOMISCHEN GESELLSCHAFT ZU KÖNIGSBERG I. PR.

Jahrg. 25—26. 1884—1885. (Mit Tafeln.) Königsberg. 1885—1886. In Comm. bei Koch & Reimer. 4°.

In »Schriften ... Jahrg. 25. 1884«: Generalregister zu den Publikationen der physikalisch-ökonomischen Gesellschaft 1860—1884. Zusammengestellt von A. JENTZSCH.

SCHRIFTEN DER PHYSIKALISCH-ÖKONOMISCHEN GESELLSCHAFT ZU KÖNIGSBERG I. PR.

Jahrg. 27. 1886. (Mit Tafeln.) Königsberg 1887. In Commission bei Koch & Reimer. 4°.

28. 1887. Mit 1 Tafel. ib. 1888. —
29. 1888. (Mit Tafeln.) ib. 1889. —
30. 1889. (Mit 1 Tafel.) ib. 1890. In Commission bei Wilhelm Koch's Buchdruckerei.
31. 1890. Jubiläumsband. ib. 1891. —
32. 1891. Mit einem Titelbild und fünf Abhandlungen im Text: Sitzungsberichte S. 29—33 u. S. 57. ib. 1891. —
33. 1892. Mit 8 Tafeln und 9 Abbildungen im Text. ib. 1892. —
34. 1893. ib. 1893. —
35. 1894. (Mit 1 Tafel.) ib. 1895. —
36. 1895. Mit einem Titelbild und einer Karte. ib. 1895. —
37. 1896. Mit vier Tafeln. ib. 1896. —
38. 1897. Mit einer Karte und einer Tafel. ib. 1897. —

Mit Unterstützung durch den Staat, die Provinz Ostpreussen und die Stadt Königsberg.

39. 1898. Mit vier Tafeln. ib. 1898. —
40. 1899. Mit zwei Tafeln. ib. 1899. —
41. 1900. Mit 4 Tafeln, 1 Plan und 2 Textabbildungen. ib. 1900. —
42. 1901. Mit 2 Lichtdrucktafeln, 1 lithographirten Tafel und 6 Textabbildungen. ib. 1901. —
43. 1902. Mit 6 Tafeln. ib. 1902. —
44. 1903. Mit 2 Tafeln. ib 1903. —
45. 1904. Mit vier Tafeln, drei Tabellen und 4 Textabbildungen. ib. 1904. —
46. 1905. Mit 19 Tafeln und 27 Textabbildungen. ib. 1906. —

Mit Unterstützung durch den Staat und die Stadt Königsberg.

47. 1906. Mit 1 Bild, 1 Karte, 1 Tafel und 33 Textabbildungen. ib. 1906. —
48. 1907. Mit 1 Höhenschichtenkarte, 27 Tafeln und 13 Textabbildungen. ib. 1908. —

Mit Unterstützung durch den Staat, die Provinz und die Stadt Königsberg.

49. 1908. Mit einem Porträt und 46 Textabbildungen. ib. 1909. —
50. 1909. Mit 7 Tafeln und 65 Textabbildungen. ib. 1909. —
51. 1910. Mit 6 Tafeln und 28 Textabbildungen. ib. 1910. —
52. 1911. Mit 12 Tafeln, 3 Karten und 25 Textabbildungen. Leipzig und Berlin 1911 bei B. G. Teubner.
53. 1912. Mit 26 Textabbildungen. Verantwortlicher Redakteur: Prof. Dr. M. LÜHE. ib. 1912. —

SCHRIFTEN DER PHYSIKALISCH-ÖKONOMISCHEN GESELLSCHAFT ZU KÖNIGSBERG i. PR.

GENERALREGISTER zu den Jahrgängen 26—50. 1885—1909. Mit Unterstützung durch den Staat, die Provinz und die Stadt Königsberg. Leipzig und Berlin 1911 bei B G. Teubner. 4°.

—— der königl. physikalisch-ökonomischen Gesellschaft zu Königsberg. 1. und 2. Jahrg. à Jahrg. 2 Abthlgn. gr. 4. (1. Jahrg. 1. Abthl. XVI und 119 S. mit 7 Stnt., 2. Jahrg. 1. Abthl. 112 S. mit 3 Stnt.) Königsberg 860,61, (Gräfe und Unzer.) à Jahrg. * 2 Thlr. *

—— der Königl. physikalisch-ökonomischen Gesellschaft zu Königsberg. 3.—8. Jahrg. 1862—68. à Jahrg. 2 Abthlgn. gr. 4. Königsberg 862—68, (Koch.) [3. Jahrg. (VI und 312 S. mit 9 Stnt.) * 2 Thlr., 4. Jahrg. (VII und 216 S. mit 3 Stnt.) * 2 Thlr., 5. Jahrg. (VII und 240 S. mit 4 Stnt.) * 2 Thlr., 6. Jahrg. (VII und 264 S. mit 5 Stnt.) * 2 Thlr., 7. Jahrg. (VII und 248 S. mit 4 Stnt.) * 2 Thlr., 8. Jahrg. (VII und 257 S. mit eingedr. Holzschn. und 16 Stnt., wovon 13 chromolithogr., in gr. 4. und qu. Fol.) * 5 Thlr.] *

1. und 2. Jahrg. (Ebendas.) 1860,61. * 4 Thlr.

—— der königl. physikalisch-oekonomischen Gesellschaft zu Königsberg. 9.—15. Jahrg. 1868—1874. à Jahrg. 2 Abthlgn. gr. 4. (Mit Stnt.) Königsberg, (Koch.) à Jahrg. *

1.—8. Jahrg. Ebendas. 1860—68. * ℳ 57. — Vgl.: Beiträge zur Naturkunde Preussens. — Berendt, G.

—— der physikalisch-ökonomischen Gesellschaft zu Königsberg. 16.—20. Jahrg. gr. 4. Königsberg, (Koch.) [16. Jahrg. 1875. (XI, 135 S., Sitzungsbericht 64 S. und Bericht über die geognostischen Untersuchungen 15 S. mit 3 color. Stnt.); 17. Jahrg. 1876. (VIII, 180 S., Sitzungsbericht 54 S. mit 6 zum Theil color. Stnt.); 18. Jahrg. 1877. (VIII, 111 S., Sitzungsbericht 29 S.); 19. Jahrg. 1878. (X, 131 S., Sitzungsbericht 35 S. mit 3 Stnt.); 20. Jahrg. 1879. (X, 102 S., Sitzungsbericht 36 S. mit 3 Stnt. und 3 Bl. Tafelerklärungen.)] à Jahrg. * 6 —

—— der physikalisch-ökonomischen Gesellschaft zu Königsberg. 21. Jahrg. 1880. 2 Abthlgn. gr. 4. (IX, 112; 34 S.) Königsberg, (Koch und Reimer.) *

—— dass. — 22. Jahrg. 1881. 2 Abthlgn. gr. 4. (IX, 117; 32 S. mit 9 Stnt.) (Ebendas.) *

—— dass. — 23. Jahrg. 1882. 2 Abthlgn. gr. 4. (IX, 149 S. mit eingedr. Fig. und 1 Stnt.) (Ebendas.) *

—— dass. — 24. Jahrg. 1883. 2 Abthlgn. gr. 4. (VIII, 152 S. mit eingedr. Fig.) (Ebendas.) *

—— dass. — 25. Jahrg. 1884. 2 Abthlgn. gr. 4. (VIII, 134; 37 S. mit 1 Stnt.) (Ebendas.) *
Sämmtliche Abhandlungen sind in Buchform erschienen.

—— der physikalisch-ökonomischen Gesellschaft zu Königsberg i. Pr. 26. Jahrg. 1885. gr. 4. (VIII, 65, 65 S. mit 2 Stnt.) Königsberg, (Koch.) *

—— dass. — 27. Jahrg. 1886. gr. 4. (VII, 208, 83 S. mit eingedr. Fig. und 8 Taf., nebst 2 Bl. Erklärungen.) (Ebendas.) *

—— dass. — 28. Jahrg. 1887. gr. 4. (IV, 134, 54 S. mit 1 Taf.) (Ebendas.) *

—— dass. — s.c.Generalregister zu den Publikationen. 1860—1884.

— dasselbe. Generalregister zu den Publikationen 1860—1884, zusammengestellt von A. Jentzsch. gr. 4. (32 S.) Ebd. 887. n. — 90

—— der physikalisch-ökonomischen Gesellschaft zu Königsberg in Pr. 29.—32. Jahrg. 1888—1891. gr. 4. (VI, 135, 48 S. m. 2 Steintaf.; VI, 72, 84; IV, VI, 154, 58, 68 S. m. 2 lithogr. Taf.; IV, VI, 168, 92 S. m. 1 Titelbild u. 5 Abbildgn.) Königsb. i. Pr. 889—892, (Koch). à Jahrg. * 6 —

— der physikalisch-ökonomischen Gesellschaft zu Königsberg in Pr. 31.—33. Jahrg. gr. 4. Königsberg, (W. Koch). à Jahrg. n. 6. —
31. Jahrg. Jubiläumsbd. 1890. (IV, VI, 154; 58 u. 68 S. m. 2 lith. Taf.) 891.
32. Jahrg. 1891. (IV, VI, 168 u. 92 S. m. 1 Titelbild u. 5 Abbildgn.) 891.
33. Jahrg. 1892. (VI, 139 u. 90 S. m. 9 Abbildgn. u. 8 Taf.) 893.
34. Jahrg. 1893. (IV, VI, 76 u. 46 S.) 893.

— der physikalisch-ökonomischen Gesellschaft zu Königsberg in Pr. 35.—38. Jahrg. 1894—1897. gr. 4. Königsberg (W. Koch). à Jahrg. n. 6. —
35. (XII, 90 u. 60 S. m. 1 Karte.) 895.
36. (XV, 76 u. 53 S. m. 1 Bildn. u. 1 Karte.) 895.
37. (XIV, 173 u. 57 S. m. 4 Taf.) 896.
38. (XIV, 96 u. 100 S. m. 1 Karte u. 1 Taf.) 897.

— der physikalisch-ökonomischen Gesellschaft zu Königsberg in Pr. 39. Jahrg. 1898. gr. 4. (XIV, 139 u. 72 S. m. 4 Taf.) Königsberg (W. Koch). n. 6. —

— dasselbe. 40.—42. Jahrg. 1899—1901. Mit Unterstützg. durch den Staat, die Prov. Ostpreussen u. die Stadt Königsberg. gr. 4. Ebd. à Jahrg. n. 6. —
40. (XIII, 116 u. 60 S. m. 2 Taf.) 899.
41. (XVI, 134 u. 59 S. m. 2 Abb., 4 Taf. u. 1 Plan.) 900.
42. (X, 97 u. 28 S. m. 6 Abb., 3 Taf. u. 9 Bl. Erklärgn.) 901.

Schriften der physikalisch-ökonomischen Gesellschaft zu Königsberg in Pr. 43.—46. Jahrg. 1902—1905. Mit Unterstützg. durch den Staat, die Prov. Ostpreussen u. die Stadt Königsberg. gr. 4. Königsberg (W. Koch.) à Jhrg. n. 6. —
43. (X, 151 u. 38 S. m. 6 Taf. u. 4 Bl. Erklärgn.) 902.
44. (X, 161 u. 28 S. m. 2 Taf.) 903.
45. (XII, 89 u. 107 S. m. 4 Abbildgn., 4 Taf. u. 3 Tab.) 904.
46. (XV, 219 S. m. 27 Abbildgn. u. 19 Taf.) 906.

— der physikalisch-ökonomischen Gesellschaft zu Königsberg i. Pr. Mit Unterstützg. durch d. Staat u. die Stadt Königsberg. 47.—50. Jahrg. 1906—1909 u. 51. Jahrg. 1910. 1. Heft. Lex. 8. Königsberg, (W. Koch). 39. —
47. 3 Hefte. (VII, 357 S. m. 33 Abb., 1 Taf., 1 Karte u. 1 Bildnis.) 906. 9. —
48. (VI, 423 S. m. 13 Abb., 1 Karte u. 27 Taf.) 908. nn 9. —
49. 2 Hefte. (316 S. m. 30 Abb. u. 1 Bildnis.) 908. 6. —
50. 3 Hefte. (VI, 368 S. m. 65 Abb. u. 7 Taf.) 909. 12. —
51. 1 Heft. (70 S. m. 10 Abb. u. 4 Taf.) 910. 3. —

— d. prüfend. Gesellschaft zu Halle. 20 Stck. 8. Halle 745-47.

SCHRIFTEN DER GESELLSCHAFT FÜR SOZIALE REFORM Herausgegeben von dem Vorstand.¹)

Bd. I. Heft 1—12. (1901—1903.) Jena 1904. Gustav Fischer. 8°.

Heft 1. Die Errichtung eines Reichsarbeitsamtes. Referate, erstattet in der Ausschusssitzung am 16. März 1901 in Berlin durch PACHNICKE und FRHRN. von BERLEPSCH. Anhang: Satzungen der Gesellschaft für Soziale Reform und Verzeichnis der Mitglieder vom Vorstand und Ausschuss. Jena 1901. Gustav Fischer. 8°.

Heft 2. Die Arbeiterberufsvereine. Referate, erstattet in der Ausschusssitzung am 4. Mai 1901 in Berlin durch BASSERMANN und GIESBERTS. Anhang: Verzeichnis der Mitglieder vom Vorstand und Ausschuss der Gesellschaft für Soziale Reform. ib. 1901. —

Heft 3 u. 4. Arbeiterschutz in Gast- und Schankwirtschaften. Referat, dem Ausschusse der Gesellschaft für Soziale Reform erstattet von K. OLDENBURG. Nebst einem Korreferat von GUSTAV STAAKE. ib. 1902. —

Heft 5. Vereins- und Versammlungsrecht wider die Koalitions-Freiheit. Referat, dem Ausschusse der Gesellschaft für Soziale Reform erstattet von FERDINAND TÖNNIES. ib. 1902. —

Heft 6. Die Rechtsverhältnisse im Gärtnergewerbe. Referate, dem Ausschusse der Gesellschaft für Soziale Reform in der Sitzung vom 6. Mai 1902 erstattet von M. von SCHULZ und FRANZ BEHRENS. ib. 1902. —

Heft 7 u. 8. Die Herabsetzung der Arbeitszeit für Frauen und die Erhöhung des Schutzalters für jugendliche Arbeiter in Fabriken. Referate, der 1. Generalversammlung der Gesellschaft für Soziale Reform in Köln am 22. Sept. 1902 erstattet von AUGUST PIEPER und HELENE SIMON. Nebst einem Bericht über die Generalversammlung der Gesellschaft für Soziale Reform in Köln. ib. 1902. —

Heft 9. Arbeiterkonsumvereine. Referate, für die Sitzung des Ausschusses der Gesellschaft für Soziale Reform am 12. März 1903 erstattet von REINHOLD RIEHN und J. GIESBERTS. ib. 1903. —

Heft 10. Gesetz betr. Kinderarbeit in gewerblichen Betrieben vom 30. März 1903. Ausführliche Erläuterungen zum Gesetz und Vorschläge zu seiner Durchführung von KONRAD AGAHD. ib. 1903. —

Dasselbe: Gesetz betreffend Kinderarbeit in gewerblichen Betrieben. Vom 30. März 1903. Nebst den dazu gehörigen Bekanntmachungen des Bundesrats, den Ausführungsanweisungen der deutschen Bundesstaaten und Elsaß-Lothringens, und vier Anhängen. Von KONRAD AGAHD und M. von SCHULZ. 3. Auflage. (Umschlag: 3. wesentlich vermehrte Auflage.) ib. 1905. —

Heft 11. Warum betreiben wir die soziale Reform? Von FREIHERRN v. BERLEPSCH. Nebst einem Bericht über die Tätigkeit der Gesellschaft für Soziale Reform im Jahre 1903. ib. 1903. —

Heft 12. Die holländischen Arbeitskammern. Von BERNHARD HARMS. — Die Arbeitsräte in Frankreich. Von RAOUL JAY. ib. 1903. —

Bd. II. Heft 13—24. (1904—1906.) ib. 1907. —

Bd. II, Heft 1; der ganzen Reihe Heft 13. Die Organisation der Industrie- und Arbeitsräte in Belgien. Von LOUIS VARLEZ. ib. 1904. —

Heft 2; der ganzen Reihe 14. Die italienischen Arbeitskammern. Von PINARDI und SCHIAVI. Nebst einem Anhang über die Arbeitskammern in der Schweiz und die Arbeitsräte in Frankreich. ib. 1904. —

Heft 3; der ganzen Reihe Heft 15. Kommunale Steuerfragen. Referate von A. WAGNER und PREUSS, erstattet der Ortsgruppe Berlin der Gesellsch. f. Soz. Reform. Mit einer Vorbemerkung von M. v. SCHULZ und den Satzungen der Gesellschaft für Soziale Reform. ib. 1904. —

Heft 4; der ganzen Reihe Heft 16. DIE II. GENERALVERSAMMLUNG der Gesellschaft für Soziale Reform. Mainz, 14. u. 15. Oktober 1904. Referate und Verhandlungen über Arbeitskammern und Konsumvereine. ib. 1904. —

Heft 5; der ganzen Reihe Heft 17. AUFSÄTZE über den Streik der Bergarbeiter im Ruhrgebiet. ib. 1905. —

Heft 6; der ganzen Reihe Heft 18. ACHT GUTACHTEN über die Sonntagsruhe im Handelsgewerbe, erstattet von kaufmännischen Gehilfenvereinen auf Ansuchen des Vorstandes der Gesellschaft für Soziale Reform. ib. 1905. —

Heft 7; der ganzen Reihe Heft 19. Die Vertretung der Angestellten in Arbeitskammern. Von HEINZ POTTHOFF. ib. 1905. —

Heft 8; der ganzen Reihe Heft 20. Untersuchungen über die Hausindustrie in Deutschland. Von RUDOLF MEERWARTH. ib. 1906. —

Heft 9; der ganzen Reihe Heft 21. VORSCHLÄGE ZUR GESTALTUNG DER ARBEITSKAMMERN IN DEUTSCHLAND. Zehn Gutachten, dem Ausschuss der Gesellschaft für Soziale Reform erstattet. ib. 1906. —

Heft 10; Heft 22 der ganzen Reihe. Gewerbliches Einigungswesen in England und Schottland. Bericht der Studienkommission der Gesellschaft für Soziale Reform. Verfaßt von WALDEMAR ZIMMERMANN. ib. 1906. —

Heft 11 u. 12; Heft 23 u. 24 der ganzen Reihe. METHODEN DES GEWERBLICHEN EINIGUNGSWESENS. Verhandlungen der 3. Generalversammlung der Gesellschaft für Soziale Reform am 3. u. 4. Dez. 1906 in Berlin. Nach stenographischer Aufnahme. Mit dem Tätigkeitsbericht für 1905/1906, den Statuten und dem Verzeichnis der Vorstands- und Ausschussmitglieder. ib. 1907. —

Bd. III., Heft 1; Heft 25 der ganzen Reihe. DIE PRIVATBEAMTEN UND DIE VERSICHERUNGSGESETZGEBUNG. I. Krankenversicherung. Von SILBERMANN. II. Invalidenversicherung von A. ENNESCH. III. Unfallversicherung von C. EICHLER. ib. 1908. —

Heft 2., Heft 26. der ganzen Reihe. DER DIENSTVERTRAG DER PRIVATANGESTELLTEN I. — I. Der Dienstvertrag der kaufmännischen Angestellten. Von BAUM. II. Der Dienstvertrag der Techniker in Betrieben, die nicht der Gewerbeordnung unterstehen (Bergbau, Verkehrsgewerbe, Landwirtschaftliche Betriebe). Von P. WÖLBLING. III. Die Rechtsverhältnisse der Güterbeamten. Von A. TRAMPE. IV. Die Konkurrenzklausel im Dienstvertrage. Von JOSEF REIF. ib. 1908. —

Heft 3., Heft 27. der ganzen Reihe. DER DIENSTVERTRAG DER PRIVATANGESTELLTEN. II. — V. Der Dienstvertrag der technischen Angestellten in gewerblichen Betrieben. Von CUNO. VI. Der Dienstvertrag der Bureaubeamten der Rechtsanwälte. Von ADOLF FULD. VII. Der Erfinderschutz der technischen Privatangestellten. Von KARL SOHLICH. VIII. Einheitliches Privatbeamtenrecht. Von HEINZ POTTHOFF. ib. 1908. —

Heft 4 u. 5, Heft 28 u. 29 der ganzen Reihe. DAS RECHT DER PRIVATBEAMTEN und die Pensionsversicherung der Privatbeamten. Verhandlungen der 4. Generalversammlung der Gesellschaft für Soziale Reform. Nach stenographischer Aufnahme. Mit dem Tätigkeitsbericht für 1907/08, den Satzungen und dem Verzeichnis der Vorstands- und Ausschussmitglieder. ib. 1909. —

Heft 6 u. 7. Heft 30 u. 31 der ganzen Reihe. Die wirtschaftliche und soziale Lage der Privatangestellten. Von Dr. phil. HERMANN EDWIN KRUEGER, Generalsekretär des Deutschen Volkswirtschaftlichen Verbandes. 1. Teil. (Kond. Apotheker — Redakteure — Prakt. Volkswirte — Privatschul-Lehrerinnen und -Lehrer — Orchestermusiker — Darstellende Bühnenangehörige — Artisten — Krankenpflegerinnen und -pfleger — Hausbeamtinnen — Rechtsanwaltsbeamte — Bureauangestellte bei Kammern und Vereinen — Gewerkschaftsbeamte — Arbeitersekretäre — Krankenkassen- und Berufsgenossenschaftsbureau-Beamte — Güter-(Wirtschafts-)Beamte — Forstbeamte — Landwirtschaftliche Bureaubeamte — Fleischbeschauer.) ib. 1910 —

— der Gesellschaft f. soziale Reform. Hrsg. v. dem Vorstande. 1.—8. Hft. gr. 8. Jena, G. Fischer. n. 2.55

1. Die Errichtung e. Reichsarbeitsamtes. Referate, erstattet in der Ausschußsitzg. am 16. III. 1901 in Berlin. Von Pachnicke u. v. Berlepsch. Anh.: Satzgn. der Gesellschaft f. soziale Reform u. Verzeichnis d. Mitglieder v. Vorstand u. Ausschuß. (22 S.) 901. n. — 20

2. Die Arbeiterberufsvereine. Referate, erstattet in der Ausschußsitzg. v. 4. V. 1901 in Berlin. Von Bassermann u. Giesberts. (32 S.) Anh.: Verzeichnis der Mitglieder vom Vorstand u. Ausschuß der Gesellschaft f. soziale Reform. 901. n. — 20

3.4. Arbeiterschutz in Gast- u. Schankwirtschaften. Referat, dem Ausschusse der Gesellschaft f. soziale Reform erstattet. Von K. Oldenberg. Nebst e. Korreferat v. Gust. Staake. (74 S.) 902. n. — 50

5. Vereins- u. Versammlungsrecht wider die Koalitions-Freiheit. Referat, dem Ausschusse der Gesellschaft f. soziale Reform erstattet. Von Ferd. Tönnies. (59 S.) 902. n. — 40

6. Die Rechtsverhältnisse im Gärtnergewerbe. Referate, dem Ausschusse der Gesellschaft f. soziale Reform in der Sitzg. v. 6. V. 1902 erstattet. Von M. v. Schulz u. Frz. Behrens. (39 S.) 902. n. — 25

7.8. Die Herabsetzg. der Arbeitszeit f. Frauen u. die Erhöhg. des Schutzalters f. jugendliche Arbeiter in Fabriken. Referate, der 1. Generalversammlg. der Gesellschaft f. soziale Reform in Köln am 22. IX. 1902 erstattet. Von Aug. Pieper u. Helene Simon. (164 S.) 902. n. 1. —

— der Gesellschaft f. soziale Reform. Hrsg. v. dem Vorstande. 7.—12. Hft. u. II. Bd. 1.—10. Heft. 13.—22. Heft der ganzen Reihe. 8. Jena, G. Fischer. n. 10. 85

Agahd, Konr., u. M. v. Schulz, Gesetz betr. Kinderarbeit in gewerblichen Betrieben. Vom 30. III. 1903. Nebst den dazu gehör. Bekanntmachgn. des Bundesrats, den Ausführungsanweisgn. der deutschen Bundesstaaten u. Elsaß-Lothringens, u. 4 Anh. 3. Aufl. (XVI, 408 S.) 905. (Hft. 10.) n. 3. —; geb. n. 3. 60

1. Aufl. (148 S.) 903 — 80. — 2. Aufl. (X, 168 S.) 904. 1. —.

Aufsätze üb. den Streik der Bergarbeiter im Ruhrgebiet. (128 S.) 905. (Hft. 17 [II, 5].) n. — 80

Berlepsch, Frhr. v., warum betreiben wir die soziale Reform? Nebst e. Bericht üb. die Tätigkeit der Gesellschaft f. soziale Reform im J. 1903. (48 S.) 903. (Hft. 11.) n. — 30

Generalversammlung, die II., der Gesellschaft f. soziale Reform. Mainz, 14. u. 15. X. 1904. Referate u. Verhandlgn. üb. Arbeitskammern u. Konsumvereine. (II, 159 S.) 904. (Hft. 16 [II, 4].) n. 1. —

Gutachten, 8, üb. die Sonntagsruhe im Handelsgewerbe, erstattet v. kaufmänn. Gehilfenvereinen auf Ansuchen des Vorstandes der Gesellschaft f. soziale Reform. (86 S.) 905. (Hft. 18 [II, 6].) n. — 50

Harms, Bernh., die holländischen Arbeitskammern. — Jay, Raoul, die Arbeitsräte in Frankreich. (III, 86 S.) 903. (Hft. 12.) n. — 60

Jay, Raoul, die Arbeitsräte in Frankreich, s.: Harms, Bernh., d. holländ. Arbeitskammern.

Meerwarth, Rud., Untersuchungen üb. Hausindustrie in Deutschland. (73 S.) 906. (Hft. 20 [II, 8].) n. — 45

Pieper, Aug., u. Helene Simon, die Herabsetzung der Arbeitszeit f. Frauen u. die Erhöhg. des Schutzalters f. jugendliche Arbeiter in Fabriken. Referate, der 1. Generalversammlg. der Gesellschaft f. soziale Reform in Köln am 22. IX. 1902 erstattet. Nebst e. Bericht üb. die 1. Generalversammlg. der Gesellschaft f. soziale Reform in Köln. 2. unveränd. Abdr. (164 S.) 903. (Hft. 7. 8.) n. 1. —

Pinardi u. Schiavi, die italienischen Arbeitskammern. Nebst e. Anh. üb. die Arbeitskammern in der Schweiz u. die Arbeitsräte in Frankreich. (63 S.) 904. (Hft. 14 [II, 2].) n. — 40

Potthoff, Heinz, die Vertretung der Angestellten in Arbeitskammern. (47 S.) 905. (Hft. 19 [II, 7].) n. — 30

Riehn, Rbold., u. J. Giesberts, Arbeiterkonsumvereine. Referate, f. die Sitzg. des Ausschusses der Gesellschaft f. soziale Reform am 12. III. 1903 erstattet. (58 S.) 903. (Hft. 9.) n. — 40

Varlez, Louis, die Organisation der Industrie- u. Arbeitsräte in Belgien. (72 S.) 904. (Hft. 13 [II, 1].) n. — 50

Vorschläge zur Gestaltg. der Arbeitskammern in Deutschland. 10 Gutachten, dem Ausschuß der Gesellschaft f. soziale Reform erstattet. (68 S.) 906. (Hft. 21 [II, 9].) n. — 50

Wagner, A., u. Preuß, kommunale Steuerfragen. Referate, erstattet der Ortsgruppe Berlin der Gesellsch. f. soz. Reform. Mit e. Vorbemerkg. von M. v. Schulz u. den Satzgn. der Gesellschaft f. soziale Reform. (63 S.) 904. (Hft. 15 [II, 3].) n. — 40

Zimmermann, Waldem., gewerbliches Einigungswesen in England u. Schottland. Bericht der Studienkommission der Gesellschaft f. soziale Reform. (112 S.) 906. (Hft. 22. (II, 10].) n. — 70

— der Gesellschaft f. soziale Reform. Hrsg. v. dem Vorstande. II. Bd. 11. u. 12. Heft. (23. u. 24. Heft der ganzen Reihe.) 8. Jena, G. Fischer. 1. 50

11. 12. Methoden des gewerblichen Einigungswesens. Verhandlgn. der 3. Generalversammlg. der Gesellschaft f. soziale Reform am 3. u. 4. XII. 1906 in Berlin. Nach stenograph. Aufnahme. Mit dem Tätigkeitsbericht f. 1905/1906, den Statuten u. dem Verzeichnis der Vorstands- u. Ausschußmitglieder. (IV, 240 S.) 907. 1. 50

— dasselbe. III. Bd. 1.—7. Heft. (25.—31. Heft der ganzen Reihe.) 8. Ebd. 7. 45

1. Privatbeamten, die, u. die Versicherungsgesetzgebung. I. Silbermann, Krankenversicherung. II. Ennesch, A., Invalidenversicherung. III. Eichler, C., Unfallversicherung. (117 S.) 908. — 75

2. Dienstvertrag, der, der Privatangestellten I. — I. Baum, der Dienstvertrag der kaufmänn. Angestellten. II. Wölbling, P., der Dienstvertrag der Techniker in Betrieben, die nicht der Gewerbeordnung unterstehen (Bergbau, Verkehrsgewerbe, landwirtschaftliche Nebenbetriebe). III. Trampe, A., die Rechtsverhältnisse der Güterbeamten. IV. Reif, Jos., die Konkurrenzklausel im Dienstvertrage. (175 S.) 908. 1. 10

3. Dasselbe. II. — V. Cuno, der Dienstvertrag der technischen Angestellten in gewerblichen Betrieben. VI. Fuld, Adf., der Dienstvertrag der Bureaubeamten der Rechtsanwälte. VII. Sohlich, Karl, der Erfinderschutz der technischen Privatangestellten. VIII. Potthoff, Heinz, einheitliches Privatbeamtenrecht. (142 S.) 908. — 90

4. 5. Recht, das, der Privatbeamten u. die Pensionsversicherung der Privatbeamten. Verhandlgn. der 4. Generalversammlg. der Gesellschaft f. soziale Reform. Nach stenograph. Aufnahme. Mit dem Tätigkeitsbericht f. 1907/08, den Satzgn. u. dem Verzeichnis der Vorstands- u. Ausschußmitglieder. (354 S.) 909. 2. 20

6. 7. Die wirtschaftliche u. soziale Lage der Privatangestellten. Von Herm. Edwin Krueger. 1. Tl. (229 S.) 910. 1. 50

— dasselbe. IV. Bd. 2. Heft. (35. Heft der ganzen Reihe.) 8. Ebd. — 15

2. Arbeiter, die jugendlichen, in Deutschland. Kriminalität u. sittliches Verhalten der Jugendlichen. Von Paul Köhne. (20 S.) 910. — 15

Heft 32—34 sind noch nicht erschienen.

— der Regensburger botan. Gesellschaft. 1r Thl. A. u. d. T.: Geschichte d. Regensburger Gesellschaft. 8. Regensb. 792. 1 ℔

SCHRIFTEN DER REGENSBURGISCHEN BOTANISCHEN GESELLSCHAFT.
Bd. 1. Regensburg, 1792. Im Verlag der Gesellschaft, ... A. u. d. T.: GESCHICHTE DER REGENSBURGISCHEN BOTANISCHEN GESELLSCHAFT nebst einigen Aufsätzen, Reden und Abhandlungen. ib. 1792. — 8°.

—— der schlesischen Gesellschaft für vaterländische Cultur. General-Sachregister der 1804 bis 1876 incl. enthaltenen Aufsätze, geordnet in alphabet. Folge. gr. 8. (XII, 162 S.) Breslau 878, (Aderholz' Buchh.) *

SCHRIFTEN DER SCHLESWIG-HOLSTEINISCHEN PATRIOTISCHEN GESELLSCHAFT.
Bd. 1. Heft I. Altona. 1817. Bey Johann Friedrich Hammerich. A. u. d. T.: LUDOLPH HERRMANN TOBIESEN, Auf Theorie und Erfahrung gegründete practische Anweisung zum Mergeln. Eine von der Schleswig-Holsteinischen patriotischen Gesellschaft gekrönte Preisschrift. Mit 1 Kupfertafel. ib. 1817. — 8°.
Bd. 1. Heft II. und III. (Mit Tabellen.) ib. 1818. — A. u. d. T.: BERICHT UND DADURCH VERANLASSTE VORSCHLÄGE UND GUTACHTEN ÜBER DAS ARMENWESEN in den Herzogthümern Schleswig. und Holstein. (Mit Tabellen.) ib. 1818. —
Bd. 2. Heft I und II. (Mit 1 Tabelle.) ib. 1818. — A. u. d. T.: ENTWURF EINER ALLGEMEINEN VERFASSUNG DER ÖFFENTLICHEN ERZIEHUNGSSCHULEN IN STÄDTEN. Eine von der Schl. Holst. patriotischen Gesellschaft gekrönte Preisschrift. (Mit 1 Tabelle.) ib. 1818. —
Bd. 2. Heft III. Abth. 1. ib. 1820. — A. u. d. T.: Bemerkungen über die Vortheile und Nachtheile, des mit der Bemergelung verbundenen Rapsaat-Baues, mit Bezug auf die dadurch bewirkte, Erhöhung des Ertrags, und Verminderung der Fruchtbarkeit des Bodens. Vom Freyherrn von VOGHT, veranlasst durch Herrn Martens Abhandlung über den Rapsbau und dessen Anwendbarkeit auf der Geest. ib. 1820. —
Bd. 2. Heft III. Abth. 2. (Mit 1 Steindruck.) ib. 1820. — A. u. d. T.: J. J. SIEVERTS, Beschreibung der Neuhauser Schulen. Ein Beitrag zur Verbesserung des Schulwesens. Nebst 1 Steindruck, das Schulgebäude in Neuhaus vorstellend. ib. 1820. —
Bd. 3. Heft I. und II. ib. 1821. — A. u. d. T.: MITTHEILUNGEN ZUR VATERLANDSKUNDE Zum Druck befördert von der Central-Administration der patriotischen Gesellschaft. Bd. 1. Heft I. und II. ib. 1821. — Dazu gehörig: NACHRICHTEN ÜBER DAS AMT BREDSTEDT. Abgedruckt aus den Schriften der patriotischen Gesellschaft. ib. 1821. —
Bd. 3. Heft III. ib. 1821. In Comm. bei J. F. Hammerich.
Bd. 4. Heft I. ib. 1821. — A. u. d. T.: LANDWIRTHSCHAFTLICHE HEFTE. Herausgegeben von der Central-Administration der Schleswig-Holsteinischen patriotischen Gesellschaft. Heft 2. ib. 1821. —
Bd. 4. Heft II. ib. 1821. — A. u. d. T.: NACHTRÄGLICHER BERICHT ÜBER DAS ARMENWESEN in den Herzogthümern Schleswig und Holstein an die Central-Administration der Schleswig-Holsteinischen patriotischen Gesellschaft. Mit 10 Beylagen. ib. 1821. —
Bd. 4. Heft III—IV. ib. 1822. — A. u. d. T.: LANDWIRTHSCHAFTLICHE HEFTE. Herausgegeben von der Central-Administration der Schleswig-Holsteinischen patriotischen Gesellschaft. Heft 3—4. ib. 1822. —
Bd. 5. Heft I. (Mit 1 Tabelle.) ib. 1822. — A. u. d. T.: LANDWIRTHSCHAFTLICHE HEFTE. Herausgegeben von der Central-Administration der Schleswig-Holsteinischen patriotischen Gesellschaft. Heft 5. (Mit 1 Tabelle.) ib. 1822. —
Bd. 5. Heft II. und III. ib. 1822. — A. u. d. T.: MITTHEILUNGEN ZUR VATERLANDSKUNDE. Zum Druck befördert von der Central-Administration der patriotischen Gesellschaft. Bd. 2. ib. 1822. —
Bd. 6. Heft I—III. (Mit Tabellen.) ib. 1822—1823. — A. u. d. T.: LANDWIRTHSCHAFTLICHE HEFTE. Herausgegeben von der Central-Administration der Schleswig-Holsteinischen patriotischen Gesellschaft. Heft 6—8. (Mit Tabellen.) ib. 1822—1823. —
Bd. 7. Heft I—II. ib. 1824—1825. — A. u. d. T.: LANDWIRTHSCHAFTLICHE HEFTE. Herausgegeben von der Central-Administration der Schleswig-Holsteinischen patriotischen Gesellschaft. Heft 9—10. (Mit 1 Tabelle.) ib. 1824—1825. —
Bd. 7. Heft III. Hamburg. 1827. In Comm. bei E. H. G. Christiani. A. u. d. T.: NEUE LANDWIRTHSCHAFTLICHE HEFTE. Herausgegeben von der Central-Administration der Schleswig-Holsteinischen patriotischen Gesellschaft. Heft I. ib. 1827. —
Bd. 8. Heft I. ib. 1827. — A. u. d. T.: NEUE LANDWIRTHSCHAFTLICHE HEFTE. Herausgegeben von der Central-Administration der Schleswig-Holsteinischen patriotischen Gesellschaft. Heft II. ib. 1827. —
Bd. 8. Heft II. (Mit 1 Tafel.) Altona. 1829. In Comm. bei Karl Aue. A. u. d. T.: NEUE LANDWIRTHSCHAFTLICHE HEFTE. Herausgegeben von der Central-Administration der Schleswig-Holsteinischen patriotischen Gesellschaft. Heft III. (Mit 1 Tafel.) ib. 1829. —

Schriften der Schleswig-Holsteinischen patriotischen Gesellschaft. 8°.
Bd. 1. Heft 1: Auf Theorie und Erfahrung gegründete practische Anweisung zum Mergeln. Preisschrift v. Ludolph Herrmann Tobiesen. Mit 1 Kupfertafel. Altona. 1817. Heft 2 und 3: Bericht (v. [Johann Daniel] Lawätz) und dadurch veranlasste Vorschläge und Gutachten (v. [Johann Georg] Rist und [Kaspar Freiherr von] Voght) über das Armenwesen in den Herzogthümern Schleswig und Holstein. ebd. 1818.
Bd. 2. Heft 1 und 2: Entwurf einer allgemeinen Verfassung der öffentlichen Erziehungsschulen in Städten. Preisschrift (von Markus Jessen). ebd. 1818. Heft 3. Abth. 1: Bemerkungen über die Vortheile und Nachtheile des mit der Bemergelung verbundenen Rapsaat-Baues, mit Bezug auf die dadurch bewirkte Erhöhung des Ertrags, und Verminderung der Fruchtbarkeit des Bodens. Vom Freyherrn [Kaspar] von Voght, veranlasst durch Martens Abhandlung über den Rapsbau. ebd. 1820. 2. Abth.: Beschreibung der Neuhauser Schulen. Ein Beitrag zur Verbesserung des Schulwesens v. Johann Joachim Sieverts. Nebst 1 Steindruck. ebd. 1820.
Bd. 3. Heft 1 und 2: Mittheilungen zur Vaterlandskunde zum Druck befördert von der Central-Administration der patriotischen Gesellschaft. Bd. 1. Heft 1 u. 2. (1.): Anleitung zu Districtsbeschreibungen v. Gottfried Garlieb. 1.-2. Abth. (2.): Nachrichten über das Amt Bredstedt [v. Christian Levsen]. Altona. 1821. Heft 3: Landwirthschaftliche Hefte. Hrgg. von der Central-Administration der Schleswig-Holsteinischen patriotischen Gesellschaft. Heft 1. ebd. 1821.
Bd. 4, Heft 1: Landwirthschaftliche Hefte. Heft 2. ebd. 1821. Heft 2: Nachträglicher Bericht über das Armenwesen in den Herzogthümern Schleswig und Holstein. Mit 10 Beylagen. (Von [Peter] Poel.) ebd. 1821. Heft 3: Landwirthschaftliche Hefte. Heft 3. ebd. 1822. Heft 4: Landwirthschaftliche Hefte. Heft 4: Bericht eines Parlaments-Ausschusses zur Untersuchung des Zustandes des Ackerbaues in Grossbrittannien nebst Beurtheilung des vorstehenden Berichts aus dem Quarterly Review. ebd. 1822.
Bd. 5, Heft 1: Landwirthschaftliche Hefte. Heft 5. Altona. 1822. Heft 2 und 3: Mittheilungen zur Vaterlandskunde. Bd. 2. ebd. 1822.
Bd. 6, Heft 1: Landwirthschaftliche Hefte. Heft 6. ebd. 1822. Heft 3: Landwirthschaftliche Hefte. Heft 8. ebd. 1823.
Bd. 7. Heft 1—2: Landwirthschaftliche Hefte. Heft 9—10. ebd. 1824—25. Heft 3: Neue Landwirthschaftliche Hefte. Heft 1. Hamburg. 1827.

Schriften der schleswig-holstein. patriot. Gesellschaft. 1r Bd. 1s Hft. A. u. d. T.: Tobiesen, Abhandl. v. Mergeln. Mit 1 Kpf. gr. 8. Altona 818. Hammerich. 16 gl. — 1r Bd. 2s u. 3s Hft. unt. d. T.: Bericht u. dadurch veranlaßte Vorschläge u. Gutachten üb. d. Armenwesen in Schleswig u. Holstein. gr. 8. Ebd. 818. 1 ℔ 20 gl. — 2r Bd. 1s u. 2s Hft. A. u. d. T.: Entwurf einer allgem. Verfassung d. öffentl. Erziehungsschulen in Städten. Eine Preisschrift. gr. 8 Ebd. 818. 1 ℔ 12 gl. — 2r Bd. 3s Hft. 1e Abtheil. A. u. d. T.: Frhrr. v. Voght, Bemerkk. üb. die Vortheile d. Rapsatbaues. gr. 8. Ebd. 820. 6 gl. — 2r Bd. 3s Hft. 2e Abtheil. A. u. d. T.: J. J. Sievert, Beschreib. d. Neuhauser Schulen. gr. 8. Ebd. 820. 12 gl. — 3r Bd. 1s Hft. unt. d. T.: D. G. Garlieb, Anleit. zu Distriktsbeschreibb. u. allgem. Vorwort d. Central-Administration. gr. 8. Ebd. 821. 16 gl. — 3r Bd. 2s Hft. unt. d. T.: Nachrr. v. Amte Bredstedt. gr. 8. Ebd. 821. 1 ℔ 4 gl. — 3r Bd. 1s u. 2s Hft. A. u. d. T.: Mittheill. zur Vaterlandskunde. 1r Bd. 1s u. 2s Hft. 1 ℔ 20 gl. — (3r Bd. 3s bis 7r Bd. 1s—4s Heft u. 8r Bd. 1s u. 2s Heft. A. u. d. T.: Landwirthschaftl. Hfte. 1s—14s Hft. — 7r Bd. 3s Hft. u. 8r Bd. 1s u. 2s Hft. unt. d. T.: Neue landwirthschaftl. Hefte. 1s—3s Heft.) gr. 8. Ebd. 821—27. (Aue in Altona). 10 ℔ 18 gl.

— dess. 7r Bd. 3s Heft. A. u. d T.: Neue landwirthschaftl. Hefte. 1s Heft. gr. 8. Hamburg 827, (Christiani.)

Schriften der Schleswig-Holsteinischen patriot. Gesellschaft. 8. Bd. 1. u. 2. Hft. — A. u. d. T.: Neue landwirthschaftl. Hfte., hrsg. v. d. Central-Administration der Schleswig-Holst. patr. Gesellschaft. 2. u. 3. Hft. gr. 8. Altona, (Aue.) [2. (12 B.) 827., 3. (15 B.) 829. à 20 Gr.
1—7. Bd. (7. Bd. 3. Hft. — A. u. d. T.: Neue landwirthschaftl. Hfte., 1. Hft.) Altona, Hammerich. 1817—27. 13 Thlr. 12 Gr.
Als Fortsetz. hiervon sind zu betrachten: Landwirthschaftl. Hefte f. d. Hrzgthmr. Schleswig u. Holstein, vgl. diese.

— der schweizerischen Gesellschaft f. Volkskunde. — Publications de la société suisse des traditions populaires. 1 u. 2. gr. 8. Zürich (Börse), Schweizer. Gesellschaft f. Volkskunde. n. 10. —

1. Geschichte der Reliquien in der Schweiz. Von E. A. Stückelberg. Mit 40 Abb. (CXVI, 321 S.) 902. n. 8. —
2. Kinderlied u. Kinderspiel im Kanton Bern. Nach mündl. Ueberlieferg. gesammelt. Von Gertr. Züricher. (168 S.) 902. n. 2. —; geb. n. 2. 80

— der schweizer. Gesellschaft f. Volkskunde. — Publications de la société suisse des traditions populaires. 3. gr. 8. Zürich, Schweiz. Gesellschaft f. Volkskunde. n. 2. 80; geb. n. 3. 60

Das Volkslied im Appenzellerlande. Nach mündl. Ueberlieferg. gesammelt. Von Alfr. Tobler. (III, 147 S.) 903.

— der schweizerischen Gesellschaft f. Volkskunde. — Publications de la société suisse des traditions populaires. 4—7. gr. 8. Basel (Augustinergasse 8), Schweiz. Gesellschaft f. Volkskunde. nn 18. 80

Gaßmann, A. L., das Volkslied im Luzerner Wiggertal u. Hinterland. Aus dem Volksmunde gesammelt u. hrsg. (XI, 215 S.) 906. (Nr. 4.) nn 3. 20

Grolimund, Sigm., Volkslieder aus dem Kanton Solothurn. Gesammelt u. hrsg. (VII, 111 S.) 910. (Nr. 7.) nn 2.40; f. Mitglieder nn 2. —

Jegerlehner, J., Sagen aus dem Unterwallis. Unter Mitwirkg. v. Walliser Sagenfreunden gesammelt aus dem Volksmunde. (IX, 183 S.) 909. (Nr. 6.) nn 3. 60

Stückelberg, E. A., Geschichte der Reliquien in der Schweiz. II. Mit 3 Abb. im Text u. 9 Taf. (VIII, 183 S.) 908. (Nr. 5.) nn 9. 60

Schriften der Schweizerischen Gesellschaft für Volkskunde. — Publications de la Société Suisse des Traditions Populaires. [Band] 1. 8. Zürich, Verlag der Schweizerischen Gesellschaft für Volkskunde, Druck von Emil Cotti's Wwe, 1902. [fr. 8. —]

s. Stückelberg, E[rnst] A[lfred].

Schriften der Schweizerischen Gesellschaft für Volkskunde. — Publications de la Société Suisse des Traditions Populaires. [Band] 2. 8. Zürich, Verlag der Schweizerischen Gesellschaft für Volkskunde, Druck von Emil Cotti's Wwe, 1902. [cart. fr. 3. 50]

s. Züricher, Gertrud.

Schriften der Schweizerischen Gesellschaft für Volkskunde. — Publications de la Société Suisse des Traditions Populaires. (Bd.) 3. 8. Zürich, Verlag der Schweizerischen Gesellschaft für Volkskunde, Druck von Juchli & Beck, 1903. [für Mitglieder br. fr. 2. 50, geb. fr. 3. 50; für Nichtmitglieder à fr. 1. — mehr]

s. Tobler, Alfred.

Schriften der Schweizerischen Gesellschaft für Volkskunde = Publications de la Société suisse des traditions populaires. (Bd.) 4. 8. Basel, Verlag der Schweizerischen Gesellschaft für Volkskunde, 1906. (für Mitgl. fr. 3. 50, für Nichtmitgl. 4. 50)

s. Gassmann, A[lfred] L[eonz].

Schriften der Schweizerischen Gesellschaft für Volkskunde = Publications de la Société Suisse des Traditions Populaires. (Bd.) 5 u. 6. 8. Basel, Verlag der Schweiz. Gesellschaft für Volkskunde, 1908—1909.

(Bd.) 5. 1908. (für Mitgl. fr. 10. —, für Nichtmitgl. 12. —) s. Stückelberg, E[rnst] A[lfred] — (Bd.) 6. 1909. (für Mitgl. fr. 3. 50, für Nichtmitgl. 4. 50) s. Jegerlehner, J[ohann].

Schriften der Schweizerischen Gesellschaft für Volkskunde = Publications de la Société suisse des traditions populaires. (Bd.) 7. 8. Basel, Verlag der Schw' Ges' für Volksk', 1910.

s. Grolimund, Sigmund.

Schriften der stenographischen Gesellschaft. (Einigungssystem Stolze-Schrey) zu Köln (Rhein). Nr. 1 u. 2. gr. 8. Berlin, Buchh. des Stenographenverbandes Stolze-Schrey. n. — 60

1. Die Zweiteilung der Stolze-Schreyschen Debattenschrift. Von Th. Mager. (16 S.) 904. n. — 30
2. Die Stenographie im alten Köln. Von Chr. Johnen. (20 S.) 904. n. — 30

— der Gesellschaft f. Theatergeschichte. 1.—8. Bd. gr. 8. Berlin, Gesellschaft f. Theatergeschichte (durch O. Elsner). Geb. in Leinw. Nur f. Mitglieder, Jahresbeitrag nnn. 12. —

1. Chronologie des deutschen Theaters. Von Christian Heinr. Schmid. [1775.] Neu hrsg. v. Paul Legband. (XXIX, 339 u. 16 S. m. Bildnis.) 902.

2. 3. Tagebücher 1810—1823. Von Jos. Schreyvogel. Mit Vorwort, Einleitung u. Anmerkgn. hrsg. durch Karl Glossy. 2 Tle. (LXXX, 293 u. 559 S.) 903.

4. Fortsetzungen, Nachahmungen u. Travestien, die, v. Lessings „Nathan der Weise". Hrsg. von Heinr. Stümcke. (LVI, 246 S. m. 2 Taf.) 904.

5. Briefe an seine Schwester Louise u. andere Verwandte 1772 bis 1814. Von A. W. Iffland. Hrsg. v. Ludw. Geiger. (XLVII, 346 S. m. Bildnis u. Fksim.) 904.

6. Briefe meist an seine Schwester, nebst andern Aktenstücken u. e. ungedruckten Drama. Von A. W. Iffland. Mit Anmerkgn. hrsg. v. Ludw. Geiger. (XIV, 286 S. m. Bildnis.) 905.

7. 8. Archiv f. Theatergeschichte. Im Auftrage der Gesellschaft f. Theatergeschichte hrsg. v. Hans Devrient. 1. u. 2. Bd. Mit dem Jahresbericht der Gesellschaft f. Theatergeschichte. (XI, 284, XII u. V, 360, XXXVIII S. m. 1 Taf.) 904. 905.

— der Gesellschaft f. Theatergeschichte. 9.—14. Bd. Berlin, Gesellschaft f. Theatergeschichte (durch O. Elsner). Geb. in Lw. Nur f. Mitglieder. Jahresbeitrag nnn 12. —

9. Deutsche Schauspieler. 1. Das 18. Jahrh. Eine Bildnissammlg. Von Philipp Stein. (30 Taf. m. III, 23 S. Text.) 33×24,5 cm. 907. In Leinw.-Mappe.

10. Raimunds Vorgänger. Bäuerle. Meisl. Gleich. Eine Auswahl, hrsg. u. eingeleitet v. Rud. Fürst. Mit e. Porträt Bäuerles nach Kriehuber. (CIII, 351 S.) 907.

11. Deutsche Schauspieler. 2. Das 19. Jahrh. bis Anfang der vierziger Jahre. Eine Bildnissammlg. Von Philipp Stein. (26 Taf. m. III, 20 S. Text.) 33×24,5 cm. 908. In Leinw.-Mappe.

12. Hamlet auf der deutschen Bühne bis zur Gegenwart. Von Adf. Winds. (VII, 234 S.) 8. 909. Geb. in Leinw.

13. Gallerie v. teutschen Schauspielern u. Schauspielerinnen, nebst Joh. Frdr. Schinks Zusätzen u. Berichtigungen. Mit Einleitg. u. Anmerkgn. hrsg. v. Rich. Maria Werner. (LXVIII, XIV, 401 S.) 8. 910. Geb. in Leinw.

14. Kleine Schriften dramaturgischen u. theatergeschichtlichen Inhalts. Von Jos. Lewinsky. Nach seinem Tode gesammelt u. hrsg. v. Olga Lewinsky. (VII, 200 S. m. Bildnis.) 910. Geb. in Leinw.

SCHRIFTEN DER GESELLSCHAFT FÜR THEATERGESCHICHTE.

Bd. 1. Christian Heinrich Schmids Chronologie des deutschen Theaters. Neu herausgegeben von PAUL LEGBAND. Berlin 1902. Verlag der Gesellschaft für Theatergeschichte. 8°.

Bd. 2. ib. 1903. — A. u. d. T.: Josef Schreyvogels Tagebucher 1810—1823. Mit Vorwort, Einleitung und Anmerkungen, herausgegeben von KARL GLOSSY. Theil I. ib. 1903. —

Bd. 3. ib. 1903. — A. u. d. T.: Josef Schreyvogels Tagebücher 1810—1823. Mit Vorwort, Einleitung und Anmerkungen, herausgegeben von KARL GLOSSY. Theil II. ib. 1903. —

Bd. 4. ib. 1904. — A. u. d. T.: Die Fortsetzungen, Nachahmungen und Travestien von Lessings Nathan der Weise. Herausgegeben von HEINRICH STÜMCKE. (Mit 1 Tafel.) ib. 1904. —

Bd. 5. ib. 1904. — A. u. d. T.: A. W. Ifflands Briefe an seine Schwester Louise und andere Verwandte 1772—1814. Herausgegeben von LUDWIG GEIGER. (Mit 1 Tafel.) ib. 1904. —

Bd. 6. ib. 1905. — A. u. d. T.: W. Ifflands Briefe meist an seine Schwester, nebst anderen Aktenstucken und einem ungedruckten Drama. Mit Anmerkungen, herausgegeben von LUDWIG GEIGER. (Mit 2 Tafeln.) ib. 1905. —

Bd. 7. ib. 1906. — A. u. d. T.: Theaterkritiken und dramaturgische Aufsatze von Heinrich Laube. Gesammelt, ausgewahlt und mit Einleitung und Anmerkungen versehen von ALEXANDER von WEILEN. Bd. 1. Mit 2 Porträts Heinrich Laubes nach F. Randel und Friedrich Pecht. ib. 1906. —

Bd. 8. ib. 1906. — A. u. d. T.: Theaterkritiken und dramaturgische Aufsatze von Heinrich Laube. Gesammelt, ausgewahlt und mit Einleitung und Anmerkungen versehen von ALEXANDER von WEILEN. Bd. 2. Mit Heinrich Laubes Porträt nach Kriehuber (1848) und einem Altersbild. ib. 1906. —

Bd. 9. Deutsche Schauspieler. 1. Das achtzehnte Jahrhundert. Eine Bildnissammlung von PHILIPP STEIN. (Mit Tafeln.) ib. 1907. —

Bd. X. ib. 1907. — A. u. d. T.: Raimunds Vorgänger. Bauerle, Meisl, Gleich. Eine Auswahl, herausgegeben und eingeleitet von RUDOLF FÜRST. Mit 1 Porträt Bäuerles nach Kriehuber. ib. 1907. —

Bd. 11. Deutsche Schauspieler. 2. Das neunzehnte Jahrhundert bis Anfang der vierziger Jahre. Eine Bildnissammlung von PHILIPP STEIN. (Mit Tafeln.) ib. 1908. —

Bd. 12. ib. 1907. — A. u. d. T.: Hamlet auf der deutschen Bühne bis zur Gegenwart von ADOLF WINDS. ib. 1909. —

Bd. 13. ib. 1910. — A. u. d. T.: Gallerie von Teutschen Schauspielern und Schauspielerinnen nebst Johann Friedrich Schinks Zusatzen und Berichtigungen. Mit Einleitung und Anmerkungen, herausgegeben von RICHARD MARIA WERNER. ib. 1910. —

Bd. 14. ib. 1910. — A. u. d. T.: Kleine Schriften dramaturgischen und theatergeschichtlichen Inhalts von JOSEF LEWINSKY. Nach seinem Tode gesammelt und herausgegeben von OLGA LEWINSKY. Mit 1 Porträt Josef Lewinskys. ib. 1910. —

Bd. 15. ib. 1910. — A. u. d. T.: Die Bearbeitungen, Fortsetzungen und Nachahmungen von Schillers „Räubern" (1782—1802). Herausgegeben von WILHELM RULLMANN. ib. 1910. —

Bd. 16. ib. 1910. — A. u. d. T.: Briefe von Sophie Schröder (1813—1868). Gesammelt, herausgegeben und mit Einleitung und Erläuterungen versehen von HEINRICH STÜMCKE. Mit 2 Porträts und 1 Handschrift Sophie Schröders. ib. 1910. —

Bd. 17. ib. 1911. — A. u. d. T.: Die Deutsche Theaterausstellung Berlin 1910. Von HEINRICH STÜMCKE. (Mit Tafeln.) ib. 1911. —

Bd. 18. ib. 1912. — A. u. d. T.: Carl Ludwig Costenoble's Tagebücher von seiner Jugend bis zur Übersiedlung nach Wien (1818). Auf Grundlage der Originalhandschrift mit Einleitung und Anmerkungen herausgegeben von ALEXANDER von WEILEN. Bd. 1. ib. 1912. —

Bd. 19. ib. 1912. — A. u. d. T.: Carl Ludwig Costenoble's Tagebücher von seiner Jugend bis zur Übersiedlung nach Wien (1818). Auf Grundlage der Originalhandschrift mit Einleitung und Anmerkungen herausgegeben von ALEXANDER von WEILEN. Bd. 2. ib. 1912. —

(Bd. 21.) Bibliographie für Theatergeschichte 1905—1910. Bearbeitet von PAUL ALFRED MERBACH. ib. 1913. —

Bd. 22. ib. 1914. — A. u. d. T.: Johann Friedrich Ferdinand Fleck. Ein Beitrag zur Entwicklungsgeschichte des deutschen Theaters von Dr. EDGAR GROSS. Mit 5 Tafeln. ib. 1914. —

Schriften gesammelt von der Gesellschaft zur Verbreitung Politischer Kenntnis:
no. 1—4, 1863 New York, NY

Schriften der Gesellschaft österreichischer Volkswirte. 10 Hefte. Wien 1875-78

SCHRIFTEN DER WISSENSCHAFTLICHEN GESELLSCHAFT IN STRASSBURG

(Heft) 1. Strassburg 1907. Karl J. Trübner. — A. u. d. T.: Der Papyrus Libbey, ein ägyptischer Heiratsvertrag von W. SPIEGELBERG. Mit 3 Tafeln in Lichtdruck. ib. 1907. — 4°.

(Heft) 2. ib. 1908. — A. u. d. T.: Arabische Beduinenerzählungen von ENNO LITTMANN. I. Arabischer Text. ib. 1908. —

(Heft) 3. ib. 1908. — A. u. d. T.: Arabische Beduinenerzählungen von ENNO LITTMANN. II. Übersetzung. Mit 16 Abbildungen. ib. 1908. —

(Heft) 4. Die griechischen Martyrien. Rede, gehalten bei der 1. Jahresversammlung der wissenschaftlichen Gesellschaft in Strassburg am 6. Juli 1907 von ALBERT EHRHARD. — 1. Jahresbericht von ADOLF MICHAELIS. ib. 1907. — A. u. d. T.: Die griechischen Martyrien. Rede, gehalten bei der 1. Jahresversammlung der wissenschaftlichen Gesellschaft in Strassburg am 6. Juli 1907 von ALBERT EHRHARD. ib. 1907. —

(Heft) 5. ib. 1909. — A. u. d. T.: Studien zu Quintilians grösseren Deklamationen von R. REITZENSTEIN. ib. 1909. —

(Heft) 6. ib. 1910. — A. u. d. T.: Über die pseudoapostolischen Kirchenordnungen von E. SCHWARTZ. ib. 1910. — Zweiter Jahresbericht der Wissenschaftlichen Gesellschaft in Strassburg, erstattet bei der zweiten Jahresversammlung am 4. Juli 1908. Von ADOLF MICHAELIS. Mit dem Verzeichnis der Mitglieder der Gesellschaft. ib. 1908. — Dritter Jahresbericht der Wissenschaftlichen Gesellschaft in Strassburg, erstattet bei der Jahresversammlung am 3. Juli 1909. Von THEOBALD ZIEGLER. Mit dem Verzeichnis der Mitglieder der Gesellschaft. ib. 1910. —

Heft 7. ib. 1911. — A. u. d. T.: Bußstufen und Katechumenatsklassen von E. SCHWARTZ. ib. 1911. — 8°.

Heft 8. ib. 1911. — A. u. d. T.: Griechische Urkunden des Ägyptischen Museums zu Kairo. Herausgegeben von FRIEDRICH PREISIGKE. ib. 1911. —

Heft 9. ib. 1911. — A. u. d. T.: Venezianisch-Istrische Studien von WALTER LENEL. Mit drei Tafeln in Lichtdruck. ib. 1911. —

Heft 10. ib. 1912. — A. u. d. T.: Zur nordarischen Sprache und Literatur. Vorbemerkungen und vier Aufsätze mit Glossar von ERNST LEUMANN. ib. 1912. —

Heft 11. ib. 1911. — A. u. d. T.: Die juristische Persönlichkeit der standesherrlichen Familie. Denkschrift, im Auftrag des Vereins der deutschen Standesherren verfasst von Dr. HERMANN REHM. ib. 1911. —

Heft 12. ib. 1912. — A. u. d. T.: Burzöes Einleitung zu dem Buche Kalila wa Dimna, übersetzt und erläutert von THEODOR NÖLDEKE. ib. 1912. —

Heft 13. ib. 1912. — A. u. d. T.: Ein Erbstreit aus dem ptolemäischen Ägypten. Griechische und demotische Papyri der Wissenschaftlichen Gesellschaft zu Strassburg i. Els. Von OTTO GRADENWITZ, FRIEDRICH PREISIGKE, WILHELM SPIEGELBERG. Mit vier Tafeln in Lichtdruck. ib 1912. —

Heft 14. ib. 1912. — A. u. d. T.: Das tausendjährige Jubiläum der deutschen Selbständigkeit. Von HARRY BRESSLAU. Rede, gehalten in der Wissenschaftlichen Gesellschaft zu Strassburg am 1. Juli 1911. ib. 1912. — Vierter Jahresbericht der Wissenschaftlichen Gesellschaft in Strassburg, erstattet bei der Jahresversammlung am 2. Juli 1910 von THEOBALD ZIEGLER. ib. 1912. — Fünfter Jahresbericht der Wissenschaftlichen Gesellschaft in Strassburg, erstattet bei der Jahresversammlung am 1. Juli 1911 von THEOBALD ZIEGLER. Mit dem Verzeichnis der Mitglieder der Gesellschaft. ib. 1912. —

Heft 15. ib. 1912. — A. u. d. T.: Der Alexandersarkophag aus Sidon von FRANZ WINTER. Mit 18 Tafeln. ib. 1912. — gr. fol.

Heft 16. ib. 1912. — A. u. d. T.: Die standesherrliche Schiedsgerichtsbarkeit. Ihre Zulässigkeit und ihre Grenzen im heutigen Rechte. Denkschrift, im Auftrage des Vereins der deutschen Standesherren verfasst von HERMANN REHM. ib. 1912. —

Heft 17.[1]) ib. 1912. — A. u. d. T.: Chemische Steuerungsvorgänge im Tierkörper von FRANZ HOFMEISTER. Rede, gehalten in der Wissenschaftlichen Gesellschaft zu Strassburg am 6. Juli 1912. ib. 1912. — Sechster Jahresbericht der Wissenschaftlichen Gesellschaft in Strassburg, erstattet bei der Jahresversammlung am 6. Juli 1912 von HARRY BRESSLAU. ib. 1912. —

Heft 19. ib. 1914. — A. u. d. T.: Die Prinz Joachim-Ostraka. Griechische und demotische Beisetzungsurkunden für Ibis- und Falkenmumien aus Ombos. Herausgegeben von FRIEDRICH PREISIGKE und WILHELM SPIEGELBERG. Mit 4 Tafeln in Lichtdruck. ib. 1914. —

Heft 20. ib. 1914. — A. u. d. T.: Konzilstudien. I. Cassian und Nestorius. II. Über echte und unechte Schriften des Bischofs Proklos von Konstantinopel von EDUARD SCHWARTZ. ib. 1914. —

Heft 21. ib. 1914. — A. u. d. T.: Das deutsche Observatorium in Spitzbergen. Beobachtungen und Ergebnisse. I. Herausgegeben von H. HERGESELL. Mit 10 Abbildungen im Text, 8 Tafeln und 1 Karte. ib. 1914. —

Heft 22. ib. 1914. — A. u. d. T.: Die Bevölkerung Mittelamerikas. Vortrag, gehalten in der Wissenschaftlichen Gesellschaft zu Strassburg am 22. November 1913, nachträglich erweitert und mit Anmerkungen versehen. Von KARL SAPPER. ib. 1914. — Siebenter Jahresbericht der Wissenschaftlichen Gesellschaft in Strassburg, erstattet bei der Jahresversammlung am 12. Juli 1913 von HARRY BRESSLAU. Mit dem Verzeichnis der Mitglieder der Gesellschaft. ib. 1914. —

Heft 23. ib. 1915. — A. u. d. T.: Elsässische Urkunden, vornehmlich des 13. Jahrhunderts, herausgegeben von ALFRED HESSEL. Mit einer Tafel in Lichtdruck. ib. 1915. —

Heft 24. ib. 1915. — A. u. d. T.: Die Arthritis deformans als Allgemeinerkrankung. Von G. LEDDERHOSE in Strassburg. ib. 1915. —

[1]) Heft 18: Der Papyruscodex saec. VI—VII der Philippsbibliothek in Cheltenham. Koptische theologische Schriften. Herausgegeben und übersetzt von W. E. CRUM. Mit einem Beitrag von A. EHRHARD, ist z. Z. noch nicht erschienen.

— der wissenschaftlichen Gesellschaft in Strassburg. 1—6. Lex. 8. Strassburg, K. J. Trübner. 34. —

Ehrhard, Alb., die griechischen Martyrien. Rede, geh. bei der 1. Jahresversammlg. der wissenschaftl. Gesellschaft in Strassburg am 6. VII. 1907. — Michaelis, Adf., erster Jahresbericht der wissenschaftl. Gesellschaft in Strassburg erstattet bei d. 1. Jahresversammlg. am 6. VII. 1907. Mit d. Verzeichnis der Mitglieder d. Gesellschaft. (30 u. 8 S.) 907. (IV. Bd.) 3. —

Littmann, Enno, arabische Beduinenerzählungen. I. Arabischer Text. (VIII, 58 S.) 908. (II. Bd.) 8. —

— dasselbe. II. Übersetzung. Mit 16 Abb. (XI, 57 S.) 908. (III. Bd.) 6. —

Reitzenstein, R., Studien zu Quintilians grösseren Deklamationen. (90 S.) 909. (V. Bd.) 9. —

Schwartz, E., über die pseudoapostolischen Kirchenordnungen. — II. Jahresbericht v. Adf. Michaelis. — III. Jahresbericht v. Theob. Ziegler. (II, 40, 6 u. 7 S.) 910. (VI. Bd. I.) 4. —

Spiegelberg, W., d. Papyrus Libbey, e. ägyptischer Heiratsvertrag. Mit 3 Taf. in Lichtdr. (V, 12 S.) 907. (I. Bd.) 4. —

— des steiermärk. Gewerbeförderungs-Institutes in Graz. 1.—3. Heft. Lex.-8. Graz (Herrengasse 9), Steiermärk. Gewerbeförderungs-Institut. n. 2. 50

1. Das Färben des Holzes in alter u. neuer Zeit. Von W. Schramm. (29 S.) 904. n. 1. —
2. Ueber Sauggasanlagen. (Nach e. am 30. I. 1904 im Institute geh. Vortrag.) Von H. Ebbs. (15 S. m. Abbildgn. u. 5 Taf.) 904. n. — 50
3. Die Kraftmaschinen, deren Anwendung u. Betriebskosten. Von Alfr. Springer. 1. u. 2. Aufl. (à 35 S.) 905. 906. n. 1. —

Schriften d. steiermärkischen Gewerbeförderungs-Institutes in Graz. 4. Heft. Lex. 8. Graz (Herrengasse 9). Steiermärk. Gewerbeförderungs-Institut. 1. —

Kurzgefasste Stil- u. Formenlehre f. Tischler u. Schlosser unter Berücksicht. der Entwicklung der Technik. Von Ant. Rath. (IV, 68 S.) 907.

— gewerkschaftliche. Hrsg. v. d. Reichsgewerkschaftskommission Österreichs. 1. Heft. gr. 8. Wien 908. (Wiener Volksbuchh.) 1. 50

Die Tarifverträge in Österreich. Von Jul. Deutsch. (78 S.)

Schriften, Glandrina gesammelte. Dresden 1729. V: *Müldener, Joh. Christian.* (GGr)

— der Goethe-Gesellschaft. Im Auftrage des Vorstandes hrsg. v. Bernh. Suphan. 1.—4. Bd. gr. 8. Weimar, Verlag d. Goethe-Gesellschaft. Nur f. Mitglieder.

1. Briefe v. Goethe's Mutter an die Herzogin Anna Amalia. Hrsg. v. C. A. H. Burkhardt. — 1. Bericht d. geschäftsführenden Ausschusses der Goethe-Gesellschaft. (VIII, 152 u. 48 S.) 885. geb.
2. Tagebücher u. Briefe Goethe's aus Italien an Frau v. Stein u. Herder. Mit Beilagen. (XXXVI, 484 S.) 886. geb.
3. Goethe, 22 Handzeichnungen. 1810. Im Auftrage des Vorstandes der Goethe-Gesellschaft hrsg. v. C. Ruland. qu. Fol. (22 Lichtdr. m. 8 S. Text.) 888. In Mappe.
4. Briefe v. Goethe's Mutter an ihren Sohn, Christiane u. Aug. v. Goethe. (XI, 416 S. m. 1 Lichtdr.) 889. geb.

— der Goethe-Gesellschaft. Im Auftrage d. Vorstandes hrsg. v. Bernh. Suphan. 5.—9. Bd. gr. 8. Weimar, Verlag der Goethe-Gesellschaft. Geb. in Leinw. Nur f. Mitglieder.

5. Zur Nachgeschichte der italienischen Reise. Goethe's Briefwechsel mit Freunden u. Kunstgenossen in Italien 1788—1790. Hrsg. von Otto Harnack. (XXXVI, 259 S. m. 4 Lichtdr.) 890.
6. Das Weimarer Hoftheater unter Goethe's Leitung. Aus neuen Quellen bearb. v. Jul. Wahle. (XXXII, 335 S.) 892.
7. Das Journal v. Tiefurt. Mit e. Einleitg. v. Bernh. Suphan hrsg. von Ed. v. der Hellen. (XXXVI, 399 S. m. 4 Lichtdr.) 892.
8. Xenien 1796. Nach den Handschriften d. Goethe- u. Schiller-Archivs hrsg. von Erich Schmidt u. Bernh. Suphan. (XXXVI, 268 S.) 893.
9. Schiller's Demetrius. Nach den Handschriften d. Goethe- u. Schiller-Archivs hrsg. von Gust. Kettner. (LXX, 312 S.) 894.

— d. Goethe-Gesellschaft. Im Auftr. d. Vorstandes hrsg. v. Bernh. Suphan. 10.—12. Bd. gr. 4. Weimar, Verlag d. Goethe-Gesellschaft. In Leinw.-Mappe. Nur f. Mitglieder.

10. Aus d. Goethe-National-Museum. I. Hrsg. v. Carl Ruland. (24 Lichtdr.-Taf. m. 12 S. Text.) 895.
11. Gedichte v. Goethe in Compositionen seiner Zeitgenossen. Hrsg. v. Max Friedländer. (X, 151 S.) 896.
12. Aus d. Goethe-National-Museum. II. Von Carl Ruland. (25 Lichtdr.-Taf. u. 11 S. Text m. 1 Fksm.) 897. In Leinw.-Mappe.

D. 12. Bd. war von B. Suphan u. Erich Schmidt hrsg.

— der Goethe-Gesellschaft. Im Auftrage des Vorstandes hrsg. v. Erich Schmidt u. Bernh. Suphan. 13. u. 14. Bd. gr. 8. Weimar, Goethe-Gesellschaft. Nur f. Mitglieder, Jahresbeitrag 10.—

13. Goethe u. die Romantik. Brief m. Erläuterungen. 1. Thl. Hrs. v. Carl Schüddekopf u. Osk. Walzel. (XCVI, 382 S.) 898. Geb. in Leinw.
14. Dasselbe. 2. Thl. Hrsg. v. Carl Schüddekopf u. Osk. Walzel. (LII, 399 S.) 899. Geb. in Leinw.

— der Goethe-Gesellschaft. Im Auftrage des Vorstandes hrsg. von Bernh. Suphan u. Erich Schmidt. 15.—20. Bd. Weimar, Goethe-Gesellschaft. Nur f. Mitglieder. Jahresbeitrag n.n.n. 10.—

15. Elegie. September 1823. Goethes Reinschrift m. Ulrikens v. Levetzow Brief an Goethe u. ihrem Jugendbildniß. Hrsg. v. Bernh. Suphan. (19 S. u. 9 S. Fksm.) gr. 4. 1900. In Mappe.
16. Goethe u. Lavater. Briefe u. Tagebücher. Hrsg. v. Heinr. Funck. (XII, 443 S. m. 1 Bildnis u. 8 Bildnistaf.) gr. 8. 901. Geb. in Leinw.
17. Goethe u. Oesterreich. Briefe m. Erläutergn. 1. Thl. Hrsg. v. Aug. Sauer. Mit 2 Lichtdr. (CXXV, 368 S.) gr. 8. 902. Geb. in Leinw.
18. Dasselbe. 2. Thl. Hrsg. v. Aug. Sauer. Mit 2 Lichtdr. (XCII, 414 S.) gr. 8. 904. Geb. in Leinw.
19. Aus dem Goethe-National-Museum. III. Hrsg. von Carl. Ruland. (12 Lichtdr.-Taf. m. 12 S. Text.) gr. 4. 904. In Leinw.-Mappe.
20. Zum 9. V. 1905. Die Huldigung der Künste. Demetrius: Marfa's Monolog; Der Epilog zu Schillers Glocke, in handschriftl. Gestalt m. e. Einleitung hrsg. v. Bernh. Suphan. (18 u. 2 S. u. 6 Bl. in Autogr. u. 34 S.) gr. 8. 905. In Mappe.

— der Goethe-Gesellschaft. Im Auftrage des Vorstandes hrsg. v. Bernh. Suphan u. Erich Schmidt. 21.—23. u. 25. Bd. Weimar, Goethe-Gesellschaft. Nur f. Mitglieder. Jahresbeitrag nnn 10.—

21. Goethe, Maximen u. Reflexionen. Nach d. Handschriften des Goethe- u. Schiller-Archivs hrsg. v. Max Hecker. Mit e. Fcsm. (XXII, 411 S.) 8. 907. Geb. in Leinw.
22. Goethe's Schweizer Reise 1775. Zeichnungen und Niederschriften, hrsg. v. Karl Koetschau u. Max Morris. (49 S. m. 16 Taf.) 39,5×25 cm. 907. In Leinw.-Mappe.
23. Aus Goethes Archiv. Die erste Weimarer Gedichtsammlung, in Fcsm.-Wiedergabe hrsg. v. Bernh. Suphan u. Jul. Wahle. 2. Hefte. (26 u. 44 S.) 8. 908. In Leinw.-Mappe.
25. Goethe u. Tischbein. Von Wolfg. v. Oettingen. (40 S. m. 25 Taf.) 33×24,5 cm. 910. In Leinw.-Mappe.

Den 24. Bd. bilden: Goethe's Werke in 6 Bdn. Hrsg. v. Erich Schmidt.

Schriften, Göttliche vor den Zeiten des Messie JEsus; der erste Theil, worinnen die Gesetze der Israeliten enthalten sind . . . Wertheim 1735. V: *Schmidt, Johann Leonhard.* (Myl)

Schriften, Die göttlichen, vor den Zeiten des Messie Jesus. Th. 1. Wertheim 1735. Ü: *Schmidt, Joh. Lorenz.* (Ebert)

Die göttl. Schriften vor d. Zeiton des Messias Jesu. I. Theil, dio Gesetzo d. Israelen. (Werthhoimer-Bibel). Werthh. 1735. 4.

SCHRIFTEN, herausgegeben von der Berufsgenossenschaft Deutschnationaler Handlungsgehilfen-Verband. Juristische Person. Sitz Hamburg.

Bd. 1. — A. u. d. T.: Bericht über den ersten ausserordentlichen Verbandstag am 1. Dezember 1895 in Hamburg. Verhandlungsschriften uber die beiden ersten deutschen Handlungsgehilfentage in Hamburg 1896 und Berlin 1897, und den damit verbundenen Verbandstagen. Geschaftsberichte und Abrechnungen des Verbandes für 1895 und 1896. Hamburg. 1902. Verlag der Berufsgenossenschaft Deutschnationaler Handlungsgehilfen-Verband (juristische Person). Druck der Hanseatischen Druck- und Verlags-Anstalt, e. G. m. b. H., Hamburg. 8°.

Bd. 2. — A. u. d. T.: Verhandlungsschrift über den dritten deutschen Handlungsgehilfentag am 11. April 1898 in Leipzig mit einem Bericht über die Verhandlungen des Verbandstages am 10. und 11. April 1898 und dem dort genehmigten Geschäftsbericht und der Abrechnung des Verbandes für 1897. ib. 1902. —

Bd. 3.[1]) — A. u. d. T.: Was wir wollen! Ziele und Aufgaben der deutsch-nationalen Handlungsgehilfen-Bewegung. 3. Auflage 11. bis 15. Tausend. ib. 1903. Druck der Hanseatischen Druck- und Verlagsanstalt, e. G. m. b. H. Hamburg

Bd. 4. — A. u. d. T.: Das Recht des Handlungsgehilfen. Eine kurze Erlauterung uber den sechsten Abschnitt des Handelsgesetzbuches unter Berücksichtigung des Burgerlichen Gesetzbuches, der Gewerbeordnung und der ubrigen einschlägigen Gesetze, nebst Sachregister. 5. Auflage. — 11. bis 20. Tausend. ib. 1902. Verlag der Berufsgenossenschaft Deutschnationaler Handlungsgehilfen-Verband (juristische Person). Druck der Hanseatischen Druck- und Verlags-Anstalt, e. G. m. b. H., Hamburg.

Bd. 5. — A. u. d. T.: Verhandlungsschrift und Zeitungsstimmen über den vierten deutschen Handlungsgehilfentag am 3. April 1899 in Kassel mit einem Bericht uber die Verhandlungen des Verbandstages am 2. April 1899 und dem dort genehmigten Geschäftsbericht und der Abrechnung des Verbandes für 1898. ib. 1902. —

Bd. 6. — A. u. d. T.: Verhandlungsschrift und Zeitungsstimmen über den fünften deutschen Handlungsgehilfentag am 16. April 1900 in Hannover mit einem Bericht über die Verhandlungen des Verbandstages am 15. April 1900 und dem dort genehmigten Geschäftsbericht und der Abrechnung des Verbandes für 1899. ib. 1902. —

Bd. 7. Hamburg (1901). Druck der Hanseatischen Druck- und Verlags-Anstalt, e. G. m. b. H. — A. u. d. T.: Kaufmannische Schiedsgerichte mit Anhang: Entwurf eines Gesetzes betr. kaufmännische Schiedsgerichte. 1. bis 10. Tausend. ib. 1901. Verlag der Berufsgenossenschaft Deutschnationaler Handlungsgehilfen-Verband.

Bd. 8. ib. 1902. — A. u. d. T.: Verhandlungsschrift und Zeitungsstimmen über den 6. deutschen Handlungsgehilfentag am 8. April 1901 in Mannheim mit einem Bericht über die Verhandlungen des Verbandstages am 9. April 1901 und dem dort genehmigten Geschäftsbericht und der Abrechnung des Verbandes für 1900. ib. (1902. —)

Bd. 9. ib. (1902). — A. u. d. T.: Der Arbeitsnachweis im Handelsgewerbe. Ein Handbuch zum Gebrauch beim Stellenwechsel. 1.—10. Tausend. ib. (1902. —)

Bd. 10—11. ib. 1902. — A. u. d. T.: Die Sonntagsruhe im Handelsgewerbe. Teil 1. Wie das Gesetz entstand. 1. bis 5. Tausend. ib. 1902. — Teil 2. Wie das Gesetz ausgeführt wird. 1. bis 5. Tausend. ib. 1902. —

Bd. 12. ib. 1902. — A. u. d. T.: Verhandlungsschrift und Zeitungsstimmen über den 7. deutschen Handlungsgehilfentag am 30. März 1902 in Magdeburg mit einem Bericht über die Verhandlungen des Verbandstages am 31. März 1902 und dem dort genehmigten Geschäftsbericht und der Abrechnung des Verbandes für 1901. ib. 1902. —

SCHRIFTEN DES D. H. V.

Bd. 13. Handlungsgehilfentag 1903. — A. u. d. T.: Verhandlungsschrift nebst Zeitungsstimmen und Sachregister über den achten deutschen Handlungsgehilfentag am 12. April 1903 in Köln a. Rhein. ib. 1903. —

Bd. 14. ALFRED ROTH. Kaufmännische Fortbildungsschulen. — A. u. d. T.: Das Kaufmännische Fortbildungsschulwesen in Deutschland, sein gegenwärtiger Stand und seine fernere Ausgestaltung. Von ALFRED ROTH. 1. und 2. Tausend. Hamburg 1903. ib. —

Bd. 15. Verbandstag 1903. — A. u. d. T.: Verhandlungsschrift nebst Rednerliste über den achten Verbandstag am 13. April 1903 in Köln a. Rhein mit dem dort genehmigten Jahresberichte und der Abrechnung für das Jahr 1902. Hamburg 1903. ib. —

Bd. 16. WILHELM SCHACK, Wie und was wir geworden sind 1893—1903. — A. u. d. T.: Wie und was wir geworden sind 1893—1903. Festschrift zum 2. September 1903 von WILHELM SCHACK. 3. Auflage. 11. bis 15. Tausend. Hamburg 1903. ib. —

Bd. 16. Die Deutschnationale Handlungsgehilfen-Bewegung, ihr Werdegang. 5. Auflage. 21. bis 26. Tausend. ib. 1911. —

Bd. 17. Neunter Deutscher Handlungsgehilfentag 1905. 1. Teil, 1. Band. — A. u. d. T.: Neunter deutscher Handlungsgehilfentag (1905). Erster Teil. Verhandlungsschrift über die vorbereitenden Sitzungen des Ausschusses vom 25. bis 28. Mai 1904 in Hamburg. Erster Tag. Hamburg 1904. ib. —

Bd. 18. Neunter Deutscher Handlungsgehilfentag 1905. 1. Teil, 2. Band. — A. u. d. T.: Neunter deutscher Handlungsgehilfentag (1905). Erster Teil. Verhandlungsschrift über die vorbereitenden Sitzungen des Ausschusses vom 25. bis 28. Mai 1904 in Hamburg. Zweiter Tag. Hamburg 1904. ib. —

Bd. 19. Neunter Deutscher Handlungsgehilfentag 1905. 1. Teil, 2. Band. — A. u. d. T.: Neunter deutscher Handlungsgehilfentag (1905). Erster Teil. Verhandlungsschrift über die vorbereitenden Sitzungen des Ausschusses vom 25. bis 28. Mai 1904 in Hamburg. Zweiter Tag. Hamburg 1904. ib. —

Bd. 20. Neunter Deutscher Handlungsgehilfentag 1905. 1. Teil, 3. Band. — A. u. d. T.: Neunter deutscher Handlungsgehilfentag (1905). Erster Teil. Verhandlungsschrift über die vorbereitenden Sitzungen des Ausschusses vom 25. bis 28. Mai 1904 in Hamburg. Vierter Tag. Hamburg 1904. ib. —

Bd. 21. Neunter Deutscher Handlungsgehilfentag 1905. 1. Teil, 4. Band. — A. u. d. T. Neunter Deutscher Handlungsgehilfentag (1905). Erster Teil. Verhandlungsschrift über die vorbereitenden Sitzungen des Ausschusses vom 25. bis 28. Mai 1904 in Hamburg. Vierter Tag. Hamburg 1904. ib. —

Bd. 22. Neunter Deutscher Handlungsgehilfentag 1905. 2. Teil, 1. Band. — A. u. d. T.: Neunter Deutscher Handlungsgehilfentag (1905). Zweiter Teil. Verhandlungsschrift über die Vollverhandlungen am 17. u. 18. Juni 1905 in Hamburg. Bd. 1. ib. 1905. —

Bd. 23. Neunter Deutscher Handlungsgehilfentag 1905. 2. Teil, 2. Band. — A. u. d. T.: Neunter Deutscher Handlungsgehilfentag (1905). Zweiter Teil. Verhandlungsschrift über die Verhandlungen am 17. u. 18. Juni 1905 in Hamburg. Bd. 2. ib. 1905. —

Bd. 24. Neunter Deutscher Handlungsgehilfentag 1905. 2. Teil, 3. Band. — A. u. d. T.: Neunter Deutscher Handlungsgehilfentag (1905). Zweiter Teil. Verhandlungsschrift über die Vollverhandlungen am 17. u. 18. Juni 1905 in Hamburg. Bd. 3. ib. 1905. —

Bd. 25. Neunter Deutscher Handlungsgehilfentag 1905. 2. Teil, 4. Band. — A. u. d. T.: Neunter Deutscher Handlungsgehilfentag (1905). Zweiter Teil. Verhandlungsschrift über die Vollverhandlungen am 17. u. 18. Juni 1905 in Hamburg. Bd. 4. ib. 1905. —

Bd. 26. Bericht und Abrechnung für das Geschäftsjahr 1903/04. — A. u. d. T.: Bericht und Abrechnung für das Geschäftsjahr 1903/04, genehmigt auf dem Verbandstage am 19. Juni 1905 in Hamburg. Hamburg 1905. ib. —

Bd. 27. Verbandstag 1905. — A. u. d. T.: Verhandlungsschrift nebst Rednerliste über den neunten Verbandstag am 19. Juni 1905 in Hamburg. Hamburg 1905. ib. —

Bd. 28. Zehnter Deutscher Handlungsgehilfentag 1907. 1. Teil, 1. Band. Inhalt: Anstellungs-Vertrag. Frauenarbeit. Handlungsgehilfen-Kammern. Ladenschluss und Mindestruhezeit. Lehrlingswesen. Sonntagsruhe. Teilnehmer-Verzeichnis. ib. Verlag: Buchhandlung des Deutschnationalen Handlungsgehilfen-Verbandes. — A. u. d. T.: Zehnter Deutscher Handlungsgehilfentag 1907. Erster Teil: Verhandlungsschrift über die vorbereitenden Sitzungen des Ausschusses vom 6. bis 10. Juni 1906 in Hamburg. Bd. 28 der Schriften des D. H. V. Hamburg 1906. ib. —

Bd. 29. Zehnter Deutscher Handlungsgehilfentag 1907. 1. Teil, 2. Band. Inhalt: Arbeitsnachweis. Arbeitszeit in den Kontoren. Hilfskassen-Gesetz. Unterrichtswesen. Versicherungswesen. ib. — A. u. d. T.: Zehnter Deutscher Handlungsgehilfentag 1907. Erster Teil: Verhandlungsschrift über die vorbereitenden Sitzungen des Ausschusses vom 6. bis 10. Juni 1906 in Hamburg. Bd. 29 der Schriften des D. H. V. Hamburg 1906. ib. —

Bd. 30. Zehnter Deutscher Handlungsgehilfentag 1907. 1. Teil, 3. Band. Inhalt: Die Kaufmannsgerichte. ib. — A. u. d. T.: Zehnter deutscher Handlungsgehilfentag 1907. Erster Teil: Verhandlungsschrift ... Bd. 30 der Schriften des D. H. V. Hamburg 1906. ib. —

Bd. 31. Zehnter Deutscher Handlungsgehilfentag 1907. 1. Teil, 4. Band. Inhalt: Handels-Inspektoren. ib. — A. u. d. T.: Zehnter deutscher Handlungsgehilfentag 1907. Erster Teil: ... Bd. 31 der Schriften des D. H. V. Hamburg 1906. ib. —

Bd. 32. MAX KOSLOWSKI, Die Konkurrenzklausel der Handlungsgehilfen. ib. — A. u. d. T.: Die Konkurrenzklausel der Handlungsgehilfen. Von MAX KOSLOWSKI. 1. und 2. Tausend. Hamburg 1906. ib. Verlag der Buchhandlung des D. H. V.

Bd. 33. Zehnter Deutscher Handlungsgehilfentag 1907. 2. Teil, 1. Band. Inhalt: Vollverhandlungen. ib. — A. u. d. T.: Zehnter deutscher Handlungsgehilfentag 1907. Zweiter Teil: Verhandlungsschrift über die Vollverhandlungen am 8., 9. und 10. Juni 1907 in Dresden. Bd. 1. 33. Bd. der Schriften des D. H. V. Hamburg 1907. ib. —

Bd. 34. Zehnter Deutscher Handlungsgehilfentag 1907. 2. Teil, 2. Band. Inhalt: Vollverhandlungen. ib. — A. u. d. T.: Zehnter deutscher Handlungsgehilfentag 1907. Zweiter Teil: Verhandlungsschrift über die Vollverhandlungen am 8., 9. und 10. Juni 1907 in Dresden. Bd. 2. 34. Bd. der Schriften des D. H. V. Hamburg 1907. ib. —

Bd. 35. HANS BECHLY, Die staatliche Pensions-Versicherung für Privat-Angestellte. Vortrag, gehalten auf dem Zehnten Deutschen Handlungsgehilfentage in Dresden 1907. 2. Auflage 3.—5. Tausend. ib. — A. u. d. T.: Zehnter deutscher Handlungsgehilfentag 1907. Zweiter Teil: Verhandlungsschrift über die Vollverhandlungen am 8., 9. und 10. Juni 1907 in Dresden. Bd. 3. Hamburg 1907. ib. —

Bd. 36. Das Lehrlingswesen im Handelsgewerbe. ib. — A. u. d. T.: Zehnter deutscher Handlungsgehilfentag 1907. Zweiter Teil: Verhandlungsschrift über die Vollverhandlungen am 8., 9. und 10. Juni 1907 in Dresden. Bd. 4. Hamburg 1907. ib. —

Bd. 37. Bericht und Abrechnung für das Geschäftsjahr 1905/06. — A. u. d. T.: Bericht und Abrechnung für das Geschäftsjahr 1905/06, erstattet auf dem Verbandstage am 10. Juni 1907 in Dresden. Hamburg 1907. ib. —

Bd. 38. Verbandstag 1907. — A. u. d. T.: Verhandlungsschrift nebst Rednerliste über den Zehnten Verbandstag am 10. Juni 1907 in Dresden. Bd. 38 der Schriften des D. H. V. Hamburg 1907. ib. —

Bd. 39. Sozialpolitische Standesschau des Deutschnationalen Handlungsgehilfen-Verbandes über die Jahre 1907/1908. I. ib. — A. u. d. T.: Sozialpolitische Standesschau über die Jahre 1907 und 1908, verhandelt im Ausschuss des Deutschen Handlungsgehilfentages am 22., 23. und 24. April 1909 und vorgelegt dem Elften Deutschen Handlungsgehilfentag am 12. und 13. Juni 1909 in Stuttgart. I. Teil. Hamburg 1909. ib. —

Bd. 40. Sozialpolitische Standesschau des Deutschnationalen Handlungsgehilfen-Verbandes über die Jahre 1907/1908. II. ib. — A. u. d. T.: Sozialpolitische Standesschau des Deutschnationalen Handlungsgehilfen-Verbandes über die Jahre 1907/1908. II. Teil. Hamburg 1909. ib. —

Bd. 41. Elfter Deutscher Handlungsgehilfentag 1909. Die Novelle zur Gewerbeordnung und die Handlungsgehilfen. ib. — A. u. d. T.: Elfter Deutscher Handlungsgehilfentag 1909. Verhandlungsschrift über die Vollverhandlungen am 12., 13. und 14. Juni 1909 in Stuttgart. 1. Teil, 41. Bd. der Schriften des D. H. V. Hamburg 1909. ib. —

Bd. 42. Elfter Deutscher Handlungsgehilfentag 1909. Handlungsgehilfen-Forderungen zur Verbesserung des Handelsgesetzbuches. ib. — A. u. d. T.: Elfter Deutscher Handlungsgehilfentag 1909. Verhandlungsschrift über die Vollverhandlungen am 12., 13. und 14. Juni 1909 in Stuttgart. 2. Teil, 42. Bd. der Schriften des D. H. V. Hamburg 1909. ib. —

Bd. 43. Elfter Deutscher Handlungsgehilfentag 1909. Kaufmannsgerichte. Arbeitskammern oder Kaufmannskammern. ib. — A. u. d. T.: Elfter Deutscher Handlungsgehilfentag 1909. Verhandlungsschrift über die Vollverhandlungen am 12., 13. und 14. Juni 1909 in Stuttgart. 3. Teil, 43. Bd. der Schriften des D. H. V. Hamburg 1909. ib. —

Bd. 44. Elfter Deutscher Handlungsgehilfentag 1909. Die Frauenarbeit im Handelsgewerbe. ib. — A. u. d. T.: Die Frauenarbeit im Handelsgewerbe. Vortrag, gehalten auf dem Elften Deutschen Handlungsgehilfentag am 13. Juni 1909 in Stuttgart. Hamburg 1909. ib. —

Bd. 45. Elfter Deutscher Handlungsgehilfentag 1909. Die Reichsversicherungsordnung. Die Erhebung des Deutschnationalen Handlungsgehilfen-Verbandes über die wirtschaftliche Lage der Handlungsgehilfen. ib. —

Bd. 46. Geschäftsbericht und Abrechnung für das Geschäftsjahr 1907/08. ib. — A. u. d. T.: Bericht und Abrechnung für das Geschäftsjahr 1907/08. Genehmigt auf dem Verbandstage am 14. Juni 1909 in Stuttgart. Hamburg 1909. ib. —

Bd. 47. Verhandlungsschrift über den Elften Verbandstag am 14. Juni 1909 in Stuttgart ib. — A. u. d. T.: Verhandlungsschrift nebst Rednerliste über den Elften Verbandstag am 14. Juni 1909 in Stuttgart. Bd. 47 der Schriften des D. H. V. Hamburg 1909. ib. —

Bd. 48.[1] Zwölfter Deutscher Handlungsgehilfentag. Handelsvorschulen (Handelsjahresschulen). ib. — A. u. d. T.: Handelsvorschulen (Handelsjahresschulen). Vortrag, gehalten im Ausschuss des Deutschen Handlungsgehilfentages am 9. Juni 1910. Hamburg 1911. ib. —

[1]) Bd. 49 bis 65 habe ich nicht einsehen können.

— hrsg. von der Berufsgenossenschaft Deutschnationaler Handlungsgehilfen-Verband, (D. H. V.) juristische Person, Sitz Hamburg. 1.—16., 18.—20. u. 22.—31. Bd. 8. Hamburg, Deutschnationaler Handlungsgehilfen-Verband. à n. — 50

Arbeitsnachweis, der, im Handelsgewerbe. Ein Handbuch zum Gebrauch beim Stellenwechsel. 1.–10. Taus. (68 S.) 902. (Bd. 9.) Bd. 4 u. 9 in 1 Bd. geb. 1.20

— dasselbe. 2. Tl.: Wie das Gesetz ausgeführt wird. (128 S.) 902. (Bd. 11.) In 1 Bd. geb. 2.—

Bericht über den 1. außerordentlichen Verbandstag am 1. XII. 1895 in Hamburg. Verhandlungsschriften üb. die beiden ersten deutschen Handlungsgehilfentage in Hamburg 1896 u. Berlin 1897, u. den damit verbundenen Verbandstagen. Geschäftsberichte u. Abrechngn. des Verbandes f. 1895 u. 1896. (92 S.) 902. (Bd. 1.)

— u. Abrechnung f. das Geschäftsjahr 1903/04, genehmigt auf dem Verbandstage am 19. VI. 1905 in Hamburg. (72 S.) 905. (Bd. 26.)

Handlungsgehilfentag, 9. deutscher (1905). 1. Tl. Verhandlungsschrift über die vorbereit. Sitzgn. des Ausschusses vom 25. bis 28. V. 1904 in Hamburg. 1.—3. Tag. (54, 47 u. 101 S.) 904. (Bd. 18—20.)

— dasselbe. 2. Tl. Verhandlungsschrift üb. die Vollverhandlgn. am 17. u. 18. VI. 1905 in Hamburg. 4 Bde. (80, 52, 39 u. 68 S.) 905. (Bd. 22—25.)

— 10. deutscher, 1907. 1. Tl. Verhandlungsschrift über die vorbereit. Sitzungen des Ausschusses vom 6. bis 10. VI. 1906 in Hamburg. 4 Bd. (61, 62, 158 u. 85 S.) 906. (Bd. 28—31.)

Recht, das, der Handlungsgehilfen. Eine kurze Erläuterg. üb. den 6. Abschn. des Handelsgesetzbuches unter Berücksicht. des bürgerl. Gesetzbuches, der Gewerbeordnung u. der übr. einschlägigen Gesetze, nebst Sachregister. 5. Aufl. 11.—20. Taus. (94 S.) 902. (Bd. 4.)

Roth, Alfr., das kaufmännische Fortbildungsschulwesen in Deutschland, sein gegenwärtiger Stand u. seine fernere Ausgestaltung. 1. u. 2. Taus. (107 S.) 903. (Bd. 14.)

Schack, Wilh., wie u. was wir geworden sind 1893—1903. Festschrift zum 2. IX. 1903. 3. Aufl. 11. bis 15. Taus. (62 S.) 903. (Bd. 16.)

Schiedsgerichte, kaufmännische, m. Anh.: Entwurf e. Gesetzes betr. kaufmännische Schiedsgerichte. 1.—10. Taus. (68 S.) 901. (Bd. 7.)

Sonntagsruhe, die im Handelsgewerbe. 1. Tl.: Wie das Gesetz entstand. (80 S.) 902. (Bd. 10.)

Verhandlungsschrift über den 3. deutschen Handlungsgehilfentag am 11. IV. 1898 in Leipzig, m. e. Bericht über die Verhandlgn. des Verbandstages am 10. u. 11. IV. 1898 u. dem dort genehmigten Geschäftsbericht u. der Abrechnung des Verbandes f. 1897. (57 S.) 902. (Bd. 2.)

— nebst Rednerliste über den 8. Verbandstag am 13. IV. 1903 in Köln a. Rhein m. dem dort genehmigten Jahresbericht u. der Abrechnung f. das J. 1902. (111 S.) 903. (Bd. 15.)

— dasselbe, über den 9. Verbandstag am 19. VI. 1905 in Hamburg. (70 S.) 905. (Bd. 27.)

— u. Zeitungsstimmen üb. d. 4. deutsch. Handlungsgehilfentag am 3. IV. 1899 in Kassel, m. e. Bericht über die Verhandlgn. des Verbandstages am 2. IV. 1899 u. dem dort genehmigten Geschäftsbericht u. der Abrechng. des Verbandes f. 1898. (92 S.) 902. (Bd. 5.)

— dasselbe über den 5. deutschen Handlungsgehilfentag am 16. IV. 1900 in Hannover, m. e. Bericht über die Verhandlgn. des Verbandstages am 15. IV. 1900 u. dem dort genehmigten Geschäftsbericht u. der Abrechnung des Verbandes für 1899. (79 S.) 902. (Bd. 6.)

— dasselbe, über den 6. deutschen Handlungsgehilfentag am 8. IV. 1901 in Mannheim, m. e Bericht über die Verhandlgn. des Verbandstages am 9. IV. 1901 u. dem dort genehmigten Geschäftsbericht u. der Abrechnung des Verbandes f. 1900. (80 S.) 902. (Bd. 8.)

— dasselbe, über den 7. deutschen Handlungsgehilfentag am 30. III. 1902 in Magdeburg, m. e. Bericht über die Verhandlgn. des Verbandstages am 31. III. 1902 u. dem dort genehmigt. Geschäftsbericht u. der Abrechnung der Verbandes für 1901. (134 S.) 902. (Bd. 12.)

— nebst Zeitungsstimmen u. Sachregister über den 8. deutschen Handlungsgehilfentag am 12. IV. 1903 in Köln a. Rhein. (64 S.) 903. (Bd. 13.)

Was wir wollen! Ziele u. Aufgaben der deutschnationalen Handlungsgehilfen-Bewegg. 3. Aufl. 11. bis 15. Taus. (63 S.) 903. (Bd. 3.)

Die fehlenden Bände sind vergriffen.

— des deutschnationalen Handlungsgehilfen-Verbandes (D.H.V.). 4., 9., 17. u. 32.—47. Bd. 8. Hamburg, Buchh. des Deutschnationalen Handlungsgehilfen-Verbandes. à — 50

Bericht u. Abrechnung f. d. Geschäftj. 1905/06, erstattet auf dem Verbandstage am 10. VI. 1907 in Dresden. (74 S.) 907. (37. Bd.)

— dasselbe. 1907/08. Genehmigt auf dem Verbandstage am 14. VI. 1909 in Stuttgart. (14 S.) 909. (46. Bd.)

Dienstvertrag, Sonntagsruhe, Laden- und Kontorschluß. Handels-Inspektoren. Drei Gesetzentwürfe u. ihre Begründg. Dem österreich. Abgeordnetenhause überreicht. (121 S.) (908.) (17. Bd.)

Ersatz für den früheren 17. Bd.

Frauenarbeit, die, im Handelsgewerbe. Vortrag, geh. auf dem 11. deutschen Handlungsgehilfentag am 13. VI. 1909 in Stuttgart. (58 S.) 909. (44. Bd.)

Handbuch zum Gebrauch beim Stellenwechsel (Arbeitsnachweis im Handelsgewerbe). (80 S.) (908.) (9. Bd.)

Ersatz für den früheren 9. Bd.

Handlungsgehilfentag, 10. deutscher, 1907. II. Tl.: Verhandlungsschrift üb. die Vollverhandlgn. am 8., 9. u. 10. VI. 1907 in Dresden. 1. u. 2. Bd. (Vollverhandlungen.) (69 u. 66 S.) 907. (33. 34. Bd.)

— dasselbe. 3. Bd. Bechly, Hans, Die staatliche Pensions-Versicherung f. Privat-Angestellte. Vortrag, geh. auf dem 10. deutschen Handlungsgehilfentage in Dresden 1907. 2. Aufl. 3.–5. Taus. (64 S.) 907. (35. Bd.)

— 11. deutscher, 1909. Verhandlungsschrift über die Vollverhandlgn. am 12., 13. u. 14. VI. 1909 in Stuttgart. 1. Tl. Die Novelle zur Gewerbeordng. u. die Handlungsgehilfen. (61 S.) 909. (41. Bd.)

— dasselbe. 2. Tl. (Umschlag: Handlungsgehilfen-Forderungen zur Verbesserg. des Handelsgesetzbuches.) (63 S.) 909. (42. Bd.)

— dasselbe. 3. Tl. (Umschlag: Kaufmannsgerichte. Arbeitskammern od. Kaufmannskammern.) (55 S.) 909. (43. Bd.)

— dasselbe. 5. Tl. Die Reichsversicherungordng. Die Erhebgn. des deutsch-nationalen Handlungsgehilfen-Verbandes üb. d. wirtschaftl. Lage d. Handlungsgehilfen. (51 S.) 909. (45. Bd.)

Koslowski, Max, die Konkurrenzklausel d. Handlungsgehilfen. 3. veränd. Aufl., 3. u. 4. Taus. (93 S.) 907. (32. Bd.)

Lehrlingswesen, das, im Handelsgewerbe. 10. deutscher Handlungsgehilfentag 1907. 2. Tl.: Verhandlungsschrift üb. die Vollverhandlgn. am 8., 9. u. 10. VI. 1907 in Dresden. 4. Bd. (83 S.) 907. (36. Bd.)

Recht, das, des Handlungsgehilfen. Eine kurze Erläuterg. zum 6. Abschnitt des Handelsgesetzbuches unter Berücksicht. des bürgerl. Gesetzbuches, der Gewerbeordng. u. der übr. einschläg. Gesetze, nebst Sachregister. 6. Aufl. 21.—30. Taus. (112 S.) (908.) (4. Bd.) — 50; m. dem 9. Bde. in 1 Leinw.-Bd. 1.50

Standesschau, sozialpolitische, üb. die J. 1907 u. 1908, verhandelt im Ausschuß des deutschen Handlungsgehilfentages am 22., 23. u. 24. IV. 1909 u. vorgelegt dem 11. deutschen Handlungsgehilfentag am 12. u. 13. VI. 1909 in Stuttgart. 2 Tle. (70 u. 51 S.) 909. (39. 40. Bd.)

Verhandlungsschrift nebst Rednerliste üb. den 10. Verbandstag am 10. VI. 1907 in Dresden. (100 S.) 907. (38. Bd.)

— dasselbe. 11. Verbandstag am 14. VI. 1909 in Stuttgart. (107 S.) 909. (47. Bd.)

— der Hauptstelle deutscher Arbeitgeberverbände. 1. 8. Berlin, J. Guttentag. n. 1.—

1. Der Ausstand der Bergarbeiter im Ruhrkohlenrevier Jan. bis Febr. 1905. Berichte u. Betrachtgn. Von H. A. Bueck u. Leidig. (84 S.) 905.

Schriften d. Hauptstelle deutsch. Arbeitgeberverbände. 2. Heft. gr. 8. Berlin 907. J. Guttentag. 1.—

2. Die Hauptstelle deutscher Arbeitgeberverbände. Von Fritz Tänzler. 2. veränd. u. verm. Aufl. (52 S.)

— dasselbe. 3. u. 4. Heft. 8. Berlin, F. Zillessen. 1.95

Tänzler, der Generalstreik in Schweden. (72 S.) 909. (4. Heft.) 1.20

— Das gewerbliche Unternehmertum, seine Bedeutung f. Volkswirtschaft u. Staat. (24 S.) 909. (3. Heft.) — 75

Schriften zur deutschen Heeresreform. I–IV. gr. 8. Stuttg., Lutz. * 4 10

I. Die Mißbräuche der militärischen Dienstgewalt u. das Beschwerderecht im deutschen Heer. Kritisch beleuchtet v. * * *. (54 S.) 890. * 1 —.

II. Was leistet unser Heer als Erziehungsanstalt? Was müßte es leisten im Einklang m. den Fordergn. der Zeit? Von e. aktiven Offizier. (23 S.) 891. * — 50.

III. Der Kampf gegen die Sozialdemokratie in der Armee [von Otto Clauß]. (55 S.) 891. * 1 —.

IV. Schaefer. Ein Wort zum Schutze geisteskranker Soldaten. (119 S.) 899. * 1 60.

— heilige, der Buddhisten. Deutsch hrsg. v. Karl Seidenstücker. 1. Tl. gr. 8. Leipzig, Buddhist. Verlag. 2.40; geb. n 3.50

1. Buddha, des, Reden aus der „Angereihten Sammlung“ — Anguttara-Nikayo — des Pali-Kanons. Zum erstenmale übers. u. erläutert v. Bhikku Nanatiloka. 1. Bd. Das Einer-Buch — Eka-Ninato. (VIII, 96 S.) (909.)

— die heiligen, s. Bibel.

Schriften, die heiligen rc., s. Testament

Schriften, Die Heiligen, der guten Botschaft vom verheissenen Königreich . . . O. O. 1777. Ü: *Hahn, Phil. Matth.* (Cat. d. Stadtbibl. Zürich. Zürich 1864—97.)

— die hl., des Alten u. Neuen Bundes, deutsch v. Mart. Luther. 4 Bde. (V, 574; V, 579; VI, 698 u. V, 487 S.) gr. 8. München (910). G. Müller. Kart. 20.—; geb. in Halbldr. 30.—; Luxus-Ausg. 100. —
Die Bilanzwerte, was sie sind u. was sie nicht sind. Von R. Fischer. 2. Tl. (XII u. S. 143—438.) 908.
1. Tl. Ebd. 905. 2.40; geb. 3.—.

— die Heiligen, d. neuen Bundes, s. Guyon sämmtl. Werke.

– die Heiligen, der Christen, s. Bibel.

—— die heil., der Israeliten. Nach d. masoret. Texte neu übers v. J. Johlson. 1. Thl. — A. u. d. T.: חמשה חומשי תורה — Die Fünf Bücher Mose. Nach d. masoret. Texte worttreu übers., mit Anmerkn. gr. 8. (32 B.) Frankfurt a. M. 831, Andreä.

— תורה נביאים וכתובים Die Heiligen Schriften d. Israeliten. Nach dem masoretischen Texte neu übersetzt v. J. Johlson. 2r Thl. A. u. d. T.: נביאים ראשונים Die Geschichtsbücher Josua, Richter, Samuel's und der Könige. Nach dem masoret. Texte worttreu übersetzt, mit Anmerkk. gr. 8. Frankfurt 836. Andreäische Buchh. $1\frac{1}{2}$ Thlr. (1. 2. 3 Thlr.)

Schriften, die heiligen, des N. Testaments in bibl. Kupf. nach d. besten Meistern. Neues Testament. 2 Hefte. 4. Freib. Herder. 814 u. 15. Rthlr.

—— die heil., d. alten Testam., mit beigesetzt. Abweichungen der latein. Vulgata, u. erklär. Sachparallelstellen, übers. u. hrsg. v. Leander van Eß. 1., rechtmäß. Ausg. mit Kpfrn. 1. Thl. Lex.-8. ($50\frac{1}{2}$ B. u. 26 Kpfr.) Sulzbach 822. (Nürnberg, Tyroff.)

Die hl. Schriften des Alten Testamentes, nach dem Grundtexte und der lateinischen Vulgata, mit erklärenden Sachparallelen, übersetzt und herausgegeben von Dr. Leander van Eß. Ebendaselbst. 1822–1836, Lexikon-8°, 2 Teile, $51\frac{1}{2}$ Bg. 4 Mk.

— die Heiligen, des Alten Testaments, nach dem Grundtexte und der latein. Vulgata, mit erklärenden Sachparallelstellen, übers. u. herausg. v. Leander van Eß. 2r Thl. Lex.-8. Sulzbach 836. v. Seidel. $1\frac{1}{3}$ Thlr. Schreibp. $2\frac{2}{3}$ Thlr. Velp. 4 Thlr. (Der 1e Thl. Ebd. 822. $\frac{3}{4}$ Thlr.)

Die heil. Schriften d. A. T. nach der Vulgata übers. u. erläutert v. Val. Loch u. Wilh. Reischl. Regensb. 1867—70. 3 Bde. 8.

—— die heiligen, des Alten Testamentes nach kathol. Prinzipien übersetzt und erklärt von einem Verein befreundeter Fachgenossen. 3.—5. Abthl. gr. 8. Münster, Coppenrath'sche Buchh. *

Inhalt:

Abthl. 3. Die poetischen Bücher. 1. Bd.: Die Psalmen übers. und erklärt von Aug. Rohling. (VIII, 440 S.) 871. *M 3,50.
" 4. Die Propheten. 1. Bd.: Der Prophet Jesaja übersetzt und erklärt von Aug. Rohling. (VIII, 388 S.) 872. *M 3,50.
" 5. Die nachexilischen Geschichtsbücher. 1. Bd.: Die Bücher der bibl. Chronik übersetzt und erklärt von B. Neteler. (VII, 335 S.) 872. *M 2,80.
1. und 2. Abthl. noch nicht erschienen.

—— dass. — Die deuterokanonischen Bücher. 1. Das Buch der Weisheit übersetzt und erklärt von Const. Gutberlet. gr. 8. (VI, 528 S.) Ebendas. 874. *

—— die heil., d. alten u. neuen Testam. nach M. Luthers Uebersetz. Mit Perlschrift stereotyp. (Perlbibel. — Neue wohlf. Ausg.) 16. (70 B.) Leipzig (832), Tauchnitz.
Vgl. Bibel, Schrift, Testament &c.

— die Heiligen, des Alten u. Neuen Testamentes, übersetzt von Leander van Eß. — Ausgabe für Katholiken. 3 Thle. Lex.-8. Sulzbach 838—40. v. Seidel. $2\frac{2}{3}$ Thlr. Schreibp. 4 Thlr. Postp. $4\frac{2}{3}$ Thlr. Velinp. 6 Thlr.

— dass. Ausgabe für Protestanten. 3 Thle. Lex.-8. Ebd. 838—840. 2 Thlr. Schreibp. 3 Thlr. Postp. $3\frac{2}{3}$ Thlr. Velinp. $4\frac{2}{3}$ Thlr.

Schriften, die heil., d. alt. u. neuen Testamentes, nach d. Grundtexte u. d. latein. Vulgata, mit erklär. Sachparallelstellen, übers. u. hrsg., v. Leander van Eß. 3 Thle. (Ausg. mit Vulgata f. Katholken.) Lex.-8. (131 B.) Sulzbach 840, v. Seidel'sche Buchh. $2\frac{2}{3}$ Thlr., Schrbp. 4 Thlr., Postp. $4\frac{2}{3}$ Thlr., Vlnp. Thlr.

——, die heil., d. alt. u. neu. Testam. v. Leander van Eß &c. 3 Thle. (Ausg. f. Protestanten.) Lex.-8. ($94\frac{3}{4}$ B.) Sulzbach 840, v. Seidel'sche Buchh. 2 Thlr., Schrbp. 3 Thlr., Postp. $3\frac{2}{3}$ Thlr., Vlnp.
Vgl. Bibel, Schrift, Testament &c.

—— die heiligen, des alten u. neuen Testamentes, nach der von Sr. päpstl. Heiligkeit approbirten Uebersetzung von Jos. Franz Allioli, zum Gebrauche der Volksschulen u. für die Jugend, im Auszuge bearb. v. Simon Buchfelner. 2 Bdchn. Das alte Testament. — Das neue Testament. 8. ($53\frac{1}{2}$ B. u. 2 Holzschn.) Landshut 842, v. Vogel'sche Vrlgsbuchh. *

Die hl. Schriften des Alten und Neuen Testamentes, nach der vom päpstlichen Stuhle approbierten Übersetzung von J. Fr. Allioli zum Gebrauche der Volksschulen und für die Jugend im Auszuge bearbeitet von Simon Buchfelner. Regensburg, Pustet, 1812, 8°, 880 S., 2 Bde, 90 Pf.

—— die heiligen, des alten und neuen Testamentes, nach der Vulgata mit steter Vergleichung des Grundtextes übers. und erläutert von Valentin Loch und Wilh. Reischl. 1—13. Lfg. gr. 8. Regensburg, Manz. [1. Bd. (XXXV und 498 S. mit 1 Stahlst.) 2. (XVI und 640 S.) 851—52. à Lfg. * $4\frac{1}{2}$ Ngr.] *
Vgl.: Stahlstiche.

—— die heiligen, des alten und neuen Testamentes, nach der Vulgata mit steter Vergleichung des Grundtextes übers. und erläutert von Valent. Loch und Wilh. Reischl. 14—21. Lfg. gr. 8. (A. T. 3. Bd. XXXIV und 666 S. und N. T. S. 1—48.) Regensburg 853. 54, Manz. à Lfg. * $4\frac{1}{2}$ Ngr. *
1—13. Lfg. Ebendas. 1851—52. * 1 Thlr. $28\frac{1}{2}$ Ngr.

—— die heiligen, des alten und neuen Testaments nach Dr. Mart. Luthers Uebersetzung. 2. Ster.-(Perl-)Ausg. Neuer Abdr. gr. 16. (1118 S.) Leipzig 854, K. Tauchnitz. *

—— die heiligen, des alten und neuen Testamentes, nach der Vulgata mit steter Vergleichung des Grundtextes übers. und erläutert von Valent. Loch und Wilh. Reischl. 22—29. Lfg. (Die heiligen Schriften des neuen Testamentes übers. und erläutert von Wilh. Reischl. 1—8. Lfg.) gr. 8. (S. 1—768.) Regensburg 857—62, Manz. à Lfg. * 5 Ngr. *
1—21. Lfg. Ebendas. 1851—54. * 3 Thlr. $4\frac{1}{2}$ Ngr.

—— die heiligen, des alten und neuen Testamentes, nach der Vulgata mit steter Vergleichung des Grundtextes übers. und erläut. von Valent. Loch und Wilh. Reischl. 30.—34. Lfg. (Die heil. Schriften des neuen Testamentes übers. und erlaut. von Wilh. Reischl. 9.—13. Lfg.) gr. 8. (XLVIII und S. 769—1215.) Regensburg 864—67, Manz. *
1.—29. Lfg. Ebendas. 1851—62. * 4 Thlr. $14\frac{1}{2}$ Ngr.

—— dass. — 1. Abthl.: Die heiligen Schriften des alten Testamentes. 2., genau durchgesch. und in den Erläuterungen sehr verm. Aufl. 1. Bd. gr. 8. (XLII und 560 S.) Ebendas. 867. *

—— die heiligen, des alten und neuen Testamentes nach der Vulgata mit steter Vergleichung des Grundtextes übersetzt und erläutert von Valent. Loch und Wilh. Reischl. 2. und 3. Abthl.: Die heiligen Schriften des alten Testaments. 2., genau durchgeseh. und in den Erläuterungen sehr verm. Aufl. 2. und 3. Bd. gr. 8. (XXVIII, 800; XL, 732 S.) Regensburg 869,70, Manz. à Bd. *M 5,20. *

Die hl. Schriften des Alten u. Neuen Testamentes mit abgekürzten Anmerkungen. Ausg. in 1 Bde. Druck mit Nonpareille=Schrift. Ebendas. 1880, gr. 8°, 1168 S., 6 Mk.

—— dass. — Nach der Vulgata mit steter Vergleichung des Grundtextes übers. und erläut. von Valentin Loch und Wilh. Reischl. Mit mehr als 900 (eingedr. Holzschn.-)Illustr. 84 Lfgn. oder 5 Bde. Lex.-8. Ebendas. 883—85. [Altes Testament: 1. Bd. (LI, 708 S.) *M 9,50., geb. *M 13.; 2. Bd. (XXVII, 803 S.) *M 10,50., geb. *M 14.; 3. Bd. (XXXVII, 545 S.) *M 7,50.; geb. *M 11. — Neues Testament: 4. Bd. (559 S.) *M 7., geb. *M 10,50.; 5. Bd. (XXVII, 554 S.) *M 7,50., geb. *M 11.]
à Lfg. * 50 Pf. * 42 —
geb. * 59 50

—— die heiligen, des alten und neuen Testamentes, nach der Vulgata mit steter Vergleichung des Grundtextes übers. und erläut. von Valentin Loch und Wilh. Reischl. 4 Bde. in 3 Thln. 3. Aufl. Lex.-8. (L, 991; XL, 835; XV, 517; XXVII, 530 S.) Regensburg 885, Manz. * 22 —
geb. in 3 Bde. * 27 —

—— die heiligen, des alten und neuen Testamentes, nach der Vulgata mit steter Vergleichung des Grundtextes übersetzt und erläutert von V. Loch und W. Reischl. 3. Aufl. 4 Bde. kl. 4. Regensburg 885, Verlags-Anstalt, vorm. Manz. *

Inhalt:
Bd. 1. I. Buch Moses. — Buch der Psalmen. (L, 991 S.) *M 7.—.
" 2. Das Buch der Sprüche. — II. Machabäer. (XL, 835 S.) *M 7.—.
" 3. 4. oder des neuen Testaments 1. und 2. Bd.: Das heil. Evangelium nach Matthäus. — Offenbarung Johannes. (XV, 517; XXVII, 530 S.) *M 8.—.

—— die heiligen, d. alten u. neuen Testamentes, nach der Vulgata übers. u. erläutert von V. Loch u. W. Reischl. Illustr. Volksausg. (Neue [Titel-] Ausg.) 84 Lfgn. (5 Bde.) (LI, 708; XXVII, 803; XXVII, 545; XV, 559 u. XXVII, 554 S.) 4. Regensburg (883—885) 896—897. Verlagsanstalt vorm. G. J. Manz. à Lfg. — 30

Schriften, Die heiligen, des Neuen Testaments.
s.a. Mutschelle, Seb.

Schriften, Die heiligen, des Neuen Testaments.

— dies. kl. 12. 15. (nach der 10. in kl. 8. revidirte) Aufl., von L. v. Eß. Taschenformat, mit stehender Nonparellleschrift. Ebend. ⅜ℛ Schreibp. ½ℛ Velinp. ⅔ℛ; in Partien bei dem Verleger ¼ℛ

— d. heil., d. neuen Testaments, übers. v. K. u. L. v. Eß. gr. 8. Sulzbach, Seidel. 810.

Die hl. Schriften des Neuen Testamentes. Übersetzt und erklärt von J. H. Kistemaker. Münster, Theissing, 1818—1823. 8°; 3. Aufl. 1845, 7 Bde, 248¼ Bogen, 9,50 Mk.
Recens. Katholik 1823, Bd. 7, S. 30—46; 1824, Bd. 14, S. 290—306; 1825, Bd. 17, S. 29 f.

Schriften, Die heiligen, des neuen Testaments, bearbeitet zur Beförderung ihrer segensreichen Benutzung . . . Zürich 1829. B: *Cramer, Joh. Jac.* (Cat. d. Stadtbibl. Zürich. Zürich 1864—97.)

—— die heil., d. neuen Testam., bearb. zur Beförderung ihrer segensr. Benutzung. Das Evangel. St. Matthäi. 1—4. Hft. gr. 8. (22¼ B.) Zürich 829—31, (Orell, Füßli u. Comp.) à

—— die heil., d. neuen Testam., übers., u. mit zugefügt. Sach-Parallelstellen u. grundtextl. Abweichungen neu revidirt v. Leander van Eß. 9., rechtmäß. (nach d. 10. in 8.) Aufl. mit steh. Schrift. 12. (20 B. Nonpar.-Schrift.) Sulzbach 829, 31, v. Seidel. 9 Gr., Schrbp. 12 Gr., Vlnp.

—— dies. 13. u. 14., rechtmäß. (nach d. 10. in 8.) Aufl. mit steh. Schrift. gr. 8. (24 B. Corpus-Schrift.) Ebds. 829, 31. 12 Gr., Schrbp. 20 Gr., Vlnp.

—— dies. 19. u. 20., rechtmäß. (nach d. 10. in 8.) Aufl. mit steh. Schrift. gr. 8. (32 B. Cicero-Schrift.) Ebds. 828, 31. 16 Gr., Schrbp. 1 Thlr. 8 Gr., Vlnp.

—— dies. 24., rechtmäß. Aufl. mit steh. Schrift. 8. (30 B. Petit-Schrift.) Ebds. 830. 8 Gr., Schrbp. 16 Gr., Vlnp.

— dass., übersetzt (ohne Anmerk.) von J. G. Kistemaker. 2e sorgfältig revidirte Ausg. 8. Münster 834. Theyssing. ½ℛ Velinp. ⅝ℛ — 3e Stereotyp-Ausg. 8. Ebd. 839. ⅜ℛ

— dies. des Neuen Testaments, übers. v. L. van Eß. Ausg. in Real-8. 18e Aufl. Sulzbach 840. v. Seidel. ½ℛ Schreibpap. [illegible] Velinp. 1⅝ℛ — dass. 27e Aufl. in 8. Ebd. 840. [illegible]

— die heiligen, des Neuen Testamentes, übersetzt u. mit zugefügten Parallelstellen und grundtextlichen Abweichungen neu revidirt von L. v. Eß. 28. Aufl. 8. Sulzbach 842, v. Seidel. Mit steh. Petitschrift, mit 13 Approbationen. Druckpap. ⅓ℛ Schreibpap. ⅔ℛ Velinp. 1⅓ℛ; in Partien bei dem Verleger 6¼ ngr

—— die heiligen, des neuen Testaments. Uebers. u. erklärt v. J. H. Kistemaker. 1. Bd.: Evangel. Matth. I—XIV., Mark. I—VI. 3., wohlf. Ausg. 1—5. Lfg. (Schluß des 1. Bds.) 8. (30 B.) Münster 841, Theissingsche Buchh. à

—— die heiligen, des neuen Testaments. Hrsg. v. d. Verf. des Tag des Herrn u. des christl. Familientempels. gr. 8. (12¾ B. m. 100 Kpfrn.) Augsburg 845, Schlosser's Buchh.

—— die heiligen, des neuen Testaments, übersetzt u. mit zugefügten Sach-Parallelstellen u. grundtextl. Abweichungen neu revidirt v. Leander van Eß. (18. Aufl.) 12. (19½ B.) Sulzbach 845, v. Seidel'sche Buchh.

—— dass. — Uebers. von J. H. Kistemaker. 7. Aufl. 32. (586 S.) Münster 848, Theissingsche Buchh. *

— die heiligen, d. Neuen Testamentes. Aus der Vulgata m. Bezug auf den Grundtext neu übers. u. m. kurzen Anmerkungen erläut. von Jos. Frz. Allioli. [Ster.-Ausg.] gr. 12. (957 S.) Landshut 849, Vogel. 1ℛ 21 ngr

— dies. Ster.-Ausg. m. 14 Stahlst. 4 Lfgn. gr. 8. (957 S.) Ebd. 849. (à 16 ngr) 2ℛ 4 ngr

— die heiligen des Neuen Testamentes. Uebers. v. J. H. Kistemaker. 7. Aufl. 32. (586 S.) Münster 849, Theissing. n. ⅓ℛ; in Leder geb. mit Goldschn. n. 7/12 ℛ

— die heiligen, des Neuen Testaments, übers. u. mit zugefügten Sach-Parallelstellen u. grundtextlichen Abweichungen von Leander van Eß. (Neue Ausg. in Petit-Schrift.) 8. (464 S.) Sulzbach 851, v. Seidel (jetzt: Regensburg, Pustet). ⅓ℛ

— die heiligen, des neuen Testaments. Uebers. von J. H. Kistemaker. 10. Aufl. 32. (586 S.) Münster 853, Theissing-sche Buchh.

Schriften, die heiligen, des Neuen Testamentes. Aus der Vulgata mit Bezug auf den Grundtext neu übersetzt und mit kurzen Anmerkungen erläutert von Jos. Frz. Allioli. Stereot.-Ausg. München 860. v. Vogel. gr. 8. (VIII, 957 S.) n. 1 ℛ︀ 6 ngr.

Schriften, die heiligen, des Neuen Testaments, aus der griech. Ausg. von Aug. Hahn (Leipzig 1840) übers. von J. G. Hofmann. Breslau 867. Maruschke & Berendt. gr. 8. (XLVI, 411 S.) n. 1 ℛ︀ 10 ngr.

— die heiligen, des Neuen Testamentes. Nach der Vulgata übers. u. hersg. von Wilh. Reischl. Regensburg 869. Manz. 16. (IV, 492 S.) n. 12 ngr.

Schriften, Die heiligen, des Neuen Testaments zum Gebrauch für die Badischen Schulen. Neue Ausg. Mannheim 1829. Ü: *Brunner, Ph. Joseph.* (Th)

— die heiligen, des Neuen Testaments zum Gebrauche d. kathol. Stadt- u. Landschulen. 8. Ebend. 815.

— — dass. übersetzt von Karl u. Leander van Eß. Neue mit grober Schrift veranstalt. Ausgabe. gr. 8. Sulzb. Seidel. 812.

Schriften des kaufmännischen Hilfsvereins (4 ff.: des kaufmänn. Verbandes) für weibliche Angestellte (4 ff.: E. V.) No 1-11. [Mehr nicht ersch.] Berlin 1901-15: (Chasté.) 8°

1. Silbermann, J[osef]: Für die freien Hilfskassen. 1901.
2. Schurter, Joh[ann]: Die kaufmänn. Vereine f. weibl. Angestellte. 1902.
3. [Silbermann, Josef:] Fortbildungsschulzwang f. jugendl. weibl. Handlungsgehilfen .. 1903.
4. Schneider, Franz: Die Frauenfrage i. Handelsgewerbe. 1904.
5. 15 Jahre sozialer Arbeit. Verwaltungsbericht ... 1905.
5a [vielm. 6a]. Köhler, Anna: Üb. d. private Handelsschulwesen. 1906.
6b. Silbermann, J[osef]: Prakt. Lehre u. theoret. Fachbildung... 1907.
7. Mleinek, Klara: Die Arbeitszeit in den Kontoren. 1907.
8. Gadesmann, Meta: Die Frau als kaufmänn. Angestellte. 1910/11.
9. Neubauer, S[amuel]: Lehrplan f. Verkäuferinnenklassen ... 1912.
[10.] Kempf, Rosa: Berufswahl u. Berufsbildung. 1912.
11. Silbermann, Josef: D. Verdrängung v. Männerarbeit durch Frauenarb. 1915.

— des kaufmännischen Hilfsvereins für weibliche Angestellte zu Berlin. Nr. 1—3. gr. 8. Berlin (C., Seydelstr. 20). Kaufmänn. Hilfsverein f. weibl. Angestellte. 1 05
1. Für die freien Hilfskassen. Eine Verteidigungsschrift. Von J. Silbermann. (16 S.) 901. — 15
2. Die kaufmännischen Vereine f. weibliche Angestellte in Deutschland. Von Joh. Schurter. (56 S. m. 2 Formularen.) 902. — 75
3. Fortbildungsschulzwang f. jugendliche weibliche Handlungsgehilfen u. Lehrlinge. Mit e. Anh., enth. Aeußergn. des Geh. Oberregierungsrats Simon, des Stadtrats Sombart, der Handelskammer zu Düsseldorf, ferner Eingaben der kaufmännischen Vereine für weibliche Angestellte an den Reichstag, sowie Gesuche der Handlungsgehilfinnen-Vereine zu Frankfurt a. M. u. Berlin an die Stadtverwaltgn. (24 S.) 903. — 15

— d. Hippokratischen, s. Hippocratis.

— histor.-geograph.-statistische. 3 Bde. 8. Dessau 784. Gelehrt.-B. 2 ℛ︀ 16 ℊ︀.

Schriften. Historisch-politische. 1. Th. Ueber das Gleichgewicht der Macht bei den alten und neuen Staaten. 2. Th. Ueber den Geist des Zeitalters und die Gewalt der öffentlichen Meinung. 3. Th. Ueber die Republiken des Alterthums. (3 Bde.) 8. Leipzig 1806.

— histor.-politische. 3 Thle. 8. Leipz. 806. Gr. Fleischer. 3 ℛ︀

Schriften der Münchner Hochschulzeitung. Nr. 1. 8. München, M. Steinebach. — 30
Die Verbesserung des akademischen Ehrenschutzes. Von Karl Amira. (24 S.) 908.

SCHRIFTEN DES FREIEN DEUTSCHEN HOCHSTIFTES.
[I.] Ägyptisch und Indogermanisch. Vorlesung in der Abteilung für Sprachwissenschaft des Freien Deutschen Hochstiftes, gehalten von CARL ABEL. 2. verm. Aufl. Frankfurt a. M. 1890. Druck und Verlag von Gebruder Knauer. 8°
[II.] Franz Grillparzer. Eine Charakteristik. Von MAX KOCH. ib. 1891. —
[III.] Haushaltungs-Budget eines Arbeiters der Königl. Staats-Eisenbahn-Werkstätte in Frankfurt a. M. Aufgenommen und bearbeitet von ADOLPH BAUMANN. ib. 1890. —
[IV.] Frankfurter Arbeiterbudgets. Haushaltungsrechnungen eines Arbeiters einer Königl. Staats-Eisenbahnwerkstätte, eines Arbeiters einer chemischen Fabrik und eines Aushilfearbeiters. Veröffentlicht und erläutert von Mitgliedern der Volkswirtschaftlichen Sektion des Freien Deutschen Hochstiftes. Bevorwortet im Auftrage der Sektion von KARL FLESCH. ib. 1890. —
[V.] Arbeitslosigkeit und Arbeitsvermittlung in Industrie- und Handelsstädten. Bericht über den am 8. und 9. Oktober 1893 vom Freien Deutschen Hochstift zu Frankfurt am Main veranstalteten sozialen Kongress. Berlin 1894. Otto Liebmann. 8°.

SCHRIFTEN DES FREIEN DEUTSCHEN HOCHSTIFTES IN FRANKFURT A. M.
VII.[1]) Weimar 1896. Hermann Böhlaus Nachfolger. — A. u. d. T.: Goethes Briefwechsel mit Antonie Brentano 1814—1821. Herausgegeben von RUDOLF JUNG. (Mit Tafeln.) ib. 1896. —

SCHRIFTEN DES FREIEN DEUTSCHEN HOCHSTIFTS.
VIII. Zur Lage der Arbeiter im Schneider- und Schuhmachergewerbe in Frankfurt a. M. Veröffentlicht von Mitgliedern der Volkswirtschaftlichen Sektion, herausgegeben von PH. STEIN, eingeleitet namens der Sektion von FLESCH. Frankfurt a. M. (1897.) Gebrüder Knauer.
IX. ib. 1897. Joseph Baer & Co. — A. u. d. T.: Frankfurter Privatrecht, im Auftrage der Juristischen Sektion des Freien Deutschen Hochstifts in Frankfurt a. M. herausgegeben von PAUL NEUMANN und ERNST LEVI. ib. 1897. —

[1]) SCHRIFTEN ... VI habe ich nicht einsehen können.

— d. schwäbischen Höhlenvereins. Nr. 1. 8. Stuttgart 893. (W. Kohlhammer.) n. — 60
Ueber d. Bau d. Höhlen d. schwäbischen Albgebirges im allgem. u. üb. d. Bau d. Gutenberger Höhle im besond. E. geolog. Führer durch die Gutenberger Höhle. Von K. Endriß. (42 S. m. 2 Abb.)

Schriften, J. C. T. des Deutsch Franços, Kanss Complett mit den zweiten Theil vermehrt. Nürnberg 1772. V: *Trömer, Johann Christian.* (GGr)

Schriften d. Instituts für Auslandskunde und Auslanddeutschtum. Vgl. auch: Deutsche Kultur in der Welt. Jg. 6. S. 9—18 UBT, UBG, STBM

— herausg. vom Institut zur Förderung der israelitischen Literatur unter der Leitung von Ludw. Philippson, Adph. Jellinek u. J. M. Jost. 3. Jahr. (1. Mai 1857 — 1. Mai 1858.) Leipzig. (Leiner.) Jeder Jahrg. für die Abonnenten nn. 2 ℛ.
Inhalt:
Geschichte des Judenthums und seiner Sekten. Von J. M. Jost. 2. Abth. 4. u. 5. Buch. Leipzig 858. Dorffling u. Franke. gr. 8. (XVI, 463 S.) Einzeln n. 2 ℛ. 4 ngr.
Emek habacha von R. Joseph ha Cohen. Aus dem Hebr. ins Deutsche übertr., mit e. Vorw., Noten u. Registern versehen u. mit hebr. handschriftl. Beilagen bereichert von M. Wiener. (Bibliothek jüdischer Chroniken und Reisewerke in Uebersetzungen und mit Noten. 1. Bd.) Leipzig 858. Leiner. gr. 8. (XI, X, 226 S. u. 24 S. hebr. Text.)
R. Sabbathai Bassista u. sein Prozeß. Nach gedruckten und ungedruckten Quellen. Von Ludw. Oelsner. Ebend. 858. 8. (44 S.)
Saron. 2., gänzl. umgestaltete u. verm. Ausg. (3. Bd.) 2. Thl. Dichtungen in metr. Form. 1. Bd. Dramatisches. Das Ich, ein Lehrgedicht. Anhang. Von L. Philippson. Ebend. 858. 8. (VII, 390 S.)
Nach Jerusalem! Von Ludw. Aug. Frankl. 1. Thl. Griechenland, Kleinasien, Syrien. — 2. Thl. Palästina. Leipzig 858. Baumgärtner. 8. (IX, 441; VIII, 516 S.) Einzeln 2 ℛ. 18 ngr.

—— hrsg. vom Institut zur Förderung der israelitischen Literatur unter Leitung von Ludw. Philippson, A. M. Goldschmidt, L. Herzfeld. 16.—18. Jahrg. 1870—71. 4 Bde., 1871—72. 5 Bde. und 1872—73. 4 Bde. gr. 8. Leipzig, Leiner. à Jahrg.
Inhalt:
16. Jahrg. Herzfeld, L., Schluß der Geschichte des Volkes Israel. (S. 321—526.) — Löw, Leop., Beiträge zur jüd. Alterthumskunde. 1. Bd.: Graphische Requisiten und Erzeugnisse bei den Juden. 2. Lfg. (190 S.) — Munk, S., Palästina, geograph., histor. und archäolog. Beschreibung dieses Landes und kurze Geschichte seiner hebr. und jüd. Bewohner. Nach dem Französ. Bearb. von M. A. Levy. 1. Bd. (XIV, S. 1—320.) — Wassermann, M., Judah Touro. Biographischer Roman. (276 S.)

Schriften, hrsg. vom Institut zur Förderung der israelitischen Literatur &c.
17. Jahrg. Bibliothek der griechischen und römischen Schriftsteller über Judenthum und Juden in neuen Uebertragungen und Sammlungen. 4. Bd. (208 S.) — Cassel, David, Geschichte der jüdischen Literatur. 1. Abthl.: Die bibl. Literatur. 1. Abschnitt: Die poet. Literatur. (IV, 322 S.) — Honigmann, D., das Grab in Sabbioneta. Geschichtliche Novelle. (182 S.) — Munk, S., Palästina, geograph., histor. und archäolog. Beschreibung dieses Landes und kurze Geschichte seiner hebr. und jüd. Bewohner. Nach dem Französ. Bearb. von M. A. Levy. 2. Bd. (IV, S. 321—500.) — Philippson, Ludw., an den Strömen durch drei Jahrtausende. Erzählungen. Erste Erzählung. (VIII, 104 S.)
18. " Cassel, David, Geschichte der jüdischen Literatur. 1. Abthl.: Die bibl. Literatur. 2. Abschnitt: Die prophet. Literatur. (397 S.) — Levy, Ant., die Exegese bei den französischen Israeliten vom 10. bis 14. Jahrh. (94 S.) — Philippson, Ludw., die Entwickelung der religiösen Idee im Judenthume, Christenthume und Islam und die Religion der Gesellschaft. Vorlesungen. 2. verb. Aufl. (371 S.) — Philippson, Ludw., an den Strömen, durch drei Jahrtausende. Erzählungen. Zweite Erzählung. (127 S.)

— des Institutum Delitzschianum zu Leipzig. 1. u. 2. Heft. gr. 8. Leipzig, J. C. Hinrichs' Verl. 2. 70
1. Hellenismus u. Judentum im neutestamentlichen Zeitalter. Von Paul Krüger. Mit e. Geleitswort v. Rud. Kittel. (47 S.) 908. 1. 20
2. Die Geschichte der Juden in Palästina seit dem J. 70 nach Chr. Eine Skizze. Von G. Hölscher. (64 S.) 909. 1. 50

—— des Institutum Judaicum in Berlin. Nr. 1: Jüdisches Fremdenrecht, antisemitische Polemik und jüdische Apologetik. Krit. Blätter für Antisemiten und Juden von Gust. Marx. [Erweiterter Sonderabdr. aus „Nathanel".] gr. 8. (III, 80 S.) [Karlsruhe 886.] Berlin, Reuther's Verlag. *

—— dass. — Nr. 2: Einleitung in den Thalmud von Herm. L. Strack. gr. 8. (76 S.) Leipzig 887, Hinrichs'sche Buchh., Verlag. *
Aus: Real-Encyklopädie für protestantische Theologie und Kirche, besonders abgedruckt.

—— dass. — Nr. 3—6. gr. 8. Berlin 888, Reuther's Verlag. *
Inhalt:
Nr. 3. Strack, Herm. L., Joma, der Mischnatraktat „Versöhnungstag". (40 S.) * 80 Pf.
" 4. Dalman, G. H., der leidende und der sterbende Messias der Synagoge im ersten nachchristlichen Jahrtausend. (IV, 100 S.) * ℳ 2.—.
" 5. 'Aboda Zara. Der Mischnatraktat „Götzendienst" hrsg. und erklärt von Herm. L. Strack. (36 S.) * 80 Pf.
" 6. Die Sprüche der Väter. Ein eth. Mischna-Traktat, hrsg. und erklärt von Herm. L. Strack. 2. wesentl. verb. Aufl. (66 S.) * ℳ 1.20.

—— des Institutum Judaicum in Berlin. Nr. 7 u. 8. gr. 8. Lpz. 890, Hinrichs' Verlag. * 2 25
7. Schabbâth. Der Mischnatraktat „Sabbath", hrsg. u. erklärt v. Herm. L. Strack. (76 S.) * 1 30.
8. Becker, Wilh. Immanuel Tremellius. Ein Proselytenleben im Zeitalter der Reformation. 2. veränd. Aufl. (IV, 60 S.) * — 75.

—— dass. — Nr. 9, 2. u. 3. Bd., Nr. 10 u. 11. gr. 8. Berl., Reuther u. Reichard. * 16 45
9. Roi, J. F. A. de le. Die evangelische Christenheit u. die Juden, unter dem Gesichtspunkte der Mission geschichtlich betrachtet. 2. Bd.: Die evangel. Christenheit u. die Juden in der Zeit d. Zwiespalts in der christl. Lebensanschaug. unter den Völkern. A. 2. Hälfte d. 18. Jahrh. Das europäische Festland währ. d. 19. Jahrh. (VIII, 354 S.) 891. * 5 80. — 3. Bd.: Die evangel. Christenheit u. die Juden in der Zeit d. Zwiespalts in der christl. Lebensanschaug. unter den Völkern. B. Grossbritannien u. die aussereurop. Länder während d. 19. Jahrh. Nachträge u. Register zum ganzen Werke. (VI, 453 S.) 892. * 7 50.
Nr. 9, 1. Bd. [Karlsr. 1884, Reuther.] Berl., Reuther u. Reichard u. d. T.: Roi, J. F. A. de le. Die evangel. Christenheit u. die Juden etc. 1. Bd. * 7 —. — Nr. 9 compl. * 17 50.
10. Laible, Heinr. Jesus Christus im Thalmud. Mit e. Anh.: Die thalmud. Texte: mitgeteilt v. Gust. Dalman. (VI, 96, 19 S.) 891. * 2 40.
11. Was sagt der Thalmud üb. Jesum? Beantwortet durch Mitteilg. d. uncensierten Grundtextes der thalmud. Ausgaben v. Gustaf H. Dalman. (19 S.) 891. * — 75.

—— dass. — Nr. 12 u. 13. gr. 8. Berl. 891, Evangel. Vereins-Buchh. * 2 50
12. Jüdisch-deutsche Volkslieder aus Galizien u. Russland hrsg. v. Gustaf H. Dalman. 2. (Titel-) Ausg. (VIII, 74 S.) * 1 50.
13. Jesaja 53, das Prophetenwort vom Sühnleiden d. Heilsmittlers, m. besond. Berücksicht. der synagogalen Litteratur erörtert v. Gustaf H. Dalman. 2. (Titel-) Ausg. (IV, 55 S.) * 1 —.

—— dass. — Nr. 14. gr. 8. Münch., Beck. * 1 —
14. Strack, Herm. L. Der Blutaberglaube bei Christen u. Juden. 1.—3. Abdr. (VI, 59 S.) 891.
4. Aufl. u. d. T.:
—— Der Blutaberglaube in der Menschheit, Blutmorde u. Blutritus. Zugleich e. Antwort auf die Herausforderg. d. „Osservatore Cattolico". 4. neu bearb. Aufl. 6.—9. Taus. (XII, 155 S.) 892. * 2 —.

— dasselbe. Nr. 15. gr. 8. Berlin 893. H. Walther. n. — 40
Die Juden, dürfen sie „Verbrecher v. Religions wegen" genannt werden? Aktenstücke, zugleich als e. Beitrag zur Kennzeichng. der Gerechtigkeitspflege in Preußen, gesammelt v. Herm. L. Strack. 1.—4. Taus. (30 S.)

— dasselbe. Nr. 16. gr. 8. Berlin 893. Evangel. Vereinsbuchh. n. — 80
Ferdinand Wilhelm Becker. Eine Heldengestalt in der Judenmission d. 19. Jahrh. Von W. Becker. (72 S.)

— dasselbe. Nr. 17. Lex.-8. Leipzig 893. J. H. Robolsky. 1. 20
Jüdische Melodien aus Galizien u. Russland. Zum ersten Mal aufgezeichnet u. unter Mitwirkg. v. Halfdan Jebe hrsg. v. G. D(alman). (16 S.)

— dasselbe. Nr. 18. gr. 8. Berlin 893. Reuther & Reichard. n. 2. 40
Kurzgefaßtes Handbuch der Mission unter Israel. Von Gustaf H. Dalman. Mit Beiträgen v. P. E. Gottheil u. R. Bieling. [Aus: „Nathanael".] (IV, 143 S.)

— dasselbe. Nr. 19. 8. Leipzig 894. J. C. Hinrichs' Verl. n. 1. —; geb. n. 1. 50
Christus u. die Schrift. Von Adph. Saphir. Aus dem Engl. von J. v. Lancizolle. Bevorwortet v. Kögel u. Frz. Delitzsch. 4. Aufl. Mit e. Skizze seines Lebens. (XIV, 137 S.)

— des Institutum judaicum in Berlin. Nr. 2. gr. 8. Leipzig 894. J. C. Hinrichs' Verl. n. 2. 50
Einleitung in den Thalmud v. Herm. L. Strack. 2., teilweise neu bearb. Aufl. (VIII, 135 S.)

— d. Institutum judaicum in Berlin. Nr. 20. gr. 8. Berlin 895. Leipzig, J. C. Hinrichs' Verl. n. — 75
Friedrich Haubeß 1797—1838. E. Zeuge d. Herrn unt. Israel. Zumeist nach s. Tagebüchern u. Briefen geschildert v. Rich. Bieling. (56 S.)

Schriften d. Institutum judaicum in Berlin. Nr. 22. 8. Gütersloh 897. C. Bertelsmann. n. 3. —; geb. n. 3. 60
Michael Solomon Alexander, der erste evangelische Bischof in Jerusalem. Ein Beitrag zur oriental. Frage. Von J. F. A. de le Roi. (VII, 230 S. m. 1 Bildn.)
Nr. 21 erschien nur als Einzeltitel: Roi, J. F. A. de le, Ferd. Christ. Ewald. 896.

— dasselbe. Nr. 23 u. 24. gr. 8. Leipzig 898. J. C. Hinrichs' Verl. n. 2. —
23. Der Erlöser u. Erretter. Leben, Thaten u. Lehren des Messias Jeschua. Von Hananias Berliner (G. M. Loewen). (In jüdisch-deutscher Sprache u. hebr. Schrift.) (III, 123 S.) n. 1. 50
24. Christentum u. Judentum. Von Gust. Dalman. (29 S.) n. — 50

Schriften des Institutum Judaicum in Berlin. Nr. 2, 6, 9 u. 10. gr. 8. Leipzig, J. C. Hinrichs' Verlag. n. 17. 10
2. Einleitg. in den Thalmud. Von Herm. L. Strack. 3. Aufl. (Anastatischer Neudr. m. Nachträgen.) (VI, 128 S.) 900. n. 2. 50
6. Die Sprüche der Väter (Pirqê Abôth). Ein eth. Mischna-Traktat. Hrsg. u. erklärt von Herm. L. Strack. 3., wesentlich verb. Aufl. (58 S.) 901. n. 1. 20
9. Geschichte der evangelischen Judenmission seit Entstehung des neueren Judentums. Von J. F. A. de le Roi. 2 Tle. in 1 Bd. 2. [Titel-]Ausg. (v. „Die evang. Christenheit u. die Juden 2. u. 3. Bd.") (VI, 354 u. 454 S.) (891. 892.) 899. n. 11. —
10. Jesus Christus im Thalmud. Von Heinr. Laible. Mit e. Anh.: Die thalmud. Texte, mitgeteilt v. Gust. Dalman. 2. Aufl. (Anastatischer Neudr.) (VI, 96 u. 19 S.) 900. n. 2. 40

— dasselbe. Nr. 25—30. gr. 8. Leipzig, J. C. Hinrichs' Verlag. n. 5. 95
25. Das Schächten. (Das rituelle Schlachten bei den Juden.) Von Fdr. Weichmann. Mit e. Vorwort von Herm. L. Strack. (48 S.) 899. n. — 60
26. Isaak da Costa, der holländische Christ u. Dichter aus Israel. Von Joh. de le Roi. [Aus „Nathanael".] (42 S.) 899. n. — 60
27. Judentaufen im 19. Jahrh. Ein statist. Versuch. Von Joh. de le Roi. [Aus: „Nathanael".] (56 S.) 899. n. — 75
28. Sind die Juden Verbrecher von Religionswegen? 1. Der Fleischbeschauungs-Ritus. 2. Jüdische Geheimschriften u. jüd. Sekten. 3. Die Sittenlehre des Judentums der Gegenwart. Von Herm. L. Strack. [Aus: „Nathanael".] (38 S.) 900. n. — 50
29. Protokolle der in Köln a. Rh. vom 6. bis zum 9. X. 1900 abgeh. allgemeinen Missionskonferenz f. die Arbeit der evang. Kirche an Israel. (99 S.) 901. n. 1. 50
30. Das gottesdienstliche Jahr bei den Juden. Von Thdr. Schärf. [Aus: „Nathanael".] (142 S.) 902. n. 2. —

— dasselbe. Nr. 14. gr. 8. München, C. H. Beck. n. 2. 50
Das Blut im Glauben u. Aberglauben der Menschheit. Mit besond. Berücksicht. der „Volksmedizin" u. des „jüd. Blutritus". Von Herm. L. Strack. 8. Aufl. 18.—19. Taus. (Neubearbeitg. der Schrift „Der Blutaberglaube".) (XVI, 206 S.) 900. n. 2. 50

Schriften des Institutum Judaicum in Berlin. Nr. 31. gr. 8. Leipzig, A. Deichert Nachf. n. 1. 60
31. Jesus', des Sohnes Sirachs, Sprüche. Der jüngst gefundene hebr. Text m. Anmerkgn. u. Wörterbuch hrsg. v. Herm. L. Strack. (VI, 74 S.) 903. n. 1. 50

— dasselbe. Nr. 3 u. 32—36. gr. 8. Leipzig, J. C. Hinrichs' Verl. n. 8. —
3. Joma. Der Mischnatraktat „Versöhnungstag". Hrsg. u. erklärt von Herm. L. Strack. 2., neubearb. Aufl. (39 S.) 904. n. — 80
32. Zinzendorf u. Lieberkühn. Studien zur Geschichte der Judenmission. Von Gust. Dalman u. Adf. Schulze. (102 S.) 903. n. 1. 40
33. Jesus u. die Rabbinen. Jesu Bergpredigt u. „Himmelreich" in ihrer Unabhängigkeit vom Rabbinismus dargestellt. Von Erich Bischoff. (VI, 114 S.) 905. n. 2. 20; geb. n. 3. —
34. Noomi od. die letzten Tage von Jerusalem. Von Annie Webb-Peploe. Aus dem Engl. (In hebr. Sprache.) (VIII, 326 S. m. Bildnis.) 905. n. 2. 50
35. Rudolf Hermann Gurland. Von Joh. de le Roi. Mit e. Bilde Gurlands. [Aus: „Nathanael".] (70 S.) 906. n. — 80
36. Das Wesen des Judentums. Vortrag, geh. auf der internationalen Konferenz für Judenmission zu Amsterdam. Von Herm. L. Strack. (23 S.) 906. n. — 30

— des Institutum Judaicum in Berlin. Hrsg. v. Herm. L. Strack. Nr. 2. 5 u. 37—39. gr. 8. Ebd. 10. 45
'Aboda Zara, der Mišnatraktat „Götzendienst". Hrsg. v. Herm. L. Strack. 2., neubearb. Aufl. m. deutscher Übersetzg. (20 u. 31 S.) 909. (Nr. 5.) 1. 10
Roi, Joh. de le, neujüdische Stimmen üb. Jesum Christum. Gesammelt. (Mit Benutzung e. gleichbetitelten Aufsatzes in H. Strack's Nathanael [Berlin 1902].) (54 S.) 910. (Nr. 39.) — 75
Sanhedrin-Makkoth, die Mišnatraktate üb. Strafrecht u. Gerichtsverfahren. Nach Handschriften u. alten Drucken hrsg., übers. u. erläutert v. Herm. L. Strack. (56 u. 60 S.) 910. (Nr. 38.) 2. 40
Strack, Herm. L., Einleitung in den Talmud. 4., neubearb. Aufl. (VIII, 182 S.) 908. (Nr. 2.) 3. 20; geb. in Leinw. 4. —
— Jesus, die Häretiker u. die Christen nach den ältesten jüdischen Angaben. Texte, Übersetzg. u. Erläutergn. (88 u. 40 S.) 910. (Nr. 37.) 3. —
Auch die Nrn. 21 u. 22 (KBI. 30) sind in obigen Verlag übergegangen.

—— des Institutum judaicum in Leipzig. Nr. 1—4. gr. 8. Leipzig 884, (Buchh. des Vereinshauses.) * 1 90
Inhalt:
Nr. 1. Wesselhöft, E., Herschel-Augusti. Eine abenteuerl., wunderl. und doch durchaus wahre Geschichte. (47 S.) * 30 Pf.
" 2. Israel Pick. Bekenntnisse aus der Tiefe eines jüd. Herzens. Mit Erläuterungen von Frz. Delitzsch. (31 S.) * 30 Pf.
" 3. „Ganz Israel wird selig werden." Ein Geheimnis. Nach dem Engl. des Adph. Saphir von Wilh. Hochbaum. Bevorwortet von Frz. Delitzsch. (27 S.) * 30 Pf.
" 4. Delitzsch, Frz., Documente der nationaljüdischen christgläubigen Bewegung in Südrussland. Im Original und deutscher Uebersetzung mitgetheilt. (VI, 44, 24 S.) * ℳ 1.

—— des Institutum Judaicum in Leipzig. Nr. 1: Herschel-Augusti. Eine abenteuerl., wunderl. und doch durchaus wahre Geschichte. 2. Aufl., neu bearb. von Wilh. Faber. gr. 8. (47 S.) Leipzig 885, [Dörffling und Franke.] Akadem. Buchh. W. Faber. *

—— dass. — Nr. 2: Israel Pick. Bekenntnisse aus der Tiefe eines jüd. Herzens. Mit Erläuterungen von Frz. Delitzsch. 2. erweit. Aufl. gr. 8. (40 S.) [Erlangen 885, Deichert'sche Verlagsb. Nachf.] Leipzig, Akadem. Buchh. W. Faber.

—— dass. — Nr. 3: Adph. Saphir. „Ganz Israel wird selig werden", ein Geheimnis. Nach dem Englischen von Wilh. Hochbaum. Bevorwortet von Frz. Delitzsch. 2. erweit. Aufl. gr. 8. (28 S.) Leipzig 885, [Dörffling und Franke.] Akadem. Buchh. W. Faber. *

—— dass. — Nr. 4 und 5. gr. 8. [Erlangen 885, Deichert'sche Verlagsb. Nachf.] Leipzig, Akadem. Buchh. W. Faber. *
Inhalt:
Nr. 4. Documente der national-jüdischen christgläubigen Bewegung in Südrussland. Im Original und deutscher Uebersetzung mitgetheilt von Frz. Delitzsch. 2. revid. Aufl. des deutschen Theils. (VIII, 44 S.) * 40 Pf.
" 5. Fortgesetzte Documente der national-jüdischen christgläubigen Bewegung in Südrussland. Mitgeteilt von Frz. Delitzsch. Nebst Aufruf zur Herstellung eines Bethauses für die Christgläubigen aus Israel in Kischinow. (40 S.) 50 Pf.

—— dass. — Nr. 6—16. gr. 8. Leipzig, [Dörffling und Franke.] Akadem. Buchh. W. Faber. *
Inhalt:
Nr. 6. Die Tötung Ungläubiger nach talmudisch-rabbinischem Recht. Quellenmässig dargestellt von Gustaf Marx. (48 S.) 885. * 80 Pf.
" 7. Delitzsch, Frz., die Bibel und der Wein. Ein Thirza-Vortrag. (18 S.) 885. * 40 Pf.
" 8. —— der Messias als Versöhner. Eine bibl. Untersuchung. (32 S.) 885. * 40 Pf.

Schriften des Institutum Judaicum in Leipzig &c.

Nr. 9. Rabinowitsch, Jos., zwei Predigten, in dem Gotteshause Bethlehem in Kischinew gehalten. (32 S.) 885. * 40 Pf.
" 10. Heynemann, Sigismund Sußmann, zwei Briefe eines jüdischen Getauften. Geschrieben. (46 S.) 886. * 40 Pf.
" 11. Redet mit Jerusalem freundlich! Nachrichten über das Seminar des Institutum Judaicum zu Leipzig. Gegengabe des Dankes an die Freunde und Förderer der Anstalt. (54 S.) 887. * 40 Pf.
" 12—15. Flad, J. M., zwölf Jahre in Abessinien oder Geschichte des Königs Theodorus II. und der Mission unter seiner Regierung. 2 Tle. (91; 79 S. mit 1 Bild des Königs Theodor und 1 Nachbildung eines Briefes des Königs Johann von Abessinien.) 887. à Tl. * 80 Pf.
" 16. Rabinowitsch, Jos., neue Documente der südrussischen Christentumsbewegung. Selbstbiographie und Predigten. Hrsg. von Frz. Delitzsch. (X, 54 S.) 887. * 40 Pf.

—— dass. — Nr. 17—21. gr. 8. Leipzig 888, Akadem. Buchh. W. Faber. *

Inhalt:

Nr. 17. Anacker, Friedr. Heinr., das rechte Verhalten der Christenheit gegen Israel. Ein Mahnwort. Mit seinem Bilde und einigen seiner Lieder als Zeichen dankbarer Erinnerung hrsg. (34 S. mit eingedr. Holzschn.) *M 1.50.
" 18. 19. Delitzsch, Frz., ernste Fragen an die Gebildeten jüdischer Religion. (72 S.) *M 1.—.
Vgl.: Weissmann, Arth. S., ernste Antworten auf ernste Fragen.
" 20. 21. Dalman, Gustaf Herm., jüdischdeutsche Volkslieder aus Galizien und Russland. (VIII, 74 S.) *M 1.50.

—— dass. — II. Serie. Nr. 1: Die Lehren des Talmud, quellenmässig, systemat. und gemeinverständl. dargestellt von Ferd. Weber. Nach des Verf. Tode hrsg. von Frz. Delitzsch und Geo. Schnedermann. [Titel-Ausg. von „System der altsynagogalen palästinischen Theologie".] gr. 8. (XXXIV, 399 S.) Leipzig 886, [Dörffling und Franke.] Akadem. Buchh. W. Faber. *

—— des Institutum Judaicum zu Leipzig. Nr. 18, 19, 22—34. gr. 8. Lpz., Akadem. Buchh. * 10 20
18. 19. Delitzsch, Frz. Ernste Fragen an die Gebildeten jüdischer Religion. 2. Ster.-Aufl. (68 S.) 890. * 1 —.
22. —— Sind die Juden wirklich das auserwählte Volk? Ein Beitrag zur Lichtung der Judenfrage. (61 S.) 889. * 1 —.
23. Saphir, Ad. Wer ist der Apostat? Eine Pesachgeschichte. Autoris. Ausg. (40 S.) 889. * 1 —.
24. Schulze, Ludw. August Neander. Ein Gedenkblatt f. Israel u. die Kirche. (III, 64 S.) 890. * 1 —.
25. Jesaja 53, das Prophetenwort vom Sühnleiden d. Heilsmittlers, m. besond. Berücksicht. der synagogalen Litteratur erläutert v. Gustaf H. Dalman. (IV, 56 S.) 890. * 1 —.
26. Rocholl. Zur Weltstellung d. israelitischen Volkes. Ein Vortrag. (15 S.) 890. * — 40.
27. Eine Uebersetzungsarbeit v. 52 Jahren. Aeusserungen d. weil. Prof. Frz. Delitzsch üb. sein hebr. Neues Testament, f. die Förderer seiner Verbreitg. zusammengestellt. (40 S. m. Portr.) 891. * — 50.
28. Sturm, Jul. Neue Harfenklänge f. Israel. Jüdische Poesien. (79 S. m. Portr.) 891. * 1 —.
29. Faber, Wilh. Der Kampf d. Lichtes m. der Finsternis unter den Juden Osteuropas. Beobachtungen u. Erlebnisse. (31 S.) 891. * — 30.
30. Seeberg, Rhold. Hermann v. Scheda. Ein jüd. Proselyt d. 12. Jahrh. (50 S.) 891. * 1 —.
31. Horning, Wilh. Magister Elias Schadäus, Pfarrer an der Alt-St.-Peterkirche, Professor der Theologie u. Münsterprediger zu Straßburg. Beitrag zur Geschichte der luther. Judenmission in Straßburg [16. Jahrh.]. (25 S.) 892. * — 40.
32. Delitzsch, Frz. Missionsvorträge. Gesammelt aus: „Saat auf Hoffnung". (32 S.) 892. * — 40.
33. 34. Judenmissions-Tractate d. M. Elias Schadäus (Pfarrer an Alt-St.-Peter, Prof. der Theol. u. Münsterprediger zu Straßburg, † 1593). (IV, 65 S.) 892. * 1 20.

— des Institutum judaicum in Leipzig. Nr. 27—42. gr. 8. Leipzig, Verlag der Akad. Buchhandlg. (W. Faber). n. 9. 80
27. Eine Uebersetzungsarbeit v. 52 Jahren. Aeusserungen v. Frz. Delitzsch üb. sein hebr. Neues Testament, f. die Förderer seiner Verbreitg. zusammengestellt. (40 S. m. Portr.) 891. n. — 50
28. Neue Harfenklänge f. Israel. Jüdische Poesien v. Jul. Sturm. (79 S. m. Portr.) 891. n. 1. —
29. Der Kampf d. Lichtes m. der Finsternis unter den Juden Osteuropa's. Beobachtungen u. Erlebnisse v. Wilh. Faber. (31 S.) 891. n. — 30
30. Hermann v. Scheda. Ein jüd. Proselyt d. 12. Jahrh. v. Rhold. Seeberg. (50 S.) 891. n. 1. —
31. Magister Elias Schadäus, Pfarrer an der Alt-St.-Peterkirche, Professor der Theologie u. Münsterprediger zu Straßburg. Beitrag zur Geschichte der luther. Judenmission in Straßburg [16. Jahrh.] aus unbenutzten Urkunden v. Wilh. Horning. (25 S.) 892. n. — 40
32. Missionsvorträge v. Frz. Delitzsch. Gesammelt aus: „Saat auf Hoffnung". (32 S.) 892. n. — 40
33. 34. Judenmissions-Tractate d. Elias Schadäus (Pfarrer an Alt-St.-Peter, Prof. der Theol. u. Münsterprediger zu Straßburg, † 1593). (IV, 65 S.) 892. n. 1. 20
35. 36. Nach der goldenen Stadt. Erzählung v. A. Claussen. Mit e. Nachwort v. W. Faber. (102 S.) 893. n. 1. —
37. 38. Ein Wort an Israel v. Agnes, Herzogin v. Sachsen-Altenburg, geb. Prinzessin v. Anhalt. Mit e. Vorwort v. Frdr. Ahlfeld. 8. (74 S.) 893. n. 1. —
39. Der Weg zur Verständigung zwischen Judentum u. Christentum v. Johs. Müller. (84 S.) 892. n. 1. 20
40. Licht f. Israel. Ein siebenarm. Leuchter, f. Israel u. Israel's Freunde angezündet v. Geo. Vogel. (20 S.) 894. n. — 60
41. Joreh Deah d. i. Lehrer der christl. Erkenntnis, jüd. Irrtümern entgegengesetzt. 3. Aufl., nach der Callenberg. Ausg. vom J. 1744 neu bearb. v. Wilh. Ulmer. (48 S.) 894. n. — 60
42. Israel Pick. Die sterbende Jüdin im Gitschiner Spitale. Aus meinem Leben. 3. Aufl. (47 S.) 895. n. — 60

— des Institutum judaicum in Leipzig. Nr. 43—46. gr. 8. Leipzig, Ev. luth. Centralverein f. Mission unter Israel. Für d. Jahrg. v. 4 Hftn. n. 2. —; Einzelpr. n. 2. 40
43. Aus Jechiel Lichtensteins hebräischem Kommentar zum Neuen Testament. Von e. s. Schüler. (32 S.) 895. n. — 40
44.—46. D. allgem. Konferenz f. Judenmission in Leipzig v. 6.—8. Juni 1895. Die Ansprachen d. Referenten u. Bericht üb. d. Verlauf d. Konferenz v. Gust. Dalman. (III, 130 S.) 896. n. 2. —

— die, St. Johannis. Evangelium, Briefe, Offenbarg., nach der v. Stier bericht. Uebersetzg. gr. 8. (III, 235 S.) Basel 864. (Missionsbuchh.) n. — 40; geb. n. 1. 20

— jungliberale. Hrsg.: Paul Zimmermann, Max Fleischer. Nr. 1—4. 8 Frankfurt a/M., E. Grieser. à n. — 30
1. Erziehung zur Vaterlandsliebe. Vortrag, geh. im Verein der nationalliberalen Jugend zu Frankfurt a. M. Von E. Keller. (24 S.) 905.
2. 1889—1905. „Zwei Krisenjahre im rheinischen Bergbau". Von Max Fleischer. (40 S.) 905.
3. Die nationalliberale Jugendbewegung. — Ursprung, Wesen u. Ziele. Von Paul Zimmermann. (32 S.) 905.
4. Staat, Kirche u. Schule. Von Aug. Müller-Pirmasens. (43 S.) 905.

— jungliberale. Hrsg.: Paul Zimmermann, Max Fleischer. Nr. 5. gr. 8. Frankfurt a/M., E. Grieser. — 30
5. Stehendes Heer od. Miliz? Referat, geh. in der vom Jungliberalen Verein zu München am 8. I. 1906 einberufenen öffentl. Versammlg. Von v. Renauld. (26 S.) 906.

[Schriften des Keplerbundes. H. 1.] Hamburg: G. Schloeßmann 1908. 8° [08. 6085

SCHRIFTEN DES KEPLERBUNDES

Heft 1. Die Naturwissenschaft und der Kampf um die Weltanschauung. Ein Wort zur Begründung des Keplerbundes von Professor Dr. phil. E. DENNERT. 17. Tausend. Godesberg b. Bonn 1909. Naturwissenschaftlicher Verlag. 8°.

Heft 2. Weltbild und Weltanschauung. Zur Verständigung über das Verhaltnis der freien Naturforschung zum Glauben von Dr. phil. E. DENNERT. 1. bis 4. Tausend. Hamburg 1908. G. Schloessmann Verlagsbuchhandlung (G. Fick).

Heft 3. „Im Interesse der Wissenschaft!" Haeckels „Fälschungen" und die 46 Zoologen etc. Die wichtigsten Dokumente zum Fall Brass-Haeckel nebst Erläuterungen und Ergebnis von Direktor W. TEUDT. 1.—5. Tausend. Godesberg 1909. Naturwissenschaftlicher Verlag des Keplerbundes.

Heft 4. Allerlei Missbrauch der Naturwissenschaft. A. „Kosmos"-Veröffentlichungen. Von CARL MÜTZELFELDT. ib. 1909. —

Heft 6[1]) Monistenwaffen. Ein Bericht für die Freunde des Keplerbundes und ein Appell an seine ehrlichen Gegner von Prof. Dr. DENNERT. Inhalt: Was will der Keplerbund? — M. H. BAEGE. — Ein „Offener Brief" im Monismus. — Ernst Haeckel. — Die 46 Zoologen. — Prof. Dr. R. Hoernes. — Prof. Dr. A. Hansen. — Eine hubsche Waffensammlung. — Ein Appell an unsere ehrlichen Gegner. — Anhang. ib. 1912. —

Heft 8. Weltbild und Weltanschauung. Zur Verständigung über das Verhältnis der freien Naturforschung zum Glauben von Professor Dr. phil. E. DENNERT. 8. Tausend. ib. 1909. —

[1]) Heft 5, 7, 9 u. folg. habe ich nicht einsehen können.

— des Keplerbundes. 1.—4. u. 8. Heft. gr. 8. Godesberg, Naturwissenschaftl. Verlag. 3. 05
Dennert, E., die Naturwissenschaft u. der Kampf um die Weltanschauung. Ein Wort zur Begründg. des Keplerbundes. 17. Taus. (30 S.) 909. (Heft 1.) — 25
— Weltbild u. Weltanschauung. Zur Verständigg. üb. das Verhältnis der freien Naturforschg. zum Glauben. 8. Taus. (83 S.) 909. (Heft 8.) 1. —
— dasselbe. 9. u. 10. Taus. (neu durchgeseh. Aufl.). (84 S.) 909. (Heft 2.) 1. —
Mützelfeldt, Carl, allerlei Mißbrauch der Naturwissenschaft. A. „Kosmos"-Veröffentlichungen. (23 S.) 909. (Heft 4.) — 30
Teudt, W., „im Interesse der Wissenschaft!" Haeckels „Fälschgn." u. die 46 Zoologen etc. Die wichtigsten Dokumente zum Fall Braß-Haeckel nebst Erläutergn. u. Ergebnis. 1.—5. Taus. (103 S.) 909. (Heft 3.) — 50

Schriften d. ersten österreichischen Kinderschutzkongresses, Wien 1907. 3 Bde. Lex. 8. Wien, (Manz). 17.20
I. Ursachen, die, Erscheinungsformen u. die Ausbreitg. der Verwahrlosung v. Kindern u. Jugendlichen in Österreich. Einzeldarstellungen aus allen Teilen Österreichs, gesammelt v. dem vorbereit. Komitee des ersten österreich. Kinderschutzkongresses in Wien, 1907, m. Vorwort u. Einleitg. v. Jos. M. Baernreither. (XVI, 533 S.) 906. 6.80
II. Gutachten zu den Verhandlungsgegenständen des ersten österreichischen Kinderschutzkongresses in Wien, 1907. Gesammelt u. hrsg. v. dem vorbereit. Komitee des Kongresses. (IX, 390 S.) 907. 5.20
III. Protokoll üb. die Verhandlungen des ersten österreichischen Kinderschutzkongresses in Wien, 18.—20. III. 1907. Nach stenograph. Aufnahmen red. vom Bureau des Kongresses. (XLVIII, 317 S.) 907. 5.20

— der physikal. Classe der dän. Gesellschaft d. Wissenschaften in Kopenhagen; hrsgg. v. Karl Glo. Rafn; aus d. Dän. 2 Bde, u. 3r Bd. 1e Hälfte. Mit Kpf. gr. 8. Kopenh. 801—5. Schubothe. 4 ℔ 18 gr.

— klassische, in 30 (lith.) Blättern (wovon 6 in Tondr.), für Architekten, Zeichner, Decorationsmaler etc. Winterthur 870. Studer. qu. 4. n. 24 ngr.

— klassische, in 30 (lithogr.) Blättern für Architekten, Zeichner, Decorationsmaler, Lithographen, Goldarbeiter, Graveure etc. qu. 4. Winterthur 878, Studer. * 2 25

Schriften, Kleine, vom Verfasser der Lehre vom Gewissen. Leipzig 1769. V: *Hermes, Herm. Daniel.* (Ky) (A)

— kleine, vom Verf. der Lehre v. Gewissen, (H. Dn. Hermes). gr. 8. Leipz. 769. (Brockhaus). 14 gr.

— kleine, vom Verfasser d. Lehre v. Gewissen. gr. 8. Lpz. Junius. (Gleditsch.) 769.

Schriften, Kleine, von dem Verfasser der Lieblingsstunden. 1781—83. 2. Aufl. Berlin 1782—83. V: *Cranz, August Friedrich.* (Ky) (Schr)

— kleine, v. Verf. der Lieblingsstunden (A. F. Cranz). 3 Thle. 8. Berl. 781—83. 2e A. 782—784. (ein Nachdruck seiner: Charlatanerien). Hesse. 1 ℔ 12 gr.

Schriften, Kleine, vom Verfasser der Wanderjahre. Berlin 1823. V: *Pustkuchen, Johann Friedrich Wilhelm.* (Ky) (GGr) (ErschDL)

— kleine, vom Verf. der Wanderjahre (Fr. W. Pustkuchen). 2 Thle. gr. 12. Berl. 823. Reimer. 22 gr. 1r Thl. 2e Aufl. (Poesie d. Jugend 823. 12 gr. 2r Thl. A. u. d. T.: Palmenzweige auf d. Wege d. Heilands gestreuet. 10 gr.) gr. 12. Ebd. 824. 22 gr.

— kleine. Nr. 1—25. 12. (à ca. 16 S.) Karlsruhe 889. Evangel. Schriftenverein f. Baden. à n. —5
1. Vom christlichen Hausstand in Erzählungen aus dem Leben.
2. Wer beten kann, ist selig dran! Erzählung von G. H. v. Schubert.
3. Liebe um Liebe. Erzählungen aus dem Leben.
4. Ans Vaterland, ans teure, schließ dich an.
5. Festlieder.
6. Herzog Christoph v. Württemberg. Von G. H. v. Schubert.
7. Kaiser Friedrich.
8. Der Tag d. Herrn. Erzählungen aus dem Leben.
9. Gib mir, mein Sohn, dein Herz.
10. Missionsgeschichten.
11. Von der rechten Klugheit.
12. Von Kaiser u. Reich.
13. Johann Georg I., Kurfürst v. Sachsen. Von G. H. v. Schubert.
14. Was Jerem. Gotthelf üb. die soziale Frage sagt.
15. Vermächtnis Kaiser Wilhelm's.
16. Ein Weihnachtsabend von A. v. Rothenburg.
17. O selig Haus, wo man dich aufgenommen.
18. Kaiser Wilhelm II.
19. Aus dem Kinderleben.
20. Führe uns nicht in Versuchung.
21. Jakob Weller, der treue Hofprediger. Von G. H. v. Schubert.
22. Hört, ihr Leut', u. laßt euch sagen.
23. Die Kraft d. Glaubens. 2 Erzählgn. von G. H. v. Schubert.
24. Maria Elisabeth v. Schönberg von G. H. v. Schubert.
25. Birska, das Zigeunermädchen. Eine Erzählg. von v. W.

— kleine. Nr. 5, 26—35. 12. (à ca. 16 S.) Karlsruhe, Evangel. Schriftenverein. à n. —5
5. Unterm Weihnachtsstern v. A. Schaller. — 26. In den Himmel gebetet. — 27. Ein Leben in Gott — Macht das Unglück zum Spott. — 28. Treue Männer. — 29. Kampf u. Sieg. — 30. Allerlei Geschichten zum Nachdenken. — 31. An Gottes Segen ist alles gelegen. — 32. Mancherlei Predigten. — 33. Edle Seelen. — 34. Gott m. uns! — 35. Wer seine Sünden bekennet, dem wird Gott helfen.

— kleine. Nr. 36—43. 12. Karlsruhe. Evang. Schriftenverein. à n.n. —05
36. Gustav Adolf, König v. Schweden, d. Retter des evangel. Deutschland. (16 S. m. Abb.) 895
37. Friedensgedanken im Kriegsrock. Von Th. Böhmerle. (16 S.) 896.
38. In d. Ketten der Sünde! (16 S.) 896.
39. Aus d. christl. Kinderpflege. Die Vorgeschichte d. Anstalt f. Kleinkinderpflege zu Nonnenweier v. Neu. (24 S.) 896.
40. Es muß anders werden! (16 S.) 897.
41. Wer es liest, der merke darauf! (16 S.) 897.
42. Macht, die, des Wortes Gottes. (16 S.) 897.
43. Der Heidenbote. Erzählg. Von Karl Stöber. (15 S.) 897.

[Kleine **Schriften** über das Auslandsschulwesen:] Adreßbuch d. Auslandsschulen u. Auslandslehrer. Zusammenschluß d. Auslandslehrer. 1902—1907. 5 Stück.

Schriften, kleine, zur Beförderung d. christl. Glaubens u. Lebens. No. 1—19. 8. Nürnberg, (Raw.)
No. Enthalten:
1. Züge aus d. Leben d. Joh. Friedr. Oberlin, gewes. Pfarrer in Steinthal bei Straßburg, hrsg. v. G. H. v. Schubert. 4, verm. Aufl. ... 832. 5 Gr.
2. a Dr. M. Luther, od. kurze Reformationsgesch. Zunächst f. d. liebe evangel. Schuljugend, dann d. lieben Bürger u. Landsmann. 4. Aufl. ... 833. 1 Gr.
2. b Claus Harms, wie wir die Trennung anzusehen haben, welche durch die sogen. neuern relig. Ansichten innerhalb uns. Kirche entstanden ist. Ein gold. Wort zu seiner Zeit. A. d. neuen Sommerpostille, mit Genehmigung d. Hrn. Verf. u. Verleg. aufs neue abgedruckt. ... 827. 1 Gr.
3. Die gute Stunde im Pfarrgarten. Neue Aufl. (3 B.) 833. 2 Gr.
4. Geschichtliche Erläuterungen zum neuen Testamente. I. Herodes. ... 828. 2 Gr.
5. Gabe d. Liebe f. Kranke. Eine evangel. Anleit. zu e. gottgefäll. u. heilsam. Verhalten auf d. Krankenbette. Neue Aufl. ... 833. 2 Gr.
6. Züge aus d. Leben d. Estele Falle, geb. Chabrand, gewes. Pfarrerin zu Calmont in Süd-Frankreich. Ein Seitenstück zu G. H. v. Schubert's Zügen a. d. Leben d. Oberlin. ... 829. 1½ Gr.
7. Mittheilungen aus d. Reiche Gottes. 3. Aufl. ... 833. 1½ Gr.

Schriften, kleine, zur Beförderung d. christl. Glaubens u. Lebens. rc.
No. Enthalten:
8. Steph. Schulze, Jugendgeschichte, von ihm selbst erzählt. 8. Aufl. ... 833. 1½ Gr.
9. A. Bomhard, worauf sich d. Unbekehrte verlässet. Eine Predigt. ... 829. 1½ Gr.
10. William, d. arme Kranke. Eine wahre Gesch. ... 830. 1 Gr.
11. Geschichte d. evangel. Salzburger in d. J. 1731, 32 u. 33. Für d. Volk bearb. nach d. gelehrt. Werke: (Geschichte d. Auswanderung d. evangel. Salzburger An. 1732 v. K. Panse. Leipzig, 827.) 3., verb., m. e. Anh. verm. Aufl. ... 832. 3 Gr.
12. Acht zufällige Andachten. (Ausgez. aus d. Werke d. sel. Chrstn. Scriver: Gottholds zufäll. Andachten. Vier hundert. 19. Aufl. Leipzig, 724.) ... 830. 1½ Gr.
13. Erweckungsrede d. 23. Jan. 1733 in d. Kirche zu Marktbreit bei Anwesenheit d. Salzburgischen Emigranten vor d. Altare gehalt. ... Augsburg. 831. 1½ Gr.
14. Der Märtyrer Polykarpus. ... Augsburg 831. 1 Gr.
15. Kurze Geschichte d. Reformation u. d. Reformators in Schottland Joh. Knox. (Von G. H. v. Schubert.) ... Augsburg 831. 3 Gr.
16. Balsam aus Gilead wider d. Cholera, od.: Was ist es, das zu dieser uns. Zeit zu uns. Frieden dienet? ... Augsburg 832. 1½ Gr.
17. Der Hausgottesdienst. ... Augsburg 832. 1 Gr.
18. Neue Mittheilungen aus d. Reiche Gottes. ... Augsburg 832. 1½ Gr.
19. Die Finnisch-Lappische Mission bis 1725 u. d. Leben d. ersten Apostels d. norweg. Finnen Thom. v. Westens. (Abgedr. a. d. Taschenbuche „Christoterpe.“ Hrsg. v. A. Knapp. Tübingen, 833.) ... Augsburg 833. 1½ Gr.

Kleine *Schriften* größtentheils von Weimarischen Gelehrten, aus dem ersten Jahre des Neunzehnten Jahrhunderts.
Bdchn 1. 2.
Weimar: Gädicke 1801.
[Vorher bereits ersch. u. d. T.:]
Bd. 1: Neujahrstaschenbuch.
2: Oster-Taschenbuch.

Schriften, Kleine, grösstentheils von Weimarischen Gelehrten, aus dem ersten Jahre des neunzehnten Jahrhunderts . . . Weimar 1801. H: *Seckendorf, Franz Carl Leop. Freih. von.* (BrMm)

— kleine, größtentheils von Weimar. Gelehrten aus d. 1n Jahre des 19. Jahrh., von Göthe, J. Paul, Fr. Schlegel, Herder, Brun u. A. 2 Thle. 8. W imar 801. Gädike in Berl. 1 ⁄

Schriften, Kleine, zur inneren Geschichte des Katholizismus. Bd. 1. Jena 1899. V. *Nippold, Frdr.* (Berl)

KLEINE SCHRIFTEN DER NATURFORSCHENDEN GESELLSCHAFT IN später: ZU EMDEN.

(I.) u. d. T.: Der Kaiserlichen Naturforschenden Gesellschaft zu Moskau zur Feier ihres funfzigjährigen Bestehens am 23. December 1855 die Naturforschende Gesellschaft zu Emden. Inhalt: Die Temperatur von Emden. Von M. A. F. PRESTEL. s. l. 1855. 4⁰.
(II.) u. d. T.: M. A. F. PRESTEL, Der Tangenten-Maasstab und die Komponenten-Tafel zur Bestimmung der mittleren Windrichtung nach der Lambert'schen Methode. (Mit 1 Tafel.) Emden, 1855. Druck von Theodor Hahn Wittwe. 8⁰.
(III.) u. d. T.: M. A. F. PRESTEL, Das Vaporimeter oder die Psychrometer-Skale, ein Instrument, um aus den Anzeigen des August'schen Psychrometers die Feuchtigkeit der Luft ohne Rechnung zu bestimmen. (Mit 1 Tafel.) ib. 1855. —
IV. Emden s. a. — A. u. d. T.: M. A. F. PRESTEL, Die Gewitter des Jahres 1855. Ein Beitrag zur Physiologie der Atmosphäre. Mit 1 Karte. ib. 1856. —
V. ib. 1858. Druck von D. Th. Woortman. A. u. d. T.: M. A. F. PRESTEL, Beiträge zur Kenntniss des Klima's von Ostfriesland. Enthaltend Beobachtungen über die in landwirthschaftlicher und medizinischer Beziehung so höchst wichtigen Faktoren der Witterung, Sonnenlicht und Feuchtigkeit, so wie über den Ozongehalt der Luft. ib. 1858. —
VI. ib. 1860 Gedruckt bei H. Woortman sen. Wwe. A. u. d. T.: M. A. F. PRESTEL, Der Barometerstand und die barometrische Windrose Ostfrieslands. Nach den in Emden angestellten Beobachtungen berechnet. ib. 1860. — 4⁰.
VII. Mit 1 Tabelle. 2. Abdruck. Clausthal 1860. Druck der Schweigerschen Officin. A. u. d. T.: CHR. LUDW. SCHOOF, Ergebnisse der meteorologischen Beobachtungen zu Clausthal vom 1. December 1854 bis 1. December 1859. Ein Beitrag zur Klimatologie des Harzes. Mit 1 Tabelle. (ib. 1860.)
VIII. u. d. T.: M. A. F. PRESTEL, Meteorologische Untersuchungen betreffend die Verbreitung des Moorrauchs in den Tagen vom 20. bis 26. Mai 1860, die isobarometrischen Linien am 22. Mai und die Gewitter am 20. und 26. Mai 1860. Mit 2 Tafeln in Steindruck. Emden. 1861. Druck von Th. Hahn Wwe.
IX. u. d. T.: M. A. F. PRESTEL, Ergebnisse der Witterungs-Beobachtungen zu Emden in den Jahren 1860 und 1861, sowie Andeutungen über die Beziehung der Witterung zur Seefahrt, Landwirthschaft, dem Gesundheitszustande u. s. w. ib. 1862. —
X. u. d. T.: M. A. F. PRESTEL, Das geographische System der Winde über dem atlantischen Ocean in der vom Aequator nach den Angelpunkten der Erde gehenden Richtung, die Aenderung seiner Lage in der jährlichen Periode, sowie die Windesgebiete in der Zone der veränderlichen Winde auf der nördlichen Halbkugel. Durch leicht verständliche Formeln dargestellt. ib. 1863. —
XI. u. d. T.: M. A. F. PRESTEL, Ergebnisse der Witterungs-Beobachtungen zu Emden in den Jahren 1862 und 1863, sowie Andeutungen über die Beziehung der Witterung zur Seefahrt, Landwirthschaft, zum Gesundheitszustande u. s. w. Mit 1 lithographirten Tafel. ib. 1864. —
XII. Inhalt: METZGER: Zur Käferfauna des ostfr. Küstenrandes und der Inseln Nordernei und Juist. — EIBEN, Systematisches Verzeichnifs der ostfr. Laubmoose. ib. 1867. — 8⁰.
XIII. u. d. T.: M. A. F. PRESTEL, Die Winde über der deutschen Nordseeküste und dem südlichen Theile der Nordsee, nach ihrer periodischen Veränderung im Laufe des Jahres dargestellt. Zugleich als Ergänzung der Seekarten von der Nordseeküste. Mit 1 Windkarte. ib. 1868. — 4⁰.
XIV. u. d. T.: M. A. F. PRESTEL, Das Gesetz der Winde abgeleitet aus dem Auftreten derselben über Nordwest-Europa. Mit 1 Karte. ib. 1869. —
XV. ib. 1871. — A. u. d. T.: (M. A. F.) PRESTEL, Die Temperatur-Verhältnisse und die mit der Höhe zunehmende Temperatur in der Schicht des Luftmeeres, welche die Erdoberfläche unmittelbar berührt. Nach den Beobachtungen auf dem meteorologischen Observatorium zu Emden. ib. 1871. — 8⁰.
XVI. ib. 1872. — A. u. d. T.: M. A. F. PRESTEL, Die Winde in ihrer Beziehung zur Salubrität und Morbilität. Ein Beitrag zur medizinischen Witterungs- und Klimakunde. Mit 1 Tafel in Steindruck. ib. 1872. —
XVII. Hannover. s. a. Hofbuchdruckerei der Gebr. Jänecke. A. u. d. T.: M. A. F. PRESTEL, Ergebnisse der Witterungs-Beobachtungen, welche in dem Decennium von 1864 bis 1873 auf dem meteorologischen Observatorium zu Emden gemacht sind, nebst Erfahrungen, betreffend die Beziehung der Witterung zu dem Landwirthschafts- und Seefahrts-Betriebe, dem Gesundheitszustande u. s. w. ib. 1875. — 4⁰.
XVIII. Emden. 1879. Verlag der Naturforschenden Gesellschaft. A. u. d. T.: M. A. F. PRESTEL, Die höchste und niedrigste Temperatur welche an jedem Tage von 1836 bis 1877 auf dem meteorologischen Observatorium in Emden an einem Rutherford'schen Thermograph beobachtet ist. Eine Ergänzung der Klimatographie von Ostfriesland, sowie ein Beitrag zur Geschichte der Witterung der letzten zweiundvierzig Jahre. ib. 1879. —

— kleine, der naturforschenden Gesellschaft in Emden. Nr. 4—15. Emden, (Haynel.) à Nr. 1 50
Inhalt:
Nr. 4. Prestel, M. A. F., die Gewitter des Jahres 1855. Ein Beitrag zur Physiologie der Atmosphäre. gr. 8. (23 S. mit 1 lithogr. Karte in 4.) 856.
» 5. — Beiträge zur Kenntniss des Klima's von Ostfriesland. Enth. Beobachtungen über die in landwirthschaftl. und medizin. Beziehung so höchst wicht. Faktoren der Witterung, Sonnenlicht und Feuchtigkeit, sowie über den Ozongehalt der Luft. gr. 8. (26 S.) 858.
» 6. — der Barometerstand und die barometrische Windrose Ostfrieslands. Nach den in Emden angestellten Beobachtungen berechnet. 4. (38 S.) 860.
» 7. Schoof, Chr. Ludw., Ergebnisse der meteorolog. Beobachtungen zu Clausthal vom 1. Decbr. 1854 bis 1. Decbr. 1859. Ein Beitrag zur Klimatologie des Harzes. 4. (38 S. mit 1 Tab. in gr. Fol.) 860.
» 8. Prestel, M. A. F., meteorologische Untersuchungen betr. die Verbreitung des Moorrauchs in den Tagen vom 20. bis 26. Mai 1860, die isobaromotr. Linien am 22. Mai und die Gewitter am 20. und 26. Mai 1860. 4. (24 S. mit 2 Taf. in Stndr.) 861.

Schriften, kleine, der naturforschenden Gesellschaft in Emden etc.
Nr. 9. Prestel, M. A. F., Ergebnisse der Witterungs-Beobachtungen in Emden in den J. 1860 und 1861, sowie Andeutungen über die Beziehung der Witterung zur Seefahrt, Landwirthschaft, den Gesundheitszustand etc. 4. (24 S.) 862.
» 10. — das geographische System der Winde über den atlant. Ocean in der vom Aequator nach den Angelpunkten der Erde geh. Richtung, die Aenderung seiner Lage in der jährl. Periode, sowie die Windesgebiete in der Zone der veränderl. Winde auf der nördl. Halbkugel. Durch leicht verständl. Formeln dargestellt. 4. (35 S.) 863.
» 11. — Ergebnisse der Witterungs-Beobachtungen zu Emden in den J. 1862 und 1863, sowie Andeutungen über die Beziehung der Witterung zur Seefahrt, Landwirthschaft, zum Gesundheitszustande etc. 4. (23 S. mit 1 lithogr. Taf.) 864.
» 12. Metzger, A., Beitrag zur Käferfauna des ostfries. Küstenrandes und der Inseln Nordernei und Juist. — Eiben, C. E., systematisches Verzeichniss der Laubmoose Ostfrieslands. gr. 8. (21 S.) 867.
» 13. Prestel, M. A. F., die Winde über der deutschen Nordseeküste und dem südl. Theile der Nordsee, nach ihrer period. Veränderung im Laufe des Jahres dargestellt. Zugleich als Ergänzung der Seekarten von der Nordseeküste. 4. (14 S. mit 1 lithogr. Windkarte in Fol.) 868.
» 14. — das Gesetz der Winde abgeleitet aus dem Auftreten derselben über Nordwest-Europa. 4. (26 S. mit 1 lithogr. Karte.) 871.
» 15. — die Temperatur-Verhältnisse in der untersten, die Erdoberfläche unmittelbar berührenden Schicht des Luftmeeres. 8. (24 S.) 871.
Nr. 1—3. Ebendas. 1855. à Nr. ℳ 1.

— kleine, der naturforschenden Gesellschaft in Emden. Nr. 16—18. gr. 4. Hannover. (Emden, Haynel.) * 10 —
Inhalt:
Nr. 16. Prestel, M. A. F., die Winde in ihrer Beziehung zur Salubrität und Morbilität. (19 S. mit 1 Stnt.) 872. *ℳ 1,50.
» 17. — Ergebnisse der Witterungs-Beobachtungen, welche in dem Decennium von 1864 bis 1873 auf dem meteorolog. Observatorium zu Emden gemacht sind, nebst Erfahrungen, betr. die Beziehung der Witterung zu dem Landwirthschafts- und Seefahrts-Betriebe, dem Gesundheitszustande etc. (47 S.) 875. *ℳ 2,50.
» 18. — die höchste und niedrigste Temperatur, welche an jedem Tage von 1836 bis 1877 auf dem meteorolog. Observatorium in Emden an einem Rutherford'schen Thermograph beobachtet ist. Eine Ergänzung der Klimatographie von Ostfriesland, sowie ein Beitrag zur Geschichte der Witterung der letzten 42 Jahre. (XLIV, 49 S.) 879. *ℳ 6.

— kleine, d. naturforschenden Gesellschaft in Emden. XIX. gr. 8. Emden (W. Haynel). n. 1. —
Ursache u. Verhütung des Bleiangriffes durch das Wasser der städtischen Wasserleitung in Emden. Von Tergast. (23 S.) 899.

KLEINE SCHRIFTEN DER KÖNIGL. OST-PREUSS. PHYSIKALISCH-ÖKONOMISCHEN GESELLSCHAFT.
Stück 1. Ueber Nothwendigkeit richtig angelegter Futter-Berechnungen. (Mit Tabellen.) Königsberg, 1805. Gedruckt bei Heinrich Degen. 8⁰.
Stück 2. Einige Worte über die gegenwärtige Lage der Landwirthschaft in denen beiden Ost-Preussischen Kammer-Departements und die Mittel, sie am schnellsten wiederum empor zu bringen. (Mit 1 Tabelle.) ib. 1808. —

KLEINE SCHRIFTEN DER GESELLSCHAFT FÜR THEATERGESCHICHTE.
Heft 1. Berlin 1906. Selbstverlag der Gesellschaft für Theatergeschichte. 8⁰.
Heft 2. ib. 1908. —
Im Auftrage des Vorstandes herausgegeben vom Generalsekretariat.
Heft 3—5. ib. 1911—1913. —

Schriften, Kleine historisch-politische. Giessen 1812. V: *Gosch, Josias Ludwig.* (Ky) (Schr)

— kleine histor.-politische, (v. J. L. Gosch). 6 Bde. 8. Gießen 812, auch mit Jahrz. 817. Müller. 14 ℔

Schriften, Kleine, medicinisch-chirurgischen und hebärztlichen Inhalts. Liegnitz 1805. V: *Hinze, Aug. Heimb.* (Call)

— kleine, zur Judenmission. 1 u. 2. gr. 8. Leipzig, Ev.-luth. Centralverein f. Mission unter Israel. à — 30
1. Galizien u. seine Juden. (Von M. Meißner.) — Ein Missionsvortrag in Galizien. (Aus einem Berichte unseres Missionars Schmelßer.) (32 S.) 901.
2. Israel. Von E. Schmelßer. (26 S.) 902.

Schriften, kleine, zur Judenmission. 3. gr. 8. Leipzig, Ev.-luth. Zentralverein f. Mission unter Israel. n. — 30
Jom Kippur. Eine Erzählg. aus dem jüd. Volksleben. Von Ph. Gordon. (16 S.) 902.

— kleine, zur Judenmission. 4 u. 5. 8. Leipzig, Ev.-luth. Zentralverein f. Mission unter Israel. — 50
4. 100 Jahre Judenmission. Vortrag, geh. auf der XII. allg. ev.-luth. Konferenz zu Hannover. Von D. v. Harling. (15 S.) 909. — 20
5. Franz Delitzsch als Freund Israels. Ein Gedenkblatt. Von Elisab. Delitzsch. (31 S. m. 1 Bildnis.) 910. — 30

— kleine, zur Land- u. Stadtwirthschaft, von d. ökonom. Gesellschaft in Bern einzeln hrsgg. gr. 8. Bern 791. Typogr. Soc. 1 ℔ 8 ℊ

[Kleine Schriften über den Deutschen Evangelischen Männerverein in Rom: Satzungen, Programme usw.] '00—10. 3 Stück.

– kleine ökonomische, s. a. Gericke, F. K. G.

— kleine ökonomische, gesammlet u. herausg. von F. C. G. Gericke. 3 Bde. 8. Hannov. Gebr. Hahn. 813.

Kleine poetische Schriften, s. a. Schmidt, Jac. Fr. 1766.

SCHRIFTEN, Kleine poetische. (Zahme anakreont. Poesieen von *Jac. Friedr. Schmidt.* Mit Titelvignette. Altona u. Lübeck 1766. 8°. (In Breslau, Kgl. u. Univ.-Bibl.) 4 Mk., unbeschn., Baer & Co., 1894.)

— kleine poet., (von Jak. Fr. Schmidt). 8. Altona 766. Iversen. 6 ℊ

Schriften, Kleine poetische, Gotha 1770. V: *Schmidt, Jacob Heinrich.* (BGE) (ML) »Altona 1766« (Ky) (Collin, Anonymer. Kiobenh. 1869.)

— kleine poetisch- und prosaische, v. A. Frh. v. Knigge. 2 Thle. 8. Frankf. Andreä. 785. (à 6 gr.)
Schreibp. (à 8 gr.)

Schriften, Kleine prosaische, vom Verfasser des Moritz. Weimar 1788—1801. V: *Schulz, Joachim Christoph Friedrich.* (ML) »1788—1801« (EE) »1788—1807« (Ky) (ErschDL)

— kleine prosaische, vom Verf. des Moritz (Fr. Schulz). 7 Thle. 8. Weimar 788—801. Hoffmann. 4 ℔ 17 ℊ

Schriften, Kleine Satyrische, eine Fortsetzung der satyrischen Blätter. Leipz. 1804. V: *Gretschel, Joh. Chn.* (EE)

Schriften, Kleine satyrische, Nürnb. 1806. V: *Münch, Joh. Glob.* (GGr)

Schriften, Kleine satyrische, [Sünbekenntnis des Jahres 1795. Luise und Rosenthal. Lebensgeschichte eines Flohweibchens. Leben des Johann Sorgenlos. Lebensgeschichte eines Pudels. Jupiters Reise.] Wien 1810. V: *Richter, Joseph.* (EB)

[Kleine Schriften über die deutsche evangelische Schule in Rom: Aufrufe, Satzungen, Gedenkblätter usw.] '04—08. 12 Stück.

[Kleine Schriften über die deutsche Schule in Rom: Satzungen, Schulordnung, Programme.] '04—11. 6 Stück.

Schriften, Kleine theologische, und Miscellan Predigten. Leipzig 1728. H: *Haas, Nicolaus & Johann Gottlieb Haas.* (BB)

Schriften, Kleine, zur Unterhaltung. St. 1. 2. Breslau: Korn 1797–98.
(Hrsg. v. G. G. Fülleborn.)

— kleine, a. d. Wissenschaften u. d. Sittenlehre. 8. Danzig, Wedel. (Jacobäer in Lpz.) 763.

— kleine, des Zentralausschusses zur Förderung der Volks- u. Jugendspiele in Deutschland. 1.—3. Bd. 8. Leipzig, B. G. Teubner. Kart. n. 3. 80
1. Ratgeber zur Einführung der Volks- u. Jugendspiele. Im Auftrage des Zentralausschusses neu bearb. Von A. Hermann. 5., umgearb. u. erweit. Aufl. m. zahlr. Abbildgn. 3. Abdr. (IV, 91 S.) 906. Kart. n. — 80
2. Anleitung zu Wettkämpfen, Spielen u. turnerischen Vorführungen bei Jugend- u. Volksfesten. Im Auftrage des Ausschusses f. Volksfeste verf. Von F. A. Schmidt. 4. durchgeseh. Aufl. Mit zahlreichen Abbildgn. (VIII, 124 S.) 905. Kart. n. 1. 20
3. Handbuch der Bewegungsspiele f. Mädchen. Von A. Hermann. Mit 69 Abbildgn. nach Zeichngn. u. Photographieen des Verf. 2. u. 3. verb. u. verm. Aufl. (VIII, 181 S.) 905. 906. Kart. n. 1. 80

— kleine, des Zentralausschusses zur Förderg. der Volks- u. Jugendspiele in Deutschland. 1.–8. Bd. kl. 8. Leipzig, B. G. Teubner. 9. —
Burgaß, E., winterliche Leibesübungen in freier Luft. Eine Anleitg. zu ihrem Betriebe u. zu ihrer weiteren Verbreitung in Schule u. Volk. Im Auftrage des Zentralausschusses verf. 2., verm. Aufl. Mit 68 Abbildgn. aus den besten einschläg. Werken. (X, 152 S.) 910. (Bd. 6.) Kart. 1. —
Hermann, A., Handbuch der Bewegungsspiele f. Mädchen. Mit 67 Abbildgn. nach Zeichngn. u. Photographien des Verf. 6. Aufl. v. Fritz Schroeder. (VIII, 207 S.) 910. (Bd. 3.) Geb. 1. 80
— Ratgeber zur Einführung der Volks- u. Jugendspiele. Im Auftrage des Zentralausschusses bearb. 6. umgearb. u. erweit. Aufl. m. zahlr. Abbildgn., hrsg. unter Mitwirkg. v. K. Koch u. E. Kohlrausch. (IV, 87 S.) 907. (Bd. 1.) Kart. — 80
Radczwill, Minna, Singspiele. Im Auftrage des Ausschusses f. Volksfeste verf. Mit 28 Abb. (VIII, 139 S.) 908. (Bd. 5.) Kart. 1. 40
Raydt, H., u. Fritz Eckardt, das Wandern. Anleitung zur Wanderg. u. Turnfahrt in Schule u. Verein. Im Auftrage des Zentralausschusses verf. 2., stark erweit. Aufl. (VIII, 160 S.) 909. (Bd. 7.) Kart. 1. 20

Schäfer, Paul Geo., Geländespiele. Den Söhnen unseres Vaterlandes zugedacht. Mit 18 Abb. im Text. (56 S.) 909. (Bd. 8.) Kart. — 80
Schenkendorff, E. v., u. J. Heinrich, Ratgeber zur Pflege der körperlichen Spiele an den deutschen Hochschulen. Im Auftrage des Zentralausschusses u. unter Mitwirkg. einiger Mitglieder desselben hrsg. 4., verb. Aufl. (II, 60 S.) 910. (Bd. 4.) Geb. in Leinw. — 80
Schmidt, Ferd. Aug., Anleitung zu Wettkämpfen, Spielen u. turnerischen Vorführungen bei Jugend- u. Volksfesten. Im Auftrage des Ausschusses f. Volksfeste verf. 5. verb. Aufl. (X, 134 S. m. Abb.) 907. (Bd. 2.) Kart. 1. 20

[F.] Kleine Schriften des Zentral-Ausschusses für Volks- u. Jugendspiele in Deutschland. Heft 1. 2. *Leipzig: R. Voigtländer 1896.* 8. (97. 4370

Kleine Schriften des Zentralausschusses für Volks- und Jugendspiele in Deutschland. Heft 1: Ratgeber zur Einführung der Volks- und Jugendspiele. Hrgg. v. E. v. Schenckendorff und F. A. Schmidt. 2. Aufl. der „allgemein unterrichtenden Mitteilungen". Leipzig 1896. 8°

Kleine **Schriften** des Zentral-Ausschusses für Volks- und Jugendspiele in Deutschland. Hrsg. von E[mil] v. Schenckendorff u. Dr. med. F[erd.] A[ug.] Schmidt in Bonn. 3., verb. u. verm. Aufl. H. 1. Leipzig: R. Voigtländer 1898. 8° [F.] (95. 8105

— kleine, d. Zentral-Ausschusses f. Volks- u. Jugendspiele in Deutschland. Hrsg. von E. v. Schenkendorff u. F. A. Schmidt. 1. u. 2. Hft. 8. Leipzig, R. Voigtländer. n. 1. 50
1. Ratgeber zur Einübg. d. Volks- u. Jugendspiele. Im Auftrage u. unt. Mitarbeit des Zentral-Ausschusses neu bearb. Von A. Hermann. 3., verb. u. verm. Aufl. (64 S.) 898. n. — 50
2. Anleitg. zu Wettkämpfen, Spielen u. turner. Vorführgn. bei Volks- u. Jugendfesten. Unter Mitarbeit des Ausschusses f. Volksfeste verf. v. F. A. Schmidt. (140 S. m. Abb.) 896. n. 1. —

— kleine, des Zentralausschusses f. Volks- u. Jugendspiele in Deutschland. 1.—3. Hft. 8. Leipzig, R. Voigtländer. n. 3. 50
1. Ratgeber zur Einübung der Volks- u. Jugendspiele. Von A. Hermann. Im Auftrage des Zentral-Ausschusses neu bearb. 4. verb. u. verm. Aufl. m. 3 Abb. (77 S.) 902. n. — 60
2. Anleitung zu Wettkämpfen, Spielen u. turnerischen Vorführungen bei Volks- u. Jugendfesten. Von F. A. Schmidt. Im Auftrage des Ausschusses f. Volksfeste verf. 2., umgearb. Aufl. Mit 33 Abbildgn. u. fröhl. Buchschmuck. (144 S.) 900. n. 1. 20
3. Handbuch der Bewegungsspiele f. Mädchen. Von A. Hermann. Mit 64 Abbildgn. nach Zeichngn. u. Photogr. des Verf. u. m. Buchschmuck v. Gadjo Welland. (173 S.) 901. n. 1. 60

Kleine Schriften des Zentralausschusses für Volks- und Jugendspiele Leipzig & Berlin.
1. Hermann, A.: Ratgeber zur Einführung der Volks- u. Jugendspiele 2. Aufl. 1896.
— — 3. Aufl. 1898.
— — 4. Aufl. 1902.
— — 5. Aufl. 1905.
— — 6. Aufl. Hrsg. v. E. Kohlrausch. 1907.
2. Schmidt, F. A.: Anleitung zu Wettkämpfen. 1896.
— — 2. Aufl. 1900.
— — 3. Aufl. 1905.
— — 4. Aufl. 1905.
— — 5. Aufl. 1907.
3. Hermann, A.: Handbuch der Bewegungsspiele für Mädchen. 1901.
— — 2. Aufl. 1905.
— — 3. Aufl. 1906.
— — 4. Aufl. v. Fr. Schroeder. 1907.
— — 5. Aufl. 1908.
— — 6. Aufl. 1910.
4. Schenckendorff, E. v.: Ratgeber zur Belebung der körperlichen Spiele an den deutschen Hochschulen. 1901.
— & J. Heinrich: — 3. Aufl. 1908.
— — 4. Aufl. 1910.
5. Radczwill, M.: Singspiele. 1908.
6. Burgaß, E.: Winterliche Leibesübungen in freier Luft. 1908.
— — 2. Aufl. 1910.
7. Raydt, R., & Fr. Eckardt: Wandern. 1908.
— — 2. Aufl. 1909.
8. Schäfer, P. G.: Geländespiele. 1909.

— kleinere, medicin. hebärztl. Inhalts, s. A. H. Hinze, kleine Schriften.

Schriften, Kleinere, über Schulwesen, Erziehung und Wissenschaften. Wien 1781. V: *Hess, Michael Ignaz von.* (KY 3/128) (WBL 8/427) (BiblPort)

— kleinere, der Leipziger ökonom. Societät, Mich. Messe 1778. gr. 8. Leipz. 779. Müller. (Joachim). 6 gl.

— komische u. polit., 8. Wien 781. (Barth in Leipz.) 7 gl.

§ **SCHRIFTEN,** Komisch', (sic!) und politische .... Wien, in der Geroldischen Buchhandlung 1781. 8°.
W. v. Maltzahn p. 429 no. 781 (unter poet. Lit.). — Selten!

— **koptisch-gnostische,** hrsg. v. Carl Schmidt, s. a. Schriftsteller, die griech. christl., der ersten 3 Jahrhunderte. 13. Bd.

Koptisch-Gnostische **Schriften.** Hrsg. im Auftr. d. Kirchenväter-Commission d. Kgl. Preuß. Akad. d. Wiss. von Lic. Dr. Carl Schmidt, Privatd., Berlin. Bd 1. Leipzig: J. C. Hinrichs 1905. 8°
= **Schriftsteller,** Die griechischen christl., d. ersten 3 Jh. Bd 13. (05 €030

Schriften fürs Land, Verzeichnis wichtiger Schriften zur Förderung d. ländlichen Volkswohlfahrt u. Volksunterhaltung, 121.—128. Tausend, Berlin, 62 S., 16°.

Schriften d. bayerischen Landesvereins zur Förderung des Wohnungswesens (e. V.). 1. Heft. gr. 8. München 910. E. Reinhardt. — 50
Das Reichsgesetz üb. die Wertzuwachssteuer. Erklärt u. dargelegt nach der v. der Kommission in 2. Lesg. beschlossenen Fassg. Von Eug. Jäger. (41 S.)

Schriften des Oldenburger Landesvereins für Altertumskunde und Landesgeschichte, s. Schriften des Oldenburger Vereins ...

Schriften des Preussischen Landesvereins für Frauenstimmrecht. Nr 1–9. — Königsberg 1909–1911: Kahan (später: Berlin: Rinka.) 8°
1. Denkschrift zur Begründung der Eingabe an den preussischen Städtetag ... Im Auftrage ... Minna Cauer. [1909.] 15 S.
2. Lüders, Else: Das Interesse des Staates am Frauenstimmrecht. 1908. 14 S.
3. Friedländer, Else: Das Wesen des Staates ... Nach 5 Vorträgen von Ferdinand Mich. Krieger. 1909. 26 S.
4. Breitscheid, Tony: Die Notwendigkeit der Forderung des allgemeinen, gleichen, direkten, geheimen Wahlrechts. 2. Aufl. 1910. 16 S.
5. Lüders, Else: Der Weltbund für Frauenstimmrecht und die Errungenschaften der internationalen Stimmrechtsbewegung. 1909. 16 S.
6. Dohm, Hedwig: Erziehung zum Stimmrecht der Frau. 1909. 28 S.

7. Potthoff, Heinz: Frauenstimmrecht und allgemeines Wahlrecht. 1909. 16 S.

8. Altmann-Gottheiner, Elisabeth: Das Wahlrecht der Frau zu den beruflichen Interessen-Vertretungen. 1910. 15 S.

9. Bohrer, Bertha: Die Lehrerinnen und das Frauenstimmrecht. 1911. 15 S.

„Schriften der Königl. dänischen Landhaushaltungs-Gesellschaft", Copenhagen 1776—1790.

„Schriften der Anhaltschen Landwirthschaftsgesellschaft zu Mühlstadt", erstes Heft: „Gutachten über den Albertschen Wirthschaftsplan, herausgegeben von Adam Müller", Leipzig 1824 (Reclam).

— der Lehranstalt f. die Wissenschaft des Judenthums. I. Bd. 1.—4. Heft. Lex. 8. Berlin, Mayer & Müller. 8. —
Elbogen, J., Studien zur Geschichte des jüdischen Gottesdienstes. (IX, 192 S.) 907. (Heft 1. 2.) 5. —
Wiener, Max, die Anschauungen der Propheten v. der Sittlichkeit. (VIII, 161 S.) 909. (Heft 3. 4.) 3. —

— d. deutschen Lehrervereins f. Naturkunde. Hrsg. v. K. G. Lutz. 1. u. 2. Bd. gr. 8. Stuttgart, Süddeutsches Verlags-Institut. Geb. in Halbleinw. à n. 3. —
1. Unsere Vögel. Kurze Schilderg. uns. wichtigsten einheimischen Vögel v. Col. Lehmann. M. 200 farb. Abb. auf 12 Taf. nach Orig.-Aquarellen v. Alb. Kull. Nebst e. Anh. üb. Vogelzucht u. -Pflege v. W. Kohler. (XII, 160 S.) 895.
2. Unsere Land- u. Süßwasser-Mollusken. Einführung in die Molluskenfauna Deutschlands v. D. Geyer. M. üb. 400 Lith. Abb. auf 12 Taf. u. Text-Illustr. Nebst e. Anh. üb. d. Sammeln d. Mollusken. (XII, 85 S.) 896.

Schriften d. deutschen Lehrervereins f. Naturkunde. Hrsg. v. K. G. Lutz. III. u. IV. Bdchn. 16. Stuttgart, K. G. Lutz. Geb. à n. 1. 50 (I.—IV.: n.n. 9. —)
III. Insekten-Büchlein. D. wichtigsten Feinde u. Freunde der Landwirtschaft aus d. Klasse d. Insekten v. H. Schütte. M. üb. 200 Abb. in Farbendr. auf 32 Taf. (128 S.) 897.
IV. Pilz-Büchlein. Uns. wichtigsten essbaren Pilze in Wort u. Bild v. W. Obermeyer. M. 25 Taf. in Farbendr. (160 S.) 898.

— des deutschen Lehrer-Vereins f. Naturkunde. Hrsg. v. K. G. Lutz. V.—VII. Bd. Stuttgart, K. G. Lutz. Geb. n. 6. 50
V. Pilz-Büchlein. Von W. Obermeyer. II. Unsere wichtigsten gift., ungeniessbaren, sowie an landwirtschaftl. Kulturgewächsen schädl. Pilze in Wort u. Bild. Mit 25 Taf. in Farbendr. u. 16 Abb. im Text. 16. (208 S.) 899. n. 1. 50
VI. Flora v. Deutschland in Abbildgn. nach der Natur. Von J. Sturm. 2. umgearb. Aufl. 1. Abtlg. Phanerogamen. 3. Bd.: Echte Gräser, Gramineae. Von K. G. Lutz. Mit 56 lith. Taf. u. 9 Abb. im Text. 12. (176 S.) 900. n. 2. 50
VII. Dasselbe. 2. Bd.: Riedgräser, Cyperaceae. Von E. Roth. Missbach u. Ernst H. L. Krause. Mit 64 Taf. in Farbendr. u. 3 Abb. im Text. 12. (160 S.) 900. n. 2. 50

— des deutschen Lehrer-Vereins für Naturkunde. XI.—XIV. Bd. kl. 8. Stuttgart, K. G. Lutz. Geb. in Leinw. à n. 2. 50
XI. Flora von Deutschland in Abbildgn. nach der Natur. Von J. Sturm. 2., umgearb. Aufl. 7. Bd. Schnabelfrüchtler, Balsamgewächse, Seifenbäume, Kreuzdorngewächse, Dreisamige, Seidelbaste u. Steinbreche. Gruinales, Terebinthinae, Sapindiflorae, Frangulinae, Tricoccae, Thymelaeinae, Saxifraginae. Von Ernst H. L. Krause. Mit 64 Taf. in Farbendr. u. 26 Abbildgn. im Text (224 S.) 902.
XII. XIII. Dasselbe. 10. u. 11. Bd. Röhrenblütler im weiteren Sinne. Tubatae. 2 Hälften. Von Ernst H. L. Krause. Mit je 64 Taf. in Farbendr. u. 27 bezw. 37 Abbildgn. im Text. (224 u. 223 S.) 903.
XIV. Dasselbe. 12. Bd. Schirmblumige u. Glockenblumige. Umbelliflorae u. Campanulatae. Von Ernst H. L. Krause. Mit 64 Taf. in Farbendr. u. 35 Abbildgn. im Text. (288 S.) 904.
Bd. VIII—X sind noch nicht erschienen.

— des deutschen Lehrer-Vereins f. Naturkunde. XX. Bd. gr. 8. Stuttgart, K. G. Lutz. Geb. in Lw. 2. 50
XX. Einführung in die Biologie der Blütenpflanzen. Im Anschluss an Sturms Flora v. Deutschland bearb. Von Hans Meierhofer. (256 S. m. 113 Abb.) 907.

— der jüdisch-hellenistischen Literatur. In deutscher Übersetzg. unter Mitwirkg. v. mehreren Gelehrten hrsg. v. Leop. Cohn. 1. u. 2. Bd. gr. 8. Breslau, M. & H. Marcus. 12. 40
1. Philo v. Alexandria, Werke. In deutscher Übersetzg. hrsg. v. Leop. Cohn. 1. Tl. (IX, 409 S.) 909. 6. —
2. Dasselbe. 2. Tl. (V, 426 S.) 910. 6. 40

Schriften des Luthervereins zur Erhaltung der deutschen evangelischen Schulen in Oesterreich. 1. u. 2. Heft. 8. Leipzig, A. Strauch. à n. — 10
1. Die Notwendigkeit des Luthervereins zur Erhaltung der deutschen evangelischen Schulen in Oesterreich. In zwei Aufsätzen nachgewiesen. Von Gthold. Schürer u. Eberh. Fischer. (16 S.) (906.)
2. Evangelische Erziehung in e. Los v. Rom-Gemeinde. Vortrag, geh. auf dem Familienabend der Ortsgruppe Dresden des „Luther-Vereins zur Erhaltung der deutschen evangel. Schulen in Oesterreich". Von Vik. Rich. Otto. (16 S.) (906.)

— des Luthervereins zur Erhaltung der deutschen evangelischen Schulen in Österreich. 3. Heft. 8. Leipzig, A. Strauch. — 10
Die evangel. Schule in Kärnten. Von Max Richter. (15 S. m. Abbildgn.) (907.)

— Maaße u. Gewicht betreffend. 2 Thle. 8. Zürich 801. Geßner. 8 gr.

—— die von Sr. Kgl. Maj. v. Sachsen u. Sr. Kgl. Hoh. dem Prinzen Mitregenten den Landständen d. Königreichs bei dem am 1. März 1831 wieder eröffneten Landtage vorgelegten, Decret an d. Stände. Entwurf d. Verfassungsurkunde. Entwurf d. Wahlgesetzes. Uibersicht d. dermal. Finanz-Etats des Königr. Haupt-Etat d. gesammt. Einnahme u. Ausgabe des Königr. gr. 4. (10 B.) Dresden 831. (Leipzig, Fr. Fleischer.)

— des armen Mannes in Toggenburg. 1r Thl. seine Lebensgeschichte enth. Mit 8 Kpf. 8. Zürich 791. Orell. 20 gr. 2r Thl. Tagebuch d. armen Mannes in Toggenburg, hrsgg. v. H. H. Füßli. 1r Thl. 8. Ebd. 793. 10 gr. Schreibp. 14 gr.

Mathematisch-Physikalische Schriften für Ingenieure und Studierende. Hrsg. von E[ugen] Jahnke. 1. Leipzig & Berlin: B. G. Teubner 1908. 8°
1908. 1910

Schriften mathematisch-physikalische, für Ingenieure u. Studierende. Hrsg. v. E. Jahnke. 1.—5., 6, I. II, 7.—9, 10, I u. 11, I. Leipzig, B. G. Teubner. Geb. in Leinw. 41. 60
Byk, Alfr., Einführung in die kinetische Theorie der Gase. I. Bdchn. Die idealen Gase. (V, 102 S. m. 14 Abb.) 8. 910. (10. Bd. I.) 2.80; geb. in Leinw. 3. 20
Gans, Rich., Einführung in die Theorie des Magnetismus. Mit 40 Textfig. (VI, 110 S.) 8. 908. (1. Bd.) 2. 40; geb. in Leinw. 2. 80
Jahnke, Eug., u. Fritz Emde, Funktionentafeln mit Formeln u. Kurven. Mit 53 Textfig. (XII, 176 S.) gr. 8. 909. (5. Bd.) Geb. in Leinw. 6. —
Ignatowsky, W. v., die Vektoranalysis u. ihre Anwendung in der theoret. Physik. I. Tl.: Die Vektoranalysis. Mit 27 Textfig. (VI, 112 S.) 8. 909. (6. Bd. I.) 2.60; geb. 3. —
— dasselbe. II. Tl.: Anwendg. der Vektoranalysis in d. theoret. Physik. (IV, 123 S. m. 14 Fig.) 8. 910. (6. Bd. II.) 2.60; geb. in Leinw. 3. —
Kalähne, Alfr., Grundzüge der mathematisch-physikal. Akustik. I. Tl. (VII, 130 S. m. 19 Fig.) 8. 910. (11. Bd. I.) 3.20; geb. 3. 60
Netto, Eug., die Determinanten. (VI, 129 S.) 8. 910. (9. Bd.) 3.20; geb. in Leinw. 3. 60
Schaefer, Clem., Einführg. in d. Maxwellsche Theorie der Elektrizität u. des Magnetismus. Mit 1 Bildnis J. C. Maxwells u. 32 Textfig. (VIII, 174 S.) 8. 908. (3. Bd.) 3.40; geb. in Leinw. 3. 80
Schafheitlin, Paul, die Theorie der Besselschen Funktionen. Mit 1 Fig.-Taf. (IV, 129 S.) 8. 908. (4. Bd.) 2.80; geb. 3. 20
Schwahn, Paul, mathematische Theorie der astronomischen Finsternisse. (V, 128 S. m. 20 Fig.) 8. 910. (8. Bd.) 3.20; geb. 3. 60

Timerding, H. E., die Theorie der Kräftepläne. Eine Einführg. in die graph. Statik. (VI, 99 S. m. 46 Fig.) 8. 910. (7. Bd.) 2.60; geb. 3. —
Wagner, Karl Willy, elektromagnet. Ausgleichsvorgänge in Freileitungen u. Kabeln. Mit 23 Textfig. (IV, 109 S.) 8. 908. (2. Bd.) 2.40; geb. in Leinw. 2.80

Schriften, Meine kleine. Frankf. u. Leipzig 1791. V: *Schröckh, Sam. Jacob.* (MGT) »Coburg« (Ky)

— meine kleinen, (v. S. J. Schröckh). 1r Bd. 8. (Coburg) 791 Meusel. 12 gr.

Schriften, Merkwürdige, zum Andenken des philosophischen Jahrhunderts. Europa [Nürnberg] 1785. V: *Pezzl, Johann.* (BGE VII³/216) (Biblport)

Merkwürdige Schriften zum Andenken des philosophischen Jahrhunderts.
[A. d. Franz.]
Europa [i. e. Nürnberg: Eichhorn]. 1785. 320 S. 8°.
Zentralbibliothek Zürich

SCHRIFTEN. Merkwürdige – v. d. Freiheit d. Handels. Übersetzt v. Fourmont. Prag 1782.

„Merkwürdige Schriften von der Freiheit des Handels", aus dem Französischen (aus dem „Journal économique" von 1751 und 1752), mit Anmerkungen begleitet, herausgegeben von J. M. D. Faumont, Prag und Wien 1782. — Vorh.: Com. Bibl. Hamburg.

Das österreichische Militair betreffende Schriften. Bd 1—5. Frankfurt 1786—96. 8°. — 1. Generalreglement oder Verhaltungen für die k. k. Generalität und Nachrichten von der Stärke der k. k. Armee. 2. Aufl. 1786. — 2. Dienst- und Exercierreglement für die k. k. Infanterie 1786. — 3. Stand- und Verpflegungs-Regulament der k. k. Armee. 1787. — 4. Kriegsgesetze für die k. k. Armee. 1794. — 5. Allerneuestes Exercier-Reglement für die k. k. Kavallerie 1796. (1. Aufl. 1784.)

— d. österreichische Militair betreffend rc., m. K. 3 Bde. gr. 8. Lpz. Crusius. (F. C. W. Vogel.) 786-87. (1r 1 Rthlr. 2r 2 Rthlr. 12 gr. 3r 1 Rthlr. 4 gr.)

Das österreichische Militär betreffende Schriften. Bd 1—3. Frankfurt 1786/87.
Bd 1. Generalreglement oder Verhaltungen für die K. K. Generalität.
Bd 2. Dienst- u. Ex.-Rglt für die K. K. Infanterie.
Bd 3. Stand- u. Verpflegs-Regulament.
— — 1794—1796. Bd 1—6.
Bd 1—3 wie bei voranstehender Ausg.
Bd 4. Kriegsgesetze rc. (Kriegsartikel v. J. 1793).
Bd 5. Ex.-Rglt für die K. K. Kavallerie.
Bd 6. Neuestes Rglt für die K. K. Kavallerie.

— d. österreich. Militair betreffend, m. K. 6 Bde. gr. 8. Frankf. Klimbt. 794-96.

Schriften des Mittelstandes (H. 2 ff.: **Schriften** der Deutschen Mittelstands-Vereinigung, E. V.). H. 1. Berlin: Deutsche Mittelstands-Vereinigung [um 1908]. 8° [11. 1704

Schriften des 2. internationalen Mittelstandskongresses.
1. Gewerbliches Kreditwesen. Gewerbeförderung. Gewerbliches Bildungswesen. (281 S.) 1910. — 2. Bauhandwerkerfrage und mittelständische Wohnungspolitik. (210 S.) 1910. — 3. Ertl M., E. Schwiedland und A. Vetter, das landwirtschaftliche Genossenschaftswesen. (370 S.) 1909. — 4. — — Hausindustriepflege. (231 S.) 1909. — 5. Mitteilungen aus den Kongressverhandlungen. (198 S.) 1910.

— moderne, f. Plakate, Reclamen u. Firmenmalerei. Ein Vorlagenwerk f. Plakatzeichner, Schildermaler, Lithographen, Schriftgiessereien, Kalligraphen u. a. (In 3 Lfgn.) 1. Lfg. Fol. (5 farb. Taf.) Berlin 898. M. Spielmeyer. n. 4. —

— moderne. 2. u. 3. (Schluss-) Lfg. Ein Vorlagenwerk f. Plakatzeichner, Schildermaler, Lithographen, Schriftgiessereien, Kalligraphen u. a. Fol. Berlin, M. Spielmeyer. à n. 4. —
2. Moderne Alphabete f. Plakate, Reklamen- u. Firmenmalerei. Entworfen u. ausgeführt v. Schülern der Fachklasse für Buntdruck der königl. Kunstgewerbeschule zu Dresden unter Leitung v. Paul Naumann. (5 Doppeltaf.) 899.
3. Moderne Schriften u. Alphabete für Plakate, Reklamen- u. Firmenmalerei. Entworfen u. ausgeführt in der königl. Kunstgewerbeschule zu Leipzig unt. Leitg. v. M. Honegger. (5 Doppeltaf.) (900.)

— des Monistenbundes in Österreich in Wien. 1. Heft. gr. 8. Wien 909. Bruder Suschitzky. — 40
Entwicklung. Vortrag, geh. im Monistenbunde in Österreich in Wien u. m. 1 Nachwort versehen. Von O. Kabo. (23 S.)

— moralische u. politische, franz. u. deutsch. 8. Hanau. 728.

— die mosaischen, übersetzt nach Mendelsohn. u. mit erläut. Anmerkk. v. Pt. Beer. 1s Hft. 8. Prag 815. Enders. 18 gr.

— Münchner politische. I u. II. gr. 8. München, F. Stein. n. 3. 50
I. Gegen die Konfessionen! Eine Mahng. an die Gebildeten unter ihren Verfechtern in Gestalt e. Kampfschrift gegen den Professor der kathol. Theologie Albert Ehrhard in Wien u. den Professor der protestant. Theologie Adolf Harnack in Berlin. Von Joh. Johannsen. (VII, 198 S.) 902. n. 3. —
II. Ein jungliberales Programm, m. besond. Hinblick auf Bayern u. Baden aufgestellt. Von Siegfried. (34 S.) 902. n. — 50

SCHRIFTEN DES DUISBURGER MUSEUMSVEREINS.
I. m. d. Titel: Führer durch die Duisburger Altertumssammlung.[2]) Im Auftrage des Vorstandes herausgegeben. Duisburg 1902. Druck von Joh. Ewich. 8°.
II. Die Duisburger Börtschiffahrt, zugleich ein Beitrag zur Geschichte des Gewerbes in Duisburg und des Handelsverkehrs am Niederrhein. Von HEINRICH AVERDUNK. (ib.) 1905. Druck und Verlag von Joh. Ewich.
III. Duisburg und der Niederrhein zur französischen Zeit von HEINRICH AVERDUNK. I. 1792—1795. ib. 1907. Im Selbstverlage des Museumsvereins.
IV. Die Flurnamen und andere Ortsbezeichnungen in Duisburg im Anschlusse an die Flurkarten von Duisburg, Meiderich, Ruhrort und Beeck aus den Jahren 1727—1735. Herausgegeben von HEINRICH AVERDUNK. ib. 1911. —
V. Die Nachkommen des Geographen Gerhard Mercator von HEINRICH AVERDUNK. (Mit Tafeln und 1 Tabelle.) ib. 1913. —

[2]) Umschlagtitel: Führer durch die Sammlung des Duisburger Altertums-Vereins.

— des Duisburger Museumsvereins. II. gr. 8. Duisburg, J. Ewich. n. 4. —
Die Duisburger Börtschiffahrt, zugleich ein Beitrag zur Geschichte des Gewerbes in Duisburg u. des Handelsverkehrs am Niederrhein. Von Heinr. Averdunk. (XI, 241 S.) 905.

Schriften aus dem Gebiete des eigenen Nachdenkens ... Weissenfels 1772. H: *Naumann, Chn Nicolaus.* (Ky) (ML)

— aus dem Gebiete des eigenen Nachdenkens, mit Geschmack u. Empfindung, (v. Chr. N. Naumann). 2 Thle. gr. 8. Weissenf. 772. Jse. 1 Rthlr. 12 gr. Dann unt. d. T.: Allerlei aus d. Reiche des Verstandes u. Witzes. 8. Schleusing. u. Leipz. 774. (Vergl. Allerlei.)

Zur Nachricht für Freunde freimaurerischer Litteratur insbesondere über die von der Redaktion der „Zirkelcorrespondenz“ in Berlin hrsg. Schriften. Berlin: Mittler 1897—1898. 2 Bl. 8° [Kopftit.]

Schriften, Nationalliberale. [Hrsg. von der Nationalliberalen Partei.] 1907, 18 H. und 1908, H. 1—2. Berlin, 1907—1908.

1907, H. 1. Kolonialpolitik nicht Kolonialskandale und Nebenregierung! Ein Rückblick auf die letzten Reichstagsverhandlungen. 1907. 69 S.
H. 2. Nationalliberale Interpellation über den Bremserlaß in der 6. Sitzung des Hauses der Abgeordneten am 9. Februar 1907. [1907.] 48 S.
H. 3. Wahlaufrufe und Wahlkundgebungen zur Reichstagswahl 1907. — Fürst Bülows Abrechnung mit Zentrum und Sozialdemokratie im neuen Reichstag. [1907.] 146 S.
H. 4. Kultusminister von Studt und die geistliche Schulaufsicht. Stenographischer Bericht der Sitzungen des Preußischen Abgeordnetenhauses am 15. und 16. März 1907. [1907.] 127 S.
H. 5. Programmatische Kundgebungen der Nationalliberalen Partei: 1866—1907. [1907.] 69 S.
H. 7. Reichstagssession 1905/06. XI. Legislaturperiode. 2. Session. II. Abschnitt: Die Tagung vom 13. November bis zum 13. Dezember 1906. H. 4. [1907.] 137 S.
H. 8. Protokoll auf Grund stenographischer Aufzeichnungen über den 10. Allgemeinen Vertretertag der Nationalliberalen Partei am 5. und 6. Oktober 1907 in Wiesbaden. [1907.] 152 S.
H. 9. Schiffer, E., Über die Blockpolitik, Wahlreform in Preußen, Schulpolitik u. a. Rede, gehalten in Magdeburg am 18. Oktober 1907. 1907. 12 S.
H. 10. Patzig, K. A., Mittelstandspolitik und Nationalliberale Partei. Rede, gehalten auf dem [9.] Allgemeinen Vertretertag der Nationalliberalen Partei zu Goslar am 7. Oktober 1906. [1907.] 24 S.
H. 11. Stresemann, G., Pensionsversicherung der Privatbeamten. Rede, gehalten auf dem [10.] Allgemeinen Vertretertag der Nationalliberalen Partei zu Wiesbaden am 6. Oktober 1907. [1907.] 20 S.
H. 12. Landtagssession 1907. XX. Legislaturperiode. 3. Session: Die Tagung vom 8. Januar bis 8. Juni 1907. [1907.] 214 S.
H. 13. Reichstagssession 1907/08. XII. Legislaturperiode. 1. Session. 1. Abschnitt: Die Tagung vom 19. Februar bis 14. Mai 1907. 1907. 118 S.
1908, H. 1. Dix, A., Blockpolitik. Ihre innere Logik, ihre Vorgeschichte und ihre Aussichten. [1908.] 67 S.
H. 2. Dix, A., Sozialdemokratie, Militarismus und Kolonial-Politik auf den Sozialisten-Kongressen 1907. [1908.] 32 S.

— nationalliberale. Nr. 5—13. Berlin, Buchh. der nationalliberalen Partei. 8. 90
Bassermann, üb. die innere u. äußere Politik Deutschlands. Rede, geh. in Magdeburg am 15. IV. 1907. (28 S.) gr. 8. (907.) (Nr. 6.) nn — 10
Kundgebungen, programmatische, der nationallib. Partei 1866—1907. (69 S.) gr. 8. (907.) (Nr. 5.) — 50
Patzig, Mittelstandspolitik u. nationalliberale Partei. Rede, geh. auf dem allgem. Vertretertag der nationallib. Partei zu Goslar am 7. X. 1906. (24 S.) gr. 8. (907.) (Nr. 10.) — 10
Reichstagssession 1905/6. II. Session der 11. Legislaturperiode. 2. Abschn. Die Tagg. vom 13. XI. bis zum 13. XII. 1906. 4. Heft. VIII. Handel u. Verkehr. IX. Sozial- u. Gewerbepolitik. X. Verschiedene Gesetzentwürfe. XI. Interpellationen. Initiativ-Anträge. XII. Nachtrag zum 2. Heft: Kolonialpolitik. (139 S.) gr. 8. (907.) (Nr. 7.) 2. —
— 1907/8. 1. Session der 12. Legislaturperiode. 1. Abschn. 1. Die Tagung vom 19. II. bis 14. V. 1907. (120 S.) gr. 8. 907. (Nr. 13.) 2. —
— dasselbe. 2. Abschn. I. Die Tagung vom 22. XI. 1907 bis 7. V. 1908. (116 S.) gr. 8. 908. (Nr. 12.) 2. —
Schiffer, üb. d. Blockpolitik, Wahlreform in Preußen, Schulpolitik u. a. Rede, geh. in Magdeburg am 18. X. 1907. (12 S.) Lex. 8. 907. (Nr. 9.) — 10
Stresemann, Pensionsversicherg. der Privatbeamten. Rede, geh. auf dem allgem. Vertretertag der nationallib. Partei zu Wiesbaden am 6. X. 1907. (30 S.) gr. 8. (907.) (Nr. 11.) — 10
Vertretertag, 10. allgemeiner, der nationalliberalen Partei am 5. u. 6. X. 1907 in Wiesbaden. Protokoll auf Grund stenograph. Aufzeichngn. (152 S.) gr. 8. 907. (Nr. 8.) 2. —
Nr. 1—5 erschienen unter Einzeltiteln.

—— hrsg. von der Naturforscher-Gesellschaft bei der Universität Dorpat. I. Untersuchungen über die Entwickelung der primitiven Aorten, mit besond. Berücksicht. der Beziehungen derselben zu den Anlagen des Herzens. Von John Türstig. Lex.-8. (V, 33 S. mit 4 lithogr. Taf.) Dorpat 884. (Leipzig, K. F. Köhler.) *

Schriften, hrsg. von der Naturforscher-Gesellschaft bei der Universität Dorpat. II. — IV. Lex.-8. Dorpat. (Leipzig, K. F. Köhler.) *

Inhalt:
II. Berg, Graf Fr., einige Spielarten der Fichte. Schlangenfichte, astlose Fichte, pyramidale Fichte, Trauerfichte, Hängefichte, Kugelfichte, Krummfichte oder Sumpffichte, nordische Fichte [obovata]. (44 S. mit 12 Lichtdr.-Taf.) 887. *ℳ 2.—.
III. Russow, Edm., zur Anatomie resp. physiologischen und vergleichenden Anatomie der Torfmoose. (35 S. mit 5 lithogr. Taf.) 887. *ℳ 3.—.
IV. Weihrauch, Karl, neue Untersuchungen über die Bessel'sche Formeln, deren Verwendung in der Mineralogie. (46 S.) 889. *ℳ 3.—.
[I.] (Ebendas.) 1884. *ℳ 2.—.

—— hrsg. v. der Naturforscher-Gesellschaft bei der Universität Dorpat. V. u. VI. Lex.-8. Dorpat. (Lpz., K. F. Koehler.) * 6 60
V. Weihrauch, Karl. Fortsetzung der Neuen Untersuchungen üb. die Bessel'sche Formel u. deren Verwendung in der Meteorologie. (78 S.) 890. * 3 —.
VI. Heerwagen, Friedr. Studien üb. die Schwingungsgesetze der Stimmgabel u. üb. die electro-magnetische Anregung. (53 S. m. 2 lithogr. Taf.) 891. * 3 60.

— hrsg. v. der Naturforscher-Gesellschaft bei der Universität Dorpat. VI. VII. Lex.-8. Dorpat. (Leipzig, K. F. Koehler.) n. 5. 10 (I—VII.: n. 18. 10)
VI. Studien üb. die Schwingungsgesetze der Stimmgabel u. üb. die electromagnetische Anregung. Von Frdr. Heerwagen. (53 S. m. 2 lith. Taf.) 890. n. 3. 60
VII. Die Verwandtschaftsverhältnisse der Arthropoden. Von J. v. Kennel. (48 S. m. 1 farb. Taf.) 891. n. 1. 50

— hrsg. v. d. Naturforscher-Gesellschaft bei d. Universität Jurjew (Dorpat). VIII. Lex.-8. Dorpat 895. (Leipzig, K. F. Köhler's Sort.) n. 2. —
Synchron. Tabellen üb. d. naturwissenschaftl. Journallitteratur von 1650—1893, zusammengest. v. Carl Schmidt. (X, 63 S.)

— hrsg. von der Naturforscher-Gesellschaft bei der Universität Jurjeff-Dorpat. IX u. X. Leipzig (K. F. Koehler). n. 9. 50
IX. Studien über sexuellen Dimorphismus, Variation u. verwandte Erscheinungen. Von J. Kennel. I. Der sexuelle Dimorphismus bei Schmetterlingen u. Ursachen desselben. Lex.-8. (64 S.) Jurjeff 896. n. 2. —
X. Flora des Gouvernements Wladimir. Von A. Fleroff. Mit 33 Autotyp. u. 4 Karten. (Zumeist in russ. Sprache.) gr. 8. (XIII, 338, 19 u. III, 76 S.) Moscau 902. n 7. 50

— hrsg. v. der Naturforscher-Gesellschaft bei der Universität Jurjeff (Dorpat). XI—XV. Lex.-8. Jurjeff (Dorpat). (Leipzig, K. F. Koehler.) n. 13. —
XI. Ueber die Wärmeausdehnung des Wassers zwischen 30 u. 80°. Von Geo. Landesen. (In russ. Sprache.) (25 S.) 902. n. 1. —
XII. Eine Skizze der Vegetation des Kreises Njeshin des Gouvernement Czernigow. Von S. Michajlowsky. Mit 2 Karten. (In russ. Sprache.) (54 S.) 903. n. 2. —
XIII. Ueber die Temperatur-Abhängigkeit der specifischen Wärme kristallinischer Stoffe. Von A. D. Bogojawlensky. Mit 10 Taf. (In russ. Sprache m. deutschem Anh.) (73 S.) 904. n. 4. —
XIV. Untersuchungen üb. die Wärmeausdehnung wässeriger Lösungen. Von Geo. Landesen. Mit 6 Taf. (In russ. Sprache m. deutschem Anh.) (124 S.) 904. n. 4. —
XV. Untersuchungen üb. den Stoffwechsel in der Zelle u. in den Geweben. Von K. Saint-Hilaire. (In russ. Sprache m. deutschem Anh.) (257 S.) 904. n. 2. —

Schriften, Neue auserlesene, der Enkelin der Karschin . . . Berlin 1817. V: *Chezy, Helmine Christiane von geb. von Klencke.* (GGr) »1818« (Ky) (BrMm)

Schriften, neue, auserlesene, der Enkelin der Karschin. (Helm. v. Chezy.) 2 Abtheil. gr. 8. Heidelberg, Engelmann. Frankfurt a. M., Herrmann in Comm. 818.

— neue gesammelte, z. Vergnügen u. Unterricht. 12 Stck. in 4 Bden. 8. Wien, Ghelen. 769–70.

Schriften, Neue, der Berlin. Gesellschaft naturforschender Freunde, s. Schriften. – Der Gesellschaft naturforschender Freunde zu Berlin neue Schriften.

Schriften, Neue, der Gesellschaft naturforschender Freunde Westphalens, s. Schriften. – Der Gesellschaft naturforschender Freunde Westphalens neue Schriften.

„Neue Schriften der k. k. patriotisch-ökonomischen Gesellschaft im Königreich Böhmen“, 1. Band, 2 Hefte, Prag (Haase) 1825; **2. Auflage ebda. 1828; 2., 3., 4., 5. u. 6. Band, je 2 Hefte, Prag 1829—1839 (Haase & S.).**

—— neue, der k. k. patriot.=ökonom. Gesellschaft im Königr. Böhmen. 1—3. Bd. à 2 Hfte. gr. 8. Prag, (Calve.) [1. (2 Hfte.) 2., verm. Aufl. (20 B. u. 1 Tab.) 828., 2. 1. (14 B. u. 2 Tab.) 830., 2. (9½ B. incl. 2 Tab.) 832., 3. 1. (11½ B. u. 1 Taf. gr. Fol.) 833., 2. (13½ B. u. 1 Tab. gr. Fol.) 834. à H. 1 Thlr.] Thlr.

—— neue, der k. k. patriot.=ökonom. Gesellschaft im Königr. Böhmen. 4—7. Bd. à 2 Hfte. gr. 8. Prag, (Calve'sche Bh.) [4. 1. (9¾ B., 2 Stnt. u. 1 Tab.) 834., 2. (15 B., 1 Stnt. u. 1 Tab.) 836., 5. 1. (14 B. u. 1 Tab.), 2. (15½ B., 1 Stnt. u. 1 Tab.) 837., 6. 1. (14 B. u. 1 Tab.) 838., 2. (12½ B. u. 1 Tab.) 839., 7. 1., 2. (29½ B. u. 2 Tab.) 840, 41. à H. * 1 Thlr.] *

1—3. Bd. à 2 Hfte. Ebendas. 1828—34. * 6 Thlr.

—— neue, der k. k. patriotisch=ökonom. Gesellschaft im Königr. Böhmen. 8—10. Bd. à 2 Hfte. gr. 8. Prag, (Calve'sche Brlgsh.) [8. (33¼ B. u. 3 Tab.) 843, 44, 9. (57¼ B. u. 2 Tab.) 45, 46, 10. (50½ B. u. 2 Tab.) 46, 47. à Hft. * 1 Thlr.] *

1—7. Ebendas. 1828—41. * 14 Thlr.

NEUE SCHRIFTEN DER NATURFORSCHENDEN GESELLSCHAFT ZU HALLE.

Bd. 1, 6 Hefte enthaltend: Botanischen, technologischen und entomologischen Inhalts. Mit 3 Kupfertafeln. Halle 1811. J. Ch. Hendels Verlag. 8°.

Heft I. ib. 1809. — A. u. d. T.: C. C. SCHMIEDER, Geschichte der Entstehung und neuern Einrichtung der Naturforschenden Gesellschaft in Halle. ib. 1809. —

Heft II. Botanischen Inhalts. ib. 1809. — A. u. d. T.: JOH. LUDW. GEORG MEINECKE, Ueber das Zahlenverhältniss in den Fructifications-Organen der Pflanzen, und Beyträge zur Pflanzen-Physiologie. Zwei Abhandlungen vorgelesen in der Naturforschenden Gesellschaft zu Halle. Heft 1. Botanischen Inhalts. ib. 1809. —

Heft III. Entomologischen Inhalts. Mit 1 Kupfertafel.*) ib. 1810. —

Heft IV. technischen und chemischen Inhalts. ib. 1810. — A. u. d. T.: C. C. SCHMIEDER. Drei Abhandlungen. uber die Substitute der Puzzolanerde, das scharfe und narkotische Prinzip. ib. 1810. —

Heft V. Allgemein naturhistorischen Inhalts. Mit 1 Kupfer. ib. 1810. — A. u. d. T.: Drei Abhandlungen, uber die Natur und Entstehung des fliegenden Sommers, zusammengestellt und vorgelesen in der Naturforschenden Gesellschaft zu Halle. Mit 1 Kupfer. ib. 1810. —

Heft VI. Entomologischen Inhalts. (Mit 1 Kupfertafel und Tabelle.) ib. 1811. —

Bd. 2., 6 Hefte enthaltend: Botanischen, technologischen, entomologischen und mineralogischen Inhalts. Mit 3 Kupfertafeln. ib. 1819. J. Ch. Hendel und Sohn.

Heft I. enthält 2 Abhandlungen botanischen Inhalts. Mit 1 Kupfertafel. ib. 1813. — (Abh. 1.) A. u. d. T.: Plantarum Umbelliferarum denuo disponendarum Prodromus auctore CURTIO SPRENGEL. Accedit tabula aeri incisa. ib. 1813. —

Heft II. (Mit Kupfertafeln.) ib. 1812. — A. u. d. T.: AUGUST AHRENS. Beiträge zur Kenntnifs deutscher Käfer. Bd. 2. Heft II. Entomologischen Inhalts. Mit 2 illuminirten Kupfertafeln. ib. 1812. —

Heft III. Chemisch-technischen Inhalts. (Mit Tabellen.) ib. 1814. — A. u. d. T.: JOHANN LUDWIG GEORG MEINECKE. Über das Schiesspulver. Eine chemisch-technische Abhandlung. (Mit Tabellen.) ib. 1814. —

Heft IV. Entomologischen Inhalts. ib. 1818. — A. u. d. T.: GUSTAV KUNZE, Entomologische Fragmente. ib. 1818. —

Heft V. und VI. Mineralogischen Inhalts. ib. 1819. — A. u. d. T.: CH. KEFERSTEIN. Beiträge zur Geschichte und Kenntnifs des Basaltes. und der ihm verwandten Massen, in mehrern Abhandlungen. ib. 1819. —

Bd. 3. Heft I. (Mit Kupfertafeln.) ib. 1817. — A. u. d. T.: CHRISTIAN LUDWIG NITZSCH. Beitrag zur Infusorienkunde oder Naturbeschreibung der Zerkarien und Bazillarien. Mit 6 illuminirten Kupfertafeln. ib. 1817. —

Bd. 3. Heft II. Botanischen Inhalts. ib. 1817. — A. u. d. T.: J. G. C. LEHMANN, Beschreibung einiger neuen und wenig bekannten Pflanzen. Mit 3 (pro 2) Kupfertafeln. ib. 1817. —

— neue, d. naturforsch. Gesellschaft in Halle 1r — 3r Bd. Mit 14 Kpf. gr. 8. Halle 809 — 17. (Leipz., Fr. Fleischer). 5 ₰ 16 gl Hbg. Pr. 3 ₰ (Enth. I. Bd. 1s Heft. K. C. Schmieder, Geschichte d. Entsteh. u. neuen Einrichtt. d. Gesellschaft nebst Namensverzeichniß sämmtl. Mitglieder seit 1779—1809. gr. 8. Ebd. 809. 6 gl 2s Hft. J. L. Meinecke, üb. d. Zahlenverhältn. in d. Fructifications=Organen d. Pflanzen ꝛc. 6 gl 3s Heft. 1) A. Ahrens, Beitrr. zu e. Monographie d. Rohrkäfer (Donacia Fabr.) 2) E. F. Germar, üb. Classification der Insekten ꝛc. Mit 1 Kpf. 6 gl 4s Heft. K. C. Schmieder, 1) üb. d. Substitute d. Puzzolanerde; 2) üb. die blasenziehende Schärfe u. d. Prinzip d. Pflanzen; 3) üb. die Natur d. narkotischen Pflanzengiftes; 4) üb. d. Kitt d. Ameisen. 810. 6 gl 5s Hft. Jh. C. Bullmann, 1) üb. die Natur u. Entstehung d. fliegenden Sommers; 2) Chr. Fr. Steck, einige selbstgemachte Beobachtt. über d. Sommerflug u. die Spinne, die ihn hervorbringt, mit 1 Kpf.; 3) K. C. Schmieder, üb. d. chem. Verhalten d. Sommerfluges. Ebd. 810. 6 gl 6s Heft. 1) v. Malinowsky, Beobachtt. äußerl. sichtlicher Geschlechtskennzeichen einiger Käfergattungen u. Arten; 2) E. F. Germar, Nachtrr. zu A. Ahrens Monographie d. Rohrkäfer; 3) Ders., eine neue Käfergattung, (Potamophilus). Mit 1 Kpf.; 4) A. Ahrens, Beschreib. d. großen Wasserkäferarten d. Gegend um Halle, (Dytici); 5) Jh. Fr. Kyber, einige Bemerkt. üb. die, aus d. ehemal. Curculionen neu gebildeten Gattungen: (Lixus, Curculio u. Rhingaenus, (Fabr.) ... 6 gl II. Bd. 1s Hft. Curt Sprengel, Plantarum umbelliferarum denuo disponendarum prodromus, accedit tabula aeri incisa. 813. ... 10 gl 2s Heft. A. Ahrens, Beitrr. zur Kenntniß deutscher Käfer. Mit 2 illum. Kpf. 812. ... 12 gl 3s Heft. J. L. G. Meinecke, üb. d. Schießpulver; e. chem.=techn. Abhandl. 814. ... 8 gl 4s Hft. G. Kunze, enthomolog. Fragmente. 818. ... 6 gl 5s u. 6s Hft. G. Käferstein, Beitr. z. Geschichte u. Kenntniß d. Basalts u. der ihm verwandten Massen, in mehr. Abhandll. 819. ... 1 ₰ III. Bd. 1s Heft. Chr. Ldw. Nitzsch, Beitr. z. Infusorienkunde, od. Naturbeschreib. der Zerkarien u. Bazillarien. Mit 6 illum. Kpf. 817. ... 1 ₰ 6 gl 2s Heft. G. C. Lehmann, Beschreib. einiger neuen u. wenig bekannten Pflanzen. Mit 2 Kpf. 817. ... 10 gl)

— — 2r Bd. 5s 6s Heft. gr. 8. Ebend. 819.
Auch unter dem Titel:
Keferstein, Ch., Beyträge zur Geschichte u. Kenntniß des Basaltes.
Die Forts. von diesen Beyträgen s. unter dem Titel: Keferstein, Ch., geognost. Bemerkungen.

Schriften, Neue, über die angegebenen Irrthümer, welche in der Philosophie des Herrn Hofraths Wolf enthalten sein sollen. Leipzig 1736. Ü: *Clompe, Petrus.* (Trausch)

— neue, der Großh. Societät f. die gesammte Mineralogie in Jena. 2r Bd., s. Annalen ꝛc. 6r Bd.

— neue, d. Leipziger ökonom. Societät. 3 Thle. gr. 8. Dresden, Walther. 801–05. (1r über Streurechen 20 gr. 2r v. d. Rindviehseuche 20 gr. 3r Ermunterungsmittel z. Aufnahme d. Ackerbaues 1 Rthlr. 12 gr.)

„Neuere und größere Schriften der Leipziger ökonomischen Societät", 3 Bände, Dresden 1801—1805 (Walther)

Neuere und grössere Schriften der Churfürstlich Sächsischen Leipziger ökonomischen Societät. - Dresden 1801. 1. Bd. a. u. d. T.: Preisschriften über das Streurechen.

Neuere u. grossere Schriften d. churfürstlich-sächsischen Leipziger ökonomischen Societät. Bd. 1-3 (2 Vol.). Sst. 1801-05.
(O. m. Sœrtit.

[Neueste] Schriften der naturforschenden Gesellschaft zu Danzig. Bd [1.] 2. Danzig: C.H.E. Müller (1,3 ff.: Halle: Renger) 1820-27. 8°

[Bd 1,]H.1: Rathke, Heinrich: Beiträge zur Geschichte der Thierwelt. Abth.1. 1820. Nh 312:1
dass.: [anderer Druck] Nh 313:1

[Bd 1,]H.3: Rathke, Heinrich: Beiträge zur Geschichte der Thierwelt. Abth.2. 1824. Nh 312:2

[Bd 1,]H.4: Rathke, Heinrich: Beiträge zur Geschichte der Thierwelt. Abth.3.1825. Nh 312:3

Bd 2, H.1: Kleefeld, :Meteorologische Betrachtungen in d. J.1807-24 zu Danzig. 1826. Nc 4° 50

Bd 2,H.2: Rathke, Heinrich: Beiträge zur Geschichte der Thierwelt. Abth.4.1827. Nh 312:2,2

NEUESTE SCHRIFTEN DER NATURFORSCHENDEN GESELLSCHAFT IN DANZIG.

Bd. 1. (4 Hefte.) Danzig, 1820. Gedruckt bei Carl Heinrich Eduard Müller. 4°.

Heft 1. ib. 1820. — A. u. d. T.: HEINRICH RATHKE. Beiträge zur Geschichte der Thierwelt. Abth. 1. Mit 4 Steindrucktafeln. ib. 1820. —

Heft 2. ib. 1820. — A. u. d. T.: JOHANN HEINRICH WESTPHAL. Naturwissenschaftliche Abhandlungen. Heft 1. ib. 1820. —

Heft 3. Halle 1824. In der Rengerschen Verlags-Buchhandlung. A. u. d. T.: HEINRICH RATHKE, Beiträge zur Geschichte der Thierwelt. Abth. 2. Mit 5 Steindruck-Tafeln. ib. 1824. — A. u. d. Spec. T.: HEINRICH RATHKE, Ueber den Darmkanal und die Zeugungsorgane der Fische. Mit 5 Steindruck-Tafeln. ib. 1824. —

Heft 4. ib. 1825. — A. u. d. T.: HEINRICH RATHKE, Beiträge zur Geschichte der Thierwelt. Abth. 3. Mit 3 Kupfer-Tafeln. ib. 1825. — A. u. d. Spec. T.: HEINRICH RATHKE, Beobachtungen und Betrachtungen über die Entwicklung der Geschlechtswerkzeuge bei den Wirbelthieren. Mit 3 Kupfer-Tafeln. ib. 1825. —

Bd. 2. Heft 1. ib. 1826. — A. u. d. T.: KLEEFELD, Meteorologische Betrachtungen und Beobachtungen in den Jahren 1807 bis 1824 zu Danzig angestellt. Mit 1 lithographirten Tafel und 4 Tabellen. ib. 1826. —

Bd. 2. Heft 2. ib. 1827. — A. u. d. T.: HEINRICH RATHKE, Beiträge zur Geschichte der Thierwelt. Abth. 4. Mit 3 Kupfer-Tafeln.

ib. 1827. —

Bd. 2. Heft 3 und 4. ib. 1831. — A. u. d. T.: KLEEFELD, Meteorologische Beobachtungen angestellt zu Danzig in den Jahren 1807 bis 1830 und vollständig herausgegeben von der naturforschenden Gesellschaft zu Danzig. ib. 1831. —

Bd. 3. Heft 1. ib. 1835. — A. u. d. T.: CARL THEODOR ANGER, Ueber die sicherste Bestimmung der geographischen Breite aus Beobachtungen mit einem Spiegelsextanten oder ähnlichen Instrumente. Mit 1 Steindrucktafel. ib. 1835. —

Bd. 3. Heft 2. Danzig 1839. Comm. bei Fr. Sam. Gerhard. A. u. d. T.: CARL THEODOR VON SIEBOLD, Beiträge zur Naturgeschichte der wirbellosen Thiere. Ueber Medusa, Cyclops, Loligo, Gregarina und Xenos. Mit 3 Kupfertafeln. ib. 1839. —

Bd. 3. Heft 3. ib. 1840. — A. u. d. T.: KLEEFELD, Meteorologische Beobachtungen, angestellt zu Danzig in den Jahren 1831 bis 1838 und vollständig herausgegeben von der naturforschenden Gesellschaft zu Danzig. (Mit Tabellen und Tafeln.) ib. 1840. —

Bd. 3. Heft 4. ib. 1842. Auf Kosten der naturforschenden Gesellschaft. A. u. d. T.: HEINRICH RATHKE, Beiträge zur vergleichenden Anatomie und Physiologie, Reisebemerkungen aus Skandinavien, nebst einem Anhange über die rückschreitende Metamorphose der Thiere. Mit 6 Kupfertafeln. ib. 1842. —

Bd. 4. (4 Hefte.) ib. 1851. —

Heft 1. Inhalt:
- MENGE, Ueber die Lebensweise der Arachniden.
- AYCKE, Bemerkungen über das Hochland von Hinter-Pommern und Pommerellen.
- KLINSMANN, Novitia atque defectus florae Gedanensis. (Mit Tafeln und 1 Karte.) ib. 1843. —

Heft 2. Mit 11 Tafeln in Steindruck. ib. 1848. — A. u. d. T.: LIÉVIN, Die Branchiopoden der Danziger Gegend. Ein Beitrag zur Fauna der Provinz Preufsen. Mit 11 Tafeln in Steindruck. ib. 1848. Druck der Gerhard'schen Officin.

Heft 3. Inhalt:
- A. MENGE, Beiträge zur Naturkunde Preussens. I—IV. Mit 3 Steintafeln. ib. 1850. Auf Kosten der naturforschenden Gesellschaft.

Heft 4. Inhalt:
- I. Untersuchungen über die perspectivische Verzerrung von C. T. ANGER.
- II. Myriapoden der Umgegend von Danzig von A. MENGE. ib. 1851. —

Bd. 5. (4 Hefte.) ib. 1856. —

Heft 1. ib. 1853. — A. u. d. T.: P. A. HANSEN, Theorie der Pendelbewegung mit Rücksicht auf die Gestalt und Bewegung der Erde. Eine von der naturforschenden Gesellschaft zu Danzig am 3. Januar 1853 gekrönte Preisschrift. ib. 1853.

Heft 2. (3 Abhandlungen.) ib. 1855. Auf Kosten der naturforschenden Gesellschaft.
- (Abh. 1.) A. u. d. T.: C. T. ANGER, Untersuchungen über die Function J; mit Anwendungen auf das Kepler'sche Problem. ib. 1855.
- (Abh. 2.): A. MENGE, Ueber die Scheerenspinnen, Chernetidae. (Mit Tafeln. — Ohne bes. Titelblatt.)
- (Abh. 3.) A. u. d. T.: Clavis Breyniana oder Schluessel zu Jacobi Breynii Gedanensis Exoticarum aliarumque minus cognitarum plantarum centuria prima, cum figuris aeneis summo studio elaboratis und zu Johannis Philippi Breynii Icones fasciculi rariorum plantarum primus et secundus bearbeitet und mit einigen Anmerkungen herausgegeben von ERNST FERDINAND KLINSMANN. ib. 1855.

Heft 3. ib. 1855. Auf Kosten der naturforschenden Gesellschaft. A. u. d. T.: C. A. F. PETERS, Bestimmung der Abweichungen des Greenwicher Passageninstruments vom Meridiane, für den Zeitraum vom 2. September 1750 bis zum 16. Juli 1762. Eine von der Naturforschenden Gesellschaft zu Danzig am 2. Januar 1855 gekrönte Preisschrift. ib. 1855.

Heft 4. (2 Abhandlungen.) ib. 1856. Auf Kosten der naturforschenden Gesellschaft.
- (Abh. 1.) A. u. d. T.: LIÉVIN, Branchipus Oudneyi, der Fezzan-Wurm oder Dud, Baird's Artemia Oudneyi. Mit 1 Tafel. ib. 1856. Druck von Edwin Groening.
- (Abh. 2.) A. u. d. T.: LIÉVIN, Die Monsune des Indischen Meeres. Ein Vortrag ... Mit 2 Karten. ib. 1856. —

Bd. 6. Heft 1. (3 Abhandlungen. Mit Tafeln.) ib. 1858. Auf Kosten der naturforschenden Gesellschaft.
- (Abh. 1.) A. u. d. T.: C. T. ANGER, Untersuchungen über eine Methode zur Berechnung der planetarischen Störungen. ib. 1858.

Bd. 6. Heft 2 und 3. ib. 1861. Auf Kosten der naturforschenden Gesellschaft. A. u. d. T.: J. F. W. GRONAU, Auflösung der kubischen Gleichungen durch trigonometrische Functionen des Kreises und der Hyperbel. Nebst Tafeln für die letztern. (Mit 1 Tafel.). ib. 1861.

Bd. 6. Heft 4. (2 Abhandlungen.) ib. 1862. Auf Kosten der naturforschenden Gesellschaft.
- (Abh. 1.) A. u. d. T.: J. F. W. GRONAU, Tafeln für die hyperbolischen Sectoren und für die Logarithmen ihrer Sinus und Cosinus. Zu der Abhandlung: Auflösung der kubischen Gleichungen. ib. 1862.
- (Abh. 2) A. u. d. T.: FRIEDRICH KESSLER, Ueber die Beziehung zwischen Spannkraft und Temperatur des gesättigten Wasserdampfs. Vergleichung verschiedener Formeln untereinander und mit den Regnault'schen Versuchen. (Mit 1 Tafel.) ib. 1861. Druck von A. W. Kafemann.

— — neueste, d. Naturforschenden Gesellschaft zu Danzig. 1r Bd. 1s u. 2s Heft. gr. 4. Danzig. (Halle, Renger.) 821.

1s Heft auch unter dem Titel:

Rathke, H., Beyträge z. Gesch. d. Thierwelt. 1ste Abtheil. mit 4 Steindrutt.

2s Heft auch unter dem Titel:

Westphal, J. H., naturwissenschaftliche Abhandlungen. 1s Heft.

— neueste, der naturforsch. Gesellschaft in Danzig. 1r Bd. 3s Heft. — A. u. d. T.: H. Rathke, Beitrr. zur Geschichte der Thierwelt. 2e Abthlg. Mit 5 Steindr. gr. 8. Halle 824, Renger.

— dessen, 1r Bd. 4s Heft. A. u. d. T.: H. Rathke, Beitrr. z. Geschichte d. Thierwelt. 3e Abthlg. — Beobachtt. u. Betrachtt. üb. die Entwickelung d. Geschlechts-Werkzeuge bei den Wirbelthieren. — Mit 3 Kupfertafeln. gr. 4. Halle 825, Renger. Rthlr.
(1r Bd. 1s u. 2s Heft 821. kostet 2 Rthl. 12 gr.)

Schriften, neueste, der naturforsch. Gesellschaft in Danzig. 2r Bd. 1s Heft. — A. u. d. Titel: Kleefeld, meteorologische Betrachtt. u. Beobachtt. in d. Jahren 1807 — 24, zu Danzig angestellt. Mit 1 Steindr. gr. 4. Halle 826, Renger.

—— neueste, der naturforschenden Gesellschaft in Danzig. II. Bd. 2. Hft. — A. u. d. T.: Beiträge zur Geschichte d. Thierwelt, v. H. Rathke. 4. Abthl. gr. 4. (17 B. u. 3 Kpfr.) Halle 827, Renger. [Leipzig, Volckmar.] 2 Thlr., hrbgs. Pr.

—— ders. II. Bd. 3. u. 4. Hft. — A. u. d. T.: Meteorolog. Beobachtungen, angestellt zu Danzig in d. J. 1807 b. 1830 v. Kleefeld. gr. 4. ($37\frac{1}{4}$ B.) Ebds. 831. 5 Thlr., hrbgs. Pr.
I. Bd. 1—4. Hft., u. II. Bd. 1. Hft. Ebendas. 1820—24. 8 Thlr. 9 Gr., hrbgs. Pr. 3 Thlr. 2 Gr.

Schriften, neueste, d. naturforschenden Gesellschaft in Danzig. 3r Bd. 1s Heft. A. u. d. T.: Ueber die sicherste Bestimmung der geographischen Breite, aus Beobachtungen mit einem Spiegelsextanten oder ähnl. Instrumente. Von Karl Theod. Anger. Mit 1 Steindrucktaf. gr. 4. Königsberg 835. (Gebr. Bornträger.) n. 1/2 [Thlr.] (I. 1 — 3. u. II. 1 — 4. bei Renger (Volckmar) kosten 10 [illegible]/8 [Thlr.])

— dies. 3r Bd. 2s Heft. A. u. d. T.: Beiträge zur Naturgeschichte der wirbellosen Thiere, von Karl Theod. v. Siebold. — Ueber Medusa, Cyclops, Loligo, Gregarina und Xenos. Mit 3 Kpfrtaf. gr. 4. Danzig 839. (Gerhard.) n. $1\frac{1}{3}$ [Thlr.]

— dies. 3r Bd. 3s Heft. A. u. d. T.: Meteorologische Beobachtungen, angestellt zu Danzig in den Jahren 1831 bis 1838 vom Regierungsrath Dr. Kleefeld, und vollständig herausg. von der Naturforsch. Gesellschaft. Mit 4 Tabellen. gr. 4. Ebd. 840. n. $1\frac{1}{3}$ [Thlr.]

—— neueste, der naturforschenden Gesellschaft in Danzig. 3. Bd. od. 4 Hfte. gr. 4. Königsberg u. Danzig. (Berlin, Hirschwald'sche Buchh.) *

A. u. d. Ttln.:

Hft. 1. Ueber d. sicherste Bestimmung d. geograph. Breite, aus Beobachtn. mit e. Spiegelsextanten od. ähnl. Instrumente. Von Carl Theod. Anger. ($3\frac{1}{2}$ B. u. 1 Stnt.) 835. * 12 Gr.
- 2. Beiträge z. Naturgeschichte d. wirbellosen Thiere, v. Carl Theod. v. Siebold. — Ueber Medusa, Cyclops, Loligo, Gregarina u. Xenos. ($12\frac{3}{4}$ B. u. 3 Kpfrt.) 839. * 1 Thlr. 8 Gr.
- 3. Meteorolog. Beobachtungen, angest. zu Danzig in d. J. 1831—1838, v. Kleefeld, u. vollständig hrsg. v. d. naturforsch. Gesellschaft. ($12\frac{3}{4}$ B. u. 4 Tab., wovon d. 2 letzt. lith.) 840. * 1 Thlr. 8 Gr.
- 4. Beiträge z. vergleich. Anatomie u. Physiologie, Reisebemerkn. aus Skandinavien, nebst e. Anh. üb. d. rückschreit. Metamorphose d. Thiere v. Heinr. Rathke. ($21\frac{1}{4}$ B. u. 6 Kpfrt.) 842. * 2 Thlr. 8 Gr.

1. u. 2. Bd. à 4 Hfte. Leipzig 820—31, Renger'sche Buchh. Hrbgs. Pr. * 5 Thlr. 18 Gr.

—— neueste, der naturforschenden Gesellschaft in Danzig. 4. Bd. 1. Hft. gr. 4. ($16\frac{3}{4}$ B. u. 4 Stnt.) Danzig 843, Anhuth. *
Inhalt: Menge, über die Lebensweise der Arachniden. Aycke, Bemerkungen üb. das Hochland von Hinter-Pommern u. Pommerellen. Klinsmann, Novitia atque defectus florae Gedanensis.

—— neueste, der naturforschenden Gesellschaft in Danzig. 4. Bd. 2—4. Heft. gr. 4. Danzig, (Anhuth.) *

Inhalt:

Heft 2. Die Branchiopoden der danziger Gegend. Ein Beitrag zur Fauna der Provinz Preussen. Von Liévin. (52 S. mit 11 Stnt.) 848. * 2 Thlr.
- 3. Beiträge zur Naturkunde Preussens. I. Geognostische Bemerkungen. II. Kleinere Bemerkungen. III. Lebensweise der Afterspinner. IV. Verzeichniss der danziger Spinnen. Von A. Menge. (III und 71 S. mit 3 Stnt.) 850. * 2 Thlr.
- 4. Untersuchungen über die perspectivische Verzerrung von C. T. Anger. (20 S.) Myriapoden der Umgegend von Danzig von A. Menge. (22 S.) 851. * 2 Thlr.

—— neueste, der naturforschenden Gesellschaft in Danzig. 5. Bd. 1. Heft. A. u. d. T.: Theorie der Pendelbewegung mit Rücksicht auf die Gestalt und Bewegung der Erde von P. A. Hansen. Eine von der naturforschenden Gesellschaft zu Danzig am 3. Jan. 1853 gekrönte Preisschrift. gr. 4. (IX und 96 S.) Danzig 853, (Anhuth.) Thlr. **

Schriften, neueste, der naturforschenden Gesellschaft in Danzig. 5. Bd. 2. Heft. gr. 4. (VI und 102 S. mit 5 Stnt.) Ebds. 855. **

—— dass. — 5. Bd. 3. Heft. A. u. d. T.: Bestimmung der Abweichungen des greenwicher Passageninstruments vom Meridiane, für den Zeitraum vom 2. Septbr. 1750 bis zum 16. Juli 1762, von C. A. S. Peters. Eine von der naturforschenden Gesellschaft zu Danzig am 2. Jan. 1855 gekrönte Preisschrift. gr. 4. (V und 89 S.) Ebds. 855. **

—— dass. — 5. Bd. 4. Heft.: Branchipus Oudneyi, der Fezzan-Wurm, oder Dud, Baird's Artemia Oudneyi. Von Liévin. (10 S. mit 1 Stnt.) — Die Monsune des indischen Meeres. Von Liévin. (42 S. mit 2 chromolith. Karten in qu. gr. Fol.) gr. 4. Ebds. 856. **

Schriften, neneste, der naturforschenden Gesellschaft in Danzig. 6. Bd. 1—4. Heft. gr. 4. Danzig, (Anhuth.) Thlr. **

Inhalt:

Heft 1. Anger, C. T., Untersuchungen über eine Methode zur Berechnung der planetarischen Störungen. (15 S.) — Gieswald, H., über den Hemmungsprocess in der Antherenbildung. (35 S. mit 1 Stnt.) — Menge, A., Beitrag zur Bernsteinflora. (18 S. mit 1 Stnt.) 858. ** 1 Thlr. 10 Ngr.

» 2., 3. Gronau, J. F. W., Auflösung der kubischen Gleichungen durch trigonometrische Functionen des Kreises und der Hyperbel. (VIII und 66 S. mit 1 Stnt. in qu. Fol.) 861. ** 1 Thlr. 10 Ngr.

» 4. —— Tafeln für die hyperbolischen Sectoren und für die Logarithmen ihrer Sinus und Cosinus. Zu der Abhandlung: Auflösung der kubischen Gleichungen. (VIII und 76 S.) — Kessler, Friedr., über die Beziehung zwischen Spannkraft und Temperatur des gesättigten Wasserdampfes. Vergleichung verschiedener Formeln untereinander und mit Regnault'schen Versuchen. (35 S. mit 1 Stnt. in qu Fol.) 862. ** 1 Thlr. 10 Ngr.

Neue Folge, s. Schriften der naturforschenden Gesellschaft in Danzig.

Schriften, Neueste vermischte, dramatischen, poetischen und philosophischen Inhalts. Dessau 1783—84. V: *Einsiedel, Friedrich Hildebrand von.* (MGT) (Ky)

— neueste vermischte, dramat., poet. u. philosoph. Inhalts. (v. F. H. v. Einsiedel). 2 Bde. 8. Dessau 783, 84. (Wienbrack in Leipz.) 20 gr.

— über d. neuesten, a. d. griech. u. röm. Literatur. 2 Stck. 8. Magdeb. Zapf. 773.

— neutestamentliche, im Zusammenhang erläutert f. höhere Schulen 1. u. 2. Hft. gr. 8. Gotha 891. F. A. Perthes. n. 1. 20

1. Der Galaterbrief. Anh.: Leben des Paulus. Von Paul Schultze. (VI, 29 S.) n. — 40
2. Das Evangelium des Markus. Von Mart. Sorof. (75 S.) n. — 80

Der bey dem Schlesischen Ober- und Fürstenrecht, die Herrschaft Plesse betreffende, wichtigen Rechtsangelegenheit zum Vorschein gekommene Schriften No. 1—4. Breslau 1738. 4.

„Oekonomische Schriften der k. k. Gesellschaft des Ackerbaues und der Künste in Steyermark", Salzburg 1788 (Mayr).

— ökonom., von d. k. k. Gesellschaft d. Ackerbaues in Steyermark. Mit Kpf. gr. 4. Salzb. 788. Mayr. 16 gr.

Schriften über die Ordnung der Regierungsnachfolge in dem herzoglichen Hause Sachsen-Gotha. Leipzig 1825. V: *Schmid, Carl Ernst.* (EB)

— ornithologische, hrsg. v. Vorstande d. deutschen Vereins z. Schutze d. Vogelwelt. Nr. 1. gr. 8. Gera 895. E. M. Köhler. n. 1. 60; geb. in Leinw. n. 2. —

Der Graupapagei in d. Freiheit u. in d. Gefangenschaft. Geschildert v. Carl R. Hennicke. M. 1 Buntbild v. A. Goering. (65 S.)

(B) — ornithologische. 1. 895. (KVL 80.) Jetzt: Magdeburg, Creutz.

— d. Ortsausschusses f. deutsche Nationalfeste in Goslar. 1.—3. Hft. Lex.-8. Goslar 897. (L. Koch.) n. 1. 35

1. (15 S. m. 1 Plan.) n. — 35
2. (16 S. m. 3 Ansichten u. 2 Taf.) n. — 40
3. Zugleich als Denkschrift d. Ausschusse f. deutsche Nationalfeste überreicht. (22 S. m. Abb. u. 4 Taf.) n. — 60

Schriften hervorragender Pädagogen f. Seminaristen u. Lehrer. 1.—3. Hft. gr. 8. Breslau, F. Hirt. n. 1. 70

1. Luther's pädagogische Schriften, ausgewählt u. zusammengestellt v. A. Moldehn. 3. [Titel-]Aufl. (56 S.) [899.] 902. n. — 60
2. Francke's Instruktion f. die Präzeptoren, was sie bei der Disciplin wohl zu beachten, übersichtlich geordnet u. m. Anmerkgn. versehen v. Jul. Romeiks. 2. [Titel-]Aufl. (40. S.) [894.] 902. n. — 50
3. Rochow's, Eberh. v., pädagogische Schriften, ausgewählt u. m. Anmerkgn. versehen v. P. Schütze. (48 S.) 902. n. — 60

— hervorragender Pädagogen f. Seminaristen u. Lehrer. 1., 2. u. 4.—14. Heft. 8. Breslau, F. Hirt. n. 11. 60

Felbiger's, Joh. Ign. v., Eigenschaften, Wissenschaften u. Bezeigen rechtschaffener Schulleute. Ausgewählt, m. e. Einleitg. u. m. Anmerkgn. versehen v. Gottfr. Lennarz. (107 S.) 906. (Hft. 14.) n. 1. 20; kart. n. 1. 35

Francke's Instruktion f. die Präzeptoren, was sie bei der Disziplin wohl zu beachten, übersichtlich geordnet u. m. Anmerkgn. versehen von Jul. Romeiks. 3. Aufl. (39 S.) 904. (Hft. 2.) n. — 50

Luther's pädagogische Schriften, ausgewählt u. zusammengestellt von A. Moldehn. 4., durchgeseh. Aufl. (63 S.) 904. (Hft. 1.) n. — 65

Niemeyer's, Aug. Herm., Grundsätze der Erziehung u. des Unterrichts, ausgewählt u. m. e. Einleitg. u. m. Anmerkgn. versehen v. J. Nießen. (63 S.) 905. (Hft. 8.) n. — 65

Overberg's, Bernh., Anweisung zum zweckmäßigen Schulunterricht. Ausgewählt u. m. e. Einleitg. u. m. Anmerkgn. versehen v. J. Nießen. (116 S.) 905. (Hft. 9.) n. 1. 20

Pestalozzi's, Joh. Heinr., wie Gertrud ihre Kinder lehrt. Ein Versuch, den Müttern Anleitg. zu geben, ihr Kinder selbst zu unterrichten. Ausgewählt, m. e. Einleitg. u. m. Anmerkgn. versehen v. J. Nießen. (88 S.) 906. (Hft. 13.) n. 1. —; kart. n. 1. 20

— Lienhard u. Gertrud. Ausgewählt u. m. e. Einleitg. u. m. Anmerkgn. versehen v. J. Nießen. (92 S.) 906. (Hft. 12.) n. 1. —; geb. n. 1. 20

Prall, A., der Schulmethodus des Herzogs Ernst des Frommen, nach der Ausg. v. 1672 f. Seminaristen u. Lehrer hrsg. (76 S.) 903. (Hft. 4.) n. — 80

Sailer's, Joh. Mich., üb. Erziehung f. Erzieher. Für den schulmäß. Gebrauch ausgewählt u. m. e. Einleitg. u. m. Anmerkgn. versehen v. J. Krall. (80 S.) 906. (Hft. 10.) n. — 85; kart. n. 1. —

Salzmann's, Christian Gotth., Ameisenbüchlein od. Anweisung zu e. vernünftigen Erziehung der Erzieher. Mit e. Einleitg. u. m. erläut. Anmerkgn. versehen v. P. Schütze. (80 S.) 906. (Hft. 11.) n. — 80; kart. n. — 95

— Konrad Kiefer od. Anweisung zu e. vernünftigen Erziehung der Kinder, m. Anmerkgn. u. e. Einleitg. versehen u. hrsg. v. P. Schütze. (143 S.) 904. (Hft. 6.) n. 1. 25

— methodische Schrift: „Ueber die wirksamsten Mittel, Kindern Religion beizubringen". Mit e. Einführg. u. m. Anmerkgn. versehen v. P. Schütze. (78 S.) 905. (Hft. 7.) n. — 80

Schriften, pädagogische, des Wolfgang Ratichius u. seiner Anhänger. Ausgewählt u. hrsg. von A. Prall. (80 S.) 903. (Hft. 5.) n. — 80

— hervorrag. Pädagogen f. Seminaristen u. Lehrer. 1.—3. u. 15.—17. Heft. 8. Breslau, F. Hirt. Kart. 6. 05

Diesterweg's, Adf., Wegweiser zur Bildung f. deutsche Lehrer. Mit e. Einleitg., m. Anmerkgn. u. Aufgaben versehen v. Otto Gerstenhauer. (152 S.) 908. (Heft 16.) Kart. 1. 50

Fischer, E., preußische Volksschulordnungen. Mit e. Einleitg. u. m. Anmerkgn. versehen u. hrsg. (79 S.) 907. (Heft 15.) Kart. — 95

Francke's Instruktion f. die Präzeptoren, was sie bei der Disziplin wohl zu beachten, übersichtlich geordnet u. m. Anmerkgn. versehen v. Jul. Rometsch. 4. Aufl. (39 S.) 909. (Heft 2.) nn — 65

Herbart's, Joh. Frdr., Umriß pädagogischer Vorlesungen. Hrsg. u. m. e. Einführg., sowie erläut. Anmerkgn. versehen v. P. Schütze. (126 S.) 910. (Heft 17.) Kart. 1. 40

Luther's pädagog. Schriften, ausgewählt u. zusammengestellt v. A. Moldehn. 5., durchgeseh. Aufl. (63 S.) 907. (Heft 1.) Kart. — 80

Rochow's, Eberh. v., pädagogische Schriften, ausgewählt u. m. Anmerkgn. versehen v. P. Schütze. 2., erweit. u. verb. Aufl. (56 S.) 908. (Heft 3.) — 75

— pädagogische, des Wolfgang Ratichius u. seiner Anhänger, ausgewählt u. hrsg. von A. Prall, s.: Schriften hervorragender Pädagogen. 5. Hft.

— des thüringischen Paramenten-Vereins, unter dem Protektorate Ihrer Durchl. der Prinzessin Thekla v. Schwarzburg. 1. gr. 8. Gotha 899. [G. Schloeßmann.] Verlagsbureau. n. — 60

1. Ueber die Sinnbilder d. christl. Katakomben Roms. Vortrag, geh. auf dem Jahrestag des Paramenten-Vereins in Rudolstadt, den 17. III. 1898. Von Rönnecke. — 2. Die Stellung d. kirchl. Kunst u. insonderheit der evangel. Paramentik zur sozialen Frage. Vortrag, geh. auf d. Jahresfest f. innere Mission in Arnstadt, den 12. V. 1898. Von M. E. Beck. (22 S.)

Schriften des Patentschutzvereins. 1. Bdchn.: Satzungen des Patentschutzvereins, ihre Auslegung und Anwendung, nebst Anleitung, das Patentgesetz übereinstimmend mit richterl. Erkenntnissen aufzufassen. Hrsg. im Auftrage des Vereins. 8. (64 S.) Dresden 887. (Meißen, Mosche.) *

—— zur germanischen Philologie, hrsg. von Max Roediger. 1. und 2. Heft. gr. 8. Berlin 888, Weidmann'sche Buchh. à Heft * M 4.—. *

Inhalt:

Heft 1. Karolingische Dichtungen, untersucht von Ludw. Traube. Aedelwulf. Alchuine. Angilbert. Rhythmen. (VIII, 161 S.)

» 2. Rannow, Max, der Satzbau des althochdeutschen Isidor in Verhältniss zur lateinischen Vorlage. Ein Beitrag zur deutschen Syntax. (X, 128 S.)

—— zur germanischen Philologie, hrsg. von Max Roediger. 3.—6. Heft. gr. 8. Berl., Weidmann. * 23 —

3. Kelle, Joh. Untersuchungen z. Überlieferung, Übersetzung, Grammatik der Psalmen Notkers. (X, 153 S.) 889. * 7 —.

4. Deutsche Schriften d. Albrecht v. Eyb. Hrsg. u. eingeleitet v. Max Herrmann. 1. Bd. Das Ehebüchlein. (LII, 104 S.) 890. * 6 —.

5. Dass. — 2. Bd. Die Dramenübertraggn. Bacchides, Menaechmi, Philogenia. (XLIV, 156 S.) 890. * 7 —.

6. Die Gedichte d. Wilden Mannes u. Wernher's vom Niederrhein, mit Einleitg. u. Anmerkgn. hrsg. v. Karl Köhn. (XXXVIII, 90 S.) 891. * 3 —. 1. Bd. Ebd. 1888. [* 4 —] * 5 —; 2. Bd. Ebd. 1888. * 4 —.

— zur germanischen Philologie. Hrsg. v. Max Roediger. 6. u. 7. Hft. gr. 8. Berlin, Weidmann. n. 9. — (1—7.: n. 37. —)

6. Die Gedichte d. Wilden Mannes u. Wernher's vom Niederrhein, m. Einleitg. u. Anmerkgn. hrsg. v. Karl Köhn. (XXXVIII, 90 S.) 891. n. 3.

7. Über germanischen Versbau. Von Andr. Heusler. (VIII, 139 S.) 891. n. 6. —

— zur germanischen Philologie. Hrsg. v. Max Roediger. 8. Hft. gr. 8. Berlin 896. Weidmann. n. 10. — (1.—8.: n. 47. —)

D. german. Gutturale v. Ernst Zupitza. (VIII, 262 S.)

— zur germanischen Philologie, hrsg. v. Max Roediger. 9. Hft. gr. 8. Berlin, Weidmann. n. 4. —

Die Variation im Heliand u. in der altsächsischen Genesis. Von Paul Pachaly. (VII, 118 S.) 899.

Hft. 1—8 Ebd. n. 47. —

Schriften, Philosophische. Berlin 1761. Verb. Aufl. 1771. V: *Mendelssohn, Moses.* (MN) (Cat. d. Stadtbibl. Zürich. Zürich 1864—97.)

Schriften, Philosophische, an einen der nichts weniger als Philosoph ist. Linz 1779. V: *Cremeri, Bened. Dominik Anton.* (WBL III/27) (BiblPort)

— die poetischen, des Alten Testaments dem Rhythmus der Urschrift gemäß metrisch übersetzt u. erklärt von J. G. Vaihinger. 2. Bd. Die 5 Bücher der Psalmen. 2 Abthl. gr. 8. Stuttgart 845, Cotta'sche Buchh. 3 ℳ 1. Bd. enthält das Buch Hiob, s. Hiob.

— populäre, d. königl. ungar. geologischen Reichsanstalt. I. Bd. gr. 8. Budapest, (F. Kilián's Nachf.). 2. 60

Führer durch das Museum der königl. ungar. geolog. Reichsanstalt. Anlässlich des 40jähr. Bestandes der Reichsanstalt hrsg. v. der dem königl. ungar. Ackerbauministerium unterstehend. königl. ungar. geolog. Reichsanstalt. (148 S. m. 167 Fig. u. 2 Karten im Text u. auf 1 Taf.) 910.

Schriften, Prosaische. Zürich 1799—1801. V: *Brun, Sophie Christiane Friederike geb. Münter.* (GGr)

—— der nordwestdeutschen Protestantenvereine. I—IV. 12. Bremen 880, [Bruns.] Roussell. *

Inhalt:

I. Dreyer, Otto, das Christenthum und der Wunderglaube. Aus dem Briefwechsel mit einem orthodoxen Freunde. (52 S.) * 25 Pf.

II. Gleichnisse des Meisters, wiedererzählt von einem Jünger. 1. Die Talente. (20 S.) * 15 Pf.

III. —— dass. — 2. Der barmherzige Samariter. (20 S.) * 15 Pf.

IV. Krabolfer, J., der Volksglaube im Spiegel des deutschen Sprichworts. (52 S.) * 25 Pf.

Schriften der Provinzialabteilung des Deutschen Vereins für ländliche Wohlfahrts- und Heimatpflege. H. 1. Bonn: Provinzialabt. Rheinprovinz d. Deutschen Vereins f. Ländl. Wohlfahrts- u. Heimatpflege 1910. 8° [11. 15008

— reformkatholische. I u. II. 8. Jena, E. Diederichs. 2. 50

I. Antwort der französischen Katholiken an den Papst. Autoris. Ausg. übertr. v. René Prévôt. (111 S.) 908. 1. —

II. Programm der italienischen Modernisten. Eine Antwort auf die Enzyklika Pascendi dominici gregis. Besorgt v. der Krausgesellschaft. (205 S.) 908. 1. 50

—— des protestantischen Reform-Vereins zu Berlin. 25 Nrn. gr. 8. Berlin 880, Würtzburg. à Nr. * 15 Pf. *

Inhalt:

Nr. 1. Kalthoff, Rede, gehalten am 2. März 1879 zu Berlin im oberen Saale der Reichshallen. (9 S.)

Schriften des protestantischen Reform-Vereins zu Berlin ꝛc.

Nr. 2. Kalthoff, Was dient zum Frieden unseres Volkes? Predigt über Luc. XIX, 46—48, gehalten am 9. März 1879. (7 S.)

» 3. —— der gekreuzigte Christus. Predigt über 1. Cor. I, 23—24, gehalten am Charfreitag 1879. (8 S.)

» 4. —— Predigt zur Eröffnungsfeier des protestantischen Reform-Vereins, gehalten am 27. April 1879. (8 S.)

» 5. —— Wisset Ihr nicht, welches Geistes Kinder Ihr seid? Predigt über Luc. IX, 25—56, gehalten am 4. Mai 1879. (7 S.)

» 6. —— ein Aufruf an das deutsche Volksgewissen. Predigt, gehalten am Bußtage, den 7. Mai 1879. (8 S.)

» 7. —— das Recht der christlichen Gemeinde. Predigt über Evang. Matth. XVIII, 15—18, gehalten am 11. Mai 1879. (8 S.)

» 8. —— Wort und Sacrament. Predigt über Evang. Marc. XVI, 15—16, gehalten am 25. Mai 1879. (7 S.)

» 9. —— vier Predigten über den Gottesglauben. I. Das Dasein Gottes. Predigt, gehalten am Trin.-Sonntage, den 8. Juni 1879. (8 S.)

» 10. —— dass. — IV. Der Offenbarungs-Glaube. Predigt, gehalten am Sonntag, den 29. Juni 1879. (8 S.)

» 11. —— die Einheit des Christenthums und die Vielheit der kirchlichen Confessionen. Predigt, gehalten am Sonntag, den 10. Aug. 1879. (8 S.)

» 12. —— die Menschenwürde. Predigt, gehalten am Sonntag, den 17. Aug. 1879. (7 S.)

» 13. —— Religion und Moral. Rede, gehalten am Sonntag, den 24. Aug. 1879. (8 S.)

» 14. —— Christenthum und Cultur. Rede, gehalten am Sonntag, den 31. Aug. 1879. (8 S.)

» 15. —— Jesus, der Prophet, der nichts gilt in seinem Vaterlande. Rede. (10 S.)

» 16. 17. —— Rede, gehalten am 15. Febr. 1879 vor dem königl. Gerichtshof für kirchliche Angelegenheiten gegen die unter'm 29. Juli 1878 von dem preuß. Oberkirchenrathe beschlossene Amtsentsetzung. Nach dem Mscr. gedr. (19 S.)

18. —— vier Predigten über den Gottesglauben. III. Der Wunderglaube. Predigt. (12 S.)
19. —— der Mensch Jesus Christus. Rede. (11 S.)
20. —— der alte und der neue Glaube. Rede. (12 S.)
21. —— die Ehe. Rede. (13 S.)
22. —— Wer ist ein Christ? Rede. (11 S.)
23. —— Priesterreligion und Laienreligion. Rede. (13 S.)
24. Schramm, A., unsere Hoffnung in schwerer Zeit. Rede. (16 S.)
25. Kalthoff, O ihr Kleingläubigen, warum seid ihr so furchtsam? Rede, gehalten am Neujahrstage 1880. (12 S.)

Schriften d. Reichsverbandes alt-katholischer Jungmannschaften. 1., 4., 7. u. 8. Heft. kl. 8. Kempten, Reichsverband altkathol. Jungmannschaften. (Nur direkt.) — 60

Friedrich, J., die christliche Lehre v. der Entstehung d. Welt u. das sogen. Sechstagewerk des Alten Testamentes. Vortrag. 2. Aufl. (15 S.) München 909. (8. Heft.) p — 15

Satzung d. Reichsverbandes altkatholischer Jungmannschaften. 2. Ausg. (15 S.) 909. (1. Heft.) — 10

Zelenka, E. K., der Alt-Katholizismus. Eine kurze Antwort auf die Frage nach seiner Entstehg., seiner Absicht, seinen Erfolgen, seinem Schicksal, seiner Zukunft. 3. durchgeseh. Aufl. (24 S.) 909. (4. Heft.) — 15

— Altkatholisches Handbüchlein. 7. Ausg. nach d. Stande vom Sommer 1910. (79 S.) 910. (7. Heft.) — 20

Vergl.: Broschüre des Reichsverbandes usw.

—— in bunter Reihe, zur Anregung u. Unterhalt. Hrsg. v. Theod. Mundt. Mit Beiträgen v. d. Verf. d. „Tutti frutti," Leop. Schefer, Joh. Schön, Heinr. Stieglitz, F. G. Kühn u. A. 1. Hft. gr. 8. (9¼ B.) Leipzig 834, Gebr. Reichenbach

—— des Würtemberg. naturhistor. Reisevereins, enthalt Reisebeschreibungen u. Mittheilungen aus d. Natur- u. Völkerkunde. 1. Thl. — A. u. d. T.: Wilh. Schimper's Reise nach Algier in d. J. 1831 u. 1832, od. Beschreib. d. Stadt Algier u. ihrer nächsten Umgebungen, vorzügl. der daselbst wohnenden Völkerschaften, ihrer Lebensart, Sitten u. Gebräuche, u. des gegenwärt. Zustandes dies. franz. Colonie. gr. 8. (14¼ B.) Stuttgart 834, Metzler.

SCHRIFTEN DES RENNSTEIGVEREINS.

Nr. 1. Arnstadt. (1898.) Verlag von Waldemar Jost. — A. u. d. T.: Der Rennsteig als Reiseziel. Alter, Mühen und Reize der Thüringer Höhenwanderung von JOHANNES BÜHRING. ib. (1898.) — 8°.

Nr. 2. Die Rennsteige und Rennwege des deutschen Sprachgebietes. Von L. HERTEL. (Sonder-Abdruck aus dem Programm des Gymnasium Georgianum zu Hildburghausen, Ostern 1899.) ib. 1899. Druck und Commissionsverlag von F. W. Gadow & Sohn. 4°.

Nr. 3. Altenburg S.-A. 1905. Alfred Tittel's Verlag. — A. u. d. T.: CARL SCHNEIDER, Meine Wanderung auf dem Rennsteig des Thüringer Waldes im Sommer 1899. Nach einem Vortrag, gehalten im „Verein für Erdkunde" zu Altenburg S.-A. (Mit Tafeln.) ib. 1905. —

Nr. 4. Christian Junckers Beschreibung des Rennsteigs (1703). Zum ersten Male vollständig veröffentlicht von PAUL MITZSCHKE. 2., durchgesehene und verbesserte Auflage. Sonder-Abdruck aus den Schriften des Vereins für Sachs.-Meing. Geschichte und Landeskunde. Heft 10. ib. 1911. —

Nr. 5. Alte Hufeisen von AUGUST FREYSOLDT. Sonderabdruck aus Reihe VIII, Jahrgang I des „Mareile", Bote des Rennsteigvereins. (Mit 5 beigelegten Tafeln.) Ruhla 1912. Verlag des Rennsteigvereins.

Schriften des Rennsteigvereins. Nr. 1. gr. 8. Arnstadt 898. W. Jost. n. — 50

Der Rennsteig als Reiseziel. Alter, Mühen u. Reize d. Thüringer Höhenwanderg. Von Johs. Bühring. (32 S.)

— des Rennsteigvereins. Nr. 2. gr. 4. Hildburghausen (F. W. Gadow & Sohn). n. — 80

Die Rennsteige u. Rennwege des deutschen Sprachgebietes. Progr. Von L. Hertel. (44 S.) 899.

— des Rennsteigvereins. Nr. 3. 8. Altenburg, A. Tittel. n. 1.75 (1—3 n. 3.05)

Meine Wanderung auf dem Rennsteig des Thüringer Waldes im Sommer 1899. Nach e. Vortrag, geh. im „Verein f. Erdkunde" zu Altenburg. Von Carl Schneider. (100 S. m. 13 Taf.) (905.)

— der Prov.-Abteilung Rheinprovinz d. deutschen Vereins f. ländliche Wohlfahrts- u. Heimatpflege. 1. Heft. 8. Bonn, Verlag der Prov.-Abtlg. (Nur direkt.) p — 20

1. Die Wohlfahrtspflege in den landwirtsch. Winterschulen. Vorträge, geh. in der Konferenz d. Winterschuldirektoren zu Bonn am 20. V. 1910. Von Caspers u. Wintgen. (23 S.) 910.

„Eine Sammlung Schriften über die Handelskrisis im Jahre 1799", — Vorh.: Com. Bibl. Hamburg.

Schriften, sämmtliche des armen Mannes im Tockenburg, gesammlet und herausgegeben von H.

H. Füßli, 1ter Theil, 8. Zürich, 789. Orells. Schreibp. mit 8 Kupf. 25 sgl.
Dasselbe Buch. Druckp. ohne Kupf. 13 sgl.
Auch unter dem Titel:
Lebensgeschichte und natürliche Ebentheuer des armen Mannes im Tockenburg.

Schriften, Sämmtliche, des Armen Mannes im Tockenburg . . . Zürich 1792. V: *Bräcker, Ulrich.* (Cat. d. Stadtbibl. Zürich. Zürich 1864—97.)

Schriften, sämmtliche, v. Gustav Schilling, s. Schilling.

Schriften, Sämtliche, des neuen Testaments . . . Zürich 1781—82. 2. A. 1795. Ü: *Stolz, Joh. Jacob.* (MGT) (Cat. d. Stadtbibl. Zürich. Zürich 1864—97.)

Schriften und Schicksale, C. F. D. Schubart's des Patrioten gesammelte. Stuttgart 1839—40. H: *Schubart, Ludwig Albrecht.* (BrMm)

Schriften z. Schuldfrage, bearb. v. d. Zentralstelle f. Erforschung d. Kriegsursachen, Nowawes, 16 S., 8°.

— des Allgemeinen deutschen Schulvereins zur Erhaltg. des Deutschtums im Auslande. Hauptvorstand: Berlin W., Landgrafenstr. 7 III. 1.—5. Hft. gr. 8. Berlin, G. Reimer. à — 50

1. Zur Einführg. — Die deutsche Flotte. Von Adj. Eichler. — Ein verhängnisvolles Laster unseres Volkes. Von Pet. Rosegger. — Verzeichnis d. Landesverbände u. Ortsgruppen des „A. D. Schulvereins zur Erhaltg. des Deutschtums im Auslande". (24 S.) 900.
2. Geschichte des Allgemeinen deutschen Schulvereins zur Erhaltg. des Deutschtums im Auslande. Von Karl Bormann. (52 S.) 900.
3. Was ist des Deutschen Vaterland? Von Max Jähns. (46 S.) 900.
4. Die deutschen Schulen im Ausland. Von Ernst Kapff. (34 S.) 902.
5. Aus der Tätigkeit des Allgemeinen deutschen Schulvereins zur Erhaltg. des Deutschtums im Auslande in Brasilien. Erfolge — Hoffngn. — Wünsche. Von Heinr. Spies. (38 S.) 902.

— des Liberalen Schulvereins Rheinlands u. Westfalens. Nr. 7—13. gr. 8. Bonn, Strauß n. 8.40

7. Gesetzliche Bestimmungen, Ministerial-Erlasse u. Regierungs-Verordnungen üb. die Lokal-Schulaufsicht in Preußen, insbesondere mit Rücksicht auf Rheinland u. Westfalen. Zusammengestellt v. Jürgen Bona Meyer. (92 S.) 883. n. 1.60
8. Die Lokal-Schulaufsicht. Gutachten u. Verhandlg. 1) Bericht üb. die Verhandlg. auf der Generalversammlg. zu Iserlohn am 30. Septbr. 1883. 2) Gutachten, im Auftrage u. m. Zustimmg. d. Duisburger „Freien Lehrervereins" abgegeben v. H. Ch. Wilh. Meyer. 3) Gutachten v. J. J. Hufschmidt. (95 S.) 883. n. 1.60
9. Die angebliche sittliche Verwilderung der Jugend unserer Zeit u. die behauptete Mitschuld der Schule. Berichte v. Jürgen Bona Meyer u. Köhler u. Verhandlg. auf der Generalversammlg. d. liberalen Schulvereins zu Duisburg am 4. Mai 1884. (72 S.) 884. n. 1.20

10. Staatsschule od. Gemeindeschule. Verhandlung auf der Generalversammlg. zu Bielefeld am 28. Septbr. 1884. (52 S.) 884. n. 1. 20
11. Die Mittelschule u. das praktische Leben. Referate v. Bartholomäus=Hamm u. L. F. Seyffart-Krefeld, nebst Verhandlg. (73 S.) 885. n. 1. 20
12. Das Schulberechtigungswesen. Referate v. Schmelzer=Hamm u. W. Krumme=Braunschweig, nebst Verhandlg. auf der Generalversammlg. zu Bochum am 11. Oktbr. 1885. (46 S.) 885. n. 1. —
13. Die Berufswahl od. was kann die Schule und was kann das Haus zur Erleichterung e. geeigneten Berufswahl der Jugend thun? Berichte v. W. Beumer=Witten u. Bueck=Düsseldorf f. die General=Versammlg. d. liberalen Schulvereins zu M.=Gladbach am 2. Mai 1886. (40 S.) 886. n. — 60

— des Liberalen Schulvereins Rheinlands u. Westfalens. Nr. 14—17. gr. 8. Bonn, Strauß. n. 3. 60
14. Das höhere Mädchenschulwesen. Referate v. Wychgram u. Bars u. Verhandlg. auf der General=Versammlg. d. Liberalen Schulvereins zu Siegen am 3. Oktbr. 886. (58 S.) n. 1. 20
15. 16. Die Abgrenzung der Schulpflicht. Referat d. Vorsitz. J. B. Meyer, nebst Verhandlg., auf der General=Versammlg. d. Liberalen Schulvereins zu Köln am 18. Novbr. 888. (36 S.) — Windhorst's Schulantrag. Referat des Reichstags=Abg. Haarmann=Bonn, nebst Verhandlg., auf der General=Versammlg. d. Liberalen Schulvereins zu Düsseldorf am 13. Jan. 1889. (31 S.) 889. n. 1. 20
17. Die Fortbildungs= u. Haushaltungsschulen f. Mädchen. Referat d. Vorsitzenden J. B. Meyer, u. Korreferat v. Stegemann, nebst Verhandlg. (57 S.) 889. n. 1. 20

— des Liberalen Schulvereins Rheinlands u. Westfalens. N. F. Nr. 1 u. 2. gr. 8. Bonn 893. E. Strauß, Verl. à n. — 60
1. Der Gesetzentwurf betr. die Verbesserung d. Volksschulwesens als Beweis f. die Dringlichkeit e. Schulgesetzes v. Jürgen Bona Meyer, nebst Abdruck d. Gesetzentwurfs u. kurzem Bericht üb. die Begründg. (45 S.)
2. Fritz Harkort, e. Bahnbrecher heimischer Industrie u. Kultur. Festrede, am 25. Febr. bei der Harkortfeier zu Hagen geh. v. Jul. Greßler. Nebst Bericht üb. die Feier in Wetter u. Hagen. (33 S.)
Bildet die Fortsetzung des Monatsblatts des liberalen Schulvereins Rheinlands u. Westfalens.

Schriften z. angewandten Seelenkunde. Hrsg. v. Sigm. Freud. 1.—8. Heft. gr. 8. Wien, F. Deuticke. 22. 25
Abraham, Karl, Traum u. Mythus. Eine Studie zur Völkerpsychologie. (74 S.) 909. (4. Heft.) 2. 50
Freud, Sigm., eine Kindheitserinnerung des Leonardo da Vinci. (71 S. m. Titelbild.) 910. (7. Heft.) 2. 50
— Der Wahn u. die Träume in W. Jensens „Gradiva". (81 S.) 907. (1. Heft.) 2. 50
Jung, C. G., der Inhalt der Psychose. Akademischer Vortrag, geh. im Rathause der Stadt Zürich am 16. 1. 1908. (26 S.) 908. (3. Heft.) 1. 25
Pfister, Osk., die Frömmigkeit des Grafen Ludwig v. Zinzendorf. Ein psychoanalyt. Beitrag zur Kenntnis der religiösen Sublimierungsprozesse u. zur Erklärg. des Pietismus. (VI, 122 S.) 910. (8. Heft.) 4. 50
Rank, Otto, der Mythus v. der Geburt des Helden. Versuch e. psycholog. Mythendeutg. (III, 93 S.) 909. (5. Heft.) 3. —
Riklin, Frz., Wunscherfüllung u. Symbolik im Märchen. (96 S.) 908. (2. Heft.) 3. —
Sadger, J., aus dem Liebesleben Nicolaus Lenaus. (98 S.) 909. (6. Heft.) 3. —

— der historisch=statistischen Section der k. k. m. schl. Gesellschaft d. Ackerbaues, der Natur= u. Landeskunde. 1. Hft. A. u. d. T.: Chronik der Stadt Olmütz über die J. 1619 u. 1620. Mitgetheilt von B. Dudik. [Abdr. aus den Mittheilungen der k. k. Gesellschaft d. Ackerbaues rc. 4. Hft.] u. 2. Hft. Lex. 8. (54 u. 98 S.) Brünn 851. 52. (Nitsch & Grosse.) (1: 8 ngl 2: 1/2 rß) 23 ngl

— der historisch=statistischen Section der k. k. mähr. schles. Gesellschaft des Ackerbaues, der Natur= und Landeskunde. 3—5. Heft. Brünn 852, 53. Nitsch. Lex.=8. n. 1 rß. 29 ngr.
3. Heft (158 S.) n. 15 ngr. — 4. Heft (200 S.) n. 20 ngr. — 5. Heft (268 S.) n. 24 ngr.

— — 6. Heft, s. a. d'Elvert, Geschichte des Bücher= u. Steindruckes rc.

—— dass. — 6. Heft. A. u. d. T.: Beiträge zur Geschichte und Statistik Mährens und Oesterreichisch=Schlesiens. 1. Bd.: Geschichte des Bücher= und Steindruckes, des Buchhandels, der Bücher=Censur und der period. Literatur, so wie Nachträge zur Geschichte der histor. Literatur in Mähren und Oesterreichisch=Schlesien. Von Chrn. d'Elvert. Lex.=8. (349 S.) (Ebds.) 854. *

—— dass. — (Redig. von Chrn. d'Elvert.) 7—9. Heft. Lex.=8. Ebds. [7. (422 S. mit 2 Stnt. in Fol.) 854. * 1 Thlr. 4 Ngr., 8. (483 S.) 855. * 1 Thlr. 16 Ngr., 9. (466 S.) 856. * 1 Thlr. 16 Ngr.] *
1. und 2. Heft. Ebendas. 1851. 23 Ngr.

—— der historisch=statistischen Sektion der k. k. mährisch=schlesischen Gesellschaft des Ackerbaues, der Natur= und Landeskunde. Redig. von Chrn. d'Elvert. 10—13. Bd. Lex.=8. Brünn, (Nitsch.) **
Inhalt:
Bd. 10. d'Elvert, Chrn., Geschichte der Studien=, Schul= und Erziehungs=Anstalten in Mähren und österreich. Schlesien, insbesondere der olmützer Universität, in den neueren Zeiten. (XXXXVIII und 492 S.) 857. ** 1 Thlr. 25 Ngr.
„ 11. —— Geschichte der Heil= und Humanitäts=Anstalten in Mähren und österreich. Schlesien. (382 S.) 858. ** 1 Thlr. 10 Ngr.
„ 12. (528 S.) 859. ** 1 Thlr. 14 Ngr.
„ 13. —— Beiträge zur Geschichte der königl. Städte Mährens, insbesondere der k. Landeshauptstadt Brünn. 1. Bd. (611 S. mit 1 Stnt., die Ansicht des Spielbergs.) 860. ** 1 Thlr. 16 Ngr.
Der Inhalt des 12. Bds. war nicht in Erfahrung zu bringen.

—— der historisch=statistischen Sektion der k. k. mährisch=schlesischen Gesellschaft zur Beförderung des Ackerbaues, der Natur= und Landeskunde, redig. von Chrn. Ritter d'Elvert. 12., 14.—16. Bd. Lex.=8. Brünn, (Nitsch.) **
Inhalt:
Bd. 12. Zur Geschichte der Literatengesellschaften in Mähren; iglauer Reimchronik 1607—17; brünner latein. deutsch-böhm. Wörterbuch; Auslegung der zehn Gebote Gottes von Johannes von Iglau; altböhmische Legende vom Leben der heil. Elisabeth, von Feifalik. Der Literatenchor in Policka; wie Gaya königlich geworden, mitgetheilt von d'Elvert. Zur Geschichte von Datschitz, von Dundalek. Zur Geschichte von Hradisch, von Friedrich und Czibulka. Kasimir von Beuthen und Miecislav von Teschen, von Kasperlik. Aus den Papieren eines Hexenrichters, von Bischof. Das Zauber= und Hexenwesen, der Glaube an Vampyre; zur Geschichte der Zigeuner; die Einführung gleichen Maßes und Gewichtes und der Cimentirung; zur Geschichte der Preis=Satzungen in Mähren und Schlesien, von d'Elvert. Stadt und Herzogthum Oswiecim, von Temple. (528 S.) 859. ** 1 Thlr. 14 Ngr.
14. Geschichte der Eulenburg, von Kropacz. Das znaimer Gymnasium, von Hübner. Heinrich Holke, österreich. Feldmarschall, von Wittmann. Die Desiderien der mähr. Stände vom J. 1790 und ihre Folgen, von d'Elvert. Zur Wiedertäufer=Literatur, von Dudik. Zur Geschichte des Hexenwesens in Mähren und Schlesien. Wickliff, Huß, Rohač, Luther, und Zwingli, dann die Pikarditen, was sie den mährisch=huterischen Neu= oder Wiedertäufern waren, von Josef Beck. Zur Geschichte der militär. Einrichtungen in Mähren und Schlesien, in Beziehung auf Bequartierung, Service, Kasernen, Spitäler, Vorspann u. a. Zur Geschichte des Steuerwesens in Mähren und Oesterreich.=Schlesien, mitgetheilt von d'Elvert. (592 S.) 865. ** 1 Thlr. 25 Ngr.
„ 15. Zur Cultur=Geschichte Mährens und Oesterreichisch Schlesiens. Zur Geschichte des Bergbaues und Hüttenwesens. Die Oel=Fabrikation, Leuchtgas=Industrie, Seifen= und Kerzen=Fabrikation, Wachswaaren= und Leim=Erzeugung, Fabrikation von Kunstkaffee und Chokolade, Süßholzsaft= und Senf=Siederei, Käse=, Stärke= und Haarpuder=Fabrikation, Erzeugung von Mühlen=Fabrikaten, Fabrikation von Papier, Spielkarten und Tapeten, Buch= und Stein=Druckerei, der Buch=, Kunst= und Musikalien=Handel, die Leihbibliotheken, Zeitschriften, Tabakfabrikation und der Tabakverbrauch, die Lederfabrikation, Verarbeitung des Leders, Wagen=Fabrikation. 1. Thl. (VI und 640 S.) 866. ** 2 Thlr.
„ 16. d'Elvert, Chrn., Beiträge zur Geschichte der Rebellion, Reformation, des 30jähr. Krieges und der Neugestaltung Mährens im 17. Jahrh. (XXVIII und 909 S.) 867. ** 2 Thlr. 20 Ngr.

—— der historisch=statistischen Sektion der k. k. mährischen Gesellschaft zur Beförderung des Ackerbaues, der Natur= und Landeskunde, redig. von Chrn. Ritter d'Elvert. 17.—19. Bd. Lex.=8. Brünn 868, (Nitsch.) [17. Bd. (XIII, 419 S.) ** M. 4.; 18. Bd. (III, 332 S.) ** M. 3,60.; 19. Bd. (V, 710 S.) 870. ** M. 7.] * 14 60

Schriften der historisch=statistischen Sektion der k. k. mährisch=schlesischen Gesellschaft zur Beförderung des Ackerbaues, der Natur= und Landeskunde, redig. von Chrn. Ritter d'Elvert. 20.—23. Bd. gr. 8. Brünn, (Winiker's Buchh.) * 28 —
Inhalt:
Bd. 20. (IV, 887 S.) 872. * M. 8.
„ 21. (VI, 510 S.) 873. * M. 6.
„ 22. 23. d'Elvert, Chrn. Ritter, Beiträge zur Geschichte der böhmischen Länder, insbesondere Mährens, im 17. Jahrh. 3. und 4. Bd. [3. Bd. (594 S.) 875. * M. 6.; 4. Bd. VII, CCCXVIII, 477 S.) 878. * M. 8.]

—— der historisch-statistischen Sektion der k. k. mährisch-schles. Gesellschaft zur Beförderung des Ackerbaues, der Natur- und Landeskunde, redig. von Chrn. Ritter d'Elvert. 24.—26. Bd. gr. 8. Brünn, (Winiker.) à Bd. * 8 —

Inhalt:

Bd. 24. d'Elvert, Chrn. Ritter, zur österreichischen Verwaltungs-Geschichte, mit besond. Rücksicht auf die böhm. Länder. (VIII, 764 S.) 880.

" 25. —— zur österreichischen Finanz-Geschichte, mit besond. Rücksicht auf die böhm. Länder. (XVI, 773; 247 S.) 881.

" 26. —— zur Geschichte des Deutschthums in Oesterreich-Ungarn, mit besond. Rücksicht auf die slavisch-ungarischen Länder. (XX, 806 S.) 884.

—— der historisch-statistischen Sektion der k. k. mähr.-schlesischen Gesellschaft zur Beförderung d. Ackerbaues, der Natur- u. Landeskunde. Der v. Heinsius B.-L. aufgenommene Bd. ist nicht der 28., sondern der 27.

Schriften der historisch-statistischen Sektion der k. k. mährisch-schlesischen Gesellschaft zur Beförderung des Ackerbaues, der Natur- und Landeskunde, redig. von Chrn. Ritter d'Elvert. 28. Bd.: Weitere Beiträge zur Oesterreichischen Rechtsgeschichte von Chrn. d'Elvert. 1. Thl.: Beiträge zur Geschichte des österreichischen a) Straf-, b) Polizei-, c) bürgerlichen Rechtes. (IX, 356 S.) Anhang: Zur Geschichte des Hexenwesens in Mähren und Schlesien (88 S., Index und literarische Nachweisungen über einheimische Verhältnisse 6 S.) Brünn 888, (Winiker.) *

— der historisch-statistischen Section der k. k. mähr. Gesellschaft zur Beförderung des Ackerbaues, der Natur- u. Landeskunde, red. v. Chrn. Ritter d'Elvert. 28. Bd. gr. 8. Brünn, (C. Winiker). n.n. 5. —
Weitere Beiträge zur österreichischen Rechtsgeschichte. Von Chrn. Ritter d'Elvert. 2. Thl. (IX, 336 S.) n.n. 6. —
(1 u. 2.: n.n. 11. —)

— der historisch-statistischen Section der k. k. mähr. Gesellschaft zur Beförderg. d. Ackerbaues, d. Natur- u. Landeskunde, red. v. Chrn. Ritter d'Elvert. 29. u. 30. Bd. gr. 8. Brünn 895. (C. Winiker.) n.n. 9. —

29. Zur Geschichte d. Erzbisth. Olmütz u. insbes. s. mehrhundertjähr. Kampfes m. d. mähr. Ständen u. der Staatsgewalt. Von Chrn. Ritter d'Elvert. 3. Thl. s. Beiträge zur österreich. Rechtsgeschichte. (III, 327 S.) n.n. 5. —

30. Zur Geschichte d. Juden in Mähren u. Oesterr.-Schlesien m. Rücksicht auf Oesterreich-Ungarn überhaupt u. die Nachbarländer. D. Verlauf d. Rebellion u. d. 30jähr. Krieges in Mähren. D. Gegenreformation in Mähren u. Oesterreichisch-Schlesien. D. Umgestaltg. d. staatl. Verhältnisse Mährens, d. Clerus u. Unterricht, d. Adel, d. Städte- u. Bürgerthum u. d. Leibeigenschaft in Mähren u. Oesterreichisch-Schlesien. Von Chrn. Ritter d'Elvert. (Beiträge zur österreich. Rechtsgeschichte. 4. Thl.) (V. 269 S.) n.n. 4. —

— dasselbe, Fortsetzg., s.: Schriften d Vereines f. d. Geschichte Mährens u. Schlesiens.

Schriften aus dem Statistischen Seminar der Universität Bern. Direktor des Seminars: Prof. Dr. N[aum] Reichesberg. Heft 4. 8. Bern, Scheitlin, Spring & Cie., 1907. [fr. 1. —]

s. Lüthy, Paul.

Forts. von: Arbeiten aus dem St' S' der U' Bern.... Heft 3. Bern .. 1904.

— aus dem statistischen Seminar d. Universität Bern. Dir. des Seminars: N. Reichesberg. 4. Heft. gr. 8. Bern 907. Scheitlin & Co. 1. —
Die Gemeinde Bern als Arbeitgeber. Von Paul Lüthy. (55 S.)

— separate, des Vereins für Naturkunde an der Unterweser. II. Lex.-8. Leipzig, W. Engelmann. n. 11. —
Friedrich Ehrhart, Königl. grossbrit. u. kurfürstl. Braunschweig-Lüneburg. Botaniker. Mitteilungen aus seinem Leben u. seinen Schriften. Von Ferd. Alpers. Unter Benutzg. v. bislang nicht veröffentlichten Urkunden sowie v. Briefen Ehrharts u. seiner Witwe hrsg. Mit den Bildnissen Ehrharts, Andreaes u. Usteris. (XVI, 452 S.) 905.
Heft 1 u. d. T.: Abhandlungen, separate, des Vereins f. Naturkunde an der Unterweser. Bremerhaven 902. n. 1. 50.

— der deutschen Shakespeare-Gesellschaft. 1. u. 2. Bd. gr. 8. Berlin, G. Reimer. n. 11. 50; geb. n. 13. 50

1. Shakespeare's books. A dissertation on Shakespeare's reading and the immediate sources of his works. (Shakespeares Belesenheit.) By H. R. D. Anders, B. A. (XX, 316 S.) 904. n. 7. —; geb. n. 8. —

2. David Garrick als Shakespeare-Darsteller u. seine Bedeutung f. die heutige Schauspielkunst. Von Christian Gaehde. (XI, 198 S. m. 1 Tab.) 904. n. 4. 50; geb. n. 5. 50

— der deutschen Shakespeare-Gesellschaft. 3. Bd. gr. 8. Berlin, G. Reimer. 4.50; geb. 5. 50
Hamlet auf der deutschen Bühne bis zur Gegenwart. Von Alex. v. Weilen. (XI, 200 S.) 908.

Schriften von einer Silhouette. Bern 1782. V: *Dunker, Balth. Ant.* (MGT)

— der Herzogl. Societät f. die gesammte Mineralogie in Jena, s. Annalen d. Societ. 2r—5r Bd.

Schriften der Herzogl. Societät für die gesammte Mineralogie zu Jena. I—III. Jena. 1804—1811.

— d. herzogl. Societät f. d. gesammte Mineralogie z. Jena, v. J. G. Lenz. 2 Bde. m. K. gr. 8. Jena, Göpferdt. 804-5. (1r 1 Rthlr. 12 gr. 2r 2 Rthlr.)

— der Leipziger ökonom. Societät. 8 Bde. Mit Kpf. gr. 8. Dresd. 771—90. Walther. 10 ₰ 4 gr. — Neue, der Leipziger ökonom. Societät. 3 Thle. gr. 8. Ebd. 801—5. 3 ₰ 4 gr. (1r Thl. A. u. d. T.: Preisschrift üb. d. Streurechen. 20 gr. 2r Thl. A. u. d. T.: Preisschr. üb. die Rindviehpest. 20 gr. 3r Thl. A. u. d. T.: Preisschr. üb. die besten Ermunterungemittel zur Aufnahme d. Ackerbaues 2c. 1 ₰ 12 gr.) Anhänge zu diesen Schriften, s. Anzeigen der Societät 2c.

— der Leipziger ökonom. Societät, von d. Michaelismesse 1810, mit 1 Holzschnitt. Druckp. 12 gr. Velinp. 16 gr. Ostermesse 1811. Druckp. 10 gr. Velinp. 15 gr. Michaelismesse 811. Druckp. 10 gr. Velinp. 15 gr. Ostermesse 1812. Druckp. 9 gr. Velinp. 14 gr. Michaelismesse 1812. Druckp. 6 gr. Velinp. 10 gr. Dresd. (Leipz. Hinrichs.) Druckp. Velinp.

— der Sprachenkommission d. kaiserl. Akademie der Wissenschaften. I.—III. Bd. Wien, A. Hölder. 16.80
Reinisch, Leo, das persönliche Fürwort u. die Verbalflexion in d. chamito-semitischen Sprachen. (V, 327 S.) 8. 909. (I. Bd.) 7.
— Die sprachliche Stellung des Nuba. (VI, 177 S.) 8. 910. (III. Bd.) 3. 80
Tatevin, Pat. C., C. Sp. S., la langue tapïhïya, dite tupi ou neengatu (belle langue). Grammaire, dictionnaire, et textes. (V, 307 S.) gr. 8. 910. (II. Bd.) 6. —

— f. alle Staaten, z. Aufklär. d. Ordnung d. Natur, s. J. A. Schlettwein.

Schriften, die in Sachen des ehemaligen Grafen Joh. Friedr. Struensee bey der königl. Inquisitions-Commission zu Copenhagen wider und fur ihn übergeben sind; mit der von ihm eigenhändig entworfenen Apologie und die uber ihn gefällten Urtheile. O. O. 1772. 8°. (3 Mk. 50 Pfg. Derselbe.)

— — die in Sachen des ehemal. Grafen J. F. Struensee bey d. Kön. Inquisit.-Commission z. Copenh. wider und für ihn übergeben sind. gr. 8. Copenh. 772. 73. Jetzt Verl. von Brummer.

— die, in Sachen des Grafen J. F. Struensee, nebst des Grafen E. Brand Proceß. gr. 8. Kopenh. 772 u. 73. (Brummer). 16 gr.

— in Sachen d. Grafen J. F. Struensee, nebst des Grafen E. Brand Prozeß. gr. 8. Copenh. Proft. 772-73.

Schriften der Freien Studentenschaft der Universität Bern. Heft 1. 8. Bern, Gottfr. Iseli, 1907. [fr. —.50]
s. Lifschitz, F[eitel].

— d. freien Studentenschaft d. Univ. Bern. 1. Heft. 8. Bern (Schauplatzgasse) 907. Gottfr. Iseli. —45
Der ökonomische Liberalismus. Von F. Lifschitz. (16 S.)

— der Münchener Freien Studentenschaft (Abteilg. f. Weltanschauung u. Religionswissenschaft.) Nr. 1 u. 2. 8. München, M. Steinebach. 1.50
Kutscher, Art., die Kunst u. unser Leben. Grundstein zu e. Kritik. (47 S.) 909. (Nr. 1.) —60
Pechmann, Wilh. Fr. v., Weltanschauung u. Freiheit. (Vortrag, geh. am 30. VI. 1909 in der Münchener Freistudentenschaft [Abteilg. f. Weltanschaug. u. Religionswissenschaft].) (78 S.) 909. (Nr. 2.) —90

Die symbolischen Schriften der lutherischen Kirche, die hauptsächlichsten vollständig, die übrigen in kurzer Darstellung. Halle 1845. 34 S. 8.

Schriften, Die symbolischen,

der lutherischen und reformirten Kirche in Preussen . . . Breslau 1846. H: *Matzke, David.* (zu)

— die symbolischen, die lutherischen u. reformirten Kirchen in Preußen, nebst den allgem. od. altkirchlichen Symbolen, in ihrer ursprünglichen Form mit beigefügter deutscher Uebersetzung u. geschichtl. Einleitung. gr. 8. Breslau 846, Trewendt. 6 n*gl*

— der Synodalkommission für ostpreußische Kirchengeschichte. 1.—3. Heft. gr. 8. Königsberg (F. Beyer). n. 5.80
1. Die evangel. Gemeinschaftsbewegung unter den preußischen Litauern. Geschichtliches u. Gegenwärtiges. Von W. Gaigalat. (V, 36 S.) 904. n. —80
2. Kants Stellung zur Kirche. Von Paul Kalweit. (IV, 88 S.) 904. n. 2.—
3. D. Johann Jakob Quandt, Generalsuperintendent v. Preußen u. Oberhofprediger in Königsberg. 1686—1772. Ein Bild seines Lebens u. seiner Zeit, insbesondere der Herrschaft des Pietismus in Preußen. Von Alb. Nietzki. Mit dem Portr. v. J. J. Quandt u. G. F. Rogall. (VIII, 166 S.) 905. n. 3.—

— der Synodalkommission f. ostpreußische Kirchengeschichte. 4.—9. Heft. gr. 8. Königsberg, F. Beyer. 8.60
Bauer, Johs., des Staatsministers Grafen Alexander Dohna Stellung zu Union u. Agende 1817—1827. (49 S.) 910. (8. Heft.) —80
Hensel, Paul, die evangelischen Masuren in ihrer kirchlichen u. nationalen Eigenart. Ein kirchengeschichtl. Beitrag zur Frage der katholisch-poln. Propaganda in Masuren. 1. Aufl. (VII, 79 S.) u. 2. verm. Aufl. (VII, 84 S.) 908. (4. Heft.) 1.20
Konschel, Paul, der Königsberger Religionsprozeß gegen Ebel u. Diestel. (Muckerprozeß.) Erste Darstellg. auf Grund des vollständ. Aktenmaterials. (112 S.) 909. (7. Heft.) 1.70
Moldaenke, Thdr., Christian Dreier u. der synkretistische Streit im Herzogt. Preußen. (XI, 127 S.) 909. (6. Heft.) 2.50
Nietzki, Alb., Bilder aus dem evangelischen Pfarrhause Ostpreußens im 18. Jahrh. (57 S.) 909. (5. Heft.) —80
Wendland, Walt., Ludwig Ernst v. Borowski, Erzbischof der evangelischen Kirche in Preußen. Ein Beitrag zur Geschichte der ostpreuß. Kirche im Zeitalter der Aufklärg. (VIII, 104 S. m. 1 Bildnis.) 910. (9. Heft.) 1.60

Schriften über den Tag d. Gerichtes u. der Herrlichkeit. 1. Blicke in die Herrlichkeit, die in der Kürze offenbar werden soll. 12. (VI, 104 S.) Halle 888. Kaemmerer & Co. n. 1.—; geb. m. Goldschn. n. 1.80

—— tamulische, zur Erläuterung des Vedanta-Systems, s. Bibliotheca tamulica.

Schriften, die, des Alten Testaments, in Auswahl neu übers. u. f. d. Gegenwart erklärt v. Hugo Greßmann, Herm. Gunkel, M. Haller, Hans Schmidt, W. Stärk u. P. Volz. 1.—8. Lfg. (Bd. Ia S. 1—160 u. IIa, XVIII, S. 388 u. Bd. III, S 1—96.) Lex. 8. Göttingen 909. 10. Vandenhoeck & Ruprecht. Subskr.-Pr. für die bis 30. IX. 1911 eingetretenen Abonnenten à Lfg. —80

— dasselbe. II. Abtlg.: Prophetismus u. Gesetzgebg. des Alten Testaments im Zusammenhange der Geschichte Israels. 1. Bd. Lex. 8. Ebd. Subskr. 4.—; geb. in Leinw. 5.20; in Halbldr. 7.—; Einzelpr. 6.—; geb. in Leinw. 7.20; in Halbldr. 9.—
Die älteste Geschichtsschreibung u. Prophetie Israels (von Samuel bis Amos u. Hosea), übers., erklärt u. m. Erläutergn. versehen. Mit Namen- u. Sachregister. Von Hugo Greßmann. (XVIII, 388 S.) 910.

— die, des Alten u. Neuen Testaments, von J. Chr. W. Augusti u. W. M. L. de Wette, s. Bibel.

Schriften, Die, des neuen Testaments, paraphrastisch erklärt . . . Altenburg 1786—92. V: *Hase, Johann Gottlob.* (MGT) »1786—90« (Ky)

— die, d. Neuen Testaments, paraphrastisch erklärt m. erbaul. Anmerkungen v. J. Glob Hase. gr. 8. Altenb. Richter. (Akadem. Buchhdl. in Jena.) 786—90. (I. 1 Rthlr. 12 gr. II. 1 Rthlr. 8 gr. III. 2 Rthlr.)

— — Übersetzt mit Anmerkungen von Seiler. Erlang. 806. 2 Theile. 8. 2rthlr. 12gr.

— des Neuen Testaments. 3 Hefte. 4. Ebend. 814 u. 815.

— — Übersetzt mit Anmerkungen von J. F. von Meyer. Frankf. 819. 8. 1rthlr. 12gr.

— — Übers. von J. J. Stolz. Ganz neue Ausg. Hannov. 820. 8.

Schriften, die, des Neuen Testaments, neu übersetzt u. f. die Gegenwart erklärt v. O. Baumgarten, W. Bousset, H. Gunkel, W. Heitmüller, G. Hollmann, A. Jülicher, R. Knopf, Frz. Koehler, W. Lueken, Joh. Weiß. Hrsg. v. Johs. Weiß. 1.—7. Tausd. (10 Lfgn.) (IV, 484, 128; IV, 190, 251 u. 352 S.) Lex.-8. Göttingen 905. 906. Vandenhoeck & Ruprecht. 1. Subskr. n. 10.—; 2. Subskript. n. 12.—; 3. Subskr., einschließlich Register n. 14.—; geb. in Leinw. n. 17.—; in Halbfrz. n. 19.—; Register bearb. v. Herm. Zurhellen (64 S.) f. die Abnehmer der 1. u. 2. Subskr. n. —80

— dasselbe. 2. verb. u. verm. Aufl. 8.—20. Tausd. (In 12 Lfgn.) 1.—6. Lfg. (1. Bd, VI, 704 S.) Lex.-8. Ebd. 906. Subskr.-Pr. bis 30. VI. 907. à 1.— (1. Bd. vollst. Einzelpr. 8.—; geb. in Leinw. 9.60; in Halbfrz. 10.60)

Die Schriften des Neuen Testaments [Testamentum Novum] neu übers. u. f. d. Gegenw. erklärt von Otto Baumgarten [u. a.]. Hrsg. von (Prof.) Johannes Weiß (in Marburg). 2., verb. u. verm. Aufl. Bd 1. 2. Göttingen: Vandenhoeck & Ruprecht 1907—08. 2 Bde 8° [ʒ.]
1. Die drei älteren Evangelien. Die Apostelgeschichte. 1907
2. Die Briefe. Die johanneischen Schriften. 1908. 8.7341

— die, des Neuen Testaments, neu übers. u. f. die Gegenwart erklärt v. Otto Baumgarten, Wilh. Bousset, Herm. Gunkel, Wilh. Heitmüller, Geo. Hollmann, Adf. Jülicher, Rud. Knopf, Frz. Koehler, Wilh. Lueken, Johs. Weiß. Hrsg. v. Johs. Weiß. 2., verb. u. verm. Aufl. 7.—12. Lfg. (2. Bd. IV, 954 S.) Lex. 8. Ebd. 907. Subskr.-Pr. bis 30. VI. 1907. à 1.— (2. Bd.: Einzelpr. 9.—; geb. in Leinw. 10.60; in Halbfrz. 12.—)

Schriften, theatral., aus d. Franz. d. J. Racine. 2 Thle. 8. Brschw. Schroder. 766. (1r 14 gr. 2r 18 gr.)

Schriften, theosophische. I., II., IV., V., VII—X. 12. Braunschweig, C. A. Schwetschke & Sohn. à n. — 20

I. Die Sphinx der Theosophie. Ein Vortrag v. Annie Besant. Uebers. v. Ludw. Deinhard. (28 S.)
II. Karma. Die theosoph. Begründg. der Ethik. Von Hübbe-Schleiden. (24 S.)
IV. Karma im Christentum. Von Hübbe-Schleiden. (14 S.)
V. Die Lehre der Wiederverkörperung im Christentum. Ein verklungener Ton des Christentums. Von Hübbe-Schleiden. (14 S.)
VII. Theosophie gegen Anarchie. Von Ernst Ewald. Theosophie u. Anarchie. Offener Brief an Hrn. Ernst Ewald. (Von R. G. Ring.) (12 S.)
VIII. Wie die Theosophie dem sittlichen u. sozialen Elend entgegengewirkt. Von Recke. (12 S.)
IX. Theosophie u. soziale Fragen. Rede, auf dem Theosophen-Kongreß zu Chicago geh. v. Annie Besant. (20 S.)
X. Die geistige u. die geschichtliche Bedeutung der theosophischen Bewegung. Von Hübbe-Schleiden. (18 S.)

— theosophische. Nr. 1—4, 6, 8 u. 11—30. 12. Braunschweig. Berlin, C. A. Schwetschke & Sohn. n. 5.40 (1.—30.: n. 6.20)

Inhaltsübersicht in alphabetischer Ordnung:

Anderson, J. A., d. Bestimmg. d. Geschlechtes b. d. Wiederverkörperg., s.: Diestel, E.

Besant, Annie, die Mahatmas, ihre thatsächliche Existenz u. d. von ihnen verkörp. Ideal. Rede, am 27. April 1895 in St. James Hall zu London geh. (47 S.) 896. (Nr. 29. 30.) n. — 40

— die Sphinx d. Theosophie. Ein Vortrag. 2. Aufl. (28 S.) 895. (Nr. 1.) n. — 20

— Symbolik. Vortrag. (40 S.) 895. (Nr. 22. 23.) n. — 40

Chakravarti, Gyanendra Nath, der Weltberuf d. theosoph. Gesellschaft. Ein Vortrag. (12 S.) 894. (Nr. 3.) n. — 20

Diestel, Ernst, Buddhismus u. Christentum. (20 S.) 895. (Nr. 26.) n. — 20

— Gedanken üb. d. Karma. D. Bestimmg. d. Geschlechtes bei d. Wiederverkörperg. Aus einer Rede v. J. A. Anderson. (14 S.) 895. (Nr. 25.) n. — 20

Friedrichsort, Werner, Dr. Hübbe-Schleidens Weltanschauung. (30 S.) 895. (Nr. 19.) n. — 20

Göring, H., Erziehg. zu religiösem Leben. (27 S.) 895. (Nr. 27.) n. — 20

— Dr. Franz Hartmann, e. Vorkämpfer d. Theosophie. Selbsterkenntnis u. Wiederverkörperung. Von Frz. Hartmann. (32 S.) 895. (Nr. 6.) n. — 40

Hartmann, Frz., d. Feuerbestattg., betrachtet v. Standpunkte d. Religionen d. Ostens. Vortrag, f. d. Verein „Die Flamme" geh. im Saale d. „wissenschaftl. Klubs" in Wien. (31 S.) 895. (Nr. 20.) n. — 20

— Gedanken über d. Theosophie u. die „Theosoph. Gesellschaft". (16 S.) 895. (Nr. 18.) n. — 20

— Mystik u. Weltende. (34 S.) 895. (Nr. 12. 13.) n. — 40

— Selbsterkenntniß u. Wiederverkörperung, s.: Göring, H.

Hübbe-Schleiden, Karma. Die theosoph. Begründung d. Ethik. [Aus: „Die eth. Kultur".] 2. Aufl. (24 S.) 895. (Nr. 2.) n. — 20

— Karma im Christentum. 2. Aufl. (16 S.) 895. (Nr. 4.) n. — 20

Interview, ein, über Theosophie zwischen e. Berichterstatter d. „New York World" u. Annie Besant. Uebers. v. Ludw. Deinhard. (44 S.) 895. (Nr. 14. 15.) n. — 40

Koeber, Raph. v., der Gedanke der Wiederverkörperung, ein durchlauf. Faden im Geistesleben des alten Hellas. (59 S.) 895. (Nr. 16. 17.) n. — 40

Recke, Herm., wie die Theosophie d. sittl. u. sozialen Elend entgegenwirkt. 2. Aufl. (12 S.) 895. (Nr. 8.) n. — 20

— Weltverbesserung. (11 S.) 895. (Nr. 24.) n. — 20

Mead, G. R. S., Yoga, die Wissenschaft der Seele. (28 S.) 895. (Nr. 11.) n. — 20

Tolstoy, Graf Leo, Religion u. Moral. [Aus: „Sphinx".] (24 S.) 895. (Nr. 21.) n. — 20

Wolf, Rich., Mensch, Thier u. Vivisektion. (27 S.) 895. (Nr. 28.) n. — 20

(9) — theosophische. (MBL 30.) Jetzt: Leipzig, M. Altmann.

—— der heil. Theresia von Jesu, s. Aehrenlese.

Schriften über die Thermen von Aachen und Burtscheid. [Aachen 1867.] V: *Lersch, Bernhard Maximilian.* (STBKöln I, 1)

[Schriften, betr. den Prozeß Peter Henrich de Thier wider Peter Hub. **Biolley.**] Sammelband. **fol.**

[Enthält u. a.:]

1. [Frech, Joh. Seb.:] Unterthänigstes pro memoria in Extrajudicial-Sachen P. H. de Thier wider P. H. Appelationis sexies denegatae. 1782. **fol.**
2. Proceß- und Beschwerdengeschichte in Extrajudicialsachen des Herrn Bürgermeisters P. H. v. **Biolley** wider den Herrn Official zu Lüttich und Herrn P. H. Dethier Kaufmann und Tuchfabrikanten zu Hodimont. Wetzlar 1782. **fol.**

— üb. Toleranz u. die Reise d. Papstes. 16 Stück. 8. Bresl. 782. W. G. Korn. 4 gl.

Schriften und Übersetzungen der deutschen Gesellschaft zu Leipzig, s. Schriften. — Der deutschen Gesellschaft in Leipzig eigene Schriften und Übersetzungen.

— des Berliner Unionsvereins herSg. vom zeitigen Vorstand Ulfert, Büsching, Gallenkamp 2c. Nr. 1 u. 2. [Aus: Protestantische Kirchenzeitung.] Berlin 865. (Geelhaar.) gr. 8. n. $3\frac{1}{2}$ ngr.

Nr. 1. Was thut der protestantischen Kirche vor Allem Noth? Vortrag gehalten am 2. Dezbr. 1864 im Unionsverein von H. Krause. (16 S.) n. 1 ngr.

Nr. 2. Woher nehmen wir Geld? Ein Gespräch über die Kreis-Synoden. (31 S.) n. $2\frac{1}{2}$ ngr.

Schriften der Universitat zu Kiel aus dem Jahre 1854—57. I—IV. Bd. (Lectionscataloge, Programme, Dissertationen etc. enthltd.) Kiel. (Akademische Buchhdlg.) gr. 4. n. 6 ℛ. 25 ngr.
I.: n. 1 ℛ. 15 ngr.; II.: n. 1 ℛ. 20 ngr.; III.: n. 2 ℛ.; IV.: n. 1 ℛ. 20 ngr.

—— der Universität zu Kiel aus dem J. 1854. Bd. I. gr. 4. (IV und 256 S. mit 1 lithogr. Karte in gr. Fol.) Kiel 855, (Akademische Buchh.) *

—— dass. — aus dem J. 1855. (2. Bd.) gr. 4. (XX und 285 S. mit 2. Tab. in gr. Fol.) Ebds. 856. *

—— der Universität zu Kiel aus den J. 1856—60. (3—7. Bd.) gr. 4. Kiel, (Akademische Buchh.) [1856. (IV und 492 S. mit 2 Tab. in qu. gr. Fol. und 3 Stnt. in gr. 4.) * 2 Thlr., 1857. (IV und 351 S.) * 1 Thlr. 20 Ngr., 1858. (IV und 311 S. mit 2 Stnt. in 8. und Imp.-Fol.) * 1 Thlr. 15 Ngr., 1859. (472 S. mit 10 Stnt., wovon 1 ill.) * 1 Thlr. $22\frac{1}{2}$ Ngr., 1860. (368 S. mit 4 Stnt.) * 2 Thlr.] *

—— der Universität zu Kiel aus den J. 1861—66. (8.—13. Bd.) gr. 4. Kiel, (Universitäts-Buchh.) [1861. (394 S. mit 8 Stnt.) * 1 Thlr. 15 Ngr., 1862. (III und 273 S. mit 9 Stnt., wovon 1 in Buntdr.) * 1 Thlr. 15 Ngr., 1863. (III und 368 S. mit 3 Stnt.) * 1 Thlr. 18 Ngr., 1864. (III und 346 S. mit 3 Stnt. und 11 Tab. in 4. und qu. Fol.) * 1 Thlr. 18 Ngr., 1865. (III und 303 S. mit 5 Stnt., wovon 1 in Buntdr., in gr. 4. und Fol.) * 1 Thlr. 12 Ngr., 1866. (III und 358 S. mit 7 Stnt. in gr. 4. und Fol.) * 1 Thlr. 12 Ngr.]
Bd. 1—13 kosten * 21 Thlr. $2\frac{1}{2}$ Ngr.

—— der Universität zu Kiel aus den J. 1867—1873. [14.—20. Bd.] gr. 4. Kiel 868—74, Universitäts-Buchh. [14. Bd. (III, 437 S. mit 5 Stnt.) *ℳ 4.; 15. Bd. (IV, 1095 S. mit 5 Stnt., wovon 1 in Buntdr. und 4 Tab.) *ℳ 4,50.; 16. Bd. (748 S. mit 6 Stnt., 1 Photogr. und 1 Tab. in qu. Fol.) *ℳ 4,50.; 17. Bd. (IV, 283 S.) *ℳ 2.; 18. Bd. (III, 285 S. mit 1 Stnt. in qu. Fol.) *ℳ 2.; 19. Bd. (332 S. mit 2 Stnt.) *ℳ 2.; 20. Bd. (IV, 652 S. mit 1 Stnt.) *ℳ 4,50.] * 23 50

1.—13. Bd. Ebendas. *ℳ 63,25.

—— der Universität zu Kiel aus den J. 1874—1880. [21.—26. Bd.] gr. 4. (à Bd. ca. 300 S.) Kiel, Universitäts-Buchh. [21.—24. Bd. 874—77. à Bd. *ℳ 5.; 25. Bd. 878. *ℳ 6.; 26. Bd. 879,80. *ℳ 8.] * 34 —

§ * SCHRIFTEN, Unterschiedliche, Von Unfug Des Hexen-Proceßes, Zu fernerer Untersuchung der Zauberey heraus gegeben von Johann Reichen, Beyder Rechten Licent. Nebst einer Vorrede Von des Werckes Vorhaben und was sonsten von den (!) Zauber-Wesen und Hexen-Proceßen zu halten. (Typogr. Ornam.: Signet mit der Devise Ne Stateram Transilias). 2 Thle. Halle im Magdeb. zu finden im Rengerischen Buch-Laden, im Jahr MDCCIII—IV. (1703—4.) 4⁰. (12 Mk. Oswald Weigel, Leipzig, 1883; 24 Mk. J. Halle, München, c. 1905; 12 Mk. A. Buchholz, München, 1908.)

1: Tit., 6 Bll. Vorr. u. Inh., 1 weisses Bl., 774 S. 2: Doppeltit., 4 Bll. Vorr., 621 S. (incl. 7 S. 2te Vorr.), 2 S. Druckf., 1 leere S., 14 Bll. Reg.

I: Malleus Judicum oder Gesetz-Hammer der unbarmhertzigen Hexen-Richter (S. 1 bis 48. nur Auszug, u. a. Cap. IV: Ob die Hexen auff Besen, Gabeln, Stecken, zum Tantz und Wolleben ausreiten und fahren? V: Ob die Hexen von den (so!) bösen Geist gebuhlet werden? VI: Ob die Hexen einen Bund mit dem Teuffel machen?)

II: (Friedr. v. Spee) Cautio Criminalis oder vorsichtige Anstell- und Führung des Processes gegen die Zauberer, Hexen und Unholden (S. 49—356).

III: D. Johann Matthäus Meyfarths Christliche Erinnerung an Regenten und Prediger wie das Laster der Zauberey mit Ernst auszurotten und bescheidentlich zu verfolgen (S. 357—534).

IV: Viererley Sorten Hexen-Acta, aus welchen so wohl der vermeynten Zauberer Kunst und Betrug, als auch die unzulänglichen und kindischen Indicia der Zauberey, ausgefolterte Aussagungen und andere Missbräuche des Hexen-Processes offenbahr werden (S. 585—774).

2: V: Herrn D. Christian Thomasii Königl. Preuss. Raths und Prof. Publ. in Halle Kurtze Lehr-Sätze Von dem Laster Der Zauberey, Nach dem wahren Verstande des Lateinischen Exemplars ins Deutsche übersetzet, Und aus des berühmten Theologi D. Meyfartii, Naudaei, und anderer gelehrter Männer Schrifften erläutert . . . nebst einigen Actis magicis herausgegeben von Johann Reichen . . . Halle . . . 1704. Doppeltit., 268 S., 4 Bll. 1ste Vorr., 268 S. (incl. 7 S. 2te Vorr. Gabr. Naudaei).

VI: Geschichte der Teuffel zu Lodun, Oder Von den besessenen Nonnen des Closters zu St. Ursul[illegible] Von der Verurtheilung und Straffe Urbain Grandiers, Predigers in der selben Stadt (S. 269—544).

VII: Trauer-Geschichte von der greulichen Zauberey Ludwig Gottfredy zu Marsilien in Franckreich (S. 545—621).

— u. Urtheile welche bei der Ausstellung d. Gemälde üb. das v. Schönau verfertigte Altarstück zum Vorschein gekommen. 8. Freiburg 786. Craz u. G. 8 gr

Schriften, die, der apostolischen Väter, s. a. Bibliothek der Kirchenväter.

—— die, der apostolischen Väter. Uebersetzt und durch kurze Anmerk. erläut. von Frz. X. Karker. gr. 8. (VI und 188 S.) Breslau 847, G. P. Aderholz Brlgsh.

Schriften des Verbandes deutscher Arbeitsnachweise. Nr. 1—11. gr. 8⁰. Berlin, C. Heymann, 1899—1911.

— des Verbandes deutscher Arbeitsnachweise. Nr. 1. gr. 8. Ebd. 899. n. 2. —

Was können d. Arbeitsnachweise dazu beitragen, d. Landwirthschaft Arbeitskräfte zu erhalten u. zuzuführen? — Arbeitsnachweisstatistik. — Empfiehlt sich d. Gebührenfreiheit bei d. Arbeitsvermittelg.? Verhandlgn. d. ersten Verbandsversammlg. u. Arbeitsnachweiskonferenz am 27. IX. 1898 in München. (XVI, 132 S.)

— des Verbandes deutscher Arbeitsnachweise. Nr. 2 u. 3. gr. 8. Ebd. n. 5. 60

2. Geschäftsbericht des Verbandes deutscher Arbeitsnachweise f. die J. 1898 u. 1899. — Ergebnisse mehrerer Umfragen. — Vorbericht über die Arbeitsvermittlg. f. ländl. Arbeiter. — Vorberichte üb. d. Errichtg. v. Arbeitsnachweisen an kleineren Orten. (IV, 82 S.) 900. n. 1. 60
3. Verbandsversammlung, 2., u. Arbeitsnachweiskonferenz vom 23. bis 26. IX. 1900 in Köln. Stenographischer Bericht. Die Arbeitsvermittelung f. weibl. Personen u. Dienstboten. — Arbeitsnachweise in kleineren Orten u. ländl. Arbeitsvermittlg. — Erhebung von Gebühren bei den gemeinnütz. Arbeitsnachweisen. — Subventionen f. Arbeitsnachweise. — Anstellungsbedingungen der Arbeitsnachweisbeamten. — Die Organisation der Facharbeitsnachweise u. ihr Anschluß an d. allgem. Arbeitsnachweis. (VIII, 212 S.) 901. n. 4. —

Schriften des Verbandes deutscher Arbeitsnachweise. Nr. 4—6. gr. 8. Berlin, C. Heymann. n. 10. —

4. Verbandsversammlung u. Arbeitsnachweiskonferenz, 3., am 9., 10., 11. X. 1902 in Berlin. Stenographischer Bericht. — Welche Erfahrgn haben die Arbeitsnachweise bei der letzten Krisis auf dem Arbeitsmarkte gemacht? — Arbeitslosenversicherung u. Arbeitsnachweis. — Anh.: Materialien zur Frage der Arbeitslosenversicherung, zusammengestellt v. Rich. Freund (XI, 252 S.) 903. n. 3. —
5. Vorberichte f. die 4. Verbandsversammlung u. Arbeitsnachweiskonferenz vom 9. bis 11. 1905 in Wiesbaden. (III, 58 S.) 905. n. 1. —
6. Verbandsversammlung u. Arbeitsnachweiskonferenz, 4., am 9., 10., 11. XI. 1905 in Wiesbaden. Stenographischer Bericht: Arbeitsnachweisverbände u. interlokale Vermittlg. Die Reklame im Dienste der allgemeinen öffentl. Arbeitsnachweise. Wandernde Arbeitslose. Der gewerbsmäß. Arbeitsnachweis. Arbeitsvermittlung f. landwirtschaftl. Arbeiter u. Vermittlg. von Ort zu Ort. (VII, 348 S.) 906. n. 6. —

— des Verbandes deutscher Arbeitsnachweise. Nr. 7. gr. 8. Berlin 909. C. Heymann. 7. —

Arbeitsnachweis-Kongreß, 5. deutscher, in Leipzig vom 12. bis 14. XI. 1908. Stenograph. Bericht: Die allgemeinen öffentl. Arbeitsnachweise u. die besonderen Facharbeitsnachweise. Maßnahmen zur Bekämpfg. der Arbeiternot auf dem Lande. Die Verbindg. des Arbeitsnachweises m. anderen sozialen Einrichtgn. Die Einrichtg. v. Arbeitsnachweis-Bureaus. Der mitteldeutsche Arbeitsnachweisverband. Die Aufgaben v. Reich, Staat u. Gemeinde, gegenüber den allgemeinen öffentl. Arbeitsnachweisen. (VII, 302 S. m. 1 Tab.)

Schriften des Verbandes für handwerksmäßige und fachgewerbliche Ausbildung der Frau. H. 1 ff. — Berlin: Verband f. handwerksmäss. u. fachgewerbl. Ausbildung d. Frau. 1909 ff. 1-3.

[1.] Mleinek, Clara: Bericht üb. d. Gründungsversamml. am 10. Okt. 1909. (1909.) 51 S.

2. Bericht üb. d. 1. Generalversamml. am 19. u. 20. April 1911. (1911.) 54 S.

3. Lehrplan f. Fortbildungsklassen f. Schneiderinnen. (1913.) 11 S. 8⁰

4. Kempf, Rosa: D. Interesse d. Industrie an d. Ausbildung d. weibl. Arbeiterschaft. — Lehrwerkstätten u. Schulen in d. Textilindustrie v. Marie Bernays. — Schulen f. d. Wäschekonfektion v. H. Liepmann.

3 Referate. 1914. 48 S. [Auch: Kultur u. Fortschritt. 492/94.]

5. 6. Lehrplan f. eine Fachschule d. Wäschekonfektion. — Lehrplan f. e. Wäschefachkursus. 1915. 2 S.

7. Hartmann, G. u. Edith Schumann-Fischer: Die Wirkungen d. Krieges auf d. Frauenarbeit i. d. Metallindustrie. Valentine v. Wedel: Die Berufsausbildung i. d. Wäschemaßschneiderei. 1916. 40 S.

SCHRIFTEN DES DEUTSCHEN VOLKSWIRTSCHAFTLICHEN VERBANDES.
Herausgegeben vom Vorstande.

Bd. I. Berlin 1909. Carl Heymanns Verlag. — A. u. d. T.: VOLKSWIRTSCHAFTLICHES HANDBUCH. Ein Führer durch alle Gebiete des neuzeitlichen Organisationswesens zur Vertretung wirtschaftlicher und verwandter allgemeiner Interessen. 1. Ausgabe. ib. 1909. — 8°. [1])

Bd. II. ib. 1907. — A. u. d. T.: DIE VORBILDUNG FÜR DEN BERUF DES VOLKSWIRTSCHAFTLICHEN FACHBEAMTEN. Materialien und Gutachten. ib. 1907. —

Bd. III. ib. 1910. — A. u. d. T.: VOLKSWIRTSCHAFTLICHE STREITFRAGEN. Vorträge und Diskussionen. Erste Reihe. ib. 1910. —

M. d. Spezialtitel: Schriften des Deutschen Volkswirtschaftlichen Verbandes. Volkswirtschaftliche Streitfragen.

Bd. III, Heft 1. Friedrich List als praktischer Volkswirt. Vortrag, gehalten in der Ortsgruppe Berlin des Deutschen Volkswirtschaftlichen Verbandes von Dr. G. v. SCHMOLLER, Professor an der Universität Berlin. Nebst Diskussion. ib. 1909. —

Heft 2. Volkswirtschaftliche Streitfragen. Die Wirtschaftswissenschaft in der heutigen Beamtenvorbildung. Referat, gehalten auf der VI. Ordentlichen Hauptversammlung des Deutschen Volkswirtschaftlichen Verbandes von Dr. ERNST von HALLE, a. o. Professor an der Universität Berlin, Wirklicher Admiralitätsrat. ib. 1909. —

Heft 3. Volkswirtschaftliche Streitfragen. Die Psychologie der Reichsfinanzreform. Vortrag, gehalten in der Ortsgruppe Berlin des Deutschen Volkswirtschaftlichen Verbandes von HEINRICH QUENSEL, Regierungsrat. Nebst Diskussion. ib. 1909. —

Heft 4. Innere Kolonisation, insbesondere im Osten Deutschlands. Vortrag von Dr. E. STUMPFE, Regierungs- und Landesokonomierat, Berlin. Nebst Diskussion. ib. 1910. —

Heft 5. Die Beziehungen zwischen Buchhaltung, Wirtschaft und Volkswirtschaftslehre. Vortrag von FRIEDRICH LEITNER, Professor der Handelswissenschaften an der Handelshochschule zu Berlin. Nebst Diskussion. ib. 1910. —

Heft 6. Die wissenschaftliche Erforschung grossindustrieller Unternehmungen. Von Dr. OSCAR STILLICH, Dozent an der Humboldt-Akademie in Berlin. ib. 1910. —

Bd. IV. Berlin-Wien-London 1912. Verlag für Fachliteratur. G. m. b. H. — A. u. d. T.: Zehn Jahre D. V. V. Bericht für die Jubiläumsversammlung des Deutschen Volkswirtschaftlichen Verbandes am 5.–6. Juni 1912. Im Auftrage des Vorstandes erstattet von Dr. phil. HERMANN EDWIN KRUEGER. ib. 1912. — 4°.

— des deutschen volkswirtschaftlichen Verbandes (E. V.). I. u. II. Bd. gr. 8. Berlin, C. Heymann. 14.—; geb. 16.—
- I. Handbuch, volkswirtschaftliches. Ein Führer durch alle Gebiete des neuzeitl. Organisationswesens zur Vertretg. wirtschaftl. u. verwandter allgemeiner Interessen. 1. Ausg. (XII, 606 S.) 909. 8.—; geb. 9.—
- II. Vorbildung, die, f. den Beruf der volkswirtschaftl. Fachbeamten. Materialien u. Gutachten. (VI, 362 S.) 907. 6.—

— dasselbe. Hrsg. vom Vorstand. III. Bd. Volkswirtschaftliche Streitfragen. Vorträge u. Diskussionen. 1. Reihe. (VII, 27, 48, 40, 72, 38 u. 21 S.) gr. 8. Ebd. 909. 10. 5.—; geb. 6.—

Hieraus einzeln:

Halle, Ernst v., die Wirtschaftswissenschaft in der heutigen Beamtenvorbildung. Referat, geh. auf der VI. ordentl. Hauptversammlung des deutschen volkswirtschaftl. Verbandes. (48 S.) 909. (2. Heft.) 1.

Leitner, Frdr., die Beziehungen zwischen Buchhaltg., Wirtschaft u. Volkswirtschaftslehre. Vortrag. Nebst Diskussion. (38 S.) 910. (5. Heft.) 1.

Quensel, Heinr., die Psychologie der Reichsfinanzreform. Vortrag, geh. in der Ortsgruppe Berlin des deutschen volkswirtschaftl. Verbandes. Nebst Diskussion. (40 S.) 909. (3. Heft.) 1.—

Schmoller, G. v., Friedrich List als praktischer Volkswirt. Vortrag, geh. in der Ortsgruppe Berlin des deutschen volkswirtschaftl. Verbandes. Nebst Diskussion. (27 S.) 909. (1. Heft.) 1.—

Stillich, Osk., die wissenschaftl. Erforschung grossindustrieller Unternehmungen. (21 S.) 910. (6. Heft.) 1.—

Stumpfe, E., innere Kolonisation insbesondere im Osten Deutschlands. Vortrag. Nebst Diskussion. (72 S.) 910. (4. Heft.) 1.—

SCHRIFTEN DES VERBANDES DEUTSCHER DIPLOM-INGENIEURE.

I. Ingenieurstudium und Verwaltungsreform. Aufsätze von W. FRANZ, Professor an der Technischen Hochschule Berlin. Berlin 1909. Verlag von M. Krayn. 8°.

II. Der Umschlagverkehr in Baumaterialien auf den Berliner Wasserstrassen und die Zweckmässigkeit der Verwendung mechanischer Entladevorrichtungen für den Ziegeltransport. Von Dr. Ing. C. CLAUS, Dipl.-Ing. Mit 15 Abbildungen und 5 Tafeln. ib. 1910. —

(III.) Beziehungen des Kamphens zur Apokamphersäure. Ein Beitrag zur Erklärung der Umwandlung des Kamphens in Kampher. Von Dr. ing. RICHARD MAY. ib. 1910. —.

IV. Entwickelungs-, Arbeiter- und Marktverhältnisse des Tiefbaugewerbes. Von Dipl.-Ing. Dr. phil. FRIEDRICH KLEIN. ib. 1910. —

V. Der rechts- und staatswissenschaftliche Unterricht auf den Technischen Hochschulen. Von Professor Dr. jur. et phil. CARL KOEHNE, Privatdozent an der Technischen Hochschule Berlin. ib. 1910. —

VI. Schleppmonopol und Selbstfahrer auf dem Rhein-Weserkanal. Eine Kritik der Monopolbestrebungen vom Standpunkt der modernen Technik von Dr. Ing. C. CLAUS. Mit 27 Abbildungen. ib. 1910. —

VII. Werkzeugmaschine und Arbeitszerlegung. Ein Versuch zur Ergänzung der nationalökonomischen Lehre von der Arbeitsvereinigung und Arbeitsteilung von Dr.-Ing. LUDWIG BRAKE. ib. 1911. —

VIII. Die Stickstofffrage und ihre Bedeutung für die deutsche Volkswirtschaft von Dr. HERMANN GROSSMANN, Privatdozent a. d. Universität Berlin. Mit 9 statistischen Tafeln. ib. 1911. —

IX. Die Baumwoll-Spinnerei und Weberei in ihrer bautechnischen und maschinellen Entwicklung. Von Dr.-Ing. GUSTAV BAUM. Mit 168 Abbildungen und 1 Mustertafel. ib. 1913. —

X. Seehafenentwicklung unter besonderer Berücksichtigung des Hamburger Hafens. Von Dr.-Ing. MARTIN FRIEDRICH ARNDT. Mit 9 Tafeln, 1 Hafenplan und 3 Abbildungen im Text. ib. 1913. —

— des Verbandes deutscher Diplom-Ingenieure, I—VI. Lex. 8. Berlin, M. Krayn. 15.50

Claus, C., Schleppmonopol u. Selbstfahrer auf dem Rhein-Weserkanal. Eine Kritik der Monopolbestrebgn. vom Standpunkte der modernen Technik. (76 S. m. 27 Abb.) 910. (VI.) 3.—

— Der Umschlagverkehr in Baumaterialien auf den Berliner Wasserstrassen u. die Zweckmässigkeit der Verwendung mechanischer Entladevorrichtungen f. den Ziegeltransport. (71 S. m. 15 Abbildgn. u. 5 Taf.) 910. (II.) 3.50

Franz, W., Ingenieurstudium u. Verwaltungsreform. Aufsätze. (86 S.) 909. (I.) 1.50

Klein, Frdr., Entwickelungs-, Arbeiter- u. Marktverhältnisse des Tiefbaugewerbes. (88 S.) 910. (IV.) 2.50

Koehne, Carl, der rechts- u. staatswissenschaftliche Unterricht auf den technischen Hochschulen. (68 S.) 910. (V.) 2.50

May, Rich., Beziehungen des Kamphens zur Apokamphersäure. Ein Beitrag zur Erklärung der Umwandlung des Kamphens in Kampher. (80 S. m. Fig.) 910. (III.) 2.50

— des Verbandes fortschrittlicher Frauenvereine. 1. Heft. gr. 8. München 907. E. Reinhardt. n. 1.—

Strafrecht u. Sittlichkeit. Zur Reform des deutschen Reichsstrafgesetzbuches. Von Hanns Dorn. 1.—5. Taus. (VIII, 83 S.)

— des Verbandes württembg. Frauenvereine. Nr. 1 u. 2. 8. Stuttgart, (C. Grüninger). à —30
1. Frauen, die, in der kommunalen Schulverwaltung. Referat, geh. bei dem 1. württemberg. Frauentag in Stuttgart am 28. X. 1906. (6 S.) 907.
2. Die obligatorische Mädchenfortbildungsschule. Referat, geh. bei dem 1. württemberg. Frauentag in Stuttgart am 28. X. 1906. Von Mathilde Planck. (10 S.) 907.

Schriften des Verbandes württembergischer Frauenvereine. 1. 2. [Mehr nicht ersch.] — Stuttgart 1907: Zu Gutenberg. 8°

1. Die Frauen in der kommunalen Schulverwaltung. 6 S.

2. Planck, Math.: Die obligat. Mädchenfortbildungsschule. 10 S.

— des hamburgischen Verbandes zur Bekämpfung der Sozialdemokratie. 1. Heft. 8. Hamburg, H. Seippel. — 30

1. Die politische Lage u. die nationalen Parteien. Vortrag, geh. in der ersten Hauptversammlg. am 28. II. 1908. Von Mor. Naumann. (24 S.) 908.

— des kaufmännischen Verbandes für weibliche Angestellte E. V. Nr. 4 u. 5. 8. Berlin, Kaufmänn. Verband f. weibliche Angestellte. n. — 90

4. Die Frauenfrage im Handelsgewerbe. Zwei Vorträge. Von Frz. Schneider. (61 S.) 904. n. — 60

5. Jahre 15, sozialer Arbeit. Verwaltungs-Bericht des kaufmänn. Verbandes f. weibl. Angestellte E. V. f. d. J. 1904, n. e. Rückblick auf die Tätigkeit des Verbandes seit seiner Begründung. (43 S.) 905. n. — 30

— des kaufmännischen Verbandes f. weibliche Angestellte E. V. Nr. 3, 5a, 6 u. 7. 8. Berlin, Kaufmänn. Verband f. weibliche Angestellte. nn 1. 90

Fortbildungsschulzwang f. jugendliche weibliche Handlungsgehilfen u. Lehrlinge. Mit e. Anh., enth. Aeußergn. des Geh. Oberregierungsrats Simon, des Stadtrats Sombart u. der Handelskammer zu Düsseldorf. 2. veränd. Aufl. (16 u. 8 S.) 906. (Nr. 3.) — 10

Herrmann, Agnes, Fortbildungsschulzwang f. weibliche Handlungsgehilfen u. Lehrlinge. 3., vollständig umgearb. Aufl. (35 S.) 910. (Nr. 3.) nn — 50

Köhler, Anna, über das private Handelsschulwesen in Deutschland. (46 S.) 906. (Nr. 5a.) nn — 30

Kleinek, Klara, die Arbeitszeit in den Kontoren. Zusammenstellung u. Kritik der Erhebgn. sowie der Verhandlgn. der Kommission u. des Beirats f. Arbeiterstatistik. (69 S.) 907. (Nr. 7.) nn — 50

Silbermann, J., praktische Lehre u. theoretische Fachbildung der weiblichen Handlungsgehilfen. Ein Beitrag zur Lehrlingsfrage im Handelsgewerbe. Auf Grund e. Umfrage bearb. (63 S.) 907. (Nr. 6.) nn — 50

Schriften des Verbandes der Sabbathfreunde. 1. u. 2. Berlin: Verband d. Sabbathfreunde 1907. 8° [08. 4373

Schriften, Verbotene. [Straubing] 1805. V: *Berghofer, Amand.* (WBl.)

Schriften. – Verbotene Schriften. 1809. s. Berghofer, Amand.

— verbotene. 2 Thle. 8. Straubing. 810. Heigl; (a. Wienbrack in Leipz.) 1 ß

Schriften d. bayerischen Vereins f. Volkskunst u. Volkskunde, E. V. in München. Nr. 1, I. u. II. Heft u. Nr. 2. gr. 8. München, Süddeutsche Verlags-Anstalt. 3. 90

Bichlmeier, Jos., heimische Bauweise f. den Kreis Schwaben u. Neuburg. Beispiele einfacher Wohngebäude f. die Kleinstadt u. das Land. (16 S. m. Abb.) 906. (Nr. 2.) 1. 20

Zell, Frz., heimische Bauweise in Oberbayern. Beispiele einfacher Wohngebäude f. die Kleinstadt u. das Land. 5. Aufl. (16 S. m. Abb.) 906. (Nr. 1. I.) 1. 20

— dasselbe. II. Heft. (18 S. m. z. Tl. farb. Abb.) 906. (Nr. 1. II.) 1. 50

SCHRIFTEN DES DEUTSCHEN VEREINS FÜR ARMENPFLEGE UND WOHLT(H)ÄTIGKEIT.

Heft 3. Leipzig 1887. Duncker & Humblot. — A. u. d. T.: Die Entwickelung der deutschen Arbeiterkolonien. Von G. BERTHOLD. ib. 1887. — 8°.

Heft 4. ib. 1887. — A. u. d. T.: Die Beschäftigung der Arbeitslosen. (Von F. FRHRN. von REITZENSTEIN.) — Die Organisation der offenen Krankenpflege. (Von LUDWIG-WOLF.) — Der Werth allgemeiner Waisenanstalten. (Von BORN und SCHWABE.) ib. 1887. —

Heft 5. ib. 1887. — A. u. d. T.: STENOGRAPHISCHER BERICHT ÜBER DIE VERHANDLUNGEN der achten Jahresversammlung des deutschen Vereins für Armenpflege und Wohlthätigkeit am 27. und 28. September 1887 in Magdeburg, betreffend die Organisation der offenen Krankenpflege, Hilfe in ausserordentlichen Nothständen, die Beschäftigung der Arbeitslosen und den Nachweis von Arbeit als Mittel vorbeugender Armenpflege. ib. 1887. —

Heft 6. ib. 1888. — A. u. d. T.: Fürsorge für bedürftige Genesende. (Von EBERTY.) — Die hauswirthschaftliche Ausbildung der Mädchen aus den ärmeren Volksklassen. (Von OHLY.) — Trunksucht und Armenpflege. (Von AUGUST LAMMERS.) — Die Wohnungsfrage vom Standpunkte der Armenpflege. (Von K. FLESCH.) ib. 1888. —

Heft 7. ib. 1889. — A. u. d. T.: STENOGRAPHISCHER BERICHT ÜBER DIE VERHANDLUNGEN der neunten Jahresversammlung des deutschen Vereins für Armenpflege und Wohlthätigkeit am 25. und 26. September 1888 in Karlsruhe, betreffend geschlossene oder offene Waisenpflege; die Wohnungsfrage vom Standpunkte der Armenpflege; Fürsorge für unbemittelte Genesende; Trunksucht und Armenpflege; hauswirthschaftliche Ausbildung der Mädchen aus den ärmeren Volksklassen. ib. 1889. —

Heft 8. ib. 1889. — A. u. d. T.: Der Entwurf eines bürgerlichen Gesetzbuches in Bezug auf Armenpflege und Wohlthätigkeit. — Offene Pflege für ungefährliche Irre. — Der gegenwärtige Stand der Sommerpflege für arme Kinder. — Aufsicht über die örtliche öffentliche Armenpflege. — Die Grenzen der Wohlthätigkeit. ib. 1889. —

Heft 9. ib. 1890. — A. u. d. T.: STENOGRAPHISCHER BERICHT ÜBER DIE VERHANDLUNGEN der zehnten Jahresversammlung des deutschen Vereins für Armenpflege und Wohlthätigkeit am 26. und 27. September 1889 in Kassel, betreffend die Bestimmungen des Entwurfs eines bürgerlichen Gesetzbuchs in Bezug auf Armenpflege und Wohlthätigkeit; offene Pflege für ungefährliche Irre; über den gegenwärtigen Stand der Sommerpflege für arme Kinder; Aufsicht uber örtliche öffentliche Armenpflege. ib. 1890. —

Heft 10. ib. 1890. — A. u. d. T.: Das Landarmenwesen. Im Auftrage des deutschen Vereins für Armenpflege und Wohlthätigkeit und der von ihm niedergesetzten Kommission auf Grund der erstatteten Berichte bearbeitet von EMIL MÜNSTERBERG. ib. 1890. —

Heft 11. ib. 1890. — A. u. d. T.: Die Wohnungsfrage vom Standpunkte der Armenpflege. Berichte der in der Jahresversammlung vom 25. September 1888 berufenen Kommission. Mit Plänen und Abbildungen eines Muster-Arbeiter-Miethauses. ib. 1890. —

Heft 12. ib. 1890. — A. u. d. T.: Der hauswirtschaftliche Unterricht armer Mädchen in Deutschland. Berichte, herausgegeben von der Haushaltungsunterrichts-Kommission des deutschen Vereins für Armenpflege und Wohlthätigkeit. ib. 1890. —

Heft 13. ib. 1890. — A. u. d. T.: STENOGRAPHISCHER BERICHT ÜBER DIE VERHANDLUNGEN der elften Jahresversammlung des deutschen Vereins für Armenpflege und Wohlthätigkeit am 23. und 24. September 1890 in Frankfurt a. M., betreffend das Landarmenwesen und die Wohnungsfrage. ib. 1890. —

Heft 14. ib. 1891. — A. u. d. T.: Die Verbindung der öffentlichen und privaten Armenpflege. — Der Haushaltungsunterricht. Vorbildung von Lehrkräften im In- und Auslande. ib. 1891. —

Heft 15. ib. 1891. — A. u. d. T.: STENOGRAPHISCHER BERICHT ÜBER DIE VERHANDLUNGEN der zwölften Jahresversammlung des deutschen Vereins für Armenpflege und Wohlthätigkeit am 24. und 25. September 1891 in Hamburg, betreffend die Grenzen der Wohlthätigkeit, den Haushaltungsunterricht und das Zusammenwirken zwischen öffentlicher Armenpflege und organisierter Privatwohlthätigkeit. ib. 1891. —

Heft 16. ib. 1892. — A. u. d. T.: Die Fürsorge für entlassene Sträflinge. — Zwangsmaßregeln gegen arbeitsfähige Personen, welche ihre Angehörigen, zu deren Unterhalt sie verpflichtet sind, der öffentlichen Armenpflege anheimfallen lassen. — Ausübung vormundschaftlicher Funktionen durch die Armenbehörden. — Die Fürsorge für Obdachlose. ib. 1892. —

Heft 17. ib. 1893. — A. u. d. T.: STENOGRAPHISCHER BERICHT ÜBER DIE VERHANDLUNGEN der dreizehnten Jahresversammlung des deutschen Vereins für Armenpflege und Wohlthätigkeit am 25. und 26. Mai 1893 in Görlitz, betreffend die Fürsorge für Obdachlose; Zwangsmassregeln gegen arbeitsfähige Personen; Ausübung vormundschaftlicher Funktionen und die Fürsorge für entlassene Sträflinge. ib. 1893. —

Heft 18. ib. 1894. — A. u. d. T.: Ehrenamtliche und berufsamtliche Thätigkeit in der städtischen Armenpflege. Von BRINKMANN und ZIMMERMANN. ib. 1894. —

Heft 19. ib. 1894. — A. u. d. T.: Grundsätze über Art und Höhe der Unterstützungen. Von CUNO und v. DEHN-ROTFELSER. — Die Bestrebungen der Privatwohlthätigkeit und ihre Zusammenfassung. Von EBERTY und KÜNZER. ib. 1894. —

Heft 20. ib. 1894. — A. u. d. T.: STENOGRAPHISCHER BERICHT ÜBER DIE VERHANDLUNGEN der vierzehnten Jahresversammlung des deutschen Vereins für Armenpflege und Wohlthätigkeit am 25. und 26. September 1894 in Köln, betreffend ehrenamtliche und berufsamtliche Thätigkeit in der städtischen Armenpflege, Grundsätze über Art und Höhe der Unterstützungen, die Bestrebungen der Privatwohlthätigkeit und ihre Zusammenfassung. ib. 1894. —

Heft 21. ib. 1895. — A. u. d. T.: Armenpflege und Arbeiterversicherung. Prüfung der Frage, in welcher Weise die neuere sociale Gesetzgebung auf die Aufgaben der Armengesetzgebung und Armenpflege einwirkt. ib. 1895. —

Heft 22. ib. 1895. — A. u. d. T.: Die Stellungnahme der Landesgesetzgebung zu den gegen alimentationspflichtige Angehörige zu treffenden Zwangsmassregeln. — Die Fürsorge für Obdachlose in den Städten. — In welchen Fällen ist die Abnahme von Kindern der Gewährung von Familienunterstützung in offener Pflege vorzuziehen? ib. 1895. —

Heft 23. ib. 1895. — A. u. d. T.: STENOGRAPHISCHER BERICHT ÜBER DIE VERHANDLUNGEN der fünfzehnten Jahresversammlung des deutschen Vereins für Armenpflege und Wohlthätigkeit am 26. und 27. September 1895 in Leipzig, betreffend Armenpflege und Arbeiterversicherung, bezw. Prüfung der Frage, in welcher Weise die neuere sociale Gesetzgebung auf die Aufgaben der Armengesetzgebung und Armenpflege einwirkt. — Die Stellungnahme der Landesgesetzgebung zu den gegen alimentationspflichtige Angehörige zu treffenden Zwangsmassregeln. — Die Fürsorge für Obdachlose in den Städten. — In welchen Fällen ist die Abnahme von Kindern der Gewährung von Familienunterstützung in offener Pflege vorzuziehen? ib. 1895. —

Heft 24. ib. 1896. — A. u. d. T.: GENERALBERICHT ÜBER DIE THÄTIGKEIT DES DEUTSCHEN VEREINS FÜR ARMENPFLEGE UND WOHLTHÄTIGKEIT während der ersten 15 Jahre seines Bestehens 1880—1895 nebst Verzeichnissen der Vereinsschriften und alphabetischem Register zu den Vereinsschriften erstattet im Auftrage des Vereins von EMIL MÜNSTERBERG. ib. 1896. —

Heft 25. ib. 1896. — A. u. d. T.: Die Heranziehung von Frauen zur öffentlichen Armenpflege. Zwei Berichte, erstattet im Auftrage des Vereins von R. OSIUS und P. CHUCHUL. ib. 1896. —

Heft 26. ib. 1896. — A. u. d. T.: Fürsorge für arme Schulkinder durch Speisung, beziehungsweise Verabreichung von Nahrungsmitteln. — Handhabung der Bestimmungen betreffend den Verlust des Wahlrechts bei Empfang öffentlicher Armenunterstützungen. ib. 1896. —

Heft 27. ib. 1894. — A. u. d. T.: Das System der Armenpflege in Alt-Deutschland und in den Reichslanden. ib. 1896. —

Heft 28. ib. 1896. — A. u. d. T.: STENOGRAPHISCHER BERICHT ÜBER DIE VERHANDLUNGEN der sechzehnten Jahresversammlung des deutschen Vereins für Armenpflege und Wohlthätigkeit am 24. und 25. September 1896 in Strassburg i. E. Inhalt: Generalbericht über die Thätigkeit des Vereins in den 15 Jahren seines Bestehens. — System der Armenpflege in Alt-Deutschland und in den Reichslanden. — Fürsorge für arme Schulkinder durch Speisung beziehungsweise Verabreichung von Lebensmitteln. — Heranziehung von Frauen zur öffentlichen Armenpflege. — Handhabung der Bestimmungen betr. den Verlust des Wahlrechts bei Empfang öffentlicher Unterstützungen. ib. 1896 —

Heft 29. ib. 1897. — A. u. d. T.: Die Armenpflege in ihren Beziehungen zu den Leistungen der Socialgesetzgebung. Bericht, erstattet im Auftrage des Vereins von BRINKMANN. ib. 1897. —

Heft 30. ib. 1897. — A. u. d. T.: Die Fürsorge für Wöchnerinnen und deren Angehörige. Zwei Berichte, erstattet im Auftrage des Vereins von HAUSER und MÜNSTERBERG. ib. 1897. —

Heft 31. ib. 1897. — A. u. d. T.: Die Gewährung von Wohnungsmiete als Art der Armenunterstützung. Zwei Berichte, erstattet im Auftrage des Vereins von KAYSER und JAKSTEIN. ib. 1897. —

Heft 32. ib. 1897. — A. u. d. T.: Die Beteiligung grösserer Verbände an der Armenlast. Zwei Berichte, erstattet im Auftrage des Vereins von BRANDTS und F. W. R. ZIMMERMANN. ib. 1897. —

Heft 33. ib. 1897. — A. u. d. T.: Die Fürsorge für die schulentlassene Jugend. Bericht, erstattet im Auftrage des Vereins von FELISCH. ib. 1897. —

Heft 34. ib. 1898. — A. u. d. T.: STENOGRAPHISCHER BERICHT ÜBER DIE VERHANDLUNGEN der siebzehnten Jahresversammlung des deutschen Vereins für Armenpflege und Wohlthätigkeit am 23. und 24. September 1897 in Kiel. Inhalt: Die Armenpflege in ihren Beziehungen zu den Leistungen der Socialgesetzgebung. — Fürsorge für Wöchnerinnen und deren Angehörige (Hauspflege). — Fürsorge für schulentlassene Kinder. — Gewährung von Wohnungsmiete als Art der Armenunterstützung. — Beteiligung grösserer Verbände an der Armenlast. Mit einem die gesamten, bis 1897 erschienenen Schriften des Vereins umfassenden Sachregister. ib. 1898. —

Heft 35. ib. 1898. — A. u. d. T.: Das ausländische Armenwesen. Übersicht über die neueren Bestrebungen auf dem Gebiet der Armenpflege in den für uns wichtigsten Staaten des Auslands. Von E. MÜNSTERBERG. ib. 1898. —

Heft 36. ib. 1898. — A. u. d. T.: Zwangsmassregeln gegen nährpflichtige Angehörige. Berichte, erstattet von E. HIRSCHBERG, JAKSTEIN, E. MÜNSTERBERG. ib. 1898. —

Heft 37. ib. 1898. — A. u. d. T.: Hilfe in ausserordentlichen Notständen. Bericht über den Notstand im Riesengebirge nach dem Hochwasser vom 30. Juli 1897 und die dabei entwickelte Hilfsthätigkeit. Von OSWALD BAER. — Hilfe in ausserordentlichen Notständen. Bericht von E. FALCH. ib. 1898. —

Heft 38. ib. 1898. — A. u. d. T.: Die wechselseitige Unterstützung von Reichsangehörigen in den einzelnen Bundesstaaten. Von W. FLEISCHMANN und H. RULAND. ib. 1898. —

Heft 39. ib. 1898. — A. u. d. T.: Zufluchtsstätten für weibliche Personen. Bericht, erstattet im Auftrage des Vereins von EWALD ADERS. Existenzminimum in der Armenpflege. Anrechnung der Leistungen der Privatwohlthätigkeit und Invalidenrenten. Von SCHMIDT und CUNO. ib. 1898. —

Heft 40. ib. 1899. — A. u. d. T.: STENOGRAPHISCHER BERICHT ÜBER DIE VERHANDLUNGEN der achtzehnten Jahresversammlung des deutschen Vereins für Armenpflege und Wohlthätigkeit am 29. und 30. September 1898 in Nürnberg. Inhalt: Bericht über die neuere Entwicklung des Armenwesens im Ausland. — Hilfe in ausserordentlichen Notständen. — Zwangsmassregeln gegen nährpflichtige Angehörige. — Die wechselseitige Unterstützung von Reichsangehörigen in den einzelnen Bundesstaaten. — Existenz-Minimum in der Armenpflege. Anrechnung der Leistungen der Privatwohlthätigkeit und Invalidenrenten. — Zufluchtsstätten für weibliche Personen. Mit einem die gesamten, bis 1898 erschienenen Schriften des Vereins umfassenden Sachregister. ib. 1899. —

Heft 41. ib. 1899. — A. u. d. T.: Erstattung von Unterstützungen durch die Unterstützten selbst und durch ihre Angehörigen. Von E. MÜNSTERBERG und LUDWIG-WOLF. ib. 1899. —

Heft 42. ib. 1899. — A. u. d. T.: Natural- und Geldunterstützung. Von KAYSER und MARTIUS. ib. 1899. —

Heft 43. ib. 1899. — A. u. d. T.: Arbeitseinrichtungen für Zwecke der offenen Armenpflege. Von BUEHL. — Beaufsichtigung der in Familienpflege untergebrachten Kinder. Von STALMANN. ib. 1899. —

Heft 44. ib. 1899. — A. u. d. T.: Die Kranken- und Hauspflege auf dem Lande. Von HAUSER und DÜTTMANN. ib. 1899. —

Heft 45. ib. 1899. — A. u. d. T.: Die für das Armenwesen wichtigsten Vorschriften des Bürgerlichen Gesetzbuches. Im Auftrage des deutschen Vereins für Armenpflege und Wohlthätigkeit bearbeitet von BRINKMANN und CUNO. ib. 1899. —

Heft 46. ib. 1900. — A. u. d. T.: STENOGRAPHISCHER BERICHT ÜBER DIE VERHANDLUNGEN der neunzehnten Jahresversammlung des deutschen Vereins für Armenpflege und Wohlthätigkeit am 21. und 22. September 1899 in Breslau. Inhalt: Bericht über die Erstattung von Unterstützungen durch die Unterstützten und deren Angehörige. — Über Arbeitseinrichtungen für Zwecke der offenen Armenpflege. — Über die Beaufsichtigung der in Familienpflege untergebrachten Kinder. — Über Natural- und Geldunterstützung. — Über Kranken- und Hauspflege auf dem Lande. Mit einem die gesamten, bis 1899 erschienenen Schriften des Vereins umfassenden Sachregister. ib. 1900. —

Heft 47. ib. 1900. — A. u. d. T.: Die Organisation der Gemeindewaisenpflege von CUNO und SCHMIDT. ib. 1900. —

Heft 48. ib. 1900. — A. u. d. T.: Die einheitliche Gestaltung der Armen-Finanzstatistik. Von BUEHL. — Die armenärztliche Thätigkeit. Von JULIUS STERN. ib. 1900. —

Heft 49. ib. 1900. — A. u. d. T.: Die Stellung der ehrenamtlichen Organe in der Armenpflege. Von (KARL) KAYSER und (HERM. CHR. FERD.) HILDEBRAND. ib. 1900. —

Heft 50. ib. 1900. — A. u. d. T.: Fürsorge für Genesende. Von H. GEBHARD und WEICKER. ib. 1900. —

Heft 51. ib. 1901. — A. u. d. T.: STENOGRAPHISCHER BERICHT ÜBER DIE VERHANDLUNGEN der zwanzigsten Jahresversammlung des deutschen Vereins für Armenpflege und Wohlthätigkeit am 20. und 21. September 1900 in Mainz. Inhalt: Die Stellung der ehrenamtlichen Organe der Armenpflege. — Einheitliche Gestaltung der Armenfinanzstatistik. — Fürsorge für Genesende. — Organisation der Gemeindewaisenpflege. — Armenärztliche Thätigkeit. Mit einem die gesamten, bis 1900 erschienenen Schriften des Vereins umfassenden Sachregister. ib. 1901.

Heft 52. ib. 1901. — A. u. d. T.: Das ausländische Armenwesen. Übersicht über die neueren Bestrebungen auf dem Gebiet der Armenpflege in den für uns wichtigsten Staaten des Auslands. Neue Folge. Von E. MÜNSTERBERG. ib. 1901.

Heft 53. ib. 1901. — A. u. d. T.: Das Verhältnis der Armenverbände zu den Versicherungsanstalten. Von OLSHAUSEN und WILHELM HELLING. ib. 1901.

Heft 54. ib. 1901. — A. u. d. T.: Sociale Ausgestaltung der Armenpflege. Von FLESCH und SOETBEER. ib. 1901. —

Heft 55. ib. 1901. — A. u. d. T.: Die Fürsorge für Erhaltung des Haushalts, insbesondere durch Hauspflege. Von v. HOLLANDER. — Die Aufgaben der Armenpflege gegenüber trunksüchtigen Personen. Von SAMTER und WALDSCHMIDT. ib. 1901.

Heft 56. ib. 1901. — A. u. d. T.: STENOGRAPHISCHER BERICHT ÜBER DIE VERHANDLUNGEN der 21. Jahresversammlung des deutschen Vereins für Armenpflege und Wohlthätigkeit am 12. und 13. September 1901 in Lübeck. Inhalt: Bericht über das ausländische Armenwesen. — Sociale Ausgestaltung der Armenpflege. — Das Verhältnis der Armenverbände zu den Versicherungsanstalten. — Die Aufgaben der Armenpflege gegenüber trunksüchtigen Personen. — Die Fürsorge für Erhaltung des Haushaltes insbesondere durch Hauspflege. Mit einem die gesamten, bis 1901 erschienenen Schriften des Vereins umfassenden Sachregister. ib. 1901.

Heft 57. ib. 1902. — A. u. d. T.: Die Verteilung der Armenlasten. Hauptbericht, erstattet von FRANZ MEHRLEIN. Nebst Gutachten von ALBERT MILBRADT, ERNST HOPF und KARL MORCHEN. ib. 1902.

Heft 58. ib. 1902. — A. u. d. T.: Die Einrichtung von Notstandsarbeiten und ihre Erfolge. Gutachten von PAUL HARTMANN und RUDOLF SCHWANDER. ib. 1902.

Heft 59. ib. 1902. — A. u. d. T.: Das Ziehkinderwesen. Gutachten, erstattet im Auftrage des deutschen Vereins für Armenpflege und Wohlthätigkeit von ERNST PÜTTER. ib. 1902.

Heft 60. ib. 1902. — A. u. d. T.: Die Erweiterung des Handarbeitsunterricht für nicht vollsinnige und verkrüppelte Personen. Von P. CHR. HANSEN. ib. 1902.

Heft 61. ib. 1902. — A. u. d. T.: Finanzstatistik der Armenverwaltungen von 108 deutschen Städten. Im Auftrage des deutschen Vereins für Armenpflege und Wohlthätigkeit bearbeitet von HEINRICH SILBERGLEIT. ib. 1902.

Heft 62. ib. 1902. — A. u. d. T.: STENOGRAPHISCHER BERICHT ÜBER DIE VERHANDLUNGEN der 22. Jahresversammlung des deutschen Vereins für Armenpflege und Wohltätigkeit am 18. und 19. September 1902 in Colmar. Inhalt: Die Einrichtung von Notstandsarbeiten und ihre Erfolge. — Die Beaufsichtigung der Zieh- oder Haltekinder. — Die Verteilung der Armenlasten. — Die Erweiterung des Handarbeitsunterrichts für schwachsinnige, taubstumme, blinde und verkrüppelte Personen. Mit einem die gesamten, bis 1902 erschienenen Schriften des Vereins umfassenden Sachregister. ib. 1902. —

Heft 63. ib. 1903. — A. u. d. T.: Das Elberfelder System. Festbericht aus Anlass des fünfzigjährigen Bestehens der Elberfelder Armenordnung, erstattet von Stadtrat Dr. (EMIL) MÜNSTERBERG-Berlin. ib. 1903. —

Heft 64. ib. 1903. — A. u. d. T.: Zwangs-(Fürsorge-)Erziehung und Armenpflege. Berichte von F(RIEDRICH) SCHILLER (Breslau), H(EINRICH) SCHMIDT (Düsseldorf) und P. KÖHNE. ib. 1903. —

Heft 65. ib. 1903. — A. u. d. T.: Die geschlossene Armenpflege. Berichte von ADOLF BUEHL und FRANZ CURT REINHARD ESCHLE. ib. 1903. —

Heft 66. ib. 1903. — A. u. d. T.: Volks- und Krankenküchen. Von JOSEF BLUM (M.-Gladbach). ib. 1903. —

Heft 67. ib. 1903. — A. u. d. T.: STENOGRAPHISCHER BERICHT ÜBER DIE VERHANDLUNGEN der 23. Jahresversammlung des deutschen Vereins für Armenpflege und Wohltätigkeit am 24. und 25. September 1903 in Elberfeld. Inhalt: Das Elberfelder System. — Zwangs-(Fürsorge-)Erziehung und Armenpflege. — Die geschlossene Armenpflege. — Volks- und Krankenküchen. Mit einem die gesamten, bis 1903 erschienenen Schriften des Vereins umfassenden Sachregister. ib. 1903. —

Heft 68. ib. 1904. — A. u. d. T.: Die Aufgaben der Armenpflege bei der Bekämpfung der Tuberkulose. Berichte von Stadtrat (HANS) SAMTER und (HEINRICH) KOHLHARDT. ib. 1904. —

Heft 69. ib. 1904. — A. u. d. T.: Die Fürsorge für Ausländer in Deutschland. Bericht von A(LFRED) OLSHAUSEN. ib. 1904. —

Heft 70. ib. 1904. — A. u. d. T.: Die Beratung Bedürftiger in Rechtsangelegenheiten. Berichte von H(ERM.) von FRANKENBERG und ERNST KRUG. ib. 1904. —

Heft 71. ib. 1905. — A. u. d. T.: STENOGRAPHISCHER BERICHT ÜBER DIE VERHANDLUNGEN der 24. Jahresversammlung des deutschen Vereins für Armenpflege und Wohltätigkeit am 25. und 26. August 1904 in Danzig. Inhalt: Die Aufgaben der Armenpflege bei Bekämpfung der Tuberkulose. — Beratung Bedürftiger in Rechtsangelegenheiten. — Die Fürsorge für Ausländer. Mit einem die gesamten, bis 1904 erschienenen Schriften des Vereins umfassenden Sachregister. ib. 1905. —

Heft 72. ib. 1905. — A. u. d. T.: GENERALBERICHT ÜBER DIE TÄTIGKEIT DES DEUTSCHEN VEREINS FÜR ARMENPFLEGE UND WOHLTÄTIGKEIT während der ersten 25 Jahre seines Bestehens 1880—1905 nebst Verzeichnissen der Vereinsschriften und alphabetischem Register zu den Vereinsschriften, erstattet im Auftrage des Vereins von EMIL MÜNSTERBERG. ib. 1905. —

Heft 73. ib. 1905. — A. u. d. T.: Die heutigen Anforderungen an die öffentliche Armenpflege im Verhältnisse zur bestehenden Armengesetzgebung. Hauptbericht, in Gemeinschaft mit BUEHL vorgelegt von RUDOLF FLEMMING. Mitberichte, erstattet von FLEISCHMANN und (R.) SCHWANDER. ib. 1905. —

Heft 74. ib. 1905. — A. u. d. T.: Die Bekämpfung der Säuglingssterblichkeit. Hauptbericht, erstattet im Auftrage des deutschen Vereins für Armenpflege und Wohltätigkeit von BRUGGER. Mitberichte von HEINRICH FINKELSTEIN und MARIE BAUM. ib. 1905. —

Heft 75. ib. 1905. — A. u. d. T.: STENOGRAPHISCHER BERICHT ÜBER DIE VERHANDLUNGEN der 25. Jahresversammlung des deutschen Vereins für Armenpflege und Wohltätigkeit am 21. und 22. September 1905 in Mannheim. Inhalt: Generalbericht über die 25jährige Tätigkeit des Vereins. — Die Bekämpfung der Säuglingssterblichkeit. — Die heutigen Anforderungen an die öffentliche Armenpflege im Verhältnis zu der bestehenden Armengesetzgebung. ib. 1905. —

Heft 76. ib. 1906. — A. u. d. T.: STENOGRAPHISCHER BERICHT ÜBER DIE VERHANDLUNGEN der 26. Jahresversammlung des deutschen Vereins für Armenpflege und Wohltätigkeit am 3. März 1906 in Berlin. Inhalt: Die Novelle zum Gesetz über den Unterstützungswohnsitz. ib. 1906. —

Heft 77. ib. 1906. — A. u. d. T.: Amerikanisches Armenwesen. Von E. MÜNSTERBERG. ib. 1906. —

Heft 78. ib. 1908. — A. u. d. T.: Finanzstatistik der Armenverwaltungen von 130 deutschen Städten 1901 bis 1905. Im Auftrage des deutschen Vereins für Armenpflege und Wohltätigkeit bearbeitet von HEINRICH SILBERGLEIT. (Mit Tabellen.) ib. 1908. —

Heft 79. ib. 1907. — A. u. d. T.: Die berufliche und fachliche Ausbildung in der Armenpflege. Bericht, erstattet von ALBERT LEVY. Mitbericht, erstattet von H. von FRANKENBERG. ib. 1907. —

Heft 80. ib. 1907. — A. u. d. T.: Kinder-, Heil- und -Erholungsstätten. Bericht von LOHSE. ib. 1907. —

Heft 81. ib. 1907. — A. u. d. T.: Berufsvormundschaft (Generalvormundschaft). Von CHR. J. KLUMKER und JOH. PETERSEN.
Bd. 1. Berichte. ib. 1907. —

Heft 82. ib. 1907. — A. u. d. T.: Berufsvormundschaft (Generalvormundschaft). Von CHR. J. KLUMKER und JOH. PETERSEN.
Bd. 2. Materialien. ib. 1907. —

Heft 83. ib. 1907. — A. u. d. T.: STENOGRAPHISCHER BERICHT ÜBER DIE VERHANDLUNGEN der 27. Jahresversammlung des deutschen Vereins für Armenpflege und Wohltätigkeit am 19. und 20. September 1907 in Eisenach. Inhalt: Berufsvormundschaft (Generalvormundschaft). — Fachliche und berufliche Ausbildung in der Armenpflege. — Kinderheil- und Erholungsstätten. ib. 1907. —

Heft 84. ib. 1908. — Mutterschutz und Mutterschaftsversicherung. Von ALICE SALOMON. ib. 1908. —

Heft 85. ib. 1908. — A. u. d. T.: Behandlung erwerbsbeschränkter und erwerbsunfähiger Wanderarmen. Bericht, erstattet von HERMANN LUPPE. Mitbericht, erstattet von OSKAR SELL. ib. 1908. —

Heft 86. ib. 1908. — A. u. d. T.: Neuere Einrichtungen und Pläne auf dem Gebiete der Fürsorge für die normale, volksschulentlassene, männliche, städtische Jugend. Bericht, erstattet von GLUM. Mitbericht, erstattet von CLEMENS SCHULTZ. ib. 1908. —

Heft 87. ib. 1908. — A. u. d. T.: STENOGRAPHISCHER BERICHT ÜBER DIE VERHANDLUNGEN der 28. Jahresversammlung des deutschen Vereins für Armenpflege und Wohltätigkeit am 17. und 18. September 1908 in Hannover. Inhalt: Finanzstatistik der Armenverwaltungen. — Fürsorge für die schulentlassene Jugend. — Behandlung erwerbsbeschränkter und erwerbsunfähiger Wanderarmer. — Mutterschutz und Mutterschaftsversicherung. ib. 1908. —

Heft 88. ib. 1909. — A. u. d. T.: Zwangsmassregeln gegen Arbeitsscheue und gegen säumige Nährpflichtige. Hauptbericht, erstattet von LOHSE. Mitbericht, erstattet von SAMTER. ib. 1909. —

Heft 89. ib. 1909. — A. u. d. T.: Die Schulspeisung. Von HELENE SIMON. ib. 1909. —

Heft 90. ib. 1909. — A. u. d. T.: STENOGRAPHISCHER BERICHT ÜBER DIE VERHANDLUNGEN der 29. Jahresversammlung des deutschen Vereins für Armenpflege und Wohltätigkeit am 23. und 24. September 1909 in München. 1. Teil. Inhalt: Zwangsmassregeln gegen Arbeitsscheue und gegen säumige Nährpflichtige. — Die Schulspeisung. ib. 1909. —

Heft 91. ib. 1909. — A. u. d. T.: STENOGRAPHISCHER BERICHT ÜBER DIE VERHANDLUNGEN der 29. Jahresversammlung des deutschen Vereins für Armenpflege und Wohltätigkeit am 23. und 24. September 1909 in München. 2. Teil. Inhalt: Die öffentliche Armenpflege auf dem Lande. ib. 1909. —

Heft 92. ib. 1910. — A. u. d. T.: Die Organisation der Jugendfürsorge. Bericht, erstattet von Bürgermeister Dr. GEORG SCHMIDT. ib. 1910. —

Heft 93. ib. 1910. — A. u. d. T.: Die Erstattung von öffentlichen Unterstützungen durch die Unterstützten und durch ihre Angehörigen. Von Stadtrat ROSENSTOCK-Königsberg i. Pr. ib. 1910. —

Heft 94. ib. 1910. — A. u. d. T.: STENOGRAPHISCHER BERICHT ÜBER DIE VERHANDLUNGEN der 30. Jahresversammlung des deutschen Vereins für Armenpflege und Wohltätigkeit am 15. und 16. September 1910 in Königsberg i. Pr. Inhalt: Englisches Armenwesen. — Die Erstattung von Unterstützungen durch die Unterstützten und durch ihre Angehörigen. — Die Organisation der Jugendfürsorge. ib. 1910. —

Heft 95. ib. 1911. — A. u. d. T.: Der Vorentwurf zu einem Deutschen Strafgesetzbuch und die Armenpflege. Inhalt: Die Behandlung der Bettler, Landstreicher und Arbeitsscheuen. Berichterstatter: Stadtrat v. FRANKENBERG und Landesrat Dr. DRECHSLER. — Die Versäumung der Unterhaltungspflicht. Berichterstatter: Amtsgerichtsrat Dr. FRIEDEBERG. — Die Bestimmungen des Vorentwurfs über Trunkenheit und Trunksucht. Berichterstatter: Dr. jur. POLLIGKEIT und Dr. med. DELBRÜCK. — Mit einem Vorworte von Landgerichtsdirektor a. D. Dr. ASCHROTT. ib. 1911. —

Heft 96. ib. 1912. — A. u. d. T.: STENOGRAPHISCHER BERICHT über die Verhandlungen der 31. Jahresversammlung des deutschen Vereins für Armenpflege und Wohltätigkeit am 20. und 21. September 1911 in Dresden. Inhalt: Der Vorentwurf zu einem Deutschen Strafgesetzbuch und die Armenpflege. ib. 1912. —

Schriften d. deutschen Vereins f. Armenpflege u. Wohlthätigkeit. 1. Heft. gr. 8. Leipzig 886. Duncker & Humblot. n. 1. 80
Die Behandlung der Armenstiftungen. Ueber Arbeitsnachweis. (80 S.)

Schriften d. deutschen Vereins f. Armenpflege u. Wohlthätigkeit. 2.—12. Hft. gr. 8. Leipzig, Duncker & Humblot. n. 41. 40 (1—12.: n. 43. 20)

2. Stenographischer Bericht üb. die Verhandlungen der 7. Jahresversammlung d. deutschen Vereins f. Armenpflege. u. Wohlthätigkeit am 21. u. 22. Septbr. 1886 in Stuttgart, betr. die Reform der ländlichen Armenpflege u. die Behandlung der Armenstiftungen. (V, 114 S.) 886. n. 2. 40
3. Die Entwickelung der deutschen Arbeiterkolonien. Von G. Berthold. (VII, 56 u. Tabellen 98 S.) 887. n. 3. 60
4. Die Beschäftigung der Arbeitslosen. Die Organisation der offenen Krankenpflege. Der Werth allgemeiner Waisenanstalten. (145 S.) 887. n. 3. 20
5. Stenographischer Bericht üb. die Verhandlungen der 8. Jahresversammlung d. deutschen Vereins f. Armenpflege u. Wohlthätigkeit am 27. u. 28. Septbr. 1887 in Magdeburg, betr. die Organisation der offenen Krankenpflege, Hilfe in außerordentlichen Nothständen, die Beschäftigung der Arbeitslosen u. den Nachweis v. Arbeit als Mittel vorbeugender Armenpflege. (V, 116 S.) 887. n. 2. 80
6. Fürsorge f. bedürftige Genesende. Die hauswirthschaftliche Ausbildung der Mädchen aus den ärmeren Volksklassen. Trunksucht u. Armenpflege. Die Wohnungsfrage vom Standpunkte der Armenpflege. (V, 172 u. VIII S.) 888. n. 4. —
7. Stenographischer Bericht üb. die Verhandlungen der 9. Jahresversammlung d. deutschen Vereins f. Armenpflege u. Wohlthätigkeit am 25. u. 26. Septbr. 1888 in Karlsruhe, betr. geschlossene od. offene Waisenpflege; die Wohnungsfrage vom Standpunkte der Armenpflege; Fürsorge f. unbemittelte Genesende; Trunksucht u. Armenpflege; hauswirthschaftliche Ausbildung der Mädchen aus ärmeren Volksklassen. (V, 131 S.) 889. n. 3.

8. Der Entwurf e. bürgerl. Gesetzbuches in Bezug auf Armenpflege u. Wohlthätigkeit. Offene Pflege f. ungefährl. Irre. Der gegenwärtige Stand der Sommerpflege f. arme Kinder. Aufsicht üb. die örtliche öffentl. Armenpflege. Die Grenzen der Wohlthätigkeit. (V, 292 u. VII S.) 889. n. 7. —
9. Stenographischer Bericht üb. die Verhandlungen der 10. Jahresversammlung am 26. u. 27. Septbr. 1889 in Cassel, betr. die Bestimmungen d. Entwurfs e. bürgerlichen Gesetzbuchs in Bezug auf Armenpflege u. Wohlthätigkeit; offene Pflege f. ungefährliche Irre; üb. den gegenwärtigen Stand der Sommerpflege f. arme Kinder; Aufsicht üb. örtliche öffentliche Armenpflege. (V, 152 S.) 890. n. 3. 60
10. Das Landarmenwesen. Im Auftrage d. deutschen Vereins f. Armenpflege u. Wohlthätigkeit u. der v. ihm niedergesetzten Kommission auf Grund der erstatteten Berichte bearb. v. E. Münsterberg. (XIII, 250 S.) 890. n. 6. —
11. Die Wohnungsfrage vom Standpunkte der Armenpflege. Berichte der in der Jahresversammlg. vom 25. Septbr. 1888 berufenen Kommission. Mit Plänen u. Abbildgn. e. Muster-Arbeiter-Miethauses. (XXIX, 97 S.) 890. n. 3. —
12. Der hauswirtschaftliche Unterricht armer Mädchen in Deutschland. Berichte, hrsg. von der Haushaltungsunterrichts-Kommission d. deutschen Vereins f. Armenpflege u. Wohlthätigkeit. (XXX, 98 u. VIII S.) 890. n. 2. 80

Schriften des deutschen Vereins f. Armenpflege u. Wohlthätigkeit. 13.—19. Hft. gr. 8. Leipzig, Duncker & Humblot. n. 29. 20 (1—19.: n. 72. 40)

13. Stenographischer Bericht üb. die Verhandlgn. der 11. Jahresversammlung d. deutschen Vereins f. Armenpflege u. Wohlthätigkeit am 23. u. 24. Septbr. 1890 in Frankfurt a. M., betr. das Landarmenwesen u. die Wohnungsfrage. (V, 162 S.) 890. n. 3. 40
14. Die Verbindung der öffentlichen u. der privaten Armenpflege. — Der Haushaltungsunterricht. Vorbildung v. Lehrkräften im In- u. Auslande. (V, 152 S.) 891. n. 3. 40
15. Stenographischer Bericht üb. die Verhandlgn. der 12. Jahresversammlung d. deutschen Vereins f. Armenpflege u. Wohlthätigkeit am 24. u. 25. Septbr. 1891 in Hamburg, betr. die Grenzen der Wohlthätigkeit, den Haushaltungsunterricht u. das Zusammenwirken zwischen öffentlicher Armenpflege u. Privatwohlthätigkeit. (V, 164 u. X S.) 891. n. 3. 60
16. Die Fürsorge f. entlassene Sträflinge. Zwangsmaßregeln gegen arbeitsfähige Personen, welche ihre Angehörigen, zu deren Unterhalt sie verpflichtet sind, der öffentlichen Armenpflege anheimfallen lassen. Ausübung vormundschaftlicher Funktionen durch die Armenbehörden. Die Fürsorge f. Obdachlose. (V, 558 S.) 892. n. 12. —
17. Stenographischer Bericht üb. die Verhandlgn. der 13. Jahresversammlung des deutschen Vereins f. Armenpflege u. Wohlthätigkeit am 25. u. 26. Mai 1893 in Görlitz, betr. die Fürsorge f. Obdachlose; Zwangsmaßregeln gegen arbeitsfähige Personen; Ausübung vormundschaftl. Funktionen u. die Fürsorge f. entlassene Sträflinge. (V, 116 u. X S.) 893. n. 2. 80
18. Ehrenamtliche u. berufsamtliche Thätigkeit in der städtischen Armenpflege. Von Brinkmann u. Zimmermann. (V, 69 S.) 894. n. 1. 60
19. Grundsätze üb. Art u. Höhe der Unterstützungen. Von Cuno u. v. Dehn-Rotfelser. — Die Bestrebungen der Privatwohlthätigkeit u. ihre Zusammenfassung. Von Eberty u. Kinzer. (V, 117 S.) 894. n. 2. 40

— d. deutschen Vereins f. Armenpflege u. Wohlthätigkeit. 20.—39. Hft. gr. 8. Leipzig, Duncker & Humblot. n. 44. 40 (1.—39.: n. 116. 80)

20. Stenograph. Bericht üb. die Verhandlgn. d. 14. Jahresversammlung d. deutschen Vereins f. Armenpflege u. Wohlthätigkeit am 25. u. 26. Septbr. 1894 in Köln, betr. ehrenamtl. u. berufsamtl. Thätigkeit in d. städt. Armenpflege; Grundsätze üb. Art u. Höhe d. Unterstützgn.; d. Bestrebgn. d. Privatwohlthätigkeit u. ihre Zusammenfassg. (V, 137 u. IX S.) 895. n. 3. —
21. Armenpflege u. Arbeiterversicherung. Prüfg. der Frage, in welcher Weise d. neuere sociale Gesetzgebg. auf d. Aufgaben der Armengesetzgebung u. Armenpflege einwirkt. Von Rich. Freund. (102 S.) 895. n. 2. 40
22. D. Stellungnahme d. Landesgesetzgebg. zu d. gegen alimentationspflicht. Angehörige zu treff. Zwangsmaßregeln. (Referat v. Jakstein.) D. Fürsorge f. Obdachlose in d. Städten. (Referat v. E. Münsterberg. Korreferat von C. v. Massow.) In welchen Fällen ist d. Abnahme v. Kindern d. Gewährg. v. Familienunterstützung in offener Pflege vorzuziehen? (Von Flesch.) (III, 94 S.) 895. n. 2. 20
23. Stenograph. Bericht üb. die Verhandlgn. der 15. Jahresversammlg. d. deutschen Vereins f. Armenpflege u. Wohlthätigkeit am 26. u. 27. Septbr. 1895 in Leipzig, betr. Armenpflege u. Arbeiterversicherg., bezw. Prüfg. d. Frage, in welcher Weise d. neuere sociale Gesetzgebg. auf d. Aufgaben d. Armengesetzgebg. u. Armenpflege einwirkt. Die Stellungnahme d. Landesgesetzgebg. zu d. gegen alimentationspflicht. Angehörige zu treff. Zwangsmaßregeln. Die Fürsorge f. Obdachlose in d. Städten. In welchen Fällen ist d. Abnahme v. Kindern der Gewährg. v. Familienunterstützg. in offener Pflege vorzuziehen? (V, 146 u. X S.) 895. n. 3. 40
24. Generalbericht üb. d. Thätigkeit d. deutschen Vereins f. Armenpflege u. Wohlthätigkeit während der ersten 15 Jahre s. Bestehens 1880—1895, nebst Verzeichnissen d. Vereinsschriften u. alphabet. Register zu den Vereinsschriften, erstattet im Auftrage des Vereins v. Emil Münsterberg. (VIII, 127 S.) 896. n. 3. —
25. Die Heranziehg. v. Frauen zur öffentl. Armenpflege. Zwei Berichte, erstatt. im Auftrage des Vereins v. R. Osius u. P. Chuchul. (54 S.) 896. n. 1. 40
26. Fürsorge f. arme Schulkinder durch Speisung, bezw. Verabreichg. v. Nahrungsmitteln. Von Cuno. — Handhabg. der Bestimmgn. betr. den Verlust des Wahlrechts bei Empfang öffentl. Armenunterstützgn. Berichte v. P. F. Aschrott, Flesch u. G. Berthold. (IV, 79 S.) 896. n. 2. —
27. Das System der Armenpflege in Alt-Deutschland u. in den Reichslanden. Von H. Ruland. (VII, 63 S.) Nebst Anh.: Nachweisung der Leistgn. der öffentl. Armenpflege in Elsaß-Lothringen f. 1894/95. Nach amtl. Quellen aufgestellt v. R. Schwander. (45 S.) 896. n. 2. 60
28. Stenograph. Bericht üb. d. Verhandlgn. der 16. Jahresversammlg. am 24. u. 25. Septbr. 1896 in Straßburg i/E. (V, 156 u. X S.) 896. n. 3. 60
29. Die Armenpflege in ihren Beziehgn. zu d. Leistgn. d. Socialgesetzgebg. Bericht, erstattet im Auftrage d. Vereins. Von Brinkmann. (40 S.) 897. n. 1. —
30. Die Fürsorge f. Wöchnerinnen u. deren Angehörige. 2 Berichte, erstattet im Auftr. d. Vereins. Von Hauser u. E. Münsterberg. (47 S.) 897. n. 1. 20
31. D. Gewährg. v. Wohnungsmiete als Art d. Armenunterstützg. 2 Berichte, erstatt. im Auftr. d. Vereins. Von Kayser u. Jakstein. (68 S.) 897. n. 1. 60
32. D. Beteiligg. größ. Verbände an d. Armenlast. 2 Berichte, erstatt. im Auftr. d. Vereins. Von Brandts u. F. W. R. Zimmermann. (91 S.) 897. n. 2. 20
33. D. Fürsorge für die schulentlass. Jugend. Bericht, erstattet im Auftr. d. Vereins. Von Felisch. (37 S.) 897. n. — 80
34. Bericht, stenograph., üb. d. Verhandlgn. der 17. Jahresversammlg. d. deutschen Vereins f. Armenpflege u. Wohlthätigkeit am 23. u. 24. IX. in Kiel. M. e. d. gesamten, bis 1897 erschien. Schriften d. Vereins umfass. Sachregister. (V, 138 u. XV S.) 898. n. 3. 40
35. Das ausländ. Armenwesen. Uebersicht üb. die neueren Bestimmgn. auf d. Gebiete d. Armenpflege in den f. uns wichtigsten Staaten d. Auslands. Von E. Münsterberg. (VI, 73 S.) 898. n. 1. 60
36. Zwangsmaßregeln gegen nährpflicht. Angehörige. Berichte. Von E. Hirschberg, Jakstein, u. E. Münsterberg. (V, 86 S.) 898. n. 2. —
37. Hilfe in außerordentl. Notständen. Bericht üb. d. Notstand im Riesengebirge nach d. Hochwasser v. 30. VII. 1897 u. d. dabei entwickelte Hilfsthätigkeit. Von Osw. Baer. — Hilfe in außerordentlichen Notständen. Bericht. Von E. Falch. (80 S.) 898. n. 1. 80
38. Die wechselseitige Unterstützg. v. Reichsangehör. in d. einz. Bundesstaaten. Von W. Fleischmann u. H. Ruland. (VII, 89 S.) 898. n. 2. —
39. Zufluchtsstätten für weibl. Personen. Bericht, erstattet im Auftr. d. Vereins. Von Ewald Aders. — Existenzminimum in d. Armenpflege. Anrechng. d. Leistungen d. Privatwohlthätigkeit u. Invalidenrenten. Von Schmidt u. Cuno. (V, 150 S.) 898. n. 3. 20

— des deutschen Vereins f. Armenpflege u. Wohlthätigkeit. 40.—62. Hft. gr. 8. Leipzig, Duncker & Humblot. n. 61. 20

Inhaltsübersicht in alphabetischer Ordnung:

Bericht, stenographischer, üb. die Verhandlungen d. 18. Jahresversammlung des deutschen Vereins f. Armenpflege u. Wohlthätigkeit am 29. u. 30. IX. 1898 in Nürnberg. Mit e. die gesamten, bis 1898 erschienenen Schriften des Vereins umfass. Sachregister. (V, 145 u. XVI S.) 899. (Hft. 40.) n. 3. 60
— dasselbe, der 19. Jahresversammlung am 21. u. 22. IX. 1899 in Breslau. Mit e. die gesammten, bis 1899 erschienenen Schriften des Vereins umfass. Sachregister. (V, 148 u. XVII S.) 900. (Hft. 46.) n. 3. 40
— dasselbe, der 20. Jahresversammlung am 20. u. 21. IX. 1900 in Mainz. Mit e. die gesamten bis 1900 erschien. Schriften des Vereins umfass. Sachregister. (V, 137 u. XVIII S.) 901. (Hft. 51.) n. 3. —
— dasselbe, der 21. Jahresversammlung am 12. u. 13. IX. 1901 in Lübeck. Mit e. die gesamten, bis 1901 erschien. Schriften des Vereins umfass. Sachregister. (V, 146 u. XX S.) 901. (Hft. 56.) n. 3. 40
— dasselbe, der 22. Jahresversammlung am 18. u. 19. IX. 1902 in Colmar. Mit e. die gesamten, bis 1902 erschien. Schriften des Vereins umfass. Sachregister. (V, 144 u. XX S.) 902. (Hft. 62.) n. 3. 40
Brinkmann u. Cuno, die f. das Armenwesen wichtigst. Vorschriften des bürgerl. Gesetzbuches. Im Auftrage d. deutschen Vereins f. Armenpflege u. Wohlthätigkeit bearb. (VIII, 100 S.) 899. (Hft. 45.) n. 2. 20
Buehl, Arbeitseinrichtungen für Zwecke der offenen Armenpflege. — Stalmann, Beaufsichtigung der in Familienpflege untergebrachten Kinder. (72 S.) 899. (Hft. 43.) n. 1. 80
Buehl, die einheitliche Gestaltung d. Armen-Finanzstatistik. Stern, Jul., die armenärztliche Thätigkeit. (V, 72 S.) 900. (Hft. 48.) n. 1. 80
Cuno u. Schmidt, die Organisation der Gemeindewaisenpflege. (V, 120 S.) 900. (Hft. 47.) n. 2. 80
Flesch u. Soetbeer, sociale Ausgestaltung der Armenpflege. (V, 45 S.) 901. (Hft. 54.) n. 1. 20
Gebhard, H., u. Weicker, Fürsorge für Genesende. (V, 83 S.) 900. (Hft. 50.) n. 2. 60
Hansen, P. Chr., die Erweiterung des Handarbeitsunterrichts f. nicht vollsinnige u. verkrüppelte Personen. (62 S.) 902. (Hft. 60.) n. 1. 40
Hartmann, Paul, u. Rud. Schwander, die Einrichtung v. Notstandsarbeiten u. ihre Erfolge. Gutachten. (67 S.) 902. (Hft. 58.) n. 1. 40
Hauser u. Düttmann, die Kranken- u. Hauspflege auf dem Lande. (99 S.) 899. (Hft. 44.) n. 2. 20
Hollander, v., die Fürsorge für Erhaltung des Haushalts, insbesondere durch Hauspflege. — Samter u. Waldschmidt, die Aufgaben der Armenpflege gegenüber trunksüchtigen Personen. (V, 165 S.) 901. (Hft. 55.) n. 3. 80

Kayser u. Hildebrand, die Stellung der ehrenamtlichen Organe in d. Armenpflege. (V, 94 S.) 900. (Hft. 49.) n. 2.80
— u. Martius, Natural- u. Geldunterstützung. (110 S.) 899. (Hft. 42.) n. 2.60
Mehrlein, Frz., die Verteilung der Armenlasten. Hauptbericht. Nebst Gutachten v. Alb. Milbradt, Ernst Hopf u. K. Mörchen. (V, 126 S.) 902. (Hft. 57.) n. 2.60
Münsterberg, E., das ausländische Armenwesen. Übersicht üb. die neueren Bestrebgn. auf dem Gebiet der Armenpflege in den f. uns wichtigsten Staaten des Auslands. Neue Folge. (IX, 307 S.) 901. (Hft. 52.) n. 7.—; (1 u. 2 n. 8.60)
— u. Ludwig-Wolf, Erstattung von Unterstützungen durch die Unterstützten selbst u. durch ihre Angehörigen. (59 S.) 899. (Hft. 41.) n. 1.60
Olshausen u. Wilh. Helling, das Verhältnis der Armenverbände zu den Versicherungsanstalten. (V, 86 S.) 901. (Hft. 53.) n. 2.—
Pütter, Ernst, das Ziehkinderwesen. Gutachten, erstattet im Auftrage d. deutschen Vereins f. Armenpflege u. Wohlthätigkeit. (V, 106 S.) 902. (Hft. 59.) n. 2.40
Samter u. Waldschmidt, d. Aufgaben d. Armenpflege, s.: Hollander, v., d. Fürsorge f. Erhaltg. d. Haushalts.
Silbergleit, Heinr., Finanzstatistik der Armenverwaltungen v. 108 deutschen Städten. Im Auftrage des deutschen Vereins für Armenpflege u. Wohlthätigkeit bearb. (VIII, 82 S. m. 2 Tab.) 902. (Hft. 61.) n. 2.20
Stalmann, Beaufsichtigung der in Familienpflege untergebrachten Kinder, s.: Buehl, Arbeitseinrichtungen.
Stern, Jul., d. armenärztl. Thätigkeit, s.: Buehl, die einheitl. Gestaltg. der Armen-Finanzstatistik.

— des deutschen Vereins f. Armenpflege u. Wohltätigkeit. 63.—77. Heft. gr. 8. Leipzig, Duncker & Humblot. n. 42.80

Anforderungen, die heutigen, an die öffentliche Armenpflege im Verhältnisse zur bestehenden Armengesetzgebung. Hauptbericht, in Gemeinschaft m. Buehl vorgelegt v. Rud. Flemming. Mitberichte, erstattet v. Fleischmann u. Schwander. (V, 184 S.) 905. (Hft. 73.) n. 3.60
Bekämpfung, die, der Säuglingssterblichkeit. Hauptbericht, erstattet im Auftrage des deutschen Vereins f. Armenpflege u. Wohltätigkeit v. Brugger. Mitberichte, v. Finkelstein u. Marie Baum. (V, 125 S.) 905. (Hft. 74.) n. 2.40
Bericht, stenographischer, üb. die Verhandlungen der 23. Jahresversammlung des deutschen Vereins f. Armenpflege u. Wohltätigkeit am 24. u. 25. IX. 1903 in Elberfeld. Mit e. die gesamten, bis 1903 erschienenen Schriften des Vereins umfass. Sachregister. (V, 108 u. XXII S.) 903. (Hft. 67.) n. 2.60
— dasselbe, der 24. Jahresversammlung des deutschen Vereins f. Armenpflege u. Wohltätigkeit am 25. u. 26. VIII. 1904 in Danzig. Mit e. die gesamten, bis 1904 erschienenen Schriften des Vereins umfass. Sachregister. (V, 100 u. XXII S.) 905. (Hft. 71.) n. 2.40
— dasselbe, der 25. Jahresversammlung des deutschen Vereins f. Armenpflege u. Wohltätigkeit am 21. u. 22. IX. 1905 in Mannheim. (V, 167 S.) 905. (Hft. 75.) n. 3.40
— dasselbe, der 26. Jahresversammlung des deutschen Vereins f. Armenpflege u. Wohltätigkeit am 3. III. 1906 in Berlin. (V, 81 u. XIV S.) 906. (Hft. 76.) n. 2.—
Blum, Jos., Volks- u. Krankenküchen. (112 S.) 903. (Hft. 66.) n. 2.20
Buehl, Adf., u. Frz. Curt Richard. Eschle, die geschlossene Armenpflege. Berichte. (V, 138 S.) 903. (Hft. 65.) n. 2.80
Frankenberg, H. v., u. Ernst Krug, die Beratung Bedürftiger in Rechtsangelegenheiten. Berichte. (125 S.) 904. (Hft. 70.) n. 2.40
Münsterberg, Emil, amerikanisches Armenwesen. (VI, 120 S.) 906. (Hft. 77.) n. 2.40
— das Elberfelder System. Festbericht aus Anlaß des 50jähr. Bestehens der Elberfelder Armenordng. (V, 54 S.) 903. (Hft. 63.) n. 1.20
— Generalbericht üb. die Tätigkeit des deutschen Vereins f. Armenpflege u. Wohltätigkeit während der ersten 25 Jahre seines Bestehens 1880—1905, nebst Verzeichnissen der Vereinsschriften u. alphabet. Register zu den Vereinsschriften, erstattet im Auftr. d. Vereins. (VIII, 247 S.) 905. (Hft. 72.) n. 4.80
Olshausen, A., die Fürsorge f. Ausländer in Deutschland. Bericht. (VII, 231 S.) 904. (Hft. 69.) n. 4.60
Samter u. Kohlhardt, die Aufgaben der Armenpflege bei der Bekämpfung der Tuberkulose. Berichte. (154 S.) 904. (Hft. 68.) n. 3.—
Schiller, F., H. Schmidt u. P. Köhne, Zwangs-(Fürsorge-) Erziehung u. Armenpflege. Berichte. (V, 142 S.) 903. (Hft. 64.) n. 3.—

— des deutschen Vereins f. Armenpflege u. Wohltätigkeit. 78.—94. Heft. gr. 8. Leipzig, Duncker & Humblot. 41.60

Bericht, stenographischer, über die Verhandlgn. der 27. Jahresversammlg. des deutschen Vereins f. Armenpflege u. Wohltätigkeit vom 19. u. 20. IX. 1907 in Eisenach. (V, 150 u. XIV S.) 907. (83. Heft.) 3.20
— dasselbe. 28. Jahresversammlung am 17. u. 18. IX. 1908 in Hannover. (V, 126 u. XXVI S.) 908. (87. Heft.) 3.—
— dasselbe. 29. Jahresversammlung am 23. u. 24. IX. 1909 in München. 1. Tl.: Zwangsmaßregeln gegen Arbeitsscheue u. gegen säumige Nährpflichtige. — Die Schulspeisung. (VII, 102 u. XXIII S.) 909. (90. Heft.) 2.60
— dasselbe. 2. Tl.: Die öffentliche Armenpflege auf dem Lande. (VI, 92 S.) 909. (91. Heft.) 1.80
— dasselbe. 30. Jahresversammlung am 15. u. 16. IX. 1910 in Königsberg i. Pr. (V, 117 u. XXIII S.) 910. (94. Heft.) 3.—
Blum u. Clem. Schultz, neuere Einrichtungen u. Pläne auf dem Gebiete der Fürsorge f. die normale, volksschulentlassene, männliche, städtische Jugend. Bericht, erstattet v. B., Mitbericht, erstattet v. Sch. (V, 76 S.) 908. (86. Heft.) 1.60
Klumker, Chr. J., u. Joh. Petersen, Berufsvormundschaft (Generalvormundschaft). 1. Bd. Berichte. (IX, 57 u. 49 S.) 907. (81. Heft.) 2.40
— — dasselbe. 2. Bd. Materialien. (VIII, 140 S.) 907. (82. Heft.) 3.—
Levy, Alb., u. H. v. Frankenberg, die berufliche u. fachliche Ausbildung in der Armenpflege. Bericht, erstattet v. L., Mitbericht, erstattet von v. F. (V, 34 u. 84 S.) 907. (79. Heft.) 2.40
Lohse, Kinder-Heil- u. -Erholungsstätten. Bericht. (V, 99 S.) 907. (80. Heft.) 2.—
— u. Samter, Zwangsmaßregeln gegen Arbeitsscheue u. gegen säumige Nährpflichtige. Hauptbericht v. L. Mitbericht v. S. (VI, 80 S.) 909. (88. Heft.) 1.60
Luppe, Herm., u. Osk. Sell, Behandlung erwerbsbeschränkter u. erwerbsunfähiger Wanderarmen. Bericht, erstattet v. L., Mitbericht, erstattet v. S. (V, 119 S.) 908. (85. Heft.) 2.40
Rosenstock, die Erstattung v. öffentlichen Unterstützungen durch die Unterstützten u. durch ihre Angehörigen. (VII, 94 S.) 910. (93. Heft.) 2.—
Salomon, Alice, Mutterschutz u. Mutterschaftsversicherung. (V, 99 S.) 908. (84. Heft.) 2.—
Schmidt, Geo., die Organisation f. Jugendfürsorge. Bericht. (IV, 208 S.) 910. (92. Heft.) 5.20
Silbergleit, Heinr., Finanzstatistik der Armenverwaltungen v. 130 deutschen Städten 1901 bis 1905. Im Auftrage des deutschen Vereins f. Armenpflege u. Wohltätigkeit bearb. (V, 53 S. m. 2 Tab.) 908. (78. Heft.) 1.80
Simon, Helene, die Schulspeisung. (VIII, 93 S.) 909. (89. Heft.) 1.60

—— des Deutschen Vereins für internationale Doppelwährung. 1.—10. Heft. gr. 8. Berlin, Walther und Apolant. * 7 5

Inhalt:

Heft 1. Laveleye, Emile de, der Grund der Werthschwankungen zwischen Gold und Silber. Übers. von Otto v. Bar. (26 S.) 882. * 75 Pf.
" 2. Verhandlungen des deutschen Reichstages über die Währungsfrage am 27. und 28. Jan. 1882. Reden der Abgeordneten Leuschner, Dr. Bamberger und v. Reden (nach dem stenograph. Bericht) mit einem Vorwort von Otto Arendt. (XI, 66 S.) 882. * 75 Pf.
" 3. Arendt, Otto, wider Soetbeer. (18 S.) 882. * 40 Pf.
" 4. Kardorff-Wabnitz, Wilh. v., zur Währungsfrage. (22 S.) 882. * 60 Pf.
" 5. Die bimetallistische Bewegung in England. Bericht über die am 8. März 1882 unter dem Vorsitz des Lord-Major der City im Mansion House zu London stattgehabte Versammlung der International Monetary Standard Association. Nach dem Supplement des Bouillionist ins Deutsche übers. von E. Koch-Herne. (31 S.) 882. * 60 Pf.
" 6. Deutsche Vorschlage zur praktischen Lösung der Währungsfrage. Text und Kritik der Denkschrift der Norddeutschen Allgemeinen Zeitung. (15 S.) 882. * 25 Pf.
" 7. Arendt, Otto, offener Brief an Ludwig Bamberger. (130 S.) 883. * ℳ 1,20.
" 8. Der internationale bimetallistische Congreß zu Köln am 11.—13. Octbr. 1882. Stenographischer Bericht der Verhandlungen. (62 S.) 883. * 75 Pf.
" 9. Laveleye, Emile de, das Wesen des Geldes. Uebers. von Otto v. Bar. (17 S.) 883. * ℳ 1.
" 10. Gibbs, Henry Hucks, die Doppelwährung. Mit einer Einleitung von Henry R. Grenfell und einem vom Verf. für die deutsche Ausg. geschriebenen Vorwort. Autoris. deutsche Ausg., übers. von E. Koch-Herne. (64 S.) 883. * 75 Pf.

—— des Vereins für internationale Doppelwährung. 11.—15. Heft. gr. 8. Berlin, Walther und Apolant. *

Inhalt:

Heft 11. Die Währungsdebatte im Reichstag am 6. März 1885. Stenographischer Bericht der Reden der Abgeordneten v. Kardorff, Dr. Bamberger, Dr. Frege, Oechelhäuser, v. Schalcha und Dr. Windthorst, mit einem Anhang: Die Rede Bambergers, besprochen von Otto Arendt. (111 S.) 885. * ℳ 1.—.
" 12. Die Silberentwerthung und die internationale Krisis der Landwirthschaft, der Industrie und des Welthandels. Vortrag, gehalten am 17. Novbr. 1885 in der Generalversammlung aller zum landwirthschaftl. Centralverein des Reg.-Bez. Frankfurt a. O. gehör. landwirthschaftl. Vereine von H. v. Sydow-Dobberphul. (52 S.) 886. * 50 Pf.
" 13. Die Währungsdebatte im Reichstag. Stenographischer Bericht der Verhandlungen der Reichstagssitzungen vom 9., 10. und 11. Febr. 1886. (134 S.) 886. * ℳ 1.—.
" 14. Bericht der königl. Untersuchungs-Commission in England über die jüngsten Aenderungen in den relativen Werthen der Edelmetalle Gold und Silber. Uebers. von E. Koch-Herne. (1. Thl.) (VI, 117 S.) 889. * ℳ 1.—.
" 15. —— dass. — (2. und 3. Thl.) (VI, 184 S.) 889. * ℳ 1.—.
1.—10. Heft. Ebendas. 1882,83. * ℳ 7.05.

— d. deutschen Vereins f. internationale Doppelwährung. 16.—19. Hft. gr. 8. Berlin, H. Walther. n. 3. 10

16. Beiträge zur Währungsfrage. Von H. v. Sydow-Dobberphul. (IV, 50 S.) 893. n. — 50
17. Bimetallismus u. Monometallismus. Ihre Bedeutg. u. ihre Einwirkg. auf die irische Landfrage v. Walsh. Mit Genehmigg. des hochwürdigsten Hrn. Verf. übers. u. hrsg. von Wilh. v. Kardoff-Wabnitz. (IV, XII, 80 S.) 893. n. 1. —
18. Die Währungsfrage. Rede v. A. J. Balfour, geh. im Mansion-House in London unter Vorsitz des Lord-Mayor v. London am 5. Aug. 1893. Von dem Hrn. Verf. genehmigte deutsche Uebersetzg. (20 S.) 893. n. — 60
19. Verhandlungen der internationalen bimetallistischen Konferenz in London, veranstaltet v. der engl. Bimetallisten-Liga in der Egyptian-Hall des Mansion-House der City unter Vorsitz des Lord-Mayor am 2. u. 3. Mai 1894. Uebersetzung des stenograph. Berichts. (120 S.) 894. n. 1. —

— des deutschen Vereins f. internat. Doppelwährung, Fortsetzung, s.: Schriften des deutschen Bimetallistenbundes.

SCHRIFTEN DES „DEUTSCHEN VEREINS FÜR DAS FORTBILDUNGSSCHULWESEN."

Nr. 3[1]. Warum müssen wir Fortbildungsschulen haben? (Gräfenhainichen. Herrosé & Ziemsen. Ohne bes. Titelbl.) 8°.

SCHRIFTEN DES DEUTSCHEN VEREINES FÜR DAS FORTBILDUNGSSCHULWESEN.

Nr. 5. (1900) Die Kurse für Lehrer an Fortbildungsschulen. (Ohne bes. Titelbl. — 2 Blätter.) 4°.

SCHRIFTEN DES „DEUTSCHEN VEREINS FÜR DAS FORTBILDUNGSSCHULWESEN."

Nr. 7. Der deutsche Verein für das Fortbildungsschulwesen. (ib. — Ohne bes. Titelbl.) 8°.

SCHRIFTEN DES DEUTSCHEN VEREINS FÜR DAS FORTBILDUNGSSCHULWESEN.

Nr. 9. Jahr 1899–1900. Der deutsche Verein für das Fortbildungsschulwesen. (Wittenberg. Herrosé & Ziemsen. Ohne bes. Titelbl.)

Schriften d. deutschen milchwirtschaftlichen Vereins.

15. [W.] Fleischmann: Ueber präservierte Butter. Vortr. Brem. 1883. 16 S.
33. H. Weigmann: Erfahrungen u. Versuche mit den vereinigten Butter- u. Knetmaschinen. Leipz. 1906. 67 S. Fig.

[Se 523].

Schriften d. deutschen milchwirtschaftlichen Vereins.

17. K. Flaack: Gesamtbericht üb. die Thätigkeit d. Instruktors d. milchwirtschaftlichen Vereins 1882–86. Brem. 1887. 29 S.
36. H. Weigmann: Ueber die Organisation u. Einrichtung amerikanischer milchwirtschaftlicher Lehranstalten u. Versuchsstationen u. Gedanken zu der v. Deutschen Milchwirtschaftlichen Verein gegebenen Anregung d. Gründung einer Reichsanstalt f. Milchwirtschaft. Leipz. 1908. 76 S.

[Se 523].

Schriften d. deutschen milchwirtschaftlichen Vereins. Bremen, Kiel.

18. C. Petersen: Zur Lage d. Absatzverhältnisse für die deutschen Molkerei-Erzeugnisse. 1888. 40 S.
19. Boysen: Die Molkerei-Produkte im Welthandel. 1890. 55 S.
24. — Der augenblickliche Stand d. deutschen Butter-Exports. Referat. 1897. 24 S.

[Se 523].

Schriften d. deutschen milchwirtschaftlichen Vereins. Bremen.

20. M. Schrodt: Anleitung z. Prüfung d. Milch im Molkereibetriebe. 1892. 29 S. 8 Tab.
23. P. Vieth: Die neueren Massen-Fettbestimmungsverfahren f. Milch. 1895. 61 S. Fig.

[Se 523].

Schriften d. deutschen milchwirtschaftlichen Vereins. Leipz.

26. Ueber die Gefahr d. Verbreitung d. Tuberkulose durch die Kuhmilch u. üb. Massregeln z. Abwehr dieser Gefahr. 4 Vorträge ... herausg. v. Boysen 1900. 71 S.
30. Plehn: Die Gewinnung u. der Vertrieb einwandfreier Milch. 1905. 27 S. (Særtr.).

[Se 523].

— des deutschen milchwirtschaftlichen Vereins. Nr. 28 u. 29. gr. 8. Leipzig, M. Heinsius Nachf. n. 1. 40

28. Die landwirtschaftlichen Genossenschaften. Von B. Plehn. [Aus: „Milchzeitg."] (39 S.) 901. n. — 80
29. Die Bedeutung der Schweinehaltung f. die Fleischversorgung. Von Mohr. Mit e. Vorwort u. e. graph. Darstellg. von Boysen. [Aus: Milchzeitg."] (24 S.) 902. n. — 60

— des deutschen milchwirtschaftlichen Vereins. Nr. 30—33. gr. 8. Leipzig, M. Heinsius Nachf. n. 5. 80

30. Die Gewinnung u. der Vertrieb hygienisch einwandfreier Milch. Von Plehn. [Aus: „Milchzeitg."] (27 S.) 905. n. — 60
31. Berichte üb. den 2. allgemeinen Milchwirtschaftstag, abgeh. zu Paris vom 16.—19. X. 1905 u. üb. die daran geknüpften Besichtiggn. u. Ausflüge. Von Mitgliedern u. Freunden des Vereins. (IV, 79 S.) 906. n. 2. —
32. Bericht über das Geschäftsjahr 1905 der Molkereigenossenschaft Stolp i. P., E. G. m. b. H. Mit 6 Abbildgn. (32 S.) 906. n. — 80
33. Erfahrungen u. Versuche m. den vereinigten Butter- u. Knetmaschinen. Im Auftrage des deutschen milchwirtschaftl. Vereins zusammengestellt. Von H. Weigmann. (67 S. m. Abbildgn. u. 2 Taf.) 906. n. 2. 40

— des dtschn. milchwirtschaftlichen Vereins. Nr. 34—36. Leipzig, M. Heinsius Nachf. 4. 40

Asmis, W., die Regelung der Sonntagsruhe im Milchhandels- u. Molkereigewerbe im Deutschen Reiche, ihre Mängel und Vorschläge z. Abänderg. (VIII, 96 S.) gr. 8. 908. (Nr. 35.) 1. —
Martiny, Benno, Preisausschreiben des deutschen milchwirtschaftlichen Vereins betr. das holländische Aufstallverfahren. Prüfungsbericht der Preisrichter, erstattet v. M. (33 S. m. Abbildgn. u. 1 Taf.) Lex. 8. 908. (Nr. 34.) 1. —
Weigmann, H., über die Organisation u. Einrichtung amerikanischer milchwirtschaftlicher Lehranstalten u. Versuchsstationen u. Gedanken zu der vom dtschn. milchwirtschaftlichen Verein gegebenen Anregg. der Gründung e. Reichsanstalt für Milchwirtschaft. Mit 13 Abbildgn. (76 S.) gr. 8. 908. (Nr. 36.) 2. 40

— dasselbe. Nr. 37. gr. 8. Stuttgart, E. Ulmer. 1. 30; geb. n 1. 50

37. Melkbüchlein. Von R. Ostertag u. Th. Henkel. Hrsg. v. dtschn. milchwirtschaftl. Verein. (IV, 69 S. m. 64 Abb.) 908.

SCHRIFTEN DES VEREINS FÜR ERDKUNDE zu Cassel. III. Jahresbericht. Cassel, 1886. Ferd. Kessler. — A. u. d. T.: ALBERT ULRICI, Das Maingebiet in seiner natürlichen Beschaffenheit und deren Rückwirkung auf die Geschichte, namentlich die Besiedelung und Kultur des Mainlandes. 3. Jahresbericht des Vereins für Erdkunde zu Cassel. ib. 1886. — 8°.

SCHRIFTEN DES VEREINS FÜR ERDKUNDE ZU KASSEL.

6. Jahresbericht. Metz 1889. Verlag von Georg Lang. — A. u. d. T.: Die deutschen Kolonien. Beschreibung von Land und Leuten unserer auswärtigen Besitzungen von CARL HESSLER. Nach den neuesten und besten Quellen bearbeitet. Mit 4 Karten. Mit zahlreichen Abbildungen. ib. 1889. — 8°.

SCHRIFTEN DES VEREINS ZUR FÖRDERUNG DES OBST- UND GEMÜSEVERBRAUCHES IN DEUTSCHLAND. Obst, Gemüse und Zucker. Ein Handbuch zur Abhaltung von Verwertungskursen. Berlin-Steglitz. Verlag des Vereins zur Förderung des Obst- und Gemüseverbrauches in Deutschland. 8°.

— des Vereins deutscher Gartenkünstler. 1. u. 2. Hft. gr. 8. Neudamm 896. J. Neumann. n. — 90

1. Allgem. Bestimmgn. üb. Vermessgn., Entwürfe u. Ausführgn. v. Park- u. Gartenanlagen, sow. Kostenberechngn., Gebührenfordergn. u. s. w. Angenommen u. hrsg. v. Verein deutscher Gartenkünstler Berlin, im Febr. 1888. (16 S.) n. — 60
2. Grundsätze üb. d. Verfahren bei öffentl. Wettbewerbgn. auf dem Gebiete der Gartenkunst. (Aufgestellt auf d. 6. Hauptversammlung d. Vereins deutscher Gartenkünstler in Leipzig am 26. Aug. 1893.) (8 S.) n. — 30

— des Vereins deutscher Gartenkünstler. 1. u. 3. Hft. gr. 8. Berlin, Gebr. Borntraeger. à n. — 40

1. Gebührenordnung f. die Arbeiten des Gartenkünstlers. Aufgestellt u. hrsg. v. Verein deutscher Gartenkünstler, eingetr. Verein. Laut Beschluss der 15. Hauptversammlung zu Breslau am 24. VIII. 1902. 3. Aufl. (19 S.) 902.
3. Regeln, allgemeine, f. die Anpflanzung u. Unterhaltung v. Bäumen in Städten, nebst e. Verzeichnis der f. Strassenpflanzgn. verwendbaren Baumarten. Aufgestellt u. hrsg. vom Verein deutscher Gartenkünstler, eingetr. Verein. Laut Beschluss der 14. Hauptversammlung zu Elberfeld am 12. VIII. 1901. (15 S.) 901.

Hft. 2 jetzt Ebd. 896. n. — 30.

— des Vereins deutscher Gartenkünstler. 2. Heft. gr. 8. Berlin 904. Gebr. Borntraeger. n.n. — 30
Grundsätze für das Verfahren bei öffentl. Wettbewerbungen auf dem Gebiete der Gartenkunst. (Aufgestellt auf der 6. Hauptversammlg. des Vereins deutscher Gartenkünstler in Leipzig am 26. VIII, 1893.) 2., durchgeseh. Aufl. (8 S.) n.n. — 30

SCHRIFTEN DES VEREINS FÜR DIE GESCHICHTE DER STADT BERLIN.

(Bd. 1:)

Heft I. Die Chronik der Cölner Stadtschreiber von 1542—1605. Die Wendland'sche Chronik von 1648—1701. Berlin 1865. Comm. bei A. Bath. 8⁰.

Heft II. Der Schulze Marsilius von Berlin von L. Freiherrn v. LEDEBUR. ib. 1870. Verlag der Königl. Geh. Ober-Hofbuchdruckerei (R. v. Decker).

Heft III. Das Palais Sr. K. H. des Prinzen Albrecht von Preussen von L. SCHNEIDER. ib. 1870. –

Heft IV. Chronicon Berolinense continens res Berolini actas ab a. 1307, vsque ad a. 1699, Accedit Series consulum Berolinensium. ib. 1870. —

Heft V. Kleine Berlinische Reim-Chronik. Gedichte mit historischen Bemerkungen von A. HÖPFNER ib. 1871. —

Heft VI. Beiträge zur Geschichte Berlins während des dreissigjährigen Krieges. ib. 1872. —

(Bd. 2:)

Heft VII. Geschichte eines Patriotischen Kaufmanns. (Wiederabdruck der im Jahre 1768 und in zweiter Auflage 1769 ohne Angabe des Druckortes erschienenen Selbstbiographie des Berliner Kaufmanns J. E. GOTZKOWSKY.) ib. 1873. —

Heft VIII. Berlinische Nachrichten von L. SCHNEIDER. XVI. Jahrhundert. ib. 1873. —

Heft IX. Berliner Garnison-Chronik, zugleich Stadt Berlin'sche Chronik für die Jahre 1727—1739, mitgetheilt von ERNST FRIEDLAENDER. ib. 1873. —

Heft X. Geschichte der Befestigung von Berlin von F. HOLTZE. ib. 1874. —

Heft XI. Berlinische Nachrichten von L. SCHNEIDER. XVII. Jahrhundert. ib. 1874. —

Heft XII. Chronik von Gütergotz von H. E. A. BRODERSEN. ib. 1874. —

(Bd. 3:)

Heft XIII. Das Dorf Grünau bei Köpenick von C. BRECHT. ib. 1875. —

Heft XIV. Berlinische Nachrichten von L. SCHNEIDER. XVII. Jahrhundert. ib. 1876. —

Heft XV. Das Dorf Tempelhof. Von C. BRECHT. (Mit 1 Karte.) ib. 1878. Verlag des Vereins für die Geschichte Berlins. Komm. bei Ernst Siegfried Mittler und Sohn.

Heft XVI. Das Berliner Handelsrecht im 13. und 14. Jahrhundert von FRIEDRICH HOLTZE. ib. 1880. —

Heft XVII u. d. T.: Vorgeschichtliche Funde aus Berlin und Umgegend. Festschrift für die XI. allgemeine Versammlung der Deutschen Gesellschaft für Anthropologie, Ethnologie und Urgeschichte zu Berlin 1880. Im Auftrage der städtischen Behörden verfasst von ERNST FRIEDEL. Mit 1 Karte in Farbendruck. ib. 1880. —

Heft XVIII. Verzeichniss der Bücher-, Karten- und Bilder-Sammlung des Vereins für die Geschichte Berlins. Bearbeitet von L. ALFIERI und H. GUIARD. ib. 1881. —

(Bd. 4:)

Heft XIX. Die Berliner Handelsbesteuerung und Handelspolitik im 13. und 14. Jahrhundert. Von FRIEDRICH HOLTZE. ib. 1881. —

Heft XX. Berlin, Moskau, St. Petersburg. 1649 bis 1763. Ein Beitrag zur Geschichte der freundschaftlichen Beziehungen zwischen Brandenburg Preussen und Russland von Freiherrn B. v. KÖHNE. ib. 1882. —

—— des Vereins für die Geschichte der Stadt Berlin. 2.—12. Heft. gr. 8. Berlin, v. Decker'sche Geh. Ober-Hofbuchdr. *
Inhalt:
Heft 2. Ledebur, L. Frhr. v., der Schulze Marsilius von Berlin. (36 S.) 870. * 50 Pf.
= 3. Schneider, L., das Palais Sr. K. H. des Prinzen Albrecht von Preußen. (64 S.) 871. * 50 Pf.
= 4. Chronicon Berolinense continens res Berolini actas ab a. 1307 usque ad a. 1699, accedit series consulum Berolinensium. (56 S.) 871. * 50 Pf.
= 5. Höpfner, A., kleine berlinische Reim-Chronik. Gedichte mit histor. Bemerkungen. (48 S.) 871. * 50 Pf.
= 6. Beiträge zur Geschichte Berlins während des dreißigjähr. Krieges. (168 S.) 872. *ℳ 1.
= 7. Geschichte eines patriot. Kaufmannes. (Wiederabdruck der im J. 1768 und in 2. Aufl. 1769 ohne Angabe des Druckortes erschienenen Selbstbiographie des Berliner Kaufmanns J. E. Gotzkowsky.) (92 S.) 873. * 80 Pf.
= 8. Schneider, L., Berlinische Nachrichten. 16. Jahrh. (101 S.) 873. *ℳ 1.
= 9. Friedländer, Ernst, Berliner Garnisons-Chronik, zugleich Stadt Berlin'sche Chronik für die J. 1727 bis 1739. (62 S.) 873. * 75 Pf.
Heft 10. Holtze, F., Geschichte der Befestigung von Berlin. (152 S.) 874. *ℳ 1,50.
= 11. Schneider, L., Berlinische Nachrichten. 17. Jahrh. 1614—1660. (145 S.) 874. *ℳ 1.50.
= 12. Brodersen, H. E. A., Chronik von Gütergotz. (72 S.) 874. * 80 Pf.

—— des Vereins für die Geschichte der Stadt Berlin. 13.—15. Heft. gr. 8. Berlin, v. Decker's Verlag. *
Inhalt:
Heft 13. Brecht, C., das Dorf Grünau bei Köpenick. (31 S.) 875. * 50 Pf.
= 14. Schneider, L., Berlinische Nachrichten. 17. Jahrh. 1661—1698. (150 S.) 876. *ℳ 1,50.
= 15. Brecht, C., das Dorf Tempelhof. (219 S. mit 1 lithogr. Karte.) 878. *ℳ 4.
1.—12. Heft. Ebendas. 1865—74. *ℳ 10,35.

—— des Vereins für die Geschichte der Stadt Berlin. 16.—21. Heft. gr. 8. Berlin, Mittler und Sohn. * 12 50
Inhalt:
Heft 16. Holtze, Friedr., das Berliner Handelsrecht im 13. und 14. Jahrh. (IV, 1·0 S.) 8·0. *ℳ 1,50.
= 17. Friedel, Ernst, vorgeschichtliche Funde aus Berlin und Umgegend. Festschrift für die XI. allgemeine Versammlung der deutschen Gesellschaft für Anthropologie, Ethnologie und Urgeschichte zu Berlin 1880. Im Auftrage der städt. Behörden verfasst. 1. und 2. Aufl. (VI, 113 S. mit 1 Karte in Farbendr.) 880. *ℳ 2,50.
Heft 18. Alfieri, L., und H. Guiard, Verzeichniß der Bücher-, Karten- und Bilder-Sammlung des Vereins für die Geschichte Berlins. (XIV, 279 S.) 881. *ℳ 2,50.
= 19. Holtze, Friedr., die Berliner Handelsbesteuerung und Handelspolitik im 13. und 14. Jahrh. (VI, 66 S.) 881. *ℳ 1,50.
= 20. Köhne, Frhr. B. v., Berlin, Moskau, St. Petersburg. 1649 bis 1763. Ein Beitrag zur Geschichte der freundschaftl. Beziehungen zwischen Brandenburg, Preußen und Rußland. (IV, 172 S.) 882. *ℳ 3.
= 21. Holtze, Friedr., das Strafverfahren gegen die märkischen Juden im J. 1510. (V, 79 S.) 884. *ℳ 1,50.
1.—15. Heft. Ebendas. 1865—78. *ℳ 16,35.

—— des Vereins für die Geschichte Berlins [„Octav-Schriften"]. 22.—25. Heft. gr. 8. Berlin, (Mittler und Sohn.) *
Inhalt:
Heft 22. Vogt, Herm., die Straßen-Namen Berlins. (X, 108 S.) 885. *ℳ 2.—.
= 23. Creusing's märkische Fürsten-Chronik, hrsg. von Friedr. Holtze. (VII, 205 S.) 886. *ℳ 2.50.
= 24. Chrph. Benj. Wackenrode's Corpus Bonorum des Magistrats der königl. Residentzien Berlin. 1771. Hrsg. von F. Brose. (VI, 160 S.) 888. *ℳ 3.—.
= 25. Feier des „Vereins für die Geschichte Berlins" zum Gedächtniß der hochseligen Kaiser Wilhelm I. und Friedrich III. (35 S.) 888. * 60 Pf.

—— dass. — [„Folio-Schriften"]. 23.—26. Lfg. Fol. (Ebendas.) *
Inhalt:
Lfg. 23. Stammbäume der Mitglieder der französischen Colonie in Berlin. Hrsg. von R. Béringuier. (IV, S. 1—64.) 885. *ℳ 6.—.
= 24. —— dass. — 2. Stück. (S. 65—112.) Namhafte Berliner. (8 S.) 886. *ℳ 4.50.
= 25. —— dass. — 3. und letztes Stück. (IV, S. 113—220.) 887. *ℳ 9.50.
= 26. Vermischte Schriften. (8 S. mit 1 Bildniß, nebst Titel und Inhalt zum 1. und 2. Bd. 8 S.) 888. * 60 Pf.
1.—22. Lfg. oder Jahrg. 1868—1884, vgl. Chronik, Berlinische, nebst Urkundenbuch. — Die 26 Lfgn. der „Folio-Schriften" enthalten folgende in sich abgeschlossene Werke:
1. Berlinische Chronik von 1223—1571. *ℳ 6.—.
2. Urkundenbuch dazu. 1869—80. *ℳ 21.—.
3. Die Stammbäume der Mitglieder der französischen Colonie in Berlin. 3 Lfgn. (s. oben). *ℳ 20.—.
4. und 5. Vermischte Schriften im Anschluß an die Chronik und das Urkundenbuch. 2. Bde. à *ℳ 12.—. (s. Schriften, vermischte).

—— des Vereins f. die Geschichte Berlins. 26.—29. Heft. gr. 8. Berl., (Mittler u. Sohn). * 12 10
26. Heft. Frisch's, J. L., Schulspiel v. der Unsauberkeit der falschen Dicht- u. Reimkunst. Mit Einleitg. u. Anmerkgn. hrsg. v. L. H. Fischer. (XX, 65 S.) 890. * 1 60.
27. Heft. Die Rolande Deutschlands. Festschrift zur Feier d. 25jähr. Bestehens d. Vereins f. die Geschichte Berlins am 28. Jan. 1890. Hrsg. v. Rich. Béringuier. (XI, 207 S. m. eingedr. Abbildgn.) 890. * 5 —.
28. Heft. Béringuier, Rich. Ausführliche Beschreibung der Feierlichkeiten aus Anlaß d. 25jähr. Bestehens d. Vereins f. die Geschichte Berlins. (III, 196 S. m. 1 Abbild.) 890. * 3 —.
29. Heft. 1. Holtze. Das juristische Berlin beim Tode d. ersten Königs. — 2. Wallé, Pet. Lynar's Briefwechsel m. dem Landgrafen Wilhelm v. Hessen (1576 bis 1592). — 3. Reuter, B. Zur Geschichte der Kriegs- u. Domänen Kammern. — 4. Brendicke, Hans. Der Berliner Volksdialekt. (V, 132 S.) 892. * 2 50.

— des Vereins f. die Geschichte Berlins. 29.—31. Hft. gr. 8. Berlin, (E. S. Mittler & Sohn). n. 8. —
29. Hft. 1. Das juristische Berlin beim Tode des ersten Königs. Von Holtze. — 2. Lynar's Briefwechsel m. dem Landgrafen Wilhelm v. Hessen (1576—1592). Von Pet. Wallé. — 3. Zur Geschichte der Krieges- u. Domänen-Kammern. Von B. Reuter. — 4. Der Berliner Volksdialekt. Von Hans Brendicke. (V, 132 S.) 892. n. 2. 50.
30. Hft. 1. Ein Berliner Kaufmann aus der Zeit Friedrichs d. Großen. (Joh. Ernst Gotzkowsky). Von Otto Hintze. — 2. Das Amt Mühlenhof bis 1600. Von Frdr. Holtze. — 3. König Christian's V. dänisches Gesetz als Vorbild f. die preußische Justizreform 1713. Von Frdr. Holtze. — 4. Elisabeth Staegemann u. ihr Kreis. Von Herm. v. Petersdorff. — 5. Aus e. geschriebenen Berliner Zeitg. vom J. 1713. (129 S.) 893. n. 2. 50.
31. Hft. 1. Die Berolinensien d. Peter Hafftiz. Von Frdr. Holtze. — 2. Eine Denkschrift über Berliner Manufakturverhältnisse aus dem J. 1801. Mitgetheilt v. Otto Hintze. — 3. Kritische Uebersicht üb. die Literatur zur Geschichte Berlins. Von P. Clauswitz. — 4. Denkschrift d. Berliner Stadtraths Dracke üb. die Nachtheile der Gewerbefreiheit aus dem J. 1818. Mitgetheilt v. Ernst Berner. (180 S.) 894. n. 3. —

— des Vereins f. die Geschichte Berlins. 32.—35. Hft. gr. 8. Berlin. (E. S. Mittler & Sohn.) n. 10. 50
32. I. Lampert Distelmeier, kurbrandenburg. Kanzler. Von Frdr. Holtze. — II. Zu einigen, angeblich von Hrn. v. Bismarck-Schönhausen herrühr. Artikeln d. Kreuzzeitg. aus d. J. 1848. Von P. Clauswitz. — III. Der Berliner Volksdialekt. Von Hans Brendicke. (142 S. m. 1 Bildn.) 895. n. 3. –
33. Ein Leichenbegängniß zu Berlin im J. 1588. Von Frdr. Holtze. — II. Zur Rechtsgeschichte Berlins. Von Frdr. Holtze. — III. Klage d. Gerste u. d. Flachses. Von Andr. Tharäus. Hrsg. v. J. Bolte. — IV. Berliner Wortschatz zu d. Zeiten Kaiser Wilhelms I. Auf Grund d. Sammlgn. v. C. Kollatz u. Paul Aldam bearb. Von Hans Brendicke. (196 S.) 897. n. 3. 50
34. 1. Theodor Hosemann. Eine kunstgeschichtl. Studie zur Erinnerg. an d. 90. Wiederkehr d. Tages s. Geburt. (M. 10 Bildertaf.) Von Frz. Weinitz. — 2. Der preuß. Hof im J. 1798. (Mit 1 Abb.) Von Paul Bailleu. — 3. Eine Reise nach Berlin im J. 1787. Mittheilgn. aus Heinrich Harries Tagebuche. Von G. Wolfram. (71 S.) 898. n. 1. 50
35. Die Wegelische Porzellanfabrik in Berlin. Von Ed. Winter. — Bilder aus Berlin vor zwei Menschenaltern. Von Holtze. (123 S.) 898. n. 2. 50

— des Vereins f. die Geschichte Berlins. 36.—38. Hft. gr. 8. Berlin (E. S. Mittler & Sohn). n. 18.—
36. 1. Der märkische Handel am Ausgange des Mittelalters. Von Fel. Priebatsch. — 2. Chronistische Aufzeichnungen e. Berliners von 1701 bis 1758. Von Frdr. Holtze. (114 S.) 899. n. 2.50
37. I. Zur Geschichte des Herrenhaus-Gebäudes. Von Metzel. — II. Die Chodowiecki-Büste des Vereins f. die Geschichte Berlins. Von R. Walden. — III. Des „Deutsch-Francoss" Jean Chrétien Toucements Schilderung Berlins aus dem J. 1730. Von Frz. Weinitz. (74 S. m. Titelbild.) 900. n. 1.50
38. Berliner geschriebene Zeitungen aus den J. 1713 bis 1717 u. 1735. Ein Beitrag zur preuß. Geschichte unter König Friedrich Wilhelm I. Von Ernst Friedlaender. (XIX, 720 S.) 902. n. 14.—

— des Vereins f. die Geschichte Berlins. 39.—41. Heft. gr. 8. Berlin (E. S. Mittler & Sohn). n. 6.50
39. Die brandenb. Konsistorialordnung v. 1573 u. ihre Kirchenbaupflicht. Von Frdr. Holtze. Mit e. Bildnis. (160 S.) 904. n. 3.—
40. Schillers Reise nach Berlin im J. 1804. Nach e. hinterlassenen Handschrift des Majors Seidel hrsg. im Auftrage des Vereins f. die Geschichte Berlins. Von Alb. Pick. Mit e. Vorwort v. Geo. Voß. Mit Abbildgn. (Fest-Schrift zum 100. Todestage Schillers.) (61 S.) 905. n. 1.50
41. Berlin u. Kopenhagen. Von Frdr. Holtze. (VIII, 116 S.) 905. n. 2.—

— des Vereins f. die Geschichte Berlins. 42. u. 43. Heft. gr. 8. Berlin, (E. S. Mittler & Sohn). 4.50
42. Skizze e. Geschichte der Stadt Berlin. Zugleich e. Wegweiser durch d. Veröffentlichgn. des Vereins f. die Geschichte Berlins, dargebracht dem internationalen Kongreß f. histor. Wissenschaften Berlin 1908. Mit 38 Abbildgn. (79 S.) 908. 1.50
43. „Das Sanctus" u. „Die Brautwahl". Von E. T. A. Hoffmann. Einleitgn. v. Frdr. Holtze. Texte von Hans v. Müller. Der Universität Berlin zu ihrem 100jähr. Stiftungsfeste dargebracht vom Verein f. die Geschichte Berlins. (III, 154 S. m. 4 Abbildgn. u. 1 Bildnistaf.) 910. 3.—

SCHRIFTEN DES VEREINS FÜR DIE GESCHICHTE BERLINS.

Heft XXI. Das Strafverfahren gegen die märkischen Juden im Jahre 1510 von FRIEDRICH HOLTZE. Berlin 1884. Verlag des Vereins für die Geschichte Berlins. In Komm. bei Ernst Siegfried Mittler und Sohn. 8°.

Heft XXII. Die Strassen-Namen Berlins. Von HERMANN VOGT. ib. 1885. — —

SCHRIFTEN DES VEREINS FÜR DIE GESCHICHTE BERLINS.

Heft XXIII. Creusings Märkische Fürsten-Chronik, herausgegeben von FRIEDRICH HOLTZE. Berlin 1886. Verlag des Vereins für die Geschichte Berlins. In Komm., (später: Vertrieb) bei Ernst Siegfried Mittler und Sohn. 8°

Heft XXIV. Christoph Benjamin Wackenrode's Corpus Bonorum des Magistrats der Königlichen Residentze in Berlin. 1771. Herausgegeben von F. BROSE. ib. 1888. — —

Heft XXV. FEIER des „Vereins für die Geschichte Berlins" zum Gedächtniss der Hochseligen Kaiser Wilhelm I. und Friedrich III. Herausgegeben vom Vorstande des Vereins. ib. 1889. — —

Heft XXVI. J. L. Frischs Schulspiel von der Unsauberkeit der falschen Dicht- und Reim-Kunst. Mit Einleitung und Anmerkungen herausgegeben von L. H. FISCHER. ib. 1890. — —

Heft XXVII m. d. T.: Die Rolande Deutschlands. Festschrift zur Feier des 25jährigen Bestehens des Vereins für die Geschichte Berlins am 28. Januar 1890. Im Auftrage des Vereins herausgegeben von RICHARD BÉRINGUIER. ib. 1890. — —

Heft XXVIII. Ausführliche Beschreibung der Feierlichkeiten aus Anlass des 25jährigen Bestehens des Vereins für die Geschichte Berlins von RICHARD BÉRINGUIER. ib. 1890. — —

Heft XXIX. 1. Das juristische Berlin beim Tode des ersten Königs. Von HOLTZE. 2. Lynars Briefwechsel mit dem Landgrafen Wilhelm von Hessen (1576 bis 1592). Von PETER WALLÉ. 3. Zur Geschichte der Krieges- und Domänen-Kammern. Von B. REUTER. 4. Der Berliner Volksdialekt. Von HANS BRENDICKE. ib. 1892. — —

Heft XXX. 1. Ein Berliner Kaufmann aus der Zeit Friedrichs des Grossen. (Johann Ernst Gotzkowsky.) Von OTTO HINTZE. 2. Das Amt Mühlenhof bis 1600. Von FRIEDRICH HOLTZE. 3. König Christian's V.: Dänisches Gesetz als Vorbild für die Preussische Justizreform 1713. Von FRIEDRICH HOLTZE. 4. Elisabeth Staegemann und ihr Kreis. Von HERMAN v. PETERSDORFF. 5. Aus einer geschriebenen Berliner Zeitung vom Jahre 1713. ib. 1893. — —

Heft XXXI. 1. Die Berolinensien des Peter Hafftiz. Von FRIEDRICH HOLTZE. 2. Eine Denkschrift über Berliner Manufakturverhältnisse aus dem Jahre 1801. Mitgetheilt von OTTO HINTZE. 3. Kritische Uebersicht über die Literatur zur Geschichte Berlins. Von P. CLAUSWITZ. 4. Denkschrift des Berliner Stadtraths Dracke über die Nachtheile der Gewerbefreiheit aus dem Jahre 1818. Mitgetheilt von ERNST BERNER. ib. 1894. — —

Heft XXXII. 1. Lampert Distelmeier, kurbrandenburgischer Kanzler. Von FRIEDRICH HOLTZE. (Mit einem Bildniss.) 2. Zu einigen, angeblich von Herrn v. Bismarck-Schönhausen herrührenden Artikeln der Kreuzzeitung aus den Jahren 1848. Von P. CLAUSWITZ. 3. Der Berliner Volksdialekt. Von HANS BRENDICKE. ib. 1895. — —

Heft XXXIII. 1. Ein Leichenbegängniss zu Berlin im Jahre 1588. Von FRIEDRICH HOLTZE. 2. Zur Rechtsgeschichte Berlins. Von FRIEDRICH HOLTZE. 3. Andreas Tharäus, Klage der Gerste und des Flachses. Herausgegeben von J. BOLTE. 4. Berliner Wortschatz zu den Zeiten Kaiser Wilhelms I. Auf Grund der Sammlungen des † Oberpredigers C. Kollatz und des Kapitäns a. D. Paul Adam bearbeitet von HANS BRENDICKE. ib. 1897. — —

Heft XXXIV. 1. Theodor Hosemann. Eine kunstgeschichtliche Studie zur Erinnerung an die neunzigste Wiederkehr des Tages seiner Geburt. Von FRANZ WEINITZ. (Mit 10 Bildertafeln.) 2. Der preussische Hof im Jahre 1798. Von PAUL BAILLEU. (Mit einer Abbildung.) 3. Eine Reise nach Berlin im Jahre 1787. Mittheilungen aus Heinrich Harries Tagebuche von G. WOLFRAM. ib. 1897. — —

Heft XXXV. 1. Die Wegelysche Porzellanfabrik in Berlin. Von EDUARD WINTZER. 2. Bilder aus Berlin vor zwei Menschenaltern. Von HOLTZE. ib. 1898. — —

Heft XXXVI. 1. Der märkische Handel am Ausgange des Mittelalters. Von FELIX PRIEBATSCH. 2. Chronistische Aufzeichnungen eines Berliners von 1704 bis 1758. Von FRIEDRICH HOLTZE. ib. 1899. — —

Heft XXXVII. 1. Zur Geschichte des Herrenhaus-Gebaudes. Von METZEL. 2. Die Chodowiecki-Büste des Vereins für die Geschichte Berlins. Von R. WALDEN. 3. Des „Deutsch-Francoß", Jean Chrétien Toucements Schilderung Berlins aus dem Jahre 1730. Von FRANZ WEINITZ. ib. 1900. — —

Heft XXXVIII. Berliner geschriebene Zeitungen aus den Jahren 1713 bis 1717 und 1735. Ein Beitrag zur Preussischen Geschichte unter König Friedrich Wilhelm I. Herausgegeben von ERNST FRIEDLAENDER. ib. 1902. — —

Heft XXXIX. Die Brandenburgische Konsistorialordnung von 1573 und ihre Kirchenbaupflicht. Von FRIEDRICH HOLTZE. Mit 1 Bildnis. ib. 1904. — —

Heft XL m. d. Tit.: Schillers Reise nach Berlin im Jahre 1804. Nach einer hinterlassenen Handschrift des Majors Seidel herausgegeben im Auftrage des Vereins für die Geschichte Berlins von ALBERT PICK. Mit einem Vorwort von GEORG VOSS. Mit Abbildungen. ib. 1905. — —

M. d. Umschlagtit.: Fest-Schrift zum Hundertsten Todestage Schillers. Schillers Reise nach Berlin im Jahre 1804, herausgegeben im Auftrage des Vereins für die Geschichte Berlins von ALBERT PICK. Mit einem Vorwort von GEORG VOSS. (ib. 1905.)

Heft XLI. Berlin und Kopenhagen. Von FRIEDRICH HOLTZE. ib. 1905. — —

Heft XLII. SKIZZE einer Geschichte der Stadt Berlin. Zugleich ein Wegweiser durch die Veröffentlichungen des Vereins für die Geschichte Berlins, dargebracht dem Internationalen Kongress für historische Wissenschaften Berlin 1908. Mit 38 Abbildungen. ib. 1908. — —

Heft XLIII. „Das Sanctus" und „Die Brautwahl". Von E. T. A. HOFFMANN. Einleitungen von FRIEDRICH HOLTZE. Texte von HANS v. MÜLLER. Der Universität Berlin zu ihrem 100jährigen Stiftungsfeste dargebracht vom Verein für die Geschichte Berlins. Mit 5 Abbildungen. ib. 1910. — —

Heft XLIV. Berliner geschriebene Zeitungen aus dem Jahre 1740. Der Regierungsanfang Friedrichs des Grossen. Herausgegeben und erläutert von RICHARD WOLFF. Mit 2 Faksimiledrucken. ib. 1912. —

Heft XLV. Aus der Geschichte des Brandenburger Tores und der Quadriga. Herausgegeben und erläutert von E. v. SIEFART. Mit 23 Abbildungen im Text. ib. 1912. — —

Heft XLVI. Das öffentliche Leben in Berlin im Jahre vor der Märzrevolution. Von DORA MEYER. ib. 1912. — —

—— des Vereins für Geschichte des Bodensee's und seiner Umgebung. 1.—5. Heft. hoch 4. Lindau, (Stettner.) [1. Heft. (III, 146 S. mit 1 photograph. Copie eines Kupferwerkes über den Schwabenkrieg von 1499, in qu. Fol.) 869. *M. 5,60.; Ausg. ohne Karte *M. 2,10.; 2. Heft. (IV, 254 S. mit 2 lithogr. Karten, wovon 1 in Buntdr., in Fol. und qu. Fol.) 871. *M. 3,50.; 3. Heft. (IV, 256 S. mit 1 chromolithogr. Pfahlbautenkarte des Bodensees und 1 lithogr. Abbild. der Schlacht von Dornach, in qu. Fol.) 872. *M. 3,50.; 4. Heft. (IV, 194 S. mit 2 lithogr. naturhistor. Taf.) 873. *M. 3,20.; 5. Heft. (IV, 283 S. mit 4 lithogr. Taf. in qu. Fol.) 875. *M. 4,80.] *

—— des Vereins für Geschichte des Bodensee's und seiner Umgebung. 6.—10. Heft. Lex.-8. Lindau, Stettner. [6. Heft. (244 S. und Urkunden-Auszüge zur Geschichte der Stadt Konstanz S. 89—146, mit 2 artist. Beigaben, wovon 1 Lichtdr. und 1 lithogr. Plan in qu. Fol.) 875. *M. 4.; 7. Heft. (IV, 316 S. und Urkunden-Auszüge zur Geschichte der Stadt Konstanz S. 147—221 mit 8 artist. Beigaben.) 876. *M. 6.; 8. Heft. (79 S. mit 6 Holzschn.) 877. *M. 3.; 9. Heft. (IV, 207 S. und Urkunden-Auszüge zur Geschichte der Stadt Konstanz S. 223—239 mit 2 artist. lithogr. Beilagen.) 878. *M. 5.; 10. Heft. (VI, 180 S. mit 3 artist. Beilagen, wovon 2 lithogr. und 1 chromolithogr.) 880. *M. 5.] *

1.—5. Heft. Ebendas. 1869—75. *M. 20,60.

—— des Vereins für Geschichte des Bodensee's und seiner Umgebung. 11. Heft. Mit Stadtplan von Constanz in Farbendr., 1 Taf. Abbild. und 3 Holzschn. gr. 8. (IV, 184 S.) Lindau 882, (Stettner.) * 5 —

—— dass. — 12. Heft. Mit 1 Holzschn. und 1 (lithogr.) Karte. Lex.-8. (IV, 183 S. und Bodman'sche Regesten, gesammelt von A. Poinsignon, S. 45—66.) (Ebendas.) 883. * 5 —

—— des Vereins für Geschichte des Bodensee's und seiner Umgebung. 13.—17. Heft. Lex.-8. Lindau, (Stettner.) [13. Heft. (IV, 216, 16 S. mit 2 Kpfrtaf. und 1 lithogr. Karte.) 884; 14. Heft. (III, 152; 9, 112 S. mit 15 Holzschn. und 1 Tab.) 885; 15. Heft. (IV, 262 S. mit 2 Holzschn.) 886; 16. Heft. (IV, 210 S.) 887; 17. Heft. (IV, 155, 18 S. mit 3 lithogr. Taf.) 888.] à Heft *M 5.—. *

—— des Vereins f. Geschichte d. Bodensees u. seiner Umgebung. 18.—20. Heft. Lex.-8. Lindau, (Stettner). [18. Heft. Mit 4 Kunstbeilagen u. 1 Karte. (IV, 119; XX, 104 S. u. S. 1—22.) 889. * 6 —; 19. Heft. (IV, 155 S. u. S. 23—76.) 890. * 5 —; 20. Heft. (203 S. m. 3 Kunstbeilagen.) 891. * 5 —.] * 16 —

— des Vereins f. Geschichte d. Bodensees u. seiner Umgebung. 19.—22. Hft. Lex.-8. Lindau, (J. Th. Stettner). n. 23. —
19. (IV, 155 S. u. S. 23—76.) 890. n. 5.—. — 20. (203 S. m. 3 Kunstbeilagen.) 891. n. 5.—. — 21. (IV, 293 S. m. 1 Bildnis.) 892. n. 6.—. — 22. (IV, 162 u. 77 S. m. 8 Beilagen.) 893. n. 7.—.

Schriften d. Vereins f. Geschichte d. Bodensees u. s. Umgebg. 23.—26. Hft. gr. 8. (IV, 112; 14 u. VII, 72 S. m. Abbildgn. u. 1 Taf.) Lindau 894. (J. Th. Stettner.) n.n. 22. —
23. (IV, 112; 14 u. VII, 72 S. m. Abb. u. Taf.) 894. n.n. 5. —
24. (III, IV, 248 S. u. S. 73—152 m. 5 Abb., 4 Taf., 1 Karten-Skizze u. 1 Bl. Erläutergn.) 895. n.n. 7. —
25. (IV, 140 S. u. S. 153—200.) 896. n.n. 5. —
26. (IV, 152 S. u. S. 201—280 m. 1 Plan u. 1 Karte.) 897. n.n. 5. —

Schriften des Vereins f. Geschichte des Bodensees u. seiner Umgebung. 27.—31. Hft. Lex.-8. Lindau (J. Th. Stettner). n.n. 28. 50
27. (III, 178 S. u. S. 281—376.) 898. n.n. 5. —
28. (VII, 147 S., S. 377—448 u. 64 S. m. 1 Bildnis, 1 Diagramm u. 2 Taf.) 899. n.n. 6. 50
29. (IX, 254 u. VI S. m. Abb. u. 4 Lichtdr.-Taf.) 900. n.n. 6. —
30. (XV, 572 S. m. Abb. u. 2 Karten.) 901. n.n. 6. 50
31. (III, 66 S.) Nebst: Schröter, C., u. O. Kirchner, Die Vegetation des Bodensees. 2. Tl. (VIII, 86 S. m. Abbildgn., 3 phototyp. Taf. u. 1 Karte.) Lex.-8. Katalog der Bibliothek des Vereins f. Geschichte des Bodensees u. seiner Umgebung in Friedrichshafen. 2. Aufl. Bearb. v. Eug. Schobinger. (VII, 123 S.) 902. n.n. 4. 50

Schriften des Vereins für Geschichte des Bodensees und seiner Umgebung. Heft 30. Mit [2] Karten und Illustrationen [wovon 3 Tafeln, sowie einem Anhang]. XVI + 263 S. + *Anhang* II S. + S. 489—572. gr.-8. Lindau i. B., Komm. Joh. Thom. Stettner ([Druck:] Huber & Co., Frauenfeld), 1901. [M. 6. 50]
Anhang: Geschichte der Freiherrn von Bodman 1367. I. Urkunden in Abschrift oder Auszug, sowie sonstige Nachrichten. Nachträge: 1270—1901. [Von Leopold Freiherrn von Bodman.]

— des Vereins f. Geschichte des Bodensees u. seiner Umgebung. 32.—35. Heft. Lex.-8. Lindau (J. Th. Stettner). n.n. 19. 50
32. (IX, 162 S. m. 2 Bildnissen u. 1. Karte.) 903. n.n. 5. —
33. (XII, 116 S. m 1 Bildnis u. 1 Taf.) 904. n.n. 3. —
34. (X, 176 S. m. 8 Tab.) 905. n.n. 4. 50
35. Mit 6 Kunstdr.-Beilagen u. 1 Karte. (VII, 321 S.) 906. n.n. 7. —

— des Vereins f. Geschichte des Bodensees u. seiner Umgebung. 36.—38. Heft. Lex. 8. Lindau, (J. Th. Stettner). nn 13. —
36. (XXXI, 182 S. m. Abbildgn. u. 3 Bildnissen.) 907. nn 5. —
37. (XIII, 192 S. mit 4 Abbildgn. u. 3 Taf.) 908. nn 4. —
38. (VII, 162 S.) 909. nn 4. —

Schriften des Vereins für Geschichte des Bodensees und seiner Umgebung. Heft 39. [Mit 2 Tafeln.] VIII + 190 S. gr.-8. Lindau i. B., Komm. Joh. Thom. Stettner (Druck: Huber & Co., Frauenfeld), 1910. [M. 4. 50]

— des Vereins f. jüdische Geschichte u. Litteratur. 1. u. 2. Bd. 12. Berlin, H. Schildberger. Geb. in Leinw. n. 6. —
1. Divan d. Jehuda Halevi. Eine Auswahl in deutschen Übertraggn. v. Abr. Geiger, S. Heller, S. J. Kämpf u. A. (X, 173 S.) 892. n. 3. 50
2. Iberia. Ein Buch der Erinnerg. zur Feier d. J. 1492 v. M. Levin. (38 u. 95 S.) 892. Geb. n. 2. 50

SCHRIFTEN DES VEREINS FÜR DIE GESCHICHTE LEIPZIGS.
Bd. I. (Mit Tafeln.) Leipzig 1872. In Comm. von List und Francke. 8°.
Sammlung II. ib. 1878. In Comm. von K. F. Köhler's Antiquarium.

SCHRIFTEN DES VEREINS FÜR DIE GESCHICHTE LEIPZIGS.
(Bd.) 4. Leipzig, 1892. — A. u. d. T.: Die Inquisition in der Leipziger Ratsfreischule. Ein Beitrag zur deutschen Schulgeschichte. Mit den Bildnissen der Direktoren Plato und Dolz. Zur Feier des hundertjährigen Bestehens der Anstalt von EDUARD MANGNER. (Mit 2 Tafeln.) Leipzig 1892. Julius Klinkhardt. 8°.
Bd. 5. (Mit 1 Tafel.) ib. 1896. (Buchdruckerei Julius Klinkhardt.)
Bd. 6. ib. 1900. Selbstverlag des Vereins.
Bd. 7. (Mit Tafeln.) ib. 1904. —
Bd. 8 m. d. T.: Geschichte der Leipziger Winkelschulen. Nach archivalischen Quellen bearbeitet von C. F. EDUARD MANGNER. ib. 1906. Ferdinand Hirt & Sohn.
Bd. 9. ib. 1909. Johannes Wörner's Verlag.
Bd. 10. (Mit Tafeln.) ib. 1911. —

— des Vereins f. die Geschichte Leipzigs. 1. Bd. gr. 8. (270 S. m. 3 Steintaf. in 8. u. 4.) Leipzig 873. List & Francke. n. 4. 50

Schriften des Vereins für die Geschichte Leipzigs. 2. Samml. 8. (188 S.) Leipzig 878. K. F. Köhler's Antiq. in Comm. n. 2. — (1. u. 2.: n. 6. 50)

—— des Vereins f. die Geschichte Leipzigs. 3. u. 4. Bd., s. unter folgenden Einzeltiteln:
3. Wustmann, Gust. Aus Leipzigs Vergangenheit. Lpz. 885, Grunow. * 6 —.
4. Mangner, Ed. Die Inquisition in der Leipziger Ratsfreischule. Lpz. 892, Klinkhardt. * 3 —.
1 u. 2. Bd. [u. d. Kollektivtitel „Schriften“]. Lpz. 1872,78, (Köhler's Antiqu.). [* 6 50] à * 2 — = * 4 —.

— d. Vereins f. d. Geschichte Leipzigs. 5. Bd. 8. (III, 240 S. m. Titelbild.) Leipzig 896. Selbstverlag des Vereins. n. 2. 50

— des Vereins f. die Geschichte Leipzigs. 6. Bd. 8. (III, 264 S.) Leipzig 900. (J. Klinkhardt.) n. 3. —

— des Vereins f. die Geschichte Leipzigs. 7. Bd. (III, 291 S. m. 4 Kärtchen u. 7 Grundrissen im Text u. 4 Taf.) 8. Leipzig 904. Selbstverlag. n. 4. —

— dasselbe. VIII. Bd. gr. 8. Leipzig 906. F. Hirt & Sohn. n. 5. 50
Geschichte der Leipziger Winkelschulen. Nach archival. Quellen bearb. Von C. F. Eduard Mangner. (VIII, 232 S.)

— des Vereins f. die Geschichte Leipzigs. IX. Bd. (III, 188 S.) gr. 8. Leipzig 909. J. Wörner. 5. —

— d. Vereines f. d. Geschichte Mährens u. Schlesiens. 31. Bd. gr. 8. Brünn. (C. Winiker.) n.n. 1. 80
Das deutsche Sprachgebiet v. Mähren u. Schlesien im J. 1890. Von Frz. Held. (21 S. m. 2 farb. Karten.) 896.

— dasselbe, s. a.: Schriften d. historisch-statist. Sektion 2c.

SCHRIFTEN DES VEREINS FÜR MEININGISCHE GESCHICHTE UND LANDESKUNDE.

Heft 1. Jahrg. 1. Stück 1. Meiningen 1888. Commissionsverlag von Brückner & Renner. — A. u. d. T.: Meininger Ortsnamen und Bauwerke auf Münzen und Marken. Ein Abriss der Münzkunde des Herzogthums Sachsen Meiningen von OTTO F. MÜLLER. ib. 1888. Verein für Meiningische Geschichte und Landeskunde. 8°.

Heft 2. Jahrg. 1. Stück 2. ib. 1888. Commissionsverlag von Brückner & Renner. — A. u. d. T.: Zur Vorgeschichte Meiningischer Orte und Gegenden. 1. Spuren vorgeschichtlicher Ansiedelungen in der Umgegend von Pössneck. Von RICHARD LOTH. 2. Rotemulte, Rotmulti (Römhild) und seine Nachbarorte Milz, Mendhausen, Sülzdorf im Streiflicht der Geschichte und Vorgeschichte. Von G. JACOB. ib. 1888. Verein für Meiningische Geschichte und Landeskunde.

Heft 3. Jahrg. 1. Stück 3. ib. 1888. Commissionsverlag von L. v. Eye's Buchhandlung. (G. Schrage.) — A. u. d. T.: Saalfelder Stiftungen und Vermächtnisse. Ein Beitrag zur Geschichte der Stadt Saalfeld von FRIEDRICH TRINKS. Theil 1: Die Alumneumsstiftung, die Andreäische, die Mansfeldische und die Keltzische Stiftung. ib. 1888. Verein für Meiningische Geschichte und Landeskunde.

Heft 4. Jahrg. 2. Stück 1. ib. 1889. Commissionsverlag von E. v. Eye's Buchhandlung. (G. Schrage.) — A. u. d. T.: David Voit, Verfasser der ersten Landeskunde des Herzogthums Sachsen Meiningen. Ein Lebensbild von ALBIN VOIT Mit einem Vorworte von ERNST KOCH und dem Bilde D. Voits. ib. 1889. Verein für Meiningische Geschichte und Landeskunde.

Heft 5. Jahrg. 2. Stück 2. ib. 1889. Commissionsverlag von L. v. Eye's Buchhandlung. (G. Schrage.) — A. u. d. T.: Herzog Karl von Sachsen Meiningen und A. L. Schlöger. Von FRIEDRICH MOTZ. ib. 1889. Verein für Meiningische Geschichte und Landeskunde.

Heft 6. Jahrg. 2. Stück 3. ib. 1899. Commissionsverlag von J. v. Eye's Buchhandlung. (G. Schrage.) — A. u. d. T.: Zur Vorgeschichte der Stadt Pössneck und ihrer Umgebung. Bemerkungen von AUGUST FISCHER. ib. 1889. Verein für Meiningische Geschichte und Landeskunde.

Heft 7. Jahrg. 2. Stück 4. ib. 1889. Commissionsverlag von L. v. Eye's Buchhandlung. (G. Schrage.) — A. u. d. T.: Die Stiftung Kaspar Tryllers vom 29. September 1617 und der Stammbaum der Tryller. Nach urkundlichen Quellen bearbeitet und herausgegeben von ERNST KOCH. (Mit Tafeln.) ib. 1889. Verlag für Meiningische Geschichte und Landeskunde.

Heft 8. Jahrg. 3. Stück 1. ib. 1890. Commissionsverlag von L. v. Eye's Buchhandlung. (G. Schrage.) — A. u. d. T.: Die Münzen auf Meininger Privatpersonen. Mit 4 Tafeln Abbildungen und einem Inhaltsverzeichniss. Von OTTO F. MÜLLER. ib. 1890. Verein für Meiningische Geschichte und Landeskunde.

Heft 9. Jahrg. 3. Stück 2. ib. 1890. Commissionsverlag von L. v. Eye's Buchhandlung. (G. Schrage.) — A. u. d. T.: Ein Brief an Johann Christian Reinhart von Thekla Podleska. Von FRIEDRICH MOTZ. ib. 1890. Verein für Meiningische Geschichte und Landeskunde.

(Heft 10.) Christian Junckers Beschreibung des Rennsteigs (1703). Zum erstenmale vollständig veröffentlicht von PAUL MITZSCHKE. ib. 1891. Verein für Meiningische Geschichte und Landeskunde. (Commissionsverlag von L. v. Eye.)

Heft 10. Inhalt: Christian Junckers Beschreibung ... 2. durchgesehene und verbesserte Auflage. Hildburghausen 1911. F. W. Gadow & Sohn, Herzogliche Buchdruckerei.

(Heft 11.) Die Pfarrei Langenschade. Beschreibung und Geschichte ihrer Verhältnisse und der zum Kirchspiel gehörenden Ortschaften von AUGUST RÖHRIG. Mit 1 Bilde in Lichtdruck. Meiningen 1891. Verein für Meiningische Geschichte und Landeskunde (Commissionsverlag von L. v. Eye).

Heft 12. Saalfelder Stiftungen und Vermächtnisse. Ein Beitrag zur Geschichte der Stadt Saalfeld von FRIEDRICH TRINKS. Theil 2: Die Schneideweinsche und Bonersche Stiftung. ib. 1892. L. v. Eyes Buchhandlung.

Heft 13. Der Marktflecken Bibra. Eine Darstellung seiner politischen und kirchlichen Entwickelung. Festschrift zur 400jährigen Jubelfeier der Grundsteinlegung der Kirche, den 17. Juli 1892, verfasst von HEINRICH HARTMANN. Mit 1 Bilde in Lichtdruck und 1 lithographierten Ortsplan. ib. 1892. —

Heft 14. Beiträge zur Geschichte des Herzogtums Sachsen Meiningen-Hildburghausen von FERDINAND TRINKS. ib. 1893. —

Heft 15. Dr. phil. Theodor Friedrich Gottfried Reinhardt, weil. Rektor des Lyceums zu Saalfeld . . . Ein Lebens- und Charakterbild von ARMIN HUMAN. ib. 1893. —

Heft 16. Johann Gerhardt in Heldburg. Vortrag von FERDINAND SCHMIDT, gehalten auf der Jahresversammlung des Vereins . . . am 30. August 1893 in Heldburg. ib. 1893. —

Heft 17. Die Wasunger Mundart dargestellt von EDINHARD REICHARDT, ERNST KOCH und THEODOR STORCH. Teil 1. ib. 1895. — [1]

Heft 18. (1. Juli 1895.) Inhalt: I. Die französische Kolonie in Hildburghausen. Von A. HUMAN. II. Eine Kontrajagd bei Naundorf a. 1824. Mitgeteilt von A. HUMAN. III. Konfirmation des Centgerichtes Römhild durch Kaiser Maximilian a. 1498. Mitgeteilt von A. HUMAN. IV. Programm zur Neubearbeitung der Landeskunde des Herzogtums S. Meiningen. Von M. KLEEMANN. Hildburghausen 1895. Kesselring'sche Hofbuchhandlung. (Max Achilles.)

Heft 19. (1. Oktober 1895.) Inhalt: I. Saalfelder Stiftungen und Vermächtnisse (III. Teil). Von FR. TRINKS. II. Carl Freiherr Wolff von und zur Todenwarth, Hof- und Landrat zu Hildburghausen. Ein Lebensbild von LYDIA von TODENWARTH. III. Die Sedans-Jubelfeier im Herzogtum S.-Meiningen am 1. und 2. September 1895 und die grosse Zeit von 1870/71. Von A. HUMAN. IV. Programm zur Neubearbeitung der Landeskunde des Herzogtums S.-Meiningen. Von M. KLEEMANN. ib. 1895. —. (—).

[1] Heft 17—20 a. m. d. Gesamttitel: SCHRIFTEN des Vereins für Sachsen Meiningische Geschichte und Landeskunde. Jahrg. 1895. o. O. o. J.

SCHRIFTEN DES VEREINS FÜR SACHSEN(-) MEININGISCHE GESCHICHTE U. LANDESKUNDE.

Heft 20. (31. Dezember 1895.) Inhalt: I. Die Grafschaft Camburg. Von EWALD EICHHORN. II. Verzeichnis der Studierenden aus dem Herzogtum S. Meiningen, die . . . 1502—1560 die Universität Wittenberg besuchten. Von GOTTLIEB JACOB. III. Professor Dr. Max Kleemann. Ein Lebens- und Charakterbild von A. HUMAN. IV. Landeschronik auf das Jahr 1895. Von A. HUMAN. V. Programm zur Neubearbeitung der Landeskunde des Herzogtums S.-Meiningen. Von MAX KLEEMANN. VI. Vereinsbericht nebst Mitgliederverzeichnis auf 1895. Vom Vereinsvorstand. (Mit 1 Tafel u. 1 Karte. ib. 1895. —.(—.)

Heft 21. (1. April 1896.) Inhalt: Heinrich, Herzog von Römhild 1676—1710. Lebens-, Charakter- und Zeitbild von G. JACOB. ib. 1896. —. (—.)

Heft 22. (1. Juli 1896.) Inhalt: Die Grafschaft Camburg (II). Von EWALD EICHHORN. (Mit 1 Tafel u. 1 Karte.) ib. 1896. —. (—.)

Heft 23. (1. Oktober 1896.) Inhalt: I. Die Kriegsereignisse bei Saalfeld im Jahr 1640 nach den Aufzeichnungen des Jan Hector von Sturnbrich. Mitgeteilt von FRIEDRICH TRINKS. II. Das Testament der Margarethe von Grefendorf in Saalfeld vom 14. Juni 1589. Als Nachtrag zu den „Saalfelder Stiftungen und Vermächtnissen" mitgeteilt von FRIEDRICH TRINKS. III. Das Medizinal- und Sanitätswesen im Herzogtum Sachsen-Meiningen mit Rücksicht auf die Reichsgesetzgebung bearbeitet von ANTON BUZER und mitgeteilt von CARL BUZER. (I.) IV. Carl Joseph Meyer und das Bibliographische Institut von Hildburghausen-Leipzig. Eine kulturhistorische Studie. Von A. HUMAN. V. Johann Peter Uz und dessen Freundschaftsverhältnis mit Hofadvokat Rat Johann Peter Grötzner zu Römhild. Von A. HUMAN. VI. Hofrat Dr. med. Gottlieb Jacob. Von A. HUMAN. (Mit 1 Tafel.) ib. 1896. —. (—.)

Heft 24. (31. Dezember 1896.) Inhalt: I. Das Medizinal- und Sanitätswesen im Herzogtum Sachsen-Meiningen . . . von ANTON BUZER und mitgeteilt von CARL BUZER. (II.) II. Prähistorisches aus dem Herzogtum S.-Meiningen. Von G. JACOB. III. Weltreise Johann Caspar Röhrigs von Birkenfeld bei Hildburghausen in den Jahren 1768—1776. Mitgeteilt von ARMIN HUMAN. IV. Landeschronik auf das Jahr 1896. Von A. HUMAN. V. Vereinsbericht auf das Jahr 1896. Vom Vereinsvorstand. ib. 1896. —. (—.)

Heft 25. (1. April 1897.) Inhalt: I. Geschichtliches aus Judenbach. Studien und Bilder aus Thüringen von BERNHARD LIEBERMANN. II. Das Medizinal- und Sanitätswesen im Herzogtum Sachsen-Meiningen . . . von ANTON BUZER und mitgeteilt von CARL BUZER. (Mit 1 Tafel.) (III.) ib. 1897. —. (—.)

Heft 26. (1. Juli 1897.) Inhalt: Die Grafschaft Camburg (III.). Von EWALD EICHHORN. ib. 1897. —. (—.)

Heft 27. (1. Oktober 1897.) Inhalt: I. Die Wald-, Forst-, Jagd- und Weidewerks-Ordnung des Herzogs Friedrich Wilhelm von Coburg-Altenburg, eröffnet zu Coburg im Jahre 1653 und die Glasmacher von Lauscha. Von AUGUST FREYSOLDT. II. Das Salzunger Salzwerk. Von ERNST JULIUS WALCH. Mitgeteilt und fortgeführt bis zur Gegenwart von L. HERTEL. III. Leiden der Grafschaft Henneberg und ihrer Umgebung im dreissigjährigen Kriege. Verfasst für die Gemeinden Solz und Mehmels von JOHANN LUDWIG HEIM. Mitgeteilt von GUSTAV BUTZERT. IV. Fürsorge Ernst des Frommen für Gottesdienst und Schule. Von WILHELM HEIM. V. Das Medizinal- und Sanitätswesen im Herzogtum Sachsen-Meiningen mit Rücksicht auf die Reichsgesetzgebung. Bearbeitet von ANTON BUZER und mitgeteilt von CARL BUZER. (IV.) ib. 1897. — (—)

Heft 28. (31. Dezember 1897.) Inhalt: I. Das Medizinal- und Sanitätswesen im Herzogtum Sachsen-Meiningen mit Rücksicht auf die Reichsgesetzgebung. Bearbeitet von ANTON BUZER und mitgeteilt von CARL BUZER. (V.). II. Das Salzunger Salzwerk. Von ERNST JULIUS WALCH. Mitgeteilt und fortgeführt bis zur Gegenwart von L. HERTEL. (II.) III. Zum 150. Geburtstag des „alten Heim". Ein Gedächtnisblatt von ADOLF BUTZERT. IV. Landeschronik auf das Jahr 1897. Von ARMIN HUMAN. V. Vereinsbericht auf das Jahr 1897. ib. 1897. —. (—)

Heft 29 [1]. (1. April 1898.) Inhalt: I. Das Medizinal- und Sanitätswesen im Herzogtum Sachsen-Meiningen mit Rücksicht auf die Reichsgesetzgebung (VI.). Bearbeitet von ANTON BUZER und mitgeteilt von CARL BUZER. II. Sympathieformeln und Zaubermittel aus dem Saalthal. Von ERNST SEIDEL. III. Aus der Geschichte des Saalfelder Fleischerhandwerks. Von L. O. BRANDT. IV. Das Salzunger Salzwerk (III). Von ERNST JULIUS WALCH. Mitgeteilt und fortgeführt bis zur Gegenwart von L. HERTEL. V. Herzog Johann Casimirs Gerichtsordnung die Hexerei betreffend, publiziert 21. Februar 1629. Aus dem Hildburghäuser Ratsarchiv mitgeteilt von A. HUMAN. ib. 1898. — (—.)

Heft 30. (1. Juli 1898.) Inhalt: Geschichte der Juden im Herzogtum S.-Meiningen-Hildburghausen. (I.) Von A. HUMAN. ib. 1898. — (—.)

Heft 31. (1. Oktober 1898.) Inhalt: I. Der Verein für Sachsen-Meiningische Geschichte und Landeskunde im ersten Decennium seines Bestehens. Von A. HUMAN. II. Die Henneberger Landesordnung vom 1. Jan. 1539. Von J. SIMON. III. Vereinsstatuten, Arbeitsprogramm, Verzeichnis der Vereine, mit denen wir in Schriftenaustausch stehen, Mitgliederverzeichnis. ib. 1898. — (—.)

[1] Heft 29—32 a. m. d. Gesamttitel: SCHRIFTEN des Vereins für Sachsen Meiningische Geschichte und Landeskunde. Jahrg. 1898. Hildburghausen 1898. Kesselring'sche Hofbuchhandlung. (Max Achilles.)

Heft 32. (31. Dezember 1898.) Inhalt: Katalog der Bibliothek des Vereins für Meiningische Geschichte und Landeskunde, auf Grund der von CURT FRIESER verfassten Zusammenstellung ergänzt und herausgegeben von LUDWIG HERTEL. Anhang. Bestimmungen über Benutzung der Bibliothek. ib. 1898. — (—.)

Heft 33. (1. April 1899.) Inhalt: Die Glocken des Herzogtums Sachsen-Meiningen. Von HEINRICH BERGNER. Mit 48 Abbildungen. ib. 1899. — (—.)

Heft 34. (1. Juli 1899.) Inhalt: Die Grafschaft Camburg (IV.) Von EWALD EICHHORN. ib. 1899. — (—.)

Heft 35. (1. Oktober 1899.) Inhalt: Das Medizinal- und Sanitätswesen im Herzogtum Sachsen-Meiningen mit Rücksicht auf die Reichsgesetzgebung (VII). Bearbeitet von ANTON BUZER und mitgeteilt von CARL BUZER. II. Geschichte des Kirchenliedes in der S. Meiningischen Landeskirche. Von VICTOR HERTEL. III. Der Frankensteinische Verkaufsbrief von 1330. Von L. HERTEL. IV. Vereinsbericht auf 1899, Arbeitsprogramm, Mitgliederverzeichnis. ib. 1900. — (—.)

Heft 36. ib. 1900. — (—.) A. u. d. T.: Neue Landeskunde des Herzogtums Sachsen-Meiningen. Im Auftrag des Vereins für Meiningische Geschichte und Landeskunde herausgegeben vom Vorstand. (Heft 1.) ib. 1900. — (—.)

Heft 37. Inhalt: Neue Landeskunde des Herzogtums Sachsen-Meiningen. Heft 2. Von HERTEL. Orographie: Lage der Berge, Höhenbestimmungen; mit 4 Kartenskizzen. ib. 1901. — (—.)

Heft 38. Inhalt: Der Rennsteig des Thüringer Waldes in seinem östlichen Teile, eine Heerstrasse und ein Verkehrsweg im Mittelalter. (Mit 1 Tafel.) Von AUGUST FREYSOLDT. II. Landeschronik auf 1898, 1899 und 1900. Von A. HUMAN. III. Vereinsbericht auf das Jahr 1900. Vom Vereinsvorstand. IV. Die Vereinsstatuten. V. Fortsetzung des Katalogs der Vereinsbibliothek. VI. Verzeichnis der historischen Vereine, mit denen Schriftenaustausch besteht. VII. Verzeichnis der Mitarbeiter an der Neuen Landeskunde des Herzogtums. VIII. Mitgliederverzeichnis. ib. 1901. — (—.)

Heft 39. Inhalt: I. Chronik der Stadt Heldburg seit 1750. Von LUDWIG RESS. II. Der Mildaer Adjuvantenchor. Von ERNST SEIDEL. ib. 1901. — (—.)

Heft 40. Inhalt: Neue Landeskunde des Herzogtums Sachsen-Meiningen. Heft 3. Von L. HERTEL. Hydrographie. Mit 2 Karten. 1902. ib. 1902. — (—.)

Heft 41. Inhalt: Die Grafschaft Camburg (V.) Von EWALD EICHHORN. ib. 1902. — (—.)

Heft 42. Inhalt: Ernst Rittweger, weiland Direktor des Gymnasiums Georgianum zu Hildburghausen. Ein Bild seines Lebens und Wirkens, dargestellt von seinem Sohne KARL RITTWEGER. ib. 1902. — (—.)

Heft 43. Inhalt: Geologie. Von E. ZIMMERMANN. ib. 1903. — (—.)

Heft 44. Inhalt: Neue Landeskunde des Herzogtums Sachsen-Meiningen. Heft 5. Klimatologie. Von LEHMANN. 1902. ib. 1903. — (—.)

Heft 45. Inhalt: Neue Landeskunde des Herzogtums Sachsen-Meiningen. Heft 8. Hauptteil 2: Die Leute. A. Vorgeschichtliches. Von G. JACOB (†). Abdruck aus dem 24. Heft der Vereinsschriften (1896), neu herausgegeben von L. HERTEL 1903. ib. 1903. — A. u. d. T.: Neue Landeskunde des Herzogtums Sachsen-Meiningen. Im Auftrage des Vereins für Meiningische Geschichte und Landeskunde herausgegeben vom Vorstand. ib. 1903. — (—).

Heft 46. Inhalt: Neue Landeskunde des Herzogtums Sachsen-Meiningen. Heft 9. Von L. HERTEL. B. Geschichtliches. Politische Geschichte von den frühesten Zeiten an bis auf die Gegenwart. Teil 1: Thüringische Geschichte. 1903. ib. — (—.)

Heft 47. Inhalt: Neue Landeskunde des Herzogtums Sachsen-Meiningen. Heft 10: Von L. HERTEL. B. Geschichtliches. Politische Geschichte von den frühesten Zeiten an bis auf die Gegenwart. Teil 2: Meiningische Geschichte von 1680 bis zur Gegenwart. Hälfte 1: Bis zum Regierungsantritt Herzog Bernhards II. (1821). Mit Tafeln. ib. 1904. F. W. Gadow & Sohn. Herzogliche Hofbuchdruckerei.

Heft 48. Inhalt: Die Grafschaft Camburg (VI.) Von EWALD EICHHORN. ib. 1904. —

Heft 49. Inhalt: I. Geschichte des Kirchenliedes in der S. Meiningischen Landeskirche. 2. Teil. Die Kirchenliederdichter. Von VICTOR HERTEL. II. Zur Landeschronik auf die Jahre 1901, 1902 und 1903 von A. HUMAN. III. Vereinsbericht auf die Jahre 1901, 1902 und 1903. Vom Vereinsvorstand. IV. Vereinsstatuten. V. Verzeichnis der historischen Vereine, mit denen Schriftenaustausch besteht. VI. Die Mitarbeiter an der Neuen Landeskunde. VII. Mitgliederverzeichnis. ib. 1904. —

Heft 50. Inhalt: Neue Landeskunde des Herzogtums Sachsen-Meiningen. Heft 11: Von L. HERTEL. B. Geschichtliches. Politische Geschichte von den frühesten Zeiten an bis auf die Gegenwart. Teil 2: Meiningische Geschichte von 1680 bis zur Gegenwart. Hälfte 2: Die Regierungszeiten Herzog Bernhards II. Erich Freund und Georg II. (Mit Tafeln.) ib. 1904. —

Heft 51. Inhalt: Neue Landeskunde des Herzogtums Sachsen-Meiningen. Heft 12: Von L. HERTEL. B. Geschichtliches. Politische Geschichte von den frühesten Zeiten an bis auf die Gegenwart. Teil 2: Meiningische Geschichte von 1680 bis zur Gegenwart. Anhang 1: Die Nebenlinien. — Anhang 2: Hennebergische Geschichte. (Mit Tafeln.) ib. 1905. —

Heft 52. Inhalt: Neue Landeskunde des Herzogtums Sachsen-Meiningen. Heft 6: Die Flora. Von H. ROTTENBACH unter Mitarbeit einheimischer Forscher. ib. 1906. —

Heft 53. Inhalt: 1. Die Geschichte des Seminars in Meiningen. Von OTTO RÜCKERT. 2. Über Familiengeschichte. Von CARL OBERLÄNDER. 3. Der Walldorfer Lehmkrieg. Gedenkblatt zum 100jährigen Anfall Walldorfs an das Herzogtum Sachsen-Meiningen. Von MORITZ F. SIEGEL. ib. 1906. —

Heft 54. Inhalt: Stiftungen und Vermächtnisse der Diözese Hildburghausen (I). Von A. HUMAN. ib. 1906. —

Heft 55. Inhalt: Die Grafschaft Camburg (VII). Von EWALD EICHHORN. ib. 1907. —

Heft 56. Inhalt: I. Das Salzunger Salzwerk (IV). Von ERNST JULIUS WALCH. Mitgeteilt und bis zur Gegenwart fortgeführt von L. HERTEL. II. Zur Landeschronik auf die Jahre 1904, 1905 und 1906. Von A. HUMAN. III. Vereinsbericht auf die Jahre 1904, 1905 und 1906. Vom Vereinsvorstand. IV. Vereinsstatuten. V. Verzeichnis der historischen Vereine, mit denen Schriftenaustausch besteht. VI. Die Mitarbeiter an der Neuen Landeskunde. VII. Mitgliederverzeichnis. ib. 1907. —

Heft 57. Inhalt: Neue Landeskunde des Herzogtums Sachsen-Meiningen. Heft 7 (1.): Die Fauna (Tierwelt). Von ARTUR WEISS. I. Abteilung: Vertebrata (Wirbeltiere). ib. 1908. —

Heft 58. Inhalt: Neue Landeskunde des Herzogtums Sachsen-Meiningen. Heft 7. 2: Die Fauna (Tierwelt). Von ARTUR WEISS. II. Abteilung: Tunicata (Manteltiere). III. Abteilung: Mollusca (Weichtiere). IV. Abteilung: Molluscoidea (Weichtierähnliche). V. Abteilung: Arthropoda (Gliederfüsser). ib. 1909. —

Heft 59. Inhalt: Chronik der Stadt Hildburghausen (I. Teil). Von A. HUMAN. ib. 1909. — A. u. d. T.: Chronik der Stadt Hildburghausen. Neu bearbeitet von ARMIN HUMAN. Mit Stadtplan und Abbildungen der bemerkenswertesten öffentlichen Gebäude. Schriften des Vereins für S. Meiningische Geschichte und Landeskunde, Heft 59. ib. 1908. —

Heft 60. Inhalt: Die Grafschaft Camburg (VIII). Von EWALD EICHHORN in Jena. ib. 1910. —

Heft 61. Inhalt: Neue Landeskunde des Herzogtums Sachsen-Meiningen. Heft 7 (3): Die Fauna (Tierwelt). Von ARTUR WEISS in Hildburghausen. V. Abteilung: Arthropoda (Gliederfüsser). ib. 1910. —

Heft 62[1]). Inhalt: Der Bock bei Wallendorf, S.-M. Von R. LIEBMANN. ib. 1910. —

[1]) Heft 63, 64 u. 65 habe ich nicht einsehen können. Heft 64 enthält: Die Grafschaft Camburg von EWALD EICHHORN. ib. 1912. —

—— des Vereins für Meiningische Geschichte und Landeskunde. 1.—3. Heft. 1. Jahrg. 1.—3. Stück. Lex.=8. Meiningen 888, (Brückner und Renner.) **

Inhalt:

Heft 1. Müller, Otto F., Meininger Ortsnamen und Bauwerke auf Münzen und Marken. Ein Abriß der Münzkunde des Herzogth. Sachsen=Meiningen. (27 S.) **ℳ 1.—.

= 2. Zur Vorgeschichte Meiningischer Orte und Gegenden. 1. Loth, Rich., Spuren vorgeschichtlicher Ansiedelungen in der Umgegend von Pößneck. — 2. Jacob, G., Rotemulte, Rotmulti [Römhild] und seine Nachbarorte Milz, Mendhausen, Sülzdorf im Streiflicht der Geschichte und Vorgeschichte. (25 S.) **ℳ 1.—.

= 3. Trinks, Friedr., Saalfelder Stiftungen und Vermächtnisse. Ein Beitrag zur Geschichte der Stadt Saalfeld. 1. Thl.: Die Alumneumsstiftung, die Andreälsche, die Mansfeldische und die Kelyische Stiftung. (92 S.) *ℳ 2.50.

—— des Vereines f. Meiningische Geschichte u. Landeskunde. 4.—13. Heft. gr. 8. Meiningen, (v. Eye). ** 21 75

4. Voit, Albin. David Voit, Verfasser der ersten Landeskunde d. Herzogth. Sachsen=Meiningen. Ein Lebensbild. Mit e. Vorworte v. Ernst Koch u. dem Bilde Voit's. (IV, 6 S.) 889. ** — 25.

5. Moß, Friedr. Herzog Karl v. Sachsen=Meiningen u. A. L. Schlözer. (32 S.) 889. ** 1 —.

6. Zur Vorgeschichte der Stadt Pößneck u. ihrer Umgebung. Bemerkungen v. Aug. Fischer. (9 S.) 889. ** — 25.

7. Die Stiftung Kaspar Trylers vom 29. Septbr. 1617 u. der Stammbaum der Tryller. Nach urkundl. Quellen bearb. u. hrsg. v. Ernst Koch. (70 S. m. 12 Stammtaf. u. 1 Portr. in Heliograv.) 889. ** 3 —.

8. Müller, Otto F. Die Münzen auf Meininger Privatpersonen. Mit 4 Taf. Abbildgn. (in Lichtdr.) u. e. Inhaltsverzeichniß. (57 S.) 890. ** 3 —.

9. Moß, Friedr. Ein Brief an Johann Christian Reinhardt v. Thekla Podleska. (16 S.) 890. ** — 75.

10. Juncker's, Christian, Beschreibung d. Rennsteigs [1703]. Zum erstenmale vollständig veröffentlicht v. Paul Mitzschke. (22 S.) 891. ** 1 —.

11. Röhrig, Aug. Die Pfarrei Langenschade. Beschreibung u. Geschichte ihrer Verhältnisse u. der zum Kirchspiel gehör. Ortschaften. (IV, 172 S. m. 1 Lichtdr.) 891. ** 4 —.

12. Trinks, Friedr. Saalfelder Stiftungen u. Vermächtnisse. Ein Beitrag zur Geschichte der Stadt Saalfeld. 2. Tl.: Die Schneidewein'sche u. Bonersche Stiftg. (IV, 104 S.) 892. ** 3 —.

13. Hartmann, Heinr. Der Marktflecken Vibra. Eine Darstellg. seiner polit. u. kirchl. Entwickelg. Festschrift zur 400jähr. Jubelfeier. der Grundsteinlegg. der Kirche, den 17. Juli 1892. (IV, 208 S. m. 1 Lichtdr. u. 1 farb. Plan.) 892. ** 5 50.

1.—3. Heft. Meiningen 1888, (Brückner u. Renner.) v. Eye. ** 4 50.

Schriften des Vereins f. Meiningische Geschichte u. Landeskunde. 10.—16. Hft. Lex.=8. Meiningen, L. v. Eye. n.n. 20.—

10. Christian Juncker's Beschreibung d. Rennsteigs [1703]. Zum erstenmale vollständig veröffentlicht v. Paul Mitzschke. (22 S.) 891. n.n. 1.—

11. Die Pfarrei Langenschade. Beschreibung u. Geschichte ihrer Verhältnisse u. der zum Kirchspiel gehör. Ortschaften v. Aug. Röhrig. (IV, 172 S. m. 1 Lichtdr.) 891. n.n. 4.—

12. Saalfelder Stiftungen u. Vermächtnisse. Ein Beitrag zur Geschichte der Stadt Saalfeld v. Frdr. Trinks. 2. Tl.: Die Schneidewein'sche u. Bonersche Stiftung. (IV, 104 S.) 892. n.n. 3.— (1 u. 2: n.n. 5.50)

13. Der Marktflecken Vibra. Eine Darstellg. seiner polit. u. kirchl. Entwickelg. Festschrift zur 400jähr. Jubelfeier der Grundsteinlegg. der Kirche, den 17. Juli 1892, verf. v. Heinr. Hartmann. (IV, 208 S. m. 1 Lichtdr. u. farb. Plan.) 892. n.n. 5.50

14. Beiträge zur Geschichte d. Herzogt. Sachsen=Meiningen=Hildburghausen v. Ferd. Trinks. (97 S.) 893. n. 3.—

15. Dr. phil. Theodor Friedrich Gottfried Reinhardt, weil. Rektor d. Lyceums zu Saalfeld, Schulrat u. 1. Professor am Gymnasium zu Hildburghausen, Inhaber d. Verdienstkreuzes d. S. Ernest. H.=O. Ein Lebens= u. Charakterbild v. Armin Human. (140 S.) 893. n.n. 2.50

16. Johann Gerhardt in Heldburg. Vortrag v. Ferd. Schmidt, geh. auf der Jahresversammlg. d. Vereins f. Meining. Geschichte u. Landeskunde am 30. Aug. 1893 in Heldburg. (36 S.) 893. n.n. 1.—

— d. Vereins f. meiningische Geschichte u. Landeskunde. 17.—19. Hft. Lex.-8. Meiningen 895. (Hildburghausen, Kesselring.) n.n. 9. —

17. D. Wasunger Mundart, dargest. v. Edluh. Reichardt, Ernst Koch u. Thdr. Storch. 1. Tl. (VIII, 156 S.) n.n. 4. —
18. I. D. französ. Kolonie in Hildburghausen. Von A. Human. — II. Eine Kontrajagd bei Naundorf a. 1821. Mitgeteilt v. A. Human. — III. Konfirmation d. Centgerichtes Römhild durch Kaiser Maximilian a. 1498. Mitgeteilt v. A. Human. — IV. Programm zur Neubearbeitung der Landeskunde des Herzogt. S.-Meiningen. Von M. Kleemann. (80 S.) n.n. 2. 50
19. I. Saalfelder Stiftgn. u. Vermächtnisse (III. Tl.). Von Fr. Trinks. — II. Carl Freiherr Wolff v. u. zur Todenwarth, Hof- u. Landrat zu Hildburghausen. E. Lebensbild von Lydia v. Todenwarth. — III. Die Sedans-Jubelfeier im Herzogt. S.-Meiningen am 1. u. 2. Septbr. 1895 u. d. große Zeit v. 1870/71. Von A. Human. — IV. Programm z. Neubearbeitg. d. Landeskunde d. Herzogt. S.-Meiningen. Von M. Kleemann. (112 S.) n.n. 2. 50

D. Fortsetzg. erschien u. d. Titel:

— des Vereins f. Sachsen-Meiningische Geschichte u. Landeskunde. 20.—30. Hft. gr. 8. Hildburghausen, Kesselring. n.n. 35. 10

20. I. D. Grafsch. Camburg. Von Ewald Eichhorn. — II. Verzeichnis d. Studirenden aus d. Herzogt. S.-Meiningen, die in d. Zeit v. 1502—1560 d. Universität Wittenberg besuchten. Von Glieb. Jacob. — III. Professor Dr. Max Kleemann. Ein Lebens- u. Charakterbild v. A. Human. — IV. Landeschronik auf d. J. 1895. Von A. Human. — V. Programm zur Neubearbeitg. d. Landeskunde d. Herzogt. S.-Meiningen. Von Max Kleemann. — VI. Vereinsbericht nebst Mitgliederverzeichnis auf 1895. Vom Vereinsvorstand. (III, 168 S. m. 1 Bildnis u. 1 farb. Karte.) 895. n.n. 4. —
21. Heinrich, Herzog v. Römhild 1676—1710. Lebens-, Charakter- u. Zeitbild v. G. Jacob. (104 S.) 896. n.n. 2. 50
22. Die Grafsch. Camburg (II). Von Ewald Eichhorn. (115 S. m. 6 Taf. u. 1 farb. Karte.) 896. n.n. 3. —
(I u. II nebst Anderem: n.n. 7. —)
23. I. Die Kriegsereignisse bei Saalfeld im J. 1640 nach d. Aufzeichngn. d. Jan Hector v. Sturnbrich. Von Frdr. Trinks. — II. Das Testament d. Margarethe v. Greiendorf in Saalfeld v. 14. VI. 1559. Als Nachtrag zu d. Saalfelder Stiftgn. u. Vermächtnissen mitgeteilt. Von Frdr. Trinks. — III. D. Medizinal- u. Sanitätswesen im Herzogt. S.-Meiningen, m. Rücksicht auf d. Reichsgesetzgebg., mitgeteilt v. dessen Sohn Carl Buzer (I.). Von Ant. Buzer. — IV. Carl Joseph Meyer u. d. Bibliograph. Institut v. Hildburghausen-Leipzig. Eine kulturhistor. Studie. Von A. Human. — V. Johann Peter Uz u. dessen Freundschaftsverhältnis m. Hofadvokat Rat Johann Peter Grötzner zu Römhild. Von A. Human. — VI. Hofrat Dr. med. Gottlieb Jacob. Von A. Human. (156 S. m. 1 Bildn.) 896. n.n. 4. —
24. I. Das Medizinal- u. Sanitätswesen im Herzogt. Sachsen-Meiningen m. Rücksicht auf d. Reichsgesetzgebg., mitgetheilt von dessen Sohn Carl Buzer (II.). Von Ant. Buzer. — II. Prähistorisches aus d. Herzogt. S.-Meiningen. Von G. Jacob. — III. Weltreise Johann Caspar Röhrigs v. Birkenfeld bei Hildburghausen in den J. 1768—1776. Von Armin Human. — IV. Landeschronik auf das J. 1896. Von A. Human. — V. Vereinsbericht auf d. J. 1896. Vom Vereinsvorstand. (220 S.) 896. n.n. 5. 50
25. I. Geschichtliches aus Judenbach. Studien u. Bilder aus Thüringen. Von Bernh. Liebermann. II. Das Medizinal- u. Sanitätswesen im Herzogt. Sachsen-Meiningen m. Rücksicht auf die Reichsgesetzgebung. Von Ant. Buzer, mitgeteilt von dessen Sohn Carl Buzer. (III.) (172 S. m. 1 Lichtdr.) 897. n.n. 3. 60
26. Die Grafschaft Camburg. Von Ewald Eichhorn. (III.) (89 S.) 897. n.n. 2. —
27. (88 S.) 897. n.n. 2. 50. — 28. (133 S.) 897. n.n. 2. 80
29. (112 S.) 898. n.n. 2. 20. — 30. (157 S.) 898. n.n. 3. —

— des Vereins f. Sachsen-Meiningische Geschichte u. Landeskunde. 31.—41. Hft. gr. 8. Hildburghausen, Kesselring. n.n. 24. 50

31. (60 S.) 898. n.n. 1. 25
32. Katalog der Bibliothek des Vereins f. meiningische Geschichte u. Landeskunde, auf Grund der von Curt Fileser verf. Zusammenstellung ergänzt u. hrsg. von Ludw. Hertel. Anh. Bestimmungen üb. Benutzg. d. Bibliothek. (42 S.) 898. n. — 75
33. Die Glocken des Herzogt. Sachsen-Meiningen. Von Heinr. Bergner. Mit 48 Abbildgn. (169 S.) 899. n. 3. 60
34. Die Grafsch. Camburg. Von Ewald Eichhorn. (IV.) (130 S.) 899. n.n. 3. 60
35. (124 S.) 900. n.n. 2. 80. — 36. (VIII, 82 S.) 900. n.n. 1. 50
37. (S. 83—180 m. eingedr. Karten.) 901. n.n. 1. 50
38. (96 S.) n.n. 1. 80. — 39. (76 S.) n.n. 1. 70
40. (S. 181—318 m. 2 Taf.) 902. n.n. 3. —
41. (164 S.) 902. n.n. 3. —

Schriften des Vereins f. sachsen-meiningische Geschichte u. Landeskunde. 42.—54. Heft. gr. 8. Hildburghausen, F. W. Gadow & Sohn. n. 32. —

42. (88 S.) 902. n.n. 1. 50. — 43. (VII u. S. 321—493.) 903. n. 3. —. — 44. (S. 495—526.) 903. n. — 80. — 45. (56 S.) 903. n. 1. 70. — 46. (IV u. S. 61—179.) 903. 3. —. — 47. (S. 181—318 m. 4 Taf.) 904. 4. —. — 48. (125 S.) 904. 3. —. — 49. (107 S.) 904. 1. 50. — 50. (S. 319—448 m. 4 Bildnistaf. u. 1 Stammtaf.) 904. n. 3. —. — 51. (S. 449—595 m. 4 Bildnistaf.) 905. n.n. 3. 50. — 52. (S. 527—618.) 906. n. 1. 50. — 53. (78 S.) 906. n. 1. 50. — 54. (244 S.) 906. n. 4. —.

— des Vereins f. sachsen-meiningische Geschichte und Landeskunde. 55.—62. Heft. Lex. 8. Hildburghausen, F. W. Gadow & Sohn. 19. —

55. (163 S.) 907. 3.—. 56. (108 S.) 907. 2. —
57. (S. 619—710.) 908. 2.—. 58. (II u. S. 711—870.) 909. 2. —
59. Chronik der Stadt Hildburghausen. Von Armin Human. Mit Stadtplan u. Abbildgn. der bemerkenswertesten öffentl. Gebäude. (1. Tl.) (224 S.) 908. 3. —
60. Die Grafsch. Camburg. Von Ewald Eichhorn. (VIII.) (167 S. m. 3 Taf.) 910. 3. —
61. Landeskunde, neue, des Herzogt. Sachsen-Meiningen. 7. (3.) Heft: Weiß, Art.: Die Fauna. V. Abt.: Arthropoda (Gliederfüßler). (IV u. S. 871—1018.) 910. 2. —
62. Der Bock bei Wallendorf, S.-M. Von R. Liebmann. (144 S.) 910. 2. —

SCHRIFTEN DES VEREINS FÜR GESCHICHTE UND NATURGESCHICHTE DER BAAR UND DER ANGRENZENDEN LANDESTHEILE IN DONAUESCHINGEN.

Jahrg. 1. 1870. (Mit 1 genealogischen Tabelle.) Karlsruhe. 1871. Druck der G. Braun'schen Hofbuchdruckerei. 8°.
Heft II. 1872. (Mit 1 Tafel.) ib. 1872. —
Heft III—IV. 1880—1882. (Mit Tafeln.) Tübingen. 1880—1882. Druck der H. Laupp'schen Buchdruckerei.

SCHRIFTEN DES VEREINS FÜR GESCHICHTE UND NATURGESCHICHTE DER BAAR UND DER ANGRENZENDEN LANDESTEILE in Donaueschingen.

Heft V. 1885. (Mit Tabellen und Tafeln.) Tubingen. 1885. Druck der H. Laupp'schen Buchdruckerei. 8°.

SCHRIFTEN DES VEREINS FÜR GESCHICHTE UND NATURGESCHICHTE DER BAAR UND DER ANGRENZENDEN LANDESTEILE IN DONAUESCHINGEN.

Heft VI. 1888. Tubingen 1888. Druck der H. Laupp'schen Buchdruckerei. 8° — VII. 1889. ib. 1889. — VIII. 1893. Mit einem Portrait und 2 Plänen. ib. 1893. — IX. 1896. ib. 1896. — X. 1900. Mit 1 Tafel Abbildungen und 1 Plane. ib. 1900. Druck der Buchdruckerei von H. Laupp jr. — XI. 1904. ib. 1904. — XII. 1909. (Mit Tafeln.) ib. 1909. — XIII. 1913. (Mit Tafeln.) ib. 1913.

— des Vereins f. Geschichte u. Naturgeschichte der Baar u. der angrenzenden Landesteile in Donaueschingen X. u. XI. Heft. gr. 8. Donaueschingen, Selbstverlag. à n. 3. 50

X. Mit 1 Taf. Abb. u. 1 Plane. (XXVIII, 154 S.) 900.
XI. (XXVII, 278 S. m. 1 Bildnis u. 2 Stammtaf.) 904.

Schriften des Vereins für Geschichte und Naturgeschichte der Baar und der angrenzenden Landesteile in Donaueschingen. Heft 11. 1904. [Mit Illustrationen. 1 Porträt-Tafel und 2 Stammtafeln.] XXVIII + 278 S. 8. Tübingen, H. Laupp jr., 1904. [M. 3.50]

— des Vereins f. Geschichte u. Naturgeschichte der Baar u. der angrenzenden Landesteile in Donaueschingen. 12. Heft. 1909. (XXII, 186 S. m. Abbildgn., 3 farb. Plänen u. 1 Stammbaumtaf.) gr. 8. Donaueschingen 909. Selbstverlag d. Vereins. 3.50

Schriften d. Vereins f. Geschichte der Neumark. I.—VI. Hft. gr. 8. Landsberg a/W. (Schaeffer & Co.) n. 22. —

I. Bürger u. Soldat. Von Paul Schwartz. — Die landsberger Stadtschreiber-Chronik. Von Rud. Eckart. (100 S.) 893. n. 2. —
II. 1. Die Politik d. Markgrafen Johann v. Cüstrin unter dem Einfluß d. Astrologie. Von Paul Schwartz. — 2. D. Burg Zantoch u. ihre Geschichte; e. Beitrag zur Grenzgeschichte d. Neumark. Von Paul van Niessen. — 3. E. Menschenalter im Frieden. Königsberg in der Neumark von 1680—1750. Von Paul Schwartz. (126 S.) 894. n. 3. —
III. Repertorium d. im kgl. Staatsarchive zu Königsberg i. Pr. befindl. Urkunden zur Geschichte d. Neumark. Im Auftr. d. Vereins f. Geschichte der Neumark bearb. v. E. Joachim u. im Verein m. d. Verf. hrsg. v. P. van Niessen. (VII, 305 S.) 895. n. 10. —
IV. (III, 126 S. m. Taf.) 896. n. 3. —
V. (III, 79 S. m. Fig.) 897. n. 2. —
VI. Landeskunde der Neumark. Von Eug. Hoehnemann. (65 S.) 897. n. 2.

— des Vereins f. Geschichte der Neumark. Hrsg. im Auftrage des Vorstandes. VII.—IX. Hft. gr. 8. Landsberg a/W. (F. Schaeffer & Co.) n. 10. —
VII. (III, 216 S.) 898. n. 4. —. — VIII. (III, 122 S.) 899. n. 3. — IX. (XXIX, 128 S.) 900. n. 3. —
1—VI. Ebd. 893—897. n. 17. —; (III cum. Pr. n. 5. —)

— des Vereins f. Geschichte der Neumark. 10.—18. Heft. gr. 8. Landsberg a/W. (F. Schaeffer & Co.). n. 28. —
10. Hrsg. im Auftrage des Vorstandes. (III, 87 S.) 900. n. 2. —
11. Hrsg. im Auftrage des Vorstandes. (III, 184 S.) 901. n. 3. —
12. Hrsg. im Auftrage des Vorstandes. (V, 218 S. m. 1 Karte.) 901. n. 3. —
13. Hrsg. im Auftrage des Vereins von Paul Schwartz. (III, 286 S. m. 1 Taf.) 902. n. 3. 50
14. Beiträge zur Geschichte des Markgrafen Johann v. Cüstrin. Hrsg. aus Anlaß der in Cüstrin bevorsteh. Enthüllg. des Denkmals des Markgrafen Johann. Von Gust. Berg. (V, 147 S.) 903. n. 1. 60
15. Briefe eines Neumärkers, des freiwilligen Jägers B. aus Landsberg an der Warthe, üb. seine Erlebnisse in den Freiheitskriegen von 1813—1815. Von Aug. Burchardt. Hrsg. v. E. Bardey. (V, 192 S.) 903. n. 2. 60
16. Hrsg. im Auftrage des Vereins von Paul Schwartz. (III, 314 S.) 904. n. 3. 50
17. Die neumärkischen Schulen am Ausgang des 18. u. am Anfang des 19. Jahrh. Von Paul Schwartz. (III, 221 S.) 905. n. 3. —
18. Die Friderícianische Kolonisation im Warthe- u. Netzebruch. Nach archival. Quellen dargestellt. Von Erich Neuhaus. Mit Zeichngn., Abbildgn. u. e. Karte der Warthebruchs. (X, 376 S.) 906. n. 6. —

— des Vereins f. Geschichte der Neumark. Hrsg. im Auftrage des Vereins v. Paul Schwartz u. v. Heft 20 an hrsg. v. Rehmann. 19.—25. Heft. (III, 165 S.) gr. 8. Landsberg a/W., (F. Schaeffer & Co.). 20. —
19. (III, 165 S.) 906. 2. —
20. (III, 343 S. m. 2 Karten.) 907. 5. —
21. (III, V, 280 S.) 908. 3. 50
22. (III, 138 S.) 908. 2. 50
23. (III, 164 S.) 909. 2. 50
24. (III, 131 S.) 910. 2. —
25. (III, 167 S.) 910. 2. 50

SCHRIFTEN DES VEREINS FÜR GESCHICHTE DER NEUMARK.
Geschichte der Neumark in Einzeldarstellungen
(Bd. 1 und 2.) Landsberg a. W. 1899. In Komm. bei Fr. Schaeffer & Co. — A. u. d. T.: Die Neumark während des dreissigjährigen Krieges. Von PAUL SCHWARTZ. Teil 1. 1618—1631. ib. 1899. Druck von Dermietzel & Schmidt. 8°. — Teil 2. 1631—1653. (Mit 1 Karte.) ib. 1902. —
(Bd. 3. Lief. 1—2.) ib. 1904—1905. In Komm. bei Fr. Schaeffer & Co. (W. Ogoleit & H. Scharf.) — A. u. d. T.: Geschichte der Neumark im Zeitalter ihrer Entstehung und Besiedlung. (Von den ältesten Zeiten bis zum Aussterben der Askanier.) Von PAUL VAN NIESSEN. Mit Karten, Plänen, Ansichten. ib. 1905. Druck von Dermietzel & Schmidt.

Schriften des Vereins für Sachsen-Meiningische Geschichte und Landeskunde, s. Schriften des Vereins für Meiningische Geschichte und Landeskunde.

— des historischen Vereins f. Innerösterreich. In zwanglosen Hftn. 1. Hft. Hrsg. v. d. Centralausschusse d. Vereins. gr. 8. (IV u. 218 S. m. 32 lith. Taf. u. 1 lith. Karte in Fol.) Gratz 848. (Wien, Klang.) n. 2 ℳ

Schriften des Vereines naturwissenschaftlicher Kenntnisse in Wien, s. Schriften des Vereines zur Verbreitung naturwissenschaftlicher Kenntnisse in Wien.

(Schriften des) Vereins für schleswig-holsteinische Kirchengeschichte.
1. Reihe (grosse Schriften) Publikationen. Heft 1 ff. Kiel 1899 ff. 8°.
2. Reihe (kleine Schriften) Beiträge und Mitteilungen. Bd. 1 ff. Kiel. 1897—1900 ff. 8°.

SCHRIFTEN DES VEREINS FÜR SCHLESWIG-HOLSTEINISCHE KIRCHENGESCHICHTE.
I. Reihe (grössere Publikationen).
Heft 2. ib. 1902. Kommissionsverlag von Robert Cordes. — A. u. d. T.: F. M. RENDTORFF, Die schleswig-holsteinischen Schulordnungen vom 16. bis zum Anfang des 19. Jahrhunderts. Texte und Untersuchungen zur Geschichte des Schulwesens und des Katechismus in Schleswig-Holstein. ib. 1902. — 8°.
Heft 3. ib. 1907. — A. u. d. T.: Kirchengeschichte Schleswig-Holsteins auf Grund von Vorlesungen an der Kieler Universität. Von HANS von SCHUBERT. ib. 1907. —
Heft 4. ib. 1909. — A. u. d. T.: Claus Harms' Leben in Briefen, meist von ihm selber. Mit Harms' Bildnis. Herausgegeben von HEINRICH ZILLEN. ib. 1909. —
Heft 5. ib. 1909. — A. u. d. T.: Die Schleswig-Holsteinische Kirchenordnung von 1542 mit einer ausführlichen historischen Einleitung herausgegeben von ERNST MICHELSEN. Heft 1: Einteilung S. 1—284. ib. 1909. —
Heft 6. ib. 1911. — A. u. d. T.: Geschichte der Konfirmation in Schleswig-Holstein bis zum Ausgang der rationalistischen Periode. Ein Beitrag zur Geschichte der Konfirmation auf lutherischem Kirchengebiet. Von EMIL HANSEN. ib. —
Heft 7. Das Domkapitel zu Schleswig von seinen Anfängen bis zum Jahre 1542. Von KLAUS HARMS. ib. 1914. —
II. Reihe (Beiträge und Mitteilungen).
Bd. I. Heft 1—5. (Mit Tafeln.) ib. 1887—1900. Kommissionsverlag von Robert Cordes. 8°.
Bd. II. Heft 1—4. (Mit 1 Tafel.) ib. 1901—1903. —
Bd. III. Heft 1—4. ib. 1904—1905. —
Bd. IV. Heft 1—4. ib. 1906—1908. —
Bd. V. Heft 1—4. ib. 1910—1913. —
Bd. VI. Heft 1—2. ib. 1914. —

— des Vereins für schleswig-holsteinische Kirchengeschichte. I. Reihe (grössere Publikationen). 2. Hft. gr. 8. Kiel (R. Cordes.) n. 5. —
Die schleswig-holstein. Schulordnungen vom 16. bis zum Anfang des 19. Jahrh. Texte u. Untersuchgn. zur Geschichte des Schulwesens u. des Katechismus in Schleswig-Holstein. Von F. M. Rendtorff. (XV, 347 S.) 902.
Vergl.: Publikationen des Vereins f. schleswig-holsteinische Kirchengeschichte.

— des Vereins f. schleswig-holsteinische Kirchengeschichte. I. Reihe (grössere Publikationen). 3. u. 4. Heft. gr. 8. Kiel, R. Cordes. nn 13. 50
3. Kirchengeschichte Schleswig-Holsteins auf Grund v. Vorlesungen an der Kieler Universität. Von Hans v. Schubert. I. (XVI, 419 u. 17 S. m. 1 Stammtaf.) 907. 7. 50
4. Harms', Claus, Leben in Briefen, meist v. ihm selber. Mit Harms' Bildnis. Hrsg. v. Heinr. Zillen. (VIII, 425 S.) 909. nn 6. —

Schriften des Vereins für schleswig-holsteinische Kirchengeschichte. II. Reihe (Beiträge u. Mitteilgn.) I. Bd. 4. u. 5. Hft. u. Register. gr. 8. Kiel (R. Cordes.) n. 4. —
4. (155 S. m. 1 Fig. u. 2 Taf.) 900. n. 1. 50. — 5. (163 S.) 900. n. 1. 50. — Register. (IV, XXXIII S.) 897—900. n. 1.
Vergl.: Beiträge u. Mitteilungen d. Vereins f. schlesw.-holstein. Kirchengeschichte.

— dasselbe. II. Bd. 1. u. 2. Hft. gr. 8. (288 S.) Ebd. 901. à n. 2. —

— des Vereins für schleswig-holsteinische Kirchengeschichte. II. Reihe (Beiträge u. Mitteilgn.) II. Bd. 3. u. 4. (Schluss-)Heft. III. Bd. 4 Hefte u. IV. Bd. 1. Hft. (XX u. S. 289—528 m. 1 Taf.; XVI, 494 S. u. 120 S.) gr. 8. Kiel 903—906). (R. Cordes.) à Hft. n. 2. —

— dasselbe. II. Reihe. (Beiträge u. Mitteilgn.) IV. Bd. 2.—5. Heft nebst Titel u. Register. gr. 8. Ebd. 7. 20
2—5. Wittern, Max, die Geschichte der Brüdergemeinde in Schleswig-Holstein. (IV u. S. 121—590 u. XI S.) 907—09.

— dasselbe. V. Bd. 1. Heft. (128 S.) gr. 8. Ebd. 910. 2. —

Schriften des Literarischen Vereins in Wien. 1. Wien: Literar. Verein 1904. 8° [ℑ.] 06. 955 11

— des literarischen Vereins in Wien. I—V. 8. Wien, (C. Fromme). Geb. in Leinw. Nur f. Mitglieder; Jahresbeitrag 17. —
I. Grillparzer's Gespräche u. die Charakteristiken seiner Persönlichkeit durch die Zeitgenossen. Gesammelt u. hrsg. v. Aug. Sauer. 1. Abtlg. Biographieen u. allgemeine Charakteristiken. (1841—1894.) (XXVI, 437 S.) 904.
II. Felder, Fr. M., aus meinem Leben. Hrsg. u. eingeleitet v. Ant. E. Schönbach. (XXXVI, 423 S.) 904.
III. Grillparzer's Gespräche u. die Charakteristiken seiner Persönlichkeit durch die Zeitgenossen. Gesammelt u. hrsg. von Aug. Sauer. 2. Abtlg. Gespräche u. Charakteristiken (1791—1831) (LXIII, 496 S.) 905.
IV. Bauernfeld's, Eduard v., gesammelte Aufsätze. In Auswahl hrsg. u. eingeleitet v. Stef. Hock. (XXIII, 392 S.) 905.
V. Auersperg's, Ant., (Anastasius Grüns) politische Reden u. Schriften. In Auswahl hrsg. u. eingeleitet v. Stef. Hock. (XXXV, 534 S.) 906.

— des literarischen Vereins in Wien. VI—XI. 8. Wien, (C. Fromme). Geb. in Leinw. Nur f. Mitglieder; Jahresbeitrag (f. 2 Bde.) 17. —
Arnold, Rob. F., u. Karl Wagner, Achtzehnhundertneun. Die polit. Lyrik des Kriegsjahres. (XXIX, 482 S.) 909. (XI.)
Grillparzer's Gespräche u. die Charakteristiken seiner Persönlichkeit durch die Zeitgenossen. Gesammelt u. hrsg. von Aug. Sauer. III. Bd. 2. Abtlg. Gespräche u. Charakteristiken (April 1831 bis März 1848). (XXXIII, 550 u. 16 S.) 908. (VI.)
Haupt- u. Staatsaktionen, Wiener. Eingeleit. u. hrsg. von Rud. Payer v. Thurn. I. Bd. (XLI, 461 S. m. Abbild. u. Fksms.) 908. (X.)
Kürnberger's, Ferd., Briefe an e. Freundin (1859—1879). Hrsg. v. Otto Erich Deutsch. (XXV, 453 S.) 907. (VIII.)
Paoli's, Betty, gesammelte Aufsätze. Eingeleitet. n. hrsg. von Helene Bettelheim-Gabillon. (CXIV, 310 S.) 908. (IX.)
Schlegel's, Frdr., Briefe an Frau Christine von Stransky, geborene Freiin v. Schleich. Hrsg. v. M. Rottmanner. 1. Bd. (XX, 471 S.) 907. (VII.)

Schriften d. milchwirthschaftlichen Vereins. Nr. (1)-14 (1 Vol. + 2 H.). 1-7 Danzig, 8-12 Brem., 13 Berl. 1874-82.
(1 2 u. Nr. 4 u. Fællestitlen. Specific.).

SCHRIFTEN DES NATURWISSENSCHAFTLICHEN VEREINS DES HARZES IN WERNIGERODE.
Bd. 1. 1886. Wernigerode. 1886. Commissions-Verlag von Paul Jüttner. 8° — 2. 1887. ib. 1887. — 3. 1888. (Mit 1 Tafel.) ib. 1888. — 4. 1889. ib. 1889. — 5. 1890. ib. 1890. — 6. 1891. ib. 1891. — 7. 1892. ib. 1892. — 8. [1]) 1893. ib. 1893. — 9. 1894. (Mit 1 Karte.) ib. 1894. — 10. 1895. (Mit 1 Tafel.) ib. 1895. — 11. [2]) 1896. ib. 1896. —

[1]) In: Schriften [illegible] Jahrg. 8. 1893: BÜCHER-VERZEICHNIS DER BIBLIOTHEK des Naturwissenschaftlichen Vereins des Harzes abgeschlossen am 31. Dezember 1893.
[2]) Dem 11. Bande ist ein Schreiben des Vorsitzenden des Naturw. Vereins des Harzes vorgeklebt, daß nur 11 Jahrgänge von den Schriften erschienen sind.

—— des naturwissenschaftlichen Vereins des Harzes in Wernigerode. 1.—3. Bd. 1886—1888. gr. 8. (IV, 98; IV, 94; III, 68 S. mit 1 Taf.) Wernigerode (Jüttner.) à Bd. *

—— des naturwissenschaftlichen Vereins d. Harzes in Wernigerode. 4. u. 5. Bd. 1889 u. 1890. gr. 8. (III, 76; III, 63 S.) Wernigerode 890, (Jüttner). à Bd. * 2 —
1.—3. Bd. (Ebd.) 1886—88. à * 2 —.

—— des naturwissenschaftlichen Vereins für Schleswig-Holstein. 1. Bd. 3 Hefte. gr. 8. Kiel, (Homann.) [1. Heft. (S. 1—150 mit 3 lithogr. Taf.) 874. *ℳ 3.; 2. Heft. (S. 151—228 mit 1 lithogr. Taf.) 874. *ℳ 2.; 3. Heft. (VI, S. 229—316.) 875. *ℳ 2.] * 7 —

—— des naturwissenschaftlichen Vereins für Schleswig-Holstein. 2. Bd. 2 Hefte. gr. 8. Kiel, (Homann.) [1. Heft. (IV, 247 S.) 876. *ℳ 4.; 2. Heft. (VII, 157 S. mit 4 lithogr. Taf. und mehreren eingedr. Holzschn.) 877. *ℳ 3.] * 7 —

—— dass. — 3. Bd. 1. Heft. gr. 8. (156 S. mit 2 lithogr. Taf.) (Ebendas.) 878. * 3 —

—— des naturwissenschaftlichen Vereins für Schleswig-Holstein. 3. Bd. 2. Heft. gr. 8. (136 S. mit 2 lithogr. Taf.) Kiel 880, (Homann.) *

—— dass. — 4. Bd. 1. Heft. gr. 8. (128 S.) (Ebendas.) 881. *

—— dass. — 4. Bd. 2. Heft. gr. 8. (143 S. mit 5 Stnt.) (Ebendas.) 882. *

—— dass. — 5. Bd. 2 Hefte. gr. 8. (99; 153 S. mit 3 Stnt. und 1 graph. Darstellung.) (Ebendas.) 883,84. *

—— des naturwissenschaftlichen Vereins für Schleswig-Holstein. 6. Bd. 2 Hefte. gr. 8. Kiel, (Homann.) [1. Heft. (91 S. mit 1 Abbild. und 1 Karte.) 885. *ℳ 2.—.; 2. Heft. (123 S. mit 1 Karte.) 886. *ℳ 2.40.] *

—— dass. — 7. Bd. 2 Hefte. gr. 8. (Ebendas.) [1. Heft. (73 S.) 888. *ℳ 2.—.; 2. Heft. (86 S. mit 7 Taf.) 889. *ℳ 5.—.] *

—— des naturwissenschaftlichen Vereins f. Schleswig-Holstein. 8. u. 9. Bd. à 2 Hefte. gr. 8. Kiel, (Eckardt). [8. Bd. 1. Heft. (S. 1—145.) 889. * 3 —; 8. Bd. 2. Heft. (III, S. 145—300 m. Taf. u. 6 Abbildgn.) 891. * 4 —; 9. Bd. 1. Heft. (III, S. 1—178 m. 3 Taf. u. 6 Fig.) 891. * 4 —; 9. Bd. 2. Heft. (III, S. 179—316 m. 1 Taf. u. 4 Fig.) 892. * 4 —.] * 15 —

— dasselbe. 10. Bd. 1. Hft. gr. 8. (III, 132 S m. 2 Taf.) Ebd. 893. n. 3. —

— d. naturwissenschaftlichen Vereins f. Schleswig-Holstein. X. Bd. 2. Hft. gr. 8. (II u. S. 133—324 m. 5 Abb.) Kiel 895. (H. Eckardt.) n. 4. —; (X. Bd. kplt.: n. 7. —)

— dasselbe. XI. Bd. 1. Hft. gr. 8. (216 S. m. 1 Fig.) Ebd. 897. n. 5. —

— des naturwissenschaftlichen Vereins f. Schleswig-Holstein. XI. Bd. 2. Hft. gr. 8. (IV u. S. 217—408 m. 15 Fig. u. 8 Taf.) Kiel 898. (Lipsius & Tischer.) n. 6. —; (11. Bd. kplt. n. 11. —)

— dasselbe. XII. Bd. 1. Hft. gr. 8. (196 S. m. 2 Fig., 3 Taf. u. 1 Bildnis.) Ebd. 901. n. 4. —

— des naturwissenschaftlichen Vereins f. Schleswig-Holstein. XII. Bd. 2. Hft. u. XIII. Bd. 2 Hefte. Lex.-8. Kiel (Lipsius & Tischer). à Hft. n. 4. —
XII. 2. (IV u. S. 197—396 m. 4 Fig. u. 1 Taf.) 902.
XIII. 1. (219 S. m. 4 Fig. u. 8 Taf.) 905.
2. (IV, u. S. 221—417 m. 14 Taf.) 906.

— dasselbe. Register zu Bd. I—XII v. R. Gottschaldt. (32 S.) Lex.-8. Ebd. 904. n. 1. —

— des naturwissenschaftlichen Vereins f. Schleswig-Holstein. XIV. Bd. 2 Hefte. (IV, 426 S. m. 5 Fig. u. 6 Taf.) Lex. 8. Kiel 908.09. Lipsius & Tischer. 8. —

⊙ * **Schriften** des Oldenburger Vereins (oder Landesvereins) für Altertumskunde und Landesgeschichte. 8°.

(1.) Bericht über die Thätigkeit des Oldenburger Landesvereins für Alterthumskunde etc. (H. 1) v. 1. März 1875 bis dahin 1876. Oldenburg (1876).

(2.) Bericht über die Thätigkeit des Oldenburger Landesvereins etc. (H. 2) v. 1. März 1877 bis 1. Jan. 1878. 2. Abdruck. ebd. 1879.

(3—6.) Bericht über die Thätigkeit etc. H. 3—6*); ebd. 1881—83; H. 5. Die Alterthümer und Kunstdenkmäler des Jeverlandes v. O. Tenge. Mit Abb. (auf 2 Taf.) ebd. 1885; H. 6. Die Bohlenwege im Flussgebiet der Ems und Weser v. [Friedrich] von Alten. Mit Karten u. 18 Abb. ebd. 1889.

7. Jahrbuch für die Geschichte des Herzogthums Oldenburg, hrgg. von dem Oldenburger Verein für Altertumskunde und Landesgeschichte. Bd. 1. ebd. 1892.
8. Bericht über die Thätigkeit des Oldenburger Landesvereins etc. H. 7. Der Denkmalsschutz im Herzogtum Oldenburg v. Georg Sello. ebd. 1893.
9. Die ältesten Lehnsregister der Grafen von Oldenburg und Oldenburg-Bruchhausen. Hrgg. u. erläut. v. Hermann Oncken. ebd. 1893.
10 u. 11. Jahrbuch, Bd. 2 u. 3. ebd. 1893 u. 94.
12. Bericht, H. 8. ebd. 1895.
13 u. 14. Jahrbuch, Bd. 4 u. 5. ebd. 1895 u. 96.
15. Bericht. H. 9. Das Saterland v. Julius Bröring, Tl. 1. ebd. 1897.
16. Jahrbuch. Bd. 6. ebd. 1897.
17. Bericht, H. 10. ebd. 1898.
18—20. Jahrbuch, Bd. 7—9. ebd. 1898—1900.
21. Bericht, H. 11. Das Saterland v. Julius Bröring, Tl. 2. ebd. 1901.
22—24. Jahrb., Bd. 10—12. ebd. 1901—03.
25. Jahresbericht (statt Bericht), H. 12. ebd. 1904.
26. Jahrbuch. Bd. 13, ebd. 1905.
27. Bericht, H. 13, ebd. 1905.

Schriften des Oldenburger Vereins für Altertumskunde und Landesgeschichte. Oldenburg. 8°

28. Jahrbuch für die Geschichte des Herzogtums Oldenburg hrgg. von dem Oldenburger Verein für Altertumskunde und Landesgeschichte. 14. 1905.
29. Bericht über die Tätigkeit des Oldenburger Vereins für Altertumskunde und Landesgeschichte. 14. 1906.
30. Jahrbuch . . . 15. 1906.
31. Bericht . . . . 15. 1907.
32. Jahrbuch . . . 16. 1908.
33. Bericht . . . . 16. 1908.
34. Jahrbuch . . . 17. 1909.
35. Bericht . . . . 17. 1909.
36. 37. Jahrbuch . . . 18. 19. 1910. 1911.
38. Bericht . . . . 19. 1911.
39—41. Jahrbuch . . . 20—22. 1912—1914.

SCHRIFTEN DES OLDENBURGER VEREINS FÜR ALTERTUMSKUNDE UND LANDESGESCHICHTE.

VI. [1]) m. d. T.: Bericht uber die Thätigkeit des Oldenburger Landesvereins fur Alterthumskunde. Heft VI. Die Bohlenwege im Flussgebiet der Ems und Weser. Mit Karten und 18 Abbildungen. Oldenburg. 1888. Druck von Gerhard Stalling. 8°.

VII. [2]) Jahrbuch fur die Geschichte des Herzogtums Oldenburg, herausgegeben von dem Oldenburger Verein für Altertumskunde und Landesgeschichte. I. (Mit 3 Tafeln.) ib. 1892. Gerhard Stalling.

VIII. m. d. T.: Bericht uber die Thätigkeit des Oldenburger Landesvereins für Altertumskunde und Landesgeschichte. Heft VII. Der Denkmalsschutz im Herzogtum Oldenburg von GEORG SELLO. (Der Schriften des Oldenburger Vereins fur Altertumskunde und Landesgeschichte VIII. Teil.) ib. 1893. —

IX. [3]) Die altesten Lehnsregister des Grafen von Oldenburg und Oldenburg-Bruchhausen. Herausgegeben und erlautert von HERMANN ONCKEN. ib. 1893. —

X. Jahrbuch fur die Geschichte des Herzogtums Oldenburg, herausgegeben von dem Oldenburger Verein für Altertumskunde und Landesgeschichte. II. ib. 1893. —

XI. Jahrbuch fur die Geschichte des Herzogtums Oldenburg, herausgegeben von dem Oldenburger Verein fur Altertumskunde und Landesgeschichte. III. ib. 1894. —

[1]) Die in Bd. I. S. 434 u. 747 abgedruckten Hefte I—V von dem „Bericht uber die Thatigkeit des Oldenburger Landesvereins fur Alterthumskunde" bilden (Heft) I—V der Schriften des Oldenburger Landesvereins, bzw. Vereins u. s. w.

[2]) VII. X. XI. XIII. XIV. XVI. XVIII. XX. XXII. XXIII. XXIV. M. d. Umschlagtitel: Jahrbuch fur die Geschichte des Herzogtums Oldenburg, herausgegeben vom Oldenburger Verein fur Altertumskunde und Landesgeschichte. Bd. 1. 2. 3. 4. 5. 6. 7. 8. 9. 10. 11. 12. (Der Schriften des Oldenburger Vereins fur Altertumskunde und Landesgeschichte. Teil VII. X. XI. XIII. XIV. XVI. XVIII. XX. XXII. XXIII. XXIV.) Oldenburg. 1892. 1893. 1894. 1895. 1896. 1897. 1898. 1899. 1900. 1901. 1902. 1903. Gerhard Stalling.

[3]) Umschlagtitel: Die altesten Lehnsregister der Grafen von Oldenburg und Oldenburg-Bruchhausen. Herausgegeben und erlautert von HERMANN ONCKEN. (Der Schriften des Oldenburger Vereins fur Altertumskunde und Landesgeschichte IX. Teil.) ib. 1893.

SCHRIFTEN DES OLDENBURGER LANDESVEREINS FÜR ALTERTUMSKUNDE UND LANDESGESCHICHTE.

XII. ib. 1895. — A. m. d. Umschlagtitel: Bericht über die Thätigkeit des Oldenburger Landesvereins für Altertumskunde und Landesgeschichte. Heft VIII. (Mit 1 Tafel.) ib. 1895. —

XIII. Jahrbuch für die Geschichte des Herzogtums Oldenburg, herausgegeben von dem Oldenburger Verein für Altertumskunde und Landesgeschichte. IV. ib. 1895. —

XIV. Jahrbuch für die Geschichte des Herzogtums Oldenburg, herausgegeben von dem Oldenburger Verein für Altertumskunde und Landesgeschichte. V. ib. 1896. —

XV. Das Saterland. Eine Darstellung von Land, Leben, Leuten in Wort und Bild von JULIUS BRÖRING. Mit Titelbild und 12 Abbildungen. ib. 1897. — A. m. d. Umschlagtitel: Bericht über die Thätigkeit des Oldenburger Landesvereins für Altertumskunde und Landesgeschichte. Helt IX. ib. 1897. —

XVI. Jahrbuch für die Geschichte des Herzogtums Oldenburg, herausgegeben von dem Oldenburger Verein für Altertumskunde und Landesgeschichte. VI. ib. 1897. —

XVII. ib. 1898. — A. m. d. Umschlagtitel: Bericht über die Thatigkeit des Oldenburger Landesvereins für Altertumskunde und Landesgeschichte. ib. 1898. —

XVIII. Jahrbuch für die Geschichte des Herzogtums Oldenburg, herausgegeben von dem Oldenburger Verein fur Altertumskunde und Landesgeschichte. VII. ib. 1898. —

XIX. Jahrbuch für die Geschichte des Herzogtums Oldenburg, herausgegeben von dem Oldenburger Verein für Altertumskunde und Landesgeschichte. VIII. ib. 1899. —

XX. Jahrbuch für die Geschichte des Herzogtums Oldenburg, herausgegeben von dem Oldenburger Verein für Altertumskunde und Landesgeschichte. IX. ib. 1900. —

XXI. Das Saterland. Eine Darstellung von Land, Leben, Leuten in Wort und Bild von JULIUS BRÖRING. Teil II. ib. 1901. — A. u. d. Umschlagtitel: Bericht über die Thatigkeit des Oldenburger Landesvereins für Altertumskunde und Landesgeschichte. Heft XI. ib. 1901. —

XXII. Jahrbuch für die Geschichte des Herzogtums Oldenburg, herausgegeben von dem Oldenburger Verein fur Altertumskunde und Landesgeschichte. X. (Mit 1 Karte.) ib. 1901. —

XXIII. Jahrbuch für die Geschichte des Herzogtums Oldenburg, herausgegeben von dem Oldenburger Verein für Altertumskunde und Landesgeschichte. XI. (Mit 1 Karte.) ib. 1902. —

XXIV. Jahrbuch für die Geschichte des Herzogtums Oldenburg, herausgegeben von dem Oldenburger Verein fur Altertumskunde und Landesgeschichte. XII. (Mit 1 Tafel.) ib. 1903. —

XXV. Jahresbericht über die Tatigkeit des Oldenburger Vereins fur Altertums kunde und Landesgeschichte. ib. 1904. —

XXVI. Jahrbuch fur die Geschichte des Herzogtums Oldenburg, herausgegeben von dem Oldenburger Verein für Altertumskunde und Landesgeschichte. XIII. (Mit 1 Karte und 1 Tafel.) ib. 1905. —.

XXVII. Bericht uber die Tatigkeit des Oldenburger Vereins für Altertumskunde und Landesgeschichte. XIII. ib. 1905. —

XXVIII. Jahrbuch fur die Geschichte des Herzogtums Oldenburg, herausgegeben von dem Oldenburger Verein fur Altertumskunde und Landesgeschichte. XIV. Mit 1 Tafel. ib. 1905. —

XXIX. Bericht uber die Tatigkeit des Oldenburger Vereins für Altertumskunde und Landesgeschichte. XIV. (Mit Tafeln.) ib. 1906. —

XXX. Jahrbuch fur die Geschichte des Herzogtums Oldenburg, herausgegeben von dem Oldenburger Verein fur Altertumskunde und Landesgeschichte. XV. (Mit Tafeln.) ib. 1906. —

XXXI. Bericht uber die Tätigkeit des Oldenburger Vereins für Altertumskunde und Landesgeschichte. XV. (Mit Tafeln.) ib. 1907. —

XXXII. Jahrbuch fur die Geschichte des Herzogtums Oldenburg, herausgegeben von dem Oldenburger Verein fur Altertumskunde und Landesgeschichte. XVI. (Mit 1 Tafel.) ib. 1908. —

XXXIII. Bericht uber die Tatigkeit des Oldenburger Vereins für Altertumskunde und Landesgeschichte. XVI. (Mit Tafeln.) ib. 1908. —

XXXIV. Jahrbuch fur die Geschichte des Herzogtums Oldenburg, herausgegeben von dem Oldenburger Verein für Altertumskunde und Landesgeschichte. XVII. (Mit Tafeln.) ib. 1909. —

XXXV. Bericht uber die Tätigkeit des Oldenburger Vereins fur Altertumskunde und Landesgeschichte. XVII. ib. 1909. —

XXXVI. Jahrbuch fur die Geschichte des Herzogtums Oldenburg, herausgegeben von dem Oldenburger Verein für Altertumskunde und Landesgeschichte. XVIII. (Mit 1 Tafel.) ib. 1910. —

XXXVII. Jahrbuch fur die Geschichte des Herzogtums Oldenburg, herausgegeben von dem Oldenburger Verein fur Altertumskunde und Landesgeschichte. XIX ib. 1911. —

XXXVIII. Bericht über die Tatigkeit des Oldenburges Vereins fur Altertumskunde und Landesgeschichte. XX. ib. 1911. —

XXXIX. Jahrbuch fur die Geschichte des Herzogtums Oldenburg, herausgegeben von dem Oldenburger Verein fur Altertumskunde und Landesgeschichte. XX. ib. 1912. —

XL. Jahrbuch fur die Geschichte des Herzogtums Oldenburg, herausgegeben von dem Oldenburger Verein fur Altertumskunde und Landesgeschichte. XXI. ib. 1913. —

XLI. Jahrbuch fur die Geschichte des Herzogtum Oldenburg, herausgegeben von dem Oldenburger Verein fur Altertumskunde und Landesgeschichte. XXII. ib. 1914. —

— des Oldenburger = Vereins f. Altertumskunde u. Landesgeschichte. 7.—10. Tl. gr. 8. Oldenburg, G. Stalling's Verl. n. 11. 75
7. Jahrbuch f. die Geschichte d. Herzogt. Oldenburg, hrsg. v. dem Oldenburger Verein f. Altertumskunde u. Landesgeschichte. I. (III, 131 S. m. 3 Tab. u. 3 Taf.) 892. n. 3. —
8. Bericht üb. die Thätigkeit des Oldenburger Landesvereins f. Altertumskunde u. Landesgeschichte. 7. Hft. Der Denkmalsschutz im Herzogt. Oldenburg v. Geo. Sello. (V, 90 S.) 893. n. 2. 25
9. Die ältesten Lehnsregister der Grafen v. Oldenburg u. Oldenburg-Bruchhausen. Hrsg. u. erläutert v. Herm. Oncken. (V, 138 S.) 893. n. 3. 50
10. Jahrbuch f. die Geschichte des Herzogt. Oldenburg, hrsg. v. dem Oldenburger Verein f. Altertumskunde u. Landesgeschichte. II. (III, 136 S.) 893. n. 3. —
I—VI s.: Bericht üb. die Thätigkeit d. Oldenburger Landesvereins f. Altertumskunde.

Schriften des Oldenburger Vereins f. Altertumskunde u. Landesgeschichte. XI—XVII. Tl. gr. 8. Oldenburg, G. Stalling's Verl. n. 18. 25
XI. Jahrbuch f. d. Geschichte d. Herzogt. Oldenburg, hrsg. v. d. Oldenburger Verein f. Altertumskunde u. Landesgeschichte. III. (IV, 155 S.) 894. n. 3. —
XII. Bericht üb. d. Thätigkeit d. oldenburger Landesvereins für Altertumskunde u. Landesgeschichte. VIII. Hft. I. Zum Gedächtnis Friedrich v. Altens. Von F. Bucholtz. — II. Blick auf Moor u. Heide zwischen Weser u. Ems. Von Frdr. v. Alten. (52 S. m. 1 Bildn.) 895. n. 1. 75
XIII. Jahrbuch f. d. Geschichte d. Herzogt. Oldenburg, hrsg. v. d. oldenburger Verein für Altertumskunde u. Landesgeschichte. IV. (III, 146 S.) 895. n. 3.
XIV. Dasselbe. V. (III, 140 S. m. 1 Plan u. 1 Karte.) 896. n. 3. —
XV. Bericht üb. die Thätigkeit des oldenburger Landesvereins f. Altertumskunde u. Landesgeschichte. IX. Hft. Das Saterland. E. Darstellg. v. Land, Leben, Leuten in Wort u. Bild. Von Jul. Bröring. 1. Tl. M. (farb.) Titelbild u. 12 Abb. (III, 148 S.) 897. n. 2. 25
XVI. Jahrbuch f. d. Geschichte d. Herzogt. Oldenburg. VI. (III, 143 S.) 897. n. 3. —
XVII. Bericht üb. d. Thätigkeit d. oldenburger Landesvereins für Altertumskunde u. Landesgeschichte. X. (III, 79 S.) 898. n. 2. 25

Schriften des Oldenburger Vereins f. Altertumskunde u. Landesgeschichte. XVIII.—XXI. Tl. gr. 8. Oldenburg, G. Stalling's Verl. n. 11. 25
XVIII. Jahrbuch f. die Geschichte des Herzogt. Oldenburg, hrsg. v. dem Oldenburger Verein f. Altertumskunde u. Landesgeschichte. VII. (III, 200 S.) 898. n. 3. —
XIX. Jahrbuch f. die Geschichte des Herzogt. Oldenburg. VIII. (III, 148 S.) 899. n. 3. —
XX. Jahrbuch f. die Geschichte des Herzogt. Oldenburg, hrsg. v. dem Oldenburger Verein f. Altertumskunde u. Landesgeschichte. IX. (III, 176 S.) 900. n. 3. —
XXI. Das Saterland. Eine Darstellg. v. Land, Leben, Leuten in Wort u. Bild. Von Jul. Bröring. 2. Tl. (VIII u. S. 149—305.) 901. n.n. 2. 25

— des Oldenburger Vereins f. Altertumskunde u. Landesgeschichte. XXII.—XXVIII. Tl. gr. 8. Oldenburg, G. Stalling's Verl. n. 19. 80
XXII. Jahrbuch f. die Geschichte des Herzogt. Oldenburg, hrsg. v. dem Oldenburger Verein f. Altertumskunde u. Landesgeschichte. X. (III, 175 S.) 901. n. 3. —
XXIII. Jahrbuch f. die Geschichte des Herzogt. Oldenburg, hrsg. v. dem Oldenburger Verein f. Altertumskunde u. Landesgeschichte. XI. (IV, 166 S.) 902. n. 3. —
XXIV. Dasselbe. XII. (IV, 150 S. m. 2 Taf.) 903. n. 3. —
XXV. Jahresbericht üb. die Tätigkeit des Oldenburger Vereins f. Altertumskunde u. Landesgeschichte. XIII. (III, 84 S.) 904. n. 2. 80
XXVI. Jahrbuch f. die Geschichte des Herzogt. Oldenburg, hrsg. v. dem Oldenburger Verein f. Altertumskunde u. Landesgeschichte. XIII. (IV, 218 S. m. 1 Taf. u. 1 Karte.) 905. n. 3. —
XXVII. Bericht üb. die Tätigkeit des Oldenburger Vereins f. Altertumskunde u. Landesgeschichte. XIII. (III, 57 S.) 905. n. 2. —
XXVIII. Jahrbuch f. die Geschichte des Herzogt. Oldenburg, hrsg. v. dem Oldenburger Verein f. Altertumskunde u. Landesgeschichte. XIV. (V, 183 S. m. 1 Taf.) 905. n. 3. —

— des Oldenburger Vereins f. Altertumskunde u. Landesgeschichte. 29., 30. u. 32.—36. Tl. gr. 8. Oldenbourg, G. Stalling's Verl. 15. 50
29. Bericht üb. die Tätigkeit des Oldenburger Vereins f. Altertumskunde u. Landesgeschichte. XIV. (III, 62 S. m. 1 Bildnis.) 906. 1. —
30. Jahrbuch f. die Geschichte des Herzogt. Oldenburg, hrsg. v. dem Oldenburger Verein f. Altertumskunde u. Landesgesch. XV. (III, 301 S. m. 1 Taf. u. 2 Karten.) 906. 3. —
32. Dasselbe. XVI. (III, 449 S. m. 1 Taf.) 908. 3. —
33. Bericht üb. die Tätigkeit des Oldenburger Vereins f. Altertumskunde u. Landesgeschichte. XVI. (Hrsg. v. G. Rüthning.) (68 S. m. 9 Taf.) 908. 1. 50
34. Jahrbuch f. die Geschichte des Herzogt. Oldenburg, hrsg. v. d. Oldenburger Verein f. Altertumskunde u. Landesgeschichte. XVII. (III, 324 S. m. Abb. u. 9 Taf.) 909. 3. —
35. Bericht üb. die Tätigkeit des Oldenburger Vereins f. Altertumskunde u. Landesgeschichte. XVII. (Hrsg. v. G. Rüthning.) (69 S. m. 9 Taf.) 909. 1. —
36. Jahrbuch f. die Geschichte des Herzogt. Oldenburg, hrsg. v. d. Oldenburger Verein f. Altertumskunde u. Landesgeschichte. XVIII. (III, 306 S. m. Abb. u. 3 Taf.) 910. 3. —
Der 31. Tl. wird nur an Mitglieder des Vereins geliefert.

[Schriften des Vereins deutscher Patentanwälte zur Abänderung des Patent- und Gebrauchsmuster-Gesetzes.] Sammelbd. [Inhalt:] fol.
1. Anträge des Vereins deutscher Patentanwälte zur Abänderung des Patentgesetzes vom 25. Mai 1877. Berlin 1888.
2. Äußerungen und Vorschläge des Vereins deutscher Patentanwälte zu dem Entwurf eines Gesetzes betr. die Abänderung des Patentgesetzes nach der Veröffentlichung im Deutschen Reichs-Anzeiger Nr 269 v. J. 1890. 1890.
3. Beschlüsse des Vereins deutscher Patentanwälte über die Abänderung des Gesetzentwurfes betr. den Schutz von Gebrauchsmustern nach der Veröffentlichung im Deutschen Reichs-Anzeiger Nr 268 v. J. 1890. 1891.

SCHRIFTEN DES PROTESTANTISCHEN LIBERALEN VEREINS IN ELSASS-LOTHRINGEN.**)
I. Der Sonntag. Ansprache an denkende Christen von FR. RIFF. Strassburg. 1874. Druck von J. H. Ed. Heitz. 8°.
Dasselbe. 6. Auflage. ib. 1882. —
II. Die Bibel von TH. GEROLD. ib. 1875. —
Dasselbe. 3. Auflage. ib. 1876. —
Dasselbe. 4. Auflage. ib. 1876. —
III. Der Hausgottesdienst von FR. RIFF. 2. Auflage. ib. 1875. —
IV. Die christliche Taufe. Von A. ENGELMANN. ib. 1875. —
Dasselbe. 4. Auflage. ib. 1876. —
V. Vetter Ehrhard von L. GANGLOFF. 2. Auflage. ib. 1876. —
Dasselbe. 3. Auflage. ib. 1876. —
VI. Die Liberalen was sie sind und was sie wollen. Rede gehalten bei der ersten öffentlichen Generalversammlung des protestantischen liberalen Vereins am 19. November 1876 von A. ENGELMANN. 2. Auflage. ib. 1879. —
VII. Wolfgang Schuch ein evangelischer Märtyrer des Elsasses von RUDOLF REUSS. ib. 1877. —
VIII. Bergstimmen. Erbauliches und Beschauliches. Excelsior, immer höher! Eine Abendandacht auf dem Vierwaldstädtersee. Auf dem Belvedère. — Glockengeläute. Was einem das Monument von Kappel predigt. Von A. DIETZ. ib. 1877. —
IX. Matthäus Zell der erste elsässische Reformator und evangelische Pfarrer in Strassburg von A. ERICHSON. (Mit 1 Titelbild.) ib. 1878. —
X. Auf, lasset uns bauen! Rede gehalten bei der zweiten öffentlichen Generalversammlung des protestantischen liberalen Vereins am 25. November 1877 von TH. GEROLD. ib. 1878. —
XI. Was ist eine christliche Kirche? von L. LEBLOIS. ib. 1878. Druck von E. Hubert & E. Haberer.
XII. Friedheim. Ein Gespräch über Bekenntnisstreue von J. BRESCH. ib. 1878. Druck von J. H. Ed. Heitz.
XIII. Gottesgrüsse. Geschichten für's Leben von ALBRECHT THOMA. ib. 1878. —
XIV. Die Augsburgische Konfession der vier Städte Strassburg, Konstanz, Memmingen und Lindau von CAMILL JÄGER. ib. 1880. —
XV. Das Marburger Religionsgespräch über das Abendmahl im Jahr 1529 nach ungedruckten Strassburger Urkunden von A. ERICHSON. ib. 1880. —
XVI. Drei Bilder aus dem Leben von Papa Oberlin von FR. RIFF. ib. 1880. —
XVII. Die Bedeutung des Todes Jesu. Ein Gespräch von F. W. HITZIG. ib. 1881. —
XVIII. „Ich gehe nicht in die Kirche." Ein Bild aus dem elsässer Volksleben von FR. RIFF. ib. 1881. —
XIX. Wie ist die Sammlung der heiligen Schriften entstanden? von WILHELM BRÜCKNER. ib. 1881. —
XX. Der Kampf um die Gottheit Christi von TH. GEROLD. ib. 1882. —
XXI. Das Prinzip der Reformation und das Prinzip des Liberalismus von TH. GEROLD. ib. 1883. —
XXII. Ein Selbstmörder. Eine Strassburger Geschichte von dreissig Jahren her von FR. RIFF. ib. 1883. —
XXIII. Der Apostel Paulus. Ein evangelisches Lebensbild aus dem ersten Jahrhundert von RUDOLF REUSS. ib. 1883. —

**) Die hier fehlenden Auflagen sind mir nicht zu Gesicht gekommen.

SCHRIFTEN DES PROTESTANTISCHEN LIBERALEN VEREINS IN ELSASS-LOTHRINGEN.
XXIV. Das Abendmahl. Von FR. A. QUIRIN. (Mit 1 Tafel.) Strassburg. 1886. Druck von J. H. Ed. Heitz (Heitz und Mündel). 8°.
XXV. Die kirchlichen Wahlen zu Dingshoffen. Von RUDOLF REUSS. ib. 1886. —
XXVI. Sind wir noch Christen? und Sind wir schon Christen? von FR. RIFF. ib. 1886. —
XXVII. Der Eid. Von J. SCHNEIDER. ib. 1886. —

SCHRIFTEN DES PROTESTANTISCHEN LIBERALEN VEREINS IN ELSASS-LOTHRINGEN.
XXVIII. Eine Mischehe. Von J. SCHNEIDER. Strassburg 1887. Druck von J. H. Ed. Heitz (Heitz & Mündel), auch: Heitz u(nd) Mündel. 8°.
XXIX. Die Lehre von der göttlichen Vorsehung. Von F. W. HITZIG. ib. 1889. —
XXX. Der Zweifel. Eine praktische Anleitung für Eltern und Lehrer von A. ENGELMANN. 2. Aufl. ib. 1889. —
XXXI. Die elsässische Kirche in der Zeit der französischen Revolution. Von J. SCHNEIDER. ib. 1889. —
XXXII. Ernst und Humor. Erzählungen und Bilder von AUGUST DIETZ. ib. 1890. —
XXXIII. Ein Dutzend elsässischer Sprichwörter aus Geyler's Schriften. Von AUGUST LAMBS. ib. 1890. —
XXXIV. Fürchte nicht, glaube nur! Rede, gehalten in der Kirche zu St. Nikolai am Jahresfeste des prot.-liberalen Vereins von A. HOFFMANN. ib. 1890. —
XXXV. Martin Butzer, ein Reformator Strassburgs. Zu dessen vierhundertsten Geburtstag dem protestantischen Volk in Elsass-Lothringen erzählt von KARL CONRAD. (Mit 1 Tafel.) ib. 1891. —
XXXVI. ib. 1891. — A. u. d. T.: Dr. Johann Lorentz Blessig. Ein Vorkampfer des religiösen Liberalismus im Elsass, am Ende des vorigen und zu Anfang des jetzigen Jahrhunderts von A. FROLICH. ib. 1891. —
XXXVII. ib. 1892. — A. u. d. T.: Liesele. Eine Geschichte aus dem elsässischen Volksleben von L. SCHWEITZER. ib. 1892. —
XXXVIII. Konrad Pellikanus. Ein elsässisches Lebensbild aus der Zeit der Reformation. Von RUD. REUSS. ib. 1892. —
XXXIX. D. Johann Friedrich Bruch. Zu dessen hundertjahriger Geburtsfeier von TH. GEROLD. ib. 1893. —
XL. Zwei Konfirmandinnen. Von ALFRED SCHALLER. ib. 1892. —
XLI. Eine Predigt ohne Worte. Von L. SCHWEITZER. ib. 1893. —

—— des protestantischen liberalen Vereins in Elsaß-Lothringen. Nr. 1—13. gr. 16. Straßburg, (Treuttel und Würtz.) * 5 13
Inhalt:
Nr. 1. Riff, Fr., der Sonntag. Ansprache an denkende Christen. 4. Aufl. (54 S.) 875. * 40 Pf.
„ 2. Gerold, Th., die Bibel. 2. Aufl. (50 S.) 876. * 40 Pf.
„ 3. Riff, Fr., der Hausgottesdienst. (44 S.) 875. * 40 Pf.
„ 4. Engelmann, A., die christliche Taufe. (62 S.) 875. * 40 Pf.
„ 5. Gangloff, L., Vetter Ebrhard. 2. Aufl. (40 S.) 877. * 28 Pf.
„ 6. Engelmann, A., die Liberalen, was sie sind und was sie wollen. Rede, gehalten bei der ersten öffentlichen Generalversammlung des protestant. liberalen Vereins am 19. Novbr. 1876. (16 S.) 877. * 40 Pf.
„ 7. Reuß, Rud., Wolfgang Schuch, ein evangel. Märtyrer des Elsasses. (24 S.) * 35 Pf.
„ 8. Dietz, A., Bergstimmen. Erbauliches und Beschauliches. (70 S.) 877. * 40 Pf.
„ 9. Erichson, A., Matthäus Zell, der erste elsässische Reformator und evangelische Pfarrer in Straßburg. (66 S. mit Portr.) 878. * 60 Pf.
„ 10. Gerold, Th., Auf, lasset uns bauen! Rede, gehalten bei der zweiten öffentlichen Generalversammlung des protestant.-liberalen Vereins am 25. Novbr. 1877. (16 S.) 878. * 20 Pf.
„ 11. Leblois, L., Was ist eine christliche Kirche? (24 S.) 878. * 30 Pf.
„ 12. Breich, J., Friedheim. Ein Gespräch über Bekenntnißtreue. (63 S.) 878. * 40 Pf.
„ 13. Thoma, Albr., Gottesgrüße. Geschichten für's Leben. (64 S.) 878. * 40 Pf.

—— des protestantischen liberalen Vereins in Elsaß-Lothringen. Nr. 14—23. 12. Straßburg, (Treuttel und Würtz.) *
Inhalt:
Nr. 14. Jäger, Camill, die Augsburgische Konfession der vier Städte Straßburg, Konstanz, Memmingen und Lindau. (30 S.) 880. * 30 Pf.
„ 15. Erichson, A., das Marburger Religionsgespräch über das Abendmahl im J. 1529 nach ungedr. Straßburger Urkunden. (59 S.) 880. * 40 Pf.
„ 16. Riff, Fr., drei Bilder aus dem Leben von Papa Oberlin. (70 S.) 880. * 40 Pf.
„ 17. Hitzig, F. W., die Bedeutung des Todes Jesu. Ein Gespräch. (23 S.) 881. * 30 Pf.
„ 18. Riff, Fr., „Ich gehe nicht in die Kirche". Ein Bild aus dem elsässer Volksleben. (68 S.) 881. * 40 Pf.
„ 19. Brückner, Wilh., wie ist die Sammlung der heiligen Schriften entstanden? (88 S.) 881. * 35 Pf.
„ 20. Gerold, Th., der Kampf um die Gottheit Christi. (48 S.) 882. * 40 Pf.
„ 21. —— das Prinzip der Reformation und das Prinzip des Liberalismus. (45 S.) 883. * 27 Pf.
„ 22. Riff, Fr., ein Selbstmörder. Eine Straßburger Geschichte von 30 Jahren her. (15 S.) 883. * 20 Pf.
„ 23. Reuß, Rud., der Apostel Paulus. Ein evangel. Lebensbild aus dem 1. Jahrh. (62 S.) 883. * 35 Pf.

—— des protestantischen liberalen Vereins in Elsaß-Lothringen. 24.—28. Heft. 12. Straßburg, (Treuttel und Würtz.) *
Inhalt:
Heft 24. Quirin, Fr. A., das Abendmahl. (64 S. mit 1 Holzschn.) 885. 30 Pf.
„ 25. Reuß, Rud., die kirchlichen Wahlen zu Dingshoffen. (21 S.) 886. 15 Pf.
„ 26. Riff, Fr., Sind wir noch Christen und sind wir schon Christen? (43 S.) 886. 30 Pf.
„ 27. Schneider, J., der Eid. (27 S.) 886. 20 Pf.
„ 28. —— eine Mischehe. (32 S.) 887. * 20 Pf.

—— des protestantischen liberalen Vereins in Elsaß-Lothringen. 29.—35. Heft. 12. Straßb., (Treuttel u. Würtz). * 1 35
29. Hitzig, F. W. Die Lehre v. der göttlichen Vorsehung. (48 S.) 889. * — 20.
30. Engelmann, A. Der Zweifel. Eine prakt. Anleitg. f. Eltern u. Lehrer. 2. Aufl. (32 S.) 889. * — 20.
31. Schneider, J. Die elsässische Kirche in der Zeit der französischen Revolution. (42 S.) 889. * — 15.
32. Dietz, Aug. Ernst u. Humor. Erzählungen u. Bilder. (51 S.) 890. * — 20.
33. Lambs, Aug. Ein Dutzend elsässischer Sprichwörter aus Geyler's Schriften. (40 S.) 890. * — 20.
34. Hoffmann, A. Fürchte nicht, glaube nur! Rede. (27 S.) 890. * — 15.
35. Conrad, Karl. Martin Butzer, e. Reformator Straßburgs. Zu dessen 400. Geburtstag. (50 S. m. Bild.) 892. * — 25.

— des protestantischen liberalen Vereins in Elsaß-Lothringen. 34.—40. Hft. 12. Straßburg i/E., (Treuttel & Würtz). n. 1. 32
34. Fürchte nicht, glaube nur! Rede, geh. in der Kirche zu St. Nicolai am Jahresfeste d. prot.-liberalen Vereins v. A. Hoffmann. (27 S.) 890. n. — 15
35. Martin Butzer, e. Reformator Straßburgs. Zu dessen 400. Geburtstag dem protestant. Volk in Elsaß-Lothringen erzählt v. Karl Conrad. (50 S. m. Bild.) 891. n. — 25
36. Johann Lorentz Blessig. Ein Vorkämpfer d. religiösen Liberalismus im Elsaß, am Ende d. vor. u. zu Anfang d. jetz. Jahrh. v. A. Fröhlich. (51 S.) 891 n. — 20
37. Liesele. Eine Geschichte aus dem elsäss. Volksleben v. L. Schweitzer. (32 S.) 892. n. — 20
38. Konrad Pellikanus. Ein elsäss. Lebensbild aus der Zeit der Reformation v. R. Reuß. (35 S.) 892. n. — 20
39. Johann Friedrich Bruch. Zu dessen 100 jähr. Geburtsfeier v. Th. Gerold. (58 S.) 893. n. — 20
40. Zwei Konfirmandinnen. Von Alfr. Schaller. (18 S.) 893. n. — 12

— des protestantischen liberalen Vereins in Elsaß-Lothringen. 41. Hft. 12. Straßburg (893). (Treuttel & Würtz.) n.n. — 30
Eine Predigt ohne Worte. Von L. Schweitzer. (32 S.)

—— des Vereins für Reformationsgeschichte. Nr. 1—7. gr. 8. Gotha, F. A. Perthes. à Nr. * 1 20
Inhalt:
Nr. 1. Kolde, Thdr., Luther und der Reichstag zu Worms. 1521. (81 S.) 883.
„ 2. Koldewey, Friedr., Heinz von Wolfenbüttel. Ein Zeitbild aus dem Jahrhundert der Reformation. (VII, 80 S.) 883.
„ 3. Stähelin, Rud., Huldreich Zwingli und sein Reformationswerk. Zum 400jähr. Geburtstage Zwinglis. (81 S.) 883.
„ 4. Luther, Mart., an den christlichen Adel deutscher Nation von des christlichen Standes Besserung. Bearb., sowie mit Einleitung und Erläuterungen versehen von Karl Benrath. (XVI, 114 S.) 884.
„ 5. Bossert, Gust., Württemberg und Janssen. 1. Tl. (IV, S. 1—103.) 884.
„ 6. —— dass. — 2. Tl. (S. 105—178.) 884.
„ 7. Walther, Wilh., Luther im neuesten römischen Gericht. 1. Heft: Luther, der politische Revolutionär. (144 S.) 884.

—— des Vereins für Reformationsgeschichte. Nr. 1—24. gr. 8. Halle, (Niemeyer.) *
Inhalt:
Nr. 1. Kolde, Thdr., Luther und der Reichstag zu Worms. 1521. (81 S.) 883. * M 1.20.
„ 2. Koldewey, Friedr., Heinz von Wolfenbüttel. Ein Zeitbild aus dem Jahrhundert der Reformation. (VII, 80 S.) 883. * M 1.20.
„ 3. Stähelin, Rud., Huldreich Zwingli und sein Reformationswerk. Zum 400jähr. Geburtstage Zwinglis. (81 S.) 883. * M 1.20.
„ 4. Luther, Mart., an den christlichen Adel deutscher Nation von des christlichen Standes Besserung. Bearb., sowie mit Einleitung und Erläuterungen versehen von Karl Benrath. (XVI, 114 S.) 884. * M 1.20.
„ 5. Bossert, Gust., Württemberg und Janssen. 1. Tl. (IV, S. 1—103.) 884. * M 1.20.
„ 6. —— dass. — 2. Tl. (S. 105—178.) 884. * M 1.20.
„ 7. Walther, Wilh., Luther im neuesten römischen Gericht. 1. Heft: Luther, der politische Revolutionär. (144 S.) 884. * M 1.20.
„ 8. 9. Buddensieg, Rud., Johann Wiclif und seine Zeit. Zum 500jähr. Wiclifjubiläum. (31. Dez. 1884.) (VI, 214 S.) 885. * M 2.40.
„ 10. Schott, Thdr., die Aufhebung des Ediktes von Nantes im Oktbr. 1685. (IV, 167 S.) 885. * M 1.20.
„ 11. Gothein, Eberh., Ignatius v. Loyola. (181 S.) 885. * M 1.20.
„ 12. Iken, J. Friedr., Heinrich von Zütphen. (VII, 124 S.) 886. * M 1.20.
„ 13. Walther, Wilh., Luther im neuesten römischen Gericht. 2. Heft: Luthers Waffen. (176 S.) 886. * M 2.40.

= 14. 15. Holstein, Hugo, die Reformation im Spiegelbilde der dramatischen Literatur des 16. Jahrh. (VIII, 287 S.) 886. *ℳ 5.—.
= 16. Sillem, C. H. Wilh., die Einführung der Reformation in Hamburg. (VII, 195 S. mit 1 photolithogr. Plan.) 886. *ℳ 3.—.
= 17. Die Depeschen des Nuntius Alexander vom Wormser Reichstage 1521, übersetzt und erläutert von P. Kalkoff. (212 S.) 886. *ℳ 3.—.
= 18. Benrath, Karl, Geschichte der Reformation in Venedig. (XII, 127 S.) 886. *ℳ 2.40.
= 19. Erdmann, D., Luther und seine Beziehungen zu Schlesien, insbesondere zu Breslau. (III, 75 S.) 887. *ℳ 1.20.
= 20. Vogt, Wilh., die Vorgeschichte des Bauernkrieges (VII, 144 S.) 887. *ℳ 2.40.
Nr. 21. Roth, Friedr., Wilibald Pirkheimer, ein Lebensbild aus dem Zeitalter des Humanismus und der Reformation. (VII, 82 S.) 887. *ℳ 1.60.
= 22. [6. Jahrg. 1. Stück]: Hering, Herm., Doktor Pomeranus, Johannes Bugenhagen. Ein Lebensbild aus der Zeit der Reformation. (IV, 175 S. mit Bild.) 888. *ℳ 2.40.
= 23. [6. Jahrg. 2. Stück]: Schubert, Hans v., Roms Kampf um die Weltherrschaft. Eine kirchengeschichtl. Studie. (IV, 136 S.) 888. *ℳ 2.40.
= 24. [6. Jahrg. 3. Stück]: Ziegler, Heinr., die Gegenreformation in Schlesien. (VI, 157 S.) 888. *ℳ 2.40.

Die ersten 12 Hefte werden nur noch an Vereins-Mitglieder abgegeben.

—— d. Vereins f. Reformationsgeschichte. Nr. 25—37. gr. 8. Halle, (Niemeyer). * 18 —

25. Wrede, Adf. Ernst der Bekenner, Herzog v. Braunschweig und Lüneburg. (127 S.) 888. * 2 40.
26. Kawerau, Waldemar. Hans Sachs u. die Reformation. Mit Portr. (VIII, 100 S.) 889. * 1 20.
27. Baumgarten, Herm. Karl V. u. die deutsche Reformation. (90 S.) 889. * 1 20.
28. Lechler, Ghard. Vikt. Johannes Hus. Ein Lebensbild aus der Vorgeschichte der Reformation. (VII, 146 S.) 890. * 1 20.
29. Gurlitt, Cornel. Kunst u. Künstler am Vorabend der Reformation. Ein Bild aus dem Erzgebirge. (III, 155 S. m. 15 Abbildgn.) 890. * 2 40.
30. Kawerau, Waldemar. Thomas Murner u. die Kirche d. Mittelalters. (IV, 103 S.) 890. * 1 20.
31. Walther, Wilh. Luthers Beruf. [Luther im neuesten römischen Gericht, 3. Heft.] (159 S.) 890. * 1 20.
32. Kawerau, Wald. Thomas Murner u. die deutsche Reformation. (III, 109 S.) 891. * 1 20.
33. Tschackert, Paul. Paul Speratus v. Rötlen, evangelischer Bischof v. Pomesanien in Marienwerder. (V, 101 S.) 891. * 1 20.
34. Konrad, P. Dr. Ambrosius Moibanus. Ein Beitrag z. Geschichte d. Kirche u. Schule Schlesiens im Reformationszeitalter. (90 S.) 891. * 1 20.
35. Walther, Wilh. Luthers Glaubensgewißheit. (Luther im neuesten röm. Gericht, 4. Heft.) (136 S.) 892. * 1 20.
36. Wintzingeroda-Knorr, Levin Freih. v. Die Kämpfe u. Leiden der Evangelischen auf dem Eichsfelde während dreier Jahrhunderte. 1. Heft: Reformation u. Gegenreformation bis zu dem Tode d. Kurfürsten Daniel von Mainz (21. März 1582). (V, 105 S.) 892. * 1 20.
37. Uhlhorn, G. Antonius Corvinus, e. Märtyrer d. evangelisch lutherischen Bekenntnisses. Vortrag. (38 S.) 892. * 1 20.

— des Vereins f. Reformationsgeschichte. Nr. 31—45. gr. 8. Halle a/S., (M. Niemeyer). à n. 1. 20

31. Luthers Beruf. [Luther im neuesten römischen Gericht, 3. Hft.] Von Wilh. Walther. (159 S.) 890.
32. Thomas Murner u. die deutsche Reformation. Von Wald. Kawerau. (III, 109 S.) 891.
33. Paul Speratus v. Rötlen, evangelischer Bischof v. Pomesanien in Marienwerder. Von Paul Tschackert. (V, 101 S.) 891.
34. Ambrosius Moibanus. Ein Beitrag zur Geschichte der Kirche u. Schule Schlesiens im Reformationszeitalter v. P. Konrad. (90 S.) 891.
35. Luthers Glaubensgewißheit. [Luther im neuesten röm. Gericht, 4. Hft.] Von Wilh. Walther. (136 S.) 892.
36. Die Kämpfe u. Leiden der Evangelischen auf dem Eichsfelde während dreier Jahrhunderte. 1. Hft. Reformation u. Gegenreformation bis zu dem Tode d. Kurfürsten Daniel v. Mainz (21. März 1582). Von Levin Frhr. v. Wintzingeroda-Knorr. (V, 105 S.) 892.
37. Antonius Corvinus, e. Märtyrer d. evangelisch-lutherischen Bekenntnisses. Vortrag, auf der Generalversammlg. d. Vereins f. Reformationsgeschichte am Mittwoch nach Ostern, 20. Apr. 1892, geh. v. G. Uhlhorn. (38 S.) 892.
38. Petrus Canisius, der erste deutsche Jesuit. Von Paul Drews. (159 S.) 892.
39. Die Reformation u. die Ehe. Ein Beitrag zur Kulturgeschichte d. 16. Jahrh. Von Wald. Kawerau. (VI, 104 S.) 892.
40. Pankraz v. Freyberg auf Hohenaschau, e. bair. Edelmann aus der Reformationszeit. Von Konr. Preger. (59 S.) 893.
41. Das Leben des deutschen Volkes bei Beginn der Neuzeit. Von Heinr. Ulmann. (III, 92 S.) 893.
42. Die Kämpfe u. Leiden der Evangelischen auf dem Eichsfelde während dreier Jahrhunderte. II. Hft. Die Vollendg. der Gegenreformation u. die Behandlg. der Evangelischen seit der Beendigg. des 30jähr. Krieges. Von Levin Frhr. v. Wintzingeroda-Knorr (III, 128 S.) 893.
43. 44. Die Kirche der Wüste. 1715—1787. Das Wiederaufleben des französ. Protestantismus im 18. Jahrh. Von Thdr. Schott. (216 S.) 893.
45. Herzog Albrecht v. Preußen als reformatorische Persönlichkeit. Von Paul Tschackert. (104 S.) 894.

— d. Vereins f. Reformationsgeschichte. Nr. 46—63. gr. 8. Halle (M. Niemeyer). n. 20. 90

46. 47. Das Interim in Württemberg. Von Gust. Bossert. (205 S.) 895. n. 2. 40
48. Pfalzgraf Philipp Ludwig v. Neuburg, s. Sohn Wolfgang Wilhelm u. d. Jesuiten. E. Bild aus d. Zeitalter d. Gegenreformation. Von Aug. Sperl. (88 S.) 895. n. 1. 20
49. Geschichtsschreibg. u. Geschichtsauffassg. im Elsaß z. Zeit d. Reformation. Vortrag, geh. auf d. 4. Generalversammlg. d. Vereins zu Straßburg. Von Max Lenz. (32 S.) 895. n. — 50
50. Joachim Vadian, d. Reformator u. Geschichtsschreiber v. St. Gallen. Von Ernst Götzinger. (IV, 73 S. m. Bildn.) 895. n. 1. 20
51. 52. Das Thorner Blutgericht 1724. Von Frz. Jacobi. (VII, 183 S.) 896. n. 2. 40
53. Heinrich Winckel u. d. Reformation im südl. Niedersachsen. Von Ed. Jacobs. (55 S.) 896. n. 1. 20
54. Der Kampf um Glatz. Aus d. Geschichte d. Gegenreformation in der Grafschaft Glatz. Von Hugo v. Wiese. (84 S.) 896. n. 1. 20
55. Philipp Melanchthon, Deutschlands Lehrer. E. Beitrag zur Feier d. 16. II. 1897. Von Ferd. Cohrs. (VII, 76 S.) 897. n. 1. 20
56. Philipp Melanchthon u. d. deutsche Reformation bis 1531. Von Karl Sell. (IV, 127 S.) 897. n. 1. 20
57. Hartmuth v. Kronberg. Eine Charakterstudie aus d. Reformationszeit. Von Wilh. Vogler. (VII, 96 S. m. 1 Bildn.) 897. n. 1. 20
58. Die Einführg. d. Reformation in Rostock. Von Axel Vorberg. (IX, 56 S.) 897. n. 1. 20
59. Depeschen u. Berichte üb. Luther vom Wormser Reichstage 1521. Aus dem Engl., Ital. u. Span. übers. u. erläutert. Von Paul Kalkoff. (VIII, 95 S.) 898. n. 1. 20
60. D. Einfluß d. Humanismus u. d. Reformation auf d. gleichzeit. Erziehungs- u. Schulwesen bis in d. ersten Jahrzehnte nach Melanchthons Tod. Von Frdr. Roth. (V, 106 S.) 898. n. 1. 20
61. Hieronymus Emser. E. Lebensbild aus der Reformationsgeschichte. Von Gust. Kawerau. (132 S. m. 1 Wappenabb.) 898. n. 1. 20
62. Johann Knipstro, d. erste Generalsuperintendent v. Pommern-Wolgast. Sein Leben u. Wirken, aus Anlaß seines 400jähr. Geburtstages dargest. v. F. Bahlow. (75 S.) 898. n. 1. 20
63. D. religiöse Leben in Erfurt b. Ausgange d. Mittelalters. E. Beitrag z. Vorgeschichte d. Reformation. Von Th. Kolde. (III, 68 S.) 898. n. 1. 20

— des Vereins f. Reformationsgeschichte. Nr. 64—75. gr. 8. Halle (M. Niemeyer). n. 15. 60

64. Johann Albrecht I., Herzog v. Mecklenburg. Von Heinr. Schreiber. (VIII, 81 S.) 899. n. 1. 20
65. Julia Gonzaga. Ein Lebensbild aus der Geschichte der Reformation in Italien. Von Karl Benrath. (IX, 127 S.) 900. n. 2. 40
66. Leonhard Kaiser, e. evangelischer Märtyrer aus dem Innviertel. Von F. Roth. (III, 51 S.) 900. n. 1. 20
67. Die Ausrottung des Protestantismus in Salzburg unter Erzbischof Firmian u. seinen Nachfolgern. Ein Beitrag zur Kirchengeschichte d. 18. Jahrh. Von C. Fr. Arnold. 1. Hälfte. (VII, 102 S.) 900. n. 1. 20
68. Gustav Adolf in Deutschland 1630—1632. Von Glob. Egelhaaf. (III, 145 S.) 901. n. 1. 20
69. Die Ausrottung des Protestantismus in Salzburg unter Erzbischof Firmian u. seinen Nachfolgern. Ein Beitrag zur Kirchengeschichte d. 18. Jahrh. Von C. Fr. Arnold. 2. Hälfte. (112 S.) 901. n. 1. 20
70. Vorträge, geh. auf der VI. Generalversammlung des Vereins f. Reformationsgeschichte am 11. IV. 1901 in Breslau. (Martin Luther's Anschauung vom Staate u. der Gesellschaft v. Erich Brandenburg u. Die schlesischen Grenzkirchen im 17. Jahrh. v. Gerh. Eberlein. (71 S. m. 1 Karte.) 901. n. 1. 20
71. Kaspar Klee v. Gerolzhofen. Das Lebensbild e. elsäss. evangel. Pfarrers um die Wende des 16. zum 17. Jahrh. Von Herm. Beck. (IV, 56 S.) 901. n. 1. 20
72. Heinrich V., der Friedfertige, Herzog v. Mecklenburg 1503—1552. Von H. Schnell. (VII, 72 S. m. 1 Taf.) 902. n. 1. 20
73. Die Versuche, Melanchthon zur katholischen Kirche zurückzuführen. Von Gust. Kawerau. (III, 86 S.) 902. n. 1. 20
74. Die Reformation Lübecks. Von Heinr. Schreiber. (III, 106 S.) 902. n. 1. 20
75. Geschichte der Reformation in der Grafsch. Oettingen 1522—1569. Von Rhold. Herold. (VII, 72 S.) 902. n. 1. 20

— dasselbe. XVII. Jahrg. Vereinsj. 1899—1900. gr. 8. Ebd. n. 6. —

Albrecht Dürer. Von M. Zucker. (V, 184 S. m. Abbildgn. u. 15 Taf.) 900.

— des Vereins für Reformationsgeschichte. Nr. 76 bis 91. gr. 8. Halle. (Leipzig, Haupt & Hammon.) n. 18. 60; f. den Jhrg. v. 4 Hftn. n.n. 8. —

Benrath, Karl, Luther im Kloster 1505—1525, s.: Zur Abwehr etc.
Diehl, Wilh., M. Butzer's Bedeutg. f. d. kirchl. Leben in Hessen, s.: Egelhaaf, G., Landgraf Philipp v. Hessen.
Egelhaaf, Glob., Landgraf Philipp v. Hessen. — Diehl, Wilh., M. Butzer's Bedeutung f. das kirchliche Leben in Hessen. Vorträge, geh. auf der VII. Generalversammlg. des Vereins f. Reformationsgeschichte am 7. IV. 1904 in Kassel. (63 S.) 904. (Nr. 83.) n. 1. 20

Kalkoff, Paul, die Anfänge der Gegenreformation in den Niederlanden. 1. Tl. (VII, 112 S.) 903. (Nr. 79.) n. 1. 20
— dasselbe. 2. Tl. (VII, 119 S.) 903. (Nr. 81.) n. 1. 20
Korte, Aug., die Konzilspolitik Karls V. in den J. 1538–1543. (IV, 87 S.) 905. (Nr. 85.) n. 1. 20
Mulot, R., John Knox 1505—1572. Ein Erinnerungsblatt zur vierten Zentenarfeier. (III, 83 S.) 904. (Nr. 84.) n. 1. 20
Ney, Jul., die Reformation in Trier 1559 u. ihre Unterdrückung. 1. Heft: Der Reformationsversuch. (III, 114 S.) 906. (Nr. 88. 89.) n. 1. 80
Niemöller, Heinr., Reformationsgeschichte v. Lippstadt, der ersten evang. Stadt in Westfalen. (IV, 79 S.) 906. (Nr. 91.) n. 1. 20
Rosenberg, Walt., der Kaiser u. die Protestanten in den J. 1537—1539. (III, 91 S.) 903. (Nr. 77.) n. 1. 20
Schäfer, Ernst, Sevilla u. Valladolid, die evangelischen Gemeinden Spaniens im Reformationszeitalter. Eine Skizze. (VIII, 137 S.) 903. (Nr. 78.) n. 1. 20
Schmidt, Wilh., die Kirchen- u. Schulvisitation im sächsischen Kurkreise vom J. 1555. 1. Heft: Die kirchl. u. sittl. Zustände. (III, IV, 74 S.) 906. (Nr. 90.) n. 1. 20
Schnöring, Wilh., Johannes Blankenfeld. Ein Lebensbild aus den Anfängen der Reformation. Unter Benutzung der Vorarbeiten des verstorb. Staatssekretärs v. Jacobi. (IV, 115 S.) 905. (Nr. 86.) n. 1. 20
Schultheß-Rechberg, Gust. v., Heinrich Bullinger, der Nachfolger Zwinglis. (III, 104 S.) 904. (Nr. 82.) n. 1. 20
Steinmüller, Paul, Einführung der Reformation in die Kurmark Brandenburg durch Joachim II. (128 S.) 903. (Nr. 76.) n. 1. 20
Zahn, W., die Altmark im 30jährigen Kriege. (IV, 63 S.) 904. (Nr. 80.) n. 1. 20
Zur Abwehr römischer Geschichtsbehandlung. 1. Heft: **Benrath**, Karl: Luther im Kloster 1505—1525. Zum Verständnis u. zur Abwehr. (96 S.) 905. (Nr. 87.) n. 1. 20

— dasselbe. XVII. Jahrg. Lex.-8. Ebd. n. 6. —; geb. n. 8. —
Albrecht Dürer. Von M. **Zucker**. 5.—7. Taus. (V, 184 S. m. Abbildgn. u. 15 Taf.) 905.

— des Vereins f. **Reformationsgeschichte**. Nr. 92—100. gr. 8. Leipzig, R. Haupt. 16. 20
Jubiläumsschrift (Heft 100.) Mit Beiträgen von W. Friedensburg, Otto Scheel, K. Bauer, Fritz Herrmann, K. Benrath, G. Kawerau. (III, IV, 348 S.) 910. (Nr. 100.) 4. 80
Kawerau, Gust., Paul Gerhardt. Ein Erinnerungsblatt. (86 S. m. 1 Bildnis.) 907. (Nr. 93.) 1. 20
Lang, Aug., Johannes Calvin. Ein Lebensbild zu seinem 400. Geburtstag am 10. VII. 1909. (IV, 222 S.) 909. (Nr. 99.) 2.40; geb. 3. 50
Müller, Nikol., Georg Schwartzerdt, d. Bruder Melanchthons u. Schultheiß zu Bretten. Festschrift zur Feier des 25jähr. Bestehens des Vereins f. Reformationsgeschichte. (XII, 276 S. m. Titelbild.) 908. (Nr. 96. 97.) 3. —
Ney, Jul., die Reformation in Trier 1559 u. ihre Unterdrückung. 2. Heft: Die Unterdrückung. (III, 101 S.) 907. (Nr. 94.) 1.20 (Vollständig: 3. —)
Schmidt, Wilh., die Kirchen- u. Schulvisitation im sächsischen Kurkreise v. J. 1555. 2. Heft: Die wirtschaftl. Verhältnisse. (III, 88 S.) 908. (Nr. 92.) (Je) 1. 20
Schubert, H. v., u. H. **Hermelink**, Bündnis u. Bekenntnis 1529/1530. Der Toleranzgedanke im Reformationszeitalter. Vorträge, geh. auf der XXV. Generalversammlg. d. Vereins f. Reformationsgeschichte zu Bretten am 22. u. 23. IV. 1908. (72 S.) 908. (Nr. 98.) 1. 20
Westphal, F., zur Erinnerung an Fürst Georg den Gottseligen zu Anhalt. Zum 400jähr. Geburtstage am 15. VIII. 1907. (III, 93 S. m. 1 Bildnis.) 907. (Nr. 95.) 1. 20

SCHRIFTEN DES VEREINS FÜR REFORMATIONSGESCHICHTE.

Jahrg. V. (Stück 1–4. Nr. 18–21.) Vereinsjahr 1887–1888. Halle a. S.
(Stück 1. Nr. 18.) ib. 1886. In Commissionsverlag von Max Niemeyer. 8°
A. u. d. T.: Geschichte der Reformation in Venedig. Von KARL BENRATH. ib. 1887. Verein für Reformationsgeschichte.
(Stück 2. Nr. 19.) ib. 1887. In Commissionsverlag von Max Niemeyer. —
A. u. d. T.: Luther und seine Beziehungen zu Schlesien, insbesondere zu Breslau. Von D. ERDMANN. ib. 1887. Verein für Reformationsgeschichte.
(Stück 3. Nr. 20.) ib. 1887. In Commissionsverlag von Max Niemeyer.
A. u. d. T.: Die Vorgeschichte des Bauernkrieges. Von WILHELM VOGT. ib. 1887. Verein für Reformationsgeschichte.
(Stück 4. Nr. 21.) ib. 1887. In Commissionsverlag von Max Niemeyer.
A. u. d. T.: Wilibald Pirkheimer, ein Lebensbild aus dem Zeitalter des Humanismus und der Reformation. Von FRIEDRICH ROTH. ib. 1887. Verein für Reformationsgeschichte.

Jahrg. VI. (Stück 1–4. Nr. 22–25.) Vereinsjahr 1888–1889. ib. Verein für Reformationsgeschichte.
(Stück 1. Nr. 22.) ib. 1888. In Commissionsverlag von Max Niemeyer. —
A. u. d. T.: Doktor Pomeranus, Johannes Bugenhagen. Ein Lebensbild aus der Zeit der Reformation. Mit Bildnis. Von H. HERING. ib. 1888. Verein für Reformationsgeschichte.
(Stück 2. Nr. 23.) ib. 1888. In Commissionsverlag von Max Niemeyer.
A. u. d. T.: Roms Kampf um die Weltherrschaft. Eine kirchengeschichtliche Studie von HANS von SCHUBERT. ib. 1888. Verein für Reformationsgeschichte.
(Stück 3. Nr. 24.) ib. 1888. In Commissionsverlag von Max Niemeyer.
A. u. d. T.: Die Gegenreformation in Schlesien. Von HEINRICH ZIEGLER. ib. (1888.) Verein für Reformationsgeschichte.
(Stück 4. Nr. 25.) ib. 1888. In Commissionsverlag von Max Niemeyer. —
A. u. d. T.: Ernst der Bekenner, Herzog von Braunschweig und Lüneburg. Von ADOLF WREDE. ib. 1888. Verein für Reformationsgeschichte.

Jahrg. VII. (Stück 1–4. Nr. 26–29.) Vereinsjahr 1889–1890. ib.
(Stück 1. Nr. 26.) ib. 1889. In Commissionsverlag von Max Niemeyer. —
A. u. d. T.: Hans Sachs und die Reformation. Von WALDEMAR KAWERAU. Mit einem Bildnis des Hans Sachs. ib. 1889. Verein für Reformationsgeschichte.
(Stück 2. Nr. 27.) ib. 1889. In Commissionsverlag von Max Niemeyer. —
A. u. d. T.: Karl V. und die deutsche Reformation. Von HERMANN BAUMGARTEN. ib. 1889. Verein für Reformationsgeschichte.
(Stück 3. Nr. 28.) ib. 1890. In Commissionsverlag von Max Niemeyer. —
A. u. d. T.: Johannes Hus. Ein Lebensbild aus der Vorgeschichte der Reformation. Von GOTTHARD VIKTOR LECHLER. ib. 1889. Verein für Reformationsgeschichte.
(Stück 4. Nr. 29.) ib. 1890. In Commissionsverlag von Max Niemeyer. —
A. u. d. T.: Kunst und Künstler am Vorabend der Reformation. Ein Bild aus dem Erzgebirge. Von CORNELIUS GURLITT. Mit 15 Abbildungen. ib. 1890. Verein für Reformationsgeschichte.

Jahrg. VIII. (Stück 1–4. Nr. 30–33.) Vereinsjahr 1890–1891. ib.
Stück 1. Nr. 30. ib. 1890. In Commissionsverlag von Max Niemeyer. —
A. u. d. T.: Thomas Murner und die Kirche des Mittelalters. Von WALDEMAR KAWERAU. ib. 1890. Verein für Reformationsgeschichte.
Stück 2. Nr. 31. ib. 1890. In Commissionsverlag von Max Niemeyer. —
A. u. d. T.: Luthers Beruf. (Luther im neuesten römischen Gericht, 3. Heft.) Von WILH. WALTHER. ib. 1890. Verein für Reformationsgeschichte.
Stück 3. Nr. 32. ib. 1891. In Commissionsverlag von Max Niemeyer. —
A. u. d. T.: Thomas Murner und die deutsche Reformation. Von WALDEMAR KAWERAU. ib. 1891. Verein für Reformationsgeschichte.
Stück 4. Nr. 33. ib. 1891. In Commissionsverlag von Max Niemeyer. —
A. u. d. T.: Paul Speratus von Rötlen, evangelischer Bischof von Pomesanien in Marienwerder. Von PAUL TSCHACKERT. ib. 1891. Verein für Reformationsgeschichte.

Jahrg. IX. (Stück 1–4. Nr. 34–37.) Vereinsjahr 1891–1892. ib.
Stück 1. Nr. 34. ib. 1891. In Commissionsverlag von Max Niemeyer. —
A. u. d. T.: Dr. Ambrosius Moibanus. Ein Beitrag zur Geschichte und Schule Schlesiens im Reformationszeitalter von P. KONRAD. ib. 1891. Verein für Reformationsgeschichte.
Stück 2. Nr. 35. ib. 1892. In Commissionsverlag von Max Niemeyer. —
A. u. d. T.: Luthers Glaubensgewissheit. (Luther im neuesten römischen Gericht. 4. Heft.) Von WILH. WALTHER. ib. 1892. Verein für Reformationsgeschichte.
Stück 3. Nr. 36. ib. 1892. In Commissionsverlag von Max Niemeyer. —
A. u. d. T.: Die Kämpfe und Leiden der Evangelischen auf dem Eichsfelde während dreier Jahrhunderte. Heft I. Reformation und Gegenreformation bis zu dem Tode des Kurfürsten Daniel von Mainz (21. März 1582). Von LEVIN FREIH. von WINTZINGERODA-KNORR. ib. 1892. Verein für Reformationsgeschichte.
Stück 4. Nr. 37. ib. 1892. In Commissionsverlag von Max Niemeyer. —
A. u. d. T.: Antonius Corvinus, ein Märtyrer des evangelisch-lutherischen Bekenntnisses. Vortrag auf der Generalversammlung des Vereins für Reformationsgeschichte am Mittwoch nach Ostern, 20. April 1892, gehalten von G. UHLHORN. ib. 1892. Verein für Reformationsgeschichte.

Jahrg. X. (Stück 1–4. Nr. 38–41.) Vereinsjahr 1892–1893. ib.
Stück 1. Nr. 38. ib. 1892. In Commissionsverlag von Max Niemeyer. —
A. u. d. T.: Petrus Canisius, der erste deutsche Jesuit. Von PAUL DREWS. ib. 1892. Verein für Reformationsgeschichte.
Stück 2. Nr. 39. ib. 1892. In Commissionsverlag von Max Niemeyer. —
A. u. d. T.: Die Reformation und die Ehe. Ein Beitrag zur Kulturgeschichte des sechzehnten Jahrhunderts. Von WALDEMAR KAWERAU. ib. 1892. Verein für Reformationsgeschichte.
Stück 3. Nr. 40. ib. 1893. In Commissionsverlag von Max Niemeyer. —
A. u. d. T.: Pankraz von Freyberg auf Hohenaschau, ein bairischer Edelmann aus der Reformationszeit. Von KONRAD PREGER. ib. 1893. Verein für Reformationsgeschichte.
Stück 4. Nr. 41. ib. 1893. In Commissionsverlag von Max Niemeyer. —
A. u. d. T.: Das Leben des deutschen Volks bei Beginn der Neuzeit. Von HEINRICH ULMANN. ib. 1893. Verein für Reformationsgeschichte.

Jahrg. XI. (Stück 1–4. Nr. 42–45.) Vereinsjahr 1893–1894. ib.
Stück 1. Nr. 42. ib. 1893. In Commissionsverlag von Max Niemeyer. —
A. u. d. T.: Die Kämpfe und Leiden der Evangelischen auf dem Eichsfelde während dreier Jahrhunderte. Heft II. Die Vollendung der Gegenreformation und die Behandlung der Evangelischen seit der Beendigung des dreissigjährigen Krieges. Von LEVIN FREIH. von WINTZINGERODA-KNORR. ib. 1893. Verein für Reformationsgeschichte.
Stück 2 und 3. Nr. 43/44. In Commissionsverlag von Max Niemeyer. — A. u. d. T.: Die Kirche der Wüste. 1715–1787. Das Wiederaufleben des französischen Protestantismus im achtzehnten Jahrhundert. Von THEODOR SCHOTT. ib. 1893. Verein für Reformationsgeschichte.
Stück 4. Nr. 45. ib. 1894. In Commissionsverlag von Max Niemeyer. —
A. u. d. T.: Herzog Albrecht von Preussen als reformatorische Persönlichkeit. Von PAUL TSCHACKERT. ib. 1894. Verein für Reformationsgeschichte.

Jahrg. XII. (Stück 1–4. Nr. 46–49.) Vereinsjahr 1894–1895. ib.
Stück 1 und 2. Nr. 46/47. ib. In Commissionsverlag von Max Niemeyer. —
A. u. d. T.: Das Interim in Württemberg. Von AUGUST BOSSERT. ib. 1895. Verein für Reformationsgeschichte.

Stück 3. Nr. 48. ib. In Commissionsverlag von Max Niemeyer. — A. u. d. T.: Pfalzgraf Philipp Ludwig von Neuburg, sein Sohn Wolfgang Wilhelm und die Jesuiten. Ein Bild aus dem Zeitalter der Gegenreformation. Von AUGUST SPERL. ib. 1895. Verein für Reformationsgeschichte.

Stück 4. Nr. 49. ib. In Commissionsverlag von Max Niemeyer. — A. u. d. T.: Geschichtsschreibung und Geschichtsauffassung im Elsaß zur Zeit der Reformation. Vortrag, gehalten auf der vierten Generalversammlung des Vereins zu Strassburg von MAX LENZ. ib. 1895. Verein für Reformationsgeschichte.

Jahrg. XIII. (Stück 1—4. Nr. 50—53.) Vereinsjahr 1895—1896. ib.

Stück 1. Nr. 50. ib. In Commissionsverlag von Max Niemeyer. — A. u. d. T.: Joachim Vadian, der Reformator und Geschichtschreiber von St. Gallen. Von ERNST GÖTZINGER. (Mit 1 Tafel.) ib. 1895. Verein für Reformationsgeschichte.

Stück 2 und 3. Nr. 51/52. ib. In Commissionsverlag von Max Niemeyer. — A. u. d. T.: Das Thorner Blutgericht 1724. Von FRANZ JACOBI. ib. Verein für Reformationsgeschichte.

Stück 4. Nr. 53. ib. In Commissionsverlag von Max Niemeyer. — A. u. d. T.: Heinrich Winckel und die Reformation im südlichen Niedersachsen. Von ED. JACOBS. ib. 1896. Verein für Reformationsgeschichte.

Jahrg. XIV. (Stück 1—4. Nr. 54—57.) Vereinsjahr 1896—1897. ib.

Stück 1. Nr. 54. ib. 1896. In Commissionsverlag von Max Niemeyer. — A. u. d. T.: Der Kampf um Glatz. Aus der Geschichte der Gegenreformation in der Grafschaft Glatz. Von HUGO von WIESE. ib. 1896. Verein für Reformationsgeschichte.

Stück 2. Nr. 55. ib. 1897. In Commissionsverlag von Max Niemeyer. — A. u. d. T.: Philipp Melanchthon, Deutschlands Lehrer. Ein Beitrag zur Feier des 16. Februar 1897 von FERDINAND COHRS. ib. 1897. Verein für Reformationsgeschichte.

Stück 3. Nr. 56. ib. 1897. In Commissionsverlag von Max Niemeyer. — A. u. d. T.: Philipp Melanchthon und die deutsche Reformation bis 1531. Von KARL SELL. ib. 1897. Verein für Reformationsgeschichte.

Stück 4. Nr. 57. ib. 1897. In Commissionsverlag von Max Niemeyer. — A. u. d. T.: Hartmuth von Kronberg. Eine Charakterstudie aus der Reformationszeit von WILHELM BOGLER. Mit Bildnis. ib. 1897. Verein für Reformationsgeschichte.

Jahrg. XV. (Stück 1—4. Nr. 58—61.) Vereinsjahr 1897—1898. ib.

Stück 1. Nr. 58. ib. 1897. In Commissionsverlag von Max Niemeyer. — A. u. d. T.: Die Einführung der Reformation in Rostock. Von AXEL VORBERG. ib. 1897. Verein für Reformationsgeschichte.

Stück 2. Nr. 59. ib. 1898. In Commissionsverlag von Max Niemeyer. — A. u. d. T.: Briefe, Depeschen und Berichte über Luther vom Wormser Reichstage 1521. Aus dem Englischen, Italienischen und Spanischen übersetzt und erläutert von PAUL KALKOFF. ib. 1896. Verein für Reformationsgeschichte.

Stück 3. Nr. 60. ib. 1898. In Commissionsverlag von Max Niemeyer. — A. u. d. T.: Der Einfluss des Humanismus und der Reformation auf das gleichzeitige Erziehungs- und Schulwesen bis in die ersten Jahrzehnte nach Melanchthons Tod. Von FRIEDRICH ROTH. ib. 1898. Verein für Reformationsgeschichte.

Stück 4. Nr. 61. ib. 1898. In Commissionsverlag von Max Niemeyer. — A. u. d. T.: Hieronymus Emser. Ein Lebensbild aus der Reformationsgeschichte. Von GUSTAV KAWERAU. ib. 1898. Verein für Reformationsgeschichte.

Jahrg. XVI. (Stück 1—4. Nr. 62—65.) Vereinsjahr 1898—1899. ib.

Stück 1. Nr. 62. ib. 1898. In Commissionsverlag von Max Niemeyer. A. u. d. T.: Johann Knipstro, der erste Generalsuperintendent von Pommern-Wolgast. Sein Leben und Wirken, aus Anlass seines 400jährigen Geburtstages dargestellt von F. BAHLOW. ib. 1898. Verein für Reformationsgeschichte.

Stück 2. Nr. 63. ib. 1898. In Commissionsverlag von Max Niemeyer. — A. u. d. T.: Das religiöse Leben in Erfurt beim Ausgange des Mittelalters. Ein Beitrag zur Vorgeschichte der Reformation von TH. KOLDE. ib. 1898. Verein für Reformationsgeschichte.

Stück 3. Nr. 64. ib. 1899. In Commissionsverlag von Max Niemeyer. — A. u. d. T.: Johann Albrecht I., Herzog von Mecklenburg von HEINRICH SCHREIBER. ib. 1899. Verein für Reformationsgeschichte.

Stück 4. Nr. 65. ib. 1900. In Commissionsverlag von Max Niemeyer. — A. u. d. T.: Julia Gonzaga. Ein Lebensbild aus der Geschichte der Reformation in Italien. Von KARL BENRATH. ib. 1900. Verein für Reformationsgeschichte.

Jahrg. XVII. Vereinsjahr 1899—1900. (Mit Tafeln.) ib. 1900. Max Niemeyer. — A. u. d. T.: Albrecht Dürer von M. ZUCKER. ib. 1900. — gr. 8°.

Jahrg. XVIII. (Stück 1—4. Nr. 66—69.) Vereinsjahr 1900—1901. ib.

Stück 1. Nr. 66. ib. 1900. In Commissionsverlag von Max Niemeyer. — A. u. d. T.: Leonhard Kaiser, ein evangelischer Martyrer aus dem Innviertel. Von F. ROTH. ib. 1900. Verein für Reformationsgeschichte.

Stück 2. 4. Nr. 67. 69. In Commissionsverlag von Max Niemeyer. — A. u. d. T.: Die Ausrottung des Protestantismus in Salzburg unter Erzbischof Firmian und seinen Nachfolgern. Ein Beitrag zur Kirchengeschichte des achtzehnten Jahrhunderts von C. FR. ARNOLD. Hälfte 1. 2. ib. 1900. 1901. Verein für Reformationsgeschichte.

Stück 3. Nr. 68. In Commissionsverlag von Max Niemeyer. — A. u. d. T.: Gustav Adolf in Deutschland 1630—1632 von GOTTLOB EGELHAAF. ib. 1901. Verein für Reformationsgeschichte.

Jahrg. XIX. Stück 1—4. Nr. 70—73. (Vereinsjahr 1901—1902.) ib. 1901. In Commissionsverlag von Max Niemeyer. —

Stück 1. Nr. 70. ib. 1901. — A. u. d. T.: Vorträge, gehalten auf der VI. Generalversammlung des Vereins für Reformationsgeschichte am 11. April 1901 in Breslau von ERICH BRANDENBURG und GERHARD EBERLEIN. ib. 1901. Verein für Reformationsgeschichte. —

A. m. d. Einzeltit.: Martin Luther's Anschauung vom Staate und der Gesellschaft von ERICH BRANDENBURG. (S. 1—30.) ib. —

A. m. d. Einzeltit.: Die schlesischen Grenzkirchen im XVII. Jahrhundert von GERHARD EBERLEIN. (S. 31—72.) (Mit 1 Karte.) ib. 1901. —

Stück 2. Nr. 71. In Commissionsverlag von Max Niemeyer. — A. u. d. T.: Kaspar Klee von Gerolzhofen. Das Lebensbild eines elsässischen evangelischen Pfarrers um die Wende des 16. zum 17. Jahrhundert von HERMANN BECK. ib. 1901. Verein für Reformationsgeschichte.

Stück 3. Nr. 72. ib. 1902. In Commissionsverlag von Max Niemeyer. — A. u. d. T.: Heinrich V., der Friedfertige, Herzog von Mecklenburg. 1503—1552. Von H. SCHNELL. (Mit 1 Tafel.) ib. 1902. —

Stück 4. Nr. 73. ib. 1902. In Commissionsverlag von Max Niemeyer. — A. u. d. T.: Die Versuche, Melanchthon zur katholischen Kirche zurückzuführen. Von GUSTAV KAWERAU. ib. 1902. Verein für Reformationsgeschichte.

Jahrg. XX. (Stück 1—4. Nr. 74—77.) Vereinsjahr 1902—1903. ib.

Stück 1. Nr. 74. ib. 1902. In Commissionsverlag von Max Niemeyer. — A. u. d. T.: Die Reformation Lübecks. Von HEINRICH SCHREIBER. ib. 1902. Verein für Reformationsgeschichte.

Stück 2. Nr. 75. ib. 1902. In Commissionsverlag von Max Niemeyer. — A. u. d. T.: Geschichte der Reformation in der Grafschaft Oettingen 1522 bis 1569. Von REINHOLD HEROLD. ib. 1902. Verein für Reformationsgeschichte.

Stück 3. Nr. 76. ib. 1903. In Commissionsverlag von Max Niemeyer. — A. u. d. T.: Einführung der Reformation in die Kurmark Brandenburg durch Joachim II. Von PAUL STEINMÜLLER. ib. 1903. Verein für Reformationsgeschichte.

Stück 4. Nr. 77. ib. 1903. In Kommissionsverlag von Max Niemeyer. — A. u. d. T.: Der Kaiser und die Protestanten in den Jahren 1537—1539 von WALTER ROSENBERG. ib. 1903. Verein für Reformationsgeschichte.

Jahrg. XXI. (Stück 1—4. Nr. 78—81.) Vereinsjahr 1903—1904. ib.

Stück 1. Nr. 78. ib. 1903. In Kommissionsverlag von Max Niemeyer. — A. u. d. T.: Sevilla und Valladolid, die evangelischen Gemeinden Spaniens im Reformationszeitalter. Eine Skizze von ERNST SCHÄFER. ib. 1903. Verein für Reformationsgeschichte.

Stück 2. 4. Nr. 79. 81. ib. 1903. In Kommissionsverlag von Max Niemeyer. — A. u. d. T.: Die Anfänge der Gegenreformation in den Niederlanden von PAUL KALKOFF. Teil 1. 2. ib. 1903. Verein für Reformationsgeschichte.

Stück 3. Nr. 80. ib. 1904. In Kommissionsverlag von Max Niemeyer. — A. u. d. T.: Die Altmark im dreissigjährigen Kriege von W. ZAHN. ib. 1904. Verein für Reformationsgeschichte.

Jahrg. XXII. (Stück 1—4. Nr. 82—85.) Vereinsjahr 1904—1905. ib. Im Kommissionsverlag von Rudolf Haupt.

Stück 1. Nr. 82. ib. 1904. In Kommissionsverlag von Max Niemeyer. — A. u. d. T.: Heinrich Bullinger, der Nachfolger Zwinglis von GUSTAV von SCHULTHESS-RECHBERG. ib. 1904. Verein für Reformationsgeschichte.

Stück 2. Nr. 83. ib. 1904. In Kommissionsverlag von Max Niemeyer. — A. u. d. T.: Landgraf Philipp von Hessen. — M. Butzers Bedeutung für das kirchliche Leben in Hessen. Vorträge, gehalten auf der VII. Generalversammlung des Vereins für Reformationsgeschichte am 7. April 1904 in Kassel von GOTTLOB EGELHAAF und WILHELM DIEHL. ib. 1904. Verein für Reformationsgeschichte.

A. m. d. Einzeltit.: Landgraf Philipp der Großmütige von GOTTLOB EGELHAAF. ib. 1904. — Martin Butzers Bedeutung für das kirchliche Leben in Hessen von WILHELM DIEHL. ib. 1904. —

Stück 3. Nr. 84. ib. 1904. In Kommissionsverlag von Rudolf Haupt. — A. u. d. T.: John Knox 1505—1572. Ein Erinnerungsblatt zur vierten Zentenarfeier von R. MULOT. ib. 1904. Verein für Reformationsgeschichte.

Stück 4. Nr. 85. ib. 1905. In Kommissionsverlag von Rudolf Haupt. — A. u. d. T.: Die Konzilspolitik Karls V. in den Jahren 1538—1543 von AUGUST KORTE. ib. 1905. Verein für Reformationsgeschichte.

Jahrg. XXIII. (Stück 1—4. Nr. 86—88/89.) Vereinsjahr 1905—1906. ib. —

Stück 1. Nr. 86. ib. 1905. In Kommissionsverlag von Rudolf Haupt. — A. u. d. T.: Johannes Blankenfeld. Ein Lebensbild aus den Anfängen der Reformation. Unter Benutzung der Vorarbeiten Sr. Exzellenz des verstorbenen Staatssekretärs Wirkl. Geh. Rats Dr. v. Jacobi von WILHELM SCHNÖRING. ib. 1905. Verein für Reformationsgeschichte.

Stück 2. Nr. 87. ib. 1905. Im Kommissionsverlag von Rudolf Haupt. — A. u. d. T.: Luther im Kloster 1505—1525. Zum Verständnis und zur Abwehr. Von KARL BENRATH. ib. 1905. —

Stück 3 und 4. Nr. 88/89. ib. 1906. — A. u. d. T.: Die Reformation in Trier 1559 und ihre Unterdrückung. Heft 1: Der Reformationsversuch von JULIUS NEY. ib. 1906. —

Jahrg. XXIV. (Stück 1—4. Nr. 90—93). Vereinsjahr 1906—1907. ib. —

Stück 1. Nr. 90. ib. 1906. Die Kirchen- und Schulvisitation im sächsischen Kurkreise vom Jahre 1555. Heft 1: Die kirchlichen und sittlichen Zustände. Von WILHELM SCHMIDT. ib. 1906. —

Stück 2. Nr. 91. ib. 1906. — A. u. d. T.: Reformationsgeschichte von Lippstadt, der ersten evangelischen Stadt in Westfalen. Von HEINRICH NIEMÖLLER. ib. 1906. —

Stück 3. Nr. 92. ib. 1906. — A. u. d. T.: Die Kirchen- und Schulvisitation im sächsischen Kurkreise vom Jahre 1555. Heft 2: Die wirtschaftlichen Verhältnisse. Von WILHELM SCHMIDT. ib. 1906. —

Stück 4. Nr. 93. ib. 1907. — A. u. d. T.: Paul Gerhardt. Ein Erinnerungsblatt. Von GUSTAV KAWERAU. ib. 1907. —

Jahrg. XXV. (Stück 1—4. Nr. 94—96/97.) Vereinsjahr 1907—1908. ib. —

Stück 1. Nr. 94. ib. 1907. — A. u. d. T.: Die Reformation in Trier 1559 und ihre Unterdrückung. Heft 2: Die Unterdrückung. Von JULIUS NEY. ib. 1907. —

Stück 2. Nr. 95. ib. 1907. — A. u. d. T.: Zur Erinnerung an Fürst Georg den Gottseligen zu Anhalt. Zum 400jährigen Geburtstage am 15. August 1907 von F. WESTPHAL, Pfarrer in Dessau. ib. 1907. —

Stück 3 und 4. Nr. 96/97. ib. 1908. — A. u. d. T.: Georg Schwartzerdt, der Bruder Melanchthons und Schultheiss zu Bretten. Festschrift zur Feier des 25jährigen Bestehens des Vereins für Reformationsgeschichte. Von D. Dr. NIKOLAUS MÜLLER, Professor an der Universität Berlin. ib. 1908. —

Jahrg. XXVI. (Stück 1—4. Nr. 98—99.) Vereinsjahr 1908—1909. ib. —

Stück 1. Nr. 96. (sic! 98.) ib. 1908. — A. u. d. T.: Bündnis und Bekenntnis 1529/1530. Der Toleranzgedanke im Reformationszeitalter. Vorträge, gehalten auf der XXV. Generalversammlung des Vereins für Reformationsgeschichte zu Bretten am 22. und 23. April 1908 von Dr. H. von SCHUBERT und Dr. H. HERMELINK. ib. 1908. —

Stück 2 bis 4. Nr. 99. ib. 1909. — A. u. d. T.: Johannes Calvin. Ein Lebensbild zu seinem 400. Geburtstag am 10. Juli 1909 von Lic. AUGUST LANG. ib. 1909. —

Jahrg. XXVII. (Stück 1—4. Nr. 100.) Vereinsjahr 1909—1910. ib. —

Stück 1—4. Nr. 100. ib. 1910. — A. u. d. T.: Jubiläumsschrift (Heft 100). Mit Beiträgen von W. FRIEDENSBURG, OTTO SCHEEL, K. BAUER, FRITZ HERRMANN, K. BENRATH, G. KAWERAU. ib. 1910. —

Jahrg. XXVIII. (Stück 1—4. Nr. 101/102—103/104.) Vereinsjahr 1910. ib. —

Stück 1 und 2. Nr. 101/102. ib. 1911. Verein für Reformationsgeschichte. — A. u. d. T.: Johann Arndt, der Verfasser des „Wahren Christentums". Ein christliches Lebensbild. Von Lic. FRIEDRICH JULIUS WINTER. ib. 1911. —

Stück 3 und 4. Nr. 103/104. ib. 1911. — A. u. d. T.: Johannes Kesslers Sabbata. St. Galler Reformationschronik 1513—1539. Bearbeitet von TRAUGOTT SCHIESS. — Die evangelischen Kantone und die Waldenser in den Jahren 1663 und 1664. Von GEROLD MEYER von KNONAU. ib. 1911. Verein für Reformationsgeschichte.

Jahrg. XXIX. (Stück 1—4. Nr. 105—108.) Vereinsjahr 1911. ib. —

Stück 1 Nr 105. ib 1911. — A. u. d. T.: Luther in katholischer Beleuchtung. Glossen zu H. Grisars Luther von GUSTAV KAWERAU. ib. 1911. Verein für Reformationsgeschichte (Rudolf Haupt).

Stück 2 und 3. Nr. 106/107. ib. 1912. — A. u. d. T.: Pfalzgraf Wolfgang Herzog von Zweibrücken und Neuburg. Von JULIUS NEY. Lazarus von Schwendi, Kaiserlicher General und Geheimer Rat. Seine kirchenpolitische Tätigkeit und seine Stellung zur Reformation. Von RUDOLF KRONE (†). ib. 1912. —

Stück 4. Nr. 108. ib 1912. — A. u. d. T.: Luther und die Kirchenbilder seiner Zeit. Von Lic. CHRISTIAN ROGGE ib. 1912. —

Jahrg. XXX. (Stück 1—4. Nr. 109—112.) Vereinsjahr 1912. ib —

Stück 1 und 2. Nr 109/110. ib. 1912. — A. u. d. T.: Luther und die Lüge. Von WALTHER KÖHLER. ib 1912. —

Stück 3 und 4. Nr. 111/12. ib. 1913. — A. u. d. T.: Kirchengüter und schmalkaldischer Bund. Ein Beitrag zur deutschen Reformationsgeschichte von KURT KÖRBER. ib. 1913. —

Jahrg. XXXI. (Stück 1—4. Nr. 113—116.) Vereinsjahr 1913. ib —

Stück 1. Nr. 113. ib. 1913. — A. u. d. T.: Der Heidelberger Katechismus. Zum 350 jährigen Gedächtnis seiner Entstehung. Von AUGUST LANG. ib. 1913 —

Stück 2. Nr. 114. ib. 1913 — A. u. d. T. Reformationsgesuche in der Basler Bischofsstadt Pruntrut. Von D. KARL GAUSS. ib. 1913. —

Stück 3 und 4. Nr. 115/16. ib. 1914. — A. u. d. T.: Geschichte der Reformation und Gegenreformation in der ehemaligen freien Reichsstadt Dinkelsbühl (1524—1648). Von Dr. CHRISTIAN BÜRCKSTÜMMER Teil I. ib. 1914. —

— des Vereins deutscher Revisions-Ingenieure. Nr. 1—3. 3a. 4 u. 5. Lex.-8. Berlin, Polytechn. Buchh. A. Seydel. n. 7. 10

1. Die Reinigung des Kesselspeisewassers. Von Eug. Heidepriem. (IV, 47 S. m. 32 Abbildgn.) 899. n. 1. —
2. Anleitung zur Untersuchung der Hebezeuge u. Prüfung ihrer Tragorgane, im Betriebe. Aufgestellt nach den Beschlüssen der 6. Hauptversammlg. des Vereins deutscher Revisions-Ingenieure zu Ilsenburg, am 4. IX. 1899. (16 S.) 899. n. — 25
3. Die Ergebnisse des Preisausschreibens der norddeutsch. Edel- u. Unedelmetall-Industrie-Berufsgenossenschaft vom Febr. 1898, betr. Schutz gegen Fingerverletzungen bei Arbeiten an Fallhämmern u. Pressen aller Art. Von P. Hosemann u. K. Specht. (29 S. m. 23 Abbildgn.) 900. n. — 50

3a. Neue Schutzvorrichtungen gegen Fingerverletzungen bei Arbeiten an Fallhämmern u. Pressen aller Art. Von P. Hosemann u. K. Specht. (6 S. m. 6 Abb.) 900. — 15
4. Die Unfallverhütung im Dampfkesselbetriebe. Von C. Heidepriem, P. Hosemann, K. Specht u. C. Zimmermann. Mit 201 in den Text gedr. Abbildgn. u. 4 lith., davon 2 farbig gedr. Taf. (VII, 130 S.) 902. n. 5. —; geb. n 6. —
5. Schutzvorrichtungen an Scheeren. Von P. Hosemann. [Aus: „Gewerblich-technischer Rathgeber".] (8 S. m. 10 Abbildgn.) 902. n. — 20

— des Vereins deutscher Revisions-Ingenieure. Nr. 2 u. 6—9. Lex.-8. Berlin, Polytechn. Buchh. A. Seydel. n. 2. 85

2. Anleitung zur Untersuchung der Hebezeuge u. Prüfung ihrer Tragorgane im Betriebe. 3. verb. Aufl. (17 S.) 906. n. — 50
6. Mangelhafte Einrichtungen in maschinellen Anlagen f. elektrische Licht- u. Krafterzeugung. Von P. Hosemann. Mit 12 Abbildgn. im Text. [Aus: „Gewerblich-techn. Rathgeber".] (8 S.) 903. n. — 20
7. Schutzvorrichtungen gegen das Herausfliegen der Webschützen. Von A. Sickel. Mit 18 Abbildgn. im Text. [Aus: „Gewerblich-techn. Rathgeber".] (12 S.) 903. n.n. — 30
8. Erfolge auf dem Gebiet: Schutz gegen Fingerverletzungen bei Arbeiten an Fallhämmern u. Pressen aller Art. Von P. Hosemann. Mit 9 Abbildgn. im Text. [Aus: „Gewerblich-techn. Rathgeber".] (14 S.) 903. n.n. — 35
9. Die Unfallgefahren u. ihre Beseitigung bei Meng-, Knet- u. Mischmaschinen in der Nahrungsmittel-Industrie. Von Ernst Bauer. Mit 123 Abbildgn. (III, 51 S.) 904. n. 1. 50

— des Vereins deutscher Revisions-Ingenieure. Nr. 1. 2 u. 10. Lex. 8. Berlin, Polytechn. Buchh. A. Seydel. 11. 50

Anleitung zur Untersuchung der Hebezeuge u. Prüfg. ihrer Tragorgane im Betriebe. 4. Aufl. (19 S.) 908. (Nr. 2.) — 50

Bauer, E., u. M. Gary, 25 Jahre Unfallverhütung. Eine Studie, den deutschen Berufsgenossenschaften zugeeignet vom Verein deutscher Revisions-Ingenieure E. V. (172 S. m. Kurven u. 19 Tab.) 910. (Nr. 10.) Geb. in Pappbd. 9. —; in Leinw. 10. —

Heidepriem, Eug., die Reinigung des Kesselspeisewassers. 2. verm. Aufl. Neu bearb. v. Johs. Bracht u. Geo. Hausdorff. Mit 38 Abb. im Text. (VIII, 74 S.) 909. (Nr. 1.) 2. —

— des Vereins zum Schutz der deutschen Goldwährung I. u. II. Bd. gr. 8. Berlin, J. Guttentag. n. 15. —; geb. n. 17. —

1. Ausgewählte Reden u. Aufsätze üb. Geld- u. Bankwesen. Von Ludw. Bamberger. Im Auftrage des Vereins zum Schutz der deutschen Goldwährg hrsg. v. Karl Helfferich. (VI, 670 S. m. Bildnis.) 900. n. 12. —; geb. in Leinw. n. 13. —

II. Die Währungs- u. Bankreform in den Vereinigten Staaten v. Amerika. Von Max Prager. Im Auftrag des Vereins zum Schutze der deutschen Goldwährg. (VI, 145 S.) 900. n. 3. —; geb. n. 4. —

— des Vereins zum Schutz der deutschen Goldwährung. 3. Bd. gr. 8. Berlin 903. J. Guttentag. n. 7. —; geb. in Leinw. n. 8. —

Die indische Währungsreform. Im Auftrage des Vereins zum Schutz der deutschen Goldwährg. Von Otto Heyn. (IX, 375 S.)

Schriften des Schweizerischen Vereins für freies Christenthum. 1.—9. Heft. 8. Zürich 879, (Schmidt.) *

Inhalt:

Heft 1. Böhringer, P., Gregoire, ein religiöser Charakter. Lebensbild aus der französ. Revolution. (51 S.) * 35 Pf.
" 2. Grob, R., Huldreich Zwingli, der vaterländische Priester. Bilder aus seinem Leben, für das evangel. Volk zusammengestellt. (117 S.) * 70 Pf.
" 3. Lang, Heinr., Worüber sind wir einig? (36 S.) * 30 Pf.
" 4. —— Theodor Parker. (52 S.) * 35 Pf.
" 5. —— unsere christlichen Feste. (18 S.) * 30 Pf.
" 6. Grob, R., der verlorne Sohn. (28 S.) * 30 Pf.
" 7. Kambli, C. W., die Wundergeschichten in den Evangelien. (43 S.) * 35 Pf.
" 8. Haggenmacher, O., Reisebilder aus Italien. (22 S.) * 30 Pf.
" 9. Steck, R., Gottes Vorsehung. (24 S.) * 30 Pf.

—— des Schweizerischen Vereins für freies Christenthum. 10.—12. Heft. 8. Zürich 881, (Frick.) * 1 5

Inhalt:

Heft 10. Altherr, Alfr., die Bedeutung der Bibel für das religiöse, sittliche und soziale Leben. Ein Vortrag. (29 S.) * 30 Pf.
" 11. Schaffroth, J. G., Dr. Martin Luther, der Reformator. Ein Lebens- und Charakterbild. Für das evangel. Volk zusammengestellt. (86 S.) * 50 Pf.
" 12. Schönholzer, J. F. Oberlin, der große Menschenfreund. (30 S.) * 25 Pf.

1.—9. Heft. Ebendas. 1879. * M 3,25.

—— des Schweizerischen Vereins für freies Christenthum. 13.—18. Heft. 8. Außensihl. (Zürich, Frick.) *

Inhalt:

Heft 13. Engelmann, der Zweifel. (26 S.) 881. * 30 Pf.
" 14. Kambli, die Aufgabe der Frauen in den religiösen und und sozialen Kämpfen der Gegenwart. (48 S.) 883. * 50 Pf.
" 15. Meili, Sprüche Salomons. (52 S.) 887. * 40 Pf.
" 16. 17. Hemmann, Erzählungen. 2 Bdchn. (76; 79 S.) 888. à * 40 Pf.
" 18. Langhans, Calvin. (114 S.) 888. * 50 Pf.

1.—12. Heft. Ebendas. 1879—81. * M 4.30. — Das 11. Heft ist vergriffen.

— des Vereins f. Socialpolitik. 1—11. Hft. gr. 8. Leipzig 873—75. Duncker & Humblot. n. 10. —

1. Zur Reform d. Actiengesellschaftswesens. 3 Gutachten auf Veranlassg. der Eisenacher Versammlg. zur Besprechg. der socialen Lage abgegeben v. H. Wiener, Goldschmidt u. Behrend. (90 S.) n. 2. —
2. Ueber Fabrikgesetzgebung, Schiedsgerichte u. Einigungsämter. Gutachten auf Veranlassg. der Eisenacher Versammlg. zur Besprechg. der socialen Frage abgegeben v. Jacobi, Bitzer, Gensel &c. (200 S.) n. 4. —
3. Die Personalbesteuerung. Gutachten auf Veranlassg. der Eisenacher Versammlg. zur Besprechg. der socialen Frage abgegeben v. E. Nasse, A. Held, J. Gensel &c. (94 S.) n. 2. —
4. Verhandlungen d. Vereins f. Socialpolitik am 12. u. 13. Octbr. 1873. Auf Grund der stenograph. Niederschrift v. H. Roller in Berlin hrsg. vom ständ. Ausschuß. (200 S.) n. 4. —
5. Ueber Alters- u. Invalidencassen f. Arbeiter. Gutachten auf Veranlassg. d. Vereins f. Socialpolitik, abgegeben v. F. Kalle, Zillmer, L. F. Ludwig-Wolf, J. Hiltrop, G. Behm. Im Anh. der Entwurf zu e. Gesetz betr. die gegenseit. Hülfscassen v. M. Hirsch. (196 S.) n. 4. —
6. Ueber die Betheiligung der Arbeiter am Unternehmergewinn. Gutachten auf Veranlassg. d. Vereins f. Socialpolitik abgegeben von E. v. Plener, Max Weigert, J. Neumann, J. Werthheim (48 S.) n. 1 20
7. Ueber Bestrafung d. Arbeitsvertragsbruches. Gutachten auf Veranlassg. d. Vereins f. Socialpolitik abgegeben v. F. Knauer, E. Roscher, G. Schmoller, F. W. Brandes, L. Brentano, Max Hirsch. (VI, 237 S.) n. 4. 80
8. Die progressive Einkommensteuer, im Staats- u. Gemeinde-Haushalt. Gutachten üb. Personalbesteuerung auf Veranlassg. d. Vereins f. Socialpolitik abgegeben v. Fr. J. Neumann. (VIII, 238 S.) n. 4. 80
9. Verhandlungen der 2. Generalversammlung d. Vereins f. Socialpolitik am 11. u. 12. Octbr. 1874. Auf Grund der stenograph. Niederschrift v. H. Roller hrsg. vom ständ. Ausschuß. (160 S.) n. 3. 60
10. Die Reform d. Lehrlingswesens. 16 Gutachten u. Berichte. (VII, 234 S.) n. 4. 80
11. Verhandlungen der 3. Generalversammlung d. Vereins f. Socialpolitik am 10., 11. u. 12. Octbr. 1875. Auf Grund der stenograph. Niederschrift hrsg. vom ständ. Ausschuß. (VII, 228 S.) n. 4. 80

—— des Vereins für Socialpolitik. 11.—18. Heft. gr. 8. Leipzig, Duncker und Humblot. * 33 —

Inhalt:

Heft 11. Verhandlungen der dritten Generalversammlung des Vereins für Socialpolitik am 10., 11. und 12. Octbr. 1875. Auf Grund der stenograph. Niederschrift hrsg. vom ständ. Ausschuß. (VII, 228 S.) 875. *ℳ 4,80.
Heft 12. Die Kommunalsteuerfrage. Zehn Gutachten und Berichte, veröffentlicht vom Verein für Socialpolitik. (IX, 302 S.) 877. *ℳ 6,60.
" 13. Das Verfahren bei Enquêten über sociale Verhältnisse. Drei Gutachten von G. Embden, G. Cohn, W. Stieda, nebst einem Anhang über die Untersuchung von Gewerbestreitigkeiten &c., nach dem Engl. von J. M. Ludlow. (64 S.) 877. *ℳ 1,60.
14. Verhandlung der fünften Generalversammlung des Vereins für Socialpolitik am 8., 9. und 10. Octbr. 1877. Auf Grund der stenograph. Niederschrift hrsg. vom ständ. Ausschuß. (VII, 208 S.) 877. *ℳ 6.
" 15. Das gewerbliche Fortbildungswesen. Sieben Gutachten und Berichte, veröffentlicht vom Verein für Socialpolitik. (158 S.) 878. *ℳ 3,60.
" 16. Verhandlungen der sechsten Generalversammlung des Vereins für Socialpolitik über die Zolltarifvorlagen am 21. und 22. April 1879 in Frankfurt a. M. Auf Grund der stenograph. Niederschrift hrsg. vom ständ. Ausschuß. (147 S.) 879. *ℳ 3,20.
" 17. Lexis, W., Gewerkvereine und Unternehmerverbände in Frankreich. Ein Beitrag zur Kenntniß der socialen Bewegung. (VIII, 280 S.) 879. *ℳ 6.
" 18. Farnam, Henry W., die amerikanischen Gewerkvereine. (VII, 39 S.) 879. *ℳ 1,20.

1.—10. Heft. Ebendas. 1873—75. *ℳ 35,20.

—— des Vereins für Socialpolitik. 19.—28. Heft. gr. 8. Leipzig, Duncker und Humblot. * 59 40

Inhalt:

Heft 19. Die Haftpflichtfrage. Gutachten und Berichte, veröffentlicht vom Verein für Socialpolitik. (VI, XV, 154 S.) 880. *ℳ 4,20.
" 20. Miaskowski, Aug. v., das Erbrecht und die Grundeigenthumsvertheilung im Deutschen Reiche. Ein socialwirthschaftl. Beitrag zur Kritik der Reform des deutschen Erbrechts. 1. Abthl.: Die Vertheilung des landwirthschaftlich benutzten Grundeigenthums und das gemeine Erbrecht. (V, 311 S.) 882. *ℳ 7.
" 21. Verhandlungen der am 9. und 10. Octbr. 1882 zu Frankfurt a. M. abgehaltenen Generalversammlung des Vereins für Socialpolitik über Grundeigenthumsvertheilung und Erbrechtsreform; internationale Fabrikgesetzgebung; Versicherungszwang und Armenverbände. Auf Grund der stenogr. Niederschrift hrsg. vom ständigen Ausschuß. (191 S.) 883. *ℳ 4.
" 22. 23. Bäuerliche Zustände in Deutschland. Berichte. 1. und 2. Bd. (X, 320; VIII, 344 S.) 883. à *ℳ 7.
" 24. —— dass. — 3. Bd. (VIII, 382 S.) 883. *ℳ 8.
" 25. Miaskowski, Aug. v., das Erbrecht und die Grundeigenthumsvertheilung im Deutschen Reiche. Ein socialwirthschaftl. Beitrag zur Kritik und Reform des deutschen Erbrechts. 2. (Schluß-)Abthl.: Das Familienfideicommiß, das landwirthschaftl. Erbgut und das Anerbenrecht. (VI, 476 S.) 884. *ℳ 10.
" 26. Osten, M. v. der, die Arbeiterversicherung in Frankreich. (VIII, 177 S.) 884. *ℳ 4.
" 27. Reitzenstein, F. Frhr. v., und Erwin Nasse, agrarische Zustände in Frankreich und England. Auf Grund der neueren Enquêten. (X, 232 S.) 884. *ℳ 4,80.
" 28. Verhandlungen der am 6. und 7. Octbr. 1884 in Frankfurt a. M. abgehaltenen Generalversammlung des Vereins für Socialpolitik über Maßregeln der Gesetzgebung und Verwaltung zur Erhaltung des bäuerlichen Grundbesitzes, und über die Einwirkung der Organisation unserer höheren und mittleren Schulen auf das sociale Leben und die Erwerbsthätigkeit der Nation. Auf Grund der stenogr. Niederschrift hrsg. vom ständigen Ausschuß. (155 S.) 884. *ℳ 3,40.

1.—18. Heft. Ebendas. 1873—79. *ℳ 68,20.

—— des Vereins für Socialpolitik. 29.—38. Heft. gr. 8. Leipzig, Duncker und Humblot. *

Inhalt:

Heft 29. Agrarische Zustände in Italien. Auf Grund der jüngsten Enquête und anderer offiziellen Quellen dargestellt von K. Th. Eheberg. (IX, 158 S.) 886. *ℳ 3.60.
" 30. Die Wohnungsnoth der ärmeren Klassen in deutschen Großstädten und Vorschläge zu deren Abhülfe. Gutachten und Berichte, hrsg. im Auftrage des Vereins für Socialpolitik. 1. Bd. (XXI, 199 S. mit 1 chromolithogr. Plane von Straßburg i. E.) 886. *ℳ 5.—.
" 31. Dass. — 2. Bd. (VIII, 388 S. mit 8 Stnt.) 886. *ℳ 9.60.
" 32. Zur inneren Kolonisation in Deutschland. Erfahrungen und Vorschläge, hrsg. im Auftrage des Vereins für Socialpolitik. (V, 229 S. mit 1 lithogr. Plan.) 886. *ℳ 5.40.
" 33. Verhandlungen der am 24. und 25. Septbr. 1886 in Frankfurt a. M. abgehaltenen Generalversammlung des Vereins für Socialpolitik über die Wohnungsverhältnisse der ärmeren Klassen in deutschen Großstädten und über innere Kolonisation mit Rücksicht auf die Erhaltung und Vermehrung des mittleren und kleineren ländlichen Grundbesitzes. Auf Grund der stenogr. Niederschrift hrsg. vom ständ. Ausschuß. (V, 139 S.) 887. *ℳ 3.—.
" 34. Die Vorbildung zum höheren Verwaltungsdienste in den deutschen Staaten, Oesterreich und Frankreich. Berichte und Gutachten, veröffentlicht vom Verein für Socialpolitik. (VI, 203 S.) 887. *ℳ 4.40.
" 35. Der Wucher auf dem Lande. Berichte und Gutachten, veröffentlicht vom Verein für Socialpolitik. (XII, 354 S.) 887. *ℳ 7.60.
" 36. Borght, R. van der, Untersuchungen über den Einfluß der distributiven Gewerbe auf die Preise. 1. Heft: Der Einfluß des Zwischenhandels auf die Preise auf Grund der Preisentwicklung im aachener Kleinhandel. (XII, 267 S. mit 4 Tab.) 888. *ℳ 6.40.
" 37. —— dass. — 2. Heft: Berichte und Gutachten. (VII, 200 S.) 888. *ℳ 5.20.
" 38. Verhandlungen der am 28. und 29. Septbr. 1888 in Frankfurt a. M. abgehaltenen Generalversammlung des Vereins für Socialpolitik über den ländl. Wucher, die Mittel zu seiner Abhülfe, insbesondere die Organisation des bäuerl. Kredits und über Einfluß des Detailhandels auf die Preise und etwaige Mittel gegen eine ungesunde Preisbildung. (263 S.) 889. *ℳ 5.40.

—— d. Vereins f. Socialpolitik. 39.—55. Heft. gr. 8. Lpz., Duncker u. Humblot. * 128 60

39. Stieda, Wilh. Die deutsche Hausindustrie. 1. Bd.: Litteratur, heutige Zustände u. Entstehung der deutschen Hausindustrie. (VI, 158 S.) 889. * 3 60.
40. Dasselbe. — 2. Bd.: Die Hausindustrie im nördlichen Thüringen. Von Herm. Lehmann, M. Rau u. Neubert. (X, 137 S.) 889. * 3 20.
41. Dasselbe. — 3. Bd.: Berichte aus der Hausindustrie im südwestlichen Deutschland. Von Max Graf v. Armansperg, E. Neuburg, Muth, F. Ant. Hubbuch, Schott, L. W. Moser u. Schleßmacher. (V, 124 S.) 889. * 3 —.
42. Dasselbe. — 4. Bd.: Die Hausindustrie in Berlin, Osnabrück, im Fichtelgebirge u. in Schlesien. (X, 161 S.) 890. * 4 —.
43. Keil, Friedr. Die Landgemeinde in den östlichen Provinzen Preußens und die Versuche, e. Landgemeindeordnung zu schaffen. (XVIII, 217; 110 S.) 890. * 7 20.
44. Berichte über die Zustände und die Reform d. ländlichen Gemeindewesens in Preußen. (XVI, 327 S.) 890. * 7 20.
45. Arbeitseinstellungen u. Fortbildung d. Arbeitsvertrags. Berichte v. E. Auerbach, W. Lotz u. F. Hahn, hrsg. u. eingeleitet v. L. Brentano. (LXXVIII, 470 S.) 890. * 11 —.
46. Arbeiter-Ausschüsse in der deutschen Industrie. Gutachten, Berichte, Statuten, hrsg. v. Max Sering. (VI, 176 S.) 890. * 3 80.
47. Verhandlungen der am 26. u. 27. Septbr. 1890 in Frankfurt a. M. abgehaltenen Generalversammlung d. Vereins f. Socialpolitik über die Reform der Landgemeindeordnung in Preußen u. üb. Arbeitseinstellungen u. die Fortbildung d. Arbeitsvertrags. (V, 288 S.) 890. * 5 60.
48. Lehr, Adf. Die Hausindustrie in der Stadt Leipzig u. ihrer Umgebung. (V, 130 S.) 891. * 2 80.
49. Die Handelspolitik der wichtigeren Kulturstaaten in den letzten Jahrzehnten. I. Die Handelspolitik Nordamerikas, Italiens, Österreichs, Belgiens, der Niederlande, Dänemarks, Schwedens u. Norwegens, Rußlands u. der Schweiz in den letzten Jahrzehnten, sowie die deutsche Handelsstatistik von 1880 bis 1890. Berichte u. Gutachten. (XI, 645 S. m. 1 Taf.) 891. * 13 —.
50. Lotz, Walth. Dasselbe. — II. Bd.: Die Ideen der deutschen Handelspolitik von 1860 bis 1891. (VIII, 210 S.) 891. * 4 60.
51. Dasselbe. — 3. Bd.: Die Handelspolitik der Balkanstaaten Rumänien, Serbien u. Bulgarien, Spaniens u. Frankreichs. Berichte u. Gutachten. (VIII, 208 S.) 892. * 4 60.
52. Auswanderung u. Auswanderungspolitik in Deutschland. Berichte üb. die Entwickln. u. den gegenwärt. Zustand d. Auswanderungswesens in den Einzelstaaten u. im Reich, hrsg. von E. v. Philippovich. (XXXIII, 479 S.) 892. * 11 —.
53. Die Verhältnisse der Landarbeiter in Deutschland. 1. Bd.: Die Verhältnisse d. Landarbeiter in Nordwestdeutschland (Oldenburg; Prov. Hannover: Reg.-Bez. Aurich, Osnabrück, Hannover nördl. Teil, Stade, Lüneburg; Bremen; Lippe-Detmold; Schaumburg-Lippe; Prov. Hessen-Nassau: Kreis Rinteln; Prov. Westfalen; Waldeck), Württemberg, Baden u. in den Reichslanden. Geschildert auf Grund der vom Verein f. Socialpolitik veranstalteten Erhebgn. Mit e. Anh.: Zur Statistik der deutschen Landarbeiter. (XXIV, 455 S.) 892. * 10 —.

54. Dasselbe. — 2. Bd.: Die Verhältnisse der Landarbeiter in Hohenzollern, im Reg.-Bez. Wiesbaden, in Thüringen, Bayern, in dem Großherzogt. Hessen, Reg. Bez. Kassel, Königr. Sachsen, in d. Provinzen Schleswig Holstein, Sachsen u. Hannover südl. Teil, in den Herzogtümern Braunschweig u. Anhalt, in der Rheinprovinz u. im Fürstent. Birkenfeld. Geschildert auf Grund der v. Verein f. Socialpolitik veranstalteten Erhebgn. (VI, 765 S.) 892. * 16 —.

55. Dasselbe. — 3. Bd.: Die Verhältnisse der Landarbeiter im ostelb. Deutschland (preuß. Provinzen Ost- u. Westpreußen, Pommern, Posen, Schlesien, Brandenburg, Großherzogtümer Mecklenburg, Kreis Herzogt. Lauenburg). Dargestellt auf Grund der vom Verein f. Socialpolitik veranstalteten Erhebgn. v. Max Weber. (XI, 891 S.) 892. * 18 —.

— d. Vereins f. Socialpolitik. 47.—60. Bd. gr. 8. Leipzig, Duncker & Humblot. n. 126. 20 (1—60.: n. 352. 40)

47. Verhandlungen der am 26. u. 27. Septbr. 1890 in Frankfurt a/M. abgehaltenen Generalversammlung d. Vereins f. Socialpolitik üb. die Reform der Landgemeindeordnung in Preußen u. üb. Arbeitseinstellungen u. die Fortbildung d. Arbeitsvertrags. Auf Grund der stenograph. Niederschrift hrsg. vom ständ. Ausschuß. (V, 288 S.) 890. n. 5. 60

48. Die Hausindustrie in der Stadt Leipzig u. ihrer Umgebung. Von Adf. Lehr. (V, 130 S.) 891. n. 2. 80

49. Die Handelspolitik der wichtigeren Kulturstaaten in den letzten Jahrzehnten. 1. Bd. Die Handelspolitik Nordamerikas, Italiens, Österreichs, Belgiens, der Niederlande, Dänemarks, Schwedens u. Norwegens, Rußlands u. der Schweiz in den letzten Jahrzehnten, sowie die deutsche Handelsstatistik von 1880—1890. Berichte u. Gutachten, veröffentlicht vom Verein f. Socialpolitik. (XI, 645 S. m. 1 Taf.) 892. n. 13. —

50. — dasselbe. 2. Bd. Die Ideen der deutschen Handelspolitik von 1860 — 1891. Von Walth. Lotz. (VIII, 210 S.) 892. n. 4. 60

51. — dasselbe. 3. Bd. Die Handelspolitik der Balkanstaaten Rumänien, Serbien u. Bulgarien, Spaniens u. Frankreichs. Berichte u. Gutachten, veröffentlicht vom Verein f. Socialpolitik. (VIII, 208 S.) 892. n. 4. 60

52. Auswanderung u. Auswanderungspolitik in Deutschland. Berichte üb. die Entwicklg. u. den gegenwärt. Zustand d. Auswanderungswesens in den Einzelstaaten u. im Reich. Im Auftrage d. Vereins f. Socialpolitik hrsg. von E. v. Philippovich. (XXXIII, 479 S.) 892. n. 11. —

53. Die Verhältnisse der Landarbeiter in Deutschland. 1. Bd. Die Verhältnisse der Landarbeiter in Nordwestdeutschland (Oldenburg; Prov. Hannover: Reg.-Bez. Aurich, Osnabrück, Hannover nördl. Teil, Stade, Lüneburg; Bremen; Lippe-Detmold; Schaumburg-Lippe; Prov. Hessen-Nassau: Kreis Rinteln; Prov. Westfalen; Waldeck), Württemberg, Baden u. in den Reichslanden. Geschildert auf Grund der vom Verein f. Socialpolitik veranstalteten Erhebgn. Mit e. Anh.: Zur Statistik der deutschen Landarbeiter. (XXIV, 455 S.) 892. n. 10. —

54. — dasselbe. 2. Bd. Die Verhältnisse der Landarbeiter in Hohenzollern, im Reg.-Bez. Wiesbaden, in Thüringen, Bayern, in dem Großherzogt. Hessen, Reg.-Bez. Kassel, Königr. Sachsen, in den Provinzen Schleswig-Holstein, Sachsen u. Hannover südl. Teil, in den Herzogtümern Braunschweig u. Anhalt, in der Rheinprovinz u. im Fürstent. Birkenfeld. Geschildert auf Grund der vom Verein f. Socialpolitik veranstalteten Erhebgn. (VI, 765 S.) 892. n. 16. —

55. — dasselbe. 3. Bd. Die Verhältnisse der Landarbeiter im ostelb. Deutschland (preuß. Provinzen Ost- u. Westpreußen, Pommern, Posen, Schlesien, Brandenburg, Großherzogtümer Mecklenburg, Kreis Herzogt. Lauenburg). Dargestellt auf Grund der vom Verein f. Socialpolitik veranstalteten Erhebgn. v. Max Weber. (XI, 891 S.) 892. n. 18. —

56. Die innere Kolonisation im östlichen Deutschland. Von Max Sering. (IX, 330 S. m. 1 Karte). 893. n. 7. —

57. Die Handelspolitik der wichtigeren Kulturstaaten in den letzten Jahrzehnten. 4. Bd. Die Handelspolitik Englands u. seiner Kolonien in den letzten Jahrzehnten. Von Carl Johs. Fuchs. (X, 358 S.) 893. n. 7. 20 (1—4.: n. 29. 40)

58. Verhandlungen der am 20. u. 21. März 1893 in Berlin abgeh. Generalversammlung des Vereins f. Socialpolitik üb. die ländliche Arbeiterfrage u. üb. die Bodenbesitzverteilung u. die Sicherung des Kleingrundbesitzes. Auf Grund der stenograph. Niederschrift hrsg. vom ständ. Ausschuß. (V, 226 S.) 893. n. 5. 40

59. Die englischen Landarbeiter in den letzten 100 Jahren u. die Einhegungen. Von W. Hasbach. Mit e. Anh. üb. die ländl. socialen Verhältnisse in Dänemark u. Schweden v. W. Scharling u. P. Fahlbeck. (XII, 410 S.) 894. n. 9. —

60. Über wirtschaftliche Kartelle in Deutschland u. im Auslande. 15 Schildergn., nebst e. Anzahl Statuten u. Beilagen. (XI, 256 u. 326 S.) 894. n. 12. —

— des Vereins f. Socialpolitik. 61.—78. Bd. gr. 8. Leipzig, Duncker & Humblot. n. 202. 40

61. Verhandlgn. d. am 28. u. 29. Septbr. 1894 in Wien abgeh. Generalversammlg. d. Vereins f. Socialpolitik üb. d. Kartelle u. üb. d. ländliche Erbrecht. Auf Grund d. stenograph. Niederschrift hrsg. vom ständ. Ausschuß. (V, 542 S.) 895. n. 11. —

62. Untersuchgn. üb. die Lage d. Handwerks in Deutschland m. bes. Rücksicht auf s. Konkurrenzfähigkeit gegenüber d. Großindustrie. 1. Bd. Königr. Preußen. 1. Tl. (XVIII, 459 S.) 895. n. 10. —

63. Dasselbe. 2. Bd. Königr. Sachsen. Arbeiten aus d. volkswirtschaftlich-statist. Seminar d. Universität Leipzig. 1. Tl. (VII, 424 S.) 895. n. 9. —

64. Dasselbe. 3. Bd. Süddeutschland. (VII, 572 S.) 895. n. 12.—

65. Dasselbe. 4. Bd. Königr. Preußen. 2. Tl. (XIV, 562 S.) 895. n. 12. —

66. Dasselbe. 5. Bd. Königr. Sachsen. Arbeiten aus d. volkswirtschaftlich-statist. Seminar d. Universität Leipzig. 2. Tl. (XIII, 624 S.) 896. n. 13. —

67. Dasselbe. 6. Bd. Königr. Sachsen. 3. Tl. (XI, 706 S.) 897. n. 16. — (1.—3.: n. 38. —)

68. Dasselbe. 7. Bd. Königr. Preußen. 3. Tl. (XII, 603 S.) 896. n. 12. 60 (1.—3.: n. 34. 60)

69. Dasselbe. 8. Bd. Süddeutschland. 2. Tl. (XI, 550 S.) 897. n. 12. — (1. u. 2.: n. 24. —)

70. Dasselbe. 9. Bd. Verschied. Staaten. Mit e. Verzeichnis d. Mitarbeiter, e. Orts- u. Sachregister f. Bd. 1—9. (XIV, 734 S.) 897. n. 16. 60 (1.—9.: n. 113. 20)

71. Untersuchgn. üb. d. Lage d. Handwerks in Österreich m. bes. Rücksicht auf Konkurrenzfähigkeit gegenüber d. Großindustrie. (XXIX, 690 S.) 897. n. 16. —

72. Engl. Auswanderg. u. Auswanderungspolitik im 19. Jahrh. Von Karl Rathgen. — Einwanderg. u. Einwanderungsgesetzgebg. in Nordamerika u. in Brasilien. Von Richmond Mayo-Smith u. R. A. Hehl. (XI, 302 S.) 896. n. 6. 80

73. Der Personalkredit d. ländl. Kleingrundbesitzes in Deutschland. Berichte u. Gutachten, veröffentl. v. Verein f. Socialpolitik. 1. Bd. Süddeutschland. (XVI, 414 S. m. 3 Tab.) 896. n. 9. —

74. Dasselbe. 2. Bd. Mittel- u. Norddeutschland. (VI, 456 S. u. 1. Bd. S. XVII—XIX m. Tab.) 896. n. 11. —

75. Personalkredit, der, des ländl. Kleingrundbesitzes in Österreich. Berichte u. Gutachten, veröffentl. v. Verein f. Socialpolitik. (XIV, 394 S.) 898. n. 8. 80

76. Verhandlgn. d. am 23., 24. u. 25. IX. 1897 in Köln a. Rh. abgeh. Generalversammlg. d. Vereins f. Socialpolitik üb. die Handwerkerfrage, den ländl. Personalkredit u. d. Handhabg. d. Vereins- u. Koalitionsrechts d. Arbeiter im Deutschen Reiche. Auf Grund d. stenograph. Niederschrift hrsg. v. ständ. Ausschuß. (V, 456 S.) 898. n. 10. —

77. Untersuchgn. üb. d. Lage d. Hausiergewerbes in Deutschland. 1. Bd. (XX, 520 S.) 898. n. 11. —

78. Dasselbe. 2. Bd. Westerwälder Hausierer u. Landgänger. Von Joh. Plenge. Mit 1 Übersichtskarte des nassauischen Westerwaldes. (X, 264 S.) 898. n. 5. 60

— des Vereins f. Socialpolitik. 79.—99. u. 103. Bd. gr. 8. Leipzig, Duncker & Humblot. n. 186. —

79. Untersuchgn. üb. die Lage des Hausiergewerbes in Deutschland. 3. Bd. (VIII, 303 S.) 899. n. 6. 80

80. Dasselbe. 4. Bd. (XIII, 461 S.) 899. n. 10. 20

81. Dasselbe. 5. Bd. Mit Sachregister üb. die Bde. 77—81. (XII, 353 S.) 899. n. 8. —; (kplt. n. 41. 60)

82. Dasselbe in Österreich. (LXXI, 339 S.) 899. n. 9. 60

83. Dasselbe in Schweden, Italien, Großbritannien u. der Schweiz. (VIII, 223 S.) 899. n. 5. —

84. Hausindustrie u. Heimarbeit in Deutschland u. Österreich. 1. Bd. Süddeutschland u. Schlesien. (XX, 506 S.) 899. n. 11. 60

85. Dasselbe. 2. Bd. Die Hausindustrie der Frauen in Berlin. LX, 616 S.) 899. n. 15. 60

86. Dasselbe. 3. Bd. Mittel- u. Westdeutschland. Österreich. (VII, 550 S.) 899. n. 12. 40

87. Dasselbe. 4. Bd. Gesetzgebung, Statistik u. Übersichten. (VIII, 277 S.) 899. n. 7. —

88. Verhandlungen der am 25., 26. u. 27. IX. 1899 in Breslau abgeh. Generalversammlg. des Vereins f. Socialpolitik üb. Hausindustrie u. ihre gesetzl. Regelung, die Lage des Hausiergewerbes u. die Entwicklungstendenzen im modernen Kleinhandel. Auf Grund der stenograph. Niederschrift hrsg. vom ständ. Ausschuß. (V, 310 S.) 900. n. 7. —

89. Eisenbahntarife u. Wasserfrachten. Studien zur Frage der Gebührenerhebg. auf Binnenwasserstraßen. Von M. Roßmann, R. Kustermann, St. Pernaczynski, P. Weryho u. E. Heubach. Im Auftrage des Vereins f. Socialpolitik hrsg. u. eingeleitet v. Walth. Lotz. (XLIII, 498 S.) 900. n. 12. —

90. Beiträge zur neuesten Handelspolitik Deutschlands. Hrsg. vom Verein f. Socialpolitik. 1. Bd. (XI, 336 S.) 900. n. 7. 60

91. Dasselbe. 2. Bd. (VIII, 222 S.) 901. n. 4. 80

92. Dasselbe. 3. Bd. (VII, 218 S.) 901. n. 4. 80

93. Beiträge zur neuesten Handelspolitik Österreichs. Hrsg. vom Verein f. Socialpolitik. (IX, 314 S.) 901. n. 6. 80

94. Untersuchungen, neue, üb. die Wohnungsfrage in Deutschland u. im Ausland. Hrsg. vom Verein f. Socialpolitik. 1. Bd. Deutschland u. Österreich. 1. Bd. 1. Abtlg. (IX, 354 S.) 901. n. 9. 60

95. Dasselbe. 1. Bd. 2. Abtlg. (VIII, 364 S.) 901. n. 8. —

96. Dasselbe. 2. Bd. Deutschland u. Österreich. 2. Bd. (VIII, 302 S.) 901. n. 6. 40

97. Dasselbe. 3. Bd. Schweiz. England. Frankreich. Belgien. Vereinigte Staaten. Rußland. Norwegen. Schweden. Dänemark. (VII, 327 S. m. 2 Plänen.) 901. n. 7. 20

98. Verhandlungen d. Vereins f. Socialpolitik üb. die Wohnungsfrage u. die Handelspolitik. Mit Referaten v. C. J. Fuchs, E. v. Philippovich, M. Brandts, W. Lotz, H. Schumacher, L. Pohle u. e. Anh.: Die Wohnungsstatistik v. Wien u. Budapest. Von H. Lindemann. — Die Wohnungsfrage in Frankreich. Von F. Bizet. — Der deutsch-österreich-ungar. Handelsvertrag vom 6. XII. 1891. Von R. Wuttke. (V, 476 S.) 902. n. 10. —

99. Untersuchungen über die Lage der Angestellten u. Arbeiter in den Verkehrsgewerben. Hrsg. vom Verein f. Socialpolitik. (XVI, 563 S. m. 1 Taf.) 902. n. 12. 60

103. Die wirtschaftliche u. technische Entwicklung der Seeschiffahrt von der Mitte des 19. Jahrh. bis auf die Gegenwart. Von E. Fitger. Mit e. Vorbemerkg. v. E. Francke. (XI, 141 S.) 902. n. 3. —

Die Bde. 100—102 erscheinen später.

— des Vereins f. Socialpolitik. 8. 100.—102. Bd., 103. Bd. II. Abtlg., 104. Bd. 2 Abtlgn., 105.—114. Bd., 115. Bd. 1. Abtlg., 116.—118. Bd., 120. Bd. 4 Hefte u. 121. Bd. gr. 8. Leipzig, Duncker & Humblot. n. 185.—

8. Die progressive Einkommensteuer im Staats- u. Gemeinde-Haushalt. Gutachten üb. Personalbesteuerg., auf Veranlassg. des Vereins f. Socialpolitik abgegeben. Von Fr. J. Neumann. (Anastatischer Neudr. der Ausg. v. 1874.) (VIII, 238 S.) (904.) n. 4.80

100. Schiffahrt, die, der deutschen Ströme. Untersuchungen üb. deren Abgabenwesen, Regulierungskosten u. Verkehrsverhältnisse. 1. Bd. Mit Beiträgen v. G. Bindewald, O. G. Giersberg, G. Selbt. (IX, 342 S.) 903. n. 8.20

101. Dasselbe. 2. Bd. Geschichtliche Entwicklg. der Rheinschiffahrt im XIX. Jahrh. Im Auftrage des Vereins f. Sozialpolitik hrsg. v. Eberh. Gothein. (IX, 306 S.) 903. n. 7.—

102. Dasselbe. 3. Bd. Mit Beiträgen v. W. Nasse, F. Schulte u. A. Wirminghaus. Im Auftrage des Vereins f. Socialpolitik hrsg. (XII, 553 S.) 905. n. 12.20

103, II. Lage, die, der in der Schiffahrt beschäftigten Arbeiter. I. Bd. II. Abtlg. (VII, 36 [illegible] 0[illegible]. n. 8.80

104, I. Dasselbe. 2. Bd. I. Abtlg. (VII, 614 S.) 903. n. 14.—

II. Dasselbe. II. Bd. 2. Abtlg. Die Lage der in der Seeschiffahrt beschäftigten Arbeiter in Oesterreich. (X, 247 u. 182 S.) 904. n. 9.—

105. Störungen, die, im deutschen Wirtschaftsleben während der J. 1900 ff. Vom Verein f. Socialpolitik hrsg. 1. Bd. Textilindustrie. Mit Beiträgen v. H. Potthoff, H. Sybel, K. Kuntze. (XVI, 321 S.) 903. n. 7.60

106. Dasselbe. 2. Bd. Montan- u. Eisenindustrie. Mit Beiträgen v. O. Bosselmann, Th. Vogelstein, F. Kuh. (VI, 228 S.) 903. n. 5.—

107. Dasselbe. 3. Bd. Maschinenindustrie. Von P. Steller. — Elektrotechnische Industrie. Von J. Loewe. — Schiffsbaugewerbe. Von R. Schachner. — Papierindustrie. Von F. Demuth. (VII, 283 S.) 903. n. 6.40

108. Dasselbe. 4. Bd. Verkehrsgewerbe. Mit Beiträgen v. R. Schachner, Erler, Stubmann. (VI, 245 S.) 903. n. 5.40

109. Dasselbe. Vom Verein f. Socialpolitik hrsg. 5. Bd. Die Krisis auf dem Arbeitsmarkte. Mit Beiträgen v. J. Jastrow, A. Heinecke, R. Calwer u. A. (XVI, 281 u. 102 S.) 903. n. 8.80

110. Dasselbe. 6. Bd. Geldmarkt. Kreditbanken. Mit Beiträgen v. F. Hecht, K. Helfferich, Ernst Loeb u. a. (X, 560 S.) 903. n. 12.60

111. Dasselbe. 7. Bd. Hypothekenbanken. Immobiliarverhältnisse. Baugewerbe. Mit Beiträgen v. F. Hecht, E. Kritzler, J. Feig u. a. (XX, 420 S.) 903. n. 9.60

112. Dasselbe in ihren Rückwirkgn. auf die industriellen, Effekten- u. Geldmarktsverhältnisse Oesterreichs. (XV, 261 S.) 903. n. 6.—

113. Verhandlungen des Vereins f. Socialpolitik üb. die Lage der in der Seeschiffahrt beschäft. Arbeiter u. üb. die Störungen im deutschen Wirtschaftsleben während der J. 1900 ff. Mit Referaten v. E. Francke, Polls, W. Sombart, F. Hecht, J. Jastrow. (VIII, 318 S.) 904. n. 6.80

114. Die Wohlfahrtseinrichtungen der Arbeitgeber in Deutschland u. Frankreich. Von Adf. Günther u. René Prévôt. Vom Verein f. Socialpolitik hrsg. (VIII, 275 S.) 905. n. 6.—

115. Schiffahrtsabgaben. Von Max Peters. I. Tl. Die Rechtslage. Im Auftrag des Vereins f. Socialpolitik hrsg. (XII, 339 S.) 906. n. 7.40

116. Verhandlungen des Vereins f. Sozialpolitik üb. die finanzielle Behandlung der Binnenwasserstraßen m. Referaten v. H. Schumacher u. A. Wirminghaus, üb. das Arbeitsverhältnis in den privaten Riesenbetrieben m. Referaten v. L. Brentano u. E. Leidig u. das Verhältnis der Kartelle zum Staate m. Referaten v. G. Schmoller u. E. Kirdorf. (V, 445 S.) 906. n. 9.60

117. Verfassung u. Verwaltungsorganisation der Städte. Im Auftrage des Vereins f. Socialpolitik hrsg. 1. Bd. Königr. Preußen. 1. Bd. Mit Beiträgen v. H. Kappelmann, H. Dove, P. Lüddeckens, A. Glücksmann u. H. Geffcken. (XIV, 300 S.) 906. n. 7.—

118. Dasselbe. 2. Bd. Königr. Preußen. 2. Bd. Mit Beiträgen v. P. Fuß, F. Adler u. P. Troje. (VIII, 209 S.) 906. n. 4.60

120, I. Dasselbe. 4. Bd. I. Heft. Königr. Sachsen. Mit Beiträgen v. G. Häpe, R. Heinze, L. Ludwig-Wolf, J. Hübschmann. Im Auftrag des Vereins f. Socialpolitik hrsg. (VI, 185 S.) 905. n. 4.—

II. Dasselbe. 4. Bd. II. Heft. Königr. Württemberg. Von E. Springer. Im Auftrag des Vereins f Socialpolitik hrsg. (V, 113 S.) 905. n. 2.60

III. Dasselbe. 4. Bd. III. Heft. Großherzogt. Baden. Mit Beiträgen v. Ernst Walz, L. Landmann u. Jos. Ehrler. (V, 208 S.) 906. n. 4.40

IV. Dasselbe. 4. Bd. IV. Heft. Königr. Bayern. Mit Beiträgen v. Bruno Stern u. Frdr. Morgenstern. (VI, 190 S.) 906. 4.20 (I, II, IV 1—4 u. V: 29.80

121. Dasselbe. 5. Bd. Die Schweiz. Mit Beiträgen v. C. Escher, Max Huber, A. Im Hof, Henri Fazy, A. Bandelier. Im Auftrag des Vereins f. Socialpolitik hrsg. (VI, 144 S.) 906. n. 5.—

Bd. 115, II u. 119 sind noch nicht erschienen.

— des Vereins f. Socialpolitik. 115. Bd. II. Tl., 119. Bd. 2 Tle., 120. Bd. 5. u. 6. Heft, 123.—126. Bd., 127. Bd. 3 Tle., 128. Bd., 129. Bd. 10 Tle., 130. Bd. 4 Tle. u. 131.—134. Bd. gr. 8. Leipzig, Duncker & Humblot. 180.80

115. Schiffahrtsabgaben. Von Max Peters. II. Tl. Die wirtschaftl. Lage. III. Tl. Die verkehrspolit. Lage. Im Auftrag des Vereins f. Socialpolitik hrsg. (VIII, 340 S.) 908. 7.60; geb. 8.60

119, I. Verfassung u. Verwaltungsorganisation der Städte. 3. Bd. Königr. Preußen. 3. Bd. 1. Tl. Preußische Städte im Gebiete des poln. Nationalitätenkampfes. Von Ziplaff, Bosberg, Karpinski. Im Auftrag des Vereins f. Socialpolitik hrsg. v. Ludw. Bernhard. (XLVI, 202 S.) 909. 4.80

119, II. Verfassung u. Verwaltungsorganisation der Städte. 3. Bd. Königr. Preußen. 3. Bd. 2. Tl. Die Stadt Posen unter preuß. Herrschaft. Ein Beitrag zur Geschichte des deutschen Ostens, v. Mor. Jaffé. Im Auftrage des Vereins f. Socialpolitik hrsg. (XIV, 453 S.) 909. 10.20

120, V. Dasselbe. 4. Bd. V. Heft. Die Hansestädte. Mit Beiträgen v. Geert Seelig u. Johs. Bollmann. (VII, 45 S.) 907. 1.20

122. Dasselbe. 6. Bd. Österreich. Mit Beiträgen v. J. Redlich, L. Spiegel, L. Vogler, C. Horáček, O. Gluth, B. Kaila, C. Vogel. (VI, 142 u. 252 S.) 907. 8.80

123. Dasselbe. 7. Bd. England. Frankreich. Nordamerika. Mit Beiträgen v. F. W. Hirst, H. Berthélemy, Frank J. Goodnow, Delos F. Wilcox. (XVII, 227 u. 299 S.) 908. 12.—

124. Die deutschen Arbeitgeber-Verbände. Im Auftrage des Vereins f. Socialpolitik hrsg. Von Gerh. Kessler. (XV, 386 S.) 907. 8.80

125. Verhandlungen des Vereins f. Socialpolitik üb. die berufsmäßige Vorbildung der volkswirtschaftlichen Beamten m. e. Referat v. K. Bücher u. e. Korreferat v. M. Behrend u. üb. Verfassung u. Verwaltungsorganisation der Städte m. Referaten v. E. Loening, E. Walz u. K. Flesch. Als Anh.: Nachtrag zu Bd. 120, Heft II v. E. Springer. (V, 397 S.) 908. 8.80

126. Gemeindefinanzen. Im Auftrag des Vereins f. Socialpolitik hrsg. 1. Bd. System der Gemeindebesteuerg. in Hessen, Württemberg, Baden, Elsaß-Lothringen, Bayern, Sachsen, Preußen. (XI, 318 S.) 908. 7.—

127, I. Dasselbe. 2. Bd., I. Tl. Einzelfragen der Finanzpolitik der Gemeinden. Mit Beiträgen v. Otto Landsberg, Ernst Mischler, Walt. Boldt, Alex. Pohlmann u. Thdr. Kutzer. (VIII, 236 S.) 910. 5.40

II. Dasselbe. 2. Bd., II. Tl. Die Gemeindefinanzstatistik in Deutschland. Ziele, Wege, Ergebnisse. Von Otto Most. (VIII, 273 S.) 910. 6.60

III. Dasselbe. 2. Bd., III. Tl. Die Entwicklg. u. die Probleme des Gemeindeabgabenwesens in den Städten u. großen Landgemeinden der preuß. Industriebezirke. Von Heinr. Lücker. (VIII, 44 S.) 910. 1.20

128. Gemeindebetriebe. Neuere Versuche u. Erfahrgn. üb. die Ausdehng. der kommunalen Tätigkeit in Deutschland u. im Ausland. Im Auftrag des Vereins f. Socialpolitik hrsg. v. Carl Johs. Fuchs. I. Bd. Mit Beiträgen v.: P. Mombert, Th. Kutzer, H. Silbergleit u. a. (XII, 440 S.) 908. 10.—

129, I. Dasselbe. II. Bd. 1. Tl. Die Gemeindebetriebe Münchens. Von Ernst Busse. (VIII, 176 S.) 908. 4.—

II. Dasselbe. II. Bd. 2. Tl. Die Gemeindebetriebe der Stadt Düsseldorf. Von Otto Most. Mit 1 Stadtplan u. 1 Situationsskizze. (VIII, 164 S.) 909. 3.80

III. Dasselbe. II. Bd. 3. Tl. Die Gemeindebetriebe der Städte Magdeburg, Naumburg a. S., Frankfurt a. M. Von O. Landsberg, E. W. Schiele, Aug. Busch. (VI, 171 S.) 909. 4.—

IV. Dasselbe. II. Bd. 4. Tl. Die Gemeindebetriebe Mannheims. Von Otto Moericke. (VI, 192 S.) 909. 4.40

V. Dasselbe. II. Bd. V. Tl. Die Gemeindebetriebe der Stadt Freiburg im Breisgau. Bearb. v. Jos. Ehrler. (V, 100 S.) 909. 2.40

VI. Dasselbe. II. Bd. VI. Tl. Die Gemeindebetriebe der Stadt Remscheid. Bearb. v. Bucerius. (V, 59 S.) 909. 1.40

VII. Dasselbe. II. Bd. VII. Tl. Die Gemeindebetriebe der Stadt Leipzig. Von Paul Weigel. (VI, 155 S.) 909. 3.60

VIII. Dasselbe. II. Bd., VIII. Tl. Die Gemeindebetriebe der Stadt Halle a. S. Mit Beiträgen v. Geo. Goldstein, Hugo Wasmuht u. Paul Ochse. (VII, 86 S. m. 2 Taf.) 910. 2.20

IX. Dasselbe. II. Bd., IX. Tl. Die Gemeindebetriebe der Stadt Königsberg i. Pr. Von Geo. Neuhaus. (VIII, 142 S. m. 1 Stadtplan.) 910. 3.40

X. Dasselbe. II. Bd., X. Tl. Die Gemeindebetriebe in d. Städten, Kreisen u. Landgemeinden des oberschles. Industriebezirks. Von Heinr. Lücker. Mit 1 Karte des oberschles. Industriebezirks. (VII, 82 S.) 910. 2.—

130, I. Dasselbe. III. Bd. I. Tl. Die Gemeindebetriebe in Österreich. Von C. Horáček, Karl Schwarz, K. T. Wächter, L. Bernard, Jul. Sylvester. (VIII, 239 S.) 909. 5.60

II. Dasselbe. III. Bd. II. Tl. Geschichte der modernen Gemeindebetriebe in Italien. Von Gisela Michels-Lindner. (VI, 255 S.) 909. 5.80

III. Dasselbe. III. Bd. III. Tl. Gemeindebetriebe in der Schweiz, in Belgien u. in Australien. Von Eug. Großmann, Ernest Brees, Rob. Schachner. (VI, 123 S.) 909. 2.80

IV. Dasselbe. III. Bd., IV. Tl. Gemeindebetriebe in Frankreich u. England. Von H. Berthélemy u. Douglas Knoop. (V, 78 S.) 910. 1.80

131. Auswanderung u. Auswanderungspolitik in Österreich. Im Auftrag des Vereins f. Socialpolitik hrsg. Von Leop. Caro. (VII, 284 S.) 909. 6.40

132. Verhandlungen des Vereins f. Socialpolitik in Wien, 1909. I. Zum Gedächtnis an Georg Hanssen, v. G. F. Knapp. II. Die wirtschaftlichen Unternehmungen der Gemeinden, m. Referaten v. C. J. Fuchs, P. Mombert u. M. Weiß. III. Die Produktivität der Volkswirtschaft, m. Referaten von E. v. Philippovich, O. Kammerer, C. Ballod, J. Eßlen u. Fr. Frhrn. v. Wieser. Mit zahlr. Schaubildern. (VI, 637 S.) 910. 14. –

133. Untersuchungen üb. Auslese u. Anpassung (Berufswahl u. Berufsschicksal) der Arbeiter in den verschiedenen Zweigen der Großindustrie. 1. Bd. Bernays, Marie: Auslese u. Anpassung der Arbeiterschaft der geschlossenen Großindustrie. Dargestellt an den Verhältnissen der „Gladbacher Spinnerei u. Weberei" A.-G. zu München-Gladbach im Rheinland. (XXI, 417 S.) 910. 9. 60

134. Untersuchungen üb. Auslese u. Anpassung (Berufswahl u. Berufsschicksal) der Arbeiter in den verschiedenen Zweigen der Großindustrie. 2. Bd. Auslese u. Anpassung der Arbeiterschaft in der Elektroindustrie, Buchdruckerei, Feinmechanik u. Maschinenindustrie. Mit Beiträgen von v. Bienkowski, H. Hinke, Cl. Heiß, F. Deutsch u. Dora Landé. (IX, 498 S.) 910. 11. 20

— des sozialwissenschaftlichen Vereins in Berlin. Hrsg. v. Osc. Stillich. 1.—3. Hft. gr. 8. Frankfurt a/M., Dr. E. Schnapper. n. 3. 50

1. Die Reform der höheren Mädchenschule. Von Ida v. der Brelje. (42 S.) 901. n. 1. —
2. Ferienkolonien. Von Joh.s Bergknecht. (81 S.) 902. n. 1. 50
3. Die Fabrikarbeit verheirateter Frauen. Von Henriette Fürth. (66 S.) 902. n. 1. —

SCHRIFTEN DES SOZIALWISSENSCHAFTLICHEN VEREINS DER UNIVERSITÄT MÜNCHEN.

Heft 1. München 1909. M. Riegersche Universitäts-Buchhandlung. (G. Himmer.) — A. u. d. T.: Die Arbeiterwohnungsfrage in den Städten mit besonderer Berücksichtigung Münchens. Vortrag, gehalten am 27. April 1909 im Sozialwissenschaftlichen Verein der Universität München von LUJO BRENTANO. ib. 1909. — 8°.

Heft 2. ib. 1909. — A. u. d. T.: „Wohlfahrts"-Einrichtungen und „Betriebs"-Einrichtungen. Vortrag, gehalten im Sozialwissenschaftlichen Verein der Universität München am 3. Mai 1909 von ADOLF GÜNTHER. ib. 1909. —

Heft 3. ib. 1909. — A. u. d. T.: Die soziologische Methode in der Privatrechtswissenschaft. Vortrag, gehalten im Sozialwissenschaftlichen Verein der Universität München am 24. Mai 1909 von HUGO SINZHEIMER. ib. 1909. —

Heft 4. ib. 1909. — A. u. d. T.: Die Raja-Bevölkerung in der Türkei. Vortrag von ERNST YPER. ib. 1909. —

Heft 5. ib. 1910. — A. u. d. T.: Nationale Kolonialpolitik. Vortrag von MORITZ JULIUS BONN. ib. 1910. —

Heft 6. ib. 1910. — A. u. d. T.: Student und Alkohol. Vortrag, gehalten am 21. Februar 1910 von L. LOEWENFELD. ib. 1910. —

Heft 7. ib. 1910. — A. u. d. T.: Die geistige Arbeit und ihre Vergeltung. Zur Theorie und Politik der geistigen Arbeit. Von ARTHUR COHEN. Erweiterter Abdruck eines im Sozialwissenschaftlichen Verein der Universität München gehaltenen Vortrags. ib. 1910. —

Heft 8. ib. 1912. — A. u. d. T.: Die wirtschaftlichen Grundlagen des modernen Kunstgewerbes in London. Vortrag, gehalten im Sozialwissenschaftl. Verein der Universität München und im bayerischen Kunstgewerbeverein München von BRUNO RAUECKER. ib. 1912. —

Schriften des sozialwissenschaftlichen Vereins der Universität München. 1.—7. Heft. gr. 8. München, M. Rieger. 5. 70

Bonn, Mor. Jul., nationale Kolonialpolitik. Vortrag. (32 S.) 910. (5. Heft.) 1. —
Brentano, Lujo, die Arbeiterwohnungsfrage in den Städten m. besond. Berücksicht. Münchens. Vortrag, geh. am 27. IV. 1909 im sozialwissenschaftl. Verein der Universität München. (21 S.) 909. (1. Heft.) — 80
Cohen, Arth., die geistige Arbeit u. ihre Vergeltung. Zur Theorie u. Politik der geist. Arbeit. Erweiterter Abdr. e. im sozialwissenschaftl. Verein der Universität München geh. Vortrags. (19 S.) 910. (7. Heft.) — 50
Günther, Adf., „Wohlfahrts"-Einrichtungen u. „Betriebs"-Einrichtungen. Vortrag, geh. im sozialwissenschaftl. Verein der Universität München am 3. V. 1909. (47 S.) 909. (2. Heft.) 1. 20
Loewenfeld, L., Student u. Alkohol. Vortrag, geh. am 21. II. 1910. (24 S.) 910. (6. Heft.) — 80
Sinzheimer, Hugo, die soziologische Methode in der Privatrechtswissenschaft. Vortrag, geh. im sozialwissenschaftl. Verein der Universität München am 24. V. 1909. (29 S.) 909. (3. Heft.) — 80
Yper, Ernst, die Raja-Bevölkerung in der Türkei. Vortrag. (17 S.) 909. (4. Heft.) — 60

Verein für niederdeutsche Sprachforschung. Anhang. Sonstige von ihm herausgegebene **Schriften.** 8°.

(1.) Zur Geschichte der Deutschen Volksstämme etc. v. Wilhelm Seelmann. Norden und Leipzig. 1887.
(2.) Meister Stephans Schachbuch. Th. 1—2. ebd. 1889. 8°.
(3.) Des Bergenfahrer Joch. Schlu's Comedia von Isaac etc. hrgg. v. Albert Freybe. 2. Aufl. ebd. 1892. 8°.
(4.) Die Totentänze des Mittelalters v. Wilhelm Seelmann. ebd. 1893.

Schriften des 'Verein der Deutschen Textilveredlungsindustrie'. (Neue Folge d. Schriften d. 'Verein z. Wahrung d. Interessen d. Färberei- u. Druckerei-Industrie von Rheinland u. Westfalen'.) H. 1. Die zollpolit. Interessen d. Deutschen Textilveredlungsindustrie von Dr. S[iegfried] Tschierschky. [Mehr nicht erschienen.] Berlin: F. Siemenroth 1902. (51 S.) 8° [07. 6750

—— des Vereins zur Verbreitung landwirthschaftlicher Kenntnisse. Nr. 1—3. 8°. Wien 890, (Frick). * 1 —

1. Přibyl, Leo E. Gründet Genossenschaften! Ein Mahnwort an die Kleingrundbesitzer. (15 S.) * — 60.
2. Jahresbericht d. 1. Vereinsj. 1889, erstattet v. Leo E. Přibyl. (23 S.) * — 20. Bei Abnahme von Nr. 1 u. 3 unberechnet.
3. Přibyl, Leo E. Bäuerliche Musterwirthschaften. (19 S.) * — 40.

— d. Vereines zur Verbreitung landwirthschaftlicher Kenntnisse. Nr. 4—9. 8. Wien, Verlag d. Vereins. Nicht im Handel.

4. Der Verein zur Verbreitung landwirthschaftl. Kenntnisse u. dessen Einfluß auf Gewerbe u. Industrie. (Von Joh. Eißler.) (30 S.) 891.
5. Jahresbericht d. II. Vereinsj. 1890. (31 S.) 891.
6. Jahresbericht d. III. Vereinsj. 1891. (41 S.) 892.
7. Jahresbericht d. IV. Vereinsj. 1892. (45 S.) 893.
8. Die Grundlagen d. ration. Futterbaues f. mittl. u. kleinere Grundbesitzer, gestützt auf vieljähr. prakt. Erfahrgn. u. auf Ergebnisse wissenschaftl. Forschgn., verf. v. Adf. Baumgartner. (88 S. m. Abb.) Linz 890. (Als Vereinsschrift 1893.)
9. Jahresbericht d. V. Vereinsj. 1893. (39 S.) 894.

—— des Vereines zur Verbreitung naturwissenschaftlicher Kenntnisse in Wien. 1. Bd. Jahrg. 1860/61. 8. (XXXIV und 420 S. mit 1 Stnt., 1 chromolithogr. Taf. und 6 eingedr. Holzschn.) Wien 862, (Gerold's Sohn.) *

—— des Vereines zur Verbreitung naturwissenschaftlicher Kenntnisse in Wien. 2.—6. Bd. oder Jahrg. 1861—66. 8. Wien 863—67, (Gerold's Sohn.) [2. Bd. 1861—62. (LXXIII und 550 S. mit 2 Taf., wovon 1 lithogr. und 1 chromolithogr., und 18 eingedr. Holzschn.) * 2 Thlr., 3. Bd. 1862—63. (VIII und 503 S. mit 2 Stnt. und 5 eingedr. Holzschn.) * 2 Thlr., 4. Bd. 1863—64. (VI und 282 S. mit 13 Holzschn.) * 1 Thlr. 15 Ngr., 5. Bd. 1864—65. (XX und 450 S. mit 11 eingedr. Holzschn.) * 2 Thlr., 6. Bd. 1865—66. (XVIII und 422 S. mit 1 lithogr. Karte, 4 Stnt. in 8. und Fol. und 13 eingedr. Holzschn.) * 2 Thlr.] *
1. Bd. (Ebendas.) 1862. * 2 Thlr.

—— des Vereines zur Verbreitung naturwissenschaftlicher Kenntnisse in Wien. 7. und 8. Bd. 8. Wien 869, (Gerold's Sohn.) [7. Bd. Jahrg. 1866—67. (XVIII, 405 S. mit 1 lithogr. Karte, 1 lithogr. Taf. und 11 eingedr Holzschn.) — 8. Jahrg. 1867—68. (XI, 375 S. mit 4 Holzschn. eingedr. und auf 1 Taf.)] à Jahrg. *

Schriften des Vereines zur Verbreitung naturwissenschaftlicher Kenntnisse in Wien. 9.—13. Bd. Jahrg. 1868/69—1872/73. Redig. von G. R. v. Frauenfeld. 8. Wien, (Gerold's Sohn.) 9. Bd. (XIX, 525 S. mit 3 lithogr. Taf. in qu. Fol. und 4 eingedr. Holzschn.); 10. Bd. (XLIV, 458 S.); 11. Bd. (XL, 570 S. mit 1 lithogr. Taf. in qu. Fol.); 12. Bd. (XL, 415 S. mit 2 eingedr. Holzschn.); 13. Bd. (XXXVI, 524 S.)] à Bd. *

—— dass. — 14. Bd. Jahrg. 1873/74. Redig. von F. Schindler. 8. (XXXVI, 455 S.) (Ebendas.) *

— des Vereines zur Verbreitung naturwissenschaftlicher Kenntnisse in Wien. 10—16. Bd. Jahrg. 1869—1876. Red. von G. R. v. Frauenfeld, F. Schindler u. J. v. Nahlik. 8. (XLIV, 458; XL, 570; XL, 415; XXXVI, 524; XXXVI, 455; XXXII, 560 u. XLIV, 748 S.) Wien 870—76. Gerold's Sohn. — Leipzig, Brockhaus' Sort. in Comm. à Bd. n. 6. —
Herabgesetzter Preis f. Bd. 1—9. n. 10. —

—— des Vereines naturwissenschaftlicher Kenntnisse in Wien. 15. Bd. Jahrg. 1874/75. Redig. von Joh. Edlen v. Nahlik. 8. (XXXII, 560 S. mit Stnt.) Wien 875, (Braumüller.) * 6 —

—— dass. — 16. Bd. Jahrg. 1875/76. 8. (XLIV, 748 S. mit eingedr. Holzschn. und 2 chromolithogr. Karten in qu. 4. und qu. gr. Fol.) (Ebendas.) 876. * 8 —

—— dass. — 17. Bd. Jahrg. 1876/77. 8. (LXXXIX, 664 S. mit eingedr. Holzschn., 4 Stnt. und 1 Photogr.) (Ebendas.) 877. ** 8 —

—— dass. — 18. Bd. Jahrg. 1877/78. 8. (LXVII, 694 S. mit eingedr. Holzschn.) (Ebendas.) 878. ** 8 —

—— dass. — 19. Bd. Jahrg. 1878/79. 8. (XLIV, 798 S. mit eingedr. Holzschn. und 6 Stnt.) (Ebendas.) 879. ** 8 —

Schriften des Vereines zur Verbreitung naturwissenschaftlicher Kenntnisse in Wien. 20. Bd. Jahrg. 1878/79. Redig. von Joh. Edlen v. Nahlik. 8. (XLVIII, 744 S. mit eingedr. Holzschn. und 2 Stnt.) Wien 880, (Braumüller.) **

—— dass. — 21. Bd. Vereinsj. 1880/81. 8. (LVII, 618 S. mit eingedr. Holzschn., 4 Stnt. und 1 Photolithogr.) (Ebendas.) **

—— dass. — 22. Bd. Vereinsj. 1881/82. A. u. d. T: Populäre Vorträge aus allen Fächern der Naturwissenschaft. 22. Cyclus. 8. (LXIII, 554 S. mit Holzschn., 1 lithogr. und 1 chromolithogr. Karte.) (Ebendas.) **

—— dass. — 23. Bd. Vereinsj. 1882/83. A. u. d. T.: Populäre Vorträge aus allen Fächern der Naturwissenschaft. 23. Cyclus. 8. (LXIV, 580 S. mit eingedr. Holzschn. und Taf.) (Ebendas.) **

—— dass. — 24. Bd. Vereinsj. 1883/84. A. u. d. T.: Populäre Vorträge aus allen Fächern der Naturwissenschaft. 24. Cyclus. 8. (LIX, 742 S. mit eingedr. Abbild. und Taf.) (Ebendas.) **

—— des Vereins zur Verbreitung naturwissenschaftlicher Kenntnisse in Wien. 25. Bd.: Vereinsj. 1884/85. Auch u. d. T.: Populäre Vorträge aus allen Fächern der Naturwissenschaft. 25. Cyclus. 8. (LXXI, 744 S. mit eingedr. Abbild. und Taf.) Wien 885, (Braumüller.) **

—— dass. — 26. Bd.: Vereinsj. 1885/86. Auch u. d. T.: Populäre Vorträge aus allen Fächern der Naturwissenschaft. 26. Cyclus. 8. (LI, 578 S. mit eingedr. Abbild. und Taf.) (Ebendas.) 886. *

—— dass. — 27. Bd.: Vereinsj. 1886/87. Auch u. d. T.: Populäre Vorträge aus allen Fächern der Naturwissenschaft. 27. Cyclus. 8. (LV, 658 S. mit eingedr. Abbild. und Taf.) (Ebendas.) 887. **

—— dass. — 28. Bd.: Vereinsj. 1887/88. Auch u. d. T.: Populäre Vorträge aus allen Fächern der Naturwissenschaft. 28. Cyclus. 8. (LVIII, 730 S. mit eingedr. Abbild. und Taf.) (Ebendas.) 888. **

—— des Vereines zur Verbreitung naturwissenschaftlicher Kenntnisse in Wien. 29.—32. Bd. Auch u. d. T.: Populäre Vorträge aus allen Fächern der Naturwissenschaft. 29.—32. Cyclus. Vereinsj. 1888/9—1891/2. 8°. (LVI, 606; LII, 644; III, LI, 648; LII, 500 S. m. Abbildgn., Taf. u. Kärtchen.) Wien, (Braumüller). à Bd. ** 8 —

— des Vereines zur Verbreitung naturwissenschaftlicher Kenntnisse in Wien. 31.—34. Bd. A. u. d. T.: Populäre Vorträge aus allen Fächern der Naturwissenschaft. 31.—34. Cyklus. 8. Wien, (W. Braumüller). à n.n. 8. —

31. Vereinsj. 1890/91. (III, LI, 648 S. m. Abbildgn. u. Taf.) 891.
32. Vereinsj. 1891/92. (LII, 500 S. m. 76 Abbildgn., 18 Taf. u. 3 Kärtchen.) 892.
33. Vereinsj. 1892/93. (LIII, 652 S. m. Abbildgn. u. 10 Taf.) 893.
34. Vereinsj. 1893/94. (LV, 534 S. m. Abbildgn. u. 7 Taf.) 894.

— d. Vereines zur Verbreitg. naturwissenschaftlicher Kenntnisse in Wien. 35.—38. Bd. Vereinsj. 1894/95—1897/98. A. u. d. T.: Populäre Vorträge aus allen Fächern d. Naturwissenschaft. 35.—38. Cyklus. 8. Wien (W. Braumüller). à Bd. n.n. 8. —

35. (LIV, 708 S. m. Abb., 23 Taf. u. 1 Karte.) 895.
36. (LVI, 480 S. m. Abb. u. 15 Taf.) 896.
37. (LII, 506 S. m. 51 Abb., 9 Taf. u. 1 Karte.) 897.
38. (XLIX, 576 S. m. 37 Abb. u. 14 Taf.) 898.

— des Vereines zur Verbreitg. naturwissenschaftlicher Kenntnisse in Wien. 39.—42. Bd. Vereinsj. 1898/99—1901/1902. A. u. d. T.: Populäre Vorträge aus allen Fächern d. Naturwissenschaft. 39.—42. Vortragsreihe. 8. Wien (W. Braumüller). à Bd. n.n. 8.—

39. (XLIX, 546 S. m. Abbildgn., 14 Taf. u. 1 Karte.) 900.
40. (CXXIV, 484 S. m. Abbildgn., 8 Taf. u. 1 Karte.) 900.
41. (LII, 446 S. m. Abbildgn. u. 8 Taf.) 901.
42. (LIV, 522 S. m. Abbildgn., 7 Taf. u. 1 Karte.) 902.

Einzelausgabe s. u. d. T.: Vorträge des Vereines zur Verbreitung naturwissenschaftlicher Kenntnisse.

— des Vereines zur Verbreitung naturwissenschaftlicher Kenntnisse in Wien. 43.—46. Bd. Vereinsj. 1902/1903—1905/1906. A. u. d. T.: Populäre Vorträge aus allen Fächern der Naturwissenschaft. 43.—46. Vortragsreihe. 8. Wien (W. Braumüller.) à Bd. n.n. 8.—

43. (LV, 482 S. m. 50 Abbildgn. u. 18 Taf.) 903.
44. (LVI, 498 S. m. 23 Abbildgn. u. 15 Taf.) 904.
45. (LV, 546 S. m. 77 Abbildgn. u. 16 Taf.) 905.
46. (LIII, 502 S. m. 65 Abbildgn., 26 Taf. u. 1 Kartenskizze.) 906.

Einzelausgabe s. u. d. T.: Vorträge des Vereines zur Verbreitung naturwissenschaftlicher Kenntnisse.

— des Vereines zur Verbreitung naturwissenschaftlicher Kenntnisse in Wien. 47.—50. Bd. Vereinsj. 1906/07—1909/10. A. u. d. T.: Populäre Vorträge aus allen Fächern der Naturwissenschaft. 47.—50. Vortragsreihe. (LIV, 504 S. m. Abb. u. Taf.; LVI, 550 S. m. 43 Abb., 1 Karte u. 12 Taf.; LIV, 484 S. m. Abb., 5 Kart. u. 6 Taf. u. XLVII, 462 S. m. Abbildgn., 19 Taf. u. 1 Karte.) 8. Wien 907—10. W. Braumüller. à Bd. nn 8. —

Einzelausgabe s.: Vorträge des Vereines z. Verbreitg. naturwissenschaftl. Kenntnisse.

— dasselbe. Festschrift zur Feier des 50jähr. Bestandes des Vereines zur Verbreitung naturwissenschaftl. Kenntnisse in Wien am 30. III. 1910. Hrsg. v. Frz. Toula. (VI, 267 S. m. 1 Bildnis-Taf.) 8. Ebd. 910. nn 4. —

Schriften des Vereins für ländliche Volkshochschulen in Schleswig-Holstein. 8°.

H. 1. Die schleswig-holsteinische ländliche Volkshochschule (v. Friedrich Lembke. Heide i. H. 1905.
H. 2. Ländliche Volkshochschule und landwirtschaftl. Winterschule v. Friedrich Lembke. Albersdorf o. J.
H. 3. Ländliche Volkshochschule und ländliche Fortbildungsschule v. Friedrich Lembke. Albersdorf. o. J.

— des Vereins f. Volkshygiene München (e. V.). I. 8. München 909. G. C. Steinicke. — 50

1. Für Mutter u. Kind. Von Max Hackl. 2. Aufl., durchgeseh. vom Prinzessin Arnulfhaus f. Säuglinge. (128 S.)

SCHRIFTEN [1]) DES VOLKSWIRTSCHAFTLICHEN VEREINS FÜR OBST- UND GEMÜSEVERWERTUNG IN DEUTSCHLAND (später: ZUR FÖRDERUNG DER OBST- UND GEMÜSEVERWERTUNG IN DEUTSCHLAND).

Heft 1. Rechenschaftsbericht über die Arbeit des Vereins im 1. Geschäftsjahre (15. Oktober 1904 bis 30. September 1905), erstattet vom Vorstande. Berlin 1906. Deutsche Landbuchhandlung, G. m. b. H. 8°.

Heft 2. Rechenschaftsbericht über die Arbeit des Vereins im 2. Geschäftsjahre (1. Oktober 1905 bis 30. September 1906), erstattet vom Vorstande. ib. 1907. —

Heft 3. Gemüse und Obst als Nahrungs- und Heilmittel von ARNOLD BRASS. Vom Verein herausgegeben zur Aufklärung für weiteste Kreise unseres Volkes. III. Aufl. 13.—18. Tausend. ib. 1908. —

Heft 4. Der Volkswirtschaftliche Verein für Obst- und Gemüseverwertung in Deutschland auf dem VIII. internationalen landwirtschaftlichen Kongress zu Wien. Referat über die Bedeutung der Nahrungsmittelkontrolle auf dem Gebiete der Obst- und Gemüseverwertung für Volkswohlfahrt und -Ernährung, erstattet von TH. ECHTERMEYER. ib. 1908. —

Heft 5. Ist für den deutschen Obst- und Gartenbau ein wirksamerer Zollschutz anzustreben? Von AUHAGEN. ib. —

Heft 6. Wie können wir den breitesten Volksschichten mehr als bisher den Genuss von Obst und Gemüse verschaffen? Von WEINHAUSEN. ib. —

Heft 7. Anregungen und Wünsche zur weiteren Ausgestaltung der Obst- und Gemüseverwertung von SCHWABE. ib. —

Heft 8. Rechenschaftsbericht über die Arbeit des Vereins für die Zeit vom 1. Oktober 1906 bis 31. März 1909 erstattet vom Vorstande mit zwei Abhandlungen. 1. Die alkoholfreien Getränke in ihrer Beziehung zum einheimischen Obstbau. Von J. KOCHS. 2. Obstbau auf deutschen Moorländereien. Von E. H. HERMES. ib. (1909). —

Heft 9. Organisation der Obst- und Gemüseverwertung unter besonderer Berücksichtigung ihrer sozialen Aufgaben. Vom Geschäftsführer E. H. HERMES. Mit Geleitworten von von STRAUSS und TORNEY, FRAU GRÄFIN ZUR LIPPE-OBER-SCHÖNFELD. ib. (1909). —

Heft 10. Was wir wollen! Ein Aufruf nach fünfjähriger Vereinstätigkeit zur Werbung neuer Mitglieder; eine Klarstellung des Arbeitsprogramms für das kommende Jahr. ib. (1909). —

Heft 11. Bedarf der deutsche Gartenbau eines stärkeren Zollschutzes? Vortrag, gehalten auf der Hauptversammlung des Volkswirtschaftlichen Vereins in Berlin am 23. Februar 1910 von . . . AUHAGEN. ib. (1910). —

Heft 12. Wie muss für die Folge unsere Obstproduktion gefordert werden? Vortrag, gehalten auf der Hauptversammlung des Volkswirtschaftlichen Vereins in Berlin am 23. Februar 1910 von D. SANDMANN, Berlin. ib. (1910). —

Heft 13. Rechenschaftsbericht über die Arbeit des Vereins für die Zeit vom 1. April 1909 bis 31. März 1910, erstattet vom Vorstande. (ib. 1910.) Selbstverlag.

Heft 14. Die Bedeutung von Obst und Zucker für die Volksernährung. ib. Verlag des Volkswirtschaftlichen Vereins.

Heft 15. Rechenschaftsbericht über die Arbeit des Vereins für die Zeit vom 1. April 1910 bis 31. März 1911, erstattet vom Vorstande. (ib.) Selbstverlag.

[1]) Das Organ des Vereins ist: DIE OBST- UND GEMÜSEVERWERTUNG; 1905 erschien der 1. Jahrg. 4°.

— des volkswirtschaftl. Vereins zur Förderg. der Obst- u. Gemüseverwertung in Deutschland. 3.—12. Heft. 8. Berlin, Deutsche Landbuchh. 3. 25

Auhagen, bedarf der deutsche Gartenbau e. stärkeren Zollschutzes? Vortrag, geh. auf der Hauptversammlg. des volkswirtschaftl. Vereins in Berlin am 23. II. 1910. (16 S.) (910.) (11. Heft.) — 30

— Ist f. den deutschen Obst- u. Gartenbau e. wirksamerer Zollschutz anzustreben? (12 S.) (909.) (5. Heft.) — 15

Braß, Arnold, Gemüse u. Obst als Nahrungs- u. Heilmittel. Vom Verein hrsg. zur Aufklärung f. weiteste Kreise unseres Volkes. 3. Aufl. 13.—18. Taus. (14 S.) 908. (3. Heft.) — 15

Echtermeyer, Th., der volkswirtschaftliche Verein f. Obst- u. Gemüseverwertung in Deutschland auf dem VIII. internat. landwirtschaftl. Kongreß zu Wien. Referat üb. die Bedeutg. der Nahrungsmittelkontrolle auf dem Gebiete der Obst- u. Gemüseverwertg. f. Volkswohlfahrt u. -Ernährung. (16 S.) 908. (4. Heft.) — 15

Hermes, E. H., Organisation der Obst- u. Gemüseverwertung unter besond. Berücksicht. ihrer sozial. Aufgaben. Mit Geleitworten von v. Strauß u. Torney, Frau Gräfin zur Lippe-Oberschönfeld. (32 S.) (910.) (9. Heft.) — 60

Rechenschaftsbericht üb. die Arbeit des Vereins f. d. Zeit vom 1. X. 1906 bis 31. III. 1909, erstattet vom Vorstande, m. 2 Abhandlgn. 1. Kochs, J., die alkoholfreien Getränke in ihrer Beziehung zum einheimischen Obstbau. 2. Hermes, E. H., Obstbau auf deutschen Moorländereien. (52 S. m. Abbildgn.) (909.) (8. Heft.) 1. —

Sandmann, wie muß f. die Folge unsere Obstproduktion gefördert werden? Vortrag, geh. auf der Hauptversammlung des volkswirtschaftlichen Vereins in Berlin am 23. II. 1910. (15 S.) (910.) (12. Heft.) — 30

Schwabe, Anregungen u. Wünsche zur weiteren Ausgestaltg. der Obst- u. Gemüseverwertung auf dem Lande. (8 S.) (909.) (7. Heft.) — 15

Was wir wollen! Ein Aufruf nach 5 jähr. erfolgreicher Vereinstätigkeit zur Werbg. neuer Mitglieder, e. Klarstellg. des Arbeitsprogramms f. d. komm. Jahr. (4 S.) (910.) (10. Heft.) — 30

Weinhausen, wie können wir den breitesten Volksschichten mehr als bisher den Genuß v. Obst u. Gemüse verschaffen? (8 S.) (909.) (6. Heft.) † — 15

— des „Verein zur Wahrung d. Interessen d. Färberei- u. Druckerei-Industrie v. Rheinland u. Westfalen", neue Folge, s.: Schriften des „Verein der deutschen Textilveredlungsindustrie".

—— des Vereins zur Wahrung der wirthschaftlichen Interessen von Handel und Gewerbe. Nr. 1—17. gr. 8. Berlin, (Puttkammer und Mühlbrecht.) *

Inhalt:

Nr. 1. Bericht über die Verhandlungen der constituirenden Generalversammlung am 1. Octbr. 1884. (40 S.) 884. * ℳ 1.—.

„ 2. Der Geschäftssteuer-Entwurf des Hrn. v. Wedell-Malchow. (24 S.) 884. * 60 Pf.

„ 3. Dass. — Nr. 2: Die Control- und Strafbestimmungen. (12 S.) 885. * 40 Pf.

„ 4. Dass. — Nr. 3: Andere positive Vorschläge. (20 S.) 885. * 50 Pf. (Vergriffen.)

„ 5. Gutachten über die Einwirkung des Gesetzes vom 18. Juli 1884 auf die Statuten der bereits vor jenem Gesetze bestandenen Actiengesellschaften von Laué. (36 S.) 885. * ℳ 1,50.

„ 6. Eingabe an Fürst Bismarck betreffend Antrag Schorlemer bezügl. der Währungsfrage. (7 S.) 885. * 40 Pf.

„ 7. Die Geschäftssteuerentwürfe in der Commission des Reichstages. (27 S.) 885. * 80 Pf.

„ 8. Bericht über die (Vereins-)Sitzung vom 7. Mai 1885. (35 S.) 885. * ℳ 1.—.

„ 9. Materialien zur Erläuterung und Beurtheilung der wirthschaftlichen Edelmetallverhältnisse und der Währungsfrage. Gesammelt von Ad. Soetbeer. gr. 4. (107 S.) 885. * ℳ. 2.—.
2. Aufl. s. Soetbeer, Materialien.

„ 10. Bericht an die Mitglieder. (111 S.) 886. * ℳ 1.60. — (Vergriffen.)

„ 11. Bericht über die Verhandlungen der Generalversammlung am 4. Decbr. 1886. (19 S.) 886. * 40 Pf.

„ 12. Beitrag zur Alters- und Invaliden-Versicherung der Arbeiter. (16 S.) 887. 30 Pf.

„ 13. Die Erhebung des preußischen Landesstempels von $^1/_3$ Prozent des Kaufpreises für die im kaufmännischen Verkehr abgeschlossenen Kauf- und Lieferungsverträge. (19 S.) 887. * 40 Pf.

„ 14. Die Amortisation der preußischen Staatseisenbahn-Kapitalschuld. (83 S.) 887. * ℳ 1.60.

„ 15. Der Identitätsnachweis bei der Ein- resp. Ausfuhr von Getreide. (24 S.) 888. * 60 Pf.

„ 16. Der Gesetzentwurf über die privatrechtliche Stellung der Erwerbs- und Wirtschafts-Genossenschaften, zusammengestellt mit dem denselben Gegenstand betreffenden Gesetze vom 4. Juli 1868. (105 S.) 888. * ℳ 2.—.

„ 17. Der Entwurf eines Gesetzes, betreffend die Alters- und Invalidenversicherung der Arbeiter, nebst einigen Bemerkungen über die Begründung desselben. (114 S.) 887. * ℳ 2.—.

Die Hefte 11, 12 und 13 sind unter dem veränderten Gesammt-Titel: Verein zur Wahrung der wirthschaftlichen Interessen, erschienen.

—— des Vereins z. Wahrung d. wirthschaftl. Interessen v. Handel u. Gewerbe. Nr. 18—25. gr. 8. Berl., (Puttkammer u. Mühlbrecht). * 15 90

18. Rechtsgutachten üb. die Stempelpflichtigkeit der in Deutschland abgeschlossenen Lieferungsverträge [s. a. Gutachten in Nr. 13, betr. die Erhebung d. preuß. Landesstempels v. $^1/_3$ %]. (12 S.) 888. * — 50.

19. Entwurf e. Gesetzes betr. die Alters- u. Invaliditätsversicherung, nebst Begründg. u. Denkschrift üb. die Höhe der finanziellen Belastg., welche durch den Gesetzentwurf voraussichtlich hervorgerufen werden wird. (276 S.) 888. * 3 —.

20. I. Kapitaldeckungs- od. Umlageverfahren. Denkschrift zu dem Entwurf e. Gesetzes üb. die Alters- u. Invaliditätsversicherung der Arbeiter. II. Bericht üb. die Sitzung d. Ausschusses am 20. Febr. 1889. 1. Geschäftliches. 2. Empfiehlt sich zur Ausbringg. der f. die Durchführg. der Alters- u. Invaliditätsversicherg. der Arbeiter nothwend. Mittel das Kapitaldeckungs- od. das Umlageverfahren? 3. Die bevorsteh. Aenderg. der Gesetzgebg. üb. die Einkommenbesteuerg. (50 S.) 889. * 1 —.

21. Der Streit um die Verstaatlichung der Reichsbank. (VII, 159 S.) 889. * 2 40.

22. Die kaiserl. Erlasse vom 4. Febr. 1890. — Progr. f. d. Berathungen d. internat. Arbeiterschutzkonferenz. — Einführung von Gewerbegerichten u. Einigungsämtern. — Sitzung der von industr. u. wirthschaftlichen Vereinen ernannten Commission z. Berathg. d. Arbeiterverhältnisse in Deutschland. (160 S.) * 3 —.

23. Delbrück, A. Bericht über d. Verhandlgn. der Reichstagskommission über d. Gesetz-Entwurf betr. Abänderung der Gewerbeordnung. — Zusammenstellung der Beschlüsse dieser Commission. — Zusammenstellung der Reichstagsbeschlüsse betr. diesen Entwurf. — Die deutsche Levante-Linie u. Hamburg. (96 S.) * 2 —.

24. Verhandlungen der VIII. Kommission d. Reichstags üb. den Entwurf e. Gesetzes betr. Abänderung der Gewerbeordnung. (111 S.) 891. * 2 —.

25. Die Erweiterung d. Handelsrechts durch Einfügung neuer Gesellschaftsformen. (123 S.) 891. * 2 —.

— d. Vereins zur Wahrg. der wirthschaftlichen Interessen v. Handel u. Gewerbe. Nr. 24—27. gr. 8. Berlin, (Puttkammer & Mühlbrecht). n. 6. 60

24. Verhandlgn. der VIII. Kommission d. Reichstags üb. den Entwurf e. Gesetzes betr. Abänderg. der Gewerbeordng. (111 S.) 891. n. 2. —

25. Die Erweiterg. d. Handelsrechts durch Einfügg. neuer Gesellschaftsformen. (123 S.) 891. n. 2. —

26. Entwurf e. Gesetzes betr. die Gesellschaften m. beschränkter Haftg., nebst Begründg. u. Anlage. (136 S.) 892. n. 2. —

27. Der Gesetzentwurf betr. die Gesellschaften m. beschränkter Haftg. (29 S.) 892. n. — 60

SCHRIFTEN DES WESTFÄLISCHEN VEREINS ZUR FÖRDERUNG DES KLEINWOHNUNGSWESENS. Herausgegeben vom Westfälischen Verein zur Förderung des Kleinwohnungswesens in Gemeinschaft mit dem Verbande westfälischer Baugenossenschaften Münster i. W.

(Heft 2.)[2]) Aufgaben der Gemeinden bei der Ausgestaltung des Bebauungsplanes in Rücksicht auf das Kleinwohnungswesen von B. SCHILLING, Beigeordneter der Stadt Trier. Vortrag in der Hauptversammlung des Westfälischen Vereins zur Förderung des Kleinwohnungswesens in Hagen i. W. am 18. November 1907. Münster i. W. (1907). Druck der Aktien-Gesellschaft „Der Westfale". 8⁰.

Heft 5 . . . Wegweiser für die Gründung und Einrichtung von Baugenossenschaften. ib. Universitatsbuchdruckerei Johannes Bredt.

Heft 6 . . . Stellung und Aufgaben des Aufsichtsrats bei den Baugenossenschaften von Rechtsanwalt STEMPEL in Dortmund. Vortrag, gehalten auf dem IX. Verbandstage des Verbandes westfälischer Baugenossenschaften am 22 Oktober 1911 in Witten. ib. —

[2]) Die fehlenden Hefte habe ich nicht einsehen konnen.

SCHRIFTEN DES WISSENSCHAFTLICHEN VEREINS ZU BRESLAU.

I. Breslau 1889. S. Schottlaender. — A. u. d. T.: ROBERT BECKER, Die Benivieni-Büste des Giovanni Bastianini. Zur Geschichte der Fälschungen. Vortrag im wissenschaftlichen Verein zu Breslau gehalten. (Mit Tafeln.) ib. 1889. — 8⁰.

Schriften d. wissenschaftlichen Vereins zu Breslau. I. 8. Breslau 889. [Schottländer.] Schlesische Verlags-Anstalt. n. 1. 20
Die Benivieni-Büste d. Giovanni Bastianini v. R. Becker. (57 S. m. 2 Taf.)

— d. Vereines d. Zellstoff- u. Papier-Chemiker. 1. Heft. gr. 8. Berlin, Gebr. Borntraeger. 2. 80
Über Bestimmungsmethoden der Cellulose. Von Max Renker. 2. verb. Aufl. (107 S. m. Kurven.)

Schriften der Vereine vom Rothen Kreuz. Hrg. von Oberstabsarzt Dr. G Pannwitz. Heft 1. Berlin, Carl Heymann, 1901. [M. 1.—]
s. Meyer, J .

Schriften der Vereine vom Rothen Kreuz. Hrg. von Oberstabsarzt Dr. G Pannwitz. Heft 2. 8. Berlin, Carl Heymann, 1902. [M. —. 60]
s. Wiegand, W[ilhelm].

— der Vereine vom Rothen Kreuz. Hrsg. v. G. Pannwitz. 1. u. 2. Hft. gr. 8. Berlin, C. Heymann. n. 1. 60
1. Geschichte der Genfer Konvention. Im Auftrage des Central-Comités vom Rothen Kreuz bearb. Von J. Meyer. (VII, 64 S.) 901. n. 1. —
2. Die internationalen Konferenzen vom Rothen Kreuz. Ein kurzer geschichtl. Rückblick. Im Auftrage des Central-Komitee vom Rothen Kreuz bearb. Von W. Wiegand. (V, 36 S.) 902. n. — 60

Schriften der Vereine vom Roten Kreuz. Hrsg. v. G. Pannwitz u. Kimmle. 3. Heft. 8. Berlin, C. Heymann. n. — 50
Verleih-Anstalten v. Gegenständen zur Krankenpflege. Von H. Hecker. (IV, 85 S.) 904.

SCHRIFTEN DER INTERNATIONALEN VEREINIGUNG FÜR GESETZLICHEN ARBEITERSCHUTZ.

No. I. Die internationale Vereinigung für gesetzlichen Arbeiterschutz. Berichte und Verhandlungen der konstituierenden Versammlung, abgehalten zu Basel, am 27. und 28. September 1901. Herausgegeben vom Bureau der internationalen Vereinigung für gesetzlichen Arbeiterschutz: Generalsekretär: STEPHAN BAUER, Präsident: HEINRICH SCHERRER, Vicepräsident THEODOR CURTI. Jena 1901. Verlag von Gustav Fischer. Bern 1901. Schmidt & Francke. 8⁰.

No. 2. VERHANDLUNGEN DER ZWEITEN GENERALVERSAMMLUNG des Komitees der internationalen Vereinigung für gesetzlichen Arbeiterschutz, abgehalten zu Cöln am 26. u. 27. September 1902 nebst Jahresberichten der internationalen Vereinigung und des internationalen Arbeitsamtes. Herausgegeben vom Bureau der internationalen Vereinigung für gesetzlichen Arbeiterschutz. Jena 1903. Verlag von Gustav Fischer.

No. 3. VERHANDLUNGSBERICHT DER DRITTEN GENERALVERSAMMLUNG des Komitees der Internationalen Vereinigung für gesetzlichen Arbeiterschutz, abgehalten zu Basel vom 25. bis 28. September 1904 nebst Jahresberichten der internationalen Vereinigung und des Internationalen Arbeitsamtes. Herausgegeben vom Bureau der Internationalen Vereinigung für gesetzlichen Arbeiterschutz. ib. 1905. —

No. 4. ZWEI DENKSCHRIFTEN ZUR VORBEREITUNG EINER INTERNATIONALEN ARBEITERSCHUTZKONFERENZ. Herausgegeben vom Bureau der internationalen Vereinigung für gesetzlichen Arbeiterschutz. (Inhalt: I. Denkschrift über das Verbot der Verwendung des weissen Phosphors in der Zündhölzchenindustrie. II. Denkschrift über das Verbot der gewerblichen Nachtarbeit der Frauen.) ib. 1905. —

No. 5. VERHANDLUNGSBERICHT DER VIERTEN GENERALVERSAMMLUNG des Komitees der Internationalen Vereinigung für gesetzlichen Arbeiterschutz, abgehalten zu Genf vom 26.—29. September 1906 nebst Jahresberichten der Internationalen Vereinigung und des Internationalen Arbeitsamtes und synoptischen Uebersichten. Herausgegeben vom Bureau der Internationalen Vereinigung für gesetzlichen Arbeiterschutz. ib. 1907. —

No. 6. VERHANDLUNGSBERICHT DER FÜNFTEN GENERALVERSAMMLUNG des Komites der Internationalen Vereinigung für gesetzlichen Arbeiterschutz, abgehalten zu Luzern vom 28.—30. September 1908 nebst Jahresberichten der Internationalen Vereinigung und des Internationalen Arbeitsamtes. Herausgegeben vom Bureau der Internationalen Vereinigung für gesetzlichen Arbeiterschutz. ib. 1909. —

No. 7. VERHANDLUNGSBERICHT DER SECHSTEN GENERALVERSAMMLUNG des Komites der Internationalen Vereinigung für gesetzlichen Arbeiterschutz, abgehalten zu Lugano vom 26.—28. September 1910 nebst Jahresberichten der Internationalen Vereinigung und des Internationalen Arbeitsamtes. Herausgegeben vom Bureau der Internationalen Vereinigung für gesetzlichen Arbeiterschutz. ib. 1910. —

No. 8. VERHANDLUNGSBERICHT DER SIEBENTEN GENERALVERSAMMLUNG des Komites der Internationalen Vereinigung für gesetzlichen Arbeiterschutz, abgehalten zu Zürich vom 10. bis 12. September 1912 nebst Jahresberichten der Internationalen Vereinigung und des Internationalen Arbeitsamtes und dem Berichte der Spezialkommission über Arbeitszeit in ununterbrochenen Betrieben. Herausgegeben vom Bureau der Internationalen Vereinigung für gesetzlichen Arbeiterschutz. ib. 1913. —

No. 9. ZWEI DENKSCHRIFTEN zur Vorbereitung der zweiten internationalen Arbeiterschutzkonferenz von Bern 1913. Herausgegeben vom Bureau der Internationalen Vereinigung für gesetzlichen Arbeiterschutz. ib. 1914. —

Schriften der Internationalen Vereinigung für gesetzlichen Arbeiterschutz. No. 1. 8. Jena, Gustav Fischer; Bern, Schmidt & Francke, 1901. [M. 4. —]
s. Vereinigung.

Schriften der internationalen Vereinigung für gesetzlichen Arbeiterschutz. No. 2. 8. Jena, Gustav Fischer, 1903. [M. 1. 50]
s. Verhandlungsbericht.

Schriften der Internationalen (*No 4: int') Vereinigung für gesetzlichen Arbeiterschutz. No. 3 u. No 4. 8. Jena, Gustav Fischer, 1905. [M. 3. — u. 2. —]
s. Denkschriften — Verhandlungsbericht.
Bibliograph. Bulletin 1905.

Schriften der Internationalen Vereinigung für gesetzlichen Arbeiterschutz. No. 5. 8. Jena, Gustav Fischer, 1907. [M. 3. —]
s. Verhandlungsbericht.

Schriften der Internationalen Vereinigung für gesetzlichen Arbeiterschutz. No. 6. 8. Jena, Gustav Fischer, 1909. [M. 4. —]
s. Verhandlungsbericht.

Schriften der Internationalen Vereinigung für gesetzlichen Arbeiterschutz. No. 7. 8. Jena, Gustav Fischer, 1910.
s. Verhandlungsbericht.

— der internationalen Vereinigung f. gesetzlichen Arbeiterschutz. Nr. 1. gr. 8. Jena, G. Fischer. — Bern, A. Francke. n. 4. —; französ. Ausg. n. 4. —
Vereinigung, die internationale, f. gesetzlichen Arbeiterschutz. Berichte u. Verhandlgn. d. konstituier. Versammlung, abgeh. zu Basel, am 27. u. 28. IX. 1901. Hrsg. vom Bureau der internationl. Vereinigg. f. gesetzl. Arbeiterschutz: Steph. Bauer, Heinr. Scherrer, Thdr. Curti. (XIV, 275 S.) 901.

— der internationalen Vereinigung f. gesetzl. Arbeiterschutz. Nr. 2—4. gr. 8. Jena, G. Fischer. n. 6. 50

2. Verhandlungsbericht der 2. Generalversammlung des Komitees der internat. Vereinigung f. gesetzl. Arbeiterschutz, abgeh. zu Cöln, am 26. u. 27. IX. 1902, nebst Jahresberichten der internat. Vereinigung u. des internat. Arbeitsamtes. Hrsg. vom Bureau der internat. Vereinigg. f. gesetzl. Arbeiterschutz (80 S.) 903. n. 1. 50; französ. Ausg. (82 S.) n. 1. 50
3. Dasselbe der 3. Generalversammlung, abgeh. zu Basel am 26.—28. IX. 1904, nebst Jahresberichten der internat Vereinigung u. des internat. Arbeitsamtes. Hrsg. vom Bureau der internat. Vereinigg. f. gesetzl. Arbeiterschutz. (171 S.) 905. n. 3. —
4. Denkschriften, zwei, zur Vorbereitung e. internat. Arbeiterschutzkonferenz. Hrsg. vom Bureau der internat. Vereinigg. f. gesetzl. Arbeiterschutz. (III, II, 34 u. 49 S.) n. 2. —

— der internationalen Vereinigung f. gesetzlichen Arbeiterschutz. Nr. 5 u. 6. gr. 8. Jena, G. Fischer. 7. —

5. Verhandlungsbericht der 4. Generalversammlung des Komitees der internationalen Vereinigung f. gesetzlichen Arbeiterschutz, abgeh. zu Genf vom 26.—29. IX. 1906 nebst Jahresberichten der internationalen Vereinigung u. des internationalen Arbeitsamtes u. synopt. Uebersichten. Hrsg. vom Bureau der internationalen Vereinigg. f. gesetzl. Arbeiterschutz-. (XVI, 157 S.) 907. 3. —
6. Dasselbe der 5. Generalversammlung, abgeh. zu Luzern vom 28.—30. IX. 1908, nebst Jahresberichten der internationalen Vereinigung u. des internat. Arbeitsamtes. Hrsg. vom Bureau der internationalen Vereinigg. f. gesetzl. Arbeiterschutz. (227 S.) 909. 4. —

— der ungarischen Vereinigung f. gesetzl. Arbeiterschutz. (Ungarische Sektion der internat. Vereinigg. f. gesetzl. Arbeiterschutz.) 1.—6. Heft. gr. 8. Ebd. 8. 25

Chyzer, B., über die im ungarischen Tonwarengewerbe vorkommenden Bleivergiftungen. Mit 3 Abb. im Text. (32 S.) 908. (1. Heft.) 1. —
Ferenczi, Emerich, die Hausindustrie in Ungarn u. die Budapester Heimarbeit. (95 S.) 908. (3. Heft.) 3. —
Friedrich, Wilh., die Phosphornekrose in Ungarn. (IV, 69 S.) 910. (4. Heft.) 2. 25
Koiss, Géza, zur Frage der Regelung der Arbeitszeit in Eisenhütten, Walzwerken u. Glashütten. (7 S.) 910. (5. Heft.) — 50
Pap, Géza, Kranken- u. Unfallversicherung der Ausländer in Ungarn. (15 S.) 910. (6. Heft.) — 50
Varró, Steph., die Durchführung der Arbeiterschutzgesetze. (31 S.) 908. (2. Heft.) 1. —

— — und Verhandlungen der ökonomischen Gesellschaft im Königreiche Sachsen. 1ste bis 6te Lief. Mit Tab. 8. Dresden, Walther. 818 — 821. à 12 Gr.

— u. Verhandlungen der ökonom. Gesellschaft im Königr. Sachsen. 7e — 13e Liefrg. Mit 1 Kpfr. 8. Dresden 822 — 24, Walther. à 12 gr.

— dess. 14e — 18e Lieferung. Mit 21 Steintaf. 8. Dresden 825 — 27, Hilscher. à 12 gr.

—— und Verhandlungen d. ökonom. Gesellschaft im Königr. Sachsen. 19—32. Lfg. 8. Dresden, (Arnold.) [19. (14 B. u. 1 Stnt.) 828., 20., 21. (21 B. u. 5 Stnt. incl. 1 ill.) 828, 29., 22. (11½ B. u. 3 Stnt.) 829., 23. (10 B.), 24. (12¼ B.) 830., 25. (9¼ B., 1 Stnt. u. 1 Tab.), 26., (11 B. incl. alphabet. Regist. üb. d. 1—25. Hft.) 831., 27. (7½ B. u. 2 Stnt.), 28. (8½ B.) 832., 29., 30. (14¼ B.) 833., 31. (9¼ B. u. 1 Stnt.), 32. (11¼ B. u. 1 Stnt.) 834. à 12 Gr.]

1—18. Lfg Ebendas. 1818—27. à 12 Gr.

—— und Verhandlungen d. ökonom. Gesellschaft im Königr. Sachsen. 33—41. Lfg. 8. Dresden u. Leipzig, (Arnoldische Buchh.) [33. (9½ B.) 835., 34., 35. (17¼ B.) 836., 36., 37. (15¼ B.) 836, 37., 38., 39. (21½ B.) 838., 40., 41. (22 B. u. 3 Stnt.) 839. à ½ Thlr.]

— über Verkehrswesen. Hrsg. vom Club österreich. Eisenbahnbeamten. I. Reihe, 1. Hft. u. II. Reihe, 1. Hft. Wien, A. Hölder. n. 5. 80

I. 1. Die Eisenbahn-Tariftechnik. Von Emil Rank. 8. (V, 139 S.) 902. n. 1. 40
II. 1. Das österr.-ung. u. internationale Eisenbahn-Transportrecht. Von Frz. Hilscher. gr. 8. (XXI, 316 S). 902. n. 4. 40

— über Verkehrswesen. Hrsg. vom Club österreich. Eisenbahnbeamten. I. Reihe. 2.—7. Heft. 8. Wien, A. Hölder. n. 6. 50

2. Die Sicherungs-Anlagen der Wiener Stadtbahn. Von Hugo Koestler. Mit 1 Taf. (56 S. m. Fig.) 903. n. 1. —
3. Die Umgestaltung der Eisenbahn-Gütertarife Oesterreichs. Eine Studie zur Frage der Verstaatlichung der Privatbahnen. Von Osk. Leéder u. Heinr. Rosenberg. Mit 1 Karte. (51 S.) 903. n. 1. —
4. Grundzüge f. die ökonomische Anordnung des Verkehrdienstes. Von V. G. Bosshardt. Mit 3 Taf. (71 S.) 903. n. 1. 20
5. Das Lokalbahnwesen in Oesterreich. Von Karl Pascher. Mit 5 Beilagen. [Aus: „Oesterr. Eisenbahn-Zeitung".] (87 S.) 904. n. 1. —
6. Die Eisenbahnen im Dienste des Krieges u. moderne Gesichtspunkte f. deren Ausnützung. Von Eduard Zanantoni. [Aus: „Oesterr. Eisenb.-Zeitg."] (33 S.) 904. n. — 80
7. Kommentar zur neuen Signalordnung u. zu den neuen Grundzügen der Vorschriften f. den Verkehrsdienst. Von Ludw. Freund. [Aus: „Oesterr. Eisenb.-Zeitg."] (80 S.) 904. n. 1. 50

— über Verkehrswesen, hrsg. vom Klub österreich. Eisenbahnbeamten. II. Reihe, 2. Bd. gr. 8. Wien, A. Hölder. 10. 60

II, 2. Motorwagen u. Lokomotive. Kritische Darstellg. des jetz. Standes der Frage der Motorwagen u. der Führg. leichter Züge durch Motorwagen od. Lokomotiven in techn. u. wirtschaftl. Beziehg. Von Karl Spitzer u. Vikt. Krakauer. (XVII, 260 S.) 907.

— vermischte, od. philos. Gedanken rc. 4 Bde. f. Seb. Mutschelle.

Schriften, Vermischte, des Verfassers der militärischen Briefe. Chemnitz 1771. V: *Trautzschen, Hans Carl Heinrich von.* (GGr)

— vermischte, enthalt. kleine Theaterstücke, Erzähll., Charaktere, Maximen u. Briefe. 8. Wien 776. (Heubner). 9 gl.

— vermischte, enth. kl. Theaterstucke, Erzählungen, Charaktere, Maximen u. Briefe. 8. Wien, Kurzböck. (Camesina.) 776.

Schriften, Vermischte, von dem Verfasser des heimlichen Gerichts. Berlin 1792—93. V: *Huber, Ludwig Ferdinand.* (AarK) (Ky) (MGT) (EE) (GGr) (ErschDL)

— vermischte, vom Verf. d. heiml. Gerichts, (F. L. Huber). 2 Bde. 8. Berl. 792, 93. Voß. 2 rf

—— vermischte, von T. W. gr. 8. (43 S.) Luxemburg 877, Brück.

„Vermischte Schriften der Ackerbaugesellschaft in Tirol", drei Stücke, Innsbruck 1769.

— vermischte, im Anschlusse an die Berlinische Chronik u. an das Urkundenbuch hrsg. v. dem Verein f. die Geschichte Berlins. 1. u. 2. Bd. Fol. (281 u. 242 S. m. 123, resp. 374 Abbildgn.) Berlin 888. (Mittler & Sohn.) à n. 12. —

s.: Schriften d. Vereins f. d. Geschichte Berlins.

VERMISCHTE SCHRIFTEN, im Anschlusse an die Berlinische Chronik und an das Urkundenbuch herausgegeben von dem Verein für die Geschichte Berlins.

Bd. 1. (Inhalts-Verzeichniss ... A. Berliner Geschlechter. Tafel 1—9. — B. Namhafte Berliner. Tafel 1—11. — C. Berliner Denkmäler. Tafel 1—8.) Mit 123 Abbildungen. Berlin 1888. Verlag des Vereins für die Geschichte Berlins. In Komm. bei E. S. Mittler und Sohn. — fol.

Bd. 2. (Inhalts-Verzeichniss ... A. Berlinische Bauwerke. Tafel 1—13. — B. Berliner Medaillen. Tafel 1—15. — C. Berliner Siegel. Tafel 1—6. — D. Kunstbeilagen. Nr. 1—17.) Mit 374 Abbildungen. ib. 1888. —

Vermischte chirurgische Schriften. Hrsg. von Johann Leberecht Schmucker. Bd 1 - 3. Berlin & Stettin: Nicolai 1776 - 82. 8°

Bd 1: 1776.
Bd 2: 1779.
Bd 3: 1782.

Vermischte chirurgische Schriften, hrsg. von Johann Leberecht Schmucker. Th. 3. Frankenthal: Verl. d. typogr. Ges. 1785. 8°

Th.3: 1785.

Vermischte chirurgische Schriften, hrsg. von Johann Leberecht Schmucker. Bd 1-3. Frankenthal: Verl. d. Gegelischen Buchdr. 1788. 2 Bde 8°

Beigeb.: Zueckert, Johann Friedrich: Medicinisches Tischbuch. Frankenthal 1785.

—vermischte, der Engländer. 3 Sammll. 8. Rostock 757—60. Bödner. 16 gr.

Schriften, Vermischte kritische. Rostock u. Greifswald 1758. V: *Dahlmann, J. E. J. & Daniel Hnr. Thomas.* (MGT)

Vermischte medizinische Schriften. Hrsg. von K[onrad] A[nton] Zwierlein. Heidelberg & Leipzig: Pfähler 1788. 250 S. 8°

—vermischte, üb. die Naturkunde u. Sittenlehre; aus d. Französ. übers. 8. Offenb. 775. Weiße. 12 gr.

—vermischte, aus der Naturwissenschaft, Chemie u. Arzneigelehrtheit. 1r Bd. 6 Stcke. 8. Frankf. 756. Gäbler. 12 gr.

„Vermischte Schriften aus der Naturwissenschaft, Chymie und Arzeneygelahrtheit", Frankfurt a. M. 1759.

Schriften, Vermischte, des korrespondirenden litterärischen Zirkels zu Mainz. Frankf. u. Leipzig 1791. V: *Hartleben, Franz Joseph.* (Ky) (MGT)

—vermischte, des correspondirenden literar. Zirkels zu Mainz, herausg. (v. F. J. Hartleben). Mit Kpf. gr. 8. Frankf. u. Leipz. 791. Walther in Dresden. 18 gr.

§ **SCHRIFTEN**, Verschiedene kleine. Basel 1769. 8°. (In München: Opp. 561.) Selten!

Schriften, Verschiedene, in der Dierdorfer Klostersache. O. O. 1755. V: *Moser, Friedrich Carl Freih. von.* (MGT)

Schriften, Verschiedene, über den Kornmangel. Frankf. 1771. H: *Riedel, Friedrich Just.* (Holz)

Schriften, verschiedene, die Reformation K. Joseph II. betreff. 8. Dresd. 781. Gerlach. 8 gr.

„Verschiedene reichsgerichtliche Schriften in Sachen der Kauf- und Handelsleute zu Nürnberg, wider den Magistrat daselbst", (1797) fol. — Vorh.: Com. Bibl. Hamburg.

Bohemann, Karl Adolf: Verschiedene **Schriften** betreffend: Die widrigen Schicksale, welche Carl Adolph Bohemann im Jahre 1803 und 1814 in seinem Vaterlande Schweden, erlitten. Aus einer unter diesem Titel bei Carl Delen in Stockholm 1815 in schwedischer Sprache erschienenen Druckschr. frei übers. und mit einer Beil., bis seine Lebensgeschichte erscheint, verm. Pyrmont 1815. 95 S. 8°

[Dasselbe.] Ebendas. 1815. 124 S. 8°
cf. Hamburgischer unpartheyischer Correspondent. 1803 No 58 u. Beyl. zu No 66. Kl. 2976. Bohemann verwahrt sich dagegen, irgend etwas mit den Asiat. Brrn zu tun gehabt zu haben.

—vier, üb. die Dienstentlassung des Hofrichters rc. v. Berlepsch in Hannover. 8. Hannov. 797. Hahn. 8 gr.

— vier, für d. sächs. Landwirth d. Viehseuche betreff. 8. Lpz. Fritsch. 765.

—vier, für die sächs. Landwirthe, die Viehseuche betreff. 8. Leipz. 765. (Hahn). 4 gr.

Schriften, vier seltene, des 16. Jahrh.: 1. „Ein Teütsche Grammatica" von Valentinus Ickelsamer. [1. Ausg.] 2. „Die rechte weis auffs kürtzist lesen zu lernen" von demselben. [Ausg. von 1534.] 3. Die „Leyenschul" von Peter Jordan. [1533.] 4. „Eyn Besonder fast nützlich stymen büchlein mit figuren" von Jac. Grüßbeütel. [Ausg. 1534.] Mit einer bisher ungedruckten Abhandlung über Valentinus Ickelsamer von F. L. Karl Weigand, hrsg. von Heinr. Fechner. 12. (VII, 212 S.) Berlin 882, Wiegandt und Grieben. 4 —

— vier, bey G. H. Carstens Verheirathung. gr. 8. Hannover, Helwing. 749.

SCHRIFTEN FÜR DAS DEUTSCHE VOLK, HERAUSGEGEBEN VOM VEREIN FÜR REFORMATIONSGESCHICHTE.

I. Mit 2 Holzschnitten. 3. Aufl. (31.—45. Tausend.) Halle a. S. 1892. In Commissions-Verlag von Max Niemeyer. — A. u. d. T.: GEORG RIETSCHEL, Luther und sein Haus. Mit 2 Holzschnitten. 3. Aufl. (31.—45. Tausend.) ib. 1892. Verein für Reformationsgeschichte. 8°.

II. ib. 1888. In Commissions-Verlag von Max Niemeyer. — A. u. d. T.: HEINRICH RINN, Die Entstehung der Augsburgischen Confession. ib. 1888. Verein für Reformationsgeschichte.

III. ib. 1889. — A. u. d. T.: GOTTLIEB LINDER, Die Reformationsgeschichte einer Dorfgemeinde. ib. 1889. —

IV. ib. 1889. — A. u. d. T.: ADOLF HENSCHEL, Valerius Herberger. ib. 1889. —

V. ib. 1889. — A. u. d. T.: OTTO NASEMANN, Friedrich der Weise, Kurfürst von Sachsen. ib. 1889. —

VI. ib. 1889. — A. u. d. T.: P. GENNRICH, Das Evangelium in Deutschösterreich und die Gegenreformation (1576—1630). ib. 1889. —

VII. ib. 1890. — A. u. d. T.: JULIUS SCHALL, Ulrich von Hutten. Ein Lebensbild aus der Zeit der Reformation. ib. 1890. —

VIII. ib. 1890. — A. u. d. T.: FRITZ BAUMGARTEN, Wie Wertheim evangelisch wurde. ib. 1890. —

IX. ib. 1890. — A. u. d. T.: H. MEINHOF, Dr. Pommer Bugenhagen und sein Wirken. Dem deutschen Volke dargestellt. ib. 1890. —

X. ib. 1890. — A. u. d. T.: ADOLF HENSCHEL, Johannes Laski, der Reformator der Polen. ib. 1890. —

XI. ib. 1890. — A. u. d. T.: FRANZ BLANCKMEISTER, Dresdner Reformationsbüchlein. ib. 1891. —

XII. ib. 1890. — A. u. d. T.: GEORG RIETSCHEL, Luthers seliger Heimgang. ib. 1891. —

XI. (sic! pro XIII.) ib. 1890. — A. u. d. T.: JULIUS NEY, Die Protestation der evangelischen Stände auf dem Reichstage zu Speier 1529. ib. 1890. —

XIV. ib. 1891. — A. u. d. T.: A. KURS, Elisabeth, Herzogin von Braunschweig-Calenberg, geborene Prinzessin von Brandenburg. ib. 1891. —

XV. XVI. ib. 1891. — A. u. d. T.: JULIUS KÖSTLIN, Die Glaubensartikel der Augsburger Confession erläutert. ib. 1891. —

XVII. ib. 1892. — A. u. d. T.: FRIEDRICH HÜLSSE, Die Stadt Magdeburg im Kampfe für den Protestantismus während der Jahre 1547—1551. ib. 1892. —

XVIII. ib. 1892. — A. u. d. T.: K. SCHMIDT, Das heilige Blut von Sternberg. ib. 1892. —

XIX. ib. 1892. — A. u. d. T.: A. SPLITTGERBER, Kampf und Sieg des Evangeliums im Kreise Schwiebus. ib. 1892. —

XX. ib. 1893. — A. u. d. T.: ADOLF HENSCHEL, Petrus Paulus Vergerius. ib. 1893. —

XXI. ib. 1893. — A. u. d. T.: HEINRICH RINN, Luther, ein Mann nach dem Herzen Gottes. ib. 1893. —

XXII. ib. 1894. — A. u. d. T.: W. HÖHN, Kurze Geschichte der Kirchenreformation in der gefürsteten Grafschaft Henneberg. ib. 1894. —

XXIII. ib. 1894. — A. u. d. T.: R. FOSS, Lebensbilder aus dem Zeitalter der Reformation. ib. 1894. —

XXIV. ib. 1894. — A. u. d. T.: JULIUS SCHALL, Doktor Jakob Reihing, einst Jesuit, dann (Konvertit) evangelischer Christ. 1579—1628. ib. 1894. —

XXV. ib. 1895. — A. u. d. T.: (THEODOR) FÖRSTER, Luthers Wartburgsjahr. 1521—1522. ib. 1895. —

XXVI. ib. 1895. — A. u. d. T.: FRITZ BAUMGARTEN, Der wilde Graf (Wilhelm von Fürstenberg) und die Reformation in Kinzigthal. ib. 1895. —

XXVII. ib. 1895. — A. u. d. T.: KARL FR. STARK, Die Reformation im unteren Allgäu, in Memmingen und dessen Umgebung. ib. 1895. —

XXVIII. ib. 1896. — A. u. d. T.: OTTO ALBRECHT, Die evangelische Gemeinde Miltenberg und ihr erster Prediger. Ein Zeitbild aus dem 16. Jahrhundert. ib. 1896. —

XXIX. ib. 1896. — A. u. d. T.: G. ZEITLER, Julius Echter v. Mespelbrunn, Fürstbischof von Würzburg. Ein Beitrag zur Geschichte der evangelischen Kirche in Unterfranken. ib. 1896. —

XXX. ib. 1897. — A. u. d. T.: H. v. SCHUBERT, Was Luther ins Kloster hinein- und wieder hinausgeführt hat. ib. 1897. —

XXXI. XXXII. ib. 1897. — A. u. d. T.: R. W. SOLLE, Reformation und Revolution. Der deutsche Bauernkrieg und Luthers Stellung in demselben. ib. 1897. —

XXXIII. ib. 1898. — A. u. d. T.: THEODOR HARTEN, Eine Hochburg der Hugenotten während der Religionskriege. ib. 1898. —

XXXIV. ib. 1899. — A. u. d. T.: H. SCHNELL, 20. Juni 1549—1899. Die Einführung der Reformation in Mecklenburg. Eine Festgabe zum 350jährigen Jubiläum der mecklenburgischen Landeskirche. (Mit 1 Tafel.) ib. 1899. —

XXXV. ib. 1900. — A. u. d. T.: HEINRICH ROCHOLL, Aus dem alten Kirchenbuch einer freien Reichsstadt. Warnende Bilder aus der Vergangenheit für die Gegenwart in der Jesuitenfrage. ib. 1900. —

XXXVI. ib. 1900. — A. u. d. T.: HEINRICH ROCHOLL, Anna Alexandria, Herrin zu Rappoltstein, eine evangelische Edelfrau aus der Zeit der Reformation im Elsass. Auf Grund archivalischer Dokumente. ib. 1900. —

XXXVII. ib. 1901. — A. u. d. T.: ADOLF HENSCHEL, Dr. Johannes Hess, der Breslauer Reformator. ib. 1901. —

XXXVIII. ib. 1901. — A. u. d. T.: L. NOTTROTT, Versuch einer römischen „Reformation" vor der Reformation. ib. 1901. —

XXXIX. ib. 1902. — A. u. d. T.: JULIUS SCHALL, Durchs Feuer der Trübsal bewährt! Eine Leidensgeschichte aus der evangelischen Kirche Frankreichs. ib. 1902. —

XL. ib. 1904. — A. u. d. T.: HANS von SCHUBERT, Feiern wir Gustav Adolf mit Recht als evangelischen Glaubenshelden? ib. 1904. —

Nr. 41. ib. 1905. Verlag von Rudolf Haupt. — A. u. d. T.: WALTER FRIEDENSBURG, Die ersten Jesuiten in Deutschland. ib. 1905. Verein für Reformationsgeschichte.

Nr. 42. ib. 1905. Verlag von Rudolf Haupt. — A. u. d. T.: ADOLF HENSCHEL, Johann Heermann. ib. 1905. Verein für Reformationsgeschichte. Im Kommissionsverlag von Rudolf Haupt.

Nr. 43. ib. 1906. — A. u. d. T.: HERMANN DECHENT, Geschichte der Stadt Frankfurt in der Reformationszeit oder Frankfurter Reformationsbüchlein. ib. 1906. Verein für Reformationsgeschichte.

Nr. 44. ib. 1906. — A. u. d. T.: GUSTAV KRÜGER, Philipp Melanchthon. Eine Charakterskizze. ib. 1905. —

Nr. 45. ib. 1906. — A. u. d. T.: JOHANNA PACHALI, Moritz von Sachsen. Eine Charakterstudie. ib. 1906. —

Schriften für das deutsche Volk, hrsg. vom Verein für Reformationsgeschichte. Nr. 1 und 2. 8. Halle 888, (Niemeyer.) à Nr. *

Inhalt:

Nr. 1. Rietschel, Geo., Luther und sein Haus. (58 S. mit 2 Holzschn.)
" 2. Rinn, Heinr., die Entstehung der Augsburgischen Confession. (44 S.)

—— für d. deutsche Volk. Hrsg. vom Verein f. Reformationsgeschichte. Nr. 1, 3—18. 8°. Halle 889—91, (Niemeyer). à Nr. — 15

1. Rietschel, Geo. Luther u. sein Haus. Mit 2 Holzschn. 2. verb. Aufl. (59 S.)
3. Linder, Glieb. Die Reformationsgeschichte e. Dorfgemeinde. (50 S.)
4. Henschel, Adf. Valerius Herberger. (40 S.)
5. Nasemann, Otto. Friedrich der Weise, Kurfürst v. Sachsen. (54 S.)
6. Gennrich, P. Das Evangelium in Deutschösterreich u. die Gegenreformation [1576—1630]. (38 S.)
7. Schall, Jul. Ulrich v. Hutten. Ein Lebensbild aus der Zeit der Reformation. (59 S.)
8. Baumgarten, Fritz. Wie Wertheim evangelisch wurde. (66 S.)
9. Meinhof, H. Dr. Pommer Bugenhagen u. sein Wirken. (40 S.)
10. Henschel, Adf. Johannes Laski, der Reformator der Polen. (47 S.)
11. Blanckmeister, Frz. Dresdner Reformationsbüchlein. (39 S.)
12. Rietschel, Geo. Luthers seliger Heimgang. (35 S.)
13. Ney, Jul. Die Protestation der evangelischen Stände auf dem Reichstage zu Speier 1529. (42 S.) 890.
14. Kurs, A. Elisabeth, Herzogin von Braunschweig-Calenberg, geborene Prinzessin v. Brandenburg. (36 S.)
15. 16. Köstlin, Jul. Die Glaubensartikel der Augsburger Confession. (101 S.)
17. Hülße, Friedr. Die Stadt Magdeburg im Kampfe f. den Protestantismus während der J. 1547—1551. (60 S.)
18. Schmidt, K. Das hl. Blut v. Sternberg. (16 S.)
Nr. 2. Ebd. 1888. [* — 20] — 15.

— für das deutsche Volk, hrsg. vom Verein f. Reformationsgeschichte. Nr. 01—22. 8. Halle a/S., (M. Niemeyer). à — 15

10. Johannes Laski, der Reformator der Polen. Von Adf. Henschel. (47 S.) 890.
11. Dresdner Reformationsbüchlein. Von Frz. Blanckmeister. (39 S.) 890.
12. Luthers seliger Heimgang. Von Geo. Rietschel. (35 S.) 890.
13. Die Protestation der evangelischen Stände auf dem Reichstage zu Speier 1529. Von Jul. Ney. (42 S.) 890.
14. Elisabeth, Herzogin v. Braunschweig-Calenberg, geborene Prinzessin v. Brandenburg. Von A. Kurs. (36 S.) 891.
15. 16. Die Glaubensartikel der Augsburger Confession, erläutert v. Jul. Köstlin. (101 S.) 891.
17. Die Stadt Magdeburg im Kampfe f. den Protestantismus während der J. 1547—1551. Von Frdr. Hülße. (60 S.) 892.
18. Das hl. Blut v. Sternberg. Von K. Schmidt. (46 S.) 892.
19. Kampf u. Sieg des Evangeliums im Kreise Schwiebus. Von A. Splittgerber. (34 S.) 892.
20. Petrus Paulus Vergerius. Von Adf. Henschel. (32 S.) 893.
21. Luther e. Mann nach dem Herzen Gottes. Von Heinr. Rinn. (54 S.) 893.
22. Kurze Geschichte der Kirchenreformation in der gefürsteten Grafsch. Henneberg. Von W. Höhn. (51 S.) 894.

Schriften für d. deutsche Volk, hrsg. v. Verein f. Reformationsgeschichte. Nr. 23—33. 8. Halle (M. Niemeyer). à Nr. — 15

23. Lebensbilder aus d. Zeitalter d. Reformation. Von R. Foß. (48 S.) 894.
24. Doktor Jakob Reihing, einst Jesuit, dann (Konvertit) evang. Christ, 1579—1628. Von Jul. Schall. (28 S.) 894.
25. Luthers Wartburgsjahr. 1621—1622. Von Förster. (36 S.) 895.
26. Der wilde Graf (Wilh. v. Fürstenberg) u. die Reformation im Kinzigthal. Von Fritz Baumgarten. (27 S.) 896.
27. Die Reformation im unt. Allgäu: in Memmingen u. dessen Umgebung. Von Karl Fr. Stark. (66 S.) 895.
28. Die evang. Gemeinde Miltenberg u. ihr erster Prediger. E. Zeitbild aus d. 16. Jahrh. Von Otto Albrecht. (33 S.) 896.
29. Julius Echter v. Mespelbrunn. Fürstbischof v. Würzburg. E. Beitrag zur Geschichte d. evang. Kirche in Unterfranken. Von G. Zeitler. (33 S.) 896.
30. Was Luther ins Kloster hinein- u. wieder hinausgeführt hat. Von H. v. Schubert. (27 S.) 897.
31. 32. Reformation u. Revolution. Der deutsche Bauernkrieg u. Luthers Stellg. in demselben. Von R. W. Solle. (82 S.) 897.
33. E. Hochburg d. Hugenotten währ. d. Religionskriege. Von Thdr. Harten. (23 S.) 898.

Schriften für das deutsche Volk, hrsg. v. Verein f. Reformationsgeschichte. 34.—38. Hft. 8. Halle (M. Niemeyer). à — 15
34. Die Einführung der Reformation in Mecklenburg. Eine Festgabe zum 350jähr. Jubiläum der mecklenburg. Landeskirche. 20. VI. 1549—1899. Von H. Schnell. (67 S. m. 1 Abbildg. u. 2 Taf.) 899.
35. Aus dem alten Kirchenbuch e. freien Reichsstadt. Warnende Bilder aus der Vergangenheit f. die Gegenwart in der Jesuitenfrage. Von Heinr. Rocholl. (31 S.) 900.
36. Anna Alexandria, Herrin zu Rappoltstein, e. evangelische Edelfrau aus der Zeit der Reformation im Elsaß. Auf Grund archival. Dokumente. Von Heinr. Rocholl. (48 S.) 900.
37. Dr. Johannes Heß, der Breslauer Reformator. Von Adf. Henschel. (26 S.) 901.
38. Versuch e. römischen „Reformation" vor der Reformation. Von L. Nottrott. (56 S.) 901.

— f. das deutsche Volk, hrsg. vom Verein f. Reformationsgeschichte. Nr. 39—44. kl. 8. Halle. (Leipzig, Haupt & Hammon.) à — 15
39. Durchs Feuer der Trübsal bewährt! Eine Leidensgeschichte aus der evangel. Kirche Frankreichs. Von Jul. Schall. (63 S.) 902.
40. Feiern wir Gustav Adolf m. Recht als evangel. Glaubenshelden? Von Hans v. Schubert. (26 S.) 904.
41. Die ersten Jesuiten in Deutschland. Von Walt. Friedensburg. (74 S.) 905.
42. Johann Heermann. Von Adf. Henschel. (28 S.) 905.
43. Geschichte der Stadt Frankfurt in der Reformationszeit od. Frankfurter Reformationsbüchlein. Von Herm. Dechent. (32 S.) 906.
44. Philipp Melanchthon. Eine Charakterskizze. Von Gust. Krüger. (25 S.) 905.

— f. das deutsche Volk, hrsg. vom Verein f. Reformationsgeschichte. Nr. 45. 8. Halle. (Leipzig, R. Haupt.) — 15
45. Moritz v. Sachsen. Eine Charakterstudie. Von Johanna Pachali. (28 S.) 906.

—— für das evangelische Volk. Nr. 1—14. 12°. Barmen 889—91, Klein. à Nr. * — 10
1. Buchwald, Geo. Der Evangelische Bund u. seine 2. Generalversammlung zu Duisburg im Lichte der ultramontanen Presse. (43 S.)
2. Die Verehrung d. heil. Joseph in der römischen Kirche. (38 S.)
3. Was Doktor Luther sagt. I. Vom Hausgesinde od. Martin Luthers Dienstbotenspiegel. Zusammengestellt v. Geo. Buchwald. (32 S.)
4. Die Volksschule u. die Reformation. (34 S.)
5. Leschke. Die Gemeingefährlichkeit der Jesuiten. Auf Grund jesuit. Schriften dargestellt. (32 S. m. Holzschn.)
6. Weitbrecht, Rich. Was ist's m. § 166? (77 S.)
7. Schmidt, A. Die römisch-katholische Kranken- u. Waisen-Anstalt zu Dauendorf im Unterelsaß. Ein Beitrag zur Kollekten-Praxis der römischen Kirche. (48 S.)
8. Der heilige Rock zu Trier. [Aus: „Christl. Welt".] 1. u. 2. Aufl. (39 S.); 3.—10. Aufl. (71 S.)
9. Splittgerber, A. Ist die Inquisition „e. großartige Institution m. weisem Organismus u. welterrettender Wirksamkeit" gewesen? Aus der Geschichte beantwortet. (32 S.)
10. Köstlin, Jr. Was die Päpste thaten. 1. Urban VIII. u. der 30jähr. Krieg. (60 S.)
11. Meyer, Friedr. Der Fuldaer Hirtenbrief u. die Thatsachen. (40 S.)
12. Krummacher, Herm. William Wilberforce. (46 S.)
13. Martens, L. Der Evangelische Bund u. die ihm verwandten evangelischen Vereine. (22 S.)
14. Rogge, Bernh. Ist der Evangelische Bund e. Friedensstörer? Eine Antwort auf das Fuldaer Hirtenschreiben deutscher Erzbischöfe u. Bischöfe. (36 S.)
Fortsetzung s. u. d. T.: Schriften f. d. evangelische Deutschland.

— des sächsischen Volksschriften-Verlags. 1. Jahrg. 6 Hfte. 8. Leipzig 892. Sächs. Volksschriften-Verl. Jährl. n. 1. 50; Einzelpr. n. 2. 35
1. König Alberts Heldenthaten. Dem Volke erzählt von Karl Ritze. I. (47 S.) n. — 30
2. Späte Heimkehr. Eine Geschichte aus der Gegenwart v. Geo. Oertel. Mit 6 Orig.-Bildern v. A. Thomas. (75 S.) n. — 50
3. Hans Berner u. seine Söhne. Die Wege Gottes u. der Menschen Gedanken. Zwei Erzählgn. v. Jeremias Gotthelf. (59 S.) n. — 30
4. 5. Sozialdemokraten aus alten Zeiten. Von Paul Frotscher. (III, 100 S.) n. — 75
6. Paul Flemmings Leben u. orientalische Reise. Von Frdr. Straumer. (III, 80 S. m. Bildnis.) n. — 50

— dasselbe. 2. Jahrg. 6 Hfte. 8. Ebd. 893. Jährl. n. 1. 50; Einzelpr. n. 3. 10
1. 2. Christ u. Jude. Eine Erzählg. aus dem 16. Jahrh. f. das deutsche Volk in Stadt u. Land v. Karl Heinr. Caspari. (204 S.) Geb. in Leinw. n. 1. 20
3. 4. König Alberts Heldenthaten. Dem Volke erzählt v. Karl Ritze. II. (III, 171 S.) n. — 90 (kplt. in 1 Leinw.-Bd. n. 1. 85)
5. Christoph Columbus u. die Entdeckg. v. Amerika. Von Frdr. Straumer. (III, 91 S. m. Bildnis.) n. — 60
6. Der lahme Stuhlschreiber. Erzählg. aus der sächs. Vorzeit. Von R. Neuenburg. (67 S.) n. — 40

— dasselbe. 3. Jahrg. 6 Hfte. 8. Ebd. Jährl. n. 1. 50; Einzelpr. n. 2. 40
1. Der Rußbuttenmann. Eine erzgebirg. Dorfgeschichte v. Aug. Wildenhahn. (47 S.) 893. n. — 30
2. Der Besenbinder v. Rychiswyl. Von Jerem. Gotthelf. Mit Bildern v. Ludw. Richter. (31 S.) 893. n. — 20
3. Wie 's Vulk redt. Gereimtes u. Ungereimtes in Oberlausitzer Mundart. (XV, 58 S.) 893. n. — 50
4. Aus dem Rachen d. Todes. Geschichte aus der westfäl. Reformationszeit. Von G. Köhler. (40 S.) 894. n. — 30
5. Bilder aus Sachsens Geschichte v. G. Oertel. (108 S.) 894. n. — 50
6. Wie 's Vulk redt. II. Allerhand Gereimtes u. Ungereimtes in erzgebirg. Mundart. (XVI, 96 S.) 894. n. — 60

— dasselbe. 4. Jahrg. 1. u. 2. Hft. 8. Ebd. 894. Jährl. n. 1. 60; Einzelpr. n. — 75
1. Biblisches Schutz- u. Trutzbüchlein. Die Wahrheit der Bibel dargelegt gegen die Angriffe der Sozialdemokratie u. Freireligiösen. Gekrönte Preisschrift von Hans Meinhof. 1.—3. Aufl. (100 S.) n. — 50
2. Lebensgeschichte des Nürnberger Schusters u. Poeten Hans Sachs. Dem deutschen Volke erzählt v. Jul. Disselhoff. 3. Aufl. (120 S. m. Abbildgn.) n. — 25

— d. sächsischen Volksschriften-Verlages. IV. Jahrg. 1. u. 3.—6. Hft. 8. Leipzig 895. Sächs. Volksschriften-Verlag. n. 1. 70
1. Biblisches Schutz- u. Trutzbüchlein. Die Wahrheit d. Bibel dargelegt geg. d. Angriffe d. Socialdemokratie u. Freireligiösen. Gekrönte Preisschrift v. Hans Meinhof. 5. Aufl. (21.—25. Taus.) (100 S.) n. — 50
3. Das Ringlein. Erzählg. aus d. Zeit d. 30jähr. Krieges in Franken. Von G. Köhler. (100 S.) n. — 60
4. 5. Michels Brautschau. Erzählg. aus d. Volksleben d. Schweiz. Von Jerem. Gotthelf. (124 S.) n. — 60

— dasselbe. V. Jahrg. 6 Hfte. 8. Ebd. Einzelpr. n. 1. 85; f. d. Jahrg. n. 1. 50
1. Gott u. Gottes Wort in d. Bibel. Erwiesen aus der Bibel gegen die falschen Lehren der Socialdemokratie. Von Rud. Röhr. Gekrönte Preisschrift. (66 S.) 896. n. — 30
2. Hans Jacob u. Heiri od. d. beiden Seidenweber. Erzählg. v. Jerem. Gotthelf. (100 S.) 895. n. — 50
3. Eigenhänd. Aufzeichngn. aus d. Leben e. sozialdemokratischen Agitators (Bielowsky). M. e. Nachwort (von H. Meinhof). (34 S.) 896. n. — 25
4. Die beiden Schwestern. 's Bübel. Zwei erzgebirg. Dorfgeschichten v. A. Wildenhahn. (67 S.) 896. n. — 30
5. 6. Hans Joggeli, d. Erbvetter u. Harzer Hans, auch ein Erbvetter. Zwei Erzählungen v. Jerem. Gotthelf. (113 S.) 896. n. — 50

Schriften d. sächsischen Volksschriften-Verlages. VI. Jahrg. 6 Hfte. 8. Leipzig 896. Sächs. Volksschriften-Verlag. Einzelpr. n. 2. 40; f. d. Jahrg. n. 1. 50
1. Luther, e. kirchlich-deutscher Volksmann, in s. deutsch-christl. Art u. s. Stellg. zu Haus, Welt u. Obrigkeit, hauptsächl. m. s. eigenen Worten geschildert. Von B. Kühn. (82 S.) n. — 50
2. Unter d. roten Kreuze. Bilder aus der Friedensarbeit im Kriege. Von Herm. Beck. (50 S.) n. — 50
3. Was soll aus d. Meißner Dome werden? Nach dessen Geschichte u. gegenwärt. Zustande beantwortet. Von E. Körner. (36 S. m. 3 Bild. u. 1 Grundriß.) n. — 40
4—6. Geld u. Geist od. d. Versöhnung. Erzählung. Von Jerem. Gotthelf. (212 S.) n. 1. —

— dasselbe. VII. Jahrg. 1.—5. Hft. 8. Ebd. Einzelpr. n. 2. 50; f. d. Jahrg. v. 6 Hftn. n. 1. 50
1—4. Wassersnot, die große, in Sachsen 1897. Nach Berichten v. Augenzeugen geschild. 2 Bde. (VII, 358 S. m. Abb.) 897. n. 2. —; in 1 Leinwbd. m. 1 Karte n. 2. 50; 2. Aufl. (VI, VII, 366 S.) 898. n. 1. 50; m. Anh., in 1 Leinwbd. (IX, 413 S. m. 1 Karte.) n. 2. 50
5. Abenteuer d. sieben Schwaben u. Abenteuer d. Spiegelschwaben. Von Ludw. Aurbacher. (89 S.) 897. n. — 50

— des sächsischen Volksschriften-Verlags. 8. Jahrg. 4 Hfte. 8. Leipzig, Sächs. Volksschriften-Verlag. n. 1. 50; Einzelpr. n. 2. 40
1. Jumpelt, die Frau. — Der Zufall. — Aus vergangenen Tagen. — Siebenzig mal siebenmal. — Eine erfolgreiche Kur. — Die gelungene Ueberraschg. 6 Erzählgn. [Aus: Beiblatt zum „Sonntagsboten f. Sachsen".] (68 S.) 897. n. — 40
2. Traugott u. Hannchen od. Die Geldheirat. Eine sächs. Dorfgeschichte aus der Zeit vor 50 Jahren v. Sch. (90 S.) 899. n. — 50
3. Luther u. die Bauern. Von Paul Frotscher. (145 S.) 899. n. 1. —
4. Erlebnisse. Von A. Frhr. v. Selb. (92 S.) 899. n. — 50

— dasselbe. 9. Jahrg. 4 Hfte. 8. (14, 34, 20 u. 265 S.) Ebd. 901. n. 1. 50

— der k. sächs. Weinbau-Gesellschaft. Neue Folge. 1. Hft. gr. 12. (4½ B.) Grimma 840, Verlags-Comptoir.

— welchen nach Belieben ein Beiwort kann gegeben werden, (von K. M. W. Petermann). 8. Bayr. 759. Lübeck. 3 ℊ

Schriften welchen nach Belieben ein Beywort kann gegeben werden. Bayr. 1760. V: *Petermann, Carl Maxim. Wilh.* (ML) (Fiker) »1759« (Ky)

— Dass., s.a. Schriften, denen ein Beywort nach Belieben kann gegeben werden.

Schriften des deutschen Werkmeister-Verbandes. 1. Heft. gr. 8. Düsseldorf 906. (Müllern & Lehnerking.) n. — 30
Pensions- u. Hinterbliebenen-Versicherung, die staatliche, der Privatangestellten. (45 S.) 906. 2. ergänzte Aufl. (48 S.) 906.

Schriften des deutschen Werkmeister-Verbandes. 1.—17. Heft. 8. Düsseldorf, Werkmeister-Buchh. nn 5.15
Denkschrift, amtliche, üb. die wirtschaftliche Lage u. die Pensionsversicherung der Privatangestellten. (72 S.) 907. (3. Heft.) — 40
Hesse, Heinr., Heizungs-Anlagen. (39 S. m. Fig.) 907. (6. Heft.) — 50
Jubelfeier, die, zum 25 jähr. Bestehen des deutschen Werkmeister-Verbandes, Ostern 1909 zu Düsseldorf. (56 S.) (909.) (10. Heft.) — 25
Korkisch, Hub., Beiträge u. Erfahrungen in der Pensionsversicherg. d. Privatangestellten. (30 S.) 910. (17. Heft.) — 25
Kraftübertragung im Fabrikbetriebe. (48 S.) 907. (4. Heft.) — 50
Lippmann, Otto, Beiträge z. Verständnis technischer Kalender. (35 S. m. Fig.) 909. (8. Heft.) — 50
Most, Otto, u. Heinz Potthoff, Fürsorge f. Stellenlose. (46 S.) 910. (13. Heft.) — 40
Pensions- u. Hinterbliebenen-Versicherung, die staatliche, der Privatangestellten. 3., wesentlich verm. Aufl. (48 S.) 906. (1. Heft.) — 30
— — die, der Privatbeamten im Reichstage. Verhandlungen des Reichstages v. 17. I. 1910. Mit e. Vorworte. (47 S.) 910. (16. Heft.) — 15
Potthoff, Heinz, die soziale Frage der Werkmeister, Betriebsbeamten u. Techniker. Nach e. Vortrage. (11 S.) 910. (14. Heft.) — 20
— Ziele u. Erfolge des Werkmeister-Standes. Vortrag. 1. u. 2. Aufl. (13 bezw. 12 S.) 906. 07. (2. Heft.) — 20
— u. Rhard. Lehmann, die Konkurrenzklausel d. Werkmeister, Techniker u. Betriebsbeamten. (27 S.) 908. (7. Heft.) — 50
— u. Geo. Lißke, Arbeitskammern, Werkmeister, Techniker u. Handlungsgehilfen. (Grundsätzliches üb. die Einbeziehg. der techn. u. kaufmänn. Angestellten in den Geltungsbereich d. im vorigen Jahre im Reichstage beratenen Arbeitskammergesetzes. (24 S.) 909. (12. Heft.) — 20
Programm, das soziale, d. deutschen Werkmeister-Verbandes. Beschlossen v. der 18. Delegiertenversammlg. des deutschen Werkmeister-Verbandes, Ostern 1909 zu Düsseldorf. (39 S.) 909. (9. Heft.) — 10
Vor der Entscheidung! 16 Gutachten zur Frage d. Pensions-Versicherg. der Privatangestellten. (47 S.) 907. nn — 25; 2., wesentlich verm. Aufl. (6. bis 10. Taus.) 27 Gutachten. (80 S.) 907. (5. Heft.) — 40
Wegweiser f. den Stellenwechsel. Winke u. Ratschläge f. stellensuch. Mitglieder des deutschen Werkmeister-Verbandes. (16 S.) 910. (15 Heft.) — 20
Werkmeister-Verband, d. deutsche, u. die staatl. Pensionsversicherg. d. Privatangestellten. [Aus: „Festschrift z. 25 jähr. Bestehen d. Werkmeister-Verbandes Ostern 1909".] (15 S.) 909. (11. Heft.) — 10

Schriften d. deutsch. Werkmeister-Verbandes. Jetzt: Düsseldorf, Werkmeister-Buchh.

— üb. Wesen u. Bedeutung der Kurierfreiheit. Hrsg. vom Bund f. freie Heilkunst e. V. Zentralverband f. die Parität der Heilmethoden, insbesondere v. Naturheilkunde, physikal.-diätet. Therapie, Homöopathie, Biochemie, Magnetopathie, Hypnotherapie, Baunscheidtismus, Pflanzenheilkunde gegenüber der Staatsmedizin. I. Reihe. Soziologische, jurist. u. nationalökonom. Untersuchgn. üb. die Kurierfreiheit, das sogenannte Kurpfuschertum u. die damit zusammenhäng. Fragen. 1.—4. Heft. gr. 8. Berlin, E. Ebering. 5. 25
Beradt, Mart., die gesetzlichen Handhaben gegen Auswüchse der Kurierfreiheit. (55 S.) 910. (Heft 2.) 1. 25
Corti, Alex. de, das Kurpfuschertum als Problem. 1. bis 3. Taus. (Je 72 S.) 910. 11. (Heft 1.) 1. 50
Kirschner, Paul, die Bedeutung der Karitas f. das Heilwesen. (73 S.) 910. (Heft 3.) 1. 50
Wegener, die Bedeutung der Kurierfreiheit f. die ländlichen Verhältnisse m. besond. Hinblick auf Zucht, Behandlung u. Pflege v. Tieren. (2. Taus.) (35 S.) 911. (Heft 4.) 1. —

— Wiener evangelische. III. gr. 8. Wien (893). Felix Stock. n. — 60
Die christlich-sociale Frage. 2 Vorträge, geh. in Wien v. Adf. Stöcker. (VII, 29 S.)

— zur Wohnungsfrage. Hrsg. vom Verein Reichs-Wohnungsgesetz. 1. Hft. gr. 8. Frankfurt a/M. 898. J. Alt. n — 50
Der Verein Reichs-Wohnungsgesetz u. s. Vorschläge. Im Auftrag d. Vereins hrsg. von Carl v. Mangoldt. (38 S.)

Schriften der Centralstelle für Arbeiter-Wohlfahrtseinrichtungen Nr 1—33. Berlin 1892—1908. 8°.
[Fortges. u. d. Tit.]
Schriften der Zentralstelle für Volkswohlfahrt. N. F. H. 1 ff. Berlin 1908 ff. 8°.
1—4 1909—1910

— der Centralstelle f. Arbeiter-Wohlfahrtseinrichtungen. Nr. 1—6. gr. 8. Berlin, C. Heymanns Verl. n. 20. 50
1. Die Verbesserung der Wohnungen. Vorberichte u. Verhandlgn. der Konferenz vom 25. u. 26. Apr. 1892, nebst Bericht üb. die m. derselben verbundene Ausstellg. (VI, 370 S. m. 208 Abbildgn.) 892. n. 8. —; geb. n. 9. —
2. Die zweckmäßige Verwendg. der Sonntags- u. Feierzeit. Vorberichte u. Verhandlgn. der Konferenz vom 25. u. 26. Apr. 1892. (III, 94 S.) 893. n. 2. —
3. Die Spar- u. Bauvereine in Hannover, Göttingen u. Berlin. Eine Anleitg. zur prakt. Bethätigg. auf dem Gebiete der Wohnungsfrage. (V, 118 S. m. Fig.) 893. n. 2. 40
4. Hilfs- u. Unterstützungskassen. Fürsorge f. Kinder u. Jugendliche. Vorberichte u. Verhandlgn. der Konferenz vom 21. u. 22. Apr. 1893. (XII, 178 S.) 893. n. 3. 60
5. Die Beschaffung v. Geldmitteln f. Baugenossenschaften. Verhandlgn. der Konferenz vom 9. Mai 1894. (VI, 74 S.) 894. n. 1. 50
6. Das Sparkassenwesen in seiner Bedeutung f. die Arbeiterwohlfahrt. Die Reinhaltung der Luft in Fabrikräumen. Vorberichte u. Verhandlgn. der Konferenz vom 7. u. 8. Mai 1894. (IV, 152 S.) 894. n. 3. —

Schriften der Centralstelle f. Arbeiter-Wohlfahrtseinrichtungen. Nr. 7—16. gr. 8. Berlin, C. Heymann's Verl. n. 37. 80
7. D. zweckmäßigste Einrichtg. u. Ausgestaltg. d. Krankenkassen. Volksernährg. Vorberichte u. Verhandlgn. d. Konferenz v. 22. u. 23. Apr. 1895 in Düsseldorf. (V, 342 S.) 895. n. 6. —
8. Die Verbreitg. guten Lesestoffs. Von Apel. (III, 109 S.) 896. n. 2. —
9. Die Wohlfahrtspflege auf d. Lande. In Beispielen aus dem prakt. Leben dargest. Von Heinr. Sohnrey. I. Hebung d. sozialen u. wirthschaftl. Zustände. (VIII, 224 S.) 896. n. 4. —
10. Entwickelg. u. gegenwärt. Stand der Frage des Arbeitsnachweises. Weibl. Hülfskräfte in der Wohlfahrtspflege. Vorberichte u. Verhandlgn. d. Konferenz v. 11. u. 12. Mai 1896 in Berlin. (IV, 146 S.) 896. n. 2. 40
11. Der Arbeitsnachweis. Seine Entwickelg. u. Gestaltg. im In- u. Auslande. Von F. Frhr. v. Reitzenstein. Nach dem Tode d. Verf. hrsg. v. Rich. Freund. (XI, 586 S. m. 1 Tab.) 897. n. 10. —
12. Wohlfahrtseinrichtgn., kommunale. D. planmäß. Schwindsuchtsbekämpfg. durch Errichtg. v. Heilanstalten f. Lungenkranke. Vorberichte u. Verhandlgn. der VI. Konferenz vom 10. u. 11. V. 1897 in Frankfurt a/M. (V, 172 S.) 897. n. 3. —
13. Die ländl. Arbeiter-Wohngn. in Preußen. Eine Umfrage. Von Ascher. (VII, 157 S.) 897. n. 3. —
14. Fünf Jahre prakt.-sozialer Thätigkeit. Aus d. Versuchsstation der Centralstelle f. Arbeiter-Wohlfahrtseinrichtgn. Von H. Albrecht. M. 9 Abb. (III, 53 S.) 898. n. 1. 20
15. Vorbericht u. Verhandlgn. d. Konferenz d. Verbandes deutscher Wohlfahrtsvereine Berlin, 14. V. 1898 im Reichstagsgebäude. (VIII, 57 S.) 898. n. 1. 20
16. Wohlfahrtspflege, die, im Kreise. D. individuelle Hygiene d. Arbeiters. Vorberichte u. Verhandlgn. d. VII. Konferenz v. 16. u. 17. V. 1898 in Berlin. (IV, 274 S.) 898. n. 5. —

— der Centralstelle f. Arbeiter-Wohlfahrtseinrichtungen. Nr. 17—22. gr. 8. Berlin, C. Heymann's Verl. n. 29. 50

17. Fürsorge f. Säuglinge. Die Erleichterg. der Beschaffg. der Geldmittel f. die gemeinnütz. Bauthätigkeit. Vorberichte u. Verhandlgn. der VIII. Konferenz vom 15. u. 16. V. 1899 in Stuttgart. (IV, 290 S.) 900. n. 6. —
18. Erziehung, die, des Volkes auf den Gebieten der Kunst und Wissenschaft. Vorberichte u. Verhandlgn. der IX. Konferenz v. 23. u. 24. IV. 1900 in Berlin. (IV, 163 S.) 900. n. 3. —
19. Fürsorge f. die schulentlassene Jugend. Vorberichte u. Verhandlgn. der IX. Konferenz v. 23. u. 24. IV. 1900 in Berlin. (IV, 379 S.) 900. n. 6. —
20. Bau u. Einrichtung v. Kleinwohnungen. Von H. Chr. Nußbaum. Mit 127 Abbildgn. (IV, 197 S.) 901. n. 4. 50
21. Fürsorge, die, f. die schulentlassene gewerbliche männliche Jugend. Vorberichte u. Verhandlgn. der X. Konferenz v. 6. u. 7. V. 1901 in München. (XII, 333 S.) 901. n. 6. —
22. Unterbringung bedürftiger Kranker in Heilstätten, Heimstätten u. Genesungsheimen. Erbbaurecht u. Arbeiterwohngn. Vorberichte u. Verhandlgn. der XI. Konferenz vom 5. u. 6. V. 1902 in Hamburg. (V, 219 S.) 903. n. 4. —

— der Centralstelle f. Arbeiter-Wohlfahrtseinrichtungen. Nr. 23—29. gr. 8. Berlin, C. Heymann n. 22. 20

23. Jugendklubs. Leitfaden f. Begründer u. Leiter v. Jugendvereiniggn. 2., verm. u. verb. Aufl. (IV, 77 S.) 904. n. 1. 60; geb. n. 2. 60
 1. Aufl. (IV, 64 S.) 903. n. 1. 60.
24. Der landwirtschaftliche Arbeitsnachweis. Von H. Sundermann. (IV, 145 S.) 904. n. 2. —
25. Museen, die, als Volksbildungsstätten. Ergebnisse der 12. Konferenz der Centralstelle f. Arbeiter-Wohlfahrtseinrichtgn. Mit 42 Abbildgn. (VII, 288 u. 40 S.) 904. n. 5. —
26. Schlafstellenwesen u. Ledigenheime. Vorbericht u. Verhandlgn. der 13. Konferenz der Centralstelle f. Arbeiter-Wohlfahrtseinrichtgn. am 9. u. 10. V. 1904 in Leipzig. 1. Verhandlungstag. Montag, den 9. V. 1904. (IV, 194 S. m. Abbildgn.) 904. n. 3. 60; geb. n. 4. 60
27. Pensions- u. Reliktenwesen, das, der Arbeiter u. niederen Angestellten. Vorbericht u. Verhandlgn. der 13. Konferenz der Centralstelle f. Arbeiter-Wohlfahrtseinrichtgn. am 9. u. 10. V. 1904 in Leipzig. 2. Verhandlungstag, Dienstag, den 10. V. 1904. (IV, 270 S.) 904. n. 5. —; geb. n. 6. —
28. Belehrung, die, der Arbeiter üb. die Giftgefahren in gewerblichen Betrieben. Vorbericht u. Verhandlgn. der 14. Konferenz der Centralstelle f. Arbeiter-Wohlfahrtseinrichtgn. am 5. u. 6. VI. 1905 in Hagen in W. (IV, 129 S.) 906. n. 2. 60
29. Gestaltung, die künstlerische, des Arbeiter-Wohnhauses. 14. Konferenz der Centralstelle f. Arbeiter-Wohlfahrtseinrichtgn. am 5. u. 6. VI. 1905 in Hagen i. W. (IV, 76 S. u. 17 S. Abbildgn.) 906. n. 2. 40

— der Centralstelle f. Arbeiter-Wohlfahrtseinrichtungen. Nr. 30—33. gr. 8. Berlin, C. Heymann. 11. 60

30. Organisation, die, der Wohlfahrtspflege. 15. Konferenz der Centralstelle f. Arbeiter-Wohlfahrtseinrichtgn. am 7. u. 8. VI. 1906 in Nürnberg u. Fürth. (III, 75 S.) 907. 1. 60
31. Anbahnung u. Pflege, die, v. Beziehungen zwischen den verschiedenen Volkskreisen (Volksheime). 15. Konferenz der Centralstelle f. Arbeiter-Wohlfahrtseinrichtgn. am 7. u. 8. VI. 1906 in Nürnberg u. Fürth. (IV, 143 S.) 907. 3. —
32. Pensionseinrichtungen f. Privatbeamte. Ein Wegweiser zur Schaffg. u. Reorganisierg. v. Beamtenpensionseinrichtgn. bei Privatunternehmungen. Von Wilh. Dilloo. (VIII, 204 S.) 907. 4. —; geb. 5. —
33. Beschaffung, die, hypothekarischer Darlehen f. Baugenossenschaften. (XI, 164 S.) 908. 3. —; geb. 4. —
 Fortsetzg. s.: Schriften d. Zentralstelle f. Volkswohlfahrt.

Schriften der statistischen Zentralstelle des deutschen Lehrervereins. 1. u. 2. gr. 8. Leipzig, J. Klinkhardt. 3.20; geb. in Leinw. 4.20

1. Schulaufsicht u. Schulleitung in den deutschen Staaten. Auf Grund gesetzl. u. behördl. Bestimmgn. u. unter Benutzg. e. v. der statist. Zentralstelle des deutschen Lehrervereins veranstalteten Umfrage bearb. Von C. L. A. Pretzel. (VIII, 120 S.) 909. 1.60; geb. in Leinw. 2. —
2. Die deutsche Fortbildungsschule im J. 1909. Eine Darstellg. der gesetzl. u. behördl. Bestimmgn. üb. das Fortbildungsschulwesen der deutschen Staaten sowie seines gegenwärt. Standes. Auf Grund der amtl. Statistik u. der Ergebnisse e. Umfrage der statist. Zentralstelle des deutschen Lehrervereins bearb. Von Ewald Baar. (VIII, 120 S.) 910. 1.60; geb. in Leinw. 2. 20

— der Zentralstelle f. Volkswohlfahrt. 1.—6. Heft der neuen Folge der Schriften der Zentralstelle f. Arbeiter-Wohlfahrtseinrichtgn. gr. 8. Ebd. 38.20; geb. 44.20

1. Programm, das, der Wohlfahrtspflege. Vorträge, geh. auf der ersten Konferenz der Zentralstelle f. Volkswohlfahrt am 21. X. 1907. (III, 82 S.) 908. 1.60; geb. 2. 60
2. Förderung u. Ausgestaltung, die, der hauswirtschaftlichen Unterweisung. Vorbericht u. Verhandlgn. der 2. Konferenz der Zentralstelle f. Volkswohlfahrt am 11. u. 12. V. 1908 in Berlin. (VII, 490 S.) 908. 9. —; geb. 10. —
3. Fürsorge f. die schulentlassene männliche Jugend, namentlich im Anschluß an die Fortbildungsschule. Vorbericht u. Verhandlgn. der 3. Konferenz der Zentralstelle f. Volkswohlfahrt am 24., 25. u. 26. V. 1909 in Darmstadt. (VIII, 307 S.) 909. 6. —; geb. 7. —
4. Ernährungsverhältnisse, die, der Volksschulkinder. Vorbericht u. Verhandlgn. der 3. Konferenz der Zentralstelle f. Volkswohlfahrt am 24., 25. u. 26. V. 1909 in Darmstadt. (III, 170 S.) 909. 3.60; geb. 4. 60
5. Aufgaben u. Organisation der Fabrikwohlfahrtspflege in der Gegenwart. Vorbericht u. Verhandlgn. der 4. Konferenz der Zentralstelle f. Volkswohlfahrt am 6. VI. in Braunschweig. (IV, 267 S.) 910. 6. —; geb. 7. —
6. Ernährung u. Lebenskraft der ländlichen Bevölkerung. Tatsachen u. Vorschläge. Von J. Kaup. (VIII, 576 S.) 910. 12. —; geb. 13. —

Schriften der Centralstelle für Vorbereitung von Handelsverträgen. H. 1–26. Berlin: Siemenroth & Troschel (8 ff.: Guttentag) 1898–1900. 8°

1. Vosberg-Rekow, [Max]: Das britische Weltreich u. d. deutsche Wettbewerb. 1898. 2. Sartorius Frh. v. Waltershausen, A[ug.]: Deutschland u. d. Handelspolitik d. Vereinigt. Staaten von Amerika. 1898. 3. Vosberg-Rekow: Die Politik d. Handelsverträge in ihren Grundzügen gemeinfaßl. dargest. 1898. 4. Vosberg-Rekow: Die amtl. Statistik d. deutschen Aussenhandels. 1898. 5. Brandt, M[ax] v.: China u. seine Handelsbeziehungen z. Auslande ... 1899. 6. Bericht über d. 1. Ordentl. Generalversammlung d. Centralstelle ... 1898. 1899. 7. Osel, Heinrich: Mängel u. Ueberlebtes im Zolltarif u. in d. Zollgesetzen. 1899. 8. Borgius, Walther: Deutschland u. d. Vereinigt. Staaten ... 1899. 9. Vosberg-Rekow: Die Errichtung e. Centralstelle z. Förderung d. deutschen Aussenhandels ... 1900. 10. Etienne, August: Das Aufsuchen von Waarenbestellungen im Auslande. 1900. 11. Bericht über d. 2. Ordentl. Generalversammlung ... 1900. 1900. 12. Heitz, E[rnst]: Das Interesse d. Landwirtschaft an d. Handelsverträgen. 1900. 13. Tischert, Georg: Zollpolit. Interessenkämpfe. 1900. 14. Vosberg-Rekow: Die Handelsverträge d. Jahres 1903 ... 1900. 15. Bericht über d. 3. Ordentl. Generalversammlung ... 1901. 1901. 16. Diercks, Gustav: Spanien. Kulturgeschichtl. u. wirtschaftspolit. Betrachtungen. 1901. 17. Sartorius Frh. v. Waltershausen, A[ug.]: Die Handelsbilanz d. Vereinigt. Staaten von Amerika. 1901. 18. Vosberg-Rekow: Die Zolltarifvorlage u. ihre Begründung ... 1902. 19. Bericht über d. 4. Ordentl. Generalversammlung ... 1902. 1902. 20. Vosberg-Rekow: Der Schutz d. industr. u. geist. Eigenthums in d. Handelsverträgen. 1902. 21. Geering, Traugott: Die Handelspolitik d. Schweiz am Ausgang d. 19. Jh. 1902. 22. Etienne, (August), u. Vosberg-Rekow: Zollrückvergütung ... 1903. 23. Bericht über d. 5. Ordentl. Generalversammlung ... 1903. 1903. 24. Vosberg-Rekow: Nach d. Tarifkampfe ... 1903. 25. Etienne, August: Deutschlands wirtschaftliche Interessen in China. 1904. 26. Bericht über d. 7. Ordentl. Generalversammlung ... 1906. 1906.

A 12. 10984

1 s. 98. 4892. 2 s. 99. 3215. 3 s. 99. 3216. 4 s. 99. 3217. 5 s. 99. 3218. 7 s. 99. 12284. 8 s. 00. 6783. 9 s. 00. 6784. 10 s. 00. 6785. 12 s. 00. 6786. 13 s. 01. 706. 14 s. 01. 719. 16 s. 01. 7011. 17 s. 01. 13098. 18 s. 02. 11900. 20 s. 02. 11901. 21 s. 02. 11902. 22 s. 03. 12852. 24 s. 04. 9963. 25 s. 04. 9964.

— d. Centralstelle f. Vorbereitg. v. Handelsverträgen. I.—V. Hft. gr. 8. Berlin, Siemenroth & Troschel. n. 11. —

I. D. britische Weltreich u. d. deutsche Wettbewerb. Von Vosberg-Rekow. 2. Aufl. (X, 75 S.) 898. n. 1. —
II. Deutschland u. die Handelspolitik der Verein. Staaten v. Amerika. Von A. Sartorius Frhr. v. Waltershausen. (XI, 84 S.) 898. n. 2. —
III. D. Politik der Handelsverträge in ihren Grundzügen gemeinfassl. dargest. Von Vosberg-Rekow. (VIII, 189 S.) 898. n. 4. —
IV. D. amtl. Statistik d. deutschen Aussenhandels, im Auftr. der Centralstelle kritisch besprochen. Von Vosberg-Rekow. (40 S.) 898. n. 1. —
V. China u. s. Handelsbeziehgn. zum Auslande, m. bes. Berücksicht. d. deutschen. Von M. v. Brandt. (VII, 139 S.) 899. n. 3. —

— der Centralstelle f. Vorbereitung v. Handelsverträgen. 6. u 7. Heft. gr. 8. Berlin, F. Siemenroth. n. 2.70

6. Bericht üb. die 1. ordentliche Generalversammlung der Centralstelle f. Vorbereitung v. Handelsverträgen zu Berlin, im Saale des Architektenhauses, am 17. XII. 1898 Vormittags 10 Uhr. (88 S.) 899. n. 1. 50
7. Mängel u. Ueberlebtes im Zolltarif u. in den Zollgesetzen. Von Heinr. Osel. (VIII, 55 S.) 899. n. 1. 20
 1.—5. Hft. Ebd. 898. 899. n. 11. —.

— dasselbe. 8.—21. Hft. gr. 8. Berlin, J. Guttentag. n. 33.20

8. Deutschland und die Vereinigten Staaten. Ein handelspolit. Rückblick bei Eröffng. des internationalen Handelskongresses zu Philadelphia. Von Walth. Borgius. (VIII, 124 S.) 899. n. 3.—
9. Die Errichtung e. Centralstelle zur Förderung des deutschen Aussenhandels. Von Vosberg-Rekow. Im Auftrage der Centralstelle f. Vorbereitg. v. Handelsverträgen der auf Anregg des Bundes der Industriellen am 15. XII. 1899 einberuf. Versammlg. f. die Errichtg. e. Reichshandelsstelle überreicht. (VIII, 36 S.) 900. n. 1.—
10. Das Aufsuchen v. Waarenbestellungen im Auslande. Ein Beitrag zur Vorbereitg. der Handelsverträge. Von Aug. Etienne. (V, 36 S.) 900. n. 1.—
11. Bericht über die 2. ordentliche Generalversammlung der Centralstelle f. Vorbereitg. v. Handelsverträgen zu Berlin, im Saale des Architektenhauses, am 19. u. 20. I. 1900, Vormittags 10 Uhr. (125 S.) 900. n. 2.50
12. Das Interesse der Landwirthschaft an den Handelsverträgen. Ein Rückblick auf die deutsche Handelspolitik seit dem J. 1879. Von E. Heitz. (VI, 106 S.) 900. n. 2.50
13. Zollpolitische Interessenkämpfe. Von Geo. Tischert. (V, 163 S.) 900. n. 3.—
14. Die Handelsverträge des J. 1903. Betrachtungen u. Vorschläge. Von Vosberg-Rekow. (VII, 128 S.) 900. n. 2.50
15. Bericht über die 3. ordentliche Generalversammlung der Centralstelle f. Vorbereitg. v. Handelsverträgen zu Berlin am 22. I. 1901. (128 S.) 901. n. 2.50
16. Spanien. Kulturgeschichtliche u. wirthschaftspolit. Betrachtgn. Von Gust. Diercks. (V, 123 S.) 901. n. 2.50
17. Die Handelsbilanz der Vereinigten Staaten v. Amerika. Von A. Sartorius Frhr. v. Waltershausen. (VII, 71 S.) 901. n. 2 —
18. Die Zolltarifvorlage u. ihre Begründung. Kritische Betrachtgn. Von Vosberg-Rekow. Im Auftrage der Centralstelle f. Vorbereitg. v. Handelsverträgen. (IX, 62 S.) 902. n. 1.50
19. Bericht über die 4. ordentliche Generalversammlung der Centralstelle f. Vorbereitg. v. Handelsverträgen zu Berlin am 22. II. 1902. (148 S.) 902. n. 3.—
20. Der Schutz des industriellen u. geistigen Eigenthums in den Handelsverträgen. Von Vosberg-Rekow. (50 S. m. 1 Tab.) 902. n. 1.20
21. Die Handelspolitik der Schweiz am Ausgang des XIX. Jahrh. Von Traug. Geering. (213 S.) 902. n. 5.—

— der Centralstelle f. Vorbereitung v. Handelsverträgen. 22.—26. Heft. gr. 8. Berlin, J. Guttentag. n. 8.60

22. Zollrückvergütung. Grundsätzliche Erörterungen. Von Etienne u. Vosberg-Rekow. (VI, 68 S.) 903. n. 2.—
23. Bericht über die 5. ordentliche Generalversammlung der Centralstelle f. Vorbereitung von Handelsverträgen zu Berlin am 28. V. 1903. (71 S.) 903. n. 1.50
24. Nach dem Tarifkampfe. Handelspolitische Aufgaben der nächsten Zukunft. Von Vosberg-Rekow. (44 S.) 903. n. 1.50
25. Deutschlands wirtschaftliche Interessen in China. Betrachtungen über die handelspolit. Lage im asiat. Osten Von Aug. Etienne. (63 S.) 904. n. 1.80
26. Bericht über die 7. ordentliche Generalversammlung der Centralstelle f. Vorbereitung von Handelsverträgen zu Berlin am 24. I. 1906. (68 S.) 906. n. 1.80

Schriften der Centralstelle des Central-Vereins : no. [illegible] St.Louis, MO

— d. Centralverbandes der Haus- u. städtischen Grundbesitzer-Vereine Deutschlands. Hrsg. v. W. Strauß. 1. Bd. gr. 8. (IX, 415 S.) Leipzig 890. Heitmann. n. 3. —

— dasselbe. 2. Bd. 1. Hft. gr. 8. Ebd. 891. n. — 75
Der Staat in der Prostitutionsfrage v. Ant. Eckstein. (32 S.)

— des Zentralverbandes der Haus- u. städtischen Grundbesitzervereine Deutschlands. Hrsg. v. Wilh. Strauß. 2.—4. Bd. gr. 8. Leipzig, E. Heitmann. n. 12. — (1—4.: n. 16. —)
2. (V, 402 S.) 891. n. 3. —. — 3. (V, 476 S.) 892. n. 4. —. — 4. (V, 512 S.) 893. n. 5. —.
Hieraus apart:
3. Bd. 1. Hft. Die städtische Besteuerg. u. Belastg. d. Grundeigenthums in Deutschland. Ein steuerpolit. Mahnruf von L. vom Hofe. Hrsg. vom Centralverband der Haus- u. städt. Grundbesitzer Deutschlands. (26 S.) 892. — 25

Schriften des Preussischen Zentralverbandes für die Interessen der höheren Frauenbildung. 1-4. [Mehr nicht ersch.] — Berlin: Moeser [1908]-1914. 4°

1. Die kommunale Verwaltung der öffentl. höheren Mädchenschulen in Preußen. [1908.] 12 S.

— des deutschen Centralvereins f. Jugendfürsorge, hrsg. v. Frz. Pagel u. Bendix. 1. Heft. gr. 8. Berlin 906. Deutscher Centralverein f. Jugendfürsorge. n. — 50
Die Kriminalität der Jugendlichen. Vortrag, geh. am 9. III. 1905 im Verein „Centrale f. Jugendfürsorge" in Dresden u. am 20. V. 1905 im evangel. Vereinshause zu Erfurt. Von Erich Wulffen. [Aus „Jugendfürsorge".] (38 S.]

Schriften, Die, des Dr. L. Zunz, des Begründers der jüdischen Wissenschaft, zu seinem 63. Geburtstag (10. August 1857) zusammengestellt . . . Berlin 1857. V: *Steinschneider, Moritz.* (Petz)

Schriften, Zwey, die den Artikel von der Rechtfertigung eines Sünders vor Gott erläutern. Jena 1748. V: *Schreber, Daniel Gottfried.* (ML)

ZWO SCHRIFTEN, welche in der Deutschen Gesellschaft zu Leipzig, auf das Jahr 1734. die Preise der Poesie und Beredsamkeit erhalten haben. Leipzig s. a. Bey Bernhard Christoph Breitkopf. 8o.

ZWO SCHRIFTEN, welche in der Deutschen Gesellschaft zu Leipzig auf das Jahr 1737. die Preise der Beredsamkeit und Poesie erhalten haben. Leipzig s. a. Gedruckt und zu bekommen bey Bernh. Christoph Breitkopf. 8o.

ZWO SCHRIFTEN, welche in der Deutschen Gesellschaft zu Leipzig im Jahre 1738. die Preise der Poesie und Beredsamkeit erworben haben. Leipzig. s. a. Bey Bernhard Christoph Breitkopf. 8o.

ZWO SCHRIFTEN, welche in der deutschen Gesellschaft zu Leipzig ersten ausserordentlichen Versammlung nach wiederhergestelletem Frieden, den 15ten April 1763, öffentlich vorgelesen worden. Leipzig 1763. Bey Bernhard Christoph Breitkopf und Sohne. 8o.

Schriften-Atlas. Ein Nachschlagebuch f. Buchdrucker u. Schriftzeichner. (119 S.) kl. 8. Leipzig (905). J. Mäser. Geb. in Leinw. n. 3. —

Schriften-Atlas, neuer. Eine Sammlg. der gangbarsten u. beliebtesten Schriften, nach d. besten Quellen bearb. 20 Doppeltaf. gr. 4. Berlin (901). W. Schultz-Engelhard. In Mappe n. 6. —

Schriftenfolge. Moderne Sch'-F". (Bändchen 1 u. 2.) 8. Zürich, Verlag Volkswort ⟨Fritz Schröter⟩, 1905. [*je* fr. 2. —] s. a. Nowakowski, Arthur — Radlauer, Curt.

Schriften-Folge, moderne. 1. u. 2. Bdchn. 8. Zürich, Verlag Volkswort. à n. 1.50
1. Wie läßt sich die jährliche Zahl der 14000 Bestrafungen v. Zuchthaus u. Gefängnis in der deutschen Armee gewaltig vermindern? Eine krit. Beleuchtung. Von Arth. Nowakowski. (84 S.) 905.
2. Eine Ehe. Sittenstudie in 3 Aufzügen. Von Curt Radlauer. (78 S.) 905.

(Schriftenfolge. Moderne Sch'-F". Bändchen 3.) 8. Zürich, Verlag Volkswort, [1909]. (M. 1. —) s. a. Lepel, Vollrath von.

Schriften-Folge, moderne. 3.—5. Bdchn. 8. Zürich, Verlag Volkswort. 2. 60
Lepel, Vollrath v., verkommener Adel. Namensheiraten. Adelige Zuhälter. „Adelige Geisteskranke". Eine Studie f. Nicht-Adelige. (31 S.) (910.) (4. Bdchn.) 80
— Die Bevorzugung des Adels in der preuß. Armee. (31 S.) (910.) (5. Bdchn.) — 80
— Prostitution beim Theater. (40 S.) (909.) (3. Bdchn.) 1. —

Schriften-Muster f. Schulen u. Gewerbe, bestehend in Alfabeten u. Uebgn. deutscher, engl., röm., ronde, goth., Fractur u. mehrerer anderen Schriftarten. qu. 4. (11 Steintaf.) Bruchsal 871. Katz. n. — 50

Schriftenverzeichniß, ein, s.: Braunschweig in den J. 1806—1815.

Schriftenverzeichnis der Schriftstelle des Alkoholgegnerbundes Basel.... (Eigener Verlag [und] Fremder Verlag.) 8 S. 8. (Basel, Fr. Reinhardt, [1901].)

Schriften-Vorlagen für Techniker aller Fächer. 5. und 6. Aufl. qu. gr. 8. (15 Stnt.) Heidelberg 869,71, Bassermann'sche Verlagsh. *

Diplomatischer Schriftenwechsel zwischen Oesterreich und den Vereinigten Staaten. Uebersetzung aus der in Baltimore erscheinenden Zeitung „American and commercial dayly advertiser" vom 1. Januar 1851. (D. D. 1851.) 16 S. 8.

Schriftexempel, Zweihundert, in dem Kathol. Kathechismus des Hochstifts Wirzburg . . . Würzburg 1748. V: *Widenhofer, Franz Xaver.* (JES)

Schriftformen f. die deutsche u. die lateinische Schrift nach der Ministerialentschließung v. 25. VII. 1909. 4 Taf. Je 100,5×80,5 cm. München (910). R. Oldenbourg. 1.40; auf 2 Pappen n 3. —

Schriftforscher, der, 2 Stck. 8. Nürnb. Raspe. 745-46.

— der, Unterhaltungen m. Personen v. 14 bis 24 Jahren. 3 Thle. gr. 8. Lpz. Dyk. 786-89.

Schriftforscher, Der; Unterhaltungen mit jungen Personen über wichtige biblische Stellen . . . Leipzig 1787—89. V: *Göntgen, Jonathan Gottlieb.* (Ky) (MGT)

— der, Unterhaltt. mit jungen Personen, s. J. G. Göntgen.

Schriftforscher, der. Zeitschrift zur Förderg. e. tieferen Erkenntnis der Schriftwahrheiten u. zur Erbaug. der Gemeinde des Herrn. Hrsg. u. Red.: Paul Rud. Walter. 1. Jahrg. April 1906—März 1907. 24 Hefte. (384 S.) gr. 8. Norden, P. Walter. 2. 40

— d., z. Beförd. e. gründl. Bibelstudiums u. Verbreit. d. rein. verschön. Religion, herausgeg. v. J. L. W. Scherer. 1r Bd. 4 Stck. gr. 8. Berlin, Gädicke. 803. (à 16 gr.)

— — desselben 2r Bd. 1s u. 2s Stck. gr. 8. Altenb. Schnuphase. 804-5. (à 12 gr.)

Schriftforscher, der, s. J. L. W. Scherer.

Schriftforschers, eines ungenannten, (Phil. Matthäus Hahn's) Betrachtungen u. Predigten über die sonn- u. feiertäglichen Evangelien wie auch über die Leidensgeschichte Jesu für Freunde der alten Schriftwahrheit. 6., nach der 2. vom Verf. selbst durchgeseh. u. verb., wortgetreu abgedr. Ausg. nebst einer eigenhänd. Lebensbeschreibung u. 1 (lith.) Bildnisse Hahn's u. 2 Gedichten Schubart's an ihn. Basel 863. Riehm. gr. 8. (V, 759 S.) n. 1 ⅓ 6 ngr.

Schriftfreund, Glieb., s.: Ansicht, die protestantische, v. der bloßen Zudeckung der Sünden vor dem Richterstuhle der hl. Schrift.

Schriftführer, der zuverlässige, welcher Anleitung giebt, wie Kaufleute, Handwerker, Landwirthe ꝛc. ihre schriftlichen Arbeiten, als Briefe, Contracte, Vergleiche ꝛc. abzufassen haben, um den Anforderungen der Gegenwart zu entsprechen u. sich vor Nachtheilen sicher zu stellen; ein Briefsteller, Muster- u. Formularbuch, wie es für den prakt. Geschäftsmann sein muß. Mülheim 869. Bagel. 8. (VII, 216 S.) 10 ngr; geb. 12½ ngr.

Schriftgelehrte, Der unstudirte. Innsbruck 1770. V: *Kopf, Joh. Ferd.* (WBL 12/435) (BiblPort)

Schriftgelehrtenfrage, die neue: Ist es recht, daß man dem Kaiser die Schule gebe ob nicht? Beantwortet v. e. früheren Diener in Kirche, Schule u. Staat. gr. 8. (34 S.) Gütersloh 872. Bertelsmann in Comm. n. — 40

Schriftkästchen, das, ein ABC-, Buchstabier- u. Lesespiel f. die Jugend ꝛc. Hamb. 796. Gundermann. 2 ⅔

Schriftlehre von der Dreyeinigkeit; a. d. Engl. . . . Zürich 1774. Ü: *Escher, Johann Heinrich.* (Ky) (MGT)

Schriftlehre von der Dreieinigkeit; aus d. Engl. (von H. Escher). Mit Semlers Vorrede. gr. 8. Zürich 774.

Schriftlehre, Die, von dem Glauben, der Liebe und der Hoffnung für die Schuljugend. Zürich 1824. V: *Schuler, Johann Melch.* (Cat. d. Stadtbibl. Zürich. Zürich 1864—97.)

Schriftlehre, die, von dem Glauben, der Liebe u. d. Hoffnung, für d. Schuljugend. gr. 12. Zürich 825, Schulthess.

Schriftlehre, Die, von dem Reiche Gottes in Glaube, Hoffnung und Liebe. 2. Aufl. Zürich 1826. V: *Schuler, Joh. Melch.* (AarK)

Schrift- und Kirchenlehre über Ehe und Ehescheidung. Mit Rücksicht auf die Berathungen der I. Kammer über das Ehegesetz. Eine Stimme aus der Gemeinde. gr. 8. (39 S.) Berlin 855, W. Schultze.

Schriftlieb, Benedictus (ps.), der *verlorne u. wieder gefundene Moses*, od. Widerlegung der Schrift: Moses mit aufgedecktem Angesichte. *Erster* (einz.) Anblick. In einem Gespräche abgefasset. O. O. 1745. 8⁰. Ppb.
Titel, 7 Bll. Vorr. u. 357 S., nebst 3 S. Err. — Gespräch eines Rationalisten mit e. Orthodoxen über die Bibel. Interess. Abfertigung der (seltenen) Schrift: „Moses mit aufgedecktem Angesichte, in einem Gespräche .... von Lichtlieb" (d. i. der berufene Joh. Chrn. Edelmann, 1698–1767). 1740. 8⁰.

Schriftlieb, Ben., d. verlorne u. wiedergefund. Moses 2c. 2 Thle. 8. Quedlinb. 745.

Schriftmuseum, Das, von Heintze & Blanckertz, Berlin. Berlin
1. Blanckertz, R: Sumererland, Babylon — Assyrien. (1904?)
2. Blanckertz, R: Die Rundschrift. 1904

Schriftmuster nach Grundsätzen der Prager Normalschule . . . Prag [ca. 1780]. V: *Steinsky, Franz Anton.* (MGT)

Schriftneigung u. Schriftart, Heftlage u. Körperhaltung beim Schreibunterrichte. Auszug aus e. Gutachten üb. den Entwurf e. Alphabetes m. vereinfachten Schriftzügen. gr. 8. (24 S. m. Fig.) Königsberg i/Pr. 893. J. H. Bon's Verl. n. — 60

Schrift- und Feder-Probe eines Buchdruckers. Ein officinelles Vergissmeinnicht, den Freunden der Presse verehrt vom Verf. (G. Froebel.) 2. fragmentar. Ausg. Fol. (IV, 36 S.) Rudolstadt 876, [Froebel.] Hofbuchdruckerei von Mitzlaff. *

Schriftproben. Mythen — Romanzen — Lyrische Gedichte. Bamberg 1814. V: *Wetzel, Friedrich Gottlob.* (BGE VII*, 217)

Schriftproben. [Riga 1823.] H: *Czarnewski (Zernewski), Johann Georg Martin Friedrich August.* (R-N) (GGr)

Handausgabe. Schrift-Proben. Aktiengesellschaft für Schriftgiesserei und Maschinenbau in Offenbach am Main. (Offenbach a. M.: Aktiengesellschaft [1908].) Getr. Pag. 4⁰

Schriftproben der Zaunrith'schen Buchdruckerei in Salzburg. 1. Heft. Enthaltend Blatt 1—26. 4. 1854.

Schriftproben der Buchdruckerei Büchler & Co., vormals Michel & Büchler, in Bern.... [Mit Vignetten, Illustrationen, Noten, 20 Tafeln und 1 Stadtplan.] 244 S. 4. [1905.]
S. 9—25: Geschichte und Beschreibung der Buchdr. (B' & Co.).

Schrift-Proben v. Franz Xaver Gabelsberger aus den J. 1818–1848. gr. 8. (6 lith. S. m. 3 S. Übertragg.) Leipzig 891. Zehl's Stenogr.-Verl. — 30

Schriftproben von Peter Hammer. Heidelberg 1808. V: *Görres, Joh. Jos.* (Th) (Bibl. Görres. Cat. 34. Münch. 1903. S. 24.) (GGr)

Schriftproben v. Peter Hammer. 4. Heidelberg, Mohr u. Z. 808.

Schriftproben der Hof-Buchdruckerei v. C. Macklot. (83 Blätter, wovon 42 mit Verzierungen u. Titelvign.) gr. 8. Karlsruhe. Ausgeg. am 24. Juni 1840. 1¹/₄ ß

Schriftproben d. k. k. Hof- u. Staatsdruckerei in Wien. 1.—5. Tl. 31,5×16 cm. Wien, Hof- u. Staatsdruckerei. 22. 50
1. Neuere Schriften. (58 S.) 906. 3. —
2. Ältere Schriften. (148 S.) 906. 7. 50
3. Material f. Plakate. (49 S.) 906. 4. —
4. Typen f. fremde Sprachen. (44 S.) 910. 4. —
5. Ziermaterial. Reichsadler u. Wappen. (77 S.) 906. 4. —

Schrift-Proben von A. Meyer und Schleicher, Schriftgiesserei. Fabrik und Niederlage aller Buchdruckerei-Utensilien, Galvanoplastik. Stereotypie, Messinglinien-Fabrik, Stempelschneiderei und Gravir-Anstalt in Wien. 4. (Wien 1888.)

Schriftproben in oberschwäbischer Mundart. Herausgeg. von L. A(urbacher). gr. 12. München 841, Fleischmann. ¹/₆ ß

Schriftproben in oberschwäbischer Mundart . . . München 1841. H: *Aurbacher, Ludwig.* (Ky)

Schrift-Proben der Buch-Druckerei M. Werner-Riehm, Basel (Gegründet im Jahre 1862). [Mit Vignetten, Noten und Ansichten.] XVI [+ 18] + 212 S. quer-8. [1905.]

Schrift-Reform. Unterhaltungsblatt zur Erlernung der neuen Schrift von G. Noack. Organ des Vereins für Schrift-Reform. 1. Jahrg. 1878/79. 24 Nrn. (à ¹/₂—³/₄ lithogr. Bog.) gr. 8. Herford. (Leipzig, Siegismund und Volkening. *
Nicht weiter erschienen.

Schriftsprache, Die kaufmännische. Bonn [1893]. V: *Schleusner, E.* (Berl)

Schriftsprache, über, u. Pasigraphie (v. A. Riem). 16 Stck. 4. Mannh., Schwan u. G. 16 ß

Schriftstelle, Die auf eine leichte Art aus ihrer bisherigen Unrichtigkeit herausgesetzte, 2. Corinth. 12, 1—9 . . . Hamb. 1763. V: *Kohl, Johann Peter.* (ML) (Schr)

Schriftsteller, Die, ein Lustspiel in einem Aufzuge. Wien 1775. V: *Kepner, Johann Frdr.* (MGT) (GGr) (Ky) (Adel)

Schriftsteller, der; ein Lstspl. in 1 Aufz., (v. F. Kepner). 8. Wien 775.

Schriftsteller, Der; verbesserte Auflage von: der Autor, in zwei Akten. Berlin 1793. V: *Meyer, Friedrich Ludwig Wilhelm.* (Ky) (MGT)

— der; verb. Aufl. von: der Autor, in 2 Akt., (v. F. L. W. Meyer). 8. Berl. 793. Unger. ... s. auch: Beiträge, der vaterländ. Bühne gewidmet.

Schriftsteller, die. Das französische Schriftstellerleben. Sittengemälde und Bilder aus unserer Zeit. Deutsch von C. Homburg. 2 Bde. 8. (VIII und 530 S.) Leipzig 860, O. Wigand. *

Der **Schriftsteller**. Organ d. Schutzverbandes Deutscher Schriftsteller. Jg. 1, H. 1. Berlin: Oesterheld 1910. 8° 10. 14866

Schriftsteller, die ältesten, üb. die Lustseuche in Deutschland von 1495 bis 1510, nebst mehreren Anecdotis späterer Zeit, gesammelt u. mit literarhistor. Notizen u. e. kurzen Darstellung der epidem. Syphilis in Deutschland, hrsg. von C. H. Fuchs. gr. 8. (29¼ B.) Göttingen 843, Dieterichsche Buchh. *

Schriftsteller, Berühmte, der Deutschen. Schilderungen nach Selbstanschauung . . . Berlin 1854—55. V: *Gubitz, Friedrich Wilhelm.* (stadtBiblBerlin IX, S. 2) (GGr IX, 444 f.) (Zeitschr. f. Büch. N. F. 15, 1923, S. 121)

Schriftsteller, berühmte, der Deutschen. Schilderungen nach Selbstanschauung theils auch berühmter Zeitgenossen aus dem Leben von Goethe, Schiller, Wieland, Klopstock, Thümmel, Falk, Moritz 2c. Bisher in keiner Sammlung. 2 Bde. Berlin 854, 55. Vereins-Buchhandlung. 8. (VIII, 392; 3 Bl., 419 S.) Jeder Bd. 2 ₰.

Schriftsteller, englische u. französische, d. neueren Zeit. Für Schule u. Haus hrsg. von J. Klapperich. (Ausg. A. Einleitung u. Anmerkgn. in deutscher Sprache. Ausg. B. Einleitung u. Anmerkgn. in engl. od. französ. Sprache.) I.–XIX. Bdchn. gr. 8. Glogau, C. Flemming. Geb. in Leinw. n. 27. —

I. Stories for the young by various authors. Ausgewählt u. bearb. Von J. Klapperich. (VII, 89 S.) 901. n. 1. 20; Wörterbuch (31 S.) 902. n.n. — 65

II. Contes choisis. Par Alphonse Daudet. Mit Einleitg. u. Anmerkgn. bearb. von K. Sachs. (VII, 71 S.) 901. n. 1. 20; Wörterbuch (16 S.) 902. n. — 40

III. Sister Mary; or, a year of my boyhood. By Ascott R. Hope. Für den Schulgebrauch erläutert v. J. Klapperich. (VII, 95 S.) 901. n. 1. 20

IV. The coral island. A tale of the Pacific ocean. By Rob. Mich. Ballantyne. Für den Schulgebrauch bearb. u. erläutert v. J. Klapperich. (VII, 131 S.) 901. n. 1. 50; Wörterbuch. Bearb. v. Max Heckhoff. (38 S.) 902. n.n. — 65

V. Chambers's history of the Victorian era. The reign of queen Victoria. Ausgewählt u. erklärt v. J. Klapperich. Rechtmässige Ausg. Ausg. A u. B. (A VIII, 128 S. m. 1 eingedr. Karte.) 901. A n. 1. 60; Wörterbuch. Bearb. v. Ludw. Hasberg. (28 S.) n.n. — 65

VI. The growth of Greater Britain. A sketch of the history of the British colonies and dependencies. By F. B. Kirkman. Mit 1 Karte v. Süd-Afrika. Ausgewählt u. erläutert v. J. Klapperich. Rechtmässige Ausg. (Ausg. A.) (VIII, 138 S.) 901. n. 1. 60; Wörterbuch. Bearb. von Ludw. Hasberg. (44 S.) n.n. — 65

VII. Stories from Waverley, from the original of Sir Walter Scott. By H. Gassiot (Mrs. Alfr. Barton). Für den Schulgebrauch erläutert von J. Klapperich. (Ausg. A.) (VIII, 103 S.) 902. n 1.50; Wörterbuch. Bearb. v. Max Heckhoff. (23 S.) n. — 40

VIII. Biographies historiques v. Dhombres, Monod, Duruy, Cons, Roche, Wirth, Ferry, Bourdon. Für den Schulgebrauch hrsg. v. F. J. Wershoven. (Ausg. A.) (VII, 96 S.) 902. n. 1. 20; Wörterbuch. (31 S.) n.n. — 65

IX. Paris. Histoire — monuments — administration. Par F. J. Wershoven. (Ausg. A.) Mit 13 Abbildgn., 1 Karte u. 1 Plan. (VIII, 134 S.) 902. n. 1. 80; Ausg. B. (VIII, 129 S.) 902. n. 1. 80

X. Scènes et esquisses de la vie de Paris. Par K. Sachs. I. Mit Einleitg. u. Anmerkgn. (Ausg. A.) (VII, 75 S.) 902. n. 1. 20; Ausg. B. (VII, 76 S.) 902. n. 1. 20

XI. Femmes célèbres de France. Par F. J. Wershoven. Für den Schulgebrauch hrsg. (Ausg. A.) (VII, 81 S.) 902. n. 1. 20

XII. Macbeth. A tragedy. By William Shakespeare. With introduction and explanatory notes ed. by K. Deutschbein. (Ausg. B.) (V, XVI, 137 S.) 902. n. 2. —

XIII. Le malade imaginaire. Comédie-ballet en 3 actes. Par Molière. Mit e. Einleitg. u. Anmerkgn. v. F. Lotsch. Ausg. A. (XVI, 81 S.) 902. n. 1. 50; Ausg. B. (XVIII, 84 S.) 902. n. 1. 50

XIV. Snowed up! An adventure on Exmoor. By Ascott R. Hope. Mit Einleitg. u. Anmerkgn. von J. Klapperich. Ausg. A. (VII, 67 S.) 902. n. 1. 20

XV. Quinze jours à Paris. Par A. Lebrun. Für den Schulgebrauch hrsg. v. Philipp Rossmann. Mit 10 Abbildgn. u. 1 Plan v. Paris. Ausg. A. (VIII, 85 S.) 902. n. 1. 50; Wörterbuch. (24 S.) n. — 40

XVI. Life and customs in Old England. From the sketch book. By Washington Irving. Für den Schulgebrauch bearb. von J. Klapperich. Ausg. A. (VII, 88 S.) 902. n. 1. 40; Ausg. B. (VIII, 92 S.) 902. n. 1. 40

XVII. La bataille de Beaumont. Par M. Defourny. Für den Schulgebrauch bearb. v. H. Bretschneider. Mit 1 Kärtchen. Ausg. A. (VII, 60 S.) 902. n. 1. 20

XVIII. London old and new. History — monuments — trade — government. By J. Klapperich. Ausgewählt u. m. erläut. Anmerkgn. hrsg. Mit 11 Abbildgn. u. 1 Plan v. London. Ausg. A. (VIII, 112 S.) 902. n. 1. 60

XIX. Contes, dix petits, pour les jeunes filles. Für den Schulgebrauch erläutert v. F. Lotsch. Ausg. A. (VII, 96 S.) 902. n. 1. 40; Wörterbuch (30 S.) n. — 65

Schriftsteller, englische u. französische, der neueren Zeit. Für Schule u. Haus hrsg. von J. Klapperich. Wörterbuch zum 3. 10. 11. 14. 16. u. 17. Bdchn. gr. 8. Glogau. Berlin, C. Flemming. n. 3. 15

Defourny, curé M., la bataille de Beaumont. Bearb. von Frdr. Augustiny. (16 S.) (905.) (17. Bdchn.) n. — 40

Hope, Ascott R., Sister Mary. Bearb. von Konr. Müller. (32 S.) 902. (3. Bdchn.) n. — 65

— Snowed up! An adventure on Exmoor. Bearb. v. Max Heckhoff. (24 S.) 903. (14. Bdchn.) n. — 40

Irving, Washington, Life and customs in old England. From the sketch book. Bearb. von O. Voigt. (20 S.) 903. (16. Bdchn.) n. — 40

Sachs, Scènes et esquisses de la vie de Paris. Von A. Zietsch. (31 S.) (904.) (10. Bdchn.) n. — 65

Wershoven, F. J., Femmes célèbres de France. (23 S.) 902. (11. Bdchn.) n. — 65

— **englische** u. französische, der neueren Zeit. Für Schule u. Haus hrsg. von J. Klapperich. (Ausg. A. Einleitung u. Anmerkgn. in deutscher, Ausgabe B in engl. oder französ. Sprache.) 18. u. 20.—42. Bdchn. gr. 8. Glogau. Berlin, C. Flemming. Geb. in Leinw. n. 35. 10

Barrau, Théod. H., l'histoire de la révolution française de 1789, ses causes et sa suite. D'après „Histoire de la révolution française (1789—1799)". Mit Einleitg. u. Anmerkgn. bearb. v. O. Glöde. (Ausg. A.) (VII, 103 S.) (905.) (38. Bdchn.) n. 1. 50; Wörterbuch. (14 S.) n. — 30

Byron, Selections. Ed. with explanatory notes by J. Klapperich. With 5 illustr. (Ausg. B.) (XI, 93 S.) (906.) (41. Bdchn.) n. 1. 50

Cérésole, Alfr., Scènes militaires. Ausgewählt u. f. den Schulgebrauch erklärt v. K. Sachs. (Ausg. A.) (VII, 67 S.) 903. n. 1. 20; (Ausg. B.) (VII, 63 S.) 901. n. 1. 20 (23. Bdchn.) Wörterbuch (7 S.) n. — 25

Conteurs de nos jours par A. Daudet, J. Normand, A. Theuriet, A. Coppée, Guy de Maupassant, A. Lichtenberger, P. Arène. I. Reihe. Für den Privat- u. Schulgebrauch m. Anmerkgn. hrsg. v. A. Mühlau. (Ausg. A.) (XI, 89 S.) 901. (30. Bdchn.) n. 1. 40; Wörterbuch (16 S.) n. — 40

Dickens, Charles, David Copperfield's boyhood. From the novel. Ausgewählt u. erklärt v. J. Klapperich. (Ausg. A.) (XI, 103 S.) 904. (29. Bdchn.) n. 1. 50; Wörterbuch von O. Voigt. (40 S.) 904. n. — 50

Heroes of Britain. Historical biographies of Drake, Newton, Marlborough, Wolfe, Clive, Hastings, Cook, Nelson, Wellington, Stephenson, Faraday, Livingstone, Gordon. Ausgewählt u. m. Anmerkgn. versehen v. J. Klapperich. Mit mehreren Abbildgn. u. Kärtchen. (Ausg. A.) (VII, 100 S.) (905.) (39. Bdchn.) n. 1. 40; Wörterbuch v. O. Glöde. (32 S.) (906.) n. — 40

Histoire de France depuis les origines jusqu'à nos jours. Extraits des meilleurs historiens français. Ausgewählt u. erklärt v. Ludw. Hasberg. Mit 5 Abbildgn., mehreren Karten u. Plänen. (Ausg. A.) (XV, 135 S.) (905.) (34. Bdchn.) n. 1. 60; Wörterbuch v. H. Seymche u. L. Hasberg. (55 S.) (906.) n. — 50

Historiens du XIXe siècle. Morceaux choisis de J. Michelet, A. Thiers, P. Lanfrey, H. Taine, F. Guizot, A. Rambaud. Ausgewählt u. erklärt v. O. Voigt. (Ausg. A.) (XII, 105 S.) (905.) (32. Bdchn.) n. 1. 50; Wörterbuch. (35 S.) 906. n. — 40

Klapperich, J., Round about England, Scotland and Ireland. Ausgewählt u. erläutert. Mit 18 Abbildgn. u. 11 Haupt- u. Nebenkarten. (Ausg. A.) (VIII, 121 S.) 904. (31. Bdchn.) n. 1. 60; Wörterbuch v. O. Voigt. (48 S.) 906. n. — 60

— London old and new. History—monuments—trade—government. Edited, with explanatory notes. With 12 illustr. and 1 plan of London. (Ausg. B.) (VIII, 118 S.) 904. (18. Bdchn.) n. 1. 60; Wörterbuch (51 S.) 903. n. — 75

Klöpper, Clem., Chapitres choisis de l'histoire des institutions et des mœurs de la France. Ausgewählt u. erläutert. (Ausg. A.) (VII, 91 S.) (906.) (42. Bdchn.) n. 1. 20

Macaulay, Thom. Babington, Historical scenes and sketches from the history of England. Ausgewählt u. f. den Schulgebrauch erklärt v. J. Klapperich. Mit 2 Kärtchen. (Ausg. A.) (VIII, 117 S.) 903. (26. Bdchn.) n. 1. 60

Marbot, Général Baron de, Gloires et souvenirs d'un officier du 1er empire. Extrait des mémoires. Mit Anmerkgn. zum Schulgebrauch hrsg. v. K. Roeth. (Ausg. A.) (VII, 70 S.) (905.) (36. Bdchn.) n. 1. 20; Wörterbuch. (24 S.) n. — 40

Molière, les femmes savantes. Comédie. Avec une introduction et des notes par F. Lotsch. (Ausg. B.) (XVIII, 99 S.) 903. (21. Bdchn.) n. 1. 50

Parliament and orators of Britain. With speeches from Lord Chatham, Edmund Burke, William Pitt, R. B. Sheridan, Charles J. Fox, Lord Macaulay, John Bright, Mr. Chamberlain. Ed., with explanatory notes by J. Klapperich. With 3 illustr. (Ausg. B.) (VIII, 122 S.) 905. (33. Bdchn.) n. 1. 40

Peril and heroism. Being stories told by G. A. Henty, G. Manville Fenn, James Patey, J. Strange Winter, Bret Harte. Ausgewählt u. f. den Schulgebrauch erklärt v. J. Klapperich. (Ausg. A.) VII, 69 S.) 903. (22. Bdchn.) n. 1. 40; Wörterbuch v. O. Voigt. (32 S.) 903. n. — 65

Romanciers du XIXe siècle. Extraits de P. Merimée, A. Dumas, père, Pierre Loti, Émile Zola. Für den Schulgebrauch ausgewählt u. erklärt v. Ludw. Hasberg. Mit e. Uebersichtskarte vom Schlachtfelde v. Sedan. (Ausg. A.) (VIII, 88 S.) 903. (25. Bdchn.) n. 1. 50; Wörterbuch. (42 S.) 903. n. — 50

Scott, Sir Walt., Selections from the poetical works. With introduction and explanatory notes ed. by Ascott R. Hope. (Ausg. B.) (XI, 99 S.) 904. (28. Bdchn.) n. 1. 50; Wörterbuch v. Arth. Peter. (24 S.) 906. n. — 40

Shakespeare, William, the tragedy of King Richard II. With introduction and explanatory notes ed. by H. Fernow. (Ausg. B.) (XX, 139 S.) (906.) (37. Bdchn.) n. 1. 80

Tales of the sea by W. H. G. Kingston, T. B. Reed, Edwin Pears, W. W. Jacobs. Ausgewählt u. erklärt von J. Klapperich. Mit 4 Abbildgn. (Ausg. A.) (V, 82 S.) 903. (24. Bdchn.) n. 1. 50; Wörterbuch v. Fritz Meyer. (30 S.) 905. n. — 50

Voltaire, les guerres de Louis XIV pour le rétablissement des Stuarts et la succession d'Espagne. Aus: „Le siècle de Louis XIV. Für den Schulgebrauch bearb. u. erläutert v. O. Glöde. (Ausg. A.) (VIII, 84 S.) 901. (17. Bdchn.) 1. 20; Wörterbuch. (14 S.) — 40

Wershoven, F. J., Histoire de Napoleon Ier. Hrsg. u. erklärt. Mit 4 Karten. (Ausg. A.) (VII, 114 S.) (905.) (40. Bdchn.) n. 1. 70

Writers, popular, of our time. Being selections from Mark Twain, L. T. Meade, A Conan Doyle, James Payn, G. W. Steevens. 1. series. Ausgewählt u. erklärt v. J. Klapperich. (Ausg. A.) (VIII, 85 S.) 903. (20. Bdchn.) n. 1. 40; Wörterbuch v. O. Voigt. (31 S.) 901. n. — 65

— **dasselbe.** Being selections from Jerome K. Jerome, Jan Maclaren, Tighe Hopkins, Rhoda Broughton, Rudyard Kipling. 2. series. Ausgewählt u. erklärt von J. Klapperich. (VIII, 96 S.) (906.) (35. Bdchn.) n. 1. 40

— englische u. französische, der neueren Zeit. Für Schule u. Haus hrsg. v. J. Klapperich. (Ausg. A. Einleitung u. Anmerkgn. in deutscher, Ausg. B. in engl. od. französ. Sprache.) 8., 15., 20., 31., 39. u. 43.—58. Bdchn. 8. Berlin, C. Flemming. Geb. in Lw. 31. 20

Biographies historiques par Dhombres, Monod, Duruy, Cons, Roche, Wirth, De Sismondi, Ferry, Bourdon. Für den Schulgebrauch hrsg. v. F. J. Wershofen. (Ausg. A.) (Neue Aufl.) (VII, 96 S.) 908. (8. Bdchn.) Geb. 1.30; Wörterbuch. 2. verb. Aufl. (32 S.) 910. — 65

Brunnemann, Anna, la france en zigzag. Géographie, histoire, monuments, industrie, administration. Ausgewählt u. f. d. Schulgebrauch hrsg. Mit 20 Abb. u. e. Karte v. Frankreich. (Ausg. A.) (VIII, 125 S.) (907.) (50. Bdchn.) Geb. 1.60; Wörterbuch. (39 S.) — 50

Chambers's history of England 55 b. C. to the present time. Für den Schul- u. Privatgebrauch hergerichtet v. J. Klapperich. Mit 14 Abb., 5 Nebenkarten u. 1 Hauptkarte. (Ausg. A.) (VIII, 128 S.) Glogau (907). (45. Bdchn.) Geb. in Leinw. 1. 40

Chatelain, A., ausgewählte Erzählungen. Für den Schulgebrauch erklärt v. K. Sachs. (Ausg. A.) (VII, 74 S.) 908. Geb. 1.30; Wörterbuch. (28 S.) 908. (49. Bdchn.) — 60

Conteurs de nos jours par H. Margall, A. Chatelain, L. Colet, H. Gotthelf, R. Bazin, F. Coppée, A. Theuriet, E. Zola, J. Lemaitre. II. Reihe. Für den Schulgebrauch m. Anmerkgn. hrsg. v. A. Mühlan. (Ausg. A.) (XII, 88 S.) 908. Geb. 1.50; Wörterbuch. (30 S.) 908. (48. Bdchn.) — 60

Dickens, Charles, Paul Dombey from ‚Dombey and son'. Ausgewählt u. erklärt v. J. Klapperich. (Ausg. A.) (XII, 109 S.) 908. (44. Bdchn.) Geb. 1. 80

— Sketches by „Boz". Illustrative of every-day life and every-day people. Ausgew. u. erklärt v. J. Klapperich. (Ausg. A.) (IX, 124 S.) 908. (53. Bdchn.) Geb. 1.60; Ausg. B. (IX, 128 S.) Geb. 1. 60

Gassiot, H. (Mrs. Alfr. Barton), stories from Waverley. 2. series. The talisman, the pirate, the fair maid of Perth. From the original of Sir Walter Scott. Für d. Schulgebrauch erklärt v. J. Klapperich. Rechtmäßige Ausg. (Ausg. A.) (VII, 101 S.) 909. (55. Bdchn.) Geb. 1. 50

Hope, Ascott R., adventures in England. Für den Schul- u. Privatgebrauch bearb. von J. Klapperich. Alleinberechtigte Ausg. (Ausg. A.) (VII, 109 S.) 907. (43. Bdchn. Geb. 1.20; Wörterbuch (36 S.) 907. — 50

Klapperich, J., heroes of Britain. Historical biographies of Drake, Newton, Marlborough, Wolfe, Clive, Hastings, Cook, Nelson, Wellington, Stephenson, Faraday, Livingstone, Gordon. Ausgewählt u. m. Anmerkgn. versehen. 2. Aufl. (VII, 100 S. m. Abbildgn. u. Kärtchen.) 910. (39. Bdchn.) Geb. 1. 40

— Round about England, Scotland and Ireland. Ed., with explanatory notes. With 18 illustr. and 11 maps. (Ausg. B.) (VII, 130 S.) 908. (31. Bdchn.) Geb. 1. 60

Lanfrey, P., la campagne de Prusse en 1806 et 7. Für den Schulgebrauch ausgewählt u. erklärt v. O. Voigt. (Ausg. A.) (108 S. m. 4 eingedr. Kartenskizzen.) (908.) (52. Bdchn.) Geb. 1. 50

Lebrun, A., quinze jours à Paris. Für den Schulgebrauch hrsg. v. Philipp Rossmann. Mit 10 Abbildgn. u. 1 Plan v. Paris. (Ausg. A.) 4., verb. Aufl. (VII, 85 S.) 910. (15 Bdchn.) Geb. 1.50. — (Ausg. B.) Avec 10 illustr. et 1 plan de Paris. (VII, 82 S.) 910. Geb. 1. 40

Macaulay, Thom. Babington, historical portraits. Selections from the writings. Ausgewählt u. erläutert v. J. Klapperich. (Ausg. A.) (VII, 104 S.) 908. (51. Bdchn.) Geb. 1. 60

Molière, l'avare. Comédie. Mit e. Einleitg. u. Anmerkungen v. Ernst Wasserzieher u. Jean Gontard. (Ausg. A.) (XVI, 87 S.) 907. (46. Bdchn.) Geb. 1.50; Ausg. B. (XII, 88 S.) 1. 50

Payn, James, the scholar of Silvescar. A story for boys. Für d. Schulgebrauch hrsg. u. erläut. v. J. Klapperich. Rechtmässige Ausg. (VII, 62 S.) 909. (57. Bdchn.) Geb. 1. 20

Racine, Jean, Athalie. Tragédie. Mit Einleitg. u. Anmerkgn. bearb. v. O. Glöde. (Ausg. A.) (XVI, 80 S.) 908. (54. Bdchn.) Geb. 1. 40

Shakespeare, William, Julius Caesar. A tragedy. With introduction and explanatory notes ed. by K. Grosch. (Ausg. B.) (XXIV, 109 S.) 907. (47 Bdchn.) Geb. 1. 60

— The merchant of Venice. With introduction and explanatory notes. Ed. by H. Remus. (Ausg. B.) (XXVIII, 152 S.) 910. (58 Bdchn.) Geb. in Leinw. 1. 90

Thiers, expédition d'Egypte. Im Auszuge f. d. Schule bearb. u. erläutert v. Fritz Strohmeyer. Mit 4 Kartenskizzen. (Ausg. A.) (XII, 80 S.) 909. (56. Bdchn.) Geb. 1. 10; Wörterbuch. (24 S.) — 40

Writers, popular, of our time. Being selections from Mark Twain, L. T. Meade, A. Conan Doyle, James Payn, G. W. Steevens. 1. series. Ausgewählt u. erklärt v. J. Klapperich. (Ausg. A.) 3. Aufl. (VII, 85 S.) 910. (20. Bdchn.) Geb. 1. 40

Schriftsteller, englische u. französiche, der neueren Zeit. Wörterbücher. 7., 25., 26., 29., 33., 35. u. 41 Bdchn. 8. Berlin, C. Flemming. 3. 75

Byron, selections. Bearb. v. Ernst Günther. (44 S.) 909. (41. Bdchn.) — 60

Dickens, Charles, David Copperfield's boyhood. Wörterbuch. Bearb. v. O. Voigt. 2. Aufl. (40 S.) 910. (29. Bdchn.) — 50

Gassiot, H., stories from Waverley. Bearb. v. Max Heckhoff. 2., verb. Aufl. (23 S.) 910. (7. Bdchn.) — 40

Macaulay's history of England. Von Rudolph. (28 S.) Glogau (907.) (26. Bdchn.) — 50

Parliament and orators of Britain (ed by J. Klapperich). Mit Aussprachebezeichnung v. O. Glöde. (62 S.) 909. (33. Bdchn.) — 65

Romanciers du XIXe siècle. Extraits de P. Mérimée, A. Dumas, P. Loti, E. Zola. Bearb. v. L. Hasberg. 2. Aufl. (42 S.) 909. (25. Bdchn.) — 50

Writers, popular, of our time. II. Bearb. v. Dr. Leykauff. (40 S.) 908. (35. Bdchn.) — 60

Schriftsteller, englische, aus dem Gebiet der Philosophie, Kulturgeschichte u. Naturwissenschaft. 1—3 u. 5. 8. Heidelberg, C. Winter, Verl. Geb. in Leinw. à n. 1. 60

1. An essay concerning human understanding. By John **Locke.** Auswahl m. Anmerkgn. v. Jul. Ruska. (135 S.) 904.
2. An inquiry concerning virtue or merit. By Anthony Earl of **Shaftesbury.** Mit Einleitg. u. Anmerkgn. v. Jul. Ruska. (117 S.) 904.
3. Essays and treatises on several subjects. By Dav. **Hume.** Auswahl m. Anmerkgn. v. Gerh. Budde. (117 S.) 904.
5. First principles of synthetic philosophy. By Herb. **Spencer.** Auswahl m. Anmerkgn. v. Jul. Ruska. (131 S.) 905.

4 ist noch nicht erschienen.

Schriftsteller, englische, aus dem Gebiete d. Philosophie, Kulturgeschichte u. Naturwissenschaft. Hrsg. v. J. Ruska. 4, 6 u. 7. 8. Heidelberg, Carl Winter. Geb. à Bd. 1. 60

Carlyle, Thom., scenes from the French revolution. Auswahl m. Einleitg. u. Anmerkgn. v. Philipp Aronstein. (143 S. m. Bildnis.) 909. (6. Bd.)

Hume, Dav., an inquiry concerning human understanding. In Auswahl m. Einleitg., Anmerkgn. u. e. Register hrsg. v. Otto Soehring. (112 S.) 910. (7. Bd.)

Smith, Adam, systems of political economy. Auswahl aus „An inquiry into the nature and causes of the wealth of nations" m. Anmerkgn. u. volkswirtschaftl. Einleitg. v. Andr. Voigt. (154 S.) 907. (4. Bd.)

Bd. 5 ist noch nicht erschienen.

Der enthüllete Oesterr. Schriftsteller, oder Anmerkungen über die so betitel. Schrift: Das entlarvte Preuss. Friedens-Project, unter d. Tit.: Wohlgemeynte Vorschläge — — — u. sehet was es ist! (Mit Anmerkungen.) Wien u. Erfurth 1760.

Schriftsteller, Der allezeit fertige, Oder kurze, doch gründliche Anweisung, wie man ... ein grosser ... Schriftsteller werden könne ... Berlin 1797. V: *Jenisch, Daniel.* (Cb) (Ky)

Schriftsteller, d. allezeit fertige, od. Anweis. e. großer Schriftsteller zu werden 2c. (v. Dan. Jenisch.) gr. 8. Berlin, Langhoff. (Gräff in Lpz.) 797.

Schriftsteller, der allezeit fertige, od. Anweisung, ein großer Schriftsteller zu werden 2c. (v. Dan. Jenisch). gr. 8. Berl. 797. (Wendrack in Leipz.) 16 gl

— französische, aus dem Gebiete der Philosophie, Kulturgeschichte u. Naturwissensch. 1—4. 8. Heidelberg, C. Winter, Verl. Geb. à Bd. 1. 60

Descartes, René, discours de la méthode pour bien conduire sa raison et chercher la verité dans les sciences. Mit Einleitg. u. Anmerkgn. hrsg. v. Paul Ziertmann. (120 S.) 908. (2. Bd.)

Jouffroy, Th., mélanges philosophiques. Auswahl m. Anmerkgn. v. Ernst Dannheisser. (134 S.) 907. (1. Bd.)

Montesquieu, l'esprit des lois. Auswahl m. Einleitg. u. Anmerkgn. v. Karl Schewe. (124 S.) 908. (4. Bd.)

Taine, H., philosophie de l'art. (1. partie.) Mit Einleitg. u. Anmerkgn. hrsg. v. M. Fuchs. Mit 8 erläut. Abbildgn. (121 S.) 907. (3. Bd.)

Schriftsteller, der, ohne Gleichen, aufgefunden u. nachgewiesen in der v. J. C. A. Heinroth bevorwort. Abhandl. vom Aerger, ein Büchlein f. Jedermann, von einigen Aprosopoleipten. 8. (2⅛ B.) Neustadt a. d. O. 838, (Wagner.)

Schriftsteller, Griechenlands, u. and. merkwürd. Männer. Nach Antiken gez. (u. lith. v. F. A. Fricke.) 1—4. Lfg. No. 1—32. 4. Leipzig 828, 29, [Stuttgart,] Köhler. à 16 Gr., Fol. Thlr.

— die griech., Philosophen, Gesetzgeber u. Redner. Nach Antiken gezeichnet (u. lithogr. v. F. A. Fricke). 1e Lieferg. (8 Köpfe). 4. Leipz. 828. Köhler. 1 ℛ große Ausg. 1 ℛ 12 gl

Schriftsteller, d. griechischen christlichen, der ersten drei Jahrhunderte, hrsg. v. der Kirchenväter-Commission der kgl. preuss. Akademie der Wissenschaften. 1. Bd. Lex.-8. Leipzig 897. J. C. Hinrichs' Verl. n. 18. —; geb. in Halbldr. n.n. 20. 50

Hyppolytus' Werke. 1. Bd. Exegetische u. homiletische Schriften. 1. Hälfte: Kommentar zum Buche Daniel u. d. Fragmente d. Kommentars zum Hohenliede. Hrsg. v. G. Nathanael Bonwetsch. (VI, XXVIII, 374 S.) 2. Hälfte: Kleinere exegetische u. homilet. Schriften. Hrsg. v. Hans Achelis. (X, 309 S.)

Schriftsteller, die griechischen christlichen, der drei ersten Jahrhunderte. Hrsg. v. der Kirchenväter-Commission der königl. preuss. Akademie der Wissenschaften. 2.—8. Bd. Lex.-8. Leipzig, J. C. Hinrichs' Verl. n. 80. —

2. Origenes' Werke. 1. Bd. Die Schrift vom Martyrium. Buch I—IV gegen Celsus. Hrsg. von Paul Koetschau. (XCII, 374 S.) 899.
3. Dasselbe. 2. Bd. Buch V—VIII gegen Celsus. Die Schrift vom Gebet. Hrsg. v. Paul Koetschau. (VII, 545 S.) 899. 1 u. 2 zusammen n. 28. —; geb. n.n. 33. —
4. Adamantius, der Dialog περὶ τῆς εἰς θεὸν ὀρθῆς πίστεως. Hrsg. von W. H. van de Sande Bakhuyzen. (LVIII, 256 S.) 901. n. 10. —; geb. in Halbfrz. n. 12. 50
5. Henoch, das Buch. Hrsg. von Joh. Flemming u. L. Radermacher. (VII, 171 S.) 901. n. 5. 50; kart. n. 6. —
6. Origenes' Werke. 3. Bd. Jeremiahomilien. Klageliederkommentar. Erklärung der Samuel- u. Königsbücher. Hrsg. v. Erich Klostermann. (LII, 351 S.) 901. n. 12. 50; geb. n.n. 15. —
7. Eusebius' Werke. 1. Bd. Über das Leben Constantins. — Constantins Rede an die hl. Versammlg. — Tricennatsrede an Constantin. Hrsg. von Ivar A. Heikel. (CVIII, 358 S.) 902. n. 14. 50; Einbd. n.n. 2. 50
8. Oracula Sibyllina, die. Bearb. von Joh. Geffcken. (LVI, 240 S.) 902. n. 9. 50; Einbd. n.n. 2. 50

1. Bd. Ebd. 897. n. 18. —; geb. n. 20. 50.

— die griechischen christlichen, der ersten drei Jahrhunderte. Hrsg. v. der Kirchenväter-Commission der königl. preuss. Akademie der Wissenschaften. 9. Bd. 1. Hälfte, 10. Bd., 11. Bd. 2 Tle. u. 12.—16. Bd. Lex.-8. Leipzig, J. C. Hinrichs' Verl. n. 116. 50

9. I. Eusebius' Werke. 2. Bd. Die Kirchengeschichte. Bearb. v. Eduard Schwartz. Die lateinische Uebersetzung des Rufinus. Bearb. v. Thdr. Mommsen. I. Hälfte. (III, 507 S.) 903. n. 16. —; kart. n. 16. 50
10. Origenes' Werke. 4. Bd. Der Johanneskommentar. Hrsg. v. Erwin Preuschen. (CVIII, 668 S.) 903. n. 24. 50; geb. n.n. 27. —
11. I. Eusebius' Werke. III. Bd. 1. Hälfte. Das Onomastikon der bibl. Ortsnamen. Hrsg. v. Erich Klostermann. Mit 1 Karte v. Palästina. (XXXVI, 207 S.) 901. n. 8. —
II. Dasselbe. III. Bd. 2. Hälfte. Die Theophanie, die griech. Bruchstücke u. Uebersetzg. der syr. Ueberliefergn. Hrsg. v. Hugo Gressmann. (XXX, 272 S.) 904. n. 9. 50; III. Bd. vollst. in 1 Halbfrz.-Bd. n.n. 20. —
12. Clemens Alexandrinus. 1. Bd. Protrepticus u. Paedagogus. Hrsg. v. Otto Stählin. (LXXXIII, 352 S.) 905. n. 13. 50; geb. n.n. 16. —
13. Schriften, koptisch-gnostische. 1. Bd. Die Pistis Sophia. — Die beiden Bücher des Jeû. — Unbekanntes altgnost Werk. Hrsg. v. Carl Schmidt. (XXX, 410 S. m. Fig.) 905. n. 13. 50; geb. n.n. 16. —
14. Eusebius' Werke. IV. Bd. Gegen Marcell. Ueber die kirchl. Theologie. Die Fragmente Marcells. Hrsg. v. Erich Klostermann. (XXXII, 256 S.) 906. n. 9. —; geb. in Halbfrz. n.n. 11. 50
15. Clemens Alexandrinus. 2. Bd. Stromata Buch I—VI. Hrsg. v. Otto Stählin. (XIV, 519 S.) 906. n. 16. 50; geb. in Halbfrz. n. 19. —
16. Hegemonius. Acta Archelai. Hrsg. v. Charles Henry Beeson. (LVI, 131 S.) 906. n. 6. —; geb. in Halbfrz. n. 8. 50

Bd. 1—8. Ebd. 897—902. n. 98. —.

— die griechischen christlichen, der ersten drei Jahrhunderte. Hrsg. v. der Kirchenväter-Commission der königl. preuss. Akademie der Wissensch. 9. Bd. II. u. III. Tl., 17. u. 18. Bd. gr. 8. Leipzig, J. C. Hinrichs' Verl. 57.50; geb. in Halbfrz. 67. 50

9. Eusebius' Werke. 2. Bd. Die Kirchengeschichte. Hrsg. v. Eduard Schwartz. Die latein. Übersetz. des Rufinus. Bearb. v. Th. Mommsen. II. Tl. Die Bücher VI bis X. Über die Märtyrer in Palästina. (VII u. S. 509—1040.) 908. 17. —; geb. in Halbfrz. n 19. 50
9. — dasselbe. III. Tl. Einleitungen, Übersichten u. Register. (CCLXXII, 216 S.) 909. 12. —; geb. in Halbfrz. n 14.50 (Kirchengeschichte vollst. 45. —; geb. n 52. 50)
17. Clemens Alexandrinus. 3. Bd. Stromata Buch VII u. VIII. Excerpta ex Theodoto — Eclogae propheticae — Quis dives salvetur — Fragmente. Hrsg. im Auftr. d. Kirchenväter-Commission der königl. preussischen Akademie der Wissenschaften v. Otto Stählin. Mit 3 Handschriftenproben in Lichtdr. (XC, 231 S.) 909. 11. —; geb. in Halbfrz. n 13. 50
18. Esra-Apokalypse, die. (IV. Esra.) 1. Tl. Die Überliefg. Hrsg. im Auftrage der Kirchenväter-Commission der königl. preuss. Akademie der Wissenschaften v. Bruno Violet. (LXIV, 446 S.) 910. 17.50; geb. in Halbfrz. n 20.

Bd. 1—8. 9 I u. 10—16. Ebd. 897—906. 214. 50

Schriftsteller, hannoversche, der Gegenwart in Wort u. Bild. 1. Serie: Jenny Bach, Werner Bergmann, Helene Bruns, C. Dressel, A. v. d. Elbe, L. Haidheim, Osk. Hansen, L. Herzog, A. Kistner, Alex. Römer, Ed. Schacht, Aug. Scheele, Heinr. Schoene, C. Schroeder, Augustine Baronin v. Schulte, Heinz Tovote, Wilh. Waldschläger, L. Westkirch. gr. 8. (IV, 387 S. m. 1 Lichtdr.) Hannover 888. W. Otto. n. 5. 60; geb. n. 7. —

Schriftsteller und Kunstrichter; geschildert in Lebensgrösse, von einem Leser, der keine Lust hat Kunstrichter und Schriftsteller zu werden . . . O. O. 1762. V: *Hamann, Joh. Gg.* (Hamann, Schriften, hsg. Roth II.) »Mitau« (ML) (R-N)

SCHRIFTSTELLER, Der, nach der Mode (hrsg. v. Verschiedenen, mit Vorrede von Christlob Mylius). Bd. I, Stück 1—8 (cplt. 16 Stücke.). Mit allegor. Titelvign. (Krügner jun. sc.). JENA, bey Theod. Wilh. Ernst Güth. 1748. 8⁰. (In Dresden: Lit. Germ. rec. A. 205.)

Abhandlungen, Ueberstzgn., Briefe, viele Gedichte, kleine Schauspiele etc., u. a.: Ein Brief über die Hörner, aus den caprices d'imagination übersetzt (wobei die Hahnreischaft gestreift wird, S. 292—98; Naumann, M. Chrn. Nic., Lob des Caffee, eine Ode (S. 89—92, in 12 achtzeil. Str.); Pope, Alex., Schreiben der Eloise an den Abelard, a. d. Engl. übers. durch M. Agricola (in Prosa, S. 98—115); Ossenfelder, H. A., Die Tanzmeister, e. Lstsp. in 1 Aufz. (S. 195-227); Derselbe, Die Argwöhnische, e. Lstsp. in 1 Aufz. (S. 253—84); Junghanns, Gotthold Abrah, Die schöne Amurette, ein (etwas freies Hochzeit-) Gedicht (S. 543—54); Naumann, M. Chrn. Nic., Der Schleiff-Plan, eine lustige Gegend um Budißin, im Aug. 1739 (in 12 achtzeil. Str., S. 572—75); etc. etc. — Selten!

— nach d. Mode, e. Monatsschrift, 16 Stck. od. 2 Bde. 8. Jena, Güth. 748-51.

Schriftsteller und Dichter, moderne, des Auslandes. Geschichte der neuesten europäischen Literatur in Biographien, Kritiken und Proben. Mit vielen Portraits in Stahlst. 1—12. Heft. Cassel 854. Balde. 16. Jedes Heft n. 2⅓ ngr.

1. Bd.: Lamartine. Eine Biographie von W. Neumann. Mit Portrait. 4 Hefte. (208 S.)
2. „ George Sand. Eine Biographie von W. Neumann. Mit Portrait. 5 Hefte. (284 S.)
3. „ Victor Hugo. Mit Portrait. 3 Hefte. (188 S.)

—— und Dichter, moderne, des Auslandes. Geschichte der neuesten europ. Literatur in Biographien, Kritiken und Proben. Mit vielen Portr. in Stahlst. 1. Bd. 12 Hefte. 16. Cassel 854, Balde. *

Inhalt:

Heft 1—3. und 8. Lamartine. Eine Biographie von W. Neumann. 4 Hefte. (272 S. mit Portr.)
„ 4—7. und 9. George Sand. Eine Biographie von W. Neumann. 5 Hefte. (284 S.)
„ 10—12. Victor Hugo. 3 Hefte. (188 S.)

—— Roms, u. and. merkwürd. Männer. Nach Antiken gez. u. lith. v. F. A. Fricke. 1. Lfg. No. 1—8. 4. Leipzig 828, [Stuttgart,] Köhler. à 16 Gr., Fol.

Schriftsteller, die römischen, Staatsmänner u. Redner. Nach Antiken gezeichnet (u. lithogr. v. F. A. Fricke). 1e Liefer. (8 Köpfe). 4. Leipz. 828. Köhler. Subscript.-Pr. 12 gr große Ausg.

Schriftsteller, die Schaffhauser, von der Reformation bis zur Gegenwart. Biographisch-bibliographisch dargestellt von C. M. [Probe eines biographisch-bibliograph. Lexikons der schweizer Schriftsteller.] Schaffhausen 869. Brodtmann. gr. 8. (X, 107 S.) 15 ngr.

Schriftsteller. Die Schaffhauser Schr'.... Schaffhausen 1869 s. a. M[agis], C[onrad].

SCHRIFTSTELLER nach der Mode, Der Schlesische, oder von Allem Etwas. 4 Bde. (à 6 Stücke). Liegnitz 1753—55. 8⁰. Cplt. sehr rar!

— schlesischer, nach der Mode, od. von Allem Etwas. 4 Bde. 8. Liegnitz 753—56. Siegert. 2 ₰

Schriftsteller, zeitgenössische deutsche. Einzeldarstellungen, hrsg. von Eligius Nihter. (In 25 Bdn.) 18. Bd. 8. Philadelphia 891. (Eßlingen, Langguth.) 1 —

Jean Bernard Muschi. Darstellung seines Lebens u. Wirkens, verbunden m. einer Sammlg. v. Gedanken aus seinen Schriften. Hrsg. v. Eligius Nihter. (70 S.) 1.—17. Bd. noch nicht erschienen.

Schriftsteller-Album, das deutsche, hrsg. unter Mitwirkg. Ernst v. Wildenbruchs v. Adf. Hinrichsen. gr. 4. (V, 140 S. m. 16 Lichtdr.-Taf.) Leipzig 885. Friedrich. n. 17. —; geb. n. 22. —

Schriftsteller-Bibliothek. Hrsg. v. der Red. der Feder. Nr. 2—7. kl. 8. Berlin. Federverlag. n. 5. 50

2. Absatzquellen f. Schriftsteller. Hrsg. v. der Red. der Feder. 2., wesentl. verm. u. verb. Aufl. 4—7. Taus. (207 S.) (906.) n. 1. 50; geb. n. 2. —
3. Verlegerlisten f. Schriftsteller. Hrsg. v. der Red. der Feder. 1—3. Taus (V, 141 S.) (905.) n. 1. —; geb. n. 1.40
4. Hilfsbuch f. schriftstellerische Anfänger. Hrsg. v. der Red. der „Feder". (VIII, 133 S.) (905.) n. 1. —; geb. n. 1.40
5. Kontobuch f. Schriftsteller. (62 S.) qu. kl. 8. (906.) kart. n. 1. —
6. Wie bringe ich mein Drama an? (Winke f. Dramatiker.) (127 S.) (906.) n. 1. —; geb. n. 1.40
7. Nachschlagebuch f. Uebersetzer. (118 S.) (906.) n. 1. — Bd. 1 u. d. T.: Auskunftsbuch f. Schriftsteller. Ebd. 903. n. — 80; geb. n. 1.20.

Schriftstellerbibliothek. Nr. 4. kl. 8. Berlin (909.) Wilmersdorf, Federverlag. 1.50; geb. 2. —

Hilfsbuch f. schriftstellerische Anfänger. Hrsg. v. der Red. der „Feder". 2. verm. u. verb. Aufl. 4.—8. Taus. (VIII, 144 S.)

Schriftstellerei, üb. belletristische. (v. A. Eph. Kayser). 8. Straßb. 788. Akad. 3 gr

Schriftstellerfrieden, üb. den allgemeinen. 8. Rostock 799. Stiller. 8 gr

Schriftstellerhaus. Mit Beiträgen v. Mitgliedern d. Genossenschaft „Schriftstellerhaus" u. d. deutschen Schriftstellerverbandes in Wien. Hrsg. v. F. Flemming (Frz. v. Karst), Ghelf. Meyer, Emmerich Ranzoni, Frz. Scherer u. Carl v. Thaler. 2. Aufl. gr. 8. (XII, 404 S.) Wien 894. Verl. d. Genossenschaft „Schriftstellerhaus". n. 5. —; geb. in Leinw. n. 6. —

Schriftstellerinnen. Die bedeutendsten Schr' auf dem Gebiete der Erziehung. Njbl. Winterthur 1879-1882 s. [Morf, Heinrich].

Schriftsteller- u. Journalisten-Kalender. Hrsg. v. Emil Thomas. 1901. 12. (343 S.) Leipzig, W. Fiedler. Geb. in Leinw. n. 2. 50

Erscheint nicht mehr.

Schriftsteller-Katalog. Hrsg. von d. Red. d. Feder. Berlin: Federverl. [1910]. 124 S. 8°
(Schriftstellerbibliothek. Nr 8.)

Schriftsteller-Leben, ein, s. Paalzow, Henriette.

Schriftsteller-Leben, ein. Briefe der Verfasserin von Godwie-Castle (Frau Henriette Paalzow) an ihren Verleger. 8. (XX und 287 S. mit dem Portr. der Verf. in Stahlst.) Breslau 855, Max und Comp.

Schriftsteller-Lexicon, sächsisches, s. Haan, Wilh.

Wiener Schriftsteller- u. Künstlerlexikon. Wien 1793. 8⁰. (In Wien, Stadtbibl.)

Schriftstellerteufel, Der. Ein klassisches Original-Lesebuch für unglückliche Autoren ... Berlin 1791. V: *Zschokke, Johann Heinrich Daniel.* (Liter. Echo 18, 389—99) (Zeitschr. f. Büch. N. F. 15, 1923, S. 122)

SCHRIFTSTELLERTEUFEL, Der. Ein klassisches Original-Lesebuch für unglückliche Autoren. Dem Herrn Ritter v. Zimmermann gewidmet. Nebst einem *Appendix:* Bahrdt mit der eisernen Stirn betreffend. (Vignette; Karikatur auf Moses Mendelssohn, Bolt inv. et sc.) Berlin, Matzdorff, 1791. 8⁰. 141 S. (8 Mk., unbeschn. im Orig.-Umschl., Oskar Rauthe, Berlin, 1909.) (Expl. in Warmbrunn.)

Schriftsteller-Verzeichnis zu Kippenbergs Lesebuch. (16 S.) 8. Hannover 906. Norddeutsche Verlagsanstalt O. Goedel. n. — 15

Schriftstellerwelt, deutsche. Centralanzeiger f. Schriftsteller, Redacteure, Zeitungsverleger, Verlagsbuchhändler, Bühnenvorstände rc. Amtliches Organ d. Deutschen Schriftstellerbundes. Hrsg. v. F. Matthes u. E. Richter. 1. Jahrg. Octbr. 1888—Septbr. 1889. 24 Nrn. ($1^1/_2$ B.) gr. 4. Berlin. (Leipzig, Baldamus.) n. 6. —

— dasselbe. Hrsg. v. E. O. Hopp. 3. Jahrg. April 1890 —März 1891. 24 Nrn. (B.) gr. 4. Berlin, (Haack). n. 6. —

Schriftstellerwelt, deutsche. Amtliches Organ d. Deutschen Schriftstellerbundes. Hrsg. v. Frz. Matthes u. Eug. Richter. 2. Jahrg. 1889. 24 Nrn. (à Nr. $1^1/_2$ Bog.) gr. 4. Berl. (Lpz., Baldamus.) * 6 —
—— dass. — Hrsg. v. Ernst Otto Hopp. 8. Jahrg. April — Dezbr. 1890. 18 Nrn. (Bog.) gr. 4. Berl., (Haack). * 4 50
Nicht weiter erschienen.

Schriftsteller-Zeitung, deutsche. Hrsg.: Jos. Kürschner. 1. Jahrg. 1885. 24 Nrn. ($1^1/_2$ B.) hoch 4. Stuttgart, J. Kürschner. n.n. 10. 80

—— dass. — Hrsg. von W. Lange. 2.—4. Jahrg. 1886—1888. à Jahrg. 24 Nrn. (à Nr. $1^1/_2$ Bog.) hoch 4. Berlin, Selbstverlag des Herausgebers. à Jahrg. **

Schriftsteller-Zeitung, deutsche. Literarische Praxis. Zentralblatt f. die Publizistenwelt (Schriftsteller, Journalisten, Redakteure, Autoren, Illustratoren). Hrsg. von Ernst Lorenz unter Mitwirkg. v. Max Böckler, Frhr. v. Biedermann, Vict. Blüthgen. Red.: Alex. Pfannenstiel. 11. Jahrg. 1910. 36 Nrn. (à ca. 6 S.) 48×32,5 cm. Berlin-Steglitz (Belfortstr. 34), Geschäftsstelle der Schriftsteller-Zeitung. nn 8.

Schriftstücke betreffend die Beschaffenheit des Breslauer Leuchtgases. O. O. 1875. V: *Meusel, Eduard, Theodor Poleck & Joseph Jacobi.* (Kat. d. Druckschr. üb. Breslau. Breslau 1903. S. 111.)

Schriftstücke, Einige, zur Südösterr. Eisenbahn-Frage. Klgft., Leon, (1889). Quart. 7 S.

VERTRAUENS-GESELLSCHAFTEN FÜR GASTHAUS-VERWALTUNG. Englische Schriftstücke zur Erwägung für deutsche Leser. Herausgegeben vom Deutschen Verein für Gasthaus-Reform. Weimar, 1902. Verlag des genannten Vereins. Im Buchhandel durch W. Bodes Verlag. 8⁰.

Schriftstücke betreffend den am 1. August 1875 in Paris anberaumten Internationalen Congress der geographischen Wissenschaften. Deutsche Ausgabe, veranstaltet von der Gesellschaft für Erdkunde in Berlin, im November 1874. ([S.-A.] Verhandlungen der Gesellschaft für Erdkunde zu Berlin. Bd. 1. 1873–1874. Anhang.) Berlin 1875. 33 S. 8⁰

Schriftstücke der ersten ordentlichen Synode der evangelischen Landeskirche d. Großhzth. Sachsen-Weimar-Eisenach. 2 Hfte. gr. 8. (119 S.) Weimar 874. (Böhlau.) n. — 75

Schriftstücke der 2. ordentlichen Synode der evangelischen Landeskirche d. Großherzogth. Sachsen-Weimar-Eisenach. gr. 8. (VII, 144 S.) Weimar 879. (Böhlau.) n. 1. —

Schriftstücke. Schriftstüke betreffend die Wasserverheerungen vom Herbste 1868 und die Gabenvertheilung. [5 Stucke. SA.] 8. (Bern 1869.)

[Stuck 1] *u. d. T.:* Protokolle der Konferenzen in Sachen der schweiz Wasserbeschadigten vom Jahr 1868 ([Mit] 4 Beilagen.) Bern.
[Stück 2.] Uebersicht der bei der eidgenössischen Staatskasse zu Gunsten der Wasserbeschadigten eingegangenen Geldgaben.
[Stuck 3.] Bericht des eidg. Centralhülfscomite über seine Thatigkeit und speziell uber die Sammlung und Vertheilung der Naturalgaben ([Mit] 2 Beilagen.)
[Stuck 4.] Vorschlage des eidg. Centralhulfskomite über die Vertheilung der Liebessteuer für die Wasserbeschadigten.
[Stuck 5.] Die Berichte der Expertencommissionen über die Ursachen und den Betrag des durch die Ueberschwemmungen im Jahr 1868 in den Cantonen Uri, St. Gallen, Graubunden, Tessin und Wallis angerichteten Schadens [Mit 11 Tabellen.]

Schriftstücke. Schriftstüke betreffend die Wasserverheerungen in der Schweiz in den Jahren 1876 und 1877. [Mit 1 Tabelle.] 8. Bern 1878.

Schrifttafeln aus dem Nachlasse von U. F. v. Kopp. Ergänzt u. hersg. von Th. Sickel. Wien 870. Gerold's Sohn. Fol. (17 Bl., wovon 16 in Kpfrst. u. Imp.-Fol. u. 1 geprägt u. in qu. Fol. mit 7 S. Text.) In Rolle. n. 15 ₰

Schrifttafeln, zwölf arabische. (Hrsg. v. W. Ahlwardt.) gr. 4. (12 Lichtdr.-Taf. m. 2 S. Text.) Berlin 899. A. Asher & Co. Kart. n.n. 4. —
Sonderabdruck aus: „W. Ahlwardt, Verzeichnis der arab. Handschriften der königl. Bibliothek zu Berlin".

Schrifttafeln, Zwölf arabische. Berlin 1899. V: *Ahlwardt, Wilh.* (Berl)

Schrifttasche, auf einer neuen Reise durch Teutschland, Frankreich, Helvetien und Italien gesammlet. Frankf. 1780. V: *Salzmann, Friedrich Rudolph.* (Ky) (MGT)

Schrifttasche auf einer neuen Reise durch Deutschland, Frankreich rc. 1r Bd. 8. Frankf. Fleischer. 780.

Schrifttexte, welche in d. Overberg. Katechismus f. größere Schüler citirt sind. 8. Münster 821, Aschendorf.

Schrifttexte, welche in d. Overberg. Katechismus f. größere Schüler citirt sind. 8. Münst. 822. Aschendorf. 2 gr

Schrift-Titel-Blätter, neue allegorische, zu kath. u. protest. Gebet- u. Andachtsbüchern. 8. (6 Bl. in Stahlst.) Nürnberg 840, Geisler. (Zeh'sche Buchh.) n. 8 ngr

Deutsches Schrifttum. Betrachtungen u. Bemerkungen von Adolf Bartels. Bogen 1. (Weimar) 1909. (Koltsch). 8⁰ 109. 1143

Schriftverkehr, der, d. Officiers m. Vorgesetzten u. Behörden u. die Anfertigg. der militair. Ausarbeitgn., erläutert durch viele Beispiele. Von H. v. M. Mit 5 Croquis (in eingedr. Holzschn.) gr. 8. (180 S.) Berlin 875. Schlesier. n. 3. 60

Schriftverkehr, der, des Officiers mit Vorgesetzten und Behörden und die Anfertigung der militärischen Ausarbeitungen, erläutert durch viele Beispiele. Von Hauptm. H. v. M. 2. verm. Aufl. gr. 8. (XI, 176 S. mit 5 eingedr. Croquis.) Berlin 880, Liebel. * 3 60

Schriftverkehr, der, des Offiziers m. Vorgesetzten u. Behörden u. die Anfertigung militärischer Ausarbeitungen unter Berücksicht. d. Felddienst-Ordnung u. d. Manöver-Ordn. 1908. 3. verb. Aufl. Neubearb. durch L. Werner. (IV, 45 S. m. 4 Skizzen.) kl. 8. Berlin 908. Liebel. 1. 20

Schriftvorlagen, moderne. Suppl. zu Schoppmeyer's Schriftvorlagen. (6 Taf.) 4. W.-Jena 905. Thüring. Verlags-Anstalt. n. 1. —

— dasselbe. (Neue Ausg.) (9 Taf.) 4. Ebd. 905. n. 1. 50

Schrift-Vorlagen, neueste. Eine Sammlung eleganter und kalligraph. Kunstblätter zum Schul- und Selbstgebrauch. 16. (10 S.) Lobau 877, Oliva's Buchh.

— f. die Uebungen v. Ratzel, technische Hochschule in Karlsruhe (1 Bl. auf Leinw.) Lex.-8. Karlsruhe (906). W. Jahraus. n. — 75

Schriftwart, der. Zeitschrift für die deutsche Stenographie und für Schriftkunde. Hrsg. von Karl Eggers. 1. Jahrg. 1867. 12 Nrn. (Bog.) gr. 8. Berlin, Hoffmann.

Schriftwart, der. Zeitschrift für die deutsche Stenographie und für Schriftkunde. Hrsg. von Karl Eggers. 2. und 3. Jahrg. 1868 und 1869. à Jahrg. 12 Nrn. (Bog.) Mit Beilagen. gr. 8. Berlin, Hoffmann. à Jahrg.

— — 4. Jahrg. 870. 12 Nrn. (Bgn.) Frankfurt a. M., Hartwig. gr. 8. n. 1 ₰

—— dass. — Hrsg. von Karl Eggers. 4. und 5. Jahrg. 1870 und 1871. à Jahrg. 12 Nrn. (Bog.) Mit Beilagen. gr. 8. Frankfurt a. M., Rentwig. à Jahrg.

—— dass. — Hrsg. und redig. von dem stenograph. Institut in Frankfurt a. M. 6. und 7. Jahrg. 1872 und 1873. à Jahrg. 12 Nrn. (Bog.) Mit Beilagen. gr. 8. Ebendas. à Jahrg.

Schriftwart, der. Zeitschrift für Stenographie und Schriftkunde. Hrsg. und redig. von E. Gantter. 12.—14. Jahrg. 1880—1882. à Jahrg. 12 Nrn. (à Nr. $^1/_2$—$^3/_4$ Bog.) gr. 8. Elberfeld, [Bädeker'sche Buchh.] Fassbender's Buchh. à Jahrg. (* M 2.) * 1 50

—— dass. — 15. und 16. Jahrg. 1883 und 1884 à Jahrg. 12 Nrn. (à Nr. 1—$1^1/_4$ Bog. mit stenogr. Beilage.) gr. 8. Elberfeld, Fassbender's Buchh. à Jahrg. (* M 2,50.) * 1 50

Schriftwart, der. Zeitschrift für Stenographie und Schriftkunde. Hrsg. v. E. Gantter. 17.—19. Jahrg. 1885—1887. à Jahrg. 12 Nrn. (à Nr. $^1/_2$—1 Bog.) gr. 8. Elberfeld, Fassbender. à Jahrg. *

—— der. Wochenschrift für Stenographie und Schriftkunde. Hrsg. von E. Gantter. 20. Jahrg. 1888. 52 Nrn. (à Nr. $^1/_2$ Bog.) gr. 8. Frankfurt a. M., Mahlau und Waldschmidt. *

Schriftwart, der. Hrsg. v. E. Gantter. Mit Beiblatt: Die Übungsstunde. Stenographische Monatsblätter zur Fortbildg. u. Unterhaltg. Geleitet v. E. Ahnert. Schrift. v. A. Schöttner. Jahrg. 1907—1909 à 12 Nrn. (à ca. 16 u. 8 autogr. S.) gr. 8. Frankfurt a/M., E. Grieser. Erscheint nicht mehr. à Jahrg. 2. —

Schriftwart, der. Zeitschrift f. Stenographie u. Schriftkunde. Red. unter Mitwirkg. v. Chr. Johnen v. Ferd. Schrey. 1. Jahrg. 1894. 12 Nrn. (à ca. $^3/_4$ Bog.) gr. 8. Berlin, SW. 19, Krausenstrasse 35, F. Schrey. n. 2. —

Schriftwart, der, Zeitschrift f. Stenographie u. Schriftkunde. Red. unter Mitwirkg. v. Chr. Johnen v. Ferd. Schrey. 2.—5. Jahrg. 1895—1898. à 12 Nrn. (à ca. 8 S.) gr. 8. Berlin, F. Schrey. à Jahrg. n. 2. —

Schriftwart, der. Zeitschrift f. Stenographie u. Schriftkunde. Red. unter Mitwirkg. v. Chr. Johnen u. Curt Dewischeit v. Ferd. Schrey. 6. u. 7. Jahrg. 1899 u. 1900. à 12 Nrn. gr. 8. (à ca. 8 S.) Berlin, F. Schrey. à Jahrg. n. 2. —

Schriftwart, der. Stenographische Nachrichten f. Baden, Hessen, Hessen-Nassau u. die Pfalz. Hrsg. u. Schriftleiter: M. Winkler. Jahrg. 1905 u. 1906. à 12 Nrn. (à ca. 8 S.) gr. 8. Darmstadt (Leipzig, J. H. Robolsky) à Jahrg. n. 1. 50
Vergl.: Nachrichten, stenographische, f. Hess. u. Hessen-Nassau.

— der österreichische. Organ f. Stenographie u. Schriftkunde. Hrsg. u. Chef-Red.: J. Berger. 1. Jahrg. 1889. 12 Nrn. (à 1—$1^1/_2$ B.) gr. 8. Wien 889. (Steckler.) n. 8. —

[Schriftwechsel der Logen Eleusis zur Verschwiegenheit in Bayreuth und Ruprecht zu den fünf Rosen in Heidelberg betr. die Schrift „Das Ebenbild Gottes" von C. Kolb.] 1884. 2 Bl. 4°. 21.

Schriftwechsel zwischen der Statthalterschaft und dem Ministerium der auswärtigen Angelegenheiten in Berlin, über die Bedingungen eines mit Dänemark abzuschliessenden Friedens. Vom 23. Mai bis 6. Juli 1849. Fol.

Schriftwerke d. Germanenbundes No. 1. *(Berlin: H. Paetel 1901.)* 8°

Schriftworte und Thatsachen zur Beleuchtung der Frage: Welche Stellung gebührt der Kunst im Reiche Gottes? Gernsbach 1886.

Schriftzeichen, europäische, Fol. Berlin 826. (Leipzig, Magazin f. Ind.)

Schriftzeichen, europaeische, zum allgem. Schreibgebrauch. kl. 32. (64 Seit. u. 2 Bl. Pergam.) Berlin 838, Westphal. (?)*

Schrill, Ernst [Pseudon.] s. a. Keller, Samuel.
Pastor Samuel Keller ist Bürger von Siblingen, Ktn. Schaffhausen.

Schrill, Ernst (S. Keller), der Brautwächter. Novelle. 2. Aufl. 8. (172 S.) Berlin 896. U. Meyer. n. 1. 60; geb. n. 2. 60

— der Brautwächter. Novelle. 3. Aufl. 8. (180 S.) Berlin (901). [U. Meyer.] Hagen, O. Rippel. n. 1.60; geb. n. 2.60

— lebendiges Echo. Erzählungen. 1. u. 2. Aufl. (à III, 192 S.) kl. 8. Hagen (904). O. Rippel. n. 1.50 geb. in Leinw. n. 2.50

Schrill, Ernst [S. Keller]. Sein Erbe. Roman aus dem russ. Leben. 8. (418 S.) Lpz. 889. Ungleich. * 5 —; geb. ** 6 —

Schrill, E., sein Erbe. Roman aus dem russ. Leben. 8. (418 S.) Leipzig 889. Böhme Nachf. n. 5.—; geb. n.n. 6.—

— sein Erbe. Roman aus d. russ. Leben. 2. Aufl. 8. (420 S.) Ebd. 896. n. 5.—; geb. n. 6.—

— Sein Erbe. Roman aus dem russ. Leben. 3. Aufl. (497 S.) kl. 8. Hagen (909.) O. Rippel. 4.—; geb. in Leinw. 5.—

Schrill, Ernst, ein Fahrenhöft. Erzählung. 8. (321 S.) Leipzig 888, Böhme Nachf. *ℳ 4.50. geb. *

— e. Fahrenhöft. Erzählg. 2. Aufl. 8. (232 S.) Leipzig 892. E. Ungleich. n. 2.50; geb. n.n. 3.50

— ein Fahrenhöft. Erzählung. 3. Aufl. 8. (317 S.) Hagen 902. O. Rippel. n. 2.50; geb. n. 3.50

— die goldene Feder. Heilserum, s.: Meyer's Ill., Bücherei.

— Unsere Gäste. Mein Fremdenbuch. Erinnerungen aus Rußland. 4. Aufl. (116 S.) kl. 8. Ebd. 909. 1.50

— Um freien Glauben. Erzählung aus Südrußland. 8. (206 S.) Berl. 892, Buchh. der Berliner Stadtmission. * 1 50; geb. * 2 50

— um freien Glauben. Erzählung aus Südrußland. 4.–5. Taus. 8. (209 S.) Berlin 900. Vaterländ. Verlags- u. Kunstanstalt. n. 1.50; geb. n. 2.50

— Um freien Glauben. Erzählung aus Südrußland. 6.—8. Taus. (248 S.) Berlin 907. Vaterländ. Verlags- u. Kunstanstalt. 1.80; geb. in Leinw. 2.50

— Heimwärts. Erzählgn. 8. (III, 158 S.) Leipzig 894. E. Ungleich. n. 1.80; geb. n. 2.70

— Heimwärts. Erzählgn. 2. Aufl. 8. (VII, 158 S.) Ebd. 897. n. 1.80; geb. n. 2.70

— Heimwärts. Erzählungen. 3. Aufl. 8. (VII, 158 S.) Hagen 902. O. Rippel. n. 1.50; geb. n. 2.50

— Heimwärts. Erzählungen. 4. Aufl. (VII, 158 S.) 8. Hagen 902. O. Rippel. n. 1.50; geb. n. 2.50

— von Hüben u. Drüben. Erzählgn. 8. (III, 278 S.) Ebd. 896. n. 3.—; geb. n.n. 4.—

— von Hüben u. Drüben. Erzählungen. 2. Aufl. (III, 258 S.) 8. Ebd. 904. n. 3.; geb. in Leinw. n. 4.—

— Jadwiga. (Die Natschalniza.) Roman aus d. russ. Leben d. Gegenwart. 2. Aufl. 8. (191 S.) Ebd. 897. n. 2.50; geb. n. 3.50

— Jadwiga (Die Natschalniza). Ein Roman aus dem russ. Leben der Gegenwart. 3. Aufl. (191 S.) 8. Ebd. 903. n. 2.—; geb. in Leinw. n. 3.—

— Paul Lindau, s.: Litteratur, moderne realistische, im Lichte der Ethik u. Aesthetik.

— den Meinen erzählt! Erzählungen. 2. Aufl. (III, 196 S.) 8. Ebd. (903). n. 1.50; geb. n. 2.50

Schrill, Ernst, Menschwerdung. Sozialer Roman aus der Gegenwart. 1. u. 2. Aufl. 8. (à 423 S.) Hagen 902. O. Rippel. n. 4.—; geb. in Leinw. n. 5.—

— Menschwerdung. Sozialer Roman aus der Gegenwart. 3.—6. Aufl. (423 S.) 8. Ebd. (903,904). n. 4.—; geb. in Leinw. n. 5.—

— Momentbilder vom Carneval. 1. u. 2. Aufl. 8. (à 48 S.) Düsseldorf 898. C. Schaffnit. n. — 50

— dasselbe. 3. Aufl. (Volksausg.) 8. (48 S.) Ebd. 898. n. — 30

— die Natschalniza. Roman aus dem russ. Leben der Gegenwart. 8. (191 S.) Leipzig 892. E. Ungleich. n. 2.50; geb. n.n. 3.50

— Die deutschen Pächter in Rußland, s. Feldblumen, deutsche.

— das Salz d. Erde. Erzählg. 8. (159 S.) Leipzig 895. E. Ungleich. n. 2.25; geb. n. 3.25

— das Salz der Erde. Erzählung aus dem Leben der russ. Stundisten. 2. Aufl. 8. (171 S.) Hagen 902. O. Rippel. n. 1.50; geb. n. 2.50

— im Schatten d. Schuld. Roman. 8. (408 S.) Halle 898. J. Fricke's Verl. n. 3.—; geb. n. 4.—

— vom braven Schlingel u. andere Geschichten für die liebe Jugend. 1. u. 2. Aufl. 8. (à 143 S. m. 3 Farbdr.) Berlin (900, 901). [U. Meyer.] Hagen, O. Rippel. Geb. n 1.60

— Vom braven Schlingel u. andere Geschichten für die liebe Jugend. 5. Aufl. (143 S. m. 3 Farbdr.) 8. Hagen (908.) O. Rippel. Geb. 1.60

— aus Rußlands Steppen. Christliche Erzählgn. 8. (III, 207 S.) Leipzig 891. E. Ungleich. n. 3.50; geb. n.n. 4.50

— aus Rußlands Steppen. Christliche Erzählungen. 2. Aufl. 8. (III, 207 S.) Leipzig 899. [E. Ungleich.] Hagen, O. Rippel. n. 3.50; geb. n. 4.50

— Steppenbilder u. Steppenleute. Erzählgn. 8. (III, 241 S.) Ebd. 893. n. 3.50; geb. n.n. 4.50

— Steppenbilder u. Steppenleute. Erzählungen. 2. Aufl. 8. (III, 242 S.) Leipzig 900. [E. Ungleich.] Hagen i. W., O. Rippel. n. 3.50; geb. n. 4.50; Volksausg. n. 2.—; geb. n. 2.70

— wildes Lauten. Erzählung. (222 S.) kl. 8. Ebd. (904). n. 2.—; geb. n. 3.—

— **Doktor Vorwärts' zweite Trauung.** Roman. 2 Bde. 8. (308 u. 213 S.) Leipzig 898. E. Ungleich. n. 5. 50; geb. n. 7. 25

— **Doktor Vorwärts zweite Trauung.** Roman. (Neue Aufl.) (453 S.) 8. Ebd. (910.) 5.—; geb. in Leinw. 6. —

— **der Hasenpfennig.** Novelle aus dem Leben d. Gegenwart. 8. (135 S.) Ebd. 900. n. 1. 80; geb. n. 2. 80

— **die halbe Verlobung.** Sylter Novelle aus der Gegenwart. 8. (188 S.) Halle (899). J. Fricke's Verl. 2. —; geb. 3. —

—— **Zweimal gestorben.** Erzählg. aus dem russ. Leben. 8. (229 S.) Ebd. 889. * 3 50; geb. * 4 50

— **zweimal gestorben.** Erzählung aus dem russ. Leben. 2. Aufl. 8. (IV, 229 S.) Leipzig 901. [E. Ungleich.] Hagen i/W., O. Rippel. n. 3. 50; geb. n. 4. 50

FSC
www.fsc.org
MIX
Papier | Fördert
gute Waldnutzung
FSC® C083411

Kolibri 360 GmbH
Ferdinand-Jühlke-Straße 7
99095 Erfurt, Deutschland
produktsicherheit@kolibri360.de